机械设计师手册

（下册）

第3版

吴宗泽　高　志　主编

机械工业出版社

本书包括了机械设计较为常用的资料，适用于解决一般机械设计问题参考。本书主要内容有：机械设计常用材料、机械制图、极限配合、表面粗糙度、连接件设计、传动件设计、轴系零件设计、润滑、密封、起重机零部件、操作件、弹簧、机架、导轨、管路及附件、常用电动机、计算机辅助设计、机械系统方案设计等。在编写过程中，编者努力精选基本、常用的知识和资料，以及常用的机械设计计算方法和数据，收集了现行较新的国家标准和行业标准。编排符合使用者的习惯和学科系统，标题明确，附有必要的例题，便于参考和查阅。

本书可供从事机械设计、制造、使用、维修的工程技术人员，大专院校从事机械设计的人员参考。

图书在版编目（CIP）数据

机械设计师手册. 下册/吴宗泽，高志主编. —3 版. —北京：机械工业出版社，2019. 4

ISBN 978-7-111-62170-6

Ⅰ. ①机… Ⅱ. ①吴… ②高… Ⅲ. ①机械设计-技术手册 Ⅳ. ①TH122-62

中国版本图书馆 CIP 数据核字（2019）第 038814 号

机械工业出版社（北京市百万庄大街 22 号 邮政编码 100037）
策划编辑：曲彩云 徐 强 责任编辑：曲彩云 徐 强
责任校对：张晓蓉 刘雅娜 郑 婕 张 征 刘志文
封面设计：马精明 责任印制：张 博
北京铭成印刷有限公司印刷
2019 年 5 月第 3 版第 1 次印刷
184mm×260mm · 103. 75 印张 · 3 插页 · 3575 千字
0001—3000 册
标准书号：ISBN 978-7-111-62170-6
定价：288. 00 元

凡购本书，如有缺页、倒页、脱页，由本社发行部调换

电话服务
服务咨询热线：010-88361066
读者购书热线：010-68326294

网络服务
机 工 官 网：www.cmpbook.com
机 工 官 博：weibo.com/cmp1952
金 书 网：www.golden-book.com
教育服务网：www.cmpedu.com

前　言

《机械设计师手册》自首版面世以来，历经10余次印刷，服务了众多行业内的读者，并对行业的发展和技术的进步起到了积极的推动作用。当前随着科学技术的不断发展进步，行业内新技术、新方法、新工艺、新标准不断涌现，而本手册的第2版面世发行以来已有10年，很多内容需要进行更新修改。所以，在广泛调研企业、科研院所、高校等多方面的使用情况和意见的基础上，决定对本手册进行修订。

新修订的《机械设计师手册（第3版）》主要有以下特色：

1）凸显先进性。本手册修订过程中收入了很多新技术、新方法、新工艺，并对大量标准做了更新。如齿轮的热计算、滚动轴承的选择计算都引入了新国家标准规定的计算方法，螺纹连接引入了德国工程师协会技术准则 VDI 2230《高强度螺栓连接系统计算》。另外，对本手册第2版的内容进行了逐章审读，更新了大量的国家标准和行业标准。

2）坚持科学性。修订后的手册内容更加丰富，体系也更加科学。为便于读者使用，根据实际情况，对一些章节补充了较多的新内容。部分章节内容增加一倍以上。另外，内容增加50%以上的有4章，增加20%以上的有7章。为了使本手册的总体篇幅不致大幅增加，同时也考虑到内容的差异化，新修订的手册去掉了液压传动部分（相关内容读者可以参考专门的手册）。

3）重视创新性。考虑到我国提高了对“节能减排”的要求，新修订的手册增加了一些绿色设计的内容，如材料的回收以及结构设计的方便拆卸等方面内容。另外，机械系统方案设计和计算机辅助机械设计两章，更加注重传统设计与新技术、新方法的融合。

4）保持实用性。本手册的编排尽量采用图、表等形式来表达产品设计所需要的内容和资料，使其更加简明、便查，并对各种标准采用摘编、数据合并、改排和格式统一等方法进行改编，使其更为规范和便于读者使用。

虽然本手册的编写过程中，各位编写人员都给予了很高的重视，也付出了很多心血，但限于编写难度，难免会有一些不足之处，还请各位读者批评指正。

吴宗泽、高　志

目　　录

第 17 章 减 速 器

17.1 减速器的类型和选择

减速器是应用于原动机和工作机之间的独立传动装置，主要功能是降低转速，增大转矩，以便带动大转矩的工作机。

减速器类型很多，并且大多数已成为标准化产品。本章主要介绍常用标准减速器的主要参数和选用方法。减速器按结构特点分为四大类，各类减速器的主要形式见表 17-1。常用标准减速器的类型和适用条件见表17-2。各类减速器承载能力的比较如图 17-1 和图 17-2 所示。

表 17-1 减速器的主要类型及特点

类别	齿形	级数和布置形式		传动简图	传动比	特点及应用
圆柱齿轮减速器	渐开线齿廓（有直齿、斜齿和人字齿）、圆弧齿廓（有斜齿和人字齿）	单级	水平轴	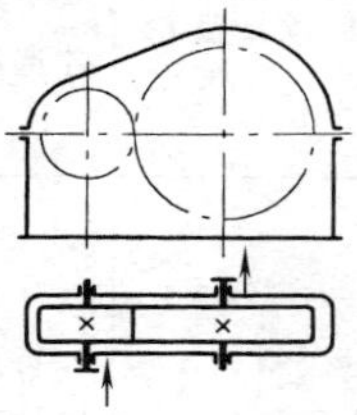	调质齿轮 $i \leq 7.1$；淬硬齿轮 $i \leq 6.3$（$i \leq 5.6$ 较好）	效率高，工艺简单，精度容易保证。轴线可做成水平布置、上下布置或铅垂布置 直齿用于 $v \leq 8\text{m/s}$ 的低速传动或轻载传动；斜齿可用于高速（v 可达 50m/s）传动；人字齿用于大型重载减速器中
			水平轴	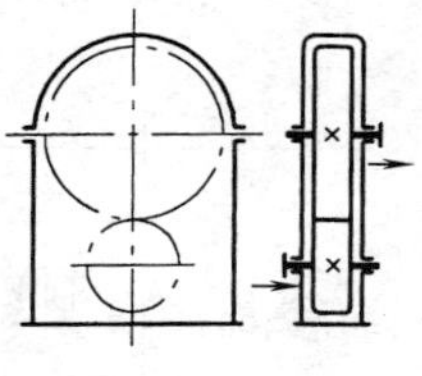		
			立轴	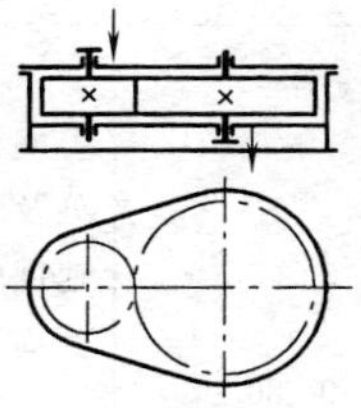		
		两级	展开式	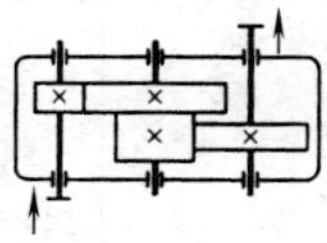	调质齿轮 $i=7.1\sim50$；淬硬齿轮 $i=7.1\sim31.5$（$i=6.3\sim20$ 较好）	齿轮相对于轴承位置不对称，因此当轴产生弯曲变形时，载荷沿齿宽分布不均匀，则要求轴有较大刚度 它是二级减速器中结构最简单、应用最广泛的一种
			分流式	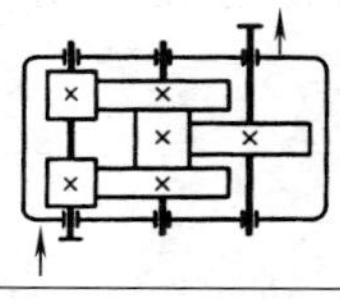	$i=7.1\sim50$	高速级为对称布置的左、右旋斜齿轮，低速级可采用人字齿或直齿。载荷沿齿宽分布均匀。用于较大功率、变载场合
			同轴式	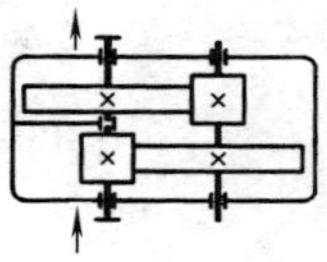	调质齿轮 $i=7.1\sim50$；淬硬齿轮 $i=7.1\sim31.5$	输入轴和输出轴布置在同一轴线上，长度方向尺寸减小，轴向尺寸加大，中间轴较长，刚性较差。当传动比分配适当时，二级大齿轮浸油深度大致相同 轴线可以水平、上下、铅垂布置

（续）

类型	齿形	级数	布置形式	传动简图	传动比	特点及应用
圆柱齿轮减速器	渐开线齿廓（有直齿、斜齿和人字齿）、圆弧齿廓（有斜齿和人字齿）	三级	展开式	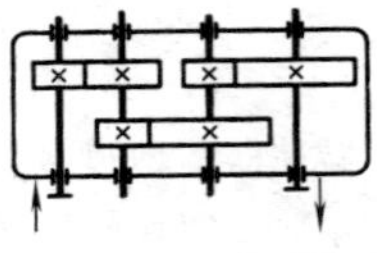	调质齿轮 $i=28\sim315$；淬硬齿轮 $i=28\sim180$（$i=22.5\sim100$ 较好）	同两级展开式
			分流式	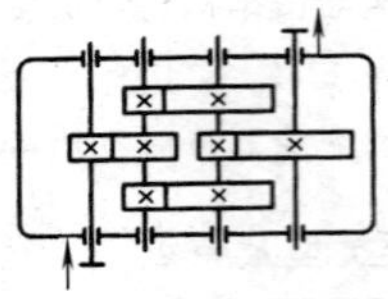	$i=28\sim315$	同两级分流式
圆锥、圆锥-圆柱齿轮减速器	直齿斜齿曲齿	单级		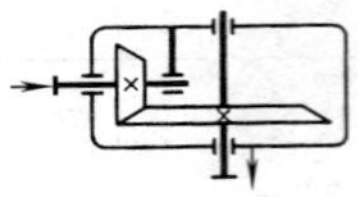	直齿 $i\leqslant5$；曲齿、斜齿 $i\leqslant8$；淬硬齿轮 $i\leqslant5$	输入轴与输出轴轴线垂直相交，制造、安装复杂，成本高，仅在设备布置需要时才选用 有水平式和立式
		两级		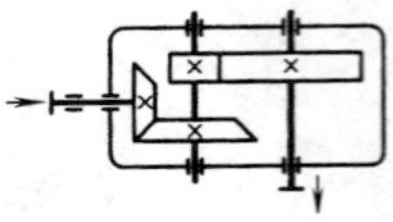	直齿 $i=6.3\sim31.5$；曲齿、斜齿 $i=8\sim40$；淬硬齿轮 $i=5\sim16$	特点同单级。锥齿轮应放高速级，否则加工困难。圆柱齿轮可为直齿或斜齿
		三级		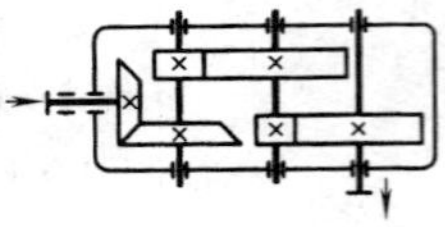	$i=35.5\sim160$；（淬硬齿轮 $i=18\sim100$）	同两级圆锥-圆柱齿轮减速器
蜗杆、蜗杆-圆柱齿轮减速器 圆柱蜗杆	阿基米德螺旋线蜗杆（普通圆柱蜗杆）、圆弧齿圆柱蜗杆（尼曼蜗杆）、锥面包络圆柱蜗杆	单级	蜗杆下置式	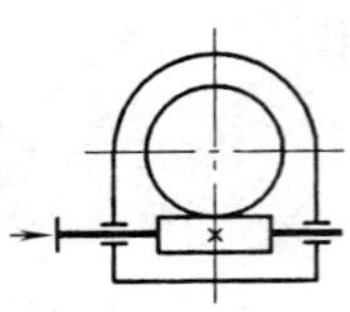	$i=10\sim80$	蜗杆布置在蜗轮的下边，有利于啮合处及蜗杆轴承处的润滑，但当蜗杆圆周速度较高时，搅油损失大，一般用于蜗杆圆周速度 $v<5\mathrm{m/s}$ 的场合
			蜗杆上置式	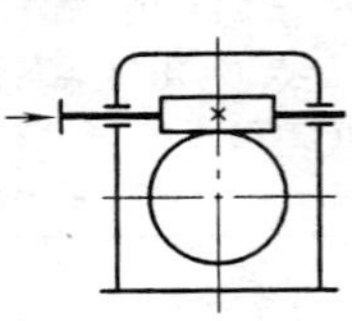		蜗杆布置在蜗轮的上边，装拆方便，但蜗杆轴承润滑不方便。一般用于蜗杆圆周速度 $v>5\mathrm{m/s}$ 的场合
环面蜗杆	直廓环面蜗杆、平面包络环面蜗杆、平面二次包络环面蜗杆		蜗杆侧置式	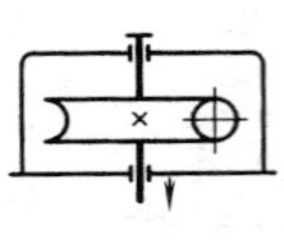	$i=5\sim100$	蜗杆放在蜗轮侧面，蜗轮轴是竖直的。对蜗轮输出轴处密封要求高。一般用于水平旋转机构的传动

（续）

类型		齿　形	级数和布置形式		传动简图	传　动　比	特点及应用
蜗杆、蜗杆-圆柱齿轮减速器	环面蜗杆	直廓环面蜗杆、平面包络环面蜗杆、平面二次包络环面蜗杆	两级	两级蜗杆减速器	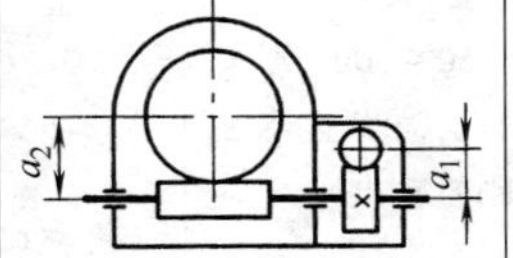	$i=43\sim3600$	传动比大，结构紧凑，但效率低。为了使高速级和低速级传动浸油深度大致相等，可取 $a_1\approx\frac{a_2}{2}$ 式中，a_1 为高速级中心距；a_2 为低速级中心距
				蜗杆-齿轮减速器	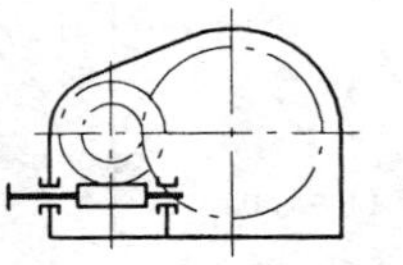	$i=50\sim250$	蜗杆在高速级，传动效率比齿轮在高速级高，但尺寸和自重较大
				齿轮蜗杆减速器	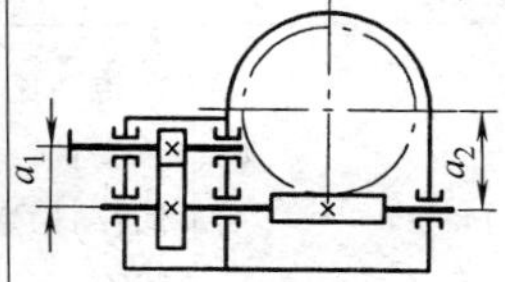	$i=15\sim480$	齿轮在高速级，结构紧凑。为了使高速级和低速级传动浸油深度大致相等，可取 $a_1\approx\frac{a_2}{2}$ 式中，a_1 为高速级中心距；a_2 为低速级中心距
行星齿轮减速器	NGW型行星齿轮减速器	渐开线齿廓，多为直齿，有时用人字齿	单级		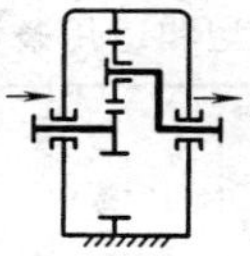	$i=2.8\sim12.5$	与普通圆柱齿轮减速器比较，体积和自重可减少50%左右，效率提高3%；但结构较复杂，制造精度要求高。广泛用于要求结构紧凑的动力传动中
			两级		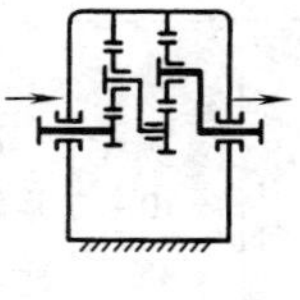	$i=14\sim160$	
	少齿差减速器	渐开线	单级	N型少齿差	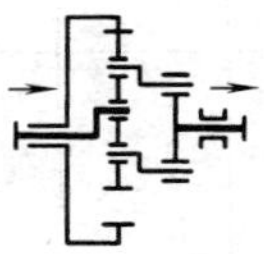	$i=10\sim160$	传动比范围大，结构紧凑，齿形易加工，装拆方便，平均效率90% 行星轮的中心轴承受径向力较大
				三环减速器	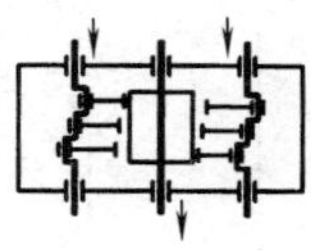	$i=11\sim99$	传动比范围大，若组合为二级三环减速器，传动比可达9801；结构紧凑、体积小、噪声小、过载能力强；承载能力高，输出转矩可达400kN·m；使用寿命长、零件类型少，造价低；派生系列多，适用性强

（续）

<table>
<tr><th colspan="2">类型</th><th>齿　　形</th><th colspan="2">级数和布置形式</th><th>传 动 简 图</th><th>传　动　比</th><th>特点及应用</th></tr>
<tr><td rowspan="3">行星齿轮减速器</td><td rowspan="2">谐波齿轮减速器</td><td rowspan="2">渐开线</td><td rowspan="2">单级</td><td>刚轮固定,波发生器主动,柔轮输出</td><td>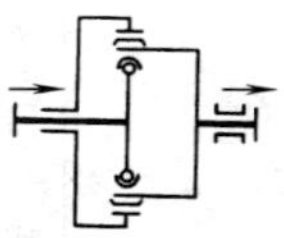</td><td>i = 50 ~ 500(含柔轮固定,波发生器主动,刚轮输出)</td><td rowspan="2">传动比范围大、零件少;体积小,比一般齿轮减速器体积和自重减少 20% ~ 25%;承载能力大、传动效率高,当 i = 100 时,η = 90%,i = 400 时,η = 80%;制造工艺复杂</td></tr>
<tr><td>波发生器固定,柔轮主动,刚轮输出</td><td>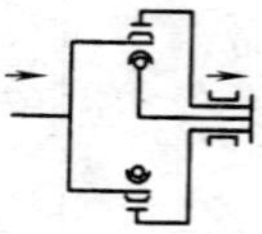</td><td>i = 1. 00 ~ 1. 02</td></tr>
<tr><td>摆线针轮减速器</td><td>短幅外摆线</td><td colspan="2">单级</td><td>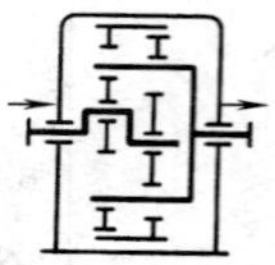</td><td>i = 11 ~ 87</td><td>传动比大,若两级 i = 121 ~ 7500;传动效率高,η = 0. 9 ~ 0. 94;传动平稳,噪声低;结构紧凑,体积小,是普通减速器的 50% ~ 80%;过载和耐冲击力强,寿命长;制造工艺复杂,需用专门机床加工</td></tr>
</table>

表 17-2　常用标准减速器的类型和适用条件

<table>
<tr><th rowspan="2">标　准</th><th colspan="4">类　　型</th><th rowspan="2">传动比</th><th rowspan="2">功率（n_1 = 1500 r/min）/kW</th><th rowspan="2">输入转速 /(r/min)</th><th rowspan="2">环境温度 /℃</th><th rowspan="2">适用范围</th><th rowspan="2">说　　明</th></tr>
<tr><th>名称</th><th colspan="2">分类</th><th>型号</th></tr>
<tr><td rowspan="3">JB/T 8853 —2015</td><td rowspan="3">硬齿面渐开线圆柱齿轮减速器</td><td colspan="2">单级</td><td>H_1</td><td>1. 25 ~ 6. 3</td><td>10 ~ 6666</td><td rowspan="3">v≤20m/s,可正、反向运转</td><td rowspan="3">-40 ~ 45</td><td rowspan="3">冶金、矿山、运输、水泥、建筑、纺织、轻工等行业</td><td rowspan="3">齿面硬度 55 ~ 62HRC,齿轮精度为 6 级,比软齿面减速器承载能力平均提高 24 倍以上,价格增加 3 倍左右</td></tr>
<tr><td colspan="2">两级</td><td>H_2</td><td>6. 3 ~ 20</td><td>13 ~ 4310</td></tr>
<tr><td colspan="2">三级</td><td>H_3</td><td>22. 4 ~ 100</td><td>8 ~ 1865</td></tr>
<tr><td rowspan="4">JB/T 7000 —2010</td><td rowspan="4">同轴式圆柱齿轮减速器</td><td rowspan="2">二级</td><td>双出轴型</td><td>TZL</td><td>4. 83 ~ 25. 85</td><td>1. 48 ~ 248. 5</td><td rowspan="4">v≤20m/s,可正、反向运转</td><td rowspan="4">-40 ~ 40</td><td rowspan="4">冶金、矿山、能源、建材、化工等行业</td><td rowspan="4">直联电动机为 Y 系列三相异步四级电动机。减速器适用于外式安装,允许输出轴向下倾斜安装,但与水平面夹角要小于 20°</td></tr>
<tr><td>直联电机型</td><td>TZLD</td><td>4. 83 ~ 12. 73</td><td>1. 1 ~ 90</td></tr>
<tr><td rowspan="2">三级</td><td>双出轴型</td><td>TZS</td><td>8. 8 ~ 206. 9</td><td>0. 2 ~ 163. 8</td></tr>
<tr><td>直联电机型</td><td>TZSD</td><td>13.65 ~ 205. 1</td><td>0. 55 ~ 90</td></tr>
</table>

（续）

标　准	类　型 名称	类　型 分类	类　型 型号	传动比	功率（n_1=1500r/min）/kW	输入转速/(r/min)	环境温度/℃	适用范围	说　　明
JB/T 7337—2010	轴装式减速器	两级	ZJ	10~40	额定输出转矩 630~6300 N·m	≤1500，可正、反向运转	-20~40	带式输送机、斗式提升机以及轻化、纺织等行业	减速器直接装在轴上，可省去连接减速器和工作机的联轴器，安装方便
YB/T 050—1993	圆锥圆柱齿轮减速器	二级（基本型）	YKL	5~16	4.3~1850	v≤20m/s	-40~45	冶金、矿山等多种行业	一级弧齿锥齿轮与单、两、三级斜齿圆柱齿轮组合而成，锥齿轮放高速级
		三级（基本型）	YKS	11.2~90	2.4~1900				
		四级（基本型）	YKF	90~500	1.5~1150				
JB/T 7935—2015	圆弧圆柱蜗杆减速器（尼曼蜗杆）	蜗杆下置	CWⅣ	5~63	0.91~197	≤1500可正、反向运转	<20	冶金、矿山、运输、水泥、建筑、纺织、轻工等较小型设备上	与阿基米德蜗杆减速器比较，体积小、寿命长、噪声小，传动效率提高 4%
		蜗杆侧置	CWⅦ						
		蜗杆上置	CWⅠ						
JB/T 7936—2010	直廓环面蜗杆减速器	蜗杆下置	HWB HWWB	10~63	2.6~526	≤1500可正、反向运转	0~40		中心距 a=100~500mm 时，承载能力比阿基米德蜗杆减速器提高 3 倍以上
		蜗杆上置	HWT HWWT						
JB/T 9051—2010	平面包络环面蜗杆减速器	蜗杆下置	TPU	10~63	2.6~582.5	≤1500	0~45	冶金、矿山、运输、水泥、建筑、纺织、轻工等较小型设备上	中心距 a=80~500mm 时，比阿基米德蜗杆减速器承载能力提高 3 倍以上，效率达 95%
		蜗杆侧置	TPS						
		蜗杆上置	TPA						
GB/T 16444—2008	平面二次包络环面蜗杆减速器	蜗杆下置	PWU	10~63	1.49~597	≤1500	0~45		中心距 a=80~710mm 时，与阿基米德蜗杆减速器相比，承载能力提高 3 倍以上，效率达 95%
		蜗杆侧置	PWS						
		蜗杆上置	PWO						

（续）

标准	类型 名称	类型 分类	类型 型号	传动比	功率（n_1=1500 r/min）/kW	输入转速/(r/min)	环境温度/℃	适用范围	说明
JB/T 6502—2015	NGW行星齿轮减速器	两级行星	P2D P2F	20~40	45~9750	≤1500 直齿轮 v≤15m/s 斜齿轮 v≤20m/s 可正、反向运转	-40~45	冶金、矿山、运输、建材、轻工、能源、交通等行业	齿轮毛坯为17CrNiMo、20CrMnTi，齿面经渗碳淬火、磨齿，硬度58~62HRC。齿轮精度，太阳轮、行星轮为6级，内齿轮为7级。运转平稳、噪声小，设计寿命10年 在相同条件下，比普通圆柱齿轮轻1/2以上。根据连接形式，分为底座连接和法兰连接
		两级行星和一级定轴	P2ZD P2ZF	45~125	13~8400				
		三级行星	P3D P3F	140~280	12.7~1680				
		三级行星和一级定轴	P3ZD P3ZF	315~900	3.8~1177				
JB/T 6135—1992	混合少齿差行星变速器	单级传动	HB	25~71	0.46~43.44	≤1500	-40~45	矿山、橡胶、锅炉、冶金、建筑、化工、石油、起重、运输、纺织、通用、轻工和食品等行业	这是在混合少齿差减速器基础上发展起来的。改变输入轴或输出轴转向可得到 i_1、i_2、$-i_2$ 三种传动比
		带转矩控制器	HBN	125~355	0.14~140	≤1500			
		两台减速器串联	HBJ	2240~8700	0.55~7.5（n_1=750）	≤750			
GB/T 14118—1993	谐波传动减速器	单级	XB	63~320	输出转矩2.5~6300 N·m	≤3000	-40~55	航天、航空、能源、医疗器械、机器人、原子能、仪器仪表、影视照明等行业	
JB/T 2982—2016	摆线针轮减速器	一级 双轴型(卧式)	ZW	6~87	0.1~15	≤1500	≤40	起重运输、矿山、冶炼、石油化工、纺织、印染以及轻工食品多种行业中	除卧式外，还有立式，将型号中W改为L
		二级 双轴型(卧式)	ZWE	99~1505	0.07~18.79				
		三级 双轴型(卧式)	ZWS						
		一级 直联型(卧式)	ZWD	6~87	0.09~15		-40~45		
		二级 直联型(卧式)	ZWED	99~1225	0.09~18.5				
		三级 直联型(卧式)	ZWSD						

注：各类减速器在起动前环境温度若低于0℃时，润滑油应预热；高于45℃（或40℃）时，润滑油应采取冷却措施。

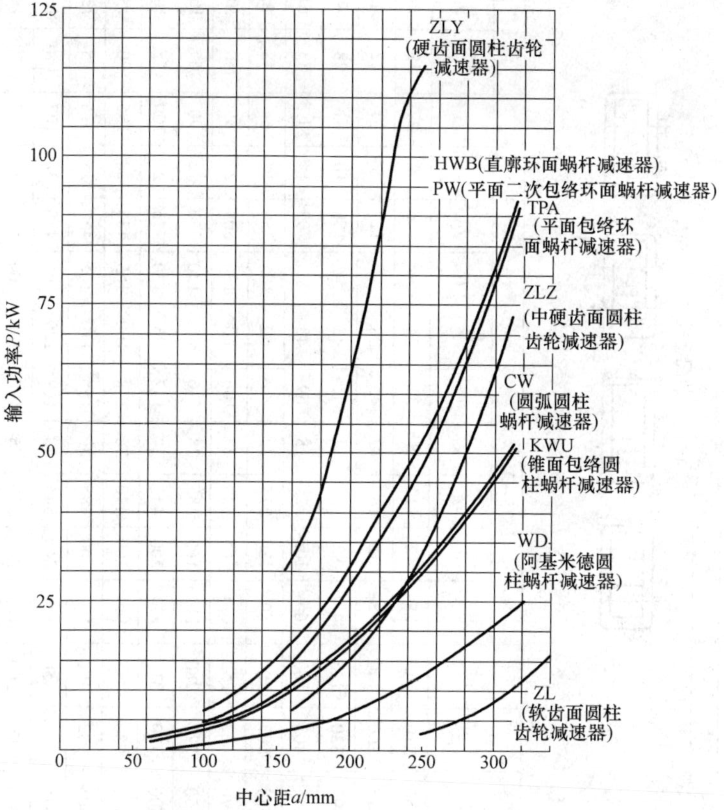

图 17-1 圆柱齿轮减速器、蜗杆减速器承载能力比较线图（$i=25$，$n_1=1000\mathrm{r/min}$）

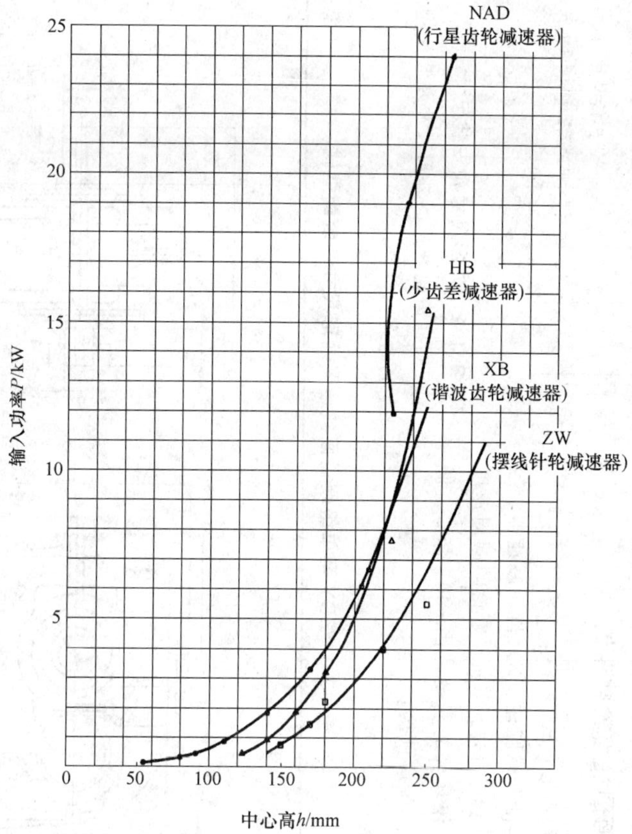

图 17-2 行星齿轮少齿差、谐波、摆线针轮减速器承载能力比较线图

17.2 渐开线圆柱齿轮减速器

17.2.1 硬齿面圆柱齿轮减速器

17.2.1.1 型式和标记方法

这类减速器是渐开线圆柱（Z）齿轮减速器。减速器高速轴转速不大于1500r/min，齿轮的圆周速度不大于20m/s；工作环境的温度范围-40~45℃，低于0℃，起动前润滑油应预热。

标记示例：

减速器 ZLY 560-11.2-I JB/T 8853—2001

- 标准号
- 第一种装配型式
- 公称传动比（i = 11.2）
- 低速级中心距（a = 560mm）
- 型号
- 名称

17.2.1.2 外形尺寸和安装尺寸

圆柱齿轮减速器外形尺寸及装配型式见表17-3~表17-5。

表17-3 ZDY型单级硬齿面减速器外形尺寸及装配型式 （单位：mm）

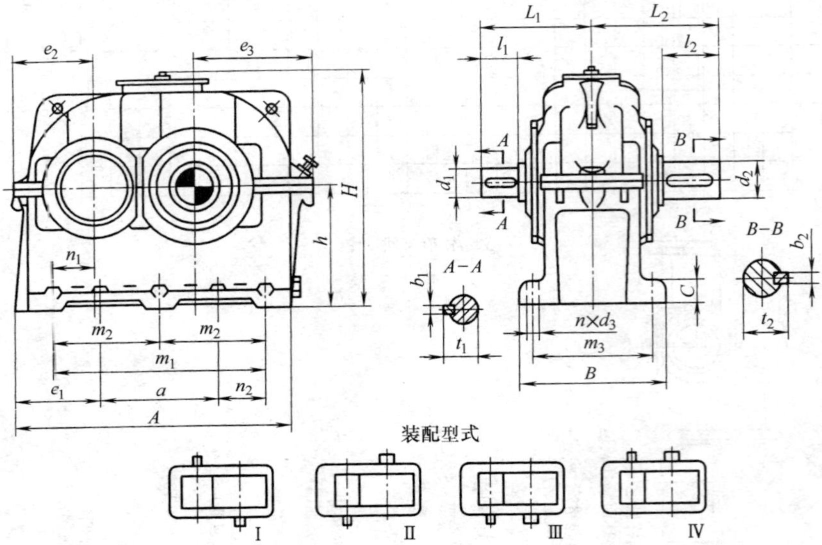

规格	A	B	H ≈	a	i=1.25~2.8					i=3.15~4.5					i=5~5.6				
					d_1 (m6)	l_1	L_1	b_1	t_1	d_1 (m6)	l_1	L_1	b_1	t_1	d_1 (m6)	l_1	L_1	b_1	t_1
80	235	150	210	80	28	42	112	8	31	24	36	106	8	27	19	28	98	6	21.5
100	290	175	260	100	42	82	167	12	45	28	42	127	8	31	22	36	121	6	24.5
125	355	195	330	125	48	82	182	14	51.5	38	58	158	10	41	28	42	142	8	31
160	445	245	403	160	65	105	225	18	69	48	82	202	14	51.5	38	58	178	10	41
200	545	310	507	200	80	130	275	22	85	60	105	250	18	64	48	82	227	14	51.5
250	680	370	662	250	100	165	340	28	106	80	130	305	22	85	60	105	280	18	64
280	755	450	722	280	110	165	385	28	116	85	130	350	22	90	65	105	325	18	69
315	840	500	770	315	130	200	445	32	137	95	130	375	25	100	75	105	350	20	79.5
355	930	550	930	355	140	200	470	36	148	100	165	435	28	106	90	130	400	25	95
400	1040	605	982	400	150	200	485	36	158	110	165	450	28	116	95	130	415	25	100
450	1150	645	1090	450	160	240	545	40	169	120	165	470	32	127	100	165	470	28	106
500	1290	710	1270	500	180	240	580	45	190	130	200	540	32	137	120	165	505	32	127
560	1440	780	1360	560	200	280	660	45	210	150	200	580	36	158	130	200	580	32	137

（续）

规格	d_2 (m6)	l_2	L_2	b_2	t_2	C	m_1	m_2	m_3	n_1	n_2	e_1	e_2	e_3	h	地脚螺栓孔		质量 /kg	参考润滑油量 /L
																d_1	n		
80	32	58	128	10	35	18	180	—	120	40	60	67.5	81	101	100	12	4	14	0.9
100	48	82	167	14	51.5	22	225	—	140	52.5	72.5	85	102	122	125	15	4	35	1.6
125	55	82	182	16	59	25	290	—	160	65	100	97.5	119	155	160	15	4	76	3.2
160	70	105	225	20	74.5	32	355	—	200	73	122	118	141	190	200	18.5	4	115	6.5
200	90	130	275	25	95	40	425	—	255	80	145	140	169	235	250	24	4	228	12.8
250	110	165	340	28	116	50	550	275	305	110	190	175	214	295	315	28	6	400	23
280	130	200	420	32	137	50	620	310	380	120	220	187.5	228	328	355	28	6	540	36
315	140	200	445	36	148	63	700	350	420	137.5	247.5	207.5	254	364	400	35	6	800	45
355	150	200	470	36	158	63	770	385	470	142.5	272.5	222.5	269	397	450	35	6	870	70
400	160	240	525	40	169	80	850	425	510	150	300	245	304	454	500	42	6	1640	90
450	170	240	545	40	179	80	950	475	550	165	335	265	331	501	560	42	6	2100	125
500	190	280	620	45	200	100	1080	540	610	190	390	295	418	618	630	42	6	3100	180
560	240	330	790	56	252	100	1200	600	680	205	435	325	432	662	710	48	6	3730	250

表 17-4　ZLY 型两级硬齿面减速器外形尺寸及装配型式　（单位：mm）

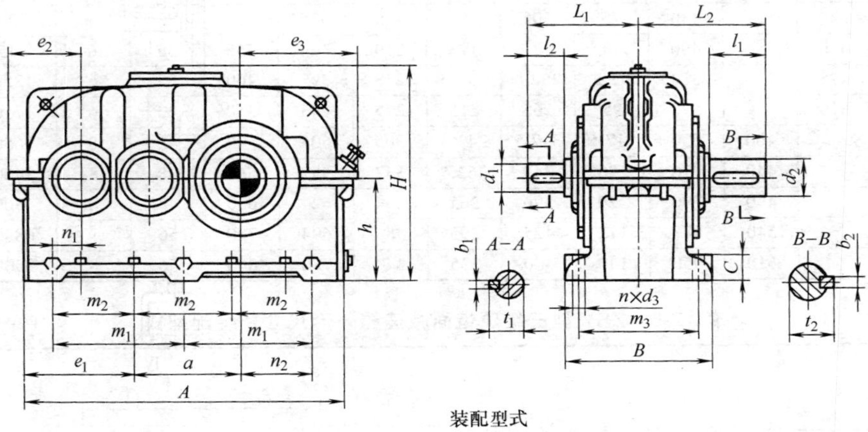

装配型式

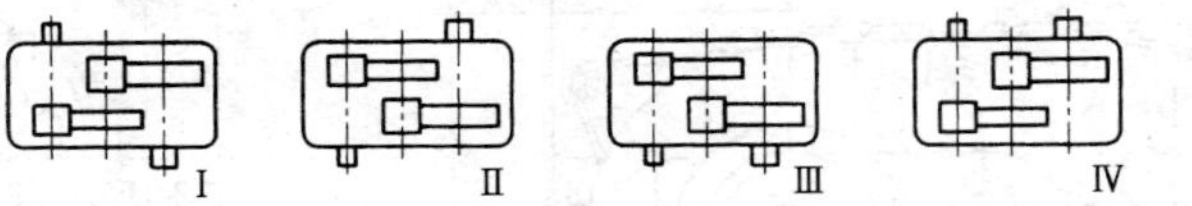

规格	A	B	H ≈	a	i=6.3～11.2					i=12.5～20					d_2 (m6)	l_2	L_2	b_2	t_2
					d_1	l_1	L_1	b_1	t_1	d_1	l_1	L_1	b_1	t_1					
112	385	215	265	192	24	36	141	8	27	22	36	141	6	24.5	48	82	192	14	51.5
125	425	235	309	215	28	42	157	8	31	24	36	151	8	27	55	82	207	16	59
140	475	245	335	240	32	58	185	10	35	28	42	167	8	31	65	105	230	18	69
160	540	290	375	272	38	58	198	10	41	32	58	198	10	35	75	105	245	20	79.5
180	600	320	435	305	42	82	232	12	45	32	58	208	10	35	85	130	285	22	90
200	665	355	489	340	48	82	247	14	51.5	38	58	223	10	41	95	130	300	25	100
224	755	390	515	384	48	82	267	14	51.5	42	82	267	12	45	100	165	355	28	106
250	830	450	594	430	60	105	315	18	64	48	82	292	14	51.5	110	165	380	28	116
280	920	500	670	480	65	105	340	18	69	55	82	317	16	59	130	200	440	32	137
315	1030	570	780	539	75	105	365	20	79.5	60	105	365	18	64	140	200	470	36	148
355	1150	600	870	605	85	130	410	22	90	70	105	385	20	74.5	170	240	530	40	179

（续）

规格	A	B	H ≈	a	i=6.3~11.2 d1	l1	L1	b1	t1	i=12.5~20 d1	l1	L1	b1	t1	d2 (m6)	l2	L2	b2	t2
400	1280	690	968	680	90	130	440	25	95	80	130	440	22	85	180	240	560	45	190
450	1450	750	1065	765	100	165	515	28	106	85	130	480	22	90	220	280	640	50	231
					i=6.3~12.5					i=14~20									
500	1600	830	1190	855	110	165	555	28	116	95	130	520	25	100	240	330	730	56	252
560	1760	910	1320	960	120	165	575	32	127	110	165	575	28	116	280	380	820	63	292
630	1980	1010	1480	1080	140	200	660	36	148	120	165	625	32	127	300	380	870	70	314
710	2220	1110	1653	1210	160	240	740	40	169	140	200	700	36	148	340	450	990	80	355

规格	C	m_1	m_2	m_3	n_1	n_2	e_1	e_2	e_3	h	地脚螺栓孔 d_3	n	质量 /kg	参考润滑油量/L
112	22	160		180	43	85	75.5	92	134	125	15	6	60	3
125	25	180		200	45	100	77.5	98	153	140	15	6	69	4.3
140	25	200		210	47.5	112.5	85	106	171	160	15	6	105	6
160	32	225		245	58	120	103	126	188	180	18.5	6	155	8.5
180	32	250		275	60	135	110	134	209	200	18.5	6	185	11.5
200	40	280		300	65	155	117.5	148	238	225	24	6	260	16.5
224	40	310		335	70	165.5	137.5	168	263	250	24	6	370	23
250	50	350		380	80	190	145	184	293	280	28	6	527	32
280	50	380		430	75	205	155	195	325	315	28	6	700	46
315	63	420		490	78	223	173	219	364	355	35	6	845	65
355	63	475		520	92.5	252.5	192.5	238	398	400	35	6	1250	90
400	80	520		590	95	265	215	275	445	450	42	6	1750	125
450	80		400	650	117.5	317.5	242.5	305	505	500	42	8	2650	180
500	100		440	710	120	345	262.5	337	557	560	48	8	3400	250
560	100		490	790	120	390	265	354	624	630	48	8	4500	350
630	125		540	870	115	425	295	384	694	710	56	8	6800	350
710	125		610	950	140	480	335	440	780	800	56	8	8509	520

表 17-5　ZSY 型三级硬齿面减速器外形尺寸及装配型式　　（单位：mm）

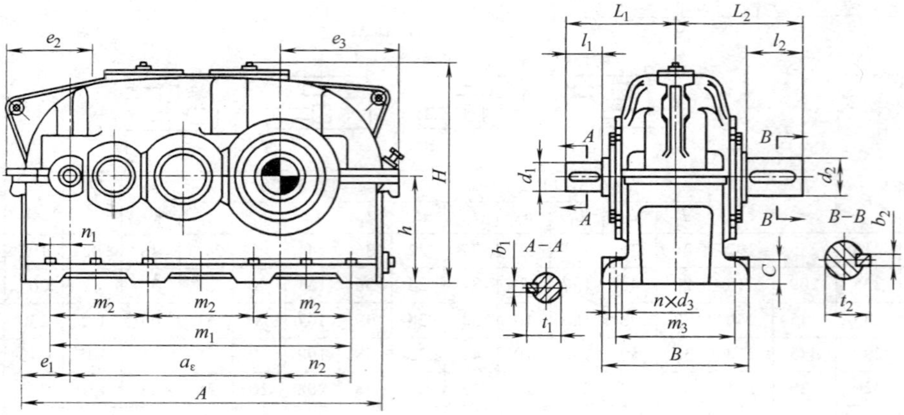

装配型式

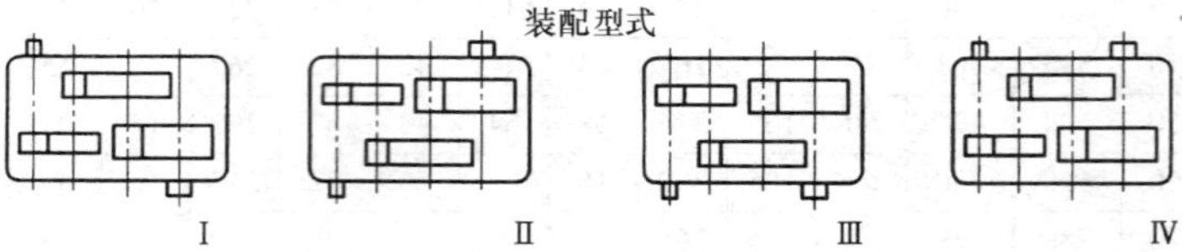

（续）

规格	A	B	H ≈	a	$i=22.4\sim71$					$i=80\sim100$					d_2 (m6)	l_2	L_2	b_2	t_2
					d_1 (m6)	l_1	L_1	b_1	t_1	d_1 (m6)	l_1	L_1	b_1	t_1					
160	600	290	375	352	24	36	166	8	27	19	28	158	6	21.5	75	105	245	20	79.5
180	665	320	435	395	28	42	187	8	31	22	36	181	6	24.5	85	130	285	22	90
200	745	355	492	440	32	58	218	10	35	22	36	196	6	24.5	95	130	300	25	100
224	840	390	535	496	38	58	233	10	41	24	36	211	8	27	100	165	355	28	106
250	930	450	589	555	42	82	282	12	45	32	58	258	10	35	110	165	380	28	116
280	1025	500	662	620	48	82	307	14	51.5	38	58	283	10	41	130	200	440	32	137
315	1160	570	749	699	48	82	337	14	51.5	42	82	337	12	45	140	200	470	36	148
					$i=22.4\sim35.5$					$i=40\sim90$									
355	1280	600	870	785	60	105	380	18	64	48	82	357	14	51.5	170	240	530	40	179
400	1420	690	968	880	65	105	410	18	69	55	82	387	16	59	180	240	560	45	190
450	1610	750	1067	989	70	105	450	20	74.5	60	105	450	18	64	220	280	640	50	231
					$i=22.4\sim45$					$i=50\sim90$									
500	1790	830	1170	1105	80	130	515	22	85	65	105	490	18	69	240	330	730	56	252
560	2010	910	1320	1240	95	130	530	25	100	75	105	505	20	79.5	280	380	820	63	292
630	2260	1030	1480	1395	110	165	625	28	116	85	130	590	22	90	300	380	880	70	314
710	2540	1160	1655	1565	120	165	685	32	127	90	130	650	25	95	340	450	1010	80	355

规格	C	m_1	m_2	m_3	n_1	n_2	e_1	e_2	e_3	h	地脚螺栓孔		质量/kg	参考润滑油量/L
											d_3	n		
160	32	510	170	245	38	120	83	107	188	180	18.5	8	170	10
180	32	570	190	275	37.5	137.5	85	109	209	200	18.5	8	205	14
200	40	630	210	300	40	150	97.5	128	238	225	24	8	285	19
224	40	705	235	335	43.5	165.5	110.5	141	263	250	24	8	395	26
250	50	810	270	380	60	195	120	158	293	280	28	8	540	36
280	50	855	285	430	35	200	120	160	325	315	28	8	750	53
315	63	960	320	490	40	218	143	189	364	355	35	8	940	75
355	63	1080	360	520	42.5	252.5	143	188	398	400	35	8	1400	115
400	80	1200	400	590	45	275	155	215	445	450	42	8	1950	160
450	80	1350	450	650	48	313	178	240	505	500	42	8	2636	220
500	100	1500	500	710	59	332.5	200	277	557	560	48	8	3800	300
560	100	1680	560	790	70	370	235	324	624	630	48	8	5100	450
630	125	1890	630	890	72.5	422.5	255	344	694	710	56	8	7060	520
710	125	2130	710	1000	92.5	472.5	297.5	400	780	800	56	8	9205	820

17.2.1.3 承载能力

减速器的承载能力受机械强度和热平衡许用功率两方面的限制，因此减速器的选用必须通过两个功率表。减速器的功率 P_1 和热功率 P_{G1}、P_{G2} 列于表 17-6～表 17-11。减速器的工况系数 K_A 见表 17-12。减速器载荷分类见表 17-13。热功率影响系数 f_1、f_2、f_3 见表 17-14。减速器安全系数 S_A 见表 17-15。

表 17-6　ZDY 减速器功率 P_1

公称传动比 i	公称转速(r/min)		规格/mm												
	输入 n_1	输入 n_2	80	100	125	160	200	250	280	315	355	400	450	500	560
			公称输入功率 P_1/kW												
1.25	1500	1200	57	103	205	360	633	1121							
	1000	800	40	69	140	260	446	807							
	750	600	31	52	105	190	348	636							
1.4	1500	1070	53	96	194	326	616	1109							
	1000	715	37	65	132	240	433	794							
	750	535	29	48	102	180	337	624							
1.6	1500	940	49	92	180	310	587	1068	1473	1996	2766				
	1000	625	34	63	125	217	410	760	1051	1430	1992				
	750	470	27	50	98	168	319	595	824	1124	1569				
1.8	1500	835	45	87	173	290	557	1024	1411	1925	2663				
	1000	555	31	62	120	206	389	726	1002	1372	1906				
	750	415	24	48	95	160	302	567	784	1074	1497				
2	1500	750	39	80	158	278	526	970	1339	1827	2536				
	1000	500	27	55	110	194	367	684	946	1296	1806	2547	3578	4793	
	750	375	21	43	85	150	284	534	738	1013	1414	1999	2821	3775	5169
2.24	1500	670	36	70	141	264	484	914	1236	1711	2377				
	1000	445	25	49	98	183	337	645	874	1207	1683	2402	3397	4512	
	750	350	19	38	76	142	262	503	682	941	1314	1878	2667	3538	4833
2.5	1500	600	32	64	127	245	447	855	1154	1617	2264				
	1000	400	22	45	88	170	311	601	812	1136	1596	2235	3182	4353	
	750	300	17	35	68	132	241	468	633	884	1243	1742	2492	3406	4645
2.8	1500	535	27	53	115	224	409	789	1063	1489	2068				
	1000	360	19	37	80	155	284	552	746	1048	1456	2049	2945	4000	
	750	270	15	29	62	120	220	429	580	816	1134	1593	2296	3118	4232
3.15	1500	475	23	47	96	203	375	709	990	1359	1924	2658	3790	5036	6666
	1000	315	16	33	67	140	260	496	695	952	1352	1817	2681	3607	4807
	750	235	13	25	52	109	202	385	540	740	1052	1458	2084	2802	3747
3.55	1500	425	20	41	85	179	337	639	898	1210	1730	2410	3407	4460	6119
	1000	280	14	28	59	124	234	446	628	845	1210	1694	2396	3196	4395
	750	210	11	22	46	96	181	346	488	655	940	1312	1856	2483	3419
4	1500	375	17	34	69	155	300	570	774	1095	1555	2146	2981	3985	5651
	1000	250	12	24	48	107	208	396	539	764	1088	1501	2090	2838	4033
	750	187	9	18	37	83	161	307	418	590	844	1160	1618	2199	3128
4.5	1500	335	14	29	55	137	260	495	703	997	1367	1878	2619	3635	4912
	1000	220	9.5	20	38	95	180	344	488	694	953	1311	1832	2582	3485
	750	166	7	15	30	73	139	266	378	536	738	1015	1416	1997	2694
5	1500	300	11	25	48	121	229	451	608	864	1179	1680	2340	3149	4400
	1000	200	8	17	33	84	159	313	422	599	820	1168	1629	2231	3125
	750	150	6	13	26	65	123	242	326	462	633	900	1257	1724	2418
5.6	1500	270	10	20	40	109	211	389	531	779	1031	1564	2038	2791	3778
	1000	180	7	14	27	75	146	270	368	540	716	1088	1417	1969	2670
	750	134	5	11	21	59	113	208	285	416	554	838	1092	1519	2061
6.3	1500	240		16	36	90	175	353	465	651	944	1313	1804	2547	3342
	1000	160		11	25	63	121	244	322	451	655	911	1252	1795	2356
	750	120		9	19	49	94	189	249	349	507	704	964	1388	1817

注：i=6.3 无标准施工图样，如欲采用 i=6.3，需特殊设计齿轮轴与轴承结构。

表 17-7　ZDY 减速器热功率 P_{G1}、P_{G2}

散热冷却条件			规格/mm												
没有冷却措施	环境条件	环境气流速度/(m/s)	80	100	125	160	200	250	280	315	355	400	450	500	560
			P_{G1}/kW												
	小空间	≥0.5	13	20	31	48	77	115	145	182	228	286	365	440	542
	较大空间	≥1.4	18	29	43	68	110	160	210	270	320	415	515	620	770
	在户外露天	≥3.7	24	38	59	92	145	220	275	360	425	550	690	840	1020
盘状管冷却	环境条件	水管内径 d/mm	8	8	8	12	12	15	15	20	20	20	20	20	20
		环境气流速度/(m/s)	P_{G2}/kW												
	小空间	≥0.5	48	65	90	180	300	415	490	610	695	870	1010	1190	1300
	较大空间	≥1.4	48	75	100	200	330	465	550	695	790	1000	1160	1380	1530
	在户外露天	≥3.7	54	90	120	220	365	520	625	790	900	1140	1340	1600	1780

注：当采用循环油润滑时，可按润滑系统计算适当提高 P_{G2}。

表 17-8　ZLY 减速器功率 P_1

公称传动比 i	公称转速 (r/min) 输入 n_1	输出 n_2	112	125	140	160	180	200	224	250	280	315	355	400	450	500	560	630	710
			公称输入功率 P_1/kW																
6.3	1500	240	37.4	54	73	114	157	221	305	424	578	791	1156	1650	2192	3132	4310		
	1000	160	26.4	37.4	50	78	109	153	211	294	400	548	802	1146	1558	2181	3000	4347	6229
	750	120	19.5	28.6	38.5	60	84	119	163	227	308	422	618	884	1213	1685	2320	3357	4884
7.1	11500	210	34	49	66	104	143	201	277	385	525	719	1051	1500	1993	2847	3817		
	1000	140	24	34	45.5	71	99	139	192	267	364	498	729	1042	1416	1983	2731	3952	5663
	750	106	17.7	26	35	54.5	76	108	148	206	280	384	562	804	1103	1532	2109	3052	4440
8	1500	185	32	43	61	94.5	130	181.5	250	347	469	678	932	1309	1869	2489	3520		
	1000	125	21.5	29.5	42.4	64	93	126	173	241	325	470	646	908	1298	1730	2447	3398	5019
	750	94	17	23	33	49	69	97	133	186	251	362	498	700	1000	1333	1887	2619	3881
9	1500	167	29	38.5	56	81	119	165.5	227	315	423	612	841	1182	1689	2248	3183		
	1000	111	20	27	38.5	55	82.5	115	157	218	293	424	583	819	1172	1561	2210	3068	4537
	750	83	15	20.5	30	42	64	88	121	168	226	327	449	631	903	1202	1703	2363	3502
10	1500	150	26	35	50	73	109	149	204	284	383	555	762	1070	1530	2038	2883		
	1000	100	18	24	35	50	75	103	142	197	266	384	528	742	1061	1414	2001	2777	4112
	750	75	14	18.5	26.6	38	58	80	109	152	204	296	407	571	817	1088	1541	2139	3172
11.2	1500	134	23	31.5	45	66	96	133	184	255	346	500	688	966	1381	1839	2604		
	1000	89	16	22	31	45	67	92	127	177	240	347	477	669	957	1275	1806	2506	3711
	750	67	12	17	24	35	51	71	98	136	185	267	367	516	737	982	1391	1930	2862
12.5	1500	120	21	28	40	59	83	116.5	165	229	311	450	618	869	1242	1654	2341		
	1000	80	14	19.5	28	40	57	81	114	159	216	312	428	601	860	1146	1621	2251	3338
	750	60	11	15	21	31	44	63	88	122	166	240	330	463	663	882	1249	1734	2573
14	1500	107	18.5	25	36	52.5	74	105	148	206	279	404	555	779	1115	1485	2162	2918	4318
	1000	71	12.5	17.5	25	36	51	73	102	142	193	280	384	540	772	1028	1455	2020	2996
	750	54	9.8	13	19	27.6	39	56	79	110	149	216	296	416	594	792	1120	1555	2310
16	1500	94	16	22	31	47.5	70.5	98	133	185	251	362	498	700	1000	1333	1887	2619	3879
	1000	62	11	15	21.5	32	49	68	92	128	174	251	345	484	693	923	1306	1812	2690
	750	47	8	11.5	17	25	38	53	71	99	134	193	266	373	533	711	1005	1395	2073
18	1500	83	14	19.5	28	42.5	60.5	86	115	161	225	326	448	629	899	1197	1697	2353	3487
	1000	56	10	13.5	19.6	29	42	59.5	80	111	156	226	310	435	622	829	1175	1628	2417
	750	42	7.5	10.5	15	22	32	46	61	86	120	174	239	335	479	638	905	1252	1861
20	1500	75	13	18	25.5	38	59	77	103	142	205	296	418	587	839	1120	1580	2200	3260
	1000	50	9	12	18	26.5	41	53.5	72	95	142	205	279	392	560	746	1050	1460	2170
	750	38	6.8	9.5	14	20	32	41	55	76	109	158	210	295	420	562	735	1120	1635

表 17-9　ZLY 减速器热功率 P_{G1}、P_{G2}

散热冷却条件			规格/mm																
没有冷却措施	环境条件	环境气流速度/(m/s)	112	125	140	160	180	200	224	250	280	315	355	400	450	500	560	630	710
			P_{G1}/kW																
	小空间	≥0.5	16	20	24	30	38	48	60	74	92	115	145	181	226	276	345	430	540
	较大空间	≥1.4	20	28	35	43	54	67	87	105	130	165	210	255	320	405	485	620	760
	在户外露天	≥3.7	30	38	47	57	73	88	115	140	175	220	275	345	420	530	650	810	1000
盘状管冷却	环境条件	水管内径 d/mm	8	8	15	15	15	15	15	15	15	15	20	20	20	20	20	20	20
		环境气流速度/(m/s)	P_{G2}/kW																
	小空间	≥0.5	34	41	98	105	150	170	200	225	266	280	305	365	415	490	550	680	800
	较大空间	≥1.4	38	50	109	116	170	190	225	260	305	330	370	440	510	620	690	870	1010
	在户外露天	≥3.7	48	60	120	130	200	210	250	295	350	385	435	530	610	750	860	1060	1250

注：当采用循环油润滑时，可按润滑系统计算适当提高 P_{G2}。

表 17-10　ZSY 减速器功率 P_1

公称传动比 i	公称转速/(r/min)		规格/mm													
	输入	输出	160	180	200	224	250	280	315	355	400	450	500	560	630	710
	n_1	n_2	公称输入功率 P_1/kW													
22.4	1500	67	34	51	68	98	131	182	270	400	530	780	1065	1450	1865	—
	1000	44	24	35	48	68	91	128	185	262	355	540	750	1025	1325	1905
	750	33	18	27	37	52	70	97	135	215	275	415	580	800	1030	1485
25	1500	60	32	46	63	96	115	157	240	365	470	705	1020	1405	1865	—
	1000	40	22	31	43	66	80	108	163	250	315	465	705	975	1325	1905
	750	30	16	24	33	51	60	84	122	195	240	350	540	750	1030	1485
28	1500	54	29	42	59	86	113	142	220	325	425	625	945	1260	1800	—
	1000	36	20	29	41	60	75	98	148	215	280	420	650	870	1245	1760
	750	27	15	22	31	46	56	76	114	160	210	310	500	670	960	1355
31.5	1500	48	26	37	51	79	95	127	197	290	395	560	840	1140	1600	—
	1000	32	17	26	35	55	63	86	132	195	370	370	585	790	1110	1565
	750	24	14	20	27	42	49	65	100	145	200	280	450	605	855	1200
35.5	1500	42	23	34	47	70	88	117	178	275	350	510	755	1025	1450	—
	1000	28	15	23	32	48	59	80	118	180	235	340	520	710	1000	1410
	750	21	12	18	25	37	44	61	90	140	175	255	405	545	750	1090
40	1500	38	21	30	42	64	79	107	158	235	325	465	675	930	1300	—
	1000	25	17	21	29	40	53	71	108	160	210	315	465	640	900	1315
	750	19	11	16	22	31	41	55	80	125	155	235	360	465	680	1015
45	1500	33	17	24	34	46	70	96	142	215	280	410	615	850	1130	—
	1000	22	12	16	24	32	47	64	95	145	185	280	425	590	770	1150
	750	17	9	12	18	25	36	50	74	110	140	210	320	450	600	885
50	1500	30	15	22	32	46	63	85	128	195	245	360	540	750	1030	1490
	1000	20	11	15	22	31	43	59	85	130	165	240	370	520	710	1030
	750	15	8	12	17	24	32	43	65	95	125	180	290	400	550	795
56	1500	27	15	21	31	43	56	76	112	170	220	310	480	675	955	1340
	1000	18	10	15	22	30	38	52	77	115	145	210	330	470	660	930
	750	13.4	8	11	17	23	28	40	58	90	110	160	255	360	510	715

（续）

公称传动比 i	公称转速 /(r/min) 输入 n_1	公称转速 /(r/min) 输出 n_2	160	180	200	224	250	280	315	355	400	450	500	560	630	710
			公称输入功率 P_1/kW													
63	1500	24	12	17	23	37	45	61	102	145	195	280	425	605	860	1170
	1000	16	8	12	16	25	30	42	70	100	130	190	290	420	600	810
	750	12	6	9	12	20	23	32	52	75	100	140	225	325	460	620
71	1500	21	11	17	23	33	40	56	90	130	185	245	390	540	770	1045
	1000	14	8	11	15	23	27	38	60	90	115	170	270	370	540	725
	750	10.6	6	9	12	18	21	29	45	65	90	125	210	285	410	555
80	1500	18.8	9	13	18	26	36	51	80	115	155	225	340	470	675	960
	1000	12.5	6	9	12	18	24	34	54	80	100	150	240	330	470	665
	750	9.4	4	7	10	14	19	27	42	60	80	110	185	250	360	510
90	1500	16.7	8	12	18	25	33	46	74	105	140	200	305	395	590	765
	1000	11.1	6	8	12	17	22	30	49	70	95	130	200	278	405	530
	750	8.3	4	6	9	13	17	23	37	55	70	100	160	210	300	405
100	1500	15	8	11	16	24	30	43	60							
	1000	10	5	7	11	16	21	29	40							
	750	7.5	4	6	8	13	16	22	30							

表头“规格/mm”跨 160～710 各列。

表 17-11　ZSY 减速器热功率 P_{G1}、P_{G2}

散热冷却条件			160	180	200	224	250	280	315	355	400	450	500	560	630	710
没有冷却措施	环境条件	环境气流速度 v/(m/s)	P_{G1}/kW													
	小空间	≥0.5	24	30	37	45	56	69	86	110	135	165	208	258	322	400
	较大空间	≥1.4	34	42	52	64	80	98	116	155	190	235	300	365	450	570
	在户外露天	≥3.7	46	57	69	87	108	132	162	205	250	310	400	475	600	760
盘状管冷却或循环油润滑	环境条件	水管内径 d/mm	15	15	15	15	15	15	15	20	20	20	20	20	20	20
		环境气流速度 v/(m/s)	P_{G2}/kW													
	小空间	≥0.5	70	77	92	106	150	160	180	210	350	370	430	480	700	770
	较大空间	≥1.4	80	89	107	125	175	190	210	255	400	440	520	590	820	940
	在户外露天	≥3.7	90	105	124	148	200	225	255	310	460	510	620	700	970	1150

表头“规格/mm”跨 160～710 各列。

注：当采用循环油润滑时，可按润滑系统计算适当提高 P_{G2}。

表 17-12　减速器的工况系数 K_A

原动机	每日工作时间/h	轻微冲击（均匀）载荷 U	中等冲击载荷 M	强冲击载荷 H	原动机	每日工作时间/h	轻微冲击（均匀）载荷 U	中等冲击载荷 M	强冲击载荷 H	原动机	每日工作时间/h	轻微冲击（均匀）载荷 U	中等冲击载荷 M	强冲击载荷 H
电动机 汽轮机 水力机	≤3	0.8	1	1.5	4～6 缸的活塞发动机	≤3	1	1.25	1.75	1～3 缸的活塞发动机	≤3	1.25	1.5	2
	>3～10	1	1.25	1.75		>3～10	1.25	1.5	2		>3～10	1.5	1.75	2.25
	>10	1.25	1.5	2		>10	1.5	1.75	2.25		>10	1.75	2	2.5

表 17-13　部分减速器载荷的分类

类别	机械	载荷
风机类	风机(轴向和径向)	U
	冷却塔风扇	M
	引风机	M
	螺旋活塞式风机	M
	涡轮式风机	U
建筑机械类	混凝土搅拌机	M
	提升机	M
	路面建筑机械	M
化工类	搅拌机(液体)	U
	搅拌机(半液体)	M
	离心机(重型)	M
	离心机(轻型)	U
	冷却滚筒①	M
	干燥滚筒①	M
	搅拌机	M
压缩机类	活塞式压缩机	H
	涡轮式压缩机	M
传送运输机类	平板传送机	M
	平衡块传送机	M
	槽式传送机	M
	带式传动机(大件)①	M
	带式传动机(碎料)①	H
	筒式面粉传送机	U
	链式传送机	M
	环式传送机	M
	货物升降机	M
	提升机①	H
	倾斜提升机①	H
	连杆式传送机	M
	载人升降机	M
	螺旋式升降机	M
	钢带式升降机	M
	链式槽式升降机	M
	铰车运输机	M
起重机类	转臂式起重齿轮传动装置	M
	提升机齿轮传动装置	U
	吊杆起落齿轮传动装置	U
	转向齿轮传动装置	M
	行走齿轮传动装置	H
挖泥机类	筒式传送轮	H
	筒式转向机	H
	挖泥头	H
	机动绞车	M
	泵	M
	转向齿轮传动装置	M
	行走齿轮传动装置(履带)	H
	行走齿轮传动装置(铁轨)	M
食品机械类	灌注及装箱机器	U
	甘蔗压榨机①	M
	甘蔗切断机①	M
	甘蔗粉碎机	H
	搅拌机	M
	酱状物吊桶	M
	包装机	U
	糖甜菜切断机	M
	糖甜菜清洗机	M
发动机及转换器类	频率转换器	H
	发动机	H
	焊接发动机	H
洗衣机类	滚筒	M
	洗衣机	M
金属滚轧机类	钢坯剪切机①	H
	链式输送机①	M
	冷轧机①	H
	连铸成套设备①	H
	冷床①	M
	剪料机头①	H
	交叉转弯输送机①	M
	除锈机①	H
	重型和中型板轧机①	H
	棒坯初轧机①	H
	棒坯转运机械①	H
	棒坯推料机①	H
	推床①	H
	剪板机①	H
	板材摆动升降机①	M
	轧辊调整装置①	M
	辊式矫直机①	M
	轧钢机辊道(重型)①	H
	轧钢机辊道(轻型)①	M
	薄板轧机①	H
	修整剪切机①	M
	焊管机	H
	焊接机(带材和线材)	M
	线材拉拔机	M
金属加工机床类	动力轴	U
	锻造机	H
	锻锤①	H
	机床及辅助装置	U
	机床及主要传动装置	M
	金属刨床	H
	板材校直机床	H
	冲床	H
	冲压机床	H
	剪床	M
	薄板弯曲机床	M
石油工业机械类	输油管油泵①	M
	转子钻机设备	H
制纸机类	压光机①	H
	多层纸板机①	H
	干燥滚筒①	H
	上光滚筒①	H
	搅浆机①	H
	纸浆擦碎机①	H
	吸水滚①	H
	吸水滚压机①	H
	潮纸滚压机①	H
	威罗机	H
泵类	离心泵(稀液体)	U
	离心泵(半液体)	M
	活塞泵	H
	柱塞泵①	H
	压力泵①	H
塑料工业类	压光机①	M
	挤压机①	M
	螺旋压出机①	M
	混合机①	M
橡胶机械类	压光机①	M
	挤压机①	H
	混合搅拌机①	M
	捏和机①	H
	滚压机①	H
石料、瓷土料加工机床类	球磨机①	H
	挤压粉碎机①	H
	压破机	H
	压砖机	H
	锤粉碎机①	H
	转炉①	H
	筒形磨机①	H
纺织机床类	送料机	M
	织布机	M
	印染机	M
	精制桶	M
	威罗机	M
水处理类	鼓风机①	M
	螺杆泵	M
木料加工机床	剥皮机	H
	刨床	M
	锯床①	H
	木料加工机床	U

注：U 为均匀载荷；H 为强冲击载荷；M 为中等冲击载荷。

① 仅用于 24h 工作制。

表 17-14　热功率影响系数 K_1、K_2、K_3

冷却情况		环境温度/℃				
		10	20	30	40	50
环境温度系数 K_1	无冷却	0.9	1	1.15	1.35	1.65
	冷却管冷却	0.9	1	1.1	1.2	1.3

（续）

冷却情况	环境温度/℃				
	10	20	30	40	50
小时载荷率(%)	100	80	60	40	20
载荷系数 K_2	1	0.94	0.86	0.74	0.56
许用功率利用率 P_1/P_{p1}(%)	40	50	60	70	80~100
功率利用系数 K_3	1.25	1.15	1.10	1.05	1

表 17-15　减速器安全系数 S_A

重要性与安全要求	一般设备，减速器失效仅引起单机停产，且易更换备件	重要设备，减速器失效引起机组、生产线或全厂停产	高度安全要求，减速器失效引起设备、人身事故
S_A	1.1~1.3	1.3~1.5	1.5~1.7

17.2.1.4　选用方法

首先按减速器机械强度许用公称功率 P_1 选用。如果减速器的实用输入转速与承载能力表中的三挡转速（1500r/min、1000r/min、750r/min）的某一挡转速相对误差不超过 4%，可按该挡转速下的公称功率，选用相当规格的减速器；如果转速相对误差超过 4%，则应按实用转速折算减速器的公称功率选用。然后校核减速器热平衡许用功率。

【例 17-1】　输送大件物品的带式传动机减速器，电动机驱动，通过中间减速，输入转速 n_1 = 1000r/min，传动比 i=5.6，载荷功率 P_2=240kW，轴伸承受纯转矩，每日工作 24h，最高环境温度 t=30℃，厂房较大，自然通风冷却，油池润油。要求选用第Ⅰ种装配型式的标准减速器。

【解】　1）按减速器的机械强度功率表选取，要计入工况系数 K_A，还要考虑安全系数 S_A。

按表 17-13 查得，带式传动机载荷为中等冲击载荷，减速器失效会引起生产线停产。查表 17-12、表 17-15 得：K_A=1.5，S_A=1.5。机械强度计算功率 P_{2m} 为

$$P_{2m}=P_2K_AS_2=240\times1.5\times1.5\text{kW}=540\text{kW}$$

要求 $P_{2m}\leqslant P_1$

按 i = 5.6 及 n_1 = 1000r/min，公称转速 1000r/min，查表 17-3：ZDY315，i = 5.6，n_1 = 1000r/min，P_1=540kW。可以选用 ZDY315 减速器。

2）校核热功率 P_{2t} 能否通过。要计入系数 K_1、K_2、K_3，应满足 $P_{2t}=P_2K_1K_2K_3\leqslant P_{G1}$。

查表 17-14，得

K_1=1.15

K_2=1（每日 24h 连续工作）

K_3=1.10(P_2/P_1)=1.15×240/540

=48.9%≤50%

P_{2t}=240×1.15×1.10kW=303.6kW

查表 17-7：ZDY315，P_{G1}=270kW，$P_{G1}<P_{2t}$，只有采用盘状管冷却时，$P_{G2}\approx$695kW。$P_{G2}>P_{2t}$。因此可以选定：

ZDY315-5.6-Ⅰ减速器，采用油池润滑，盘状水管通水冷却润滑油。

如果不采用盘状管冷却，则需另选较大规格的减速器。按以上程度重新计算，应选 ZDY450-5.6-Ⅰ。

减速器的许用瞬时尖峰载荷 $P_{2max}\leqslant1.8P_1$。此例未给出运转中的瞬时尖峰载荷，故不校核。

17.2.2　轴装式减速器

17.2.2.1　特点

这种减速器是轴线曲折布置的平衡轴渐开线硬齿面圆柱齿轮减速器。它是借空心输出轴与工作机轴相连接，无地脚，靠拉杆固定。按输出轴旋转方向，分为单向旋转（带逆止装置）和双向旋转；按空心输出轴端盖型式，分为闷盖和通盖；按连接方式分为键连接和涨圈连接；按输入轴装配型式分为左装和右装。

本减速器适用条件见表 17-2。

17.2.2.2　代号和标记

（1）代号　ZJ 为轴装式减速器；L 为输出轴双向旋转；S 为输出轴顺时针单向旋转；N 为输出轴逆时针单向旋转；M 为空心输出轴端盖为闷盖；T 为空心输出轴端盖为通盖；Y 为输入轴安装型式为右装；Z 为输出轴安装型式为左装。

（2）标记示例

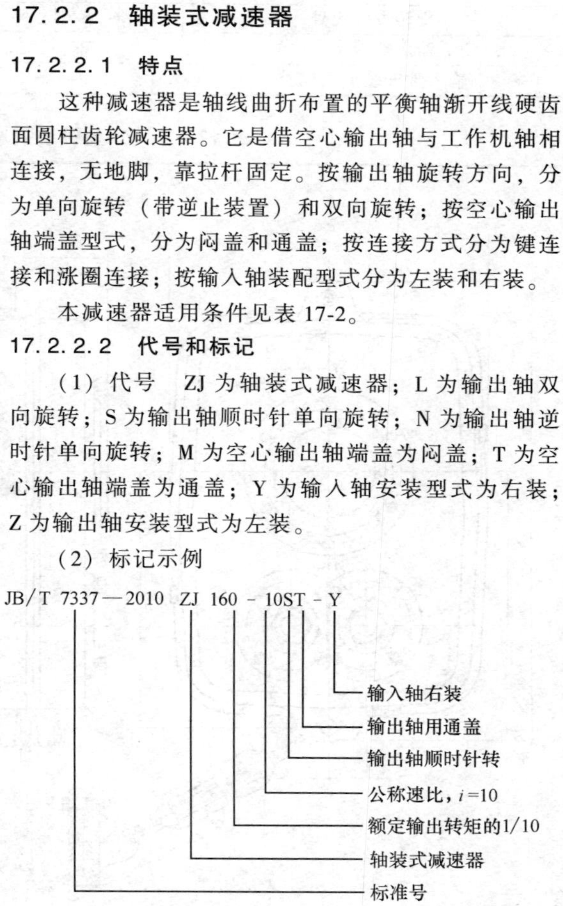

17.2.2.3　装配型式、外形尺寸和承载能力

（1）装配型式　见表 17-16。

（2）外形尺寸及承载能力　见表 17-17。

17.2.2.4　选用方法

（1）选取型号　根据计算转矩，由表 17-17 选取型号。

计算转矩为

$$T_{C2}=\frac{9550P_{1W}}{n_{1W}}i\eta K_A \leqslant T_2$$

式中　T_{C2}——计算输出转矩（N · m）；

P_{1W}——实际输入功率（kW）；

n_{1W}——实际输入转速（r/min）；

i——减速器的实际速比；

η——减速器的传动效率，取 $\eta=0.95$；

K_A——工况系数，K_A 见表 17-14；

T_2——额定输出转矩(N · m)，见表 17-17。

（2）校核瞬时尖峰载荷

$$T_{max} \leqslant 2.5T_{2W}$$

式中　T_{max}——瞬时尖峰载荷（N · m）；

T_{2W}——减速器实际输出转矩（N · m）。

表 17-16　ZJ 型减速器装配型式代号

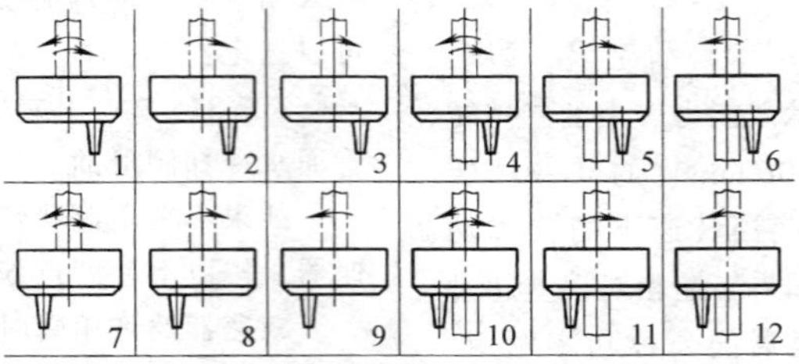

编　号	1	2	3	4	5	6	7	8	9	10	11	12
旋转方向代号	L	S	N	L	S	N	L	S	N	L	S	N
空心输出端盖型式代号		M			T			M			T	
输入轴安装型式代号			Y						Z			

表 17-17　ZJ 型轴装式减速器外形尺寸及承载能力

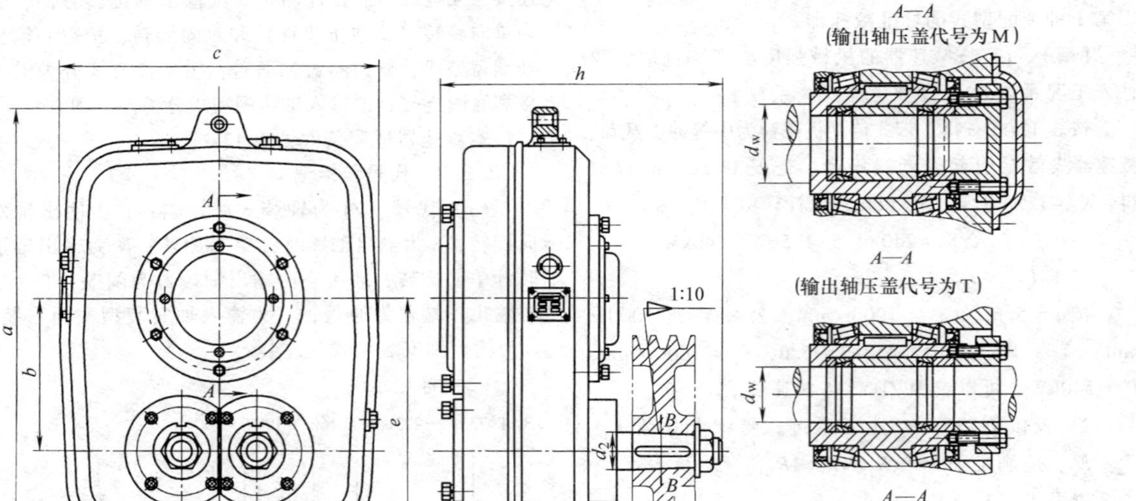

（续）

型号	承载能力/N·m ①	承载能力/N·m ②	公称速比	外形尺寸/mm a	b	c	d	e	f max	f min	g	h	d_2	d_w	b'	D_1	b_1	质量/kg
ZJ63	630	1000	10、11.2、12.5、14、16、18、20、22、22.4、25、28、31.5、35.5、40	490	149	335	42	280	416	310	88	285	35	55	6h9	45	14	78
																50	14	
																55	16	
ZJ100	1000	1600		550	174	385	47	315	416	310	88	334	40	70	10h9	55	16	108
																60	18	
																65	18	
																70	20	
ZJ160	1600	2500		675	198	465	58	395	582	390	100	348	45	70	12h9	55	16	163
																60	18	
																65	18	
																70	20	
ZJ250	2500	4000		750	223	530	63	420	582	390	100	382	50	90	12h9	70	20	230
																80	22	
																90	25	
ZJ400	4000	6300		900	274	620	73	495	690	470	125	449	60	110	16h9	90	25	320
																100	28	
																110	28	
ZJ630	6300	10000		995	298	680	84	545	690	470	125	487	65	110	16h9	90	25	470
																100	28	
																110	28	

① 额定输出转矩 T_2。

② 额定逆止力矩 T_2'，通过逆止装置产生防止反转的额定力矩。

17.2.3 同轴式圆柱齿轮减速器

JB/T 7000—2010 中有 TZL、TZS、TZLD、TZSD 四个系列，适用于冶金、矿山、能源、建材、化工等行业。其工作条件为齿轮圆周速度不大于 20m/s，允许正、反转；工作环境温度为 -40 ~ 40℃，低于 0℃时，起动前润滑油应预热；适用于水平卧式安装，允许输出轴向下倾斜安装，输出轴与水平面夹角不大于 20°，TZLD、TZSD 型的工作海拔不超过 1000m。

17.2.3.1 型式和标记方法

TZL 为二级传动双出轴型同轴式圆柱齿轮减速器；TZS 为三级传动双出轴型同轴式圆柱齿轮减速器；TZLD 为二级传动直联电动机型同轴式圆柱齿轮减速器；TZSD 为三级传动直联电动机型同轴式圆柱齿轮减速器。

标记示例：

减速器 TZL 140-11.11 JB/T 7000—2010

- JB/T 7000—2010——标准号
- 11.11——实际传动比 i = 11.11
- 140——中心高 H = 140mm
- TZL——二级传动双出轴型同轴式圆柱齿轮减速器

减速器　TZSD　375-68.80-7.5　JB/T 7000—2010

标准号

电动机功率 P = 7.5kW

实际传动比 i = 68.80

中心高 H = 375mm

三级传动直联电动机型同轴式圆柱齿轮减速器

17.2.3.2　外形尺寸和安装尺寸

TZL、TZS 型减速器的外形尺寸见表 17-18、TZLD、TZSD 型减速器的外形尺寸见表 17-19。

表 17-18　TZL、TZS 型减速器的外形尺寸（摘自 JB/T 7000—2010）　（单位：mm）

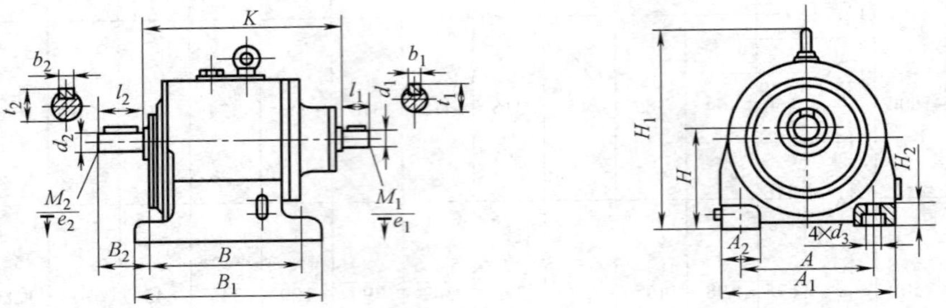

机座号		d_2	l_2	b_2	t_2	M_2	e_2	H	B	B_1	B_2	H_1	K	A	A_1	A_2	H_2	d_3	质量/kg ≈	润滑油量/L ≈
112	L	30js6	80	8	33	M8	12	$112_{-0.5}^{0}$	210	245	99	242	276	155	200	45	25	14.5	25	0.8
	S																		26	
140	L	40k6	110	12	43	M8	12	$140_{-0.5}^{0}$	230	270	144	290	314	170	230	60	30	18.5	41	1.1
	S																		42	
180	L	50k6	110	14	53.5	M8	12	$180_{-0.5}^{0}$	260	310	144	364	369	215	290	75	45	18.5	65	1.6
	S																		67	
225	L	60m6	140	18	64	M10	16	$225_{-0.5}^{0}$	310	365	182	468	433	250	340	90	50	24	123	2.9
	S																		127	
250	L	70m6	140	20	74.5	M12	18	$250_{-0.5}^{0}$	370	440	170	503	486	290	400	110	60	28	175	3.8
	S																		181	
265	L	85m6	170	22	90	M16	24	265_{-1}^{0}	390	470	208	543	554	340	450	110	60	35	202	4.7
	S																		211	
300	L	100m6	210	28	106	M16	24	300_{-1}^{0}	365	455	246	620	568	380	530	150	60	42	281	6.5
	S								460	550			612						302	7.2
355	L	110m6	210	28	116	M16	24	355_{-1}^{0}	410	500	250	742	600	440	600	160	80	42	357	9.1
	S								480	570			645						386	10
375	L	120m6	210	32	127	M16	24	375_{-1}^{0}	450	540	255	778	671	500	660	160	80	42	452	12
	S								520	610			718						491	13
425	L	130m6	250	32	137	M20	30	425_{-1}^{0}	480	580	296	827	708	500	670	170	90	48	626	15
	S								550	650			757						675	17

（续）

机座号		实际传动比 i	d_1	l_1	b_1	t_1	M_1	e_1
TZL	112	≤12.71	19js6	40	6	21.5	M4	8
		14.29~20.33	16js6	40	5	18	M4	8
		≥22.97	11js6	23	4	12.5	M3	6
	140	≤12.41	24js6	50	8	27	M6	10
		13.96~18.08	19js6	40	6	21.5	M4	8
		≥19.21	16js6	40	5	18	M4	8
	180	≤12.40	28js6	60	8	31	M6	10
		13.61~17.58	24js6	50	8	27	M6	10
		19.72	19js6	40	6	21.5	M4	8
	225	≤12.53	38k6	80	10	41	M8	12
		13.85~18.29	28js6	60	8	31	M6	10
		≥20.65	24js6	50	8	27	M6	10
	250	≤12.89	42k6	110	12	45	M8	12
		14.11~20.16	32k6	80	10	35	M8	12
		≥22.71	24js6	50	8	27	M6	10
	265	≤12.08	50k6	110	14	53.5	M8	12
		14.40~17.51	32k6	80	10	35	M8	12
		19.52	28js6	60	8	31	M6	10
	300	≤12.73	55m6	110	16	59	M10	16
		13.92~17.80	42k6	110	12	45	M8	12
		≥20.29	38k6	80	10	41	M8	12
	355	≤12.65	55m6	110	16	59	M10	16
		14.51~20.13	50k6	110	14	53.5	M8	12
		22.24	42k6	110	12	45	M8	12
	375	≤12.56	70m6	140	20	74.5	M12	18
		14.08~20.16	55m6	110	16	59	M10	16
		22.10	50k6	110	14	53.5	M8	12
	425	≤12.58	70m6	140	20	74.5	M12	18
		13.97~19.32	55m6	110	16	59	M10	16
		22.44	50k6	110	14	53.5	M8	12
TZS	112	≤19.32	16js6	40	5	18	M4	8
		≥21.66	11 js6	23	4	12.5	M3	6
	140	≤18.57	19js6	40	6	21.5	M4	8
		≥20.59	16js6	40	5	18	M4	8
	180	≤17.65	24js6	50	8	27	M6	10
		≥20.42	19js6	40	6	21.5	M4	8
	225	≤17.41	28js6	60	8	31	M6	10
		≥20.30	24js6	50	8	27	M6	10
	250	≤20.61	32k6	80	10	35	M8	12
		≥23.28	24js6	50	8	27	M6	10
	265	≤17.96	32k6	80	10	35	M8	12
		≥19.41	28js6	60	8	31	M6	10
	300	≤17.26	42k6	110	12	45	M8	12
		≥20.44	38k6	80	10	41	M8	12
	355	≥19.67	50k6	110	14	53.5	M8	12
		≥321.37	42k6	110	12	45	M8	12
	375	≤19.89	55m6	110	16	59	M10	16
		≥321.60	50k6	110	14	53.5	M8	12
	425	≤19.90	55m6	110	16	59	M10	16
		≥22.52	50k6	110	14	53.5	M8	12

注：L 代表 TZL，S 代表 TZS。

表 17-19　TZLD、TZSD 型减速器的外形尺寸（摘自 JB/T 7000—2010）（单位：mm）

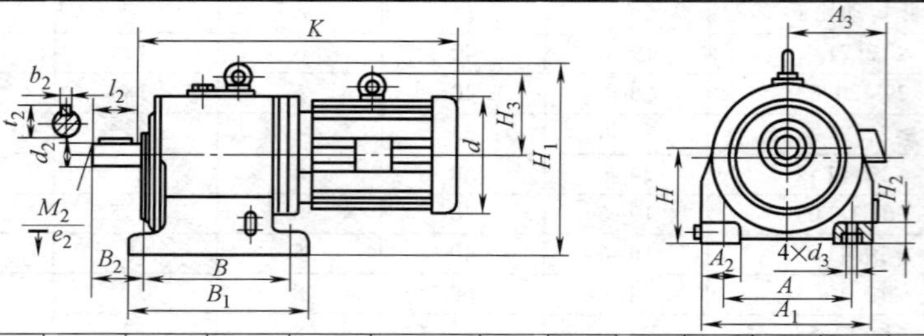

机座号		d_2	l_2	b_2	t_2	M_2	e_2	H	B	B_1	B_2	H_1	A	A_1	A_2	H_2	d_3	润滑油量/L ≈
112		30js6	80	8	33	M8	12	$112_{-0.5}^{0}$	210	245	99	242	155	200	45	25	14.5	0.8
140		40k6	110	12	43	M8	12	$140_{-0.5}^{0}$	230	270	144	290	170	230	60	30	18.5	1.1
180		50k6	110	14	53.5	M8	12	$180_{-0.5}^{0}$	260	310	144	364	215	290	75	45	18.5	1.6
225		60m6	140	18	64	M10	16	$225_{-0.5}^{0}$	310	365	182	468	250	340	90	50	24	2.9
250		70m6	140	20	74.5	M12	18	$250_{-0.5}^{0}$	370	440	170	503	290	400	110	60	28	3.8
265		85m6	170	22	90	M16	24	265_{-1}^{0}	390	470	208	543	340	450	110	60	34	4.7
300	L	100m6	210	28	106	M16	24	300_{-1}^{0}	365	455	246	620	380	530	150	60	42	6.5
	S								460	550								7.2
355	L	110m6	210	28	116	M16	24	355_{-1}^{0}	410	500	250	742	440	600	160	80	42	9.1
	S								480	570								10
375	L	120m6	210	32	127	M16	24	375_{-1}^{0}	450	540	255	778	500	660	160	80	42	12
	S								520	610								13
425	L	130m6	250	32	137	M20	30	425_{-1}^{0}	480	580	296	827	500	670	170	90	48	15
	S								550	650								17

电动机功率 P_1 /kW	电动机机座号	d	A_3	H_3	机座号 TZLD									
					112	140	180	225	250	265	300	355	375	425
					K/mm / 质量/kg									
1.1	90S	175	155		453/44									
1.5	90L				478/49									
2.2	$100L_1$	205	180	142.5		567/76								
3	$100L_2$					567/80	578/94							
4	112M	230	190	150		587/85	598/99							
5.5	132S	270	210	180			670/133							
7.5	132M						715/125	826/190						
11	160M	325	255	222.5				838/245	841/279					
15	160L							883/266	886/300	918/323				
18.5	180M	360	285	250				908/304	911/338	943/361	933/458			
22	180L							948/314	951/346	983/369	958/466			
30	200L	400	310	280					1002/426	1048/449	1049/538	1054/606		

（续）

电动机功率 P_1 /kW	电动机机座号	d	A_3	H_3	机座号 TZLD 112	140	180	225	250	265	300	355	375	425
					K/mm / 重量/kg									
37	225S	445	345	312.5							1082/567	1098/612	1128/687	
45	225M										1107/603	1123/648	1153/723	1170/863
55	250M	500	385	320								1208/766	1238/841	1255/970
75	280S	560	410	360								1278/901	1308/1076	1325/1105
90	280M											1308/1006	1358/1081	1375/1210
0.55	80_1	165	150		438/40	472/53	493/78	545/130	557/179					
0.75	80_2				438/41	472/54	493/79	545/131	557/180					
1.1	90S	175	155		453/45	487/58	517/83	560/135	573/184		659/298			
1.5	90L				478/50	512/63	542/88	585/140	598/189		684/298			
2.2	$100L_1$	205	180	142.5		567/77	578/92	631/142	638/196	672/222	722/310	736/402	786/487	805/642
3	$100L_2$					567/81	578/96	631/146	638/200	672/226	722/314	736/406	786/491	805/646
4	112M	230	190	150		587/86	598/101	651/151	658/205	692/231	742/319	756/411	806/496	825/651
5.5	132S	270	210	180			670/135	781/181	727/225	754/256	809/344	822/436	872/521	891/676
7.5	132M						715/127	826/194	772/236	799/269	854/357	867/448	917/531	936/686
11	160M	325	255	222.5				838/249	841/285	873/311	932/399	935/488	985/573	1004/728
15	160L							883/270	886/306	918/332	977/420	979/509	1029/594	1048/749
18.5	180M	360	285	250				908/308	911/344	943/370	1002/458	994/547	1044/632	1063/787
22	180L							948/318	951/352	983/378	1042/466	1034/555	1084/640	1103/795
30	200L	400	310	280					1002/432	1048/458	1093/538	1099/635	1149/720	1168/862
37	225S	445	345	312.5							1126/567	1143/641	1175/726	1194/876
45	225M										1151/603	1168/677	1200/762	1219/912
55	250M	500	385	320								1253/795	1285/880	1304/1019
75	280S	560	410	360								1323/930	1355/1115	1374/1154
90	280M											1353/1035	1405/1120	1424/1259

注：机座号中 L 代表 TZLD，S 代表 TZSD。

17.2.3.3　承载能力

TZL、TZS 型减速器承载能力见表 17-20 和表 17-21。

TZLD、TZSD 型减速器的实际传动比 i、电动机功率 P_1 和选用系数 K 见表 17-22。

减速器的公称热功率见表 17-23。减速器的工况系数 K_A、安全系数 S_A、环境温度系数 K_1、载荷率系数 K_2、公称功率利用系数 K_3 见表 17-24～表 17-28。

表 17-20 TZL 型减速器的实际传动比 i 和公称输入功率 P_1

（单位：kW）

输入转速 n_1 /(r/min)	机座号																			
	112		140		180		225		250		265		300		355		375		425	
	i	P_1	i	P_1	i	P_1	i	P_1	i	P_1	i	P_1	i	P_1	i	P_1	i	P_1	i	P_1
1500		5.63		10.24		20.81		38.36		65.49		69.69		91.20		154.6		177.9		248.5
1000	5.04	3.76	5.09	6.83	4.93	13.87	5.14	25.58	5.06	43.66	5.03	46.47	5.02	60.86	5.00	103.2	5.06	118.8	4.83	165.7
750		2.82		5.13		10.42		19.20		32.76		34.85		45.80		77.36		88.99		124.8
1500		5.15		9.28		19.06		34.97		57.97		63.21		87.57		134.7		155.4		217.6
1000	5.52	3.43	5.62	6.19	5.38	12.71	5.64	23.32	5.72	38.65	5.64	42.15	5.77	58.40	5.74	89.88	5.79	103.9	5.51	145.2
750		2.58		4.65		9.55		17.49		28.99		31.62		43.79		67.39		77.76		108.9
1500		4.51		9.49		17.14		31.26		51.22		53.46		93.58		139.0		152.7		220.1
1000	6.30	3.01	6.15	6.32	6.17	11.43	6.31	20.85	6.47	34.15	6.34	35.65	6.24	62.39	6.36	92.69	6.46	101.8	6.10	146.8
750		2.26		4.75		8.59		15.65		25.63		26.74		46.81		69.62		76.43		110.2
1500		4.49		8.26		14.89		28.52		48.32		52.29		92.44		131.7		173.5		210.8
1000	7.24	2.99	7.07	5.51	7.10	9.93	7.36	19.02	7.35	32.22	7.22	34.87	7.34	61.63	7.31	87.92	7.23	115.7	7.00	140.6
750		2.25		4.14		7.45		14.27		24.18		26.16		46.25		65.88		86.85		105.7
1500		4.56		8.52		16.33		30.49		49.05		57.29		99.05		135.6		176.8		206.8
1000	7.96	3.04	7.78	5.68	7.93	10.89	7.97	20.33	8.05	32.71	7.99	38.20	7.97	66.05	8.15	90.46	8.04	117.9	7.79	137.9
750		2.29		4.27		8.17		15.26		24.53		28.67		49.53		67.94		88.50		103.7
1500		3.93		7.88		16.56		32.54		45.49		58.67		88.83		129.8		154.2		195.1
1000	9.23	2.62	9.01	5.25	8.88	11.02	9.02	21.69	9.32	30.33	8.88	39.12	8.89	59.24	9.12	86.55	9.22	102.9	8.70	130.2
750		1.97		3.95		8.27		16.29		22.76		29.34		44.43		64.96		77.18		97.65
1500		3.55		7.12		15.77		29.25		44.47		52.04		76.27		115.4		158.4		193.9
1000	10.22	2.37	9.99	4.75	9.61	10.51	10.28	19.97	10.07	29.65	10.01	34.70	10.35	50.86	10.25	76.95	10.26	105.7	9.77	129.4
750		1.78		3.57		7.89		14.99		22.25		26.03		38.14		57.81		79.25		96.97
1500		3.19		6.39		13.93		27.34		40.33		49.62		77.41		113.5		141.5		171.5
1000	11.37	2.13	11.11	4.26	10.88	9.28	11.26	18.23	11.35	26.89	11.14	33.08	11.22	51.61	11.13	75.69	11.49	94.34	11.04	114.4
750		1.60		3.20		6.98		13.68		20.18		24.83		38.72		56.84		70.76		85.84
1500		2.86		5.72		12.22		24.57		36.73		48.34		69.44		99.83		144.6		169.4
1000	12.71	1.91	12.41	3.82	12.40	8.15	12.53	16.38	12.89	24.49	12.08	32.23	12.73	46.30	12.65	66.56	12.56	96.46	12.58	113.0
750		1.44		2.87		6.12		12.29		18.38		24.19		34.73		49.92		72.31		84.74
1500		2.45		5.09		11.14		22.23		33.58		40.58		63.50		87.02		128.9		152.5
1000	14.29	1.64	13.96	3.40	13.61	7.43	13.85	14.82	14.11	22.39	14.40	27.06	13.92	42.34	14.51	58.02	14.08	85.94	13.97	101.7
750		1.23		2.55		5.58		11.12		16.81		20.31		31.77		43.52		64.45		76.31

1500		2.24		4.49		9.59		18.92		30.25		36.90		55.03		77.84		111.7		133.1
1000	16.19	1.49	15.81	3.00	15.79	6.40	16.27	12.62	15.66	20.17	15.83	24.62	16.07	36.69	16.23	51.90	16.25	74.47	16.01	88.74
750		1.13		2.25		4.81		9.47		15.14		18.46		27.52		38.92		55.86		66.56
1500		1.96		3.93		8.62		16.83		26.23		33.35		49.66		68.89		101.5		120.3
1000	18.51	1.31	18.08	2.62	17.58	5.75	18.29	11.22	18.06	17.49	17.51	22.24	17.80	33.11	18.33	45.93	17.88	67.68	17.54	80.23
750		0.99		1.97		4.32		8.42		13.13		16.68		24.84		34.45		50.76		60.16
1500		1.78		3.70		7.69		14.91		23.48		29.92		43.56		62.74		90.05		170.3
1000	20.33	1.19	19.21	2.47	19.72	5.13	20.65	9.94	20.16	15.66	19.52	19.95	20.29	29.05	20.13	41.83	20.16	60.04	19.32	73.55
750		0.90		1.86		3.85		7.46		11.75		14.97		21.79		31.38		45.03		55.16
1500		1.58		3.27				13.45		22.28				39.62		56.79		82.15		94.99
1000	22.97	1.06	21.71	2.18			22.89	8.97	22.71	14.87			22.31	26.42	22.24	37.87	22.10	54.77	22.44	63.33
750		0.81		1.64				6.74		11.15				19.81		28.40		41.08		47.51
1500		1.48		2.86						18.33										
1000	24.50	0.99	24.53	1.91					25.85	12.22										
750		0.75		1.44						9.17										

表 17-21　TZS 型减速器的实际传动比 i 和公称输入功率 P_1

（单位：kW）

输入转速 n_1 /(r/min)	机座号																				
	112		140		180		225		250		265		300		355		375		425	
	i	P_1	i	P_1	i	P_1	i	P_1	i	P_1	i	P_1	i	P_1	i	P_1	i	P_1	i	P_1
1500		2.57		5.29		10.93		21.82		34.19		42.54		73.53		105.8		143.0		163.8
1000	14.11	1.75	14.04	3.53	14.44	7.29	14.11	14.55	13.85	22.80	14.47	28.37	13.74	49.04	13.65	70.54	8.80	95.40	13.98	109.2
750		1.29		2.65		5.47		10.92		17.10		21.28		36.78		52.91		71.56		81.95
1500		2.38		4.83		9.58		19.01		29.46		36.95		63.36		94.36		127.5		138.3
1000	15.26	1.59	15.35	3.22	16.48	6.39	16.19	12.68	16.08	19.65	16.67	24.64	15.95	42.25	15.31	62.91	15.47	85.20	16.55	92.25
750		1.19		2.42		4.80		9.51		14.74		18.49		31.69		47.19		63.90		69.19
1500		2.06		4.00		8.95		17.68		27.22		34.29		58.55		83.58		113.0		122.6
1000	17.67	1.38	18.57	2.67	17.65	5.97	17.41	11.79	17.40	18.15	17.96	22.87	17.26	39.04	17.28	55.73	17.47	75.34	18.68	81.74
750		1.04		2.01		4.48		8.85		13.62		17.16		29.29		41.80		56.51		61.31

（续）

输入转速 n_1 /(r/min)	机座号																			
	112		140		180		225		250		265		300		355		375		425	
	i	P_1	i	P_1	i	P_1	i	P_1	i	P_1	i	P_1	i	P_1	i	P_1	i	P_1	i	P_1
1500		1.88		3.61		7.73		15.17		22.98		31.73		49.43		73.43		99.24		115.0
1000	19.32	1.26	20.59	2.41	20.42	5.15	20.30	10.12	20.61	15.34	19.41	21.16	20.44	32.96	19.67	48.96	19.89	66.17	19.90	76.68
750		0.95		1.81		3.87		7.59		11.51		15.88		24.73		36.73		49.63		57.52
1500		1.67		3.36		7.16		13.98		20.34		26.85		45.11		67.61		91.37		101.6
1000	21.66	1.12	22.08	2.24	22.07	4.78	22.03	9.32	23.28	13.57	22.93	17.91	22.40	30.08	21.37	45.08	21.60	60.92	22.52	67.72
750		0.84		1.69		3.59		6.99		10.18		13.44		22.57		33.82		45.70		50.81
1500		1.46		3.09		6.07		12.82		18.72		24.96		39.26		58.45		78.99		89.77
1000	24.84	0.98	24.06	2.06	26.02	4.05	24.01	8.55	25.31	12.48	24.67	16.64	25.74	26.18	24.72	38.97	24.98	52.67	25.50	59.85
750		0.74		1.55		3.04		6.42		9.37		12.49		19.64		29.23		39.55		44.89
1500		1.32		2.56		5.68		10.67		17.13		21.83		36.28		52.71		71.24		78.46
1000	27.60	0.88	29.01	1.71	27.79	3.80	28.87	7.72	27.65	11.42	28.81	14.56	27.85	24.19	27.40	35.15	27.70	47.50	29.18	52.31
750		0.66		1.29		2.86		5.34		8.57		10.93		18.15		26.37		35.63		39.24
1500		1.20		2.34		4.94		9.83		15.16		19.46		30.84		45.92		62.19		72.99
1000	30.36	0.81	31.78	1.56	32.00	3.30	31.34	6.56	31.24	10.11	31.64	12.98	32.76	20.57	31.46	30.62	31.73	41.47	31.36	48.67
750		0.61		1.18		2.48		4.92		7.59		9.74		15.43		22.97		31.11		36.51
1500		1.05		2.03		4.52		8.96		13.40		17.30		28.42		41.47		55.73		63.93
1000	34.64	0.70	36.54	1.36	34.94	3.02	34.38	5.98	35.35	8.94	35.60	11.54	35.55	18.95	34.84	27.65	35.41	37.16	35.81	42.63
750		0.53		1.02		2.27		4.49		6.71		8.66		14.22		20.74		27.88		31.98
1500		0.91		1.85		3.95		8.01		11.80		15.19		25.49		36.06		49.79		57.83
1000	39.82	0.61	40.19	1.24	40.05	2.64	38.45	5.34	40.15	7.87	40.55	10.13	39.64	17.00	40.06	24.05	39.63	33.20	39.59	38.56
750		0.46		0.93		1.98		4.02		5.91		7.60		12.75		18.04		24.90		28.93
1500		0.83		1.59		3.43		6.87		10.78		13.73		21.88		32.36		44.83		50.39
1000	43.80	0.55	46.57	1.06	46.11	2.29	44.86	4.58	43.94	7.19	44.86	9.16	46.18	14.06	44.64	21.58	44.02	29.89	45.43	33.60
750		0.42		0.80		1.72		3.44		5.40		6.88		10.55		16.19		22.42		25.25
1500		0.71		1.44		3.07		6.34		9.31		12.36		20.19		28.92		39.09		45.28
1000	50.76	0.48	51.59	0.96	51.45	2.05	48.58	4.23	50.91	6.21	49.83	8.24	50.04	13.47	49.95	19.29	50.49	26.07	50.56	30.19
750		0.36		0.72		1.54		3.18		4.66		6.19		10.11		14.47		19.56		22.65
1500		0.65		1.29		2.74		5.60		8.62		10.96		17.79		25.72		35.09		40.52
1000	56.22	0.44	57.38	0.86	57.65	1.83	54.98	3.74	54.97	5.75	56.19	7.31	56.80	11.87	56.17	17.15	56.23	23.40	56.50	27.02
750		0.33		0.65		1.38		2.81		4.32		5.49		8.91		12.87		17.56		20.27
1500		0.58		1.16		2.53		4.92		7.64		9.85		16.27		23.70		31.34		39.07
1000	62.53	0.39	64.14	0.78	62.38	1.69	62.62	3.82	61.99	5.10	62.50	6.57	62.11	10.85	60.94	15.82	62.96	20.90	63.46	24.05
750		0.30		0.59		1.27		2.46		3.83		4.93		8.14		11.87		15.68		18.04

1500		0.52		1.03		2.24		4.49		6.73		9.08		14.10		20.85		28.68		31.92
1000	69.90	0.35	72.12	0.69	70.58	1.50	68.59	2.99	70.42	4.49	67.81	6.06	71.68	9.41	69.30	13.92	68.80	19.13	71.72	21.29
750		0.27		0.52		1.13		2.25		3.37		4.55		7.06		10.44		14.35		15.97
1500		0.46		0.91		1.96		4.03		6.15		7.62		12.72		18.17		25.58		28.02
1000	78.60	0.31	81.70	0.61	80.48	1.31	76.33	2.69	77.03	4.10	80.80	5.09	79.44	8.49	79.51	12.12	77.16	17.06	81.69	18.69
750		0.24		0.46		0.99		2.02		3.08		3.82		6.37		9.09		12.80		14.02
1500		0.41		0.80		1.79		3.46		5.54		6.93		11.16		16.25		22.17		25.22
1000	89.04	0.28	93.41	0.54	88.30	1.20	88.87	2.31	85.52	3.70	88.85	4.63	90.54	7.44	88.88	10.84	89.04	14.78	90.75	16.82
750		0.21		0.41		0.90		1.74		2.78		3.48		5.59		8.13		11.09		12.62
1500		0.35		0.75		1.54		3.11		4.81		6.26		10.15		14.38		20.15		22.01
1000	101.8	0.24	99.23	0.50	102.5	1.03	99.13	2.07	98.61	3.21	98.30	4.18	99.55	6.77	100.4	9.59	97.94	13.44	104.0	14.68
750		0.18		0.38		0.78		1.56		2.41		3.14		5.08		7.20		10.09		11.02
1500		0.33		0.66		1.39		2.76		4.30		5.27		7.46		13.10		17.86		20.10
1000	111.8	0.22	112.2	0.44	114.1	0.93	111.4	1.85	110.1	2.87	117.0	3.52	117.4	4.98	110.3	8.74	110.5	11.91	113.9	13.45
750		0.17		0.33		0.70		1.39		2.16		2.65		3.74		6.56		8.94		10.09
1500		0.29		0.58		1.23		2.45		3.82		4.87		6.72		11.16		16.30		18.25
1000	126.3	0.20	126.8	0.39	128.0	0.82	125.8	1.64	124.1	2.55	126.4	3.25	128.1	4.49	129.4	7.45	121.1	10.88	125.5	12.17
750		0.15		0.30		0.62		1.23		1.92		2.44		3.37		5.59		8.16		9.13
1500		0.25		0.45		1.12		2.21		3.36		3.73		5.61		9.65		12.68		15.71
1000	144.2	0.17	136.4	0.30	140.5	0.75	139.4	1.48	141.2	2.24	142.0	2.49	142.2	3.75	140.7	6.44	144.5	8.46	145.7	10.49
750		0.13		0.23		0.57		1.11		1.69		1.87		2.82		4.84		6.35		7.88
1500		0.20		0.30		0.84		1.98		3.06		3.28		4.01		6.57		9.61		13.56
1000	158.8	0.14	161.7	0.20	152.5	0.56	162.1	1.33	154.7	2.05	154.1	2.19	163.6	2.68	163.5	4.39	157.8	6.41	163.0	9.05
750		0.11		0.15		0.42		1.00		1.54		1.65		2.01		3.30		4.82		6.79
1500								1.57		2.47		2.49						7.48		10.51
1000							176.0	1.05	173.3	1.65	173.3	1.66					171.0	4.99	180.3	7.01
750								0.79		1.24		1.25						3.75		5.26
1500								1.20		1.47										8.24
1000							206.9	0.80	205.1	0.98									201.3	5.51
750								0.61		0.74										4.14

表 17-22 TZLD、TZSD 型减速器的实际传动比 i、电动机功率 P_1 和选用系数 K

电动机功率 P_1/kW	实际传动比 i	选用系数 K	机座号
0.55	17.67	3.59	TZSD112
	19.32	3.29	
	21.66	2.93	
	24.84	2.56	
	27.60	2.30	
	30.36	2.09	
	34.64	1.83	
	39.82	1.60	
	43.80	1.45	
	50.76	1.25	
	56.22	1.13	
	62.54	1.02	
	36.54	3.55	TZSD140
	40.19	3.23	
	46.57	2.79	
	51.59	2.52	
	57.38	2.26	
	64.14	2.02	
	70.58	3.91	TZSD180
	80.48	3.43	
	88.30	3.12	
	102.5	2.69	
	205.1	2.56	TZSD250
0.75	14.11	3.30	TZSD112
	15.26	3.05	
	17.67	2.64	
	19.32	2.41	
	21.66	2.15	
	24.84	1.87	
	27.60	1.69	
	30.36	1.53	
	34.64	1.34	
	39.82	1.17	
	43.80	1.06	
	50.76	0.92	
	56.22	0.83	
0.75	24.06	3.95	TZSD140
	29.01	3.28	
	31.78	2.99	
	36.54	2.60	
	40.19	2.37	
	46.57	2.04	
	51.59	1.84	
	57.38	1.66	
	64.14	1.48	
	51.45	3.94	TZSD180
	57.65	3.51	
	62.38	3.24	
	70.58	2.87	
	80.48	2.52	
	88.30	2.29	
	102.5	1.98	
	99.13	3.98	TZSD225
	111.4	3.54	
	125.8	3.14	
	173.3	3.16	TZSD250
	205.1	1.88	
1.1	6.30	3.95	TZLD112
	7.24	3.81	
	7.96	3.99	
	14.11	2.25	TZSD112
	15.26	2.08	
	17.67	1.80	
	19.32	1.64	
	21.66	1.47	
	24.84	1.28	
	27.60	1.15	
	30.36	1.05	
	34.64	0.92	
	18.57	3.49	TZSD140
	20.59	3.15	

（续）

电动机功率 P_1/kW	实际传动比 i	选用系数 K	机座号	电动机功率 P_1/kW	实际传动比 i	选用系数 K	机座号
1.1	22.08	2.94	TZSD140	1.5	34.94	2.90	TZSD180
	24.06	2.70			40.05	2.53	
	29.01	2.24			46.11	2.20	
	31.78	2.04			51.45	1.97	
	36.54	1.78			57.65	1.76	
	40.19	1.61			62.38	1.62	
	46.57	1.39			70.58	1.43	
	51.59	1.26			80.48	1.26	
	34.94	3.95	TZSD180		88.30	1.15	
	40.05	3.45			54.98	3.59	TZSD225
	46.11	2.99			62.62	3.15	
	51.45	2.68			68.59	2.88	
	57.65	2.39			76.33	2.59	
	62.38	2.21			88.87	2.22	
	70.58	1.96			99.13	1.99	
	80.48	1.72			77.03	3.94	TZSD225
	88.30	1.52			85.82	3.55	
	68.59	3.92	TZSD225		98.61	3.08	
	76.33	3.53			142.2	3.59	TZSD300
	88.87	3.03			163.6	2.57	
	99.13	2.72		2.2	7.07	3.61	TZLD140
	163.6	3.50	TZSD300		7.78	3.73	
1.5	5.04	1.36	TZLD112		9.01	3.45	
	5.52	3.30			14.04	2.31	TZSD140
	6.30	2.89			15.35	2.11	
	7.24	2.80			18.57	1.75	
	7.96	2.92			20.59	1.58	
	14.11	1.65	TZSD112		22.08	1.47	
	15.26	1.53			24.06	1.35	
	17.67	1.32			29.01	1.12	
	19.32	1.21			31.78	1.02	
	21.66	1.08			36.54	0.89	
	24.84	0.94			40.19	0.81	
	27.60	0.84			17.65	3.91	TZSD180
	14.04	3.39	TZSD140		20.42	3.38	
	15.35	3.10			22.07	3.13	
	18.57	2.56			26.02	2.65	
	20.59	2.31			27.79	2.48	
	22.08	2.15			32.00	2.16	
	24.06	1.98			34.94	1.98	
	29.01	1.64			40.05	1.72	
	31.78	1.50			46.11	1.50	
	36.54	1.30			51.45	1.34	
	40.19	1.18			57.65	1.20	
	46.57	1.02			62.38	1.11	
	51.59	0.92			70.58	0.98	
	26.02	3.89	TZSD180		80.48	0.86	
	27.79	3.64			34.38	3.91	TZSD225
	32.00	3.16			38.45	3.50	

（续）

电动机功率 P_1/kW	实际传动比 i	选用系数 K	机座号
2.2	44.86	3.00	TZSD225
	48.58	2.77	
	54.98	2.45	
	62.62	2.15	
	68.59	1.96	
	76.33	1.76	
	88.87	1.51	
	54.97	3.77	TZSD250
	61.99	3.34	
	70.42	2.94	
	77.03	2.69	
	85.52	2.42	
	67.81	3.97	TZSD265
	80.80	3.33	
	88.85	3.03	
	117.4	3.26	TZSD300
	128.1	2.94	
	142.2	2.45	
	163.6	1.75	
	163.5	2.87	TZSD355
	171.0	3.27	TZSD375
	201.2	3.60	TZSD425
3	5.09	3.28	TZLD140
	5.62	2.97	
	6.15	3.04	
	7.07	2.65	
	7.78	2.73	
	9.01	2.53	
	14.04	1.69	TZSD140
	15.35	1.55	
	18.57	1.28	
	20.59	1.16	
	22.08	1.08	
	24.06	0.99	
	29.01	0.82	
	12.40	3.92	TZLD180
	14.44	3.50	TZSD180
	16.48	3.07	
	17.65	2.87	
	20.42	2.48	
	22.07	2.29	
	26.02	1.95	
	27.79	1.82	
	32.00	1.58	
	34.94	1.45	
	40.05	1.26	
	46.11	1.10	
	51.45	0.98	
	57.65	0.88	
	62.38	0.81	

电动机功率 P_1/kW	实际传动比 i	选用系数 K	机座号
3	28.87	3.42	TZSD225
	31.34	3.15	
	34.38	2.87	
	38.45	2.57	
	44.86	2.20	
	48.58	2.03	
	54.98	1.80	
	62.62	1.58	
	68.59	1.44	
	76.33	1.29	
	88.87	1.11	
	40.15	3.78	TZSD250
	43.94	3.45	
	50.91	2.98	
	54.97	2.76	
	61.99	2.45	
	70.42	2.16	
	77.03	1.97	
	85.52	1.18	
	49.83	3.96	TZSD265
	56.19	3.51	
	62.50	3.16	
	67.81	2.91	
	80.80	2.44	
	88.85	2.22	
	90.54	3.58	TZSD300
	99.55	3.25	
	117.4	2.39	
	128.1	2.15	
	142.2	1.80	
	163.6	1.28	
	129.4	3.58	TZSD355
	140.7	3.09	
	163.5	2.11	
	157.8	3.08	TZSD375
	171.0	2.40	
	180.3	3.37	TZSD425
	201.2	2.64	
4	5.09	2.46	TZLD140
	5.62	2.23	
	6.15	2.28	
	7.07	1.99	
	7.78	2.05	
	9.01	1.90	
	14.04	1.27	TZSD140
	15.35	1.16	
	18.57	0.96	
	20.59	0.87	
	22.08	0.81	

（续）

电动机功率 P_1/kW	实际传动比 i	选用系数 K	机座号
4	7.10	3.58	TZLD180
	7.93	3.93	
	8.88	3.97	
	9.61	3.79	
	10.88	3.35	
	12.40	2.94	
	14.44	2.63	TZSD180
	16.48	2.30	
	17.65	2.15	
	20.42	1.86	
	22.07	1.72	
	26.02	1.46	
	27.79	1.37	
	32.00	1.19	
	34.94	1.09	
	40.05	0.95	
	46.11	0.82	
	20.30	3.65	TZSD225
	22.03	3.36	
	24.01	3.08	
	28.87	2.56	
	31.34	2.36	
	34.38	2.15	
	38.45	1.92	
	44.86	1.65	
	48.58	1.52	
	54.98	1.35	
	62.62	1.18	
	68.59	1.08	
	76.33	0.97	
	88.87	0.83	
	31.24	3.65	TZSD250
	35.35	3.22	
	40.15	2.84	
	43.94	2.59	
	50.91	2.24	
	54.97	2.07	
	61.99	1.84	
	70.42	1.62	
	77.03	1.48	
	85.52	1.33	
	40.55	3.65	TZSD265
	44.86	3.30	
	49.83	2.97	
	56.19	2.63	
	62.50	2.37	
	67.81	2.18	
	80.80	1.83	
	88.85	1.67	
	62.11	3.91	TZSD300
	71.68	3.39	
	79.44	3.06	
	90.54	2.68	
4	99.55	2.44	TZSD300
	117.4	1.79	
	128.1	1.62	
	142.2	1.35	
	163.6	0.96	
	88.88	3.91	TZSD355
	100.4	3.46	
	110.3	3.15	
	129.4	2.68	
	140.7	2.32	
	153.5	1.58	
	121.1	3.92	TZSD375
	144.5	3.05	
	157.8	2.30	
	171.0	1.80	
	145.7	3.78	TZSD425
	163.0	3.26	
	180.3	2.53	
	201.2	1.98	
5.5	4.93	3.64	TZLD180
	5.38	3.33	
	6.17	3.00	
	7.10	2.60	
	7.93	2.86	
	8.88	2.89	
	14.44	1.91	TZSD180
	16.48	1.68	
	17.65	1.56	
	20.42	1.35	
	22.07	1.25	
	26.02	1.06	
	27.79	0.99	
	32.00	0.86	
	14.11	3.82	TZSD225
	16.19	3.32	
	17.41	3.09	
	20.30	2.65	
	22.03	2.44	
	24.01	2.24	
	28.87	1.86	
	31.34	1.72	
	34.38	1.57	
	38.45	1.40	
	44.86	1.20	
	48.58	1.11	
	54.98	0.98	

（续）

电动机功率 P_1/kW	实际传动比 i	选用系数 K	机座号
5.5	62.62	0.86	TZSD225
	23.28	3.56	TZSD250
	25.31	3.27	
	27.65	3.00	
	31.24	2.65	
	35.35	2.34	
	40.15	2.06	
	43.94	1.88	
	50.91	1.63	
	54.97	1.51	
	61.99	1.34	
	28.21	3.82	TZSD265
	31.64	3.40	
	35.60	3.02	
	40.55	2.66	
	44.86	2.40	
	49.83	2.16	
	56.19	1.92	
	62.50	1.72	
	67.81	1.59	
	46.18	3.83	TZSD300
	50.04	3.53	
	56.80	3.11	
	62.11	2.84	
	71.68	2.47	
	69.30	3.64	TZSD355
	79.51	3.18	
	88.88	2.84	
	100.4	2.52	
	110.3	2.29	
	89.04	3.88	TZSD375
	97.94	3.52	
	110.5	3.12	
	121.1	2.85	
	144.5	2.22	
	157.8	1.68	
	171.0	1.31	
	104.0	3.85	TZSD425
	113.9	3.51	
	125.5	3.19	
	145.7	2.75	
	163.0	2.37	
	180.3	1.84	
	201.2	1.44	
7.5	4.93	2.67	TZLD180
	5.38	2.44	
	6.17	2.20	
	7.93	2.09	
	8.88	2.12	
7.5	14.44	1.40	TZSD180
	16.48	1.23	
	17.65	1.15	
	20.42	0.99	
	22.07	0.92	
	7.97	3.91	TZLD225
	10.28	3.84	
	11.26	3.51	
	14.11	2.80	TZSD225
	16.19	2.44	
	17.41	2.27	
	20.30	1.94	
	22.03	1.79	
	24.01	1.64	
	28.87	1.37	
	31.34	1.26	
	34.38	1.15	
	38.45	1.03	
	44.86	0.88	
	48.58	0.81	
	16.08	3.78	TZSD250
	17.40	3.49	
	20.61	2.95	
	23.28	2.61	
	25.31	2.40	
	27.65	2.20	
	31.24	1.94	
	35.35	1.72	
	40.15	1.51	
	43.94	1.38	
	50.91	1.19	
	54.97	1.11	
	61.99	0.98	
	22.93	3.44	TZSD265
	24.67	3.20	
	28.21	2.80	
	31.64	2.50	
	35.60	2.22	
	40.55	1.95	
	44.86	1.76	
	49.83	1.58	
	56.19	1.41	
	62.50	1.26	
	67.81	1.16	
	35.55	3.64	TZSD300
	39.64	3.27	
	46.18	2.81	
	50.04	2.59	

（续）

电动机功率 P_1/kW	实际传动比 i	选用系数 K	机座号
7.5	56.80	2.28	TZSD300
	62.11	2.09	
	71.68	1.81	
	49.95	3.71	TZSD355
	56.17	3.30	
	60.94	3.04	
	69.30	2.67	
	79.51	2.33	
	88.88	2.08	
	100.4	1.84	
	110.3	1.68	
	68.80	3.68	TZSD375
	77.16	3.28	
	89.04	2.84	
	97.94	2.58	
	110.5	2.29	
	121.1	2.09	
	144.5	1.63	
	157.8	1.23	
	171.0	0.96	
	81.69	3.59	TZSD425
	90.75	3.23	
	104.0	2.82	
	113.9	2.58	
	125.5	2.34	
	145.7	2.01	
	163.0	1.74	
	180.3	1.35	
	201.2	1.06	
11	5.14	3.35	TZLD225
	5.64	3.06	
	6.31	2.73	
	7.36	2.49	
	7.97	2.67	
	9.02	2.84	
	14.11	1.91	TZSD225
	16.19	1.66	
	17.41	1.55	
	20.30	1.33	
	22.03	1.22	
	24.01	1.12	
	28.87	0.93	
	31.34	0.86	
	9.32	3.99	TZLD250
	10.07	3.97	
	11.35	3.53	
	13.85	2.99	TZSD250
	16.08	2.58	
	17.40	2.38	
11	20.61	2.01	TZSD250
	23.28	1.78	
	25.31	1.54	
	27.65	1.50	
	31.24	1.33	
	35.35	1.17	
	40.15	1.03	
	43.94	0.94	
	50.91	0.81	
	14.47	3.72	TZSD265
	16.67	3.23	
	17.96	3.00	
	19.41	2.77	
	22.93	2.35	
	24.67	2.18	
	28.21	1.91	
	31.64	1.70	
	35.60	1.51	
	40.55	1.33	
	44.86	1.20	
	49.83	1.08	
	56.19	0.96	
	62.50	0.86	
	22.40	3.94	TZSD300
	25.74	3.43	
	27.85	3.17	
	32.76	2.70	
	35.55	2.48	
	39.64	2.23	
	46.18	1.91	
	50.04	1.77	
	56.80	1.56	
	62.11	1.42	
	34.84	3.63	TZSD355
	40.06	3.15	
	44.64	2.83	
	49.95	2.53	
	56.17	2.25	
	60.94	2.07	
	69.30	1.82	
	79.51	1.59	
	88.88	1.42	

（续）

电动机功率 P_1/kW	实际传动比 i	选用系数 K	机座号
11	100.4	1.26	TZSD355
	44.02	3.92	TZSD375
	50.49	3.42	
	56.23	3.07	
	62.96	2.74	
	68.80	2.51	
	77.16	2.24	
	89.04	1.94	
	97.94	1.76	
	110.5	1.56	
	50.56	3.96	TZSD425
	56.50	3.54	
	63.46	3.15	
	71.72	2.79	
	81.69	2.45	
	90.75	2.21	
	104.0	1.92	
	113.9	1.76	
	125.5	1.60	
15	5.14	2.46	TZLD225
	5.64	2.24	
	6.31	2.00	
	7.36	1.83	
	7.97	1.96	
	9.02	2.09	
	14.11	1.40	TZSD225
	16.19	1.22	
	17.41	1.13	
	20.30	0.97	
	22.03	0.90	
	24.01	0.82	
	5.72	3.72	TZLD250
	6.47	3.28	
	7.35	3.10	
	8.05	3.14	
	9.32	2.93	
	10.07	2.92	
	11.35	2.59	
	13.85	2.19	TZSD250
	16.08	1.89	
	17.40	1.75	
	20.61	1.47	
	23.28	1.30	
	25.31	1.20	
	27.65	1.10	
	31.24	0.97	
	35.35	0.86	
	6.34	3.48	TZLD265
15	7.22	3.36	TZLD265
	7.99	3.67	
	8.88	3.76	
	10.01	3.34	
	11.14	3.18	
	14.47	2.73	TZSD265
	16.67	2.37	
	17.96	2.20	
	19.41	2.03	
	22.93	1.72	
	24.67	1.60	
	28.21	1.40	
	31.64	1.25	
	35.65	1.11	
	40.55	0.97	
	44.86	0.88	
	17.26	3.75	TZSD300
	20.44	3.17	
	22.40	2.89	
	25.74	2.52	
	27.85	2.33	
	32.76	1.98	
	35.55	1.82	
	39.64	1.63	
	46.18	1.40	
	50.04	1.29	
	56.80	1.14	
	62.11	1.04	
	24.72	3.75	TZSD355
	27.40	3.38	
	31.46	2.94	
	34.84	2.66	
	40.06	2.31	
	44.64	2.07	
	49.95	1.85	
	56.17	1.65	
	60.94	1.52	
	69.30	1.34	
	79.51	1.17	
	88.88	1.04	
	100.4	0.92	
	31.73	3.99	TZSD375
	35.41	3.57	
	39.63	3.19	
	44.02	2.87	
	50.49	2.51	
	56.23	2.25	
	62.96	2.01	

（续）

电动机功率 P_1/kW	实际传动比 i	选用系数 K	机座号
15	68.80	1.84	TZSD375
	77.16	1.64	
	89.04	1.42	
	97.94	1.29	
	110.5	1.15	
	39.59	3.71	TZSD425
	45.43	3.23	
	50.56	2.90	
	56.50	2.60	
	63.46	2.31	
	71.72	2.05	
	81.69	1.80	
	90.75	1.62	
	104.0	1.41	
	113.9	1.29	
	125.5	1.17	
18.5	5.14	1.99	TZLD225
	5.64	1.82	
	6.31	1.63	
	7.36	1.48	
	7.97	1.59	
	14.11	1.13	TZSD225
	16.19	0.99	
	17.41	0.92	
	5.06	3.40	TZSD250
	5.72	3.01	
	6.47	2.66	
	7.35	2.51	
	8.05	2.55	
	9.32	2.38	
	10.07	2.36	
	13.85	1.78	TZSD250
	16.08	1.53	
	17.40	1.42	
	20.61	1.19	
	23.28	1.06	
	25.31	0.97	
	27.65	0.89	
	5.03	3.26	TZLD265
	5.64	3.23	
	6.34	2.83	
	7.22	2.73	
	7.99	2.98	
	8.88	3.05	
	10.01	2.71	
	14.47	2.21	TZSD265
	16.67	1.92	

电动机功率 P_1/kW	实际传动比 i	选用系数 K	机座号
18.5	17.96	1.78	TZSD265
	19.41	1.65	
	22.93	1.40	
	24.67	1.30	
	28.21	1.14	
	31.64	1.01	
	35.60	0.90	
	10.35	3.96	TZLD300
	12.73	3.61	
	13.74	3.82	TZSD300
	15.95	3.29	
	17.26	3.04	
	20.44	2.57	
	22.40	2.35	
	25.74	2.04	
	27.85	1.89	
	32.76	1.60	
	35.55	1.48	
	39.64	1.33	
	46.18	1.14	
	50.04	1.05	
	56.80	0.93	
	19.67	3.82	TZSD355
	21.37	3.51	
	24.72	3.04	
	27.40	2.74	
	31.46	2.39	
	34.84	2.16	
	40.06	1.87	
	44.54	1.68	
	49.95	1.50	
	56.17	1.34	
	60.94	1.23	
	69.30	1.08	
	79.51	0.94	
	88.88	0.85	
	27.70	3.70	TZSD375
	31.73	3.23	
	35.41	2.90	
	39.63	2.59	
	44.02	2.33	
	50.49	2.03	
	56.23	1.82	
	62.96	1.63	
	68.80	1.49	
	77.16	1.33	
	89.04	1.15	

（续）

电动机功率 P_1/kW	实际传动比 i	选用系数 K	机座号
18.5	31.36	3.79	TZSD425
	35.81	3.32	
	39.59	3.01	
	45.43	2.62	
	50.56	2.35	
	56.50	2.11	
	63.46	1.88	
	71.72	1.66	
	81.69	1.46	
	90.75	1.31	
	104.0	1.14	
	113.9	1.05	
22	5.14	1.68	TZLD225
	5.64	1.53	
	6.31	1.37	
	7.36	1.25	
	7.97	1.33	
	14.11	0.95	TZSD225
	16.19	0.83	
	5.06	2.86	TZLD250
	5.72	2.53	
	6.47	2.24	
	7.35	2.11	
	8.05	2.14	
	9.32	2.00	
	10.07	1.99	
	13.85	1.49	TZSD250
	16.08	1.29	
	17.40	1.19	
	20.61	1.00	
	23.28	0.89	
	25.31	0.82	
	5.03	2.74	TZLD265
	5.64	2.72	
	6.34	2.38	
	7.22	2.29	
	7.99	2.50	
	8.88	2.56	
	10.01	2.28	
	14.47	1.86	TZSD265
	16.67	1.62	
	17.96	1.50	
	19.41	1.39	
	22.93	1.17	
	24.67	1.09	
	28.21	0.95	
	31.64	0.85	
	5.02	3.99	TZLD300
22	5.77	3.83	TZLD300
	8.89	3.88	
	10.35	3.33	
	11.22	3.38	
	12.73	3.04	
	13.74	3.21	TZSD300
	15.95	2.77	
	17.26	2.56	
	20.44	2.16	
	22.40	1.97	
	25.74	1.72	
	27.85	1.59	
	32.76	1.35	
	35.55	1.24	
	39.64	1.11	
	46.18	0.96	
	50.04	0.88	
	17.28	3.65	TZSD355
	19.67	3.21	
	21.37	2.96	
	24.72	2.56	
	27.40	2.30	
	31.46	2.01	
	34.84	1.81	
	40.06	1.58	
	44.64	1.41	
	49.95	1.26	
	56.17	1.12	
	60.94	1.04	
	69.30	0.91	
	21.60	3.99	TZSD375
	24.98	3.45	
	27.70	3.11	
	31.73	2.72	
	35.41	2.44	
	39.63	2.18	
	44.02	1.96	
	50.49	1.71	
	56.23	1.53	
	62.96	1.37	
	68.80	1.25	
	77.16	1.12	
	89.04	0.97	
	25.50	3.92	TZSD425
	29.18	3.43	
	31.36	3.19	
	35.81	2.79	
	39.59	2.53	

（续）

电动机功率 P_1/kW	实际传动比 i	选用系数 K	机座号
22	45.43	2.20	TZSD425
	50.56	1.98	
	56.50	1.77	
	63.46	1.58	
	71.72	1.40	
	81.69	1.23	
	90.75	1.10	
	104.0	0.96	
	113.9	0.88	
30	5.06	2.10	TZLD250
	5.72	1.86	
	6.47	1.64	
	7.35	1.55	
	8.05	1.57	
	13.85	1.10	TZSD250
	16.08	0.94	
	17.40	0.87	
	5.03	2.15	TZLD265
	5.64	1.99	
	6.34	1.74	
	7.22	1.68	
	7.99	1.84	
	14.47	1.36	TZSD265
	16.67	1.18	
	17.96	1.10	
	19.41	1.02	
	22.93	0.86	
	5.02	2.92	TZLD300
	5.77	2.81	
	6.24	3.00	
	7.34	2.96	
	7.97	3.18	
	8.89	2.85	
	10.35	2.44	
	11.22	2.48	
	13.74	2.36	TZSD300
	15.95	2.03	
	17.26	1.88	
	20.44	1.58	
	22.40	1.45	
	25.74	1.26	
	27.85	1.16	
	32.76	0.99	
	35.55	0.91	
	39.64	0.82	
	10.25	3.70	TZLD355
	11.13	3.64	
	12.65	3.20	
30	13.65	3.39	TZSD355
	15.31	3.02	
	17.28	2.68	
	19.67	2.35	
	21.37	2.17	
	24.72	1.87	
	27.40	1.69	
	31.46	1.47	
	34.84	1.33	
	40.06	1.16	
	44.64	1.04	
	49.95	0.93	
	56.17	0.82	
	17.47	3.62	TZSD375
	19.89	3.18	
	21.60	2.93	
	24.98	2.53	
	27.70	2.28	
	31.73	1.99	
	35.41	1.79	
	39.63	1.60	
	44.02	1.44	
	50.49	1.25	
	56.23	1.13	
	62.96	1.01	
	68.80	0.92	
	18.68	3.93	TZSD425
	19.90	3.69	
	22.52	3.26	
	25.50	2.88	
	29.18	2.52	
	31.36	2.34	
	35.81	2.05	
	39.59	1.85	
	45.43	1.62	
	50.56	1.45	
	56.50	1.30	
	63.46	1.16	
	71.72	1.02	
	81.69	0.90	
	90.75	0.81	
37	5.02	2.37	TZLD300
	5.77	2.28	
	6.24	2.43	
	7.34	2.40	
	7.97	2.57	
	8.89	2.31	
	13.74	1.91	TZSD300

（续）

电动机功率 P_1/kW	实际传动比 i	选用系数 K	机座号
37	15.95	1.65	TZSD300
	17.26	1.52	
	20.44	1.29	
	22.40	1.17	
	25.74	1.02	
	27.85	0.94	
	32.76	0.80	
	5.74	3.50	TZLD355
	6.36	3.61	
	7.31	3.42	
	8.15	3.52	
	9.12	3.38	
	10.25	3.00	
	11.13	2.95	
	12.65	2.60	
	13.65	2.75	TZSD355
	15.31	2.45	
	17.28	2.17	
	19.67	1.91	
	21.37	1.76	
	24.72	1.52	
	27.40	1.37	
	31.46	1.19	
	34.84	1.08	
	40.06	0.94	
	44.64	0.84	
	11.49	3.68	TZLD375
	12.56	3.76	
	13.80	3.72	TZSD375
	15.47	3.31	
	17.47	2.94	
	19.89	2.58	
	21.60	2.37	
	24.98	2.05	
	27.70	1.85	
	31.73	1.62	
	35.41	1.45	
	39.63	1.29	
	44.02	1.17	
	50.49	1.02	
	56.23	0.91	
	62.96	0.82	
	16.55	3.59	TZSD425
	18.68	3.19	
	19.90	2.99	
	22.52	2.64	
	25.56	2.33	
	29.18	2.04	
	31.36	1.90	

电动机功率 P_1/kW	实际传动比 i	选用系数 K	机座号
37	35.81	1.66	TZSD425
	39.59	1.50	
	45.43	1.31	
	50.56	1.18	
	56.50	1.05	
	63.46	0.94	
	71.72	0.83	
45	5.02	1.95	TZLD300
	5.77	1.87	
	6.24	2.00	
	7.34	1.98	
	7.97	2.12	
	8.89	1.90	
	13.74	1.57	TZSD300
	15.95	1.35	
	17.26	1.25	
	20.44	1.06	
	22.40	0.96	
	25.74	0.84	
	5.00	3.30	TZLD355
	5.74	2.88	
	6.36	2.97	
	7.31	2.81	
	8.15	2.90	
	9.12	2.78	
	10.25	2.47	
	11.13	2.43	
	12.65	2.13	
	13.65	2.26	TZSD355
	15.31	2.02	
	17.28	1.79	
	19.67	1.57	
	21.37	1.45	
	24.72	1.25	
	27.40	1.13	
	31.46	0.98	
	34.84	0.89	
	5.06	3.80	TZLD375
	5.79	3.32	
	6.46	3.26	
	7.23	3.71	
	8.04	3.78	
	9.22	3.30	
	10.26	3.39	
	11.49	3.02	
	12.56	3.09	
	13.80	3.06	TZSD375
	15.47	2.73	
	17.47	2.41	

（续）

电动机功率 P_1/kW	实际传动比 i	选用系数 K	机座号
45	19.89	2.12	TZSD375
	21.60	1.95	
	24.98	1.69	
	27.70	1.52	
	31.73	1.33	
	35.41	1.19	
	39.63	1.06	
	44.02	0.96	
	50.49	0.84	
	8.70	3.96	TZLD425
	11.04	3.67	
	12.58	3.12	
	13.98	3.50	TZSD425
	16.55	2.96	
	18.68	2.62	
	19.90	2.46	
	22.52	2.46	
	25.50	1.92	
	29.18	1.68	
	31.36	1.56	
	35.81	1.37	
	39.59	1.24	
	45.43	1.08	
	40.56	0.97	
	56.50	0.87	
55	5.00	2.70	TZLD355
	5.74	2.36	
	6.36	2.43	
	8.15	2.37	
	9.12	2.27	
	10.25	2.02	
	11.13	1.99	
	13.65	1.85	TZSD355
	15.31	1.65	
	17.28	1.46	
	19.67	1.28	
	21.37	1.18	
	24.72	1.02	
	27.40	0.92	
	31.46	0.80	
55	5.06	3.11	TZLD375
	5.79	2.72	
	6.46	2.67	
	7.23	3.03	
	8.04	3.09	
	9.22	2.70	
	10.26	2.77	
	11.49	2.47	
	12.56	2.53	
	13.80	2.50	TZSD375
	15.47	2.23	
	17.47	1.98	
	19.89	1.74	
	21.60	1.60	
	24.98	1.38	
	27.70	1.25	
	31.73	1.09	
	35.41	0.97	
	39.63	0.87	
	5.51	3.80	TZLD425
	6.10	3.85	
	7.00	3.51	
	7.79	3.62	
	8.70	3.24	
	9.77	3.39	
	11.04	3.00	
	12.58	2.96	
	13.98	2.86	TZSD425
	16.55	2.42	
	18.68	2.14	
	19.90	2.01	
	22.52	1.78	
	25.50	1.57	
	29.18	1.37	
	31.36	1.28	
	35.81	1.12	
	39.59	1.01	
	45.53	0.88	
75	5.00	1.98	TZLD355
	5.74	1.73	
	6.36	1.78	
	7.31	1.69	

（续）

电动机功率 P_1/kW	实际传动比 i	选用系数 K	机座号
75	8.15	1.74	TZLD355
	9.12	1.67	
	13.65	1.36	TZSD355
	15.31	1.21	
	17.28	1.07	
	19.67	0.94	
	21.37	0.87	
	5.06	2.28	TZLD375
	5.79	1.99	
	6.46	1.96	
	7.23	2.23	
	8.04	2.27	
	9.22	1.98	
	10.26	2.03	
	13.80	1.83	TZSD375
	15.47	1.64	
	17.47	1.45	
	19.89	1.27	
	21.60	1.17	
	24.98	1.01	
	27.70	0.91	
	4.83	3.19	TZLD425
	5.51	2.79	
	6.10	2.82	
	7.00	2.58	
	7.79	2.65	
	8.70	2.37	
	9.77	2.20	
	13.98	2.10	TZSD425
	16.55	1.77	
	18.68	1.57	
	19.90	1.48	
	22.52	1.30	
	25.50	1.15	
	29.18	1.01	
	31.36	0.94	
90	5.00	1.65	TZLD355
	5.74	1.44	
	6.36	1.41	
	8.15	1.45	
	9.12	1.39	
	13.65	1.13	TZSD355
	15.31	1.01	
	17.28	0.89	
	5.01	1.90	TZLD375
	5.79	1.66	
	6.46	1.63	
	7.23	1.85	
	8.04	1.89	
	9.22	1.65	
	10.26	1.69	
	13.80	1.53	TZSD375
	15.47	1.36	
	17.47	1.21	
	19.89	1.06	
	21.60	0.98	
	24.98	0.84	
	4.83	2.66	TZLD425
	5.51	2.33	
	6.10	2.35	
	7.00	2.15	
	7.79	2.21	
	8.70	1.98	
	9.77	2.07	
	11.04	1.83	
	13.98	1.75	TZSD425
	16.55	1.48	
	18.68	1.31	
	19.90	1.23	
	22.52	1.09	
	25.50	0.96	
	29.18	0.84	

表 17-23　减速器的公称热功率 P_{G1}

机　座　号		TZL、TZLD									
环境条件	环境气流速度 v /m·s^{-1}	112	140	180	225	250	265	300	355	375	425
		P_{G1}/kW									
空间小、厂房小	≥0.5~1.4	7	10	15	23	27	33	42	55	64	71
较大的空间、厂房	>1.4~<3.7	10	14	21	32	38	46	59	77	90	99
在户外露天	≥3.7	13	19	29	44	51	63	80	105	122	135

（续）

机座号		TZS、TZSD									
环境条件	环境气流速度 v /$m \cdot s^{-1}$	112	140	180	225	250	265	300	355	375	425
		P_{G1}/kW									
空间小、厂房小	≥0.5~1.4	5	7	10	15	18	22	28	37	43	48
较大的空间、厂房	>1.4~<3.7	7	10	14	21	25	31	39	52	60	67
在户外露天	≥3.7	9.5	13	19	29	34	42	53	70	82	91

注：当采用循环油润滑冷却时，公称热功率 P_{G2} 为二级传动 $P_{G2}=P_{G1}+0.63\Delta tq_V$；三级传动 $P_{G2}=P_{G1}+0.43\Delta tq_V$。这里，$\Delta t$ 为进出油温差，一般 $\Delta t\leqslant 10$℃，进油温度≤25℃；q_V 为油流量（L/min）。

表 17-24　减速器的工况系数 K_A

原动机	每日工作时长/h	轻微冲击（均匀）载荷 U	中等冲击载荷 M	强冲击载荷 H
电动机 汽轮机 水轮机	≤3	0.8	1	1.5
	>3~10	1	1.25	1.75
	>10	1.25	1.5	2
4~6 缸的活塞发动机	≤3	1	1.25	1.75
	>3~10	1.25	1.5	2
	>10	1.5	1.75	2.25
1~3 缸的活塞发动机	≤3	1.25	1.5	2
	>3~10	1.5	1.75	2.25
	>10	1.75	2	2.5

注：表中载荷分类见表 17-13。

表 17-25　减速器的安全系数 S_A

重要性与安全要求	一般设备，减速器失效仅引起单机停产且易更换备件	重要设备，减速器失效引起机组、生产线或全厂停产	高度安全设备，减速器失效引起设备、人身事故
S_A	1.1~1.3	1.3~1.5	1.5~1.7

表 17-26　环境温度系数 K_1

冷却条件	环境温度 t/℃				
	10	20	30	40	50
	K_1				
无冷却	0.88	1	1.15	1.35	1.65
循环油润滑冷却	0.9	1	1.1	1.2	1.3

表 17-27　载荷率系数 K_2

小时负荷率(%)	100	80	60	40	20
K_2	1	0.94	0.86	0.74	0.56

17.2.3.4　选用方法

（1）TZL、TZS 型减速器的选用

1）按减速器机械强度许用公称输入功率 P_1 选用：

表 17-28　减速器公称功率利用系数 K_3

功率利用率	0.4	0.5	0.6	0.7	0.8~1
K_3	1.25	1.15	1.1	1.05	1

注：1. 对 TZL、TZS 型减速器，功率利用率 $=P_2/P_1$；P_2 为负载功率；P_1 为表 17-20、表 17-21 中的输入功率。

2. 对 TZLD、TZSD 型减速器，功率利用率 $=P_2/(KP_1)$；P_2 为负载功率；P_1、K 为表 17-22 中的电动机功率和选用系数。

① 确定减速器的负载功率 P_2。

② 确定工况系数 K_A、安全系数 S_A。

③ 求得计算功率 P_{2C}。

$$P_{2C}=P_2K_AS_A$$

④ 查表 17-20 或表 17-21，使得 $P_{2C}\leqslant P_1$。若减速器的实际输入转速与表 17-20 或表 17-21 中的三挡转速（1500r/min，1000r/min，750r/min）的某一挡转速相对误差不超过 4%，可按该挡转速下的公称功率选用合适的减速器；如果转速相对误差超过 4%，则应按实际转速折算减速器的公称功率选用。

2）校核热功率能否通过：

① 确定系数 K_1、K_2、K_3。

② 求得计算热功率 P_{2t}：

$$P_{2t}=P_2K_1K_2K_3$$

③ 查表 17-23，$P_{2t}\leqslant P_{G1}$，则热功率通过。

若 $P_{2t}>P_{G1}$，则有两种选择：一是采用循环油润滑冷却，使 $P_{2t}\leqslant P_{G2}$，这时 K_1 应按表 17-26 重选；二是另选较大规格减速器，重复以上步骤，使 $P_{2t}\leqslant P_{G1}$。

3）如果轴伸承受径向载荷，径向载荷不允许超过表 17-29 中的许用径向载荷。若轴伸承受有轴向载荷或径向载荷大于许用径向载荷，则应校核轴伸强度与轴承寿命。

减速器许用的瞬时尖峰载荷 $P_{2max}\leqslant 1.8P_1$。

表 17-29　减速器轴伸许用径向载荷

输出转速 n_2 /(r/min)	机座号									
	112	140	180	225	250	265	300	355	375	425
	输出轴轴伸许用径向力 Q/kN									
>160	0	0	0	0	4	10	15	19	24	29
>100～160	1.2	2.0	2.8	6.0	11	16	22	26	31	36
>40～100	2.6	4.8	5.9	7.6	13	20	27	31	35	40
>16～40	3.0	5.3	7.5	11	15	25	30	34	39	44
≤16	3.4	5.5	8.1	12	17	27	33	37	42	47
实际传动比 i	机座号									
	112	140	180	225	250	265	300	355	375	425
	TZL 型减速器输入轴轴伸许用径向力 Q/kN									
≤13	1.0	1.6	2.0	3.1	3.8	4.6	5.4	6.5	7.6	8.1
>13	0.4	0.7	1.1	1.4	1.3	2.0	2.9	3.5	4.1	4.4

机座号									
112	140	180	225	250	265	300	355	375	425
TZS 型减速器输入轴轴伸许用径向力 Q/kN									
0.4	0.7	1.1	1.4	1.3	2.0	2.9	3.5	4.1	4.4

注：当轴为双向旋转时，表中值除以 1.5。当外部载荷有较大冲击时，表中值除以 1.4。当 Q 的作用点在轴伸外端部或轴肩处时，Q 值分别为表中值的 0.5 倍和 1.6 倍。当 Q 作用在其他部位时，许用的 Q 值按插入法计算。

【例 17-2】 输送大块物料的带式输送机选用 TZL 型减速器，驱动机为电动机，其转速 n_1 = 1350r/min。要求实际传动比 $i \approx 8$，负载功率 P_2 = 52kW，轴伸受纯转矩，每日连续工作 24h，最高环境温度 38℃。厂房较大，自然通风冷却，油池润滑。

【解】 1）按减速器机械强度许用公称输入功率 P_1，初选减速器。

负载功率 P_2 = 52kW，查表 17-29，带式输送机输送大块物料时载荷为中等冲击，减速器失效会引起生产线停产，查表 17-24、表 17-25 得：$K_A = 1.5$，$S_A = 1.4$，计算功率 P_{2C} 为

$$P_{2C} = P_2 K_A S_A = 109.2\text{kW}$$

查表 17-20：TZL355，i = 8.15，n_1 = 1500r/min 时，P_1 = 135.6kW。当 n_1 = 1350r/min 时，折算公称功率

$$P_1 = \frac{1350}{1500} \times 135.6\text{kW} = 122\text{kW}$$

$P_{2C} < P_1$，可以选用 TZL355 减速器。

2）校核热功率能否通过。查表 17-26～表 17-28 得：K_1 = 1.31，K_2 = 1，K_3 = 1.23。计算热功率 P_{2t} 为

$$P_{2t} = P_2 K_1 K_2 K_3 = 52 \times 1.31 \times 1 \times 1.23\text{kW} = 83.8\text{kW}$$

查表 17-23：TZL355，P_{G1} = 77kW

$P_{2t} > P_{G1}$，热功率未通过。

3）不采用循环油润滑冷却，另选较大规格减速器。按以上程序重新计算，TZL375 满足要求，因此选定的减速器为 TZL375—8.04。

此例未给出运转中的瞬时尖峰载荷，故不校核 P_{2max}。

（2）TZLD、TZSD 型减速器的选用

1）按减速器的电动机功率 P_1 选用：

① 确定减速器的负载功率 P_2。

② 按负载功率 P_2 大约为电动机全容量的 0.7～0.9，确定电动机功率 P_1。

③ 确定工况系数 K_A，安全系数 S_A，并求得选用系数 K_C：

$$K_C = K_A S_A P_2 / P_1$$

④ 查表 17-22，按所要求的 P_1、传动比，查找选用系数 K，使 $K \geq K_C$，则 K 所对应的机座号，即为所选的减速器。

2）校核热功率能否通过，方法同上。

3）轴伸的校核同上。

减速器许用的瞬时尖峰载荷 $P_{2\max} \leqslant 1.8KP_1$

【例 17-3】 生产线上使用的螺旋输送机要选用 TZSD 型减速器。要求实际传动比 $i \approx 25$，负载功率 $P_1 = 6.3$kW，轴伸受纯转矩，每日连续工作 8h，最高环境温度 $t = 35$℃，户外露天工作，自然通风冷却，油池润滑。

【解】 1）按减速器的电机功率 P_1，初选减速器。

负载功率 $P_2 = 6.3$kW，按 $P_2 \approx (0.7 \sim 0.9) P_1$，则 $P_1 = 7.5$kW。查表 17-30，螺旋输送机载荷为中等冲击，减速器失效会引起生产线停产。查表 17-24、表 17-25，得 $K_A = 1.25$，$S_A = 1.4$。计算选用系数 K_C 为

$$K_C = K_A S_A P_2 / P_1$$

$$= 1.25 \times 1.4 \times 6.3 / 7.5 = 1.47$$

查表 17-22：TZSD225，实际传动比 $i = 24.01$，符合传动比要求，选用系数 $K = 1.64$，$K > K_C$，可以选用 TZSD225 减速器。

2）校核热功率能否通过。查表 17-26~表 17-28，得 $K_1 = 1.15$，$K_2 = 1$，$K_3 = 1.15$。计算热功率 P_{2t} 为

$$P_{2t} = P_2 K_1 K_2 K_3 = 6.3 \times 1.25 \times 1 \times 1.15\text{kW} = 9.06\text{kW}$$

查表 17-23：TZSD225，$P_{G1} = 29$kW，$P_{G1} > P_{2t}$，热功率通过。

所选定的减速器为 TZSD225—24.01—7.5。

此例未给出运转中的尖峰负荷，故不校核。

TZLD、TZSD 型减速器功率与直联电动机机座号及转速对照见表 17-30。

表 17-30 TZLD、TZSD 型减速器电动机功率与直联电动机机座号及转速对照表

电动机功率 P_1/kW	电动机机座号	电动机转速 n_1/(r/min)	电动机功率 P_1/kW	电动机机座号	电动机转速 n_1/(r/min)
0.55	Y80$_1$—4	1390	15	Y160L—4	1460
0.75	Y80$_2$—4	1390	18.5	Y180M—4	1470
1.1	Y90S—4	1400	22	Y180L—4	1470
1.5	Y90L—4	1400	30	Y200L—4	1470
2.2	Y100L$_1$—4	1420	37	Y225S—4	1480
3	Y100L$_2$—4	1420	45	Y225M—4	1480
4	Y112M—4	1440	55	Y250M—4	1480
5.5	Y132S—4	1440	75	Y280S—4	1480
7.5	Y132M—4	1440	90	Y280M—4	1480
11	Y160M—4	1460			

17.3 圆锥圆柱齿轮减速器

17.3.1 特点

这种减速器采用一级弧齿锥齿和单级、两级、三级斜齿圆柱齿轮组成，锥齿轮为高速级。齿轮均采用优质合金钢渗碳淬火，精加工制成。圆柱齿轮精度为 6 级，锥齿轮精度为 7 级。结构上采用模块式设计方法，主要零件可跨系列互换使用。包括带底座实心输出轴的基本型式、空心输出轴有底座和无底座的悬挂式型式，以及由各种冷却方式组成的多种装配型式。

17.3.2 代号和标记

（1）代号 YK 为圆锥圆柱齿轮减速器；L、S、F 为两级、三级、四级；O 为悬挂型；A 为空心轴型，无符号为基本型。

A 为带风扇；B 为带冷却盘管；C 为同时带风扇和冷却盘管；D 为循环油强制润滑，无符号为自然冷却；R 为输出轴顺时针转（面对输出轴端看）；L 为输出轴逆时针转；T 为输出轴双向旋转；TR 为输出轴可以双向旋转，主要按顺时针转；TL 为输出轴可以双向旋转，主要按逆时针转。

（2）标记示例

YKSA 385-31.5 I A R

- R——输出轴为顺时针转
- A——带风扇冷却
- I——第 I 种装配型式
- 31.5——公称传动比 $i = 31.5$
- 385——规格[中分面上圆柱齿轮总中心距 $a = 385$(mm)]
- A——空心输出轴
- S——三级减速器
- YK——圆锥圆柱齿轮减速器

17.3.3 装配型式、外形尺寸和承载能力（见表 17-31）

表 17-31 两级圆锥圆柱齿轮减速器装配型式、外形尺寸和承载能力

型号	装配型式及主要参数	外形尺寸	空心轴联接尺寸		承载能力	
			键联型	收缩盘联接型	额定输入功率 P_1	许用热功率 P_G
YKL(两级基本型)	表 17-32	表 17-33			表 17-36	表 17-37
YKLO(两级悬挂型)	表 17-32	表 17-33	表 17-34	表 17-35	表 17-36	表 17-37
YKLA(两级空心轴型)	表 17-32	表 17-33	表 17-34	表 17-35	表 17-36	表 17-37

表 17-32 YK 型圆锥圆柱齿轮减速器装配型式代号及主要参数

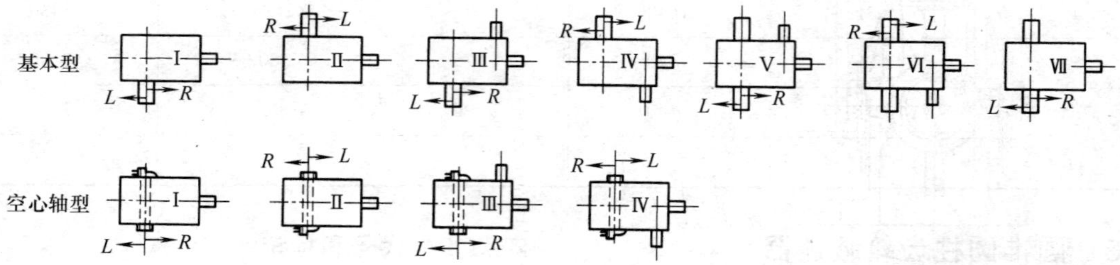

级数	型式代号			传动比范围 i	最大末级中心距/mm	最小单级中心距/mm	圆锥齿轮大轮直径/mm	最大传递功率/kW
	基本型	悬挂型	空心轴型					
2	YKL	YKLO	YKLA	5~16	560	80		2200
3	YKS	YKSO	YKSA	11.2~90	800	80	100~710	2950
4	YKF		YKFA	90~500	800	63		1150

表 17-33　YKL、YKLO、YKLA 型两级圆锥圆柱齿轮减速器外形尺寸　（单位：mm）

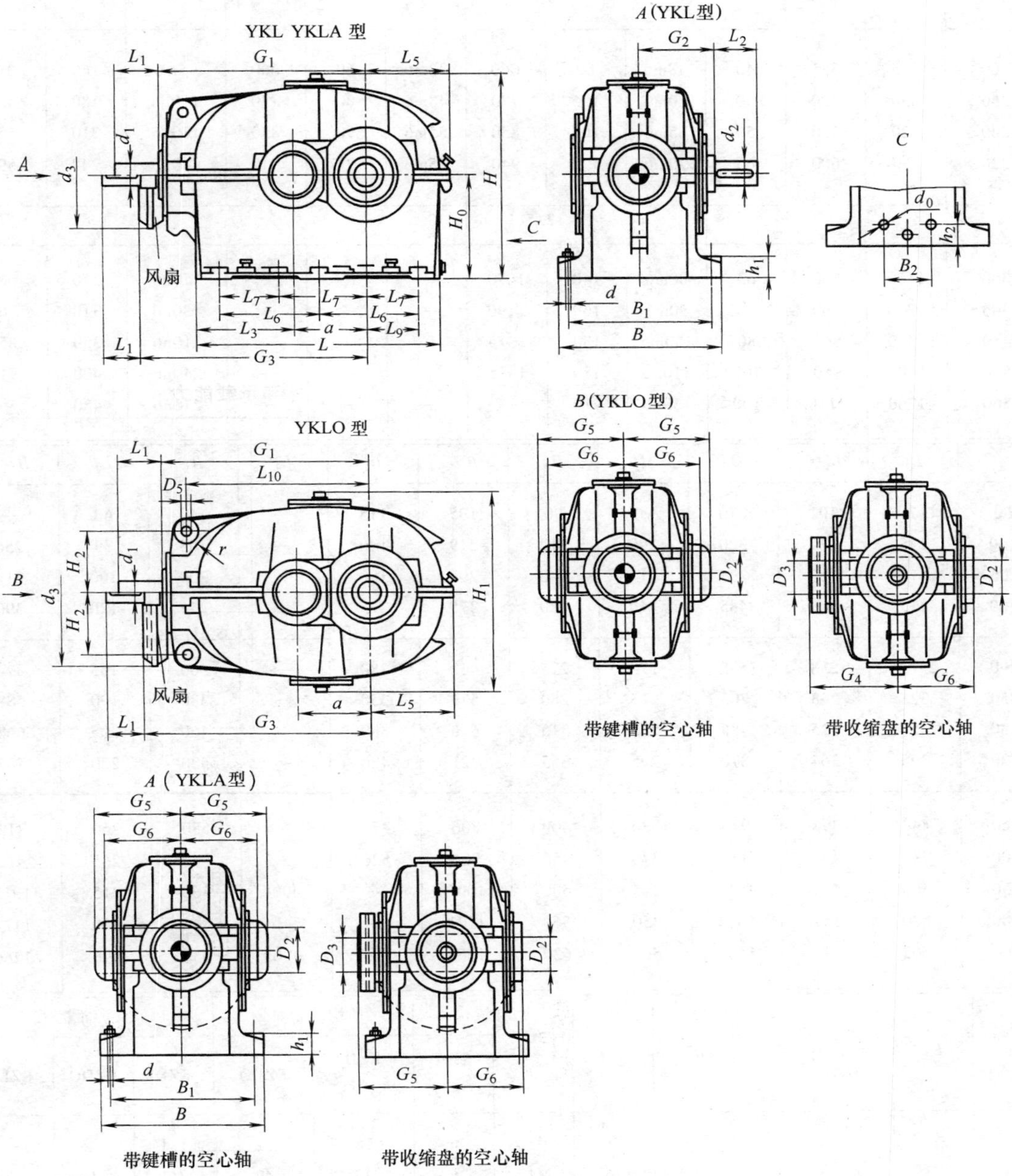

a	L	B	h_1	d_1	L_1	G_3	d_1	L_1	G_3	d_2	L_2	d_3
				i_N = 5 ~ 10			i_N = 11.2 ~ 16					
80	285	170	18	19k6	35	—	14k6	30	—	38m6	60	—
100	340	200	22	24k6	40	—	19k6	35	—	48m6	80	—
125	425	235	25	32m6	60	425	24k6	40	—	55m6	90	252
160	540	290	32	38m6	60	540	32m6	60	540	75m6	120	316

（续）

a	L	B	h_1	d_1	L_1	G_3	d_1	L_1	G_3	d_2	L_2	d_3
				$i_N=5\sim10$			$i_N=11.2\sim16$					
200	665	355	40	48m6	80	660	38m6	60	660	95m6	160	386
250	830	450	50	60m6	105	770	48m6	80	770	110n6	180	426
280	920	530	50	65m6	105	850	55m6	90	850	130n6	210	556
320	1030	600	63	70m6	120	940	65m6	105	940	140n6	240	590
				$i_N=5\sim12.5$								
360	1150	660	63	80m6	140	1070	—	—	—	170n6	270	684
400	1280	760	80	90m6	160	1190	—	—	—	180n6	310	764
450	1450	860	80	100m6	180	1315	—	—	—	210n6	350	854
500	1600	960	100	110n6	180	1475	—	—	—	240n6	400	914
560	1760	1110	100	130n6	210	—	—	—	—	270n6	450	—

a	L_3	$L_5\approx$	G_1	G_2	H_0	$H\approx$	L_6	L_7	B_1	L_9	$H_1\approx$
80	117.5	101	270	90	90	195	115	—	140	60	—
100	135	122	320	100	112	219	140	—	165	75	256
125	167.5	153	395	115	140	297	180	—	200	100	314
160	215	188	485	140	180	375	225	—	245	120	390
200	257.5	238	585	170	225	462	280	—	300	155	474
250	325	293	705	215	280	574	350	—	380	190	588
280	355	325	785	260	315	646	380	—	460	205	662
320	395	364	870	295	355	721	420	—	520	220	732
360	440	398	970	320	400	806	475	—	580	250	812
400	495	445	1090	370	450	906	520	—	660	265	912
450	560	505	1210	415	500	1006	—	400	760	315	1012
500	620	557	1365	450	560	1121	—	440	840	340	1122
560	665	610	1530	505	630	1263	—	490	950	390	1266

a	B_2	D_5（H_{11}）	H_2	L_{10}	r	地脚螺栓		平均质量/kg		参考油量/L		
						d	数量（个）	KZD KZDA	KZDO	KZD	KZDO	KZDA
80	—	—	—	—	—	M10	6	28	—	1.1	—	—
100	23	14	80	260	16	M12	6	49	42	2.1	1	2
125	28	18	95	323	18	M12	6	87	77	4.5	2.3	3.8
160	33	22	115	410	23	M16	6	160	140	9	4.5	7.5
200	45	30	145	495	30	M20	6	300	260	17	9	15
250	55	40	190	605	40	M24	6	540	480	32	18	28
280	60	40	205	675	40	M24	6	780	670	46	25	40
320	70	45	235	755	46	M30	6	1050	910	65	36	56

（续）

a	B_2	D_5 (H_{11})	H_2	L_{10}	r	地脚螺栓		平均质量/kg		参考油量/L		
						d	数量（个）	KZD KZDA	KZDO	KZD	KZDO	KZDA
360	80	50	260	850	53	M30	6	1450	1250	100	50	80
400	90	55	300	955	55	M36	6	2050	1750	145	70	110
450	105	60	330	1060	60	M36	8	2800	2400	200	100	150
500	105	65	375	1200	70	M42	8	3800	3200	265	140	220
560	110	70	420	1340	80	M42	8	5100	4100	340	195	310

注：1. 轴伸端配键按 GB/T 1095—1979。

2. D_2、D_3、G_4、G_5、G_6 及空心轴的联接尺寸见表 17-33 和表 17-34。

3. 采用两端都带轴伸的输出轴时，另一端轴伸的尺寸为 G_2、L_2、d_2。

4. 采用装配方式Ⅲ～Ⅵ时，中间轴的轴伸尺寸可向厂方咨询。

表 17-34 YKLA、YKLO 型减速器键连接空心轴的联接尺寸 （单位：mm）

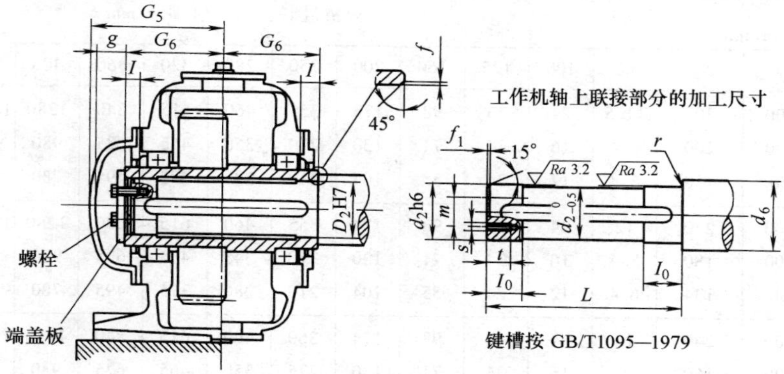

规格	工作机轴									空心轴					
	d_2	d_6	f_1	L	I_0	r	S	t	m	D_2	f	G_6	g	G_5	I
100	50	60	4	188	35	2.5	M8	15	35	50	3	95	23	125	25
125	65	75	4	218	40	2.5	M10	17	45	65	3	110	25	140	30
160	85	95	5	268	50	2.5	M10	17	60	85	3	135	30	170	40
200	110	120	5	328	50	4	M12	20	75	110	4	165	32	200	40
250	140	150	5	398	55	4	M12	20	90	140	4	200	32	240	45

表 17-35 YKLA、YKLO 型减速器收缩盘连接的空心轴联接尺寸 （单位：mm）

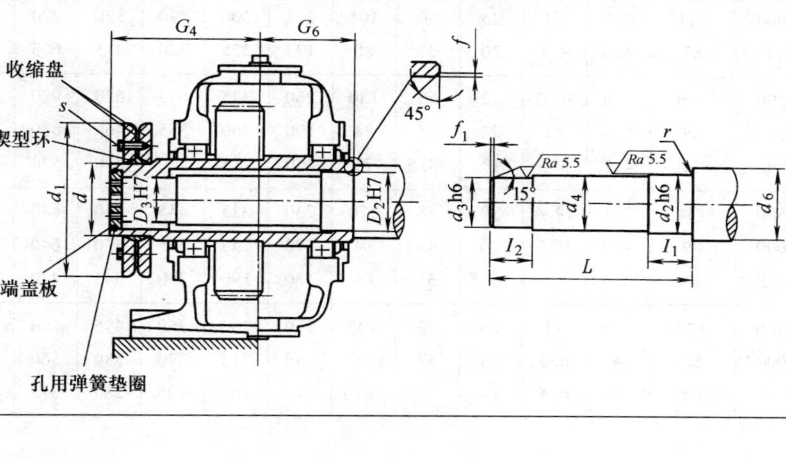

（续）

规格	工作机轴									空心轴				收缩盘		螺栓	
	d_2	d_3	d_4	d_6	f_1	L	l_1	l_2	r	D_2	D_3	G_6	G_4	型号 d	d_1	s	TA① /Nm
280	150	140	145	160	6	587	92	100	2	150	140	255	355	190	350	M16	240
320	170	160	165	180	6	662	117	125	2	170	160	285	400	220	370	M16	240
360	180	170	175	190	6	722	122	130	2	180	170	310	435	240	405	M20	470
400	200	190	195	210	6	822	127	140	2	200	190	355	490	260	430	M20	470
450	230	220	225	240	8	932	152	170	2	230	220	400	560	300	485	M20	470
500	260	245	255	280	8	1028	158	170	3	260	245	445	615	340	570	M20	470
560	300	285	295	320	8	1153	178	190	3	300	285	505	680	380	645	M24	820

① 收缩盘的螺栓扭紧力矩。

表 17-36　YKL、YKLO、YKLA 型减速器额定输入功率 P_1　　（单位：kW）

公称传动比 i_N	公称转速/(r/min)		规格(圆柱齿轮中心距)/mm												
	n_1	n_2	80	100	125	160	200	250	280	320	360	400	450	500	560
5	1500	300	11.5	24	45	98	174	355	460	615	840	1280	1840①	—	—
	1000	200	8.4	16	34	71	130	270	350	465	625	980	1380	1810	2200
	750	150	6.4	12	24	55	104	210	280	375	495	780	1040	1440	1700
5.6	1500	270	12	24	45	98	174	355	460	615	840	1280	1840①	—	—
	1000	180	8.4	16	34	71	130	270	345	465	625	980	1400	1780	2200
	750	134	6.4	12	24	55	104	210	280	375	495	780	1040	1440	1700
6.3	1500	240	12	24	45	98	174	360	460	615	840	1280	1800①	—	—
	1000	160	8.4	16	34	71	130	275	350	465	625	980	1400	1780	2200
	750	120	6.4	12	24	55	104	213	280	375	495	780	1040	1430	1700
7.1	1500	210	12	24	45	98	174	360	460	615	840	1280	1800①	—	—
	1000	140	8.4	16	34	71	130	275	350	465	625	980	1400	1780	2200
	750	106	6.4	12	24	55	104	213	280	375	495	780	1040	1430	1700
8	1500	185	10	20	40	82	155	320	430	600	760	1140	1700	—	—
	1000	125	7	13.5	28	55	115	243	330	465	580	850	1280	1710	2200
	750	94	5.1	10.4	22	42	90	183	250	335	460	660	950	1370	1600
9	1500	167	9.1	18	36	74	140	290	400	540	680	1040	1520	—	—
	1000	111	6.1	12	25	50	105	223	300	420	520	770	1150	1540	1900
	750	83	4.6	9.4	20	39	80	173	225	320	415	605	850	1200	1450
10	1500	150	7.6	16.5	32	66	130	260	345	475	620	920	1410	—	—
	1000	100	5.4	11	22	45	94	190	260	355	465	680	1000	1330	1700
	750	75	4.1	8.3	17	33.5	73	150	215	300	380	520	760	1040	1300
11.2	1500	134	7.1	14.4	29	58	120	230	325	445	560	840	1200	—	—
	1000	89	4.8	9.5	20	40	84	170	245	325	430	640	880	1150	1400
	750	67	3.5	7.5	15.5	31	65	130	190	250	345	470	675	880	1100
12.5	1500	120	5.5	13	26	53	105	210	290	360	495	680	940	—	—
	1000	80	4	8.5	18	37	75	140	215	270	380	500	685	1040	1100
	750	60	3	6.5	13	27	56.5	110	168	195	280	375	525	800	840

表 17-37 YKL、YKLO、YKLA 型减速器许用热功率 P_G （单位：kW）

环境冷却条件		空气流速 v_a /(m/s)	规格(圆柱齿轮中心距)/mm																	
			192	215	240	272	305	340	385	430	480	545	610	680	770	860	960	1080	1210	1360
无冷却措施	厂房小	≥0.5	10	13	16	20	26	32	40	51	64	80	100	120	150	190	230	300	370	460
	厂房大	≥1.4	15	19	23	30	36	46	56	72	90	115	140	170	210	260	330	420	520	660
	室外	≥3.7	20	26	32	40	50	62	76	95	120	152	185	230	280	350	450	550	700	860
风扇冷却	n_1/(r/min)	1500					52	65	86	110	140	173	220	270	340	440	550	需向厂方咨询		
		1000					46	57	74	95	120	154	190	240	300	380	490			
		750					42	52	67	87	110	140	170	220	280	350	450			
风扇和冷却盘管冷却		1500					123	132	174	190	220	250	300	510	570	680	750			
		1000					120	130	158	180	205	240	270	460	540	600	700			
		750					114	122	153	170	200	220	250	440	510	580	640			
冷却盘管冷却	厂房小	≥0.5	38	42	76	80														
	厂房大	≥1.4	44	47	82	91														
	室外	≥3.7	48	55	90	100														

17.4 蜗杆减速器

17.4.1 圆弧圆柱蜗杆减速器

17.4.1.1 特点

这种减速器的蜗杆齿形是由具有母线为圆弧的砂轮，沿蜗杆轴线做螺旋运动包络而成的。加工出圆柱蜗杆的齿形在主截面中为一凹形曲线（与之共轭的蜗轮轮齿为凸形）。这种凹凸齿啮合的综合曲率半径大，故齿面接触应力较低；由于蜗轮齿根厚度的增加，提高了抗弯曲能力；因接触线的形状有利于形成液体油膜润滑，故传动效率高，一般可达 90% 以上。与阿基米德蜗杆传动相比，它具有体积小、重量轻、寿命长、噪声低等优点。

此减速器适用条件见表 17-2。

17.4.1.2 代号和标记

（1）代号 CW 为圆弧圆柱蜗杆减速器；U 为蜗杆下置式；S 为蜗杆侧置式；O 为蜗杆上置式；F 为带风扇。

（2）标记示例

CWU 200-12.5-I F JB/T 7935—2015

- JB/T 7935—2015 —— 标准号
- F —— 带风扇
- I —— 第 I 种装配型式
- 12.5 —— 公称速比 i = 12.5
- 200 —— 中心距 a = 200mm
- U —— 蜗杆下置式
- CW —— 圆弧圆柱蜗杆减速器

17.4.1.3 装配型式、外形尺寸和承载能力（见表 17-38）

表 17-38 CWU、CWS、CWO 型一级圆弧圆柱蜗杆减速器装配型式、外形尺寸和承载能力

型 号	装配型式和外形尺寸	承载能力	
		额定输入功率 P_1 额定输出转矩 T_2	输入轴轴伸处许用径向力 F_r 输出轴轴伸处许用轴向力 F_a
CWU(下置式)	表 17-39	表 17-40	表 17-41
CWS(侧置式)	表 17-39	表 17-40	表 17-41
CWO(上置式)	表 17-39	表 17-40	表 17-41

表 17-39 CWU、CWO、CWS 型一级圆弧圆柱蜗杆减速器外形尺寸 （单位：mm）

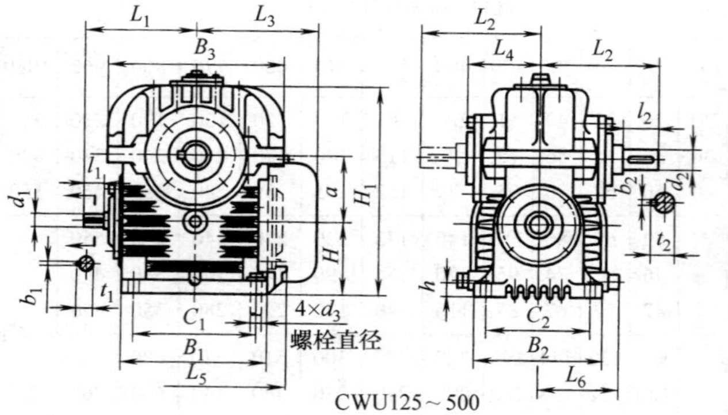

CWU125～500

装配型式(F-带风扇)
(适用于CWU、CWO)

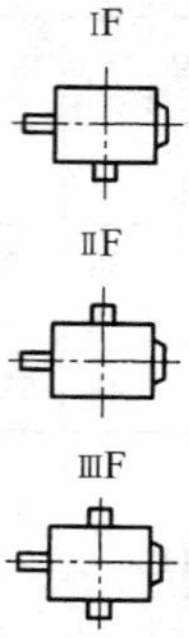

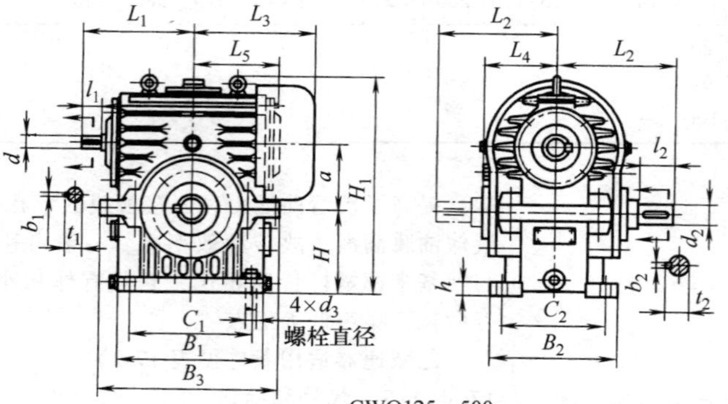

CWO125～500

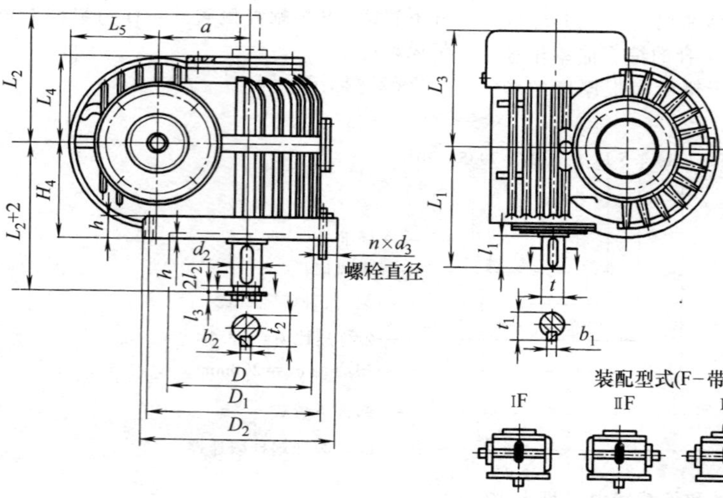

地脚螺栓孔的位置

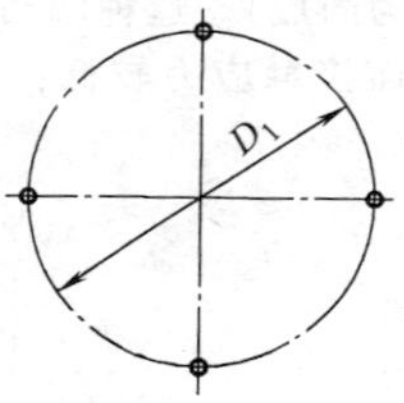

装配型式(F-带风扇)

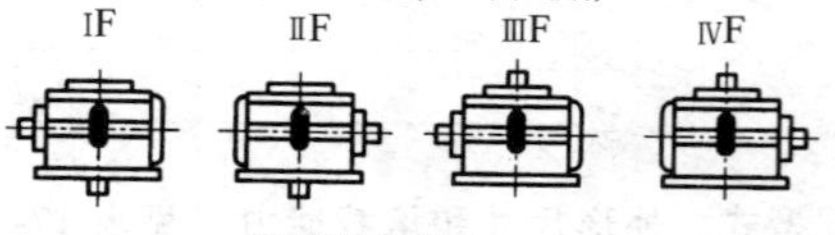

CWS125~500

规格	a	B_1	B_2	B_3	C_1	C_2	$i \leqslant 12.5$			$i \leqslant 16$			d_2	l_2	L_2	L_3	L_4		L_5	
							d_1	l_1	L_1	d_1	l_1	L_1					CWU CWO	CWS	CWU CWO	CWS
125	125	260	250	310	220	205	32k6	58	218	28j6	42	202	55k6	82	222	202	133	134	153	125
140	140	285	275	345	230	225	38k6	58	228	28j6	42	212	60m6	105	260	220	144		166	
160	160	325	300	385	230	250	42k6	82	277	32k6	58	253	65m6	105	270	245	156	157	186	142
180	180	350	320	420	260	270	42k6	82	292	32k6	58	268	75m6	105	290	260	173		200	
200	200	400	350	465	280	300	48k6	82	324	38k6	58	300	80m6	130	325	295	180	181	235	180

（续）

规格	a	B_1	B_2	B_3	C_1	C_2	$i\leqslant12.5$ d_1	$i\leqslant12.5$ l_1	$i\leqslant12.5$ L_1	$i\leqslant16$ d_1	$i\leqslant16$ l_1	$i\leqslant16$ L_1	d_2	l_2	L_2	L_3	L_4 CWU CWO	L_4 CWS	L_5 CWU CWO	L_5 CWS
225	225	440	380	505	325	325	48k6	82	342	38k6	58	318	90m6	130	340	320	193		247	
250	250	510	410	575	370	350	55k6	82	380	42k6	82	380	100m6	165	385	360	209	210	285	210
280	280	570	460	645	420	400	60m6	105	430	48k6	82	407	110m6	165	405	390	225	226	312	215
315	315	640	530	715	470	445	65m6	105	470	48k6	82	447	120m6	165	420	430	242	243	352	235
355	355	730	580	805	540	490	70m6	105	515	55k6	82	492	130m6	200	470	480	255	256	397	235
400	400	790	620	880	620	530	75m6	105	545	60m6	105	545	150m6	200	490	515	277	278	429	247
450	450	885	680	985	700	580	80m6	130	625	65m6	105	600	170m6	240	560	575	299	300	484	275
500	500	1015	750	1115	760	640	90m6	130	680	70m6	105	655	190m6	280	640	655	346	347	549	300

规格	L_6	h CWU CWO	h	h_1	H CWU	H CWO	H CWS	H_1 CWU	H_1 CWO	D	D_1	D_2	l_3	地脚螺栓 d_3	地脚螺栓 n	d_4	重量/kg CWU	重量/kg CWO	重量/kg CWS
125	147	30	32	8	125	155	132	408	410	230	280	320	14	M12	4	M16	92	98	95
140	160	30			140	195		445	485							M16	120	110	
160	172	35	32	8	160	195	160	510	510	300	360	400	15	M16	4	M16	145	150	150
180	182	35			180	220		560	600							M20	200	210	
200	197	40	38	8	200	250	190	650	655	370	435	480	17	M16	4	M20	260	270	270
225	212	40			225	275		730	700							M20	320	335	
250	228	45	40	8	225	310	212	785	820	470	540	600	17	M20	4	M24	395	410	410
280	253	50	45	8	250		225	885		550	640	700	17	M24	4	M24	530		550
315	289	50	50	10	280		250	980		605	700	760	17	M24	4	M30	700		750
355	315	55	55	10	300		265	1085		700	805	880	17	M30	4	M30	910		930
400	335	60	60	10	315		265	1175		765	875	950	24	M30	4	M30	1200		1200
450	367	65	65	10	355		315	1310		875	990	1070	24	M36	4	M36	1660		1650
500	403	80	75	10	400		375	1450		1000	1100	1180	24	M30	6	M36	2330		2190

注：键按 GB/T 1095—1979。

表 17-40 CWU、CWS、CWO 型一级圆弧圆柱蜗杆减速器的额定输入功率 P_1 和额定输出转矩 T_2

公称传动比 i	输入转速 n_1/(r/min)	中心距 a/mm	63	80	100	125	140	160	180	200	225	250	280	315	355	400	450	500
6.3	1500	P_1/kW	3.198	5.505	13.11	21.37	27.51	38.40	48.46	55.38	69.18	83.77	102.5	121.7	150.5	137.8		
		T_2/N·m	114	200	485	800	960	1450	1700	2100	2450	3200	3650	4670	5370	7500		
	1000	P_1/kW	2.422	4.331	11.10	17.96	24.97	31.03	43.85	49.95	64.08	78.53	95.58	114.4	145.3	172.5		189.9
		T_2/N·m	127	235	610	1000	1300	1750	2300	2750	3400	4500	5100	6580	7770	10500		12000
	750	P_1/kW	2.090	3.594	8.646	14.22	19.57	24.73	34.50	37.27	56.95	69.81	88.76	107.2	134.8	166.5		183.9
		T_2/N·m	146	260	630	1050	1350	1850	2400	2800	4000	5300	6300	8200	9590	13500		15500
	500	P_1/kW	1.706	2.955	6.192	10.47	13.65	17.08	24.62	26.64	41.03	50.37	67.32	83.58	112.5	148.1		162.7
		T_2/N·m	176	315	670	1150	1400	1900	2550	3000	4300	5700	7100	9540	11990	18000		20500
8	1500	P_1/kW	2.932	4.866	9.444	17.01	24.25	28.44	43.51	48.25	61.38	73.84	91.68	113.6	136.0	166.1		
		T_2/N·m	127	230	455	830	1050	1450	1900	2400	2700	3700	4050	5720	6040	8400		
	1000	P_1/kW	2.255	3.908	8.364	13.55	21.70	24.95	39.10	43.65	56.43	67.78	84.52	104.8	126.7	158.2	174.1	
		T_2/N·m	146	275	600	990	1400	1900	2550	3250	3700	5100	5600	7910	8440	12000	12500	
	750	P_1/kW	1.962	3.334	7.375	12.93	16.96	21.31	30.67	35.01	50.44	62.32	77.46	95.18	114.0	148.9	162.4	
		T_2/N·m	168	310	700	1250	1450	2150	2650	3450	4400	6200	6800	9540	10070	15000	15500	
	500	P_1/kW	1.647	2.714	5.581	9.322	12.25	15.42	21.93	25.38	35.91	44.70	61.33	79.99	101.7	129.6	147.3	
		T_2/N·m	209	375	780	1350	1550	2300	2800	3700	4650	6600	8000	11920	13420	19500	2100	

（续）

公称传动比 i	输入转速 n_1/(r/min)	中心距 a/mm	63	80	100	125	140	160	180	200	225	250	280	315	355	400	450	500
10	1500	P_1/kW	2.340	4.056	8.426	14.16	17.30	24.50	32.10	42.10	50.79	59.13	73.68	94.55	140.2	146.2		
		T_2/N·m	132	235	500	850	1050	1500	1850	2600	3250	3800	4750	5910	7480	9200		
	1000	P_1/kW	1.800	3.205	7.450	12.78	16.05	21.96	28.62	37.06	43.94	51.10	64.39	87.71	112.4	138.1	162.2	176.0
		T_2/N·m	150	275	600	1150	1450	2000	2450	3400	4200	4900	6200	8200	10550	13000	14500	16500
	750	P_1/kW	1.594	2.729	6.243	10.54	12.95	17.41	23.73	28.83	35.14	46.40	57.94	80.74	100.2	132.0	156.0	164.1
		T_2/N·m	170	310	730	1250	1550	2100	2700	3500	4450	5900	7400	10010	12470	16500	18500	20500
	500	P_1/kW	1.272	2.203	4.561	7.714	9.355	12.88	16.96	20.87	26.401	35.62	45.57	64.70	82.81	118.1	137.8	147.4
		T_2/N·m	209	370	790	1350	1650	2300	2850	3750	4950	6700	8600	11920	15340	22000	24500	27500
12.5	1500	P_1/kW	2.036	3.534	6.813	11.27	14.74	19.32	25.36	32.62	42.61	52.23	71.95	79.91	105.1	130.4		
		T_2/N·m	137	240	475	800	1000	1400	1800	2450	3050	3850	5200	6100	8050	10000		
	1000	P_1/kW	1.594	2.840	5.782	9.919	13.36	17.63	23.21	29.04	38.43	47.23	66.84	73.88	96.65	127.1	152.5	183.3
		T_2/N·m	159	285	600	1050	1350	1900	2450	3250	4100	5200	7200	8300	11030	14500	17000	20500
	750	P_1/kW	1.370	2.432	5.189	8.946	11.91	15.38	21.05	24.93	35.26	44.42	62.16	69.26	91.39	118.3	141.2	174.3
		T_2/N·m	182	325	710	1250	1600	2200	2950	3700	5000	6500	8900	10500	13900	18000	21000	26000
	500	P_1/kW	1.126	1.967	4.084	6.794	9.104	11.16	16.00	17.60	27.75	32.91	45.05	55.40	76.37	101.3	126.2	157.3
		T_2/N·m	223	390	830	1400	1800	2350	3300	3850	5800	7100	9500	12400	17200	23000	28000	35000
16	1500	P_1/kW	1.728	3.019	6.682	11.06	13.63	19.62	23.11	33.22	39.52	46.71	57.25	77.70	94.45	124.2		
		T_2/N·m	137	250	570	960	1200	1750	2200	3000	3700	4250	5400	7150	8920	11500		
	1000	P_1/kW	1.359	2.375	5.733	9.651	12.26	16.27	19.81	25.78	30.89	41.99	51.16	72.91	86.88	115.4	127.4	151.4
		T_2/N·m	159	290	730	1250	1600	2150	2800	3450	4.300	5700	7200	10020	11990	16000	18000	21500
	750	P_1/kW	1.170	2.023	4.610	7.871	9.877	12.97	15.60	20.64	26.61	37.26	45.01	65.59	8395	106.4	122.6	142.9
		T_2/N·m	182	325	770	1350	1700	2250	2900	3650	4900	6700	8400	11920	15340	19500	23000	27000
	500	P_1/kW	0.963	1.664	3.369	5.677	6.930	9.124	11.397	14.868	18.69	27.11	33.09	47.75	61.95	86.09	109.3	128.2
		T_2/N·m	223	400	830	1400	1750	2350	3150	3900	5100	7200	9100	12880	16780	23500	30500	36000
20	1500	P_1/kW	1.677	2.680	5.000	8.592	11.05	15.12	19.39	24.97	31.94	41.91	51.71	62.42	80.82	98.76		
		T_2/N·m	164	285	550	970	1200	1750	2150	2950	3600	5000	5900	7540	9300	12000		
	1000	P_1/kW	1.329	2.094	4.303	7.77	9.301	13.05	16.70	21.97	27.09	37.65	46.95	58.25	75.23	90.92	120.8	142.0
		T_2/N·m	191	330	700	1250	1500	2250	2750	3850	4550	6700	8000	10490	12950	16500	22000	26000
	750	P_1/kW	1.147	1.825	3.753	6.195	8.694	11.45	14.75	18.14	24.38	34.87	43.07	52.03	69.41	83.01	113.6	131.5
		T_2/N·m	219	380	810	1500	1850	2600	3200	4200	5400	8200	9700	12400	15820	20000	27500	3200
	500	P_1/kW	0.873	1.466	2.713	5.241	6.478	8.613	10.81	13.18	18.05	25.45	31.64	40.29	54.29	72.97	99.09	118.1
		T_2/N·m	246	450	850	1650	2000	2850	3450	4500	5900	8800	10500	14310	18220	26000	35500	42500
25	1500	P_1/kW	1.205	2.152	3.943	6.526	8.323	11.82	14.19	18.38	22.32	30.80	38.03	51.46	67.70	83.69		
		T_2/N·m	141	275	500	890	1150	1600	2050	2650	3300	4500	5600	7340	10070	12500		
	1000	P_1/kW	1.012	1.778	3.408	5.332	6.796	10.42	12.09	16.44	19.86	27.53	35.05	44.90	60.58	74.13	90.13	91.70
		T_2/N·m	178	340	640	1100	1400	2100	2600	3500	4350	6000	7700	9540	13420	16500	20500	20500
	750	P_1/kW	0.824	1.516	2.821	4.877	6.108	9.484	11.129	14.76	17.95	25.08	31.69	42.47	57.17	69.46	84.46	85.55
		T_2/N·m	191	380	700	1300	1650	2500	3150	4150	5200	7200	9200	11920	16780	20500	25500	25500
	500	P_1/kW	0.600	1.164	1.995	3.575	4.403	6.831	8.050	11.65	14.05	20.11	25.81	35.78	46.72	60.79	74.00	78.62
		T_2/N·m	205	435	730	1400	1750	2650	3350	4800	6000	8500	11000	14780	20140	26500	33000	34500
31.5	1500	P_1/kW	1.054	1.809	4.267	7.208	8.413	12.14	14.47	21.53	24.69	28.73	35.02	50.41	65.58			
		T_2/N·m	146	260	650	1100	1350	2000	2550	3600	4300	4900	6200	8780	11500			
	1000	P_1/kW	0.829	1.445	3.385	5.730	6.738	9.325	11.13	16.47	18.48	25.65	30.75	46.24	58.96	74.43	95.59	117.0
		T_2/N·m	168	305	770	1300	1600	2250	2900	3700	4800	6500	8100	11920	15340	19500	26000	33000
	750	P_1/kW	0.689	1.223	2.688	4.548	5.473	7.469	8.868	11.95	14.91	21.21	25.35	36.44	48.81	68.04	82.46	109.0
		T_2/N·m	187	340	790	1350	1700	2350	3000	3850	5000	7000	8800	12400	16780	23500	29500	40500
	500	P_1/kW	0.581	1.021	1.975	3.284	3.879	5.332	6.568	8.700	10.93	15.30	18.47	26.79	34.13	48.87	60.39	79.15
		T_2/N·m	228	410	840	1400	1750	2450	3250	4100	5400	7400	9300	13350	17260	25000	32000	43500

（续）

公称传动比 i	输入转速 n_1/(r/min)	中心距 a/mm	63	80	100	125	140	160	180	200	225	250	280	315	355	400	450	500
40	1500	P_1/kW	1.015	1.634	3.216	5.451	6.917	9.506	11.77	15.87	20.10	26.95	33.33	40.55	55.49	67.48		
		T_2/N · m	173	300	620	1100	1350	2000	2450	3450	4300	6000	7100	9160	11990	15500		
	1000	P_1/kW	0.780	1.277	2.185	4.670	5.889	8.384	10.35	13.24	17.18	22.99	29.94	37.26	49.51	63.11	81.63	99.56
		T_2/N · m	196	345	790	1400	1700	2600	3150	4200	5400	7800	9400	12400	15820	21500	28000	34500
	750	P_1/kW	0.704	1.095	2.346	4.159	5.222	6.691	8.296	10.709	14.08	19.78	24.15	32.39	40.79	57.84	74.94	93.04
		T_2/N · m	228	390	870	1600	1950	2200	3300	4450	5800	8500	10000	14310	17260	26000	34000	42500
	500	P_1/kW	0.554	0.884	1.676	3.053	3.770	4.984	6.147	7.662	10.48	14.46	18.34	23.85	30.06	44.58	56.40	70.53
		T_2/N · m	259	455	920	1700	2050	2900	3550	4650	6300	9000	11000	15260	18700	29500	37500	47500
50	1500	P_1/kW	0.787	1.430	2.550	4.226	5.339	7.295	8.872	12.07	14.44	20.33	25.42	32.07	43.13	53.65		
		T_2/N · m	159	310	570	990	1300	1800	2300	3100	3900	5300	6900	8580	11990	15000		
	1000	P_1/kW	0.641	1.144	2.182	3.606	4.439	6.440	7.795	10.48	13.36	18.10	22.34	29.83	39.61	49.63	61.38	65.33
		T_2/N · m	191	360	720	1250	1600	2350	3000	4000	5300	7000	9000	11920	16300	20500	26000	28000
	750	P_1/kW	0.525	0.966	1.766	3.221	3.839	5.829	6.992	9.088	11.38	16.18	20.76	27.24	36.30	45.94	57.13	60.92
		T_2/N · m	205	405	760	1450	1800	2750	3500	4450	5900	8200	11000	14300	19660	25000	32000	34500
	500	P_1/kW	0.395	0.730	1.250	2.300	2.803	4.326	5.131	6.790	8.235	12.61	15.77	21.44	28.74	38.14	47.08	54.19
		T_2/N · m	223	455	790	1500	1900	2950	3700	4850	6200	9200	12000	16220	22530	30500	39000	45500
63	1500	P_1/kW		1.175	1.850	3.332	4.452	5.650	7.709	9.966	13.17	15.31	20.20	25.06	33.84	45.41		
		T_2/N · m		280	470	890	1200	1650	2250	3000	3900	4600	6100	7820	10550	14500		
	1000	P_1/kW		0.865	1.442	2.488	3.394	4.22	6.399	7.787	11.57	13.39	20.37	22.77	31.32	42.56	50.59	64.58
		T_2/N · m		300	530	970	1350	1800	2750	3400	5000	5900	8100	10490	14380	20000	24000	31000
	750	P_1/kW		0.709	1.208	2.147	2.889	3.691	5.141	6.825	9.659	11.60	15.45	20.40	29.52	37.78	47.20	59.58
		T_2/N · m		325	580	1100	1500	2050	2900	3900	5500	6700	9100	12400	17740	23500	29500	38000
	500	P_1/kW		0.574	0.945	1.701	2.281	2.878	4.251	5.302	7.260	8.564	11.85	15.84	21.75	28.77	35.93	46.28
		T_2/N · m		390	660	1250	1700	2300	3400	4400	6000	7200	10000	13830	19180	26000	33000	43500

表 17-41 CWU、CWS、CWO 型一级圆弧圆柱蜗杆减速器输出轴轴伸的许用径向力 F_r 和许用轴向力 F_a

中心距 a/mm																	
63		80		99		100		125		140		160		180		200	
T_2/N · m	F_r②/N	T_2/N · m	F_r/N	T_2/N · m	F_r/N	T_2/N · m	F_r/N	T_2/N · m	F_r/N	T_2/N · m	F_r/N	T_2/N · m	F_r/N	T_2/N · m	F_r/N	T_2/N · m	F_r/N
180①	5300	280	6600	400	7800	560	9100	800	10600	1120	12000	1400	14100	2000	16000	2500	18200
200	5300	315	6600	450	7800	630	9100	900	10600	1250	12000	1600	14100	2240	16000	2800	18200
224	5200	355	6500	500	7700	710	9000	1000	10500	1400	11900	1800	14000	2500	15700	31500	18000
250	5100	400	6400	560	7500	800	8900	1120	10400	1600	11700	2000	13800	2800	15400	3550	17700
280	5000	450	6300	630	7300	900	8800	1250	10300	1800	11500	2240	13600	3150	15100	4000	17400
315	4800	500	6100	710	7000	1000	8600	1400	10200	2000	11200	2500	13300	3550	14700	4500	17000
				800	6700			1600	10000	2240	10900	2800	13000	4000	14200	5000	16600
								1800	9800			3150	12500				

中心距 a/mm															
225		250		280		315		335		400		450		500	
T_2/N · m	F_r/N	T_2/N · m	F_r/N	T_2/N · m	F_r/N	T_2/N · m	F_r/N	T_2/N · m	F_r/N	T_2/N · m	F_r/N	T_2/N · m	F_r/N	T_2/N · m	F_r/N
3150	20800	4500	24000	5600	26500	8000	29500	10000	33000	12500	38000	14000	43400	20000	48000
3550	20800	5000	24000	6300	26500	9000	29500	11200	33000	14000	38000	16000	43200	22400	47500
4000	20600	5600	23800	7100	26300	10000	29200	12500	32800	16000	37700	18000	42300	25000	46300
4500	20300	6300	23500	8000	26000	11200	28800	14000	32400	18000	37300	20000	42000	28000	45400

（续）

中心距 a/mm															
225		250		280		315		335		400		450		500	
T_2 /N·m	F_r /N	T_2 /N·m	F_r /N	T_2 /N·m	F_r /N	T_2 /N·m	F_r /N	T_2 /N·m	F_r /N	T_2 /N·m	F_r /N	T_2 /N·m	F_r /N	T_2 /N·m	F_r /N
5000	20000	7100	23000	9000	25700	12500	28300	16000	32000	20000	36800	22400	41400	31500	45000
5600	19500	8000	22500	10000	25400	14000	27800	18000	31500	22400	36200	25000	41000	35500	44000
6300	19000	9000	22000	11200	25000	16000	27200	20000	30800	25000	35600	28000	39700	40000	43200
7100	18500	10000	23100	12500	24600	18000	26500	22400	29800	28000	34800	31500	38500	45000	42750
								25000	28300	31500	34000	35500	37000	50000	41000
												40000	36000	56000	39200

① 当转矩值 T_2 在表中两数之间时，用插值法计算 F_r 值；T_2 为该减速器额定输出转矩。

② $F_a = F_r$。

17.4.1.4　选用方法

选用方法基本与 17.2.1.4 节相同。不同之处是尚需校核输出轴轴伸处径向载荷或轴向载荷。

1. 机械强度的校核计算

$$T_{2W} K_A K_4 \leqslant T_2 \qquad (17\text{-}1)$$

或

$$P_{1W} K_A K_4 \leqslant P_1$$

式中　T_{2W}——实际输出转矩（N·m）；

P_{1W}——实际输入功率（kW）；

T_2——额定输出转矩（N·m），见表 17-40；

P_1——额定输入功率（kW），见表 17-40；

K_A——工况系数，K_A 见表 17-43；

K_4——起动频率系数，见图 17-3。

2. 热功率的校核计算

$$T_{2W} K_2 K_1 K_5 K_6 \leqslant T_2 \qquad (17\text{-}2)$$

或

$$P_{1W} K_2 K_1 K_5 K_6 \leqslant P_1$$

式中　K_1——环境温度系数，见表 17-14；

K_2——载荷系数，见表 17-14；

K_5——型式系数，见表 17-42；

K_6——冷却方式系数，见图 17-4。

表 17-42　减速器型式系数 K_5

减速器规格	减速器型式	
	CWU，CWS	CWO
63~99	1	1
100~250	1	1.2
315~500	1	—

3. 输出轴轴伸处载荷的校核计算

$$F_{rw} \leqslant K_7 F_r \qquad (17\text{-}3)$$

式中　F_{rw}——输出轴上的径向力（N）；

F_r——输出轴上的许用径向力（N），见表 17-41；

K_7——输出轴轴伸处许用径向力的速度修正系数，见图 17-5。

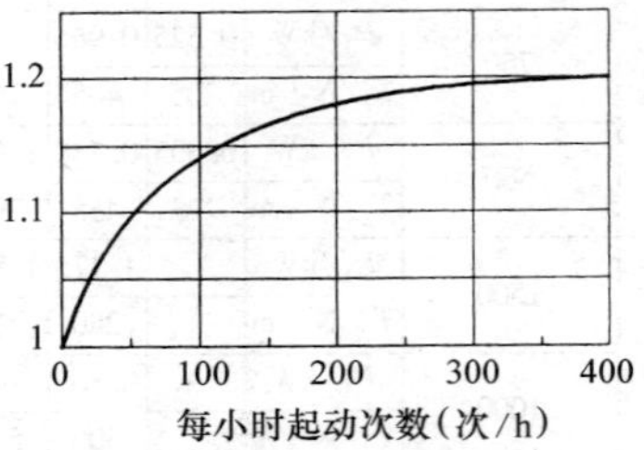

图 17-3　起动频率系数 K_4

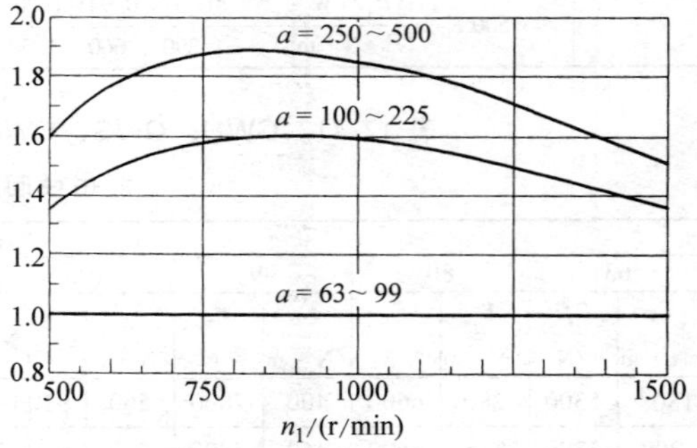

图 17-4　冷却方式系数 K_6

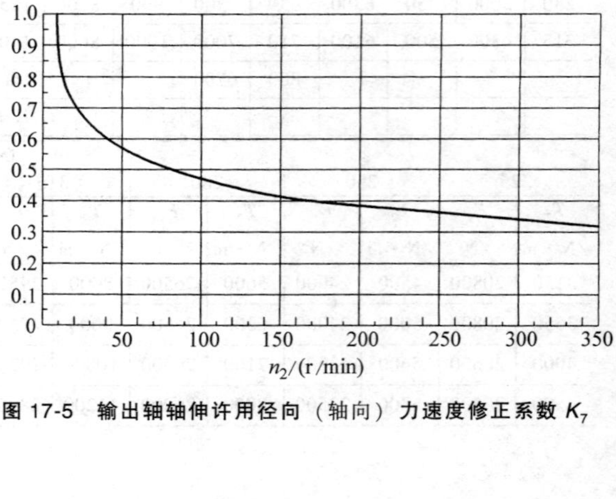

图 17-5　输出轴轴伸许用径向（轴向）力速度修正系数 K_7

表 17-43　CW 型圆弧圆柱蜗杆减速器工况系数 K_A

原动机	载荷性质（工作机特性）	每日工作时间/h ≤0.5	>0.5~1	>1~2	>2~10	>10
		K_A				
电动机，汽轮机燃气轮机（起动转矩小，偶尔作用）	均　匀	0.6	0.7	0.9	1	1.2
	轻度冲击	0.8	0.9	1.0	1.2	1.3
	中等冲击	0.9	1.0	1.2	1.3	1.5
	强烈冲击	1.1	1.2	1.3	1.5	1.75
汽轮机，燃气轮机，液动机或电动机（起动转矩大，经常作用）	均　匀	0.7	0.8	1	1.1	1.3
	轻度冲击	0.9	1	1.1	1.3	1.4
	中等冲击	1	1.1	1.3	1.4	1.6
	强烈冲击	1.1	1.3	1.4	1.6	1.9
多缸内燃机	均　匀	0.8	0.9	1.1	1.3	1.4
	轻度冲击	1.0	1.1	1.3	1.4	1.5
	中等冲击	1.1	1.3	1.4	1.5	1.8
	强烈冲击	1.3	1.4	1.5	1.8	2
单缸内燃机	均　匀	0.9	1.1	1.3	1.4	1.6
	轻度冲击	1.1	1.3	1.4	1.6	1.8
	中等冲击	1.3	1.4	1.6	1.8	2
	强烈冲击	1.4	1.6	1.8	2	2.3 或更大

4. 瞬时尖峰载荷的校核计算

$$T_{2max} \leqslant 2.5T_2 \qquad (17\text{-}4)$$

式中　T_{2max}——瞬时尖峰载荷(N)。

【例 17-4】　试选择建筑提升机用圆弧圆柱蜗杆减速器。已知电动机驱动，减速器输入转速 $n_1=725$ r/min，要求输出转速 $n_2=36$r/min，输出转矩 $T_{2W}=2255$N·m，起动转矩 $T_{2max}=5100$N·m，输出轴上径向载荷 $F_{rw}=11000$N，每天工作 8h，每小时起动 15 次，每次运转 3min，工作环境温度 30°C。

【解】　1）确定减速器公称速比

$$i=\frac{n_1}{n_2}=\frac{725}{36}=20.13$$

由表 17-40 取公称速比 $i_0=20$。

2）选类型。选用蜗杆下置式，即 CWU 型，用风扇冷却。

3）根据机械强度和热极限强度选型号。由表 17-13 知，建筑用提升机载荷为中等冲击载荷，据此由表 17-43 查得工况系数 $K_A=1.3$；由图 17-3 查得起动频率系数 $K_4=1.0$；由表 17-14 知，当小时载荷率为

$$J_c=\frac{1\text{h 内载荷作用时间(min)}}{60}\times100\%$$

$$=\frac{3\times15}{60}\times100\%=75\%$$

时，小时载荷率系数 $K_2=0.93$；由表 17-14 知，环境温度系数 $K_1=1.15$；由表 17-42 知，型式系数 $K_5=1$；由图 17-4 知，当初估中心距 $a=100\sim225$mm 时，冷却方式系数 $K_6=1.59$。由式（17-1）计算机械强度为

$$T_{2W}K_4K_4=2255\times1.3\times1.0\text{N}\cdot\text{m}=2932\text{N}\cdot\text{m}$$

由式（17-2）计算，热极限强度为

$$T_{2W}K_2K_3K_5K_6=2255\times0.93\times1.15\times1\times1.59\text{N}\cdot\text{m}=3835\text{N}\cdot\text{m}$$

在表 17-40 中，据 $i_0=20$，$n_1=750$r/min（与实际转速 725r/min 的相对误差小于 4%，可直接用此表选型号；若大于 4%，需用插入法计算）及机械强度值，热极限强度值，选用额定输出转矩 $T_2=4200$N·m（满足 $T_{2W}K_AK_4\leqslant T_2$ 及 $T_{2W}K_2K_3K_5K_6\leqslant T_2$ 的要求），中心距 $a=200$mm 的减速器。与上边所估 a 值相符。

4）输出轴轴伸载荷的校核。由图 17-5 知，当 $n_2=36$r/min 时，输出轴轴伸额定径向力的速度修正系数 $K_7=0.64$；由表 17-41 知，当 $a=200$mm，$T_2=4200$N·m 时，用插入法求出许用径向力 $F_r=17240$N。由式(17-3)计算，得

$$K_7F_r=0.64\times17240\text{N}=11330\text{N}$$

已知 $F_{rw}=1100\text{N}<K_7F_r$

校核通过。

5）瞬时尖峰载荷的校核。由式（17-4）计算：

$$2.5T_2=2.5\times4200\text{N}\cdot\text{m}=10500\text{N}\cdot\text{m}$$

已知，$T_{2max}=5100\text{N}\cdot\text{m}<2.5T_2$

校核通过。

结论：所选减速器代号为

CWU200-20-ⅠFGJB/T 7935—2015

17.4.2　平面二次包络环面蜗杆减速器

平面二次包络环面蜗杆减速器适用于工作环境温度为-40~40℃，当环境温度低于0℃或高于40℃时，起动前润滑油要相应加热或冷却；蜗杆转速不超过1500r/min；两轴交角为90°；蜗杆轴可正、反向运转。

17.4.2.1　型式和标记方法

减速器的型号由减速器代号PW、蜗杆位置（U、O、S）、中心距（见表17-44）、公称传动比（见表17-45）、装配型式、冷却方式（风扇冷却“F”，自然冷却不标注）和标准号组成。

减速器包括PWU（蜗杆在蜗轮之下）、PWO（蜗杆在蜗轮之上）、PWS（蜗杆在蜗轮一侧）三个系列。每个系列有三种装配型式，用代号Ⅰ、Ⅱ、Ⅲ表示。

表17-44　减速器中心距 a　　（单位：mm）

第一系列	80	100	125		160		200		250		315		400		500		630	
第二系列				140		180		225		280		355		450		560		710

注：优先选用第一系列。

表17-45　减速器公称传动比 i

第一系列	10	12.5		16		20		25		31.5		40		50		63
第二系列			14		18		22.7		28		35.5		45		56	

注：优先选用第一系列。

标记示例：

PWU　125—20Ⅰ　GB/T 16444—2008

- GB/T 16444—2008：标准号
- Ⅰ：装配型式第一种
- 20：公称传动比 i = 20
- 125：中心距 a = 125mm
- U：蜗杆位置，“U”为下置，“O”为上置，“S”为侧置
- PW：平面二次包络环面蜗杆减速器

17.4.2.2　外形尺寸和安装尺寸（见表17-46~表17-50）

表17-46　PWU型减速器的外形尺寸和安装尺寸（整体式）　　（单位：mm）

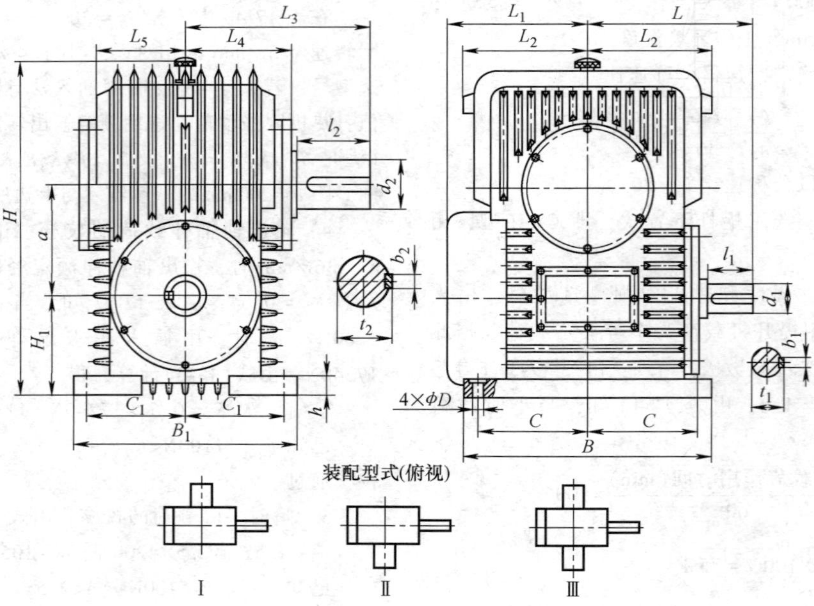

（续）

a	H_1	B	B_1	C	C_1	D	H	L	L_1	L_2	L_3	L_4	L_5	d_1	b_1	t_1	l_1	d_2	b_2	t_2	l_2	h
80	100	250	190	112	180	14	315	160	160	125	180	100	90	25	8	28	42	45	14	48.5	82	30
100	112	300	236	130	100	16	355	200	200	160	212	125	118	32	10	35	58	55	16	59	82	35
125	125	355	280	160	118	18	450	236	236	190	250	150	140	38	10	41	58	65	18	69	105	38
140	140	400	315	180	132	20	500	265	265	212	280	160	160	42	12	45	82	70	20	74.5	105	40
160	160	450	355	200	140	21	560	300	300	236	315	190	180	48	14	51.5	82	80	22	85	130	42
180	180	500	400	225	160	22	630	335	335	265	355	212	200	56	16	60	82	90	25	95	130	45
200	200	560	450	250	180	24	710	355	355	300	400	236	224	60	18	64	105	100	28	106	165	50
225	225	630	500	280	200	26	800	400	400	315	450	265	250	65	18	69	105	110	28	116	165	53
250	250	670	530	300	224	28	850	450	450	355	500	280	280	70	20	74.5	105	125	32	132	165	56
280	280	800	600	355	250	30	950	475	475	400	560	315	315	85	22	90	130	140	36	148	200	60
315	315	900	670	375	280	32	1060	560	560	450	630	355	355	90	25	95	130	150	36	158	200	67
355	355	1000	750	425	315	35	1250	670	670	500	710	400	400	100	28	106	165	170	40	179	240	75

表 17-47　PWU 型减速器的外形尺寸和安装尺寸（剖分式）　　（单位：mm）

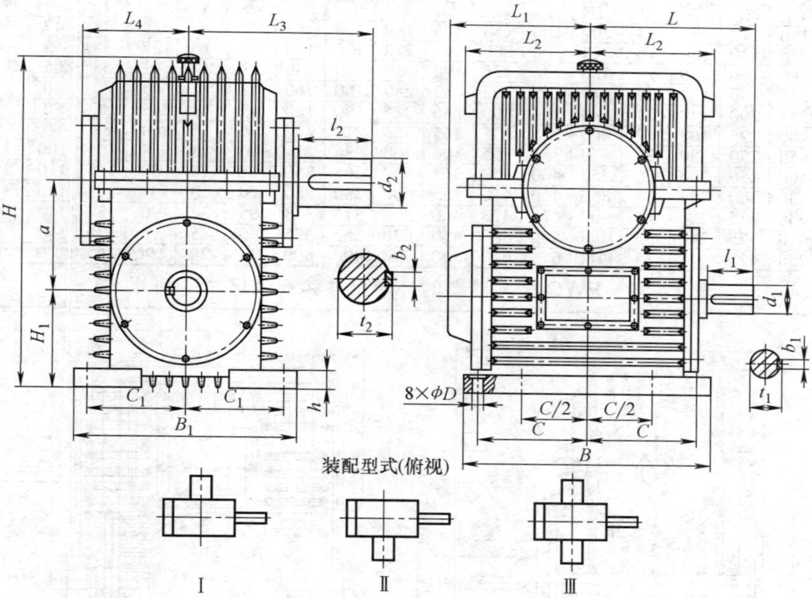

a	H_1	B	B_1	C	C_1	D	H	L	L_1	L_2	L_3	L_4	d_1	b_1	t_1	l_1	d_2	b_2	t_1	l_2	h
400	355	900	800	400	355	35	1250	670	600	450	630	375	110	28	116	165	180	45	190	240	55
450	400	1000	900	450	400	39	1400	750	670	500	710	425	125	32	132	165	200	45	210	280	60
500	450	1120	1000	500	450	42	1600	850	750	560	800	475	130	32	137	200	220	50	231	280	65
560	500	1250	1120	560	500	45	1800	950	850	630	900	530	150	36	158	200	250	56	262	330	72
630	560	1400	1250	630	560	48	2000	1060	950	710	1000	600	170	40	179	240	280	63	292	380	80
710	630	1600	1400	710	630	52	2240	1180	1060	800	1250	670	190	45	200	280	320	70	334	380	88

表 17-48　PWO 型减速器的外形尺寸和安装尺寸（整体式）　（单位：mm）

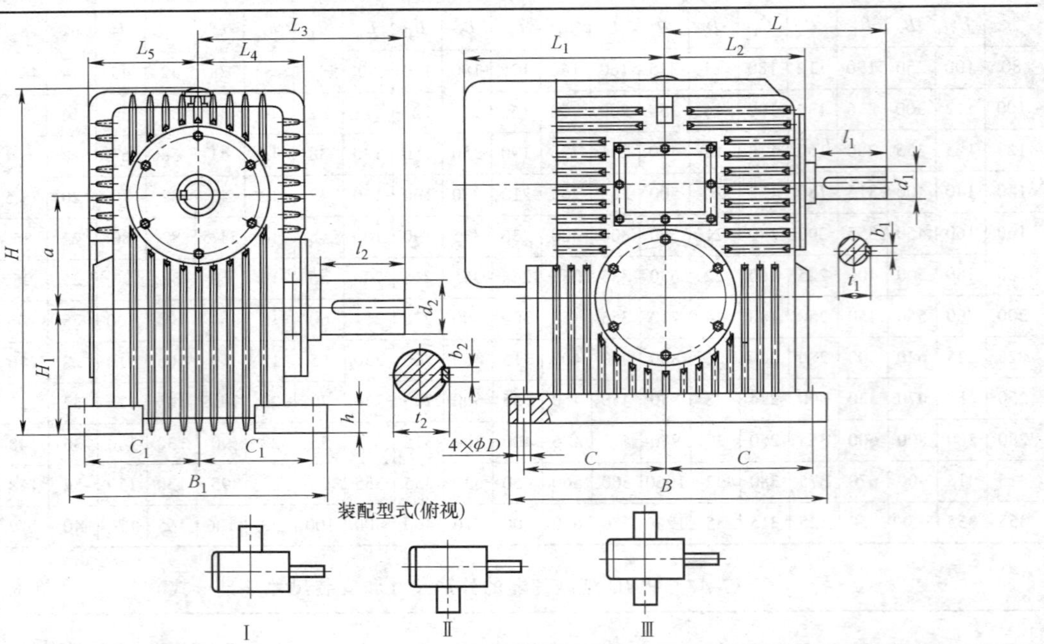

a	H_1	B	B_1	C	C_1	D	H	L	L_1	L_2	L_3	L_4	L_5	d_1	b_1	t_1	l_1	d_2	b_2	t_2	l_2	h
80	125	250	190	112	80	14	300	160	160	125	180	100	90	25	8	28	42	45	14	48.5	82	30
100	160	300	236	130	100	16	375	200	200	160	212	125	118	32	10	35	58	55	16	59	82	35
125	180	355	280	160	118	18	425	236	236	190	250	150	140	38	10	41	58	65	18	69	105	38
140	200	400	315	180	132	20	475	265	265	212	280	160	160	42	12	45	82	70	20	74.5	105	40
160	215	450	355	200	140	21	530	300	300	236	315	190	180	48	14	51.5	82	80	22	85	130	42
180	250	500	400	225	160	22	600	335	335	265	355	212	200	56	16	60	82	90	25	95	130	45
200	280	560	450	250	180	24	670	355	355	300	400	236	224	60	18	64	105	100	28	106	165	50
225	315	630	500	280	200	26	750	400	400	315	450	265	250	65	18	69	105	110	28	116	165	53
250	355	670	530	300	224	28	850	450	450	355	500	280	280	70	20	74.5	105	125	32	132	165	57
280	400	800	600	355	250	30	900	475	475	400	560	315	315	85	22	90	130	140	36	148	200	60
315	450	900	670	375	280	32	1000	560	560	450	630	355	355	90	25	95	130	150	36	158	200	67
355	500	1000	750	425	315	35	1180	670	670	500	710	400	400	100	28	106	165	170	40	179	240	75

表 17-49　PWO 型减速器的外形尺寸和安装尺寸（剖分式）　（单位：mm）

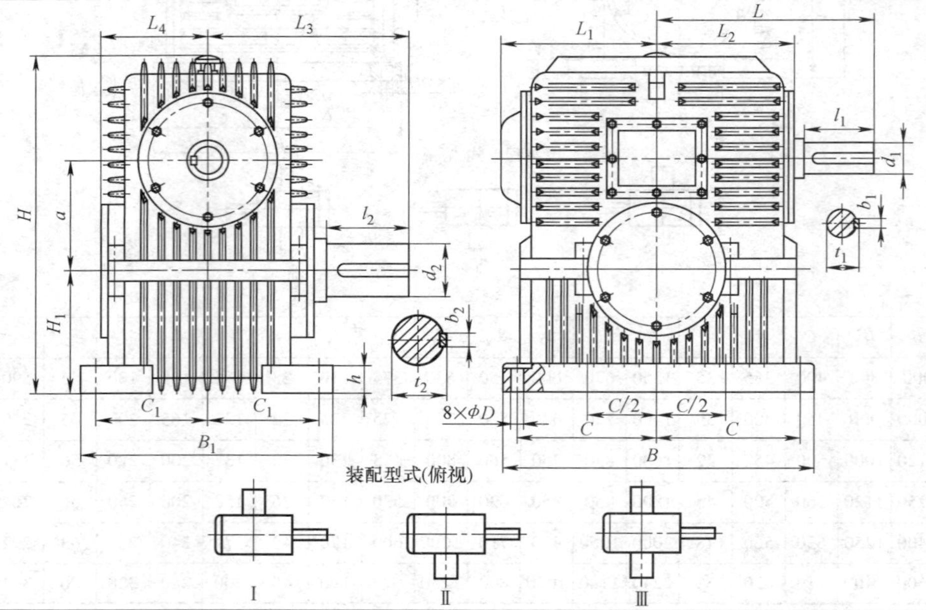

（续）

a	H_1	B	B_1	C	C_1	D	H	L	L_1	L_2	L_3	L_4	d_1	b_1	t_1	l_1	d_2	b_2	t_2	l_2	h
400	500	900	800	400	355	35	1250	670	600	450	630	375	110	28	116	165	180	45	190	240	55
450	560	1000	900	450	400	39	1400	750	670	500	710	425	125	32	132	165	200	45	210	280	60
500	630	1120	1000	500	450	42	1600	850	750	560	800	475	130	32	137	200	220	50	231	280	65
560	710	1250	1120	560	500	45	1800	950	850	630	900	530	150	36	158	200	250	56	262	330	72
630	800	1400	1250	630	560	48	2000	1060	950	710	1000	600	170	40	179	240	280	63	292	380	80
710	900	1600	1400	710	630	52	2240	1180	1060	800	1250	670	190	45	200	280	320	70	334	380	88

表 17-50 PWS 型减速器的外形尺寸和安装尺寸 （单位：mm）

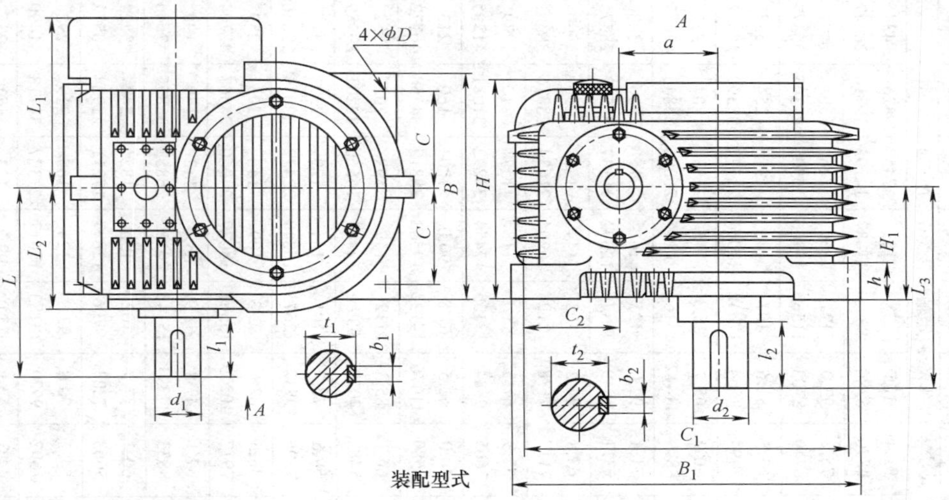

装配型式

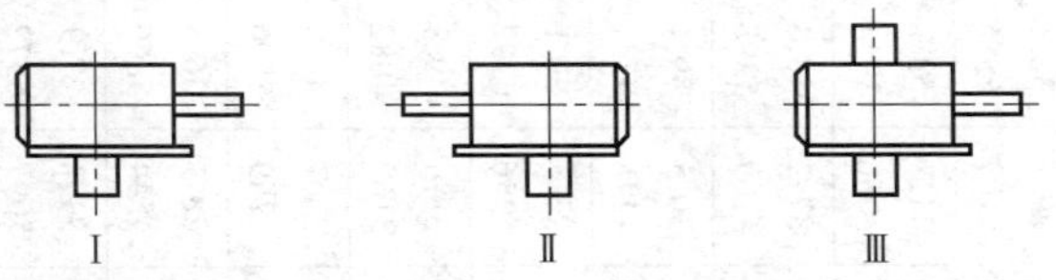

a	H_1	B	B_1	C	C_1	C_2	D	H	L	L_1	L_2	L_3	d_1	b_1	t_1	l_1	d_2	b_2	t_2	l_2	h
80	95	100	315	80	265	80	14	200	160	118	118	170	25	8	28	42	45	14	48.5	82	30
100	125	125	355	100	315	100	16	236	200	140	140	212	32	10	35	58	55	16	59	82	35
125	140	140	400	118	355	118	18	280	236	170	170	250	38	10	41	58	65	18	69	105	38
140	160	160	450	132	400	132	20	300	265	190	190	280	42	12	45	82	70	20	74.5	105	40
160	180	180	500	150	450	150	21	335	300	212	212	315	48	14	51.5	82	80	22	85	130	42
180	200	200	560	170	500	160	22	375	335	236	236	355	56	16	60	82	90	25	95	130	45
200	224	224	630	190	560	170	24	425	355	265	265	400	60	18	64	105	100	28	106	165	48
225	250	250	710	212	630	190	26	475	400	300	300	425	65	18	69	105	110	28	116	165	50
250	280	280	800	245	710	200	28	530	450	355	355	475	70	20	74.5	105	125	32	132	165	52
280	315	315	900	265	800	224	30	600	500	375	375	530	85	22	90	130	140	36	148	200	55
315	355	355	1000	300	900	250	32	670	560	425	425	560	90	25	95	130	150	36	158	200	58
355	400	400	1120	335	1000	265	35	750	600	450	450	670	100	28	106	165	170	40	179	240	62
400	450	450	1250	375	1120	315	35	850	670	500	500	710	110	28	116	165	180	45	190	240	65
450	500	500	1400	425	1250	355	39	950	750	560	560	800	125	32	132	165	200	45	210	280	70
500	560	560	1600	475	1400	400	42	1060	800	600	600	900	130	32	137	200	220	50	231	280	75
560	630	630	1800	530	1600	450	45	1180	900	670	670	1000	150	36	158	200	250	56	262	330	78
630	710	710	2000	600	1800	500	48	1320	1000	750	750	1100	170	40	179	240	280	63	292	380	82
710	800	800	2240	670	2000	560	52	1500	1120	850	850	1250	190	45	200	280	320	70	334	380	88

17.4.2.3 承载能力

减速器的额定输入功率 P_1 和额定输出转矩 T_2 见表 17-51，输出轴轴端许用径向力 F_r 见表 17-52，传动效率 η 见表 17-53。

表 17-51　减速器的额定输入功率 P_1 和额定输出转矩 T_2

公称传动比 i	输入转速 n_1/(r/min)	功率转矩	中心距/mm																	
			80	100	125	140	160	180	200	225	250	280	315	355	400	450	500	560	630	710
			额定输入功率 P_1/kW，额定输出转矩 T_2/N·m																	
10	1500	P_1	6.71	11.5	19.7	25.9	35.7	47.5	61.2	81.4	105	138	183	245	326	434	—	—	—	—
		T_2	384	666	1141	1516	2093	2811	3626	4870	6280	8343	11087	14795	19716	26247	—	—	—	—
	1000	P_1	6.20	10.6	18.2	23.9	33.0	43.9	56.6	75.2	97.0	127	169	226	301	401	517	679	902	1204
		T_2	533	923	1581	2102	2901	3897	5025	6749	8703	11563	15366	20505	27305	36377	46900	61596	81825	109221
	750	P_1	5.22	8.94	15.3	20.1	27.8	36.9	47.6	63.3	81.6	107	143	190	254	337	435	572	760	1014
		T_2	591	1019	1755	2333	3220	4326	5579	7494	9664	12842	17064	22772	30399	40332	52061	68457	90957	121356
	500	P_1	4.20	7.20	12.3	16.2	22.4	29.7	38.3	50.9	65.7	86.3	115	153	204	271	350	460	611	816
		T_2	697	1202	2071	2754	3801	5107	6586	8849	11412	15167	20145	26896	35843	47615	61496	80822	107354	143373
12.5	1500	P_1	5.88	10.1	17.3	22.7	31.3	41.7	53.7	71.4	92.0	121	161	215	286	380	490	—	—	—
		T_2	417	722	1237	1645	2270	3066	3954	5311	6849	9100	12092	16137	21507	28575	36847	—	—	—
	1000	P_1	5.26	9.00	15.4	20.3	28.0	37.2	48.0	63.8	82.2	108	144	192	256	340	438	576	765	1012
		T_2	558	968	1658	2204	3042	4109	5298	7117	9178	12194	16204	21624	28876	38351	49405	64971	86290	114151
	750	P_1	4.31	7.39	12.7	16.7	23.0	30.5	39.4	52.3	67.5	88.7	118	157	210	279	360	473	628	838
		T_2	604	1041	1794	2386	3293	4448	5737	7665	9884	13135	17454	23292	31081	41295	53283	70008	92950	124032
	500	P_1	3.29	5.65	9.67	12.7	17.6	23.3	30.1	40.0	51.5	67.8	90.0	120	160	213	275	361	480	640
		T_2	676	1166	2009	2672	3688	4956	6392	8589	11076	14722	19563	25819	34758	46272	59741	78424	104275	139033
14	1500	P_1	5.45	9.34	16.0	21.0	29.0	38.6	49.8	66.1	85.3	112	149	199	265	352	454	597	—	—
		T_2	430	745	1277	1688	2330	3165	4082	5483	7070	9395	12484	16660	22201	29489	38035	50015	—	—
	1000	P_1	4.90	8.40	14.4	18.9	26.1	34.7	44.8	59.5	76.7	101	134	179	239	317	409	537	714	953
		T_2	580	1005	1723	2277	3143	4269	5506	7396	9537	12673	16840	22472	30034	39836	51397	67482	89725	119759
	750	P_1	4.00	6.85	11.7	15.4	21.3	28.3	36.5	48.5	62.6	82.3	109	146	195	259	334	438	583	777
		T_2	620	1075	1853	2464	3401	4544	5860	7917	10209	13568	18029	24060	24567	42704	55070	72217	96125	128111
	500	P_1	3.06	5.24	8.98	11.8	16.3	21.7	27.9	37.1	47.8	62.9	83.6	112	149	198	255	335	446	595
		T_2	695	1205	2078	2761	3814	5097	6572	8833	11391	15143	20122	26852	35855	47646	61362	80613	107323	143178
16	1500	P_1	4.98	8.54	14.6	19.2	26.5	35.3	45.5	60.4	77.9	102	136	182	242	322	415	546	—	—
		T_2	446	774	1326	1763	2433	3233	4169	5663	7303	9706	12897	17211	22924	30512	39311	51720	—	—
	1000	P_1	4.51	7.73	13.2	17.4	24.0	31.9	41.2	54.7	70.6	92.8	123	165	219	292	376	494	657	877
		T_2	606	1051	1801	2394	3305	4391	5663	7692	9920	13183	17517	23377	31118	41490	53426	70192	93353	124612
	750	P_1	3.65	6.25	10.7	14.1	19.4	25.8	33.3	44.3	57.1	75.0	99.7	133	177	236	304	400	531	709
		T_2	643	1108	1920	2553	3524	4735	6106	8114	10464	14062	18685	24935	33172	44230	56974	74966	99517	132877
	500	P_1	2.62	4.84	8.29	10.9	15.0	20.0	25.8	34.3	44.2	58.1	77.2	103	137	183	235	309	411	549
		T_2	725	1250	2154	2865	3954	5316	6855	9214	11881	15797	20991	28013	37258	49768	63910	84034	111774	149304

18	1500	P_1	4.59	7.86	13.5	17.7	24.4	32.5	41.9	55.7	71.8	94.4	125	167	223	297	383	503	—	—
		T_2	460	793	1359	1817	2508	3351	4321	5742	7405	9951	13223	17646	23509	31310	40376	53027	—	—
	1000	P_1	3.92	6.72	11.5	15.1	20.9	27.8	35.8	47.6	61.4	80.7	107	143	191	254	327	430	571	762
		T_2	587	1017	1742	2316	3197	4296	5540	7362	9493	12757	16952	22623	30203	40165	51708	67997	90293	120496
	750	P_1	3.29	5.65	9.67	12.7	17.6	23.3	30.1	40.0	51.5	67.8	90.0	120	160	213	275	361	480	640
		T_2	646	1113	1929	2565	3540	4785	6170	8246	10633	13978	18574	24787	33368	44421	57351	75287	100104	133472
	500	P_1	2.51	4.30	7.37	9.69	13.4	17.8	22.9	30.5	39.3	51.6	68.6	91.6	122	162	209	275	366	488
		T_2	716	1235	2128	2831	3908	5254	6776	9109	11746	15620	20756	27698	36907	49007	63225	83191	110720	147626
20	1500	P_1	4.20	7.19	12.3	16.2	22.4	29.7	38.3	50.9	65.7	86.3	115	153	204	271	350	460	—	—
		T_2	462	797	1365	1815	2505	3386	4367	5835	7524	9882	13144	17541	23636	31398	40551	53296	—	—
	1000	P_1	3.61	6.18	10.6	13.9	19.2	25.5	32.9	43.8	56.5	74.2	98.6	132	176	233	301	395	525	701
		T_2	593	1021	1761	2341	3231	4367	5632	7525	9704	12757	16952	22623	30587	40493	52311	68648	91241	121828
	750	P_1	2.98	5.11	8.75	11.5	15.9	21.1	27.2	36.2	46.6	61.3	81.5	109	145	193	248	327	434	579
		T_2	641	1106	1917	2549	3519	4783	6168	8243	10629	14052	18672	24918	33231	44231	56836	74941	99462	132693
	500	P_1	2.31	3.97	6.79	8.93	12.3	16.4	21.1	28.1	36.2	47.6	63.2	84.4	113	150	193	254	337	450
		T_2	725	1250	2154	2866	3956	5320	6860	9223	11894	15817	21018	28049	37550	49846	64135	84406	111987	149537
22.4	1500	P_1	3.84	6.59	11.3	14.8	20.5	27.2	35.1	46.6	60.1	79.1	105	140	187	248	320	421	—	—
		T_2	496	808	1384	1841	2541	3435	4429	5919	7633	10147	13483	17993	23999	31827	41068	54030	—	—
	1000	P_1	3.29	5.65	9.67	12.7	17.6	23.3	30.1	40.0	51.5	67.8	90.0	120	160	213	275	361	480	640
		T_2	599	1039	1780	2367	3267	4416	5695	7610	9813	13046	17336	23134	30801	41004	52939	69495	92404	123205
	750	P_1	2.75	4.70	8.06	10.6	14.6	19.4	25.1	33.3	43.0	56.5	75.0	100	134	177	229	301	400	534
		T_2	654	1134	1943	2584	3567	4851	6256	8360	10781	14334	19048	25419	34013	44927	58126	76401	101530	135543
	500	P_1	2.12	3.63	6.22	8.18	11.3	15.0	19.3	25.7	33.1	43.6	57.9	77.2	103	137	177	232	308	412
		T_2	729	1258	2155	2868	3959	5325	6867	9234	11908	15935	21174	28257	37674	50110	64740	84857	112656	150695
25	1500	P_1	3.45	5.91	10.1	13.3	18.4	24.4	31.5	41.9	54.0	71.0	94.3	126	168	223	288	378	—	—
		T_2	467	810	1387	1845	2546	3423	4414	5898	7606	10056	13363	17832	23796	31586	40793	53541	—	—
	1000	P_1	2.94	5.04	8.64	11.4	15.7	20.8	26.9	35.7	46.0	60.5	80.4	107	143	190	245	322	428	572
		T_2	590	1023	1773	2358	3255	4376	5643	7541	9724	12856	17083	22797	30383	40368	52054	68414	90935	121530
	750	P_1	2.51	4.30	7.37	9.69	13.4	17.8	22.9	30.5	39.3	51.6	68.6	91.6	122	162	209	275	366	488
		T_2	663	1143	1971	2622	3619	4865	6274	8434	10876	14463	19218	25646	34173	45377	58542	77029	102518	136691
	500	P_1	1.88	3.23	5.53	7.27	10.0	13.3	17.2	22.8	29.5	38.7	51.5	68.7	91.6	122	157	206	274	366
		T_2	710	1225	2112	2811	3880	5187	6689	9052	14091	15716	20883	27869	37174	49512	63716	83601	111198	148535

（续）

公称传动比 i	输入转速 n_1/(r/min)	功率转矩	80	100	125	140	160	180	200	225	250	280	315	355	400	450	500	560	630	710
			中心距/mm；额定输入功率 P_1/kW，额定输出转矩 T_2/N·m																	
28	1500	P_1	3.10	5.31	9.10	12.0	16.5	21.9	28.3	37.6	48.7	63.7	84.7	113	151	200	250	340	—	—
		T_2	453	786	1354	1791	2472	3324	4287	5763	7432	9940	13209	17627	23551	31193	38992	53029	—	—
	1000	P_1	2.71	4.64	7.95	10.4	14.4	19.2	24.7	32.8	42.3	55.7	74.0	98.7	132	175	226	297	394	526
		T_2	593	1023	1764	2346	3239	4355	5616	7550	9737	13023	17306	23094	30881	40941	52872	69483	92176	123058
	750	P_1	2.27	3.90	6.68	8.78	12.1	16.1	20.8	27.6	35.6	46.8	62.2	83.0	111	147	190	249	331	442
		T_2	657	1133	1953	2589	3587	4823	6220	8364	10786	14346	19063	25439	34031	45068	58251	76340	101480	135511
	500	P_1	1.80	3.09	5.30	6.96	9.61	12.8	16.5	21.9	28.2	37.1	49.3	65.8	87.8	117	150	198	263	351
		T_2	743	1281	2196	2905	4010	5397	6959	9365	12077	16174	21492	28681	38265	50991	65372	86292	114620	152972
31.5	1500	P_1	2.78	4.77	8.18	10.7	14.8	19.7	25.4	33.8	43.6	57.3	76.1	102	135	180	232	305	—	—
		T_2	447	770	1328	1768	2440	3282	4232	5691	7339	9763	12974	17313	23010	30681	39544	51987	—	—
	1000	P_1	2.43	4.17	7.14	9.39	13.0	17.2	22.2	29.5	38.0	50.0	66.5	88.7	118	157	203	266	354	473
		T_2	585	1009	1740	2315	3196	4299	5543	7455	9614	12789	16994	22678	30170	40141	51902	68009	90509	120934
	750	P_1	1.80	3.09	5.30	6.96	9.61	12.8	16.5	21.9	28.2	37.1	49.3	65.8	87.8	117	150	198	263	351
		T_2	572	986	1700	2263	3123	4201	5418	7287	9397	12502	16613	22170	29578	39416	50533	66704	88602	118248
	500	P_1	1.57	2.69	4.61	6.06	8.36	11.1	14.3	19.0	24.5	32.3	42.9	57.2	76.3	101	131	172	228	305
		T_2	708	1221	2106	2787	3847	5146	6636	8932	11519	15337	20380	27196	36262	48001	62258	81744	108358	144952
35.5	1500	P_1	2.43	4.17	7.14	9.39	13.0	17.2	22.2	29.5	38.0	50.0	66.5	88.7	118	157	203	266	—	—
		T_2	431	744	1283	1697	2343	3152	4065	5468	7051	9439	12543	16738	22267	29627	38367	50195	—	—
	1000	P_1	2.20	3.76	6.45	8.48	11.7	15.6	20.0	26.6	34.4	45.2	60.0	80.1	107	142	183	241	320	427
		T_2	584	1008	1738	2299	3174	4270	5507	7408	9553	12788	16993	22677	30287	40194	51799	68217	90578	120865
	750	P_1	1.88	3.23	5.53	7.27	10.0	13.3	17.2	22.8	29.5	38.7	51.5	68.7	91.6	122	157	206	274	366
		T_2	655	1130	1949	2595	3582	4820	6216	8363	10784	14352	19072	25451	33950	45217	58189	76349	101552	135650
	500	P_1	1.49	2.55	4.38	5.75	7.94	10.6	13.6	18.1	23.3	30.6	40.7	54.4	72.5	96.4	124	163	217	290
		T_2	738	1273	2196	2906	4011	5402	6966	9318	12016	16108	21405	28565	38094	50652	65154	85646	114019	152376
40	1500	P_1	2.27	3.90	6.68	8.78	12.1	16.1	20.8	27.6	35.6	46.8	62.2	83.0	111	147	190	249	331	—
		T_2	440	759	1310	1744	2408	3240	4178	5623	7251	9651	12825	17115	22895	30320	39189	51358	68272	—
	1000	P_1	1.88	3.23	5.53	7.27	10.0	13.3	17.2	22.8	29.5	38.7	51.5	68.7	91.6	122	157	206	274	366
		T_2	547	943	1626	2165	2989	4022	5187	6980	9001	11981	15920	21246	28340	37745	48574	63734	84772	113235
	750	P_1	1.65	2.82	4.84	6.36	8.78	11.7	15.0	20.0	25.8	33.9	45.0	60.1	80.1	106	137	181	240	320
		T_2	629	1085	1872	2494	3442	4633	5975	8041	10370	13805	18345	24481	32635	43187	55817	73744	97782	130376
	500	P_1	1.22	2.08	3.57	4.69	6.48	8.61	11.1	14.8	19.0	25.0	33.2	44.3	59.2	78.6	101	133	177	236
		T_2	659	1138	1964	2617	3613	4867	6276	8452	10900	14520	19295	25748	34370	45634	58638	77217	102763	137017

45	1500	P_1	2.04	3.49	5.99	7.87	10.9	14.4	18.6	24.7	31.9	41.9	55.7	74.4	99.2	132	170	224	297	—
		T_2	435	751	1304	1737	2397	3227	4161	5600	7222	9614	12776	17049	22734	30251	38960	51335	68065	—
	1000	P_1	1.76	3.02	5.18	6.81	9.40	12.5	16.1	21.4	27.6	36.3	48.2	64.4	85.9	114	147	193	257	343
		T_2	565	975	1693	2293	3112	4189	5401	7270	9375	12480	16584	22131	29259	39189	50533	66346	88347	117911
	750	P_1	1.57	2.69	4.61	6.06	8.36	11.1	14.3	19.0	24.5	32.3	42.9	57.2	76.3	101	131	172	228	305
		T_2	661	1140	1966	2602	3592	4837	6238	8343	10759	14237	18918	25246	33661	44558	43344	75880	100585	134555
	500	P_1	1.29	2.22	3.80	5.00	6.90	9.16	11.8	15.7	20.2	26.6	35.4	47.2	63.0	83.7	108	142	188	252
		T_2	773	1334	2303	3069	4238	5712	7364	9852	12705	17046	22651	30227	40336	53590	69148	90917	120369	161346
50	1500	P_1	1.84	3.16	5.41	7.12	9.82	13.1	16.8	22.4	28.8	37.9	50.4	87.2	89.7	119	154	202	268	—
		T_2	428	744	1275	1699	2345	3157	4072	5482	7069	9414	12510	16694	22270	29545	38234	50151	66537	—
	1000	P_1	1.61	2.76	4.72	6.21	8.57	11.4	14.7	19.5	25.2	33.1	43.9	58.6	78.2	104	134	176	234	312
		T_2	560	974	1668	2223	3068	4132	5328	7173	9250	12318	16369	21844	29123	38731	49903	65544	87144	116192
	750	P_1	1.33	2.28	3.92	5.15	7.10	9.44	12.2	16.2	20.9	27.4	36.4	48.6	64.9	86.2	111	146	194	259
		T_2	611	1055	1820	2425	3347	4508	5814	7828	10095	13446	17867	23843	31813	42254	54410	71567	95095	126957
	500	P_1	1.02	1.74	2.99	3.94	5.43	7.22	9.31	12.4	16.0	21.0	27.9	37.2	49.6	65.9	85	112	149	198
		T_2	662	1143	1973	2631	3632	4895	6313	8507	10970	14622	19430	25929	34575	45937	59252	78073	103864	138021
56	1500	P_1	1.69	2.89	4.95	6.51	8.99	11.9	15.4	20.5	26.4	34.7	46.1	61.5	82.1	109	141	185	246	—
		T_2	430	747	1280	1706	2355	3172	4090	5471	7150	9523	12654	16887	22537	29921	38705	50783	67527	—
	1000	P_1	1.45	2.49	4.26	5.60	7.73	10.3	13.2	17.6	22.7	29.8	39.7	52.9	70.6	93.8	121	159	211	282
		T_2	555	964	1652	2202	3039	4094	5279	7062	9228	12291	16332	21795	29070	38622	49822	65469	86880	116114
	750	P_1	1.33	2.28	3.92	5.14	7.10	9.44	12.2	16.2	20.9	27.4	36.4	48.6	64.9	86.2	111	146	194	259
		T_2	670	1157	1996	2661	3673	4948	6381	8595	11083	14766	19621	24184	34936	46402	59752	78593	104432	139422
	500	P_1	1.10	1.88	3.22	4.24	5.85	7.78	10.0	13.3	17.2	22.6	30.0	40.1	53.4	71.0	91.6	120	160	213
		T_2	787	1359	2345	3106	4287	5780	7453	10118	13048	17274	22954	30631	40834	54293	70045	91762	122349	162878
63	1500	P_1	1.49	2.55	4.38	5.75	7.94	10.6	13.6	18.1	23.3	30.7	40.7	54.4	72.5	96.4	124	163	217	—
		T_2	418	727	1246	1661	2293	3090	3984	5367	6921	9221	12254	16352	21807	28996	37298	49029	65272	—
	1000	P_1	1.33	2.28	3.92	5.15	7.10	9.44	12.2	16.2	20.9	27.4	36.4	48.6	64.9	86.2	111	146	194	259
		T_2	562	976	1673	2230	3078	4147	5347	7203	9289	12376	16446	21946	29282	38893	50082	65874	87531	116858
	750	P_1	1.22	2.08	3.57	4.69	6.48	8.61	11.1	14.8	19.0	25.0	33.2	44.3	59.2	78.6	101	133	177	236
		T_2	673	1162	2005	2673	3690	4972	6412	8638	11279	14845	19726	26324	35139	46654	59950	78914	105061	140082
	500	P_1	0.82	1.41	2.42	3.18	4.39	5.83	7.52	9.99	12.9	16.9	22.5	30.0	40.1	53.2	68.7	90.3	120	160
		T_2	644	1112	1921	2563	3538	4771	6153	8297	10699	14269	18961	25303	33773	44806	57861	76053	101067	134755

表 17-52　减速器输出轴轴端许用径向力 F_r

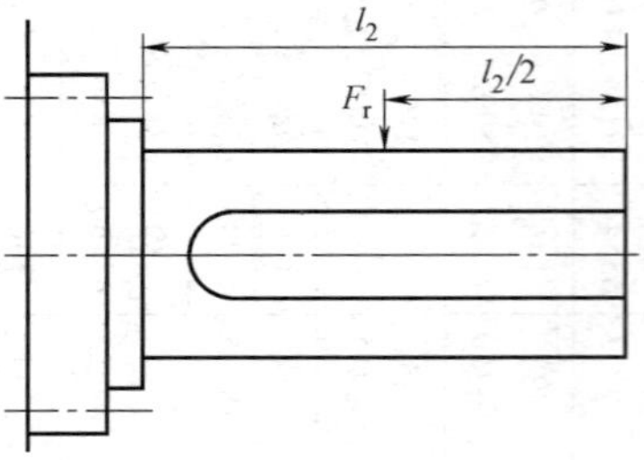

中心距/mm	80	100	125	140	160	180	200	225	250
许用径向力/N	2250	3500	5000	6500	9000	11000	14000	17000	21700
中心距/mm	280	315	355	400	450	500	560	630	710
许用径向力/N	27000	31000	35000	40000	43000	46000	49000	52000	56000

表 17-53　减速器的传动效率 η

公称传动比 i	输入转速 n_1/(r/min)	中心距/mm									
		80	100	125	140	160	180	200	225	250	280~710
		传动效率 η(%)									
10	1500	90	91	91	92	92	93	93	94	94	95
	1000	90	91	91	92	92	93	93	94	94	95
	750	89	89.5	90	91	91	92	92	93	93	94
	500	87	87.5	88	89	89	90	90	91	91	92
12.5	1500	89	90	90	91	91	92.5	92.5	93.5	93.5	94.5
	1000	89	90	90	91	91	92.5	92.5	93.5	93.5	94.5
	750	88	88.5	89	90	90	91.5	91.5	92	92	93
	500	86	86.5	87	88	88	89	89	90	90	91
14	1500	88.5	89.5	89.5	91	91	92	92	93	93	94
	1000	88.5	89.5	89.5	91	91	92	92	93	93	94
	750	87	88	88.5	89.5	89.5	91	91	91.5	91.5	92.5
	500	85	86	86.5	87.5	87.5	88	88	89	89	90
16	1500	88	89	89	90	90	91	91	92	92	93
	1000	88	89	89	90	90	91	91	92	92	93
	750	86.5	87	88	89	89	90	90	91	91	92
	500	84	84.5	85	86	86	87	87	88	88	89
18	1500	87.5	88	88	89.5	89.5	90	90	91	91	92
	1000	87	88	88	89	89	90	90	91	91	92
	750	85.5	86	87	88	88	89.5	89.5	90	90	91
	500	83	83.5	84	85	85	86	86	87	87	88
20	1500	86.5	87	87	88	88	89.5	89.5	90	90	91
	1000	86	86.5	87	88	88	89.5	89.5	90	90	91
	750	84.5	85	86	87	87	89	89	89.5	89.5	90
	500	82	82.5	83	84	84	85	85	86	86	87
22.4	1500	85.5	86	86	87	87	88.5	88.5	89	89	90
	1000	85	86	86	87	87	88.5	88.5	89	89	90
	750	83.5	84.5	84.5	85.5	85.5	87.5	87.5	88	88	89
	500	80.5	81	81	82	82	83	83	84	84	85.5
25	1500	85	86	86	87	87	88	88	88.5	88.5	89
	1000	84	85	86	87	87	88	88	88.5	88.5	89
	750	83	83.5	84	85	85	86	86	87	87	88
	500	79	79.5	80	81	81	81.5	81.5	83	84	85

（续）

公称传动比 i	输入转速 n_1/(r/min)	中心距/mm									
		80	100	125	140	160	180	200	225	250	280~710
		传动效率 η(%)									
28	1500	82.5	83	83.5	84	84	85	85	86	86	87.5
	1000	82	82.5	83	84	84	85	85	86	86	87.5
	750	81	81.5	82	83	83	84	84	85	85	86
	500	77	77.5	77.5	78	78	79	79	80	80	81.5
31.5	1500	80	80.5	81	82	82	83	83	84	84	85
	1000	80	80.5	81	82	82	83	83	84	84	85
	750	79	79.5	80	81	81	82	82	83	83	84
	500	75	75.5	76	76.5	76.5	77	77	78	78	79
35.5	1500	78.5	79	79.5	80	80	81	81	82	82	83.5
	1000	78.5	79	79.5	80	80	81	81	82	82	83.5
	750	77	77.5	78	79	79	80	80	81	81	82
	500	73	73.5	74	74.5	74.5	75.5	75.5	76	76	77.5
40	1500	76	76.5	77	78	78	79	79	80	80	81
	1000	76	76.5	77	78	78	79	79	80	80	81
	750	75	75.5	76	77	77	78	78	79	79	80
	500	71	71.5	72	73	73	74	74	75	75	76
45	1500	74.5	75	76	77	77	78	78	79	79	80
	1000	74.5	75	76	77	77	78	78	79	79	80
	750	73.5	74	74.5	75	75	76	76	76.5	76.5	77
	500	69.5	70	70.5	71.5	71.5	72.5	72.5	73	73	74.5
50	1500	73	74	74	75	75	76	76	77	77	78
	1000	73	74	74	75	75	76	76	77	77	78
	750	72	72.5	73	74	74	75	75	76	76	77
	500	68	68.5	69	70	70	71	71	72	72	73
56	1500	71.5	72.5	72.5	73.5	73.5	74.5	74.5	75	76	77
	1000	71.5	72.5	72.5	73.5	73.5	74.5	74.5	75	76	77
	750	70.5	71	71.5	72.5	72.5	73.5	73.5	74.5	74.5	75.5
	500	67	67.5	68	68.5	68.5	69.5	69.5	71	71	71.5
63	1500	70	71	71	72	72	73	73	74	74	75
	1000	70	71	71	72	72	73	73	74	74	75
	750	69	69.5	70	71	71	72	72	73	73	74
	500	65	65.5	66	67	67	68	68	69	69	70

17.4.2.4　选用方法

1）选用减速器应知原动机、工作机类型及载荷性质，每日平均运转时间，启动频率和环境温度。

2）表 17-51 中的额定输入功率 P_1 及额定输出转矩 T_2，适用于减速器工作载荷平稳，每日工作 8h，每小时启动次数不大于 10 次，启动转矩为额定转矩的 2.5 倍，小时载荷率 $J_c=100\%$，环境温度为 20℃。

其他工作状态的减速器的额定输入功率 P_1 及额定输出转矩 T_2，可按表 17-51 选取，用工作状况系数（见表 17-54～表 17-58）进行修正。

3）计算输入功率 P_1 或计算输出转矩 T_2。

机械功率　　$P \geqslant P_{1w}K_AK_1$

或　　$T_2 \geqslant T_{2w}K_AK_1$

热功率　　$P_1 \geqslant P_{1w}K_2K_3K_4$

或　　$T_2 \geqslant T_{2w}K_2K_3K_4$

式中　P_{1w}——减速器实际输入功率（kW）；

T_{2w}——减速器实际输出转矩（N·m）；

K_A——使用系数，见表 17-54；

K_1——起动频率系数，见表 17-55；

K_2——小时载荷率系数，见表 17-56；

K_3——环境温度系数，见表 17-57；

K_4——冷却方式系数，见表 17-58。

4）在下列间歇工作中，可不校验输入热功率。

① 在 1h 内多次起动，并且运转时间总和不超过 20min 的场合。

② 在一个工作周期内，运转时间不超过 40min，

并且间隔 2h 以上起动一次的场合。

5）实际输入功率超过许用输入热功率，则须采用强制冷却措施或选用更大规格的减速器。

【例 17-5】 已知：某重型提升机用平面二次包络环面蜗杆减速器（带风扇），电动机功率 P_{1w} = 15kW，减速器输入转速 n_1 = 1000r/min，传动比 i = 40，每日工作 8h，每小时起动 15 次，每次工作 3min，环境温度 30℃。试选择减速器型号。

【解】 选用计算：由表 17-54 查得 $K_A=1.3$，由表 17-55 查得 $K_1=1.1$，小时负荷率 $J_c=\frac{3\times15}{60}\times100\%=75\%$，由表 17-56 得 $K_2=0.93$，由表 17-57 查得 $K_3=1.14$，由表 17-58 查得 $K_4=1$，计算输入功率

机械功率 $P_1\geqslant P_{1w}K_AK_1$

$=15\times1.3\times1.1\text{kW}$

$=21.45\text{kW}$

热功率 $P_1\geqslant P_{1w}K_2K_3K_4$

$=15\times0.93\times1.14\times1\text{kW}$

$=15.9\text{kW}$

查表 17-51，选择减速器中心距 a = 225mm，n_1 = 1000r/min，i = 40，额定输入功率 P_1 = 22.8kW，可用。

表 17-54 使用系数 K_A

原动机	载荷性质（工作机特性）	每日工作时间/h ≤0.5	>0.5~1	>1~2	>2~10	>10
		K_A				
电动机,汽轮机,燃气轮机(起动转矩小,偶尔作用)	均匀	0.6	0.7	0.9	1	1.2
	轻度冲击	0.8	0.9	1.0	1.2	1.3
	中等冲击	0.9	1.0	1.2	1.3	1.5
	强烈冲击	1.1	1.2	1.3	1.5	1.75
汽轮机,燃气轮机,液动机或电动机(起动转矩大,经常作用)	均匀	0.7	0.8	1	1.1	1.3
	轻度冲击	0.9	1	1.1	1.3	1.4
	中等冲击	1	1.1	1.3	1.4	1.6
	强烈冲击	1.1	1.3	1.4	1.6	1.9
多缸内燃机	均匀	0.8	0.9	1.1	1.3	1.4
	轻度冲击	1.0	1.1	1.3	1.4	1.5
	中等冲击	1.1	1.3	1.4	1.5	1.8
	强烈冲击	1.3	1.4	1.5	1.8	2
单缸内燃机	均匀	0.9	1.1	1.3	1.4	1.6
	轻度冲击	1.1	1.3	1.4	1.6	1.8
	中等冲击	1.3	1.4	1.6	1.8	2
	强烈冲击	1.4	1.6	1.8	2	2.3 或更大

注：载荷性质举例：

均匀载荷：发电机、均匀装料的带式或板式输送机，螺旋输送机，轻型提升机，包装机械，机床进给装置，通风机，离心泵，稀液料和密度均匀物料搅拌机和混合机，按最大剪切力矩设计的冲压机。

轻度冲击：不均匀装料的带式或板式输送机，机床主传动装置，重型提升机，起重机旋转机构，工矿通风机，重型离心机，黏性液料及密度不均匀物料搅拌机和混合机，多缸柱塞泵，给料泵，挤压机，压延机，回转窑，锌、铝带材、线材、型材轧机。

中等冲击：橡胶挤压机，经常起动的橡胶和塑料混合机，轻型球磨机，木材加工机械，钢坯初轧机，单缸活塞泵。

强烈冲击：铲斗链传动，筛传动装置，单斗挖土机，重型球磨机，橡胶混炼机，冶金机械，重型给料泵，旋转式钻探设备，压砖机，冷轧机。

表 17-55 起动频率系数 K_1

每小时起动次数	≤10	>10~60	>60~400
起动频率系数 K_1	1	1.1	1.2

表 17-56 小时载荷率系数 K_2

小时载荷率 J_c/(%)	100	80	60	40	20
小时载荷率系数 K_2	1	0.95	0.88	0.77	0.6

注：1. $J_c=\frac{\text{1h 内负荷作用时间（min）}}{60}\times100\%$。

2. $J_c<20\%$时按 $J_c=20\%$计。

表 17-57　环境温度系数

环境温度/℃	0~10	>10~20	>20~30	>30~40	>40~50	
环境温度系数 K_3	0.89	1	1.14	1.33	1.6	

表 17-58　冷却方式系数 K_4

冷却方式	减速器中心距 a/mm	蜗杆转速 n_1/r·min^{-1}			
		1500	1000	750	500
		冷却方式系数 K_4			
自然冷却(无风扇)	80	1	1	1	1
	100~225	1.37	1.59	1.59	1.33
	250~710	1.51	1.85	1.89	1.78
风扇冷却	80~710	1			

17.4.2.5　润滑

减速器一般采用油池润滑，当蜗杆计算滑动速度 v_s>10m/s 时，采用强制润滑。减速器采用合成蜗轮蜗杆油，润滑油黏度指数（Ⅵ）应大于 100。减速器润滑油油品按表 17-59 规定，允许采用润滑性能相当或更高的油品。减速器轴承采用飞溅润滑，也可用脂润滑。

表 17-59　润滑油油品

输入转速 (r/min)	中心距/mm: 80, 140, 100, 125, 160, 180, 200, 225, 250, 280, 315, 355, 400, 450, 500, 560, 630, 710
1500	320 蜗轮蜗杆油①
1000	460 蜗轮蜗杆油
750	680 蜗轮蜗杆油
500	

① 建议采用强制润滑。

17.4.3　直廓环面蜗杆减速器（摘自 JB/T 7936—2010）

17.4.3.1　型式、基本参数与尺寸

JB/T 7936—2010 中规定的蜗杆与蜗轮轴交角为 90°，有四种型号见表 17-60，蜗杆在蜗轮之上与蜗杆在蜗轮之下各有三种装配型式如图 17-6 所示。

表 17-60　直廓环面蜗杆减速器的型号

	铸造机体和机盖	焊接机体和机盖
蜗杆在蜗轮之上	HWT	HWWT
蜗杆在蜗轮之下	HWB	HWWB

型号与标记示例：

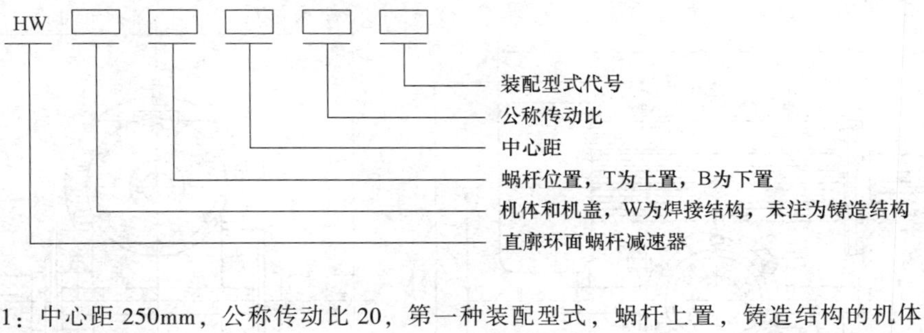

标记示例 1：中心距 250mm，公称传动比 20，第一种装配型式，蜗杆上置，铸造结构的机体和机盖直廓环面蜗杆减速器：

减速器　HWT250-20-1　JB/T 7936—2010

标记示例 2：中心距 250mm，公称传动比 20，第一种装配型式，蜗杆上置，焊接结构的机体和机盖直廓环面蜗杆减速器：

减速器　HWWB250-20-1　JB/T 7936—2010

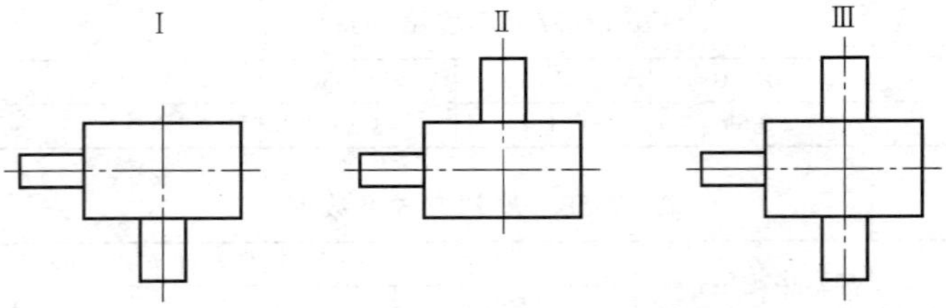

图 17-6　三种装配型式

减速器的基本参数：

1）转速不超过 1500r/min。

2）蜗杆中间平面分度圆滑动转速不超过 16m/s。

3）蜗杆轴可正、反向运转。

4）减速器工作的环境温度-40~40℃。当工作环境温度低于 0℃时，起动前润滑油必须加热到 0℃以上或采用低凝固点的润滑油；高于 40℃时，必须采取冷却措施。

5）减速器的承载能力及总传动效率见表 17-68~表 17-77。

6）减速器的中心距 a 见表 17-61，公称传动比 i 见表 17-62，分度圆直径 d_1、成形圆直径 d_b 及蜗轮齿宽 b_2 见表 17-63。

表 17-61　中心距 a　（单位：mm）

第一系列	100	125	160	200	250	—	315	—	400	—	500
第二系列	—	—	—	—	—	280	—	355	—	450	—

注：应优先选用第一系列。

表 17-62　公称传动比 i

第一系列	10	12.5	—	16	—	20	—	25
第二系列	—	—	14	—	18	—	22.4	—
第一系列	—	31.5	—	40	—	50	—	63
第二系列	28	—	35.5	—	45	—	56	—

注：应优先选用第一系列。

表 17-63　分度圆直径 d_1、成形圆直径 d_b 及蜗轮齿宽 b_2　（单位：mm）

a	100	125	160	200	250	280	315	355	400	450	500
d_1	40	50	56	71	90	100	112	125	140	160	180
d_b	63	80	100	125	160	180	200	224	250	280	315
b_2	25	31.5	40	50	63	71	80	90	100	112	125

17.4.3.2　直廓环面蜗杆减速器的尺寸（见表 17-64~表 17-67）

表 17-64　HWT 型减速器的主要尺寸　（单位：mm）

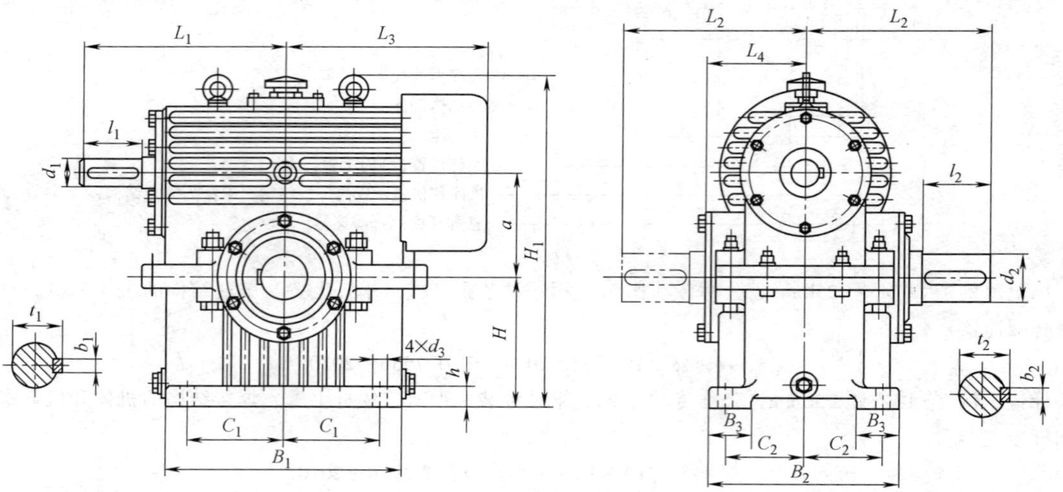

（续）

型号	a	B_1	B_2	B_3	C_1	C_2	H	d_1	l_1	b_1	t_1	L_1
HWT100	100	250	220	50	100	90	140	28js6	60	8	31	220
HWT125	125	280	260	60	115	105	160	35k6	80	10	38	260
HWT160	160	380	310	70	155	130	200	45k6	110	14	48.5	340
HWT200	200	450	360	80	185	150	250	55m6	110	16	59	380
HWT250	250	540	430	100	225	180	280	65m6	140	18	69	460
HWT280	280	640	500	110	270	210	315	75m6	140	20	79.5	530
HWT315	315	700	530	120	280	225	355	80m6	170	22	85	590
HWT355	355	750	560	130	300	245	400	85m6	170	22	90	610
HWT400	400	840	620	160	315	260	450	95m6	170	25	100	660
HWT450	450	930	700	190	355	300	500	100m6	210	28	106	740
HWT500	500	1020	760	200	400	320	560	110m6	210	28	116	790
型号	d_2	l_2	b_2	t_2	L_2	L_3	L_4	H_1	h	d_3	油量/L	质量/kg
HWT100	50k6	82	14	53.5	220	220	120	374	25	16	7	69
HWT125	60m6	82	18	64	240	260	142	430	30	20	9	129
HWT160	75m6	105	20	79.5	310	320	177	530	35	24	18	175
HWT200	90m6	130	25	95	350	380	192	640	40	24	38	290
HWT250	110m6	165	28	116	430	440	230	765	45	28	55	490
HWT280	120m6	165	32	127	470	530	255	855	50	35	71	750
HWT315	130m6	200	32	137	500	555	260	930	55	35	95	1030
HWT355	140m6	200	36	148	530	590	300	1040	60	35	126	1640
HWT400	150m6	200	36	158	560	655	310	1225	70	42	170	2170
HWT450	170m6	240	40	179	640	705	360	1345	75	42	220	2690
HWT500	180m6	240	45	190	670	775	390	1490	80	42	275	3410

表 17-65 HWWT 型减速器的主要尺寸 （单位：mm）

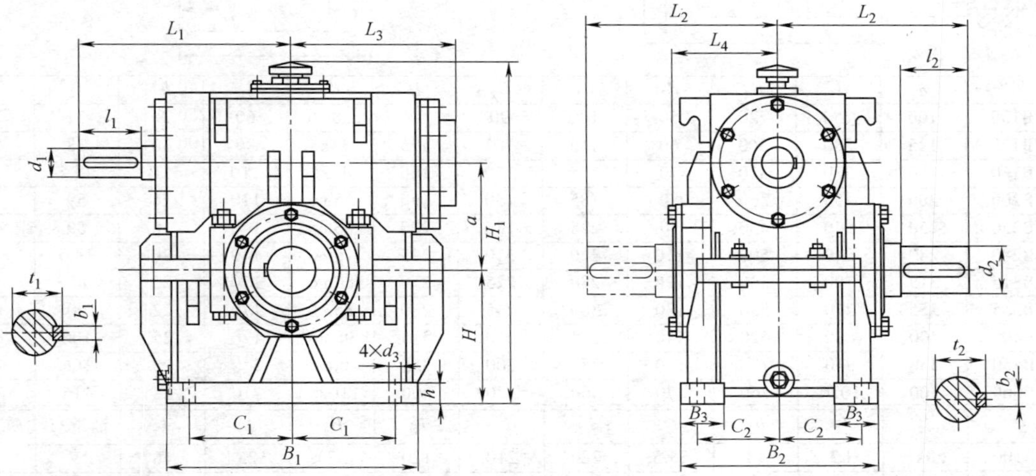

型号	a	B_1	B_2	B_3	C_1	C_2	H	d_1	l_1	b_1	t_1	L_1
HWWT160	160	380	310	70	155	130	200	45k6	110	14	48.5	340
HWWT200	200	450	360	80	185	150	250	55m6	110	16	59	380
HWWT250	250	540	430	100	225	180	280	65m6	140	18	69	460
HWWT280	280	640	500	110	270	210	315	75m6	140	20	79.5	530
HWWT315	315	700	530	120	280	225	355	80m6	170	22	85	590
HWWT355	355	750	560	130	300	245	400	85m6	170	22	90	610
HWWT400	400	840	620	160	315	260	450	95m6	170	25	100	660
HWWT450	450	930	700	190	355	300	500	100m6	210	28	106	740
HWWT500	500	1020	760	200	400	320	560	110m6	210	28	116	790

（续）

型号	d_2	l_2	b_2	t_2	L_2	L_3	L_4	H_1	h	d_3	油量/L	质量/kg
HWWT160	75m6	105	20	79.5	310	250	177	530	35	24	18	178
HWWT200	90m6	130	25	95	350	300	192	640	40	24	38	276
HWWT250	110m6	165	28	116	430	340	230	765	45	28	55	528
HWWT280	120m6	165	32	127	470	400	255	855	50	35	71	710
HWWT315	130m6	200	32	137	500	430	260	930	55	35	95	898
HWWT355	140m6	200	36	148	530	460	300	1040	60	35	126	1420
HWWT400	150m6	200	36	158	560	510	310	1225	70	42	170	1880
HWWT450	170m6	240	40	179	640	550	360	1345	75	42	220	2280
HWWT500	180m6	240	45	190	670	600	390	1490	80	42	275	2950

表 17-66　HWB 型减速器的主要尺寸　（单位：mm）

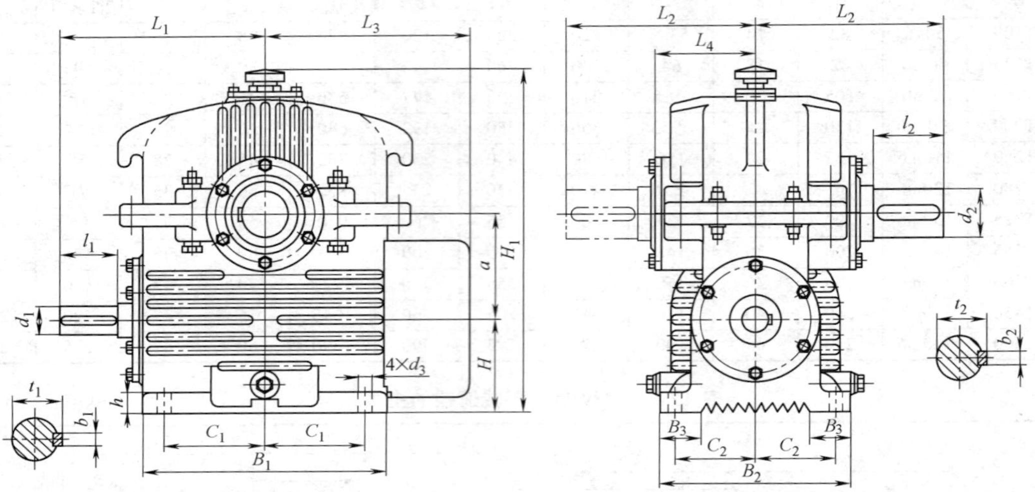

型号	a	B_1	B_2	B_3	C_1	C_2	H	d_1	l_1	b_1	t_1	L_1
HWB100	100	250	220	50	100	90	100	28js6	60	8	31	220
HWB125	125	280	260	60	115	105	125	35k6	80	10	38	260
HWB160	160	380	310	70	155	130	160	45k6	110	14	48.5	340
HWB200	200	450	360	80	185	150	180	55m6	110	16	59	380
HWB250	250	540	430	90	225	180	200	65m6	140	18	69	460
HWB280	280	640	500	110	270	210	225	75m6	140	20	79.5	530
HWB315	315	700	530	120	280	225	250	80m6	170	22	85	590
HWB355	355	750	560	130	300	245	280	85m6	170	22	90	610
HWB400	400	840	620	140	315	260	315	95m6	170	25	100	660
HWB450	450	930	700	150	355	300	355	100m6	210	28	106	740
HWB500	500	1020	760	170	400	320	400	110m6	210	28	116	790

型号	d_2	l_2	b_2	t_2	L_2	L_3	L_4	H_1	h	d_3	油量/L	质量/kg
HWB100	50k6	82	14	53.5	220	210	120	373	25	16	3	70
HWB125	60m6	82	18	64	240	260	142	445	30	20	4	132
HWB160	75m6	105	20	79.5	310	320	177	560	35	24	8	170
HWB200	90m6	130	25	95	350	380	192	655	40	24	13	280
HWB250	110m6	165	28	116	430	440	230	800	45	28	21	472
HWB280	120m6	165	32	127	470	530	255	910	50	35	27	725
HWB315	130m6	200	32	137	500	555	260	963	55	35	35	1030
HWB355	140m6	200	36	148	530	590	300	1082	60	35	48	1590
HWB400	150m6	200	36	158	560	655	310	1230	70	42	60	2140
HWB450	170m6	240	40	179	640	705	360	1375	75	42	85	2510
HWB500	180m6	240	45	190	670	775	390	1510	80	42	110	3370

表 17-67　HWWB 型减速器的主要尺寸　　　　（单位：mm）

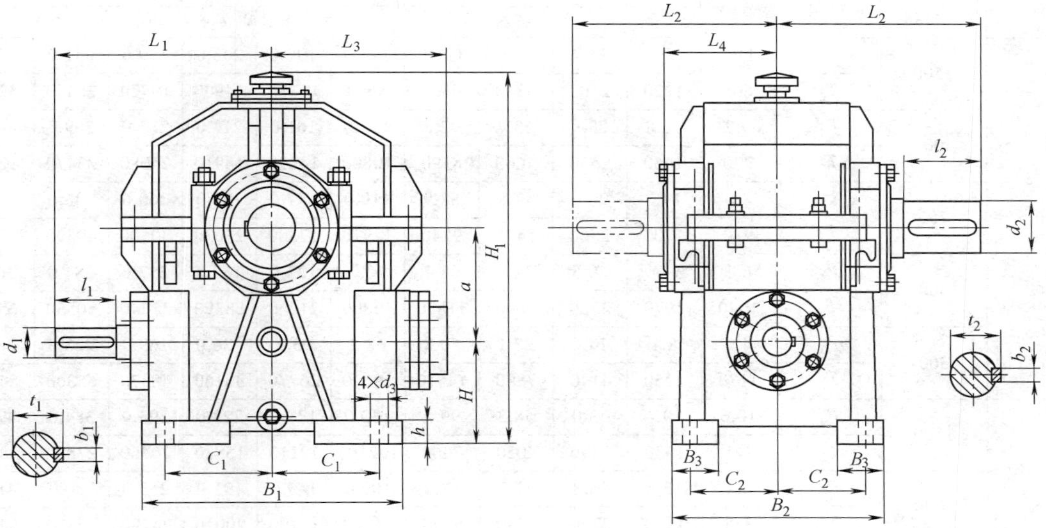

型号	a	B_1	B_2	B_3	C_1	C_2	H	d_1	l_1	b_1	t_1	L_1
HWWB160	160	380	310	70	155	130	160	45k6	110	14	48.5	340
HWWB200	200	450	360	80	185	150	180	55m6	110	16	59	380
HWWB250	250	540	430	90	225	180	200	65m6	140	18	69	460
HWWB280	280	640	500	110	270	210	225	75m6	140	20	79.5	530
HWWB315	315	700	530	120	280	225	250	80m6	170	22	85	590
HWWB355	355	750	560	130	300	245	280	85m6	170	22	90	610
HWWB400	400	840	620	140	315	260	315	95m6	170	25	100	660
HWWB450	450	930	700	150	355	300	355	100m6	210	28	106	740
HWWB500	500	1020	760	170	400	320	400	110m6	210	28	116	790

型号	d_2	l_2	b_2	t_2	L_2	L_3	L_4	H_1	h	d_3	油量/L	质量/kg
HWWB160	75m6	105	20	79.5	310	250	177	560	35	24	8	176
HWWB200	90m6	130	25	95	350	300	192	655	40	24	13	276
HWWB250	110m6	165	28	116	430	340	230	800	45	28	21	300
HWWB280	120m6	165	32	127	470	400	255	910	50	35	27	730
HWWB315	130m6	200	32	137	500	430	260	963	55	35	35	920
HWWB355	140m6	200	36	148	530	460	300	1082	60	35	48	1380
HWWB400	150m6	200	36	158	560	510	310	1230	70	42	60	1860
HWWB450	170m6	240	40	179	640	550	360	1375	75	42	85	2170
HWWB500	180m6	240	45	190	670	600	390	1510	80	42	110	2910

17.4.3.3 减速器的额定输入功率 P_1 和额定输出转矩 T_2（见表 17-68）

表 17-68 额定输入功率 P_1 和额定输出转矩 T_2

公称传动比 i	输入转速 n/(r/min)	功率、转矩	中心距 a/mm										
			100	125	160	200	250	280	315	355	400	450	500
			额定输入功率 P_1/kW　额定输出转矩 T_2/N·m										
10	1500	P_1	11.5	20.8	35.4	65.5	111.0	145.0	190.0	248.0	329.0	431.0	526.0
		T_2	665	1220	2100	3840	6660	8670	11380	14900	19720	26450	32260
	1000	P_1	9.2	16.8	28.9	53.7	92.3	122.0	161.0	213.0	283.0	369.0	464.0
		T_2	790	1460	2530	4660	8190	10800	14290	18910	25080	33470	42080
	750	P_1	8.0	14.8	25.6	47.8	82.9	110.0	147.0	196.0	260.0	338.0	433.0
		T_2	910	1700	2960	5490	9740	12910	17300	23030	30500	40590	51990
	500	P_1	6.1	11.6	20.5	38.7	68.1	90.7	122.0	163.0	217.0	284.0	367.0
		T_2	1040	1970	3520	6600	11870	15800	21260	28390	37740	50550	65350
	300	P_1	4.2	8.1	14.6	28.1	50.8	68.5	93.3	126.0	169.0	223.0	289.0
		T_2	1170	2250	4140	7890	14570	19670	26770	36160	48470	65360	84880
12.5	1500	P_1	10.6	19.4	33.0	58.3	99.4	130.0	171.0	223.0	293.0	384.0	475.0
		T_2	725	1330	2290	4050	7060	9210	12110	15830	20760	27830	34440
	1000	P_1	8.4	15.6	26.8	47.7	82.2	109.0	145.0	191.0	253.0	330.0	418.0
		T_2	845	1580	2740	4890	8620	11420	15190	20010	26490	35330	44800
	750	P_1	7.3	13.6	23.7	42.4	73.6	97.6	131.0	175.0	232.0	303.0	389.0
		T_2	970	1820	3210	5740	10210	13540	18170	24250	32140	42920	55170
	500	P_1	5.5	10.5	18.7	34.1	60.2	80.4	108.0	145.0	193.0	253.0	327.0
		T_2	1100	2090	3760	6870	12400	16540	22290	29830	39670	53200	68850
	300	P_1	3.7	7.2	13.1	24.6	44.5	60.2	82.2	111.0	149.0	198.0	257.0
		T_2	1200	2320	4290	8050	14920	20190	27540	37310	50100	67750	88130
14	1500	P_1	9.3	17.3	29.4	51.8	88.3	115.0	151.0	197.0	260.0	342.0	419.0
		T_2	705	1300	2250	3970	6910	9000	11810	15440	20360	27380	33560
	1000	P_1	7.4	13.9	23.9	42.5	73.2	97.0	129.0	169.0	224.0	294.0	370.0
		T_2	830	1550	2710	4810	8470	11220	14890	19580	25910	34740	43730
	750	P_1	6.4	12.2	21.1	37.8	65.6	87.0	117.0	155.0	206.0	269.0	345.0
		T_2	950	1800	3170	5650	10050	13310	17850	23780	31530	42040	53940
	500	P_1	4.9	9.4	16.8	30.5	53.8	71.7	96.5	129.0	172.0	225.0	291.0
		T_2	1080	2070	3710	6770	12220	16280	21910	29280	38960	52230	67560
	300	P_1	3.3	6.5	11.8	22.1	40.0	54.0	73.6	99.5	133.0	176.0	229.0
		T_2	1170	2280	4210	7880	14600	19720	26870	36330	48760	65880	85610
16	1500	P_1	8.1	14.8	25.2	45.6	78.0	102.0	134.0	175.0	230.0	301.0	390.0
		T_2	690	1250	2170	4130	7210	9440	12430	16230	21240	28430	36860
	1000	P_1	6.5	11.9	20.7	37.3	64.4	85.0	114.0	150.0	198.0	259.0	334.0
		T_2	815	1490	2630	4990	8790	11630	15560	20510	27020	36240	46650
	750	P_1	5.7	10.5	18.2	33.1	57.6	76.4	103.0	137.0	182.0	237.0	306.0
		T_2	940	1740	3050	5850	10400	13820	18540	24750	32840	43910	56530
	500	P_1	4.3	8.2	14.5	26.6	47.1	62.8	84.7	113.0	151.0	198.0	256.0
		T_2	1070	2020	3620	6980	12610	16850	22720	30420	40480	54360	68970
	300	P_1	2.9	5.7	10.3	19.1	34.7	46.9	64.1	86.9	117.0	155.0	201.0
		T_2	1160	2240	4130	8050	14950	20250	27660	37490	50390	68260	88870

（续）

公称传动比 i	输入转速 n /(r/min)	功率、转矩	中心距 a/mm										
			100	125	160	200	250	280	315	355	400	450	500
			额定输入功率 P_1/kW 额定输出转矩 T_2/N·m										
18	1500	P_1	7.4	13.5	23.0	41.7	71.5	93.6	124.0	162.0	211.0	275.0	357.0
		T_2	705	1270	2210	4180	7340	9600	12700	16580	21620	28830	37460
	1000	P_1	6.0	10.8	18.8	34.1	58.9	77.7	104.0	138.0	181.0	237.0	306.0
		T_2	845	1510	2660	5050	8920	11760	15750	20900	27400	36760	47420
	750	P_1	5.1	9.5	16.6	30.2	52.6	69.7	93.7	125.0	166.0	217.0	280.0
		T_2	950	1760	3100	5920	10550	13980	18810	25110	33320	44640	57500
	500	P_1	3.9	7.4	13.2	24.2	42.9	57.2	77.3	104.0	138.0	181.0	234.0
		T_2	1070	2040	3660	7030	12760	17020	23000	30820	41020	55150	71380
	300	P_1	2.6	5.1	9.3	17.3	31.4	42.6	58.3	79.1	106.0	141.0	184.0
		T_2	1150	2220	4100	7970	14860	20110	27530	37360	50250	68230	88860
20	1500	P_1	6.4	11.9	20.3	35.9	61.2	79.9	105.5	137.0	180.0	237.0	292.0
		T_2	700	1300	2250	3980	6950	9070	11910	15540	20450	27510	33890
	1000	P_1	5.1	9.6	16.5	29.4	50.7	66.7	88.8	118.0	156.0	203.0	257.0
		T_2	825	1550	2700	4810	8490	11180	14880	19730	26130	34860	44120
	750	P_1	4.4	8.4	14.6	26.1	45.4	60.2	80.7	108.0	143.0	186.0	239.0
		T_2	940	1790	3160	5650	10060	13350	17900	23860	31650	42290	54320
	500	P_1	3.4	6.5	11.6	21.1	37.2	49.6	66.8	89.3	119.0	156.0	202.0
		T_2	1070	2060	3700	6760	12230	16300	21950	29350	39060	52450	67870
	300	P_1	2.3	4.5	8.1	15.2	27.5	37.2	50.8	68.7	62.3	122	158.0
		T_2	1140	2230	4130	7730	14380	19420	26500	35850	48150	65190	84770
22.4	1500	P_1	6.1	11.1	18.9	33.4	57.1	74.6	98.4	128.0	168.0	220.0	285.0
		T_2	730	1310	2270	4020	7040	9190	12120	15800	20700	27740	35920
	1000	P_1	4.7	8.8	15.2	27.3	47.2	62.2	82.9	110.0	145.0	190.0	245.0
		T_2	830	1540	2710	4840	8590	11320	15090	20060	26390	35350	45580
	750	P_1	4.1	7.8	13.5	24.3	42.2	56.0	75.2	100.0	133.0	174.0	224.0
		T_2	960	1800	3190	5690	10150	13470	18100	24120	32000	42780	55070
	500	P_1	3.1	6.0	10.7	19.5	34.5	46.1	62.2	83.1	111.0	145.0	188.0
		T_2	1080	2060	3720	6800	12300	16420	22170	29640	39450	52960	68580
	300	P_1	2.1	4.1	7.5	14.0	25.5	34.4	47.1	63.7	85.7	113.0	147.0
		T_2	1150	2220	4130	7740	14400	19480	26640	36050	48460	65650	85490
25	1500	P_1	5.7	10.4	17.7	31.3	53.5	70.1	92.4	121.0	158.0	206.0	298.0
		T_2	740	1340	2320	4100	4180	9400	12390	16190	21150	28270	39730
	1000	P_1	4.5	8.2	14.3	25.5	44.1	58.3	77.6	103.0	136.0	178.0	230.0
		T_2	860	1570	2770	4930	8740	11540	15360	20390	26850	36070	46590
	750	P_1	3.9	7.2	12.6	22.7	39.4	52.4	70.3	93.8	125.0	163.0	210.0
		T_2	980	1830	3230	5800	10330	3710	18410	24580	32630	43700	56290
	500	P_1	2.9	5.6	10.0	18.2	32.2	43.0	58.0	77.8	104.0	136.0	176.0
		T_2	1090	2090	3770	6900	12500	16700	22530	30180	40190	54030	69960
	300	P_1	2.0	3.8	6.9	13.0	23.7	32.1	43.8	59.5	80.0	106.0	138.0
		T_2	1160	2240	4170	7830	14580	19760	26990	36620	49250	66850	87070

（续）

公称传动比 i	输入转速 n /(r/min)	功率、转矩	中心距 a/mm										
			100	125	160	200	250	280	315	355	400	450	500
			额定输入功率 P_1/kW　额定输出转矩 T_2/N·m										
28	1500	P_1	5.2	9.4	16.1	28.5	49.0	64.2	84.9	111.0	145.0	188.0	244.0
		T_2	740	1330	2310	4100	7200	9430	12490	16310	21250	28310	36760
	1000	P_1	4.1	7.5	13.0	23.2	40.3	53.2	71.1	94.1	125.0	162.0	210.0
		T_2	855	1560	2750	4920	8740	11540	15420	20400	27040	35990	46670
	750	P_1	3.5	6.6	11.5	20.6	36.0	47.7	64.2	85.7	114.0	149.0	192.0
		T_2	960	1810	3210	5780	10330	13690	18410	24590	32640	43810	56460
	500	P_1	2.6	5.0	9.0	16.5	29.3	39.1	52.9	70.9	94.4	124.0	161.0
		T_2	1060	2040	3690	6770	12310	16430	22220	29780	39660	53420	69150
	300	P_1	1.8	3.4	6.3	11.8	21.5	29.1	39.8	54.0	72.7	96.4	126.0
		T_2	1120	2190	4060	7630	14270	19330	26460	35940	48360	65810	85740
31.5	1500	P_1	4.2	7.7	13.1	25.6	44.0	57.6	76.4	99.9	130.0	169.0	218.0
		T_2	660	1200	2070	4100	7220	9480	12560	16420	21400	28390	36760
	1000	P_1	3.3	6.2	10.7	20.8	36.1	47.7	63.7	84.4	121.0	145.0	188.0
		T_2	765	1420	2490	4930	8760	11580	15470	20490	29370	36130	46860
	750	P_1	2.6	5.5	9.5	18.4	32.2	42.7	57.4	76.6	102.0	133.0	172.0
		T_2	890	1660	2910	5770	10320	13680	18410	24580	32670	43880	56650
	500	P_1	2.2	4.3	7.5	14.7	26.1	34.9	47.3	63.4	84.5	111.0	144.0
		T_2	980	1860	3350	6630	12100	16170	21880	29940	39130	52740	68350
	300	P_1	1.5	2.9	5.4	10.4	19.0	25.8	35.4	48.1	64.8	86.0	112.0
		T_2	1070	2060	3800	7540	14120	19140	26330	35660	48100	65520	85500
35.5	1500	P_1	3.8	7.0	11.9	23.1	39.7	52.2	69.4	90.8	118.0	153.0	198.0
		T_2	690	1200	2070	4070	7180	9440	12530	16420	21370	28280	36610
	1000	P_1	3.0	5.6	9.7	18.7	32.5	43.1	57.7	76.4	101.0	132.0	170.0
		T_2	770	1420	2480	4850	8650	11470	15360	20340	26910	35920	46450
	750	P_1	2.6	4.9	8.6	16.6	29.0	38.5	51.8	69.2	92.0	121.0	156.0
		T_2	880	1650	2900	5700	10220	13560	18270	24390	32440	43600	56540
	500	P_1	2.0	3.8	6.8	13.2	23.5	31.4	42.6	57.2	76.3	100.0	130.0
		T_2	970	1840	3320	6550	11950	15980	21660	29060	38770	52300	68030
	300	P_1	1.4	2.6	4.8	9.4	17.1	23.2	31.8	43.2	58.4	77.5	101.0
		T_2	1030	2000	3690	7280	13680	18570	25490	34670	46800	63870	83660
40	1500	P_1	3.3	6.1	10.4	18.4	31.5	41.1	54.1	70.6	92.7	122.0	151.0
		T_2	640	1200	2070	3660	6410	8370	11010	14360	18870	25410	31420
	1000	P_1	2.6	4.9	8.5	15.1	26.1	34.3	45.7	60.4	79.8	105.0	133.0
		T_2	740	1420	2480	4410	7840	10310	13710	18120	23950	32300	40960
	750	P_1	2.3	4.3	7.5	13.4	23.3	30.9	41.5	55.3	73.4	95.9	123.0
		T_2	860	1640	2890	5170	9250	12270	16450	21930	29120	39020	50170
	500	P_1	1.7	3.3	5.9	10.8	19.1	25.5	34.3	45.9	61.1	80.1	104.0
		T_2	940	1820	3290	6010	10910	14550	19610	26220	34910	47040	60880
	300	P_1	1.2	2.3	4.2	7.8	14.1	19.1	26.1	35.3	47.4	62.6	81.5
		T_2	1000	1960	3630	6800	12710	17180	23450	31730	42650	58000	75460

（续）

公称传动比 i	输入转速 n /(r/min)	功率、转矩	中心距 a/mm										
			100	125	160	200	250	280	315	355	400	450	500
			额定输入功率 P_1/kW　额定输出转矩 T_2/N·m										
45	1500	P_1	3.1	5.7	9.7	17.1	29.3	38.3	580.5	65.8	86.2	113.0	146.0
		T_2	650	1190	2050	3630	6370	8330	11000	14330	18750	25180	32660
	1000	P_1	2.4	4.5	7.8	13.9	24.1	31.8	42.5	56.1	74.1	97.0	126.0
		T_2	745	1380	2440	4360	7740	10230	13660	18040	23820	31980	41510
	750	P_1	2.1	4.0	6.9	12.4	21.6	28.6	38.5	51.3	68.1	89.0	115.0
		T_2	860	1610	2850	5120	9150	12140	16320	21760	28880	38740	49900
	500	P_1	1.6	3.1	5.5	10.0	17.6	23.6	31.8	42.5	56.6	74.3	96.2
		T_2	950	1810	3280	6000	10920	14570	19680	26310	35040	47220	61160
	300	P_1	1.1	2.1	3.8	7.2	13.0	17.6	24.1	32.6	43.8	57.9	75.5
		T_2	980	1910	3550	6660	12470	16880	23080	31260	42040	57230	74560
50	1500	P_1	2.9	5.3	9.0	15.9	27.3	35.8	47.2	61.7	80.6	105.0	137.0
		T_2	650	1190	2060	3630	6390	8370	11040	14430	18850	25240	32810
	1000	P_1	2.3	4.2	7.3	13.0	22.5	29.7	39.6	52.5	69.2	90.4	117.0
		T_2	750	1390	2460	4350	7750	10230	13660	18090	23840	32000	41430
	750	P_1	2.0	3.7	6.4	11.6	20.1	26.7	35.8	47.9	63.6	83.2	107.0
		T_2	850	1610	2850	5120	9150	12150	16320	21800	28940	38910	50150
	500	P_1	1.5	2.8	5.1	9.3	16.4	21.9	29.6	39.7	52.8	69.3	89.8
		T_2	940	1800	3260	5990	10900	14560	19650	26330	35070	47340	61320
	300	P_1	1.0	1.9	3.5	6.6	12.0	16.3	22.3	30.3	40.8	54.0	70.3
		T_2	970	1890	3520	6620	12400	16800	22960	31160	41930	57270	74560
56	1500	P_1	2.6	4.8	8.2	14.5	24.9	32.6	43.2	56.4	73.5	95.5	124.0
		T_2	640	1170	2040	3600	6360	8330	11030	14420	18780	25080	32540
	1000	P_1	2.1	3.8	6.6	11.8	20.5	27.0	36.1	47.8	62.9	82.3	107.0
		T_2	745	1370	2410	4300	7680	10130	13540	17940	23620	31750	41270
	750	P_1	1.8	3.3	5.8	10.5	18.3	24.2	32.6	43.5	57.7	75.7	97.6
		T_2	840	1580	2810	5060	9070	12020	16790	21610	28690	38670	49850
	500	P_1	1.4	2.6	4.6	8.4	14.9	19.8	26.8	36.0	47.9	63.0	81.6
		T_2	930	1760	3210	5890	10770	14380	19440	26070	34720	46960	60800
	300	P_1	0.9	1.7	3.2	6.0	10.9	14.7	20.2	27.4	36.9	48.9	63.8
		T_2	940	1840	3440	6470	12170	16480	22590	30670	41310	56490	73630
63	1500	P_1	—	—	—	12.9	22.2	29.2	38.7	50.6	65.9	85.3	110.0
		T_2	—	—	—	3630	6420	8420	11160	14600	19030	25300	32730
	1000	P_1	—	—	—	10.5	18.2	24.1	32.2	42.6	56.3	73.4	94.8
		T_2	—	—	—	4340	7710	10200	13660	18080	23880	32000	41370
	750	P_1	—	—	—	9.3	16.3	21.6	29.0	38.7	51.5	67.5	87.2
		T_2	—	—	—	5080	9120	12100	16290	21750	28910	38960	50320
	500	P_1	—	—	—	7.4	13.2	17.6	23.9	32.0	42.7	56.1	72.7
		T_2	—	—	—	5900	10790	14460	19520	26190	34930	47260	61240
	300	P_1	—	—	—	5.3	9.6	13.0	17.9	24.3	32.8	43.5	56.7
		T_2	—	—	—	6440	12120	16440	22560	30660	41360	56620	73900

注：1. 表内数值为工况系数 $K_A=1.0$ 时的额定承载能力。

2. 起动时或运转中的尖峰负荷允许取表内数值的 2.5 倍。

17.4.3.4 减速器的许用输入热功率 P_h（见表 17-69）

表 17-69 HWT、HWB 型减速器的许用输入热功率 P_h

公称传动比 i	输入转速 n /(r/min)	中心距 a/mm										
		100	125	160	200	250	280	315	355	400	450	500
		许用输入热功率 P_h/kW										
10	1500	6.5	11	19	31	50	65	84	100	125	150	185
	1000	5.1	8.2	15	25	40	54	70	84	100	120	145
	750	4.3	7.1	12	21	34	43	54	70	86	100	125
	500	3.2	5.6	8.6	16	26	32	40	50	65	80	92
	300	2.2	3.9	6.4	11	19	24	31	37	45	58	70
12.5	1500	5.9	9.6	17	29	45	58	75	92	115	135	155
	1000	4.6	7.5	13	23	36	45	56	72	92	115	130
	750	3.9	6.6	11	19	31	38	47	64	78	94	115
	500	3.0	5.0	8	14	23	29	36	45	58	73	88
	300	2.0	3.5	5.7	9.2	17	22	28	35	40	50	67
14	1500	5.4	8.8	15	27	42	55	72	88	107	130	152
	1000	4.3	7.0	12	21	33	42	53	72	86	106	125
	750	3.6	6.2	10	18	28	35	45	60	74	90	107
	500	2.8	4.7	7.5	13	21	27	35	42	54	69	83
	300	1.8	3.2	5.3	8.6	15	20	26	33	38	48	62
16	1500	5.0	8.1	14	25	39	53	70	84	100	125	150
	1000	4.0	6.7	11	20	31	39	50	70	80	90	120
	750	3.4	5.8	9.0	17	26	34	43	54	71	85	100
	500	2.6	4.3	7.0	12	20	26	34	40	50	65	78
	300	1.6	3.0	5.0	8.0	14	19	25	31	37	46	58
18	1500	4.5	7.4	13	22	35	46	60	77	92	112	135
	1000	3.6	6.0	10	17	28	35	45	60	75	91	110
	750	3.0	5.1	8.2	15	24	30	39	48	63	79	95
	500	2.3	4.0	6.5	10	18	23	30	37	45	57	73
	300	1.5	2.7	4.5	7.4	12	16	22	28	34	42	53
20	1500	4.0	6.7	12	19	32	40	50	70	85	100	125
	1000	3.2	5.4	9.0	15	26	32	40	50	70	85	100
	750	2.7	4.5	7.5	13	22	28	36	43	55	73	90
	500	2.1	3.5	6.0	9.0	16	21	27	34	40	50	68
	300	1.4	2.4	4.0	6.7	11	15	19	25	3	38	48
22.4	1500	3.7	6.3	10	18	30	38	48	65	81	97	120
	1000	3.0	5.0	8.2	14	24	30	39	47	65	80	96
	750	2.5	4.2	7.0	12	20	26	34	40	51	69	85
	500	1.9	3.2	5.5	8.5	15	20	25	32	38	47	64
	300	1.3	2.2	3.7	6.3	10	14	18	23	29	36	44
25	1500	3.5	6.0	9.0	17	28	36	46	60	78	94	115
	1000	2.7	4.7	7.5	13	23	29	38	45	60	76	92
	750	2.3	4.0	6.5	11	19	25	33	33	48	65	86
	500	1.8	3.0	5.0	8.0	15	19	24	30	37	45	60
	300	1.2	2.0	3.5	6.0	9.0	13	18	22	28	35	40
28	1500	3.2	5.4	8.5	15	26	33	43	55	74	90	107
	1000	2.5	4.3	7.1	12	21	27	35	42	55	73	88
	750	2.1	3.7	6.1	10	18	23	30	37	45	60	76
	500	1.6	2.8	4.7	7.6	13	17	22	28	35	43	55
	300	1.1	1.9	3.2	5.5	8.5	12	16	20	26	33	39

（续）

公称传动比 i	输入转速 n /(r/min)	中心距 a/mm										
		100	125	160	200	250	280	315	355	400	450	500
		许用输入热功率 P_h/kW										
31.5	1500	3.0	5.1	8.1	14	25	31	40	50	70	86	100
	1000	2.4	4.0	6.7	11	20	26	33	40	50	70	83
	750	1.9	3.4	5.8	9.2	17	21	27	36	43	55	72
	500	1.4	2.6	4.3	7.2	12	16	21	27	34	41	50
	300	1.0	1.8	3.0	5.1	8.0	11	15	19	25	32	38
35.5	1500	2.7	4.6	7.4	13	22	29	37	46	62	80	94
	1000	2.2	3.6	6.1	10	18	23	30	38	46	60	78
	750	1.7	3.1	5.2	8.4	15	19	25	33	40	50	65
	500	1.3	2.6	4.0	6.6	11	14	19	24	31	38	46
	300	0.9	1.6	2.8	4.5	7.3	10	13	17	22	29	35
40	1500	2.4	4.1	6.8	12	20	26	34	42	54	73	89
	1000	1.9	3.3	5.6	9.0	16	22	27	35	43	53	72
	750	1.5	2.8	4.7	7.6	13	18	24	30	37	45	58
	500	1.2	2.2	3.5	6.0	9.4	13	17	22	28	35	42
	300	0.8	1.5	2.6	4.0	6.7	9.1	12	16	20	26	32
45	1500	2.2	3.7	6.4	11	18	24	31	39	49	66	83
	1000	1.7	3.0	5.1	8.3	14	19	25	32	40	50	66
	750	1.3	2.5	4.3	7.2	12	16	22	27	34	42	53
	500	1.0	2.0	3.2	5.5	8.7	12	16	20	26	32	40
	300	0.7	1.3	2.3	3.8	6.2	8.4	11	15	18	24	30
50	1500	2.0	3.4	6.0	9.8	17	22	29	36	45	60	78
	1000	1.5	2.7	4.7	7.7	13	18	24	30	37	47	60
	750	1.2	2.3	3.9	6.8	11	14	19	25	32	39	48
	500	0.9	1.7	3.0	5.0	8.0	11	15	18	24	30	37
	300	0.6	1.2	2.1	3.6	5.7	7.4	9.4	14	17	22	29
56	1500	1.7	3.1	5.4	9.0	15	20	26	33	42	55	73
	1000	1.3	2.5	4.3	7.2	12	16	21	27	34	43	55
	750	1.1	2.1	3.6	6.3	10	13	17	23	30	36	44
	500	0.8	1.5	2.7	4.7	7.5	10	13	17	22	28	34
	300	0.5	1.0	1.9	3.3	5.3	6.8	8.7	12	16	20	27
63	1500	—	—	—	8.1	14	18	24	31	40	49	68
	1000	—	—	—	6.7	11	14	19	25	32	40	49
	750	—	—	—	5.8	9.0	12	16	21	27	34	41
	500	—	—	—	4.3	7.0	9.3	12	16	20	26	32
	300	—	—	—	3.0	5.0	6.3	8.0	11	15	18	25

HWWT、HWWB 型无风扇冷却的减速器许用输入热功率 P_h 按公式（17-5）选择计算。

无风扇冷却时许用输入热功率 P_h：

$$P_h = P_t K_t \tag{17-5}$$

式中 P_h——无风扇冷却时许用输入热功率，单位为千瓦（kW）；

P_t——热功率，单位为千瓦（kW），见表 17-70；

K_t——热影响系数，见表 17-71。

表 17-70 热功率 P_t

中心距 a /mm	160	200	250	280	315	355	400	450	500
热功率 P_t /kW	2.0	3.0	5.0	6.5	8.5	11.0	14.0	18.1	25.0

表 17-71　热影响系数 K_t

环境温度/℃	较小布置空间				较大布置空间				露天布置			
	每日工作时间/h				每日工作时间/h				每日工作时间/h			
	0.5～1	>1～2	>2～10	>10～24	0.5～1	>1～2	>2～10	>10～24	0.5～1	>1～2	>2～10	>10～24
20	1.35	1.15	1.00	0.85	1.55	1.35	1.15	1.00	2.10	1.80	1.55	1.35
30	1.10	0.95	0.80	0.70	1.25	1.10	0.95	0.80	1.70	1.45	1.25	1.10
40	0.85	0.75	0.65	0.55	1.00	0.85	0.75	0.65	1.35	1.15	1.00	0.85
50	0.70	0.60	0.50	0.45	0.80	0.70	0.60	0.50	1.10	0.95	0.80	0.70

17.4.3.5　减速器的总传动效率 η（见表 17-72）

表 17-72　总传动效率 η

公称传动比 i	输入转速 n_1/(r/min)	中心距 a/mm										
		100	125	160	200	250	280	315	355	400	450	500
		总传动效率 η(%)										
10	1500	88.61	89.87	90.90	89.83	91.94	91.62	91.78	92.06	91.84	94.03	93.98
	1000	87.72	88.78	89.43	88.65	90.64	90.43	90.67	90.69	90.53	92.66	92.64
	750	87.15	88.00	88.59	87.99	90.01	89.92	90.17	90.02	89.87	92.01	91.99
	500	87.08	86.74	87.70	87.11	89.03	88.98	89.01	88.96	88.83	90.91	90.95
	300	85.37	85.13	86.90	96.05	87.90	88.00	87.93	87.95	87.89	89.82	90.01
12.5	1500	87.69	87.90	88.97	87.07	91.06	90.83	90.80	91.01	90.84	92.92	92.96
	1000	85.98	86.57	87.39	87.62	89.63	89.55	89.54	89.55	89.49	91.51	91.61
	750	85.18	85.79	86.83	86.78	88.93	88.93	88.92	88.83	88.81	90.81	90.92
	500	85.47	85.07	85.93	86.10	88.03	87.92	88.20	87.92	87.84	89.87	89.98
	300	83.16	82.62	83.97	83.91	85.97	86.00	85.91	86.19	86.22	87.74	87.93
14	1500	86.59	85.83	87.42	87.54	89.39	89.39	89.34	89.52	89.45	91.45	91.49
	1000	85.41	84.92	86.35	86.18	88.11	88.08	87.90	88.23	88.08	89.98	90.00
	750	84.78	84.26	85.80	85.37	87.50	87.38	87.13	87.62	87.42	89.26	89.29
	500	83.92	83.85	84.08	84.51	86.48	86.45	86.45	86.42	86.24	88.38	88.40
	300	81.00	80.13	81.51	81.46	83.38	83.43	83.40	81.41	83.75	85.51	85.40
16	1500	86.32	85.58	87.26	87.11	88.90	89.01	89.22	89.20	88.82	90.84	90.90
	1000	84.70	84.58	85.83	85.78	87.52	87.73	87.52	87.67	87.50	89.72	89.56
	750	83.55	83.96	84.90	84.99	86.83	86.99	86.56	86.88	86.77	89.10	88.84
	500	84.05	83.20	84.32	84.13	85.83	86.02	86.00	83.31	85.94	88.02	86.37
	300	81.06	79.64	81.26	81.07	82.87	83.05	83.00	82.99	82.84	84.71	85.05
18	1500	85.50	84.43	86.24	85.89	87.96	87.88	87.76	87.69	87.80	89.83	89.91
	1000	84.26	83.65	84.66	84.60	86.51	86.46	86.51	86.51	86.47	88.60	88.52
	750	83.59	83.13	83.80	83.98	85.93	85.93	86.00	86.06	85.99	88.13	87.98
	500	82.08	82.47	82.95	82.97	84.95	84.98	84.98	84.64	84.90	87.03	87.12
	300	79.39	78.13	79.13	78.95	81.10	80.90	80.92	80.94	81.24	82.93	82.76
20	1500	83.80	83.70	84.92	84.94	87.00	86.97	86.90	87.07	88.92	88.93	88.92
	1000	82.62	82.47	83.58	83.56	85.53	85.61	85.59	85.40	85.55	87.71	87.68
	750	81.84	81.63	82.91	82.93	84.88	84.95	84.97	84.63	84.78	87.10	87.06
	500	80.37	80.94	81.46	81.82	83.96	83.93	83.92	83.94	83.82	85.86	85.81
	300	75.95	75.93	78.13	77.92	80.12	79.99	79.93	79.96	79.93	81.88	82.21
22.4	1500	83.54	82.38	83.84	84.02	86.06	85.99	85.98	86.16	96.01	88.02	87.98
	1000	82.18	81.44	82.97	82.50	84.69	84.69	84.71	84.86	84.70	86.58	86.58
	750	81.72	80.54	82.47	81.72	83.95	83.95	84.01	84.18	83.97	85.81	85.81
	500	81.06	79.89	80.89	81.14	82.96	82.88	82.93	82.99	82.70	84.98	84.88
	300	76.45	75.59	76.88	77.18	78.84	79.06	78.96	79.01	78.94	81.11	81.19

（续）

公称传动比 i	输入转速 n_1 /(r/min)	中心距 a/mm										
		100	125	160	200	250	280	315	355	400	450	500
		总传动效率 η(%)										
25	1500	83.22	82.60	84.03	83.97	86.03	85.96	85.96	85.77	85.81	87.97	87.86
	1000	81.68	81.83	82.78	82.62	84.70	84.59	84.59	84.60	84.37	86.60	86.57
	750	80.54	81.47	82.17	81.90	84.04	83.86	83.94	83.99	83.67	85.93	85.92
	500	80.32	79.75	80.56	81.01	82.95	82.99	83.01	82.89	82.58	84.89	84.94
	300	74.36	75.58	77.48	77.22	78.87	78.92	79.00	78.91	78.93	80.86	80.89
28	1500	81.27	80.81	81.94	82.16	83.92	83.89	84.02	83.92	83.70	86.00	86.04
	1000	79.40	79.20	80.54	80.74	72.57	72.59	82.58	82.54	82.36	84.59	84.62
	750	78.33	78.31	79.71	80.12	81.94	81.96	81.89	81.94	81.76	83.96	83.97
	500	77.61	77.67	78.05	78.11	79.98	80.00	79.96	79.96	79.98	82.01	81.77
	300	71.07	73.57	73.61	73.86	75.81	78.87	75.94	76.02	75.98	77.98	77.73
31.5	1500	79.61	78.96	80.06	79.85	81.82	82.06	81.97	81.95	82.08	83.76	84.08
	1000	78.30	77.36	78.60	78.78	80.66	80.70	80.73	80.70	80.68	82.82	82.85
	750	77.74	76.46	77.60	78.18	79.90	79.87	79.96	80.00	79.85	82.25	82.11
	500	75.23	73.05	75.43	74.96	77.05	77.00	76.88	76.91	76.96	78.97	78.89
	300	72.28	71.98	71.30	72.30	74.11	73.98	74.17	73.93	74.02	75.97	76.12
35.5	1500	77.94	76.93	78.06	77.95	80.01	80.01	79.88	80.01	80.12	81.78	81.80
	1000	76.78	75.86	76.49	76.50	78.50	78.49	78.52	78.52	78.58	80.26	80.59
	750	75.94	75.55	75.66	75.96	77.96	77.91	78.02	77.97	78.00	79.71	80.17
	500	72.55	72.43	73.03	73.18	74.99	75.05	74.98	74.92	74.93	77.13	77.17
	300	66.03	69.04	68.99	68.53	70.79	70.82	70.93	71.01	70.91	72.92	73.29
40	1500	74.29	75.36	76.25	76.20	77.95	78.01	77.96	77.92	77.98	79.79	79.71
	1000	72.68	74.01	74.51	74.58	76.71	76.76	76.61	76.61	76.65	78.56	78.65
	750	71.62	73.05	73.80	73.90	76.04	76.06	75.92	75.96	75.99	77.93	78.12
	500	70.60	70.42	71.50	71.06	72.94	72.86	73.00	72.94	72.96	74.99	74.75
	300	63.84	65.29	66.22	66.79	69.06	68.91	68.83	68.86	68.94	70.98	70.94
45	1500	73.18	72.86	83.76	74.09	75.88	75.91	76.02	76.01	75.92	77.77	78.07
	1000	72.23	71.35	72.79	72.98	74.73	74.85	74.79	74.82	74.80	76.71	76.65
	750	74.47	70.24	72.08	72.05	73.92	74.07	73.97	74.02	74.01	75.96	75.72
	500	69.08	67.93	69.38	69.80	72.18	71.82	72.00	72.02	72.02	73.94	73.96
	300	62.19	63.49	65.21	64.57	66.96	66.95	66.85	66.93	67.00	69.00	68.93
50	1500	71.84	71.97	73.36	73.18	75.02	74.94	74.97	74.96	74.96	77.05	76.76
	1000	69.68	70.92	72.01	71.50	73.60	73.60	73.71	73.63	73.62	75.64	75.67
	750	68.11	69.74	71.37	70.74	72.96	72.93	73.06	72.94	72.92	74.95	75.11
	500	66.95	68.68	68.29	68.81	71.01	71.03	70.93	70.86	70.96	72.99	72.96
	300	62.18	63.77	64.47	64.30	66.24	66.07	66.00	65.92	65.88	67.92	67.99
56	1500	70.29	69.60	71.0	70.90	72.94	72.97	72.91	73.01	72.96	74.99	74.94
	1000	67.54	68.61	69.51	69.37	71.32	71.42	71.40	71.45	71.49	73.44	73.43
	750	66.63	68.36	69.17	68.81	70.77	70.92	70.91	70.93	70.99	72.94	72.93
	500	63.23	64.43	66.42	66.74	68.80	69.13	69.05	68.93	68.99	70.95	70.92
	300	89.65	61.81	61.39	61.58	63.77	64.03	63.87	63.93	63.94	65.95	65.91
63	1500	—	—	—	70.15	72.09	71.89	78.89	71.93	71.99	73.94	74.18
	1000	—	—	—	68.69	70.41	70.34	70.51	70.54	70.49	72.46	72.53
	750	—	—	—	68.09	69.74	69.83	70.02	70.05	69.97	71.95	71.93
	500	—	—	—	66.25	67.93	68.27	67.87	68.01	67.98	70.00	70.00
	300	—	—	—	60.58	62.95	63.05	62.84	62.91	62.87	64.90	64.98

17.4.3.6 减速器蜗杆中间平面分度圆滑动速度 v_s（见表 17-73）

表 17-73 分度圆滑动速度 v_s

公称传动比 i	输入转速 n_1 /(r/min)	中心距 a/mm										
		100	125	160	200	250	280	315	355	400	450	500
		分度圆滑动速度 v_s/(m/s)										
10	1500	3.37	4.21	4.84	6.12	7.73	8.61	9.65	10.79	12.10	13.78	15.47
	1000	2.25	2.81	3.23	4.08	5.16	5.74	6.43	7.19	8.07	9.19	10.31
	750	1.69	2.11	2.42	3.06	3.87	4.31	4.82	5.39	6.05	6.89	7.73
	500	1.12	1.40	1.61	2.04	2.58	2.87	3.22	3.60	4.03	4.59	5.16
	300	0.67	0.84	0.97	1.22	1.55	1.70	1.93	2.16	2.42	2.76	3.09
12.5	1500	3.30	4.13	4.71	5.96	7.54	8.39	9.40	10.51	11.79	13.43	15.09
	1000	2.20	2.75	3.14	3.98	5.03	5.59	6.27	7.01	7.86	8.95	10.06
	750	1.65	2.06	2.36	2.98	3.77	4.52	4.70	5.26	5.89	6.71	7.54
	500	1.10	1.38	1.57	1.99	2.51	2.80	3.13	3.50	3.93	4.48	5.03
	300	0.66	0.83	0.94	1.19	1.51	1.68	1.88	2.10	2.36	2.69	3.02
14	1500	3.27	4.09	4.65	5.88	7.45	8.29	9.28	10.37	11.62	13.26	14.90
	1000	2.18	2.73	3.10	3.92	4.97	5.52	6.19	6.91	7.75	8.84	9.93
	750	1.64	2.05	2.32	2.94	3.72	4.14	4.64	5.18	5.81	6.63	7.45
	500	1.09	1.36	1.55	1.96	2.48	2.76	3.09	3.46	3.87	4.42	4.97
	300	0.65	0.82	0.93	1.18	1.49	1.66	1.83	2.07	2.32	2.65	2.98
16	1500	3.25	4.06	4.60	5.80	7.34	8.16	9.15	10.22	11.49	13.06	14.68
	1000	2.16	2.70	3.06	3.86	4.89	5.44	6.10	6.81	7.66	8.71	9.79
	750	1.62	2.03	2.30	2.90	3.67	4.08	4.57	5.11	5.75	6.53	7.34
	500	1.08	1.35	1.53	1.93	52.45	2.72	3.05	3.41	3.83	4.35	4.89
	300	0.65	0.81	0.92	1.16	2.47	1.63	1.83	2.04	2.30	2.61	2.94
18	1500	3.22	4.03	4.55	5.75	7.28	8.10	9.07	10.13	11.38	12.96	14.56
	1000	2.15	2.69	3.04	3.83	4.85	5.40	6.05	6.76	7.59	8.64	9.71
	750	1.61	2.01	2.28	2.87	3.64	4.05	4.53	5.07	5.69	6.48	7.28
	500	1.07	1.34	1.52	1.92	2.43	2.70	3.02	3.38	3.79	4.32	4.85
	300	0.67	0.81	0.91	1.15	1.46	1.62	1.81	2.03	2.28	2.59	2.91
20	1500	3.20	4.00	4.51	5.72	7.24	8.05	9.01	10.07	11.28	12.88	14.49
	1000	2.13	2.67	3.04	3.81	4.83	5.37	6.01	6.71	7.52	8.58	9.66
	750	1.60	2.00	2.26	2.86	3.62	4.02	4.51	5.04	5.64	6.44	7.24
	500	1.07	1.33	1.50	1.91	2.41	2.68	3.00	3.36	3.76	4.29	4.83
	300	0.64	0.80	0.90	1.14	1.45	1.61	1.80	2.01	2.25	2.58	2.90
22.4	1500	3.19	3.99	4.49	5.70	7.21	8.02	8.98	10.03	11.23	12.82	14.42
	1000	2.13	2.66	3.00	3.80	4.81	5.34	5.98	6.69	7.49	8.55	9.62
	750	1.59	1.99	2.25	2.85	3.61	4.01	4.49	5.04	5.62	6.41	7.21
	500	1.06	1.33	1.50	1.90	2.40	2.67	2.99	3.34	3.74	4.27	4.81
	300	0.64	0.80	0.90	1.14	1.44	1.60	1.80	2.01	2.25	2.56	2.89
25	1500	3.18	3.98	4.48	5.67	7.19	7.99	8.95	10.00	11.20	12.79	14.38
	1000	2.12	2.65	2.99	3.78	4.79	5.33	5.97	6.67	7.47	8.52	9.58
	750	1.59	1.99	2.24	2.84	3.60	4.00	4.47	5.00	5.60	6.39	7.19
	500	1.06	1.33	1.49	1.89	2.40	2.66	2.98	3.33	3.73	4.26	4.79
	300	0.64	0.80	0.90	1.13	1.44	1.60	1.79	2.00	2.24	2.56	2.88
28	1500	3.17	3.97	4.46	5.66	7.15	7.97	8.92	9.96	11.15	12.75	14.33
	1000	2.11	2.64	2.97	3.77	4.78	5.31	5.95	6.64	7.44	8.50	9.55
	750	1.59	1.98	2.23	2.83	3.58	3.98	4.46	4.98	5.58	6.37	7.14
	500	1.06	1.32	1.49	1.89	2.39	2.66	2.97	3.32	3.72	4.25	4.78
	300	0.63	0.79	0.89	1.13	1.43	1.59	1.78	1.99	2.23	2.55	2.87

（续）

公称传动比 i	输入转速 n_1 /(r/min)	中心距 a/mm										
		100	125	160	200	250	280	315	355	400	450	500
		分度圆滑动速度 v_s/(m/s)										
31.5	1500	3.17	3.96	4.45	5.64	7.14	7.93	8.90	9.93	11.12	12.71	14.28
	1000	2.11	2.64	2.97	3.76	4.73	5.29	5.93	6.62	7.41	8.47	9.52
	750	1.58	1.98	2.22	2.82	3.57	3.97	4.45	4.96	5.56	6.35	7.14
	500	1.06	1.32	1.48	1.88	2.38	2.64	2.97	3.31	3.71	4.24	4.76
	300	0.63	0.79	0.89	1.13	1.43	1.59	1.78	1.99	2.22	2.54	2.86
35.5	1500	3.16	3.95	4.44	5.62	7.13	7.92	8.87	9.91	11.10	12.67	14.25
	1000	2.11	2.63	2.96	3.75	4.75	5.28	5.91	6.61	7.40	8.45	9.50
	750	1.58	1.98	2.22	2.81	3.56	3.96	4.43	4.95	5.55	6.33	7.13
	500	1.05	1.32	1.48	1.87	2.38	2.64	2.96	3.30	3.70	4.22	4.75
	300	0.63	0.79	0.89	1.12	1.43	1.58	1.77	1.98	2.22	2.53	2.85
40	1500	3.16	3.95	4.43	5.61	7.11	7.90	8.85	9.88	11.06	12.64	14.22
	1000	2.11	2.63	2.95	3.74	4.74	5.27	5.90	6.59	7.38	8.43	9.48
	750	1.58	1.97	2.21	2.81	3.56	3.95	4.43	4.94	5.53	6.32	7.11
	500	1.05	1.32	1.48	1.87	2.37	2.63	2.95	3.29	3.69	4.21	4.74
	300	0.63	0.79	0.89	1.12	1.42	1.58	1.77	1.98	2.21	2.53	2.84
45	1500	3.15	3.94	4.42	5.61	7.11	7.89	8.84	9.87	11.05	12.63	14.21
	1000	2.10	2.63	2.95	3.74	4.74	5.26	5.89	6.58	7.37	8.42	9.47
	750	1.58	1.97	2.21	2.80	3.55	3.95	4.42	4.93	5.53	6.32	7.11
	500	1.05	1.31	1.47	1.87	2.37	2.63	2.95	3.29	3.68	4.21	4.74
	300	0.63	0.79	0.88	1.12	1.42	1.58	1.77	1.97	2.21	2.53	2.84
50	1500	3.15	3.94	4.42	5.60	7.10	7.89	8.83	9.86	11.05	12.62	14.20
	1000	2.10	2.63	2.95	3.73	4.73	5.26	5.89	6.57	7.37	8.41	9.46
	750	1.58	1.97	2.21	2.80	3.55	3.94	4.42	4.93	5.53	6.31	7.10
	500	1.05	1.31	1.47	1.87	2.37	2.63	2.94	3.29	3.68	4.21	4.73
	300	0.63	0.79	0.88	1.12	1.42	1.58	1.77	1.97	2.21	2.52	2.84
56	1500	3.15	3.94	4.42	5.59	7.10	7.88	8.82	9.86	11.04	12.61	14.18
	1000	2.10	2.63	2.94	3.73	4.73	5.25	5.88	6.57	7.36	8.40	9.45
	750	1.58	1.97	2.21	2.80	3.55	3.94	4.41	4.93	5.52	6.30	7.09
	500	1.05	1.51	1.47	1.86	2.36	2.63	2.94	3.29	3.68	4.20	4.73
	300	0.63	0.79	0.88	1.12	1.42	1.58	1.76	1.97	2.21	2.52	2.84
63	1500	—	—	—	5.59	7.10	7.88	8.82	9.85	11.04	12.61	14.18
	1000	—	—	—	3.73	4.73	5.25	5.88	6.57	7.36	8.40	9.45
	750	—	—	—	2.80	3.55	3.94	4.41	4.92	5.52	6.30	7.09
	500	—	—	—	1.86	2.36	2.63	2.94	3.28	3.68	4.20	4.73
	300	—	—	—	1.12	1.47	1.58	1.76	1.97	2.21	2.52	2.84

17.4.3.7　减速器输出轴轴伸许用悬臂负荷 F_R（见图 17-7 和表 17-74）

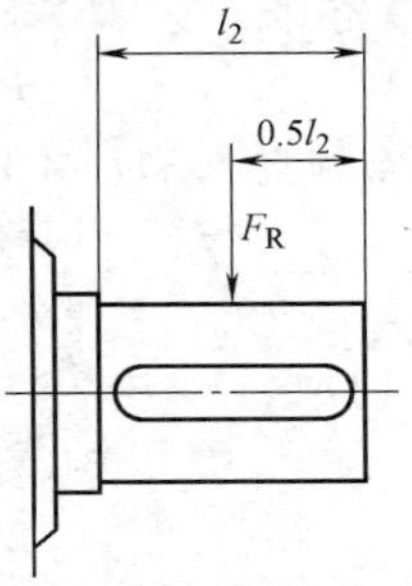

图 17-7　减速器输出轴的负荷

表 17-74　减速器输出轴的许用负荷

中心距 a/mm	100	125	160	200	250	280	315	355	400	450	500
许用悬臂负荷 F_R/N	3000	4500	8000	12700	21000	24000	27000	30000	35000	37000	40000

17.4.3.8　直廓环面蜗杆减速器的选用方法

减速器的选用要考虑原动机、工作机类型、载荷性质和每日平均运转时间的影响，一般情况的选用计算要计入工况系数 K_A。

计算输入功率 P_{1c} 按公式（17-6）和计算输出转矩 T_{2c} 按公式（17-7）

$$P_{1c}=P_{w1}K_A \tag{17-6}$$

$$T_{2c}=T_{w2}K_A \tag{17-7}$$

式中　P_{w1}——原动机输出功率或减速器实际输入功率（kW）；

T_{w2}——工作机输入扭矩或减速器实际输出转矩（N · m）；

K_A——工况系数，见表 17-75。

表 17-75　工况系数 K_A

原动机	载荷性质	载荷代号①	每日工作时间/h				
			≤0.5	>0.5~1	>1~2	>2~10	>10~24
电动机	均匀、轻微冲击	U	0.80	0.90	1.00	1.20	1.30
	中等冲击	M	0.90	1.00	1.20	1.30	1.50
	强冲击	H	1.10	1.20	1.30	1.50	1.75
多缺发动机	均匀、轻微冲击	U	0.90	1.05	1.15	1.40	1.50
	中等冲击	M	1.05	1.15	1.40	1.50	1.75
	强冲击	H	1.25	1.40	1.50	1.75	2.00
单缸发动机	均匀、轻微冲击	U	1.10	1.10	1.20	1.45	1.55
	中等冲击	M	1.20	1.20	1.45	1.55	1.80
	强冲击	H	1.45	1.45	1.55	1.80	2.10

① 工作机的载荷代号见表 17-13。

校验减速器输出轴轴伸悬臂负荷：

减速器输出轴轴伸装有齿轮、链轮、V 带轮或平带轮时，则需校验轴伸悬臂负荷。

计算轴伸悬臂负荷按公式（17-8）

$$F_{Rc}=2T_{w2}K_Af_R/D \tag{17-8}$$

式中　F_{Rc}——轴伸悬臂负荷，单位为 N；

T_{w2}——工作机输入扭矩或减速器实际输出转矩，单位为 N · m；

K_A——工况系数，见表 17-75；

f_R——悬臂负荷系数（轴伸装有齿轮时，$f_R=1.5$；装有链轮时，$f_R=1.2$；装有 V 带轮时，$f_R=2.0$；装有平带轮时，$f_R=2.5$）；

D——齿轮、链轮、V 带轮和平带轮节圆直径，单位为 m。

校验轴伸悬臂负荷按公式（17-9）

$$F_{Rc}\leqslant F_R \tag{17-9}$$

式中　F_R——许用轴伸悬臂负荷，见表 17-74。

输入热功率校验按公式（17-10）。

输入热功率校验按工作制度来进行，在下列间歇工作中可不需校验输入热功率：

1）在 1h 内多次（两次以上）起动并且运转时间总和不超过 20min 的场合。

2）在一个工作周期内运转时间不超过 30min 并且间隔 2h 以上起动一次的场合。

除上述状况外，如果实际输入功率超过许用输入热功率，则须采用强制冷却措施或选用更大规格的减速器。

$$P_h\geqslant P_{w1} \tag{17-10}$$

式中　P_h——许用输入热功率［有风扇冷却时，按表 17-69 选取；无风扇冷却时，按公式（17-5）计算］，单位为 kW；

P_{w1}——减速器实际输入功率，单位为 kW。

17.4.3.9　选用示例

示例 1：带式输送机用直廓环面蜗杆减速器，中等冲击载荷，每日工作 8h，连续运转，电动机功率 $P_{w1}=15$kW，减速器输入转速 $n_1=1500$r/min，传动比 $i=31.5$，内扇冷却。

a）选用计算：由表 17-75 查得 $K_A=1.3$，则计算输入功率：

$$P_{1c}=P_{w1}K_A=15\times1.3\text{kW}=19.5\text{kW}$$

查表 17-68，选择减速器中心距 $a=200$mm，$n_1=1500$r/min，$i=31.5$，额定输入功率 $P_1=25.6>P_{1c}$ 机械强度通过。

b）校验输入热功率：由表 17-69 查得 $a=200$mm，$n_1=1500$r/min，$i=31.5$ 时，许用输入热功率 $P_n=14<P_{w1}$，则需采用强制冷却措施．否则需选用 $a=250$mm 的减速器。

示例 2：卷扬机用减速器，均匀载荷，每日工作 2h，每小时工作 15min，减速器输入轴转速 $n_1=1500$r/min，传动比 $i=50$，输出轴转矩 $T_{w2}=9500$N · m。

a）选用计算：由表 17-75 查得 $K_A=1.0$，则计算输出转矩：

$$T_{2c}=T_{w2}K_A=9500\times1.0\text{N}\cdot\text{m}=9500\text{N}\cdot\text{m}$$

查表 17-68，选择减速器中心距 $a=315$mm，$i=50$。当 $n_1=1500$r/min，额定输出转矩 $T_2=11040$N · m，机械强度满足。

b）由于属间歇工作，工作制度符合输入热功率校核的有关规定，不需要校验输入热功率。

17.4.3.10　减速器的使用和维护

1. 减速器的使用

1）安装好的减速器在正式使用之前，首先应按要求加注规定的润滑油至指定位置，再进行空载试车和负载试车。

2）空载试车用 1/2 额定转速运转 30min 左右，检验是否有异常声音及振动等现象，若不能实现 1/2 额定转速时，可用额定转速运转时间按 1min，2min，4min，7min，10min 的顺序试车，间隔 10s 左右。然后在额定转速下连续运转 1h，同样检查有无异常现象。

3）空载试车正常可进行负载试车。先用较低转速进行，可按工作机额定负荷的 25%、50%、75%和 100%分级进行，每级 2h 左右，在下一级试运转前，应观察齿面确认有无损伤，若不能实现较低转速时，可用额定转速运转时间按 1min，2min，4min，7min，10min 的依次进行，间隔 10s 左右。若上述试运转后，齿面接触良好，可在额定转速下，按工作机额定负荷的 50%、75%和 100%分别连续运转 2h，各级加载前，同样检验齿面有无问题。

4）在上述试车中，一旦发现异常，应立即排除，然后重新进行试车。

5）试车合格以后，换上新润滑油，即可正式投入使用。

6）减速器正常使用时，润滑油温升不得超过 80℃，油温不得超过 100℃。

2. 减速器的维护

1）应定期检查减速器的密封、连接等部位，以及油位和蜗轮齿面。

2）更换轴承时，应按装配技术要求安装调整。蜗杆和蜗轮更新时，要成对地更换，保证啮合正确，经过跑合研齿和空载试车，方可正式使用。

3）润滑油更换：

当减速器蜗轮蜗杆第一次使用后，工作 500h 就须更换新油，以后根据润滑油的质量，工作 3000～4000h 左右再进行更换，每天工作时间较短（不超过 8h）的减速器一年左右更换一次润滑油。

上述润滑油的更换是一般正常情况下的，若减速器工作环境恶劣，如高温、多尘、潮湿、有害气体等，应适当提前更换。

注入新油前，减速器内部应清洗干净。润滑油黏度较大时，可以适当加热，降低黏度后再注入减速器。

润滑要求：

减速器一般采用油池润滑，当蜗杆中间平面分度圆滑动速度 v_s 大于 10m/s 时，采用强制润滑。当环境温度在 0～40℃，减速器在不同转速下的润滑油品按表 17-76 的规定。

不允许选用极压型齿轮油。

HWB、HWWB 型减速器，当蜗杆中间平面分度圆圆周速度 v_s 大于 10m/s 时，蜗轮轴承可以采用锂基润滑脂润滑。

表 17-76　润滑油品

输入转速 /(r/min)	中心距/mm										
	100	125	160	200	250	280	315	355	400	450	500
1500								强制润滑 N320 蜗轮蜗杆油			
1000						N460 蜗轮蜗杆油					
750											
500			N60 蜗轮蜗杆油								
300											

17.4.3.11　直廓环面蜗杆减速器的精度要求（见表 17-77～表 17-82）

表 17-77　尺寸精度

检验项目	尺寸精度						检测方法
	轴伸直径	轴承配合轴径	箱体内孔	轮毂内孔	轮缘轮毂配合	键槽宽度	
尺寸	见表 17-64、表 17-65、表 17-66、表 17-67	m6	H7	H7/r6		P9	通用量具

表 17-78　切齿精度　（单位：μm）

零部件名称	检验项目	代号	中心距/mm			检测方法
			100～160	>160～315	>315～500	
蜗杆	切齿中心距极限偏差	f_{a1}	+40 0	+70 0	+100 0	采用通用量具和量仪直接或间接检测
	蜗杆轴线对刀具回转轴线的轴交角公差	$f_{\Sigma 1}$①	20	30	45	
	蜗杆切齿时中间平面极限偏移	$\pm f_{x10}$	±20	±35	±50	
	蜗杆齿距极限偏差	$\pm f_{pt1}$	±15	±20	±30	
	螺杆齿距累计公差	F_{p1}	30	40	60	
	蜗杆齿形公差	f_{f1}	20	25	35	
	蜗杆齿厚极限偏差	E_{ss1} E_{si1}	−340 −440	−480 −600	−670 −810	
	蜗杆齿厚公差	T_{s1}	100	120	140	
	蜗杆中间平面齿顶圆极限偏移	ΔD_{a1}	按中间平面分度圆直径查标准公差 IT8(取负值)			
	齿顶圆对基准轴径圆跳动	E_{D1}	17	20	25	GB/T 1958
蜗轮	切齿中心距极限偏差	f_{a2}	+60 0	+100 0	+150 0	采用通用量具和量仪直接或间接检测
	刀具中间平面沿其轴线的极限偏移	$\pm f_{x20}'$	±25	±50	±75	
	蜗轮齿轮累计公差	F_{p2}	120	180	250	
	蜗轮中间平面极限偏移	$\pm f_{x20}$	±40	±70	±100	
	蜗轮齿厚公差	T_{s2}	100	150	300	
	蜗轮中间平面齿顶圆极限偏移	ΔD_{a2}	按中间平面分度圆直径查标准公差 IT8(取负值)			
	蜗轮基准端面分度圆上的圆跳动	E_{T2}	30	40	60	GB/T 1958
	蜗轮齿顶圆圆跳动	E_{D2}	30	35	45	

① 轴交角公差 $f_{\Sigma 1}$；在蜗杆 1/2 工作长度上测量。

表 17-79　蜗杆副传动公差　（单位：μm）

检验项目	代号	中心距/mm			检测方法
		100～160	>160～315	>315～500	
传动中心距极限偏差	$\pm f_a$①	±25	±36	±50	采用通用量具直接或间接检测
传动轴交角公差	f_Σ②	20	30	45	
传动中蜗杆中间平面极限偏移	$\pm f_{x1}$	±25	±50	±75	
传动中蜗轮中间平面极限偏移	$\pm f_{x2}$				
传动最小圆周侧隙	j_{tmin}	220	380	530	

① 在机体、机盖镗孔时测量。

② 表值为蜗杆 1/2 工作长度上的公差值，应换算到箱体宽度上，在镗孔时测量。

表 17-80　蜗轮齿面接触率及位置

公称传动比	≥10～16	>16～31.5	>31.5～63
接触率及位置	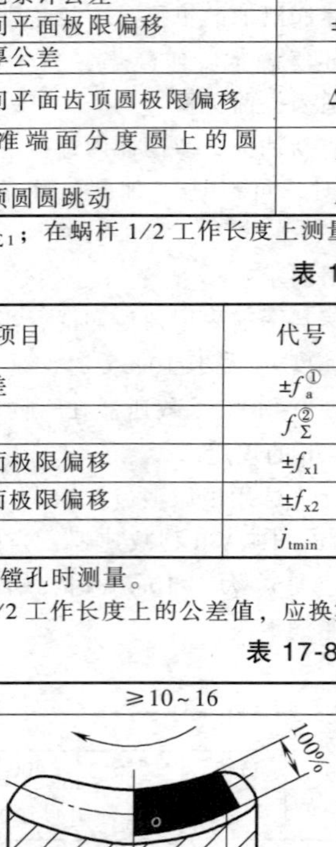	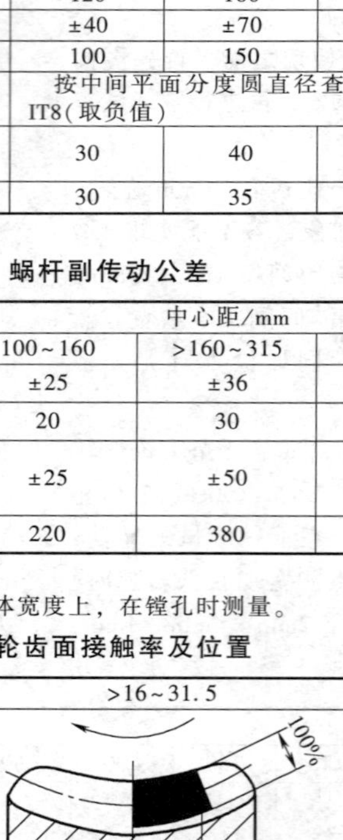	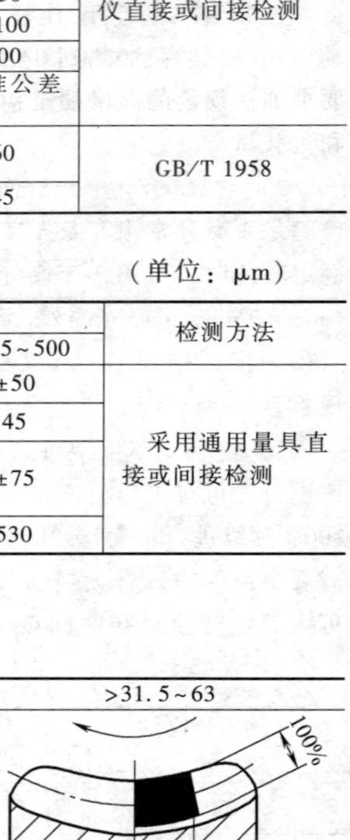
检测方法	通用量具直接检测		

表 17-81 主要零件的表面粗糙度要求 （单位：μm）

表面部位	表面粗糙度 Ra 不低于
机体和机盖的非加工表面	100
机体和机盖的结合面	3.2
轴承孔表面和轴肩表面	3.2
有配合的轴承孔表面	1.6
蜗轮齿面	1.6
基准端面和齿顶圆表面	3.2

表 17-82 滚动轴承轴向间隙 （单位：μm）

轴承内径/mm	中心距/mm				检测方法
	蜗杆轴承		蜗轮轴承		
	最小	最大	最小	最大	
>30～50	30	50	—	—	采用通用量具直接检测
>50～80	40	70	40	70	
>80～120	50	100	50	100	
>120～180	80	150	80	150	
>180～260	—	—	120	180	

17.4.4 平面包络环面蜗杆减速器（摘自 JB/T 9051—2010）

平面包络环面减速器适用于冶金、矿山、起重、运输、建筑、石油、化工、航天、航海设备或精密传动。减速器蜗杆转速不超过 1500r/min，工作环境温度为-40～40℃。当工作环境温度为 0℃ 以下时，起动前润滑油必须加热到 0℃ 以上，或采用低凝固点的润滑油；当环境温度超过 40℃ 时，须采取强迫冷却措施。

17.4.4.1 标记方法

减速器的标记由型式、中心距、公称传动比、装配型式、冷却方式代号及标准号构成。

减速器有三种型式：TPU 型（蜗杆在蜗轮之下）；TPS 型（蜗杆在蜗轮之侧）；TPA 型（蜗杆在蜗轮之上）。

减速器的中心距 a 见表 17-83，公称传动比 i 见表 17-84。

表 17-83 减速器中心距 a

	中心距 a/mm													
第一系列	100	125		160		200		250		315		400		500
第二系列			140		180		224		280		355		450	

注：优先选用第一系列，表中第二系列的中心距仅提出型式规格。

表 17-84 公称传动比 i

型号	TPU、TPS、TPA															
第一系列	10.0	12.5		16.0		20.0		25.0		31.5		40.0		50.0		63.0
第二系列			14.0		18.0		22.4		28.0		35.5		45.0		56.0	

注：优先选用第一系列。

标记示例：

减速器 TP U 200-10-2 F JB/T 9051—2010

- JB/T 9051—2010——标准号
- F——有风扇冷却
- 2——第二种装配型式
- 10——公称传动比为 10
- 200——中心距为 200mm
- U——蜗杆在蜗轮之下
- TP——平面包络环面蜗杆减速器

17.4.4.2 装配型式和外形尺寸

减速器的外形尺寸和装配型式见表 17-85～表 17-90。

表 17-85　TPU 型减速器的尺寸（整箱式）（摘自 JB/T 9051—2010）　（单位：mm）

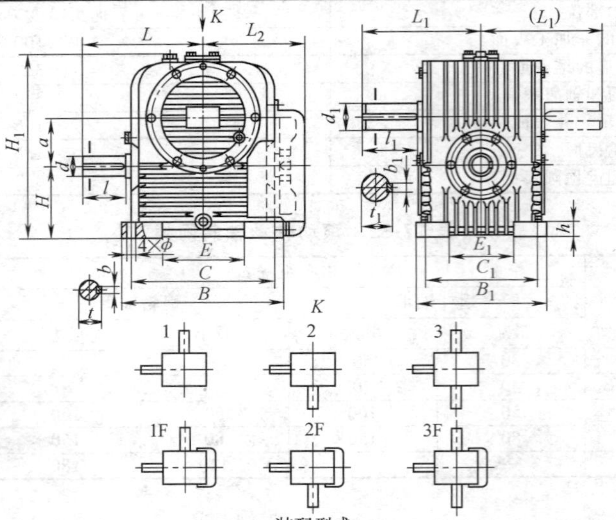

装配型式

型号	a	B	B_1	C	C_1	E	E_1	H	H_1	L	L_1	L_2	l	l_1	d	d_1	b	b_1	t	t_1	h	ϕ	质量/kg
TPU100	100	320	260	280	220	160	130	150	382	235	237	200	82	110	40	55	12	16	43	59	30	19	88

表 17-86　TPU 型减速器的尺寸（分箱式）（摘自 JB/T 9051—2010）　（单位：mm）

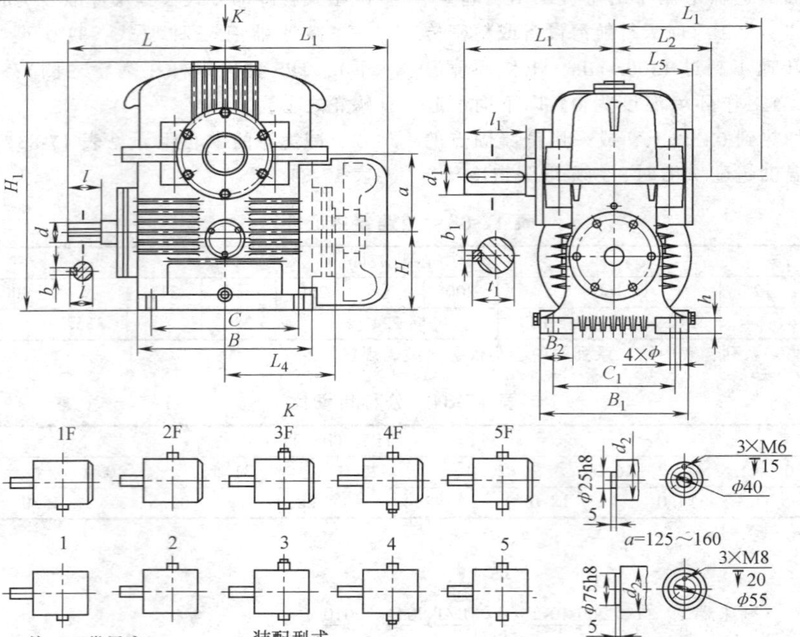

装配型式

注：1. F带风扇。
2. 3、3F、4、4F带控制器用轴端。

型号	a	B	B_1	B_2	C	C_1	H	H_1	h	L	L_1	L_2	L_3	L_4	L_5	l	l_1	d	d_1	d_2	b	b_1	t	t_1	ϕ	质量/kg
TPU125	125	300	300	70	250	250	125	422	30	307	320	185	280	205	175	82	140	40	70	80	12	20	43	74.5	19	157
TPU160	160	380	375	100	320	310	160	540	40	375	375	210	360	280	192	82	170	50	85	95	14	25	53.5	90	24	258
TPU200	200	450	450	125	370	370	200	650	40	420	400	235	435	345	228	82	170	55	95	110	16	28	59	101	28	475
TPU250	250	600	550	150	500	450	225	820	50	530	495	290	520	408	273	110	210	65	120	140	18	32	69	127	35	800
TPU315	315	720	590	120	630	500	280	990	65	630	600	360	605	492	349	130	250	80	140	160	22	36	85	148	39	1450
TPU400	400	850	720	160	750	620	320	1200	75	720	720	425	692	558	412	165	300	100	180	200	28	45	106	190	48	2500
TPU500	500	1060	900	200	920	760	400	1490	90	850	840	495	845	686	497	165	350	110	220	240	28	50	116	231	56	4500

表 17-87 TPS 型减速器的尺寸（整箱式）（摘自 GB/T 9051—2010） （单位：mm）

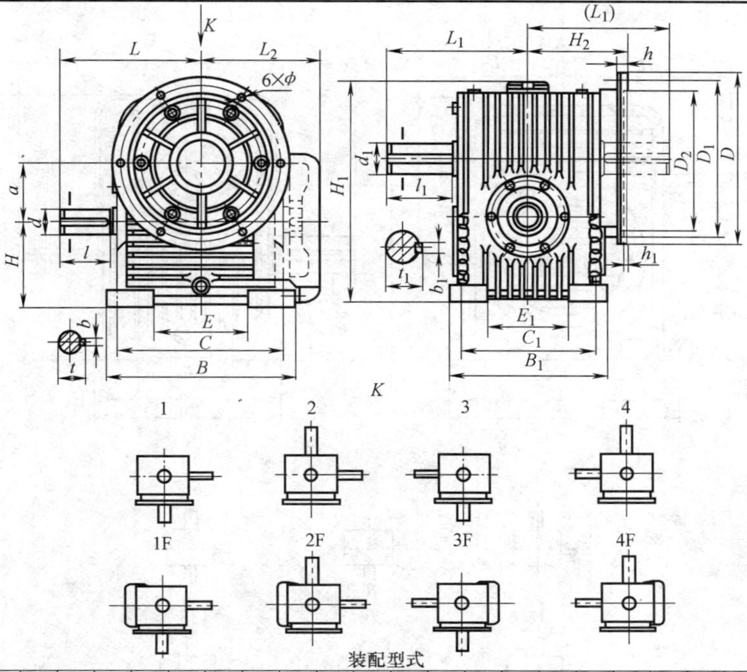

装配型式

型号	a	B	B_1	C	C_1	E	E_1	H	H_1	H_2	L	L_1	L_2	l	l_1	d	d_1	b	b_1	t	t_1	D	D_1	D_2	ϕ	h	h_1	质量/kg
TPS100	100	320	260	280	220	160	130	150	382	160	235	237	200	82	110	40	55	12	16	43	59	300	275	240	14	16	6	90

表 17-88 TPS 型减速器的尺寸（分箱式）（摘自 GB/T 9051—2010） （单位：mm）

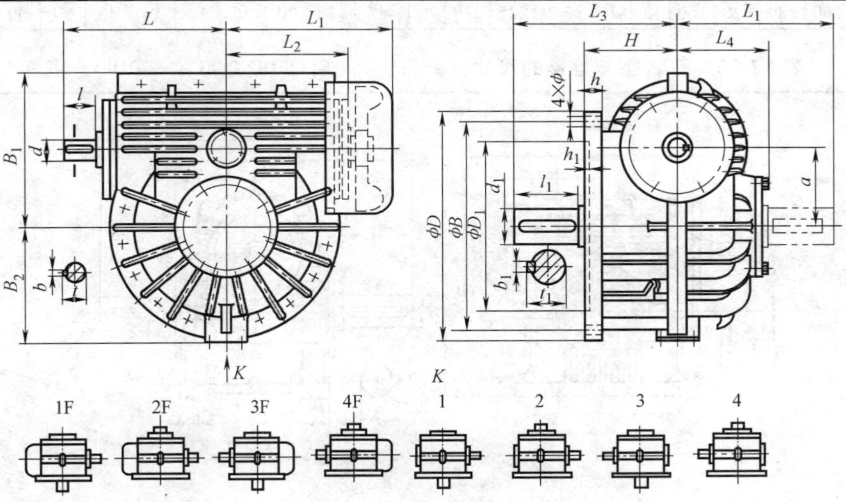

注:F带风扇。

装配型式

型号	a	D	D_1	h_1	B	B_1	B_2	H	L	L_1	L_2	L_3	L_4	l	l_1	d	d_1	b	b_1	t	t_1	h	ϕ	质量/kg
TPS125	125	380	280	6	330	265	193	180	307	280	209	320	175	82	140	40	70	12	20	43	74.5	25	19	170
TPS160	160	530	380	10	470	330	265	200	375	365	280	375	192	82	170	50	85	14	25	53.5	90	35	24	290
TPS200	200	650	480	10	580	400	325	250	420	436	336	400	228	82	170	55	95	16	28	59	101	40	32	530
TPS250	250	800	600	12	700	495	400	280	530	520	408	495	273	110	210	65	120	18	32	69	127	50	35	930
TPS315	315	920	710	15	820	625	460	355	630	605	497	600	349	130	250	80	140	22	36	85	148	65	39	1650
TPS400	400	1100	850	15	1000	740	550	420	720	692	558	720	412	165	300	100	180	28	45	106	190	75	48	2800
TPS500	500	1340	1060	20	1200	920	675	530	850	845	686	840	497	165	350	110	220	32	45	117	210	90	56	4800

表 17-89　TPA 型减速器的尺寸（整箱式）（摘自 JB/T 9051—2010）　　（单位：mm）

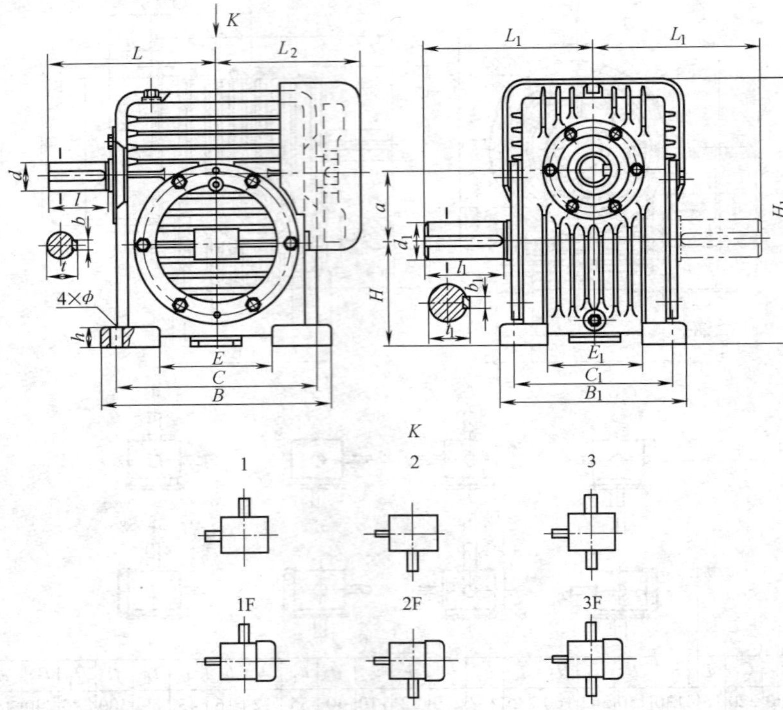

装配型式

型号	a	B	B_1	C	C_1	E	E_1	H	H_1	L	L_1	L_2	l	l_1	d	d_1	b	b_1	t	t_1	h	ϕ	质量/kg
TPA100	100	320	260	280	220	160	130	150	380	235	237	200	82	110	40	55	12	16	43	59	30	19	88

表 17-90　TPA 型减速器的尺寸（分箱式）（摘自 JB/T 9051—2010）　　（单位：mm）

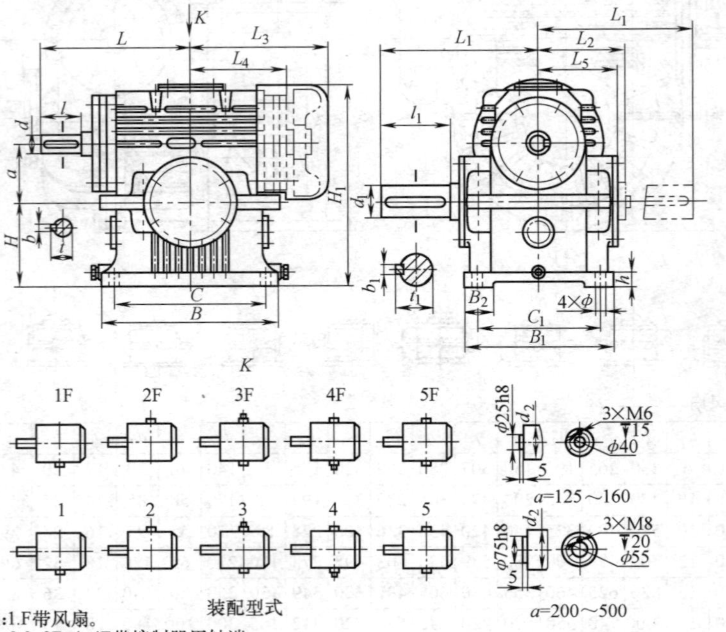

装配型式

注:1.F带风扇。

2.3、3F、4、4F带控制器用轴端。

（续）

型号	a	B	B_1	B_2	C	C_1	H	H_1	h	L	L_1	L_2	L_3	L_4	L_5	l	l_1	d	d_1	d_2	b	b_1	t	t_1	ϕ	质量/kg
TPA125	125	360	300	50	310	250	180	438	30	307	320	185	280	205	175	82	140	40	70	80	12	20	43	74.5	19	165
TPA160	160	460	320	80	400	260	225	550	40	375	375	210	365	280	190	82	170	50	85	95	14	25	53.5	90	24	285
TPA200	200	540	400	100	450	320	250	658	40	420	400	235	436	345	228	82	170	55	95	110	16	28	59	101	28	510
TPA250	250	720	480	120	620	380	315	792	50	530	495	290	520	406	270	110	210	65	120	140	18	32	69	127	35	900
TPA315	315	850	600	140	750	500	400	1000	65	630	600	360	605	492	345	130	250	80	140	160	22	36	85	148	39	1550
TPA400	400	950	720	170	850	620	500	1200	75	720	720	425	690	540	410	165	300	100	180	200	28	45	106	190	48	2650
TPA500	500	1180	900	200	1040	760	630	1530	90	850	840	495	845	680	488	165	350	110	220	240	28	50	116	231	56	4700

17.4.4.3 减速器的额定输入功率 P_1、额定输出转矩 T_2、传动效率和轴端许用径向负荷（见表 17-91～表 17-95）

表 17-91 额定输入功率 P_1

中心距 a /mm	传动比 i	输入轴转速 n_1/(r/min)				
		500	600	750	1000	1500
		额定输入功率 P_1/kW				
100	10.0	7.34	8.17	9.25	10.64	11.73
	12.5	5.79	6.53	7.53	8.90	10.30
	16.0	4.94	5.58	6.42	7.56	8.71
	20.0	4.05	4.60	5.32	6.30	7.33
	25.0	3.29	3.75	4.34	5.16	6.03
	31.5	2.74	3.10	3.58	4.22	4.87
	40.0	2.12	2.42	2.82	3.37	3.98
	50.0	1.77	2.02	2.33	2.77	3.22
	63.0	1.44	1.69	1.99	2.31	2.60
125	10.0	12.55	13.97	15.81	18.20	20.09
	12.5	9.86	11.17	12.89	15.23	17.63
	16.0	8.46	9.55	10.99	12.94	14.89
	20.0	6.93	7.86	9.09	10.77	12.55
	25.0	5.64	6.41	7.43	8.82	10.30
	31.5	4.70	5.32	6.13	7.23	8.34
	40.0	3.64	4.16	4.84	5.77	6.81
	50.0	3.05	3.46	4.00	4.74	5.52
	63.0	2.47	2.91	3.41	3.96	4.47
160	10.0	22.85	25.41	28.75	33.06	36.41
	12.5	17.95	20.32	23.42	27.63	31.93
	16.0	15.30	17.30	19.92	23.46	27.03
	20.0	12.55	14.26	16.50	19.58	22.85
	25.0	10.20	11.61	13.46	16.01	18.77
	31.5	8.53	9.64	11.11	13.09	15.10
	40.0	6.61	7.54	8.77	10.47	12.34
	50.0	5.53	6.28	7.26	8.60	10.02
	63.0	4.48	5.28	6.19	7.18	8.10
200	10.0	39.07	43.75	49.20	56.60	62.42
	12.5	30.70	34.75	40.10	47.34	54.77
	16.0	26.32	29.74	34.23	40.31	46.41
	20.0	21.52	24.44	28.28	33.52	39.07
	25.0	17.54	19.95	23.12	27.47	32.13
	31.5	14.59	16.50	19.02	22.43	25.91
	40.0	11.32	12.93	15.04	17.97	21.22
	50.0	9.50	10.77	12.45	14.74	17.14
	63.0	7.67	9.04	10.60	12.31	13.87

（续）

中心距 a/mm	传动比 i	输入轴转速 n_1/(r/min)				
		500	600	750	1000	1500
		额定输入功率 P_1/kW				
250	10.0	67.01	74.57	84.41	97.11	107.10
	12.5	52.53	59.49	68.64	81.06	93.84
	16.0	45.08	50.95	58.64	69.03	79.46
	20.0	36.92	41.93	48.51	57.51	67.01
	25.0	30.92	34.22	39.65	47.10	55.08
	31.5	24.99	28.29	32.61	38.48	44.47
	40.0	19.38	22.13	25.74	30.75	36.31
	50.0	16.32	18.51	21.38	25.30	29.38
	63.0	13.16	15.50	18.18	21.09	23.77
315	10.0	117.30	130.45	148.10	169.58	187.20
	12.5	99.96	108.20	120.00	141.78	164.22
	16.0	83.90	91.88	102.80	120.54	138.77
	20.0	65.10	73.23	84.76	100.55	117.30
	25.0	53.45	59.74	69.22	82.24	96.19
	31.5	44.94	49.50	57.04	67.25	77.62
	40.0	33.86	38.66	44.98	53.73	63.44
	50.0	28.46	32.29	37.33	44.20	51.41
	63.0	23.63	27.04	31.72	36.82	41.51
400	10.0	222.20	257.40	276.90	311.00	359.90
	12.5	193.20	215.30	236.30	262.50	304.50
	16.0	170.00	183.80	203.70	230.00	264.60
	20.0	131.30	141.80	156.50	177.50	200.60
	25.0	105.00	114.50	128.10	144.90	164.90
	31.5	88.52	96.92	107.10	121.80	138.60
	40.0	66.57	72.24	80.85	91.98	104.70
	50.0	53.55	58.70	65.21	74.03	84.11
	63.0	46.41	51.14	56.70	64.37	73.19
500	10.0	393.90	424.40	462.50	511.50	582.50
	12.5	329.70	361.20	395.90	432.60	486.20
	16.0	286.70	306.60	340.20	382.20	431.60
	20.0	218.40	240.50	263.60	293.00	326.60
	25.0	180.60	198.50	219.50	243.60	278.30
	31.5	152.30	164.90	183.80	206.90	233.10
	40.0	114.50	126.00	138.60	154.40	176.40
	50.0	92.82	101.40	112.40	123.90	141.80
	63.0	80.85	88.31	97.34	108.20	122.90

注：1. P_1 系在每日工作10h，每小时起动不超过一次，工作平稳，无冲击振动。起动转矩为额定转矩3倍，小时负荷率 $J_C=100\%$，环境温度为20℃，采用合成润滑油浸油润滑，风扇冷却，制造精度7级，并经充分磨合条件下制定的。

2. P_1 按下式计算：

$$P_1=T_2n_2/(9550\eta)$$

式中　P_1——额定输入功率（kW）；

T_2——额定输出转矩（N·m）；

n_2——输出轴转速（r/min）；

η——总传动效率（%），（见表17-93）。

表 17-92 额定输出转矩 T_2

中心距 a /mm	传动比 i	输入轴转速 n_1/(r/min)				
		500	600	750	1000	1500
		额定输出转矩 T_2/N·m				
100	10.0	1262	1171	1083	945	695
	12.5	1225	1156	1091	977	754
	16.0	1313	1250	1178	1052	807
	20.0	1315	1259	1165	1047	822
	25.0	1306	1252	1188	1071	835
	31.5	1271	1214	1176	1053	830
	40.0	1199	1157	1120	1056	841
	50.0	1203	1171	1114	1071	841
	63.0	1213	1220	1197	1112	834
125	10.0	2157	2001	1852	1617	1190
	12.5	2096	1979	1868	1673	1292
	16.0	2248	2141	2016	1800	1380
	20.0	2250	2152	1991	1790	1406
	25.0	2236	2143	2033	1831	1427
	31.5	2178	2080	2016	1805	1422
	40.0	2059	1985	1921	1807	1439
	50.0	2068	2011	1911	1833	1441
	63.0	2081	2101	2052	1906	1434
160	10.0	3928	3641	3368	2936	2156
	12.5	3815	3598	3392	3035	2338
	16.0	4069	3876	3652	3262	2506
	20.0	4075	3904	3614	3253	2560
	25.0	4043	3881	3686	3326	2599
	31.5	3950	3771	3653	3269	2574
	40.0	3737	3601	3484	3280	2608
	50.0	3749	3646	3466	3326	2616
	63.0	3774	3812	3724	3456	2599
200	10.0	6715	6227	5764	5027	3696
	12.5	6254	6156	5808	5199	4010
	16.0	6997	6665	6277	5605	4302
	20.0	6988	6691	6194	5570	4377
	25.0	6953	6669	6330	5706	4449
	31.5	6757	6454	6256	5602	4417
	40.0	6401	6173	5975	5629	4485
	50.0	6439	6259	5945	5701	4474
	63.0	6461	6527	6377	5925	4451
250	10.0	11776	10920	10103	8810	6478
	12.5	11413	10772	10160	9096	7020
	16.0	12262	11677	10991	9810	7528
	20.0	12271	11746	10871	9776	7680
	25.0	12213	11710	11107	10008	7803
	31.5	11878	11345	10987	9839	7581
	40.0	11253	10847	10490	9516	7490
	50.0	11377	11046	10481	9421	7294
	63.0	11083	11034	10791	9518	7149

（续）

中心距 a /mm	传动比 i	输入轴转速 n_1/(r/min)				
		500	600	750	1000	1500
		额定输出转矩 T_2/N · m				
315	10.0	20612	19102	17727	15385	11322
	12.5	21718	19590	17763	15909	12285
	16.0	22819	21059	19268	17130	13142
	20.0	21635	20516	18996	17093	13443
	25.0	21694	20444	19391	17474	13626
	31.5	21360	19855	19217	17197	13232
	40.0	19260	18954	18330	16626	13087
	50.0	19839	19273	18298	16463	12765
	63.0	19904	19522	19084	16615	12488
400	10.0	39045	37692	33143	28215	21768
	12.5	41975	38981	34978	29456	22779
	16.0	46237	42127	38180	32684	25067
	20.0	44137	40174	35471	30512	23244
	25.0	43118	39638	36293	31135	23622
	31.5	42606	39360	36514	31511	23905
	40.0	39161	35874	33355	28812	21846
	50.0	37843	35504	32383	27926	21955
	63.0	39650	36922	34114	29433	22311
500	10.0	69216	62146	55358	46406	35232
	12.5	71631	65396	58603	48543	36372
	16.0	77978	70273	63765	54312	40888
	20.0	73417	68137	59746	50367	37844
	25.0	74163	68718	62188	52344	39866
	31.5	73305	66968	62664	53527	40203
	40.0	67358	62571	57181	48364	36837
	50.0	65595	61330	55818	46738	35660
	63.0	69074	63758	58565	49475	37464

注：T_2 系在每日工作 10h，每小时起动不超过一次，工作平稳，无冲击振动，起动转矩为额定转矩的 3 倍，小时负荷率 $J_C=100\%$。环境温度为 20℃，采用合成润滑油浸油润滑，风扇冷却，制造精度 7 级，并经充分磨合条件下制定的。

表 17-93 传动效率 η

中心距 a /mm	传动比 i	输入轴转速 n_1/(r/min)				
		500	600	750	1000	1500
		效率 η(%)				
100~200	10.0	90	90	92	93	93
	12.5	89	89	91	92	92
	16.0	87	88	90	91	91
	20.0	85	86	86	87	88
	25.0	83	84	86	87	87
	31.5	77	78	82	83	85
	40.0	74	75	78	82	83
	50.0	71	73	75	81	82
	63.0	70	72	75	80	80

（续）

中心距 a /mm	传动比 i	输入轴转速 n_1/(r/min)				
		500	600	750	1000	1500
		效率 η(%)				
250~315	10.0	92	92	94	95	95
	12.5	91	91	93	94	94
	16.0	89	90	92	93	93
	20.0	87	88	88	89	90
	25.0	85	86	88	89	89
	31.5	79	80	84	85	85
	40.0	76	77	80	81	81
	50.0	73	75	77	78	78
	63.0	70	71	74	75	75
400~500	10.0	92	92	94	95	95
	12.5	91	91	93	94	94
	16.0	89	90	92	93	93
	20.0	88	89	89	90	91
	25.0	86	87	89	90	90
	31.5	80	81	85	86	86
	40.0	77	78	81	82	82
	50.0	74	76	78	79	79
	63.0	71	72	75	76	76

表 17-94 蜗轮轴轴端许用径向负荷

中心距 a/mm	100	125	160	200	250	315	400	500
负荷 F_r/N	7000	13000	20000	24000	40000	49000	70000	100000

图 17-8 所示为蜗轮轴轴端受力图。

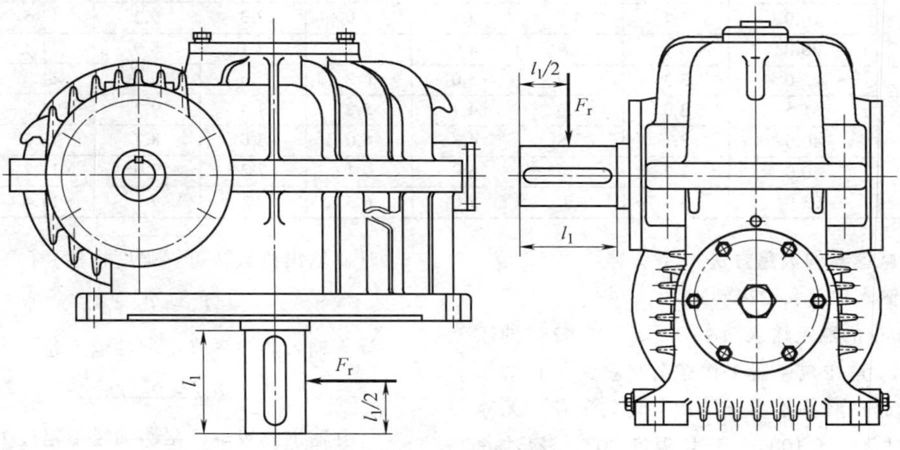

图 17-8 蜗轮轴轴端受力图

表 17-95 减速器蜗杆喉平面分度圆滑动速度 v

输入轴转速 n_1/(r/min)	传动比 i	中心距 a/mm							
		100	125	160	200	250	315	400	500
		滑动速度 v/(m/s)							
500	10.0	1.2	1.5	1.9	2.4	3.1	3.8	4.8	6.0
	12.5	1.2	1.5	1.9	2.4	3.1	3.8	4.9	6.0
	16.0	1.0	1.2	1.6	2.0	2.4	3.1	3.8	4.9
	20.0	1.0	1.3	1.6	2.0	2.4	3.0	3.7	4.7
	25.0	1.1	1.3	1.7	2.1	2.4	3.0	3.8	4.8
	31.5	1.0	1.2	1.6	1.9	2.5	3.1	3.8	4.9
	40.0	1.0	1.3	1.6	2.0	2.3	2.9	3.6	4.6
	50.0	1.1	1.3	1.7	2.0	2.4	3.0	3.7	4.7
	63.0	1.1	1.3	1.7	2.1	2.4	3.0	3.8	4.8

（续）

输入轴转速 n_1/(r/min)	传动比 i	中心距 a/mm							
		100	125	160	200	250	315	400	500
		滑动速度 v/(m/s)							
750	10.0	1.8	2.3	2.8	3.6	4.6	5.7	7.3	9.1
	12.5	1.8	2.3	2.9	3.6	4.6	5.7	7.3	9.0
	16.0	1.5	1.9	2.4	3.0	3.7	4.6	5.8	7.3
	20.0	1.6	1.9	2.4	3.1	3.5	4.4	5.5	7.0
	25.0	1.6	1.9	2.5	3.1	3.6	4.5	5.7	7.1
	31.5	1.5	1.8	2.3	2.9	3.7	4.6	5.8	7.3
	40.0	1.5	1.9	2.4	3.0	3.5	4.3	5.4	6.8
	50.0	1.6	1.9	2.5	3.1	3.6	4.5	5.6	7.1
	63.0	1.6	2.0	2.5	3.1	3.7	4.6	5.7	7.8
1000	10.0	2.4	3.1	3.8	4.7	6.1	7.6	9.7	12.1
	12.5	2.4	3.1	3.8	4.8	6.2	7.6	9.7	12.1
	16.0	2.1	2.5	3.2	4.0	4.9	6.2	7.7	9.7
	20.0	2.1	2.6	3.3	4.1	4.7	5.9	7.4	9.3
	25.0	2.2	2.6	3.3	4.1	4.8	6.1	7.6	9.5
	31.5	2.0	2.4	3.1	3.9	4.9	6.1	7.7	9.7
	40.0	2.1	2.5	3.2	4.0	4.6	5.8	7.2	9.1
	50.0	2.2	2.6	3.3	4.1	4.8	6.0	7.5	9.4
	63.0	2.2	2.7	3.4	4.2	4.9	6.1	7.6	9.7
1500	10.0	3.6	4.6	5.7	7.1	9.2	11.4	14.5	18.1
	12.5	3.6	4.6	5.7	7.2	9.2	11.5	14.6	18.1
	16.0	3.1	3.7	4.8	6.0	7.3	9.2	11.5	14.6
	20.0	3.1	3.9	4.9	6.1	7.1	8.9	11.1	14.0
	25.0	3.3	3.9	5.0	6.2	7.3	9.1	11.3	14.3
	31.5	3.0	3.6	4.7	5.8	7.4	9.2	11.5	14.6
	40.0	3.1	3.8	4.8	6.0	7.0	8.7	10.8	13.7
	50.0	3.2	3.9	5.0	6.1	7.2	9.0	11.2	14.1
	63.0	3.2	4.0	5.0	6.3	7.3	9.1	11.4	14.5

17.4.4.4 减速器的选用方法

1. 校核输入功率和输出转矩

表 17-91 中的额定输入功率 P_1 及表 17-92 中的额定输出转矩 T_2 是在减速器工作载荷平稳，每日工作 10h，每小时起动频率不大于 1 次，均匀负荷，无冲击振动，小时负荷率 100%，环境温度 20℃，浸油润滑，制造精度 7 级，风扇冷却，减速器经过充分磨合的前提下制定的。

已知条件与上述规定的工作条件不同时，应由式(17-11) ~式 (17-14) 进行修正计算，再由计算结果中较大的值与表 17-91 或表 17-92 比较选取承载能力相符或偏大的减速器。即用减速器实际输入功率 P_1，或减速器实际输出转矩 T_{2W}，乘以工作状态系数进行修正（见表 17-96 ~ 表 17-100），再与表 17-91、表 17-92 比较进行选用。

计算输入机械功率（强度校核）

$$P_{1J} \geqslant P_{1W} f_1 f_2 \tag{17-11}$$

计算输出机械转矩（强度校核）

$$T_{2J} \geqslant T_{2W} f_1 f_2 \tag{17-12}$$

计算输入热功率（限制油温不超过 100℃）

$$P_{1R} \geqslant P_{1W} f_3 f_4 f_5 \tag{17-13}$$

计算输出热转矩（限制油温不超过 100℃）

$$T_{2R} \geqslant T_{2W} f_3 f_4 f_5 \tag{17-14}$$

式中　P_{1W}——减速器实际输入功率；

T_{2W}——减速器实际输出转矩；

f_1——使用系数（见表 17-96）；

f_2——起动频率系数（见表 17-97）；

f_3——环境温度修正系数（见表 17-98）；

f_4——减速器安装型式系数（见表 17-99）；

f_5——散热能力系数（见表 17-100）。

如果采用强制的冷却措施（循环油或循环水冷却），使温升限制在允许的范围内，则不需再按式(17-13) 和式 (17-14) 进行计算。

表 17-96　使用系数 f_1

原动机	每天运行时间/(h/d)	载荷特性		
		均匀负荷 U	中等冲击负荷 M	重度冲击负荷 H
电动机	间歇 2	0.90	1.00	1.20
汽轮机	≤10	1.00	1.20	1.30
液压马达	≤24	1.20	1.30	1.50

注：表中载荷特性按表 17-101 查得。

表 17-97　起动频率系数 f_2

每小时起动次数	≤1	2~4	5~9	>10
起动频率系数 f_2	1.0	1.07	1.13	1.18

表 17-98　环境温度修正系数 f_3

环境温度/℃	0~10	>10~20	>20~30	>30~40	>40~50
环境温度修正系数 f_3	0.85	1.0	1.14	1.33	1.6

表 17-99　减速器安装型式系数 f_4

减速器中心距 a/mm	减速器安装型式系数 f_4		
	TPU	TPS	TPA
100~250	1.0	1.0	1.2
315~500	1.0	1.0	1.2

表 17-100　散热能力系数 f_5

无风扇冷却	蜗杆转速 n_1/(r/min)			
	1500	1000	750	500
减速器中心距 a/mm	系数 f_5			
100~200	1.59	1.54	1.37	1.33
250~500	1.85	1.80	1.70	1.51

注：有风扇时，$f_5=1$。

输入转速低于 500r/min 时，计算输出转矩按 $n_1=500\text{r/min}$ 的额定输出转矩选用。

当蜗轮轴是两端出轴时，按两端转矩之和选用减速器。

表 17-101　减速器的载荷分类

工作机类型	载荷特性代号	工作机类型	载荷特性代号	工作机类型	载荷特性代号
搅拌机类		重载输送机		货梯	M
纯液体	U	非均匀装料类	M	载人电梯	M
可变密度液体	M	帷裙式	M	施工升降机	M
液固混合物	M	组合式	M	挖塑机	
鼓风机类		带式	M	塑料薄膜	U
离心式	U	多斗式	M	塑料板	U
罗茨	M	刮板式	M	塑料棒	U
叶片式	U	烘箱式	M	塑料管	U
酿造与蒸馏		往复式	H	塑料轮管	U
装瓶机	U	螺旋式	M	吹塑	M
酿造釜(持续负载)	U	振动式	H	预增塑剂	M
蒸煮器	U	起重机类		风机类	
磨碎槽(持续负载)	U	主卷扬	U	离心式	U
磅秤斗料(频繁起动)	M	小车行走	*	冷却塔吹风机	*
罐装机类	U	大车行走	*	吸风机	M
制糖机		干坞起重机		大型(矿山等使用)	M
甘蔗刀	1.5	主卷扬	1.00	大型(工业用)	M
粉碎机	1.5	辅助卷扬	1.00	轻型(小直径)	U
轧糖机	2.0	船舱(俯仰式)	1.00	送料机	
自卸车	H	回转(摆动)	1.25	帷裙式	M
汽车拆卸器	M	轨道行走(驱动轮)	1.50	带式	M
制陶机械		破碎机		盘式	U
压砖机	H	矿石	H	往复式	H
制坯机	H	石头	H	螺旋式	M
制陶机	M	糖	1.50	食品工业	
和泥磨	M	挖泥机		带式切片机	M
压缩机		电缆卷筒	M	谷物蒸煮器	U
离心式	U	输送机	M	和面机	M
罗茨	M	刀头驱动	H	磨肉机	M
往复式(多缸)	M	簸筛驱动	H	发电机(非电焊机)	U
往复式(单缸)	H	机动绞车	M	锤磨机	H
均载输送机		泵	H	洗衣房	
装料		网筛驱动	M	洗衣机	M
帷裙式	U	码垛机	M	滚筒式	M
组合式	U	通用绞车	M	天轴	
带式	U	升降机		驱动加工设备	M
多斗式	U	斗式(均载)	U	轻型	U
链条式	U	斗式(重载)	M	其他天轴	U
刮板式	U	斗式(持续)	U	木材工业	*
烘箱式	U	离心卸料	U	机床	
螺旋式	U	自动扶梯	U	弯板机	M

（续）

工作机类型	载荷特性代号	工作机类型	载荷特性代号	工作机类型	载荷特性代号
冲床(齿轮驱动)	M	覆膜滚压	U	齿轮泵	U
切口冲床(带驱动)	H	干燥机		叶片泵、滑片泵	U
刨床	*	造纸机	U	橡胶工业	
攻丝机	H	输送机式	U	转筒式内搅拌	
其他机床		窑驱动	M	a)分批搅拌机	1.75
主驱动	M	碎浆机	2.00	b)连续搅拌机	1.50
辅助驱动	U	筛滤机		搅拌磨—2平辊	1.50
金属轧制		碎料	M	(如果用瓦楞辊,则使用	
拔丝机拖架和主驱动	M	旋转式	M	和碾碎机、热炼机相同的工	
夹送辊、干料辊、洗涤辊	*	浓缩机		况系数)	
逆转纵切机	M	(交流电动机)	M	分批加料磨—2平辊	1.50
台式输送机非逆转		(直流电动机)	U	碾碎机—2平辊;1瓦	1.75
成组驱动	M	塑料工业		楞辊	
单独驱动	H	转筒式内搅拌站		碾碎机1瓦楞辊	2.00
拔丝机和平整机	M	a)分批搅拌机	1.75	混料磨—2辊	1.25
绕丝机	M	b)连续搅拌机	1.50	均料机—2辊	1.50
冷轧机	H	连续给料、存料、混料磨	1.25	金属加工机床	
连铸成套设备	H	多仓磨	1.25	剪床	M
冷床	M	回转式磨机类		薄板弯板机	M
棒料剪切机	H	球磨机和锤磨机	2.00	压力机床	H
重型和中型板轧机	H	直齿齿圈传动	2.50	冲床	H
钢坯初轧机	H	斜齿齿圈传动	1.50	钢板轿直机床	H
钢坯剪切机	H	直联	2.00	金属刨削机床	H
钢坯转运机械	H	水泥窑	M	机床主要传动装置	M
推钢机	H	转筒	H	机床辅助装置	U
推床	H	石料、瓷土料加工机床		锻锤	H
剪板机	H	球磨机	H	锻造压力机	H
辊式矫直机	M	挤压粉碎机	H	动力轴	U
辊道(重型)	H	破碎机	M	石油工业机械	
辊道(轻型)	M	压砖机	H	旋转钻井设备	H
薄板轧机	H	锤式粉碎机	H	输油管油泵	M
焊管机	H	回转窑	H	挖泥机	
轧辊调整装置	M	筒形磨机	H	筒式输送机	H
焊接机	M	木材加工机械		筒式转向轮	H
线材拉拔机	M	剥皮机	H	挖泥机	H
建筑机械		刨床	M	行走齿轮传动装置	M
卷扬机	M	锯床	M	(铁轨)	
混凝土搅拌机	M	木材加工机床	U	碾光机	1.50
路面建筑机械	M	碾光机	1.50	混砂机	M
回转窑	M	挤光机	1.50	污水处理设备	
造纸厂(见注)		a)变速驱动	1.50	篦子筛	U
搅拌机	M	b)恒速驱动	1.75	化学输液器	U
纯液搅拌机	U	印刷机	*	集液器	U
剥离鼓	H	泵机		螺旋脱水器	M
机械剥离鼓	H	离心泵	U	浮渣破碎器	M
打浆机	M	定量泵	M	快/慢搅拌器	M
碎料叠垛	U	往复泵		浓缩器	M
碾光机	U	三缸式多缸单作用泵	M	真空过滤器	M
破碎机	H	两缸式多缸双作用泵	M	筛子	
碎料输送机	M	回转泵		气洗筛	U

（续）

工作机类型	载荷特性代号	工作机类型	载荷特性代号	工作机类型	载荷特性代号
转石	M	织布机	M	环式输送机	M
进水滤网	U	轧布机	M	货物升降机	M
板坯推料机	M	拉毛机	M	卷扬机	M
炉排加炼机	U	漂染	M	连杆式输送机	M
纺织工业		传送运输机类		载人升降机	M
配料器	M	平板输送机	M	螺旋式输送机	M
碾光机	M	平衡块升降	M	绞车	M
梳理机	M	槽式输送机	M	钢带式输送机	M
干桶	M	带式输送机(散装)	U	链式槽型输送机	M
烘干机	M	带式输送机(大件)	M	水处理设备	
染布机	M	筒式面粉输送机	U	通风器	M
针织机	*	链式输送机	M	螺杆泵	M

注：U：均匀载荷；M：中等冲击载荷；H：严重冲击载荷；“*”为向工厂了解现场工况。

2. 校验减速器输出轴轴伸悬臂负荷

减速器输出轴轴伸装有齿轮、链轮、V 带轮或平带轮时，则需校验轴伸悬臂负荷。按式（17-15）计算轴伸悬臂负荷：

$$F_{RC} \leqslant \frac{2T_{2W}f_1}{D}f_7 \tag{17-15}$$

式中　F_{RC}——轴伸悬臂负荷，单位为 N；

T_{2W}——减速器实际输出转矩，单位为 N · m；

f_1——工况系数（见表 17-96：先由表17-101确定载荷特性代号 U、M、H，再按表17-96每日运转小时数，确定使用系数 f_1）；

D——齿轮、链轮、V 带轮或平带轮节圆直径，单位为 m；

f_7——悬臂负荷系数（见表 17-102）。

表 17-102　悬臂负荷系数 f_7

连接型式	悬臂系数 f_7
链轮(单排)	1.00
链轮(双排)	1.25
齿轮	1.25
V 带轮	1.50
平带轮	2.50

校验轴伸悬臂负荷：

$$F_{RC} \leqslant F_r \tag{17-16}$$

式中　F_r——许用轴伸悬臂负荷（见表 17-94）。

3. 选用示例

已知：需要一台 TPU 蜗杆减速器驱动卷扬机，减速器为标准型式，风扇冷却，原动机为电动机，输入转速 n_1 为 1000r/min，公称传动比 $i=20$，最大输出转矩 $T_{2max}=4950N \cdot m$，输入功率 $P_1=15kW$，输出轴轴伸悬臂负荷 $F_{RC}=5520N$，每天工作 8h，每小时起动 15 次，有冲击负荷，双向运动，每次运转时间 3min，环境温度 20℃，制造精度 7 级。

由表 17-96：每天工作 8h，有冲击，使用系数 $f_1=1.2$。

由表 17-97：每小时起动 15 次，起动频率系数 $f_2=1.18$。

由表 17-98：环境温度修正系数 $f_3=1$。

由表 17-99：减速器安装型式系数 $f_4=1$。

由表 17-100：散热能力系数 $f_5=1$。

按式（17-11）进行计算得 $P_{1J} \geqslant P_{1W}f_1f_2 = 15kW \times 1 \times 1.18 = 17.7kW$。

按式（17-13）进行计算得 $P_{1R} \geqslant P_{1W}f_3f_4f_5 = 15kW \times 1 \times 1 \times 1 = 15kW$。

由表 17-91 查出减速器为 $a=160$；$i=20$；$n_1=1000r/min$；$P_1=19.58kW$，略大于计算值，符合要求。

由表 17-94 查出 $F_r=20000N$，大于要求值，符合要求。

由表 17-92 查出 $T_2=3253N \cdot m$。

$T_{2max}=T_2 \times 3 = 3253N \cdot m \times 3 = 9759N \cdot m > 4950N \cdot m$，符合要求。

选型结果：减速器 TPU　160—20—1F　JB/T 9051—2010

17.4.4.5　减速器的润滑

1）蜗杆、蜗轮啮合一般采用浸油润滑。对于 TPS、TPA 两种型式，液面与蜗杆轴线重合。TPU 型式油面到达蜗轮轴轴承下部滚柱部位。当啮合滑动速度 $v>10m/s$ 时，采用喷油润滑，润滑油牌号推荐采用 N320 及 N460 合成蜗轮蜗杆油。v 值可从表 17-95 中查取。

2）在通常情况下，可根据滑动速度的大小，按表 17-103 选择润滑油牌号。

3）润滑油不允许采用极压齿轮油，以免浸蚀铜轮缘。

表 17-103 润滑油

适用滑动速度/(m/s)	蜗轮油牌号	黏度/cSt(40℃)
>1.0~2.5	N460 蜗轮油	506~414
>2.5~5.0	N320 蜗轮油	352~288
>5.0~10.0	N320 蜗轮油	352~288
>10.0	N320 蜗轮油	352~288

4）减速器的润滑油量按油标中心线注入。

5）对由于结构原因或转速较低而无法采用稀油润滑的轴承应采用锂基润滑脂润滑。

17.4.4.6 平面包络环面蜗杆、蜗轮精度

1. 术语、定义及代号

蜗轮、蜗轮的误差以及蜗杆传动和侧隙的名称、代号和定义，引自 GB/T 10089 和 GB/T 16848，为使用方便，将所引用的名称、代号及在 GB/T 10089—1988 中表 1 和在 GB/T 16848—1997 中表 1 中的相应序号列于表 17-104。

表 17-104 蜗杆、蜗轮和蜗杆副公差的名称和代号

分类	序号	名称	代号	在 GB/T 10089—1988 表 1 中或在 GB/T 16848—1997 表 1 中的序号
蜗杆	1	蜗杆螺旋线公差	f_{hL}	1*
	2	蜗杆一转螺旋线公差	f_h	2*
	3	蜗杆分度公差①	f_{ZL}	3*
	4	蜗杆齿形公差	f_{f1}	5
	5	蜗杆齿槽径向跳动公差	f_r	6
	6	蜗杆齿厚极限偏差 上极限偏差 下极限偏差 蜗杆齿厚公差	E_{ss1} E_{si1} T_{s1}	7
蜗轮	7	蜗轮切向综合公差	F'_i	8
	8	蜗轮一齿切向综合公差	f'_i	9
	9	蜗轮齿距累积公差	F_p	12
	10	蜗轮齿距极限偏差	$\pm f_{pt}$	15
	11	蜗轮齿圈径向跳动公差	F_r	14
	12	蜗轮齿厚公差 蜗轮齿厚极限偏差 上极限偏差 下极限偏差	T_{s2} E_{ss2} E_{si2}	17
蜗杆副	13	蜗杆副的切向综合公差	F'_{ic}	18
	14	蜗杆副的一齿切向综合公差	f'_{ic}	19
	15	蜗杆副的接触斑点		20
	16	蜗杆副的中心距极限偏差 上极限偏差 下极限偏差	$+f_a$ $-f_a$	21
	17	蜗杆副的蜗杆喉平面极限偏差 上极限偏差 下极限偏差	$\pm f_{x1}$	18*
	18	蜗杆副的蜗轮中间平面极限偏差 上极限偏差 下极限偏差	$\pm f_{x2}$	19*
	19	蜗杆副的轴交角极限偏差② 上极限偏差 下极限偏差	$\pm f_{\Sigma}$	23
	20	蜗杆副的侧隙 最小圆周侧隙 最大圆周侧隙 最小法向侧隙 最小法向侧隙	J_{tmin} J_{tmax} J_{nmin} J_{nmax}	24

注：所有标注“＊”的名称、定义和代号，引自 GB/T 16848—1997，未注“＊”的引自 GB/T 10089—1988。

① 蜗杆分度公差实质上是指在蜗杆喉部截面分度圆上，蜗杆相邻两同侧螺旋齿面间所夹弧长相对于设计值之差，乘以该点导程角正切函数，该乘积作为蜗杆分度误差。

② 蜗杆副的轴交角极限偏差的偏差值以［角］秒（″）表示，此点与国标原定义不同。

2. 精度等级

1）本标准对平面包络环面蜗杆、蜗轮和蜗杆传动规定了 5、6、7、8 四个精度等级。

2）按照公差的特性对传动性能的主要保证作用，将蜗杆、蜗轮和蜗杆传动的公差（或极限偏差）分成三个公差组：

第Ⅰ公差组：蜗杆：——

蜗轮：F'_i，F_p；F_r；

传动：F'_{ic}。

第Ⅱ公差组：蜗杆 f_h，f_{hL}，f_{ZL}，f_r；

蜗轮：f'_i，f_{pt}；

传动：f'_{ic}。

第Ⅲ公差组：蜗杆：f_{f1}（当检测接触斑点时，f_{f1} 可不检测）；

蜗轮：——沿齿高接触斑点；

传动：接触斑点，f_a，f_Σ，f_{x1}，f_{x2}。

3）根据使用要求不同，允许各公差组选用不同的精度等级组合，但在同一公差组中，各项公差与极限偏差应保持相同的精度等级。

4）蜗杆和配对蜗轮的精度等级一般取成相同，也允许取成不相同。

3. 齿坯要求

1）蜗杆、蜗轮在加工、检验、安装时的径向、轴向基准面应尽可能一致，并在相应的零件工作图上予以标注。

2）蜗杆、蜗轮的齿坯公差包括轴、孔的尺寸、形状和位置公差，以及基准面的跳动。各项公差值，推荐采用表 17-105 的规定。

表 17-105　蜗杆、蜗轮齿坯尺寸公差和形位公差

序号	名　称	产品精度等级			
		5 级	6 级	7 级	8 级
		公差精度等级			
1	蜗杆喉部直径公差	h7	h7	h9	h9
2	蜗杆喉部径向圆跳动公差	6 级	6 级	7 级	7 级
3	蜗杆基准端面跳动公差	5 级	5 级	6 级	6 级
4	蜗杆安装轴承部位同轴度公差	5 级	5 级	6 级	6 级
5	蜗轮基准端面跳动公差	5 级	5 级	6 级	6 级
6	蜗轮齿坯外径与轴孔径向圆跳动公差	5 级	5 级	6 级	6 级
7	蜗轮轴孔的圆柱度公差	5 级	6 级	7 级	8 级

4. 蜗杆、蜗轮的检验与公差

根据蜗杆传动的工作要求和生产规模，在公差组中选定一个检验组来评定和验收蜗杆、蜗轮的精度。当检验组中有两项或两项以上的误差时，应以检验组中最低的一项精度来评定蜗杆、蜗轮的精度等级。

第Ⅰ公差组的检验组：

蜗杆：——

蜗轮：F'_i；

F_p（用于 5～8 级）。当检测 F'_{ic}时，蜗轮可不检测。

第Ⅱ公差组的检验组：

蜗杆：f_h，f_{hL}（用于单头蜗杆）；

f_{ZL}、f_h，f_{hL} 或 f_r，f_h，f_{hL}（用于多头蜗杆）；

蜗轮：f'_1、f_{pt} 当检测 f'_{ic}时，蜗杆、蜗轮可不检测。

第Ⅲ公差组的检验组：

蜗杆：f_{f1}；

蜗轮：——沿齿高方向接触斑点，f_a，f_Σ，f_{x1}，f_{x2}。

当检测接触斑点时，蜗杆蜗轮的齿形误差 f_{f1}、f_{f2} 可不进行检验。

蜗杆和配对蜗轮，可只考核传动公差，即在各公差组中只考虑 F'_{ic}、f'_{ic}，接触斑点。

f_a，f_Σ，f_{x1}，f_{x2}。若制造厂与订货者双方有专门协议时，应按协议的规定进行。

蜗杆、蜗轮各精度检验项目的公差和极限偏差的数值按 5、6、7、8 四个精度级分列于表 17-106、表 17-107、表 17-108 和表 17-109。

5. 传动的检验与公差

1）蜗杆副精度检测项目及控制方法：

蜗杆传动的精度主要以蜗杆副的切向综合误差 $\Delta F'_{ic}$、传动的一齿切向综合误差 $\Delta f'_{ic}$ 和传动接触斑点的形状、分布位置和面积大小来评定。它们系配对的蜗杆、蜗轮在精确的安装条件下（即在蜗杆副单面啮合综合检查仪上），测量所获得的结果。

表 17-106 蜗杆、蜗轮公差和极限偏差 f_h、f_{ZL}、f_{pt}、F_p、F_r、F_i'、f_i'、f_{f1}、f_{hL} 5 级精度

模数 m /mm	公差/μm		分度圆直径 d_m/mm						
	f_{f1}值	公差代号	>10~50	>50~125	>125~280	>280~560	>560~1000	>1000~1600	>1600~2500
≥0.5~2.0	5.5	f_h	6.0	6.5	7.0	7.5	8.0	9.0	10.0
		f_{ZL}或f_{pt}	4.5	5.0	5.5	6.0	6.5	7.0	8.0
		F_p	13.0	17.0	21.0	24.0	27.0	30.0	33.0
		F_r	9.0	11.0	12.0	14.0	16.0	18.0	19.0
		F_i'	15.0	18.0	21.0	24.0	26.0	29.0	31.0
		f_i'	7.0	7.5	7.5	8.0	8.5	9.0	9.5
>2.0~3.6	7.5	f_h	6.5	7.0	7.5	8.0	9.0	9.5	11.0
		f_{ZL}或f_{pt}	5.0	5.5	6.0	6.5	7.0	7.5	8.5
		F_p	16.0	20.0	24.0	28.0	31.0	35.0	38.0
		F_r	11.0	14.0	16.0	18.0	20.0	22.0	24.0
		F_i'	18.0	22.0	25.0	28.0	31.0	34.0	37.0
		f_i'	9.0	9.0	9.5	10.0	10.0	11.0	11.0
>3.6~6.0	9.5	f_h	7.5	7.5	8.0	9.0	9.5	10.0	11.0
		f_{ZL}或f_{pt}	6.0	6.0	6.5	7.0	7.5	8.5	9.0
		F_p	17.0	22.0	26.0	30.0	34.0	38.0	41.0
		F_r	13.0	16.0	18.0	20.0	23.0	25.0	27.0
		F_i'	21.0	25.0	28.0	31.0	35.0	38.0	41.0
		f_i'	11.0	11.0	11.0	12.0	12.0	13.0	13.0
>6.0~10.0	12.0	f_h	3.5	9.0	9.5	10.0	11.0	12.0	13.0
		f_{ZL}或f_{pt}	7.0	7.0	7.5	8.0	8.5	9.0	44.0
		F_p	18.0	23.0	28.0	32.0	36.0	41.0	30.0
		F_r	15.0	18.0	20.0	23.0	25.0	28.0	45.0
		F_i'	24.0	28.0	32.0	35.0	39.0	42.0	15.0
		f_i'	13.0	13.0	14.0	14.0	14.0	15.0	15.0
>10.0~16.0	16.0	f_h	11.0	11.0	11.0	12.0	13.0	14.0	15.0
		f_{ZL}或f_{pt}	8.5	8.5	9.0	9.5	10.0	11.0	12.0
		F_p	19.0	25.0	30.0	34.0	39.0	43.0	48.0
		F_r	17.0	20.0	23.0	26.0	28.0	31.0	34.0
		F_i'	25.0	33.0	37.0	40.0	44.0	48.0	51.0
		f_i'	17.0	17.0	18.0	18.0	18.0	19.0	20.0
>16.0~25.0	20.0	f_h	13.0	14.0	14.0	15.0	16.0	17.0	17.0
		f_{ZL}或f_{pt}	11.0	11.0	11.0	12.0	12.0	13.0	14.0
		F_p	21.0	27.0	32.0	37.0	42.0	46.0	51.0
		F_r	20.0	23.0	25.0	29.0	32.0	34.0	37.0
		F_i'	33.0	37.0	41.0	45.0	49.0	53.0	57.0
		f_i'	22.0	22.0	22.0	22.0	22.0	23.0	24.0
>25.0~40.0	27.0	f_h	18.0	19.0	19.0	20.0	20.0	21.0	22.0
		f_{ZL}或f_{pt}	14.0	15.0	15.0	16.0	16.0	17.0	17.0
		F_p	22.0	28.0	34.0	39.0	45.0	50.0	54.0
		F_r	23.0	26.0	29.0	32.0	35.0	38.0	41.0
		F_i'	39.0	44.0	49.0	53.0	57.0	61.0	65.0
		f_i'	29.0	29.0	29.0	30.0	30.0	31.0	31.0

f_{hL}

模数 m/mm		≥0.5~2.0	>2.0~3.6	>3.6~6.0	>6.0~10.0	>10.0~16.0	> 16.0~25.0	>25.0~40.0
蜗杆头数 Z_1	1~2	5.5	7.0	9.0	12.0	15.0	19.0	23.0
	3~4	6.5	8.5	11.0	14.0	17.0	22.0	27.0
	>4	8.5	10.0	13.0	16.0	21.0	26.0	31.0

表 17-107 蜗杆、蜗轮公差和极限偏差 f_h、f_{ZL}、f_{pt}、F_p、F_r、F'_i、f'_i、f_{f1}、f_{hL} 6 级精度

模数 m /mm	公差/μm		分度圆直径 d_m/mm						
	f_{f1}值	公差代号	>10~50	>50~125	>125~280	>280~560	>560~1000	>1000~1600	>1600~2500
≥0.5~2.0	7.5	f_h	8.0	9.5	9.5	10.0	11.0	13.0	14.0
		f_{ZL}或f_{pt}	6.5	7.0	7.0	9.0	9.0	10.0	11.0
		F_p	19.0	24.0	29.0	34.0	38.0	42.0	46.0
		F_r	12.0	15.0	17.0	20.0	22.0	25.0	27.0
		F'_i	21.0	25.0	29.0	33.0	37.0	40.0	43.0
		f'_i	10.0	10.0	11.0	11.0	12.0	12.0	13.0
>2.0~3.6	11.0	f_h	9.0	9.5	10.0	11.0	12.0	13.0	15.0
		f_{ZL}或f_{pt}	7.0	8.0	8.5	9.0	10.0	11.0	12.0
		F_p	22.0	28.0	33.0	39.0	44.0	49.0	53.0
		F_r	16.0	19.0	22.0	25.0	28.0	31.0	34.0
		F'_i	25.0	31.0	35.0	39.0	43.0	47.0	51.0
		f'_i	12.0	13.0	13.0	14.0	14.0	15.0	16.0
>3.6~6.0	13.0	f_h	10.0	11.0	11.0	12.0	13.0	15.0	16.0
		f_{ZL}或f_{pt}	8.0	8.5	9.0	10.0	11.0	12.0	13.0
		F_p	24.0	30.0	36.0	42.0	47.0	53.0	58.0
		F_r	18.0	22.0	25.0	28.0	32.0	35.0	38.0
		F'_i	29.0	35.0	39.0	44.0	49.0	53.0	57.0
		f'_i	15.0	15.0	16.0	16.0	17.0	18.0	18.0
>6.0~10.0	16.0	f_h	12.0	13.0	13.0	14.0	15.0	16.0	18.0
		f_{ZL}或f_{pt}	9.5	10.0	11.0	11.0	12.0	13.0	14.0
		F_p	25.0	33.0	39.0	45.0	51.0	57.0	62.0
		F_r	21.0	25.0	28.0	32.0	35.0	39.0	42.0
		F'_i	34.0	40.0	44.0	49.0	54.0	59.0	63.0
		f'_i	19.0	19.0	19.0	20.0	20.0	21.0	22.2
>10.0~16.0	22.0	f_h	15.0	15.0	16.0	17.0	18.0	19.0	20.0
		f_{ZL}或f_{pt}	12.0	12.0	13.0	13.0	14.0	15.0	16.0
		F_p	27.0	35.0	42.0	48.0	55.0	61.0	67.0
		F_r	24.0	28.0	32.0	36.0	40.0	43.0	47.0
		F'_i	40.0	48.0	51.0	57.0	62.0	67.0	71.0
		f'_i	24.0	24.0	24.0	25.0	25.0	26.0	27.0
>16.0~25.0	28.0	f_h	19.0	19.0	20.0	21.0	22.0	23.0	24.0
		f_{ZL}或f_{pt}	15.0	15.0	16.0	17.0	17.0	18.0	19.0
		F_p	29.0	37.0	44.0	52.0	58.0	65.0	71.0
		F_r	28.0	32.0	36.0	40.0	44.0	48.0	52.0
		F'_i	46.0	52.0	58.0	64.0	69.0	74.0	79.0
		f'_i	30.0	30.0	30.0	31.0	31.0	32.0	33.0
>25.0~40.0	37.0	f_h	25.0	25.0	27.0	27.0	29.0	30.0	31.0
		f_{ZL}或f_{pt}	20.0	21.0	21.0	22.0	23.0	23.0	24.0
		F_p	31.0	40.0	47.0	55.0	52.0	69.0	76.0
		F_r	32.0	37.0	41.0	45.0	50.0	54.0	58.0
		F'_i	55.0	62.0	68.0	74.0	80.0	86.0	91.0
		f'_i	40.0	41.0	41.0	42.0	42.0	43.0	43.0

f_{hL}

模数 m/mm		≥0.5~2.0	>2.0~3.6	>3.6~6.0	>6.0~10.0	>10.0~16.0	>16.0~25.0	>25.0~40.0
蜗杆头数 Z_1	1~2	8.0	10.0	13.0	16.0	21.0	26.0	32.0
	3~4	9.5	12.0	15.0	19.0	24.0	30.0	37.0
	>4	12.0	14.0	18.0	23.0	29.0	36.0	44.0

表 17-108 蜗杆、蜗轮公差和极限偏差 f_h、f_{ZL}、f_{pt}、F_p、F_r、F_i'、f_i'、f_{f1}、f_{hL} 7 级精度

模数 m /mm	公差/μm		分度圆直径 d_m/mm						
	f_{f1} 值	公差代号	>10~50	>50~125	>125~280	>280~560	>560~1000	>1000~1600	>1600~2500
≥0.5~2.0	10.0	f_h	12.0	12.0	13.0	14.0	16.0	18.0	19.0
		f_{ZL} 或 f_{pt}	9.0	10.0	11.0	12.0	13.0	14.0	15.0
		F_p	26.0	34.0	40.0	47.0	53.0	59.0	65.0
		F_r	17.0	21.0	24.0	28.0	31.0	34.0	38.0
		F_i'	30.0	36.0	41.0	46.0	51.0	56.0	61.0
		f_i'	14.0	14.0	15.0	16.0	16.0	17.0	19.0
>2.0~3.6	15.0	f_h	13.0	14.0	15.0	16.0	17.0	19.0	21.0
		f_{ZL} 或 f_{pt}	10.0	11.0	12.0	13.0	14.0	15.0	16.0
		F_p	30.0	39.0	47.0	54.0	61.0	68.0	75.0
		F_r	22.0	27.0	31.0	35.0	39.0	43.0	47.0
		F_i'	36.0	43.0	49.0	55.0	61.0	66.0	72.0
		f_i'	17.0	18.0	19.0	19.0	20.0	21.0	22.0
>3.6~6.0	18.0	f_h	14.0	15.0	16.0	17.0	19.0	20.0	22.0
		f_{ZL} 或 f_{pt}	11.0	12.0	13.0	14.0	15.0	16.0	18.0
		F_p	33.0	42.0	50.0	58.0	66.0	74.0	81.0
		F_r	26.0	31.0	35.0	40.0	44.0	49.0	53.0
		F_i'	41.0	49.0	55.0	62.0	68.0	74.0	80.0
		f_i'	21.0	21.0	22.0	23.0	23.0	25.0	25.0
>6.0~10.0	23.0	f_h	17.0	18.0	19.0	20.0	21.0	23.0	25.0
		f_{ZL} 或 f_{pt}	13.0	14.0	15.0	16.0	17.0	18.0	20.0
		F_p	35.0	46.0	54.0	63.0	72.0	79.0	87.0
		F_r	30.0	35.0	40.0	45.0	50.0	55.0	59.0
		F_i'	47.0	55.0	62.0	69.0	76.0	82.0	88.0
		f_i'	26.0	26.0	27.0	27.0	28.0	29.0	30.0
>10.0~16.0	30.0	f_h	21.0	21.0	22.0	24.0	25.0	27.0	28.0
		f_{ZL} 或 f_{pt}	16.0	17.0	18.0	19.0	20.0	21.0	23.0
		F_p	38.0	49.0	58.0	68.0	77.0	85.0	93.0
		F_r	34.0	40.0	45.0	50.0	56.0	61.0	68.0
		F_i'	55.0	64.0	72.0	79.0	86.0	93.0	100.0
		f_i'	34.0	34.0	34.0	35.0	36.0	37.0	38.0
>16.0~25.0	40.0	f_h	26.0	27.0	28.0	29.0	31.0	32.0	34.0
		f_{ZL} 或 f_{pt}	21.0	22.0	22.0	23.0	24.0	26.0	27.0
		F_p	41.0	52.0	62.0	72.0	82.0	91.0	100.0
		F_r	39.0	45.0	50.0	56.0	62.0	68.0	73.0
		F_i'	64.0	73.0	81.0	89.0	97.0	104.0	111.0
		f_i'	43.0	43.0	43.0	44.0	44.0	45.0	47.0
>25.0~40.0	52.0	f_h	36.0	36.0	37.0	38.0	40.0	42.0	43.0
		f_{ZL} 或 f_{pt}	28.0	29.0	29.0	30.0	32.0	33.0	34.0
		F_p	43.0	56.0	66.0	77.0	87.0	97.0	106.0
		F_r	45.0	51.0	57.0	63.0	69.0	75.0	81.0
		F_i'	77.0	87.0	95.0	104.0	112.0	120.0	127.0
		f_i'	56.0	58.0	58.0	59.0	59.0	60.0	60.0

f_{hL}

模数 m/mm		>0.5~2.0	>2.0~3.6	>3.6~6.0	>6.0~10.0	>10.0~16.0	> 16.0~25.0	>25.0~40.0
蜗杆头数 Z_1	1~2	11.0	14.0	18.0	23.0	29.0	36.0	45.0
	3~4	13.0	16.0	21.0	27.0	34.0	42.0	52.0
	>4	16.0	20.0	25.0	32.0	40.0	50.0	61.0

表 17-109 蜗杆、蜗轮公差和极限偏差 f_h、f_{ZL}、f_{pt}、F_p、F_r、F_i'、f_i'、f_{f1}、f_{hL} 8 级精度

模数 m /mm	公差/μm		分度圆直径 d_m/mm						
	f_{f1}值	公差代号	>10~50	>50~125	>125~280	>280~560	>560~1000	>1000~1600	>1600~2500
≥0.5~2.0	15.0	f_h	16.0	17.0	19.0	20.0	22.0	25.0	27.0
		f_{ZL}或f_{pt}	13.0	14.0	15.0	16.0	18.0	20.0	22.0
		F_p	37.0	48.0	57.0	66.0	75.0	83.0	91.0
		F_r	24.0	29.0	34.0	39.0	44.0	48.0	53.0
		F_i'	42.0	50.0	57.0	65.0	72.0	78.0	85.0
		f_i'	19.0	20.0	21.0	22.0	23.0	24.0	25.0
>2.0~3.6	21.0	f_h	18.0	19.0	20.0	22.0	24.0	25.0	29.0
		f_{ZL}或f_{pt}	14.0	15.0	16.0	18.0	19.0	21.0	23.0
		F_p	43.0	55.0	65.0	76.0	86.0	95.0	105.0
		F_r	31.0	37.0	43.0	49.0	55.0	60.0	66.0
		F_i'	51.0	60.0	69.0	77.0	85.0	93.0	100.0
		f_i'	24.0	25.0	26.0	27.0	28.0	29.0	31.0
>3.6~6.0	26.0	f_h	20.0	21.0	23.0	24.0	26.0	29.0	31.0
		f_{ZL}或f_{pt}	16.0	17.0	18.0	19.0	21.0	23.0	25.0
		F_p	46.0	59.0	70.0	82.0	93.0	103.0	113.0
		F_r	36.0	43.0	49.0	55.0	62.0	68.0	74.0
		F_i'	58.0	68.0	77.0	86.0	95.0	103.0	111.0
		f_i'	30.0	30.0	31.0	32.0	33.0	35.0	36.0
>6.0~10.0	32.0	f_h	24.0	25.0	26.0	28.0	30.0	32.0	34.0
		f_{ZL}或f_{pt}	19.0	20.0	21.0	22.0	24.0	25.0	27.0
		F_p	50.0	64.0	76.0	88.0	100.0	111.0	122.0
		F_r	41.0	49.0	55.0	62.0	70.0	76.0	83.0
		F_i'	66.0	77.0	87.0	97.0	106.0	115.0	124.0
		f_i'	36.0	36.0	37.0	38.0	39.0	40.0	42.0
>10.0~16.0	43.0	f_h	29.0	30.0	31.0	33.0	35.0	37.0	40.0
		f_{ZL}或f_{pt}	23.0	24.0	25.0	26.0	28.0	30.0	32.0
		F_p	53.0	69.0	81.0	95.0	107.0	119.0	131.0
		F_r	48.0	56.0	63.0	70.0	78.0	85.0	92.0
		F_i'	78.0	90.0	100.0	111.0	121.0	131.0	140.0
		f_i'	47.0	47.0	48.0	49.0	50.0	52.0	54.0
>16.0~25.0	56.0	f_h	37.0	38.0	39.0	41.0	43.0	45.0	48.0
		f_{ZL}或f_{pt}	29.0	30.0	31.0	33.0	34.0	36.0	38.0
		F_p	57.0	73.0	87.0	101.0	115.0	127.0	140.0
		F_r	54.0	63.0	71.0	79.0	87.0	95.0	102.0
		F_i'	89.0	102.0	113.0	125.0	136.0	146.0	156.0
		f_i'	60.0	60.0	60.0	61.0	61.0	63.0	65.0
>25.0~40.0	73.0	f_h	50.0	51.0	52.0	54.0	56.0	58.0	61.0
		f_{ZL}或f_{pt}	39.0	40.0	41.0	43.0	44.0	46.0	48.0
		F_p	61.0	78.0	93.0	108.0	122.0	136.0	149.0
		F_r	63.0	72.0	80.0	88.0	97.0	105.0	113.0
		F_i'	108.0	122.0	133.0	145.0	157.0	168.0	178.0
		f_i'	79.0	81.0	81.0	83.0	83.0	85.0	85.0

f_{hL}

模数 m/mm		>0.5~2.0	>2.0~3.6	>3.6~6.0	>6.0~10.0	>10.0~16.0	>16.0~25.0	>25.0~40.0
蜗杆头数 Z_1	1~2	16.0	19.0	25.0	32.0	41.0	51.0	62.0
	3~4	18.0	23.0	29.0	38.0	48.0	59.0	73.0
	>4	23.0	28.0	35.0	45.0	57.0	70.0	88.0

蜗杆副切向综合公差、蜗杆副一齿切向综合公差分别按 F'_i、f'_i确定。

2）对于各精度等级，蜗杆传动各检验项目的公差或极限偏差的数值规定如下：

F'_{ic}、f'_{ic}值按式（17-17）、式（17-18）计算确定：

$$F'_{ic}=\sqrt{F'^2_{i1}+F'^2_{i2}} \tag{17-17}$$

$$f'_{ic}=\sqrt{f'^2_{i1}+f'^2_{i2}} \tag{17-18}$$

式中的 F'_{i1}、F'_{i2}、f'_{i1}、f'_{i2}均按蜗杆、蜗轮分度圆直径在表 17-106～表 17-109 中查找对应的 F'_i、f'_i数值。其中，蜗杆的公差项目 F'_{i1}和 f'_{i1}系指蜗杆与标准蜗轮进行啮合检查的公差项目，我们没有进行定义，但应使用此值来计算 F'_{ic}和 f'_{ic}值。

3）蜗杆副的接触斑点及啮合检查应在蜗杆副正确啮合位置检验，当蜗杆副为单向啮合传动时，非接触齿面不进行考核，接触斑点要求应符合表 17-110 的规定。

4）传动轴交角极限偏差±f_Σ 的值见表 17-111。

表 17-110　传动接触斑点要求

精度等级	接触面积的百分比(%)		接触位置	
	沿齿高方向	沿齿长方向	蜗　杆	蜗　轮
5	≥75	≥65	从入口开始接触到喉部附近结束,出口不得接触	不允许偏重入口和齿根
6	≥75	≥65		
7	≥60	≥60		允许偏重入口和齿根
8	≥55	≥50		

注：1. 蜗杆沿齿长方向接触斑点，不包括倒坡区。
　　2. 蜗轮沿齿长方向接触斑点，对于特殊要求的蜗杆副，允许不少于 20%。

表 17-111　传动轴交角极限偏差±f_Σ

蜗轮齿宽 B_2/mm	精度等级			
	5	6	7	8
	传动轴交角极限偏差[角]秒(″)			
≤30	±28	±34	±41	±58
>30～50	±19	±23	±29	±39
>50～80	±13	±17	±21	±28
>80～120	±10	±13	±16	±21
>120～180	±8	±10	±13	±16
>180～250	±7	±8	±10	±13
>250	±7	±8	±10	±13

5）蜗杆副传动中心距极限偏差±f_a 列于表 17-112。

6）蜗轮中间平面极限偏差 f_{x2}列于表 17-113。

表 17-112　传动中心距极限偏差+f_a、-f_a

传动中心距 a/mm	精度等级	
	5、6	7、8
	传动中心距极限偏差+f_a/μm	
≤80	+30	+46
>80～120	+35	+54
>120～180	+40	+63
>180～250	+46	+72
>250～315	+63	+97
>315～400	+70	+110
>400～500	+80	+125
>500～630	+90	+140
>630～800	+105	+165
>800～1000	+125	+195
>1000～1250	+140	+230

注：$-f_a=0$。

表 17-113 蜗轮中间平面极限偏差 $\pm f_{x2}$

精度等级	传动中心距 a/mm									
	≥80~120	>120~180	>180~250	>250~315	>315~400	>400~500	>500~630	>630~800	>800~1000	>1000~1250
	蜗轮中间平面极限偏差 $\pm f_{x2}$/μm									
5、6	32	36	40	44	50	56	66	78	90	100
7、8	52	56	63	70	80	92	105	125	140	160

7）蜗杆喉平面极限偏差 f_{x1} 列于表 17-114。

表 17-114 蜗杆喉平面极限偏差 $\pm f_{x1}$

精度等级	传动中心距 a/mm									
	≥80~120	>120~180	>180~250	>250~315	>315~400	>400~500	>500~630	>630~800	>800~1000	>1000~1250
	蜗杆喉平面极限偏差 $\pm f_{x1}$/μm									
5、6	36	40	47	52	56	63	70	80	92	105
7、8	56	64	74	85	92	100	112	130	145	170

8）蜗杆传动侧隙规定：

① 本标准按蜗杆传动的最小法向侧隙大小，将侧隙种类分为八种：K8、K7、K6、K5、K4、K3、K2 和 K1。法向侧隙以 K8 为最大，其他依次减小，K1 为零，如图 17-9 所示。侧隙种类与精度等级无关。

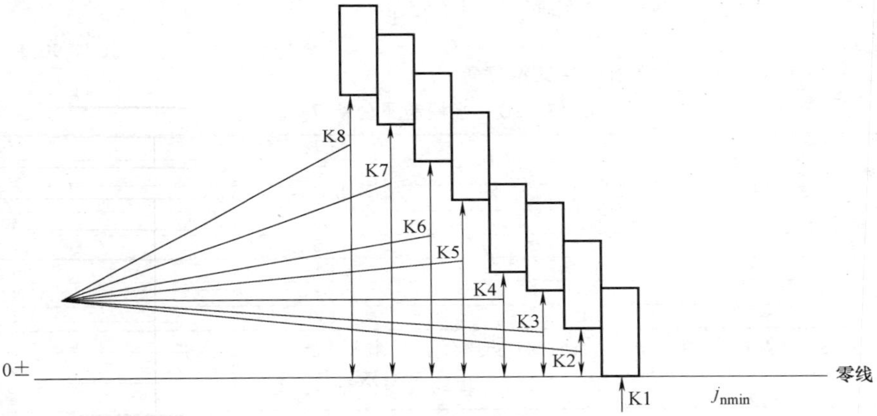

图 17-9 侧隙种类代号

② 蜗杆传动的侧隙要求，应根据工作条件和使用要求，用侧隙种类的代号（字母）表示。各种侧隙的最小法向侧隙 J_{nmin} 值，按表 17-115 的规定。

表 17-115 传动的最小法向侧隙 j_{nmin} 值

传动中心距 a/mm	侧隙种类							
	K1	K2	K3	K4	K5	K6	K7	K8
	传动的最小法向侧隙 j_{nmin}/μm							
≤30	0	9	13	21	33	52	84	130
>30~50	0	11	16	25	39	62	100	160
>50~80	0	13	19	30	46	74	120	190
>80~120	0	15	22	35	54	87	140	220
>120~180	0	18	25	40	63	100	160	250
>180~250	0	20	29	46	72	115	185	290
>250~315	0	23	32	52	81	130	210	320
>315~400	0	25	36	57	89	140	230	360
>400~500	0	27	40	63	97	155	250	400
>500~630	0	30	44	70	110	175	280	440
>630~800	0	35	50	80	125	200	320	500
>800~1000	0	40	56	90	140	230	360	560
>1000~1250	0	46	66	105	165	260	420	660

注：传动的最小圆圆侧隙 $j_{tmin} \approx j_{nmin}/\cos\gamma_x \cos\alpha_n$

式中 γ_x——蜗杆喉部分度圆导程角；

α_n——蜗杆法向齿形角。

③ 传动的最小法向侧隙由蜗杆齿厚的减薄量来保证，即取蜗杆齿厚上极限偏差 $E_{ss1}=-(j_{nmin}/\cos\alpha_n+E_{s\Delta})$，齿厚下极限偏差 $E_{si1}=E_{ss1}-T_{s1}$。$E_{s\Delta}$为制造误差的补偿部分。最大法向侧隙由蜗杆、蜗轮齿厚公差 T_{s1}、T_{s2}确定。蜗轮齿厚上极限偏差 $E_{ss2}=0$，下极限偏差 $E_{si2}=-T_{s2}$，即传动的最大法向侧隙 $j_{nmax}=j_{nmin}+T_{s1}+T_{s2}+E_{s\Delta}$。

④ 对各种侧隙种类的侧隙规范数值系蜗杆传动在 20℃时的情况。未计入传动发热和传动弹性变形的影响。

9）蜗杆齿厚公差 T_{s1}按 GB/T 10089 取值，列于表 17-116。

10）蜗轮齿厚公差 T_{s2}按 GB/T 10089 取值，列于表 17-117。

11）蜗杆齿厚上极限偏差 E_{ss1}中的误差补偿部分 $E_{s\Delta}$按 GB/T 10089 取值，列于表 17-118 当需要区分齿面时，面对标记面，按齿顶在下，齿根在上的状态观察，轮齿右侧称为右齿面，左侧称为左齿面。

6. 图样标注

1）蜗杆、蜗轮工作图上，应分别标注其精度等级，齿厚极限偏差或相应的侧隙种类代号（或法向弦齿厚偏差）和本标准代号。标注示例如下。

蜗杆精度等级为 5 级，法向弦齿厚为标准值、侧隙取 K3 类，标注为：

蜗杆 5 K3 JB/T 9051—2010

若蜗杆制造等级为 6 级，但法向弦齿厚为非标准值，如：上极限偏差为-0.15，下极限偏差为-0.3；

则标注为：蜗杆 6 $^{-0.15}_{-0.30}$ JB/T 9051—2010

蜗轮标注方法与蜗杆相同。

2）蜗杆副应标注出相应的精度等级，侧隙种类代号和本标准代号。

标注示例：

蜗杆副的第一、第二公差组为 8 级，第三公差组为 7 级，最小侧隙为 K6 类。标注为：

蜗杆副 8—8—7 K6 JB/T 9051—2010

蜗杆副三个公差组的精度同为 7 级，侧隙为非标准值，最小侧隙为 0.10，最大侧隙为 0.20，标注为：

蜗杆副 7 $^{+0.20}_{+0.10}$ JB/T 9051—2010

表 17-116 蜗杆齿厚公差 T_{s1}值

模数 m/mm	精度等级		
	5~6	7	8
	蜗杆齿厚公差 T_{s1}/μm		
≥1~3.5	36	45	53
>3.5~6.3	45	56	71
>6.3~10	60	71	90
>10~16	80	95	120
>16~25	110	130	160

注：对传动最大法向侧隙 j_{nmax}无要求时，允许蜗杆齿厚公差 T_{s1}增大，最大不超过两倍。

表 17-117 蜗轮齿厚公差 T_{s2}值

分度圆直径 d_2/mm	模数 m/mm	精度等级		
		5~6	7	8
		蜗轮齿厚公差 T_{s2}/μm		
≤125	>1~3.5	71	90	110
	>3.5~6.3	85	110	130
	>6.3~10	90	120	140
>125~400	>1~3.5	80	100	120
	>3.5~6.3	90	120	140
	>6.3~10	100	130	160
	>10~16	110	140	170
	>16~25	130	170	210
>400~800	>1~3.5	85	110	130
	>3.5~6.3	90	120	140
	>6.3~10	100	130	160
	>10~16	120	160	190
	>16~25	140	190	230
>800~1600	>1~3.5	90	120	140
	>3.5~6.3	100	130	160
	>6.3~10	110	140	170
	>10~16	120	160	190
	>16~25	140	190	230
>1600~2500	>1~3.5	100	130	160
	>3.5~6.3	110	140	170
	>6.3~10	120	160	190
	>10~16	130	170	210
	>16~25	160	210	260

表 17-118　蜗杆齿厚上极限偏差（E_{ss1}）中的误差补偿部分 $E_{s\Delta}$ 值

精度等级	模数 m/mm	≥50~80	>80~120	>120~180	>180~250	>250~315	>315~400	>400~500	>500~630	>630~800	>800~1000	>1000~1250
		传动中心距 a/mm；误差补偿部分 $E_{s\Delta}$/μm										
5~6	>1~3.5	32	36	40	45	48	50	56	60	65	75	85
	>3.5~6.3	38	40	45	48	50	56	60	63	70	75	90
	>6.3~10	45	48	50	52	56	60	63	68	75	80	90
	>10~16	—	58	60	63	65	68	71	75	80	85	95
	>16~25	—	—	75	78	80	85	85	90	95	100	110
7	>1~3.5	50	56	60	71	75	80	85	95	105	120	135
	>3.5~6.3	58	63	68	75	80	85	90	100	110	125	140
	>6.3~10	65	71	75	80	85	90	95	105	115	130	140
	>10~16	—	80	85	90	95	100	105	110	125	135	150
	>16~25	—	—	115	120	120	125	130	135	145	155	165
8	>1~3.5	58	63	68	75	80	85	90	100	110	125	140
	>3.5~6.3	75	78	80	85	90	95	100	110	120	130	145
	>6.3~10	90	90	95	100	100	105	110	120	130	140	150
	>10~16	—	110	115	115	120	125	130	135	140	155	165
	>16~25	—	—	150	155	155	160	160	170	175	180	190
9	>1~3.5	90	95	100	110	120	130	140	155	170	190	220
	>3.5~6.3	100	105	110	120	130	140	150	160	180	200	225
	>6.3~10	120	125	130	140	145	155	160	170	190	210	235
	>10~16	—	160	165	170	180	185	190	200	220	230	255
	>16~25	—	—	215	220	225	230	235	245	255	270	290

17.5　行星齿轮减速器

17.5.1　NGW 型行星齿轮减速器

NGW 型行星齿轮减速器（以下简称为减速器）工作环境温度为-40~45℃。低于 0℃时，起动前应将润滑油预热至 0℃以上。可正、反向工作。按减速器的规格，高速轴的转速不得大于下列数值：

规格200~800　　n_{1max}=1500r/min

900~1120　　n_{1max}=1000r/min

1250~1600　　n_{1max}=750r/min

1800~2000　　n_{1max}=600r/min

齿轮的圆周速度不得大于 15~20m/s

17.5.1.1　型式和标记方法

减速器有二级和三级；在与机架联接方式上，分底座和法兰，立式和卧式。在行星齿轮传动的末端，可串联上定轴圆柱齿轮、圆锥齿轮。其标记符代号如下：P—NGW 型；2—二级；3—三级；D—底座联接；F—法兰联接；Z—定轴圆柱齿轮。

这里仅介绍一、二级减速器数据。

标记示例：

减速器 P 2 D 280-5-Ⅰ JB/T 6502—2015

- Ⅰ：第Ⅰ种装配型式
- 5：传动比 i = 5
- 280：规格为 280
- D：底座联接
- 2：二级
- P：NGW 型

17.5.1.2　公称传动比和实际传动比（见表 17-119）

表 17-119　公称传动比与实际传动比

公称传动比 i			4	4.5	5	5.6	6.3	7.1	8	9
NAD NAF 规格	200 280 355 400 560 710 800 1120 1400 1600	实际传动比	4.2	4.636	5.211	5.647	6.316	7.313	7.8	8.769
	315 630 1250		4.2	4.636	5.211	5.647	6.3	7.235	7.688	9.231
	224 250 450 500 900 1000 1800 2000		4.111	4.5	5	5.667	6.316	7.315	7.8	8.769

公称传动比 i			22	22.4	25	28	31.5	35.5	40	45	50
NBD NBF 规格	250 450 500 900 1000	实际传动比	21.42	23.21	25.97	30.06	32.91	35.10	39.46	43.85	49.69
	280 315 560 1120		21.00	23.80	26.53	30.71	33.90	36.16	40.65	45.70	49.52
	355 630 800 1250 1600		21.89	23.71	26.53	30.71	33.93	36.16	40.65	45.70	49.52
	400 710 1400		21.89	23.71	26.46	30.39	33.54	35.64	42.79	41.10	52.12
	1800 2000		20.56	23.30	25.97	30.06	32.91	35.10	39.46	43.85	49.69

17.5.1.3　型式和尺寸（见表 17-120～表 17-125）

表 17-120　200～560NAD 型减速器型式和尺寸

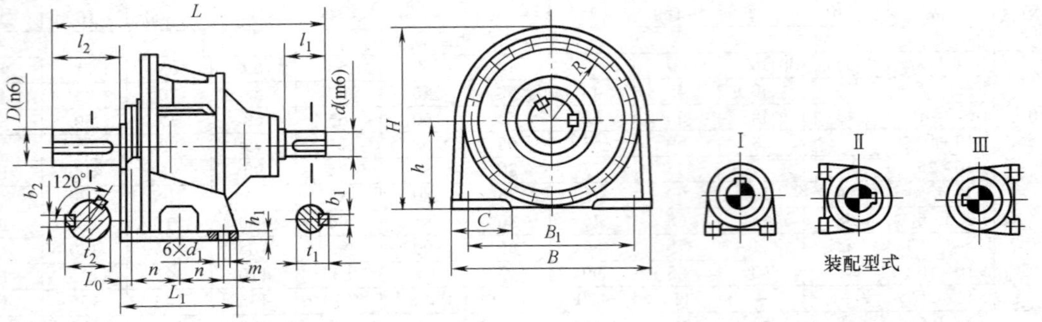

型号规格	公称传动比 i	外形及中心高/mm					轴伸尺寸/mm								地脚尺寸/mm								质量/kg	润滑油量/L
		L	B	H	h	R	d (m6)	D (n6)	l_1	l_2	t_1	b_1	t_2	b_2	L_1	L_0	n	m	h_1	B_1	C	d_1		
NAD 200	4～5.6	540	355	345	180	165	50	60	82	105	53.5	14	64	18	230	25	90	25	18	280	90	17.5	85	2
	6.3～9	540					40		82		43	12												
NAD 224	4～5.6	610	400	385	200	185	55	70	82	105	59	16	74.5	20	240	30	95	25	20	310	105	20	120	3
	6.3～9	610					45		82		48.5	14												
NAD 250	4～5.6	680	450	435	225	215	60	80	105	130	64	18	85	22	290	30	120	25	20	360	120	20	160	4
	6.3～9	657					50		82		53.5	14												
NAD 280	4～5.6	750	500	465	236	230	65	100	105	165	69	18	106	28	300	35	120	30	23	410	130	22	230	6
	6.3～9	727					55		82		59	16												
NAD 315	4～5.6	800	560	525	265	260	75	120	105	165	79.5	20	127	32	320	35	130	30	25	470	140	22	360	8
	6.3～9	800					60		105		64	18												
NAD 355	4～5.6	895	630	590	300	290	85	140	130	200	90	22	148	36	380	38	155	35	28	520	170	26	420	10
	6.3～9	870					65		105		69	18												
NAD 400	4～5.6	979	710	660	335	325	95	150	130	200	100	25	158	36	400	51	165	35	35	600	210	26	572	14
	6.3～9	954					75		105		79.5	20												
NAD 450	4～5.6	1135	800	745	375	370	110	170	165	240	116	28	179	40	460	60	180	50	35	670	220	33	755	20
	6.3～9	1100					80		130		85	22												
NAD 500	4～5.6	1250	900	835	425	410	120	200	165	280	127	32	210	45	500	80	200	50	40	770	240	33	1095	26
	6.3～9	1215					90		130		95	25												
NAD 560	4～5.6	1355	1020	950	475	470	130	220	200	280	137	32	231	50	580	78.5	230	60	40	880	300	38	1510	34
	6.3～9	1320					100		165		106	28												

表 17-121　630～2000NAD 型减速器型式和尺寸

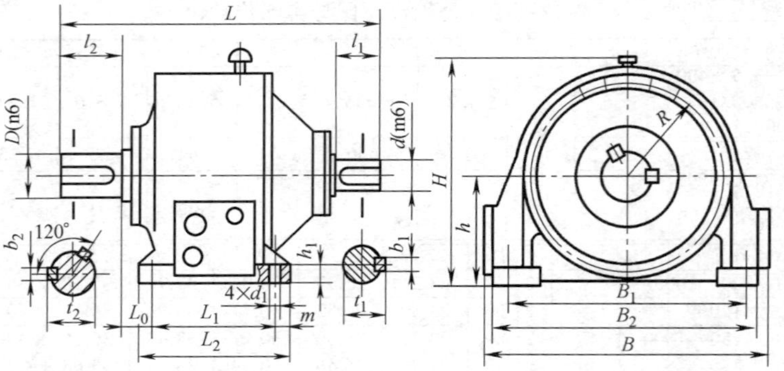

(续)

型号规格	公称传动比 i	外形及中心高/mm					轴伸尺寸/mm								地脚尺寸/mm								质量/kg	润滑油量/L
		L	B	H	h	R	d (m6)	D (n6)	l_1	l_2	t_1	b_1	t_2	b_2	L_2	L_0	L_1	m	h_1	B_2	B_1	d_1		
NAD 630	4~5.6	1560	1260	1095	500	485	140	240	200	330	148	36	252	56	740	118	560	90	80	1200	1040	74	2050	140
	6.3~9	1530					110		165		116	28												
NAD 710	4~5.6	1750	1360	1215	560	545	160	260	240	330	169	40	272	56	810	130	630	90	80	1320	1140	74	3000	180
	6.3~9	1710					130		200		137	32												
NAD 800	4~5.6	1880	1560	1335	630	625	180	280	240	380	190	45	292	63	870	163	670	100	100	1500	1300	82	4550	220
	6.3~9	1840					140		200		148	36												
NAD 900	4~5.6	2240	1750	1510	710	690	200	340	280	450	210	45	355	80	940	194	740	100	100	1680	1480	82	4900	350
	6.3~9	2200					160		240		169	40												
NAD 1000	4~5.6	2310	1900	1680	800	770	220	360	280	450	231	50	375	80	1140	160	900	120	120	1840	1600	101	6700	500
	6.3~9	2270					180		240		190	45												
NAD 1120	4~5.6	2720	2120	1880	900	870	240	400	330	540	252	56	417	90	1260	207	1000	130	120	2060	1800	101	10500	650
	6.3~9	2670					200		280		210	45												
NAD 1250	4~5.6	2970	2340	2060	1000	950	280	450	380	540	292	63	469	100	1400	225	1120	140	140	2280	2000	112	14000	890
	6.3~9	2870					220		280		231	50												
NAD 1400	4~5.6	3150	2580	2280	1120	1050	320	500	380	540	334	70	519	100	1500	264	1200	150	150	2500	2200	112	16000	1200
	6.3~9	3100					240		330		252	56												
NAD 1600	4~5.6	3690	2970	2560	1250	1200	360	560	450	680	375	80	582	120	1600	350	1250	175	180	2890	2540	122	23000	2000
	6.3~9	3620					280		380		292	63												
NAD 1800	4~5.6	4030	3300	2860	1400	1350	380	600	450	680	395	80	625	140	1760	398	1400	180	200	3320	2880	137	31000	2500
	6.3~9	3960					320		380		334	70												
NAD 2000	4~5.6	4480	3700	3190	1600	1480	400	630	540	680	417	90	655	140	1960	440	1580	190	220	3620	3260	155	45000	3200
	6.3~9	4390					360		450		375	80												

表 17-122 NAF 型减速器型式和尺寸

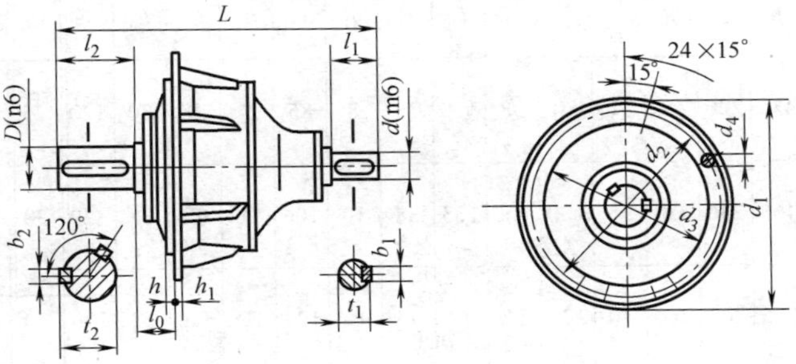

规格型号	公称传动比 i	外形尺寸/mm		轴伸尺寸/mm								法兰尺寸/mm						质量/kg	润滑油量/L
		L	d_1	d (m6)	D (n6)	l_1	l_2	t_1	b_1	t_2	b_2	d_2	d_3	d_4	l_0	h	h_1		
NAF 200	4~5.6	540	325	50	60	82	105	53.5	14	64	18	300	275	13.5	70	6	15	70	2
	6.3~9	540		40		82		43	12										
NAF 224	4~5.6	610	365	55	70	82	105	59	16	74.5	20	335	300	13.5	76	6	15	100	3
	6.3~9	610		45		82		48.5	14										
NAF 250	4~5.6	680	410	60	80	105	130	64	18	85	22	375	340	17.5	85	8	20	130	4
	6.3~9	657		50		82		53.5	14										
NAF 280	4~5.6	750	460	65	100	105	165	69	18	106	28	420	385	17.5	95	8	20	195	6
	6.3~9	727		55		82		59	16										
NAF 315	4~5.6	800	520	75	120	105	165	79.5	20	127	32	470	435	17.5	113	8	20	260	8
	6.3~9	800		60		105		64	18										

（续）

规格型号	公称传动比 i	外形尺寸/mm		轴伸尺寸/mm								法兰尺寸/mm						质量/kg	润滑油量/L
		L	d_1	d (m6)	D (n6)	l_1	l_2	t_1	b_1	t_2	b_2	d_2	d_3	d_4	l_0	h	h_1		
NAF 355	4～5.6	895	585	85	140	130	200	90	22	148	36	525	485	22	120	8	25	355	10
	6.3～9	870		65		105		69	18										
NAF 400	4～5.6	979	650	95	150	130	200	100	25	158	36	590	545	22	125	8	25	462	14
	6.3～9	957		75		105		79.5	20										
NAF 450	4～5.6	1135	740	110	170	165	240	116	28	179	40	670	615	26	138	8	30	620	20
	6.3～9	1100		80		130		85	22										
NAF 500	4～5.6	1250	820	120	200	165	280	127	32	210	45	755	680	26	160	8	30	948	26
	6.3～9	1215		90		130		95	25										
NAF 560	4～5.6	1355	940	130	220	200	280	137	32	231	50	860	785	33	173.5	10	38	1280	34
	6.3～9	1320		100		165		106	28										

表 17-123　250～560P2D 型减速器型式和尺寸

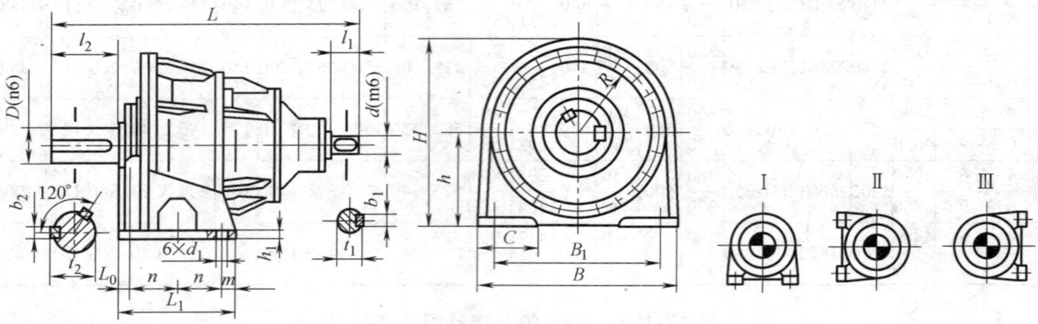

型号规格	公称传动比 i	外形及中心高/mm					轴伸尺寸/mm								地脚尺寸/mm								质量/kg	润滑油量/L
		L	B	H	h	R	d (m6)	D (n6)	l_1	l_2	t_1	b_1	t_2	b_2	L_1	L_0	n	m	h_1	B_1	C	d_1		
P2D 250	20～25	715	460	435	220	215	30	80	58	130	33	8	85	22	290	30	120	25	20	360	120	20	210	8
	28～50																							
P2D 280	20～25	760	500	465	236	230	35	100	58	165	38	10	106	28	300	35	120	30	23	410	130	22	270	10
	28～50																							
P2D 315	20～25	820	560	525	265	260	40	120	82	165	43	12	127	32	320	35	130	30	25	470	140	22	360	14
	28～50																							
P2D 355	20～25	900	630	590	300	290	50	140	82	200	53.5	14	148	36	380	38	155	35	28	520	170	26	468	20
	28～50																							
P2D 400	20～25	993	710	660	335	325	60	150	105	200	64	18	158	36	400	51	165	35	35	600	210	26	624	28
	28～50																							
P2D 450	20～25	1100	800	745	375	370	65	170	105	240	69	18	179	40	460	60	180	50	35	670	220	33	830	38
	28～50																							
P2D 500	20～25	1252	900	835	425	410	75	200	105	280	79.5	20	210	45	500	80	200	50	40	770	240	33	1250	45
	28～50																							
P2D 560	20～25	1340	1020	950	473	470	80	220	130	280	85	22	231	50	580	71.5	230	60	40	880	300	39	1700	60
	28～50																							

表 17-124 630~2000P2D 型减速器外形尺寸

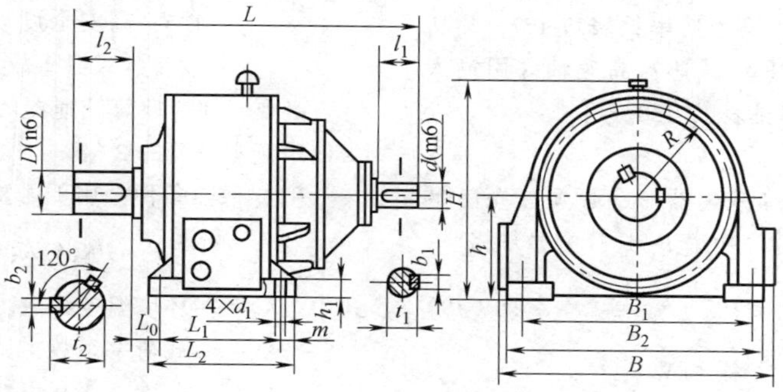

型号规格	公称传动比 i	外形及中心高/mm					轴伸尺寸/mm								地脚尺寸/mm								质量/kg	润滑油量/L
		L	B	H	h	R	d (m6)	D (n6)	l_1	l_2	t_1	b_1	t_2	b_2	L_2	L_0	L_1	m	h_1	B_2	B_1	d_1		
P2D630	20~50	1580	1260	1095	500	485	90	240	130	330	95	25	252	56	740	118	560	90	80	1200	1040	74	2300	180
P2D710	20~50	1685	1360	1215	560	545	110	260	165	330	116	28	272	56	810	130	630	90	80	1320	1140	74	3700	240
P2D800	20~50	1955	1560	1335	630	625	120	280	165	380	127	32	292	63	870	163	670	100	100	1500	1300	82	5000	300
P2D900	20~50	2260	1750	1510	710	690	130	340	200	450	137	32	365	80	940	194	740	100	100	1680	1480	82	5600	450
P2D1000	20~50	2330	1900	1680	800	770	140	360	200	450	148	36	375	80	1140	166	900	120	120	1840	1600	101	8100	620
P2D1120	20~50	2580	2120	1880	900	870	160	400	240	540	169	40	417	90	1260	207	1000	130	120	2060	1800	101	13200	800
P2D1250	20~50	2850	2340	2060	1000	950	180	450	240	540	190	45	469	100	1400	225	1120	140	140	2280	2000	112	17000	1000
P2D1400	20~50	3120	2580	2280	1120	1050	200	500	280	540	210	45	519	100	1500	264	1200	150	150	2500	2200	112	19500	1500
P2D1600	20~50	3580	2970	2560	1250	1200	220	560	280	680	231	50	582	120	1600	350	1250	175	180	2890	2540	122	26400	2400
P2D1800	20~50	4150	3300	2860	1400	1350	260	600	330	680	272	56	625	140	1760	398	1420	180	200	3200	2880	137	37500	3000
P2D2000	20-50	4900	3700	3190	1600	1480	280	630	380	680	292	63	655	140	1960	440	1580	190	220	3620	3260	155	51000	3800

表 17-125 P2F 型减速器外形尺寸

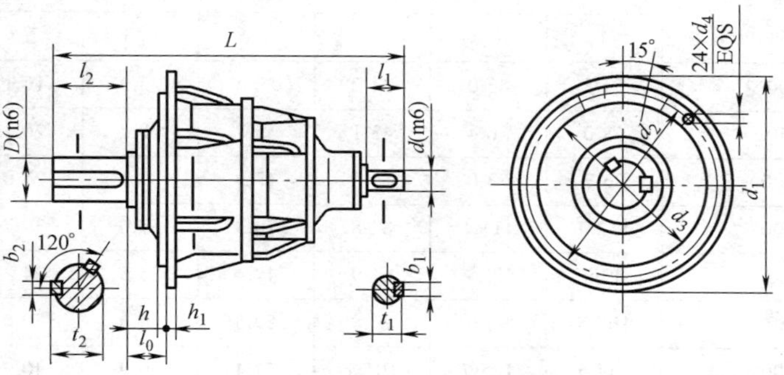

规格型号	公称传动比	外形尺寸/mm		轴伸尺寸/mm								法兰尺寸/mm						质量/kg	润滑油量/L
		L	d_1	d (m6)	D (n6)	l_1	l_2	t_1	b_1	t_2	b_2	d_2	d_3	d_4	l_0	h	h_1		
P2F250	20~50	715	410	30	80	58	130	33	8	85	22	375	340	17.5	85	8	20	180	8
P2F280	20~50	760	460	35	100	58	165	38	10	106	28	420	385	17.5	95	8	20	235	10
P2F315	20~50	820	520	40	120	82	165	43	12	127	32	470	435	17.5	113	8	20	310	14
P2F355	20~50	900	585	50	140	82	200	53.5	14	148	36	525	485	22	120	8	25	403	20
P2F400	20~50	993	650	60	150	105	200	64	18	158	36	590	545	22	125	8	25	514	28
P2F450	20~50	1100	740	65	170	105	240	69	18	179	40	670	615	26	138	8	30	705	38
P2F500	20~50	1252	820	75	200	105	280	79.5	20	210	45	755	680	26	160	8	30	1095	45
P2F560	20~50	1340	940	80	220	130	280	85	22	231	50	860	785	33	173.5	10	38	1465	60

17.5.1.4　承载能力

减速器的公称功率利用率系数见表 17-126，NAD、NAF 型减速器高速轴许用输入功率见表17-127，热功率见表 17-128；P2D、P2F 型减速器高速轴许用输入功率见表 17-129，热功率见表 17-130。

17.5.1.5　选用方法

（1）强度条件　选择减速器时，必须首先满足传动比的要求，然后按计算功率 P_c 选择型号规格。

$$P_c = PK_A S_A \leqslant P'_{P1} = P_{P1}\frac{n'_1}{n_1} \tag{17-19}$$

式中　P——传递的输入功率（kW）；

K_A——工况系数，见表 17-24；

n_1——承载能力表中四挡转速之一的入轴转速（r/min）；

P_{P1}——对应于 n_1 的许用输入功率（kW），见表 17-127～表 17-129；

n'_1——要求的输入转速（r/min），当 $\left|\frac{n'_1-n_1}{n_1}\right| \leqslant 0.04$ 时，取 $\frac{n'_1}{n_1}=1$；

P'_{P1}——对应于 n'_1 的许用输入功率（kW）；

S_A——安全系数。一般设备，减速器失效仅引起单机停产，且易更换备件，取 S_A = 1.1～1.3；重要设备，减速器失效引起机组、生产线或全厂停产，取 S_A = 1.3～1.5；高安全度要求，减速器失效引起设备、人身事故，取 S_A = 1.5～1.7。

必要时还应验算减速器的静强度。减速器静强度为许用额定载荷的 2 倍。

（2）散热条件　用下式验算热功率 P_t：

$$P_t = PK_1K_2K_3 \leqslant P_{G1(2)} \tag{17-20}$$

式中　K_1——环境温度系数，见表 17-26；

K_2——载荷率系数，见表 17-27；

K_3——公称功率利用率系数，见表 17-126；

$P_{G1(2)}$——减速器热功率，见表 17-128、表 17-130。

表 17-126　公称功率利用率系数 K_3

型式	公称功率利用率（P/P'_{P1}×100%）（%）							
	30	40	50	60	70	80	90	100
NAD NAF	1.45	1.3	1.25	1.2	1.15	1.1	1	1
NBD NBF	1.5	1.3	1.2	1.1	1.1	1.05	1	1

（3）输出、输入轴轴伸中点允许的径向力 F_{PR} 列于表 17-131。

表 17-127　NAD、NAF 型减速器高速轴许用输入功率 P_{P1}　　（单位：kW）

规格	高速轴转速 n_1 /（r/min）	公称传动比 i							
		4	4.5	5	5.6	6.3	7.1	8	9
200	600	54.5	45.0	34.2	28.4	23.3	16.1	13.9	10.0
	750	68.0	56.4	43.1	35.7	29.2	20.1	17.5	12.5
	1000	86.2	73.0	55.9	47.9	39.2	27.0	23.4	16.9
	1500	132.7	111.1	84.8	70.3	57.6	39.7	34.4	25.6
224	600	89.0	78.5	61.9	47.4	35.5	24.3	21.0	15.0
	750	109.8	95.6	77.8	59.5	44.6	30.5	26.4	18.8
	1000	144.5	125.7	101.1	77.4	59.9	40.9	35.4	25.3
	1500	218.0	193.3	153.3	117.3	87.9	60.1	52.0	37.1
250	600	105.8	95.1	76.3	58.7	46.3	31.8	27.7	19.9
	750	131.7	114.6	92.9	73.7	58.1	40.0	34.7	24.9
	1000	174.5	153.1	124.7	95.8	75.5	53.8	46.6	33.5
	1500	258.6	233.6	189.0	145.3	114.4	78.8	68.5	49.2
280	600	168.7	139.8	106.2	87.6	68.1	46.4	40.1	28.4
	750	212.0	170.1	129.2	110.1	85.6	58.3	50.4	35.7
	1000	284.9	228.6	173.7	143.2	111.3	75.8	67.6	48.0
	1500	414.4	346.7	263.4	217.2	168.8	114.9	99.3	70.5

（续）

规格	高速轴转速 n_1 /(r/min)	公称传动比 i							
		4	4.5	5	5.6	6.3	7.1	8	9
315	600	226.6	187.3	147.1	121.9	96.3	67.5	59.1	38.2
	750	281.4	235.5	179.0	148.4	117.1	84.9	74.3	45.9
	1000	389.9	316.4	240.6	199.4	157.3	110.4	96.7	61.6
	1500	552.6	460.1	364.8	302.5	238.3	167.4	146.7	90.4
355	600	351.2	284.4	217.0	179.1	140.5	95.9	82.9	59.1
	750	437.1	357.5	272.7	225.3	171.1	120.6	104.2	74.2
	1000	578.6	480.4	366.5	310.4	229.8	156.8	135.6	96.5
	1500	855.8	698.4	532.9	440.4	348.2	237.7	205.7	146.4
400	600	432.5	367.3	280.1	232.3	190.4	135.4	117.6	84.4
	750	538.0	461.8	352.3	292.1	239.2	164.8	143.1	106.2
	1000	711.6	620.5	473.3	392.6	321.3	221.4	192.2	138.2
	1500	1067.5	901.4	688.1	571.1	467.1	335.7	291.6	209.6
450	600	702.5	621.2	506.6	387.6	290.5	198.6	177.6	126.7
	750	872.7	772.9	636.9	487.3	365.1	249.7	216.1	154.1
	1000	1152.1	1022.8	855.4	654.7	490.4	335.4	290.4	207.2
	1500	1694.4	1511.1	1242.1	951.7	712.5	487.8	440.3	314.3
500	600	831.2	749.3	624.5	480.2	378.3	260.6	226.2	167.8
	750	1032.0	931.7	785.1	605.8	475.4	327.5	284.4	204.4
	1000	1360.8	1231.5	1011.4	811.1	638.6	440.1	382.2	274.6
	1500	1997.4	1815.7	1530.0	1178.3	927.3	639.7	556.5	416.6
560	600	1296.6	1113.6	847.8	700.2	545.2	372.3	322.0	229.4
	750	1609.2	1400.0	1065.9	880.5	685.4	468.0	404.8	288.4
	1000	2120.4	1802.9	1373.3	1134.9	920.2	628.6	543.9	385.0
	1500	3107.6	2724.0	2077.4	1718.4	1335.6	913.6	790.7	564.0
630	600	1675.8	1476.7	1172.1	972.9	732.1	540.9	474.2	293.5
	750	2077.6	1834.0	1473.5	1223.4	907.1	680.0	596.1	369.2
	1000	2732.9	2419.5	1897.7	1576.4	1192.2	913.1	800.7	496.1
	1500	3991.9	3554.1	2867.5	2385.0	1738.6	1325.5	1163.2	721.8
710	600	2686.1	2362.3	1832.8	1514.2	1148.8	784.2	678.3	483.0
	750	3326.6	2895.8	2210.0	1826.5	1443.8	985.8	852.8	607.4
	1000	4368.0	3865.8	2965.6	2452.4	1858.6	1270.0	1145.6	816.3
	1500	6358.9	5670.1	4475.5	3706.4	2806.1	1921.5	1663.9	1187.1
800	600	3280.8	2893.9	2366.9	1963.5	1543.6	1107.2	961.6	691.0
	750	4058.6	3588.7	2853.4	2368.1	1908.7	1391.9	1209.0	869.1
	1000	5319.9	4722.1	3827.0	3178.2	2500.1	1792.7	1557.6	1120.3
	1500		6902.4	5673.6	4797.8	3622.4	2709.6	2356.2	1693.3
900	600	5284.6	4703.5	4101.3	3139.8	2412.4	1677.3	1452.3	1036.4
	750	6522.4	5822.2	5131.6	3945.1	2953.9	2022.4	1825.8	1303.4
	1000	8517.6	7639.1	6713.5	5289.4	3892.7	2713.9	2351.3	1680.0
	1500			9705.3	7834.7	5615.6	4097.3	3553.1	2543.7

（续）

规格	高速轴转速 n_1 /(r/min)	公称传动比 i							
		4	4.5	5	5.6	6.3	7.1	8	9
1000	600	6217.3	5640.7	4888.3	3890.1	2941.6	2200.4	1911.2	1373.9
	750	7664.2	6973.6	6033.3	4886.3	3627.0	2652.8	2304.6	1727.7
	1000	9989.0	9131.3	7878.9	6530.2	4278.7	3542.9	3092.7	2226.4
	1500				9434.4	6791.7	5365.2	4668.2	3368.3
1120	600	9623.9	8516.5	6863.8	5673.9	4349.2	3143.1	2720.1	1938.9
	750	11855.4	10528.6	8615.2	7126.1	5410.1	3788.3	3278.4	2338.9
	1000	15434.1	13785.3	11525.8	9544.4	7037.0	5078.6	4398.7	3140.7
	1500					10063.3	7522.8	6631.4	4747.4
1250	600	12302.5	10923.6	9473.5	7879.1	5424.1	4377.6	3839.6	2481.8
	750	15124.5	13476.1	11666.1	9889.9	6659.0	5396.0	4822.1	2993.2
	1000		17585.1	15179.6	13014.5	8621.9	7291.1	6459.6	4017.7
	1500						10417.9	9550.9	6066.6
1400	600	19519.4	17337.9	14811.1	12254.1	8793.1	6347.9	5494.4	3917.3
	750	23953.8	21374.4	18494.4	15371.9	10784.9	7969.0	6900.3	4923.8
	1000			24001.6	20204.0	13943.2	10665.3	9241.6	6605.2
	1500							13654.9	9794.3
1600	600	26419.6	21004.9	18188.8	15669.1	11215.1	8957.7	7784.8	5603.7
	750		25842.8	22322.8	19251.1	13721.4	11238.0	9771.2	7040.8
	1000					17670.5	14860.0	13071.8	9437.3
	1500								
1800	600	38337.2	3455.5	30266.8	25025.3	17923.0	13633.6	11821.8	8447.3
	750			37205.0	30821.7	22043.2	17115.2	14851.0	10623.2
	1000						22523.3	19567.1	14256.8
	1500								
2000	600		40673.0	35169.9	29216.7	21555.5	17864.9	15541.8	11190.7
	750				35898.9	26431.9	22177.1	19509.9	14065.8
	1000						28842.2	25670.4	18549.5
	1500								

表 17-128　NAD、NAF 型减速器热功率 P_{G1}、P_{G2}　　（单位：kW）

散热冷却条件		规格																				
		200	224	250	280	315	355	400	450	500	560	630	710	800	900	1000	1100	1250	1400	1600	1800	2000
无冷却措施	环境条件	P_{G1}																				
	小空间，小厂房	6	9	12	17	24	30	37	49	61	73	90	111	145	182	237	285	375	453	610	816	1095
	较大空间或厂房	9	13	18	26	36	45	55	74	92	110	135	166	217	273	356	425	563	679	915	1224	1543
	户外露天	12.5	15	25	37	51	64	78	104	130	155	190	234	306	385	502	599	794	957	1290	1725	2316
稀油站循环油润滑		P_{G2}按P_2、工作条件、稀油站的流量和容积来确定																				

表 17-129 P2D、P2F 型减速器高速轴许用输入功率 P_{P1} （单位：kW）

规格	高速轴转速 n_1 /(r/min)	公称传动比 i								
		20	22.4	25	28	31.5	35.5	40	45	50
250	600	20.5	18.9	13.9	11.4	11.4	10.2	7.6	7.6	7.6
	750	25.6	23.7	17.3	14.2	14.2	12.8	9.6	9.6	9.4
	1000	34.1	31.5	23.0	18.9	18.9	17.2	12.9	12.9	12.2
	1500	51.1	47.2	34.1	28.2	28.2	25.3	19.5	19.5	17.6
280	600	35.0	30.9	22.8	18.6	18.6	16.3	12.1	12.1	11.5
	750	43.7	38.6	28.4	23.2	23.2	20.5	15.3	15.3	14.1
	1000	58.3	51.5	37.7	31.1	31.1	27.5	20.4	20.4	18.2
	1500	85.6	75.4	56.0	45.9	45.9	40.4	30.0	30.0	26.2
315	600	45.7	38.9	28.1	23.2	23.2	20.9	15.6	15.6	15.6
	750	57.1	48.5	35.1	28.9	28.9	26.2	19.6	19.6	19.5
	1000	76.0	64.3	46.4	38.4	38.4	35.2	26.3	26.3	25.3
	1500	113.8	95.5	68.8	56.9	56.9	51.7	38.5	38.5	35.1
355	600	68.3	60.5	41.9	34.5	34.5	30.5	22.6	22.6	22.6
	750	85.3	76.0	52.3	43.1	43.1	38.2	28.3	28.3	28.3
	1000	113.6	98.9	69.3	56.5	56.5	51.4	38.1	38.1	38.1
	1500	170.0	150.5	102.8	85.0	85.0	75.4	56.0	56.0	53.2
400	600	84.3	77.8	52.7	43.8	43.8	41.3	28.2	28.2	28.2
	750	105.3	97.2	65.5	54.6	54.6	51.5	35.4	35.4	35.4
	1000	140.2	129.4	86.7	72.4	72.4	68.4	47.6	47.6	47.6
	1500	209.6	193.6	128.3	107.3	107.3	101.4	69.8	69.8	65.8
450	600	137.1	124.1	84.6	69.8	69.8	63.1	46.9	46.9	46.9
	750	171.1	156.0	105.3	86.9	86.9	79.3	52.8	52.8	52.8
	1000	228.4	208.6	139.4	115.2	115.2	103.1	76.6	76.6	76.6
	1500	341.7	304.9	205.8	170.6	170.6	156.4	116.3	116.3	115.0
500	600	163.1	150.5	110.2	91.0	91.0	85.5	64.5	64.5	62.5
	750	203.5	187.9	137.0	113.2	113.2	105.0	81.0	81.0	78.2
	1000	270.8	250.0	181.1	149.8	149.8	141.0	105.4	105.4	98.6
	1500	404.2	373.5	266.9	221.5	221.5	208.5	159.8	159.8	142.3
560	600	265.4	243.3	180.7	149.3	149.3	137.9	102.5	102.5	94.4
	750	331.3	292.5	224.6	185.7	185.7	167.89	124.6	124.6	115.4
	1000	440.6	389.3	296.5	245.5	245.5	225.5	167.5	167.5	143.7
	1500	657.7	581.4	436.0	362.2	362.2	341.1	254.1	251.9	207.4
630	600	330.4	305.0	272.9	235.80	235.8	193.7	172.3	150.5	129.1
	750	412.4	380.7	340.6	294.5	294.5	241.9	215.3	185.8	153.8
	1000	548.3	506.4	453.2	391.9	391.9	322.0	286.7	241.0	199.4
	1500	818.1	755.8	676.8	585.6	585.6	481.7	428.9	348.0	288.0
710	600	531.5	490.7	410.3	342.8	342.8	314.9	230.6	230.2	194.3
	750	663.2	612.4	508.2	425.1	425.1	393.2	289.9	277.2	228.2
	1000	881.6	814.2	667.4	559.5	559.5	523.5	389.5	359.6	296.1
	1500	1314.3	1214.4	971.8	818.3	818.3	773.8	566.6	519.2	427.6
800	600	651.6	601.6	538.3	465.4	407.0	381.7	339.6	297.1	253.3
	750	812.3	750.6	671.8	580.9	508.2	476.6	324.2	371.0	309.9
	1000	1080.0	997.6	893.2	772.6	676.3	634.4	564.7	486.2	402.0
	1500	1609.1	1487.0	1332.2	1153.3	1010.7	948.2	844.4	702.3	580.7

（续）

规格	高速轴转速 n_1 /(r/min)	公称传动比 i								
		20	22.4	25	28	31.5	35.5	40	45	50
900	600	1057.9	976.9	844.9	700.0	665.8	624.4	527.4	493.9	405.1
	750	1318.9	1218.2	1044.3	866.3	831.1	779.5	663.2	616.5	505.8
	1000	1751.1	1617.9	1366.8	1137.7	1105.5	1037.0	854.9	820.2	669.9
	1500	2604.7	2408.0	1977.4	1655.0	1650.7	1548.9	1295.0	1224.7	968.0
1000	600	1301.8	1150.2	1033.1	893.4	802.0	752.2	669.5	583.8	481.1
	750	1622.4	1434.1	1288.4	1114.6	1001.0	938.9	835.8	728.7	600.5
	1000	2152.8	1903.9	1711.3	1481.1	1331.1	1248.8	1111.9	969.1	798.8
	1500	3198.2	2831.6	2547.2	2206.9	1986.4	1864.1	1660.7	1446.4	1192.7
1120	600	2019.9	1784.9	1603.2	1386.5	1211.1	1135.9	1011.0	885.7	759.8
	750	2517.1	2225.0	1999.1	1717.1	1511.5	1417.8	1262.1	1105.5	931.6
	1000	3339.0	2953.3	2654.7	2244.9	2010.1	1885.7	1679.1	1469.0	1209.4
	1500		4390.3	3857.9	3241.3	2999.4	2814.7	2507.7	2123.8	1748.5
1250	600	2496.3	2305.7	2064.3	1785.7	1565.4	1468.2	1307.0	1141.2	978.9
	750	3109.8	2873.0	2573.2	2226.8	1953.0	1832.0	1631.1	1423.9	1221.6
	1000	4123.2	3811.1	3415.1	2957.1	2595.9	2435.5	2169.2	1892.8	1624.1
	1500			5075.4	4400.1	3869.4	3631.8	3236.8	2822.2	2351.8
1400	600	3985.8	3682.0	3040.6	2554.1	2517.2	2370.3	1949.0	1732.9	1486.5
	750	4963.4	4586.4	3731.1	3142.3	3140-2	2957.2	2350.5	2162.0	1854.8
	1000	6575.3	6079.7	4827.6	4082.7	4082.7	3860.8	3154.7	2873.5	2465.7
	1500				5826.0	5826.0	5516.9	4685.7	4241.8	3492.7
1600	600	5380.0	4969.7	4449.8	3849.6	3040.3	2852.0	2539.2	2219.7	1904.3
	750	6700.8	6191.4	5545.6	4779.6	3791.7	3557.3	3167.9	2768.4	2375.4
	1000	8880.9	8209.6	7357.6	6371.9	5036.2	4726.0	4210.3	3677.4	3156.1
	1500						7038.3	6275.2	5475.1	4701.1
1800	600	7840.8	7243.4	6135.8	5118.6	4947.5	4640.8	4131.5	3671.2	1013.1
	750	9763.0	9012.8	7502.8	6279.0	6171.5	5789.6	5155.3	4579.7	3759.6
	1000			9653.6	8119.7	8119.7	7656.2	6853.7	6085.4	4997.9
	1500									
2000	600	9564.1	8457.5	7601.2	6578.4	5912.5	5546.4	4938.5	4305.2	3549.6
	750	11899.5	10528.4	9466.3	8196.7	7372.2	6216.8	6160.2	5368.8	4427.7
	1000				10870.9	9789.0	9186.7	8185.4	7130.5	5883.1
	1500									

表 17-130　P2D、P2F 型减速器热功率 P_{G1}、P_{G2}　　（单位：kW）

		规格																		
		250	280	315	355	400	450	500	560	630	710	800	900	1000	1120	1250	1400	1600	1800	2000
无冷却措施	环境条件	P_{G1}																		
	小空间，小厂房	8	11	16	20	24.5	33	41	49	60	71	93	117	153	182	242	292	393	526	707
	较大空间或厂房	12	17	24	30	36.5	49	61	73.5	90	107	140	176	230	274	363	438	590	790	1060
	户外露天	17	24	34	42	52	69	87	104	128	152	199	249	326	389	515	622	838	1121	1500
稀油站循环油润滑		P_{G2}按P_2、工作条件、稀油站的流量和容积来确定																		

表 17-131　输出、输入轴轴伸中点允许的径向力 F_{PR}　　（单位：kN）

轴类	规格	200	224	250	280	315	355	400	450	500	560	630	710	800	900	1000
输出轴	$n=375$	3.40	4.54	4.56	6.17	7.68	10.06	12.18	12.41	16.78	22.71	21.74	23.99			
	$n=250$	3.89	5.19	5.22	7.06	8.97	11.52	13.95	14.21	19.21	25.99	24.89	27.46	28.25	35.30	44.88
	$n=75$	5.81	7.76	7.79	10.55	13.14	17.21	20.83	21.22	28.69	38.83	37.17	41.02	42.20	52.73	67.04
	$n=13.4$	0.31	3.77	13.83	18.73	23.33	30.55	37.00	37.68	50.95	68.95	66.01	72.85	74.95	93.63	119.05
一级输入轴	$n=1500$	1.15	1.24	1.46	1.64	2.33	2.49	2.58	3.20	4.21	3.92	5.47	6.94	7.45	9.72	10.85
	$n=1000$	1.31	1.42	1.68	1.87	2.67	2.86	2.95	3.67	4.82	4.49	6.26	7.94	8.52	11.12	12.42
	$n=750$	1.44	1.57	1.85	2.06	2.94	3.14	3.25	4.03	5.31	4.94	6.89	8.74	9.38	12.24	13.67
	$n=600$	1.56	1.69	1.99	2.22	3.16	3.39	3.50	4.35	5.72	5.33	7.42	9.42	10.11	13.19	14.73
二级输入轴	$n=1500$			0.77	0.74	0.97	1.16	1.40	1.52	1.99	2.33	2.95	3.16	4.23	5.62	7.06
	$n=1000$			0.88	0.84	1.11	1.33	1.60	1.74	2.28	2.67	3.38	3.62	4.84	6.44	8.08
	$n=750$			0.97	0.93	1.22	1.47	1.77	1.92	2.51	2.93	3.72	3.98	5.33	7.09	8.89
	$n=600$			1.04	1.00	1.31	1.58	1.90	2.07	2.71	3.16	4.01	4.29	5.74	7.63	9.58

17.5.2　谐波传动减速器

17.5.2.1　特点

谐波齿轮减速器是一种靠波发生器，使柔性齿轮产生可控的弹性变形波，实现运动和动力的传递，本标准减速器在工作时波发生器输入，刚轮固定，柔轮输出，输入和输出轴转向相反。主要特点是传动比范围广，传动比范围是 63~3200；工作时，对双波传动，同时啮合的齿数可达总齿数的 30%~40%，因此承载能力比其他型式的齿轮传动都高；比一般齿轮减速器零件数少½，体积可减小 20%~50%；由于柔轮的轮齿在转动过程中作均匀的径向移动，齿面间相对滑动速度很低，所以磨损小，效率高；此外运动精度高、平稳、无噪声。本标准为单级卧式双轴伸型谐波齿轮减速器，共有 12 个机型，60 种传动比规格。

谐波传动减速器适用条件见表 17-2。

17.5.2.2　代号和标记

（1）代号　XB 为杯型柔轮谐波传动减速器；XBZ 为带支座杯型柔轮谐波传动减速器；A 为传动精度 1 级；B 为传动精度 2 级；C 为传动精度 3 级；D 为传动精度 4 级；A/B 为传动精度混合级，A 表示空程 1 级，B 表示传动误差 2 级；Y 为润滑油；ZH 为润滑脂。

（2）标记示例

1）XB　50—100　A

- A——传动精度 1 级
- 50—100——规格代号，柔轮内径 D = 50mm，传动比 i = 100
- XB——谐波传动减速器

2）XBZ　100—125　A/B

- A/B——传动精度混合级，A 表示空行程 1 级，B 表示传动误差 2 级
- 100—125——规格代号，柔轮内径 D=100mm，传动比 i=125
- XBZ——带支座谐波传动减速器

17.5.2.3　外形尺寸、主要参数和承载能力（见表 17-132）

17.5.2.4　传动精度

（1）空程　要求 1 级（A 级）≤1′，2 级（B 级）≤3′，3 级（C 级）≤6′，4 级（D 级）≤9′。

（2）传动误差　要求1级（A级）≤1′，2级（B级）≤3′，3级（C级）≤6′，4级（D级）≤9′。

表 17-132　杯形柔轮谐波传动减速器外形尺寸、主要参数和承载能力

型　　号	外形尺寸	主要参数(柔轮内径、模数、传动比)	承载能力	
			额定输入功率 P_1 额定输出转矩 T_2	起动转矩、扭转刚度、波发生器转动惯量
XB	表 17-133	表 17-135	表 17-135	表 17-136
XBZ(带支座)	表 17-134			

表 17-133　XB 型杯型柔轮谐波传动减速器外形尺寸　（单位：mm）

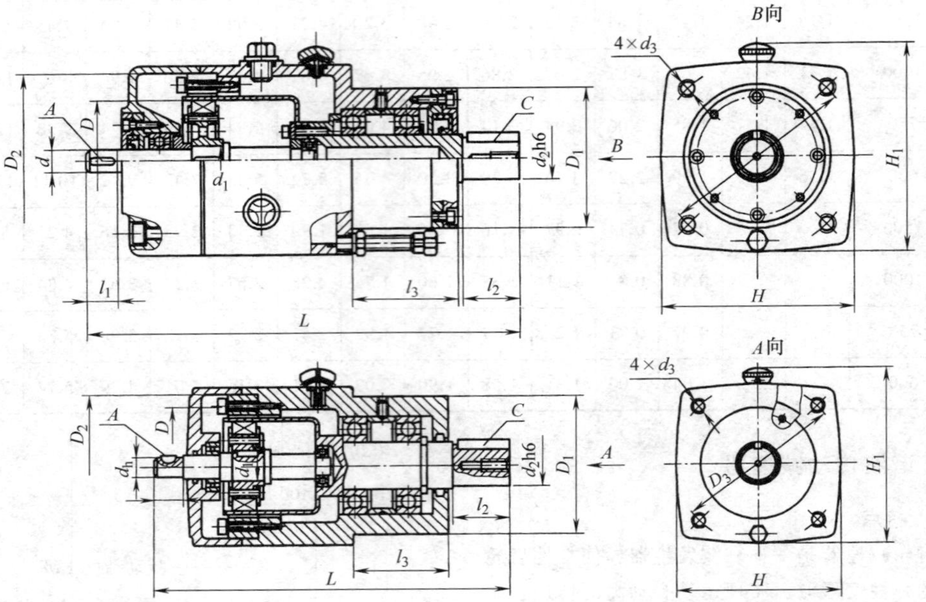

符号	尺寸/mm														A	C	重量/kg
	d h6	d_1	d_2 h6	d_3	D	D_1	D_2	D_3	L	L_1	L_2	L_3	H	H_1			
25	4	6	8	M4	25	28	40	43	86	8	12	22	45	50	键 1×4	键 C2×10	0.3
32	6	10	12	M5	32	36	50	55	115	11	16	33	55	60	键 2×7	键 C4×14	0.5
40	8	12	15	M5	40	44	60	66	140	16	22	39	65	72	键 3×10	键 C5×18	1
50	10	14	18	M6	50	53	70	76	170	18	30	43	75	83	键 3×13	键 C6×25	1.5
60	14	18	22	M6	60	68	85	100	205	18	35	43	92	101	键 5×14	键 C6×32	5.5
80	14	18	30	M10	80	85	115	130	240	20	43	48	122	132	键 5×16	键 C8×40	10
100	16	24	35	M12	100	100	135	155	290	24	55	54	142	155	键 5×20	键 C10×50	16
120	18	24	45	M14	120	114	170	195	340	28	68	67	180	220	键 6×25	键 C14×62	30
160	24	40	60	M20	160	140	220	245	430	38	88	77	230	265	键 8×32	键 C18×80	58
200	30	50	80	M24	200	180	270	300	530	48	108	102	280	320	键 8×40	键 C22×100	100
250	35	60	95	M27	250	215	33	360	669	60	128	156	345	423	键 10×50	键 C25×120	
320	40	80	110	M30	320	240	370	400	750	80	140	170	400	440	键 12×60	键 C28×130	

注：1. 25~50 机型，A 键按 GB/T 1099 选用；60~320 机型，A 键按 GB/T 1096 选用。

2. 25~320 机型，C 键按 GB/T 1096 选用。

表 17-134　XBZ 型杯形柔轮谐波传动减速器外形尺寸　（单位：mm）

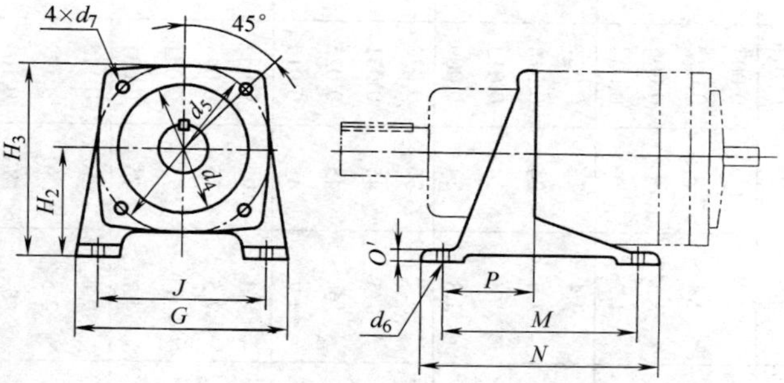

符号 \ 机型号	60	80	100	120	160	200	250	320
H_3	101	140	160	196	255	310	380	450
G	112	140	168	205	260	320	400	480
H_2	56	80	90	106	140	170	210	250
J	92	116	138	175	220	280	340	400
d_6	7	9	10	10	14	14	18	22
d_4	68	85	100	114	140	180	215	240
M	85	130	150	100	240	280	330	380
N	115	160	180	215	280	330	390	450
O	10	13	14	16	20	20	22	25
P	54	61	67	80	90	110	120	140
d_7	8	12	14	16	24	28	30	34
d_5	100	130	155	195	245	300	350	400

表 17-135　XB、XBZ 型杯形柔轮谐波传动减速器主要参数、额定输入功率 P_1 和额定输出转矩 T_2

机型	柔轮内径/mm	模数/mm	传动比 i	输入转速 3000r/min			输入转速 1500r/min			输入转速 1000r/min			输入转速 750r/min			输入转速 500r/min		
				输入功率 P_1/kW	输出转速 n_2/(r/min)	输出转矩 T_2/N·m	输入功率 P_1/kW	输出转速 n_2/(r/min)	输出转矩 T_2/N·m	输入功率 P_1/kW	输出转速 n_2/(r/min)	输出转矩 T_2/N·m	输入功率 P_1/kW	输出转速 n_2/(r/min)	输出转矩 T_2/N·m	输入功率 P_1/kW	输出转速 n_2/(r/min)	输出转矩 T_2/N·m
25	25	0.2	63	0.0122	47.6	2	0.0071	23.8	2.5	0.0047	15.8	2.5	0.0035	11.9	2.5	0.0023	7.9	2.5
		0.15	80	0.0096	37.5	2	0.0056	18.8	2.5	0.0044	12.5	2.9	0.0033	9.4	3	0.0023	6.25	3.4
		0.1	125	0.0061	24	2	0.0035	12	2.5	0.0028	8	2.9	0.0021	6	3	0.0016	4	3.4
32	32	0.25	63	0.027	47.6	4.5	0.015	23.8	5	0.012	15.8	6	0.010	11.9	6.5	0.007	7.9	7
		0.2	80	0.024	37.5	5	0.015	18.8	6.5	0.012	12.5	7.6	0.010	9.4	8	0.007	6.25	9
		0.15	100	0.023	30	6	0.014	15	7.5	0.011	10	8.6	0.008	7.5	9	0.006	5	10
		0.1	160	0.015	18.6	6	0.008	9.4	7.5	0.071	6.25	8.6	0.005	4.7	9	0.004	3	10
40	40	0.25	80	0.078	37.5	16	0.044	18.8	20	0.034	12.5	23	0.027	9.4	24	0.021	6.25	28
		0.2	100	0.061	30	16	0.035	15	20	0.028	10	23	0.021	7.5	24	0.016	5	28
		0.15	125	0.049	24	16	0.029	12	20	0.022	8	23	0.018	6	24	0.013	4	28
		0.1	200	0.033	15	16	0.020	7.5	20	0.016	5	23	0.012	3.8	24	0.009	2.5	28
50	50	0.3	80	0.135	37.5	28	0.068	18.8	30	0.045	12.5	30	0.034	9.4	30	0.022	6.25	30
		0.25	100	0.115	30	30	0.068	15	38	0.051	10	42	0.041	7.5	45	0.031	5	50
		0.2	125	0.093	24	30	0.055	12	38	0.040	8	42	0.033	6	45	0.025	4	52
		0.15	160	0.076	18.6	30	0.044	9.4	38	0.032	6.25	42	0.026	4.7	45	0.019	3	52
60	60	0.4	80	0.216	37.5	45	0.136	18.8	60	0.098	12.5	65	0.074	9.4	65	0.049	6.25	65
		0.3	100	0.193	30	50	0.114	15	63	0.087	10	72	0.068	7.5	75	0.049	5	82
		0.25	125	0.154	24	50	0.092	12	63	0.069	8	72	0.054	6	75	0.041	4	86
		0.2	160	0.127	18.6	50	0.072	9.4	63	0.054	6.25	72	0.042	4.7	75	0.031	3	86
80	80	0.5	80	0.481	37.5	100	0.284	18.8	125	0.226	12.5	150	0.171	9.4	150	0.113	6.25	150
		0.4	100	0.461	30	120	0.272	15	150	0.211	10	175	0.162	7.5	180	0.121	5	200
		0.3	125	0.369	24	120	0.218	12	150	0.169	8	175	0.130	6	180	0.101	4	210
		0.25	160	0.305	18.6	120	0.171	9.4	150	0.132	6.25	175	0.102	4.7	180	0.076	3	210
		0.2	200	0.249	15	120	0.135	7.5	150	0.106	5	175	0.082	3.8	180	0.064	2.5	210
100	100	0.6	80	0.961	37.5	200	0.454	18.8	200	0.301	12.5	200	0.227	9.4	200	0.151	6.25	200
		0.5	100	0.961	30	250	0.561	15	310	0.374	10	310	0.28	7.5	310	0.187	5	310
		0.4	125	0.769	24	250	0.449	12	310	0.338	8	350	0.268	6	370	0.183	4	380
		0.3	160	0.637	18.6	250	0.352	9.4	310	0.264	6.25	350	0.209	4.7	370	0.155	3	430
		0.25	200	0.513	15	250	0.317	7.5	310	0.239	5	350	0.192	3.8	370	0.147	2.5	430

120	120	0.8	80	1.828	37.5	380	0.862	18.8	380	0.573	12.5	380	0.431	9.4	380	0.287	6.25	380
		0.6	100	1.731	30	450	1.014	15	560	0.675	10	560	0.507	7.5	560	0.338	5	560
		0.5	125	1.385	24	450	0.811	12	560	0.618	8	640	0.485	6	670	0.328	4	680
		0.4	160	1.144	18.6	450	0.635	9.4	560	0.482	6.25	640	0.380	4.7	670	0.279	3	770
		0.3	200	0.923	15	450	0.575	7.5	560	0.437	5	640	0.348	3.8	670	0.263	2.5	770
160	160	1	80				1.814	18.8	800	1.207	12.5	800	0.907	9.4	800	0.604	6.25	800
		0.8	100				1.809	15	1000	1.387	10	1150	1.086	7.5	1200	0.604	5	1000
		0.6	125				1.448	12	1000	1.111	8	1150	0.868	6	1200	0.604	4	1250
		0.5	160				1.134	9.4	1000	0.867	6.25	1150	0.680	4.7	1200	0.488	3	1350
		0.4	200				1.025	7.5	1000	0.787	5	1150	0.750	3.8	1200	0.461	2.5	1350
		0.3	250				0.82	6	1000	0.629	4	1150	0.492	3	1200	0.369	2	1350
200	200	1	80				3.402	18.8	1500	2.262	12.5	1500	1.701	9.4	1500	1.132	6.25	1500
		0.8	100				3.620	15	2000	2.413	10	2000	1.809	7.5	2000	1.207	5	2000
		0.6	125				2.896	12	2000	2.886	8	2300	1.731	6	2390	1.164	4	2410
		0.5	160				2.268	9.4	2000	1.734	6.25	2300	1.355	4.7	2390	0.995	3	2750
		0.4	200				2.051	7.5	2000	1.572	5	2300	1.241	3.8	2390	0.940	2.5	2750
		0.3	250				1.641	6	2000	1.259	4	2300	0.980	3	2390	0.752	2	2750
250	250	1.5	80				6.68	18.8	2800	4.49	12.5	2800	3.37	9.4	2800	2.24	6.25	2800
		1.25	100				6.33	15	3500	4.49	10	3500	3.37	7.5	3500	2.24	5	3500
		1	125				5.07	12	3500	3.86	8	4000	3.04	6	4200	2.33	4	4830
		0.8	160				3.96	9.4	3500	3.01	6.25	4000	2.38	4.7	4200	1.75	3	4830
		0.6	200				3.59	7.5	3500	2.73	5	4000	2.19	3.8	4200	1.65	2.5	4830
		0.5	250				2.87	6	3500	2.19	4	4000	1.72	3	4200	1.32	2	4830
		0.4	320				2.25	4.7	3500	1.69	3.1	4000	1.32	2.3	4200	1.05	1.6	4830
320	320	2	80				12.27	18.8	5300	8.50	12.5	5300	6.40	9.4	5300	4.25	6.25	5300
		1.5	100				11.4	15	6300	8.08	10	6300	6.06	7.5	6300	4.04	5	6300
		1.25	125				9.12	12	6300	6.95	8	7200	5.44	6	7500	4.15	4	8600
		1	160				7.14	9.4	6300	5.44	6.25	7200	4.26	4.7	7500	7.12	3	8600
		0.8	200				6.47	7.5	6300	4.92	5	7200	3.89	3.8	7500	2.94	2.5	8600
		0.6	250				5.17	6	6300	3.93	4	7200	3.07	3	7500	2.35	2	8600
		0.5	3200				4.05	4.7	6300	3.05	3.1	7200	2.36	2.3	7500	1.88	1.6	8600

表 17-136　XB、XBZ 型杯形柔轮谐波传动减速器起动转矩、扭转刚度和波发生器转动惯量

型号	起动转矩 /N·cm	扭转刚度 /[N·m/(′)]	波发生器转动惯量 /kg·m²	型号	起动转矩 /N·cm	扭转刚度 /[N·m/(′)]	波发生器转动惯量 /kg·m²
25	≤0.8	0.365	7×10^{-7}	100	≤12.5	23.25	5.46×10^{-4}
32	≤1.25	0.725	2.8×10^{-6}	120	≤20	46.55	1.18×10^{-3}
40	≤2	1.45	8.8×10^{-6}	160	≤35	93.10	5.65×10^{-3}
50	≤3	2.90	2.5×10^{-5}	200	≤60	186.20	1.72×10^{-2}
60	≤5	5.80	5.85×10^{-5}	250	≤100	327.35	5.12×10^{-2}
80	≤8	11.65	1.77×10^{-4}	320	≤150	744.65	1.52×10^{-1}

17.5.3　摆线针轮减速器

17.5.3.1　特点

摆线针轮减速器，是一种采用摆线针齿啮合行星传动原理的减速机构。其主要特点是传动比大，一级减速时传动比范围是 11~87，两级减速时的传动比范围是 20~128；由于在传动过程中为多齿啮合，所以对过载和冲击有较强的承受能力，传动平稳、可靠；由于采用了行星摆线传动结构，所以其结构紧凑、体积小、重量轻，在功率相同的条件下，体积和重量是其他类型减速器的一半；由于摆线齿轮、针齿销、针齿套、销轴和销套都是由轴承钢制造，工作中又是滚动摩擦，因此大大加强了各零件的力学性能，并保证使用寿命，提高了传动效率。减速器分为一级、二级、三级；据其安装型式又分双轴型和直联型，以及立式和卧式共 12 个系列。

摆线针轮减速器适用条件见表 17-2。

17.5.3.2　代号和标记

（1）代号　Z 为摆线针轮减速机；E 为二级，一级无代号；

S 为三级；W 为卧式；L 为立式；D 为直联型，双轴型无代号。

（2）标记示例

Z　W　D　7.5-5　A-29

- 传动比 i = 29
- A 型的外形尺寸
- 机型号 5
- 输入功率 7.5kW
- 直联型
- 卧式
- 摆线针轮减速机

17.5.3.3　外形尺寸和承载能力（见表 17-137）

表 17-137　摆线针轮减速机的外形尺寸和承载能力

型　号	外形尺寸	承载能力 额定输入功率 P_1	承载能力 额定输出转矩 T_2
ZW（一级卧式双轴型）	表 17-138	表 17-144	表 17-148
ZWD（一级卧式直联型）		表 17-145	
ZL（一级立式双轴型）	表 17-139	表 17-144	
ZLD（一级立式直联型）		表 17-145	
ZWE（二级卧式双轴型）	表 17-140	表 17-146	表 17-149
ZWED（二级卧式直联型）		表 17-147	
ZLE（二级立式双轴型）	表 17-141	表 17-146	
ZLED（二级立式直联型）		表 17-147	
ZWS（三级卧式双轴型）	表 17-142		表 17-150
ZWSD（三级卧式直联型）			
ZLS（三级立式双轴型）	表 17-143		
ZLSD（三级立式直联型）			

表 17-138　ZW、ZWD 一级卧式摆线针轮减速器外形尺寸　（单位：mm）

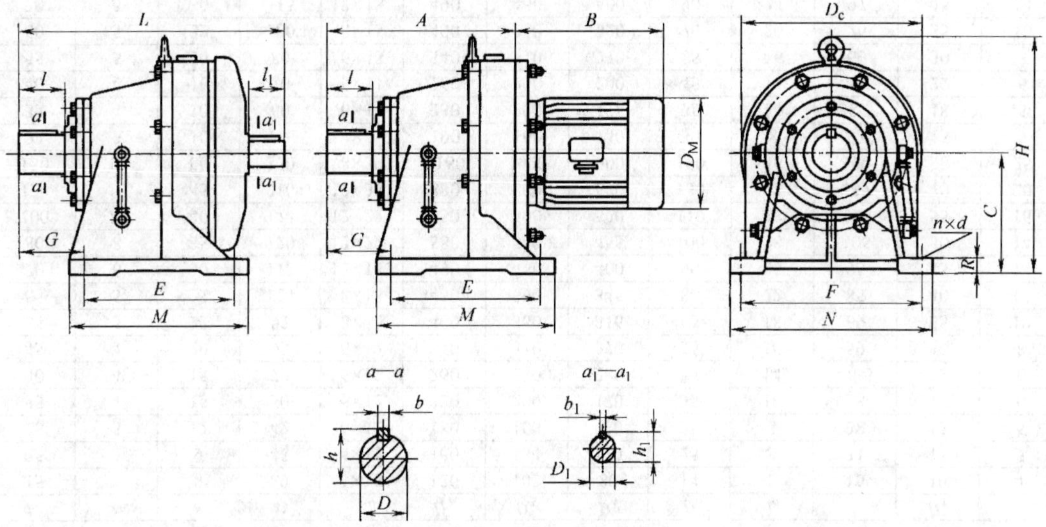

机型号		L	l	l_1	G	E	M	D_c	H	C	F	N	R	n×d	D	b	h	D_1	b_1	h_1	A	B	D_M
A型	0	125	20	15	36	60	84	113	146.5	80	120	144	10	4×10	14	5	16	10	4	11.5	84	按电动机尺寸	按电动机尺寸
	1	202	35	25	60	90	120	150	175	100	150	180	12	4×12	25	8	31	15	5	17	159		
	2	214	34	25	101	90	120	150	175	100	180	210	15	4×12	25	8	28	15	5	17	159		
	3	266	55	35	151	100	150	200	240	140	250	290	20	4×16	35	10	38	18	6	20.5	192		
	4	320	74	40	169	145	195	230	275	150	290	330	22	4×16	45	14	48.5	22	6	24.5	240		
	5	416	91	45	206	150	260	300	356	160	370	420	25	4×16	55	16	59	30	8	33	310		
	6	476	89	54	125	275	335	340	425	200	380	430	30	4×22	65	18	69	35	10	38	352		
	7	529	109	65	145	320	380	360	460	220	420	470	30	4×22	80	22	85	40	12	43	390		
	8	600	120	70	155	380	440	430	529	250	480	530	35	4×22	90	25	95	45	14	48.5	448		
	9	723	141	80	186	480	560	500	614	290	560	620	40	4×26	100	28	106	50	14	53.5	552		
	10	813	150	100	230	500	600	580	706	325	630	690	45	4×20	110	28	116	55	16	60	612		
	11	1065	202	120	324	330×2	810	710	883	420	800	880	50	6×32	130	32	137	70	20	76	809		
	12	1462	330	150	485	420×2	1040	990	1163	540	1050	1160	60	6×45	180	45	190	90	25	95	1154		
B型	2	215	35	22	108	90	120	168	190	100	150	190	15	4×11	30	8	23	15	5	17	165		
	3	263	56	35	125	110	160	200	222	120	240	280	15	4×13	35	10	38.5	18	5	20	193.5		
	4	320	71	40	144	150	200	240	296	140	280	320	20	4×13	45	14	49	22	6	24.5	246		
	5	391	80	55	158	200	250	300	355	160	340	390	25	4×17	55	16	60	30	6	33	295		
	6	460	102	60	155	320	380	350	430	200	340	400	25	4×22	70	20	76	35	10	38.5	359		
	8	570	120	70	159	380	440	440	513	240	420	470	32	4×22	90	24	97	45	14	49	430		
	9	700	140	80	200	440	520	520	605	280	500	560	35	4×26	100	28	108	50	16	55	528		

表 17-139　ZL、ZLD 一级立式摆线针轮减速器外形尺寸　　（单位：mm）

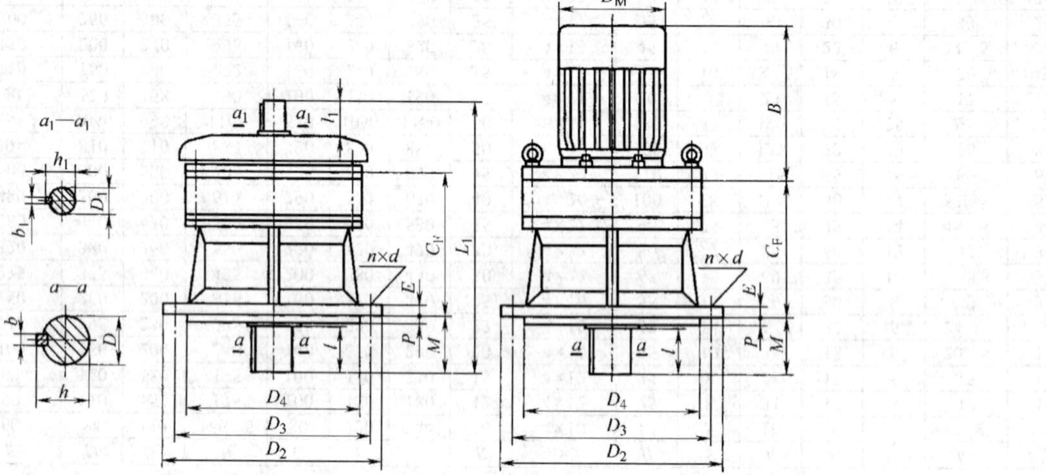

机型号		L_1	l	l_1	P	E	M	$n \times d$	D_2	D_3	D_4	D	b	h	D_1	b_1	h_1	C_F	B	D_M
A 型	0	125	20	15	3	8	29	6×10	120	102	80	14	5	16	10	4	11.5	57	按电动机尺寸	
	1	202	35	25	3	9	48	4×12	160	134	110	25	8	31	15	5	17	111		
	2	212	34	25	3	12	42	6×12	180	160	130	25	8	28	15	5	17	115		
	3	267	45	35	4	15	50	6×12	320	200	170	35	10	38	18	6	20.5	143		
	4	324	63	40	4	15	79	6×12	260	230	200	45	14	48.5	22	6	24	161		
	5	417	79	45	4	20	93	6×12	340	310	270	55	16	59	30	8	33	219		
	6	478	80	54	5	22	92	8×16	400	360	316	65	18	69	35	10	38	262		
	7	532	98	65	5	22	114	8×18	430	390	345	80	22	85	40	12	43	279		
	8	602	110	70	6	30	112	12×18	490	450	400	90	25	95	45	14	48.5	335		
	9	723	129	80	8	35	170	12×22	580	520	455	100	28	106	50	14	53.5	382		
	10	814	140	100	10	40	174	12×22	650	590	520	110	28	116	55	16	60	438		
	11	1050	184	120	10	45	210	12×38	880	800	680	130	32	137	70	20	76	598		
	12	1148	320	150	10	60	370	8×39	1160	1020	900	180	45	190	90	25	95	796		
B 型	2	215	35	22	3	10	39	4×11	190	160	140	30	8	33	15	5	17	126		
	3	263	45	35	4	10	60	6×11	230	200	178	35	10	38.5	18	5	20	133.5		
	4	320	61	40	4	16	70	6×11	260	230	200	45	14	49	22	6	2405	176		
	5	391	75	55	5	20	80	6×13	340	310	270	55	16	60	30	8	33	215		
	6	462	92	60	5	22	100	8×15	400	360	320	70	20	76	35	10	38.5	349		
	8	578	108	70	5	30	115	12×18	490	450	400	90	24	97	45	14	49	315		
	9	700	130	80	8	35	139	12×22	580	520	460	100	28	108	50	16	55	389		

表 17-140　ZWE、ZWED 二级卧式摆线针轮减速器外形尺寸　（单位：mm）

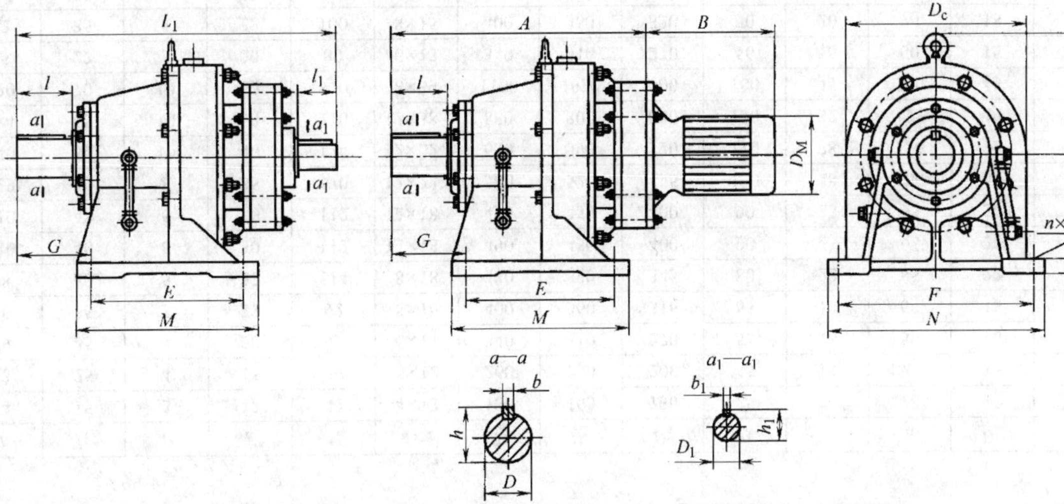

机型号		L_1	l	l_1	G	E	M	D_c	H	C	F	N	R	$n\times d$	D	b	h	D_1	b_1	h_1	A	B	D_M
A型	20	242	34	15	101	90	120	150	175	100	180	210	15	4×12	25	8	28	10	4	11.5	201.5	按电动机尺寸	
	42	373	74	25	169	145	195	230	275	150	290	330	22	4×16	45	14	48.5	15	5	17	317.5		
	53	473	91	35	206	150	260	300	356	160	370	420	25	4×16	55	16	59	18	5	20.5	398		
	63	513	89	35	125	275	335	340	425	200	380	430	30	4×22	65	18	69	18	5	20.5	440		
	74	578	109	40	145	320	380	360	460	220	420	470	30	4×22	80	22	85	22	6	24.5	500		
	84	644	120	40	155	380	440	430	529	250	480	530	35	4×22	90	25	95	22	6	24.5	560		
	85	692	120	45	155	382	440	430	529	250	480	530	35	4×22	90	25	95	30	8	33	584		
	95	790	141	45	186	480	560	500	614	290	560	620	40	4×26	100	28	106	30	8	33	684		
	106	884	150	54	230	500	600	580	706	325	630	690	45	4×30	110	28	116	35	10	38	760		
	117	1106	202	65	324	330×2	810	710	883	420	800	880	50	6×32	130	32	137	40	12	43	968		
	128	1503	330	70	485	420×2	1040	990	1163	540	1050	1160	60	6×45	180	45	190	45	14	48.5			
B型	52	425	80	22	158	200	250	300	355	160	340	290	25	4×17	55	16	60	15	5	17	376		
	63	529	102	35	155	320	380	350	430	200	340	400	25	4×22	70	20	76	18	5	20	459		
	85	658	120	55	159	380	440	440	513	240	420	470	32	4×22	90	24	97	30	8	33	553		
	95	760	140	55	200	440	520	500	605	280	500	560	35	4×26	100	28	108	30	8	33	653		

表 17-141　ZLE、ZLED 二级立式摆线针轮减速器外形尺寸　（单位：mm）

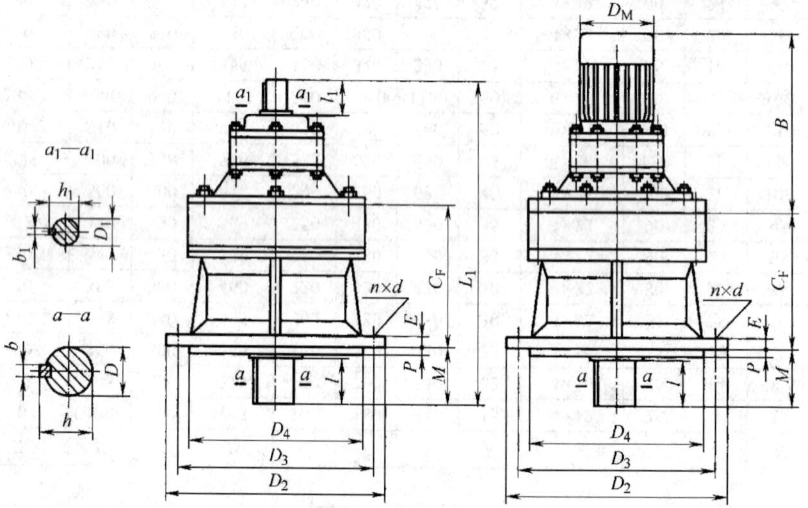

机型号		L_1	l	l_1	P	E	M	$n×d$	D_2	D_3	D_4	D	b	h	D_1	b_1	h_1	C_F	B	D_M
A型	20	242	34	15	3	12	42	4×12	180	160	130	25	8	28	10	4	11.5	159.5	按电动机尺寸	
	42	374	63	25	4	15	79	6×12	260	230	200	45	14	48.5	15	5	17	239		
	53	473	79	35	4	20	93	6×12	340	310	270	55	16	59	18	6	20.5	307		
	63	513	80	35	5	22	92	8×16	400	360	316	65	18	69	18	6	20.5	350		
	74	578	98	40	5	22	114	8×18	430	390	345	80	22	85	22	6	24.5	388		
	84	644	110	40	6	30	112	12×18	490	450	400	90	25	95	22	6	24.5	448		
	85	692	110	45	6	30	112	12×18	490	450	400	90	25	95	30	8	33	475		
	95	790	129	45	8	35	170	12×22	580	520	455	100	28	106	30	8	33	518		
	106	884	140	54	10	40	174	12×22	650	590	520	110	28	116	35	10	38	586		
	117	1106	184	65	10	50	210	12×38	880	800	680	130	32	137	40	12	43	758		
	128	1503	320	70	10	60	370	8×39	1160	1020	900	180	45	190	45	14	48.5	796		
B型	52	425	75	22	5	20	80	6×13	340	310	270	56	16	60	15	5	17	296		
	63	529	92	35	5	22	100	8×15	400	360	320	70	20	76	18	5	20	359		
	85	658	108	55	5	30	115	12×18	490	450	400	90	24	97	30	8	33	543		
	95	650	130	55	8	35	139	12×22	580	520	460	100	28	108	30	8	33	518		

表 17-142　ZWS、ZWSD 三级卧式摆线针轮减速器外形尺寸　　（单位：mm）

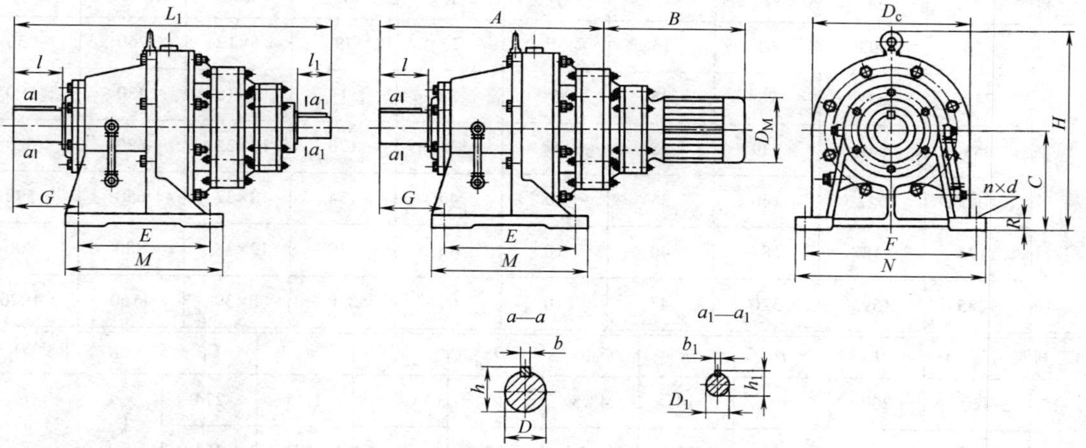

机型号		L_1	l	l_1	G	E	M	D_c	H	C	F	N
A型	420	392	74	15	169	145	195	230	275	150	290	330
	742	633	109	25	145	320	380	360	460	220	420	470
	953	845	141	35	186	480	560	500	614	290	560	620
	1063	923	150	35	230	500	600	580	706	325	630	690
	1174	1160	202	40	324	330×2	810	710	883	420	800	880
	1285	1593	330	45	485	420×2	1040	990	1163	540	1050	1160

机型号		R	$n×d$	D	b	h	D_1	b_1	h_1	A	B	D_M
A型	420	22	4×16	45	14	48.5	10	4	11.5	353	按电动机尺寸	
	742	30	4×22	80	22	85	15	5	17	578		
	953	40	4×26	100	28	106	18	6	20.5	772		
	1063	45	4×30	110	28	116	18	6	20.5	848		
	1174	50	6×32	130	32	137	22	6	24.5	1077		
	1285	60	6×45	180	45	190	30	8	33	1487		

表 17-143　ZLS、ZLSD 三级立式摆线针轮减速器外形尺寸　　（单位：mm）

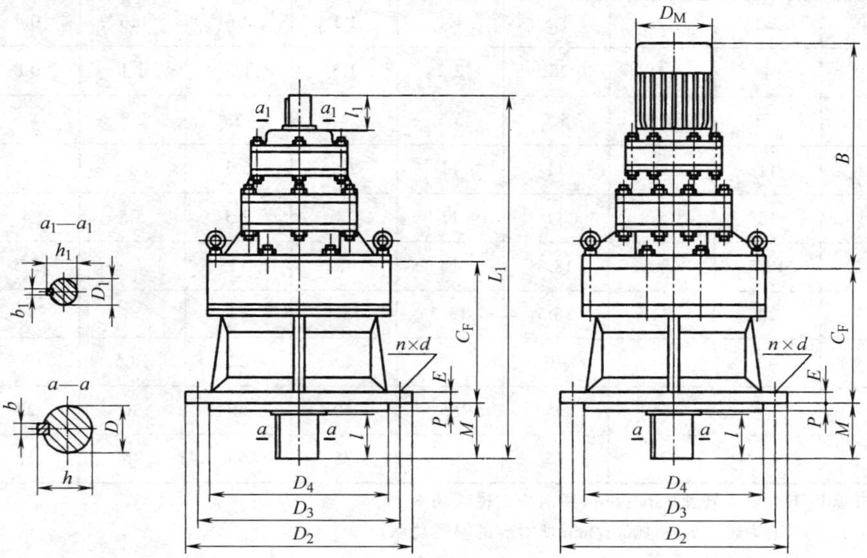

（续）

机型号		L_1	l	l_1	P	E	M	$n×d$	D_2	D_3
A型	420	392	63	15	4	15	79	6×12	260	230
	742	637	98	25	5	22	114	8×18	430	390
	953	849	139	35	8	35	170	12×22	580	520
	1063	922	140	35	10	40	174	12×22	650	590
	1174	1187	184	40	10	45	210	12×38	880	800
	1285	1593	320	45	10	60	370	8×39	1160	1020

机型号		D_4	D	b	h	D_1	b_1	h_1	C_F	B	D_M
A型	420	200	45	14	48.5	10	4	11.5	274	按电动机尺寸	
	742	345	80	22	85	15	5	17	464		
	953	455	100	28	106	18	6	20.5	602		
	1063	520	110	28	116	18	6	20.5	674		
	1174	680	130	32	137	22	6	24	867		
	1285	900	180	45	190	30	8	33	1117		

表 17-144　ZW、ZL 双轴型一级摆线针轮减速器额定输入功率 P_1　　（单位：kW）

机型号 \ 传动比	11	17	23	29	35	43	59	71	87
0	0.1	0.09		0.09		0.09			
1	0.4	0.4	0.2	0.2	0.2	0.2			
2	0.75	0.75	0.4	0.4	0.4	0.4	0.2		
3	2.2	1.5	1.5	1.1	1.1	0.6	0.6	0.4	
4	4	4	2.2	2.2	1.5	1.5	1.1	0.8	0.55
5	7.5	7.5	5.5	5.5	4	3	2.2	1.5	1.5
6	11	11	11	11	7.5	5.5	4	3	2.2
7	15	5	11	11	11	7.5	5.5	4	4
8	18.5	18.5	18.5	15	15	11	7.5	5.5	5.5
9	22	22	18.5	18.5	18.5	15	11	11	11
10	45	45	40	30	22	22	18.5	18.5	15
11		55	55	55	40	40	30	22	22
12		75	75	75	75	55	45	30	30

注：表中 15kW 以下为输入转速 1500r/min 所对应的输入功率。

表中 18.5kW 以上为输入转速 1000r/min 所对应的输入功率。

表 17-145　ZWD、ZLD 直联型一级摆线针轮减速器额定输入功率 P_1　（单位：kW）

机型号 \ 传动比	11	17	23	29	35	43	59	71	87
0	0.09	0.09		0.09		0.09			
1	0.37 0.25	0.37 0.25	0.25	0.25	0.25	0.25			
2	0.75 0.55	0.75 0.55	0.55	0.37	0.37	0.37			
3	2.2 1.5	1.5 1.1	1.5 1.1	1.1 0.75	1.1 0.75	0.55	0.55	0.55	
4	4 3	4 3	2.2 1.5	2.2 1.5	1.5 1.1	1.5 1.1	1.1 0.75	0.75	0.55
5	7.5 5.5	7.5 5.5	5.5 4	5.5 4	4 3	3 2.2	2.2 1.5	1.5	1.5
6	11 7.5	11 7.5	11 7.5	11 7.5	7.5 5.5	5.5 4	4 3	3 2.2	2.2
7	15 11	15 11	11 7.5	11 7.5	11 7.5	7.5 5.5	5.5 4	4	4
8	18.5 15	18.5 15	18.5 15	15 11	15 11	11 7.5	7.5 5.5	5.5	5.5
9	22 18.5	22 18.5	18.5 15	18.5 15	18.5 15	15 11	11	11	11
10	45[1)] 37	45[1)] 37	37 30	30 22	22 18.5	22 18.5	18.5 15	18.5 15	15
11		55① 37	55① 37	55① 37	37 30	37 30	30 22	22	22
12						55①	55①	30	30

注：1. 表中每一机型、每一传动比对应的输入功率中，数值较大者为设计时输入功率；数值较小者为可以配备的电动机功率。

2. 表中 15kW 以下为输入转速 1500r/min，对应的输入功率；18.5kW 以上为输入转速 1000r/min 对应的输入功率。

① 仅立式减速机配备的功率。

表 17-146　ZWE、ZLE 双轴型二级摆线针轮减速器额定输入功率 $P_1$①　（单位：kW）

传动比 \ 机型号	20	42	53	63	74	85	95	106	117	128
121(11×11)	0.23	1.04	1.66	2.2	4	6.65	7.5	—	—	—
187(17×11)	0.15	0.67	1.08	2.06	2.77	4.30	6.64	10.28	—	—
289(17×17)	0.10	0.43	0.7	1.33	1.79	2.06	4.3	6.65	11	18.79
385(35×11)	0.07	0.32	0.51	0.98	1.32	1.7	3.17	4.92	9.84	13.41
473(43×11)	0.06	0.27	0.43	0.81	1.09	1.35	2.62	4.07	8.13	11.09
595(35×17)	—	0.21	0.34	0.65	0.87	1.1	2.09	3.23	6.46	8.81
731(43×17)	—	—	0.28	0.53	0.71	0.96	1.7	2.63	5.26	7.17

（续）

传动比 \ 机型号	20	42	53	63	74	85	95	106	117	128
841(29×29)	—	—	0.24	0.46	0.62	0.83	1.48	2.29	4.57	6.24
1003(59×17)	—	—	0.21	0.4	0.52	—	—	—	3.97	5.41
1225(35×35)	—	—	—	0.31	0.42	—	—	—	—	—
1505(43×35)	—	—	—	0.26	—	—	—	—	—	—
1849(43×43)	—	—	—	0.21	—	—	—	—	—	—

① 输入轴转速 $n_1 = 1500\mathrm{r/min}$。

表 17-147　ZWED、ZLED 直联型二级摆线针轮减速器额定输入功率 $P_1$①　（单位：kW）

传动比 \ 机型号	20	42	53	63	74	85	95	106	117	128
121(11×11)	0.09②	0.75② 0.55②	2.2③ 1.5②	2.2② 1.5②	4 3②	7.5③ 5.5②	7.5② 5.5②	11② 7.5②		
187(17×11)	0.09②	0.55 0.37②	1.5③ 0.75②	2.2② 1.5②	3③ 2.2②	5.5③ 4②	7.5② 5.5②	11② 7.5②	15② 11②	18.5② 15②
289(17×17)		0.37	0.75② 0.55②	1.5 1.1②	2.2③ 1.5②	4③ 3	5.5② 4②	11③ 7.5②	15③ 11②	18.5② 15②
385(35×11)			0.75③ 0.55②	1.1 0.75②	1.5① 1.1②	3③ 2.2	5.5③ 4②	7.5③ 5.5②	11② 7.5②	
473(43×11)			0.55③	0.75② 0.55②	1.1 0.75②	2.2③ 1.5②	4③ 3②	5.5③ 4②	11③ 7.5②	15③ 11②
595(35×17)				0.75 0.55②	0.75② 0.55②	2.2③ 1.5	3 2.2②	4③ 3②	7.5③ 5.5②	11③ 7.5②
731(43×17)				0.55②	0.55②	1.5③	2.2 1.5②	3 2.2②	5.5② 4②	7.5② 5.5②
841(29×29)				0.55③	0.55②	1.5③	1.5②	2.2②	5.5③ 4②	7.5③ 5.5②
1003(59×17)							1.5②	2.2	4②	5.5②
1225(35×35)								2.2③	4③	5.5③

① 当所配电动机的功率大于减速机的设计功率时，减速机应在输出轴额定转矩范围内使用或设有过载保护装置。

② 所配电动机的功率小于减速机的设计功率。

③ 输入轴转速 $n_1 = 1500\mathrm{r/min}$。

表 17-148　一级摆线针轮减速器额定输出转矩 T_2　（单位：N · m）

机型号 \ 传动比	11	17	23	29	35	43	59	71	87
0	6.4	9.0		15.3		22.7			
1	25.8	39.8	26.9	34.0	41.0	50.3			
2	48.3	74.6	53.9	67.9	82.0	100.7	69.1		
3	141.7	149.3	202.0	186.7	225.4	151.0	207.2	166.3	
4	257.6	398.1	296.2	373.5	307.4	377.6	380.0	332.5	280.1
5	483.0	746.4	740.5	933.7	819.6	755.2	759.9	623.5	764.0

（续）

机型号 \ 传动比	11	17	23	29	35	43	59	71	87
6	708.3	1094.7	1481.1	1867.4	1536.7	1384.5	1381.5	1246.9	1120.5
7	965.9	1492.8	1481.1	1867.4	2253.8	1887.9	1899.6	1662.5	2037.2
8	1787.0	2761.8	3736.5	2546.5	3073.4	2768.9	2590.4	2286.0	2801.2
9	2125.1	3284.3	3736.5	4711.3	5686.0	3775.8	3799.3	4572.0	7639.5
10	4346.8	6717.9	8079.0	7639.9	6761.8	8307.3	9585.0	11534.5	7640.0
11		8210.7	11108.7	14006.5	12294.1	15104.2	15543.3	13716.7	16807.8
12		11196.4	15148.1	19099.8	23051.4	20768.3	23314.9	18704.6	22919.8

表 17-149　二级摆线针轮减速器额定输出转矩 T_2　（单位：N·m）

机型号	20	42	53	63	74	85	95	106	117	128
输出轴许用转矩	150	540	1275	2255	2650	4510	8820	11760	21560	29400

表 17-150　三级摆线针轮减速器额定输出转矩 T_2　（单位：N·m）

传动比	2057~446571					
机型号	420	742	953	1063	1174	1285
输出轴许用转矩	540	2650	8820	11760	21560	29400

17.5.3.4　选用方法

首先根据传动比确定减速器级数；再根据计算输入功率或计算输出转矩选减速器型号；必要时需进行瞬时尖峰载荷的校核计算。

（1）输入功率和输出转矩的计算

$$P_{1C} = K_A P_{1W} \tag{17-21}$$

或

$$T_{2C} = K_A T_{2W}$$

式中　P_{1C}——计算输入功率（kW）；

P_{1W}——实际输入功率（kW）；

T_{2C}——计算输出转矩（N·m）；

T_{2W}——实际输出转矩（N·m）。

（2）瞬时尖峰载荷的校核计算

$$P_{1\max} = 1.6P_1 \tag{17-22}$$

或

$$T_{2\max} = 1.6T_2$$

式中　$P_{1\max}$——额定最大尖峰载荷（kW）；

P_1——额定输入功率（kW）；

$T_{2\max}$——额定最大尖峰载荷（N·m）；

T_2——额定输出转矩（N·m）。

【例 17-6】　试选用平板加料机卧式用摆线针轮减速器。已知每天连续 24h 工作，输入转速为 1450 r/min，输出轴转速约为 5r/min，输出轴转矩为 2600N·m，尖峰载荷为稳定载荷的 2 倍。

【解】　1）根据传动比确定级数。

$$i = \frac{n_1}{n_2} = \frac{1450}{5} = 290$$

查表 17-146，选用二级减速器，传动比 $i=289$。

2）计算输出转矩 T_{2C}。由表 17-13 和表 17-151 知，工作情况系数 $K_A = 1.35$。按式（17-21）计算 T_{2C}：

$$T_{2C} = K_A T_{2W} = 1.35 \times 2600\text{N}\cdot\text{m} = 3515\text{N}\cdot\text{m}$$

3）选减速器机型号。根据二级减速器速比和计算输出转矩 T_{2C}，查表 17-149，选用输出轴额定转矩 $T_2 = 4510\text{N}\cdot\text{m}$，机型号为 85 的减速器。

4）校核尖峰载荷。实际尖峰载荷为

$$T_{2\max W} = 2T_{2C} = 2 \times 3515\text{N}\cdot\text{m} = 7030\text{N}\cdot\text{m}$$

额定最大尖峰载荷 $T_{2\max}$ 为

$$T_{2\max} = 1.6T_2 = 1.6 \times 4510\text{N}\cdot\text{m} = 7217\text{N}\cdot\text{m}$$

$T_{2\max} > T_{2\max W}$，通过。

5）选减速器型号。减速器计算输入功率为

$$P_{1C}=\frac{T_{2C}n_1}{9550\times i\eta^2}$$

取 $\eta=0.9$，则 $P_{1C}=\dfrac{3515\times1450}{9550\times289\times0.92}\text{kW}=2.28\text{kW}$

当 $i=289$，机型号为 85 时，查表 17-146，ZWE 型额定输入功率 $P_1=2.06\text{kW}$，因为 $P_1<P_{1C}$，不适用。

查表 17-147 知，当 $i=289$，机型号为 85 时，ZWED 型的额定输入功率 $P_1=3\text{kW}$，因为 $P_1>P_{1C}$，所以此型号满足强度要求。

结论：所选卧式摆线针轮减速器代号为

ZWED3—85A—289　JB/T 2982—2016

表 17-151　工作情况系数 K_A

原动机		电动机、汽轮机、水力机			4~6 缸活塞发动机			1~3 缸活塞发动机		
每日工作小时数/h		~3	>3~10	>10	~3	>3~10	>10	~3	>3~10	>10
载荷类型	轻微冲击 U(均匀载荷)	0.8	1.0	1.2	1.0	1.2	1.35	1.2	1.3	1.4
	中等冲击 M	1.0	1.2	1.35	1.2	1.35	1.5	1.4	1.5	1.6
	强冲击 H	1.35	1.5	1.6	1.5	1.6	1.7	1.6	1.7	1.8

17.6　机械设备专用减速器

17.6.1　运输机械用减速器

JB/T 9002—1999 规定的 DBY、DCY 型和 DBZ、DCZ 型二级、三级圆锥圆柱齿轮减速器，输入轴转速不大于 1500r/min，齿轮圆周速度不大于 20m/s，工作环境温度为 -40~45℃。当环境温度低于 0℃时，起动前润滑油应加热。

17.6.1.1　型式和标记方法

减速器按输出轴型式，可分为Ⅰ、Ⅱ、Ⅲ、Ⅳ四种装配型式；按旋转方向可分为顺时针（S）和逆时针（N）两种，如图 17-10、图 17-11 所示。

标记示例：

减速器　DCY　280—31.5—Ⅲ　S　JB/T 9002—1999

- S——输入轴旋转方向代号
- Ⅲ——装配型式代号
- 31.5——公称传动比
- 280——名义中心距 a(mm)
- DCY——型号代号为三级(C) 硬齿面(Y)（中硬齿面将 Y 改为 Z）

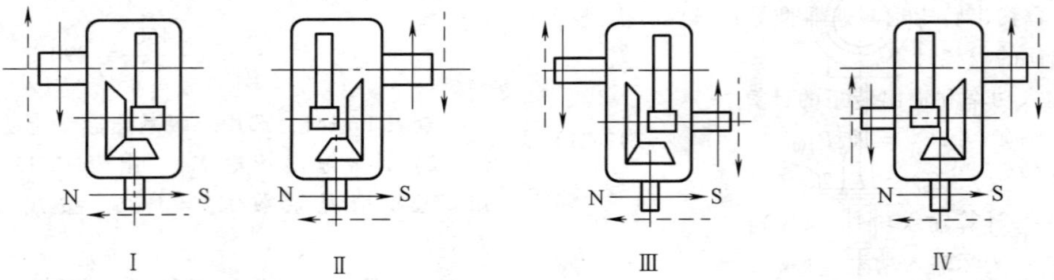

图 17-10　DBY（或 DBZ）型二级减速器装配型式

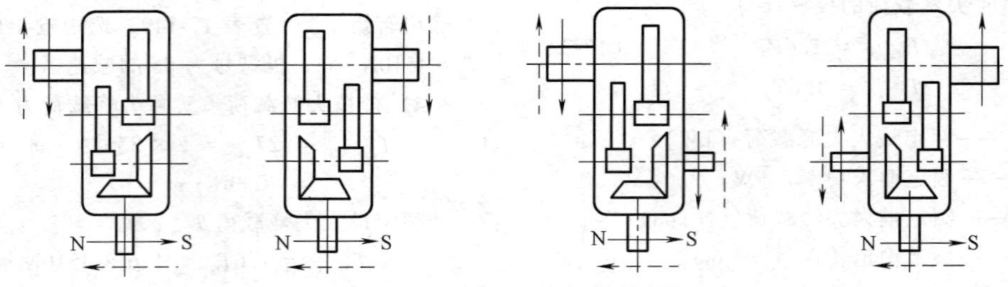

图 17-11　DCY（或 DCZ）型三级减速器装配型式

17.6.1.2 外形尺寸和安装尺寸（见表 17-152、表 17-153）

表 17-152 DBY 及 DBZ 型减速器外形尺寸和安装尺寸 （单位：mm）

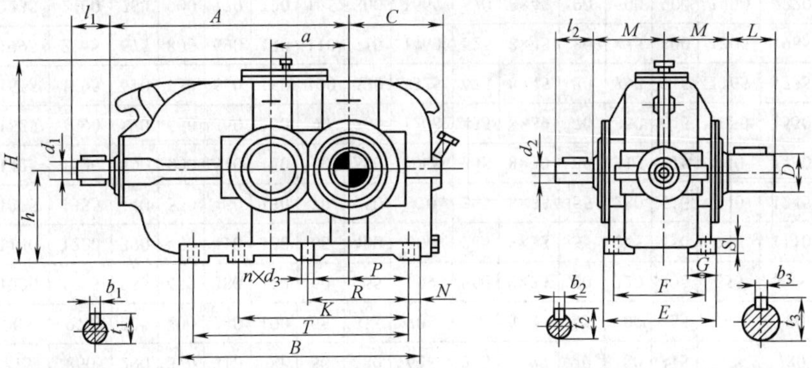

名义中心距 a	d_1	l_1	d_2	l_2	D	L	A	B	C	E	F	G	S	h	H	M	$n\times d_3$	N	P	R	K	T	b_1	t_1	b_2	t_2	b_3	t_3	质量 /kg	油量 /L
160	40	110	48	110	70	140	500	500	190	250	210	65	35	180	430	145	6×18	30	115	210		440	12	43	14	51.5	20	745	173	7
180	42	110	50	110	80	170	565	565	215	270	230	70	35	200	475	160	6×18	30	135	240		505	12	45	14	53.5	22	85	232	9
200	50	110	55	110	90	170	625	625	240	300	250	75	40	225	520	175	6×23	35	145	255		555	14	535	16	59	25	95	305	13
224	55	110	65	140	100	210	705	705	260	320	270	80	45	250	570	190	6×23	35	165	290		635	16	59	18	69	28	106	415	18
250	60	140	75	140	110	210	785	785	290	370	310	90	50	280	626	210	6×27	40	180	315		705	18	64	20	79.5	28	116	573	25
280	65	140	85	170	120	210	875	875	325	400	340	100	55	315	702	230	6×27	45	200	355		785	18	69	22	90	32	127	760	36
315	75	140	95	170	140	250	975	975	355	450	380	110	60	355	809	260	6×33	50	220	405		875	20	79.5	25	100	36	148	1020	51
355	90	170	100	210	160	300	1085	1085	390	480	410	120	65	400	900	285	6×33	55	245	450		975	25	95	28	106	40	169	1436	69
400	100	210	110	210	170	300	1215	1215	440	530	460	130	70	450	970	305	6×33	55	280	510		1105	28	106	28	116	40	179	1966	95
450	110	210	130	250	190	350	1365	1365	490	600	510	140	80	500	1071	345	8×39	60	315	575	940	1245	28	116	32	137	45	200	2532	130
500	120	210	150	250	220	350	1525	1525	570	650	560	150	90	560	1210	435	8×39	70	350	645	1050	1385	32	127	36	158	50	231	3633	185
560	130	250	160	300	250	410	1705	1705	610	750	640	160	100	630	1325	475	8×45	80	390	715	1165	1545	32	137	40	169	56	262	5020	260

注：生产厂：沈阳矿山机器厂。

表 17-153　DCY 及 DCZ 型减速器外形尺寸和安装尺寸　（单位：mm）

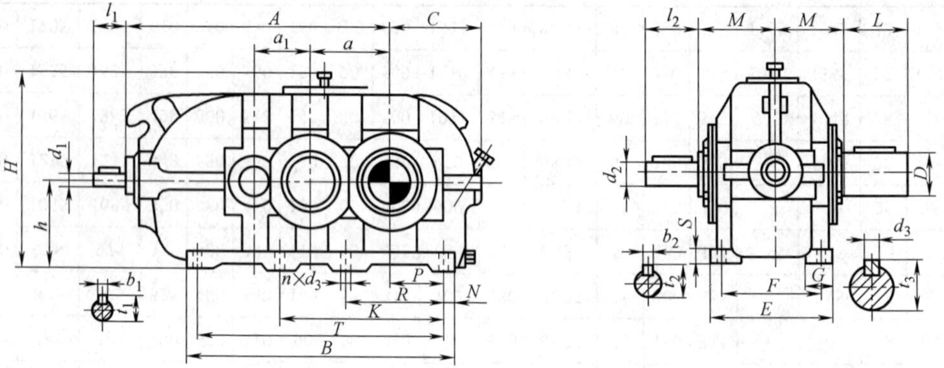

名义中心距 a	a_1	d_1	l_1	d_2	l_2	D	L	A	B	C	E	F	G	S	h	H	M	$n \times d_3$	N	P	R	K	T	b_1	t_1	b_2	t_2	b_3	t_3	质量 /kg	油量 /L
160	112	25	60	32	80	70	140	510	555	190	250	210	65	35	180	423	145	6×18	30	115	210	—	495	8	28	10	35	20	74.5	200	9
180	125	30	80	38	80	80	170	575	625	215	270	230	70	35	200	468	160	6×18	30	135	240	—	565	8	33	10	41	22	85	255	13
200	140	35	80	42	110	90	170	640	685	240	300	250	75	40	225	520	175	6×23	35	145	255	—	615	10	38	12	45	25	95	325	18
224	160	40	110	48	110	100	210	725	775	260	320	270	80	45	250	570	190	6×23	35	165	290	—	705	12	43	14	51.5	28	106	453	26
250	180	42	110	50	110	110	210	815	860	290	370	310	90	50	280	626	210	6×27	40	180	315	—	780	12	45	14	53.5	28	116	586	33
280	200	50	110	55	110	120	210	905	970	325	400	340	100	55	315	702	230	6×27	45	200	355	—	880	14	53.5	16	59	32	127	837	46
315	224	55	110	65	140	140	250	1020	1085	355	450	380	110	60	355	809	260	8×33	50	220	405	655	985	16	59	18	69	36	148	1100	65
355	250	60	140	75	140	160	300	1140	1220	390	480	410	120	65	400	900	285	8×33	55	245	450	740	1110	18	64	20	79.5	40	169	1550	90
400	280	65	140	85	170	170	300	1275	1355	440	530	460	130	70	450	970	305	8×33	55	280	510	840	1245	18	69	22	90	40	179	1967	125
450	315	75	140	95	170	190	350	1425	1520	490	600	510	140	80	500	1065	345	8×39	60	315	575	940	1400	20	79.5	25	100	45	200	265	180
500	355	90	170	100	210	220	350	1585	1690	570	650	560	150	90	560	1208	435	8×39	70	350	645	1050	1550	25	95	28	106	50	231	4340	240
560	400	100	210	110	210	250	410	1675	1895	610	750	640	160	100	630	1325	475	8×45	80	390	715	1165	1735	28	106	28	116	56	262	5320	335
630	450	110	210	130	250	300	470	1995	2145	675	800	690	170	110	710	1460	525	8×45	80	445	800	1305	1985	28	116	32	137	70	314	7170	480
710	500	120	210	150	250	340	550	2235	2400	760	900	770	190	125	800	1665	570	8×45	90	500	900	1490	2220	32	127	36	158	80	355	9600	690
800	560	130	250	160	300	400	650	2505	2700	840	1000	870	200	140	900	1870	625	8×45	90	600	1100	1680	2520	32	137	40	169	90	417	13340	940

注：生产厂：沈阳矿山机器厂。

17.6.1.3 承载能力（见表 17-154～表 17-157）

表 17-154 DBY 型减速器承载能力

公称传动比 i	公称转速/(r/min)		名义中心距 a/mm											
			160	180	200	224	250	280	315	355	400	450	500	560
	输入 n_1	输出 n_2	许用输入功率 P_{P1}/kW											
8	1500	188	81	115	145	205	320	435	610	750	1080①	1680①	2100①	
	1000	125	56	86	110	155	245	325	465	560	810	1260	1700	2200
	750	94	42	55	88	125	185	250	340	465	660	950	1400	1800
10	1500	150	67	92	130	165	255	345	480	610	910	1370	1900①	
	1000	100	44	69	94	125	195	260	360	465	620	950	1270	1700
	750	75	34	46	73	105	155	210	295	380	510	710	950	1300
11.2	1500	134	59	81	115	150	235	325	450	560	840	1200	1550	
	1000	89	40	61	84	130	175	245	340	430	630	810	1030	1380
	750	67	31	41	65	98	140	185	240	350	470	610	780	1040
12.5	1500	120	53	75	105	140	210	285	390	500	760	980	1260	1550①
	1000	80	36	56	74	105	145	215	265	380	480	660	850	1110
	750	60	27	36	56	76	110	150	190	270	365	500	640	840
14	1500	107	48	66	81	125	190	260	345	465	580	780	1000	1150
	1000	71	31	42	54	84	110	165	205	310	415	520	680	900
	750	53	23	31	38	60	80	115	145	235	310	400	510	690

① 需采用循环油润滑。

表 17-155 DBZ 型减速器承载能力

公称传动比 i	公称转速/(r/min)		名义中心距 a/mm											
			160	180	200	224	250	280	315	355	400	450	500	560
	输入 n_1	输出 n_2	许用输入功率 P_{P1}/kW											
8	1500	188	29.0	39.0	55.0	80.0	120	170	215	320	490	600	930	
	1000	125	18.8	26.0	36.0	55.0	78.0	110	150	220	320	450	650	930
	750	94	14.0	21.0	28.5	42.0	59.0	84.0	110	165	240	365	485	690
10	1500	150	18.0	32.0	45.0	65.0	90.0	130	180	260	370	550	760	
	1000	100	12.0	21.0	29.0	42.0	62.0	87.0	120	175	250	370	510	680
	750	75	8.5	16.0	22.0	32.0	46.0	66.0	90.0	130	185	280	370	480
11.2	1500	134	17.5	26.0	36.0	57.0	75.0	115	150	215	330	480	670	
	1000	89	10.5	17.0	24.0	38.0	51.0	74.0	100	150	220	325	440	650
	750	67	8.1	12.5	18.0	28.0	38.0	56.0	71.0	105	165	250	320	460
12.5	1500	120	14.0	24.0	32.0	52.0	70.0	105	140	205	300	430	600	800
	1000	80	9.0	15.0	22.0	34.0	49.0	69.0	95	140	200	295	400	550
	750	60	6.5	12.0	16.5	25.0	36.0	52.0	68.0	100	145	220	290	380
14	1500	107	13.5	20.0	28.0	45.0	61.0	91.0	120	170	265	390	510	770
	1000	71	8.8	12.0	18.0	30.0	40.0	60.0	85	115	175	260	350	500
	750	53	6.3	9.5	14.0	23.0	30.0	44.0	60.0	80.0	130	200	250	360

表 17-156 DCY 型减速器承载能力

公称传动比 i	公称转速/(r/min)		名义中心距 a/mm														
			160	180	200	224	250	280	315	355	400	450	500	560	630	710	800
	输入 n_1	输出 n_2	许用输入功率 P_{P1}/kW														
16	1500	94	45	61	80	120	60	230	305	440	600①	830①	1350①	1850①			
	1000	63	30	43	60	85	115	170	230	330	440	630	1010	1420①	2200①	2500①	2850①
	750	47	24	35	45	70	85	140	185	270	360	510	830	1180	1600	2300①	2600

（续）

公称传动比 i	公称转速/(r/min)		名义中心距 a/mm														
			160	180	200	224	250	280	315	355	400	450	500	560	630	710	800
	输入 n_1	输出 n_2	许用输入功率 P_{P1}/kW														
18	1500	83	42	58	75	110	150	210	290	440	560	780①	1350①	1850①			
	1000	56	30	40	53	75	105	155	215	330	420	590	1000	1400①	1860①	2500①	2850①
	750	42	23	32	42	65	80	120	175	260	345	480	790	1120	1460	2180①	2500
20	1500	75	39	53	68	100	135	195	270	430	550	780①	1320①	1800①			
	1000	50	27	36	48	70	95	140	200	315	380	550	880	1240①	1640①	2400	2850①
	750	38	20	28	38	55	75	110	160	245	310	445	700	1000	1290	1920①	2500①
22.4	1500	67	34	50	65	94	30	175	250	400	510	730	1170①	1540①			
	1000	45	23	34	48	65	90	130	185	290	360	520	780	1100	1450①	2120①	2600①
	750	33	17	25	36	49	70	95	140	220	275	400	620	880	1140	1710	2460①
25	1500	60	30	44	62	83	115	160	225	350	450	650	1030	1460①			
	1000	40	20	30	42	57	80	110	165	255	315	460	730	1040	1350①	2010①	2600①
	750	30	15	23	32	43	60	85	125	195	240	350	550	780	1010	1510	2180①
28	1500	54	22	37	48	75	92	140	215	320	405	590	910	1290①			
	1000	36	15	25	34	52	66	94	150	225	285	420	640	910	1190	1770①	2500①
	750	27	12	19	26	39	50	71	115	170	215	315	490	690	890	1330	1920①
31.5	1500	48	20	33	44	69	85	120	195	290	385	550	820	1170			
	1000	32	14	22	31	46	59	83	130	200	255	370	580	820	1070	1600①	2310①
	750	24	10	17	23	34	44	62	100	150	190	280	440	620	800	1200	1740①
35.5	1500	42	18	30	40	62	77	110	180	260	345	500	770	1100	1430①	2120①	
	1000	28	12	20	28	42	53	75	120	180	230	340	510	720	950	1410	2030①
	750	21	9	15	21	31	40	56	90	135	175	250	385	540	710	1060	1540
40	1500	38	17	27	36	56	69	98	160	235	310	450	690	990	1290	1920①	
	1000	25	11	18	25	41	47	67	120	160	225	330	465	660	860	1280①	1860①
	750	19	8.5	14	19	29	36	52	82	125	155	230	350	495	640	960	1390
45	1500	33.5	15	24	33	50	64	90	145	215	275	400	620	880	1150	1720①	2100①
	1000	22	10	16	22	33	42	60	95	145	180	265	455	640	840	1250	1810
	750	16.6	7.5	12	17	26	32	46	74	110	140	205	320	455	600	870	1260
50	1500	30	13	21	30	44	57	80	130	195	245	360	550	780	1030	1540①	2050①
	1000	20	9	14	20	31	38	54	87	130	165	240	365	520	680	1020	1480
	750	15	7	11	15	23	29	41	65	99	120	180	290	410	540	780	1130

① 需采用循环油润滑。

表 17-157　DCZ 型减速器承载能力

公称传动比 i	公称转速/(r/min)		名义中心距 a/mm														
			160	180	200	224	250	280	315	355	400	450	500	560	630	710	800
	输入 n_1	输出 n_2	许用输入功率 P_{P1}/kW														
16	1500	94	14.0	20.0	28.0	42.0	60.0	85.0	120	165	240	350	490	710			
	1000	63	9.4	13.5	18.7	28.0	40.0	56.0	80.0	110	160	235	330	490	670	980	1450
	750	47	7.0	10.0	13.9	21.0	30.0	41.0	60.0	85.0	120	175	250	350	500	730	1050
18	1500	83	12.0	18.0	26.0	35.0	50.0	75.0	105	150	215	320	440	630			
	1000	56	8.2	12.0	17.3	22.0	35.0	49.0	70.0	95.0							
	750	42	6.1	8.8	12.8	18.0	26.0	36.0	51.0	73.0	110	160	223	320	440	640	950
20	1500	75	9.4	15.7	23.0	29.0	48.0	65.0	85.0	130	190	280	395	540			
	1000	50	6.0	10.2	15.1	18.0	31.0	43.0	57.0	90.0	130	185	270	370	515	760	1050
	750	38	4.4	7.2	11.1	13.5	23.0	32.0	41.0	65.0	95.0	135	200	260	390	600	780

（续）

公称传动比 i	公称转速/(r/min) 输入 n_1	输出 n_2	名义中心距 a/mm 160	180	200	224	250	280	315	355	400	450	500	560	630	710	800
			许用输入功率 P_{P1}/kW														
22.4	1500	67	9.1	14.0	19.0	28.0	39.0	53.0	75.0	110	155	210	260	450			
	1000	45	6.1	9.3	13.0	17.5	26.0	37.0	50.0	75.0	105	159	190	320	420	630	900
	750	33	4.5	6.9	9.0	13.0	20.0	27.0	40.0	55.0	80.0	117	145	240	315	480	670
25	1500	60	8.0	10.7	16.0	26.5	35.0	50.0	68.0	105	140	200	250	430			
	1000	40	5.5	6.9	11.0	17.5	23.0	33.0	45.0	70.0	93.0	145	175	290	395	580	795
	750	30	4.0	5.3	8.0	13.0	17.5	25.0	34.0	50.0	70.0	110	130	215	300	440	580
28	1500	54	7.0	10.5	15.0	22.5	32.0	45.0	63.0	90	130	190	245	380			
	1000	36	4.8	7.3	10.4	14.0	21.0	29.0	41.0	62.0	87.0	135	165	255	365	540	750
	750	27	3.6	5.4	7.8	10.5	16.5	22.0	30.0	48.0	65.0	100	120	190	270	410	550
31.5	1500	48	6.3	8.9	12.5	21.0	28.0	40.0	56.0	82.0	115	180	220	350			
	1000	32	4.2	5.7	8.8	14.0	19.0	27.0	38.0	54.0	80.0	125	145	235	330	490	665
	750	24	3.2	4.4	6.5	10.5	14.0	20.0	28.0	40.0	61.0	90.0	110	170	245	360	480
35.5	1500	42	5.6	8.3	12.0	18.0	26.0	35.0	48.0	70.0	100	160	190	300	420	650	
	1000	28	3.9	5.5	8.0	11.5	17.0	23.0	33.0	48.0	70.0	105	125	195	275	435	525
	750	21	2.8	4.2	6.2	8.5	13.0	17.0	24.0	35.0	51.0	78.0	95.0	145	205	325	430
40	1500	38	5.1	6.9	10.5	17.0	23.0	32.0	43.0	65.0	91.0	145	170	270	390	590	
	1000	25	3.4	4.6	7.2	11.5	15.5	21.0	29.0	42.0	61.0	97.0	115	175	250	400	520
	750	19	2.5	3.6	5.3	8.5	11.5	16.0	22.0	31.0	48.0	70.0	80	130	185	300	375
45	1500	33.5	4.5	6.7	9.0	13.7	19.0	27.0	39.0	55.0	80.0	121	150	240	330	530	685
	1000	22	2.9	4.3	6.2	9.0	13.0	18.0	25.0	36.0	55.0	85.0	98	155	225	345	450
	750	16.6	2.1	3.2	4.6	6.5	10.0	14.0	19.0	25.0	41.0	60.0	73	115	165	300	345
50	1500	30	3.8	5.1	7.8	13.0	18.0	25.0	34.0	51.0	71.0	112	130	215	310	465	610
	1000	20	2.6	3.3	5.2	8.7	12.0	17.0	23.0	33.0	48.0	76.0	87.0	140	200	300	405
	750	15	2.0	2.5	4.0	6.5	8.5	12.0	17.0	25.0	36.0	55.0	65.0	105	145	220	300

17.6.1.4 选用方法

选择的减速器必须满足传动比的要求，然后按承载能力选择减速器的型号，再校核起动转矩和热功率。

（1）计算功率

$$P_{c1}=K_A P_1 \leqslant P'_{P1}=P_{P1}\frac{n'_1}{n_1} \qquad (17\text{-}23)$$

式中 P_1——传递的功率（kW）；

K_A——工况系数，见表 17-160、表 17-162；

n'_1——要求的输入转速（r/min）；

P'_{P1}——对应于 n'_1时的许用输入功率（kW）；

n_1——承载能力表中靠近 n'_1的转速（r/min）；

P_{P1}——n_1 时的许用输入功率（kW），查表 17-154～表 17-157。

（2）校核起动转矩

$$\frac{T_{max}n'_1}{P'_{P1}9550}\leqslant 2.5 \qquad (17\text{-}24)$$

（3）校核热功率 当减速器不附加冷却装置时

$$P_1 \leqslant P_{G1}K_W K_A \qquad (17\text{-}25)$$

式中 P_{G1}——减速器的热功率（kW），见表17-158、表 17-159，对 DBZ 型、DCZ 型中硬齿面齿轮减速器无须校核；

K_W——环境温度系数，见表 17-161；

K_A——功率利用系数，见表 17-161。

如果满足不了式（17-24）时，则必须增大减速器的型号或增设冷却装置。

【例 17-7】 带式输送机，运搬大块岩石，重型冲击。电动机功率 P = 75kW，转速 n_1 = 1500r/min。起动转矩 T_{max} = 955N·m；所需输入功率 P_1 = 62kW，滚筒转速 n_2 = 60r/min，每天连续工作 24h，露天作业，环境温度 40℃。

【解】 1）需要的传动比：

$$i=\frac{n_1}{n_2}=\frac{1500}{60}=25$$

选择 DCY 型减速器。

2）选择型号：

根据表 17-162 载荷特性为 H，按表 17-160 查得 $K_A=2.0$，每天连续工作 24h，K_A 应加大 10%，即 $K_A=2.2$。

$$P_{c1}=K_AP_1=2.2\times62\text{kW}=136.4\text{kW}$$

查表 17-154 选用 DCY280 型，$P_{p1}=160\text{kW}$。

3）校核起动转矩：

$$\frac{T_{\max}n_1}{P_{P1}\times9550}=\frac{955\times1500}{160\times9550}=0.94<2.5$$

4）校核减速器的热功率：

查表 17-159，得 $P_{G1}=124\text{kW}$

17-161，得 $K_W=0.75$，由

$$\frac{P_1}{P_{P1}}\times100\%=\frac{62}{160}\times100\%$$
$$=38.4\%\approx40\%$$

查表 17-159，得 $K_A=0.79$

$$P_{G1}K_WK_A=124\times0.75\times0.79\text{kW}$$
$$=73.5\text{kW}$$

$P_1=62\text{kW}\leqslant P_{G1}K_WT_A=73.5\text{kW}$，符合要求。

工作机械载荷分类见表 17-162。

表 17-158　DBY 型减速器热功率

减速器不附加冷却装置的热功率 P_{G1}/kW													
环境条件	空气流速/(m/s)	名义中心距 a/mm											
		160	180	200	224	250	280	315	355	400	450	500	560
狭小车间内	≥0.5	32	40	50	61	76	95	118	143	180	225	279	355
中大型车间内	≥1.4	45	57	71	85	106	133	165	201	252	316	391	497
室外	≥3.7	62	77	96	116	144	181	224	272	342	429	531	675

表 17-159　DCY 型减速器热功率

减速器不附加冷却装置的热功率 P_{G1}/kW																
环境条件	空气流速/(m/s)	名义中心距 a/mm														
		160	180	200	224	250	280	315	355	400	450	500	560	630	710	800
狭小车间内	≥0.5	22	27	34	41	52	65	81	99	124	156	192	245	299	384	482
中大型车间内	≥1.4	31	38	48	58	73	91	114	139	174	218	270	343	419	537	675
室外	≥3.7	42	52	65	79	99	124	155	189	237	296	366	465	568	730	910

表 17-160　工况系数 K_A

原动机	每天工作时间/h	载荷种类		
		U	M	H
电动机、涡轮机	≤3	1.0	1.0	1.50
	>3~10	1.25	1.25	1.75
	>10~24	1.25	1.50	2.0
4~6 缸活塞发动机	≤3	1.0	1.25	1.75
	>3~10	1.25	1.50	2.0
	>10~24	1.50	1.75	2.25
1~3 缸活塞发动机	≤3	1.25	1.50	2.0
	>3~10	1.50	1.75	2.25
	>10~24	1.75	2.00	2.50

注：U—平衡载荷；M—中等冲击载荷；H—重型冲击载荷；工作机械的载荷分类见表 17-160。

表 17-161　环境温度系数 K_W、功率利用系数 K_A

系数	冷却方式	环境温度/℃	每小时运转率(%) 100	80	60	40	20
K_W	减速器不附加外冷却装置	10	1.12	1.18	1.30	1.51	1.93
		20	1.0	1.06	1.16	1.35	1.78
		30	0.89	0.93	1.02	1.33	1.52
		40	0.75	0.87	0.9	1.01	1.34
		50	0.63	0.67	0.73	0.85	1.12
	减速器附加散热器	10	1.1	1.32	1.54	1.76	1.98
		20	1.0	1.2	1.4	1.6	1.8
		30	0.9	1.08	1.26	1.44	1.62
		40	0.85	1.02	1.19	1.36	1.53
		50	0.5	0.96	1.12	1.29	1.44

系数	减速器型式	功率利用率 $P_1/P_{P1}\times100\%$ 100	80	60	40
K_A	DBY　DCY	1	0.96	0.89	0.79

表 17-162　工作机械载荷分类

工作机械	载荷分类	工作机械	载荷分类	工作机械	载荷分类
挖掘机和堆料机		螺旋输送机	U	辊式磨机	H*
链斗式挖掘机	H	装配线输送机	U	轧钢机	
行走装置(履带式)	H	板式输送机	M	板材翻转机	M*
行走装置(轨道式)	M	链式输送机	M	推锭机	H*
斗轮堆料机	H	中等载荷和重载荷		拉管机	H*
切割头	H	装配线输送机	M	连铸机	H*
旋转机构	M	带式输送机	M*	管材焊接机	H*
钢缆卷筒	M	载人电梯	M	板材,钢坯剪切机	H*
提升机	M	斗式提升机	H*	起重机	
采矿、矿山工业		带式输送机(件货,大块,散料)	H*	臂架摆动机	U
混凝土搅拌机	M	链式(振动、板式、螺旋)输送机	H	运行机构	M
破碎机	H	货物电梯	H	提升机构	M
转炉	H*	吊斗提升机	H*	变幅机构	M
分选机	M	斜梯式输送机(扶梯)	M*	造纸机械	
混合机	M	木材工业		叠层机	H*
大型通风机(矿用)	M*	滚式去皮机	H	打光机	H*
输送机		刨削机	M	轮压机	M*
平稳载荷和中等载荷		磨机		胶式压力机	H*
斗式提升机	M	锤式磨机	H*	湿性压榨机	H*
锅炉用输送机	M	球磨机	H*	吸入式压榨机	H*

（续）

工作机械	载荷分类	工作机械	载荷分类	工作机械	载荷分类
钢铁工业		弯板机	M*	挤压机(塑料)	M*
铸造起重机(提升齿轮)	H*	钢板矫直机	H*	轮压机	M*
石渣车	U*	锻锤	H*	揉压机(橡胶)	M*
烧结带	M*	刨削机	H	混合机	M*
破碎机	H*	曲柄(偏心)压力机	H	粉碎机(橡胶)	M*
汽车倾卸机	H*	锻压机	H	辊式破碎机(橡胶)	H*
金属加工		橡胶与塑料			
卷压机	H	挤压机(橡胶)	H*		

注：U—平衡载荷；M—中等冲击载荷；H—重型冲击载荷；*—每天 24h 连续工作，表 17-160 中 K_A 值要增大 10%。

17.6.2 起重机用三支点 QJ 型减速器

QJ 至斜齿圆柱齿轮减速器，适用于起重机的各种机构，也可用于运输、冶金、矿山、化工、轻工等各种机械设备的传动中。其工作条件为齿轮圆周速度不大于 16m/s；高速轴转速不大于 1000r/min；工作环境温度为 -40～45℃；可正反两方向运转；允许输出轴瞬时最大转矩为 2.7 倍的额定转矩。减速器是三支点安装型式。

17.6.2.1 型式和标记方法

（1）结构型式　QJ 型减速器分为 R 型（二级）、S 型（三级）和 RS 型（二、三级结合）三种型式，如图 17-12 所示。

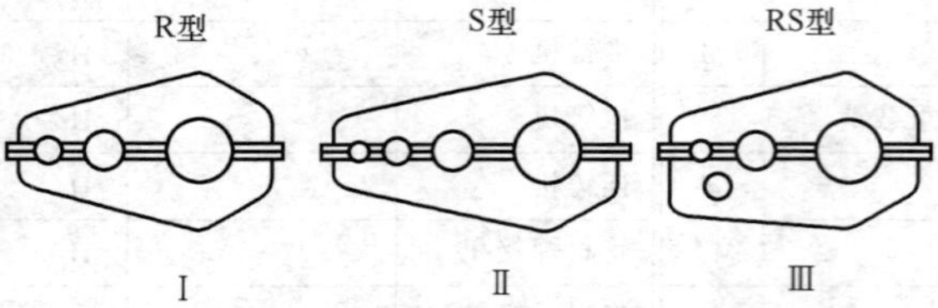

图 17-12　QJ 型减速器结构型式

（2）装配型式　共九种，如图 17-13 所示。

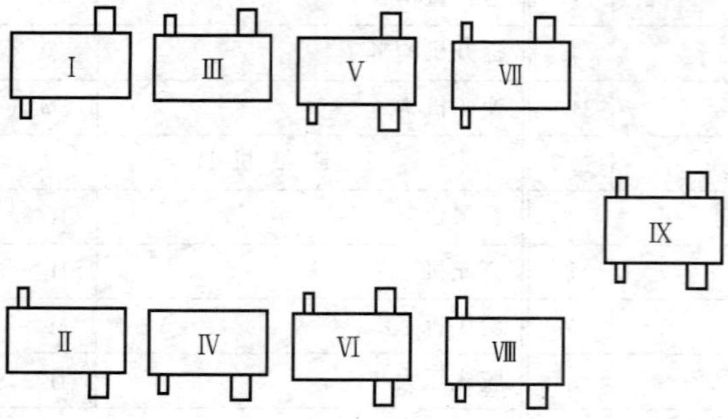

图 17-13　QJ 型减速器装配型式

（3）安装型式　如图 17-14 所示，可以采用卧式 W 或立式 L（V）安装。在 ±α 角范围内为卧式安装，在 L 角范围内为立式安装。α 角的大小与传动比有关，应保证中间级的大齿轮浸油 1～2 个齿高深度。

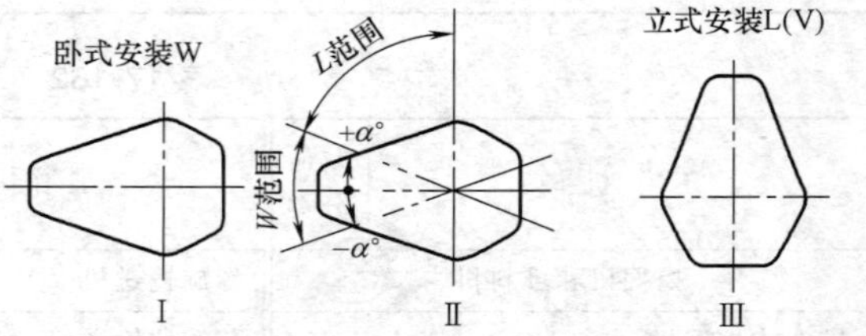

图 17-14　安装型式

（4）轴端型式　高速轴端采用圆柱形轴伸平键连接。输出轴端有 C 型、H 型和 P 型三种型式，其尺寸见表 17-163。

（5）中心距　减速器以输出级中心距为名义中心距 a。

（6）标记示例　起重机减速器三级传动，名义中心距 560mm，公称传动比 50，装配型式第 Ⅲ 种，输出轴端为齿轮轴端，卧式安装。标记如下：

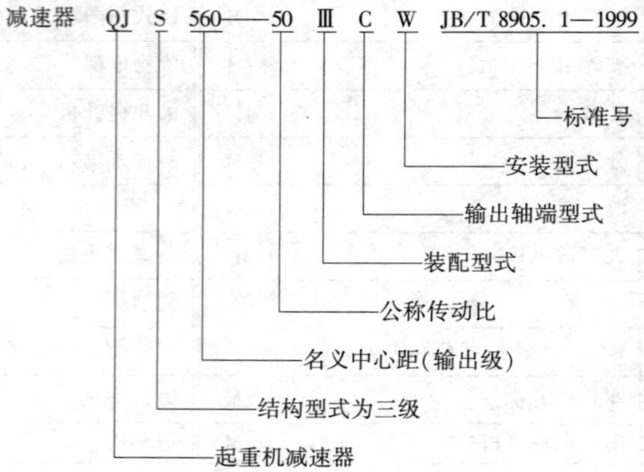

17.6.2.2 外形尺寸（见表 17-163～表 17-166）

表 17-163 减速器输出轴端的型式和尺寸

（单位：mm）

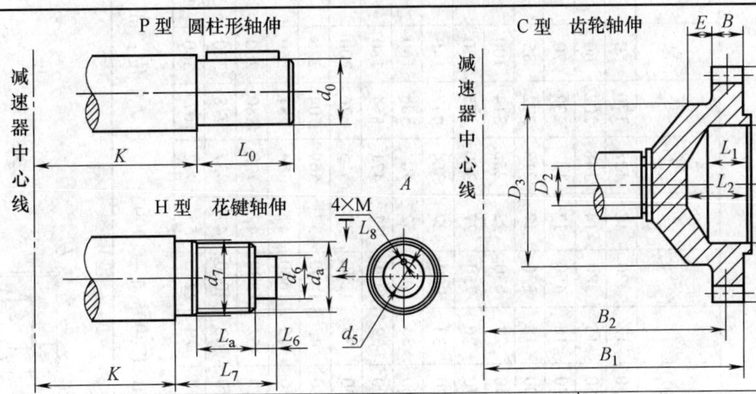

名义中心距 a_1	K	P 型		C 型											H 型									
		d_0	L_0	$m \times z$	D	D_1 (H7)	D_2	D_3	B_1	B_2	B	E	L_1	L_2	$m \times z$	d_4 (h11)	L_a	d_6 (k6)	L_6	d_7 (k6)	L_7	d_5	M	L_8
140	130	48	82												3×15	48	35	40	23	50	78	25	6	12
170	140	55	82												3×18	57	35	50	27	60	82	30	6	12
200	195	65	105												3×22	69	40	60	30	70	90	40	8	16
236	225	80	130	3×56	174	90	40	135	279.5	253	25	25	45	60	3×27	84	45	70	30	85	95	50	8	16
280	250	90	130	4×56	232	120	40	170	302.5	271	35	25	50	75	5×18	95	55	80	35	100	125	60	8	16
335	280	110	165	4×56	232	120	40	170	339.5	308	35	25	50	75	5×22	115	60	100	40	120	135	70	10	20
400	340	310 (140)	200	6×56	348	170	45	260	402	370	40	32	76	100	5×26	135	75	120	45	140	155	90	10	20
450	366	150	200	6×56	348	170	45	260	429	397	40	32	76	100	5×30	155	80	140	50	160	165	100	12	25
500	410	170 (180)	240	8×54	448	200	105	260	482	442	50	32	78	100	5×34	175	90	160	55	180	180	120	12	25
560	445	190 (200)	280	10×48	500	200	105	280	570	505	60	35	78	110	5×38	195	100	180	55	200	190	140	12	25
630	495	220	280												8×26	216	110	190	60	222	205	160	12	25
710	565	250 (260)	330												8×30	248	125	220	60	254	220	180	16	32
800	615	280	380												8×34	280	140	250	60	286	235	200	16	32
900	670	320	380												8×38	312	155	280	70	318	260	220	20	40
1000	740	360	450												8×44	360	175	320	75	366	285	250	20	40

表 17-164　QJR 减速器外形尺寸（摘自 JB/T 8905.1—1999）　　（单位：mm）

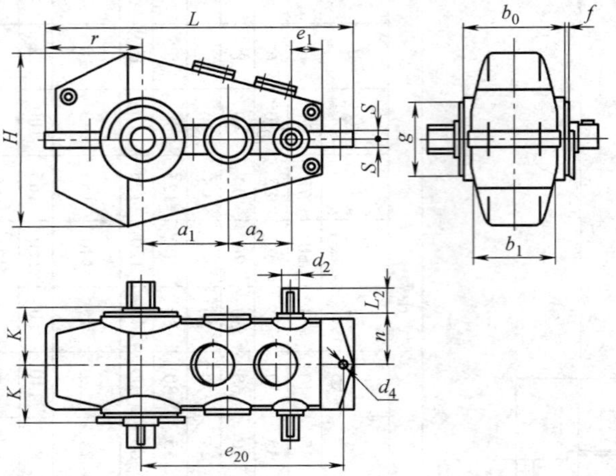

名义中心距 a_1	a_2	a_{02}	输入轴端 d_2	输入轴端 L_2	L	H	n	K	$b_{0\ -0.5}^{\ 0}$	$f_{\ 0}^{+0.1}$	g (h9)	d_4	e_{20}	S	b_1	r	e_1	质量 /kg
140	100	240	22	50	505	320	120	130	190	16	130	12	320	12	128	170	50	59
170	118	288	28	60	600	386	135	140	215	18	150	15	380	14	148	202	60	85
200	140	340	32	80	707	455	180	195	250	20	170	18	450	17	182	232	70	133
236	170	406	38	80	828	518	210	225	300	20	200	18	530	17	218	272	85	240
280	200	480	48	110	974	584	235	250	335	25	240	22	630	22	255	314	100	330
335	236	571	55	110	1156	733	255	280	400	25	270	26	750	27	300	375	120	590
400	280	680	65	140	1387	867	285	340	475	30	320	33	900	27	364	447	140	850
450	315	765	80	170	1547	990	310	365	530	30	360	33	1000	32	404	506	160	1300
500	355	855	90	170	1720	1130	350	410	600	40	400	39	1120	32	471	554	180	1760
560	400	960	100	210	1922	1270	385	445	670	40	430	39	1250	37	515	626	200	2600
630	450	1080	110	210	2156	1380	425	495	750	40	480	45	1400	37	569	704	225	3550
710	500	1210	120	210	2433	1540	450	565	850	50	530	45	1600	42	654	781	250	4900
800	560	1360	130	250	2739	1712	490	615	950	50	580	52	1800	42	728	880	280	6600
900	630	1530	150	250	3043	1910	540	670	1060	50	650	62	2000	47	837	978	320	9200
1000	710	1710	170	300	3384	2150	610	740	1180	60	720	70	2240	55	922	1074	360	12000

表 17-165　QJS 减速器外形尺寸（摘自 JB/T 8905.1—1999）　　（单位：mm）

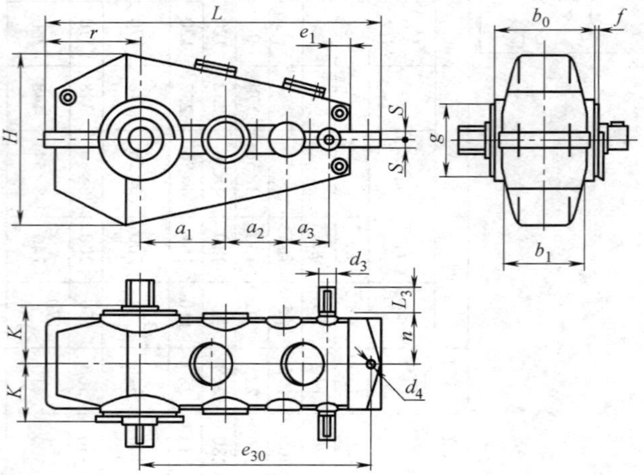

（续）

名义中心距 a_1	a_2	a_3	a_{03}	输入轴端 d_3	输入轴端 L_3	L	H	n	K	$b_{0\ -0.5}^{\ 0}$	$f_{\ 0}^{+0.1}$	g	d_4	e_{30}	S	b_1	r	e_1	质量 /kg
140	100	71	311	18	40	567	320	120	130	190	16	130	12	380	12	128	170	40	64
170	118	85	373	22	50	673	386	135	140	215	18	150	15	450	14	148	202	48	95
200	140	100	440	28	60	793	455	180	195	250	20	170	18	530	17	182	232	56	170
236	170	118	524	32	80	928	518	210	225	300	20	200	18	630	17	218	272	67	256
280	200	140	620	38	80	1024	584	235	250	335	25	240	22	750	22	255	315	80	350
335	236	170	741	45	110	1301	735	255	280	400	25	270	26	900	27	300	375	95	654
400	280	200	880	50	110	1559	867	285	340	475	30	320	33	1060	27	364	447	112	940
450	315	224	989	55	110	1736	990	310	365	530	30	360	33	1180	32	404	506	125	1400
500	355	250	1105	60	140	1930	1130	350	410	600	40	400	39	1320	32	471	554	140	1850
560	400	280	1240	70	140	2162	1270	385	445	670	40	430	39	1500	37	515	626	160	2800
630	450	315	1395	80	170	2426	1380	425	495	750	40	480	45	1700	37	569	704	180	3500
710	500	355	1565	90	170	2738	1540	450	565	850	50	530	45	1900	42	654	781	200	4700
800	560	400	1760	100	210	3084	1712	490	615	950	50	580	52	2120	42	728	880	225	6400
900	630	450	1980	110	210	3423	1910	540	670	1060	50	650	62	2360	47	837	978	250	9000
1000	710	500	2210	130	250	3804	2150	610	740	1180	60	720	70	2650	55	922	1074	280	11700

表 17-166　QJRS 减速器外形尺寸（摘自 JB/T 8905.1—1999）　　（单位：mm）

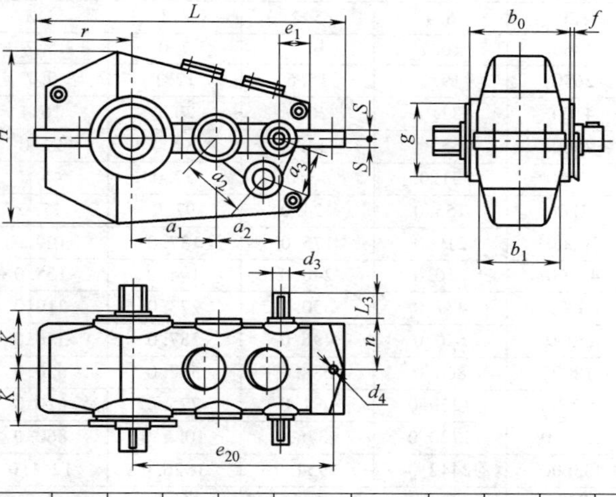

名义中心距 a_1	a_2	a_3	a_{03}	输入轴端 d_3	输入轴端 L_3	L	H	n	K	$b_{0\ -0.5}^{\ 0}$	$f_{\ 0}^{+0.1}$	g	d_4	e_{20}	S	b_1	r	e_1	质量 /kg
140	100	71	311	18	40	505	298	120	130	190	16	130	12	320	12	128	170	50	64
170	118	85	373	22	50	600	375	135	140	215	18	150	15	380	14	148	202	60	94
200	140	100	440	28	60	707	440	180	195	250	20	170	18	450	17	182	232	70	185
236	170	118	524	32	80	828	500	210	225	300	20	200	18	530	17	218	272	85	284
280	200	140	620	38	80	974	562	235	250	335	25	240	22	630	22	255	314	100	380
335	236	170	741	45	110	1156	710	255	280	400	25	270	26	750	27	300	375	120	650
400	280	200	880	50	110	1387	836	285	340	475	30	320	33	900	27	364	447	140	930
450	315	224	989	55	110	1547	980	310	365	530	30	360	33	1000	32	404	506	160	1410
500	355	250	1105	60	140	1720	1060	350	410	600	40	400	39	1120	32	471	554	180	1820
560	400	280	1240	70	140	1922	1240	385	445	670	40	430	39	1250	37	515	626	200	2890
630	450	315	1395	80	170	2156	1370	425	495	750	40	480	45	1400	37	569	704	225	3550
710	500	355	1565	90	170	2433	1530	450	565	850	50	530	45	1600	42	654	781	250	4900
800	560	400	1760	100	210	2739	1691	490	615	950	50	580	52	1800	42	728	880	280	6600
900	630	450	1980	110	210	3043	1900	540	670	1060	50	650	62	2000	47	837	978	320	9200
1000	710	500	2210	130	250	3384	2070	610	740	1180	60	720	70	2240	55	922	1074	360	12000

17.6.2.3　承载能力（见表 17-167～表 17-170）

表 17-167　QJR 减速器工作级别 M5① 时的承载能力

输入轴转速 /r·min^{-1}	名义中心距 a/mm	输出转矩 /N·m	公称传动比					
			10	12.5	16	20	25	31.5
			高速轴许用功率/kW					
600	140	820	5.3	4.3	3.4	2.7	2.1	1.6
	170	1360	9.0	7.2	5.7	4.5	3.5	2.8
	200	2650	15.5	12.4	9.7	7.8	6.2	4.9
	236	4500	26.0	21.0	16.5	13.3	10.5	8.4
	280	7500	44.0	35.0	27.0	22.0	17.6	13.9
	335	12500	73.0	59.0	46.0	37.0	29.0	23.0
	400	21200	124.0	99.0	78.0	62.0	50.0	39.0
	450	30000	176.0	141.0	110.0	83.0	70.0	56.0
	500	42500	249.0	199.0	155.0	124.0	100.0	79.0
	560	60000	351.0	281.0	220.0	176.0	141.0	112.0
	630	85000	497.0	398.0	311.0	249.0	199.0	159.0
	710	118000	691.0	552.0	432.0	345.0	276.0	219.0
	800	170000	995.0	796.0	622.0	497.0	398.0	316.0
	900	236000	1381.0	1105.0	863.0	691.0	552.0	438.0
	1000	335000	1961.0	1568.0	1225.0	980.0	784.0	622.0
750	140	820	6.4	5.2	4.1	3.3	2.6	2.0
	170	1360	10.7	8.8	7.0	5.7	4.5	3.4
	200	2650	19.3	15.5	12.1	9.7	7.7	6.1
	236	4500	33.0	26.0	20.0	16.4	13.4	10.4
	280	7500	55.0	44.0	34.0	27.0	22.0	17.4
	335	12500	91.0	73.0	57.0	46.0	36.0	29.0
	400	21200	155.0	124.0	97.0	77.0	62.0	49.0
	450	30000	219.0	175.0	137.0	109.0	88.0	69.0
	500	42500	310.0	248.0	194.0	155.0	124.0	98.0
	560	60000	437.0	350.0	273.0	219.0	175.0	139.0
	630	85000	620.0	496.0	387.0	310.0	248.0	197.0
	710	118000	860.0	688.0	538.0	630.0	364.0	273.0
	800	170000	1239.0	991.0	775.0	620.0	496.0	393.0
	900	236000	1720.0	1376.0	1025.0	860.0	688.0	546.0
	1000	335000	2442.0	1954.0	1526.0	1221.0	977.0	775.0
1000	140	820	7.9	6.5	5.2	4.2	3.3	2.6
	170	1350	13.2	10.9	8.7	7.1	5.7	4.4
	200	2650	26.0	21.0	16.2	12.9	10.3	8.2
	236	4500	44.0	35.0	27.0	22.0	17.6	13.9
	280	7500	73.0	59.0	46.0	37.0	29.0	23.0
	335	12500	122.0	98.0	76.0	61.0	49.0	39.0
	400	21200	207.0	165.0	129.0	103.0	83.0	66.0
	450	30000	293.0	234.0	183.0	146.0	117.0	93.0
	500	42500	415.0	332.0	259.0	207.0	166.0	132.0
	560	60000	585.0	468.0	366.0	293.0	234.0	186.0
	630	85000	829.0	665.0	518.0	415.0	332.0	263.0
	710	118000	1151.0	921.0	719.0	576.0	460.0	365.0
	800	170000	1668.0	1327.0	1036.0	829.0	663.0	526.0
	900	236000	2302.0	1842.0	1439.0	1151.0	921.0	731.0
	1000	335000	3268.0	2614.0	2042.0	1634.0	307.0	1037.0

① GB/T 3811—2008《起重机设计规范》，将起重机各机构的工作级别分为 M1～M8 八种，见本手册第 24 章，表24-6。

表 17-168　QJR 减速器连续工作①时的承载能力

输入轴转速/(r/min)	名义中心距 a/mm	输出转矩/N·m	公称传动比					
			10	12.5	16	20	25	31.5
			高速轴许用功率/kW					
600	140	410	2.7	2.2	1.7	1.4	1.1	0.8
	170	680	4.5	3.6	2.9	2.3	1.8	1.4
	200	1325	7.8	6.2	4.9	3.9	3.1	2.5
	236	2250	13.0	10.5	6.3	6.6	5.3	4.2
	280	3750	22.0	17.5	13.5	11.0	8.8	7.0
	335	6250	36.5	29.5	23.0	18.5	14.5	11.5
	400	10600	62.0	49.5	39.0	31.0	25.0	19.5
	450	15000	88.0	70.5	55.0	44.0	35.0	28.0
	500	21250	124.5	99.5	77.5	62.0	50.0	39.5
	560	30000	175.5	140.5	110.0	88.0	70.5	56.8
	630	42500	248.5	199.0	155.5	124.5	99.5	79.0
	710	59000	345.5	276.0	216.0	172.5	138.0	109.5
	800	85000	497.5	398.0	311.0	248.5	199.0	158.0
	900	118000	690.5	552.5	431.5	345.5	276.0	219.0
	1000	167500	980.5	784.0	612.5	490.0	392.0	311.0
750	140	410	3.2	2.6	2.1	1.7	1.3	1.0
	170	680	5.4	4.4	3.5	2.9	2.3	1.7
	200	1325	9.7	7.8	6.1	4.9	3.9	3.1
	236	2250	16.5	13.0	10.5	8.2	6.6	5.2
	280	3750	27.5	22.0	17.0	13.5	11.0	8.7
	335	6250	45.5	36.5	38.5	23.0	18.0	14.5
	400	10600	77.5	62.0	48.5	38.5	31.0	24.5
	450	15000	109.5	87.5	68.5	54.5	44.0	34.5
	500	21250	155.0	124.0	97.0	77.5	62.0	49.0
	560	30000	218.5	175.0	136.5	109.5	87.5	69.5
	630	42500	310.0	298.0	198.5	155.0	124.0	98.5
	710	59000	430.0	344.0	269.0	215.0	172.0	136.5
	800	85000	619.5	495.5	387.5	310.0	248.0	196.5
	900	118000	860.0	688.0	537.5	430.0	344.0	273.0
	1000	167500	1221.0	977.0	763.0	610.5	488.5	387.5
1000	140	410	3.9	3.2	2.6	2.1	1.6	1.3
	170	680	6.6	5.4	4.3	3.5	2.8	2.2
	200	1325	13.0	10.5	8.1	6.4	5.1	4.1
	236	2250	22.0	17.5	13.5	11.0	8.8	6.9
	280	3750	36.5	29.5	23.0	18.5	14.5	11.5
	335	6250	61.0	49.0	38.0	30.5	24.5	19.5
	400	10600	103.5	82.5	64.5	51.5	41.5	33.0
	450	15000	146.5	117.0	91.5	73.0	58.5	46.5
	500	21250	207.5	166.0	129.5	103.5	83.0	66.0
	560	30000	292.5	234.0	183.0	146.5	117.0	93.0
	630	42500	414.5	331.5	259.0	207.5	166.0	131.5
	710	59000	575.5	460.5	359.5	288.0	230.0	182.5
	800	85000	829.0	663.5	518.0	414.5	331.5	263.0
	900	118000	1151.0	921.0	719.5	575.5	460.5	365.5
	1000	167500	1634.0	1307.0	1021.0	817.0	653.5	518.5

① 连续工作类型减速器，推荐用于除起重机以外的其他各种机械设备中。

表 17-169　QJS、QJRS 减速器工作级别 M5 时的承载能力

输入轴转速 /(r/min)	名义中心距 a/mm	输出转矩 /N · m	公称传动比							
			40	50	63	80	100	125	160	200
			高速轴许用功率/kW							
600	140	820	1.5	1.4	1.5	0.8	0.6	0.5	0.4	0.3
	170	1360	2.5	2.1	1.6	1.3	1.0	0.8	0.6	0.5
	200	2650	3.9	3.1	2.5	1.9	1.6	1.2	1.0	0.8
	236	4500	6.6	5.3	4.2	3.3	2.6	2.1	1.7	1.3
	280	7500	11.0	8.8	7.0	5.5	4.4	3.5	2.7	2.2
	335	12500	18.3	14.6	11.6	9.1	7.3	5.9	4.6	3.7
	400	21200	31.0	25.0	19.7	15.5	12.4	9.9	7.8	6.2
	450	30000	44.0	35.0	28.0	22.0	17.6	14.1	11.0	8.8
	500	42500	62.0	50.0	40.0	31.0	25.0	19.9	15.6	12.4
	560	60000	88.0	70.0	56.0	44.0	35.0	28.0	22.0	17.6
	630	85000	124.0	100.0	79.0	62.0	50.0	40.0	31.0	25.0
	710	118000	173.0	138.0	118.0	86.0	68.0	55.0	43.0	35.0
	800	170000	249.0	199.0	158.0	124.0	100.0	80.0	62.0	50.0
	900	236000	345.0	276.0	219.0	173.0	138.0	111.0	86.0	69.0
	1000	335000	490.0	392.0	311.0	245.0	196.0	157.0	123.0	98.0
750	140	820	1.8	1.5	1.2	1.0	0.8	0.6	0.5	0.4
	170	1360	3.1	2.6	2.0	1.6	1.3	1.0	0.8	0.6
	200	2650	4.8	3.9	3.1	2.4	1.9	1.6	1.2	4.0
	236	4500	8.2	6.6	5.2	4.1	3.3	2.6	2.1	1.9
	280	7500	13.7	10.9	8.7	6.8	5.5	4.4	3.4	2.7
	335	12500	23.0	18.2	14.5	11.4	9.1	7.3	5.7	4.6
	400	21200	39.0	31.0	25.0	19.3	15.5	12.4	9.7	7.7
	450	30000	55.0	44.0	35.0	27.0	22.0	17.5	19.7	10.9
	500	42500	78.0	62.0	49.0	39.0	31.0	25.0	19.4	15.5
	560	60000	109.0	88.0	69.0	55.0	44.0	35.0	27.0	22.0
	630	85000	155.0	124.0	98.0	78.0	62.0	50.0	39.0	31.0
	710	115000	215.0	172.0	137.0	108.0	86.0	69.0	54.0	43.0
	800	170000	310.0	248.0	197.0	155.0	124.0	99.0	78.0	62.0
	900	236000	430.0	344.0	273.0	215.0	172.0	138.0	108.0	86.0
	1000	335000	611.0	488.0	388.0	305.0	244.0	195.0	153.0	122.0
1000	140	820	2.3	1.9	1.5	1.2	1.0	0.8	0.6	0.5
	170	1360	3.9	3.2	2.6	2.1	1.7	1.3	1.0	0.8
	200	2650	6.5	5.2	4.1	3.2	2.6	2.1	1.6	1.3
	236	4500	11.0	8.8	7.0	5.5	4.4	3.5	2.7	2.2
	280	7500	18.3	14.6	11.6	9.1	7.3	5.9	4.6	3.7
	335	12500	31.0	24.0	19.4	15.2	12.2	9.8	7.6	6.1
	400	21200	52.0	41.0	33.0	26.0	21.0	16.5	12.9	10.3
	450	30000	73.0	59.0	47.0	37.0	29.0	23.0	18.3	14.6
	500	42500	104.0	83.0	66.0	52.0	42.0	33.0	26.0	21.0
	560	60000	146.0	117.0	95.0	73.0	59.0	47.0	37.0	29.0
	630	85000	207.0	166.0	132.0	104.0	83.0	66.0	52.0	42.0
	710	118000	288.0	230.0	183.0	144.0	115.0	92.0	72.0	58.0
	800	170000	415.0	332.0	263.0	207.0	166.0	133.0	104.0	83.0
	900	236000	576.0	460.0	365.0	288.0	230.0	184.0	144.0	115.0
	1000	335000	827.0	654.0	529.0	488.0	327.0	261.0	204.0	163.0

表 17-170 QJS、QJRS 减速器连续工作时的承载能力

输入轴转速/(r/min)	名义中心距 a_1/mm	输出转矩/N·m	公称传动比							
			40	50	63	80	100	125	160	200
			高速轴许用功率/kW							
600	140	410	0.8	0.7	0.5	0.4	0.3	0.3	0.2	0.1
	170	680	1.3	1.1	0.8	0.7	0.5	0.4	0.3	0.2
	200	1325	2.0	1.6	1.3	1.0	0.8	0.6	0.5	0.4
	236	2250	3.3	2.7	2.1	1.7	1.3	1.1	0.9	0.7
	280	3750	5.5	4.4	3.5	2.8	2.2	1.8	1.4	1.1
	335	6250	9.2	7.3	5.8	4.6	3.7	3.0	2.3	1.9
	400	10600	15.5	12.5	9.9	7.8	6.2	5.0	3.9	3.4
	450	15000	22.0	17.5	14.0	11.0	8.8	7.1	5.5	4.4
	500	21250	31.0	25.0	20.0	15.5	12.5	10.0	7.8	6.2
	560	30000	44.0	35.0	28.0	22.0	17.5	14.0	11.0	8.0
	630	42500	62.0	50.0	39.5	31.0	25.0	20.0	15.5	12.5
	710	59000	86.5	69.0	55.0	43.0	34.5	27.5	21.5	17.5
	800	85000	124.5	99.5	79.0	62.0	50.0	40.0	31.0	25.0
	900	118000	172.5	138.0	109.5	86.5	69.0	55.5	43.0	34.5
	1000	167500	245.0	196.0	155.5	122.5	98.0	78.5	61.5	49.0
750	140	410	0.9	0.8	0.6	0.5	0.4	0.3	0.2	0.1
	170	680	1.6	1.3	1.0	0.8	0.7	0.5	0.4	0.3
	200	1325	2.4	2.0	1.6	1.2	1.0	0.8	0.6	0.5
	236	2250	4.1	3.3	2.6	2.1	1.7	1.3	1.1	0.8
	280	3750	6.9	5.5	4.4	3.4	2.8	2.2	1.7	1.3
	335	6250	11.5	9.1	7.3	5.7	4.6	3.7	2.9	2.3
	400	10600	19.5	15.5	12.5	9.7	7.8	6.2	4.9	3.9
	450	15000	27.5	22.0	17.5	13.5	11.0	8.8	6.9	5.5
	500	21250	39.0	31.0	24.5	19.5	15.5	12.5	9.7	7.8
	560	30000	54.5	44.0	34.5	27.5	22.0	17.5	13.5	11.0
	630	42500	77.5	62.0	49.0	39.0	31.0	25.0	19.5	15.5
	710	59000	107.5	86.0	68.5	54.0	43.0	34.5	27.0	21.5
	800	85000	155.0	124.0	98.5	77.5	62.0	49.5	39.0	31.0
	900	118000	215.0	172.0	136.5	107.5	86.0	69.0	54.0	43.0
	1000	167500	305.5	244.0	194.0	152.5	122.0	97.5	76.5	61.0
1000	140	410	1.1	0.9	0.7	0.6	0.5	0.4	0.5	0.2
	170	680	1.9	1.6	1.3	1.0	0.8	0.6	0.5	0.4
	200	1325	3.2	2.6	2.0	1.6	1.3	1.0	0.8	0.6
	236	2250	5.5	4.4	3.5	2.7	2.2	1.7	1.3	1.1
	280	3750	9.1	7.3	5.8	4.5	3.6	2.9	2.3	1.8
	335	6250	15.5	12.0	9.7	7.6	6.1	4.9	3.8	3.0
	400	10600	26.0	20.5	16.5	13.0	10.5	8.2	6.4	5.1
	450	15000	36.0	29.5	23.5	18.5	14.5	11.5	9.1	7.3
	500	21250	52.0	41.5	33.0	26.0	21.0	16.5	13.0	10.5
	560	30000	73.0	58.5	46.5	36.5	29.5	23.5	18.5	14.5
	630	42500	103.5	83.0	66.0	52.0	41.5	33.0	26.0	21.0
	710	59000	144.0	115.0	91.5	72.0	57.5	46.0	36.0	29.0
	800	85000	207.5	166.0	131.5	103.5	83.0	66.5	52.0	41.5
	900	118000	288.0	230.0	182.5	144.0	115.0	92.0	72.0	57.5
	1000	167500	408.5	327.0	259.5	204.0	163.5	130.5	102.0	81.5

17.6.2.4 选用方法

选择减速器时，首先要满足传动比的要求，然后求名义功率，计算公式为

$$P_n=\frac{P_c}{K}\approx\frac{K_AP}{K}\leqslant P_p \tag{17-26}$$

式中 P_c——计算功率，应按专业机器的规定来确定，如无可靠数据，可按 $P_c=K_AP$ 近似求之；

K_A——工况系数，查表 17-160；

P——传递的功率（kW）；

K——系数，查表 17-171；

P_p——减速器的许用功率，见表 17-167～表 17-170。

表 17-171 系数 *K*

减速器平均每天运转时间/h	≤1	1～3	3～6	1～3	≤1	>6	3～6	1～3	>6	>3
平均负荷	轻	中	轻	中	额定	轻	中	额定	中	额定
起重机载荷状态	Q1		Q2			Q3			Q4	
系数 K	1.25		1			0.80			0.63	

注：起重机载荷状态分类见表 17-172。

表 17-172 起重机载荷状态分类

起重设备名称	载荷状况	起重设备名称	载荷状况
电站用桥式起重机	Q1	砸铁起重机	Q2～Q3
金工车间装卸用起重机	Q1	脱锭起重机	Q3～Q4
仓库起重机	Q1～Q2	均热炉起重机	Q2～Q3
车间的吊钩起重机	Q2	平炉装料起重机	Q3～Q4
抓斗桥式起重机	Q1～Q3	锻造起重机	Q3～Q4
废料场起重机或电磁起重机	Q2～Q3	悬臂或伸缩臂起重机(根据用途)	—
铸造起重机	Q4	堆料场用轨道式吊钩起重机	Q2～Q3
船坞抓斗起重机	Q2～Q3	轨道式抓斗起重机	Q2～Q4
特殊任务动臂起重机	Q1～Q4	车辆装卸用轨道式吊钩起重机	Q2～Q4
浮游装货起重机	Q1～Q2	装卸桥	Q2～Q4
浮游抓斗起重机	Q1～Q2	轨道式拆卸用起重机	Q1～Q2
建筑起重机	Q1～Q2	集装箱桥式起重机或动臂起重机	Q2～Q3
铁路急救起重机	Q1	装卸用动臂起重机	Q1～Q2
甲板起重机	Q2	吊钩动臂起重机	Q2～Q3
步行式起重机	Q2～Q3	抓斗动臂起重机	Q2～Q4
桅杆动臂起重机	Q1	造船动臂起重机	Q2
单轨起重机(根据用途)	—	船坞装货起重机	Q2～Q3

表 17-173 输出轴端最大允许径向载荷（当 $n=1000\text{r/min}$ 时）　　（单位：N）

名义中心距 a/mm		140	170	20	236	280	335	400	450	500	560	630	710	800	900	1000
最大允许径向载荷	R 级	5000	7000	9000	15000	21000	28000	35000	55000	60000	75000	100000	107000	120000	150000	200000
	S 级 RS 级	5000	8000	10000	15000	30000	37000	55000	64000	93000	120000	150000	170000	200000	240000	270000

减速器输出轴端最大允许径向载荷（当 $n_1=1000\text{r/min}$ 时）列于表 17-173。

【例 17-8】 选择炼钢车间使用的铸造起重机的减速器。已知 $P_c=80\text{kW}$，$n=750\text{r/min}$，$i=100$

【解】 由表 17-171 及表 17-172，查出载荷状态为 Q4，经常是额定载荷，所以 $K=0.63$。

$$P_n=\frac{P_c}{K}=\frac{80}{0.63}\text{kW}=127\text{kW}$$

查表 17-169，选用 $a=800\text{mm}$，$P_p=124\times\frac{750}{710}\text{kW}=131\text{kW}$，故合适。

17.6.3 起重机底座式减速器

JB/T 8905.2—1999 中有 QJR-D、QJS-D 和 QJRS-D 三个系列起重机底座式减速器。这种减速器除了外形尺寸及输出轴端的 K 值（见表 17-163）

与 JB/T 8905.1—1999 不同外，其他如适用范围、结构型式、装配型式、轴端型式、中心距，以及承载能力和选择方法等都一样。因此，除外形尺寸本节单列外（见表 17-174～表 17-176），其他都按 17.6.2 节（JB/T 8905.1—1999）相应的表图查，本节省略。

标记标例：起重机带底座的二级减速器，名义中心距 $a=560$mm，公称传动比 $i=20$，第Ⅳ种装配型式，轴端型式为 P 型，标记如下：

减速器　QJR-D560-20ⅣP　JB/T 8905.2—1999

表 17-174　QJR-D 减速器的外形尺寸（摘自 JB/T 8905.2—1999）　　（单位：mm）

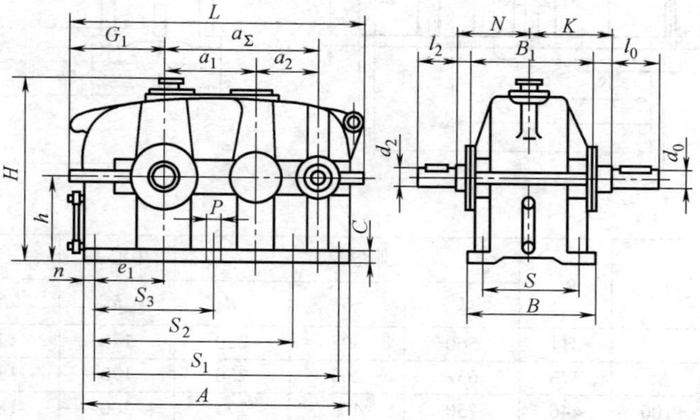

名义中心距 a_1	a_2	a_Σ	外形尺寸 L	H	B	中心高 h	输入轴端 N	d_2	l_2
140	100	240	494	305	220	140	120	22	50
170	118	288	577	365	250	170	135	28	60
200	140	340	664	425	270	200	180	32	80
236	170	406	796	497	330	236	210	38	80
280	200	480	925	585	360	280	235	48	110
335	236	571	1100	695	430	335	255	55	110
400	280	680	1380	830	510	400	285	65	140
450	315	765	1462	930	590	450	310	80	170
500	355	855	1622	1030	640	500	350	90	170
560	400	960	1822	1160	710	560	385	100	210
630	450	1080	2037	1300	770	630	425	110	210
710	500	1210	2278	1460	860	710	450	120	210
800	560	1360	2538	1640	980	800	490	130	250
900	630	1530	2860	1840	1100	900	540	150	250
1000	710	1710	3200	2040	1200	1000	610	170	300

名义中心距 a	地脚安装尺寸 S	S_1	S_2	S_3	C	P	孔数(个)	A	B_1	n	G_1	e_1
140	175	380		190	22	18	6	430	190	25	172	117
170	205	460		230	25	18	6	513	215	27	197	138
200	230	550		275	25	18	6	600	250	25	222	165
236	280	660		330	28	23	6	716	300	30	265	195
280	310	780		390	30	23	6	845	340	33	303	230
335	370	940		450	35	27	6	1006	400	35	362	280
400	450	1140		550	40	27	6	1195	490	50	422	325
450	490	1240	1000	600	40	33	8	1350	550	55	481	370
500	540	1390	1120	670	45	33	8	1510	620	60	531	415
560	600	1550	1250	750	50	39	8	1600	690	70	596	460
630	650	1750	1410	850	55	39	8	1905	770	80	666	520
.710	740	1960	1580	950	60	45	8	2130	868	85	744	585
800	830	2195	1770	1060	65	45	8	2390	980	100	824	650
900	950	2480	2000	1200	70	52	8	2700	1130	110	930	740
1000	1050	2750	2220	1320	75	52	8	3020	1220	135	1040	815

注：生产厂：太原重型机器厂、上海起重运输机械厂、银川起重机械厂、大连起重机器厂。

表 17-175　QJRS-D 减速器的外形尺寸（摘自 JB/T 8905.2—1999）　（单位：mm）

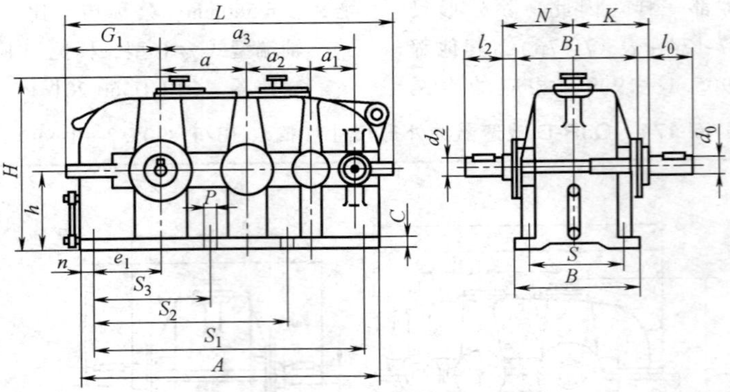

名义中心距 a	a_2	a_1	a_3	外形尺寸			中心高	输入轴端		
				L	H	B	h	N	d_2	l_2
140	100	71	311	560	305	220	140	120	18	40
170	118	85	373	652	265	250	170	135	22	50
200	140	100	440	750	425	275	200	180	28	60
236	170	118	524	896	497	330	236	210	32	80
280	200	140	620	1045	585	360	280	235	38	80
235	236	170	741	1245	695	430	335	255	45	110
400	280	200	880	1461	830	510	400	285	50	110
450	315	224	989	1651	930	590	450	310	55	110
500	355	250	1105	1832	1030	640	500	350	60	140
560	400	280	1240	2062	1160	710	560	385	70	140
630	450	315	1395	2307	1300	770	630	425	80	170
710	500	355	1565	2583	1460	860	710	450	90	170
800	560	400	1760	2883	1640	980	800	490	100	210
900	630	450	1980	3240	1840	1100	900	540	110	210
1000	710	500	2210	3620	2040	1200	1000	610	130	250

名义中心距 a	地脚安装尺寸							A	B_1	n	G_1	e_1
	S	S_1	S_2	S_3	C	P	孔数(个)					
140	175	450		200	22	18	6	496	190	25	172	117
170	205	535		235	25	18	6	588	215	27	197	138
200	230	635		275	25	18	6	686	250	25	222	165
236	280	750		330	28	23	6	816	300	30	265	195
280	310	900		390	30	23	6	965	340	33	303	230
335	370	1050	750	450	35	27	6	1151	400	35	362	280
400	450	1270	900	550	40	27	6	1367	490	50	422	325
450	490	1425	1000	600	40	33	8	1539	550	55	481	370
500	540	1600	1120	670	45	33	8	1720	620	60	531	415
560	600	1780	1250	750	50	39	8	1930	690	70	596	460
630	650	2010	1410	850	55	39	8	2175	770	80	666	520
710	740	2265	1580	950	60	45	8	2435	868	85	744	585
800	830	2535	1770	1060	65	45	8	2735	980	100	824	650
900	950	2860	2000	1200	70	52	8	3080	1130	110	930	740
1000	1050	3170	2220	1320	75	52	8	3440	1220	135	1040	815

注：生产厂同上表。

表 17-176　QJRS-D 减速器的外形尺寸　　（单位：mm）

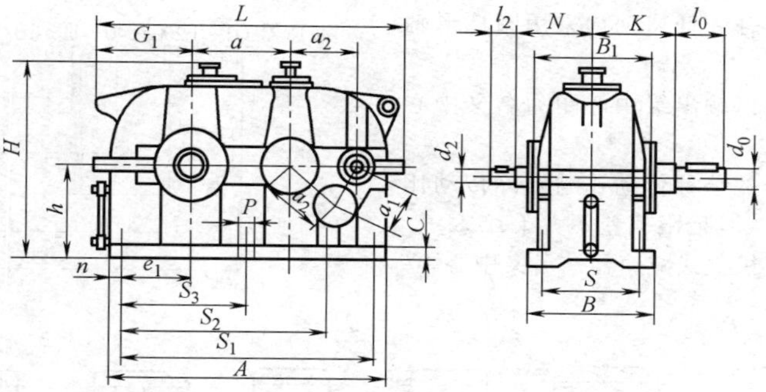

名义中心距	a_2	a_1	a_{03}	外形尺寸			中心高	输入轴端		
				L	H	B	h	N	d_2	l_2
140	100	71	311	494	305	220	140	120	18	40
170	118	85	374	577	365	250	170	135	22	50
200	140	100	440	664	425	275	200	180	28	60
236	170	118	524	796	497	330	236	210	32	80
280	200	140	620	925	585	360	280	235	38	80
335	236	170	741	1100	695	430	335	255	45	90
400	280	200	880	1289	830	510	400	285	50	110
450	315	224	989	1462	930	590	450	310	55	110
500	355	250	1105	1622	1030	640	500	350	60	140
560	400	280	1240	1872	1160	710	580	385	70	140
630	450	315	1395	2037	1300	770	630	425	80	170
710	500	355	1565	2278	1460	860	710	450	90	170
800	560	400	1760	2538	1640	980	800	490	100	210
900	630	450	1980	2860	1840	1100	900	540	110	210
1000	710	500	2210	3200	2040	1200	1000	610	130	250

名义中心距 a	地脚安装尺寸							A	B_1	n	G_1	e_1
	S	S_1	S_2	S_3	C	P	孔数（个）					
140	175	380		190	22	18	6	480	190	25	172	115
170	205	460		230	25	18	6	513	215	26.5	197	138
200	230	550		275	25	18	6	600	250	25	222	165
236	280	660		330	28	23	6	716	300	26	265	195
280	310	780		390	30	23	6	845	340	33	303	230
335	370	940		450	35	27	6	1006	400	33	362	280
400	450	1100		550	40	27	6	1195	490	47	422	325
450	490	1240	1000	600	40	33	8	1350	550	52	481	370
500	540	1390	1120	670	45	33	8	1510	620	57	531	415
560	600	1550	1250	750	50	39	8	1690	690	67	596	460
630	650	1750	1410	850	55	39	8	1905	770	77.5	666	520
710	740	1960	1580	950	60	45	8	2130	860	85	744	585
800	830	2195	1770	1060	65	45	8	2390	980	97.5	824	650
900	950	2480	2000	1300	70	52	8	2700	1100	110	930	740
1000	1050	2750	2220	1320	75	52	8	3020	1200	135	1040	815

17.6.4　起重机用立式减速器

JB/T 8905.3—1999 中有 QJ-L 型立式斜齿圆柱齿轮减速器，主要适用于起重机的运行机构，也可用于运输、冶金、矿山、化工及轻工等机械设备的传动中。其工作条件为齿轮圆周速度不大于 16m/s；高速轴转速不大于 1500r/min；工作环境温度为 -40 ~ 45℃；可正反两方向运转。

17.6.4.1　型式和标记方法

1）结构型式。QJ-L 型减速器为三级传动的立式底座式减速器。

2）装配型式。共有六种，如图 17-15 所示。

3）轴端型式。高速轴和低速轴均采用圆柱形轴伸，平键联接。

4）中心距。减速器以输出级中心距为名义中心距 a_1，其数值见表 17-177。

5）传动比。减速器的公称传动比与实际传动比应符合表 17-178 的规定，其极限偏差不大于±5%。

6）标记示例。起重机立式减速器，名义中心距 $a_1=200$mm，公称传动比 $i=40$，装配型式为第Ⅲ种，标记如下：

减速器 QJ—L200—40　Ⅲ　JB/T 8905.3—1999

- 标准号
- 装配型式
- 公称传动比
- 名义中心距
- 立式
- 起重机减速器

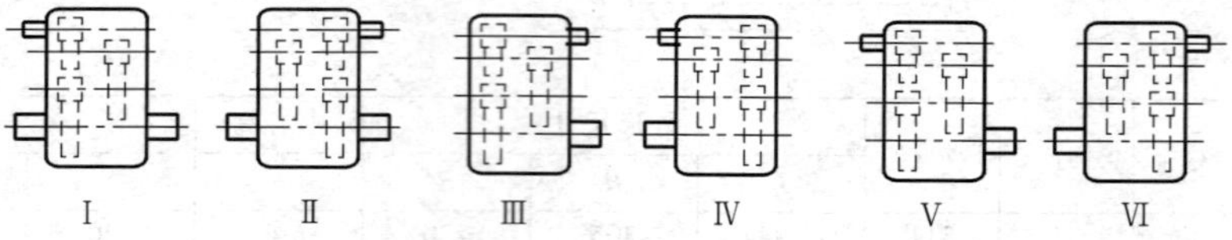

图 17-15　减速器装配型式

表 17-177　减速器的中心距　（单位：mm）

a_1（名义中心距）	140	170	200	236	280	335	400
a_2	100	118	140	170	200	236	280
a_3	71	85	100	118	140	170	200
a_{03}（总中心距）	311	373	440	524	620	741	880

表 17-178　公称传动比与实际传动比

传动比 / a_1/mm	公称传动比							
	16	18	20	22.4	25	28	31.5	35.5
	实际传动比							
140	15.57	17.92	19.96	23.13	24.46	28.59	32.15	35.83
170	15.82	17.86	19.95	22.64	25.44	27.78	31.45	35.22
200	15.78	18.10	20.22	22.23	24.98	27.57	31.21	35.99
236	15.68	18.07	20.21	22.28	25.09	27.77	31.53	34.37
280	16.51	18.19	20.26	22.39	23.69	27.72	31.18	34.83
335	15.70	17.98	20.20	22.18	25.11	27.64	31.58	35.76
400	15.78	18.10	20.22	22.23	24.98	27.57	31.21	36.00

传动比 / a_1/mm	公称传动比								
	40	45	50	56	63	71	80	90	100
	实际传动比								
140	40.30	45.72	49.26	55.20	63.09	68.25	78.00	90.88	103.87
170	39.87	43.34	49.21	56.39	64.04	72.06	81.82	89.29	101.39
200	40.75	44.03	49.95	55.73	63.22	68.12	77.28	86.10	97.67
236	41.13	43.95	50.21	53.36	64.92	71.00	81.11	85.83	98.05
280	39.15	44.41	50.76	53.69	61.36	71.84	82.11	90.04	102.91
335	40.00	45.70	48.76	58.43	62.35	72.82	83.19	93.75	100.04
400	40.75	44.03	49.95	55.73	63.22	68.12	77.28	86.10	97.67

17.6.4.2　外形尺寸和安装尺寸（见表 17-179）

表 17-179　QJ-L 型减速器的外形尺寸和安装尺寸　　　　　（单位：mm）

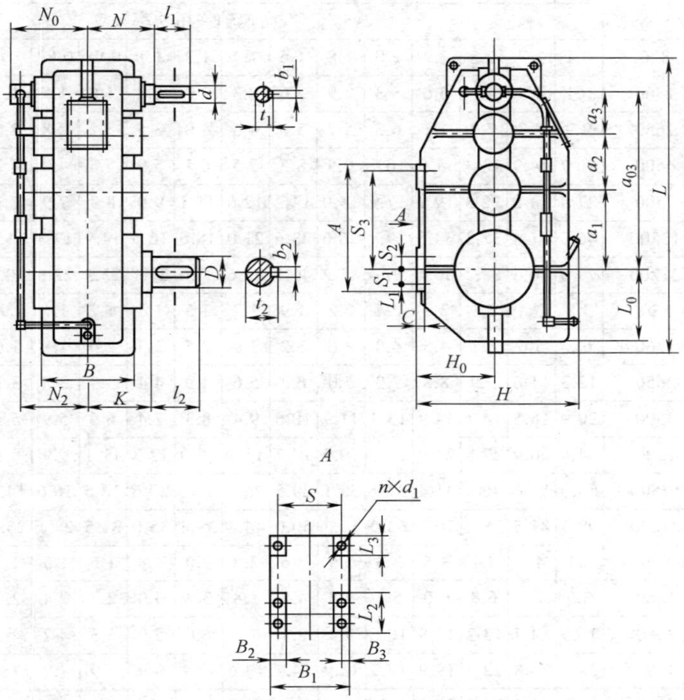

尺寸 型号	中心距				主动轴					被动轴					外形尺寸					
	a_1	a_2	a_3	a_{03}	d	l_1	N	b_1	t_1	D	l_2	K	b_2	t_2	H	B	L	L_0	N_0	N_2
QJ-L140	140	100	71	311	20	50	120	6	22.5	48	82	130	14	51.5	300	190	558	167	103	107
QJ-L170	170	118	85	375	25	50	135	8	28	55	82	50	16	59	355	215	650	192	115	120
QJ-L200	200	140	100	440	28	60	180	8	31	65	105	175	18	69	405	250	747	217	133	137
QJ-L236	236	170	118	524	35	80	210	10	38	80	130	200	22	82	475	300	894	260	158	164
QJ-L280	280	200	140	620	40	110	235	12	43	90	130	220	25	95	557	340	1035	295	277	211
QJ-L335	335	236	170	741	45	110	255	14	48.5	110	165	260	28	116	654	400	1243	357	307	241
QJ-L400	400	280	200	880	55	110	285	16	59	130	200	310	32	137	778	490	1443	412	352	286

尺寸 型号	安装尺寸														重量 /kg
	H_0	A	S	S_1	S_2	S_3	B_1	B_2	B_3	L_1	L_2	L_3	C	d_1	孔数 n	
QJ-L140	138	260	185	30	0	170	245	60	30	30	80	80	20	21	4	77
QJ-L170	168	290	205	35	0	205	265	60	30	25	110	110	25	21	4	112
QJ-L200	193	340	235	40	0	240	295	60	30	30	120	120	25	21	4	165
QJ-L236	230	405	270	55	55	290	330	60	30	30	180	120	30	21	6	249
QJ-L280	265	480	320	60	60	340	400	80	40	40	195	120	30	25	6	364
QJ-L335	315	550	365	60	60	410	445	80	40	40	200	120	35	25	6	647
QJ-L400	380	680	430	70	70	510	520	90	45	50	240	140	40	31	6	1048

17.6.4.3 承载能力（见表 17-180、表 17-181）

表 17-180 QJ-L 型减速器工作级别 M5 时的承载能力

输入轴转速/(r/min)	名义中心距 a_1/mm	输出转速 /N · m	公称传动比 i																
			16.0	18.0	20.0	22.4	25.0	28.0	31.5	35.5	40.0	45.0	50.0	56.0	63.0	71.0	80.0	90.0	100.0
			高速轴许用功率/kW																
600	140	820	3.1	2.7	2.5	2.2	2.0	1.8	1.6	1.4	1.2	1.1	0.98	0.87	0.78	0.69	0.61	0.54	0.52
	170	1360	5.1	4.5	4.1	3.6	3.3	2.9	2.6	2.3	2.0	1.8	1.6	1.5	1.3	1.1	1.0	0.90	0.81
	200	2650	9.9	8.8	7.9	7.1	6.3	5.7	5.0	4.5	4.0	3.5	3.2	2.8	2.5	2.2	2.0	1.8	1.6
	236	4500	16.7	14.9	13.4	11.9	10.7	9.5	8.5	7.5	6.7	5.9	5.3	4.8	4.2	3.7	3.3	2.9	2.6
	280	7500	27.9	24.8	22.3	19.9	17.9	15.9	14.2	12.6	11.1	9.9	8.9	7.9	7.1	6.3	5.6	4.9	4.4
	335	12500	46.6	41.4	37.3	33.3	29.8	26.6	23.6	21.0	18.6	16.5	14.9	13.3	11.8	10.5	9.3	8.2	7.4
	400	21200	79.0	70.3	63.2	56.4	50.6	45.2	40.1	35.6	31.6	28.1	25.3	22.6	20.0	17.8	15.8	14.0	12.6
750	140	820	3.8	3.4	3.1	2.7	2.4	2.2	1.9	1.7	1.5	1.4	1.2	1.1	0.97	0.86	0.76	0.68	0.61
	170	1360	6.3	5.6	5.1	4.5	4.0	3.6	3.2	2.9	2.5	2.3	2.0	1.8	1.6	1.4	1.3	1.1	1.0
	200	2650	12.3	11.0	9.9	8.8	7.9	7.0	6.3	5.6	4.9	4.4	3.9	3.5	3.1	2.8	2.5	2.2	2.0
	236	4500	20.9	18.5	16.7	14.9	13.3	11.9	10.6	9.4	8.3	7.4	6.6	5.9	5.3	4.7	4.1	3.7	3.3
	280	7500	34.8	30.9	27.8	24.9	22.3	19.9	17.7	15.7	13.9	12.3	11.1	9.9	8.8	7.8	6.9	6.2	5.5
	335	12500	58.0	51.6	46.4	41.4	37.1	33.1	29.5	26.1	23.2	20.6	18.5	16.6	14.7	13.0	11.6	10.3	9.2
	400	21200	98.5	87.5	78.8	70.3	63.0	56.3	50.0	44.4	39.4	35.0	31.5	28.1	25.0	22.2	19.7	17.5	15.7
1000	140	820	5.1	4.5	4.1	3.6	3.3	2.9	2.6	2.3	2.0	1.8	1.6	1.5	1.3	1.2	1.0	0.91	0.82
	170	1360	8.5	7.5	6.8	6.0	5.4	4.8	4.3	3.8	3.4	3.0	2.7	2.4	2.2	1.9	1.7	1.5	1.4
	200	2650	16.5	14.7	13.2	11.8	10.6	9.4	8.4	7.4	6.6	5.9	5.3	4.7	4.2	3.7	3.3	2.9	2.6
	236	4500	28.0	24.8	22.3	19.9	17.9	15.9	14.2	12.6	11.1	9.9	8.9	7.9	7.1	6.3	5.6	4.9	4.4
	280	7500	46.6	41.4	37.3	33.3	29.8	26.6	23.6	21.0	18.6	16.5	14.9	13.3	11.8	10.5	9.3	8.2	7.4
	335	12500	77.7	69.0	62.1	55.5	49.7	44.4	39.4	35. 0	31.0	27.6	24.8	22.2	19.7	17.5	15.5	13.8	12.4
	400	21200	131.8	117.1	105.4	94.1	84.3	75.3	66.9	59.4	52.7	46.8	42.1	37.6	33.4	29.7	26.3	23.4	21.0
1500	140	820	7.5	6.7	6.0	5.4	4.8	4.3	3.8	3.4	3.0	2.7	2.4	2.3	2.1	1.8	1.6	1.4	1.2
	170	1360	12.5	11.1	10.0	8.9	8.0	7.1	6.3	5.6	5.0	4.4	4.0	3.8	3.4	3.0	2.6	2.4	2.1
	200	2650	24.3	21.6	19.4	17.3	15.5	13.9	12.3	10.9	9.7	8.6	7.8	7.0	6.6	5.8	5.2	4.6	4.2
	236	4500	41.2	36.6	32.9	29.4	26.3	23.5	20.9	18.5	16.4	14.6	13.2	11.7	10.4	9.2	8.2	7.3	6.6
	280	7500	68.7	61.0	54.9	49.0	43.9	39.2	34.9	30.9	27.4	24.4	21.9	19.6	17.4	15.4	13.7	12.2	11.0
	335	12500	114.5	101.8	91.6	81.8	73.3	65.4	58.1	51.6	45.8	40.7	36.6	32.7	29.0	25.8	22.9	20.3	18.3
	400	21200	194.2	172.6	155.4	138.7	124.3	111.0	98.6	87.5	77.7	69.0	62.1	55.5	49.3	43.7	38.8	34.5	31.0

表 17-181 QJ-L 型减速器连续工作时的承载能力

输入轴转速/(r/min)	名义中心距 a_1/mm	输出转速 /N · m	公称传动比 i																
			16.0	18.0	20.0	22.4	25.0	28.0	31.5	35.5	40.0	45.0	50.0	56.0	63.0	71.0	80.0	90.0	100.0
			高速轴许用功率/kW																
600	140	410	1.5	1.3	1.2	1.0	0.98	0.87	0.78	0.69	0.61	0.54	0.49	0.44	0.39	0.34	0.31	0.27	0.24
	170	680	2.5	2.2	2.0	1.8	1.6	1.4	1.2	1.1	1.0	0.90	0.81	0.72	0.64	0.57	0.51	0.45	0.41
	200	1325	4.9	4.3	3.9	3.5	3.1	2.8	2.5	2.2	1.9	1.7	1.5	1.4	1.2	1.1	0.99	0.88	0.79
	236	2250	8.3	7.4	6.7	6.0	5.3	4.8	4.2	3.7	3.3	2.9	2.6	2.4	2.1	1.8	1.6	1.4	1.3
	280	3750	13.9	12.4	11.1	9.9	8.9	7.9	7.1	6.3	5.6	4.9	4.4	4.0	3.5	3.1	2.8	2.4	2.2
	335	6250	23.3	20.7	18.6	16.6	14.9	13.3	11.8	10.5	9.3	8.2	7.4	6.6	5.9	5.2	4.6	4.1	3.7
	400	10600	39.5	35.1	31.6	28.2	25.3	22.6	20.0	17.8	15.8	14.0	12.6	11.3	10.0	8.9	7.9	7.0	6.3

（续）

输入轴转速/(r/min)	名义中心距 a_1/mm	输出转速/N·m	公称传动比 i																
			16.0	18.0	20.0	22.4	25.0	28.0	31.5	35.5	40.0	45.0	50.0	56.0	63.0	71.0	80.0	90.0	100.0
			高速轴许用功率/kW																
750	140	410	1.9	1.6	1.5	1.3	1.2	1.0	0.97	0.86	0.76	0.68	0.61	0.54	0.48	0.43	0.38	0.34	0.30
	170	680	3.1	2.8	2.5	2.2	2.0	1.8	1.6	1.4	1.2	1.1	1.0	0.90	0.80	0.71	0.63	0.56	0.51
	200	1325	6.1	5.4	4.9	4.4	3.9	3.5	3.1	2.7	2.4	2.1	1.9	1.7	1.5	1.3	1.2	1.0	0.99
	236	2250	10.4	9.2	8.3	7.4	6.6	5.9	5.3	4.7	4.1	3.7	3.3	2.9	2.6	2.3	2.0	1.8	1.6
	280	3750	17.4	15.4	13.9	12.4	11.1	9.9	8.8	7.8	6.9	6.2	5.5	4.9	4.4	3.9	3.4	3.1	2.7
	335	6250	29.0	25.8	23.2	20.7	18.5	16.6	14.7	13.0	11.6	10.3	9.2	8.3	7.3	6.5	5.8	5.1	4.6
	400	10600	49.2	43.7	39.4	35.1	31.5	28.1	25.0	22.2	19.7	17.5	15.7	14.0	12.5	11.1	9.8	8.7	7.8
1000	140	410	2.5	2.2	2.0	1.8	1.6	1.4	1.2	1.1	1.0	0.91	0.82	0.73	0.65	0.57	0.51	0.45	0.41
	170	680	4.2	3.7	3.3	3.0	2.7	2.4	2.1	1.9	1.6	1.5	1.3	1.2	1.0	0.95	0.85	0.75	0.68
	200	1325	8.2	7.3	6.5	5.8	5.2	4.7	4.1	3.7	3.3	2.9	2.6	2.3	2.0	1.8	1.6	1.4	1.3
	236	2250	13.9	12.4	11.1	9.9	8.9	7.9	7.1	6.3	5.6	4.9	4.4	4.0	3.5	3.1	2.8	2.4	2.2
	280	3750	23.3	20.7	18.6	16.6	14.9	13.3	11.8	10.5	9.3	8.2	7.4	6.6	5.9	5.2	4.6	4.1	3.7
	335	6250	38.8	34.5	31.0	27.7	24.8	22.2	19.7	17.5	15.5	13.8	12.4	11.1	9.8	8.7	7.7	6.9	6.2
	400	10600	65.9	58.9	52.7	47.0	42.1	37.6	33.4	29.7	26.3	23.4	21.0	18.8	16.7	14.8	13.1	11.7	10.5
1500	140	410	3.7	3.3	3.0	2.6	2.4	2.1	1.9	1.6	1.5	1.3	1.2	1.0	0.95	0.85	0.75	0.67	0.60
	170	680	6.2	5.5	4.9	4.4	3.9	3.5	3.1	2.8	2.4	2.2	1.9	1.7	1.5	1.4	1.2	1.1	1.0
	200	1325	12.1	10.7	9.7	8.6	7.7	6.9	6.1	5.4	4.8	4.3	3.8	3.4	3.0	2.7	2.4	2.1	1.9
	236	2250	20.6	18.3	16.4	14.7	13.2	11.7	10.4	9.2	8.2	7.3	6.6	5.8	5.2	4.6	4.1	3.6	3.3
	280	3750	34.3	30.5	27.4	24.5	21.9	19.6	17.4	15.4	13.7	12.2	11.0	9.8	8.7	7.7	6.8	6.1	5.5
	335	6250	57.2	50.9	45.8	40.9	36.6	32.7	29.0	25.8	22.9	20.3	18.3	16.3	14.5	12.9	11.4	10.1	9.1
	400	10600	97.1	86.3	77.7	69.3	62.1	55.5	49.3	43.7	38.8	34.5	31.0	27.7	24.6	21.8	19.4	17.2	15.5

17.6.4.4 选用方法

1）QJ-L 型立式减速器主要用于起重机的运行机构。根据 GB/T 3811 的规定，起重机各机构的工作级别分为 M1～M8，共八级。表 17-180 所列是工作级别为 M5 的功率值，若用在其他工作级别时，应按下式进行折算。

$$P_{Mi}=P_{M5}\times1.12^{(5-i)} \qquad (17\text{-}27)$$

式中 P_{Mi}——相对 Mi 工作级别的功率值（kW）；

i——机构工作级别，i=1，2，…，8；

P_{M5}——表 17-180 所列许用功率值（kW）。

2）根据 GB/T 3811，起重机运行机构疲劳计算基本载荷为

$$M_{max}=\varphi_8 M_n \qquad (17\text{-}28)$$

式中 M_n——电动机额定转矩（N·m）；

φ_8——刚性动载系数，φ_8=1.2～2.0。

刚性动载系数 φ_8 与电动机驱动特性和计算零件两侧的转动惯量的比值有关，详见 GB/T 3811—2008 附录 P。

3）根据疲劳计算基本载荷和转速，确定减速器的计算功率 P_{Mij}

$$P_{Mij}=M_{max}n/9549 \qquad (17\text{-}29)$$

式中 M_{max}——疲劳计算基本载荷（N·m）；

n——减速器输入转速（r/min）。

4）根据减速器的计算功率 P_{Mij}、输入转速 n，以及公称传动比选择减速器的型号，使

$$P_{Mij}\leqslant P_{Mi}$$

式中 P_{Mi}——减速器的许用功率。

当机构工作级别为 M5 时，由表 17-180 直接查取；当机构工作级别不是 M5 时，先由表 17-180 查出 P_{M5}，然后按式（17-27）计算出相应的工作级别的许用功率值 P_{Mi}。

【例 17-9】 一台起重量为 50t 的桥式起重机，其小车运行机构的额定功率为 75kW，转速 n=1000r/min，机构工作级别为 M6。试选择立式减速器（传动比 40，第Ⅱ种装配型式）。

【解】 计算电动机的额定转矩

$$M_n=9549P/n=9549\times7.5/1000\text{N·m}=71.6\text{N·m}$$

疲劳计算基本载荷

$$M_{max}=\varphi_8 M_n$$

式中，φ_8=1.6，则

$$M_{max}=1.6\times71.6\text{N·m}=114.6\text{N·m}$$

相对于 M6 工作级别的计算功率

$$P_{M6j}=M_{max}n/9549=114.6\times1000/9549\text{kW}=12\text{kW}$$

初选 QJ-L280-40Ⅱ，查表 17-180，P_{M5}=18.6kW。

按式（17-27）折算为 M6 的功率值为

$$P_{M6}=P_{M5}\times1.12^{5-6}=18.6\times1.12^{-1}\text{kW}=16.6\text{kW}$$

因为 $P_{M6j}<P_{M6}$，所以选择减速器 QJ-L280-40Ⅱ满足要求。

17.7 减速器设计资料

17.7.1 铸铁箱体的结构和尺寸（见表 17-182）

表 17-182　铸铁减速器箱体主要结构尺寸（图 17-16、图 17-17）

名称	符号	减速器型式及尺寸关系/mm			
		齿轮减速器		锥齿轮减速器	蜗杆减速器
箱座壁厚	δ	一级	$0.025a+1\geqslant8$	$0.0125(d_{1m}+d_{2m})+1\geqslant8$ 或 $0.01(d_1+d_2)+1\geqslant8$ d_1、d_2—小、大锥齿轮的大端直径 d_{1m}、d_{2m}—小、大锥齿轮的平均直径	$0.04a+3\geqslant8$
		二级	$0.025a+3\geqslant8$		
		三级	$0.025a+5\geqslant8$		
箱盖壁厚	δ_1	一级	$0.02a+1\geqslant8$	$0.01(d_{1m}+d_{2m})+1\geqslant8$ 或 $0.0085(d_1+d_2)+1\geqslant8$	蜗杆在上：$\approx\delta$ 蜗杆在下： $=0.85\delta\geqslant8$
		二级	$0.02a+3\geqslant8$		
		三级	$0.02a+5\geqslant8$		
箱盖凸缘厚度	b_1	$1.5\delta_1$			
箱座凸缘厚度	b	1.5δ			
箱座底凸缘厚度	b_2	2.5δ			
地脚螺钉直径	d_f	$0.036a+12$		$0.018(d_{1m}+d_{2m})+1\geqslant12$ 或 $0.015(d_1+d_2)+1\geqslant12$	$0.036a+12$
地脚螺钉数目	n	$a\leqslant250$ 时，$n=4$ $a>250\sim500$ 时，$n=6$ $a>500$ 时，$n=8$		$n=\dfrac{底凸缘周长之半}{200\sim300}\geqslant4$	4
轴承旁连接螺栓直径	d_1	$0.75d_f$			
盖与座连接螺栓直径	d_2	$(0.5\sim0.6)d_f$			
连接螺栓 d_2 的间距	l	$150\sim200$			
轴承端盖螺钉直径	d_3	$(0.4\sim0.5)d_f$			
视孔盖螺钉直径	d_4	$(0.3\sim0.4)d_f$			
定位销直径	d	$(0.7\sim0.8)d_2$			

名称	符号	螺栓直径	M6	M8	M10	M12	M14	M16	M18	M20	M22	M24	M27	M30
		C_{1min}	12	14	16	18	20	22	24	26	30	34	38	40
		C_{2min}	10	12	14	16	18	20	22	24	26	28	32	35
d_f、d_1、d_2 至外箱壁距离	C_1													
d_f、d_2 至凸缘边缘距离	C_2													

名称	符号	减速器型式及尺寸关系/mm
轴承旁凸台半径	R_1	$\approx C_2$
凸台高度	h	根据低速级轴承座外径确定
外箱壁至轴承座端面距离	l_1	$C_1+C_2+(5\sim10)$
大齿轮顶圆（蜗轮外圆）与内箱壁距离	Δ_1	$>1.2\delta$
齿轮（锥齿轮或蜗轮轮毂）端面与内箱壁距离	Δ_2	$>\delta$
箱盖、箱座肋厚	m_1、m	$m_1\approx0.85\delta_1$；$m\approx0.85\delta$
轴承端盖外径	D_2	$D+(5\sim5.5)d_3$；D—轴承外径
轴承旁连接螺栓距离	S	尽量靠近轴承，注意保证 Md_1 和 Md_3 互不干涉，一般取 $S\approx D_2$

注：1. 多级传动时，a 取低速级中心距。对圆锥-圆柱齿轮减速器，按圆柱齿轮传动中心距取值。

2. 焊接箱体的箱壁厚度，约为铸造箱体壁厚的 0.7~0.8 倍。

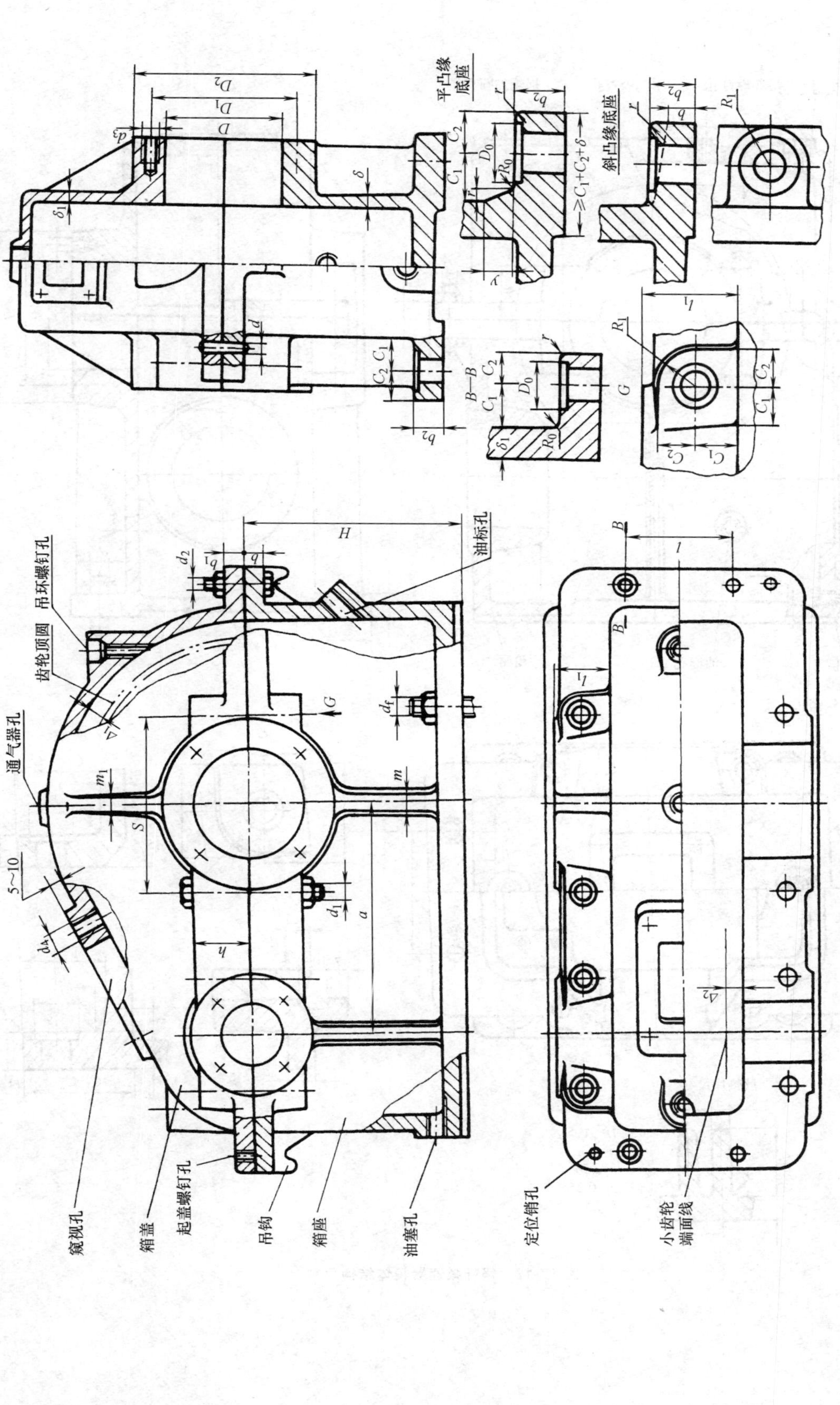

图 17-16 齿轮减速器箱体结构尺寸

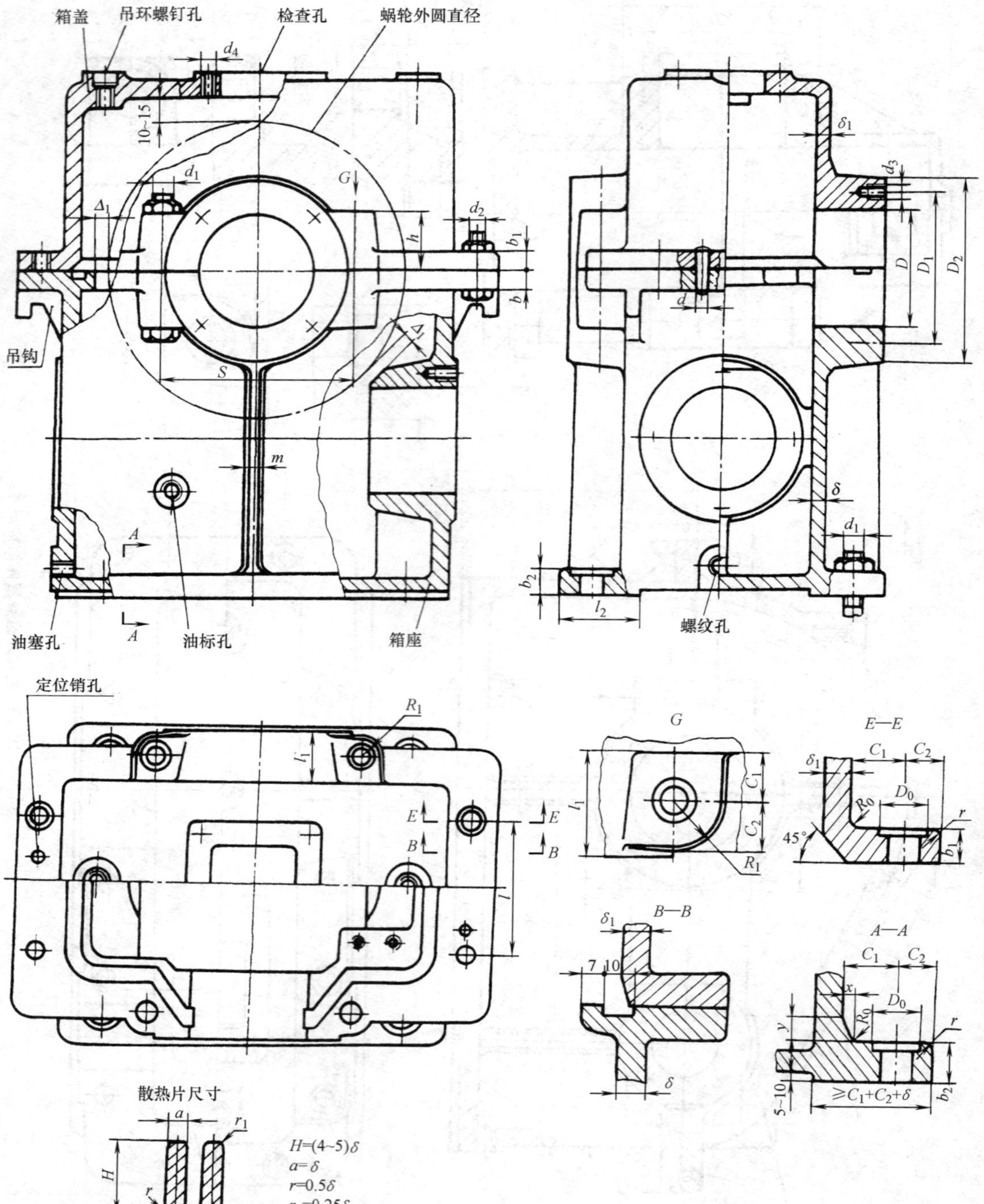

图 17-17　蜗杆减速器箱体结构尺寸

17.7.2 减速器的常用附件（见表 17-183～表 17-186）

表 17-183 杆式油标 （单位：mm）

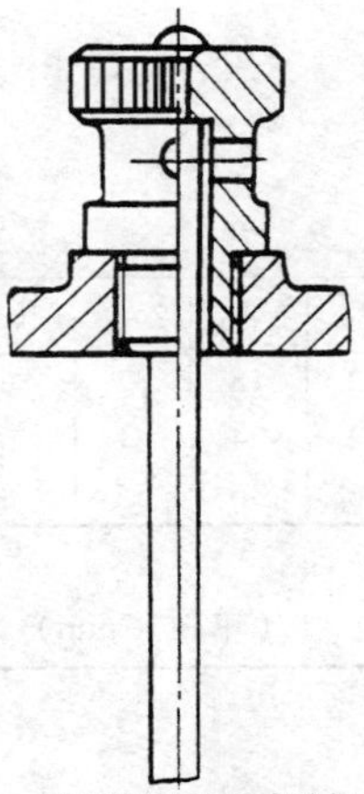

有通气孔的杆式油标

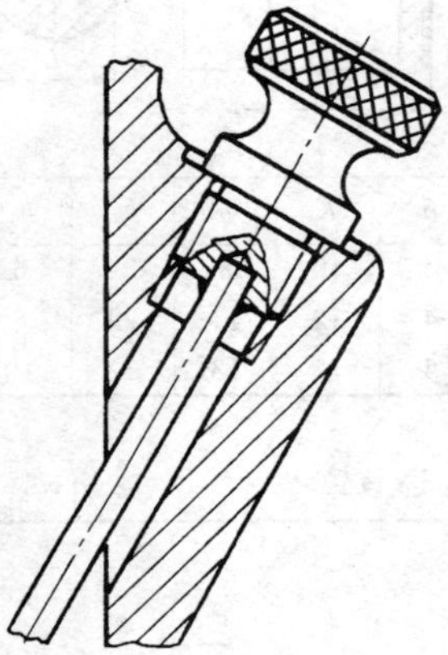

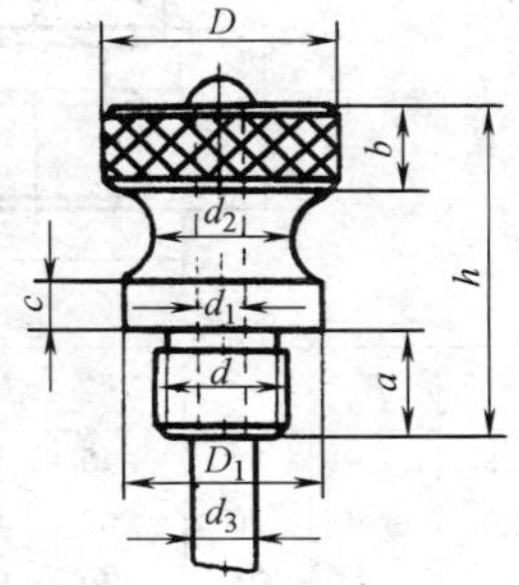

d	d_1	d_2	d_3	h	a	b	c	D	D_1
M12	4	12	6	28	10	6	4	20	16
M16	4	16	6	35	12	8	5	26	22
M20	6	20	8	42	15	10	6	32	26

表 17-184 外六角螺塞、纸封油圈、皮封油圈 （单位：mm）

外六角螺塞

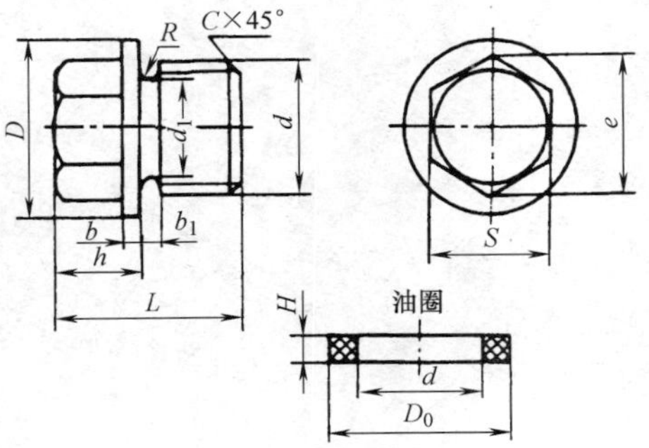

<table>
<tr><th rowspan="2">d</th><th rowspan="2">d₁</th><th rowspan="2">D</th><th rowspan="2">e</th><th rowspan="2">S</th><th rowspan="2">L</th><th rowspan="2">h</th><th rowspan="2">b</th><th rowspan="2">b₁</th><th rowspan="2">R</th><th rowspan="2">C</th><th rowspan="2">D₀</th><th colspan="2">H</th></tr>
<tr><th>纸圈</th><th>皮圈</th></tr>
<tr><td>M10×1</td><td>8.5</td><td>18</td><td>12.7</td><td>11</td><td>20</td><td>10</td><td rowspan="4">3</td><td rowspan="2">2</td><td rowspan="2">0.5</td><td>0.7</td><td>18</td><td rowspan="5">2</td><td rowspan="6">2</td></tr>
<tr><td>M12×1.25</td><td>10.2</td><td>22</td><td>15</td><td>13</td><td>24</td><td rowspan="2">12</td><td rowspan="4">1.0</td><td rowspan="2">22</td></tr>
<tr><td>M14×1.5</td><td>11.8</td><td>23</td><td>20.8</td><td>18</td><td>25</td><td rowspan="3">3</td><td rowspan="7">1</td></tr>
<tr><td>M18×1.5</td><td>15.8</td><td>28</td><td rowspan="2">24.2</td><td rowspan="2">21</td><td>27</td><td rowspan="3">15</td><td>25</td></tr>
<tr><td>M20×1.5</td><td>17.8</td><td>30</td><td rowspan="2">30</td><td rowspan="5">4</td><td>30</td></tr>
<tr><td>M22×1.5</td><td>19.8</td><td>32</td><td>27.7</td><td>24</td><td rowspan="4">1.5</td><td>32</td><td rowspan="4">3</td></tr>
<tr><td>M24×2</td><td>21</td><td>34</td><td>31.2</td><td>27</td><td>32</td><td>16</td><td rowspan="3">4</td><td>35</td><td rowspan="3">2.5</td></tr>
<tr><td>M27×2</td><td>24</td><td>38</td><td>34.6</td><td>30</td><td>35</td><td>17</td><td>40</td></tr>
<tr><td>M30×2</td><td>27</td><td>42</td><td>39.3</td><td>34</td><td>38</td><td>18</td><td>45</td></tr>
</table>

标记示例：螺塞 M20×1.5

油圈 30×20 （D_0＝30、d＝20 的纸封油圈）

油圈 30×20 （D_0＝30、d＝20 的皮封油圈）

材料：纸封油圈—石棉橡胶纸；皮封油圈—工业用革；螺塞—Q235。

表 17-185　通气帽

（单位：mm）

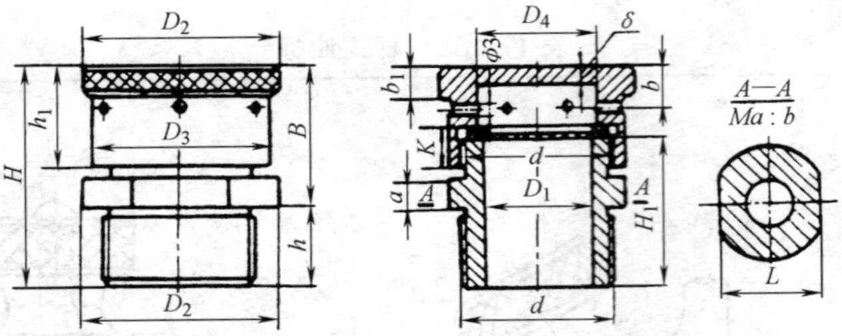

d	D_1	B	h	H	D_2	H_1	a	δ	K	b	h_1	b_1	D_3	D_4	L	孔数
M27×1.5	15	≈30	15	≈45	36	32	6	4	10	8	22	6	32	18	32	6
M36×2	20	≈40	20	≈60	48	42	8	4	12	11	29	8	42	24	41	6
M48×3	30	≈45	25	≈70	62	52	10	5	15	13	32	10	56	36	55	8

表 17-186　通气罩

（单位：mm）

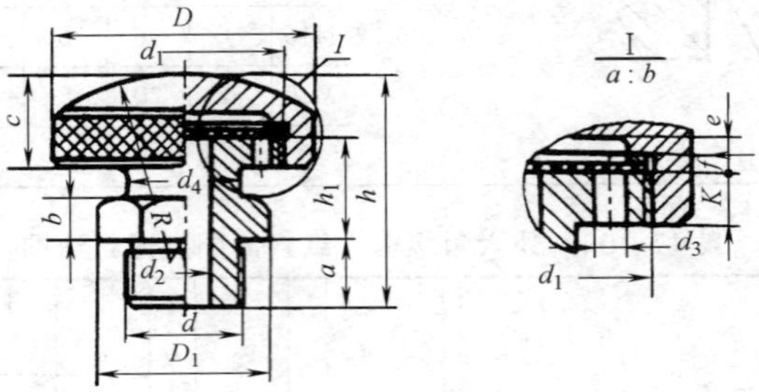

d	d_1	d_2	d_3	d_4	D	h	a	b	c	h_1	R	D_1	S	K	e	f
M18×1.5	M33×1.5	8	3	16	40	40	12	7	16	18	40	25.4	22	6	2	2
M27×1.5	M48×1.5	12	4.5	24	60	54	15	10	22	24	60	36.9	32	7	2	2
M36×1.5	M64×1.5	16	6	30	80	70	20	13	28	32	80	53.1	41	10	3	3

第18章 轴

18.1 概述

18.1.1 轴设计的特点

轴的主要作用是支承轴上零件转动，传递力和力矩。在设计传动装置时，一般是先设计轴上零件（齿轮、带轮、链轮等），然后根据轴上零件受力和支承的布置情况，设计轴的形状和尺寸，选择轴的材料、加工方法和热处理等。

为了保证轴能够长期可靠地工作，要对轴进行强度计算、刚度计算和振动稳定性计算。重负荷的轴，长期高速转动，疲劳失效是其主要的失效原因。此外，冲击载荷或短时的巨大过载会使轴产生塑性变形或断裂。高精度的轴要计算其最大变形，高速轴要避免振动。因此，要针对轴的具体情况和工作要求对它的工作能力进行计算。

轴的承载能力的精确计算，都是校核计算。计算公式中的许多参数和结构，如应力集中系数，尺寸系数、轴承间距离、滚动轴承的形式、载荷变化情况、轴的各部分尺寸、轴毂连接、联轴器型号等，都是进行精确计算时需要知道的。

为了确定轴的结构，常需要用简单方法初步的结算，画出初步的结构图，然后再反复计算，不断修改。所以轴的设计是一个反复迭代，逐渐逼近的过程。

18.1.2 轴的类型、特点和用途

根据轴和轴线的形状、功用的不同，轴可分为直轴、曲轴和软轴三种类型。

（1）直轴　按受载情况不同，又分为转轴、心轴和传动轴三类。

1）转轴。同时受弯矩及转矩，有时还受较大的轴向力的轴，如蜗杆轴等。在机械中最常用。

2）心轴。只受弯矩、不受转矩或转矩很小的轴。心轴又分为固定心轴（轴不转动）和转动心轴（轴转动），如支承滑轮的轴。

3）传动轴。主要受转矩，不受弯矩或弯矩很小的轴，如汽车中的传动轴等。

直轴根据外形的不同还可分为光轴和阶梯轴。光轴形状简单，加工容易，应力集中源少，但轴上的零件不易装配、定位和固定；阶梯轴则正好相反。

直轴一般都制成实心的。在那些由于机器的要求，需要在轴中装设其他零件，或者减小轴的质量具有特别重大作用的场合，则将轴制成空心的。空心轴内径与外径的比值通常为0.5~0.6，以保证轴的刚度及扭转稳定性。

（2）曲轴　用以做直线运动与转动的相互转换的曲柄滑块或典柄摇杆机构中的曲柄。曲轴受弯矩及转矩，其剖面上应力较为复杂。常用于活塞式内燃机、压缩机，以及冲、剪、压榨机床、往复式水泵等。

（3）软轴　其轴线可以自由弯曲，工作时可随时改变轴线形状和工作机的位置，并能缓和冲击和振动；但只能传递转矩或运动，且从动端转速一般不均匀。常用于某些木工机械、混凝土振捣器、风镐、铸件清理及仪器的操纵系统等。

18.1.3 轴的材料、毛坯及处理

18.1.3.1 选用轴材料应考虑的因素

轴的材料应满足强度、刚度、耐磨性、耐蚀性等方面的要求。设计轴时应按照经济、合理、适用的原则，根据具体情况选用轴的材料。

由于碳素钢比合金钢价廉，对应力集中的敏感性较低，同时也可以用热处理或化学热处理的方法，提高其耐磨性和抗疲劳强度，故采用碳素钢制造轴尤为广泛，其中45优质碳素钢最常用。不重要或受力较小的轴，可采用Q235A等普通碳素钢。

对于要求强度高、尺寸与质量小或有其他特殊要求的轴，可采用合金钢；对于耐磨性要求较高的轴，可选用20Cr、20CrMnTi等低碳合金钢，轴颈部分进行渗碳淬火处理；对于在高温、高速和重载条件下工作的轴，可选用38CrMoAlA、40CrNi等合金钢；对于有耐蚀性要求的轴，可选用20Cr13、30Cr13等。

采用合金钢作为轴的材料时必须注意：合金钢对应力集中的敏感性高，因此轴的结构设计应格外注意减少应力集中的根源，轴的表面粗糙度值也应适当降低；仅从提高轴的刚度考虑，不应采用合金钢。

高强度铸铁和球墨铸铁容易做成复杂的形状，且具有价廉、良好的吸振性和耐磨性，以及对应力集中的敏感性低等优点，可用于制造外形复杂的轴，但应

注意铸造轴品质不易控制、可靠性较差。

18.1.3.2 毛坯

毛坯的选择与轴的结构形式、尺寸和材料有密切关系。轴的毛坯有以下几种：

（1）冷拉钢毛坯 用于制造直径小于 75mm 的直轴。

（2）轧制圆钢毛坯 用于毛坯直径小于 125mm，轴段直径相差不大，不太重要的直轴。轧制钢又分为冷轧钢和热轧钢。热轧碳钢常用于制造直径小于 90mm 的轴。冷轧钢轴直径较小一些。

（3）锻件 用于材质要求高、重要的或直径变化大的阶梯形直轴或形状复杂的曲轴。批量大时可采用模锻、精锻。

（4）焊接件 大型轴、毛坯各段尺寸差异大，要求空心，生产件数少时可采用焊接件。

（5）铸件 大型、形状复杂时采用，如曲轴。常用球墨铸铁或合金铸铁，要求高的轴可采用铸钢。

18.1.3.3 轴的处理

为了提高轴的强度与耐磨性，用优质碳素钢或合金钢制造的轴需进行各种热处理、化学处理及表面强化处理。特别是合金钢，只有进行热处理后才能充分发挥其优越性。

轴的常用材料、主要力学性能、许用弯曲应力及用途见表 18-1。

18.2 直轴的结构设计

18.2.1 轴上零件的布置方案

在拟定轴上零件的布置方案时，应考虑以下几个方面：

（1）载荷流的合理分配 在图 18-1a 中，输入齿轮布置在轴的右端，转矩流不合理。在图 18-1b 中，输入齿轮位于中部，转矩双向分流，轴上最大转矩降低，布局合理。

（2）支承载荷的合理分配 在图 18-2a 中，由于齿轮啮合力及带传动周向拉力的作用，轴承 1 的支承力较大，在图 18-2b 中，1 和 2 两轴承载荷接近，结构合理。

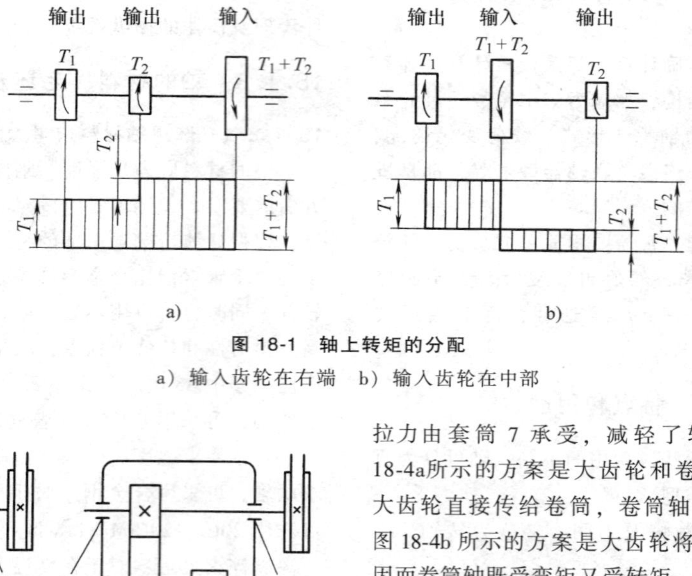

图 18-1 轴上转矩的分配

a）输入齿轮在右端 b）输入齿轮在中部

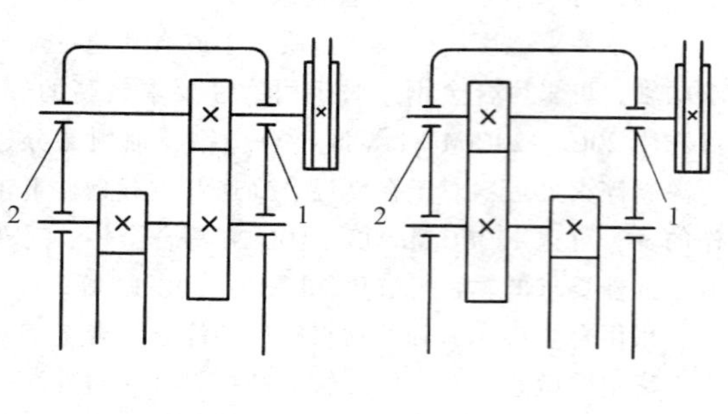

图 18-2 支承载荷的分配

a）轴承 1 载荷大 b）轴承 1 和 2 载荷接近

（3）减载结构 在图 18-3 中，带轮 5 上的周向拉力由套筒 7 承受，减轻了转轴 1 上的载荷。图 18-4a所示的方案是大齿轮和卷筒连在一起，转矩经大齿轮直接传给卷筒，卷筒轴只受弯矩而不受转矩；图 18-4b 所示的方案是大齿轮将转矩通过轴传到卷筒，因而卷筒轴既受弯矩又受转矩。在同样的载荷 F_Q 作用下，图 18-4a 中轴的直径显然可比图 18-4b 中的轴径小。图 18-5a 所示转动心轴设计改为图 18-5b 固定心轴设计，使轴由承受交变应力改为静应力，提高了强度。

18.2.2 轴上零件的定位和固定

轴上零件的周向定位和固定，可采用键、花键、销、过盈及胀紧等连接。轴上零件的轴向定位和固定方法及特点见表 18-2。销、过盈及胀紧连接也可兼作轴向固定。

轴的技术要求见表 18-3～表 18-11。

表 18-1　轴的常用材料、主要力学性能、许用弯曲应力及用途

材料	牌号	热处理	毛坯直径/mm	硬度 HBW	力学性能/MPa 抗拉强度 R_m	屈服强度 R_{eL}	弯曲疲劳极限 σ_{-1}	剪切疲劳极限 τ_{-1}	许用弯曲应力/MPa $[\sigma_{+1}]$	$[\sigma_0]$	$[\sigma_{-1}]$	用途
普通碳素钢	Q235A	热轧或锻后空冷	≤100	—	400~420	250	170	105	125	70	40	用于不重要或载荷不大的轴
			>100~250	—	375~390	215						
优质碳素钢	45	正火	≤100	170~217	590	295	255	140	195	95	55	应用最广泛
		回火	>100~300	162~217	570	285	245	135				
		调质	≤200	217~255	640	355	275	155	215	100	60	
合金钢	40Cr	调质	≤100	241~286	735	540	355	200	245	120	70	用于载荷较大而无很大冲击的重要轴
			>100~300	241~286	685	490	335	185				
	35SiMn (42SiMn)	调质	≤100	229~286	785	510	355	205				性能接近于 40Cr 钢，用于中小型轴
			>100~300	219~269	735	440	335	185				
	40MnB	调质	≤200	241~286		490	345	195				性能接近于 40Cr 钢,用于重要的轴
	40CrNi	调质	≤100	270~300	900	735	430	260	285	130	75	低温性能好,用于很重要的轴
			>100~300	240~270	785	570	370	210				
	38SiMnMo	调质	≤100	229~286	735	590	365		275	120	70	性能接近 40CrNi 钢，用于重载荷轴
			>100~300	217~269	685	540	345	195				
	20Cr	渗碳淬火回火	≤60	渗碳 56~62HRC	640	390	305	160	215	100	60	用于要求强度和韧性均较高的轴
	20CrMnTi		15	渗碳 56~62HRC	1080	835	480	300	365	165	100	
	30Cr13	调质	≤100	≥241	835	635	395	230	275	125	75	用于腐蚀条件下的轴
	38CrMoAlA	调质	≤60	293~321	930	785	440	280				用于要求高的耐磨性、高强度，且热处理(渗氮)变形很小的轴
			>60~100	277~302	835	685	410	270				
			>100~160	241~277	>85	590	370	220				
铸铁	QT450-10	—	—	160~210	450	310	160	140	110	—	—	用于曲轴、凸轮轴、水轮机主轴等复杂外形的轴
	QT600-3	—	—	190~270	600	370	215	185	150	—	—	

注：1. 表中所列 σ_{-1} 的计算公式：碳素钢 $\sigma_{-1} \approx 0.43R_m$；合金钢 $\sigma_{-1} \approx 0.2(R_m+R_{eL})+100$；不锈钢 $\sigma_{-1} \approx 0.27(R_m+R_{eL})$，$\tau_{-1} \approx 0.156(R_m+R_{eL})$；球墨铸铁 $\sigma_{-1} \approx 0.36R_m$，$\tau_{-1} \approx 0.31R_m$。

2. 当选用其他牌号时，许用弯曲应力 $[\sigma_{+1}]$、$[\sigma_0]$、$[\sigma_{-1}]$ 的值可根据相应的 R_m 选取。

3. 剪切屈服强度 $\tau_s \approx (0.55 \sim 0.62) R_{eL}$。

4. 等效系数 ψ：碳钢 $\psi_\sigma = 0.1 \sim 0.2$，$\psi_\tau = 0.05 \sim 0.1$；合金钢 $\psi_\sigma = 0.2 \sim 0.3$，$\psi_\tau = 0.1 \sim 0.15$。

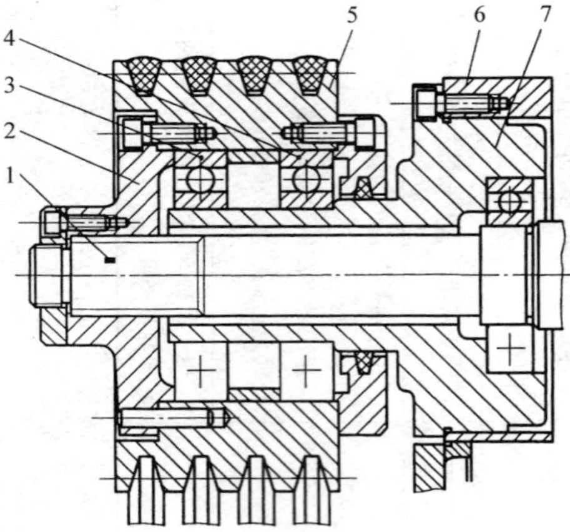

图 18-3　轴的减载结构
1—轴　2、7—套筒　3、4—轴承
5—V 带轮　6—机体

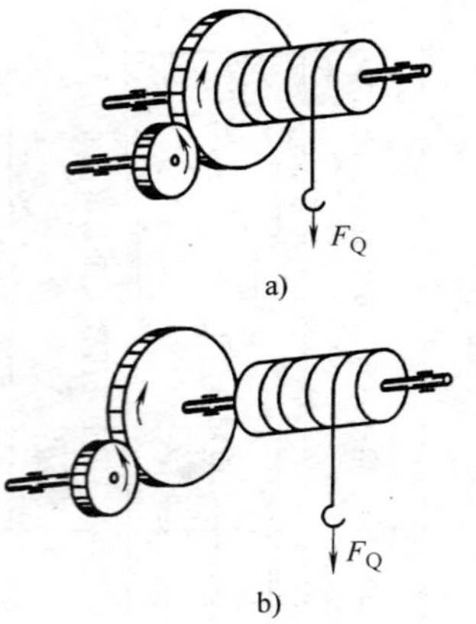

图 18-4　起重卷筒的两种安装方案
a）大齿轮与卷筒结合布置　b）大齿轮与卷筒分开布置

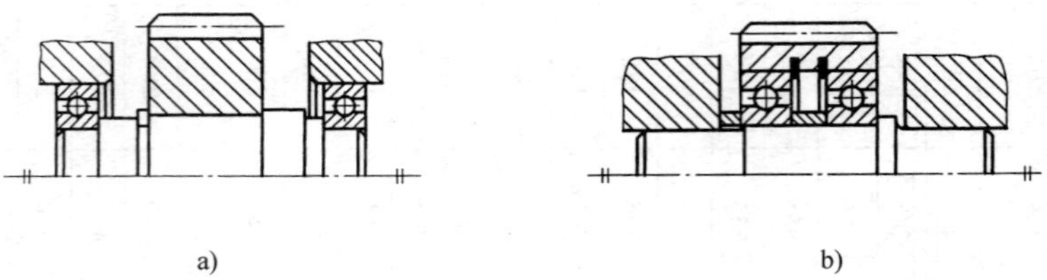

图 18-5　转动心轴改为固定心轴
a）转动心轴　b）固定心轴

表 18-2　轴上零件的轴向定位和固定方法及特点

固定方法	结构简图	特点
轴肩、轴环、轴伸	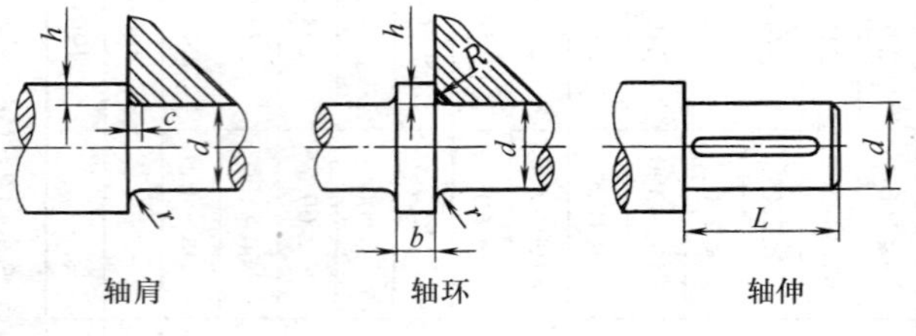	结构简单，定位可靠，可承受较大轴向力。常用于齿轮、链轮、带轮、联轴器和轴承等定位 为了保证零件紧靠定位面，应使 $r<c$ 或 $r<R$ 轴肩高度 h 应大于 R 或 c，通常取 $h=(0.07\sim0.1)d$ 轴环宽度 $b\approx1.4h$ 与滚动轴承相配合处的 h 与 r 值应根据滚动轴承的类型与尺寸确定 圆柱形轴伸按 GB/T 1569—2005 选取
套筒	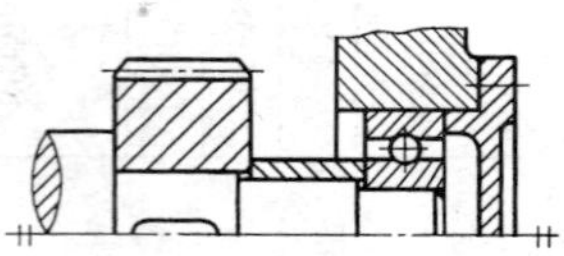	结构简单，定位可靠，轴上不需开槽、钻孔和切制螺纹，因而不影响轴的疲劳强度。一般用于零件间距较小场合，以免增加结构质量。轴的转速很高时不宜采用

（续）

固定方法	结构简图	特点
圆螺母	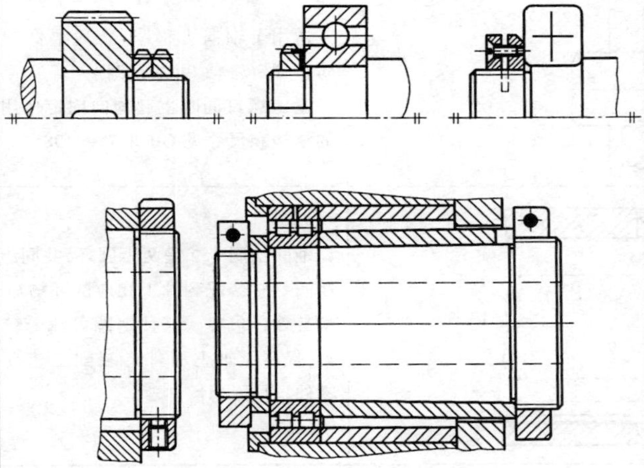	固定可靠，装拆方便，可承受较大轴向力。由于轴上切制螺纹，使轴的疲劳强度降低。常用双圆螺母与止动垫圈固定轴端零件，当零件间距较大时，亦可用圆螺母代替套筒以减小结构质量 圆螺母和止动垫圈按 GB 812—1988 和 GB 858—1988 选择 通过圆螺母上的紧定螺钉可实现防松。为不破坏轴上的螺纹，螺钉端部垫有塑料或橡胶垫圈，采用带缝夹紧圆螺母也可产生防松效果，这些非标结构需自行设计 带锁紧槽圆螺母按表 18-18 选取
轴端挡圈	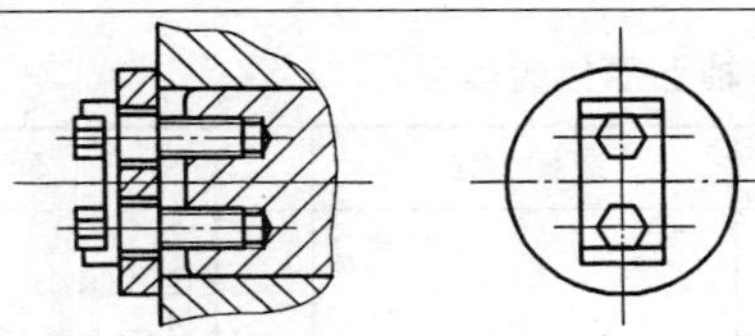	适用于固定轴端零件，可承受剧烈振动和冲击载荷 轴端挡圈按 GB 891—1986 和 GB 892—1986 选取，结构和尺寸见表 18-12
轴端挡板	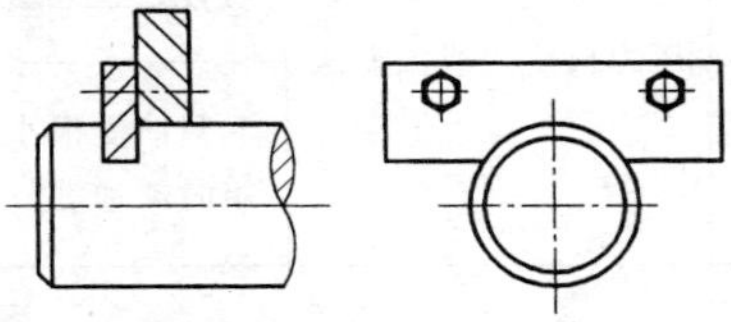	适用于心轴和轴端固定
锁紧挡圈	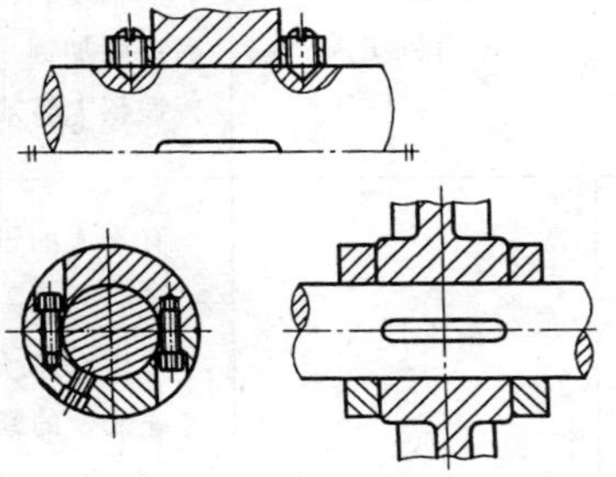	结构简单，不能承受大的轴向力，不宜用于高速。常用于光轴上零件的固定 锁紧挡圈的结构和尺寸见表 18-16
圆锥面	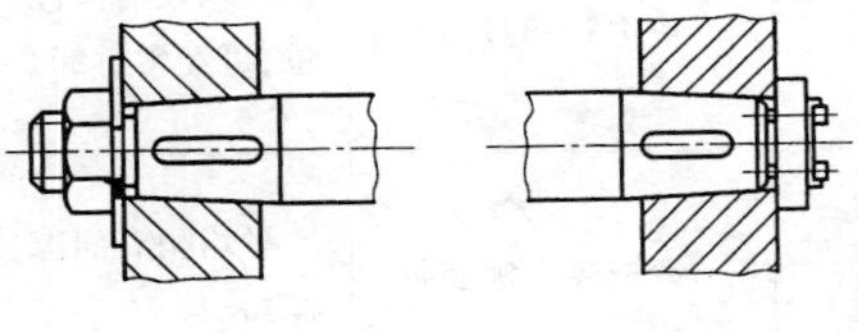	能消除轴与轮毂间的径向间隙，装拆较方便，可兼作周向固定，能承受冲击载荷。多用于轴端零件固定，常与轴端压板或螺母联合使用，使零件获得双向轴向固定。当高速轻载及同轴度要求高时，可以不用键。重载时宜用螺母紧固。缺点是不能限定零件在轴上的正确位置。
弹性挡圈	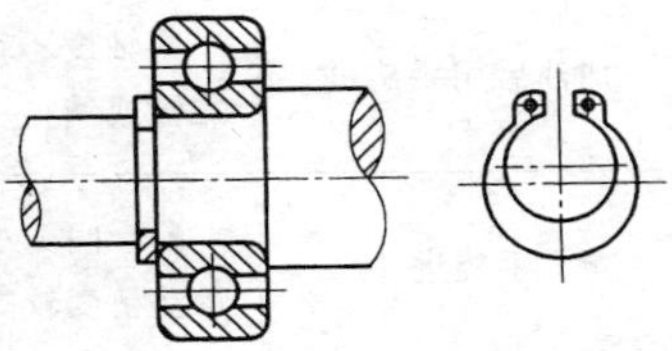	结构简单紧凑，只能承受很小的轴向力，常用于固定滚动轴承，挡圈位于受载荷轴段时，削弱轴的强度较严重 轴用弹性挡圈［GB 894.1—1986（A 型）及 GB 894.2—1986（B 型）］的结构和尺寸见表 18-13

（续）

固定方法	结构简图	特点
紧定螺钉	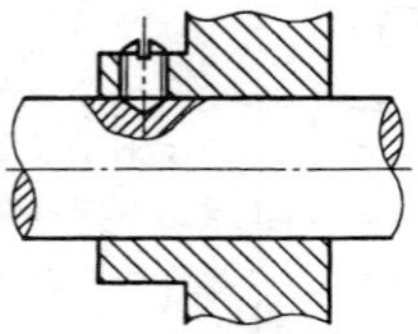	适用于轴向力很小、转速很低的场合。为防止螺钉松动，可加锁圈 紧定螺钉同时也起周向固定作用紧定螺钉的结构和尺寸见 GB/T 71—1985
轴间挡圈	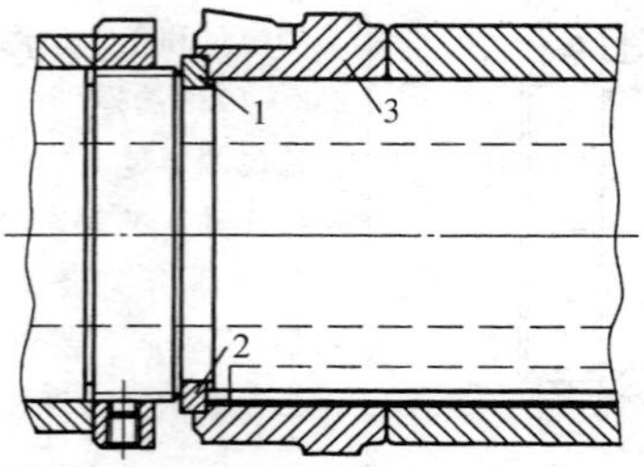	轴间挡圈 1、2 是两半圆环，共同组成一完整挡圈。它装配到轴上相应的环槽后，由零件 3 将其外径包容。这种挡圈可承受较大的轴向力，提高了轴上零件的装配工艺性。系非标零件，自行设计

表 18-3　轴与轴上零件的配合

配合位置	配合代号	装配方法	配合特性
减速器中轴与蜗轮的配合。大、中型减速器中低速级齿轮与轴的配合	$\frac{H7}{s6}$	压力机压入或温差法	传递转矩小。分组选配或加键连接可传递较大的转矩
重载齿轮与轴的配合、联轴器与轴的配合（均需附加键）	$\frac{H7}{r6}$		只能受很小转矩和轴向力，传递转矩时需加键。需要时可拆卸
有振动的机械（如破碎机）的齿轮与轴的配合，爪式联轴器与轴的配合，受特重载荷和重冲击的滚子轴承与轴颈的配合	$\frac{H7}{n6}$、$\frac{H8}{n7}$、n6	压力机压入	同轴度和配合紧密性好，定位精度高。附加键后可承受振动、冲击并能传递较大转矩。不经常拆卸
键与键槽配合	$\frac{N9}{h9}$	锤子打入	有不大的过盈量
齿轮与轴的配合，重载和有冲击载荷的滚子轴承和大型球轴承与轴颈的配合	$\frac{H7}{m6}$、$\frac{H8}{m7}$、m6		平均有不大过盈量，同轴度好。能保证配合的紧密性
机床齿轮与轴、电动机轴端与联轴器或带轮的配合，中载和经常拆装的重载滚动轴承与轴颈的配合	$\frac{H7}{k6}$、$\frac{H8}{k7}$、k6	锤子轻轻打入	平均没有间隙，同轴度好，能精密定位，可经常拆卸。传递转矩要附加键
机床挂轮与轴、可拆带轮与轴端的配合，轻载、高速滚动轴承与轴颈的配合	$\frac{H7}{js6}$、$\frac{H8}{js7}$、js6	锤子或木锤装拆	平均稍有间隙，同轴度不高，可频繁拆卸
可拆卸的齿轮、带轮与轴的配合，离合器与轴的配合	$\frac{H8}{h8}$、$\frac{H9}{h9}$	加油后用手旋进	同轴度不高、易于拆卸。传递转矩靠键或销
磨床、车床分度头主轴轴颈与滑动轴承的配合	$\frac{H7}{g6}$、$\frac{G7}{h6}$	手旋进	配合间隙小。用于转速不高但要求运动精度较高的精密装置中

（续）

配合位置	配合代号	装配方法	配合特性
轴上空转齿轮与轴的配合，机床中滑动轴承与轴颈的配合	$\frac{H7}{f6}$	手推滑进	有中等间隙，零件可在轴上自由转动或移动
用普通润滑油或润滑脂润滑的滑动轴承、含油轴承与轴颈的配合，带导轮、链条张紧轮与轴的配合，曲轴主轴承与轴颈的配合	$\frac{H8}{f9}$、$\frac{F8}{h9}$	手推滑进	配合间隙较大，同轴度不高，但能保证良好润滑，允许在工作中发热
外圆磨床主轴与滑动轴承的配合，蜗轮发电机主轴与滑动轴承的配合，凸轮轴与滑动轴承的配合	$\frac{H7}{e8}$、$\frac{E8}{h6}$	手轻推进	配合间隙较大，用于转速高、载荷不大的轴与轴承的配合

表 18-4　轴的表面粗糙度

表面位置		表面粗糙度 Ra/μm	加工方法	表面位置		表面粗糙度 Ra/μm	加工方法
轴颈	与非液体摩擦滑动轴承配合	0.2~3.2	精车、半精车	与毂孔配合表面		0.8~1.6	精车或磨削
轴颈	与液体摩擦滑动轴承配合	0.1~0.4	精磨	键槽	侧面	≤1.6	铣
轴颈	与 P0 级滚动轴承配合	0.8~1.6	精车或磨削	键槽	底面	≤6.3	铣
带密封件的轴段	橡胶密封	0.2~0.8	精车或磨削	轴肩（轴环）定位端面	定位 P0 级滚动轴承	≤1.6	半精车
带密封件的轴段	毛毡密封	0.4~0.8	精车	轴肩（轴环）定位端面	定位 P6，P5，P4 级滚动轴承	≤0.8（d≤80mm） ≤1.6（d>80mm）	精车 半精车
带密封件的轴段	迷宫密封	0.6~3.2	半精车	中心孔		≤1.6	钻孔后铰孔
带密封件的轴段	隙缝密封	1.6~3.2	半精车	端面、倒角及其他表面		≤12.5	粗车

表 18-5　轴的几何公差推荐项目

内　容	项　目		对工作性能影响
形状公差	与传动零件和轴承相配合表面的	圆度 圆柱度直线度	影响传动零件和轴承与轴配合的松紧及对中性
位置公差	传动零件和轴承的定位端面相对其配合表面的	同轴度 对称度	影响传动零件和轴承的定位及其受载的均匀性
跳动公差	与传动零件和轴承相配合的表面相对于基准轴线的	轴向圆跳动 径向圆跳动 全跳动	影响传动零件和轴承的运转偏心
方向公差	键槽相对轴中心线的（要求不高时不注）	平行度 垂直度	影响键受载的均匀性及装拆的难易

表 18-6　齿轮、蜗轮配合部位的径向圆跳动

齿轮传动的精度等级		6	7、8	9
轴上安装圆柱齿轮和锥齿轮处	径向圆跳动	2IT3	2IT4	2IT5
轴上安装蜗轮处	径向圆跳动	—	2IT5	2IT6

表 18-7　联轴器、带轮配合部位及橡胶油封接触部位的径向圆跳动

轴转速/（r/min）		300	600	1000	1500	3000
与联轴器、带轮配合部位	径向圆跳动/mm	0.08	0.04	0.024	0.016	0.008
与橡胶油封接触部位	径向圆跳动/mm	0.1	0.07	0.05	0.02	0.01

表 18-8　齿轮、蜗轮轮毂端面接触处的轴肩轴向圆跳动

齿轮传动的精度等级	6	7、8	9
轴肩的轴向圆跳动	2IT3	2IT4	2IT5

注：本表用于轮毂宽度 l 与配合直径之比 $l/d<0.8$ 时，当 $l/d\geqslant0.8$ 时，可不注。

表 18-9　轴与轴上零件配合部位的公差

配合零件	轴的径向圆跳动	接触轴肩轴向圆跳动
球轴承	IT6	(1~2) IT5
滚子轴承	IT5	(1~2) IT4
平键键槽两侧面相对轴线的平行度		轴槽宽度公差的 1/2
平键键槽两侧面相对轴线的对称度		

表 18-10　滑动轴承的向心轴颈结构及尺寸

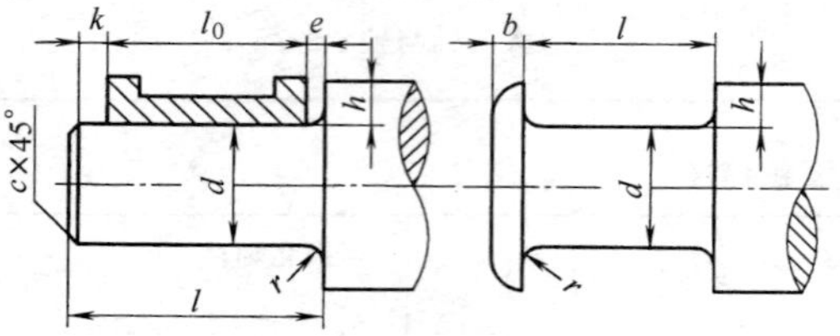

端轴颈

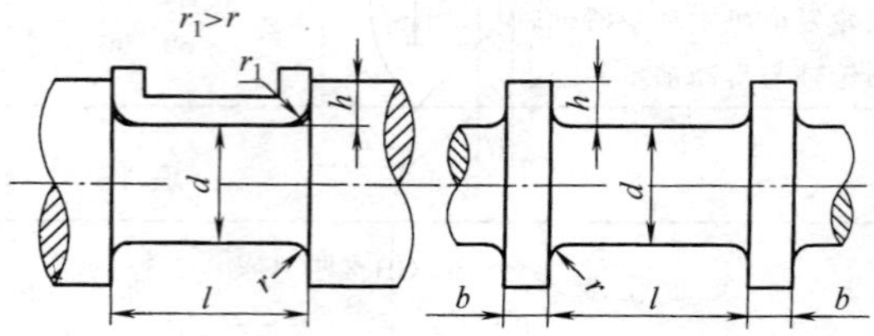

中轴颈

代号	名　称	说　明
d	轴颈直径	由计算确定，并按 GB/T 2822—2005 圆整为标准直径
h	轴肩（环）高度	$h\approx(0.07\sim0.1)d$
b	轴环宽度	$b\approx1.4h$
r、r_1	圆角半径	按零件倒角倒圆半径标准（GB/T 6403.4—2008）选取
l	轴颈长度	$l=l_0+k+e+c$ 式中，l_0 由轴承工作能力的需要定；e 和 k 分别由热膨胀量和安装误差确定；c 按标准取，对于固定轴轴颈 $l=l_0$

表 18-11　滑动轴承的止推轴颈结构及尺寸

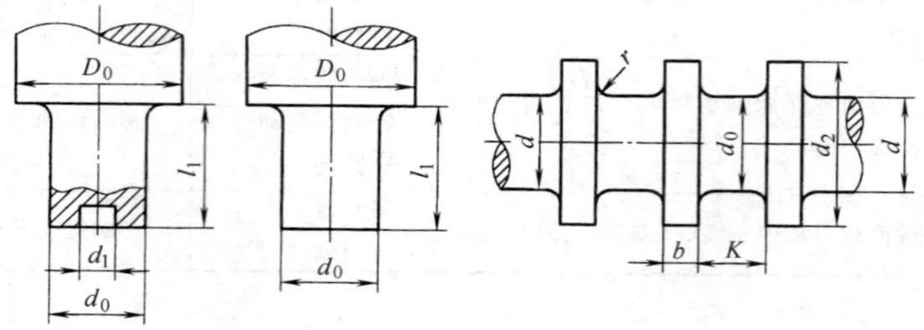

代号	名　称	说　明	代号	名　称	说　明
D_0	轴直径	计算确定	b	轴环宽度	$b=(0.1\sim0.15)d$
d	轴直径	计算确定	K	轴环距离	$K=(2\sim3)b$
d_0	止推轴颈直径	计算确定，按 GB/T 2822—2005 圆整为标准直径	l_1	止推轴颈长度	由计算和止推轴承结构确定
d_1	空心轴颈内径	$d_1=(0.4\sim0.6)d_0$	n	轴环数	$n\geqslant1$ 由计算和止推轴承结构确定
d_2	轴环外径	$d_2=(1.2\sim1.6)d$	r	轴环根部圆角半径	按标准 GB/T 6403.4—2008 选取

18.3　轴系零件的紧固件(见表 18-12~表 18-18)

表 18-12　螺钉紧固轴端挡圈（摘自 GB 891—1986）**和螺栓紧固轴端挡圈**（摘自 GB 892—1986）

（单位：mm）

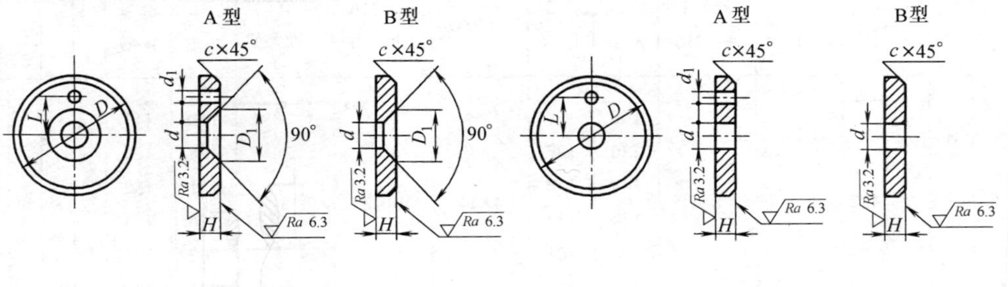

GB 891—1986　　　　GB 892—1986

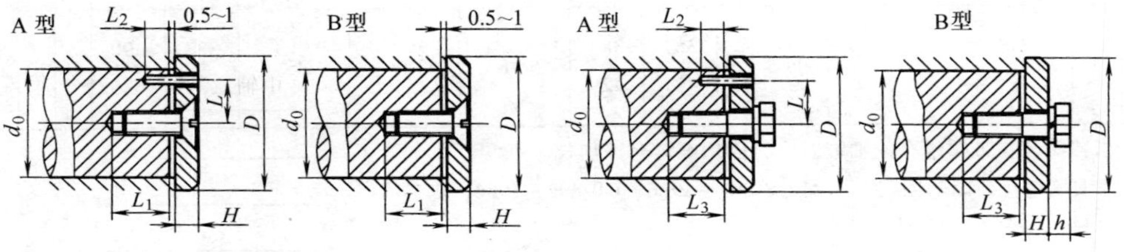

挡圈 GB 891—1986　　轴端单孔挡圈的固定　　挡圈 GB 892—1986

$\sqrt{Ra\ 12.5}$ ($\sqrt{}$)

标记示例：

1）公称直径 $D=45$mm、材料 Q235A、不经表面处理的 A 型螺钉紧固轴端挡圈标记为挡圈　GB 891—86—45

2）公称直径 $D=45$mm、材料 Q235A、不经表面处理的 B 型螺钉紧固轴端挡圈标记为挡圈　GB 891—86—B45

轴径 d_0 ≤	公称直径 D	H	L	d	d_1	c	螺钉紧固轴端挡圈				螺栓紧固轴端挡圈					安装尺寸（参考）			
							D_1	螺钉 GB/T 819.1—2016	1000 个质量 /kg ≈ A 型	1000 个质量 /kg ≈ B 型	圆柱销 GB/T 119.2—2000	螺栓 GB/T 5783—2016（推荐）	垫圈 GB 93—1987（推荐）	1000 个质量 /kg ≈ A 型	1000 个质量 /kg ≈ B 型	L_1	L_2	L_3	h
16	22	4	—	5.5	2.1	0.5	11	M5×12	—	10.7	2×10	M5×16	5	—	11.2	14	6	16	4.8
18	25		—						—	14.2				—	14.7				
20	28		7.5						17.9	18.1				18.4	18.6				
22	30								20.8	21.0				21.3	21.5				
25	32	5	10	6.6	3.2	1	13	M6×16	28.7	29.2	3×12	M6×20	6	29.7	30.2	18	7	20	5.6
28	35								34.8	35.3				35.8	36.3				
30	38								41.5	42.0				42.5	43.0				
32	40		12						46.3	46.8				47.3	47.8				
35	45								59.5	59.9				60.5	60.9				
40	50								74.0	74.5				75.0	75.5				

（续）

轴径 d_0 ≤	公称直径 D	H	L	d	d_1	c	螺钉紧固轴端挡圈				螺栓紧固轴端挡圈					安装尺寸（参考）			
							D_1	螺钉 GB/T 819.1—2016	1000个质量/kg≈ A型	1000个质量/kg≈ B型	圆柱销 GB/T 119.2—2000	螺栓 GB 5783—2016（推荐）	垫圈 GB 93—1987（推荐）	1000个质量/kg≈ A型	1000个质量/kg≈ B型	L_1	L_2	L_3	h
45	55	6	16	9	4.2	1.5	17	M8×20	108	109	4×14	M8×25	8	110	111	22	8	24	7.4
50	60								126	127				128	129				
55	65								149	150				151	152				
60	70		20						174	175				176	177				
65	75								200	201				202	203				
70	80								229	230				231	232				
75	90	8	25					M12×25	381	383	5×16	M12×30	12	383	390	26	10	28	11.5
85	100								427	429				434	436				

注：1. 当挡圈装在带螺纹孔的轴端时，紧固用螺钉允许加长。

2. “轴端单孔挡圈的固定”不属 GB 891—1986、GB 892—1986，供参考。

3. 材料：Q235A、35钢、45钢。

表 18-13　轴用弹性挡圈—A型（摘自 GB 894.1—1986）**和轴用弹性挡圈—B型**（摘自 GB 894.2—1986）

（单位：mm）

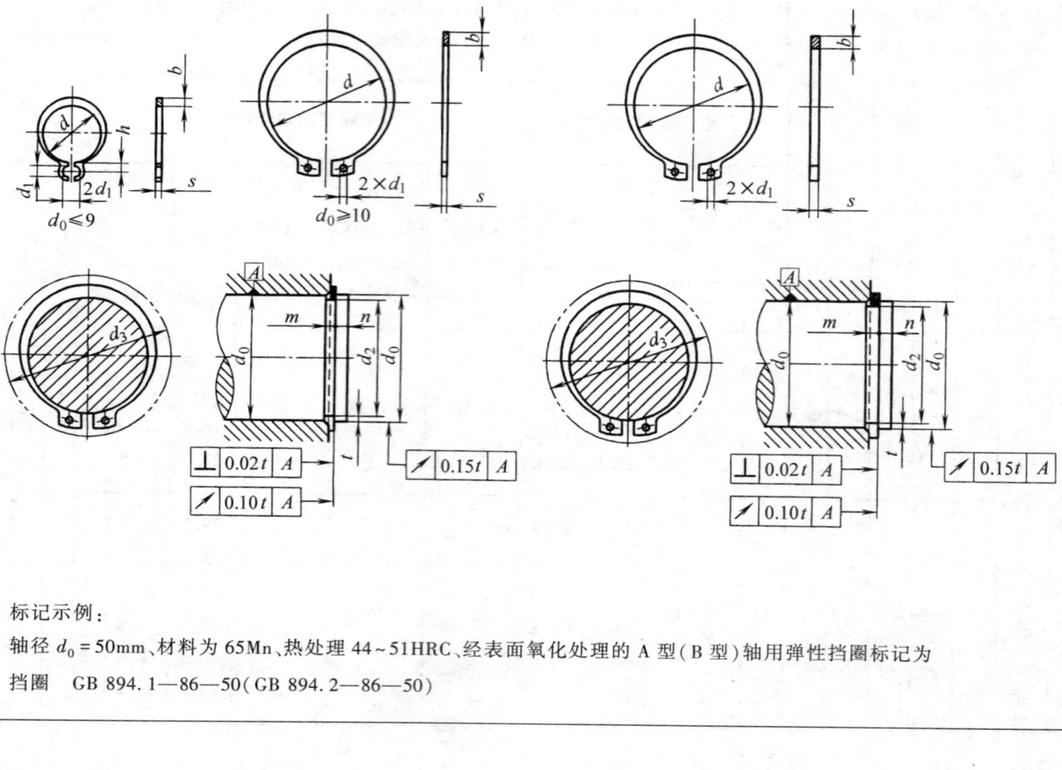

标记示例：

轴径 d_0 = 50mm、材料为 65Mn、热处理 44～51HRC、经表面氧化处理的 A 型（B 型）轴用弹性挡圈标记为

挡圈　GB 894.1—86—50（GB 894.2—86—50）

（续）

轴径 d_0	挡圈 d 基本尺寸	挡圈 d 极限偏差	挡圈 s 基本尺寸	挡圈 s 极限偏差	d_1	b	h	沟槽(推荐) d_2 基本尺寸	沟槽(推荐) d_2 极限偏差	沟槽(推荐) m 基本尺寸	沟槽(推荐) m 极限偏差	n ≥	孔 d_3 ≥	每1000个钢挡圈质量 /kg
3	2.7	+0.04 -0.15	0.4	+0.03 -0.06	1	0.8	0.95	2.8	0 -0.04	0.5	+0.14 0	0.3	7.2	—
4	3.7					0.88	1.1	3.8	0 -0.048				8.8	—
5	4.7		0.6	+0.04 -0.07		1.12	1.25	4.8		0.7			10.7	—
6	5.6				1.2	1.32	1.35	5.7				0.5	12.2	—
7	6.5	+0.06 -0.18					1.55	6.7	0 -0.058				13.8	—
8	7.4		0.8	+0.04 -0.10			1.6	7.6		0.9		0.6	15.2	—
9	8.4					1.44	1.65	8.6					16.4	—
10	9.3	+0.10 -0.36	1	+0.05 -0.13	1.5			9.6		1.1			17.6	0.34
11	10.2					1.52		10.5	0 -0.11			0.8	18.6	0.41
12	11					1.72		11.5					19.6	0.50
13	11.9				1.7	1.88		12.4				0.9	20.8	0.53
14	12.9							13.4					22	0.64
15	13.8					2.0		14.3				1.1	23.2	0.67
16	14.7					2.32		15.2				1.2	24.4	0.70
17	15.7					2.48		16.2					25.6	0.82
18	16.5							17				1.5	27	1.11
19	17.5				2			18					28	1.22
20	18.5	+0.13 -0.42				2.68		19	0 -0.13				29	1.30
21	19.5							20					31	—
22	20.5							21					32	1.60
24	22.2	+0.21 -0.42	1.2			3.32		22.9	0 -0.21	1.3		1.7	34	1.77
25	23.2							23.9					35	1.90
26	24.2							24.9					36	1.96
28	25.9					3.60		26.6				2.1	38.4	2.92
29	26.9					3.72		27.6					39.8	—
30	27.9							28.6					42	3.32
32	29.6					3.92		30.3	0 -0.25			2.6	44	3.56
34	31.5	+0.25 -0.90	1.5	+0.06 -0.15	2.5	4.32		32.3		1.7			46	3.80
35	32.2					4.52		33				3	48	4.00
36	33.2							34					49	5.00
37	34.2							35					50	5.32
38	35.2					5.0		36					51	5.62
40	36.5	+0.39 -0.90						37.5				3.8	53	6.03
42	38.5							39.5					56	6.50
45	41.5				3			42.5					59.4	7.60
48	44.5							45.5					62.8	7.92
50	45.8		2	+0.06 -0.18		5.48		47		2.2		4.5	64.8	10.2
52	47.8							49					67	11.1
55	50.8	+0.46 -1.10						52	0 -0.30				70.4	11.4
56	51.8					6.12		53					71.7	—

（续）

轴径 d_0	挡圈							沟槽（推荐）					孔 d_3 ≥	每1000个钢挡圈质量/kg
	d		s		d_1	b	h	d_2		m		n ≥		
	基本尺寸	极限偏差	基本尺寸	极限偏差				基本尺寸	极限偏差	基本尺寸	极限偏差			
58	53.8	+0.46 −1.10	2	+0.06 −0.18	3	6.12		55	0 −0.30	2.2	+0.14 0	4.5	73.6	12.6
60	55.8							57					75.8	12.0
62	57.8							59					79	15.0
63	58.8		2.5	+0.07 −0.22				60		2.7			79.6	—
65	60.8							62					81.6	18.2
68	63.5					6.32		65					85	21.3
70	65.5							67					87.2	22.0
72	67.5							69					89.4	22.6
75	70.5							72					92.8	24.2
78	73.5							75					96.2	26.2
80	74.5					7.0		76.5				5.3	98.2	27.3
82	76.5							78.5					101	—
85	79.5							81.5	0 −0.35				104	30.3
88	82.5	+0.54 −1.30						84.5					107.3	—
90	84.5					7.6		86.5					110	37.1
95	89.5					9.2		91.5					115	40.8
100	94.5							96.5					121	44.8
105	98		3			10.7		101	0 −0.54	3.2	+0.18 0	6	132	60.0
110	103				4	11.3		106					136	61.5
115	108					12		111					142	63.0
120	113							116					145	64.5
125	118					12.6		121	0 −0.63				151	—
130	123	+0.63 −1.50						126					158	75.0
135	128					1.32		131					162.8	—
140	133							136					168	82.5
145	138							141					174.4	—
150	142					14		145				7.5	180	90.0
155	146							150					186	—
160	151							155					190	112.5
165	155.5					14.4		160					195	—
170	160.5							165					200	127.5
175	165.5					15		170					206	—
180	170.5							175					212	142.5
185	175.5					15.2		180					218	—
190	180.5	+0.72 −1.70						185	0 −0.72				223	157.5
195	185.5					15.6		190					229	—
200	190.5							195					235	172.5

注：1. GB 894.1—1986。轴径 $d_0=3\sim200$mm；GB 894.2—1986，轴径 $d_0=20\sim200$mm。

2. A 型系采用板材—冲切工艺制成；B 型系采用线材—冲切工艺制成。

3. d_3 为允许套入的最小孔径；$t=\dfrac{d_0-d_2}{2}$。

4. 材料见 GB 959.1—1986；65Mn、60Si2MnA。

表 18-14　孔用弹性挡圈—A 型（摘自 GB 893.1—1986）**和孔用弹性挡圈—B 型**（摘自 GB 893.2—1986）

（单位：mm）

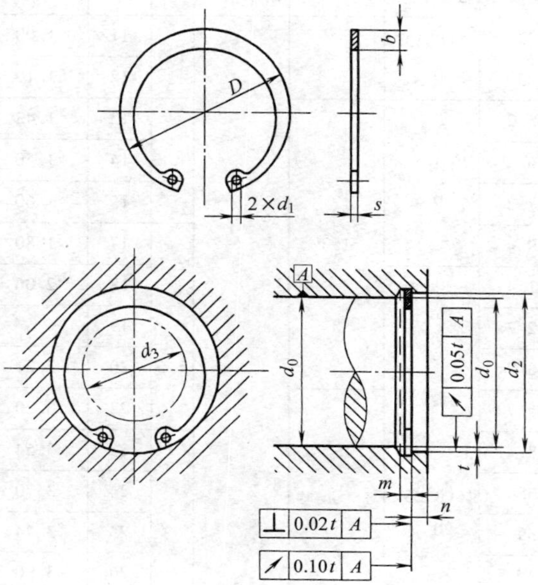

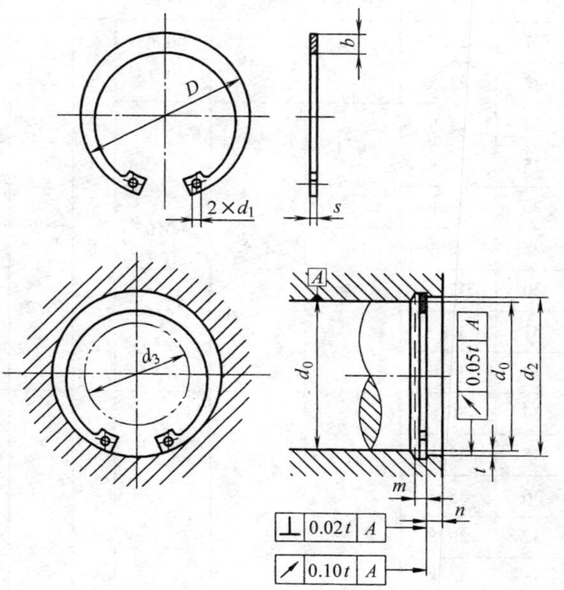

标记示例：

孔径 d_0 = 50mm、材料为 65Mn、热处理硬度 44 ~ 51HRC 经表面氧化处理的 A 型孔用弹性挡圈标记为

挡圈　GB 893.1—86—50

标记示例：

孔径 d_0 = 40mm、材料为 65Mn、热处理硬度 47 ~ 54HRC 经表面氧化处理的 B 型孔用弹性挡圈标记为

挡圈　GB 893.2—86—40

孔径 d_0	挡圈						沟槽(推荐)					轴	每 1000 个钢挡圈质量 /kg
	D		s		d_1	b	d_2		m		n	d_3	
	基本尺寸	极限偏差	基本尺寸	极限偏差			基本尺寸	极限偏差	基本尺寸	极限偏差	≥	≤	
8	8.7	+0.36 -0.10	0.6	+0.04 -0.07	1	1	8.4	+0.09 0	0.7	+0.14 0	0.6	2	0.14
9	9.8					1.2	8.4						0.15
10	10.8		0.8	+0.04 -0.10	1.5	1.7	10.4	+0.11 0	0.9				0.18
11	11.8						11.4				0.9	3	0.31
12	13						12.5					4	0.37
13	14.1				1.7		13.6						0.42
14	15.1		1	+0.05 -0.13		2.1	14.6		1.1			5	0.52
15	16.2						15.7				1.2	6	0.56
16	17.3						16.8					7	0.60
17	18.3	+0.42 -0.13					17.8					8	0.65
18	19.5						19	+0.13 0			1.5	9	0.74
19	20.5				2	2.5	20					10	0.83
20	21.5						21						0.90

（续）

孔径 d_0	挡圈 D 基本尺寸	挡圈 D 极限偏差	挡圈 s 基本尺寸	挡圈 s 极限偏差	挡圈 d_1	挡圈 b	沟槽(推荐) d_2 基本尺寸	沟槽(推荐) d_2 极限偏差	沟槽(推荐) m 基本尺寸	沟槽(推荐) m 极限偏差	沟槽(推荐) n ≥	轴 d_3 ≤	每1000个钢挡圈质量/kg
21	22.5	+0.42 -0.13	1.0	+0.05 -0.13	2	2.5	22	+0.13 0	1.1	+0.14 0	1.5	11	1.00
22	23.5						23					12	1.10
24	25.9	+0.42 -0.21	1.2	+0.05 -0.13			25.2	+0.21 0	1.3		1.8	13	1.42
25	26.9					2.8	26.2					14	1.50
26	27.9						27.2					15	1.60
28	30.1	+0.50 -0.25				3.2	29.4				2.1	17	1.80
30	32.1						31.4	+0.25 0				18	2.06
31	33.4				2.5		32.7				2.6	19	
32	34.4						33.7					20	2.21
34	36.5		1.5	+0.06 -0.15		3.6	35.7		1.7			22	3.20
35	37.8						37				3	23	3.54
36	38.8						38					24	3.70
37	39.8						39					25	3.74
38	40.8						40					26	3.90
40	43.5	+0.90 -0.39				4	42.5				3.8	27	4.70
42	45.5				3		44.5					29	5.40
45	48.5					4.7	47.5					31	6.00
47	50.5	+1.10 -0.46					49.5					32	6.10
48	51.5						50.5	+0.30 0				33	6.70
50	54.2		2	+0.06 -0.18			53		2.2		4.5	36	7.30
52	56.2						55					38	8.20
55	59.2						58					40	8.38
56	60.2					5.2	59					41	8.7
58	62.2						61					43	10.5
60	64.2						63					44	11.1
62	66.2						65					45	11.2
63	67.2						66					46	
65	69.2		2.5	+0.07 -0.22			68		2.7			48	14.3
68	72.5					5.7	71					50	16.0
70	74.5						73					53	16.5
72	76.5						75					55	18.1
75	79.5					6.3	78					56	18.8
78	82.5	+1.30 -0.54					81	+0.35 0				60	20.4
80	85.5					6.8	83.5				5.3	63	22.0
82	87.5						85.5					65	

（续）

孔径 d_0	挡圈						沟槽（推荐）					轴	每1000个钢挡圈质量/kg
	D		s		d_1	b	d_2		m		n	d_3	
	基本尺寸	极限偏差	基本尺寸	极限偏差			基本尺寸	极限偏差	基本尺寸	极限偏差	≥	≤	
85	90.5	+1.30 -0.54	2.5	+0.07 -0.22	3	6.8	88.5	+0.35 0	2.7	+0.14 0	5.3	68	23.1
88	93.5					7.3	91.5					70	
90	95.5						93.5					72	23.8
92	97.5					7.7	95.5					73	
95	100.5						98.5					75	29.2
98	103.5						101.5					78	
100	105.6						103.5					80	31.6
102	108		3		4	8.1	106	+0.54 0	3.2	+0.18 0	6	82	
105	112						109					83	42.0
108	115					8.8	112					86	
110	117						114					88	48.4
112	119					9.3	116					89	
115	122	+1.50 -0.63					119					90	55.9
120	127						124	+0.63 0				95	57.8
125	132					10	129					100	59.25
130	137					10.7	134					105	61.5
135	142						139					110	
140	147						144					115	65.6
145	152					10.9	149					118	66.75
150	158					11.2	155				7.5	121	78.8
155	164					11.6	160					125	
160	169						165					130	82.5
165	174.5					11.8	170					136	93.75
170	179.5					12.3	175					140	105.0
175	184.5	+1.70 -0.72				12.7	180					142	112.5
180	189.5					12.8	185	+0.72 0				145	123.8
185	194.5					12.9	190					150	
190	199.5					13.1	195					155	131.3
195	204.5						200					157	
200	209.5					13.2	205					165	146.3

注：1. GB 893.1—1986，$d_0=8\sim200$mm；GB 893.2—1986，$d_0=20\sim200$mm。

2. A 型系采用板材—冲切工艺制成；B 型系采用线材—冲切工艺制成。

3. d_3 为允许套入的最大轴径；$t=\dfrac{d_2-d_0}{2}$。

4. 材料见 GB 959—1986；65Mn，60Si2MnA。

表 18-15　轴肩挡圈（摘自 GB 886—1986）　　（单位：mm）

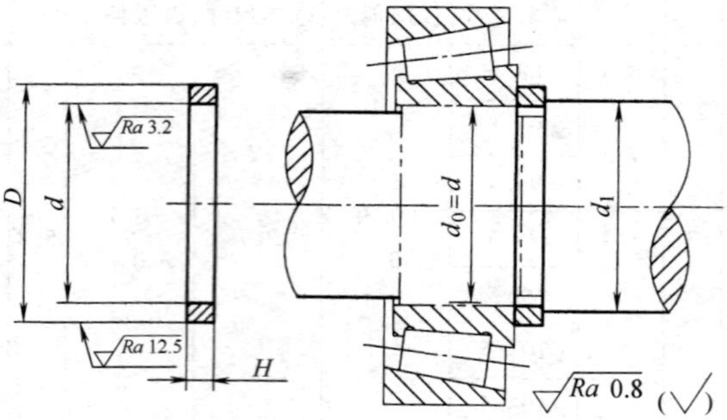

标记示例：

公称直径 $d=30$mm、外径 $D=40$mm、材料为 35 钢、不经热处理及表面处理的轴肩挡圈的标记为

挡圈　GB 886—86—30×40

公称直径 d		d_1	2 系列径向轴承用				3 系列径向轴承和 2 系列径向推力轴承用				4 系列径向轴承和 3 系列径向推力轴承用			
			D	H		1000 个的质量 /kg ≈	D	H		1000 个的质量 /kg ≈	D	H		1000 个的质量 /kg ≈
基本尺寸	极限偏差	≥		基本尺寸	极限偏差			基本尺寸	极限偏差			基本尺寸	极限偏差	
20	+0.13 0	22	—	—	—	—	27	4	0 −0.30	8	30	5	0 −0.30	16
25		27					32			10	35			19
30		32	36	4	0 −0.30	10	38			14	40			21
35	+0.16 0	37	42			14	45			20	47			30
40		42	47			15	50			23	52			34
45		47	52			17	55			25	58			42
50		52	58			21	60			27	65			53
55	+0.19 0	58	65	5		37	68	5		37	70	6		69
60		63	70			40	72			49	75			75
65		68	75			43	78			57	80			81
70		73	80			46	83			61	85			86
75		78	85			50	88			65	90	8	0 −0.36	92
80		83	90	6		63	95	6		78	100			177
85	+0.22 0	88	95			67	100			103	105			188
90		93	100			70	105			108	110			197
95		98	110			114	115			114	115			207
100		103	115	8	0 −0.36	159	120	8	0 −0.36	159	120	10		271
105		109	120			166	125			166	130			362
110		114	125			174	130			237	135			378
120		124	135			189	140			257	145			409

注：技术条件按 GB 959.3—1986 规定，材料：35 钢、45 钢、Q235A、Y12。

表 18-16　锥销锁紧挡圈、螺钉锁紧挡圈、带锁圈的螺钉锁紧挡圈及钢丝锁圈（摘自 GB 883～885—1986、GB 921—1986）　　　　（单位：mm）

GB 883—1986

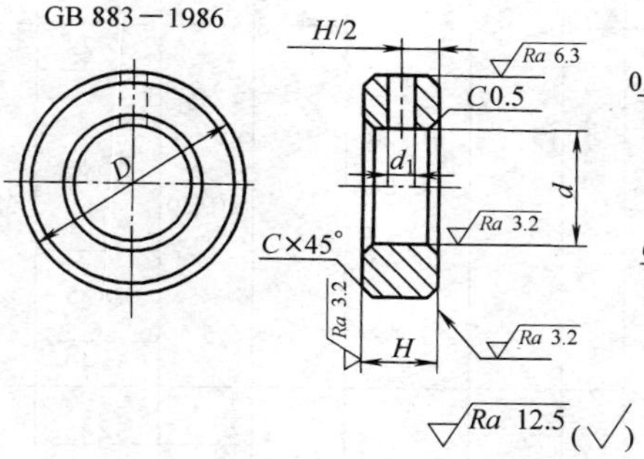

GB 884—1986

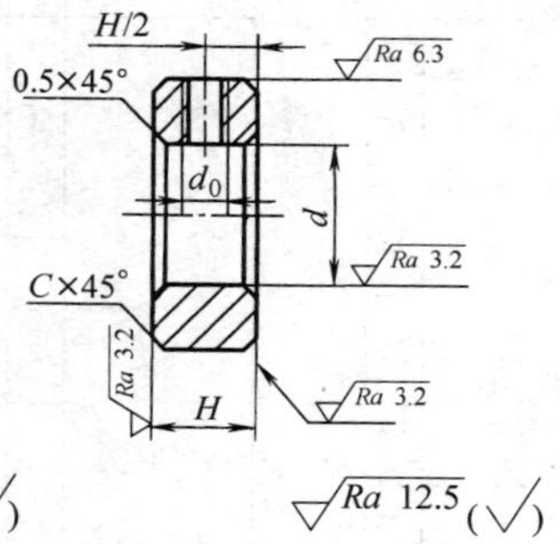

GB 885—1986

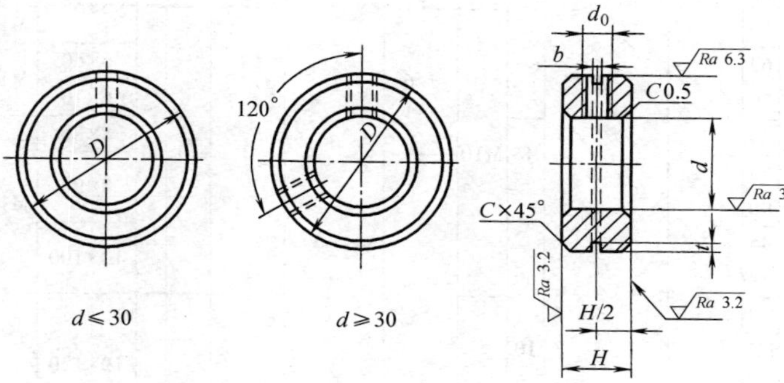

GB 921—1986

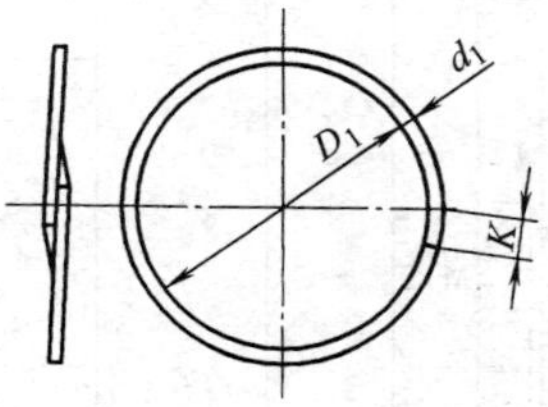

标记示例：

1）公称直径 d=20mm、材料为 Q235A、不经表面处理的锥销锁紧挡圈、螺钉锁紧挡圈和带锁圈的螺钉锁紧挡圈，标记为

挡圈　GB 883—86—20　　　　挡圈　GB 884—86—20　　　　挡圈　GB 885—86—20

2）公称直径 D=30mm、材料为碳素弹簧钢丝、经低温回火及表面氧化处理的锁圈，标记为

锁圈　GB 921—86—30

公称直径 d		H		D	C		d_t	d_0	b		t		圆锥销	螺　钉	钢丝锁圈		
基本尺寸	极限偏差	基本尺寸	极限偏差		GB 883	GB 884 GB 885			基本尺寸	极限偏差	基本尺寸	极限偏差	GB/T 117—2000	GB 71—1985	公称直径 D_1	d_1	K
8	+0.036 0	10	0 -0.36	20	0.5	0.5	3	M5	1	+0.20 +0.06	1.8	±0.18	3×22	M5×8	15	0.7	0
(9)				22											17		
10																	

（续）

公称直径 d		H		D	C		d_1	d_0	b		t		圆锥销	螺　钉	钢丝锁圈		
基本尺寸	极限偏差	基本尺寸	极限偏差		GB 883	GB 884 GB 885			基本尺寸	极限偏差	基本尺寸	极限偏差	GB/T 117—2000	GB 71—1985	公称直径 D_1	d_1	K
12	+0.043 0	10	0 −0.36	25	0.5	0.5	3	M5	1	+0.20 +0.06	1.8	±0.18	3×25	M5×8	20	0.7	0
(13)																	
14		12	0 −0.43	28		1	4	M6			2	±0.20	4×28	M6×10	23		
15				30									4×32		25	0.8	3
16																	
17			0 −0.43	32											27		
18							5										
(19)	+0.052 0			35									4×35		30		
20																	
22				38	1		6						5×40		32		
25	+0.062 0	14		42				M8	1.2	+0.31 +0.06	2.5	25	5×45	M8×12	35	1	6
28				45											38		
30				48									6×50		41		
32				52									6×55		44		
35		16		56				M10	1.6		3	±0.30		M10×20	47	1.4	
40				62									6×60	M10×16	54		
45		18		70									6×70		62		9
50				80			8						8×80	M10×20	71		
55	+0.074 0			85					2				8×90		76		
60		20	0 −0.52	90			10								81		
65				95									10×100		86		
70				100											91		
75		22		110				M12			3.6	±0.36	10×120	M12×25	100	1.8	
80				115											105		
85	+0.087 0			120											110		
90				125											115		
95		25		130	1.5	1.5							10×130		120		
100				135									10×140		124		12
105				140			12								129		
110		30		150							4.5	±0.45	12×150		136		
115				155											142		
120				160									12×160		147		
(125)	+0.10 0			165											152		
130				170			1.2						12×180		156		
(135)				175	—										162		
140				180											166		
(145)				190										M12×30	176		
150				200											186		
160				210											196		
170				220											206		
180				230											216		
190	+0.0115 0			240											226		
200				250											236		

注：1. 尽可能不采用括号内的规格。

2. d_1 孔在加工时，只钻一面；在装配时钻透并铰孔。

3. 挡圈按 GB 959.2—1986 技术规定，材料为 35、45、Q235A、Y12。35、45 钢淬火并回火及表面氧化处理。

4. 钢丝锁圈应进行低温回火及表面氧化处理。

表 18-17　孔用钢丝挡圈（摘自 GB 895.1—1986）、**轴用钢丝挡圈**（摘自 GB 895.2—1986）

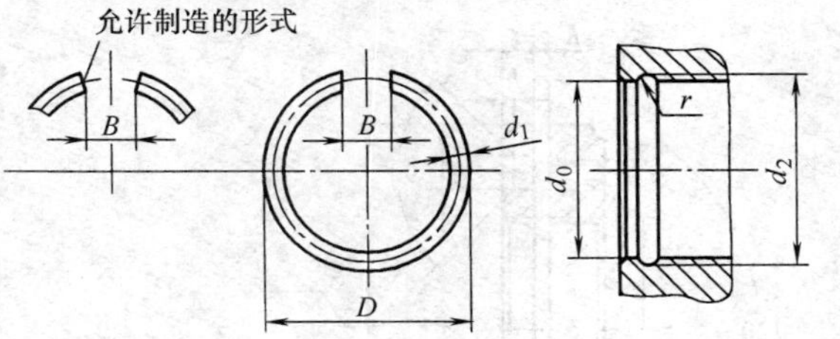

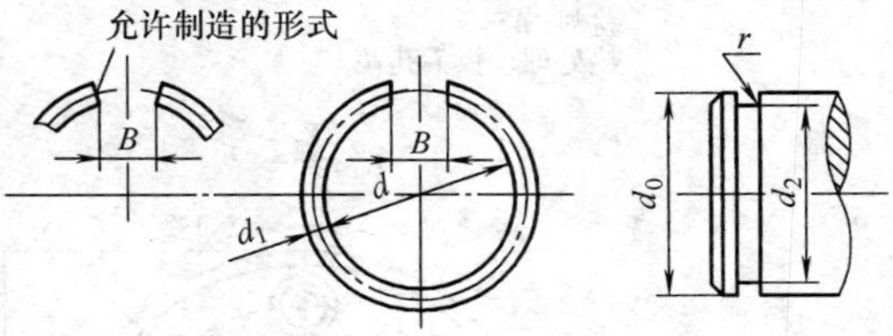

标记示例：

孔径 d_0=40mm、材料为碳素弹簧钢丝、经低温回火及表面氧化处理的孔用钢丝挡圈的标记为

挡圈　GB 895.1—86—40

孔径、轴径 d_0	挡圈								沟槽(推荐)				1000 个质量 /kg ≈	
	d_1	r	GB 895.1—1986			GB 895.2—1986			GB 895.1—1986		GB 895.2—1986			
			D		B	d		B	d_2		d_2			
			基本尺寸	极限偏差		基本尺寸	极限偏差		基本尺寸	极限偏差	基本尺寸	极限偏差	GB 895.1—1986	GB 895.2—1986
4	0.6	0.4				3	0 −0.18	1			3.4	±0.037		
5						4					4.4			0.03
6						5					5.4			0.037
7	0.8	0.5	8.0	+0.22 0	4	6	0 −0.22	2	7.8	±0.045	6.2	±0.045	0.0735	0.076
8			9.0			7			8.8		7.2		0.0859	0.089
10			11.0			9			10.8	±0.055	9.2		0.0934	0.114
12	1.0	0.6	13.5	+0.43 0	6	10.5	0 −0.47	3	13.0	±0.055	11.0	±0.055	0.205	0.204
14			15.5			12.5			15.0		13.0		0.244	0.243
16	1.6		18.0		8	14.0			17.6		14.4		0.705	0.726
18			20.0	+0.52 0		16.0	0 −0.47		19.6	±0.065	16.4		0.804	0.825
20	2.0	1.1	22.5		10	17.5			22.0	±0.105	18.0	±0.09	1.32	1.437
22			24.5			19.5	0 −0.52		24.0		20.0	±0.105	1.47	1.592
24			26.5			21.5			26.0		22.0		1.63	1.747
25			27.5			22.5			27.0		23.0		1.70	1.824
26			28.5			23.5			28.0		24.0		1.79	1.902
28			30.5	+0.62 0		25.5			30.0		26.0		1.94	2.057
30			32.5			27.5			32.0		28.0		2.10	2.212
32	2.5	1.4	35.0		12	29.0		4	34.5	±0.125	29.5		3.47	3.659
35			38.0	+1.00 0		32.0	0 −1.00		37.6		32.5	±0.125	3.85	4.022
38			41.0			35.0			40.6		35.5		4.20	4.386
40			43.0			37.0			42.6		37.5		4.43	4.628
42			45.0		16	39.0			44.5		39.5		4.54	4.87
45			48.0			42.0			47.5		42.5		4.89	5.233
48			51.0			45.0			50.5	±0.150	45.5		5.24	5.596
50			53.0			47.0			52.5		47.5		5.51	5.838
55	3.2	1.8	59.0	+1.20 0	20	51.0	0 −1.20		58.2		51.8	±0.15	9.805	10.42
60			64.0			56.0			63.2		56.8		10.80	11.43
65			69.0			61.0			68.2		61.8		11.79	12.22
70			74.0		25	66.0		5	73.2		66.8		12.46	13.41
75			79.0			71.0			78.2		71.8		13.47	14.40
80			84.0	+1.40 0		76.0			83.2	±0.175	76.8		14.45	15.39
85			89.0			81.0	0 −1.40		88.2		81.8	±0.175	15.44	16.39
90			94.0			86.0			93.2		86.8		16.43	17.38

表 18-18　带锁紧槽圆螺母　　（单位：mm）

材料：45
热处理：扳手孔 d_1

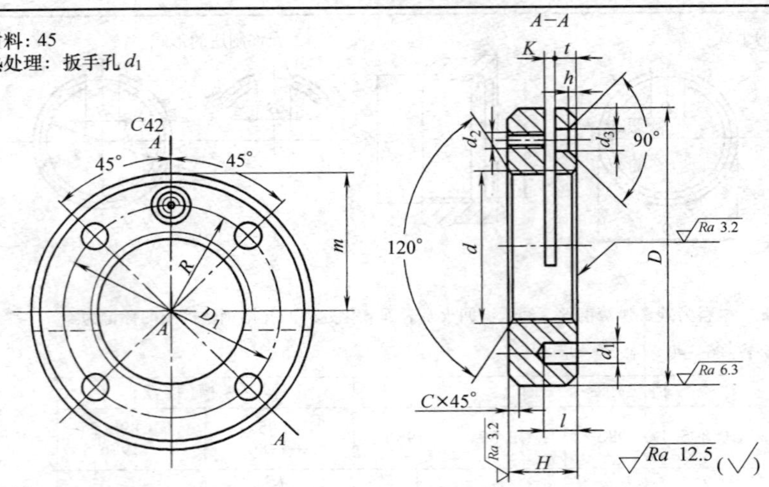

标记示例：
细牙普通螺纹，直径 24mm、螺距 1.5mm 的带锁紧槽圆螺母的标记为
圆螺母　M24×1.5

d	D	D_1 基本尺寸	D_1 允许偏差	H 基本尺寸	H 允许偏差	d_1 基本尺寸	d_1 允许偏差	d_2	d_3	R	l	h 基本尺寸	h 允许偏差	t	K	m	C	螺钉 GB/T 68—2000
M10×1	22	16	+0.12	6	−0.30	3	+0.25	M2	2.6	8	3	1.2	−0.3	1.2	1.5	15	0.2	M2×4
M12×1.25	25	18								9								
M16×1.5	30	22	+0.14	8	−0.36	3.5	+0.25	M3	3.6	11.5	4	1.5	−0.3	1.5	1.5	20	0.5	M3×6
M18×1.5	32	24					+0.30			12.5								
M20×1.5	35	27				4				13.5								
(M22×1.5)	38	30		10				M4	4.8	15	5	2	−0.4	2	2	25		M4×8
M24×1.5	42	34	+0.17			4.5				16.5							1	
(M27×1.5)	45									18						30		
M30×1.5	48	38								19.5	6							
(M33×1.5)	52	42						M5	6	20.5		2.5		3		35		M5×8
M36×1.5	55	46				5.5				23								
(M39×1.5)	58									24.5						40		
M42×1.5	62	54	+0.20							26	7							
(M45×1.5)	68									28.5						45		
M48×1.5	72	62		12	−0.43			M6	7	30		3		4	3			M6×10
(M52×1.5)	78					6.5				32.5						50		
M56×2	85	72								35.5								
(M60×2)	90					7.5	+0.36			38						55		
M64×2	95	80								40	8							
(M68×2)	100					9				42				5		60		
M72×2	105	90	+0.23	15						44								M6×12
(M76×2)	110							M8	9	46.5	10	4	−0.5			65	1.5	M8×12
M80×2	115	100								49								
(M85×2)	120									51								
M90×2	125	110		18						54				6		70		M8×15
(M95×2)	130									56.5								
M100×2	135	120								59								

注：1. 括号内尽量不用。
　　2. 表面发蓝处理。

18.4　直轴设计计算

18.4.1　轴的强度计算

18.4.1.1　按扭转强度条件计算

这种方法是只按轴所受的转矩来计算轴的强度；若还受不大的弯矩时，则用降低许用扭转切应力的办法予以考虑。在作轴的结构设计时，通常用这种方法初估轴径。对于不太重要的轴，也可作为最后计算结果。

用这种方法估算轴危险截面直径的公式见表 18-19。

表 18-19　按扭转强度条件计算轴径的计算公式

公　式	说　明
$d \geqslant \sqrt[3]{\dfrac{5T}{[\tau]}}K$ 或　$d \geqslant A\sqrt[3]{\dfrac{P}{n}}K$	d—计算剖面处轴的直径(mm) T—轴传递的转矩(N · mm)，$T=9.55\times10^6\dfrac{P}{n}$ $[\tau]$—轴材料的许用扭转切应力(MPa)，见表 18-20 K—轴类别系数，实心轴 $K=1$，空心轴 $K=\sqrt[3]{\dfrac{1}{1-\gamma^4}}$($\gamma$ 为空心轴的内径 d_0 与外径 d 之比，通常取 $\gamma=0.5\sim0.6$) A—按$[\tau]$而定的系数，见表 18-20 P—轴传递的功率(kW) n—轴的转速(r/min)

注：计算的截面上有一个键槽时，应将求得的 d 增大 3%左右；有两个键槽，d 应增大 7%左右，然后圆整至标准值(GB/T 2822—2005)。

表 18-20　几种常用轴材料的 $[\tau]$ 与 A 值

轴的材料	Q235—A,20	35	45	40Cr,35SiMn,38SiMnMo 2Cr13,42SiMn,20CrMnTi	1Cr18Ni9Ti
$[\tau]$/MPa	12~20	20~30	30~40	40~52	15~25
A	160~135	135~118	118~107	107~98	148~125

注：1. 表中 A 值已将弯矩的影响考虑在内，当轴上弯矩较小时，$[\tau]$ 取较大值，A 取较小值。
2. 当轴径较大或用 Q235、35SiMn 时，取较大的 A 值。

18.4.1.2　按弯扭合成强度条件计算

通常把轴当作置于铰链支座上的梁。轴上零件传来的力，通常当作集中力来考虑，其作用点取在零件轮缘宽度的中点，轴上转矩则从轮毂宽度的中点算起。轴上支承反力的作用点，根据轴承的类型和组合按图 18-6 取定。

若作用在轴上的各载荷不在同一平面内，则可分解到两个相互垂直的平面，然后分别求这两个平面内的弯矩，再按矢量法求得合成弯矩。

轴的直径由表 18-21 的公式计算。

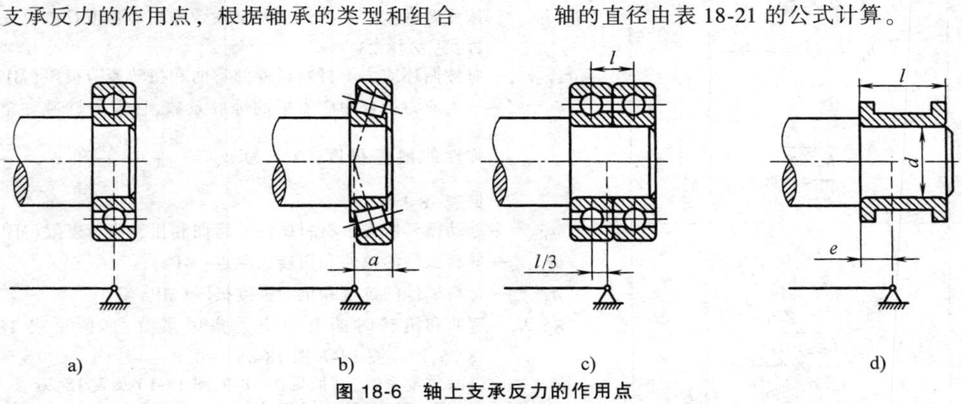

图 18-6　轴上支承反力的作用点

a) 深沟球轴承　b) 圆锥滚子轴承　c) 两个深沟球轴承　d) 滑动轴承

当 $\dfrac{l}{d}\leqslant1$，$e=0.5l$；$\dfrac{l}{d}>1$，$e=0.5d$，但不小于 $(0.25\sim0.35)l$；对调心轴承，$e=0.5l$

表 18-21　按弯扭合成强度条件计算的计算公式

材料	公　式	说　明
塑性材料	$\sigma=\dfrac{10\sqrt{M^2+(\alpha T)^2}}{d^3}K^3\leqslant[\sigma_{-1}]$ $d\geqslant\sqrt[3]{\dfrac{10\sqrt{M^2+(\alpha T)^2}}{[\sigma_{-1}]}}K$	σ—轴计算截面上的工作应力(MPa) d—轴计算截面上的直径(mm) M—轴计算截面上的合成弯矩(N·mm) α—考虑转矩和弯矩的作用性质差异的系数，当扭切应力按对称循环变化时，$\alpha=1$，当扭切应力按脉动循环变化时，$\alpha=\dfrac{[\sigma_{-1}]}{[\sigma_0]}\approx0.6$，当扭切应力不变化时，$\alpha=\dfrac{[\sigma_{-1}]}{[\sigma_{+1}]}\approx0.3$ T—轴计算截面上的转矩(N·mm) K—轴类别系数，实心轴：$K=1$，空心轴：$K=\sqrt[3]{\dfrac{1}{1-\gamma^4}}$（$\gamma$ 为空心轴的内径 d_0 与外径 d 之比） $[\sigma_{-1}]$、$[\sigma_0]$、$[\sigma_{+1}]$—对称循环、脉动循环、静应力的许用弯曲应力(MPa)，见表 18-19
脆性材料	$\sigma=\dfrac{[M+\sqrt{M^2+(\alpha T)^2}]}{d^3}K^3$ $d\geqslant\sqrt[3]{\dfrac{5[M+\sqrt{M^2+(\alpha T)^2}]}{[\sigma_{-1}]}}K$	

注：1. 表中计算 d 的截面处有按 GB/T 1095—2003 的标准键槽时，应增大轴径。对于直径 d>100mm 的轴，有一个键槽增大 3%；有两个键槽时，应增大 7%。对于直径 $d\leqslant$100mm 的轴，有一个键槽时，轴径增大 5%~7%；有两个键槽时，应增大 10%~15%。然后将轴径圆整至标准值（GB/T 2822—2005）。

2. 表中未考虑轴向力 F_a 引起的压应力。当为压应力较大的实心轴时，按 $\sigma=\sqrt{\left(\dfrac{M}{0.1d^3}+\alpha^1\dfrac{4F_a}{\pi d^2}\right)^2+4\left(\dfrac{\alpha T}{0.2d^3}\right)^2}\leqslant[\sigma_{-1}]$ 校核轴的强度，式中 α^1—考虑轴向力和弯矩的作用性质差异的系数，取法与 α 相同。

18.4.1.3　按安全系数校核计算

按安全系数的校核计算有两种情况：一种是根据材料疲劳极限计算轴危险截面处的疲劳强度安全系数，载荷按轴上长期作用的最大变载荷进行计算；另一种是根据材料屈服强度计算轴危险截面处的静强度安全系数。载荷是根据轴的短时最大载荷（包括冲击载荷）来计算的。

危险截面的位置应是弯矩等较大及截面面积较小处。当按疲劳强度计算时，还应考虑应力集中较严重处，也就是实际应力较大的截面。当在同一截面处有几个应力集中源时，取各源所引起的应力集中的最大值。

安全系数的校核计算按表 18-22 中的公式计算。

表 18-22　按安全系数校核计算的计算公式

	材料	公　式	说　明
按疲劳强度的安全系数计算	塑性材料	$S=\dfrac{S_\sigma S_\tau}{\sqrt{S_\sigma^2+S_\tau^2}}\geqslant[S]$ $S_\sigma=\dfrac{\sigma_{-1}}{\dfrac{K_\sigma}{\beta\varepsilon_\sigma}\sigma_a+\psi_\sigma\sigma_m}$ $S_\tau=\dfrac{\tau_{-1}}{\dfrac{K_\tau}{\beta\varepsilon_\tau}\tau_a+\psi_\tau\tau_m}$	S_σ、$S_{S\sigma}$—只考虑弯矩作用时的疲劳强度和静强度安全系数 S_τ、$S_{S\tau}$—只考虑转矩作用时的疲劳强度和静强度安全系数 $[S]$、$[S_S]$—按疲劳强度计算的许用安全系数和按静强度计的许用安全系数，见表 18-23 σ_{-1}、τ_{-1}—对称循环应力下材料试件的弯曲和扭转疲劳极限(MPa) ψ_σ、ψ_τ—平均应力折合为应力幅的等效系数，它表示材料对循环不对称性的敏感程度，其值为 $\psi_\sigma=\dfrac{2\sigma_{-1}-\sigma_{-0}}{\sigma_0}$ 和 $\psi_\tau=\dfrac{2\tau_{-1}-\tau_0}{\tau_0}$，见表 18-1 σ_0、τ_0—脉动循环应力下材料试件的弯曲和扭转疲劳极限(MPa) σ_s、τ_s—材料试件的拉伸和扭转屈服点(MPa) σ_b、τ_b—材料试件的抗拉和抗扭强度极限(MPa) K_σ、K_τ—弯曲和扭转时的有效应力集中系数，其值见表 18-24、表 18-25，以及图 18-7、图 18-8 β—表面质量系数，其值见图 18-9、图 18-10 及表 18-26 ε_σ、ε_τ—弯曲和扭转时的绝对尺寸影响系数，其值见图 18-11 σ_a、σ_m—弯曲应力的应力幅和平均应力(MPa)
	脆性材料	$S=\dfrac{S_\sigma S_\tau}{S_\sigma+S_\tau}\geqslant[S]$ $S_\sigma=\dfrac{\sigma_{-1}}{\dfrac{K_\sigma}{\beta\varepsilon_\sigma}\sigma_a+\dfrac{\sigma_{-1}}{\sigma_b}\sigma_m}$ $S_\tau=\dfrac{\tau_{-1}}{\dfrac{K_\tau}{\beta\varepsilon_\tau}\tau_a+\dfrac{\tau_{-1}}{\tau_b}\tau_m}$	

（续）

	材料	公式	说明
按静强度的安全系数计算	塑性材料	$S_S=\dfrac{S_{S\sigma}S_{S\tau}}{\sqrt{S_{S\sigma}^2+S_{S\tau}^2}}\geqslant[S_S]$ $\left.\begin{array}{l}S_{S\sigma}=\dfrac{\sigma_s}{\dfrac{M_{max}}{W}+\dfrac{F_{amax}}{A}}\\ S_{S\tau}=\dfrac{\tau_s}{\dfrac{T_{max}}{W_T}}\end{array}\right\}$	τ_a、τ_m—扭转切应力的应力幅和平均应力（MPa），对一般传递动力的轴，可取 $\sigma_a=\dfrac{M}{W}$、$\sigma_m=0$ 及 $\tau_a=\tau_m=\dfrac{T}{2W_T}$；当轴不转动或轴上外力随轴一起转动时，取 $\sigma_a=\sigma_m=\dfrac{M}{2W}$；当轴常需正反转时，取 $\tau_a=\dfrac{T}{W_T}$、$\tau_m=0$ M、T—轴危险截面上的弯矩和转矩（N · mm） W、W_T—轴危险截面的抗弯和抗扭截面系数（mm^3），见表 18-27 M_{max}、T_{max}—轴危险截面的最大弯矩和最大转矩（N · mm） F_{amax}—作用在轴上的最大轴向载荷（N） A—轴危险截面的截面积（mm^2）
	脆性材料	$S_S=\dfrac{S_{S\sigma}S_{S\tau}}{S_{S\sigma}+S_{S\tau}}\geqslant[S_S]$ $\left.\begin{array}{l}S_{S\sigma}=\dfrac{\sigma_b}{\dfrac{M_{max}}{W}+\dfrac{F_{amax}}{A}}\\ S_{S\tau}=\dfrac{\tau_b}{\dfrac{T_{max}}{W_T}}\end{array}\right\}$	

表 18-23 许用安全系数 [S]、[S_s]

疲劳强度计算		静强度计算	
计算精确程度	[S]	计算精确程度	[S_S]
载荷可以精确计算，材料性能确有把握时	1.3~1.5	最大载荷作用时间极少，其数值可精确求得时	
计算不够精确，材质不够均匀时	1.5~1.8	高塑性材料（$\sigma_s/\sigma_b\leqslant0.6$）的钢轴	1.2~1.4
计算的精确性很差，材质均匀性很差时	1.8~2.5	中等塑性（$\sigma_s/\sigma_b=0.6\sim0.8$）的钢轴	1.4~1.8
		低塑性的钢轴	1.8~2.0
		铸造以及脆性材料的轴	2.0~3.0
		最大载荷很难准确计算时	3~4

注：当轴的损坏要引起严重事故时，上述安全系数还应适当加大 30%~50%。

表 18-24 圆角处的有效应力集中系数

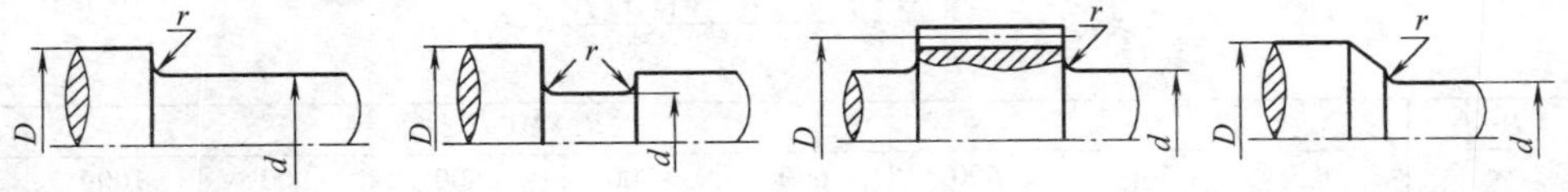

$\frac{D-d}{r}$	$\frac{r}{d}$	K_σ								K_τ							
		R_m/MPa															
		400	500	600	700	800	900	1000	1200	400	500	600	700	800	900	1000	1200
2	0.01	1.34	1.36	1.38	1.40	1.41	1.43	1.45	1.49	1.26	1.28	1.29	1.29	1.30	1.30	1.31	1.32
	0.02	1.41	1.44	1.47	1.49	1.52	1.54	1.57	1.62	1.33	1.35	1.36	1.37	1.37	1.38	1.39	1.42
	0.03	1.59	1.63	1.67	1.71	1.76	1.80	1.84	1.92	1.39	1.40	1.42	1.44	1.45	1.47	1.48	1.52
	0.05	1.54	1.59	1.64	1.69	1.73	1.78	1.83	1.93	1.42	1.43	1.44	1.46	1.47	1.50	1.51	1.54
	0.10	1.38	1.44	1.50	1.55	1.61	1.66	1.72	1.83	1.37	1.38	1.39	1.42	1.43	1.45	1.46	1.50
4	0.01	1.51	1.54	1.57	1.59	1.62	1.64	1.67	1.72	1.37	1.39	1.40	1.42	1.43	1.44	1.46	1.47
	0.02	1.76	1.81	1.86	1.91	1.96	2.01	2.06	2.16	1.53	1.55	1.58	1.59	1.61	1.62	1.65	1.68
	0.03	1.76	1.82	1.88	1.94	1.99	2.05	2.11	2.23	1.52	1.54	1.57	1.59	1.61	1.64	1.66	1.71
	0.05	1.70	1.76	1.82	1.88	1.95	2.01	2.07	2.19	1.50	1.53	1.57	1.59	1.62	1.65	1.68	1.74
6	0.01	1.86	1.90	1.94	1.99	2.03	2.08	2.12	2.21	1.54	1.57	1.59	1.61	1.64	1.66	1.68	1.73
	0.02	1.90	1.96	2.02	2.03	2.13	2.19	2.25	2.37	1.59	1.62	1.66	1.69	1.72	1.75	1.79	1.86
	0.03	1.89	1.96	2.03	2.10	2.16	2.23	2.30	2.44	1.61	1.65	1.68	1.72	1.74	1.77	1.81	1.88
10	0.01	2.07	2.12	2.17	2.23	2.28	2.34	2.39	2.50	2.12	2.18	2.24	2.30	2.37	2.42	2.48	2.60
	0.02	2.09	2.16	2.23	2.30	2.38	2.45	2.52	2.66	2.03	2.08	2.12	2.17	2.22	2.26	2.31	2.40

注：当 r/d 值超过表中给出的最大值时，按最大值查取 K_σ、K_τ。

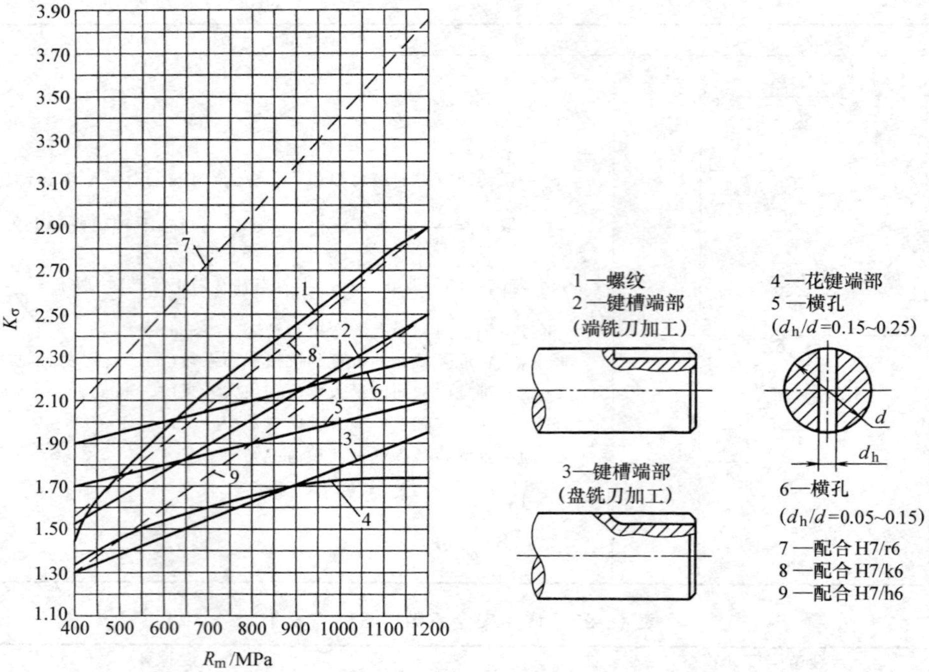

图 18-7　弯曲时，螺纹、键槽、横孔及配合边缘处的有效应力集中系数 K_σ

（在键槽或花键的中段处，可取 $K_\sigma=1$，齿轮轴的齿取 $K_\sigma=1$，滚动轴承与轴配合按 H7/r6 配合选择，蜗杆螺旋根部可取 $K_\sigma=2.3\sim2.5$，$R_m\leqslant700$MPa 取小值，$R_m\geqslant1000$MPa 取大值）

表 18-25　环槽处的有效应力集中系数

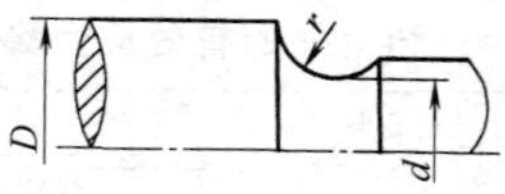

系数	$\frac{D-d}{r}$	$\frac{r}{d}$	R_m/MPa							
			400	500	600	700	800	900	1000	1200
K_σ	1	0.01	1.88	1.93	1.98	2.04	2.09	2.15	2.20	2.31
		0.02	1.79	1.84	1.89	1.95	2.00	2.06	2.11	2.22
		0.03	1.72	1.77	1.82	1.87	1.92	1.97	2.02	2.12
		0.05	1.61	1.66	1.71	1.77	1.82	1.88	1.93	2.04
		0.10	1.44	1.48	1.52	1.55	1.59	1.62	1.66	1.73
	2	0.01	2.09	2.15	2.21	2.27	2.37	2.39	2.45	2.57
		0.02	1.99	2.05	2.11	2.17	2.23	2.28	2.35	2.49
		0.03	1.91	1.97	2.03	2.08	2.14	2.19	2.25	2.36
		0.05	1.79	1.85	1.91	1.97	2.03	2.09	2.15	2.27
	4	0.01	2.29	2.36	2.43	2.50	2.56	2.63	2.70	2.84
		0.02	2.18	2.25	2.32	2.38	2.45	2.51	2.58	2.71
		0.03	2.10	2.16	2.22	2.28	2.35	2.41	2.47	2.59
	6	0.01	2.38	2.47	2.56	2.64	2.73	2.81	2.90	3.07
		0.02	2.28	2.35	2.42	2.49	2.56	2.63	2.70	2.84
K_τ	任何比值	0.01	1.60	1.70	1.80	1.90	2.00	2.10	2.20	2.40
		0.02	1.51	1.60	1.69	1.77	1.86	1.94	2.03	2.20
		0.03	1.44	1.52	1.60	1.67	1.75	1.82	1.00	2.05
		0.05	1.34	1.40	1.46	1.52	1.57	1.63	1.69	1.81
		0.10	1.17	1.20	1.23	1.26	1.28	1.31	1.34	1.40

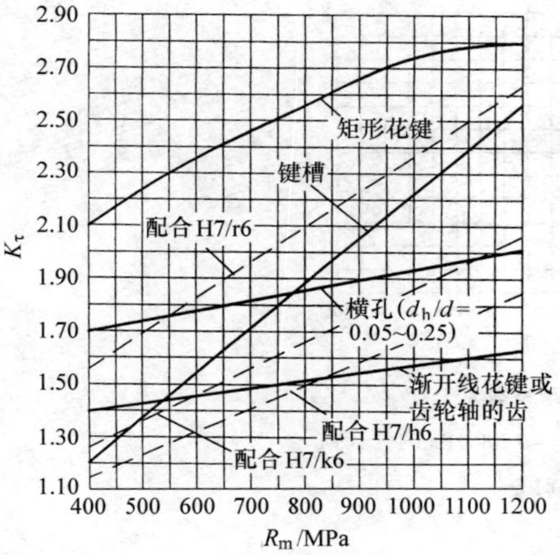

图 18-8　扭转时螺纹、键槽、横孔及配合边缘处的有效应力集中系数 K_τ

（在螺纹处，可取 $K_\tau \approx 1$，蜗杆螺旋根部 $K_\tau = 1.7 \sim 1.9$，滚动轴承与轴配合处按 H7/r6 选择）

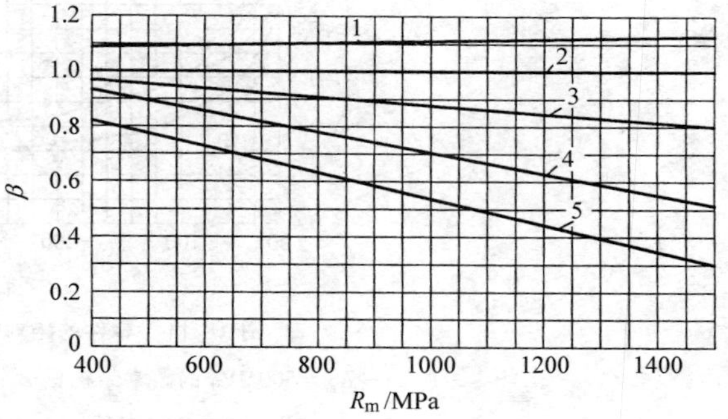

图 18-9　各种加工情况的表面质量系数 β

1—$Ra \leqslant 0.08\mu m$　2—$Ra = 0.08 \sim 0.32\mu m$

3—$Ra = 0.32 \sim 2.5\mu m$　4—$Ra = 2.5 \sim 20\mu m$

5—不加工

表 18-26　各种强化处理的表面质量系数 β

强化方法	心部强度 R_m/MPa	β		
		光　轴	低应力集中的轴 $K_\sigma \leqslant 1.5$	高应力集中的轴 $K_\sigma \geqslant 1.8 \sim 2$
高频淬火	600~800 800~1000	1.5~1.7 1.3~1.5	1.6~1.7 1.4~1.5	2.4~2.8 2.1~2.4
氮　化	900~1200	1.1~1.25	1.5~1.7	1.7~2.1
渗　碳	400~600 700~800 1000~1200	1.8~2.0 1.4~1.5 1.2~1.3	3 2.3 2	3.5 2.7 2.3
喷丸硬化	600~1500	1.1~1.25	1.5~1.6	1.7~2.1
滚子滚压	600~1500	1.1~1.3	1.3~1.5	1.6~2.0

注：1. 高频淬火是根据直径 $d = 10 \sim 20$mm，淬硬层厚度为 $(0.05 \sim 0.20)d$ 的试件的实验求得的数据。对大尺寸试件，此值会有某些降低。

2. 氮化层厚度为 $0.01d$ 时用小值，在 $(0.03 \sim 0.04)d$ 时用大值。

3. 喷丸硬化是根据厚度为 8~40mm 的试件求得的数据。喷丸速度低时用小值，速度高时用大值。

4. 滚子滚压是根据直径为 17~130mm 的试件求得的数据。

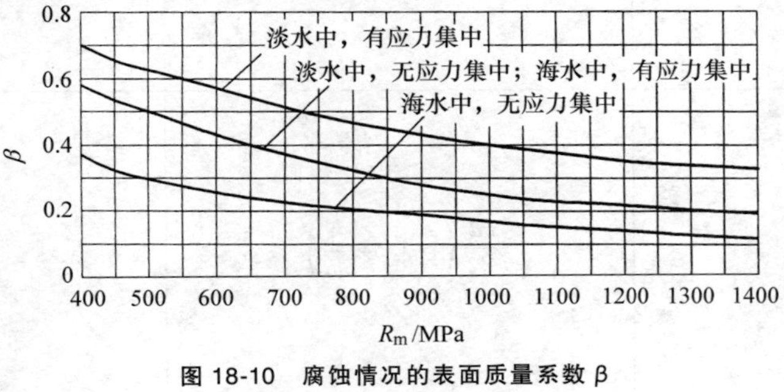

图 18-10　腐蚀情况的表面质量系数 β

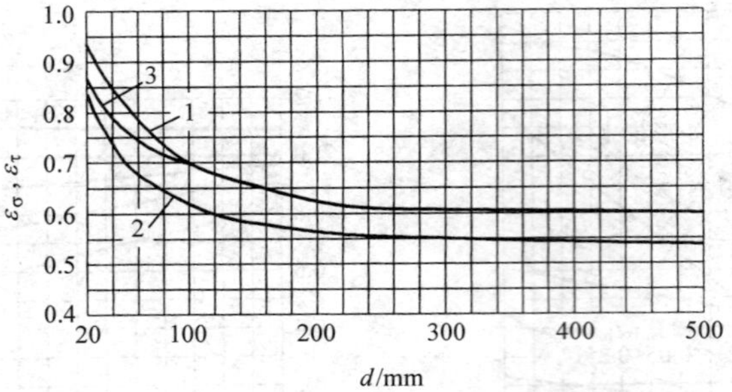

图 18-11　零件的绝对尺寸影响系数 ε_σ、ε_τ

1—R_m = 500MPa 的碳素结构钢 ε_σ　2—R_m = 1200MPa 的合金钢 ε_σ

3—各种钢的 ε_τ，d>100mm 时查曲线 1

表 18-27　抗弯截面系数 W 和抗扭截面系数 W_T 的计算公式

截面形状	W	W_T
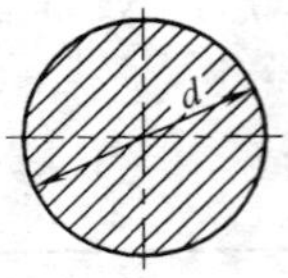	$\frac{\pi d^3}{32}\approx 0.1d^3$	$2W$
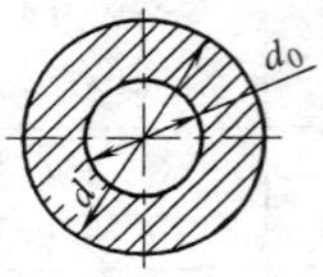	$\frac{\pi d^3}{32}(1-\gamma^4)$ $\approx 0.1d^3(1-\gamma^4)$ $\left(\gamma=\frac{d_0}{d}\right)$	$2W$
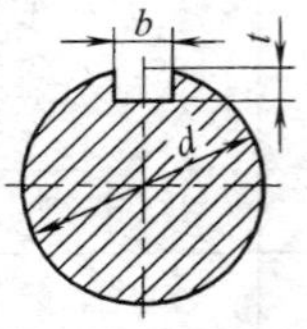	$\frac{\pi d^3}{32}-\frac{bt(d-t)^2}{2d}$	$\frac{\pi d^3}{16}-\frac{bt(d-t)^2}{2d}$
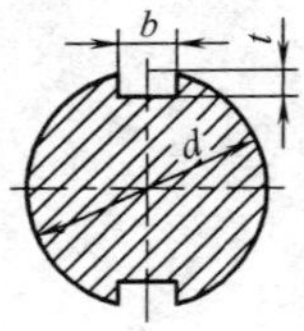	$\frac{\pi d^3}{32}-\frac{bt(d-t)^2}{d}$	$\frac{\pi d^3}{16}-\frac{bt(d-t)^2}{d}$
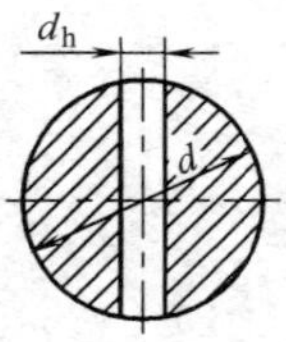	$\frac{\pi d^3}{32}\left(1-1.54\frac{d_h}{d}\right)$	$\frac{\pi d^3}{16}\left(1-\frac{d_h}{d}\right)$

（续）

截面形状	W	W_T
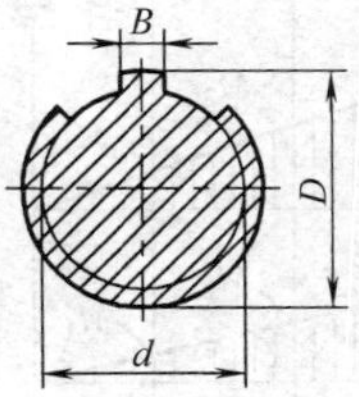	$\dfrac{\pi d^4+BN(D-d)(D+d)^2}{32D}$ （N—花键齿数）	$2W$
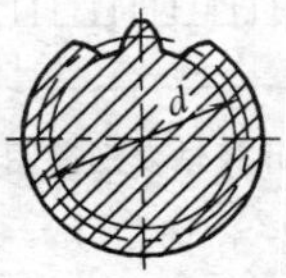	$\dfrac{\pi d^3}{32}\approx 0.1d^3$	$2W$

注：开有键槽的轴和花键轴，也有按内接圆直径计算其抗扭截面系数的。

18.4.2　轴的刚度计算

一般机械制造业中，轴的许用挠度［y］、许用偏转角［θ］和许用扭转角［φ］见表 18-28。

18.4.2.1　轴的弯曲变形计算

要精确计算出轴的弯曲变形是比较困难的，除受力和支承情况外，轴承和机座的刚度，配合在轴上零件的刚度，以及轴的局部削弱等都影响到轴的变形。计算时，通常按简化方法计算。对于有较大过盈配合零件的轴段，可取零件轮毂直径作为轴的刚度计算直径。

轴的弯曲变形可采用材料力学的图解法，当量直径法或能量法来计算。图解法比较适用于求轴上多点变形量，或整根轴的挠度曲线；当量直径法是把阶梯轴当作直径为 d_e 的等直径轴来计算，只适用于对各段直径相差很小的阶梯轴的近似计算；当只需比较精确的计算轴上某几个特定点的变形，或利用计算机时，建议用能量法。

表 18-28　轴的许用挠度［y］、许用偏转角［θ］和许用扭转角［φ］

应用场合	$[y]$/mm	应用场合	$[\theta]$/rad	应用场合	$[\varphi]/[(°)/m]$
一般用途的轴	$(0.0003\sim0.0005)l$	滑动轴承	≤0.001	一般传动	0.5~1
刚度要求较高的轴	≤0.0002l	向心球轴承	≤0.005	较精密的传动	0.25~0.5
安装齿轮的轴	$(0.01\sim0.05)m_n$	向心球面轴承	≤0.05	重要传动	≤0.25
安装蜗轮的轴	$(0.02\sim0.05)m_t$	圆柱滚子轴承	≤0.0025	说明： l—支承间跨距 m_n—齿轮法面模数 m_t—蜗轮端面模数 Δ—电动机定子与转子间的气隙	
蜗　杆　轴	$(0.01\sim0.02)m_t$	圆锥滚子轴承	≤0.0016		
电　机　轴	≤0.1Δ	安装齿轮处	≤0.001~0.002		

（1）当量直径法　把阶梯轴，连同较大过盈安装在轴上的零件，当成直径为 d_e 的等直径轴计算。其计算公式为

$$d_e=\sqrt[4]{\frac{L}{\sum\limits_{i=1}^{n}\frac{l_i}{d_i^4}}}$$

式中　L——轴的计算长度，当载荷作用于两支承之间时，$L=l$，当载荷作用在悬臂端时，$L=l+K$；（l 为两支承之间长度；K 为轴的悬臂长度）；

l_i——阶梯轴 i 段的长度；

d_i——阶梯轴 i 段的计算直径；

n——阶梯轴计算长度内轴锻数。

有了 d_e，可用表 18-29 所列不同受载情况和叠加法，求得所需部位的变形量。注意不同载荷位置可有不同的 d_e。

（2）能量法　用能量法计算轴的弯曲变形时，需要先按轴的计算直径绘出轴的外形和弯矩图（见图 18-12a、b）；如需计算 A 处的挠度 y_A，则在 A 处加一单位力 $F_i=1$（与变形方向相同），并绘出其弯矩 M' 图（见图 18-12c）；如需计算 B 处的偏转角 θ_B，则在 B 处加一单位力矩 $M_i=1$（与变形方向相同），并绘出其（M'）图（见图 18-12d）。然后按 M、M' 及轴截面的连续性，把轴分为 n 段（见图 18-12），则按下式计算变形处的变形量 Δi（挠度 y_A 或偏转角 θ_B）：

$$\Delta i = \sum_{i=1}^{n}\int_0^{l_i}\frac{MM'}{EI}\mathrm{d}l$$

式中，积分值 $\int_0^{l_i}\frac{MM'}{EI}\mathrm{d}l$ 及符号说明见表 18-30。

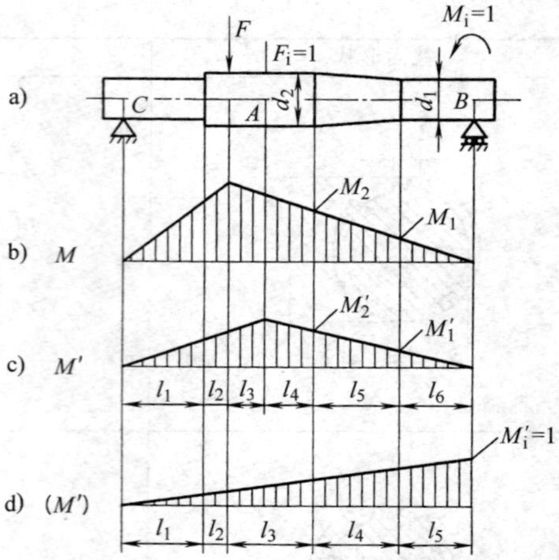

图 18-12　能量法计算轴变形简图

表 18-29　轴的挠度 y 与偏转角 θ 的计算公式

轴受载情况简图	偏转角 θ/rad	挠度 y	最大挠度 y_{max}
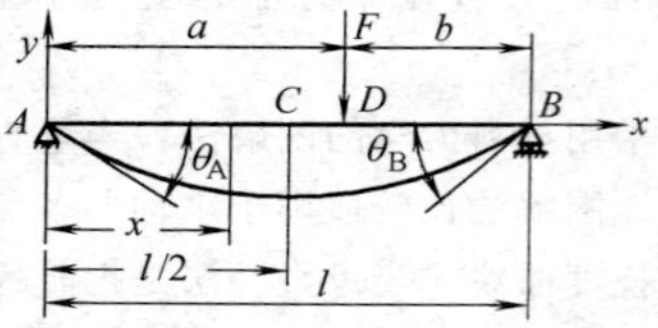	$\theta_A=-\frac{Fab}{6EIl}(l+b)$ $\theta_B=\frac{Fab}{6EIl}(l+a)$	在 $0\leqslant x\leqslant a$ 段： $y=-\frac{Fbx}{6EIl}(l^2-x^2-b^2)$ 在 $a\leqslant x\leqslant l$ 段： $y=-\frac{Fa(l-x)}{6EIl}[l^2-a^2-(l-x)^2]$ 在 F 力作用点 D： $y_D=-\frac{Fa^2b^2}{3EIl}$	设 $a>b$ 在 $x=\sqrt{\frac{l^2-b^2}{3}}$ 处： $y_{max}=-\frac{\sqrt{3}Fb}{27EIl}(l^2-b^2)^{3/2}$ 在 $x=\frac{l}{2}$ 处： $y_c=-\frac{Fb}{48EI}(3l^2-4b^2)$
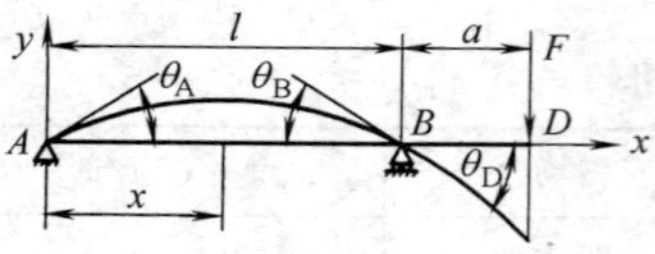	$\theta_A=\frac{Fal}{6EI}$ $\theta_B=-\frac{Fal}{3EI}$ $\theta_D=-\frac{Fa}{6EI}(2l+3a)$	在 $0\leqslant x\leqslant l$ 段： $y=\frac{Fax}{6EIl}(l^2-x^2)$ 在 $l\leqslant x\leqslant(l+a)$ 段： $y=-\frac{F(x-l)}{6EI}[a(3x-l)-(x-l)^2]$	在 F 力作用点 D： $y_D=-\frac{Fa^2}{3EI}(l+a)$ 在 $x=0.57735l$ 处： $y_{max}=\frac{Fal^2}{15.55EI}$
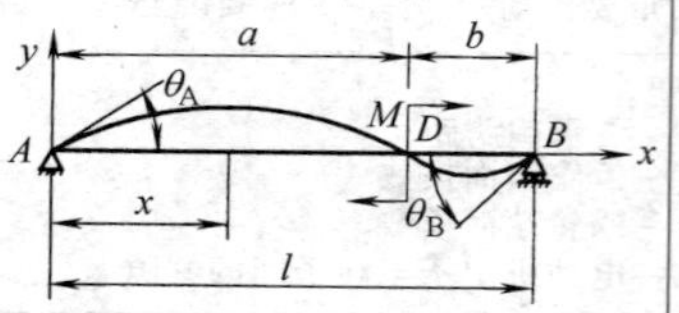	$\theta_A=\frac{M}{6EIl}(l^2-3b^2)$ $\theta_B=\frac{M}{6EIl}(l^2-3a^2)$	在 $0\leqslant x\leqslant a$ 段： $y=\frac{Mx}{6EIl}(l^2-3b^2-x^2)$ 在 $a\leqslant x\leqslant l$ 段： $y=-\frac{M(l-x)}{6EIl}[l-3a^2-(l-x)^2]$	设 $a>b$ 在 $x=\sqrt{\frac{l^2-3b^2}{3}}$ 处： $y_{max}=\frac{\sqrt{3}M}{27EIl}(l^2-3b^2)^{3/2}$
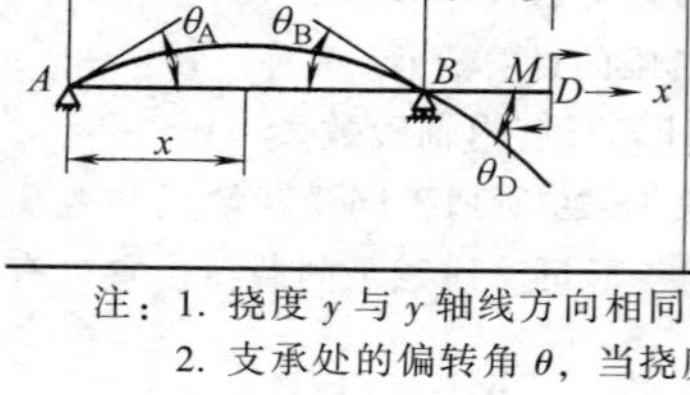	$\theta_A=\frac{Ml}{6EI}$ $\theta_B=-\frac{Ml}{3EI}$ $\theta_D=-\frac{M}{3EI}(l+3a)$	在 $0\leqslant x\leqslant l$ 段： $y=\frac{Mx}{6EIl}(l^2-x^2)$ 在 $l\leqslant x\leqslant(l+a)$ 段： $y=-\frac{M}{6EI}(3x-l)(x-l)$	在 M 的作用点 D： $y_D=-\frac{Ma}{6EI}(2l+3a)$ 在 $x=0.57735l$ 处： $y_{max}=\frac{Ml^2}{15.55EI}$

注：1. 挠度 y 与 y 轴线方向相同时为正，反之为负。如只需确定绝对值，则可不必考虑正负号。

2. 支承处的偏转角 θ，当挠度 y 随 x 增大而增大时为正，反之为负。

表 18-30　积分值 $\int_0^{l_i}\frac{MM'}{EI}\mathrm{d}l$

弯矩图	轴段形状	$\int_0^{l_i}\frac{MM'}{EI}\mathrm{d}l$
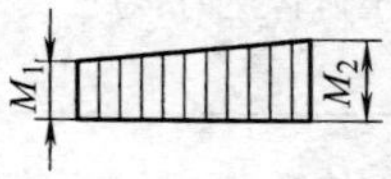	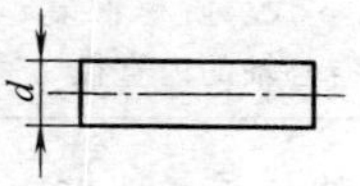	$\frac{l_i}{0.294Ed^4}[M_1(2M_1'+M_2')+M_2(2M_2'+M_1')]$
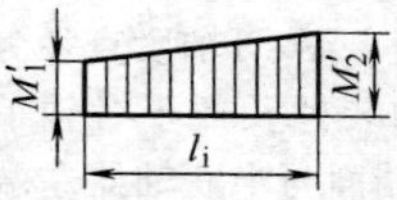	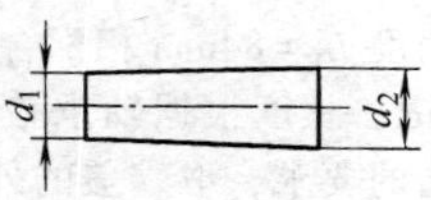	$\frac{l_i}{0.294Ed_1^3d_2^3}[2d_2^2M_1M_1'+d_1d_2(M_1M_2'+M_2M_1')+2d_1^2M_2M_2']$
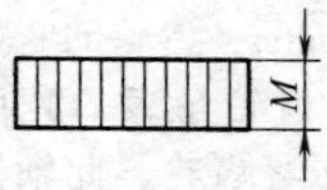	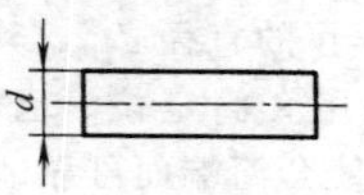	$\frac{l_i}{0.098Ed^4}(M_1'+M_2')M$
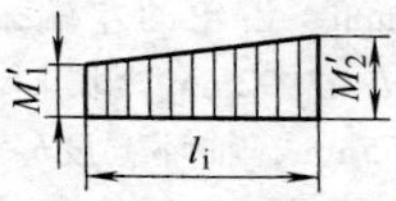	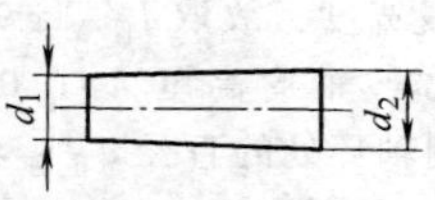	$\frac{l_i}{0.294Ed_1^3d_2^3}M[2d_2^2M_1'+d_1d_2(M_1'+M_2')+2d_1^2M_2']$
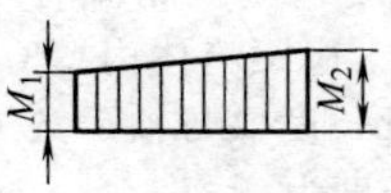	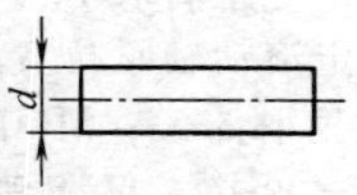	$\frac{l_i}{0.294Ed^4}M'(M_1+2M_2)$
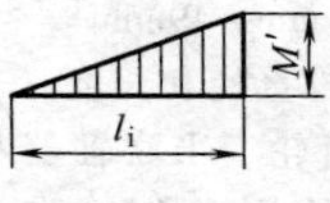	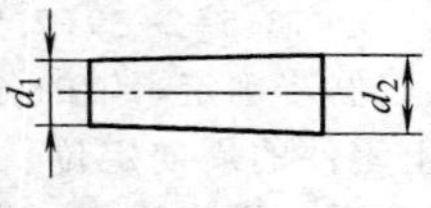	$\frac{l_i}{0.294Ed_1^2d_2^3}(d_2M_1M'+2d_1M_2M')$
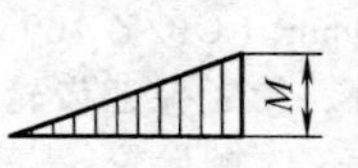	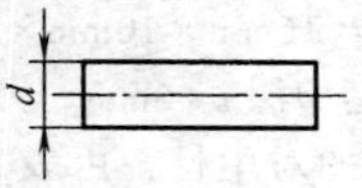	$\frac{l_i}{0.147Ed^4}MM'$
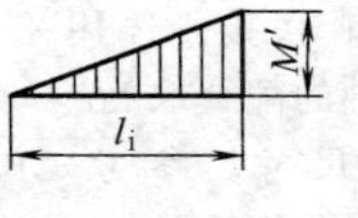	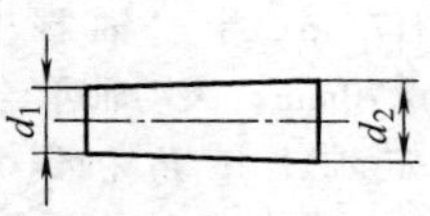	$\frac{l_i}{0.147Ed_1d_2^3}MM'$
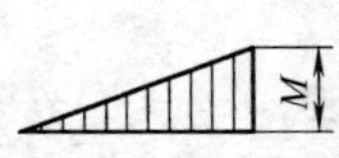	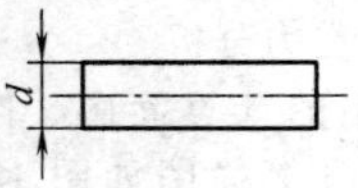	$\frac{l_i}{0.294Ed^4}MM'$
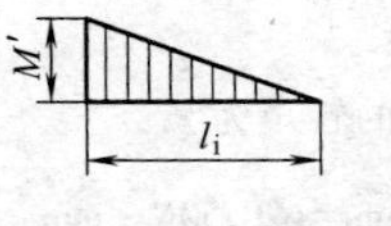	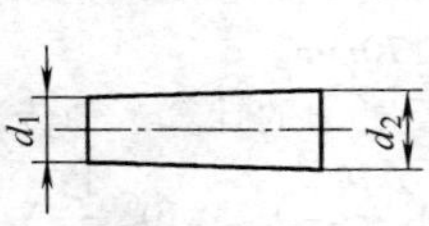	$\frac{l_i}{0.294Ed_1^2d_2^2}MM'$

说明：

M—轴所受的弯矩（N · mm）

M'—在计算变形处加单位力 $F_i=1\mathrm{N}$ 或单位力矩 $M'=1\mathrm{N}\cdot\mathrm{mm}$ 时，轴上引起的弯矩（N · mm）

E—材料弹性模量，对钢 $E=2.06\times10^5\mathrm{MPa}$

l_i—各轴段的长度（mm）

注：1. 如 M 和 M' 的方向相反，则其中一个取 “+”，另一个取 “-”。

2. 如轴段为空心圆柱形，则表中的 d^4 要用 $(d^4-d_0^4)$ 代替。

如果轴上各载荷不在同一平面内，则可把这些载荷分解成为互相垂直的两个平面内的分力，分别算出在这两个平面内各截面的 γ 及 θ，然后用矢量法求出合成挠度和合成偏转角 θ。

18.4.2.2　轴的扭转变形计算

轴的扭转变形，用每米轴长的扭转角 φ 来表明。圆轴的扭转角 φ 计算公式见表 18-31。

表 18-31 圆轴扭转角 φ 的计算公式 [单位：(°)/m]

	实心轴	空心轴	说明
光轴	$\varphi=5.84\times10^5\dfrac{T}{Gd^4}$	$\varphi=\dfrac{5.84\times10^5T}{G(d^4-d_0^4)}$	T—轴传递的转矩(N·mm)；d—轴的外直径(mm)；l—轴受转矩作用的长度(mm)；d_0—空心轴的内直径(mm)；G—材料的切变模量，对钢 $G=8.1\times10^4$MPa；T_i、l_i、d_i、d_{0i}—代表阶梯轴第 i 段上所传递的转矩，长度、直径和空心轴的内直径
阶梯轴	$\varphi=\dfrac{5.84\times10^5}{lG}\sum\limits_{i=1}^{n}\dfrac{T_il_i}{d_i^4}$	$\varphi=\dfrac{5.84\times10^5}{lG}\sum\limits_{i=1}^{n}\dfrac{T_il_i}{(d_i^4-d_{0i}^4)}$	

18.4.3 轴的设计计算举例及设计计算程序

【例 18-1】 已知传递的功率 $P=13$kW，转速 $n=200$r/min，齿轮的齿宽为 100mm，齿数 $z=40$，模数 $m_n=5$mm，螺旋角 $\beta=9°22'$轴端装有联轴器。试设计传动带运输机减速器的主动轴。

【解】 (1) 根据机械传动方案的整体布局，拟定轴上零件的布局和装配方案 考虑整体布局，拟定不同的装配方案进行分析对比，选用图 18-12 所示的装配方案。

(2) 选择轴的材料 该轴传动中小功率，且转速较低，故选用 45 钢，调质处理。其力学性能由表 18-19查得 $\sigma_b=640$MPa，$\sigma_s=355$MPa，$\sigma_{-1}=275$MPa，$\tau_{-1}=155$MPa，$[\sigma_{-1}]=60$MPa，$\tau_s=207$MPa，$\psi_\sigma=0.2$，$\psi_\tau=0.1$，由表 18-20 查得 $A=115$。

(3) 初步估算轴的直径 由表 18-19 公式初步估算的轴径为

$$d_{min}=A\sqrt[3]{\frac{P}{n}}=115\sqrt[3]{\frac{13}{200}}\text{mm}=46.2\text{mm}$$

考虑装联轴器加键，将其轴径增加 3%左右，故取锥形轴伸的大端直径为 50mm。

(4) 轴上零部件的选择和轴的结构设计

1) 联轴器的选用。根据工作要求选择弹性柱销联轴器。由第 23 章查得 $K=1.25$，则计算转矩：

$$T_{ca}=KT=K\times9.55\times10^6\frac{P}{n}$$

$$=1.25\times9.55\times10^6\frac{13}{200}\text{N}\cdot\text{mm}$$

$$=776000\text{N}\cdot\text{mm}$$

依据轴径 $d=50$mm 和 T_{ca} 选择联轴器的型号：LX4 弹性柱销联轴器$\dfrac{\text{ZC50}\times84}{\text{YA50}\times112}$GB/T 5014—2003，允许最大转矩 $[T]=2500000$N·mm。

2) 初步选择滚动轴承。根据轴的受力，选取 60000 型深沟球轴承。为了便于轴承的装配，取装轴承处的直径 $d=55$mm。初选滚动轴承为 6311，其尺寸为 $d\times D\times B=55\text{mm}\times120\text{mm}\times29\text{mm}$，定位轴肩高度 $h=5$mm。

3) 根据轴向定位的要求，确定轴的各段直径和长度。Ⅵ-Ⅶ轴段为 $d=50$mm 圆锥形轴伸，查表1-24，$d=50$mm 的轴伸长 $l_{Ⅰ-Ⅱ}=82$mm（长系列），与联轴器的锥孔长度 $L_1=84$mm 相配合适。Ⅴ-Ⅵ轴段直径为 $d_{Ⅴ-Ⅵ}=50$mm，长度根据轴承盖的装拆及便于对轴承添加润滑脂的要求，取端盖的外端面与半联轴器左端面间的距离 $l=30$mm，故取 $l_{Ⅴ-Ⅵ}=56$mm，取安装齿轮处的轴段Ⅲ-Ⅳ的直径 $d_{Ⅲ-Ⅳ}=56$mm；齿轮的右端与右轴承之间采用套筒定位。已知齿轮轮毂的宽度为 100mm，为了使套筒端面可靠地压紧齿轮，此轴段应略短于轮毂宽度，故取 $l_{Ⅲ-Ⅳ}=98$mm。齿轮的左端采用轴肩定位，轴肩高度 $h>0.07d=3.92$mm，取 $h=4.5$mm，则轴环处的直径 $d_{Ⅱ-Ⅲ}=65$mm，轴环宽度$b\geqslant1.4h=6.3$mm，取 $l_{Ⅱ-Ⅲ}=15.5$mm。这里 15.5mm 是按齿轮距箱体内壁之距离取 10.5mm，考虑到箱体的铸造误差，在确定滚动轴承位置时，应距箱体内壁3~5mm 距离，这里取 5mm；Ⅵ-Ⅶ段长度取与轴承宽 B 相同，则 $l_{Ⅰ-Ⅱ}=29$mm；Ⅳ-Ⅴ段长度为

$$l_{Ⅳ-Ⅴ}=(15.5+2+29+2.5)\text{mm}=49\text{mm}$$

至此，已初步确定了轴的各段直径和长度。

4) 轴上零件的周向定位。齿轮、半联轴器与轴的周向定位均采用平键连接。齿轮与轴的键由表 7-4 查得 $b\times h\times L=16\text{mm}\times10\text{mm}\times90\text{mm}$（GB/T 1096—2003)，轴上键槽深 $t=6$mm。另外，为了保证齿轮与轴配合有良好的对中性，由表 18-3 选择齿轮轮毂与轴配合为 H7/n6；半联轴器与轴联接，选用平键 12mm×8mm×70mm。滚动轴承与轴的配合取 k6。

5) 确定轴上圆角和倒角尺寸。参考 GB/T 6403.4—2008，取轴各处的倒角和圆角见图 18-14。

(5) 轴的受力分析

1) 作出轴的计算简图。按照 18.4.1.3 节的方法，得到轴的计算简图如图 18-13 所示，有 $a=b=80$mm，$c=170$mm。

2) 轴受外力的计算。轴传递的转矩为

$$T_1=9.55\times10^6\frac{P}{n}=9.55\times10^6\frac{13}{200}\text{N}\cdot\text{mm}=620750\text{N}\cdot\text{mm}$$

齿轮的圆周力为

$$F_t=\frac{2T_1}{d_1}=\frac{2\times620750}{40\times5/\cos9°22'}\text{N}=\frac{2\times620750}{202.7}\text{N}=6125\text{N}$$

齿轮的径向力为

$$F_r=F_t\frac{\tan\alpha_n}{\cos\beta}=6125\times\frac{\tan20°}{\cos9°22'}\text{N}=2259\text{N}$$

齿轮的轴向力为　　$F_a = F_t \tan\beta = 6125 \times \tan 9°22' \text{N} = 1010\text{N}$

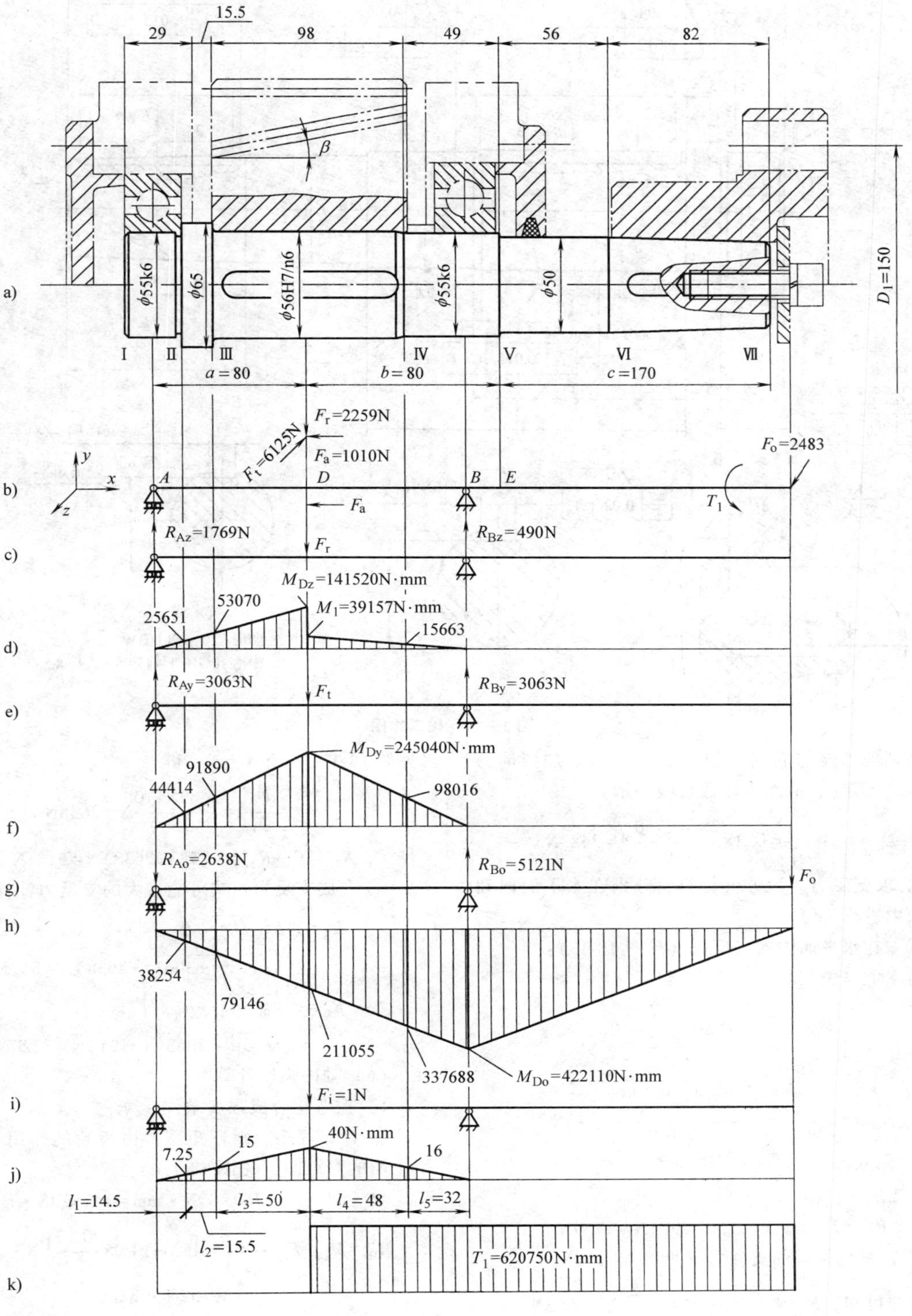

图 18-13　轴的结构、载荷分布及弯曲变形计算图

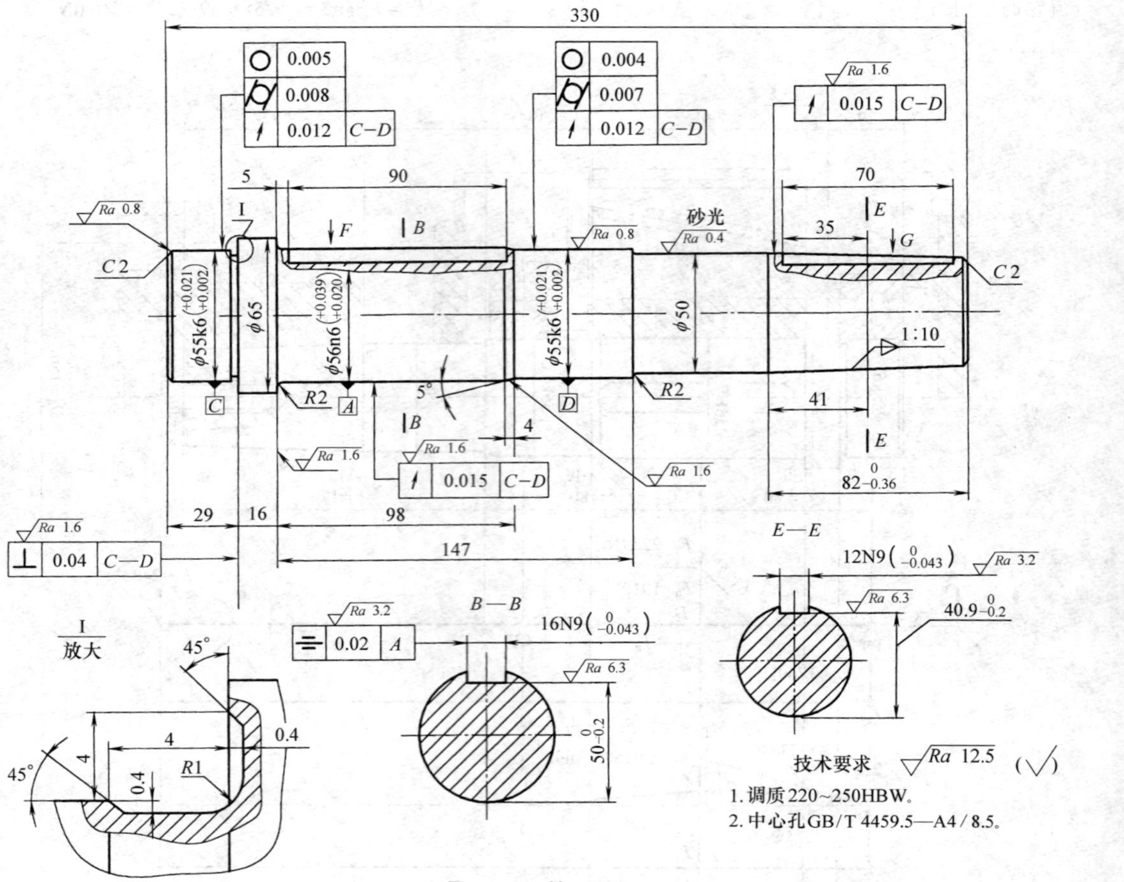

图 18-14 轴工作图

联轴器因制造和安装误差所产生的附加圆周力 F_o（方向不定），故图中以假想线表示：

$$F_o \approx 0.3\frac{2T_1}{D_1}=0.3\times\frac{2\times620750}{150}\text{N}=2483\text{N}$$

3）求支反力。为方便计算，分别在水平面内和垂直面内进行计算。

① 在水平面内的支反力（见图 18-13）：

由 $\Sigma M_A=0$，得

$$R_{Bz}(a+b)-F_ra+F_a\frac{d_1}{2}=0$$

$$R_{Bz}=\frac{F_ra-F_a\dfrac{d_1}{2}}{a+b}=\frac{2259\times80-1010\times\dfrac{202.7}{2}}{80+80}\text{N}$$

$$=490\text{N}$$

由 $\Sigma Z=0$，得

$$R_{Az}=F_r-R_{Bz}=(2259-490)\text{N}=1769\text{N}$$

② 在垂直平面的支反力（见图 18-13e）：

由图可知，$R_{Ay}=R_{By}=\frac{1}{2}F_t=\frac{6125}{2}\text{N}=3063\text{N}$

③ 由于 F_o 的作用，在支点 A、B 处的支反力（见图 18-13g）：$\Sigma M_B=0$，得

$$R_{Ao}=\frac{F_oc}{a+b}=\frac{2483\times170}{80+80}\text{N}=2638\text{N}$$

$$R_{Bo}=F_o+R_{Ao}=(2483+2638)\text{N}=5121\text{N}$$

④ 合成支反力。按可能最大的支反力计算：

$$R_A=\sqrt{R_{Az}^2+R_{Ay}^2}+R_{Ao}$$
$$=(\sqrt{1769^2+3063^2}+2638)\text{N}=6175\text{N}$$

$$R_B=\sqrt{R_{Bz}^2+R_{By}^2}+R_{Bo}$$
$$=(\sqrt{490^2+3063^2}+5121)\text{N}=8220\text{N}$$

（6）轴的强度计算

1）按弯扭合成强度条件计算。

① 计算弯矩、画弯矩图。由齿轮的作用力在水平平面的弯矩图（见图 18-13d）：

$$M_{Dz}=R_{Az}a=1769\times80\text{N}\cdot\text{mm}=141520\text{N}\cdot\text{mm}$$

$$M'_{Dz}=M_{Dz}-F_a\frac{d_1}{2}=\left(141520-1010\times\frac{202.7}{2}\right)\text{N}\cdot\text{mm}$$
$$=39157\text{N}\cdot\text{mm}$$

由齿轮的作用力在垂直平面的弯矩图（见图18-13f）：

$M_{Dy}=R_{Ay}a=3063\times80\text{N}\cdot\text{mm}=245040\text{N}\cdot\text{mm}$

由齿轮作用力在 D 截面的最大合成弯矩：

$$M'_D=\sqrt{M_{Dz}^2+M_{Dy}^2}=\sqrt{141520^2+245040^2}\text{N}\cdot\text{mm}=282971\text{N}\cdot\text{mm}$$

由 F_o 的作用作出的弯矩图（见图 18-13h）：$M_{Bo}=F_o\times c=2483\times170\text{N}\cdot\text{mm}=422110\text{N}\cdot\text{mm}$。

该弯矩图的作用平面不定，但当其与上述合成弯矩图共面时是危险情况。这时其弯矩为二者之和。如截面 D 的最大弯矩：

$$M_D=M'_D+M_{Do}=\left(282971+\frac{422110}{2}\right)\text{N}\cdot\text{mm}=494026\text{N}\cdot\text{mm}$$

② 画转矩图（见图 18-13k）：

$$T_1=620750\text{N}\cdot\text{mm}$$

③ 校核轴的强度，选择计算弯矩 $M_{ca}=\sqrt{M^2+(\alpha T)^2}$ 较大、轴直径较小的抽剖面校核计算。这里截面 D 计算弯矩最大，截面 E 计算弯矩亦较大，轴直径小，确定校核此两截面。

转矩按脉动循环变化计算，由表 18-21 的公式：

$$\sigma_{(D)}=\frac{10\sqrt{M_D^2+(\alpha T_1)^2}}{d_D^3}=\frac{10\sqrt{494026^2+(0.6\times620750)^2}}{56^3}\text{MPa}=35.2\text{MPa}$$

$$\sigma_{(E)}=\frac{10\sqrt{M_E^2+(\alpha_1T_1)^2}}{d_E}=\frac{10\sqrt{\left[\left(\frac{170-17}{170}\right)\times422110\right]^2+(0.6\times620750)^2}}{50^3}\text{MPa}=42.6\text{MPa}$$

两截面都是 $\sigma\leqslant[\sigma_{-1}]=60\text{MPa}$，安全。

2）按安全系数校核计算：

① 按疲劳强度的安全系数计算。根据轴的结构尺寸及弯矩图，截面 D 处弯矩最大，且有齿轮配合和键槽引起的应力集中；截面 B 处弯矩较大，且有轴承配合引起的应力集中；截面 E 处弯矩也较大，直径较小。故这些截面都属危险截面，应进行疲劳强度的安全系数计算。下面仅以 D 截面为例。

由于轴转动，弯矩引起对称循环的弯曲应力，其应力为

$$\sigma_a=\frac{M_D}{W}=\frac{494026}{15902}\text{MPa}=31.1\text{MPa}$$

式中　W——抗弯截面系数，由表 18-27 的公式求得

$$W=\frac{\pi d^3}{32}-\frac{bt(d-t)^2}{2d}=\left(\frac{\pi\times56^3}{32}-\frac{10\times6(56-6)^2}{2\times56}\right)\text{mm}^3=15902\text{mm}^3$$

弯曲正应力的平均应力 $\sigma_m=0$

根据表 18-22 中公式

$$S_\sigma=\frac{\sigma_{-1}}{\frac{K_\sigma}{\beta\varepsilon_\sigma}\sigma_a+\varphi_\sigma\sigma_m}=\frac{275}{\frac{2.3}{0.92\times0.81}\times31.1+0}=2.86$$

式中　K_σ——正应力的有效应力集中系数，由图18-7按键查得 $K_\sigma=1.82$；按配合 H7/n6 查得 $K_\sigma=2.3$，此处取 $K_\sigma=2.3$；

β——表面质量系数，轴径车削加工，$Ra=1.6\mu\text{m}$，由图 18-9 查得 $\beta=0.92$；

ε_σ——正应力尺寸系数，由图 18-11 查得 $\varepsilon_\sigma=0.81$。

考虑到轴上作用的转矩总是有些变动，故单向传递转矩的轴的扭转切应力一般视为脉动循环应力：

$$\tau_a=\tau_m=\frac{T_1}{2W_T}=\frac{620750}{2\times33143}\text{MPa}=9.37\text{MPa}$$

式中　W_T——抗扭截面系数，由表 18-27 的公式求得

$$W_T=\frac{\pi d^3}{16}-\frac{bt(d-t)^2}{2d}=\left[\frac{\pi\times56^3}{16}-\frac{10\times6(56-6)^2}{2\times56}\right]\text{mm}^3=33143\text{mm}^3$$

根据表 18-22 中公式：

$$S_\tau=\frac{\tau_{-1}}{\frac{K_\tau}{\beta\varepsilon_\tau}\tau_a+\varphi_\tau\tau_m}=\frac{155}{\frac{1.7}{0.92\times0.76}\times9.37+0.1\times9.37}=6.53$$

式中　K_τ——切应力的有效应力集中系数，由图 18-8，按键查得 $K_\tau=1.61$，按配合 $\frac{\text{H7}}{\text{n6}}$ 查得 $K_\tau=1.7$，此处取 $K_\tau=1.7$；

ε_τ——切应力尺寸系数，由图 18-11 查得 $\varepsilon_\tau=0.76$。

由表 18-22 中公式：

$$S=\frac{S_\sigma S_\tau}{\sqrt{S_\sigma^2+S_\tau^2}}=\frac{2.86\times6.53}{\sqrt{2.86^2+6.53^2}}=2.62$$

由表 18-23 的许用安全系数可知，D 截面是安全的，其他危险截面也应进行校核计算。

② 按静强度的安全系数计算。取最大瞬时静载荷为额定载荷的两倍，也要分析危险截面。这里仍以 D 截面的计算为例。

按表 18-22 中的公式：

$$S_{S\sigma}=\frac{\sigma_S}{\frac{M_{max}}{W}+\frac{F_{amax}}{A}}$$

$$=\frac{355}{\frac{1\times 494026}{15902}+\frac{2\times 1010}{\frac{3.14}{4}\times 56^2}}=5.63$$

$$S_{S\tau}=\frac{\tau_S}{\frac{T_{max}}{W_T}}=\frac{207}{\frac{2\times 620750}{33143}}=5.52$$

$$S_S=\frac{S_{S\sigma}S_{S\tau}}{\sqrt{S_{S\sigma}^2+S_{S\tau}^2}}=\frac{5.63\times 5.52}{\sqrt{5.63^2+5.52^2}}=3.94$$

由表 18-23 的静强度计算安全系数可知，静强度是安全的。

（7）轴的刚度计算　考虑到 D 处的挠度大时，将使齿轮的啮合状态变坏。下面用能量法计算轴上截面 D 的挠度 y_D。为此，在 D 截面上加单位力 $F_i=1$（图 18-13i）其弯矩图如图 18-13j 所示。将轴上存在 M' 部分分成五段，其各段长度、直径和弯矩值如图 18-13 所示。根据表 18-30 中公式计算 D 点之挠度。

由齿轮作用力在水平平面内 D 截面的挠度：

$$y_{Dz}=\frac{1}{E}\sum\int\frac{MM'}{I}dl$$

$$=\frac{1}{2.06\times 10^5}\left\{\frac{14.5}{0.147\times 55^4}\times 25651\times 7.25+\frac{15.5}{0.294\times 65^4}\times[25651(2\times 7.25+15)+53070(2\times 15+7.25)]+\frac{50}{0.294\times 56^4}\times[53070(2\times 15+40)+141520(2\times 40+15)]+\frac{48}{0.294\times 56^4}\times[15663(2\times 16+40)+39157(2\times 40+16)]+\frac{32}{0.147\times 55^4}\times 15663\times 16\right\}mm=1.91\times 10^{-3}mm$$

由齿轮作用力在垂直平面内 D 截面的挠度：

$$y_{Dy}=\frac{1}{E}\sum\int\frac{MM'}{I}dl$$

$$=\frac{1}{2.06\times 10^5}\left\{\frac{14.5}{0.147\times 55^4}\times 44414\times 7.25+\frac{15.5}{0.294\times 65^4}\times[44414(2\times 7.25+15)+91890(2\times 15+7.25)]+\frac{50}{0.294\times 56^4}\times[91890(2\times 15+40)+245040(2\times 40+15)]+\frac{48}{0.294\times 56^4}\times[98016(2\times 16+40)+245040(2\times 40+16)]+\frac{32}{0.147\times 55^4}\times 98016\times 16\right\}mm=5.225\times 10^{-3}mm$$

由齿轮作用力在 D 截面的合成挠度：

$$y'_D=\sqrt{y_{Dz}^2+y_{Dy}^2}=\sqrt{(1.91\times 10^{-3})^2+(5.225\times 10^{-3})^2}\,mm=5.563\times 10^{-3}mm$$

由 F_0 力的作用引起在 D 截面的挠度：

$$y_{Do}=\frac{1}{E}\sum\int\frac{MM'}{I}dl$$

$$=\frac{1}{2.06\times 10^5}\left\{\frac{14.5}{0.147\times 55^4}\times 38254\times 7.25+\frac{15.5}{0.294\times 65^4}\times[38254(2\times 7.25+15)+79146(2\times 15+7.25)]+\frac{50}{0.294\times 56^4}\times[79146(2\times 15+40)+211055(2\times 40+15)]+\frac{48}{0.294\times 56^4}\times[211055(2\times 16+40)+337688(2\times 40+16)]+\frac{32}{0.294\times 55^4}\times 16(337688+2\times 422110)\right\}mm=7.149\times 10^{-3}mm$$

D 截面可能产生的最大挠度：

$$y_D=y'_D+y_{Do}=(5.563\times 10^{-3}+7.149\times 10^{-3})mm=0.013mm$$

许用挠度量由表 18-28 可知：

$$[y]=(0.01\sim 0.03)m_n=(0.01\sim 0.03)\times 5mm=0.05\sim 0.15mm$$

得　$y_D<[y]$，轴的刚度够。

（8）校核键的连接强度（略，第 7 章）

（9）验算轴承寿命（略，第 19 章）

（10）根据计算结果修改设计　轴及轴上零部件在强度、刚度、寿命的计算中，如有过于富裕或不够时，都应对轴的结构及几何尺寸，以及轴上零件的布置进行修改，直到取得满意的结果。

（11）绘制轴的工作图（见图 18-14）　在此例题中，（1）～（11）的步骤是轴通常设计的程序。对不太重要的轴，这个程序中的某些内容可以省略。对于高速轴还应作振动稳定性计算。

18.4.4　轴的临界转速计算

由于轴和轴上零件的质量分布不均匀、制造与安装误差及轴的变形等原因，将产生以离心力为表征的周期性干扰力，从而引起轴的振动。如果这种干扰力的频率与轴的自振频率相同或接近时，轴要发生共振现象。产生共振现象时轴的转速，称为临界转速。轴的临界转速计算的目的是使轴的工作转速避开临界转速，以防止发生共振。

轴的振动分为横向振动、扭转振动和纵向振动三类。轴在工作时，最可能发生的是横向振动。

一根轴的临界转速从低到高分别称为一阶临界转

速 n_{cr1}、二阶临界转速 n_{cr2}、…。机械设计中常用到的是一阶临界转速。设计时，应使轴的转速不得与任何一阶临界转速相接近。一般要求：对于工作转速低于一阶临界转速的轴，应满足 $n \leqslant 0.75n_{cr1}$；对于工作转速高于一阶临界转速的轴，应满足 $1.3n_{crR} \leqslant n \leqslant 0.7n_{cr(R+1)}$（$R=1, 2, \cdots$）。

轴的临界转速的高低，取决于轴的形状和尺寸、轴的支承形式、轴材料的弹性模量和轴上零件的安装形式、质量及分布。要精确计算其值比较复杂，可用下面的方法近似计算轴的一阶临界转速。

将轴简化为带多个质量为 W_i、G_j 的圆盘，且轴的自身质量为 W_0，截面当量直径为 d_e 的光轴振动系统见表 18-32 的简图。这些光轴的一阶临界转速可按表18-32 的计算公式进行计算。当量直径 d_e 按下式计算：

$$d_e = \zeta \frac{\Sigma d_i l_i}{\Sigma l_i}$$

式中　d_i——第 i 段轴的计算直径（mm）；

l_i——第 i 段轴的长度（mm）；

ζ——经验修正系数，若阶梯轴最粗一段长度或几段轴的长度超过全长的 50% 时，可取 $\zeta=1$；小于 15% 时，此段当作轴环，另按次粗轴段考虑，一般最好按照同系列机器的计算对象，选取有准确解的轴试算几例，从中找出合适的 ζ 值，例如，对一般的压缩机、离心机或鼓风机转子，可取 $\zeta=1.094$。

表 18-32　光轴的一阶临界转速计算公式

简　　图	临界转速 n_{cr1}/(r/min)
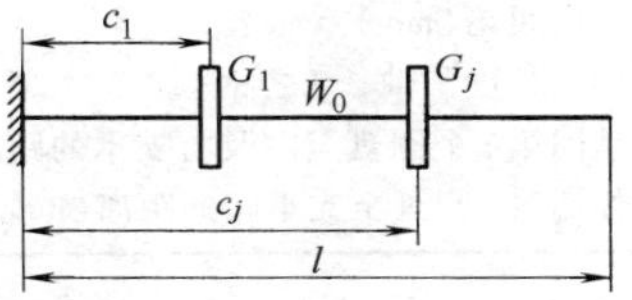	$n_{cr1}=\dfrac{1.06\times10^5 d^2}{\sqrt{W_0 l^3+4.12\Sigma c_j^3 G_j}}$
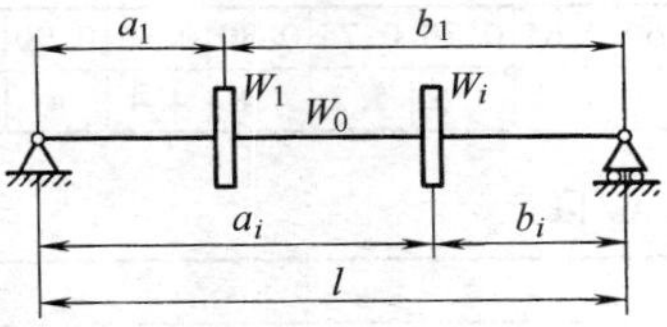	$n_{cr1}=\dfrac{2.96\times10^5 d^2}{\sqrt{W_0 l^3+\dfrac{32.47}{l}\Sigma a_i^2 b_i^2 W_i}}$
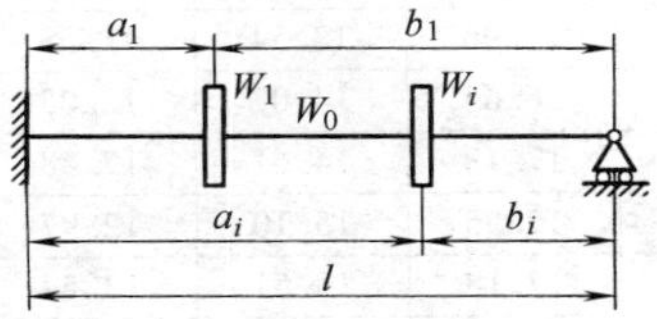	$n_{cr1}=\dfrac{4.64\times10^5 d^2}{\sqrt{W_0 l^3+\dfrac{19.82}{l^3}\Sigma a_i^3 b_i^2 (3a_i+4b_i) W_i}}$
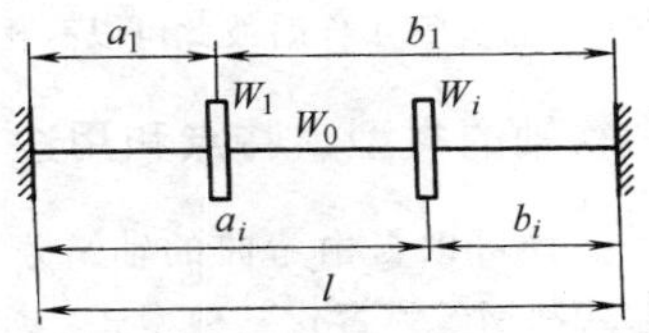	$n_{cr1}=\dfrac{6.73\times10^5 d^2}{\sqrt{W_0 l^3+\dfrac{166.3}{l^3}\Sigma a_i^3 b_i^3 W_i}}$

（续）

简　图	临界转速 n_{cr1}/(r/min)
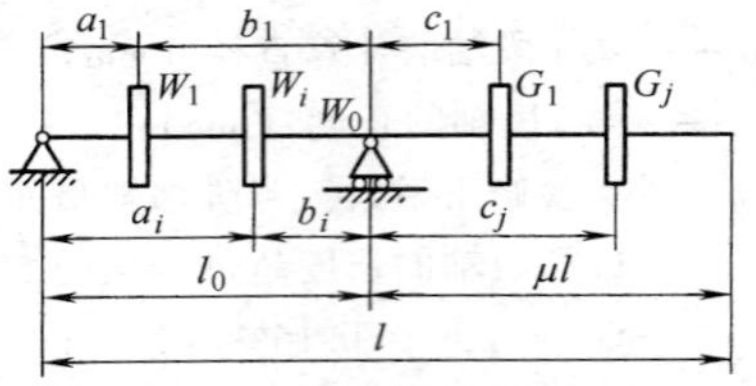	$$n_{cr1}=\frac{3.01\times10^4\lambda_1 d^2}{\sqrt{W_0 l^3+\frac{\lambda_1^2}{3}\left[\frac{1}{l_0}\Sigma W_i a_i^2 b_i^2+\Sigma G_j c_j^2(l_0+c_j)\right]}}$$ 一端外伸轴的系数，λ_1 值见表 18-33 两端外伸轴的系数 λ_2 值见表 18-34
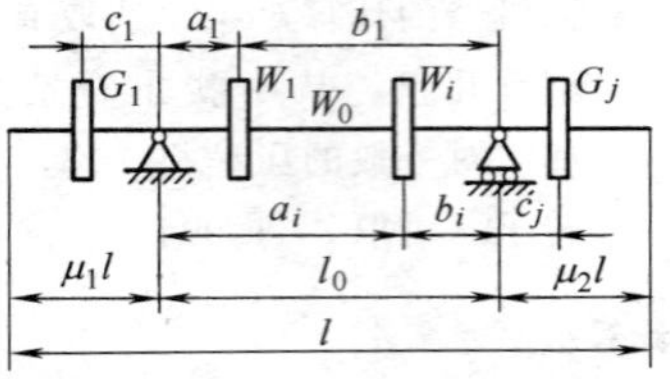	

公式符号说明：

W_i—支承间第 i 个圆盘质量(kg)

G_j—外伸端第 j 个圆盘质量(kg)

W_0—轴的质量(kg)

d—轴的直径(mm)

l—轴的全长(mm)

l_0—支承间距离(mm)

μ、μ_1、μ_2—外伸端长度与轴长 l 之比

a_i、b_i—支承间第 i 个圆盘至左及右支承的距离(mm)

c_j—外伸端第 j 圆盘至支承间的距离(mm)

注：1. 表列公式适用于弹性模量 $E=206$GPa 的钢轴。

2. 当计算空心轴的临界转速时，应将表列公式乘以 $\sqrt{1-\gamma^2}$（γ 为空心轴的内径 d_0 与外径之比）。

表 18-33　一端外伸轴的系数 λ_1 值

μ	0	0.05	0.10	0.15	0.20	0.25	0.30	0.35	0.40	0.45	0.50	0.55	0.60	0.65	0.70	0.75	0.80	0.85	0.90	0.95	1
λ_1	9.87	10.9	12.1	13.3	14.4	15.1	14.6	13.1	11.5	10	8.7	7.7	6.9	6.2	5.6	5.2	4.8	4.4	4	3.7	3.5

表 18-34　两端外伸轴的系数 λ_2 值

μ_2	μ_1									
	0.05	0.10	0.15	0.20	0.25	0.30	0.35	0.40	0.45	0.50
0.05	12.15	13.58	15.06	16.41	17.06	16.32	14.52	12.52	10.30	9.87
0.10	13.58	15.22	16.94	18.41	18.82	17.55	15.26	13.05	11.17	9.70
0.15	15.06	16.94	18.90	20.41	20.54	18.66	15.96	13.54	11.58	10.02
0.20	16.41	18.41	20.41	21.89	21.76	19.56	16.65	14.07	12.03	10.39
0.25	17.06	18.82	20.54	21.76	21.70	20.05	17.18	14.61	12.48	10.80
0.30	16.32	17.55	18.66	19.56	20.05	19.56	17.55	15.10	12.97	11.29
0.35	14.52	15.26	15.96	16.65	17.18	17.55	17.18	15.51	13.54	11.78
0.40	12.52	13.05	13.54	14.07	14.61	15.10	15.51	15.46	14.11	12.41
0.45	10.80	11.17	11.58	12.03	12.48	12.97	13.54	14.11	14.43	13.15
0.50	9.37	9.70	10.02	10.39	10.80	11.29	11.78	12.41	13.15	14.06

轴的自身质量包括不算作圆盘的其他轴上零件，如套筒等。轴的计算直径指紧配合在轴上的零件，使轴的抗弯刚度增加而考虑的直径。这里仅介绍了轴一阶临界转速的计算。

18.5　软轴

软轴主要用于空间传动，两传动件轴线几乎可以是处于任意位置，且允许工作时彼此可以有相对运动。

18.5.1　软轴的类型、特点和用途

软轴是一种可以自由弯曲的轴，分为钢丝绕线式、联轴器式和钢丝弹簧式三种型式，如图 18-15 所示。最常用的是钢丝绕线式软轴，通常称为钢丝软轴，或简称软轴。

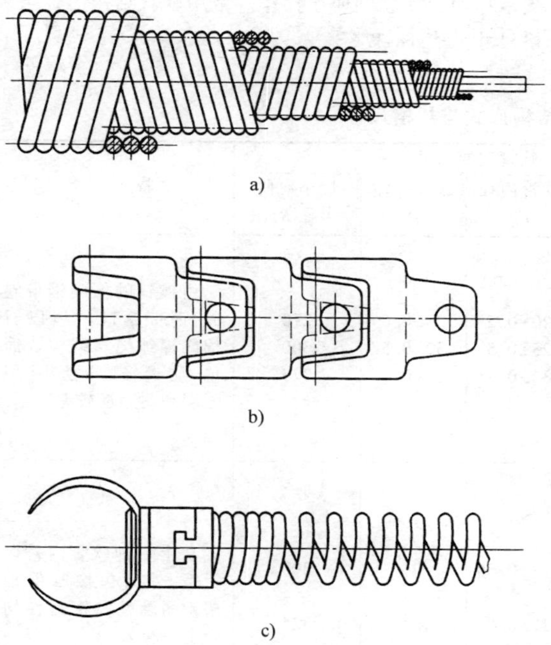

图 18-15　软轴的类型

a）钢丝绕线式　b）联轴器式　c）钢丝弹簧式

软轴既可用于传递功率，也可用于控制系统，例如用于仪表、辅助装置中的传动，以及电动的手持小型机具（如钻孔、铰孔、刮削等机具）的传动。软轴具有安装简便、结构紧凑，工作适应性较强，可以缓和冲击振动等优点。但当软轴工作中弯曲半径较小时，效率较低；而当以低转速传递大转矩时，从动端转速往往不均匀；软轴的扭转刚度也不易保证。

软轴大多用于高转速，小转矩的传动，一般传递功率不超过 5.5kW，转速可达 20000r/min。下面主要介绍钢丝软轴。

18.5.2　软轴的结构形式和规格

软轴一般由钢丝软轴、软管、软轴接头和软管接头等几部分组成。按照用途不同，软轴有功率型（G型）和控制型（K 型）两种。功率型软轴一般有防逆转装置，以保证单向传动。

18.5.2.1　钢丝软轴

钢丝软轴由几层弹簧钢丝绕在一起构成。每层又由若干根钢丝组成，相邻钢丝层的缠绕方向相反，见图 18-16。软轴传递转矩时，相邻两层钢丝中的一层趋于绕紧，而另一层趋于旋松，使各层钢丝相互压紧。轴的旋转方向，应使表层钢丝趋于绕紧才为合理。按照外层钢丝绕向不同，钢丝软轴有左旋和右旋两种，以适应不同转向的轴。如果轮轴需双向转动时，则应将所传递的最大转矩提高，依此来选择软轴的直径 d。

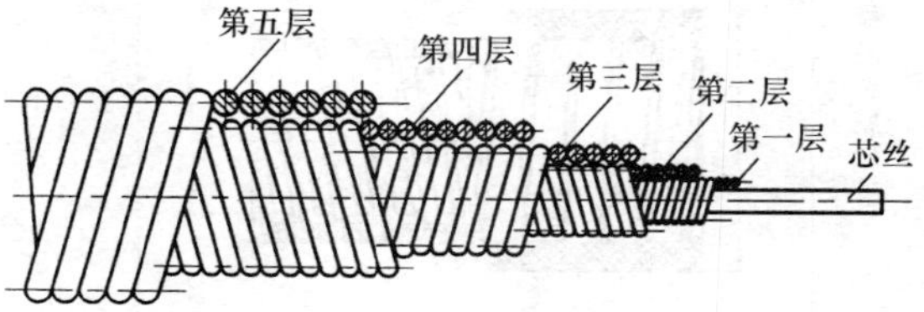

图 18-16　钢丝软轴的结构

按结构不同，钢丝软轴的中心可以有钢丝为芯，称为有芯软轴；也可没有芯，称为无芯钢丝软轴，前者刚性较好，而后者则挠性较好。有芯钢丝软轴，经消除内应力处理，称为无内应力钢丝软轴。

功率型钢丝软轴外层钢丝直径较大，耐磨性较好，有的还不带芯丝，因而挠性较好。控制型钢丝软轴都有芯丝，钢丝层数和每层钢丝的根数较多，扭转刚度大。常用钢丝软轴的直径规格见表 18-35。

部分生产厂生产的钢丝软轴的技术规格见表 18-36。

表 18-35　常用钢丝软轴的直径规格　（单位：mm）

型别	功率型(G 型)							控制型(K 型)					
公称尺寸	10	13	16	19	22	25	30	3.3	4	5	6	6.5	8
许用偏差	±0.1	±0.15	±0.15	±0.2	±0.3	±0.3	±0.3	±0.08	±0.1	±0.1	±0.1	±0.1	±0.1

注：1. 外层钢丝一般为左旋，如需要可制成右旋。
2. 长度可按需要与制造厂商定。

表 18-36　钢丝软轴的技术规格

生产厂家	沈阳市金属软轴软管厂									上海公利振动器厂							
公称直径 d/mm	8	10	12	13	16	20	25	30	40	5	6	8	10	12	13	16	19
最大许用转矩 /N·m	29.4	37.24	45.08	49.0	59.78	74.48	94.08	112.7	149.94	14	21	30	38	48	50	61	74
最小弯曲半径/mm	160	180	190	200	230	280	350	400	600	120	140	160	180	190	200	230	280
最大轴向拉力/N	901.6	1960	2646	2940	3920	5096	6566	8036	10976								
理论质量/(kg/m)	0.312	0.535	0.70	0.846	1.246	1.944	3.032	4.362	7.757	0.12	0.18	0.32	0.50	0.72	0.85	1.28	1.81

18.5.2.2 软管

软管用来保护钢丝软轴，以免与外界的机件接触，并保存润滑剂和防止尘垢侵入；工作时软管还起支承作用，使软轴便于操作。常用软管结构形式与规格尺寸见表 18-37。

表 18-37 常用软管的结构形式与规格尺寸

类型	结构简图	软管主要尺寸/mm				特点
		软轴直径 d	软管内径 d_0	软管外径 D	最小弯曲半径 R_{min}	
金属软管	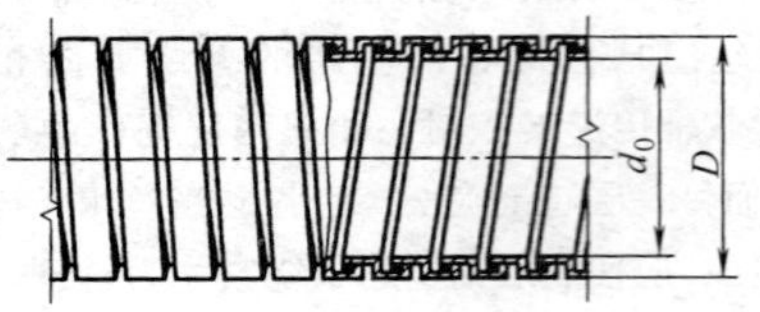	13 16 19	20±0.5 25±0.5 32±0.5	25±0.5 32±0.5 38±0.5	270 300 375	由镀锌的低碳钢带卷成，钢带镶口内填以石棉或棉纱绳。结构较简单，质量轻，外径小，但强度和耐磨性较差
橡胶金属软管	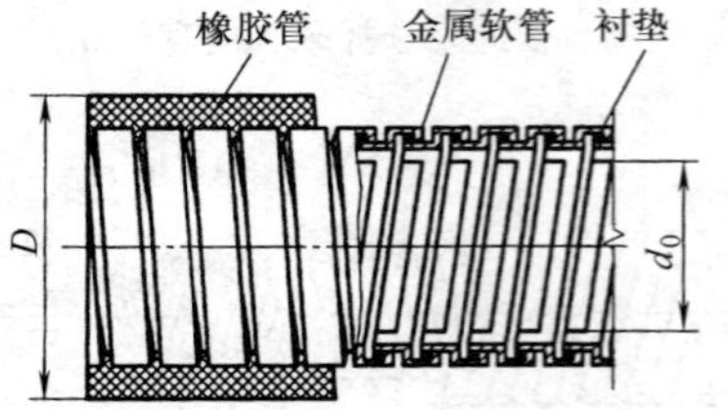	13	19±0.5 21±0.5	36^{+1}_{0} 40^{+1}_{0}	300 325	在上一种软管内衬以衬簧，外面包橡胶保护层。耐磨性及密封性均较上一种好
衬簧橡胶软管	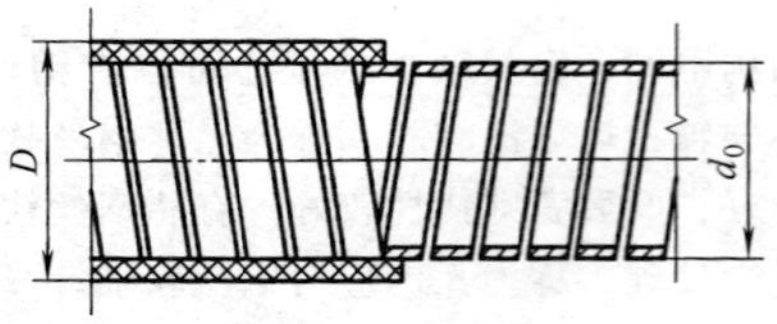	8 10 13 16	$14^{+0.5}_{0}$ $16^{+0.5}_{0}$ $20^{+0.5}_{0}$ $24^{+0.5}_{0}$	22^{+1}_{0} 30^{+1}_{0} 36^{+1}_{0} 40^{+1}_{0}	225 320 360 400	在橡胶管内有衬簧，比上一种结构简单。混凝土振动器大多用这种软管
衬簧编织软管	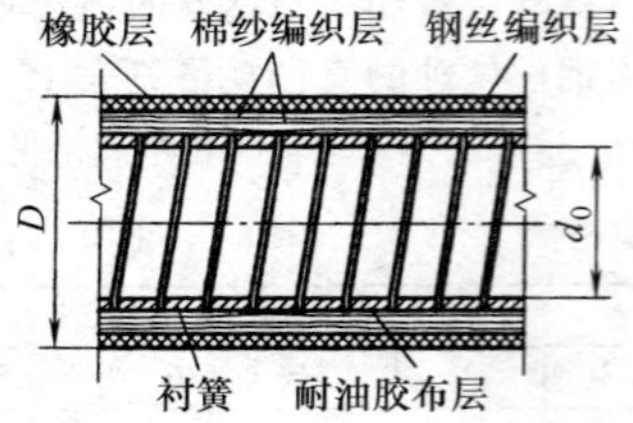	13	$20^{+0.5}_{0}$	36^{+1}_{0}	360	衬簧由弹簧钢带卷成，外面依次包上耐油胶布层，棉纱、钢丝编织层和耐磨橡胶。强度、挠度、耐磨性、密封性均较好
小金属软管	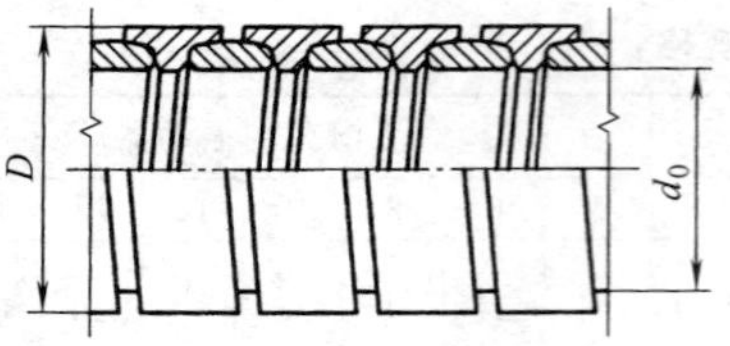	3.3 5	5.5±0.1 8±0.2	8±0.1 10.5±0.2	150 175	由两层成型钢带卷成，挠性较好，密封性较差。用于控制型软轴

注：由于目前尚未有软管统一标准，各厂家生产的规格尺寸不尽相同，设计选用时应以各厂的产品样本为准。表中所列是部分产品规格。

18.5.3　软轴接头和软管接头（见表 18-38～表 18-40）

表 18-38　常用软轴接头结构型式及特点

型式	结构简图	特点	型式	结构简图	特点
固定式	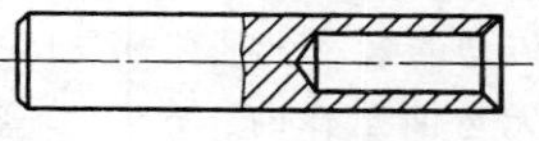	用紧定螺钉连接，装拆方便	滑动式	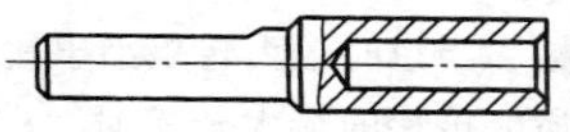	用鸭舌形插头连接，制造容易，装拆方便
	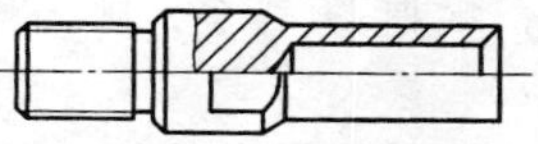	用螺纹连接，简单可靠，装拆较费时		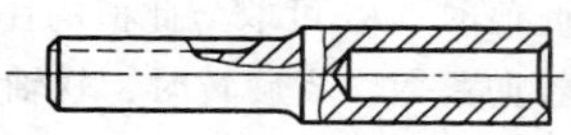	用键连接，能传递较大转矩
	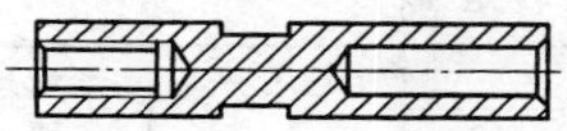	用内螺纹连接，简单可靠，装拆较费时		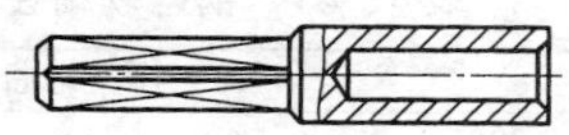	用方形插头连接，制造容易，装拆方便

表 18-39　常用软轴接头与轴端连接方式及特点

方式	结构简图	特点	方式	结构简图	特点
焊接	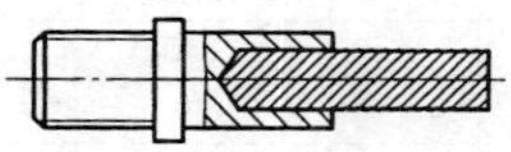	接头用锡焊可重复使用，但费工费料，使用渐少	镦压	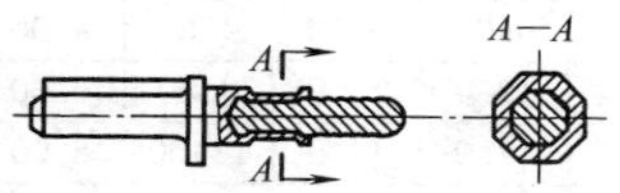	工艺简单，应用广泛
			滚压	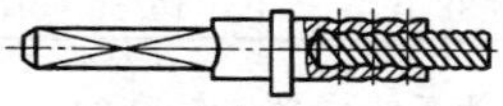	

表 18-40　常用软管接头型式及连接方式

方式		结构简图	特点	方式		结构简图	特点
固定式	焊接	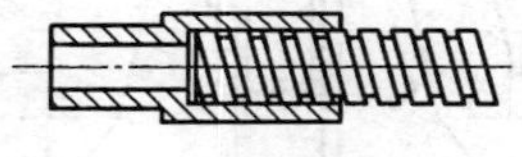	用锡焊，用于金属软管与接头的连接	固定式	滚压	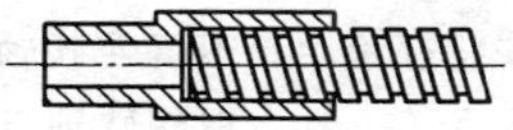	工艺简单，用于有橡胶保护层的软管与接头的连接
	镦压	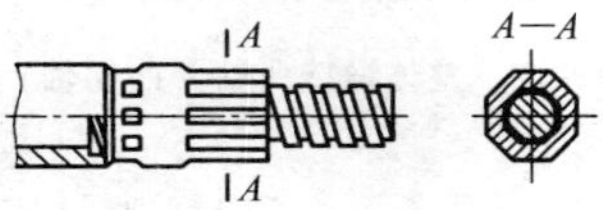	工艺简单，用于金属软管与接头的连接				
	锥套连接	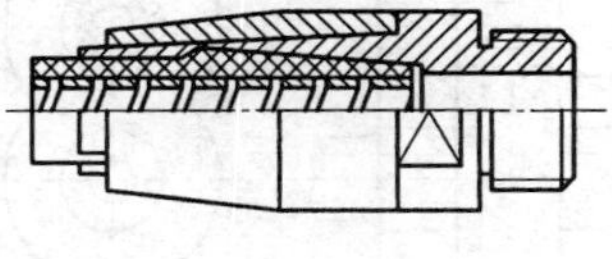	装拆较方便，但结构较复杂。用于有橡胶保护层的软管与接头的连接	滑动式		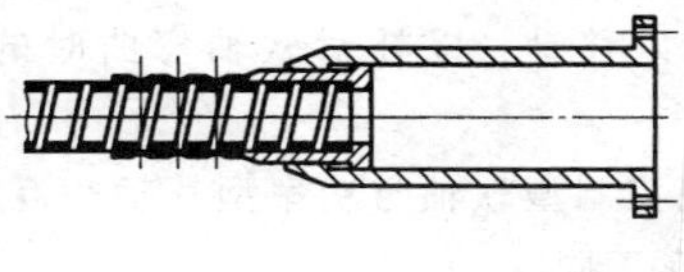	软管接头为伸缩套式，用于钢丝软轴两端均为固定式连接的场合

18.5.4　钢丝软轴的选择与使用

钢丝软轴的轴径 d，应根据所需传递的转矩转速、旋转方向、工作中的弯曲半径、传递距离等，结合生产厂的产品性能、规格进行选择。软轴在额定转速下所能传递的最大转矩见表 18-41。当工作转速低于额定转速时，软轴应按恒转矩传递动力；当工作转速高于额定转速时，应按恒功率传递动力。

软轴直径 d 按下式从表 18-41 中选择

$$T_0 \geqslant T\frac{K_t K_r K_b}{\eta}\frac{n}{n_0}$$

式中　T_0——软轴能传递的最大转矩（N · m）；

T——软轴的工作转矩（N · m）；

n——软轴的工作转速（r/min），当 $n<n_0$ 时，用 n_0 代入；

n_0——额定转速，即与 T_0 相应的转速（r/min）；

K_t——过载系数，当短时最大转矩小于软轴无弯曲时所能传递的最大转矩时，$K_t=1$，当大于此值时，K_t 可取与此值的比值；

K_r——软轴的转向系数，当旋转时，软轴外层钢丝趋于绕紧，$K_r=1$；如趋于旋松，$K_r\approx 1.5$；

K_b——软轴支承情况系数，当软轴在软管内，其支承跨距与软轴直径之比小于 50 时，$K_b\approx 1$，当比值大于 150 时，$K_b\approx 1.25$；

η——软轴传动的效率，通常 $\eta=1\sim 0.7$，当软轴无弯曲工作时，$\eta\approx 1$，弯曲半径越小，弯曲段越多，则 η 值越接近 0.7。

表 18-41　钢丝软轴在额定转速 n_0 时能传递的最大转矩 T_0

软轴直径 d /mm	无弯曲时	工作中弯曲半径为下列值时/mm									额定转速 n_0 /(r/min)	最高转速 n_{max} /(r/min)
		1000	750	600	450	350	250	200	150	120		
	T_0/N · m											
6	1.50	1.40	1.30	1.20	1.00	0.80	0.60	0.50	0.40	0.30	3200	13000
8	2.40	2.20	2.00	1.80	1.60	1.40	1.20	0.90	0.60		2500	10000
10	4.0	3.60	3.30	3.00	2.60	2.30	1.90	1.50			2100	8000
13	7.0	6.00	5.20	4.60	4.00	3.40	2.80				1750	6000
16	13.0	12.0	10.0	8.00	6.00	4.50					1350	4000
19	20.0	17.0	14.0	11.00	8.00	5.50					1150	3000
25	33.0	26.0	19.0	13.00	9.00						950	2000
30	50.0	38.0	25.0	16.50	10.0						800	1600

软轴通常用在传动系统中转速较高的一级，并使其工作转速尽可能接近额定转速。传动的长度一般是几米到十几米；如需要更长时，建议只在弯曲处采用软轴。

使用软轴时注意如下：

1）钢丝软轴工作时，必须定期涂适当润滑脂和定期清洗软管。润滑脂品种按工作温度选择。

2）在运输和安装过程中，不得使软轴的弯曲半径小于允许最小半径（一般为钢丝软轴直径的 15~20 倍）。运转时应尽可能使软管夹定位置，并使其在靠近接头部分伸直。

3）钢丝软管与软管要分别与接头牢固连接。当工作中弯曲半径变化较大时，应使钢丝软轴或软管的接头有一端可以移动，以补偿软轴弯曲时的长度变化。

4）切勿把控制型软轴与功率型软轴相互替代，因两者特性显著不同。

18.6　曲轴

18.6.1　曲轴的结构设计

18.6.1.1　曲轴的结构类型和设计要求

曲轴有整体锻造曲轴（见图 18-17）、组合曲轴（见图 18-18）和半组合曲轴（见图 18-19）三种结构形式。一般采用整体曲轴。整体曲轴又可分为锻造曲轴和铸造曲轴（见图 18-20）。

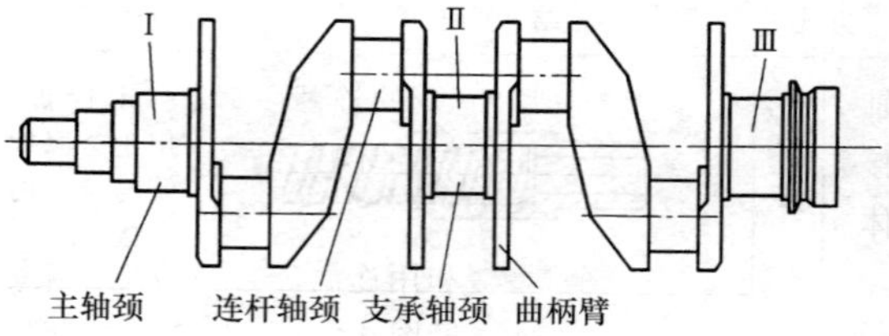

图 18-17　整体锻造曲轴（曲拐轴）

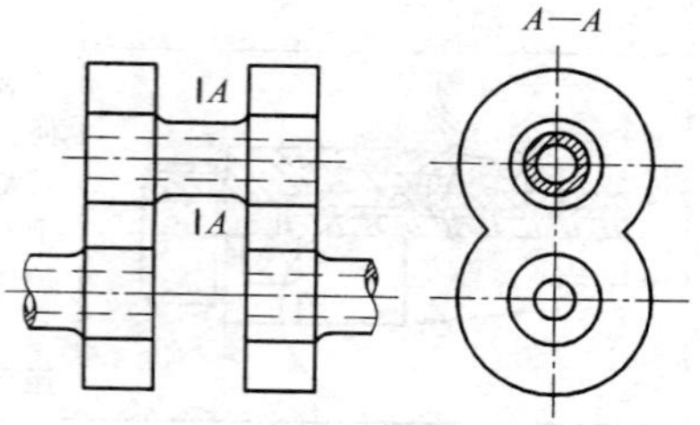

图 18-18　组合曲轴

整体锻造曲轴尺寸紧凑、质量较轻、强度高、刚度好。但形状复杂的加工困难，平衡块也不易与曲轴作成一体。整体锻造曲轴一般采用模锻和连续纤维挤压锻造。只有小量生产的曲轴，主要是曲柄半径在 800mm 以下的大中型曲轴，才采用自由锻。

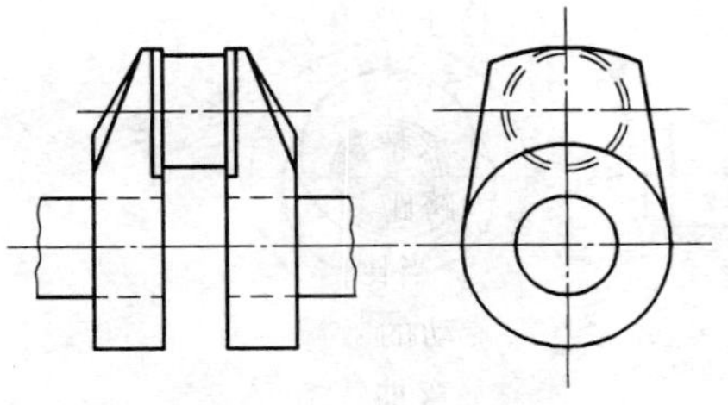

图 18-19　半组合曲轴

整体铸造曲轴的加工性能好，金属切削量少，成本低，铸造曲轴可以获得较合理的结构形状，如椭圆形曲柄臂，桶形空心轴颈和卸载槽等，从而使应力分布均匀，对提高曲轴的疲劳强度有显著效果。铸造曲轴的应用正在不断扩大。

组合曲轴是在那些由于大型曲轴整体毛坯的制造能力受到限制，以及部分损坏时，更换整根曲轴很不经济的场合。在一些有特殊要求的情况下，中小曲轴也可以做成组合式。组合的连接一般采用过盈连接，螺栓连接。组合曲轴的毛坯制造和机械加工比整体曲轴简便得多。

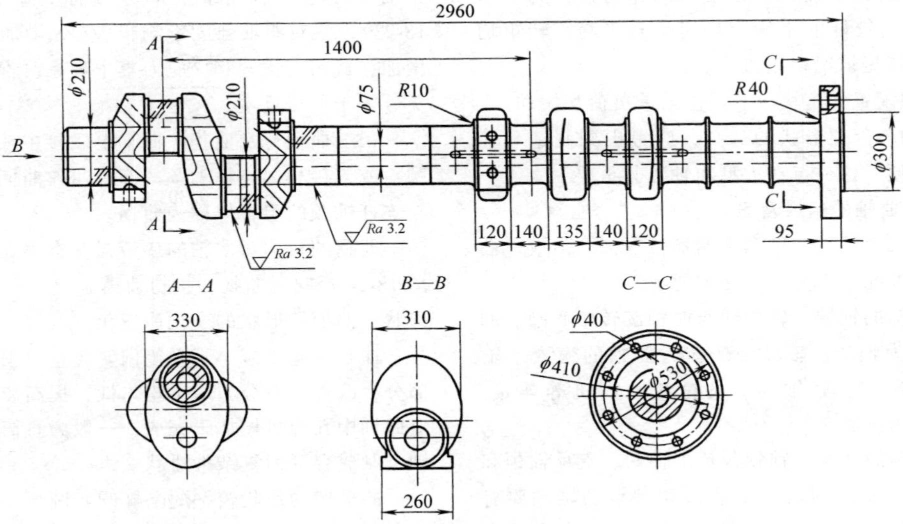

图 18-20　整体铸造曲轴

另外，曲轴根据结构和用途的不同，分为曲拐轴（见图 18-17）、曲柄轴（见图 18-21）偏心轴（见图 18-22）等。

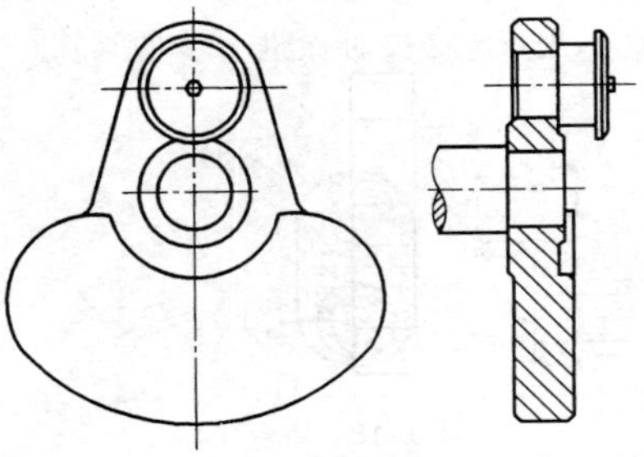

图 18-21　曲柄轴

曲拐轴可实现对称平衡式、角式和立式等先进结构形式。其结构紧凑、质量小、气缸（活塞）列数不受限制，传动端装配简便，应用最广。下面主要介绍这种曲轴的设计分析。

曲柄轴可简化连杆结构，连杆大头不必剖分，但因其连接间距跨度大，主轴承拆换困难，且由于连杆对主轴产生的附加力矩，使两主轴承工作条件较差，除大功率或活塞行程较大的双联泵外，很少采用。

偏心轴是大型钻井泥浆泵、热模锻压力机中常用的曲轴形式。这种结构可避免曲轴连杆轴颈加工，热处理及磨削等困难。

曲轴的主要设计要求如下：

1）足够的强度。主要是曲柄部分的弯曲疲劳强度、扭转疲劳强度，以及功率输出端的静强度。要尽量减少应力集中并加强薄弱环节。

2）足够的刚度。减少曲轴挠曲变形，以保证活塞连杆组和曲轴各轴承可靠工作，同时提高曲轴的自振频率，尽量避免在工作转速范围内发生共振。

3）尽量轻的质量。对于不影响强度和刚度的部位，只要制造工艺允许并易于实现的，就应去掉，这也是提高曲轴自振频率的措施。

4）轴颈-轴承副具有足够的承压面积和较高的耐磨性。油孔布置合理。

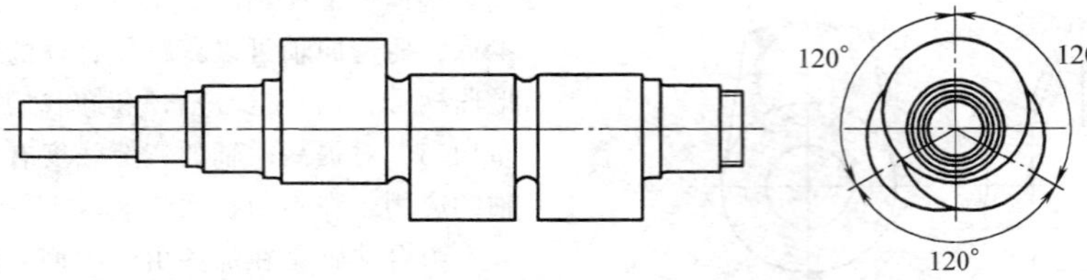

图 18-22　偏心轴

5）合理的曲柄排列。这使其工作时惯性力和惯性力矩能得到较好的平衡，从而运转平稳，转矩均匀，轴系的扭振情况得以改善。

6）合理配置平衡块，减轻主轴承负荷和振动。

7）曲轴各部位形状的选择，应考虑到制造和装拆，维修方便。这一点对大型曲轴尤其重要。

18.6.1.2　曲轴的组成及设计

曲轴一般由轴端、轴颈和曲柄臂三部分组成。曲轴内应开有油孔，作为润滑油的通道。

（1）曲轴的轴端　轴心线与曲轴旋转中心同心的轴向端部称为轴端。轴端一般作为曲轴的输入（输出）端，与带轮、联轴器、飞轮和驱动机等连接。要求联接牢固可靠。

（2）曲轴的轴颈　轴颈包括主轴颈、支承轴颈和连杆轴颈（见图 18-17）。安装滑动轴承的轴颈要有足够的承压面积和较高的耐磨性，保证供油和散热。

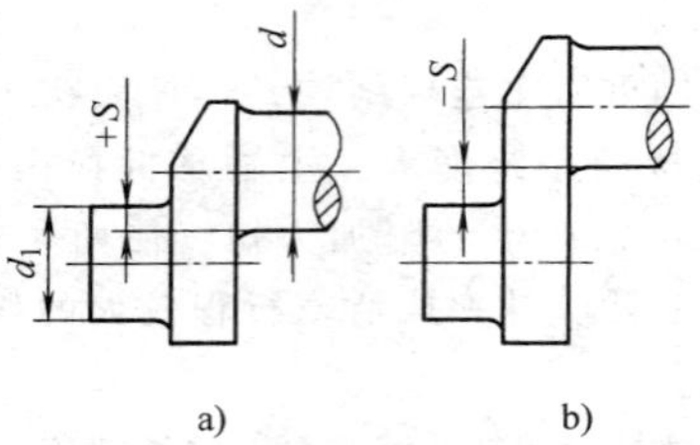

图 18-23　轴颈重合度

a）正重合度　b）负重合度

主轴颈与连杆轴颈重叠部分 S 称为重合度（见图 18-23）。它对曲轴强度影响很大。S 增加，曲轴刚性增加；截面变化缓和，应力集中现象改善。应尽量避免 S 等于或接近零。

（3）曲柄臂及曲拐　曲轴上联接主轴颈和连杆轴颈，或连接相邻连杆轴颈的部位叫作曲柄臂。曲柄臂与连杆轴颈的组合体称为曲拐。

曲拐的结构对曲轴的疲劳强度有很大的影响。如图 18-24 反映了曲拐的抗扭疲劳强度，随着曲拐中空形状，曲柄臂形状的变化而变化。

曲轴中空可减小不平衡回转质量，去除材质差的部分，改善应力分布的不均匀性，提高疲劳强度。锻造曲轴中孔由机械加工完成，一般为直筒形。铸造曲轴可制成合理而复杂的形状。

曲柄臂的形状较好的是椭圆和圆形。椭圆材料利用最合理，疲劳强度高。但对自由锻造曲轴，曲柄外形需靠模加工。圆形结构简单，有利于曲轴平衡，加工制造方便。对于低转速和小批量曲轴，曲柄臂的外形也有矩形的。这种形状材料利用率最差，质量及旋转运动质量较大。好处是加工制造方便。曲柄臂在连杆轴颈处两侧棱角常削去，以减轻重量和回转惯量。同样原因，在曲柄臂背部做成斜角。过大的斜角会影响曲柄强度，推荐尺寸如图 18-25 所示。

曲拐的各部分尺寸在做结构设计时，通常按经验和推荐比例进行，必要时做进一步的计算。表 18-42

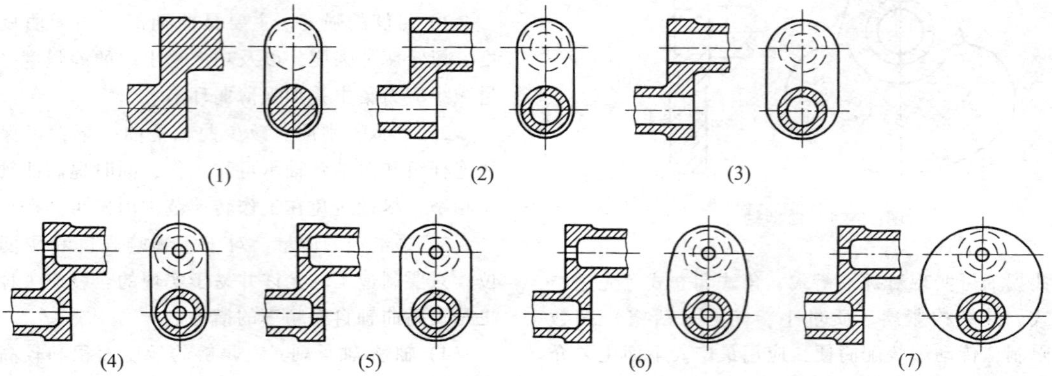

图 18-24　曲拐结构

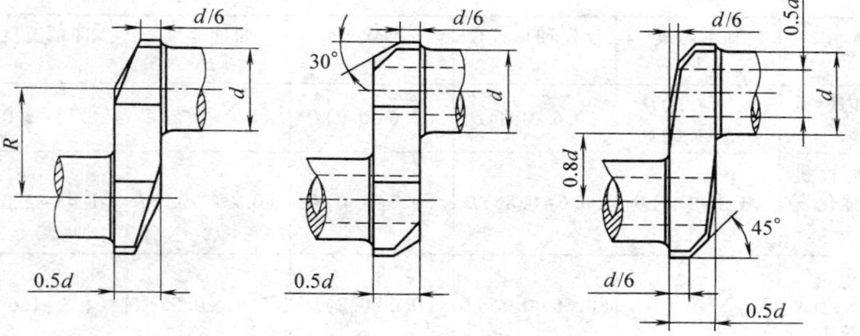

a)　　b)　　c)

图 18-25　曲柄臂斜角

a）实心轴颈与主轴颈　b)、c）空心连杆轴颈与主轴颈

收集了有关比例。

（4）过渡圆角　为了减小应力集中，提高疲劳强度，过渡圆角是十分重要的细部结构。

过渡圆角半径查取表 18-42。在必要时，为了增加轴颈支承面积，采用变曲率过渡圆角（见图18-26）。轴颈表面和圆角表面应一次磨成，保证衔接处有较低的表面粗糙度值。同一曲轴上圆角尽量一致，以便于加工。圆角表面经滚压处理，可提高其疲劳强度。

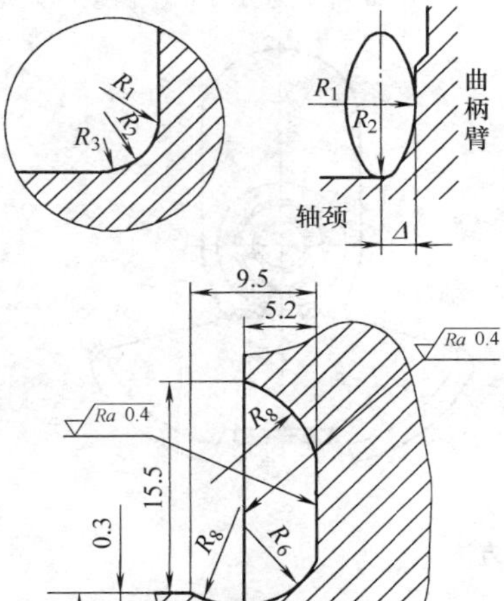

图 18-26　变曲率圆角

（5）油孔　根据曲轴形状和供油方式，曲轴上的油孔一般采用斜油孔或直角油孔形式。当轴瓦内壁上有环向油槽时，一般沿曲拐平面开油孔；否则，油孔应开在轴颈载荷矢量图上载荷最小的区域。油孔直径一般为（0.06～0.11）d。油孔边缘应力集中严重，应有较大的圆角或倒角，并且抛光，如图 18-27 所示，圆角半径 $d_h/4 \leq r \leq d_h$。

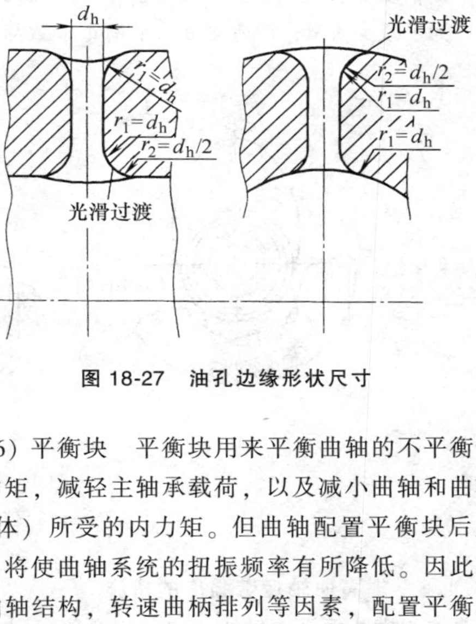

图 18-27　油孔边缘形状尺寸

（6）平衡块　平衡块用来平衡曲轴的不平衡惯性力和力矩，减轻主轴承载荷，以及减小曲轴和曲轴箱（或机体）所受的内力矩。但曲轴配置平衡块后质量增加，将使曲轴系统的扭振频率有所降低。因此，应根据曲轴结构，转速曲柄排列等因素，配置平衡块和

表 18-42　曲拐的各部分尺寸比例　　（单位：mm）

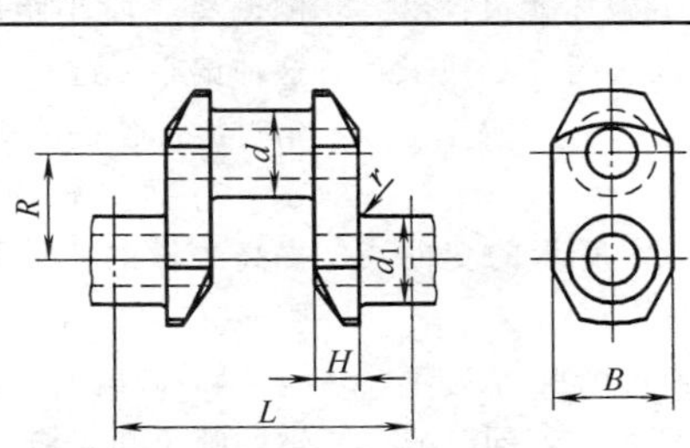

（续）

适用机器			轴承跨度 L	连杆轴径直径 d	主轴径直径 d_1	曲柄厚度 H	曲柄宽度 B	过渡圆角半径 r
发动机	高速发动机	船用或内燃机车用发动机	$(1.1\sim1.5)D$① $(1.3\sim1.6)D$②	$(0.6\sim0.8)D$	$(0.6\sim0.9)D$	$(0.3\sim0.5)d$	$(1.45\sim2.0)d$	$(0.006\sim0.1)d$
		汽车、拖拉机和运输式强化发动机	$(1.1\sim1.4)D$	$(0.6\sim0.85)D$	$(0.7\sim1.0)D$	$(0.2\sim0.35)d$	$(1.45\sim2.0)d$	$(0.008\sim0.1)d$
		柴油机和煤气机，低速固定式和船用发动机	$(1.5\sim1.7)D$① $(1.7\sim1.8)D$②	$(0.56\sim0.75)D$	$(0.6\sim0.8)D$	$(0.45\sim0.55)d$	$(1.3\sim1.6)d$	$(0.055\sim0.07)d$
		四行程化油器式和罐装煤气式发动机	$(1.1\sim1.5)D$	$(0.5\sim0.65)D$	$(0.6\sim0.75)D$	$(0.15\sim0.35)d$	—	$(0.06\sim0.09)d$③
压缩机				$(0.46\sim0.56)\sqrt{P}$	$(1.0\sim1.1)d$	$(0.6\sim0.7)d$	$(1.2\sim1.6)d$	$(0.05\sim0.06)d$
往复泵				$(0.54\sim0.72)\sqrt{P}$	$(0.9\sim1.1)d$	$(0.5\sim0.7)d$	$(1.4\sim1.8)d$	$(0.05\sim0.1)d$

注：D 为气缸直径（mm）；P 为最大活塞力（N）；R 为曲柄回转半径，由机构设计确定。

① 对四行程发动机。

② 对单作用式二行程发动机。

③ 不小于 2~3mm。

确定平衡精度要求。平衡块的重心应尽可能远离主轴颈中心。为了减少质量，铸造曲轴的平衡重多数与曲拐铸成一体。锻造曲轴平衡重一般单独制成，用螺栓固定在曲柄臂上。图 18-28 所示为分开式平衡重的固定方法。

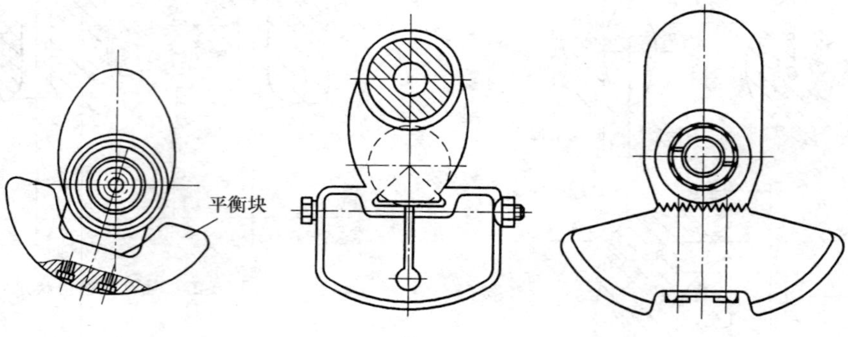

a)　　b)　　c)

图 18-28　分开式平衡重固定方法

a）凸台定位　b）燕尾槽定位　c）锯齿定位

18.6.1.3　提高曲轴疲劳强度的措施

曲轴的横断面沿着轴线方向急剧变化，因而应力分布极不均匀。应力集中较严重，疲劳破坏就很容易在应力集中区产生。因而在设计制造曲轴时，必须采用合适的措施。

（1）设计措施

1）加大过渡圆角。可采用图 18-26 所示的变曲率圆角形式。

2）采用空心轴颈。若以提高曲轴抗弯强度为主要目标，则采用主轴颈为空心的结构即可。若同时减轻曲轴的质量和减小连杆轴颈的离心力，以降低主轴承载荷，宜采用全空心结构，并将连杆轴颈内孔向外侧偏离一段小距离 e。e 可取连杆轴颈直径的 1/20。这种偏心可进一步减小连杆轴颈的旋转质量，并使圆角过渡部位的应力分布更加平坦。

3）加大轴颈重合度。增大轴颈重合度，可显著提高曲轴的疲劳强度，曲柄臂越薄越窄时，效果越明显。

4）卸载槽。卸载槽有连杆轴颈圆角卸载槽和主轴颈圆角卸载槽，如图 18-29 所示。

如果轴颈圆角半径为 r，则一般取卸载槽的边距 $l=(1\sim1.5)r$；槽深 $\delta=(0.3\sim0.5)r$；槽根圆角半径 $\rho\geqslant r$；张开角 $\varphi=50°\sim70°$。

卸载槽一般与空心结构结合使用。

(2) 工艺措施　对于应力集中严重的部位进行局部表面强化，可明显提高曲轴疲劳强度。常用曲轴强化方法见表 18-43。

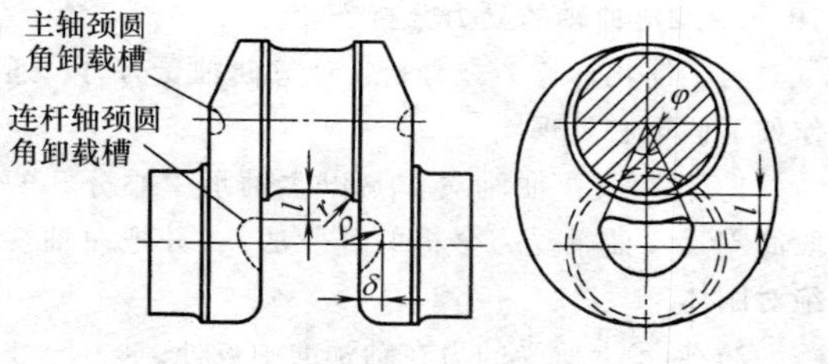

图 18-29　卸载槽

表 18-43　曲轴的常用强化方法

强化方法	圆角滚压加工	软氮化处理	圆角中、高频淬火
强化机理	由塑性加工产生加工硬化和剩余压应力，降低表面粗糙度，并消除显微裂纹、针孔等缺陷	使碳、氮原子固溶于铁，产生固溶强化和产生剩余压应力	马氏体(M)转变硬化，产生剩余压应力
成本	低	高	低
自动化加工的可能性	高	困难	高
特点	1)冷加工，不需加热而节能 2)处理时间短 3)不能提高耐磨性	1)轴承滑动部位也可强化 2)可提高耐磨性 3)处理时间长 4)稍有变形	1)可以局部淬火，轴承滑动部位也可强化 2)方法简单，效果明显 3)可能会引起变形
提高曲轴疲劳强度的效果	钢曲轴 20%～70%；珠光体球铁曲轴 50%～90%	碳钢曲轴 60%～80%；低合金钢曲轴 50%～90%；球铁曲轴50%～70%	钢或球铁曲轴 30%～100%
备注	广泛应用于各类中、小型曲轴。氮化后再加滚压也已有采用	国内应用很广。氮化层极薄，氮化后不能进行磨削加工	一般只对圆角进行淬火。主要应用于中、小型柴油机曲轴

18.6.2　曲轴的强度计算

18.6.2.1　曲轴的失效形式

弯曲和扭转疲劳断裂是曲轴的主要失效形式，弯曲疲劳断裂更为常见。曲轴疲劳失效形式及其主要原因见表 18-44。

表 18-44　曲轴疲劳失效形式及其主要原因

失效形式	特征	主要原因
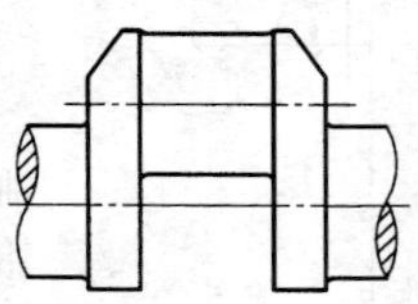	裂纹最初常发生在主轴颈，或连杆轴颈与曲柄臂过渡圆角处应力集中严重点，随后逐渐发展成横断曲柄臂的疲劳裂纹	1)由于曲轴过渡圆角太小，曲柄臂太薄，过渡圆角加工不完善所致 2)曲轴箱或支承刚度太小，引起附加弯矩过大 3)由于曲轴箱刚度不够，主轴颈变形太大，引起不均匀磨损，造成同心度差，致使附加弯矩过大。这时断裂常发生在运行较长时间之后 4)材质不良
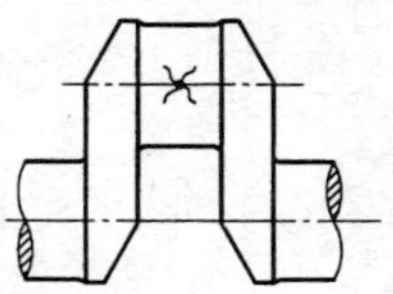	裂纹起源于油孔，沿与轴线呈 45°方向发展	1)由于过大的扭转振动，引起附加应力 2)油孔边缘加工不完善，或孔口过渡圆角太小，引起过大的应力集中

失效形式	特征	主要原因
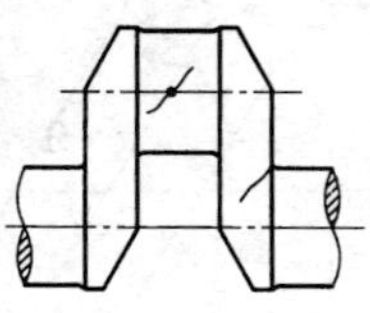	裂纹起源于过渡圆角或油孔，且只有一个方向裂纹，裂纹与轴线呈 45°	1)由于不对称交变扭矩引起最大应力，致使疲劳断裂 2)圆角加工不好，热加工工艺不完善，造成材料组织不均匀 3)油孔孔口圆角加工不完善 4)连杆轴颈太细
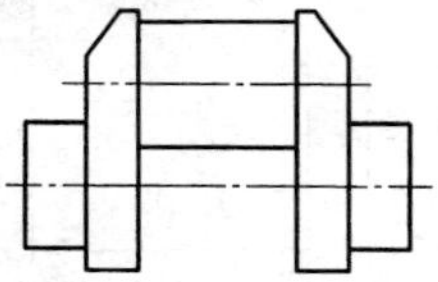	裂纹沿过渡圆角周向同时发生，断口呈径向锯齿形	1)由于圆角太尖锐，引起过大的应力集中 2)材料有缺陷
腐蚀疲劳失效	裂纹由圆角腐蚀点处发生	由于使用中保养不善，润滑油恶化造成腐蚀，或停机时润滑油中含有水分，造成圆角处腐蚀

18.6.2.2 曲轴的受力分析

为了简化计算，在分析、计算曲轴受力时，通常作如下假设和处理：

1）把多支承曲轴看作是以主轴承中心分开的分段简支梁（曲轴受力分析的分段法），并把曲轴视为绝对刚体。

2）轴颈上所受的力在轴颈的中点处。

3）不考虑回转惯性力。

4）因加工精度，装配质量，以及因使用后磨损，热变形等造成的附加载荷不考虑。

5）轴颈和曲柄取各自的坐标系。

6）分段简支梁看成有A、B、C三个支承。但计算支承反力时，按只有两个支承起作用计算，即认为连杆轴颈载荷由轴承B和轴承C支承，轴前端载荷只由轴承A和轴承C支承。

7）内力正、负号按图18-30所示的规定。

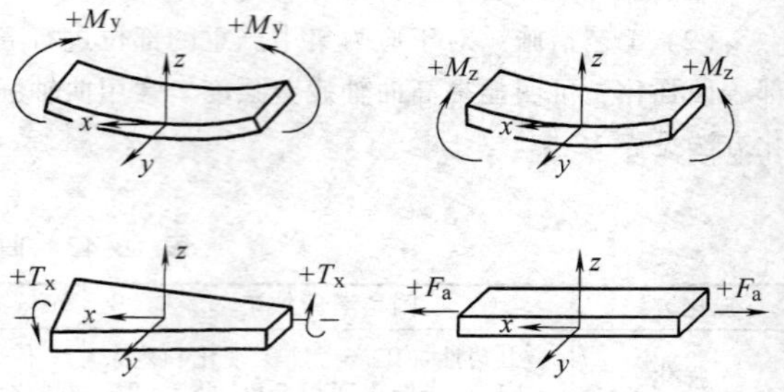

图18-30　内力正、负号规定

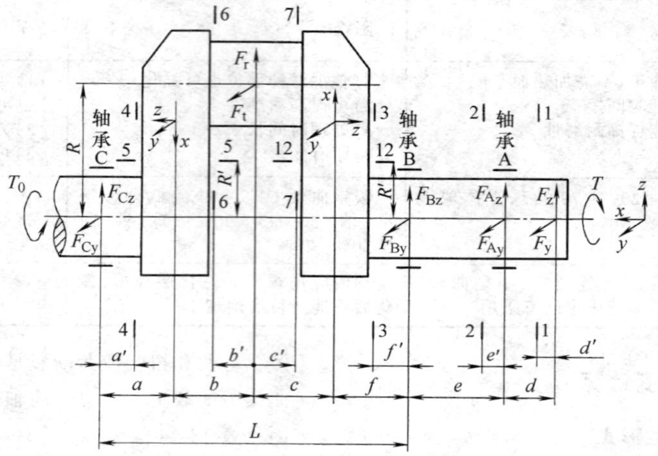

a)

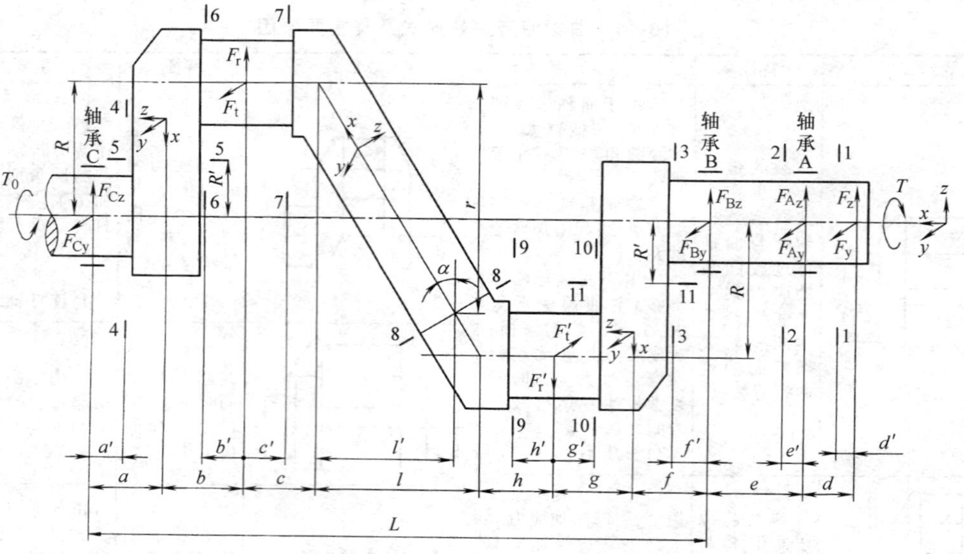

b)

图18-31　曲轴计算简图

a）单拐轴　b）双拐轴

按上述假设和处理得到的曲轴单拐、双拐计算简图如图 18-31 所示。图中 F_t、F'_t为作用在连杆轴颈上的切向力；F_r、F'_r为作用在连杆轴颈上的法向力；F_y、F_z 为轴前端载荷沿坐标方向的分量；F_{Ay}、F_{Az}、F_{By}、F_{Bz}、F_{Cy}、F_{Cz}分别为 A、B、C 三个主轴承处支反力沿坐标方向的分量；T 为输入转矩、T_0 为相邻一跨传来的阻力转矩。按照此计算简图推得的轴承支承处的支反力计算式见表 18-45。推得的各截面处的弯矩、转矩、轴向力计算式见表 18-46。

18.6.2.3　曲轴的强度计算

表 18-45　支反力计算式

支反力	单拐轴计算式	双拐轴计算式
F_{Az}	$-\frac{L+d+e}{L+e}F_z$	$-\frac{L+d+e}{L+e}F_z$
F_{Ay}	$-\frac{L+d+e}{L+e}F_y$	$-\frac{L+d+e}{L+e}F_y$
F_{Bz}	$-\frac{a+b}{L}F_r$	$\frac{L-f-g}{L}F'_r-\frac{a+b}{L}F_r$
F_{By}	$-\frac{a+b}{L}F_t$	$\frac{L-f-g}{L}F'_t-\frac{a+b}{L}F_t$
F_{Cz}	$-\frac{c+f}{L}F_r+\frac{d}{L+e}F_z$	$\frac{f+g}{L}F'_r-\frac{L-a-b}{L}F_r+\frac{d}{L+e}F_z$
F_{Cy}	$-\frac{c+f}{L}F_t+\frac{d}{L+e}F_y$	$\frac{f+g}{L}F'_t-\frac{L-a-b}{L}F_t+\frac{d}{L+e}F_y$
T_0	$T-RF_t$	$T-R(F_t+F'_t)$

表 18-46　截面弯矩、转矩及轴向力计算式

截面号	绕 y 轴弯矩 M_y	绕 z 轴弯矩 M_z	绕 x 轴转矩 T_x	轴向力 F_a
1	F_zd'	$-F_yd'$	T	—
2	$F_z(d+e')+F_{Az}e'$	$-F_y(d+e')-F_{Ay}e'$	T	—
3	$F_z(d+e+f')+F_{Az}(e+f')+F_{Bz}f'$	$-F_y(d+e+f')-F_{Ay}(e+f')-F_{By}f'$	T	—
4	$F_{Cz}a'$	$-F_{Cy}a'$	T_0	—
5	$F_{Cz}a$	$T_0-F_{Cy}R'$	$F_{Cy}a$	$-F_{Cz}$
6	$F_{Cz}(a+b-b')$	$-F_{Cy}(a+b-b')$	$T_0-F_{Cy}R$	—
7	$F_{Cz}(a+b+c')+F_rc'$	$-F_{Cy}(a+b+c')-F_tc'$	$T_0-F_{Cy}R$	—
8	$F_{Cz}(a+b+c+l')+F_r(c+l')$	$-F_{Cy}\left[\left(a+b+c+\frac{l}{2}\right)\sin\alpha+\frac{r-R}{\cos\alpha}\right]-F_t(c\sin\alpha+r/\cos\alpha)-T_0\cos\alpha$	$-F_{Cy}\left(a+b+c+\frac{l}{2}\right)\cos\alpha-F_tc\cos\alpha+T_0\sin\alpha$	$(F_{Cz}+F_r)\cos\alpha$
9	$F_{Cz}(a+b+c+l+h-h')+F_r(c+l+h-h')$	$-F_{Cy}(a+b+c+l+h-h')-F_t(c+l+h-h')$	$T_0+F_{Cy}R+2F_tR$	—
10	$F_{Cz}(a+b+c+l+h+g')+F_r(c+l+h+g')-F'_rg'$	$-F_{Cy}(a+b+c+l+h+g')-F_t(c+l+h+g')+F'_tg'$	$T_0+F_{Cy}R+2F_tR$	—
11	$F_z(d+e+f)+F_{Az}(e+f)+F_{Bz}f$	$T-(F_y+F_{Ay}+F_{By})R'$	$F_y(d+e+f)+F_{Ay}(e+f)+F_{By}f$	$F_z+F_{Az}+F_{Bz}$
12	$F_z(d+e+f)+F_{Az}(e+f)+F_{Bz}f$	$-T-(F_y+F_{Ay}+F_{By})R'$	$-F_y(d+e+f)-F_{Ay}(e+f)-F_{By}f$	$-F_z-F_{Az}-F_{Bz}$

曲轴大多是疲劳破坏，因此应在通常易于发生疲劳裂纹处（如连杆轴颈的圆角、油孔等），按疲劳强度校核计算。但是在低速曲轴的设计计算中，为了简化计算，有时也采用静强度校核的方式，将曲轴所受载荷看作应力幅度等于最大应力的对称循环载荷，并略去应力集中系数和尺寸系数的影响，而代之以较大的安全系数，使复杂的疲劳强度校核计算具有静强度校核计算的简单形式。

（1）按静强度形式校核计算　按静强度校核主要在轴颈与曲柄臂连接处，轴颈开油孔处的截面进行。

对于活塞式压缩机和往复泵曲轴，应在下列工况下校核：

1）输入转矩为最大时。

2）综合活塞力绝对值最大时。

对于低速柴油机曲轴，应在下列工况下校核：

1）起动工况。

2）活塞处于上止点时。

3）曲拐的切向力最大时的位置。

4）各曲拐的总切向力为最大值时的位置。

被校核的曲拐，应取转矩为最大的一个。

轴颈和曲柄臂各截面的静强度校核按下式进行：

$$S_S=\frac{\sigma_{-1}}{\sqrt{\sigma^2+4\tau^2}}\geqslant[S_S]$$

式中　σ_{-1}——曲轴材料弯曲疲劳极限（MPa）；

σ——危险点上的正应力（MPa）；

τ——危险点上的切应力（MPa）；

$[S_S]$——许用安全系数，推荐 $[S_S]=3.5\sim5$。

在曲轴材料的组织均匀程度和力学性能稳定性较差，以及轴颈曲柄臂间过渡圆角较小和被校核截面处的表面粗糙度较大时，安全系数应取较大值。

被校核截面危险点应力的计算，对轴颈为

$$\sigma=\frac{\sqrt{M_y^2+M_z^2}}{W_y}\qquad \tau=\frac{T_x}{W_T}$$

对于曲柄臂，要校核曲柄臂截面短轴端点，截面上轴端点；对于矩形截面的曲柄臂，还要校核矩形角点。

1）截面短轴端点应力计算：

$$\sigma=\frac{|M_y|}{W_y}+\frac{|F_a|}{A}\qquad \tau=\frac{T_x}{W_T}$$

2）截面长轴端点应力计算：

$$\sigma=\frac{|M_z|}{W_z}+\frac{|F_a|}{A}\qquad \tau=\gamma\frac{T_x}{W_T}$$

3）矩形截面角点应力计算：

$$\sigma=\frac{|M_y|}{W_y}+\frac{|M_z|}{W_z}+\frac{|F_a|}{A}\qquad \tau=0$$

式中　W_T——抗扭截面系数（mm^3）；

W_y、W_z——抗弯截面系数（mm^3）；

A——截面积（mm^2）；

γ——取决于截面形状的扭转应力比值系数。对于椭圆形截面 $\gamma=\frac{b}{h}$，对于矩形截面按表 18-47 确定。

表 18-47　矩形截面杆纯扭转时的 γ 值

$m=\frac{h}{b}$	1.0	1.5	2.0	3.0	4.0	6.0	8.0	10.0
γ	1.000	0.858	0.796	0.753	0.745	0.743	0.743	0.743

注：b 为椭圆或矩形的短边长度（mm）；h 为椭圆或矩形的长边长度（mm）。

（2）按疲劳强度校核计算　校核曲轴疲劳强度，是在应力集中严重的轴颈与曲柄臂间的过渡圆角及轴颈油孔处进行。校核公式如下：

$$S=\frac{S_\sigma S_\tau}{\sqrt{S_\sigma^2+S_\tau^2}}\geqslant[S]$$

$$S_\sigma=\frac{\sigma_{-1}}{\frac{K_\sigma}{\beta\varepsilon}\sigma_a+\varphi_\sigma\sigma_m}$$

$$S_\tau=\frac{\tau_{-1}}{\frac{K_\tau}{\beta\varepsilon}\tau_a+\varphi_\tau\tau_m}$$

其中 $\sigma_a=\frac{M_{ymax}-M_{ymin}}{2W_y},\tau_a=\frac{T_{xmax}-T_{xmin}}{2W_T}$

$$\sigma_m=\frac{M_{ymax}+M_{ymin}}{2W_y},\tau_m=\frac{T_{xmax}+T_{xmin}}{2W_T}$$

式中　σ_{-1}、τ_{-1}——材料的弯曲和扭转疲劳极限（MPa）；

K_σ、K_τ——弯曲和扭转时的有效应力集中系数，对于过渡圆角处，$\frac{K_\sigma}{\varepsilon}$、$\frac{K_\tau}{\varepsilon}$ 的值如图 18-32、图 18-33 所示；对于油孔处，K_σ、K_τ 的值如图 18-7、图 18-8 所示；

σ_a、τ_a——弯曲和扭转的应力幅（MPa）；

β——表面质量系数，其值见图 18-9、图 18-10 及表 18-26；

ε——轴颈的尺寸系数，其值见图 18-34；

σ_m、τ_m——弯曲和扭转的平均应力（MPa）；

φ_σ、φ_τ——材料平均应力折合为应力幅的等效系数；

M_{ymax}、M_{ymin}——曲轴旋转一周过程中，作用在计算截面处的最大和最小绕 y 轴弯矩（N · mm）；

T_{xmax}、T_{xmin}——曲轴旋转一周过程中，作用在计算截面处的最大和最小绕 x 轴转矩（N · mm）；

W_y——轴颈抗弯截面系数（mm^3）；

W_T——轴颈抗扭截面系数（mm^3）。

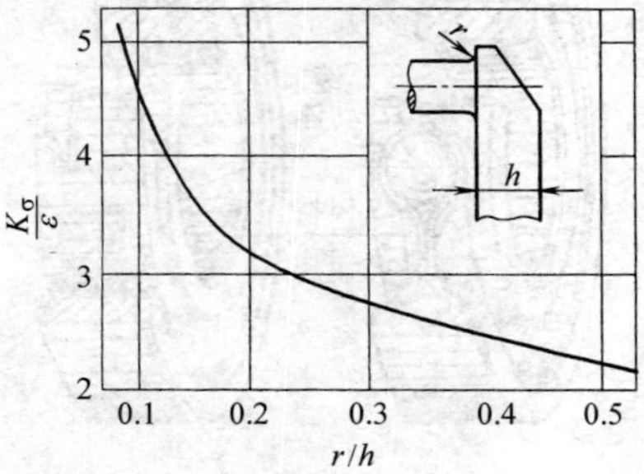

图 18-32　曲柄臂弯曲的$\frac{K_\sigma}{\varepsilon}$值

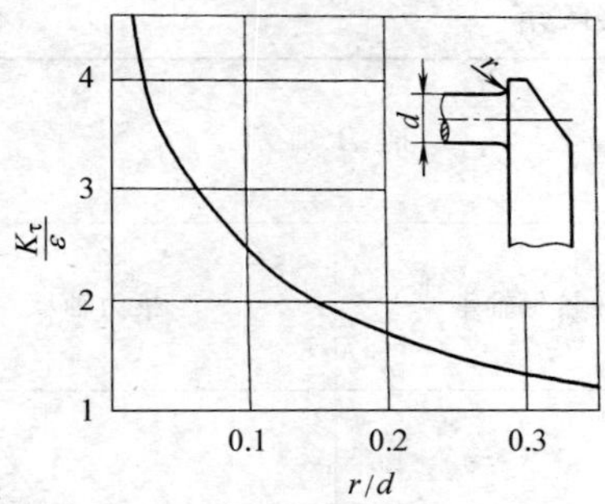

图 18-33　轴颈过渡圆角扭转的$\frac{K_\tau}{\varepsilon}$值

一般简化计算，可近似地在被校核的一拐上的法向力 F_r 为最大和最小时，计算 M_{ymax} 和 M_{ymin}；在输入转矩 T_x 为最大和最小时，计算 T_{xmax} 和 T_{xmin}。

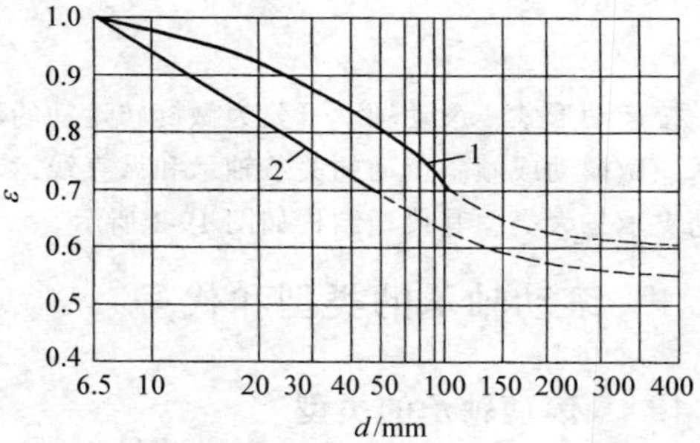

图 18-34　轴颈尺寸系数

1—碳钢　2—合金钢

18.6.3　曲轴的计算机辅助设计计算

由于曲轴结构形状的复杂性，对重要曲轴的计算基本上需借助计算机完成。

曲轴的计算机辅助设计，可按本章介绍的方法编制程序，借助计算机进行反复参数调整计算。也可将曲轴简化为刚度相当的静不定连续梁，用五弯矩方程式求解连续梁的支座弯矩，根据外载荷和支座弯矩确定每一曲拐的弯矩图，对危险曲拐作强度校核。

曲轴的强度计算也可借助有限元法进行分析计算，必要时辅以三维光弹实验。

第 19 章　滚动轴承

按运动形式，滚动轴承可分为做旋转运动的滚动轴承、做摆动或倾斜运动的关节轴承和做直线运动的滚动支承三大类，其典型结构如图 19-1 所示。

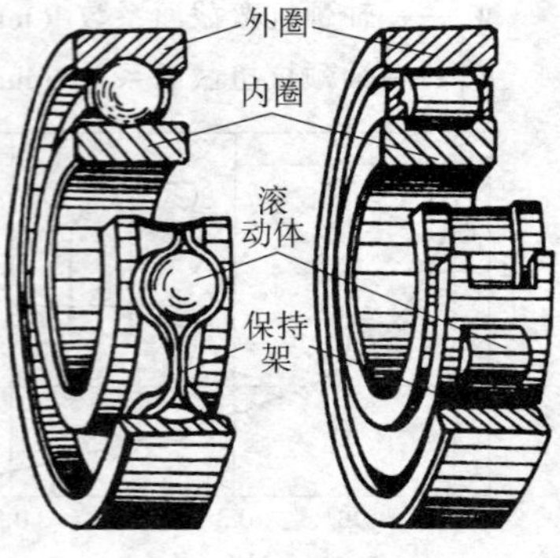

图 19-1　滚动轴承的组成

19.1　滚动轴承的类型和代号

19.1.1　滚动轴承的类型

滚动轴承的公称接触角见表 19-1，滚动轴承的综合分类如图 19-2 所示。

表 19-1　滚动轴承的公称接触角

向心轴承		推力轴承	
径向接触轴承	向心角接触轴承	推力角接触轴承	推力轴承
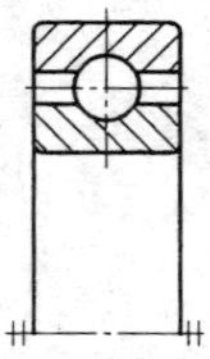 $\alpha=0°$	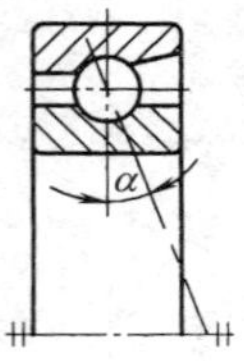 $0°<\alpha<45°$	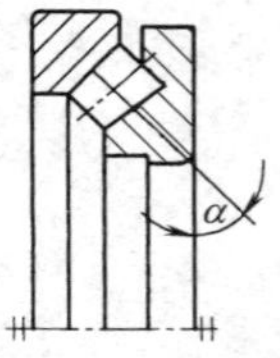 $45°<\alpha<90°$	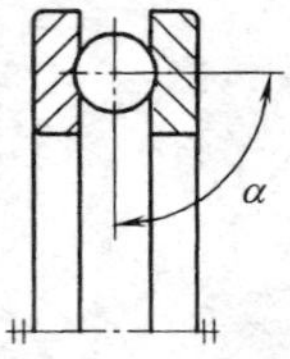 $\alpha=90°$
有的可受小轴向载荷	可同时受径向载荷和轴向载荷	可承受较小径向载荷	不能受径向载荷
主要承受径向载荷		主要承受轴向载荷	

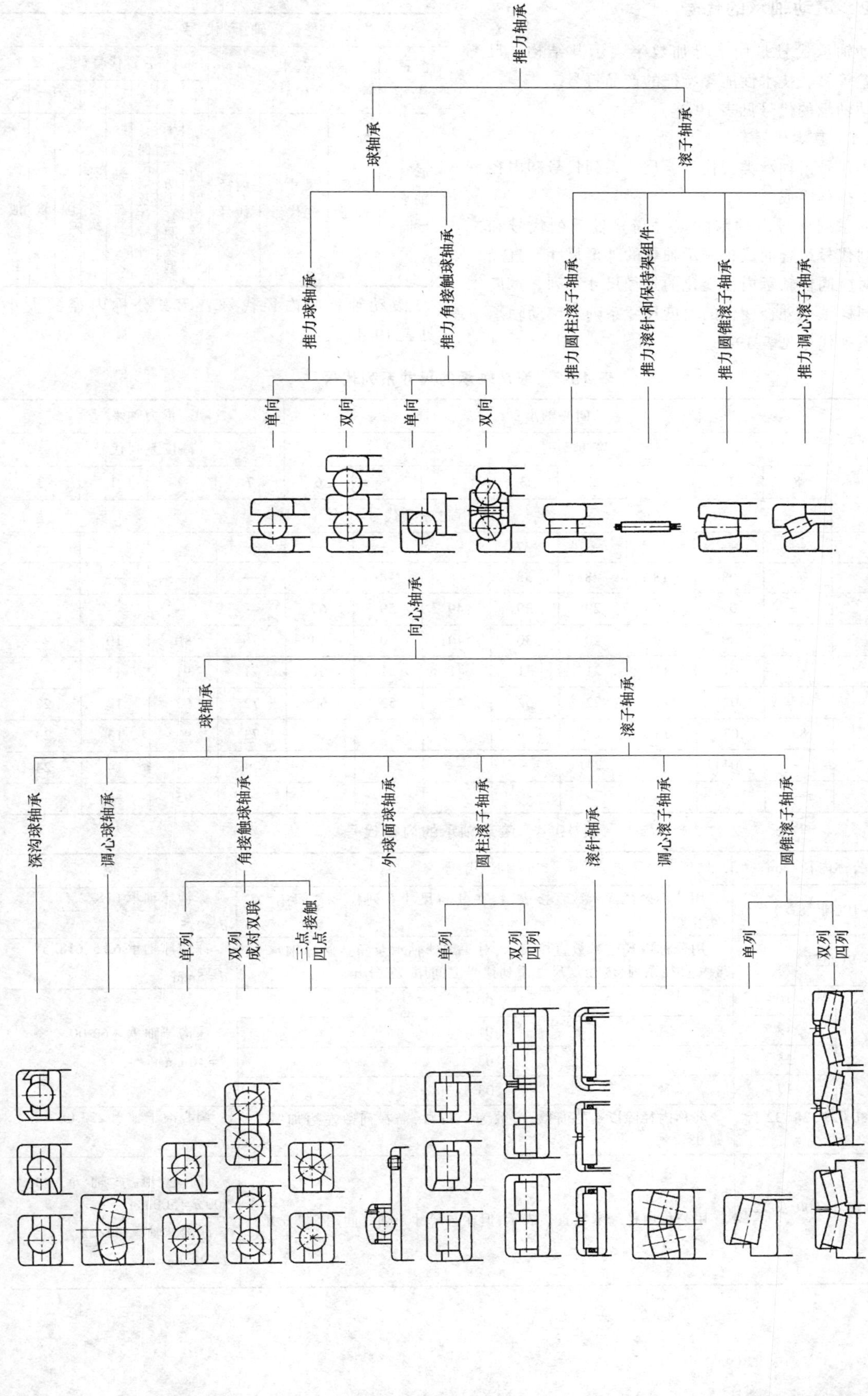

图 19-2　滚动轴承的综合分类

注：GB/T 271—2017 滚动轴承分类中增加了组合轴承和轴承单元。

19.1.2 滚动轴承的代号

滚动轴承代号是用字母加数字表示其结构、尺寸、公差等级、技术性能等特征的产品符号。

滚动轴承的代号见表 19-2。

表 19-2 滚动轴承的代号

轴承代号											
前置代号	基本代号			后置代号(组)							
				1	2	3	4	5	6	7	8
成套轴承分部件	类型代号	尺寸系列代号	内径代号	内部结构	密封与防尘套圈变型	保持架及其材料	轴承材料	公差等级	游隙	配置	其他

滚动轴承的内径代号表示其公称内径的大小（见表 19-4）。

19.1.2.1 基本代号

基本代号由轴承类型代号、尺寸系列代号和内径代号依次排列组成。

尺寸系列代号由轴承的宽（高）度系列代号和直径系列代号组合而成，表示轴承的外形尺寸。直径系列指对应同样轴承内径变化的外径尺寸系列。宽度系列指同样轴承外径变化的宽度尺寸系列。滚动轴承的尺寸系列代号见表 19-3。

表 19-3 滚动轴承的尺寸系列代号

直径系列代号	向心轴承								推力轴承			
	宽度系列代号								高度系列代号			
	8	0	1	2	3	4	5	6	7	9	1	2
	尺寸系列代号											
7	—	—	17	—	37	—	—	—	—	—	—	—
8	—	08	18	28	38	48	58	68	—	—	—	—
9	—	09	19	29	39	49	59	69	—	—	—	—
0	—	00	10	20	30	40	50	60	70	90	10	—
1	—	01	11	21	31	41	51	61	71	91	11	—
2	82	02	12	22	32	42	52	62	72	92	12	22
3	83	03	13	23	33	—	—	—	73	93	13	23
4	—	04	—	24	—	—	—	—	74	94	14	24
5	—	—	—	—	—	—	—	—	—	95	—	—

表 19-4 滚动轴承的内径代号

轴承公称内径/mm		内径代号	示例
0.6~10(非整数)		用公称内径毫米数直接表示，在其与尺寸系列代号之间用“/”分开	深沟球轴承 618/2.5 d=2.5
1~9(整数)		用公称内径毫米数直接表示，对深沟球轴承及角接触球轴承 7、8、9 直径系列，内径与尺寸系列代号之间用“/”分开	深沟球轴承 62 5、618/5 d=5mm
10~17	10	00	深沟球轴承 62 00 d=10mm
	12	01	
	15	02	
	17	03	
20~480(22、28、32 除外)		公称内径除以 5 的商数，商数为个位数，需在商数左边加“0”，如 08	调心滚子轴承 223 08 d=40mm
大于和等于 500 及 22、28、32		用公称内径毫米数直接表示，但在与尺寸系列之间用“/”分开	调心滚子轴承 230/500 d=500mm 深沟球轴承 62/22 d=22mm

调心滚子轴承 23224，其中 2 为类型代号；32为尺寸系列代号；24 为内径代号 $d=120\text{mm}$。

常用轴承类型代号、尺寸系列代号组成的轴承基本代号见表 19-5。

表 19-5 滚动轴承的基本代号

轴承类型		简图	类型代号	尺寸系列代号	轴承基本代号	旧标准代号
深沟球轴承	深沟球轴承	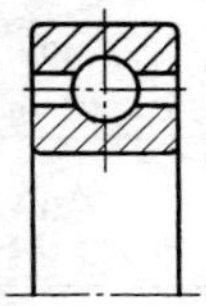	6	17	61700	—
			6	37	63700	—
			6	18	61800	100800
			6	19	61900	100900
			16	(0)0	16000	100100
			6	(1)0	6000	100
			6	(0)2	6200	200
			6	(0)3	6300	300
			6	(0)4	6400	400
	双列深沟球轴承	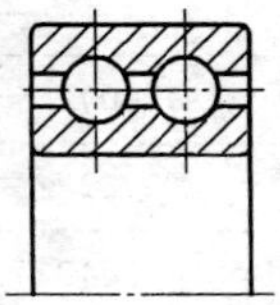	4	(2)2	4200	—
			4	(2)3	4300	—
圆柱滚子轴承	外圈无挡边圆柱滚子轴承	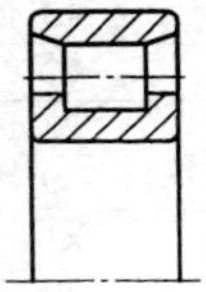	N	10	N 1000	2100
			N	(0)2	N 200	2200
			N	22	N 2200	2500
			N	(0)3	N 300	2300
			N	23	N 2300	2600
			N	(0)4	N 400	2400
	内圈无挡边圆柱滚子轴承	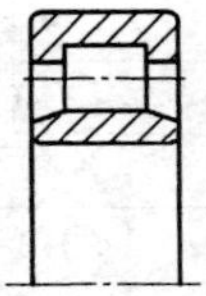	NU	10	NU 1000	32100
			NU	(0)2	NU 200	32200
			NU	22	NU 2200	32500
			NU	(0)3	NU 300	32300
			NU	23	NU 2300	32600
			NU	(0)4	NU 400	32400
	内圈单挡边圆柱滚子轴承	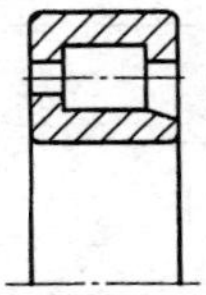	NJ	(0)2	NJ 200	42200
			NJ	22	NJ 2200	42500
			NJ	(0)3	NJ 300	42300
			NJ	23	NJ 2300	42600
			NJ	(0)4	NJ 400	42400
	内圈单挡边并带平挡圈圆柱滚子轴承	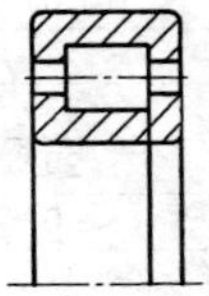	NUP	(0)2	NUP 200	92200
			NUP	22	NUP 2200	92500
			NUP	(0)3	NUP 300	92300
			NUP	23	NUP 2300	92600
			NUP	(0)4	NUP400	

（续）

轴承类型		简图	类型代号	尺寸系列代号	轴承基本代号	旧标准代号
圆柱滚子轴承	外圈单挡边圆柱滚子轴承	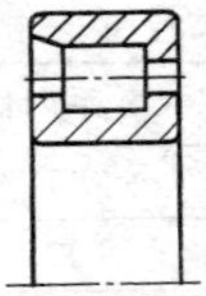	NF	(0)2	NF 200	12200
				(0)3	NF 300	12300
				23	NF 2300	12600
	双列圆柱滚子轴承	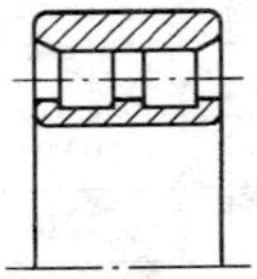	NN	49	NN4900	3182100
				30	NNU3000	
	内圈无挡边双列圆柱滚子轴承	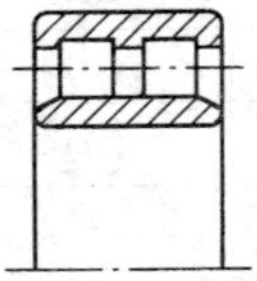	NNU	49	NNU4900	4482900
				41	NNU4100	
调心轴承	调心球轴承	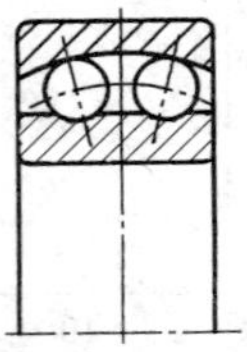	1	(0)2	1200	1200
			(1)	22	2200	1500
			1	(0)3	1300	1300
			(1)	23	2300	1600
	调心滚子轴承	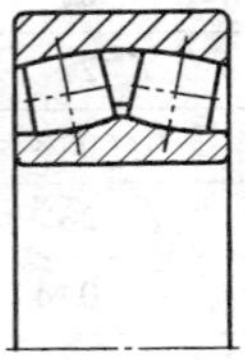	2	13	21300	—
			2	22	22200	3500
			2	23	22300	3600
			2	30	23000	3100
			2	31	23100	3700
			2	32	23200	3200
			2	40	24000	—
			2	41	24100	—
角接触球轴承	角接触球轴承	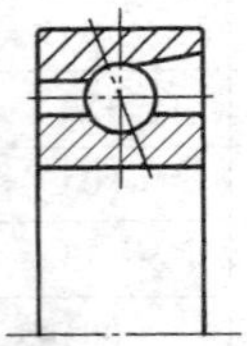	7	19	71900	—
			7	(1)0	7000	6100
			7	(0)2	7200	6200
			7	(0)3	7300	6300
			7	(0)4	7400	6400
	四点接触球轴承	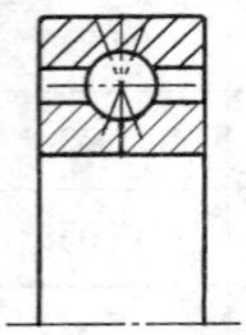	QJ	10	QJ 1000	176100
				(0)2	QJ 200	176200
				(0)3	QJ 300	176300
圆锥滚子轴承	圆锥滚子轴承	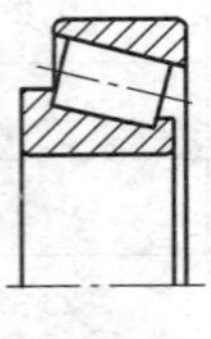	3	02	30200	7200E
			3	03	30300	7300E
			3	13	31300	27300E
			3	20	32000	2007100E
			3	22	32200	7500E
			3	23	32300	7600E
			3	29	32900	2007900E
			3	30	33000	3007100
			3	31	33100	3007700
			3	32	33200	3007200

（续）

轴承类型		简图	类型代号	尺寸系列代号	轴承基本代号	旧标准代号
圆锥滚子轴承	双内圈双列圆锥滚子轴承	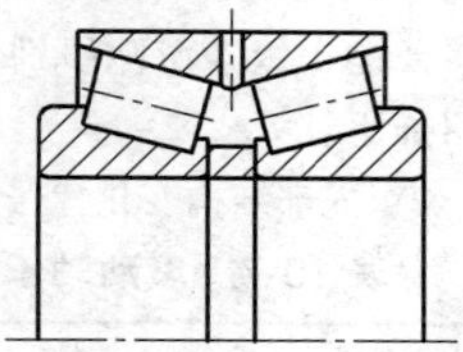	35	—	350000	97000
圆锥滚子轴承	四列圆锥滚子轴承	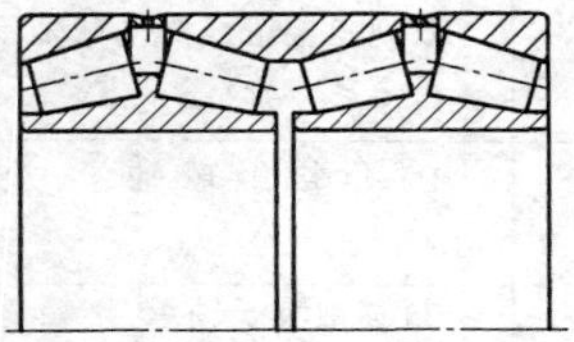	38	—	380000	77000
推力角接触轴承	推力圆锥滚子轴承	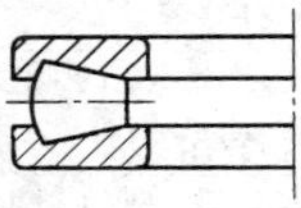	9	11	91100	909000
				12	91200	
推力角接触轴承	推力调心滚子轴承	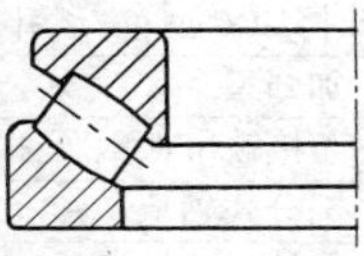	2	92	29200	9039200
			2	93	29300	9039300
			2	94	29400	9039400
推力角接触轴承	推力角接触球轴承	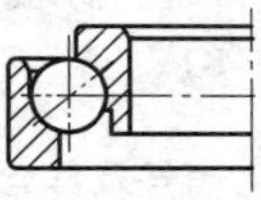	56	—	560000	—
推力轴承	推力球轴承	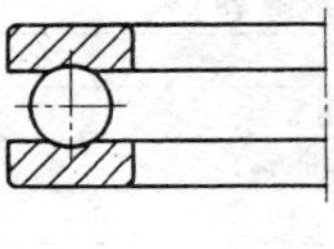	5	11	51100	8100
			5	12	51200	8200
			5	13	51300	8300
			5	14	51400	8400
推力轴承	双向推力球轴承	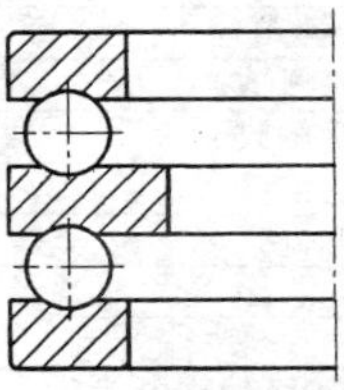	5	22	52200	38200
			5	23	52300	38300
			5	24	52400	38400
推力轴承	推力圆柱滚子轴承	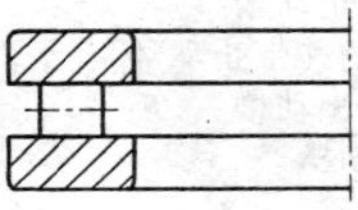	8	11	81100	9100
			8	12	81200	9200

注：表中“( )”号括住的数字表示在组合代号中省略。

在通用轴承中，滚针轴承的基本代号表示法与其他轴承不同，其基本代号由类型代号和配合安装特征代号组成。

滚针和保持架组件：K40×48×30。K 为类型代号；40×48×30 为配合安装特征代号。

有些滚针轴承也使用尺寸系列代号、内径代号来表示。

滚针轴承：NA4805。NA 为类型代号；48 为尺寸系列代号，05 为内径代号。

19.1.2.2　前置代号

前置代号表示成套轴承分部件，用字母表示，其代号与含义见表 19-6。

表 19-6　滚动轴承的前置代号

代号	含　义	示　例
F	凸缘外圈的向心球轴承（仅适用 $d \leqslant 10\text{mm}$）	F618/4
L	可分离轴承的可分离内圈或外圈	LNU 207
R	不带可分离内圈或外圈的轴承（滚针轴承仅适用 NA 型）	RNU 207 RNA 6904
WS	推力圆柱滚子轴承轴圈	WS 81107
GS	推力圆柱滚子轴承座圈	GS 81107
KOW-	无轴圈推力轴承	KOW-51108
KIW-	无座圈推力轴承	KIW-51108
LR	带可分离的内圈或外圈与滚动体组件轴承	—
K	滚子和保持架组件	K81107

19.1.2.3　后置代号

后置代号表示轴承的内部结构变化、密封防尘与外部形状变化、保持架及其材料改变、轴承材料改变、公差等级、游隙组别、配置形式等特征，按顺序介绍如下：

1）内部结构变化代号及其含义（见表 19-7）。

表 19-7　滚动轴承的内部结构变化代号

代号	含　义		示　例
A	双列角接触或深沟球轴承，无装球缺口		3205A
B	1）角接触球轴承，公称接触角 $\alpha = 40°$		7210B
	2）圆锥滚子轴承，接触角加大		32310B
C	1）角接触球轴承，公称接触角 $\alpha = 15°$		7005C
	2）调心滚子轴承	C 型，内圈无挡边，冲压保持架	23122C
		CA 型，内圈带挡边，实体保持架	23024CA/W33
		CC 型，滚子引导方式有改进	22205CC
E	加强型		NU207E
AC	角接触球轴承，公称接触角 $\alpha = 25°$		7210AC
D	剖分式轴承		K50×55×20D
ZW	滚针保持架组件，双列		K20×25×40ZW

2）密封、防尘与外部形状变化代号及其含义（见表 19-8）。

表 19-8　密封、防尘与外部形状变化代号及其含义

代号	含　义	示　例
K	圆锥孔轴承锥度 1∶12（外球面球轴承除外）	1210K
K30	圆锥孔轴承锥度 1∶30	24122 K30
R	轴承外圈有止动挡边（凸缘外圈） （不适用于内径小于 10mm 的深沟球轴承）	30307R
N	轴承外圈上有止动槽	6210N
NR	轴承外圈上有止动槽，并带止动环	6210NR
-RS	轴承一面带骨架式橡胶密封圈（接触式）	6210-RS
-2RS	轴承两面带骨架式橡胶密封圈（接触式）	6210-2RS
-RZ	轴承一面带骨架式橡胶密封圈（非接触式）	6210-RZ
-2RZ	轴承两面带骨架式橡胶密封圈（非接触式）	6210-2RZ
-Z	轴承一面带防尘盖	6210-Z
-2Z	轴承两面带防尘盖	6210-2Z
-FS	轴承一面带毡圈密封	6203-FS
-2FS	轴承两面带毡圈密封	6203-2FS
-RSZ	轴承一面带骨架式橡胶密封圈（接触式），一面带防尘盖	6210-RSZ
-RZZ	轴承一面带骨架式橡胶密封圈（非接触式），一面带防尘盖	6210-RZZ
-ZN	轴承一面带防尘盖，另一面外圈有止动槽	6210-ZN
-ZNR	轴承一面带防尘盖，另一面外圈有止动槽并带止动环	6210-ZNR
-ZNB	轴承一面带防尘盖，同一面外圈有止动槽	6210-ZNB
-2ZN	轴承两面带防尘盖，外圈有止动槽	6210-2ZN
U	推力球轴承带球面垫圈	53210U

注：密封圈代号与防尘盖代号，可以与止动槽代号进行多种组合。

3）保持架代号。滚动轴承的保持架若采用特殊材料或特殊结构时用保持架代号表示。

例如：F 为钢、球墨铸铁或粉末冶金实体保持架。

Q 为青铜实体保持架。

M 为黄铜实体保持架。

L 为轻合金实体保持架。

TN 为工程塑料注模保持架。

J 为钢板冲压保持架。

以上代号可用附加数字表示不同的材料，如 F4 表示粉末冶金、Q1 表示铝铁锰青铜。

4）轴承零件材料改变代号。

例如：

/HE 为电渣重熔轴承钢。

/HC 为渗碳钢。

/HV 为可淬硬不锈钢。

/HN 为耐热钢。

/HP 为铍青铜或其他防磁材料。

5）公差等级代号（见表 19-9）。

表 19-9　公差等级代号

代号	含　　义	示　　例	旧标准代号
/P0	公差等级符合标准规定的 0 级，代号中省略，不表示	6203	G
/P6	公差等级符合标准规定的 6 级	6203/P6	E
/P6x	公差等级符合标准规定的 6x 级	30210/P6x	Ex
/P5	公差等级符合标准规定的 5 级	6203/P5	D
/P4	公差等级符合标准规定的 4 级	6203/P4	C
/P2	公差等级符合标准规定的 2 级	6203/P2	B

6）游隙代号（见表 19-10）。

表 19-10　滚动轴承的游隙代号

代号	含　　义	示　　例
/C1	游隙符合标准规定的 1 组	NN 3006K/C1
/C2	游隙符合标准规定的 2 级	6210/C2
—	游隙符合标准规定的 0 组	6210
/C3	游隙符合标准规定的 3 组	6210/C3
/C4	游隙符合标准规定的 4 组	NN 3006 K/C4
/C5	游隙符合标准规定的 5 组	NNU 4920 K/C5

公差等级代号与游隙代号需同时表示时，可进行简化，取公差等级代号加上游隙组号（0 组不表示）组合表示。

P63＝P6＋C3。轴承公差等级 P6 级，径向游隙 3 组。

P52＝P5＋C2。轴承公差等级 P5 级，径向游隙 2 组。

7）配置代号。

① 配置组中轴承数目代号：

/D 为两套轴承。

/T 为三套轴承。

/Q 为四套轴承。

② 配置组中轴承排列代号：

B/为背对背。

F 为面对面。

T 为串联。

C 为成对串联。

常用配置方式代号见表 19-11。

表 19-11　滚动轴承的配置代号

配置代号	含　　义	示　　例
/DB	两套背对背安装	7210C/DB
/DF	两套面对面安装	32208/DF
/DT	两套串联安装	7210B/DT
/TFT	三套，两套串联一套面对面	30210/TFT
/TT	三套，串联	7210C/TT
/QBC	四套，成对串联的背对背	7210B/QBC
/QFT	四套，三套串联一套面对面	7210C/QFT

8）其他特性的代号。其他特性代号用于表示对滚动轴承在振动、噪声、力矩、热处理以及润滑等各方面的技术要求。

例如：/V 为轴承振动速度级极值组别。

/ZC 为轴承噪声级值。

/RT 为轴承转动力矩的规定。

/S 为轴承套圈经高温回火。

/W33 为轴承外圈上有润滑油槽和三个润滑油孔。

带有附件的滚动轴承，其代号规定为：

轴承代号+附件代号

如紧定套代号为 H；退卸衬套代号为 AH、AHX 等。

19.1.2.4　滚动轴承代号示例

示例 1：　1 2 08 K+H

- 公差等级 0 级（代号中省略“0”），0 组游隙
- 锥形内孔（锥度 1∶12），带紧定套
- 内径 08×5mm＝40mm
- 尺寸系列 02 {宽度系列 0（代号中省略“0”）；直径系列 2}
- 调心球轴承

示例 2：　6 0 8 -2Z / P4

- 公差等级 4 级，0 组游隙
- 两面带防尘盖
- 内径 8mm
- 尺寸系列 10 {宽度系列 1（代号中省略“1”）；直径系列 0}
- 深沟球轴承

示例 3：　7 0 03 AC /P6/DB

- 两套背对背配置
- 公差等级 6 级，0 组游隙
- 公称接触角 25°
- 内径 17mm
- 尺寸系列 10 {宽度系列 1（代号中省略“1”）；直径系列 0}
- 角接触球轴承

示例 4：　NN 30 22 K /W33/P 2 2

- 2 组游隙
- 公差等级 2 级
- 外圈有润滑油槽和三个润滑油孔
- 锥形内孔，锥度 1∶12
- 内径 22×5mm＝110mm
- 尺寸系列 30 {宽度系列 3；直径系列 0}
- 双列圆柱滚子轴承

（注：旧型号 3182122）

19.1.2.5　常用汽车变速器滚动轴承分类及代号

（1）球轴承　常用汽车变速器球轴承有深沟球轴承和双列角接触球轴承两类，轴承的类型代号为 TM，后置代号 C9 表示特殊游隙，其他代号与一般通用轴承的规定相同。

代号示例：

TM6306-2RS/P63——变速器用 6306 型深沟球轴承，两面带橡胶密封圈，公差等级 6 级，径向游隙 3 组。

TM5207 NR/P6——变速器用 5207 型双列角接触球轴承，带止动环，公差等级 6 级。

（2）滚子轴承　汽车变速器用滚子轴承分为圆柱滚子轴承和圆锥滚子轴承两类，轴承的代号由类型代号、尺寸系列代号或表示配合安装特征的尺寸代号和后置代号组成。

常用的圆柱滚子轴承中，NU、NJ、NUP、RNU 和 RN 等型号的轴承，代号方法符合一般通用轴承的规定；RND、KN 和 HKN 型号的轴承，其代号由类型代号和配合安装特征的尺寸代号组成。

代号示例：

RND30×50×32——无外圈、内圈单锁紧圈的圆柱滚子轴承，内圈直径 30mm、滚子总体外径 50mm、内圈宽度 32mm。

KN×45×75×28——向心滚子与保持架组件，滚子总体内径 45mm、滚子总体外径 75mm、保持架宽度 28mm。

HKN35×47×17——冲压外圈圆柱滚子轴承，滚子总体内径 35mm、外圈外径 47mm、轴承宽度 17mm。

常用的圆锥滚子轴承有 30000 型、R30000 型和 350000R 型三类。30000 型是通用轴承，R30000 型为圆锥滚子轴承内组件，350000R 型为凸缘外圈双列圆锥滚子轴承。

（3）滚针轴承　汽车变速器用滚针轴承的代号由类型代号、尺寸系列代号和后置代号组成。

常用的滚针轴承中，实体套圈滚针轴承（NA、NAI、RNA 型）、冲压外圈滚针轴承（HK、BK 型）、向心滚针和保持架组件（K 型）等轴承，其类型代号、尺寸系列代号方法符合一般通用滚针轴承的规定。带内圈的向心滚针和保持架组件（KIRD、KIR 型）由组件代号和轴承安装配合尺寸组成。

代号示例：

KIRD304928——带有挡边内圈的向心滚针和保持架组件，内圈内径 30mm、滚针总体外径 49mm、内圈宽度 28mm。

KIR304924——带无挡边内圈的向心滚针和保持架组件，内圈内径 30mm、滚针总体外径 49mm、内圈宽度 24mm。

汽车变速器用滚针轴承的后置代号一般表示内部结构及保持架等结构变型。常用后置代号：B 为保持架窗口不等距；D 为双剖分保持架；DS 为单剖分保持架。

19.2　滚动轴承的选用

19.2.1　常用滚动轴承的特性

常用滚动轴承的一般特性见表 19-12。

表 19-12　常用滚动轴承特性

轴承类型	一般特性	其他特性
深沟球轴承 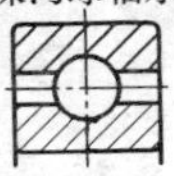	1)承载能力较弱 2)主要承受径向载荷,也可同时承受一定的轴向载荷。加大径向游隙时可承受较大的轴向载荷 3)允许一定的轴向位移,但轴向位移限定于轴向游隙范围内 4)摩擦因数小,极限转速高	结构简单,使用方便,工作期间不需保养,适于高速,应用极为广泛 有多种防尘、密封、止动槽结构变化提供选用
调心球轴承 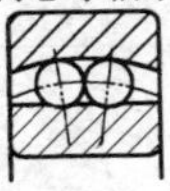	1)承载能力较弱 2)主要承载径向载荷,也可同时承受一定的轴向载荷,不宜承受纯轴向载荷 3)具有良好的调心性,可自动补偿轴承内外圈的同轴度误差 4)极限转速中	带紧定套的调心球轴承,可用于无轴肩的光轴、安装拆卸方便,还可微调轴承的径向游隙

（续）

轴承类型	一般特性	其他特性
角接触球轴承 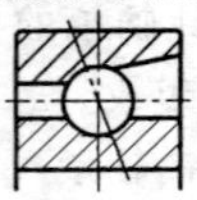	1)承载能力较强 2)可以同时承受径向载荷和轴向载荷，也可承受纯轴向载荷，接触角越大，轴向承载能力越大 3)只能承受单向轴向载荷，在承受径向载荷时会产生内部轴向力，一般成对使用 4)极限转速高	1)成对安装时(/DT型)可承受较大的轴向载荷 2)成对安装时(/DB、/DF型)能承受双向轴向载荷，通过预紧可限制轴或外壳的轴向位移，增加轴承的刚度和旋转精度 3)可分离型轴承的内外圈可分别安装，用于安装条件受到限制的部位
圆柱滚子轴承(外圈无挡边) 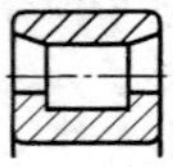	1)承载能力强 2)不能承受轴向载荷 3)不能限制轴和外壳的轴向位移 4)属分离型轴承，安装、拆卸方便 5)极限转速高	1)无挡边轴承常用作游动支承 2)带挡边轴承(NF、NJ型)能承受较小的轴向载荷 3)双列轴承(NN、NNU型)结构紧凑、刚性好，适用于作机床主轴轴承
调心滚子轴承 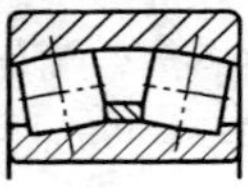	1)承载能力强 2)主要承受径向载荷，也能承受任一方向的轴向载荷，适用于重载、振动条件，不能承受纯轴向载荷 3)轴和外壳的轴向位移限制在轴向游隙范围内 4)调心性良好，可自动补偿同轴度误差 5)极限转速低	1)改进型(CC、CACM型)轴承结构经优化设计，承载能力提高、应优先选用 2)圆锥孔轴承，内圆沿轴向移动，可微量调整轴承的径向游隙 3)带紧定套的轴承可用于无轴肩的光轴
圆锥滚子轴承 	1)承载能力强 2)可以同时承受径向载荷和轴向载荷，接触角越大，轴向承载能力越强 3)能承受单向轴向载荷，在承受径向载荷时会产生内部轴向力，一般成对使用 4)能限制轴和外壳在一个方向的轴向位移 5)极限转速低	双列轴承(350000型)承载能力提高，并可承受双向轴向载荷；限制轴和外壳的轴向位移在轴向游隙范围内；改变轴承隔圈厚度可以调整径向游隙
推力球轴承 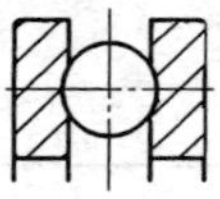	1)承载能力较强 2)不能承受径向载荷，只能承受一个方向的轴向载荷，可限制轴和外壳在一个方向的轴向位移 3)极限转速低	—
双向推力球轴承 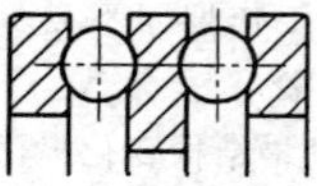	1)承载能力较弱 2)不能承受径向载荷，能承受两个方向的轴向载荷，可限制轴和外壳在两个方向的轴向位移 3)极限转速低	—
推力调心滚子轴承 	1)承载能力强 2)承受以轴向载荷为主的轴向、径向联合载荷，径向载荷不得超过轴向载荷的55% 3)极限转速中	—
推力圆柱滚子轴承 	1)承载能力很强 2)可以承受单向轴向载荷 3)刚性大，占用轴向空间小 4)极限转速低	—

19.2.2　滚动轴承的类型选择

要合理地选择滚动轴承的类型，应在熟悉各类轴承工作特性的基础上，分析所使用场合和安装条件对轴承结构和性能的要求。一般在选择轴承时可从以下几方面综合考虑。

19.2.2.1　承载能力

相同外形尺寸下，滚子轴承的承载能力约为球轴承的 1.5~3 倍。向心类轴承主要用于承受径向载荷；推力类轴承主要用于承受轴向载荷；角接触轴承可同时承受径向载荷和轴向载荷的联合作用。

深沟球轴承有轴向载荷作用时可形成不大的接触角，能承受较小的轴向载荷。在转速很高、离心力很大时，可采用深沟球轴承替代推力类轴承承受纯轴向载荷。

角接触轴承的轴向载荷承受能力与轴承接触角有关，当轴向载荷较大时，应选择具有较大公称接触角的轴承。在联合载荷作用时，也可采用向心轴承和推力轴承的组合分别承受径向力和轴向力。这种组合方式下，各轴承受力合理，且具有较高的刚性。

19.2.2.2　安装条件

轴承安装处的轴颈尺寸和安装空间是初步选择轴承类型的依据之一。一般来说，轴颈尺寸较小时选用球轴承；反之则选用滚子轴承。在选择轴承的宽度和直径尺寸时，应相应地考虑到轴承轴向安装尺寸和径向安装尺寸的大小。

整体轴承座或频繁装拆条件下，考虑安装方便，应选用内外圈可分离的轴承，如圆锥滚子轴承、内圈或外圈分离的圆柱滚子轴承等。具有锥孔带紧定套的轴承，不仅装拆方便，而且还可用于无轴肩的光轴。

19.2.2.3　速度特性

在一定载荷和润滑条件下，滚动轴承所能允许的最高转速称为轴承的极限转速。它与轴承类型、尺寸、精度以及游隙等多种因素有关。轴承性能表中列出各种轴承在油润滑或脂润滑条件下的极限转速，参见 19.3.4 节。

一般来说，深沟球轴承、角接触球轴承、圆柱滚子轴承具有较高的极限转速；推力轴承的极限转速低。

相同轴承内径尺寸，表 19-3 中按直径系列其外径较小的轴承适用于高速。

常用 dn 值表示轴承一定线速度下的运转性能 [d、n 分别为轴承内径（mm）和转速（r/min）]。一般 $dn>8\text{mm}\times10^5\text{r/min}$ 的称为高速轴承，$dn>1.8\text{mm}\times10^6\text{r/min}$ 的称为超高速轴承。

19.2.2.4　摩擦力矩

轴承的摩擦力矩引起温度升高和功率损耗，在精密仪表中还影响系统的精度和可靠性。摩擦力矩与轴承类型、结构、尺寸、制造精度等因素有关，也受载荷、转速、润滑等工作条件的影响。

轴承载荷约为 $0.1C$，润滑良好，工作状态正常时，其摩擦力矩可按式（19-1）计算。

$$M=0.5\mu Fd \tag{19-1}$$

式中　μ——摩擦因数（表 19-13）；

F——轴承载荷（N），对向心轴承是径向载荷，对推力轴承是轴向载荷；

d——轴承内径（mm）。

表 19-13　摩擦因数

轴承类型		摩擦因数 μ
深沟球轴承		0.0015①
调心球轴承		0.0010①
角接触球轴承	单列	0.0020
	双列	0.0024①
	四点接触	0.0024
圆柱滚子轴承	有保持架	0.0011②
	满滚子	0.0020②
滚针轴承		0.0025①
调心滚子轴承		0.0018
圆锥滚子轴承		0.0018
推力球轴承		0.0013
推力圆柱滚子轴承		0.0050
推力滚针轴承		0.0050
推力调心滚子轴承		0.0018

① 适用于非密封轴承。

② 无轴向载荷。

19.2.2.5　运转精度

滚动轴承各元件的尺寸精度、轴承套圈径向或轴向的圆跳动误差、轴承的工作游隙及刚度都不同程度地影响着轴承的运转精度；从相邻部件分析，配合表面的形位误差、与轴承的配合状态、定位轴肩的垂直度以及外壳的刚度等也都是运转精度的影响因素。

对于运转精度要求高的场合，应选择具有较高公差等级的轴承，且配合件的精度要与轴承精度相适应；为了达到精确的同心引导，轴承的工作游隙应尽可能小，消除轴承与轴和外壳孔的配合间隙。此外，为减小弹性变形对精度的影响，还应注意选用承载能力较大的轴承。

19.2.2.6　振动和噪声

滚动轴承的振动通过相邻零部件传到机器表面，

引起空气振动而形成噪声。

振动和噪声造成环境污染，且直接影响主机性能，是滚动轴承重要的性能指标。轴承振动为轴承运转过程中轴承零件偏离理论位置的运动，用振动速度或加速度衡量。而轴承噪声以离运转轴承一定距离处的声压级作为衡量指标。

轴承产生振动和噪声的主要原因是轴承结构和轴承零件的制造误差。通过改进轴承内部结构、改进保持器的设计、提高滚动体制造精度、降低滚道的波纹度以及改善润滑条件可有效地降低轴承的振动和噪声。

19.2.2.7　调心性能

轴承的调心性能是指轴挠曲、两轴承孔不同轴或其他原因使轴与轴承座孔轴线相对倾斜时轴承内外圈之间能自动调心，保持正常工作的能力。在容许调心的范围内，轴承中不会产生额外附加应力，对寿命没有明显影响，但噪声会略增大。

调心能力主要取决于轴承的结构。调心球轴承和调心滚子轴承外圈滚道为球面，故具有良好的调心性能。带座外球面球轴承中，轴承球面外径与轴承座孔的凹球面相配合，调心范围更大。而圆柱滚子轴承，圆锥滚子轴承和滚针轴承几乎不具有调心性能。

各类轴承容许的调心范围可参考表 19-14。

表 19-14　轴承容许的调心范围

轴承类型		调心角度范围
带座外球面球轴承		2°~5°
调心球轴承		1.5°~3°
调心滚子轴承		1°~2.5°
推力调心滚子轴承	$F_a+2.7F_r \leq 0.05C_0$	2°~3°
	$F_a+2.7F_r > 0.05C_0$	<2°
深沟球轴承		2′~10′
圆柱滚子轴承		3′~4′
圆锥滚子轴承		<3′
滚针轴承		极小

19.2.2.8　经济性

在使用条件相差不多的情况下选用价格便宜的轴承。

各种常用滚动轴承的性能比较和价格比可参考表 19-15。

表 19-15　常用滚动轴承性能比较和价格比

轴承类型	径向承载	轴向承载		高速性	调心性	调隙性	价格比
		单向	双向				
深沟球轴承	●		○	●	◐	◐	1
调心球轴承	◐		◐	◐	●●	○	1.8
角接触球轴承	●	●	—	●	◐	●	2.1
圆柱滚子轴承	●●	—	—	○	—	—	2
调心滚子轴承	●		●	○	●●	○	4.4
圆锥滚子轴承	●	●	—	○	—	●●	1.7
推力球轴承	—	●●	—	○	—	—	1.1
双向推力球轴承	—		●●	○	—	—	1.8
推力调心滚子轴承	○	●	—	◐	●●	○	—
推力圆柱滚子轴承	—	●●	—	○	—	—	3.8

注：1. ●●为优；●为良；◐为中；○为差。

2. 价格比以深沟球轴承价格为 1 的比价，各种轴承取相同精度进行比较。

19.2.3　滚动轴承的精度选择

滚动轴承的精度按公差等级分级，公差中包括尺寸公差和旋转精度的允许偏差。尺寸公差规定了轴承内径、外径和宽度等尺寸的加工精度；旋转精度则指轴承套圈的径向和端面圆跳动、套圈表面对基准面的垂直度、内外圈端面的平行度等。

各类轴承的公差等级分级略有不同，向心轴承公差等级有 P0、P6、P5、P4、P2 五个等级，圆锥滚子轴承分为 P0、P6X、P5、P4 四个等级，而推力轴承则为 P0、P6、P5、P4 四个等级，精度的依次由低到高。

P0 级为普通级，各类轴承都有产品，应用最广泛。表 19-16 列出了部分设备使用高精度轴承的实例，供选择时参考。

19.2.4　滚动轴承的游隙选择

滚动轴承的游隙分为径向游隙和轴向游隙，它们分别表示一个套圈固定时，另一套圈沿径向和轴向的最大位移。

径向游隙又分为原始游隙、安装游隙和工作游隙。原始游隙是轴承制造出厂时未安装前的游隙，按照标准列为 1、2、0、3、4、5 六组，数值依次由小到大。0 组游隙为基本组。

试验分析表明，轴承的工作游隙为比零稍小的负值时，其使用寿命最大。在选择轴承游隙组别时，应在原始游隙的基础上，考虑安装配合、内外圈热变形以及载荷等因素的影响，以使工作游隙接近于最佳状态。

正常配合安装的轴承在一般使用条件下运行，应优先选用 0 组游隙。在配合过盈量较大，内外圈温差较大时，或在需要降低摩擦力矩、改善调心性能以及承受较大轴向载荷的场合，宜采用较大的游隙组；而要求振动噪声低、运转精度高，或需要严格限制轴向位移时，则采用较小的游隙组。

角接触球轴承、圆锥滚子轴承和内圈带锥孔的轴承，其工作游隙可在安装或使用过程中调整。

表 19-16　高精度轴承选用参考

设备类型	轴承公差等级				
	深沟球轴承	圆柱滚子轴承	角接触球轴承	圆锥滚子轴承	推力与角接触推力球轴承
普通车床主轴	—	/P5、/P4	/P5	/P5	/P5、/P4
精密车床主轴	—	/P4	/P5、/P4	/P5、/P4	/P5、/P4
铣床主轴	—	/P5、/P4	/P5	/P5	/P5、/P4
镗床主轴	—	/P5、/P4	/P5、/P4	/P5、/P4	/P5、/P4
坐标镗床主轴	—	/P4、/P2	/P4、/P2	/P4	/P4
机械磨头	—	—	/P5、/P4	/P4	/P5
高速磨头	—	—	/P4、/P2	/P4	—
精密仪表	/P5、/P4	—	/P5、/P4	—	—
增压器	/P5	—	/P5	—	—
航空发动机主轴	/P5	/P5	/P5、/P4	—	—

19.3　滚动轴承的计算

19.3.1　滚动轴承的失效形式

滚动轴承的失效形式主要有疲劳点蚀、过量塑性变形和磨损。

此外，由于不正确的装拆或其他操作不当也会引起轴承元件破裂、锈蚀等失效。这些失效是应该避免的非正常失效。

19.3.2　滚动轴承的寿命计算

19.3.2.1　基本额定寿命

轴承的寿命是指单套轴承，其中一个套圈或一个滚动体的材料上首次出现疲劳点蚀迹象之前，一个套圈相对于另一套圈旋转的转数，也可表示为给定转速下运转的小时数。

轴承的基本额定寿命是与 90% 可靠度关联的、以基本额定动载荷为基础的寿命值。对于一组采用优质材料和具有良好加工质量的轴承，是指在相同运转条件下，其中 10% 的轴承在发生疲劳点蚀之前的寿命，用 L_{10} 表示（10^6r），或用一定转速下运转的小时数 L_{10h}（h）表示。

19.3.2.2　基本额定动载荷

轴承的基本额定动载荷是指轴承在理论上能承受的恒定载荷，在该载荷作用下的基本额定寿命为 10^6r。对向心轴承是指承受恒定纯径向载荷的能力，称为径向基本额定动载荷，用 C_r 表示。对推力轴承则指承受恒定纯轴向载荷的能力，称为轴向基本额定动载荷，用 C_a 表示。各类轴承的基本额定动载荷可查阅有关手册。

19.3.2.3　当量动载荷

不同载荷下的各类轴承的寿命，均可按当量动载荷进行计算。当量动载荷是指一恒定的载荷，在该载荷的作用下，滚动轴承具有与实际条件下相同的寿命。

下面介绍轴承当量动载荷的计算公式。

1. 向心轴承

同时承受径向载荷 F_r 和轴向载荷 F_a 的向心轴承（深沟球轴承、角接触轴承、调心轴承等），其径向额定动载荷为

$$P_r = XF_r + YF_a \tag{19-2}$$

这里的 X、Y 分别是径向系数和轴向系数，见表 19-17。

对 $\alpha = 0°$ 的向心滚子轴承（圆柱滚子轴承、滚针轴承），只能承受径向载荷 F_r，其径向额定动载荷为

$$P_r = F_r \tag{19-3}$$

2. 推力轴承

对 $\alpha=90°$的推力轴承（推力球轴承、推力圆柱滚子轴承等），只能承受轴向载荷 F_a，其轴向当量动载荷为

$$P_a=F_a \tag{19-4}$$

$\alpha\neq 90°$ 的推力滚子轴承（推力调心滚子轴承等），轴向当量动载荷为

$$P_a=XF_r+YF_a \tag{19-5}$$

这里的 X、Y 系数见表 19-18。

表 19-17 向心轴承的径向系数和轴向系数 X、Y

轴承类型		相对轴向载荷 F_a/C_{0r}	e	单列轴承				双列轴承			
				$F_a/F_r\leq e$		$F_a/F_r>e$		$F_a/F_r\leq e$		$F_a/F_r>e$	
				X	Y	X	Y	X	Y	X	Y
深沟球轴承		0.014	0.19				2.30				2.30
		0.028	0.22				1.99				1.99
		0.056	0.26				1.71				1.71
		0.084	0.28				1.55				1.55
		0.11	0.30	1	0	0.56	1.45	1	0	0.56	1.45
		0.17	0.34				1.31				1.31
		0.28	0.38				1.15				1.15
		0.42	0.42				1.04				1.04
		0.56	0.44				1.00				1.00
角接触球轴承	$\alpha=5°$	0.014	0.23				2.30		2.78		3.74
		0.028	0.26				1.99		2.40		3.23
		0.056	0.30				1.71		2.07		2.78
		0.084	0.34				1.55		1.87		2.52
		0.11	0.36	1	0	0.56	1.45		1.75	0.78	2.36
		0.17	0.40				1.31		1.58		2.13
		0.28	0.45				1.15		1.39		1.87
		0.42	0.50				1.04		1.26		1.69
		0.56	0.52				1.00		1.21		1.63
	$\alpha=10°$	0.014	0.29				1.88		2.18		3.06
		0.028	0.32				1.71		1.98		2.78
		0.056	0.36				1.52		1.76		2.47
		0.084	0.38				1.41		1.63		2.29
		0.11	0.40	1	0	0.46	1.34	1	1.55	0.75	2.18
		0.17	0.44				1.23		1.42		2.00
		0.28	0.49				1.10		1.27		1.79
		0.42	0.54				1.01		1.17		1.64
		0.56	0.54				1.00		1.16		1.63
	$\alpha=15°$	0.014	0.38				1.47		1.65		2.39
		0.028	0.40				1.40		1.57		2.38
		0.056	0.43				1.30		1.46		2.11
		0.084	0.46				1.23		1.38		2.00
		0.11	0.47	1	0	0.44	1.19		1.34	0.72	1.93
		0.17	0.50				1.12		1.26		1.82
		0.28	0.55				1.02		1.14		1.66
		0.42	0.56				1.00		1.12		1.63
		0.56	0.56				1.00		1.12		1.63
	$\alpha=20°$	—	0.57	1	0	0.43	1.00	1	1.09	0.70	1.63
	$\alpha=25°$	—	0.68	1	0	0.41	0.87	1	0.92	0.67	1.41
	$\alpha=30°$	—	0.80	1	0	0.39	0.76	1	0.78	0.63	1.24
	$\alpha=35°$	—	0.95	1	0	0.37	0.66	1	0.66	0.60	1.07
	$\alpha=40°$	—	1.14	1	0	0.35	0.57	1	0.55	0.57	0.93
	$\alpha=45°$	—	1.34	1	0	0.33	0.50	1	0.47	0.54	0.81

（续）

轴承类型	相对轴向载荷 F_a/C_{0r}	e	单列轴承				双列轴承			
			$F_a/F_r \le e$		$F_a/F_r > e$		$F_a/F_r \le e$		$F_a/F_r > e$	
			X	Y	X	Y	X	Y	X	Y
调心球轴承	—	1.5tanα	1	0	0.4	0.4cotα	1	0.42cotα	0.65	0.65cotα
磁发电机轴承	—	0.2	1	0	0.5	2.5	—	—	—	—
向心滚子轴承	—	1.5tanα	1	0	0.4	0.4cotα	1	0.45cotα	0.67	0.67cotα

注：1. 相对轴向载荷 F_a/C_{0r} 中的 C_{0r} 为轴承的径向基本额定静载荷，由手册查取。与 F_a/C_{0r} 中间值相应的 e、Y 值可用线性内插法求得。

2. 由接触角 α 确定的各项 e、Y 值也可根据轴承型号在手册中直接查取。

表 19-18　推力滚子轴承的系数 X、Y

轴承类型	e	$\frac{F_a}{F_r} \le e$		$\frac{F_a}{F_r} > e$	
		X	Y	X	Y
单向轴承（$\alpha \ne 90°$）	1.5tanα	—	—	tanα	1
双向轴承（$\alpha \ne 90°$）	1.5tanα	1.5tanα	0.67	tanα	1

19.3.2.4　角接触轴承的载荷计算

（1）载荷作用中心　角接触轴承的支承反力作用在载荷作用中心 O 处，它的位置为各滚动体载荷矢量与轴的轴线的交点，如图 19-3 所示。

角接触轴承载荷作用中心与轴承外侧端面的距离 a 的数值可查阅本章的轴承主要尺寸和性能表。对于跨距较大的轴，有时可简化处理，假设载荷作用在轴承宽度的中点。

（2）内部轴向力　角接触轴承承受径向载荷 F_r 时，由于结构原因会产生附加轴向力 S，其方向由轴承外圈宽边指向窄边，通过内圈作用于轴上。

各种角接触轴承内部轴向力的计算公式可查表 19-19。表中 F_r 为轴承的径向载荷，e 为判断系数，Y 为圆锥滚子轴承的轴向系数，其数值应按 $F_a/F_r>e$ 选取（见表 19-17）。

（3）轴向载荷计算　成对安装的角接触轴承，在计算轴向载荷时要同时考虑作用于轴上的轴向工作载荷 F_a 和由径向载荷引起的内部轴向力 S，通过力的平衡关系进行计算。

角接触轴承轴向载荷计算公式见表 19-20。

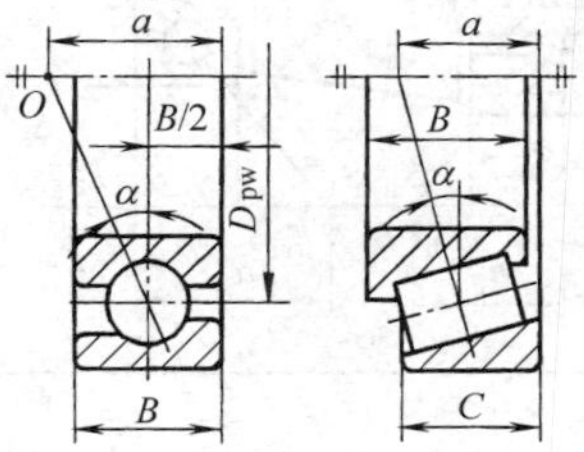

图 19-3　角接触轴承的载荷中心

表 19-19　角接触轴承的内部轴向力的计算公式

轴承类型	角接触球轴承			圆锥滚子轴承 30000
	70000 C（$\alpha=15°$）	70000 AC（$\alpha=25°$）	70000 B（$\alpha=40°$）	
$F_S=$	eF_r	$0.68F_r$	$1.14F_r$	$F_r/(2Y)$

19.3.2.5　静不定支承结构的载荷计算

两个相同的单列角接触球轴承或圆锥滚子轴承以面对面或背对背形式组成轴承组，在支点处能承受径向载荷为主的较大的径向、轴向联合载荷。安装时轴承可预紧，具有较好的支承刚度和旋转精度。

图 19-4 所示为轴系固定端为一对圆锥滚子轴承组，游动端为深沟球轴承，此轴系处于三支点静不定状态。

近似计算可将成对轴承组视为双列轴承，假定径向反力作用在轴承组中点 O 处，轴向力由轴承组承受，附加轴向力为零。

成对安装的角接触轴承组的基本参数如下：

表 19-20 角接触轴承轴向载荷计算公式

安装简图	载荷条件	$F_{a\,\mathrm{I}}$	$F_{a\,\mathrm{II}}$
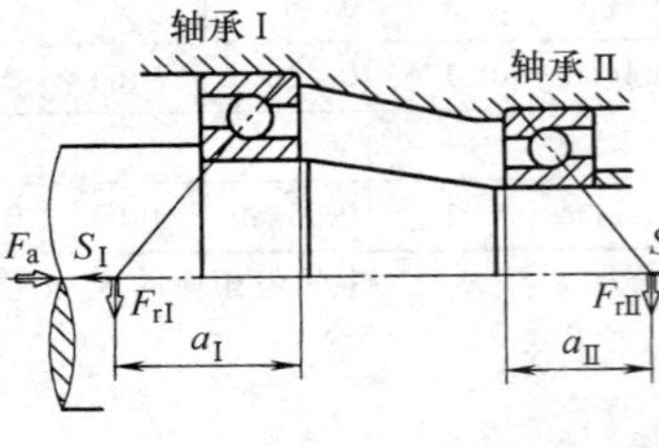	$F_{S\,\mathrm{I}} \leqslant F_{S\,\mathrm{II}}$ $F_a \geqslant 0$	$F_{S\,\mathrm{II}} + F_a$	$F_{S\,\mathrm{II}}$
	$F_{S\,\mathrm{I}} > F_{S\,\mathrm{II}}$ $F_a \geqslant F_{S\,\mathrm{I}} - F_{S\,\mathrm{II}}$		
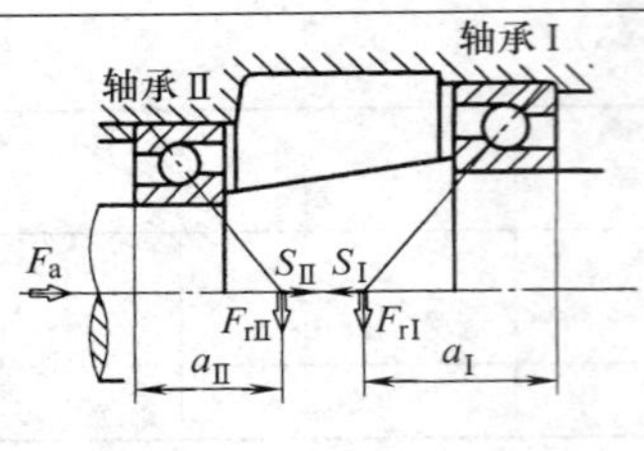	$F_{S\,\mathrm{I}} > F_{S\,\mathrm{II}}$ $F_a < F_{S\,\mathrm{I}} - F_{S\,\mathrm{II}}$	$F_{S\,\mathrm{I}}$	$F_{S\,\mathrm{I}} - F_a$
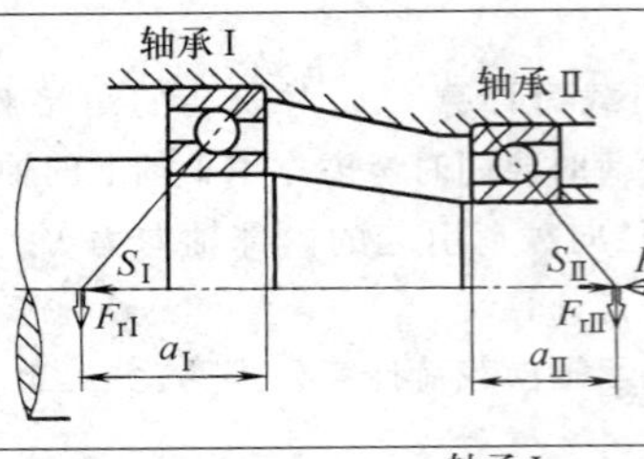	$F_{S\,\mathrm{I}} \geqslant F_{S\,\mathrm{II}}$ $F_a \geqslant 0$	$F_{S\,\mathrm{I}}$	$F_{S\,\mathrm{I}} + F_a$
	$F_{S\,\mathrm{I}} < F_{S\,\mathrm{II}}$ $F_a \geqslant F_{S\,\mathrm{II}} - F_{S\,\mathrm{I}}$		
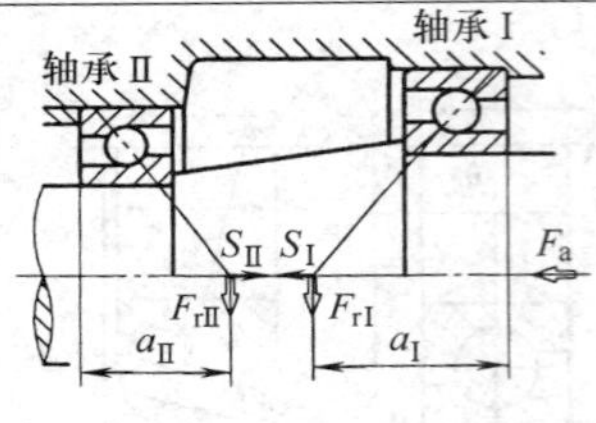	$F_{S\,\mathrm{I}} < F_{S\,\mathrm{II}}$ $F_a < F_{S\,\mathrm{II}} - F_{S\,\mathrm{I}}$	$F_{S\,\mathrm{II}} - F_a$	$F_{S\,\mathrm{II}}$

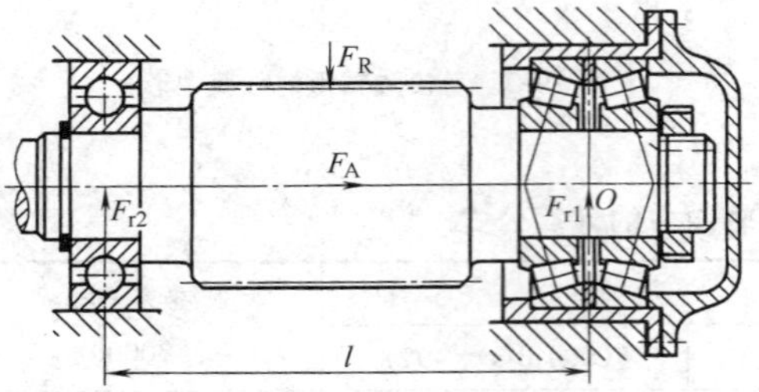

图 19-4 三支点轴系

基本额定动载荷为

$$\left.\begin{aligned} C_{r\Sigma} &= 2^{0.7} C_r \approx 1.62 C_r \text{（球轴承）} \\ C_{r\Sigma} &= 2^{7/9} C_r \approx 1.71 C_r \text{（滚子轴承）} \end{aligned}\right\} \quad (19\text{-}6)$$

基本额定静载荷为

$$C_{0r\Sigma} = 2C_{0r} \quad (19\text{-}7)$$

极限转速为

$$N_{0\Sigma} = (0.6 \sim 0.8) N_0 \quad (19\text{-}8)$$

成对安装的角接触轴承组计算当量载荷时径向动载荷系数 X 和轴向动载荷系数 Y 按双列轴承选用，e 值与单列轴承相同。

经过以上处理后，静不定支承的承载计算与一般轴承相同。

19.3.2.6 寿命计算公式

计算滚动轴承基本额定寿命的公式为

$$L_{10} = \left(\frac{C}{P}\right)^{\varepsilon} \quad (19\text{-}9)$$

式中 L_{10}——失效率 10%（可靠度 90%）的基本额定寿命（10^6r）；

C——基本额定动载荷（N）；

P——当量动载荷（N）；

ε——寿命指数，对球轴承 $\varepsilon=3$，滚子轴承 $\varepsilon=$

10/3。

若轴承工作转速为 n(r/min)，以小时数为单位的基本额定寿命公式为

$$L_{10h}=\frac{10^6}{60n}\left(\frac{C}{P}\right)^{\varepsilon}=\frac{16667}{n}\left(\frac{C}{P}\right)^{\varepsilon} \tag{19-10}$$

按式（19-10）计算球轴承和滚子轴承寿命的诺模图可参考图 19-5 和图 19-6。

设计中应保证

$$L_h \geqslant [L_h] \tag{19-11}$$

式中，$[L_h]$ 为滚动轴承的额定寿命。根据不同机器的工作要求，额定寿命的数值可参考图 19-7 选取。

若已知轴承的当量动载荷 P 和额定寿命 $[L_h]$，可按式（19-12）选择轴承的 C 值。

$$C \geqslant C'=P\sqrt[\varepsilon]{\frac{60n}{10^6}[L_h]} \tag{19-12}$$

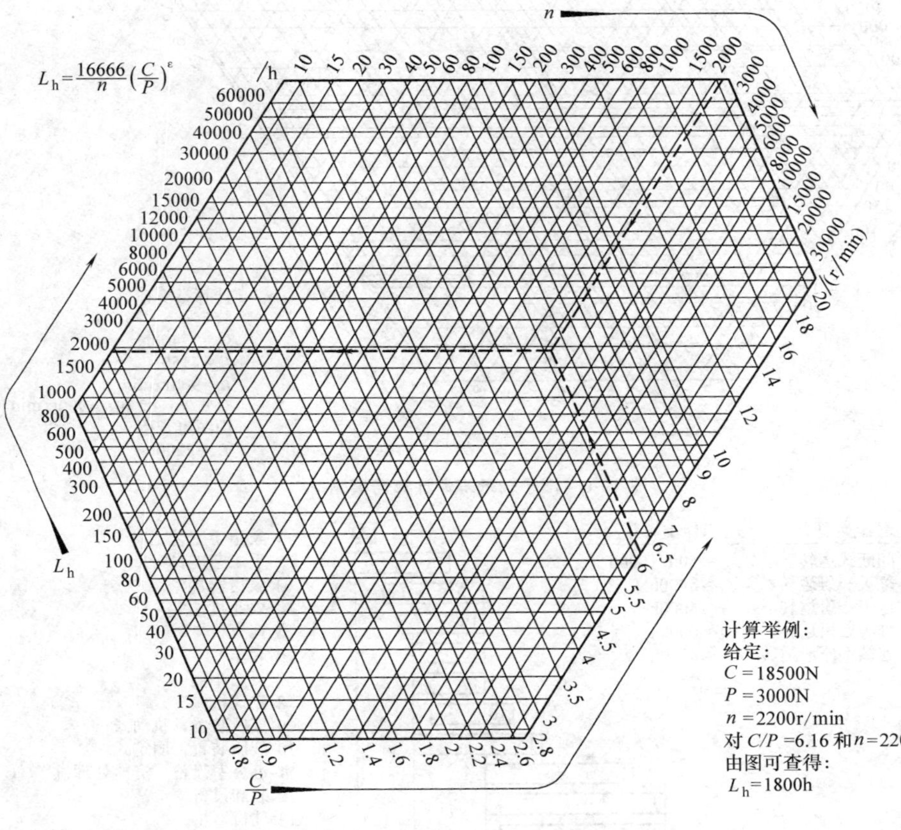

图 19-5　球轴承寿命计算诺模图

19.3.2.7　非稳定载荷下轴承的寿命计算

工作过程中载荷和转速有变化的滚动轴承（见图 19-8）应根据疲劳积累假说求出平均当量转速 n_m 和平均当量动载荷 P_m 代入式（19-10）进行寿命计算。

$$n_m=n_1a_1+n_2a_2+\cdots+n_ka_k$$

$$P_m=\sqrt[\varepsilon]{\frac{n_1a_1P_1^{\varepsilon}+n_2a_2P_2^{\varepsilon}+\cdots+n_ka_kP_k^{\varepsilon}}{n_m}} \tag{19-13}$$

式中　P_1，P_2，…，P_R——轴承变化的当量动载荷；

n_1，n_2，…，n_k——与各当量动载荷相应的工作转速；

a_1，a_2，…，a_k——各种工况下运转时间占总运转时间的百分比。

对于周期性变动的载荷，平均当量动载荷可由式（19-14）计算

$$P_m=V_1P_{max}+V_2P_{min} \tag{19-14}$$

式中　P_{max}，P_{min}——载荷循环中的最大和最小当量动载荷；

V_1，V_2——载荷变化系数（见图 19-9）。

19.3.2.8　寿命计算的修正

（1）修正额定寿命　对于非常规材料、特定润滑和污染条件或可靠度不是 90% 的滚动轴承，其寿命由修正额定寿命公式计算：

$$L_{nm}=a_1a_{ISO}L_{10} \tag{19-15}$$

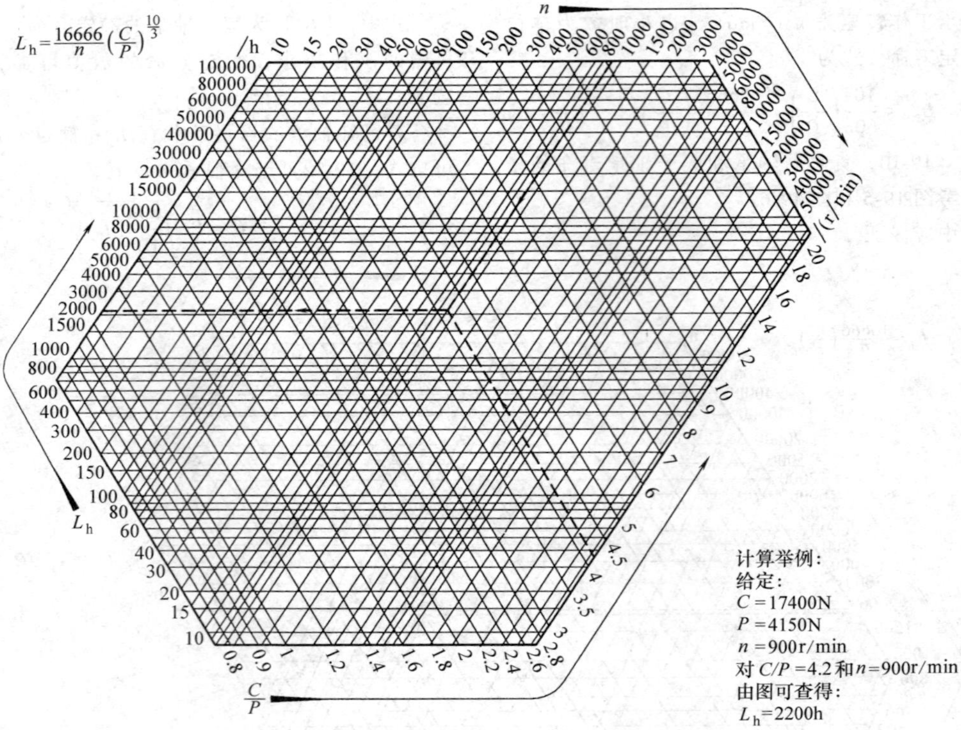

图 19-6　滚子轴承寿命计算诺模图

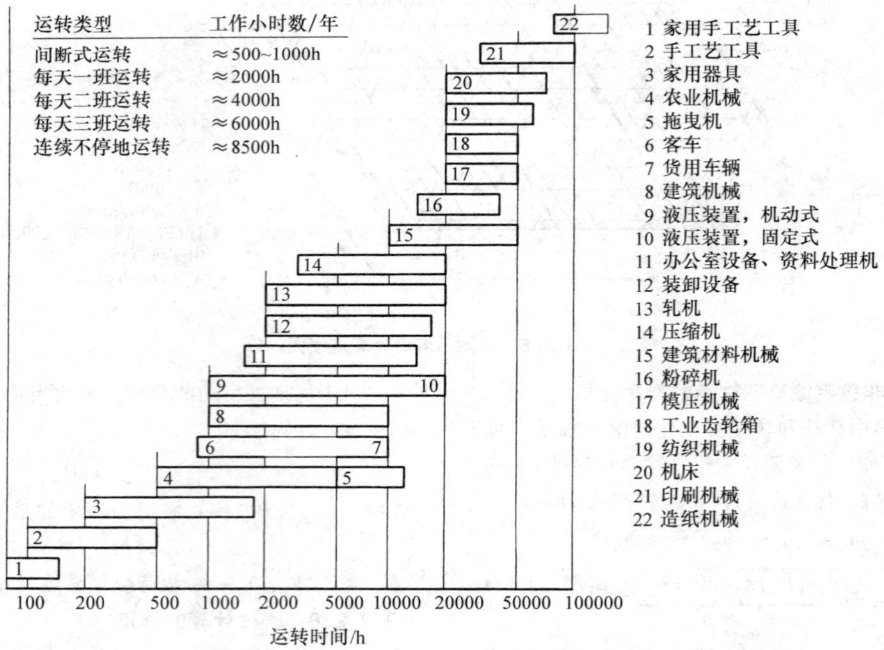

图 19-7　滚动轴承的额定寿命参考值

式中　L_{nm}——修正额定寿命（10^6r）；下标 n 为失效概率（%）；

a_1——可靠度寿命修正系数，见表 19-21；

a_{ISO}——反映材料、载荷和特定运转条件的寿命修正系数。

（2）寿命修正系数 a_{ISO}　系数 a_{ISO} 与轴承类

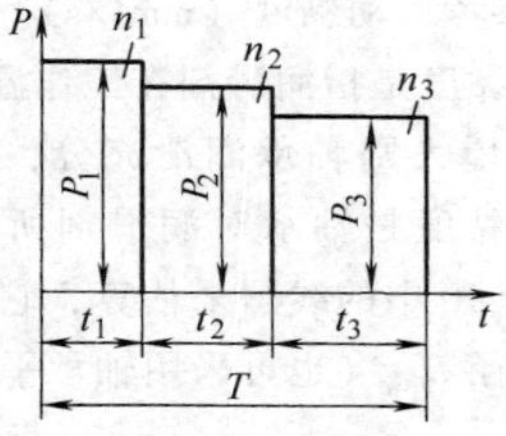

图 19-8　非稳定载荷

型、尺寸结构和载荷相关，也与轴承的润滑条件和环境污染状况有关，a_{ISO} 可表达为上述相关参数的函数式：

$$a_{ISO}=f\left(\frac{e_C C_u}{P},\kappa\right) \tag{19-16}$$

式中的系数 e_C 和 κ 考虑了污染和润滑的影响，C_u 为轴承疲劳载荷极限值，P 为当量动载荷。在获取上述参数值后，各类轴承的寿命修正系数 a_{ISO} 值可从图 19-11～图 19-14 中查得。

1）污染系数 e_C。如果润滑剂被污染，其中的固体颗粒被滚碾时，滚道上会产生永久性压迹，这将导致轴承寿命降低。润滑油膜的污染程度可通过污染系数 e_C 来表示，其参考值见表 19-22。

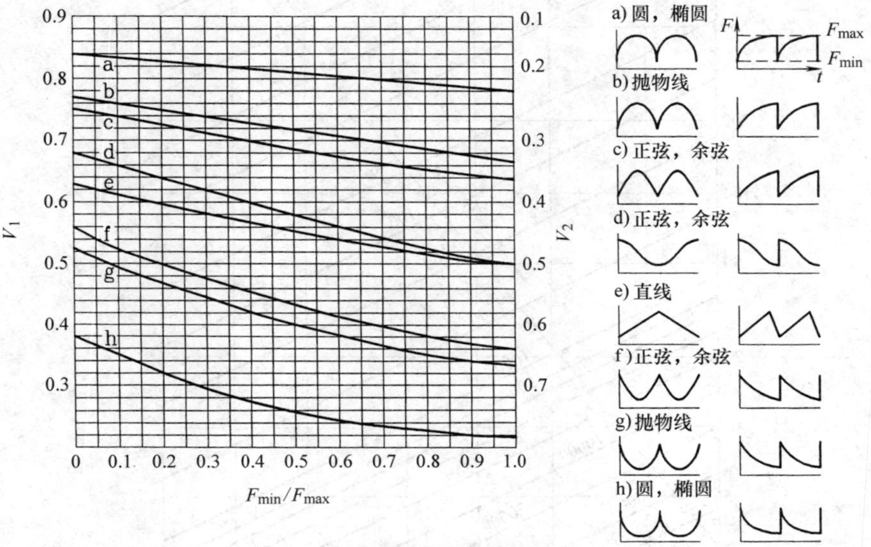

图 19-9　载荷变化系数

表 19-21　可靠度寿命修正系数 a_1（摘自 GB/T 6391—2010）

可靠度(%)	额定寿命 L_{nm}	a_1	可靠度(%)	额定寿命 L_{nm}	a_1
90	L_{10m}	1	99.4	$L_{0.6m}$	0.19
95	L_{5m}	0.64	99.6	$L_{0.4m}$	0.16
96	L_{4m}	0.55	99.8	$L_{0.2m}$	0.12
97	L_{3m}	0.47	99.9	$L_{0.1m}$	0.093
98	L_{2m}	0.37	99.92	$L_{0.08m}$	0.087
99	L_{1m}	0.25	99.94	$L_{0.06m}$	0.080
99.2	$L_{0.8m}$	0.22	99.95	$L_{0.05m}$	0.077

表 19-22　污染系数 e_C（摘自 GB/T 6391—2010）

污染级别		e_C	
		D_{PW}<100mm	D_{PW}>100mm
极度清洁	颗粒尺寸约为润滑油膜厚度 实验室条件	1	1
高度清洁	油经过极精细的过滤器过滤 密封型脂润滑轴承	0.8～0.6	0.9～0.8
一般清洁	油经过精细的过滤器过滤 防尘型脂润滑轴承	0.6～0.5	0.8～0.6
轻度污染	润滑剂轻度污染	0.5～0.3	0.6～0.4
常见污染	非整体密封轴承，一般过滤 有磨损颗粒并从周围侵入	0.3～0.1	0.4～0.2
严重污染	轴承环境被严重污染，且轴承配置密封不合适	0.1～0	0.1～0
极严重污染		0	0

注：1. 严重污染时轴承将产生磨损失效，寿命会远低于计算的修正额定寿命。
2. 更精确的 e_C 参考值可查阅 GB/T 6391—2010 的附录 A。

2）黏度比 κ。在轴承的滚动接触表面上，若要形成充分的润滑油膜，则润滑剂处于工作温度下应保持一定的最小黏度。轴承有效润滑所需的条件可用黏度比 κ 来表示。

$$\kappa=\frac{\nu}{\nu_1} \tag{19-17}$$

式中　ν——实际运动黏度（mm^2/s）；

ν_1——参考运动黏度（mm^2/s）。

实际运动黏度是指润滑剂在工作温度下的运动黏度，工作黏度增大则轴承润滑充分，对延长寿命有利。参考运动黏度是轴承对润滑剂所需黏度的参照值，可用图 19-10 中的线图来估算，它取决于轴承转速 n 和节圆直径 D_{pw}（也可采用轴承平均直径 d_m）。

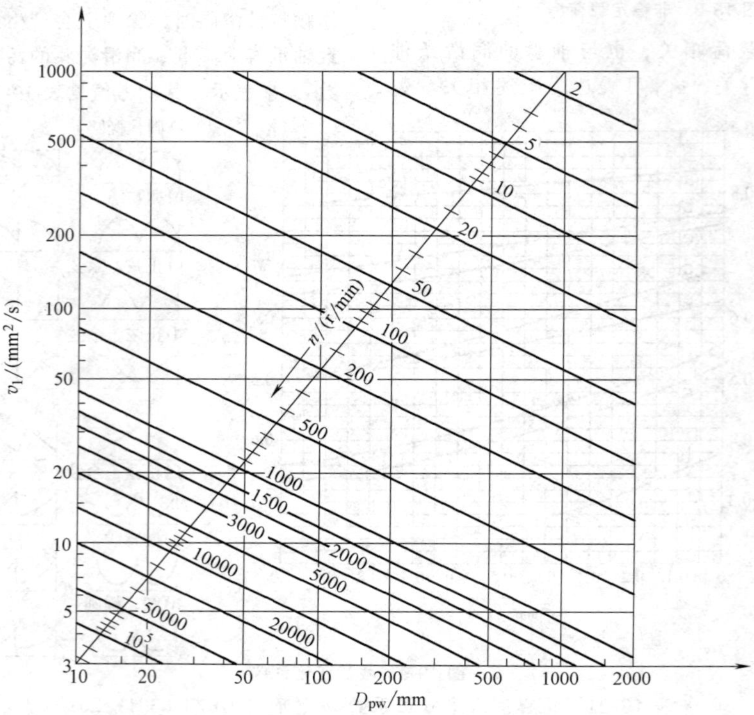

图 19-10　参考运动黏度 ν_1（摘自 GB/T 6391—2010）

注：1. 线图也适用于润滑脂的基础油黏度，但应考虑润滑脂析油能力不足导致轴承乏油的风险。

2. 在黏度比 $\kappa<1$、污染系数 $e_C \geqslant 0.2$ 时，如果润滑剂中加入了有效的极压添加剂，则可在 a_{ISO} 的计算中采用 $\kappa=1$。但应将计算值限制在 $a_{ISO} \leqslant 3$ 的范围内。

3）疲劳载荷极限 C_u。疲劳载荷极限 C_u 是滚道最大承载接触处刚好达到疲劳应力极限时的轴承载荷，是估算轴承寿命修正系数 a_{ISO} 的主要参数。疲劳载荷极限 C_u 与轴承类型、尺寸结构以及滚道材料的疲劳极限等多种因素有关，准确计算 C_u 比较复杂，但也可采用简化的估算方法：

对于球轴承

$$D_{pw} \leqslant 100mm \qquad C_u=\frac{C_0}{22} \tag{19-18}$$

$$D_{pw} > 100mm \qquad C_u=\frac{C_0}{22}\left(\frac{100}{D_{pw}}\right)^{0.5} \tag{19-19}$$

对于滚子轴承

$$D_{pw} \leqslant 100mm \qquad C_u=\frac{C_0}{8.2} \tag{19-20}$$

$$D_{pw} > 100mm \qquad C_u=\frac{C_0}{8.2}\left(\frac{100}{D_{pw}}\right)^{0.3} \tag{19-21}$$

式中　D_{pw}——轴承的节圆直径（mm）；

C_0——基本额定静载荷（N）。

4）寿命修正系数的计算。在 e_C、κ 和 C_u 确定之后，寿命修正系数 a_{ISO} 可利用图 19-11～图 19-14 很方便地查得。

根据实际情况，黏度比 κ 的取值范围应在 $0.1 \leqslant \kappa \leqslant 4$，在 $\kappa>4$ 时按 $\kappa=4$ 计算，而 $\kappa<0.1$ 时的 a_{ISO} 值则超出了线图的范围。寿命修正系数 a_{ISO} 应限制在 $a_{ISO} \leqslant 50$ 的范围内，即使 $\frac{e_C C_u}{P}>5$ 时，该极限值也适用。

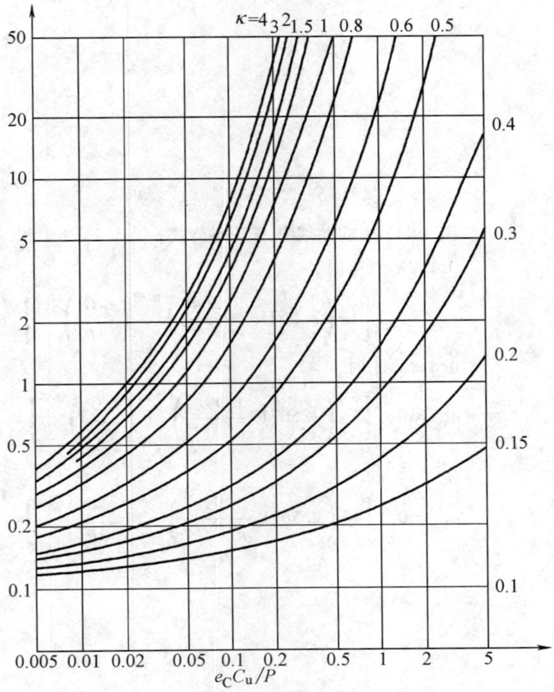

图 19-11　向心球轴承的寿命修正系数 a_{ISO}

图 19-11 中的曲线基于下列公式：

0.1≤κ<0.4 时，

$$a_{ISO}=0.1\left[1-\left(2.5671-\frac{2.2649}{\kappa^{0.054381}}\right)^{0.83}\left(\frac{e_C C_u}{P}\right)^{1/3}\right]^{-9.3}$$

0.4≤κ<1 时，

$$a_{ISO}=0.1\left[1-\left(2.5671-\frac{1.9987}{\kappa^{0.19087}}\right)^{0.83}\left(\frac{e_C C_u}{P}\right)^{1/3}\right]^{-9.3}$$

1≤κ≤4 时，

$$a_{ISO}=0.1\left[1-\left(2.5671-\frac{1.9987}{\kappa^{0.071739}}\right)^{0.83}\left(\frac{e_C C_u}{P}\right)^{1/3}\right]^{-9.3}$$

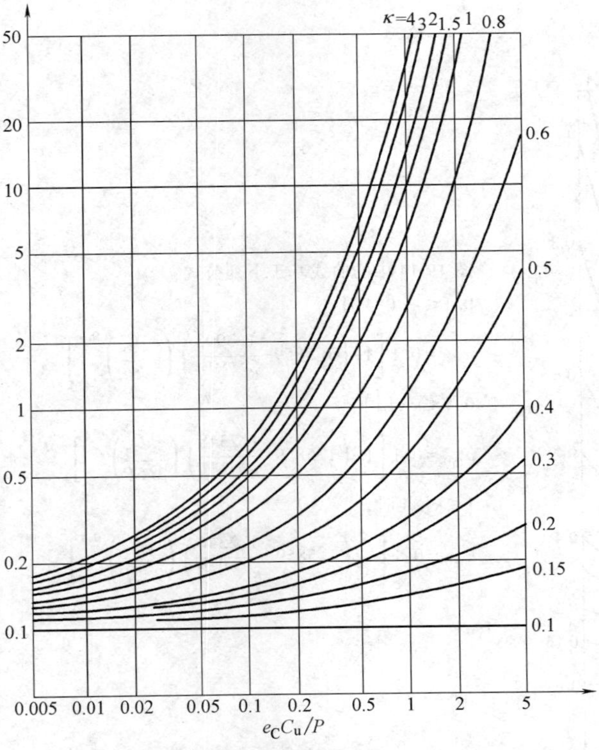

图 19-12　向心滚子轴承的寿命修正系数 a_{ISO}

图 19-12 中的曲线基于下列公式：

0.1≤κ<0.4 时，

$$a_{ISO}=0.1\left[1-\left(1.5859-\frac{1.3993}{\kappa^{0.054381}}\right)\left(\frac{e_C C_u}{P}\right)^{0.4}\right]^{-9.185}$$

0.4≤κ<1 时，

$$a_{ISO}=0.1\left[1-\left(1.5859-\frac{1.2348}{\kappa^{0.19087}}\right)\left(\frac{e_C C_u}{P}\right)^{0.4}\right]^{-9.185}$$

1≤κ≤4 时，

$$a_{ISO}=0.1\left[1-\left(1.5859-\frac{1.2348}{\kappa^{0.071739}}\right)\left(\frac{e_C C_u}{P}\right)^{0.4}\right]^{-9.185}$$

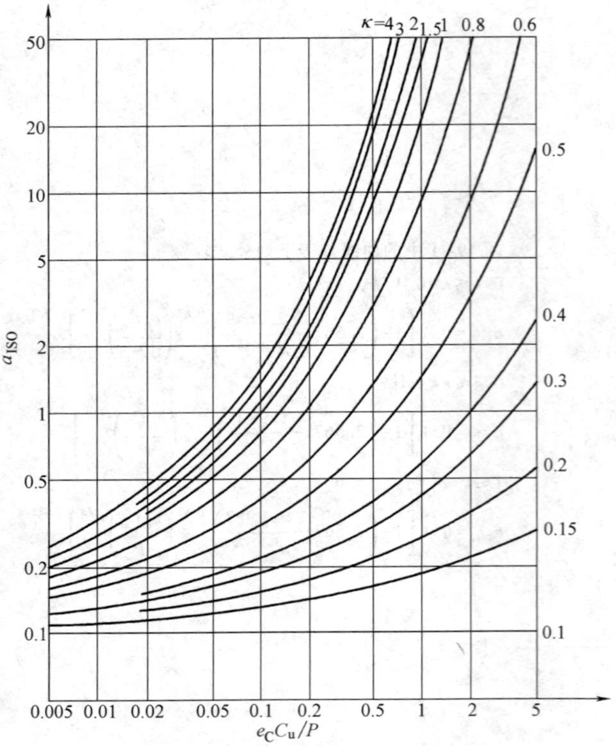

图 19-13　推力球轴承的寿命修正系数 a_{ISO}

图 19-13 中的曲线基于下列公式：

0. 1≤κ<0. 4 时，

$$a_{ISO}=0.1\left[1-\left(2.5671-\frac{2.2649}{\kappa^{0.054381}}\right)^{0.83}\left(\frac{e_C C_u}{3P}\right)^{1/3}\right]^{-9.3}$$

0. 4≤κ<1 时，

$$a_{ISO}=0.1\left[1-\left(2.5671-\frac{1.9987}{\kappa^{0.19087}}\right)^{0.83}\left(\frac{e_C C_u}{3P}\right)^{1/3}\right]^{-9.3}$$

1≤κ≤4 时，

$$a_{ISO}=0.1\left[1-\left(2.5671-\frac{1.9987}{\kappa^{0.071739}}\right)^{0.83}\left(\frac{e_C C_u}{3P}\right)^{1/3}\right]^{-9.3}$$

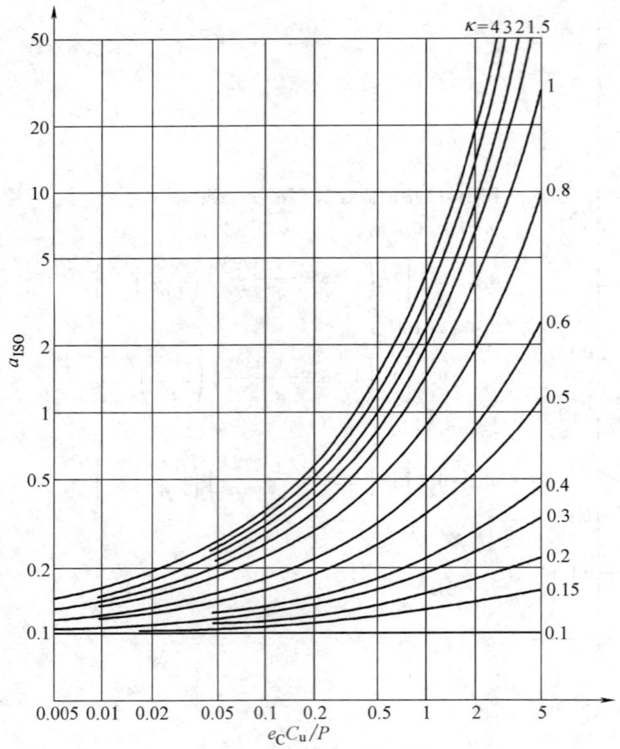

图 19-14　推力滚子轴承的寿命修正系数 a_{ISO}

图 19-14 中的曲线基于下列公式：

0. 1≤κ<0. 4 时，

$$a_{ISO}=0.1\left[1-\left(1.5859-\frac{1.3993}{\kappa^{0.054381}}\right)\left(\frac{e_C C_u}{2.5P}\right)^{0.4}\right]^{-9.185}$$

0. 4≤κ<1 时，

$$a_{ISO}=0.1\left[1-\left(1.5859-\frac{1.2348}{\kappa^{0.19087}}\right)\left(\frac{e_C C_u}{2.5P}\right)^{0.4}\right]^{-9.185}$$

1≤κ≤4 时，

$$a_{ISO}=0.1\left[1-\left(1.5859-\frac{1.2348}{\kappa^{0.071739}}\right)\left(\frac{e_C C_u}{2.5P}\right)^{0.4}\right]^{-9.185}$$

19.3.3　滚动轴承的静载荷计算

对于在低速回转或摆动工作的轴承，主要应限制轴承在载荷下产生过大的接触应力和永久变形，按静载荷计算确定轴承尺寸。对于一般回转工作的轴承，若载荷较大也应进行静载荷验算。

19.3.3.1　基本额定静载荷

经验证明，一般情况下轴承最大载荷滚动体和滚道接触中心处允许有相当于滚动体直径万分之一的总永久变形量，而不会对轴承的正常运转产生有害影响。因此，将引起如此变形量的轴承静载荷规定为轴承的基本额定静载荷。对于向心轴承，称为径向基本额定静载荷，用 C_{0r} 表示；对于推力轴承，称为轴向基本额定静载荷，用 C_{0a} 表示。在 C_{0r} 或 C_{0a} 的作用下，各类轴承受载最大的滚动体与滚道接触中心处引起的接触应力分别为：

调心球轴承　　4600MPa

所有其他的球轴承　　4200MPa

所有滚子轴承　　4000MPa

基本额定静载荷是反映轴承对静载荷承受能力的基本参数。常用轴承的基本额定静载荷可查阅本章滚动轴承主要尺寸和性能表。

19.3.3.2　当量静载荷

不同载荷条件下的各类轴承，均可按当量静载荷进行计算。在当量静载荷的作用下，轴承最大载荷滚动体与滚道接触中心处引起的接触应力与实际载荷作用时相同。

下面介绍轴承当量静载荷 P_0 的计算公式。

1. 向心轴承

$\alpha=0°$ 且仅承受径向载荷的轴承（圆柱滚子轴承、滚针轴承等）

$$P_{0r}=F_r \tag{19-22}$$

$\alpha\neq0°$ 的各类向心轴承（深沟球轴承、角接触轴承、调心轴承等）

$$\left.\begin{aligned}P_{0r}&=X_0F_r+Y_0F_a\\P_{0r}&=F_r\end{aligned}\right\}\text{取两式中之大值} \tag{19-23}$$

式中　X_0、Y_0——分别为径向静载荷系数和轴向静载荷系数（见表 19-23）。

2. 推力轴承

$\alpha=90°$ 只能承受轴向载荷的推力轴承（推力球轴承、推力滚子轴承等）

$$P_{0a}=F_a \tag{19-24}$$

$\alpha\neq90°$ 的各类推力角接触轴承（推力调心滚子轴承等）

$$P_{0a}=2.3F_r\tan\alpha+F_a \tag{19-25}$$

表 19-23　静径向系数和轴向系数 X_0、Y_0

轴承类型		单列轴承		双列轴承	
		X_0	Y_0	X_0	Y_0
深沟球轴承		0.6	0.5	0.6	0.5
角接触球轴承	$\alpha=5°$	0.5	0.52	1	1.04
	$\alpha=10°$	0.5	0.5	1	1
	$\alpha=15°$	0.5	0.46	1	0.92
	$\alpha=20°$	0.5	0.42	1	0.84
	$\alpha=25°$	0.5	0.38	1	0.76
	$\alpha=30°$	0.5	0.33	1	0.66
	$\alpha=35°$	0.5	0.29	1	0.58
	$\alpha=40°$	0.5	0.26	1	0.52
	$\alpha=45°$	0.5	0.22	1	0.44
调心球轴承		0.5	$0.22\cot\alpha$	1	$0.44\cot\alpha$
向心滚子轴承		0.5	$0.22\cot\alpha$	1	$0.44\cot\alpha$

19.3.3.3　静载荷计算

按额定静载荷选择轴承的公式为

$$C_0\geqslant S_0P_0 \tag{19-26}$$

式中　C_0——基本额定静载荷（N）；

P_0——当量静载荷（N）；

S_0——静安全系数，可参照表 19-24 选取。

表 19-24　静安全系数 S_0

工作条件	S_0(min)	
	球轴承	滚子轴承
工作平稳、无振动，旋转精度高	2	3
运转平稳、无振动，正常旋转精度	1	1.5
有振动、显著的冲击载荷	1.5	3

注：1. 未知载荷大小时，对球轴承 S_0 值至少取 1.5，对滚子轴承 S_0 值至少取 3；当冲击载荷大小可精确得到时，可采用较小的 S_0 值。

2. 推力调心滚子轴承，所有工作条件下 S_0 的最小推荐值为 4。

19.3.4 额定热转速

滚动轴承转速过高时会使摩擦表面产生高温，破坏润滑油膜，导致元件回火或胶合失效。因而常用轴承温度作为限制准则来判定轴承的转速能力。

额定热转速是指在参照条件下由轴承摩擦产生的热量与通过轴承（轴和座孔）散发的热量达到平衡时的内圈或轴圈的转速。利用额定热转速可衡量不同类型和尺寸的轴承对高速运转的适应能力，这里所提参照条件是要求在评定轴承转速能力时，其工作条件必须设定为统一的参照标准。

19.3.4.1 参照条件

参照条件涉及轴承发热和散热两方面的因素，是根据最常用的类型和尺寸的轴承在常规工作条件下确定的。

（1）参照温度　轴承静止的外圈或座圈的参照温度为 $\theta_r=70℃$；轴承的环境参照温度为 $\theta_{Ar}=20℃$。

（2）参照载荷 P_{1r}　系指引起与载荷有关的摩擦力矩 M_{1r} 的轴承载荷。

向心轴承　　$P_{1r}=0.05C_{0r}$

推力滚子轴承　$P_{1r}=0.02C_{0a}$

（3）润滑　包括润滑方式、润滑剂类型及黏度等条件，是由轴承黏滞摩擦而产生与载荷无关的摩擦力矩 M_{0r} 的影响因素。

在参照温度下，不含极压添加剂的矿物油应具有的运动黏度：

向心轴承　　$\nu_r=12\text{mm}^2/\text{s}$

推力滚子轴承　$\nu_r=24\text{mm}^2/\text{s}$

润滑方式采用油浴润滑，油位应达到最低位滚动体的中心。

（4）散热参照表面积 A_r　指轴承向外散发热量的总接触面积。

向心轴承　$A_r=\pi B(D+d)(\text{mm}^2)$　(19-27)

式中　d——轴承内径（mm）；

D——轴承外径（mm）；

B——轴承宽度（mm）。若为圆锥滚子轴承，应采用轴承的总宽度 T 进行计算。

推力滚子轴承

$$A_r=0.5\pi(D^2-d^2)(\text{mm}^2) \quad (19\text{-}28)$$

式中符号意义同前，此式也可用于推力滚针轴承。

（5）参照热流量 ϕ_r 与参照热流密度 q_r　参照条件下运转的轴承，以热传导方式通过散热参照表面散发的热量称为参照热流量 ϕ_r，计算单位为 W；单位散热表面积通过的参照热流量即为参照热流密度 q_r，根据定义有

$$q_r=\frac{\phi_r}{A_r}(\text{W/mm}^2) \quad (19\text{-}29)$$

对于正常应用的场合，在参照温度下轴承热流密度 q_r 的设定值可由图 19-15 查得，由图线可知，当 $A_r\leqslant 50000\text{mm}^2$ 时，向心轴承 $q_r=0.016\text{W/mm}^2$，推力轴承 $q_r=0.020\text{W/mm}^2$。

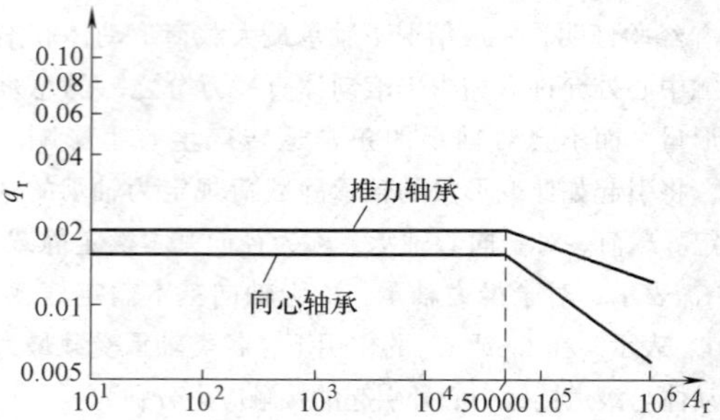

图 19-15　参照热流密度 q_r

（6）脂润滑轴承的参照条件　脂润滑轴承以运转 10～20h 后的温度规定为轴承的参照温度，且润滑脂应满足如下条件：

润滑脂类型为矿物油锂基脂，基油的运动黏度在 40℃时为 100～200mm²/s，填脂量约为轴承有效空间的 30%。

满足上述条件的脂润滑轴承，其额定热转速与采用油浴润滑时相同。

19.3.4.2 额定热转速计算

额定热转速 n_{0r} 的计算是基于参照条件下轴承的摩擦热 N_r 和散热量 ϕ_r 的热平衡。

（1）摩擦热 N_r　引起轴承摩擦热的摩擦力矩由 M_{0r} 和 M_{1r} 两部分构成，可分别计算如下：

$$M_{0r}=f_{0r}(\nu_r\times n_{0r})^{2/3}\times d_m^3\times 10^7 \quad (19\text{-}30)$$

式中　f_{0r}——油浴润滑轴承黏滞损失的计算系数，见表 19-25；

ν_r——参照温度下润滑剂的运动黏度（mm²/s）；

d_m——轴承平均直径（mm）。

$$M_{1r}=f_{1r}P_{1r}d_m \quad (19\text{-}31)$$

式中　f_{1r}——参照载荷下轴承摩擦损失的计算系数，见表 19-25；

P_{1r}——参照载荷（N）。

摩擦热 N_r 的计算公式

$$N_r=\frac{\pi n_{0r}}{30\times 10^3}(M_{0r}+M_{1r})$$

$$=\frac{\pi n_{0r}}{30\times 10^3}[f_{0r}(\nu_r n_{0r})^{2/3}\times d_m\times 10^7+f_{1r}P_{1r}d_m]$$

(19-32)

（2）散热量 ϕ_r　在参照条件下，轴承的散热量 ϕ_r 由热流密度 q_r 和散热表面积 A_r 计算。

$$\phi_r = q_r A_r \tag{19-33}$$

（3）额定热转速 n_{0r}　根据参照条件和额定热转速下轴承摩擦热 N_r 和散热量 ϕ_r 的平衡关系，由摩擦热公式（19-32）和散热量公式（19-33）可得到额定热转速 n_{0r}的计算公式：

$$\frac{\pi n_{0r}}{30\times10^3}[f_{0r}(\nu_r n_{0r})^{2/3}d_m^3\times10^7+f_{1r}P_{1r}d_m]=q_rA_r \tag{19-34}$$

通过此式运用迭代法可确定额定热转速 n_{0r}。

【例 19-1】　试计算 6310 轴承的额定热转速。

【解】　（1）轴承的主要尺寸、参数　由表 19-40 查得 $d=50\text{mm}$，$D=110\text{mm}$，$B=27\text{mm}$，$C_{0r}=38\text{kN}$。

（2）按参照条件列出数据

平均直径

$$d_m=\frac{1}{2}(D+d)=\frac{1}{2}(110+50)\text{mm}=80\text{mm}$$

参照载荷

$$P_{1r}=0.05C_{0r}=0.05\times38\times10^3\text{N}=1900\text{N}$$

润滑油黏度

$$\nu_r=12\text{mm}^2/\text{s}(\theta_r=70℃)$$

散热表面积

$$A_r=\pi B(D+d)=27\pi(110+50)\text{mm}^2=13571.7\text{mm}^2$$

热流密度

$$q_r=0.016\text{W/mm}^2(A_r\leqslant50000\text{mm}^2)$$

计算系数

$$f_{0r}=2.3, f_{1r}=0.0002(\text{表 19-25})$$

以上数据代入额定热转速公式（19-34），通过迭代法可确定 6310 轴承的额定热转速 $n_{0r}=7670\text{min}^{-1}$。

表 19-25　系数 f_{0r}和 f_{1r}（摘自 GB/T 24609—2009）

轴承类型	尺寸系列	f_{0r}	f_{1r}	轴承类型	尺寸系列	f_{0r}	f_{1r}
深沟球轴承	18	1.7	0.00010	调心滚子轴承	39	4.5	0.00017
	28	1.7	0.00010		30	4.5	0.00017
	38	1.7	0.00010		40	6.5	0.00027
	19	1.7	0.00015		31	5.5	0.00027
	39	1.7	0.00015		41	7	0.00049
	00	1.7	0.00015		22	4	0.00019
	10	1.7	0.00015		32	6	0.00036
	02	2	0.00020		03	3.5	0.00019
	03	2.3	0.00020		23	4.5	0.00030
	04	2.3	0.00020	角接触球轴承	02	2	0.00025
调心球轴承	02	2.5	0.00008		03	3	0.00035
	22	3	0.00008	圆锥滚子轴承	02	3	0.00040
	03	3.5	0.00008		03	3	0.00040
	23	4	0.00008		30	3	0.00040
圆柱滚子轴承	10	2	0.00020		29	3	0.00040
	02	2	0.00030		20	3	0.00040
	22	3	0.00040		22	4.5	0.00040
	03	2	0.00035		23	4.5	0.00040
	23	4	0.00040		13	4.5	0.00040
	04	2	0.00040		31	4.5	0.00040
滚针轴承	48	5	0.00050		32	4.5	0.00040
	49	5.5	0.00050	推力圆柱滚子轴承	11	3	0.00150
	69	10	0.00050		12	4	0.00150

19.4　滚动轴承装置的设计

19.4.1　轴承的配置与支承结构

轴承配置与支承结构的形式主要有以下三种，前两种应用较广泛。

19.4.1.1　两固定端配置

普通工作温度下的短轴（跨距小于 400mm）支点通常采用两固定端配置的方式，每端单向固定，轴承各承受一个方向的轴向力。为允许轴工作时有少量热膨胀，轴承安装时应留有 0.25～0.4mm 的轴向间隙，间隙量用垫片或调整螺钉调节。

两固定端配置常选用一对深沟球轴承（见图 19-16a）。有较大轴向载荷时，则选用一对角接触球轴承（见图 19-16b）或一对圆锥滚子轴承（见图 19-16c、d、e）。一般角接触轴承常采用面对面安装，装拆调整方便。而对载荷位于支点外的轴系（见图 19-16e 中的锥齿轮轴系），则有时采用背对背安装的方式，以提高轴系的刚性。

角接触轴承的支承结构，可通过调整轴承套圈的轴向位置使轴承达到所要求的游隙或预紧量。因此这种支承结构特别适用于运转精度要求高的机械。

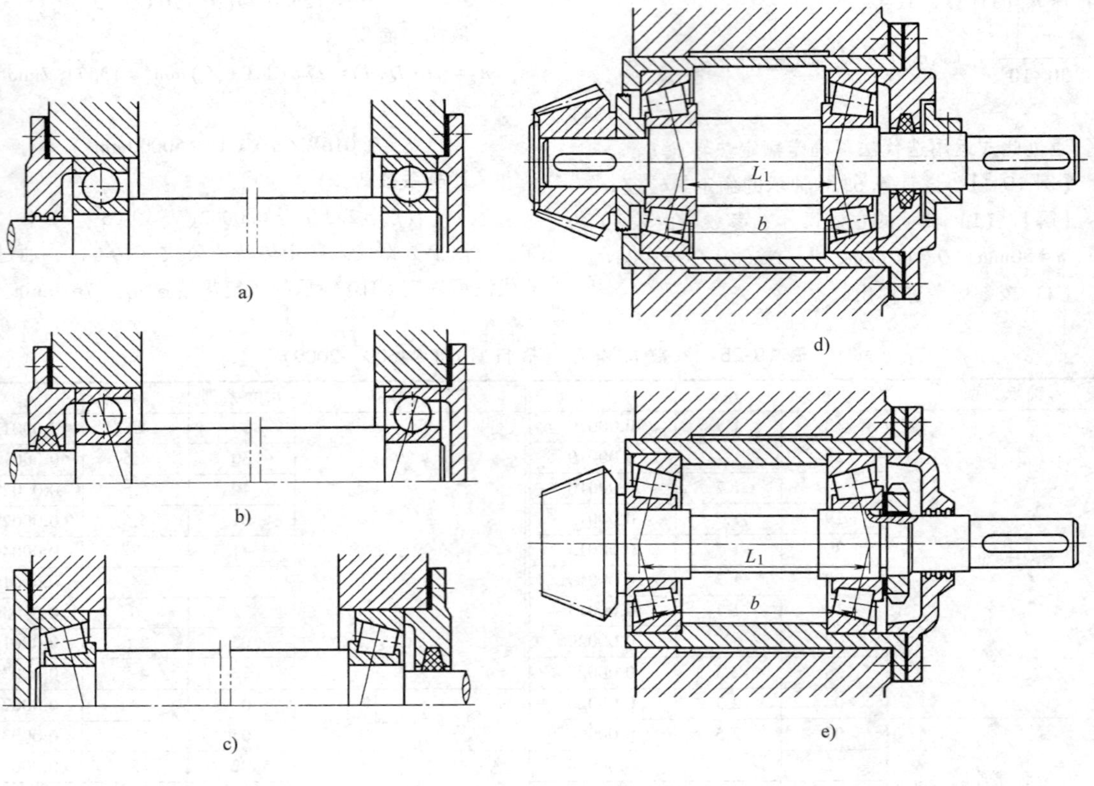

图 19-16　两端固定的轴承配置

19.4.1.2　固定-游动配置

当轴较长或工作温度较高时，轴的热膨胀伸缩量大，宜采用一端双向固定，一端游动的支承结构。固定端由单个轴承或轴承组承受双向轴向力，而游动端轴承沿轴向可自由游动，充分保证轴正常的热胀冷缩。

在固定-游动配置方式下固定端要承受径向力和双向轴向力，视轴向力的大小可采用一个深沟球轴承（见图 19-17a、b），一对角接触轴承面对面或背对背安装（见图 19-17c、d）或深沟球轴承与双向推力轴承的组合（见图 19-17e），采用一对角接触轴承组成固定端，不仅承载能力大，而且轴向定位精度高。

游动端一般采用深沟球轴承（见图 19-17a、c、e）或圆柱滚子轴承（见图 19-17b、d）。通常，深沟球轴承的外圈与外壳孔形成间隙配合而实现轴端游动，内圈两侧需轴向固定；圆柱滚子轴承则靠内外圈之间的相对位移实现游动，内外套圈两侧均需要轴向固定。

19.4.1.3　两端游动配置

图 19-18 所示人字齿轮传动的高速轴，为了自动补偿轮齿两侧螺旋角的制造误差，使轮齿受力均匀，采用两端游动的轴承配置。此时与其啮合的低速齿轮轴必须两端固定。游动轴根据齿轮的啮合关系自动找正后，两轴在轴向都有确定定位。

几乎所有不需要调整的轴承，均可用作游动支承。设计时应使轴承允许的游动量略大于轴所需的最大游动量。游动量较小时，可选用圆柱滚子轴承，较大时可选深沟球轴承，当游动轴跨度大或两轴承座同轴度差时应选调心轴承。角接触轴承不宜用作游动　　支承。

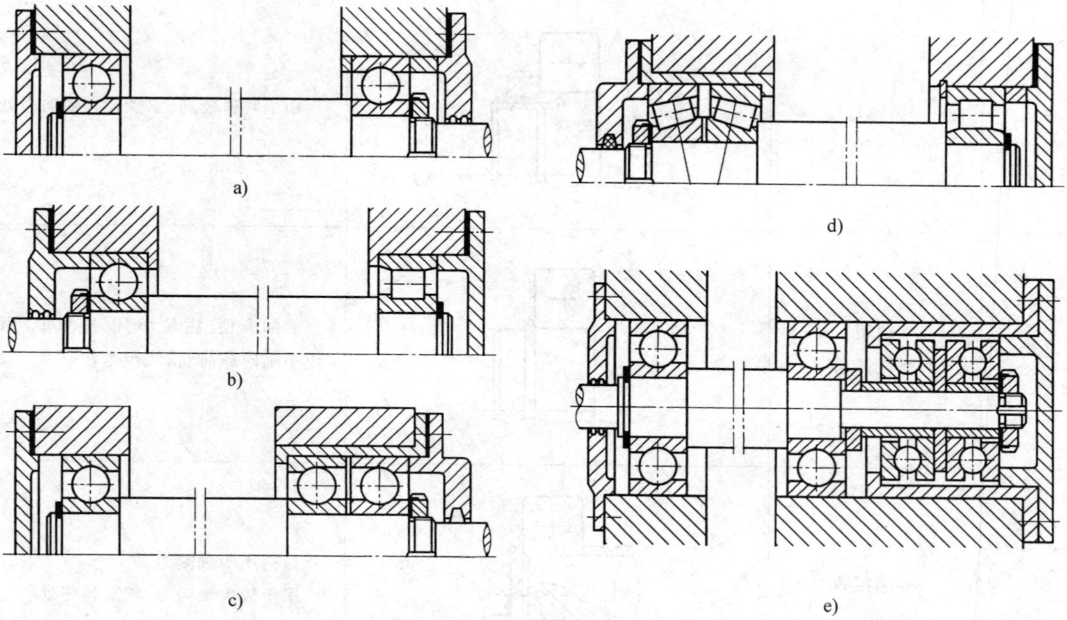

图 19-17　固定-游动的轴承配置

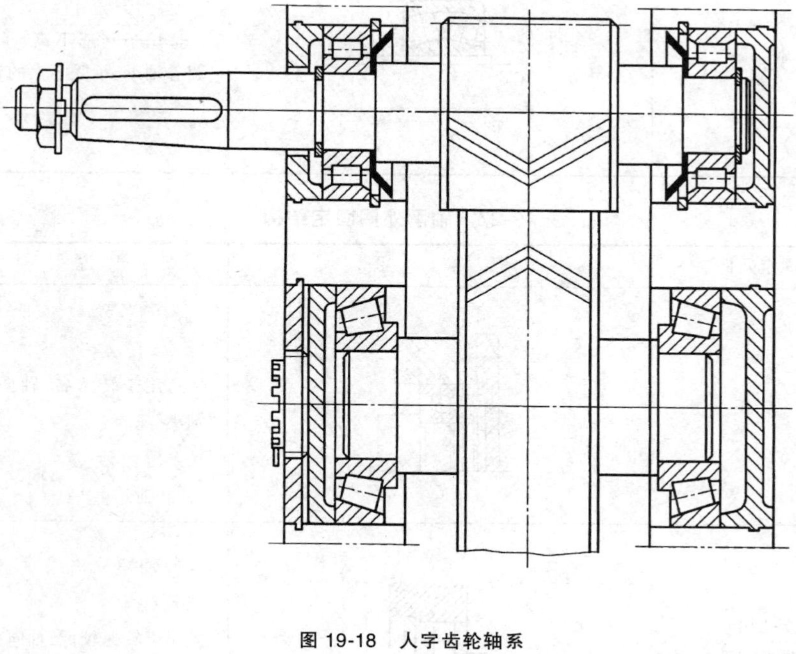

图 19-18　人字齿轮轴系

19.4.2　轴承的轴向固定

常用的轴向固定结构可参考表 19-26、表 19-27。

表 19-26　轴承内圈固定结构

序号	固定元件	简　　图	说　　明
1	圆螺母	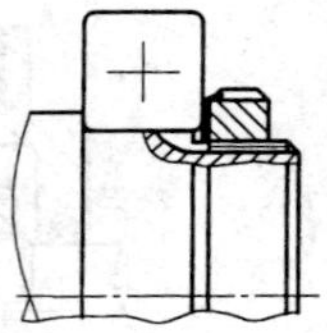	用于转速较高，承受较大轴向力处
2	轴用弹性挡圈	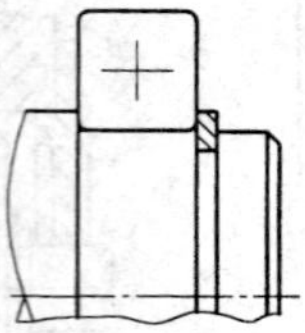	装卸方便，占位小，制造简单，用于较小轴向载荷、较低转速处
3	轴端挡圈	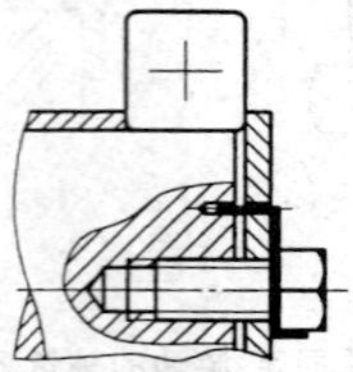	只适用于轴端 用于较大轴向力、较高转速处
4	紧定套	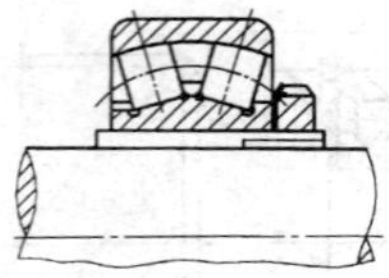	适用于转速不高、承受平稳载荷的调心轴承、承受不大的轴向力

表 19-27　轴承外圈固定结构

序号	固定元件	简　　图	说　　明
1	端盖	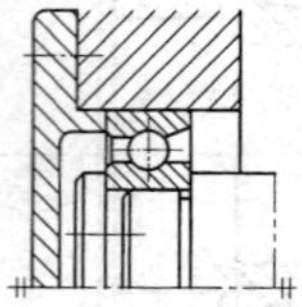	适用于转速高、轴向载荷大的各种轴承
2	孔用弹性挡圈	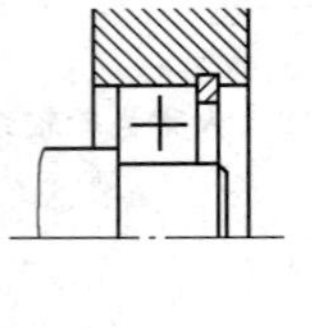	用于转速较低，轴向载荷较小处

（续）

序号	固定元件	简　　　图	说　　明
3	止动环	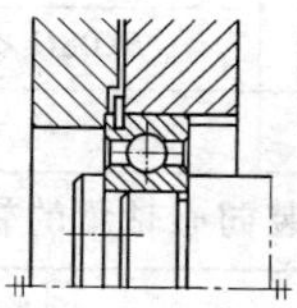	外壳结构限制，不便设止动挡边或部件时，以带有止动环的深沟球轴承用止动环定位固定。仅用于剖分式结构
4	螺纹环	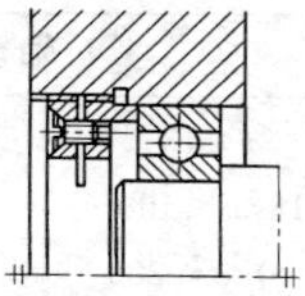	用于转速高、轴向载荷较大处。可用螺纹环调整轴承外圈位置以控制游隙

19.4.3　轴承的配合

19.4.3.1　滚动轴承公差

滚动轴承的内圈与轴的配合采用基孔制，外圈与座孔的配合采用基轴制。与一般的圆柱面配合不同，滚动轴承具有特殊的标准公差，其内外径的上极限偏差均为零值，在配合种类相同的条件下，内圈与轴颈的配合较紧，与内圈配合的轴和与外圈配合的孔选用标准的圆柱体极限偏差和配合（见图 19-19）。

选定轴颈和座孔的公差等级与轴承精度有关。与 P_0 级精度轴承配合的轴，其公差等级一般为 IT6，座孔一般为 IT7。P_0 级公差滚动轴承常用配合及轴和轴承座的公差带如图 19-19 所示。

19.4.3.2　滚动轴承的配合选择

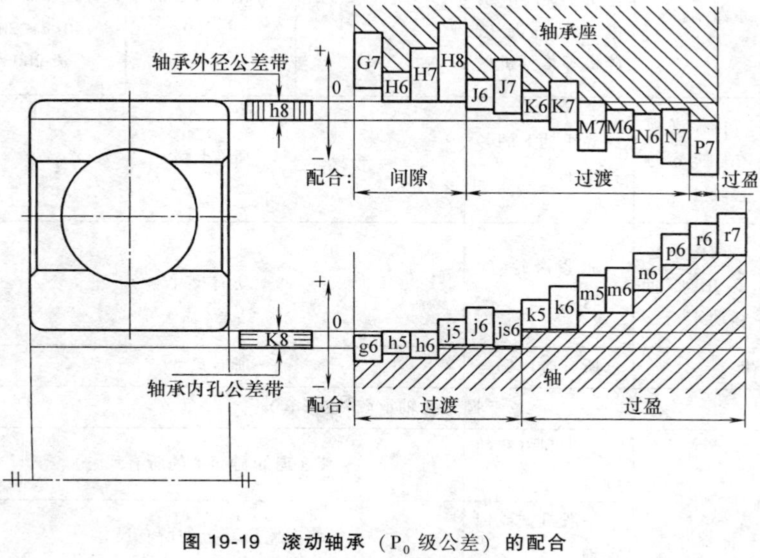

图 19-19　滚动轴承（P_0 级公差）的配合

轴承承载的轻重一般以当量动载荷 P 与额定动载荷 C 的比值大小确定为轻载、正常载荷或重载荷（见表 19-28）。

安装向心轴承的轴公差和外壳孔公差可参考表 19-29、表 19-30。安装推力轴承的轴公差和外壳孔公差可参考表 19-31、表 19-32。

轴和外壳孔的形位公差见表 19-33。

表面粗糙度见表 19-34。

表 19-28 滚动轴承的载荷分类

P_r	球轴承	滚子轴承（圆锥轴承除外）	圆锥滚子轴承
轻载荷	$P_r \leqslant 0.07C_r$	$P_r \leqslant 0.08C_r$	$P_r \leqslant 0.13C_r$
正常载荷	$0.07C_r < P_r \leqslant 0.15C_r$	$0.08C_r < P_r \leqslant 0.18C_r$	$0.13C_r < P_r \leqslant 0.26C_r$
重载荷	$P_r > 0.15C_r$	$P_r > 0.18C_r$	$P_r > 0.26C_r$

表 19-29 安装向心轴承的轴公差带

内圈工作条件		应用举例	深沟球轴承、调心球轴承和角接触球轴承	圆柱滚子轴承和圆锥滚子轴承	调心滚子轴承	公差带
旋转状态	载荷		轴承公称内径 d/mm			
内圈相对于载荷方向旋转或载荷方向摆动	轻载荷	电器仪表、机床（主轴）、精密机械泵、通风机传送带	$d \leqslant 18$ $18 < d \leqslant 100$ $100 < d \leqslant 200$ —	— $d \leqslant 40$ $40 < d \leqslant 140$ $140 < d \leqslant 200$	— $d \leqslant 40$ $40 < d \leqslant 100$ $100 < d \leqslant 200$	h5 j6① k6① m6①
	正常载荷	一般通用机械、电动机、涡轮机、泵、内燃机、变速器、木工机械	$d \leqslant 18$ $18 < d \leqslant 100$ $100 < d \leqslant 140$ $140 < d \leqslant 200$ $200 < d \leqslant 280$ — —	— $d \leqslant 40$ $40 < d \leqslant 100$ $100 < d \leqslant 140$ $140 < d \leqslant 200$ $200 < d \leqslant 400$ —	— $d \leqslant 40$ $40 < d \leqslant 65$ $65 < d \leqslant 100$ $100 < d \leqslant 140$ $140 < d \leqslant 280$ $280 < d \leqslant 500$	j5 js5 k5② m5② m6 n6 p6 r6
	重载荷	铁路车辆和电车的轴箱、牵引电动机、轧机、破碎机等重型机械	— — — —	$50 < d \leqslant 140$ $140 < d \leqslant 200$ $d > 200$ —	$50 < d \leqslant 100$ $100 < d \leqslant 140$ $140 < d \leqslant 200$ $d > 200$	n6③ p6③ r6③ r7③
内圈相对于载荷方向静止	所有载荷：内圈必须在轴向容易移动	静止轴上的各种轮子	所有尺寸			f6① g6①
	所有载荷：内圈不必要在轴向移动	张紧滑轮、绳索轮	所有尺寸			h6① j6①
纯轴向载荷		所有应用场合	所有尺寸			j6 或 js6
圆锥孔轴承（带锥形套）						
所有载荷		火车和电车的轴箱	装在退卸衬套上的所有尺寸			h8（IT6④⑤）
		一般机械或传动轴	装在紧定套上的所有尺寸			h9（IT7④⑤）

① 凡对精度有较高要求的场合，应用 j5、k5…代替 j6、k6…等。

② 圆锥滚子轴承、角接触球轴承配合对游隙影响不大，可用 k6、m6 代替 k5、m5。

③ 重载荷下轴承游隙应选大于 0 组。

④ 凡有较高精度或转速要求的场合，应选用 h7（IT5）代替 h8（IT6）等。

⑤ IT6、IT7 表示圆柱度公差数值。

表 19-30 安装向心轴承的外壳孔公差带

外圈工作条件				应用举例	公差带①	
旋转状态	载 荷	轴向位移的限度	其他情况		球轴承	滚子轴承
外圈相对于载荷方向静止	轻、正常和重载荷	轴向容易移动	轴处于高温场合	烘干筒、有调心滚子轴承的大电动机	G7②	
			剖分式外壳	一般机械、铁路车辆轴箱	H7	
	冲击载荷	轴向能移动	整体式或剖分式外壳	铁路车辆轴箱轴承	J7、Js7	
外圈相对于载荷方向摆动	轻和正常载荷			电动机、泵、曲轴主轴承		
	正常和重载荷	轴向不移动	整体式外壳	电动机、泵、曲轴主轴承	K7	
	重冲击载荷			牵引电动机	M7	
外圈相对于载荷方向旋转	轻载荷			张紧滑轮	J7	K7
	正常和重载荷			装用球轴承的轮毂	K7、M7	—
	重冲击载荷		薄壁、整体式外壳	装用滚子轴承的轮毂	—	N7、P7

① 并列公差带随尺寸的增大从左至右选择。对旋转精度有较高要求时，可相应提高一个公差等级。

② 不适用于剖分式外壳。

表 19-31 安装推力轴承的轴公差带

轴圈工作条件		推力球轴承和推力滚子轴承	推力调心滚子轴承	公差带
		轴承公称内径 d/mm		
纯轴向载荷		所有尺寸	所有尺寸	j6 或 js6
径向和轴向联合载荷	轴圈相对于载	—	$d \leqslant 250$	j6
	荷方向静止	—	$d > 250$	js6
	轴圈相对于载	—	$d \leqslant 200$	k6①
	荷方向旋转或	—	$200 < d \leqslant 400$	m6①
	载荷方向摆动	—	$d > 400$	n6①

① 要求较小过盈时，可分别用 j6、k6、m6 代替 k6、m6、n6。

表 19-32 安装推力轴承的外壳孔公差带

座圈工作条件		轴承类型	公差带	备 注
纯轴向载荷		推力球轴承	H8	—
		推力圆柱、滚针轴承	H7	—
		推力调心滚子轴承	—	外壳孔与座圈间的配合间隙 0.001D(轴承外径)
径向和轴向联合载荷	座圈相对于载荷方向静止	推力调心滚子轴承	H7	—
	座圈相对于载荷方向旋转或摆动		K7	正常载荷
			M7	重载荷

表 19-33　通用轴承轴和外壳孔的几何公差

基本尺寸/mm		圆柱度 t				轴向圆跳动 t_1			
		轴颈		外壳孔		轴肩		外壳孔肩	
		轴承公差等级							
		P_0	$P_6(P_{6x})$	P_0	$P_6(P_{6x})$	P_0	$P_6(P_{6x})$	P_0	$P_6(P_{6x})$
超过	到	公差值/μm							
	6	2.5	1.5	4	2.5	5	3	8	5
6	10	2.5	1.5	4	2.5	6	4	10	6
10	18	3.0	2.0	5	3.0	8	5	12	8
18	30	4.0	2.5	6	4.0	10	6	15	10
30	50	4.0	2.5	7	4.0	12	8	20	12
50	80	5.0	3.0	8	5.0	15	10	25	15
80	120	6.0	4.0	10	6.0	15	10	25	15
120	180	8.0	5.0	12	8.0	20	12	30	20
180	250	10.0	7.0	14	10.0	20	12	30	20
250	315	12.0	8.0	16	12.0	25	15	40	25
315	400	13.0	9.0	18	13.0	25	15	40	25
400	500	15.0	10.0	20	15.0	25	15	40	25

表 19-34　通用轴承配合面的表面粗糙度　（μm）

轴或轴承座直径/mm		轴或外壳配合表面直径公差等级					
		IT7		IT6		IT5	
		表面粗糙度					
		Ra		*Ra*		*Ra*	
超过	到	磨	车	磨	车	磨	车
	80	1.6	3.2	0.8	1.6	0.4	0.8
80	500	1.6	3.2	1.6	3.2	0.8	1.6
端面		3.2	6.3	3.2	6.3	1.6	3.2

19.4.4　轴承的预紧

预紧的目的是增加轴承的刚度，提高旋转精度，延长轴承寿命。

19.4.4.1　轴向预紧与径向预紧

按预载荷的方向可分为轴向预紧和径向预紧。

径向预紧的目的是增加承载区内的滚动体数，提高支承刚度。圆锥形内孔的轴承，用锁紧螺母调整内圈与紧定套的相对位置，减小轴承的径向游隙，即可实现径向预紧。

角接触球轴承通过轴向预紧，可明显提高轴向刚度。图 19-20 所示为单个角接触球轴承的载荷-变形曲线，其弹性变形量 δ_a 与轴向外载荷 F_a 的关系为 $\delta_a \propto F_a^{2/3}$。没有预紧时，在 F_a 作用下，轴承的轴向变形量为 $\delta_{a\text{I}}$；而在具有预紧载荷 F_{a0} 条件下，同样作用轴向载荷 F_a，轴承的轴向变形增量为 $\delta_{a\text{II}}$，显然 $\delta_{a\text{II}} < \delta_{a\text{I}}$，轴承的轴向刚度有所提高。

19.4.4.2　定位预紧与定压预紧

（1）定位预紧　定位预紧是指轴承的轴向位置在使用过程中保持不变的轴向预紧方式。一对角接触轴承成对安装时可采用加金属垫片，磨窄套圈和加内外隔套的方法得到一定的预紧变形量（见图 19-21）。

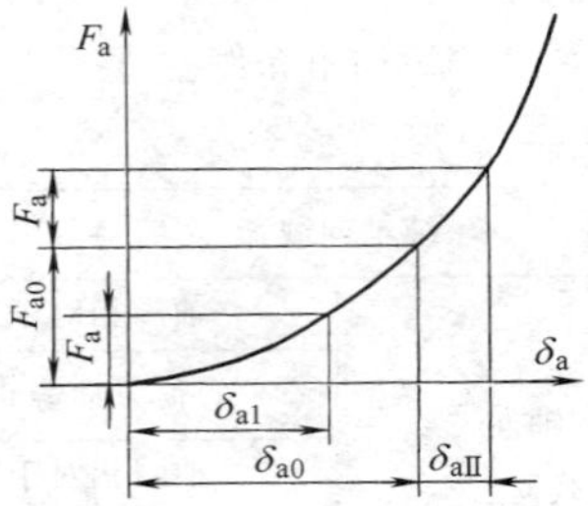

图 19-20　角接触球轴承载荷-变形曲线

两个相同型号角接触球轴承成对安装时，其轴向载荷与变形曲线如图 19-22 所示，两条曲线的交点表示在预紧载荷 F_{a0} 作用下，两个轴承的变形量皆为 δ_{a0}。在外轴向力 F_a 作用下，轴将沿 F_a 方向作较小移动 δ_a，此时轴承Ⅰ增加变形 δ_a，而轴承Ⅱ减小变形 δ_a。由图上看出，受力较大的轴承Ⅰ所承担的 $\Delta F_{a\text{I}}$ 只是工作载荷 F_a 的一部分，与单个轴承预紧后受载相比，变形增量更有所降低，其工作刚度进一步提高。

圆锥滚子轴承弹性变形 δ_a 与外载荷 F_a 的关系式为 $\delta_a \propto F_a^{0.9}$，接近线性关系。单个轴承预紧刚度提高不甚明显，而成对安装预紧后轴承受载的变形增量约为不预紧轴承的 1/2，其刚度可提高一倍（见图 19-23）。

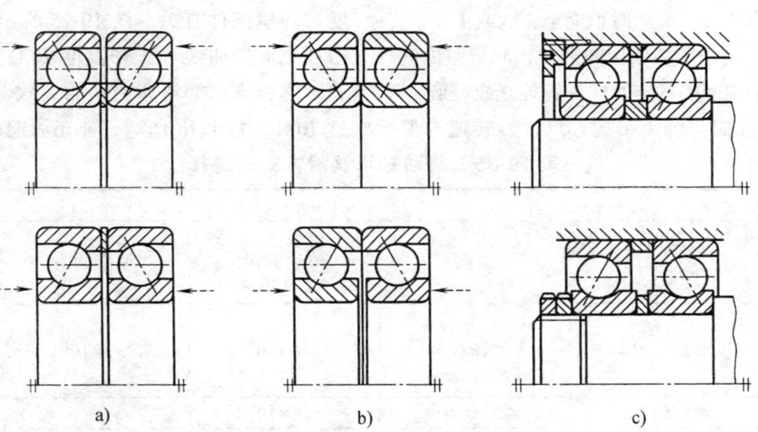

图 19-21　一对角接触轴承的定位预紧结构

a）加金属垫片　b）磨窄套圈　c）内、外套圈

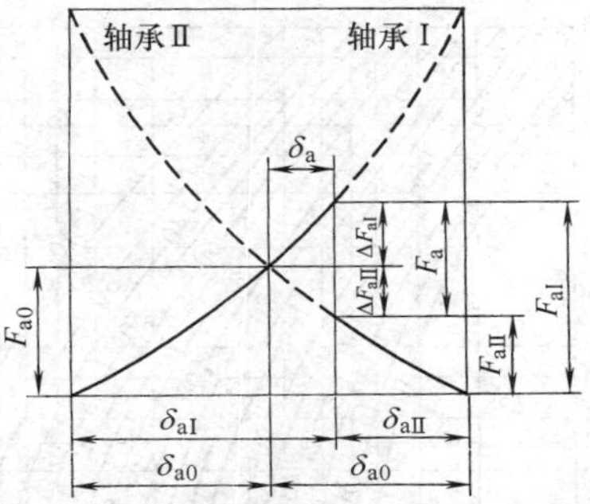

图 19-22　一对角接触球轴承的载荷-变形曲线

（2）定压预紧　定压预紧是轴承的预紧载荷在使用中保持不变的轴向预紧方式。如图 19-24 所示，通过调整弹簧的压缩量使轴承获得一定预紧量。

定压预紧对支承系统轴向刚度的增加并不明显，但运行中轴承的预紧载荷不受温差引起轴长度变化的影响而保持不变，适用于要求运转精度高的高速工作场合。

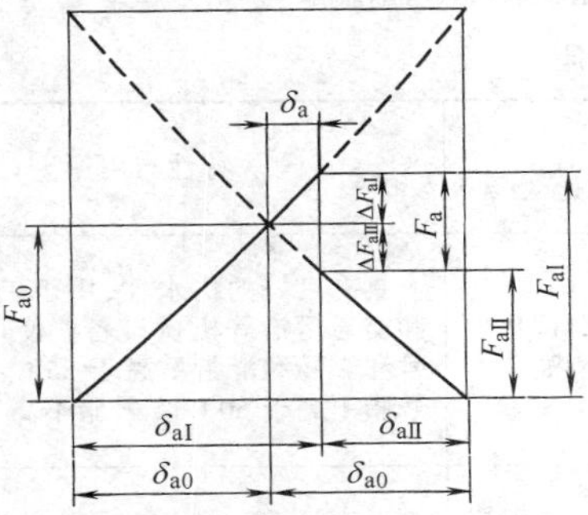

图 19-23　一对圆锥滚子轴承的载荷-变形曲线

19.4.5　轴承的润滑

滚动轴承运转时，应通过润滑避免元件表面金属直接接触。润滑除降低摩擦和减轻磨损外，也有吸

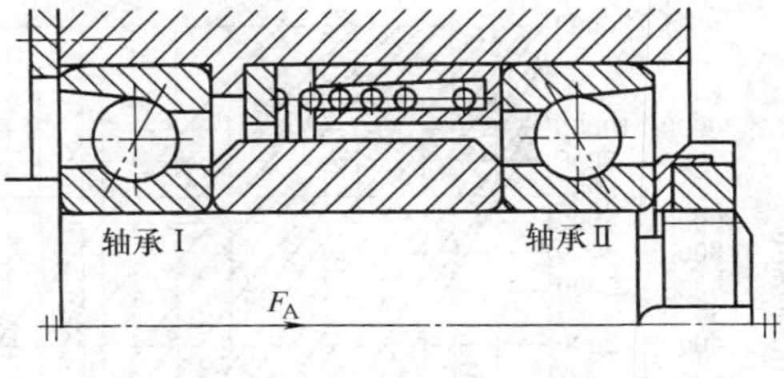

图 19-24　定压预紧

振、冷却、防锈和密封等作用，合理润滑对提高轴承性能、延长轴承使用寿命有重要意义。

滚动轴承通常采用脂润滑，高速重载或高温时需用油润滑，某些特殊情况如高温，恶劣环境或真空条件下可采用固体润滑。一般情况下滚动轴承润滑方式可根据速度因数 dn 值参考表 19-35 选取。

19.4.5.1　脂润滑

（1）润滑脂选用　润滑脂是用基础油、稠化剂及添加剂制成的半固体状润滑剂。按稠化剂不同可分为钙基、钠基、铝基、锂基等种类。常用润滑脂的性质和用途见表 19-36。

选用润滑脂时首先要注意其滴点（工作温度应低于滴点 20～30℃）抗水性和锥入度（锥入度数值越大表示润滑脂越软）等性能。一般低速、低温时选钙基脂，较高工作温度时选钠基脂或钙钠基脂，高速或载荷工况复杂时选锂基脂。潮湿环境采用铝基脂或钡基脂而不宜选用遇水分解的钠基脂。在承受重载荷、冲击载荷条件下，应使用含极压添加剂的润滑脂。一般工作和密封条件下的轴承常选锥入度 295～265 的 2 号脂，高温或要求泵送性好的情况下则选锥入度大的润滑脂。

（2）润滑脂的使用　润滑脂的填充量一般应以轴承和轴承壳体空间的 1/3～1/2 为宜。若加脂过多，由于搅拌发热，会使润滑脂变质，高速时填充至 1/3 或更少。

在工作过程中，由于剪切作用和老化，润滑脂的润滑性能逐渐降低，必须间隔一定时间进行补充或更换。

润滑脂的补充周期与轴承结构、尺寸、转速、温度和环境条件有关。图 19-25 所示为几种轴承的润滑脂补充周期曲线（工作温度 70℃），可根据轴承内径和转速，查出润滑脂更换的大致时间。若工作温度超过 70℃，每上升 15℃，补充周期应减半。

表 19-35　滚动轴承润滑方式的选择

轴承类型	dn/[mm·(r/min)]				
	浸油飞溅润滑	滴油润滑	喷油润滑	油雾润滑	脂润滑
深沟球轴承 角接触球轴承 圆柱滚子轴承	$\leqslant 2.5\times10^5$	$\leqslant 4\times10^5$	$\leqslant 6\times10^5$	$>6\times10^5$	$\leqslant (2\sim3)\times10^5$
圆锥滚子轴承	$\leqslant 1.6\times10^5$	$\leqslant 2.3\times10^5$	$\leqslant 3\times10^5$	—	—
推力球轴承	$\leqslant 0.6\times10^5$	$\leqslant 1.2\times10^5$	$\leqslant 1.5\times10^5$	—	—

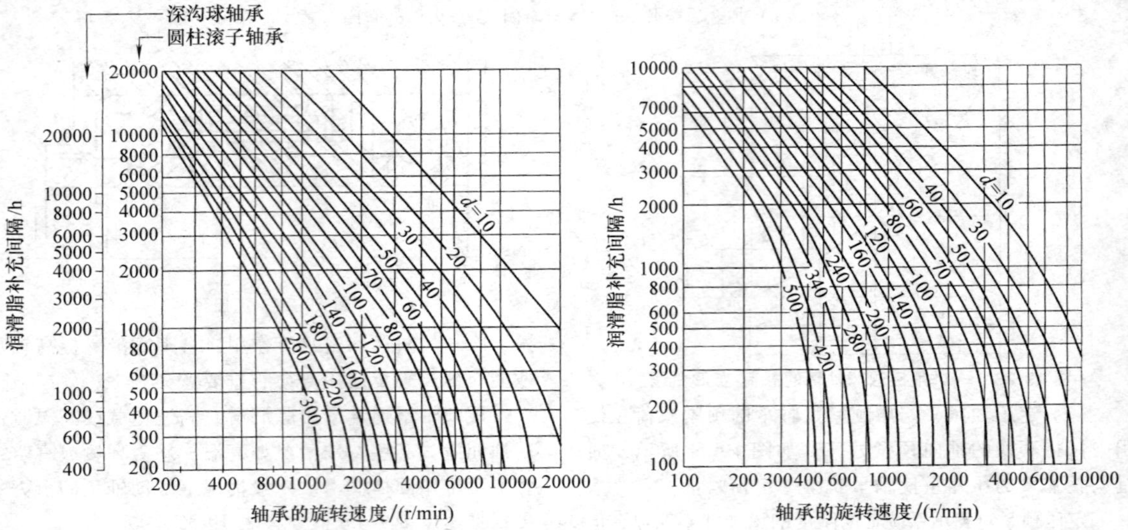

a)　　　　b)

图 19-25　润滑脂补充周期

a）深沟球轴承和圆柱滚子轴承　b）圆锥滚子轴承和调心球轴承

表 19-36　常用轴承润滑脂

润滑脂			锥入度 1/10mm	滴点/℃ ≥	组　成	特性与用途
名　称		牌　号				
钙基	钙基润滑脂	ZG-1 ZG-2 ZG-3 ZG-4 ZG-5	310～340 265～295 220～250 175～205 130～160	75 80 85 90 95	脂肪酸钙皂稠化中黏度矿物润滑油	具有良好的抗水性，用于工业、农业和交通运输等机械设备。使用温度：1 号和 2 号润滑脂不高于 55℃；3 号和 4 号脂不高于 60℃；5 号脂不高于 65℃
	合成复合钙基润滑脂	ZFG-1H ZFG-2H ZFG-3H ZFG-4H	310～340 265～295 220～250 175～205	180 200 220 240		机械安定性和胶体安定性较好，适用于较高使用温度
	复合钙基润滑脂	ZFG-1 ZFG-2 ZFG-3 ZFG-4	310～340 265～295 210～250 175～205	180 200 224 240	醋酸钙复合的脂肪酸钙皂稠化润滑油	分别适用于 120℃～180℃的使用温度，如轧钢机前设备，染色、造纸、塑料、橡胶加热滚筒

（续）

润滑脂			锥入度 1/10mm	滴点/℃ ≥	组　成	特性与用途
名　称		牌　号				
钠基	钠基润滑脂	ZN-2 ZN-3 ZN-4	265~295 220~250 175~205	140 140 150	天然脂肪酸钠皂稠化润滑油	适用于各种机械，耐热不耐水。使用温度：2 号、3 号不超过 120℃；4 号不超过 135℃
钙钠基	滚动轴承润滑脂		250~290	120	蓖麻油钙钠皂稠化 6 号合成汽油机油	有良好的机械和胶体安定性。适用于温度小于 90℃ 的球轴承，如机车导杆、汽车和电动机轴承
铝基	铝基润滑脂	ZU	230~280	75	脂肪酸铝皂稠化润滑油	具有极好的耐水性，适用于航运机械润滑及金属表面防锈
铝基	合成复合铝基润滑脂	ZFU-1H ZFU-2H ZFU-3H ZFU-4H	310~350 260~300	180 200 220 240	低分子有机酸或苯甲酸和合成脂肪酸复合铝皂稠化润滑油	滴点高，机械和胶体安定性好，适用于铁路机车、汽车、水泵、电动机等各种轴承润滑，分别用于 150~180℃ 的工作温度
锂基	通用锂基润滑脂	ZL-1 ZL-2 ZL-3	310~340 265~295 265~295	170 175 180	天然脂肪酸锂皂稠化中等黏度润滑油加抗氧剂	良好的抗水性、机械安定性，防锈性和氧化安定性。适用于 -20~120℃ 宽温度范围内各种机械设备的滚动轴承和滑动轴承及其他摩擦部位
锂基	极压锂基润滑脂	0 1 2	355~385 310~340 265~295	170	同通用锂基润滑脂	良好的机械安定性、抗水性、防锈性、极压抗磨性和泵送性。适用温度范围 -20~120℃，用于压延机、锻造机、减速机等重载机械设备及齿轮、轴承
锂基	精密机床主轴润滑脂		265~295 220~250	180 180	锂皂稠化低黏度、低凝点润滑脂	具有抗氧化安定性、胶体安定性和机械安定性。适用于各种精密机床
锂基	精密仪表脂	ZT53-7 ZT53-75	35 45	160 140	硬脂酸锂皂地蜡稠化仪表油	适用于精密仪器、仪表轴承。使用范围：特 7 号为 -70~120℃，特 75 号为 -70~80℃
烃基	仪表润滑脂	ZT53-3	230~265	60	地蜡稠化仪表油	适用于 -60~55℃ 温度范围内工作的仪器
烃基	精密仪表脂	ZT53	30	70	地蜡稠化仪表油	适用于 -60~55℃ 温度范围内工作的仪器

19.4.5.2　油润滑

滚动轴承一般采用矿物油润滑。特殊情况下加入极压、防老化等添加剂以提高润滑性能。在极高极低转速或温度下可选用合成油。

润滑油在工作温度下必须保持一定黏度以维持滚动元件间有足够的润滑油膜。在轴承的工作温度下，润滑油黏度对球轴承不应低于 $13mm^2/s$，滚子轴承不低于 $20mm^2/s$，而推力调心滚子轴承不低于 $32mm^2/s$。载荷大，工作温度高时选用高黏度油，容易形成油膜；而 dn 值大或喷雾润滑时选用低黏度油，搅油损失小，冷却效果好。轴承运转时润滑油所需的动力黏度可根据其平均直径 d_m 和工作转速 n 参考图 19-26 选取。考虑到润滑油黏度随温度的变化。如果已知运行温度 θ、可通过图 19-26 右侧图的关系线由工作黏度查找国际标准参考温度 40℃ 时润滑油黏度的对应值，以便准确地选择润滑油牌号。

19.4.5.3　固体润滑

轴承用的固体润滑剂有二硫化钼、石墨、氟化硼、聚四氟乙烯等，使用方法有以下几种：

把固体润滑剂加入润滑脂中。如在润滑脂中加入 3%~5% 的二硫化钼（质量分数），润滑效果会有较大提高。

把固体润滑剂加入粉末冶金或工程塑料材料中，制成有自润滑性能的轴承元件。

用电镀、高频溅射、离子镀层等技术使固体润滑剂在轴承元件摩擦面上形成一层均匀致密的薄膜，或

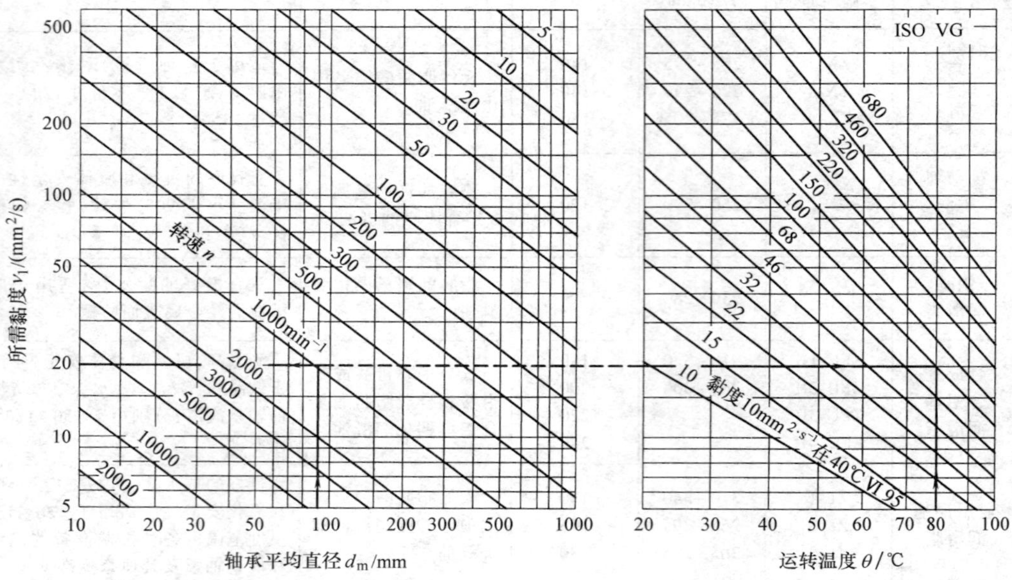

图 19-26　润滑油黏度的选取

用粘结剂将固体润滑剂粘接在滚动轴承元件上，形成固体润滑膜。

19.4.6　轴承的密封

为保持良好的润滑条件和正常的工作环境，滚动轴承需要设置密封装置以防止润滑剂的泄漏和灰尘、水等污物侵入轴承。

密封装置按其原理分为接触式密封和非接触式密封两类。

接触式密封其密封件与配合件直接接触，工作中摩擦发热大，只适用于线速度较低的场合。为增加密封件的寿命并减小轴的磨损，轴接触部分的硬度应在40HRC以上，表面粗糙度 Ra 小于1.6~0.8μm。常用的接触式密封有密封圈（皮碗）密封和毡圈密封，详见表19-37。

非接触式密封中密封装置与运动零件不接触，不受速度的限制，适用于高速、高温场合。非接触密封间隙应尽可能小，考虑到制造装配误差和轴的变形，一般取径向间隙0.1~1.0mm，轴向间隙1~5mm，直径大时取较大值。常用的非接触式密封见表19-38。

在恶劣的环境下或不允许润滑剂泄漏的场合，往往采用多种密封形式组合的综合式密封（见图19-27）。

作为标准产品提供的带防尘盖或密封圈的轴承，装配时已填入润滑脂，无须维护或再加密封装置，结构简单，使用方便，应用日趋广泛。

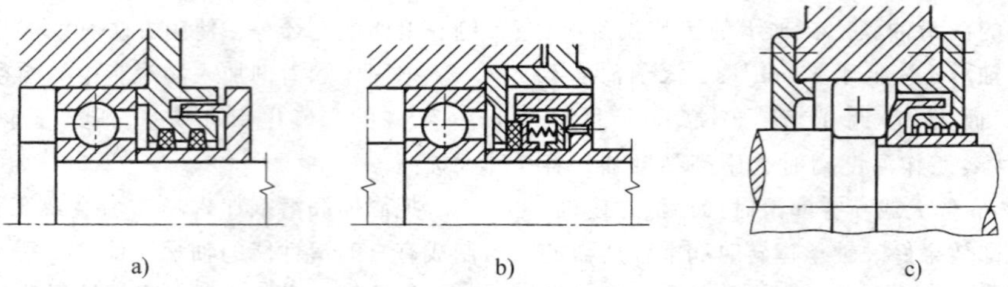

图 19-27　综合密封结构

表 19-37　接触式密封

序号	密封形式		简　　图	说　　明
1	毡圈密封	单毡圈式	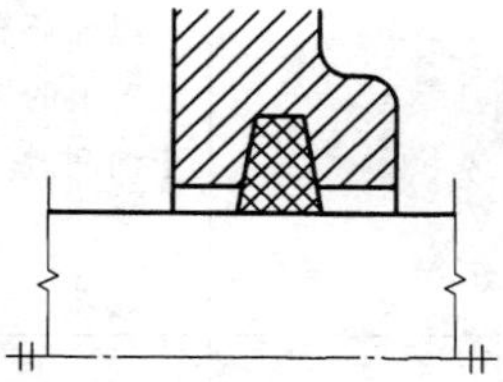	结构简单，压紧力不能调整。毡圈与轴之间摩擦较大，有时用轴套与毡圈接触以保护轴。用于脂润滑，工作环境较干净的轴承密封 接触处圆周速度 $v<4\sim5\text{m/s}$。允许工作温度 90℃
2		多毡圈式	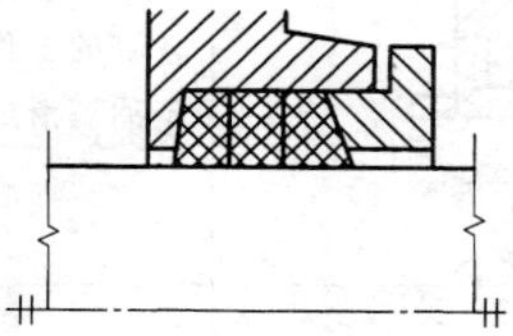	
3	密封圈密封	单密封圈	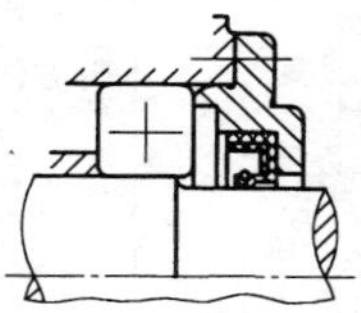	标准密封圈有 J、U、O 等形式，由耐油橡胶制成。使用方便，密封可靠。两密封圈背对背安装，面向轴承者主要防漏油，另一个主要防尘，综合密封效果更好 可用于油润滑或脂润滑 接触处圆周速度 $v<4\sim12\text{m/s}$。允许工作温度 $-40\sim100$℃
4		双密封圈	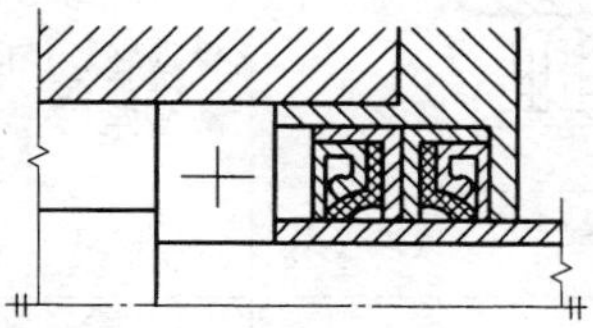	

表 19-38　非接触式密封

序号	密封形式		简　　图	说　　明
1	间隙式	缝隙式	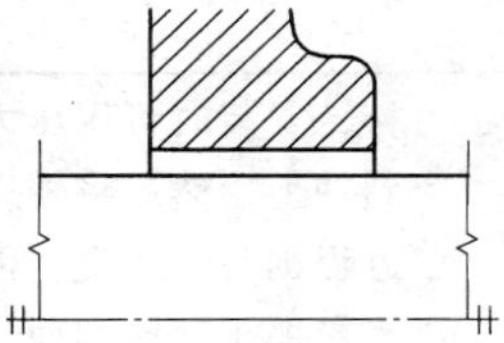	轴与端盖配合面间有 0.1~0.3mm 间隙，间隙越小，轴向宽度越大，密封效果越好。只用于工作环境比较干净的脂润滑密封
2		沟槽式	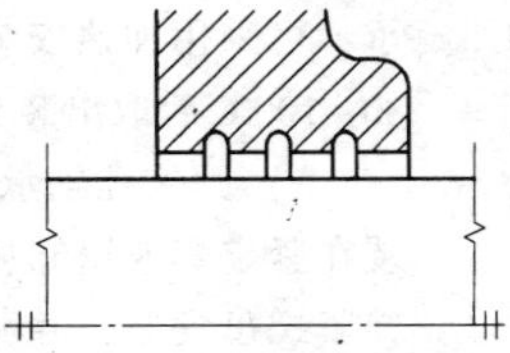	端盖配合面上开有三个以上沟槽，宽 3~4mm，深 4~5mm，充填润滑脂以提高密封效果。主要用于脂润滑密封

（续）

序号	密封形式		简　　图	说　　明
3	间隙式	甩油环	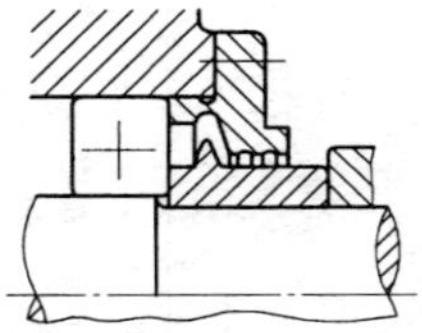	甩油环靠离心力将渗漏出来的油甩开，通过端盖上的导油槽将油导回轴承（或箱内）。只用于油润滑
4	迷宫式	径向迷宫	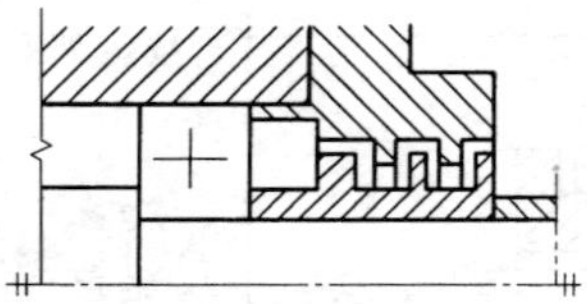	迷宫曲路沿轴向展开，径向尺寸紧凑适用于较脏的工作环境。端盖必须采用剖分式。可用于油润滑或脂润滑
5	迷宫式	轴向迷宫	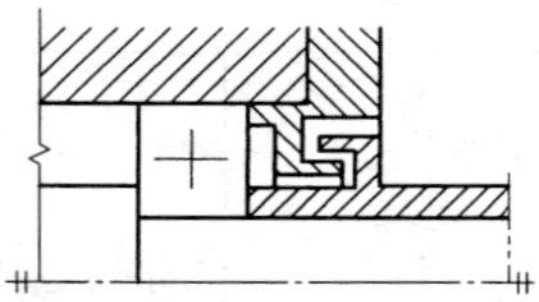	迷宫曲路沿径向展开，折回次数不宜多。装拆方便，应用较多
6	迷宫式	组合式迷宫	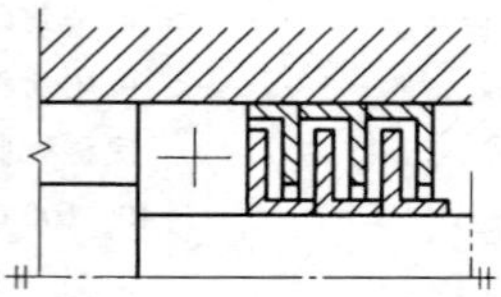	由几组L形垫圈组成，垫圈数量越多密封效果越好。径向尺寸紧凑，成本低，适用于成批生产条件
7	挡油环		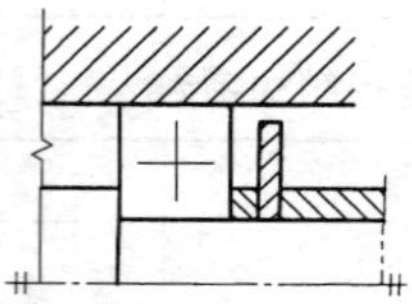	挡油环随轴旋转，利用离心力甩去油和杂物。轴转速越高，密封效果越好

19.4.7　轴承的安装与拆卸

为保证轴承的运转精度和工作寿命，必须仔细地安装和拆卸。安装拆卸轴承的作用力，应直接加在紧配合套圈的端面上，切不可通过滚动体传递压力，以免轴承滚道形成压痕而早期失效。对有些种类的轴承，安装时还需要调整游隙或预紧量。

轴承的安装拆卸方法应根据轴承的结构、尺寸及配合性质而定：

1）一般轴承与轴配合较紧，与外壳孔配合较松，安装时可用压力机借助于装配套筒，先把轴承装到轴上，然后将轴连同轴承一起装入外壳孔内。拆卸过程则与之相反，但无论安装和拆卸，作用力只允许直接加于套圈端面。

2）对于内圈与轴间需较大过盈量的大、中型轴承，可采用加热安装。即将轴承放入油箱均匀加热至80~100℃后取出装到轴上。

3）圆锥孔轴承可直接装在有锥度的轴颈上，或装在紧定套或退卸衬套的锥面上。此类轴承一般采用锁紧螺母安装，并调整轴承径向游隙。

19.5　滚动轴承的主要尺寸和性能表（见表 19-39～表 19-52）

表 19-39　深沟球轴承（一）（摘自 GB/T 276—2013）

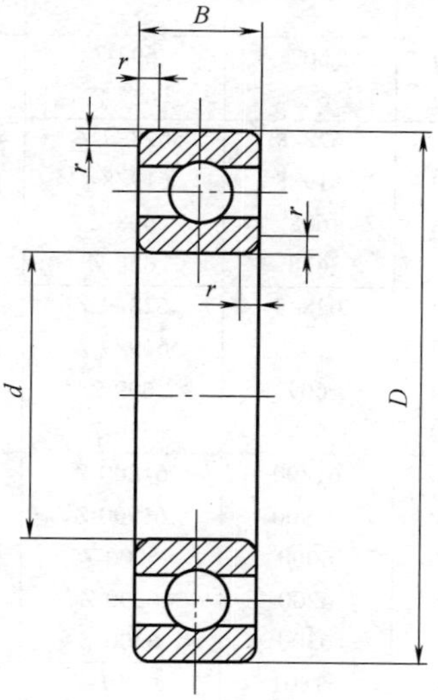

深沟球轴承 60000 型

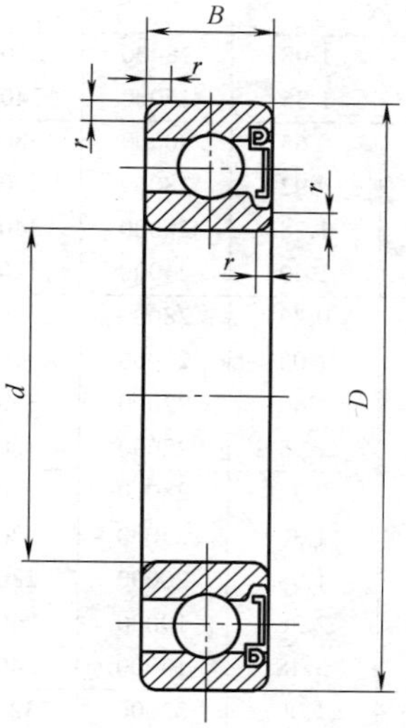

一面带防尘盖的深沟球轴承 60000－Z 型

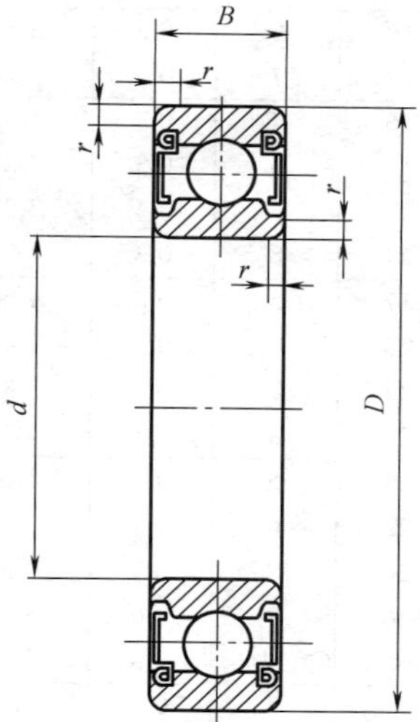

两面带防尘盖的深沟球轴承 60000－2Z 型

基本尺寸				基本额定载荷		极限转速		轴承代号		
d	D	B	r min	C_r	C_{0r}	脂润滑	油润滑	60000 型	60000-Z 型	60000-2Z 型
mm				kN		r/min		—	—	—
1	3	1	0.05	0.08	0.02	38000	48000	618/1	—	—
	4	1.6	0.1	0.15	0.05	38000	48000	619/1	619/1-Z	619/1-2Z
1.5	4	1.2	0.05	0.15	0.05	38000	48000	618/1.5	—	—
	5	2	0.15	0.18	0.05	38000	48000	619/1.5	619/1.5-Z	619/1.5-2Z
2	5	1.5	0.08	0.18	0.05	38000	48000	618/2	—	—
	6	2.3	0.15	0.28	0.08	38000	48000	619/2	619/2-Z	619/2-2Z
2.5	6	1.8	0.08	0.20	0.08	38000	48000	618/2.5	—	—
	7	2.5	0.15	0.30	0.10	38000	48000	619/2.5	619/2.5-Z	619/2.5-2Z
3	8	3	0.15	0.45	0.15	38000	48000	619/3	619/3-Z	619/3-2Z
	10	4	0.15	0.65	0.22	38000	48000	623	623-Z	623-2Z
4	9	2.5	0.2	0.55	0.18	38000	48000	618/4	—	—
	11	4	0.2	0.95	0.35	36000	45000	619/4	619/4-Z	619/4-2Z
	13	5	0.3	1.15	0.40	36000	45000	624	624-Z	624-2Z
	16	5	0.3	1.88	0.68	32000	40000	634	634-Z	634-2Z
5	13	5	0.2	1.08	0.42	34000	43000	619/5	619/5-Z	619/5-2Z
	14	5	0.2	1.05	0.50	30000	38000	605	605-Z	605-2Z
	16	5	0.3	1.88	0.68	32000	40000	625	625-Z	625-2Z
	19	6	0.3	2.80	1.02	28000	36000	635	635-Z	635-2Z
6	13	5	0.15	1.08	0.45	34000	43000	628/6	628/6-Z	628/6-2Z
	15	5	0.2	1.48	0.60	32000	40000	619/6	619/6-Z	619/6-2Z
	17	6	0.3	1.95	0.72	30000	38000	606	606-Z	606-2Z
	19	6	0.3	2.80	1.05	28000	36000	626	626-Z	626-2Z
7	14	3.5	0.15	1.18	0.50	32000	40000	628/7	628/7-Z	628/7-2Z
	17	5	0.3	2.02	0.80	30000	38000	619/7	619/7-Z	619/7-2Z

（续）

基本尺寸				基本额定载荷		极限转速		轴承代号		
d	D	B	r min	C_r	C_{0r}	脂润滑	油润滑	60000 型	60000-Z 型	60000-2Z 型
mm				kN		r/min		—	—	—
7	19	6	0.3	2.88	1.08	28000	36000	607	607-Z	607-2Z
	22	7	0.3	3.28	1.35	26000	34000	627	627-Z	627-2Z
8	16	4	0.2	1.32	0.65	30000	38000	628/8	628/8-Z	628/8-2Z
	19	6	0.3	2.25	0.92	28000	36000	619/8	619/8-Z	619/8-2Z
	22	7	0.3	3.32	1.38	26000	34000	608	608-Z	608-2Z
	24	8	0.3	3.35	1.40	24000	32000	628	628-Z	628-2Z
9	17	5	0.2	1.60	0.72	28000	36000	628/9	628/9-Z	628/9-2Z
	20	6	0.3	2.48	1.08	27000	34000	619/9	619/9-Z	619/9-2Z
	24	7	0.3	3.35	1.40	22000	30000	609	609-Z	609-2Z
	26	8	0.3	4.45	1.95	22000	30000	629	629-Z	629-2Z
10	19	5	0.3	1.60	0.75	28000	36000	61800	61800-Z	61800-2Z
	22	6	0.3	2.70	1.30	25000	32000	61900	61900-Z	61900-2Z
	26	8	0.3	4.58	1.98	20000	28000	6000	6000-Z	6000-2Z
	30	9	0.6	5.10	2.38	19000	26000	6200	6200-Z	6200-2Z
	35	11	0.6	7.65	3.48	18000	24000	6300	6300-Z	6300-2Z
12	21	5	0.3	1.90	1.00	32000	32000	61801	61801-Z	61801-2Z
	24	6	0.3	2.90	1.50	28000	28000	61901	61901-Z	61901-2Z
	28	7	0.3	5.10	2.40	26000	26000	16001	—	—
	28	8	0.3	5.10	2.38	20000	26000	6001	6001-Z	6001-2Z
	32	10	0.6	6.82	3.05	19000	24000	6201	6201-Z	6201-2Z
	37	12	1	9.72	5.08	17000	22000	6301	6301-Z	6301-2Z
15	24	5	0.3	2.10	1.30	20000	28000	61802	61802-Z	61802-2Z
	28	7	0.3	4.30	2.30	19000	26000	61902	61902-Z	61902-2Z
	32	8	0.3	5.60	2.80	18000	24000	16002	—	—
	32	9	0.3	5.58	2.85	18000	24000	6002	6002-Z	6002-2Z
	35	11	0.6	7.65	3.72	17000	22000	6202	6202-Z	6202-2Z
	42	13	1	11.5	5.42	16000	20000	6302	6302-Z	6302-2Z
17	26	5	0.3	2.20	1.5	20000	28000	61803	61803-Z	61803-2Z
	30	7	0.3	4.60	2.6	19000	24000	61903	61903-Z	61903-2Z
	35	8	0.3	6.82	3.38	18000	22000	16003	—	—
	35	10	0.3	6.00	3.3	17000	22000	6003	6003-Z	6003-2Z
	40	12	0.6	9.58	4.78	16000	20000	6203	6203-Z	6203-2Z
	47	14	1	13.5	6.58	15000	19000	6303	6303-Z	6303-2Z
	62	17	1.1	22.5	10.8	11000	15000	6403	—	—
20	32	7	0.3	3.50	2.20	18000	24000	61804	61804-Z	61804-2Z
	37	9	0.3	6.40	3.70	17000	22000	61904	61904-Z	61904-2Z
	42	8	0.3	7.90	4.50	16000	19000	16004	—	—
	42	12	0.6	9.38	5.02	16000	19000	6004	6004-Z	6004-2Z
	47	14	1	12.8	6.65	14000	18000	6204	6204-Z	6204-2Z
	52	15	1	15.8	7.88	13000	17000	6304	6304-Z	6304-2Z
	72	19	1	31.0	15.2	9500	13000	6404	—	—
25	37	7	0.3	4.30	2.90	16000	20000	61805	61805-Z	61805-2Z
	42	9	0.3	7.0	4.5	14000	18000	61905	61905-Z	61905-2Z
	47	8	0.3	8.8	5.6	13000	17000	16005	—	—
	47	12	0.6	10.0	5.85	13000	17000	6005	6005-Z	6005-2Z
	52	15	1	14.0	7.88	12000	16000	6205	6205-Z	6205-2Z
	62	17	1.1	22.2	11.5	10000	14000	6305	6305-Z	6305-2Z
	80	21	1.5	38.2	19.2	8500	11000	6405	—	—

（续）

基本尺寸				基本额定载荷		极限转速		轴承代号		
d	D	B	r min	C_r	C_{0r}	脂润滑	油润滑	60000型	60000-Z型	60000-2Z型
mm				kN		r/min		—	—	—
30	42	7	0.3	4.70	3.15	13000	17000	61806	61806-Z	61806-2Z
	47	9	0.3	7.20	5.08	12000	16000	61906	61906-Z	61906-2Z
	55	9	0.3	11.2	6.25	11000	14000	16006	—	—
	55	13	1	13.2	8.30	11000	14000	6006	6006-Z	6006-2Z
	62	16	1	19.5	11.5	9500	13000	6206	6206-Z	6206-2Z
	72	19	1.1	27.0	15.2	9000	11000	6306	6306-Z	6306-2Z
	90	23	1.5	47.5	24.5	8000	10000	6406	—	—
35	47	7	0.3	4.90	4.00	11000	15000	61807	61807-Z	61807-2Z
	55	10	0.6	9.50	6.80	10000	13000	61907	61907-Z	61907-2Z
	62	9	0.3	12.2	8.80	9500	12000	16007	—	—
	62	14	1	16.2	10.5	9500	12000	6007	6007-Z	6007-2Z
	72	17	1.1	25.5	15.2	8500	11000	6207	6207-Z	6207-2Z
	80	21	1.5	33.4	19.2	8000	9500	6307	6307-Z	6307-2Z
	100	25	1.5	56.8	29.5	6700	8500	6407	—	—
40	52	7	0.3	4.40	4.40	10000	13000	61808	61808-Z	61808-2Z
	62	12	0.6	13.7	9.90	9500	12000	61908	61908-Z	61908-2Z
	68	9	0.3	12.6	9.60	9500	11000	16008	—	—
	68	15	1	17.0	11.8	9000	11000	6008	6008-Z	6008-2Z
	80	18	1.1	29.5	18.0	8000	10000	6208	6208-Z	6208-2Z
	90	23	1.5	40.8	24.0	7000	8500	6308	6308-Z	6308-2Z
	110	27	2	65.5	37.5	6300	8000	6408	—	—
45	58	7	0.3	6.40	5.60	9000	12000	61809	61809-Z	61809-2Z
	68	12	0.6	14.1	10.9	8500	11000	61909	61909-Z	61909-2Z
	75	10	0.6	15.6	12.2	8000	10000	16009	—	—
	75	16	1	21.0	14.8	8000	10000	6009	6009-Z	6009-2Z
	85	19	1.1	31.5	20.5	7000	9000	6209	6209-Z	6209-2Z
	100	25	1.5	52.8	31.8	6300	7500	6309	6309-Z	6309-2Z
	120	29	2	77.5	45.5	5600	7000	6409	—	—
50	65	7	0.3	6.60	6.10	8500	10000	61810	61810-Z	61810-2Z
	72	12	0.6	14.5	11.7	8000	9500	61910	61910-Z	61910-2Z
	80	10	0.6	16.1	13.1	8000	9500	16010	—	—
	80	16	1	22.0	16.2	7000	9000	6010	6010-Z	6010-2Z
	90	20	1.1	35.0	23.2	6700	8500	6210	6210-Z	6210-2Z
	110	27	2	61.8	38.0	6000	7000	6310	6310-Z	6310-2Z
	130	31	2.1	92.2	55.2	5300	6300	6410	—	—
55	72	9	0.3	9.1	8.4	8000	9500	61811	61811-Z	61811-2Z
	80	13	1	15.9	13.2	7500	9000	61911	61911-Z	61911-2Z
	90	11	0.6	19.4	16.2	7000	8500	16011	—	—
	90	18	1.1	30.2	21.8	7000	8500	6011	6011-Z	6011-2Z
	100	21	1.5	43.2	29.2	6000	7500	6211	6211-Z	6211-2Z
	120	29	2	71.5	44.8	5600	6700	6311	6311-Z	6311-2Z
	140	33	2.1	100	62.5	4800	6000	6411	—	—
60	78	10	0.3	9.1	8.7	7000	8500	61812	61812-Z	61812-2Z
	85	13	1	16.4	14.2	6700	8000	61912	61912-Z	61912-2Z
	95	11	0.6	19.9	17.5	6300	7500	16012	—	—
	95	18	1.1	31.5	24.2	6300	7500	6012	6012-Z	6012-2Z
	110	22	1.5	47.8	32.8	5600	7000	6212	6212-Z	6212-2Z
	130	31	2.1	81.8	51.8	5000	6000	6312	6312-Z	6312-2Z
	150	35	2.1	109	70.0	4500	5600	6412	6412-Z	6412-2Z

（续）

基本尺寸				基本额定载荷		极限转速		轴承代号		
d	D	B	r min	C_r	C_{0r}	脂润滑	油润滑	60000 型	60000-Z 型	60000-2Z 型
mm				kN		r/min		—	—	—
65	85	10	0.6	11.9	11.5	6700	8000	61813	61813-Z	61813-2Z
	90	13	1	17.4	16.0	6300	7500	61913	61913-Z	61913-2Z
	100	11	0.6	20.5	18.6	6000	7000	16013	—	—
	100	18	1.1	32.0	24.8	6000	7000	6013	6013-Z	6013-2Z
	120	23	1.5	57.2	40.0	5000	6300	6213	6213-Z	6213-2Z
	140	33	2.1	93.8	60.5	4500	5300	6313	6313-Z	6313-2Z
	160	37	2.1	118	78.5	4300	5300	6413	—	—
70	90	10	0.6	12.1	11.9	6300	7500	61814	61814-Z	61814-2Z
	100	16	1	23.7	21.1	6000	7000	61914	61914-Z	61914-2Z
	110	13	0.6	27.9	25.0	5600	6700	16014	—	—
	110	20	1.1	38.5	30.5	5600	6700	6014	6014-Z	6014-2Z
	125	24	1.5	60.8	45.0	4800	6000	6214	6214-Z	6214-2Z
	150	35	2.1	105	68.0	4300	5000	6314	6314-Z	6314-2Z
	180	42	3	140	99.5	3800	4500	6414	—	—
75	95	10	0.6	12.5	12.8	6000	7000	61815	61815-Z	61815-2Z
	105	16	1	24.7	22.5	5600	6700	61915	61915-Z	61915-2Z
	115	13	0.6	28.7	26.8	5300	6300	16015	—	—
	115	20	1.1	40.2	33.2	5300	6300	6015	6015-Z	6015-2Z
	130	25	1.5	66.0	49.5	4500	5600	6215	6215-Z	6215-2Z
	160	37	2.1	113	76.8	4000	4800	6315	6315-Z	6315-2Z
	190	45	3	154	115	3600	4300	6415	—	—
80	100	10	0.6	12.7	13.3	5600	6700	61816	61816-Z	61816-2Z
	110	16	1	24.9	23.9	5300	6300	61916	61916-Z	61916-2Z
	125	14	0.6	33.1	31.4	5000	6000	16016	—	—
	125	22	1.1	47.5	39.8	5000	6000	6016	6016-Z	6016-2Z
	140	26	2	71.5	54.2	4300	5300	6216	6216-Z	6216-2Z
	170	39	2.1	123	86.5	3800	4500	6316	6316-Z	6316-2Z
	200	48	3	163	125	3400	4000	6416	—	—
85	110	13	1	19.2	19.8	5000	6300	61817	61817-Z	61817-2Z
	120	18	1.1	31.9	29.7	4800	6000	61917	61917-Z	61917-2Z
	130	14	0.6	34.0	33.3	4500	5600	16017	—	—
	130	22	1.1	50.8	42.8	4500	5600	6017	6017-Z	6017-2Z
	150	28	2	83.2	63.8	4000	5000	6217	6217-Z	6217-2Z
	180	41	3	132	96.5	3600	4300	6317	6317-Z	6317-2Z
	210	52	4	175	138	3200	3800	6417	—	—
90	115	13	1	19.5	20.5	4800	6000	61818	61818-Z	61818-2Z
	125	18	1.1	32.8	31.5	4500	5600	61918	61918-Z	61918-2Z
	140	16	1	41.5	39.3	4300	5300	16018	—	—
	140	24	1.5	58.0	49.8	4300	5300	6018	6018-Z	6018-2Z
	160	30	2	95.8	71.5	3800	4800	6218	6218-Z	6218-2Z
	190	43	3	145	108	3400	4000	6318	—	—
	225	54	4	192	158	2800	3600	6418	—	—
95	120	13	1	19.8	21.3	4300	5000	61819	61819-Z	61819-2Z
	130	18	1.1	33.7	33.3	4300	5300	61919	61919-Z	61919-2Z
	145	16	1	42.7	41.9	4000	5000	16019	—	—
	145	24	1.5	57.8	50.0	4000	5000	6019	6019-Z	6019-2Z
	170	32	2.1	110	82.8	3600	4500	6219	6219-Z	6219-2Z
	200	45	3	157	122	3200	3800	6319	—	—

（续）

基本尺寸				基本额定载荷		极限转速		轴承代号		
d	D	B	r min	C_r	C_{0r}	脂润滑	油润滑	60000 型	60000-Z 型	60000-2Z 型
mm				kN		r/min		—	—	—
100	125	13	1	20.1	22.0	4300	5300	61820	61820-Z	61820-2Z
	140	20	1.1	42.7	41.9	4000	5000	61920	61920-Z	61920-2Z
	150	16	1	43.8	44.3	3800	4800	16020	—	—
	150	24	1.5	64.5	56.2	3800	4800	6020	6020-Z	6020-2Z
	180	34	2.1	122	92.8	3400	4300	6220	6220-Z	6220-2Z
	215	47	3	173	140	2800	3600	6320	—	—
	250	58	4	223	195	2400	3200	6420	—	—
105	130	13	1	20.3	22.7	4000	5000	61821	61821-Z	61821-2Z
	145	20	1.1	43.9	44.3	3800	4800	61921	61921-Z	61921-2Z
	160	18	1	51.8	50.6	3600	4500	16021	—	—
	160	26	2	71.8	63.2	3600	4500	6021	6021-Z	6021-2Z
	190	36	2.1	133	105	3200	4000	6221	—	—
	225	49	3	184	153	2600	3200	6321	—	—
110	140	16	1	28.1	30.7	3800	5000	61822	61822-Z	61822-2Z
	150	20	1.1	43.6	44.4	3600	4500	61922	61922-Z	61922-2Z
	170	19	1	57.4	56.7	3400	4300	16022	—	—
	170	28	2	81.8	72.8	3400	4300	6022	6022-Z	6022-2Z
	200	38	2.1	144	117	3000	3800	6222	—	—
	240	50	3	205	178	2400	3000	6322	—	—
	280	65	4	225	238	2000	2800	6422	—	—
120	150	16	1	28.9	32.9	3400	4300	61824	61824-Z	61824-2Z
	165	22	1.1	55.0	56.9	3200	4000	61924	61924-Z	61924-2Z
	180	19	1	58.8	60.4	3000	3800	16024	—	—
	180	28	2	87.5	79.2	3000	3800	6024	6024-Z	6024-2Z
	215	40	2.1	155	131	2600	3400	6224	—	—
	260	55	3	228	208	2200	2800	6324	—	—
130	165	18	1.1	37.9	42.9	3200	4000	61826	61826-Z	61826-2Z
	180	24	1.5	65.1	67.2	3200	3800	61926	61926-Z	61926-2Z
	200	22	1.1	79.7	79.2	2800	3600	16026	—	—
	200	33	2	105	96.8	2800	3600	6026	—	—
	230	40	3	165	148.0	2400	3200	6226	—	—
	280	58	4	253	242	1900	2600	6326	—	—
140	175	18	1.1	38.2	44.3	3000	3800	61828	61828-Z	61828-2Z
	190	24	1.5	66.5	71.2	2800	3600	61928	—	—
	210	22	1.1	88.1	85	2400	3200	16028	—	—
	210	33	2	115	108	2400	3200	6028	—	—
	250	42	3	179	167	2000	2800	6228	—	—
	300	62	4	275	272	1800	2400	6328	—	—
150	190	20	1.1	49.1	57.1	2800	3400	61830	—	—
	210	28	2	84.7	90.2	2600	3200	61930	—	—
	225	24	1.1	91.9	98.5	2200	3000	16030	—	—
	225	35	2.1	132	125	2200	3000	6030	—	—

表 19-40　深沟球轴承（二）（摘自 GB/T 276—2013）

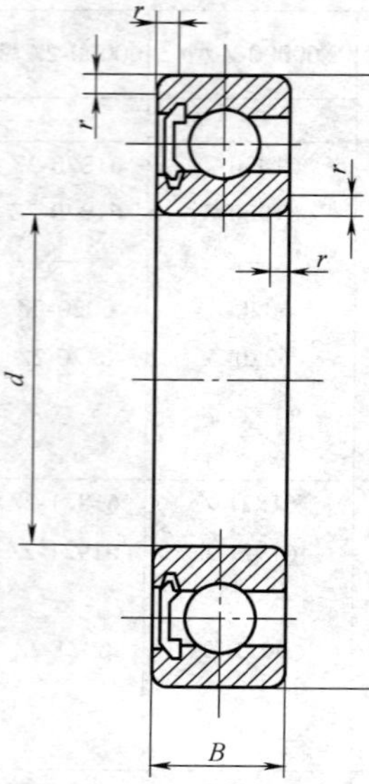

一面带密封圈(接触式)的深沟球轴承 60000-RS 型

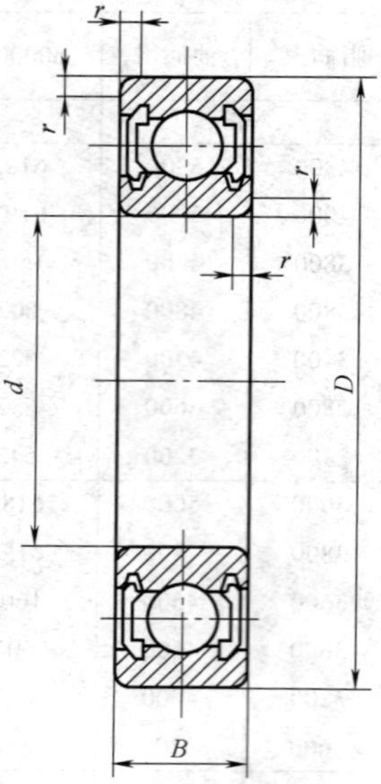

两面带密封圈(接触式)的深沟球轴承 60000-2RS 型

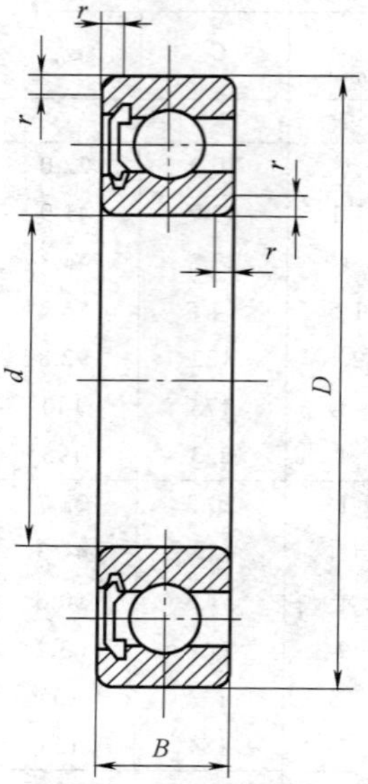

一面带密封圈(非接触式)的深沟球轴承 60000-RZ 型

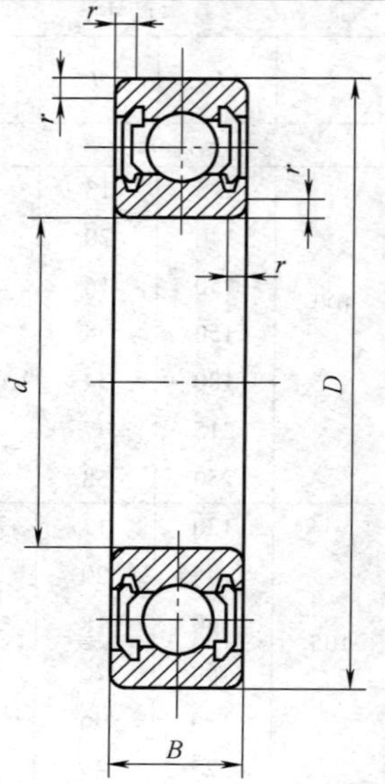

两面带密封圈(非接触式)的深沟球轴承 60000-2RZ 型

基本尺寸/mm				基本额定载荷/kN		极限转速/r·min⁻¹		质量/kg	轴承代号	
d	D	B	r_{min}	C_r	C_{0r}	脂	油	$W\approx$	60000-RZ 型 60000-RS 型	60000-2RZ 型 60000-2RS 型
10	19	5	0.3	1.8	0.93	21000		0.005	61800-RS	61800-2RS
	19	5	0.3	1.8	0.93	28000	36000	0.005	61800-RZ	61800-2RZ
	22	6	0.3	2.7	1.3	19000		0.008	61900-RS	61900-2RS
	22	6	0.3	2.7	1.3	25000	32000	0.008	61900-RZ	61900-2RZ
	26	8	0.3	4.58	1.98	15000		0.019	6000-RS	6000-2RS
	26	8	0.3	4.58	1.98	22000	30000	0.019	6000-RZ	6000-2RZ
	30	9	0.6	5.10	2.38	14000		0.030	6200-RS	6200-2RS
	30	9	0.6	5.10	2.38	20000	26000	0.030	6200-RZ	6200-2RZ
	35	11	0.6	7.65	3.48	12000		0.050	6300-RS	6300-2RS
	35	11	0.6	7.65	3.48	18000	24000	0.050	6300-RZ	6300-2RZ
12	21	5	0.3	1.9	1.0	18000		0.005	61801-RS	61801-2RS
	21	5	0.3	1.9	1.0	24000	32000	0.005	61801-RZ	61801-2RZ
	24	6	0.3	2.9	1.5	17000		0.008	61901-RS	61901-2RS
	24	6	0.3	2.9	1.5	22000	28000	0.008	61901-RZ	61901-2RZ
	28	8	0.3	5.10	2.38	14000		0.020	6001-RS	6001-2RS
	28	8	0.3	5.10	2.38	20000	26000	0.020	6001-RZ	6001-2RZ
	32	10	0.6	6.82	3.05	13000		0.040	6201-RS	6201-2RS
	32	10	0.6	6.82	3.05	19000	24000	0.040	6201-RZ	6201-2RZ
	37	12	1	9.72	5.08	12000		0.060	6301-RS	6301-2RS
	37	12	1	9.72	5.08	17000	22000	0.060	6301-RZ	6301-2RZ
15	24	5	0.3	2.1	1.3	17000		0.005	61802-RS	61802-2RS
	24	5	0.3	2.1	1.3	22000	30000	0.005	61802-RZ	61802-2RZ
	28	7	0.3	4.3	2.3	15000		0.012	61902-RS	61902-2RS
	28	7	0.3	4.3	2.3	20000	26000	0.012	61902-RZ	61902-2RZ
	32	9	0.3	5.58	2.85	13000		0.030	6002-RS	6002-2RS
	32	9	0.3	5.58	2.85	19000	24000	0.030	6002-RZ	6002-2RZ

（续）

基本尺寸/mm				基本额定载荷/kN		极限转速/r · min^{-1}		质量/kg	轴承代号	
d	D	B	r_{min}	C_r	C_{0r}	脂	油	$W\approx$	60000-RZ 型 60000-RS 型	60000-2RZ 型 60000-2RS 型
15	35	11	0.6	7.65	3.72	12000		0.040	6202-RS	6202-2RS
	35	11	0.6	7.65	3.72	18000	22000	0.040	6202-RZ	6202-2RZ
	42	13	1	11.5	5.42	11000		0.080	6302-RS	6302-2RS
	42	13	1	11.5	5.42	16000	20000	0.080	6302-RZ	6302-2RZ
17	26	5	0.3	2.2	1.5	15000		0.007	61803-RS	61803-2RS
	26	5	0.3	2.2	1.5	20000	28000	0.007	61803-RZ	61803-2RZ
	30	7	0.3	4.6	2.6	14000		0.014	61903-RS	61903-2RS
	30	7	0.3	4.6	2.6	19000	24000	0.014	61903-RZ	61903-2RZ
	35	10	0.3	6.00	3.25	12000		0.040	6003-RS	6003-2RS
	35	10	0.3	6.00	3.25	17000	21000	0.040	6003-RZ	6003-2RZ
	40	12	0.6	9.58	4.78	11000		0.060	6203-RS	6203-2RS
	40	12	0.6	9.58	4.78	16000	20000	0.060	6203-RZ	6203-2RZ
	47	14	1	13.5	6.58	10000		0.110	6303-RS	6303-2RS
	47	14	1	13.5	6.58	15000	18000	0.110	6303-RZ	6303-2RZ
20	32	7	0.3	3.5	2.2	14000		0.015	61804-RS	61804-2RS
	32	7	0.3	3.5	2.2	18000	24000	0.015	61804-RZ	61804-2RZ
	37	9	0.3	6.4	3.7	13000		0.031	61904-RS	61904-2RS
	37	9	0.3	6.4	3.7	17000	22000	0.031	61904-RZ	61904-2RZ
	42	12	0.6	9.38	5.02	11000		0.070	6004-RS	6004-2RS
	42	12	0.6	9.38	5.02	16000	19000	0.070	6004-RZ	6004-2RZ
	47	14	1	12.8	6.65	9500		0.100	6204-RS	6204-2RS
	47	14	1	12.8	6.65	14000	18000	0.100	6204-RZ	6204-2RZ
	52	15	1.1	15.8	7.88	9000		0.140	6304-RS	6304-2RS
	52	15	1.1	15	7.88	13000	16000	—	6304-RZ	6304-2RZ
25	37	7	0.3	4.3	2.9	12000		0.017	61805-RS	61805-2RS
	37	7	0.3	4.3	2.9	16000	20000	0.017	61805-RZ	61805-2RZ
	42	9	0.3	7.0	4.5	11000		0.038	61905-RS	61905-2RS
	42	9	0.3	7.0	4.5	14000	18000	0.038	61905-RZ	61905-2RZ
	47	12	0.6	10.0	5.85	9000		0.080	6005-RS	6005-2RS
	47	12	0.6	10.0	5.85	13000	17000	0.080	6005-RZ	6005-2RZ
	52	15	1	14.0	7.88	8000		0.120	6205-RS	6205-2RS
	52	15	1	14.0	7.88	12000	15000	0.120	6205-RZ	6205-2RZ
	62	17	1.1	22.2	11.5	6800		0.220	6305-RS	6305-2RS
	62	17	1.1	22.2	11.5	10000	14000	0.220	6305-RZ	6305-2RZ
30	42	7	0.3	4.7	3.6	11000		0.019	61806-RS	61806-2RS
	42	7	0.3	4.7	3.6	13000	17000	0.019	61806-RZ	61806-2RZ
	47	9	0.3	7.2	5.0	9000		0.043	61906-RS	61906-2RS
	47	9	0.3	7.2	5.0	12000	16000	0.043	61906-RZ	61906-2RZ
	55	13	1	13.2	8.30	7500		0.120	6006-RS	6006-2RS
	55	13	1	13.2	8.30	11000	14000	0.120	6006-RZ	6006-2RZ
	62	16	1	19.5	11.5	6700		0.190	6206-RS	6206-2RS
	62	16	1	19.5	11.5	9500	13000	0.190	6206-RZ	6206-2RZ
	72	19	1.1	27.0	15.2	6000		0.350	6306-RS	6306-2RS
	72	19	1.1	27.0	15.2	9000	11000	0.350	6306-RZ	6306-2RZ
35	47	7	0.3	4.9	4.0	9000		0.023	61807-RS	61807-2RS
	47	7	0.3	4.9	4.0	11000	15000	0.023	61807-RZ	61807-2RZ
	55	10	0.6	9.5	6.8	7500		0.078	61907-RS	61907-2RS
	55	10	0.6	9.5	6.8	10000	13000	0.078	61907-RZ	61907-2RZ
	62	14	1	16.2	10.5	6500		0.160	6007-RS	6007-2RS
	62	14	1	16.2	10.5	9500	12000	0.160	6007-RZ	6007-2RZ

（续）

基本尺寸/mm				基本额定载荷/kN		极限转速/r · min⁻¹		质量/kg	轴承代号	
d	D	B	r_{min}	C_r	C_{0r}	脂	油	$W\approx$	60000-RZ 型 60000-RS 型	60000-2RZ 型 60000-2RS 型
35	72	17	1.1	25.5	15.2	5800		0.270	6207-RS	6207-2RS
	72	17	1.1	25.5	15.2	8500	11000	0.270	6207-RZ	6207-2RZ
	80	21	1.5	33.4	19.2	5400		0.420	6307-RS	6307-2RS
	80	21	1.5	33.4	19.2	8000	9500	0.420	6307-RZ	6307-2RZ
40	52	7	0.3	5.1	4.4	7500		0.026	61808-RS	61808-2RS
	52	7	0.3	5.1	4.4	10000	13000	0.026	61808-RZ	61808-2RZ
	62	12	0.6	13.7	9.9	7000		0.103	61908-RS	61908-2RS
	62	12	0.6	13.7	9.9	9500	12000	0.103	61908-RZ	61908-2RZ
	68	15	1	17.0	11.8	6000		0.190	6008-RS	6008-2RS
	68	15	1	17.0	11.8	9000	11000	0.190	6008-RZ	6008-2RZ
	80	18	1.1	29.5	18.0	5400		0.370	6208-RS	6208-2RS
	80	18	1.1	29.5	18.0	8000	10000	0.370	6208-RZ	6208-2RZ
	90	23	1.5	40.8	24.0	4800		0.630	6308-RS	6308-2RS
	90	23	1.5	40.8	24.0	7000	8500	0.630	6308-RZ	6308-2RZ
45	58	7	0.3	6.4	5.6	6800		0.030	61809-RS	61809-2RS
	58	7	0.3	6.4	5.6	9000	12000	0.030	61809-RZ	61809-2RZ
	68	12	0.6	14.1	10.9	6400		0.123	61909-RS	61909-2RS
	68	12	0.6	14.1	10.9	8500	11000	0.123	61909-RZ	61909-2RZ
	75	16	1	21.0	14.8	5400		0.240	6009-RS	6009-2RS
	75	16	1	21.0	14.8	8000	10000	0.240	6009-RZ	6009-2RZ
	85	19	1.1	31.5	20.5	4800		0.420	6209-RS	6209-2RS
	85	19	1.1	31.5	20.5	7000	9000	0.420	6209-RZ	6209-2RZ
	100	25	1.5	52.8	31.8	4300		0.830	6309-RS	6309-2RS
	100	25	1.5	52.8	31.8	6300	7500	0.830	6309-RZ	6309-2RZ
50	65	7	0.3	6.6	6.1	6400		0.043	61810-RS	61810-2RS
	65	7	0.3	6.6	6.1	8500	10000	0.043	61810-RZ	61810-2RZ
	72	12	0.6	14.5	11.7	6000		0.122	61910-RS	61910-2RS
	72	12	0.6	14.5	11.7	8000	9500	0.122	61910-RZ	61910-2RZ
	80	16	1	22.0	16.2	4800		0.280	6010-RS	6010-2RS
	80	16	1	22.0	16.2	7000	9000	0.280	6010-RZ	6010-2RZ
	90	20	1.1	35.0	23.2	4600		0.470	6210-RS	6210-2RS
	90	20	1.1	35.0	23.2	6700	8500	0.470	6210-RZ	6210-2RZ
	110	27	2	61.8	38.0	4100		1.080	6310-RS	6310-2RS
	110	27	2	61.8	38.0	6000	7000	1.080	6310-RZ	6310-2RZ
55	72	9	0.3	9.1	8.4	6000		0.070	61811-RS	61811-2RS
	72	9	0.3	9.1	8.4	8000	9500	0.070	61811-RZ	61811-2RZ
	80	13	1	15.9	13.2	5600		0.170	61911-RS	61911-2RS
	80	13	1	15.9	13.2	7500	9000	0.170	61911-RZ	61911-2RZ
	90	18	1.1	30.2	21.8	4800		0.380	6011-RS	6011-2RS
	90	18	1.1	30.2	21.8	7000	8500	0.380	6011-RZ	6011-2RZ
	100	21	1.5	43.2	29.2	4100		0.580	6211-RS	6211-2RS
	100	21	1.5	43.2	29.2	6000	7500	0.580	6211-RZ	6211-2RZ
	120	29	2	71.5	44.8	3800		1.370	6311-RS	6311-2RS
	120	29	2	71.5	44.8	5600	6700	1.370	6311-RZ	6311-2RZ
60	78	10	0.3	9.1	8.7	5300		0.093	61812-RS	61812-2RS

（续）

基本尺寸/mm				基本额定载荷/kN		极限转速/r·min^{-1}		质量/kg	轴承代号	
d	D	B	r_{min}	C_r	C_{0r}	脂	油	$W\approx$	60000-RZ 型 60000-RS 型	60000-2RZ 型 60000-2RS 型
60	78	10	0.3	9.1	8.7	7000	8500	0.093	61812-RZ	61812-2RZ
	85	13	1	16.4	14.2	5000		0.181	61912-RS	61912-2RS
	85	13	1	16.4	14.2	6700	8000	0.181	61912-RZ	61912-2RZ
	95	18	1.1	31.5	24.2	4300		0.410	6012-RS	6012-2RS
	95	18	1.1	31.5	24.2	6300	7500	0.410	6012-RZ	6012-2RZ
	110	22	1.5	47.8	32.8	3800		0.770	6212-RS	6212-2RS
	110	22	1.5	47.8	32.8	5600	7000	0.770	6212-RZ	6212-2RZ
	130	31	2.1	81.8	51.8	3400		1.710	6312-RS	6312-2RS
	130	31	2.1	81.8	51.8	5000	6000	1.710	6312-RZ	6312-2RZ
65	85	10	0.6	11.9	11.5	5000		0.130	61813-RS	61813-2RS
	85	10	0.6	11.9	11.5	6700	8000	0.130	61813-RZ	61813-2RZ
	90	13	1	17.4	16.0	4700		0.196	61913-RS	61913-2RS
	90	13	1	17.4	16.0	6300	7500	0.196	61913-RZ	61913-2RZ
	100	18	1.1	32.0	24.8	4100		0.410	6013-RS	6013-2RS
	100	18	1.1	32.0	24.8	6000	7000	0.410	6013-RZ	6013-2RZ
	120	23	1.5	57.2	40.0	3400		0.980	6213-RS	6213-2RS
	120	23	1.5	57.2	40.0	5000	6300	0.980	6213-RZ	6213-2RZ
	140	33	2.1	93.8	60.5	3000		2.090	6313-RS	6313-2RS
	140	33	2.1	93.8	60.5	4500	5300	2.090	6313-RZ	6313-2RZ
70	90	10	0. 6	12.1	11.9	4700		0.138	61814-RS	61814-2RS
	90	10	0.6	12.1	11.9	6300	7500	0.138	61814-RZ	61814-2RZ
	100	16	1	23.7	21.1	4500		0.336	61914-RS	61914-2RS
	100	16	1	23.7	21.1	6000	7000	0.336	61914-RZ	61914-2RZ
	110	20	1.1	38.5	30.5	3800		0.60	6014-RS	6014-2RS
	110	20	1.1	38.5	30.5	5600	6700	0.60	6014-RZ	6014-2RZ
	125	24	1.5	60.8	45.0	3300		1.04	6214-RS	6214-2RS
	125	24	1.5	60.8	45.0	4800	6000	1.04	6214-RZ	6214-2RZ
	150	35	2.1	105	68.0	2900		2.60	6314-RS	6314-2RS
	150	35	2.1	105	68.0	4300	5000	2.60	6314-RZ	6314-2RZ
75	95	10	0.6	12.5	12.8	4500		0.147	61815-RS	61815-2RS
	95	10	0.6	12.5	12.8	6000	7000	0.147	61815-RZ	61815-2RZ
	105	16	1	24.3	22.5	4200		0.355	61915-RS	61915-2RS
	105	16	1	24.3	22.5	5600	6700	0.355	61915-RZ	61915-2RZ
	115	20	1.1	40.2	33.2	3600		0.64	6015-RS	6015-2RS
	115	20	1.1	40.2	33.2	5300	6300	0.64	6015-RZ	6015-2RZ
	130	25	1.5	66.0	49.5	3000		1.18	6215-RS	6215-2RS
	130	25	1.5	66.0	49.5	4500	5600	1.18	6215-RZ	6215-2RZ
	160	37	2.1	113	76.8	2800		3	6315-RS	6315-2RS
	160	37	2.1	113	76.8	4000	4800	3	6315-RZ	6315-2RZ
80	100	10	0.6	12.7	13.3	4200		0.155	61816-RS	61816-2RS
	100	10	0.6	12.7	13.3	5600	6700	0.155	61816-RZ	61816-2RZ
	110	16	1	24.9	23.9	4000		0.375	61916-RS	61916-2RS
	110	16	1	24.9	23.9	5300	6300	0.375	61916-RZ	61916-2RZ
	125	22	1.1	47.5	39.8	3400		1.05	6016-RS	6016-2RS
	125	22	1.1	47.5	39.8	5000	6000	1.05	6016-RZ	6016-2RZ
	140	26	2	71.5	54.2	2900		1.38	6216-RS	6216-2RS
	140	26	2	71.5	54.2	4300	5300	1.38	6216-RZ	6216-2RZ
	170	39	2.1	123	86.5	2600		3.62	6316-RS	6316-2RS
	170	39	2.1	123	86.5	3800	4500	3.62	6316-RZ	6316-2RZ

（续）

基本尺寸/mm				基本额定载荷/kN		极限转速/r · min^{-1}		质量/kg	轴承代号	
d	D	B	$r_{\min}$	C_r	C_{0r}	脂	油	$W\approx$	60000-RZ 型 60000-RS 型	60000-2RZ 型 60000-2RS 型
85	110	13	1	19.2	19.8	3800		0.245	61817-RS	61817-2RS
	110	13	1	19.2	19.8	5000	6300	0.245	61817-RZ	61817-2RZ
	120	18	1.1	31.9	29.7	3600		0.507	61917-RS	61917-2RS
	120	18	1.1	31.9	29.7	4800	6000	0.507	61917-RZ	61917-2RZ
	130	22	1.1	50.8	42.8	3200		1.10	6017-RS	6017-2RS
	130	22	1.1	50.8	42.8	4500	5600	1.10	6017-RZ	6017-2RZ
	150	28	2	83.2	63.8	2800		1.75	6217-RS	6217-2RS
	150	28	2	83.2	63.8	4000	5000	1.75	6217-RZ	6217-2RZ
	180	41	3	132	96.5	2400		4.27	6317-RS	6317-2RS
	180	41	3	132	96.5	3600	4300	4.27	6317-RZ	6317-2RZ
90	115	13	1	19.5	20.5	3600		0.258	61818-RS	61818-2RS
	115	13	1	19.5	20.5	4800	6000	0.258	61818-RZ	61818-2RZ
	125	18	1.1	32.8	31.5	3400		0.533	61918-RS	61918-2RS
	125	18	1.1	32.8	31.5	4500	5600	0.533	61918-RZ	61918-2RZ
	140	24	1.5	58.0	49.8	3000		1.16	6018-RS	6018-2RS
	140	24	1.5	58.0	49.8	4300	5300	1.16	6018-RZ	6018-2RZ
	160	30	2.0	95.8	71.5	2600		2.18	6218-RS	6218-2RS
	160	30	2.0	95.8	71.5	3800	4800	2.18	6218-RZ	6218-2RZ
	190	43	3	145	108	2200		4.96	6318-RS	6318-2RS
	190	43	3	145	108	3400	4000	4.96	6318-RZ	6318-2RZ
95	120	13	1	19.8	21.3	3400		0.27	61819-RS	61819-2RS
	120	13	1	19.8	21.3	4500	5600	0.27	61819-RZ	61819-2RZ
	130	18	1.1	33.7	33.2	3200		0.558	61919-RS	61919-2RS
	130	18	1.1	33.7	33.3	4300	5300	0.558	61919-RZ	61919-2RZ
	145	24	1.5	57.8	50.0	2800		1.21	6019-RS	6019-2RS
	145	24	1.5	57.8	50.0	4000	5000	1.21	6019-RZ	6019-2RZ
	170	32	2.1	110	82.8	2400		2.62	6219-RS	6219-2RS
	170	32	2.1	110	82.8	3600	4500	2.62	6219-RZ	6219-2RZ
100	125	13	1	20.1	22.0	3200		0.283	61820-RS	61820-2RS
	125	13	1	20.1	22.0	4300	5300	0.283	61820-RZ	61820-2RZ
	140	20	1.1	42.7	41.9	3000		0.774	61920-RS	61920-2RS
	140	20	1.1	42.7	41.9	4000	5000	0.774	61920-RZ	61920-2RZ
	150	24	1.5	64.5	56.2	2600		1.25	6020-RS	6020-2RS
	150	24	1.5	64.5	56.2	3800	4800	1.25	6020-RZ	6020-2RZ
	180	34	2.1	122	92.8	2200		3.2	6220-RS	6220-2RS
	180	34	2.1	122	92.8	3400	4300	3.2	6220-RZ	6220-2RZ
105	130	13	1	20.3	22.7	3000		0.295	61821-RS	61821-2RS
	130	13	1	20.3	22.7	4000	5000	0.295	61821-RZ	61821-2RZ
	145	20	1.1	43.9	44.3	2900		0.808	61921-RS	61921-2RS
	145	20	1.1	43.9	44.3	3800	4800	0.808	61921-RZ	61921-2RZ
	160	26	2	71.8	63.2	2400		1.52	6021-RS	6021-2RS
	160	26	2	71.8	63.2	3600	4500	1.52	6021-RZ	6021-2RZ
110	140	16	1	28.1	30.7	2900		0.496	61822-RS	61822-2RS
	140	16	1	28.1	30.7	3800	5000	0.496	61822-RZ	61822-2RZ
	150	20	1.1	43.6	44.4	2700		0.835	61922-RS	61922-2RS
	150	20	1.1	43.6	44.4	3600	4500	0.835	61922-RZ	61922-2RZ
	170	28	2	81.8	72.8	2200		1.87	6022-RS	6022-2RS
	170	28	2	81.8	72.8	3400	4300	1.87	6022-RZ	6022-2RZ
120	150	16	1	28.9	32.9	2600		0.536	61824-RS	61824-2RS
	150	16	1	28.9	32.9	3400	4300	0.536	61824-RZ	61824-2RZ
	165	22	1.1	55	56.9	2400		1.131	61924-RS	61924-2RS
	165	22	1.1	55	56.9	3200	4000	1.131	61924-RZ	61924-2RZ
	180	28	2	87.5	79.2	2000		2	6024-RS	6024-2RS
	180	28	2	87.5	79.2	3000	3800	2	6024-RZ	6024-2RZ

表 19-41　圆柱滚子轴承（摘自 GB/T 283—2007）

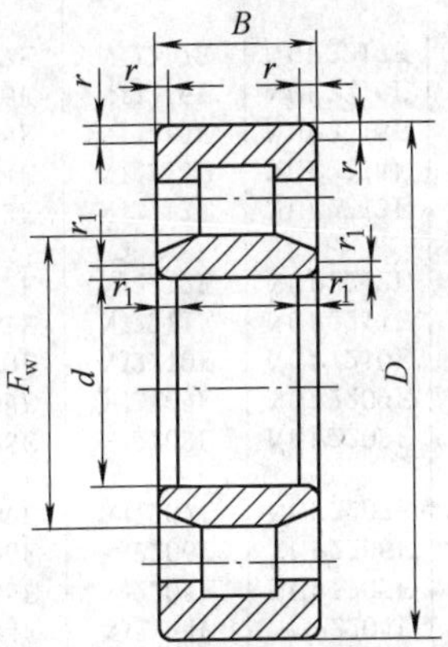

内圈无挡边圆柱滚子轴承 NU 型

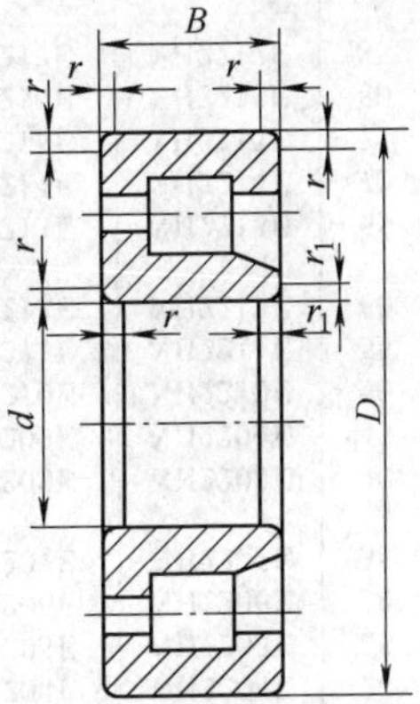

内圈单挡边圆柱滚子轴承 NJ 型

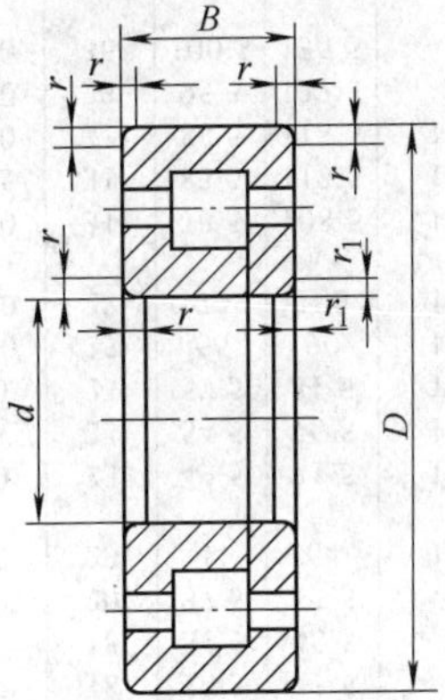

内圈单挡边、带平挡圈圆柱滚子轴承 NUP 型

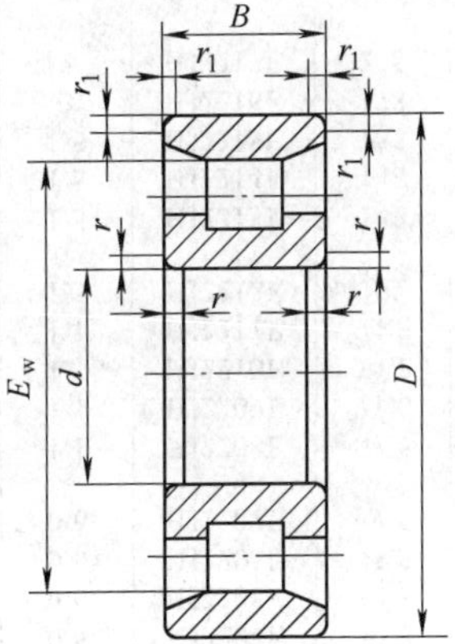

外圈无挡边圆柱滚子轴承 N 型

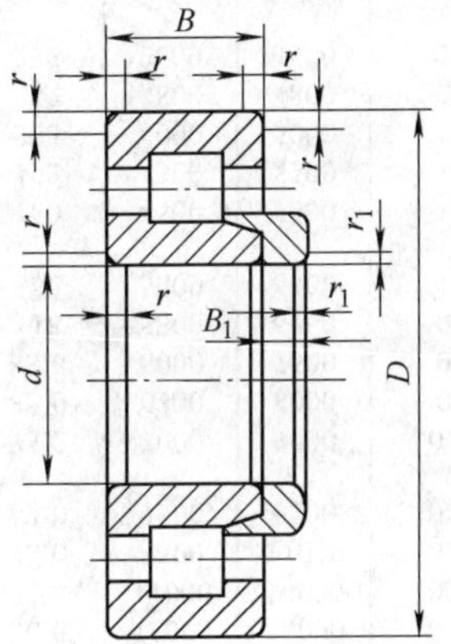

内圈单挡边、带斜挡圈圆柱滚子轴承 NH 型 (NJ+HJ)

轴承型号					外形尺寸							斜挡圈型号	基本额定载荷/kN		极限转速/(r/min)		质量 W/kg
NU 型	NJ 型	NUP 型	N 型	NH 型	d	D	B	F_w	E_w	r_{smin}	r_{1smin}		C_r	C_{0r}	脂润滑	油润滑	≈
NU202E	NJ202E	—	N202E	NH202E	15	35	11	19.3	30.3	0.6	0.3	HJ202E	7.98	5.5	15000	19000	—
NU203E	NJ203E	NUP203E	N203E	NH203E	17	40	12	22.1	35.1	0.6	0.3	HJ203E	9.12	7.0	14000	18000	—
NU204E	NJ204E	NUP204E	N204E	NH204E	20	47	14	26.5	41.5	1	0.6	HJ204E	25.8	24.0	12000	16000	0.117
NU205E	NJ205E	NUP205E	N205E	NH205E	25	52	15	31.5	46.5	1	0.6	HJ205E	27.5	26.8	11000	14000	0.14
NU206E	NJ206E	NUP206E	N206E	NH206E	30	62	16	37.5	55.5	1	0.6	HJ206E	36.0	35.5	8500	11000	0.214
NU207E	NJ207E	NUP207E	N207E	NH207E	35	72	17	44	64	1.1	0.6	HJ207E	46.5	48.0	7500	9500	0.311
NU208E	NJ208E	NUP208E	N208E	NH208E	40	80	18	49.5	71.5	1.1	1.1	HJ208E	51.5	53.0	7000	9000	0.394
NU209E	NJ209E	NUP209E	N209E	NH209E	45	85	19	54.5	76.5	1.1	1.1	HJ209E	58.5	63.8	6300	8000	0.45
NU210E	NJ210E	NUP210E	N210E	NH210E	50	90	20	59.5	81.5	1.1	1.1	HJ210E	61.2	69.2	6000	7500	0.505
NU211E	NJ211E	NUP211E	N211E	NH211E	55	100	21	66	90	1.5	1.1	HJ211E	80.2	95.5	5300	6700	0.68
NU212E	NJ212E	NUP212E	N212E	NH212E	60	110	22	72	100	1.5	1.5	HJ212E	89.8	102	5000	6300	0.86
NU213E	NJ213E	NUP213E	N213E	NH213E	65	120	23	78.5	108.5	1.5	1.5	HJ213E	102	118	4500	5600	1.08
NU214E	NJ214E	NUP214E	N214E	NH214E	70	125	24	83.5	113.5	1.5	1.5	HJ214E	112	135	4300	5300	1.2
NU215E	NJ215E	NUP215E	N215E	NH215E	75	130	25	88.5	118.5	1.5	1.5	HJ215E	125	155	4000	5000	1.32
NU216E	NJ216E	NUP216E	N216E	NH216E	80	140	26	95.3	127.3	2	2	HJ216E	132	165	3800	4800	1.58
NU217E	NJ217E	NUP217E	N217E	NH217E	85	150	28	100.5	136.5	2	2	HJ217E	158	192	3600	4500	2
NU218E	NJ218E	NUP218E	N218E	NH218E	90	160	30	107	145	2	2	HJ218E	172	215	3400	4300	2.44

（续）

轴承型号					外形尺寸							斜挡圈	基本额定载荷/kN		极限转速/(r/min)		质量 W/kg
NU 型	NJ 型	NUP 型	N 型	NH 型	d	D	B	F_w	E_w	r_{smin}	r_{1smin}	型号	C_r	C_{0r}	脂润滑	油润滑	≈
NU219E	NJ219E	NUP219E	N219E	NH219E	95	170	32	112.5	154.5	2.1	2.1	HJ219E	208	262	3200	4000	2.96
NU220E	NJ220E	NUP220E	N220E	NH220E	100	180	34	119	163	2.1	2.1	HJ220E	235	302	3000	3800	3.58
NU221E	NJ221E	NUP221E	N221E	NH221E	105	190	36	125	173	2.1	2.1	HJ221E	260	334	2800	3600	4.15
NU222E	NJ222E	NUP222E	N222E	NH222E	110	200	38	132.5	180.5	2.1	2.1	HJ222E	278	360	2600	3400	5.02
NU224E	NJ224E	NUP224E	N224E	NH224E	120	215	40	143.5	195.5	2.1	2.1	HJ224E	322	422	2200	3000	6.11
NU226E	NJ226E	NUP226E	N226E	NH226E	130	230	40	153.5	209.5	3	3	HJ226E					
NU228E	NJ228E	NUP228E	N228E	NH228E	140	250	42	169	225	3	3	HJ228E					
NU230E	NJ230E	NUP230E	N230E	NH230E	150	270	45	182	242	3	3	HJ230E					
NU232E	NJ232E	NUP232E	N232E	NH232E	160	290	48	195	259	3	3	HJ232E					
NU234E	NJ234E	NUP234E	N234E	NH234E	170	310	52	207	279	4	4	HJ234E					
NU236E	NJ236E	NUP236E	N236E	NH236E	180	320	52	217	289	4	4	HJ236E					
NU238E	NJ238E	NUP238E	N238E	NH238E	190	340	55	230	306	4	4	HJ238E					
NU240E	NJ240E	NUP240E	N240E	NH240E	200	360	58	243	323	4	4	HJ240E					
NU244E	NJ244E	NUP244E	N244E	NH244E	220	400	65	268	358	4	4	HJ244E					
NU248E	NJ248E	—	N248E	NH248E	240	440	72	293	393	4	4	HJ248E					
NU252E	NJ252E	—	—	NH252E	260	480	80	317	—	5	5	HJ252E					
NU256E	—	—	—	—	280	500	80	337	—	5	5	—					
NU260E	—	—	—	—	300	540	85	364	—	5	5	—					
NU264E	—	—	—	—	320	580	92	392	—	5	5	—					
NU2203E	NJ2203E	NUP2203E	N2203E	NH2203E	17	40	16	22.1	35.1	0.6	0.6	HJ2203E					
NU2204E	NJ2204E	NUP2204E	N2204E	NH2204E	20	47	18	26.5	41.5	1	0.6	HJ2204E	30.8	30.0	12000	16000	0.149
NU2205E	NJ2205E	NUP2205E	N2205E	NH2205E	25	52	18	31.5	46.5	1	0.6	HJ2205E	32.8	33.8	11000	14000	0.168
NU2206E	NJ2206E	NUP2206E	N2206E	NH2206E	30	62	20	37.5	55.5	1	0.6	HJ2206E	45.5	48.0	8500	11000	0.268
NU2207E	NJ2207E	NUP2207E	N2207E	NH2207E	35	72	23	44	64	1.1	0.6	HJ2207E	57.5	63.0	7500	9500	0.414
NU2208E	NJ2208E	NUP2208E	N2208E	NH2208E	40	80	23	49.5	71.5	1.1	1.1	HJ2208E	67.5	75.2	7000	9000	0.507
NU2209E	NJ2209E	NUP2209E	N2209E	NH2209E	45	85	23	54.5	76.5	1.1	1.1	HJ2209E	71.0	82.0	6300	8000	0.55
NU2210E	NJ2210E	NUP2210E	N2210E	NH2210E	50	90	23	59.5	81.5	1.1	1.1	HJ2210E	74.2	88.8	6000	7500	0.59
NU2211E	NJ2211E	NUP2211E	N2211E	NH2211E	55	100	25	66	90	1.5	1.1	HJ2211E	94.8	118	5300	6700	0.81
NU2212E	NJ2212E	NUP2212E	N2212E	NH2212E	60	110	28	72	100	1.5	1.5	HJ2212E	122	152	5000	6300	1.12
NU2213E	NJ2213E	NUP2213E	N2213E	NH2213E	65	120	31	78.5	108.5	1.5	1.5	HJ2213E	142	180	4500	5600	1.48
NU2214E	NJ2214E	NUP2214E	N2214E	NH2214E	70	125	31	83.5	113.5	1.5	1.5	HJ2214E	148	192	4300	5300	1.56
NU2215E	NJ2215E	NUP2215E	N2215E	NH2215E	75	130	31	88.5	118.5	1.5	1.5	HJ2215E	155	205	4000	5000	1.64
NU2216E	NJ2216E	NUP2216E	N2216E	NH2216E	80	140	33	95.3	127.3	2	2	HJ2216E	178	242	3800	4800	2.05
NU2217E	NJ2217E	NUP2217E	N2217E	NH2217E	85	150	36	100.5	136.5	2	2	HJ2217E	205	272	3600	4500	2.58
NU2218E	NJ2218E	NUP2218E	N2218E	NH2218E	90	160	40	107	145	2	2	HJ2218E	230	312	3400	4300	3.26
NU2219E	NJ2219E	NUP2219E	N2219E	NH2219E	95	170	43	112.5	154.5	2.1	2.1	HJ2219E	275	368	3200	4000	3.97

NU2220E	NJ2220E	NUP2220E	N2220E	NH2220E	100	180	46	119	163	2.1	2.1	HJ2220E	318	440	3000	3800	4.86
NU2222E	NJ2222E	NUP2222E	N2222E	NH2222E	110	200	53	132.5	180.5	2.1	2.1	HJ222E					
NU2224E	NJ2224E	NUP2224E	N2224E	NH2224E	120	215	58	143.5	195.5	2.1	2.1	HJ2224E					
NU2226E	NJ2226E	NUP2226E	N2226E	NH2226E	130	230	64	153.5	209.5	3	3	HJ2226E					
NU2228E	NJ2228E	NUP2228E	N2228E	NH2228E	140	250	68	169	225	3	3	HJ2228E					
NU2230E	NJ2230E	NUP2230E	N2230E	NH2230E	150	270	73	182	242	3	3	HJ2230E					
NU2232E	NJ2232E	NUP2232E	N2232E	NH2232E	160	290	80	193	259	3	3	HJ2232E					
NU2234E	NJ2234E	NUP2234E	N2234E	NH2234E	170	310	86	205	279	4	4	HJ2234E					
NU2236E	NJ2236E	NUP2236E	N2236E	NH2236E	180	320	86	215	289	4	4	HJ2236E					
NU2238E	NJ2238E	NUP2238E	N2238E	NH2238E	190	340	92	228	306	4	4	HJ2238E					
NU2240E	NJ2240E	NUP2240E	N2240E	NH2240E	200	360	98	241	323	4	4	HJ2240E					
NU2244E	—	NUP2244E	—	—	220	400	108	259	—	4	4	—					
NU2248E	—	—	—	—	240	440	120	287	—	4	4	—					
NU2252E	—	—	—	—	260	480	130	313	—	5	5	—					
NU2256E	—	—	—	—	280	500	130	333	—	5	5	—					
NU2260E	—	—	—	—	300	540	140	355	—	5	5	—					
NU2264E	—	—	—	—	320	580	150	380	—	5	5	—					
NU303E	NJ303E	NUP303E	N303E	NH303E	17	47	14	24.2	40.2	1	0.6	HJ303E	—	—			
NU304E	NJ304E	NUP304E	N304E	NH304E	20	52	15	27.5	45.5	1.1	0.6	HJ304E	29.0	25.5	11000	15000	0.155
NU305E	NJ305E	NUP305E	N305E	NH305E	25	62	17	34	54	1.1	1.1	HJ305E	38.5	35.8	9000	12000	0.2
NU306E	NJ306E	NUP306E	N306E	NH306E	30	72	19	40.5	62.5	1.1	1.1	HJ306E	49.2	48.2	8000	10000	0.377
NU307E	NJ307E	NUP307E	N307E	NH307E	35	80	21	46.2	70.2	1.5	1.1	HJ307E	62.4	62.6	7000	9000	0.56
NU308E	NJ308E	NUP308E	N308E	NH308E	40	90	23	52	80	1.5	1.5	HJ308E	76.8	77.8	6300	8000	0.68
NU309E	NJ309E	NUP309E	N309E	NH309E	45	100	25	58.5	88.5	1.5	1.5	HJ309E	93.0	98.0	5600	7000	0.93
NU310E	NJ310E	NUP310E	N310E	NH310E	50	110	27	65	97	2	2	HJ310E	105	112	5300	6700	1.2
NU311E	NJ311E	NUP311E	N311E	NH311E	55	120	29	70.5	106.5	2	2	HJ311E	128	138	4800	6000	1.53
NU312E	NJ312E	NUP312E	N312E	NH312E	60	130	31	77	115	2.1	2.1	HJ312E	142	155	4500	5600	1.87
NU313E	NJ313E	NUP313E	N313E	NH313E	65	140	33	82.5	124.5	2.1	2.1	HJ313E	170	188	4000	5000	2.31
NU314E	NJ314E	NUP314E	N314E	NH314E	70	150	35	89	133	2.1	2.1	HJ314E	195	220	3800	4800	2.86
NU315E	NJ315E	NUP315E	N315E	NH315E	75	160	37	95	143	2.1	2.1	HJ315E	228	260	3600	4500	3.43

（续）

轴承型号					外形尺寸							斜挡圈型号	基本额定载荷/kN		极限转速/(r/min)		质量 W/kg
NU 型	NJ 型	NUP 型	N 型	NH 型	d	D	B	F_w	E_w	r_{smin}	r_{1smin}		C_r	C_{0r}	脂润滑	油润滑	≈
NU316E	NJ316E	NUP316E	N316E	NH316E	80	170	39	101	151	2.1	2.1	HJ316E	245	282	3400	4300	4.05
NU317E	NJ317E	NUP317E	N317E	NH317E	85	180	41	108	160	3	3	HJ317E	280	332	3200	4000	4.82
NU318E	NJ318E	NUP318E	N318E	NH318E	90	190	43	113.5	169.5	3	3	HJ318E	298	348	3000	3800	5.59
NU319E	NJ319E	NUP319E	N319E	NH319E	95	200	45	121.5	177.5	3	3	HJ319E	315	380	2800	3600	6.52
NU320E	NJ320E	NUP320E	N320E	NH320E	100	215	47	127.5	191.5	3	3	HJ320E	365	425	2600	3200	7.89
NU321E	NJ321E	NUP321E	N321E	NH321E	105	225	49	133	201	3	3	HJ321E					
NU322E	NJ322E	NUP322E	N322E	NH322E	110	240	50	143	211	3	3	HJ322E					
NU324E	NJ324E	NUP324E	N324E	NH324E	120	260	55	154	230	3	3	HJ324E					
NU326E	NJ326E	NUP326E	N326E	NH326E	130	280	58	167	247	4	4	HJ326E					
NU328E	NJ328E	NUP328E	N328E	NH328E	140	300	62	180	260	4	4	HJ328E					
NU330E	NJ330E	NUP330E	N330E	NH330E	150	320	65	193	283	4	4	HJ330E					
NU332E	NJ332E	NUP332E	N332E	NH332E	160	340	68	204	300	4	4	HJ332E					
NU334E	NJ334E	—	N334E	NH334E	170	360	72	218	318	4	4	HJ334E					
NU336E	NJ336E	—	—	NH336E	180	380	75	231	—	4	4	HJ336E					
NU338E	—	—	—	—	190	400	78	245	—	5	5	—					
NU340E	NJ340E	—	—	—	200	420	80	258	—	5	5	—					
NU344E	—	—	—	—	220	460	88	282	—	5	5	—					
NU348E	NJ348E	—	—	—	240	500	95	306	—	5	5	—					
NU352E	—	—	—	—	260	540	102	337	—	6	6	—					
NU356E	NJ356E	—	—	—	280	580	108	362	—	6	6	—					
NU2304E	NJ2304E	NUP2304E	N2304E	NH2304E	20	52	21	27.5	45.5	1.1	0.6	HJ2304E	29.0	37.5	10000	14000	0.216
NU2305E	NJ2305E	NUP2305E	N2305E	NH2305E	25	62	24	34	54	1.1	1.1	HJ2305E	53.2	54.5	9000	12000	0.355
NU2306E	NJ2306E	NUP2306E	N2306E	NH2306E	30	72	27	40.5	62.5	1.1	1.1	HJ2306E	70.0	75.5	8000	10000	0.538
NU2307E	NJ2307E	NUP2307E	N2307E	NH2307E	35	80	31	46.2	70.2	1.5	1.1	HJ2307E	87.5	98.2	7000	9000	0.738
NU2308E	NJ2308E	NUP2308E	N2308E	NH2308E	40	90	33	52	80	1.5	1.5	HJ2308E	105	118	6300	8000	0.974
NU2309E	NJ2309E	NUP2309E	N2309E	NH2309E	45	100	36	58.5	88.5	1.5	1.5	HJ2309E	130	152	5600	7000	1.34
NU2310E	NJ2310E	NUP2310E	N2310E	NH2310E	50	110	40	65	97	2	2	HJ2310E	155	185	5300	6700	1.79
NU2311E	NJ2311E	NUP2311E	N2311E	NH2311E	55	120	43	70.5	106.5	2	2	HJ2311E	190	228	4800	6000	2.28
NU2312E	NJ2312E	NUP2312E	N2312E	NH2312E	60	130	46	77	115	2.1	2.1	HJ2312E	212	260	4500	5600	2.81

NU2313E	NJ2313E	NUP2313E	N2313E	NH2313E	65	140	48	82.5	124.5	2.1	2.1	HJ2313E	235	285	4000	5000	3.34
NU2314E	NJ2314E	NUP2314E	N2314E	NH2314E	70	150	51	89	133	2.1	2.1	HJ2314E	260	320	3800	4800	4.1
NU2315E	NJ2315E	NUP2315E	N2315E	NH2315E	75	160	55	95	143	2.1	2.1	HJ2315E					
NU2316E	NJ2316E	NUP2316E	N2316E	NH2316E	80	170	58	101	151	2.1	2.1	HJ2316E					
NU2317E	NJ2317E	NUP2317E	N2317E	NH2317E	85	180	60	108	160	3	3	HJ2317E					
NU2318E	NJ2318E	NUP2318E	N2318E	NH2318E	90	190	64	113.5	169.5	3	3	HJ2318E					
NU2319E	NJ2319E	NUP2319E	N2319E	NH2319E	95	200	67	121.5	177.5	3	3	HJ2319E					
NU2320E	NJ2320E	NUP2320E	N2320E	NH2320E	100	215	73	127.5	191.5	3	3	HJ2320E					
NU2322E	NJ2322E	NUP2322E	N2322E	NH2322E	110	240	80	143	211	3	3	HJ2322E					
NU2324E	NJ2324E	NUP2324E	N2324E	NH2324E	120	260	86	154	230	3	3	HJ2324E					
NU2326E	NJ2326E	NUP2326E	N2326E	NH2326E	130	280	93	167	247	4	4	HJ2326E					
NU2328E	NJ2328E	NUP2328E	N2328E	NH2328E	140	300	102	180	260	4	4	HJ2328E					
NU2330E	NJ2330E	NUP2330E	N2330E	NH2330E	150	320	108	193	283	4	4	HJ2330E					
NU2332E	NJ2332E	NUP2332E	N2332E	NH2332E	160	340	114	204	300	4	4	HJ2332E					
NU2334E	NJ2334E	—	—	—	170	360	120	216	—	4	4	—					
NU2336E	NJ2336E	—	—	—	180	380	126	227	—	4	4	—					
NU2338E	NJ2338E	—	—	—	190	400	132	240	—	5	5	—					
NU2340E	NJ2340E	—	—	—	200	420	138	253	—	5	5	—					
NU2344E	—	—	—	—	220	460	145	277	—	5	5	—					
NU2348E	—	—	—	—	240	500	155	303	—	5	5	—					
NU2352E	—	—	—	—	260	540	165	324	—	6	6	—					
NU2356E	—	—	—	—	280	580	175	351	—	6	6	—					

（续）

轴承型号		外形尺寸							基本额定载荷/kN		极限转速/(r/min)		质量 W/kg
NU 型	N 型	d	D	B	F_w	E_w	r_{smin}	r_{1smin}	C_r	C_{0r}	脂润滑	油润滑	≈
NU1005	N1005	25	47	12	30.5	41.5	1	0.3	11.0	10.2	11000	15000	0.1
NU1006	N1006	30	55	13	36.5	48.5	1	0.6					
NU1007	N1007	35	62	14	42	55	1	0.6					
NU1008	N1008	40	68	15	47	61	1	0.6	21.2	22.0	7500	9500	0.22
NU1009	N1009	45	75	16	52.5	67.5	1	0.6	22.8	23.5	7000	9000	—
NU1010	N1010	50	80	16	57.5	72.5	1	0.6	25.0	27.5	6300	8000	—
NU1011	N1011	55	90	18	64.5	80.5	1.1	1	35.8	40.0	5600	7000	0.45
NU1012	N1012	60	95	18	69.5	85.5	1.1	1	38.5	45.0	5300	6700	0.48
NU1013	N1013	65	100	18	74.5	90.5	1.1	1					
NU1014	N1014	70	110	20	80	100	1.1	1	47.5	57.0	4800	6000	0.71
NU1015	N1015	75	115	20	85	105	1.1	1					
NU1016	N1016	80	125	22	91.5	113.5	1.1	1	59.2	77.8	4300	5300	1
NU1017	N1017	85	130	22	96.5	118.5	1.1	1					
NU1018	N1018	90	140	24	103	127	1.5	1.1	74.0	94.8	3800	4800	1.36
NU1019	N1019	95	145	24	108	132	1.5	1.1					
NU1020	N1020	100	150	24	113	137	1.5	1.1	78.0	102	3400	4300	1.5
NU1021	N1021	105	160	26	119.5	145.5	2	1.1	91.5	122	3200	4200	1.9
NU1022	N1022	110	170	28	125	155	2	1.1	115	155	3000	3800	2.3
NU1024	N1024	120	180	28	135	165	2	1.1	130	168	2600	3400	2.96
NU1026	N1026	130	200	33	148	182	2	1.1	152	212	2400	3200	3.7
NU1028	N1028	140	210	33	158	192	2	1.1	158	220	2000	2800	4
NU1030	N1030	150	225	35	169.5	205.5	2.1	1.5	188	268	1900	2600	4.8
NU1032	N1032	160	240	38	180	220	2.1	1.5	212	302	1800	2400	6
NU1034	N1034	170	260	42	193	237	2.1	2.1	255	365	1700	2200	8.14
NU1036	N1036	180	280	46	205	255	2.1	2.1	300	438	1600	2000	10.1
NU1038	N1038	190	290	46	215	265	2.1	2.1	335	495	1500	1900	12.0
NU1040	N1040	200	310	51	229	281	2.1	2.1	408	615	1400	1800	14.3
NU1044	N1044	220	340	56	250	310	3	3	448	685	1200	1600	—
NU1048	N1048	240	360	56	270	330	3	3	470	745	1000	1400	21
NU1052	N1052	260	400	65	296	364	4	4	592	932	950	1300	31
NU1056	N1056	280	420	65	316	384	4	4	600	965	850	1100	33
NU1060	N1060	300	460	74	340	420	4	4	880	1470	800	1000	44.4
NU1064	N1064	320	480	74	360	440	4	4	890	1520	750	950	47
NU1068	N1068	340	520	82	385	475	5	5					
NU1072	N1072	360	540	82	405	495	5	5					
NU1076	N1076	380	560	82	425	515	5	5					
NU1080	—	400	600	90	450	—	5	5	1420	2480	560	700	88.8
NU1084	—	420	620	90	470	—	5	5					

表 19-42 双列圆柱滚子轴承（摘自 GB/T 285—2013）

双列圆柱滚子轴承
d=25~670mm
GB/T285—2013

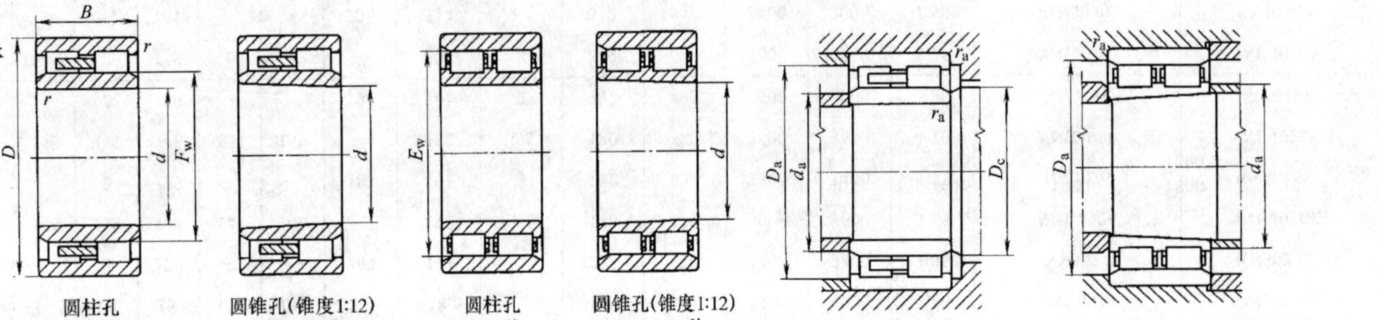

圆柱孔 NNU 4900型　　圆锥孔(锥度1:12) NNU…K型　　圆柱孔 NN型　　圆锥孔(锥度1:12) NN…K型

公称尺寸			其他尺寸			安装尺寸						基本额定载荷		极限转速		质量	轴承代号	
d	D	B	E_w	F_w	r min	d_a min	d_a max	d_b min	D_a min	D_a max	r_a max	C_r	C_{0r}	脂润滑	油润滑	W ≈	圆柱孔 NN0000 型 NNU0000 型	圆锥孔 NN0000K 型 NNU0000K 型
mm			mm			mm						kN		r/min		kg	—	
25	47	16	41.3	—	0.6	29	—	—	42	43	0.6	24.8	28.5	13000	16000	0.12	NN3005	NN3005K
30	55	19	48.5	—	1	35	—	—	49	50	1	29.2	35.5	11000	14000	0.19	NN3006	NN3006K
35	62	20	55	—	1	40	—	—	56	57	1	37.2	47.5	10000	13000	0.25	NN3007	NN3007K
40	68	21	61	—	1	45	—	—	62	63	1	40.8	53.2	9000	12000	0.30	NN3008	NN3008K
45	75	23	67.5	—	1	50	—	—	69	70	1	47.5	62.2	8000	10000	0.38	NN3009	NN3009K
50	80	23	72.5	—	1	55	—	—	74	75	1	50.2	69.8	7500	9000	0.42	NN3010	NN3010K
55	90	26	81	—	1.1	61.5	—	—	82	83.5	1	65.8	91.8	6700	8000	0.62	NN3011	NN3011K
60	95	26	86.1	—	1.1	66.5	—	—	87	88.5	1	70.0	100	6300	7500	0.66	NN3012	NN3012K
65	100	26	91	—	1.1	71.5	—	—	92	93.5	1	72.5	110	6000	7000	0.71	NN3013	NN3013K
70	110	30	100	—	1.1	76.5	—	—	101	103.5	1	92.0	142	5300	6700	1.00	NN3014	NN3014K

（续）

公称尺寸			其他尺寸			安装尺寸						基本额定载荷		极限转速		质量	轴承代号	
d	D	B	E_w	F_w	r min	d_a min	d_a max	d_b min	D_a min	D_a max	r_a max	C_r	C_{0r}	脂润滑	油润滑	W ≈	圆柱孔 NN0000 型 NNU0000 型	圆锥孔 NN0000K 型 NNU0000K 型
mm			mm			mm						kN		r/min		kg	—	
75	115	30	105	—	1.1	81.5	—	—	106	108.5	1	92.0	142	5000	6000	1.10	NN3015	NN3015K
80	125	34	113	—	1.1	86.5	—	—	114	118.5	1	112	175	4800	5600	1.50	NN3016	NN3016K
85	130	34	118	—	1.1	91.5	—	—	119	123.5	1	118	195	4500	5300	1.60	NN3017	NN3017K
90	140	37	127	—	1.5	98	—	—	129	132	1.5	132	205	4300	5000	2.00	NN3018	NN3018K
95	145	37	132	—	1.5	103	—	—	134	137	1.5	135	220	4000	4800	2.10	NN3019	NN3019K
100	140	40	—	113	1.1	106.5	111	116	—	133.5	1	122	242	4000	4800	1.90	NNU4920	NNU4920K
	150	37	137	—	1.5	108	—	—	139	142	1.5	142	238	3800	4500	2.20	NN3020	NN3020K
105	145	40	—	118	1.1	111.5	116	121	—	138.5	1	122	248	3800	4500	2.00	NNU4921	NNU4921K
	160	41	146	—	2	114	—	—	148	151	2	180	290	3600	4300	2.80	NN3021	NN3021K
110	150	40	—	123	1.1	116.5	121	126	—	143.5	1	125	258	3800	4500	2.05	NNU4922	NNU4922K
	170	45	155	—	2	119	—	—	157	161	2	208	342	3400	4000	3.55	NN3022	NN3022K
120	165	45	—	134.5	1.1	126.5	133	137	—	158.5	1	168	322	3400	4000	2.80	NNU4924	NNU4924K
	180	46	165	—	2	129	—	—	167	171	2	218	370	3200	3800	3.85	NN3024	NN3024K
130	180	50	—	146	1.5	138	144	149	—	172	1.5	178	370	3000	3600	3.85	NNU4926	NNU4926K
	200	52	182	—	2	139	—	—	183	191	2	272	452	2800	3400	5.75	NN3026	NN3026K
140	190	50	—	156	1.5	148	154	159	—	182	1.5	180	380	2800	3400	4.10	NNU4928	NNU4928K
	210	53	192	—	2	149	—	—	194	201	2	282	495	2600	3200	6.20	NN3028	NN3028K
150	210	60	—	168.5	2	159	166	172	—	201	2	312	622	2600	3200	6.25	NNU4930	NNU4930K
	225	56	206	—	2.1	161	—	—	208	214	2.1	312	542	2400	3000	7.50	NN3030	NN3030K
160	220	60	—	178.5	2	169	176	182	—	211	2	312	645	2400	3000	6.60	NNU4932	NNU4932K
	240	60	219	—	2.1	171	—	—	221	229	2.1	350	622	2200	2800	9.10	NN3032	NN3032K

170	230	60	—	188.5	2	179	186	192	—	221	2	320	660	2200	2800	6.95	NNU4934	NNU4934K
	260	67	236	—	2.1	181	—	—	238	249	2.1	435	775	2000	2600	12.5	—	NN3034K
180	250	69	—	202	2	189	199	205	—	241	2	382	808	2000	2600	10.5	NNU4936	NNU4936K
	280	74	255	—	2.1	191	—	—	257	269	2.1	532	950	1900	2400	16.5	NN3036	NN3036K
190	260	69	—	212	2	199	209	215	—	251	2	382	835	1900	2400	11.0	NNU4938	NNU4938K
	290	75	265	—	2.1	201	—	—	267	279	2.1	565	1030	1800	2400	17.0	NN3038	NN3038K
200	280	80	—	225	2.1	211	222	228	—	269	2.1	460	988	1900	2400	15.0	NNU4940	NNU4940K
	310	82	282	—	2.1	211	—	—	285	299	2.1	612	1080	1800	2200	22.0	NN3040	NN3040K
220	300	80	—	245	2.1	231	242	249	—	289	2.1	485	1080	1800	2200	17.0	NNU4944	NNU4944K
	340	90	310	—	3	233	—	—	313	327	2.5	768	1390	1700	2000	28.5	NN3044	NN3044K
240	320	80	—	265	2.1	251	262	269	—	309	2.1	502	1060	1700	2000	17.5	NNU4948	NNU4948K
	360	92	330	—	3	253	—	—	333	347	2.5	800	1480	1500	1800	32.0	NN3048	NN3048K
260	360	100	—	292	2.1	271	288	296	—	349	2.1	710	1620	1400	1700	30.5	NNU4952	NNU4952K
	400	104	364	—	4	276	—	—	367	384	3	970	1830	1300	1600	46.0	NN3052	NN3052K
280	380	100	—	312	2.1	291	308	316	—	369	2.1	725	1710	1300	1600	32.0	NNU4956	NNU4956K
	420	106	384	—	4	296	—	—	387	404	3	1030	1980	1200	1500	49.5	NN3056	NN3056K
300	420	118	—	339	3	313	335	343	—	407	2.5	970	2240	1100	1000	50.9	NNU4960	NNU4960K
	460	118	418	—	4	316	—	—	421	444	3	1190	2280	900	1200	68.5	NN3060	NNU3060K
340	520	133	473	—	5	360	—	—	477	500	4	1570	3290	800	900	97.5	NN3068	NN3068K
360	540	134	493	—	5	380	—	—	497	520	4	1630	3280	700	800	105	NN3072	NN3072K
380	560	135	513	—	5	400	—	—	517	540	4	1600	3280	600	700	110	NN3076	NN3076K
460	680	163	624	—	6	486	—	—	627	654	5	2470	5230	450	560	195	NN3092	NN3092K
560	820	195	755	—	6	588	—	—	—	—	5	2460	6560	340	430	319	NN30/560	NN30/560K
670	980	230	900	—	7.5	706	—	—	—	—	6	4620	9360	220	300	560	NN30/670	NN30/670K

表 19-43　单双列滚针轴承（摘自 GB/T5801—2006）

滚针轴承单列
d=5~360mm
GB/T5801—2006

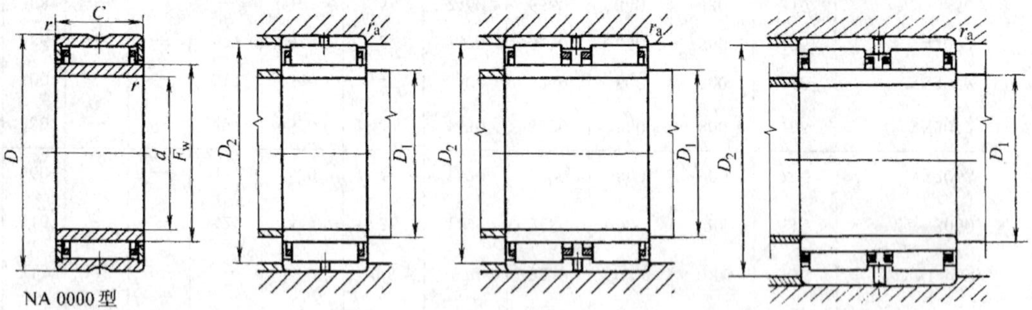

NA 0000 型
NKI 型

公称尺寸			其他尺寸		安装尺寸			基本额定载荷		极限转速		质量	轴承代号
d	D	C	F_w	r min	D_1 min	D_2 max	r_a max	C_r	C_{0r}	脂润滑	油润滑	W ≈	NA 型 NKI 型
mm			mm		mm			kN		r/min		g	—
5	15	12	8	0.3	7	13	0.3	3.70	3.70	19000	28000	12.3	NKI5/12
	15	16	8	0.3	7	13	0.3	4.90	5.30	19000	28000	16.4	NKI5/16
6	16	12	9	0.3	8	14	0.3	4.20	4.50	18000	26000	13.5	NKI6/12
	16	16	9	0.3	8	14	0.3	5.60	6.50	18000	26000	18.1	NKI6/16
7	17	12	10	0.3	9	15	0.3	4.40	4.90	16000	24000	14.8	NKI7/12
	17	16	10	0.3	9	15	0.3	5.90	7.20	16000	24000	19.8	NKI7/16
9	19	12	12	0.3	11	17	0.3	6.50	7.10	15000	22000	16.9	NKI9/12
	19	16	12	0.3	11	17	0.3	9.10	11.0	15000	22000	22.4	NKI9/16
10	22	13	14	0.3	12	20	0.3	8.60	9.20	15000	22000	24.3	NA4900
	22	16	14	0.3	12	20	0.3	11.0	12.5	15000	22000	30.2	NKI10/16
	22	20	14	0.3	12	20	0.3	14.0	17.0	15000	22000	37.8	NKI10/20
12	24	13	16	0.3	14	22	0.3	9.60	10.8	13000	19000	27.6	NA4901
	24	16	16	0.3	14	22	0.3	11.5	14.0	13000	19000	33.8	NKI12/16
	24	20	16	0.3	14	22	0.3	14.5	18.8	13000	19000	42.2	NKI12/20
	24	22	16	0.3	14	22	0.3	16.2	21.5	13000	19000	46.9	NA6901

15	27	16	19	0.3	17	25	0.3	13.2	17.5	10000	16000	39.7	NKI15/16
	27	20	19	0.3	17	25	0.3	16.8	23.5	10000	16000	49.7	NKI15/20
	28	13	20	0.3	17	26	0.3	10.2	12.8	10000	16000	35.9	NA4902
	28	23	20	0.3	17	26	0.3	17.5	25.2	10000	16000	63.7	NA6902
17	29	16	21	0.3	19	27	0.3	13.8	18.8	9500	15000	43.3	NKI17/16
	29	20	21	0.3	19	27	0.3	17.5	25.5	9500	15000	54.3	NKI17/20
	30	13	22	0.3	19	28	0.3	11.2	14.5	9500	15000	39.4	NA4903
	30	23	22	0.3	19	28	0.3	19.0	28.8	9500	15000	69.9	NA6903
20	32	16	24	0.3	22	30	0.3	15.2	22.2	9000	14000	49.3	NKI20/16
	32	20	24	0.3	22	30	0.3	19.2	30.2	9000	14000	61.7	NKI20/20
	37	17	25	0.3	22	35	0.3	21.2	25.2	9000	14000	79.9	NA4904
	37	30	25	0.3	22	35	0.3	35.2	48.5	9000	14000	141	NA6904
22	34	16	26	0.3	24	32	0.3	15.5	23.5	9000	13000	52.9	NKI22/16
	34	20	26	0.3	24	32	0.3	19.8	32.0	9000	13000	66.1	NKI22/20
	39	17	28	0.3	24	37	0.3	23.2	29.2	9000	13000	85.4	NA49/22
	39	30	28	0.3	24	37	0.3	38.5	56.2	9000	13000	151	NA69/22
25	38	20	29	0.3	27	36	0.3	22.2	34.0	8000	12000	78.6	NKI25/20
	38	30	29	0.3	27	36	0.3	33.5	58.0	8000	12000	119	NKI25/30
	42	17	30	0.3	27	40	0.3	24.0	31.2	8000	12000	94.7	NA4905
	42	30	30	0.3	27	40	0.3	40.0	60.2	8000	12000	167	NA6905
28	42	20	32	0.3	30	40	0.3	23.5	37.8	7500	11000	96.4	NKI28/20
	42	30	32	0.3	30	40	0.3	35.5	64.2	7500	11000	145	NKI28/30
	45	17	32	0.3	30	43	0.3	24.8	33.2	7500	11000	104	NA49/28
	45	30	32	0.3	30	43	0.3	41.5	64.2	7500	11000	183	NA69/28
30	45	20	35	0.3	32	43	0.3	24.8	41.5	7000	10000	112	NKI30/20
	45	30	35	0.3	32	43	0.3	37.5	70.5	7000	10000	169	NKI30/30
	47	17	35	0.3	32	45	0.3	25.5	35.5	7000	10000	108	NA4906
	47	30	35	0.3	32	45	0.3	42.8	68.5	7000	10000	191	NA6906
32	47	20	37	0.3	34	45	0.3	25.2	43.2	6300	9000	118	NKI32/20
	47	30	37	0.3	34	45	0.3	38.2	74.0	6300	9000	178	NKI32/30
	52	20	40	0.6	36	48	0.6	31.5	48.5	6300	9000	168	NA49/32

（续）

公称尺寸			其他尺寸		安装尺寸			基本额定载荷		极限转速		质量	轴承代号
d	D	C	F_w	r min	D_1 min	D_2 max	r_a max	C_r	C_{0r}	脂润滑	油润滑	W ≈	NA 型 NKI 型
mm			mm		mm			kN		r/min		g	—
32	52	36	40	0.6	36	48	0.6	48.0	83.2	6300	9000	—	NA69/32
35	50	20	40	0.3	37	48	0.3	26.5	47.2	6300	9000	127	NKI35/20
	50	30	40	0.3	37	48	0.3	40.0	80.2	6300	9000	191	NKI35/30
	55	20	42	0.6	39	51	0.6	32.5	51.0	6000	8500	181	NA4907
	55	36	42	0.6	39	51	0.6	49.5	87.2	6000	8500	—	NA6907
38	53	20	43	0.3	40	51	0.3	27.5	50.8	5600	8000	136	NKI38/20
	53	30	43	0.3	40	51	0.3	41.5	86.5	5600	8000	205	NKI38/30
40	55	20	45	0.3	42	53	0.3	28.0	52.8	5300	7500	142	NKI40/20
	55	30	45	0.3	42	53	0.3	42.5	89.8	5300	7500	214	NKI40/30
	62	22	48	0.6	44	58	0.6	43.5	66.2	5000	7000	240	NA4908
	62	40	48	0.6	44	58	0.6	62.8	108	5000	7000	—	NA6908
42	57	20	47	0.3	44	55	0.3	29.2	56.5	5000	7000	148	NKI42/20
	57	30	47	0.3	44	55	0.3	44.2	96.2	5000	7000	223	NKI42/30
45	62	25	50	0.6	49	58	0.6	38.8	74.2	4800	6700	225	NKI45/25
	62	35	50	0.6	49	58	0.6	51.8	108	4800	6700	314	NKI45/35
	68	22	52	0.6	49	64	0.6	46.0	73.0	4800	6700	284	NA4909
	68	40	52	0.6	49	64	0.6	67.2	118	4800	6700	—	NA6909
50	68	25	55	0.6	54	64	0.6	41.0	82.5	4500	6300	267	NKI50/25
	68	35	55	0.6	54	64	0.6	54.8	120	4500	6300	373	NKI50/35
	72	22	58	0.6	54	68	0.6	48.2	80.0	4500	6300	287	NA4910
	72	40	58	0.6	54	68	0.6	70.2	128	4500	6300	—	NA6910
55	72	25	60	0.6	59	68	0.6	43.2	90.8	4000	5600	267	NKI55/25
	72	35	60	0.6	59	68	0.6	57.5	132	4000	5600	373	NKI55/35
	80	25	63	1	60	75	1	58.5	99.0	4000	5600	416	NA4911
	80	45	63	1	60	75	1	87.8	168	4000	5600	—	NA6911
60	82	25	68	0.6	64	78	0.6	45.5	92.0	3800	5300	398	NKI60/25
	82	35	68	0.6	64	78	0.6	66.5	150	3800	5300	559	NKI60/35
	85	25	68	1	65	80	1	61.2	108	3800	5300	448	NA4912
	85	45	68	1	65	80	1	90.8	182	3800	5300	—	NA6912

65	90	25	72	1	70	85	1	62.2	112	3600	5000	479	NA4913
	90	25	73	1	70	85	1	54.2	100	3600	5000	483	NKI65/25
	90	35	73	1	70	85	1	79.5	165	3600	5000	680	NKI65/35
	90	45	72	1	70	85	1	93.2	188	3600	5000	—	NA6913
70	95	25	80	1	75	90	1	57.2	112	3200	4500	512	NKI70/25
	95	35	80	1	75	90	1	83.8	182	3200	4500	720	NKI70/35
	100	30	80	1	75	95	1	84.0	152	3200	4500	762	NA4914
	100	54	80	1	75	95	1	130	260	3200	4500	—	NA6914
75	105	25	85	1	80	100	1	69.2	120	3000	4300	669	NKI75/25
	105	30	85	1	80	100	1	85.5	158	3000	4300	805	NA4915
	105	35	85	1	80	100	1	100	195	3000	4300	939	NKI75/35
	105	54	85	1	80	100	1	130	270	3000	4300	—	NA6915
80	110	25	90	1	85	105	1	72.2	130	2800	4000	708	NKI80/25
	110	30	90	1	85	105	1	89.0	170	2800	4000	852	NA4916
	110	35	90	1	85	105	1	105	210	2800	4000	993	NKI80/35
	110	54	90	1	85	105	1	135	292	2800	4000	—	NA6916
85	115	26	95	1	90	110	1	76.8	142	2400	3600	774	NKI85/26
	115	36	95	1	90	110	1	110	225	2400	3600	1070	NKI85/36
	120	35	100	1.1	91.5	113.5	1	112	235	2400	3600	1280	NA4917
	120	63	100	1.1	91.5	113.5	1	155	365	2400	3600	—	NA6917
90	120	26	100	1	95	115	1	79.8	152	2400	3600	814	NKI90/26
	120	36	100	1	95	115	1	115	242	2400	3600	1130	NKI90/36
	125	35	105	1.1	96.5	118.5	1	115	250	2200	3400	1340	NA4918
	125	63	105	1.1	96.5	118.5	1	165	388	2200	3400	—	NA6918
95	125	26	105	1	100	120	1	80.8	158	2200	3400	851	NKI95/26
	125	36	105	1	100	120	1	115	250	2200	3400	1180	NKI95/36
	130	35	110	1.1	101.5	123.5	1	120	265	2000	3200	1410	NA4919
	130	63	110	1.1	101.5	123.5	1	172	412	2000	3200	—	NA6919
100	130	30	110	1.1	106.5	123.5	1	98.2	205	2000	3200	1020	NKI100/30
100	130	40	110	1.1	106.5	123.5	1	125	285	2000	3200	1370	NKI100/40
	140	40	115	1.1	106.5	133.5	1	130	270	2000	3200	1960	NA4920
	140	71	115	1.1	106.5	133.5	1	202	480	2000	3200	—	NA6920

（续）

公称尺寸			其他尺寸		安装尺寸			基本额定载荷		极限转速		质量	轴承代号
d	D	C	F_w	r min	D_1 min	D_2 max	r_a max	C_r	C_{0r}	脂润滑	油润滑	W ≈	NA 型 NKI 型
mm			mm		mm			kN		r/min		g	—
110	140	30	120	1	115	135	1	93.0	210	2000	3200	1130	NA4822
	150	40	125	1.1	116.5	143.5	1	138	295	1900	3000	2120	NA4922
120	150	30	130	1	125	145	1	96.2	225	1900	3000	1220	NA4824
	165	45	135	1.1	126.5	158.5	1	18	382	1800	2800	2910	NA4924
130	165	35	145	1.1	136.5	158.5	1	118	302	1700	2600	—	NA4826
	180	50	150	1.5	138	172	1.5	202	460	1600	2400	3960	NA4926
140	175	35	155	1.1	146.5	168.5	1	122	320	1600	2400	1980	NA4828
	190	50	160	1.5	148	182	1.5	210	488	1500	2200	4220	NA4928
150	190	40	165	1.1	156.5	183.5	1	152	395	1500	2200	2800	NA4830
160	200	40	175	1.1	166.5	193.5	1	158	418	1500	2200	2970	NA4832
170	215	45	185	1.1	176.5	208.5	1	192	520	1300	2000	4080	NA4834
180	225	45	195	1.1	186.5	218.5	1	198	552	1200	1900	4290	NA4836
190	240	50	210	1.5	198	232	1.5	230	688	1200	1800	5700	NA4838
200	250	50	220	1.5	208	242	1.5	235	725	1100	1700	5970	NA4840
220	270	50	240	1.5	228	262	1.5	245	785	950	1500	6500	NA4844
240	300	60	265	2	249	291	2	352	1050	900	1400	10100	NA4848
260	320	60	285	2	269	311	2	368	1130	800	1200	10800	NA4852
280	350	69	305	2	289	341	2	445	1310	750	1100	15800	NA4856
300	380	80	330	2.1	311	369	2.1	608	1700	750	1100	22200	NA4860
320	400	80	350	2.1	331	389	2.1	630	1820	700	1000	23500	NA4864
340	420	80	370	2.1	351	409	2.1	642	1900	670	950	24800	NA4868
360	440	80	390	2.1	371	429	2.1	662	2010	630	900	26100	NA4872

注：NKI 系列在 GB/T 5801—2006 中已删除，为使用方便，本手册列出了这个系列的参数。

表 19-44 调心球轴承（摘自 GB/T 281—2013）

调心球轴承
d=10~110mm
GB/T281—2013

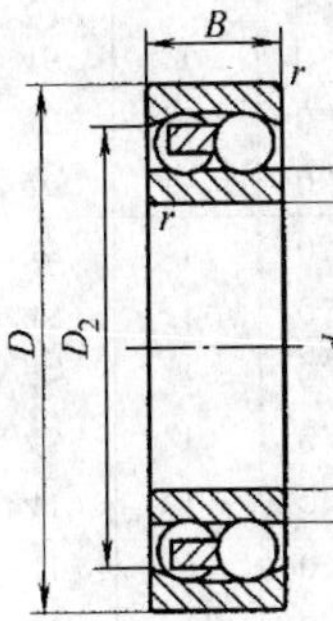

圆柱孔
10000(TN1,M)型

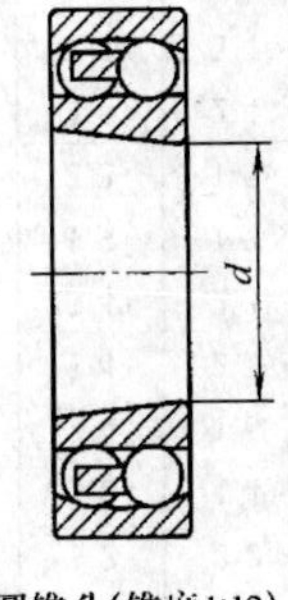

圆锥孔(锥度1:12)
10000K(KTN1,KM)型

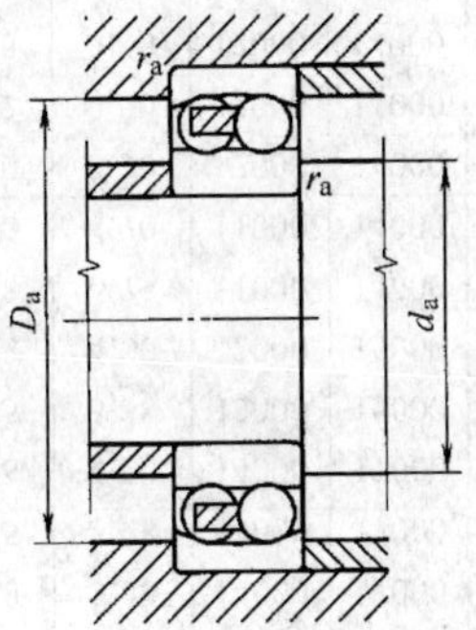

公称尺寸			其他尺寸			安装尺寸			计算系数				基本额定载荷		极限转速		质量	轴承代号	
d	D	B	d_2	D_2	r_{min}	d_{amax}	D_{amax}	r_{asmax}	e	Y_1	Y_2	Y_0	C_r	C_{0r}	脂润滑	油润滑	W ≈	圆柱孔 10000（TN1、M）型	圆锥孔 10000K（KTN1、KM）型
mm			mm			mm			—				kN		r/min		kg	—	—
10	30	9	16.7	24.4	0.6	15	25	0.6	0.32	2.0	3.0	2.0	5.48	1.20	24000	28000	0.035	1200	1200K
	30	9	16.7	23.5	0.6	15	25	0.6	0.31	2.1	3.17	2.1	5.40	1.20	24000	28000	0.035	1200TN1	1200KTN1
	30	14	15.3	25.2	0.6	15	25	0.6	0.62	1.0	1.6	1.1	7.12	1.58	24000	28000	0.050	2200	2200K
	30	14	15.6	23.0	0.6	15	25	0.6	0.48	1.3	2.0	1.4	8.00	1.70	24000	28000	0.054	2200TN1	2200KTN1
	35	11	—	—	0.6	15	30	0.6	0.33	1.9	3.0	2.0	7.22	1.62	20000	24000	0.06	1300	1300K
	35	11	18.5	26.4	0.6	15	30	0.6	0.33	1.9	3.0	2.0	7.30	1.60	20000	24000	0.061	1300TN1	1300KTN1
	35	17	—	—	0.6	15	30	0.6	0.66	0.95	1.5	1.0	11.0	2.45	18000	22000	0.09	2300	2300K
	35	17	17.0	25.4	0.6	15	30	0.6	0.56	1.1	1.7	1.1	10.8	2.40	18000	22000	0.097	2300TN1	2300KTN1
12	32	10	18.5	26.2	0.6	17	27	0.6	0.33	1.9	2.9	2.0	5.55	1.25	22000	26000	0.042	1201	1201K
	32	10	18.4	25.5	0.6	17	27	0.6	0.32	1.9	3.0	2.1	6.20	1.40	22000	26000	0.042	1201TN1	1201KTN1
	32	14	—	—	0.6	17	27	0.6	—	—	—	—	8.80	1.80	22000	26000	—	2201	2201K
	32	14	17.6	25.5	0.6	17	27	0.6	0.45	1.4	2.2	1.5	8.50	1.90	22000	26000	0.059	2201TN1	2201KTN1
	37	12	20.0	30.8	1	18	31	1	0.35	1.8	2.8	1.9	9.42	2.12	18000	22000	0.07	1301	1301K
	37	12	20.0	29.2	1	18	31	1	0.34	1.8	2.8	1.9	9.40	2.10	18000	22000	0.071	1301TN1	1301KTN1
	37	17	—	—	1	18	31	1	—	—	—	—	12.5	2.72	17000	22000	—	2301	2301K
	37	17	18.9	27.6	1	18	31	1	0.53	1.1	1.9	1.3	11.5	2.60	17000	22000	0.104	2301TN1	2301KTN1

（续）

公称尺寸			其他尺寸			安装尺寸			计算系数				基本额定载荷		极限转速		质量	轴承代号	
d	D	B	d_2	D_2	r_{min}	d_{amax}	D_{amax}	r_{asmax}	e	Y_1	Y_2	Y_0	C_r	C_{0r}	脂润滑	油润滑	W ≈	圆柱孔 10000（TN1、M）型	圆锥孔 10000K（KTN1、KM）型
mm			mm			mm			—				kN		r/min		kg	—	—
15	35	11	20.9	29.9	0.6	20	30	0.6	0.33	1.9	3.0	2.0	7.48	1.75	18000	22000	0.051	1202	1202K
	35	11	21.0	28.9	0.6	20	30	0.6	0.30	2.1	3.2	2.2	7.40	1.70	18000	22000	0.051	1202TN1	1202KTN1
	35	14	20.8	30.4	0.6	20	30	0.6	0.50	1.3	2.0	1.3	7.65	1.80	18000	22000	0.06	2202	2202K
	35	14	20.5	29.2	0.6	20	30	0.6	0.39	1.6	2.5	1.7	9.20	2.10	18000	22000	0.063	2202TN1	2202KTN1
	42	13	23.6	34.1	1	21	36	1	0.33	1.9	2.9	2.0	9.50	2.28	16000	20000	0.1	1302	1302K
	42	13	23.9	33.7	1	21	36	1	0.31	2.0	3.1	2.1	10.8	2.60	16000	20000	0.097	1302TN1	1302KTN1
	42	17	23.2	35.2	1	21	36	1	0.51	1.2	1.9	1.3	12.0	2.88	14000	18000	0.11	2302	2302K
	42	17	23.9	30.5	1	21	36	1	0.46	1.4	2.1	1.4	11.8	2.90	14000	18000	0.125	2302TN1	2302KTN1
17	40	12	24.2	33.7	0.6	22	35	0.6	0.31	2.0	3.2	2.1	7.90	2.02	16000	20000	0.076	1203	1203K
	40	12	24.1	32.7	0.6	22	35	0.6	0.30	2.1	3.2	2.2	8.90	2.20	16000	20000	0.075	1203TN1	1203KTN1
	40	16	23.5	34.3	0.6	22	35	0.6	0.50	1.2	1.9	1.3	9.00	2.45	16000	20000	0.09	2203	2203K
	40	16	23.6	33.1	0.6	22	35	0.6	0.40	1.6	2.4	1.6	10.8	2.50	16000	20000	0.095	2203TN1	2203KTN1
	47	14	26.4	38.3	1	23	41	1	0.33	1.9	3.0	2.0	12.5	3.18	14000	17000	0.14	1303	1303K
	47	14	28.9	39.5	1	23	41	1	0.30	2.1	3.2	2.2	12.8	3.40	14000	17000	0.130	1303TN1	1303KTN1
	47	19	25.8	39.4	1	23	41	1	0.52	1.2	1.9	1.3	14.5	3.58	13000	16000	0.17	2303	2303K
	47	19	26.5	37.5	1	23	41	1	0.50	1.3	1.9	1.3	14.5	3.60	13000	16000	0.175	2303TN1	2303KTN1
20	47	14	28.9	39.1	1	26	41	1	0.27	2.3	3.6	2.4	9.95	2.65	14000	17000	0.12	1204	1204K
	47	14	29.2	39.5	1	26	41	1	0.30	2.1	3.2	2.2	12.8	3.40	14000	17000	0.12	1204TN1	1204KTN1
	47	18	28.0	40.4	1	26	41	1	0.48	1.3	2.0	1.4	12.5	3.28	14000	17000	0.15	2204	2204K
	47	18	27.4	39.3	1	26	41	1	0.40	1.6	2.4	1.6	16.8	4.20	14000	17000	0.15	2204TN1	2204KTN1
	52	15	31.3	43.6	1.1	27	45	1	0.29	2.2	3.4	2.3	12.5	3.38	12000	15000	0.17	1304	1304K
	52	15	32.4	43.4	1.1	27	45	1	0.28	2.2	3.4	2.3	14.2	4.00	12000	15000	0.168	1304TN1	1304KTN1
	52	21	28.8	43.7	1.1	27	45	1	0.51	1.2	1.9	1.3	17.8	4.75	11000	14000	0.22	2304	2304K
	52	21	29.5	40.9	1.1	27	45	1	0.44	1.4	2.2	1.5	18.2	4.70	11000	14000	0.238	2304TN1	2304KTN1
25	52	15	33.1	44.9	1	31	46	1	0.27	2.3	3.6	2.4	12.0	3.30	12000	14000	0.14	1205	1205K
	52	15	33.3	44.2	1	31	46	1	0.28	2.3	3.5	2.4	14.2	4.00	12000	14000	0.148	1205TN1	1205KTN1
	52	18	33.0	44.7	1	31	46	1	0.41	1.5	2.3	1.5	12.5	3.40	12000	14000	0.19	2205	2205K
	52	18	32.6	44.6	1	31	46	1	0.33	1.9	3.0	2.0	16.8	4.40	12000	14000	0.169	2205TN1	2205KTN1
	62	17	37.8	52.5	1.1	32	55	1	0.27	2.3	3.5	2.4	17.8	5.05	10000	13000	0.26	1305	1305K

	62	17	37.3	50.3	1.1	32	55	1	0.28	2.2	3.5	2.3	18.8	5.50	10000	13000	0.271	1305TN1	1305KTN1
	62	24	35.2	52.5	1.1	32	55	1	0.47	1.3	2.1	1.4	24.5	6.48	9500	12000	0.35	2305	2305K
	62	24	36.1	49.9	1.1	32	55	1	0.41	1.5	2.3	1.6	24.5	6.50	9500	12000	0.374	2305TN1	2305KTN1
30	62	16	40.1	53.2	1	36	56	1	0.24	2.6	4.0	2.7	15.8	4.70	10000	12000	0.23	1206	1206K
	62	16	40.0	51.6	1	36	56	1	0.25	2.5	3.9	2.7	15.5	4.70	10000	12000	0.22	1206TN1	1206KTN1
	62	20	40.0	53.0	1	36	56	1	0.39	1.6	2.4	1.7	15.2	4.60	10000	12000	0.26	2206	2206K
	62	20	38.8	53.4	1	36	56	1	0.33	1.9	3.0	2.0	23.8	6.60	10000	12000	0.274	2206TN1	2206KTN1
	72	19	44.9	60.9	1.1	37	65	1	0.26	2.4	3.8	2.6	21.5	6.28	8500	11000	0.4	1306	1306K
	72	19	44.9	59.0	1.1	37	65	1	0.25	2.5	3.9	2.6	21.2	6.30	8500	11000	0.398	1306TN1	1306KTN1
	72	27	41.7	60.9	1.1	37	65	1	0.44	1.4	2.2	1.5	31.5	8.68	8000	10000	0.5	2306	2306K
	72	27	41.9	58.4	1.1	37	65	1	0.43	1.5	2.3	1.5	31.5	8.70	8000	10000	0.555	2306TN1	2306KTN1
35	72	17	47.5	60.7	1.1	42	65	1	0.23	2.7	4.2	2.9	15.8	5.08	8500	10000	0.32	1207	1207K
	72	17	47.1	60.2	1.1	42	65	1	0.23	2.7	4.2	2.9	18.8	5.90	8500	10000	0.327	1207TN1	1207KTN1
	72	23	46.0	62.2	1.1	42	65	1	0.38	1.7	2.6	1.8	21.8	6.65	8500	10000	0.44	2207	2207K
	72	23	45.1	61.8	1.1	42	65	1	0.31	2.0	3.1	2.1	30.5	8.70	8500	10000	0.423	2207TN1	2207KTN1
	80	21	51.5	69.5	1.5	44	71	1.5	0.25	2.6	4.0	2.7	25.0	7.95	7500	9500	0.54	1307	1307K
	80	21	51.7	67.1	1.5	44	71	1.5	0.25	2.5	3.9	2.6	26.2	8.50	7500	9500	0.533	1307TN1	1307KTN1
	80	31	46.5	68.4	1.5	44	71	1.5	0.46	1.4	2.1	1.4	39.2	11.0	7100	9000	0.68	2307	2307K
	80	31	47.7	65.9	1.5	44	71	1.5	0.39	1.6	2.5	1.7	39.5	11.2	7100	9000	0.761	2307TN1	2307KTN1
40	80	18	53.6	68.8	1.1	47	73	1	0.22	2.9	4.4	3.0	19.2	6.40	7500	9000	0.41	1208	1208K
	80	18	53.6	66.7	1.1	47	73	1	0.22	2.9	4.5	3.0	20.0	6.90	7500	9000	0.429	1208TN1	1208KTN1
	80	23	52.4	68.8	1.1	47	73	1	0.24	1.9	2.9	2.0	22.5	7.38	7500	9000	0.53	2208	2208K
	80	23	52.1	69.2	1.1	47	73	1	0.29	2.2	3.4	2.3	31.8	10.2	7500	9000	0.521	2208TN1	2208KTN1
	90	23	57.5	76.8	1.5	49	81	1.5	0.24	2.6	4.0	2.7	29.5	9.50	6700	8500	0.71	1308	1308K
	90	23	61.3	78.7	1.5	49	81	1.5	0.24	2.6	4.1	2.8	32.5	11.0	6700	8500	0.727	1308TN1	1308KTN1
	90	33	53.5	76.8	1.5	49	81	1.5	0.43	1.5	2.3	1.5	44.8	13.2	6300	8000	0.93	2308	2308K
	90	33	53.4	76.1	1.5	49	81	1.5	0.40	1.6	2.5	1.7	54.0	15.8	6300	8000	1.01	2308TN1	2308KTN1
45	85	19	57.3	73.7	1.1	52	78	1	0.21	2.9	4.6	3.1	21.8	7.32	7100	8500	0.49	1209	1209K
	85	19	57.4	71.7	1.1	52	78	1	0.22	2.9	4.5	3.0	23.5	8.30	7100	8500	0.488	1209TN1	1209KTN1

（续）

公称尺寸			其他尺寸			安装尺寸			计算系数				基本额定载荷		极限转速		质量	轴承代号	
d	D	B	d_2	D_2	r_{min}	d_{amax}	D_{amax}	r_{asmax}	e	Y_1	Y_2	Y_0	C_r	C_{0r}	脂润滑	油润滑	W ≈	圆柱孔 10000（TN1、M）型	圆锥孔 10000K（KTN1、KM）型
mm			mm			mm			—				kN		r/min		kg	—	—
45	85	23	57.5	74.1	1.1	52	78	1	0.31	2.1	3.2	2.2	23.2	8.00	7100	8500	0.55	2209	2209K
	85	23	55.3	72.4	1.1	52	78	1	0.26	2.4	3.8	2.5	32.5	10.5	7100	8500	0.572	2209TN1	2209KTN1
	100	25	63.7	85.7	1.5	54	91	1.5	0.25	2.5	3.9	2.6	38.0	12.8	6000	7500	0.96	1309	1309K
	100	25	67.7	86.9	1.5	54	91	1.5	0.23	2.7	4.2	2.8	38.8	13.5	6000	7500	0.975	1309TN1	1309KTN1
	100	36	60.2	86.0	1.5	54	91	1.5	0.42	1.5	2.3	1.6	55.0	16.2	5600	7100	1.25	2309	2309K
	100	36	60.0	84.9	1.5	54	91	1.5	0.37	1.7	2.6	1.8	63.8	19.2	5600	7100	1.347	2309TN1	2309KTN1
50	90	20	62.3	78.7	1.1	57	83	1	0.20	3.1	4.8	3.3	22.8	8.08	6300	8000	0.54	1210	1210K
	90	20	62.3	77.4	1.1	57	83	1	0.21	3.0	4.6	3.1	26.5	9.50	6300	8000	0.548	1210TN1	1210KTN1
	90	23	62.5	79.3	1.1	57	83	1	0.29	2.2	3.4	2.3	23.2	8.45	6300	8000	0.68	2210	2210K
	90	23	61.3	79.3	1.1	57	83	1	0.24	2.7	4.1	2.8	33.5	11.2	6300	8000	0.594	2210TN1	2210KTN1
	110	27	70.1	95.0	2	60	100	2	0.24	2.7	4.1	2.8	43.2	14.2	5600	6700	1.21	1310	1310K
	110	27	70.3	90.5	2	60	100	2	0.24	2.7	4.1	2.8	43.8	15.2	5600	6700	1.297	1310TN1	1310KTN1
	110	40	65.8	94.4	2	60	100	2	0.43	1.5	2.3	1.6	64.5	19.8	5000	6300	1.64	2310	2310K
	110	40	67.7	91.3	2	60	100	2	0.34	1.9	2.9	2.0	64.8	20.2	5000	6300	1.835	2310TN1	2310KTN1
55	100	21	70.1	88.4	1.5	64	91	1.5	0.20	3.2	5.0	3.4	26.8	10.0	6000	7100	0.72	1211	1211K
	100	21	70.7	86.4	1.5	64	91	1.5	0.19	3.3	5.1	3.4	27.8	10.5	6000	7100	0.715	1211TN1	1211KTN1
	100	25	69.7	87.8	1.5	64	91	1.5	0.28	2.3	3.5	2.4	26.8	9.95	6000	7100	0.81	2211	2211K
	100	25	67.6	87.4	1.5	64	91	1.5	0.23	2.7	4.2	2.8	39.2	13.5	6000	7100	0.806	2211TN1	2211KTN1
	120	29	77.7	104	2	65	110	2	0.23	2.7	4.2	2.8	51.5	18.2	5000	6300	1.58	1311	1311K
	120	29	78.7	101.5	2	65	110	2	0.23	2.7	4.2	2.8	52.8	18.8	5000	6300	1.636	1311TN1	1311KTN1
	120	43	72	103	2	65	110	2	0.41	1.5	2.4	1.6	75.2	23.5	4800	6000	2.1	2311	2311K
	120	43	73.9	99.7	2	65	110	2	0.33	1.9	3.0	2.0	75.2	24.0	4800	6000	2.341	2311TN1	2311KTN1
60	110	22	77.8	97.5	1.5	69	101	1.5	0.19	3.4	5.3	3.6	30.2	11.5	5300	6300	0.9	1212	1212K
	110	22	78.6	95.6	1.5	69	101	1.5	0.18	3.4	5.3	3.6	31.2	12.2	5300	6300	0.915	1212TN1	1212KTN1
	110	28	75.5	96.1	1.5	69	101	1.5	0.28	2.3	3.5	2.4	34.0	12.5	5300	6300	1.1	2212	2212K
	110	28	74.8	90.5	1.5	69	101	1.5	0.24	2.6	4.0	2.7	48.2	17.2	5300	6300	1.122	2212TN1	2212KTN1
	130	31	87	115	2.1	72	118	2.1	0.23	2.8	4.3	2.9	57.2	20.8	4500	5600	1.96	1312	1312K
	130	31	87.1	111.4	2.1	72	118	2.1	0.23	2.8	4.3	2.9	58.2	21.2	4500	5600	2.019	1312TN1	1312KTN1
	130	46	76.9	112	2.1	72	118	2.1	0.41	1.6	2.5	1.6	86.8	27.5	4300	5300	2.6	2312	2312K

	130	46	80.0	108.4	2.1	72	118	2.1	0.33	1.9	3.0	2.0	87.5	28.2	4300	5300	2.912	2312TN1	2312KTN1
65	120	23	85.3	105	1.5	74	111	1.5	0.17	3.7	5.7	3.9	31.0	12.5	4800	6000	0.92	1213	1213K
	120	23	85.7	104.0	1.5	74	111	1.5	0.18	3.6	5.6	3.8	35.0	13.8	4800	6000	1.152	1213TN1	1213KTN1
	120	31	81.9	105	1.5	74	111	1.5	0.28	2.3	3.5	2.4	43.5	16.2	4800	6000	1.5	2213	2213K
	120	31	80.9	104.9	1.5	74	111	1.5	0.24	2.6	4.0	2.7	59.2	21.5	4800	6000	1.504	2213TN1	2213KTN1
	140	33	92.5	122	2.1	77	128	2.1	0.23	2.8	4.3	2.9	61.8	22.8	4300	5300	2.39	1313	1313K
	140	33	89.8	115.7	2.1	77	128	2.1	0.23	2.7	4.2	2.9	65.8	24.2	4300	5300	2.533	1313TN1	1313KTN1
	140	48	85.5	122	2.1	77	128	2.1	0.38	1.6	2.6	1.7	96.0	32.5	3800	4800	3.2	2313	2313K
	140	48	87.6	118.4	2.1	77	128	2.1	0.32	2.0	3.1	2.1	97.2	31.8	3800	4800	3.472	2313TN1	2313KTN1
70	125	24	87.4	109	1.5	79	116	1.5	0.18	3.5	5.4	3.7	34.5	13.5	4800	5600	1.29	1214	1214K
	125	24	88.7	106.9	1.5	79	116	1.5	0.18	3.5	5.4	3.7	34.5	13.5	4800	5600	1.345	1214M	1214KM
	125	31	87.5	111	1.5	79	116	1.5	0.27	2.4	3.7	2.5	44.0	17.0	4500	5600	1.62	2214	2214K
	125	31	88.1	110.7	1.5	79	116	1.5	0.23	2.7	4.2	2.9	54.2	20.8	4500	5600	1.575	2214TN1	2214KTN1
	150	35	97.7	129	2.1	82	138	2.1	0.22	2.8	4.4	2.9	74.5	27.5	4000	5000	3.0	1314	1314K
	150	35	97.7	125.1	2.1	82	138	2.1	0.23	2.8	4.3	2.9	75.0	28.5	4000	5000	3.267	1314M	1314KM
	150	51	91.6	130	2.1	82	138	2.1	0.38	1.7	2.6	1.8	110	37.5	3600	4500	3.9	2314	2314K
	150	51	91.7	126.0	2.1	82	138	2.1	0.37	1.7	2.6	1.8	112	37.2	3600	4500	5.358	2314M	2314KM
75	130	25	93	116	1.5	84	121	1.5	0.17	3.6	5.6	3.8	38.8	15.2	4300	5300	1.35	1215	1215K
	130	25	93.9	113.2	1.5	84	121	1.5	0.17	3.7	5.7	3.8	38.8	15.5	4300	5300	1.461	1215M	1215KM
	130	31	93.1	117	1.5	84	121	1.5	0.25	2.5	3.9	2.6	44.2	18.0	4300	5300	1.72	2215	2215K
	130	31	93.2	115.9	1.5	84	121	1.5	0.22	2.9	4.4	3.0	52.8	20.2	4300	5300	1.627	2215TN1	2215KTN1
	160	37	104	138	2.1	87	148	2.1	0.22	2.8	4.4	3.0	79.0	29.8	3800	4500	3.6	1315	1315K
	160	37	106.0	135.0	2.1	87	148	2.1	0.22	2.8	4.4	3.0	81.5	31.5	3800	4500	3.911	1315M	1315KM
	160	55	97.8	139	2.1	87	148	2.1	0.38	1.7	2.6	1.7	122	42.8	3400	4300	4.7	2315	2315K
	160	55	98.8	135.2	2.1	87	148	2.1	0.37	1.7	2.7	1.8	125	42.2	3400	4300	6.535	2315M	2315KM
80	140	26	101	125	2	90	130	2	0.18	3.6	5.5	3.7	39.5	16.8	4000	5000	1.65	1216	1216K
	140	26	102	121.7	2	90	130	2	0.17	3.7	5.7	3.9	39.5	16.2	4000	5000	1.792	1216M	1216KM
	140	33	98.8	124	2	90	130	2	0.25	2.5	3.9	2.6	48.8	20.2	4000	5000	2.19	2216	2216K
	140	33	98.9	124.5	2	90	130	2	0.22	2.9	4.4	3.0	65.2	25.5	4000	5000	2.053	2216TN1	2216KTN1

（续）

公称尺寸			其他尺寸			安装尺寸			计算系数				基本额定载荷		极限转速		质量	轴承代号	
d	D	B	d_2	D_2	r_{min}	d_{amax}	D_{amax}	r_{asmax}	e	Y_1	Y_2	Y_0	C_r	C_{0r}	脂润滑	油润滑	W ≈	圆柱孔 10000 (TN1、M)型	圆锥孔 10000K (KTN1、KM)型
mm			mm			mm			—				kN		r/min		kg	—	—
80	170	39	109	147	2.1	92	158	2.1	0.22	2.9	4.5	3.1	88.5	32.8	3600	4300	4.2	1316	1316K
	170	39	110.6	141	2.1	92	158	2.1	0.22	2.8	4.4	3.0	89.8	35.0	3600	4300	4.652	1316M	1316KM
	170	58	104	148	2.1	92	158	2.1	0.39	1.6	2.5	1.7	128	45.5	3200	4000	5.7	2316	2316K
	170	58	105.4	144.3	2.1	92	158	2.1	0.37	1.7	2.6	1.8	135	47.5	3200	4000	7.785	2316M	2316KM
85	150	28	107	134	2	95	140	2	0.17	3.7	5.7	3.9	48.8	20.5	3800	4500	2.1	1217	1217K
	150	28	107.1	129	2	95	140	2	0.17	3.6	5.6	3.8	47.8	19.5	3800	4500	2.240	1217M	1217KM
	150	36	105	133	2	95	140	2	0.25	2.5	3.8	2.6	58.2	23.5	3800	4500	2.53	2217	2217K
	150	36	104.7	130.3	2	95	140	2	0.22	2.9	4.5	3.0	65.5	26.2	3800	4500	2.606	2217TN1	2217KTN1
	180	41	117	158	3	99	166	2.5	0.22	2.9	4.5	3.0	97.8	37.8	3400	4000	5.0	1317	1317K
	180	41	117.4	149.4	3	99	166	2.5	0.22	2.9	4.4	3.0	97.8	38.5	3400	4000	5.475	1317M	1317KM
	180	60	111	157	3	99	166	2.5	0.38	1.7	2.6	1.7	140	51.0	3000	3800	6.70	2317	2317K
	180	60	114.6	153.5	3	99	166	2.5	0.36	1.8	2.7	1.8	140	51.5	3000	3800	8.982	2317M	2317KM
90	160	30	112	142	2	100	150	2	0.17	3.8	5.7	4.0	56.5	23.2	3600	4300	2.5	1218	1218K
	160	30	113.9	137.3	2	100	150	2	0.18	3.6	5.5	3.7	52.5	21.7	3600	4300	2.753	1218M	1218KM
	160	40	112	142	2	100	150	2	0.27	2.4	3.7	2.5	70.0	28.5	3600	4300	3.22	2218	2218K
	160	40	112.6	139	2	100	150	2	0.26	2.4	3.7	2.5	70.2	28.5	3600	4300	4.073	2218M	2218KM
	190	43	122	165	3	104	176	2.5	0.22	2.8	4.4	2.9	115	44.5	3200	3800	6.0	1318	1318K
	190	43	126.7	162.4	3	104	176	2.5	0.23	2.7	4.2	2.9	115.8	46.2	3200	3800	6.418	1318M	1318KM
	190	64	115	164	3	104	176	2.5	0.39	1.6	2.5	1.7	142	57.2	2800	3600	7.9	2318	2318K
	190	64	119.4	160.5	3	104	176	2.5	0.37	1.7	2.6	1.8	152	57.8	2800	3600	10.722	2318M	2318KM
95	170	32	120	151	2.1	107	158	2.1	0.17	3.7	5.7	3.9	63.5	27.0	3400	4000	3.0	1219	1219K
	170	32	121.8	147.6	2.1	107	158	2.1	0.17	3.7	5.7	3.8	63.8	26.8	3400	4000	3.314	1219M	1219KM
	170	43	118	151	2.1	107	158	2.1	0.26	2.4	3.7	2.5	82.8	33.8	3400	4000	4.2	2219	2219K
	170	43	119.1	147.9	2.1	107	158	2.1	0.27	2.3	3.6	2.5	83.2	34.2	3400	4000	5.024	2219M	2219KM

	200	45	127	174	3	109	186	2.5	0.23	2.8	4.3	2.9	132	50.8	3000	3600	7.0	1319	1319K
	200	45	133.0	170.1	3	109	186	2.5	0.24	2.6	4.0	2.7	125	50.2	3000	3600	7.450	1319M	1319KM
	200	67	—	—	3	109	186	2.5	0.38	1.7	2.6	1.8	162	64.2	2800	3400	9.2	2319	2319K
	200	67	125.1	168.7	3	109	186	2.5	0.37	1.7	2.7	1.8	165	64.2	2800	3400	12.414	2319M	2319KM
100	180	34	127	159	2.1	112	168	2.1	0.18	3.5	5.4	3.7	68.5	29.2	3200	3800	3.7	1220	1220K
	180	34	128.5	155.4	2.1	112	168	2.1	0.17	3.7	5.7	3.8	69.2	29.5	3200	3800	3.979	1220M	1220KM
	180	46	125	160	2.1	112	168	2.1	0.27	2.3	3.6	2.5	97.2	40.5	3200	3800	5.0	2220	2220K
	180	46	125.7	156.8	2.1	112	168	2.1	0.27	2.4	3.7	2.5	97.5	40.5	3200	3800	6.605	2220M	2220KM
	215	47	136	185	3	114	201	2.5	0.24	2.7	4.1	2.8	142	57.2	2800	3400	8.64	1320	1320K
	215	47	140.3	181	3	114	201	2.5	0.24	2.7	4.1	2.8	145	59.5	2800	3400	9.240	1320M	1320KM
	215	73	—	—	3	114	201	2.5	0.37	1.7	2.6	1.8	192	78.5	2400	3200	12.4	2320	2320K
	215	73	134.5	182.5	3	114	201	2.5	0.37	1.7	2.6	1.8	192	78.5	2400	3200	15.949	2320M	2320KM
105	190	36	134	167	2.1	117	178	2.1	0.18	3.5	5.5	3.7	74	32.2	3000	3600	4.4	1221	1221K
	190	36	135.6	163.7	2.1	117	178	2.1	0.17	3.7	5.7	3.9	74.5	32.2	3000	3600	4.727	1221M	1221KM
	190	50	—	—	2.1	117	178	2.1	—	—	—	—	—	—	3000	3600	—	2221	2221K
	190	50	131.9	164.8	2.1	117	178	2.1	0.27	2.3	3.6	2.4	101	46.5	3000	3600	7.391	2221M	2221KM
	225	49	—	—	3	119	211	2.5	0.24	2.6	4.1	2.7	152	64.5	2600	3200	9.55	1321	1321K
	225	49	148.5	190.8	3	119	211	2.5	0.24	2.7	4.3	2.8	150	63.5	2600	3200	10.544	1321M	1321KM
	225	77	139	190	3	119	211	2.5	0.36	1.7	2.7	1.8	218	92.5	2400	3000	18.485	2321M	2321KM
110	200	38	140	176	2.1	122	188	2.1	0.17	3.6	5.6	3.8	87.2	37.5	2800	3400	5.2	1222	1222K
	200	38	142.5	173.1	2.1	122	188	2.1	0.17	3.6	5.6	3.8	88.0	38.5	2800	3400	5.578	1222M	1222KM
	200	53	137	177	2.1	122	188	2.1	0.28	2.2	3.5	2.4	125	52.2	2800	3400	7.2	2222	2222K
	200	53	138.3	174.1	2.1	122	188	2.1	0.28	2.3	3.5	2.4	125	52.2	2800	3400	8.759	2222M	2222KM
	240	50	154	206	3	124	226	2.5	0.23	2.8	4.3	2.9	162	72.8	2400	3000	11.8	1322	1322K
	240	50	157.8	201.9	3	124	226	2.5	0.23	2.8	4.3	2.9	162	72.5	2400	3000	12.452	1322M	1322KM
	240	80	—	—	3	124	226	2.5	0.39	1.6	2.5	1.7	215	94.2	2200	2800	17.6	2322	2322K
	240	80	149.8	202.0	3	124	226	2.5	0.37	1.7	2.7	1.8	215	94.2	2200	2800	21.967	2322M	2322KM

表 19-45　调心滚子轴承（摘自 GB/T 288—2013）

调心滚子轴承
d=20　850mm
GB/T 288—2013

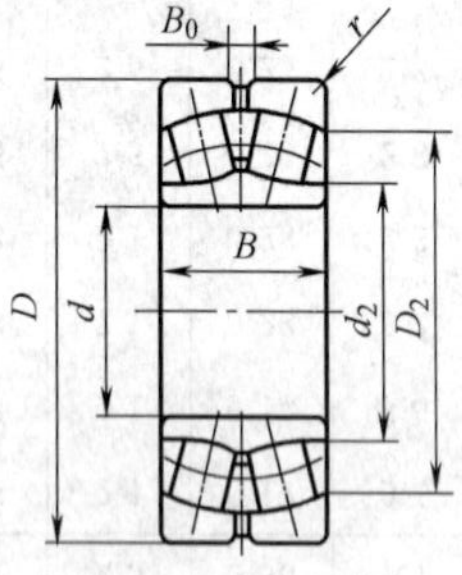

圆柱孔20000型

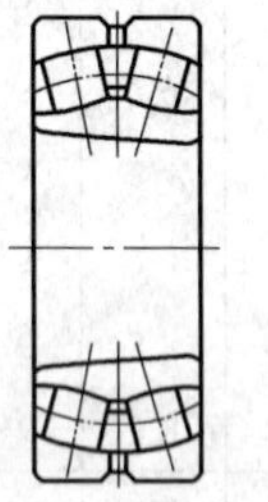

圆锥孔20000K型

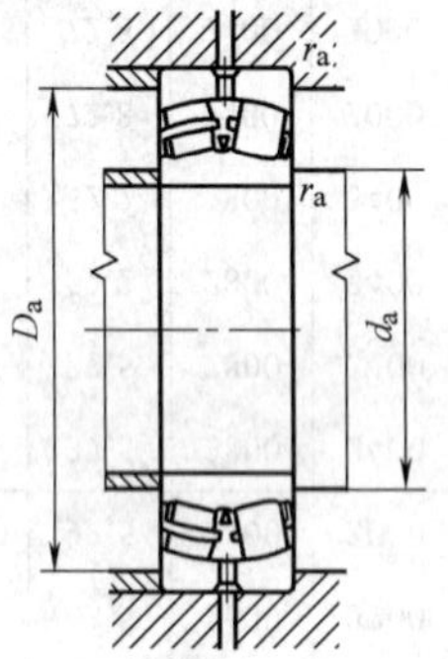

公称尺寸			其他尺寸				安装尺寸			计算系数				基本额定载荷		极限转速		质量	轴承代号	
d	D	B	d_2 ≈	D_2 ≈	B_0	r min	d_a min	D_a max	r_a max	e	Y_1	Y_2	Y_0	C_r	C_{0r}	脂润滑	油润滑	W ≈	圆柱孔	圆锥孔
mm			mm				mm			—				kN		r/min		kg	—	—
20	52	15	29.5	42	—	1.1	27	45	1	0.31	2.2	3.3	2.2	30.8	31.2	6000	7500	0.175	21304	21304K
25	52	18	30.9	43.9	5.5	1	30	46	1	0.35	1.9	2.9	1.9	35.8	36.8	8000	10000	0.177	22205	22205K
	62	17	36.4	50.8	—	1.1	32	55	1	0.29	2.4	3.5	2.3	41.5	44.2	5300	6700	0.277	21305	21305K
30	62	20	40.6	52.1	—	1	36	56	1	0.35	1.9	2.8	1.9	30.5	38.2	5300	6700	—	22206	22206K
	72	19	43.3	59.6	—	1.1	37	65	1	0.27	2.5	3.7	2.4	55.8	62.0	4500	6000	0.412	21306	21306K
35	72	23	44.5	59.3	—	1.1	42	65	1	0.36	1.9	2.8	1.8	45.2	59.5	4800	6000	0.43	22207	22207K
	80	21	49.1	66.3	—	1.5	44	71	1.5	0.27	2.5	3.8	2.5	63.5	73.2	4000	5300	0.542	21307	21307K
40	80	23	52.6	66.5	—	1.1	47	73	1	0.32	2.1	3.1	2.1	49.8	68.5	4500	5600	0.55	22208	22208K
	90	23	54.0	75.1	—	1.5	49	81	1.5	0.26	2.6	3.8	2.5	85.0	96.2	3600	4500	0.743	21308	21308K
	90	33	—	—	—	1.5	49	81	1.5	0.42	1.6	2.4	1.6	73.5	90.5	4000	5000	1.03	22308	22308K
45	85	23	58.1	71.7	—	1.1	52	78	1	0.30	2.3	3.4	2.2	52.2	73.2	4000	5000	0.59	22209	22209K
	100	25	61.4	84.4	—	1.5	54	91	1.5	0.25	2.7	4.0	2.6	100	115	3200	4000	1.0	21309	21309K
	100	36	—	—	—	1.5	54	91	1.5	0.41	1.6	2.4	1.6	108	140	3600	4500	1.4	22309	22309K
50	90	23	63.1	76.9	—	1.1	57	83	1	0.30	2.4	3.6	2.4	52.2	73.2	3800	4800	0.87	22210	22210K
	110	27	66.7	91.7	—	2	60	100	2	0.25	2.7	4.0	2.6	120	140	2800	3800	1.3	21310	21310K
	110	40	66.5	90.9	—	2	60	100	2	0.41	1.6	2.4	1.6	128	170	3400	4300	1.9	22310	22310K

55	100	25	69.6	85	—	1.5	64	91	1.5	0.28	2.5	3.7	2.4	60	87.2	3400	4300	—	22211	22211K
	120	29	72.6	100.5	—	2	65	110	2	0.25	2.7	4.1	2.7	142	170	2600	3400	1.65	21311	21311K
	120	43	—	—	—	2	65	110	2	0.39	1.7	2.6	1.7	155	198	3000	3800	2.4	22311	22311K
60	110	28	75.7	93.5	—	1.5	69	101	1.5	0.28	2.4	3.6	2.4	81.8	122	3200	4000	1.22	22212	22212K
	130	31	79.5	109.3	—	2.1	72	118	2.1	0.24	2.8	4.2	2.7	162	195	2400	3200	2.08	21312	21312K
	130	46	79	107.9	—	2.1	72	118	2.1	0.40	1.7	2.5	1.6	168	225	2800	3600	3.0	22312	22312K
65	120	31	83	102.3	—	1.5	74	111	1.5	0.28	2.4	3.6	2.4	88.5	128	2800	3600	1.63	22213	22213K
	140	33	87.4	118.1	—	2.1	77	128	2.1	0.24	2.9	4.3	2.8	182	228	2200	3000	2.57	21313	21313K
	140	48	—	—	—	2.1	77	128	2.1	0.39	1.7	2.6	1.7	188	252	2400	3200	3.6	22313	22313K
70	125	31	87.4	106	—	1.5	79	116	1.5	0.27	2.4	3.7	2.4	95	142	2600	3400	1.66	22214	22214K
	150	35	94.3	127.9	—	2.1	82	138	2.1	0.23	2.9	4.3	2.8	212	268	2000	2800	3.11	21314	21314K
	150	51	92	126.6	—	2.1	82	138	2.1	0.37	1.8	2.7	1.8	230	315	2200	3000	4.4	22314	22314K
75	130	31	94	113.3	—	1.5	84	121	1.5	0.26	2.6	3.9	2.6	95	142	2400	3200	1.75	22215	22215K
	160	37	102.2	137.7	—	2.1	87	148	2.1	0.23	3.0	4.4	2.9	238	302	1900	2600	3.76	21315	21315K
	160	55	—	—	—	2.1	87	148	2.1	0.36	1.7	2.6	1.7	262	388	2000	2800	5.4	22315	22315K
80	140	33	99	120.7	—	2	90	130	2	0.25	2.7	4.0	2.6	115	180	2200	3000	2.2	22216	22216K
	170	39	107	144.4	—	2.1	92	158	2.1	0.23	3.0	4.4	2.9	260	332	1800	2400	4.47	21316	21316K
	170	58	105	143.7	—	2.1	92	158	2.1	0.37	1.8	2.7	1.8	288	405	1900	2600	6.4	22316	22316K
85	150	36	105	129.5	—	2	95	140	2	0.26	2.6	3.9	2.5	145	228	2000	2800	2.8	22217	22217K
	180	41	112.9	153.3	—	3	99	166	2.5	0.23	3.0	4.4	2.9	298	385	1700	2200	5.23	21317	21317K
	180	60	—	—	—	3	99	166	2.5	0.37	1.8	2.7	1.8	308	440	1800	2400	7.4	22317	22317K
90	160	40	112	138.3	—	2	100	150	2	0.27	2.5	3.8	2.5	168	272	1900	2600	4.0	22218	22218K
	160	52.4	105.5	137	5.5	2	100	150	2	0.31	2.1	3.2	2.1	325	478	1700	2200	4.6	23218	23218K
	190	43	119.7	161	—	3	104	176	2.5	0.23	3.0	4.5	2.9	320	420	1600	2200	6.17	21318	21318K
	190	64	118	159.2	—	3	104	176	2.5	0.37	1.8	2.7	1.8	365	542	1700	2200	8.8	22318	22318K
95	170	43	119	148.4	—	2.1	107	158	2.1	0.27	2.5	3.7	2.4	212	322	1800	2400	4.2	22219	22219K
	200	67	—	—	—	3	109	186	2.5	0.38	1.8	2.7	1.8	385	570	1600	2000	10.3	22319	22319K
100	165	52	115.4	144.1	5.5	2	110	155	2	0.30	2.3	3.4	2.2	320	505	1600	2000	5	23120	23120K
	180	46	125	156.1	—	2.1	112	168	2.1	0.27	2.5	3.7	2.4	222	358	1700	2200	5	22220	22220K
	215	73	135	181.5	—	3	114	201	2.5	0.37	1.8	2.7	1.8	450	668	1400	1800	13	22320	22320K

（续）

公称尺寸			其他尺寸				安装尺寸			计算系数				基本额定载荷		极限转速		质量	轴承代号	
d	D	B	d_2 ≈	D_2 ≈	B_0	r min	d_a min	D_a max	r_a max	e	Y_1	Y_2	Y_0	C_r	C_{0r}	脂润滑	油润滑	W ≈	圆柱孔	圆锥孔
mm			mm				mm			—				kN		r/min		kg	—	—
110	170	45	—	—	—	2	120	160	2	0.26	2.6	3.9	2.6	195	410	1400	1800	3.9	23022	23022K
	180	56	—	—	—	2	120	170	2	0.32	2.1	3.1	2.1	262	475	1300	1700	3.1	23122	23122K
	200	53	138	173.4	—	2.1	122	188	2.1	0.28	2.4	3.6	2.3	288	465	1500	1900	7.4	22222	22222K
	240	80	149	201.1	—	3	124	226	2.5	0.37	1.9	2.7	1.8	545	832	1200	1600	18.1	22322	22322K
120	180	46	—	—	—	2	130	170	2	0.25	2.7	4.0	2.6	212	470	1200	1600	4.3	23024	23024K
	200	62	139.1	175	—	2	130	190	2	0.32	2.1	3.1	2.0	290	572	1100	1500	7.63	23124	23124K
	215	58	149	187.7	—	2.1	132	203	2.1	0.29	2.4	3.5	2.3	342	565	1300	1700	9.2	22224	22224K
	260	86	162	218.4	—	3	134	246	2.5	0.37	1.9	2.7	1.8	645	992	1100	1500	22	22324	22324K
130	200	52	—	—	—	2	140	190	2	0.26	2.6	3.8	2.5	270	608	1100	1500	6.2	23026	23026K
	230	64	161	201	8.3	3	144	216	2.5	0.29	2.3	3.4	2.3	408	708	1200	1600	11.2	22226	22226K
	280	93	176	234.3	—	4	148	262	3	0.39	1.7	2.6	1.7	722	1140	950	1300	29	22326	22326K
140	210	53	—	—	—	2	150	200	2	0.25	2.7	4.0	2.6	285	635	950	1300	6.7	23028	23028K
	225	68	—	—	—	2.1	152	213	2.1	0.29	2.3	3.4	2.3	398	605	950	1300	10.9	23128	23128K
	250	68	175	219.7	—	3	154	236	2.5	0.29	2.3	3.5	2.3	478	805	1000	1400	14.5	22228	22228K
	300	102	184.5	246.6	—	4	158	282	3	0.38	1.8	2.6	1.7	825	1340	900	1200	36	22328	22328K
150	225	56	—	—	—	2.1	162	213	2.1	0.25	2.7	4.0	2.5	328	768	900	1200	8.14	23030	23030K
	250	80	—	—	—	2.1	162	238	2.1	0.33	2.0	3.0	2.0	512	1080	850	1100	16.1	23130	23130K
	270	73	188	236.2	—	3	164	256	2.5	0.29	2.3	3.5	2.3	508	875	950	1300	18.5	22230	22230K
	320	108	198	269.2	—	4	168	302	3	0.36	1.9	2.8	1.8	1020	1740	850	1100	43	22330	22330K
160	240	60	—	—	—	2.1	172	228	2.1	0.25	2.7	4.0	2.6	368	825	850	1100	10	23032	23032K
	270	86	—	—	—	2.1	172	258	2.1	0.34	2.0	2.9	2.0	520	1110	800	1000	19.7	23132	23132K
	290	80	200	252.2	—	3	174	276	2.5	0.30	2.3	3.4	2.2	642	1140	900	1200	22.2	22232	22232K
	340	114	213	279.4	—	4	178	322	3	0.38	1.8	2.7	1.8	1040	1770	800	1000	51	22332	22332K
170	260	67	—	—	—	2.1	182	248	2.1	0.26	2.6	3.8	2.5	445	1010	800	1000	13	23034	23034K
	310	86	212	267.5	—	4	188	292	3	0.30	2.3	3.4	2.2	720	1300	850	1100	29	22234	22234K
	360	120	227.4	319	—	4	188	342	3	0.39	1.7	2.6	1.7	1150	2060	750	950	60	22334	22334K

180	280	74	—	—	—	2.1	192	268	2.1	0.26	2.6	3.8	2.5	540	1230	750	950	17.6	23036	23036K
	300	96	—	—	—	3	194	286	2.5	0.32	2.1	3.1	2.1	695	1480	750	900	27.1	23136	23136K
	320	86	222	276.9	—	4	198	302	3	0.29	2.3	3.5	2.3	735	1370	800	1000	30.0	22236	22236K
	380	120	240.8	336.5	—	4	198	362	3	0.38	1.8	2.6	1.7	1260	2270	700	900	70	22336	22336K
190	290	75	—	—	—	2.1	202	278	2.1	0.25	2.7	4.0	2.6	555	1230	700	900	20	23038	23038K
	320	104	—	—	—	3	204	306	2.5	0.33	2.0	3.0	2.0	788	1830	670	850	35.3	23138	23138K
	340	92	238	295	—	4	208	322	3	0.29	2.3	3.5	2.3	818	1510	750	950	35.3	22238	22238K
	400	132	255	328.4	—	5	212	378	4	0.36	1.8	2.7	1.8	1390	2530	670	850	81	22338	22338K
200	310	82	—	—	—	2.1	212	298	2.1	0.25	2.7	4.0	2.6	580	1310	670	850	24	23040	23040K
	340	112	—	—	—	3	214	326	2.5	0.34	2.0	3.0	2.0	910	2010	630	800	50.7	23140	23140K
	360	98	251	311.4	—	4	218	342	3	0.29	2.3	3.4	2.3	920	1740	700	900	47.7	22240	22240K
	420	138	267.4	371.3	—	5	222	398	4	0.38	1.8	2.7	1.7	1490	2720	630	800	94	22340	22340K
220	340	90	—	—	—	3	234	326	2.5	0.25	2.7	4.0	2.6	760	1810	600	750	28.8	23044	23044K
	370	120	—	—	—	4	238	352	3	0.34	2.0	3.0	2.0	1030	2350	600	750	55	23144	23144K
	400	108	274	344.4	—	4	238	382	3	0.29	2.3	3.4	2.2	1170	2220	630	800	61.5	22244	22244K
	460	145	295.2	406.1	—	5	242	438	4	0.35	1.9	2.8	1.9	1690	3200	560	700	120	22344	22344K
240	360	92	—	—	—	3	254	346	2.5	0.25	2.7	4.1	2.7	792	2060	530	670	35.5	23048	23048K
	400	128	—	—	—	4	258	382	3	0.32	2.1	3.1	2.1	1200	2830	500	630	55.5	23148	23148K
	500	155	322.2	440.9	—	5	262	478	4	0.35	1.9	2.8	1.9	1730	3250	500	630	153	22348	22348K
260	400	104	—	—	—	4	278	382	3	0.26	2.6	3.8	2.5	1000	2450	500	630	51.5	23052	23052K
	440	144	—	—	—	4	278	422	3	0.34	2.0	2.9	1.9	1430	3320	450	560	95.3	23152	23152K
	540	165	351	446.5	—	6	288	512	5	0.34	2.0	2.9	1.9	2200	4190	480	600	191	22352	22352K
280	420	106	—	—	—	4	298	402	3	0.25	2.7	4.0	2.6	1080	2680	450	560	62	23056	23056K
	460	146	—	—	—	5	302	438	4	0.33	2.0	3.0	2.0	1590	3630	430	530	103	23156	23156K
	500	130	355	431.1	—	5	302	478	4	0.28	2.4	3.6	2.4	1690	3380	500	630	—	22256	22256K
	580	175	—	—	—	6	308	552	5	0.34	2.0	3.0	1.9	2420	4650	450	560	238	22356	22356K

（续）

公称尺寸			其他尺寸				安装尺寸			计算系数				基本额定载荷		极限转速		质量	轴承代号	
d	D	B	d_2 ≈	D_2 ≈	B_0	r min	d_a min	D_a max	r_a max	e	Y_1	Y_2	Y_0	C_r	C_{0r}	脂润滑	油润滑	W ≈	圆柱孔	圆锥孔
mm			mm				mm			—				kN		r/min		kg	—	—
300	460	118	—	—	—	4	318	442	3	0.26	2.6	3.9	2.6	1260	3070	430	530	75.2	23060	23060K
	500	160	—	—	—	5	322	478	4	0.32	2.1	3.1	2.0	1940	4420	400	500	133	23160	23160K
	540	140	378	464.2	—	5	322	518	4	0.28	2.4	3.6	2.4	1840	3450	450	560	134	22260	22260K
320	480	121	—	—	—	4	338	462	3	0.26	2.6	3.8	2.5	1380	3260	400	500	81.5	23064	23064K
340	520	133	—	—	—	5	362	498	4	0.25	2.7	4.0	2.6	1580	3810	380	480	109	23068	23068K
360	540	134	—	—	—	5	382	518	4	0.25	2.7	4.0	2.6	1710	4180	360	450	114	23072	23072K
380	560	135	—	—	—	5	402	538	4	0.24	2.8	4.1	2.7	1710	4240	340	430	120	23076	23076K
	620	194	—	—	—	5	402	598	4	0.24	2.0	3.0	2.0	2620	6240	300	380	244	23176	23176K
400	600	148	—	—	—	5	422	578	4	0.25	2.6	3.8	2.5	2060	5110	300	380	154	23080	23080K
	820	243	—	—	—	7.5	436	784	6	0.33	2.1	3.1	2.0	4530	9290	240	320	644	22380	22380K
420	620	150	—	—	—	5	442	598	4	0.24	2.8	4.3	2.8	2060	5110	280	360	160	23084	23084K
440	650	157	—	—	—	6	468	622	5	0.24	2.8	4.2	2.8	2170	5740	260	340	192	23088	23088K
460	680	163	—	—	—	6	488	652	5	0.23	2.9	4.4	2.9	2460	6670	220	300	232	23092	23092K
	760	240	—	—	—	7.5	496	724	6	0.33	2.0	3.0	2.0	3920	9190	190	260	479	23192	23192K
480	700	165	—	—	—	6	508	672	5	0.24	2.8	4.2	2.8	2500	6440	200	280	232	23096	23096K
500	720	167	—	—	—	6	528	692	5	0.23	3.0	4.4	2.9	2700	7180	190	260	235	230/530	230/530K
530	780	185	—	—	—	6	558	752	5	0.23	2.9	4.3	2.8	3180	8310	170	220	304	230/530	230/530K
560	820	195	—	—	—	6	588	792	5	0.23	2.9	4.3	2.8	3490	9950	160	200	364	230/560	230/560K
600	870	200	—	—	—	6	628	842	5	0.22	3.0	4.5	2.9	3760	10400	130	170	417	230/600	230/600K
630	920	212	—	—	—	7.5	666	884	6	0.23	3.0	4.4	2.9	4170	11500	120	160	511	230/630	230/630K
850	1220	272	—	—	—	7.5	886	1184	6	0.28	2.4	3.5	2.3	7760	22200	75	95	1388	230/850	230/850K

表 19-46　角接触球轴承（摘自 GB/T 292—2007）

角接触球轴承单列
d=10~220mm
GB/T292—2007

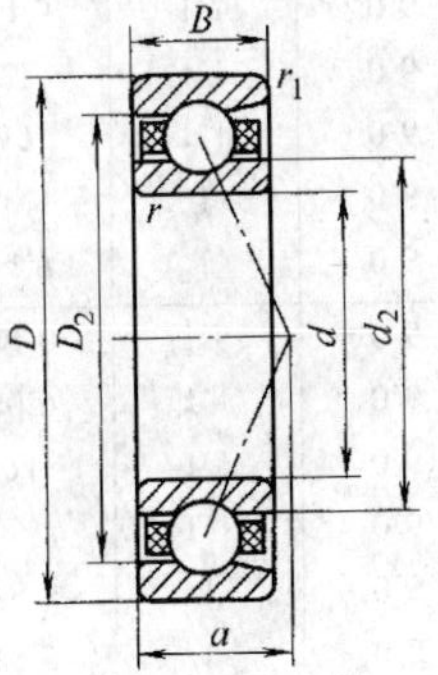

70000C(AC)型

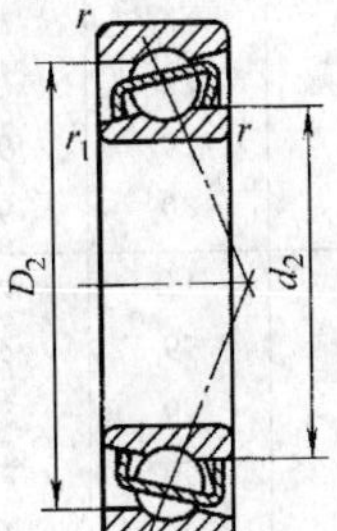

70000B型

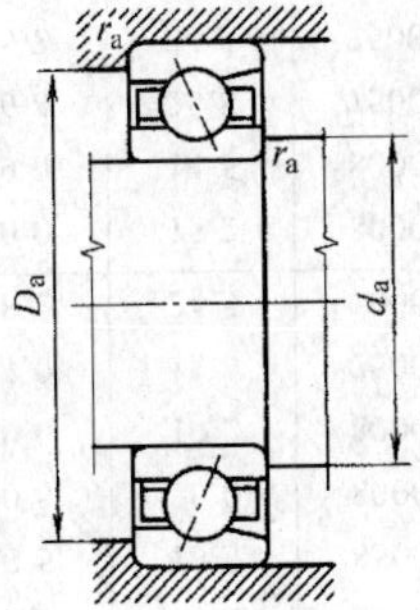

公称尺寸			其他尺寸					安装尺寸			基本额定载荷		极限转速		质量	轴承代号
d	D	B	d_2 ≈	D_2 ≈	a	r min	r_1 min	d_a min	D_a max	r_a max	C_r	C_{0r}	脂润滑	油润滑	W ≈	70000C (AC,B)型
mm			mm					mm			kN		r/min		kg	—
10	26	8	14.9	21.1	6.4	0.3	0.15	12.4	23.6	0.3	4.92	2.25	19000	28000	0.018	7000C
	26	8	14.9	21.1	8.2	0.3	0.15	12.4	23.6	0.3	4.75	2.12	19000	28000	0.018	7000AC
	30	9	17.4	23.6	7.2	0.6	0.15	15	25	0.6	5.82	2.95	18000	26000	0.03	7200C
	30	9	17.4	23.6	9.2	0.6	0.15	15	25	0.6	5.58	2.82	18000	26000	0.03	7200AC
12	28	8	17.4	23.6	6.7	0.3	0.15	14.4	25.6	0.3	5.42	2.65	18000	26000	0.02	7001C
	28	8	17.4	23.6	8.7	0.3	0.15	14.4	25.6	0.3	5.20	2.55	18000	26000	0.02	7001AC
	32	10	18.3	26.1	8	0.6	0.15	17	27	0.6	7.35	3.52	17000	24000	0.035	7201C
	32	10	18.3	26.1	10.2	0.6	0.15	17	27	0.6	7.10	3.35	17000	24000	0.035	7201AC
15	32	9	20.4	26.6	7.6	0.3	0.15	17.4	29.6	0.3	6.25	3.42	17000	24000	0.028	7002C
	32	9	20.4	26.6	10	0.3	0.15	17.4	29.6	0.3	5.95	3.25	17000	24000	0.028	7002AC
	35	11	21.6	29.4	8.9	0.6	0.15	20	30	0.6	8.68	4.62	16000	22000	0.043	7202C
	35	11	21.6	29.4	11.4	0.6	0.15	20	30	0.6	8.35	4.40	16000	22000	0.043	7202AC
17	35	10	22.9	29.1	8.5	0.3	0.15	19.4	32.6	0.3	6.60	3.85	16000	22000	0.036	7003C
	35	10	22.9	29.1	11.1	0.3	0.15	19.4	32.6	0.3	6.30	3.68	16000	22000	0.036	7003AC
	40	12	24.6	33.4	9.9	0.6	0.3	22	35	0.6	10.8	5.95	15000	20000	0.062	7203C
	40	12	24.6	33.4	12.8	0.6	0.3	22	35	0.6	10.5	5.65	15000	20000	0.062	7203AC

（续）

公称尺寸			其他尺寸					安装尺寸			基本额定载荷		极限转速		质量	轴承代号
d	D	B	d_2 ≈	D_2 ≈	a	r min	r_1 min	d_a min	D_a max	r_a max	C_r	C_{0r}	脂润滑	油润滑	W ≈	70000C (AC,B)型
mm			mm					mm			kN		r/min		kg	—
20	42	12	26.9	35.1	10.2	0.6	0.15	25	37	0.6	10.5	6.08	14000	19000	0.064	7004C
	42	12	26.9	35.1	13.2	0.6	0.15	25	37	0.6	10.0	5.78	14000	19000	0.064	7004AC
	47	14	29.3	39.7	11.5	1	0.3	26	41	1	14.5	8.22	13000	18000	0.1	7204C
	47	14	29.3	39.7	14.9	1	0.3	26	41	1	14.0	7.82	13000	18000	0.1	7204AC
	47	14	30.5	37	21.1	1	0.3	26	41	1	14.0	7.85	13000	18000	0.11	7204B
25	47	12	31.9	40.1	10.8	0.6	0.15	30	42	0.6	11.5	7.45	12000	17000	0.074	7005C
	47	12	31.9	40.1	14.4	0.6	0.15	30	42	0.6	11.2	7.08	12000	17000	0.074	7005AC
	52	15	33.8	44.2	12.7	1	0.3	31	46	1	16.5	10.5	11000	16000	0.12	7205C
	52	15	33.8	44.2	16.4	1	0.3	31	46	1	15.8	9.88	11000	16000	0.12	7205AC
	52	15	35.4	42.1	23.7	1	0.3	31	46	1	15.8	9.45	9500	14000	0.13	7205B
	62	17	39.2	48.4	26.8	1.1	0.6	32	55	1	26.2	15.2	8500	12000	0.3	7305B
30	55	13	38.4	47.7	12.2	1	0.3	36	49	1	15.2	10.2	9500	14000	0.11	7006C
	55	13	38.4	47.7	16.4	1	0.3	36	49	1	14.5	9.85	9500	14000	0.11	7006AC
	62	16	40.8	52.2	14.2	1	0.3	36	56	1	23.0	15.0	9000	13000	0.19	7206C
	62	16	40.8	52.2	18.7	1	0.3	36	56	1	22.0	14.2	9000	13000	0.19	7206AC
	62	16	42.8	50.1	27.4	1	0.3	36	56	1	20.5	13.8	8500	12000	0.21	7206B
	72	19	46.5	56.2	31.1	1.1	0.6	37	65	1	31.0	19.2	7500	10000	0.37	7306B
35	62	14	43.3	53.7	13.5	1	0.3	41	56	1	19.5	14.2	8500	12000	0.15	7007C
	62	14	43.3	53.7	18.3	1	0.3	41	56	1	18.5	13.5	8500	12000	0.15	7007AC
	72	17	46.8	60.2	15.7	1.1	0.6	42	65	1	30.5	20.0	8000	11000	0.28	7207C
	72	17	46.8	60.2	21	1.1	0.6	42	65	1	29.0	19.2	8000	11000	0.28	7207AC
	72	17	49.5	58.1	30.9	1.1	0.6	42	65	1	27.0	18.8	7500	10000	0.3	7207B
	80	21	52.4	63.4	34.6	1.5	0.6	44	71	1.5	38.2	24.5	7000	9500	0.51	7307B
40	68	15	48.8	59.2	14.7	1	0.3	46	62	1	20.0	15.2	8000	11000	0.18	7008C
	68	15	48.8	59.2	20.1	1	0.3	46	62	1	19.0	14.5	8000	11000	0.18	7008AC
	80	18	52.8	67.2	17	1.1	0.6	47	73	1	36.8	25.8	7500	10000	0.37	7208C
	80	18	52.8	67.2	23	1.1	0.6	47	73	1	35.2	24.5	7500	10000	0.37	7208AC
	80	18	56.4	65.7	34.5	1.1	0.6	47	73	1	32.5	23.5	6700	9000	0.39	7208B
	90	23	59.3	71.5	38.8	1.5	0.6	49	81	1.5	46.2	30.5	6300	8500	0.67	7308B
	110	27	64.6	85.4	38.7	2	1	50	100	2	67.0	47.5	6000	8000	1.4	7408B

45	75	16	54.2	65.9	16	1	0.3	51	69	1	25.8	20.5	7500	10000	0.23	7009C
	75	16	54.2	65.9	21.9	1	0.3	51	69	1	25.8	19.5	7500	10000	0.23	7009AC
	85	19	58.8	73.2	18.2	1.1	0.6	52	78	1	38.5	28.5	6700	9000	0.41	7209C
	85	19	58.8	73.2	24.7	1.1	0.6	52	78	1	36.8	27.2	6700	9000	0.41	7209AC
	85	19	60.5	70.2	36.8	1.1	0.6	52	78	1	36.0	26.2	6300	8500	0.44	7209B
	100	25	66	80	42.0	1.5	0.6	54	91	1.5	59.5	39.8	6000	8000	0.9	7309B
50	80	16	59.2	70.9	16.7	1	0.3	56	74	1	26.5	22.0	6700	9000	0.25	7010C
	80	16	59.2	70.9	23.2	1	0.3	56	74	1	25.2	21.0	6700	9000	0.25	7010AC
	90	20	62.4	77.7	19.4	1.1	0.6	57	83	1	42.8	32.0	6300	8500	0.46	7210C
	90	20	62.4	77.7	26.3	1.1	0.6	57	83	1	40.8	30.5	6300	8500	0.46	7210AC
	90	20	65.5	75.2	39.4	1.1	0.6	57	83	1	37.5	29.0	5600	7500	0.49	7210B
	110	27	74.2	88.8	47.5	2	1	60	100	2	68.2	48.0	5000	6700	1.15	7310B
	130	31	77.6	102.4	46.2	2.1	1.1	62	118	2.1	95.2	64.2	5000	6700	2.08	7410B
55	90	18	65.4	79.7	18.7	1.1	0.6	62	83	1	37.2	30.5	6000	8000	0.38	7011C
	90	18	65.4	79.7	25.9	1.1	0.6	62	83	1	35.2	29.2	6000	8000	0.38	7011AC
	100	21	68.9	86.1	20.9	1.5	0.6	64	91	1.5	52.8	40.5	5600	7500	0.61	7211C
	100	21	68.9	86.1	28.6	1.5	0.6	64	91	1.5	50.5	38.5	5600	7500	0.61	7211AC
	100	21	72.4	83.4	43	1.5	0.6	64	91	1.5	46.2	36.0	5300	7000	0.65	7211B
	120	29	80.5	96.3	51.4	2	1	65	110	2	78.8	56.5	4500	6000	1.45	7311B
60	95	18	71.4	85.7	19.4	1.1	0.6	67	88	1	38.2	32.8	5600	7500	0.4	7012C
	95	18	71.4	85.7	27.1	1.1	0.6	67	88	1	36.2	31.5	5600	7500	0.4	7012AC
	110	22	76	94.1	22.4	1.5	0.6	69	101	1.5	61.0	48.5	5300	7000	0.8	7212C
	110	22	76	94.1	30.8	1.5	0.6	69	101	1.5	58.2	46.2	5300	7000	0.8	7212AC
	110	22	79.3	91.5	46.7	1.5	0.6	69	101	1.5	56.0	44.5	4800	6300	0.84	7212B
	130	31	87.1	104.2	55.4	2.1	1.1	72	118	2.1	90.0	66.3	4300	5600	1.85	7312B
	150	35	91.4	118.6	55.7	2.1	1.1	72	138	2.1	118	85.5	4300	5600	3.56	7412B

（续）

公称尺寸			其他尺寸					安装尺寸			基本额定载荷		极限转速		质量	轴承代号
d	D	B	d_2 ≈	D_2 ≈	a	r min	r_1 min	d_a min	D_a max	r_a max	C_r	C_{0r}	脂润滑	油润滑	W ≈	70000C (AC,B)型
mm			mm					mm			kN		r/min		kg	—
65	100	18	75.3	89.8	20.1	1.1	0.6	72	93	1	40.0	35.5	5300	7000	0.43	7013C
	100	18	75.3	89.8	28.2	1.1	0.6	72	93	1	38.0	33.8	5300	7000	0.43	7013AC
	120	23	82.5	102.5	24.2	1.5	0.6	74	111	1.5	69.8	55.2	4800	6300	1	7213C
	120	23	82.5	102.5	33.5	1.5	0.6	74	111	1.5	66.5	52.5	4800	6300	1	7213AC
	120	23	88.4	101.2	51.1	1.5	0.6	74	111	1.5	62.5	53.2	4300	5600	1.05	7213B
	140	33	93.9	112.4	59.5	2.1	1.1	77	128	2.1	102	77.8	4000	5300	2.25	7313B
70	110	20	82	98	22.1	1.1	0.6	77	103	1	48.2	43.5	5000	6700	0.6	7014C
	110	20	82	98	30.9	1.1	0.6	77	103	1	45.8	41.5	5000	6700	0.6	7014AC
	125	24	89	109	25.3	1.5	0.6	79	116	1.5	70.2	60.0	4500	6700	1.1	7214C
	125	24	89	109	35.1	1.5	0.6	79	116	1.5	69.2	57.5	4500	6700	1.1	7214AC
	125	24	91.1	104.9	52.9	1.5	0.6	79	116	1.5	70.2	57.2	4300	5600	1.15	7214B
	150	35	100.9	120.5	63.7	2.1	1.1	82	138	2.1	115	87.2	3600	4800	2.75	7314B
75	115	20	88	104	22.7	1.1	0.6	82	108	1	49.5	46.5	4800	6300	0.63	7015C
	115	20	88	104	32.2	1.1	0.6	82	108	1	46.8	44.2	4800	6300	0.63	7015AC
	130	25	94	115	26.4	1.5	0.6	84	121	1.5	79.2	65.8	4300	5600	1.2	7215C
	130	25	94	115	36.6	1.5	0.6	84	121	1.5	75.2	63.0	4300	5600	1.2	7215AC
	130	25	96.1	109.9	55.5	1.5	0.6	84	121	1.5	72.8	62.0	4000	5300	1.3	7215B
	160	37	107.9	128.0	68.4	2.1	1.1	87	148	2.1	125	98.5	3400	4500	3.3	7315B
80	125	22	95.2	112.8	24.7	1.5	0.6	89	116	1.5	58.5	55.8	4500	6000	0.85	7016C
	125	22	95.2	112.8	34.9	1.5	0.6	89	116	1.5	55.5	53.2	4500	6000	0.85	7016AC
	140	26	100	122	27.7	2	1	90	130	2	89.5	78.2	4000	5300	1.45	7216C
	140	26	100	122	38.9	2	1	90	130	2	85.0	74.5	4000	5300	1.45	7216AC
	140	26	103.2	117.8	59.2	2	1	90	130	2	80.2	69.5	3600	4800	1.55	7216B
	170	39	114.8	136.3	71.9	2.1	1.1	92	158	2.1	135	110	3600	4800	3.9	7316B
85	130	22	99.4	117.6	25.4	1.5	0.6	94	121	1.5	62.5	60.2	4300	5600	0.89	7017C
	130	22	99.4	117.6	36.1	1.5	0.6	94	121	1.5	59.2	57.2	4300	5600	0.89	7017AC
	150	28	107.1	131	29.9	2	1	95	140	2	99.8	85.0	3800	5000	1.8	7217C
	150	28	107.1	131	41.6	2	1	95	140	2	94.8	81.5	3800	5000	1.8	7217AC
	150	28	110.1	126	63.6	2	1	95	140	2	93.0	81.5	3400	4500	1.95	7217B
	180	41	121.2	145.6	76.1	3	1.1	99	166	2.5	148	122	3000	4000	4.6	7317B

90	140	24	107.2	126.8	27.4	1.5	0.6	99	131	1.5	71.5	69.8	4000	5300	1.15	7018C
	140	24	107.2	126.8	38.8	1.5	0.6	99	131	1.5	67.5	66.5	4000	5300	1.15	7018AC
	160	30	111.7	138.4	31.7	2	1	100	150	2	122	105	3600	4800	2.25	7218C
	160	30	111.7	138.4	44.2	2	1	100	150	2	118	100	3600	4800	2.25	7218AC
	160	30	118.1	135.2	67.9	2	1	100	150	2	105	94.5	3200	4300	2.4	7218B
	190	43	128.6	153.2	80.2	3	1.1	104	176	2.5	158	138	2800	3800	5.4	7318B
95	145	24	110.2	129.8	28.1	1.5	0.6	104	136	1.5	73.5	73.2	3800	5000	1.2	7019C
	145	24	110.2	129.8	40	1.5	0.6	104	136	1.5	69.5	69.8	3800	5000	1.2	7019AC
	170	32	118.1	147	33.8	2.1	1.1	107	158	2.1	135	115	3400	4500	2.7	7219C
	170	32	118.1	147	46.9	2.1	1.1	107	158	2.1	128	108	3400	4500	2.7	7219AC
	170	32	126.1	144.4	72.5	2.1	1.1	107	158	2.1	120	108	3000	4000	2.9	7219B
	200	45	135.4	161.5	84.4	3	1.1	109	186	2.5	172	155	2800	3800	6.25	7319B
100	150	24	114.6	135.4	28.7	1.5	0.6	109	141	1.5	79.2	78.5	3800	5000	1.25	7020C
	150	24	114.6	135.4	41.2	1.5	0.6	109	141	1.5	75	74.8	3800	5000	1.25	7020AC
	180	34	124.8	155.3	35.8	2.1	1.1	112	168	2.1	148	128	3200	4300	3.25	7220C
	180	34	124.8	155.3	49.7	2.1	1.1	112	168	2.1	142	122	3200	4300	3.25	7220AC
	180	34	130.9	150.5	75.7	2.1	1.1	112	168	2.1	130	115	2600	3600	3.45	7220B
	215	47	144.5	172.5	89.6	3	1.1	114	201	2.5	188	180	2400	3400	7.75	7320B
105	160	26	121.5	143.6	30.8	2	1	115	150	2	88.5	88.8	3600	4800	1.6	7021C
	160	26	121.5	143.6	43.9	2	1	115	150	2	83.8	84.2	3600	4800	1.6	7021AC
	190	36	131.1	163.8	37.8	2.1	1.1	117	178	2.1	162	145	3000	4000	3.85	7221C
	190	36	131.3	163.8	52.4	2.1	1.1	117	178	2.1	155	138	3000	4000	3.85	7221AC
	190	36	137.5	159	79.9	2.1	1.1	117	178	2.1	142	130	2600	3600	4.1	7221B
	225	49	151.4	180.7	93.7	3	1.1	119	211	2.5	202	195	2200	3200	8.8	7321B
110	170	28	129.1	152.9	32.8	2	1	120	160	2	100	102	3600	4800	1.95	7022C
	170	28	129.1	152.9	46.7	2	1	120	160	2	95.5	97.2	3600	4800	1.95	7022AC
	200	38	138.9	173.2	39.8	2.1	1.1	122	188	2.1	175	162	2800	3800	4.55	7222C
	200	38	138.9	173.2	55.2	2.1	1.1	122	188	2.1	168	155	2800	3800	4.55	7222AC
	200	38	144.8	166.8	84	2.1	1.1	122	188	2.1	155	145	2400	3400	4.8	7222B
	240	50	160.3	192	98.4	3	1.1	124	226	2.5	225	225	2000	3000	10.5	7322B

（续）

公称尺寸			其他尺寸					安装尺寸			基本额定载荷		极限转速		质量	轴承代号
d	D	B	d_2 ≈	D_2 ≈	a	r min	r_1 min	d_a min	D_a max	r_a max	C_r	C_{0r}	脂润滑	油润滑	W ≈	70000C (AC,B)型
mm			mm					mm			kN		r/min		kg	—
120	180	28	137.7	162.4	34.1	2	1	130	170	2	108	110	2800	3800	2.1	7024C
	180	28	137.7	162.4	48.9	2	1	130	170	2	102	105	2800	3800	2.1	7024AC
	215	40	149.4	185.7	42.4	2.1	1.1	132	203	2.1	188	180	2400	3400	5.4	7224C
	215	40	149.4	185.7	59.1	2.1	1.1	132	203	2.1	180	172	2400	3400	5.4	7224AC
130	200	33	151.4	178.7	38.6	2	1	140	190	2	128	135	2600	3600	3.2	7026C
	200	33	151.4	178.7	54.9	2	1	140	190	2	122	128	2600	3600	3.2	7026AC
	230	40	162.9	199.2	44.3	3	1.1	144	216	2.5	205	210	2200	3200	6.25	7226C
	230	40	162.9	199	62.2	3	1.1	144	216	2.5	195	200	2200	3200	6.25	7226AC
140	210	33	162	188	40	2	1	150	200	2	140	145	2400	3400	3.62	7028C
	210	33	162	188	59.2	2	1	150	200	2	140	150	2200	3200	3.62	7028AC
	250	42	—	—	41.7	3	1.1	154	236	2.5	230	245	1900	2800	9.36	7228C
	250	42	—	—	68.6	3	1.1	154	236	2.5	230	235	1900	2800	9.24	7228AC
	300	62	—	—	111	4	1.5	158	282	3	288	315	1700	2400	22.44	7328B
150	225	35	174	201	43	2.1	1.1	162	213	2.1	160	155	2200	3200	4.83	7030C
	225	35	174	201	63.2	2.1	1.1	162	213	2.1	152	168	2000	3000	4.83	7030AC
160	290	48	—	—	47.9	3	1.1	174	276	2.5	262	298	1700	2400	14.5	7232C
	290	48	—	—	78.9	3	1.1	174	276	2.5	248	278	1700	2400	14.5	7232AC
170	260	42	—	—	73.4	2.1	1.1	182	248	2.1	192	222	1800	2600	8.25	7034AC
	310	52	—	—	51.5	4	1.5	188	292	3	322	390	1600	2200	19.2	7234C
	310	52	—	—	84.5	4	1.5	188	292	3	305	368	1600	2200	17.2	7234AC
180	320	52	—	—	52.6	4	1.5	198	302	3	335	415	1500	2000	18.1	7236C
	320	52	—	—	87	4	1.5	198	302	3	315	388	1500	2000	18.1	7236AC
190	290	46	—	—	81.5	2.1	1.1	202	278	2.1	215	262	1600	2200	10.7	7038AC
200	310	51	—	—	87.7	2.1	1.1	212	298	2.1	252	325	1500	2000	14.04	7040AC
	360	58	—	—	58.8	4	1.5	218	342	3	360	475	1300	1800	25.2	7240C
	360	58	—	—	97.3	4	1.5	218	342	3	345	448	1300	1800	25.2	7240AC
220	400	65	—	—	108.1	4	1.5	238	382	3	358	482	1100	1600	38.5	7244AC

表 19-47　圆锥滚子轴承（摘自 GB/T 297—2015）

圆锥滚子轴承
d=15~360mm
GB/T297—2015

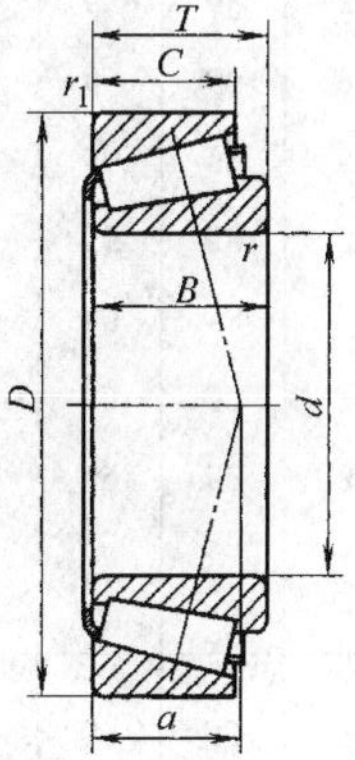

30000 型

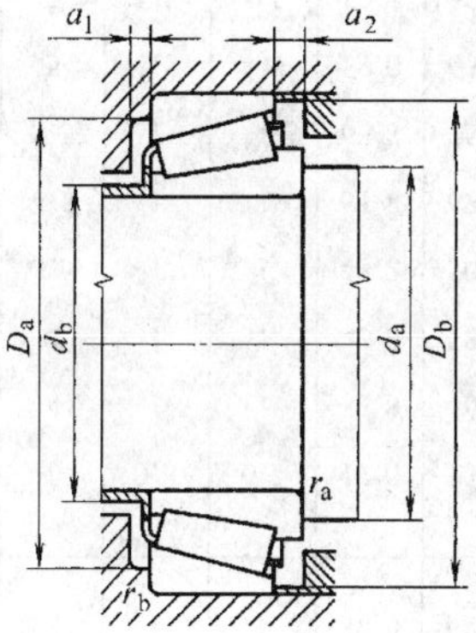

公称尺寸					其他尺寸			安装尺寸									基本额定载荷		极限转速		质量	计算系数			轴承代号
d	D	T	B	C	a ≈	r min	r_1 min	d_a min	d_b max	D_a min	D_a max	D_b min	a_1 min	a_2 min	r_a max	r_b max	C_r	C_{0r}	脂润滑	油润滑	W ≈	e	Y	Y_0	30000 型
mm					mm			mm									kN		r/min		kg	—			—
15	42	14.25	13	11	9.6	1	1	21	22	36	36	38	2	3.5	1	1	22.8	21.5	9000	12000	0.094	0.29	2.1	1.2	30302
17	40	13.25	12	11	9.9	1	1	23	23	34	34	37	2	2.5	1	1	20.8	21.8	9000	12000	0.079	0.35	1.7	1	30203
	47	15.25	14	12	10.4	1	1	23	25	40	41	43	3	3.5	1	1	28.2	27.2	8500	11000	0.129	0.29	2.1	1.2	30303
	47	20.25	19	16	12.3	1	1	23	24	39	41	43	3	4.5	1	1	35.2	36.2	8500	11000	0.173	0.29	2.1	1.2	32303
20	37	12	12	9	8.2	0.3	0.3	—	—	—	—	—	—	—	0.3	0.3	13.2	17.5	9500	13000	0.056	0.32	1.9	1	32904
	42	15	15	12	10.3	0.6	0.6	25	25	36	37	39	3	3	0.6	0.6	25.0	28.2	8500	11000	0.095	0.37	1.6	0.9	32004
	47	15.25	14	12	11.2	1	1	26	27	40	41	43	2	3.5	1	1	28.2	30.5	8000	10000	0.126	0.35	1.7	1	30204
	52	16.25	15	13	11.1	1.5	1.5	27	28	44	45	48	3	3.5	1.5	1.5	33.0	33.2	7500	9500	0.165	0.3	2	1.1	30304
	52	22.25	21	18	13.6	1.5	1.5	27	26	43	45	48	3	4.5	1.5	1.5	42.8	46.2	7500	9500	0.230	0.3	2	1.1	32304
22	40	12	12	9	8.5	0.3	0.3	—	—	—	—	—	—	—	0.3	0.3	15.0	20.0	8500	11000	0.065	0.32	1.9	1	329/22
	44	15	15	11.5	10.8	0.6	0.6	27	27	38	39	41	3	3.5	0.6	0.6	26.0	30.2	8000	10000	0.100	0.40	1.5	0.8	320/22

（续）

公称尺寸					其他尺寸			安装尺寸									基本额定载荷		极限转速		质量	计算系数			轴承代号
d	D	T	B	C	a ≈	r min	r_1 min	d_a min	d_b max	D_a min	D_a max	D_b min	a_1 min	a_2 min	r_a max	r_b max	C_r	C_{0r}	脂润滑	油润滑	W ≈	e	Y	Y_0	30000 型
mm					mm			mm									kN		r/min		kg	—			—
25	42	12	12	9	8.7	0.3	0.3	—	—	—	—	—	—	—	0.3	0.3	16.0	21.0	6300	10000	0.064	0.32	1.9	1	32905
	47	15	15	11.5	11.6	0.6	0.6	30	30	40	42	44	3	3.5	0.6	0.6	28.0	34.0	7500	9500	0.11	0.43	1.4	0.8	32005
	47	17	17	14	11.1	0.6	0.6	30	30	40	42	45	3	3	0.6	0.6	32.5	42.5	7500	9500	0.129	0.29	2.1	1.1	33005
	52	16.25	15	13	12.5	1	1	31	31	44	46	48	2	3.5	1	1	32.2	37.0	7000	9000	0.154	0.37	1.6	0.9	30205
	52	22	22	18	13.0	1.5	1.5	32	34	54	55	58	3	3.5	1.5	1.5	47.0	55.8	7000	9000	0.216	0.35	1.7	0.9	33205
	62	18.25	17	15	20.1	1.5	1.5	32	31	47	55	59	3	5.5	1.5	1.5	46.8	48.0	6300	8000	0.263	0.3	2	1.1	30305
	62	18.25	17	13	15.9	1.5	1.5	32	32	52	55	58	3	5.5	1.5	1.5	40.5	46.0	6300	8000	0.262	0.83	0.7	0.4	31305
	62	25.25	24	20	14.0	1	1	31	30	43	46	49	4	4	1	1	61.5	68.8	6300	8000	0.368	0.3	2	1.1	32305
28	45	12	12	9	9.0	0.3	0.3	—	—	—	—	—	—	—	0.3	0.3	16.8	22.8	7500	9500	0.069	0.32	1.9	1	329/28
	52	16	16	12	12.6	1	1	34	33	45	46	49	3	4	1	1	31.5	40.5	6700	8500	0.142	0.43	1.4	0.8	320/28
	58	24	24	19	15.0	1	1	34	33	49	52	55	4	5	1	1	58.0	68.2	6300	8000	0.286	0.34	1.8	1.0	332/28
30	47	12	12	9	9.2	0.3	0.3	—	—	—	—	—	—	—	0.3	0.3	17.0	23.2	7000	9000	0.072	0.32	1.9	1	32906
	55	17	17	13	13.3	1	1	36	35	48	49	52	3	4	1	1	35.8	46.8	6300	8000	0.170	0.43	1.4	0.8	32006
	55	20	20	16	12.8	1	1	36	35	48	49	52	3	4	1	1	43.8	58.8	6300	8000	0.201	0.29	2.1	1.1	33006
	62	17.25	16	14	13.8	1	1	36	37	53	56	58	2	3.5	1	1	43.2	50.5	6000	7500	0.231	0.37	1.6	0.9	30206
	62	21.25	20	17	15.6	1	1	36	36	52	56	58	3	4.5	1	1	51.8	63.8	6000	7500	0.287	0.37	1.6	0.9	32206
	62	25	25	19.5	15.7	1	1	36	36	53	56	59	5	5.5	1	1	63.8	75.5	6000	7500	0.342	0.34	1.8	1	33206
	72	20.75	19	16	15.3	1.5	1.5	37	40	62	65	66	3	5	1.5	1.5	59.0	63.0	5600	7000	0.387	0.31	1.9	1.1	30306
	72	20.75	19	14	23.1	1.5	1.5	37	37	55	65	68	3	7	1.5	1.5	52.5	60.5	5600	7000	0.392	0.83	0.7	0.4	31306
	72	28.75	17	23	18.9	1.5	1.5	37	38	59	65	66	4	6	1.5	1.5	81.5	96.5	5600	7000	0.562	0.31	1.9	1.1	32306

35	52	14	15	10	10.2	0.6	0.6	37	37	46	47	49	3	4	0.6	0.6	23.8	32.5	6300	8000	0.106	0.32	1.9	1	329/32
	58	17	17	13	14.0	1	1	38	38	50	52	55	3	4	1	1	36.5	49.2	6000	7500	0.187	0.45	1.3	0.7	320/32
	65	26	26	20.5	16.6	1	1	38	38	55	59	62	5	5.5	1	1	68.8	82.2	5600	7000	0.385	0.35	1.7	1	332/32
	55	14	14	11.5	10.1	0.6	0.6	40	40	49	50	52	3	2.5	0.6	0.6	25.8	34.8	6000	7500	0.114	0.29	2.1	1.1	32907
	62	18	18	14	15.1	1	1	41	40	54	56	59	4	4	1	1	43.2	59.2	5600	7000	0.224	0.44	1.4	0.8	32007
	62	21	21	17	13.5	1	1	41	41	54	56	59	3	4	1	1	46.8	63.2	5600	7000	0.254	0.31	2	1.1	33007
	72	18.25	17	15	15.3	1.5	1.5	42	44	62	65	67	3	3.5	1.5	1.5	54.2	63.5	5300	6700	0.331	0.37	1.6	0.9	30207
	72	24.25	23	19	17.9	1.5	1.5	42	42	61	65	68	3	5.5	1.5	1.5	70.5	89.5	5300	6700	0.445	0.37	1.6	0.9	32207
	72	28	28	22	18.2	1.5	1.5	42	42	61	65	68	5	6	1.5	1.5	82.5	102	5300	6700	0.515	0.35	1.7	0.9	33207
	80	22.75	21	18	16.8	2	1.5	44	45	70	71	74	3	5	2	1.5	75.2	82.5	5000	6300	0.515	0.31	1.9	1.1	30307
	80	22.75	21	15	25.8	2	1.5	44	42	62	71	76	4	8	2	1.5	65.8	76.8	5000	6300	0.514	0.83	0.7	0.4	31307
	80	32.75	31	25	20.4	2	1.5	44	43	66	71	74	4	8.5	2	1.5	99.0	118	5000	6300	0.763	0.31	1.9	1.1	32307
40	62	15	15	12	11.1	0.6	0.6	45	45	55	57	59	3	3	0.6	0.6	31.5	46.0	5600	7000	0.155	0.29	2.1	1.1	32908
	68	19	19	14.5	14.9	1	1	46	46	60	62	65	4	4.5	1	1	51.8	71.0	5300	6700	0.267	0.38	1.6	0.9	32008
	68	22	22	18	14.1	1	1	46	46	60	62	64	3	4	1	1	60.2	79.5	5300	6700	0.306	0.28	2.1	1.2	33008
	75	26	26	20.5	18.0	1.5	1.5	47	47	65	68	71	4	5.5	1.5	1.5	84.8	110	5000	6300	0.496	0.36	1.7	0.9	33108
	80	19.75	18	16	16.9	1.5	1.5	47	49	69	73	75	3	4	1.5	1.5	63.0	74.0	5000	6300	0.422	0.37	1.6	0.9	30208
	80	24.75	23	19	18.9	1.5	1.5	47	48	68	73	75	3	6	1.5	1.5	77.8	97.2	5000	6300	0.532	0.37	1.6	0.9	32208
	80	32	32	25	20.8	1.5	1.5	47	47	67	73	76	5	7	1.5	1.5	105	135	5000	6300	0.715	0.36	1.7	0.9	33208
	90	25.25	23	20	19.5	2	1.5	49	52	77	81	84	3	5.5	2	1.5	90.8	108	4500	5600	0.747	0.35	1.7	1	30308
	90	25.25	23	17	29.0	2	1.5	49	48	71	81	87	4	8.5	2	1.5	81.5	96.5	4500	5600	0.727	0.83	0.7	0.4	31308
	90	35.25	33	27	23.3	2	1.5	49	49	73	81	83	4	8.5	2	1.5	115	148	4500	5600	1.04	0.35	1.7	1	32308
45	68	15	15	12	12.2	0.6	0.6	50	50	61	63	65	3	3	0.6	0.6	32.0	48.5	5300	6700	0.180	0.32	1.9	1	32909
	75	20	20	15.5	16.5	1	1	51	51	67	69	72	4	4.5	1	1	58.5	81.5	5000	6300	0.337	0.39	1.5	0.8	32009
	75	24	24	19	15.9	1	1	51	51	67	69	72	4	5	1	1	72.5	100	5000	6300	0.398	0.32	1.9	1	33009
	80	26	26	20.5	19.1	1.5	1.5	52	52	69	73	77	4	5.5	1.5	1.5	87.0	118	4500	5600	0.535	0.38	1.6	1	33109
	85	20.75	19	16	18.6	1.5	1.5	52	53	74	78	80	3	5	1.5	1.5	67.8	83.5	4500	5600	0.474	0.4	1.5	0.8	30209
	85	24.75	23	19	20.1	1.5	1.5	52	53	73	78	81	3	6	1.5	1.5	80.8	105	4500	5600	0.573	0.4	1.5	0.8	32209
	85	32	32	25	21.9	1.5	1.5	52	52	72	78	81	5	7	1.5	1.5	110	145	4500	5600	0.771	0.39	1.5	0.9	33209
	100	27.25	25	22	21.3	2	1.5	54	59	86	91	94	3	5.5	2	1.5	108	130	4000	5000	0.984	0.35	1.7	1	30309
	100	27.25	25	18	31.7	2	1.5	54	54	79	91	96	4	9.5	2.0	1.5	95.5	115	4000	5000	0.944	0.83	0.7	0.4	31309
	100	38.25	36	30	25.6	2	1.5	54	56	82	91	93	4	8.5	2.0	1.5	145	188	4000	5000	1.40	0.35	1.7	1	32309

（续）

公称尺寸					其他尺寸			安装尺寸									基本额定载荷		极限转速		质量	计算系数			轴承代号
d	D	T	B	C	a ≈	r min	r_1 min	d_a min	d_b max	D_a min	D_a max	D_b min	a_1 min	a_2 min	r_a max	r_b max	C_r	C_{0r}	脂润滑	油润滑	W ≈	e	Y	Y_0	30000 型
mm					mm			mm									kN		r/min		kg	—			—
50	72	15	15	12	13.0	0.6	0.6	55	55	64	67	69	3	3	0.6	0.6	36.8	56.0	5000	6300	0.181	0.34	1.8	1	32910
	80	20	20	15.5	17.8	1	1	56	56	72	74	77	4	4.5	1	1	61.0	89.0	4500	5600	0.366	0.42	1.4	0.8	32010
	80	24	24	19	17.0	1	1	56	56	72	74	76	4	5	1	1	76.8	110	4500	5600	0.433	0.32	1.9	1	33010
	85	26	26	20	20.4	1.5	1.5	57	56	74	78	82	4	6	1.5	1.5	89.2	125	4300	5300	0.572	0.41	1.5	0.8	33110
	90	21.75	20	17	20.0	1.5	1.5	57	58	79	83	86	3	5	1.5	1.5	73.2	92.0	4300	5300	0.529	0.42	1.4	0.8	30210
	90	24.75	23	19	21.0	1.5	1.5	57	57	78	83	86	3	6	1.5	1.5	82.8	108	4300	5300	0.626	0.42	1.4	0.8	32210
	90	32	32	24.5	23.2	1.5	1.5	57	57	77	83	87	5	7.5	1.5	1.5	112	155	4300	5300	0.825	0.41	1.5	0.8	33210
	110	29.25	27	23	23.0	2.5	2	60	65	95	100	103	4	6.5	2	2	130	158	3800	4800	1.28	0.35	1.7	1	30310
	110	29.75	27	19	34.8	2.5	2	60	58	87	100	105	4	10.5	2	2	108	128	3800	4800	1.21	0.83	0.7	0.4	31310
	110	42.25	40	33	28.2	2.5	2	60	61	90	100	102	5	9.5	2	2	178	235	3800	4800	1.89	0.35	1.7	1	32310
55	80	17	17	14	14.3	1	1	61	60	71	74	77	3	3	1	1	41.5	66.8	4800	6000	0.262	0.31	1.9	1.1	32911
	90	23	23	17.5	19.8	1.5	1.5	62	63	81	83	86	4	5.5	1.5	1.5	80.2	118	4000	5000	0.551	0.41	1.5	0.8	32011
	90	27	27	21	19.0	1.5	1.5	62	63	81	83	86	5	6	1.5	1.5	94.8	145	4000	5000	0.651	0.31	1.9	1.1	33011
	95	30	30	23	21.9	1.5	1.5	62	62	83	88	91	5	7	1.5	1.5	115	165	3800	4800	0.843	0.37	1.6	0.9	33111
	100	22.75	21	18	21.0	2	1.5	64	64	88	91	95	4	5	2	1.5	90.8	115	3800	4800	0.713	0.4	1.5	0.8	30211
	100	26.75	25	21	22.8	2	1.5	64	62	87	91	96	4	6	2	1.5	108	142	3800	4800	0.853	0.4	1.5	0.8	32211
	100	35	35	27	25.1	2	1.5	64	62	85	91	96	6	8	2	1.5	142	198	3800	4800	1.15	0.4	1.5	0.8	33211
	120	31.5	29	25	24.9	2.5	2	65	70	104	110	112	4	6.5	2.5	2	152	188	3400	4300	1.63	0.35	1.7	1	30311
	120	31.5	29	21	37.5	2.5	2	65	63	94	110	114	4	10.5	2.5	2	130	158	3400	4300	1.56	0.83	0.7	0.4	31311
	120	45.5	43	35	30.4	2.5	2	65	66	99	110	111	5	10	2.5	2	202	270	3400	4300	2.37	0.35	1.7	1	32311
60	85	17	17	14	15.1	1	1	66	65	75	79	82	3	3	1	1	46.0	73.0	4000	5000	0.279	0.33	1.8	1	32912
	95	23	23	17.5	20.9	1.5	1.5	67	67	85	88	91	4	5.5	1.5	1.5	81.8	122	3800	4800	0.584	0.43	1.4	0.8	32012
	95	27	27	21	19.8	1.5	1.5	67	67	85	88	90	5	6	1.5	1.5	96.8	150	3800	4800	0.691	0.33	1.8	1	33012
	100	30	30	23	23.1	1.5	1.5	67	67	88	93	96	5	7	1.5	1.5	118	172	3600	4500	0.895	0.4	1.5	0.8	33112
	110	23.75	22	19	22.3	2	1.5	69	69	96	101	103	4	5	2	1.5	102	130	3600	4500	0.904	0.4	1.5	0.8	30212
	110	29.75	28	24	25.0	2	1.5	69	68	95	101	105	4	6	2	1.5	132	180	3600	4500	1.17	0.4	1.5	0.8	32212
	110	38	38	29	27.5	2	1.5	69	69	93	101	105	6	9	2	1.5	165	230	3600	4500	1.51	0.4	1.5	0.8	33212
	130	33.5	31	26	26.6	3	2.5	72	76	112	118	121	5	7.5	2.5	2.1	170	210	3200	4000	1.99	0.35	1.7	1	30312
	130	33.5	31	22	40.4	3	2.5	72	69	103	118	124	5	11.5	2.5	2.1	145	178	3200	4000	1.90	0.83	0.7	0.4	31312
	130	48.5	46	37	32.0	3	2.5	72	72	107	118	122	6	11.5	2.5	2.1	228	302	3200	4000	2.90	0.35	1.7	1	32312

65	90	17	17	14	16.2	1	1	71	70	80	84	87	3	3	1	1	45.5	73.2	3800	4800	0.295	0.35	1.7	0.9	32913
	100	23	23	17.5	22.4	1.5	1.5	72	72	90	93	97	4	5.5	1.5	1.5	82.8	128	3600	4500	0.620	0.46	1.3	0.7	32013
	100	27	27	21	20.9	1.5	1.5	72	72	89	93	96	5	6	1.5	1.5	98.0	158	3600	4500	0.732	0.35	1.7	1	33013
	110	34	34	26.5	26.0	1.5	1.5	72	73	96	103	106	6	7.5	1.5	1.5	142	220	3400	4300	1.30	0.39	1.6	0.9	33113
	120	24.75	23	20	23.8	2	1.5	74	77	106	111	114	4	5	2	1.5	120	152	3200	4000	1.13	0.4	1.5	0.8	30213
	120	32.75	31	27	27.3	2	1.5	74	75	104	111	115	4	6	2	1.5	160	222	3200	4000	1.55	0.4	1.5	0.8	32213
	120	41	41	32	29.5	2	1.5	74	74	102	111	115	7	9	2	1.5	202	282	3200	4000	1.99	0.39	1.5	0.9	33213
	140	36	33	28	28.7	3	2.5	77	83	122	128	131	5	8	2.5	2.1	195	242	2800	3600	2.44	0.35	1.7	1	30313
	140	36	33	23	44.2	3	2.5	77	75	111	128	134	5	13	2.5	2.1	165	202	2800	3600	2.37	0.83	0.7	0.4	31313
	140	51	48	39	34.3	3	2.5	77	79	117	128	131	6	12	2.5	2.1	260	350	2800	3600	3.51	0.35	1.7	1	32313
70	100	20	20	16	17.6	1	1	76	76	90	94	96	4	4	1	1	70.8	115	3600	4500	0.471	0.32	1.9	1	32914
	110	25	25	19	23.8	1.5	1.5	77	78	98	103	105	5	6	1.5	1.5	105	160	3400	4300	0.839	0.43	1.4	0.8	32014
	110	31	31	25.5	22.0	1.5	1.5	77	79	99	103	105	5	5.5	1.5	1.5	135	220	3400	4300	1.07	0.28	2	1	33014
	120	37	37	29	28.2	2	1.5	79	79	104	111	115	6	8	2	1.5	172	268	3200	4000	1.70	0.39	1.5	1.2	33114
	125	26.25	24	21	25.8	2	1.5	79	81	110	116	119	4	5.5	2	1.5	132	175	3000	3800	1.26	0.42	1.4	0.8	30214
	125	33.25	31	27	28.8	2	1.5	79	79	108	116	120	4	6.5	2	1.5	168	238	3000	3800	1.64	0.42	1.4	0.8	32214
	125	41	41	32	30.7	2	1.5	79	79	107	116	120	7	9	2	1.5	208	298	3000	3800	2.10	0.41	1.5	0.8	33214
	150	38	35	30	30.7	3	2.5	82	89	130	138	141	5	8	2.5	2.1	218	272	2600	3400	2.98	0.35	1.7	1	30314
	150	38	35	25	46.8	3	2.5	82	80	118	138	143	5	13	2.5	2.1	188	230	2600	3400	2.86	0.83	0.7	0.4	31314
	150	54	51	42	36.5	3	2.5	82	84	125	138	141	6	12	2.5	2.1	298	408	2600	3400	4.34	0.35	1.7	1	32314
75	105	20	20	16	18.5	1	1	81	81	94	99	102	4	4	1	1	78.2	125	3400	4300	0.490	0.33	1.8	1	32915
	115	25	25	19	25.2	1.5	1.5	82	83	103	108	110	5	6	1.5	1.5	102	160	3200	4000	0.875	0.46	1.3	0.7	32015
	115	31	31	25.5	22.8	1.5	1.5	82	83	103	108	110	6	5.5	1.5	1.5	132	220	3200	4000	1.12	0.3	2	1	33015
	125	37	37	29	29.4	2	1.5	84	84	109	116	120	6	8	2	1.5	175	280	3000	3800	1.78	0.4	1.5	0.8	33115
	130	27.25	25	22	27.4	2	1.5	84	85	115	121	125	4	5.5	2	1.5	138	185	2800	3600	1.36	0.44	1.4	0.8	30215
	130	33.25	31	27	30.0	2	1.5	84	84	115	121	126	4	6.5	2	1.5	170	242	2800	3600	1.74	0.44	1.4	0.8	32215
	130	41	41	31	31.9	2	1.5	84	83	111	121	125	7	10	2	1.5	208	300	2800	3600	2.17	0.43	1.4	0.8	33215
	160	40	37	31	32.0	3	2.5	87	95	139	148	150	5	9	2.5	2.1	252	318	2400	3200	3.57	0.35	1.7	1	30315
	160	40	37	26	49.7	3	2.5	87	86	127	148	153	6	14	2.5	2.1	208	258	2400	3200	3.38	0.83	0.7	0.4	31315
	160	58	55	45	39.4	3	2.5	87	91	133	148	150	7	13	2.5	2.1	348	482	2400	3200	5.37	0.35	1.7	1	32315

（续）

公称尺寸					其他尺寸			安装尺寸									基本额定载荷		极限转速		质量	计算系数			轴承代号
d	D	T	B	C	a ≈	r min	r_1 min	d_a min	d_b max	D_a min	D_a max	D_b min	a_1 min	a_2 min	r_a max	r_b max	C_r	C_{0r}	脂润滑	油润滑	W ≈	e	Y	Y_0	30000 型
mm					mm			mm									kN		r/min		kg	—			—
80	110	20	20	16	19.6	1	1	86	85	99	104	107	4	4	1	1	79.2	128	3200	4000	0.514	0.35	1.7	0.9	32916
	125	29	29	22	26.8	1.5	1.5	87	89	112	117	120	6	7	1.5	1.5	140	220	3000	3800	1.27	0.42	1.4	0.8	32016
	125	36	36	29.5	25.2	1.5	1.5	87	90	112	117	119	6	7	1.5	1.5	182	305	3000	3800	1.63	0.28	2.2	1.2	33016
	130	37	37	29	30.7	2	1.5	89	89	114	121	126	6	8	2	1.5	180	292	2800	3600	1.87	0.42	1.4	0.8	33116
	140	28.25	26	22	28.1	2.5	2	90	90	124	130	133	4	6	2.1	2	160	212	2600	3400	1.67	0.42	1.4	0.8	30216
	140	35.25	33	28	31.4	2.5	2	90	89	122	130	135	5	7.5	2.1	2	198	278	2600	3400	2.13	0.42	1.4	0.8	32216
	140	46	46	35	35.1	2.5	2	90	89	119	130	135	7	11	2.1	2	245	362	2600	3400	2.83	0.43	1.4	0.8	33216
	170	42.5	39	33	34.4	3	2.5	92	102	148	158	160	5	9.5	2.5	2.1	278	352	2200	3000	4.27	0.35	1.7	1	30316
	170	42.5	39	27	52.8	3	2.5	92	91	134	158	161	6	15.5	2.5	2.1	230	288	2200	3000	4.05	0.83	0.7	0.4	31316
	170	61.5	58	48	42.1	3	2.5	92	97	142	158	160	7	13.5	2.5	2.1	388	542	2200	3000	6.38	0.35	1.7	1	32316
85	120	23	23	18	21.1	1.5	1.5	92	92	111	113	115	4	5	1.5	1.5	96.8	165	3400	3800	0.767	0.33	1.8	1	32917
	130	29	29	22	28.1	1.5	1.5	92	94	117	122	125	6	7	1.5	1.5	140	220	2800	3600	1.32	0.44	1.4	0.8	32017
	130	36	36	29.5	26.2	1.5	1.5	92	94	118	122	125	6	6.5	1.5	1.5	180	305	2800	3600	1.69	0.29	2.1	1.1	33017
	140	41	41	32	33.1	2.5	2	95	95	122	130	135	7	9	2.1	2	215	355	2600	3400	2.43	0.41	1.5	0.8	33117
	150	30.5	28	24	30.3	2.5	2	95	96	132	140	142	5	6.5	2.1	2	178	238	2400	3200	2.06	0.42	1.4	0.8	30217
	150	38.5	36	30	33.9	2.5	2	95	95	130	140	143	5	8.5	2.1	2	228	325	2400	3200	2.68	0.42	1.4	0.8	32217
	150	49	49	37	36.9	2.5	2	95	95	128	140	144	7	12	2.1	2	282	415	2400	3200	3.52	0.42	1.4	0.8	33217
	180	44.5	41	34	35.9	4	3	99	107	156	166	168	6	10.5	3	2.5	305	388	2000	2800	4.96	0.35	1.7	1	30317
	180	44.5	41	28	55.6	4	3	99	96	143	166	171	6	16.5	3	2.5	255	318	2000	2800	4.69	0.83	0.7	0.4	31317
	180	63.5	60	49	43.5	4	3	99	102	150	166	168	8	14.5	3	2.5	422	592	2000	2800	7.31	0.35	1.7	1	32317
90	125	23	23	18	22.2	1.5	1.5	97	96	113	117	121	4	5	1.5	1.5	95.8	165	3200	3600	0.796	0.34	1.8	1	32918
	140	32	32	24	30.0	2	1.5	99	100	125	131	134	6	8	2	1.5	170	270	2600	3400	1.72	0.42	1.4	0.8	32018
	140	39	39	32.5	27.2	2	1.5	99	100	127	131	135	7	6.5	2	1.5	232	388	2600	3400	2.20	0.27	2.2	1.2	33018
	150	45	45	35	34.9	2.5	2	100	100	130	140	144	7	10	2.1	2	252	415	2400	3200	3.13	0.4	1.5	0.8	33118
	160	32.5	30	26	32.3	2.5	2	100	102	140	150	151	5	6.5	2.1	2	200	270	2200	3000	2.54	0.42	1.4	0.8	30218
	160	42.5	40	34	36.8	2.5	2	100	101	138	150	153	5	8.5	2.1	2	270	395	2200	3000	3.44	0.42	1.4	0.8	32218
	160	55	55	42	40.8	2.5	2	100	100	134	150	154	8	13	2.1	2	330	500	2200	3000	4.55	0.4	1.5	0.8	33218
	190	46.5	43	36	37.5	4	3	104	113	165	176	178	6	10.5	3	2.5	342	440	1900	2600	5.80	0.35	1.7	1	30318
	190	46.5	43	30	58.5	4	3	104	102	151	176	181	6	16.5	3	2.5	282	358	1900	2600	5.46	0.83	0.7	0.4	31318
	190	67.5	64	53	46.2	4	3	104	107	157	176	178	8	14.5	3	2.5	478	682	1900	2600	8.81	0.35	1.7	1	32318

95	130	23	23	18	23.4	1.5	1.5	102	101	117	122	126	4	5	1.5	1.5	97.2	170	2600	3400	0.831	0.36	1.7	0.9	32919
	145	32	32	24	31.4	2	1.5	104	105	130	136	140	6	8	2	1.5	175	280	2400	3200	1.79	0.44	1.4	0.8	32019
	145	39	39	32.5	28.4	2	1.5	104	104	131	136	139	7	6.5	2	1.5	230	390	2400	3200	2.26	0.28	2.2	1.2	33019
	160	49	49	38	37.3	2.5	2	105	105	138	150	154	7	11	2.1	2	298	498	2200	3000	3.94	0.39	1.5	0.8	33119
	170	34.5	32	27	34.2	3	2.5	107	108	149	158	160	5	7.5	2.5	2.1	228	308	2000	2800	3.04	0.42	1.4	0.8	30219
	170	45.5	43	37	39.2	3	2.5	107	106	145	158	163	5	8.5	2.5	2.1	302	448	2000	2800	4.24	0.42	1.4	0.8	32219
	170	58	58	44	42.7	3	2.5	107	105	144	158	163	9	14	2.5	2.1	378	568	2000	2800	5.48	0.41	1.5	0.8	33219
	200	49.5	45	38	40.1	4	3	109	118	172	186	185	6	11.5	3	2.5	370	478	1800	2400	6.80	0.35	1.7	1	30319
	200	49.5	45	32	61.2	4	3	109	107	157	186	189	6	17.5	3	2.5	310	400	1800	2400	6.46	0.83	0.7	0.4	31319
	200	71.5	67	55	49.0	4	3	109	114	166	186	187	8	16.5	3	2.5	515	738	1800	2400	10.1	0.35	1.7	1	32319
100	140	25	25	20	24.3	1.5	1.5	107	108	128	132	136	4	5	1.5	1.5	128	218	2400	3200	1.12	0.33	1.8	1	32920
	150	32	32	24	32.8	2	1.5	109	109	134	141	144	6	8	2	1.5	172	282	2200	3000	1.85	0.46	1.3	0.7	32020
	150	39	39	32.5	29.1	2	1.5	109	108	135	141	143	7	6.5	2	1.5	230	390	2200	3000	2.33	0.29	2.1	1.2	33020
	165	52	52	40	40.3	2.5	2	110	110	142	155	159	8	12	2.1	2	308	528	2000	2800	4.31	0.41	1.5	0.8	33120
	180	37	34	29	36.4	3	2.5	112	114	157	168	169	5	8	2.5	2.1	255	350	1900	2600	3.72	0.42	1.4	0.8	30220
	180	49	46	39	41.9	3	2.5	112	113	154	168	172	5	10	2.5	2.1	340	512	1900	2600	5.10	0.42	1.4	0.8	32220
	180	63	63	48	45.5	3	2.5	112	112	151	168	172	10	15	2.5	2.1	438	665	1900	2600	6.71	0.4	1.5	0.8	33220
	215	51.5	47	39	42.2	4	3	114	127	184	201	199	6	12.5	3	2.5	405	525	1600	2000	8.22	0.35	1.7	1	30320
	215	56.5	51	35	68.4	4	3	114	115	168	201	204	7	21.5	3	2.5	372	488	1600	2000	8.59	0.83	0.7	0.4	31320
	215	77.5	73	60	52.9	4	3	114	122	177	201	201	8	17.5	3	2.5	600	872	1600	2000	13.0	0.35	1.7	1	32320
105	145	25	25	20	25.4	1.5	1.5	112	112	132	137	141	5	5	1.5	1.5	128	225	2200	3000	1.16	0.34	1.8	1	32921
	160	35	35	26	34.6	2.5	2	115	116	143	150	154	6	9	2.1	2	205	335	2000	2800	2.40	0.44	1.4	0.7	32021
	160	43	43	34	30.8	2.5	2	115	116	145	150	153	7	9	2.1	2	258	438	2000	2800	2.97	0.28	2.1	1.2	33021
	175	56	56	44	42.9	2.5	2	115	115	149	165	170	8	12	2.1	2	352	608	1900	2600	5.29	0.4	1.5	0.8	33121
	190	39	36	30	38.5	3	2.5	117	121	165	178	178	6	9	2.5	2.1	285	398	1800	2400	4.38	0.42	1.4	0.8	30221
	190	53	50	43	45.0	3	2.5	117	118	161	178	182	5	10	2.5	2.1	380	578	1800	2400	6.26	0.42	1.4	0.8	32221
	190	68	68	52	48.6	3	2.5	117	117	159	178	182	12	16	2.5	2.1	498	770	1800	2400	8.12	0.4	1.5	0.8	33221
	225	53.5	49	41	43.6	4	3	119	133	193	211	208	7	12.5	3	2.5	432	562	1500	1900	9.38	0.35	1.7	1	30321
	225	58	53	36	70.0	4	3	119	121	176	211	213	7	22	3	2.5	398	525	1500	1900	9.58	0.83	0.7	0.4	31321
	225	81.5	77	63	55.1	4	3	119	128	185	211	210	8	18.5	3	2.5	648	945	1500	1900	14.8	0.35	1.7	1	32321

（续）

公称尺寸					其他尺寸			安装尺寸									基本额定载荷		极限转速		质量	计算系数			轴承代号
d	D	T	B	C	a ≈	r min	r_1 min	d_a min	d_b max	D_a min	D_a max	D_b min	a_1 min	a_2 min	r_a max	r_b max	C_r	C_{0r}	脂润滑	油润滑	W ≈	e	Y	Y_0	30000 型
mm					mm			mm									kN		r/min		kg	—			—
110	150	25	25	20	26.5	1.5	1.5	117	117	137	142	146	5	5	1.5	1.5	130	232	2000	2800	1.20	0.36	1.7	0.9	32922
	170	38	38	29	36.6	2.5	2	120	122	152	160	163	7	9	2.1	2	245	402	1900	2600	3.02	0.43	1.4	0.8	32022
	170	47	47	37	33.2	2.5	2	120	123	152	160	161	7	10	2.1	2	288	502	1900	2600	3.74	0.29	2.1	1.2	33022
	180	56	56	43	44.0	2.5	2	120	121	155	170	174	9	13	2.1	2	372	638	1800	2400	5.50	0.42	1.4	0.8	33122
	200	41	38	32	40.4	3	2.5	122	128	174	188	189	6	9	2.5	2.1	315	445	1700	2200	5.21	0.42	1.4	0.8	30222
	200	56	53	46	47.3	3	2.5	122	124	170	188	192	6	10	2.5	2.1	430	665	1700	2200	7.43	0.42	1.4	0.8	32222
	240	54.5	50	42	45.1	4	3	124	142	206	226	222	8	12.5	3	2.5	472	612	1400	1800	11.0	0.35	1.7	1	30322
	240	63	57	38	75.3	4	3	124	129	188	226	226	7	25	3	2.5	458	610	1400	1800	12.1	0.83	0.7	0.4	31322
	240	84.5	80	65	57.8	4	3	124	137	198	226	224	9	19.5	3	2.5	725	1060	1400	1800	17.8	0.35	1.7	1	32322
120	165	29	29	23	29.3	1.5	1.5	127	128	150	157	160	6	6	1.5	1.5	172	318	1800	2400	1.78	0.35	1.7	1	32924
	180	38	38	29	39.3	2.5	2	130	131	161	170	173	7	9	2.1	2	242	405	1700	2200	3.18	0.46	1.3	0.7	32024
	180	48	48	38	35.5	2.5	2	130	132	160	170	171	6	10	2.1	2	298	535	1700	2200	4.07	0.31	2	1.1	33024
	200	62	62	48	47.6	2.5	2	130	130	172	190	192	10	14	2.1	2	448	778	1600	2000	7.68	0.40	1.5	0.8	33124
	215	43.5	40	34	44.1	3	2.5	132	139	187	203	203	6	9.5	2.5	2.1	338	482	1500	1900	6.20	0.44	1.4	0.8	30224
	215	61.5	58	50	52.3	3	2.5	132	134	181	203	206	7	11.5	2.5	2.1	478	758	1500	1900	9.26	0.44	1.4	0.8	32224
	260	59.5	55	46	49.0	4	3	134	153	221	246	238	8	13.5	3	2.5	562	745	1300	1700	14.2	0.35	1.7	1	30324
	260	68	62	42	81.8	4	3	134	140	203	246	246	9	26	3	2.5	535	725	1300	1700	15.3	0.83	0.7	0.4	31324
	260	90.5	86	69	61.6	4	3	134	147	213	246	240	9	21.5	3	2.5	825	1230	1300	1700	22.1	0.35	1.7	1	32324
130	180	32	32	25	31.6	2	1.5	140	139	164	171	174	6	7	2	1.5	205	380	1700	2200	2.34	0.34	1.8	1	32926
	200	45	45	34	43.3	2.5	2	140	144	178	190	192	8	11	2.1	2	335	568	1600	2000	4.94	0.43	1.4	0.8	32026
	200	55	55	43	42.0	2.5	2	140	140	178	190	192	8	12	2.1	2	400	728	1600	2000	6.14	0.34	1.8	1	33026
	230	43.75	40	34	46.1	4	3	144	150	203	216	219	7	10	3	2.5	365	520	1400	1800	6.94	0.44	1.4	0.8	30226
	230	67.75	64	54	56.6	4	3	144	143	193	216	221	7	14	3	2.5	552	888	1400	1800	11.4	0.44	1.4	0.8	32226
	280	67.75	58	49	53.2	5	4	145	165	239	262	258	8	15	4	3	640	855	1100	1500	17.3	0.35	1.7	1	30326
	280	72	66	44	87.2	5	4	147	150	218	262	263	9	28	4	3	592	805	1100	1500	18.4	0.83	0.7	0.4	31326

140	190	32	32	25	33.8	2	1.5	150	150	177	181	184	6	6	2	1.5	208	392	1600	2000	2.47	0.36	1.7	0.9	32928
	210	45	45	34	46.0	2.5	2	150	153	187	200	202	8	11	2.1	2	330	568	1400	1800	5.15	0.46	1.3	0.7	32028
	210	56	56	44	45.1	2.5	2	150	150	186	200	202	8	12	2.1	2	408	755	1400	1800	6.57	0.36	1.7	0.9	33028
	250	45.75	42	36	49.0	4	3	154	162	219	236	236	9	11	3	2.5	408	585	1200	1600	8.73	0.44	1.4	0.8	30228
	250	71.75	68	58	60.7	4	3	154	156	210	236	240	8	14	3	2.5	645	1050	1200	1600	14.4	0.44	1.4	0.8	32228
	300	67.75	62	53	56.5	5	4	155	176	255	282	275	9	15	4	3	722	975	1000	1400	21.4	0.35	1.7	1	30328
	300	77	70	47	94.1	5	4	157	162	235	282	283	9	30	4	3	678	928	1000	1400	22.8	0.83	0.7	0.4	31328
150	210	38	38	30	36.4	2.5	2	160	162	192	200	202	7	8	2.1	2	260	510	1400	1800	3.87	0.33	1.8	1	32930
	225	48	48	36	49.2	3	2.5	162	164	200	213	216	8	12	2.5	2.1	368	635	1300	1700	6.25	0.46	1.3	0.7	32030
	225	59	59	46	48.2	3	2.5	162	162	200	213	218	9	13	2.5	2.1	460	875	1300	1700	7.98	0.36	1.7	0.9	33030
	270	49	45	38	52.4	4	3	164	174	234	256	252	9	11	3	2.5	450	645	1100	1500	10.8	0.44	1.4	0.8	30230
	270	77	73	60	65.4	4	3	164	168	226	256	256	8	17	3	2.5	720	1180	1100	1500	18.2	0.44	1.4	0.8	32230
	320	72	62	55	60.6	5	4	165	190	273	302	294	9	17	4	3	802	1090	950	1300	25.2	0.35	1.7	1	30330
	320	82	75	50	100.1	5	4	167	173	251	302	302	9	32	4	3	772	1070	950	1300	27.4	0.83	0.7	0.4	31330
160	220	38	38	30	38.7	2.5	2	170	170	199	210	214	7	8	2.1	2	262	525	1300	1700	4.07	0.35	1.7	1	32932
	240	51	51	38	52.6	3	2.5	172	175	213	228	231	8	13	2.5	2.1	420	735	1200	1600	7.66	0.46	1.3	0.7	32032
	290	52	48	40	55.5	4	3	174	189	252	276	271	9	12	3	2.5	512	738	1000	1400	13.3	0.44	1.4	0.8	30232
	290	84	80	67	70.9	4	3	174	180	242	276	276	10	17	3	2.5	858	1430	1000	1400	23.3	0.44	1.4	0.8	32232
	340	75	68	58	63.3	5	4	175	202	290	320	312	9	17	4	3	878	1190	900	1200	29.5	0.35	1.7	1	30332
170	230	38	38	30	41.9	2.5	2	180	183	213	220	222	7	8	2.1	2	280	560	1200	1600	4.33	0.38	1.6	0.9	32934
	260	57	57	43	56.4	3	2.5	182	187	230	248	249	10	14	2.5	2.1	520	920	1100	1500	10.4	0.44	1.4	0.7	32034
	310	57	52	43	60.4	5	4	188	201	269	292	290	9	14	4	3	590	865	1000	1300	16.6	0.44	1.4	0.8	30234
	310	91	86	71	76.3	5	4	188	194	259	292	296	10	20	4	3	968	1640	1000	1300	28.6	0.44	1.4	0.8	32234
	360	80	72	62	68.0	5	4	185	214	307	342	331	10	18	4	3	995	1370	850	1100	35.6	0.35	1.7	1	30334

（续）

公称尺寸					其他尺寸			安装尺寸									基本额定载荷		极限转速		质量	计算系数			轴承代号
d	D	T	B	C	a ≈	r min	r_1 min	d_a min	d_b max	D_a min	D_a max	D_b min	a_1 min	a_2 min	r_a max	r_b max	C_r	C_{0r}	脂润滑	油润滑	W ≈	e	Y	Y_0	30000型
mm					mm			mm									kN		r/min		kg	—			—
180	250	45	45	34	54.0	2.5	2	190	193	225	240	241	8	11	2.1	2	340	708	1100	1500	6.44	0.48	1.3	0.7	32936
	280	64	64	48	60.1	3	2.5	192	199	247	268	267	10	16	2.5	2.1	640	1150	1000	1400	14.1	0.42	1.4	0.8	32036
	320	57	52	43	62.8	5	4	198	209	278	302	300	9	14	4	3	610	912	900	1200	17.3	0.45	1.3	0.7	30236
	320	91	86	71	78.8	5	4	198	201	267	302	306	10	20	4	3	998	1720	900	1200	29.9	0.45	1.3	0.7	32236
	380	83	75	64	70.9	5	4	198	228	327	362	351	10	19	4	3	1090	1500	900	1100	40.7	0.35	1.7	1	30336
190	260	45	45	34	55.2	2.5	2	200	204	235	250	251	8	11	2.1	2	360	740	1000	1400	6.66	0.48	1.3	0.7	32938
	290	64	64	48	62.8	3	2.5	202	209	257	278	279	10	16	2.5	2.1	652	1180	950	1300	14.6	0.44	1.4	0.8	32038
	340	60	55	46	65.0	5	4	208	223	298	322	321	9	14	4	3	698	1030	850	1100	20.8	0.44	1.4	0.8	30238
	340	97	92	75	82.1	5	4	208	214	286	322	326	10	22	4	3	1120	1900	850	1100	36.1	0.44	1.4	0.8	32238
200	280	51	51	39	54.2	3	2.5	212	214	257	268	271	9	12	2.5	2.1	460	950	950	1300	9.43	0.39	1.5	0.8	32940
	310	70	70	53	66.9	3	2.5	212	221	273	298	297	11	17	2.5	2.1	782	1420	900	1200	18.9	0.43	1.4	0.8	32040
	360	64	58	48	69.3	5	4	218	236	315	342	338	9	16	4	3	765	1140	800	1000	24.7	0.44	1.4	0.8	30240
	360	104	98	82	85.1	5	4	218	222	302	342	342	11	22	4	3	1320	2180	800	1000	43.2	0.41	1.5	0.8	32240
220	300	51	51	39	59.1	3	2.5	232	234	275	288	290	10	12	2.5	2.1	470	978	900	1200	10.0	0.43	1.4	0.8	32944
	340	76	76	57	73.0	4	3	234	243	300	326	326	12	19	3	2.5	908	1670	800	1000	24.4	0.43	1.4	0.8	32044
240	320	51	51	39	64.7	3	2.5	252	254	290	308	311	10	12	2.5	2.1	520	1060	800	1000	10.7	0.46	1.3	0.7	32948
	360	76	76	57	78.4	4	3	254	261	318	346	346	12	19	3	2.5	920	1730	700	900	25.9	0.46	1.3	0.7	32048
260	360	63.5	63.5	48	69.6	3	2.5	272	279	328	348	347	11	15.5	2.5	2.1	688	1470	700	900	18.6	0.41	1.5	0.8	32952
	400	87	87	65	85.6	5	4	278	287	352	382	383	14	22	4	3	1120	2170	670	850	38.0	0.43	1.4	0.8	32052
280	380	63.5	63.5	48	74.5	3	2.5	292	298	344	368	368	11	15	2.5	2.1	745	1580	630	800	19.7	0.43	1.4	0.7	32956
	420	87	87	65	90.3	5	4	298	305	370	402	402	14	22	4	3	1190	2290	600	750	40.2	0.46	1.3	0.7	32056
300	420	76	76	57	80.0	4	3	315	324	379	406	405	13	19	3	2.5	1020	2200	600	750	31.5	0.39	1.5	0.8	32960
	460	100	100	74	97.7	5	4	318	329	404	442	439	15	26	4	3	1520	2940	560	700	57.5	0.43	1.4	0.8	32060
320	440	76	76	57	85.1	4	3	335	343	398	426	426	13	19	3	2.5	1040	2320	560	700	33.3	0.42	1.4	0.8	32964
	480	100	100	74	103.5	5	4	338	350	424	462	461	15	26	4	3	1540	3000	530	670	60.6	0.46	1.3	0.7	32064
340	460	76	76	57	90.5	4	3	355	362	417	446	446	13	19	3	2.5	1050	2380	530	670	34.8	0.44	1.4	0.8	32968
360	480	76	76	57	96.2	4	3	375	381	436	466	466	13	19	3	2.5	1060	2430	500	630	36.3	0.46	1.3	0.7	32972

表 19-48　推力球轴承（摘自 GB/T 301—2015）

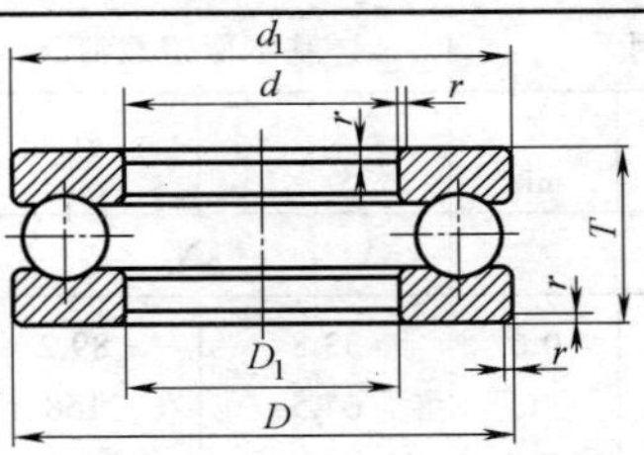

51000 型

外形尺寸			其他尺寸			基本额定载荷		极限转速		轴承代号
d	D	T	D_1 min	d_1 max	r min	C_a	C_{0a}	脂润滑	油润滑	51000 型
mm			mm			kN		r/min		—
10	24	9	11	24	0.3	10.0	14.0	6300	9000	51100
	26	11	12	26	0.6	12.5	17.0	6000	8000	51200
12	26	9	13	26	0.3	10.2	15.2	6000	8500	51101
	28	11	14	28	0.6	13.2	19.0	5300	7500	51201
15	28	9	16	28	0.3	10.5	16.8	5600	8000	51102
	32	12	17	32	0.6	16.5	24.8	4800	6700	51202
17	30	9	18	30	0.3	10.8	18.2	5300	7500	51103
	35	12	19	35	0.6	17.0	27.2	4500	6300	51203
20	35	10	21	35	0.3	14.2	24.5	4800	6700	51104
	40	14	22	40	0.6	22.2	37.5	3800	5300	51204
	47	18	22	47	1	35.0	55.8	3600	4500	51304
25	42	11	26	42	0.6	15.2	30.2	4300	6000	51105
	47	15	27	47	0.6	27.8	50.5	3400	4800	51205
	52	18	27	52	1	35.5	61.5	3000	4300	51305
	60	24	27	60	1	55.5	89.2	2200	3400	51405
30	47	11	32	47	0.6	16.0	34.2	4000	5600	51106
	52	16	32	52	0.6	28.0	54.2	3200	4500	51206
	60	21	32	60	1	42.8	78.5	2400	3600	51306
	70	28	32	70	1	72.5	125	1900	3000	51406
35	52	12	37	52	0.6	18.2	41.5	3800	5300	51107
	62	18	37	62	1	39.2	78.2	2800	4000	51207
	68	24	37	68	1	55.2	105	2000	3200	51307
	80	32	37	80	1.1	86.8	155	1700	2600	51407
40	60	13	42	60	0.6	26.8	62.8	3400	4800	51108
	68	19	42	68	1	47.0	98.2	2400	3600	51208
	78	26	42	78	1	69.2	135	1900	3000	51308
	90	36	42	90	1.1	112	205	1500	2200	51408
45	65	14	47	65	0.6	27.0	66.0	3200	4500	51109
	73	20	47	73	1	47.8	105	2200	3400	51209
	85	28	47	85	1	75.8	150	1700	2600	51309
	100	39	47	100	1.1	140	262	1400	2000	51409
50	70	14	52	70	0.6	27.2	69.2	3000	4300	51110
	78	22	52	78	1	48.5	112	2000	3200	51210
	95	31	52	95	1.1	96.5	202	1600	2400	51310
	110	43	52	110	1.5	160	302	1300	1900	51410

（续）

外形尺寸			其他尺寸			基本额定载荷		极限转速		轴承代号
d	D	T	D_1 min	d_1 max	r min	C_a	C_{0a}	脂润滑	油润滑	51000 型
mm			mm			kN		r/min		—
55	78	16	57	78	0.6	33.8	89.2	2800	4000	51111
	90	25	57	90	1	67.5	158	1900	3000	51211
	105	35	57	105	1.1	115	242	1500	2200	51311
	120	48	57	120	1.5	182	355	1100	1700	51411
60	85	17	62	85	1	40.2	108	2600	3800	51112
	95	26	62	95	1	73.5	178	1800	2800	51212
	110	35	62	110	1.1	118	262	1400	2000	51312
	130	51	62	130	1.5	200	395	1000	1600	51412
65	90	18	67	90	1	40.5	112	2400	3600	51113
	100	27	67	100	1	74.8	188	1700	2600	51213
	115	36	67	115	1.1	115	262	1300	1900	51313
	140	56	68	140	2	215	448	900	1400	51413
70	95	18	72	95	1	40.8	115	2200	3400	51114
	105	27	72	105	1	73.5	188	1600	2400	51214
	125	40	72	125	1.1	148	340	1200	1800	51314
	150	60	73	150	2	255	560	850	1300	51414
75	100	19	77	100	1	48.2	140	2000	3200	51115
	110	27	77	110	1	74.8	198	1500	2200	51215
	135	44	77	135	1.5	162	380	1100	1700	51315
	160	65	78	160	2	268	615	800	1200	51415
80	105	19	82	105	1	48.5	145	1900	3000	51116
	115	28	82	115	1	83.8	222	1400	2000	51216
	140	44	82	140	1.5	160	380	1000	1600	51316
	170	68	83	170	2.1	292	692	750	1100	51416
85	110	19	87	110	1	49.2	150	1800	2800	51117
	125	31	88	125	1	102	280	1300	1900	51217
	150	49	88	150	1.5	208	495	950	1500	51317
	180	72	88	177	2.1	318	782	700	1000	51417
90	120	22	92	120	1	65.0	200	1700	2600	51118
	135	35	93	135	1.1	115	315	1200	1800	51218
	155	50	93	155	1.5	205	495	900	1400	51318
	190	77	93	187	2.1	325	825	670	950	51418
100	135	25	102	135	1	85.0	268	1600	2400	51120
	150	38	103	150	1.1	132	375	1100	1700	51220
	170	55	103	170	1.5	235	595	800	1200	51320
	210	85	103	205	3	400	1080	600	850	51420
110	145	25	112	145	1	87.0	288	1500	2200	51122
	160	38	113	160	1.1	138	412	1000	1600	51222
	190	63	113	187	2	278	755	700	1100	51322
	230	95	113	225	3	490	1390	530	750	51422

（续）

外形尺寸			其他尺寸			基本额定载荷		极限转速		轴承代号
d	*D*	*T*	D_1 min	d_1 max	*r* min	C_a	C_{0a}	脂润滑	油润滑	51000 型
mm			mm			kN		r/min		—
120	155	25	122	155	1	87.0	298	1400	2000	51124
	170	39	123	170	1.1	135	412	950	1500	51224
	210	70	123	205	2.1	330	945	670	950	51324
	250	102	123	245	4	412	1220	480	670	51424
130	170	30	132	170	1	108	375	1300	1900	51126
	190	45	133	187	1.5	188	575	900	1400	51226
	225	75	134	220	2.1	358	1070	600	850	51326
	270	110	134	265	4	630	2010	430	600	51426
140	180	31	142	178	1	110	402	1200	1800	51128
	200	46	143	197	1.5	190	598	850	1300	51228
	240	80	144	235	2.1	395	1230	560	800	51328
	280	112	144	275	4	630	2010	400	560	51428
150	190	31	152	188	1	110	415	1100	1700	51130
	215	50	153	212	1.5	242	768	800	1200	51230
	250	80	154	245	2.1	405	1310	530	750	51330
	300	120	154	295	4	670	2240	380	530	51430
160	200	31	162	198	1	110	428	1000	1600	51132
	225	51	163	222	1.5	240	768	750	1100	51232
	270	87	164	265	3	470	1570	500	700	51332
170	215	34	172	213	1.1	135	528	950	1500	51134
	240	55	173	237	1.5	280	915	700	1000	51234
	280	87	174	275	3	470	1580	480	670	51334
180	225	34	183	222	1.1	135	528	900	1400	51136
	250	56	183	247	1.5	285	958	670	950	51236
	300	95	184	295	3	518	1820	430	600	51336
190	240	37	193	237	1.1	172	678	850	1300	51138
	270	62	194	267	2	328	1160	630	900	51238
	320	105	195	315	4	608	2220	400	560	51338
200	250	37	203	247	1.1	172	698	800	1200	51140
	280	62	204	277	2	332	1210	600	850	51240
	340	110	205	335	4	600	2220	360	500	51340
220	270	37	223	267	1.1	188	782	750	1100	51144
	300	63	224	297	2	365	1360	560	800	51244
240	300	45	243	297	1.5	258	1040	700	1000	51148
	340	78	244	335	2.1	468	1870	450	630	51248
	380	112	245	375	4	692	2870	320	450	51348
260	320	45	263	317	1.5	270	1140	670	950	51152
	360	79	264	355	2.1	488	2050	430	600	51252
280	350	53	283	347	1.5	338	1430	560	800	51156
	380	80	284	375	2.1	490	2140	400	560	51256
300	380	62	304	376	2	415	1860	500	700	51160
	420	95	304	415	3	578	2670	360	560	51260

注：基本额定载荷、极限转速不属于 GB/T 301—2015 内容，供参考。

表 19-49 双向推力球轴承（摘自 GB/T 301—2015）

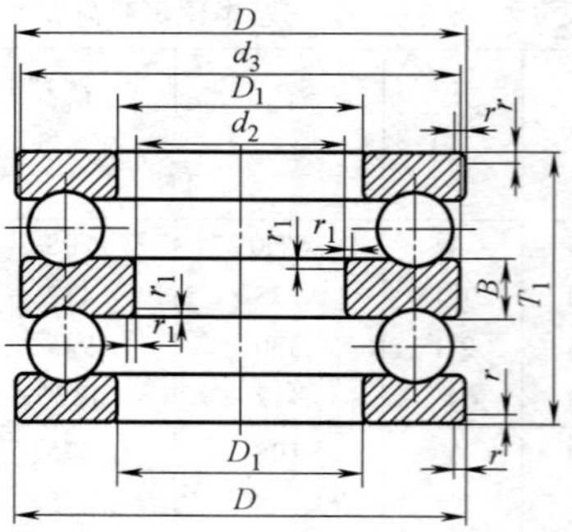

52000 型

外形尺寸			其他尺寸					d[①] max	基本额定载荷[②]		极限转速[②]		轴承代号
d_2	D	T_1	D_1 min	d_3 max	B	r min	r_1 min		C_a	C_{0a}	脂润滑	油润滑	52000 型
mm			mm						kN		r/min		—
10	32	22	17	32	5	0.6	0.3	15	16.5	24.8	4800	6700	52202
15	40	26	22	40	6	0.6	0.3	20	22.2	37.5	3800	5300	52204
	60	45	27	60	11	1	0.6	25	55.5	89.2	2200	3400	52405
20	47	28	27	47	7	0.6	0.3	25	27.8	50.5	3400	4800	52205
	52	34	27	52	8	1	0.3	25	35.5	61.5	3000	4300	52305
	70	52	32	70	12	1	0.6	30	72.5	125	1900	3000	52406
25	52	29	32	52	7	0.6	0.3	30	28.0	54.2	3200	4500	52206
	60	38	32	60	9	1	0.3	30	42.8	78.5	2400	3600	52306
	80	59	37	80	14	1.1	0.6	35	86.8	155	1700	2600	52407
30	62	34	37	62	8	1	0.3	35	39.2	78.2	2800	4000	52207
	68	44	37	68	10	1	0.3	35	55.2	105	2000	3200	52307
	68	36	42	68	9	1	0.6	40	47.0	98.2	2400	3600	52208
	78	49	42	78	12	1	0.6	40	69.2	135	1900	3000	52308
	90	65	42	90	15	1.1	0.6	40	112	205	1500	2200	52408
35	73	37	47	73	9	1	0.6	45	47.8	105	2200	3400	52209
	85	52	47	85	12	1	0.6	45	75.8	150	1700	2600	52309
	100	72	47	100	17	1.1	0.6	45	140	262	1400	2000	52409
40	78	39	52	78	9	1	0.6	50	48.5	112	2000	3200	52210
	95	58	52	95	14	1.1	0.6	50	96.5	202	1600	2400	52310
	110	78	52	110	18	1.5	0.6	50	160	302	1300	1900	52410
45	90	45	57	90	10	1	0.6	55	67.5	158	1900	3000	52211
	105	64	57	105	15	1.1	0.6	55	115	242	1500	2200	52311
	120	87	57	120	20	1.5	0.6	55	182	355	1100	1700	52411
50	95	46	62	95	10	1	0.6	60	73.5	178	1800	2800	52212
	110	64	62	110	15	1.1	0.6	60	118	262	1400	2000	52312
	130	93	62	130	21	1.5	0.6	60	200	395	1000	1600	52412
	140	101	68	140	23	2	1	65	215	448	900	1400	52413
55	100	47	67	100	10	1	0.6	65	74.8	188	1700	2600	52213
	115	65	67	115	15	1.1	0.6	65	115	262	1300	1900	52313
	105	47	72	105	10	1	1	70	73.5	188	1600	2400	52214
	125	72	72	125	16	1.1	1	70	148	340	1200	1800	52314
	150	107	73	150	24	2	1	70	255	560	850	1300	52414

（续）

外形尺寸			其他尺寸					d① max	基本额定载荷②		极限转速②		轴承代号
d_2	D	T_1	D_1 min	d_3 max	B	r min	r_1 min		C_a	C_{0a}	脂润滑	油润滑	52000 型
mm			mm						kN		r/min		—
60	110	47	77	110	10	1	1	75	74.8	198	1500	2200	52215
	135	79	77	135	18	1.5	1	75	162	380	1100	1700	52315
	160	115	78	160	26	2	1	75	268	615	800	1200	52415
65	115	48	82	115	10	1	1	80	83.8	222	1400	2000	52216
	140	79	82	140	18	1.5	1	80	160	380	1000	1600	52316
	180	128	88	179.5	29	2.1	1.1	85	318	782	700	1000	52417
70	125	55	88	125	12	1	1	85	102	280	1300	1900	52217
	150	87	88	150	19	1.5	1	85	208	495	950	1500	52317
	190	135	93	189.5	30	2.1	1.1	90	325	825	670	950	52418
75	135	62	93	135	14	1.1	1	90	115	315	1200	1800	52218
	155	88	93	155	19	1.5	1	90	205	495	900	1400	52318
80	210	150	103	209.5	33	3	1.1	100	400	1080	600	850	52420
85	150	67	103	150	15	1.1	1	100	132	375	1100	1700	52220
	170	97	103	170	21	1.5	1	100	235	595	800	1200	52320
90	230	166	113	229	37	3	1.1	110	490	1390	530	750	52422
95	160	67	113	160	15	1.1	1	110	138	412	1000	1600	52222
	190	110	113	189.5	24	2	1	110	278	755	700	1100	52322
100	170	68	123	170	15	1.1	1.1	120	135	412	950	1500	52224
	210	123	123	209.5	27	2.1	1.1	120	330	945	670	950	52324
	270	192	134	269	42	4	2	130	630	2010	430	600	52426
110	190	80	133	189.5	18	1.5	1.1	130	188	575	900	1400	52226
	225	130	134	224	30	2.1	1.1	130	358	1070	600	850	52326
	280	196	144	279	44	4	2	140	630	2010	400	560	52428
120	200	81	143	199.5	18	1.5	1.1	140	190	598	850	1300	52228
	240	140	144	239	31	2.1	1.1	140	395	1230	560	800	52328
	300	209	154	299	46	4	2	150	670	2240	380	530	52430
130	215	89	153	214.5	20	1.5	1.1	150	242	768	800	1200	52230
	250	140	154	249	31	2.1	1.1	150	405	1310	530	750	52330
140	225	90	163	224.5	20	1.5	1.1	160	240	768	750	1100	52232
	270	153	164	269	33	3	1.1	160	470	1570	500	700	52332
150	240	97	173	239.5	21	1.5	1.1	170	280	915	700	1000	52234
	280	153	174	279	33	3	1.1	170	470	1580	480	670	52334
	250	98	183	249	21	1.5	2	180	285	958	670	950	52236
	300	165	184	299	37	3	2	180	518	1820	430	600	52336
160	270	109	194	269	24	2	2	190	328	1160	630	900	52238
170	280	109	204	279	24	2	2	200	332	1210	500	850	52240

① d 对应于表 19-48 中的单向轴承轴圈内径。

② 基本额定载荷、极限转速不属于 GB/T 301—2015，供参考。

表 19-50　滚动轴承座（摘自 GB/T 7813—2008）

滚动轴承座
适用圆柱孔轴承
d=25~160mm
GB/T 7813—2008

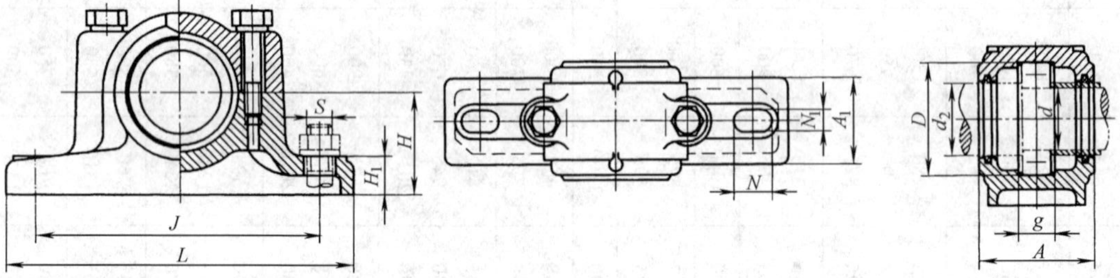

SN型

SN 型	轴承座代号尺寸													质量	适用轴承代号		
	d	d_2	D	g	A max	A_1	H	H_1 max	L max	J	S	N_1	N min	W ≈	调心球轴承		调心滚子轴承[①]
	mm													kg			
SN205	25	30	52	25	72	46	40	22	170	130	M12	15	15	1.3	1205	2205	22205
SN305			62	34	82	52	50	22	185	150	M12	15	20	1.9	1305	2305	—
SN206	30	35	62	30	82	52	50	22	190	150	M12	15	15	1.8	1206	2206	22206
SN306			72	37	85	52	50	22	185	150	M12	15	20	2.1	1306	2306	—
SN207	35	45	72	33	85	52	50	22	190	150	M12	15	15	2.1	1207	2207	22207
SN307			80	41	92	60	60	25	205	170	M12	15	20	3.0	1307	2307	—
SN208	40	50	80	33	92	60	60	25	210	170	M12	15	15	2.6	1208	2208	22208
SN308			90	43	100	60	60	25	205	170	M12	15	20	3.3	1308	2308	22308　21308
SN209	45	55	85	31	92	60	60	25	210	170	M12	15	15	2.8	1209	2209	22209
SN309			100	46	105	70	70	28	255	210	M16	18	23	4.6	1309	2309	22309　21309
SN210	50	60	90	33	100	60	60	25	210	170	M12	15	15	3.1	1210	2210	22210
SN310			110	50	115	70	70	30	255	210	M16	18	23	5.1	1310	2310	22310　21310

SN211	55	65	100	33	105	70	70	28	270	210	M16	18	18	4.3	1211	2211	22211
SN311			120	53	120	80	80	30	275	230	M16	18	23	6.5	1311	2311	22311 21311
SN212	60	70	110	38	115	70	70	30	270	210	M16	18	18	5.0	1212	2212	22212
SN312			130	56	125	80	80	30	280	230	M16	18	23	7.3	1312	2312	22312 21312
SN213	65	75	120	43	120	80	80	30	290	230	M16	18	18	6.3	1213	2213	22213
SN313			140	58	135	90	95	32	315	260	M20	22	27	9.7	1313	2313	22313 21313
SN214	70	80	125	44	120	80	80	30	290	230	M16	18	18	6.1	1214	2214	22214
SN314			150	61	140	90	95	32	320	260	M20	22	27	11.0	1314	2314	22314 21314
SN215	75	85	130	41	125	80	80	30	290	230	M16	18	18	7.0	1215	2215	22215
SN315			160	65	145	100	100	35	345	290	M20	22	27	14.0	1315	2315	22315 21315
SN216	80	90	140	43	135	90	95	32	330	260	M20	22	22	9.3	1216	2216	22216 —
SN316			170	68	150	100	112	35	345	290	M20	22	27	13.8	1316	2316	22316 21316
SN217	85	95	150	46	140	90	95	32	330	260	M20	22	22	9.8	1217	2217	22217 —
SN317			180	70	165	110	112	40	380	320	M24	26	32	15.8	1317	2317	22317 21317
SN218	90	100	160	62.4	145	100	100	35	360	290	M20	22	22	12.3	1218	2218	22218 —
SN220	100	115	180	70.3	165	110	112	40	400	320	M24	26	26	16.5	1220	2220	22220 23220
SN222	110	125	200	80	177	120	125	45	420	350	M24	26	26	19.3	1222	2222	22222 23222
SN224②	120	135	215	86	187	120	140	45	420	350	M24	26	26	24.6	—	—	22224 23224
SN226②	130	145	230	90	192	130	150	50	450	380	M24	26	26	30.0	—	—	22226 23226
SN228②	140	155	250	98	207	150	150	50	510	420	M30	35	35	37.0	—	—	22228 23228
SN230②	150	165	270	106	224	160	160	60	540	450	M30	35	35	45.0	—	—	22230 23230
SN232②	160	175	290	114	237	160	170	60	560	470	M30	35	35	53.0	—	—	22232 23232

① 所列调心滚子轴承代号为基本代号，它包括非对称型调心滚子轴承（22205、22206、22207除外）和对称型调心滚子轴承C型、CC型结构。

② SN 224~SN 232应装有吊环螺钉。

表 19-51　紧定套（摘自 GB/T 9160.1—2017）

紧定套
d_1=20~470mm
GB/T 9160.1—2017

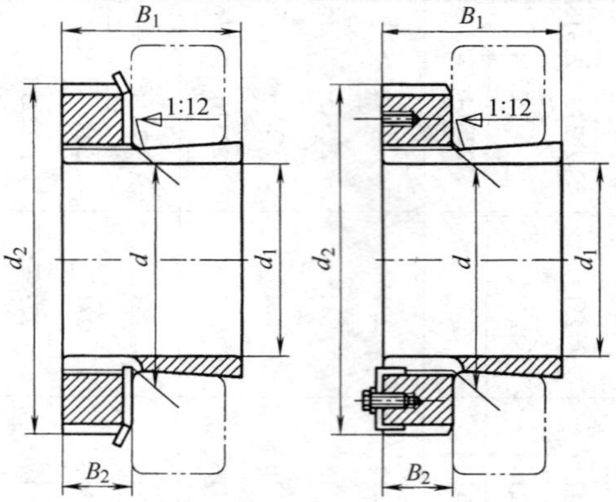

$d_1 \leqslant 180$　　$d_1 > 180$

尺寸						质量	基本型号	组成零件		
d_1	d	d_2	B_1	B_2	G	W ≈	紧定套	紧定衬套	锁紧螺母	锁紧垫圈
mm						kg				
20	25	38	26	8	M25×1.5	0.070	H205	A205X	KM05	MB05
		38	29	8	M25×1.5	0.075	H305	A305X	KM05	MB05
		38	35	8	M25×1.5	—	H2305	A2305X	KM05	MB05
25	30	45	27	8	M30×1.5	0.10	H306	A206X	KM06	MB06
		45	31	8	M30×1.5	0.11	H306	A306X	KM06	MB06
		45	38	8	M30×1.5	—	H2306	A2306X	KM06	MB06
30	35	52	29	9	M35×1.5	0.13	H207	A207X	KM07	MB07
		52	35	9	M35×1.5	0.14	H307	A307X	KM07	MB07
		52	43	9	M35×1.5	0.17	H2307	A2307X	KM07	MB07
35	40	58	31	10	M40×1.5	0.17	H208	A208X	KM08	MB08
		58	36	10	M40×1.5	0.19	H308	A308X	KM08	MB08
		58	46	10	M40×1.5	0.22	H2308	A2308X	KM08	MB08
40	45	65	33	11	M45×1.5	0.23	H209	A209X	KM09	MB09
		65	39	11	M45×1.5	0.25	H309	A309X	KM09	MB09
		65	50	11	M45×1.5	0.28	H2309	A2309X	KM09	MB09
45	50	70	35	12	M50×1.5	0.27	H210	A210X	KM10	MB10
		70	42	12	M50×1.5	0.30	H310	A310X	KM10	MB10
		70	55	12	M50×1.5	0.36	H2310	A2310X	KM10	MB10
50	55	75	37	12	M55×2	0.31	H211	A211X	KM11	MB11
		75	45	12	M55×2	0.35	H311	A311X	KM11	MB11
		75	59	12	M55×2	0.42	H2311	A2311X	KM11	MB11
55	60	80	38	13	M60×2	0.35	H212	A212X	KM12	MB12
		80	47	13	M60×2	0.39	H312	A312X	KM12	MB12
		80	62	13	M60×2	0.48	H2312	A2312X	KM12	MB12
60	65	85	40	14	M65×2	0.40	H213	A213X	KM13	MB13
		85	50	14	M65×2	0.46	H313	A313X	KM13	MB13
		85	65	14	M65×2	0.55	H2313	A2313X	KM13	MB13
	70	92	68	14	M70×2	0.90	H2314	A2314X	KM14	MB14
65	75	98	43	15	M75×2	0.71	H215	A215X	KM15	MB15
		98	55	15	M75×2	0.83	H315	A315X	KM15	MB15
		98	73	15	M75×2	1.05	H2315	A2315X	KM15	MB15

（续）

尺寸						质量	基本型号	组成零件		
d_1	d	d_2	B_1	B_2	G	W ≈	紧定套	紧定衬套	锁紧螺母	锁紧垫圈
mm						kg				
70	80	105	46	17	M80×2	0.88	H216	A216X	KM16	MB16
		105	59	17	M80×2	1.00	H316	A316X	KM16	MB16
		105	78	17	M80×2	1.30	H2316	A2316X	KM16	MB16
75	85	110	50	18	M85×2	1.00	H217	A217X	KM17	MB17
		110	63	18	M85×2	1.20	H317	A317X	KM17	MB17
		110	82	18	M85×2	1.45	H2317	A2317X	KM17	MB17
80	90	120	52	18	M90×2	1.20	H218	A218X	KM18	MB18
		120	65	18	M90×2	1.35	H318	A318X	KM18	MB18
		120	86	18	M90×2	1.70	H2318	A2318X	KM18	MB18
85	95	125	55	19	M95×2	1.35	H219	A219X	KM19	MB19
		125	68	19	M95×2	1.55	H319	A319X	KM19	MB19
		125	90	19	M95×2	1.90	H2319	A2319X	KM19	MB19
90	100	130	58	20	M100×2	1.50	H220	A220X	KM20	MB20
		130	71	20	M100×2	1.70	H320	A320X	KM20	MB20
		130	76	20	M100×2	—	H3120	A3120X	KM20	MB20
		130	97	20	M100×2	2.15	H2320	A2320X	KM20	MB20
95	105	140	60	20	M105×2	1.70	H221	A221X	KM21	MB21
		140	74	20	M105×2	1.95	H321	A321X	KM21	MB21
100	110	145	63	21	M110×2	1.90	H222	A222X	KM22	MB22
		145	77	21	M110×2	2.20	H322	A322X	KM22	MB22
		145	81	21	M110×2	—	H3122	A3122X	KM22	MB22
		145	105	21	M110×2	2.75	H2322	A2322X	KM22	MB22
110	120	145	22	22	M120×2	1.95	H3024	A3024X	KML24	MBL24
		155	88	22	M120×2	2.65	H3124	A3124X	KM24	MB24
		155	112	22	M120×2	3.20	H2324	A2324X	KM24	MB24
115	130	155	80	23	M130×2	2.85	H3026	A3026X	KML26	MBL26
		165	92	23	M130×2	3.65	H3126	A3126X	KM26	MB26
		165	121	23	M130×2	4.60	H2326	A2326X	KM26	MB26
125	140	165	82	24	M140×2	3.15	H3028	A3028X	KML28	MBL28
		180	97	24	M140×2	4.35	H3128	A3128X	KM28	MB28
		180	131	24	M140×2	5.55	H2328	A2328X	KM28	MB28
135	150	180	87	26	M150×2	3.90	H3030	A3030X	KML30	MBL30
		195	111	26	M150×2	5.50	H3130	A3130X	KM30	MB30
		195	139	26	M150×2	6.60	H2330	A2330X	KM30	MB30
140	160	190	93	28	M160×3	5.20	H3032	A3032X	KML32	MBL32
		210	119	28	M160×3	7.65	H3132	A3132X	KM32	MB32
		210	147	28	M160×3	9.15	H2332	A2332X	KM32	MB32
150	170	200	101	29	M170×3	6.00	H3034	A3034X	KML34	MBL34
		220	122	29	M170×3	8.40	H3134	A3134X	KM34	MB34
		220	154	29	M170×3	10.0	H2334	A2334X	KM34	MB34
160	180	210	109	30	M180×3	6.85	H3036	A3036X	KML36	MBL36
		230	131	30	M180×3	9.50	H3136	A3136X	KM36	MB36
		230	161	30	M180×3	11.0	H2336	A2336X	KM36	MB36
170	190	220	112	31	M190×3	7.45	H3038	A3038X	KML38	MBL38
		240	141	31	M190×3	11.0	H3138	A3138X	KM38	MB38
		240	169	31	M190×3	12.5	H2338	A2338X	KM38	MB38

（续）

尺寸						质量	基本型号	组成零件		
d_1	d	d_2	B_1	B_2	G	W ≈	紧定套	紧定衬套	锁紧螺母	锁紧垫圈(MB) 锁紧卡(MS)
mm						kg				
180	200	240	120	32	M200×3	9.20	H3040	A3040X	KML40	MBL40
		250	150	32	M200×3	12.0	H3140	A3140X	KM40	MB40
		250	176	32	M200×3	14.0	H2340	A2340X	KM40	MB40
200	220	260	126	41	T220×4	10.5	H3044	A3044	HML44	MSL44
		280	161	44	T220×4	15.0	H3144	A3144	HM44	MS44
		280	186	44	T220×4	17.0	H2344	A2344	HM44	MS44
220	240	290	133	46	T240×4	13.0	H3048	A3048	HML48	MSL48
		300	172	46	T240×4	18.0	H3148	A3148	HM48	MS48
		300	199	46	T240×4	20.0	H2348	A2348	HM48	MS44
240	260	310	145	46	T260×4	15.5	H3052	A3052	HML52	MSL48
		330	190	49	T260×4	22.5	H3152	A3152	HM52	MS52
		330	211	49	T260×4	25.0	H2352	A2352	HM52	MS52
260	280	330	152	50	T280×4	17.5	H3056	A3056	HML56	MSL56
		350	195	51	T280×4	25.0	H3156	A3156	HM56	MS52
		350	224	51	T280×4	26.5	H2356	A2356	HM56	MS52
280	300	360	168	54	T300×4	23.0	H3060	A3060	HML60	MSL60
		380	208	53	T300×4	30.0	H3160	A3160	HM60	MS60
		380	240	53	T300×4	—	H3260	A3260	HM60	MS60
300	320	380	171	55	T320×5	24.5	H3064	A3064	HML64	MSL64
		400	226	56	T320×5	35.0	H3164	A3164	HM64	MS64
		400	258	56	T320×5	39.0	H3264	A3264	HM64	MS64
320	340	400	187	58	T340×5	28.5	H3068	A3068	HML68	MSL68
		440	254	72	T340×5	—	H3168	A3168	HM68	MD68
		440	288	72	T340×5	—	H3268	A3268	HM68	MS68
340	360	420	188	58	T360×5	30.5	H3072	A3072	HML72	MSL72
		460	259	75	T360×5	—	H3172	A3272	HM72	MS68
		460	299	75	T360×5	—	H3272	A3272	HM72	MS68
360	380	450	193	62	T380×5	36.0	H3076	A3076	HML76	MSL76
		490	264	77	T380×5	—	H3176	A3176	HM76	MS76
		490	310	77	T380×5	—	H3276	A3276	HM76	MS76
380	400	470	210	66	T400×5	41.5	H3080	A3080	HML80	MSL76
		520	272	82	T400×5	—	H3180	A3180	HM80	MS80
		520	328	82	T400×5	—	H3280	A3280	HM80	MS80
400	420	490	212	66	T420×5	43.5	H3084	A3084	HML84	MSL84
		540	304	90	T420×5	—	H3184	A3184	HM84	MS80
		540	352	90	T420×5	—	H3284	A3284	HM84	MS80
410	440	520	228	77	T440×5	—	H3088	A3088	HML88	MSL88
		560	370	90	T440×5	—	H3188	A3188	HM88	MS88
		560	361	90	T440×5	—	H3288	A3288	HM88	MS88
430	460	540	234	77	T460×5	—	H3092	A3092	HML92	MSL88
		580	326	95	T460×5	—	H3192	A3192	HM92	MS88
		580	382	95	T460×5	—	H3292	A3292	HM92	MS88
450	480	560	237	77	T480×5	73.5	H3096	A3096	HML96	MSL96
		620	335	95	T480×5	—	H3196	A3196	HM96	MS96
		620	397	95	T480×5	—	H3296	A3296	HM96	MS96

（续）

尺寸						质量	基本型号	组成零件		
d_1	d	d_2	B_1	B_2	G	W ≈	紧定套	紧定衬套	锁紧螺母	锁紧卡
mm						kg				
470	500	580	247	85	T500×5	—	H30/500	A30/500	KML100	MSL100
		630	356	100	T500×5	—	H31/500	A31/500	KM100	MS100
		630	428	100	T500×5	—	H32/500	A32/500	KM100	MS100

表 19-52　退卸衬套（摘自 GB/T 9160.1—2017）

退卸衬套
d_1=35~480mm
GB/T 9160.1—2017

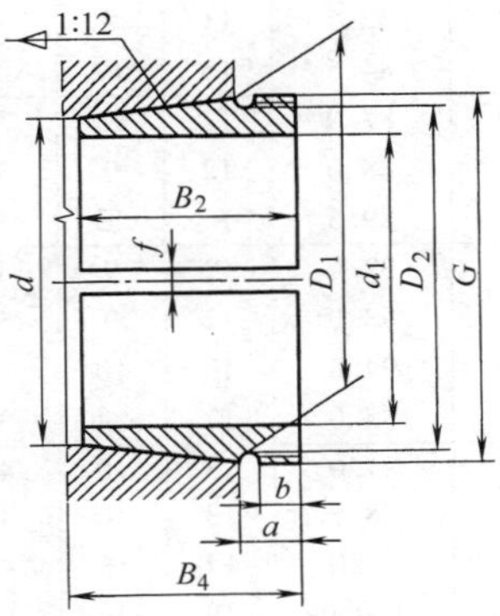

尺寸										质量	基本型号	配用螺母型号
d_1	d	B_2	B_4	D_1	D_2	a	b	f	G	W ≈	退卸衬套	
mm										kg		
35	40	25	27	41.50	41.0	9	6	2	M45×1.5	—	AH208	KM09
		29	32	41.92	41.0	9	6	2	M45×1.5	0.09	AH308	KM09
		40	43	42.75	42.0	10	7	2	M45×1.5	0.128	AH2308	KM09
40	45	26	29	46.67	46.0	9	6	2	M50×1.5	—	AH209	KM10
		31	34	47.08	46.5	9	6	2	M50×1.5	0.109	AH309	KM10
		44	47	48	47.5	10	7	2	M50×1.5	0.164	AH2309	KM10
45	50	28	31	51.15	51.0	10	7	2	M55×2	—	AH210	KM11
		35	38	52.33	51.5	10	7	2	M55×2	0.137	AH310	KM11
		50	53	53.17	52.0	12	9	2	M55×2	0.209	AH2310	KM11
50	55	29	32	56.83	56.0	10	7	3	M60×2	—	AH211	KM12
		37	40	57.38	56.5	10	7	3	M60×2	0.161	AH311	KM12
		54	57	58.42	57.0	13	10	3	M60×2	0.253	AH2311	KM12
55	60	32	35	62.00	61.5	11	8	3	M65×2	—	AH212	KM13
		40	43	62.38	61.5	11	8	3	M65×2	0.189	AH312	KM13
		58	61	63.63	62.0	14	11	3	M65×2	0.297	AH2312	KM13
60	65	32.5	36	67.08	66.5	11	8	3	M70×2	—	AHX213	KM14
		42	45	67.83	67.0	11	8	3	M70×2	0.253	AHX313	KM14
		61	64	69.08	68.5	15	12	3	M70×2	0.395	AHX2313	KM14

（续）

尺寸										质量	基本型号	配用螺母型号
d_1	d	B_2	B_4	D_1	D_2	a	b	f	G	W ≈	退卸衬套	
mm										kg		
65	70	33.5	37	72.17	71.5	11	8	3	M75×2	—	AHX214	KM15
		43	47	73.00	72.5	11	8	3	M75×2	0.28	AHX314	KM15
		64	68	74.42	73.5	15	12	3	M75×2	0.466	AHX2314	KM15
70	75	34.5	38	77.25	76.5	11	8	3	M80×2	—	AHX215	KM16
		45	49	78.17	77.5	11	8	3	M80×2	0.313	AHX315	KM16
		68	72	79.75	79.0	15	12	3	M80×2	0.534	AHX2315	KM16
75	80	35.5	39	82.33	81.5	11	8	3	M90×2	—	AH216	KM18
		48	52	83.42	82.5	11	8	3	M90×2	0.365	AH316	KM18
		71	75	85.00	84.5	15	12	3	M90×2	0.597	AH2316	KM18
80	85	38.5	42	87.50	87.0	12	9	3	M95×2	—	AH217	KM19
		52	56	88.67	88.0	12	9	3	M95×2	0.429	AH317	KM19
		74	78	90.17	89.5	16	13	3	M95×2	0.69	AH2317	KM19
85	90	40	44	92.67	92.0	12	9	3	M100×2	—	AH218	KM20
		53	57	93.75	93.0	12	9	3	M100×2	0.461	AH318	KM20
		63	67	94.50	94.0	13	10	3	M100×2	0.576	AH3218	KM20
		79	83	95.50	95.0	17	14	3	M100×2	0.779	AH2318	KM20
90	95	43	47	97.83	97.0	13	10	4	M105×2	—	AH219	KM21
		57	61	99.00	98.5	13	10	4	M105×2	0.532	AH319	KM21
		67	71	99.75	99.0	14	11	4	M105×2	—	AH3219	KM21
		85	89	100.83	100.0	19	16	4	M105×2	0.886	AH2319	KM21
95	100	45	49	103.00	102.5	13	10	4	M110×2	—	AH220	KM22
		59	63	104.17	103.5	13	10	4	M110×2	0.582	AH320	KM22
		64	68	104.50	104.0	14	11	4	M110×2	0.650	AH3120	KM22
		73	77	105.25	104.5	14	11	4	M110×2	0.767	AH3220	KM22
		90	94	106.25	105.5	19	16	4	M110×2	0.998	AH2320	KM22
105	110	50	54	113.33	112.5	14	11	4	M120×2	—	AH222	KM24
		63	67	114.33	113.5	15	12	4	M120×2	0.663	AH322	KM24
		68	72	114.83	114.0	14	11	4	M120×2	0.760	AH3122	KM24
		82	86	116.00	115.5	14	11	4	M120×2	0.883	AHX3222	KM24
		98	102	116.92	116.0	19	16	4	M120×2	0.350	AHX2322	KM24
115	120	53	57	123.50	123.0	15	12	4	M130×2	—	AH224	KM26
		60	64	124.00	123.5	16	13	4	M130×2	0.750	AH3024	KML26
		69	73	124.75	124.0	16	13	4	M130×2	—	AH324	KM26
		75	79	125.33	124.0	15	12	4	M130×2	0.950	AH3124	KM26
		90	94	126.50	126.0	16	13	4	M130×2	1.110	AHX3224	KM26
		105	109	127.42	126.5	20	17	4	M130×2	1.600	AHX2324	KM26
125	130	53	57	133.50	133.0	15	12	4	M140×2	—	AH226	KM28
		67	71	134.50	134.0	17	14	4	M140×2	0.930	AH3026	KML28
		74	78	135.08	134.5	17	14	4	M140×2	—	AH326	KM28
		78	82	135.58	135.0	15	12	4	M140×2	1.080	AH3126	KM28
		98	102	137.00	136.5	18	15	4	M140×2	1.580	AHX3226	KM28
		115	119	138.08	137.5	22	19	4	M140×2	1.970	AHX2326	KM28
135	140	56	61	143.75	143.0	16	13	4	M150×2	—	AH228	KM30
		68	73	144.67	144.0	17	14	4	M150×2	1.010	AH3028	KML30
		77	82	145.42	144.5	17	14	4	M150×2	—	AH328	KM30
		83	88	145.92	145.0	17	14	4	M150×2	1.280	AH3128	KM30
		104	109	147.58	147.0	18	15	4	M150×3	1.840	AHX3228	KM30
		125	130	148.92	148.0	23	20	4	M155×3	2.330	AHX2328	KM30

（续）

尺寸										质量	基本型号退卸衬套	配用螺母型号
d_1	d	B_2	B_4	D_1	D_2	a	b	f	G	W ≈		
mm										kg		
145	150	60	65	154.00	153.5	17	14	4	M160×3	—	AH230	KM32
		72	77	154.92	154.0	18	15	4	M160×3	1.150	AH3030	KML32
		83	88	155.83	155.0	18	15	4	M160×3	—	AHX330	KM32
		96	101	156.92	156.0	18	15	4	M160×3	1.790	AHX3130	KM32
		114	119	158.25	157.5	20	17	4	M160×3	2.220	AHX3230	KM32
		135	140	159.42	158.5	27	24	4	M160×3	2.820	AHX2330	KM32
150	160	64	69	164.25	163.0	18	15	5	M170×3	—	AH232	KM34
		77	82	165.25	164.0	19	16	5	M170×3	2.060	AH3032	KML34
		88	93	166.17	165.0	19	16	5	M170×3	—	AHX332	KM34
		103	108	167.42	166.0	19	16	5	M170×3	2.870	AHX3132	KM34
		124	130	168.92	167.0	23	20	5	M170×3	4.080	AHX3232	KM34
		140	146	169.92	168.0	27	24	5	M170×3	4.72	AHX2332	KM34
160	170	69	74	174.58	173.0	19	16	5	M180×3	—	AH234	KM36
		85	90	175.83	174.0	20	17	5	M180×3	2.430	AH3034	KML36
		93	98	176.50	175.0	20	17	5	M180×3	—	AHX334	KM36
		104	109	177.50	176.0	19	16	5	M180×3	3.040	AHX3134	KM36
		134	140	179.42	178.0	27	24	5	M180×3	4.80	AHX3234	KM36
		146	152	180.42	179.0	27	24	5	M180×3	5.25	AHX2334	KM36
170	180	69	74	184.58	183.0	19	16	5	M190×3	—	AH236	KM38
		92	98	186.25	185.0	23	17	5	M190×3	2.81	AH3036	KML38
		105	110	187.50	186.0	20	17	5	M190×3	—	AHX2236	KM38
		116	122	188.33	187.0	22	19	5	M190×3	3.76	AHX3136	KM38
		140	146	189.92	188.0	27	24	5	M190×3	5.32	AHX3236	KM38
		154	160	190.92	189.0	29	26	5	M190×3	5.83	AHX2336	KM38
180	190	73	78	194.58	193.0	23	17	5	M200×3	—	AHX238	KM40
		96	102	196.50	195.0	24	18	5	M200×3	3.32	AHX3038	KML40
		112	117	197.5	196.0	24	18	5	M200×3	—	AHX2238	KM40
		125	131	198.75	197.0	26	20	5	M200×3	4.89	AHX3138	KM40
		145	152	200.08	199.0	31	25	5	M200×3	5.90	AHX3238	KM40
		160	167	201.25	200.0	32	26	5	M200×3	6.63	AHX2338	KM40
190	200	77	82	204.83	203.0	24	18	5	Tr210×4	—	AHX240	KM42
		102	108	206.92	205.0	25	19	5	Tr210×4	3.80	AH3040	KM42
		118	123	208.17	207.0	25	19	5	Tr220×4	—	AH2240	KM44
		134	140	209.42	208.0	27	21	5	Tr220×4	5.49	AH3140	KM44
		153	160	210.75	209.0	31	25	5	Tr220×4	6.68	AH3240	KM44
		170	177	211.75	210.0	36	30	5	Tr220×4	7.54	AH2340	KM44
200	220	85	91	225.58	224.0	24	18	5	Tr230×4	—	AHX244	KM46
		111	117	227.58	226.0	26	20	5	Tr230×4	7.40	AHX3044	KM46
		130	136	229.17	228.0	26	20	5	Tr240×4	—	AH2244	KM48
		145	151	230.17	229.0	29	23	5	Tr240×4	10.40	AH3144	KM48
		181	189	232.75	231.0	36	30	5	Tr240×4	13.50	AH2344	KM48
220	240	96	102	246.17	245.0	28	22	5	Tr260×4	—	AHX248	KM52
		116	123	248.00	247.0	27	21	5	Tr260×4	8.75	AH3048	HML52
		144	150	250.25	249.0	27	21	5	Tr260×4	—	AH2248	KM52
		154	161	250.83	249.0	31	25	5	Tr260×4	12.0	AH3148	KM52
		189	197	253.42	252.0	36	30	5	Tr260×4	15.50	AH2348	KM52

（续）

尺寸										质量	基本型号退卸衬套	配用螺母型号
d_1	d	B_2	B_4	D_1	D_2	a	b	f	G	W ≈		
mm										kg		
240	260	105	111	266.83	265.0	29	23	6	Tr280×4	—	AHX252	KM56
		128	135	268.83	267.0	29	23	6	Tr280×4	10.70	AH3052	HML56
		155	161	271.00	270.0	29	23	6	Tr280×4	—	AHX2252	KM56
		172	179	272.25	271.0	32	26	6	Tr280×4	16.20	AHX3152	KM56
		205	213	274.75	273.0	36	30	6	Tr280×4	19.60	AHX2352	KM56
260	280	105	113	287.00	286.0	29	23	6	Tr300×4	—	AHX256	HM60
		131	139	289.08	288.0	30	24	6	Tr300×4	12.0	AH3056	HML60
		155	163	291.08	290.0	30	24	6	Tr300×5	—	AHX2256	HM60
		175	183	292.42	291.0	34	28	6	Tr300×5	17.5	AHX3156	HM60
		212	220	295.33	294.0	36	30	6	Tr300×5	21.6	AHX2356	HM60
280	300	145	153	310.08	309.0	32	26	6	Tr320×5	14.4	AH3060	HML64
		170	178	312.17	311.0	32	26	6	Tr320×5	—	AHX2260	HM64
		192	200	313.67	312.0	36	30	6	Tr320×5	20.8	AHX3160	HM64
		228	236	316.33	315.0	40	34	6	Tr320×5	26.0	AHX3260	HM64
300	320	149	157	330.33	329.0	33	27	6	Tr340×5	16.0	AHX3064	HML68
		180	190	333.08	332.0	33	27	6	Tr340×5	—	AHX2264	HM68
		209	217	335.00	334.0	37	31	6	Tr340×5	24.5	AHX3164	HM68
		246	254	337.67	336.0	42	36	6	Tr340×5	30.6	AHX3264	HM68
320	340	162	171	351.42	350.0	34	28	6	Tr360×5	19.5	AHX3068	HML72
		225	234	356.25	355.0	39	33	6	Tr360×5	29.0	AHX3168	HM72
		264	273	359.08	358.0	44	38	6	Tr360×5	35.4	AHX3268	HM72
340	360	167	176	371.67	370.0	36	30	6	Tr380×5	21.0	AHX3072	HML76
		229	238	376.42	375.0	41	35	6	Tr380×5	33.0	AHX3172	HM76
		274	283	379.95	378.0	46	40	6	Tr380×5	41.5	AHX3272	HM76
360	380	170	180	391.92	390.0	37	31	6	Tr400×5	23.2	AHX3076	HML80
		232	242	396.67	395.0	42	36	6	Tr400×5	35.7	AHX3176	HM80
		284	294	400.50	399.0	48	42	6	Tr400×5	45.6	AHX3276	HM80
380	400	183	193	412.83	411.0	33	33	6	Tr420×5	27.3	AHX3080	HML84
		240	250	417.17	416.0	44	38	6	Tr420×5	39.5	AHX3180	HM84
		302	312	421.83	420.0	50	44	6	Tr420×5	51.7	AHX3280	HM84
400	420	186	196	433.0	432.0	40	34	8	Tr440×5	29.0	AHX3084	HML88
		266	276	439.17	438.0	46	40	8	Tr440×5	46.5	AHX3184	HM88
		321	331	443.25	442.0	52	46	8	Tr440×5	58.9	AHX3284	HM88
420	440	194	205	453.67	452.0	41	35	8	Tr460×5	32.0	AHX3088	HML92
		270	281	459.42	458.0	48	42	8	Tr460×5	49.8	AHX3188	HM92
		330	341	463.92	462.0	54	48	8	Tr460×5	63.8	AHX3288	HM92
440	460	202	213	474.17	473.0	43	37	8	Tr480×5	35.2	AHX3092	HML96
		285	296	480.58	479.49	49	43	8	Tr480×5	57.9	AHX3192	HM96
		349	360	485.33	484.0	56	50	8	Tr480×5	74.5	AHX3292	HM96
460	480	205	217	494.42	493.0	44	38	8	Tr500×5	39.2	AHX3096	HML/500
		295	307	501.33	500.0	51	45	8	Tr500×5	63.1	AHX3196	HM/500
		364	376	506.50	505.0	58	52	8	Tr500×5	82.1	AHX3296	HM/500
480	500	209	221	514.58	513.0	46	40	8	Tr530×6	42.5	AHX30/500	HML/530
		313	325	522.67	521.0	53	47	8	Tr530×6	70.9	AHX31/500	HM/530
		393	405	528.75	527.0	60	54	8	Tr530×6	94.6	AHX32/500	HM/530

19.6　钢球（见表 19-53）

表 19-53　优先采用的球公称直径（摘自 GB/T 308.1—2013）

球公称直径 D_w/mm	球公称直径 D_w/mm	球公称直径 D_w/mm	球公称直径 D_w/mm	球公称直径 D_w/mm
0.3	5.15938(13/64)	12.30312(31/64)	24.60625(31/32)	50.8(2)
0.39688(1/64)	5.5	12.5	25	53.975(2 1/8)
0.4	5.55625(7/32)	12.7(1/2)	25.4(1)	55
0.5	5.95312(15/64)	13	26	57.15(2 1/4)
0.508(0.02)	6	13.49375(17/32)	26.19375(1 1/32)	60
0.6	6.35(1/4)	14	26.9875(1 1/16)	60.325(2 3/8)
0.635(0.025)	6.5	14.2875(9/16)	28	63.5(2 1/2)
0.68	6.74688(17/64)	15	28.575(1 1/8)	65
0.7	7	15.08125(19/32)	30	66.675(2 5/8)
0.79375(1/32)	7.14375(9/32)	15.875(5/8)	30.1625(1 3/16)	69.85(2 3/4)
0.8	7.5	16	31.75(1 1/4)	70
1	7.54062(19/64)	16.66875(21/32)	32	73.025(2 7/8)
1.19062(3/64)	7.9375(5/16)	17	33	75
1.2	8	17.4625(11/16)	33.3375(1 5/16)	76.2(3)
1.5	8.33438(21/64)	18	34	79.375(3 1/8)
1.5875(1/16)	8.5	18.25625(23/32)	34.925(1 3/8)	80
1.98438(5/64)	8.73125(11/32)	19	35	82.55(3 1/4)
2	9	19.05(3/4)	36	85
2.38125(3/32)	9.12812(23/64)	19.84375(25/32)	36.5125(1 7/16)	85.725(3 3/8)
2.5	9.5	20	38	88.9(3 1/2)
2.77812(7/64)	9.525(3/8)	20.5	38.1(1 1/2)	90
3	9.92188(25/64)	20.6375(13/16)	39.6875(1 9/16)	92.075(3 5/8)
3.175(1/8)	10	21	40	95
3.5	10.31875(13/32)	21.43125(27/32)	41.275(1 5/8)	95.25(3 3/4)
3.57188(9/64)	10.5	22	42.8625(1 11/16)	98.425(3 7/8)
3.96875(5/32)	11	22.225(7/8)	44.45(1 3/4)	100
4	11.1125(7/16)	22.5	45	101.6(4)
4.36562(11/64)	11.5	23	46.0375(1 13/16)	104.775(4 1/8)
4.5	11.50938(29/64)	23.01875(29/32)	47.625(1 7/8)	
4.7625(3/16)	11.90625(15/32)	23.8125(15/16)	49.2125(1 15/16)	
5	12	24	50	

注：1. 括号内为相应的英制尺寸，仅作参考。

2. 成品球硬度：$D_w \leqslant 30$mm 为 61~66HRC，$D_w > 30 \sim 50$mm 为 59~64HRC，$D_w > 50$mm 为 58~64HRC。

第 20 章　滑动轴承

滑动轴承种类多，结构差异大，摩擦润滑状况各不相同，特性各异，可适用于多种工况。

通常，滑动轴承商品化程度远低于适合一般参数工况的滚动轴承，维护使用也不如滚动轴承便利。至今滑动轴承主要用于滚动轴承不能满足使用要求的场合：高速、重载、冲击载荷、高旋转精度、要求轴承结构剖分、径向尺寸受到限制，以及高温、低温、真空、洁净、腐蚀等特殊工作环境。此外，当使用要求可满足时，从经济角度出发，也可采用结构极简单的滑动轴承。

滑动轴承设计要解决的问题：

1）滑动轴承的形式和结构。

2）轴瓦结构和材料选择。

3）轴承的结构参数。

4）润滑剂的选择和供应。

5）轴承的工作能力及热平衡。

20.1　滑动轴承类型、特性与选用

设计师在设计选择滑动轴承时，一般需要考虑三个方面要求：

1）机械对轴承性能的要求。

2）轴承对工作环境、工作条件的适应性。

3）经济性。

设计师根据机器设计要求，从上述三个方面权衡利弊，择优做出决定。

选择滑动轴承时应考虑的问题见表 20-1。

表 20-1　选择滑动轴承时应考虑的问题

机械对轴承性能的要求	轴承对工作环境、工作条件的适应性	经　济　性
1）承载能力 2）允许速度 3）启动摩擦力矩大小 4）耐外界及本身振动冲击的能力 5）摩擦功耗大 6）经常起动、停车的能力 7）运转的噪声水平 8）径向定位精度 9）结构空间的要求及安装方便与否 10）润滑的简易程度 11）轴承失效是否会引起重大事故	1）是否高温、低温或温度变化很大 2）有无腐蚀性大气或污染 3）是否潮湿或干湿交替 4）周围有无含尘空气 5）有无废屑或磨粒污染 6）是否存在有害的辐射 7）是否在真空下工作 8）有无近处机器传来的振动 9）尺寸或质量的限制 10）防污染的要求（如食品机械）	1）寿命 2）轴承本身及需附加的附属装置的费用 3）轴承失效对机器及工厂的影响 4）保证轴承正常工作维护要求（如轴承及其润滑系统的服务需要、检修频率、运行费用等） 5）备件的供应是否有保证 6）对材料回用的要求

20.1.1　滑动轴承的类型、特性与适用场合（见表 20-2）

表 20-2　滑动轴承的类型、特性与适用场合

分类依据	轴承类型	特　性　与　适　用　场　合
承载方向	径向轴承	承受径向力
	推力轴承	承受轴向力
	径向推力轴承	同时承受径向力和轴向力

（续）

分类依据			轴承类型	特性与适用场合
运转时滑动表面间状态	有机械接触		无润滑轴承	工作前和工作时无润滑剂作用的轴承。它可使机器结构简单，不污染环境，无须维护保养。在载荷不大、速度不高时可用于超高温、低温、辐射、真空、腐蚀、氧化等环境下，以及不适宜供给润滑剂的场合
运转时滑动表面间状态	有机械接触		固体润滑轴承	预先向基体材料中或其摩擦表面预先提供固体润滑剂制成的轴承。在工作时可以不加或长时间不必加润滑剂。适用于超高温、低温、辐射、真空、腐蚀、氧化等环境下，以及润滑油或润滑脂难以供给或严格控制油污染的场合
运转时滑动表面间状态	有机械接触		混合润滑轴承	在润滑剂不足或转速低、间歇旋转等条件下，处于边界摩擦或边界摩擦与液体润滑并存的混合摩擦状态下运转。供油和轴承结构简单，而摩擦损耗大、磨损较大、精度不高。广泛应用于要求不高的通用设备中
运转时滑动表面间状态	无机械接触	完全润滑	液体动压润滑轴承	轴旋转将液体润滑剂带入收敛间隙内建立压力油膜，平衡外载荷并完全隔开两滑动表面。用于转速较高具备形成液体动压润滑条件场合
运转时滑动表面间状态	无机械接触	完全润滑	液体静压润滑轴承	靠液压系统供给一定压力液体润滑剂，迫使两相对滑动表面完全隔开以建立承载油膜。油膜形成与速度无关，极低（包括零速）或高速下均能正常工作，刚度和旋转精度高，起动力矩小，寿命长，但设备费用高并要很好维护
运转时滑动表面间状态	无机械接触	完全润滑	气体动压润滑轴承	采用气体润滑剂的动压轴承。摩擦因数小，速度很高，无污染，耐高或低温，承载低，刚度低，动态稳定性较差，对材料和环境要求严格
运转时滑动表面间状态	无机械接触	完全润滑	气体静压润滑轴承	采用气体润滑剂的静压轴承。摩擦因数小，速度范围广，无污染，耐高或低温，承载低，刚度低
运转时滑动表面间状态	无机械接触	电磁悬浮	磁力轴承	利用磁场力使轴悬浮，无需润滑，长寿命，很低功耗，但承载能力比普通轴承略低而尺寸稍大。有源磁力轴承通过控制获得系统高性能，成本高。在极低（包括零速）或极高速下均能正常工作，适用于真空、超净、低温和高温等环境下运转
运转时滑动表面间状态	无机械接触	电磁悬浮	静电轴承	利用电场力使轴悬浮，能耗极低，结构紧凑，但承载能力低，需很大的电场强度，应用受到限制，仅用在少数仪表中
轴承材料			金属轴承	采用轴承合金、铜合金、铸铁等制造，适用于靠外部供油润滑轴承，应用很广
轴承材料			多孔质粉末冶金含油轴承	油存于金属粉末冶金材料的孔隙中，具有自润滑性，长时间不需添加油能正常工作，成本低，但韧性较小，适用于平稳无冲击载荷及低中速，不易加油场合
轴承材料	非金属轴承		塑料轴承	塑料轴承具有自润滑性，减摩耐磨性好，抗腐蚀能力强，维护简便，减振吸声，质量轻，但线胀系数大，热导率低，强度和尺寸稳定性不如金属，适用于无油或无脂工况，速度不高，间隙要求不严的轴承。塑料与金属等组成多层复合材料，性能更好
轴承材料	非金属轴承		碳石墨轴承	具有自润滑性和减摩性，尺寸稳定性好，强度不高，适用于高温、无润滑剂、不许油污、腐蚀的工况
轴承材料	非金属轴承		橡胶轴承	吸收振动和冲击好，能经受水中固体微粒的磨耗作用，强度不高，耐热性差，忌接触有机溶剂和油（耐油橡胶除外），主要用于水润滑而且环境较脏污处
轴承材料	非金属轴承		木材轴承	质轻价廉，能吸收振动和冲击，对轴偏斜敏感性小，但强度低，导热耐湿耐磨性差，用于轻载、减振、灰尘多的工况。可用填充聚合物改善之
轴承材料	非金属轴承		宝石轴承	采用金刚石、刚玉等硬质材料，摩擦因数小，耐磨，抗压强度高，多用于各类仪器仪表中

（续）

分类依据	轴承类型	特性与适用场合
轴承材料	复合材料轴承	由两种或多种性质和相组织的材料以宏观或微观形式组合而成的多相材料。可同时满足多方面性能要求
轴承轴线的活动度	固定轴承	轴瓦与轴承座轴线固定，结构简单
	自位轴承	允许轴瓦与轴承座轴线间有少量偏斜，用于两轴承轴线难精确对中或轴弯曲变形较大的场合
	关节轴承	属于球面滑动轴承，轴承轴线可绕轴承座球面中心作空间大范围的摆动
轴承的结构形式	整体式轴承	结构简单，成本低廉，但轴承间隙不能调整，只能从轴颈端部装拆，常用于低速轻载，间歇性运转而且允许轴颈端部装拆的机器中
	剖分式轴承	装拆方便，轴承间隙可调，用于轴颈端部装拆困难和需调整轴承间隙的场合

注：滑动轴承还有以下一些特殊类型：

1）流体动静压混合润滑轴承：工作中同时利用或者在起动停转和运转中分别采用流体动压润滑和流体静压润滑的轴承。它兼有流体动压和静压轴承的优点。

2）磁流体润滑轴承：在外加磁场作用下，以导电体为润滑剂的润滑轴承。等效黏度可成倍增大，承载能力比普通流体润滑轴承高得多。

3）箔轴承：轴颈与箔带组成弹性润滑轴承。允许较大的加工误差、表面变形和热胀误差。

20.1.2　滑动轴承类型主要选择因素比较（见表 20-3）

表 20-3　滑动轴承类型主要选择因素比较

选择因素	混合润滑轴承	多孔质金属含油轴承	液体动压润滑轴承	液体静压润滑轴承	空气动压润滑轴承	空气静压润滑轴承	无润滑和固体润滑轴承	有源磁力轴承	滚动轴承
适用速度	低、中速	低、中速	中、高速	零至高速	高、中速	零至高速	低速	零至极高速	低、中速，高速需特殊要求
相对承载能力	轻、中	轻、中	轻、中、重	轻、中、重	极轻	轻	轻、较轻	轻、中、较重	轻、中
随转速增高承载能力	一般稍升即降	加速下降	先升后降	微降	升高	不变	极低速时先平后降	一般先平后降，可调	先平后降
摩擦阻力	中等或小	中等或小	小	很小	非常小	极小	较大	极小	小
低起动力矩	可以	可以	满意	极好	满意	极好	较差	极好	很好
经常进行换向	适用	适用	不很适宜	极好	不很适宜	极好	适用	极好	极好
旋转精度	较高	较高	高	极高	高	极高	差	极高	高

（续）

选择因素	混合润滑轴承	多孔质金属含油轴承	液体动压润滑轴承	液体静压润滑轴承	空气动压润滑轴承	空气静压润滑轴承	无润滑和固体润滑轴承	有源磁力轴承	滚动轴承
寿命	有限寿命，受轴瓦磨损限制	有限寿命，较固体自润滑轴承长	不频繁起动时长，不稳定载荷时受轴瓦疲劳限制	理论上轴承为无限寿命，供油系统为有限寿命	不频繁起动时寿命长	理论上轴承为无限寿命，供气系统为有限寿命	有限寿命，受轴瓦磨损限制	寿命很长，取决于电器和控制系统寿命	有限寿命，受接触疲劳寿命限制
外界振动	在允许载荷下可用	在允许载荷下可用	满意吸收	很好吸收	满意吸收	很好吸收	在允许载荷下可用	能很好消除其影响	需特殊结构，多数有限制
灰尘	可用，密封更好	需要密封	可用，需过滤油	可用，需过滤油	需要密封	可用	可用，密封更好	可用	需要密封
低温	受油低温性能限制	尚好，起动力矩大	受油低温性能限制，起动力矩大	好，受油低温性能限制	极好	极好	好	极好	好
真空	可用，需特殊润滑剂	可用，需特殊润滑剂	可用，需特殊润滑剂	不行，油影响真空度	不行，气体影响真空度	难于保持一定真空度	极好	极好	用特殊润滑剂时良好
支持装置	用脂、滴油、油绳、油杯	很简单	需要供油循环系统	需要压力供油循环系统	需要供气循环系统	需要压力供气循环系统	不需要	需要控制系统	用脂润滑时简单
运转费用	低	很低	取决于润滑方法	取决于压力供油费用	很低	取决于压力供气费用	很低	取决于电器和控制系统费用	很低
标准化	较好	较好	有	没有	没有	没有	部分有	没有	最好

20.1.3 各类连续运转滑动轴承承载能力与转速特性曲线

几种主要径向滑动轴承在给定轴颈直径下，宽径比为1时的极限承载能力与极限转速特性曲线如图20-1所示，可供选择径向滑动轴承类型时参考。对动压轴承，按中等黏度润滑油进行计算；对混合润滑轴承和无润滑轴承及固体润滑轴承，按磨损寿命为10^4h计算。同时标示疲劳寿命为10^4h的滚动轴承的相应曲线，以便比较。对静压轴承，理论上在材料强度允许的载荷与速度范围内均可应用。

几种推力轴承在给定轴颈直径等条件下极限承载能力与极限转速关系如图20-2所示。

20.1.4 各种机器的滑动轴承设计参数（见表20-4）

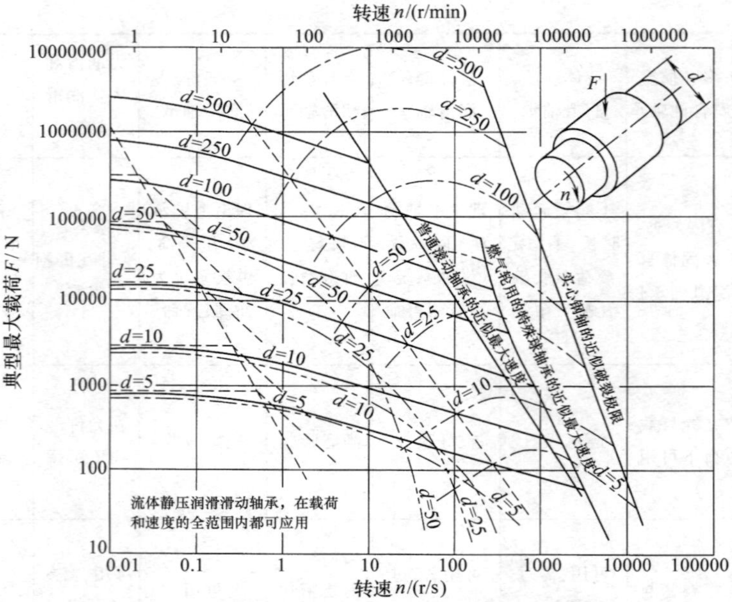

------ 无润滑轴承及固体润滑轴承，其表面互相摩擦，通常是非金属的

—·—··— 粉末冶金含油滑动轴承

——— 滚动轴承，材料很硬，滚动元件把两个运动零件分开

—·—·— 流体膜动压滑动轴承，靠相对运动使黏性油形成楔形膜而产生流体动压力

图 20-1　各类连续运转的径向轴承承载能力与转速的关系

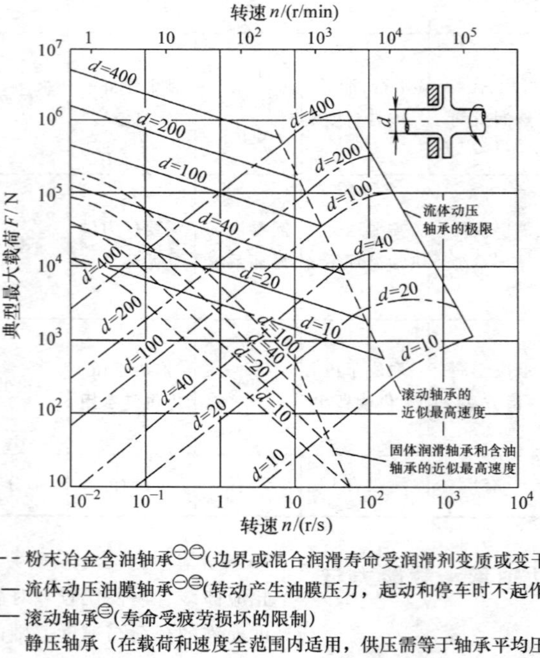

----- 粉末冶金含油轴承㊀㊁(边界或混合润滑寿命受润滑剂变质或变干的限制)

—·— 流体动压油膜轴承㊀㊂(转动产生油膜压力，起动和停车时不起作用)

——— 滚动轴承㊁(寿命受疲劳损坏的限制)

静压轴承（在载荷和速度全范围内适用，供压需等于轴承平均压力的3~5倍）

图 20-2　各类推力轴承承载能力与转速的关系

㊀ 适用于推力面的宽径比为 2。

㊁ 适用于 10000h 的额定寿命。

㊂ 适用于运动黏度为 32~100mm^2/s 的矿物油。

表 20-4　各种机器的滑动轴承设计参数

机器名称	轴　承	许用压强 $[p]$① /MPa	许用速度 $[v]$ /(m/s)	许用 pv 值 $[pv]$ /MPa · m · s^{-1}	适宜黏度 η /Pa · s	许用最小 $\frac{\eta n}{p}\times10^9$ /(Pa · s) · ($r \cdot s^{-1}$) · Pa^{-1}	相对间隙 ψ	宽径比 B/D
金属切削机床	主轴承	0.5~5	—	1~5	0.04	2.5	<0.001	1~3
传动装置	轻载轴承	0.15~0.3	—	1~2	0.025~0.06	230	0.001	1~2
	重载轴承	0.5~1.5				66		
减速器	轴承	0.5~4	1.5~6	3~20	0.03~0.05	83	0.001	1~3
轧钢机	主轴承	5~30	0.5~30	50~80	0.05	23	0.0015	0.8~1.5
冲压机、剪床	主轴承	28		—	0.1	—	0.001	1~2
	曲柄轴承	55						
铁路车辆	货车轴承	3~5	1~3	10~15	0.1	116	0.001	1.4~2
	客车轴承	3~4						
发电机、电动机、离心压缩机	转子轴承	1~3	—	2~3	0.025	416	0.0013	0.8~1.5
汽轮机	主轴承	1~3	5~60	85	0.002~0.016	250	0.001	0.8~1.25
活塞式泵、压缩机	主轴承	2~10	—	2~3	0.03~0.08	66	0.001	0.8~2
	连杆轴承	4~10		3~4		46	<0.001	0.9~2
	活塞销轴承	7~13		5		23	<0.001	1.5~2
蒸汽机车	主轴承	10~16	—	30~50	0.1	66	0.001	1~1.8
	连杆轴承	8~14	—	20~25	0.04	12	<0.001	0.7~1.1
	活塞销轴承	20~35	—	—	0.03	12	<0.001	0.8~1.3
精纺机	锭子	0.01~0.02	—	—	0.002	25000	0.005	—
汽车发动机	主轴承	6~15	6~8	>50	0.007~0.008	33	0.001	0.35~0.7
	连杆轴承	6~20	6~8	>80		23	0.001	0.5~0.8
	活塞销轴承	18~40	—	—		16	<0.001	0.8~1
航空发动机	主轴承	12~22	8~10	>80	0.007~0.008	36	0.001	0.4~0.6
	连杆轴承(排形)	13~20	8~10	>100		23	0.001	0.7~1
	连杆轴承(星形)	20~26	8~10	>100		23	0.001	0.7~1
	活塞销轴承	50~85	—	>100		18	<0.001	0.8~0.9
柴油发动机(二冲程)	主轴承	5~9	1~5	10~15	0.02~0.065	58	0.001	0.6~0.75
	连杆轴承	7~10	1~5	15~20		28	<0.001	0.5~1
	活塞销轴承	9~13	—	—		23	<0.001	1.5~2
柴油发动机(四冲程)	主轴承	6~13	1~5	15~20	0.02~0.065	47	0.001	0.45~0.9
	连杆轴承	12~15		20~30		23	<0.001	0.5~0.8
	活塞销轴承	15~20		—		12	<0.001	1~2

① 与轴瓦材料和润滑方法有关：小值用于滴油、油环或飞溅润滑，轴瓦材料强度较低者；大值用于压力供油润滑，轴承材料强度较高者。

20.2　滑动轴承材料

20.2.1　对滑动轴承材料提出的要求

除了磁力轴承和静电轴承外，对于滑动表面间存在机械接触的一般滑动轴承材料提出如下要求：

1）减摩性、亲油性、导热性。

2）摩擦相容性，即抗黏附性。

3）摩擦的顺应性、磨合性和嵌入性：顺应性指通过材料表层弹塑性变形来补偿轴颈滑动表面间初始配合不良的性能；磨合性指在磨合过程中降低摩擦力、温度和磨损度的性能；嵌入性指材料容纳污物和外来硬微粒嵌入，以减轻表面刮伤和磨粒磨损的性能。

4）耐磨性、耐气蚀性。

5）高抗压强度和在承受动载荷下高抗疲劳强度。

6）耐蚀性。

7）工艺性。

8）经济性。

全面具备上述所有性能的单一材料实际上是不存在的。要求顺应性和嵌入性与高抗压强度和高抗疲劳强度往往是矛盾的。由两种或多种性质及相组织的材料以宏观或微观形式组合而成的多相的复合材料能很好地满足上述矛盾要求。如在青铜、软钢和铸铁等强度高的轴瓦表面浇铸或烧结多孔薄层顺应性和嵌入性好但强度低的软金属材料，作为轴承衬。若还需改善轴承衬表面性能，还可在其表面镀以更好的摩擦性能的材料。

20.2.2　滑动轴承材料的性能

滑动轴承材料可分为金属材料、多孔质金属材料、非金属材料以及由上述材料组成的复合材料。目前金属材料的应用仍占主导地位。滑动轴承材料的基本特性和适用场合参见表 20-2。表 20-5～表 20-11 列出了滑动轴承材料性能和应用情况，供选择材料参考。

表 20-5　滑动轴承材料的物理性能

轴承材料	抗拉强度 /MPa	弹性模量 /GPa	硬　度 HBW	密　度 /(kg/m³)	热导率 /W·(m·K)⁻¹	线胀系数 /10⁻⁶K⁻¹
锡基轴承合金	79	52	25	7400	35～45	23
铅基轴承合金	69	29	26	10100	24	25
锡青铜	200	110	70	8800	50～90	18
铅青铜	230	97	60	8900	47	18
铝合金	150	71	45	2900	210	24
银	160	76	25	10500	410	20
铸铁	240	160	180	7200	52	10
多孔青铜	120	—	40	6400	29	19
多孔铁	170	—	50	6100	28	12
尼龙	79	2.8	79HRM	1140	0.24	170
醛缩醇	69	2.8	94HRM	1420	0.22	80
聚四氟乙烯	21	0.4	60Shore D	2170	0.24	170
酚醛树脂	69	6.9	100HRM	1360	0.28	28
聚酰亚胺	73	3.2	52Shore D	1430	0.43	50
碳-石墨	14	14	75Shore D	1700	17	3.1
木	8	12	—	680	0.19	5
橡胶	—	—	—	1200	0.16	77
碳化钨	900	560	91HRA	14200	70	6
三氧化二铝	210	340	85HRA	3900	2.8	15

表 20-6　滑动轴承材料性能比较

性能比较	金属材料				非金属材料				多孔质金属含油材料
	轴承合金	锡青铜	铅青铜	铸铁	塑料	木材	橡胶	石墨	
承载能力	一般	良	良	良	一般	差	差	差	一般
减摩性	优	较好	良	较好	较好	优	优	良	较好
耐磨性	一般	优	较好	优	较好	一般	差	一般	较好

（续）

性能比较	金属材料				非金属材料				多孔质金属含油材料
	轴承合金	锡青铜	铅青铜	铸铁	塑料	木材	橡胶	石墨	
顺应性	优	一般	差	差	优	良	优	较好	差
嵌入性	优	一般	差	差	较好	良	优	良	一般
导热性	良（锡基） 较好（铅基）	良	良	良	差	差	差	一般	较好
热胀性	较好	良	较好	优	差	一般	差	良	优
高速安全性	优	较好	较好	差	差	差	差	良	差
高温安全性	差	较好	差	较好	差	差	差	优	较好
紧急安全性	优	较好	良	较好	优	一般	差	优	优
用油、脂润滑	优	优	优	优	优	优	较好	优	优
用水润滑	差	差	差	差	优	优	优	优	差
无润滑	差	差	差	差	优	差	差	优	差

表20-7　轴承用合金的特性与用途

合金牌号		制造方法	特　　性	一般用途
铸造铜合金（JB/T 7921—1995）	CuPb9Sn5、 CuPb10Sn10	浇铸或烧结在钢背上或金属型浇铸	有高的疲劳强度和承载能力，高的硬度和耐磨性，好的耐蚀性。增加含锡量可提高合金的硬度和耐磨性，增加含铅量可改善合金经受装配不良和间歇润滑的能力。适用于中载、中到高速以及由于摆动或旋转运动引起有很大冲击载荷的轴承。与淬硬轴匹配，轴颈硬度一般不低于250HBW	一般用于汽轮机、发动机、机床用轴承、内燃机活塞销、汽车转向器和差速器用轴套、止推垫圈等
	CuPb15Sn8		有高的疲劳强度和承载能力，较高的硬度和耐磨性，耐腐蚀。增加锡含量可提高合金的硬度与耐磨性，增加铅含量可改善合金经受装配不良和间歇润滑的能力，可用水润滑。相匹配的轴颈硬度一般不低于200HBW	适用于中载、中到高速的单层、双层金属轴承、轴套和单层金属止推垫圈、冷轧机用轴承
	CuSn8Pb2、 CuSn7Pb7Zn3		有较高的硬度，耐磨性和好的耐蚀性，相匹配轴颈的硬度不低于280HBW	用于低到高载荷的非重要用途的轴承和轴套，需充分润滑
	CuSn12Pb2		有高的硬度和耐蚀性，好的耐磨性。轴颈要淬硬，硬度一般不低于300HBW，要求良好的润滑和装配	适用于中到重载、高速、有冲击载荷工况条件下工作的轴承
	CuPb5Sn5Zn5		有较高的硬度、耐磨性和耐蚀性，高的抗冲击和耐高温能力，较差的抗擦伤能力，相匹配的轴颈的硬度一般不低于205HBW	作一般用途的轴承材料，适用于低载非重要工作条件下工作的轴承、止推垫圈，如汽车发动机活塞销、变速器轴套等

（续）

合金牌号			制造方法	特性	一般用途
铸造铜合金（JB/T 7921—1995）		CuPb20Sn5	浇铸或烧结在钢背（带）上	有较高的承载能力和疲劳强度，较高的含铅量可改善合金在高速下的表面性能，耐腐蚀性却略有下降，增加锡含量可提高合金硬度和耐磨性，可用水润滑，适用于中载、中到高速，以及因摆动或旋转运动引起有中等冲击载荷的轴承。相匹配轴颈的硬度一般不低于 150HBW	一般用于汽车的变速器、农机具和内燃机摇臂轴上的轴套
		CuSn10P	浇铸在钢背上或金属型浇铸	有高的硬度和耐腐蚀性，耐磨性好。轴颈要淬硬，硬度一般不低于 300HBW。要求良好的润滑和装配	适用于中到重载、高速有冲击载荷工况条件下工作的轴承
		CuAl10Fe5Ni5	金属型浇铸	是非常硬的轴承合金，耐海水腐蚀，嵌藏性差。轴颈必须硬化，硬度不低于 300HBW	适用于制造作滑动运动的结构元件，及在海洋环境中工作的轴承，高载荷轴套
锻造铜合金（JB/T 7922—1995）		CuSn8P	轧制或挤压	高的硬度、耐磨性和疲劳强度，好的耐腐蚀性，相匹配轴颈的硬度一般不低于 55HRC	适用于重载荷，高滑动速度、冲击载荷或有振动的工况中；与淬硬轴配合，要求充分润滑和良好的装配状态。按其工况条件选择其硬度
		CuZn31Si1			
		CuZn37Mn2Al2Si		高的强度、耐磨性和疲劳强度，相匹配轴颈的硬度一般不低于 55HRC	适用于润滑不良工作条件下的轴承，要求与淬火轴配合
		CuAl9Fe4Ni4		高的强度和耐磨性，高温下的耐腐蚀和抗氧化性及在大气、淡水和海水中的耐腐蚀性良好，嵌藏性差，轴颈的硬度一般不低于 55HRC	适用于滑动条件下的结构件，在海水中工作的轴承，要求与淬硬轴配合
薄壁轴承用金属多层材料（GB/T 18326—2001）	铅基和锡基合金	PbSb10Sn6、PbSb15SnAs、PbSb15Sn10	静置或连续浇铸在钢、青铜或黄铜背上，或直接浇铸在轴承座孔内	软，耐腐蚀，较低的疲劳强度和承载能力，有较好的顺应性、嵌藏性、相容性。可与软轴或硬轴配合，要求轴颈硬度不低于 180HBW	适用于载荷较小的内燃机主轴和连杆轴承、止推垫圈。凸轮轴承
		SnSb8Cu4		软、耐腐蚀。有较好的顺应性、嵌藏性、相容性。可与软轴或硬轴配合，要求轴颈硬度不低于 220HBW	
	铜基合金	CuPb10Sn10	连续浇铸或烧结在钢背（带）上或金属型浇铸	有很高的疲劳强度和承载能力，高的抗冲击能力，好的耐蚀性，与淬硬轴配合，轴颈的硬度不低于 53HRC	适用于中载、中到高速，以及有大冲击载荷的轴承，机械设备上用的卷制轴套、止推垫圈、内燃机连杆活塞销轴套

（续）

合金牌号			制造方法	特性	一般用途
薄壁轴承用金属多层材料（GB/T 18326—2001）	铜基合金	CuPb17Sn5	连续浇铸或烧结在钢背(带)上	有很高的疲劳强度、承载能力、抗冲击能力、耐蚀性、耐磨性，与淬硬轴配合，轴颈的硬度不低于 50HRC	当轴承滑动表面镀有软合金层时，适用于重载内燃机的主轴和连杆轴承、卷制轴套、止推垫圈、蒸汽机车的浮动轴套等
		CuPb24Sn4		有高的疲劳强度、承载能力、抗冲击能力，耐腐蚀，有较好的轴承表面性能（嵌藏性、顺应性、相容性）、与淬硬轴配合，轴颈硬度不低于 48HRC	适用于高速、摆动和旋转工作条件下的轴承，轴承滑动表面镀有软合金层时，可用于高速、重载的内燃机主轴和连杆轴承、止推垫圈、卷制轴套、轧钢机用轴承、机床轴承等
		CuPb24Sn	连续浇铸或烧结在钢背（带）上，静置或离心浇铸在钢背上	有较高的疲劳强度和承载能力，较好的轴承表面性能，较易受润滑油腐蚀，浇铸合金的疲劳强度较烧结合金高约 20%。有软合金镀层时可以与硬轴或软轴配合，轴颈硬度不低于 45HRC	常用于内燃机主轴和连杆轴承、止推垫圈、卷制轴套
		CuPb30	轧制到钢背(带)上	有中等疲劳强度和承载能力，较好的轴承表面性能，易受润滑油腐蚀。轴承工作表面必须镀软合金层，相匹配轴颈的硬度不低于 270HBW	
	铝基合金	AlSn20Cu	轧制到钢背(带)上	有中等疲劳强度和承载能力，良好的耐蚀性，较好的轴承表面性能，可以与软轴配合，轴的硬度不低于 250HBW	常用于内燃机主轴和连杆轴承、止推垫圈、卷制轴套或压力机、制冷机用轴承
		AlSn6Cu		有中等到较高的疲劳强度和承载能力，良好的耐蚀性，镀软合金层可与硬轴配合，轴的硬度不低于 45HRC	常用于内燃机主轴和连杆轴承、止推垫圈、卷制轴套
		AlSn12Si2.5Pb1.7		具有中等到较高的疲劳强度和承载能力，无须表面涂层，特别适合于球铁曲轴，相匹配轴颈的硬度不低于 250HBW	
		AlSi11Cu		有较高的疲劳强度和承载能力，好的耐蚀性和抗穴蚀能力。镀软合金层可以与硬轴配合。轴颈的硬度一般不低于 50HRC	

（续）

合金牌号			制造方法	特　性	一般用途
薄壁轴承用金属多层材料（GB/T 18326—2001）	镀层	PbSn10Cu2 PbSn10 PbIn7	电镀到轴瓦滑动表面上	软，有好的减摩性、良好的轴承表面性能和耐蚀性，疲劳强度取决于它的厚度	适用于各种轴承合金材料的轴承表面镀层。厚度一般为 0.013～0.025mm。大型柴油机主轴承为 0.05～0.07mm
		AlZn5Si1.5 Cu1Pb1Mg		高的疲劳强度，通常应有镀层，可与硬轴、软轴配合，轴颈的硬度不低于45HRC	常用于内燃机主轴和连杆轴承

表 20-8　主要滑动轴承材料的应用情况

应用范围	塑料	粉末冶金含油轴承	巴氏合金	铜铅合金	青铜			铝合金	层合复合材料	其余复合材料	备　注
					铅青铜	锡青铜	铝青铜				
汽油发动机主轴承、连杆轴承			●	●	●		●	●	●		现代高速、大功率发动机主轴承、连杆轴承多用三层复合材料，其中间层用铅青铜、铝青铜或铝合金，表层可用多种材料。巴氏合金表层只用于部分低速发动机
柴油发动机轴承				●	●		●	●	●		
凸轮轴轴承			●		●	●		●			
活塞销轴承					●	●					
冷轧机、锻压机械			●		●	●		●	●		水润滑条件下，热固性塑料轴承显示了优良的性能
轧辊轴承	●	●			●			●		●	
机车、活塞式压缩机			●		●	●		●			
水泵、热轧机、船机等润滑轴承	●									●	
齿轮箱轴承、涡轮机推力轴承			●		●	●			●	●	巴氏合金有时不能满足 pv 值的涡轮机轴承及齿轮箱轴承的需要，三层复合材料已开始在这种场合应用
汽轮机、压缩机、涡轮鼓风机轴承			●		●						
燃气轮机轴承			●		●						
大型电机轴承			●								
液压泵					●			●	●		—
机床		●	●		●	●	●				
印刷机械		●			●				●	●	
传送（运输）装置		●								●	
纺织、医药、食品机械，家用电器	●	●			●					●	

（续）

应用范围	塑料	粉末冶金含油轴承	巴氏合金	铜铅合金	青铜			铝合金	层合复合材料	其余复合材料	备注
					铅青铜	锡青铜	铝青铜				
建筑机械、农业机械	●	●			●					●	—

表 20-9　常用金属轴瓦材料的性能和许用值

轴瓦材料		许用值① [p] /MPa	 [v] /(m/s)	 [pv] /MPa·m·s⁻¹	最高工作温度/℃	硬度② HBW	性能比较③ 抗胶合性	 顺应性、嵌藏性	 耐蚀性	 抗疲劳强度	备注
锡基轴承合金	ZSnSb12Pb10Cu4、ZSnSb11Cu6、ZSnSb8Cu4、ZSnSb4Cu4	平稳载荷			150	20~30 (150)	1	1	1	5	用于高速、重载下工作的重要轴承。变载下易疲劳，价高
		25(40)	80	20(100)							
		冲击载荷									
		20	60	15							
铅基轴承合金	ZPbSb16Sn16Cu2、ZPbSb15Sn5Cu3Cd2、ZPbSb15Sn10	12	12	10(50)	150	15~30 (150)	1	1	3	5	用于中速、中载轴承。不宜受显著冲击，可作为锡基轴承合金的代用品
		5	8	5							
		20	15	15							
铸造铜合金	ZCuSn10P1、ZCuPb5Sn5Zn5	15	10	15(25)	280	50~100 (200)	5	3	1	1	用于中速、重载及受变载的轴承 用于中速、中载轴承
		8	3	15							
	ZCuPb10Sn10、ZCuPb30	平稳载荷			280	40~280 (300)	3	4	4	2	用于高速、重载轴承，能承受变载和冲击载荷
		25	12	30(90)							
		冲击载荷									
		15	8	60							
	ZCuAl10Fe5Ni5	15(30)	4(10)	12(60)	280	100~120 (200)	5	5	5	2	最宜用于润滑充分的低速重载轴承
黄铜	ZCuZn38Mn2Pb2、ZCuZn16Si4	10	1	10	200	80~150 (200)	3	5	1	1	用于低速中载轴承，耐蚀、耐热
		12	2	10							
铝基轴承合金	20 高锡铝合金铝硅合金	28~35	14		140	45~50 (300)	4	3	1	2	用于高速中载的变载荷轴承
三元电镀合金	如铝-硅-镉镀层	14~35			170	(200~300)	1	2	2	2	在钢背上镀铅锡青铜作中间层，再镀 10~30μm 三元减摩层。疲劳强度高，顺应性、嵌藏性好
银	银-铟镀层	28~35			180	(300~400)	2	3	1	1	在钢背上镀银，上附薄层铅，再镀铟。常用于飞机发动机、柴油机轴承

（续）

轴瓦材料		许用值①			最高工作温度/℃	硬度② HBW	性能比较③				备注
		[p]/MPa	[v]/(m/s)	[pv]/MPa·m·s^{-1}			抗胶合性	顺应性、嵌藏性	耐蚀性	抗疲劳强度	
铸铁	HT150、HT200、HT250	2~4	0.5~1	1~4	150	160~180（200~250）	4	5	1	1	用于低速轻载的不重要轴承，价廉

① 括号内的数值为极限值，其余为一般值（润滑良好）。对于液体动压轴承，限制［pv］值没有什么意义（因其与散热等条件关系很大）。

② 括号外的数值为合金硬度，括号内的数值为最小轴颈硬度。

③ 性能比较：1为最佳；2为良好；3为较好；4为一般；5为最差。

表20-10 常用非金属轴承材料的许用值

轴瓦材料	许用值			最高工作温度 t/℃	备注
	[p]/MPa	[v]/(m/s)	[pv]/MPa·m·s^{-1}		
酚醛树脂	41	13	0.18	120	由棉织物、石棉等填料经酚醛树脂黏结而成。抗咬合性好，强度、抗振性也极好，能耐酸碱，导热性差，重载时需用水或油充分润滑，易膨胀，轴承间隙宜取大些
尼龙	14	3	0.11(0.05m/s)、0.09(0.5m/s)、<0.09(5m/s)	90	摩擦因数低，耐磨性好，无噪声。金属瓦上覆以尼龙薄层，能受中等载荷，加入石墨、二硫化钼等填料可提高其力学性能、刚性和耐磨性，加入耐热成分的尼龙可提高工作温度
聚碳酸酯	7	5	0.03(0.05m/s)、0.01(0.5m/s)、<0.01(5m/s)	105	聚碳酸酯、醛缩醇、聚酰亚胺等都是较新的塑料。物理性能好，易于喷射成形，比较经济，醛缩醇和聚碳酸酯稳定性好、填充石墨的聚酰亚胺温度可达280℃
醛缩醇	14	3	0.1	100	
聚酰亚胺	—	—	4(0.05m/s)	260	
聚四氟乙烯(PTFE)	3	1.3	0.04(0.05m/s)、0.06(0.5m/s)、<0.09(5m/s)	250	摩擦因数很低，自润滑性能好，能耐任何化学药品的侵蚀，适用温度范围宽(>280℃时，有少量有害气体放出)。但成本高，承载能力低，用玻璃丝、石墨及其他惰性材料为填料，则承载能力和 pv 值可大为提高
PTFE 织物	400	0.8	0.9	250	
填充 PTFE	17	5	0.5	250	
碳-石墨	4	13	0.5(干)、5.25(润滑)	400	有自润滑性，高温稳定性好，耐蚀性好，常用于要求清洁的机器中
木材	14	10	0.5	70	有自润滑性。能耐酸、油及其他强化学药品。用于要求清洁工作的轴承
橡胶	0.34	5	0.53	65	橡胶能隔振、降低噪声、减小动载、补偿误差。导热性差，需加强冷却，常用于水、泥浆等工业设备中，温度高易老化

表 20-11　粉末冶金含油轴承的主要性能

材　　料	自润滑许用值					备　　注
	[p]/MPa		[v] /(m·s)	[pv] /MPa·m·s^{-1}	允许工作温度/℃	
	静载	动载				
多孔铁基含油轴承	68	20	2	1	80	成本低、耐磨
多孔铜铁基含油轴承	140	27.5	1.1	1.2	80	可用于冲击及重载,需要用较硬的轴
多孔锡青铜基含油轴承	55	14	6	1.8	80	锡质量分数为 10%。耐蚀,耐磨,便宜,用量大,适宜轻载高速
多孔铅青铜基含油轴承	24	5	7.5	2.2	80	铅质量分数为 14%~16%。抗胶合性好。摩擦因数小
多孔铝基含油轴承	27.5	14	6	1.8	80	自重轻、散热好、寿命长、价格低

20.3　混合润滑轴承

滑动轴承中采用非连续供油方式的轴承，其相对运动表面间得不到充分润滑，或者采用连续低压供油方式的轴承，其运行参数不足以形成完全液体润滑，这时只能处在边界润滑状态或还伴有部分液体润滑状态，即处于混合润滑状态下运转，称为混合润滑轴承。

20.3.1　径向滑动轴承座

20.3.1.1　滑动轴承座尺寸（见表 20-12~表 20-15）

表 20-12　整体有衬正滑动轴承座（摘自 JB/T 2560—2007）　（单位：mm）

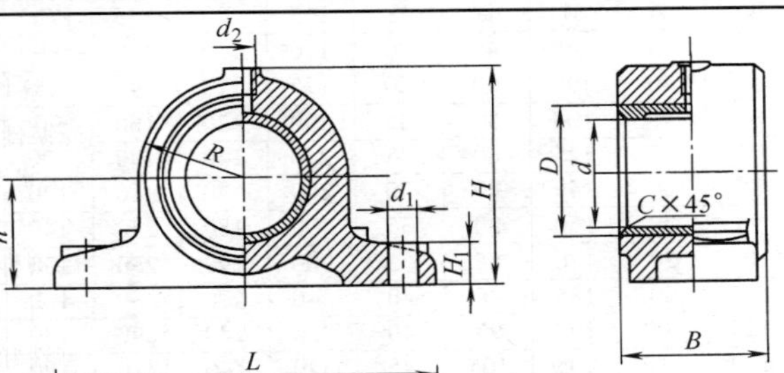

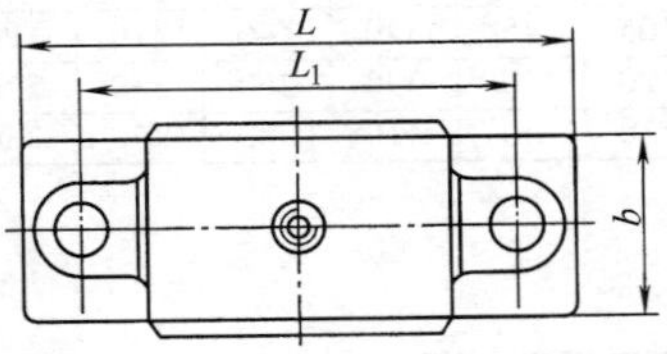

标记示例：

d=30mm 的轴承座的标记：

HZ030　轴承座　JB/T 2560—2007

型号	d (H8)	D	R	B	b	L	L_1	H ≈	h (h12)	H_1	d_1	d_2	c	质量 /kg≈
HZ020	20	28	26	30	25	105	80	50	30	14	12	M10×1	1.5	0.6
HZ025	25	32	30	40	35	125	95	60	35	16	14.5			0.9
HZ030	30	38		50	40	150	110	70		20	18.5			1.7
HZ035	35	45	38	55	45	160	120	84	42	20	18.5		2	1.9
HZ040	40	50	40	60	50	165	125	88	45	20	18.5			2.4
HZ045	45	55	45	70	60	185	140	90	50	25	24			3.6
HZ050	50	60	45	75	65	185	140	100	50	25	24			3.8
HZ060	60	70	55	80	70	225	170	120	60	30	28	M14×1.5	2.5	6.5
HZ070	70	85	65	100	80	245	190	140	70	30	28			9.0
HZ080	80	95	70	100	80	255	200	155	80	30	28			10.0
HZ090	90	105	75	120	90	285	220	165	85	40	35		3	13.2
HZ100	100	115	85	120	90	305	240	180	90	40	35			15.5
HZ110	110	125	90	140	100	315	250	190	95	40	35			21.0
HZ120	120	135	100	150	110	370	290	210	105	45	42			27.0
HZ140	140	160	115	170	130	400	320	240	120	45	42			38.0

注：1. 轴承座壳体和轴套可单独订货，但在订货时必须说明。

2. 工作环境温度-20~80℃。

表 20-13　对开式二螺柱正滑动轴承座（摘自 JB/T 2561—2007）　（单位：mm）

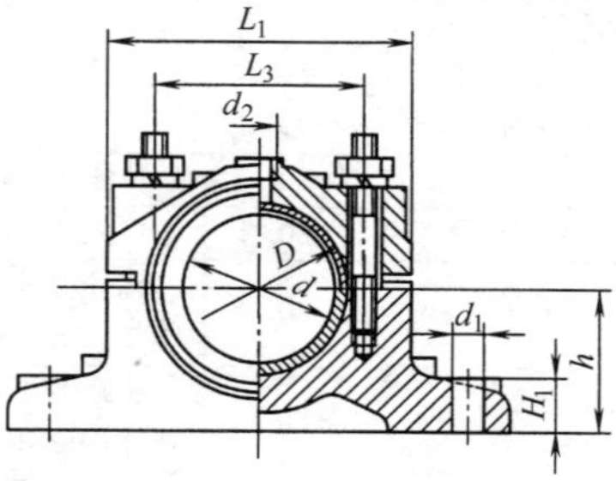

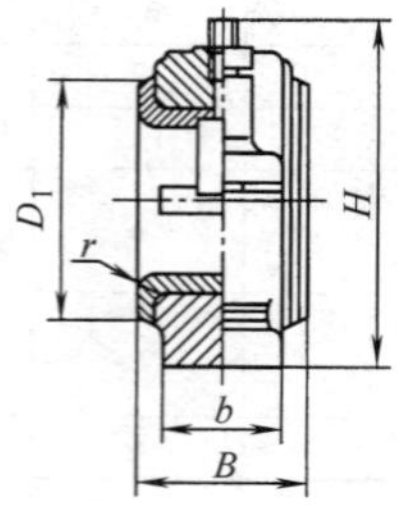

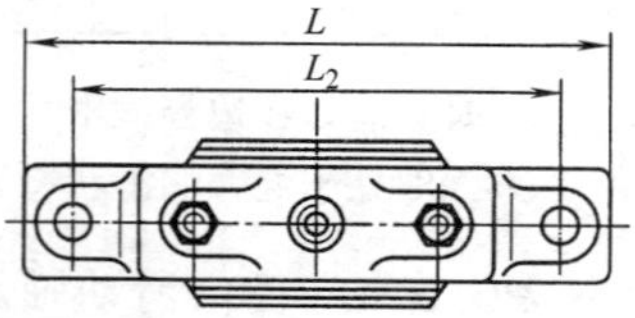

标记示例：

d = 50mm 的对开式二螺柱正滑动轴承座的标记：

H2050　轴承座　JB/T 2561—2007

型号	d (H8)	D	D_1	B	b	H ≈	h (h12)	H_1	L	L_1	L_2	L_3	d_1	d_2	r	质量 /kg≈
H2030	30	38	48	34	22	70	35	15	140	85	115	60	10	M10×1	1.5	0.8
H2035	35	45	55	45	28	87	42	18	165	100	135	75	12		2	1.2
H2040	40	50	60	50	35	90	45	20	170	110	140	80	14.5			1.8
H2045	45	55	65	55	40	100	50	20	175	110	145	85	14.5			2.3
H2050	50	60	70	60	40	105	50	25	200	120	160	90	18.5			2.9
H2060	60	70	80	70	50	125	60	25	240	140	190	100	24	M14×1.5	2.5	4.6
H2070	70	85	95	80	60	140	70	30	260	160	210	120	24		2.5	7.0
H2080	80	95	110	95	70	160	80	35	290	180	240	140	28			10.5
H2090	90	105	120	105	80	170	85	35	300	190	250	150	28		3	12.5
H2100	100	115	130	115	90	185	90	40	340	210	280	160	35			17.5
H2110	110	125	140	125	100	190	95	40	350	220	290	170	35			19.5
H2120	120	135	150	140	110	205	105	45	370	240	310	190	35			25.0
H2140	140	160	175	160	120	230	120	50	390	260	330	210	35		4	33.0
H2160	160	180	200	180	140	250	130	50	410	280	350	230	35			45.5

注：1. 工作环境温度为-20~80℃。
2. 轴肩承受的轴向载荷不大于径向载荷 30%。
3. 与轴承座配合的轴颈表面应进行硬化处理。

表 20-14　对开式四螺柱正滑动轴承座（摘自 JB/T 2562—2007）　（单位：mm）

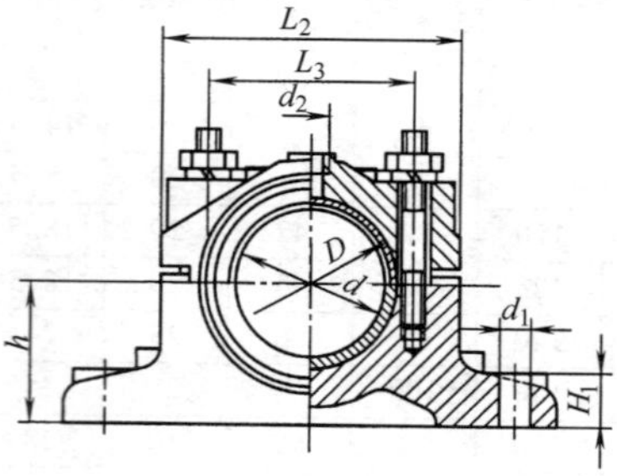

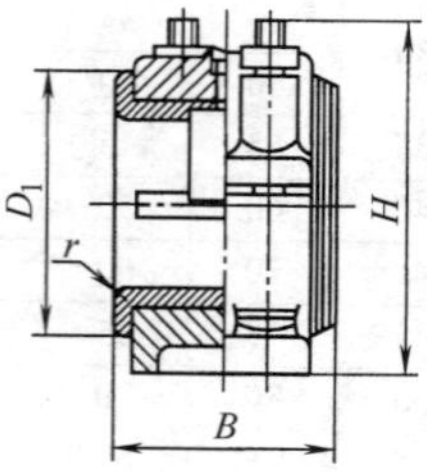

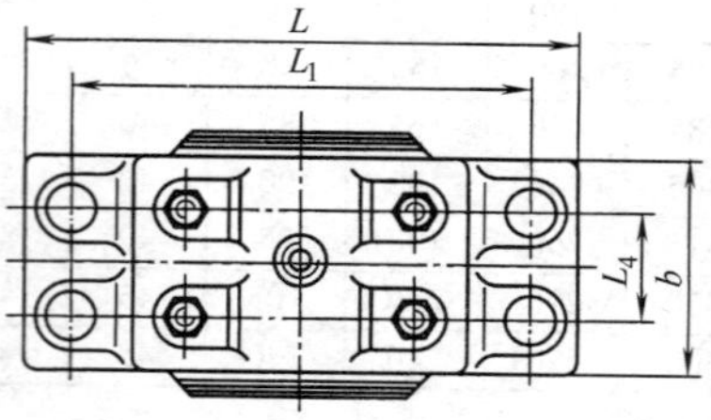

标记示例：

d = 80mm 的对开式四螺柱正滑动轴承座：

H4080　轴承座　JB/T 2562—2007

（续）

型号	d (H8)	D	D_1	B	b	H ≈	h (h12)	H_1	L	L_1	L_2	L_3	L_4	d_1	d_2	r	质量 /kg≈
H4050	50	60	70	75	60	105	50	25	200	160	120	90	30	14.5	M10×1	2.5	4.2
H4060	60	70	80	90	75	125	60	25	240	190	140	100	40	18.5			6.5
H4070	70	85	95	105	90	135	70	30	260	210	160	120	45	18.5	M14×1.5		9.5
H4080	80	95	110	120	100	160	80	35	290	240	180	140	55	24			14.5
H4090	90	105	120	135	115	165	85	35	300	250	190	150	70	24		3	18.0
H4100	100	115	130	150	130	175	90	40	340	280	210	160	80	24			23.0
H4110	110	125	140	165	140	185	95	40	350	290	220	170	85	24		3	30.0
H4120	120	135	150	180	155	200	105	40	370	310	240	190	90	28			41.5
H4140	140	160	175	210	170	230	120	45	390	330	260	210	100	28		4	51.0
H4160	160	180	200	240	200	250	130	50	410	350	280	230	120	28			59.5
H4180	180	200	220	270	220	260	140	50	460	400	320	260	140	35			73.0
H4200	200	230	250	300	245	295	160	55	520	440	360	300	160	42		5	98.0
H4220	220	250	270	320	265	360	170	60	550	470	390	330	180	42			125.0

注：1. 工作环境温度为-20～80℃。

2. 轴肩承受的轴向载荷不大于径向载荷的 30%。

3. 与轴承座配合的轴颈表面应进行硬化处理。

表 20-15　对开式四螺柱斜滑动轴承座（摘自 JB/T 2563—2007）　　（单位：mm）

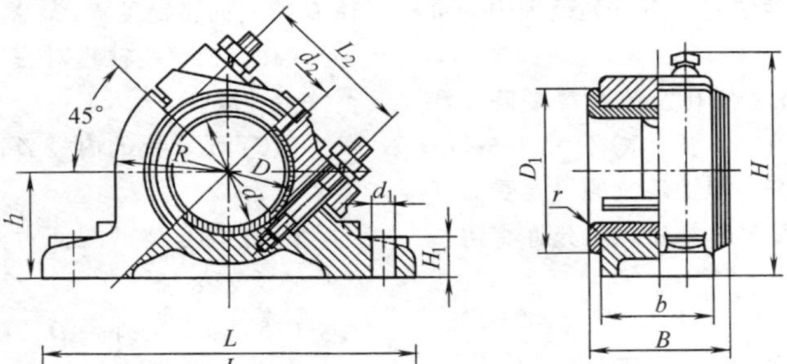

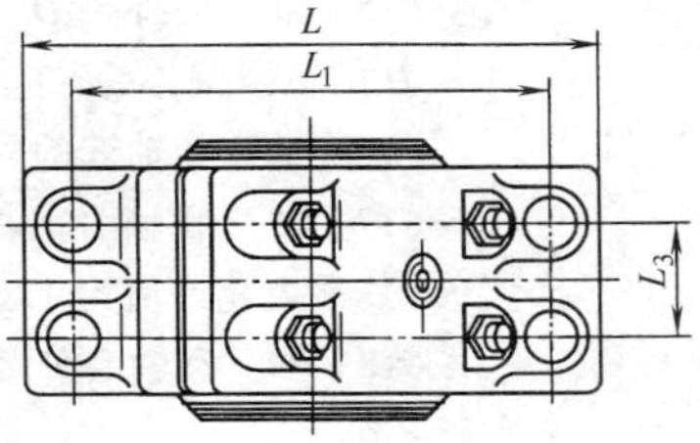

标记示例：

d=80mm 的对开式四螺柱斜滑动轴承座的标记：

HX080　轴承座　JB/T 2563—2007

型号	d (H8)	D	D_1	B	b	H ≈	h (h12)	H_1	L	L_1	L_2	L_3	R	d_1	d_2	r	质量 /kg≈
HX050	50	60	70	75	60	140	65	25	200	160	90	30	60	14.5	M10×1	2.5	5.1
HX060	60	70	80	90	75	160	75	25	240	190	100	40	70	18.5			8.1
HX070	70	85	95	105	90	185	90	30	260	210	120	45	80	18.5	M14×1.5		12.5
HX080	80	95	110	120	100	215	100	35	290	240	140	55	90	24			17.5
HX090	90	105	120	135	115	225	105	35	300	250	150	70	95	24		3	21.0
HX100	100	115	130	150	130	175	115	40	340	280	160	80	105	24			29.5
HX110	110	125	140	165	140	250	120	40	350	290	170	85	110	24			32.5
HX120	120	135	150	180	155	275	130	40	370	310	190	90	120	28			40.5
HX140	140	160	175	210	170	260	140	45	390	330	210	100	130	28		4	53.5

（续）

型号	d (H8)	D	D_1	B	b	H ≈	h (h12)	H_1	L	L_1	L_2	L_3	R	d_1	d_2	r	质量 /kg≈
HX160	160	180	200	240	200	300	150	50	410	350	230	120	140	35	M14×1.5	4	76.5
HX180	180	200	220	270	220	375	170	50	460	400	260	140	160	35			94.0
HX200	200	230	250	300	245	425	190	55	520	440	300	160	180	42		5	120.0
HX220	220	250	270	320	265	440	205	60	550	470	330	180	195	42			140.0

注：1. 工作环境温度为-20~80℃。

2. 轴肩承受的轴向载荷不大于径向载荷的30%。

3. 与轴承座配合的轴颈表面应进行硬化处理。

20.3.1.2 滑动轴承座技术要求

（1）轴承座的材料　采用HT200灰铸铁或ZG200~ZG400铸钢制造。其性能应符合GB/T 9439—2010或GB/T 11352—2009的规定。

（2）轴瓦和轴套材料　采用ZCuA10Fe_3铝青铜制造，轴套可采用ZCuSn6Zn6Pb3锡青铜制造。其力学性能和化学成分应符合GB/T 1176—2013的规定。

（3）铸件清理　铸件上的型砂应清除干净，浇口、冒口、结疤及夹砂等均应铲除或打磨掉，清理后，毛坯表面应平整、光洁。

（4）铸件存在缺陷的条件　铸件不允许有裂纹，无有损于强度和外观的其他缺陷，在下列范围内允许存在以下缺陷：

1）非加工表面的缩孔、气孔及渣孔等缺陷，深度不超过铸件壁厚的0.125、长×宽不大于5mm×5mm，缺陷总数不超过3个，但轴承座的主要受力断面（见图20-3中a、b断面阴影部分）不允许有铸造缺陷。

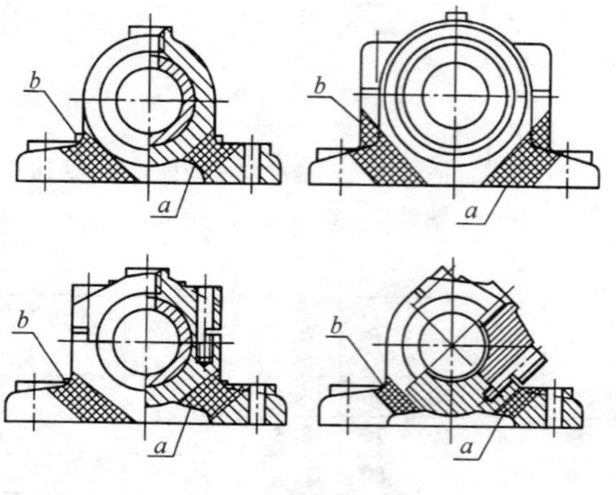

图20-3　轴承座主要受力处

2）加工后的表面不允许有砂眼等铸造缺陷。

（5）轴承座上的字体　铸出的字体，如轴承座型号、制造厂代号或商标应保证完整、清晰和光洁。

（6）轴承座毛坯　应在机械加工前进行时效处理。

（7）加工后的要求　轴承座上盖与底座在自由状态下分合面应贴合良好，分合面对轴承座内径D的轴线位置度公差为0.05mm。

（8）对开式斜滑动轴承座　其45°分合面的角度公差，应符合GB/T 1804—2000中V级精度的规定。

（9）轴承座中心高h　其公差为h12。

（10）轴承座底平面　其平面度公差应不大于8级。

（11）轴承座的内径D　其公差为H7；轴承座内径D的表面粗糙度Ra最大允许值为1.6μm。

（12）轴承座轴线对底平面的平行度　其公差应不大于8级。

（13）轴承座的内径D的圆柱度　其公差应不大于8级。

（14）轴承座两端面对内径轴线的垂直度　其公差应不大于8级。

（15）轴瓦的外径D　其极限偏差为m6；轴套的外径D的极限偏差为S7。

（16）轴瓦和轴套的内径　其极限偏差为H8。

（17）轴瓦和轴套的内径d、外径D的表面粗糙度Ra其最大允许值为1.6μm。

（18）轴瓦和轴套外径D的圆柱度　其公差应不大于8级。

（19）轴瓦油槽　其棱边应倒钝、圆滑，内径d两端的圆角部位应圆滑，其圆角半径R应符合图样要求。

20.3.2 金属轴套与轴瓦

20.3.2.1 轴套（见表20-16~表20-20）

铜合金轴套标准GB/T 18324—2001适用于带或不带有油孔、油槽的单层铜合金轴套。C型为普通整体铜合金轴套，见表20-16，F型为翻边整体铜合金轴套，见表20-17。

表 20-16　铜合金轴套（C 型）（摘自 GB/T 18324—2001）　　（单位：mm）

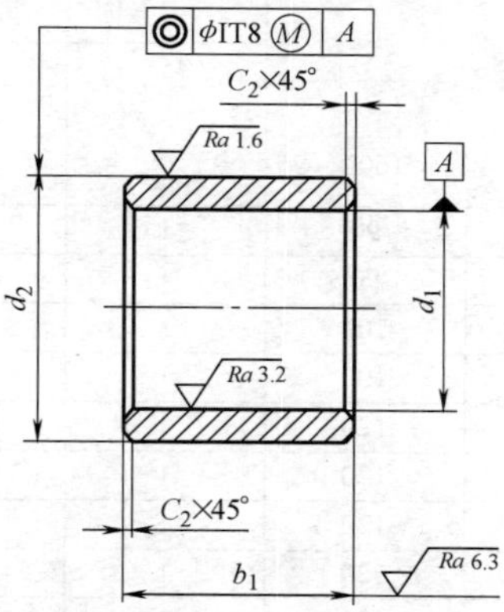

标记示例：

C 型轴套内径 $d_1=20$mm、外径 $d_2=24$mm、宽度 $b_1=20$mm、外圆倒角 C_2 为 15°（加标记 Y，若为 45°不标）、材料为 CuSn8P，标记如下：

轴套　GB/T 18324—2001　C20×24×20Y-CuSn8P

内径 d_1	外径 d_2			宽度 b_1			倒角	
							45° C_1、C_2 max	15° C_2 max
6	8	10	12	6	10	—	0.3	1
8	10	12	14	6	10	—	0.3	1
10	12	14	16	6	10	—	0.3	1
12	14	16	18	10	15	20	0.5	2
14	16	18	20	10	15	20	0.5	2
15	17	19	21	10	15	20	0.5	2
16	18	20	22	12	15	20	0.5	2
18	20	22	24	12	20	30	0.5	2
20	23	24	26	15	20	30	0.5	2
22	25	26	28	15	20	30	0.5	2
(24)	27	28	30	15	20	30	0.5	2
25	28	30	32	20	30	40	0.5	2
(27)	30	32	34	20	30	40	0.5	2
28	32	34	36	20	30	40	0.5	2
30	34	36	38	20	30	40	0.5	2
32	36	38	40	20	30	40	0.8	3
(33)	37	40	42	20	30	40	0.8	3
35	39	41	45	30	40	50	0.8	3
(36)	40	42	46	30	40	50	0.8	3
38	42	45	48	30	40	50	0.8	3
40	44	48	50	30	40	60	0.8	3
42	46	50	52	30	40	60	0.8	3
45	50	53	55	30	40	60	0.8	3
48	53	56	58	40	50	60	0.8	3
50	55	58	60	40	50	60	0.8	3
55	60	63	65	40	50	70	0.8	3
60	65	70	75	40	60	80	0.8	3
65	70	75	80	50	60	80	1	4

（续）

内径 d_1	外径 d_2			宽度 b_1			倒角 45° C_1、C_2 max	倒角 15° C_2 max
70	75	80	85	50	70	90	1	4
75	80	85	90	50	70	90	1	4
80	85	90	95	60	80	100	1	4
85	90	95	100	60	80	100	1	4
90	100	105	110	60	80	120	1	4
95	105	110	115	60	100	120	1	4
100	110	115	120	80	100	120	1	4
105	115	120	125	80	100	120	1	4
110	120	125	130	80	100	120	1	4
120	130	135	140	100	120	150	1	4
130	140	145	150	100	120	150	2	5
140	150	155	160	100	150	180	2	5
150	160	165	170	120	150	180	2	5
160	170	180	185	120	150	180	2	5
170	180	190	195	120	180	200	2	5
180	190	200	210	150	180	250	2	5
190	200	210	220	150	180	250	2	5
200	210	220	230	180	200	250	2	5

注：括号内的数仅用作特殊用途，应尽可能避免使用。

表 20-17　铜合金轴套（F 型）（摘自 GB/T 18324—2001）　（单位：mm）

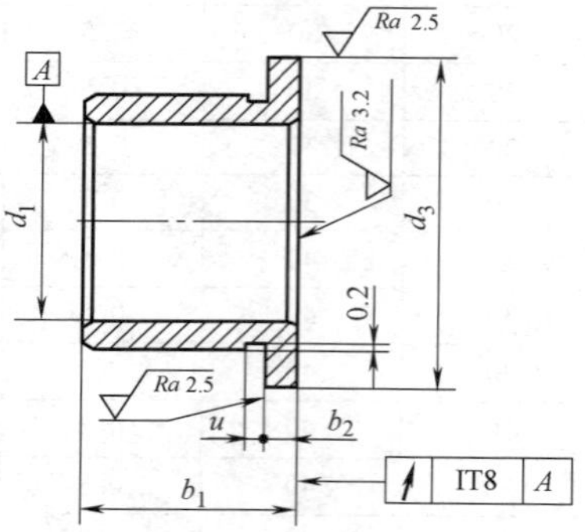

其他尺寸和说明见 C 型

内径 d_1	第一系列 外径 d_2	第一系列 翻边外径 d_3	第一系列 翻边宽度 b_2	第二系列 外径 d_2	第二系列 翻边外径 d_3	第二系列 翻边宽度 b_2	宽度 b_1			倒角 45° C_1、C_2 max	倒角 15° C_2 max	退刀槽宽度 u
6	8	10	1	12	14	3	—	10	—	0.3	1	1
8	10	12	1	14	18	3	—	10	—	0.3	1	1
10	12	14	1	16	20	3	—	10	—	0.3	1	1
12	14	16	1	18	22	3	10	15	20	0.5	2	1
14	16	18	1	20	25	3	10	15	20	0.5	2	1
15	17	19	1	21	27	3	10	15	20	0.5	2	1
16	18	20	1	22	28	3	12	15	20	0.5	2	1.5
18	20	22	1	24	30	3	12	20	30	0.5	2	1.5

（续）

内径 d_1	外径 d_2	翻边外径 d_3	翻边宽度 b_2	外径 d_2	翻边外径 d_3	翻边宽度 b_2	宽度 b_1			倒角		退刀槽宽度 u
										45° C_1、C_2 max	15° C_2 max	
	第一系列			第二系列								
20	23	26	1.5	26	32	3	15	20	30	0.5	2	1.5
22	25	28	1.5	28	34	3	15	20	30	0.5	2	1.5
(24)	27	30	1.5	30	36	3	15	20	30	0.5	2	1.5
25	28	31	1.5	32	38	4	20	30	40	0.5	2	1.5
(27)	30	33	1.5	34	40	4	20	30	40	0.5	2	1.5
28	32	36	2	36	42	4	20	30	40	0.5	2	1.5
30	34	38	2	38	44	4	20	30	40	0.5	2	2
32	36	40	2	40	46	4	20	30	40	0.8	3	2
(33)	37	41	2	42	48	5	20	30	40	0.8	3	2
35	39	43	2	45	50	5	30	40	50	0.8	3	2
(36)	40	44	2	46	52	5	30	40	50	0.8	3	2
38	42	46	2	48	54	5	30	40	50	0.8	3	2
40	44	48	2	50	58	5	30	40	60	0.8	3	2
42	46	50	2	52	60	5	30	40	60	0.8	3	2
45	50	55	2.5	55	63	5	30	40	60	0.8	3	2
48	53	58	2.5	58	66	5	40	50	60	0.8	3	2
50	55	60	2.5	60	68	5	40	50	60	0.8	3	2
55	60	65	2.5	65	73	5	40	50	70	0.8	3	2
60	65	70	2.5	75	83	7.5	40	60	80	0.8	3	2
65	70	75	2.5	80	88	7.5	50	60	80	1	4	2
70	75	80	2.5	85	95	7.5	50	70	90	1	4	2
75	80	85	2.5	90	100	7.5	50	70	90	1	4	3
80	85	90	2.5	95	105	7.5	60	80	100	1	4	3
85	90	95	2.5	100	110	7.5	60	80	100	1	4	3
90	100	110	5	110	120	10	60	80	120	1	4	3
95	105	115	5	115	125	10	60	100	120	1	4	3
100	110	120	5	120	130	10	80	100	120	1	4	3
105	115	125	5	125	135	10	80	100	120	1	4	3
110	120	130	5	130	140	10	80	100	120	1	4	3
120	130	140	5	140	150	10	100	120	150	1	4	3
130	140	150	5	150	160	10	100	120	150	2	5	4
140	150	160	5	160	170	10	100	150	180	2	5	4
150	160	170	5	170	180	10	120	150	180	2	5	4
160	170	180	5	185	200	12.5	120	150	180	2	5	4
170	180	190	5	195	210	12.5	120	180	200	2	5	4
180	190	200	5	210	220	15	150	180	250	2	5	4
190	200	210	5	220	230	15	150	180	250	2	5	4
200	210	220	5	230	240	15	180	200	250	2	5	4

注：括号内的数仅作特殊用途，应尽可能避免使用。

表 20-18　铜合金轴套公差（摘自 GB/T 18324—2001）

内径 d_1	外径 d_2		翻边外径 d_3	宽度 b_1	轴承座孔	轴径 d
E6①	≤120mm	s6	d11	h13	H7	e7 或 g7②
	>120mm	r6				

① 冲压后，d_1 通常可达到公差位置 H，公差等级大约为 IT8。

② 根据使用情况来推荐所用的公差：如果轴套与公差位置 h 的精密磨削轴制成品相配合，内径 d_1 的公差应为 D6，它装配后的概率公差为 F8；如果轴套内孔是装配后加工，内径 d_1 的尺寸和公差应由供需双方协议而定。

表 20-19　轴套的尺寸（摘自 JB/ZQ 4613—2006）　　（单位：mm）

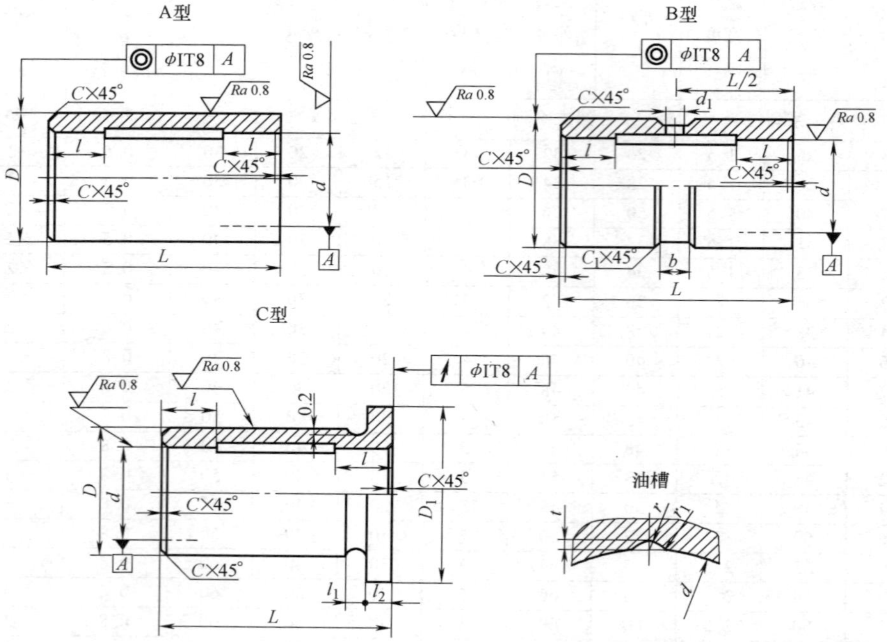

<table>
<tr><th rowspan="2">d</th><th rowspan="2">D</th><th rowspan="2">D_1</th><th colspan="4">L</th><th rowspan="2">d_1</th><th rowspan="2">l_1</th><th rowspan="2">l_2
(h12)</th><th rowspan="2">t
($^{+0.2}_{0}$)</th><th rowspan="2">b</th><th rowspan="2">r</th><th rowspan="2">r_1</th><th rowspan="2">C</th><th rowspan="2">C_1</th></tr>
<tr><th>1</th><th>2</th><th>3</th><th>4</th></tr>
<tr><td>20</td><td>26</td><td>32</td><td rowspan="2">15</td><td rowspan="2">20</td><td rowspan="2">30</td><td rowspan="2">30</td><td rowspan="6">6</td><td rowspan="4">1.5</td><td rowspan="2">3</td><td rowspan="2">1.2</td><td rowspan="6">12</td><td rowspan="2">2.5</td><td rowspan="2">6</td><td rowspan="5">0.5</td><td rowspan="6">1</td></tr>
<tr><td>22</td><td>28</td><td>34</td></tr>
<tr><td>25</td><td>32</td><td>38</td><td rowspan="4">20</td><td rowspan="4">30</td><td rowspan="4">40</td><td>40</td><td rowspan="4">4</td><td rowspan="4">1.6</td><td rowspan="4">3</td><td rowspan="4">9</td></tr>
<tr><td>28</td><td>36</td><td>42</td><td rowspan="2">50</td></tr>
<tr><td>30</td><td>38</td><td>44</td><td rowspan="11">2</td></tr>
<tr><td>32</td><td>40</td><td>46</td><td rowspan="2">55</td><td rowspan="8">0.8</td></tr>
<tr><td>35</td><td>45</td><td>50</td><td rowspan="4">30</td><td rowspan="4">40</td><td rowspan="2">50</td><td rowspan="8">8</td><td rowspan="6">5</td><td rowspan="6">2</td><td rowspan="8">16</td><td rowspan="6">4</td><td rowspan="6">12</td><td rowspan="8">1.5</td></tr>
<tr><td>(36)</td><td>46</td><td>52</td><td rowspan="2">60</td></tr>
<tr><td>40</td><td>50</td><td>58</td><td rowspan="3">60</td></tr>
<tr><td>45</td><td>55</td><td>63</td><td>70</td></tr>
<tr><td>50</td><td>60</td><td>68</td><td rowspan="3">40</td><td rowspan="2">50</td><td>75</td></tr>
<tr><td>55</td><td>65</td><td>73</td><td>70</td><td rowspan="2">80</td></tr>
<tr><td>60</td><td>75</td><td>83</td><td rowspan="2">60</td><td rowspan="2">80</td><td rowspan="5">7.5</td><td rowspan="5">2.5</td><td rowspan="5">5</td><td rowspan="5">15</td></tr>
<tr><td>65</td><td>80</td><td>88</td><td rowspan="3">50</td><td rowspan="3">100</td><td rowspan="6">1</td></tr>
<tr><td>70</td><td>85</td><td>95</td><td rowspan="2">70</td><td rowspan="2">90</td><td rowspan="5">10</td><td rowspan="3">20</td><td rowspan="3">1.5</td></tr>
<tr><td>75</td><td>90</td><td>100</td><td rowspan="4">3</td></tr>
<tr><td>80</td><td>95</td><td>105</td><td rowspan="2">60</td><td rowspan="2">80</td><td>100</td><td rowspan="3">120</td></tr>
<tr><td>90</td><td>110</td><td>120</td><td rowspan="2">120</td><td rowspan="2">10</td><td rowspan="2">3.2</td><td rowspan="2">20</td><td rowspan="2">7</td><td rowspan="2">21</td><td rowspan="2">1.5</td></tr>
<tr><td>100</td><td>120</td><td>130</td><td>80</td><td>100</td></tr>
</table>

（续）

d	D	D_1	L 1	L 2	L 3	L 4	d_1	l_1	l_2 (h12)	t ($^{+0.2}_{0}$)	b	r	r_1	C	C_1
110	130	140	80	100	120	140	10	3	10	3.2	20	7	21	1	1.5
120	140	150	100	120	150	150	12		10	3.2	25	7	21	1	2
130	150	160				170		4						2	
140	160	170		150	180										
150	170	180	120			—	—				—				—
160	185	200							12.5	1		9	27		
170	195	210		180	200										
180	210	220	150	180	250	—	—	4	15	4	—	9	27	2	—
190	220	230													
200	230	240	180	200											

注：1. 当 L 为 15～30mm 时，l=3mm；当 L>30～60mm 时，l=4mm；当 L>60～100mm 时，l=6mm；当 L>100mm 时，l=10mm。

2. 轴套的材料：CuAl10Fe5Ni5（ZQA19-4）。

3. B 型轴套适用于 JB/T 2560—2007《整体有衬正滑动轴承座形式与尺寸》规定的轴承座。

表 20-20　轴套的公差配合（摘自 JB/ZQ 4613—2006）

尺　寸		装配形式					
		压　入			粘　合		
d	装入前	G7	E9	D10	H7	H8	E9
	装入后	H7	H8	E9			
	相配轴的公差	g6、f7、e9		h9、h11	g6、f7、e9		h9、h11
D	≤120mm	s6			g6		
	>120mm	r6					
轴承座孔的公差		H7					

20.3.2.2　卷制轴套

卷制轴套标准 GB/T 12613—2002，适用于外径为 4～300mm 的单层和多层轴承材料的卷制轴套。

卷制轴套的公称尺寸及宽度公差见表 20-21。

卷制轴套的制造精度分为 A、B、C、D 和 W 五个系列。A、B、C、D 系列控制轴套壁厚的公差，其中 C 系列轴套以留有加工余量的形式提供，其余的以无加工余量的形式提供。W 系列控制轴套内外直径的公差。安装卷制轴套的轴承座孔直径公差推荐为 H7。

卷制轴套的材料见表 20-22。

卷制轴套壁厚的公差见表 20-23，直径的公差见表 20-24，轴套表面粗糙度 Ra 见表 20-25。

卷制轴套压入状态下内径尺寸极限值，当设定轴承孔尺寸不膨胀时，可从轴承孔和轴套壁厚的尺寸及其公差计算出。实际轴承孔尺寸会膨胀，这取决于轴承座的刚度。对于刚性轴承座孔（钢），轴承座孔的膨胀值，可取轴套外径中值和轴承座孔直径中值之差的 1/6。

卷制轴套的油孔位置应尽可能远地避开图 20-4 中阴影部分，其尺寸见表 20-26。用于液体润滑的油槽有周向环槽（标记 M1）和轴向斜槽（标记 M2）两种，见表 20-26。油槽的截面形状有两种，见图 20-5。轴套壁厚大于 1mm，可在钢带上制出油穴。油穴可单独使用，也可与油孔和（或）油槽共同使用。圆形油穴 N1A 型和 N1B 型用于液体和油脂类润滑，见图 20-6a。椭圆形油穴 N2A 型和菱形油穴 N2B 型用于固体或油脂润滑，见图 20-6b。上述油穴形式仅为示例，其他形式由制造者决定。

表 20-21　卷制轴套的公称尺寸及宽度公差（摘自 GB/T 12613.1—2011）　（单位：mm）

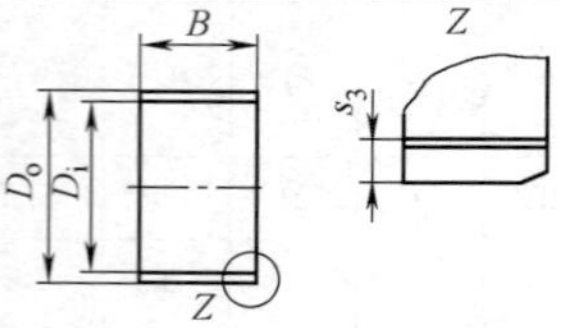

标注示例：壁厚极限偏差为 A 系列、内径 D_i = 30mm、外径 D_o = 34mm、宽度 B = 20mm、用符合 ISO 3547-4 中材料代码为 S5 的多层材料制成、润滑油孔和环形油槽结构型式代号为 M1A、油穴结构型式代号为 N1B、外径测量方法采用 GB/T 12613.2 中的方法 A 的 C 型卷制圆柱轴套的标记示例如下：

轴套 GB/T 12613—C 30 A 34×20—S5—M1A　N1B—AS

D_i	D_o	s_3	B						
			3	4	5	6	8	10	12
2	3	0.5	a		a				
3	4	0.5	a		a	a			
4	5	0.5	a	a		a			
5	6	0.5			a		a	a	
6	7	0.5		a		a	a	a	
8	9	0.5				a	a	a	a
10	11	0.5					a	a	a

D_i	D_o	s_3	B						
			3	4	5	6	7	8	10
2	3.5	0.75	a		a				
3	4.5	0.75	a		a	a			
4	5.5	0.75	a	a		a			a

D_i	D_o	s_3	B										
			3	4	5	6	7	8	10	12	15	20	25
3	5	1.0	a	a	a	a							
4	6	1.0	a	a		a							
6	8	1.0			a	a	a	a	a				
7	9	1.0			a		a		a	a			
8	10	1.0			a	a	a	a	a	a			
9	11	1.0							a				
10	12	1.0				a	a	a	a	a	b	b	
12	14	1.0				a	a	a	a	a	b	b	b
13	15	1.0							a		b	b	
14	16	1.0							a	a	b	b	b
15	17	1.0							a	a	b	b	b
16	18	1.0							a	a	b	b	b
17	19	1.0									b	b	
18	20	1.0							a		b	b	b

D_i	D_o	s_3	B							
			8	10	12	15	20	25	30	40
8	11	1.5		b	b					
10	13	1.5		a	a	a	a			
12	15	1.5		b	b	b				
13	16	1.5		b	b	b	b			
14	17	1.5		b	b	b	b			
15	18	1.5		a	a	a	a	a		
16	19	1.5		a	a	a	b	a		
18	21	1.5				a	b	b		
20	23	1.5			a	a	b	b	b	
22	25	1.5				a	b	b	b	
24	27	1.5				a	b	b	b	
25	28	1.5				a	b	b	b	
28	31	1.5					b	b	b	

（续）

D_i	D_o	s_3	B								
			15	20	25	30	40	50	60	70	80
28	32	2.0	a	a	a	b		b			
30	34	2.0	a	a	a	b	b				
32	36	2.0		a		b	b				
35	39	2.0		a		b	b	b			
37	41	2.0		a		b	b				
38	42	2.0		a		b	b				
40	44	2.0		a		b	b	b			

D_i	D_o	s_3	B									
			20	25	30	40	50	60	70	80	100	115
45	50	2.5	a		a	b	b					
50	55	2.5	a	a	a	b	b	b				
55	60	2.5	a		a	b		b				
60	65	2.5	a		a	b	b					
65	70	2.5			a		b		c			
70	75	2.5			a		b		c			
75	80	2.5				b		b		c		
80	85	2.5				b		b		c	c	
85	90	2.5				b		b		c	c	
90	95	2.5				b		b			c	
95	100	2.5						b			c	
100	105	2.5					b	b			c	c
105	110	2.5						b			c	c
110	115	2.5						b			c	c
115	120	2.5					b	b	b		c	
120	125	2.5					b	b			c	
125	130	2.5						b			c	
130	135	2.5						b			c	
135	140	2.5						b		b	c	
140	145	2.5						b			c	
150	155	2.5						b		b	c	
160	165	2.5						b		b	c	
170	175	2.5									c	
180	185	2.5									c	
200	205	2.5									c	
220	225	2.5									c	
250	255	2.5									c	
300	305	2.5									c	

注：宽度 B 的极限偏差：

a 为±0.25；

b 为±0.5；

c 为±0.75。

轴套宽度的极限偏差超出 a、b 或 c 的范围时，制造者与用户应协商一致，并在公称尺寸的标注后面给出。

如需要使用非标准轴套宽度，则当 $D_i \leqslant 50$mm 时，应使宽度尾数为 2、5 或者 8；当 $D_i > 50$mm 时，应使宽度尾数为 5。轴套宽度 B 的检测应按 ISO 12301 规定。

表 20-22　卷制轴套的材料及其代号

单层材料

符　号	牌　号①	硬度②(指导值) HBW 2.5/62.5/10	使 用 说 明
Z1	钢(淬火)	—	适用于具有轻载荷滑动特性的次要场合
Y1	CuSn8P	120	很高的负载能力，良好的减磨性，适用于车辆、变速器、传动系统和农业机械
Y2		150	
W1	CuZn31Si1	110	高承载能力，良好的减磨性，适用于纺织机械、发动机、农业机械和起重机械
W2		140	

多层材料

符　号	牌　号③	硬度④(指导值)		使 用 说 明
		钢 HB1/30/10	轴承合金	
T1	钢/PbSb15SnAs	130	16~20HV	很好的瞬时起动特性，中等承载能力，适合于泵、压缩机、汽车变速器、起动器和凸轮轴
T2	钢/SnSb8Cu4	130	17~24HV	具有 T1 材料的性能，也可用于滴油润滑和腐蚀环境，如制冷工程
S1	钢/G-CuPb24Sn	125	55~80HBW	高承载能力，通常轴须淬火，适合于汽车变速器、转向装置、凸轮轴和泵
S2	钢/P-CuPb24Sn	125	40~60HBW	
S3	钢/G-CuPb24Sn4	125	60~90HBW	具有 S1 和 S2 材料的性能，更适合于带凹槽轴承，高承载能力，通常轴须淬火；适合于轴销和摇臂轴承、变速箱轴、转向装置和泵，硬化后可以用于特殊用途
S4	钢/P-CuPb24Sn4	125	45~90HBW	
S5	钢/G-CuPb10Sn10	125	70~130HBW	
S6	钢/P-CuPb10Sn10	125	60~90HBW	
R1	钢/AlSn6Cu	170	35~45HBW	高承载能力，通常轴须淬火，适合于变速器和液力泵
R2	钢/AlSn6Cu20	170	30~40HBW	好的瞬时起动特性，中等承载能力，适合于冷藏车间、压缩机和泵
P1	钢与多孔烧结材料(锡青铜/铅锡青铜)，填料与表面覆盖层为 PTFE	140	—	低摩擦，用于车辆悬挂支柱、齿轮控制杆、立式推力轴承、泵和提升磁铁，工作温度为 -200~280℃，不适用于机加工的轴承孔，适合自润滑轴承材料
P2	钢与多孔烧结材料(锡青铜/铅锡青铜)，表面覆盖层为热塑性材料	140	—	高承载能力，装配时加润滑油，适合于起重机、卷扬机、挖掘机、包装机械和农业机械，有一定温度限制⑤

注：经供需双方协议，S1~S6 及 R1 型号材料可覆以铅基材料。

① 钢的化学成分须经供需双方协议。碳的含量一般小于 0.25%，轴承材料的化学成分按 JB/T 7922。

② 硬度试验按 JB/T 7925.1。

③ 钢的化学成分须经供需双方同意。碳的含量通常小于 0.25%，轴承材料的化学成分按 JB/T 7922。

④ 硬度试验按 JB/T 7925.1。

⑤ 连续工作的极限温度取决于热塑性塑料的类型，如：POM：90℃；PVDF：110℃；PEEK：250℃。

表 20-23 卷制轴套壁厚的公差 (单位:mm)

壁厚公称尺寸		壁厚公差 A	壁厚公差 B	壁厚公差 D	壁厚公差 C	钢背厚度 尺寸范围	钢背厚度 公差
0.75		0 -0.015	0 -0.020	—	+0.25 +0.15	0.38~0.53	±0.08
1			+0.005 -0.020	+0.020 -0.045		0.45~0.68	±0.13
1.5			+0.005 -0.025	+0.025 -0.055		0.85~1.1	±0.15
2			+0.005 -0.030	+0.030 -0.065		1.3~1.55	±0.20
2.5	$D_1 \leqslant 80$	0 -0.020	+0.005 -0.040	+0.040 -0.085	+0.30 +0.15	1.8~2.05	
	$80 < D_1 \leqslant 120$	0 -0.025	+0.010 -0.060				
	$D_1 > 120$	0 -0.030	+0.035 -0.085				

注:1. 衬层为多孔烧结锡青铜/铅锡青铜,表面覆盖层为 PTFE 的轴套只用 B 系列。
2. 衬层为多孔烧结锡青铜/铅锡青铜,表面覆盖层为热塑性塑料的轴套优先选用 D 系列。
3. 钢背厚度取决于衬层材料。

表 20-24 W 系列卷制轴套直径的公差 (单位:mm)

内径 D	公称尺寸	~10	>10~18	>18~30	>30~50	>50~80	>80~120	>120~175
	公差	+0.036 0	+0.043 0	+0.052 0	+0.062 0	+0.074 0	+0.087 0	+0.100 0

外径 D_1		公称尺寸	~10	>10~18	>18~30	>30~40	>40~50	>50~80	>80~120	>120~140	>140
	公差	钢背多层轴套	+0.055 +0.025	+0.065 +0.030	+0.075 +0.035	+0.085 +0.045		+0.100 +0.055	+0.120 +0.070	+0.170 +0.100	+0.225 +0.125
		铜合金单层轴套	+0.075 +0.045	+0.080 +0.050	+0.095 +0.055	+0.110 +0.065		+0.125 +0.075	+0.140 +0.090	+0.190 +0.120	+0.245 +0.145

注:轴套内径在环规内测量。

表 20-25 轴套表面粗糙度 *Ra* (单位:μm)

表面部位	系列 A	系列 B	系列 C	系列 D	系列 W
内孔表面	0.8①	1.6①	6.3	1.6①	
外圆表面	1.6				
其他	25				

① 钢背多层轴套 $Ra \leqslant 6.3\mu m$。

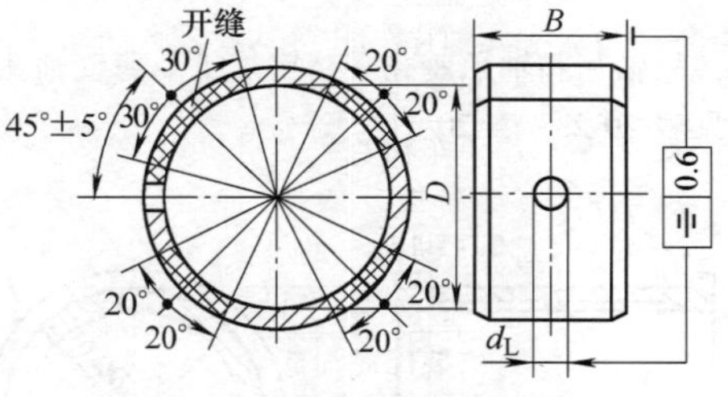

图 20-4 卷制轴套油孔位置

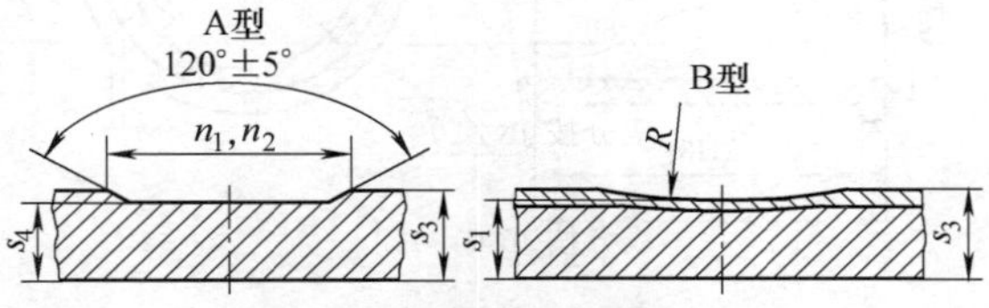

图 20-5 卷制轴套油槽截面形状

表 20-26 卷制轴套油孔、油槽尺寸 (单位: mm)

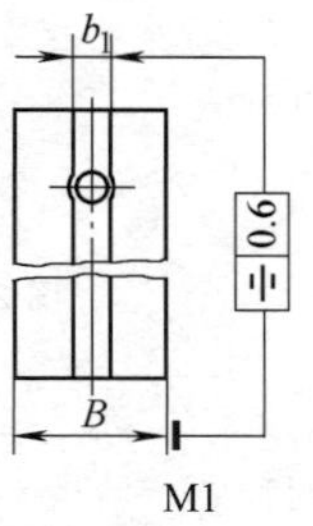

D	d_L	b_1 系列 A,B,D,W	b_1 系列 C
>14~22	3	4	5
>22~40	4	5	6
>40~50	5	6	7
>50~100	6	7	8
>100	7	8	9

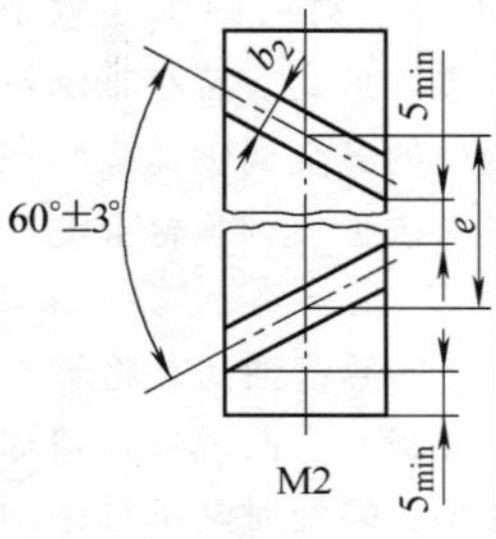

D	e	b_2 系列 A,B,D,W	b_2 系列 C
>18~26	32	3	4
>26~36	45		
>36~50	70	5	6
>50~70	100		
>70~100	130	6	7
>100	140	7	8

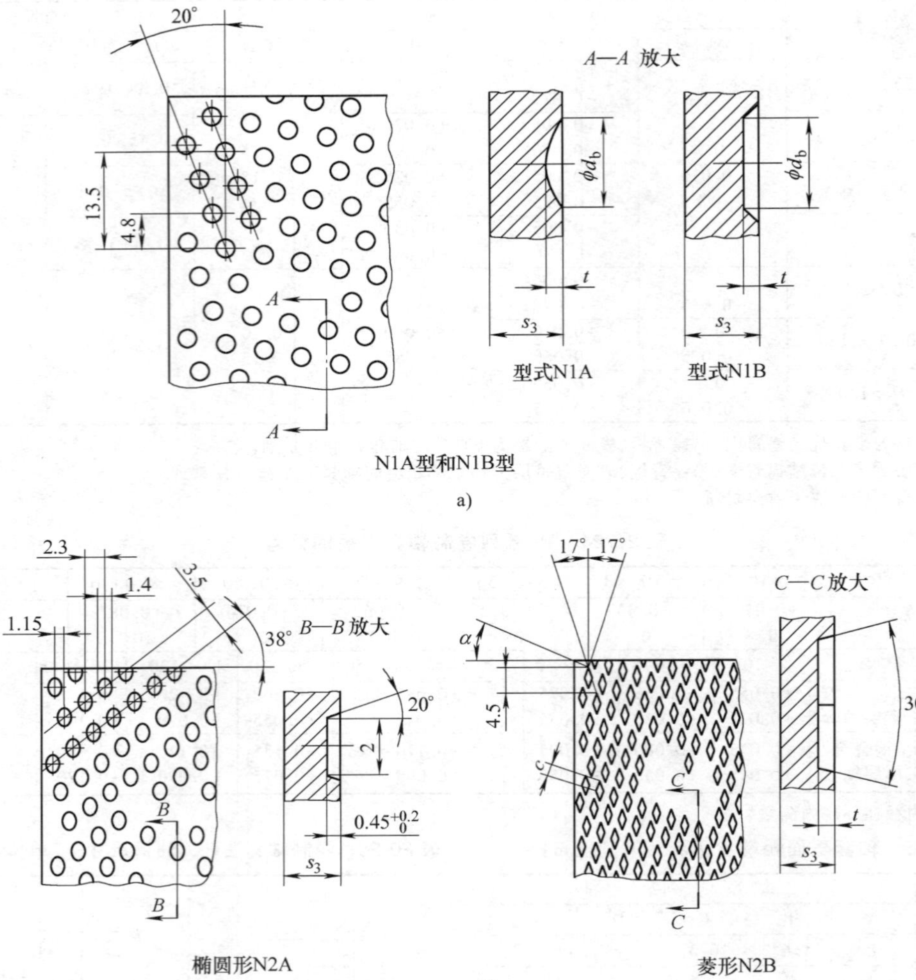

a)

b)

图 20-6　油穴形式示例

20.3.2.3　轴瓦

轴瓦有厚壁轴瓦和薄壁轴瓦两种。

（1）厚壁轴瓦（见图 20-7）　厚壁轴瓦壁厚 δ 与外径的比值大于 0.05，一般用铸造法制成，常浇铸一层减摩材料的轴承衬。轴承合金衬层的厚度愈小（如小于 0.36mm 时），其疲劳强度愈高。若在轴承衬表面镀一层铟、银等更软的金属的三金属轴瓦，则在跑合性和嵌入性等方面都有更大改善。轴承合金浇注用槽的结构和尺寸见表 20-27。

（2）薄壁轴瓦（见图 20-8）　薄壁轴瓦是将轴承合金黏附在低碳钢带上，再经冲裁、弯曲成形及精加工制成双金属轴瓦。轴瓦刚性小，装配时又不再修刮轴瓦内孔，轴瓦受力变形后的形状取决于轴承座孔的形状，故轴瓦和轴承座孔需精密加工。薄壁轴瓦尺寸参数见表 20-28～表 20-31。

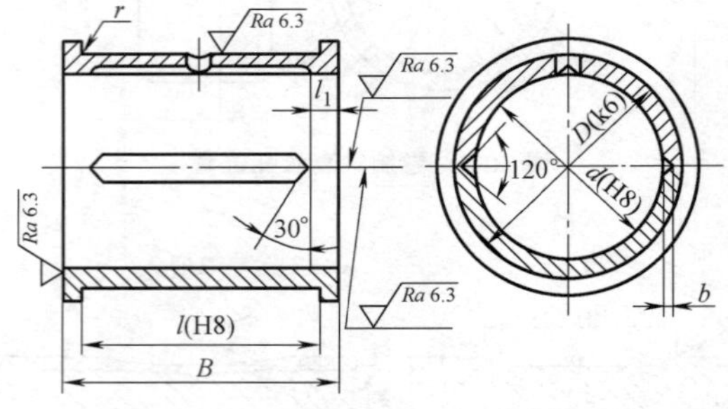

图 20-7　厚壁轴瓦

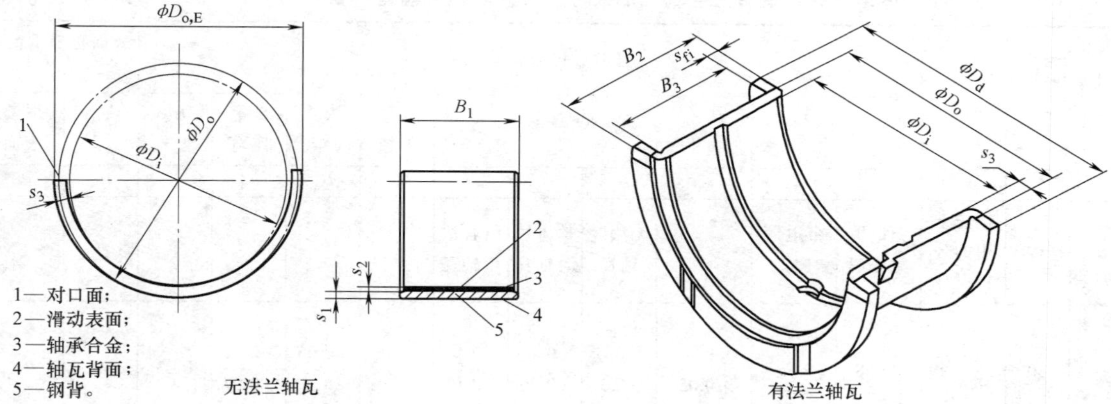

图 20-8　薄壁轴瓦

表 20-27　轴承合金浇铸用槽　　（单位：mm）

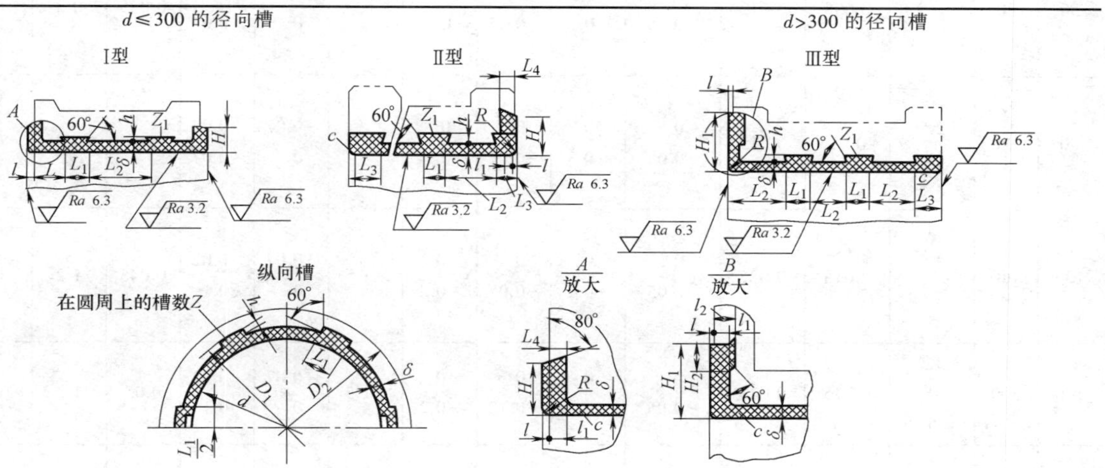

比例关系：$D_2 : D_1 \geqslant 1.2$（铸铁）$D_2 : D_1 \approx 1.1 \sim 1.14$（钢）

轴径 d	浇铸尺寸 δ 铸铁	δ 铜	h	H	H_1	H_2	L	L_1	L_2	L_3	L_4	l	l_1	l_2	R	c	纵、径向槽数 Z、Z_1
30~50	2.5	2	—	6	—	—	—	—	—	—	3	1	2	—	3	1	—
>50~80	3	2.5	2	8	—	—	20	9	50	10	4	1	3	—	4	1	2
>80~100	3.5	3	2	10	—	—	25	10	60	12	5	1.5	4	—	4	2	2
>100~150	3.5	3	2.5	12	—	—	30	10	80	14	6	1.5	5	—	6	2	3
>150~200	4	3.5	2.5	16	—	—	35	15	90	16	7	1.5	5	—	8	3	3
>200~300	5	4	3	20	—	—	40	18	100	18	8	2	6	—	12	5	3
>300~400	6	4	3	25	35	15	—	20	110	20	8	2	6	11	15	5	3
>400~500	7	5	3	30	40	15	—	25	150	22	10	2	8	12	20	6	3
>500~650	7	5	3	35	45	15	—	30	150	22	10	2.5	8	13	25	7	3
>650~800	7	5	3	40	50	20	—	30	160	22	12	2.5	9	13	30	10	3
>800~1000	8	6	4	45	55	20	—	35	160	24	12	3	9	15	30	10	4
>1000~1300	8	6	4	50	60	20	—	40	170	24	15	3	12	17	40	15	4

注：1. 纵向槽数 Z 平均分布于圆周上。
2. 径向槽数 Z_1 在轴衬全长上，不许大于 4 个。
3. Z 是最少的必要数量。
4. 材料为铸铁的轴衬，径向和纵向的槽数，应按表内规定的增加 1.5~2 倍。
5. 对重要的轴承，受有相当的轴向力和冲击等情况下，为取得较大的支承面，轴端结构形式应按Ⅱ型或Ⅲ型选择。
6. 如果轴承不承受轴向力，可选用一面轴承端带支承面，或不带轴端支承面。
7. 轴衬浇注后的表面粗糙度应不低于 Ra25μm。
8. 轴承合金层不应有气泡、气孔、杂质等缺陷。

表 20-28　适用于有或没有法兰轴瓦的尺寸、公差和极限偏差（摘自 GB/T 7308—2008）

轴承座孔直径/mm		壁厚/mm	公差或极限偏差[①]/mm										表面粗糙度[②,③] μm	
			壁厚		法兰厚度[④,⑤]	轴瓦宽度			法兰外径	法兰间距[⑤]	轴承座宽	高出度[⑥]	瓦背	滑动表面
d_H		s_3	s_3		s_B	B_1	B_2		D_{II}	B_3	b_H	h	Ra	Ra
>	≤	优先选用的公称尺寸	无电镀减摩层	带电镀减摩层[⑦]		无法兰轴瓦	整体法兰轴瓦	组合法兰轴瓦						
—	50	1.5 1.75 2 2.5	0.008	—	0 -0.05	0 -0.3	0 -0.05	0 -0.12	±1	+0.05 0	-0.02 -0.07	0.03	0.8	0.8
50	80	1.75 2 2.5 3	0.008	0.012	0 -0.05	0 -0.3	0 -0.05	0 -0.12	±1	+0.05 0	-0.02 -0.07	0.035	0.8	0.8
80	120	2 2.5 3 3.5	0.01	0.015	0 -0.05	0 -0.3	0 -0.07	0 -0.12	±1	+0.07 0	-0.02 -0.07	0.04	0.8	0.8
120	160	3 3.5 4 5	0.015	0.022	0 -0.05	0 -0.4	0 -0.07	0 -0.2	±1.5	+0.07 0	-0.02 -0.1	0.045	1.2	0.8
160	200	3.5 4 5	0.015	0.022	0 -0.05	0 -0.4	0 -0.12	0 -0.2	±1.5	+0.07 0	-0.02 -0.1	0.05	1.2	0.8
200	250	4 5 6	0.02	0.03	0 -0.05	0 -0.4	0 -0.12	0 -0.2	±1.5	+0.07 0	-0.02 -0.1	0.055	1.2	0.8
250	315	5 6 8	0.02	0.03	—	0 -0.5	—	—	—	—	—	0.06	1.6	1.2
315	400	6 8 10	0.025	0.035	—	0 -0.5	—	—	—	—	—	0.07	1.6	1.2
400	500	8 10 12	0.03	0.04	—	0 -0.5	—	—	—	—	—	0.07	1.6	1.2

① 经用户与制造商共同商定。
② 表面粗糙度按照 GB/T 10610 规定的方法评定。
③ 带电镀减摩层的轴瓦表面粗糙度测量，可能会因测量装置的探针将软合金层划伤而不够安全。
④ 在承载边。
⑤ 极限偏差不应加大。
⑥ 电镀减摩层之后不再加工，对口面的轴瓦高出度公差应增加 0.01mm。
⑦ 对于大型轴瓦，往往使用较厚的电镀减摩层并需要进行另外的加工。在这种情况下，采用滑动表面无电镀减摩层的公差。

表 20-29　法兰的过渡和削薄最小高度（和宽度）　　（单位：mm）

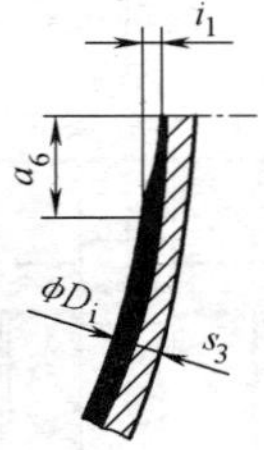

a_6=D_i/10

轴承孔削薄

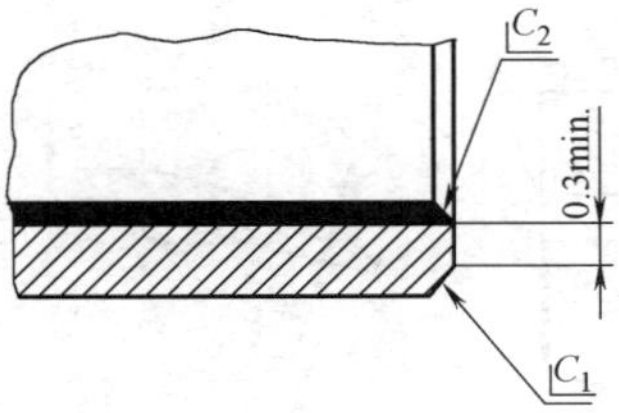

倒角

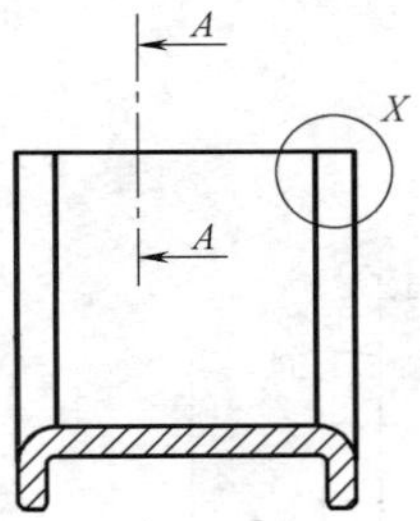

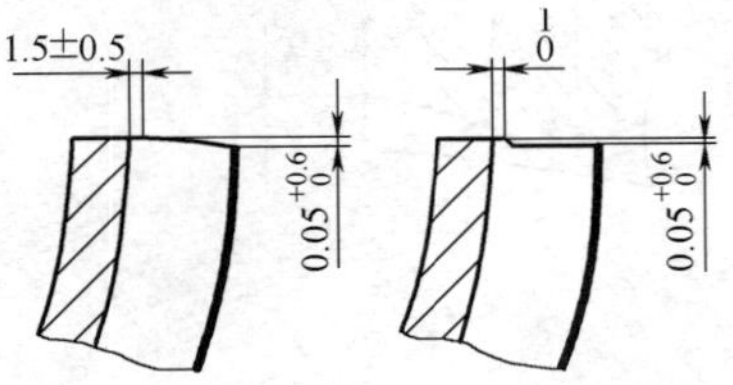

A—A(2∶1)

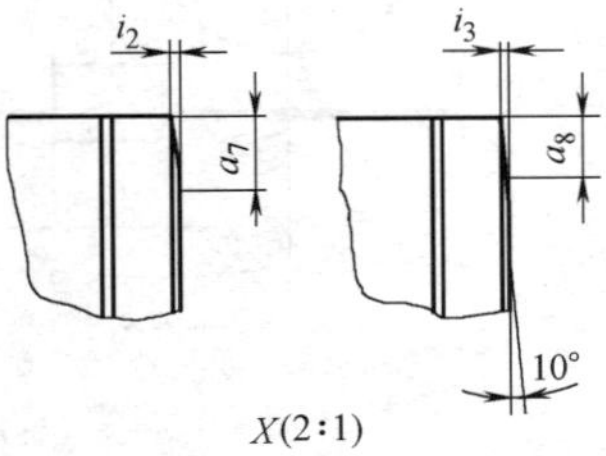

X(2∶1)

对口面削薄

有法兰轴瓦的止推滑动表面削薄。用于组合式法兰轴瓦，滑动表面的削薄应符合GB/T 10447的规定

有法兰轴瓦的削薄（结构方案由制造商选择）

轴承座直径 d_H		a_7 ±2	a_8 ±2	a_9 min	i_2 $^{+0.2}_{0}$	i_3 $^{+0.3}_{0}$
>	≤					
—	120	5.5	3	2	0.1	0.3
120	250	8	3	3	0.2	0.3

表 20-30　结构要素的公差和极限偏差　　（单位：mm）

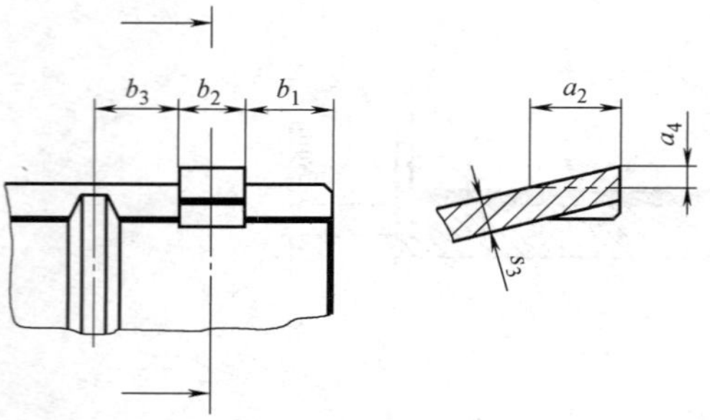

$b_1 \geqslant 1.5 \times s_3$，但不小于3mm。

若b_3小于2mm，该部位超过圆周长度a_2的范围内允许去除轴承合金，以免进行轴承孔加工时轴承合金碎裂。定位唇也可以在油槽中冲出。

定位唇也可以在轴瓦端部冲成(b_1=0)。

无法兰轴瓦的定位唇

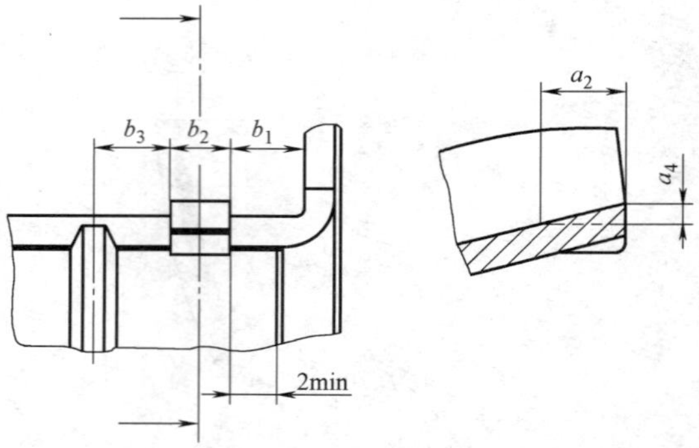

$b_1 \geqslant 1.5 \times s_3$，但不小于3mm。

若b_3小于2mm，该部位超过圆周长度a_2的范围内允许去除轴承合金，以免进行轴承孔加工时轴承合金碎裂。定位唇也可以在油槽中冲出。

有法兰轴瓦的定位唇

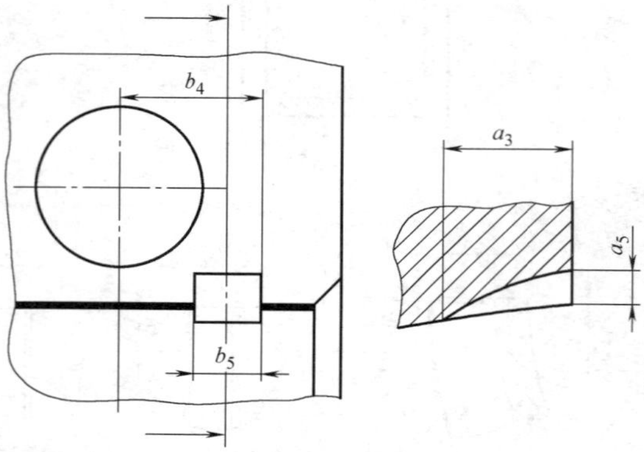

$$b_4 = \frac{B_1(B_2)}{2} - b_1$$

轴承座上的定位槽

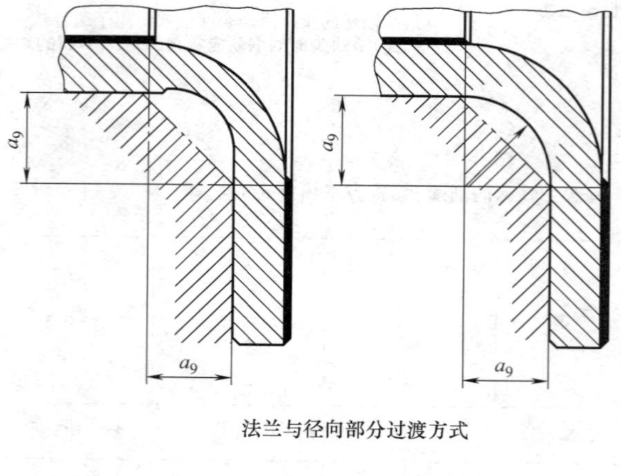

法兰与径向部分过渡方式

（续）

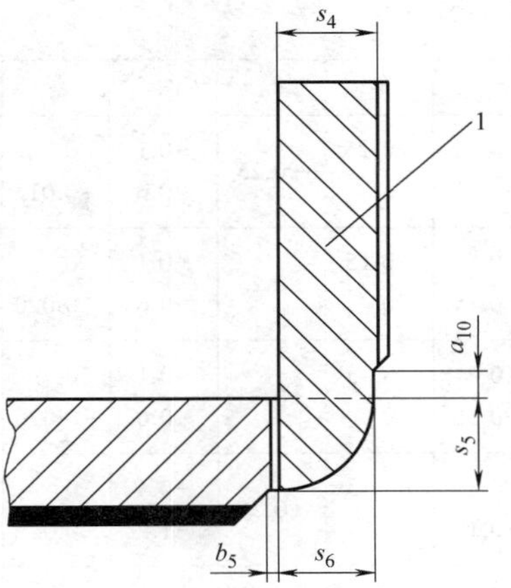

1—法兰。

$s_5 \geqslant$ 轴瓦壁厚的66%。

$s_6 \geqslant$ 法兰厚度的50%，但 $\leqslant s_4$。

拐角轮廓应按如下尺寸超过法兰和轴瓦厚度：

$a_{10} \geqslant 0.5\text{mm}$；

$b_5 \geqslant 0.25\text{mm}$。

油槽深度应离开轴瓦止推法兰过渡区域的最大轮廓。

组合式法兰轴瓦法兰与轴瓦之间的过渡型式

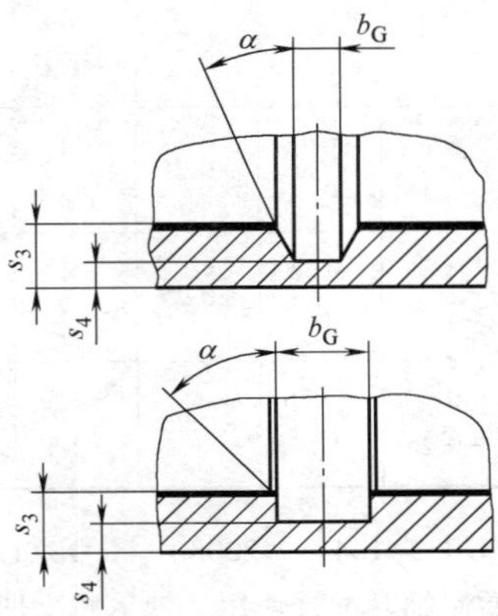

通常 $\alpha = 30°$ 或 $45°$，$s_4 \approx 0.35 s_3$ 但要 $\geqslant 0.7\text{mm}$。

油槽类型

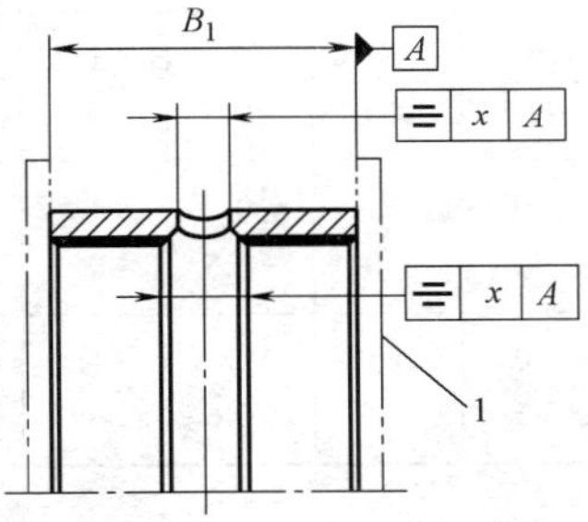

1—有法兰轴瓦轮廓。

油槽和油孔的位置

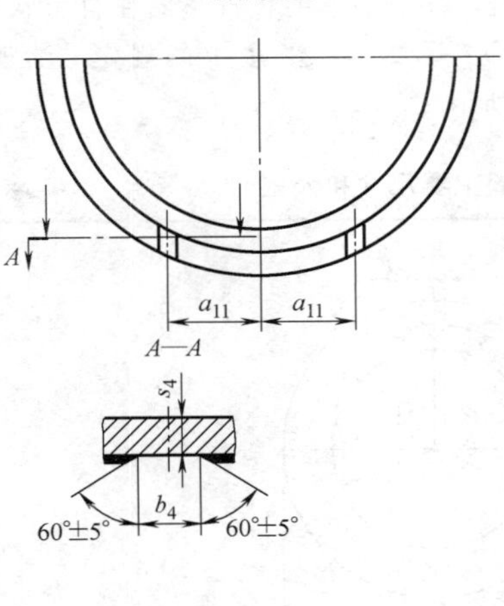

法兰止推面上的油槽型式

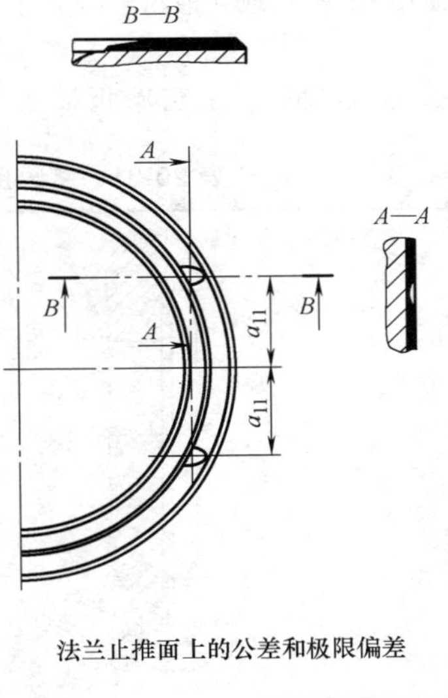

法兰止推面上的公差和极限偏差

（续）

座孔直径 d_H		公差和极限偏差												
>	≤	a_2	a_3	a_4	a_5	a_6	a_{11}	b_2	b_5	b_G	C_1、C_2	i_1	s_4	x
—	50	0 −1.5	+1.5 0	0 −0.3	+0.25 0	0 −3	±1.5	0 −0.15	+0.15 0	±0.25	−0.1 −0.6	0 −0.015	+0.3 0	0.6
50	80	0 −2	+1.5 0	0 −0.4	+0.4 0	0 −3	±1.5	0 −0.15	+0.15 0	±0.25	−0.1 −0.6	0 −0.020	+0.3 0	
80	120	0 −2	+2 0	0 −0.4	+0.6 0	0 −4	±2.5	0 −0.15	+0.15 0	±0.25	−0.1 −0.6	0 −0.020	+0.4 0	
120	160	0 −2	+3 0	0 −0.4	+0.75 0	0 −4	±2.5	0 −0.15	+0.15 0	±0.25	−0.4 −1.2	0 −0.020	+0.4 0	
160	200	0 −2.5	+3.5 0	0 −0.5	+1 0	0 −5	±2.5	0 −0.15	+0.15 0	±0.25	−0.4 −1.2	0 −0.020	+0.4 0	
200	250	0 −2.5	+5 0	0 −0.5	+1.2 0	0 −6	±2.5	0 −0.15	+0.15 0	±0.25	−0.4 −1.2	0 −0.020	+0.4 0	0.6
250	315	0 −2.5	+5 0	0 −0.5	+1.2 0	0 −6	±2.5	0 −0.15	+0.15 0	±0.25	−1 −2	0 −0.025	+0.5 0	0.8
315	400	0 −3	+5 0	0 −0.5	+1.5 0	0 −8	±2.5	0 −0.2	+0.2 0	±0.25	−1 −2	0 −0.030	+0.5 0	
400	500	0 −3	+5 0	0 −0.6	+1.5 0	0 −8	±2.5	0 −0.25	+0.25 0	±0.25	−1.5 −2.5	0 −0.035	+0.6 0	1

20.3.2.4　止推垫圈

止推垫圈一般是与轴套、轴瓦配套使用的止推滑动轴承。通常它不承受大的轴向载荷，只起防止轴的轴向窜动作用。止推垫圈有单金属的和双金属的。对无油润滑轴承，则使用 DU 材料或含油粉末冶金材料制成。

整圆止推垫圈（见表 20-31）。整圆止推垫圈（GB/T 10446—2008）与 GB/T 12613—2011 规定的卷制轴套配合使用。轴承座上凹座直径 D_R 等于止推垫圈外径 D，公差为 G10，凹座深度 e_R 取决于止推垫圈的允许磨损量及载荷条件，标准中不作具体规定。不带油槽的止推垫圈在自由状态下的平面度 P 应符合表 20-31 注 1 的规定。油槽形式如图 20-9 所示。

表 20-31　整圆止推垫圈主要尺寸和公差　　（单位：mm）

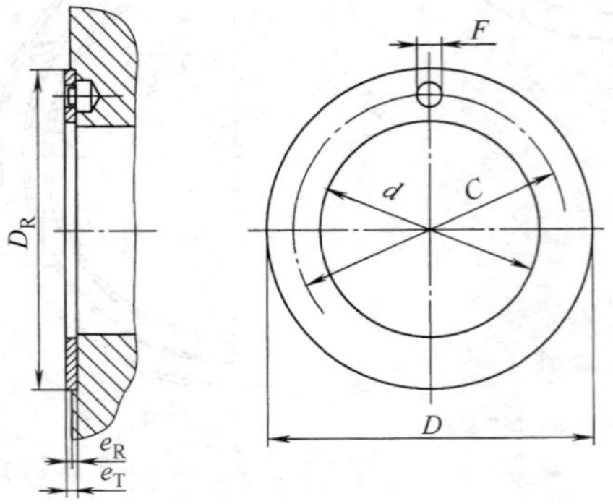

（续）

卷制轴套外径(GB 2931)		d $\begin{pmatrix}+0.25\\9\end{pmatrix}$	D $\begin{pmatrix}0\\-0.25\end{pmatrix}$	e_T $\begin{pmatrix}0\\-0.05\end{pmatrix}$	C (±0.15)	F $\begin{pmatrix}+0.40\\+0.10\end{pmatrix}$
优选系列	非优选系列					
6		6	16	1.00	11	1.5
7		7	17	1.00	12	1.5
8		8	18	1.00	13	1.5
9		9	19	1.00	14	1.5
10		10	22	1.00	16	1.5
11		12	24	1.50	18	1.5
12		12	24	1.50	18	1.5
13		14	26	1.50	20	2.0
14		14	26	1.50	20	2.0
15		16	30	1.50	23	2.0
16		16	30	1.50	23	2.0
17		18	32	1.50	25	2.0
18		18	32	1.50	25	2.0
19		20	36	1.50	28	3.0
20		20	36	1.50	28	3.0
21		22	38	1.50	30	3.0
22		22	38	1.50	30	3.0
	23	24	42	1.50	33	3.0
24		24	42	1.50	33	3.0
25		26	44	1.50	35	3.0
26		26	44	1.50	35	3.0
	27	28	48	1.50	39	4.0
28		28	48	1.50	39	4.0
30		32	54	1.50	43	4.0
32		32	54	1.50	43	4.0
34		36	60	1.50	48	4.0
36		36	60	1.50	48	4.0
38		40	64	1.50	52	4.0
	39	40	64	1.50	52	4.0
40		40	64	1.50	52	4.0
42		45	70	1.50	57.5	4.0
	44	45	70	1.50	57.5	4.0
45		45	70	1.50	57.5	4.0
48		50	76	2.00	63	4.0
50		50	76	2.00	63	4.0
53		55	80	2.00	67.5	5.0
	55	55	80	2.00	67.5	5.0
56		60	90	2.00	75	5.0
	57	60	90	2.00	75	5.0
60		60	90	2.00	75	5.0

（续）

卷制轴套外径(GB 2931)		d $\begin{pmatrix}+0.25\\9\end{pmatrix}$	D $\begin{pmatrix}0\\-0.25\end{pmatrix}$	e_T $\begin{pmatrix}0\\-0.05\end{pmatrix}$	C (±0.15)	F $\begin{pmatrix}+0.40\\+0.10\end{pmatrix}$
优选系列	非优选系列					
63		65	100	2.00	83.5	5.0
	65	65	100	2.00	83.5	5.0
67		70	105	2.00	88	5.0
	70	70	105	2.00	88	5.0
71		75	110	2.00	92.5	5.0
75		75	110	2.00	92.5	5.0
80		80	120	2.00	100	5.0

注：1. 对不带油槽的垫圈，其平面度公差如下：当 $D \leqslant 80$mm 时为 0.01mm；当 $D>80$mm 时为 0.12mm。在自由状态下测量。

2. 油槽的深度一般不超过减摩合金厚度。

3. 所有锐边都应倒角或去飞边。

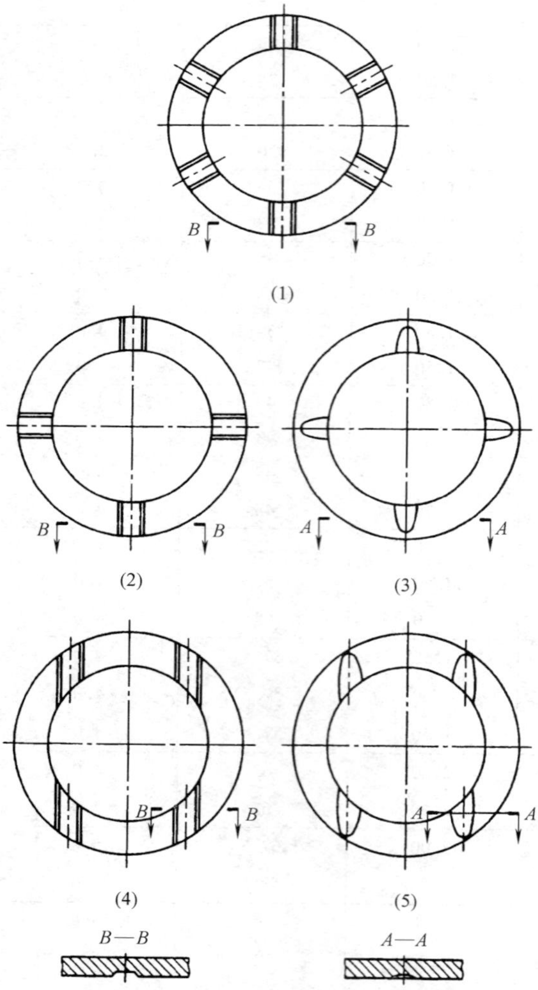

图 20-9　油槽形式

20.3.3　混合润滑轴承选用与验算

20.3.3.1　径向滑动轴承选用与验算

（1）验算轴承的平均压力

$$p = \frac{F}{dB} \leqslant [p] \tag{20-1}$$

式中　F——轴承承受的最大径向载荷（N）；

d——轴颈直径（mm）；

B——轴承宽度（mm）；

$[p]$——轴承材料的许用压力（MPa），见表 20-9～表 20-11。

轴承滑动速度 $v<0.1$m/s，或对间歇工作的轴承，每次较短持续运转后伴随较长停歇时间，轴承温升不高，则仅验算该项即可。

（2）验算轴承的 pv 值

$$pv = \frac{Fn}{19100B} \leqslant [pv] \tag{20-2}$$

式中　v——轴承滑动速度（m/s）；

n——轴颈转速（r/min）；

$[pv]$——轴承材料的 pv 许用值（MPa · m/s），见表 20-9～表 20-11。

（3）验算滑动速度

$$v \leqslant [v] \tag{20-3}$$

式中　$[v]$——轴承许用滑动速度（m/s），见表 20-9～表 20-11。

（4）轴肩直径不小于轴瓦肩部的外径时　允许轴承承受的轴向载荷，不大于最大径向载荷的 30%。

（5）滑动轴承的配合　推荐表 20-32。

表 20-32 几种机床及通用设备滑动轴承的配合

设备类别	配合
磨床与车床分度头主轴承	H7/g6
铣床、钻床及车床的轴承，汽车发动机曲轴的主轴承及连杆轴承，齿轮减速器及蜗杆减速器轴承	H7/f7
电动机，离心泵，风扇及惰齿轮轴的轴承，蒸汽机与内燃机曲轴的主轴承和连杆轴承	H9/f9
农业机构用的轴承	H11/b11，H11/d11
汽轮发电机轴、内燃机凸轮轴、高速转轴、刀架丝杠、机车多支点轴等的轴承	H7/e8

20.3.3.2 平面推力滑动轴承验算

1. 验算轴承平均压力

$$p=\frac{F_a}{z\frac{\pi}{4}(d_2^2-d_1^2)}\leqslant[p] \qquad (20\text{-}4)$$

式中 F_a——轴向载荷(N)；

z——环形接触面的数目；

$[p]$——轴承材料的许用平均压力(MPa)。

推力滑动轴承的常用型式见表 20-33。平面推力滑动轴承接触面上压力分布均匀，润滑条件较差，故轴承压力等许用值较低。

2. 验算轴承 pv 值

$$pv=\frac{F_a n}{60000bz}\leqslant[pv] \qquad (20\text{-}5)$$

式中 b——轴颈环形接触面工作宽度(mm)；

$[pv]$——轴承 pv 许用值(MPa·m/s)，见表 20-34。

表 20-33 推力滑动轴承的常用型式

实心推力轴承	空心推力轴承	环形推力轴承
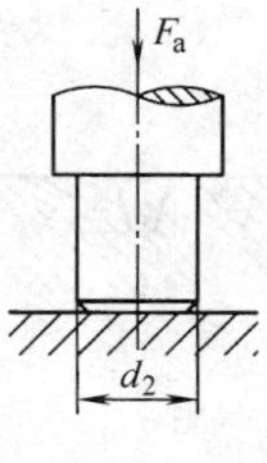	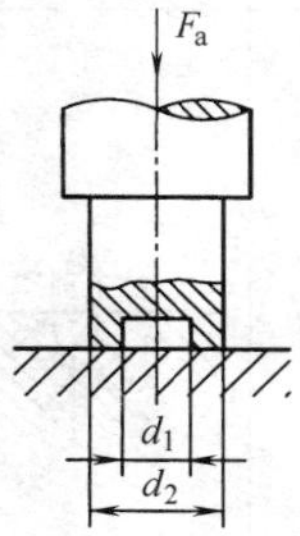 d_2 由轴结构决定 $d_1=(0.4\sim0.6)d_2$	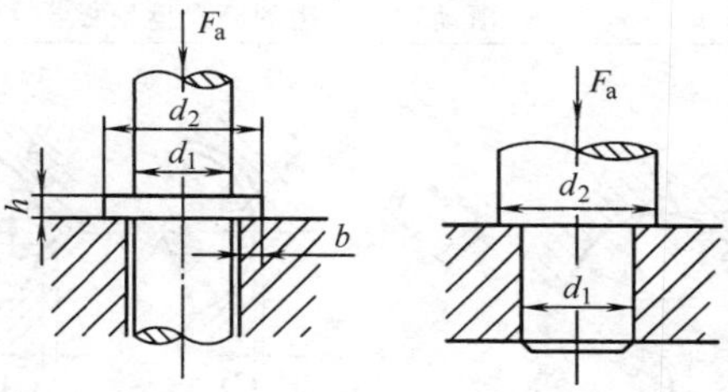 d_1 由结构设计拟定 $b=(0.1\sim0.3)d_1$ $h=(0.2\sim0.15)d_1$ $d_2=(1.2\sim1.6)d_1$

表 20-34 推力滑动轴承的 $[p]$、$[pv]$ 值

轴（轴环端面、凸缘）	轴承	$[p]$ /MPa	$[pv]$ /(MPa·m/s)
未淬火钢	铸铁	2.0~2.5	1~2.5
	青铜	4.0~5.0	
	轴承合金	5.0~6.0	
淬火钢	青铜	7.5~8.0	1~2.5
	轴承合金	8.0~9.0	
	淬火钢	12~15	

20.3.4 润滑方式和润滑剂的选择

(1) 润滑方式的选择 轴承润滑方式可通过计算 k 值确定：

$$k=\sqrt{pv^3} \qquad (20\text{-}6)$$

当 $k\leqslant2$，可用润滑脂润滑(可采用黄油杯)；$k>2\sim15$，用润滑油润滑(可采用针阀式油杯等)；$k>15\sim30$，用油环、飞溅润滑，并需用水或循环油冷却；$k>30$，必须用压力循环润滑。

（2）润滑剂的选择(见表 20-35～表 20-38）　原则上转速高、压力小，应选黏度较低的油；反之，转速低、压力大，应选黏度较高的油。

表 20-35　滑动轴承润滑油选择（不完全液体润滑，工作温度<60℃）

轴颈圆周速度 $v/(\mathrm{m/s})$	平均压力 p<3MPa	轴颈圆周速度 $v/(\mathrm{m/s})$	平均压力 $p=(3\sim7.5)$MPa
<0.1	L-AN68、100、150	<0.1	L-AN150
0.1～0.3	L-AN68、100	0.1～0.3	L-AN100、150
0.3～2.5	L-AN46、68	0.3～0.6	L-AN100
2.5～5.0	L-AN32、46	0.6～1.2	L-AN68、100
5.0～9.0	L-AN15、22、32	1.2～2.0	L-AN68
>9.0	L-AN7、10、15		

注：表中润滑油是以 40℃时运动黏度为基础的牌号。

表 20-36　滑动轴承润滑脂的选择

选择原则	平均压力/MPa	圆周速度/(m/s)	最高工作温度/℃	选用润滑脂
1)轴承的载荷大、转速低时，润滑脂的针入度应该小些，反之，针入度应该大些 2)润滑脂的滴点一般应高于工作温度20～30℃以上 3)滑动轴承如在水淋或潮湿环境里工作时，应选用钙基或铝基润滑脂；如在环境温度较高的条件下，可选用钙-钠基润滑脂 4)具有较好的黏附性能	≤1	≤1	75	3 号钙基脂
	1～6.5	0.5～5	55	2 号钙基脂
	≥6.5	≤0.5	75	3 号钙基脂
	≤6.5	0.5～5	120	2 号钠基脂
	≥6.5	≤0.5	110	1 号钙-钠基脂
	1～6.5	≤1	50～100	锂基脂
	≥6.5	0.5	60	2 号压延机脂

注：1. 在潮湿环境，温度在 75～120℃的条件下，应考虑用钙-钠基润滑脂。
2. 在潮湿环境，工作温度在 75℃以下，没有 3 号钙基脂也可以用铝基脂。
3. 工作温度在 110～120℃，可用锂基脂或钡基脂。
4. 集中润滑时，稠度要小些。

表 20-37　润滑槽型式（摘自 GB/T 6403.2—2008）

滑动轴承上用的润滑槽型式①	平面上用的润滑槽型式
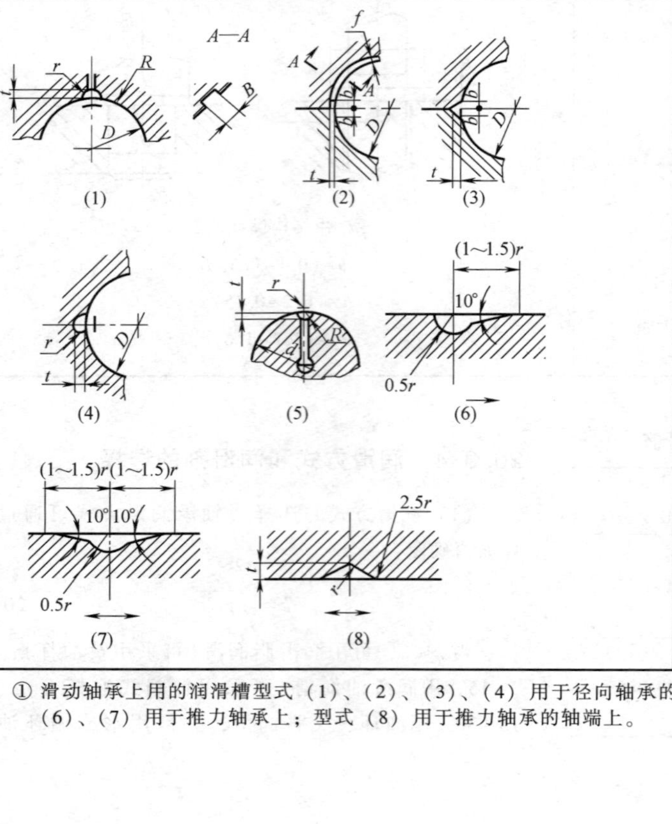	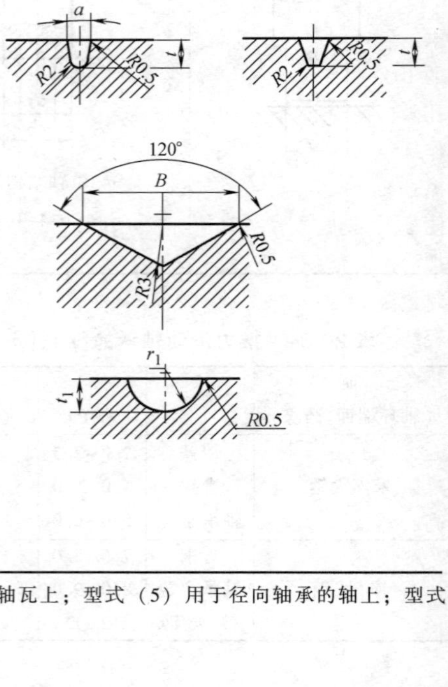

① 滑动轴承上用的润滑槽型式（1）、（2）、（3）、（4）用于径向轴承的轴瓦上；型式（5）用于径向轴承的轴上；型式（6）、（7）用于推力轴承上；型式（8）用于推力轴承的轴端上。

表 20-38　滑动轴承的加脂周期

工作条件	轴的转速 /(r/min)	加脂周期
偶然工作，不重要的零件	<200 >200	5 天一次 3 天一次
间断工作	<200 >200	2 天一次 1 天一次
连续工作，其工作温度 <40℃	<200 >200	1 天一次 每班一次
连续工作，其工作温度 40～100℃	<200 >200	每班一次 每班二次

20.4　多孔质轴承（含油轴承）

利用材质的多孔特性或润滑油亲和特性，在轴瓦安装和使用前，使润滑油浸润轴承材料，轴承工作期间可以不加或较长时间不加润滑油，这样的轴承称为多孔质轴承。根据轴承材料能浸渍润滑油的特性，多孔质轴承可分为两类：

一类轴承的轴瓦以多孔质材料制成，浸渍润滑油后，孔隙中充满了润滑油。这类材料主要有粉末冶金、成长铸铁、青铜石墨、木材和某些材料。

另一类轴承的轴瓦多由塑料制成，利用材料与润滑油有亲和力和相溶，经适当工艺处理，使润滑油均匀分散在材料之中，如酚醛树脂等。

目前，多孔质轴承已广泛用于轻型机械、家用电器、汽车、纺织等机械中，用得最多的是粉末冶金多孔质轴承，常见的还有青铜石墨、铸铜合金等多孔质轴承。

粉末冶金多孔质轴承是用金属粉末和减摩材料粉末，经压制、烧结、整形和浸油制成，孔隙约占体积的 10%～35%。使用前将它置热油中数小时，浸透后孔隙中充满了润滑油。工作时，由于轴颈转动的抽吸作用及轴承发热时膨胀作用，孔隙减小，油便进入摩擦表面间起润滑作用；不工作时，因毛细管作用，油便被吸回到轴承内部。因而在相当长时间内，即使不加润滑油仍能很好地工作。特别适用于加油不易或密封器件之内。它的韧性较低，宜用于平稳、无冲击、轻载荷及低中速场合。这类轴承通常工作在混合润滑状态，有时也能形成薄膜润滑。如果润滑条件具备，它可代替铜轴承在重负荷和高速下工作。

粉末冶金多孔质轴承不需要切削加工，是采用模具成形。适合大批量生产，不易胶黏，机械强度不高，摩擦因数偏大。

按不同工作条件，需要选用不同含油率的多孔质粉末冶金轴承。孔隙率越高，储存油越多，但强度越低，宜在无补充润滑和低负荷下应用。反之，可在负荷较大和速度较高时应用。

粉末冶金多孔质轴承有铁基、铜基和铝基三种。在锈蚀不成为问题的情况，可采用价廉而强度高的铁基粉末冶金轴承。其材料以铁为主，加入少量铜（质量分数 2%～20%），以改善边界润滑性能。锈蚀问题可加入防锈剂改善，但轴承性能较差，仅适用于低速场合，相配合轴颈必须淬火。铜基粉末冶金轴承材料以青铜为主，加入质量分数 6%～10% 的锡和少量的锌、铅。其特点是不生锈，在中速、轻载下轴承性能稳定，但价格较贵。铝基粉末冶金轴承价格较低，强度适中，但耐磨性和抗胶黏性较差。粉末冶金多孔质轴承在材料中加入适量的石墨、二硫化钼、聚四氟乙烯等固体润滑剂，缺油时仍有自润滑效果，可提高轴承安全性，如含石墨的青铜基粉末冶金多孔质轴承，但影响强度。

20.4.1　多孔质轴承材料的性能（见表 20-39）

20.4.2　轴承形式与尺寸

标准的粉末冶金烧结轴承轴套有筒形、带挡边筒形和球形三种形式，见表 20-40～表 20-42。公差见表 20-43 和表 20-44。

20.4.3　参数选择

（1）宽径比　因轴套两端孔隙度一般比中间小，故轴套不宜过窄，但也不宜过宽。当宽径比大于 2～3 时，会出现压粉不均匀，最好宽径比接近 1。

（2）压入过盈量　轴套压入轴承座内的平均过盈量为

$$\delta = 0.025 + 0.0075\sqrt{D}$$

式中　D——轴套外径（mm）。

选择轴承座孔直径公差时，应使最大过盈不大于 2 倍平均过盈，最小过盈不小于平均过盈的 1/2。

应该用压力机将轴套压入轴承座，不许用锤击打。轴套压入轴承座后，轴套孔径会收缩变小，确定轴颈尺寸时应考虑到该收缩量。

轴套外径过盈量 ΔD 与内径收缩量 Δd 的关系见表 20-45。

（3）轴承间隙　间隙过大，在循环载荷作用下运转会出现过大噪声；间隙过小，摩擦力增大，轴承温度升高，材料热胀导致间隙进一步缩小，很容易损坏轴承。所以尤应注意高速轴承间隙的选取。根据轴径和速度从图 20-10 选相对间隙 φ（$\varphi=\Delta/d$，Δ 为轴承孔径与轴颈直径 d 之间的工作间隙）。此值也可参照表 20-46 选取。

表 20-39 常用多孔质轴承材料的物理、力学性能

轴承材料			牌号	含油密度/(g/cm)	含油率(%)	线胀系数/(10⁻⁶/℃)	热导率/[W/(m·K)]	弹性模量/GPa	径向压溃强度/MPa	表观硬度(HBW)	最大载荷 p/MPa 线速度 v/(m/s) 间断运行 ≈0.125	>0.125~0.25	>0.25~0.5	>0.5~0.75	>0.75~1.0	>1.0	最大速度 v/(m/s) p<0.5MPa	最大 pv 值/(MPa·m/s) v>1m/s 时
粉末冶金	铁基	铁	FZ1160	5.7~6.2	≥18	11~12	41.9~125.6	80~100	200	30~70	23	13	3.2	2.1	1.8	0.5/v	3	自润滑 1.0 适当补充润滑 2.0 润滑充分 4.0
			FZ1165	>6.2~6.6	≥12				250	40~80								
		铁碳	FZ1260	5.7~6.2	≥18				250	50~100								
			FZ1265	>6.2~6.6	≥12				300	60~110								
		铁碳铜	FZ1360	5.7~6.2	≥18				350	60~110								
			FZ1365	>6.2~6.5	≥12				400	70~120								
		铁铜	FZ1460	5.7~6.3	≥18				300	50~100								
			FZ1465	>6.3~6.7	≥12				350	60~110								
	铜基	铜锡铅锌	FZ2170	6.6~7.2	≥18	16~18	41.9~58.6	60~70	150	20~50	22.5	14	3.9	2.6	2.0	0.3/v	4	自润滑 1.75 适当补充润滑 3.5
			FZ2175	>7.2~7.8	≥12				200	30~60								
		铜锡	FZ2265	6.2~6.8	≥18				150	25~55								
			FZ2270	>6.8~7.4	≥12				200	35~65								
		铜锡铅	FZ2365	6.3~6.9	≥18				150	20~50								
成长铸铁				6.0~7.0	5~20	10~12	41.9~54.4	60~100	300~600	100~400	10		1.67/v					
多孔质酚醛树脂						84	0.13	2.5~2.6	100	20~40	10	1/v						
铸铜合金					3~6				540	60~80								

表 20-40　粉末冶金筒形轴套形式与尺寸（摘自 GB/T 18323—2001）　（单位：mm）

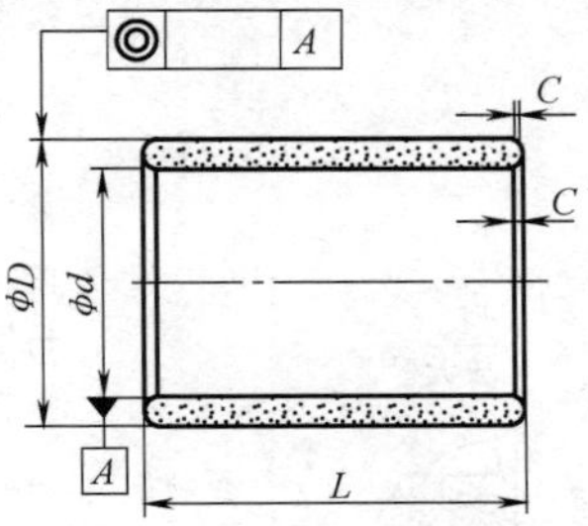

d	D 普通系列	D 薄壁系列	L
1	3	—	1,2
1.5	4	—	1,2
2	5	—	2,3
2.5	6	—	3,3
3	6	5	3,4
4	8	7	3,4,6
5	9	8	4,5,8
6	10	9	4,6,10
7	11	10	5,8,10
8	12	11	6,8,12
9	14	12	6,10,14
10	16	14	8,10,16
12	18	16	8,12,20
14	20	18	10,14,20
15	21	19	10,10,25
16	22	20	12,16,25
18	24	22	12,18,30
20	26	24	15,20,25,30
22	28	26	15,20,25,30
25	32	30	20,25,30,35
28	36	33（34）	20,25,30,40
30	38	35（36）	20,25,30,40
32	40	38	20,25,30,40
35	45	41	25,35,40,50
38	48	44	25,35,45,55
40	50	46	30,40,50,60
42	52	48	30,40,50,60
45	55	51	35,45,55,65
48	58	55	35,50,70
50	60	58	35,50,70
55	65	63	40,55,60
60	72	68	50,60,70

注：1. 内径≥20mm 时，长度的最后一个值不能用于轻系列。

2. 括号中尺寸应用作第二系列。

3. 倒角 C 最大值见下表：

$\frac{D-d}{2}$	>		1	2	3	4	5
	≤	1	2	3	4	5	
C		0.2	0.3	0.4	0.6	0.7	0.8

表 20-41　粉末冶金带挡边筒形轴承形式与尺寸（摘自 GB/T 18323—2001）　（单位：mm）

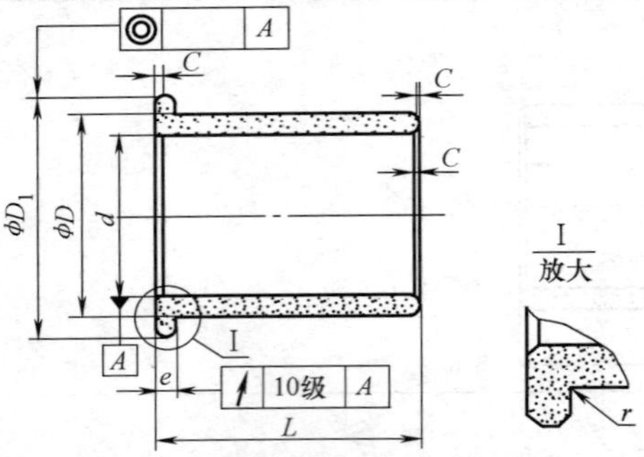

标记示例：
内径 20mm、外径 26mm、挡边直径 32mm，长度 25mm 的 7 级轴承的标记：
轴承　20G7×26×25

内径 d	外径 D	翻边直径 D_1	翻边厚度 e	倒角 C	长度 L
常用系列					
1	3	5	1	0.2	2
1.5	4	6	1	0.3	2
2	5	8	1.5	0.3	3
2.5	6	9	1.5	0.3	3
3	6	9	1.5	0.3	4
4	8	12	2	0.3	3-4-6
5	9	13	2	0.3	4-5-8
6	10	14	2	0.3	4-6-10
7	11	15	2	0.3	5-8-10
8	12	16	2	0.3	6-8-12
9	14	19	2.5	0.4	6-10-14
10	16	22	3	0.4	8-10-16
12	18	24	3	0.4	8-12-20
14	20	26	3	0.4	10-14-20
15	21	27	3	0.4	10-15-25
16	22	28	3	0.4	12-16-25
18	24	30	3	0.4	12-18-30
20	26	32	3	0.4	15-20-25-30
22	28	34	3	0.4	15-20-25-30
25	32	39	3.5	0.6	20-25-30
28	36	44	4	0.6	20-25-30
30	38	46	4	0.6	20-25-30
32	40	48	4	0.6	20-25-30
35	45	55	5	0.7	25-35-40
38	48	58	5	0.7	25-35-45
40	50	60	5	0.7	30-40-50
42	52	62	5	0.7	30-40-50
45	55	65	5	0.7	35-45-55
48	58	68	5	0.7	35-50
50	60	70	5	0.7	35-50
55	65	75	5	0.7	40-55
60	72	84	6	0.8	50-60

（续）

内径 d	外径 D	翻边直径 D_1	翻边厚度 e	倒角 C	长度 L
薄壁系列					
10	14	18	2	0.3	8-10-16
12	16	20	2	0.3	8-12-20
14	18	22	2	0.3	10-14-20
15	19	23	2	0.3	10-15-25
16	20	24	2	0.3	12-16-25
18	22	26	2	0.3	12-18-30
20	25	30	2.5	0.4	15-20-25
22	27	32	25	0.4	15-20-25
25	30	35	25	0.4	20-25-30

表 20-42　粉末冶金球形轴承形式与尺寸（摘自 GB/T 18323—2001）　（单位：mm）

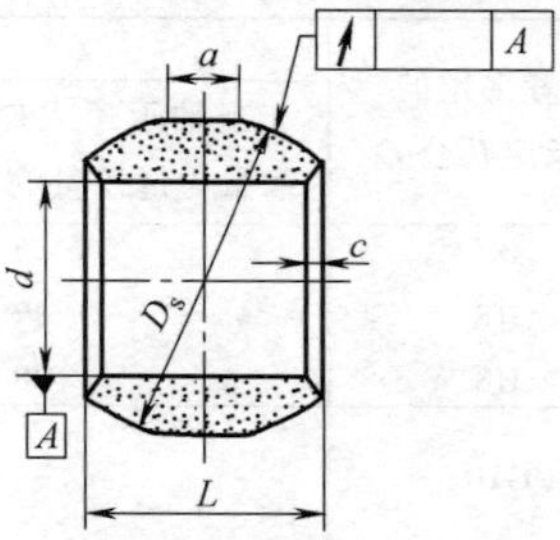

内径 d(H7)	球径 D_s(H11)	长度 L(js13)	倒角 c_{max}
1	3	2	
1.5	4.5	3	
2	5	3	0.3
2.5	6	4	
3	8	6	
4	10	8	
5	12	9	
6	14	10	
7	16	11	
8	16	11	
9	18	12	
10	20	13	
10	22	14	0.5
12	22	15	
14	24	17	
15	27	20	
16	28	20	
18	30	20	
20	36	25	

注：在轴承长度的中心部位允许有一段圆柱形表面，其长度（最大）为 a。

表 20-43　粉末冶金轴承公差

轴承名称	轴承等级	内径 d	外径 D	球径 D	长度 L	挡边外径 D_1	挡边厚度 e①	外径对内径同轴度②	挡边内端面对内径圆跳动	球径对内径圆跳动③
筒形轴承 GB/T 18323	7 级 8 级 9 级	G7 E8 C9	r7 s8 t9	—	h13 h14 h15	—	—	9 级 10 级 10 级	—	—
带挡边筒形轴承 GB/T 18323	7 级 8 级 9 级	G7 E8 C9	r7 s8 t9④	—	h13 h14 h15	js13 js14 js15	js13 js14 js15	9 级 10 级 10 级	10 级 10 级 10 级	—
球形轴承 GB/T 18323	7 级 8 级	H7 H8	—	h11 h11	h13 h14	—	—	—	—	9 级 10 级

① 按挡边直径尺寸分级。
② 按外径尺寸分级。
③ 按球径尺寸分级。
④ 外径尺寸 $D \leqslant 24$mm 时采用 s9。

表 20-44　安装粉末冶金轴承的轴承座与轴的尺寸公差

轴承名称	轴承等级	推荐采用的轴承座孔公差	推荐采用的轴的公差	
			当轴承压入座孔后内径收缩量为过盈量的 0%～50%	当轴承压入座孔后内径收缩量为过盈量的 50%～100%
筒形及带挡边筒形轴承	7 级 8 级 9 级	H7 H8 H8	e6 d7 d8	d6 c7 c8
球形轴承	7 级 8 级	G10	—	—

表 20-45　轴套外径过盈量 ΔD 与内径收缩量 Δd 的关系

轴承座材料	轴套壁厚/mm	
	≤3	>3
一般铸铁	$\Delta d=(1\sim1.2)\Delta D$	$\Delta d=(0.8\sim1)\Delta D$
铝合金薄壁铸铁、钢	$\Delta d=(0.5\sim0.6)\Delta D$	$\Delta d=(0.4\sim0.5)\Delta D$

（4）对偶轴颈表面硬度和表面粗糙度　轴颈表面硬度推荐不低于 250HBW，表面粗糙度不大于 1.6μm。

表 20-46　推荐的最小轴承间隙

（单位：mm）

轴直径	推荐的最小轴承间隙
≤6	0.008
>6～10	0.010
>10～18	0.012
>18～30	0.025
>30～50	0.040
>50～60	0.050

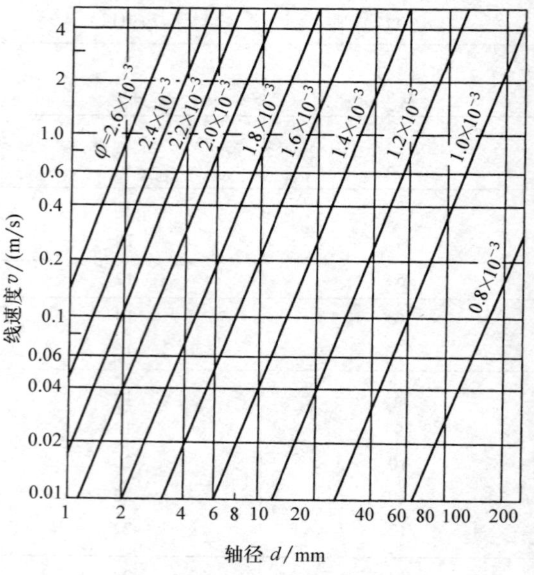

图 20-10　相对间隙的选择线图

20.4.4　润滑

（1）润滑方式　多孔质轴承也可在连续或间歇供油下运转，以提高其承载能力和许用滑动速度。润滑方式的选取如图 20-11 所示。粉末冶金多孔质轴承的供油方法如图 20-12 所示。

（2）润滑油选择　粉末冶金多孔质轴承轴套在使用前，需浸入 80~120℃ 的润滑油中约 1h，浸透后装入轴承座内使用。润滑油必须有高的氧化安定性、油膜强度和黏温指数。千万不能用悬浮有固定颗粒的润滑油或润滑脂。粉末冶金多孔质轴承常用的润滑油是汽油机油。高速轻载时也可以用主轴油（F 类）。润滑油黏度可按图 20-13 选用。

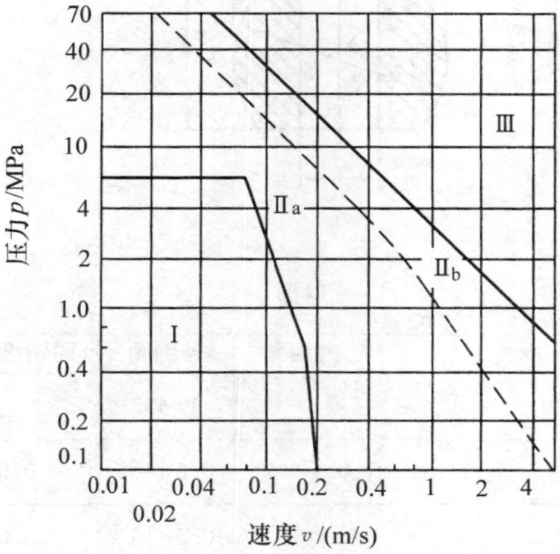

图 20-11　润滑方式的选取

Ⅰ—无需供油　$Ⅱ_a$—需补充供油

$Ⅱ_b$—需补充供油并采用高孔隙率材料

Ⅲ—需连接供油

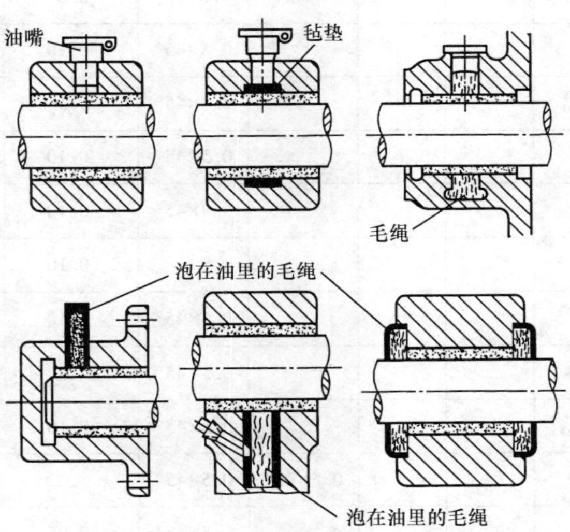

图 20-12　粉末冶金多孔质轴承的供油方法

（3）重新浸油时间　鉴于油损耗和变质情况，每工作较长时间（1 年或运转 1000h），需拆下轴套重新浸一次油。较准确的重新浸油时间可从图 20-14 查到。采用真空浸渍或热油浸渍。热油浸渍一般是将油加热到 80~120℃，将轴套放入，并随油冷却到室温。

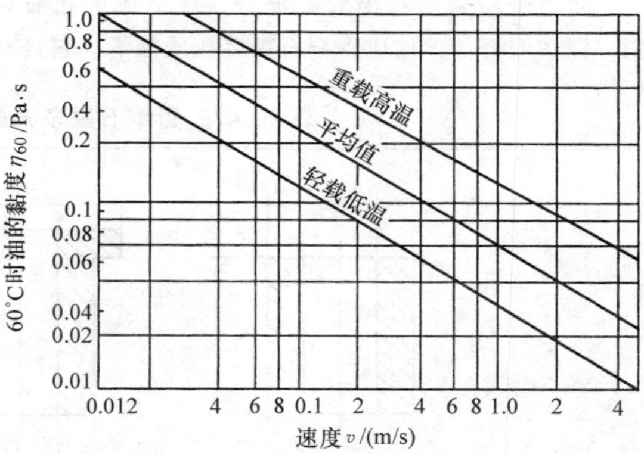

图 20-13　多孔质轴承适宜的油黏度

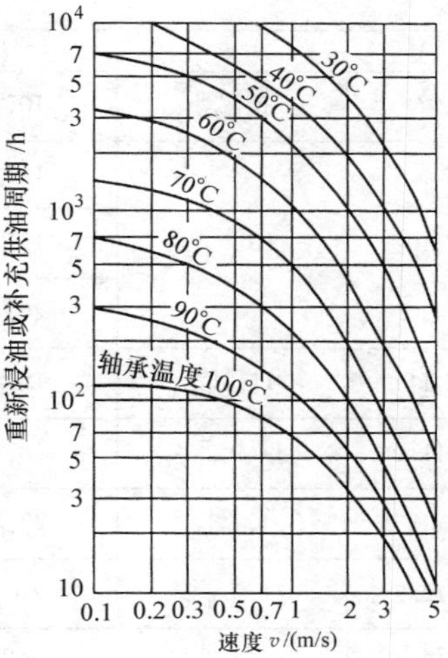

图 20-14　重新浸油时间

20.4.5　使用安装

（1）轴承成品工作表面　一般应尽可能不切削加工，必要时非工作表面可进行切削加工。

（2）轴承压入座孔后　若内径收缩过大，可采用光轴或钢球、无齿铰刀、无齿锥刀等，以无切削加工方法进行扩孔。若内径必须切削加工，宜采用车、镗等方法，而不宜采用磨削等方法，以免细屑堵塞孔隙，降低供油能力。

（3）轴承装配前　轴承须在规定的油中浸泡和清洗，但切忌用煤油，汽油，以及能溶解所浸渍润滑油的其他溶剂等清洗。

20.4.6 其他多孔质轴承

20.4.6.1 青铜石墨多孔质轴承

将青铜粉末与石墨颗粒混合，烧结成多孔质材料，浸渍润滑油，构成青铜石墨多孔质轴承。它具有较高的耐磨性和良好的减摩性。在汽车、拖拉机、洗衣机及小型电动机中均有应用。

青铜石墨多孔质轴承形式，与粉末冶金多孔质轴承的一样，有铁基、铜基和铝基三种。其尺寸和公差见表 20-47。

表 20-47 青铜石墨多孔质轴承（摘自 JB/T 3729—2008）（单位：mm）

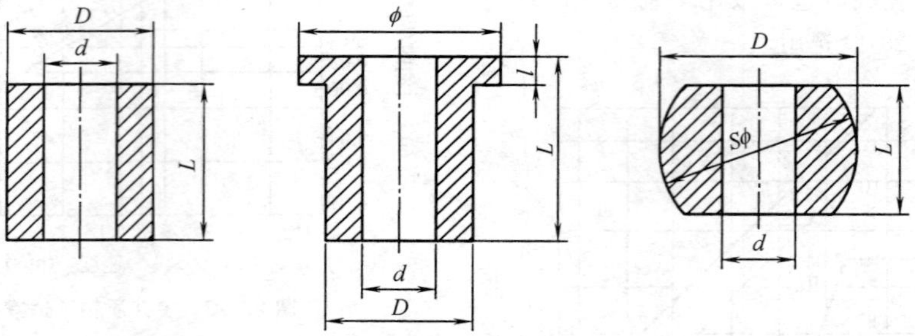

筒形　　带法兰盘的筒形　　球形

型号		d	D	L	ϕ	l	内倒角	外倒角	同轴度公差
筒形	Z-6	$6^{+0.030}_{+0.005}$	$10^{+0.065}_{+0.035}$	10±0.3				1×45°	
	Z-10	$10^{+0.022}_{+0}$	$16^{+0.046}_{+0.028}$	14			0.5×45°	0.5×45°	0.03
			$13^{+0.045}_{+0.010}$	10±0.2				0.3×15°	0.05
			$20^{+0.030}_{+0.025}$	14			0.5×45°	0.5×45°	0.04
	Z-11	$11^{+0.060}_{+0.025}$	$15^{+0.075}_{+0.045}$	$16^{0}_{-0.5}$				0.5×45°	
	Z-11.9	$11.9^{0}_{-0.10}$	$16^{+0.045}_{+0.010}$	13±0.2				0.5×45°	0.10
	Z-12	$12^{+0.04}_{+0.01}$	$22^{+0.095}_{+0.050}$	15±0.2			1×45°	1×45°	0.07
	Z-12.3	$12.3^{0}_{-0.10}$	$16^{+0.07}_{-0.05}$	23.5±0.5				0.5×45°	0.10
	Z-12.4	$12.4^{0}_{-0.01}$	$16^{+0.045}_{+0.010}$	$18.5^{+0.5}_{-1.0}$				0.5×45°	0.10
	Z-12.5	$12.5^{+0.045}_{+0.010}$	$18.5^{+0.5}_{-1.0}$					0.5×45°	0.10
		$12.5^{+0.045}_{-0.010}$	$16^{+0.045}_{+0.010}$					0.4×45°	0.10
	Z-12.7	$12.7^{+0.040}_{+0.010}$	$16^{+0.080}_{+0.045}$	23.5±0.5					0.10
		$12.7^{0}_{-0.010}$	$16^{+0.070}_{-0.050}$	23.5±0.5				0.5×45°	0.10
	Z-14	$14^{+0.035}_{0}$	$18^{+0.045}_{+0.010}$	20±0.4				0.5×45°	
			$17^{+0.115}_{+0.080}$	$16.4^{0}_{-0.24}$				0.5×45°	0.10
	Z-15	$15^{+0.055}_{+0.020}$	$21^{+0.100}_{+0.055}$	20±0.3			0.5×45°	0.5×45°	
	Z-15.9	$15.9^{+0.045}_{0}$	$20^{+0.095}_{+0.050}$	$21^{0}_{-1.0}$				0.5×45°	0.05
	Z-16	$16^{+0.027}_{0}$	$20^{+0.074}_{+0.041}$	15				0.4×45°	0.06
	Z-16.2	$16.2^{+0.050}_{+0.010}$	$19.25^{+0.095}_{+0.050}$	$15^{+0.5}_{-1.0}$				0.4×45°	0.10

（续）

型号		d	D	L	ϕ	l	内倒角	外倒角	同轴度公差
筒形	Z-18.2	$18.2^{+0.065}_{+0.020}$	$24^{+0.100}_{+0.055}$	25±0.4				0.5×45°	
	Z-19	$19^{+0.210}_{+0.160}$	$21.7^{+0.075}_{+0.050}$	$17^{0}_{-1.1}$				0.5×45°	0.15
		$19^{+0.033}_{0}$	$23^{+0.074}_{+0.041}$	20					0.06
	Z-25	$25^{+0.045}_{0}$	$32^{+0.115}_{+0.065}$	$18^{0}_{-1.0}$					0.05
	Z-38	38±0.5	58.5±0.5	$11^{+1.0}_{0}$					
	Z-45	$45^{+0.10}_{+0.04}$	$55^{+0.050}_{-0.013}$	38±0.25			1.5×45°	1.5×45°	
	Z-11	11	$28^{+0.036}_{+0.015}$	3					
法兰盘筒形	Z-10B	$10^{+0.018}_{0}$	$15.2^{+0.046}_{+0.028}$	13	19	2	0.5×45°	0.5×45°	
	Z-101B	$10^{+0.023}_{0}$	$18^{+0.034}_{+0.012}$	40	24	3	0.8×45°（上）	0.8×45°（下）	
	Z-10B	$10^{+0.016}_{-0.010}$	$15^{+0.030}_{0}$	35	20	7.5	0.5×45°（上）	0.5×45°（下）	
球形	Z-8Q	$8^{+0.015}_{0}$	$15.5^{0}_{-0.2}$	11.2±0.08	$15.9^{0}_{-0.11}$				0.06
	Z-10Q	$10^{+0.016}_{0}$	15.5±0.2	11±0.12	$16^{0}_{-0.12}$				0.10
	Z-10Q	$10^{+0.022}_{0}$	$19.6^{+0.075}_{+0.035}$	15	20±0.10				0.08
	Z-12Q	$12^{+0.027}_{0}$	$21.6^{0}_{-0.10}$	$16.5^{+0.20}_{0}$	$22^{0}_{-0.26}$		0.5×45°		0.025

青铜石墨多孔质轴承所含的润滑油的体积分数为 12%～30%，筒形轴套的径向抗压强度为 70MPa。

青铜石墨多孔质轴承径向破坏载荷按下式计算：

$$F = R_{mc} L (D-d)^2 / [2(D+d)]$$

式中 R_{mc}——轴套径向抗压强度。

20.4.6.2 铸铜合金多孔质轴承

铸造青铜时加入微量的 Ti、Zr、Fe 或 Al 等元素，使晶粒细化，从而形成多孔性的铸件，浸渍润滑油后成为铸铜合金多孔质轴承。

铸铜合金多孔质轴承用铸造法生产，故适合小批量生产中、大型多孔质轴承，而且需要切削加工。它的孔隙率低、含油量少，往往需要有间歇供油装置。与铜基粉末冶金多孔质轴承比较，铸铜合金多孔质轴承承载能力高、磨损率低、抗胶合能力相近。铸铜合金多孔质轴承与铜基粉末冶金多孔质轴承性能比较见表 20-48。

表 20-48 铸铜合金多孔质轴承与铜基粉末冶金多孔质轴承性能比较

项目	铸铜合金	铜基粉末冶金
抗拉强度 R_m/MPa	147～216	98
抗压强度 R_{mc}/MPa	540	174～245
伸长率 A(%)	3～8	1
硬度(HBW)	60～80	25～40
$\phi_{油}$(%)	3～6	18～30

20.4.6.3 成长铸铁多孔质轴承

将普通铸铁缓慢加热到下临界温度以上（如 880℃）的温度，保温一段时间（如 20min），使其组织成长（称成长处理），形成多孔性铸件，然后进行调质处理和终加工，再浸渍润滑油，成为成长铸铁多孔质轴承。

成长铸铁多孔质轴承用铸造法生产，故适合小批量生产中、大型多孔质轴承。

成长铸铁多孔质轴承的物理、力学性能见表 20-49，除强度外，基本上与普通铸铁相同。

成长铸铁多孔质轴承的承载能力高，抗胶合性能好，在正常工况下磨损率低。根据推力轴承摩擦实验结果，成长铸铁多孔质轴承的 pv 曲线如图 20-15 所示。

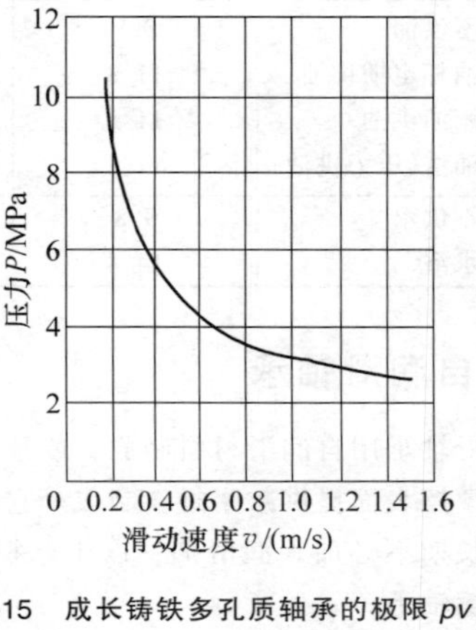

图 20-15 成长铸铁多孔质轴承的极限 pv 曲线

表 20-49　成长铸铁多孔质轴承的物理、力学性能

密度 $\rho/(g/cm^3)$	抗拉强度 R_m/MPa	抗压强度 R_{mc}/MPa	冲击韧度 $a_K/(kJ/m^2)$	硬度 HS	线胀系数 $a/10^{-6}\cdot K^{-1}$	弹性模量 E/GPa	热导率 $\lambda/W(m\cdot K)^{-1}$	$\phi_{油}$ (%)	摩擦因数 μ
6~7	98~295	295~588	29~49	15~40	10~12	60~100	41.9~54.4	3~10	0.03~0.08

20.4.6.4　塑料多孔质轴承

塑料多孔质轴承具有自润滑性，质量轻，成形易，成本较低，吸振性、顺应性、耐蚀性好，但导热性不良，高温时热塑性塑料熔融变形，热固性塑料碳化而胶合。用金属作瓦背，用塑料作衬层，可改善轴承导热性，但含油量下降。塑料多孔质轴承的特性见表 20-50。

酚醛多孔质轴承是在多孔质化的酚醛树脂中浸渍润滑油构成的。在边界摩擦条件下，它显现出优越的性能。酚醛多孔质轴承的摩擦性能见表 20-51。

表 20-50　塑料多孔质轴承的特性

轴承材料		许用载荷 p /MPa	许用速度 v /(m/s)	许用 pv /(MPa·m/s)	摩擦因数 μ	磨损率① /($10^{-3}\mu m/h$)	允许温度 /℃ (连续/断续)
尼龙 66	无油	7.85	0.83	0.13	0.2	0.82~3.27	80/120
	有油	14.71	5.00	1.63	0.08~0.12	0.02~0.25	
含油聚缩醛	无油	19.61	1.67	1.31	0.08~0.12	0.02~0.08	80/100
	有油	19.61	5.00	3.27	0.06~0.12	0.002~0.03	
含油聚对苯二甲酸丁二酯	无油	14.71	1.67	0.98	0.08~0.15	0.05~0.16	120/150
	有油(100℃)	6.86	0.50	0.49	0.1~0.15	0.08~0.41	
含油聚苯硫醚	无油	14.71	1.67	1.63	0.08~0.18	0.03~0.13	200/250
	有油(150℃)	9.81	0.83	0.65	0.10~0.15	0.08~0.49	
含油苯酚树脂	无油	29.42	1.67	0.98	0.08~0.18	0.05~0.25	100/200
	有油	34.32	3.33	2.45	0.08~0.12	0.008~0.05	
	水中	34.32	16.67	16.34	0.003~0.10	0.002~0.03	
填充 25%玻璃纤维的聚四氟乙烯	无油	9.81	1.67	0.82	0.05~0.25	0.08~0.49	200/250
	无油,有聚四氟乙烯膜	34.32	0.25	2.45	0.03~0.08	0.02~0.33	
填充 4%聚四氟乙烯的聚酰亚胺	无油	11.77	5.00	3.27	0.20~0.25	0.005~0.08	200/250
	有油(200℃)	9.81	0.83	0.49	0.05~0.12	0.08~0.49	
填充 20%聚四氟乙烯的聚氨酯	涂脂	24.52	0.50	1.31	0.05~0.20		常温

① 为单位许用 pv 下的磨损率。

表 20-51　酚醛多孔质轴承的摩擦性能

润滑剂	供油条件	极限载荷 p/MPa	极限线速度 v/(m/s)	极限 pv 值/(MPa·m/s)	最高工作温度 θ_{max}/℃
油润滑	不供油	9.8	1.3	0.98	常温
	油杯定期供油	11.8	1.7	1.67	100
	滴油供油	11.8	3.3	2.45	100
	油浴、压力供油	11.8	15.0	6.37	100
水润滑	不供水	9.8	1.3	0.98	常温
	水浴	14.8	15.0	4.91	100

20.5　自润滑轴承

自润滑轴承用自润滑材料制成，或预先向基体材料中或其摩擦表面提供减摩材料制成。它在工作时可以不加或长期不必加入润滑剂，以干摩擦状态运转，也称干摩擦轴承。

20.5.1　轴承材料与性能

自润滑轴承的材料主要有各种工程塑料（聚合物）、碳石墨和特种陶瓷等。自润滑轴承材料的性能见表 20-52~表 20-56。

表 20-52 自润滑轴承用聚合物及其物理、力学性能

轴瓦(衬层)材料			表观密度/(g/cm³)	线胀系数/$10^{-6}K^{-1}$	热导率/[W/(m·K)]	硬度 HBW	抗压强度/MPa	压缩弹性模量/GPa	摩擦因数	最大静载荷/MPa	最高工作温度/℃	说明
增强热固性塑料	含石墨或二硫化钼	石棉织物和酚醛树脂层压材	1.6	80/25[①]	0.38	30~45		7.0	0.10~0.40	35	150~170	强度高、坚硬耐磨,抗振性、耐磨性好;能耐酸和弱碱。但在高温下使用时会产生腐蚀性气体
		棉织物和酚醛树脂层压材	1.3~1.4			30~35	150~250				85	
	有 PTFE 表面层的织物和酚醛树脂层压材										150	
热塑性塑料	聚酰胺(尼龙)	单层轴瓦(轴套)	1.03~1.15	140~170	0.04~0.16	7.8~17.2	73.6~98.1	2.8	0.10~0.43	10	85~120	耐冲击、耐疲劳,耐油和耐磨性较好,摩擦因数低,无噪声。但易吸湿,蠕变大
		多层轴瓦减摩层(金属衬背)		99	0.24				0.17~0.43	10	120	
	均聚甲醛	单层轴瓦(轴套)	1.42~1.54	58	0.23	11.4	82	3.1[②]	0.25~0.35		104	耐疲劳性优异,自润滑性能好。磨损率低于一般工程塑料
		多层轴瓦减摩层(金属衬背)										
	聚对苯二甲酸丁二酯		1.32~1.55	20~90		132~151	95~119		0.30~0.33		150	性能比聚甲醛和聚酰胺稍差,但成本低
	聚苯硫醚		1.34	54	0.29		183		0.34		200	耐冲击性差。可在高温下工作
	聚酰亚胺		1.43	45~52	0.33~0.37	92~102[③]	276		0.29			长期耐热性好。适合于高温工作
	聚醚醚酮	单层轴瓦(轴套)	1.32					1.0[②]				耐热性、耐药品性、耐冲击性、耐疲劳性、耐磨性及成型加工性均好
		多层轴瓦减摩层(金属衬背)							0.1~0.15	140	260	
含填充物的热塑性塑料	二硫化钼填充	聚酰胺	1.6~1.7	80	0.26		86.2~175	2.8	0.2~0.42	14	90~100	加入石墨和二硫化钼,提高了力学性能和耐磨性
	石墨填充										120~158	
	固体润滑剂填充	聚醚醚酮	1.43~1.47	9~15		100~118[③]			0.107		260	自润滑性、耐磨性优,强度高
	纤维填充		1.40~1.44									

（续）

轴瓦(衬层)材料			表观密度/(g/cm³)	线胀系数/$10^{-6}K^{-1}$	热导率/[W/(m·K)]	硬度HBW	抗压强度/MPa	压缩弹性模量/GPa	摩擦因数	最大静载荷/MPa	最高工作温度/℃	说　明
含填充物的热塑性塑料	15%PTFE填充均聚甲醛			14			80.6④				91	
	石墨填充聚苯硫醚						127		0.26			
	石墨填充聚酰亚胺		1.51~1.65	23~63	0.35~2.22	68~94④	124~221		0.03~0.25			
氟塑料	聚四氟乙烯(PTFE)		2.18	103~128	0.26		4.9~5.8	0.4	0.05~0.20	2	250	摩擦因数低，自润滑性能好，适用温度范围宽，能耐化学药品的侵蚀。但成本高、承载能力低，刚性和尺寸稳定性差。用玻璃纤维、石墨等作填充料，则耐磨性可成百倍提高，热导率、抗压强度、压缩弹性模量均有增加
	含填充物的聚四氟乙烯	玻璃纤维填充	2.26	13~14		5.6~6.9	16.0~16.6	0.9~1.0	0.20~0.24			
		锡青铜粉填充	3.92	13		8.1	20.9		0.18~0.20			
		石墨填充		14		5.1~5.3	14.7~15.3		0.16			
		碳纤维填充	2.07	17		5.8	20.3	1.1	0.19	7	250	
		锡青铜粉、玻璃纤维和石墨共同填充		14	0.33							
		玻璃纤维和石墨共同填充	2.22~2.24	12~13		5.2~5.9	16.3~18.1	1.0	0.15~0.17			
		聚苯填充		12		6.4	22.6		0.11			
聚四氟乙烯织物	聚四氟乙烯-棉织物衬层			12	0.24			4.8	0.05~0.25	700	120	
	聚四氟乙烯-玻璃丝织物衬层										250	

① 分子为垂直瓦面方向之值，分母为沿瓦面方向之值。
② 拉伸弹性模量。
③ 洛氏硬度 HRM。
④ 压缩屈服强度。

表 20-53 增强聚四氟乙烯的摩擦性能

性能			充填材料(质量分数,%)					
			玻璃纤维	玻璃纤维	石墨	青铜	玻璃纤维、石墨	玻璃纤维、MoS_2
			15	25	15	60	20,5	15,5
极限 pv /(MPa·m/s)	v /(m/s)	0.05		0.34		0.52	0.38	0.38
		0.5	0.42	0.45	0.59	0.64	0.52	0.48
		5.0	0.52	0.55	0.96	1.02	0.76	0.60
	寿命/10^3h①		0.11	0.18	0.05	0.28	0.12	0.19
磨损系数 K_m/(10^{-6}m²/N)			3.11	1.93	6.59	1.17	2.89	1.74
静摩擦因数 μ_s②			0.10~0.13				0.08~0.10	
动摩擦因数 μ_d		0.05	0.20~0.22	0.17~0.21	0.12~0.16	0.08~0.10	0.12~0.15	0.12~0.13
		0.5	0.27~0.40	0.26~0.29	0.20~0.26		0.24~0.50	0.32~0.35
		5.0	0.37~0.50	0.30~0.45	0.30~0.31		0.24~0.37	0.19~0.24

① 磨损量为 0.13mm 时的寿命。

② 试验载荷 226N。

表 20-54 自润滑轴承用碳石墨及其物理、力学性能

轴瓦材料	表观密度 /(g/cm³)	线胀系数 /10^{-6}K^{-1}	热导率 /[W/(m·K)]	硬度 HS	抗压强度 /MPa	压缩弹性模量 /GPa	摩擦因数	最大静载荷 /MPa	最高工作温度 /℃	说明
碳石墨	1.50~1.56	1.4	11	40~65	45~80	9.6	0.15~0.35	2	350~450	自润滑性、高温稳定性好,耐化学腐蚀能力强;热导率比塑料高、线胀系数小;在大气和室温条件下,与镀铬表面摩擦因数和磨损率都很低。涂覆耐磨涂层能提高其耐磨性,但是在湿度很低时,会丧失润滑性
电化石墨	1.55~1.80	2~5.1	55	30~55	40~100	4~8	0.15~0.32	1.4	500	
铜粉混合碳石墨		4.9	23			15.8		4	350	
铜粉、铅粉混合碳石墨										
轴承合金粉混合碳石墨	2.36~2.40	5.5	15	55~60	150~200	7	0.15~0.32	3	200	
浸渍热固性树脂碳石墨	1.6~1.8	2.7	40	50~70	100~160	11.7	0.13~0.49	2	300	
浸渍金属和二硫化钼碳石墨		12~20	126			28	0.10~0.15	70	350~500	

表 20-55　自润滑轴承用陶瓷及其性能

陶瓷材料	SiC	Si_3N_4	Al_2O_3
密度/(g/cm^3)	3.1	3.2	3.83～3.93
抗弯强度/MPa	785	785	295～440
弹性模量/GPa	390	295	375
硬度 HV	2600	1400	90～95HRA
热导率/[W·(m·K)]	79.5	16.7	19.3
线胀系数/$10^{-6}K^{-1}$	3.9	3.0	7.9～8.26
最高工作温度/℃	1400～1500	1100～1400	1700～1750

表 20-56　各种自润滑轴承材料的环境适应性

<table>
<tr><th rowspan="2">轴承材料</th><th colspan="8">环境特征</th></tr>
<tr><th>高温</th><th>低温</th><th>辐射</th><th>真空</th><th>湿气</th><th>油</th><th>磨粒</th><th>酸碱</th></tr>
<tr><td>增强热固性塑料</td><td rowspan="3">见表 20-52</td><td>好</td><td>部分尚好</td><td rowspan="3">大多数可用，但不能用石墨作填充剂</td><td rowspan="3">通常是差的，要特别注意配合间隙</td><td rowspan="3">通常是好的</td><td rowspan="3">有的差，有的尚好</td><td>部分好</td></tr>
<tr><td>含填充物的热塑性塑料</td><td>通常是好的</td><td>通常是差的</td><td>尚好或好</td></tr>
<tr><td>含填充物的氟塑料</td><td>很好</td><td>很差</td><td>极好</td></tr>
<tr><td>碳石墨</td><td>见表 20-54</td><td>很好</td><td>好，但不能填充塑料</td><td>极差</td><td>尚好</td><td>好</td><td>不好</td><td>好（强酸除外）</td></tr>
<tr><td>陶瓷</td><td>见表 20-55</td><td>好</td><td></td><td>好</td><td></td><td></td><td>好</td><td>很好</td></tr>
</table>

（1）工程塑料　即作为机械工程材料使用的聚合物。聚合物具有质轻、绝缘、减摩、耐磨、自润滑、耐腐蚀、成型工艺简单、生产效率高等特点。但导热性能差、线胀系数大、摩擦因数随湿度增加而增大，且机械强度低、弹性模量小。

自润滑轴承常使用加入填充料的聚合物，又称增强聚合物。

（2）石墨材料　碳-石墨材料一般导电性好、耐热、耐磨、有自润滑性，高温稳定性好、耐化学腐蚀能力强、热导率比聚合物高、线胀系数小。在大气和室温条件下，与镀铬表面的摩擦因数和磨损率都很低。但在湿度很低时会丧失润滑性。涂覆耐磨涂层能提高碳-石墨的耐磨性。石墨材料大多用于高温轴承、忌油污染场所的轴承。

（3）陶瓷　这是一种较新的自润滑轴承材料，特别是 SiC 和 Si_3N_4，其强度、耐热性和耐蚀性都很好，摩擦学特性也很好。

20.5.2　设计参数

（1）宽径比 B/d 与大小径比 D_2/D_1　径向轴承宽径比在 0.35～1.5，推力轴承通常取外径与内径比 $D_2/D_1 \leqslant 2$。取大值，轴承承载能力大，但径向轴承中轴的变形和两轴承孔的同轴度的敏感性亦高。取小值，便于排出磨屑，利于散热。因此，若有可能宜选较小值。

（2）轴承间隙　它对轴承工作性能影响很大。间隙过大，磨损加剧，运转精度低；间隙过小，轴承过热，温升过高。工程塑料轴承的尺寸稳定性较差，会吸收液体而膨胀，浸入水中尺寸变化可达 0.3%～2.0%，而且聚四氟乙烯在 20～25℃时，因相变体积将增大 1%。同时塑料线胀系数比金属的大（聚四氟乙烯除外），还要顾及排出磨屑。因此，工程塑料轴承要留有足够大的配合间隙。碳-石墨轴承线胀系数较小。浸渍金属的石墨线胀系数与金属接近，故轴承间隙可比塑料轴瓦取得小。为了排屑方便，自润滑轴承的直径间隙最好不小于 0.075mm。通常轴承间隙由经验确定，表 20-57～表 20-59 供参考。

（3）轴瓦壁厚　工程塑料热导率比金属低很多，而且尺寸变化对运转性能的影响，随轴瓦体积的增加而明显。故在保证强度和注塑许可下，计及轴套张紧力与压配合后内孔的变形，壁厚应尽可能小。工程塑料整体轴套壁厚推荐值见表 20-60。又鉴于工程塑料强度也比金属低，常用金属作轴瓦衬背，然后压入较薄的塑料衬套。若在金属衬背上涂附一层塑料减摩层，则该层厚度可很薄，但要大于 0.2～0.3mm，否则对轴的刚度和轴承孔的同轴度要求将很高。

碳-石墨轴瓦壁厚由于强度原因比金属大些，其推荐值见表 20-59。尼龙轴套见表 20-61 和表 20-62。

表 20-57　几种塑料轴承的配合间隙

（单位：mm）

轴　径	尼龙 6 和 66	聚四氟乙烯	酚醛布层压塑料
6	0.050～0.075	0.050～0.100	0.030～0.075
12	0.075～0.100	0.100～0.200	0.040～0.085
20	0.100～0.125	0.150～0.300	0.060～0.120
25	0.125～0.150	0.200～0.375	0.080～0.150
38	0.150～0.200	0.250～0.450	0.100～0.180
50	0.200～0.250	0.300～0.525	0.130～0.240

表 20-58　聚甲醛轴承的配合间隙

（单位：mm）

轴　径	室温～60℃	室温～120℃	-45～120℃
6	0.076	0.100	0.150
13	0.100	0.200	0.250
19	0.150	0.310	0.380
25	0.200	0.380	0.510
31	0.250	0.460	0.640
38	0.310	0.530	0.710

表 20-59　碳-石墨轴承间隙和壁厚的推荐值　（单位：mm）

直径 D	～10	10～20	20～35	35～70	70～100	100～150	150～200
直径间隙 $2c$	0.01～0.03	0.02～0.06	0.06～0.10	0.08～0.15	0.12～0.16	0.2～0.4	0.4～0.6
壁厚 s	2	3～4	4～5	6～8	10～12	12～18	18～25

表 20-60　塑料轴瓦壁厚推荐值　（单位：mm）

轴瓦直径 D	10～18	18～30	30～40	40～50	50～65	65～80
壁厚 s	0.8～1.0	1.0～1.5	1.5～2.0	2.5～3.0	3.0～3.5	3.5～4.0

表 20-61　尼龙轴套的结构尺寸及公差　（单位：mm）

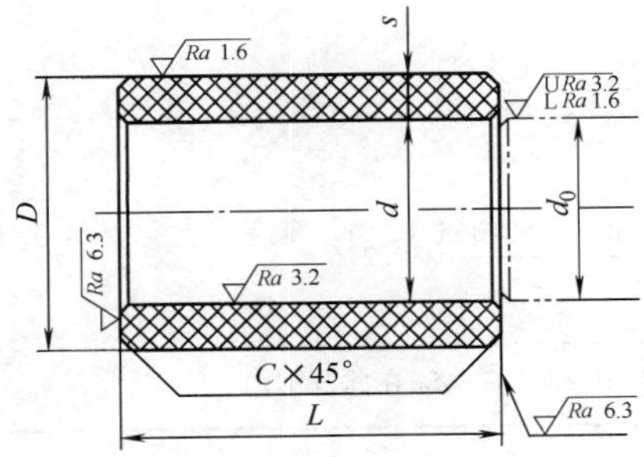

硬度 15～18HBW

D—轴承座内径

h—由于外径的过盈配合使内径缩小的量

d_0—轴径，公差为 f9，d11，或 h8，h9，h11（基轴制）

<table>
<tr><td colspan="2">项　目</td><td colspan="60">尺寸及极限偏差</td></tr>
<tr><td rowspan="3">轴套</td><td>d</td><td colspan="20"><30</td><td colspan="20">30～50</td><td colspan="20">>50</td></tr>
<tr><td>s</td><td colspan="20">1.5～2</td><td colspan="20">2.5～3</td><td colspan="20">3.5～4</td></tr>
<tr><td>C</td><td colspan="20">0.3</td><td colspan="20">0.4</td><td colspan="20">0.5</td></tr>
<tr><td rowspan="2">轴套座</td><td>d</td><td colspan="12">≤6</td><td colspan="12">>6～12</td><td colspan="12">>12～22</td><td colspan="12">>22～40</td><td colspan="12">>40</td></tr>
<tr><td>C</td><td colspan="12">0.3</td><td colspan="12">0.4</td><td colspan="12">0.5</td><td colspan="12">0.8</td><td colspan="12">1</td></tr>
<tr><td rowspan="2">轴套长度
$L>1.5d$</td><td>L</td><td colspan="15">≤6</td><td colspan="15">>6～10</td><td colspan="15">>10～18</td><td colspan="15">>18</td></tr>
<tr><td>极限偏差</td><td colspan="15">+0
-0.15</td><td colspan="15">+0
-0.25</td><td colspan="15">+0
-0.40</td><td colspan="15">+0
-0.50</td></tr>
<tr><td>D 对轴承座孔的过盈量</td><td colspan="61">$h\approx0.008D_0+(0.05\sim0.08)$
说明：尼龙 6 采用下限值 0.05mm，尼龙 1010 采用上限值 0.08mm</td></tr>
</table>

（续）

项　　目		尺寸及极限偏差					
轴套在压配合前的内径 d'		$d' \approx d+h' = d+h+h\dfrac{s}{d}$					
保证轴颈在轴套内孔中正常运转时的间隙(平均值)		$\delta \approx (0.005 \sim 0.01)d$					
轴套直径	d、D	≤6	>6~12	>12~18	>18~30	>30~50	>50~80
	极限偏差	+0.045 0	+0.050 0	+0.055 0	+0.065 0	+0.070 0	+0.080 0

表 20-62　尼龙轴套设计举例

（轴套内径 $d=28$mm，壁厚 $s=3$mm，轴颈公差 d11，材料为尼龙 1010）　　（单位：mm）

项　　目	计 算 结 果
轴承座公称内径	$D_0=d+2s=28+2\times3=34$
轴承座内径制造尺寸	D 采用 H8 配合，$D=34^{+0.039}_{+0}$
过盈量	$h=0.008\times34+0.08\approx0.35$
轴套外径	$D'=D_0+h=34+0.35=34.35$（制造允差：0.07）
实际过盈量 h	$h_{max}=0.35+0.07=0.42$，$h_{min}=0.35-0.039=0.311$
实际缩小量 h'	$h'_{max}=h_{max}+h_{max}\dfrac{s}{d}=0.42+\dfrac{0.42\times3}{28}\approx0.47$　$h'_{min}=h_{min}+h_{min}\dfrac{s}{d}=0.311+\dfrac{0.311\times3}{28}\approx0.344$
轴套的内径	$d'=28+0.47=28.47$（制造允差：0.065）
轴套压配合后内径	$d_{max}=d'_{max}-h'_{min}=28.47+0.065-0.344=28.191$ $d_{min}=d'_{min}-h'_{max}=28.47-0-0.47=28$
轴套与轴颈实际配合间隙	轴颈公差采用 d11 时，轴颈直径 $=28^{-0.065}_{-0.195}$ $\delta_{max}=0.191+0.195=0.386$ $\delta_{min}=0+0.065=0.065$ $\delta_P=\dfrac{0.386+0.065}{2}=0.226$
核算配合间隙	$\delta=(0.005\sim0.010)d=(0.005\sim0.010)\times28=0.14\sim0.28$　δ_P 在此范围内

（4）表面粗糙度　为了使自润滑轴承在运转中磨损主要发生在轴瓦上，通常轴颈表面硬度都高于轴瓦（陶瓷轴瓦除外）。兼顾轴承寿命和经济性，建议取轴颈表面粗糙度 $Ra=0.2\sim0.4\mu m$。

20.5.3　承载能力

自润滑轴承的使用寿命取决于轴瓦的磨损率。为了减小磨损率，轴颈材料用不锈钢或镀硬铬碳钢。轴颈表面硬度应大于轴瓦表面硬度，表面粗糙度越低越好。

在稳定的非磨粒磨损状态下，采用表 20-10 给出若干材料的自润滑轴承 pv 等值，确定承载能力过于简化。目前磨损率尚不能准确预测，但可以通过实验，求得一定条件下在给定磨损率不超过给定值的极限 pv 曲线。图 20-16～图 20-19 所示为若干材料的无润滑轴承 pv 曲线。它是在室温、表面粗糙度 $Ra0.2\sim0.4\mu m$，承受单向载荷时，给定磨损率为 0.25μm/h，承受旋转载荷时给定磨损率为 0.125μm/h 时得出的。设计时轴承 pv 值应在曲线左下方。对于推力轴承，要将纵坐标值增大一倍。若允许的磨损率比给定的高，则允许更高的载荷或/和速度，反之亦然。当轴承工况正处于 pv 曲线中部直线部分，则可近似认为磨损率与 pv 值成正比，由此可推算其他磨损率下允许的 pv 值。在较高的环境温度下工作，应适当降低允许的载荷和速度。pv 曲线与纵坐标交点，反映轴承静承载能力，它是受材料塑性流动或蠕变限制。pv 曲线与横坐标交点，表明轴承温度可能超出允许值。

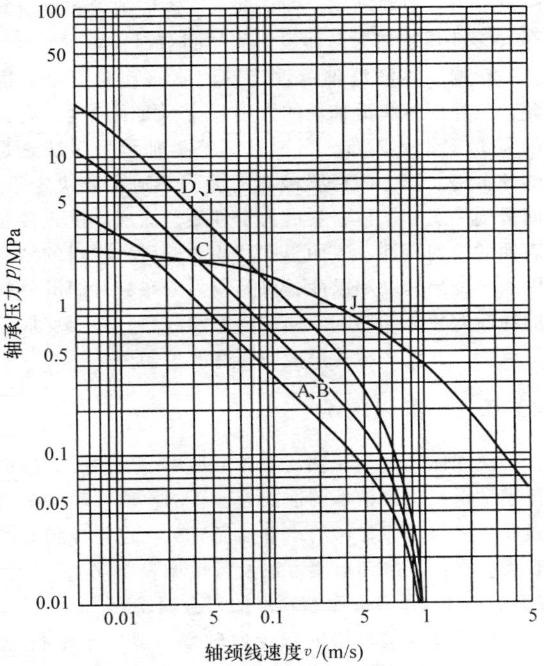

图 20-16　热塑性和热固性塑料轴承 pv 曲线

A—无填料热塑性塑料　B—金属瓦无填料的热塑性塑料　C—有填料热塑性塑料　D—金属瓦有填料热塑性塑料　I—增强热固性塑料　J—碳石墨填料热固性塑料

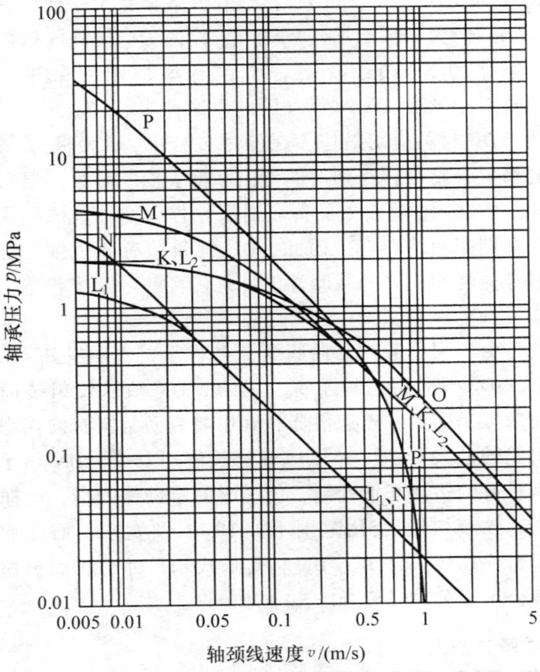

图 20-17　碳石墨轴承的 pv 曲线

L_1—炭-石墨（高炭）　L_2—炭-石墨（低炭）　M—加有铜粉和铅粉的石墨　N—加有锡基或铅基轴承合金粉的石墨　O—浸渍热固性塑料的石墨　K—电极石墨　P—浸渍铁或青铜的石墨

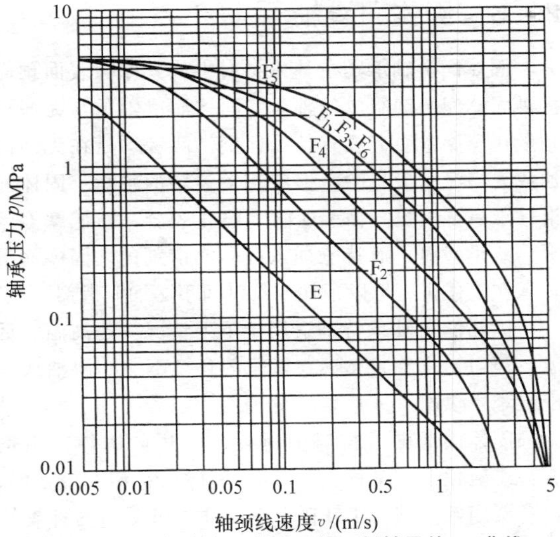

图 20-18　经切削加工的聚四氟乙烯轴承的 pv 曲线

F_1—玻璃纤维填料的聚四氟乙烯　F_2—云母填料的聚四氟乙烯　F_3—青铜石墨填料的聚四氟乙烯　F_4—石墨填料的聚四氟乙烯　F_5—青铜和铅填料的聚四氟乙烯　F_6—陶瓷填料的聚四氟乙烯　E—无填料聚四氟乙烯

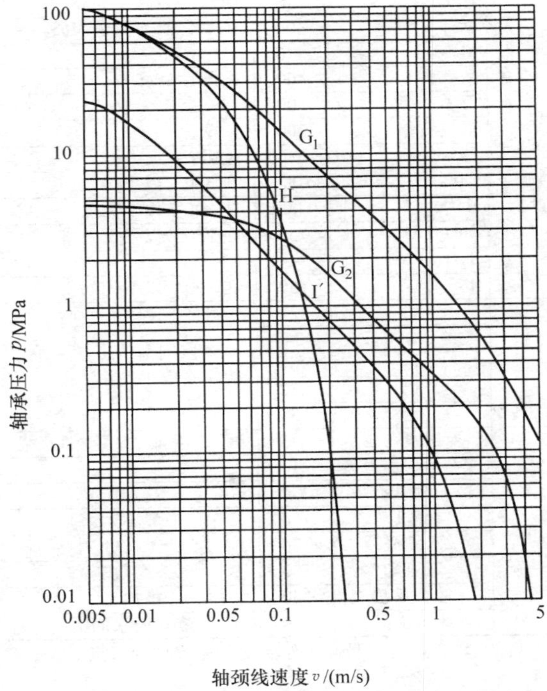

图 20-19　不经切削加工的聚四氟乙烯轴承的 pv 曲线

I′—织物增强热固性塑料瓦聚四氟乙烯衬　H—织物增强聚四氟乙烯　G_1—金属瓦有填料聚四氟乙烯衬　G_2—金属瓦有填料聚四氟乙烯套

20.6　固体润滑轴承

固体润滑轴承是在基体材料中或其摩擦表面预先提供固体润滑剂制成的轴承。固体润滑轴承与无润滑轴承在摩擦本质上没有什么区别，两者均是在无润滑油或无润滑脂参与的摩擦状态下运转的轴承。固体润滑轴承只是为提高轴承性能（防止胶合、降低摩擦因数、减小磨损）而特意加入固体润滑剂的。固体润滑轴承在工作时，可以不加或长时间不必加润滑剂。

固体润滑轴承特别适用于下列情况：超高温、低温、辐射、真空、腐蚀、氧化等环境下；润滑油或润滑脂难以供给，或严格避免油污等场合。

固体润滑轴承材料中所置入常用的固体润滑剂有：二硫化钼（MoS_2）、石墨、氧化铅（PbO）、铅、银、聚四氟乙烯（PTFE）等。固体润滑剂的种类见表20-63。按加入固体润滑剂的方式不同，固体润滑轴承分为：覆膜轴承、烧结轴承、镶嵌轴承和浸渍复合（多孔质材料为基体浸渍固体润滑剂）轴承。

表 20-63　固体润滑剂的种类

种类		名　称	最高工作温度 θ_{max}/℃	特　点
无机物	层状固体	MoS_2	350	1150℃时在真空中分解
		$MoSe_2$	—	
		WSe_2	370	耐热能力高于 MoS_2
		WS_2	400	抗氧化能力高于 MoS_2
		$NbSe_2$	370	导电
		酞菁染料	400	黏附性良好
		石墨	500	在真空中无效
		氟化石墨	300	低摩擦
		TaS_2	550	电阻低
		CaF_2	1000	在350℃以下无效
	其他	MoO_3	1000	在300℃以下无效
		PbO/SiO_2	750	在250℃以下无效
		B_2O_3/PbS	—	
		BN	750	在300℃以下无效
软金属		铅	327	摩擦因数为0.3左右，能在真空中使用
		金	1048	
		银	961	
		锡	232	
		铟	155	
聚合物		聚四氟乙烯	275	摩擦因数低，抗腐蚀性极强
		聚全氟代乙丙烯	210	
		聚三氧氯乙烯	250	易加工
		聚酰胺	150	一般不耐磨
		乙缩醛	130	
		聚氨酯	100	摩擦因数较高
		聚酰亚胺	250	难加工
		聚苯硫醚	350	最好用水润滑

注：软金属的“最高工作温度”是它们的熔点。

影响固体润滑轴承性能的因素多而且复杂，因此，预计固体润滑轴承的许用载荷、极限速度、允许的 pv 值等十分困难。目前计算这类轴承大多缺乏足够的资料。固体润滑膜破坏的极限载荷主要决定于：润滑剂涂层和基体材料的力学性质、涂层厚度、接触表面的几何特性、表面温度和相对速度。材料的结构因素、变形速度和温度，以及应力分布，对润滑材料的性质有较大的影响。同样的润滑材料，由于变形条件改变，其破坏特性可能由脆性变为塑性。

20.6.1　覆膜轴承

使固体润滑剂在轴瓦基体上形成一层薄膜，构成覆膜轴承。覆膜轴承的性能与薄膜的厚度、膜的抗剪强度、膜与基体材料的结合强度有关，也与成膜方法有关。固体润滑剂成膜方法及特性见表20-64。

20.6.1.1　覆有减摩塑料层的双金属轴套

覆有减摩塑料层的双金属轴套，适用于塑料-烧结铜合金-钢三层复合板材（或带材）制造的自润滑卷制轴套。

通常其减摩塑料层是由DU和DX两种减摩材料制成的卷制轴套。它是在钢背上烧结一层疏松的铅青铜（厚度0.2~0.3mm），然后在其表面涂上一层含有添加剂的聚四氟乙烯（PTFE），称为DU材料（国内厂家称为SF-1）；涂上一层含有添加剂的聚甲醛（POM），称为DX材料（国内厂家称为SF-2）。

DU材料应用最广，在使用过程中，聚四氟乙烯与铅混合物被转移到对偶件的摩擦表面，形成一层薄膜。它和DU材料上的薄表面层一样，在轴承的使用寿命期间始终存在。因此，DU材料兼有高强度、良好导热性和优异的减摩性能，是优良的干摩擦状态工作的轴承材料。

由于聚甲醛在无油脂润滑条件下的磨损速率高，DX轴承不适用这种工况。通常，DX轴承仅组装时在摩擦表面涂一点润滑脂，聚甲醛表面常制有储存润滑脂的油穴（凹坑）以成倍延长使用寿命。DX轴承有良好的边界润滑性能，低速时的承载能力高，磨损小。DX材料的使用范围不如DU材料宽广，而使用寿命往往较长，DU、DX轴套形式和尺寸、表面粗糙度、尺寸公差见表20-65~表20-67。

表 20-64　固体润滑剂成膜方法及特性

成膜方法 名称	成膜方法 说明	膜厚 $\delta/\mu m$	特　性
擦涂法	将固体润滑剂粉末与挥发性溶剂混合后擦涂于摩擦表面，或用其成形物在摩擦表面上涂擦，形成光滑薄膜	0.1~10	润滑膜寿命与基体材料硬度无明显关系，而与湿度、温度、膜厚和基体表面粗糙度有关。难以批量生产

（续）

成膜方法 名称	成膜方法 说明	膜厚 δ/μm	特　性
粘接法	将固体润滑剂粉末与胶粘剂混合后，喷涂于摩擦表面，固化后形成粘结覆盖层。较好的粘接剂是聚酰亚胺、磷酸钠和硅酸钠	5~25	润滑膜寿命与基体材料硬度、湿度无明显关系，而与温度、膜厚和基体表面粘接前的清洁程度有关。特别要注意固化条件和粘接剂与润滑剂的比例。摩擦因数和磨损率与时间有关
分散法	将固体润滑剂粉末分散于硬化性或挥发性液体中，如水、酒精、甲苯、矿物油等，将摩擦表面浸渍在该液体中，液体硬化或挥发后，形成润滑薄膜		
沉积法	利用金属卤化物受热分解，金属原子沉积在基体表面上，或将固体润滑剂加热熔化，使之汽化，然后凝聚在基体表面，形成沉积润滑薄膜	<0.5	可以准确控制覆盖层厚度和成分，可以形成复合覆盖层。适合于在精加工表面成膜，覆膜强度一般优于擦涂法

表 20-65　DU、DX 轴套形式和尺寸

（单位：mm）

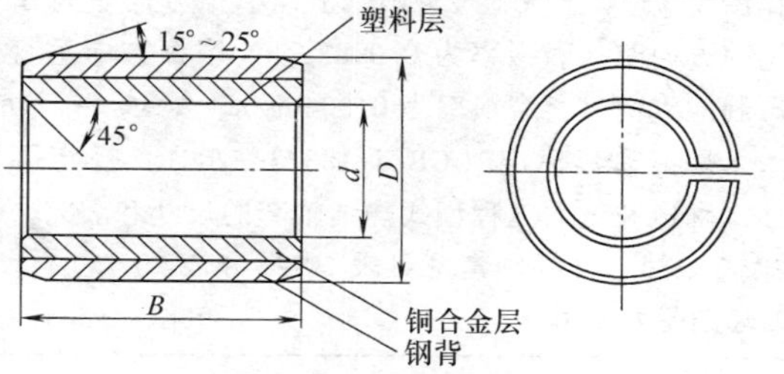

壁厚 e_T	1	1.5	2.0	2.5	长　度　B
外径 D	内　径　d				
6	4				4、6、8
7	5				4、5、6、8
8	6				6、8、10
9	7				10、12
10	8				6、8、10、12
12	10				6、8、10、12、15
14	12				6、8、10、12、15、20
16	14				10、12、15、20
17	15				10、12、15、20、25
18	16				10、12、15、20、25
20	18				10、12、15、20、25
23		20			10、12、15、20、25、30
25		22			10、12、15、20、25
27		24			15、20、25、30
28		25			10、12、15、20、25、30
32			28		20、30
34			30		12、15、20、25、30、40
36			32		20、30
39			35		12、20、25、30、40、50
42			38		30、40
44			40		12、20、25、30、40、50
50				45	20、25、30、40、50
55				50	20、30、40、60
60				55	30、40、60
65				60	30、40、60
70				65	30、40、60
75				70	40、60、80
80				75	30、40、60、80
85				80	40、60、80
90				85	40、60、80
95				90	40、60、90
105				100	50、95

注：轴套的倒角尺寸 c、c_1 参见 GB/T 12613—2011。

表 20-66　DU、DX 轴套表面粗糙度 Ra

外圆表面 Ra/μm	其他加工部位 Ra/μm
3.2	25

表 20-67　DU、DX 轴套尺寸公差

（单位：mm）

内径	外径	长度	形位公差	壁厚 e_T	
				$e_T \leqslant 2.5$	$e_T > 2.5$
H7	IT7	h13	按 GB/T 12613—2011	±0.05	协商

注：轴承座孔直径公差为 H7。

20.6.1.2　DU 轴套承载能力验算

不同速度、不同温度下 DU 轴套的［p］和［pv］值见表 20-68 和表 20-69。可选标准轴承，并进行验算即可。

表 20-68　不同速度下 DU 轴套的［p］和［pv］

速度 v/(m/s)	无油润滑 ［p］/MPa	无油润滑 ［pv］/(MPa·m/s)	油润滑 ［p］/MPa	油润滑 ［pv］/(MPa·m/s)
<0.01	50	0.5		
0.01			120	1.2
0.1	6	0.6	30	3.0
0.5	1.5	0.75	10	5.0
1.0	1.2	1.2	7	7.0
5.0	0.4	2.0	5	25
10.0	0.2	2.0	3	30

表 20-69　不同温度下 DU 轴套的［pv］

速度 v/(m/s)	温度/℃ 20	100	200
	［pv］/(MPa·m/s)		
<0.01	0.5	0.3	0.16
0.1	0.6	0.35	0.12
1.0	1.2	0.72	0.24
5.0	2.0	1.0	0.4
10.0	2.0	1.2	0.4
20.0	1.0	0.9	0.2

轴承工作间隙控制在 0.03～0.10mm。如果在高温下工作，则要考虑高温余量，见表 20-70。

表 20-70　装配计算中的高温余量

轴承材料	温升每 100℃ 座孔直径减小量	温升每 100℃ 轴颈直径减小量
铝合金	0.1%	0.1%+0.0075mm
铜基合金	0.05%	0.05%+0.0075mm
钢和铸铁	0	0.0075mm
锌基合金	0.15%	0.15%+0.0075mm

正常情况下，轴套在装配前可进行整形加工，以确保轴套壁厚公差。但轴套滑动表面不再机加工，否则影响轴套性能。下面两种特别情况轴套滑动表面再经机加工：一是宁肯牺牲轴承部分性能，也要确保轴承间隙；二是要求正常工作时可形成流体动压润滑，而轴承自润滑性仅在停车和起动时起作用。

由多种材料制作的轴对 DU 轴承都是适用的。采用不锈钢和镀硬铬的轴时，DU 轴承的使用寿命可提高近一倍，但轴颈表面粗糙度要在 $Ra=0.40\sim0.63\mu m$ 范围内。

20.6.2　烧结轴承

将固体润滑剂粉末与轴瓦基体材料的粉末混合、成形、加热，制成烧结轴承，从而在摩擦过程中连续向摩擦表面提供固体润滑膜。

轴瓦基体材料通常用金属，润滑剂用层状固体润滑剂。需要注意的是基体材料与润滑剂应有足够的相互浸润性，以保证轴瓦有足够的强度。可以加入增大浸润性的添加剂。实践表明，Cu-Ag-MoS_2 和 Fe-Pb-MoS_2 烧结轴承具有良好的性能。

烧结轴承的强度与润滑剂含量成反比，综合考虑轴瓦强度和摩擦性能。工业生产中大多限制润滑剂含量的体积分数在 10%以下。

烧结材料的另一特性是各向异性。铜基烧结材料在温度 250℃、载荷 0.4MPa 下，摩擦方向平行于压制的方向时，磨损率为 0.0082g/h，摩擦方向垂直于压制的方向时，磨损率为 0.0046g/h。

烧结轴套标准（GB/T 18323—2001）规定了圆柱、翻边和球面三种型式烧结轴套的尺寸和公差。

20.6.2.1　圆柱轴套（见表 20-71 和表 20-72）

表 20-71　烧结圆柱轴套的基本尺寸　　（单位：mm）

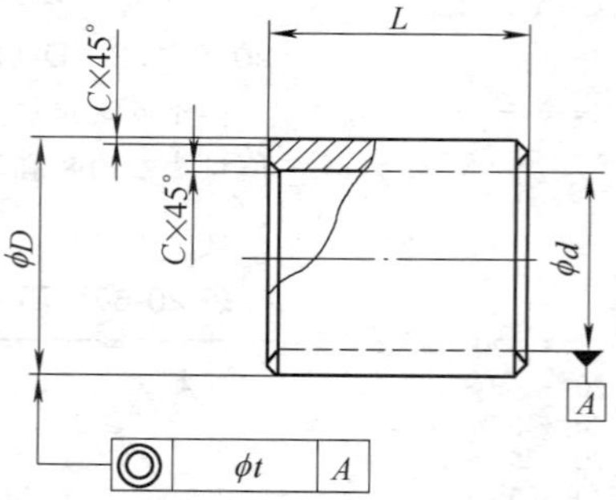

内径 d	外径 D 常用系列	外径 D 薄壁系列	长度① L	内径 d	外径 D 常用系列	外径 D 薄壁系列	长度① L
1	3	—	1.2	20	26	25	15-20-25-30
1.5	4	—	1.2	22	28	27	15-20-25-30
2	5	—	2.3	25	32	30	20-25-30-35
2.5	6	—	3.3	28	36	33(34)	20-25-30-40
3	6	5	3.4	30	38	35(36)	20-25-30-40
4	8	7	3-4-6	32	40	38	20-25-30-40
5	9	8	4-5-8	35	45	41	25-35-40-50
6	10	9	4-6-10	38	48	44	25-35-45-55
7	11	10	5-8-10	40	50	46	30-40-50-60
8	12	11	6-8-12	42	52	48	30-40-50-60
9	14	12	6-10-14	45	55	51	35-45-55-65
10	16	14	8-10-16	48	58	55	35-50-70
12	18	16	8-12-20	50	60	58	35-50-70
14	20	18	10-14-20	55	65	63	40-55-70
15	21	19	10-15-25	60	72	68	50-60-70
16	22	20	12-16-25				
18	24	22	12-18-30				

注：括号内的尺寸应用作“第二系列”。
① 从内径为 20mm（含 20mm）开始，长度的最后一个值不能用于薄壁系列。

表 20-72 烧结圆柱轴套的公差

部位		内径 d	外径 D	长度 L	同轴度	轴承座孔
D /mm	≤50	F7,G7	r6,s7	js13	IT9	H7
	>50	F8,G8	r7,s8		IT10	H8

20.6.2.2 **翻边轴套**（见表 20-73 和表 20-74）

表 20-73 烧结翻边轴套的基本尺寸 （单位：mm）

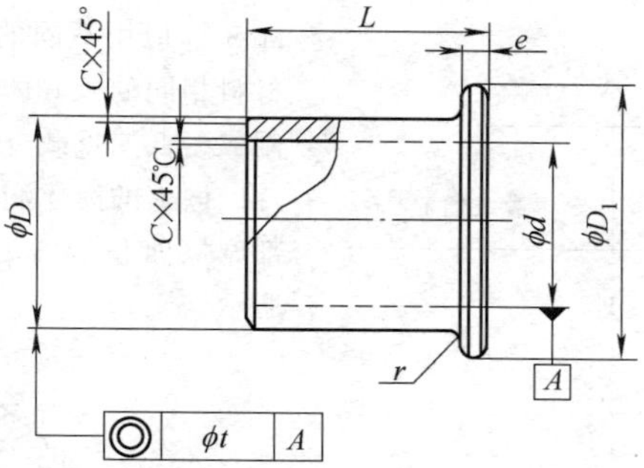

内径 d	外径 D	翻边直径 D_1	翻边厚度 e	长度 L
常用系列				
1	3	5	1	2
1.5	4	6	1	2
2	5	8	1.5	3
2.5	6	9	1.5	3
3	6	9	1.5	4
4	8	12	2	3-4-6
5	9	13	2	4-5-8
6	10	14	2	4-6-10
7	11	15	2	5-8-10
8	12	16	2	6-8-12
9	14	19	2.5	6-10-14
10	16	22	3	8-10-16
12	18	24	3	8-12-20
14	20	26	3	10-14-20
15	21	27	3	10-15-25
16	22	28	3	12-16-25
18	24	30	3	12-18-30
20	26	32	3	15-20-25-30
22	28	34	3	15-20-25-30
25	32	39	3.5	20-25-30
28	36	44	4	20-25-30
30	38	46	4	20-25-30
32	40	48	4	20-25-30
35	45	55	5	25-35-40
38	48	58	5	25-35-45
40	50	60	5	30-40-50
42	52	62	5	30-40-50
45	55	65	5	35-45-55
48	58	68	5	35-50
50	60	70	5	35-50
55	65	75	5	40-55
60	72	84	6	50-60
薄壁系列				
10	14	18	2	8-10-16
12	16	20	2	8-12-20
14	18	22	2	10-14-20
15	19	23	2	10-15-25
16	20	24	2	12-16-25
18	22	26	2	12-18-30
20	25	30	2.5	15-20-25
22	27	32	25	15-20-25
25	30	35	25	20-25-30

表 20-74 烧结翻边轴套的公差

部位		内径 d	外径 D	长度 L	翻边直径 D_1	翻边厚度 e	同轴度	轴承座孔
D/mm	≤50	F7,G7	r6,s7	js13	js13	js13	IT9	H7
	>50	F8,G8	r7,s8				IT10	H8

20.6.2.3　球面轴套（见表 20-75 和表 20-76）

表 20-75　烧结球面轴套的基本尺寸

（单位：mm）

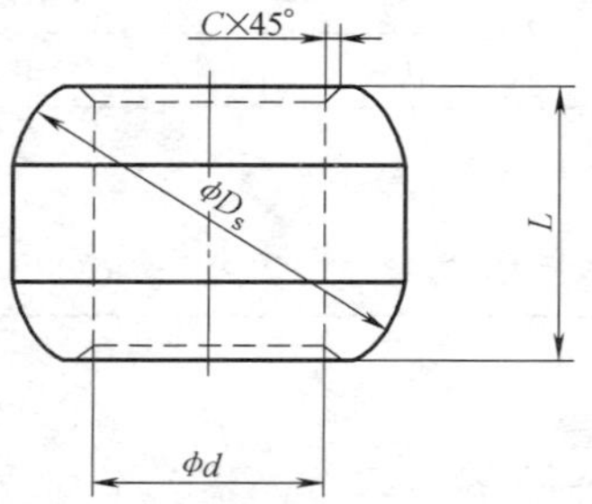

内径 d	球面直径 D_s	长度 L	倒角 C（最大值）
1	3	2	0.3
1.5	4.5	3	
2	5	3	
2.5	6	4	
3	8	6	
4	10	8	
5	12	9	0.5
6	14	10	
7	16	11	
8	16	11	
9	18	12	
10	20	13	
10	22	14	
12	22	15	
14	24	17	
15	27	20	
16	28	20	
18	30	20	
20	36	25	

注：在轴承长度中间的球面上，允许有一段圆柱表面，其直径应由供需双方协议而定。

表 20-76　烧结球面轴套尺寸公差

部位	内径 d	球面直径 D_s	长度 L	轴承座孔
公差	H7	h11	js13	G10

20.6.3　浸渍复合轴承

以多孔质材料为基体，浸渍固体润滑剂，构成固体润滑的浸渍复合轴承。储存于轴瓦内部的固体润滑剂，随轴瓦磨损不断向摩擦表面供给固体润滑剂。典型的复合轴承是以碳石墨为基体材料，浸渍软金属、聚四氟乙烯或无机物（如 BaF_2）构成。

20.6.4　镶嵌轴承

在轴瓦基体金属摩擦面上，开出排列有序、大小适当的孔穴或槽，嵌入成形的固体润滑剂，构成镶嵌轴承。也有用固体润滑剂乳液（如 PTFE 乳液）注入这些孔穴或槽，经固化而成。

镶嵌轴承的特点是承载能力高，工作寿命长。与烧结轴承相比，虽然它的摩擦因数较高，但磨损率却低一个数量级；与覆膜轴承相比，它具有更高的使用寿命和耐热性；与石墨轴承相比，它的磨损率较低。

可作镶嵌轴承的基体金属有：铸铁、锡青铜、不锈钢、黄铜和铅-锑合金等。镶嵌轴承的镶嵌体多数采用复合成分的固体润滑剂，主要是石墨、PTFE 和 MoS_2。应用不同的配方，可以制成线胀系数与基体材料相同的镶嵌体，以适应高温条件下使用，也可以制成耐低速重载、耐水、耐化学溶剂的镶嵌体等。

嵌入的固体润滑剂，其摩擦表面面积应占轴瓦全部摩擦面积的 30% 左右，常用排列形式如图 20-20 所示。

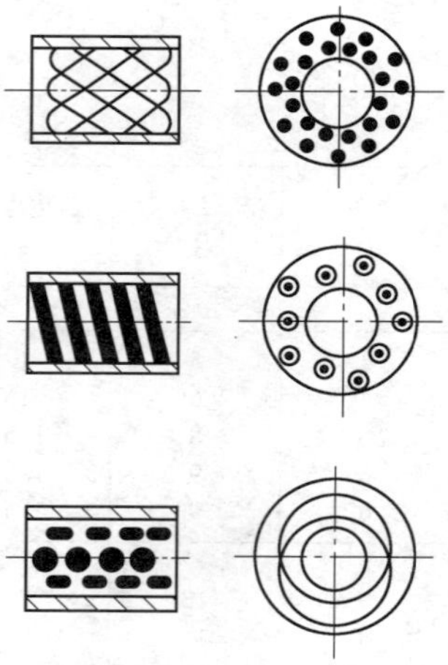

a)　　b)

图 20-20　镶嵌形式

a）径向轴承　b）推力轴承

20.7　关节轴承

20.7.1　关节轴承的类型、结构与代号

20.7.1.1　关节轴承的类型和结构形式

关节轴承属于球面滑动摩擦的摆动轴承。它由有外球面的内圈和有内球面的外圈组成，因而内外圈的轴线可绕球面的中心作空间大范围相对摆动。关节轴承应用广泛，标准化程度高，其术语与滚动轴承接近。

按关节轴承是否附有杆端或装于杆端，分为一般关节轴承和杆端关节轴承；按关节轴承所能承受载荷方向或公称接触角的不同，分为向心关节轴承（包括公称接触角为 0 的径向接触向心关节轴承和公称接触角大于 0~30°的角接触向心关节轴承）和推力关节轴承（包括公称接触角为 90°的轴向接触推力关节轴承和公称接触角大于 30°但小于 90°的角接触推力关节轴承）；关节轴承按其外圈的结构，分为整体外圈关节轴承、单缝外圈关节轴承、双缝外圈关节轴承、双半外圈关节轴承；按工作时是否需补充润滑剂，分为润滑型关节轴承和自润滑关节轴承。关节轴承按其所能承受载荷方向、公称接触角和结构形式，分为向心关节轴承、角接触关节轴承、推力关节轴承、杆端关节轴承四类。

润滑型关节轴承常用结构形式和特点见表 20-77。

自润滑型关节轴承常用结构形式和特点见表 20-78。

表 20-77　润滑型关节轴承常用结构形式

序号	简　图	结构形式代号和名称	承受载荷的方向和相对大小	结构特点
1	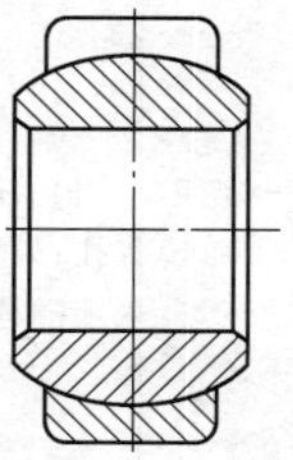	GE…E 型 向心关节轴承	径向载荷和任一方向较小的轴向载荷	单缝外圈；无润滑槽和润滑孔
2	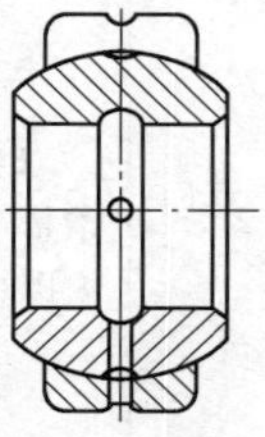	GE…ES 型 向心关节轴承	径向载荷和任一方向较小的轴向载荷	单缝外圈；有润滑槽和润滑孔
3	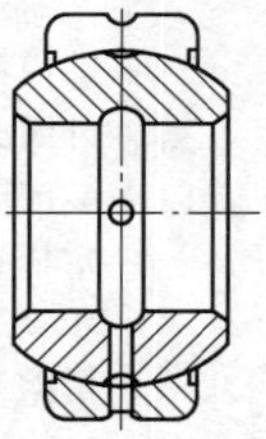	GE…ES-2RS 型 向心关节轴承	径向载荷和任一方向较小的轴向载荷	单缝外圈；有润滑槽和润滑孔；两面带密封圈
4	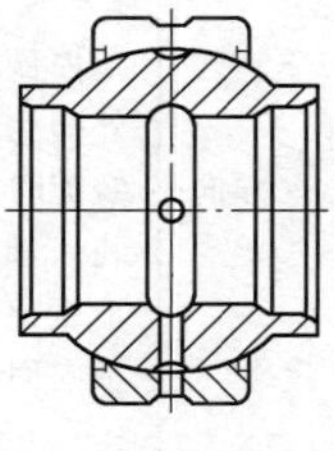	GEEW…ES-2RS 型 GEEM…ES-2RS 型 向心关节轴承	径向载荷和任一方向较小的轴向载荷	单缝外圈；宽内圈；有润滑槽和润滑孔；两面带密封圈
5	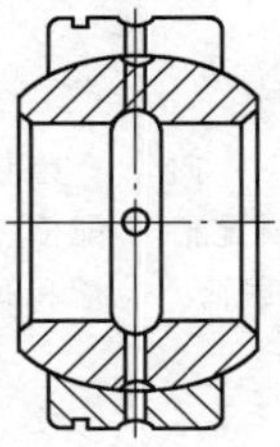	GE…ESN 型 向心关节轴承	径向载荷和任一方向较小的轴向载荷。但轴向载荷由止动环承受时，其承受轴向载荷的能力降低	单缝外圈；有润滑槽和润滑孔；外圈有止动槽

（续）

序号	简　图	结构形式代号和名称	承受载荷的方向和相对大小	结构特点
6	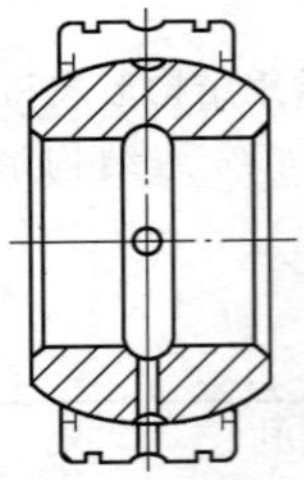	GE…XS 型 向心关节轴承	径向载荷和任一方向较小的轴向载荷	双缝外圈（剖分外圈）；有润滑槽和润滑孔；外圈有一条或两条锁圈槽
7	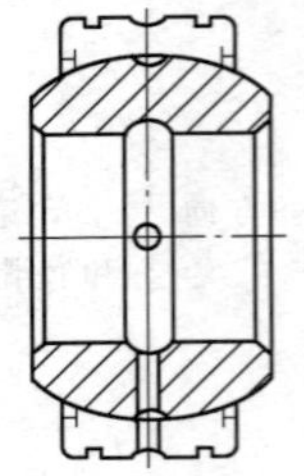	GE…XS-2RS 型 向心关节轴承	径向载荷和任一方向较小的轴向载荷	双缝外圈（剖分外圈）；有润滑槽和润滑孔；外圈有一条或两条锁圈槽；两面带密封圈
8	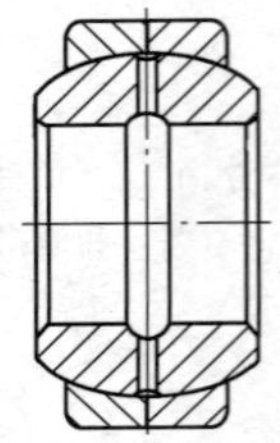	GE…HS 型 向心关节轴承	径向载荷和任一方向较小的轴向载荷	双半外圈；内圈有润滑槽和润滑孔；磨损后游隙可调整
9	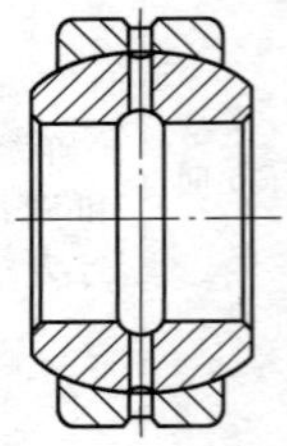	GE…DE1 型 向心关节轴承	径向载荷和任一方向较小的轴向载荷	内圈为淬硬轴承钢，外圈为轴承钢，在内圈装配时挤压成形，有润滑槽和润滑孔。内径小于 25mm 的轴承，无润滑槽和润滑孔
10	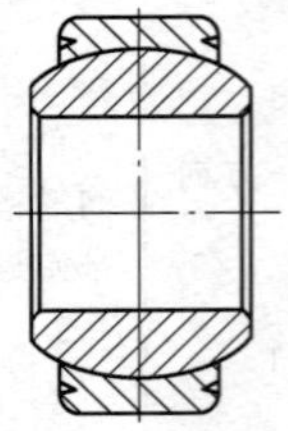	GE…DEM1 型 向心关节轴承	径向载荷和任一方向较小的轴向载荷	内圈为淬硬轴承钢，外圈为轴承钢，在内圈装配时挤压成形。轴承装入轴承座后，在外圈上压出端面沟，使轴承轴向固定
11	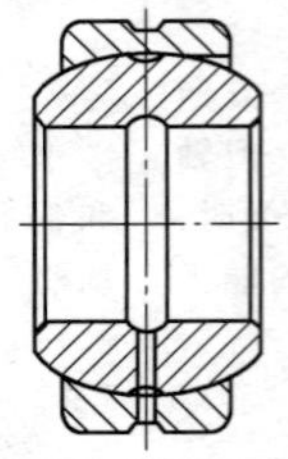	GE…DS 型 向心关节轴承	径向载荷和任一方向较小的轴向载荷，装配槽一边不能承受轴向载荷	整体外圈；外圈有装配槽、内外圈均有润滑槽和润滑孔

（续）

序号	简　　图	结构形式代号和名称	承受载荷的方向和相对大小	结 构 特 点
12	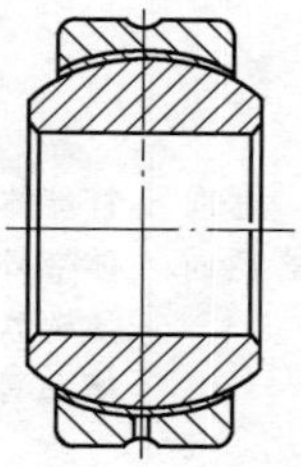	GE…S 型 向心关节轴承	方向不变的载荷；在承受径向载荷的同时能承受任一方向较小的轴向载荷	外圈为轴承钢，滑动表面为青铜；内圈为淬硬轴承钢，滑动表面镀硬铬，外圈有润滑槽和润滑孔
13	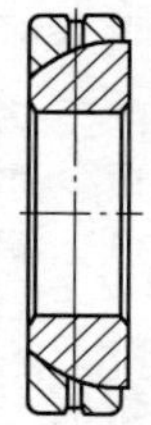	GAC…S 型 角接触关节轴承	径向载荷和一方向的轴向（联合）载荷	内、外圈均为淬硬轴承钢；外圈有润滑槽和润滑孔
14	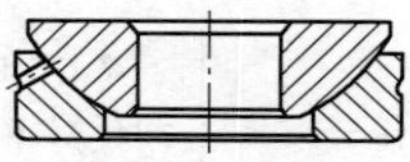	GX…S 型 推力关节轴承	一方向的轴向载荷或联合载荷，此时其径向载荷值不得大于轴向载荷的 0.5 倍	轴圈和座圈均为淬硬轴承钢；座圈有润滑槽和润滑孔
15	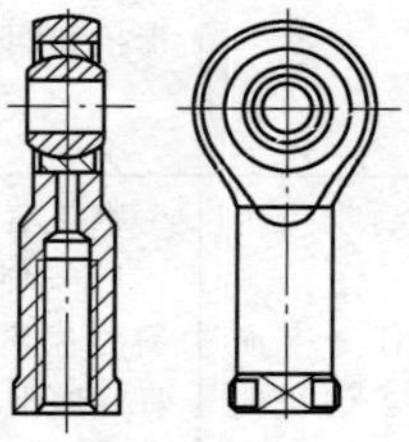	SI…E 型 杆端关节轴承	径向载荷和任一方向小于或等于 0.2 倍径向载荷的轴向载荷	系 GE-E 型轴承和杆端体的组装体，杆端体带内螺纹，材料为优质碳素结构钢，无润滑槽和润滑孔
16	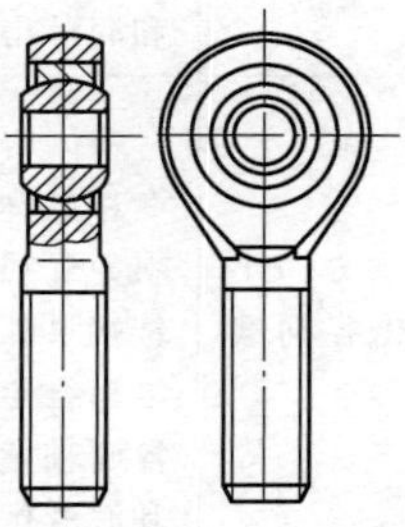	SA…E 型 杆端关节轴承	径向载荷和任一方向小于或等于 0.2 倍径向载荷的轴向载荷	系 GE-E 型轴承和杆端体的组装体，杆端体带外螺纹，材料为优质碳素结构钢，无润滑槽和润滑孔
17	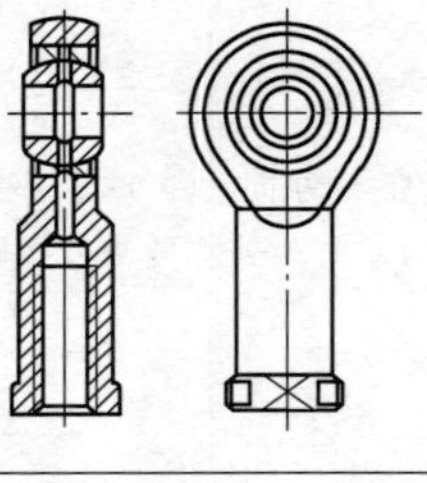	SI…ES 型 杆端关节轴承	径向载荷和任一方向小于或等于 0.2 倍径向载荷的轴向载荷	系 GE-ES 型轴承和杆端体的组装体。杆端体带内螺纹，材料为优质碳素结构钢，有润滑槽和润滑孔

（续）

序号	简　　图	结构形式代号和名称	承受载荷的方向和相对大小	结 构 特 点
18	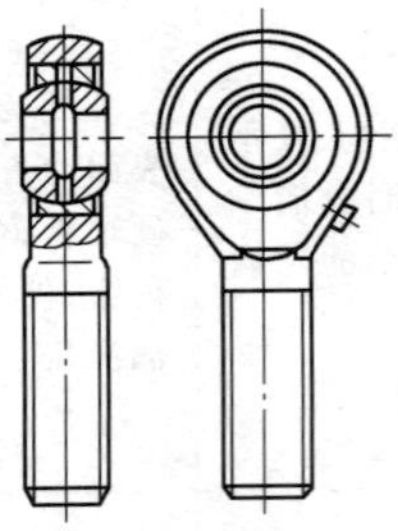	SA…ES 型 杆端关节轴承	径向载荷和任一方向小于或等于 0.2 倍径向载荷的轴向载荷	系 GE-ES 型轴承和杆端体的组装体。杆端体带外螺纹，材料为优质碳素结构钢，有润滑槽和润滑孔
19	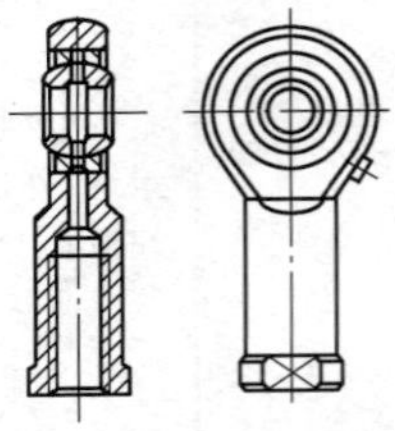	SI…ES-2RS 型 杆端关节轴承	径向载荷和任一方向小于或等于 0.2 倍径向载荷的轴向载荷	系 GE-ES-2RS 型轴承和杆端体的组装体。杆端体带内螺纹，材料为优质碳素结构钢，有润滑槽和润滑孔
20	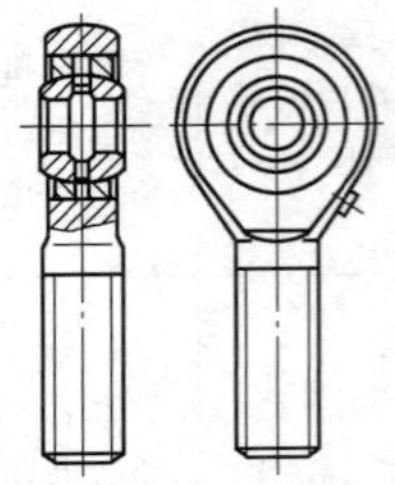	SA…ES-2RS 型 杆端关节轴承	径向载荷和任一方向小于或等于 0.2 倍径向载荷的轴向载荷	系 GE-ES-2RS 型轴承和杆端体的组装体。杆端体带外螺纹，材料为优质碳素结构钢，有润滑槽和润滑孔
21	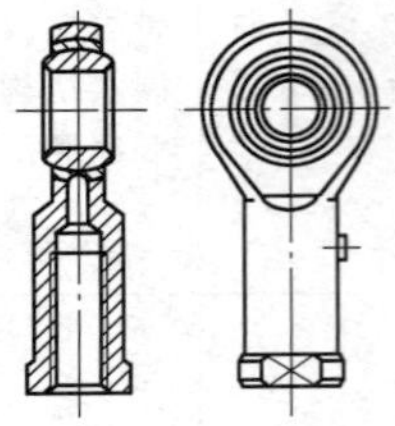	SBP…S 型 杆端关节轴承	径向载荷和任一方向小于或等于 0.2 倍径向载荷的轴向载荷	整体结构 杆端体带内螺纹，材料为优质碳素结构钢；杆端眼滑动表面镶有双半铜合金衬垫；内圈为淬硬轴承钢；有润滑槽和润滑孔
22	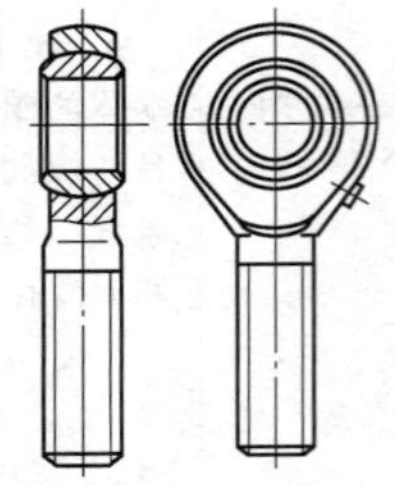	SABP…S 型 杆端关节轴承	径向载荷和任一方向小于或等于 0.2 倍径向载荷的轴向载荷	整体结构 杆端体带外螺纹，材料为优质碳素结构钢；杆端眼滑动表面镶有双半铜合金衬垫；内圈为淬硬轴承钢；有润滑槽和润滑孔
23	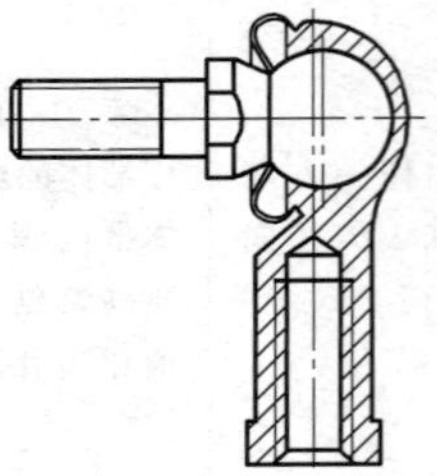	SQ…RS 型 球头螺栓杆端关节轴承	径向载荷和任一方向一定的轴向载荷	球头座为锌基合金，球头为渗碳钢

（续）

序号	简　图	结构形式代号和名称	承受载荷的方向和相对大小	结 构 特 点
24	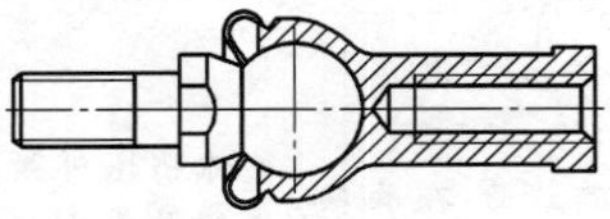	SQZ…RS 型 球头螺栓杆端关节轴承	径向载荷和任一方向一定的轴向载荷	球头座为锌基合金，球头为渗碳钢
25	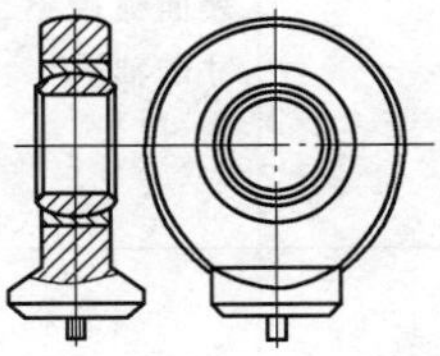	SK…E 型 杆端关节轴承	径向载荷和任一方向小于或等于 0.2 倍径向载荷的轴向载荷	系 GE-E 型轴承和带焊接定位销的圆柱座杆端体的组装体。杆端体材料为焊接钢，无油嘴
26	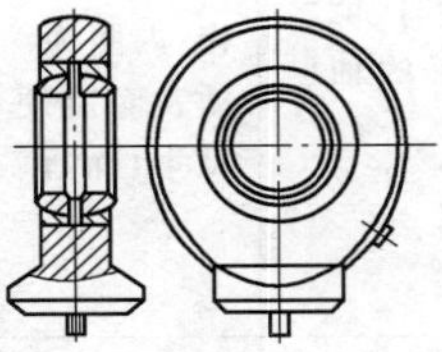	SK…ES 型 杆端关节轴承	径向载荷和任一方向小于或等于 0.2 倍径向载荷的轴向载荷	系 GE-ES 型轴承和带焊接定位销的圆柱座杆端体的组装体。杆端体材料为焊接钢，有油嘴
27	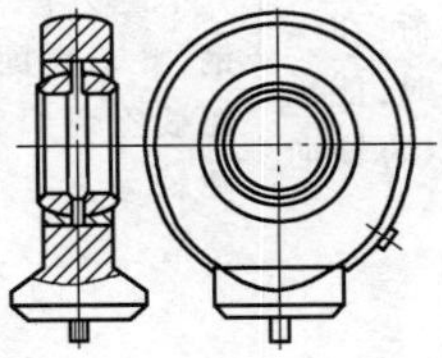	SK…ES-2RS 型 杆端关节轴承	径向载荷和任一方向小于或等于 0.2 倍径向载荷的轴向载荷	系 GE-ES-2RS 型轴承和带焊接定位销的圆柱座杆端体的组装体。杆端体材料为焊接钢，有油嘴；两面带密封圈
28	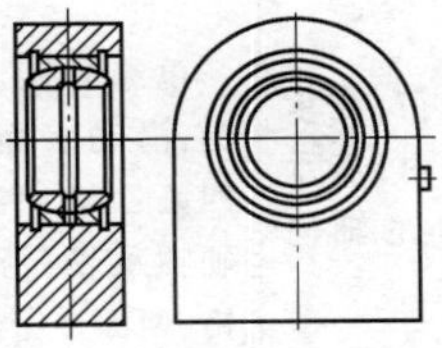	SF…ES 型 杆端关节轴承	径向载荷和任一方向小于或等于 0.2 倍径向载荷的轴向载荷	系 GE-ES 型轴承和底部有焊接倒角的方形座组装而成，用挡圈固定；杆端体材料为焊接钢，有油嘴
29	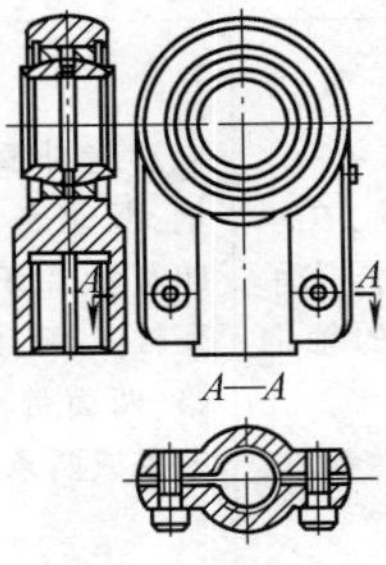	SIR…ES 型 杆端关节轴承	径向载荷和任一方向小于或等于 0.2 倍径向载荷的轴向载荷	系 GE-ES 型轴承和 SIR 型杆端体的组装而成，用挡圈固定；杆端体材料为优质碳素结构钢或球墨铸铁，有油嘴

表 20-78　自润滑型关节轴承常用结构形式

序号	简　图	结构形式代号和名称	承受载荷的方向和相对大小	结构特点
1	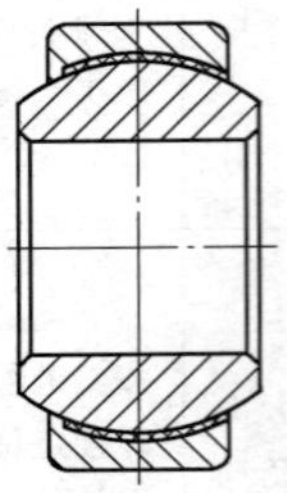	GE…C 型 自润滑向心关节轴承	方向不变的载荷；在承受径向载荷的同时，能承受任一方向较小的轴向载荷	整体挤压外圈，滑动表面为烧结青铜复合材料；内圈为淬硬轴承钢，滑动表面镀硬铬。只限于小尺寸的轴承
2	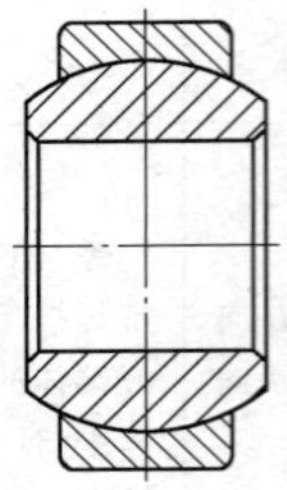	GE…T 型 自润滑向心关节轴承	方向不变的载荷，在承受径向载荷的同时，能承受任一方向较小的轴向载荷	整体挤压外圈，滑动表面粘贴一层聚四氟乙烯织物；内圈为淬硬轴承钢，滑动表面镀硬铬，只限于小尺寸的轴承
3	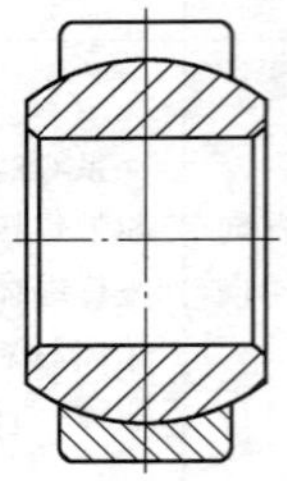	GE…ET 型 自润滑向心关节轴承	方向不变的载荷，在承受径向载荷的同时，能承受任一方向较小的轴向载荷	单缝外圈，外圈为轴承钢，滑动表面粘贴一层聚四氟乙烯织物；内圈为淬硬轴承钢，滑动表面镀硬铬
4	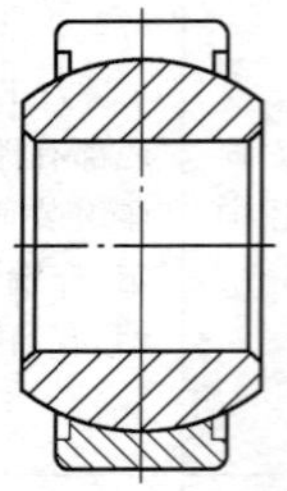	GE…ET-2RS 型 自润滑向心关节轴承	方向不变的载荷，在承受径向载荷的同时，能承受任一方向较小的轴向载荷	单缝外圈，外圈为轴承钢，滑动表面粘贴一层聚四氟乙烯织物；内圈为淬硬轴承钢，滑动表面镀硬铬，两面带密封圈
5	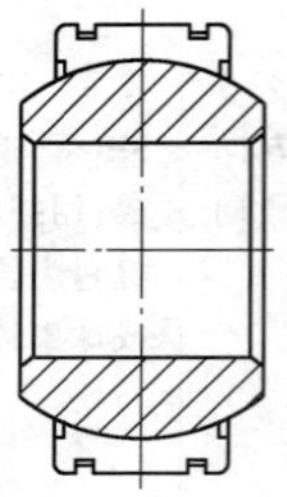	GE…XT-2RS 型 自润滑向心关节轴承	方向不变的载荷，在承受径向载荷的同时，能承受任一方向较小的轴向载荷	双缝外圈，外圈为轴承钢，滑动表面粘贴一层聚四氟乙烯织物；内圈为淬硬轴承钢，滑动表面镀硬铬，两面带密封圈；外圈有一条或两条锁圈槽

（续）

序号	简　　图	结构形式代号和名称	承受载荷的方向和相对大小	结构特点
6	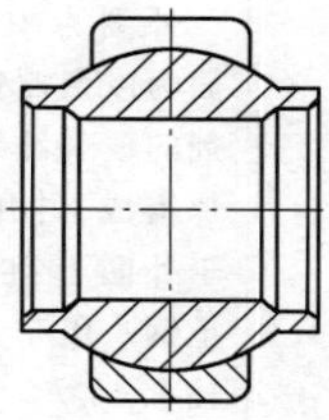	GEEW…XT型 自润滑向心关节轴承	方向不变的载荷，在承受径向载荷的同时，能承受任一方向较小的轴向载荷	单缝外圈，外圈为轴承钢，滑动表面为一层聚四氟乙烯织物；内圈为淬硬轴承钢，滑动表面镀硬铬
7	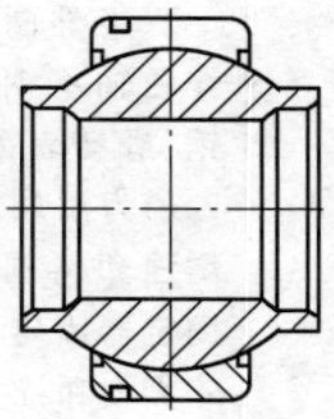	GEEM…XT-2RS型 自润滑向心关节轴承	方向不变的载荷，在承受径向载荷的同时，能承受任一方向较小的轴向载荷	单缝外圈，外圈为轴承钢，滑动表面为一层聚四氟乙烯织物；内圈为淬硬轴承钢，滑动表面镀硬铬；两面带密封圈
8	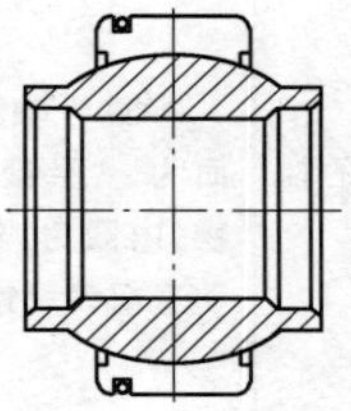	GEEM…XT-2RS型 自润滑向心关节轴承	方向不变的载荷，在承受径向载荷的同时，能承受任一方向较小的轴向载荷	双缝外圈，外圈为轴承钢，滑动表面为一层聚四氟乙烯织物；内圈为淬硬轴承钢，滑动表面镀硬铬；两面带密封圈；外圈有一条或两条锁圈槽
9	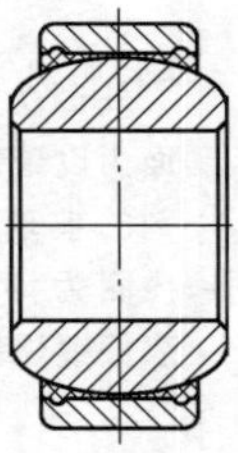	GE…F型 自润滑向心关节轴承	方向不变的中等径向载荷	外圈为轴承钢，滑动表面为以聚四氟乙烯为添加剂的玻璃纤维增强塑料；内圈为淬硬轴承钢，滑动表面镀硬铬
10	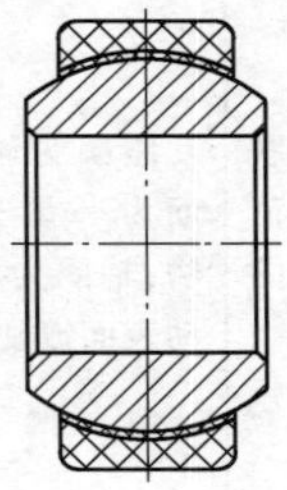	GE…F2型 自润滑向心关节轴承	方向不变的中等径向载荷	外圈为玻璃纤维增强塑料，滑动表面为以聚四氟乙烯为添加剂的玻璃纤维增强塑料；内圈为淬硬轴承钢，滑动表面镀硬铬

（续）

序号	简　图	结构形式代号和名称	承受载荷的方向和相对大小	结构特点
11	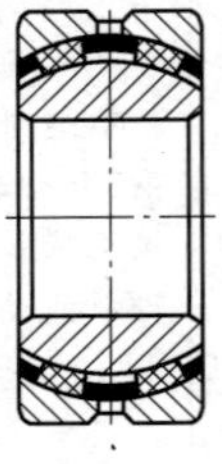	GE…FSA 型 自润滑向心关节轴承	重径向载荷	外圈为中碳钢，滑动表面为以聚四氟乙烯为添加剂的玻璃纤维增强塑料圆片组成，并用固定器固定于外圈上；内圈为淬硬轴承钢。用于大型和特大型轴承
12	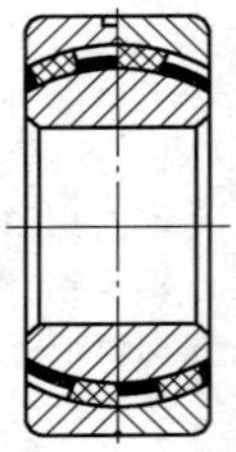	GE…F1H 型 自润滑向心关节轴承	重径向载荷	双半外圈，外圈材料为淬硬轴承钢；内圈为中碳钢，滑动表面为以聚四氟乙烯为添加剂的玻璃纤维增强塑料圆片组成，并用固定器固定于外圈上。用于大型和特大型轴承
13		GAC…T 型 自润滑角接触关节轴承	径向载荷和一方向的轴向（联合）载荷	外圈为轴承钢，滑动表面为一层聚四氟乙烯织物；内圈为淬硬轴承钢，滑动表面镀硬铬
14		GAC…F 型 自润滑角接触关节轴承	径向载荷和一方向的轴向（联合）载荷	外圈为轴承钢，滑动表面为以聚四氟乙烯为添加剂的玻璃纤维增强塑料；内圈为淬硬轴承钢，滑动表面镀硬铬
15	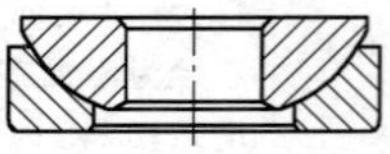	GX…T 型 自润滑推力关节轴承	一方向的轴向载荷或联合载荷，此时其径向载荷值不得大于轴向载荷值的 0.5 倍	座圈为轴承钢，滑动表面为一层聚四氟乙烯织物；轴圈为淬硬轴承钢，滑动表面镀硬铬

（续）

序号	简　　图	结构形式代号和名称	承受载荷的方向和相对大小	结 构 特 点
16	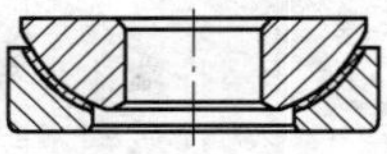	GX…F 型 自润滑推力关节轴承	一方向的轴向载荷或联合载荷，此时其径向载荷值不得大于轴向载荷值的 0.5 倍	座圈为轴承钢，滑动表面为以聚四氟乙烯为添加剂的玻璃纤维增强塑料；轴圈为淬硬轴承钢，滑动表面镀硬铬
17	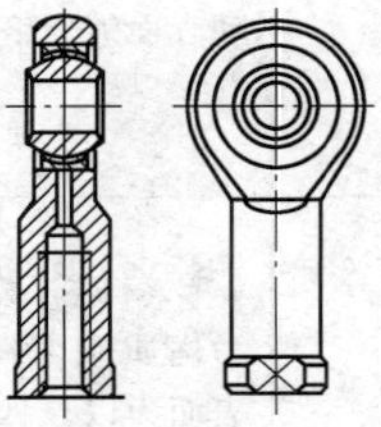	SI…C 型 自润滑杆端关节轴承	方向不变的载荷，在承受径向载荷的同时，能承受任一方向小于或等于 0.2 倍径向载荷的轴向载荷	系 GE…C 型轴承和杆端体的组装体。杆端体带内螺纹，材料为优质碳素结构钢
18	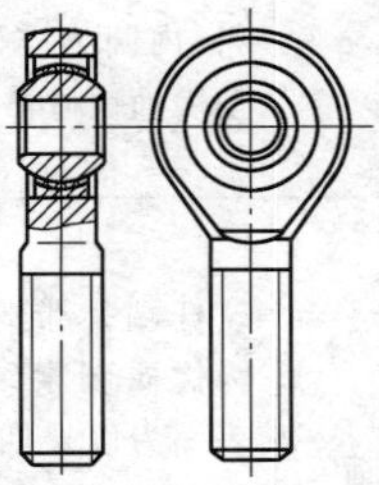	SA…C 型 自润滑杆端关节轴承	方向不变的载荷，在承受径向载荷的同时，能承受任一方向小于或等于 0.2 倍径向载荷的轴向载荷	系 GE…C 型轴承和杆端体的组装体。杆端体带外螺纹，材料为优质碳素结构钢
19	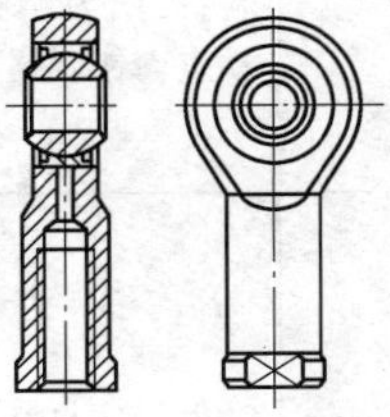	SI…ET-2RS 型 自润滑杆端关节轴承	方向不变的载荷，在承受径向载荷的同时，能承受任一方向小于或等于 0.2 倍径向载荷的轴向载荷	系 GE…ET-2RS 型轴承和杆端体的组装体。杆端体带内螺纹，材料为优质碳素结构钢
20	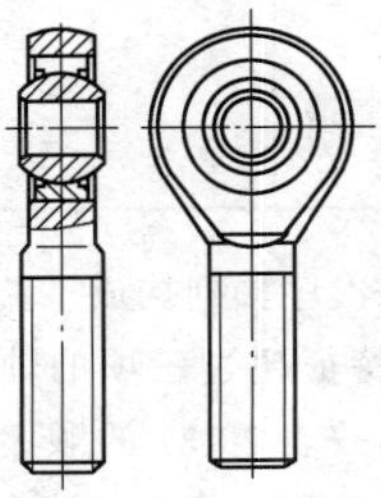	SA…ET-2RS 型 自润滑杆端关节轴承	方向不变的载荷，在承受径向载荷的同时，能承受任一方向小于或等于 0.2 倍径向载荷的轴向载荷	系 GE…ET-2RS 型轴承和杆端体的组装体。杆端体带外螺纹，材料为优质碳素结构钢
21	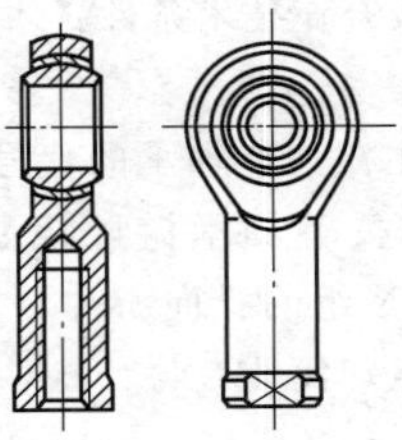	SIB…C 型 自润滑杆端关节轴承	方向不变的径向载荷	杆端体带内螺纹，材料为优质碳素结构钢，滑动表面为烧结青铜复合材料；内圈为淬硬轴承钢，滑动表面镀硬铬

（续）

序号	简　图	结构形式代号和名称	承受载荷的方向和相对大小	结构特点
22	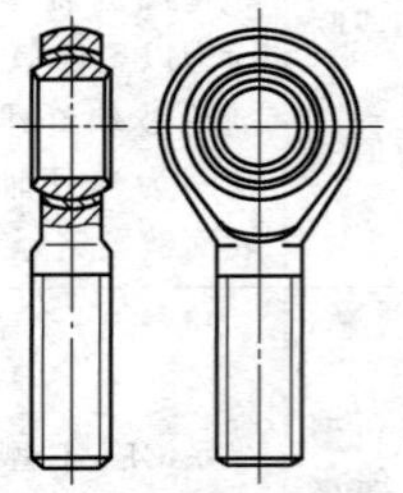	SAB…C 型 自润滑杆端关节轴承	方向不变的径向载荷	杆端体带外螺纹，材料为优质碳素结构钢，滑动表面为烧结青铜复合材料；内圈为淬硬轴承钢，滑动表面镀硬铬
23	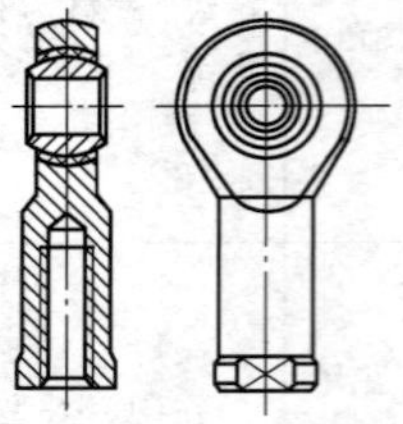	SIB…F 型 自润滑杆端关节轴承	方向不变的径向载荷	杆端体带内螺纹，材料为优质碳素结构钢，滑动表面为以聚四氟乙烯为添加剂的玻璃纤维增强塑料；内圈为淬硬轴承钢，滑动表面镀硬铬
24	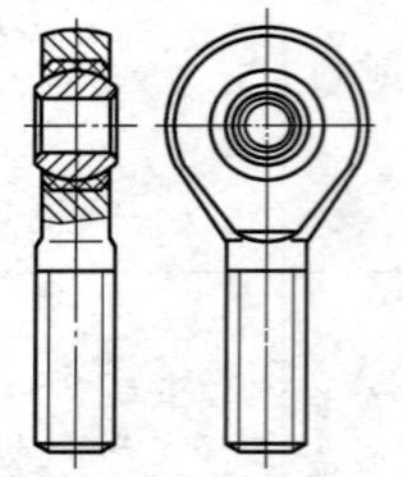	SAB…F 型 自润滑杆端关节轴承	方向不变的径向载荷	杆端体带外螺纹，材料为优质碳素结构钢，滑动表面为以聚四氟乙烯为添加剂的玻璃纤维增强塑料；内圈为淬硬轴承钢，滑动表面镀硬铬
25	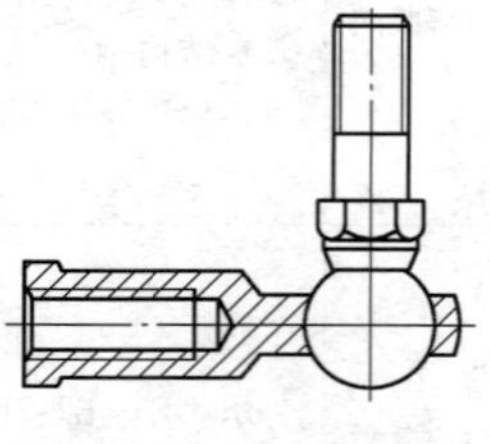	SQ…L 型 自润滑球头杆端关节轴承	径向载荷和任一方向较小的轴向载荷	由特殊自润滑合金材料制成

20.7.1.2　关节轴承的代号

关节轴承的代号依次序由基本代号、补充代号和游隙组别代号，依次序排列构成。

基本代号由轴承类型代号、尺寸系列代号与内径代号、结构形式代号与材料代号，依次序排列构成。关节轴承类型代号见表 20-79。尺寸系列代号见表 20-80。内径代号以内径毫米数直接表示，英制尺寸则取内径毫米数的整数部分表示。关节轴承结构形式代号见表 20-81。

补充代号置于基本代号的右面，并以斜线“/”相隔。补充代号由材料代号、特殊技术要求代号、结构代号及其他代号，依次序排列构成。关节轴承补充代号见表 20-82。改变特征超过三项的轴承，其补充代号中右起第二、三位按表 20-82 的顺序编制，右起第一位则用字母“Y”，表示其余改变特征的项目。这时，必须查阅图样或补充技术条件，才能了解改变特征的具体内容。

游隙组别代号标注在关节轴承的代号的最右边，并以短线“-”相隔。关节轴承游隙组别代号见表 20-83。轴承按基本的 N 组的径向游隙制造时，在轴承代号中不标注游隙组别代号 CN。

表 20-79　关节轴承类型代号

类型代号	关节轴承类型	类型代号	关节轴承类型
GE	向心关节轴承	SIL	左旋内螺纹组装型杆端关节轴承
GAC	角接触关节轴承	SAL	左旋外螺纹组装型杆端关节轴承
GX	推力关节轴承	SILB	左旋内螺纹整体型杆端关节轴承
SI	内螺纹组装型杆端关节轴承	SALB	左旋外螺纹整体型杆端关节轴承
SA	外螺纹组装型杆端关节轴承	SQL	左旋弯杆型球头杆端关节轴承
SIB	内螺纹整体型杆端关节轴承	SQLD	左旋单杆型球头杆端关节轴承
SAB	外螺纹整体型杆端关节轴承	SK	带圆柱焊接型杆端关节轴承(圆柱型)
SQ	弯杆型球头杆端关节轴承	SF	带平底座焊接型杆端关节轴承(方型)
SQZ	直杆型球头杆端关节轴承	SIR	带锁口型杆端关节轴承
SQD	单杆型球头杆端关节轴承		

表 20-80　关节轴承尺寸系列代号

尺寸系列代号	尺　寸　系　列	尺寸系列代号	尺　寸　系　列
C	大型和特大型向心关节轴承特轻系列	EM	M 系列(宽内圈)
E	正常系列(代号中省略)	EH	杆端关节轴承 EH 系列(加强型)
F	F 系列	EG	杆端关节轴承 EG 系列(加强型)
G	G 系列	Z	英制尺寸关节轴承正常系列
H	向心关节轴承 H 系列	JK	杆端关节轴承 JK 系列
K	K 系列	P	P 系列
EW	W 系列(宽内圈)		

表 20-81　关节轴承结构形式代号及其特点

代号	关节轴承结构特点
A	外圈为中碳钢,有固定滑动表面材料的固定器
C	一套圈或一套圈滑动表面为烧结青铜复合材料
DE1	挤压外圈,外圈为轴承钢,在内圈装配后挤压成形
DEM1	同 DE1,但外圈有端沟
DS	外圈有装配槽
E	单缝外圈
F	一套圈滑动表面为以聚四氟乙烯为添加剂的玻璃纤维增强塑料,或塑料圆片
F1	一套圈滑动表面为聚醚亚胺工程塑料
F2	外圈为玻璃纤维增强塑料,其滑动表面同“F”
H	双半外圈
I	内圈为中碳钢,有固定滑动表面材料的固定器
L	套圈或杆端为特殊自润滑合金
N	外圈有止动槽
S	套圈或杆端有润滑槽和润滑孔
T	外圈滑动表面为聚四氟乙烯织物
X	双缝外圈(剖分外圈)
-RS	关节轴承一面带密封圈
-Z	关节轴承一面带防尘盖
-2RS	关节轴承两面带密封圈
-2Z	关节轴承两面带防尘盖

表 20-82 关节轴承补充代号的表示方法

改变特征的名称		补充代号
材料改变	套圈由不锈钢制造	X
	套圈由渗碳钢制造	S
	套圈或滑动表面由不常采用的材料制造	V
	套圈或滑动表面由青铜或青铜圆片制造	Q
	套圈由铍青铜制造	P
	套圈由铝合金制造	L
特殊技术要求	零件的回火温度有特殊要求	T
	关节轴承内填充特殊润滑脂	R
	关节轴承的摩擦力矩及旋转灵活性有特殊要求	M
	套圈滑动表面涂敷固体润滑剂干膜	G
	关节轴承螺纹有特殊要求	B
	滑动表面以外的表面需电镀	D
结构改变	零件的形状或尺寸改变	K
其他	关节轴承有上述各种改变特征以外的其他特征，或具有多项改变特征而无法用上述补充代号完全表示时	Y

关节轴承标志示例：

GEG30ES-2RS/X-C9——内径为 30mm 的 G 系列向心关节轴承，单缝外圈，套圈有润滑槽和润滑孔，两面带密封圈，套圈由不锈钢制造，游隙不同于现行标准。

表 20-83 关节轴承游隙组别代号

代号	含 义
CN	N 组(关节轴承代号中省略不表示)
C2	游隙符合标准规定的 2 组
C3	游隙符合标准规定的 3 组
C9	关节轴承游隙不同于现行标准

20.7.2 各类关节轴承的规格

20.7.2.1 向心关节轴承（见表 20-84）

表 20-84 向心关节轴承（摘自 GB/T 9163）

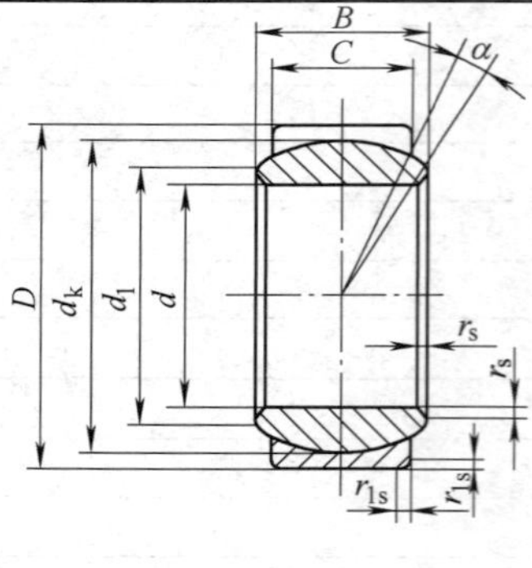

GE…E 型

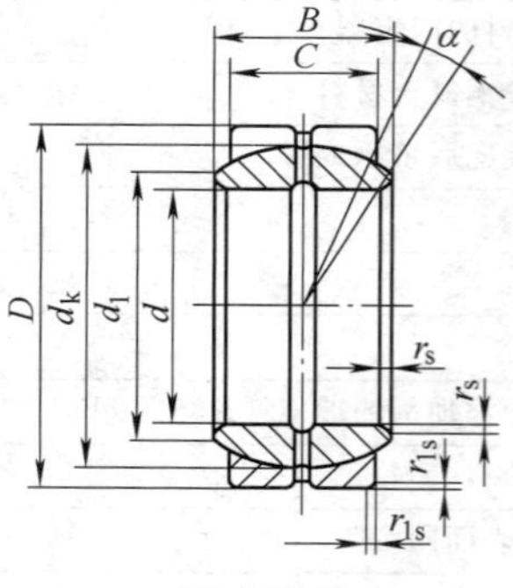

GE…ES 型

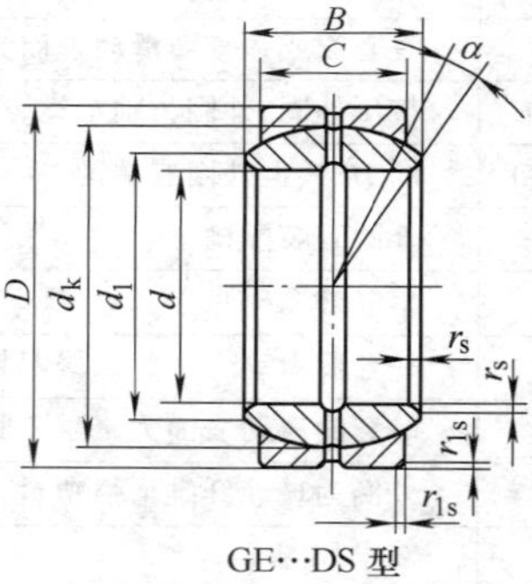

GE…DS 型

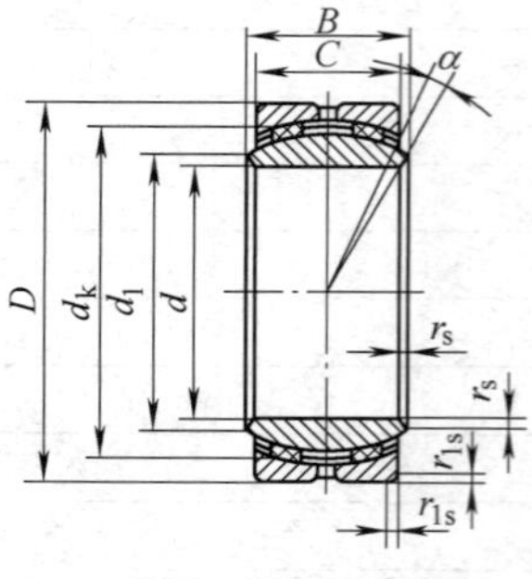

GEC…FSA 自润滑型

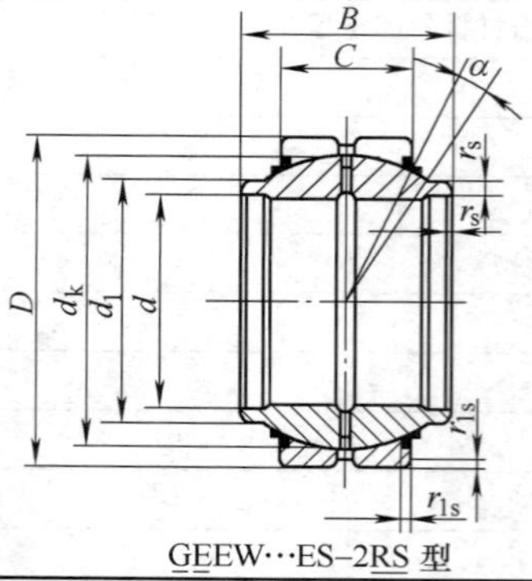

GEEW…ES-2RS 型

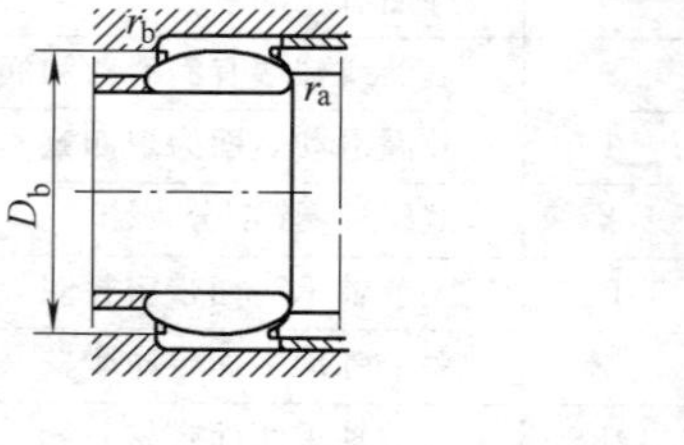

GE…ES-2RS 型

表 20-84a　向心关节轴承 E 系列　　（单位：mm）

轴承型号					外形尺寸								α/(°)≈	
GE…E 型	GE…ES 型	GE…DS 型	GE…C 型	GE…ES-2RS 型	d	D	B	C	d_1 ≈	d_k①	r_{smin}	r_{1smin}	其他型	GE…ES-2RS 型
GE4E	—	—	GE4C	—	4	12	5	3	6	8	0.3	0.3	16	—
GE5E	—	GE5DS	GE5C	—	5	14	6	4	8	10	0.3	0.3	13	—
GE6E	—	GE6DS	GE6C	—	6	14	6	4	8	10	0.3	0.3	13	—
GE8E	—	GE8DS	GE8C	—	8	16	8	5	10	13	0.3	0.3	15	—
GE10E	—	GE10DS	GE10C	—	10	19	9	6	13	16	0.3	0.3	12	—
GE12E	—	GE12DS	GE12C	—	12	22	10	7	15	18	0.3	0.3	10	—
—	GE15ES	GE15DS	GE15C	GE15ES-2RS	15	26	12	9	18	22	0.3	0.3	8	5
—	GE17ES	GE17DS	GE17C	GE17ES-2RS	17	30	14	10	20	25	0.3	0.3	10	7
—	GE20ES	GE20DS	GE20C	GE20ES-2RS	20	35	16	12	24	29	0.3	0.3	9	6
—	GE25ES	GE25DS	GE25C	GE25ES-2RS	25	42	20	16	29	35	0.6	0.6	7	4
—	GE30ES	GE30DS	GE30C	GE30ES-2RS	30	47	22	18	34	40	0.6	0.6	6	4
—	GE35ES	GE35DS	—	GE35ES-2RS	35	55	25	20	39	47	0.6	1	6	4
—	GE40ES	GE40DS	—	GE40ES-2RS	40	62	28	22	45	53	0.6	1	7	4
—	GE45ES	GE45DS	—	GE45ES-2RS	45	68	32	25	50	60	0.6	1	7	4
—	GE50ES	GE50DS	—	GE50ES-2RS	50	75	35	28	55	66	0.6	1	6	4
—	GE55ES	GE55DS	—	GE55ES-2RS	55	85	40	32	62	74	0.6	1	7	—
—	GE60ES	GE60DS	—	GE60ES-2RS	60	90	44	36	66	80	1	1	6	3
—	GE70ES	GE70DS	—	GE70ES-2RS	70	105	49	40	77	92	1	1	6	4
—	GE80ES	GE80DS	—	GE80ES-2RS	80	120	55	45	88	105	1	1	6	4
—	GE90ES	GE90DS	—	GE90ES-2RS	90	130	60	50	98	115	1	1	5	3
—	GE100ES	GE100DS	—	GE100ES-2RS	100	150	70	55	109	130	1	1	7	5
—	GE110ES	GE110DS	—	GE110ES-2RS	110	160	70	55	120	140	1	1	6	4
—	GE120ES	GE120DS	—	GE120ES-2RS	120	180	85	70	130	160	1	1	6	4
—	GE140ES	GE140DS	—	GE140ES-2RS	140	210	90	70	150	180	1	1	7	5
—	GE160ES	GE160DS	—	GE160ES-2RS	160	230	105	80	170	200	1	1	8	6
—	GE180ES	GE180DS	—	GE180ES-2RS	180	260	105	80	192	225	1.1	1.1	6	5
—	GE200ES	GE200DS	—	GE200ES-2RS	200	290	130	100	212	250	1.1	1.1	7	6
—	GE220ES	GE220DS	—	GE220ES-2RS	220	320	135	100	238	275	1.1	1.1	8	6
—	GE240ES	GE240DS	—	GE240ES-2RS	240	340	140	100	265	300	1.1	1.1	8	6
—	GE260ES	GE260DS	—	GE260ES-2RS	260	370	150	110	285	325	1.1	1.1	7	6
—	GE280ES	GE280DS	—	GE280ES-2RS	280	400	155	120	310	350	1.1	1.1	6	5
—	GE300ES	GE300DS	—	GE300ES-2RS	300	430	165	120	330	375	1.1	1.1	7	6

① 参考尺寸。

表 20-84b　向心关节轴承 G 系列　　（单位：mm）

轴承型号					外形尺寸								α/(°)≈	
GEG…E 型	GEG…ES 型	GEG…DS 型	GEG…C 型	GEG…ES-2RS 型	d	D	B	C	d_1 ≈	d_k	r_{smin}	r_{1smin}	其他型	GEG…ES-2RS 型
GEG4E	—	—	GEG4C	—	4	14	7	4	7	10	0.3	0.3	20	—
GEG5E	—	—	GEG5C	—	5	14	7	4	7	10	0.3	0.3	20	—

（续）

轴承型号					外形尺寸								α/(°)≈	
GEG…E 型	GEG…ES 型	GEG…DS 型	GEG…C 型	GEG…ES-2RS 型	d	D	B	C	d_1 ≈	d_k	r_{smin}	r_{1smin}	其他型	GEG…ES-2RS 型
GEG6E	—	—	GEG6C	—	6	16	9	5	9	13	0.3	0.3	21	—
GEG8E	—	—	GEG8C	—	8	19	11	6	11	16	0.3	0.3	21	—
GEG10E	—	—	GEG10C	—	10	22	12	7	13	18	0.3	0.3	18	—
GEG12E	—	—	GEG12C	—	12	26	15	9	16	22	0.3	0.3	18	—
—	GEG15ES	GEG15DS	GEG15C	GEG15ES-2RS	15	30	16	10	19	25	0.3	0.3	16	13
—	GEG17ES	GEG17DS	GEG17C	GEG17ES-2RS	17	35	20	12	21	29	0.3	0.3	19	16
—	GEG20ES	GEG20DS	GEG20C	GEG20ES-2RS	20	42	25	16	24	35	0.3	0.6	17	16
—	GEG25ES	GEG25DS	GEG25C	GEG25ES-2RS	25	47	28	18	29	40	0.6	0.6	17	15
—	GEG30ES	GEG30DS	GEG30C	GEG30ES-2RS	30	55	32	20	34	47	0.6	1	17	16
—	GEG35ES	GEG35DS	—	GEG35ES-2RS	35	62	35	22	39	53	0.6	1	16	15
—	GEG40ES	GEG40DS	—	GEG40ES-2RS	40	68	40	25	44	60	0.6	1	17	12
—	GEG45ES	GEG45DS	—	GEG45ES-2RS	45	75	43	28	50	66	0.6	1	15	13
—	GEG50ES	GEG50DS	—	GEG50ES-2RS	50	90	56	36	57	80	0.6	1	17	16
—	GEG60ES	GEG60DS	—	GEG60ES-2RS	60	105	63	40	67	92	1	1	17	15
—	GEG70ES	GEG70DS	—	GEG70ES-2RS	70	120	70	45	77	105	1	1	16	14
—	GEG80ES	GEG80DS	—	GEG80ES-2RS	80	130	75	50	87	115	1	1	14	13
—	GEG90ES	GEG90DS	—	GEG90ES-2RS	90	150	85	55	98	130	1	1	15	14
—	GEG100ES	GEG100DS	—	GEG100ES-2RS	100	160	85	55	110	140	1	1	14	12
—	GEG110ES	GEG110DS	—	GEG110ES-2RS	110	180	100	70	122	160	1	1	12	11
—	GEG120ES	GEG120DS	—	GEG120ES-2RS	120	210	115	70	132	180	1	1	16	15
—	GEG140ES	GEG140DS	—	GEG140ES-2RS	140	230	130	80	151	200	1	1	16	15
—	GEG160ES	GEG160DS	—	GEG160ES-2RS	160	260	135	80	176	225	1	1.1	16	14
—	GEG180ES	GEG180DS	—	GEG180ES-2RS	180	290	155	100	196	250	1.1	1.1	14	13
—	GEG200ES	GEG200DS	—	GEG200ES-2RS	200	320	165	100	220	275	1.1	1.1	15	14
—	GEG220ES	GEG220DS	—	GEG220ES-2RS	220	340	175	100	243	300	1.1	1.1	16	14
—	GEG240ES	GEG240DS	—	GEG240ES-2RS	240	370	190	110	263	325	1.1	1.1	15	14
—	GEG260ES	GEG260DS	—	GEG260ES-2RS	260	400	205	120	283	350	1.1	1.1	15	14
—	GEG280ES	GEG280DS	—	GEG280ES-2RS	280	430	210	120	310	375	1.1	1.1	15	14

表 20-84c　自润滑向心关节轴承 C 系列　　（单位：mm）

轴承型号	外形尺寸								α/(°)≈
GEC…FSA 型	d	D	B	C	d_1≈	d_k	r_{smin}	r_{1smin}	
GEC320FSA	320	440	160	135	340	375	1.1	3	4
GEC340FSA	340	460	160	135	360	390	1.1	3	3
GEC360FSA	360	480	160	135	380	410	1.1	3	3
GEC380FSA	380	520	190	160	400	440	1.5	4	4
GEC400FSA	400	540	190	160	425	465	1.5	4	3

（续）

轴承型号	外形尺寸								α/(°)≈
GEC…FSA 型	d	D	B	C	d_1≈	d_k	r_{smin}	r_{1smin}	
GEC420FSA	420	560	190	160	445	480	1.5	4	3
GEC440FSA	440	600	218	185	465	515	1.5	4	3
GEC460FSA	460	620	218	185	485	530	1.5	4	3
GEC480FSA	480	650	230	195	510	560	2	5	3
GEC500FSA	500	670	230	195	530	580	2	5	3
GEC530FSA	530	710	243	205	560	610	2	5	3
GEC560FSA	560	750	258	215	590	645	2	5	4
GEC600FSA	600	800	272	230	635	690	2	5	3
GEC630FSA	630	850	300	260	665	730	3	6	3
GEC670FSA	670	900	308	260	710	770	3	6	3
GEC710FSA	710	950	325	275	755	820	3	6	3
GEC750FSA	750	1000	335	280	800	870	3	6	3
GEC800FSA	800	1060	355	300	850	915	3	6	3
GEC850FSA	850	1120	365	310	905	975	3	6	3
GEC900FSA	900	1180	375	320	960	1030	3	6	3
GEC950FSA	950	1250	400	340	1015	1090	4	7.5	3
GEC1000FSA	1000	1320	438	370	1065	1150	4	7.5	3
GEC1060FSA	1060	1400	462	390	1130	1220	4	7.5	3
GEC1120FSA	1120	1460	462	390	1195	1280	4	7.5	3
GEC1180FSA	1180	1540	488	410	1260	1350	4	7.5	3
GEC1250FSA	1250	1630	515	435	1330	1425	4	7.5	3
GEC1320FSA	1320	1720	545	460	1405	1510	4	7.5	3
GEC1400FSA	1400	1820	585	495	1485	1600	5	9.5	3
GEC1500FSA	1500	1950	625	530	1590	1710	5	9.5	3
GEC1600FSA	1600	2060	670	565	1690	1820	5	9.5	3
GEC1700FSA	1700	2180	710	600	1790	1925	5	9.5	3
GEC1800FSA	1800	2300	750	635	1890	2035	6	12	3
GEC1900FSA	1900	2430	790	670	2000	2150	6	12	3
GEC2000FSA	2000	2750	835	705	2100	2260	6	12	3

表 20-84d　向心关节轴承 K 系列　（单位：mm）

d	D	B	C	d_1≈	d_k	r_{smin}	r_{1smin}	α/(°)≈	d	D	B	C	d_1≈	d_k	r_{smin}	r_{1smin}	α/(°)≈
3	10	6	4.5	5.1	7.9	0.2	0.2	14	18	35	23	16.5	21.8	31.7	0.3	0.3	15
5	13	8	6	7.7	11.1	0.3	0.3	13	20	40	25	18	24.3	34.9	0.3	0.6	14
6	16	9	6.75	8.9	12.7	0.3	0.3	13	22	42	28	20	25.8	33.1	0.3	0.6	15
8	19	12	9	10.3	15.8	0.3	0.3	14	25	47	31	22	29.5	42.8	0.3	0.6	15
10	22	14	10.5	12.9	19	0.3	0.3	13	30	55	37	25	34.8	50.8	0.3	0.6	17
12	26	16	12	15.4	22.2	0.3	0.3	13	35	65	43	30	40.3	59	0.6	1	16
14	29	19	13.5	16.8	25.4	0.3	0.3	16	40	72	49	35	44.2	66	0.6	1	16
16	32	21	15	19.3	28.5	0.3	0.3	15	50	90	60	45	55.8	82	0.6	1	14

注：K 系列轴承是 GB/T 9163—2001 中新增系列。

表 20-84e　向心关节轴承 H 系列　　（单位：mm）

d	D	B	C	$d_1\approx$	d_k	r_{smin}	r_{1smin}	$\alpha/(°)\approx$	d	D	B	C	$d_1\approx$	d_k	r_{smin}	r_{1smin}	$\alpha/(°)\approx$
100	150	71	67	114	135	1	1	2	420	600	300	280	441	534	1.5	4	2
110	160	78	74	122	145	1	1	2	440	630	315	300	479	574	1.5	4	2
120	180	85	80	135	160	1	1	2	460	650	325	308	496	593	1.5	5	2
140	210	100	95	155	185	1	1	2	480	680	340	320	522	623	2	5	2
160	230	115	109	175	210	1	1	2	500	710	355	335	536	643	2	5	2
180	260	128	122	203	240	1.1	1.1	2	530	750	375	355	558	673	2	5	2
200	290	140	134	219	260	1.1	1.1	2	560	800	400	380	602	723	2	5	2
220	320	155	148	245	290	1.1	1.1	2	600	850	425	400	645	773	2	6	2
240	340	170	162	259	310	1.1	1.1	2	630	900	450	425	677	813	3	6	2
260	370	185	175	285	340	1.1	1.1	2	670	950	475	450	719	862	3	6	2
280	400	200	190	311	370	1.1	1.1	2	710	1000	500	475	762	912	3	6	2
300	430	212	200	327	390	1.1	1.1	2	750	1060	530	500	814	972	3	6	2
320	460	230	218	344	414	1.1	3	2	800	1120	565	530	851	1022	3	6	2
340	480	243	230	359	434	1.1	3	2	850	1220	600	565	936	1112	3	7.5	2
360	520	258	243	397	474	1.1	4	2	900	1250	635	600	949	1142	3	7.5	2
380	540	272	258	412	494	1.5	4	2	950	1360	670	635	1045	1242	4	7.5	2
400	580	280	265	431	514	1.5	4	2	1000	1450	710	670	1103	1312	4	7.5	2

注：H 系列轴承是 GB/T 9163—2001 中新增系列。

表 20-84f　向心关节轴承 W 系列　　（单位：mm）

d	D	B	C	$d_1\approx$	d_k①	r_{smin}	r_{1smin}	$\alpha/(°)\approx$
12②	22	12	7	15.5	18	0.3	0.3	4
15	26	15	9	18.5		0.3	0.3	5
16	28	16	9	20	23	0.3	0.3	4
17	30	17	10	21		0.3	0.3	7
20	35	20	12	25	29	0.3	0.3	4
25	42	25	16	30.5	35	0.6	0.6	4
30	47	30	18	34		0.6	0.6	4
32	52	32	18	38	44	0.6	1	4
35	55	35	20	40		0.6	1	4
40	62	40	22	46	53	0.6	1	4
45	68	45	25	52		0.6	1	4
50	75	50	28	57	66	0.6	1	4
60	90	60	36	68		1	1	3
63	95	63	36	71.5	83	1	1	4
70	105	70	40	78		1	1	4
80	120	80	45	91	105	1	1	4
100	150	100	55	113	130	1	1	4
125	180	125	70	138	160	1	1	4
160	230	160	80	177	200	1	1	4
200	290	200	100	221	250	1.1	1.1	4
250	400	250	120	317	350	2.5	1.1	4
320	520	320	160	405	450	2.5	4	4

① 参考尺寸。

② 制造厂家可自行决定是否在外圈上设置再润滑装置。

20.7.2.2　角接触关节轴承（见表 20-85）

表 20-85　角接触关节轴承（摘自 GB/T 9164）　（单位：mm）

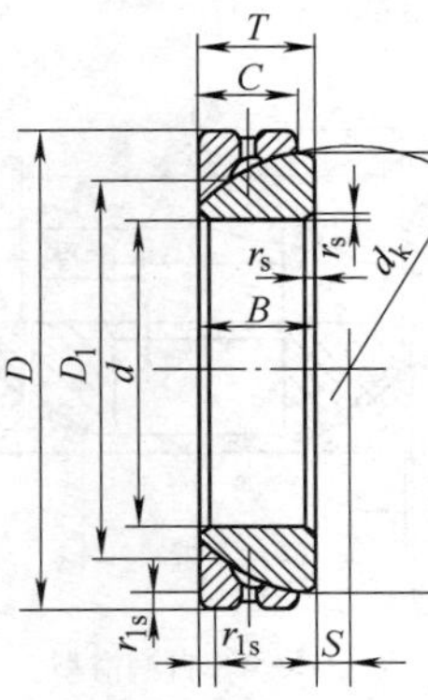

GAC…S 型

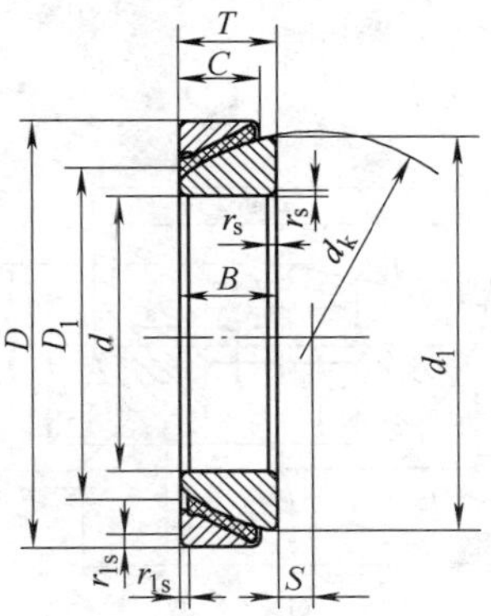

GAC…F 自润滑型

轴承型号		外形尺寸									
GAC…S 型	GAC…F 型	d	D	B max	C max	T	d_k	d_1 ≈	D_1 max	S ≈	r_{smin} r_{1smin}
GAC25S	GAC25F	25	47	15	14	15	42	41.5	32	1	0.6
GAC28S	GAC28F	28	52	16	15	16	47	46.5	36	1	1
GAC30S	GAC30F	30	55	17	16	17	50	49.5	37	2	1
GAC32S	GAC32F	32	58	17	16	17	52	51.5	40	2	1
GAC35S	GAC35F	35	62	18	17	18	56	55.5	43	2	1
GAC40S	GAC40F	40	68	19	18	19	61	60.5	48	2	1
GAC45S	GAC45F	45	75	20	19	20	67	66.5	54	3	1
GAC50S	GAC50F	50	80	20	19	20	74	73.5	60	4	1
GAC55S	GAC55F	55	90	23	22	23	81	80	63	5	1.5
GAC60S	GAC60F	60	95	23	22	23	87	86	69	5	1.5
GAC65S	GAC65F	65	100	23	22	23	93	92	77	6	1.5
GAC70S	GAC70F	70	110	25	24	25	102	101	83	7	1.5
GAC75S	GAC75F	75	115	25	24	25	106	105	87	7	1.5
GAC80S	GAC80F	80	125	29	27	29	115	113.5	92	9	1.5
GAC85S	GAC85F	85	130	29	27	29	121	119	98	10	1.5
GAC90S	GAC90F	90	140	32	30	32	129	127	104	11	2
GAC95S	GAC95F	95	145	32	30	32	133	131.5	109	9	2
GAC100S	GAC100F	100	150	32	31	32	141	138.5	115	12	2
GAC105S	GAC105F	105	160	35	33	35	149	146.5	120	13	2.5
GAC110S	GAC110F	110	170	38	36	38	158	155	127	14	2.5
GAC120S	GAC120F	120	180	38	37	38	169	165	137	16	2.5
GAC130S	GAC130F	130	200	45	43	45	188	184	149	18	2.5
GAC140S	GAC140F	140	210	45	43	45	198	194	162	19	2.5
GAC150S	GAC150F	150	225	48	46	48	211	207	172	20	3
GAC160S	GAC160F	160	240	51	49	51	225	221	183	20	3
GAC170S	GAC170F	170	260	57	55	57	246	242	195	21	3
GAC180S	GAC180F	180	280	64	61	64	260	256	207	21	3
GAC190S	GAC190F	190	290	64	62	64	275	270	213	26	3
GAC200S	GAC200F	200	310	70	66	70	290	285	230	26	3

20.7.2.3 推力关节轴承（见表 20-86）

表 20-86 推力关节轴承（摘自 GB/T 9162） （单位：mm）

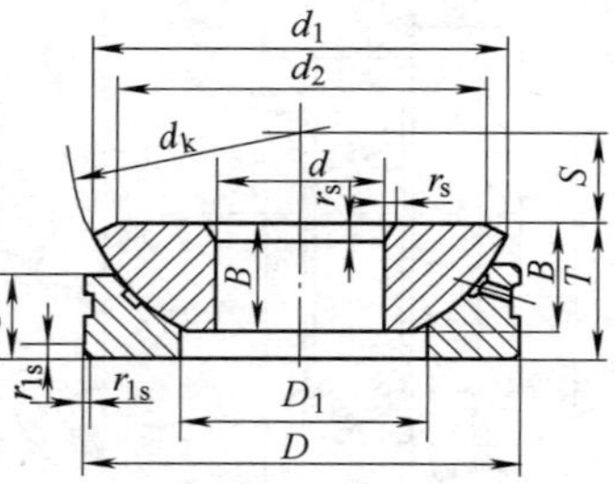

GX…S 型

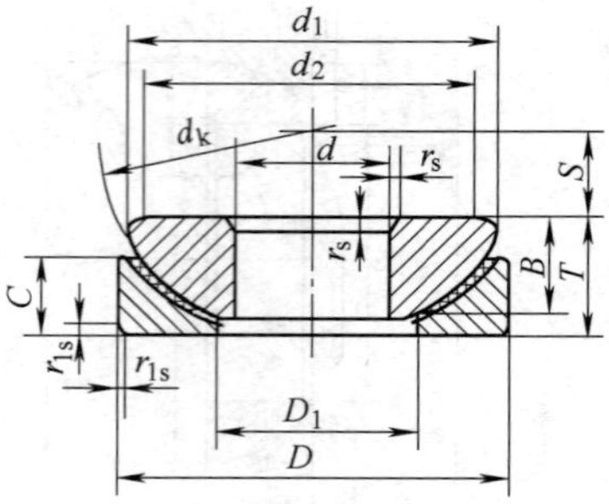

GX…F 自润滑型

轴承型号		外形尺寸										
GX…S 型	GX…F 型	d	D	B max	C max	T	d_k	S ≈	d_1 min	$d_2$① ≈	D_1 max	r_{smin} r_{1smin}
GX10S	GX10F	10	30	8	7	9.5	32	7	27	21	17	0.6
GX12S	GX12F	12	35	10	10	13	38	8	31.5	24	20	0.6
GX15S	GX15F	15	42	11	11	15	46	10	38.5	29	24.5	0.6
GX17S	GX17F	17	47	12	12	16	51	11	43	34	28.5	0.6
GX20S	GX20F	20	55	15	14	20	60	12.5	49.5	40	34	1
GX25S	GX25F	25	62	17	17	22.5	67	14	57	45	35	1
GX30S	GX30F	30	75	19	20	26	81	17.5	68.5	56	44.5	1
GX35S	GX35F	35	90	22	21	28	98	22	83.5	66	52.5	1
GX40S	GX40F	40	105	27	22	32	114	24.5	96	78	59.5	1
GX45S	GX45F	45	120	31	26	36.5	129	27.5	109	89	68.5	1
GX50S	GX50F	50	130	34	32	42.5	140	30	119	98	71	1
GX60S	GX60F	60	150	37	34	45	160	35	139	109	86.5	1
GX70S	GX70F	70	160	42	37	50	173	35	149	121	95.5	1
GX80S	GX80F	80	180	44	38	50	196	42.5	167	135	109	1
GX100S	GX100F	100	210	51	46	59	221	45	194	155	134	1
GX120S	GX120F	120	230	54	50	64	248	52.5	213	170	155	1
GX140S	GX140F	140	260	61	54	72	274	52.5	243	198	177	1.5
GX160S	GX160F	160	290	66	58	77	313	65	271	213	200	1.5
GX180S	GX180F	180	320	74	62	86	340	67.5	299	240	225	1.5
GX200S	GX200F	200	340	80	66	87	365	70	320	265	247	1.5

① 由制造厂确定。

20. 7. 2. 4　杆端关节轴承（见表 20-87）

表 20-87　杆端关节轴承（摘自 GB/T 9161）

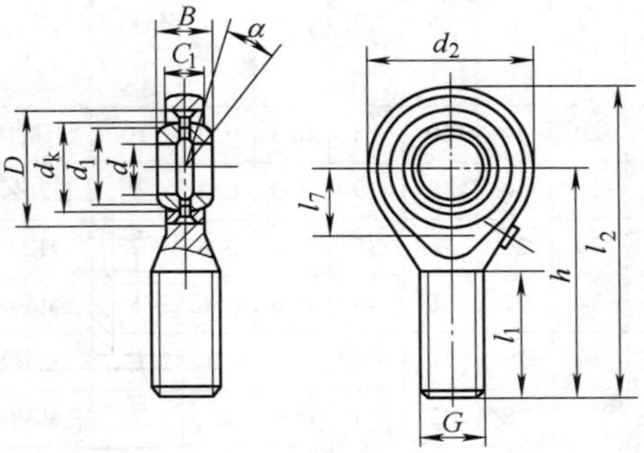

SA…ES 型

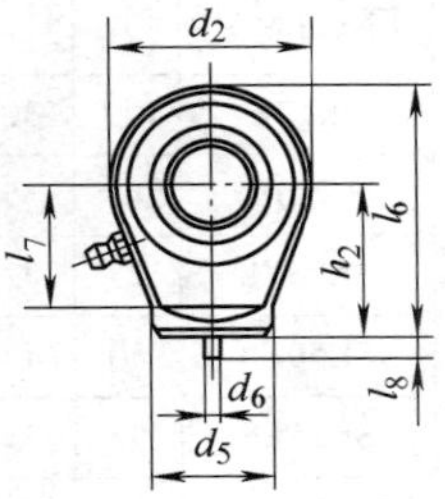

l_8=6mm

S 型焊接柄杆端关节轴承

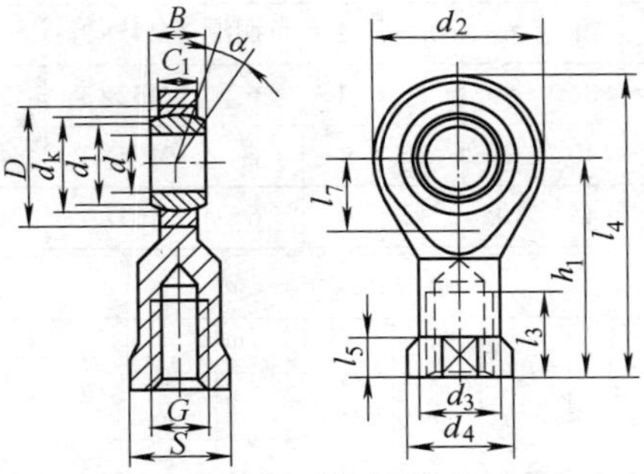

SI…E 型

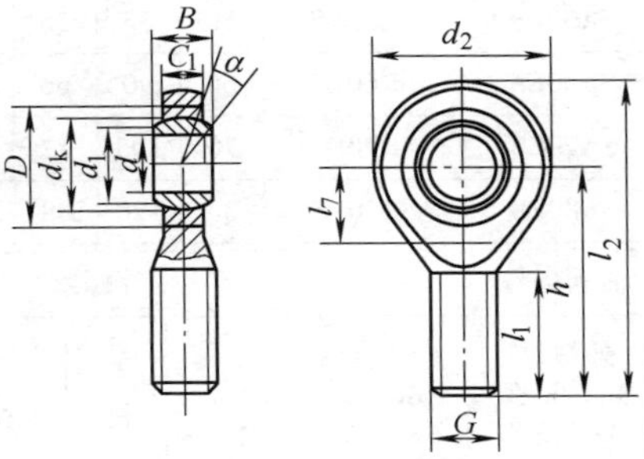

SA…E 型

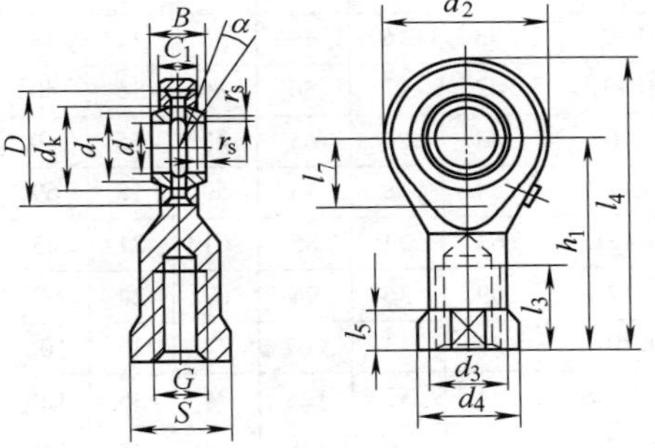

SI …ES 型

表 20-87a　杆端关节轴承（E）系列　（单位：mm）

轴承型号			带外螺纹或内螺纹或焊接柄												
内螺纹 SI…E 型 SI…ES 型	外螺纹 SA…E 型 SA…ES 型	焊接柄 SK…E 型 SK…ES 型	d	D①	d_1 ≈	B	C①	d_k②	r_{smin}	r_{1smin}①	α/(°) ≈	G	C_1 max	d_2 max	l_7 min
SI5E	SA5E	SK5E	5③	14	8	6	4	10	0. 3	0. 3	13	M5	4. 5	22	10
SI6E	SA6E	SK6E	6③	14	8	6	4	10	0. 3	0. 3	13	M6	4. 5	22	10
SI8E	SA8E	SK8E	8③	16	10	8	5	13	0. 3	0. 3	15	M8	6. 5	25	11
SI10E	SA10E	SK10E	10③	19	13	9	6	16	0. 3	0. 3	12	M10	7. 5	30	13
SI12E	SA12E	SK12E	12③	22	15	10	7	18	0. 3	0. 3	10	M12	8. 5	35	17
SI15E	SA15E	SK15E	15④	26	18	12	9	22	0. 3	0. 3	8	M14	10. 5	41	19

（续）

轴承型号			带外螺纹或内螺纹或焊接柄												
内螺纹 SI…E 型 SI…ES 型	外螺纹 SA…E 型 SA…ES 型	焊接柄 SK…E 型 SK…ES 型	d	D①	d_1 ≈	B	C①	d_k②	r_{smin}	r_{1smin}①	α/(°) ≈	G	C_1 max	d_2 max	l_7 min
SI17E	SA17E	SK17E	17④	30	20	14	10	25	0.3	0.3	10	M16	11.5	47	22
SI20E	SA20E	SK20E	20④	35	24	16	12	29	0.3	0.3	9	M20×1.5	13.5	54	24
SI25ES	SA25ES	SK25ES	25	42	29	20	16	35	0.6	0.6	7	M24×2	18	65	30
SI30ES	SA30ES	SK30ES	30	47	34	22	18	40	0.6	0.6	6	M30×2	20	75	34
SI35ES	SA35ES	SK35ES	35	55	39	25	20	47	0.6	1	6	M36×3	22	84	40
SI40ES	SA40ES	SK40ES	40	62	45	28	22	53	0.6	1	7	M39×3	24	94	46
SI45ES	SA45ES	SK45ES	45	68	50	32	25	60	0.6	1	7	M42×3	28	104	50
SI50ES	SA50ES	SK50ES	50	75	55	35	28	66	0.6	1	6	M45×3	31	114	58
SI60ES	SA60ES	SK60ES	60	90	66	44	36	80	1	1	6	M52×3	39	137	73
SI70ES	SA70ES	SK70ES	70	105	77	49	40	92	1	1	6	M56×4	43	162	85
SI80ES	SA80ES	SK80ES	80	120	88	55	45	105	1	1	6	M64×4	48	182	98

轴承型号			带外螺纹			带内螺纹						带焊接柄			
内螺纹 SI…E 型 SI…ES 型	外螺纹 SA…E 型 SA…ES 型	焊接柄 SK…E 型 SK…ES 型	h	l_1 min	l_2 max	h_1	l_3 min	l_4 max	l_5 ≈	d_3 ≈	d_4 max	h_2	l_6 max	d_5 max	d_6
SI5E	SA5E	SK5E	36	16	49	31	11	43	5	11	14	—	—	—	—
SI6E	SA6E	SK6E	36	16	49	30	11	43	5	11	14	—	—	—	—
SI8E	SA8E	SK8E	42	21	56	36	15	50	5	13	17	—	—	—	—
SI10E	SA10E	SK10E	48	26	65	43	15	60	6.5	16	20	24	40	16	3
SI12E	SA12E	SK12E	54	28	73	50	18	69	6.5	19	23	27	45	19	3
SI15E	SA15E	SK15E	63	34	85	61	21	83	8	22	27	31	52	22	4
SI17E	SA17E	SK17E	69	36	94	67	24	92	10	25	31	35	59	25	4
SI20E	SA20E	SK20E	78	43	107	77	30	106	10	28	36	38	66	29	4
SI25ES	SA25ES	SK25ES	94	53	128	94	36	128	12	35	44	45	78	35	4
SI30ES	SA30ES	SK30ES	110	65	149	110	45	149	15	42	52	51	89	42	4
SI35ES	SA35ES	SK35ES	140	82	184	125	60	169	15	47	60	61	104	49	4
SI40ES	SA40ES	SK40ES	150	86	199	142	65	191	18	52	67	69	118	54	4
SI45ES	SA45ES	SK45ES	163	92	217	145	65	199	20	58	72	77	132	60	6
SI50ES	SA50ES	SK50ES	185	104	244	160	68	219	20	62	77	88	150	64	6
SI60ES	SA60ES	SK60ES	210	115	281	175	70	246	20	70	90	100	173	72	6
SI70ES	SA70ES	SK70ES	235	125	319	200	80	284	20	80	100	115	199	82	6
SI80ES	SA80ES	SK80ES	270	140	364	230	85	324	25	95	112	141	237	97	6

注：1. 螺纹可为右旋或左旋。若为左旋，轴承代号为 SIL…E、SIL…ES、SAL…E 和 SAL…ES，对边宽度 S 未规定尺寸。

2. r_{smin}—内圈最小单向倒角尺寸。

3. r_{1smin}—外圈最小单向倒角尺寸。

① 参考尺寸，不适用于整体结构。

② 参考尺寸。

③ 这些杆端关节轴承无再润滑装置。

④ 这些杆端关节轴承具有再润滑装置，是通过润滑孔而不是通过润滑接口进行再润滑的。

表 20-87b 符合尺寸系列 E、柄部为加强型的杆端关节轴承 EH 系列 （单位：mm）

d	带外螺纹或内螺纹												带外螺纹			带内螺纹				
	D①	d_1 ≈	B	C①	d_k②	r_{smin}	r_{1smin}①	α/(°) ≈	G	C_1 max	d_2 max	l_7 min	h	l_1 min	l_2 max	h_1	l_3 min	l_4 max	l_5 ≈	d_3 ≈
35	55	39	25	20	47	0.6	1	6	M36×3	22	84	40	130	82	174	130	60	174	25	49
40	62	45	28	22	53	0.6	1	7	M42×3	24	94	46	145	90	194	145	65	194	25	58
45	68	50	32	25	60	0.6	1	7	M45×3	28	104	50	165	95	219	165	65	219	30	65
50	75	55	35	28	66	0.6	1	6	M52×3	31	114	58	195	110	254	195	68	254	30	70
60	90	66	44	36	80	1	1	6	M60×4	39	137	73	225	120	296	225	70	296	35	82
70	105	77	49	40	92	1	1	6	M72×4	43	162	85	265	132	349	265	80	349	40	92
80	120	88	55	45	105	1	1	6	M80×4	48	182	98	295	147	389	295	85	389	45	105

注：1. EH 系列是 GB/T 9161—2001 中新增系列，对边宽度未规定尺寸。

2. r_{smin}—内圈最小单向倒角尺寸。

3. r_{1smin}—外圈最小单向倒角尺寸。

① 参考尺寸，不适用于整体结构。

② 参考尺寸。

表 20-87c 杆端关节轴承 G 系列 （单位：mm）

轴承型号			带外螺纹或内螺纹或焊接柄												
内螺纹 SIG…E 型 SIG…ES 型	外螺纹 SAG…E 型 SAG…ES 型	焊接柄 SKG…E 型 SKG…ES 型	d	D①	d_1 ≈	B	C①	d_k②	r_{smin}	r_{1smin}①	α/(°) ≈	G	C_1 max	d_2 max	l_7 min
SIG4E	SAG4E	SKG4E	4③	14	7	7	4	10	0.3	0.3	20	M5	4.5	22	10
SIG5E	SAG5E	SKG5E	5③	14	7	7	4	10	0.3	0.3	20	M6	4.5	22	10
SIG6E	SAG6E	SKG6E	6③	16	9	9	5	13	0.3	0.3	21	M8	6.5	25	11
SIG8E	SAG8E	SKG8E	8③	19	11	11	6	16	0.3	0.3	21	M10	7.5	30	13
SIG10E	SAG10E	SKG10E	10③	22	13	12	7	18	0.3	0.3	18	M12	8.5	35	17
SIG12E	SAG12E	SKG12E	12④	26	16	15	9	22	0.3	0.3	18	M14	10.5	41	19
SIG15E	SAG15E	SKG15E	15④	30	19	16	10	25	0.3	0.3	16	M16	11.5	47	22
SIG17E	SAG17E	SKG17E	17④	35	21	20	12	29	0.3	0.3	19	M20×1.5	13.5	54	24
SIG20ES	SAG20ES	SKG20ES	20	42	24	25	16	35	0.3	0.6	17	M24×2	18	65	30
SIG25ES	SAG25ES	SKG25ES	25	47	29	28	18	40	0.6	0.6	17	M30×2	20	75	34
SIG30ES	SAG30ES	SKG30ES	30	55	34	32	20	47	0.6	1	17	M36×3	22	84	40
SIG35ES	SAG35ES	SKG35ES	35	62	39	35	22	53	0.6	1	16	M39×3	24	94	46
SIG40ES	SAG40ES	SKG40ES	40	68	44	40	25	60	0.6	1	17	M42×3	28	104	50
SIG45ES	SAG45ES	SKG45ES	45	75	50	43	28	66	0.6	1	15	M45×3	31	114	58
SIG50ES	SAG50ES	SKG50ES	50	90	57	56	36	80	0.6	1	17	M52×3	39	137	73
SIG60ES	SAG60ES	SKG60ES	60	105	67	63	40	92	1	1	17	M56×4	43	162	85
SIG70ES	SAG70ES	SKG70ES	70	120	77	70	45	105	1	1	16	M64×4	48	182	98
SIG4E	SAG4E	SKG4E	36	16	49	30	11	43	5	11	14	—	—	—	—
SIG5E	SAG5E	SKG5E	36	16	49	30	11	43	5	11	14	—	—	—	—

（续）

轴承型号			带外螺纹			带内螺纹						带焊接柄			
内螺纹 SIG…E 型 SIG…ES 型	外螺纹 SAG…E 型 SAG…ES 型	焊接柄 SKG…E 型 SKG…ES 型	h	l_1 min	l_2 max	h_1	l_3 min	l_4 max	l_5 ≈	d_3 ≈	d_4 max	h_2	l_6 max	d_5 max	d_6
SIG6E	SAG6E	SKG6E	42	21	56	36	15	50	5	13	17	—	—	—	—
SIG8E	SAG8E	SKG8E	48	26	65	43	15	60	6.5	16	20	24	40	16	3
SIG10E	SAG10E	SKG10E	54	28	73	50	18	69	6.5	19	23	27	45	19	3
SIG12E	SAG12E	SKG12E	63	34	85	61	21	83	8	22	27	31	52	22	4
SIG15E	SAG15E	SKG15E	69	36	94	67	24	92	10	25	31	35	59	25	4
SIG17E	SAG17E	SKG17E	78	43	107	77	30	106	10	28	36	38	66	29	4
SIG20ES	SAG20ES	SKG20ES	94	53	128	94	36	128	12	35	44	45	78	35	4
SIG25ES	SAG25ES	SKG25ES	110	65	149	110	45	149	15	42	52	51	89	42	4
SIG30ES	SAG30ES	SKG30ES	140	82	184	125	60	169	15	47	60	61	104	49	4
SIG35ES	SAG35ES	SKG35ES	150	86	199	142	65	191	18	52	67	69	118	54	4
SIG40ES	SAG40ES	SKG40ES	163	92	217	145	65	199	20	58	72	77	132	60	6
SIG45ES	SAG45ES	SKG45ES	185	104	244	160	68	219	20	62	77	88	150	64	6
SIG50ES	SAG50ES	SKG50ES	210	115	281	175	70	246	20	70	90	100	173	72	6
SIG60ES	SAG60ES	SKG60ES	235	125	319	200	80	284	20	80	100	115	199	82	6
SIG70ES	SAG70ES	SKG70ES	270	140	364	230	85	324	25	95	112	141	237	97	6

注：1. 螺纹可右旋或左旋。若为左旋，轴承代号为 SILG…E、SILG…ES、SALG…E 和 SALG…ES，对边宽度未规定尺寸。

2. r_{smin}—内圈最小单向倒角尺寸。

3. r_{1smin}—外圈最小单向倒角尺寸。

① 参考尺寸，不适用于整体结构。

② 参考尺寸。

③ 这些杆端关节轴承无再润滑装置。

④ 这些杆端关节轴承具有再润滑装置，是通过润滑孔而不是通过润滑接口进行再润滑的。

表 20-87d　符合尺寸系列 G、柄部为加强型的杆端关节轴承 GH 系列　（单位：mm）

d	带外螺纹或内螺纹												带外螺纹			带内螺纹				
	D①	d_1 ≈	B	C①	d_k②	r_{smin}	r_{1smin}①	α/(°) ≈	G	C_1 max	d_2 max	l_7 min	h	l_1 min	l_2 max	h_1	l_3 min	l_4 max	l_5 ≈	d_3 ≈
30	55	34	32	20	47	0.6	1	17	M36×3	22	84	40	130	82	174	130	60	174	25	49
35	62	39	35	22	53	0.6	1	16	M42×2	24	94	46	145	90	194	145	65	194	25	58
40	68	44	40	25	60	0.6	1	17	M45×3	28	104	50	165	95	219	165	65	219	30	65
45	75	50	43	28	66	0.6	1	15	M52×3	31	114	58	195	110	254	195	68	254	30	70
50	90	57	56	36	80	0.6	1	17	M60×4	39	137	73	225	120	296	225	70	296	35	82
60	105	67	63	40	92	1	1	17	M72×4	43	162	85	265	132	349	265	80	349	40	92
70	120	77	70	45	105	1	1	16	M80×4	48	182	98	295	147	389	295	85	389	45	105

注：1. GH 系列是 GB/T 9161—2001 中新增系列，对边宽度未规定尺寸。

2. r_{smin}—内圈最小单向倒角尺寸。

3. r_{1smin}—外圈最小单向倒角尺寸。

① 参考尺寸，不适用于整体结构。

② 参考尺寸。

20.7.2.5　自润滑杆端关节轴承（见表 20-88）

表 20-88　自润滑杆端关节轴承（K）系列（摘自 GB/T 9161）　　（单位：mm）

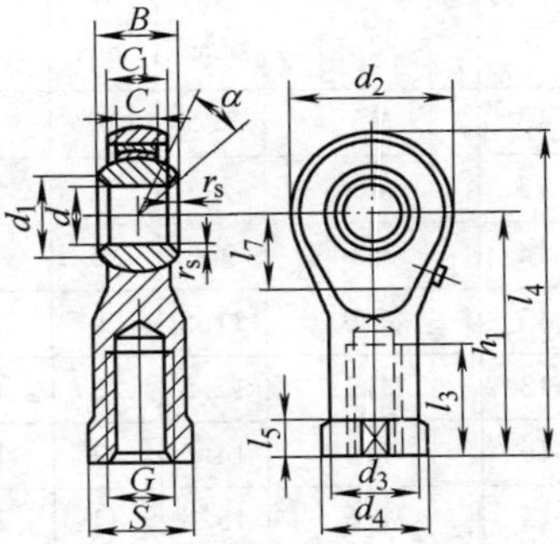

SIB…S 型

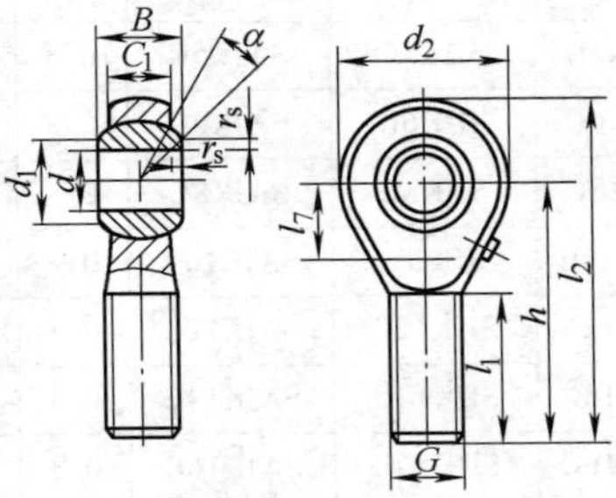

SAB…S 型

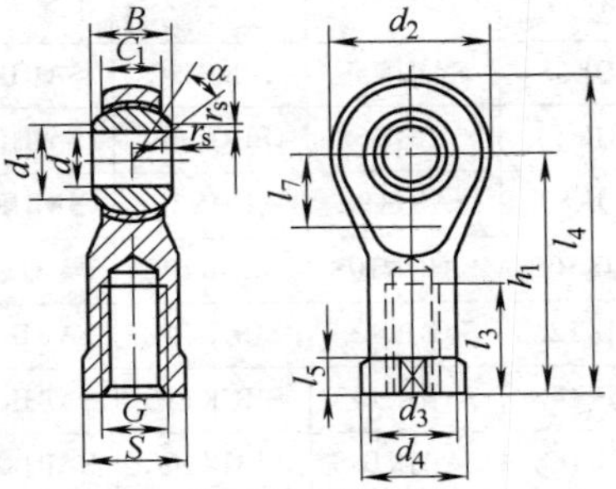

SIB…C 型

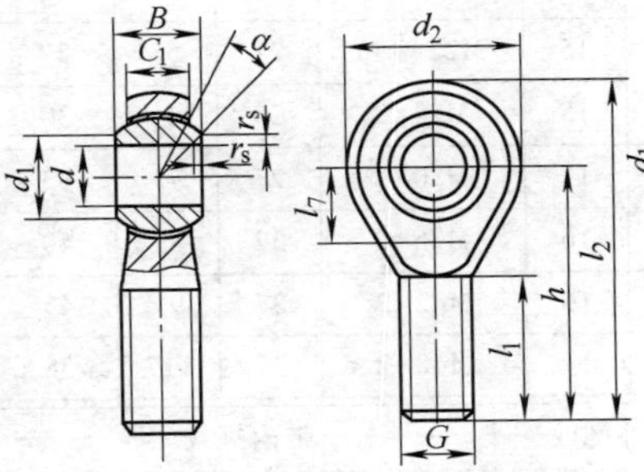

SAB…C型

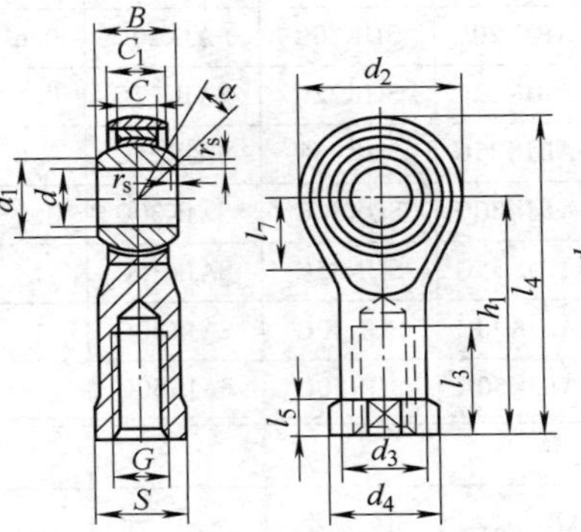

SI…C型

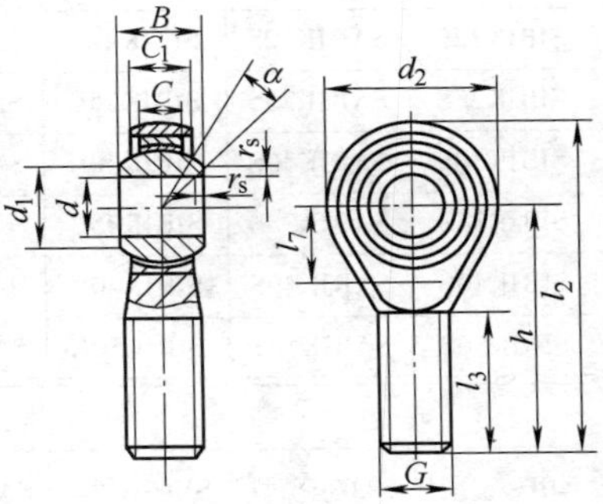

SA…C型

轴承型号						d	带外螺纹或内螺纹					
SIB…S 型 内螺纹	SAB…S 型 外螺纹	SIB…C 型 内螺纹	SAB…C 型 外螺纹	SI…C 型 内螺纹	SA…C 型 外螺纹		D①	d_1 ≈	B	C①	d_k②	r_s
SIBJK5S	SABJK5S	SIBJK5C	SABJK5C	SIJK5C	SAJK5C	5③	13	7.7	8	6	11.1	0.3
SIBJK6S	SABJK6S	SIBJK6C	SABJK6C	SIJK6C	SAJK6C	6	16	8.9	9	6.75	12.7	0.3
SIBJK8S	SABJK8S	SIBJK8C	SABJK8C	SIJK8C	SAJK8C	8	19	10.3	12	9	15.8	0.3
SIBJK10S	SABJK10S	SIBJK10C	SABJK10C	SIJK10C	SAJK10C	10	22	12.9	14	10.5	19	0.3
SIBJK12S	SABJK12S	SIBJK12C	SABJK12C	SIJK12C	SAJK12C	12	26	15.4	16	12	22.2	0.3
SIBJK14S	SABJK14S	SIBJK14C	SABJK14C	SIJK14C	SAJK14C	14	29	16.8	19	13.5	25.4	0.3
SIBJK16S	SABJK16S	SIBJK16C	SABJK16C	SIJK16C	SAJK16C	16	32	19.3	21	15	28.5	0.3
SIBJK18S	SABJK18S	SIBJK18C	SABJK18C	SIJK18C	SAJK18C	18	35	21.8	23	16.5	31.7	0.3
SIBJK20S	SABJK20S	SIBJK20C	SABJK20C	SIJK20C	SAJK20C	20	40	24.3	25	18	34.9	0.3
SIBJK22S	SABJK22S	SIBJK22C	SABJK22C	SIJK22C	SAJK22C	22	42	25.8	28	20	38.1	0.3
SIBJK25S	SABJK25S	SIBJK25C	SABJK25C	SIJK25C	SAJK25C	25	47	29.5	31	22	42.8	0.3
SIBJK30S	SABJK30S	SIBJK30C	SABJK30C	SIJK30C	SAJK30C	30	55	34.8	37	25	50.8	0.3
SIBJK35S	SABJK35S	SIBJK35C	SABJK35C	SIJK35C	SAJK35C	35	65	40.3	43	30	59	0.6
SIBJK40S	SABJK40S	SIBJK40C	SABJK40C	SIJK40C	SAJK40C	40	72	44.2	49	35	66	0.6
SIBJK50S	SABJK50S	SIBJK50C	SABJK50C	SIJK50C	SAJK50C	50	90	55.8	60	45	82	0.6

（续）

轴承型号						带外螺纹或内螺纹					
SIB…S 型 内螺纹	SAB…S 型 外螺纹	SIB…C 型 内螺纹	SAB…C 型 外螺纹	SI…C 型 内螺纹	SA…C 型 外螺纹	r_{1smin} ①	α/(°) ≈	G	C_1 max	d_2 max	l_7 min
SIBJK5S	SABJK5S	SIBJK5C	SABJK5C	SIJK5C	SAJK5C	0.3	13	M5	7.5	19	9
SIBJK6S	SABJK6S	SIBJK6C	SABJK6C	SIJK6C	SAJK6C	0.3	13	M6	7.5	21	10
SIBJK8S	SABJK8S	SIBJK8C	SABJK8C	SIJK8C	SAJK8C	0.3	14	M8	9.5	25	12
SIBJK10S	SABJK10S	SIBJK10C	SABJK10C	SIJK10C	SAJK10C	0.3	13	M10	11.5	29	14
SIBJK12S	SABJK12S	SIBJK12C	SABJK12C	SIJK12C	SAJK12C	0.3	13	M12	12.5	33	16
SIBJK14S	SABJK14S	SIBJK14C	SABJK14C	SIJK14C	SAJK14C	0.3	16	M14	14.5	37	18
SIBJK16S	SABJK16S	SIBJK16C	SABJK16C	SIJK16C	SAJK16C	0.3	15	M16	15.5	43	21
SIBJK18S	SABJK18S	SIBJK18C	SABJK18C	SIJK18C	SAJK18C	0.3	15	M18×1.5	17.5	47	23
SIBJK20S	SABJK20S	SIBJK20C	SABJK20C	SIJK20C	SAJK20C	0.6	14	M20×1.5	18.5	51	25
SIBJK22S	SABJK22S	SIBJK22C	SABJK22C	SIJK22C	SAJK22C	0.6	15	M22×1.5	21	55	27
SIBJK25S	SABJK25S	SIBJK25C	SABJK25C	SIJK25C	SAJK25C	0.6	15	M24×2	23	61	30
SIBJK30S	SABJK30S	SIBJK30C	SABJK30C	SIJK30C	SAJK30C	0.6	17	M30×2	27	71	35
SIBJK35S	SABJK35S	SIBJK35C	SABJK35C	SIJK35C	SAJK35C	1	16	M36×2	32	81	40
SIBJK40S	SABJK40S	SIBJK40C	SABJK40C	SIJK40C	SAJK40C	1	16	M42×2	37	91	45
SIBJK50S	SABJK50S	SIBJK50C	SABJK50C	SIJK50C	SAJK50C	1	14	M48×2	47	117	58

轴承型号						带外螺纹			带内螺纹					
SIB…S 型 内螺纹	SAB…S 型 外螺纹	SIB…C 型 内螺纹	SAB…C 型 外螺纹	SI…C 型 内螺纹	SA…C 型 外螺纹	h	l_1 min	l_2 max	h_1	l_3 min	l_4 max	l_5 ≈	d_3 ≈	d_4 max
SIBJK5S	SABJK5S	SIBJK5C	SABJK5C	SIJK5C	SAJK5C	33	19	44	27	8	38	4	9	12
SIBJK6S	SABJK6S	SIBJK6C	SABJK6C	SIJK6C	SAJK6C	36	21	48	30	9	42	5	10	14
SIBJK8S	SABJK8S	SIBJK8C	SABJK8C	SIJK8C	SAJK8C	42	25	56	36	12	50	5	12.5	17
SIBJK10S	SABJK10S	SIBJK10C	SABJK10C	SIJK10C	SAJK10C	48	28	64	43	15	59	6.5	15	20
SIBJK12S	SABJK12S	SIBJK12C	SABJK12C	SIJK12C	SAJK12C	54	32	72	50	18	68	6.5	17.5	23
SIBJK14S	SABJK14S	SIBJK14C	SABJK14C	SIJK14C	SAJK14C	60	36	80	57	21	77	8	20	27
SIBJK16S	SABJK16S	SIBJK16C	SABJK16C	SIJK16C	SAJK16C	66	37	89	64	24	87	8	22	29
SIBJK18S	SABJK18S	SIBJK18C	SABJK18C	SIJK18C	SAJK18C	72	41	97	71	27	96	10	25	32
SIBJK20S	SABJK20S	SIBJK20C	SABJK20C	SIJK20C	SAJK20C	78	45	106	77	30	105	10	27.5	37
SIBJK22S	SABJK22S	SIBJK22C	SABJK22C	SIJK22C	SAJK22C	84	48	114	84	33	114	12	30	40
SIBJK25S	SABJK25S	SIBJK25C	SABJK25C	SIJK25C	SAJK25C	94	55	127	94	36	127	12	33.5	44
SIBJK30S	SABJK30S	SIBJK30C	SABJK30C	SIJK30C	SAJK30C	110	66	148	110	45	148	15	40	52
SIBJK35S	SABJK35S	SIBJK35C	SABJK35C	SIJK35C	SAJK35C	140	85	183	125	56	168	20	49	60
SIBJK40S	SABJK40S	SIBJK40C	SABJK40C	SIJK40C	SAJK40C	150	90	198	142	60	190	25	57	69
SIBJK50S	SABJK50S	SIBJK50C	SABJK50C	SIJK50C	SAJK50C	185	105	246	160	65	221	25	65	78

注：螺纹可为左旋或右旋。若为左旋，轴承代号为 SILB…S、SALB…S、SILB…C、SALB…C、SIL…C 和 SAL…C，对边宽度未规定尺寸。

① 参考尺寸，不适用于整体结构。

② 参考尺寸。

③ 该杆端关节轴承无再润滑装置。

20.7.2.6　自润滑球头杆端关节轴承（见表 20-89）

表 20-89　自润滑球头杆端关节轴承（摘自 JB/T 5306—2007）　　（单位：mm）

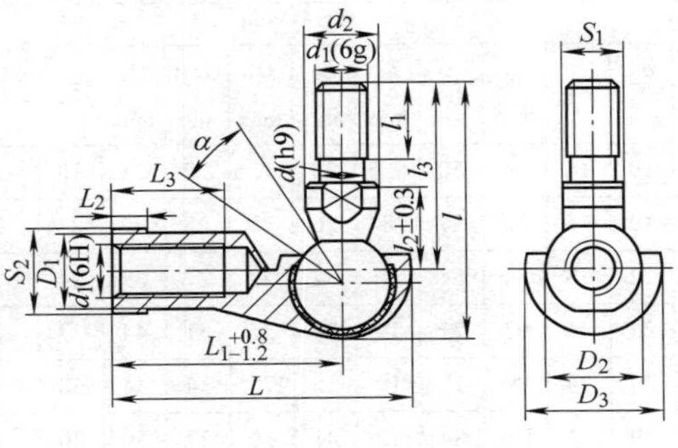

SQ… C型

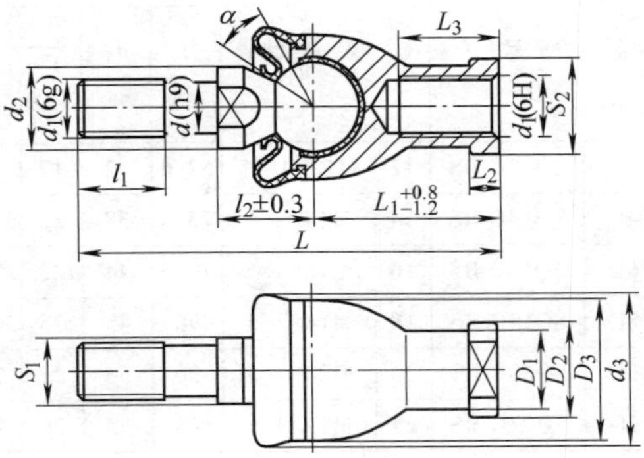

SQZ … C-RS型

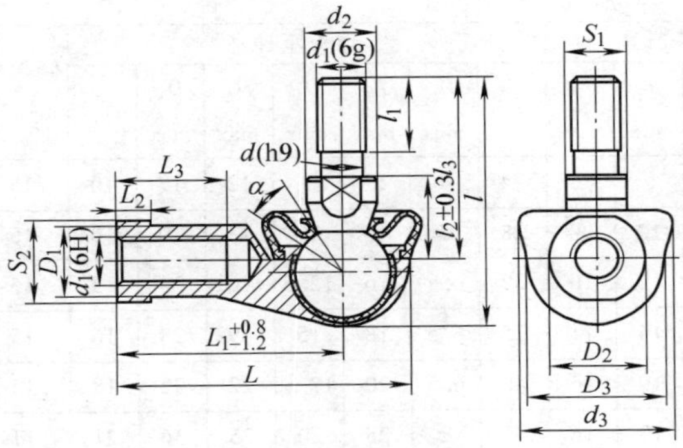

SQ …C-RS型

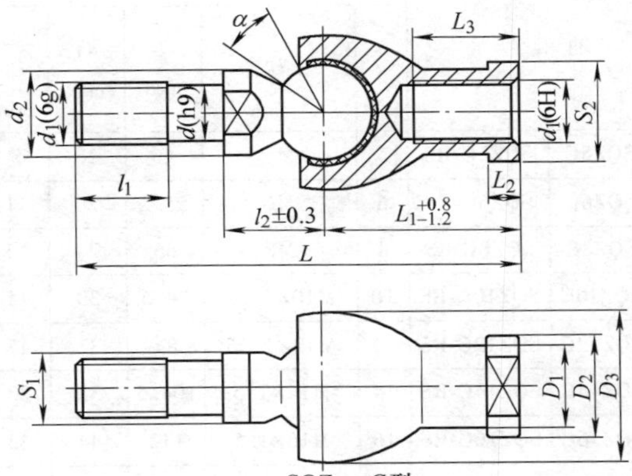

SQZ … C型

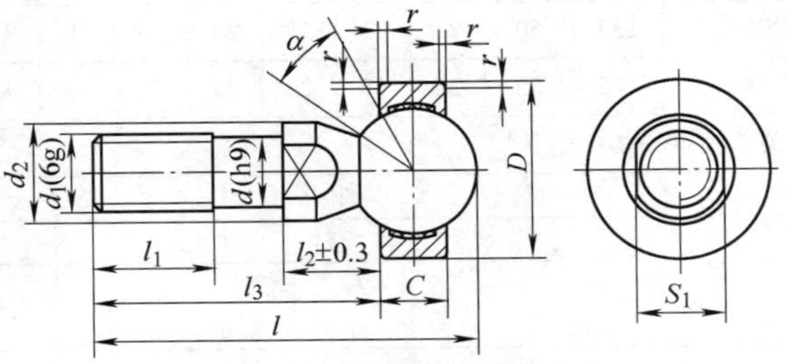

SQD … C型

(1) 自润滑弯杆球头杆端关节轴承 SQ…C 型和 SQ…C-RS 型[①]

轴承型号		外形尺寸																	倾斜角
						球头杆					球头座杆								
		d	d_1	l max	d_3 max	l_1 min	l_2	l_3 max	d_2 min	S_1	L max	L_1	L_2 max	L_3 max	D_1 max	D_2 max	D_3 max	S_2	α/(°)
SQ5C	SQ5C-RS	5	M5	30	20	8	10	21	9	7	36	27	4	14	9	12	18	10	25
SQ6C	SQ6C-RS	6	M6	36	20	11	11	26	10	8	40.5	30	5	14	10	13	20	10	25
SQ8C	SQ8C-RS	8	M8	43.5	24	12	14	31	12	10	49	36	5	17	12.5	16	25	13	25
SQ10C	SQ10C-RS	10	M10×1.25	51.5	30	15	17	37	14	11	58	43	6.5	21	15	19	29	16	25

（续）

(1)自润滑弯杆球头杆端关节轴承 SQ…C 型和 SQ…C-RS 型①

轴承型号		外形尺寸																		倾斜角 α/(°)
		d	d_1	l max	d_3 max	球头杆 l_1 min	l_2	l_3 max	d_2 min	S_1	球头座杆 L max	L_1	L_2 max	L_3 max	D_1 max	D_2 max	D_3 max	S_2		
SQ12C	SQ12C-RS	12	M12×1.25	57.6	32	17	19	42	19	16	66	50	6.5	25	17.5	22	31	18		25
SQ14C	SQ14C-RS	14	M14×1.5	73.5	38	22	21.5	56	19	16	75	57	8	26	20	25	35	21		25
SQ16C	SQ16C-RS	16	M16×1.5	79.5	44	23	23.5	60	22	18	84	64	8	32	22	27	39	24		20
SQ18C	SQ18C-RS	18	M18×1.5	90	45	25	26.5	68	25	21	93	71	10	34	25	31	44	27		20
SQ20C	SQ20C-RS	20	M20×1.5	90	50	25	27	68	29	24	99	77	10	35	27.5	34	44	30		20
SQ22C	SQ22C-RS	22	M22×1.5	95	52	26	28	70	29	24	109	84	12	41	30	37	50	30		16

(2)自润滑直杆球头杆端关节轴承 SQZ…C 型和 SQZ…C-RS 型②

轴承型号		外形尺寸																	倾斜角 α/(°)
		d	d_1	l max	d_3 max	球头杆 l_1 min	l_2	d_2 min	S_1	球头座杆 L_1	L_2 max	L_3 max	D_1 max	D_2 max	D_3 max	S_2			
SQZ5C	SQZ5C-RS	5	M5	46	20	8	11	9	7	24	4	12	9	12	17	10			15
SQZ6C	SQZ6C-RS	6	M6	55.2	20	11	12.2	10	8	28	5	15	10	13	20	10			15
SQZ8C	SQZ8C-RS	8	M8	65	24	12	16	12	10	32	5	16	12.5	16	24	13			15
SQZ10C	SQZ10C-RS	10	M10×1.25	74.5	30	15	19.5	14	11	35	6.5	18	15	19	28	16			15
SQZ12C	SQZ12C-RS	12	M12×1.25	84	32	17	21	19	16	40	6.5	20	17.5	22	32	18			15
SQZ14C	SQZ14C-RS	14	M14×1.5	104.5	38	22	23	19	16	45	8	25	20	25	36	21			11
SQZ16C	SQZ16C-RS	16	M16×1.5	112	44	23	25.5	22	18	50	8	27	22	27	40	24			11
SQZ18C	SQZ18C-RS	18	M18×1.5	130.5	45	25	31	25	21	58	10	32	25	31	45	27			11
SQZ20C	SQZ20C-RS	20	M20×1.5	133	50	25	31	29	24	63	10	38	27.5	34	45	27			7.5
SQZ22C	SQZ22C-RS	22	M22×1.5	145	52	26	33	29	24	70	12	43	30	37	50	30			7.5

(3)自润滑单杆球头杆端关节轴承 SQD…C 型③

轴承型号	外形尺寸										倾斜角 α/(°)
	d	d_1	l max	球头杆 l_1 min	l_2	l_3 max	d_2 min	S_1	球头座 D	C	r min
SQD5C	5	M5	27.5	8	8	19	9	7	16	6	0.5	25
SQD6C	6	M6	33.5	11	8.8	23.8	10	8	18	6.75	0.5	25
SQD8C	8	M8	41	12	11.6	28.6	12	10	22	9	0.5	25
SQD10C	10	M10×1.25	49	15	14.2	34.2	14	11	26	10.5	0.5	25
SQD12C	12	M12×1.25	55.1	17	15.1	38.1	17	15	30	12	0.5	25
SQD14C	14	M14×1.5	70.7	22	16.8	51.3	19	17	34	13.5	0.5	20
SQD16C	16	M16×1.5	76.3	23	18	54.5	22	19	38	15	0.5	20

① 球头座杆的螺纹可为右旋或左旋。若是左旋，轴承型号应加“L”、螺纹标记需加“左”。例如，SQL5C、M5 左-6H；SQL10C-RS、M10×1.25 左-6H。

② 球头座杆的螺纹可为右旋或左旋。若为左旋，轴承型号应加“L”、螺纹标记应加“左”，例如，SQZL5C、M5 左-6H、SQZL12C-RS、M12×1.25 左-6H。

③ 轴承型号后段字母 C，表示球头座的滑动表面为烧结青铜复合材料；字母 RS 表示带密封罩。

20.7.2.7　关节轴承的安装尺寸（见表 20-90）

表 20-90　关节轴承的安装尺寸　（单位：mm）

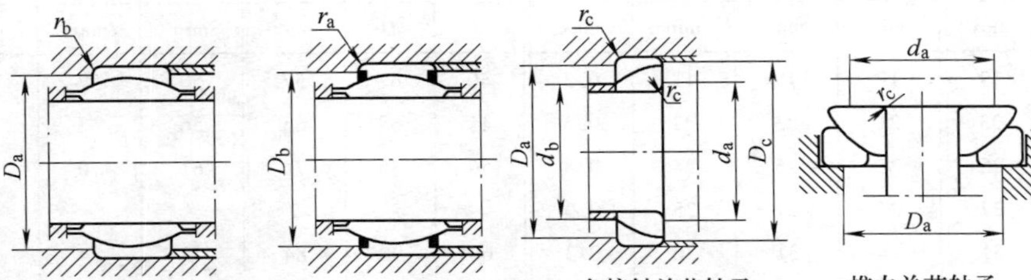

GEEW…ES 型　GEEW…ES–2RS型　角接触关节轴承　推力关节轴承

（1）向心关节轴承（E 系列）安装尺寸

轴承公称直径		d_a		D_a		D_b		r_a	r_b
d	D	max	min	max	min	max	min	max	max
4	12	6	6	10	8	—	—	0.3	0.3
5	14	7	7	12	10	—	—	0.3	0.3
6	14	8	8	12	10	—	—	0.3	0.3
8	16	10	10	14	13	—	—	0.3	0.3
10	19	13	13	17	17	—	—	0.3	0.3
12	22	15	15	19	18	—	—	0.3	0.3
15	26	18	18	23	21	23	22	0.3	0.3
17	30	20	20	27	24	27	25	0.3	0.3
20	35	24	23	31	28	31	30	0.3	0.3
25	42	29	28	38	33	38	36	0.6	0.6
30	47	34	33	43	38	43	40	0.6	0.6
35	55	39	38	50	44	50	47	0.6	1.0
40	62	45	44	57	50	57	53	0.6	1.0
45	68	50	49	63	56	63	59	0.6	1.0
50	75	55	54	70	61	70	64	0.6	1.0
60	90	66	65	84	73	84	77	1.0	1.0

轴承公称直径		d_a		D_a		D_b		r_a	r_b
d	D	max	min	max	min	max	min	max	max
70	105	77	75	99	84	99	89	1.0	1.0
80	120	88	85	114	97	114	102	1.0	1.0
90	130	98	96	124	106	124	110	1.0	1.0
100	150	109	106	144	120	144	127	1.0	1.0
110	160	120	116	154	131	154	138	1.0	1.0
120	180	130	126	174	146	174	154	1.0	1.0
140	210	160	146	204	168	204	177	1.0	1.0
160	230	170	166	224	186	224	196	1.0	1.0
180	260	192	187	253	214	253	224	1.0	1.0
200	290	212	207	283	233	283	245	1.0	1.0
220	320	238	227	313	260	313	272	1.0	1.0
240	340	265	247	333	286	333	299	1.0	1.0
260	370	280	267	363	310	363	323	1.0	1.0
280	400	310	287	393	333	393	346	1.0	1.0
300	430	330	307	423	360	423	373	1.0	1.0

（2）向心关节轴承（G 系列）安装尺寸

轴承公称直径		d_a		D_a		D_b		r_a	r_b
d	D	max	min	max	min	max	min	max	max
4	14	7	6	12	10	—	—	0.3	0.3
5	16	8	7	14	12	—	—	0.3	0.3
6	16	9	8	14	12	—	—	0.3	0.3
8	19	11	10	17	15	—	—	0.3	0.3
10	22	13	13	20	18	—	—	0.3	0.3
12	26	16	15	23	21	—	—	0.3	0.3
15	30	19	18	27	24	27	25	0.3	0.3
17	35	21	20	32	28	32	30	0.3	0.3
20	42	24	23	38	33	38	36	0.3	0.3
25	47	29	28	43	38	43	40	0.6	0.6
30	55	34	33	50	44	50	47	0.6	1.0
35	62	39	38	57	50	57	53	0.6	1.0
40	68	44	44	63	56	63	59	0.6	1.0
45	75	50	49	70	61	70	64	0.6	1.0
50	90	57	54	84	73	84	77	0.6	1.0

轴承公称直径		d_a		D_a		D_b		r_a	r_b
d	D	max	min	max	min	max	min	max	max
60	105	67	65	99	84	99	89	1.0	1.0
70	120	77	75	114	87	114	102	1.0	1.0
80	130	87	85	124	106	124	110	1.0	1.0
90	150	98	96	144	120	144	127	1.0	1.0
100	160	110	106	154	131	154	138	1.0	1.0
110	180	122	116	174	146	174	154	1.0	1.0
120	210	132	126	204	168	204	177	1.0	1.0
140	230	151	146	224	186	224	196	1.0	1.0
160	260	176	166	254	214	254	224	1.0	1.0
180	300	196	187	283	233	283	245	1.0	1.0
200	320	220	207	313	260	313	272	1.0	1.0
220	340	243	227	333	286	333	299	1.0	1.0
240	370	263	247	363	310	363	323	1.0	1.0
260	400	285	267	393	333	393	346	1.0	1.0
280	430	310	287	423	360	423	373	1.0	1.0

（续）

(3)向心关节轴承(W 系列)安装尺寸

轴承公称直径		D_a		D_b		r_b	轴承公称直径		D_a		D_b		r_b
d	D	max	min	max	min	max	d	D	max	min	max	min	max
12	22	19	18	19	17	0.3	40	62	57	50	57	53	1.0
15	26	23	21	23	22	0.3	45	68	63	56	63	59	1.0
16	28	25	23	25	24	0.3	50	75	70	61	70	64	1.0
17	30	27	24	27	25	0.3							
20	35	31	28	31	30	0.3	60	90	84	73	84	77	1.0
25	42	38	33	38	36	0.3	63	95	89	76	89	81	1.0
							70	105	99	84	99	89	1.0
30	47	43	38	43	40	0.6							
32	52	47	41	47	44	1.0	80	120	114	97	114	102	1.0
35	55	50	44	50	47	1.0	100	150	144	120	144	127	1.0

(4)角接触关节轴承(E 系列)安装尺寸

轴承公称直径		d_a	d_b	D_a	D_c	r_c	轴承公称直径		d_a	d_b	D_a	D_c	r_c
d	D	min	max	max	min	max	d	D	min	max	max	min	max
25	47	31	29	41	43	1.0	70	110	79	79	103	104	1.0
30	55	36	34	49	51	1.0	75	115	84	84	108	109	1.0
35	62	41	39	56	57	1.0	80	125	89	87	118	117	1.0
40	68	46	44	62	63	1.0	85	130	94	94	123	124	1.0
45	75	51	50	69	70	1.0	90	140	99	97	131	130	1.5
50	80	56	56	74	75	1.0	95	145	104	104	136	137	1.5
55	90	62	60	83	83	1.0	100	150	110	110	141	143	1.5
60	95	67	67	88	89	1.0	105	160	115	113	151	150	2
65	100	72	72	93	95	1.0	110	170	120	116	161	157	2
							120	180	131	131	171	170	2

(5)推力关节轴承(E 系列)安装尺寸

轴承公称直径		d_a	D_a	r_c	轴承公称直径		d_a	D_a	r_c
d	D	min	max	max	d	D	min	max	max
10	30	22	23	0.6	45	120	84	97	1.0
12	36	25	27	0.6	50	130	93	104	1.0
15	42	31	32	0.6	60	150	109	119	1.0
17	47	34	37	0.6	70	160	123	124	1.0
20	55	38	44	1.0	80	180	137	141	1.0
25	62	47	47	1.0	100	210	157	171	1.0
30	75	55	59	1.0					
35	90	65	71	1.0	120	230	176	187	1.0
40	105	75	84	1.0					

20.7.3 关节轴承的公差配合

20.7.3.1 关节轴承配合选择的基本原则

1）轴承与轴和外壳孔配合，根据轴承的类型、尺寸、工作条件，轴承受载大小、方向、性质，轴和外壳的材料，以及装卸方便等进行选择。

2）轴承的摆动套圈宜采用过盈配合，以免摆动套圈的配合表面产生相对转动和磨损。

3）为了防止内圈与轴间的滑动或爬行，内圈与轴应优先采用过盈配合。若为了装卸方便，或采用浮动支承而选间隙配合时，轴颈表面应淬硬。

4）轴承径向游隙应根据轴承工作条件来选用。一般应选基本组游隙，但应考虑过盈量对径向游隙的影响。对必须使用较大过盈量的场合，应选原始游隙大于基本组游隙值的轴承。必要时，如当使用较紧配合，以及内外圈的温度差较大时，可选C3组游隙。

5）轴承与轴和外壳孔配合，应按表20-91和表20-92的规定选取。

表 20-91 轴承与轴的配合、轴的公差带

轴承类型	工作条件	公差带	
		润滑型	自润滑型
向心关节轴承	各种载荷、浮动支承	h6、h7	h6、g6
	各种载荷、固定支承	m6	k6
角接触关节轴承	各种载荷	m6、n6	m6
推力关节轴承	各种载荷	m6、n6	m6
杆端关节轴承	不定向载荷	n6、p6	m6、n6
	一般条件	h6、h7	h6、g6

表 20-92 轴承与外壳孔的配合、孔的公差带

轴承类型	工作条件	公差带	
		润滑型	自润滑型
向心关节轴承	轻载荷、浮动支承	H6、H7	H7
	重载荷、固定支承	M7	K7
	轻合金外壳孔	N7	M7
角接触关节轴承	各种载荷、浮动支承	J7	J7
	各种载荷、固定支承	M7	M7
推力关节轴承	纯轴向载荷	H11	H11
	联合载荷	J7	J7

20.7.3.2 轴承配合表面粗糙度和几何公差

轴承与轴颈和外壳孔配合表面及端面的表面粗糙度应符合表20-93的规定。

表 20-93 表面粗糙度

配合表面	轴承公称直径/mm		
	超过	80	500
	到 80	500	1000
	表面粗糙度 Ra/μm max		
轴颈表面①	1.6	3.2	6.3
外壳孔表面②	1.6	3.2	6.3
轴肩①、垫圈端面①、②及外壳孔肩②	3.2	3.2	12.5

注：轴承公称直径是指轴承的内径和外径。

① 轴颈表面、轴肩和内垫圈端面的表面粗糙度，应以内径查表确定。

② 外壳孔表面、外壳孔肩和外垫圈端面的表面粗糙度，应以外径查表确定。

轴颈和外壳孔表面圆柱度公差、轴肩和外壳孔肩轴向圆跳动，以及垫圈两端面平行度公差，应符合表20-94的规定。

表 20-94 配合表面的形位公差

轴承公称直径/mm		轴颈①	外壳孔②	轴肩①	外壳孔肩②	垫圈两端面平行度①② t_1
		圆柱度 t		轴向圆跳动 t_1		
超过	到	公差值/μm max				
3	6	4		8		12
6	10	4	4	9	9	15
10	18	5	5	11	11	18
18	30	6	6	13	13	21
30	50	7	7	16	16	25
50	80	8	8	19	19	30
80	120	10	10	22	22	35
120	150	12	12	25	25	40

（续）

轴承公称直径/mm		轴颈①	外壳孔②	轴肩①	外壳孔肩②	垫圈两端面平行度①② t_1
		圆柱度 t		端面圆跳动 t_1		
超过	到	公差值/μm max				
150	180	12	12	25	25	40
180	250	14	14	29	29	46
250	315	16	16	32	32	52
315	400	18	18	36	36	57
400	500	20	20	40	40	63
500	630	22	22	44	44	70
630	800	25	25	50	50	80
800	1000	28	28	56	56	90

注：轴承公称直径是指轴承的内径和外径。

① 轴颈表面圆柱度应以内径查表确定。轴肩端面圆跳动和内垫圈两端面平行度，应以内径查表确定。

② 外壳孔表面圆柱度应以外径查表确定。外壳孔肩端面圆跳动和外垫圈两端面平行度，应以外径查表确定。

20.7.4 关节轴承额定动、静载荷与寿命计算（摘自 JB/T 8565—2010、JB/T 8567—2010）

20.7.4.1 术语及符号定义（见表 20-95）

表 20-95 关节轴承名称术语及符号定义

	名称	定义		名称	定义
术语	径向额定动载荷	轴承中的工作表面动应力达到最大许用应力时的径向载荷	术语	摆角 β	摆动套圈上某一直径摆动的两个极限位置间的夹角
	轴向额定动载荷	轴承中的工作表面动应力达到最大许用应力时的轴向载荷		摆次	轴承摆动套圈上某一点摆动了 2β 角时为一摆次
	寿命	轴承磨损量超过规定的极限值时，轴承工作摆动的总次数		静载荷	轴承套圈间相对速度为零时，作用在轴承上的载荷
	径向当量动载荷	一恒定的径向载荷，在该载荷作用下，关节轴承中的工作表面接触应力水平与实际载荷作用相当		径向额定静载荷	轴承中滑动表面的静接触应力达到材料的应力极限值时的径向静止载荷
	轴向当量动载荷	一恒定的中心轴向载荷，在该载荷作用下，关节轴承中的工作表面接触应力水平与实际载荷作用相当		轴向额定静载荷	轴承中滑动表面的静接触应力达到材料的应力极限值时的轴向静止载荷
	自润滑轴承	关节轴承工作时无须再润滑的轴承。此种轴承通常是含油的或工作表面上有自润滑材料，如聚四氟乙烯（PTFE）织物及其复合材料等		径向当量静载荷	引起与实际载荷条件下相当的工作表面接触应力的径向静载荷
				轴向当量静载荷	引起与实际载荷条件下相当的工作表面接触应力的轴向静载荷
				应力极限值	在本标准中对金属材料指其屈服极限应力，对非金属材料指其破坏极限应力

（续）

	名称	定义
符号	B	关节轴承内(轴)圈公称宽度,mm
	C	关节轴承外(座)圈公称宽度,mm
	H	推力关节轴承公称高度,mm
	d_m	关节轴承滑动球面公称直径,mm
	$\bar{d}_m$	滑动球面等效直径,mm
	T	角接触关节轴承公称宽度,mm
	C_d	关节轴承额定动载荷,N
	C_{dr}	关节轴承径向额定动载荷,N
	C_{da}	关节轴承轴向额定动载荷,N
	f_r	径向轴承额定载荷系数,MPa
	f_{ra}	角接触轴承额定载荷系数,MPa
	f_a	推力轴承额定载荷系数,MPa
	f	关节轴承摆动频率,s^{-1}
	P	关节轴承当量动载荷,N
	p	名义接触压力,MPa
	F_{min}	最小载荷,N
	F_{max}	最大载荷,N
	F_a	轴向载荷,N
	F_r	径向载荷,N
	f_p	载荷变化频率,Hz
	k	耐压系数,MPa
	a	系数
	G	系数
	L	关节轴承初润滑寿命,摆次
	L_R	关节轴承重润滑寿命,摆次
	L_W	关节轴承重润滑间隔,摆次
	t	温度,℃

		名称	定义
符号		v	关节轴承滑动速度,mm/s
		K_M	与摩擦副材料有关的系数
		X_r	径向轴承当量动载荷系数
		X_{ra}	角接触轴承当量动载荷系数
		Y_a	推力轴承当量动载荷系数
		α_k	载荷特性寿命系数
		α_t	温度寿命系数
		α_v	滑动速度寿命系数
		α_p	载荷寿命系数
		α_z	轴承质量与润滑寿命系数
		α_h	重润滑间隔寿命系数
		α_β	重润滑摆角寿命系数
		β	摆角,(°)
	静载荷计算中的符号	C_s	关节轴承额定静载荷,N
		C_{sr}	径向额定静载荷,N
		C_{sa}	轴向额定静载荷,N
		f_s	额定静载荷系数
		d_m	关节轴承滑动球面公称直径,mm
		F_a	轴向静载荷,N
		F_r	径向静载荷,N
		P_r	径向当量静载荷,N
		P_a	轴向当量静载荷,N
		X_r	径向轴承当量静载荷系数
		X_{ra}	角接触轴承当量静载荷系数
		Y_a	推力轴承当量静载荷系数
		p_p	材料许用应力极限

20.7.4.2 关节轴承额定动、静载荷和当量动、静载荷计算

向心关节轴承、角接触关节轴承、推力关节轴承的额定动、静载荷和当量动、静载荷计算见表 20-96。

杆端关节轴承额定动、静载荷的计算方法：

杆端关节轴承的额定动（静）载荷计算方法，应根据杆端关节轴承的结构型式来选定。当杆端关节轴承为向心型时，采用向心关节轴承的方法计算。当杆端关节轴承为球头型时，采用推力关节轴承的方法计算。对额定静载荷还应考虑杆体材料的屈服强度极限。当轴承的额定静载荷超过杆体材料屈服强度的许用值时，应取杆体材料屈服强度的许用值作为计算杆端关节轴承额定静载荷的依据。

当关节轴承在一个摆动周期内承受变动载荷时，其当量动载荷为：

$$P=\sqrt{\frac{F_{min}^2+F_{max}^2}{2}} \tag{20-7}$$

表 20-96 关节轴承额定动、静载荷和当量动、静载荷的计算

（摘自 JB/T 8565—2010、JB/T 8567—2010）

名　　称	向心关节轴承	角接触关节轴承	推力关节轴承
额定动载荷/N	径向：$C_{dr}=f_r C d_m$	径向：$C_{dr}=f_{ra}(B+C-T)d_m$	轴向：$C_{da}=f_a(B+C-H)d_m$
当量动载荷/N	$P=X_r F_r$	$P=X_{rn} F_r$	$P=Y_a F_a$
额定静载荷/N	$C_{sr}=f_s C d_m$	$C_{sr}=f_s(B+C-T)d_m$	$C_{sa}=f_s(B+C-H)d_m$
当量静载荷/N	$P_r=X_r F_r$	$P_r=X_{ra} F_r$	$P_a=Y_a F_a$

额定动载荷系数——向心关节轴承 f_r

d_m/mm	摩擦副材料 钢-钢	钢-铜	钢-PTFE 织物	钢-PTFE 复合物
>5~100	85	50	120	90
>100~200	86	51	121	91
>200~300	87	51	122	92
>300~400	87	52	123	93
>400~500	88	54	125	94
>500~700	90	55	136	95
>700~1200	93	55	138	95

额定动载荷系数——角接触关节轴承 f_{ra}

d_m/mm	摩擦副材料 钢-钢	钢-PTFE 织物
>5~55	86	128
>55~500	88	132

额定动载荷系数——推力关节轴承 f_a

d_m/mm	摩擦副材料 钢-钢	钢-PTFE 织物
>5~60	170	255
>60~110	185	280
>110~150	190	288
>150~220	180	275
>220~300	155	230
>300~500	143	222
>500~700	143	256

额定静载荷系数 f_s——向心关节轴承

d_m/mm	钢-钢	钢-铜	钢-PTFE 织物	钢-PTFE 复合物
>5~100	425	125	242	225
>100~200	428	126	244	226
>200~300	430	128	246	228
>300~400	430	130	250	230
>400~500	435	130	261	231
>500~700	454	130	268	232
>700~1000	468	130	278	233
>1000~1200	475	130	284	—

额定静载荷系数 f_s——角接触关节轴承

d_m/mm	钢-钢	钢-PTFE 织物
>5~55	426	254.0
>55~500	440	264

额定静载荷系数 f_s——推力关节轴承

d_m/mm	钢-钢	钢-PTFE 织物
>5~60	855	512
>60~100	924	560
>110~150	966	575
>150~220	920	550
>200~300	768	462
>300~500	710	425
>500~700	—	529

$f_s=f_s(p_p,\varepsilon,d_m)$与轴承材料、结构形式、径向游隙等因素有关

当量动载荷系数

F_a/F_r	0	0.1	0.2	0.3	0.4		
X_r	1	1.3	1.7	2.45	3.5		
F_a/F_r	0	0.5	1.0	1.5	2	2.5	3
X_{ra}	1	1.22	1.51	1.86	2.265	2.63	3.0
F_a/F_r	0	0.1	0.2	0.3	0.4	0.5	
Y_a	1	1.1	1.22	1.33	1.48	1.61	

注：PTFE 表示聚四氟乙烯。

20.7.4.3 关节轴承寿命计算方法

1. 与寿命有关的 pv 极限值的计算

1）轴承球面滑动速度的计算：

$$v=2.9089\times10^{-4}\beta f\bar{d}_m \quad (20\text{-}8)$$

式中 $\bar{d}_m=\zeta d_m$，向心轴承 $\zeta=1$，角接触轴承 $\zeta=0.9$，推力轴承 $\zeta=0.7$。

2）名义接触压力的计算：

$$p=k\frac{P}{C_d} \quad (20\text{-}9)$$

式中 k——耐压系数，见表 20-97。

3）轴承的 pv 值极限：

$$pv=2.9089\times10^{-4}k\beta f\bar{d}_m\frac{P}{C_d} \quad (20\text{-}10)$$

表 20-97 关节轴承的耐压系数 k 值

摩擦副材料	钢-钢	钢-铜	钢-PTFE织物	钢-PTFE复合物
耐压系数 k	100	50	150	100

不同材料接触副的 pv 值限制范围如表 20-98 所示。

2. 关节轴承的计算磨损寿命 L

表 20-98 关节轴承的 pv 值范围

摩擦副材料	钢-钢	钢-铜	钢-PTFE织物	钢-PTFE复合物
$v/(\mathrm{mm/s})$	≤100	≤100	≤300	≤300
p/MPa	≤100	≤50	≤150	≤100
$pv/\mathrm{N\cdot mm^{-1}\cdot s^{-1}}$	≤400	≤400	≤300	≤300

$$L=\alpha_k\alpha_t\alpha_p\alpha_v\alpha_z\frac{K_M C_d}{vp} \tag{20-11}$$

式中各系数参见表 20-99。

表 20-99 关节轴承的寿命系数

系数 \ 摩擦副材料	钢-钢	钢-铜	钢-PTFE 织物	钢-PTFE 复合材料	备注
K_M	830	207600	2.592×10^5	2.946×10^5	
α_k	1	1	1	1	恒定载荷
	1	1	$(0.6062\sim6.0207)10^{-3}f_p p^{1.11}$	$(0.6062\sim3.1309)10^{-3}f_p p^{1.25}$	脉动载荷
	2	2	$(0.433\sim4.3005)10^{-3}f_p p^{1.11}$	$(0.433\sim2.2364)10^{-3}f_p p^{1.25}$	交变载荷
α_t	1	1	1	1	t≤60℃
	0.9	$(1.15\sim2.5)10^{-3}t$	$(1.225\sim3.75)10^{-3}t$	$(2.2\sim0.02)t$	60℃<t≤100℃
	0.8	$(2.1\sim0.012)10^{-3}t$	$(1.35\sim0.005)t$	—	100℃<t≤150℃
	0.6	—	—	—	150℃<t≤200℃
α_v	$v^{0.86}\beta^{0.84}f^{0.64}$	$v^{0.4}f^{0.8}$	$\dfrac{f}{1.00475av\times1.0093\beta}$	$\dfrac{f}{1.00344av}$	

$\alpha_p=G/p^b$（G,b 值）

p	钢-钢 G	钢-钢 b	钢-铜 G	钢-铜 b	钢-PTFE 织物 G	钢-PTFE 织物 b	钢-PTFE 复合物 G	钢-PTFE 复合物 b
>0~10	2	0	0.25	0	15.3460	0.0488	4.5102	0.2230
>10~25	80.533	1.465	1.0	0.6	15.3460	0.0488	4.5102	0.2230
>25~45	80.533	1.465	1.0	0.6	22.9060	0.1732	13.7170	0.5686
>45~65	80.533	1.465	—	—	47.7259	0.3660	13.7170	0.5686
>65~100	80.533	1.465	—	—	157.9193	0.6527	13.7170	0.5686
>100~150	—	—	—	—	402.0115	0.8556	—	—

系数	钢-钢	钢-铜	钢-PTFE 织物	钢-PTFE 复合材料
a			$a=1.0193^p$	$a=1.0399^p$
α_z	油脂润滑：无油槽 0.1~0.5	油脂润滑：有油槽 0.3~1	自润滑 0.5~1	

20.7.4.4 润滑寿命计算方法

对于需维护的关节轴承，应定期更换轴承中的润滑剂，此时轴承的寿命估算方法如下：

$$L_R = \alpha_h \alpha_\beta L \tag{20-12}$$

式中系数 α_h，α_β 分别按表 20-100、表 20-101 选取。

表 20-100　α_h 系数

$h=L/L_w$	1	5	10	20	30	40	50
α_h	1	2	2.85	4	4.9	5.45	5.45

表 20-101　α_β 系数

$\beta/(°)$	≤7	10	15	20	25	30	35	40
α_β	0.8	1	2.4	3.7	4.6	5.2	5.2	5.2

20.7.4.5 分段载荷下的轴承寿命计算

当关节轴承承受分段载荷作用时，其寿命为：

$$L = T \Big/ \sum_{i=1}^{n} \frac{T_i}{L_i} \tag{20-13}$$

式中　T_i——第 i 段载荷的作用时间；

L_i——第 i 段载荷下的计算寿命；

$$T = \sum_{i=1}^{n} T_i 。$$

20.8 水润滑热固性塑料轴承

20.8.1 应用场合

水润滑热固性塑料轴承适用于水泵、潜水电动机、水轮泵、水轮机、食品机械等在水介质中工作的推力轴承和径向轴承。推力轴承承担主要载荷，径向轴承的载荷相对较小。推力轴承的转速一般不超过 3000r/min。

水润滑热固性塑料轴承材料为酚醛塑料 P23-1、P117 和聚邻苯二甲酸二丙烯酯（DAP-2）等。

水润滑热固性塑料标记代号见表 20-102。

表 20-102　水润滑热固性塑料轴承的标记代号

名　称	代号	名　称	代号
推力轴承	T	径向轴承内圆为直槽	Z
径向轴承	J	径向轴承内圆为螺旋槽(左旋)	L(左)
推力轴承滑动表面为扇形面	S	径向轴承内圆为螺旋槽(右旋)	L
推力轴承滑动表面为筋条块	不表示	P23-1 塑料	M
推力轴承底面为平面	B	P117 塑料	P
推力轴承底面为槽面	不表示	DAP-2 塑料	D

推力轴承的标记如下：

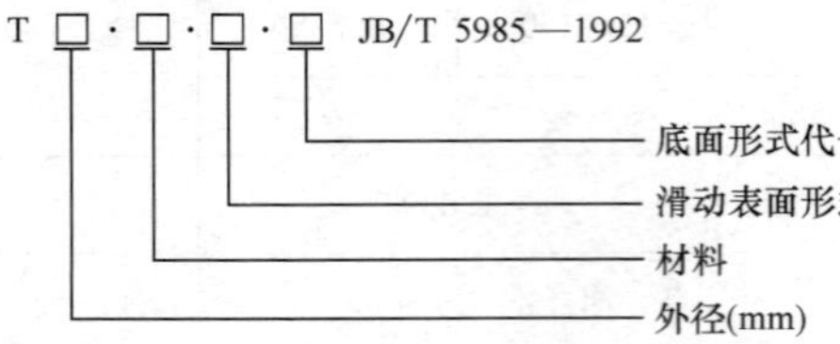

径向轴承的标记如下：

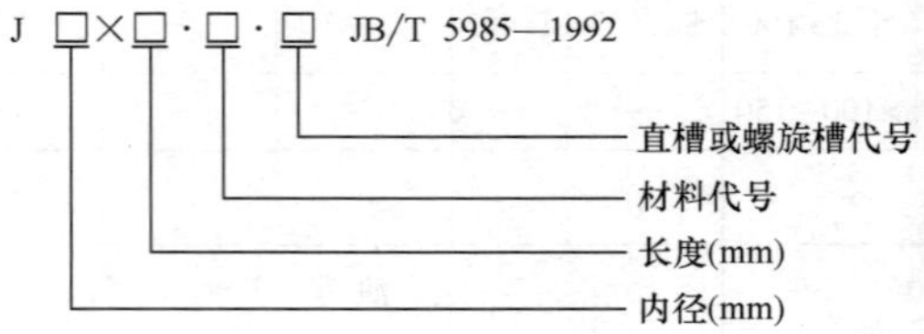

20.8.2　轴承规格（见表 20-103 和表 20-104）

表 20-103　推力轴承形式、尺寸和公差（摘自 JB/T 5985—1992）　（单位：mm）

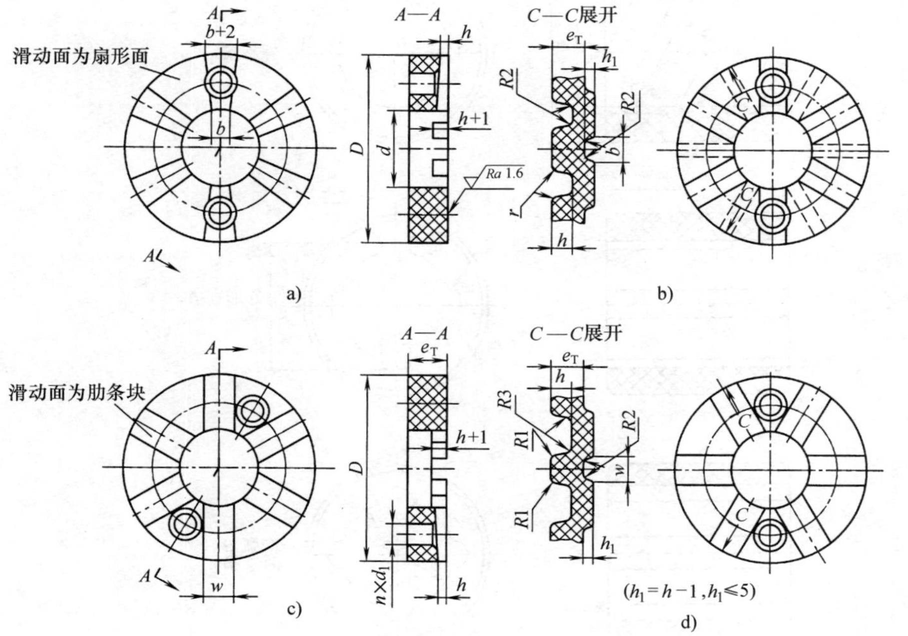

外径 D		内径 d	壁厚 e_T		定位孔中心圆直径 D_1	定位孔直径 d_1	定位孔个数 n /个	滑动表面为扇面形			滑动表面为肋条块		润滑水槽深度或肋条块高度 h	托盘进水孔截面积总和 /mm² ≥
尺寸	极限偏差	尺寸	尺寸	极限偏差				润滑水槽数 /个	水槽宽 b	圆角 r	肋条块个数 /个	块宽 w		
35	-0.10 -0.25	15	10	0 -0.15	25	5.5	2~4	6	6	1	8	6	3	35
40		20			30									35
45					32				8	2				55
50					35									55
55		30	12		43			10			8		4	110
60	-0.20 -0.40				45									110
65		35			50				10	2		8		200
70					53									200
75					55						10			200
80		40	15		60								5	300
85		45			65									400
90		50			70			12						470
95					73						12			470
100		55			78									620
110	-0.20 -0.45	55	15	0 -0.15	83	6.6		12	12	2	12	8	5	670
120		65	20		92							8	6	670
130		70			100			16			16			900
140					105									900
150		80			115	9							8	900
160		90	25		125			20			20			1100
170					130									

表 20-104　径向轴承形式、尺寸和公差（摘自 JB/T 5985—1992）　　（单位：mm）

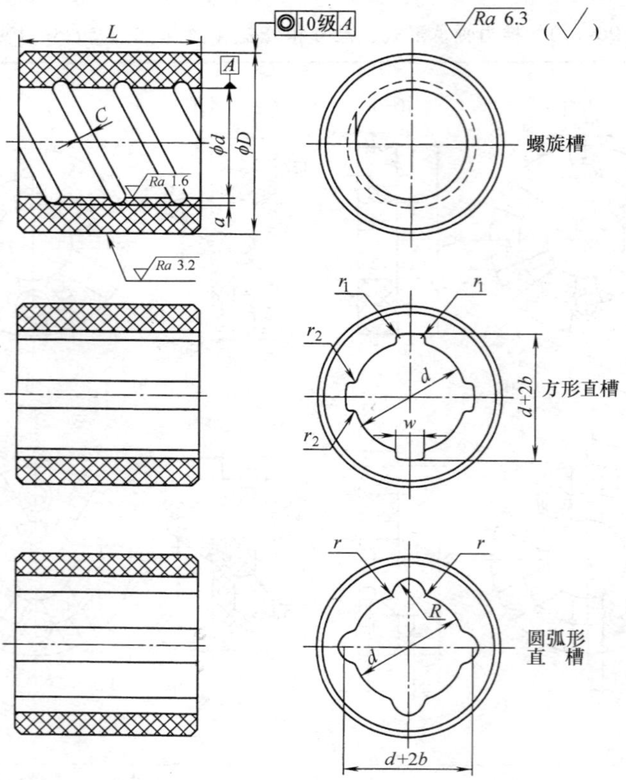

内径 d		外径 D		长度 L		带直槽的滑动表面					带螺旋槽的滑动表面		轴承内孔与轴颈之间的最小间隙(双面)	
尺寸	极限偏差	尺寸	极限偏差	尺寸	极限偏差	槽数/个	方形槽 (w×b), r_1, r_2		圆弧槽 R, b, r		槽深 c	槽宽 a	轴承外圆设定位要素	轴承外圆不设定位要素
25	H8	40	p7 外圆无定位要素	32,40,48	0 −0.50	4	w×b = 10×3	$r_2=2$ $r_1=1$	R=5 b=3	r=4	6	3	0.07	0.12
28		44		35,44,52										
30		50		40,50,60			w×b = 12×3	$r_2=4$ $r_1=2$	R=6 b=4					
35		55		44,55,66										
38		58		46,58,70		6				r=6			0.10	0.16
42		62		50,62,75										
45		65		52,65,78										
50		74	d9 外圆有定位要素	60,74,90			w×b = 14×4	$r_2=6$ $r_1=3$	R=7 b=5		8	4		
55		80		64,80,96									0.12	0.20
60		85		68,85,102										
70		95		76,95,114						r=8				
80		110		86,110,132							10	5		
90		120		96,120,144		8	w×r = 16×5	$r_2=8$ $r_1=6$	R=8 b=6				0.14	0.25
100		130		104,130,156										
120		150		120,150,180										

推力轴承的其他要求见表 20-105。

表 20-105　推力轴承的其他技术要求

<table>
<tr><td rowspan="2">工作介质（清水）</td><td colspan="2" rowspan="2">含砂量≤0.01%（质量分数）
酸碱度 pH=6.5~8.5
氯离子含量≤400(mg/L)
水温≤65℃</td><td>推力轴承的寿命</td><td colspan="2">在规定最大允许载荷下运转 5000h，推力轴承厚度减小量不大于 1mm</td></tr>
<tr><td rowspan="9">推力轴承最大允许载荷</td><td>轴承外径 D/mm</td><td>最大允许载荷/kN</td></tr>
<tr><td rowspan="8">与轴承相匹配的零件技术要求</td><td rowspan="5">轴颈和止推盘</td><td rowspan="5">材料 3Cr13 或 45 钢（镀铬）
表面硬度 45~50HRC
表面粗糙度 Ra≤0.8μm</td><td>35~45</td><td>1.5</td></tr>
<tr><td>50~55</td><td>2</td></tr>
<tr><td>60~65</td><td>4</td></tr>
<tr><td>70~80</td><td>6</td></tr>
<tr><td>85~95</td><td>8</td></tr>
<tr><td rowspan="3">座孔</td><td rowspan="3">与径向轴承外圆相配合孔的公差为 H8</td><td>100~120</td><td>10</td></tr>
<tr><td>130~150</td><td>15</td></tr>
<tr><td>160~170</td><td>22</td></tr>
</table>

20.8.3　设计要点

水润滑热固性塑料轴承不具备形成完全水膜润滑条件。水润滑热固性塑料轴承的基本要求，是在保证轴承抗压能力前提下，尽量扩大润滑水流通道，保证有充分水流通过轴承相对滑动表面。设计要点如下：

1）推力轴承滑动表面与止推盘的实际接触面积，应不小于理论面积的 70%。

2）应注意合理选择轴承的结构形式。肋条块结构形式的轴承增加了水流面积，有效减少表面龟裂。扇形面结构形式轴承则适宜于载荷较大，工作介质泥沙较多的工况。

3）推力轴承托盘结构如图 20-21 所示。由于推力轴承是直接浸入水中，一般没有强制水流循环装置，托盘上需开设进水孔，否则运转中离心力的作用会使推力轴承处于断水状态。（托盘进水孔个数和孔径见表 20-106）。

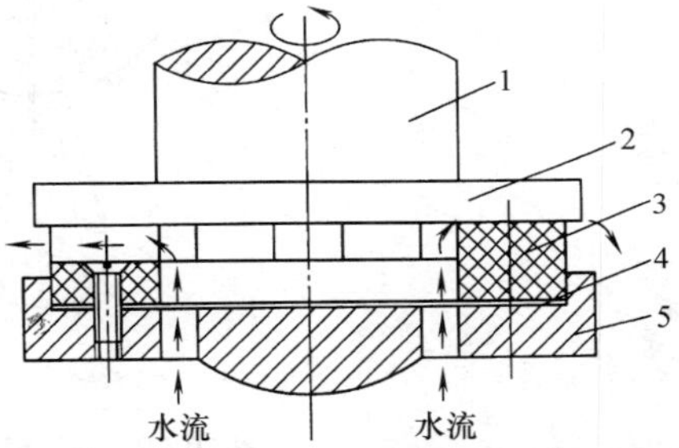

图 20-21　推力轴承托盘结构示意图

1—轴颈　2—止推盘　3—推力轴承
4—石棉垫　5—托盘

表 20-106　推荐采用的托盘进水孔个数、孔径　（单位：mm）

<table>
<tr><td>推力轴承外径</td><td>35</td><td>40</td><td>45</td><td>50</td><td>55</td><td>60</td><td>65</td><td>70</td><td>75</td><td>80</td><td>85</td><td>90</td><td>95</td><td>100</td><td>110</td><td>120</td><td>130</td><td>140</td><td>150</td><td>160</td><td>170</td></tr>
<tr><td>进水孔个数</td><td colspan="4">3</td><td colspan="4">4</td><td colspan="5">6</td><td>8</td><td colspan="2">6</td><td colspan="3">8</td><td colspan="2">10</td></tr>
<tr><td>进水孔直径</td><td colspan="2">4</td><td colspan="2">5</td><td colspan="2">6</td><td colspan="5">8</td><td colspan="3">10</td><td colspan="7">12</td></tr>
<tr><td>截面总面积/mm²</td><td colspan="2">37.7</td><td colspan="2">58.9</td><td colspan="2">113.1</td><td colspan="2">201.1</td><td colspan="3">301.6</td><td colspan="2">471.2</td><td>628.3</td><td colspan="2">678.6</td><td colspan="3">904.8</td><td colspan="2">1131</td></tr>
</table>

4）水润滑热固性塑料轴承对应力集中和边缘效应比较敏感。推力轴承和金属托盘之间要有 2~3mm 厚的石棉橡胶纸作为缓冲垫。托盘底部应有起自动调心作用的外球面，其半径视结构和载荷而定。

5）鉴于塑料的热胀系数大［所用材料为（3~3.5）$\times10^{-5}$/K］，而且有水胀性。径向轴承标准给出最小间隙量（双面），但它属于经验性的，设计者可按实际使用情况修正。

6）径向轴承宽度按实际使用情况，在标准给出三种宽度中，尽量选择宽度较短的轴承，以利于轴承冷却和减少边缘效应。

7）径向轴承与孔座配合有两种定位方式：一种是过盈配合，其优点是设计制造简便，但要计及塑料的热胀、水胀可能出现抱轴现象，并增加轴承内应力；另一种是采用销钉、键槽等定位要素，这时配合的间隙一般不应大于 H8/d9。

8）水润滑热固性塑料轴承是经模压成形的。为了满足配合要求，往往需要在装配前和装配后，对轴承表面进行整形加工。应尽量不破坏经热压成形的光亮性能好的表面层。

20.9　液体动压润滑径向轴承

在充分供油条件下，油随旋转轴颈表面带入呈收敛的间隙，产生液体动压力。其大小与轴颈尺寸和转速、轴承间隙大小和形状、油的黏度、表面粗糙度等有关。当液体动压力的合力与外载荷相平衡，而且间隙中的油膜将轴颈表面与轴瓦表面完全隔开，于是轴承处于液体动压润滑工作状态。因而，其摩擦力小，除起动和停车外无磨损，油膜还有吸振作用。

设计液体动压润滑轴承必须满足安全运行要求：

1）液膜的最小膜厚不能低于一定值。

2）液膜的最高温度不能超过界限值。

3）液膜的最高压力不能过大。

4）高速轻载轴承不能发生自激振动及失稳。除了调整设计参数外，可通过采用多油楔、台阶式、可倾瓦等轴承样式加以消除。

液膜润滑轴承设计可用基于润滑方程的数值计算法。一般稳态条件下的流体动压径向轴承便捷设计多用表格曲线法（ISO/DIS 7902—1990）。

20.9.1　几何关系

图 20-22 示出液体动压润滑径向轴承正常工作时，轴颈位置和油膜压力分布。

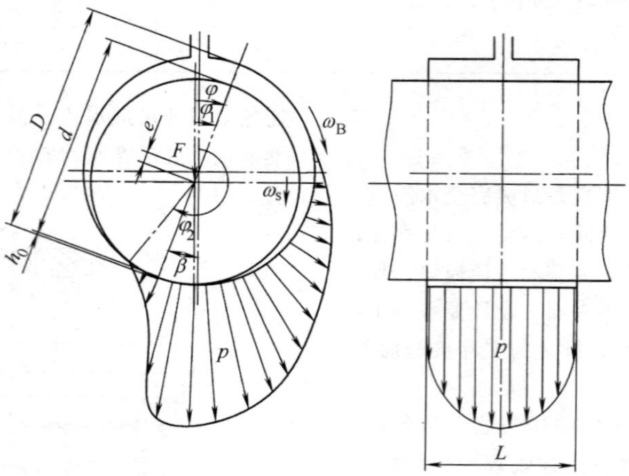

图 20-22　动压润滑径向轴承轴颈位置和油膜压力分布

D—轴承直径（m）　d—轴颈直径（m）　L—轴承宽度（m）　φ—相对间隙

$\varphi=(D-d)/D$　e—偏心距（m）　β—偏位角（°）　h_0—最小油膜厚度（m）

$h_0=(D-d)/2-e$　ω_s—轴颈角速度（s^{-1}）　ω_B—轴承角速度（s^{-1}）

20.9.2　轴承主要参数选择

20.9.2.1　宽径比 L/D

一般轴承宽径比 L/D 在 0.3~1.5 范围内。宽径比小，则增大端泄流量以降低温升，有利于提高轴承运转稳定性，而且功耗小，空间尺寸小，但是轴承承载能力也随之降低。

由于高速重载轴承温升高，宽径比宜取小值；高速轻载轴承，对轴承刚度无过高要求，则宜取小值；低速重载轴承，或对轴承有较大刚度要求时，取较大值。

一般机器常用宽径比 L/D 值：汽轮机、风机为 0.4~1.0；机床、拖拉机为 0.8~1.2；电动机、发电机、离心机、齿轮变速装置为 0.6~1.5；轧钢机为 0.6~0.9。

20.9.2.2　相对间隙 φ 和有效相对间隙 φ_{eff}

1）轴承相对间隙 φ 在 0.0002~0.003 范围内。相对间隙 φ 大时，流量大，温度低，承载能力低。主要根据载荷和速度选取。速度越高，φ 值应越大；载荷越大，φ 值应越小。此外，直径大，宽径比小，具有自位性能，加工安装精度高时，φ 可取小值，反之取大值。

对一般轴承可按近似公式计算：

$$\varphi=0.8\times10^{-3}\sqrt[4]{v_s} \tag{20-14}$$

式中　v_s——轴颈圆周速度（m/s）。

一般机器中常用 φ 值：汽轮机、电动机、齿轮减速器为 0.001 ~ 0.002；轧钢机、铁路车辆为 0.0002~0.0015；机床、内燃机为 0.0002 ~ 0.00125；鼓风机、离心机为 0.001~0.003。

2）轴承间隙取决于轴承与轴颈的公差配合。轴承在装配（20℃）时，轴承最大相对间隙 φ_{max}、最小相对间隙 φ_{min}、平均相对间隙 φ_m 计算如下：

$$\varphi_{max}=\frac{D_{max}-d_{min}}{D} \quad (20\text{-}15)$$

$$\varphi_{min}=\frac{D_{min}-d_{max}}{D} \quad (20\text{-}16)$$

$$\varphi_m=0.5(\varphi_{max}+\varphi_{min})$$

轴承平均相对间隙 φ_m 的经验值见表 20-107。

表 20-107　轴承平均相对间隙 φ_m 的经验值

轴颈直径 d /mm	轴滑动速度 v_s/(m/s)				
	$0<v_s<1$	$1<v_s\leqslant3$	$3<v_s\leqslant10$	$10<v_s\leqslant30$	$30<v_s$
$d\leqslant100$	1.32	1.6	1.9	2.24	2.24
$100<d\leqslant250$	1.12	1.32	1.6	1.9	2.24
$250<d$	1.12	1.12	1.32	1.6	1.9

注：表中数值是平均相对间隙经验值的 10^3 倍。

实践表明，实现轴承间隙符合公差与配合的标准有时是困难的。为此，轴承相对间隙可优先选用下列优先数列：0.56，0.8，1.12，1.32，1.6，1.9，2.24，3.15 的千分之一。

3）实际轴承工作间隙还取决于轴承与轴颈的材料的热膨胀性能。当轴承与轴颈的材料的热膨胀系数不同时，相对间隙热补偿量 $\Delta\varphi$ 按式（20-17）计算：

$$\Delta\varphi=(\alpha_{1B}-\alpha_{1s})(T_{eff}-20) \quad (20\text{-}17)$$

式中　T_{eff}——油膜有效温度(℃)；

α_{1B}——轴承材料的线胀系数（薄的合金层膨胀可略去）(K^{-1})；

α_{1s}——轴颈材料的线胀系数（K^{-1}）。

若 $\alpha_{1B}=\alpha_{1s}$，则相对间隙热补偿值为零。当受外部环境影响，轴承与轴颈温度不相同时，则相对间隙热补偿值按式（20-18）计算：

$$\Delta\varphi=\alpha_{1B}(T_B-20)-\alpha_{1s}(T_s-20) \quad (20\text{-}18)$$

式中　T_B——轴承温度（℃）；

T_s——轴颈温度（℃）。

4）轴承工作特性参数计算中，起决定的因素是在油膜有效温度 T_{eff} 下的轴承有效相对间隙 φ_{eff}：

$$\varphi_{eff}=\varphi_m+\Delta\varphi \quad (20\text{-}19)$$

20.9.2.3　润滑油的黏度 η

润滑油的黏度对轴承的承载能力、功耗和轴承温升有很大的影响。增大黏度可提高轴承的承载能力，减少流量，但轴承功耗增大，致使轴承温升增高。这会引起黏度降低，从而靠提高黏度以提高轴承的承载能力受到制约。

对一般轴承，初步计算时可按式（20-20）初估油的黏度：

$$\eta=0.068n_s^{-\frac{1}{3}} \quad (20\text{-}20)$$

式中　n_s——轴颈转速（r/s）。

20.9.3　工作特性参数与许用值

20.9.3.1　雷诺数与层流条件

轴承性能的数据（按照 ISO 7902）是在层流条件下得出的，所设计的轴承间隙中，油流动应满足层流条件：

$$Re=\frac{\rho v_s s}{2\eta}=\frac{\pi D n_s s}{2\nu}\leqslant41.3\sqrt{\frac{D}{s}} \quad (20\text{-}21)$$

式中　Re——雷诺数；

ρ——润滑剂密度（kg/m^3）；

ν——润滑剂运动黏度（m^2/s）；

s——轴承间隙（m），$s=D-d$。

20.9.3.2　轴承比压 $\bar{p}$

为了保证轴承表面变形不致降低轴承正常性能和在轴承滑动表面出现裂纹，要求轴承比压：

$$\bar{p}=\frac{F}{DL}\leqslant\bar{p}_{lim} \quad (20\text{-}22)$$

式中　F——轴承载荷（N）；

$\bar{p}_{lim}$——轴承最大许用比压（MPa），其经验值见表 20-108。

表 20-108　轴承最大许用比压经验值

轴承材料类别	$\bar{p}_{lim}$/MPa
铅锡基合金	5(15)
铜铅基合金	7(20)
铜锡基合金	7(25)
铝锡基合金	7(18)
铝锌基合金	7(20)

注：括号内的值，至今工程应用中仅用于个别场合，以及在特殊条件下，如极低的滑动速度。

若起动时比压 $\bar{p}>2.5\sim3$MPa，有必要提供压力油静压顶起，否则滑动表面将发生磨损。

20.9.3.3　承载能力

轴承的承载能力用索莫菲尔德数 S_0 表示，它是偏心率 $\varepsilon=\dfrac{2e}{D-d}$、宽径比、轴承包角 θ（轴承表面上工作部分包围轴颈的角度）的函数：

$$S_0=\frac{F\varphi_{eff}^2}{DB\eta_{eff}\omega_{eff}}=S_0\left(\varepsilon,\ \frac{L}{D},\ \theta\right) \quad (20\text{-}23)$$

式中　ω_{eff}——液体动压有效角速度（s^{-1}）；

$$\omega_{eff}=\omega_s+\omega_B \tag{20-24}$$

当存在以角速度 ω_F 旋转的恒定载荷时：

$$\omega_{eff}=|\omega_s+\omega_B-2\omega_F| \tag{20-25}$$

当存在随轴颈一同旋转的不平衡载荷时：

$$\omega_{eff}=|-\omega_s+\omega_B| \tag{20-26}$$

式中　φ_{eff}——轴承有效相对间隙。

轴承索莫菲尔德数 S_0 与偏心率 ε 等的关系如图 20-23 所示。

20.9.3.4　摩擦功耗

1）当油直接注入到承载区时，仅考虑油膜承载区的轴承摩擦功耗 P_f 或所产生的热量 Φ_0 为

$$P_f=\Phi_0=F_f v_s=fFv_s=\frac{f}{\varphi_{eff}}S_0DL\frac{\eta_{eff}\omega_{eff}}{\varphi_{eff}}v_s \tag{20-27}$$

式中　F_f——考虑油膜承载区的摩擦力（N）；

$\frac{f}{\varphi_{eff}}$——考虑油膜承载区的摩擦因数，分子为相应的摩擦因数。

$\frac{f}{\varphi_{eff}}$是偏心率、宽径比、轴承包角的函数，可查图 20-24。

2）当油通过油孔和轴向槽注入时，在轴承整个间隙内充满润滑剂，要同时考虑油膜承载区和非承载区的摩擦功耗 P'_f 或所产生的热量 Φ_0：

① 对于无腔和无周向槽的轴承：

$$P'_f=\Phi_0=F'_f v_s=f'Fv_s=\frac{f'}{\varphi_{eff}}S_0DL\frac{\eta_{eff}\omega_{eff}}{\varphi_{eff}}v_s \tag{20-28}$$

式中　F'_f——考虑油膜承载区和油膜非承载区的摩擦力（N）；

$\frac{f'}{\varphi_{eff}}$——考虑油膜承载区和油膜非承载区的摩擦因数，查图 20-25。

② 对于带有周向槽和腔的轴承，其摩擦力为

$$F'_f=\frac{\eta_{eff}\omega_{eff}LD}{\varphi_{eff}}\left[\frac{f'}{\varphi_{eff}}S_0-\frac{b_p}{L}\left(\frac{\theta_p}{2\sqrt{1-\varepsilon^2}}-\frac{\varphi_{eff}D}{2h_p}\xi_p\right)-\frac{b_G}{L}\left(\frac{\theta_G}{2\sqrt{1-\varepsilon^2}}-\frac{\varphi_{eff}D}{2h_G}\xi_G\right)\right] \tag{20-29}$$

式中　ξ_p——腔中的摩擦功耗系数，

$$\xi_p=0.5\theta_p(4+0.0012Re_p^{0.94})\text{；} \tag{20-30}$$

ξ_G——周向槽中的摩擦功耗系数，

$$\xi_G=0.5\theta_G(4+0.0012Re_G^{0.94})\text{；} \tag{20-31}$$

θ_p、θ_G——腔和周向槽的包角（°）；

b_p、b_G——腔和周向槽的宽度（m）；

h_p、h_G——腔和周向槽的深度（m）。

油在油腔中流动的雷诺数为

$$Re_p=\frac{\rho\omega_{eff}h_pD}{2\eta_{eff}} \tag{20-32}$$

油在周向槽中流动的雷诺数为

$$Re_G=\frac{\rho\omega_{eff}h_GD}{2\eta_{eff}} \tag{20-33}$$

20.9.3.5　流量

1）轴承内油膜压力引起润滑剂端泄流量：

$$Q_1=D^3\varphi_{eff}\omega_{eff}q_1 \tag{20-34}$$

式中　q_1——油膜压力引起润滑剂无量纲端泄流量，查图 20-26。

2）供油压力 p_E 引起润滑剂端泄流量：

$$Q_2=\frac{D^3\varphi_{eff}^3p_E}{\eta_{eff}}q_2 \tag{20-35}$$

式中　q_2——供油压力引起润滑剂无量纲端泄流量，查表 20-110。

3）轴承总流量：

① 当油直接注入到承载区时：

$$Q=Q_1 \tag{20-36}$$

② 当油从非承载区注入轴承整周时：

$$Q=Q_1+Q_2 \tag{20-37}$$

20.9.3.6　轴承热平衡与润滑剂有效温度

轴承温度可通过热平衡计算求得。由摩擦功耗产生的热量，通过排油和轴承座对流与热辐射散热。为安全简便起见，实际设计时只考虑其中一种散热起作用，忽略另一种散热。

（1）无压力供油的轴承（如用油环润滑的轴承）　主要通过轴承座对流及热辐射散热，散热量为

$$\Phi_A=kA(T_B-T_a)=\Phi_0 \tag{20-38}$$

式中　T_a——环境温度（℃）；

k——轴承座表面传热系数［W/(m²·K)］，一般 $k=15\sim20\text{W}/(\text{m}^2\cdot\text{K})$，当对轴承座施以风冷，轴承座周围风速 $v_a>1.2\text{m/s}$ 时，$k=7+12\sqrt{v_a}$；

A——轴承座散热面积（m²）。

当不能确切知道散热面积时，可采用以下近似计算：

1）对于圆柱形轴承：

$$A=\frac{\pi}{2}(D_H^2-D^2)+\pi D_HL_H \tag{20-39}$$

式中　L_H——轴承座轴向长度（m）；

D_H——轴承座外径（m）。

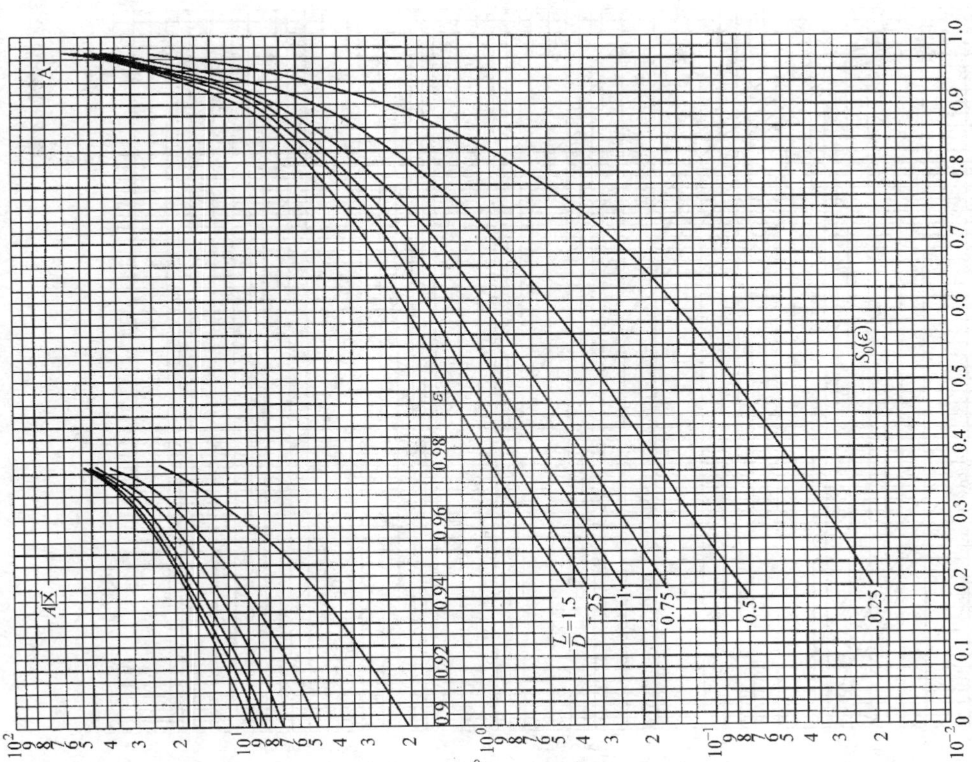

a)

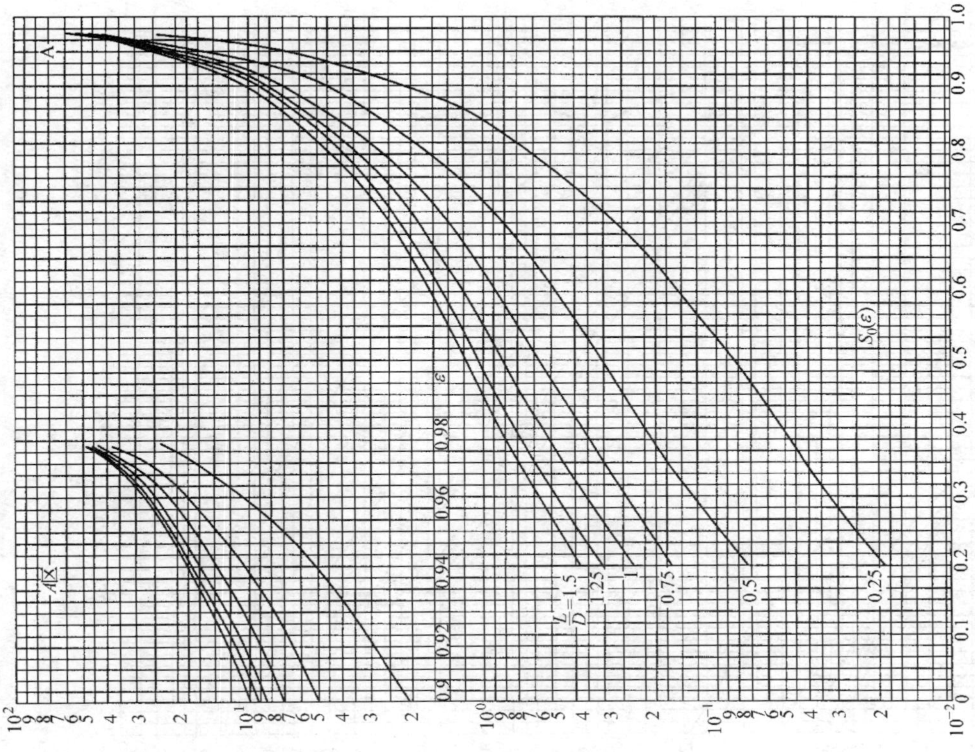

b)

图 20-23　轴承 S_0 与 ε 的关系

a）$\theta=360°$　b）$\theta=180°$

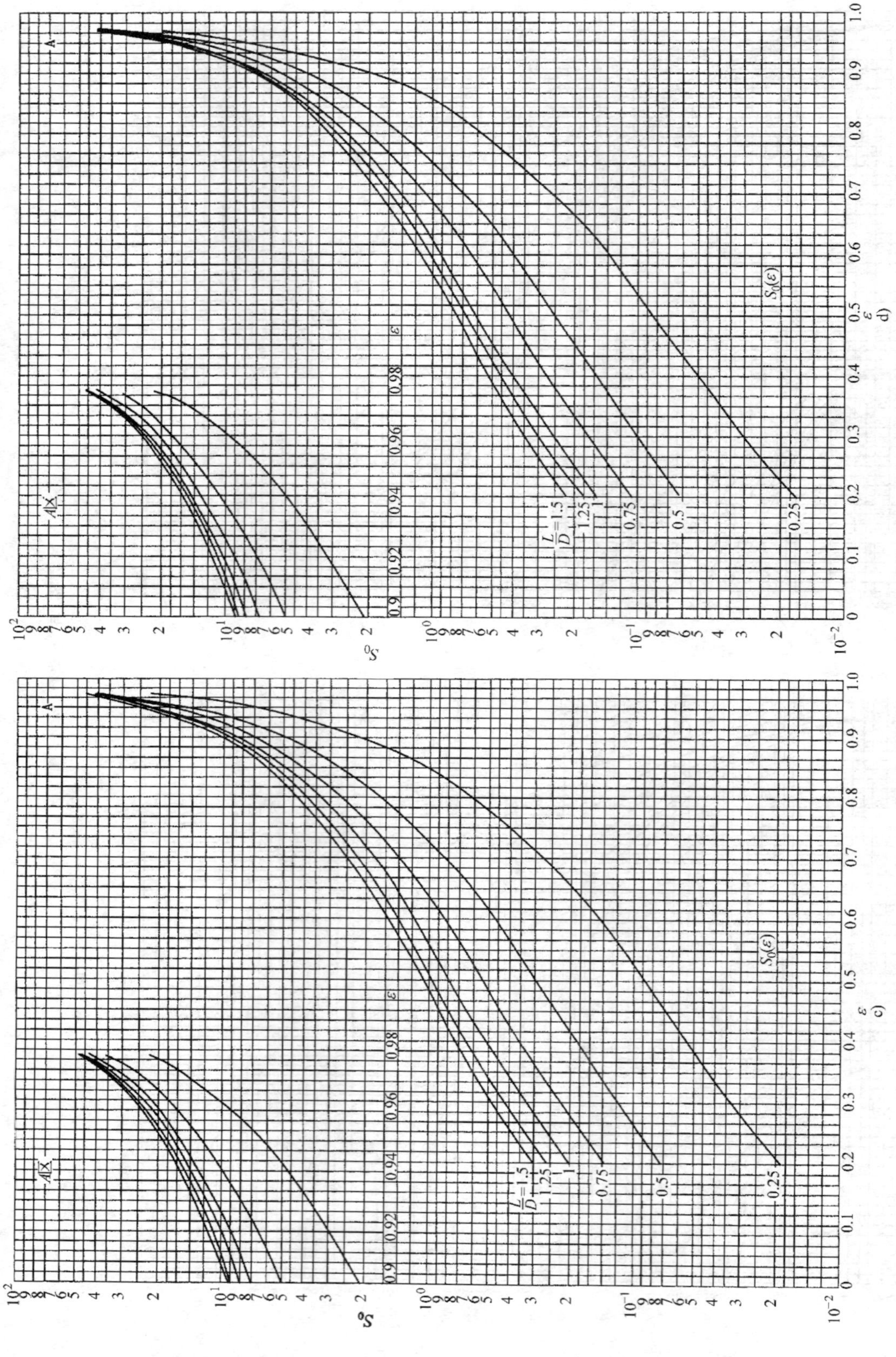

图 20-23　轴承 S_0 与 ε 的关系（续）

c）$\theta=150°$　d）$\theta=120°$

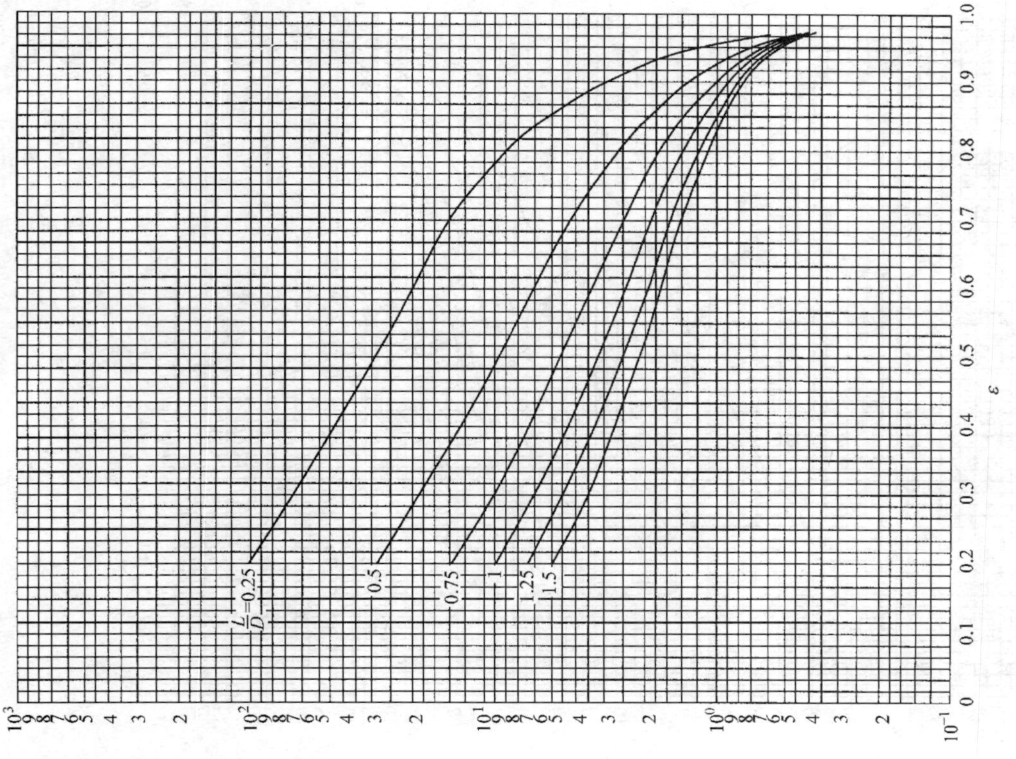

a)

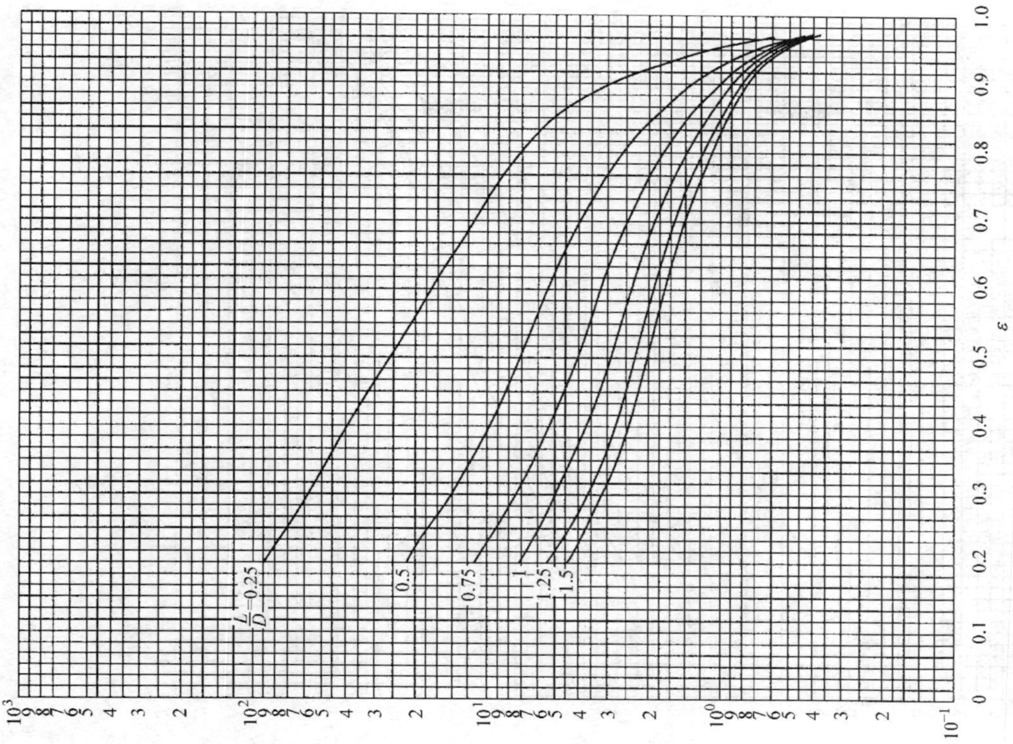

b)

图 20-24　轴承 f/φ 与 ε 的关系

a）$\theta=360°$　b）$\theta=180°$

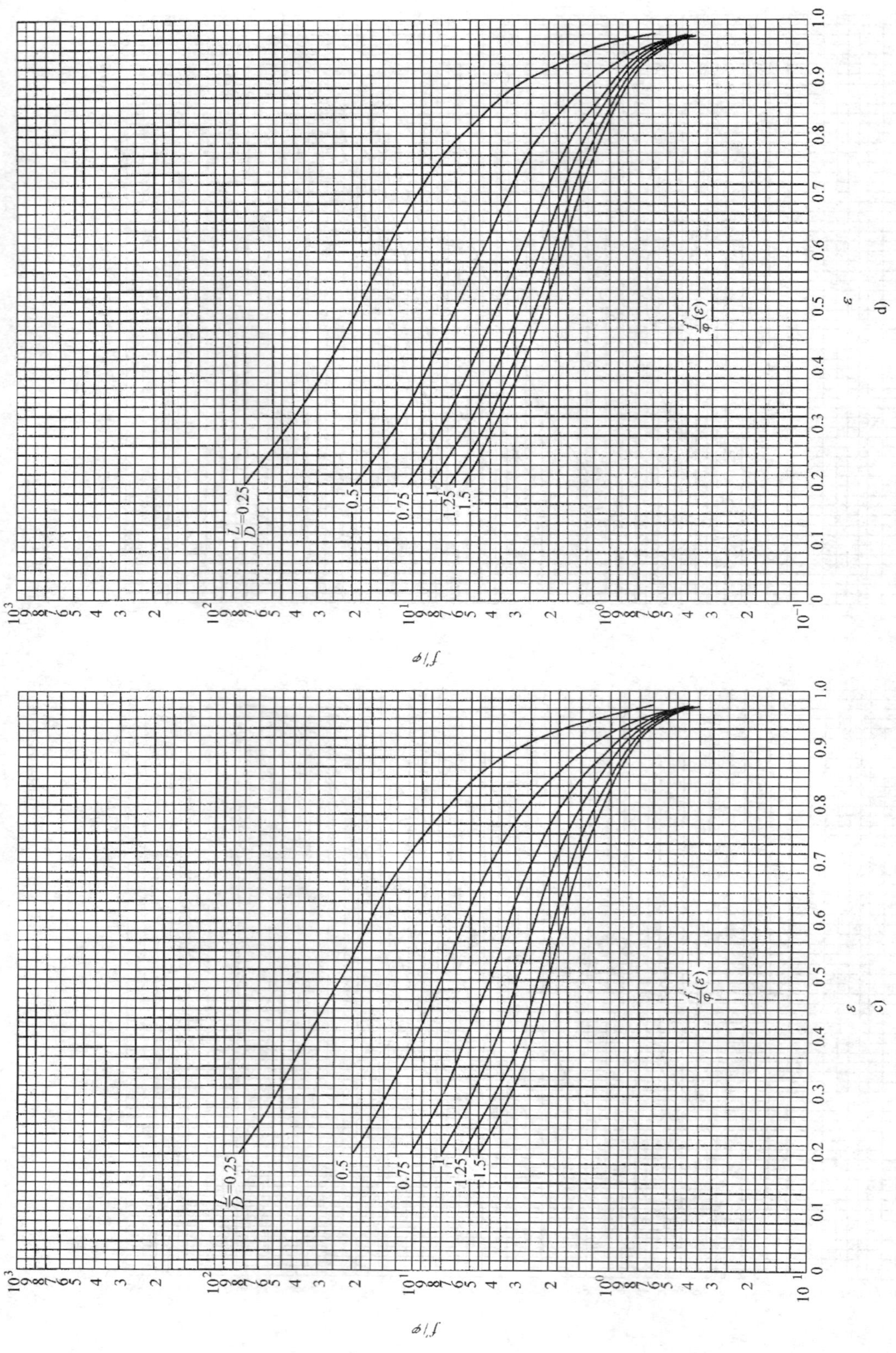

图 20-24　轴承 f/φ 与 ε 的关系（续）

c) $\theta=150°$　d) $\theta=120°$

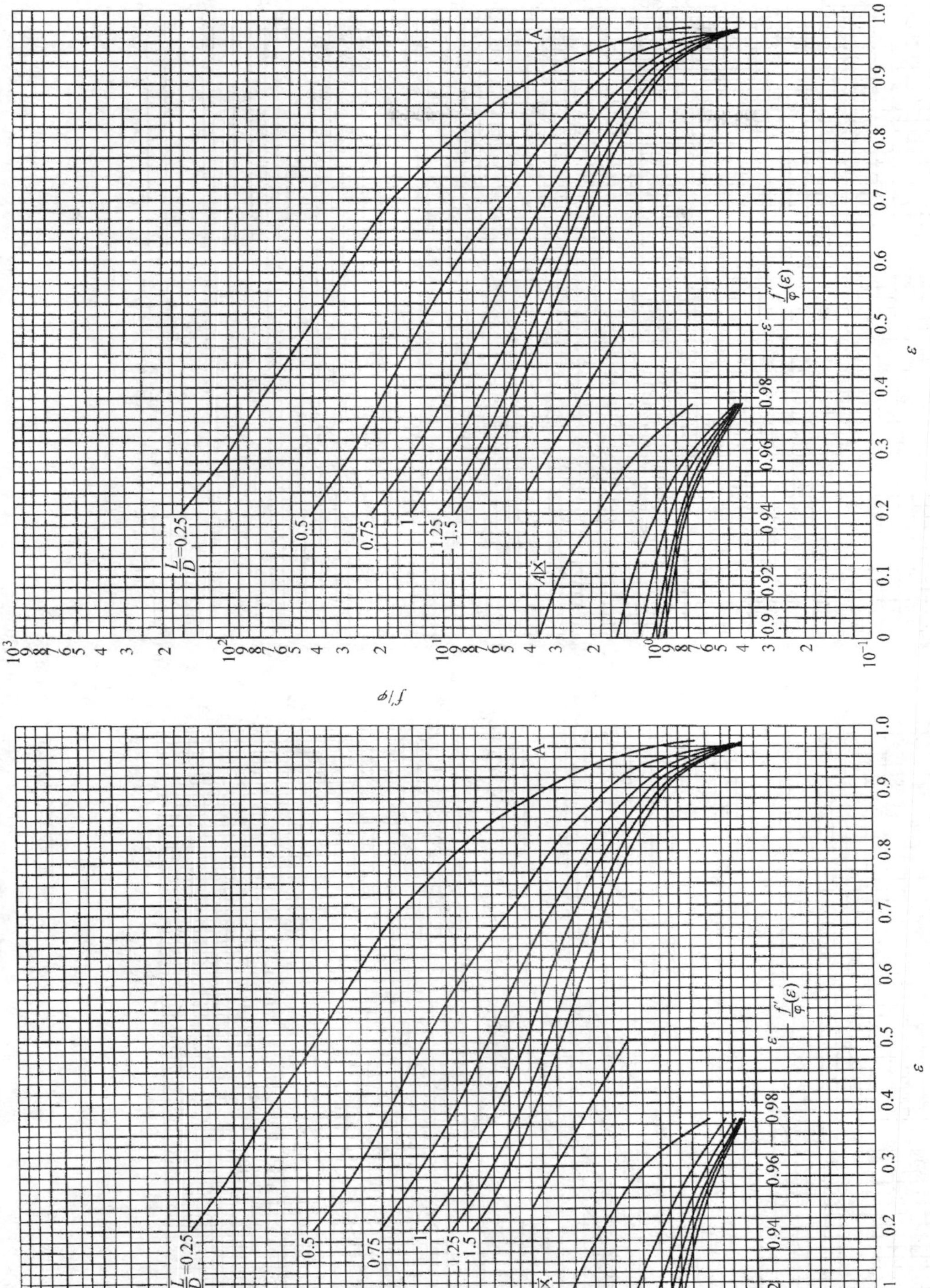

a)　b)

图 20-25　轴承 f'/φ 与 ε 的关系

a）$\theta=360°$　b）$\theta=180°$

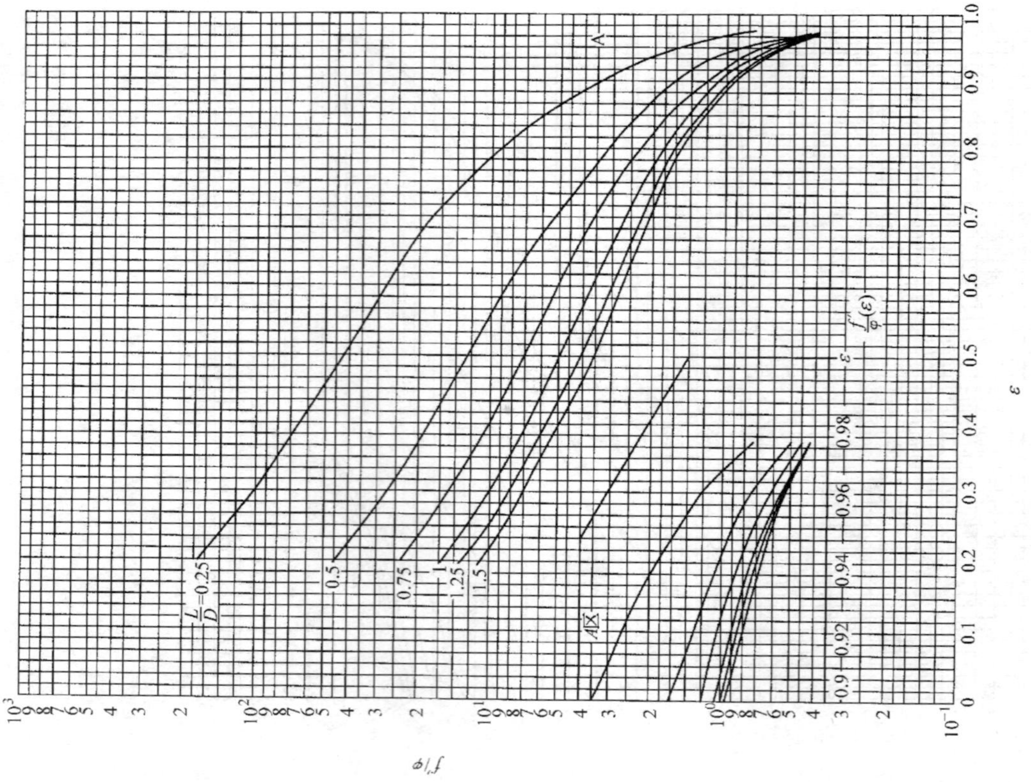

c)

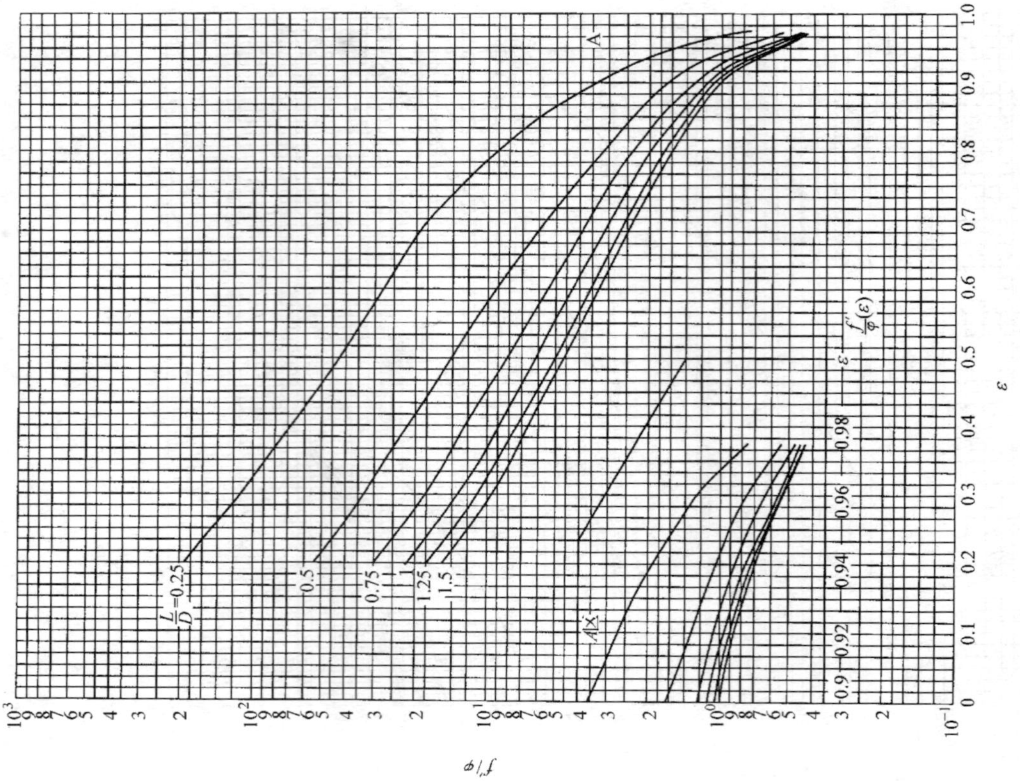

d)

图 20-25　轴承 f'/φ 与 ε 的关系（续）

c）$\theta=150°$　d）$\theta=120°$

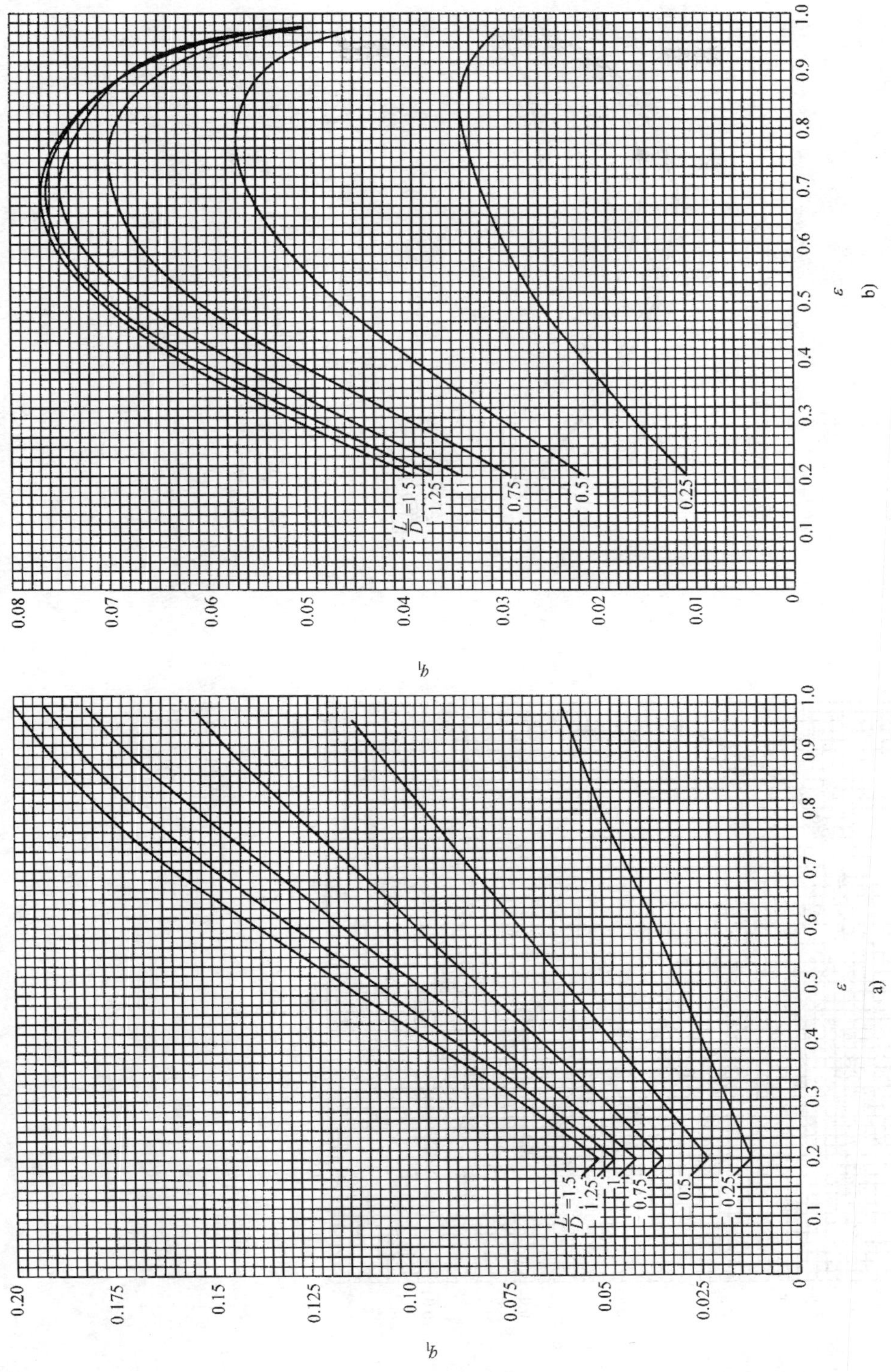

图 20-26　轴承 q_1 与 ε 的关系

a）$\theta=360°$　b）$\theta=180°$

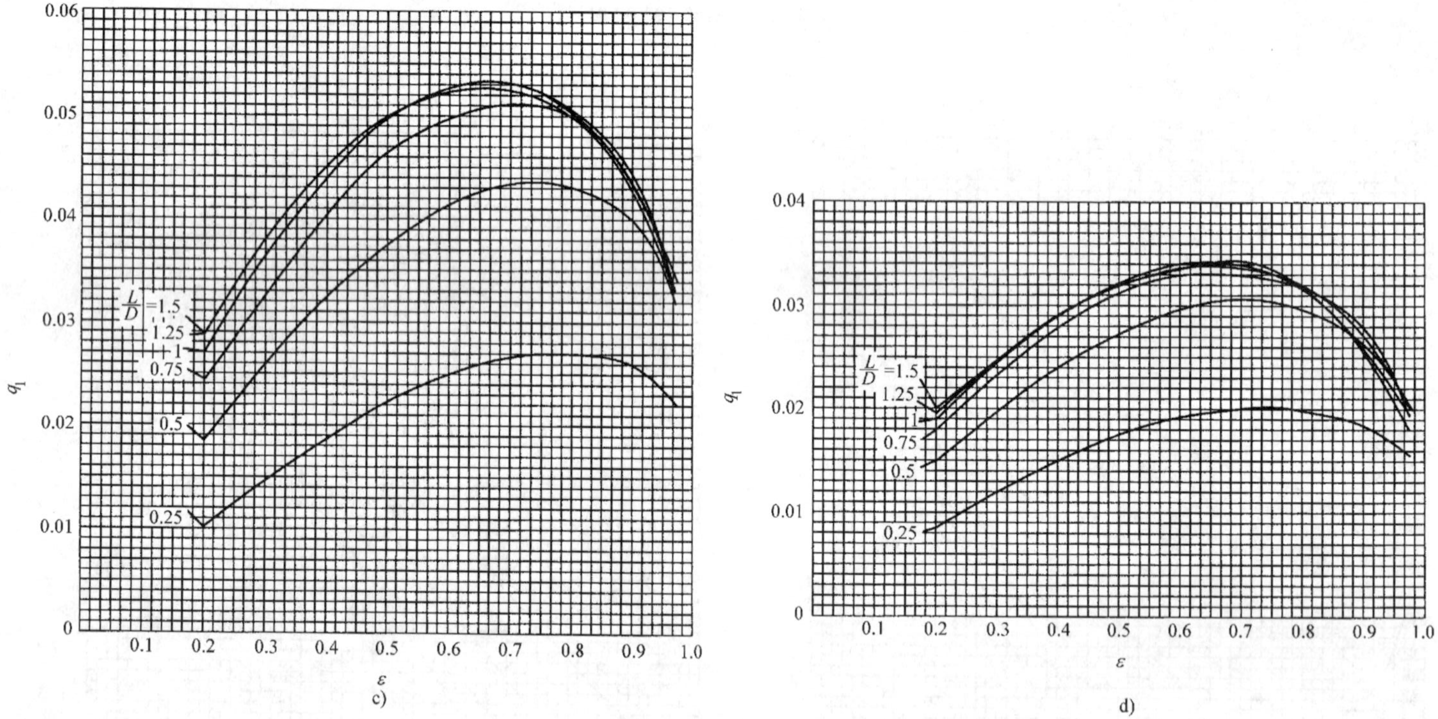

图 20-26　轴承 q_1 与 ε 的关系（续）

c）$\theta=150°$　d）$\theta=120°$

表 20-109 供油压力引起润滑剂无量纲端泄流量

供油位置与结构	无量纲端泄流量公式
1. 单供油孔位于载荷的反方向 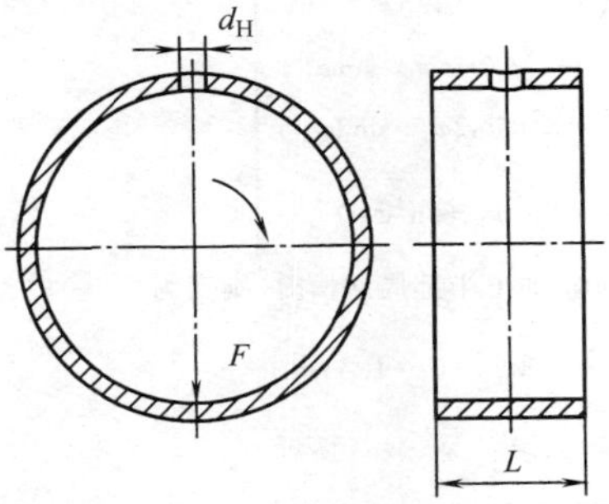	$q_2=\dfrac{\pi(1+\varepsilon)^3}{48\ln\left(\dfrac{L}{d_H}\right)q_H}$ $q_H=1.204+0.368\left(\dfrac{d_H}{L}\right)-1.046\left(\dfrac{d_H}{L}\right)^2+1.942\left(\dfrac{d_H}{L}\right)^3$
2. 单供油孔位置与载荷方向垂直 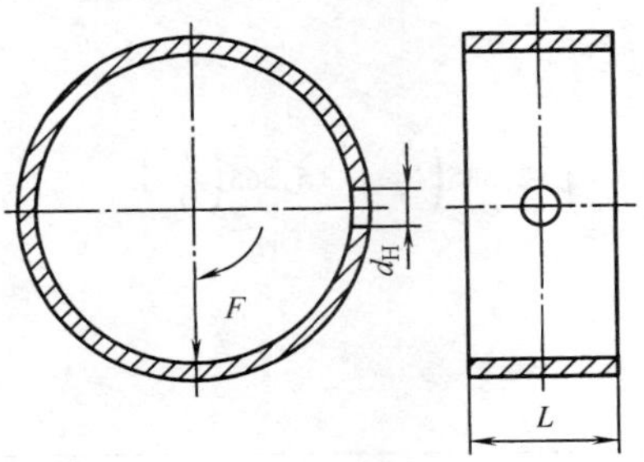	$q_2=\dfrac{\pi 1}{48\ln\left(\dfrac{L}{d_H}\right)q_H}$ $q_H=1.204+0.368\left(\dfrac{d_H}{L}\right)-1.046\left(\dfrac{d_H}{L}\right)^2+1.942\left(\dfrac{d_H}{L}\right)^3$
3. 双供油孔位置均与载荷方向垂直 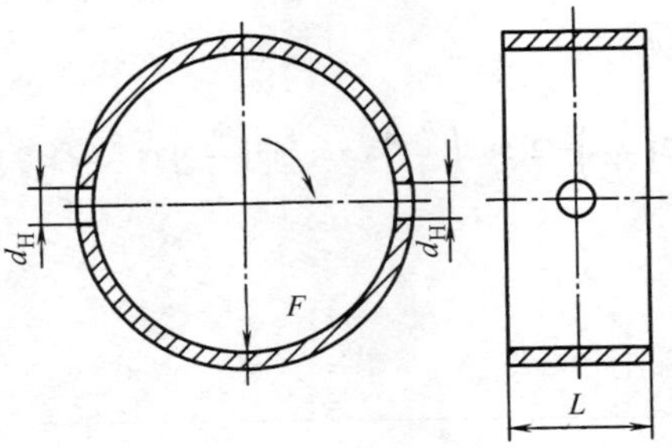	$q_2=\dfrac{\pi 2}{48\ln\left(\dfrac{L}{d_H}\right)q_H}$ $q_H=1.204+0.368\left(\dfrac{d_H}{L}\right)-1.046\left(\dfrac{d_H}{L}\right)^2+1.942\left(\dfrac{d_H}{L}\right)^3$
4. 油孔和整周润滑槽供油 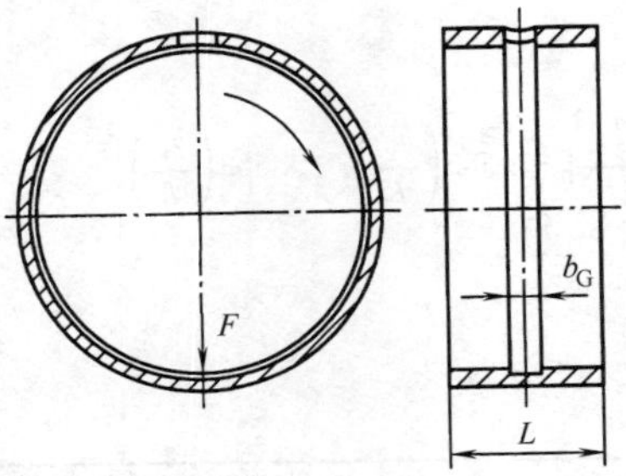	$q_2=\dfrac{\pi}{24}\times\dfrac{1+1.5\varepsilon^2}{\dfrac{L}{D}}\times\dfrac{L}{L-b_G}$

（续）

供油位置与结构	无量纲端泄流量公式
5. 油孔与非整周润滑槽供油 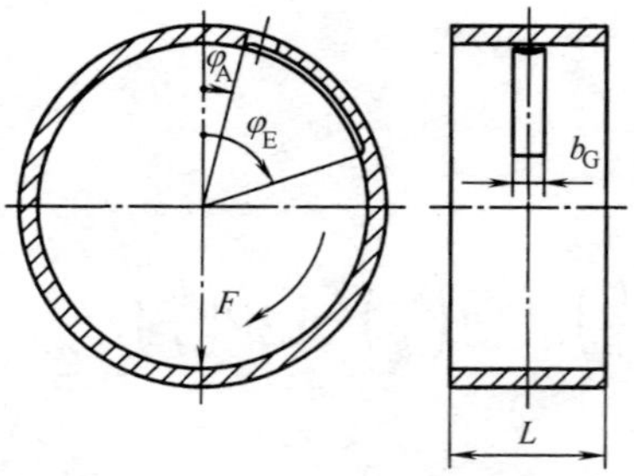 	$q_2=\dfrac{D}{48(L-b_G)}\left[\begin{aligned}&(\varphi_E-\varphi_A)(1+1.5\varepsilon^2)\\&+(3\varepsilon+\varepsilon^3)(\sin\varphi_E-\sin\varphi_A)\\&+0.75\varepsilon^2(\sin2\varphi_E-\sin2\varphi_A)\\&-\dfrac{\varepsilon^3}{3}(\sin^3\varphi_E-\sin^3\varphi_A)\end{aligned}\right]$ 当 $\varphi_E=90°$，$\varphi_A=-90°$，即上半部周向槽时，则变为 $q_2=\dfrac{D}{48(L-b_G)}[\pi(1+1.5\varepsilon^2)+6\varepsilon+1.33\varepsilon^3]$
6. 位于载荷反方向的油腔供油 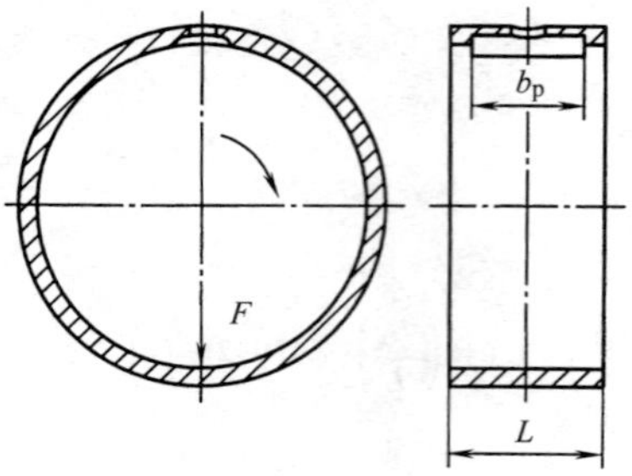 	$q_2=\dfrac{\pi}{6}\times\dfrac{(1+\varepsilon)^3}{\ln\left(\dfrac{L}{b_p}\right)q_p}$ $q_p=1.188+1.582\left(\dfrac{b_p}{L}\right)-2.585\left(\dfrac{b_p}{L}\right)^2+5.563\left(\dfrac{b_p}{L}\right)^3$ $0.05\leqslant\dfrac{b_p}{L}\leqslant0.7$
7. 位于载荷方向垂直的单油腔供油 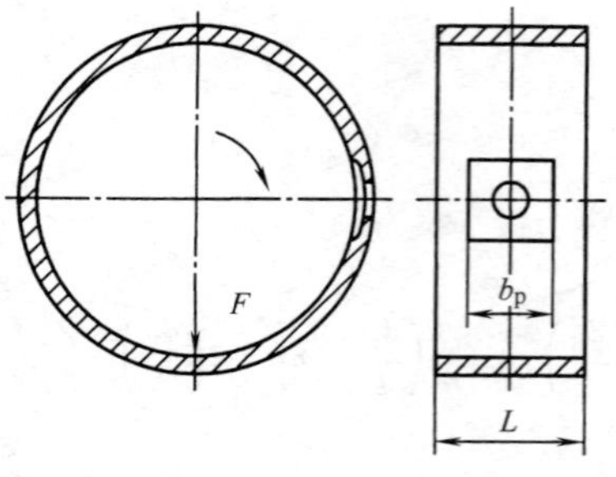 	$q_2=\dfrac{\pi}{6}\times\dfrac{1}{\ln\left(\dfrac{L}{b_p}\right)q_p}$ $q_p=1.188+1.582\left(\dfrac{b_p}{L}\right)-2.585\left(\dfrac{b_p}{L}\right)^2+5.563\left(\dfrac{b_p}{L}\right)^3$ $0.05\leqslant\dfrac{b_p}{L}\leqslant0.7$
8. 位于载荷方向垂直的两油腔供油 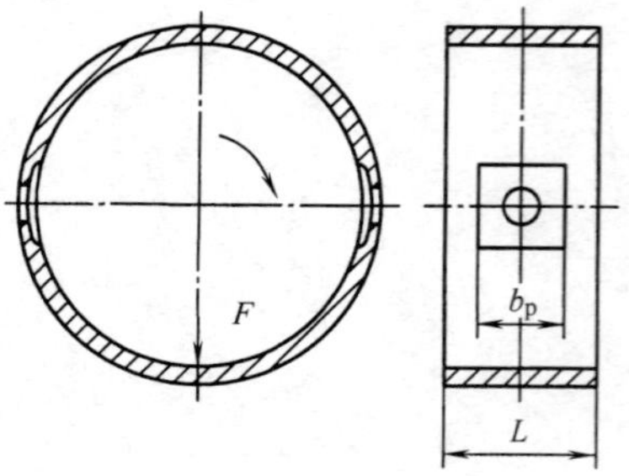 	$q_2=\dfrac{\pi}{6}\times\dfrac{2}{\ln\left(\dfrac{L}{b_p}\right)q_p}$ $q_p=1.188+1.582\left(\dfrac{b_p}{L}\right)-2.585\left(\dfrac{b_p}{L}\right)^2+5.563\left(\dfrac{b_p}{L}\right)^3$ $0.05\leqslant\dfrac{b_p}{L}\leqslant0.7$

注：轴向供油槽适合单向载荷，即载荷方向变化不大的场合；周向供油槽适合载荷方向变化范围超过 180°的场合。

2）对于托架轴承：

$$A=\pi H\left(L_H+\frac{H}{2}\right) \tag{20-40}$$

式中　H——托架轴承总高度（m）。

3）对于嵌入机体内的轴承：

$$A=(15\sim20)DL \tag{20-41}$$

（2）压力供油的轴承　摩擦热主要由润滑剂带走，散热量为

$$\Phi_L=\rho cQ(T_2-T_1)=\Phi_0 \tag{20-42}$$

式中　c——润滑剂的比热容［J/(kg · K)］，矿物油 $c=1.8\times10^6$ J/(m^3 · K)；

T_1——轴承润滑剂入口温度（℃）；

T_2——轴承润滑剂出口温度（℃）。

润滑剂的有效温度 T_{eff}，根据以下两种散热情况分别确定：

1）主要通过轴承座对流及热辐射散热时，$T_{eff}=T_B$。

2）对压力供油轴承，摩擦热主要由润滑剂带走时，$T_{eff}=0.5(T_1+T_2)$。在很高的圆周速度下，可选取 T_{eff} 更接近 T_2。

轴承热平衡计算时，仅 T_a 和 T_1 已知，而 T_{eff} 未知。因此要根据以上两种散热情况分别估取温升值：情况 1）时，$T_{B,0}-T_a=20$K；情况 2）时，$T_{2,0}-T_1=20$K。从而得到润滑剂有效温度 T_{eff}，并用于轴承特性和热平衡计算，求得新的 $T_{B,1}$ 或 $T_{2,1}$。再把该新值与先前估取值取平均值，进入新一轮迭代计算，直到求得新的 $T_{B,1}$ 或 $T_{2,1}$ 值与先前估取值之差小于 2K。

为了避免轴承过热失效，要满足：

$$T_B\leqslant T_{B,\ lim} \tag{20-43}$$

或

$$T_2\leqslant T_{B,\ lim} \tag{20-44}$$

式中，$T_{B,lim}$ 为轴承最高许用温度（℃）。它与润滑剂和轴承材料有关。温度升高，轴承材料硬度和强度下降，润滑剂黏度也降低，从而使承载能力下降。在某些环境下，甚至导致混合摩擦，而且高温使油加速老化。轴承最高许用温度见表 20-110。

表 20-110　轴承最高许用温度

轴承润滑方式	$T_{B,lim}$/℃	
	润滑剂总量与润滑剂每分钟流量之比	
	≤5	>5
压力润滑（循环润滑）	100(115)	110(125)
无压力润滑（自动润滑）	90(110)	90(110)

注：括号内的值在特别优越工况下允许使用。

20.9.3.7　最小油膜厚度

保持轴承中最小油膜厚度始终大于最小油膜厚度许用值，目的在于保证轴承处在液体润滑状态下运转，使轴承磨损降到最低程度，并减少轴承对装配和制造误差的敏感性。

如图 20-27 所示，最小油膜厚度许用值 $h_{o,lim}$ 由下式确定：

$$h_{o,lim}=R_{ZB}+R_{ZS}+\frac{1}{2}L_y+\frac{1}{2}y+a_{eff}$$

式中　R_{ZB}、R_{ZS}——轴承、轴颈表面微观不平度十点高度（m）；

L_y——轴承宽度内同轴度在端面的偏斜量（m）；

y——轴的平均绕曲变形在轴承端面出现的绕度（m）；

a_{eff}——轴承表面沿圆周方向的有效波度（m）。

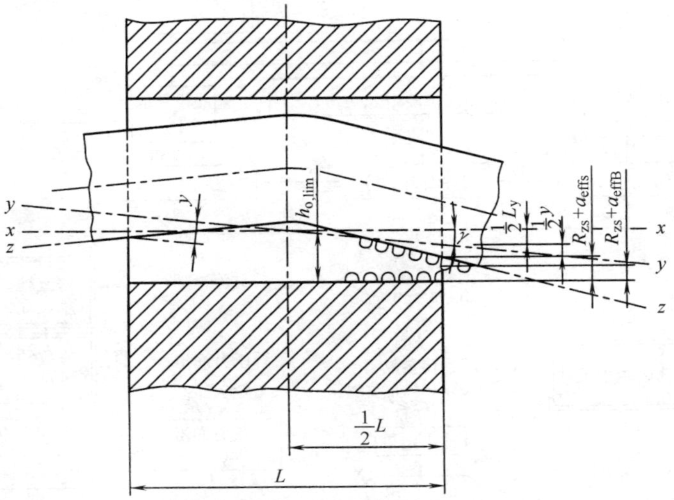

图 20-27　未经跑合情况下最小允许油膜厚度

经过低的载荷和速度下跑合的轴承，允许显著小的油膜厚度。若必要时，可用好的跑合性能的轴承材料。

表 20-111 列出最小油膜厚度经验许用值 $h_{o,lim}$。它是在下列条件得出：轴颈表面微观不平度十点高度 $R_{ZS}\leqslant 4\mu m$，滑动表面几何误差微小，仔细装配，油经过适当过滤。

为避免磨损，保证轴承处于液体润滑状态下运转，应满足下式：

$$h_o = 0.5D\varphi_{eff}(1-\varepsilon) \geqslant h_{o,\,lim}$$

表 20-111　最小油膜厚度经验许用值 $h_{o,lim}$

轴颈直径 d/mm	$h_{o,lim}$				
	轴的滑动速度 v_s/(m/s)				
	$v_s\leqslant 1$	$1<v_s\leqslant 3$	$3<v_s\leqslant 10$	$10<v_s\leqslant 30$	$30<v_s$
$24<d\leqslant 63$	3	4	5	7	10
$63<d\leqslant 160$	4	5	7	9	12
$160<d\leqslant 400$	6	7	9	11	14
$400<d\leqslant 1000$	8	9	11	13	16
$1000<d\leqslant 2500$	10	12	14	16	18

20.9.4　计算框图（见图 20-28）

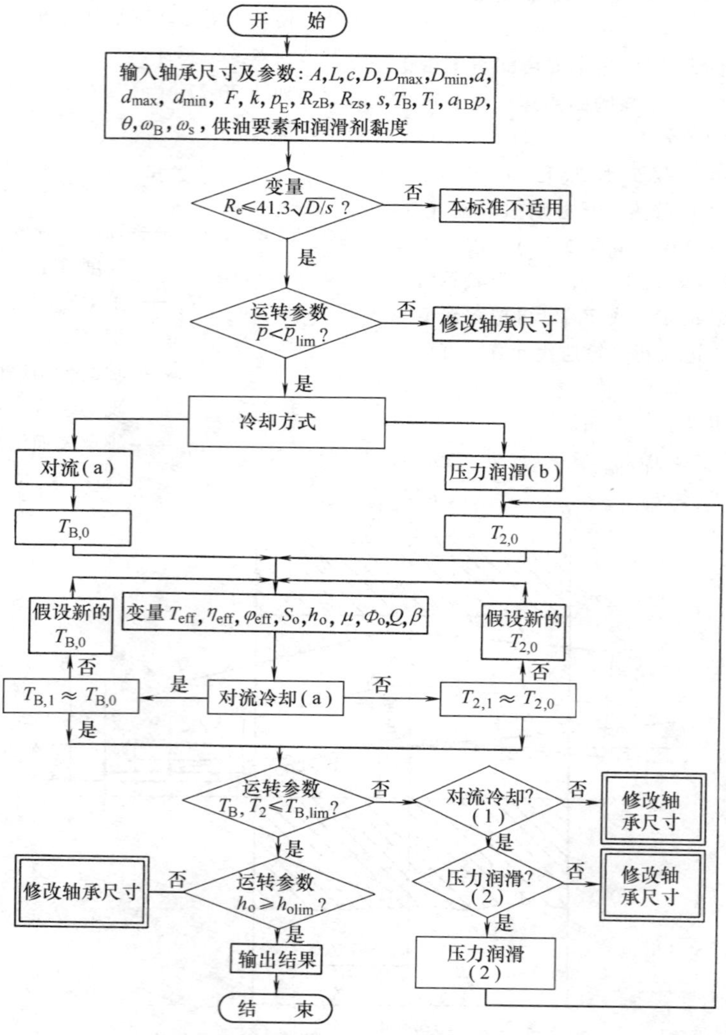

图 20-28　计算框图

20.9.5　算例

已知：轴承直径 $D=300\text{mm}$，载荷 $F=65000\text{N}$，转速 $n=3000\text{r/min}$；轴承为自动调心式，载荷垂直向下，在水平剖分面两侧供油，进油温度控制在 40℃左右。

设计计算汽轮机转子的液体动压径向轴承。

解：设计计算步骤见表 20-112。

表 20-112　算例

计算项目	计算公式及说明	计算结果
1. 宽径比	$\frac{L}{D}$选定	0.8
2. 轴承宽度	$L=\left(\frac{L}{D}\right)D=0.8\times300\times10^{-3}=0.24$	0.24m
3. 轴承比压	$\bar{p}=\frac{F}{DL}=\frac{65000}{0.3\times0.24}=0.903\times10^{6}$ 查表 20-109　$p<p_{\lim}=7\text{MPa}$	0.903MPa 通过
4. 轴颈圆周速度	$n_s=\frac{n}{60}=\frac{3000}{60}\text{r/s}=50\text{r/s}$ $v_s=\pi Dn_s=3.1416\times0.3\times50=47.124$	 47.124m/s
5. 轴承平均相对间隙	初估 $\varphi=0.8\times10^{-3}\sqrt[4]{v_s}=0.8\times10^{-3}\sqrt[4]{47.124}$ 查表 20-108 参照轴孔的公差与配合，取 $\phi300\frac{D8}{c8}$ $\varphi_{\min}=\frac{D_{\min}-d_{\max}}{D}=\frac{300.190-299.670}{300}$ $\varphi_{\max}=\frac{D_{\max}-d_{\min}}{D}=\frac{300.271-299.589}{300}$ $\varphi_m=0.5(\varphi_{\max}+\varphi_{\min})=0.5(0.00227+0.00173)$	0.0021 0.0019 0.00173 0.00227 0.00200
6. 轴承直径间隙	$s=\varphi D=\varphi_m D=0.002\times0.3$	0.6×10^{-3}m
7. 初选黏度	$\eta=0.068n_s^{-\frac{1}{3}}=0.068\times50^{-\frac{1}{3}}$	0.0185Pa·s
8. 选油的牌号及其黏温关系	L-TSA32 汽轮机油 40℃时，$\eta=0.028\text{Pa}\cdot\text{s}$；50℃时，$\eta=0.018\text{Pa}\cdot\text{s}$； 60℃时，$\eta=0.013\text{Pa}\cdot\text{s}$；70℃时，$\eta=0.008\text{Pa}\cdot\text{s}$	L-TSA32 汽轮机油
9. 层流条件验证	计算雷诺数 $Re=\frac{\rho v_s s}{2\eta}=\frac{900\times47.124\times0.6\times10^{-3}}{2\times0.018}$ 计算许用雷诺数 $[Re]=41.3\sqrt{\frac{D}{s}}=41.3\sqrt{\frac{0.3}{0.6\times10^{-3}}}$ $Re\leqslant[Re]$	706.86 923.5 通过
10. 确定润滑方式	选定压力供油，靠润滑剂散热	
11. 初设出口油温	$T_{2,0}=T_1+20=40+20=60$	
12. 有效油膜温度	$T_{\text{eff}}=0.5(T_1+T_2)=0.5(40+60)=50$ 迭代计算：符号→为第一次；符号⇒为第二次，下同 →0.5×(40+54.17)=47.08 ⇒0.5×(40+52.34)	 46.17℃
13. 有效油黏度	在 T_{eff}时，$\eta_{\text{eff}}=0.018\text{Pa}\cdot\text{s}$ →0.020 ⇒0.022	 0.022Pa·s
14. 轴承相对间隙的热补偿量	钢轴的线胀系数　$\alpha_{1s}=11.5\times10^{-6}/\text{K}$ 铜轴瓦的线胀系数　$\alpha_{1B}=17\times10^{-6}/\text{K}$ $\Delta\varphi=(\alpha_{1B}-\alpha_{1s})(T_{\text{eff}}-20)=(17-11.5)\times10^{-6}\times(50-20)=0.165\times10^{-3}$ $\rightarrow(17-11.5)\times10^{-6}\times(47.08-20)=0.149\times10^{-3}$ $\Rightarrow(17-11.5)\times10^{-6}\times(46.17-20)$	 0.144×10^{-3}m
15. 轴承有效相对间隙	$\varphi_{\text{eff}}=\varphi_m+\Delta\varphi=(2.0+0.165)\times10^{-3}=2.165\times10^{-3}$ $\rightarrow(2+0.149)\times10^{-3}=2.149\times10^{-3}$ $\Rightarrow(2+0.144)\times10^{-3}$	 2.144×10^{-3}m

（续）

计算项目	计算公式及说明	计算结果
16. 液体动压有效角速度	$\omega_{eff}=\omega_s+\omega_B=2\pi n_s+\omega_B=2\pi\times50+0=314.16$	$314.16s^{-1}$
17. 索莫菲尔德数	$S_0=\dfrac{F\varphi_{eff}^2}{DL\eta_{eff}\omega_{eff}}=\dfrac{65000\times(2.165\times10^{-3})^2}{0.3\times0.24\times0.018\times314.16}=0.748$ $\rightarrow\dfrac{65000\times(2.149\times10^{-3})^2}{0.3\times0.24\times0.02\times314.16}=0.6635$ $\Rightarrow\dfrac{65000\times(2.144\times10^{-3})^2}{0.3\times0.24\times0.022\times314.16}$	0.600
18. 偏心率	由图 20-23 $\varepsilon\left(S_0,\dfrac{L}{D},\theta\right)=\varepsilon(0.748,0.8,150°)=0.57$ $\rightarrow0.525$ $\Rightarrow0.507$	0.507
19. 最小油膜厚度及其校核	$h_0=0.5D\varphi_{eff}(1-\varepsilon)=0.5\times0.3\times2.165\times10^{-3}\times(1-0.57)=0.141\times10^{-3}$ $\rightarrow0.5\times0.3\times2.149\times10^{-3}\times(1-0.525)=0.153\times10^{-3}$ $\Rightarrow0.5\times0.3\times2.144\times10^{-3}\times(1-0.507)$ 由表 20-112 最小许用膜厚 $h_{0,lim}=0.014\times10^{-3}$ $h_o\geqslant h_{o,lim}$	0.1585×10^{-3}m 通过
20. 摩擦因数	由图 20-25 $\dfrac{f'}{\varphi_{eff}}\left(\varepsilon,\dfrac{L}{D},\theta\right)=\dfrac{f'}{\varphi_{eff}}(0.57,0.8,150°)=5.1$ $\rightarrow5.9$ $\Rightarrow6.15$ $f'=\dfrac{f'}{\varphi_{eff}}\varphi_{eff}=5.1\times2.165\times10^{-3}=0.011$ $\rightarrow5.9\times2.149\times10^{-3}=0.0127$ $\Rightarrow6.15\times2.145\times10^{-3}$	6.15 0.0132
21. 摩擦功耗或热量	$\Phi_0=f'Fv_s=0.011\times65000\times47.124=33694$ $\rightarrow0.0127\times65000\times47.124=38901$ $\Rightarrow0.0132\times65000\times47.124$	40433W
22. 油膜压力引起端泄流量	由图 20-26 $q_1\left(\varepsilon,\dfrac{L}{D},\theta\right)=q_1(0.57,0.8,150°)=0.0492$ $\rightarrow q_1(0.525,0.8,150°)=0.048$ $\Rightarrow q_1(0.507,0.8,150°)$ $Q_1=D^3\varphi_{eff}\omega_{ef}q_1=0.3^3\times2.165\times10^{-3}$ $\times314.16\times0.0492=0.9035\times10^{-3}$ $\rightarrow0.3^3\times2.148\times10^{-3}\times314.16\times0.048=0.875\times10^{-3}$ $\Rightarrow0.3^3\times2.144\times10^{-3}\times314.16\times0.0472$	0.0472 $0.858\times10^{-3}m^3/s$
23. 供油压力引起端泄流量	取$\dfrac{b_p}{L}=0.625$，$p_E=0.1\times10^6$Pa $q_p=1.188+1.582\left(\dfrac{b_p}{L}\right)-2.585\left(\dfrac{b_p}{L}\right)^2+5.563\left(\dfrac{b_p}{L}\right)^3=0.8824$ $Q_2=\dfrac{D^3\varphi_{eff}^3p_E}{\eta_{eff}}q_2=\dfrac{0.3^3\times(2.165\times10^{-3})^3\times0.1\times10^6}{0.018}\times0.8824$ $=1.3432\times10^{-3}$ $\rightarrow\dfrac{0.3^3\times(2.149\times10^{-3})^3\times0.1\times10^6}{0.02}\times0.8824=1.1822\times10^{-3}$ $\Rightarrow\dfrac{0.3^3\times(2.144\times10^{-3})^3\times0.1\times10^6}{0.022}\times0.8824$	0.8824 $1.067\times10^{-3}m^3/s$

（续）

计算项目	计算公式及说明	计算结果
24. 总流量	$Q=Q_1+Q_2=(0.935+1.3432)\times10^{-3}=2.247\times10^{-3}$ $\rightarrow(0.875+1.1822)\times10^{-3}=2.057\times10^{-3}$ $\Rightarrow(0.858+1.067)\times10^{-3}$	$1.93\times10^{-3}\text{m}^3/\text{s}$
25. 油带走的热量	$\Phi_L=\rho cQ(T_{2,1}-T_{1,1})=1.8\times10^6\times2.247\times10^{-3}\times(T_{2,1}-40)$ $\rightarrow1.8\times10^6\times2.057\times10^{-3}\times(T_{2,1}-40)$ $\Rightarrow1.8\times10^6\times1.93\times10^{-3}\times(T_{2,1}-40)$	
26. 油出口温度	由热平衡 $\Phi_0=\Phi_L$，则有 $T_{2,1}=\dfrac{\Phi_0}{\rho cQ}+T_1=\dfrac{33694}{1.8\times10^6\times2.247\times10^{-3}}+40=48.33$ $\rightarrow\dfrac{38901}{1.8\times10^6\times2.057\times10^{-3}}+40=50.51$ $\Rightarrow\dfrac{40433}{1.8\times10^6\times1.93\times10^{-3}}+40$	51.64℃
27. 油出口温度与原来假设的误差收敛检验	$\lvert T_{2,1}-T_{2,0}\rvert=\lvert48.33-60\rvert=11.67>2$ $\rightarrow\lvert50.51-54.17\rvert=3.66>2$ 不通过，修正油出口温度 $T_{2,0}=0.5(T_{2,0}+T_{2,1})=0.5(60+48.33)=54.17$ $\rightarrow0.5(54.17+50.51)\rightarrow52.34$ 重返第 12 项进行新的迭代计算 经两次迭代后	通过
28. 轴承温度校核	$\Rightarrow\lvert T_{2,1}-T_{2,0}\rvert=\lvert51.64-52.34\rvert=0.7<2℃$ $T_2=51.64<T_{B,\lim}=110℃$	通过

第 21 章　润滑剂与润滑装置

润滑的主要目的是为了减少黏着磨损，降低摩擦。同时也可以防止腐蚀，降低摩擦表面温度，冲走磨粒、磨料及其他异物。另外还有绝缘、密封、缓和冲击、传递摩擦力与压力等作用。

在各种机器及设备中所使用的润滑剂有四种类型，即液体润滑剂、气体润滑剂、固体润滑剂和润滑脂。选用润滑剂的一般原则见表 21-1。

表 21-1　选用润滑剂的考虑因素及选用原则

考虑因素		选用原则
工作范围	运动速度	在高速的运动副上应采用低黏度润滑油，在低速的运动副上采用黏度较大的润滑油或润滑脂，气体润滑剂用于速度特别高的场合
	载荷大小	运动副的载荷或压强大，应选用黏度大或油性好的润滑油；载荷小，应选用黏度小的润滑油 各种润滑油均具有一定的承载能力，在低速重载荷的运动副上，首先考虑润滑油的允许承载能力
	运动情况	往复与间歇运动不利于油膜的形成，故应采用黏度较大的润滑油，锥入度较小的润滑脂或采用固体润滑
周围环境	温度	温度高时，应采用黏度大、闪点高、油性好，以及抗氧性强的润滑油或滴点较高的润滑脂。温度低时，运动副应采用黏度小、凝固点低的润滑油或锥入度较大的润滑脂
	潮湿条件	在潮湿的工作环境里，或者与水接触较多的工作条件下，应选用抗乳化能力较强和油性、防锈蚀性能较好的润滑油，或有较强的抗水能力的润滑脂，但注意不能用钠基脂
	尘屑较多的地方	在系统润滑较好的地方，可采用带过滤装置集中循环润滑的方法。在密封有一定困难的地方，应用润滑脂。在化学气体比较严重的地方，应采用有防腐性能的润滑油
运动副表面	间隙	间隙小应采用低黏度润滑油，反之，则应采用黏度较高的润滑油
	表面精度	工作表面粗糙，应采用黏度大的润滑油，或锥入度较小的润滑脂，或固体润滑剂，反之，采用黏度较小或锥入度大的润滑脂
	表面位置	在垂直导轨、丝杠上，外露齿轮、链条、钢丝绳润滑油易流失，应采用黏度大的润滑油，立式轴选用润滑脂
润滑方式		在循环润滑系统中，应采用黏度低，氧化安定性好，抗泡沫性能好的润滑油 在油雾润滑和飞溅润滑系统中，应采用氧化安定性好，抗泡沫性能好的润滑油 在集中供脂的润滑系统中，应采用锥入度大的润滑脂

21.1　润滑剂

21.1.1　液体润滑剂

液体润滑剂包括润滑油、乳化液和水等。它们的共同特点是冷却性能好。其中水的比热容最大，但润滑性能差，且易使钢铁零件生锈，故多用于塑料、橡胶、木材的润滑。乳化液的冷却性优于润滑油，由于其中含有润滑油，而具有一定润滑性能，因为它含有水，易使钢铁零件生锈，如果加入防锈剂可以在经常运转的设备中使用。下面重点介绍润滑油。

21.1.1.1　润滑油的主要质量指标

（1）黏度　流动物质内部阻力的度量，表示润滑油在一定温度下，黏稠程度的指标。是选择润滑油的重要指标。黏度的表示方法有：动力黏度、运动黏度（如恩氏黏度、雷氏黏度和赛氏黏度）。常用动力黏度单位有 P、cP，常用运动黏度单位有 St、cSt、mm^2/s。

可以从商品油中找到所需黏度的润滑油。但是，有时有可能由于供应等方面的原因，现有商品油中不能满足要求，可以用两种不同黏度的油按一定比例进行配制，其配制的计算关系为

$$\left.\begin{aligned}\lg\gamma_{mix}=V_1\lg\gamma_1+V_2\lg\gamma_2\\ V_1+V_2=1\end{aligned}\right\}$$

式中　γ_{mix}——配置后油的运动黏度（mm^2/s）；

γ_1、γ_2——两种油的运动黏度（mm^2/s）；

V_1、V_2——两种油的体积分数。

（2）黏度指数　润滑油随温度变化通常用黏度指数 VI 表示。VI 值越大，变化越小，油的黏温性能越好。$VI\leqslant35$ 为低黏度指数，$VI>35\sim85$ 为中黏度指数，$VI>85\sim110$ 为高黏度指数，$VI>110$ 为特高黏度指数。

VI 的计算公式为

$$VI=\frac{L-U}{L-H}\times100$$

式中　U——被试油在 40℃ 时实测的运动黏度（mm^2/s）；

L——$VI=0$ 的劣质标准油在 40℃ 时的运动黏度（mm^2/s），该油在 100℃ 时的运动黏度与被试油相同；

H——$VI=100$ 的优质标准油在 40℃ 时的运动黏度（mm^2/s），该油在 100℃ 时的运动黏度与被试油相同。

当 VI 超过 100 时，其计算公式为

$$VI=\frac{10^N-1}{0.00715}+100$$

式中，$N=(\lg H-\lg U)/\lg\gamma$，$\gamma$ 为被试油在 100℃ 时的运动黏度，U 和 H 的定义同上（GB/T 2541—1981、GB/T 1995—1998）。

（3）闪点与燃点　在一定条件下加热油品，当蒸汽与空气混合的气体同火焰接触时，发生闪火现象的最低温度称为闪点，闪火后持续燃烧 5s 以上的最低温度称为燃点。这是从润滑油在高温下使用的安全性提出的指标。对于在高温下工作（包括瞬时闪温）或可能有较高的摩擦热的零部件，所用润滑油的闪点至少要高于工作温度 20~30℃。

为提高润滑油的闪点，可在低闪点的油中掺入高闪点的油，掺配后的润滑油，其闪点 T_f 的计算式为

$$T_f=-100\lg\left(V_1 10^{-0.01T_1}+V_2 10^{-0.01T_2}\right)$$

式中　T_1、T_2——两种润滑油的闪点（℃）；

V_1、V_2——两种润滑油的体积分数。

（4）凝固点、浊点、倾点、絮凝点　油中的结晶蜡开始沉淀的温度称为浊点，一般用于油深大于 40mm 时仍透明的油品。由于它靠肉眼判断，准确率低，故只能作为参考值。

油在规定的试验条件下能够流动的最低温度称为流动点，亦称倾点。如继续降温，使油品失去流动能力的最高温度称为凝固点，由于凝固点的判断比较方便，故在冬季，特别是严寒地区室外作业的设备使用润滑油，凝固点应比可能达到的最低温度低 5℃ 左右。

对于冷冻剂（如氟利昂、氯化甲烷）能溶于其中而使其流动点降低的冷冻机油，一般用絮凝点作为低温性能指标。它是 90% 的氟里昂加 10% 的油，在冷却时，油中开始出现絮凝状物体时的温度。

（5）酸值　是中和 1g 润滑油中的酸性物质所需要的氢氧化钾的毫克数，又称为中和值。酸值越高，油的精制程度越差，对金属的腐蚀能力越强，抗乳化能力越差，说明润滑油变质情况越严重。润滑油在使用过程中逐渐老化，酸值会逐渐增加，所以在运行中的油要定期化验酸值。酸值增加是润滑油老化的标志。

（6）腐蚀性　在规定条件下，测定油品对金属腐蚀程度，主要检验油品中有抗酸、碱对金属腐蚀状况。

（7）氧化安定性　润滑油抵抗由于空气（或氧气）的作用，而引起性质发生永久性改变的能力。

（8）抗泡沫性、空气释放值　对于油浴润滑、飞溅润滑、循环润滑和液压系统所用的油，都不希望油在使用过程中产生气泡。否则，易产生磨损或胶合，引起振动或冲蚀磨损。直径大于 1.0mm 的气泡的消失时间用抗泡沫性来评定，对于直径小于 0.5mm 的气泡的消失时间，用空气释放值来评定。

（9）皂化值　是 1g 油脂或脂肪酸完全皂化时所需要的氢氧化钠的毫克数。它用来评定润滑油中游离的和化合在酸内的脂肪酸的含量。对于复合齿轮油、蜗轮蜗杆油，这是一项重要的评定指标。

（10）油膜的强度值　它表示润滑油的抗胶合或咬死能力。是齿轮、滚动轴承等接触应力高的零件所必须有的评定指标。不同的实验方法得到不同的数值。几种数值之间，目前尚无明确的联系。

（11）水分　指润滑油中含水的质量分数。水的质量小于 0.03%，则认为是痕迹，若没有水分时，则认为是无。润滑油中若混入水分，会使润滑油膜强度降低，使润滑油产生泡沫或乳化变质，加速有机酸对金属的腐蚀作用，也会使添加剂因分解沉淀而失去作用。

（12）机械杂质　存在于润滑油中所有不溶于规定溶剂的杂质，按油品质量分数表示。主要是润滑油中，混入的泥沙、灰尘、铁锈和金属粉末等。润滑油

中的机械杂质会磨损机件，增加残碳和灰分的重量，降低抗氧化安定性。

(13) 灰分　润滑油在规定条件下，完全燃烧后，剩下的残留物，以质量分数表示。

21.1.1.2　润滑油分类和表示方法

按国家标准 GB/T 7631.1—2008《润滑剂、工业用油和有关产品（L类）的分类　第1部分：总分组》润滑剂的分类和有关标准见表 21-2。

表 21-2　润滑剂、工业用油和有关产品（L类）的分类（摘自 GB/T 7631.1—2008）

组别	应用场合	已制定的国家标准编号	组别	应用场合	已制定的国家标准编号
A	全损耗系统	GB/T 7631.13	N	电器绝缘	GB/T 7631.15
B	脱模	—	P	气动工具	GB/T 7631.16
C	齿轮	GB/T 7631.7	Q	有机热载体	GB/T 7631.12
D	压缩机	GB/T 7631.9	R	暂时保护防腐蚀	GB/T 7631.6
E	内燃机	GB/T 7631.17	T	汽轮机	GB/T 7631.10
F	主轴、轴承、离合器	GB/T 7631.4	U	热处理	GB/T 7631.14
G	导轨	GB/T 7631.11	X	用润滑脂场合	GB/T 7631.8
H	液压系统	GB/T 7631.2	Y	其他应用场合	—
M	金属加工	GB/T 7631.5	Z	蒸汽气缸	—

润滑油表示方法

L　AN　68

68 — 黏度等级（见表21-10）

AN — A组全损耗系统用精制矿物油（品种代号，见表 21-2~表 21-9）

L — 润滑剂

表 21-3　A 组（全损耗系统）润滑油品种和应用（摘自 GB/T 7631.13—2012）

品种代号	组成和特性	典型应用
AB	精制矿物油，含有沥青和(或)添加剂以改善其性能，如黏附性、极压性和抗腐蚀性	开式齿轮、绳缆
AN	精制矿物油	轻负荷部件
AY	未精制矿物油	粗加工用、车轴、铁路设施等

表 21-4　C 组（齿轮）润滑剂的品种及应用（摘自 GB/T 7631.7—1995）

品种代号	组成和特性	典型应用
CKB	精制矿物油，具有抗氧化、抗腐蚀和抗泡性	轻负荷下工作的闭式齿轮
CKC	同 CKB 油，提高其极压和抗磨性	正常或中等恒定油温和重负荷闭式齿轮
CKD	同 CKC 油，提高其热/氧化安定性，可用于较高温度	高恒定油温和重负荷闭式齿轮
CKE	同 CKB 油，并具有较低的摩擦因数	蜗杆传动装置
CKS	在极低或高温下使用的，具有抗氧化、抗摩擦和抗腐蚀性	高、低恒定流体温度下的轻负荷闭式齿轮
CKT	用于极低或极高温度和重负荷下的 CKS 润滑剂	更低更高温度下工作的闭式齿轮
CKG	有极压性和抗磨性的润滑脂	轻负荷齿轮
CKH	有抗腐蚀性的沥青润滑脂	中等环境温度轻负荷圆柱齿轮或锥齿轮
CKJ	CKH 型润滑脂，提高其极压和抗磨性	

（续）

品种代号	组成和特性	典型应用
CKL	改善极压、抗磨、抗腐和热稳定性的润滑脂	高环境温度下重负荷圆柱齿轮或锥齿轮
CKM	在极限负荷下使用的，改善抗擦伤性具有抗腐蚀性的润滑脂	偶然承受重负荷的齿轮

表21-5 D组（压缩机）润滑油的品种及应用（摘自GB/T 7631.9—2014）

组别符号	应用范围	特殊应用	更具体应用	产品类型和(或)性能要求	产品代号(ISO-L)	典型应用	备注
D	空气压缩机	压缩腔室有油润滑的容积型空气压缩机	往复的十字头和筒状活塞或滴油回转(滑片)式压缩机	通常为深度精制的矿物油，半合成或全合成液	DAA	普通负荷	—
				通常为特殊配制的半合成或全合成液，特殊配制的深度精制的矿物油	DAB	苛刻负荷	
			喷油回转(滑片和螺杆)式压缩机	矿物油，深度精制的矿物油	DAG	润滑剂更换周期≤2000h	
				通常为特殊配制的深度精制的矿物油或半合成液	DAH	2000h<润滑剂更换周期≤4000h	
				通常为特殊配制的半合成或全合成液	DAJ	润滑剂更换周期>4000h	
		压缩腔室无油润滑的容积型空气压缩机	液环式压缩机，喷水滑片和螺杆式压缩机，无油润滑往复式压缩机，无油润滑回转式压缩机	—	—	—	润滑剂用于齿轮、轴承和运动部件
		速度型压缩机	离心式和轴流式透平压缩机	—	—	—	润滑剂用于轴承和齿轮
	真空泵	压缩腔室有油润滑的容积型真空泵	往复式、滴油回转式、喷油回转式(滑片和螺杆)真空泵	—	DVA	低真空，用于无腐蚀性气体	低真空的真空度为$10^{2}\sim10^{-1}$kPa
				—	DVB	低真空，用于有腐蚀性气体	
			油封式(回转滑片和回转柱塞)真空泵	—	DVC	中真空，用于无腐蚀性气体	中真空的真空度为$10^{-1}\sim10^{-4}$kPa
				—	DVD	中真空，用于有腐蚀性气体	
				—	DVE	高真空，用于无腐蚀性气体	高真空的真空度为$10^{-4}\sim10^{-8}$kPa
				—	DVF	高真空，用于有腐蚀性气体	

（续）

组别符号	应用范围	特殊应用	更具体应用	产品类型和(或)性能要求	产品代号(ISO-L)	典型应用	备注
D	气体压缩机	容积型往复式和回转式压缩机，用于除制冷循环或热泵循环或空气压缩机以外的所有气体压缩机	不与深度精制矿物油发生化学反应或不会使矿物油的黏度降低到不能使用程度的气体	深度精制的矿物油	DGA	小于 10^4kPa 压力下的 N_2、H_2、NH_3、Ar、CO_2，任何压力下的 He、SO_2、H_2S，小于 10^3kPa 压力下的 CO	氨会与某些润滑油中所含的添加剂反应
			用于 DGA 油的气体，但含有湿气或凝缩物	特定矿物油	DGB	小于 10^4kPa 压力下的 N_2、H_2、NH_3、Ar、CO_2	氨会与某些润滑油中所含的添加剂反应
			在矿物油中有高的溶解度而降低其黏度的气体	通常为合成液	DGC①	任何压力下的烃类，大于 10^4kPa 压力下的 NH_3、CO_2	氨会与某些润滑油中所含的添加剂反应
			与矿物油发生化学反应的气体	通常为合成液	DGD①	任何压力下的 HCl、Cl_2、O_2 和富氧空气，大于 10^3kPa 压力下的 CO	对于 O_2 和富氧空气应禁止使用矿物油，只有少数合成液是合适的
			非常干燥的惰性气体或还原气(露点-40℃)	通常为合成液	DGE①	大于 10^4kPa 压力下的 N_2、H_2、Ar	这些气体使润滑困难，应特殊考虑

注：高压下气体压缩可能会导致润滑困难（咨询压缩机生产商）。

① 用户在选用 DGC、DGD 和 DGE 三种合成液时应注意，由于牌号相同的产品可以有不同的化学组成，因此在未向供应商咨询前不得混用。

表 21-6　制冷压缩机润滑剂的分类

组别符号	应用范围	制冷剂	润滑剂类别	部分润滑剂类型(典型-非包含)	产品代号(ISO-L)	典型应用	备注
D	制冷压缩机	氨(NH_3)	不互溶	深度精制的矿物油(环烷基或石蜡基)、烷基苯、聚α烯烃	DRA	工业用和商业用制冷	开启式或半封闭式压缩机的满液式蒸发器
			互溶	聚(亚烷基)二醇	DRB	工业用和商业用制冷	直接膨胀式蒸发器；聚(亚烷基)二醇用于开启式压缩机或工厂组装装置
		氢氟烃(HFC)	不互溶	深度精制的矿物油(环烷基或石蜡基)、烷基苯、聚α烯烃	DRC	家用制冷，民用和商用空调、热泵，公交空调系统	适用于小型封闭式循环系统
			互溶	多元醇酯、聚乙烯醚、聚(亚烷基)二醇	DRD	车用空调，家用制冷，民用和商用空调、热泵，商用制冷包括运输制冷	—

（续）

组别符号	应用范围	制冷剂	润滑剂类别	部分润滑剂类型（典型-非包含）	产品代号（ISO-L）	典型应用	备注
D	制冷压缩机	氯氟烃（CFC） 氢氯氟烃（HCFC）	互溶	深度精制的矿物油（环烷基或石蜡基）、烷基苯、多元醇酯、聚乙烯醚	DRE	车用空调，家用制冷，民用商用空调、热泵，商用制冷包括运输制冷	制冷剂中含氯有利于润滑
		二氧化碳（CO_2）	互溶	深度精制的矿物油（环烷基或石蜡基）、烷基苯、聚（亚烷基）二醇、多元醇酯、聚乙烯醚	DRF	车用空调，家用制冷，民用和商用空调、热泵	聚（亚烷基）二醇用于开启式车用空调压缩机
		烃类（HC）	互溶	深度精制的矿物油（环烷基或石蜡基）、烷基苯、聚 α 烯烃、聚（亚烷基）二醇、多元醇酯、聚乙烯醚	DRG	工业制冷，家用制冷，民用和商用空调、热泵	典型应用是工厂组装低负载装置

注：本表仅适用于润滑剂与制冷剂接触的系统。此外，也存在食品与润滑剂偶然接触的可能性，此种润滑剂应遵守 GB 23820—2009 的有关规定。

表 21-7　E 组（内燃机）润滑油的品种及应用（摘自 GB/T 7631.17—2014）

组别符号	一般应用	特殊应用	更具体应用	组成和特性	品种代号(L-)	典型应用	备注
E	内燃式发动机	火花点燃式汽油机	二冲程	由润滑油基础油和清净剂、分散剂及抑制剂组成，具有润滑性和清净性	EGB	对防止排气系统沉积物的形成及降低排烟水平无要求的一般性能发动机	—
				由润滑油基础油和清净剂、分散剂及抑制剂组成，具有润滑性和较高的清净性。加入的合成液可减少排烟并抑制引起动力降低的排气系统沉积物	EGC	对防止排气系统沉积物的形成有要求的一般性能发动机，这种发动机可通过降低排烟水平而获益	—
				由润滑油基础油和清净剂、分散剂及抑制剂组成，具有润滑性和更高的清净性。加入的合成液可减少排烟并抑制引起动力降低的排气系统沉积物。良好的清净性可防止在苛刻条件下活塞环的黏结	EGD	对防止排气系统沉积物的形成有要求的一般性能发动机，这种发动机可通过降低排烟水平而获益。这些发动机也可从使用具有更高清净性的润滑剂中受益	—
			四冲程	由润滑油基础油和清净剂、分散剂及抑制剂组成，具有润滑性、磨损保护、氧化控制和清净性。可以使用或可以不使用黏度指数改进剂。目前一般不使用润滑剂摩擦改进剂	EMA/EMA1/EMA2	拥有一个共用机油箱，包括发动机和动力传动系统、起动器、变速器（箱）部件的一般性能发动机。这些发动机和动力传动系统、起动器、变速器（箱）等部件的设计要求使用具有相对高摩擦因数的润滑剂	—
				由润滑油基础油和清净剂、分散剂及抑制剂组成，具有润滑性、磨损保护、氧化控制和清净性。可以使用或可以不使用黏度指数改进剂。可以使用润滑剂摩擦改进剂以降低和/或改进油品的摩擦特性	EMB	拥有一个共用机油箱，包括发动机和动力传动系统、起动器、变速器（箱）等部件的一般性能发动机。这些发动机和动力传动系统、起动器、变速器（箱）等部件的设计要求使用具有相对低摩擦因数的润滑剂	—

表 21-8　H 组（液压系统）的品种及应用（摘自 GB/T 7631.2—2003）

应用场合		组成和特性	品种代号	典型应用	备　注
流体静压系统		无抑制剂的精制矿油	HH	—	—
		精制矿油，并改善其防锈和抗氧性	HL	—	—
		HL 油，并改善其抗磨性	HM	有高负荷部件的一般液压系统	—
		HL 油，并改善其黏温性	HR	—	—
		HM 油，并改善其黏温性	HV	建筑和船舶设备	—
		无特定难燃性的合成液	HS	—	特殊性能
	用于要求使用环境可接受液压液的场合	甘油三酸酯	HETG	一般液压系统（可移动式）	每个品种的基础液的最小体积分数应不少于 70%
		聚乙二醇	HEPG		
		合成酯	HEES		
		聚 α 烯烃和相关烃类产品	HEPR		
	液压导轨系统	HM 油，并具有抗黏-滑性	HG	液压和滑动轴承导轨润滑系统合用的机床在低速下使振动或间断滑动（黏-滑）减为最小	这种液体具有多种用途，但并非在所有液压应用中皆有效
	用于使用难燃液压液的场合	水包油型乳化液	HFAE	—	通常含水量大于 80%
		化学水溶液	HFAS	—	通常含水量大于 80%
		油包水乳化液	HFB	—	—
		含聚合物水溶液[①]	HFC	—	通常含水量大于 35%
		磷酸酯无水合成液[①]	HFDR	—	
		其他成分的无水合成液[①]	HFDU	—	
流体动力系统	自动传动系统	—	HA	—	与这些应用有关的分类尚未进行详细的研究，以后可以增加
	耦合器和变矩器	—	HN	—	

① 这类液体也可以满足 HE 品种规定的生物降解性和毒性要求。

表 21-9　T 组（涡轮机）润滑油的品种及应用（摘自 GB/T 7631.10—2013）

组别符号	一般应用	特殊应用	更具体应用	产品类型和/或性能要求	符号 ISO-L	典型应用	备注
T	涡轮机	蒸汽	一般用途	具有防锈和抗氧化性的深度精制的石油基润滑油	TSA	不需要润滑剂具有抗燃性的发电、工业驱动装置和相配套的控制机构和不需改善齿轮承载能力的船舶驱动装置	—
			齿轮连接到负荷	具有防锈、抗氧化性和高承载能力的深度精制的石油基润滑油	TSE	需要润滑剂改善齿轮承载能力的发电、工业驱动装置、船舶齿轮装置及其相配套的控制系统	—

（续）

组别符号	一般应用	特殊应用	更具体应用	产品类型和/或性能要求	符号 ISO-L	典型应用	备注
T	涡轮机	蒸汽	抗燃	磷酸酯基润滑剂	TSD	要求润滑剂具有抗燃性的发电、工业驱动装置及其相配套的控制装置	—
		燃气直接驱动，或通过齿轮驱动	一般用途	具有防锈和抗氧化性的深度精制的石油基润滑油	TGA	不需要润滑剂抗燃性的发电、工业驱动装置和相配套的控制机构和不需改善齿轮承载能力的船舶驱动装置	—
			高温使用	具有防锈和抗氧化性的深度精制的石油基润滑油	TGB	要求润滑剂具有抗高温性的发电，工业驱动装置和相配套的控制系统	—
			特殊用途	聚 α 烯烃和相关烃类的合成液	TGCH	要求润滑剂具有特殊性能（增强的氧化安定性，低温性能的发电、工业驱动装置和相配套的控制系统	—
			特殊用途	合成酯型的合成液	TGCE	需要润滑剂具有特殊性能（增强的氧化安定性，低温性能的发电、工业驱动装置和相配套的控制系统）	这些液体可能具有一些环境可接受的特征
			抗燃	磷酸酯基润滑剂	TGD	要求润滑剂具有抗燃性的发电、工业驱动装置及其相配套的控制装置	—
			高承载能力	具有防锈、抗氧化性和高承载能力的深度精制的石油基润滑油	TGE	需要润滑剂改善齿轮承载能力的发电、工业驱动装置、船舶齿轮装置及其相配套的控制系统	—
			高温使用高承载能力	具有防锈、抗氧化性和高承载能力的深度精制的石油基润滑油	TGF	要求润滑剂具有抗高温和承载性能的发电、工业驱动装置及其相配套的控制系统	—
		具有公共润滑系统，单轴连接循环涡轮机	高温使用	具有防锈和抗氧化性的深度精制的石油基或合成基润滑油	TGSB	不需要润滑剂抗燃性的发电和控制系统	—
			高温使用和高承载能力	具有高承载能力、防锈和抗氧化性的深度精制的石油基或合成基润滑油	TGSE	不需要润滑剂抗燃性，但需要改善齿轮承载能力的发电和控制系统	—
		控制系统	抗燃	磷酸酯控制液	TCD	润滑剂和抗燃液需分别（独立）供给的蒸汽、燃气、水力轮机控制装置	—

（续）

组别符号	一般应用	特殊应用	更具体应用	产品类型和/或性能要求	符号ISO-L	典型应用	备注
T	涡轮机	水力涡轮机	一般用途	具有防锈和抗氧化性的深度精制的石油基润滑油	THA	具有液压系统的水力涡轮机	—
			特殊用途	聚α烯烃和相关烃类的合成液	THCH	需要润滑剂具有排水毒性低和环境保护性能的水力涡轮机	—
			特殊用途	合成酯型的合成液	THCE	需要润滑剂具有排水毒性低和环境保护性能的水力涡轮机	—
			高承载能力	具有抗摩擦和/或承载能力的防锈和抗氧化性的深度精制的石油基润滑油	THE	没有液压系统的水力涡轮机	—

21.1.1.3 黏度分类

GB/T 3141—1994《工业液体润滑剂 ISO 黏度分类》规定了适用于作为润滑剂、液压液、电器绝缘油和其他工业液体润滑剂。黏度分类见表 21-10。

表 21-10 ISO 黏度分类（GB/T 3141—1994）

ISO 黏度等级	中间点运动黏度/(mm^2/s)	运动黏度范围/(mm^2/s)	ISO 黏度等级	中间点运动黏度/(mm^2/s)	运动黏度范围/(mm^2/s)
2	2.2	1.98~2.42	100	100	90.0~110
3	3.2	2.88~3.52	150	150	135~165
5	4.6	4.14~5.06	220	220	198~242
7	6.8	6.12~7.48	320	320	288~352
10	10	9.00~11.00	460	460	414~506
15	15	13.5~16.5	680	680	612~748
22	22	19.8~24.2	1000	1000	900~1100
32	32	28.8~35.2	1500	1500	1350~1650
46	46	41.4~50.6	2200	2200	1980~2420
68	68	61.2~74.8	3200	3200	2880~3520

注：1. 表中黏度在润滑油温度为 40℃下测量的。
2. 对于 40℃运动黏度大于 3200mm^2/s 的产品，可参照本表中的黏度等级设计，把测定温度改为 100℃，并在黏度等级后加后缀符号“H”即可，如 15H。

21.1.1.4 常用润滑油选择（见表 21-11~表 21-14）

表 21-11 常用润滑油主要质量指标和用途

名称		黏度等级或牌号	倾点/℃ ≤	闪点(开口)/℃ ≥	酸值/mg KOH/g ≤	机械杂质(质量分数,%) ≤	主要用途
汽油机油	汽油机油(GB 11121—2006)质量等级SE、SF	0W-20	-40	200	—	0.01	适用于轻型卡车、客车及皮卡的汽油发动机,如解放轻卡、江铃汽车等小功率汽油机的润滑。也可用于小型面包车和经济型轿车,如哈飞、五菱和吉利、奥拓汽车
		0W-30					
		5W-20	-35	200			
		5W-30					
		5W-40					
		5W-50					
		10W-30	-30	205			
		10W-40					
		10W-50					
		15W-30	-23	215			
		15W-40					
		15W-50					
		20W-40	-18	215			
		20W-50					
		30	-15	220			
		40	-10	225			
		50	-5	230			

（续）

名　称		黏度等级或牌号	倾点/℃ ≤	闪点（开口）/℃ ≥	酸值/mg KOH/g ≤	机械杂质（质量分数，%）≤	主　要　用　途
汽油机油	汽油机油（GB 11121—2006）质量等级 SG、SH、GF-1、SJ、GF-2、SL、GF-3	0W-20	-40	200	—	0.01	SG、SH 级机油常用于中低档轿车，如捷达、桑塔纳、伊兰特等车型。SJ 以上级别多用于中高档轿车，如本田、丰田，帕萨特、别克系列。SL 级主要用于高级轿车，如奥迪 A8、雷克萨斯 GX350、奔驰 S600 等车型
		0W-30					
		5W-20	-35	200			
		5W-30					
		5W-40					
		5W-50					
		10W-30	-30	205			
		10W-40					
		10W-50					
		15W-30	-25	215			
		15W-40					
		15W-50					
		20W-40	-20	215			
		20W-50					
		30	-15	220			
		40	-10	225			
		50	-5	230			
柴油机油	柴油机油（GB 11122—2006）质量等级 CC、CD	0W-20	-40	200	—	0.01	适用于低增压柴油机及要求使用 APICC 级油的进口和国产新型柴油机
		0W-30					
		0W-40					
		5W-20	-35	200			
		5W-30					
		5W-40					
		5W-50					
		10W-30	-30	205			
		10W-40					
		10W-50					
		15W-30	-23	215			
		15W-40					
		15W-50					
		20W-40	-18	215			
		20W-50					
		20W-60					
		30	-15	220			
		40	-10	225			
		50	-5	230			
		60	-5	240			

（续）

名称		黏度等级或牌号	倾点/℃ ≤	闪点(开口)/℃ ≥	酸值/mg KOH/g ≤	机械杂质(质量分数,%) ≤	主要用途
柴油机油	柴油机油（GB 11122—2006）质量等级 CF、CF-4、CH-4、CI-4	0W-20	-40	200	—	0.01	适用于进口的高转速、重载荷、大功率柴油机和中增压柴油机以及要求使用ECD级的柴油机
		0W-30					
		0W-40					
		5W-20	-35	200			
		5W-30					
		5W-40					
		5W-50					
		10W-30	-30	205			
		10W-40					
		10W-50					
		15W-30	-25	215			
		15W-40					
		15W-50					
		20W-40	-20	215			
		20W-50					
		20W-60					
		30	-15	220			
		40	-10	225			
		50	-5	230			
		60	-5	240			
齿轮油	L-CLC普通车辆齿轮油（SH/T 0350—1992）	80W/90	-28	170	报告	0.05	选用于解放CA10B（C）、CA30、黄河JN150（1）和跃进NJ130等采用螺旋伞齿轮传动的汽车后桥及变速器的润滑和各种型号的拖拉机润滑
		85W/90	-18	180		0.02	
		90	-10	190		0.02	
	L-CLD中负荷车辆齿轮油（暂定标准）	75W	-45*	150			适用于进口和国产小轿车和载货卡车等要求用GL-4齿轮油的后桥双曲线齿轮和变速器齿轮的润滑，如东风EQ140，北京212等汽车的后桥和变速器
		80W/90	-35*	165			
		85W/90	-20*	180			
		90	-17.8*				
		85W/140	-20*				

（续）

	名　称	黏度等级或牌号	倾点/℃ ≤	闪点（开口）/℃ ≥	酸值/mg KOH/g ≤	机械杂质（质量分数,%）≤	主　要　用　途
齿轮油	L-CLE 重负荷车辆齿轮油（GB 13895—1992）	75W	报告	150	—	—	适用于采用双曲齿线齿轮传动的重载荷或高速冲击作业条件下要求用 GL-5 齿轮油的进口或国产后桥的润滑
		80W/90		165			
		85W/90		165			
		85W/140		180			
		90		180			
		140		200			
	L-CKC 工业闭式齿轮油（GB 5903—2011）	32、46、68	-12	180	—	0.02	适用于齿面接触应力小于 1.1×10^9Pa 的齿轮润滑，如冶金、矿山、化纤、化肥等工业的闭式齿轮装置
		100		200			
		150、220	-9				
		320、460					
		680	-5				
		1000					
		1500					
	重载荷工业齿轮油（暂定标准）	N150	-8	200	—	0.02	适用于齿面接触应力大于 1.1×10^9Pa 的齿轮及具有冲击载荷、高温或要求优良抗乳化性能的齿轮装置的润滑，如石油、冶金、煤矿、化纤、化肥等引进设备的齿轮装置
		N220					
		N320					
	普通开式齿轮油（SH 0363—2007）	68	—	200	—	—	主要用于润滑开式工业用齿轮箱、半封闭式齿轮箱和低速重载荷齿轮箱等齿轮传动装置
		100					
		150					
		220		210			
		320					
	蜗轮蜗杆油（SH/T 0094—1991）	220	-6	90	—	—	适用于滑动速度大，铜-钢蜗轮传动装置
		320					
		460					
		680					
		1000					

（续）

名称		黏度等级或牌号	倾点/℃ ≤	闪点(开口)/℃ ≥	酸值/mg KOH/g ≤	机械杂质(质量分数,%) ≤	主要用途
液压油	L-HL 液压油(GB 11118.1—2011)	15	-12	140	—	无	适用于机床和其他设备的低压齿轮泵，也可用于使用其他抗氧防锈型润滑油的机械设备
		22	-9	165			
		32	-6	175			
		46	-6	185			
		68	-6	195			
		100	-6	205			
	L-HM 液压油(GB 11118.1—2011)	22	-15	165	—	无	适用于重载荷、中压、高压的叶片泵，柱塞泵和齿轮泵的液压系统，适用于中压、高压工程机械，引进设备、车辆的液压系统，如三辊弯管机、卧式铝挤压机、采煤机、履带式起重机等
		32	-15	175			
		46	-9	185			
		68	-9	195			
	L-HV. HS 低温液压油(草案)	HV15	-36	100	—	无	HV、HS 为低温液压油 HV 型用于低温 -25 ~ -5℃范围的寒冷地区工程机械的液压系统。HS 型使用温度 -40 ~ -15℃，低温性能优于 HV 型，适用严寒地区工程机械的液压系统
		22		140			
		32		160			
		46					
		68	-30	180			
		100	-21				
		HS15	-45	100			
		22		140			
		32		160			
		46					
	L-HG 液压油	32	-6	168	—	无	又称液压—导轨油。适用于各种机床液压和导轨合用的润滑系统、机床导轨系统或机床液压系统。注意不适用于高压液压系统
		68		180			
	L-DAA 轻载荷往复式压缩机油(GB/T 12691—1990)	32	-9	175	—	0.01	适用于轻载荷空气压缩机。其中 N150 用于排气温度在 160℃以下，排气压力低于 4000kPa 的往复式压缩机以及排气压力在 700kPa 以下的水冷滑片式压缩机
		46		185			
		68		195			
		100		205			
		150	-3	215			

（续）

名　称		黏度等级或牌号	倾点/℃ ≤	闪点（开口）/℃ ≥	酸值/mg KOH/g ≤	机械杂质（质量分数,%）≤	主　要　用　途
液压油	L-DAB 中载荷往复式压缩机油（GB/T 12691—1990）	32	-9	175	—	0.01	其中 68 号用于排气压力为 1000kPa 以下的 1~2 级压缩机，100 号、150 号用于排气压力为 1000~10000kPa 的多级中压压缩机
		46		185			
		68		195			
		100		205			
		150	-3	215			
	L-DAC 重载荷往复式压缩机油	32	-30	—	—	—	用于高压压缩机
		46					
		68					
		100					
		150					
	回转式压缩机油（GB 5904—1986）	N15	-9	165	—	0.01	其中 N32 号适用于排气压力小于或等于 686.5kPa 的一、二级螺杆式及二级滑片式空压机使用，N100 适用于排气温度低于 100℃，有效工作压力小于 800kPa 的一级或二级滑片式空气压缩机的润滑
		N22		175			
		N32		190			
		N46		200			
		N68		210			
		N100		220			

表 21-12　其他油品的主要质量指标与用途

类　别	黏度代号或牌号	倾点/℃ ≤	闪点（开口）/℃ ≥	水溶性酸或碱	酸值/mg KOH/g ≤	机械杂质（质量分数,%）≤	用　途
L-AN 全损耗系统用油（GB/T 443—1989）	5	-5	80	无	—	无	对润滑油无特殊要求的锭子、轴承、齿轮和其他低载荷机械不适合于循环润滑系统
	7		110				
	10		130				
	15		150			0.005	
	22						
	32						
	46		160			0.007	
	68						
	100		180				
	150						
L-TSA 涡轮机油（GB 11120—2011）	32	-6	186	—	0.2	无	用于电力、船舶及其他工业汽轮机组，水轮机组的润滑和密封
	46		186				
	68		195				
	100（B 级）		195				

（续）

类别	黏度代号或牌号	倾点/℃ ≤	闪点（开口）/℃ ≥	水溶性酸或碱	酸值/mg KOH/g ≤	机械杂质（质量分数,%）≤	用途
矿物绝缘油（GB 2536—2011）	变压器油（最低冷态投运温度-30℃）	-40	135	无	0.01	—	用于油浸式变压器、低温开关和其他油渍设备
	低温开关油	-60	100				
冷冻机油	N15	-40	150	无	0.02	无	用于冷冻机缸体及轴承的润滑
	N22		160				
	N32		160				
	N46		170		0.03		
	N68	-35	180		0.05		
真空泵油	1号	-15	206	无	0.2	—	在真空技术领域中广泛应用。可用来抽气产生一定的真空度，也可辅助各种扩散泵达到高真空条件
导轨油 SH/T 0361—1998	N32	-10	170	无	—	—	适用于精密机床导轨的润滑
	N68	-10	190				
	N100	-10	190				
	N150	-5	190				
主轴油	N2	-15	60	无	—	无	适用于精密机床高精度高转速机床主轴的润滑。注意主轴油不能用其他油品代用，不能在高温或暴晒区存放，防止油中混入杂质、水分等
	N3		70				
	N5		80				
	N7		90				
	N10		100				
	N15		110				
	N22		120				
过热气缸油	38号	10	290	无	—	无	使用蒸汽温度为280~400℃的往复泵式蒸汽机的蒸汽往复汽缸和活塞间的润滑
	52号	10	300			0.01	
饱和气缸油	11号	5	215	无	0.025	0.007	用于蒸汽温度120~200℃，压力0.2~1.5MPa的往复式蒸汽机的润滑
	24号	15	240			0.1	
10号仪表油 SH/T 0138—1994	9~11	-50	125	无	0.05	无	用于各种仪器仪表、自动控制仪的轴承传动件，微型齿轮等部位的润滑

表 21-13　合成油的性能简介

性能＼名称	双酯	新戊基多元醇酯	磷酸酯	聚甲基硅氧烷	氯化苯基甲基硅氧烷	苯基甲基硅氧烷	聚乙二醇	聚苯醚	矿物油(作比较)	注
无氧时最高使用温度/℃	250	300	120	220	305	320	260	450	200	在有金属时，酯类的这一温度还要高一些
有氧时最高使用温度/℃	210	240	120	150	230	250	200	320	150	如氧的浓度低，使用寿命短，则此温度还可高些
倾点/℃	-35	-65	-55	-50	-65	-30	-20	0	0～-50	此极限取决于克服黏度增加所用的功率的大小
密度/(kg/L)	0.91	1.01	1.12	0.97	1.04	1.06	1.02	1.19	0.88	
黏度指数	160	110	70	200	195	175	150	140	100	
闪点/℃	230	255	200	310	270	290	180	275	150～200	
自燃温度	低	中等	很高	高	很高	高	中等	高	低	
边界润滑性能	良	良	优	中，钢对钢劣	良	中，钢对钢劣	优	中	良	主要指金属与金属接触时的耐磨性能
毒性	微	微	少	无	无	无	低	低	微	
适用的橡胶	丁腈橡胶，硅橡胶	硅橡胶	丁基橡胶，二元乙丙橡胶	氯丁橡胶，氟橡胶	氟橡胶，氟硅橡胶	氯丁橡胶，氟橡胶	丁腈橡胶	很高温时无	丁腈橡胶	
对塑料的作用	可起增塑剂的作用	可起增塑剂的作用	强溶剂	微，可能浸出增塑剂	强溶剂	微，可能浸出增塑剂	弱	对聚酰亚胺无作用	微	
对金属的作用	对有色金属有腐蚀	对某些有色金属在热时有腐蚀	在有水时加速腐蚀	无腐蚀	对钢铁在有水时有腐蚀	无腐蚀	无腐蚀	无腐蚀	纯时无腐蚀	
抗水性	良	良	中	优	特优	优	良	优	特优	
相对于矿物油的价格(参考)	5	10	10	25	60	50	5	250	1	很粗略的估计，随品质和供应情况不同而有差异
采用的理由	抗高温	抗高温	抗燃	抗高温，化学性能稳定	抗燃	抗高温，化学性能稳定	抗高温	抗高温		

表 21-14　合成油的主要用途

种　类	主　要　用　途
合成烃，如聚烯烃	燃气轮机油、航空液压油、冷冻机油、真空泵油、压缩机油、内燃机油、齿轮油
双酯和多元醇酯	喷气发动机油、齿轮油、精密仪表油、自动传动液、高温液压油、高空泵油
磷酸酯	抗燃液压油、压缩机油、连续铸造设备用油
聚甲基硅氧烷	航空液压油、精密仪表油、压缩机油、扩散泵油、化学工厂泵用油、精密机床油
苯甲基硅氧烷	高温液压油、高温热载体、武器用油
聚乙二醇	高速轴承油、齿轮油、液压油、航空发动机油、真空泵油、冷冻机油
聚苯醚	核反应堆用油、液压油、内燃机油

21.1.2　润滑脂

21.1.2.1　润滑脂的主要质量指标

（1）滴点　是指润滑脂在受热时，从不流动状态变为流动状态，在滴点计上开始滴落第一点的温度。它是表示润滑脂的高温性能的指标之一。零件表面的工作温度必须比滴点低 10℃ 以上。滴点的高低决定于稠化剂的种类。

（2）稠度　又称锥入度。在 25℃ 时，总荷重为 (150±0.25)g 的标准锥在 5s 内垂直穿入润滑脂的深度，以 1/10mm 表示。稠度是表示润滑脂软硬的程度，稠度数值越大，则表示润滑脂越软。

（3）抗水性　是指润滑脂遇水后的性能变化程度。抗水性好的润滑脂遇水后，会乳化，不丧失附着能力。非皂基润滑脂的抗水性一般优于皂基润滑脂。

（4）氧化安定性　是指润滑脂的基础油与稠化剂的抗氧化变质能力。由于用作稠化剂的脂肪酸金属皂有促进氧化的作用，因此润滑脂的氧化安定性较基础油差。

（5）水分　润滑脂内的水分主要有两种，一种是结构水如钙基脂和钙钠基脂中的水使皂形成结构骨架，失掉这些水分，脂就变质。另一种是游离水，主要是外界介入造成的，这些水对润滑脂不利，应严加防止。

21.1.2.2　常用润滑脂的主要质量指标及用途（见表 21-15～表 21-24）

表 21-15　常用润滑脂的主要质量指标及用途

名称	牌号	锥入度/(1/10mm)	滴点/℃ ≥	水分(%) ≤	灰分(%) ≤	蒸发量(99℃，22h)(%)≤	机械杂质/(个/cm³) ≤	特性与用途
钙基润滑脂(GB/T 491—2008)	1号	310～340	80	1.5	3.0	—	—	温度低于 55℃、轻载荷和有自动给脂的轴承，以及汽车底盘和气温较低地区的小型机械
	2号	265～295	85	2.0	3.5			中小型滚动轴承，以及冶金、运输、采矿设备中温度不高于 55℃ 的轻载荷、高速机械的摩擦部位
	3号	220～250	90	2.5	4.0			中型电动机的滚动轴承，发电机及其他温度在 60℃ 以下中等载荷中等转速的其他机械摩擦部位
	4号	175～205	95	3.0	4.5			汽车、水泵的轴承、重载荷自动机械的轴承，发电机、纺织机及其他 60℃ 以下重载荷、低速机械

（续）

名称	牌号	锥入度/（1/10mm）	滴点/℃ ≥	水分（%）≤	灰分（%）≤	蒸发量（99℃，22h）（%）≤	机械杂质/（个/cm^3）≤	特性与用途
钠基润滑脂（GB 492—1989）	ZN-2 ZN-3	265～295 220～250	140	—	—	2.0	—	使用温度不高于 110℃，且无水分及湿气的工、农业机械
	ZN-4	175～205	150					使用温度不高于 120℃，且无水分及湿气的工、农业机械
极压锂基润滑脂（GB/T 7323—2008）	00 号	400～430	165	—	—	2.0	显微镜杂质 25μm 以上 3000 75μm 以上 500 125μm 以上 0	具有良好的机械安定性、抗水性、防锈性，极压抗磨性和泵送性，适用温度为-20～120℃。用于压延机、锻造机、减速机等高载荷机械设备及轴承、齿轮润滑。其中 0 号、1 号可用于集中润滑系统
	0 号	355～385	170					
	1 号	310～340	175					
	2 号	265～295	175					
通用锂基润滑脂（GB/T 7324—2010）	1 号	310～340	170	—	—	2.0	显微镜杂质 10μm 以上 2000 25μm 以上 1000 75μm 以上 200	用于-20～120℃温度范围内的各种机械设备的滚动轴承和滑动轴承及其他摩擦部位润滑
	2 号	265～295	175					
	3 号	220～250	180					
7017—1 号高低温润滑脂（SH 0431—1992）	—	1/4 锥入度 65～80	300	—	—	200℃，1h 4	—	用于室温下工作的滚动轴承润滑。使用温度范围-60～250℃
汽车通用锂基润滑脂（GB/T 5671—2014）	—	265～295	180	—	—	2.0	10μm 以上 5000 25μm 以上 3000 75μm 以上 500	具有良好的机械安定性、胶体安定性、防锈性、氧化安定性、抗水性，用于温度为-30～120℃汽车轮毂轴承、底盘、水泵和发电机等摩擦部位
钙钠基润滑脂	ZGN-1	250～290	120	0.7	—	—	无	耐溶、耐水、适用温度范围为 80～100℃。用于铁路机车和列车，小型电动机和发电机以及高温轴承
	ZGN-2	200～240	135					
铝基润滑脂	—	230～280	75	—	皂含量不低于 14	—	无	具有高度的耐水性，用于航空机器的摩擦部位及金属表面防腐蚀

（续）

名称	牌号	锥入度/(1/10mm)	滴点/℃ ≥	水分(%) ≤	灰分(%) ≤	蒸发量(99℃, 22h)(%) ≤	机械杂质/(个/cm^3) ≤	特性与用途
复合钙基润滑油	ZFG-1	310~340	180	—	—	—	无	又名高温润滑脂。具有较好的耐温性、机械安定性、胶体安定性、抗湿性，故用于高温及潮湿条件下摩擦部位
	ZFG-2	265~295	200					
	ZFG-3	220~250	220					
	ZFG-4	175~205	240					
合成钙基润滑脂	ZG-2H	265~310	80	3	皂分 18	—	无	具有良好的润滑性能和抗水性，适用于工业、农业、交通运输等的润滑，使用温度不超过60℃
	ZG-3H	220~365	90		皂分 23			
合成复合钙基润滑脂	ZFG-1H	310~340	180	—	—	—	无	具有较好的胶体安定性和机械安定性，用于较高温条件下摩擦部位的润滑
	ZFG-2H	265~295	200					
	ZFG-3H	220~250	220					
	ZFG-4H	175~205	240					
合成锂基润滑脂	ZL-1H	310~340	170	—	—	—	无	具有较好的机械安定性和抗水性能。适用于温度为-20~120℃的机械设备滚动和滑动部位的润滑
	ZL-2H	265~295	175					
	ZL-3H	220~250	180					
	ZL-4H	175~205	185					
精密机床主轴润滑脂	2号	265~295	180	—	—	—	无	具有良好的机械安定性，胶体安定性，抗氧化性能。适用于精密机床和磨床的高速磨头主轴的长期润滑
	3号	220~250	180					
3号仪表润滑脂	—	230~265	60	—	—	—	无	用于温度范围-60~55℃内工作的仪器
滚珠轴承润滑脂	—	250~290	120	0.75	—	—	无	用于货车、机车的导杆滚珠轴承等高温摩擦交点和电动机滚动轴承的润滑
真空封脂	KZ-1	40~65（微）	45	—	—	—	—	用于真空系统的玻璃活塞和磨口接头的润滑。1、2、3号工作温度为常温，4号高于135℃
	KZ-2	30~55	50					
	K	25~50	55					
	KZ-4	50~80	200					

表 21-16　二硫化钼粉剂的主要质量指标及用途

项　　目	质量指标			检验方法	特点及主要用途
	0#	1#	2#		
二硫化钼质量分数(%)　≥	99	99	98	醋酸铅法	摩擦因数很低，一般为 0.03~0.2，载荷越大，摩擦因数越小，在超高压下，摩擦因数可达 0.017。具有较强的抗压性能，在 3200MPa 压力下，两金属面仍不熔接，有较好的耐酸性，耐高温性低，最高工作温度 350℃，在真空中可达 1000℃。纯度高、杂质少。可制作各种固体润滑膜，代替油脂。可添加到各种润滑油中，改善润滑性能，也可添加到工程塑料制品和粉末冶金中，起到自润滑作用
二氧化硅质量分数(%)　≤	0.02	0.02	0.05	硅钼黄比色法	
铁质量分数(%)　≤	0.06	0.04	0.1	硫氢酸盐比色法	
腐蚀，黄铜片(100℃，3h)	合格	合格	合格		
粒度				显微镜计数法	
≤1μm(%)　≤	80				
>1~2μm(%)　≥	10	90	25		
>2~5μm(%)　≥	7	7.2	55		
>5~7μm(%)　≥	3	2	15		
>7μm(%)　≥	无	0.8	5		

注：生产厂：辽宁本溪市润滑材料厂。

表 21-17　二硫化钨粉剂质量指标和用途

项　　目	质量指标			检验方法	特点及主要用途
	1#	2#	3#		
外观	黑灰色胶体粉末			目测	WS_2 不溶于水、油等有机溶剂，一般情况下也不溶于酸、碱。在大气中分解温度为 510℃、593℃，氧化迅速，最高工作温度 425℃，真空中可达 1150℃。摩擦因数较低，一般为 0.025~0.06，有较强的抗辐射性，抗极压强度为 21.00MPa 可制成各种固体润滑膜，可添加到各种油、脂、水中制成各种润滑剂，提高润滑性能，也可以添加到工程塑料制品和粉末冶金中，制成自润滑轴承，还可直接涂抹在螺纹联接件上，防止锈死，便于拆卸
二硫化钨（WS_2）质量分数（%）　≥	98	97	96	辛可宁重量法	
二氧化硅（SiO_2）质量分数（%）　≤	0.1	0.12	0.15	硅钼黄比色法	
铁（Fe）质量分数（%）　≤	0.04	0.08	0.1	硫氰酸盐比色法	
粒度				显微镜计数法	
≤2μm（%）　≥	90	90	90		
>2~10μm（%）　≤	10	10	10		
>10μm（%）	无	无	无		

表 21-18　胶体石墨粉质量指标和用途

项　　目	质量指标				特点及主要用途
	1#	2#	3#	特 2#	
颗粒度/μm	4	15	30	8~10	石墨与各种金属表面都有良好的黏附能力，尤其对金属氧化膜，因此适用于钢与铜。具有良好的导热性、导电性、热稳定性。摩擦因数为 0.05~0.15，载荷越大，摩擦因数越小。在空气中最高工作温度 540℃ 可用做耐高温和耐蚀润滑到基料，也可用作橡胶，塑料的填充料，以提高其耐磨抗压性能，还可以分散到液体中使用
石墨灰分(%)　≤	1.0	1.5	2	1.5	
灰分中不溶于盐酸的质量分数(%)　≤	0.8	1	1.5	1	
通过 250 目上的筛余(%)　≤	0.5	1.5	—	0.5	
通过 230 目上的筛余(%)　≤	—	—	5	—	
水分质量分数(%)　≥	0.5				
研磨性能	符合规定				

表 21-19　二硫化钼 P 型成膜剂质量指标及用途

项　目	质量指标	检验方法	特性及主要用途
外观	灰色软膏	目测	具有良好的反应成膜、抗压减磨润滑等性能。适用于轻载荷、低转数、冲击力小、单向运转的齿轮，可实现无油润滑，如纺织行业和食品行业的小型齿轮以及低转数轻载荷的润滑部位。亦可以用在重负荷，冲击力大的齿轮上，做极压成膜的底膜用，其特点是成膜快、膜牢固、寿命长
附着性	合格	擦涂法	
MoS_2 粒度≤2μm（%）　≥	90	显微镜计数法	

表 21-20　二硫化钼重型机床油膏质量指标和用途

项　目	质量指标	检验方法	特性及主要用途
外观	灰黑色均匀软膏	目测	具有优良的抗极压（P_B 值为 85N），抗摩减磨、消振润滑等性能，并有良好的机械安定性和氧化安定性。使用温度 20～80℃ 适用于各式大型车床、镗床、铣床、磨床等设备的导轨上，立式或卧式的水压机柱塞。安装机车大轴时，涂上本品，可防止拉毛，抹在机床丝杠上，能使机件运动灵活
锥入度，（25℃，150g，60 次）/（1/10mm）	300～350	GB 269—1991	
腐蚀，钢片、黄铜片（100℃，3h）	合格		
游离碱，NaOH 质量分数（%）　≤	0. 15		
水分质量分数（%）　≤	痕迹	GB/T 512—1965	

注：生产厂：辽宁本溪市润滑材料厂。

表 21-21　二硫化钼油膏质量指标及用途

项　目	质量指标	检验方法	特性及主要用途
外观	灰色均匀软膏	目测	具有极强的金属附着性，良好的抗压性（P_B 值达 1200N 以上）、机械安定性，抗击，剪切性能。良好的耐水性，不乳化，在酸、碱介质中保持良好的润滑性和附着性。在-20～120℃使用时，具有良好的胶体安定性和润滑性 适用于各式中、重型减速机齿轮、开式齿轮，冲击大和往复频繁的电炉齿轮和回转大牙盘以及大型球磨机的开式齿轮
锥入度，（25℃，150g，60 次）1/10mm	330～370	GB 269—1991	
腐蚀，钢片、黄铜片（100℃，3h）	合格		
游离碱，NaOH 质量分数（%）　≤	0. 15		
水分质量分数（%）　≤	痕迹	GB/T 512—1965	

注：生产厂：辽宁本溪市润滑材料厂。

表 21-22　二硫化钼齿轮润滑油膏质量指标和用途

项　目	质量指标	检验方法	特性及主要用途
外观	灰褐色均匀软膏	目测	具有很强的抗水性，黏着性、抗极压性（P_B 值为 1200N）、抗摩减磨性，以及良好的润滑性、机械安定性和胶体稳定性 适用于中、轻型齿轮设备，各类型的推土机，挖掘机、卷扬机的齿轮与回转车盘，各种球磨机、筒磨机的开式齿轮
滴点/℃　不低于	180	GB 4929—1985	
锥入度，（25℃，150g）/（1/10mm）	300～350	GB 269—1991	
腐蚀，钢片（100℃，3h）	合格		
游离碱，NaOH 质量分数（%）　≤	0. 15		
水分质量分数（%）　≤	痕迹	GB/T 512—1965	

注：生产厂：辽宁本溪市润滑材料厂。

表 21-23　二硫化钼高温齿轮油膏质量指标和用途

项　　目	质量指标	检验方法	特性及主要用途
外观	灰褐色均匀软膏	目测	具有良好的黏着性、抗振减磨性、抗极压性(P_B 值为 800N)、耐高温性(180℃下保持良好的润滑)、耐化学性,以及机械安定性。在冲击负荷较大的设备上使用,润滑膜不会破裂 适用于有高温辐射的各式中小型减速机齿轮和开式齿轮上,也可用于轧钢厂辊道减速机齿轮、焦化厂推焦机齿轮,以及造纸印染行业的多酸、碱、水蒸气条件下齿轮的润滑
锥入度,(25℃,150g,60 次)/(1/10mm)	310~350	GB 269—1991	
腐蚀,钢片、黄铜片(100℃,3h)	合格		
游离碱,NaOH(%)　≤	0.15		
水分质量分数(%)　≤	痕迹	GB/T 512—1965	

注：生产厂：辽宁本溪市润滑材料厂。

表 21-24　齿轮润滑用 GM-1 型成膜膏质量指标和用途

项　　目	质量指标	检验方法	特性及主要用途
外观及颜色	灰褐色细腻软膏	目测	具有良好的极压抗金属胶合能力及抗磨性能,成膜快,耐磨寿命长、附着力强,可节油、节能、延长齿轮寿命 适用于工作温度为-20~120℃临界载荷 1000N 的减速机和各式开式齿轮,以及电铲大牙盘等
锥入度,(150g、25℃)/(1/10mm)	300~350	GB 269—1991	
腐蚀,钢片(100℃、3h)	合格		
游离碱,NaOH(%)　≤	0.15		
滴点/℃　≥	198	GB 4929—1985	
蒸发度(120℃,1h)	0.27~0.30		
抗磨试验,D_{30}^{40}/mm　≤	0.59		
临界负荷(P_B)/N　≥	1400		
烧结负荷(P_D)/N　≥	6700	GB/T 3142—1982	

注：生产厂：辽宁本溪市润滑材料厂。

21.1.3　固体润滑剂

固体润滑是在两个摩擦表面间，用固体粉末、薄膜或固体复合材料，代替润滑脂，达到减少摩擦，降低磨损或防止摩擦表面损坏的目的。目前常用固体润滑剂有粉状润滑剂和膏状润滑剂。

21.1.4　气体润滑剂

主要是空气。它的特点是无污染，可压缩，能用于任何温度，冷却效果好，黏度随温度的升高而加大，没有腐蚀作用，成本低。但由于黏度很小（在常温下仅为油的千分之一左右），因此只适用于高速轻载的工作条件，如空气磨头、高速磨床，另外还要求摩擦表面加工非常光洁。氮气和氦气也可作气体润滑剂。

21.2　润滑方式

正确选用润滑方式、润滑系统对保证润滑剂的输送、分配、调节和检查，以及提高机械设备的工作性能和使用寿命起着重要作用。

机械设备中常用的润滑方式有如下几种。

21.2.1　手工加油（或脂）润滑

主要用于开式齿轮、链条，钢丝绳及不经常使用的粗糙机械。通过油枪和油杯加油，结构最简单。可以分别控制各个润滑点的油量，而且可以做到很可靠。对于相距很远的各个润滑点，它可以省去集中润滑系统所需要的很长的管路，从而可减轻质量。其缺点主要是不能调节油量，如加油不及时，就容易造成磨损。如果润滑点的位置温度过高或者手够不着不能采用这种润滑方式。

手工加油用的油杯和油枪已有国家标准，见表 21-28 和表 21-29。

21.2.2　滴油润滑

依靠油的自重通过装在润滑点上的油杯中的针阀

或油绳滴油进行润滑。结构简单，使用方便，一般只需每 8h 往油杯中加一次油，而且可以装在油壶够不着的地方。但给油量不容易控制，振动、温度的变化及油面的高低，都会影响给油量。不宜使用高黏度的油，否则针阀被堵塞。主要用于滑动及滚动轴承、齿轮、链条及滑动导轨。

21.2.3　飞溅润滑

靠浸泡在油池中的零件本身或附装在轴上的甩油环将油搅动，使之飞溅在摩擦表面上。这是闭式箱体中的滚动轴承、齿轮传动、蜗杆传动、链传动、凸轮等的较为广泛应用的一种循环润滑方式。为考虑搅拌功率损失和润滑的有效性，零件的浸泡深度有一定限制。浸在油池中的机件的圆周速度 v 一般控制在小于 12m/s，速度过高，则搅拌功率损失过大，油的氧化严重；但速度也不易过低，否则影响润滑效果。飞溅润滑所需润滑装置如图 21-1 所示。

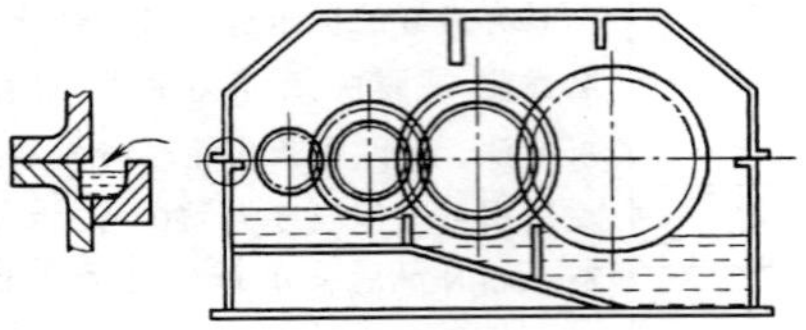

图 21-1　飞溅（油池）润滑

21.2.4　油环或油链润滑

依靠套在轴上的油环或油链将油从油池中带到润滑部位。如图 21-2 所示，套在轴径 1 上的油环 2 下部在油池中，当轴旋转时，靠摩擦力带动油环转动，从而把油带入轴承中，进行润滑。

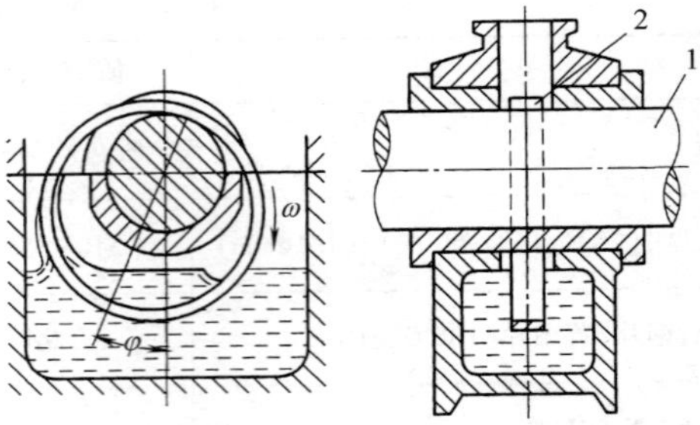

图 21-2　油环润滑
1—轴径　2—油环

21.2.5　油绳或油垫润滑

一般是与摩擦表面接触的毛毡垫或油绳从油池中吸油，然后将油涂在工作表面上。有时没有油池，仅在开始时吸满油，以后定期用油壶补充一点油。主要应用于小型或轻载滑动轴承。这种方式的主要优点是简单、便宜，毡垫与油绳能起过滤的作用，因此比较适合多尘的场合。但由于油量少，不适用于大型或高速轴承。供油量不易调整。

21.2.6　油雾润滑

21.2.6.1　工作原理

油雾润滑系统如图 21-3 所示，由油雾润滑装置、管道和凝缩嘴组成。油雾润滑装置主要由分水滤气器、调压阀及油雾发生器等组成。

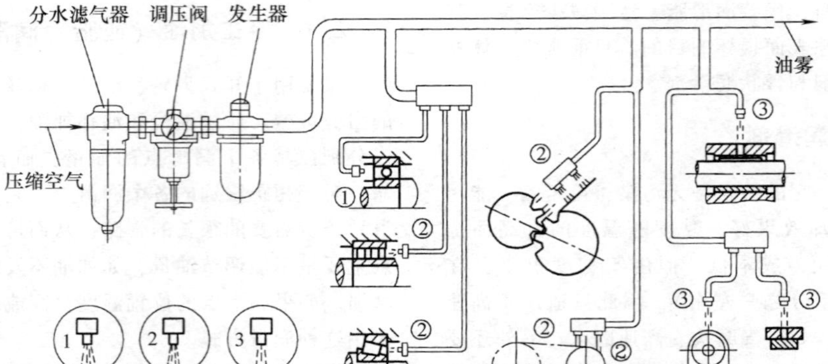

图 21-3　油雾润滑系统

图 21-4 所示为油雾发生器。当压缩空气由 1 通过时，由于空气的压力作用将油吸进送油管并到达油量调整阀 2 处。气流通过油嘴时，在油嘴的喉头处静压力降至最低，由于调整阀和喷嘴喉头间的压力差而引起油的流动，流入的油被压缩空气气流雾化，再从出口将油雾送至需要润滑的部位。

油雾润滑主要用于高速滚动轴承和高温工作条件下的链条等。此方法不仅达到润滑目的，还起冷却和排污作用，耗油量小。其缺点是排出的气体含有悬浮的油雾，造成污染。这种方法将被油气润滑所取代。

21.2.6.2　油雾润滑系统的有关计算步骤（见表 21-25）

21.2.6.3　凝缩嘴的类型及主要参数确定

凝缩嘴按用途不同分为三大类：细雾型（油粒约为 5μm）适用于球轴承；粗雾型（油粒约为 30μm）适用于滚子轴承、齿轮和链传动等；油滴型（油粒为 45μm）适用于滑动轴承和滑动面等。

依据摩擦副的类型，所需的油雾量及油雾压力，据凝缩嘴的特性曲线确定其主要参数。输送油雾管道计算图线如图 21-5 所示，凝缩嘴的结构类型见图 21-6。各类凝缩嘴的特性曲线及主要参数见图 21-7~图 21-9。凝缩嘴的安装位置见图 21-10。

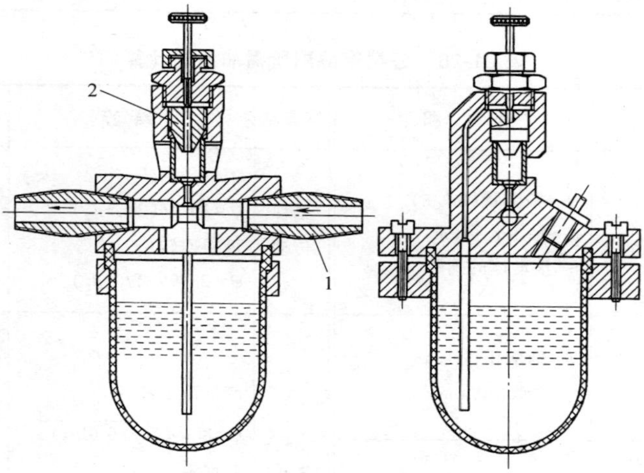

图 21-4　油雾发生器

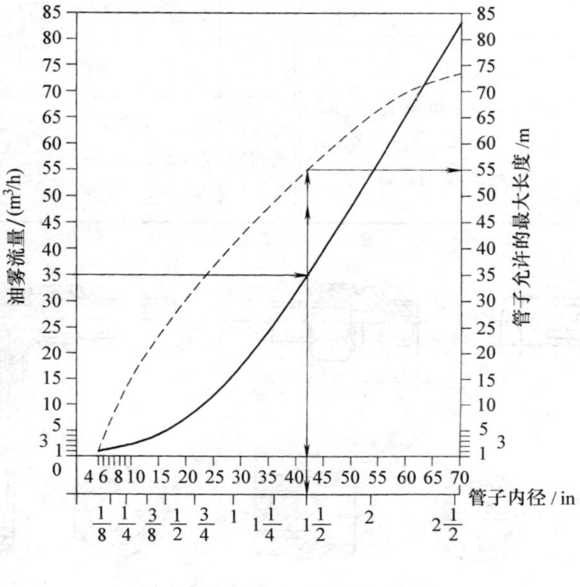

图 21-5　输送油雾管道计算图线

表 21-25　润滑系统的计算步骤

序　号	计算内容	计算依据
1	计算各润滑点所需油雾量	据表 21-26
2	确定油雾压力	通常为 5kPa
3	选定凝缩嘴	
4	将各润滑点所需油雾量相加得到系统的总润滑量	
5	选择油雾润滑装置，使选择的油雾润滑装置的油雾量大于或等于系统总的油雾量	据图 21-7
6	确定油雾管道	据图 21-5
7	计算润滑油的耗量	每 m^3 的油雾中含油量为 4～14cm^3

表 21-26　各类摩擦副所需油量的计算

摩擦副	计算公式	说　明
滚动轴承	轻载荷 $Q=0.85di$ 中等载荷 $Q=1.7di$ 重载荷 $Q=3.5di$	Q—油雾量（m^3/h） d—轴承孔径（m） i—滚动体的列数
滑动轴承	轻载荷 $Q=26ld$ 中等载荷 $Q=44ld$ 重载荷 $Q=88ld$	d—轴承孔径（m） l—轴承长度（m）
滑动面	滑动导轨 $Q=3.3A$ 滑板 $Q=6.6A$ 滑块，万向联轴节 $Q=19A$	A—接触面积（m^2）
齿轮传动	不可逆回转 $Q=16.4b(d_1+d_2+\cdots)$ 可逆回转 $Q=23.9b(d_1+d_2)$	b—齿宽（m） d—齿轮分度圆直径（m） 如果 d_2，d_3 … 比 $2d_1$ 大，计算时只取 $2d_1$

摩擦副	计算公式	说　明
蜗杆传动	不可逆回转 $Q=16.4b(2d_1+d_2)$ 可逆回转 $Q=23.9b(2d_1+d_2)$	b—齿宽（m） d_1—蜗杆分度圆直径（m） d_2—蜗轮分度圆直径（m）
链传动	套筒滚子链 $Q=8.2pd_1\sqrt{(0.01n_1)^3}$ 套筒链 $Q=4.3bd_1\sqrt{(0.01n_1)^3}$ 运输链 $Q=(0.064d_2+1.1L)b$	p—齿距（m） d_1—小链轮节圆直径（m） b—链宽（m） n_1—主动链轮转速（r/min） i—链条排数 L—运输链长度（m） d_2—运输链主动轮节圆直径（m）
密封圈	$Q=2.2d$	d—密封圈内径（m）

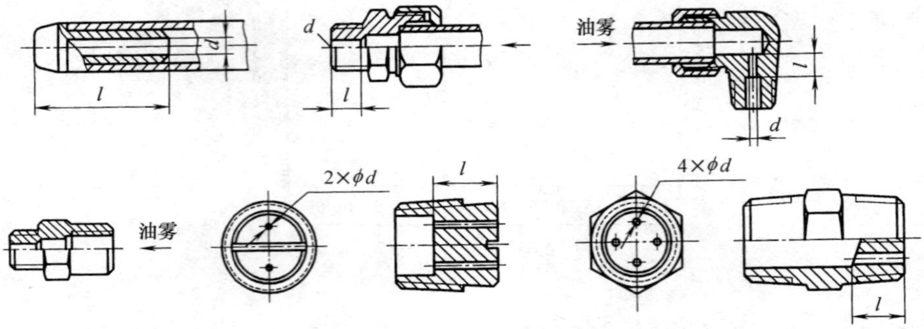

图 21-6　凝缩嘴的结构类型

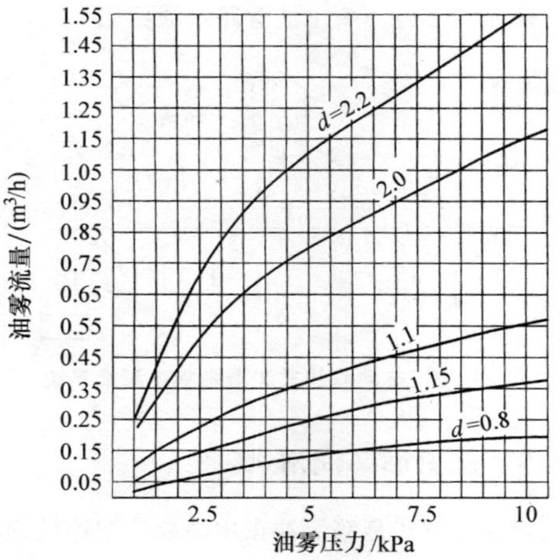

图 21-7　细雾型凝缩嘴特性曲线

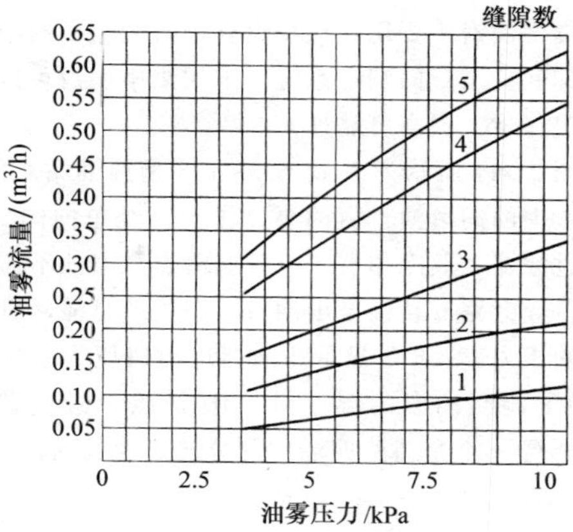

图 21-9　油滴型凝缩嘴特性曲线

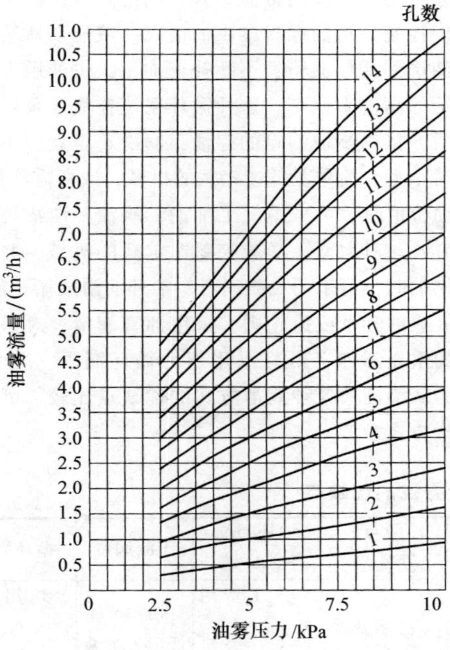

图 21-8　粗雾型凝缩嘴特性曲线

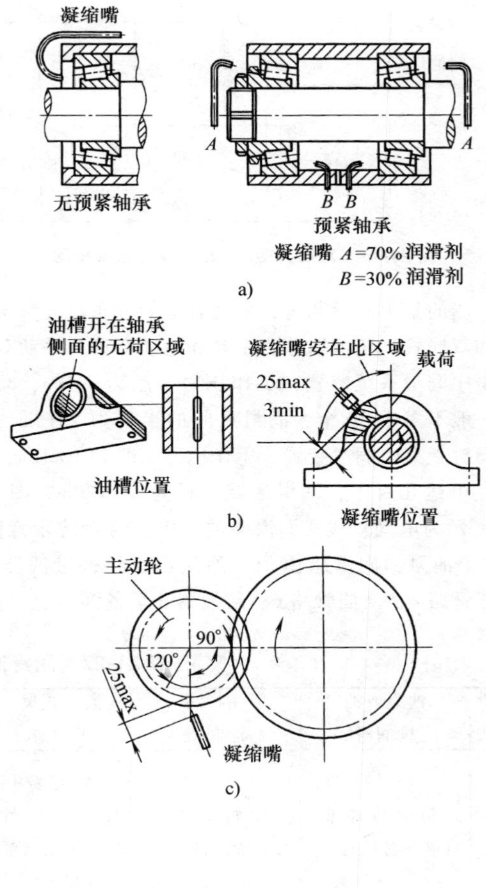

图 21-10　凝缩嘴的安装位置

21.2.7 集中润滑

集中润滑主要用在机械设备中有大量的润滑点或整个车间、工厂的润滑系统。采用集中润滑可以减少维护工作量，提高可靠性。

图 21-11 所示为 XHZ-6.3~125 型稀油站系统图。油箱 1 中的润滑油，由油泵 2 排出，经单向阀 3、双筒式过滤器 4 及冷却器 5 至各润滑点。当油不需要冷却时，经旁路 6 直接至出油口，图中 7 是显示管路中压力的压力表；8 是显示滤油器进出口压力差的压差计；9 是检测油温的温度计；10 是压力继电器；11 是安全阀；12 是清除回油中部分屑末的滤油器。

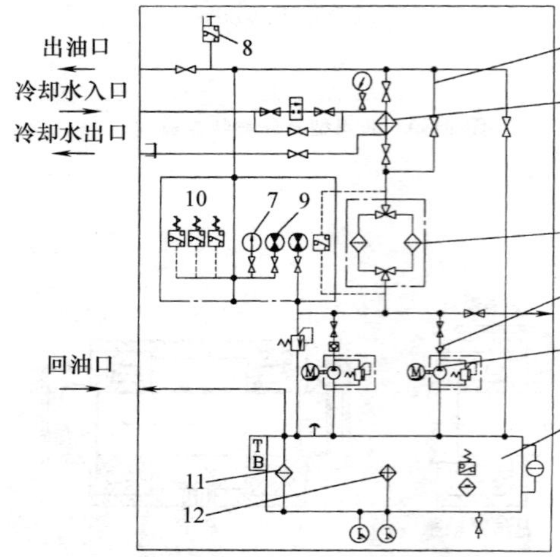

图 21-11　XHZ-6.3~125 型稀油站系统图

脂的集中润滑装置，根据管道的分布可分为单线式和双线式。还可以分为手动和电动两种。手动双管式集中润滑系统装置，工作压力一般为 7MPa，润滑点一般不多于 30 个，润滑区间的半径为 2215m。电动润滑脂集中润滑装置，工作压力一般为 10MPa，润滑点可达几百个，润滑区域半径为 5~120m。图 21-12 所示为电动双线式润滑脂的集中润滑系统示意图，1 为干油泵，润滑脂由干油站送出，经过过滤器 3，主油管路 4、支油管路 6、给油器 5 至各润滑点。如果所有的给油器都装满了润滑脂，主油管路压力上升到推动压力操纵阀动作，使得控制干油站中的电磁换向阀 2 换向，使另一条主油管路接通给脂。

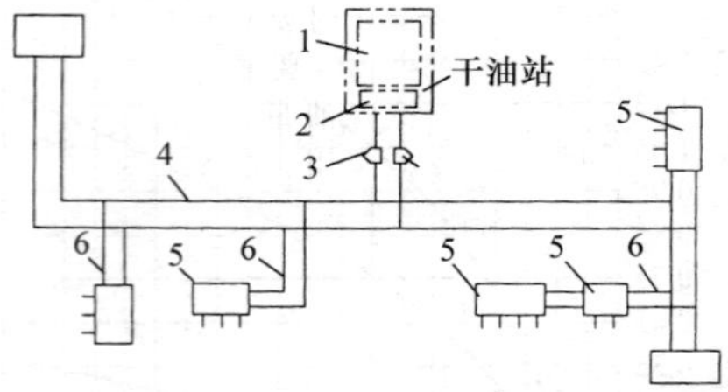

图 21-12　电动双线式润滑脂集中润滑系统

21.2.8 压力循环润滑

这种润滑方式是润滑油在用油泵从油箱送到各润滑点以后，又回到油箱，油可以循环使用，因此可以供应很多的润滑油而损耗极少，而且对环境的污染也较少。由于供油充分，油还能带走热量，冷却效果好，广泛应用于大型、重型、高速、精密和自动化的各种机械设备上。

压力循环润滑系统有两种形式，一种是通过液压泵直接将油池中的油送到润滑部位（喷流），然后靠重力作用使油返回到油池中。这种系统较简单，但当泵一旦发生故障时应立即终止供油。另一种是采用高位油箱利用重力作用将油送入各润滑点，供油量通过调节阀控制。用油标观察供油情况。液压泵从箱底油池将油送到高位油箱，不断补充油量。供油压力由高位油箱的高度来调整。这种循环系统在液压泵停止工作以后，依靠高位油箱的存油，润滑不至立即中断。

对小型、简单及低速轻载的机械，或所需油量少、无回油价值时，可采用手工加油、滴油、油垫等简单润滑方式。对大型、复杂或高速重载的机械，并要求连续供油时，可采用飞溅润滑、油环润滑或循环润滑；对更高速的轴承或齿轮则多采用油雾润滑；对需油量较大的重要部件上最好采用压力循环润滑。表 21-27 所列为润滑油的各种润滑方式的优缺点比较，可供选择润滑方式参考。

表 21-27　润滑油的各种润滑方式的优缺点

润滑方式	油壶或油枪润滑	油杯滴油润滑	流失式集中润滑	油雾润滑	油绳与油垫润滑	油环与油链润滑	飞溅润滑	循环润滑
优点	初始成本低、简单、易检查	初始成本低、人工费用低	人工费用低、可靠性高、无用错油的可能	人工费用低、可靠性高、耗油量小、冷却效果好	初始成本低、人工费用低	人工费用低、较可靠、略有冷却作用、废油可回收	初始成本低、人工费用低、废油可回收	应用范围广、较可靠、冷却效果好、废油可回收

（续）

润滑方式	油壶或油枪润滑	油杯滴油润滑	流失式集中润滑	油雾润滑	油绳与油垫润滑	油环与油链润滑	飞溅润滑	循环润滑
缺点	人工费用高、可靠性取决于操作人员、易用错油、要求靠近机器操作、无冷却作用、废油不能回收	操作时要求接近机器、要求仔细检查油量、无冷却作用、废油不能回收	初始成本高、维护费用高、无冷却作用、废油不能回收	初始成本高、要求仔细控制流量、废油不能回收	无冷却作用、有可能阻塞	初始成本相当高、速度范围有限制	速度范围有限制	初始成本高、维护费用高

21.3　一般润滑件

21.3.1　油杯（见表 21-28～表 21-32）

表 21-28　直通式和接头式压注油杯形式与尺寸（摘自 JB/T 7940.1—1995，JB/T 7940.2—1995）

（单位：mm）

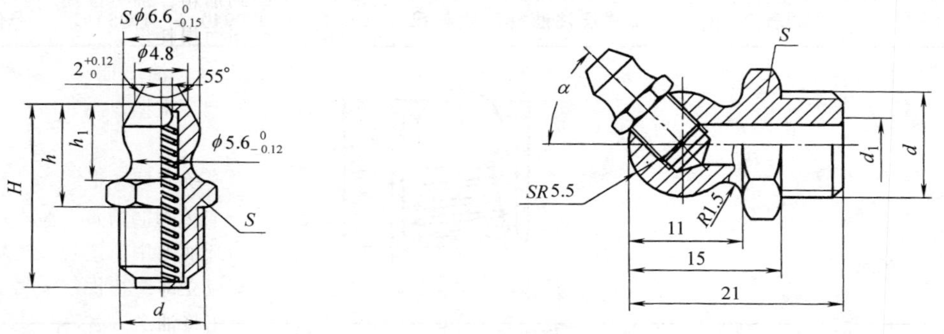

d	直通式					钢球 GB/T 308.1—2013	接头式				直通式压注油杯 JB/T 7940.1—1995
	H	h	h_1	S 公称尺寸	S 极限偏差		d_1	α	S 公称尺寸	S 极限偏差	
M6	13	8	6	8	0 -0.22	3	3	45° 90°	11	0 -0.22	M6
M8×1	16	9	6.5	10			4				
M10×1	18	10	7	11			5				

注：标记示例：

联接螺纹 M10×1，直通式（45°接头式）压注油杯标记为：油杯 M10×1（45°M10×1）（JB/T 7940.1—1995、JB/T 7940.2—1995）。

表 21-29　旋盖式油杯形式与尺寸（摘自 JB/T 7940.3—1995）　（单位：mm）

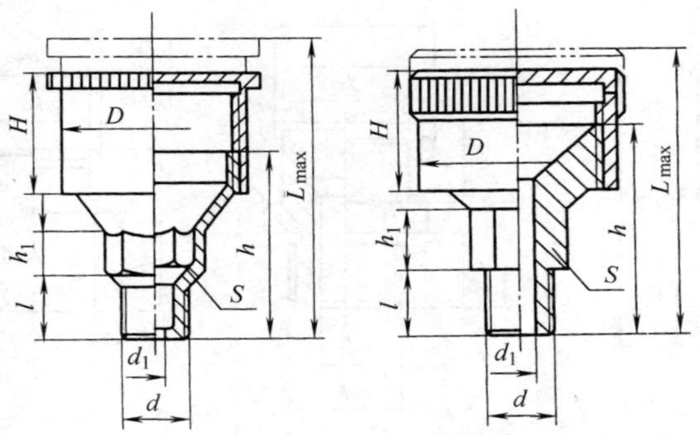

（续）

最小容量/cm^3	d	l	H	h	h_1	d_1	D A型	D B型	L max	S 公称尺寸	S 极限偏差
1.5	M8×1	8	14	22	7	3	16	18	33	10	0 -0.22
3	M10×1		15	23	8	4	20	22	35	13	0 -0.27
6			17	26			26	28	40		
12	M14×1.5	12	20	30	10	5	32	34	47	18	
18			22	32			36	40	50		
25			24	34			41	44	55		
50	M16×1.5		30	44			51	54	70	21	0 -0.33
100			38	52			68	68	85		
200	M24×1.5	16	48	64	16	6	—	86	105	30	—

注：标记示例：

最小容量 25cm^3，A 型旋盖式油杯标记为：油杯 A25（JB/T 7940.3—1995）。

表 21-30　压配式压注油杯形式与尺寸（摘自 JB/T 7940.4—1995）　　（单位：mm）

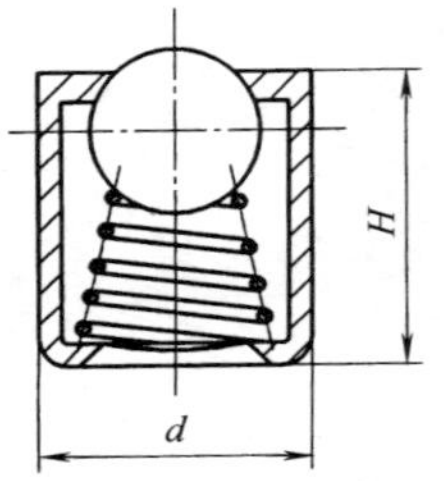

d 公称尺寸	d 极限偏差	H	钢球 GB/T 308.1—2013	d 公称尺寸	d 极限偏差	H	钢球 GB/T 308.1—2013
6	+0.040 +0.028	6	4	16	+0.063 +0.045	20	11
8	+0.049 +0.034	10	5	25	+0.085 +0.064	30	13
10	+0.058 +0.040	12	6				

注：1. 与 d 相配孔的极限偏差按 H8。

2. d=6mm，压配式压注油杯标记为：油杯 6（JB/T 7940.4—1995）。

表 21-31　弹簧盖油杯形式与尺寸（摘自 JB/T 7940.5—1995）　　（单位：mm）

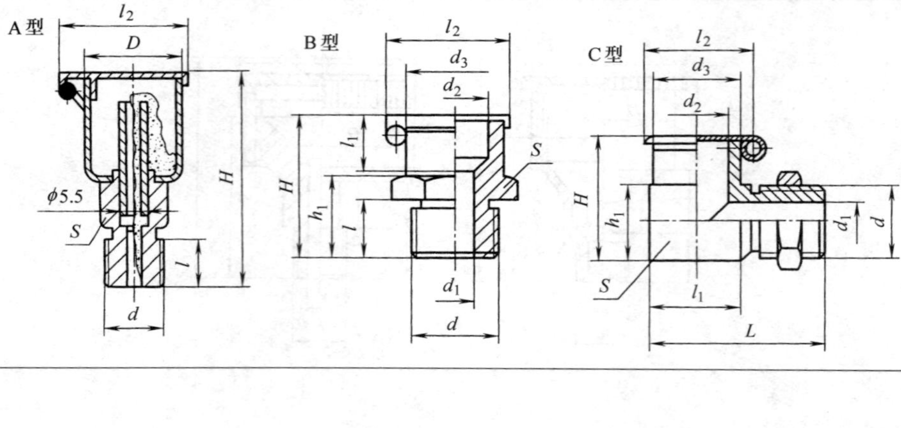

（续）

A 型							
最小容量/cm^3	d	H	D	l_2	l	S	
		≤		≈		公称尺寸	极限偏差
1	M8×1	38	16	21	10	10	0 −0.22
2		40	18	23			
3	M10×1	42	20	25		11	0 −0.27
6		45	25	30			
12	M14×1.5	55	30	36	12	18	
18		60	32	38			
25		65	35	41			
50		68	45	51			

d	d_1	d_2	d_3	B 型							C 型							
				H	h_1	l	l_1	l_2	S 公称尺寸	S 极限偏差	H	h_1	L	l_1	l_2	螺母 GB/T 6172.1—2016	S 公称尺寸	S 极限偏差
M6	3	6	10	18	9	6	8	15	10	0 −0.22	18	9	25	12	15	M6	13	0 −0.27
M8×1	4	8	12	24	12	8	10	17	13	0 −0.27	24	12	28	14	17	M8×1		
M10×1	5												30	16		M10×1		
M12×1.5	6	10	14	26	14	10	12	19	16		26	14	34	19	19	M12×1.5	16	
M16×1.5	8	12	18	28				23	21	0 −0.33	30	18	37	23	23	M16×1.5	21	0 −0.33

注：标记示例：

最小容量 3cm^3，A 型弹簧盖油杯标记为：油杯 A3（JB/T 7940.5—1995）；联接螺纹 M10×1，B 型弹簧盖油杯标记为：油杯 BM10×1（JB/T 7940.5—1995）。

表 21-32　针阀式注油杯形式与尺寸（摘自 JB/T 7940.6—1995）　　（单位：mm）

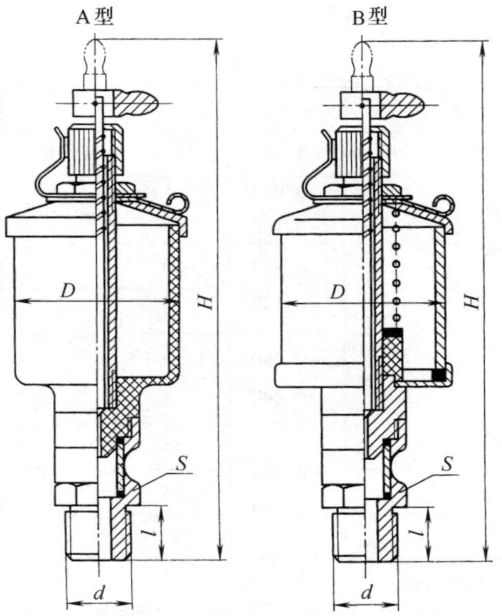

（续）

最小容量/cm^3	d	l	H	D	S 公称尺寸	S 极限偏差	螺母 GB/T 6172.1—2016
16	M10×1	12	105	32	13	0 −0.27	M8×1
25	M14×1.5		115	36	18		
50			130	45			M10×1
100			140	55			
200	M16×1.5	14	170	70	21	0 −0.33	
400			190	85			

注：标记示例：最小容量 $25cm^3$，A 型针阀式油杯标记为：油杯 A25（JB/T 7940.6—1995）。

21.3.2 油标（见表 21-33～表 21-36）

表 21-33 压配式圆形油标形式与尺寸（摘自 JB/T 7941.1—1995）　（单位：mm）

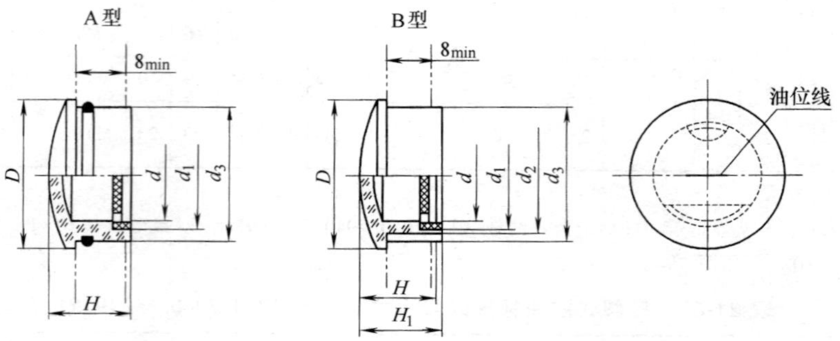

d	D	d_1 公称尺寸	d_1 极限偏差	d_2 公称尺寸	d_2 极限偏差	d_3 公称尺寸	d_3 极限偏差	H	H_1	O 形橡胶密封圈 GB/T 3452.1—2005
12	22	12	−0.050 −0.160	17	−0.050 −0.160	20	−0.065 −0.195	14	16	15×2.65
16	27	18		22	−0.065 −0.195	25				20×2.65
20	34	22	−0.065 −0.195	28		32	−0.080 −0.240	16	18	25×3.55
25	40	28		34	−0.080 −0.240	38				31.5×3.55
32	48	35	−0.080 −0.240	41		45		18	20	38.7×3.55
40	58	45		51	−0.100 −0.290	55	−0.100 −0.290			48.7×3.55
50	70	55	−0.100 −0.290	61		65		22	24	—
63	85	70		76		80				

注：1. 与 d_1 相配合的孔极限偏差按 H11。

2. A 型用 O 形橡胶密封圈沟槽尺寸按 GB/T 3452.3—2005，B 型用密封圈由制造厂设计选用。

3. 标记示例：视孔 $d=32$，A 型压配式圆形油标标记为：油标 A32（JB/T 7941.1—1995）。

表 21-34　旋入式圆形油标形式与尺寸（摘自 JB/T 7941.2—1995）　　（单位：mm）

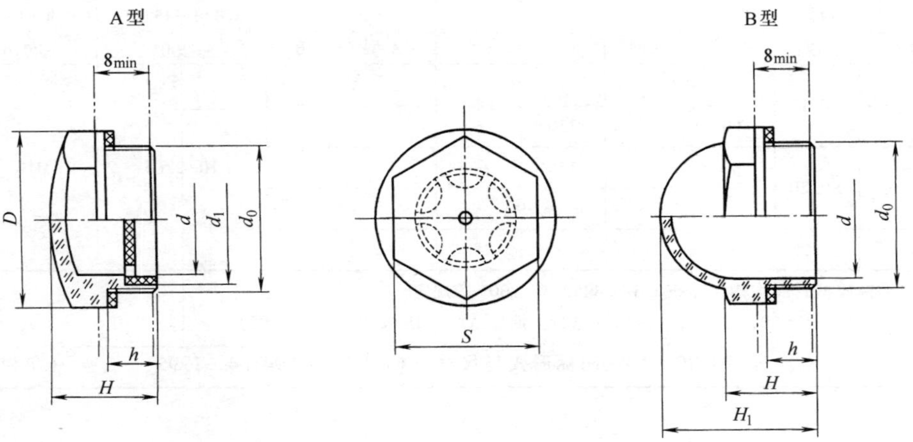

d	d_0	D		d_1		S		H	H_1	h
		公称尺寸	极限偏差	公称尺寸	极限偏差	公称尺寸	极限偏差			
10	M16×1.5	22	−0.065 −0.195	12	−0.050 −0.160	21	0 −0.33	15	22	8
20	M27×1.5	36	−0.080 −0.240	22	−0.065 −0.195	32	0 −1.00	18	30	10
32	M42×1.5	52	−0.100 −0.290	35	−0.080 −0.024	46	0 −1.00	22	40	12
50	M60×2	72	−0.100 −0.290	55	−0.100 −0.290	65	0 −1.20	26	—	14

注：1. A 型用作油位指示器，B 型用作窥视油液工作状况。

2. 标记示例：视孔 d=32，A 型旋入式圆形油标标记为：油标 A32（JB/T 7941.2—1995）。

3. 螺纹公差按 GB/T 197—2003 中 6H/6g 规定。

表 21-35　长形油标形式与尺寸（摘自 JB/T 7941.3—1995）　　（单位：mm）

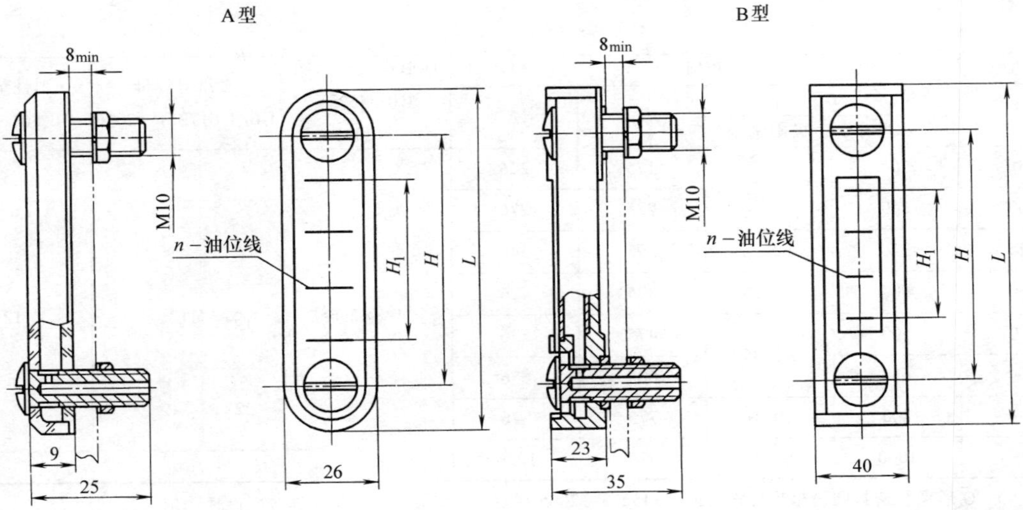

（续）

H 公称尺寸 A型	H 公称尺寸 B型	H 极限偏差	H_1 A型	H_1 B型	L A型	L B型	n（条数）A型	n（条数）B型	O形橡胶密封圈 GB/T 3452.1—2005	六角螺母 GB/T 6172.1—2016	弹性垫圈 GB 861—1987
80		±0.17	40		110		2		10×2.65	M10	10
100	—		60	—	130	—	3	—			
125	—	±0.20	80	—	155	—	4	—			
160			120		190		6				
—	250	±0.23	—	210	—	280	—	8			

注：1. O形橡胶密封圈沟槽尺寸按GB/T 3452.3—2005的规定。

2. 标记示例：H=80，A型长形油标标记为：油标 A80（JB/T 7941.3—1995）。

表 21-36　管状油标形式与尺寸（摘自 JB/T 7941.4—1995）　　（单位：mm）

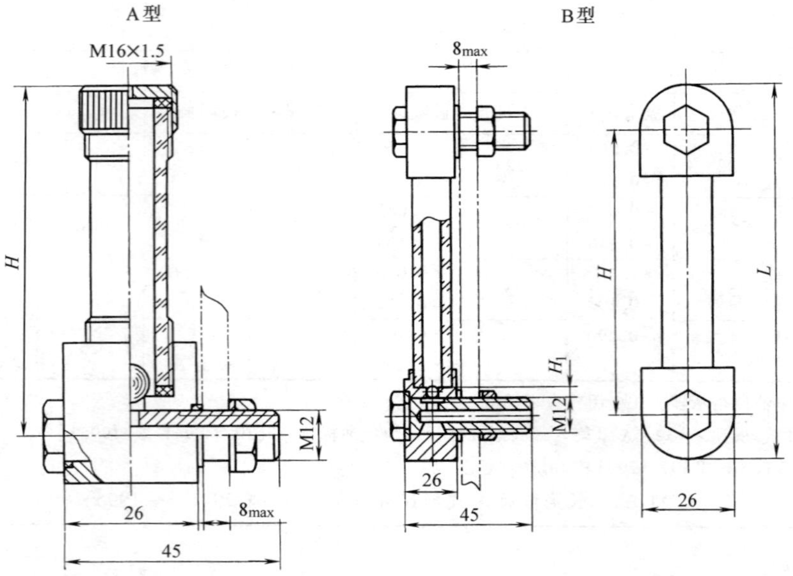

A型 H	B型 H 公称尺寸	B型 H 极限偏差	B型 H_1	B型 L	O形橡胶密封圈 GB 3452.1—2005	六角薄螺母 GB/T 6172.1—2016	弹性垫圈 GB 861—1987
80	200	±0.23	175	226	11.8×2.65	M12	12
100	250		225	276			
125	320	±0.26	295	346			
160	400	±0.28	375	426			
200	500	±0.35	475	526			
—	630		605	656			
—	800	±0.40	775	826			
—	1000	±0.45	975	1026			

注：1. O形橡胶密封圈沟槽尺寸按GB/T 3452.3—2005规定。

2. 标记示例：H=200，A型管状油标标记为：油标 A200（JB/T 7941.4—1995）。

21.3.3 油枪（见表 21-37、表 21-38）

表 21-37 压杆式油枪油嘴形式，参数与尺寸（摘自 JB/T 7942.1—1995）（单位：mm）

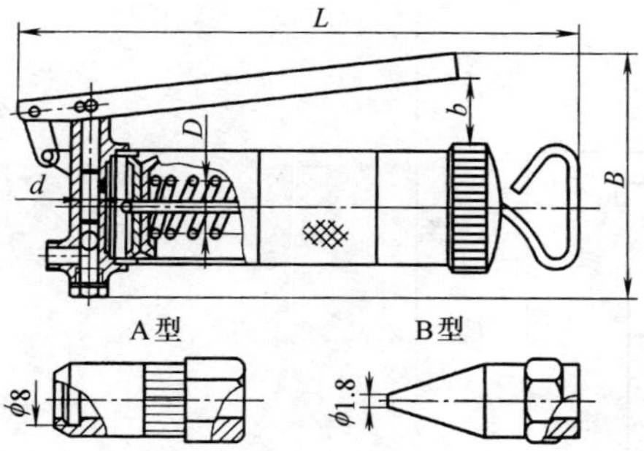

储油量/cm^3	公称压力/MPa	出油量/cm^3	D
100	16	0.6	35
200		0.7	42
400		0.8	53

L	B	b	d
255	90	30	8
310	96		
385	125		9

注：1. 表中 D、L、B、d 为推荐尺寸。

2. A 型油嘴仅用于 JB/T 7940.1—1995，JB/T 7940.2—1995 规定的油杯。

3. $R_p\frac{1}{8}$尺寸允许采用 M10×1。

4. 标记示例：储油量为 200cm^3，带 A 型注油嘴的压杆式油枪标记为：油枪 A200（JB/T 7942.1—1995）。

表 21-38 手推式油枪，油嘴形式，参数与尺寸（摘自 JB/T 7942.2—1995）

（单位：mm）

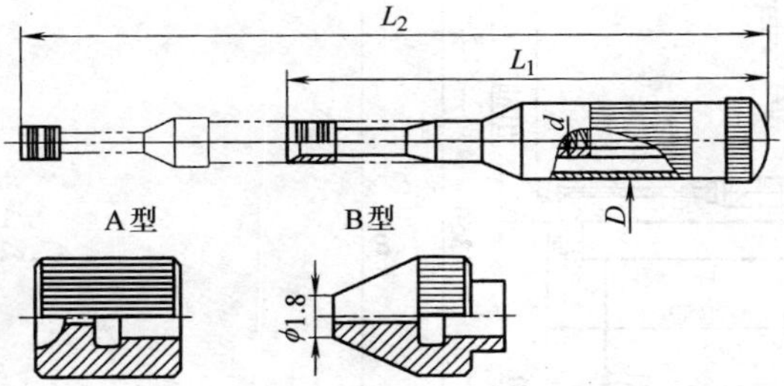

储油量/cm^3	公称压力/MPa	出油量/cm^3
50	6.3	0.3
100		0.5

D	L_1	L_2	d
33	230	330	5
			6

注：1. 公称压力指压注润滑脂的给定压力。

2. 表中 D、L_1、L_2、d 为推荐尺寸。

3. A 型油嘴仅用于压注润滑脂。

4. $R_p\frac{1}{8}$尺寸允许采用 M10×1 或 M8×1。

5. 标记示例：储油量为 50cm^3，带 A 型注油嘴的手推式油枪标记为：油枪 A50（JB/T 7942.2—1995）。

21.3.4 润滑泵（见表 21-39、表 21-40）

表 21-39　手动加油泵（2.5MPa）形式、尺寸与参数（摘自 JB/T 8811.2—1998）

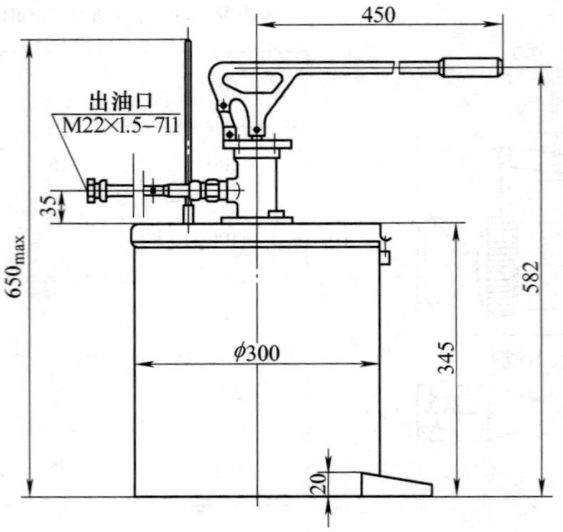

标记示例：SJB-V25　加油泵　JB/T 8811.2—1998

公称压力/MPa	额定出油量/(mL/循环)	最大手柄力/N	储油桶容积/L	质量/kg
2.5(G)	25	≤160	20	20

注：适用介质为锥入度不低于 220（25℃，150g）1/10mm 的润滑脂或黏度值不小于 $46\times10^{-6}m^2/s$ 的润滑油。

表 21-40　电动加油泵（4MPa）形式、尺寸与参数（摘自 JB/T 8811.1—1998）

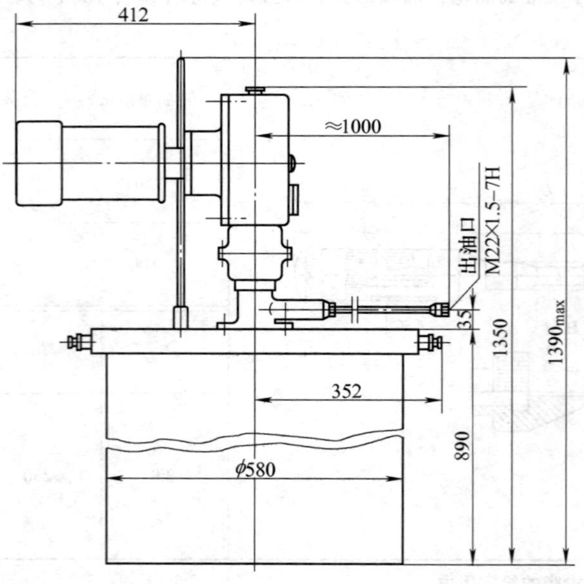

标记示例：DJB-H1.6　加油泵　JB/T 8811.1—1998

公称压力/MPa	额定加油量/(L/min)	贮油桶容积/L	电动机功率/kW	质量/kg
4(H)	1.6	200	0.37	90

注：适用介质为锥入度不低于 220（25℃、150g）1/10mm 润滑脂或黏度值不小于 $68\times10^{-6}m^2/s$ 的润滑油。

21.4　集中润滑系统

21.4.1　集中润滑系统图形符号（见表 21-41）

绘制集中润滑系统原理图时，除用表 21-41 中介绍的符号外，也可采用《液压气动图形符号》（GB/T 786.1—2009）。

表 21-42 给出一些常见的集中润滑系统原理图，在此基础上可以组成更大的集中润滑系统，参见表 21-43。

组成集中润滑系统的润滑元件和装置很多，设计时可参考有关的产品样本、手册或资料，下面提供一部分常用的资料。

表 21-41　集中润滑系统图形符号（摘自 JB/T 3711.2—1999）

序号	符　号	名　称	序号	符　号	名　称
1		润滑点	10		过滤器-减压阀-油雾器
2	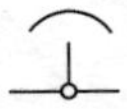	放气点	11	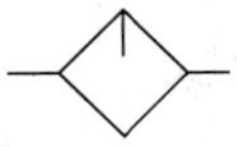	油雾器
3	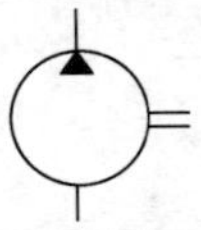	定量润滑泵	12		油箱
4	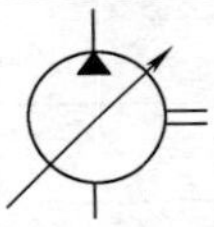	变量润滑泵	13	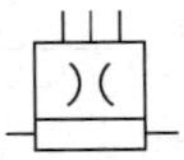	节流分配器（以 3 个出油口为例）
5	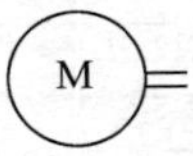	电动机	14	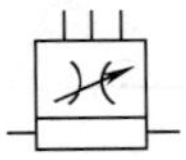	可调节流分配器（以 3 个出油口为例）
6	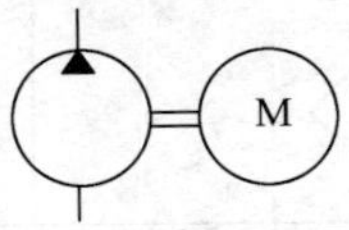	泵装置	15	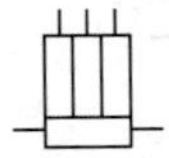	单线分配器（以 3 个出油口为例）
7	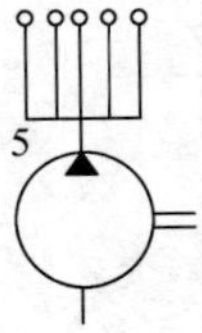	定量多点泵（以 5 个出油口为例）	16	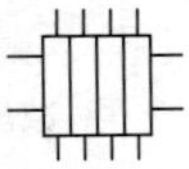 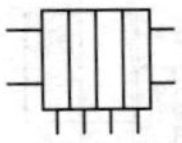	双线分配器（以 8 个和 4 个出油口为例）
8	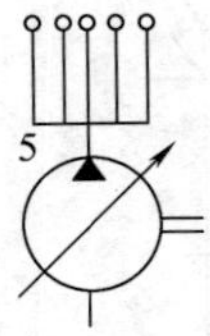	变量多点泵（以 5 个出油口为例）	17	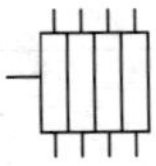	递进分配器（以 8 个出油口为例）
9	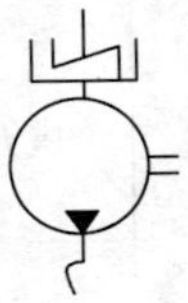 或 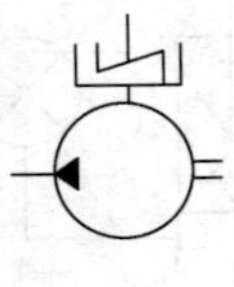	搅拌器（润滑脂用）	18		凝缩嘴
			19	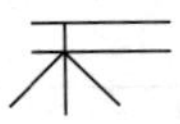	喷雾嘴
			20		喷油嘴
			21		时间调节程序控制器
			22	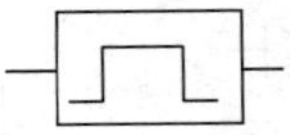	机器循环调节程序控制器

（续）

序号	符　号	名　称
23	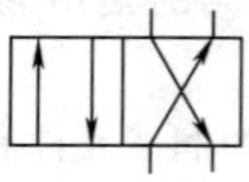	换向阀（操纵形式未示出）
24	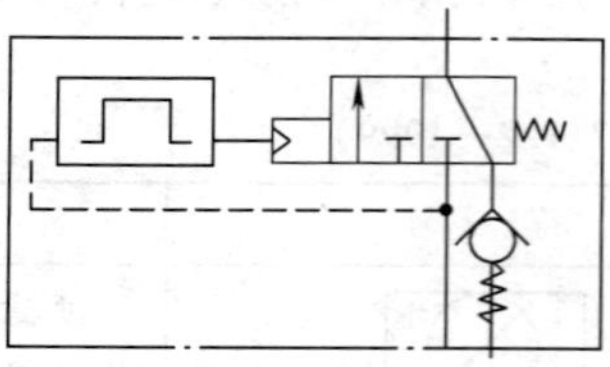	循环分配阀
25	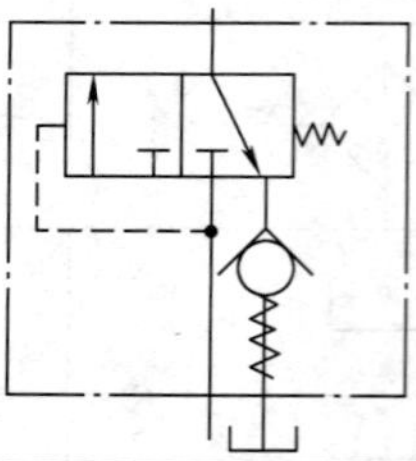	卸荷阀
26		单向阀
27	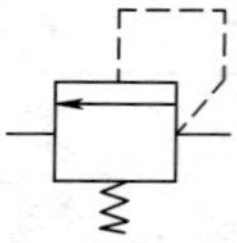	溢流阀
28	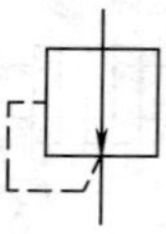	减压阀
29		节流阀
30		可调节流阀
31	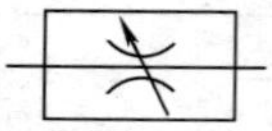	压力补偿节流阀
32	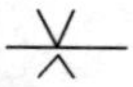	节流孔
33		开关
34	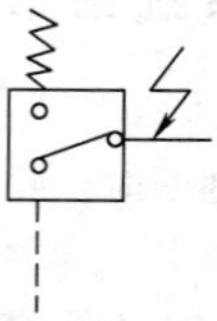	压力开关
35	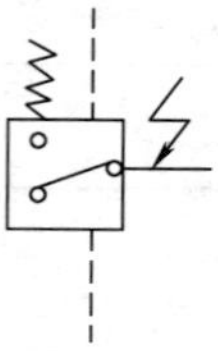	压差开关
36	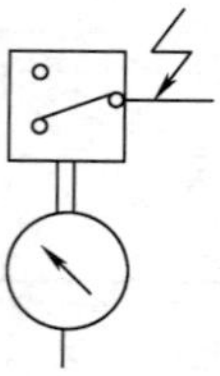	电接点压力表
37		压力表
38	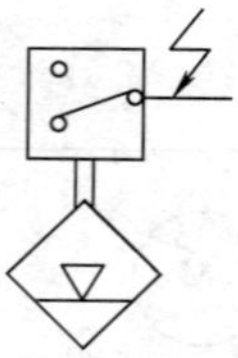	液位开关
39	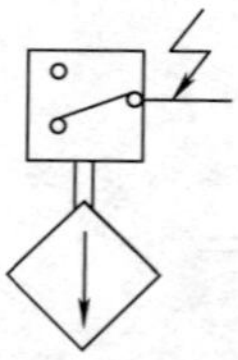	温度开关
40	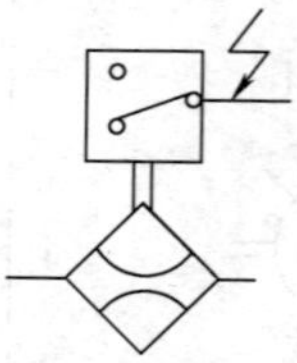	油流开关
41	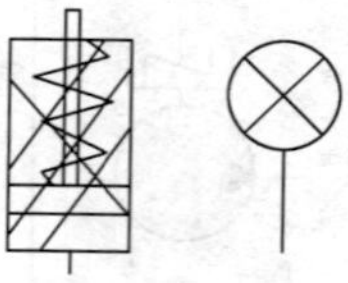	压力指示器

（续）

序号	符　号	名　称	序号	符　号	名　称
42	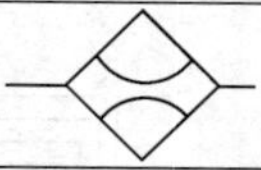	油流指示器	47	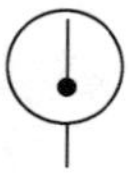	温度计
43	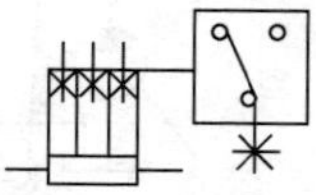	功能指示器（以单线分配器为例）　电气	48	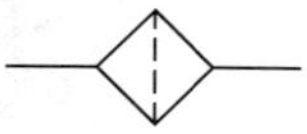	稀油过滤器
43	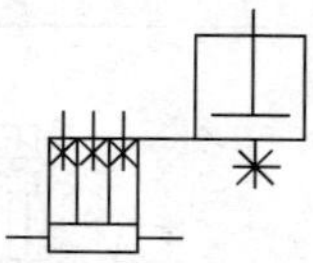	功能指示器（以单线分配器为例）　机械	49	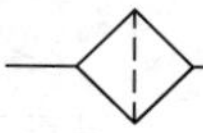 或 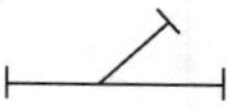	干油过滤器
44	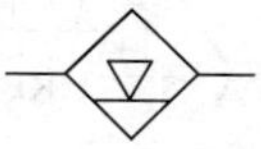	液位指示器	50	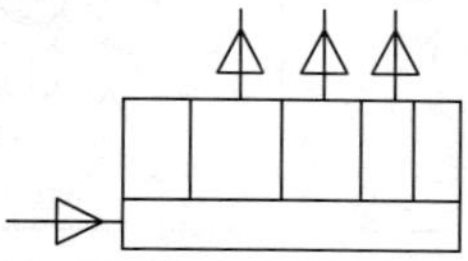	油气分配器
45		计数器（如用于润滑脉冲或容积计算）	51	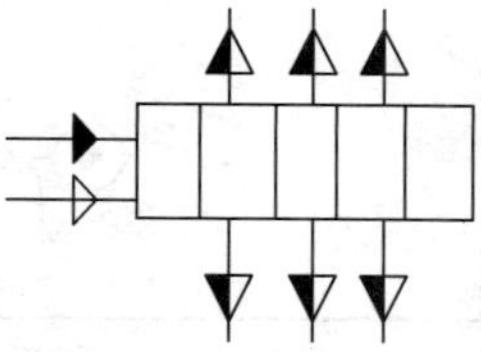	油气混合器
46	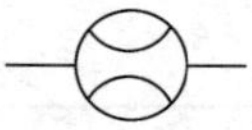	流量计			

表 21-42　集中润滑系统原理图

	消耗型润滑系统	循环型润滑系统
节流式系统	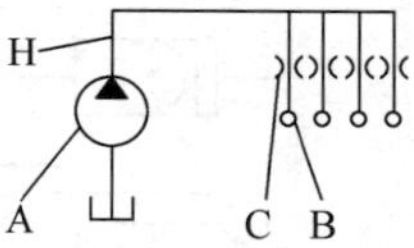	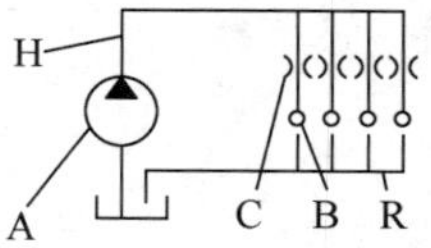
单线式系统	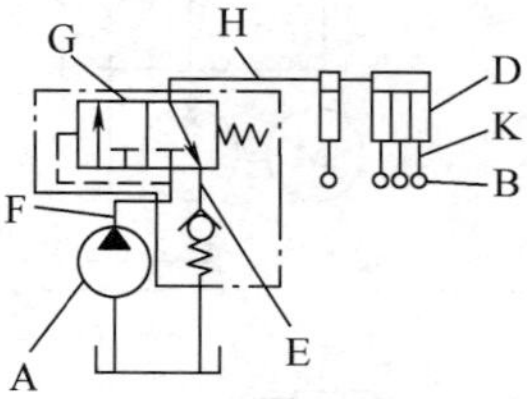	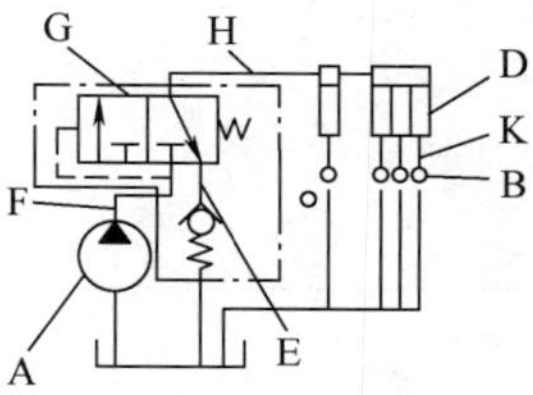
双线式系统	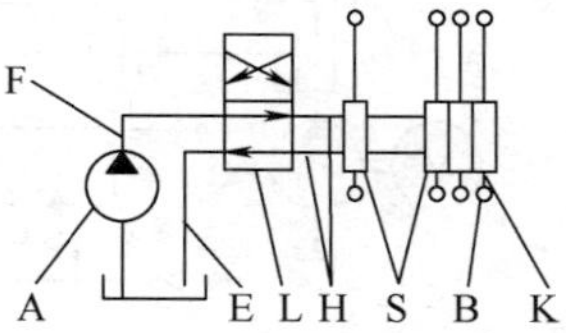	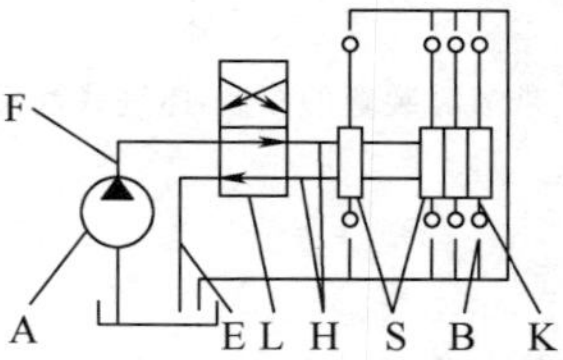

（续）

	消耗型润滑系统	循环型润滑系统
多线式系统	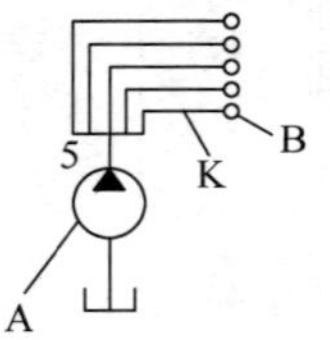	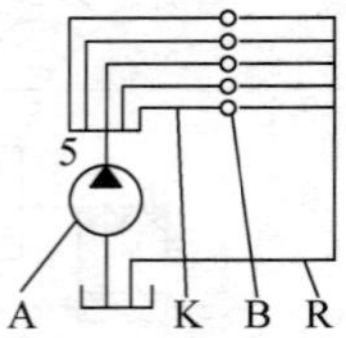
递进式系统	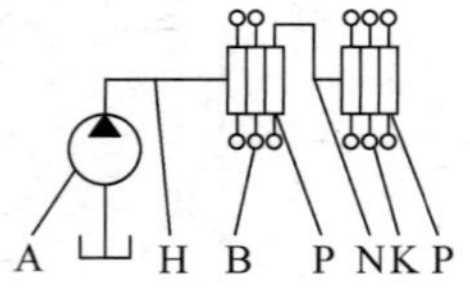	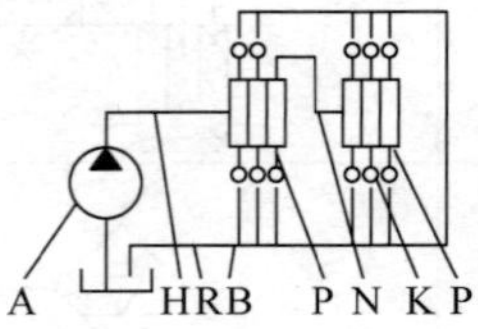
油雾式系统	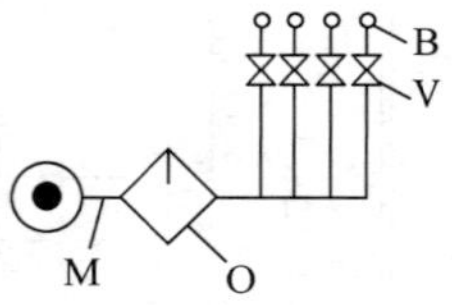	

注：A—带油箱的泵；B—润滑点；C—节流阀；D—单线分配器；E—卸荷管路；F—压力管路；G—卸荷阀；H—主管路；K—润滑管路；L—4/2 换向阀；M—压缩空气管路；N—支管路；O—油雾器；P—递进分配器；R—回油管路；S—双线分配器；T—油气混合器；V—凝缩嘴。

表 21-43　组合式集中润滑系统示例

名　　称	系　统　图
带喷油装置的单线式润滑系统	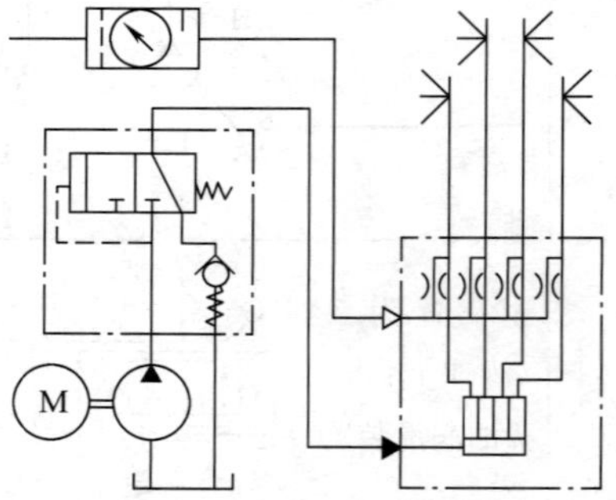
带喷雾装置的多线-递进式润滑系统	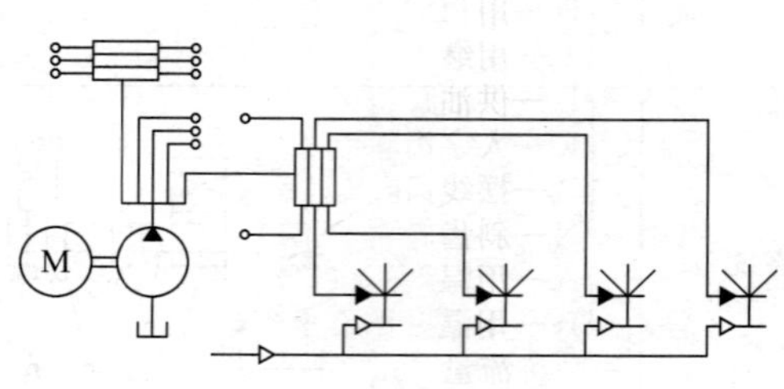

（续）

名　称	系 统 图
循环型递进式润滑系统	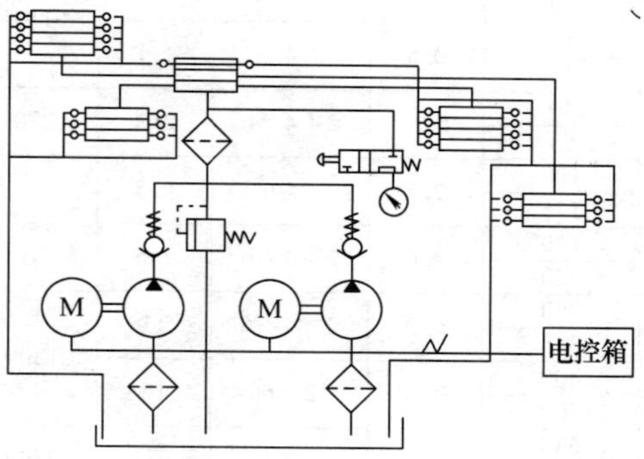
循环型节流式润滑系统	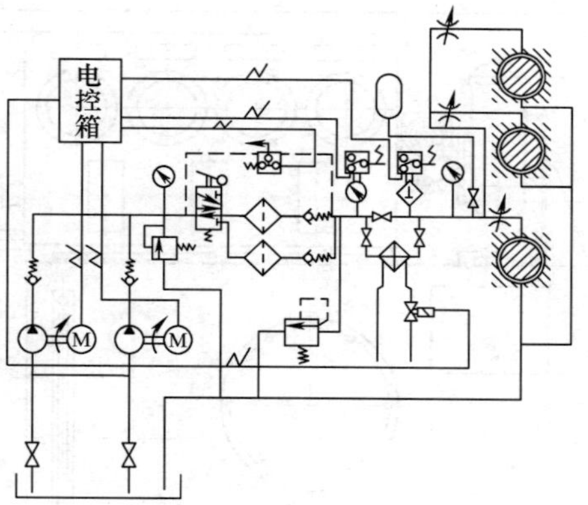

21.4.2　稀油润滑装置

常用的稀油润滑装置为 XYHZ 型，见 JB/T 8522—2014。其标记方法如下：

XYHZ □-□□□□ 稀油润滑装置(JB/T 8522—2014)

- 带压力罐，P
- P—用PLC；T—用继电器、接触器控制
- L—供油泵用螺杆泵；R—人字齿轮泵；B—摆线齿轮泵；X—斜齿轮泵
- A—用温调阀调温；B—用温度调节器调温
- 公称流量：6.3~2000
- 稀油润滑装置

标记示例：

1）装置，公称流量 6.3L/min，用温度调节器调温，供油泵用摆线齿轮泵，用继电器、接触器控制，不带压力罐装置的标记为：

XYHZ6.3-BBT　稀油润滑装置（JB/T 8522—2014）。

2）装置，公称流量 1000L/min，用调温阀调温，供油泵用螺杆泵，用 PLC 控制，带有压力罐装置的标记为：

XYHZ1000-ALPP　稀油润滑装置（JB/T 8522—2014）。

稀油润滑装置的基本参数和尺寸见表 21-44～表 21-47。与这些装置相配的法兰尺寸见表 21-48。

表 21-44　稀油润滑装置基本参数（摘自 JB/T 8522—2014）

型　号	公称流量/(L/min)	油箱容积/m^3	电动机 极数 P	电动机 功率/kW	过滤能力/(L/min)	换热面积/m^2	冷却水管通径/mm	冷却水耗量/(m^3/h)	电加热器功率/kW	质量/kg
XYHZ6.3	6.3	0.25	4	0.75	110	1.3	15	0.6	3	375
XYHZ10	10							0.6		400
XYHZ16	16	0.5	4	1.1		3	25	1.5	6	500
XYHZ25	25							1.5		530
XYHZ40	40	1.25	2∶4∶6	2.2	270	6	32	3.6	12	1000
XYHZ63	63					7		3.8		1050
XYHZ100	100	2.5	4∶6	5.5	680	13	50	6	18	1650
XYHZ125	125					15		7.5		1700
XYHZ160	160	4.0	2∶4∶6	7.5		19	65	9.6	24	2050
XYHZ200	200					23		12		2100
XYHZ250	250	6.3	2∶4∶6	11	1300	30	65	15	36	2950
XYHZ315	315					37		19		3000
XYHZ400	400	10.0	2∶6	15		55	65	24	48	3800
XYHZ500	500							30		3850
XYHZ630	630	16.0	2∶4∶6	18.5	2300	70	80	38	48	5700
XYHZ800	800			22		90		48		5750

注：1. 过滤能力是在过滤精度 0.08mm、介质黏度 $46\times10^{-5}m^2/s$、滤油器压降 $\Delta p=0.02MPa$ 条件下的过滤能力。

2. 冷却器的冷却水如采用江河水，需经过滤沉淀。

表 21-45　XYHZ6.3～XYHZ25 装置尺寸　（单位：mm）

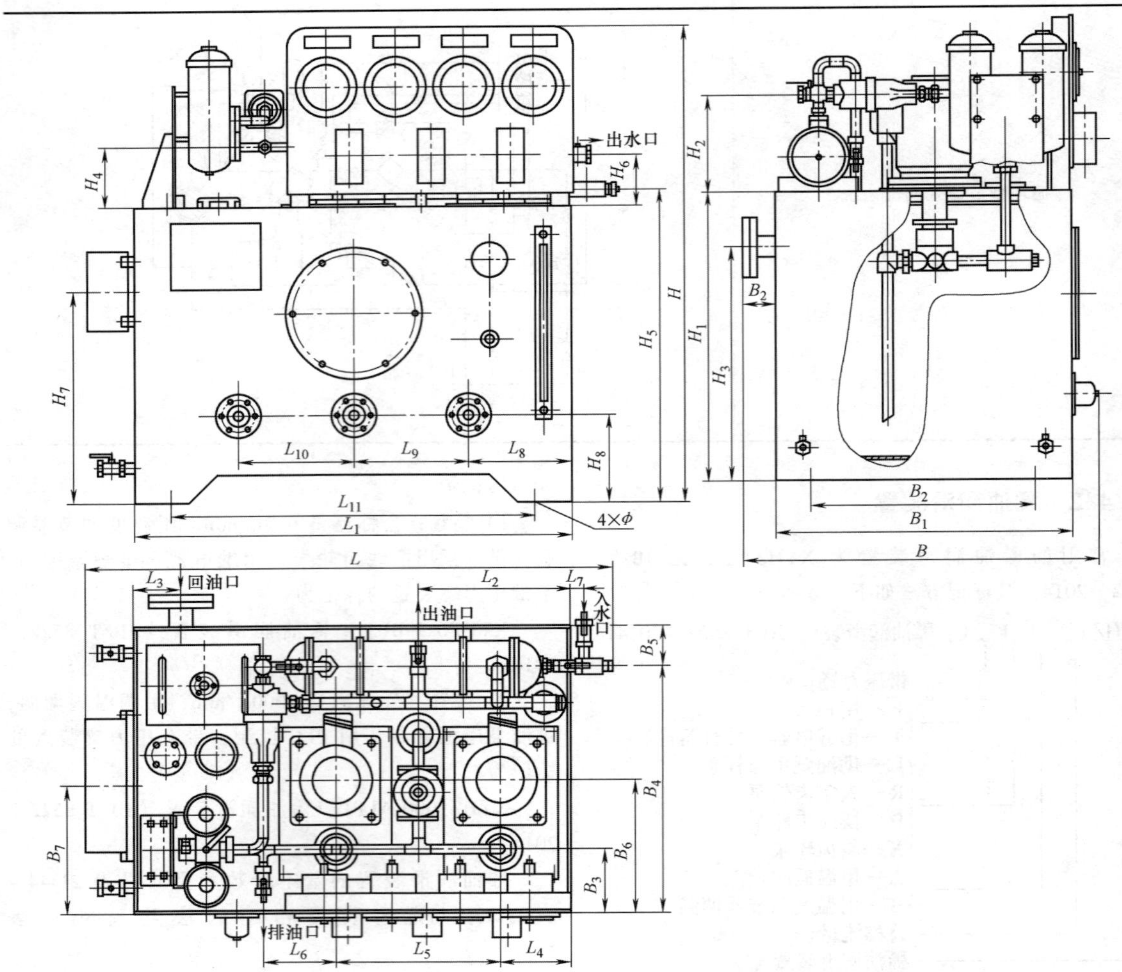

（续）

型　号	L	B	H	L_1	B_1	H_1	接口螺纹			DN	L_2	L_3	L_4	L_5	L_6	L_7	L_8
							出油口	排油口	入出水口	回油口							
XYHZ6.3 XYHZ10	1160	810	1060	950	650	660	G1/2	G1/2	G1/2	32	330	100	150	360	160	30	225
XYHZ16 XYHZ25	1650	994	1315	1300	800	820	G1	G1	G1	50	650	75	200	300	200	60	240

型　号	L_9	L_{10}	L_{11}	ϕ	B_2	B_3	B_4	B_5	B_6	B_7	B_8	H_2	H_3	H_4	H_5	H_6	H_7	H_8
XYHZ6.3 XYHZ10	250	250	790	15	70	145	562	93	300	290	490	222	530	136	700	118	470	190
XYHZ16 XYHZ25	410	410	1180	15	100	160	700	100	520	225	680	380	600	495	720	78	630	240

表 21-46　XYHZ40～XYHZ125 装置尺寸　　（单位：mm）

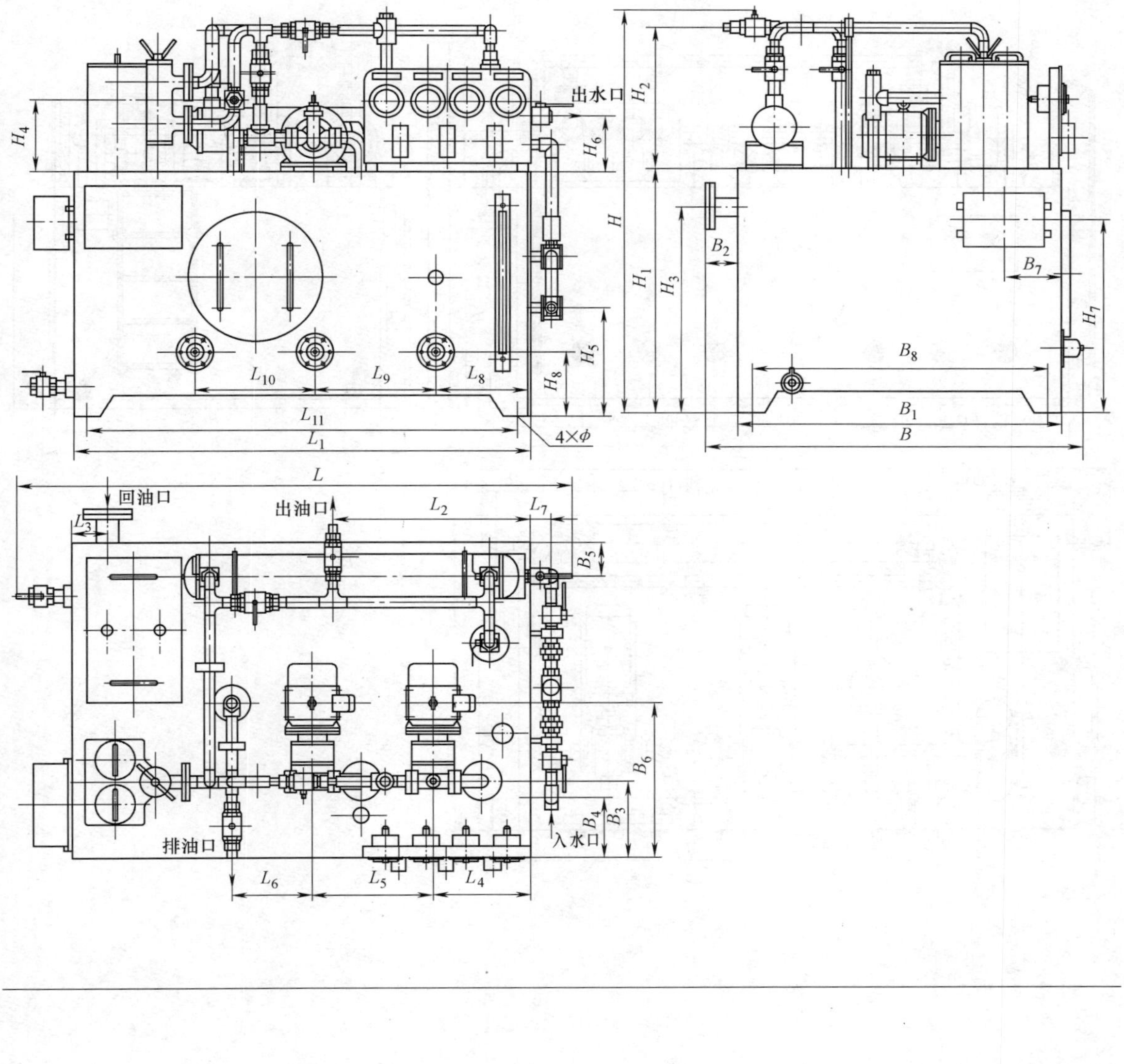

（续）

型号	L	B	H	L_1	B_1	H_1	DN 出油口	DN 排油口	DN 入出水口	DN 回油口	L_2	L_3	L_4	L_5	L_6	L_7	L_8	L_9	L_{10}
XYHZ40 XYHZ63	2000	1350	1530	1700	1200	950	32	32	32	65	730	130	360	450	900	80	400	450	450
XYHZ100 XYHZ125	2820	1660	1820	2500	1400	1000	50	50	50	80	800	200	500	700	600	120	400	300	1100

型号	L_{11}	ϕ	B_2	B_3	B_4 A进	B_4 B进	B_5	B_6 螺	B_6 齿	B_6 摆	B_7	B_8	H_2	H_3	H_4	H_5 A进	H_5 B进	H_6	H_7	H_8
XYHZ40 XYHZ63	1580	15	126	290	230	1070	130	750	720	720	310	1080	530	800	132	420	780	213	800	250
XYHZ100 XYHZ125	2400	22	100	210	125	1230	170	820	720	720	360	1300	630	850	820	380	760	290	630	350

表 21-47　XYHZ160～XYHZ800 装置尺寸　　（单位：mm）

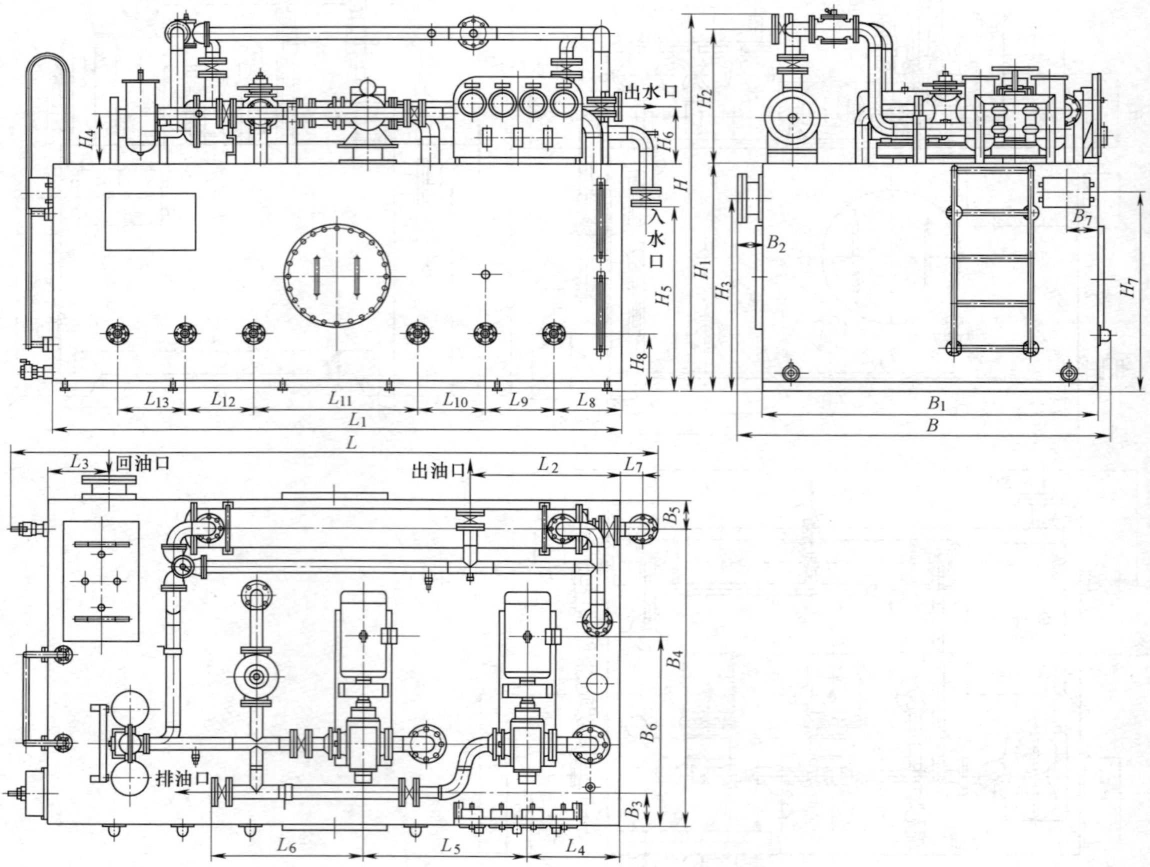

（续）

型号	L	B	H	L_1	B_1	H_1	DN				L_2	L_3	L_4	L_5	L_6	L_7	L_8	L_9
							出油口	排油口	入出水口	回油口								
XYHZ160 XYHZ200	3720	2050	2000	3000	1800	1200	65	65	65	125	950	250	675	775	1450	240	650	1500
XYHZ250 XYHZ315	3800	2400	2150	3300	2200	1300	80	80	65	150	1200	250	650	1000	1100	160	480	390
XYHZ400 XYHZ500	4330	2400	2510	3800	2200	1550	100	100	80	200	1000	400	750	1100	920	140	450	450
XYHZ630 XYHZ800	5700	2840	2600	5200	2600	1550	100	100	80	250	1300	400	1200	1300	950	150	900	450

型号	L_{10}	L_{11}	L_{12}	L_{13}	B_2	B_3	B_4		B_5	B_6		B_7	H_2	H_3	H_4	H_5		H_6	H_7	H_8
							A 进	B 进		螺	齿					A 进	B 进			
XYHZ160 XYHZ200	500	—	—	—	150	150	-25	950	200	950	1000	460	780	1050	290	930	930	-670	930	350
XYHZ250 XYHZ315	390	780	390	390	150	170	500	1970	230	1180	1130	445	750	1150	240	630	1180	314	1200	400
XYHZ400 XYHZ500	450	1100	450	450	150	220	930	2000	200	1300	1300	210	840	1300	350	510	900	400	1280	390
XYHZ630 XYHZ800	450	1100	450	450	150	200	500	2370	230	1540	1400	600	820	1350	350	700	1400	405	1250	400

注：1. 表 21-46、表 21-47 中对应下边的螺、齿、摆，代表意义：

螺—用螺杆泵装置；

齿—用人字齿轮泵、斜齿轮泵装置；

摆—用摆线齿轮泵装置。

2. 表中：A 进—油温控制采用温调阀装置的进水管 B_4 尺寸、H_5 尺寸；

B 进—油温控制采用温调阀装置的进水管 B_4 尺寸、H_5 尺寸。

3. 仅公称流量 Q 为 160L/min、200L/min、250L/min、315L/min、400L/min、500L/min 六个规格，有采用斜齿轮泵装置。

表 21-48　法兰尺寸　　（单位：mm）

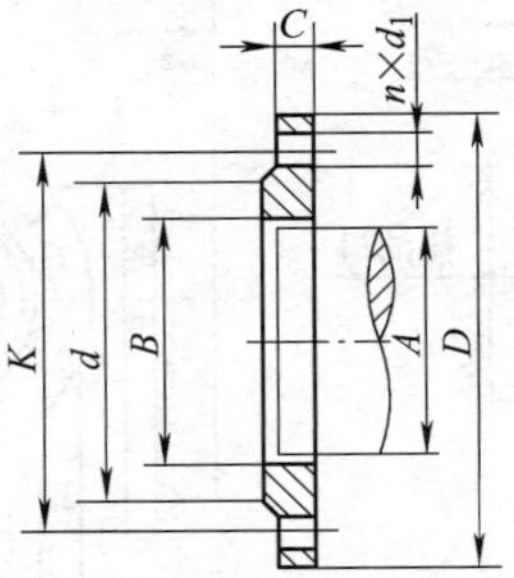

DN	A	D	K	d	C	B	$n\times d_1$
32	42.5	140	100	78	18	43.5	4×18
40	48.3	150	110	88	18	49.5	4×18
50	60.3	165	125	102	20	61.5	4×18
65	76.1	185	145	122	20	77.5	8×18
80	88.9	200	160	138	20	90.5	8×18
100	114.3	220	180	158	22	116	8×18
125	139.7	250	210	188	22	141.5	8×18
150	168.5	285	240	212	24	170.5	8×22
200	219.1	340	295	268	24	221.5	8×22
250	273	395	350	320	26	276.5	12×22

注：法兰尺寸符合 GB/T 9119—2000《PN1.0MPa（10bar）凸面板式平焊钢制管法兰》的规定。

21.4.3　润滑油泵及润滑油泵装置（见表 21-49～表 21-54）

常用的润滑油泵及润滑油泵装置见 JB/T 2301—1999。其标记方法如下：

××—×××

- ×××：公称流量，L/min
- ××：
  - 斜齿轮油泵 XB
  - 斜齿轮油泵装置 XBZ
  - 带安全阀斜齿轮油泵 XB_1
  - 带安全阀斜齿轮油泵装置 XBZ_1

标记示例：

公称流量为 250L/min 的 XB 型斜齿轮油泵：XB-250 型斜齿轮油泵（JB/T 2301—1999）

表 21-49　斜齿轮油泵及装置参数

斜齿轮油泵						斜齿轮油泵装置				
型号	公称流量/(L/min)	公称压力/MPa	容积效率(%)	吸入高度/mm	质量/kg	型号	电动机			质量/kg
							型号	功率/kW	转速/(r/min)	
XB-250	250	0.63	≥90	≥500	60	XBZ-250	Y132M-4-B3	7.5	1440	190
XB-400	400				72	XBZ-400	Y160M-4-B3	11	1440	255
XB-630	630				102	XBZ-630	Y180M-4-B3	18.5	1460	396
XB-1000	1000				122	XBZ-1000	Y200L-4-B3	30	1470	484

表 21-50　XB 型斜齿轮油泵形式尺寸　（单位：mm）

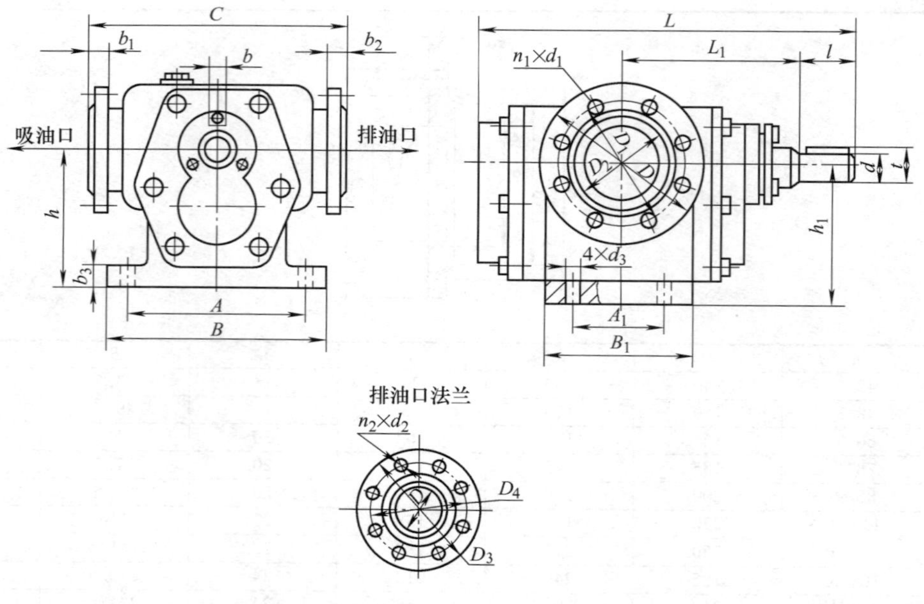

（续）

型号	d	d_3	h	h_1	b	b_3	A	A_1	B	B_1	C	L	L_1
XB-250	28	19	155	155	8	22	210	80	260	130	300	364	186.5
XB-400								130		180		448	215
XB-630	40	24	190	175	12	28	230	115	290	175	370	486	234
XB-1000								155		215		580	281

型号	l	t	吸油口法兰							排油口法兰						
			D_{g1}	D	D_1	D_2	n_1	d_1	b_1	D_{g2}	D_3	D_4	D_5	n_2	d_2	b_2
XB-250	45	31	80	195	160	135	4	18	22	65	180	145	120	4	18	20
XB-400																
XB-630	70	43.5	125	245	210	185	8	18	24	100	215	180	155	8	18	22
XB-1000																

表 21-51　XBZ 型斜齿轮油泵装置形式尺寸　（单位：mm）

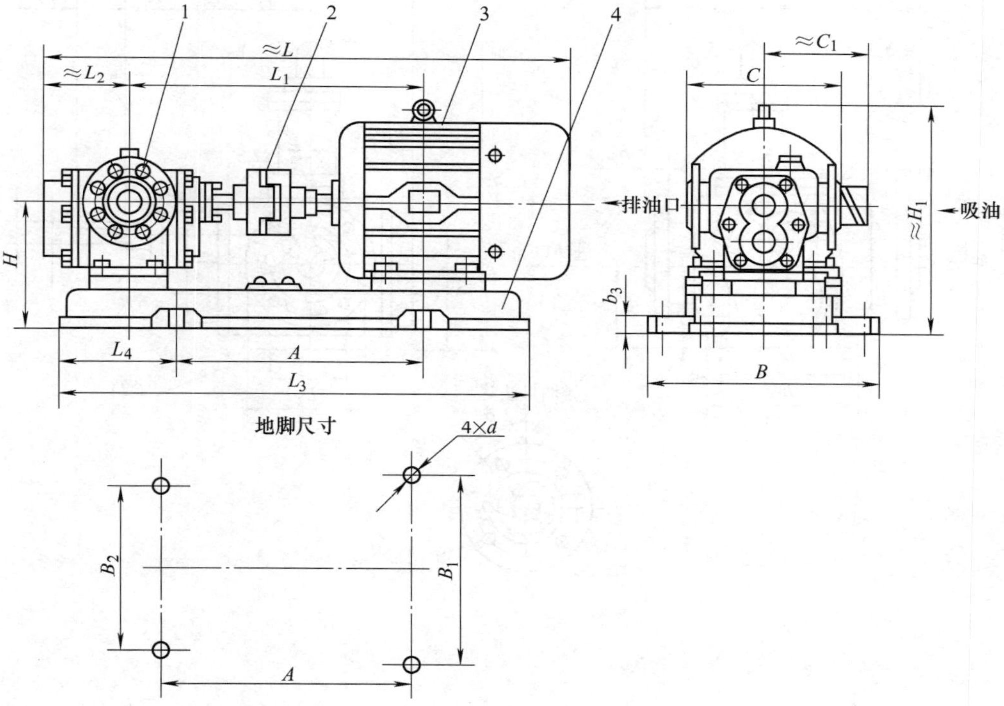

1—XB 型斜齿轮油泵　2—联轴器　3—Y 系列电动机　4—底座

型号	H	$\approx H_1$	A	B	B_1	B_2	C	$\approx C_1$	d	b_3	$\approx L$	L_1	$\approx L_2$	L_3	L_4
XBZ-250	214	397	460	470	420	380	300	210	19	30	920	511.5	133.5	810	168.5
XBZ-400	260	480	525	540	480			255			1075	585	163	900	205
XBZ-630	290	525	570	565	505	420	370	285	24		1183	670	182	1040	235
XBZ-1000	295	555	650	650	590			310		35	1414	762	229	1160	252

表 21-52　带安全阀斜齿轮油泵及装置参数

斜齿轮油泵						斜齿轮油泵装置				
型号	公称流量 /（L/min）	公称压力 /MPa	容积效率（%）	吸入高度 /mm	质量 /kg	型号	电动机 型号	电动机 功率 /kW	电动机 转速 /（r/min）	质量 /kg
XB1-160	160	0.63	≥90	≥500	50	XBZ1-160	Y132M-4-B3	7.5	1440	190
XB1-200	200				60	XBZ1-200				190
XB1-250	250				76	XBZ1-250	Y160M-4-B3	11	1460	259
XB1-315	315				78	XBZ1-315				261
XB1-400	400				98.5	XBZ1-400	Y160L-4-B3	15	1460	302
XB1-500	500				100	XBZ1-500				303

表 21-53　带安全阀斜齿轮油泵形式与尺寸　　（单位：mm）

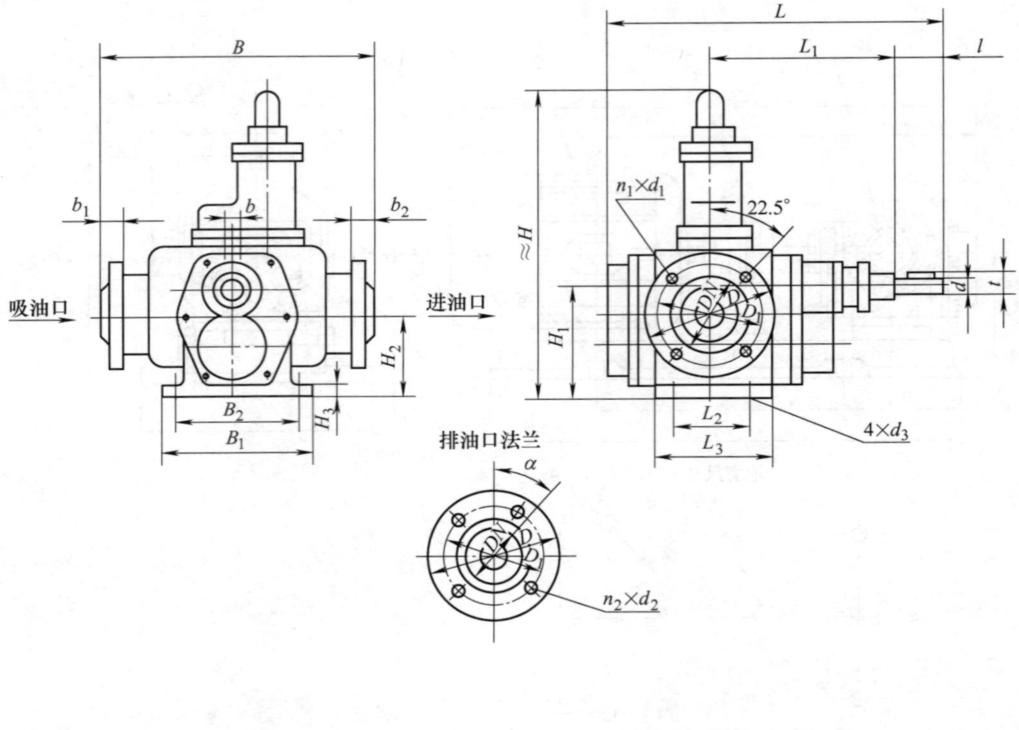

型号	d	l	d_3	H	H_1	H_2	H_3	L	L_1	L_2	L_3	B	B_1	B_2	b
XB1-160	22	50	18	450	164	142	20	350	172	90	140	256	240	200	6
XB1-200															
XB1-250	25	60		480	181	155	22	380	185	110	160	340	250	210	8
XB1-315															
XB1-400	28	60	20	510	198	168	25	425	210	130	180		260		8
XB1-500															

（续）

型号	t	吸油口法兰						排油口法兰						
		DN	D	D_1	d_1	n_1	b_1	DN	D	D_1	d_2	n_2	b_2	α
XB1-160	24.5	80	200	160	17.5	8	20	65	185	145	17.5	4	20	45°
XB1-200														
XB1-250	28	100	220	180			22	80	200	160		8		22.5°
XB1-315														
XB1-400	31	125	250	210			24	100	220	180			22	
XB1-500														

表 21-54　带安全阀斜齿轮油泵装置形式与尺寸　　（单位：mm）

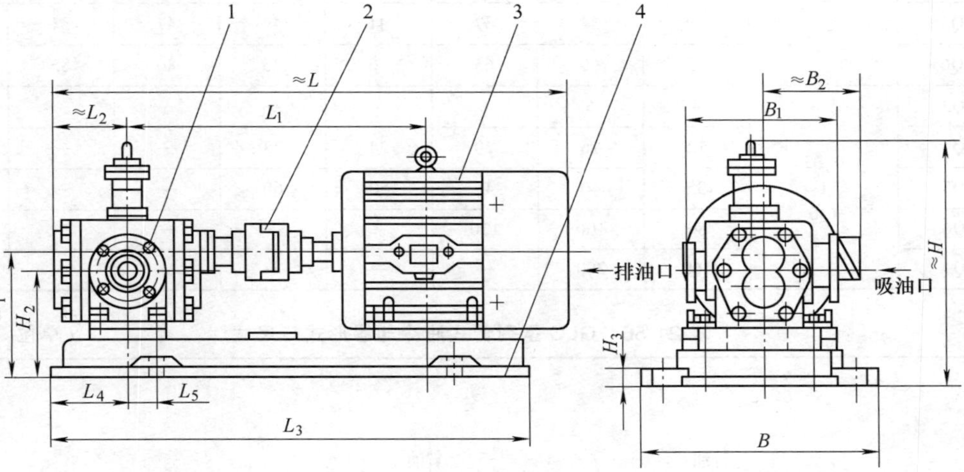

地脚孔尺寸

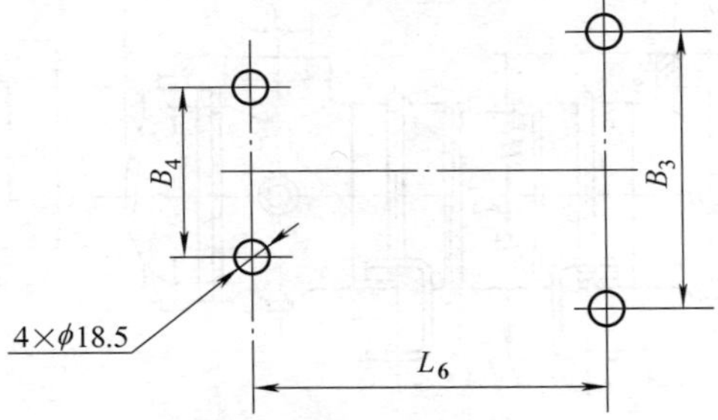

1—XB1 型斜齿轮油泵　2—联轴器　3—Y 系列电动机　4—底座

型号	H	H_1	H_2	H_3	L	L_1	L_2	L_3	L_4	L_5	L_6	B	B_1	B_2	B_3	B_4
XBZ1-160	510	234	212	25	962	508	129	830	145	55	400	410	256	210	360	320
XBZ1-200							141									
XBZ1-250	554	255	229	30	977	579	141	935	155	45	500	480	340	255	430	330
XBZ1-315							148									
XBZ1-400	625	303	273		1187	644	141	1020	160	40	600					
XBZ1-500							156									

21.4.4　冷却器（见表 21-55 ~ 表 21-58）

常用冷却器见 JB/T 7356—2016，标记方法如下：

1）公称冷却面积 $0.3m^2$，公称压力 1.0MPa，换热管型式为翅片管的列管式油冷却器：

GLCQ1-0.3/1.0　冷却器（JB/T 7356—2016）

2）公称冷却面积 $50m^2$，公称压力 0.63MPa，换热管形式为裸管，水侧通道为四管程的立式列管式油冷却器：

GLLQ5-50/0.63SL　冷却器（JB/T 7356—2016）

表 21-55　冷却器基本参数

型　号	公称压力 /MPa	公称冷却面积/m^2							
GLCQ1	0.63 1 1.6	0.4	0.6	0.8	1	1.2	—	—	—
GLCQ2		1.3	1.7	2.1	2.6	3	3.5	—	—
GLCQ3		4	5	6	7	8	9	10	11
GLCQ4		13	15	17	19	21	23	25	27
GLCQ5		30	34	37	41	44	47	51	54
GLCQ6		55	60	65	70	75	80	85	90
GLLQ3	0.63 1 1.6	4	5	6	7	—	—	—	—
GLLQ4		12	16	20	24	28	—	—	—
GLLQ5		35	40	45	50	60	—	—	—
GLLQ6		80	100	120	—	—	—	—	—
GLLQ7		160	200	—	—	—	—	—	—

表 21-56　GLC 型列管式油冷却器形式与尺寸　（单位：mm）

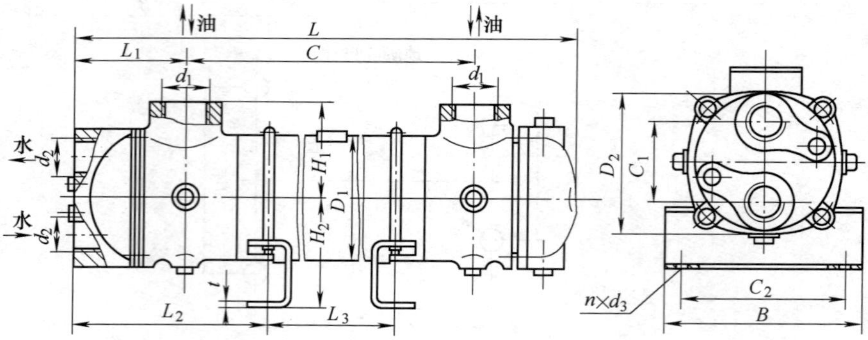

型　号	L	C	L_1	H_1	H_2	D_1	D_2	C_1	C_2	B	L_2	L_3	t	$n×d_3$	d_1	d_2	质量 /kg
GLC1-0.4/ *	370	240	67	60	68	78	92	52	102	132	115	145	2	4×ϕ11	G1	G3/4	8
GLC1-0.6/ *	540	405										310					10
GLC1-0.8/ *	660	532										435					12
GLC1-1/ *	810	665										570					13
GLC1-1.2/ *	940	805										715					15

（续）

型　号	L	C	L_1	H_1	H_2	D_1	D_2	C_1	C_2	B	L_2	L_3	t	$n \times d_3$	d_1	d_2	质量/kg
GLC2-1. 3/ *	560	375	98	85	93	120	137	78	145	175	172	225	2	4×ϕ11	G1	G1	19
GLC2-1. 7/ *	690	500										350					21
GLC2-2. 1/ *	820	635										485					25
GLC2-2. 6/ *	960	775										630					29
GLC2-3/ *	1110	925										780					32
GLC2-3. 5/ *	1270	1085										935					36
GLC3-4/ *	840	570	152	125	158	168	238	110	170	210	245	380	10	4×ϕ15	G1½	G1¼	74
GLC3-5/ *	990	720										530					77
GLC3-6/ *	1140	870										680					85
GLC3-7/ *	1310	1040										850					90
GLC3-8/ *	1470	1200	152	125	158	168	238	110	170	210	245	1010	10	4×ϕ15	G2	G1½	96
GLC3-9/ *	1630	1360										1170					105
GLC3-10/ *	1800	1530										1340					110
GLC3-11/ *	1980	1710										1520					118
GLC4-13/ *	1340	985	197	160	208	219	305	140	270	320	318	745	12	4×ϕ19	G2	G2	152
GLC4-15/ *	1500	1145										905					164
GLC4-17/ *	1660	1305	197	160	208	219	305	140	270	320	318	1065	12	4×ϕ19	G2	G2	175
GLC4-19/ *	1830	1475										1235					188
GLC4-21/ *	2010	1655										1415					200
GLC4-23/ *	2180	1825										1585					213
GLC4-25/ *	2360	2005										1765					225
GLC4-27/ *	2530	2175										1935					238
GLC5-30/ *	1932	1570	202	200	234	273	355	180	280	320	327	1320	12	4×ϕ23	G2	G2½	—
GLC5-34/ *	2152	1790										1540					—
GLC5-37/ *	2322	1960										1710					—
GLC5-41/ *	2542	2180										1930					—
GLC5-44/ *	2712	2350										2100					—
GLC5-47/ *	2872	2510										2260					—
GLC5-51/ *	3092	2730										2480					—
GLC5-54/ *	3262	2900										2650					—
GLC6-55/ *	2272	1860	227	230	284	325	410	200	300	390	360	1590	12	4×ϕ23	G2½	G3	—
GLC6-60/ *	2452	2040										1770					—
GLC6-65/ *	2632	2220										1950					—
GLC6-70/ *	2812	2400										2130					—
GLC6-75/ *	2992	2580										2310					—
GLC6-80/ *	3172	2760										2490					—
GLC6-85/ *	3352	2940										2670					—
GLC6-90/ *	3532	3120										2850					—

注：＊标注公称压力值。

表 21-57　GLL 型卧式列管式油冷却器形式与尺寸　（单位：mm）

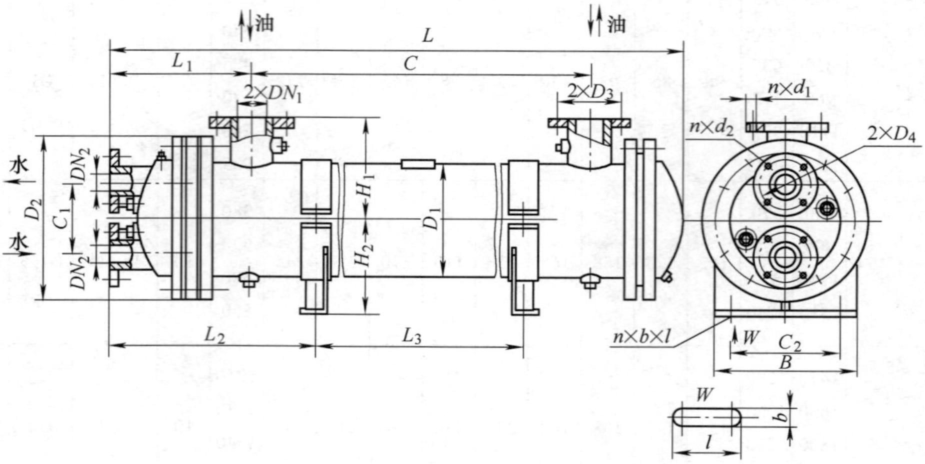

型　号	L	C	L_1	H_1	H_2	D_1	D_2	C_1	C_2	B	L_2	L_3	D_3	D_4	$n\times d_1$	$n\times d_2$	$n\times b\times l$	DN_1	DN_2	质量/kg
GLL3-4/ * *	1165	682	265	190	210	219	310	140	200	290	367	485	100	100	4×ϕ17.5	4×ϕ17.5	4×20×28	32	32	143
GLL3-5/ * *	1465	982										785								168
GLL3-6/ * *	1765	1282										1085	110					40		184
GLL3-7/ * *	2065	1582										1385								220
GLL4-12/ * *	1555	860	345	262	262	325	435	200	300	370	497	660	145	145				65	65	319
GLL4-16/ * *	1960	1365										1065								380
GLL4-20/ * *	2370	1775										1475								440
GLL4-24/ * *	2780	2175	350									1885	160		8×ϕ17.5			80		505
GLL4-28/ * *	3190	2585										2295								566
GLL5-35/ * *	2480	1692	500	315	313	426	535	235	300	520	730	1232	180	180		8×ϕ17.5	4×20×30	100	100	698
GLL5-40/ * *	2750	1962										1502								766
GLL5-45/ * *	3020	2202	515								725	1772	210					125		817
GLL5-50/ * *	3290	2472										2042								900
GLL5-60/ * *	3830	3012										2582								1027
GLL6-80/ * *	3160	2015	700	500	434	616	780	360	250	550	935	1555	295	295	8×ϕ22	8×ϕ22	4×25×32	200	200	1617
GLL6-100/ * *	3760	2615										2155								1890
GLL6-120/ * *	4360	3215										2755								2163

注：1. 第一个 * 标注公称压力值，第二个 * 标注水程管程数（四管程标 S，双管程不标注）。

2. 法兰联接尺寸按 JB/T 81—2015《板式平焊钢制管法兰》中 PN=1MPa 的规定。

表 21-58 GLLQ 型立式油冷却器形式与尺寸 （单位：mm）

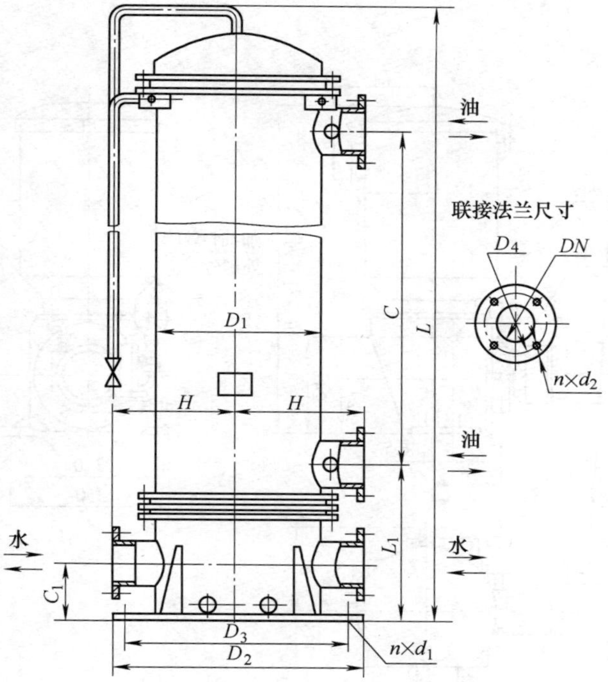

型　　号	L	C	L_1	C_1	H	D_1	D_2	D_3	DN	D_4	$n\times d_1$	$n\times d_2$	质量 /kg
GLL5-35/ * * L	2610	1692	470	150	315	426	640	590	80	160	6×ϕ30	8×ϕ17.5	734
GLL5-40/ * * L	2880	1962											802
GLL5-45/ * * L	3120	2202							100	180			853
GLL5-50/ * * L	3390	2472											936
GLL5-60/ * * L	3930	3012											1063
GLL6-80/ * * L	3255	2015	705	235	500	616	1075	1015	125	210	6×ϕ40		1670
GLL6-100/ * * L	3855	2615											1943
GLL6-120/ * * L	4455	3215							150	240		8×ϕ22	2216
GLL7-160/ * * L	3320	2010	715		602	820	1210	1150					2768
GLL7-200/ * * L	3970	2660							200	295			3340

注：1. 法兰联接尺寸按 JB/T 81—2015《板式平焊钢制管法兰》中 PN10 的规定。

2. * * 标注见表 21-57。

21.4.5 电动润滑泵（见表 21-59）

有些润滑泵可适用于润滑油或润滑脂（见表 21-60、表 20-61）。

表 21-59　电动润滑泵（40MPa）形式与尺寸

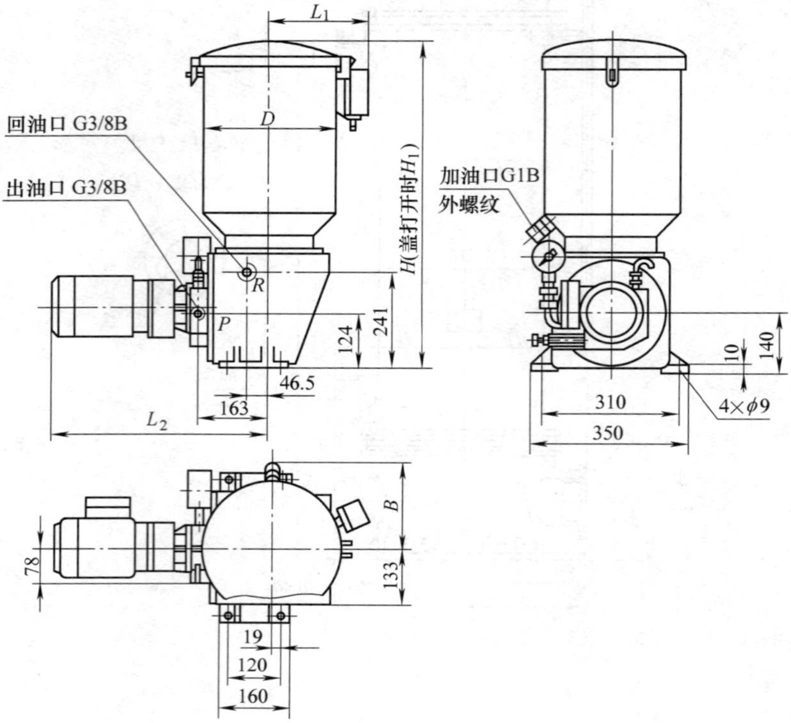

标记示例：DRB2-P120　润滑泵（JB/T 8810.1—2016）

型号	公称压力/MPa	额定给油量/(mL/min)	贮油箱容积/L	减速电动机		环境温度/℃	质量/kg
				功率/kW	电压/V		
DRB1-P120Z	40(P)	120	30	0.37	380	0～+80	56
DRB2-P120Z				0.75		-20～+80	64
DRB3-P120Z			60	0.37		0～+80	60
DRB4-P120Z				0.75		-20～+80	68
DRB5-P235Z	40(P)	235	30	1.5	380	0～+80	70
DRB6-P235Z			60				74
DRB7-P235Z			100				82
DRB8-P365Z		365	60				74
DRB9-P365Z			100				82

（续）

规格		尺寸/mm					
		D	H	H_1	B	L_1	L_2
储油桶	30L	310	760	1140	200	233	—
	60L	400	810	1190	230	278	—
	100L	500	920	1200	280	328	—
电动机功率	0.37kW,80r/min	—	—	—	—	—	500
	0.75kW,80r/min	—	—	—	—	—	563
	1.5kW,160r/min	—	—	—	—	—	575
	1.5kW,250r/min	—	—	—	—	—	575

表 21-60　多点润滑泵（31.5MPa）形式、尺寸与基本参数（摘自 JB/T 8810.3—2016）

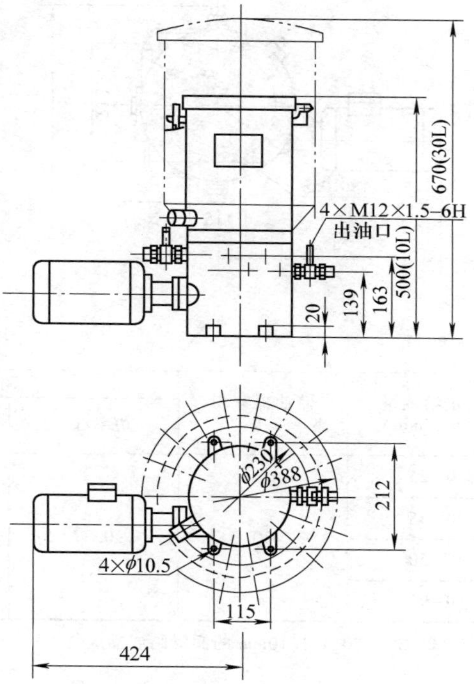

标记示例：

公称压力为 31.5MPa，出油口数为 6 个，每出油口额定给油量为 0~5.8mL/min，储油桶容积为 10L 的多点润滑泵：

6DDRB-N 5.8/10　多点泵（JB/T 8810.3—2016）

公称压力/MPa	出油口数	每出油口额定给油量/(mL/min)	储油桶容积/L	电动机		质量/kg
				功率/kW	电压/V	
31.5(N)	1~14	0~1.8, 0~3.5, 0~5.8, 0~10.5	10,30	0.18	380	42

注：适用介质为锥入度 265~385（25℃，150g）1/10mm 的润滑脂或黏度值不小于 $61.2\times10^{-6}m^2/s$ 的润滑油，工作环境温度-20~80℃。

表 21-61　单线润滑泵（31.5MPa）形式、尺寸与基本参数

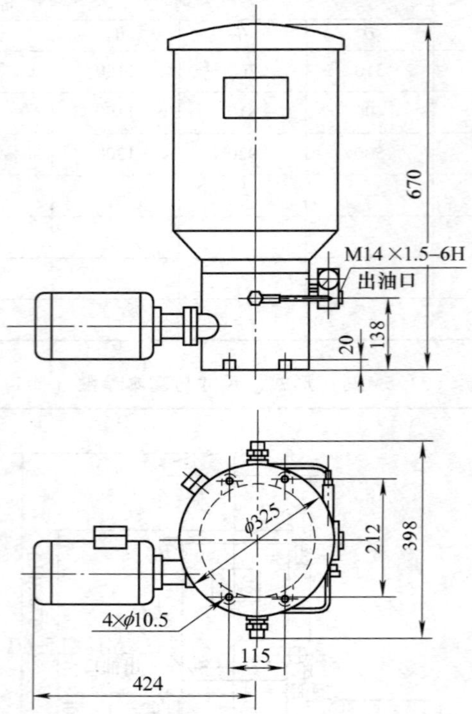

标记示例：
DB-N50　单线泵（JB/T 8810.2—1998）

型号	公称压力 /MPa	额定给油量 /(mL/min)	储油桶容积 /L	电动机		质量 /kg
				功率/kW	电压/V	
DB-N25	31.5(N)	0~25	30	0.37	380	37
DB-N45		0~45				39
DB-N50		0~50				37
DB-N90		0~90				39

注：适用介质为锥入度不低于 265（25℃，150g）1/10mm 的润滑脂或黏度值不小于 $68\times10^{-6}m^2/s$ 的润滑油。工作环境温度为-20~80℃。

第22章　密　　封

22.1　概述

22.1.1　密封机理

防止工作介质从机器和设备中泄漏或防止外界杂质侵入机器和设备内部的一种装置或措施称为密封。被密封的工作介质可以是气体、液体或粉状固体。

造成泄漏的原因主要有两方面：一是密封面上有间隙；二是密封部位两侧有压力差。消除或减小任一个因素都可以阻止或减小泄漏。

解决机械产品泄漏的基本方法有以下五种：

1）减小密封部位内外的压差。

2）在密封配合面保持一层润滑膜。

3）消除引起泄漏的流体流动原因。

4）增加泄漏部位流体流动的阻力。

5）将泄漏的流体引向无害的方向或使主流回贮槽。

此外，还常常采用将接合部位焊合、铆合、压合、折边等永久性防止流体泄漏的方法消除泄漏。

22.1.2　密封的分类

根据密封的机理、密封件的形状和材料以及密封结构的不同，密封可按图22-1所示进行分类。

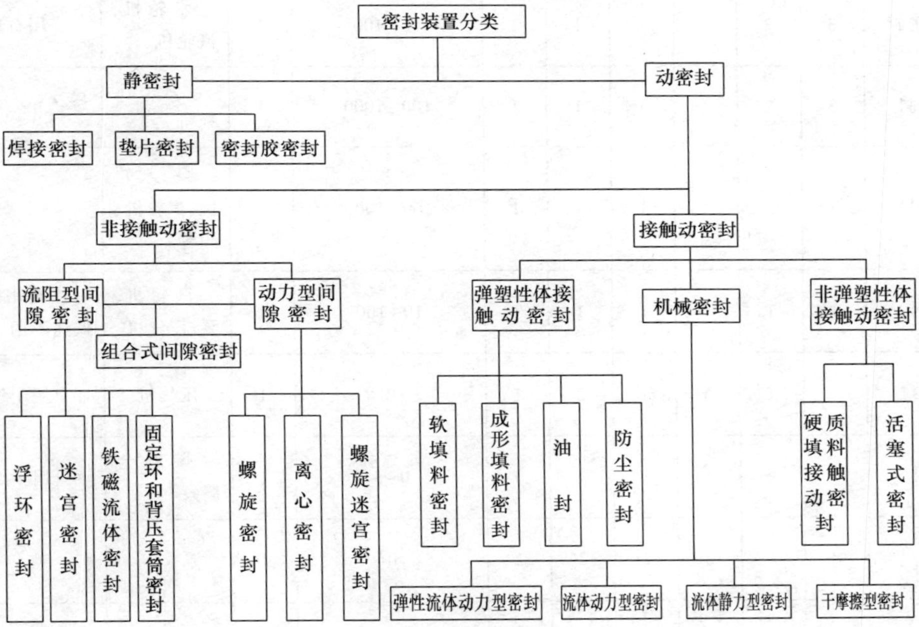

图22-1　密封分类图解

22.1.3　密封的选型

选择密封必须考虑压力、温度、速度、腐蚀环境及材料等因素。现将各种密封的主要特征列于表22-1。

表22-1　常用密封方法的特征

密封类型	使用条件		耐压性	耐高速性	耐热性	耐寒性	泄漏指数	耐久性	用　途	备　注
	往复运动	转动								
填料密封	2	2	2	2	2	3	1000	3	泵、水轮机、阀、高压釜	可用缠绕填料、编织填料或成型填料

（续）

密封类型	使用条件		耐压性	耐高速性	耐热性	耐寒性	泄漏指数			耐久性	用途	备注
	往复运动	转动					湿式		干式			
							接触式	非接触式				
机械密封	×	1	1	1	1	1	1	10~1000	10~1000	1	泵、水轮机、高压釜、压气机、搅拌机	可用不同的材料组合，包括金属波纹管密封
O形圈密封	2	3	2	2~3	2~3	3	0~1			3	活塞密封	可广泛用作静密封，此时耐久性良好
唇形圈密封	1	×	1	2	2~3	3	0~1			3	活塞密封	有时作静密封
油　封	(3)	1	3	1	2~3	3	0~1			3	轴承密封	或与其他密封并用，防尘
分瓣滑环密封	3	2	1	1	1	1	10~100			1	水轮机、汽轮机	多用石墨作滑环
浮动环密封	3	2	1	1	1	1	100~1000			1	泵、压气机	—
节流套密封	3	2	1	1	1	1	100~1000			1	泵、水轮机、汽轮机、阀等	—
迷宫式密封	1	1	1	1	1	1	10~100			1	汽轮机、泵、压气机	往复用时，宜高速，低速不用
磁流体密封	×	1	3	1	2	1	0			1	压气机	只用于气体介质
凝结密封	×	2	3	1	1	3	0~1			1	熔融金属泵	只用于熔融金属
离心密封与螺旋密封	×	1	2	2	2	2	0			1	泵	—
无填料密封	1	1	1	1	1	1	0			1	泵、阀	隔膜计量泵、屏蔽泵（湿式）、电磁泵、隔膜阀等

注：1为优，2为良，3为尚可。

22.2　静密封

静密封应用十分广泛，所遇的工作条件也日趋复杂，因而对它的技术要求日益严格。原始的线、麻材料已被新兴的金属、合金、非金属所代替，以适应各种复杂情况。近年来又出现了密封胶（称为液体垫圈和聚四氟乙烯生料带等新型材料），更加扩大了静密封技术的适应性。密封垫圈由平垫圈发展为O形圈、X形圈以及复合垫圈，金属空心O形圈可实现橡胶O形圈所不能承受的高温（最高1000℃）、深冷（−270℃以下）、高压（最高达140MPa）、高真空（最高达1.33×10^{-13}MPa）和强辐射条件下器件的密封。常见静密封分类见表22-2。

表 22-2　各种静密封类型

垫　片　密　封			
螺纹连接密封	螺栓法兰连接密封	硬靠垫片密封	线接触密封
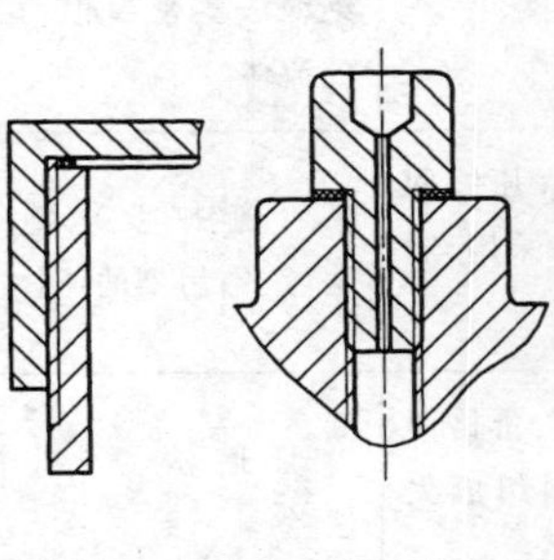	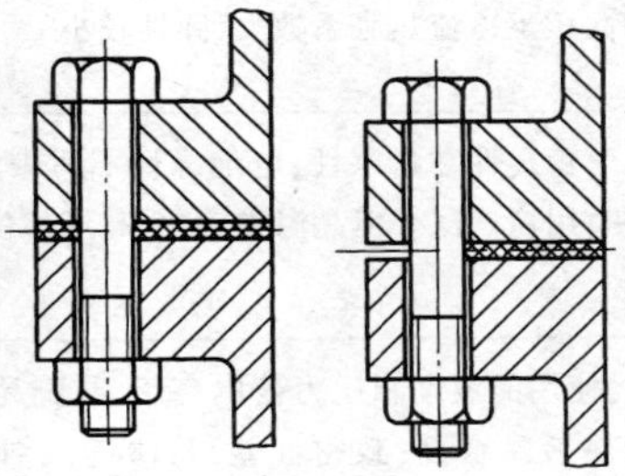	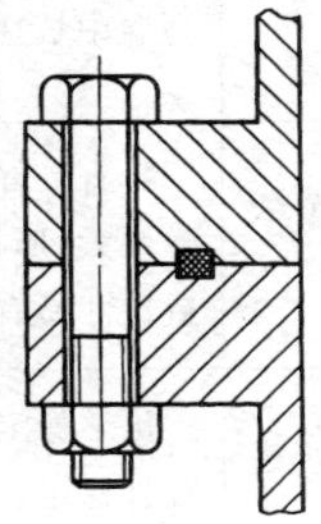	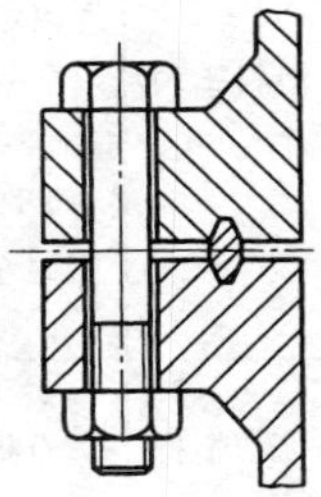

垫　片　密　封 自锁式密封	胶密封	填料密封	研合面密封
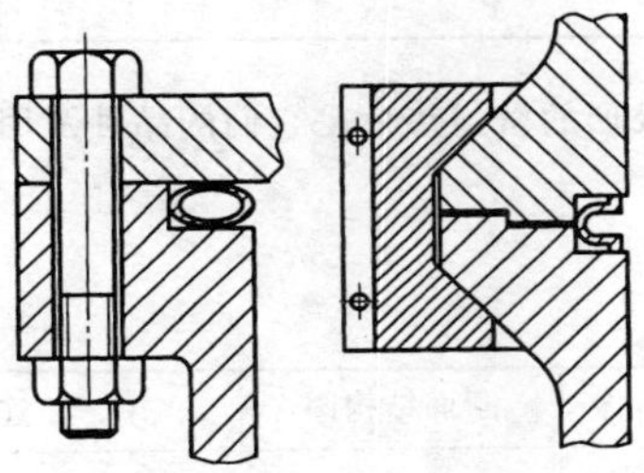	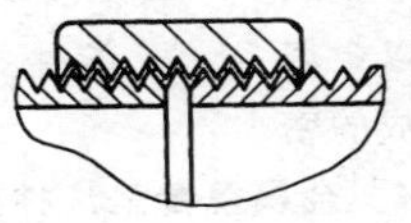	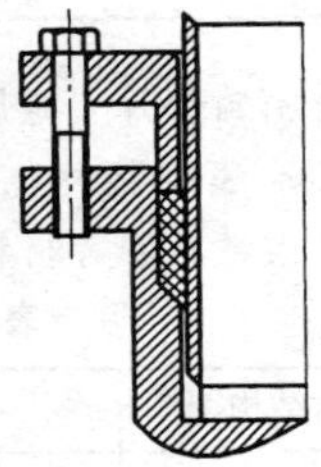	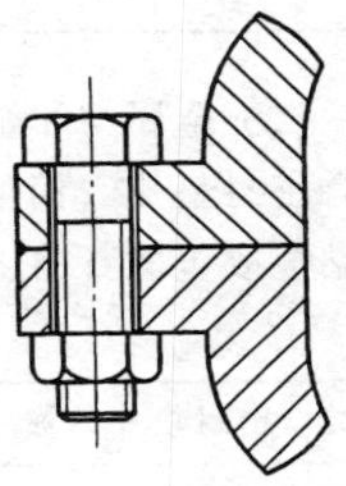

22.2.1　垫片密封

垫片密封广泛用于管道、压力容器以及各种壳体的结合面密封中。垫片是静密封的基本元件，按垫片材料不同分为非金属密封垫片、非金属与金属组合密封垫片、金属垫片三大类。其常用材料有橡胶、皮革、石棉、软木、聚四氟乙烯、铁、钢、铝、铜和不锈钢等。

22.2.1.1　垫片的种类及特点

（1）非金属密封垫片（也称为软质密封垫片）

非金属密封垫片具有质软、弹性好的特点。不需要很大的预紧力，即可达到阻止流体泄漏的目的。这类垫片多用于流体压力 5MPa 以下，温度在 300℃ 以下的条件。如果使用新型材料，如碳素纤维、柔性石墨、陶瓷纤维等为主体材料制成的非金属密封垫片，使用温度可达 800℃ 以上。

几种非金属密封垫片的特点见表 22-3。

表 22-3　几种非金属密封垫片的特点

种类	密封垫片名称	特　　点	用　　途
橡胶密封垫片	纯橡胶板或与各种布复合橡胶板	具有较好的柔软性，压缩回弹率大，密封性好，硬度小，不易损坏法兰面，装配方便，价格便宜。但耐热范围小，化学稳定性，耐热、耐寒性及放射性较差，高压部位易变形	一般管道法兰密封，机械装置密封
	橡胶静密封环	具有较好的柔软性和密封性，压缩回弹率大，硬度小，不易损坏法兰面，装配方便，价格便宜。从负压到高压皆可采用微型密封部位。但化学稳定性、耐热性、耐寒性、耐放射线性较差，必须用模具成型，密封部位必须有沟槽，高压部位易变形	管道法兰，机械法兰密封
有机纤维密封垫片	含油密封垫	具有较好的柔软性和弹性，强度较高，装配简单，易操作，价格便宜。但耐热性，密封性较差，适应流体范围小，容易吸湿	汽车，机器密封，液压机械密封

（续）

种类	密封垫片名称	特　　点	用　　途
塑料密封垫片	PTFE 密封垫片	具有良好的化学稳定性、耐寒性和电绝缘性能，不污染流体。但在高温中蠕变性和高压下冷流热胀系数大，弹性较小	机械法兰密封，电绝缘法兰密封怕污染的流体
	PTFE 包覆式密封垫片	具有良好的化学稳定性和耐寒性，电绝缘性不污染流体。压缩回弹性大，形状多变，用途广泛。但高温中软化，高压部位不易采用，制造尺寸易有误差	管道法兰，电绝缘法兰，怕污染的流体
石棉橡胶板	石棉橡胶板密封垫片	化学稳定性好，使用的温度和压力范围广泛，装配易操作，价格便宜且稳定。但加热后易变硬，致密性差，易渗透泄漏，材料组成欠均匀	管道法兰，机械法兰
石棉布密封垫片	人孔密封垫片	柔软性好、压缩性大，容易制造，需预紧力小。但致密性差，强度低，高压不易采用	人孔法兰，大口径法兰

（2）金属与非金属复合密封垫片　金属与非金属复合密封垫片（简称金属复合密封垫片），指以金属板粘覆或包覆石棉、塑料、柔性石墨等材料制成的密封垫片或缠绕成形的密封垫片。它们的品种及用途见表 22-4。

表 22-4　金属复合垫片种类表

种类	密封垫片名称	断面结构图	用　　途
金属包覆密封垫片	金属全包覆密封垫片	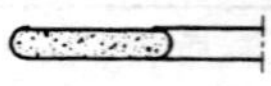	阀门盖、真空密封部位、汽车发动机
	金属波形全包覆密封垫片	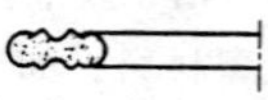	高温管道、阀门、排气管道等
	金属半包覆密封垫片		点火塔法兰、人孔、手孔、管法兰等
	金属圆形全包覆密封垫片	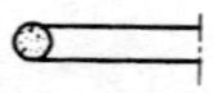	人孔、手孔、内燃机装置等
	金属 U 形包覆密封垫片	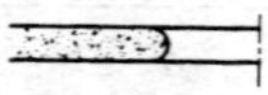	管道法兰、阀门等
	金属锥体包覆密封垫片	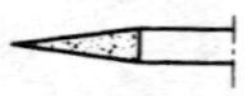	风机锥体部位等
	金属双层全包覆密封垫片		高温高压管道法兰、容器法兰等
	金属石棉线粘覆密封垫片	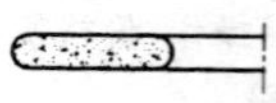	一般管道法兰

种类	密封垫片名称	断面结构图	用　　途
金属粘覆密封垫片	金属石棉橡胶粘覆密封垫片	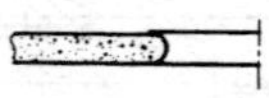	汽车、拖拉机发动机气缸垫片
	金属柔性石墨密封垫片	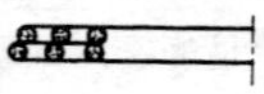	高温管道法兰，塔槽法兰等
	金属柔性石墨密封垫片（双层金属）	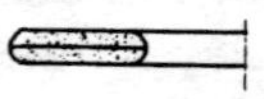	高温高压法兰，汽车发动机等
缠绕式密封圈	基本型		高温高压槽形法兰
	内圆附环型		高温高压榫形法兰
	外圆附环型		高温高压平面法兰
	内外圆附环型		高温高压平面法兰
	热交换器用基本型		热交换器槽形法兰
	热交换器用附环型		热交换器平面法兰
	异形平面		高温高压榫形法兰

(3) 金属密封垫片　在核能发电、宇宙开发、海洋开发等领域所采用的流体装置上，常有超低温、超高温、高真空、超高压或强腐蚀性、放射性流体等工况条件。并且密封要求非常严格，一般的密封垫片是无法满足的，必须选用能适应这种苛刻条件的另一类密封垫片——金属密封垫片。

金属密封垫片的种类甚多，一般按其断面几何形状进行分类，见表 22-5。

表 22-5　金属密封垫片种类表

名称	断面形状	用　　途
金属平行密封垫片	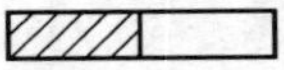	一般管道法兰、阀门、热交换器、排气、通风管道
金属波形密封垫片		排气、通风管道法兰、一般管道法兰
金属齿形密封垫片	 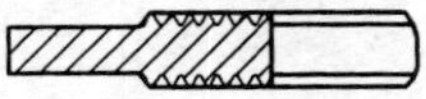  	流体装置联接处、压力容器、阀门盖等
金属环形密封环	   	高压配管机器、塔、槽、压力容器等
金属圆形密封环		管道接头、真空装置等
金属三角形密封环		高压容器、大口径阀门等
金属楔形密封环	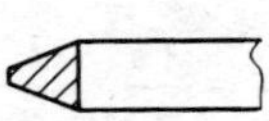	高压管道、压力容器、高压阀门等
金属透镜形密封环	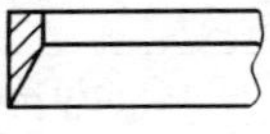	小口径密封部位、高压管道等
金属对顶锥形密封环		高压容器、塔、槽类、大口径机器等
金属异形断面密封环	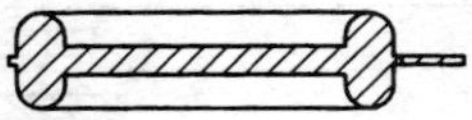 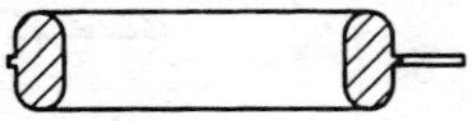 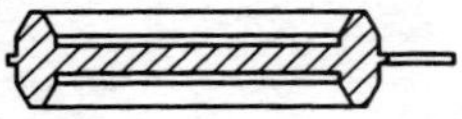 	高压管道、高压流体装置等
金属中空密封环		管道法兰、真空装置等
金属 U 形密封环		核能发电站、热交换器、阀门管道等
金属隔板形密封环		核能发电站、热交换器、阀门、管道等
金属 V 形密封环	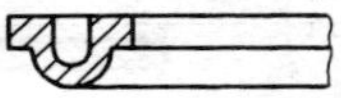	
金属板形密封环	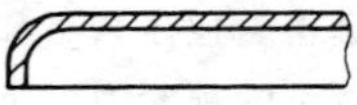	
金属菱形密封环	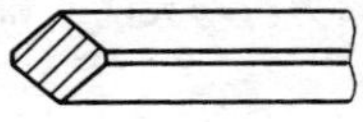	高温高压法兰等
金属隔膜型密封环	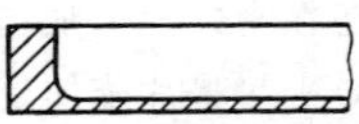	合成氨塔、高压热交换器等

22.2.1.2　垫片的选型

垫片类型主要根据介质温度、压力和腐蚀性等因素决定。当温度不高时，一般选用非金属密封垫片；中压高温时，选用非金属与金属组合垫片或金属密封垫片；温度和压力有较大波动时，选用弹性好或自紧式垫片。

（1）各种垫片材质的适应温度　各种密封垫片及其材质，在具体的工况条件下，都有其安全使用温度值和温度极限值。表 22-6 中列出了各种金属和非金属密封垫片的耐热数据。

表 22-6　各种密封垫片适应温度范围

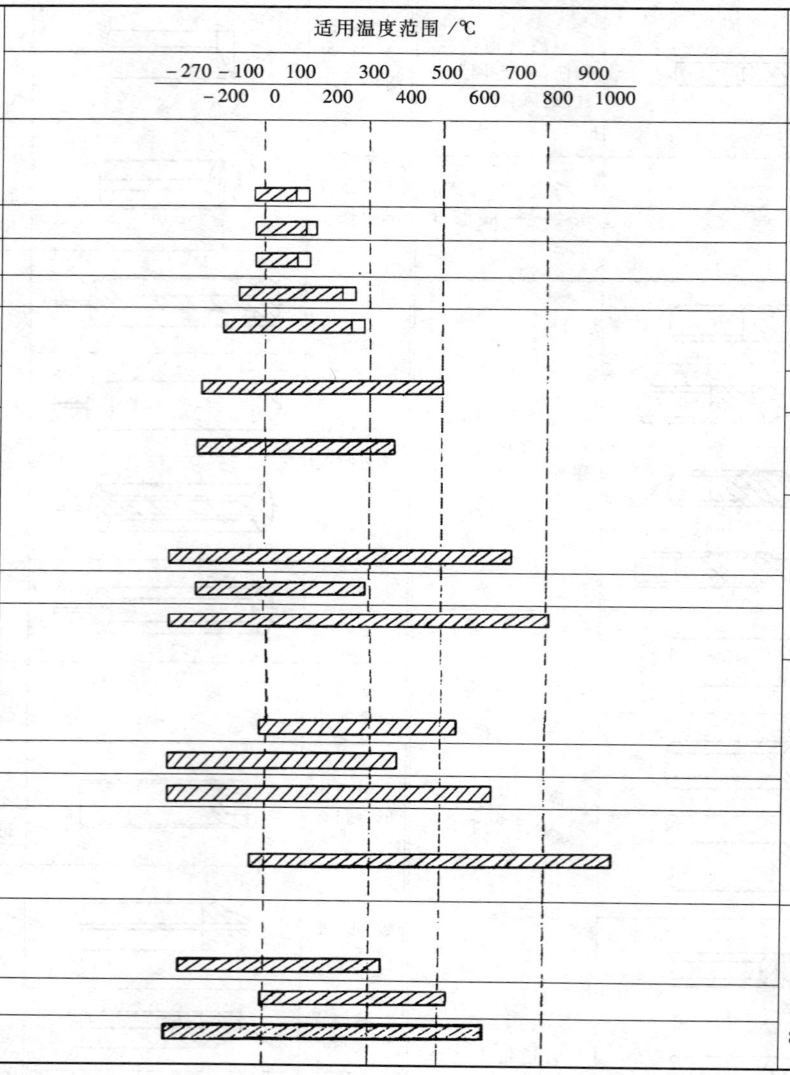

密封垫片		适用温度范围 /℃	备注
橡胶密封垫片	天然胶垫片		—
	丁橡胶垫片		
	氯丁橡胶垫片		
	硅橡胶垫片		
	氟橡胶垫片		
石棉橡胶板			低压板耐热性差
PTFE垫片			加入填充材料改善耐热性
缠绕式密封垫片	石棉纸垫片		—
	PTFE垫片		
	柔性石墨垫片		
金属环接型垫片	软钢垫片		以陶瓷纤维包覆的金属密封垫片耐热性可达 1300℃
	铜铝垫片		
	不锈钢垫片		
	陶瓷毡粘覆不锈钢垫片		
金属密封垫片	铅铜垫片		不锈钢型号不同，耐热性不同，一般耐热 700 ~ 800℃
	软钢垫片		
	不锈钢垫片		

（2）密封垫片的预紧密封比压与垫片系数　必须确定密封垫片在装配时所需的预紧力，过小的预紧力将造成泄漏，过大的预紧力将增大法兰和联接螺栓的尺寸。

1）预紧密封比压。密封面上总是存在着微观的凹凸不平，某些情况下还在密封面上加工若干环形沟槽。为保证密封，必须对密封垫片施加足够大的压紧力，使其发生弹性或塑性变形以填充这些间隙。显然，这是靠垫片在安装后通过联接螺栓的预紧力来实现的。

使垫片产生弹塑性变形以充满密封间隙所需要的最小预紧力 F_0，称临界预紧力；这时密封垫片上的压强 Y 称预紧密封比压，简称为 Y 值，其计算式为

$$Y = \frac{F_0}{A_g}$$

式中　F_0——临界预紧力（N）；

A_g——密封垫片的有效受压面积（mm^2）。

密封垫片的 Y 值与其材质、尺寸、结构形式及密封表面状况等因素有关，而与流体介质的种类和压力无关。

Y 值通常由密封垫片生产厂家在样本或产品说明书中给出，或由各部门根据使用经验规定。根据 Y 值可算出在安装时压紧垫片所需要的螺栓预紧力（$F=\pi D_n bY$，这里 D_n 为密封力作用直径，b 为垫片的有效密封宽度）。

2）垫片系数 m。垫片的 Y 值只是使垫片产生保证密封所必需的变形，并不能保证垫片在实际工况下能够实现密封。因为在实际工况下，由于介质压力的作用，将使密封面联接螺栓伸长，预紧力松弛，被压缩的密封垫片变形回弹，比压减小。这时在密封垫片上的实际比压 σ 称残留预紧比压，在垫片的弹性变形范围内，σ 的计算式为

$$\sigma = \frac{1}{A_g}\left(F - \frac{\pi D^2}{4}p\right)$$

式中 F——实际预紧力（N），$F \geqslant F_0$；

D——密封垫的有效直径（mm）；

p——介质压力（MPa）。

为了保证实际工况下垫片的密封性，σ 有一个最小值 σ_g，称为工作密封比压。也就是说，σ_g 是确定的介质在压力 p 下，保证垫片密封性所必需的最小残留预紧比压。

σ_g 与介质压力 p 之比称为垫片系数 m，其计算式为

$$m=\sigma_g/p$$

m 和 Y 的许用值应该根据实际情况由试验确定。表 22-7 中所列的值可供参考。

22.2.1.3 高压设备密封垫片的设计计算

（1）平垫片 平垫密封用的平垫片材料可选用退火铝（15~30HBW），退火纯铜（30~50HBW）和 20 钢。根据使用和制造经验，平垫片的宽度和厚度见表22-8 和表 22-9。平垫密封结构尺寸见图 22-2 和表 22-10。

表 22-7 垫片系数 m 和许用比压 [Y] 的推荐值

垫片材料		垫片系数 m	许用比压 [Y]/MPa
无织物或含石棉纤维不高的合成橡胶	硬度<75HBW	0.50	0
	硬度≥75HBW	1.0	1.4
石棉、橡胶石棉	厚度为 3mm	2.00	11
	厚度为 1.5mm	2.75	20
	厚度为 0.75mm	3.50	45
内有棉纤维的橡胶		1.25	2.8
金属丝增强橡胶	3 层	2.25	14.7
	2 层	2.50	19.6
	1 层	2.75	24.5
植物纤维		1.75	7.45
金属石棉缠绕垫片	碳素钢	2.50	20
	不锈钢或蒙乃尔	3.00	31

垫片材料		垫片系数 m	许用比压 [Y]/MPa
波纹状金属内填石棉或波纹状金属夹壳内填石棉	软铝	2.50	20.0
	软铜或黄铜	2.75	25.5
	铁或软钢	3.00	31.0
	4%~6%铬钢	3.25	38.0
	不锈钢	3.50	44.8
金属齿形垫片	软铝	3.25	38.0
	软铜或黄铜	3.50	44.8
	铁或软钢	3.75	52.4
	4%~6%铬钢	3.75	62.1
	不锈钢	3.75	62.1
金属平垫片	软铝	4.00	60.7
	软铜或黄铜	4.75	89.6
	铁或软钢	5.50	124.2
	4%~6%铬钢	6.00	150.3
	不锈钢	6.50	199.3

表 22-8 平垫片的宽度 （单位：mm）

设计压力/MPa	封口内径								
	≤100	200	300	400	500	600	700	800	1000
	平垫片宽度								
10~16	2~4	5	5	7	9	12	14	15	16
16.1~22	2~4	6	7	9	12	14	15	16	—
22.1~30	2~4	6	10	12	14	15	—	—	—

表 22-9　平垫片的厚度

（单位：mm）

平垫片宽度 B	≤4	5～12	14～16
平垫片厚度 δ	3	5	6

表 22-10　平垫密封结构尺寸

D_i/mm	D_3	h	h_1
≤100	D_i+6mm	2δ+1mm	2.5δ
>100～200	D_i+8mm		
>200～400	D_i+10mm		
>400～600	D_i+12mm		
>600～800	D_i+12mm		
>800～1000	D_i+12mm		

平垫密封的螺纹受预紧力的计算式为

$$F = \frac{\pi}{4}D_m^2 P + \pi D_m B y_1$$

式中　y_1——密封比压（MPa），退火铝的 y_1 = 50MPa，退火纯铜的 y_1 = 85MPa；

B——垫片宽度（mm）；

D_m——垫片的平均直径（mm）。

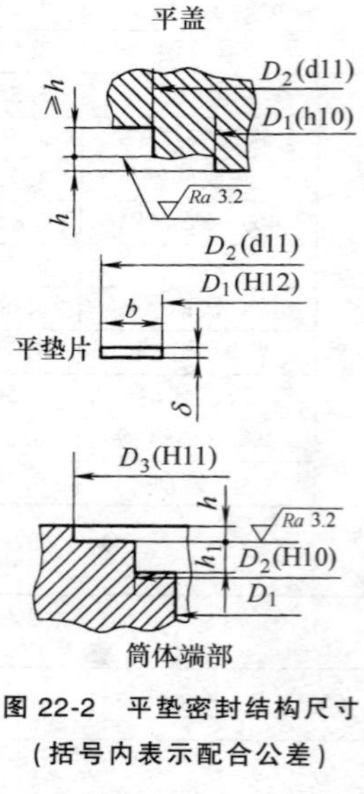

图 22-2　平垫密封结构尺寸
（括号内表示配合公差）

（2）双锥密封　双锥密封面上垫有厚度为 1mm 左右的软金属垫片、其作用是增加锥面密封的吻合度。双锥环的密封面上开有 2～3 条半径为 1～1.5mm、深 1mm 左右的半圆形沟槽；法兰平盖上放置双锥环的圆柱面上开有几条纵向半圆形沟槽；筒体端部上放置双锥环的圆柱面上也开有几条纵向半圆形沟槽，其作用都是为了增加锥面密封性。

其有关尺寸如下：

环的高度　$H = 0.855\sqrt{D}$

环的厚度　$B = 0.1\sqrt{\frac{3HC}{4\sigma_w}p}$

环的自紧系数　$H/(H-C) = 2$

锥角　$\alpha = 30°$

式中　p——内压力（MPa）；

σ_w——双锥环中点弯曲应力（MPa），当 $p \leq$ 50MPa 时，取 $\sigma_w \leq$ 100MPa。

双锥环（见图 22-3）的推荐尺寸见表 22-11。

双锥环材料可选用退火铝（硬度为 15～30HBW）、退火纯铜（硬度为 30～50HBW）、软钢（如 25、35 等）、合金结构钢（如 20MnMo、15CrMo）和奥氏体不锈钢（如 07Cr19Ni11Ti 等）。

（3）C 形环密封　C 形环断面的几何形状如图 22-4 所示。

对于设计压力≤35MPa、设计温度≤200℃的容器封口（静密封），推荐按表 22-12 选取 C 形环的几何尺寸。

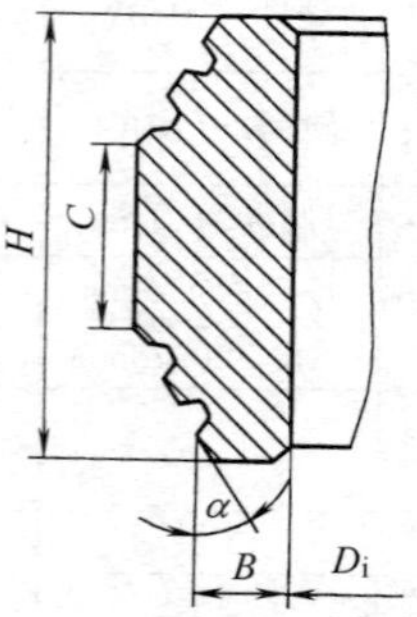

图 22-3　双锥环

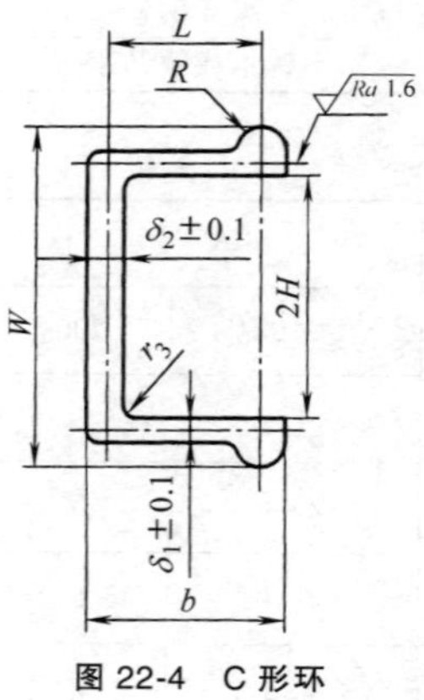

图 22-4　C 形环

表 22-11　双锥环的结构尺寸　（单位：mm）

封口内径	设计压力/MPa	H	B	C	D_i
1000	10	85	29	43	966
1200		95	32	48	1163
1400		100	34	50	1361
1600		110	38	55	1556
800	20	75	27	38	768
1000		85	30	43	964
1200		95	34	48	1159
1400		100	36	50	1357
1600		110	40	55	1552
400	32	55	22	28	372
500		60	24	30	467
600		65	26	33	567
700		70	28	35	664
800		75	30	38	762
1000		85	34	43	956
1200		95	38	48	1151
1400		100	40	50	1349
1600		110	44	55	1544
400	50	55	24	15	375
500		65	28	15	474
600		70	30	15	572
700		75	34	18	666
800		85	36	20	766
1000		95	42	20	960
400	70	55	26	15	371
500		65	30	15	470
600		70	32	15	568
800		85	40	20	758
1000		95	46	20	952
400	100	55	30	15	363
500		65	34	15	462
600		70	36	15	560

表 22-12　C 形环断面几何尺寸　　（单位：mm）

封口直径 D_c	W	$2H$	δ_1	δ_2	L	b	R	r_3
250~349	23	14.5	5.5	7	15.5	23	6	3
350~549	28	19	6	8	19	28	6	3
550~749	33	23	7	9	22.5	33	8	3
750~1000	38	27	8	10	26	38	8	3

C 形环的材料可选用 20、Q345、14MnMoVg、18MnMoNbR、07Cr19Ni11Ti 等。选用时，需注意 C 形环的硬度应略低于相接触的密封元件密封面的硬度。

C 形环预密封时的初下压量可取环总高 W 的 5%。

螺栓受力的计算式为

$$F = F_1 + F_0 = \frac{\pi}{4}D_c^2 p + \pi D_c q$$

式中　F_1——由内压引起的载荷（N）；

F_0——预紧时，C 形环密封力的轴向载荷（N）；

q——线密封比压（N/mm），对于碳素钢，低合金钢推荐 $q=200\sim300\text{N/mm}$。

（4）B 形环密封　B 形环的材料可选用 25 钢或强度相类似的材料。

B 形环与密封槽的断面形状如图 22-5 所示，其尺寸设计如下：

① B 形环尺寸设计：

环的厚度 S：

$$\frac{pd_1}{5R_{eL}^t} \leqslant S \leqslant \frac{pd_1}{3R_{eL}^t}$$

式中　R_{eL}^t——B 形环材料在设计温度下的屈服强度（MPa）。

环的高度 h：$h=(3\sim4)S$

环的二波峰间距 C：$C=0.6h$

波峰至波谷的距离 B：$B=(0.1\sim0.2)h$

弧面半径 r_1 和 r_2：

$$r_1=0.6h \qquad r_2=0.4h$$

② 密封槽的尺寸设计：

$$A = 0.6h \quad r_2 = (0.1 \sim 0.2)S$$

$$r_4 = (0.125 \sim 0.250)S$$

③ 密封环外径大于密封槽直径的过盈量 Δ 的计算式为

$$\Delta = (0.0002 \sim 0.0004)d_1$$

（5）金属空心 O 形环密封　金属空心 O 形环密封结构分为三种类型，如图 22-6 所示。图 22-6a 所示为非自紧 O 形环，用于低压场合，密封真空介质及

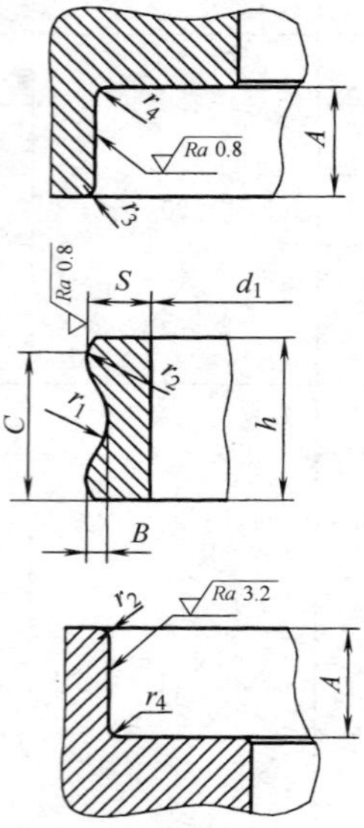

图 22-5　B 形环与密封槽

有腐蚀性的液体或气体介质；图 22-6b 所示为充气 O 形环，用于高温高压场合；图 22-6c 所示为自紧 O 形环，用于高压或超高压。

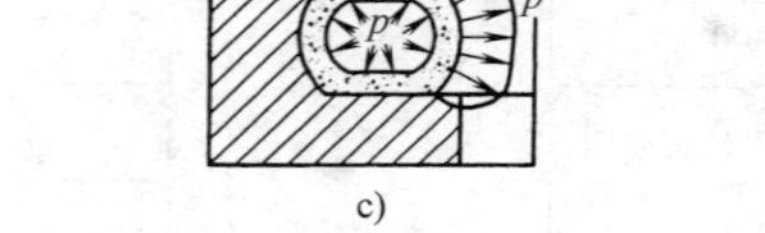

图 22-6　O 形环密封的局部结构

① O 形环的材料。根据设计温度选择 O 形环材料及其喷镀层的材料，见表 22-13 和表 22-14。

② 设计计算。O 形环壁厚的选取　O 形环壁厚的选取决定于介质的特性和设计压力大小，见表 22-15。

O 形环直径比 d/D 的选取：

当 100mm≤D<200mm 时，取 $d/D=\frac{1}{60}\sim\frac{1}{80}$。

当 D=200~300mm 时，取 $d/D=\frac{1}{80}\sim\frac{1}{120}$。

式中　D——O 形环压扁前的外径（mm）；

d——管子压扁前外径（mm）。

压扁度 η 的选取：

$$\eta = a/d$$

式中　a——O 形环管子压扁后的高度（mm）。

压扁度 η 可根据图 22-7 确定。

表 22-13　O 形环材料选择

设计温度/℃	选用材料
-60~-30	奥氏体不锈钢、低碳钢、铜
-30~50	奥氏体不锈钢，低碳钢、铜、铝、蒙乃尔合金
50~200	奥氏体不锈钢、低碳钢
200~350	奥氏体不锈钢，因科镍
>350	因科镍或其他材料

表 22-14　O 形环涂层材料选择

设计温度/℃	涂层材料
-60~350	银、铜
>350	银、金、铂
-60~120	聚氯醚，聚三氟氯乙烯
-60~250	聚四氟乙烯

表 22-15　O 形环壁厚尺寸选取

介质类型	壁　厚	
重液体	$t/d=\frac{1}{6}\sim\frac{1}{12}$（薄管壁）	t—管子壁厚 d—管子外径
真空和轻液体	$t/d=\frac{1}{4}\sim\frac{1}{6}$（厚管壁）	
设计压力/MPa	壁厚	
P<0.7	中等壁厚非自紧式 O 形环	
0.7<P<280	厚壁管的自紧式 O 形环	

根据图 22-7 所示的曲线，推荐压扁度选用 0.6~0.75。

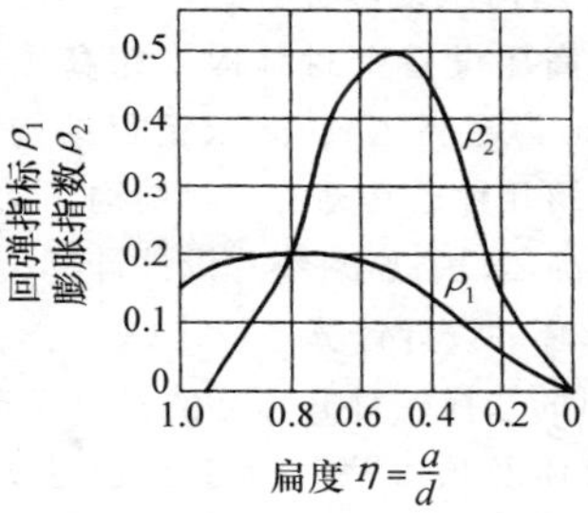

图 22-7　η 的确定图

ρ_1—O 形环回弹指数，表明 O 形环在压扁度为 η 时的回弹能力和变形能力

ρ_2—O 形环的膨胀指数，表明 O 形环在介质压力作用下的膨胀能力，反映结构的自紧能力

沟槽尺寸的设计见图 22-8 和表 22-16。

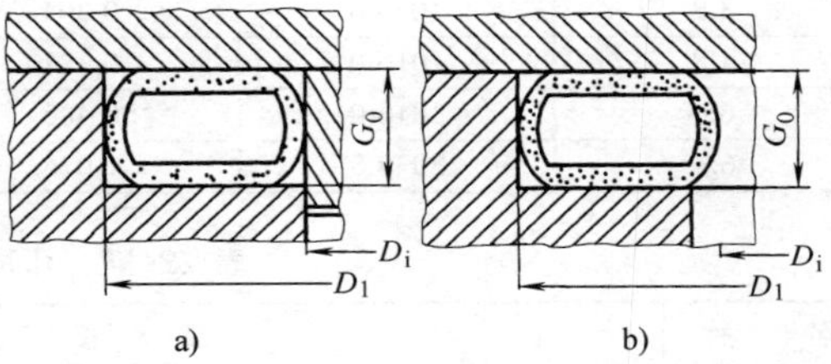

图 22-8　沟槽结构

a）闭口沟槽　b）开口沟槽

沟槽深度：

无补偿涂层时，$G_0=\eta d$。

有补偿涂层时，$G_0=\eta d+\delta$。

式中　δ——补偿层厚度（mm）。

沟槽外壁直径：

$$D_1 = D + 2r_0\left(\frac{\pi}{2} - 1\right)(1 - \eta)$$

式中　r_0——管子平均半径（mm）。

沟槽内壁直径：

开口沟槽　$D_i \le D-d-\pi r_0\ (1-\eta)$

闭口沟槽　$D_i \le D-2d-4r_0\left(\frac{\pi}{2}-1\right)\ (1-\eta)$

螺栓力计算：

$$F = \frac{\pi}{4}D_m^2 p + \pi D_m q$$

式中　D_m——O 形环平均直径（mm）；

q——线密封比压，推荐如下：

钢和不锈钢　q=200~300N/mm

铝　q=100N/mm

有电镀层时　q=150~250N/mm

22.2.1.4　超高压设备密封

（1）超高压设备密封结构　超高压设备（压力大于 100MPa 为超高压），要求密封结构更加安全可靠。下面介绍几种最常见的密封结构，见表 22-17。

（2）超高压设备密封垫片设计计算

1）B 形环的设计计算

① 材料的选择。对 B 形环的材料没有特殊要求，其硬度比筒体及顶（底）盖密封面处的材料稍低。常用材料为 20、25 钢。当设计压力较高时，也可选用 35、45 钢。

② 设计计算。目前，有关 B 形环的尺寸计算公式都是属于半经验半理论公式。按这些公式设计的高压容器（通常指压力在 100MPa 以下）所用的 B 形环密封是可靠的。100MPa 以上超高压容器中使用的 B 形环是否可以按上述公式进行设计计算呢？编者曾对目前正在使用的，而且证明密封效果良好的 B 形密封环进行了复算，其结果计算值与实际选用值之间偏离较大，因此认为这公式不适合在超高压力下应用。

表 22-16　密封内压用金属 O 形环的沟槽尺寸　　（单位：mm）

管子外径	最大 O 形环直径	O 形环外径与槽内壁间隙		沟槽深度	
		最大值	最小值	最大值	最小值
0.9	101.6	0.152	0.025	0.558	0.508
1.6	254.0	0.152	0.025	1.143	0.068
2.4	508.0	0.228	0.050	1.752	1.651
3.2	1016.0	0.304	0.050	2.413	2.286
4.8	1016.0	0.381	0.050	3.810	3.683
6.4	1016.0	0.482	0.076	5.080	4.953
6.4	2039.0	1.016	0.025	5.080	4.953

表 22-17　几种常见的超高压密封结构

名　称	简　图	特　点
B 形环密封	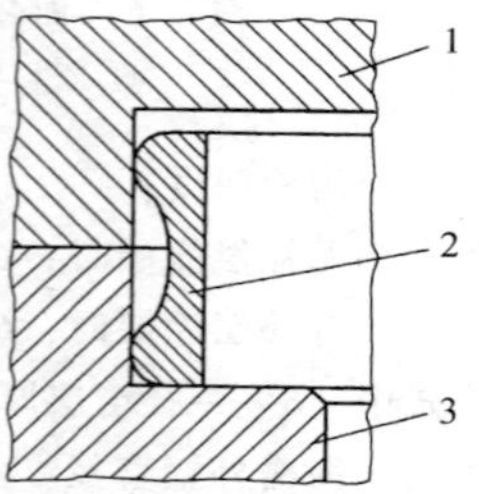 1—盖　2—B 形环　3—筒体	是一种自紧径向密封。对连接结构的刚度要求低；适用于压力和温度波动较大的场合。压力越高，直径越大，密封性能越好，结构简单，装拆方便 但加工精度和表面粗糙度要求高，装拆时要防止擦伤密封面而影响密封性能
Bridgman 密封	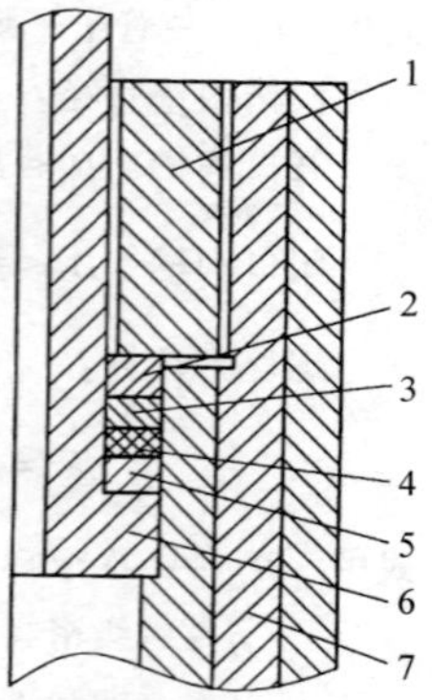 1—压紧顶盖　2—压环　3、5—垫环 4—垫片　6—凸肩头盖　7—筒体	是一种轴向自密封。内压越高密封越可靠。结构简单，加工方便，制造成本低。但占据高压空间大，螺纹负载大，易损坏。适用于较小直径（内径在 ϕ300mm 以下）超高压力（压力在 700MPa 以下）的容器。目前已广泛应用于超高压容器

（续）

名　称	简　图	特　点
楔形环密封	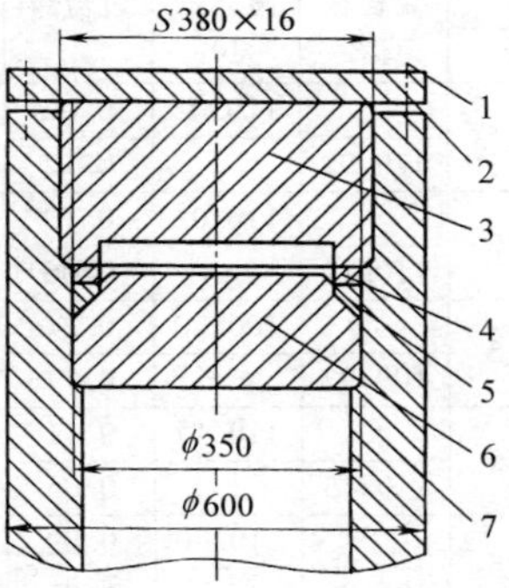 1—上紧螺栓　2—压板　3—压紧顶盖　4—压环 5—楔形环　6—头盖　7—筒体	是轴向自紧式密封的一种，螺栓预紧力较小，螺栓载荷也较小，在温度、压力有波动的情况下，仍能保证良好的密封性能，占据高压空间较多。因开启困难不能在超高压密封中大量推广使用
O 形环加三角垫的密封结构	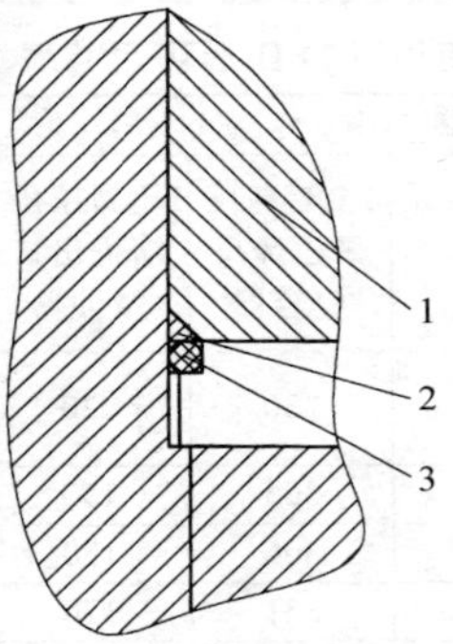 1—压环　2—三角垫　3—O 形环	O 形环和三角垫相互配合，密封性能良好，承压能力可达 500MPa，工作温度可达 200℃
其他形式的组合结构	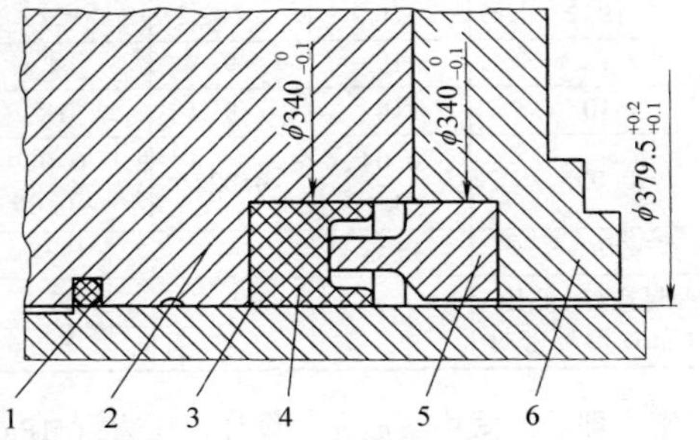 150MPa 压力用密封 1—O 形环　2—盖　3—三角垫　4—U 形环　5—压环　6—筒体	金属的密封垫圈与 O 形圈的组合。与高压油泵配套可产生高压 1000MPa 试验空间，并在不低于 850MPa 下较长时间的稳定试验

设计用于超高压容器中的 B 形环时，最适用的办法是首先按照经验的积累，确定一系列尺寸值，然后再作一些试验以证实其可靠后，再用于带有介质的超高压容器，设计确定有关尺寸时可参照表 22-18 和表 22-19。

2）Bridgman 密封的设计计算

① 材料选择。密封垫材料要求有足够大的塑性变形特性和足够大的弹性，常用材料有橡胶、聚四氟乙烯、黄铜、退火纯铜等；在工作温度、操作介质对容器有特殊要求时，可选用铝、铅、软钢、纯铁、不锈钢等材质。为了使垫片与容器壁具有良好的贴合性，可在垫片表面进行镀银处理。

由于这种密封的垫片，垫环的表面压力很大，垫环应选用强度较高的材质，如 40Cr、35CrMo 等。

凸肩头盖、压紧顶盖是直接受力部件，因此可选用与筒体相同的材质，也可选用如 34CrNi3MoA、35CrMo、40Cr 等高强度钢。

② 密封垫片计算。在保证密封条件下：

表 22-18　B 形环实际尺寸及不同过盈量对密封效果的影响　　　（单位：mm）

密封位置			尺寸和过盈量									使用效果	B 形环变形情况
			B 形环内径 d	B 形环外径 D	厚度 S	高度 h	B 形环 r_1	B 形环 r_2	端盖槽直径	筒体槽直径	过盈量 Δ		
A_1	引线端	筒体	94	110.04	8	32	10	15		110.02	0.02	安装方便，不漏	变形严重
		端盖		110.04					119.92		0.12		
	接线	筒体	90	110.12	10	32	10	15		110.02	0.10	安装方便，不漏	有明显变形发生
		端盖		110.21					110.15		0.06		
C_1	引线端	筒体	90	110.24	10	32.4	10	15		100.00	0.24	过盈太大有铁屑，扣下有渗漏	有明显变形发生
		端盖		110.19					109.92		0.27		
	接线	筒体	83	110.25	11	32	10	15		110.14	0.11	安装方便，不漏	变形较小
		端盖		110.20					110.15		0.05		
B_1	引线端	筒体	86	110.09	12	32	10	15		110.00	0.09	安装方便，不漏	基本不变形
		端盖		110.00					109.95		0.05		
	接线	筒体	86	110.10	12	32	10	15		110.14		安装方便，不漏	基本不变形
		端盖		110.21					110.15		0.06		

表 22-19　部分国内已使用过的 B 形环尺寸表

项目		容器名称或用途								
		氢加热器	超高压容器	氢加热器	超高压容器	250L 高压聚乙烯反应容器	超高压压缩机出口缓冲器	高压聚乙烯试验装置油分离器	自增强试验用容器	爆破试验用容器
设计压力/MPa		100	100	100	150	230	220	330	使用到 416	使用到 420
容器直径		410	380	360	80	305	150	100	100	35
环尺寸/mm	d(内径)	413	380	360	80	306	150	100	90	32
	D(外径)	463	420	380	96	331	170	130	110	43
	S(厚度)	25	20	10	8	12.5	10	15	10	5.5
	h(高度)	80	65	40	32	35	30	40	32	15
	C(波峰间距)	48	39	24	19.2	20	18	22		9
	r_1	16	17	8	15	19	9	4	15	4
	r_2	16	17	8	10	14	9	18	10	3
与筒体配合过盈量/mm		0.07~0.1	0.1~0.15	0.07~0.1	0.035	0.04~0.19	0.027	0.02~0.05	0.05~0.12	0.064~0.0128
环的材质		—	20 钢	—	20Cr	35 钢	—	45 钢	20CrMo	20 钢
备注		—	—	—	密封良好，低压时靠 O 形环密封	—	—	—	—	—

内压升起后，垫片上的挤压应力能保证气密，即垫片上的密封比压大于垫片材料的屈服限。

挤压应力值不能太高。否则会将压紧顶盖及筒体的密封面压坏，因此设计时应取该值小于压紧顶盖钢材的屈服强度。压环与头盖、筒体顶部的配合间隙以及凸肩头盖与筒体顶部的配合间隙应尽量小，以避免软金属制作的垫片，受压后挤入周围的间隙内，一般取 0.05mm。

垫片的最终挤压应力与内压成正比，其比例系数是内压作用的面积与垫片表面积之比，即

$$\frac{\sigma_p}{p_d}=\frac{A_2}{A_1}$$

式中　p_d——设计内压力（MPa）；

σ_p——垫片表面挤压应力（MPa）；

A_2——内压作用面积（mm^2）；

A_1——垫片表面积（mm^2）。

如果 A_1 太大，则过大的承压面积将压不紧密封垫片，保证不了密封。如果 A_1 太小，垫片承受挤压应力很大，且可能超过筒体器壁的屈服极限，使器壁材料产生塑性流动，促使垫片膨胀被挤入筒体器壁 5 压环间的间隙中，造成拆卸困难。建议取比值 $\sigma_p/p_d=A_2/A_1\approx1.2\sim1.4$。当工作压力小时取上限值，当工作压力大时取下限值（但必须满足保证密封的两个条件）。

3）楔形环密封设计计算。楔形环的结构分两种类型：单边倾斜楔形环和双边倾斜楔形环，如图22-9所示。

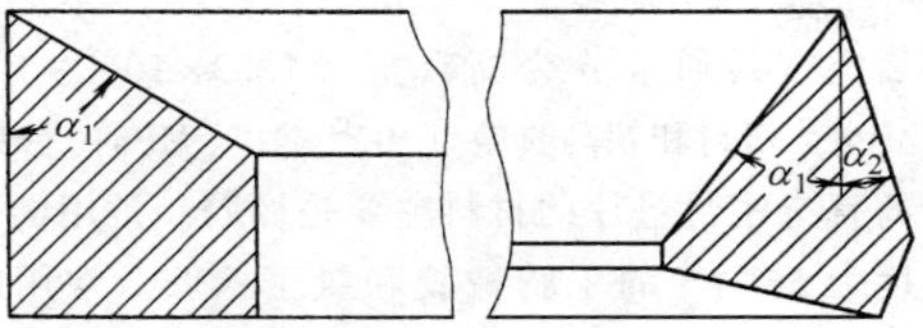

图 22-9　楔形环的形状

a）单边倾斜楔形环　b）双边倾斜楔形环

单边倾斜楔形环一般有较小楔尖角，通常角 α_1（内锥角）在 45°左右，也可选 30°、60°。由于外锥角为零，小于摩擦角，所以拆卸是比较困难的。如果采用塑性环，拆卸更困难。因此适用于要求一次试用成功并要求长期工作可靠、不需拆卸的场合。

双边倾斜楔形环内锥角一般仍在 30°~45°，而外锥角要求大于摩擦角，否则不便于拆卸。

材料通常选用退火纯铜、铝、软钢、不锈钢等。凸肩头盖经常选用与筒体类似的材料。

单边倾斜楔形环垫片设计通常先由结构需要确定尺寸，然后校核垫片各密封面上的挤压应力，如图 22-10 所示。

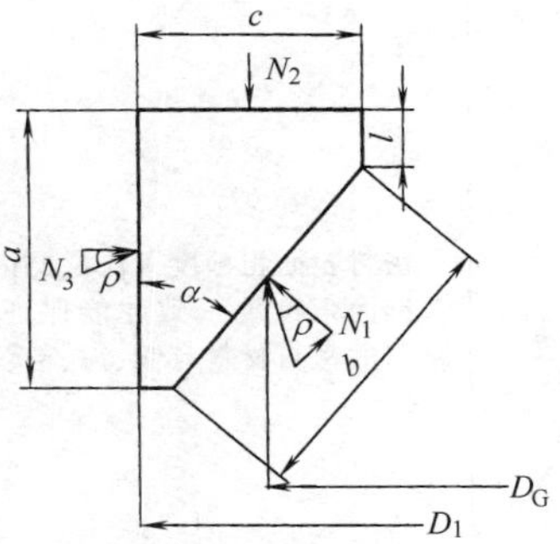

图 22-10　单边倾斜楔形环

楔形环尺寸的决定，一般可选用 $1 \leqslant \frac{a}{c} \leqslant 2.2$，$\frac{l}{c}=\frac{1}{3}$，α 角可选用 30°、45°、60°，通常取 45°。

在确定楔垫的结构尺寸后，就可计算各面挤压应力值。

由内压引起的轴向载荷为

$$Q_1 = \frac{\pi}{4}D_1^2 p$$

从图 22-10 看出，预紧时，密封垫密封力的轴向载荷为

$$Q_2 = Q_0[\tan(\alpha+\rho)+\tan\rho]$$

Q_0 可取下两值中之较大值：

$$\left.\begin{array}{l}\pi D_G bq\dfrac{\cos(\alpha+\rho)}{\cos\rho}\\ \pi D_1 aq\end{array}\right\}$$

作为计算载荷 Q 应选取 Q_1 与 Q_2 中之较大值。各密封面上的法向力：

$$N_1 = Q\frac{\cos\rho}{\sin(\alpha+\rho)}$$

$$N_2 = Q\left[1-\frac{\tan\rho}{\tan(\alpha+\rho)}\right]$$

$$N_3 = Q\frac{1}{\tan(\alpha+\rho)}$$

式中　ρ——摩擦角；

　　　q——线密封比压。

各密封面积：

$$F_1=\pi(D_1-C)b$$
$$F_2=\pi(D_2-C)c$$
$$F_3=\pi D_1 a$$

最后计算出各密封面上的挤压应力 σ：

$$\sigma_1=\frac{N_1}{F_1},\quad \sigma_2=\frac{N_2}{F_2},\quad \sigma_3=\frac{N_3}{F_3}$$

σ 值必须满足以下条件：

$$R_{eL1}<\sigma<R_{eL2}$$

其中，R_{eL1}、R_{eL2} 分别为垫片材料和密封座（筒体端部）材料的屈服强度。

双边倾斜楔形环计算方法基本上与单边相似。当楔形环尺寸决定后，即校核各面的挤压应力值。

由内压引起的轴向载荷为

$$Q_1 = \frac{\pi}{4}D_2^2 p$$

从图 22-11 中看出，预紧时，密封垫密封力的轴向载荷为

$$Q_2 = Q_0[\tan(\alpha_1+\rho)+\tan(\alpha_2+\rho)]$$

Q_0 可取下两值中之较大值：

$$\left.\begin{array}{l}\pi D_1 bq\dfrac{\cos(\alpha_1+\rho)}{\cos\rho}\\ \pi D_2 aq\dfrac{\cos(\alpha_2+\rho)}{\cos\rho}\end{array}\right\}$$

作为计算载荷 Q 应选取 Q_1 与 Q_2 中之较大值。

当 $\alpha_1>\alpha_2$ 时，各密封面上的法向力：

$$N_1 = Q\frac{\cos\rho}{\sin(\alpha_2+\rho)}$$

$$N_2 = Q\left[1-\frac{\tan\rho}{\tan(\alpha_1+\rho)}\right]\frac{1}{\cos\alpha_3}$$

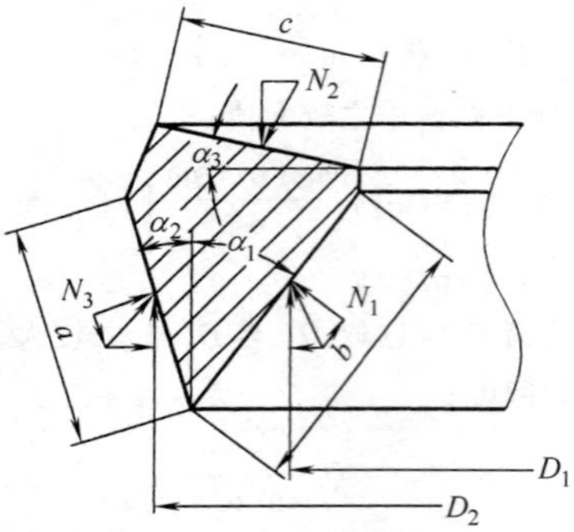

图 22-11　双边倾斜楔形环

$$N_3 = Q\frac{1}{\tan(\alpha_1+\rho)}$$

然后计算出各密封面的面积，各密封面上的挤压应力，最后进行强度校核。

4）金属 O 形环的设计计算。此类计算可参考高压容器设计计算方法，此处从略。

22.2.1.5　真空密封

真空密封通常分为高真空（$1.33\times10^{-8}\sim1.33\times10^{-11}$MPa）密封和超高真空（$10^{-12}\sim10^{-16}$MPa）密封。

高真空密封垫片的材料主要是橡胶。常用的是邵氏硬度为 55～65 的丁腈橡胶和氯丁橡胶。常用的橡胶密封圈的断面有圆形和矩形的。

超高真空密封材料要求具有耐烘烤温度高、耐低温、放气量小等优点，常用材质有金、银、无氧铜、高纯铝、纯铜等，但其需压紧力大，耐烘烤温度不高，价格高，因此在结构上要采取水冷却或其他保护措施。金属超高真空密封结构形式见表 22-20。

表 22-20　金属超真空密封结构形式

密封种类	结构简图	特点
平面法兰密封	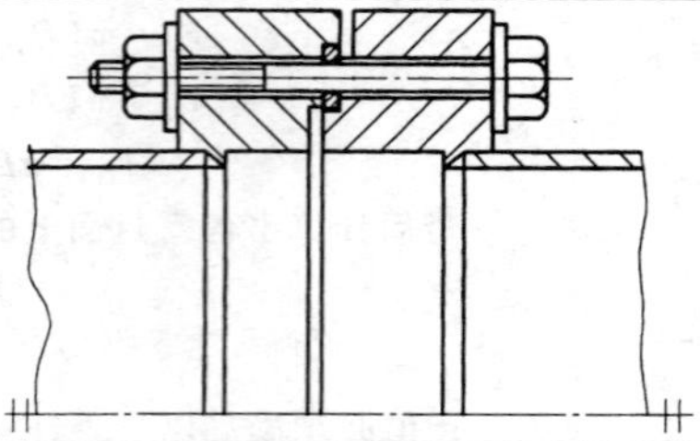	它是金属密封形式中最简单的一种，其密封面无配合问题，表面粗糙度 Ra 为 0.32～1.25μm。常用密封圈直径 0.5～2mm 的铝丝、铜丝、金丝，但密封圈不易定位，接触面积大，需密封力大。一般只适用于小直径法兰联接
圆锥端面密封	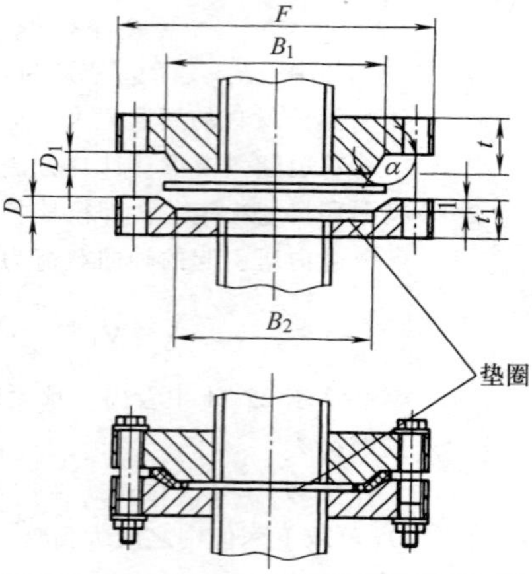	密封表面粗糙度 $Ra<1.25$μm，上、下法兰锥面角度要一致才能保证密封可靠，常用的密封材料有铜、镍、铝、不锈钢
直角形密封	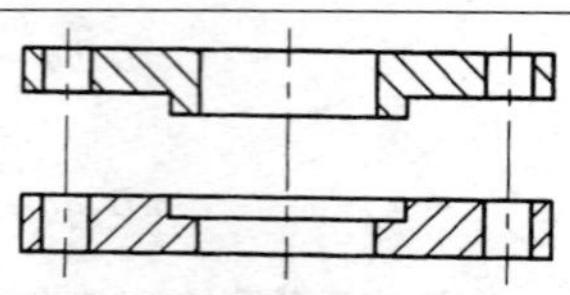	密封台阶间隙为 0.025mm，以保证密封圈变压后呈人形。下法兰台阶利于 O 形圈定位，表面粗糙度 $Ra<1.25$μm，O 形圈压缩量为 50%，常用 O 形圈金属丝直径为 0.5mm、0.6mm、0.8mm、1mm、1.5mm
刀口密封	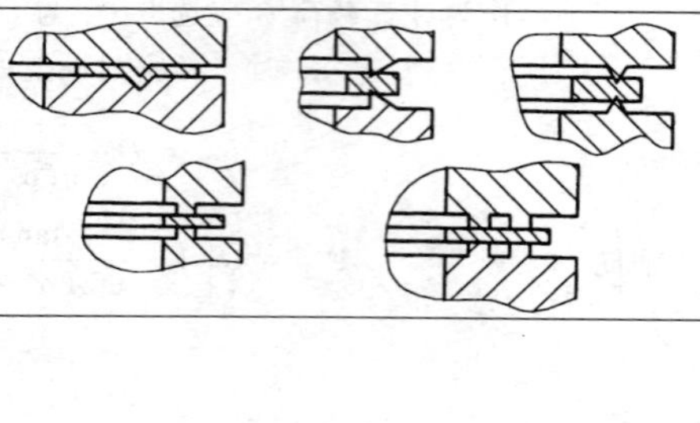	有凹、凸刃和两凸刃的两种结合，可以承受较强的应力，甚至可以产生扩散焊接，密封可靠。加工表面与法兰结合面粗糙度 $Ra<1.25$μm。密封圈和法兰均采用较硬材料，或者在刀刃上镀一层银（约 0.005mm）可提高密封圈的使用寿命

（续）

密封种类	结 构 简 图	特 点
台阶密封	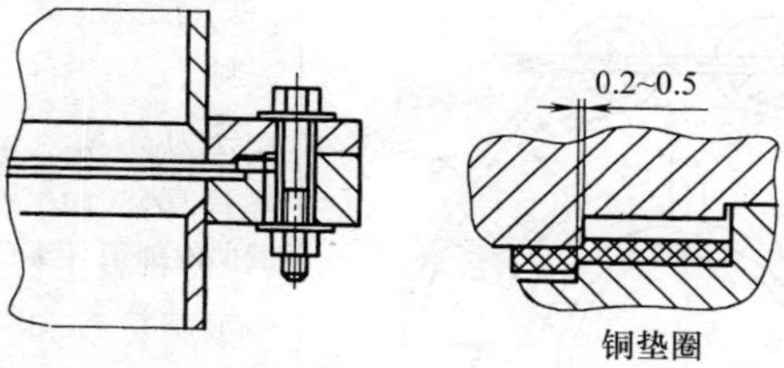	利用两直角的剪切力剪切出金属而形成的密封。两直角的剪切有相叠和相隔两种形式。垫圈材料采用片状的无氧高导铜，其厚度为 1 ~ 3mm。切割后在 950℃的烧氢炉中退火，在 450℃下反复烘烤
斜楔密封	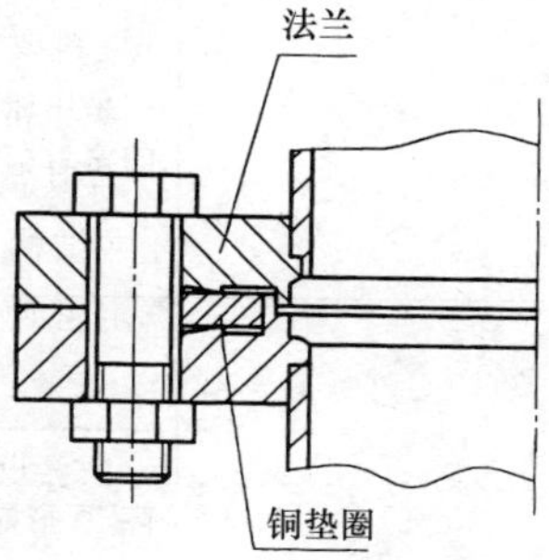	密封材料除采用铝和铜外，还可采用软钢、镍、不锈钢。垫圈材料为无氧高导铜，经 250℃ 5h 高温烘烤后，能用于 3.66×10^{-9}Pa 的高真空度密封
铝箔密封	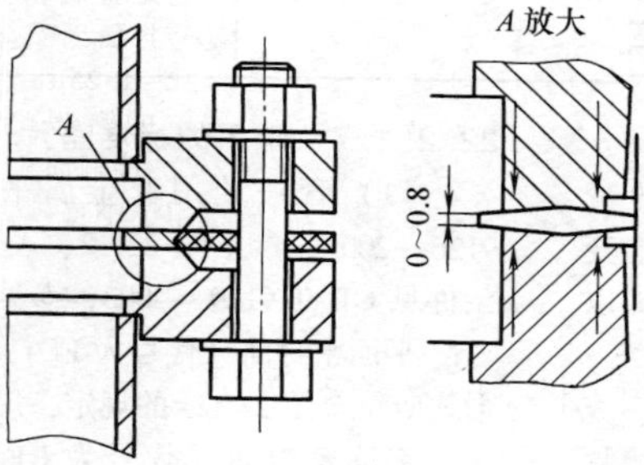	从 A 部放大图看出，当外密封以相同的压缩量（30%）压紧时，中间铝箔被封入，两端保持很大的压力，就形成密封。当锁紧力矩为 44.1N · m，烘烤温度为 300℃以上时，铝箔垫圈熔结，可获得良好的密封效果
回轮密封	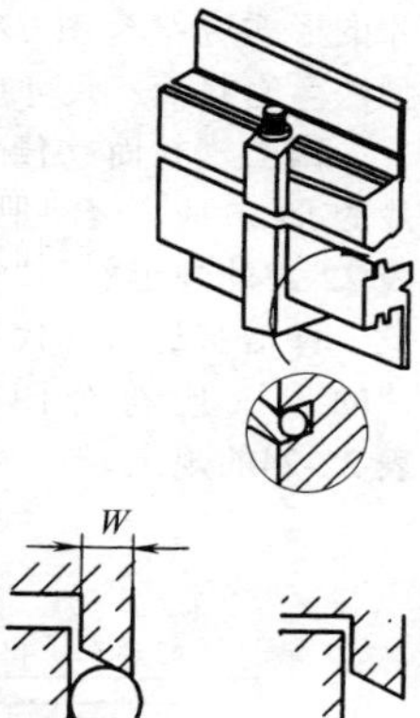a)　b)	刀口宽度 W 等于密封圈的线径 d（2mm），密封圈材料为无氧高导铜。压紧后，垫圈变形充满左侧空间，多余部分从右侧挤出，从而形成可靠密封垫圈材料也可用聚四氟乙烯
惠勒密封	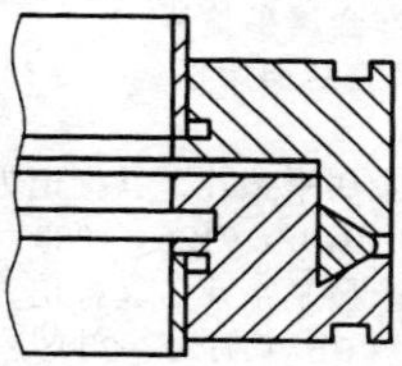	由两个凹凸法兰组成，密封材料选用铜丝和氟橡胶，通径可达 1600mm，使用温度为 −196 ~ 450℃，密封效果良好

（续）

密封种类	结构简图	特点
加速拆卸密封	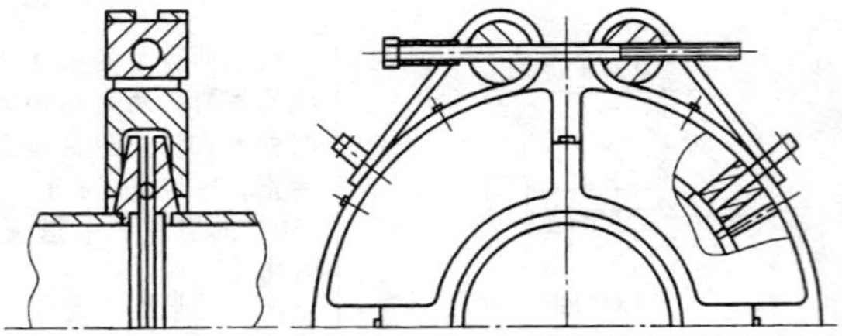	夹块通过两个平面锥形法兰把铝密封垫片夹紧。四个夹块固定在两个弹性钢带上。拧入四个夹轴中的两个螺钉可以借助附加工具实现快速夹紧或松开
双重密封	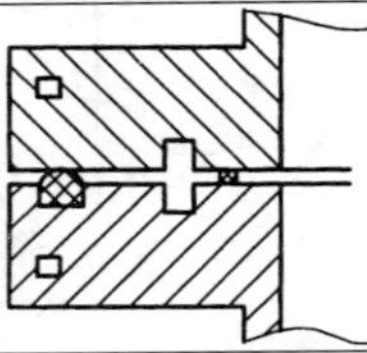	采用橡胶O形圈和金属O形圈相结合的密封结构。在真空侧放置金属O形圈
防护真空密封	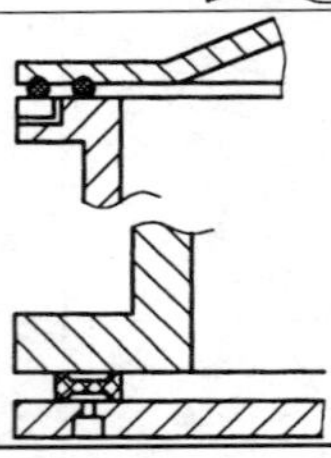	法兰设有通气通路，并通向垫圈的间隔，O形圈可制成各种形状，可简化装置

22.2.1.6　高温、低温条件下的密封

（1）高温密封　高温条件下，密封材料的变形，紧固件的蠕变，结构产生过大热应力和热变形都会导致泄漏，因此必须正确选择密封材料以及结构。

选用回弹性好或自紧式垫片，如缠绕式垫片、充气式金属O形环。紧固件选用抗蠕变性能好的材料，经过一段时间工作，应再次将螺栓拧紧。法兰连接可采用密封焊接的方法。

（2）低温密封　在低于-20℃条件下，应选用在低温条件下能保持良好的弹性和复原性材料作密封垫片。常用材料有：普通橡胶、石棉橡胶板和W型液态密封胶，天然橡胶、丁腈橡胶；聚四氟乙烯（使用温度可达-180℃），紫铜、铝，低于-200℃时可选用铝合金、铜合金、不锈钢和铟。

22.2.1.7　常用的标准垫片

（1）管法兰用非金属平垫片　其尺寸见GB/T 9126—2008，参见图22-12、表22-21～表22-24。其技术条件见GB/T 9129—2003，参见表22-25～表22-28。

平面密封面（代号为FF）管法兰用非金属平垫片的形式应符合图22-12a的规定，尺寸应符合表22-21的规定。

突面密封面（代号为RF）管法兰用非金属平垫片的形式应符合图22-12b的规定，垫片适用于通用型法兰密封面，尺寸应符合表22-22的规定。

凹凸密封面（代号为MF）管法兰用非金属平垫片的形式应符合图22-12b的规定，尺寸应符合表22-23的规定。

榫槽密封面（代号为TG）管法兰用非金属平垫片的形式应符合图22-12b的规定，尺寸应符合表22-24的规定。

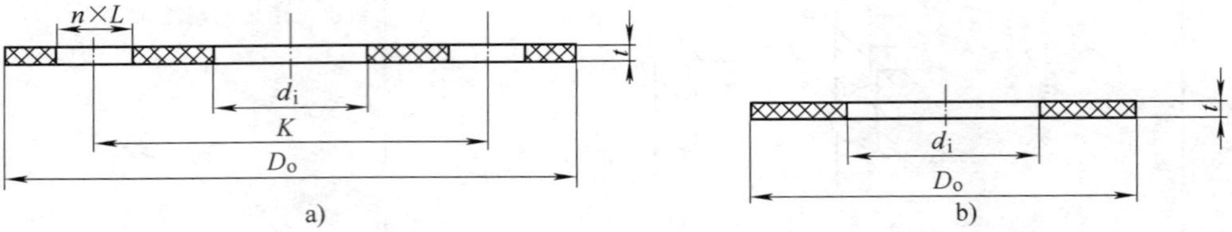

图22-12　管法兰用非金属平垫片

a）平面密封面用平垫片（代号FF）　b）实面密封面用平垫片（代号MF、RF、TG）

标记示例

1）公称通径50mm，公称压力1.0MPa的平面管法兰用非金属平垫片，其标记为：

非金属平垫 FF　DN 50-PN10（GB/T 9126—2008）

2）公称通径65mm，公称压力1.0MPa的突面管法兰用非金属平垫片，其标记为：

非金属平垫 RF　DN65-PN10（GB/T 9126—2008）

表 22-21　全平面管法兰用垫片尺寸（摘自 GB/T 9126—2008）　　（单位：mm）

公称尺寸 DN	垫片内径 d_i	公称压力																								垫片厚度 t
		PN2.5				PN6				PN10				PN16				PN25				PN40				
		垫片外径 D_o	螺栓孔中心圆直径 K	螺栓孔径 L	螺栓孔数 n	垫片外径 D_o	螺栓孔中心圆直径 K	螺栓孔径 L	螺栓孔数 n	垫片外径 D_o	螺栓孔中心圆直径 K	螺栓孔径 L	螺栓孔数 n	垫片外径 D_o	螺栓孔中心圆直径 K	螺栓孔径 L	螺栓孔数 n	垫片外径 D_o	螺栓孔中心圆直径 K	螺栓孔径 L	螺栓孔数 n	垫片外径 D_o	螺栓孔中心圆直径 K	螺栓孔径 L	螺栓孔数 n	
10	18	使用 PN6 的尺寸				75	50	11	4	使用 PN40 的尺寸				使用 PN40 的尺寸				使用 PN40 的尺寸				90	60	14	4	0.8~3.0
15	22					80	55	11	4													95	65	14	4	
20	27					90	65	11	4													105	75	14	4	
25	34					100	75	11	4													115	85	14	4	
32	43					120	90	14	4													140	100	18	4	
40	49					130	100	14	4													150	110	18	4	
50	61					140	110	14	4													165	125	18	4	
65	77					160	130	14	4													185	145	18	8	
80	89					190	150	18	4													200	160	18	8	
100	115					210	170	18	4	使用 PN16 的尺寸				220	180	18	8					235	190	22	8	
125	141					240	200	18	8					250	210	18	8					270	220	26	8	
150	169					265	225	18	8					285	240	22	8					300	250	26	8	
200	220					320	280	18	8	340	295	22	8	340	295	22	12	360	310	26	12	375	320	30	12	
250	273					375	335	18	12	395	350	22	12	405	355	26	12	425	370	30	12	450	385	33	12	
300	324					440	395	22	12	445	400	22	12	460	410	26	12	485	430	30	16	515	450	33	16	
350	356					490	445	22	12	505	460	22	16	520	470	26	16	555	490	33	16	580	510	36	16	
400	407					540	495	22	16	565	515	26	16	580	525	30	16	620	550	36	16	660	585	39	16	
450	458					595	550	22	16	615	565	26	20	640	585	30	20	670	600	36	20	685	610	39	20	
500	508					645	600	22	20	670	620	26	20	715	650	33	20	730	660	36	20	755	670	42	20	
600	610					755	705	26	20	780	725	30	20	840	770	36	20	845	770	39	20	890	795	48	20	
700	712	—				—				895	840	30	24	910	840	36	24	960	875	42	24	—				
800	813									1015	950	33	24	1025	950	39	24	1085	990	48	24					
900	915									1115	1050	33	28	1125	1050	39	28	1185	1090	48	28					
1000	1016									1230	1160	36	28	1255	1170	42	28	1320	1210	56	28					
1200	1220									1455	1380	39	32	1485	1390	48	32	1530	1420	56	32					
1400	1420									1675	1590	42	36	1685	1590	48	36	1755	1640	62	36					
1600	1620									1915	1820	48	40	1930	1820	56	40	1975	1860	62	40					
1800	1820									2115	2020	48	44	2130	2020	56	44	2195	2070	70	44					
2000	2020									2325	2230	48	48	2345	2230	62	48	2425	2300	70	48					

表 22-22　突面管法兰用垫片尺寸（摘自 GB/T 9126—2008）　　（单位：mm）

公称尺寸 DN	垫片内径 d_i	公称压力 PN2.5	PN6	PN10	PN16	PN25	PN40	垫片厚度 t
		垫片外径 D_o						
10	18	使用 PN6 的尺寸	39	使用 PN40 的尺寸	使用 PN40 的尺寸	使用 PN40 的尺寸	46	0.8~3.0
15	22		44				51	
20	27		54				61	
25	34		64				71	
32	43		76				82	
40	49		86				92	
50	61		96				107	
65	77		116				127	
80	89		132				142	
100	115		152	162	162		168	
125	141		182	192	192		194	
150	169		207	218	218		224	
(175)	141		182	192	192	194	—	
200	220		262	273	273	284	290	
(225)	194		237	248	248	254	—	
250	273		317	328	329	340	352	
300	324		373	378	384	400	417	
350	356		423	438	444	457	474	
400	407		473	489	495	514	546	
450	458		528	539	555	564	571	
500	508		578	594	617	624	628	
600	610		679	695	734	731	747	
700	712		784	810	804	833	—	
800	813		890	917	911	942		
900	915		990	1017	1011	1042		
1000	1016		1090	1124	1128	1154		
1200	1220	1290	1307	1341	1342	1364		
1400	1420	1490	1524	1548	1542	1578		
1600	1620	1700	1724	1772	1764	1798		
1800	1820	1900	1931	1972	1964	2000		
2000	2020	2100	2138	2182	2168	2230		
2200	2220	2307	2348	2384	—	—		
2400	2420	2507	2558	2594				
2600	2620	2707	2762	2794				
2800	2820	2924	2972	3014				
3000	3020	3124	3172	3228				
3200	3220	3324	3382	—				
3400	3420	3524	3592	—				
3600	3620	3734	3804	—				
3800	3820	3931	—	—				
4000	4020	4131	—	—				

注：带“(　)”尺寸为船舶法兰专用垫片尺寸。

表 22-23　凹凸面管法兰用垫片尺寸（摘自 GB/T 9126—2008）　（单位：mm）

公称尺寸 DN	垫片内径 d_i	公称压力					垫片厚度 t
		PN10	PN16	PN25	PN40	PN63	
		垫片外径 D_o					
10	18	34	34	34	34	34	0.8~3.0
15	22	39	39	39	39	39	
20	27	50	50	50	50	50	
25	34	57	57	57	57	57	
32	43	65	65	65	65	65	
40	49	75	75	75	75	75	
50	61	87	87	87	87	87	
65	77	109	109	109	109	109	
80	89	120	120	120	120	120	
100	115	149	149	149	149	149	
125	141	175	175	175	175	175	
150	169	203	203	203	203	203	
(175)	194	—	—	—	—	233	
200	220	259	259	259	259	259	
(225)	245	—	—	—	—	286	
250	273	312	312	312	312	312	
300	324	363	363	363	363	363	
350	356	421	421	421	421	421	
400	407	473	473	473	473	473	
450	458	523	523	523	523	523	
500	508	575	575	575	575	575	
600	610	675	675	675	675		
700	712	777	777	777	—	—	1.5~3.0
800	813	882	882	882			
900	915	987	987	987			
1000	1016	1092	1092	1092			

注：带“（　）”尺寸为船舶法兰专用垫片尺寸。

表 22-24　榫槽面管法兰用垫片尺寸（摘自 GB/T 9126—2008）　（单位：mm）

公称尺寸 DN	垫片内径 d_i	公称压力					垫片厚度 t
		PN10	PN16	PN25	PN40	PN63	
		垫片外径 D_o					
10	24	34	34	34	34	34	0.8~3.0
15	29	39	39	39	39	39	
20	36	50	50	50	50	50	
25	43	57	57	57	57	57	
32	51	65	65	65	65	65	
40	61	75	75	75	75	75	
50	73	87	87	87	87	87	
65	95	109	109	109	109	109	
80	106	120	120	120	120	120	
100	129	149	149	149	149	149	
125	155	175	175	175	175	175	
150	183	203	203	203	203	203	
200	239	259	259	259	259	259	
250	292	312	312	312	312	312	
300	343	363	363	363	363	363	
350	395	421	421	421	421	421	
400	447	473	473	473	473	473	
450	497	523	523	523	523	—	
500	549	575	575	575	575		
600	649	675	675	675	675		
700	751	777	777	777	—		1.5~3.0
800	856	882	882	882			
900	961	987	987	987			
1000	1061	1092	1092	1092			

表 22-25　非石棉纤维橡胶垫片的物理、力学性能（摘自 GB/T 9129—2003）

项目		指标
横向抗拉强度/MPa		≥7.0
柔软性		不允许有纵横向裂纹
密度/(g/cm^3)		1.7±0.2
耐油性	厚度增加率(%)	≤15
	质量增加率(%)	≤15

表 22-26　垫片压缩率和回弹率的试验条件和指标（摘自 GB/T 9129—2003）

垫片类型	试验条件		指标	
	试样规格/mm	预紧比压/MPa	压缩率(%)	回弹率(%)
石棉橡胶垫片	φ109×φ61×1.6	35.0	12±5	≥47
聚四氟乙烯垫片		35.0	20±5	≥15
非石棉纤维橡胶垫片		35.0	12±5	≥45
橡胶垫片		7.0	25±10	≥18

表 22-27　垫片应力松弛率的试验条件和指标（摘自 GB/T 9129—2003）

垫片类型	试验条件		指标	
	试样规格/mm	预紧比压/MPa	试验温度/℃	应力松弛率(%)
石棉橡胶垫片	φ75×φ55×1.6	40.8	300±5	≤40
非石棉纤维橡胶垫片				≤35

表 22-28　垫片泄漏率的试验条件和指标（摘自 GB/T 9129—2003）

垫片类型	试验条件				指标
	试样规格/mm	试验介质	预紧比压/MPa	试验压力/MPa	泄漏率/(cm^3/s)
石棉橡胶垫片	φ109×φ61×1.6	99.9%氮气	48.5	4.0	≤8.0×10^{-2}
聚四氟乙烯垫片			35.0	4.0	≤1.0×10^{-3}
非石棉纤维橡胶垫片			35.0	4.0	≤1.0×10^{-3}
橡胶垫片			7.0	1.0	≤5.0×10^{-4}

（2）钢制管法兰用金属环垫　其结构及尺寸按 GB/T 9128—2003，参见图 22-13、表 22-29。

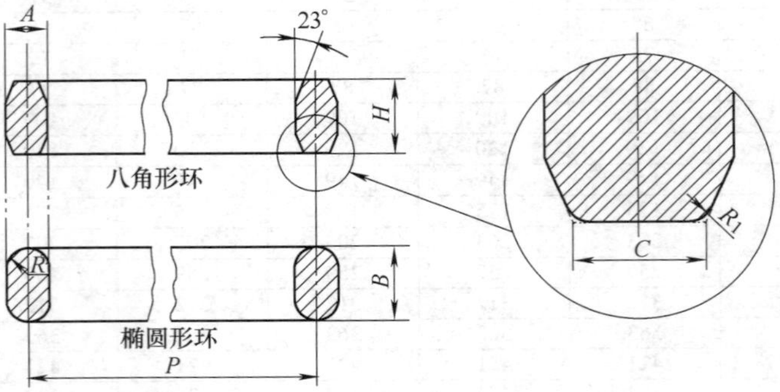

标记示例

环号为 20，材料为 0Cr19Ni9 的八角形金属环垫片，其标记为

八角垫　R. 20-0Cr19Ni9（GB/T 9128）$R=A/2$

$R_1=1.6$mm（$A\leqslant22.3$mm）

$R_1=2.4$mm（$A>22.3$mm）

图 22-13　钢制管法兰用金属环垫

表 22-29　钢制管法兰金属环垫尺寸（摘自 GB/T 9128—2003）　　　（单位：mm）

公称通径 DN					环号	平均节径 P	环宽 A	环高		八角形环的平面宽度 C
PN20	PN50 及 PN110	PN150	PN260	PN420				椭圆形 B	八角形 H	
—	15	—	—	—	R.11	34.13	6.35	11.11	9.53	4.32
—	—	15	15	—	R.12	39.69	7.94	14.29	12.70	5.23
—	20	—	—	15	R.13	42.86	7.94	14.29	12.70	5.23
—	—	20	20	—	R.14	44.45	7.94	14.29	12.70	5.23
25	—	—	—	—	R.15	47.63	7.94	14.29	12.70	5.23
—	25	25	25	20	R.16	50.80	7.94	14.29	12.70	5.23
32	—	—	—	—	R.17	57.15	7.94	14.29	12.70	5.23
—	32	32	32	25	R.18	60.33	7.94	14.29	12.70	5.23
40	—	—	—	—	R.19	65.09	7.94	14.29	12.70	5.23
—	40	40	40	—	R.20	68.26	7.94	14.29	12.70	5.23
—	—	—	—	32	R.21	72.24	11.11	17.46	15.88	7.75
50	—	—	—	—	R.22	82.55	7.94	14.29	12.70	5.23
—	50	—	—	40	R.23	82.55	11.11	17.46	15.88	7.75
—	—	50	50	—	R.24	95.25	11.11	17.46	15.88	7.75
65	—	—	—	—	R.25	101.60	7.94	14.29	12.70	5.23
—	65	—	—	50	R.26	101.60	11.11	17.46	15.88	7.75
—	—	65	65	—	R.27	107.95	11.11	17.46	15.88	7.75
—	—	—	—	65	R.28	111.13	12.70	19.05	17.47	8.66
80	—	—	—	—	R.29	114.30	7.94	14.29	12.70	5.23
—	80①	—	—	—	R.30	117.48	11.11	17.46	15.88	7.75
—	80②	80	—	—	R.31	123.83	11.11	17.46	15.88	7.75
—	—	—	—	80	R.32	127.00	12.70	19.05	17.46	8.66
—	—	—	80	—	R.35	136.53	11.11	17.46	15.88	7.75
100	—	—	—	—	R.36	149.23	7.94	14.29	12.70	5.23
—	100	100	—	—	R.37	149.23	11.11	17.46	15.88	7.75
—	—	—	—	100	R.38	157.16	15.88	22.23	20.64	10.49
—	—	—	100	—	R.39	161.93	11.11	17.46	15.88	7.75
125	—	—	—	—	R.40	171.45	7.94	14.29	12.70	5.23
—	125	125	—	—	R.41	180.98	11.11	17.46	15.88	7.75
—	—	—	—	125	R.42	190.50	19.05	25.40	23.81	12.32
150	—	—	—	—	R.43	193.68	7.94	14.29	12.70	5.23
—	—	—	125	—	R.44	193.68	11.11	17.46	15.88	7.75
—	150	150	—	—	R.45	211.14	11.11	17.46	15.88	7.75
—	—	—	150	—	R.46	211.14	12.70	19.05	17.46	8.66
—	—	—	—	150	R.47	228.60	19.05	25.40	23.81	12.32
200	—	—	—	—	R.48	247.65	7.94	14.29	12.70	5.23
—	200	200	—	—	R.49	269.88	11.11	17.46	15.88	7.75
—	—	—	200	—	R.50	269.88	15.88	22.23	20.64	10.49
—	—	—	—	200	R.51	279.40	22.23	28.58	26.99	14.81
250	—	—	—	—	R.52	304.80	7.94	14.29	12.70	5.23

（续）

公称通径 DN					环号	平均节径 P	环宽 A	环高		八角形环的平面宽度 C
PN20	PN50 及 PN110	PN150	PN260	PN420				椭圆形 B	八角形 H	
—	250	250	—	—	R. 53	323. 85	11. 11	17. 46	15. 88	7. 75
—	—	—	250	—	R. 54	323. 85	15. 88	22. 23	20. 64	10. 49
—	—	—	—	250	R. 55	342. 90	28. 58	36. 51	34. 93	19. 81
300	—	—	—	—	R. 56	381. 00	7. 94	14. 29	12. 70	5. 23
—	300	300	—	—	R. 57	381. 00	11. 11	17. 46	15. 88	7. 75
—	—	—	300	—	R. 58	381. 00	22. 23	28. 58	26. 99	14. 81
350	—	—	—	—	R. 59	396. 88	7. 94	14. 29	12. 70	5. 23
—	—	—	—	300	R. 60	406. 40	31. 75	39. 69	38. 10	22. 33
—	350	—	—	—	R. 61	419. 10	11. 11	17. 46	15. 88	7. 75
—	—	350	—	—	R. 62	419. 10	15. 88	22. 23	20. 64	10. 49
—	—	—	350	—	R. 63	419. 10	25. 40	33. 34	31. 75	17. 30
400	—	—	—	—	R. 64	454. 03	7. 94	14. 29	12. 70	5. 23
—	400	—	—	—	R. 65	469. 90	11. 11	17. 46	15. 88	7. 75
—	—	400	—	—	R. 66	469. 90	15. 88	22. 23	20. 64	10. 49
—	—	—	400	—	R. 67	469. 90	28. 58	36. 51	34. 93	19. 81
450	—	—	—	—	R. 68	517. 53	7. 94	14. 29	12. 70	5. 23
—	450	—	—	—	R. 69	533. 40	11. 11	17. 46	15. 88	7. 75
—	—	450	—	—	R. 70	533. 40	19. 05	25. 40	23. 81	12. 32
—	—	—	450	—	R. 71	533. 40	28. 58	36. 51	34. 93	19. 81
500	—	—	—	—	R. 72	558. 80	7. 94	14. 29	12. 70	5. 23
—	500	—	—	—	R. 73	584. 20	12. 70	19. 05	17. 46	8. 66
—	—	500	—	—	R. 74	584. 20	19. 05	25. 40	23. 81	12. 32
—	—	—	500	—	R. 75	584. 20	31. 75	36. 69	38. 10	22. 33
—	550	—	—	—	R. 81	635. 00	14. 29	—	19. 10	9. 60
—	650	—	—	—	R. 93	749. 30	19. 10	—	23. 80	12. 30
—	700	—	—	—	R. 94	800. 10	19. 10	—	23. 80	12. 30
—	750	—	—	—	R. 95	857. 25	19. 10	—	23. 80	12. 30
—	800	—	—	—	R. 96	914. 40	22. 20	—	27. 00	14. 80
—	850	—	—	—	R. 97	965. 20	22. 20	—	27. 00	14. 80
—	900	—	—	—	R. 98	1022. 35	22. 20	—	27. 00	14. 80
—	—	—	—	—	R. 100	749. 30	28. 60	—	34. 90	19. 80
—	—	650	—	—	R. 101	800. 10	31. 70	—	38. 10	22. 30
—	—	700	—	—	R. 102	857. 25	31. 70	—	38. 10	22. 30
—	—	750	—	—	R. 103	914. 40	31. 70	—	38. 10	22. 30
—	—	800	—	—	R. 104	965. 20	34. 90	—	41. 30	24. 80
—	—	850	—	—	R. 105	1022. 35	34. 90	—	41. 30	24. 80
600	—	900	—	—	R. 76	673. 10	7. 94	14. 29	12. 70	5. 23
—	600	—	—	—	R. 77	692. 15	15. 88	22. 23	20. 64	10. 49
—	—	600	—	—	R. 78	692. 15	25. 40	33. 34	31. 75	17. 30
—	—	—	600	—	R. 79	692. 15	34. 93	44. 45	41. 28	24. 82

① 仅适用于环连接密封面对焊环带颈松套钢法兰。

② 用于除对焊环带颈松套钢法兰以外的其他法兰。

(3) 缠绕式垫片　其结构及尺寸见 GB/T 4622.1—2009，GB/T 4622.2—2008，参见图 22-14~图 22-18。

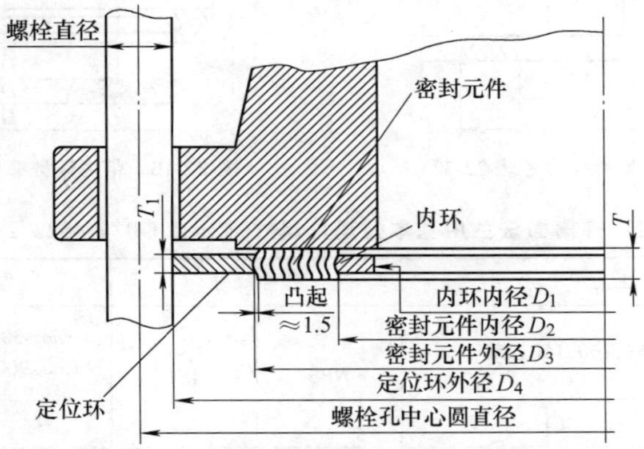

图 22-14　突面法兰使用的带内环和定位环的缠绕式垫片典型结构

标记方式：

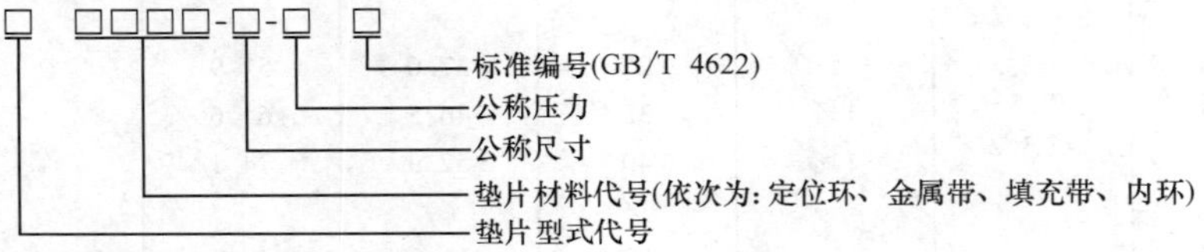

标记示例：

管法兰用缠绕式垫片（见表 22-30、表 22-31）

公称尺寸 100、公称压力 40 的带内环和定位环型缠绕式垫片，定位环材料为低碳钢、金属带和内环材料为 0Cr18Ni9、填充带材料为柔性石墨，应标记为

缠绕垫 D1222　DN100-PN40　GB/T 4622

表 22-30　缠绕式垫片形式代号（摘自 GB/T 4622.1—2009）

垫片形式	代号	垫片尺寸表号、图号	适用的法兰密封面形式
基本型	A	表 22-32、图 22-15	榫槽面
带内环型	B	表 22-33、图 22-16	凹凸面
带定位环型	C	表 22-34、表 22-35	全平面
带内环和定位环型	D	表 22-36、表 22-37、图 22-17	突面

表 22-31　缠绕式垫片材料代号（摘自 GB/T 4622.1—2009）

定位环材料		金属带材料		填充带材料		内环材料	
名称	代号	名称	代号	名称	代号	名称	代号
无定位环	0	06Cr19Ni9 (0Cr18Ni9)	2	石棉	1	无内环	0
低碳钢	1	06Cr17Ni12Mo2 (0Cr17Ni12Mo2)	3	柔性石墨	2	06Cr19Ni9 (0Cr18Ni9)	2
06Cr19Ni9 (0Cr18Ni9)	2	022Cr17Ni12Mo2 (00Cr17Ni14Mo2)	4	聚四氟乙烯	3	06Cr17Ni12Mo2 (0Cr17Ni12Mo2)	3
06Cr17Ni12Mo2 (0Cr17Ni12Mo2)	3	06Cr25Ni20 (0Cr25Ni20)	5	非石棉纤维	4	022Cr17Ni12Mo2 (00Cr17Ni14Mo2)	4
		06Cr18Ni11Ti (0Cr18Ni10Ti)	6	陶瓷纤维	5	06Cr25Ni20 (0Cr25Ni20)	5
		022Cr19Ni10 (00Cr19Ni10)	7			06Cr18Ni11Ti (0Cr18Ni10Ti)	6
						022Cr19Ni10 (00Cr19Ni10)	7
其他	9	其他	9	其他	9	其他	9

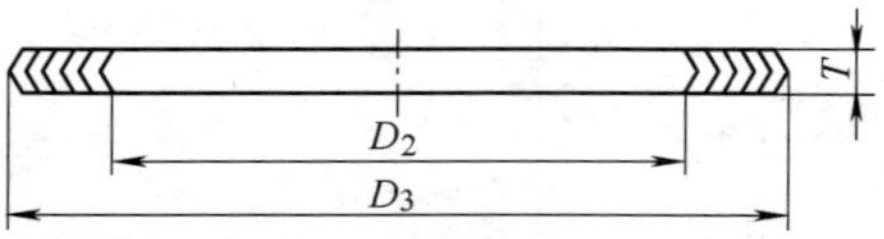

图 22-15　基本型缠绕式垫片（参考表 22-32）

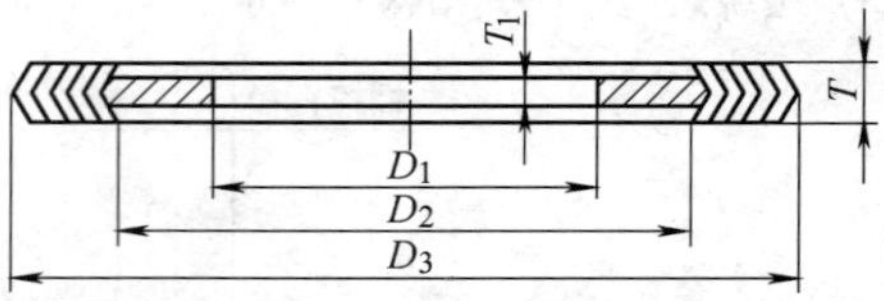

图 22-16　带内环型缠绕式垫片（参考表 22-33）

表 22-32　榫槽面法兰用基本型垫片尺寸（摘自 GB/T 4622.2—2008）　（单位：mm）

公称尺寸 DN	公称压力 PN			公称尺寸		公称压力		
	16,25,40,63,100,160,250			NPS	DN	Class300(PN50),Class600(PN110),Class900(PN150),Class1500(PN260)		
	D_2	D_3	T			D_2	D_3	T
10	23.5	34.5						
15	28.5	39.5		1/2	15	24.3	36.0	
20	35.5	50.5		3/4	20	32.3	43.9	
25	42.5	57.5		1	25	37.0	51.9	
32	50.5	65.5	2.5 或 3.2	1¼	32	46.5	64.6	
40	60.5	75.5		1½	40	52.9	74.1	
50	72.5	87.5		2	50	71.9	93.2	
65	94.5	109.5		2½	65	84.6	105.9	
80	105.5	120.5		3	80	106.9	128.1	
100	128.5	149.5		4	100	130.7	158.3	
125	154.5	175.5		5	125	159.3	186.8	
150	182.5	203.5	3.2	6	150	189.4	217.0	
200	238.5	259.5		8	200	237.0	271.0	
250	291.5	312.5		10	250	284.7	324.9	
300	342.5	363.5		12	300	341.8	382.1	4.5
350	394.5	421.5		14	350	373.6	413.8	
400	446.5	473.5		16	400	424.4	471.0	
450	496.5	523.5		18	450	487.9	534.5	
500	548.5	575.5		20	500	532.3	585.3	
600	648.5	675.5		24	600	640.3	693.2	
700	750.5	777.5						
800	855.5	882.5	4.5					
900	960.5	987.5						
1000	1060.5	1093.5						
1200	1260.5	1293.5						
1400	1460.5	1493.5						
1600	1660.5	1693.5						
1800	1860.5	1893.5						
2000	2060.5	2093.5						

表 22-33　凹凸面法兰用带内环型垫片尺寸（摘自 GB/T 4622.2—2008）（单位：mm）

公称尺寸 DN	公称压力 PN 16,25,40,63,100,160,250			T_1	T	公称尺寸		公称压力 Class300(PN50), Class600(PN110), Class900(PN150), Class1500(PN260)			T_1	T
	D_1	D_2	D_3			NPS	DN	D_1	D_2	D_3		
10	15.0	23.5	34.5	2.0	3.2						3.0	4.5
15	19.0	28.5	39.5			1/2	15	14.2	24.3	36.0		
20	24.0	35.5	50.5			3/4	20	20.6	32.3	43.9		
25	30.0	42.5	57.5			1	25	26.9	37.0	51.9		
32	39.0	50.5	65.5			1¼	32	38.1	46.5	64.6		
40	45.0	60.5	75.5			1½	40	44.5	52.9	74.1		
50	63.0	72.5	87.5			2	50	55.6	71.9	93.2		
65	85.0	94.5	109.5			2½	65	66.5	84.6	105.9		
80	96.0	105.5	120.5			3	80	81.0	106.9	128.1		
100	116.0	128.5	149.5	2.0 或 3.0	3.2 或 4.5	4	100	106.4	130.7	158.3		
125	142.0	154.5	175.5			5	125	131.8	159.3	186.8		
150	170.0	182.5	203.5			6	150	157.2	189.4	217.0		
200	226.0	238.5	259.5			8	200	215.9	237.0	271.0		
250	279.0	291.5	312.5			10	250	268.2	284.7	324.9		
300	330.0	342.5	363.5			12	300	317.5	341.8	382.1		
350	378.0	394.5	421.5	3.0	4.5	14	350	349.3	373.6	413.8		
400	430.0	446.5	473.5			16	400	400.1	424.4	471.0		
450	480.0	496.5	523.5			18	450	449.3	487.9	534.5		
500	532.0	548.5	575.5			20	500	500.1	532.3	585.3		
600	632.0	648.5	675.5			24	600	603.3	640.3	693.2		
700	734.0	750.5	777.5									
800	835.0	855.5	882.5									
900	940.0	960.5	987.5									
1000	1040.0	1060.5	1093.5									
1200	1240.0	1260.5	1293.5									
1400	1430.0	1460.5	1493.5									
1600	1630.0	1660.5	1693.5									
1800	1830.0	1860.5	1893.5									
2000	2030.0	2060.5	2093.5									

表 22-34　全平面和突面法兰用带定位环型垫片尺寸（摘自 GB/T 4622.2—2008）

（单位：mm）

公称尺寸 DN	公称压力 PN										T_1	T
	10~160	10~40	63~160	10	16	25	40	63	100	160		
	D_2	D_3		D_4								
10	24	34	34	48	48	48	48	58	58	58	3.0	4.5
15	29	39	39	53	53	53	53	63	63	63		
20	34	46	46	63	63	63	63	74	74	—		
25	41	53	53	73	73	73	73	84	84	84		
32	49	61	61	84	84	84	84	90	90	—		
40	56	68	68	94	94	94	94	105	105	105		
50	70	86	86	109	109	109	109	115	121	121		
65	86	102	106	129	129	129	129	140	146	146		
80	99	115	119	144	144	144	144	150	156	156		
100	127	143	147	164	164	170	170	176	183	183		
125	152	172	176	194	194	196	196	213	220	220		
150	179	199	203	220	220	226	226	250	260	260		
200	228	248	252	275	275	286	293	312	327	327		
250	279	303	307	330	331	343	355	367	394	391		
300	334	358	362	380	386	403	420	427	461	461		
350	392	416	420	440	446	460	477	489	515		3.0或5.0	4.5或6.5
400	438	466	472	491	498	517	549	546	575			
450	488	516	522	541	558	567	574					
500	542	570	576	596	620	627	631					
600	642	670		698	737	734	750					
700	732	766		813	807	836						
800	840	874		920	914	945						
900	940	974		1020	1014	1045						
1000	1030	1078		1127	1131	1158						
1200	1230	1280		1344	1345							
1400	1450	1510		1551	1545							
1600	1660	1720		1775	1768							
1800	1860	1920		1975	1968							
2000	2050	2120		2185	2174							
2200	2260	2330		2388								
2400	2480	2530		2598								
2600	2660	2730		2798								
2800	2860	2930		3018								
3000	3060	3130		3234								

表 22-35 全平面和突面法兰用带定位环型垫片尺寸（摘自 GB/T 4622.2—2008） （单位：mm）

公称尺寸		公称压力															T_1	T
		Class150(PN20)			Class300(PN50)			Class600(PN110)			Class900(PN150)			Class1500(PN260)				
NPS	PN	D_2	D_3	D_4	D_2	D_3	D_4	D_2	D_3	D_4	D_2	D_3	D_4	D_2	D_3	D_4		
1/2	15	19.1	31.8	46.3	19.1	31.8	52.7	19.1	31.8	52.7	19.1	31.8	62.6	19.1	31.8	62.6	3.0	4.5
3/4	20	25.4	39.6	55.0	25.4	39.6	66.6	25.4	39.6	66.6	25.4	39.6	68.9	25.4	39.6	68.9		
1	25	31.8	47.8	65.4	31.8	47.8	72.9	31.8	47.8	72.9	31.8	47.8	77.6	31.8	47.8	77.6		
1¼	32	47.8	60.5	74.9	47.8	60.5	82.4	47.8	60.5	82.4	47.8	60.5	87.1	39.6	60.5	87.1		
1½	40	54.1	69.9	84.4	54.1	69.9	94.3	54.1	69.9	94.3	54.1	69.9	96.8	47.8	69.9	96.8		
2	50	69.9	85.9	104.7	69.9	85.9	111.0	69.9	85.9	111.0	69.9	85.9	141.1	58.7	85.9	141.1		
2½	65	82.6	98.6	123.7	82.6	98.6	129.2	82.6	98.6	129.2	82.6	98.6	163.5	69.9	98.6	163.5		
3	80	101.6	120.7	136.4	101.6	120.7	148.3	101.6	120.7	148.3	95.3	120.7	166.5	92.2	120.7	173.2		
4	100	127.0	149.4	174.5	127.0	149.4	180.0	120.7	149.4	191.9	120.7	149.4	205.0	117.6	149.4	208.3		
5	125	155.7	177.8	195.9	155.7	177.8	215.0	147.6	177.8	239.7	147.6	177.8	246.4	143.0	177.8	253.1		
6	150	182.6	209.6	221.3	182.6	209.6	249.9	174.8	209.6	265.1	174.8	209.6	287.5	171.5	209.6	281.5		
8	200	233.4	263.7	278.5	233.4	263.7	306.2	225.6	263.7	319.2	222.3	257.3	357.7	215.9	257.3	351.7		
10	250	287.3	317.5	338.0	287.3	317.5	360.4	274.6	317.5	398.8	276.4	311.2	433.9	266.7	311.2	434.6		
12	300	339.9	374.7	407.8	339.9	374.7	420.8	327.2	374.7	456.0	323.9	368.3	497.4	323.9	368.3	519.5		
14	350	371.6	406.4	449.3	371.6	406.4	484.4	362.0	406.4	491.0	355.6	400.1	519.8	362.0	400.1	579.0		
16	400	422.4	463.6	512.8	422.4	463.6	538.5	412.8	463.6	564.2	412.8	457.2	574.0	406.4	457.2	640.8		
18	450	474.7	527.1	547.9	474.7	527.1	595.6	469.9	527.1	612.0	463.6	520.7	637.8	463.6	520.7	704.7		
20	500	525.5	577.9	605.0	525.5	577.9	652.8	520.7	577.9	681.9	520.7	571.5	697.3	514.4	571.5	755.8		
24	600	628.7	685.8	716.3	628.7	685.8	773.8	628.7	685.8	790.2	628.7	679.5	837.7	616.0	695.5	900.6		

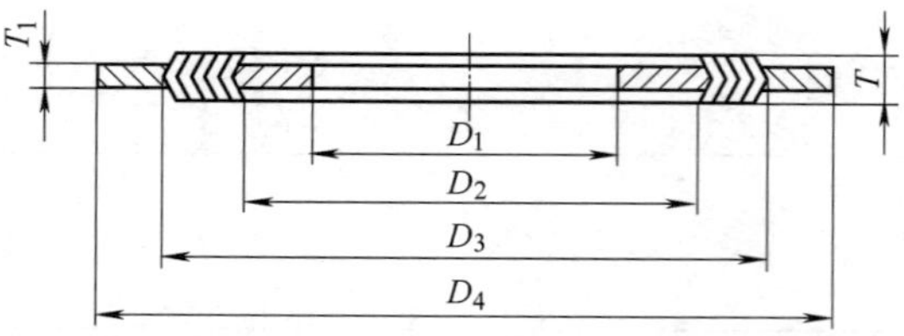

图 22-17　带内环和定位环型缠绕式垫片的尺寸（参考表 22-36，表 22-37）

表 22-36　全平面和突面法兰用带内环和定位环型垫片尺寸（摘自 GB/T 4622.2—2008）

（单位：mm）

公称尺寸 DN	公称压力 PN 16~250		10~40	63~250	10	16	25	40	63	100	160	250	T_1	T
	D_1	D_2	D_3		D_4									
10	16	24	34	34	48	48	48	48	58	58	58	69		
15	21	29	39	39	53	53	53	53	63	63	63	74		
20	26	34	46	46	63	63	63	63	74	74	—	—		
25	33	41	53	53	73	73	73	73	84	84	84	85		
32	41	49	61	61	84	84	84	84	90	90	—	—		
40	48	56	68	68	94	94	94	94	105	105	105	111		
50	61	70	86	86	109	109	109	109	115	121	121	126		
65	77	86	102	106	129	129	129	129	140	146	146	156	3.0	4.5
80	90	99	115	119	144	144	144	144	150	156	156	173		
100	115	127	143	147	164	164	170	170	176	183	183	205		
125	140	152	172	176	194	194	196	196	213	220	220	245		
150	167	179	199	203	220	220	226	226	250	260	260	287		
200	216	228	248	252	275	275	286	293	312	327	327	361		
250	267	279	303	307	330	331	343	355	367	394	391	445		
300	322	334	358	362	380	386	403	420	427	461	461	542		
350	376	392	416	420	440	446	460	477	489	515				
400	422	438	466	472	491	498	517	549	546	575				
450	472	488	516	522	541	558	567	574						
500	526	542	570	576	596	620	627	631						
600	626	642	670		698	737	734	750						
700	716	732	766		813	807	836							
800	820	840	874		920	914	945							
900	920	940	974		1020	1014	1045							
1000	1010	1030	1078		1127	1131	1158							
1200	1210	1230	1280		1344	1345							3.0 或 5.0	4.5 或 6.5
1400	1420	1450	1510		1551	1545								
1600	1630	1660	1720		1775	1768								
1800	1830	1860	1920		1975	1968								
2000	2020	2050	2120		2185	2174								
2200	2230	2260	2330		2388									
2400	2430	2480	2530		2598									
2600	2630	2660	2730		2798									
2800	2830	2860	2930		3018									
3000	3030	3060	3130		3234									

表 22-37　全平面和突面法兰用带内环和定位环型垫片尺寸（摘自 GB/T 4622.2—2008）　　（单位：mm）

公称尺寸		公称压力																				T_1	T
NPS	DN	Class150(PN20)				Class300(PN50)				Class600(PN110)				Class900(PN150)				Class1500(PN260)					
		D_1	D_2	D_3	D_4	D_1	D_2	D_3	D_4	D_1	D_2	D_3	D_4	D_1	D_2	D_3	D_4	D_1	D_2	D_3	D_4		
1/2	15	14.2	19.1	31.8	46.3	14.2	19.1	31.8	52.7	14.2	19.1	31.8	52.7	14.2	19.1	31.8	62.6	14.2	19.1	31.8	62.6	3.0	4.5
3/4	20	20.6	25.4	39.6	55.0	20.6	25.4	39.6	66.6	20.6	25.4	39.6	66.6	20.6	25.4	39.6	68.9	20.6	25.4	39.6	68.9		
1	25	26.9	31.8	47.8	65.4	26.9	31.8	47.8	72.9	26.9	31.8	47.8	72.9	26.9	31.8	47.8	77.6	26.9	31.8	47.8	77.6		
1¼	32	38.1	47.8	60.5	74.9	38.1	47.8	60.5	82.4	38.1	47.8	60.5	82.4	33.3	47.8	60.5	87.1	33.3	39.6	60.5	87.1		
1½	40	44.5	54.1	69.9	84.4	44.5	54.1	69.9	94.3	44.5	54.1	69.9	94.3	41.4	54.1	69.9	96.8	41.4	47.8	69.9	96.8		
2	50	55.6	69.9	85.9	104.7	55.6	69.9	85.9	111.0	55.6	69.9	85.9	111.0	52.3	69.9	85.9	141.1	52.3	58.7	85.9	141.1		
2½	65	66.5	82.6	98.6	123.7	66.5	82.6	98.6	129.2	66.5	82.6	98.6	129.2	63.5	82.6	98.6	163.5	63.5	69.9	98.6	163.5		
3	80	81.0	101.6	120.7	136.4	78.7	101.6	120.7	148.3	78.7	101.6	120.7	148.3	78.7	95.3	120.7	166.5	78.7	92.2	120.7	173.2		
4	100	106.4	127.0	149.4	174.5	102.6	127.0	149.4	180.0	102.6	120.7	149.4	191.9	97.8	120.7	149.4	205.0	97.8	117.6	149.4	208.3		
5	125	131.8	155.7	177.8	195.9	128.3	155.7	177.8	215.0	128.3	147.6	177.8	239.7	124.5	147.6	177.8	246.4	124.5	143.0	177.8	253.1		
6	150	157.2	182.6	209.6	221.3	154.9	182.6	209.6	249.9	154.9	174.8	209.6	265.1	147.3	174.8	209.6	287.5	147.3	171.5	209.6	281.5		
8	200	215.9	233.4	263.7	278.5	205.7	233.4	263.7	306.2	196.9	225.6	263.7	319.2	196.9	222.3	257.3	357.7	196.9	215.9	257.3	351.7		
10	250	268.2	287.3	317.5	338.0	255.3	287.3	317.5	360.4	246.1	274.6	317.5	398.8	246.1	276.4	311.2	433.9	246.1	266.7	311.2	434.6		
12	300	317.5	339.9	374.7	407.8	307.3	339.9	374.7	420.8	292.1	327.2	374.7	456.0	292.1	323.9	368.3	497.4	192.1	323.9	368.3	519.5		
14	350	349.3	371.6	406.4	449.3	342.9	371.6	406.4	484.4	320.8	362.0	406.4	491.0	320.8	355.6	400.1	519.8	320.8	362.0	400.1	579.0		
16	400	400.1	422.4	463.6	512.8	389.9	422.4	463.6	538.5	374.7	412.8	463.6	564.2	368.3	412.8	457.2	574.0	368.3	406.4	457.2	640.8		
18	450	449.3	474.7	527.1	547.9	438.2	474.7	527.1	595.6	425.5	469.9	527.1	612.0	425.5	463.6	520.7	637.8	425.5	463.6	520.7	704.7		
20	500	500.1	525.5	577.9	605.0	489.0	525.5	577.9	652.8	482.6	520.7	577.9	681.9	476.3	520.7	571.5	697.3	476.3	514.4	571.5	755.8		
24	600	603.3	628.7	685.8	716.3	590.6	628.7	685.8	773.8	590.6	628.7	685.8	790.2	577.9	628.7	679.5	837.7	577.9	616.0	695.5	900.6		

22.2.2 胶密封

用密封胶涂敷在接合面上，由它产生的粘合力（或施以外力）将两结合面胶接在一起，从而堵塞泄漏缝隙，这种措施叫胶密封。密封胶是一种新型的高分子密封材料，它的起始形态一般呈液状，在涂敷前是一种具有流动性的黏稠物，能容易地填满金属的两个结合面之间的缝隙，从而有较好的密封性能。常用于机械产品的静结合面间的密封，也可用于结合面较复杂的螺纹等部位，以防止泄漏。

密封胶按其主要成分的分类见表22-38。

22.2.2.1 聚硫橡胶密封胶

室温硫化型聚硫橡胶密封胶是飞机制造业中应用广泛的密封胶，常用双组分或多组分室温硫化型密封胶。其常用几种牌号密封胶见表22-39所示。

22.2.2.2 硅橡胶密封胶

室温硫化硅橡胶密封胶是一类高耐热性的密封胶，工作温度范围比较宽、常用室温硫化聚硫橡胶密封胶见表22-40所示。

22.2.2.3 非硫化型密封胶

非硫化型密封胶只有单组分一种，又称非硫化型腻子。常用非硫化型密封胶（腻子）见表22-41。

表22-38 密封胶的分类

名称		工作温度/℃	特性	应用举例
聚硫橡胶密封胶		-60~110	具有较好的耐油性、耐老化性、耐水性，以及对其他材料具有的粘接性，使用寿命较长	飞机油箱、座舱、空气导管、电器及仪表的密封
硅橡胶密封胶		-70~230	具有优良的耐热空气、臭氧、光和大气老化，以及防潮和电绝缘性能，但耐燃油和润滑油性能较差	飞机发动机高温区、导管接头防火墙等的密封
非硫化型密封胶		<70	耐老化性能较好，对其他材料有一定粘接性，密封工艺较简便	结构的结合面密封和沟槽密封
液态密封胶	有机高分子材料基	<120	具有较好的耐老化性和对其他材料粘接性	发动机机壳、润滑油泵一类的接合面的密封
	无机高分子材料基	<750	具有较高的耐热性、耐压强度、不易燃，易于装拆	发动机、高压压气机后机壳和高压润滑油轴承等部件的接合面密封
厌氧胶		<120	具有良好的流动性，在隔绝空气的条件下，可自行固化	大量用于螺纹联接件锁固密封，平面结合面的密封，可代替密封垫片

表22-39 室温硫化硅橡胶密封胶

牌号	工作温度/℃	特性	应用举例
XM31（按颜色分为红色XM31-1橙色XM31-5棕色XM31-6三个牌号）	-60~230	基料可溶解于汽油中制成胶液，在室温下可硫化成弹性体，耐大气老化，耐水浸泡，耐湿热，耐盐雾	飞机及发动机高温部位的密封
XM35	-60~200	外观为绿色，基料可溶于汽油中制成胶液，在室温下能硫化成弹性体。具有防止霉菌生长，耐水浸泡，耐湿热、耐大气老化和耐盐雾的特性	电子元件及电子计算机磁心板的密封
SF3	-60~250	外观为砖红色膏状物，用刮板进行刮抹，具有良好的耐低温、高湿和耐老化性能	高温部件的隔热密封
SDL1-41	-60~200	外观为乳白色膏状物，施工方法为灌封，具有优良的耐水、耐大气老化、耐臭氧的性能，还有良好的化学稳定性和介电性能	电子和电器元件的防潮、防腐和防振灌封
XJ55	-60~300	外观为红色膏状物，用刮刀刮涂，具有良好的耐压性和耐高温性能	发动机结合面的密封

表 22-40　常用室温硫化聚硫橡胶密封胶

牌号	工作温度/℃	特　　性	应用举例
XM15	-55~110	外观为深黑色,可用有机溶剂稀释成均匀稳定的胶液,在标准环境下的活性期为 2~6h。耐大气老化,耐水浸泡,流平性好	飞机整体油箱结构的密封
XM16	-50~110	外观为深黑色,可用有机溶剂稀释成均匀稳定的胶液,在标准环境下的活性期为 2~6h。有优良的耐湿热,耐水和耐航空燃料浸泡的性能	刚性大的防水渗漏结构、飞机机身和座舱的密封
XM18	-50~135	外观为深黑色,可用有机溶剂稀释成均匀稳定的胶液,在标准环境下的活性期为 2~6h,在室温下能硫化成弹性体。有良好的扯断拉伸率和耐热空气老化性能,耐湿热和耐水性能较差	飞机座舱盖玻璃、风挡玻璃与边缘联接件的密封、座舱内壁、地板表面及机身的气密密封
XM23	-50~110	外观为深黑色,可用有机溶剂稀释成均匀稳定的胶液,在标准环境条件下活性期为 2~15h,在室温下能硫化成弹性体。耐湿热和耐淡水浸泡	飞机座舱窗玻璃、风挡玻璃与边缘联接件的密封、座舱内壁、地板表面及机身的气密密封
XM33	-55~120	按活性期分 XM33-1,XM33-2,XM33-4,XM33-6 四个品级,各品级具有驼色,绿色和咖啡色。在室温下可硫化成弹性体	飞机座舱、客货轮的密封

表 22-41　非硫化型密封胶（腻子）

牌　号	工作温度/℃	特　　性	应用举例
XM17 密封腻子（XM17 密封腻子布）	-55~100	可保持不硫化状态、密封工艺性能好、可拆卸	在歼击机、水上轰炸机上使用
XM24 密封垫片	-50~150	具有良好的热老化性、耐寒性和密封性。以片材供应,可拆卸	与硫化型密封剂配合,可用于歼击机座舱玻璃硬固定边缘的密封
XM30 密封腻子 XM30 密封腻子布	-54~200	具有优良的耐高温、耐低温、耐烧蚀、电绝缘性能,以及良好的密封工艺性能	用于防弹玻璃的边缘密封和运载火箭发动机的密封
XM34 密封腻子	-54~130	是一种注射型单组分密封腻子,具有良好的耐航空喷气燃料和密封性与金属良好的黏附性和重新注射性	飞机整体油箱沟槽注射密封
CH102 腻子（CH102 腻子布）	-35~80	具有良好的耐湿热、耐臭氧老化、耐大气老化、耐航空燃料浸泡性能,便于拆卸	飞机座窗盖框架、座舱、机身气密结构的密封,气密铆接缝和螺栓孔的密封
JLN100 腻子（JLN100 腻子布）	-35~80	具有良好的耐湿热、耐臭氧老化、耐大气老化、耐航空燃料浸泡性能,便于拆卸	飞机座窗盖框架、座舱机身气密结构的密封,气密铆接缝和螺栓孔的密封
1601 密封腻子（1601 密封腻子布）	-50~70	飞机座舱缝内的密封	腻子能保持研究化状态,便于拆卸,密封工艺性能好

22.2.2.4　液态密封胶

液态密封胶是一种呈液体状态的密封材料。液态密封胶广泛应用于压缩机、机床、泵类、阀门、管道等密封。

(1) 液态密封胶的分类　液态密封胶按其化学组成可分为橡胶型和油改性型。按应用范围和使用场所可分为耐热型、耐寒型、耐压型、耐油型、耐化学药品型等。按涂敷后成膜性状可分为干可剥型、干附着型、半干黏弹型和非干黏型四种。其中按成膜性状分类，对制造者和使用者都很方便，因此它是最常用的一种分类方法。

1）干黏着型。涂敷后因溶剂挥发而牢固地附着于结合面上，有较好的耐压性和耐热性。但可拆卸性差，拆除时容易损伤金属结合面，并且耐振动和耐冲击性差。例如，配方组成为环氧树脂（1007）25份，甲阶酚醛树脂14.2份，液体酚醛树脂（5023）12.8份，石墨16.6份，防沉淀剂5.2份，丁酮38.2份，异丁醇适量。此胶黏附力较大，一般用于不经常拆卸部位的静密封。

2）干可剥型。涂敷溶剂迅速挥发形成柔软有弹性的薄膜，这种薄膜耐振动，附着严密，容易从结合面上剥下来。适用于间隙较大和有坡度的部位，不宜用在大面积的部位。例如，配方组成为氯丁橡胶100份，氧化镁4.5份，氧化锌5份，硬脂酸1.5份，邻苯二甲酸二辛酯1.5份，防老剂D9份，三氯乙烯400份，丁酮150份。此胶的物理力学性能良好，耐压超过2.0MPa，结合力约0.2~0.5MPa，皮膜弹性和可剥离性好。

3）半干黏弹型。这种胶介于干与非干型之间，兼有两者的优点，一般含有溶剂，涂敷后溶剂很快挥发，形成的薄膜长期不硬，永久保持黏弹性，具有耐压和柔软的特点，并易拆卸，是目前应用最普通的一种。如配方组成为聚醚环氧树脂50份，聚醚聚氨酯95份，高岭土115份，邻苯二甲酸二丁酯2份。此胶作密封垫料，耐热140℃，耐各种油类和水。

4）不干黏接型。涂敷后长期不硬，保持黏性，因此承受机械振动和冲击时，不发生龟裂和脱落现象。它又可分为有溶剂和无溶剂两类，有溶剂为液体状，无溶剂的为膏状。无溶剂的既可在涂敷后不经干燥马上连接，也可以在涂敷后经数日、数周后再进行联接。因此既可用于紧急修理，也可用于准备装配的场合预先涂敷。如配方组成为液体聚硫橡胶600份，醇溶性酚醛树脂121份，石棉粉240份，滑石粉324份，炭黑64份。此胶耐汽油、柴油、矿物油、水和煤气等，可用于涡轮泵体连接处，汽车罩盖不规则处，齿轮油箱等密封。

（2）液体密封胶的性能和选用

1）液态密封胶可单独使用，也可与垫片配合使用，应根据使用条件选用适当类型的液态密封胶，不同类型液态密封胶的性能比较见表22-42。

表22-42 液态密封胶性能比较

使用条件＼胶类		不干黏接型	半干黏弹型	干可剥型	干黏着型	厌氧型
耐热性		良	可	可	优	良
耐压性		良	可	可	优	良
耐振动		优	可	良	劣	优
剥离性		可	可	优	劣	劣
间隙较大		良	可	可	优	不可
适用部位	平面	优	优	优	优	优
	螺栓	优	可	劣	优	良
	嵌入	优	良	劣	优	良
	滑动	可	劣	劣	劣	良
与密封垫组合使用时的耐热耐压性		优	优	优	良	优

2）液态密封胶的选用原则。根据目前国内所提供的性能较好的液态密封胶品种（见表22-43），其选择的原则是：

① 对接合面间隙的估计。接合面在涂胶前先用量具测量间隙距离，当间隙小于0.1mm时，可单独使用液态密封胶，如果间隙在0.1~0.3mm之间，液态密封胶必须与固体垫片并用才能达到良好的密封效果；当间隙超过0.3mm，如果试验条件不苛刻，使

用温度和工作压力都不高时，采用液态密封胶与固体垫片并用也能达到满意的密封效果，否则，二者并用后仍将会产生泄漏或渗漏。

② 经常拆卸的部位，如设备紧急维修或产品装配流水作业需要密封时，应选用不干黏接型和半干黏弹型密封胶。

③ 振动性和冲击性较大的部位，应选用不干黏接型、半干黏弹型和干可剥型液态密封胶。

④ 接合面间隙较大的部位，应选用干可剥型、不干黏接型或半干黏弹型密封胶加固体垫片并用。

⑤ 接合面有坡度或垂直部位，应选用干可剥型或半干黏弹型密封胶。

⑥ 管接头等螺纹密封，优先考虑选用聚四氟乙烯生料带和厌氧性液态密封胶。在螺纹管道间隙较小，使用工作压力和温度要求不高的情况下也可选用不干黏接型和半干黏弹型液态密封胶，但不能选用干黏着型和干可剥型密封胶，因为干型液态密封胶含有大量溶剂，溶剂挥发后形成的皮膜残留在螺纹管道上，易堵塞管道而影响工作。

液态密封胶应用的场合相当多，但使用时都应注意以下几点：①预处理：将封面上的油污、水、灰尘或锈除去。单独使用时，两密封面间隙应不大于 0.1mm；②涂敷：涂敷厚度视密封的加工精度、平整度、间隙大小等具体情况而定，一般在两密封面上各涂敷 0.06～0.1mm 厚即可；③干燥：溶剂型液态密封胶需干燥，干燥时间视所用溶剂种类和涂敷厚度而定，一般为 3～7min；④紧固、紧固方法与使用垫片相同，不可错动密封面。

表 22-43 国产液态密封胶性能

序号	液态密封胶名称	外观形态			黏度/MPa·s	相对密度	不挥发物(%)	耐压性/MPa			耐冷热性/MPa
		颜色	类型	有无弹性				室温	80℃	150℃	
1	M-3-1 密封胶	黄色	非干	无	$1.5～2.0×10^5$	1.3	99	9.32	8.83	7.85	7.85
2	M-3-3 密封胶	黄色	非干	无	$1.5～2.0×10^5$	1.5	99	9.32	8.34	7.85	7.35
3	M-1-密封胶(液体尼龙密封垫料)	棕黄色	半干	无	$0.7～1.5×10^4$	1.1	58	8.83	7.85	6.86	6.86
4	CMF 耐油密封胶	棕褐色	半干	无	$0.5～1.0×10^4$	1.0	67	8.83	7.85	7.35	7.35
5	601 液态密封胶	米灰色	半干	有	$3.0～4.0×10^4$	1.2	89	8.83	7.85	6.86	7.35
6	603 液态密封胶	蓝色	非干	无	$0.5～1.0×10^4$	1.2	99	8.83	7.85	6.86	6.86
7	604 液态密封胶	红棕色	非干	无	$0.5～1.0×10^5$	1.5	99	8.83	7.85	6.86	6.86
8	605 液态密封胶	黄灰色	非干	无	$1.5～2.0×10^5$	1.2	98	8.83	7.85	6.86	6.86
9	609 液态密封胶	米色	干性	有	$0.5～1.0×10^4$	1.1	37	8.83	8.34	7.35	7.35
10	LG-31 高分子液体密封胶	浅灰色	半干	有	$1.0～1.5×10^4$	1.2	41	8.83	7.85	6.86	7.35
11	WS-Ⅰ不干性密封胶	黄褐色	非干	无	$2.5～3.0×10^4$	1.1	80	8.83	7.35	6.37	5.88
12	WS-Ⅱ不干性密封胶	棕褐色	非干	无	$2.0～3.0×10^4$	1.0	97	8.83	7.35	5.88	5.88
13	1104 液体密封胶(+)	黄褐色	干性	有	$5.0～10×10^3$	1.2	40	8.83	7.85	6.86	7.35
14	MF-84 耐油防锈密封胶	黄褐色	半干	有	$0.7～1.0×10^4$	1.2	38	8.83	7.85	6.86	6.86
15	DM-1 油空功能性密封胶	深灰色	非干	无	$2.5～3.0×10^5$	1.2	98	9.32	8.83	7.35	6.86
16	MF-1 非干性密封胶	灰红色	非干	无	$2.0～2.5×10^5$	1.4	95	8.83	7.85	6.86	6.37
17	MF-2 非干性密封胶	浅黄色	非干	无	$2.0～2.5×10^6$	1.5	98	9.32	8.82	7.35	7.85
18	MF-3 半干性密封胶	浅灰色	半干	有	$0.7～1.2×10^4$	1.3	48	8.83	7.85	6.86	7.35
19	MF-4 厌氧性液态密封胶	浅棕色	厌氧	无	$0.6～1.0×10^4$	1.1	99	>12	>12	≥10	≥10
20	MF-6 干性密封胶	褐色	干性	有	$0.5～1.4×10^4$	1.1	45	8.83	7.85	7.35	7.35
21	MF-G11 硅酮密封胶	暗灰色	半干	有	$0.5～1.4×10^4$	1.1	98	12	12	12	12
22	MF-G12 硅酮密封胶	白色	半干	有	$0.7～1.0×10^4$	1.1	99	12	12	12	12
23	MF-G13 硅酮密封胶	灰色	半干	有	$0.6～0.9×10^5$	1.2	99	12	12	12	12

（续）

序号	液态密封胶名称	耐介质性(%) 水	全损耗系统用油	70号汽油	可折性	垂直流动性/(cm/min)	热分解温度/℃	使用温度范围/℃
1	M-3-1密封胶	-3.49	-0.24	+0.36	易	0.4	322	-40~200
2	M-3-3密封胶	-13.7	-0.76	+1.02	易	0.8	324	-40~200
3	M-1-密封胶(液体尼龙密封垫料)	-9.05	-3.01	-2.19	较易	16.0	316	-50~150
4	CMF耐油密封胶	-9.47	-2.88	-4.24	较难	2.5	310	-40~150
5	601液态密封胶	-1.17	+0.39	+1.45	较易	1.5	315	-40~150
6	603液态密封胶	-1.41	-2.09	<-15	易	3.9	220	-40~140
7	604液态密封胶	-0.61	<-15	<-15	易	4.5	324	-30~250
8	605液态密封胶	<-15	+1.59	<-15	易	2.4	195	-30~150
9	609液态密封胶	-2.98	+3.39	+1.75	较难	4.7	319	-40~180
10	LG-31高分子液体密封胶	-0.65	-4.45	-119	较难	6.2	316	-40~150
11	WS-Ⅰ不干性密封胶	-3.16	+0.04	<-15	较易	10.1	283	-40~150
12	WS-Ⅱ不干性密封胶	-6.32	-6.88	<-15	易	12.1	306	-40~150
13	1104液体密封胶(+)	-0.95	+4.11	-6.76	较难	5.3	315	-40~150
14	MF-84耐油防锈密封胶	-0.38	+1.02	+1.36	较易	12.4	310	-40~150
15	DM-1油空功能性密封胶	-1.11	+0.52	<-15	较易	0.3	230	-40~150
16	MF-1非干性密封胶	+4.79	+6.96	<-15	易	3.2	230	-30~120
17	MF-2非干性密封胶	+2.87	+4.76	<-15	易	1.6	270	-40~150
18	MF-3半干性密封胶	-0.35	-3.49	-11.6	较难	10.1	265	-40~150
19	MF-4厌氧性液态密封胶				较难	20	300	-40~150
20	MF-6干性密封胶	-1.44	-1.51	-4.15	较易	6.8	315	-40~180
21	MF-G11硅酮密封胶	+0.07	+3.58	-6.29	较难	0~7.0	340	-60~250
22	MF-G12硅酮密封胶	+0.09	+7.18	-6.92	较难	0.2	325	-60~250
23	MF-G13硅酮密封胶	+0.08	+4.70	-5.70	较易	0~0.2	340	-60~250

对胶层特性的影响因素主要有温度、封口搭接长度、胶层厚度、密封面表面粗糙度、环境条件和对密封胶的压紧力等。当温度升高后，胶层强度急骤下降，耐压性变差，密封性下降。结合面表面粗糙度 *Ra* 值越大，密封胶的抗拉强度越高。密封胶需要一定的压紧力，压紧力越大，密封性越好。

22.2.2.5 厌氧胶

厌氧胶是一种单组分液体，在其常温下存在氧而贮存，而在两表面之间排除空气（氧）就迅速聚合的高分子物质。它属于液态密封胶的干黏着型，由于它有“厌氧”的特性，常常单独列出。

（1）厌氧胶的分类 厌氧胶由许多成分组成，因此品种繁多，必须恰当地分类，以方便用户选择。随着厌氧胶品种的不断开发，目前主要按用途分类；其分类如下：

1）紧固件锁紧。紧固件螺纹用厌氧胶锁紧防松是由于胶液能填满螺纹啮合处的所有缝隙，把空气挤出而“绝氧固化”，从而在螺纹配合面形成不溶的高聚物。这是厌氧胶最早被人类发现的应用领域。啮合的螺纹既仍可用常规工具拆卸，锁紧防松的方法比常用的机械方法简单可靠，因而得到广泛的应用。

2）平面密封取代垫圈。厌氧胶在使用前呈胶水状液体，流动性好，能很好地渗入到机械产品的法兰面或箱体结合面的细小缝隙中，与空气隔绝，在室温下自行聚合固化，使组件牢固地胶接和密封，能有效地防止密封面的泄漏。这种胶的使用方法简便，很受用户欢迎。

3）管接头密封。厌氧胶固化后形成的高聚物由于具有充分填满各机械产品间隙的能力及良好的耐介质性和耐温性，因而是各类管道接头的理想密封材料之一。据资料介绍，国外厌氧胶用于液压管道密封时的最高耐压可达 70MPa；用于蒸汽管道耐温可达 204℃，蒸汽压力达 1.8MPa。因而用厌氧胶作管道接头密封不仅有机床、电器、仪表、内燃机，而且有建筑，化工机械、纺织机械、石油废气处理设备等各种气、液、蒸汽和其他管接头。

4）黏接紧固。厌氧胶用于套（嵌）接结构可起到结构胶的作用，因此能取代部分压配合、键、铆、焊等机械连接。这是由于厌氧胶能渗入全部缝隙，固化后使工件 100%接触，达到黏接固定、防松和密封作用。

5）浸渗密封。厌氧胶具有极好的浸渗性能渗入微小孔隙，挤去空气，自行固化形成高聚物，将小孔堵塞，因而使铸件、压铸件、多孔件等的微气孔渗胶，达到密封补漏的目的。

（2）厌氧胶的特性　厌氧胶主要特点是“厌氧性固化”，即在空气中呈液态，一旦与空气隔绝，在室温下能自行聚合固化，形成硬性胶层，使组件牢固地黏接和密封。

厌氧胶在使用前呈胶水状液体，流动性好，能很好地渗入到机械零件细小缝隙中，因此它的浸润性好，在常温下化学稳定性好。

使用厌氧胶不受时间限制，表面余胶清除方便，固化不必加热，固化速度快，尤其它为单组分胶液，使用时不必称重调配，特别适用流水生产线上。厌氧胶不含溶剂，固化后收缩率小，胶层具有较好的耐振动和耐蚀性。由于厌氧胶是一种高分子聚合物，主体固化时呈网状结构，使它与金属表面有较好的黏附力和绝缘的性能。

国产厌氧胶部分性能和用途见表 22-44。

表 22-44　国产厌氧胶部分性能和用途

牌号		Y-150	Y-82①	Y-80①	GY-340①	GY-168① GY-168A	YY-101	YY-102	YY-301
颜色		茶色	茶色	茶色	茶色	茶色	黄	黄	黄
黏度/mPa·s		150~300	185	164	150~300	1.5×10^3	50~70	15~20	15~20
最大填隙/mm					0.18	0.25			
力矩/N·m	破坏	7.84~9.02	7.84	3.92	19.60		20.60	23.50	8.53
	牵出	34.30~41.20	14.70	9.80	39.20		36.26		
抗剪强度/MPa		13~16	7	4	19		10.7	8	5
固化速度定位/全固化	有促进剂	10min/24h					5min/24h	5min/24h	5min/24h
	无促进剂				10min/2~6h	12~24h			
适用温度/℃		-50~150	~100	~100	-55~150	-55~150	~150	~150	~150
主要用途和特点		锁紧、密封黏接固持	锁紧、密封	锁紧、密封	锁紧、密封黏固	取代垫片②	锁紧、密封黏固	锁紧、密封	锁紧、密封

（续）

牌　号		ZY-801	ZY-802	ZY-803	ZY-814	ZY-S1	铁锚-350	铁锚-351	铁锚-352	铁锚-302	BN-1
颜　色		绿	红	蓝	黄	淡棕	棕红	橘红	橘红	淡黄	褐
黏度/mPa·s		80	350	850	(5~8)×10^4	10~16	1400	300~500	400~600	10~20	
最大填隙/mm		0.1	0.2	0.1	0.3	孔径 0.20	0.1				0.1
力矩/N·m	破坏	38.32~36.48	17.64~21.56	3.92~6.86		19.60~24.50	19.60	>29.40	>29.40	>29.40	17.6~22.54
	牵出	39.20~49.00	29.40~39.20	14.70~24.50		24.50~29.40	>29.40	>39.20	>39.20	>39.20	25.48~36.26
抗剪强度/MPa		25~30	18~22				18~20	21.8	22.8		16.5~18
固化速度定位/全固化	有促进剂	5min/24h	5min/24h	5min/24h	/24h		10min/24h				15min/48h
	无促进剂	20min/48h	20min/48h	/48h	/72h	20min/24h		/24h	/24h	/24h	
适用温度/℃		-40~150	-40~150	-40~150	-40~150	-40~150	-30~120	-30~120	-30~120	-30~120	-30~120
主要用途和特点		黏固密封	锁紧、密封黏固	锁紧密封	取代垫片②管道密封	渗补密封	锁紧、密封黏固	锁紧、密封黏固	锁紧、密封黏固	密封渗补	锁紧、密封黏固

① 为生产或研制单位提供的数据。其余均为浙江省机械科学研究所测试数据。因测试方法不同，两者不宜作为对比依据。

② ZY-814 平面密封>10MPa，管螺纹密封>40MPa，GY-168 平面密封>10MPa。

22.3　弹塑性体接触动密封

22.3.1　软填料密封

输送流体的机械，如阀门、泵等，运动件与本体之间是介质泄漏的主要渠道。为阻止泄漏，可采用多种方法。目前的主要方法是填料密封，即在机体上做出填料函，将富有压缩性和回弹性的填料放入其内，依靠压盖的轴向压紧力转化为径向密封力，从而起到密封作用。这种密封方法称为“填料密封”，这种填料叫作密封填料。

填料按物理特性可分为弹塑性体接触密封填料和非弹塑性体接触密封填料两大类，各类按结构又分为若干种：

- 密封填料
  - 弹塑性体接触动密封填料
    - 软质填料
      - 天然纤维类
      - 橡胶类
      - 石棉纤维类
      - 合成纤维类
      - 软金属类
      - 塑性填料
      - 半金属编织填料
    - 成形填料
      - 唇型密封圈
      - 挤压成形密封
  - 非弹塑性体接触动密封填料
    - 金属填料
      - 金属碟盘密封件
      - 金属唇型密封件
    - 石墨填料

填料密封已发展成为多品种、多型号系列化的密封产品。在流体密封领域内的应用范围，无论是温度，还是动密封的线速度、pv 值的适用范围，都高于其他密封形式，因此填料密封是其他密封方法无法全部取代的密封形式。

在当前流体密封中，应用最多的是填料密封和机械密封。这是两种不同的密封形式，各有特点，见表 22-45。

表 22-45　填料密封与机械密封比较表

比较项目	填料密封	机械密封
结构形式	简单	复杂
密封面形式	圆筒面密封	端面密封
转矩	较大	小
轴磨损	有	几乎没有
压力	低→高→超高	低→高
适应温度	低→高→超高	低→中
适应流体	几乎所有流体	有一定要求
流体泄漏	有	很小
动力消耗	较大	较小
更换密封	容易	较困难
价格	低	高

22.3.1.1　软填料的类型及应用

软填料密封的典型结构如图 22-18 所示。一般适用于下列工作条件：

介质压力　　真空度 $1.33\times10^{-3}\sim35$MPa

工作温度　　$-50\sim600$°C

密封面的线速度<20m/s

填料寿命　　2~3 个月

（1）干填料　它只用一种纺织纤维材料制成，并不加橡胶产品、浸渍剂和粉末填充剂。按生产方法又分梳成纤维、黏合的和编结的三种。干编结填料按编结方式的不同，可分为卷制、穿心编结、夹心编结等几种结构，如图 22-19 所示。干编结填料的使用条件见表 22-46。

在选用干编结填料时，还要考虑其操作特点：

1）所有干编结填料只适用于低速运动的轴杆。

2）当干编结填料与自润滑的填料合用时，而且把它作为端环时，干编结填料可在轴杆转速较高的填料箱中使用。

3）圆形或方形的芯子外裹单层编结的填料，与

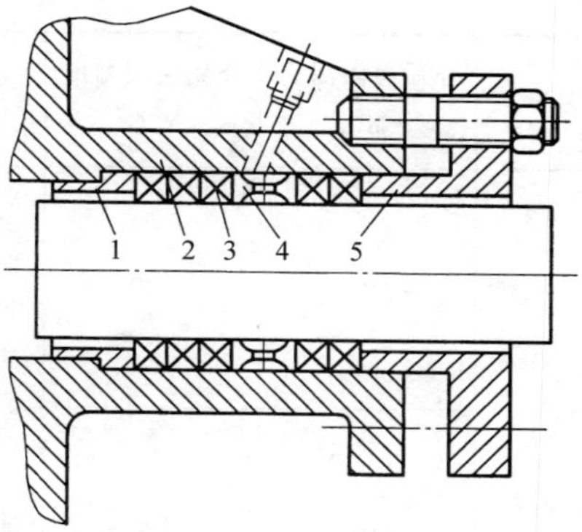

图 22-18　软填料密封

1—底衬套　2—填料箱体　3—填料　4—封液圈　5—压盖

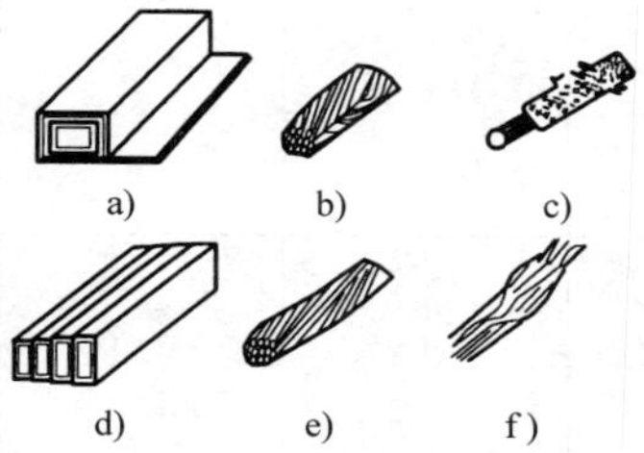

图 22-19　软填料制品结构型式

a）卷制　b）穿心编结　c）夹心编结　d）叠层　e）扭制　f）散状

穿心编结的填料以及芯子外裹多层编结的填料相比，只能在介质压力较低的情况下采用。

4）在阀门填料箱中的干石棉编结填料可在温度 550°C、压力 10MPa 的条件下工作。

（2）自润滑（浸渍）填料　自润滑填料主要由两部分组成：纤维填料（主体材料）和难熔的润滑材料。为了提高自润滑填料的强度和各种必要的性能，可在纤维中夹入各种有色金属、橡胶和其他材料。

自润滑（浸渍）编结填料按纤维品种可分为棉的、大麻的、石棉的和铜丝石棉等几种，其选用可参考表 22-47。

（3）涂胶填料绳和涂胶填料　涂胶填料绳和填料用来作为填料箱的密封材料。分为弓形、圆形和异形截面三种。其标准尺寸、体积和重量，以及涂胶绳和涂胶填料的主要用途和应用条件请查阅有关资料。

表 22-46　干编结填料的使用条件

填料名称	介质极限压力/MPa	介质极限温度/°C	工作介质	使用方法
干棉编结填料	20	100	冷和热的饮料用水、空气、惰性气体、润滑油、油脂、有机溶剂、碳氢化合物、酒精、中性盐溶液	与浸渍的棉填料合用，作为端环 在现场浸涂专门的润滑油（如冷冻机油），用来密封阀门
干大麻编结填料	16	100	工业用水、饱和蒸汽润滑油、非食用油脂、碳氢化合物、燃料、空气	与浸渍的大麻填料合用作为端环 在现场浸涂专门的润滑油，如动物油脂、凡士林与少量滑石和石墨的混合物，供阀密封用
干石棉编结填料	4.5	400	水蒸气、空气、惰性气体、过热水、有机溶剂、石油产品、碱溶液、弱酸溶液	与浸渍的石棉填料和浸渍的铜丝石棉填料合用，可做端环 在现场浸涂耐碱、耐酸的专门成分 用于过热蒸汽和饱和蒸汽的阀件填料箱中，在填料环之间放粒状或片状石墨层 可作某些设备底盘上的垫片材料和设备、管道的绝热材料
干滑石编结	1	130	工业用水、空气、溶剂、中性盐溶液、水蒸气、惰性气体、食品	用来密封冷空气、惰性气体和溶剂（苯、甲苯、二甲苯等）与浸渍的棉填料合用

表 22-47　自润滑编结填料的应用条件

填料名称	介质极限压力/MPa	极限温度/°C	工作介质	应用条件
自润滑（浸渍）棉编结填料	20	100	空气、惰性气体和蒸汽、润滑油、石油燃料、碳氢化和物、工业用水	与干填料合用作为端环 与金属填料或复合填料合用作为间隔环和端环 在预填料箱中与金属填料合用
自润滑（浸渍）大麻编结填料	16	100	空气、惰性气体和蒸汽、饱和蒸汽润滑油、石油燃料、弱碱溶液、盐水、工业用水	与干填料合用作为端环 与金属填料或复合填料合用，自润滑填料作为间隔环和端环 在预填料箱中与金属填料合用
自润滑（浸渍）石棉编结填料	4.5	300	过热蒸汽、饱和蒸汽、碱溶液、弱酸溶液、石油产品	与干填料合用，作为端环 与金属填料或复合填料合用，自润滑填料作为间隔环和端环 在预填料箱中与金属填料合用
自润滑（浸渍）铜丝石棉编结填料	4.5	300	过热蒸汽、饱和蒸汽，气体和蒸汽各种石油产品、弱酸性油类	与干填料合用作为端环 与金属填料、半金属填料合用，作为间隔环

（续）

填料名称	介质极限压力 /MPa	极限温度 /°C	工作介质	应用条件
自润滑（浸渍）滑石编结填料	1	130	工业用水、空气、溶剂、中性盐溶液、惰性气体和蒸汽	与作为端环的干滑石填料、干棉填料（编结的）合用

22.3.1.2　软填料密封机理与泄漏的计算

（1）软填料密封机理　填料装入填料腔以后，经压盖对它作轴向压缩，由于填料的塑性，经它产生径向力，并与轴紧密接触。与此同时，填料中浸渍的润滑剂被挤出，在接触面之间形成油膜。由于接触状态并不是特别均匀的，接触部位便出现“边界润滑”状态，有点像滑动轴承，称为“轴承效应”；而未接触的凹部形成小油槽，有较厚的油膜，当轴与填料有相对运动时，接触部位与非接触部位组成一道不规则的迷宫，起阻止液流泄漏的作用，此称“迷宫效应”。这就是填料密封的机理。

（2）泄漏量的计算　良好的密封在于保持良好的润滑和适当的压紧。若润滑不良，或压得过紧，都会使油膜中断，造成填料与轴之间出现干摩擦，最后导致烧轴和出现严重磨损。为此，需要经常对填料的压紧程度进行调整，以便填料中的润滑剂在运行一段时间流失之后，再挤入一些润滑剂，同时补偿填料因体积变化所造成的压紧力松弛。

正常填装并压紧的填料即随压缩而向内端移动，如图 22-20 所示。在其微元体上所受的力有轴向压紧应力 p_x 和 $p_x+\mathrm{d}p_x$，径向压紧应力 p_y 和摩擦力 F_1 和 F_2。力的平衡方程式为：

$$F_1+F_2-\pi(R^2-r^2)\ \mathrm{d}p_x=0 \qquad (22\text{-}1)$$

设有下列关系：$p_y=Kp_x$，K 为软填料的柔软系数（见表 22-48）。

$$F_1=2\pi r\mu_1 p_y\mathrm{d}x \qquad (22\text{-}2)$$

$$F_2=2\pi R\mu_2 p_y\mathrm{d}x \qquad (22\text{-}3)$$

其中 $\mu_1=\mu_2=\mu$，可分别按表 22-49 选取后，将式（22-2）、式（22-3）代入式（22-1）得：

$$\frac{\mathrm{d}p_x}{p_x}=\frac{2K\mu}{(R-r)}\mathrm{d}x$$

设密封腔内介质压力为 p_i，径向压紧力应为 $p_y=p_i$，对上式积分则得（式中 L 为填料长度）：

$$\int_{p_x}^{\frac{p_i}{K}}\frac{\mathrm{d}p_x}{p_x}=\frac{2K\mu}{R-r}\int_x^L\mathrm{d}x$$

$$\ln\frac{Kp_x}{p_i}=\frac{2K\mu}{R-r}(L-x)$$

所以

$$p_x=\frac{1}{K}p_i e^{\frac{2K\mu}{R-r}(L-x)}$$

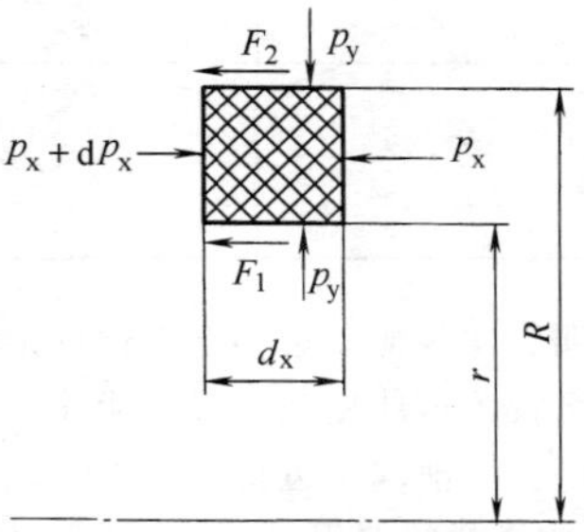

图 22-20　填料受力图

故在压盖端部 $x=0$ 处，轴向压紧力为：

$$p_x=\frac{1}{K}p_i e^{\frac{2K\mu}{R-r}L}$$

压盖螺栓总拧紧力 F 可计算如下：

$$F=\frac{\pi(D^2-d^2)}{4}p_x$$

压紧力直接影响填料密封的性能，在调整到正常情况下，其泄漏量的计算可参照表 22-50。

表 22-48　填料的柔软系数

填料种类	浸润滑脂填料	石墨编结填料	平金属填料
系数 K	0.6~0.8	0.9~1.0	0.8~0.9

表 22-49　各种填料与钢轴的摩擦因数 μ

材料名称	μ	材料名称	μ
石棉	0.25~0.4	聚四氟乙烯	0.04
尼龙	0.3~0.5	碳纤维浸渍	0.15~0.2
硬橡胶	0.2~0.4	四氟	
皮革	0.3~0.5	青铜	0.15
毛毡	0.22	铝合金	0.30
膨胀石墨	0.13~0.15	铅	0.4

表 22-50　泄漏量的计算公式

介质泄漏状态	泄漏量计算公式	说　明
近似层流流动	$q=\dfrac{\pi d C_r^3}{12\eta L}\Delta p$	式中　d—轴径(mm) C_r—直径间隙(mm) η—液体的动力黏性系数(MPa·s) L—填料与轴的接触长度(mm) Δp—填料两侧压差(MPa)
近似紊流流动	$q=\dfrac{\pi d C_r^3}{K\eta L}\Delta p$	式中　K—修正系数
轴与填料不同心，漏液为层流流动	$q=\dfrac{\pi d C_r^3}{12\eta L}\left(1+1.5\dfrac{e^2}{C_r^2}\right)\Delta p$	式中　e—偏心量(mm)
气体	$q=\pi d C_r\sqrt{2g\dfrac{\Delta p}{r}}$	式中　r—气体比重(N/mm^3) g—重力加速度

经验证明，实际泄漏量小于上述理论泄漏量。因此上述公式可视为可能出现的最大泄漏量。一般转轴用填料密封的允许泄漏量可参考表 22-51。

表 22-51　一般转轴用填料密封的允许泄漏量

允许泄漏量/(mL/min)	轴　径　/mm			
	25	40	50	60
起动 30min 内	24	30	58	60
正常运行	8	10	16	20

22.3.1.3　软填料的选用

软填料选用时主要考虑介质的腐蚀性（见表 22-52）、pv 值（见表 22-53）、工作温度、工作压力以及运动速度等因素（见图 22-21）。

表 22-52　填料的耐化学品性能

酸碱度及 pH 值		极强酸	强酸			弱酸			中性	弱碱			强碱			极强碱
		0	1	2	3	4	5	6	7	8	9	10	11	12	13	14
填料名称	棉							△		△						
	麻							△		△						
	塑性填料															
	白石棉					△		△		△		△				
	蓝石棉			△		△										
	聚四氟乙烯浸渍			△		△		△		△		△		△		
	铅							△		△						
	铝					△		△		△						
	铜					△		△		△		△				
	铅-塑性材料							△		△						
	铝-塑性材料									△						
	铜-塑性材料					△		△		△		△				
	铜-石棉					△		△		△		△				
	白石棉-塑性填料							△				△				
	蓝石棉-塑性填料			△		△										
	聚四氟乙烯纤维	△		△		△		△		△		△		△		△
	碳纤维	△		△		△		△		△		△		△		△

注：△为可选用材料。

表 22-53 根据 pv 值选择填料表

压力 p/MPa		转速 /(r/min)		pv 值① /MPa		工作温度 /°C	棉填料	麻填料	塑性填料	白石棉填料	蓝石棉填料	铅填料	铝填料	聚四氟乙烯浸渍石棉填料	聚四氟乙烯浸渍蓝石棉填料	铜填料	铅塑性填料	铝塑性填料	铜塑性填料 / 铜石棉填料	聚四氟乙烯纤维填料	石棉塑性填料	碳纤维填料
下限	上限	下限	上限	下限	上限																	
0	3	100	1750	0	16.4	20~65	△	△	△	△	△	△	△	△	△	△	△	△	△	△	△	△
						65~260			△	△		△	△	△	△	△				△		△
						260~330②			△	△			△			△						△
						330~400②			△	△			△			△						△
3.5	7	1750	3600	17	67	20~65	△	△	△	△	△	△	△	△	△	△	△			△		△
						65~260			△	△		△	△	△	△	△	△			△		△
						260~330②				△			△			△			△			△
						330~400②				△			△			△		△	△		△	
7	12	1750	3600	33	117	20~65			△	△	△	△	△	△	△	△	△				△	△
						65~260				△		△		△	△		△				△	△
						260~330②				△												△
						330~400②				△			△									
12	18	1750	3600	57	168	20~65			△	△	△	△		△	△		△			△		△
						65~260				△		△		△	△		△			△		△
						260~330②							△			△						
						330~400②							△			△						

注：△为可选用材料。

① 取 ϕ50mm 的轴计算周速 v，p 为填料腔中的压力（一般以出口压力的 2/3 计算）。

② 亦可满足 15MPa，3600r/min 和 260°C 以上的使用条件。

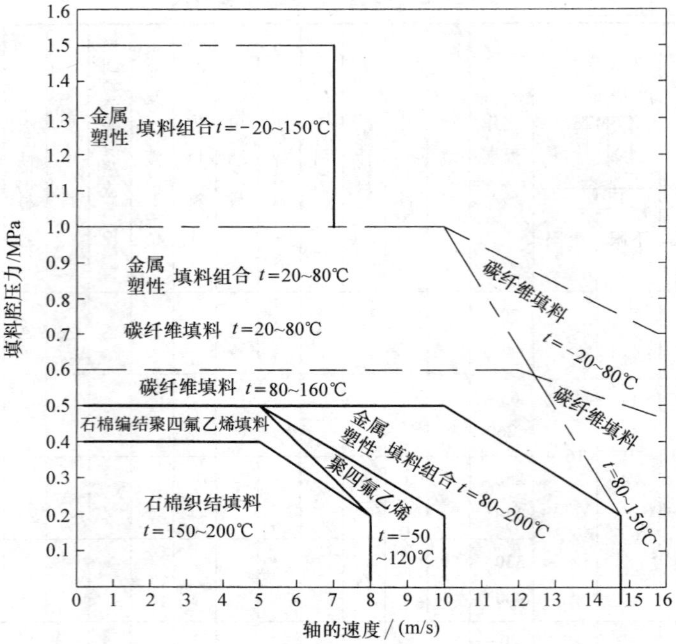

图 22-21　填料选用图表

22.3.1.4　填料腔结构设计

填料腔除设有装填料的空间外，还应设计相应的冷却、润滑、液封或冲洗结构。设计原则是：①容易加工；②散热效果好，接通冷却液方便；③留有封液口，且位置要恰当，便于与高压封液相连通；④转轴应与机械密封互换等。

1）常用填料腔的结构见表 22-54。

表 22-54　常用填料腔的结构

类　型	简　图	特点与应用
简单的填料腔	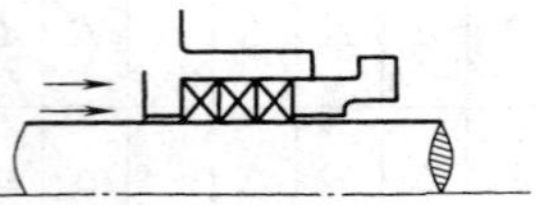	无液封环、无冷却室，仅用于转速不高、结构最简单、介质腐蚀性不大的常温泵类、阀门和搅拌机等
有液封环的填料腔	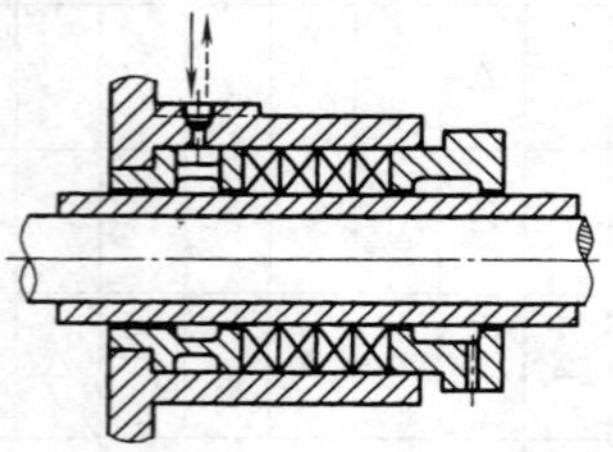	设有液封环，在腔壁上对应设有注液孔，或注入润滑油，或与机械本身的高压介质相连通。当介质中含有纤维物和沉淀物时，则与洁净的冲洗液相连通 适用于常温介质，尤其适用于各种离心泵
有冷却室的填料腔	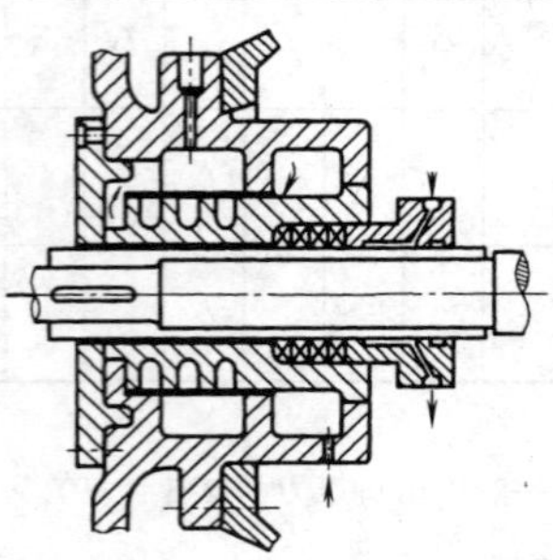	设有冷却室，腔外有冷却液进行循环，为了防止热量通过轴传入轴承，填料压盖也进行冷却 适用于高温介质的密封，在热油泵、锅炉给水泵和搅拌轴中最常见

（续）

类　　型	简　　图	特点与应用
复杂填料腔	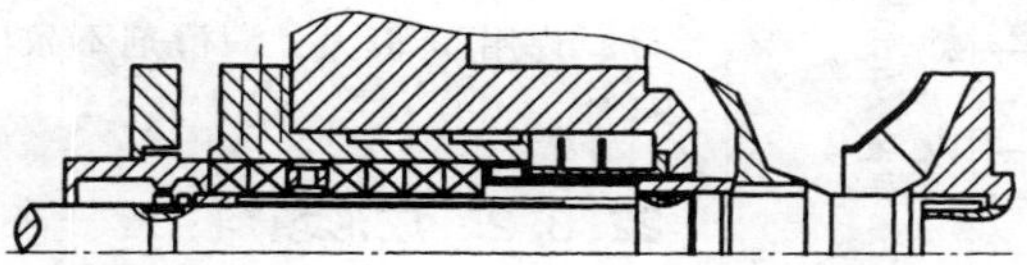	填料部位用注冷液进行冷却和循环，不允许有泄漏的液体或气体 适用于高温高压介质，以泵、压缩机、搅拌机中应用为最多

2）填料尺寸的确定。密封填料的根数选择见表 22-55，其他各部分尺寸参见表 22-56。

表 22-55　密封填料根数的选择

密封类型	介质压力/MPa	填料的根数
旋转轴密封	1~5	3~4
	5~10	4~5
	10~40	6
	40~64	7
	64~105	8
往复轴密封	10 以下	3~4
	10~35	4~5
	35~70	5~6
	70~100	6~7
	100 以上	7~8

22.3.1.5　填料密封的摩擦、磨损与润滑

软填料密封是一种接触式密封，与其他密封比较，它的接触面积大，且必须施加压紧力，因而对它的摩擦、磨损问题就要十分重视。

（1）摩擦　密封填料的摩擦与压盖压力、运行时间、根数和轴表面的粗糙度等因素有关。摩擦与运行时间的关系如图 22-23 所示。

试验条件：浸石墨和滑脂的麻填料一根，轴颈 50mm，转速 600r/min，内压力 0.7MPa

填料与轴的总摩擦力和摩擦力矩的计算式为：

$$F=\pi rh\frac{\mu}{K\mu_c}p_i\left(e^{\frac{2K\mu_c L}{h}}-1\right)$$

$$M_T=Fr=\pi r^2 h\frac{\mu}{K\mu_c}p_i\left(e^{2K\mu_c\frac{L}{h}}-1\right)$$

表 22-56　填料腔尺寸的确定　　（单位：mm）

简　　图	各部分尺寸的计算			
	填料腔宽度 W	填料腔内径 D	填料总长度 L	填料腔深度 L_1
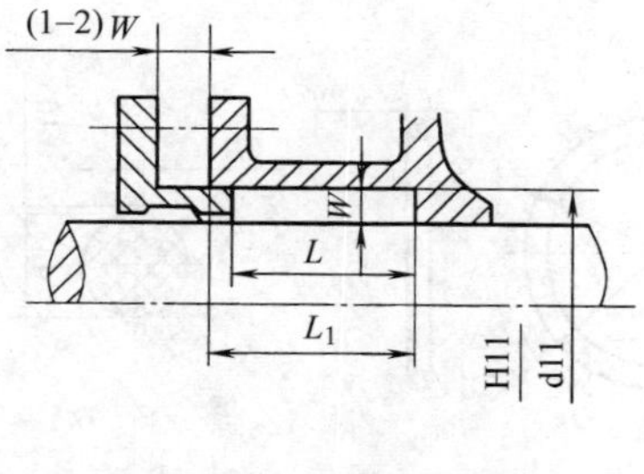	查图 22-22	$D=d+2W$ （d 为轴径）	$L=nW$ （n 为填料根数）	无封液时： $L_1=nW+(5\sim10)$ 或 $L_1=1.2nW$ 有封液时： $L_1=(n+2)W+(5\sim10)$
	填料腔内壁的表面粗糙度 $Ra=6.3\sim3.2\mu m$ 与压盖配合取 H11/d11 或 H8/f9			

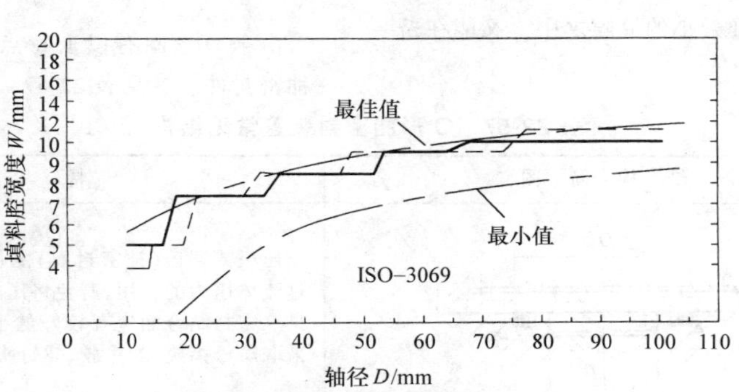

图 22-22　填料腔的宽度尺寸选择

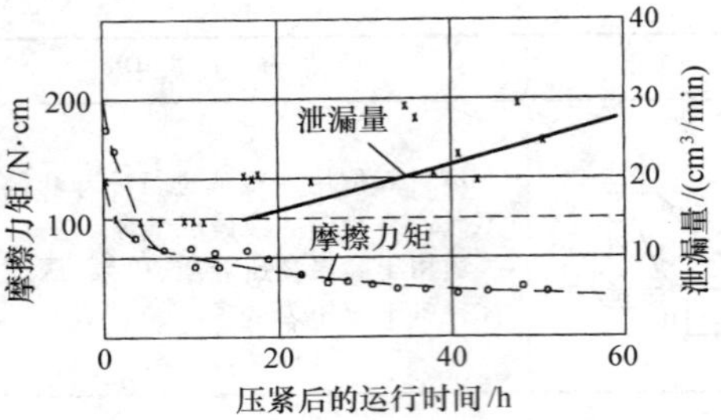

图 22-23　泄漏、摩擦与运行时间的关系

（2）磨损　图 22-24 所示为几种填料磨损实验的结果。由图可以看出不同材料磨损性能差别很大。

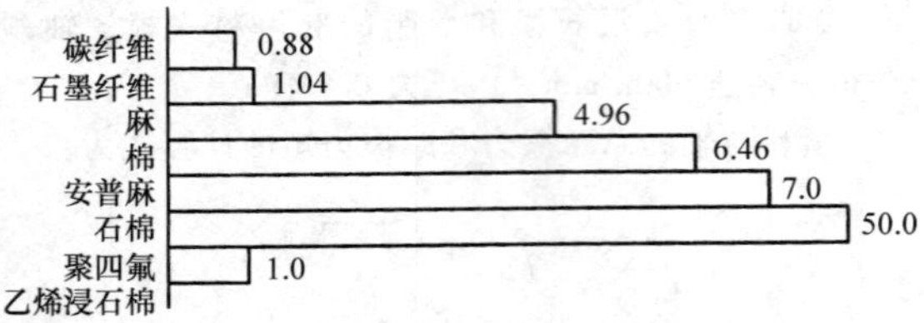

图 22-24　各种填料的磨损对比实验结果（运转 1000h 后）

磨损与填料的装填关系很大，正常装填的填料磨损比较均匀，压盖处较大，向内逐渐减少；装填不好的填料，压盖附近在短时间内即出现很大的磨损，而远处并无磨损现象。其他因素中润滑的影响最大。

（3）润滑　实践证明，填料的润滑对填料的寿命和密封性有极大的影响。一般对润滑剂的要求有：

1）有良好的化学稳定性，既不污染介质，又不与介质发生反应产生沉淀物和固体微粒。

2）有良好的浸渍性能和持久的保持性能，既能很容易地浸入到填料纤维微小的缝隙之中，又能在挤压下缓慢地流出来。

3）不得加速密封部位的电化学腐蚀，即润滑剂不得成为电解介质，最好具有绝缘性。

此外，还应具有一般润滑剂必须具备的成膜性好，许用 pv 值大，润滑剂不致因受热而迅速变稀等性能。

22.3.2　成形填料

成形填料泛指橡胶，塑料、皮革和金属以型腔工艺车削加工成形的环状密封垫。

成形填料结构紧凑，品种规格多，工作参数范围广，密封性能良好，是往复密封及静密封的主要结构形式之一。部分成形填料亦可作为旋转及螺旋运动密封件。

成形填料按工作原理分为挤压型密封圈及唇型密封圈两类；按材质分为橡胶类、塑料类、皮革类和金属类。

22.3.2.1　O 形橡胶圈

工程中最常用的是 O 形橡胶圈（以下简称 O 形圈），其断面如图 22-25 所示。有制造容易、成本低廉的优点。此外，其使用方法简单，安装、拆卸均很方便。更为突出的优点还在于 O 形圈有良好的密封性。它是一种压缩性密封件，同时又具有自密封能力；所以使用范围很宽，静密封工作压力达 100MPa 以上，动密封工作压力已达 35MPa，温度范围为 -60～200℃。使用不同材料，可满足各种介质，各种运转条件的要求。用于动密封的 O 形圈，其密封性能不受运动方向的影响。

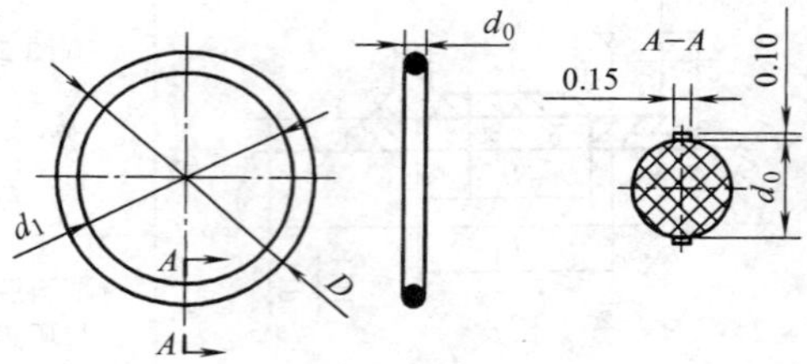

图 22-25　O 形橡胶圈

由于 O 形圈有以上特点，所以成为广泛应用的一种密封件。参见表 22-57～表 22-69。

表 22-57　O 形圈密封装置常见结构

分类		结构简图	特点
O 形圈静密封	平面静密封	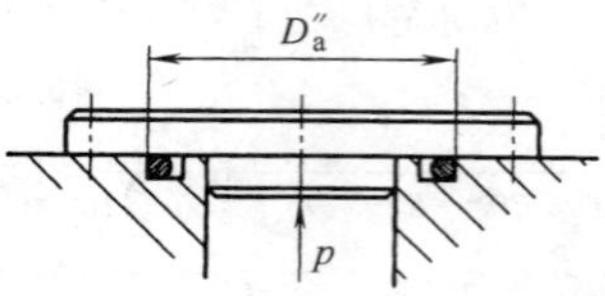	压板或端盖(被密封面)的压紧力(螺栓紧固力)应超过流体压力的作用,避免将压板或端盖顶起,影响密封效果。密封结合面应有较好的平面度。为防止螺钉松动,采取防松措施,如涂胶、螺钉头下面加弹簧垫圈等

（续）

分类		结构简图	特点
O形圈静密封	平面静密封	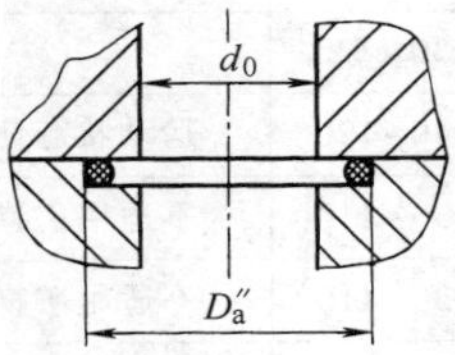	当流体压力稳定，流速很低，可采用开式沟槽结构，尽量增大 D''_a。当流速达 10m/s 以上，采用闭式沟槽，防止漏油现象产生
	直螺纹管接头 端面倒角槽密封	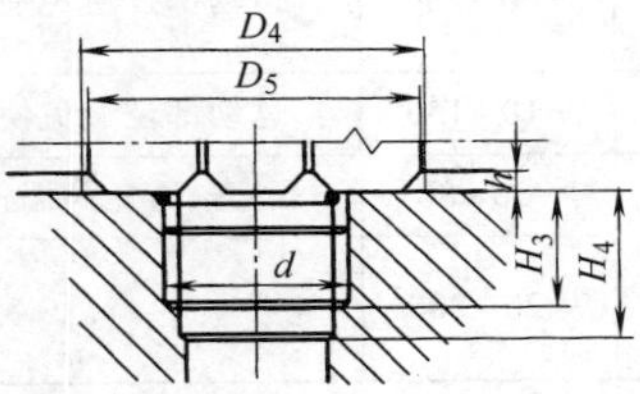	液压高压系统必须采用直螺纹管接头，结构简单，但管接头与螺纹孔口需要较大的接触端面，并有垂直度、平面度的精度要求，端面倒角槽密封需专用刀具在螺纹孔口开设特殊沟槽型腔
O形圈往复动密封	圆柱面液压往复动密封	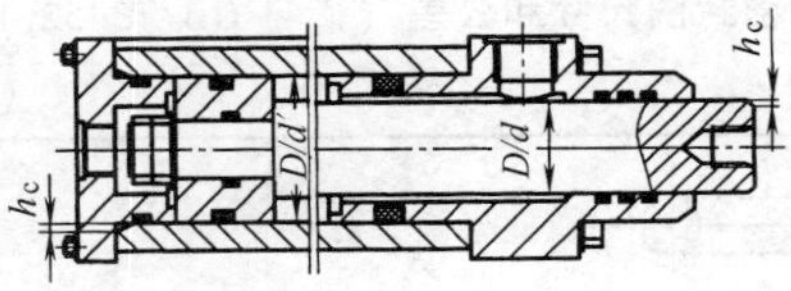	结构简单、自密封性好、起动摩擦大、有漏油现象。液压缸 O 形圈设计应注意：①活塞和活塞杆的动密封沟槽槽深值应按"液动"密封配合设计，压缩量控制在极限范围内；②通油孔应开设在液压缸两端端盖上，或开在端盖静密封光孔后的空刀槽中
	圆柱面气压往复动密封	与上图相似	结构与圆柱面液压往复动密封相似。适用于连续工作设备使用，活塞与活塞杆的动密封沟槽槽深值按"气动"密封配合设计。活塞与活塞杆选用较高精度等级的孔轴配合和同轴度公差带
特殊O形圈密封装置	转动密封	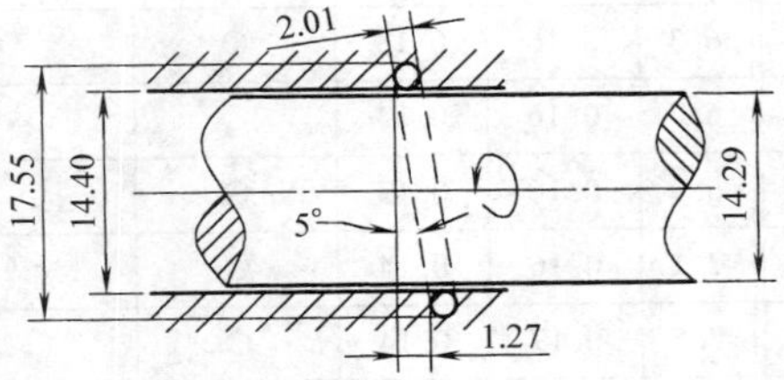	适用于密封部位受局限、转动不太频繁的一般小直径转轴的密封，其工作压力比用旋转轴唇形圈高，结构紧凑，比机械密封大大简化
	真空密封	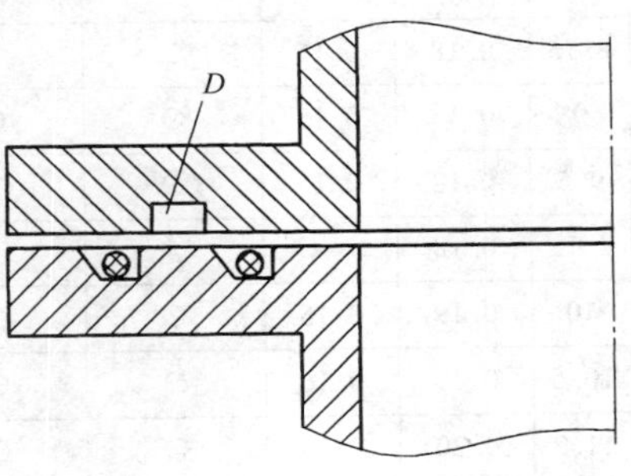	为保证良好的密封性能，O 形圈的截径要适当增大，沟槽宽度不易大，保证密封接触面加工精度（如表面粗糙度、平面度、平行度等）。要求真空度压力＜1.33×10^{-3}Pa 时，可采用两个 O 形圈双重密封。对超高压密封可采用金、银、纯铜等金属制作的 O 形圈

表 22-58　O 形圈的材料和使用范围

材　　料	适　用　介　质	使用温度/℃		注　意　事　项
		运动状态	静止状态	
丁腈橡胶	矿物油、汽油、苯	80	-30~120	
氯丁橡胶	空气、氧、水	80	-40~120	运动状态使用应注意
丁基橡胶	动、植物油、弱酸、碱	80	-30~110	不适用矿物油、永久变形大
丁苯橡胶	空气、水、动植物油、碱	80	-30~110	不适用矿物油
天然橡胶	水、弱酸、弱碱	60	-30~90	不适用矿物油
硅橡胶	矿物油、动、植物油、高、低温油，弱酸、弱碱	-60~260	-60~260	运动部件避免使用，不适用蒸汽
氯硫化聚乙烯	氧、臭氧、高温油	100	-10~150	运动部位避免使用
聚氨酯橡胶	油、水	60	-30~80	耐磨、避免高温使用
氟橡胶	蒸汽、空气、热油、无机酸、卤素类溶剂	150	-20~200	
聚四氟乙烯	酸、碱、各种溶剂		-100~260	不适用运动部位

表 22-59　一般应用的和航空及类似应用的 O 形密封圈尺寸和公差（摘自 GB/T3452.1—2005）

（单位：mm）

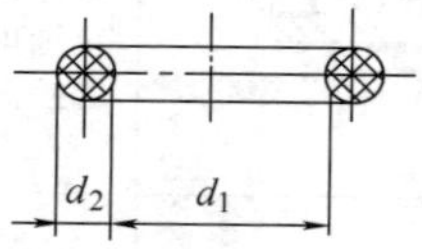

d_1			d_2		
内径	极限偏差±		1.80 ±0.08	2.65 ±0.09	3.55 ±0.10
	通用	宇航用			
1.8	0.13	0.10	○		
2	0.13	0.10	○		
2.24	0.13	0.11	○		
2.5	0.13	0.11	○		
2.8	0.13	0.11	○		
3.15	0.14	0.11	○		
3.56	0.14	0.11	○		
3.75	0.14	0.11	○		
4	0.14	0.12	○		
4.5	0.15	0.12	○	○	
4.75	0.15	—	×		
4.87	0.15	0.12	○		
5	0.15	0.12	○		
5.15	0.15	0.12	○		
5.3	0.15	0.12	○	○	
5.6	0.16	0.13	○		
6	0.16	0.13	○	○	
6.3	0.16	0.13	○		
6.7	0.16	0.13	○		
6.9	0.16	0.13	○	○	
7.1	0.16	0.14	○		
7.5	0.17	0.14	○		
8	0.17	0.14	○	○	
8.5	0.17	0.14	○		
8.75	0.18	0.15	○		
9	0.18	0.15	○	○	
9.5	0.18	0.15	○	○	
9.75	0.18	—	×		
10	0.19	0.15	○	○	
10.6	0.19	0.16	○	○	
11.2	0.20	0.16	○	○	
11.6	0.20	—	×	×	

（续）

d_1			d_2		
内径	极限偏差±		1.80	2.65	3.55
	通用	宇航用	±0.08	±0.09	±0.10
11.8	0.19	0.16	⊗	⊗	
12.1	0.21	—	×	×	
12.5	0.21	0.17	⊗	⊗	
12.8	0.21	—	×	×	

d_1			d_2		
内径	极限偏差±		1.80	2.65	3.55
	通用	宇航用	±0.08	±0.09	±0.10
13.2	0.21	0.17	⊗	⊗	
14	0.22	0.18	⊗	⊗	○
14.5	0.22	—	×	×	—

d_1			d_2			
内径	极限偏差±		1.80	2.65	3.55	5.3
	通用	宇航用	±0.08	±0.09	±0.10	±0.13
15	0.22	0.18	⊗	⊗		
15.5	0.22	—	×	⊗		
16	0.23	0.19	⊗	⊗		
17	0.24	0.20	⊗	⊗		
18	0.25	0.20	⊗	⊗	⊗	
19	0.25	0.21	⊗	⊗	⊗	
20	0.26	0.21	⊗	⊗	⊗	
20.6	0.26	—	×	⊗	⊗	
21.2	0.27	0.22	⊗	⊗	⊗	
22.4	0.28	0.23	⊗	⊗	⊗	
23	0.29	—	×	⊗	⊗	
23.6	0.29	0.24	⊗	⊗	⊗	
24.3	0.30	—	×	⊗	⊗	
25	0.30	0.24	⊗	⊗	⊗	
25.8	0.31	0.25	×	⊗	⊗	
26.5	0.31	0.25	⊗	⊗	⊗	
27.3	0.32	—	×	⊗	⊗	
28	0.32	0.26	×	⊗	⊗	
29	0.33	—	×	⊗	⊗	
30	0.34	0.27	⊗	⊗	⊗	

d_1			d_2			
内径	极限偏差±		1.80	2.65	3.55	5.3
	通用	宇航用	±0.08	±0.09	±0.10	±0.13
31.5	0.35	0.28	⊗	⊗	⊗	
32.5	0.36	0.29	⊗	⊗	⊗	
33.5	0.36	0.29	⊗	⊗	⊗	
34.5	0.37	0.30	⊗	⊗	⊗	
35.5	0.38	0.31	⊗	⊗	⊗	
36.5	0.38	0.31	⊗	⊗	⊗	
37.5	0.39	0.32	⊗	⊗	⊗	
38.7	0.40	0.32	⊗	⊗	⊗	
40	0.41	0.33	⊗	⊗	⊗	⊗
41.2	0.42	0.34	⊗	⊗	⊗	⊗
42.5	0.43	0.35	⊗	⊗	⊗	⊗
43.7	0.44	0.35	⊗	⊗	⊗	⊗
45	0.44	0.36	⊗	⊗	⊗	⊗
46.2	0.45	0.37	×	⊗	⊗	⊗
47.5	0.46	0.37	⊗	⊗	⊗	⊗
48.7	0.47	0.38	×	⊗	⊗	⊗
50	0.48	0.39	⊗	⊗	⊗	⊗
51.5	0.49	0.40		⊗	⊗	⊗
53	0.50	0.41		⊗	⊗	⊗

d_1			d_2				
内径	极限偏差±		1.80	2.65	3.55	5.3	7±
	通用	宇航用	±0.08	±0.09	±0.10	±0.13	0.15
54.5	0.51	0.42		⊗	⊗	⊗	
56	0.52	0.42	○	⊗	⊗	⊗	
58	0.54	0.44		⊗	⊗	⊗	
60	0.55	0.45	○	⊗	⊗	⊗	
61.5	0.56	0.46		⊗	⊗	⊗	

d_1			d_2				
内径	极限偏差±		1.80	2.65	3.55	5.3	7±
	通用	宇航用	±0.08	±0.09	±0.10	±0.13	0.15
63	0.57	0.46	○	⊗	⊗	⊗	
65	0.58	0.48		⊗	⊗	⊗	
67	0.60	0.48	○	⊗	⊗	⊗	
69	0.61	0.50		⊗	⊗	⊗	
71	0.63	0.51	○	⊗	⊗	⊗	

（续）

内径	d₁ 极限偏差± 通用	极限偏差± 宇航用	d_2 1.80 ±0.08	2.65 ±0.09	3.55 ±0.10	5.3 ±0.13	7±0.15	内径	d_1 极限偏差± 通用	极限偏差± 宇航用	d_2 1.80 ±0.08	2.65 ±0.09	3.55 ±0.10	5.3 ±0.13	7±0.15
73	0.64	0.52		⊗	⊗	⊗		170	1.29	1.06		○	⊗	⊗	⊗
75	0.65	0.53	○	⊗	⊗	⊗		172.5	1.31	—			×	×	×
77.5	0.67	0.55		×	⊗	⊗		175	1.33	1.09		○	⊗	⊗	⊗
80	0.69	0.56	○	⊗	⊗	⊗		177.5	1.34	—			×	×	×
82.5	0.71	0.57		×	⊗	⊗		180	1.36	1.11		○	⊗	⊗	⊗
85	0.72	0.59	○	⊗	⊗	⊗		182.5	1.38	—			×	×	×
87.5	0.74	0.60		×	⊗	⊗		185	1.39	1.14		○	⊗	⊗	⊗
90	0.76	0.62	○	⊗	⊗	⊗		187.5	1.41	—			×	×	×
92.5	0.77	0.63		×	⊗	⊗		190	1.43	1.17		○	⊗	⊗	⊗
95	0.79	0.64	○	⊗	⊗	⊗		195	1.46	1.20		○	⊗	⊗	⊗
97.5	0.81	0.66		×	⊗	⊗		200	1.49	1.22		○	⊗	⊗	⊗
100	0.82	0.67	○	⊗	⊗	⊗		203	1.51	1.26				×	
103	0.85	0.69		×	⊗	⊗		206	1.53	1.26				⊗	⊗
106	0.87	0.71	○	×	⊗	⊗		212	1.57	1.29		○		⊗	⊗
109	0.89	0.72		×	⊗	⊗	⊗	218	1.61	1.32				×	×
112	0.91	0.74	○	⊗	⊗	⊗	⊗	224	1.65	1.35		○		⊗	⊗
115	0.93	0.76		×	⊗	⊗	⊗	227	1.67	—				×	×
118	0.95	0.77	○	⊗	⊗	⊗	⊗	230	1.69	1.39		○		⊗	⊗
122	0.97	0.80		×	⊗	⊗	⊗	236	1.73	1.42		○		⊗	⊗
125	0.99	0.81	○	⊗	⊗	⊗	⊗	239	1.75	—				×	×
128	1.01	0.83		×	⊗	⊗	⊗	243	1.77	1.46				×	×
132	1.04	0.85		⊗	⊗	⊗	⊗	250	1.82	1.49		○		⊗	⊗
136	1.07	0.87		×	⊗	⊗	⊗	254	1.84	—				×	×
140	1.09	0.89		⊗	⊗	⊗	⊗	258	1.87	1.54		○		⊗	⊗
142.5	1.11	—		×	⊗	⊗	⊗	261	1.89	—				×	×
145	1.13	0.92		⊗	⊗	⊗	⊗	265	1.91	1.57		○		⊗	⊗
147.5	1.14	—		×	⊗	⊗	⊗	268	1.92	—				×	×
150	1.16	0.95		⊗	⊗	⊗	⊗	272	1.96	1.61		○		⊗	⊗
152.5	1.18	—			⊗	⊗	⊗	276	1.98	—				×	×
155	1.19	0.98		○	⊗	⊗	⊗	280	2.01	1.65		○		⊗	⊗
157.5	1.21	—			×	×	×	283	2.03	—				×	×
160	1.23	1.00		○	⊗	⊗	○	286	2.05	—				×	×
162.5	1.24	—			×	×	×	290	2.08	1.71		○		⊗	⊗
165	1.26	1.03		○	⊗	⊗	⊗	295	2.11	—					
167.5	1.28	—			×	×	×	300	2.14	1.76		○		⊗	⊗

（续）

内径	d_1 极限偏差± 通用	d_1 极限偏差± 宇航用	d_2 1.80 ±0.08	d_2 2.65 ±0.09	d_2 3.55 ±0.10	d_2 5.3 ±0.13	d_2 7± 0.15	内径	d_1 极限偏差± 通用	d_1 极限偏差± 宇航用	d_2 1.80 ±0.08	d_2 2.65 ±0.09	d_2 3.55 ±0.10	d_2 5.3 ±0.13	d_2 7± 0.15
303	2.16	—				×	×	456	3.13						×
307	2.19	1.80		○		⊗	⊗	462	3.17						×
311	2.21	—				×	×	466	3.19						×
315	2.24	1.84		○		⊗	⊗	470	3.22						×
320	2.27	—				×	×	475	3.25						×
325	2.30	1.90		○		⊗	⊗	479	3.28						×
330	2.33	—				×	×								×
335	2.36	1.95		○		⊗	⊗	483	3.30						×
340	2.40	—				×	×	487	3.33						×
345	2.43	2.00		○		⊗	⊗	493	3.36						×
350	2.46	—				×	×	500	3.41						×
355	2.49	2.05		○		⊗	⊗	508	3.46						×
360	2.52	—				×	×	515	3.50						×
365	2.56	2.11		○		⊗	⊗	523	3.55						×
370	2.59	—				×	×	530	3.60						×
375	2.62	2.16		○		⊗	⊗	538	3.65						×
379	2.64	—				×	×	545	3.69						×
383	2.67	—				×	×	553	3.74						×
387	2.70	2.22		○		⊗	⊗	560	3.78						×
391	2.72	—				×	×	570	3.85						×
395	2.75	—				×	×	580	3.91						×
400	2.78	2.29		○		⊗	⊗	590	3.97						×
406	2.82						×	600	4.03						×
412	2.85						×	608	4.08						×
418	2.89						×	615	4.12						×
425	2.93						×	623	4.17						×
429	2.96						×	630	4.22						×
433	2.99						×	640	4.28						×
437	3.01						×	650	4.34						×
443	3.05						×	660	4.40						×
450	3.09						×	670	4.47						×

注：×表示仅一般应用的O形圈规格。

○表示仅航空及类似应用的O形圈规格。

⊗表示一般、航空及类似共同应用的O形圈规格。

—表示宇航用无此内径尺寸。

表 22-60　液压气动用 O 形橡胶密封圈沟槽型式及尺寸计算（摘自 GB/T 3452.3—2005）

密封类别		沟槽形式	尺寸计算
径向密封	活塞密封沟槽	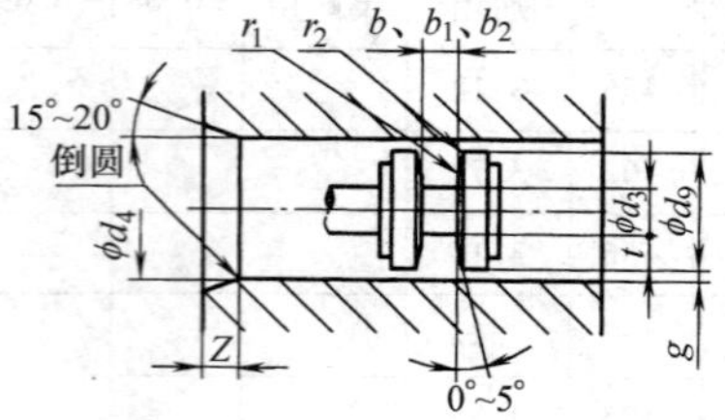	$d_{3\max}=d_{4\min}-2t$ 式中　$d_{3\max}$—d_3 的公称尺寸加上极限偏差(mm) $d_{4\min}$—d_4 的公称尺寸加下极限偏差(mm) 注：根据 d_4 的基本尺寸查表 22-59，得到适用的 O 形圈规格
	活塞杆密封沟槽	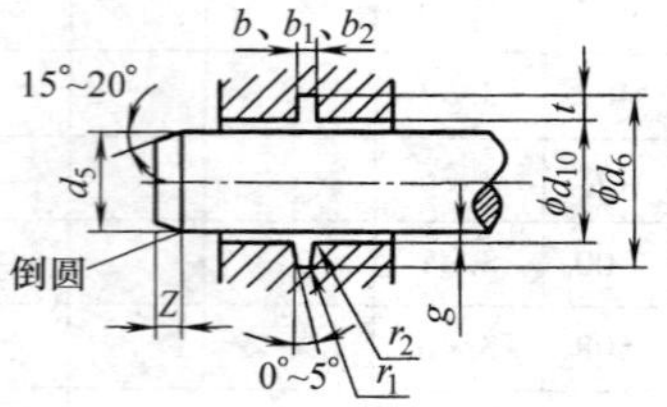	$d_{6\min}=d_{5\max}+2t$ 式中　$d_{6\min}$—d_6 的公称尺寸加下极限偏差(mm) $d_{5\max}$—d_5 的公称尺寸加上极限偏差(mm) 注：根据 d_5 的基本尺寸查表 22-59，得到适用的 O 形圈规格；查表 22-61 确定 t，再按公式计算 $d_{6\min}$
	带挡圈的沟槽	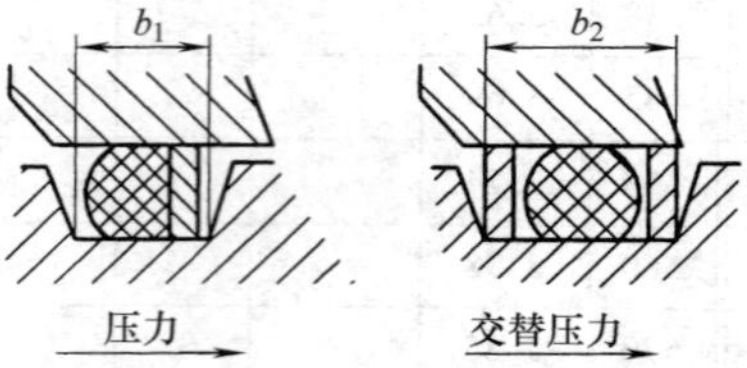	工作压力超过 10MPa 时需采用带挡圈的结构形式径向密封沟槽尺寸应符合表 22-61 的规定
轴向密封	受内部压力的沟槽	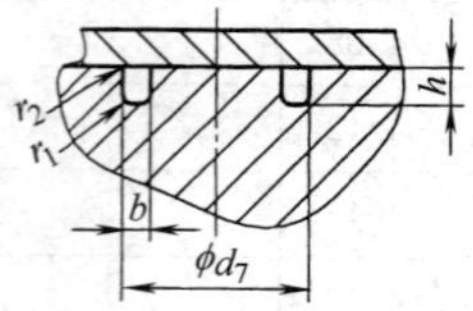	轴向密封沟槽尺寸应符合表 22-61 的规定 d_7(公称尺寸)≤d_1(公称尺寸)+2d_2(公称尺寸) 式中　d_1—O 形圈内径(mm) d_2—O 形圈截面直径(mm)
	受外部压力的沟槽	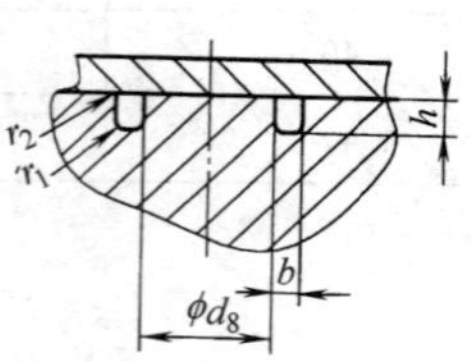	d_8(公称尺寸)≥d_1(公称尺寸) 式中　d_1—O 形圈内径(mm)

表 22-61　径向和轴向密封沟槽尺寸（摘自 GB/T 3452.3—2005）　　（单位：mm）

O 形圈截面直径 d_2			1.80		2.65		3.55		5.30		7.00	
			径向	轴向	径向	轴向	径向	轴向	径向	轴向	径向	轴向
沟槽宽度	气动动密封		2.2	2.6	3.4	3.8	4.6	5.0	6.9	7.3	9.3	9.7
	液压动密封或静密封	b	2.4		3.6		4.8		7.1		9.5	
		b_1	3.8		5.0		6.2		9.0		12.3	
		b_2	5.2		6.4		7.6		10.9		15.1	
沟槽深度 t（h）	活塞密封（计算 d_3 用）	液压动密封	1.35	1.28	2.10	1.97	2.85	2.75	4.35	4.24	5.85	5.72
		气动动密封	1.40		2.15		2.95		4.5		6.1	
		静密封	1.32		2.0		2.9		4.31		5.85	
	活塞杆密封（计算 d_6 用）	液压动密封	1.35		2.10		2.85		4.35		5.85	
		气动动密封	1.40		2.15		2.95		4.5		6.1	
		静密封	1.32		2.0		2.9		4.31		5.85	
最小导角长度 Z_{min}			1.1	—	1.5	—	1.8	—	2.7	—	3.6	—
槽底圆角半径 r_1			0.2~0.4				0.4~0.8				0.8~1.2	
槽棱圆角半径 r_2			0.1~0.3									

表 22-62　径向和轴向密封沟槽尺寸公差（摘自 GB/T 3452.3—2005）　　（单位：mm）

O 形圈截面直径 d_2	1.8	2.65	3.55	5.30	7.00
轴向密封时沟槽深度 h	$^{+0.05}_{0}$			$^{+0.10}_{0}$	
缸内径 d_4	H8				
沟槽槽底直径（活塞密封）d_3	h9				
活塞直径 d_9	f7				
活塞杆直径 d_5	f7				
沟槽槽底直径（活塞杆密封）d_6	H9				
活塞杆配合孔直径 d_{10}	H8				
轴向密封时沟槽外径 d_7	H11				
轴向密封时沟槽内径 d_8	H11				
O 形圈沟槽宽度 b、b_1、b_2	$^{+0.25}_{0}$				

注：1. 为适应特殊应用需要，d_3、d_4、d_5、d_6 的公差范围可以改变。

2. 沟槽的同轴度公差

直径 d_{10} 和 d_6，d_9 和 d_3 之间的同轴度公差应满足下列要求：

直径小于或等于 50mm 时，不得大于 ϕ0.025mm；直径大于 50mm 时，不得大于 ϕ0.050mm。

表 22-63 沟槽和配合偶件表面的表面粗糙度

（摘自 GB/T 3452.3—2005）（单位：μm）

表 面	应用情况	压力状况	表面粗糙度	
			Ra	*Ry*
沟槽的底面和侧面	静密封	无交变、无脉冲	3.2(1.6)	12.5(6.3)
		交变或脉冲	1.6	6.3
	动密封		1.6(0.8)	6.3(3.2)
配合表面	静密封	无交变、无脉冲	1.6(0.8)	6.3(3.2)
		交变或脉冲	0.8	3.2
	动密封		0.4	1.6
导角表面			3.2	12.5

注：括号内的数值为要求精度较高的场合应用。

表 22-64 液压、气动活塞动密封沟槽尺寸

（摘自 GB/T 3452.3—2005）（单位：mm）

活塞杆直径 d_4、d_9	O 形密封圈截面直径 d_2						活塞杆直径 d_4、d_9	O 形密封圈截面直径 d_2					
	液压			气动				液压			气动		
	1.8	2.65	3.55	1.8	2.65	3.55		1.8	2.65	3.55	1.8	2.65	3.55
7	4			4			27		22.4	20.6		22.4	20
8	5			5			28		22.4	21.2		22.4	21.2
9	6			6			29		24.3	22.4		23.6	22.4
10	6.9			6.9			30		25	23.6		25	23.6
11	8			8			31		26.5	25		25.8	24.3
12	8.75			8.75			32		27.3	25.8		27.3	25.8
13	10			10			33		28	26.5		28	26.5
14	10.6			10.6			34		29	27.3		28	27.3
15	11.8			11.8			35		30	28		30	28
16	12.5			12.8			36		31.5	30		31.5	29
17	14			14			37		32.5	30		32.5	30
18	15			15			38		33.5	31.5		33.5	31.5
19	16	14.5			14.5		39		34.5	32.5		34.5	32.5
20	17	15.5			15.5		40		35.5	33.5		35.5	33.5
21		16			16		41		36.5	34.5		36.5	34.5
22		17			17		42		37.5	35.5		37.5	35.5
23		18			18		43		38.5	36.5		38.5	36.5
24		19	18		19	17	44		38.7	37.5		38.7	37.5
25		20	19		20	18	45			38.7			38.7
26		21.2	20		21.2	19	46			38.7			38.7

（续）

活塞杆直径 d_4、d_9	O 形密封圈截面直径 d_2			
	液压		气动	
	3.55	5.3	3.55	5.3
47	40		40	
48	41.2		41.2	
49	42.5		42.5	
50	43.7	40	43.7	40
51	43.7	41.2	43.7	41.2
52	45	42.5	45	41.2
53	46.2	43.7	46.2	42.5
54	47.5	43.7	47.5	43.7
55	48.7	45	47.5	45
56	48.7	46.2	48.7	46.2
57	50	47.5	50	46.2
58	51.5	48.7	51.5	47.5
59	51.5	48.7	51.5	48.7
60	53	50	53	48.7
61	53	51.5	54.5	51.5
62	54.5	51.5	54.5	51.5
63	56	53	56	53
64	56	54.5	56	54.5
65	58	54.5	58	54.5
66	58	56	58	56
67	60	56	60	56
68	61.5	58	61.5	58
69	61.5	58	61.5	58
70	63	60	63	60
71	63	61.5	63	60
72	65	61.5	65	61.5
73	65	63	65	63
74	67	63	67	63
75	67	65	67	65
76	69	65	69	65
77	69	67	69	67
78	71	67	71	67
79	71	69	71	69
80	73	69	73	69
81	73		73	
82	75	71	75	71
83	75		75	
84	77.5	73	77.5	73
85	77.5	75	77.5	75
86	77.5	75	77.5	75

活塞杆直径 d_4、d_9	O 形密封圈截面直径 d_2					
	液压			气动		
	3.55	5.3	7	3.55	5.3	7
87	80			80		
88	80	77.5		80	77.5	
89	80			82.5		
90	82.5	80		82.5	80	
91	82.5			82.5		
92	85	82.5		85	80	
93	85			85		
94	85	82.5		85	82.5	
95	87.5	85		87.5	85	
96	87.5	85		87.5	85	
97	90			90		
98	90	87.5		90	87.5	
99	92.5			90		
100	92.5	90		92.5	90	
101	92.5			92.5		
102	95	92.5		95	90	
103	95			95		
104	97.5	92.5		95	92.5	
105	97.5	95		97.5	95	
106	97.5	95		97.5	95	
107	100			100		
108	100	97.5		100	97.5	
109	100			100		
110	103	100		103	100	
111	103			103		
112	103	100		103	100	
113	106			106		
114	106	103		106	103	
115	106	103		106	103	
116	109	106		109	106	
117	109			109		
118	109	106		109	106	
119	112			112		
120	112	109		112	109	
121	112			112		
122	115			115		
123	115			115		
124	115			115		
125	118	115	112	118	115	109
126	118			118		
127	118			118		
128				118		

（续）

活塞杆直径 d_4、d_9	O形密封圈截面直径 d_2					
	液压			气动		
	3.55	5.3	7	3.55	5.3	7
129	122			118		
130	122	118	115	122	118	115
131	122			122		
132	125			125		
133	125			125		
134	125			125		
135	128	125	122	128	122	118
136	128			128		
137	128			128		
138	128			128		
139	132			132		
140	132	128	125	132	128	125
141	132			132		
142	132			132		
143	132			136		
144	136			136		
145	136	132	132	136	132	128
146	136			136		
147	140			136		
148	140			140		
149	140			140		
150	142.5	140	136	142.5	136	136
151	142.5			142.5		
152	145			142.5		
153	145			145		
154	147.5			145		
155	147.5	145	140	147.5	142.5	140
156	147.5			147.5		
157	150			147.5		
158	150			150		
159	152.5			150		
160	152.5	150	145	152.5	147.5	145
161	152.5			152.5		
162	155			152.5		
163	155			155		
164	157.5			155		
165	157.5	155	150	157.5	157.5	150
166	157.5			157.5		
167	160			157.5		
168	160			160		
169				160		
170				162.5	162.5	155

活塞杆直径 d_4、d_9	O形密封圈截面直径 d_2				
	液压		气动		
	5.3	7	3.55	5.3	7
171			162.5		
172			162.5		
173			165		
174			165		
175	165	160	167.5	162.5	160
176			167.5		
177			167.5		
178			170		
179			170		
180	167.5	165	172.5	167.5	165
181			172.5		
182			172.5		
183			175		
184			175		
185	172.5	170	177.5	172.5	170
186			177.5		
187			177.5		
188			180		
189			180		
190	177.5	175	182.5	177.5	175
191			182.5		
192			182.5		
193			185		
194			185		
195	182.5	175	187.5	182.5	180
196			187.5		
197			187.5		
198			190		
199			190		
200	187.5	185	190	187.5	185
201					
202					
203					
204					
205	190	190		190	190
206					
207					
208					
209					
210	195	195		195	195
211					
212					

（续）

活塞杆直径 d_4、d_9	O形密封圈截面直径 d_2					活塞杆直径 d_4、d_9	O形密封圈截面直径 d_2				
	液压		气动				液压		气动		
	5.3	7	3.55	5.3	7		5.3	7	3.55	5.3	7
213						245	230			230	230
215	203	200		203	200	250	236	236		239	236
220	206	206		206	206	255	243			243	239
225	212			212		260	243	243			243
230	218	212		218	212	265	254				250
235				224	216	270					254
240	224	224		227	224						

表 22-65　液压、气动活塞静密封沟槽尺寸（一）

（摘自 GB/T 3452.3—2005）　　（单位：mm）

d_4、d_9	d_2 1.8	d_2 2.65	d_2 3.55
6	3.15		
7	4		
8	5.15		
9	6		
10	7.1		
11	8		
12	9		
13	10		
14	11.2		
15	12.1		
16	13.2		
17	14		
18	15		
19	16	14.5	
20	17	15.5	
21		16	
22		17	
23		18	
24		19	18
25		20	19
26		21.2	20

d_4、d_9	d_2 1.8	d_2 2.65	d_2 3.55
27		22.4	21.2
28		23.6	21.2
29		24.3	22.4
30		25	23.6
31		26.5	25
32		27.3	25.8
33		28	27.3
34		28	28
35		30	28
36		31.5	30
37		32.5	30
38		33.5	31.5
39		34.5	32.5
40		35.5	33.5
41		36.5	34.5
42		37.5	35.5
43		37.5	36.5
44		38.7	36.5
45			38.7
46			40

d_4、d_9	d_2 3.55	d_2 5.3	d_2 7
47	41.2		
48	41.2		
49	42.5		
50	43.7	40	
51	45	41.2	
52	45	42.5	
53	46.2	43	
54	47.5	43.7	
55	48.7	45	
56	50	46.2	
57	50	47.5	
58	51.5	48.7	
59	53	48.7	
60	53	50	
61	54.5	51.5	
62	56	51.5	
63	56	53	
64	58	54.5	
65	58	54.5	
66	58	56	
67	60	56	

d_4、d_9	d_2 3.55	d_2 5.3	d_2 7
68	60	58	
69	61.5	58	
70	63	60	
71	63	61.5	
72	65	61.5	
73	65	63	
74	67	63	
75	69	65	
76	69	65	
77	69	67	
78	71	67	
79	71	69	
80	73	69	
81	73		
82	75	71	
83	75		
84	77.5	73	
85	77.5	75	
86	77.5	75	
87	80		
88	80	77.5	

（续）

d_4、d_9	d_2			d_4、d_9	d_2			d_4、d_9	d_2			d_4、d_9	d_2		
	3.55	5.3	7		3.55	5.3	7		3.55	5.3	7		3.55	5.3	7
89	82.5			120	112	109		151	142.5			182	172.5	170	167.5
90	82.5	80		121	112			152	145	142.5	136	183	175		
91	82.5			122	115	112	109	153	145			184	175	172.5	170
92	85	80		123	115			154	145	142.5	140	185	177.5	172.5	170
93	85			124	115	112	109	155	147.5	145	142.5	186	177.5	175	172.5
94	87.5	82.5		125	118	115	112	156	147.5	155	142.5	187	177.5		
95	87.5	85		126	118	118	112	157	150			188	180	177.5	175
96	87.5	85		127	118			158	150	147.5	145	189	180		
97	90			128	118	118	115	159	150			190	182.5	177.5	175
98	90	87.5		129	122			160	152.5	150	147.5	191	182.5		
99	92.5			130	122	122	115	161	152.5			192	182.5	180	177.5
100	92.5	87.5		131	122			162	155	152.5	147.5	193	185		
101	92.5			132	125	122	118	163	155			194	185	182.5	180
102	95	90		133	125			164	155	152.5	150	195	187.5	182.5	180
103	95			134	125	125	118	165	157.5	155	152.5	196	187.5	185	182.5
104	95	92.5		135	128	125	122	166	157.5	155	152.5	197	187.5		
105	97.5	95		136	128	125	122	167	160			198	190	187.5	185
106	97.5	95		137	128			168	160	157.5	155	199	190		
107	100			138	128	128	122	169	160			200	190	187.5	185
108	100	97.5		139	132			170	162.5	160	155	201	190		
109	100			140	132	128	125	171	162.5			202	190	190	187.5
110	103	100		141	132			172	165	162.5	157.5	203	195		
111	103			142	132	132	128	173	165			204	195	190	190
112	103	100		143	136			174	165	162.5	160	205	195	195	190
113	106			144	136	132	128	175	167.5	165	160	206	195	195	190
114	106	103		145	136	132	132	176	167.5	165	162.5	207	195		
115	106	103		146	136	136	132	177	167.5			208	200	195	190
116	109	106		147	140			178	170	167.5	165	209	200		
117	109			148	140	136	132	179	170			210	200	200	195
118	109	106		149	142.5			180	172.5	170	165	211	200		
119	112			150	142.5	140	136	181	172.5			212	200	200	195

（续）

d_4、d_9	d_2 3.55	d_2 5.3	d_2 7
213	200		
214		203	200
215		203	200
216		203	203
218		206	203
220		206	203
222		212	206
224		212	206
225		212	212
226		212	212
228		218	212
230		218	212
232		218	218
234		224	218
235		224	218
236		224	218
238		227	224
240		227	227
242		230	227
244		230	230
245		230	230
246		230	230
248		236	230
250		239	236
252		239	236
254		243	239
255		243	239
256		243	239
258		243	243
260		243	243
262		250	243

d_4、d_9	d_2 3.55	d_2 5.3	d_2 7
264		250	250
265		254	250
266		254	250
268		254	250
270		258	250
272		258	258
274		261	258
275		261	261
276		265	261
278		265	261
280		268	265

d_4、d_9	d_2 5.3	d_2 7
282	268	268
284	272	268
285	272	268
286	272	272
288	278	272
290	278	276
292	280	276
294	283	280
295	283	280
296	283	280
298	286	283
300	286	286
302	290	286
304	290	290
305	290	290
306	295	290
308	295	290
310	295	295
312	300	295

d_4、d_9	d_2 5.3	d_2 7
314	303	300
315	303	300
316	303	300
318	307	303
320	307	303
322	311	307
324	311	307
325	311	311
326	315	311
328	315	311
330	315	315
332	320	315
334	320	320
335	320	320
336	325	320
338	325	320
340	325	325
342	330	325
344	330	330
345	330	330
346	335	330
348	335	330
350	335	335
352	340	335
354	340	340
355	340	340
356	345	340
358	345	340
360	345	345
362	350	345
364	350	350
365	350	350

d_4、d_9	d_2 5.3	d_2 7
366	355	350
368	355	350
370	355	355
372	360	355
374	360	360
375	360	360
376	365	360
378	365	360
380	365	365
382	370	365
384	370	370
385	370	370
386	375	370
388	375	370
390	375	375
392	375	375
394	383	379
395	383	379
396	383	379
398	387	383
400	387	383
402	387	387
404	391	387
405	391	391
406		391
408		391
410	395	395
412		395
414		400
415	400	400
416		400
418		400
420	400	406

（续）

d_4、d_9	d_2 7	d_4、d_9	d_2 7	d_4、d_9	d_2 7	d_4、d_9	d_2 7	d_4、d_9	d_2 7
422	406	475	456	528	508	582	560	636	615
424	406	476	456	530	515	584	560	638	615
425	406	478	462	532	515	585	570	640	623
426	412	480	462	534	515	586	570	642	623
428	412	482	466	535	515	588	570	644	623
430	412	484	466	536	515	590	570	645	623
432	418	485	466	538	523	592	570	646	630
434	418	486	466	540	523	594	570	648	630
435	418	488	466	542	523	595	580	650	630
436	418	490	475	544	523	596	580	652	630
438	418	492	475	545	530	598	580	654	630
440	425	494	475	546	530	600	580	655	630
442	425	495	479	548	530	602	580	656	640
444	429	496	479	550	530	604	580	658	640
445	429	498	483	552	530	605	590	660	640
446	429	500	483	554	538	606	590	662	640
448	433	502	487	555	538	608	590	664	640
450	433	504	487	556	538	610	590	665	640
452	437	505	487	558	538	612	590	666	650
454	437	506	487	560	545	614	590	668	650
455	437	508	493	562	545	615	600	680	650
456	437	510	493	564	545	616	600	672	650
458	443	512	493	565	545	618	600	674	650
460	443	514	493	566	545	620	600	675	650
462	443	515	500	568	553	622	600	676	660
464	450	516	500	570	553	624	608	678	660
465	450	518	500	572	553	625	608	680	660
466	450	520	500	574	553	626	608	682	660
468	450	522	500	575	560	628	608	684	660
470	450	524	508	576	560	630	608	685	670
472	456	525	508	578	560	632	615	686	670
474	456	526	508	580	560	634	615	688	670
						635	615	690	670

表 22-66　液压、气动活塞静密封沟槽尺寸（二）

（摘自 GB/T 3452.3—2005）　　　（单位：mm）

d_4、d_9	d_2				d_4、d_9	d_2		d_4、d_9	d_2			d_4、d_9	d_2		
	1.8	2.65	3.55	5.3		3.55	5.3		3.55	5.3	7		3.55	5.3	7
3	3.15				45	45	46.2	87	87.5			129	132		
4	4				46	46.2	47.2	88	90	90		130	132	132	136
5	5				47	47.5	47.5	89	90			131	132		
6	6				48	48.7	48.7	90	92.5	92.5		132	132	132	136
7	7.1				49	50	50	91	92.5			133	136		
8	8				50	50	51.5	92	92.5	92.5		134	136	136	136
9	9				51	51.5	51.5	93	95			135	136	136	136
10	10				52	53	53	94	95	95		136	136	136	140
11	11.2				53	53	54.5	95	97.5	97.5		137	140		
12	12.1				54	54.5	54.5	96	97.5	97.5		138	140	140	140
13	13.1				55	56	56	97	100			139	140		
14	14	14			56	56	56	98	100	100		140	140	140	142.5
15	15	15			57	58	58	99	100			141	142.5		
16	16	16			58	58	58	100	103	103		142	145	145	145
17	17	17			59	60	60	101	103			143	145		
18		18	18		60	60	60	102	103	103		144	145	145	145
19		19	19		61	61.5	61.5	103	106			145	147.5	145	147.5
20		20	20		62	63	63	104	106	106	106	146	147.5	147.5	147.5
21		21.2	21.2		63	63	63	105	106	106	106	147	150		
22		22.4	22.4		64	65	65	106	109	109	109	148	150	150	150
23		23.6	23.6		65	65	65	107	109			149	150		
24		24.3	24.3		66	67	67	108	109	109	109	150	152.5	150	152.5
25		25	25		67	67	67	109	112			151	152.5		
26		26.5	26.5		68	69	69	110	112	112	112	152	155	155	155
27		27.3	27.3		69	69	69	111	112			153	155		
28		28	28		70	71	71	112	115	115	115	154	155	155	155
29		30	30		71	71	71	113	115			155	157.5	155	157.5
30		30	30		72	73	73	114	115	115	115	156	157.5	157.5	157.5
31		31.5	31.5		73	73	73	115	115	118	118	157	160		
32		32.5	32.5		74	75	75	116	118	118	118	158	160	160	160
33		33.5	33.5		75	75	75	117	118			159	160		
34		34.5	34.5		76	77.5	77.5	118	122	118	122	160	162.5	162.5	162.5
35		35.5	35.5		77	77.5	77.5	119	122			161	162.5		
36		36.5	36.5		78	80	80	120	122	122	122	162	165	165	165
37		37.5	37.5		79	80	80	121	125			163	165		
38		38.7	38.7		80	80	80	122	125	125	125	164	165	165	167.5
39		40	40		81	82.5		123	125			165	167.5	167.5	167.5
40			41.2	40	82	82.5	82.5	124	125	125	125	166	167.5	167.5	167.5
41			41.2	41.2	83	85		125	125	125	128	167	170		
42			42.5	42.5	84	85	85	126	128	128	128	168	170	170	170
43			43.7	43.7	85	87.5	85	127	128			169	170		
44			45	45	86	87.5	87.5	128	128	128	132	170	172.5	170	172.5

（续）

d_4、d_9	d_2			d_4、d_9	d_2			d_4、d_9	d_2		d_4、d_9	d_2	
	3.55	5.3	7		3.55	5.3	7		5.3	7		5.3	7
171	172.5			222		224	224	292	295	295	362	370	365
172	175	175	175	224		227	227	294	300	300	364	370	370
173	175			225		230	230	295	300	300	365	370	370
174	175	175	177.5	226		230	230	296	300	300	366	370	370
175	177.5		177.5	228		230	230	298	300	300	368	375	370
176	177.5	180	180	230		236	236	300	303	303	370	375	375
177	180			232		236	236	302	307	307	372	379	375
178	180	180	180	234		236	236	304	307	307	374	379	379
179	180			235		239	239	305	307	307	375	383	379
180	182.5	182.5	182.5	236		239	239	306	311	311	376	383	379
181	185			238		243	243	308	311	311	378	387	383
182	185	185	185	240		243	243	310	315	315	380	387	383
183	185			242		250	250	312	315	315	382	387	387
184	185	185	187.5	244		250	250	314	320	320	384	387	387
185	187.5	187.5	187.5	245		250	250	315	320	320	385	391	391
186	190	190	190	246		250	250	316	320	320	386	391	391
187	190			248		250	250	318	320	320	388	395	391
188	190	190	190	250		254	254	320	325	325	390	395	395
189	190			252		254	254	322	325	325	392	400	395
190	195	195	195	254		258	258	324	330	330	394	400	400
191	195			255		258	258	325	330	330	395	400	400
192	195	195	195	256		258	258	326	330	330	396	400	400
193	195			258		261	261	328	330	330	398	400	400
194	195	195	195	260		265	265	330	335	335	400	400	406
195	200	200	200	262		265	265	332	335	335	402		406
196	200	200	200	264		268	268	334	340	340	404		406
197	200			265		268	268	335	340	340	405		412
198	200	200	200	266		268	268	336	340	340	406		412
199				268		272	272	338	345	340	408		412
200		203	203	270		272	272	340	345	345	410		412
202		206	206	272		276	276	342	345	345	412		418
204		206	206	274		276	276	344	350	350	414		418
205		206	212	275		280	280	345	350	350	415		418
206		212	212	276		280	280	346	350	350	416		418
208		212	212	278		280	280	348	350	350	418		425
210		212	212	280		286	283	350	355	355	420		425
212		218	218	282		286	286	352	355	355	422		425
214		218	218	284		286	286	354	360	360	424		429
215		218	218	285		286	290	355	360	360	425		429
216		218	218	286		290	290	356	360	360	426		433
218		224	224	288		290	295	358	365	360	428		433
220		224	224	290		295	295	360	365	365	430		437

（续）

d_4、d_9	d_2	d_4、d_9	d_2	d_4、d_9	d_2	d_4、d_9	d_2	d_4、d_9	d_2
	7		7		7		7		7
432	437	478	487	525	530	572	580	618	630
434	437	480	487	526	530	574	580	620	630
435	437	482	487	528	530	575	580	622	630
436	443	484	487	530	538	576	580	624	630
438	443	485	487	532	538	578	580	625	630
440	443	486	493	534	538	580	590	626	630
442	450	488	493	535	545	582	590	628	640
444	450	490	493	536	545	584	590	630	640
445	450	492	500	538	545	585	590	632	640
446	450	494	500	540	545	586	590	634	640
448	450	495	500	542	545	588	600	635	640
450	456	496	500	544	553	590	600	636	640
452	456	498	500	545	553	592	600	638	650
454	462	500	508	546	553	594	600	640	650
455	462	502	508	548	553	595	600	642	650
456	462	504	508	550	560	596	600	644	650
458	462	505	508	52	560	598	608	645	650
460	462	506	515	54	560	600	608	646	650
462	466	508	515	55	560	602	608	648	660
464	466	500	515	56	560	604	615	650	660
465	470	512	515	58	560	605	615	652	660
466	470	514	523	560	570	606	615	654	660
468	475	515	523	562	570	608	615	655	660
470	475	516	523	564	570	610	615	656	660
472	475	518	523	565	570	612	615	658	670
474	479	520	523	566	570	614	623	660	670
475	479	522	530	568	570	615	623		
476	483	524	530	570	580	616	623		

表 22-67　液压、气动活塞杆动密封沟槽尺寸

（摘自 GB/T 3452.3—2005）　　　　（单位：mm）

d_4、d_9	O 形密封圈截面直径 d_2							d_4、d_9	O 形密封圈截面直径 d_2						
	液压				气动				液压				气动		
	1.8	2.65	3.55	5.3	1.8	2.65	3.55		1.8	2.65	3.55	5.3	1.8	2.65	3.55
2					2			8	8				8		
3	3.15				3.15			9	9				9		
4	4				4			10	10				10		
5	5.15				5			11	11.2				11.2		
6	6				6			12	12.1				12.1		
7	7.1				7.1			13	13.2				13.2		

（续）

d_4、d_9	O形密封圈截面直径 d_2						
	液压				气动		
	1.8	2.65	3.55	5.3	1.8	2.65	3.55
14	14	14			14	14	
15	15	15			15	15	
16	16	16			16	16	
17	17	17			17	17	
18		18	18			18	18
19		19	19			19	20
20		20	20.6			20	20
21		21.2	21.2			21.2	21.2
22		22.4	22.4			22.4	22.4
23		23.6	23.6			23.6	23.6
24		24.3	24.3			25	25
25		25	25			25.8	25
26		26.5	26.5			26.5	26.5
27		27.3	27.3			28	28
28		28	28			28	28
29		30	30			30	30
30		30	31.5			30	30
31		31.5	31.5			31.5	31.5
32		32.5	32.5			32.5	32.5
33		33.5	33.5			33.5	33.5
34		34.5	34.5			34.5	34.5
35		35.5	35.5			35.5	35.5
36		36.5	36.5			36.5	36.5
37		37.5	37.5			37.5	37.5
38		38.7	38.7			38.7	38.7
39			40	40			40
40			41.2	41.2			40
41			42.5	41.2			41.2
42			42.5	42.5			42.5

d_4、d_9	O形密封圈截面直径 d_2			
	液压		气动	
	3.55	5.3	3.55	5.3
43	43.7	43.7	43.7	43.7
44	45	45	45	45
45	46.2	45	45	45
46	47.5	46.2	46.2	46.2
47	48.7	47.5	47.5	48
48	48.7	48.7	50	50
49	50	50	50	50
50	51.5	51.5	51.5	51.5
51	53	51.5	53	53
52	53	53	53	53
53	54.5	53	54.5	54.5
54	56	54.5	56	56
55	56	56	56	56
56	58	58	58	58
57	58	58	58	58
58	60	60	60	60
59	60	60	60	60
60	61.5	61.5	61.5	61.5
61	61.5	61.5	63	63
62	63	63	63	63
63	63	65	65	65
64	65	65	65	65
65	67	67	67	67
66	67	67	67	67
67	69	69	69	69
68	69	69	69	69
69	71	71	71	71
70	71	71	71	71
71	73	73	73	73
72	73	73	73	73
73	75	75	75	75
74	75	75	75	75
75	77.5	77.5	77.5	77.5
76	77.5	77.5	77.5	77.5
77	77.5	77.5	77.5	77.5
78	80	80	80	80
79	80	80	80	80
80	82.5	82.5	82.5	82.5
81	82.5		82.5	
82	82.5	82.5	85	85

（续）

活塞杆直径 d_4、d_9	O 形密封圈截面直径 d_2						活塞杆直径 d_4、d_9	O 形密封圈截面直径 d_2					
	液压			气动				液压			气动		
	3.55	5.3	7	3.55	5.3	7		3.55	5.3	7	3.55	5.3	7
83	85			85			117	118			118		
84	85	85		85	85		118	122	122		122	122	
85	85	87.5		87.5	87.5		119	122			122		
86	87.5	87.5		87.5	87.5		120	122	125	122	122	125	122
87	87.5			90			121	122			125		
88	90			90	90		122	125			125		
89	90			90			123	125			125		
90	92	92.5		92.5	92.5		124	125			125		
91	92			92.5			125	128	128	128	128	128	128
92	92.5	95		95	95		130		132	132		132	132
93	95			95			135		136	136		136	136
94	95	97.5		95	97.5		140		142.5	142.5			142.5
95	97.5	97.5		97.5	97.5		145		147.5	147.5			147.5
96	97.5	97.5		97.5	97.5		150		152.5	152.5			152.5
97	97.5			100			155		157.5	157.5			157.5
98	100	100		100	100		160			162.5			162.5
99	100			100			165			167.5			167.5
100	103	103		103	103		170			172.5			172.5
101	103			103			175			177.5			177.5
102	103	103		103	103		180			182.5			182.5
103	106			106			185			187.5			187.5
104	106	106		106	106		190			195			195
105	106	106	106	109		106	195			200			200
106	109	109		109	109		200			203			203
107	109			109			205			206			206
108	109	109		112	109		210			212			212
109	112			112			215			218			218
110	112	112	112	112	112	112	220			224			224
111	115			115			225			227			227
112	115	115		115	114		230			236			236
113	115			115			235			236			236
114	115	115		118	115		240			243			243
115	118	118	118	118	118	118	245			250			250
116	118	118		118	118		250						254

表 22-68　轴向密封沟槽尺寸（受内部压力）

（摘自 GB/T 3452.3—2005）　　　　（单位：mm）

d_7 H11	d_1	d_7 H11	d_1	d_7 H11	d_1	d_7 H11	d_1	d_7 H11	d_1	d_7 H11	d_1
$d_2=1.8$		$d_2=2.65$		$d_2=3.55$		$d_2=3.55$		$d_2=5.3$		$d_2=5.3$	
7.9	4.5	27.5	22.4	44.5	38.7	110	103	63	53	150	140
8.2	5	28.6	23.6	46.5	40	116	109	64	54.5	155	145
8.6	5.15	30	25	47.5	41.2	119	112	65	56	160	150
8.7	5.3	31	25.8	48.5	42.5	122	115	68	58	165	155
9	5.6	31.5	26.5	49.5	43.7	125	118	70	60	170	160
9.4	6	33	28	51	45	129	122	72	61.5	175	165
9.7	6.3	35	30	52	46.2	132	125	73	63	180	170
10.1	6.7	36.5	31.5	53.5	47.5	135	128	75	65	185	175
10.3	6.9	37.5	32.5	54.5	48.7	139	132	77	67	190	180
10.5	7.1	38.5	33.5	56	50	143	136	79	69	195	185
10.9	7.5	39.5	34.5	57.5	51.5	147	140	81	71	200	190
11.4	8	40.5	35.5	59	53	152	145	83	73	205	195
11.9	8.5	41.5	36.5	60.5	54.5	157	150	85	75	210	200
12.2	8.75	42.5	37.5	62	56	162	155	88	77.5	215	206
12.4	9	43.8	38.7	64	58	167	160	90	80	220	212
12.9	9.5	$d_2=3.55$		66	60	172	165	93	82.5	227	218
13.4	10	24	18	67	61.5	177	170	95	85	232	224
14	10.6	25	19	69	63	182	175	98	87.5	240	230
14.6	11.2	26	20	71	65	187	180	100	90	245	236
15.2	11.8	27	21.2	73	67	192	185	103	92.5	253	243
15.9	12.5	28	22.4	75	69	197	190	105	95	260	250
16.6	13.2	29.5	23.6	77	71	202	195	108	97.5	267	258
17.3	14	31	25	79	73	207	200	110	100	275	265
18.4	15	31.5	25.8	81	75	$d_2=5.3$		113	103	280	272
19.4	16	32.5	26.5	83	77.5	50	40	116	106	290	280
20.4	17	34	28	86	80	51	41.2	119	109	300	290
$d_2=2.65$		36	30	88	82.5	53	42.5	122	112	310	300
19	14	37.5	31.5	91	85	54	43.7	125	115	315	307
20	15	38.5	32.5	93	87.5	55	45	128	118	325	315
21	16	39.5	33.5	96	90	56	46.2	132	122	335	325
22	17	40.5	34.5	98.0	92.5	58	47.5	135	125	345	335
23	18	41.5	35.5	102	95	59	48.7	138	128	355	345
24	19	42.5	36.5	105	97.5	60	50	142	132	365	355
25	20	43.5	37.5	107	100	62	51.5	145	136	375	365
26.5	21.2										

（续）

d_7 H11	d_1	d_7 H11	d_1	d_7 H11	d_1	d_7 H11	d_1	d_7 H11	d_1	d_7 H11	d_1
$d_2=5.3$		$d_2=7$		$d_2=7$		$d_2=7$		$d_2=7$		$d_2=7$	
385	375	142	132	195	185	260	250	355	345	485	475
395	387	146	136	200	190	270	258	365	355	500	487
410	400	150	140	205	195	275	265	375	365	510	500
$d_2=7$		155	145	210	200	285	272	385	375	525	515
119	109	160	150	215	206	290	280	400	387	540	530
122	112	165	155	222	212	300	290	410	400	555	545
125	115	170	160	228	218	310	300	430	412	570	560
128	118	175	165	234	224	320	307	435	425	590	580
132	122	180	170	240	230	325	315	450	437	610	600
135	125	185	175	246	236	335	325	460	450	625	615
138	128	190	180	253	243	345	335	475	462	640	630

表 22-69 轴向密封沟槽尺寸（受外部压力）

（摘自 GB/T 3452.3—2005） （单位：mm）

d_8 H11	d_1	d_8 H11	d_1	d_8 H11	d_1	d_8 H11	d_1	d_8 H11	d_1	d_8 H11	d_1
$d_2=1.8$		$d_2=1.8$		$d_2=2.65$		$d_2=2.65$		$d_2=3.55$		$d_2=3.55$	
2	1.8	8.2	8	16.2	16	36.7	36.5	34.7	34.5	58.3	58
2.2	2	8.7	8.5	17.2	17	37.7	37.5	35.7	35.5	60.3	60
2.4	2.24	8.9	8.75	18.2	18	38.9	38.7	36.7	36.5	61.8	61.5
3	2.8	9.2	9	19.2	19	$d_2=3.55$		37.7	37.5	63.3	63
3.3	3.15	9.7	9.5	20.2	20	18.2	18	38.9	38.7	65.3	65
3.7	3.55	10.2	10	21.4	21.2	19.2	19	40.2	40	67.3	67
3.9	3.75	10.8	10.6	22.6	22.4	20.2	20	41.5	41.2	69.3	69
4.7	4.5	11.4	11.2	23.8	23.6	21.4	21.2	42.8	42.5	71.3	71
5.2	5	12	11.8	25.2	25	22.6	22.4	44.6	43.7	73.3	73
5.3	5.15	12.7	12.5	26	25.8	23.8	23.6	45.3	45	75.3	75
5.5	5.3	13.4	13.2	26.7	26.5	25.2	25	46.5	46.2	77.8	77.5
5.8	5.6	14.2	14	28.2	28	26.2	25.8	47.3	47.5	80.3	80
6.2	6	15.2	15	30.2	30	26.7	26.5	48	48.7	82.8	82.5
6.5	6.3	16.2	16	31.7	31.5	28.2	28	50.3	50	85.3	85
6.9	6.7	17.2	17	32.7	32.5	30.2	30	51.8	51.5	87.8	87.5
7.1	6.9	$d_2=2.65$		33.7	33.5	31.7	31.5	53.3	52	90.3	90
7.3	7.1	14.2	14	34.7	34.5	32.7	32.5	54.8	54.5	92.8	92.5
7.7	7.5	15.2	15	35.7	35.5	33.7	33.5	56.3	56	95.3	95

（续）

d_8 H11	d_1
$d_2=3.55$	
97.8	97.5
100.3	100
103.5	103
115.5	115
118.5	118
122.5	122
125.5	125
128.5	128
132.5	132
136.5	136
140.5	140
145.5	145
150.5	150
155.5	155
160.5	160
165.5	165
170.5	170
175.5	175
180.5	180
185.5	185
190.5	190
195.5	195
200.5	200
$d_2=5.3$	
40.3	40
41.5	41.2
42.8	42.5
44	43.7
45.3	45

d_8 H11	d_1
$d_2=5.3$	
46.5	46.2
47.8	47.5
50	48.7
50.5	50
51.8	51.5
53.3	53
54.8	54.5
56.3	56
58.3	58
60.3	60
61.8	61.5
63.3	63
65.3	65
67.3	67
69.3	69
71.3	71
73.3	73
75.3	75
77.8	77.5
80.3	80
82.8	82.5
85.3	85
87.8	87.5
90.3	90
92.8	92.5
95.3	93
97.8	97.5
100.5	100
103.5	108

d_8 H11	d_1
$d_2=5.3$	
106.5	106
109.5	109
112.5	112
115.5	115
118.5	118
122.5	122
125.5	125
128.5	128
132.5	132
136.5	136
140.5	140
145.5	145
150.5	150
155.5	155
160.5	160
165.5	165
170.5	170
175.5	175
180.5	180
185.5	185
190.5	190
195.5	195
201	200
207	206
213	212
219	218
225	224
231	230
237	236

d_8 H11	d_1
$d_2=5.3$	
244	243
251	250
259	258
266	265
273	272
281	280
291	290
301	300
308	307
316	315
326	325
336	335
346	345
356	355
366	365
376	375
388	387
401	400
$d_2=7$	
110	109
113	112
116	115
119	118
123	122
126	125
129	128
133	132
137	136

d_8 H11	d_1
$d_2=7$	
141	140
146	145
151	150
156	155
161	160
166	165
171	170
176	175
181	180
186	185
191	190
196	195
201	200
207	206
213	212
219	218
225	224
231	230
237	236
248	243
251	250
259	258
266	265
273	272
281	280
291	290
301	300
308	307

d_8 H11	d_1
$d_2=7$	
316	315
326	325
336	335
346	345
356	355
366	365
376	375
388	387
401	400
413	412
426	425
438	437
451	450
463	462
476	475
488	487
502	500
517	515
531	530
547	545
562	560
581	580
602	600
617	615
632	630
652	650
672	670

22.3.2.2　毡圈密封（见表 22-70）

表 22-70　毡封圈及槽的形式及尺寸　　（单位：mm）

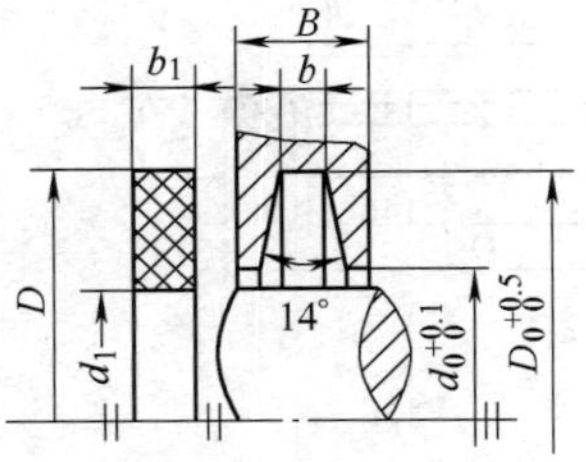

标记示例

轴径 $d=40$mm 的毡圈记为：

毡圈 40

轴径 d	毡封圈 D	毡封圈 d_1	毡封圈 b_1	槽 D_0	槽 d_0	槽 b	槽 B_{min} 钢	槽 B_{min} 铸铁
16	29	14	6	28	16	5	10	12
20	33	19		32	21			
25	39	24	7	38	26	6	12	15
30	45	29		44	31			
35	49	34		48	36			
40	53	39		52	41			
45	61	44	8	60	46	7		
50	69	49		68	51			
55	74	53		72	56			
60	80	58		78	61			
65	84	63		85	66			
70	90	68		88	71			
75	94	73		92	77			
80	102	78	9	100	82	8	15	18
85	107	83		105	87			
90	112	88		110	92			
95	117	93	10	115	97			
100	122	98		120	102			
105	127	103		125	107			
110	132	108		130	112			
115	137	113		135	117			
120	142	118	10	140	122	8	15	18
125	147	123		145	127			
130	152	128	12	150	132	10	18	20
135	157	133		155	137			
140	162	138		160	143			
145	167	143		165	148			
150	172	148		170	153			
155	177	153		175	158			
160	182	158		180	163			
165	187	163		185	168			
170	192	168		190	173			
175	197	173		195	178			
180	202	178		200	183			
185	207	183		205	188			
190	212	188		210	193			
195	217	193	14	215	198	12	20	22
200	222	198		220	203			
210	232	208		230	213			
220	242	213		240	223			
230	252	223		250	233			
240	262	238		260	243			

注：毡圈材料有半粗羊毛毡和细羊毛毡，粗毛毡适用于速度 $v \leqslant 3$m/s，优质细毛毡适用于速度 $v \leqslant 10$m/s。

22.3.2.3　J 形和 U 形无骨架橡胶油封（见表 22-71）

表 22-71　J 形和 U 形无骨架橡胶油封尺寸　（单位：mm）

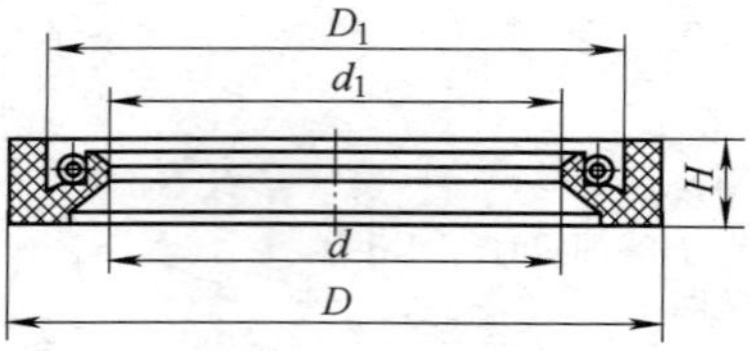

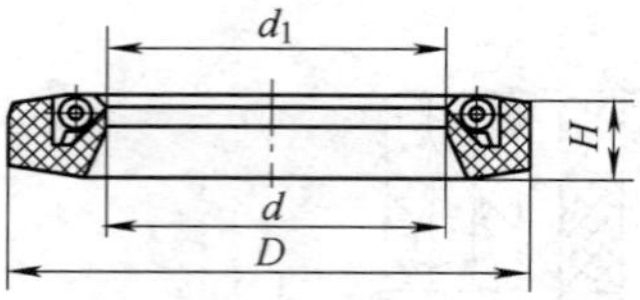

标记示例：

d=50mm，D=75mm，H=12mm，耐油橡胶Ⅰ-1，J 形无骨架橡胶油封：

J 形油封 50×75×12 橡胶Ⅰ-1

d=50mm，D=75mm，H=12.5mm，耐油橡胶Ⅰ-1，U 形无骨架橡胶油封：

U 形油封 50×75×12.5 橡胶Ⅰ-1

轴径 d	D	H J 形	H U 形	d_1	D_1
30	55	12	12.5	29	46
35	60			34	51
40	65			39	56
45	70			44	61
50	75			49	66
55	80			54	71
60	85			59	75
65	90			64	81
70	95			69	86
75	100			74	91
80	105			79	96
85	110			84	101
90	115			89	106
95	120			94	111
100	130	16	14	99	120
110	140			109	130
120	150			119	140
130	160			129	150
140	170			139	160
150	180			149	170
160	190			159	180
170	200			169	190
180	215	18	16	179	200

轴径 d	D	H J 形	H U 形	d_1	D_1
190	225	18	16	189	210
200	235			199	220
210	245			209	230
220	255			219	240
230	265			229	250
240	275			239	260
250	285			249	270
260	300	20	18	259	280
270	310			269	290
280	320			279	300
290	330			289	310
300	340			299	320
310	350			309	330
320	360			319	340
330	370			329	350
340	380			339	360
350	390			349	370
360	400			359	380
370	410			369	390
380	420			379	400
390	430			389	410
400	440			399	420
410	460	25	22.5	409	430

轴径 d	D	H J 形	H U 形	d_1	D_1
420	470	25	22.5	419	442
430	480			429	452
440	490			439	462
450	500			449	472
460	510			459	482
470	520			469	492
480	530			479	502
490	540			489	512
500	550			499	522
510	560			509	532
520	570			519	542
530	580			529	552
540	590			539	562
550	600			549	572
560	610			559	582
570	620			569	592
580	630			579	602
590	640			589	612
600	650		无规格	599	622
630	680			629	652
710	760			709	732
800	850			799	822

22.3.2.4　旋转轴唇形密封圈（见表 22-72～表 22-101）

表 22-72　唇形密封圈的基本形式及代号（摘自 GB/T 13871.1—2007）

	内包骨架型	外露骨架型	装　配　型
无副唇	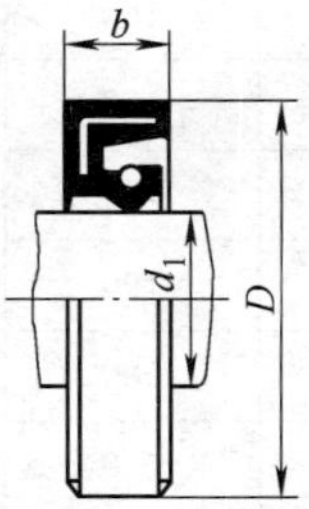 B 型 内包骨架型	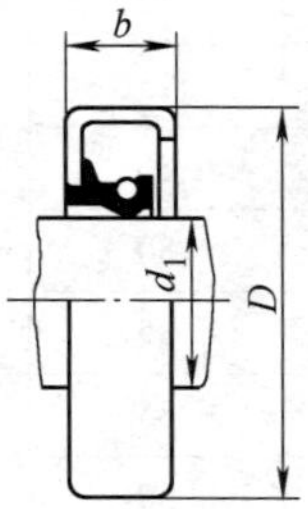 W 型 外露骨架型	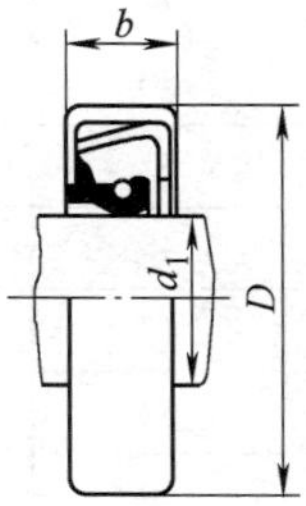 Z 型 装配型
带副唇	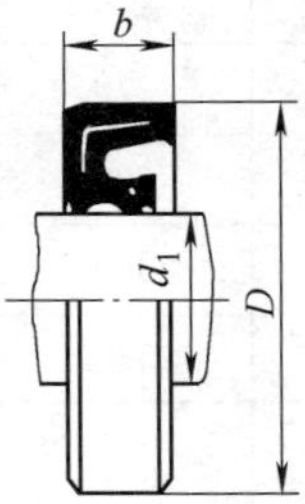 FB 型 带副唇内包骨架型	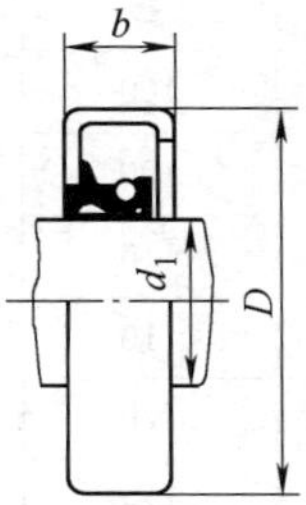 FW 型 带副唇外露骨架型	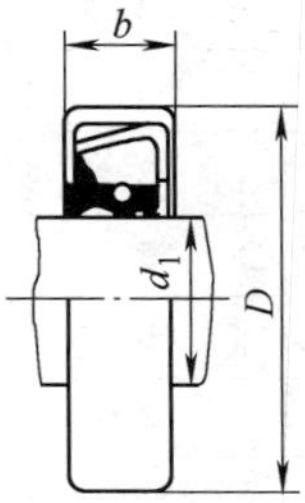 FZ 型 带副唇装配型

密封圈标记由形式代号、尺寸代码和标准号组成。形式代号见表 22-72，尺寸代码见表 22-73。例如，带副唇外露骨架型密封圈，基本内径 $d_1=22$mm，基本外径 $D=35$mm，则其标记为：

FW 022035 GB/T 9877—2008

表 22-73　尺寸代码

d_1/mm	D/mm	尺寸代码
6	16	006016
70	90	070090
400	440	400440

表 22-74　唇形密封圈的公称尺寸　（单位：mm）

d_1	D	b	d_1	D	b	d_1	D	b
6	16		12	30		(20)①	45	
6	22		15	26		22	35	
7	22		15	30		22	40	
8	22		15	35		22	47	
8	24		16	30		25	40	
9	22	7	(16)①	35	7	25	47	7
10	22		18	30		25	52	
10	25		18	35		28	40	
12	24		20	35		28	47	
12	25		20	40		28	52	

（续）

d_1	D	b	d_1	D	b	d_1	D	b
30	42	7	50	72	8	120	150	12
30	47		55	72		130	160	
(30)①	50		(55)①	75		140	170	15
30	52		55	80		150	180	
32	45	8	60	80		160	190	
32	47		60	85		170	200	
32	52		65	85	10	180	210	
35	50		65	90		190	220	
35	52		70	90		200	230	
35	55		70	95		220	250	
38	52		75	95		240	270	
38	58		75	100		(250)①	290	
38	62		80	100		260	300	20
40	55		80	110		280	320	
(40)①	60		85	110	12	300	340	
40	62		85	120		320	360	
42	55		(90)①	115		340	380	
42	62		90	120		360	400	
45	62		95	120		380	420	
45	65		100	125		400	440	
50	68		(105)①	130				
(50)①	70		110	140				

注：密封圈材料如图 22-26 所示，截面结构见图 22-27～图 22-29，有关尺寸、公差、表面粗糙度见表 22-74～表 22-78。

① 考虑到国内实际情况，除全部采用国际标准的公称尺寸外，还补充了若干种国内常用的规格，并加括号以示区别。

表 22-75　唇形密封圈的宽度公差　　（单位：mm）

公称总宽度 b	公差
$b \leqslant 10$	±0.3
$b>10$	±0.4

表 22-76　唇形密封圈的外径公差　　（单位：mm）

公称外径 D	外径公差		圆度公差	
	外露骨架型	内包骨架型	外露骨架型	内包骨架型
$D \leqslant 50$	$^{+0.20}_{+0.08}$	$^{+0.30}_{+0.15}$	0.18	0.25
$50<D \leqslant 80$	$^{+0.23}_{+0.09}$	$^{+0.35}_{+0.20}$	0.25	0.35

（续）

公称外径 D	外径公差		圆度公差	
	外露骨架型	内包骨架型	外露骨架型	内包骨架型
$80<D\leqslant120$	+0.25 +0.10	+0.35(0.45) +0.20	0.30	0.50
$120<D\leqslant180$	+0.28 +0.12	+0.45(0.50) +0.25	0.40	0.65
$180<D\leqslant300$	+0.35 +0.15	+0.45(0.55) +0.25	外径的 0.25%	0.80
$300<D\leqslant440$	+0.45 +0.20	+0.55(0.65) +0.30	外径的 0.25%	1.00

注：1. 圆度公差等于三等分或多等分测得的最大直径与最小直径之差。
2. 密封圈外径表面的橡胶部分，允许为波浪形，但其外径公差应由用户和生产厂商定。
3. 内包骨架型密封圈的外径公差，是以丁腈橡胶材料的收缩率为基础的，当采用其他橡胶材料时，也可采用 ISO 6194 未规定的括号内的公差值。

表 22-77　轴导入倒角　　　　（单位：mm）

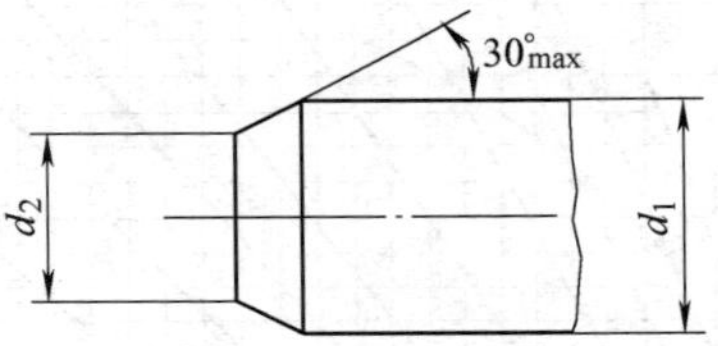

轴直径 d_1	$d_1-d_2$①	轴直径 d_1	$d_1-d_2$①
$d_1\leqslant10$	1.5	$50<d_1\leqslant70$	4.0
$10<d_1\leqslant20$	2.0	$70<d_1\leqslant95$	4.5
$20<d_1\leqslant30$	2.5	$95<d_1\leqslant130$	5.5
$30<d_1\leqslant40$	3.0	$130<d_1\leqslant240$	7.0
$40<d_1\leqslant50$	3.5	$240<d_1\leqslant400$	11.0

注：倒角上不应有毛刺、尖角和粗糙的机加工痕迹。
① 若轴端采用倒圆倒入导角，则倒圆的圆角半径不小于表中的 d_1-d_2 之值。

表 22-78　轴公差、表面粗糙度

项　目	内　　容
轴直径公差	不得超过 h11
表面粗糙度	与密封圈接触的轴表面粗糙度 $Ra=0.2\sim0.63\mu m$，$Rz=0.8\sim2.5\mu m$。不允许有螺旋形机加工痕迹

表 22-79　腔体内孔尺寸　　　　（单位：mm）

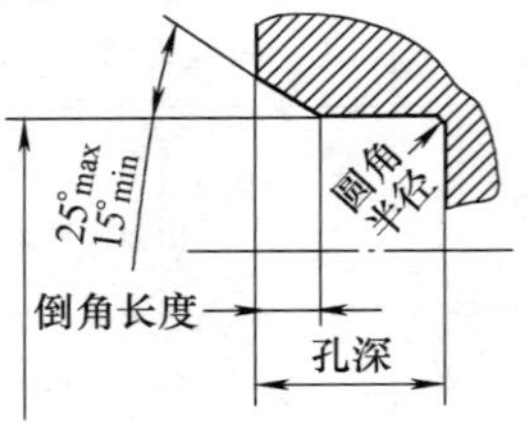

公称总宽度 b	最小内孔深度	倒角长度	最大圆角半径
≤10	b+0.9	0.70～1.00	0.50
>10	b+1.2	1.20～1.50	0.75

注：1. 如果腔体不是由黑色金属整体加工成刚性件时，腔体尺寸、公差和倒角形状应由有关方面协商而定。

2. 内孔表面粗糙度 Ra=(1.6～3.2)μm，Rz=(6.3～12.5)μm，当采用外露骨架密封圈时，内孔表面粗糙度的参数值可选用更小一些。

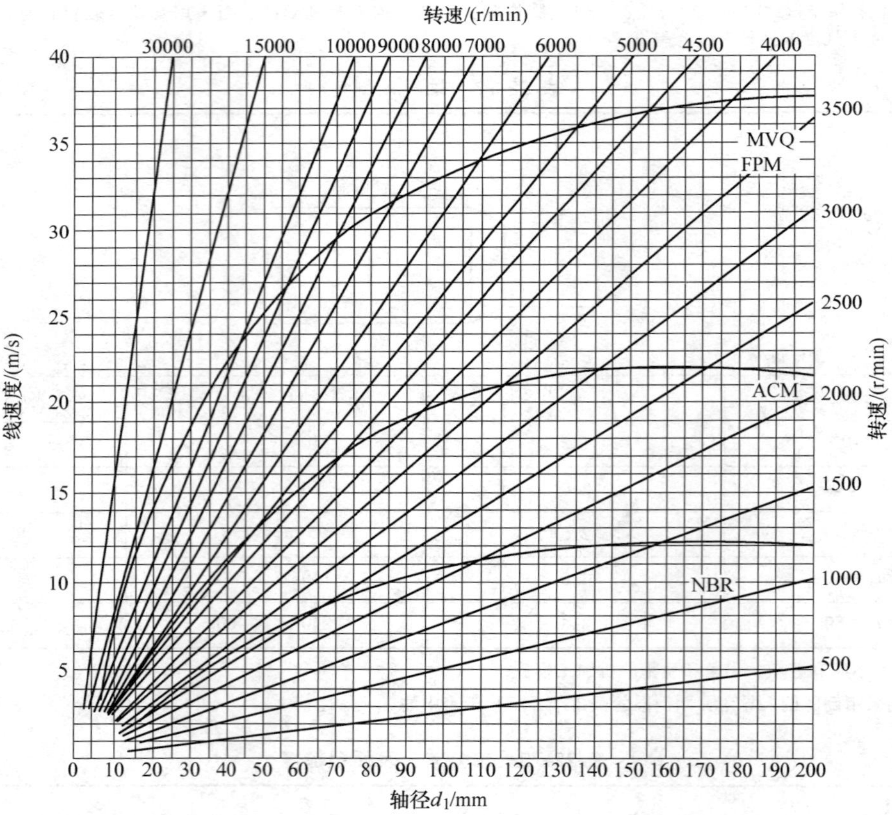

胶种代号：D—丁腈橡胶（NBR）；B—丙烯酸酯橡胶（ACM）

F—氟橡胶（FPM）；G—硅橡胶（MVQ）

图 22-26　胶种选用图

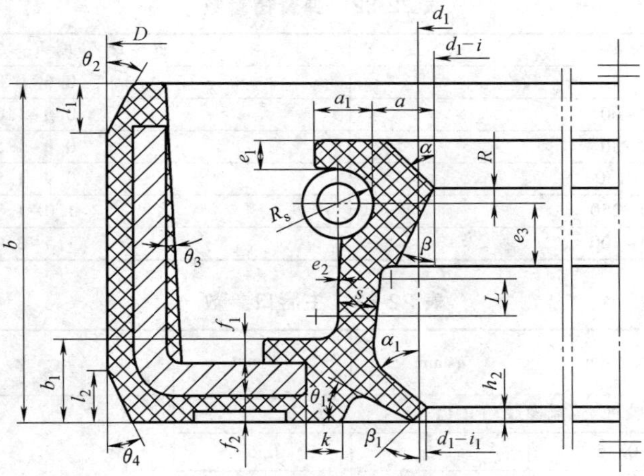

图 22-27　唇形密封圈截面各部位参数

表 22-80　包胶层厚度参数　　（单位：mm）

公称直径 D	t_2
$D\leqslant 50$	0.55~1.0
$50<D\leqslant 80$	0.55~1.3
$80<D\leqslant 120$	0.55~1.3
$120<D\leqslant 200$	0.55~1.5
$200<D\leqslant 300$	0.75~1.5
$300<D\leqslant 440$	1.20~1.50

表 22-81　倒角宽度及角度参数

密封圈公称宽度 b/mm	l_1/mm	l_2/mm	θ_2	θ_4
$b\leqslant 4$	0.4~0.6	0.4~0.6	15°~30°	15°~30°
$4<b\leqslant 8$	0.6~1.2	0.6~1.2		
$8<b\leqslant 11$	1.0~2.0	1.0~2.0		
$11<b\leqslant 13$	1.5~2.5	1.5~2.5		
$13<b\leqslant 15$	2.0~3.0	2.0~3.0		
$b>15$	2.5~3.5	2.5~3.5		

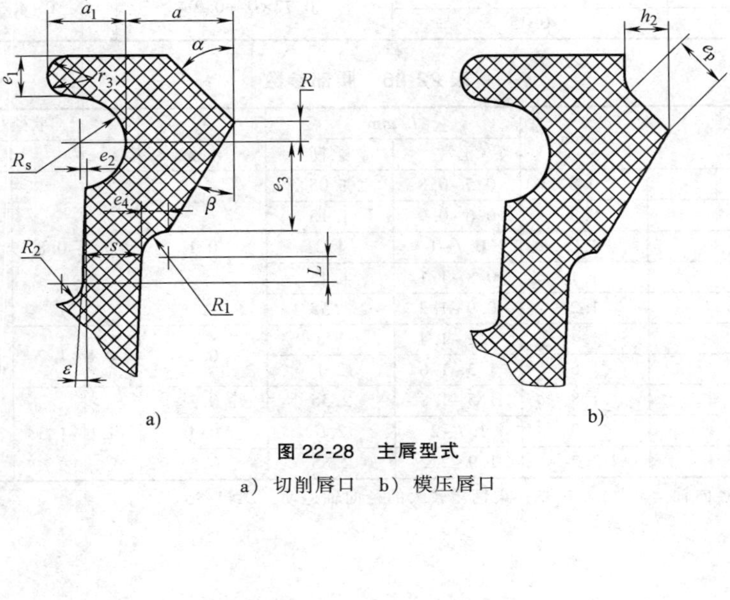

a)　　b)

图 22-28　主唇型式

a）切削唇口　b）模压唇口

表 22-82　弹簧槽参数　　（单位：mm）

轴径 d_1	$R_s=D_s/2$ 或 $R_s=D_s/2+0.05$
>5~30	0.6~0.8
>30~60	0.6~1.0
>60~80	0.8~1.5
>80~130	0.9~1.5
>130~250	1.0~1.8
>250~400	1.5~3.0

表 22-83　主唇口参数

轴径 d_1 /mm	h_1/mm	a/mm	e_p/mm	e_3	α	β
橡胶种类：氟橡胶（FPM）				$e_3=0.51\times(D_s+a+0.05)$ 倒角到 0.05	45°±5°	25°±5°
$d_1\leqslant70$	0.45	1.5	0.5			
$d_1>70$	0.60	2.0	0.7			
橡胶种类：丙烯酸酯胶（ACM），硅橡胶（MVQ），丁腈橡胶（NBR）						
$d_1\leqslant30$	0.60	2.0	0.7			
$30<d_1\leqslant50$	0.70	2.35	0.8			
$50<d_1\leqslant120$	0.75	2.5	0.9			
$d_1>120$	0.80	2.7	1.0			

表 22-84　弹簧中心相对主唇口位置 R 参数　　（单位：mm）

轴径 d_1	R
5~30	0.3~0.6
30~60	0.3~0.7
60~80	0.4~0.8
80~130	0.5~1.0
130~250	0.6~1.1
250~400	0.7~1.2

表 22-85　弹簧壁厚度及参数　　（单位：mm）

a	e_1	a_1	r_3
$a\geqslant1$	$0.39\times a+0.7$	$0.72\times D_s+0.2$	$0\sim e_1/2$（$r_3=0$ 为直角）
$a<1$	0.45		

表 22-86　腰部参数

唇口到弹簧槽底部距离 a/mm	s/mm	L/mm		e_2 /mm	半径/mm		ε
		正常	柔韧		R_2	R_1	
$a<1.3$	0.8	0.5~0.8	1.05	0.1	0.5~0.8	$\leqslant1.2e_4$	$\leqslant10°$
$1.3\leqslant a<1.6$	0.9	0.6~0.9	1.15				
$1.6\leqslant a<1.9$	1.0	0.7~1	1.3				
$1.9\leqslant a<2.2$	1.1	0.8~1.1	1.45				
$2.2\leqslant a<2.5$	1.2	0.9~1.2	1.55				
$2.5\leqslant a<2.8$	1.4	1.1~1.4	1.8	0.2	0.8~1.2		
$2.8\leqslant a<3.3$	1.6	1.3~1.6	2.1				
$3.3\leqslant a<3.8$	1.8	1.5~1.8	2.35	0.3	1.0~1.5		
$3.8\leqslant a<4.3$	2.0	1.7~2	2.6	0.4			
$a\geqslant4.3$	2.2	1.9~2.2	2.85	0.5			

注：正常指较小的径向轴运动，$L\geqslant1.3S$；柔韧指较大的径向轴运动，$L\geqslant1.8S$。

表 22-87　唇口过盈量及极限偏差　　（单位：mm）

轴径 d_1	i	极限偏差
5~30	0.7~1.0	+0.2 -0.3
30~60	1.0~1.2	+0.2 -0.6
60~80	1.2~1.4	+0.2 -0.6
80~130	1.4~1.8	+0.2 -0.8
130~250	1.8~2.4	+0.3 -0.9
250~400	2.4~3.0	+0.4 -1.0

表 22-88　底部厚度参数　　（单位：mm）

f_1	0.4~0.8
f_2	0.6~1
b_1	$t_1+f_1+f_2$

表 22-89　副唇口的过盈量及极限偏差

轴径 d_1/mm	h_2/mm	α_1	θ_1	i_1/mm	极限偏差/mm
5~30	0.2~0.3	40°~50°	30°~40°	0.3	±0.15
30~60	0.3~0.4			0.4	±0.20
60~80	0.3~0.4			0.5	±0.25
80~130	0.4~0.5			0.6	±0.30
130~250	0.5~0.6			0.7	±0.35
250~400	0.6~0.7			0.9	±0.40
r_1、r_2、k	$r_1=0.5\sim2.5$，$r_2=0.25\sim0.8$，$k=0.3\sim0.8$				

表 22-90　副唇直径参考值　　（单位：mm）

橡胶种类	轴径 d_1	副唇直径
ACM	$d_1\leqslant25$	$(d_1+0.25)\pm0.20$
	$25<d_1\leqslant80$	$(d_1+0.35)\pm0.30$
	$80<d_1\leqslant100$	$(d_1+0.40)\pm0.35$
	$d_1>100$	$(d_1+0.45)\pm0.40$
FPM	$d_1\leqslant25$	$(d_1+0.30)\pm0.20$
	$25<d_1\leqslant80$	$(d_1+0.40)\pm0.30$
	$80<d_1\leqslant100$	$(d_1+0.45)\pm0.35$
	$d_1>100$	$(d_1+0.50)\pm0.40$

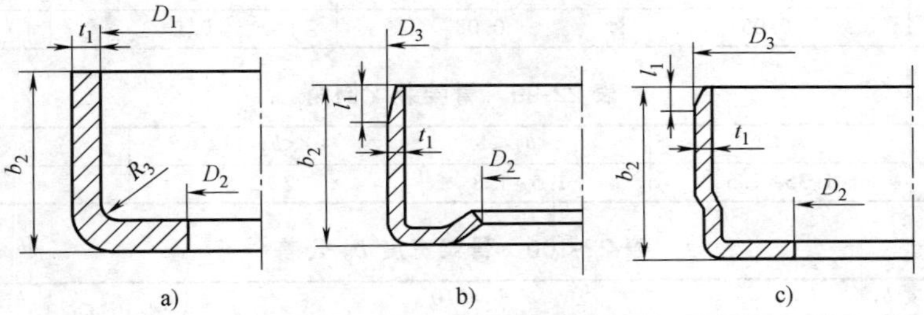

图 22-29　骨架基本型式

a）内包骨架型　b）外露骨架型　c）半包骨架型

内包骨架型参数按表 22-91～表 22-96 选取。

表 22-91　骨架材料厚度 t_1　　（单位：mm）

公称直径 D	$D \leqslant 30$	$30<D \leqslant 60$	$60<D \leqslant 120$	$120<D \leqslant 180$	$180<D \leqslant 250$	$D>250$
材料厚度 t_1	0.5～0.8	0.8～1.0	1.0～1.2	1.2～1.5	1.5～1.8	2～2.2
厚度公差	$\pm t_1 \times 0.1$					
弯角 $R_3=0.3\sim0.5$						

表 22-92　骨架内径 D_1 尺寸　　（单位：mm）

公称直径 D	$D \leqslant 19$	$19<D \leqslant 30$	$30<D \leqslant 60$	$60<D \leqslant 120$	$120<D \leqslant 180$	$D>180$
骨架内壁直径 D_1	$D-2.5$	$D-3.0$	$D-3.5$	$D-4.0$	$D-5.0$	$D-6.0$

表 22-93　骨架内径 D_1 尺寸公差　　（单位：mm）

内径 D_1	$D_1 \leqslant 10$	$10<D_1 \leqslant 50$	$50<D_1 \leqslant 180$	$D_1>180$
公差	$^{+0.05}_{0}$	$^{+0.1}_{0}$	$^{+0.15}_{0}$	$^{+0.2}_{0}$

表 22-94　骨架 D_2 尺寸　　（单位：mm）

轴径 d_1	$d_1 \leqslant 7$	$7<d_1 \leqslant 25$	$25<d_1 \leqslant 64$	$64<d_1 \leqslant 100$	$100<d_1 \leqslant 150$	$d_1>150$
内径 D_2	$d_1+3.5$	d_1+4	d_1+5	$d_1+5.5$	$d_1+6.5$	$d_1+7.5$

表 22-95　骨架 D_2 尺寸公差　　（单位：mm）

内径 D_2	$D_2 \leqslant 10$	$10<D_2 \leqslant 50$	$50<D_2 \leqslant 180$	$D_2>180$
公差	$^{+0.10}_{-0.05}$	$^{+0.2}_{-0.1}$	$^{+0.30}_{-0.15}$	$^{+0.4}_{-0.2}$

表 22-96　骨架宽度 b_2 尺寸及公差　　（单位：mm）

密封圈公称宽度 b	4	5	6	7	8	9	10	11	12	13	14	15～20	>20
骨架宽度 b_2	2.5	3.5	4.0	5.0	6.0	7.0	8.0	8.5	9.5	10.5	11.5	$b-3$	$b-4$
直线度允差	0.08					0.10				0.12			
骨架宽度公差	$^{0}_{-0.2}$		$^{0}_{-0.3}$						$^{0}_{-0.4}$				

外露骨架型参数按表 22-97～表 22-101 选取。

表 22-97　骨架材料厚度 t_1　　（单位：mm）

公称直径 D	$D \leqslant 30$	$30<D \leqslant 80$	$80<D \leqslant 100$	$100<D \leqslant 120$	$120<D \leqslant 150$	$150<D \leqslant 200$
材料厚度 t_1	0.8～1.0	1～1.2	1.2～1.8	1.2～2.0	1.5～2.5	2.0～3.0
材料厚度公差	$\pm t_1 \times 0.1$					

表 22-98　骨架宽度 b_2 直线度　　（单位：mm）

骨架宽度 b_2	$b_2 \leqslant 8$	$8<b_2 \leqslant 10$	$10<b_2 \leqslant 16$	$16<b_2 \leqslant 20$
直线度允差	0.05	0.08	0.1	0.12

表 22-99　骨架装配倒角　　（单位：mm）

骨架宽度 b_2	$b_2 \leqslant 6$	$6<b_2 \leqslant 8$	$8<b_2 \leqslant 12$	$b_2>12$
倒角 l_1	1.35～1.5	1.5～1.8	2～2.5	2.5～3.0

表 22-100　骨架宽度 b_2 公差　　（单位：mm）

骨架宽度 b_2	$b_2 \leqslant 10$	$b_2>10$
公差	$^{+0.3}_{0}$	$^{+0.4}_{0}$

表 22-101　骨架内径 D_2、外径 D_3 的圆度及同轴度　　（单位：mm）

公称直径 D	圆度	同轴度
$D<18$	0.08	0.1
$18 \leqslant D<30$		
$30 \leqslant D<50$	0.1	0.15
$50 \leqslant D<80$		
$80 \leqslant D<120$	0.2	0.2
$120 \leqslant D<180$		
$180 \leqslant D<250$	0.3	0.25
$250 \leqslant D<315$		
$315 \leqslant D<400$	0.4	0.3
$400 \leqslant D<500$		

半包骨架型参数可根据工况，由制造商与用户协商确定。

22.3.2.5　V_D 形橡胶密封圈

JB/T 6994—2007《V_D 形橡胶密封圈》适用于回转轴圆周速度不大于 13m/s 的机械设备，起端面密封和防尘作用。

V_D 形橡胶密封圈的形式分为 S 型和 A 型。其形式和尺寸分别见表 22-102 和表 22-103，材料的性能要求见表 22-104、表 22-105。

表 22-102　S 型密封圈的形式和尺寸　　（单位：mm）

材料：丁腈橡胶
　　　氟橡胶

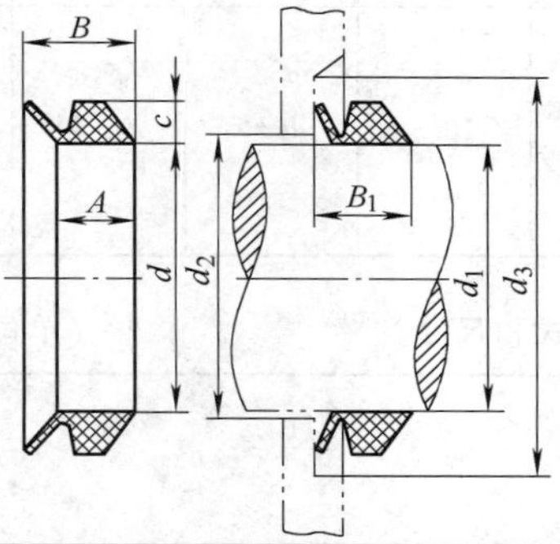

标记示例：
公称轴径为 110mm，密封圈内径 d=99mm 的 S 型密封圈：
密封圈　V_D110S　JB/T 6994—2007

密封圈代号	公称轴径	轴径 d_1	d	c	A	B	d_{2max}	d_{3min}	安装宽度 B_1
V_D5S	5	4.5~5.5	4	2	3.9	5.2	d_1+1	d_1+6	4.5±0.4
V_D6S	6	5.5~6.5	5						
V_D7S	7	6.5~8.0	6						
V_D8S	8	8.0~9.5	7						
V_D10S	10	9.5~11.5	9	3	5.6	7.7	d_1+2	d_1+9	6.7±0.6
V_D12S	12	11.5~13.5	10.5						
V_D14S	14	13.5~15.5	12.5						
V_D16S	16	15.5~17.5	14						
V_D18S	18	17.5~19.0	16						
V_D20S	20	19~21	18	4	7.9	10.5		d_1+12	9.0±0.8
V_D22S	22	21~24	20						
V_D25S	25	24~27	22						
V_D28S	28	27~29	25				d_1+3		
V_D30S	30	29~31	27						
V_D32S	32	31~33	29						
V_D36S	36	33~36	31						
V_D38S	38	36~38	34						

（续）

密封圈代号	公称轴径	轴径 d_1	d	c	A	B	d_{2max}	d_{3min}	安装宽度 B_1
V_D40S	40	38～43	36	5	9.5	13.0	d_1+3	d_1+15	11.0±1.0
V_D45S	45	43～48	40						
V_D50S	50	48～53	45						
V_D56S	56	53～58	49						
V_D60S	60	58～63	54						
V_D63S	63	63～68	58						
V_D71S	71	68～73	63	6	11.3	15.5	d_1+4	d_1+18	13.5±1.2
V_D75S	75	73～78	67						
V_D80S	80	78～83	72						
V_D85S	85	83～88	76						
V_D90S	90	88～93	81						
V_D95S	95	93～98	85						
V_D100S	100	98～105	90						
V_D110S	110	105～115	99	7	13.1	18.0		d_1+21	15.5±1.5
V_D120S	120	115～125	108						
V_D130S	130	125～135	117						
V_D140S	140	135～145	126						
V_D150S	150	145～155	135						
V_D160S	160	155～165	144	8	15.0	20.5	d_1+5	d_1+24	18.0±1.8
V_D170S	170	165～175	153						
V_D180S	180	175～185	162						
V_D190S	190	185～195	171						
V_D200S	200	195～210	180						

表 22-103　A 形密封圈的形式和尺寸　（单位：mm）

材料：丁腈橡胶
　　　氟橡胶

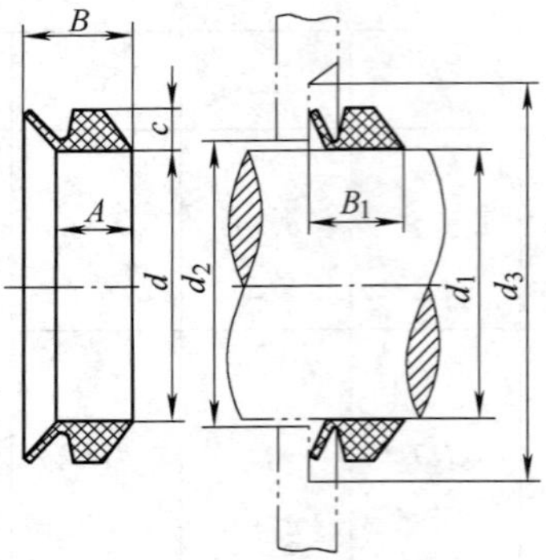

标记示例：

公称轴径为 120mm，密封圈内径 $d=108$mm 的 A 型密封圈：

密封圈　V_D120A　JB/T 6994—2007

密封圈代号	公称轴径	轴径 d_1	d	c	A	B	d_{2max}	d_{3min}	安装宽度 B_1
V_D3A	3	2.7～3.5	2.5	1.5	2.1	3.0	d_1+1	d_1+4	2.5±0.3
V_D4A	4	3.5～4.5	3.2	2	2.4	3.7		d_1+6	3.0±0.4
V_D5A	5	4.5～5.5	4						
V_D6A	6	5.5～6.5	5						
V_D7A	7	6.5～8.0	6						
V_D8A	8	8.0～9.5	7						

（续）

密封圈代号	公称轴径	轴径 d_1	d	c	A	B	d_{2max}	d_{3min}	安装宽度 B_1
V_D10A	10	9.5~11.5	9	3	3.4	5.5	d_1+2	d_1+9	4.5±0.6
V_D12A	12	11.5~12.5	10.5						
V_D13A	13	12.5~13.5	11.7						
V_D14A	14	13.5~15.5	12.5						
V_D16A	16	15.5~17.5	14						
V_D18A	18	17.5~19	16						
V_D20A	20	19~21	18	4	4.7	7.5		d_1+12	6.0±0.8
V_D22A	22	21~24	20						
V_D25A	25	24~27	22						
V_D28A	28	27~29	25				d_1+3		
V_D30A	30	29~31	27						
V_D32A	32	31~33	29						
V_D36A	36	33~36	31						
V_D38A	38	36~38	34						
V_D40A	40	38~43	36	5	5.5	9.0		d_1+15	7.0±1.0
V_D45A	45	43~48	40						
V_D50A	50	48~53	45						
V_D56A	56	53~58	49						
V_D60A	60	58~63	54						
V_D63A	63	63~68	58						
V_D71A	71	68~73	63	6	6.8	11.0	d_1+4	d_1+18	9.0±1.2
V_D75A	75	73~78	67						
V_D80A	80	78~83	72						
V_D85A	85	83~88	76						
V_D90A	90	88~93	81						
V_D95A	95	93~98	85						
V_D100A	100	98~105	90						
V_D110A	110	105~115	99	7	7.9	12.8		d_1+21	10.5±1.5
V_D120A	120	115~125	108						
V_D130A	130	125~135	117						
V_D140A	140	135~145	126						
V_D150A	150	145~155	135						
V_D160A	160	155~165	144	8	9.0	14.5	d_1+5	d_1+24	12.0±1.8
V_D170A	170	165~175	153						
V_D180A	180	175~185	162						
V_D190A	190	185~195	171						
V_D200A	200	195~210	180	15	14.3	25	d_1+10	d_1+45	20.0±4.0
V_D224A	224	210~235	198						
V_D250A	250	235~265	225						
V_D280A	280	265~290	247						
V_D300A	300	290~310	270						
V_D320A	320	310~335	292						
V_D355A	355	335~365	315						
V_D375A	375	365~390	337						
V_D400A	400	390~430	360						
V_D450A	450	430~480	405						
V_D500A	500	480~530	450						
V_D560A	560	530~580	495						
V_D600A	600	580~630	540						

（续）

密封圈代号	公称轴径	轴径 d_1	d	c	A	B	d_{2max}	d_{3min}	安装宽度 B_1
V_D630A	630	630～665	600	15	14.3	25	d_1+10	d_1+45	20.0±4.0
V_D670A	670	665～705	630						
V_D710A	710	705～745	670						
V_D750A	750	745～785	705						
V_D800A	800	785～830	745						
V_D850A	850	830～875	785						
V_D900A	900	875～920	825						
V_D950A	950	920～965	865						
V_D1000A	1000	965～1015	910						
V_D1060A	1060	1015～1065	955						
V_D1100A	(1100)	1065～1115	1000						
V_D1120A	1120	1115～1165	1045						
V_D1200A	(1200)	1165～1215	1090						
V_D1250A	1250	1215～1270	1135						
V_D1320A	1320	1270～1320	1180						
V_D1350A	(1350)	1320～1370	1225						
V_D1400A	1400	1370～1420	1270						
V_D1450A	(1450)	1420～1470	1315						
V_D1500A	1500	1470～1520	1360						
V_D1550A	(1550)	1520～1570	1405						
V_D1600A	1600	1570～1620	1450						
V_D1650A	(1650)	1620～1670	1495						
V_D1700A	1700	1670～1720	1540						
V_D1750A	(1750)	1720～1770	1585						
V_D1800A	1800	1770～1820	1630						
V_D1850A	(1850)	1820～1870	1675						
V_D1900A	1900	1870～1920	1720						
V_D1950A	(1950)	1920～1970	1765						
V_D2000A	2000	1970～2020	1810						

注：带括弧的尺寸为非标准尺寸，尽量不采用。

表 22-104 胶料特性与工作条件

胶料名称代号	胶料特性	圆周速度 /(m/s)	工作温度 /℃	工作介质
丁腈橡胶 XA 7453	耐油	<19	-40～+100	油、水、空气
氟橡胶 XD 7433	耐油 耐高温		-25～+200	

表 22-105　密封圈的物理性能

序号	项　　目		单位	丁腈橡胶　XA 7453	氟橡胶　XD 7433
1	邵氏硬度(A)		HSD	70±5	70±5
2	扯断强度	min	MPa	11	10
3	扯断伸长率	min	%	250	150
4	压缩永久变形　B 型试样	max	%	(100℃×70h),50	(200℃×70h),50
5	热空气老化: 硬度变化[IRHD 或邵氏硬度(A)] 扯断强度变化 扯断伸长率变化	 max max max	 度 % %	(100℃×70h) 0~+15 -20 -50	(200℃×70h),0~+10 (200℃×70h),-20 (200℃×70h),-30
6	耐液体(丁腈橡胶 100℃×70h;氟橡胶 150℃×70h): 1 号标准油,体积变化 3 号标准油,体积变化		 % %	-10~+5 0~+25	-3~+5 0~+15
7	脆性温度	≤	℃	-40	-25

22.3.3　往复运动用密封圈

往复运动用密封圈的受压面呈唇状，唇缘与密封面接触产生密封作用。广泛用于液压缸活塞和活塞杆动密封。

往复运动用密封圈主要包括单向密封圈、双向密封圈、防尘密封圈同轴组合密封件、支承环等。

往复运动用密封圈材质，常用橡胶、夹布橡胶、聚四氟乙烯等，在个别情况下，也有采用金属、皮革等。目前，橡塑混合材料应用日渐广泛。

22.3.3.1　单向密封橡胶圈与安装沟槽

GB/T 10708.1—2000《往复运动橡胶密封圈结构尺寸系列　第 1 部分：单向密封橡胶密封圈》规定了往复运动用单向密封圈及其压环和支承环的结构形式、尺寸和公差。适用于安装在液压缸活塞和活塞杆上起单向密封作用，见表 22-106~表 22-113。

表 22-106　单向密封橡胶圈使用条件

密封圈结构形式	往复运动速度 /(m/s)	间　隙 f/mm	工作压力范围 /MPa
Y 形橡胶密封圈	0.5	0.2	0~15
		0.1	0~20
	0.15	0.2	
		0.1	0~15
蕾形橡胶密封圈	0.5	0.3	0~25
		0.1	0~45
	0.15	0.3	0~30
		0.1	0~50
V 形组合密封圈	0.5	0.3	0~20
		0.1	0~40
	0.15	0.3	0~25
		0.1	0~60

表 22-107　往复运动橡胶密封圈尺寸代号（摘自 GB/T 10708.1—2000）

代号	名　　称	代号	名　　称	代号	名　　称
Y	Y 形橡胶密封圈(简称 Y 形圈)	L_3	长型密封沟槽轴向长度	d_2	密封圈根部内径
L	蕾形橡胶密封圈(简称蕾形圈)	D_1	密封圈唇部外径	h	密封圈高度
V	V 形橡胶密封圈(简称 V 形圈)	D_2	密封圈根部外径	h_1	V 形圈唇部高度
D	密封沟槽外径(或缸内径)	D_3	弹性圈外径	h_2	压环高度
d	密封沟槽内径(或活塞杆直径)	S_1	密封圈唇部径向截面宽度	h_3	弹性圈高度
f	间隙	S_2	密封圈根部径向截面宽度	h_4	支承环高度
L_1	短型密封沟槽轴向长度	S_3	弹性圈径向截面宽度		
L_2	中型密封沟槽轴向长度	d_1	密封圈唇部内径		

表 22-108　活塞 L_1 密封沟槽用 Y 形圈结构形式、尺寸和公差（一）

（摘自 GB/T 10708.1—2000）　（单位：mm）

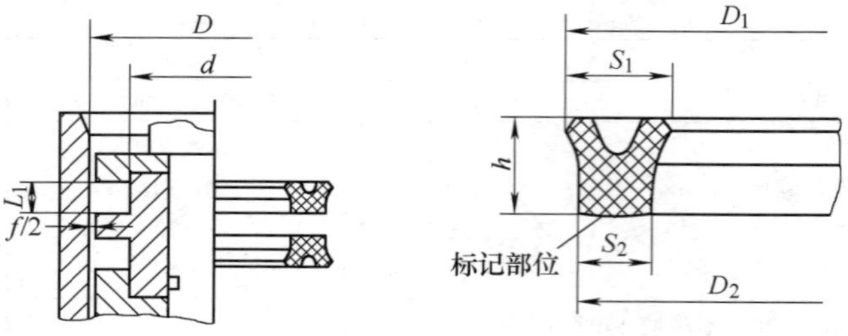

孔和槽的尺寸			Y 形圈尺寸				
D	d	L_1	D_1	D_2	S_1	S_2	h
12	4	5	13	11.5	5	3.5	4.4
16	8		17	15.5			
20	12		21.1	19.4			
25	17		26.1	24.4			
32	24		33.1	31.4			
40	32		41.1	39.4			
20	10	6.3	21.2	19.4	6.2	4.4	5.6
25	15		26.2	24.4			
32	22		33.2	31.4			
40	30		41.2	39.4			
50	40		51.2	49.4			
56	46		57.2	55.4			
63	53		64.2	62.4			
50	35	9.5	51.5	49.2	9	6.7	8.5
56	41		57.5	55.2			
63	48		64.5	62.2			
70	55		71.5	69.2			
80	65		81.5	79.2			
90	75		91.5	89.2			
100	85		101.5	99.2			
110	95		111.5	109.2			
70	50	12.5	71.8	69	11.8	9	11.3
80	60		81.8	79			
90	70		91.8	89			
100	80		101.8	99			
110	90		111.8	109			
125	105		126.8	124			
140	120		141.8	139			
160	140		161.8	159			
180	160		181.8	179			
125	100	16	127.2	123.8	14.7	11.3	14.8
140	115		142.2	138.8			
160	135		162.2	158.8			
180	155		182.2	178.8			
200	175		202.2	198.8			
220	195		222.2	218.8			
250	225		252.2	248.8			

（续）

孔和槽的尺寸			Y 形圈尺寸				
D	d	L_1	D_1	D_2	S_1	S_2	h
200	170	20	202.8	198.5	17.8	13.5	18.5
220	190		222.8	218.5			
250	220		252.8	248.5			
280	250		282.8	278.5			
320	290		322.8	318.5			
360	330		362.8	358.5			
400	360	25	403.5	398	23.3	18	23
450	410		453.5	448			
500	460		503.5	498			

表 22-109　活塞杆 L_1 密封沟槽用 Y 形密封圈形式、尺寸和公差（二）

（摘自 GB/T 10708.1—2000）　　（单位：mm）

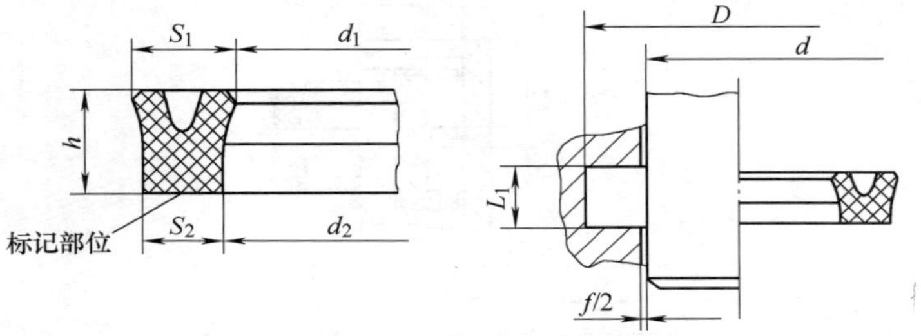

孔和槽的尺寸			Y 形圈尺寸				
d	D	L_1	d_1	d_2	S_1	S_2	h
6	14	5	5	6.5	5	3.5	4.6
8	16		7	8.5			
10	18		9	10.5			
12	20		11	12.5			
14	22		13	14.5			
16	24		16	16.5			
18	26		17	18.5			
20	28		19	20.5			
22	30		21	22.5			
25	33		24	25.5			
28	38	6.3	26.8	28.6	6.2	4.4	5.6
32	42		30.8	32.6			
36	46		34.8	36.6			
40	50		38.8	40.6			
45	55		43.8	45.6			
50	60		48.8	50.6			
56	71	9.5	54.5	56.8	9	6.7	8.5
63	78		61.5	63.8			
70	85		68.5	70.8			
80	95		78.5	80.8			
90	105		88.5	90.5			
100	120	12.5	98.2	101	11.8	9	11.3
110	130		108.2	111			
125	145		123.2	126			
140	160		138.2	141			

（续）

孔和槽的尺寸			Y形圈尺寸				
d	D	L_1	d_1	d_2	S_1	S_2	h
160	185	16	157.8	161.2	14.7	11.3	14.8
180	205		177.8	181.2			
200	225		197.8	201.2			
220	250	20	217.2	221.5	17.8	13.5	18.5
250	280		247.2	251.5			
280	310		277.2	281.5			
320	360	25	316.7	322	23.3	18	23
360	400		356.7	362			

表 22-110　活塞 L_2 密封沟槽的密封结构形式及 Y 形圈、蕾形圈尺寸和公差（一）

（摘自 GB/T 10708.1—2000）　　（单位：mm）

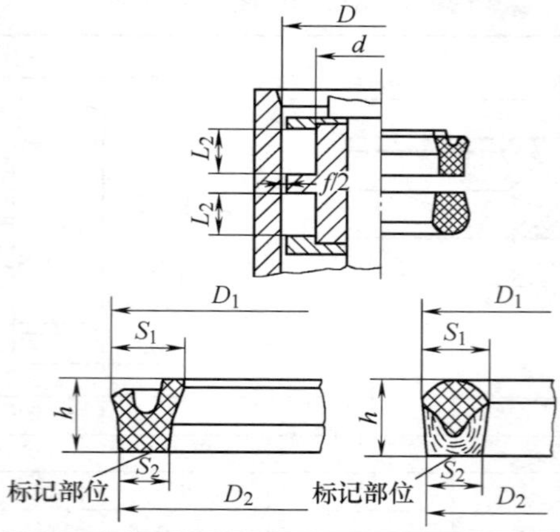

孔和槽的尺寸			Y形圈尺寸					蕾形圈尺寸					
D	d	L_2	D_1	D_2	S_1	S_2	h	D_1	D_2	S_1	S_2	h
12	4	6.3	13	11.5	5	3.5	5.8	12.7	11.5	4.7	3.5	5.6
16	8		17	15.5				16.7	15.5			
20	12		21	19.5				20.7	19.5			
25	17		26	24.5				25.7	24.5			
32	24		33	31.5				32.7	31.5			
40	32		41	39.5				40.7	39.5			
20	10	8	21.2	19.4	6.2	4.4	7.3	20.8	19.4	5.8	4.4	7
25	15		26.2	24.4				25.8	24.4			
32	22		33.2	31.4				32.8	31.4			
46	30		41.2	39.4				40.8	39.4			
50	40		51.2	49.4				50.8	49.4			
56	46		57.2	55.4				56.8	55.4			
63	53		64.2	62.4				63.8	62.4			
50	35	12.5	51.5	49.2	9	6.7	11.5	51	49.1	8.5	6.6	11.3
56	41		57.5	55.2				57	55.1			
63	48		64.5	62.2				64	62.1			
70	55		71.5	69.2				71	69.1			
80	65		81.5	79.2				81	79.1			
90	75		91.5	89.2				91	89.1			
100	85		101.5	99.2				101	99.1			
110	95		111.5	109.2				111	109.1			

（续）

孔和槽的尺寸			Y 形圈尺寸					蕾形圈尺寸					
D	d	L_2	D_1	D_2	S_1	S_2	h	D_1	D_2	S_1	S_2	h
70	50	16	71.8	69	11.8	9	15	71.2	68.6	11.2	8.6	14.5
80	60		81.8	79				81.2	78.6			
90	70		91.8	89				91.2	88.6			
100	80		101.8	99				101.2	98.6			
110	90		111.8	109				111.2	108.6			
125	105		126.8	124				126.2	123.6			
140	120		141.8	139				141.2	138.6			
160	140		161.8	159				161.2	158.6			
180	160		181.8	179				181.2	178.6			
125	100	20	127.2	123.8	14.7	11.3	18.5	126.3	123.2	13.8	10.7	18
140	115		142.2	138.8				141.3	138.2			
160	135		162.2	158.8				161.3	158.2			
180	155		182.2	178.8				181.3	178.2			
200	175		202.2	198.8				201.3	198.2			
220	195		222.2	218.8				221.3	218.2			
250	225		252.2	248.8				251.3	248.2			
200	170	25	202.8	198.5	17.8	13.5	23	201.4	198	16.4	12.7	22.5
220	190		222.8	218.5				221.4	218			
250	220		252.8	248.5				251.4	248			
280	250		282.8	278.5				281.4	278			
320	290		322.8	318.5				321.4	318			
360	330		362.8	358.5				361.4	358			
400	360	32	403.3	398	23.3	18	29	401.8	397	21.8	17	28.5
450	410		453.3	448				451.8	447			
500	460		503.3	498				501.8	497			

表 22-111　活塞杆 L_2 密封沟槽结构形式及 Y 形圈、蕾形圈尺寸和公差（二）

（摘自 GB/T 10708.1—2000）　　（单位：mm）

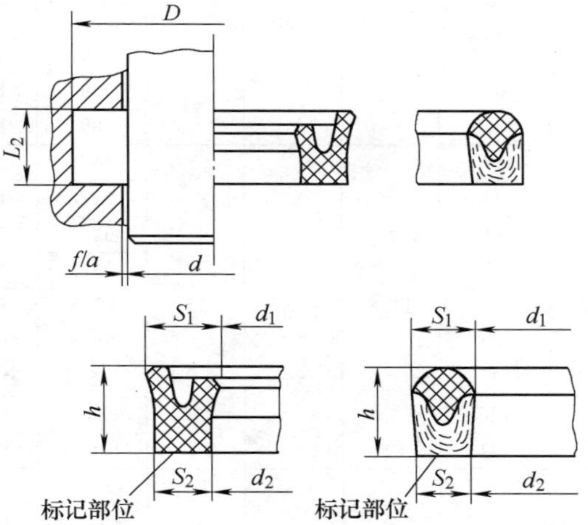

孔和槽的尺寸			Y 形圈尺寸					蕾形圈尺寸				
d	D	L_2	d_1	d_2	S_1	S_2	h	d_1	d_2	S_1	S_2	h
6	14	6.3	5	6.5	5	3.5	5.8	5.3	6.5	4.7	3.5	5.5
8	16		7	8.5				7.3	8.5			

（续）

孔和槽的尺寸			Y形圈尺寸					蕾形圈尺寸				
d	D	L_2	d_1	d_2	S_1	S_2	h	d_1	d_2	S_1	S_2	h
10	18	6.3	9	10.5	5	3.5	5.8	9.3	10.5	4.7	3.5	5.5
12	20		11	12.5				11.3	12.5			
14	22		13	14.5				13.3	14.5			
16	24		15	16.5				15.3	16.5			
18	26		17	18.5				17.3	18.5			
20	28		19	20.5				19.3	20.5			
22	30		21	22.5				21.3	22.5			
25	33		24	25.5				24.3	25.5			
10	20	8	8.8	10.6	6.2	4.4	7.3	9.2	10.6	5.8	4.4	7
12	22		10.8	12.6				11.2	12.6			
14	24		12.8	14.6				13.2	14.6			
16	26		14.8	16.6				15.2	16.6			
18	28		16.8	18.6				17.2	18.6			
20	30		18.8	20.6				19.2	20.6			
22	32		20.8	22.6				21.2	22.6			
25	35		23.8	25.6				24.2	25.6			
28	38		26.8	28.6				27.2	28.6			
32	42		30.8	32.6				31.2	32.6			
36	46		34.8	36.6				35.2	36.6			
40	50		38.8	40.6				39.2	40.6			
45	55		43.8	45.6				44.2	45.6			
50	60		48.8	50.6				49.2	50.6			
28	43	12.5	26.5	28.8	9	6.7	11.5	27	28.9	8.5	6.6	11.3
32	47		30.5	32.8				31	32.9			
36	51		34.5	36.8				35	36.9			
40	55		38.5	40.8				39	40.9			
45	60		43.5	45.8				44	45.9			
50	65		48.5	50.8				49	50.9			
56	71		54.5	56.8				55	56.9			
63	78		61.5	63.8				62	63.9			
70	85		68.5	70.8				69	70.9			
80	95		78.5	80.8				79	80.9			
90	105		88.5	90.8				89	90.9			
56	76	16	54.2	57	11.8	9	15	54.8	57.4	11.2	8.6	14.5
63	83		61.2	64				61.8	64.4			
70	90		68.2	71				68.8	71.4			
80	100		78.2	81				78.8	81.4			
90	110		88.2	91				88.8	91.4			
100	120		98.2	101				98.8	101.4			
110	130		108.2	111				108.8	111.4			
125	145		123.2	126				123.8	126.4			
140	160		138.2	141				138.8	141.4			
100	125	20	97.8	101.2	14.7	11.3	18.5	98.7	101.8	13.8	10.7	18
110	135		107.8	111.2				108.7	111.8			
125	150		122.8	126.2				123.7	126.8			
140	165		137.8	141.2				138.7	141.8			
160	185		157.8	161.2				158.7	161.8			
180	205		177.8	181.2				178.7	181.8			
200	225		197.8	201.2				198.7	201.8			

（续）

孔和槽的尺寸			Y 形圈尺寸						蕾形圈尺寸				
d	D	L_2	d_1	d_2	S_1	S_2	h	d_1	d_2	S_1	S_2	h
160	190	25	157.2	161.5	18.5	13.5	23	158.6	162	16.4	13	22.5
180	210		177.2	181.5				178.6	182			
200	230		197.2	201.5				198.6	202			
220	250		217.2	221.5				218.6	222			
250	280		247.2	251.5				248.6	252			
280	310		277.2	281.5				278.6	282			
320	360	32	317.7	322	23.3	18	29	318.2	323	21.8	17	28.5
360	400		357.7	362				358.2	363			

表 22-112　活塞 L_3 密封沟槽用 V 形组合密封圈结构形式、尺寸和公差

（摘自 GB/T 10708.1—2000）　（单位：mm）

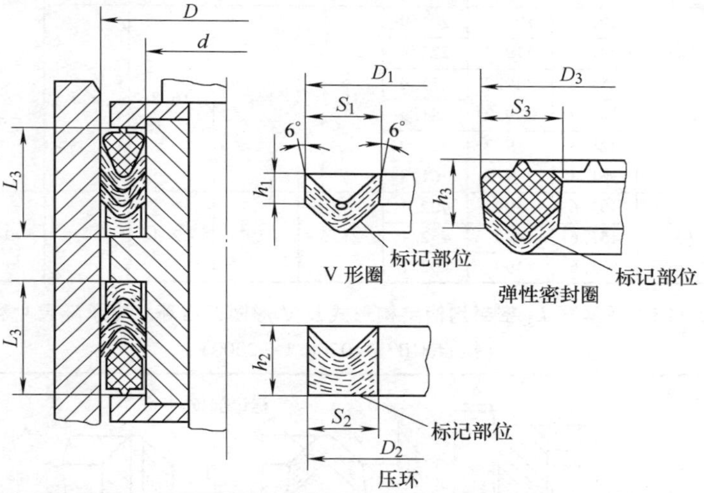

孔和槽的尺寸			V 形组合密封圈尺寸									V 形圈数量
D	d	L_3	D_1	D_2	D_3	S_1	S_2	S_3	h_1	h_2	h_3	
20	10	16	20.6	19.7	20.8	5.6	4.7	5.8	3	6	6.5	1
25	15		25.6	24.7	25.8							
32	22		32.6	31.7	32.8							
40	30		40.6	39.7	40.8							
50	40		50.6	49.7	50.8							
56	46		56.6	55.7	56.8							
63	53		63.6	62.7	63.8							
50	35	25	50.7	49.5	51.1	8.2	7	8.6	4.5	7.5	8	2
56	41		56.7	55.5	57.1							
63	48		63.7	62.5	64.1							
70	55		70.7	69.5	71.1							
80	65		80.7	79.5	81.1							
90	75		90.7	89.5	91.1							
100	85		100.7	99.5	101.1							
110	95		110.7	109.5	111.1							
70	50	32	70.8	69.4	71.3	10.8	9.4	11.3	5	10	11	2
80	60		80.8	79.4	81.3							
90	70		90.8	89.4	91.3							
100	80		100.8	99.4	101.3							

（续）

孔和槽的尺寸			V形组合密封圈尺寸									V形圈数量
D	d	L_3	D_1	D_2	D_3	S_1	S_2	S_3	h_1	h_2	h_3	
110	90	32	110.8	109.4	111.3	10.8	9.4	11.3	5	10	11	2
125	105		125.8	124.4	126.3							
140	120		140.8	139.4	141.3							
160	140		160.8	159.4	161.3							
180	160		180.8	179.4	181.3							
125	100	40	126	124.4	126.6	13.5	11.9	14.1	6	12	15	2
140	115		141	139.4	141.6							
160	135		161	169.4	161.6							
180	155		181	179.4	181.6							
200	175		201	199.4	201.6							
220	195		221	219.4	221.6							
250	225		251	249.4	251.6							
200	170	50	201.3	199.2	201.9	16.3	14.2	16.8	6.5		17.5	3
220	190		221.3	219.2	221.9							
250	220		251.3	249.2	251.9							
280	250		281.3	279.2	281.9							
320	290		321.3	319.2	321.9							
360	330		361.3	359.2	361.9							
400	360	63	401.6	399	402.1	21.6	19	22.1	7	14	26.5	3
450	410		451.6	449	452.1							
500	400		501.6	499	502.1							

表 22-113　活塞杆 L_3 密封沟槽结构形式及 V 形圈、压环、支承环尺寸和公差

（摘自 GB/T 10708.1—2000）　　（单位：mm）

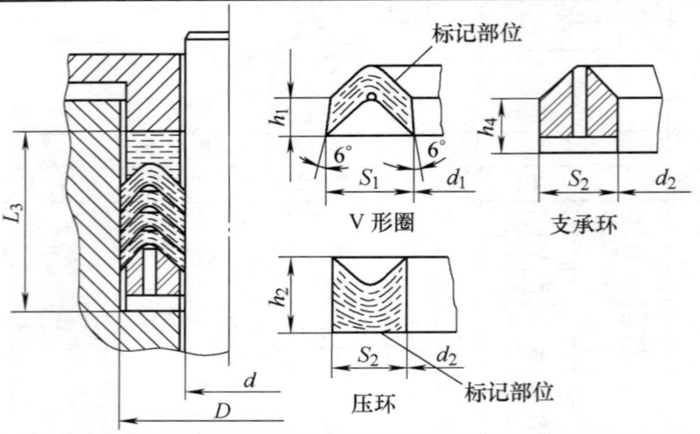

孔和槽的尺寸			V形圈、压环、支承环尺寸							V形圈数量
d	D	L_3	d_1	d_2	S_1	S_2	h_1	h_2	h_4	
6	14	14.5	5.5	6.3	4.5	3.7	2.5	6	3	2
8	16		7.5	8.3						
10	18		9.5	10.3						
12	20		11.5	12.3						
14	22		13.5	14.3						
16	24		15.5	16.3						
18	26		17.5	18.3						
20	28		19.5	20.3						
22	30		21.5	22.3						
25	33		24.5	25.3						

（续）

孔和槽的尺寸			V 形圈、压环、支承环尺寸							V 形圈数量
d	D	L_3	d_1	d_2	S_1	S_2	h_1	h_2	h_4	
10	20	16	9.4	10.3	5.6	4.7	3	6.5	3	2
12	22		11.4	12.3						
14	24		13.4	14.3						
16	26		15.4	16.3						
18	28		17.4	18.3						
20	30		19.4	20.3						
22	32		21.4	22.3						
25	35		24.4	25.3						
28	38		27.4	28.3						
32	42		31.4	32.3						
36	46		35.4	36.3						
40	50		39.4	40.3						
45	55		44.4	45.3						
50	60		49.4	50.3						
28	43	25	27.3	28.5	8.2	7	4.5	8		3
32	47		31.3	32.5						
36	51		35.3	36.5						
40	55		39.3	40.5						
45	60		44.3	45.5						
50	65		49.3	50.5						
56	71		55.3	56.6						
63	78		62.3	63.6						
70	85		69.3	70.5						
80	95		79.3	80.5						
90	105		89.3	90.5						
56	76	32	55.2	56.6	10.8	9.4	6	10		
63	83		62.2	63.6						
70	90		69.2	70.6						
80	100		79.2	80.6						
90	110		89.2	90.6						
100	120		99.2	100.6						
110	130		109.2	110.6						
125	145		124.2	125.6						
140	165		139.2	140.6						
100	125	40	99	100.6	13.5	11.9		12		4
110	135		109	110.6						
125	150		124	125.6						
140	160		139	140.6						
160	185		159	160.6						
180	205		179	180.6						
200	225		199	200.6						
160	190	50	158.8	160.8	16.2	14.2	6.5	14		5
180	210		178.8	180.8						
200	230		198.8	200.8						
220	250		218.8	220.8						
250	280		248.8	250.8						
280	310		278.8	280.8						
320	360	63	318.4	321	21.6	19	7	15.5	4	6
360	400		358.4	361						

22.3.3.2　双向密封橡胶圈与安装沟槽

GB/T 10708.2—2000《往复运动橡胶密封圈结构尺寸系列　第2部分：双向密封橡胶密封圈》规定了密封圈和塑料支承环的结构形式、尺寸和公差，参见表22-114～表22-117。

密封结构形式有两种，一种由一个鼓形圈（见表22-116）和两个L形塑料支承环（见表22-117）组成，另一种由一个山形圈（见表22-116）和两个J形、两个矩形塑料支承环（见表22-117）组成。

沟槽的形式和尺寸可以参照表22-118决定。

表22-114　双向密封橡胶密封圈使用条件（摘自GB/T 10708.2—2000）

密封圈结构形式	往复运动速度/(m/s)	工作压力范围/MPa	密封圈结构形式	往复运动速度/(m/s)	工作压力范围/MPa
鼓形橡胶密封圈	0.5	0.10～40	山形橡胶密封圈	0.5	0～20
	0.15	0.10～70		0.15	0～35

表22-115　双向密封橡胶密封圈的符号（摘自GB/T 10708.2—2000）

符号	意　义	符号	意　义
G	鼓形橡胶密封圈（简称鼓形圈）	S_2	橡胶密封圈根部截面宽度
S	山形橡胶密封圈（简称山形圈）	h	橡胶密封圈高度
D	液压缸内径	D_0	塑料支承环外径
d	密封沟槽内径	S_0	塑料支承环截面宽度
L	密封沟槽轴向长度	h_1	L形塑料支承环轴向高度
D_1	橡胶密封圈外径	h_2	L形或J形塑料支承轴向厚度
S_1	橡胶密封圈截面宽度	h_3	矩形塑料支承环轴向高度

表22-116　鼓形圈和山形圈的尺寸和公差（摘自GB/T 10708.2—2000）（单位：mm）

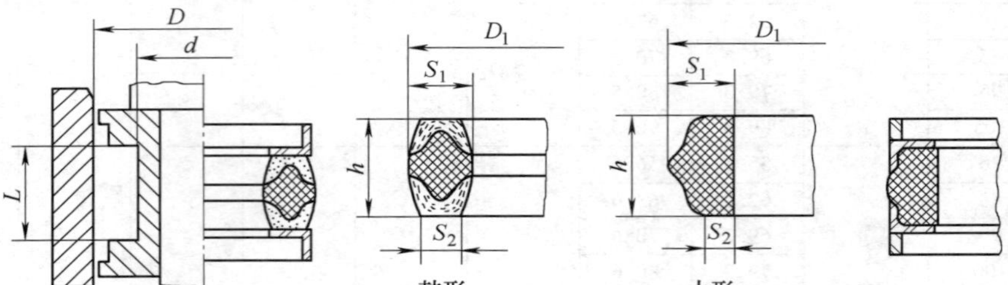

鼓形　　山形

孔和槽的尺寸			D_1	h	鼓形圈		山形圈	
D	d	L			S_1	S_2	S_1	S_2
25	17	10	25.6	6.5	4.6	3.4	4.7	2.5
32	24		32.6					
40	32		40.6					
25	15	12.5	25.7	8.5	5.7	4.2	5.8	3.2
32	22		32.7					
40	30		40.7					
50	40		50.7					
56	46		56.7					
63	53		63.7					
50	35	20	50.9	14.5	8.4	6.5	8.5	4.5
56	41		56.9					
63	48		63.9					
70	55		70.9					
80	65		80.9					
90	75		90.9					
100	85		100.9					
110	95		110.9					

（续）

孔和槽的尺寸			D_1	h	鼓形圈		山形圈	
D	d	L			S_1	S_2	S_1	S_2
80	60	25	81	18	11	8.7	11.2	5.5
90	70		91					
100	80		101					
110	90		111					
125	105		126					
140	120		141					
160	140		161					
180	160		181					
125	100	32	126.3	24	13.7	10.8	13.9	7
140	115		141.3					
160	135		161.3					
180	155		181.3					
200	170	36	201.5	28	16.5	12.9	16.7	8.6
220	190		221.5					
250	220		251.5					
280	250		281.5					
320	290		321.5					
360	330		361.5					
400	360	50	401.8	4	21.8	17.5	22	12
450	410		451.8					
500	460		501.8					

表 22-117　塑料支承环尺寸和公差（摘自 GB/T 10708.2—2000）　　（单位：mm）

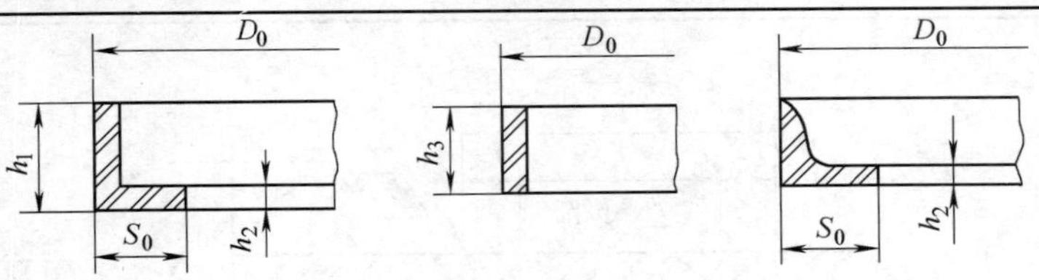

L形　　矩形　　J形

D	d	L	外径		宽度		高度			
			D_0	极限偏差	S_0	极限偏差	h_1	h_2	h_3	极限偏差
25	17	10	25	0 -0.15	4	0 -0.10	5.5	1.5	4	+0.10 0
32	24		32							
40	32		40							
25	15	12.5	25	0 -0.18	5					
32	22		32							
40	30		40							
50	40		50							
56	46		56							
63	53		63							
50	35	20	50	0 -0.22	7.5		6.5		5	
56	41		56							
63	48		63							
70	55		70							
80	65		80							
90	75		90							
100	85		100							
110	95		110							

（续）

D	d	L	外径 D_0	外径 极限偏差	宽度 S_0	宽度 极限偏差	高度 h_1	高度 h_2	高度 h_3	高度 极限偏差
80	60	25	80	0 −0.26	10	0 −0.10	8.3	2	6.3	+0.10 0
90	70		90							
100	80		100							
110	90		110							
125	105		125							
140	120		140							
160	140		160							
180	160		180							
125	110	32	125		12.5		13	3	10	
140	115		140							
160	135		160							
180	155		180							
200	170	36	200	0 −0.35	15	0 −0.12	15.5		12.5	+0.12 0
220	190		220							
250	220		250							
280	250		280							
320	290		320							
360	330		360							
400	360	50	400	0 −0.50	20	0 −0.15	20	4	16	+0.15 0
450	410		450							
500	450		500							

表 22-118　密封沟槽形式和尺寸（摘自 GB/T 6577—1986）　　（单位：mm）

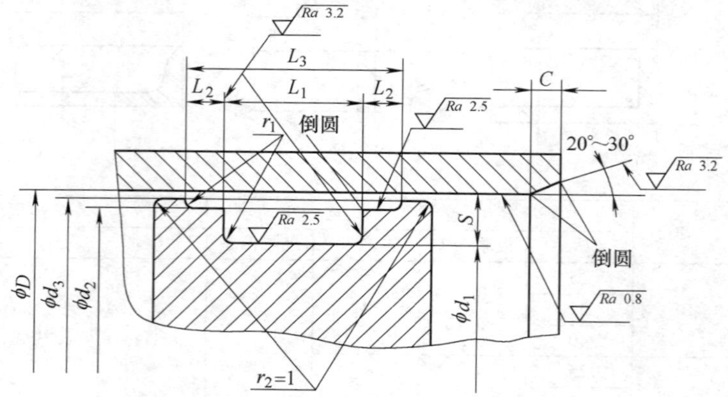

DH9	S	d_1h9	L_1 $^{+0.35}_{+0.10}$	L_2 $^{+0.10}_{0}$	L_3	d_2h9	d_3h11	r_1	C ≥
25	4	17	10	4	18	22	24	0.4	2
	5	15	12.5		20.5				2.5
32	4	24	10	4	18	29	31	0.4	2
	5	22	12.5		20.5				2.5
40	4	32	10	4	18	37	39	0.4	2
	5	30	12.5		20.5				2.5
50	5	40	12.5	4	20.5	47	49	0.4	2.5
	7.5	35	20	5	30	46	48.5		4
(56)	5	46	12.5	4	20.5	53	55	0.4	2.5
	7.5	41	20	5	30	52	54.5		4

（续）

DH9	S	d_1h9	$L_1{}^{+0.35}_{+0.10}$	$L_2{}^{+0.10}_{0}$	L_3	d_2h9	d_3h11	r_1	C ≥
63	5	53	12.5	4	20.5	60	62	0.4	2.5
	7.5	48	20	5	30	59	61.5		4
(70)	7.5	55	20	5	30	66	68.5	0.4	4
	10	50	25	6.3	37.6	65	68	0.8	5
80	7.5	65	20	5	30	76	78.5	0.4	4
	10	60	25	6.3	37.6	75	78	0.8	5
(90)	7.5	75	20	5	30	86	88.5	0.4	4
	10	70	25	6.3	37.6	85	88	0.8	5
100	7.5	85	20	5	30	96	98.5	0.4	4
	10	80	25	6.3	37.6	95	98	0.8	5
(110)	7.5	95	20	5	30	106	108.5	0.4	4
	10	90	25	6.3	37.6	105	108	0.8	5
125	10	105	25	6.3	37.6	120	123	0.8	5
	12.5	100	32	10	52	119			6.5
(140)	10	120	25	6.3	37.6	135	138	0.8	5
	12.5	115	32	10	52	134			6.5
160	10	140	25	6.3	37.6	155	158	0.8	5
	12.5	135	32	10	52	154			6.5
(180)	10	160	25	6.3	37.6	175	178	0.8	5
	12.5	155	32	10	52	174			6.5

22.4　非弹性体接触动密封

22.4.1　硬填料

以金属、石墨等非弹性体制成的硬填料密封具有较弹塑性体密封更高的耐热耐压和高速性能，广泛应用于压缩机、高压釜等往复密封和旋转密封。

硬填料密封多做成能补偿磨损和追随轴跳动的分瓣环、开口环或唇型环的结构形式。分瓣环是以不同的方式将环剖切开，环内圆磨损后各片可以沿切口滑移，使内孔收缩。分瓣环对轴是浮动装配的，轴向、径向均有间隙，预紧力由弹簧提供，自紧力决定于压差。其结构形式见表 22-119。开口环借环本身的弹性变形补偿磨损，其结构形式见表 22-120。金属唇型密封环的补偿能力较小，其结构形式见表 22-121。

硬填料密封的应用范围见表 22-122。

表 22-119　分瓣式平面密封环

名称	结构简图	特　点
三瓣斜口密封环	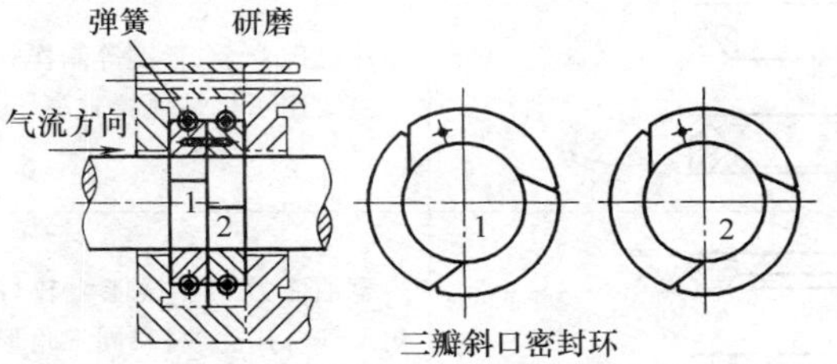 三瓣斜口密封环	坚固,工艺性好,结构简单,适用于低压压缩机
三六瓣密封环	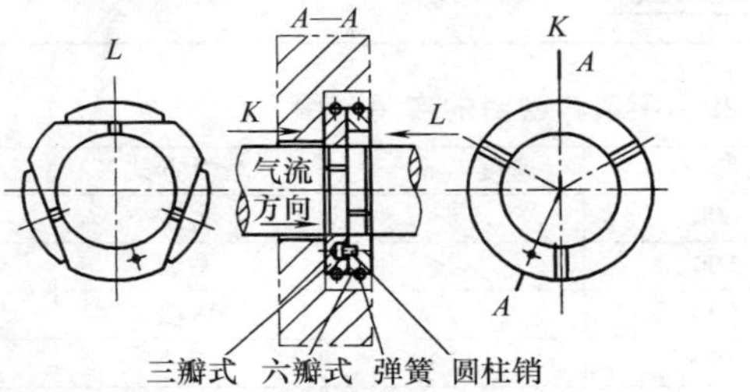 三六瓣密封环	工艺性好,是平面密封环的标准设计,工作压力<10MPa

表 22-120　弹性开口环

名称	简图	特点
活塞环式	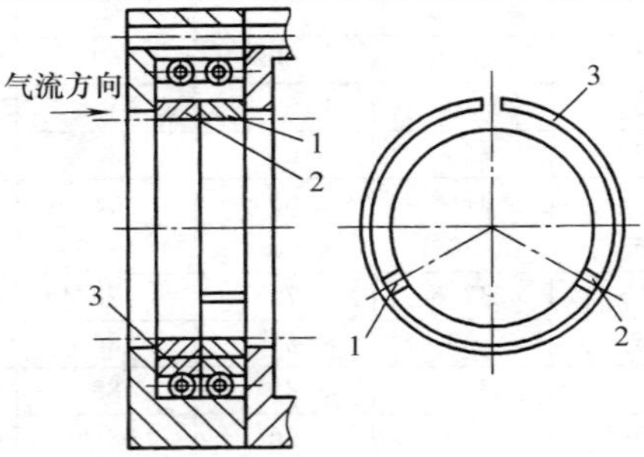	内圈 1、2 为白合金，青铜式填充四氟制成，外圈 3 为弹力环。三环为一组，使用时切口错开
平面紧缩式	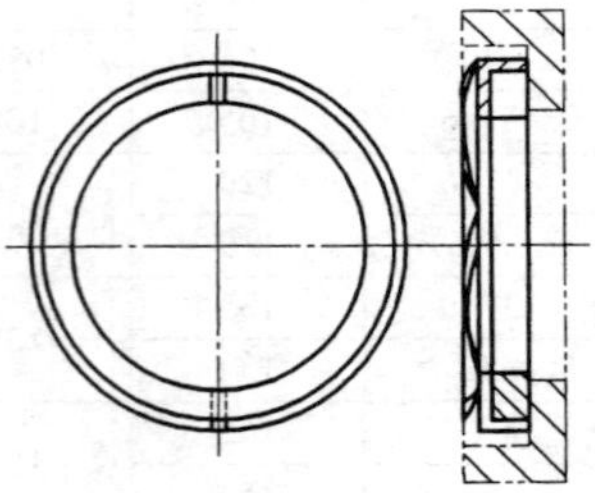	外圈弹力环为角铁型截面，可遮断内切口间隙。结构简单，但密封性较差
锥形	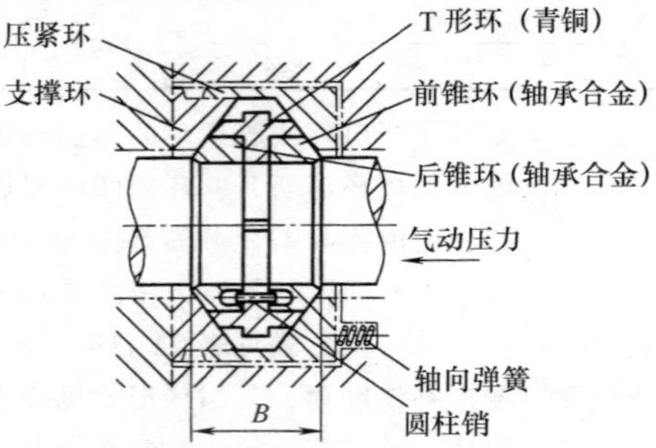	外锥环用青铜制，内锥环用巴氏合金、尼龙制成。轴向预紧 适用于小型高压压缩机

表 22-121　金属唇型密封环

名称	简图	特点
三角形	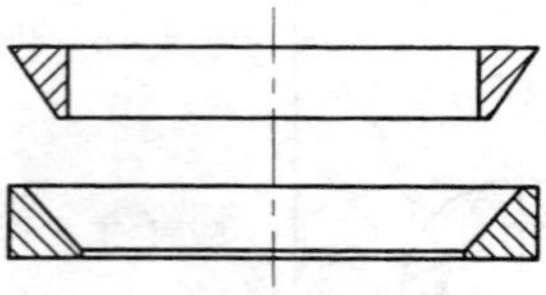	用巴氏合金、青铜等制作 主要用于机械搅拌式高压斧和高压泵
U 形	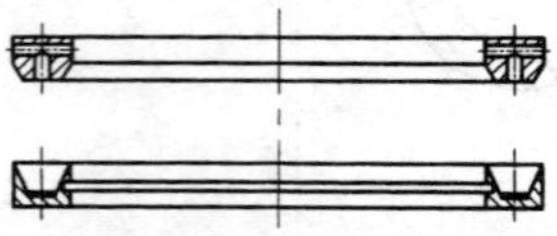	蓄油能力和补偿能力较好，密封性优于三角形环。用途、材料同三角形环

表 22-122　硬填料密封的应用范围

填料类型	压力/MPa	温度/°C	速度/(m/s)	润滑方式	应　用
金属平面填料	50	200	5	滴注	活塞式压缩机
填充四瓣开口环	15	100	3	无油	氧气压缩机
金属三角形填料	3	400	3	热油	热油泵
石墨圆周密封	1	350	110	少油	航空发动机
金属 U 形填料	20	200	1	压力供油	搅拌釜

22.4.2　活塞环

活塞环一般为金属自张性弹性开口环，用于往复式机械。无油润滑活塞环多用非金属固体自润滑材料制。用于旋转机械的活塞环密封，也叫涨圈旋转密封。

金属活塞环靠其本身的弹力与气缸贴合构成预密封。在介质压力和惯性力的作用下，环的外圆与气缸贴紧，端面与活塞环槽端面贴紧而达到密封作用。工作压力可达 220MPa，最高线速度可达 100m/s。活塞环适用范围见表 22-123 所示。

表 22-123　活塞环适用范围

活塞环类型	活塞环组压力差/MPa	速度/(m/s)	润滑方式	应用举例
喷钼桶形环	11	15	激溅	柴油机
镀铬梯形环	5	12	激溅	汽油机
铸铁矩形环	20	4	滴注	氮氢气压缩机
金像奖组合环	220	2	吸气口注油	乙烯气压缩机
氟塑料活塞环	15	1.5	无油	氧气压缩机
涨圈	1	100	激溅	航空发动机

22.4.2.1　金属活塞环

（1）活塞环组的环数　压缩机的活塞环数按下式计算：

$$Z=\sqrt{\Delta p}$$

式中　Δp——该级的压差（MPa）；

Z——环数，圆整至整数。

无增压的柴油机及汽油机，近代趋于采用 3 环活塞，即 2 道气环，1 道油环，也在开始试用 2 环活塞，即 1 道气环，1 道油环。

（2）活塞环的公称尺寸（见图 22-30）　径向厚度 t 直接影响环的径向压力，铸铁活塞环 $t=\left(\frac{1}{22}\sim\frac{1}{36}\right)d$；轴向高度一般为 $h=(0.4\sim1.4)t$。

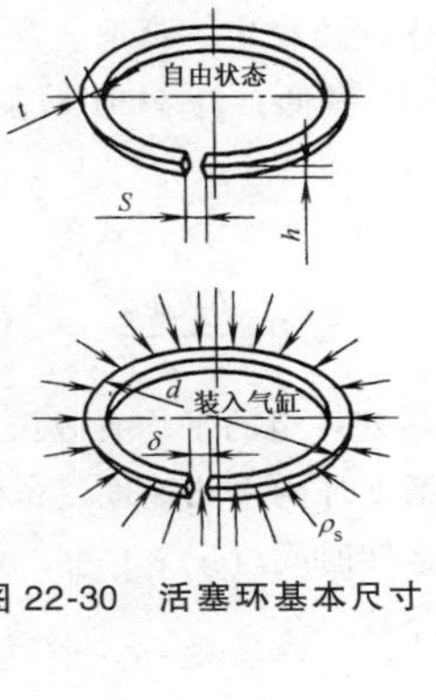

图 22-30　活塞环基本尺寸

h 较高的环，摩擦大，但有利于活塞对气缸的传热。高速机械及直径较大的活塞取较小的 h/t 值。

自由开口间隙 δ 是防止工作温度下活塞环与气缸热膨胀卡紧而预留的间隙。将活塞环在常温下安装在等于气缸直径的环规内测量出的开口间隙值，即为开口热间隙。内燃机用活塞环，$\delta=(0.0035\sim0.006)d$。

（3）活塞环的径向压力与弹力　压缩机及低速发动机（<500r/min）用低弹力的均压环。高速及小型发动机采用高弹力非均压环，在环的开口处有较大的径向压力，可减少环的振颤现象。活塞环径向压力与直径关系如图 22-31 所示。

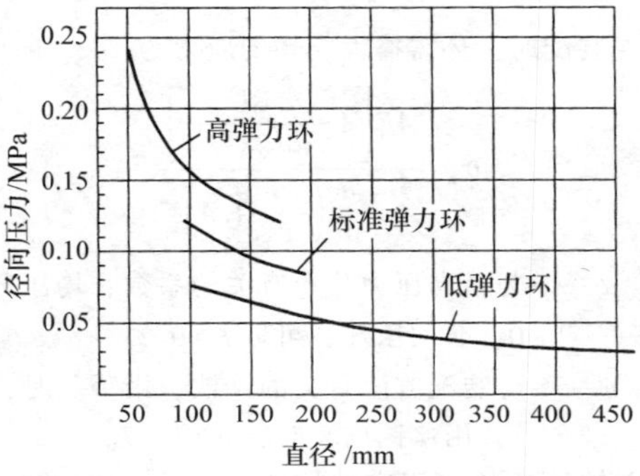

图 22-31　活塞环径向压力与直径关系

均压环上各点的半径变位量（见图 22-32）：

$$\Delta R=\frac{S}{3\pi}\left(1+\frac{Q}{2}\sin\theta\right)$$

式中　S——环的自由开口间隙；

θ——环上的一点，与切口相对的活塞环圆周中点，对于环中心构成的中心角。

活塞环的径向压力按下式计算：

$$p_s=\frac{ES}{7.07d\left(\frac{d}{t}-1\right)^3}$$

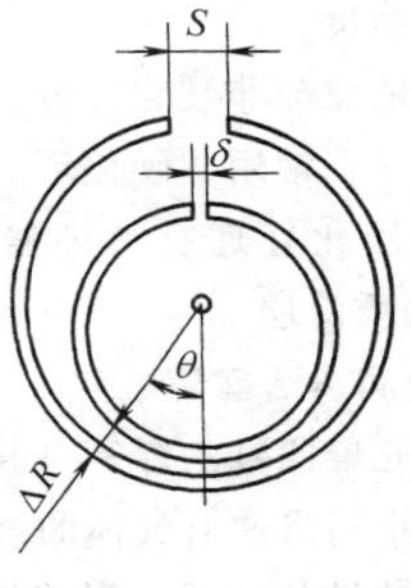

图 22-32　均压环之半径变位

活塞环的径向压力与实验测得的弹力有一定关系。

(4) 活塞环的应力　活塞环装入缸内，因环缩小而产生弯曲应力为

$$\sigma_w = 3p_s \frac{d}{t}\left(\frac{d}{t}-1\right)$$

式中　p_s——活塞环因弹力产生的径向压力（MPa）。

活塞环与缸壁的摩擦产生切应力为

$$\tau = \mu\left(p_s \pm \frac{p}{2}\right)$$

式中　μ——环与缸壁的摩擦因数（0.1~0.15）；

p——环所承担的压差（MPa）。

环的计算当量应力为

$$\sigma_e = \sqrt{\sigma_w^2 + 3\tau^2}$$

在装配时，环需撑大，环的应力为

$$\sigma_w = \frac{4E\left[1-\dfrac{S}{\pi d(3-\xi)}\right]}{m\dfrac{d}{t}\left(\dfrac{d}{t}-1.4\right)}$$

式中　ξ——与径向压力分布有关的系数，均压环 $\xi=0$；非均压环，可取 $\xi=0.2$；

m——与装配方法有关的系数，用手装时，$m=1$；用薄铜皮装时，$m=1.57$。

灰铸铁环的许用弯曲应力 $[\sigma_w] \leqslant 250\text{MPa}$，合金铸铁 $[\sigma_w] \leqslant 300\text{MPa}$。装配许用应力可达 $(1\sim1.5)[\sigma_w]$。

(5) 活塞环的截面形状　气环主要有矩形环、扭曲环、锥形环等，常用的油环类型有槽形、片形等，见表 22-124。

(6) 活塞环材料与表面处理　活塞环材料及其与缸套材料的匹配，对活塞环寿命起主要作用。

气缸有硬化与非硬化之分。硬化缸进行渗氮、渗硼、合金钢淬火等处理。硬化缸套长期保持镜面，活塞环可以得到较高的寿命。非硬化钢套磨损后可镗缸 1~2 次，多用优质耐磨铸铁，以获得较高的耐磨性，其硬度比活塞环略低。

活塞环也有硬化与非硬化之分。压缩机和内燃机的二道环、三道环，常用非硬化环。

活塞环表面硬化处理有镀硬铬、喷涂钼，喷涂 RC-2、RC-4 等硬质涂层。

22.4.2.2　无油润滑活塞环

用石墨或填充聚四氟乙烯等自润滑材料制成，可无油运行，能防止润滑油对气体的掺杂。

石墨活塞环散热条件好，耐热性达 370℃。一般干摩擦因数为 0.20，有少量水雾、油雾时，摩擦因数为 0.04；适用于低载荷、高速工况，性脆、易生粉尘。

表 22-124　活塞环的截面形状

分类		简图	分类		简图
气环	矩形环		气环	桶形环	
气环	扭曲环		气环	梯形桶形环	
气环	锥形环	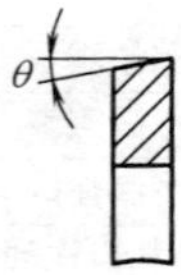	油环	槽形	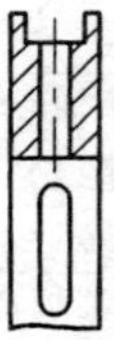
气环	梯形环		油环	带圈簧	
气环	单侧梯形环		油环	片形	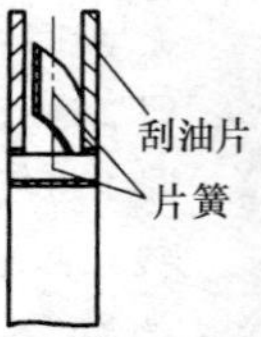

现在应用较多的是填充四氟活塞环，韧性良好，不易折断，化学性质稳定。低速、高载荷条件下摩擦因数低。但热导率低，高温时易变形，热膨胀系数高。

无油活塞组磨损的计算公式为

$$U = \frac{Kp_m v_m r}{Z}$$

式中　p_m——活塞环组的平均有效压差（MPa）；

v_m——活塞环的平均速度（m/s）；

r——运转时间（h）；

Z——环数；

K——磨损系数$\left(\frac{mm^3 s}{Nmh}\right)$，见表 22-125。

p_m 是将活塞环组所受瞬时 pv 值对时间积分，并取平均值而得。对双作用活塞，$p_m=x(p_2-p_1)$；对于单作用活塞，$p_m=\frac{x}{2}(p_2-p_1)+p_1-p$。其中，$p_1$ 为吸气压力，p_2 为排气压力，p 为活塞组的背压。系数 x 见表 22-126。

表 22-125 自润滑材料的磨损系数

材料(质量分数,%)	$K/[(mm^3 s)\cdot(Nmh)^{-1}]$
碳-石墨	$(0.2\sim1.3)\times10^{-7}$
100PTE	70×10^{-7}
100PTFE+35 石墨	$(2.5\sim3.5)\times10^{-5}$
100PTFE+25 玻璃纤维	$(0.8\sim1.3)\times10^{-7}$
100PTFE+25 玻璃纤维 $5MoS_2$	$(0.4\sim0.8)\times10^{-7}$
100PTFE+40 青铜	$(0.15\sim0.3)\times10^{-7}$

表 22-126 系数 x

p_2/p_1	1	1.5	2	3	4	5
x	1	0.88	0.77	0.67	0.61	0.56

22.5 机械密封

机械密封是由至少一对垂直于旋转轴线的端面在流体压力和补偿机构的弹力（或磁力）的作用以及辅助密封的配合下，保持贴合并相对滑动而构成的防止流体泄漏的装置。机械密封为接触密封，是旋转轴用动密封，也称为端面密封。常用于泵、压缩机、反应搅拌釜等旋转式流体机械的旋转轴上，在一些特殊工况条件（如腐蚀、高温、低温、高压、真空、放射性、介质中含有杂质及易燃、易爆）下可使用机械密封。目前机械密封已达到了如下技术性能：

工作压力：$1.33\times10^{-7}\sim42.0$MPa

工作温度：$-190\sim450$℃

端面线速度：<150m/s

使用期：在正确合理的使用条件下可达 1 年以上

机械密封一般有四个密封点，如图 22-33 所示 A、B、C、D。A 点为端面密封点；B 点为动环与轴（或轴套）配合面之间的密封点；C 点为静环与压盖端面之间的密封点；D 点为压盖与泵壳端面之间的密封点。其中 B、C、D 三点是静密封，一般不易泄漏；A 点的端面间维持一层极薄的液体膜而达到密封目的，即为端面动密封。

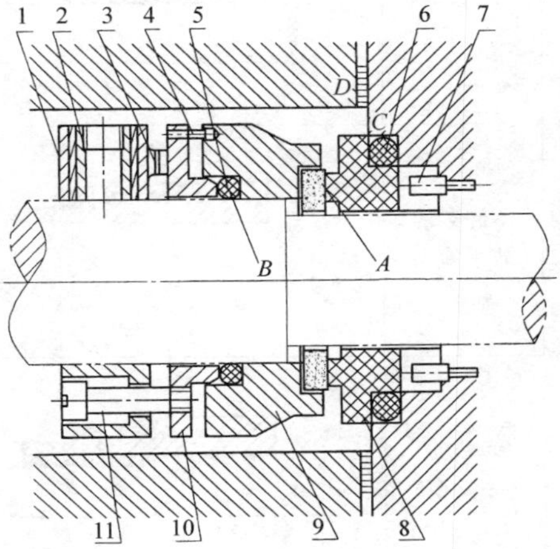

图 22-33 机械密封结构

1—弹簧座 2—固定螺钉 3—弹簧 4—传动销 5—动环密封圈 6—静环密封圈 7—防转销 8—静环 9—动环 10—推环 11—传动螺钉

22.5.1 机械密封分类（见表 22-127）

表 22-127 机械密封的分类

分类依据	分类	结构简图	特 点	应用范围
摩擦副数目及布置	单端面	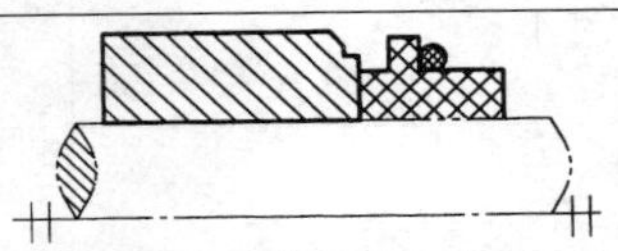	仅有一对摩擦副，结构简单，装拆方便	应用广泛
	双端面	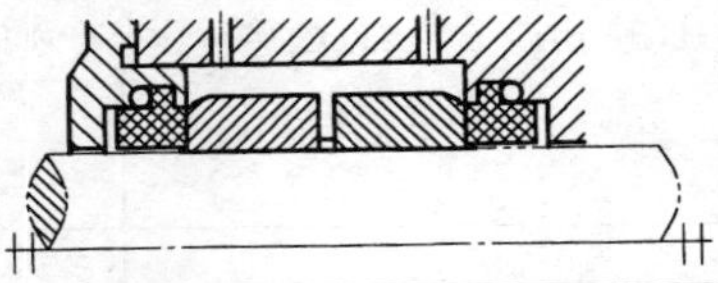	有两对摩擦副，能引入密封液进行封堵、润滑冲洗、冷却。封液压力应比介质工作压力大 0.05~0.15MPa	适用于强腐蚀、高温、带悬浮颗粒及纤维介质、气体介质、易燃易爆、易发挥低黏度介质。高真空密封
	串联多端面	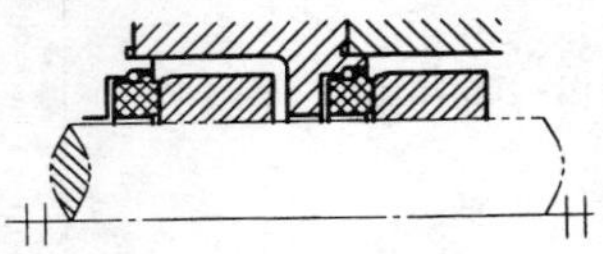	两级或更多级串联安装，使每级密封承受的介质压力递减	适用于高压密封

（续）

分类依据	分类	结构简图	特　　点	应用范围
弹簧是否与介质接触	内装式	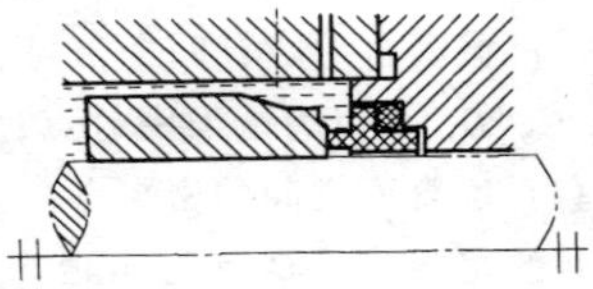	弹簧置于密封介质之中。受力条件较好，泄漏量小，冷却与润滑好	常用于介质即无强腐蚀性，又不影响弹簧性能的情况
	外装式	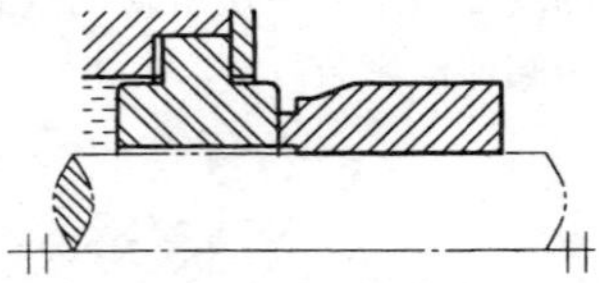	弹簧置于密封介质之外，受力条件较差。泄漏量较大。因大部分零件不与介质接触，且暴露在设备外，故便于观察、安装和维修	用于强腐蚀性、高黏度、结晶性介质，用于压力低安装要求较低的情况
介质在端面引起卸载的程度	不卸载的（非平衡型）	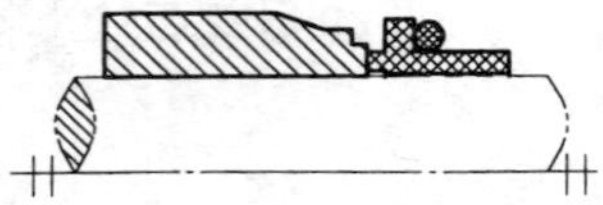	介质压力在密封端面上不引起卸载的为非平衡型。$K>1$，K 为载荷系数，表示动环的轴向受压面积与端面贴合面积之比	一般情况介质压力<0.7MPa 时采用。但对于黏度较小，润滑性能较差的介质，压力在 0.3～0.5MPa 时不用非平衡型
	卸载的（平衡型）	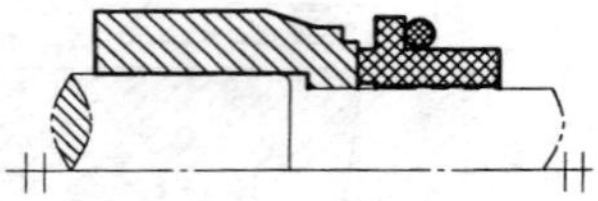	介质压力在密封端面上引起卸载的为平衡型。载荷系数 $0<K<1$	用于中、高压条件，通常在 0.5MPa 以上。平衡型成本高于非平衡型，应多用非平衡型
弹簧的数目	单弹簧	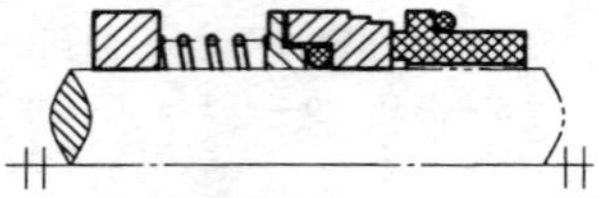	耐腐蚀，脏物结晶对弹簧性能影响小，但比压不均匀，轴颈大时更突出，转速大时离心力引起弹簧变形，轴向尺寸大，径向尺寸小。加工要求较高	用于载荷较小、轴颈较小（一般不超过 80～150mm），有腐蚀性介质的情况
	多弹簧	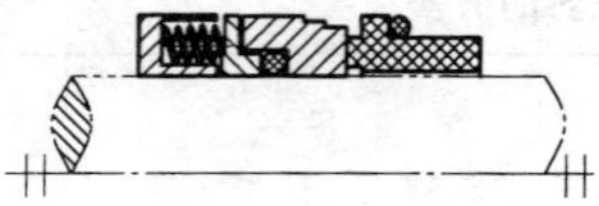	比压均匀，且不受轴径影响，弹簧变形受转速影响小，耐腐蚀差，对脏物结晶敏感，径向尺寸大，轴向尺寸小	用于较大的轴径，较重的载荷条件下易于制造
辅助密封圈形式	成形填料	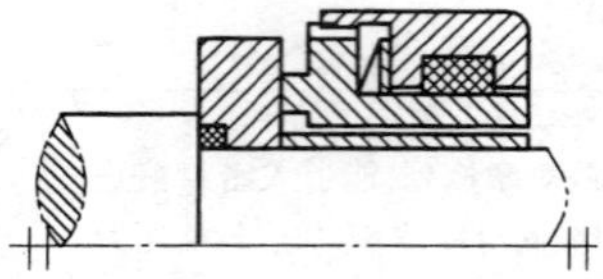	价廉，耐温 -50～250℃	应用广泛
	波纹管	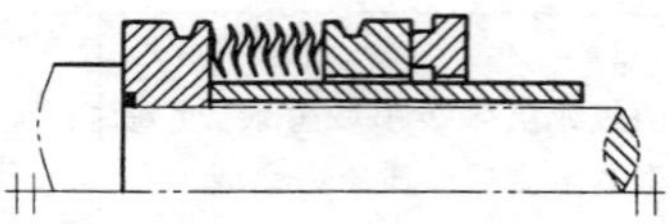	耐温 -200～650°C	用于高、低温条件

（续）

分类依据	分类	结构简图	特　　点	应用范围
介质泄漏方向	内流式（向心方向）	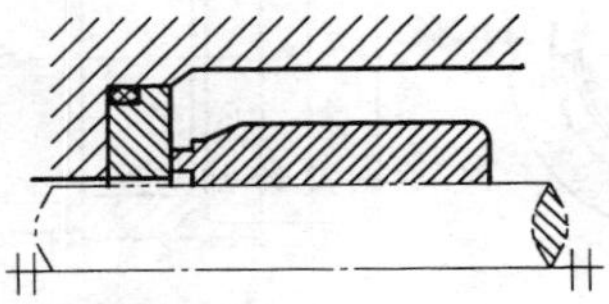	泄漏方向与离心力方向相反，泄漏量较小	应用广泛，尤其适用于含有固体悬浮颗粒介质的情况
	外流式（离心方向）	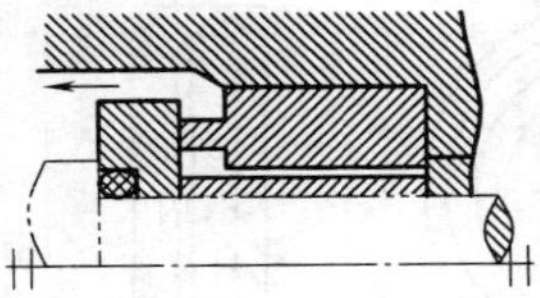	泄漏方向与离心力方向相同，故泄漏量较大	多用于外装式
端面摩擦工况	边界摩擦或半液摩擦	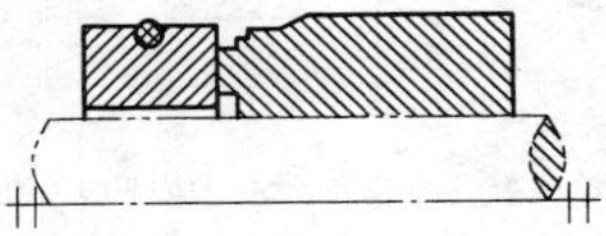	结构简单，泄漏量小	应用广泛
	全液摩擦	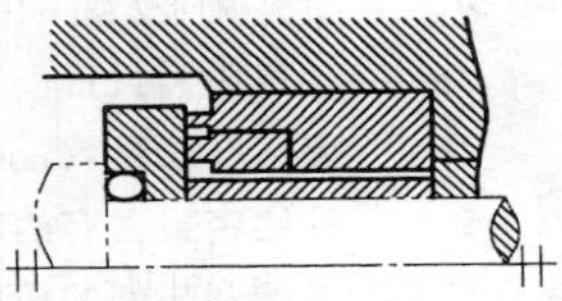	泄漏量较大，结构较复杂，有时需附加封液循环系统	用于高温、高压条件

22.5.2　机械密封设计计算

机械密封的设计计算包括三部分，即根据安装尺寸确定和计算主要零部件的轴向和径向尺寸；计算机械密封的主要工作参数；密封端面的机械变形校核计算。

（1）动环的设计　以标准型机械密封中的滑动、旋转、内装、高背压式机械密封的环设计为例。它分为平衡型和非平衡型；单弹簧式和多弹簧式。

整体式结构设计在 GB/T 6556—2016 标准中规定了有关尺寸，如图 22-34 所示。为便于叙述，将标准中的有关尺寸一律以大写字母表示。

图 22-35 所示为典型的整体式动环。它们多采用 O 形圈作为辅助密封圈，多弹簧结构依靠其最大外圆处的凹形圆弧槽与弹簧座相应的圆弧状凸起配合，起传动作用；单弹簧结构依靠其背面的槽，插入单弹簧端圆的钩中，起传动作用。环在轴上安装后，O 形圈仅径向受压缩。

1）轴向尺寸的确定（见图 22-35）。磨损补偿长度 l_1：可按表 22-128 推荐值选取。l_1 过大，使环的强度和刚度降低；过小，又难以保证充裕的因磨损所需要的补偿余量。

平衡型动环的安全间隙 $l_4=2\sim3\text{mm}$，这是必不可少的，以其防止在安装时因安装长度 L_{1N}（L_{1K}）不正确而损坏动环，或影响其浮动性（见表 22-129）。

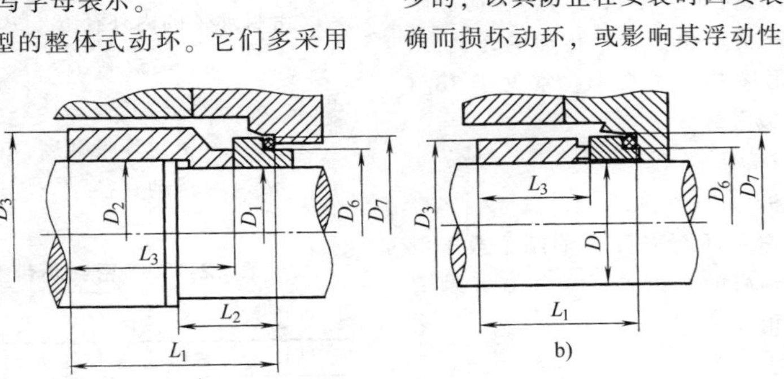

图 22-34　GB/T 6556—2016 中规定的有关尺寸

a）平衡型　b）非平衡型

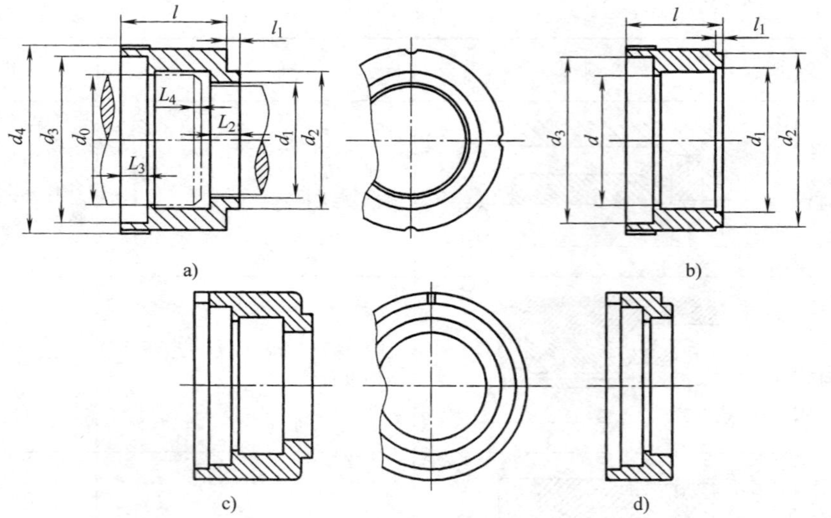

图 22-35　整体式动环

a）多弹簧、平衡型　b）多弹簧、非平衡型　c）单弹簧、平衡型　d）单弹簧、非平衡型

表 22-128　磨损补偿长度 l_1 的推荐值

（单位：mm）

公称轴径	≤16	≤35	≤48	≤65	≤120
l_1	1.5	2.0	2.5	3.0	3.5

平衡型动环的支承长度 l_2：这是强度、刚度设计必不可少的，与标准中的 L_2 有必然联系：$l_2=L_2-l_4-(L_1-L_3)$；推荐 $l_2\approx 3l_1$，见表 22-129。

表 22-129　平衡型动环安全间隙 l_4 支承长度 l_2 推荐值　（单位：mm）

公称轴径	≤16	≤35	≤48	≤65	≤120
L_2	18	20	23	25	28
l_2	6	6.5	7.5	9	10
l_4	2	2.5	2.5	3	3
L_1-L_3	10	11	13	13	15

O 形圈槽的宽度 l_3：O 形圈的安装有两种方式：一种是安装后的 O 形圈在非工作状态时，径向和轴向均受压，其轴向力来源于由于推环传递的弹簧力，这样显然易造成 O 形圈的永久变形，常见于 JB/T 1472—2011 标准的机械密封。

平衡型动环总长 l 为

$$l=l_2+l_3+l_4+(l_1+3)$$

式中　(l_1+3)——考虑到环磨损后 O 形圈不至于滑出轴肩的长度增量，并避开轴肩倒角。

非平衡型动环总长 l 为

$$l\approx l_2+l_3+\frac{d_4+d}{2}$$

式中　d_4——动环外径（mm）；

d——动环内径（mm）；

l_2——磨损补偿量（mm）；

l_3——补偿密封占有的轴向长度（mm）；

$(d_4+d)/2$——考虑到强度的长度增量（mm）。

确定动环总长 l 时，还应参照机械密封总的安装长度 L_1，一般多弹簧结构参照 L_{1K}，单弹簧结构参照 L_{1N}（对于机械密封的轴向尺寸有标准型 N 和短型 K 之分）。

2）径向尺寸的确定。最大外圆直径 d_4：根据标准中的 D_3，对于凸圆凹坑传动结构的动环需考虑传动套的厚薄，适当减小 d_4。若使用压力高于 5MPa 时，d_4 将适当增大。

与轴配合的最小内圆 d：为防止 O 形圈在工作时被挤出，其配合为 C8/h6。但为了保持补偿环具有足够的浮动性，配合处的轴向长度一般为 1～2mm，其余部位应保持 1～1.5mm 的间隙。

密封环带的内外径 d_1，d_2：

$$d_2=2Kb+(d_b^2+4K(K-1)b^2]^{1/2}$$

式中　K——载荷系数；

b——密封环带宽度，查表 22-130；

d_b——滑动直径。

$$d_1=d_2-2b$$

表 22-130　密封环带宽度 b 的推荐值

（单位：mm）

轴颈		≤16	≤35	≤55	≤70	≤100	≤120
b	宽系列	2.5	3.0	4.0	5.0	6.0	7.0
	中系列	2.0	2.5	3.0	4.0	5.0	5.0
	窄系列	1.5	2.0	2.0	2.5	3.0	3.0

O 形圈槽内径 d_3：O 形圈安装时径向受压时（见图 22-35），d_3 为

$$d_3 = d + 2 \times 0.875d'$$

式中　d'——O 形圈截面直径（mm）。

（2）静环设计　标准型浮装式静环，指按 GB/T 6556—2016 标准设计的浮装式静环。在这个标准中只规定了一种带防转槽的浮装式静环，其平衡式与非平衡式安装尺寸均适用。在标准中对它的轴向、径向安装尺寸，以及防转销的规格和安装尺寸做了详细的规定，如图 22-36 所示。

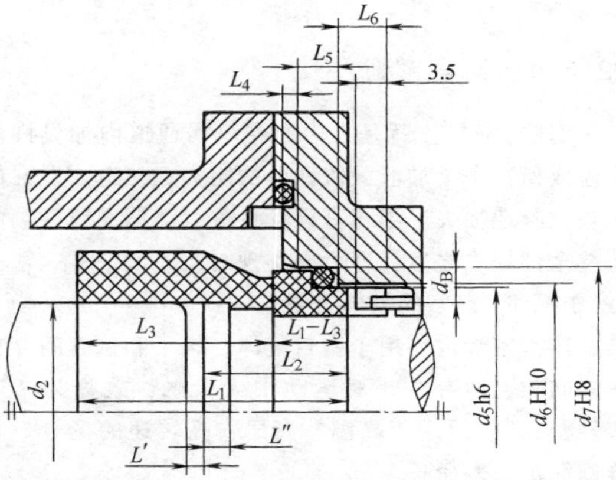

图 22-36　GB/T 6556—2016 静环的安装尺寸

设计时轴向尺寸的确定（见图 22-37）：

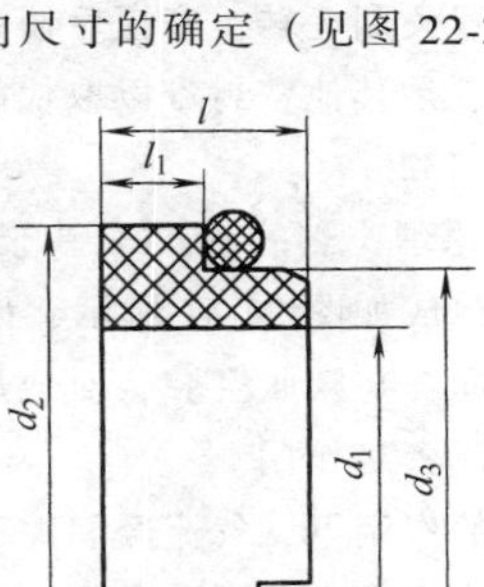

图 22-37　符合 GB/T 6556—2016 标准的静环

$$l_1 = (L_1 - L_3) - d'$$

式中　d'——辅助密封圈截面的轴向长度（mm）。

$$l = (L_1 - L_3) + L_6 - 2$$

径向尺寸的确定：

$$d_1 = d + (0.5 \sim 1.5)$$

式中　d——轴径（mm）。

$$d_2 = d_7 - 0.5\text{mm}$$

$$d_3 = d_6 - 0.5\text{mm}$$

其他类型的动环、静环的设计可参考 GB/T 9129—2003。

（3）滑动式机械密封的辅助密封圈的设计

1）O 形圈。采用橡胶材料，O 形圈的压缩量一定要掌握适当，O 形圈在非工作状态仅径向受压缩，其压缩量应为 8%～13%，在工作状态径向和轴向都受压缩，其径向压缩量应为 4%～5%。为使 O 形圈处于最佳受力状态，优先使用仅有径向压缩的安装方式。

当压差大于 7.5MPa 时，而动环与轴的配合为 C8/h6 时，应加聚四氟乙烯保护垫，以防止 O 形圈从缝隙中被挤出，如图 22-38 所示。

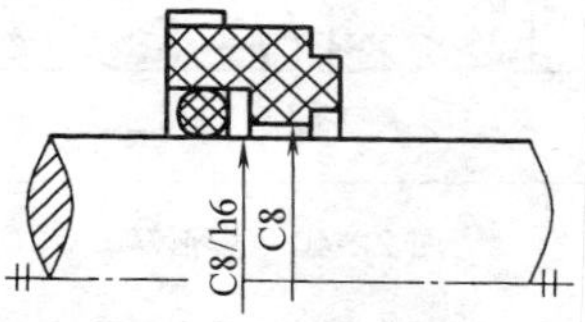

图 22-38　O 形圈的保护垫

2）V 形圈。采用聚四氟乙烯制作，其结构如图 22-39 所示。V 形圈内锥空间的角度与后侧倒角锥形角度的配对有：60°/60°、60°/70°、70°/90°、90°/90°（见图 22-39b），前 3 种结构以 60°/70°（见图 22-39a）为最佳。

60°/70°配对的 V 形圈是由 2 个 V 形圈和 1 个撑环组成，90°/90°配对的 V 形圈是由 V 形圈、支承环、撑环组成。它们的迭合宽度应大于 O 形圈槽的宽度 l_3（见图 22-39）。这样，一方面可与安装 O 形圈通用；另一方面在安装时，受到弹簧力的压迫，可使 V 形圈变形，唇口紧贴密封面，建立良好的初始密封状态。

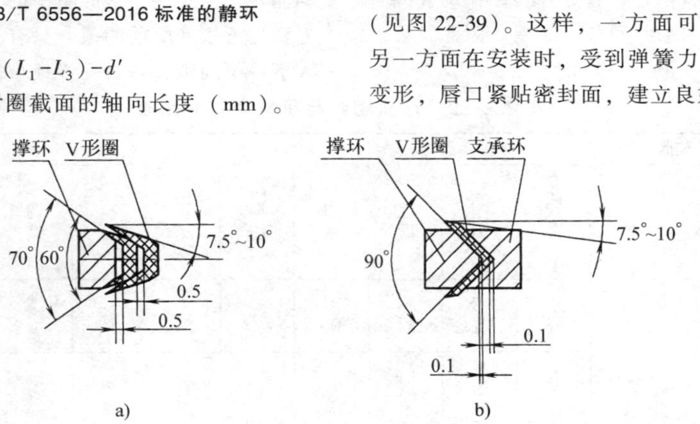

图 22-39　V 形圈

为了保证撑环能与 V 形圈对中，可在撑环径向开 0.5~1mm 的切口。这对轴径规格大于 80mm 的特别重要，可保证 V 形圈的唇口能内外均匀地贴合密封面。

V 形圈与轴配合的过盈量应大于与动环孔的配合过盈量，见表 22-131。

表 22-131　V 形圈与轴、动环的配合

（单位：mm）

V 形圈安装空间的径向尺寸$(d_3-d)/2$	2.30	3.10	4.60
使用 O 形圈的截面直径	2.65	3.55	5.30
V 形圈与轴配合的过盈量	0.15	0.20	0.25
V 形圈与动环孔的配合过盈量	0.10	0.15	0.20

撑环、支承环与轴和动环的间隙均为 0.5mm。聚四氟乙烯 V 形圈的使用温度为-40~220℃。

3）楔形环。采用聚四氟乙烯、增强聚四氟乙烯、石棉纤维、柔性石墨等材料制作，其构造如图 22-40 所示。

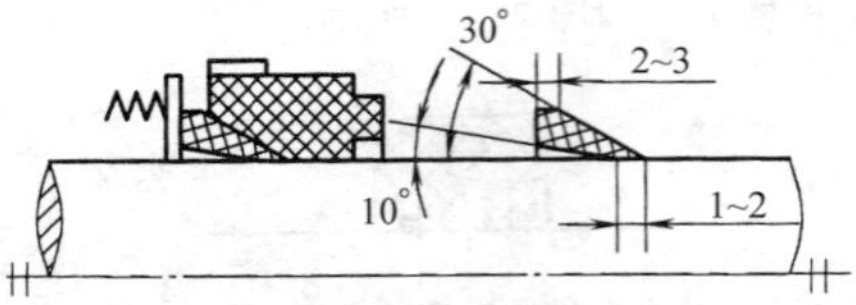

图 22-40　楔形环

楔形环的锥角与动环相配的锥角差为 2°~3°，以保证楔形环的头部与动环和轴贴合紧密，楔形环的尾部伸出动环 1~2mm，使其受到弹簧力的压迫，以获得轴向推力，建立良好的初始的密封状态。

楔形环的强度优于 V 形圈，承压能力较强。但动环和楔形环的制造精度要求高，否则不易达到预期的密封效果。

（4）弹簧的设计计算　机械密封中用得最多的弹簧是圆柱螺旋弹簧。根据两端并圈数的不同，可分为普通弹簧与并圈弹簧两种，普通弹簧两端的并圈各为 3/4 圈，并圈弹簧两端并圈各为 2 圈。因此，虽然它们的有效圈数相同，但总圈数相差 2.5 圈。

弹簧结构分为单弹簧、多弹簧两种。当轴径小于 65mm 时，一般可选用单弹簧结构，当轴径大于 65mm 时，一般选用多弹簧结构。

圆柱螺旋压缩弹簧的设计计算的方法很多，对于机械密封用的弹簧，通常是根据选定的弹簧比压 p_s 和密封端面接触面积 A 来计算弹簧的工作载荷 F_2，再根据选定的弹簧材料及假定的弹簧中径 D_2、弹簧丝径 d_0 及工作圈数 n 进行计算，确定尺寸并进行强度校核，具体计算步骤和方法参考本书弹簧相关章节。

22.6　流阻型非接触动密封

22.6.1　迷宫密封

“迷宫密封”就是人为地在泄漏通道内加设许多个齿或槽，来增加泄漏流动中的阻力，使造成泄漏的压差急骤地损失。当迷宫设计良好，泄漏通道两端的压差全部损失之后，即可以实现封严不漏。

22.6.1.1　迷宫的气体密封

迷宫密封主要用于密封气体。转子和机壳间存在迷宫间隙，两者在相对运动中无接触，故称为“非接触密封”。适用于高温、高压、高转速的场合。其维修简单、寿命长。

迷宫密封的缺点是加工精度要求高，难于装配，间隙过小，机器长期运转，磨损后使密封性能大大下降，但是其优点是其他密封难以取代的。与机械密封的比较见表 22-132。

（1）工作原理　迷宫密封是由若干个依次排列的环形密封齿组成如图 22-41 所示，齿与转子间形成了一系列节流间隙与膨胀空腔，对通过的工作介质产生节流效应而起密封作用。

在压力差的作用下，气流经间隙 h 高速进入环形腔室，突然膨胀而产生猛烈的漩涡，气流的绝大部分动能转化为热能，被腔室中的气流所吸收，使焓值恢复到接近于间隙前的值，只有小部分动能仍以余速进入下一个间隙，一级一级地重复上述过程。

表 22-132　迷宫密封与机械密封的比较

密封类型	机能			适用条件					其他					
	泄漏量	摩擦	润滑	介质的种类	压力	温度	周速	耐振能力	设置场所	装配	调整	寿命	价格	对灰尘杂质的适应性
迷宫密封	较多	无	不需要	不限	不限	不限	不限	好	不限	易	不需要	长	低	良好
机械密封	几乎无	有	需要	有选择	高压不适	高温不适	有限	差	有限	严格	需要	较长	高	不适

为尽量使气流的动能转化为热能，而不以余速进入下一个间隙，密封齿要做得尽量薄，并带锐角；齿与齿之间保持足够的距离；或用高低齿强迫改变气流方向。

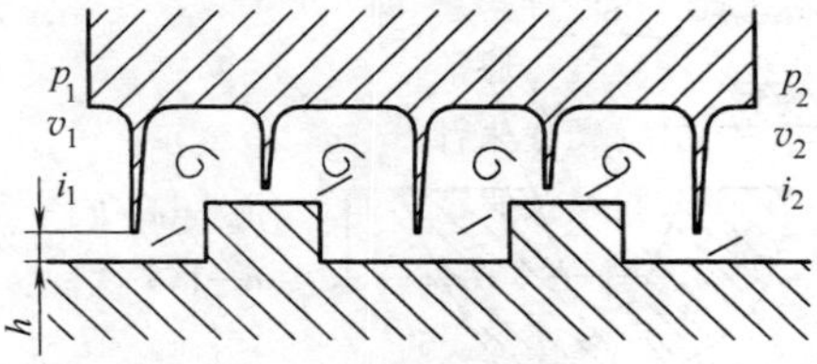

图 22-41　气流流经迷宫密封（高低齿）

（2）迷宫的形式　迷宫的形式归纳为四种，见表 22-133。

（3）迷宫密封泄漏量的计算方法　迷宫密封泄漏量的计算比较复杂，没有一个比较理想的合理的计算公式，一般都采用近似的经验公式。

1）直通型迷宫泄漏量的计算：

$$G=\alpha\gamma G_o$$

或

$$G=\alpha\beta A G_o$$

式中　$G_o=\sqrt{\dfrac{g_c p_1}{v_1}}$；

α——流量系数；

β——泄漏系数；

γ——透气系数；

g_c——换算因子；

v_1——密封前气体比容；

p_1——密封前压力；

$A=\pi dh$；

h——间隙；

d——轴颈。

2）参差迷宫泄漏量的计算：

$$Q=\psi_K bh_2\sqrt{\frac{2g}{\rho g}\Delta p}$$

式中　ψ_K——参差迷宫的迷宫系数；

b——迷宫的两元宽度即 $b=\varepsilon_1+\varepsilon_2$（$\varepsilon_1$ 与 ε_2 是高低齿与轴壳之间间隙）；

h_2——槽深；

g——重力加速度；

ρ——密度；

Δp——压差。

22.6.1.2　迷宫油封（见表 22-134）

表 22-133　迷宫形式及特点

形式	示意图	特点
直通型	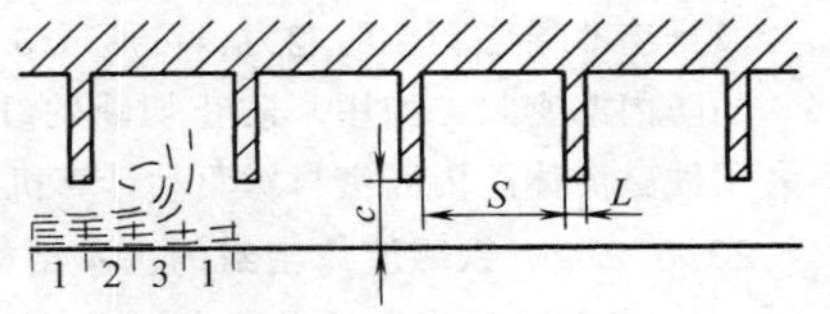	带槽或齿的轴，与加工成光滑面的孔组成迷宫。制造简单，应用最为广泛 但因存在“透气现象”，使其泄漏量大
参差型	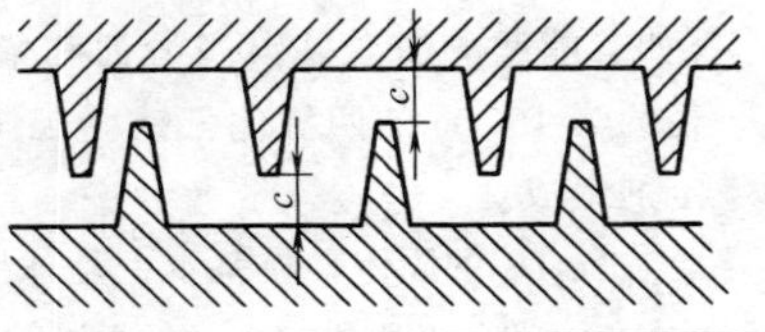	带齿的轴与内表面带齿的孔，且齿相互交叉安置，组成迷宫。调整齿的尺寸和相对位置可得到较好的密封效果，较直通型泄漏量小
复合直通型	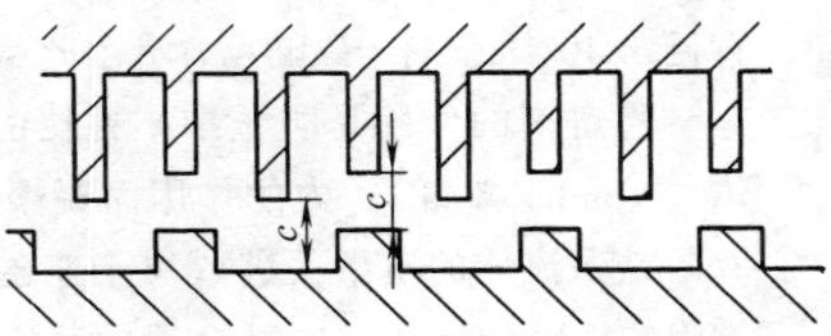	在直通型迷宫光滑面上开附属槽，使迷宫中的流动状态发生明显变化，从而使泄漏量介于直通型和参差型之间
阶梯型	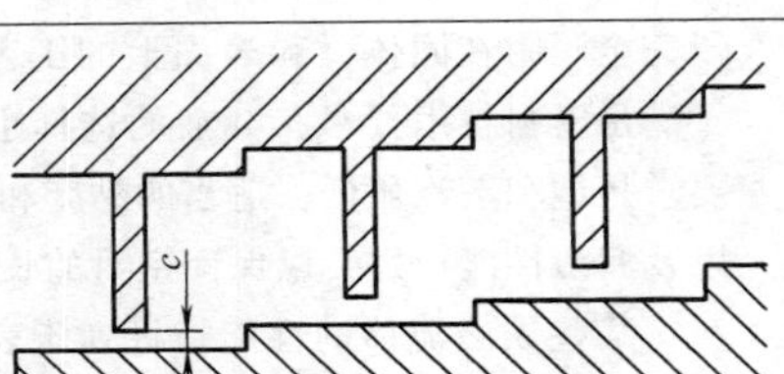	与参差型类似，使气流的旋涡强度增大，密封效果优于直通型

表 22-134　迷宫油封　　（单位：mm）

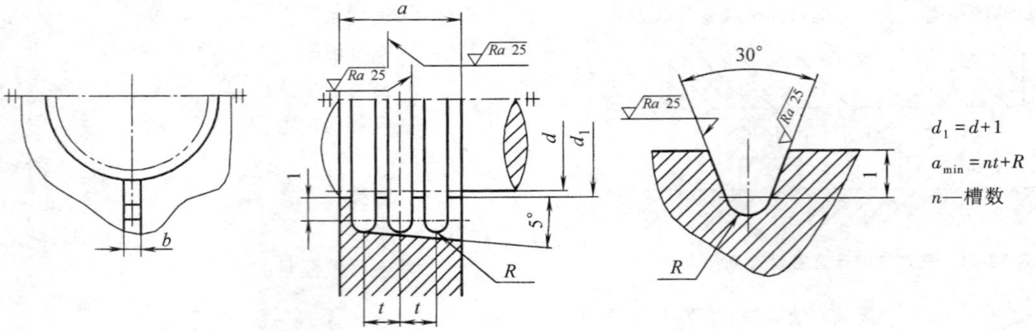

轴径 d	R	t	b	轴径 d	R	t	b
25~80	1.5	4.5	4	120~180	2.5	7.5	6
80~120	2	6	5	>180	3	9	7

注：1. 表中 R、t、b 尺寸，在个别情况下，可用于与表中不相对应的轴径上。
2. 一般 $n=2\sim4$ 个，使用 3 个较多。

22.6.2　铁磁流体密封

22.6.2.1　铁磁流体密封机理

铁磁流体密封属于非接触密封。作为密封剂的铁磁流体是一种被磁场感应的可流动的液体磁性材料，称为磁液。其密封原理如图 22-42 所示。铁磁流体轴密封装置由非磁性外壳、环形永久磁铁、环形磁极、导磁轴和磁性液体组成。磁极与外壳的静密封用 O 形密封圈密封，静止的磁极与转轴之间的均匀间隙由角接触式滚珠轴承来定位。在转轴的表面或在磁极的内圆表面开有若干齿槽聚点结构，组成多极密封。这样由永久磁铁、两个环形磁极和转轴构成闭合磁路，在磁极与转轴之间的间隙中产生强磁场，磁性流体被约束在间隙中。在磁场作用下，磁性流体产生体积力，沿磁槽聚焦结构的极尖处形成一圈一圈的液体 O 形圈。转轴可在该液体 O 形圈中自由转动，与静止的磁极没有固体接触，仅存在磁性流体本身的黏滞摩擦和定位轴承本身的滚动摩擦，因而机械磨损很小，靠该液体 O 形圈的承受压差的能力，起到旋转密封的作用。但需说明，如果外壳材料导磁，需加一个非磁性的同心隔套；如果转轴的材料是非磁性的，需加一个同心的导磁轴套，或采用不通过轴的磁路设计。

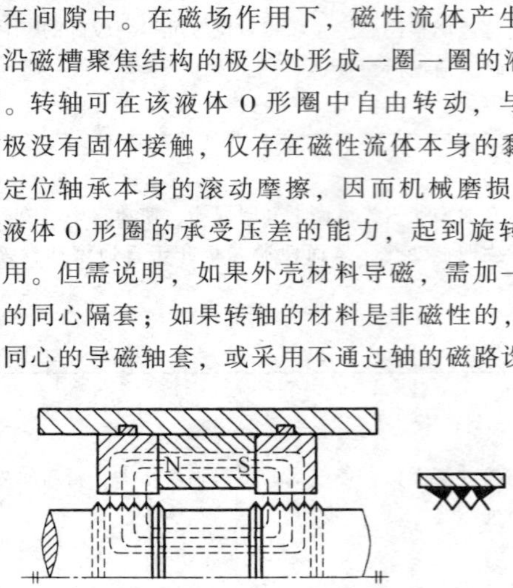

图 22-42　铁磁流体密封原理

铁磁流体密封的应用很广，既可密封真空，又可密封压力系统；既可用于防外漏，又可用于防内漏。用于防外漏时，对于旋转机械，如螺杆压缩机、风机、增压泵和离心压缩机。在冶金过程中，可用于高温真空冶炼。因为铁磁流体能耐强腐蚀性气体，所以铁磁流体密封广泛地应用于化工及石油工业。用于防内漏，铁磁流体能够密封蒸汽或雾状微滴，捕捉导磁颗粒以及排出非导磁颗粒的能力，可形成 0.01~0.1MPa 压差的防内漏密封，如用来防止切断的纤维进入轴承；应用铁磁流体防内漏密封对驱动计算机磁盘有良好效果。

22.6.2.2　铁磁流体密封的基本结构类型

（1）铁磁流体的基本组成　铁磁流体由载流体（如二酯润滑油、氟碳润滑油和氟醚润滑油等）、直径约为 10^{-8}m 的四氧化三铁（Fe_3O_4）固体颗粒和稳定剂组成。

Fe_3O_4 的固体颗粒基本上是球形的。直径从（30~250）$\times10^{-10}$m 平均直径为 7×10^{-9}m，小于 Fe_3O_4 的磁畴直径 4×10^{-8}m，属于磁畴尺寸，因此稳定性好。

稳定剂的作用是防止细小颗粒由于磁力及范得瓦尔（Vander Weals）力的作用而凝聚。

铁磁流体的质量关键取决于亚磁畴尺寸、球形铁磁固体微粒的制造、选择合适的稳定剂和使稳定剂分子完全吸附在固体微粒表面上的工艺过程。同时，为了满足密封技术要求，载液的选择也很重要，对它的要求是饱和蒸汽压低，适当的黏度和良好的黏温特性，以及润滑性能良好，以保证密封的长寿命和低功耗。

某些铁磁流体的性能指标列于表 22-135。

（2）铁磁流体密封常用的结构形式（见表 22-136）

表 22-135　三种铁磁流体的性能指标

类型	型号	比重 $\rho^{20℃}$	饱和磁化强度 /T	黏度 $\eta^{25℃}$ /Pa · s	黏温指数 $\eta^{50℃}/\eta^{100℃}$
二酯基铁磁流体	RZ-350	1. 280	35×10^{-3}	102×10^{-3}	3. 04
氟碳基铁磁流体	FT-250	2. 210	25×10^{-3}	3700×10^{-3}	13. 2
氟醚基铁磁流体	FM-300	2. 205	30×10^{-3}	—	—

表 22-136　铁磁流体密封的结构形式

名　称	简　图	特　点
往复运动铁磁流体密封装置	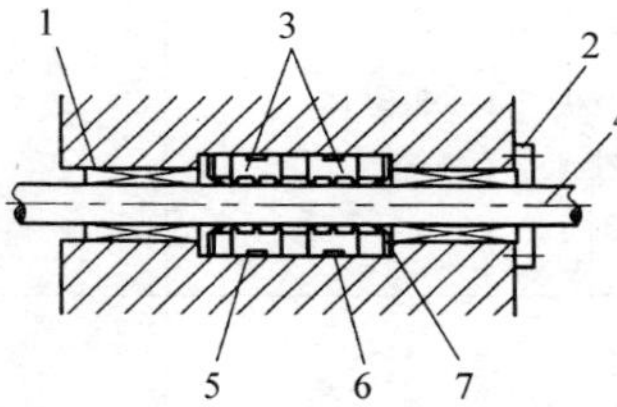 1—往复滑动轴承　2—端盖　3—磁性流体　4—轴　5—磁铁　6—磁极　7—唇形橡胶圈	采用往复滑动轴承和唇形密封环。转轴即可直线移动，又可转动。要考虑轴向压力的平衡和定位
铁磁流体端面密封装置	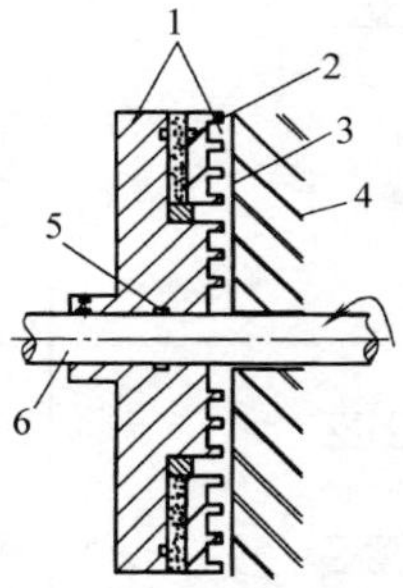 1—磁铁　2—磁极　3—磁性流体　4—外壳　5—精密封　6—轴	注意保证轴向间隙不变，不允许轴向窜动影响其间隙
流体环带式密封装置	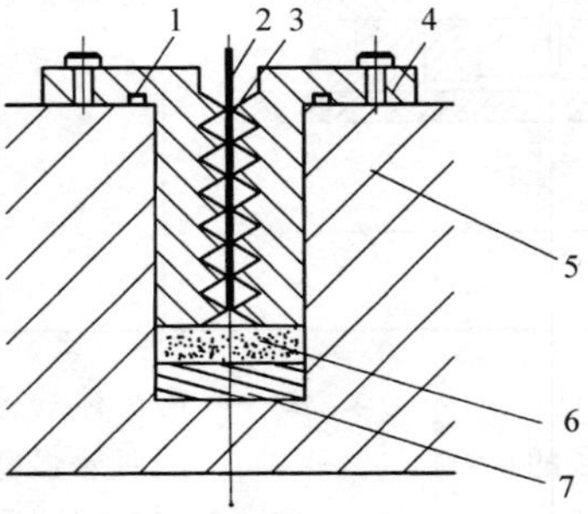 1—静密封　2—环形带　3—磁性流体　4—磁极　5—下盘　6—磁铁　7—导磁块	用来防止放射性粉尘外漏

（续）

名　　称	简　　图	特　　点
离心式铁磁流体密封装置	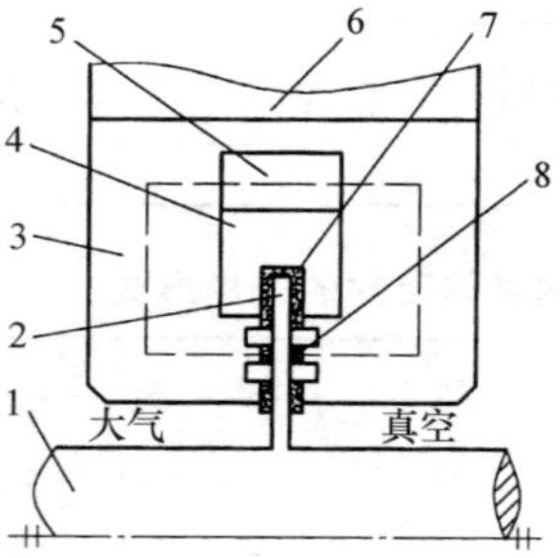 1—旋转轴　2—旋转圆板　3—磁极　4—非磁体 5—磁铁　6—非磁外壳　7—磁性流体(高速时) 8—磁性流体(低速时)	低速时磁流体密封起主要承压作用；高速时离心密封起主要承压作用，这种结构可用于潜水、潜油密封
螺旋式铁磁流体密封装置	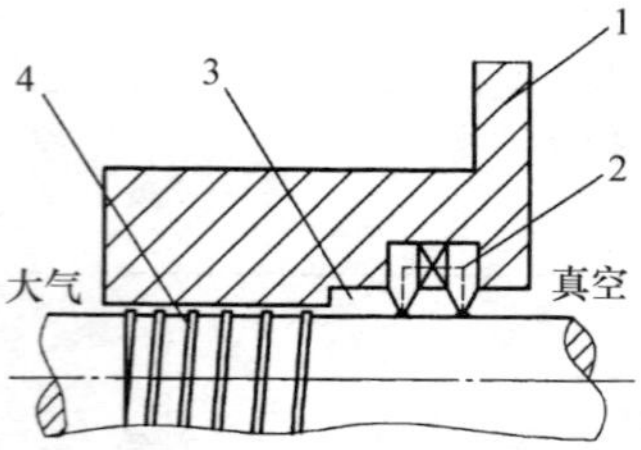 1—外壳　2—磁性流体密封 3—静止时大气高速时低压 4—螺旋密封	螺旋密封与磁性流体密封的混合密封装置。主要靠螺旋密封承压，磁性流体密封起辅助作用，可获得零泄漏
铁磁性流体密封在旋转轴密封的应用	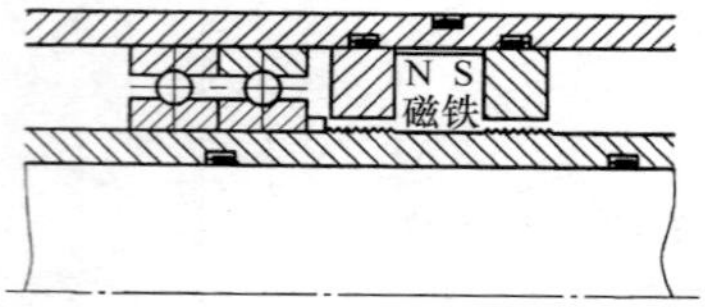 a) 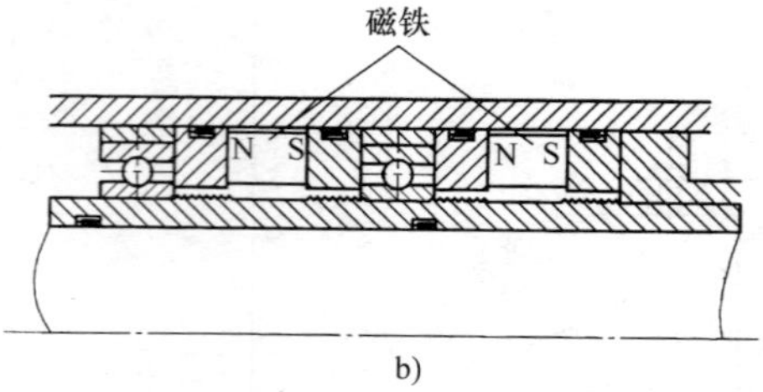 b)	图 a 所示为单密封装置，图 b 所示为双重铁磁流体密封装置 当密封装置运行温度超过 100℃ 时，还需加冷却水套进行强冷散热

22.6.2.3　**铁磁流体密封特性**

（1）承压能力　铁磁流体密封每一级能承受的压差可用近似公式计算（当施加磁场十分大时）：

$$\Delta p=\frac{M_sH}{4\pi}$$

式中　Δp——通过密封的压差（10^{-7}MPa）；

M_s——磁流体的饱和磁化强度（密封间隙内的磁感强度）；

H——密封间隙内的磁场强度 79.578A/m。

（2）径向间隙　为了获得强磁场，可取较小的径向间隙，使每一级能承受较大的压差，常用半径间隙为 0.05~0.125mm，对于大尺寸（大于 50）轴径或跳动量较大的轴，可取 0.25 以上的半径间隙，间隙过小导致机械磨损，并因为磁级边缘效应的影响，磁场强度并没有明显增加。

（3）摩擦阻力矩　铁磁流体即使在磁化时也保持其流体特性，因此，轴可以自由转动而无起动摩擦，密封引入的唯一阻力是黏性剪切引起的。轴在液体黏膜里旋转，黏膜引起的阻力可以通过选择合适黏度的液体来限制。

在旋转轴和周围的极板间的铁磁流体引起的黏性转矩可表示如下：

$$阻力矩=切应力\times面积\times力臂$$

$$切应力=黏度\times速度\times\frac{1}{间隙}$$

如果把所有的密封级加起来，则：

$$阻力矩=KN\frac{\eta}{G}\omega D^3$$

（4）密封的动力消耗　可以用佩特夫（Petroff）方程来估算，即

$$P=\frac{L_t}{L_g}D^3n^2N_t\eta\times8.6\times10^{-12}$$

式中　P——功率（W）；

L_t/L_g——级的长度与径向间隙之比；

L_t——级的长度（mm）；

L_g——径向间隙（mm）；

n——轴的转速（r/min）；

D——轴的直径（mm）；

η——流体的黏度（Pa · s）；

N_t——级数。

第 23 章　联轴器、离合器、制动器

23.1　联轴器

23.1.1　联轴器的分类、性能与选择

23.1.1.1　联轴器的分类、名称和型号

联轴器的型号由组别代号、品种代号、结构型式代号和规格代号组成。

联轴器的组别代号、品种代号、结构型式代号，以其名称第一个字的第一个汉语拼音字母作为代号。若有重复时，则用第二个字母，或名称中第二、三个字的第一或第二个汉语拼音字母，或选其名称中具有特点字的第一、二个汉语拼音字母，以在同一组别、品种和结构型式相互之间不得重复为原则。

联轴器的主参数为公称转矩 T_n，单位为 N · m，其参数值应符合 GB/T 3507—2008 的规定。

联轴器的公称转矩顺序号或尺寸参数，为联轴器的规格代号。

联轴器型号表示方法：

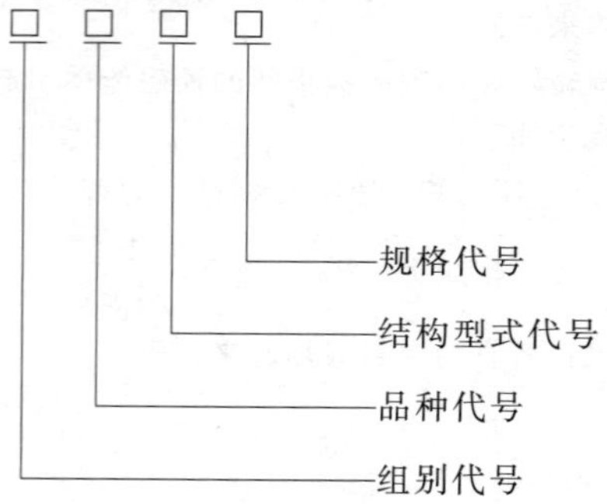

示例：

GB/T 10614 中公称转矩为 160N · m 的基本型芯型弹性联轴器，型号为 LN5；双法兰型芯型弹性联轴器，型号为 LNS5。

联轴器名称、型号按表 23-1 的规定。

表 23-1　联轴器名称和型号（摘自 GB/T 12458—2017）

类别	分类别	组别名称	组别代号	品种名称	品种代号	型式名称	型式代号	联轴器名称	型号
刚性联轴器	—	刚性联轴器	G	凸缘式	Y	基本型		凸缘联轴器	GY
						有对中榫	S	有对中榫凸缘联轴器	GYS
						有对中环	H	有对中环凸缘联轴器	GYH
						带防护缘	Y	带防护缘凸缘联轴器	GYY
				径向键式	J	基本型		径向键刚性联轴器	GJ
						可移式	Y	可移式径向键刚性联轴器	GJY
				平行轴式	P	滚动轴承型	G	滚动轴承型平行轴联轴器	GPG
						滑动轴承型	H	滑动轴承型平行轴联轴器	GPH
				夹壳式	K	螺栓夹紧	L	螺栓夹紧夹壳联轴器	GKL
						卡箍夹紧	K	卡箍夹紧夹壳联轴器	GKK
				套筒式	T			套筒联轴器	GT
挠性联轴器	无弹性元件挠性联轴器	滑块联轴器	H	滑块式	H	基本型		滑块联轴器	HH
						金属盘式	J	金属盘滑块联轴器	HHJ
		齿式联轴器	C	直齿式	Z	基本型		直齿齿式联轴器	CZ
						接中间轴	J	接中间轴直齿齿式联轴器	CZJ
						带制动轮	Z	带制动轮直齿齿式联轴器	CZZ
				鼓形齿式	G	基本型		鼓形齿齿式联轴器	CG
						接中间轴	J	接中间轴鼓形齿齿式联轴器	CGJ
						带中间轴	H	带中间轴鼓形齿齿式联轴器	CGH
						带中间管	U	带中间管鼓形齿齿式联轴器	CGU
						带制动轮	Z	带制动轮鼓形齿齿式联轴器	CGZ
						带制动盘	P	带制动盘鼓形齿齿式联轴器	CGP

（续）

类别	分类别	组别		品种		型式		联轴器	
		名称	代号	名称	代号	名称	代号	名称	型号
挠性联轴器	无弹性元件挠性联轴器	齿式联轴器	C	鼓形齿式	G	垂直安装	C	垂直安装鼓形齿式联轴器	CGC
						贯通型	G	贯通型鼓形齿式联轴器	CGG
				双曲率鼓形齿式	S	基本型		双曲率鼓形齿式联轴器	CS
						带中间轴	J	带中间轴双曲率鼓形齿式联轴器	CSJ
		链条联轴器	T	滚子链式	G	单排	C	单排滚子链联轴器	TGC
						双排	S	双排滚子链联轴器	TGS
				套筒链式	T	单排	C	单排套筒链联轴器	TTC
						双排	S	双排套筒链联轴器	TTS
				齿形链式	C	基本型		齿形链联轴器	TC
		滚子联轴器	U	球面滚子式	Q	基本型		球面滚子联轴器	UQ
						卷筒用	J	卷筒用球面滚子联轴器	UQJ
		滚珠联轴器	Z	滚珠式	Z			滚珠联轴器	ZZ
		万向联轴器	W	十字轴式	S	半叉	B	半叉十字轴式万向联轴器	WSB
						整体叉头	C	整体叉头十字轴式万向联轴器	WSC
						剖分轴承座	P	剖分轴承座十字轴式万向联轴器	WSP
						整体轴承座	Z	整体轴承座十字轴式万向联轴器	WSZ
						贯通型	G	贯通型十字轴式万向联轴器	WSG
				十字销式	X	基本型		单十字销万向联轴器	WX
						双十字销	S	双十字销万向联轴器	WXS
						矫直机用	J	矫直机用万向联轴器	WXJ
				铜滑块式	H	基本型		滑块式万向联轴器	WH
						矫直机用	J	矫直机用滑块式万向联轴器	WHJ
				球铰式	L	基本型		单球铰万向联轴器	WL
						双球铰	S	双球铰万向联轴器	WLS
				球笼式	Q	基本型		球笼式万向联轴器	WQ
						可移动	Y	可移动球笼式万向联轴器	WQY
						重载	Z	重载球笼式万向联轴器	WQZ
				球铰柱塞式	J			球铰柱塞式万向联轴器	WJ
				三叉杆式	G			三叉杆式万向联轴器	WG
				球叉式	C			球叉式万向联轴器	WC
				凸块式	K			凸块式万向联轴器	WK
				三球销式	A			三球销式万向联轴器	WA
				三销式	N			三销式万向联轴器	WN
				球销式	U			球销式万向联轴器	WU
	有弹性元件挠性联轴器	金属弹性元件挠性联轴器	J	膜片式	M	基本型		膜片联轴器	JM
						接中间轴	J	接中间轴膜片联轴器	JMJ
				膜盘式	P			膜盘联轴器	JP
				簧片式	H	不可逆转	B	不可逆转簧片联轴器	JHB
						可逆转	K	可逆转簧片联轴器	JHK
				蛇形弹簧式	S	恒刚度	H	恒刚度蛇形弹簧联轴器	JSH
						变刚度	L	变刚度蛇形弹簧联轴器	JSL

（续）

类别	分类别	组别		品种		型式		联轴器	
		名称	代号	名称	代号	名称	代号	名称	型号
挠性联轴器	有弹性元件挠性联轴器	金属弹性元件挠性联轴器	J	弹性杆式	T	普通型	P	普通型弹性杆联轴器	JTP
						高速型	G	高速型弹性杆联轴器	JTG
				螺旋弹簧式	L			螺旋弹簧联轴器	JL
				浮动盘簧片式	F			浮动盘簧片联轴器	JF
				卷簧式	J			卷簧联轴器	JJ
				叠片弹簧式	D	基本型		叠片弹簧联轴器	JD
						装配齿	Z	装配齿叠片弹簧联轴器	JDZ
				直杆弹簧式	Z	恒刚度	H	恒刚度直杆弹簧联轴器	JZH
						变刚度	L	变刚度直杆弹簧联轴器	JZL
				波纹管式	W			波纹管联轴器	JW
				弹性管式	A			弹性管联轴器	JA
				薄膜式	B			薄膜联轴器	JB
		非金属弹性元件挠性联轴器	L	梅花形式	M	基本型		梅花形弹性联轴器	LM
						法兰	S	法兰型梅花形弹性联轴器	LMS
						带制动轮	L	带制动轮型梅花形弹性联轴器	LML
						带制动盘	P	带制动盘型梅花形弹性联轴器	LMP
				弹性套柱销式	T	基本型		弹性套柱销联轴器	LT
						带制动轮	Z	带制动轮弹性套柱销联轴器	LTZ
				弹性柱销式	X	基本型		弹性柱销联轴器	LX
						带制动轮	Z	带制动轮弹性柱销联轴器	LXZ
				径向弹性柱销式	J	基本型		径向弹性柱销联轴器	LJ
						单法兰	D	单法兰径向弹性柱销联轴器	LJD
						带制动轮	Z	带制动轮径向弹性柱销联轴器	LJZ
						接中间轴	J	接中间轴径向弹性柱销联轴器	LJJ
				弹性柱销齿式	Z	基本型		弹性柱销齿式联轴器	LZ
						圆锥轴孔型	D	接中间轴弹性柱销齿式联轴器	LZD
						带制动轮	Z	带制动轮弹性柱销齿式联轴器	LZZ
				轮胎式	U	基本型		轮胎联轴器	LU
						有骨架	G	有骨架轮胎联轴器	LUG
				橡胶金属环式	L			橡胶金属环联轴器	LL
				芯型式	N	基本型		芯型弹性联轴器	LN
						双法兰	S	双法兰芯型弹性联轴器	LNS
				多角形式	D			多角形弹性联轴器	LD
				弹性块式	K	基本型		弹性块联轴器	LK
						带制动轮	Z	带制动轮弹性块联轴器	LKZ
				H 型弹性块式	H	基本型		H 型弹性块联轴器	LH
						带制动轮	Z	带制动轮 H 型弹性块联轴器	LHZ
						带中间轴	J	带中间轴 H 型弹性块联轴器	LHJ
				扇形块式	S	基本型		扇形块弹性联轴器	LS
						带制动轮	Z	带制动轮扇形块弹性联轴器	LSZ
						带中间轴	J	带中间轴扇形块弹性联轴器	LSJ
				鞍形块式	A			鞍形块弹性联轴器	LA
				弹性活销式	G			弹性活销联轴器	LG
				凹形环式	O			凹形环式联轴器	LO
				橡胶套筒式	T			橡胶套筒联轴器	LT
				弹性板式	B			弹性板联轴器	LB
				膜片橡胶式	P			膜片橡胶弹性联轴器	LP

（续）

类别	分类别	组别		品种		型式		联轴器	
		名称	代号	名称	代号	名称	代号	名称	型号
安全联轴器	—	刚性安全联轴器	A	棒销剪切式	B	低速型	D	低速型棒销剪切式安全联轴器	ABD
						高速型	P	高速型棒销剪切式安全联轴器	ABP
				内涨摩擦式	Z			内涨摩擦式安全联轴器	AZ
				液压式	Y	低速型	D	低速型液压安全联轴器	AYD
						高速型	P	高速型液压安全联轴器	AYP
				钢球式	Q			钢球式安全联轴器	AQ
				摩擦式	M			摩擦式安全联轴器	AM
		挠性安全联轴器	N	钢砂式	H	基本型		钢砂式安全联轴器	NH
						带皮带轮	P	带皮带轮钢砂式安全联轴器	NHP
				钢球式	Q	基本型		钢球式安全联轴器	NQ
						带皮带轮	P	带皮带轮钢球式安全联轴器	NQP
						带制动轮	Z	带制动轮钢球式安全联轴器	NQZ
				蛇形弹簧式	S	恒刚度	H	恒刚度蛇形弹簧安全联轴器	NSH
						变刚度	L	变刚度蛇形弹簧安全联轴器	NSL
				摩擦片式	M			摩擦片式安全联轴器	NM
				棒销弹性块式	K			棒销弹性块安全联轴器	NK

新型联轴器按类别、组别、品种和结构型式列入。

联轴器的轴孔型式与尺寸标记应符合 GB/T 3852—2017 的规定。

标记示例：

示例 1：LN3 芯型弹性联轴器。主动端：Z_1 型轴孔，C 型键槽，$d_z = 28\text{mm}$，$L = 44\text{mm}$；从动端：J 型轴孔，B 型键槽，$d = 32\text{mm}$，$L = 60\text{mm}$。

LN3 联轴器$\dfrac{Z_1C28\times44}{JB32\times60}$　GB/T 10614—2008

示例 2：LNS8 芯型弹性联轴器。主动端：J 型轴孔，B 型键槽，$d = 65\text{mm}$，$L = 107\text{mm}$；从动端：J 型轴孔，B 型键槽，$d = 65\text{mm}$，$L = 107\text{mm}$。

LNS8 联轴器 JB65×107　GB/T 10614—2008

23.1.1.2　常用联轴器的性能（见表 23-2）

23.1.1.3　联轴器的选择计算（初步计算）

联轴器的计算转矩 T_c 由下式求得，然后从联轴器标准中按公称转矩 T_n 选定联轴器型号。

$$T_c = KT = K\times9550\frac{P}{n}\leqslant T_n$$

式中　T——理论转矩（N·m）；

K——工况系数，见表 23-3；

P——联轴器传递功率（kW）；

n——联轴器转速（r/min）。

表 23-2　常用联轴器的性能、特点及应用场合

序号	类别 / 组别	品种 / 名称(标准号)	性能、特点及应用场合
1	刚性联轴器	凸缘联轴器（GB/T 5843—2003）	$T_n = 25 \sim 100000\text{N}\cdot\text{m}$，$[n] = 1600 \sim 12000\text{r/min}$，$d = 12 \sim 250\text{mm}$。无补偿性能，不能减振、缓冲，结构简单、制造方便、成本较低，装拆、维护简便，可传递大转矩。需保证两轴具有较高的对中精度。适用于载荷平稳、高速或传动精度要求较高的传动轴系
2		平行轴联轴器（JB/T 7006—2006）	$T_n = 60 \sim 8360\text{N}\cdot\text{m}$，$[n] = 250 \sim 2000\text{r/min}$，$d = 18 \sim 200\text{mm}$。无补偿性能，不能减振、缓冲，具有在偏心情况下不影响转速与转矩的传递，加工简单，安装方便，不会引起振动等特点。适用于两水平平行轴传动系统的连接
3	无弹性元件挠性联轴器	滚子链联轴器（GB/T 6069—2002）	$T_n = 40 \sim 25000\text{N}\cdot\text{m}$，$[n] = 200 \sim 4500\text{r/min}$，$d = 16 \sim 190\text{mm}$。具有少量补偿两轴相对偏移的能力，结构简单，装拆方便，尺寸紧凑，自重轻，工作可靠，寿命长。可用于潮湿、多尘、高温，有腐蚀性介质工况环境。不适用于高速和较剧烈冲击载荷和扭振工况条件；不宜用于起动频繁，正反转多变的工作部位
4		滑块联轴器	$T_n = 16 \sim 5000\text{N}\cdot\text{m}$，$[n] = 1500 \sim 10000\text{r/min}$，$d = 10 \sim 100\text{mm}$。不能减振、缓冲，径向尺寸小，转动惯量小。适用于转矩不大，载荷变化较小，无剧烈冲击的两轴连接

（续）

序号	类别 组别	品种 名称(标准号)	性能、特点及应用场合
5	无弹性元件挠性联轴器	鼓形齿式联轴器 (JB/T 7001～7004—2007、JB/T 8854.1～3—2001)	具有少量轴线偏移补偿性能,不能缓冲、减振,外形尺寸小,理论上传递转矩大,需要润滑、密封,精度较低时,噪声较大,工艺性差,价格贵。常用于低速、重载工况条件下连接两同轴线,如冶金机械、重型机械。制造精度低,不适用于高速、高精度的轴系传动;起动频繁,正反转多变的工况不宜选用 WGP 型——带制动盘型,适用于与盘式制动器配套 WGZ 型——带制动轮型,适用于与瓦块式制动器配套 WGT 型——接中间套型,适用于两轴卡距离连接 WGC 型——垂直安装型,适用于连接垂直轴线传动
6	无弹性元件挠性联轴器	十字轴式万向联轴器 (JB/T 5513—2006、JB/T 3241—2005、JB/T 3242—1993、JB/T 5901—1991、JB/T 7341.1—2005)	大型十字轴式万向联轴器,具有较大角向补偿性能,不能减振、缓冲,传递转矩大。适用于角向偏差较大、低速、重载,如冶金机械、石油机械、矿山机械、起重运输机械及其他重型机械 小型十字轴式万向联轴器传动精度高,主要用于传递运动和小转矩。适用于连接两轴线夹角$\beta \leqslant 45°$的传动轴系,如精密仪器和控制机构等
7	无弹性元件挠性联轴器	球笼式万向联轴器 (GB/T 7549—2008)	主、从动端连接为球笼结构,同步性好、不能缓冲、减振工艺性差。可在$\beta \leqslant 14°$工况下工作,适用于中等载荷、要求同步性好的轴系传动,如汽车传动轴、部分冶金设备等
8	非金属弹性元件挠性联轴器	弹性套柱销联轴器 (GB/T 4323—2002)	T_n=6.3～16000N·m,[n]=800～6600r/min,d=9～170mm。具有一定补偿两轴相对偏移和减振、缓冲性能,结构简单、制造容易、不需要润滑、维修方便、径向尺寸较大。适用于安装底座刚性好,对中精度较高,冲击载荷不大,对减振要求不高的轴系传动。不适用于高速和低速重载工况条件
9	非金属弹性元件挠性联轴器	弹性柱销联轴器 (GB/T 5014—2003)	有微量补偿性能,结构简单、容易制造,更换柱销方便,可靠性差。适用于有少量轴向窜动,起动较频繁,有正反转的轴系传动。不适用于工作可靠性要求高的部位;不适用于高速、重载及有强烈冲击、振动的轴系传动;可靠性要求高的场合,安装精度低的轴系也不应选用
10	非金属弹性元件挠性联轴器	梅花形弹性联轴器 (GB/T 5272—2002)	具有补偿两轴相对偏移,减振、缓冲性能,径向尺寸小,结构简单,不用润滑,承载能力较强,维护方便,更换弹性元件需轴向移动。适用于连接两同轴线,起动频率、正反转变化,中速、中等转矩传动轴系,以及要求工作可靠性高的部位
11	非金属弹性元件挠性联轴器	弹性柱销齿式联轴器 (GB/T 5015—2003)	可补偿两轴相对偏移,减振功能差,传动精度低,传递转矩大。与齿式联轴器相比,结构简单,质量轻,制造方便,维护简便,不用润滑,可部分代替齿式联轴器,噪声大。适用于大、中转矩轴系传动。不适用于对减振效果要求高和对噪声需加控制的部位
12	非金属弹性元件挠性联轴器	轮胎式联轴器 (GB/T 5844—2002)	有较高弹性,扭转刚度小,减振能力强,补偿量较大,有良好的阻尼,结构简单,不用润滑,装拆维护方便,噪声小,径向尺寸大,承载能力低,过载时产生较大轴向附加载荷,使用寿命取决于橡胶产品质量。适用于起动频繁,正反转多变,冲击、振动较大的轴系传动,可在有粉尘、多水分工况环境下工作。不适用于高温、高速、大转矩和低速重载工况条件
13	非金属弹性元件挠性联轴器	多角形橡胶联轴器 (JB/T 5512—1991)	具有缓和轴系传动的扭振和冲击载荷,防止轴系传动共振和补偿两轴线相对偏移的性能;结构简单,不用润滑,装拆方便。适用于中小转矩,有粉尘、多水分的工况环境的轴系传动
14	金属弹性元件挠性联轴器	膜片联轴器 (JB/T 9147—1999)	承载能力大,质量轻,传动效率和传动精度高,装拆方便,无噪声,不用润滑,不受温度和油污影响,具有耐酸、碱、防腐,使用寿命长。可用于高温、高速、低温和有油、水及腐蚀介质的工况环境;适用于各种机械装置载荷变化不大的轴系传动;通用性极强,适用范围广,是高性能挠性联轴器,高精度经动平衡的膜片联轴器可用于高速工况
15	金属弹性元件挠性联轴器	蛇形弹簧联轴器 (JB/T 8869—2000)	具有齿式联轴器承载能力大,弹性联轴器挠性好(补偿性能)的综合优点,需润滑,高温工况选用最合适
16	金属弹性元件挠性联轴器	簧片联轴器 (GB/T 12922—2008)	具有较好的阻尼特性,减振性能好,结构紧凑,安全可靠,价格较贵。适用于载荷变化大,有扭振的轴系。大多用于船舶、内燃机车,柴油发电机组,重型车辆及工业用柴油机动力机组,用以调节轴系传动系统扭转振动的自振频率,降低共振时的振幅

（续）

序号	类别 组别	品种 名称（标准号）	性能、特点及应用场合
17	金属弹性元件挠性联轴器	弹性管联轴器 （SJ 2124—1982）	结构简单，加工、安装方便，外形尺寸小，自重轻，传动精度高，结构紧凑，转矩小。主要用于传递运动，可用于脉冲或伺服电动机与编码等小功率控制系统传动机构
18		波纹管联轴器 （SJ 2126—1982）	结构简单，加工、安装方便，外形尺寸小，自重轻，传动精度高，转矩小。主要用于传递运动，适用于要求结构紧凑，传动精度较高的小功率、精密机械传动机构
19		挠性杆联轴器 （GB/T 14653—2008）	具有补偿性能，价格较贵。大多用于船舶、内燃机车、柴油发电机组等 S 型——普通型（6 组杆、8 组杆） H 型——高速型（6 组杆、8 组杆）

表 23-3　联轴器工况系数 *K*

序号	工作机	原动机			
	工作情况及举例	电动机 汽轮机	内燃机气缸数		
			≥4	2	1
1	转速变化很小，如发电机、小型通风机、小型离心泵、液体搅拌设备	1～1.3	1.5	1.8	2.2
2	转矩变化小，如透平压缩机、轻型木工机床、带式输送机，小型金属切削机床	1.5	1.7	2.0	2.4
3	转矩变化中等，如搅拌机、增压泵、冲床、木工刨床	1.7	1.9	2.2	2.6
4	转矩变化和冲击载荷中等，如织布机、水泥搅拌机、拖拉机、矿井通风机、链式输送机	1.9	2.1	2.4	2.8
5	转矩变化和冲击载荷大，如挖掘机、起重机、碎石机、造纸机	2.3	2.5	2.8	3.2
6	转矩变化大并有极强烈冲击载荷，如压延机、无飞轮的活塞泵、重型初轧机	3.1	3.3	3.6	4.0

注：对有非金属弹性元件的联轴器，应考虑环境影响，应将表中数值再乘以下列系数：

环境温度/℃	弹性元件材料		
	天然橡胶	聚氨基甲酸乙酯	丁腈橡胶
31～40	1.1	1.2	—
41～60	1.4	1.5	—
61～80	1.8	—	1.2

23.1.1.4　联轴器轴孔和连接形式与尺寸（见表 23-4～表 23-8）

表 23-4　联轴器轴孔和连接形式与尺寸（摘自 GB/T 3852—2017）

轴孔型式及代号

Y 型（圆柱形轴孔）	J 型（有沉孔的短圆柱形轴孔）	Z 型（有沉孔的圆锥形轴孔）	Z_1 型（圆锥形轴孔）
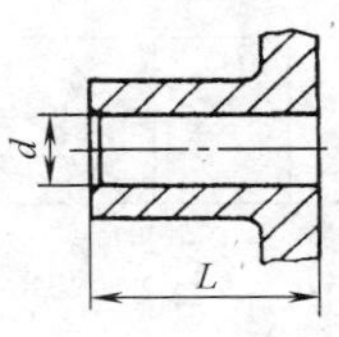	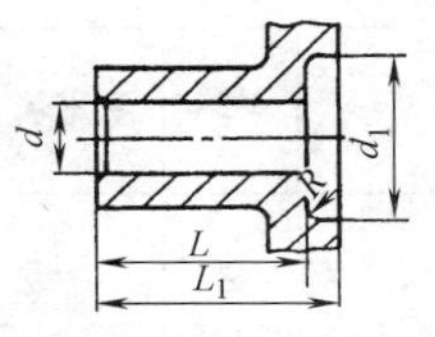	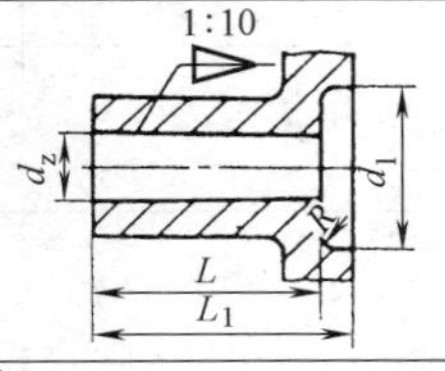	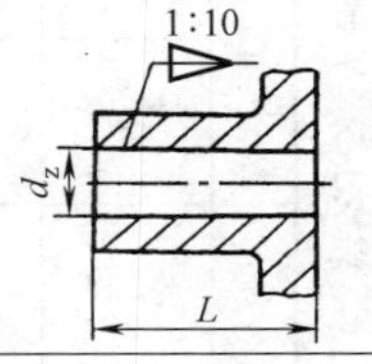

连接形式及代号

A 型（圆柱形孔平键单键槽）	B 型（圆柱形孔 120°布置平键双键槽）	B_1 型（圆柱形孔 180°布置平键双键槽）	C 型（圆锥形孔平键单键槽）	D 型（圆柱形孔普通切向键键槽）	矩形花键	圆柱直齿渐开线花键
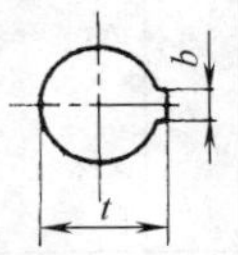	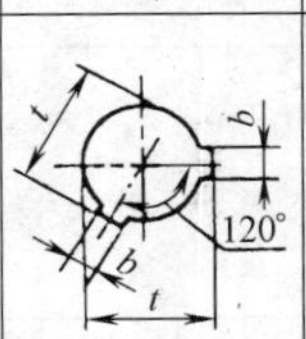	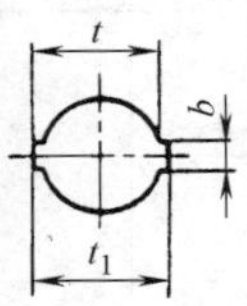	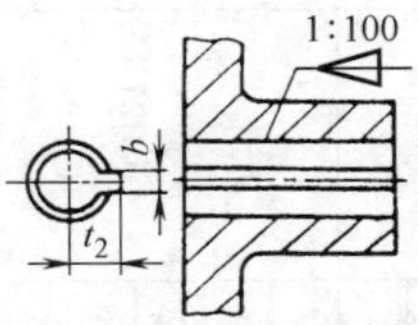	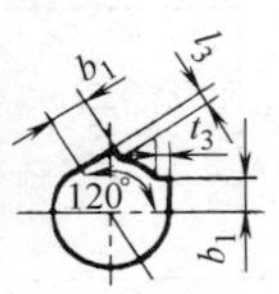	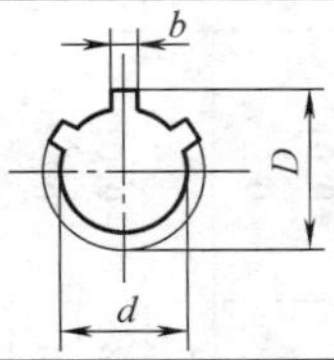	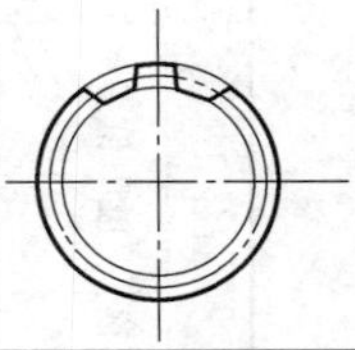

注：矩形花键按 GB/T 1144—2001，圆柱直齿渐开线花键按 GB/T 3478.1—2008。

表 23-5　Y 型、J 型圆柱形轴孔的直径与长度及键槽尺寸（摘自 GB/T 3852—2017）　（单位：mm）

直径 d		长度			沉孔尺寸		A 型、B 型、B_1 型键槽						B 型键槽	D 型键槽		
公称尺寸	极限偏差 H7	L		L_1	d_1	R	b		t		t_1		T	t_3		b_1
		长系列	短系列				公称尺寸	极限偏差 P9	公称尺寸	极限偏差	公称尺寸	极限偏差	位置度公差	公称尺寸	极限偏差	
6	+0.012 0	16	—	—	—	—	2	-0.006 -0.031	7.0	+0.10 0	8.0	+0.2 0	—	—	—	—
7	+0.015 0								8.0		9.0					
8		20							9.0		10.0					
9							3		10.4		11.8					
10		25	22						11.4		12.8					
11	+0.018 0						4	-0.012 -0.042	12.8		14.6		0.03			
12		32	27						13.8		15.6					
14							5		16.3		18.6					
16		42	30	42	38	1.5			18.3		20.6					
18							6		20.8		23.6					
19	+0.021 0	52	38	52					21.8		24.6					
20									22.8		25.6					
22									24.8		27.6					
24							8	-0.015 -0.051	27.3	+0.20 0	30.6	+0.4 0	0.04			
25		62	44	62	48				28.3		31.6					
28									31.3		34.6					
30		82	60	82	55				33.3		36.6					
32	+0.025 0					2.0	10		35.3		38.6					
35									38.3		41.6					
38					65				41.3		44.6					
40		112	84	112			12	-0.018 -0.061	43.3		46.6	+0.40 0	0.05			
42									45.3		48.6					
45					80		14		48.8		52.6					
48									51.8		55.6					
50					95				53.8		57.6					
55						2.5	16		59.3		63.6					
56									60.3		64.6					

60	+0.030 0	142	107	142	105	2.5	18	-0.018 -0.061	64.4	+0.20 0	68.8	+0.40 0	0.05	7	0 -0.02	19.3
63									67.4		71.8					19.8
65									69.4		73.8					20.1
70					120		20	-0.022 -0.074	74.9		79.8		0.06			21.0
71									75.9		80.8			8		22.5
75									79.9		84.8					23.2
80		172	132	172	140		22		85.4		90.8					24.0
85	+0.035 0					3.0			90.4		95.8					24.8
90					160		25		95.4		100.8					25.6
95									100.4		105.8			9	0 -0.20	27.8
100		212	167	212	180		28		106.4		112.8					28.6
110									116.4		122.8					30.1
120					210		32	-0.026 -0.028	127.4		134.8		0.08	10		33.2
125	+0.040 0					4.0			132.4		139.8					33.9
130		252	202	252	235				137.4		144.8					34.6
140							36		148.4	+0.30 0	156.8	+0.60 0		11		37.7
150					265				158.4		166.8					39.1
160		302	242	302			40		169.4		178.8			12	0 -0.30	42.1
170					330				179.4		188.8					43.5
180							45		190.4		200.8					44.9
190	+0.046 0	352	282	352		5.0			200.4		210.8			14		49.6
200									210.4		220.8					51.0
220							50		231.4		242.8			16		57.1
240		410	330	—	—	—	56	-0.032 -0.106	252.4		264.8		0.10			59.9
250									262.4		274.8			18		64.6
260	+0.052 0								272.4		284.8					66.0
280		470	380				63		292.4		304.8			20		72.1
300							70		314.4		328.8					74.8

（续）

直径 d 公称尺寸	直径 d 极限偏差 H7	长度 L 长系列	长度 L 短系列	长度 L_1	沉孔尺寸 d_1	沉孔尺寸 R	A型、B型、B_1型键槽 b 公称尺寸	b 极限偏差 P9	t 公称尺寸	t 极限偏差	t_1 公称尺寸	t_1 极限偏差	B型键槽 T 位置度公差	D型键槽 t_3 公称尺寸	t_3 极限偏差	b_1
320	+0.057 0	470	380	—	—	—	70	-0.032 -0.106	334.4	+0.30 0	348.8	+0.60 0	0.10	22	0 -0.30	81.0
340		550	450				80		355.4		370.8					83.6
360									375.4		390.8			26		93.2
380									395.4		410.8					95.9
400		650	540						417.4		434.8		0.12			98.6
420	+0.063 0						90	-0.037 -0.124	437.4		454.8			30		108.2
440									457.4		474.8					110.9
450							100		469.5		489.0					112.3
460									479.5		499.0					113.6
480									499.5		519.0			34		123.1
500									519.5		539.0					125.9
530	+0.070 0	800	680				110		552.2		574.4			38		136.7
560									582.2		604.4					140.8
600							120		624.5		649.0			42		153.1
630									654.5		679.0					157.1
670	+0.080 0	900	780				—	—	—	—	—	—	—	67	-0.40	201.0
710														71		213.0
750														75		225.0
800		1000	880											80		240.0
850	+0.090 0													85		255.0
900		—	980											90		270.0
950														95		285.0
1000			1100											100		300.0
1060	+0.150 0													—		—
1120			1200													
1180																
1250			1300													

注：键槽宽度 b 的极限偏差，也可采用 GB/T 1095—2003 中规定的轴 N9、毂按 JS9 选取。

表 23-6　Z 型、Z_1 型圆锥形轴孔的直径与长度及键槽尺寸（摘自 GB/T 3852—2017）

（单位：mm）

直径 d_z		长度				沉孔尺寸		C 型键槽				
公称尺寸	极限偏差 H8	长系列 L	长系列 L_1	短系列 L	短系列 L_1	d_1	R	b 公称尺寸	b 极限偏差 P9	t_2 长系列	t_2 短系列	t_2 极限偏差
6	+0.022 0	12	18	—	—	16	1.5	—	—	—	—	—
7												
8		14	22			24						
9												
10		17	25									
11	+0.027 0							2	−0.006 −0.031	6.1		+0.1 0
12		20	32			28				6.5		
14								3		7.9		
16		30	42	18	30	38				8.7	9.0	
18								4	−0.012 −0.042	10.1	10.4	
19	+0.033 0									10.6	10.9	
20		38	52	24	38					10.9	11.2	
22										11.9	12.2	
24								5		13.4	13.7	
25		44	62	26	44	48				13.7	14.2	
28										15.2	15.7	
30		60	82	38	60	55				15.8	16.4	
32	+0.039 0						2.0	6		17.3	17.9	
35										18.8	19.4	
38						65				20.3	20.9	
40		84	112	56	84			10	−0.015 −0.051	21.2	21.9	+0.2 0
42										22.2	22.9	
45						80		12	−0.018 −0.061	23.7	24.4	
48										25.2	25.9	
50						95				26.2	26.9	
55	+0.046 0						2.5	14		29.2	29.9	
56										29.7	30.4	
60		107	142	72	107	105		16		31.7	32.5	
63										32.2	34.0	
65								18		34.2	35.0	
70						120				36.8	37.6	
71										37.3	38.1	
75										39.3	40.1	
80		132	172	92	132	140		20	−0.022 −0.074	41.6	42.6	
85	+0.054 0						3.0			44.1	45.1	
90						160		22		47.1	48.1	
95										49.6	50.6	

（续）

直径 d_z		长度				沉孔尺寸		C 型键槽				
		长系列		短系列				b		t_2		
公称尺寸	极限偏差 H8	L	L_1	L	L_1	d_1	R	公称尺寸	极限偏差 P9	长系列	短系列	极限偏差
100	+0.054 0	167	212	122	167	180	3.0	25	−0.022 −0.074	51.3	52.4	+0.2 0
110										56.3	57.4	
120						210		28		62.3	63.4	
125	+0.063 0						4.0			64.7	65.9	
130		202	252	152	202	235				66.4	67.6	
140								32	−0.026 −0.088	72.4	73.6	
150						265				77.4	78.6	
160		242	302	182	242			36		82.4	83.9	+0.3 0
170										87.4	88.9	
180						330		40		93.4	94.9	
190	+0.072 0	282	352	212	282					97.4	99.9	
200							5.0			102.4	104.1	
220								45		113.4	115.1	

注：键槽宽度 b 的极限偏差，也可采用 GB/T 1095—2003 中规定的 JS9。

表 23-7　圆柱形轴孔与轴伸的配合

直径 d/mm	配合代号	
>6～30	H7/j6	根据使用要求，也可采用 H7/n6、H7/p6 和 H7/r6
>30～50	H7/k6	
>50	H7/m6	

表 23-8　圆锥形轴孔直径及轴孔长度的极限偏差　　（单位：mm）

圆锥孔直径 d_z	轴、孔配合代号	长度 L 极限偏差	圆锥孔直径 d_z	轴、孔配合代号	长度 L 极限偏差
>6～10	H8/k8	0 −0.220	>50～80	H8/k8	0 −0.460
>10～18		0 −0.270	>80～120		0 −0.540
>18～30		0 −0.330	>120～180		0 −0.630
>30～50		0 −0.390	>180～220		0 −0.720

注：配合代号是对 GB/T 1570—2005 规定的标准圆锥形轴伸的配合。

23.1.1.5　联轴器轴孔型式与尺寸标记

（1）键连接标记（见图 23-1）　Y 型孔、A 型键槽的代号，在标记中可省略不注。联轴器两端轴孔和键槽的型式与尺寸相同时，只标记一端，另一端省略不注。

标记示例：

1）LX2 弹性柱销联轴器，主动端 J_1 型轴孔、B 型键槽、d=20mm、L=38mm，从动端 J 型轴孔、B_1 型键槽、d=22mm、L=38mm，标记如下：

$$\text{LX2 联轴器}\frac{J_1B20\times38}{JB_122\times38}\text{GB/T 5014—2003}$$

2）LX5 弹性柱销联轴器，主动端 J 型轴孔、B 型键槽、d=70mm、L=107mm，从动端 J 型轴孔、B 型键槽、d=70mm、L=107mm，标记如下：

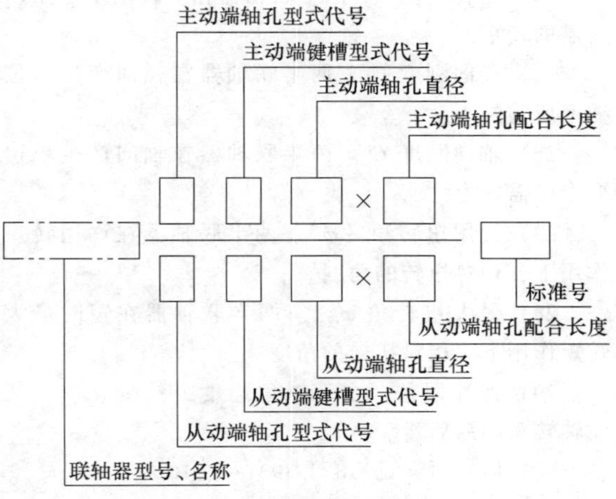

图 23-1　键连接标记

LX5 联轴器　JB70×107　GB/T 5014—2003

（2）花键连接标记

1）矩形花键按 GB/T 1144—2001 的规定标记。两端花键孔型式与尺寸相同时，只标一端，另一端可省略不注。一端为花键孔，另一端为其他连接型式时，按图 23-2 中主、从动端位置分别标记。

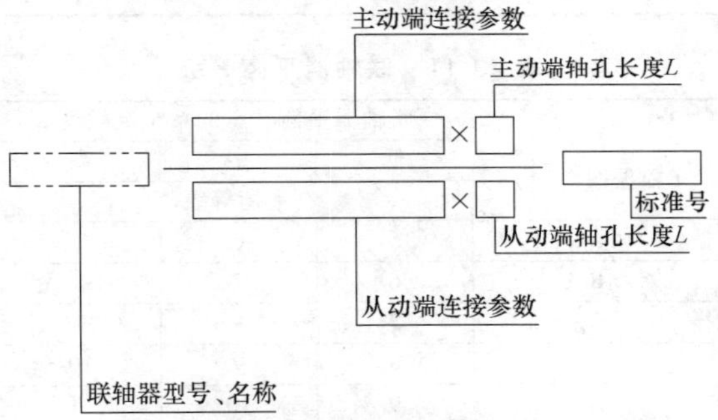

图 23-2　矩形花键连接标记

标记示例：

LZ8 型齿式联轴器，主动端 Y 型轴孔、A 型键槽、d = 100mm、L = 167mm，从动端矩形花键轴孔、10×82×88×12、L = 132mm，标记为

$$\text{LZ8 联轴器}\frac{100\times167}{10\times82\text{H7}\times88\text{H10}\times12\text{H11}\times132}$$

GB/T 5015—2003

2）圆柱直齿渐开线花键应符合 GB/T 3478.1—2008 的规定。两端为花键孔，或一端为花键孔另一端为其他连接型式轴孔，标记方法参照图 23-2。

标记示例：

GⅡCLZ4 型鼓形齿式联轴器，主动端花键孔齿数 24、模数 2.5、30°平齿根、L = 107mm，从动端 J 型轴孔、A 型键槽、d = 70mm、L = 107mm，标记为

$$\text{GⅡCLZ4 联轴器}\frac{1\text{NT}24z\times2.5m\times30P\times6H\times107}{\text{J}70\times107}$$

JB/T 8854.2—2001

23.1.1.6　常用联轴器术语

（1）联轴器类别、品种术语

1）联轴器。联接两轴或轴和回转件，在传递转矩和运动过程中一同回转而不脱开的一种机械装置。

2）刚性联轴器。不能补偿两轴有相对位移的联轴器。

3）挠性联轴器。能补偿两轴相对位移的联轴器。

4）弹性联轴器。利用弹性元件的弹性变形，以实现补偿两轴相对位移，缓和冲击和吸收振动的挠性联轴器。

5）安全联轴器。具有过载安全保护功能的联轴器。

（2）联轴器的技术参数术语

1）理论转矩 T。未计及实际工况对转矩影响时，联轴器所传递的稳定转矩。

2）公称转矩。根据系列化要求，设计每一规格联轴器所能长期传递的转矩。

3）计算转矩 T_c。计及实际工况的影响，作为选择或计算联轴器依据的转矩。

4）许用转矩 $[T]$。根据联轴器中薄弱环节的强度或变形等条件限制而允许长期传递的转矩。

5）最大转矩 T_{max}。联轴器因瞬时过载所传递的最大转矩。

6）许用最大转矩 $[T_{max}]$。联轴器最大转矩的允许值。

7）交变疲劳转矩 T_k。联轴器承受长期周期性循环变动的转矩。

8）冲击转矩 T_s。在起动或变速时而产生的瞬时最大转矩。

9）激振转矩 T_i。产生周期性振幅时的转矩。

10）许用转速 $[n]$。根据联轴器工作平稳、强度等条件的限制允许使用的转速。

11）工况系数 K。由于传动轴系载荷变化和工作环境等，影响联轴器计算转矩对理论转矩的比值。

12）动力机系数 K_w。由于动力机类别不同而引起的附加载荷系数。

13）起动系数 K_z。由于起动频率而引起的附加载荷系数。

14）温度系数 K_t。考虑在温度影响下非金属弹性元件材料的强度降低系数。

15）频率系数 K_f。由于交变疲劳转矩频率的影响系数。

16）放大系数 K_v。在振动系统中，采用弹性联轴器时考虑冲击转矩增大时的系数。

17）冲击系数 K_s。由于冲击转矩所产生的增大系数。

18）质量系数 K_j。在冲击和激振时的质量分布系数。

19）许用径向补偿量［Δy］。联轴器所联两轴，在规定部位上的允许径向相对偏移量。

20）许用轴向补偿量［Δx］。联轴器所联两轴，在端部的允许轴向相对偏移量。

21）许用角向补偿量［$\Delta\alpha$］。联轴器所联两轴的允许角向相对偏移量。

22）静刚度 C_s。联轴器在静载荷作用下的刚度。

23）动刚度 C_d。联轴器在动载荷作用下的刚度。

24）扭转刚度 C。两半联轴器相对转动单位角度所需的转矩。

25）径向刚度 C_y。两半联轴器在径向产生单位变形所需的力。

26）轴向刚度 C_x。两半联轴器在轴向产生单位变形所需的力。

27）许用扭转角［φ］。两半联轴器在许用转矩作用下，相对扭转的角度。

28）最大扭转角 φ_{max}。两半联轴器在短时最大转矩作用下，相对扭转的角度。

29）弹性回差。主动轴角速度突然变化时，从动轴转角的滞后量。

联轴器术语详见 GB/T 3931—2010。

（3）联轴器简图符号（见表 23-9）。

表 23-9　联轴器简图符号

序号	术语	简图符号	序号	术语	简图符号
1	联轴器	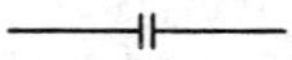	4	弹性联轴器	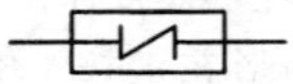
2	刚性联轴器		5	万向联轴器	
3	挠性联轴器	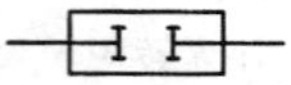	6	安全联轴器	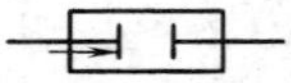

23.1.1.7　挠性联轴器平衡分类

（1）联轴器平衡等级　任意一个联轴器组合件的平衡等级，是根据联轴器的惯性主轴线，与旋转轴线之间重心位置偏心量的最大可能值的平方和的方根值而决定的，不平衡量以 μm（微米）为单位。联轴器平衡标准等级见表 23-10。

表 23-10　联轴器平衡标准等级

联轴器平衡等级	惯性主轴线在平衡面上的最大偏移（均方根）/μm
4	>800
5	800
6	400
7	200
8	100
9	50
10	25
11	12
12	6

（2）联轴器平衡等级选择方法　联轴器选用者应选择适当的联轴器平衡等级。联轴器的平衡量的大小，能否满足任一种旋转系统的需要，取决于每一种特殊的被联接机器的性能，最好由生产被联接机器的制造厂来确定。若不能从机器制造厂得到适当的联轴器平衡等级，表 23-11 可作为一般选用者的参考指南。

表 23-11　联轴器平衡等级

选择区（根据图 23-1）	联轴器平衡状态的系统灵敏度		
	低	中	高
	平衡等级		
A	5	6	7
B	6	7	8
C	7	8	9
D	8	9	10
E	9	10	11
F	10	11	12
G	11	12	

表 23-10 中所列推荐值，仅为典型的选择实例，不适用于特殊系统或专用机器。对于某些系统，若使用低于表 23-10 所推荐的联轴器平衡等级，其效果可能更好一些；相反，若某些系统和机器，对联轴器的不平衡状态特别敏感，则应使用高于表 23-10 所推荐的平衡等级。

以表 23-10 作为选择联轴器平衡等级指南时，根据联轴器的净重和最大工作转速，从图 23-3 中找出适当的选择区。表 23-11 所列联轴器平衡等级，取决于其系统对联轴器不平衡状态灵敏度的要求。确定机械传动系统对联轴器不平衡状态的灵敏度时，应考虑以下因素：

1）轴向偏移。若某机械的轴伸较长或挠性大，则对联轴器不平衡状态比较敏感。

2）由联轴器质量引起的轴承载荷与轴承总载荷之间的关系。若某机械选用轻载轴承，或轴承载荷基本上由联轴器的悬臂载荷引起的，则此机械对联轴器的不平衡状态较敏感。具有悬臂转子或悬臂载荷的机械装置，通常对联轴器的不平衡状态比较敏感。

3）轴承、轴承座、底座的刚性。机械传动系统对旋转零件来说，具有挠性底座或支架，对联轴器的不平衡状态较敏感。

4）系统的自然频率。机器或机械传动系统的运转情况接近谐振（共振）频率时，则对联轴器的不平衡状态较敏感。

5）机器的紧凑性。若机械传动系统内部的中间距离较长，如带中间轴的联轴器，则对联轴器的不平衡状态较敏感。

6）其他因素。

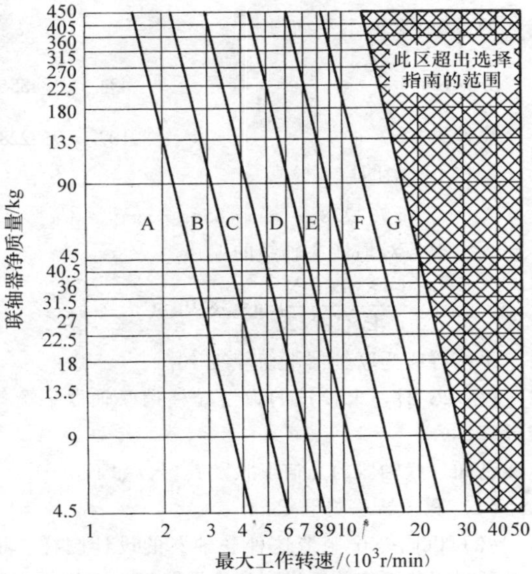

图 23-3　联轴器平衡选择区

选择示例：联轴器净重为 68kg；最大工作转速为 7500r/min。选择联轴器平衡等级的步骤如下：

1）根据图 23-3，确定适宜的联轴器平衡等级选择区为“E”区。

2）根据表 23-11，当预计一个机械传动系统中，对联轴器不平衡状态为中等灵敏度时，其选择区联轴器应为等级 10。若预计机械传动系统对联轴的不平衡状态可能有较低或较高的灵敏度，应分别选择等级 9 和等级 11。

（3）联轴器平衡等级计算　以数值计算为例，确定典型联轴器的平衡等级计算方法。实例中所列各项数值，如质量、几何形状、公差及平衡偏差等，仅说明影响联轴器不平衡的各种因素。

下列举例均以净重为 45kg 的联轴器为基础，根据惯性主轴线的最大偏心量，选择恰当的等级，其中以大于或小于 25μm（见表 23-10 的平衡等级 10）表示校正后的联轴器；以大于或小于 50μm（见表 23-10 的平衡等级 9）来表示未校正的联轴器。举例中所测得的偏心量都包括一个校正系数。该系数反映千分表的灵敏度，按下式计算：

$$e=\left(\frac{i+R}{2}\right)$$

式中　e——实际偏心量（μm）；

R——千分表的实际读数（μm）；

i——千分表的最小刻度（μm）。

举例中因附件的质量差造成的不平衡量按下式估算：

$$V=\frac{\Delta W D_1 \times \sqrt{2}}{2}$$

式中　V——每个附件的实际不平衡量（g·mm）；

ΔW——附件的最大质量偏移（g）；

D_1——螺栓分布圆直径（mm）。

【例 23-1】　弹性套柱销联轴器平衡等级计算（见图 23-4）。

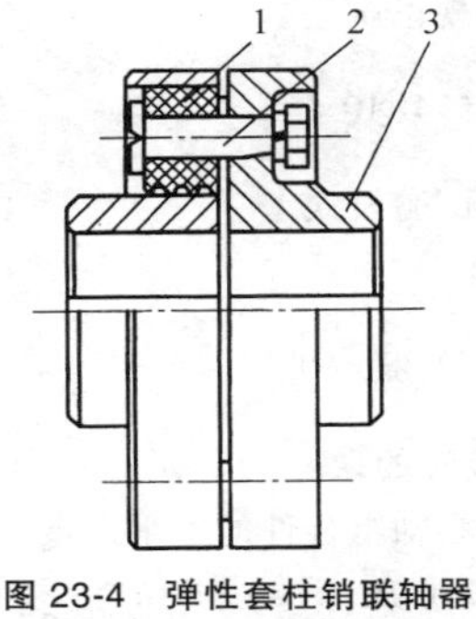

图 23-4　弹性套柱销联轴器

1—弹性套　2—柱销　3—半联轴器

已知：联轴器的几何形状及其参数如下：

（1）质量

1）联轴器总质量 45kg。

2）联轴器零件的质量：

① 柱销、弹性套和附件的质量 11.3kg。

② 半联轴器（2×17）的质量 34kg。

3）平衡工具的质量：

① 心轴的质量 4.5kg。

② 轴套（2×0.9）的质量 1.8kg。

（2）平衡校正误差　0.25μm。

（3）平衡试验机的误差

1）灵敏度 0.381μm。

2）驱动装置的误差可不计入。

（4）平衡心轴组合件的不平衡量　0.25μm。

（5）千分表的刻度　2.54μm。

（6）心轴组合件安装面的偏心量

1）轴套安装面对心轴轴线的跳动量 12.7μm。

2）心轴与轴套之间的间隙 2.54μm。

3）轴套孔径对轴套安装面之间的间隙 12.7μm。

4）轴套安装面与轴套之间的间隙 2.54μm。

（7）联轴器对中面的偏心量　假设所有零件都已标上不平衡量，则平衡操作时，就是对这些偏心量（不平衡量）进行补偿。

（8）联轴器对中面的间隙　柱销与弹性套孔之间的间隙 21.5μm。

（9）附件的不平衡量

1）紧固件（每个组件）的误差 2.8g。

2）柱销和弹性套分布圆直径 219mm。

（10）其他

1）柱销不平衡量的最大值（每个组件的误差）5.66g。

2）弹性套不平衡量的最大值（每个组件的误差）0.66g。

计算：各校正面的不平衡量⊖ g·mm　（g·mm）²

（1）平衡校正误差

$\dfrac{45\times10^3}{2}\times25.4\times10^{-4}$　　57　　（3249）

（2）平衡试验机误差

1）灵敏度

$\dfrac{51.7\times10^3}{2}\times3.81\times10^{-4}$　　9.85　　（97）

2）驱动装置的误差　　不适用

（3）平衡心轴组合件的不平衡量

$\dfrac{(4.5\times10^3+0.9\times10^3+0.9\times10^3)}{2}\times25.4\times10^{-5}$

0.8　　（0.64）

（4）心轴组合件安装面的偏心量

1）心轴跳动量

$\dfrac{47.1\times10^3}{2}\times7.6\times10^{-3}$　　179　（32041）

2）心轴与轴套的间隙

$\dfrac{47.1\times10^3}{2}\times25.4\times10^{-4}$　　59.8（3576）

3）轴套孔径对轴套安装面的跳动量

$\dfrac{45\times10^3}{2}\times\left(\dfrac{25.4\times10^{-4}+12.7\times10^{-3}}{2}\right)$　172　（29584）

4）轴套安装面与轴套孔的间隙

$\dfrac{45\times10^3}{2}\times25.4\times10^{-4}$　　57（3249）

（5）联轴器对中面的偏心量　　不适用

（6）联轴器对中面的间隙　柱销与弹性套之间的间隙

$\dfrac{45\times10^3}{2}\times21.59\times10^{-3}$　　486　（236196）

（7）附件的不平衡量

$2.83\times109\times\dfrac{\sqrt{2}}{2}$　　218　（47524）

（8）其他

1）柱销的不平衡量

$5.6\times109.5\times\dfrac{\sqrt{2}}{2}$　　434　（188356）

2）弹性套的不平衡量

$5.6\times109.5\times\dfrac{\sqrt{2}}{2}$　　434　（188356）

总计　　2107　（732228）

潜在不平衡的均方根值

$$\sqrt{732228}\,\text{g}\cdot\text{mm}=856\text{g}\cdot\text{mm}$$

均方根值对惯性主轴线的偏移

$$\frac{856\times10^3}{45\times10^3/2}\mu\text{m}=38.0\mu\text{m}$$

平衡等级为联轴器平衡等级 10。

【例 23-2】　未校正的弹性套柱销联轴器平衡等级计算。

已知：联轴器的几何形状及其参数如下：

（1）联轴器总质量 45kg。

（2）以同一份制造这种联轴器的设计图样，根据对所累积的平衡数据进行的统计分析，可估计未校正联轴器的潜在不平衡量为 43μm。

（3）千分表的刻度 2.54μm。

（4）联轴器对中面的偏心量　弹性套对柱销和半联轴器分布圆的跳动量 35.5μm。

（5）联轴器对中面的间隙　柱销与弹性套孔之间的间隙 12.7μm。

（6）附件的不平衡量

1）紧固件。每个组合件的误差为 2.83g。

2）弹性套和柱销分布圆的直径 219mm。

⊖ 不平衡量计算中，无括号数字的单位是 g·mm；有括号数字的单位是（g·mm²）。下同。

（7）其他

1）柱销不平衡值。每个零件的误差为 5.66g。

2）弹性套不平衡的最大值。每个组合件的误差为 5.66g。

计算：各校正面的不平衡量　g · mm（g · mm）^{2}

（1）未校正联轴器的潜在不平衡量

$\frac{45\times10^3}{2}\times43\times10^{-3}$　967.5　（936056）

（2）联轴器对中面的偏心量　半联轴器孔对弹性套柱销分布圆的跳动量

$\frac{45\times10^3}{2}\times\left(\frac{25.4\times10^{-4}+35.5\times10^{-3}}{2}\right)$

427　（183141）

（3）联轴器对中面的间隙　柱销与弹性套孔之间的间隙

$\frac{45\times10^3}{2}\times12.7\times10^{-3}$　286　（81653）

（4）附件的不平衡量

$2.83\times109\times\frac{\sqrt{2}}{2}$　216　（46656）

（5）其他

1）弹性套的不平衡量

$5.6\times109.5\times\frac{\sqrt{2}}{2}$　432　（186624）

2）柱销的不平衡量

$5.6\times109.5\times\frac{\sqrt{2}}{2}$　432　（186624）

总计　2760.5（1620754）

潜在不平衡的均方根值：

$$\sqrt{1620754}\,\text{g}\cdot\text{mm}=1273\text{g}\cdot\text{mm}$$

均方根值对惯性主轴线的偏移：

$$\frac{1273\times10^3}{45\times10^3/2}\mu\text{m}=56.59\mu\text{m}$$

平衡等级为联轴器平衡等级 9。

【例 23-3】 齿式联轴器平衡等级计算（见图 23-5）。

已知：联轴器的几何形状及其参数如下：

（1）质量

1）联轴器总质量 45kg。

2）联轴器零件的质量：

① 半联轴器（2×10.4）20.8kg。

② 内齿圈（2×11.7）23.3kg。

③ 附件（1 组）0.9kg。

3）平衡工具的质量：

① 心轴 13.6kg。

② 轴套（2×0.9）1.8kg。

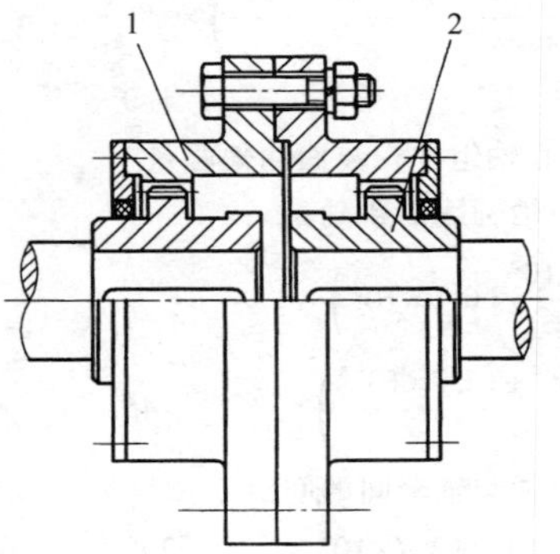

图 23-5　齿式联轴器

1—内齿圈　2—半联轴器

（2）平衡校正公差　2.54μm。

（3）平衡试验机的误差

1）灵敏度 0.25μm。

2）驱动装置的误差可忽略不计。

（4）平衡心轴组合件的不平衡量　0.25μm。

（5）千分表刻度　2.54μm。

（6）心轴组合件安装面的偏心量

1）轴套安装面对心轴轴线的跳动量 12.7μm。

2）轴套孔径对其安装面的跳动量 10.16μm。

3）心轴与轴套之间的间隙 12.7μm。

4）轴套安装面与轴套之间的间隙 12.7μm。

（7）联轴器对中面的偏心量　假设所有零件都已标上不平衡量。则平衡操作即为对跳动量进行补偿（半联轴器对中面、内齿圈对中面及内齿圈齿根圆）。

（8）联轴器对中面的间隙　齿顶圆对中面之间的间隙 50.8μm。

（9）附件的不平衡量

1）紧固件（每组）的误差 2.8g。

2）螺栓分布圆直径 247.6mm。

计算：各校正面的不平衡量 g · mm　（g · mm）^{2}

（1）平衡校正公差

$\frac{45\times10^3}{2}\times25.4\times10^{-4}$　57　（3249）

（2）平衡试验机的误差

1）灵敏度

$\frac{60.7\times10^3}{2}\times25.4\times10^{-5}$　7.7　（59.3）

2）驱动装置的误差　不适用

（3）平衡心轴组合件的不平衡量

1）心轴　不适用

2）轴套　不适用

3）轴套组合件

$$\left(\frac{13.6\times10^3+0.9\times10^3+0.9\times10^3}{2}\right)\times$$

25.4×10^{-5}　　1.9　　(3.84)

（4）心轴组件安装面的偏心量

1）心轴轴线的跳动量

$$\left(\frac{45\times10^3}{2}+0.9\times10^3\right)\times$$

$$\left(\frac{25.4\times10^{-4}+12.7\times10^{-4}}{2}\right)$$　　45　　(2025)

2）心轴与轴套间的间隙

$23.5\times10^3\times12.7\times10^{-3}$　　298　　(88804)

3）轴套孔径对轴套安装面的跳动量

$$\frac{45\times10^3}{2}\times\left(\frac{25.4\times10^{-4}+101.1\times10^{-4}}{2}\right)$$

142　　(20164)

4）轴套与半联轴器孔之间的间隙

$\frac{45\times10^3}{2}\times12.7\times10^{-4}$　　28.6　　(818)

（5）联轴器对中面的间隙

（6）齿顶间隙

$$\left(\frac{11.7\times10^3+11.7\times10^3+0.9\times10^3}{2}\right)\times$$

$$\left(\frac{50.8\times10^{-3}}{2}\right)$$　　308.6　　(95234)

（7）附件的不平衡量

$2.8\times123.8\times\frac{\sqrt{2}}{2}$　　245　　(60025)

总计　　1133.8　　(270382)

潜在不平衡的均方根值

$$\sqrt{270382}\,\mathrm{g\cdot mm}=520\mathrm{g\cdot mm}$$

均方根值对惯性主轴线的偏移

$$\frac{520\times10^3}{45\times10^3/2}\mu\mathrm{m}=23.11\mu\mathrm{m}$$

平衡等级为联轴器平衡等级10。

23.1.1.8　联轴器选用计算（精确计算）

（1）联轴器的转矩　联轴器的主参数是公称转矩 T_n，选用时各转矩间应符合以下关系：

$$T<T_c\leqslant T_n\leqslant[T]<[T_{max}]<T_{max}$$

式中　T——理论转矩（N·m）；

T_c——计算转矩（N·m）；

T_n——公称转矩（N·m）；

$[T]$——许用转矩（N·m）；

$[T_{max}]$——许用最大转矩（N·m）；

T_{max}——最大转矩（N·m）。

（2）联轴器的理论转矩计算　联轴器的理论转矩由功率和工作转速计算而得，即

$$T=9550\frac{P_W}{n}$$

式中　P_W——驱动功率（kW）；

n——工作转速（r/min）。

（3）联轴器的计算转矩计算　联轴器的计算转矩由理论转矩和动力机系数、工况系数及其他有关系数计算而得，即

$$T_c=TK_WKK_ZK_t$$

式中　K_W——动力机系数；

K——工况系数；

K_Z——起动系数；

K_t——温度系数。

（4）挠性或弹性联轴器计算　当需要减振、缓冲、改善传动系统对中性能时，应选用弹性联轴器，且机组系统中联轴器为唯一弹性部件，主、从动机可简化为两个质量系统。此时可采用以下计算，其他情况则需引入振动计算。

1）均匀载荷时。在不同工作温度情况下，动力机计算转矩 T_{AC}（主动端）不得小于工作机计算转矩（从动端），即

$$T_{AC}\geqslant T_{LC}K_t$$

式中　T_{AC}——动力机计算转矩（N·m）；

T_{LC}——工作机计算转矩（N·m）；

K_t——温度系数。

2）冲击载荷时。在不同工作温度和频繁的冲击载荷情况下，弹性联轴器的最大转矩 T_{max} 不得小于工作中的冲击转矩 T_s。

① 主动端的冲击

$$T_{Amax}\geqslant T_{AS}K_{AJ}K_{AS}K_tK_Z$$

② 从动端的冲击

$$T_{Lmax}\geqslant T_{LS}K_{LJ}K_{LS}K_tK_Z$$

③ 两端的冲击

$$T_{max}\geqslant(T_{AS}K_{AJ}K_{AS}+T_{LS}K_{LJ}K_{LS})K_tK_Z$$

式中　T_{AS}——主动端冲击转矩（N·m）；

T_{LS}——从动端冲击转矩（N·m）；

K_{AJ}——主动端质量系数，$K_{AJ}=\frac{J_L}{J_A+J_L}$；

K_{LJ}——从动端质量系数，$K_{LJ}=\frac{J_A}{J_A+J_L}$；

K_{AS}——主动端冲击系数（一般取1.8）；

K_{LS}——从动端冲击系数（一般取1.8）；

K_t——温度系数；

K_Z——起动系数。

以上计算适用于各种无扭转间隙联轴器。对于存

在扭转间隙的联轴器，还需考虑由于振动、冲击而产生的过载因素。

3）周期性交变载荷时：

① 迅速通过共振区。在工作转速内很快通过共振区时，仅出现较小的共振峰值。因此，在共振时的交变转矩，可与联轴器的最大转矩相比较。

a. 主动端激振

$$T_{\mathrm{Amax}} \geqslant T_{\mathrm{Ai}} K_{\mathrm{A}} K_{\mathrm{VR}} K_{\mathrm{Z}} K_{\mathrm{t}}$$

b. 从动端激振

$$T_{\mathrm{Lmax}} \geqslant T_{\mathrm{Li}} K_{\mathrm{L}} K_{\mathrm{VR}} K_{\mathrm{Z}} K_{\mathrm{t}}$$

式中　T_{Ai}——主动端激振转矩（N·m）；

T_{Li}——从动端激振转矩（N·m）；

K_{VR}——共振系数，$K_{\mathrm{VR}} \approx \dfrac{2\pi}{\psi}$；

ψ——相对阻尼，$\psi = \dfrac{A_{\mathrm{D}}}{A_{\mathrm{e}}}$；

A_{D}——一个振动周期内的阻尼功；

A_{e}——一个振动周期内的弹性变形功。

② 有持续交变转矩。在工作频率以内，该交变转矩必须与联轴器的交变疲劳转矩 T_{K} 相比较。

a. 主动端的激振

$$T_{\mathrm{AK}} \geqslant T_{\mathrm{Ai}} K_{\mathrm{AJ}} K_{\mathrm{V}} K_{\mathrm{t}} K_{\mathrm{f}}$$

b. 从动端的激振

$$T_{\mathrm{LK}} \geqslant T_{\mathrm{Li}} K_{\mathrm{LJ}} K_{\mathrm{V}} K_{\mathrm{t}} K_{\mathrm{f}}$$

式中　T_{AK}——主动端交变疲劳转矩（N·m）；

T_{LK}——从动端交变疲劳转矩（N·m）；

T_{Ai}——主动端激振转矩（N·m）；

T_{Li}——从动端激振转矩（N·m）；

K_{f}——频率系数，$f \leqslant 10\mathrm{Hz}$ 时，$K_{\mathrm{f}} = 1$；

$f > 10\mathrm{Hz}$ 时，$K_{\mathrm{f}} = \sqrt{\dfrac{f}{10}}$；

K_{V}——放大系数。

$$K_{\mathrm{V}} = \sqrt{\frac{1+\left(\dfrac{\psi}{2\pi}\right)^2}{\left(1-\dfrac{n^2}{n_{\mathrm{R}}^2}\right)^2+\left(\dfrac{\psi}{2\pi}\right)^2}}$$

在共振点附近 $f \approx f_{\mathrm{e}}$ 时，$K_{\mathrm{V}} \approx \dfrac{2\pi}{\psi}$。

在共振点外时，

$$K_{\mathrm{V}} \approx \frac{1}{\left|1-\left(\dfrac{f}{f_{\mathrm{e}}}\right)^2\right|} = \frac{1}{\left|1-\left(\dfrac{n}{n_{\mathrm{R}}}\right)^2\right|}$$

其中　$$f_{\mathrm{e}} = \frac{1}{2\pi}\sqrt{C\frac{J_{\mathrm{A}}+J_{\mathrm{L}}}{J_{\mathrm{A}} J_{\mathrm{L}}}} \qquad n_{\mathrm{R}} = f_{\mathrm{e}}\frac{60}{i}$$

式中　f——振动频率；

f_{e}——固有频率；

n——转速；

n_{R}——共振转速；

C——联轴器动态扭转刚度；

i——每一转的振动次数。

4）轴偏移引起的载荷。当轴向偏移在联轴器上仅产生静载荷时，径向和角向位移产生交变载荷，此交变载荷与频率系数有关。交变转矩应按下列条件：

$$\Delta X \geqslant \Delta X_{\max} K_{\mathrm{t}} \quad \Delta Y \geqslant \Delta Y_{\max} K_{\mathrm{t}} K_{\mathrm{f}} \quad \Delta\alpha \geqslant \Delta\alpha_{\max} K_{\mathrm{t}} K_{\mathrm{f}}$$

式中　ΔX——联轴器许用轴向补偿量；

ΔY——联轴器许用径向补偿量；

$\Delta\alpha$——联轴器许用角向补偿量；

$\Delta X_{\max}$——轴系最大轴向偏移量；

$\Delta Y_{\max}$——轴系最大径向偏移量；

$\Delta\alpha_{\max}$——轴系最大角向偏移量。

轴偏移而产生的恢复力和转矩，是联轴器轴向刚度 C_{X}、径向刚度 C_{Y} 和扭转刚度 C 的函数。这些力和转矩增加了邻近部件（轴、轴承）的载荷。

轴向恢复力　$F_{\mathrm{X}} = \Delta X_{\max} C_{\mathrm{X}}$

径向恢复力　$F_{\mathrm{Y}} = \Delta Y_{\max} C_{\mathrm{Y}}$

角度方向恢复力矩　$T_{\alpha} = \Delta\alpha_{\max} C$

【例 23-4】　动力机为电动机，均匀载荷情况下弹性联轴器选用示例。

已知：

（1）动力机参数

1）160M 型三相交流电动机功率 $P_{\mathrm{W}} = 11\mathrm{kW}$，转速 $n = 1450\mathrm{r/min}$。

2）理论转矩（主动端）：

$$T_{\mathrm{A}} = 9550\frac{P_{\mathrm{W}}}{n} = 9550\times\frac{11}{1450}\mathrm{N\cdot m} = 72.5\mathrm{N\cdot m}$$

3）转子转动惯量 $J_{\mathrm{A}} = 0.0736\mathrm{kg\cdot m^2}$。

4）起动次数 $Z = 150$ 次/h。

5）环境温度 $t = 40℃$。

6）主动端冲击转矩，即起动转矩 $T_{\mathrm{AS}} = 2T_{\mathrm{A}} = 145\mathrm{N\cdot m}$。

（2）工作机参数

1）载荷平均转矩 $T_{\mathrm{L}} = 68\mathrm{N\cdot m}$。

2）载荷转动惯量 $J_{\mathrm{L}} = 0.0883\mathrm{kg\cdot m^2}$。

选型：选用带天然橡胶弹性元件联轴器　载荷均匀时，理论转矩 T 应满足：

$$T_{\mathrm{A}} \geqslant T_{\mathrm{L}} K_{\mathrm{t}} = 68\times1.1\mathrm{N\cdot m} = 75\mathrm{N\cdot m}$$

初选 GB/T 4323—2002 中 LT5 型　$T_{\mathrm{n}} = 125\mathrm{N\cdot m}$ 弹性套柱销联轴器，弹性套为天然橡胶。

最大转矩 $T_{\max} = 2T_{\mathrm{n}} = 250\mathrm{N\cdot m}$；

半联轴器转动惯量 $J_1 = J_2 = 0.015\mathrm{kg\cdot m^2}$；

起动系数 $K_Z=1.3$（由表 23-15 查得）；

温度系数 $K_t=1.1$（由表 23-16 查得）；

冲击系数 $K_{AS}=1.8$；

质量系数 $K_{AJ}=\dfrac{J_L}{J_A+J_L}=\dfrac{0.1033}{0.0886+0.1033}=0.54$

冲击载荷时主动端的冲击转矩：

$$T_{Amax}\geqslant T_{AS}K_{AJ}K_{AS}K_tK_Z$$
$$=145\times0.54\times1.8\times1.3\times1.1\text{N}\cdot\text{m}$$
$$=202\text{N}\cdot\text{m}<250\text{N}\cdot\text{m}$$

主动端冲击转矩小于弹性联轴器的最大转矩，故安全，可以选用。

选定联轴器时，还应校核在给定工况条件下许用偏移量。

【例 23-5】 动力机为柴油机，周期性交变载荷情况下弹性联轴器选用示例。

已知：

（1）动力机参数

1）四缸四冲程直列式柴油机，功率 $P_W=28\text{kW}$，转速 $n=1500\text{r/min}$。

2）主动端理论转矩 $T_A=9550\times\dfrac{28}{1500}\text{N}\cdot\text{m}=178\text{N}\cdot\text{m}$。

3）第二谐周期性交变转矩 $T_{A2}=\pm536\text{N}\cdot\text{m}$。

4）起动次数 $Z\leqslant60$ 次/h。

5）环境温度 $t=40°\text{C}$。

6）发动机转动惯量 $J_A=2.36\text{kg}\cdot\text{m}^2$。

（2）工作机参数

1）载荷平均转矩 $T_L=148\text{N}\cdot\text{m}$。

2）载荷转动惯量 $J_L=1.01\text{kg}\cdot\text{m}^2$。

选型：选用带天然橡胶弹性元件联轴器　载荷均匀时，理论转矩 T 应满足：

$$T_A\geqslant T_LK_L=148\times1.1\text{N}\cdot\text{m}=162\text{N}\cdot\text{m}$$

初选 GB/T 4323—2002 中 LT6 型　$T_n=250\text{N}\cdot\text{m}$ 弹性套柱销联轴器，弹性套为天然橡胶。

最大转矩 $T_{max}=2T_n=500\text{N}\cdot\text{m}$；

交变疲劳转矩 $T_K=\pm100\text{N}\cdot\text{m}$；

动态扭转刚度 $C=2900\text{N}\cdot\text{m/rad}$；

放大系数 $K_V=6$；

转动惯量 $J_1=0.0294\text{kg}\cdot\text{m}^2$，$J_2=0.00785\text{kg}\cdot\text{m}^2$；

起动系数 $K_Z=1$（由表 23-15 查得）；

温度系数 $K_t=1.1$（由表 23-16 查得）；

质量系数 $K_{AJ}=\dfrac{J_L}{J_A+J_L}=\dfrac{1.0178}{2.3694+1.0178}$

$=0.298$

考虑共振转速时应满足：

$$T_{Amax}\geqslant T_{A2}K_{AJ}K_VK_ZK_t$$
$$=536\times0.298\times6\times1.1\text{N}\cdot\text{m}$$
$$=1055\text{N}\cdot\text{m}$$

由以上计算可见，初选 LT6 型联轴器偏小，应选取大的规格 LT8 型，$T_n=710\text{N}\cdot\text{m}$，其主要参数：

最大转矩 $T_{max}=2T_n=1420\text{N}\cdot\text{m}$；

交变疲劳转矩 $T_K=\pm150\text{N}\cdot\text{m}$；

动态扭转刚度 $C=5500\text{N}\cdot\text{m/rad}$；

放大系数 $K_V=6$；

转动惯量 $J_1=0.053\text{kg}\cdot\text{m}^2$，$J_2=0.0236\text{kg}\cdot\text{m}^2$；

质量系数 $K_{AJ}=\dfrac{J_L}{J_A+J_L}=\dfrac{1.0336}{2.413+1.0336}=0.3$

用新的参数计算出：

通过共振 $T_{Amax}=536\times0.3\times6\times1\times1.1\text{N}\cdot\text{m}$

$\approx1061\text{N}\cdot\text{m}$

固有频率 $f_e=\dfrac{1}{2\pi}\sqrt{C\dfrac{J_A+J_L}{J_AJ_L}}$

$=\dfrac{1}{2\pi}\sqrt{5500\times\dfrac{2.413+1.0336}{2.413\times1.0336}}\text{Hz}$

$=13.9\text{Hz}$

共振转速 $n_R=f_e\dfrac{60}{i}=13.9\times\dfrac{60}{2}\text{r/min}$

$=417\text{r/min}$

交变疲劳转矩

$$T_K\geqslant T_{AZ}K_{AJ}K_VK_tK_f$$
$$=536\times0.3\times0.0833\times1.1\times2.24\text{N}\cdot\text{m}$$
$$=33\text{N}\cdot\text{m}$$

式中　$K_V=\dfrac{1}{\left|1-\left(\dfrac{f}{f_e}\right)^2\right|}=\dfrac{1}{\left|1-\left(\dfrac{50}{13.9}\right)^2\right|}=0.0833$

$K_f=\sqrt{\dfrac{f}{10}}=\sqrt{\dfrac{50}{10}}=2.24$

以上所有计算的转矩值，均在联轴器允许转矩值范围内，故安全，可以选用。对选定的弹性联轴器应按给定工况校核其许用偏移量。

（3）选用计算时有关的系数　选用联轴器时应考虑动力机系数 K_W 和工况系数 K；当选用弹性联轴器用于有冲击、振动和需要轴线补偿的工况时，应考虑起动系数 K_Z、温度系数 K_t、频率系数 K_f、放大系数 K_V、冲击系数 K_S 等，对传动系统的综合影响。

1）动力机系数 K_W，见表 23-12。

表 23-12　动力机系数 K_W

动力机类别代号	动力机名称	动力机系数 K_W
Ⅰ	电动机、汽轮机	1
Ⅱ	四缸及四缸以上内燃机	1.2
Ⅲ	二缸内燃机	1.4
Ⅳ	单缸内燃机	1.6

2）联轴器载荷类别。根据传动系统的工作状态，将载荷分为四类，见表 23-13。

表 23-13　联轴器载荷类别

载荷类别代号	Ⅰ	Ⅱ	Ⅲ	Ⅳ
载荷分类	均匀载荷	中等冲击载荷	重冲击载荷	特重冲击载荷

3）工况系数 K。不同工作机的载荷类别及工况系数 K 见表 23-14，表中所列 K 值是传动系统在不同工作状态下的平均值，根据实际情况可适当增加；其动力机为电动机和汽轮机，若为其他动力机时应考虑动力机系数 K_W；在配有制动器的传动系统中，当制动器的理论转矩超过动力机的理论转矩时，应根据制动器的理论转矩来计算选择联轴器。

表 23-14　联轴器工况系数 K

工作机名称		载荷类别代号	工况系数 K
转向机构		Ⅰ类	1
加煤机			
网筛			
装罐机械			
泵	离心泵		
	回转泵(齿轮泵、螺杆泵、滑片泵、叶形泵)		1.5
压缩机	离心式		1.25
	轴流式		1.5
搅拌设备	纯液体		1
	液体加固体		1.25
	液体可变密度		
酿造和蒸馏设备	装瓶机械		1
	过滤桶		1.25
均匀加载运输机	组装运输机		1
	带式(运)输送机		
	斗式运输机		1.25
	板式运输机		
	链条式运输机		
	链板式运输机		
	箱式运输机		
	螺旋式运输机		
不均匀加载运输机	组装运输机		
	带式(运)输送机		
	斗式运输机		1.5
	链条式运输机		
	链板式运输机		
	箱式运输机		
给料机	板式给料机		1.25
	带式给料机		
	圆盘给料机		
	螺旋给料机		
提升机械	自动升降机		
	重力卸料提升机		1.5
废水处理设备	网筛		1.25
	化学处理设备		
	环形集尘器		
	脱水筛		
	砂粒集尘器		
	废渣破碎机		
鼓风机	离心式	Ⅰ类	1
	轴流式		1.5
风扇	离心式		1
	轴流式		1.5
废水处理设备	快、慢搅拌机		1.25
	污泥收集器		
	浓缩机		
	真空过滤器		
纺织机械	清棉机		1
	定量给料机		1.25
	印花机		
	浆纱机		
	染色机		
	压光机		
	起毛机		
	压榨机		1.5
	轧光机		
	黄化机		
	罐蒸机		
	织布机		
	梳理机		
	卷取机		
	棉花精整机(清洗、拉幅、碾压机等)		
选纸设备	漂白机		1
	校平机		1.25
	卷取机		1.5
	清洗机		
流动水进料网滤器			1.25
其他机床	辅助传动装置		
	主传动装置		1.5
食品机械	瓶装罐装机械		1
	谷类脱粒机		1.25
石油机械冷却装置			
印刷机械			1.5
通风机	冷却塔式	Ⅱ类	2
	引风机(无风门控制)		
泵	三缸或多缸单动活塞泵		1.75
	双动活塞泵		2
	单缸或双缸单动活塞泵		2.25

（续）

工作机名称		载荷类别代号	工况系数 K
往复多缸式压缩机		Ⅱ类	2
搅拌机	筒形搅拌机		1.5
	混凝土搅拌机		1.75
不均匀加载运输机	板式运输机		1.5
	螺旋运输机		
	往复式运输机		2.5
提升机械	离心式卸料机		1.5
	料斗式提升机		1.75
	普通货车用提升机		2
造纸设备	卷绕机		1.5
	搅拌器和破碎机		1.75
	叠层		
	卷筒装置		
	烘干机		
	吸入滚轧机		
	液压式剥皮机		2
	机械式剥皮机		
	压光机		
	切断机		
	打捆机		
	圆木拖运机		
	压力机		
	压皮滚筒		2.25
食品机械	甜菜切割机		1.75
	搅面机		
	绞肉机		
	甘蔗切割机		2
木材加工机械	分料机		1.5
	板坯运输机		
	刨床进给装置		1.75
	刨床传动装置		
	剪切机进给装置		
	剥皮机（筒形）		2
	修边机		
	传动辊装置		
	拖木机（倾斜式）		
球团机（压坯机械）			
拖拉式卸货机（间断负载）			1.5
挖泥机	运输机		
	通用绞车		1.75
	电缆盘装置		
	机动绞车		
	泵		
	网筛传动装置		
	堆积机		
	切割头传动装置		2.25
	夹具传动装置		
洗衣机	可逆式洗衣机		2
	滚筒式洗衣机		

工作机名称		载荷类别代号	工况系数 K
木材加工机械	拖木机（竖式）	Ⅱ类	2
	送料辊装置		
工具机	刨床		1.5
	弯曲机		2
	冲压机（齿轮驱动装置）		
	攻螺纹机		2.5
石油机械	石蜡过滤机		1.75
	油井泵		2
	旋转窑		
轧制设备	纵剪切机		1.5
	绕线机		1.75
	拉拔机小车架		2
	拉拔机主传动		
	成型机		
	拉线机和压延机		
	不可逆输送辊道		2.25
旋转式粉碎机	水泥窑		2
	干燥机和冷却机		
	烘干机		
	砂石粉碎机		
	棒式粉碎机		
	滚筒式粉碎机		
	球磨机		2.25
橡胶机械	橡胶压延机		2
	压片机		
	胶料粉碎机		2.25
	密闭式冷冻机		2.5
	轮胎式成型机		
起重机和提升机	斜坡式提升机		1.5
	抓斗起重机		1.75
	吊钩起重机		
	桥式起重机		
	主提升机		2
	可逆式提升机		
绞车（纺织绞车）			1.75
黏土加工机械			
锤式粉碎机			2
旋转式筛石机			1.5
摆动运输机		Ⅲ类	2.5
破碎机	碎矿机		2.75
	碎石机		
往复式给料机			2.5
可逆输送辊道		Ⅳ类	
重型机械	初轧机		>2.75
	中厚板轧机		
	机架辊		
	剪切机		
	冲压机		

4）起动系数 K_Z。主动端起动频率 f_z，形成附加载荷，其影响以起动系数 K_Z 表示，见表 23-15。

表 23-15　起动系数 K_Z

f_z/Hz	≤120	>120~240	>240
K_Z	1	1.3	由制造厂确定

5）温度系数 K_t。传动系统选用非金属弹性材料（橡胶等）联轴器时，应考虑在温度影响下橡胶弹性材料弹度降低的因素，以温度系数 K_t 表示，见表 23-16。温度 t 与联轴器的工作环境有关，在辐射热的作用下，尤其要考虑 K_t 的影响。

表 23-16　温度系数 K_t

环境温度 t/°C	对复合材料 K_t		
	天然橡胶（NR）	聚氨基甲酸乙酯弹性体（PUR）	丙烯酸烷基氢-丁二烯-生橡胶（NBR）（丁腈橡胶 N）
-20~30	1	1	1
>30~40	1.1	1.2	1
>40~60	1.4	1.5	1
>60~80	1.8	不允许	1.2

23.1.2　刚性联轴器

刚性联轴器由刚性传力件组成，连接件之间不能相对运动，因此不具有补偿两轴线相对位移的能力。刚性联轴器无弹性元件，不具备减振和缓冲功能。

23.1.2.1　凸缘联轴器

凸缘联轴器是利用螺栓连接两半联轴器的凸缘，以实现两轴连接的刚性联轴器。其结构简单，制造方便，成本低，工作可靠，装拆和维护简便，可传递大转矩，需保证两轴具有较高的对中精度。一般用于载荷平稳、高速，或传动精度要求较高的传动轴系。凸缘联轴器不具备径向误差（ΔY）、轴向误差（ΔX）、角向误差（$\Delta\alpha$）的补偿性能。使用时如果不能保证被连接两轴的对中，将会降低传动精度、效率和联轴器的使用寿命，并引起振动和噪声。

1）凸缘上各螺栓可全部或一半采用加强杆螺栓，靠螺栓与螺栓孔壁的挤压传递转矩。螺栓所受的横向切力为

$$F_t=\frac{2T_c}{D_1Z}$$

式中　T_c——计算转矩（N·mm）；

D_1——螺栓分布圆直径（mm）；

Z——螺栓数。

螺栓抗剪强度：

$$\tau=\frac{F_t}{Z\dfrac{\pi d^2}{4}}\leqslant[\tau]$$

螺栓抗压强度：

$$\sigma_p=\frac{F_t}{Zd\delta}\leqslant[\sigma]_p$$

式中　δ——螺栓与孔壁的接触厚度（mm），取两半联轴器中接触厚度较小者；

$[\tau]$——螺栓材料的许用切应力，载荷稳定时，取 $[\tau]=0.4R_{eL}$，载荷变化时取 $[\tau]=(0.2\sim0.25)R_{eL}$（$R_{eL}$ 为螺栓材料的屈服强度）；

$[\sigma]_p$——许用挤压应力，载荷稳定时，对于钢取 $[\sigma]_p=(0.8\sim1)R_{eL}$；铸铁取 $[\sigma]_p=0.8R_m$；载荷变化时，对于钢取 $[\sigma]_p=(0.5\sim0.65)R_{eL}$，铸铁取 $[\sigma]_p=0.5R_m$（R_m 为材料的抗拉强度）。

2）采用普通螺栓连接，装配时须拧紧螺栓，靠两半联轴器端面之间发生的摩擦力传递转矩。每一螺栓的预紧力为

$$F=\frac{2T_c}{D_1Zf}$$

式中　T_c——计算转矩（N·mm）；

D_1——螺栓的分布圆直径（mm）；

Z——螺栓数；

f——两半联轴器端面间的摩擦因数，一般取 $f=0.1\sim0.2$。

螺栓的强度：

$$\sigma=\frac{1.3F}{\dfrac{\pi}{4}d_1^2}\leqslant[\sigma]$$

式中　d_1——螺栓内径（mm）；

$[\sigma]$——螺栓的许用拉应力（MPa）。

3）GY 型凸缘联轴器结构如图 23-6a 所示，基本参数和主要尺寸见表 23-17。

4）GYS 型有对中榫凸缘联轴器结构如图 23-6b 所示，基本参数和主要尺寸见表 23-17。

5）GYH 型有对中环凸缘联轴器结构如图 23-6c 所示，基本参数和主要尺寸见表 23-17。

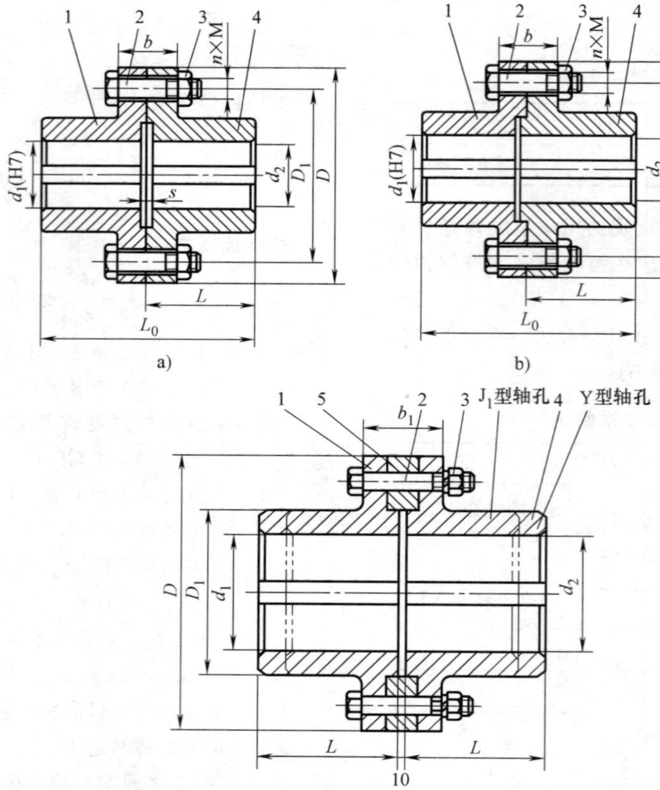

图 23-6　凸缘联轴器

a）GY 型　b）GYS 型（有对中榫）　c）GYH 型（有对中环）

1、4—半联轴器　2—螺栓　3—锁紧螺母　5—对中环

表 23-17　GY、GYS、GYH 型凸缘联轴器基本参数和主要尺寸（摘自 GB/T 5843—2003）

型号	公称转矩 T_n /N · m	许用转矩 [n] /(r/min)	轴孔直径 d_1 或 d_2/mm	轴孔长度 L/mm Y 型	轴孔长度 L/mm J_1 型	D /mm	D_1 /mm	b /mm	b_1 /mm	S /mm	转动惯量 I /kg · m²	质量 m /kg
GY1、GYS1、GYH1	25	12000	12、14	32	27	80	30	26	42	6	0.0008	1.16
			16、18、19	42	30							
GY2、GYS2、GYH2	63	10000	16、18、19			90	40	28	44		0.0015	1.72
			20、22、24	52	38							
			25	62	44							
GY3、GYS3、GYH3	112	9500	20、22、24	52	38	100	45	30	46		0.0025	2.38
			25、28	62	44							
GY4、GYS4、GYH4	224	9000	25、28			105	55	32	48		0.003	3.15
			30、32、35、38	82	60							
GY5、GYS5、GYH5	400	8000	30、32、35、38			120	68	36	52	8	0.007	5.43
			40、42	112	84							
GY6、GYS6、GYH6	900	6800	38	82	62	140	80	40	56		0.015	7.59
			40、42、45、48、50	112	84							

（续）

型号	公称转矩 T_n /N·m	许用转矩 $[n]$ /(r/min)	轴孔直径 d_1 或 d_2/mm	轴孔长度 L/mm Y 型	J_1 型	D /mm	D_1 /mm	b /mm	b_1 /mm	S /mm	转动惯量 I /kg·m²	质量 m /kg
GY7、GYS7、GYH7	1600	6000	48、50、55、56	112	84	160	100	40	56	8	0.031	13.1
			60、63	142	107							
GY8、GYS8、GYH8	3150	4800	60、63、65、70、71、75	142	107	200	130	50	68	10	0.103	27.5
			80	172	132							
GY9、GYS9、GYH9	6300	3600	75	142	107	260	160	66	84	10	0.319	47.8
			80、85、90、95	172	132							
			100	212	167							
GY10、GYS10、GYH10	10000	3200	90、95	172	132	300	200	72	90	10	0.72	82
			100、110、120、125	212	167							
GY11、GYS11、GYH11	25000	2500	120、125	212	167	380	260	80	98	10	2.278	162.2
			130、140、150	252	202							
			160	302	242							
GY12、GYS12、GYH12	50000	2000	150	252	202	460	320	92	112	12	5.923	285.6
			160、170、180	302	242							
			190、200	352	282							
GY13、GYS13、GYH13	100000	1600	190、200、220	352	282	590	400	110	130	12	19.978	611.9
			240、250	410	330							

注：质量、转动惯量按联轴器 y/J_1 轴孔组合形式和最小轴孔直径计算。

23.1.2.2　夹壳联轴器

夹壳联轴器是利用两个沿轴向分布的筒形夹壳，用螺栓夹紧以实现两轴连接。靠两半联轴器表面间的摩擦力传递转矩，利用平键辅助连接。大规格的夹壳联轴器主要由键传递转矩。夹壳联轴器安装和拆卸时，轴不需轴向移动。缺点是两轴线对中精度低，形状复杂，制造不方便，平衡精度低。只适用于低速和载荷平稳的场合，通常最大外缘的线速度不大于 5m/s，超过 5m/s 时需经过平衡检验。为了改善平衡状况，螺栓应正、倒相间安装。

1）配合面上的压强

$$p=\frac{ZF_0}{dL}$$

式中　F_0——螺栓预紧力，$F_0=\frac{4}{\pi}\frac{T_c}{Zdf}$；

Z——螺栓数；

d——轴的直径（mm）；

L——联轴器长度（mm）；

f——配合面间的摩擦因数，$f=0.1\sim0.2$。

2）夹壳联轴器结构如图 23-7 所示，尺寸参数见表 23-18。

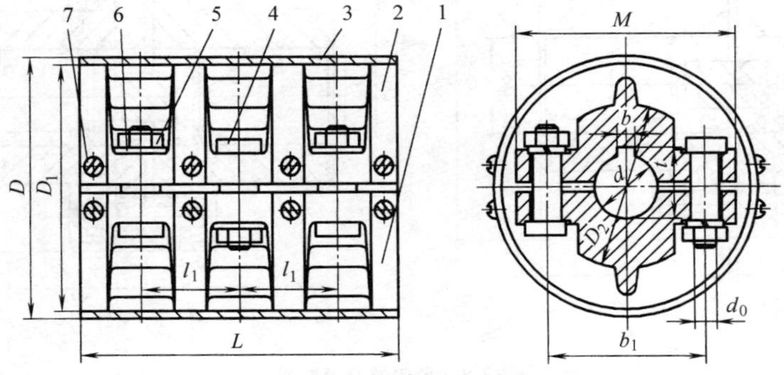

图 23-7　GJ 型夹壳联轴器

1、2—壳体　3—防护罩　4—螺栓　5—螺母　6—垫圈　7—螺钉

表 23-18　GJ 型夹壳联轴器尺寸　　（单位：mm）

<table>
<tr><th rowspan="2">型号</th><th colspan="2">d</th><th rowspan="2">D</th><th rowspan="2">D_1</th><th rowspan="2">D_2</th><th rowspan="2">L</th><th rowspan="2">l_1</th><th rowspan="2">M</th><th rowspan="2">b_1</th><th colspan="2">b</th><th colspan="2">t</th><th rowspan="2">d_0</th><th colspan="2">件数</th></tr>
<tr><th>公称尺寸</th><th>极限偏差</th><th>公称尺寸</th><th>极限偏差</th><th>公称尺寸</th><th>极限偏差</th><th>Z_1</th><th>Z_2</th></tr>
<tr><td>GJ1</td><td>30</td><td rowspan="5">+0.05
0</td><td rowspan="3">130</td><td rowspan="3">127</td><td rowspan="3">75</td><td rowspan="3">160</td><td rowspan="3">49</td><td rowspan="3">112</td><td rowspan="3">85</td><td>8</td><td rowspan="2">+0.03
0</td><td>33.1</td><td rowspan="4">+0.17
0</td><td rowspan="5">M12</td><td rowspan="9">6</td><td rowspan="9">16</td></tr>
<tr><td>GJ2</td><td>35</td><td>10</td><td>38.6</td></tr>
<tr><td>GJ3</td><td>40</td><td>12</td><td rowspan="6">+0.035
0</td><td>43.6</td></tr>
<tr><td>GJ4</td><td>45</td><td rowspan="2">145</td><td rowspan="2">142</td><td rowspan="2">90</td><td rowspan="2">190</td><td rowspan="2">58</td><td rowspan="2">122</td><td rowspan="2">95</td><td>14</td><td>49.1</td></tr>
<tr><td>GJ5</td><td>50</td><td rowspan="2">16</td><td>55.1</td><td rowspan="4">+0.2
0</td></tr>
<tr><td>GJ6</td><td>55</td><td rowspan="6">+0.06
0</td><td rowspan="2">170</td><td rowspan="2">167</td><td rowspan="2">100</td><td rowspan="2">220</td><td rowspan="2">68</td><td rowspan="2">144</td><td rowspan="2">110</td><td>60.1</td><td rowspan="4">M16</td></tr>
<tr><td>GJ7</td><td>60</td><td rowspan="2">18</td><td>65.6</td></tr>
<tr><td>GJ8</td><td>65</td><td rowspan="2">185</td><td rowspan="2">182</td><td rowspan="2">115</td><td rowspan="2">250</td><td rowspan="2">77</td><td rowspan="2">158</td><td rowspan="2">125</td><td>70.6</td></tr>
<tr><td>GJ9</td><td>70</td><td rowspan="2">20</td><td rowspan="5">+0.045
0</td><td>76.1</td><td rowspan="5">+0.023
0</td></tr>
<tr><td>GJ10</td><td>75</td><td rowspan="2">205</td><td rowspan="2">202</td><td rowspan="2">130</td><td rowspan="2">360</td><td rowspan="2">85</td><td rowspan="2">180</td><td rowspan="2">140</td><td>81.1</td><td rowspan="3">M20</td><td rowspan="4">8</td><td rowspan="4">20</td></tr>
<tr><td>GJ11</td><td>80</td><td rowspan="2">24</td><td>87.2</td></tr>
<tr><td>GJ12</td><td>90</td><td rowspan="2">±0.07
0</td><td>245</td><td>242</td><td></td><td>390</td><td>92</td><td>215</td><td>175</td><td>97.2</td></tr>
<tr><td>GJ13</td><td>100</td><td>260</td><td>257</td><td></td><td>440</td><td>104</td><td>230</td><td>185</td><td>28</td><td>108.2</td><td>M24</td></tr>
</table>

23.1.2.3　径向键凸缘联轴器

径向键凸缘联轴器与一般凸缘联轴器不同之处是采用径向键，而不是通常的轴向键。

1）JLA 型轴向可移式径向键凸缘联轴器，其结构如图 23-8a 所示，基本参数见表 23-19。

2）JLB 型径向键凸缘联轴器，其结构如图 23-8b 所示，基本参数见表 23-20。

23.1.2.4　平行轴联轴器

平行轴联轴器（JB/T 7006—2006）具有在偏心情况下，不影响转矩与转速的传递，加工简单、安装方便，不会引起振动等特点。应用于冶金、石油、化工、造纸、机床等行业。适用于两水平平行轴传动系统的联接。

1）G 型滚动轴承平行轴联轴器，其结构如图 23-9 所示，基本参数见表 23-21。

2）H 型滑动轴承平行轴联轴器，其结构如图 23-10 所示，基本参数见表 23-22。

3）平行轴联轴器的选用计算：

$$L_h = \frac{(T_n/n)^{10/3}}{n}$$

$$P = \frac{T_n n}{9550} = QK_h$$

式中　L_h——额定寿命（h）；

T_n——公称转矩（N·m）；

n——转速（r/min）；

P——功率（kW）；

K_h——寿命-转速系数，见表 23-23；

Q——性能系数，见表 23-24。

4）选用举例：传递功率 $P=40\text{kW}$，转速 $n=1000\text{r/min}$；可变平行轴位移 $S_1=80\text{mm}$，寿命 $L_h=10000\text{h}$。

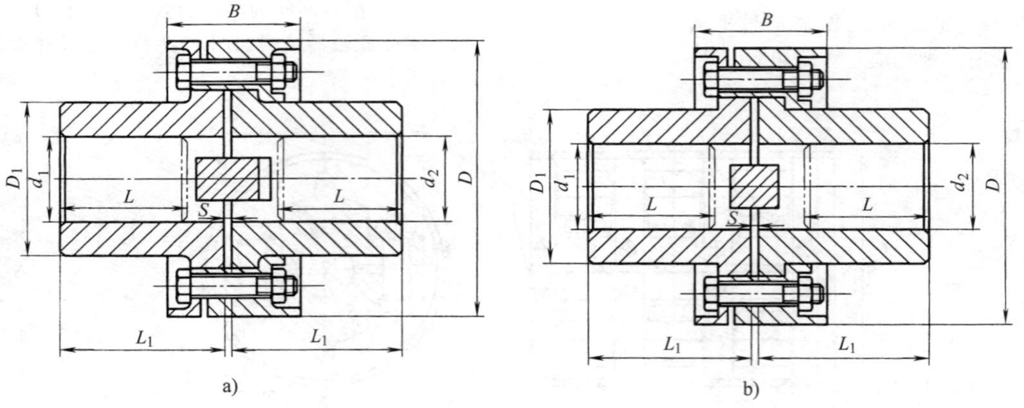

图 23-8　径向键凸缘联轴器

a）JLA 型轴向可移式　b）JLB 型

表 23-19　JLA 型轴向可移式径向键凸缘联轴器基本参数

<table>
<tr><th rowspan="2">型号</th><th colspan="2">公称转矩
T_n/N · m</th><th rowspan="2">轴孔直径
/mm
d_1 或 d_2</th><th colspan="2">轴孔长度
L/mm</th><th colspan="2">L_1/mm</th><th rowspan="2">B/mm</th><th rowspan="2">D/mm</th><th rowspan="2">D_1/mm</th><th rowspan="2">S/mm</th><th rowspan="2">质量③
m
/kg</th><th rowspan="2">转动
惯量④
I
/kg · m²</th></tr>
<tr><th>D①</th><th>E②</th><th>Ⅰ</th><th>Ⅱ</th><th>Ⅰ</th><th>Ⅱ</th></tr>
<tr><td>JLA1</td><td>—</td><td>1000</td><td>40、42、45、48、50</td><td rowspan="2">84</td><td>56</td><td rowspan="2">108</td><td>82</td><td>87</td><td>170</td><td>90</td><td>10</td><td>15.5</td><td>0.182</td></tr>
<tr><td rowspan="2">JLA2</td><td rowspan="2">—</td><td rowspan="2">2500</td><td>55、56</td><td rowspan="2">80</td><td rowspan="2">115</td><td rowspan="2">100</td><td rowspan="2">215</td><td rowspan="2">125</td><td rowspan="2">12</td><td rowspan="2">35</td><td rowspan="2">0.61</td></tr>
<tr><td>60、63、65、70、71</td><td rowspan="2">107</td><td rowspan="2">140</td></tr>
<tr><td rowspan="3">JLA3</td><td rowspan="3">—</td><td rowspan="3">5000</td><td>75</td><td rowspan="3">110</td><td rowspan="3">158</td><td rowspan="3">123</td><td rowspan="3">282</td><td rowspan="3">180</td><td rowspan="3">15</td><td rowspan="3">84</td><td rowspan="3">2.75</td></tr>
<tr><td>80、85、90、95</td><td>132</td><td>170</td></tr>
<tr><td>100</td><td rowspan="2">167</td><td rowspan="2">220</td></tr>
<tr><td>JLA4</td><td>12500</td><td>10000</td><td>110、120、125</td><td>140</td><td>195</td><td>146</td><td>330</td><td>225</td><td rowspan="3">20</td><td>150</td><td>6.517</td></tr>
<tr><td rowspan="2">JLA5</td><td rowspan="2">25000</td><td rowspan="2">20000</td><td>130、140、150</td><td>202</td><td rowspan="2">180</td><td>262</td><td rowspan="2">248</td><td rowspan="2">174</td><td rowspan="2">415</td><td rowspan="2">290</td><td rowspan="2">380</td><td rowspan="2">21.8</td></tr>
<tr><td>160</td><td rowspan="2">242</td><td rowspan="2">308</td></tr>
<tr><td rowspan="2">JLA6</td><td rowspan="2">50000</td><td rowspan="2">40000</td><td>170、180</td><td rowspan="2">220</td><td rowspan="2">296</td><td rowspan="2">210</td><td rowspan="2">500</td><td rowspan="2">360</td><td rowspan="4">25</td><td rowspan="2">540</td><td rowspan="2">57.762</td></tr>
<tr><td>190、200</td><td rowspan="2">282</td><td rowspan="2">356</td></tr>
<tr><td rowspan="2">JLA7</td><td rowspan="2">80000</td><td rowspan="2">63000</td><td>220</td><td rowspan="2">280</td><td rowspan="2">376</td><td rowspan="2">255</td><td rowspan="2">610</td><td rowspan="2">450</td><td rowspan="2">992</td><td rowspan="2">162.05</td></tr>
<tr><td>240、250</td><td>330</td><td>426</td></tr>
</table>

注：1. 联轴器最大外圆线速度不得大于 50m/s。

2. Ⅰ—短圆柱系列（应符合 GB/T 3852—1997 的规定）；Ⅱ—超短圆柱系列。

①、② D 与 E 分别表示联轴器轴孔与轴伸采用切向键连接与钩头楔形键连接。

③、④ 质量与转动惯量是按轴孔最小直径与最大长度计算的近似值。

表 23-20　JLB 型径向键凸缘联轴器基本参数

<table>
<tr><th rowspan="2">型号</th><th colspan="2">公称转矩
T_n/N · m</th><th rowspan="2">轴孔直径
d_1 或 d_2/mm</th><th colspan="2">轴孔长度
L/mm</th><th colspan="2">L_1
/mm</th><th rowspan="2">B/mm</th><th rowspan="2">D/mm</th><th rowspan="2">D_1/mm</th><th rowspan="2">质量
m
/kg</th><th rowspan="2">转动惯量
I
/kg · m²</th></tr>
<tr><th>D</th><th>E</th><th>Ⅰ</th><th>Ⅱ</th><th>Ⅰ</th><th>Ⅱ</th></tr>
<tr><td>JLB1</td><td>—</td><td>1000</td><td>40、42、45、48、50</td><td rowspan="2">84</td><td>56</td><td rowspan="2">108</td><td>82</td><td>78</td><td>170</td><td>90</td><td>12</td><td>0.179</td></tr>
<tr><td rowspan="2">JLB2</td><td rowspan="2">—</td><td rowspan="2">2500</td><td>55、56</td><td rowspan="2">80</td><td rowspan="2">115</td><td rowspan="2">80</td><td rowspan="2">215</td><td rowspan="2">125</td><td rowspan="2">27.8</td><td rowspan="2">0.47</td></tr>
<tr><td>60、63、65、70、71</td><td rowspan="2">107</td><td rowspan="2">140</td></tr>
<tr><td rowspan="3">JLB3</td><td rowspan="3">—</td><td rowspan="3">5000</td><td>75</td><td rowspan="3">110</td><td rowspan="3">158</td><td rowspan="3">109</td><td rowspan="3">282</td><td rowspan="3">180</td><td rowspan="3">65.5</td><td rowspan="3">2.35</td></tr>
<tr><td>80、85、90、95</td><td>132</td><td>170</td></tr>
<tr><td>100</td><td rowspan="2">167</td><td rowspan="2">220</td></tr>
<tr><td>JLB4</td><td>12500</td><td>10000</td><td>110、120、125</td><td>140</td><td>195</td><td>127</td><td>330</td><td>225</td><td>133</td><td>5.7</td></tr>
<tr><td rowspan="2">JLB5</td><td rowspan="2">25000</td><td rowspan="2">20000</td><td>130、140、150</td><td>202</td><td rowspan="2">180</td><td>262</td><td rowspan="2">248</td><td rowspan="2">155</td><td rowspan="2">415</td><td rowspan="2">290</td><td rowspan="2">247</td><td rowspan="2">15.8</td></tr>
<tr><td>160</td><td rowspan="2">242</td><td rowspan="2">308</td></tr>
<tr><td rowspan="2">JLB6</td><td rowspan="2">50000</td><td rowspan="2">40000</td><td>170、180</td><td rowspan="2">220</td><td rowspan="2">296</td><td rowspan="2">185</td><td rowspan="2">500</td><td rowspan="2">360</td><td rowspan="2">457</td><td rowspan="2">50.7</td></tr>
<tr><td>190、200</td><td rowspan="2">282</td><td rowspan="2">356</td></tr>
<tr><td rowspan="2">JLB7</td><td rowspan="2">80000</td><td rowspan="2">63000</td><td>220</td><td rowspan="2">280</td><td rowspan="2">376</td><td rowspan="2">231</td><td rowspan="2">610</td><td rowspan="2">450</td><td rowspan="2">878</td><td rowspan="2">142</td></tr>
<tr><td>240、250</td><td>330</td><td>426</td></tr>
</table>

注：1. 联轴器最大外圆线速度不得大于 50m/s。

2. 轴孔长度 L：Ⅰ—短圆柱系列（应符合 GB/T 3852—1997 的规定）；Ⅱ—超短圆柱系列。

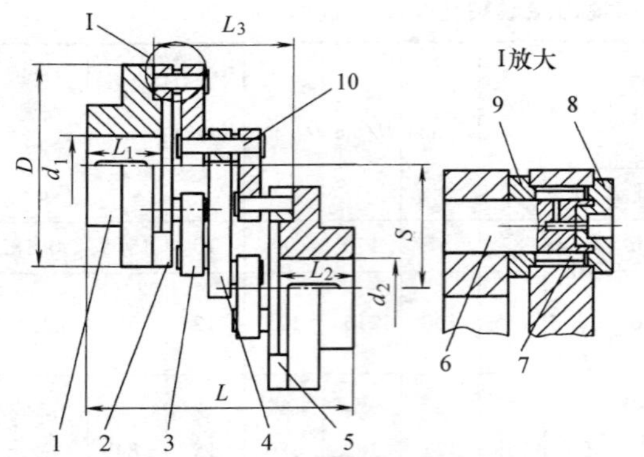

图 23-9　G 型滚动轴承平行轴联轴器

1—法兰　2—主动盘　3—连杆　4—中间盘　5—被动盘　6—销轴　7—滚动轴承　8—挡环　9—隔离环　10—销轴

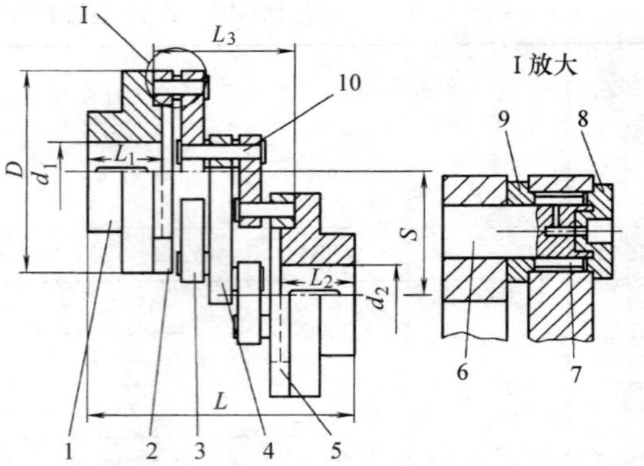

图 23-10　H 型滑动轴承平行轴联轴器

1—法兰　2—主动盘　3—连杆　4—中间盘　5—被动盘　6—销轴　7—滑动轴承　8—挡环　9—隔离环　10—销轴

表 23-21　G 型滚动轴承平行轴联轴器基本参数（摘自 JB/T 7006—2006）

型号	公称转矩 T_n /N·m	许用转速 [n] /(r/min)	轴孔直径 d_1 或 d_2/mm	轴孔长度 L_1、L_2/mm J₁ 型	D/mm	S_{max} /mm	L_3 /mm	L /mm	转动惯量 I /kg·m²	质量 m /kg
PLG1	25	2000	18、19	30	85	50	96	156～184	0.00313	4.293
			20、22、24	38						
			25	44						
PLG2	45		22、24	38	100			172～216	0.00595	5.909
			25、28	44						
			30	60						
PLG3	75		25、28	44	115			186～216	0.011	8.24
			30、32、35	60						
PLG4	100		30、32、35、38		135			216～264	0.0206	11.7674
			40	84						
PLG5	140	1750	35、38	60	150	90	161	281～264	0.0556	14.5412
			40、42、45	84						
PLG6	240		42、45、48		180			264	0.1125	21.445
			50、55							
PLG7	380	1500	48、50、55、56		205			264～375	0.1746	30.634
			60	107						
PLG8	550	1250	56	84	230			264	0.28056	42.91
			60、63、65、70							
PLG9	405		50、55、56		205	115	195	363～409	0.21488	46.49
			60、63	107						
PLG10	630		63、65、70、71		225			409	0.3297	56.68
			75							
PLG11	1000	1000	70、71、75		260			409～459	0.58734	84.574
			80、85	132						
PLG12	1420		75	107	295				0.97249	116.488
			80、85、90、95	132						
PLG13	2460		90、95		365				2.3971	225.24
			100、110、120	167						
PLG14	3800		110、120、125		440			529～609	5.5997	362.949
			130、140	207						
PLG15	5950	750	125、130、140、150		515			609～679	9.7495	554.86
			160	242						

表 23-22 H 型滑动轴承平行轴联轴器基本参数（摘自 JB/T 7006—2006）

型号	公称转矩 T_n /N·m	许用转速 [n] /(r/min)	轴孔直径 d_1 或 d_2/mm	轴孔长度 L_1、L_2/mm J₁ 型	D /mm	S_{max} /mm	L_3/mm	L /mm	转动惯量 I /kg·m²	质量 m /kg
PLH1	60	250	20、22、24	38	85	50	96	172～216	0.00313	4.293
			25、28	44						
			30	60						
PLH2	100	250	28	44	100	50	96	184～216	0.00595	5.909
			30、32、35、38	60						
PLH3	154	250	35、38	60	115	50	96	216～264	0.011	8.24
			40、42、45	84						
PLH4	215	250	42、45	84	135	50	96	264	0.0206	11.7674
			48、50	84						
PLH5	320	250	48、50	84	150	90	161	329	0.0556	14.5412
			55、56	84						
PLH6	530	250	55、56	84	180	90	161	329～375	0.1025	21.445
			60、63、65	107						
PLH7	790	250	63、65	107	205	90	161	375	0.1746	30.634
			70、71	107						
PLH8	890	250	71、75	107	230	90	161	375～425	0.28056	42.91
			80	132						
PLH9	800	250	63、65	107	205	115	195	375	0.21488	46.49
			70、71	107						
PLH10	1030	250	71、75	107	225	115	195	409～459	0.3297	56.68
			80、85	132						
PLH11	1540	250	80、85	132	260	115	195	459	0.5873	84.574
			90、95	132						
PLH12	2170	250	90、95	132	295	115	195	459～529	0.97249	116.488
			100、110	167						
PLH13	3765	250	110、120、125	167	365	115	195	519～609	2.3971	225.24
			130、140	207						
PLH14	5840	250	130、140、150	207	440	115	195	609～679	5.5997	362.949
			160	242						
PLH15	8360	250	160、170、180	242	515	115	195	679～759	9.7495	554.86
			190、200	282						

表 23-23 寿命-转速系数 K_h

转速 n /(r/min)	寿命 L_n/h					
	1000	2500	5000	10000	25000	50000
10	0.631	0.479	0.389	0.316	0.24	0.195
25	1.98	0.91	0.739	0.601	0.456	0.371
50	1.947	1.479	1.201	0.976	0.741	0.602
100	3.162	2.402	1.951	1.585	1.204	0.978
150	4.2	3.191	2.502	2.105	1.599	1.299
200	5.137	3.902	3.17	2.575	1.956	1.589
250	6.001	4.562	3.706	3.01	2.287	1.857
300	6.823	5.183	4.21	3.42	2.598	2.11
400	8.345	6.34	5.149	4.182	3.177	2.581
500	9.756	7.411	6.02	4.889	3.714	3.017
600	11.08	8.42	6.839	5.555	4.22	3.428
700	12.34	9.379	7.618	6.188	4.7	3.818
800	13.56	10.3	8.365	6.795	5.161	4.192
900	14.72	11.18	9.084	7.378	5.605	4.553

（续）

转速 n /(r/min)	寿命 L_n/h					
	1000	2500	5000	10000	25000	50000
1000	15.85	12.04	9.779	7.943	6.034	4.901
1100	16.94	12.87	10.45	8.491	6.45	5.391
1200	18.01	13.63	11.11	9.025	6.856	5.568
1300	19.04	14.47	11.75	9.545	7.25	5.889
1400	20.06	15.24	12.38	10.05	7.636	6.203
1500	21.05	15.99	12.99	10.55	8.015	6.51
1600	22.02	16.73	13.59	11.04	8.385	6.81
1700	22.98	17.45	14.18	11.52	8.748	7.106
1800	23.92	18.17	14.76	11.99	9.105	7.396
1900	24.85	18.87	15.33	12.45	9.456	7.681
2000	25.75	19.56	15.89	12.9	9.803	7.962
2100	26.64	20.24	16.44	13.35	10.14	8.238
2200	27.52	20.91	16.98	13.79	10.48	8.511
2300	28.39	21.57	17.52	14.23	10.81	8.78
2400	29.25	22.22	18.05	14.66	11.14	9.046
2500	30.1	22.86	18.57	15.08	11.46	9.308

① 计算所需性能系数：

$$Q_r=\frac{P}{K_h}=\frac{40}{7.943}=5.036$$

查表 23-24 可知，PLG7 型联轴器 $Q=5.554$，满足性能要求。

转速 1500r/min，偏心距 $S=90$mm，$S>S_1$ 故满足要求。

② 推荐所选用的联轴器联接的两平行轴，中心距范围为 0.25~0.95S。

表 23-24 性能系数 Q

型号	Q	型号	Q	型号	Q	型号	Q
PLG1	0.464	PLG9	5.666	PLH1	0.665	PLH9	7.5
PLG2	0.765	PLG10	8.738	PLH2	1.125	PLH10	11.575
PLG3	1.181	PLG11	13.058	PLH3	2.362	PLH11	17.296
PLG4	1.661	PLG12	18.249	PLH4	2.444	PLH12	24.407
PLG5	2.232	PLG13	31.97	PLH5	3.58	PLH13	42.352
PLG6	3.732	PLG14	49.5	PLH6	5.983	PLH14	65.557
PLG7	5.554	PLG15	70.956	PLH7	8.896	PLH15	93.978
PLG8	7.73			PLH8	12.393		

23.1.3 无弹性元件挠性联轴器

无弹性元件挠性联轴器，是由可做相对移动或滑动的刚性件组成的，过去称为“刚性可移式联轴器”，它利用连接元件间的相对可移性来补偿被连接两轴之间的相对位移。无弹性元件挠性联轴器共同特点是具有不同程度的轴向、径向和角向补偿性能，但不具备减振、缓冲能力。由于刚性连接件间的相对滑动，有摩擦和磨损，因此需保证良好的润滑和密封。

23.1.3.1 链条联轴器

滚子链联轴器结构简单，装拆方便，尺寸紧凑，自重轻，有一定补偿能力，对安装精度要求不很高，工作可靠，寿命长，对环境适应能力强，制造、维修简便，成本低廉，是最常用的链条联轴器。链条联轴器可在高温、潮湿、多尘工况条件下工作，不宜用于高速、有剧烈冲击载荷和传递轴向力的场合。润滑对链条联轴器的工作性能影响极大，必须保证链条联轴器在良好的润滑，并有防护罩的条件下工作。链条联轴器不宜用于立轴的连接。

1）选定联轴器型号后，可按下列公式进行强度计算：

$$T_c\leqslant K[\sigma]A\frac{D_1}{2}=[T]$$

式中 K——联轴器的工况系数；

Z——链轮齿数；

A——滚子与轮齿的投影面积（mm^2）；

D_1——链轮分度圆直径（mm）；

$[\sigma]$——滚子与轮齿之间接触面的许用应力（MPa），$[\sigma]=\frac{Q}{50A}$；

Q——套筒滚子链最小极限拉伸载荷（N）。

2）GL 型滚子链联轴器结构如图 23-11 所示，基本参数见表 23-25。

表 23-25　GL 型滚子链联轴器基本参数（摘自 GB/T 6069—2017）

型号	公称转矩 T_n /N·m	许用转速[n] /(r/min) 不装罩壳	许用转速[n] /(r/min) 安装罩壳	轴孔直径 d_1 或 d_2 /mm	轴孔长度 L /mm	链条节距 P /mm	齿数 Z	D /mm	B_{fi} /mm	S /mm	D_K /mm max	L_K /mm max	总质量 m /kg	转动惯量 I /kg·m²
GL1	40	1400	4500	16、18、19	42	9.525	14	51.06	5.3	4.9	70	70	0.40	0.0001
				20	52									
GL2	63	1250		19	42		16	57.08			75	75	0.701	0.0002
				20、22、24	52									
GL3	100	1000	4000	20、22、24		12.7	14	68.88	7.2	6.7	85	80	1.1	0.00038
				25	62									
GL4	160			24	52		16	76.91			95	88	1.8	0.00086
				25、28	62									
				30、32	82									
GL5	250	800	3150	28	62	15.875		94.46	8.9	9.2	112	100	3.2	0.0025
				30、32、35、38	82									
				40	112									
GL6	400	630	2500	32、35、38	82		20	116.57			140	105	5	0.0058
				40、42、45、48、50	112									
GL7	630			40、42、45、48、50、55、56		19.05	18	127.78	11.9	10.9	150	122	7.4	0.012
				60	142									
GL8	1000	500	2240	45、48、50、55、56	112	25.4	16	154.33	15	14.3	180	135	11.1	0.025
				60、63、65、70	142									
GL9	1600	400	2000	50、55、56	112		20	186.5			215	145	20	0.061
				60、63、65、70、71、75	142									
				80	172									
GL10	2500	315	1600	60、63、65、70、71、75	142	31.75	18	213.02	18	17.8	245	165	26.1	0.079
				80、85、90	172									
GL11	4000	250	1500	75	142	38.1	16	231.49	24	21.5	270	195	39.2	0.188
				80、85、90、95	172									
				100	212									
GL12	6300		1250	85、90、95	172	44.45		270.08		24.9	310	205	59.4	0.38
				100、110、120	212									
GL13	10000	200	1120	100、110、120、125		50.8	18	340.8	30	28.6	380	230	86.5	0.869
				130、140	252									
GL14	16000		1000	120、125	212		22	405.22			450	250	150.8	2.06
				130、140、150	252									
				160	302									
GL15	25000		900	140、150	252	63.5	20	466.25	36	35.6	510	285	234.4	4.37
				160、170、180	302									
				190	352									

注：1. 有罩壳时，在型号后加“F”，如 GL5 型联轴器，有罩壳时改为 GL5F。

2. 表中联轴器质量和转动惯量是近似值。

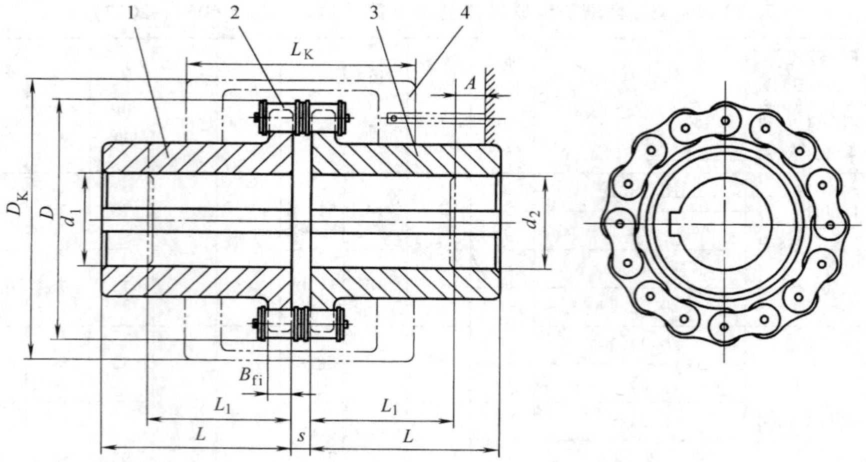

图 23-11 GL 型滚子链联轴器

1、3—半联轴器 2—双排滚子链 4—罩壳

3）GL 型联轴器许用补偿量见表 23-26。

表 23-26 GL 型联轴器许用补偿量

项目	型号														
	GL1	GL2	GL3	GL4	GL5	GL6	GL7	GL8	GL9	GL10	GL11	GL12	GL13	GL14	GL15
径向 Δy/mm	0.19		0.25			0.32		0.38	0.5		0.63	0.76	0.88	1.00	1.27
轴向 Δx/mm	1.4		1.9		2.3		2.8	3.8		4.7	5.7	6.6	7.6		9.5
角向 $\Delta\alpha$/(°)	1														

注：1. 径向偏移量的测量部位，在半联轴器软毂外圆宽度的 1/2 处。

2. 表中所列补偿量，是指工作状态允许的由于安装误差、制造误差、冲击、振动、变形、温度变化等综合因素所形成的两轴相对偏移量。

23.1.3.2 滑块联轴器

滑块联轴器是利用中间滑块在其两侧半联轴器端面的相应径向槽内滑动，以实现两半联轴器连接，并补偿两轴线的相对位移的联轴器，适用于转矩较小、载荷变化不大、无剧烈冲击的两轴连接。

1）工作面最外侧的最大压强：

$$p=\frac{6T_c}{b^2h}\leqslant[p]$$

式中 T_c——计算转矩（N·mm）；

b——滑块的宽度（mm）；

h——滑块的厚度（mm）；

$[p]$——许用压强（MPa），可取$[p]=8\sim10$MPa。

2）WH 型滑块联轴器结构和基本参数见表 23-27。

表 23-27 WH 型滑块联轴器基本参数

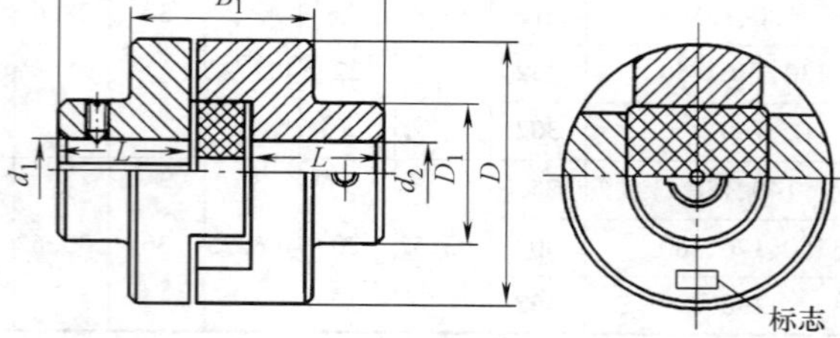

（续）

<table>
<tr><th rowspan="3">型号</th><th rowspan="3">公称转矩 T_n /N · m</th><th rowspan="3">许用转速[n] /(r/min)</th><th rowspan="3">轴孔直径 d_1 或 d_2 /mm</th><th colspan="2">轴孔长度/mm</th><th rowspan="3">D /mm</th><th rowspan="3">D_1 /mm</th><th rowspan="3">B_1 /mm</th><th rowspan="3">B_2 /mm</th><th rowspan="3">质量 m /kg</th><th rowspan="3">转动惯量 I /kg · m²</th></tr>
<tr><th>Y 型</th><th>J_1 型</th></tr>
<tr><th>L</th><th>L_1</th></tr>
<tr><td rowspan="2">WH1</td><td rowspan="2">16</td><td rowspan="2">10000</td><td>10、11</td><td>25</td><td>22</td><td rowspan="2">40</td><td rowspan="2">30</td><td rowspan="2">52</td><td>67</td><td rowspan="2">0.6</td><td rowspan="2">0.0007</td></tr>
<tr><td>12、14</td><td rowspan="2">32</td><td rowspan="2">27</td><td>81</td></tr>
<tr><td rowspan="2">WH2</td><td rowspan="2">31.5</td><td rowspan="2">8200</td><td>12、14</td><td rowspan="2">50</td><td rowspan="2">32</td><td rowspan="2">56</td><td>86</td><td rowspan="2">1.5</td><td rowspan="2">0.0038</td></tr>
<tr><td>16、18</td><td rowspan="2">42</td><td rowspan="2">30</td><td rowspan="2">106</td></tr>
<tr><td rowspan="2">WH3</td><td rowspan="2">63</td><td rowspan="2">7000</td><td>18、19</td><td rowspan="2">70</td><td rowspan="2">40</td><td rowspan="2">60</td><td rowspan="2">1.8</td><td rowspan="2">0.0063</td></tr>
<tr><td>20、22</td><td rowspan="2">52</td><td rowspan="2">38</td><td rowspan="2">126</td></tr>
<tr><td rowspan="2">WH4</td><td rowspan="2">160</td><td rowspan="2">5700</td><td>20、22、24</td><td rowspan="2">80</td><td rowspan="2">50</td><td rowspan="2">64</td><td rowspan="2">2.5</td><td rowspan="2">0.013</td></tr>
<tr><td>25、28</td><td rowspan="2">62</td><td rowspan="2">44</td><td>146</td></tr>
<tr><td rowspan="2">WH5</td><td rowspan="2">280</td><td rowspan="2">4700</td><td>25、28</td><td rowspan="2">100</td><td rowspan="2">70</td><td rowspan="2">75</td><td>151</td><td rowspan="2">5.8</td><td rowspan="2">0.045</td></tr>
<tr><td>30、32、35</td><td rowspan="2">82</td><td rowspan="2">60</td><td>191</td></tr>
<tr><td rowspan="2">WH6</td><td rowspan="2">500</td><td rowspan="2">3800</td><td>30、32、35、38</td><td rowspan="2">120</td><td rowspan="2">80</td><td rowspan="2">90</td><td>201</td><td rowspan="2">9.5</td><td rowspan="2">0.12</td></tr>
<tr><td>40、42、45</td><td rowspan="4">112</td><td rowspan="4">84</td><td>261</td></tr>
<tr><td rowspan="2">WH7</td><td rowspan="2">900</td><td rowspan="2">3200</td><td rowspan="2">40、42、45、48、50、55、56</td><td rowspan="2">150</td><td rowspan="2">100</td><td rowspan="2">120</td><td rowspan="2">266</td><td rowspan="2">25</td><td rowspan="2">0.43</td></tr>
<tr></tr>
<tr><td rowspan="2">WH8</td><td rowspan="2">1800</td><td rowspan="2">2400</td><td>50、55、56</td><td rowspan="2">190</td><td rowspan="2">120</td><td rowspan="2">150</td><td>276</td><td rowspan="2">55</td><td rowspan="2">1.98</td></tr>
<tr><td>60、63、65、70</td><td rowspan="2">142</td><td rowspan="2">107</td><td>336</td></tr>
<tr><td rowspan="2">WH9</td><td rowspan="2">3550</td><td rowspan="2">1800</td><td>65、70、71、75</td><td rowspan="2">250</td><td rowspan="2">150</td><td rowspan="4">180</td><td>346</td><td rowspan="2">85</td><td rowspan="2">4.9</td></tr>
<tr><td>80、85</td><td rowspan="2">172</td><td rowspan="2">132</td><td rowspan="2">406</td></tr>
<tr><td rowspan="2">WH10</td><td rowspan="2">5000</td><td rowspan="2">1500</td><td>80、85、90、95</td><td rowspan="2">330</td><td rowspan="2">190</td><td rowspan="2">120</td><td rowspan="2">7.5</td></tr>
<tr><td>100</td><td>212</td><td>167</td><td>486</td></tr>
</table>

注：1. 表中联轴器质量和转动惯量是按最小轴孔直径和最大轴伸长度计算的近似值。
2. 工作环境温度-20~70℃。

23.1.3.3　齿式联轴器

齿式联轴器可以在有轴线偏差的状态下工作，两轴产生相对位移，内齿和外齿的齿面间周期性相对滑动，形成齿面磨损和功率损耗。因此，齿式联轴器应在良好的润滑、密封状态下工作。齿式联轴器径向尺寸小，承载能力较大，常应用于低速重载的重型机械和高温工况环境的冶金机械。高精度加工并经动平衡后齿式联轴器可用于高速传动，如燃气轮机轴系传动的连接。

齿式联轴器有一定补偿两轴相对位移的性能，工作环境温度-20~80℃。

1. GⅡCL 型鼓形齿式联轴器

（1）基本参数和主要尺寸（见图 23-12 和表 23-28）

（2）标记示例

示例 1：

主动端：Y 型轴孔（短系列），A 型键槽，$d_1=55$mm，$L=84$mm；从动端：Y 型轴孔（短系列），A 型键槽，$d_2=60$mm，$L=107$mm 的 GⅡCL4 型鼓形齿式联轴器，其标记为

GⅡCL4 联轴器 $\dfrac{55\times84}{60\times107}$ GB/T 26103.1—2010

示例 2：

主动端：Y 型轴孔（长系列），A 型键槽，$d_1=50$mm，$L=112$mm；从动端：Y 型轴孔（长系列），A 型键槽，$d_2=50$mm，$L=112$mm 的 GⅡCL4 型鼓形齿式联轴器，其标记为

GⅡCL4 联轴器 50×112　GB/T 26103.1—2010

（3）润滑　联轴器用润滑油可采用 GB/T 3141—1994 中规定的 N320、N460 或 GB/T 7324—2010 中规定的 ZL-4 润滑脂。

联轴器在正常工作条件下，每 6 个月换一次润滑油，每半个月检查一次油耗情况，并及时补充。

（4）鼓形齿式联轴器的选用及计算

1）联轴器的选用。联轴器应根据使用要求和工作条件选用。联轴器的两外齿轴套的任一端均可作主、从动端。联轴器允许正、反转。

2）联轴器的转矩计算。联轴器根据工况条件、驱动功率、工作转速、轴伸直径等综合因素进行选择。

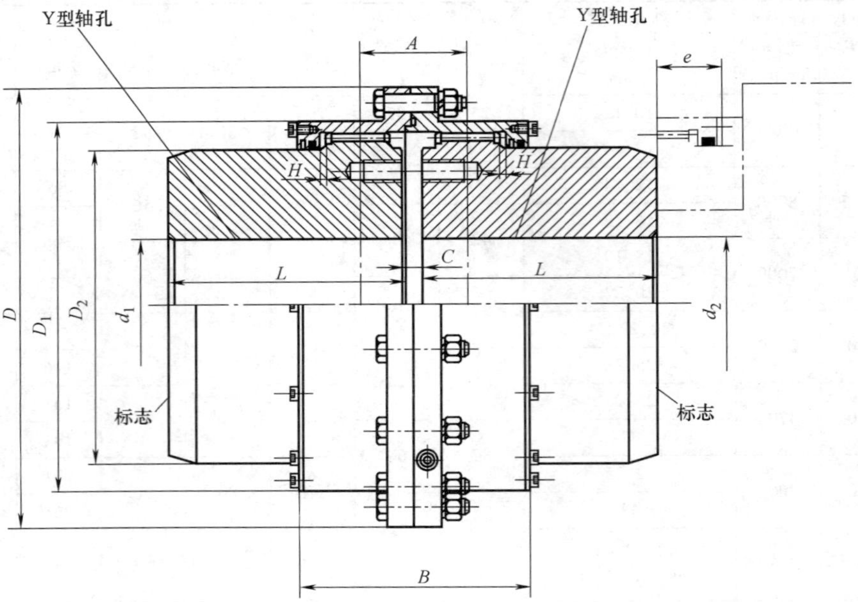

a)

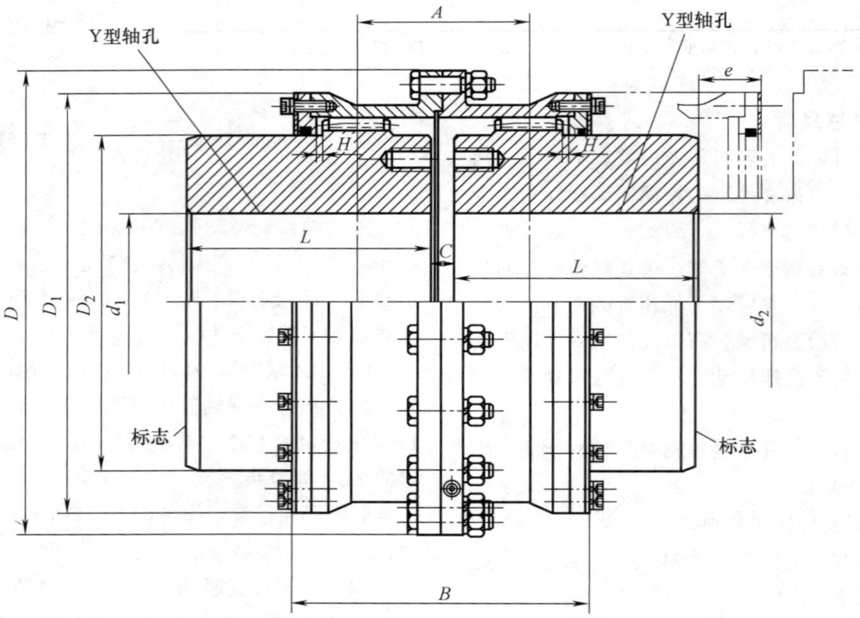

b)

图 23-12　GⅡCL 型鼓形齿式联轴器

a）适用于 GⅡCL1～GⅡCL13　b）适用于 GⅡCL14～GⅡCL25

表 23-28　GⅡCL 型鼓形齿式联轴器基本参数和主要尺寸（摘自 GB/T 26103.1—2010）　（单位：mm）

型号	公称转矩 T_n /kN·m	许用转速[n] /(r/min)	轴孔直径 d_1 或 d_2	轴孔长度 L Y（长系列）	轴孔长度 L Y（短系列）	D	D_1	D_2	C	H	A	B	e	转动惯量 /kg·m²	润滑脂用量 /mL	质量 /kg
GⅡCL1	0.63	6500	16、18、19	42	—	103	71	50	8	2.0	36	76	38	0.0016	52	3.4
			20、22、24	52	38									0.0030		3.2
			25、28	62	44									0.0031		3.3
			30、32、35	82	60									0.0032		3.5
GⅡCL2	1.00	6000	20、22、24	52	—	115	83	60	8	2.0	42	88	42	0.0024	70	4.6
			25、28	62	44									0.0023		4.1
			30、32、35、38	82	60									0.0024		4.5
			40、42、45	112	84									0.0025		4.6
GⅡCL3	1.60	5600	22、24	52	—	127	95	75	8	2.0	44	90	42	0.0044	68	6.1
			25、28	62	44									0.0042		5.5
			30、32、35、38	82	60									0.0045		6.3
			40、42、45、48、50、55、56	112	84									0.0101		6.9
GⅡCL4	2.80	5100	38	82	60	149	116	90	8	2.0	49	98	42	0.0205	87	9.5
			40、42、45、48、50、55、56	112	84									0.0228		11.3
			60、63、65	142	107									0.0234		10.5
GⅡCL5	4.50	4600	40、42、45、48、50、55、56	112	84	167	134	105	10	2.5	55	108	42	0.0418	125	15.9
			60、63、65、70、71、75	142	107									0.0444		16.0
GⅡCL6	6.30	4300	45、48、50、55、56	112	84	187	153	125	10	2.5	56	110	42	0.0706	148	21.2
			60、63、65、70、71、75	142	107									0.0777		23.0
			80、85、90	172	132									0.0809		22.1
GⅡCL7	8.00	4000	50、55、56	112	84	204	170	140	10	2.5	60	118	42	0.103	175	27.6
			60、63、65、70、71、75	142	107									0.115		33.1
			80、85、90、95	172	132									0.1298		39.2
			100、(105)	212	167									0.151		47.5
GⅡCL8	11.20	3700	55、56	112	84	230	186	155	12	3.0	67	142	47	0.167	268	35.5
			60、63、65、70、71、75	142	107									0.188		42.3
			80、85、90、95	172	132									0.210		49.7
			100、110、(115)	212	167									0.241		60.2

（续）

型号	公称转矩 T_n /kN·m	许用转速[n] /(r/min)	轴孔直径 d_1 或 d_2	轴孔长度 L Y（长系列）	轴孔长度 L Y（短系列）	D	D_1	D_2	C	H	A	B	e	转动惯量 /kg·m²	润滑脂用量 /mL	质量 /kg
GⅡCL9	18.00	3350	60、63、65、70、71、75	142	107	256	212	180	12	3.0	69	146	47	0.316	310	55.6
			80、85、90、95	172	132									0.356		65.6
			100、110、120、125	212	167									0.413		79.6
			130、(135)	252	202									0.470		95.8
GⅡCL10	25.00	3000	65、70、71、75	142	107	287	239	200	14	3.5	78	164	47	0.511	472	72.0
			80、85、90、95	172	132									0.573		84.4
			100、110、120、125	212	167									0.659		101
			130、140、150	252	202									0.745		119
GⅡCL11	35.50	2700	70、71、75	142	107	325	276	235	14	3.5	81	170	47	1.454	550	97
			80、85、90、95	172	132									1.096		114
			100、110、120、125	212	167									1.235		138
			130、140、150	252	202									1.340		161
			160、170、(175)	302	242									1.588		189
GⅡCL12	56	2450	75	142	107	362	313	270	16	4.0	89	190	49	1.623	695	128
			80、85、90、95	172	132									1.828		150
			100、110、120、125	212	167									2.113		205
			130、140、150	252	202									2.400		213
			160、170、180	302	242									2.728		248
			190、200	352	282									3.055		285
GⅡCL13	80	2200	150	252	202	412	350	300	18	4.5	98	208	49	3.951	1019	222
			160、170、180、(185)	302	242									4.363		246
			190、200、220、(225)	352	282									4.541		242
GⅡCL14	125	2000	170、180、(185)	302	242	462	420	335	22	5.5	172	296	63	8.025	2900	421
			190、200、220	352	282									8.800		476
			240、250	410	330									9.275		544
GⅡCL15	180	1800	190、200、220	352	282	512	470	380	22	5.5	182	316	63	14.300	3700	608
			240、250、260	410	330									15.850		696
			280、(285)	470	380									17.450		786

GⅡCL16	250	1600	220	352	282	580	522	430	28	7.0	209	354	67	23.925	4500	799
			240、250、260	410	330									26.450		913
			280、300、320	470	380									29.100		1027
GⅡCL17	355	1400	250、260	410	330	644	582	490	28	7.0	198	364	67	43.095	4900	1176
			280、(295)、300、320	470	380									47.525		1322
			340、360、(365)	550	450									53.725		1352
GⅡCL18	500	1210	280、(295)、300、320	470	380	726	658	540	28	8.0	222	430	75	78.525	7000	1698
			340、360、380	550	450									87.750		1948
			400	650	540									99.500		2278
GⅡCL19	710	1050	300、320	470	380	818	748	630	32	8.0	232	440	75	136.750	8900	2249
			340、(350)、360、380、(390)	550	450									153.750		2591
			400、420、440、450、460、(470)	650	540									175.500		3026
GⅡCL20	1000	910	360、380、(390)	550	450	928	838	720	32	10.5	247	470	75	261.750	11000	3384
			400、420、440、450、460、480、500	650	540									299.000		3984
			530、(540)	800	680									360.750		4430
GⅡCL21	1400	800	400、420、440、450、460、480、500	650	540	1022	928	810	40	11.5	255	490	75	461.600	13000	3912
			530、560、600	800	680									449.400		3754
GⅡCL22	1800	700	450、460、480、500	650	540	1134	1036	915	40	13.0	265	510	75	734.300	16000	4970
			530、560、600、630	800	680									837.000		5408
			670、(680)	—	780									785.400		4478
GⅡCL23	2500	610	530、560、600、630	800	680	1282	1178	1030	50	14.5	299	580	80	1517.00	28000	10013
			670、(700)、710、750、(770)	—	780									1725.00	28000	11553
GⅡCL24	3550	500	560、600、630	800	680	1428	1322	1175	50	16.5	317	610	80	2486.00	33000	12915
			670、(700)、710、750	—	780									2838.50		15015
			800、850	—	880									3131.75		16615
GⅡCL25	5600	420	670、(700)、710、750	—	780	1644	1538	1390	50	19.0	325	620	80	5082.00	43000	15760
			800、850	—	880									5344.10		15515
			900、950	—	980									5484.00		15054
			1000、(1040)	—	1100									5615.20		14513

注：1. 表中转动惯量与质量是按 Y（短系列）型轴孔的最小轴径计算的。

2. 轴孔长度推荐用 Y（短系列）型。

3. 带括号的轴孔直径新设计时，建议不选用。

4. *e* 为更换密封所需要的尺寸。

计算转矩由式（23-1）求出：

$$T_c = KT = K\times 9.55\times\frac{P_w}{n} < T_n \tag{23-1}$$

式中　T_c——计算转矩（kN·m）；

T——理论转矩（kN·m）；

T_n——公称转矩（kN·m），见表23-28；

P_w——驱动功率（kW）；

n——工作转速（r/min）；

K——工况系数，见表23-29。

3）转速与角向补偿量的变化对传递转矩的影响，即

$$T_c \leqslant K_1 T_n \tag{23-2}$$

式中　K_1——转矩修正系数，由图23-13查得。

图23-13中转速系数 K_n 的计算式为

$$K_n = \frac{n}{[n]} \tag{23-3}$$

式中　K_n——转速系数；

$[n]$——许用转速（r/min），见表23-28。

4）当两轴线无径向位移时，外齿轴套其轴线与内齿圈轴线的许用角向补偿量 Δα 和两轴线的最大角向补偿量 2Δα 如图23-14所示。

当两轴线无角向位移时，联轴器的许用径向补偿量 ΔY 见图23-15和表23-30。

GⅡCLZ型联轴器的许用径向补偿量 ΔY 按图23-16和式（23-4）计算。

$$\Delta Y = A\tan\Delta\alpha = A\tan 1° = 0.017455064\times A \tag{23-4}$$

式中　ΔY——许用径向补偿量（mm）；

A——两外齿轴套齿宽中心之间的距离（mm）。

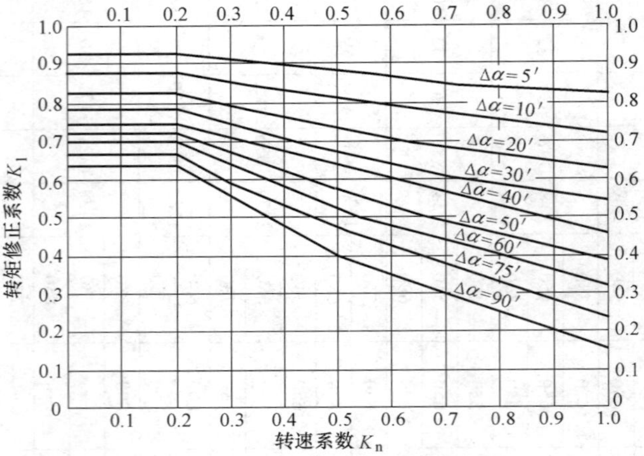

图23-13　转矩修正系数

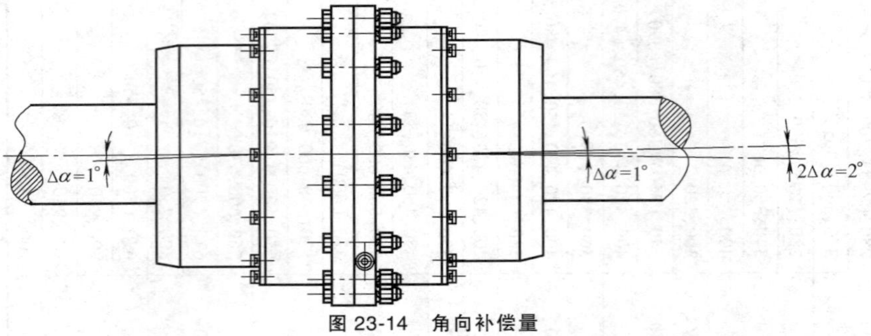

图23-14　角向补偿量

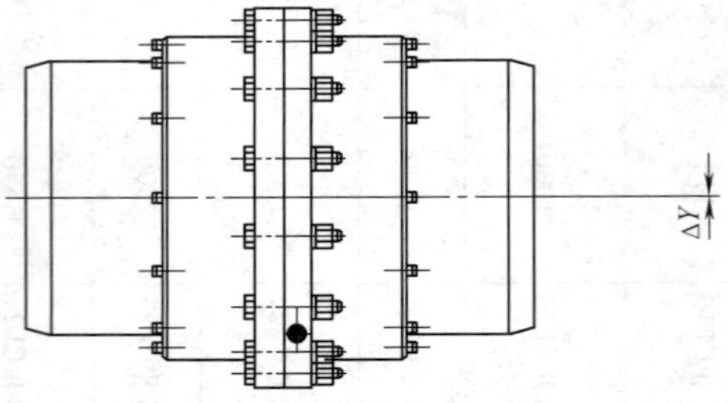

图23-15　径向补偿量

表 23-29 联轴器的工况系数

工作机械	工况系数 K	工作机械	工况系数 K	工作机械	工况系数 K
挖掘设备		鼓风、通用设备		金属加工设备	
斗轮式挖掘机	2.0	螺旋活塞式鼓风机	1.4	动力轴	1.6
复带式移动链	1.8	鼓风机(轴向和径向)	1.5	板材矫直机	2.0
轨道式移动链	1.6	冷却塔风扇	1.4	锻锤	2.0
空吸泵	1.6	引风机	1.4	剪切机	2.0
铲斗轮	1.8	涡轮鼓风机	1.25	锻造机	1.8
刀盘	2.0	发电机及转换器		冲压机	2.0
回转齿轮机构	1.4	变频器	2.25	研磨、粉碎设备	
绞盘	1.6	发电机	2.0	锤式粉碎机	2.0
采矿、碎石设备		焊接发动机	2.25	球磨机	2.0
破碎机	2.75	橡胶及塑料加工设备		悬挂式滚压机	2.0
回转窑	2.0	挤压机	1.6	冲击式粉碎机	2.0
矿井通风机	2.0	压光机	1.6	棒磨机	2.0
振动器	1.6	搓合机	1.8	挤压粉碎机	2.0
化工设备		混合机	1.8	食品加工机械	
搅拌机(稀液体)	1.25	滚压机	1.8	装罐机	1.25
搅拌机(黏液体)	1.6	木材加工设备		搅拌机	1.4
离心机(轻载)	1.4	剥皮机	1.8	包装机	1.25
离心机(重载)	1.8	刨床	1.4	甘蔗压榨机	1.6
输送设备		锯床	1.4	甘蔗切断机	1.6
输送机	1.8	炼钢设备		甘蔗粉碎机	1.8
平板输送机	1.6	高炉鼓风机	1.4	甜菜切割机	1.6
带式输送机(散装材料)	1.4	转炉	2.5	甜菜清洗机	1.6
小型带式输送机	1.25	倾斜式高炉升降机	2.0	造纸机械	
斗链式输送机	1.4	炉渣破碎机	2.0	多层纸板机	2.0
旋转输送机	1.4	起重设备		上光滚筒	1.8
升降机	1.4	吊杆起落机构	1.5	卷筒	1.8
铲斗式升降机(粉状物)	1.25	行走机构	1.75	搅浆机	1.6
提升机	1.8	提升机构	1.75	压光机	1.6
螺旋输送机	1.4	回转机构	1.75	湿纸滚压机	1.8
钢带输送机	1.4	卷扬机	2.0	纸浆切碎机	1.8
搅拌机	1.8	绕线机	1.6	中厚板轧机	2.5
吸水滚压机	1.6	印花及烘干机	1.6	冷轧机	2.0
吸水辊	1.8	精制桶	1.6	复带式牵引机	1.6
干燥滚筒	2.0	碾光机	1.6	钢坯剪断机	2.5
压力机械		切断机	1.6	冷床	1.4
折叠压力机	1.8	织布机	1.6	输送导辊	1.4
压块机	2.5	压缩机		辊道(轻载)	1.5
曲柄压力机	2.0	往复式压缩机	2.0	辊道(重载)	2.0
锻造压力机	2.25	涡轮式压缩机	1.6	辊式矫直机	2.0
压砖机	2.5	轧制设备		切边机	1.5
泵类		板材剪断机	2.0	切头机	2.0
离心泵(稀液体)	1.25	翻板机	1.6	活套升降机	1.5
离心泵(黏液体)	1.4	板坯机	2.0	轧辊调整装置	1.5
往复式活塞泵	1.8	坯料输送机	1.8	机架辊	3.0
柱塞泵	2.0	板坯推料机	2.0	初轧机	3.0
泥浆泵	1.4	带材及线材卷取机	1.4	中厚板轧机(可逆式)	3.0
真空泵	1.5	除鳞机	1.6		
纺织机械		薄板轧机	1.8		

表 23-30　联轴器许用径向补偿量　　（单位：mm）

联轴器型号	GⅡCL1	CⅡCL2	GⅡCL3、GCLD1	GⅡCL4、GCLD2	GⅡCL5、GCLD3	GⅡCL6、GCLD4	GⅡCL7、GCLD5	GⅡCL8、GCLD6	GⅡCL9、GCLD7
许用径向补偿量 ΔY	0.63	0.72	0.76	0.86	0.96	0.98	1.05	1.16	1.20
联轴器型号	GⅡCL10、GCLD8	GⅡCL11、GCLD9	GⅡCL12、GCLD10	GⅡCL13	GⅡCL14	GⅡCL15	GⅡCL16	GⅡCL17	GⅡCL18
许用径向补偿量 ΔY	1.30	1.40	1.60	1.70	3.00	3.20	3.60	3.70	3.90
联轴器型号	GⅡCL19	GⅡCL20	GⅡCL21	GⅡCL22	GⅡCL23	GⅡCL24	GⅡCL25		
许用径向补偿量 ΔY	4.00	4.30	4.50	4.70	5.20	5.50	5.70		

2. GCLD 型鼓形齿式联轴器

1）型式、基本参数和主要尺寸（见图 23-17 和表 23-31）。

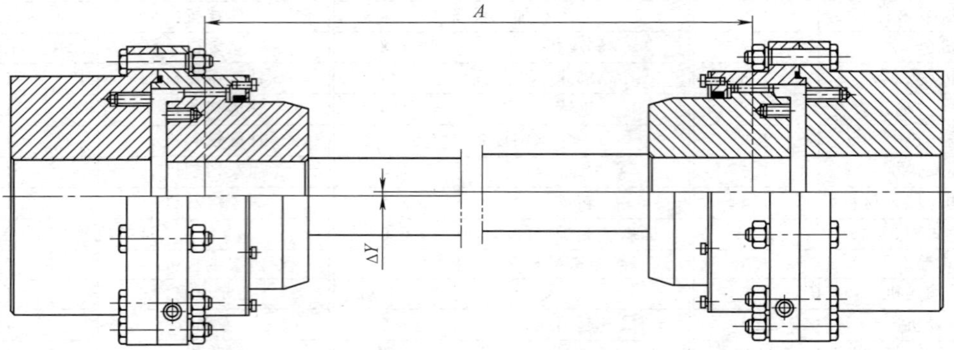

图 23-16　径向补偿量

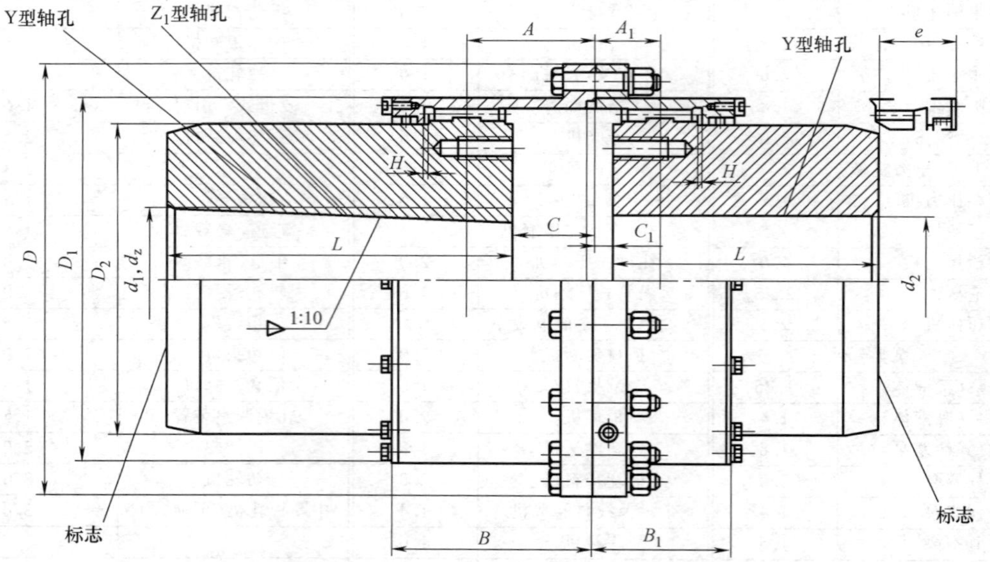

图 23-17　GCLD 型鼓形齿式联轴器

表 23-31　GCLD 型鼓形齿式联轴器基本参数和主要尺寸（摘自 GB/T 26103.3—2010）　（单位：mm）

型号	公称转矩 T_n /kN·m	许用转速[n] /(r/min)	轴孔直径 d_1 或 d_2	轴孔长度 L Y	轴孔长度 L Z_1、Y（短系列）	D	D_1	D_2	C	C_1	H	A	A_1	B	B_1	e	转动惯量 /kg·m²	润滑脂用量 /mL	质量 /kg
GCLD1	1.60	5600	22、24	52	38	127	95	75	27	4	2.0	43	22	66	45	42	0.00875	107	6.2
			25、28	62	44												0.01025		7.2
			30、32、35、38	82	60												0.011		7.8
			40、42、45、48、50、55、56	112	84												0.01175		9.6
GCLD2	2.80	5100	38	82	60	149	116	90	26.5	4	2.0	49.5	24.5	70	49	42	0.02125	137	11.2
			40、42、45、48、50、55、56	112	84												0.02425		14.0
			60、63、65	142	107				33								0.0215		16.4
GCLD3	4.50	4600	40、42、45、48、50、55、56	112	84	167	134	105	33	5	2.5	53.5	27.5	80	54	42	0.0400	201	17.2
			60、63、65、70、71、75	142	107												0.0475		22.4
GCLD4	6.30	4300	45、48、50、55、56	112	84	187	153	125	33.5	5	2.5	54	28	81	55	42	0.0725	238	25.2
			60、63、65、70、71、75	142	107												0.0825		26.4
			80、85、90	172	132				38								0.095		35.6
GCLD5	8.00	4000	50、55、56	112	84	204	170	140	37.5	5	2.5	60	30	89	59	42	0.1125	298	31.6
			60、63、65、70、71、75	142	107												0.1175		38.0
			80、85、90、95	172	132												0.1450		44.6
			100、(105)	212	167				43.5								0.1674		53.9
GCLD6	11.20	3700	55、56	112	84	230	186	155	43.5	6	3.0	68.5	33.5	106	71	47	0.1875	465	40.5
			60、63、65、70、71、75	142	107												0.21		49.8
			80、85、90、95	172	132												0.235		56.3
			100、110、(115)	212	167												0.2675		67.5

（续）

型号	公称转矩 T_n /kN·m	许用转速[n] /(r/min)	轴孔直径 d_1 或 d_2	轴孔长度 L		D	D_1	D_2	C	C_1	H	A	A_1	B	B_1	e	转动惯量 /kg·m^2	润滑脂用量 /mL	质量 /kg
				Y	Z_1、Y（短系列）														
GCLD7	18.00	3350	60、63、65、70、71、75	142	107	256	212	180	48	6	3.0	73.5	34.5	112	73	47	0.13575	561	63.9
			80、85、90、95	172	132												0.40		74.7
			100、110、120、125	212	167												0.4625		88.0
			130、(135)	252	202												0.5275		106.7
GCLD8	25.00	3000	65、70、71、75	142	107	287	239	200	40.5	7	3.5	75	39	118	82	47	0.560	734	81.7
			80、85、90、95	172	132												0.6275		95.5
			100、110、120、125	212	167				48								0.72		114
			130、140、150	252	202												0.8125		123
GCLD9	35.50	2700	70、71、75	142	107	325	276	235	49.5	7	3.5	87.5	40.5	132	85	47	1.0775	956	112
			80、85、90、95	172	132												1.2075		130
			100、110、120、125	212	167												1.3825		156
			130、140、150	252	202												1.56		181
			160、170、(175)	302	242				58								1.77		212
GCLD10	56.00	2450	75	142	107	362	313	270	65	8	4.0	98.5	44.5	149	95	49	1.97	1320	161
			80、85、90、95	172	132												2.0725		172
			100、110、120、125	212	167												2.38		206
			130、140、150	252	202												2.5625		239
			160、170、180	302	242												3.055		280
			190、200、220	352	282				68								3.4225		319

注：1. 表中转动惯量与质量是按 Y（短系列）型轴孔的最小轴径计算的。

2. e 为更换密封所需要的尺寸。

3. 带括号的轴孔直径新设计时，建议不选用。

2）联轴器的轴孔和键槽型式及尺寸应符合 GB/T 3852—2017 的规定。其键槽型式有：A、B、B_1、C、D 型；轴孔组合型式有：$\frac{Z_1}{Y}$、$\frac{Y}{Y}$。

3）标记示例：

示例 1：

主动端：Y 型轴孔（长系列），A 型键槽，$d_1=55$mm，$L=112$mm；从动端：Y 型轴孔（短系列），B_1 型键槽，$d_2=60$mm，$L=107$mm 的 GCLD5 型鼓形齿式联轴器，其标记为

$$\text{GCLD5 联轴器}\quad \frac{55\times112}{B_1 60\times107}$$

GB/T 26103.3—2010

示例 2：

主动端：Z_1 型轴孔，C 型键槽，$d_Z=100$mm，$L=167$mm；从动端：Y 型轴孔（短系列），A 型键槽，$d_2=120$mm，$L=167$mm 的 GCLD9 型鼓形齿式联轴器，其标记为

$$\text{GCLD9 联轴器}\quad \frac{Z_1 C100\times167}{120\times167}$$

GB/T 20103.3—2010

4）选用及计算按 GB/T 26103.1—2010。

3. NGCL 型带制动轮鼓形齿式联轴器

1）型式、基本参数和主要尺寸。NGCL 型带制动轮鼓形齿式联轴器有 A 型和 B 型两种结构型式，如图 23-18 和图 23-19 所示。基本参数和主要尺寸见表 23-32。

2）联轴器轴孔和键槽型式及尺寸应符合 GB/T 3852—2017 的规定。其键槽型式有 A、B、B_1、C、D 型。轴孔组合型式有：$\frac{Y}{Y}$、$\frac{Z_1}{Y}$、$\frac{Y}{Z_1}$。

3）标记示例：

示例 1：

主动端：Z_1 型轴孔，C 型键槽，$d_z=60$mm，$L=107$mm；从动端：Y 型轴孔（短系列），A 型键槽，$d_2=60$mm，$L=107$mm 的 NGCL6 型带制动轮鼓形齿式联轴器，其标记为

$$\text{NGCL6 联轴器}\quad \frac{Z_1 C60\times107}{60\times107}$$

GB/T 26103.4—2010

示例 2：

主动端：Y 型轴孔，B 型键槽，$d_1=190$mm，$L=352$mm；从动端：Y 型轴孔（短系列），B_1 型键槽，$d_2=190$mm，$L=282$mm 的 NGCL14 型的带制动轮鼓形齿式联轴器，其标记为

$$\text{NGCL14 联轴器}\quad \frac{B190\times352}{B_1 190\times282}$$

GB/T 26103.4—2010

示例 3：

主动端：Z_1 型轴孔，B 型键槽，$d_1=100$mm，$L=167$mm；从动端：Y 型轴孔（短系列），B_1 型键槽，$d_2=130$mm，$L=202$mm　制动轮 $D_0=\phi700$mm 的 NGCL12 型的带制动轮鼓形齿式联轴器，其标记为

$$\text{NGCL12 联轴器}\quad \frac{Z_1 B100\times167}{B_1 130\times202}\times\phi700$$

GB/T 26103.4—2010

4）制动轮的要求。制动轮应采用 ZG270-500 制造，轮缘表面淬火硬度为 35～45HRC，淬硬深度为2～3mm。

5）选用及计算。按 GB/T 26103.1—2010。

4. NGCLZ 型带制动轮鼓形齿式联轴器

1）型式、基本参数和主要尺寸。NGCLZ 型带制动轮鼓形齿式联轴器有 A 型和 B 型两种结构型式，如图 23-20 和图 23-21 所示。基本参数和主要尺寸应符合图 23-20、图 23-21 及表 23-33 的规定。

联轴器轴孔和键槽型式及尺寸应符合 GB/T 3852—2017 的规定。其键槽型式有 A、B、B_1、C、D 型。轴孔型式组合为：$\frac{Y}{Y}$、$\frac{Z}{Y}$、$\frac{J}{Y}$。

2）标记示例：

示例 1：

主动端：Z 型轴孔，C 型键槽，$d_z=50$mm，$L=84$mm；从动端：Y 型轴孔（短系列），A 型键槽，$d_2=55$mm，$L=84$mm 的 NGCLZ5 型带制动轮鼓形齿式联轴器，其标记为

$$\text{NGCLZ5 联轴器}\quad \frac{ZC50\times84}{55\times84}$$

GB/T 26103.5—2010

示例 2：

主动端：Y 型轴孔，B 型键槽，$d_1=80$mm，$L=172$mm；从动端：Y 型轴孔（短系列），A 型键槽，$d_2=90$mm，$L=132$mm。制动轮直径 $\phi600$mm 的 NGCLZ10 型带制动轮鼓形齿式联轴器，其标记为

$$\text{NGCLZ10 联轴器}\quad \frac{B80\times172}{90\times132}\times\phi600$$

GB/T 26103.5—2010

3）制动轮的要求。制动轮的材料应采用 ZG270-500。制动轮的轮缘表面淬火硬度为 35～45HRC，淬硬深度为 2～3mm。

4）选用及计算。按 GB/T 26103.1—2010。

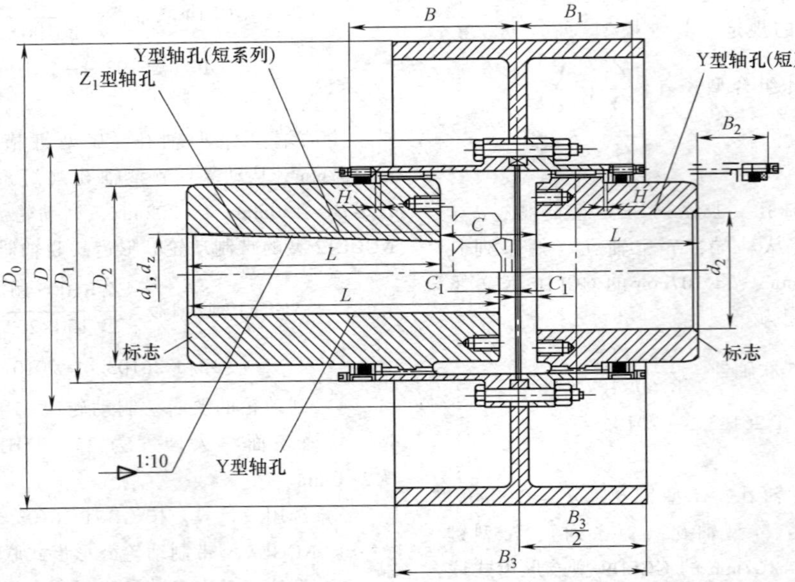

图 23-18　A 型（适用于 NGCL1～NGCL13 型）

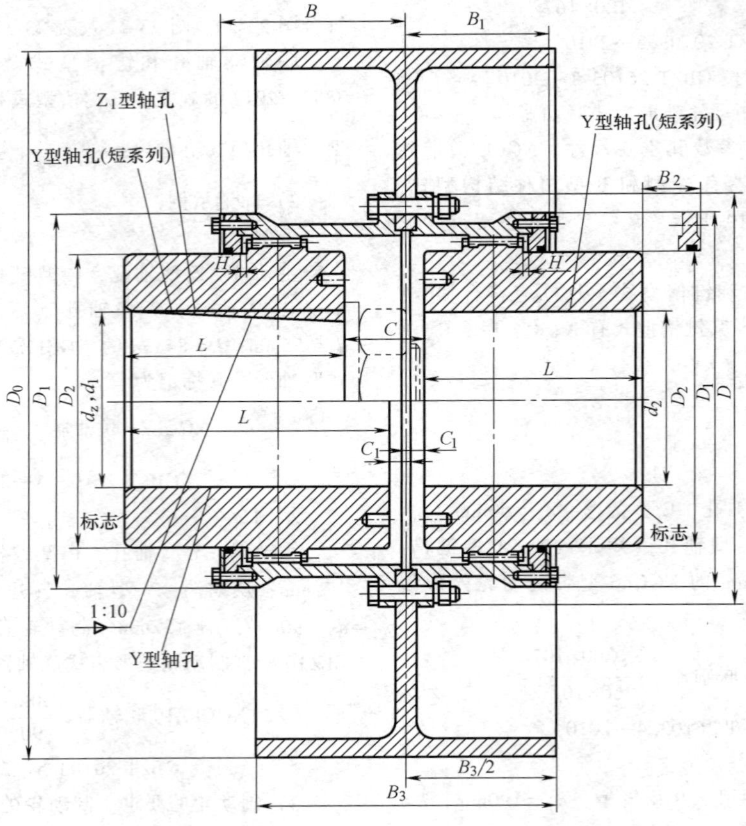

图 23-19　B 型（适用于 NGCL14 型）

表 23-32 NGCL 型带制动轮鼓形齿式联轴器基本参数和主要尺寸（摘自 GB/T 26103.4—2010） （单位：mm）

型号	公称转矩 T_n /kN·m	许用转速[n] /(r/min)	轴孔直径 d_1 或 d_2 或 d_z	轴孔长度 L		D_0	D	D_1	D_2	C	C_1	H	B	B_1	B_2	B_3	转动惯量 /kg·m²	润滑脂用量 /mL	质量 /kg
				Y	Z_1、Y(短系列)														
			20、22、24	52	38					22							0.070		7.0
NGCL1	0.63	4000	25、28	62	44	160	103	71	50	26	8	2.0	56	42	38	68	0.070	51	7.3
			30、32、35	82	60					30							0.071		8.0
			25、28	62	44					26							0.079		9.0
NGCL2	1.00	4000	30、32、35、38	82	60	160	115	83	60	30	8	2.0	68	48	42	68	0.080	70	9.7
			40、42、45	112	84					36							0.083		11.0
			28	62	44					26							0.181		14.6
NGCL3	1.60	3800	30、32、35、38	82	60	200	127	95	75	30	8	2.0	70	49	42	85	0.184	107	15.2
			40、42、45、48、50、55、56	112	84					36							0.187		17.0
			38	82	60					30							0.225		18.6
NGCL4	2.80	3800	40、42、45、48、50、55、56	112	84	200	149	116	90	36	8	2.0	74	53	42	85	0.237	137	21.4
			60、63、65	142	107					43							0.246		23.8
NGCL5	4.50	3000	40、42、45、48、50、55、56	112	84	250	167	134	105	38	10	2.5	84	59	42	105	0.58	201	31.8
			60、63、65、70、71、75	142	107					45							0.609		34.4
			45、48、50、55、56	112	84					38							0.714		37.2
NGCL6	6.30	3000	60、63、65、70、71、75	142	107	250	187	153	125	45	10	2.5	85	60	42	105	0.754	238	38.5
			80、85、90	172	132					50							0.795		47.6
			55、55、56	112	84					38							1.170		48.8
NGCL7	8.00	2400	60、63、65、70、71、75	142	107	315 (300)	204	170	140	45	10	2.5	93	64	42	132	1.234	298	55.2
			80、85、90、95	172	132					50							1.299		61.8
			100	212	167					55							1.388		71.1
			55、56	112	84					40							3.747		80.7
NGCL8	11.20	1900	60、63、65、70、71、75	142	107	400	230	186	155	47	12	3.0	112	77	47	168	3.841	465	90.0
			80、85、90、95	172	132					52							3.939		96.5
			100、110	212	167					57							4.072		108
NGCL9	18.00	1500	60、63、65、70、71、75	142	107	500	256	212	180	48	13	3.0	119	80	47	210	9.427	561	128
			80、85、90、95	172	132					53							9.605		138

（续）

型号	公称转矩 T_n /kN · m	许用转速[n] /(r/min)	轴孔直径 d_1 或 d_2 或 d_z	轴孔长度 L		D_0	D	D_1	D_2	C	C_1	H	B	B_1	B_2	B_3	转动惯量 /kg · m²	润滑脂用量 /mL	质量 /kg
				Y	Z_1、Y(短系列)														
NGCL9	18.00	1500	100、110、120、125	212	167	500	256	212	180	58	13	3.0	119	80	47	210	9.847	561	151
			130	252	202					63							10.109		167
NGCL10	25.00	1200	65、70、71、75	142	107	630 (600)	287	239	200	50	15	3.5	120	90	47	265	28.238	734	176
			80、85、90、95	172	132					55							28.509		190
			100、110、120、125	212	167					60							28.879		209
			130、140、150	252	202					65							29.248		237
NGCL11	35.50	1050	70、71、75	142	107	710 (700)	325	276	235	51	16	3.5	134	94	47	298	44.309	956	257
			80、85、90、95	172	132					56							44.825		275
			100、110、120、125	212	167					61							45.530		300
			130、140、150	252	202					66							46.235		326
			160、170	302	242					76							47.080		357
NGCL12	56.00	1050	75	142	107	710 (700)	362	313	270	52	17	4.0	164	104	49	298	47.880	1320	306
			80、85、90、95	172	132					57							48.290		317
			100、110、120、125	212	167					62							49.520		351
			130、140、150	252	202					67							50.250		384
			160、170、180	302	242					77							52.220		425
			190、200	352	282					87							53.690		464
NGCL13	80.00	950	150	252	202	800	412	350	300	68	18	4.5	165	113	49	335	82.700	1600	490
			160、170、180	302	242					78							84.700		544
			190、200、220	352	282					88							86.670		596
NGCL14	125.00	950	170、180	302	242	800	462	420	335	80	20	5.5	209	157	63	335	99.100	3500	670
			190、200、220	352	282					90							102.200		736
			240、250	410	330					100							105.900		850

注：1. 表中转动惯量与质量是按 Y 型轴孔（短系列）的最小直径计算的。

2. 当选用 NGCL7、NGCL10、NGCL11、NGCL12 四种型号的带制动轮鼓形齿式联轴器时，需标记制动轮直径。

3. B_2 为更换密封所需要的尺寸。

4. 圆锥轴孔的最大直径至 220mm。

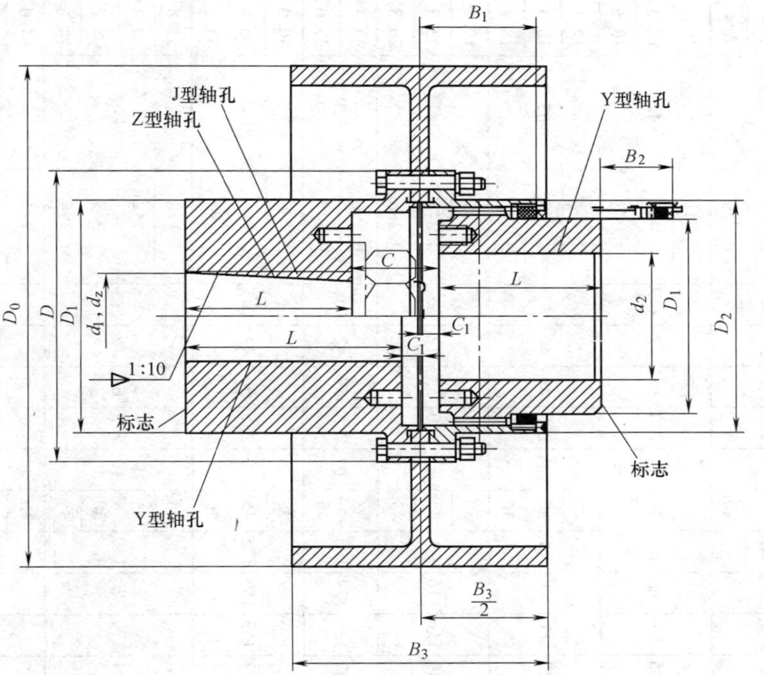

图 23-20　A 型（适用于 NGCLZ1～NGCLZ13 型）

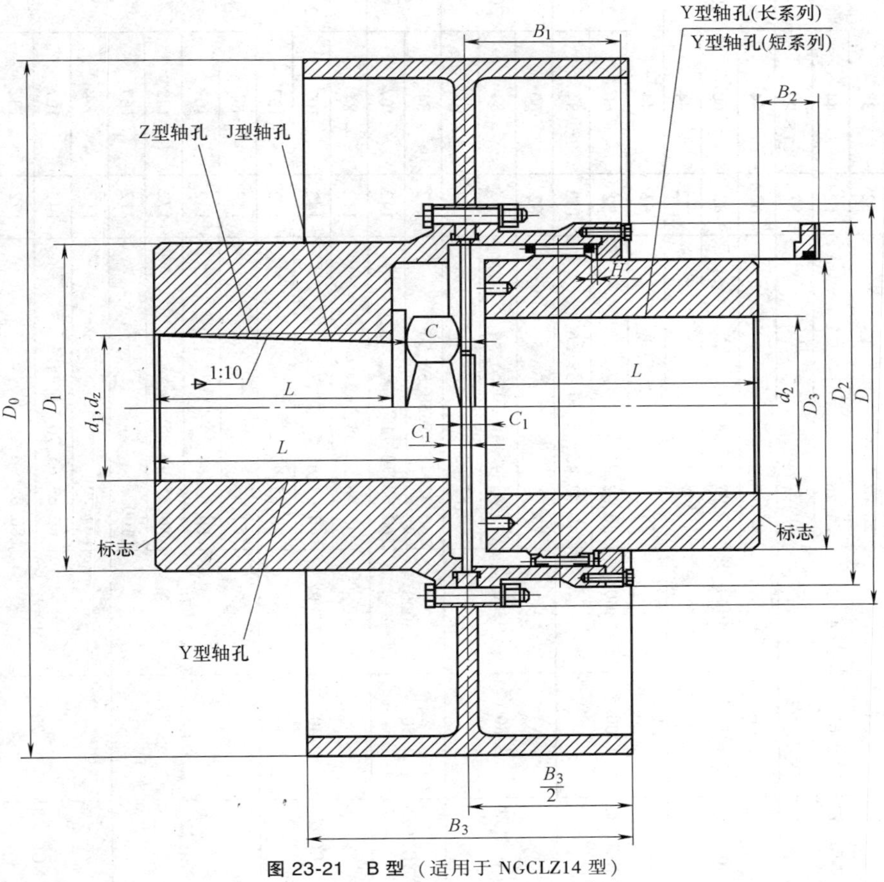

图 23-21　B 型（适用于 NGCLZ14 型）

表 23-33　NGCLZ 型带制动轮鼓形齿式联轴器基本参数和主要尺寸（摘自 GB/T 26103.5—2010）　（单位：mm）

型号	公称转矩 T_n /kN·m	许用转速[n] /(r/min)	轴孔直径 d_1 或 d_2 或 d_z	轴孔长度 L		D_0	D	D_1	D_2	D_3	C	C_1	H	B_1	B_2	B_3	转动惯量 /kg·m²	润滑脂用量 /mL	质量 /kg
				Y	J、Z、Y(短系列)														
NGCLZ1	0.63	4000	20、22、24	52	38	160	103	71	71	50	22	8	2.0	42	38	68	0.071	31	7.3
			25、28	62	44						26						0.072		7.4
			30、32、35	82	60						30						0.076		8.4
NGCLZ2	1.00	4000	25、28	62	44	160	115	83	83	60	26	8	2.0	48	42	68	0.081	42	9.2
			30、32、35、38	82	60						30						0.084		10.3
			40、42、45	112	84						36						0.088		10.5
NGCLZ3	1.60	3800	28	62	44	200	127	95	95	75	26	8	2.0	49	42	85	0.181	65	15.1
			30、32、35、38	82	60						30						0.184		16.3
			40、42、45、48、50、55、56	112	84						36						0.193		18.8
NGCLZ4	2.80	3800	38	82	60	200	149	116	116	90	30	8	2.0	53	42	85	0.225	82	19.8
			40、42、45、48、50、55、56	112	84						36						0.242		23.3
			60、63、65	142	107						43						0.296		26.8
NGCLZ5	4.50	3000	40、42、45、48、50、55、56	112	84	250	167	134	134	105	38	10	2.5	59	42	105	0.596	120	33.3
			60、63、70、71、75	142	107						45						0.627		39.0
NGCLZ6	6.30	3000	45、48、50、55、56	112	84	250	187	153	153	125	38	10	2.5	60	42	105	0.72	143	40.0
			60、63、65、70、71、75	142	107						45						0.776		46.4
			80、85、90	172	132						50						0.837		53.2
NGCLZ7	8.00	2400	50、55、56	112	84	315 (300)	204	170	170	140	38	10	2.5	64	42	132	1.178	179	51.8
			60、63、65、70、71、75	142	107						45						1.254		59.8
			80、85、90、95	172	132						50						1.348		68.2
			100	212	167						55						1.479		79.6
NGCLZ8	11.20	1900	55、56	112	84	400	230	186	186	155	40	12	3.0	77	47	168	3.734	274	84.0
			60、63、65、70、71、75	142	107						47						3.86		93.1
			80、85、90、95	172	132						52						3.996		104
			100、110	212	167						57						4.187		117
			60、63、65、70、71、75	142	107	500	256	212	212	180	48	13	3.0	80	47	210	9.427	337	128
			80、85、90、95	172	132						53						9.605		138

NGCLZ9	18.00	1500	100、110、120、125	212	167	500	256	212	212	180	58	13	3.0	80	47	210	9.847	337	151
			130	252	202						63						10.109		167
NGCLZ10	25.00	1200	65、70、71、75	142	107	630 (600)	287	239	239	200	50	15	3.5	90	47	265	29.32	440	184
			80、85、90、95	172	132						55						29.69		200
			100、110、120、125	212	167						60						30.21		222
			130、140、150	252	202						65						30.74		246
NGCLZ11	35.50	1050	70、71、75	142	107	710 (700)	325	250	276	235	51	16	3.5	94	47	298	44	574	240
			80、85、90、95	172	132						56						45		262
			100、110、120、125	212	167						61						45.5		299
			130、140、150	252	202						66						46		326
			160、170	302	242						76						47		361
NGCLZ12	56.00	1050	75	142	107	710 (700)	362	286	313	270	52	17	4.0	104	49	298	48	792	290
			80、85、90、95	172	132						57						49		317
			100、110、120、125	212	167						62						50		355
			130、140、150	252	202						67						51		382
			160、170、180	302	242						77						52		443
			190、200	352	282						87						53		470
NGCLZ13	80.00	950	150	252	202	800	412	322	350	300	68	18	4.5	113	49	335	82	960	488
			160、170、180	302	242						78						85		542
			190、200、220	352	282						88						92		598
NGCLZ14	125.00	950	170、180	302	242	800	462	335	420	335	80	20	5.5	157	63	335	95	2100	638
			190、200、220	352	282						90						98		698
			240、250	410	330						100						102		780

注：1. 表中转动惯量与质量是按 Y 型轴孔最小直径计算的。

2. 当选用 NGCLZ7、NGCLZ10、NGCLZ11、NGCLZ12 四种型号的带制动轮鼓形齿式联轴器时，需标记制动轮直径。

3. B_2 为更换密封所需要的尺寸。

4. 圆锥轴孔的最大直径至 220mm。

23.1.3.4　大型万向联轴器

1. SWC 大型整体叉头十字轴式万向联轴器（摘自 GB/T 26660—2011）

（1）型式、基本参数与尺寸　大型万向联轴器型式分为以下三种，见表 23-34。

大型万向联轴器型号符合以下规定：

SWC □ □
- □（第二个）——型式代号（见表 23-34）
- □（第一个）——回转直径，mm
- SWC——整体叉头十字轴式万向联轴器

表 23-34　大型万向联轴器型式

型式代号	名称	图　示	图表
BF	有伸缩双法兰型	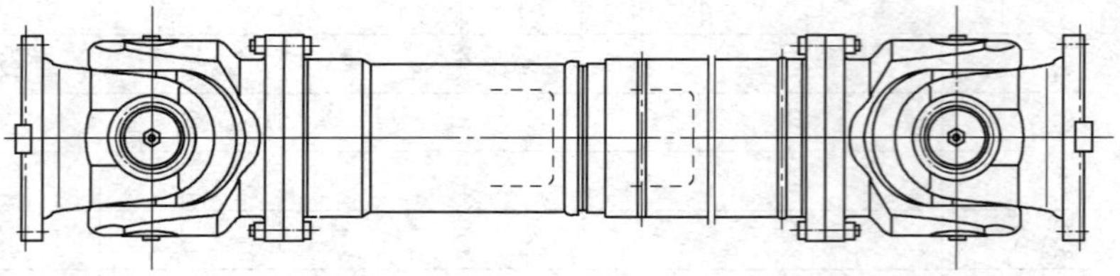	图 23-22 表 23-35
WF	无伸缩双法兰型	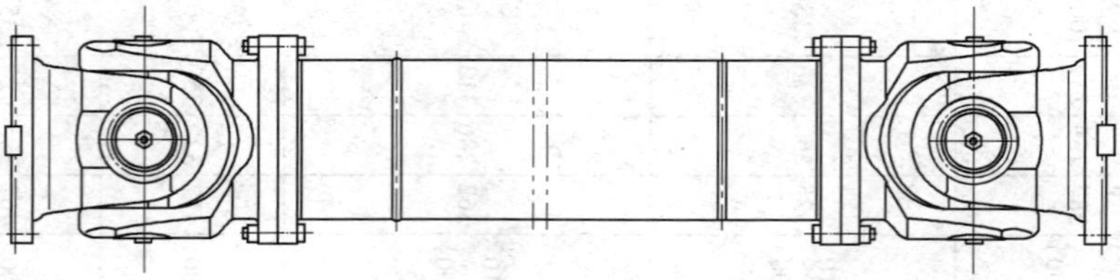	图 23-23 表 23-36
WD	无伸缩短型	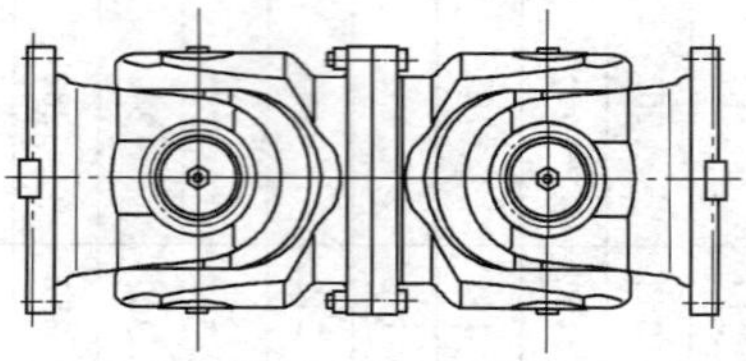	图 23-24 表 23-37

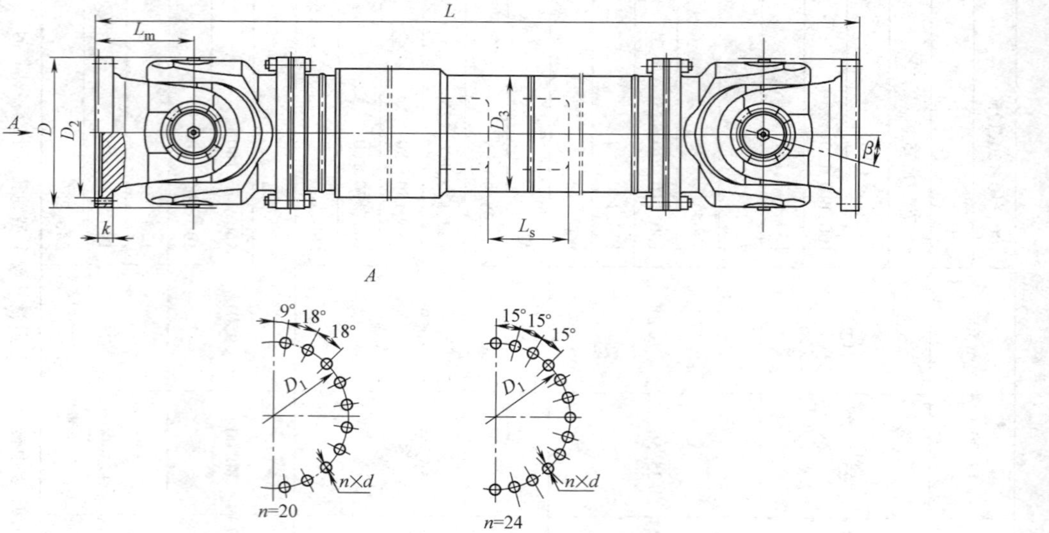

图 23-22　BF 型——有伸缩双法兰型万向联轴器

注：L——安装长度，按需要确定。

标记示例：

示例 1：

回转直径 $D=620\text{mm}$，长度 $L=3220\text{mm}$ 的 BF 型有伸缩双法兰型万向联轴器

SWC620BF×3220　联轴器　GB/T 26660—2011

示例 2：

回转直径 $D=740\text{mm}$，长度 $L=2660\text{mm}$ 的 WF 型无伸缩双法兰型万向联轴器

SWC740WF×2660　联轴器　GB/T 26660—2011

示例 3：

回转直径 $D=780\text{mm}$ 的 WD 型无伸缩短型万向联轴器

SWC780WD　联轴器　GB/T 26660—2011

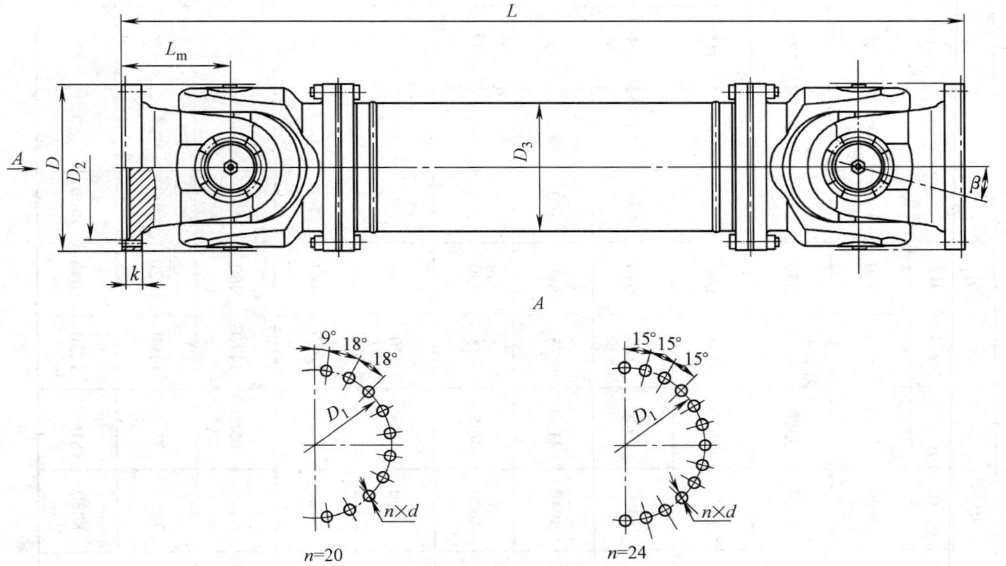

图 23-23　WF 型——无伸缩双法兰型万向联轴器

注：L——安装长度，按需要确定。

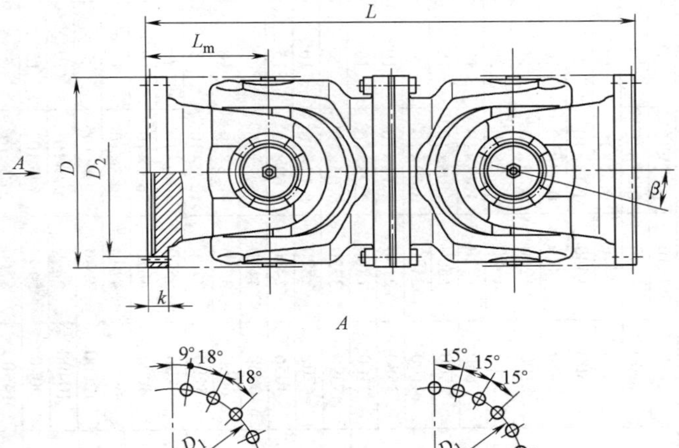

图 23-24　WD 型——无伸缩短型万向联轴器

注：L——安装长度，按需要确定。

表 23-35 BF 型——有伸缩双法兰型万向联轴器基本参数与尺寸

型号	回转直径 D/mm	公称转矩 T_n/ kN·m	疲劳转矩 T_f①/ kN·m	轴承寿命系数 K_L	轴线折角 $\beta \leqslant$	伸缩量 L_s/mm	尺寸/mm										
							L_{min}②			D_1 (js11)	D_2 (H7)	D_3	L_m			$n \times d$	k
							$\beta=5°$	$\beta=10°$	$\beta=15°$				$\beta=5°$	$\beta=10°$	$\beta=15°$		
SWC620BF	620	1600	960	0.21×10^6	5°	250	3100	3180	3220	575	500	480	325	345	355	20×26	70
		1400	840	0.16×10^6	10°												
		1220	730	0.13×10^6	15°												
SWC680BF	680	2180	1310	0.51×10^6	5°	250	3250	3350	3390	635	550	530	350	375	385	24×26	70
		1900	1140	0.41×10^6	10°												
		1640	980	0.32×10^6	15°												
SWC740BF	740	2800	1680	1.18×10^6	5°	250	3460	3580	3620	685	600	590	385	415	425	24×33	80
		2450	1470	0.98×10^6	10°												
		2100	1260	0.75×10^6	15°												
SWC780BF	780	3300	1980	1.73×10^6	5°	250	3720	3860	3920	725	640	630	405	440	455	24×33	90
		2860	1720	1.48×10^6	10°												
		2500	1500	1.06×10^6	15°												
SWC840BF	840	4100	2460	3.63×10^6	5°	250	3960	4040	4100	775	680	660	460	480	495	24×39	100
		3580	2150	3.11×10^6	10°												
		3100	1860	2.23×10^6	15°												
SWC920BF	920	5390	3230	9.02×10^6	5°	300	4520	4620	4680	855	730	750	500	525	540	24×39	110
		4700	2820	8.12×10^6	10°												
		4050	2430	5.62×10^6	15°												
SWC1000BF	1000	6900	4140	18.2×10^6	5°	300	5020	5100	5180	920	800	790	555	575	595	20×45	125
		6000	3600	15.3×10^6	10°												
		5200	3120	12.2×10^6	15°												
SWC1100BF	1100	9200	5500	46.0×10^6	5°	300	5640	5720	5820	1020	880	860	610	630	655	20×45	135
		8000	4800	36.1×10^6	10°												
		6900	4140	30.3×10^6	15°												
SWC1200BF	1200	12000	7200	110×10^6	5°	300	6380	6440	6560	1110	960	940	670	685	715	20×52	150
		10400	6240	94×10^6	10°												
		9000	5400	74×10^6	15°												
SWC1280BF	1280	14600	8760	212×10^6	5°	350	7200	7280	7360	1190	1020	1000	725	745	765	20×52	160
		12700	7600	165×10^6	10°												
		11000	6600	138×10^6	15°												
SWC1320BF	1320	16000	9600	286×10^6	5°	350	8000	8080	8160	1230	1040	1020	750	770	790	24×52	170
		13900	8340	224×10^6	10°												
		12000	7200	187×10^6	15°												

① T_f—在交变负荷下按疲劳强度所允许的转矩。

② L_{min}—缩短后的最小长度。

表 23-36　WF 型——无伸缩双法兰型万向联轴器基本参数和主要尺寸

型号	回转直径 D/mm	公称转矩 T_n/kN·m	疲劳转矩 T_f①/kN·m	轴承寿命系数 K_L	轴线折角 $\beta\leqslant$	尺寸/mm										
						L_{min}②			D_1 (js11)	D_2 (H7)	D_3	L_m			$n\times d$	k
						$\beta=5°$	$\beta=10°$	$\beta=15°$				$\beta=5°$	$\beta=10°$	$\beta=15°$		
		1600	960	0.21×10^6	5°											
SWC620WF	620	1400	840	0.61×10^6	10°	2140	2220	2260	575	500	480	325	345	355	20×26	70
		1220	730	0.31×10^6	15°											
		2180	1310	0.51×10^6	5°											
SWC680WF	680	1900	1140	0.41×10^6	10°	2250	2350	2390	635	550	530	350	375	385	24×26	70
		1640	980	0.32×10^6	15°											
		2800	1680	1.18×10^6	5°											
SWC740WF	740	2450	1470	0.98×10^6	10°	2500	2620	2660	685	600	590	385	415	425	24×33	80
		2100	1260	0.75×10^6	15°											
		3300	1980	1.73×10^6	5°											
SWC780WF	780	2860	1720	1.48×10^6	10°	2600	2740	2800	725	640	630	405	440	455	24×33	90
		2500	1500	1.06×10^6	15°											
		4100	2460	3.63×10^6	5°											
SWC840WF	840	3580	2150	3.11×10^6	10°	2840	2920	2980	775	680	660	460	480	495	24×39	100
		3100	1860	2.23×10^6	15°											
		5390	3230	9.02×10^6	5°											
SWC920WF	920	4700	2820	8.12×10^6	10°	3020	3120	3180	855	730	750	500	525	540	24×39	110
		4050	2430	5.62×10^6	15°											
		6900	4140	18.2×10^6	5°											
SWC1000WF	1000	6000	3600	15.3×10^6	10°	3270	3350	3430	920	800	790	555	575	595	20×45	125
		5200	3120	12.2×10^6	15°											
		9200	5500	46.0×10^6	5°											
SWC1100WF	1100	8000	4800	36.1×10^6	10°	3660	3740	3840	1020	880	860	610	630	655	20×45	135
		6900	4140	30.3×10^6	15°											
		12000	7200	110×10^6	5°											
SWC1200WF	1200	10400	6240	94×10^6	10°	3930	3990	4110	1110	960	940	670	685	715	20×52	150
		9000	5400	74×10^6	15°											
		14600	8760	212×10^6	5°											
SWC1280WF	1280	12700	7600	165×10^6	10°	4220	4300	4380	1190	1020	1000	725	745	765	20×52	160
		11000	6600	138×10^6	15°											
		16000	9600	286×10^6	5°											
SWC1320WF	1320	13900	8340	224×10^6	10°	4360	4440	4520	1230	1040	1020	750	770	790	24×52	170
		12000	7200	187×10^6	15°											

① T_f—在交变负荷下按疲劳强度所允许的转矩。

② L_{min}—允许的最小长度。

表 23-37　WD 型——无伸缩短型万向联轴器基本参数和主要尺寸

型号	回转直径 D/mm	公称转矩 T_n/kN·m	疲劳转矩 T_f①/kN·m	轴承寿命系数 K_L	轴线折角 $\beta\leq$	尺寸/mm									
						L_{min}②			D_1 (js11)	D_2 (H7)	L_m			$n\times d$	k
						$\beta=5°$	$\beta=10°$	$\beta=15°$			$\beta=5°$	$\beta=10°$	$\beta=15°$		
SWC620WD	620	1600	960	0.21×10^6	5°	1300	1380	1420	575	500	325	345	355	20×26	70
		1400	840	0.16×10^6	10°										
		1220	730	0.13×10^6	15°										
SWC680WD	680	2180	1310	0.51×10^6	5°	1400	1500	1540	635	550	350	375	385	24×26	70
		1900	1140	0.41×10^6	10°										
		1640	980	0.32×10^6	15°										
SWC740WD	740	2800	1680	1.18×10^6	5°	1540	1660	1700	685	600	385	415	425	24×33	80
		2450	1470	0.98×10^6	10°										
		2100	1260	0.75×10^6	15°										
SWC780WD	780	3300	1980	1.73×10^6	5°	1620	1760	1820	725	640	405	440	455	24×33	90
		2860	1720	1.48×10^6	10°										
		2500	1500	1.06×10^6	15°										
SWC840WD	840	4100	2460	3.63×10^6	5°	1840	1920	1980	775	680	460	480	495	24×39	100
		3580	2150	3.11×10^6	10°										
		3100	1860	2.23×10^6	15°										
SWC920WD	920	5390	3230	9.02×10^6	5°	2000	2100	2160	855	730	500	525	540	24×39	110
		4700	2820	8.12×10^6	10°										
		4050	2430	5.62×10^6	15°										
SWC1000WD	1000	6900	4140	18.2×10^6	5°	2220	2300	2380	920	800	555	575	595	20×45	125
		6000	3600	15.3×10^6	10°										
		5200	3120	12.2×10^6	15°										
SWC1100WD	1100	9200	5500	46.0×10^6	5°	2440	2520	2620	1020	880	610	630	655	20×45	135
		8000	4800	36.1×10^6	10°										
		6900	4140	30.3×10^6	15°										
SWC1200WD	1200	12000	7200	110×10^6	5°	2680	2740	2860	1110	960	670	685	715	20×52	150
		10400	6240	94×10^6	10°										
		9000	5400	74×10^6	15°										
SWC1280WD	1280	14600	8760	212×10^6	5°	2900	2980	3060	1190	1020	725	745	765	20×52	160
		12700	7600	165×10^6	10°										
		11000	6600	138×10^6	15°										
SWC1320WD	1320	16000	9600	286×10^6	5°	3000	3080	3160	1230	1040	750	770	790	24×52	170
		13900	8340	224×10^6	10°										
		12000	7200	187×10^6	15°										

① T_f—在交变负荷下按疲劳强度所允许的转矩。

② L_{min}—允许的最小长度。

（2）万向联轴器与相配件的连接　大规格万向联轴器是通过端面齿、高强度螺栓及螺母将两端的法兰连接在其他相配件上，其相配件的端面齿齿形尺寸及螺栓预紧力矩应符合图 23-25 和表 23-38 的规定。连接螺栓只能从相配件的法兰测装入。螺母由另一侧预紧，其螺栓的机械性能应符合 GB/T 3098.1 中 10.9 级的规定，螺母的机械性能应符合 GB/T 3098.2 中 10 级的规定。

（3）万向联轴器选用　SWC 大型整体叉头十字轴式万向联轴器是由两个万向节和一根中间轴所构成，如图 23-26 所示。为使主动轴、从动轴的角速度相等，即 $\omega_1=\omega_2$，必须满足下列三个条件：

1）中间轴与主动轴、从动轴间的轴线折角相等，即 $\beta_1=\beta_2$。

2）中间轴两端的叉头中心在同一平面内。

3）主动轴、从动轴与中间轴的中心线在同一平面内。

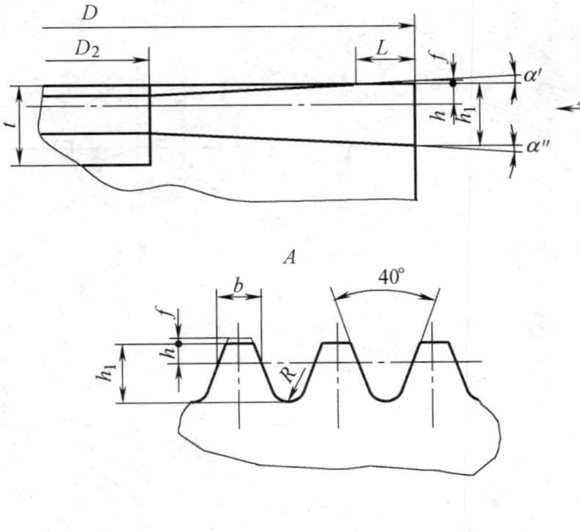

图 23-25　万向联轴器的端面齿形

表 23-38　端面齿齿形尺寸及螺栓预紧力矩

型号	回转直径 D/mm	螺栓数量 n	螺栓规格	预紧力矩 M_a/N·m	齿数 z	尺寸/mm									
						b	h	h_1	f	R	l	t	D_2	α'	α''
SWC620	620	20	M24×180	1000	120	8.115	3.578	9.916	0.36	2.5	10	15	500	2°4′0″	2°3′40″
SWC680	680	24	M24×180	1000	120	8.900	4.257	11.674	0.36	2.5	10	15	550	2°4′0″	2°3′40″
SWC740	740	24	M30×200	2000	144	8.072	3.519	9.797	0.36	2.5	12	15	600	1°43′12″	1°42′50″
SWC780	780	24	M30×220	2000	144	8.508	3.718	10.596	0.36	2.5	12	15	640	1°43′12″	1°42′50″
SWC840	840	24	M36×240	3150	144	9.162	4.617	13.394	0.36	2.5	12	18	680	1°43′12″	1°42′50″
SWC920	920	24	M36×260	3150	144	10.035	5.816	14.791	0.36	2.5	12	20	730	1°43′12″	1°42′50″
SWC1000	1000	20	M42×300	5400	180	8.726	4.058	11.236	0.72	2.5	15	15	800	2°44′43″	—
SWC1100	1100	20	M42×320	5400	180	9.599	4.857	13.234	0.72	2.5	15	18	800	2°44′43″	—
SWC1200	1200	20	M48×360	8200	180	10.471	6.056	15.631	0.72	2.5	15	20	960	2°44′43″	—
SWC1280	1280	20	M48×380	8200	180	11.170	7.014	17.549	0.72	2.5	15	22	1020	2°44′43″	—
SWC1320	1320	24	M48×400	8200	180	11.518	7.494	18.508	0.72	2.5	15	25	1040	2°44′43″	—

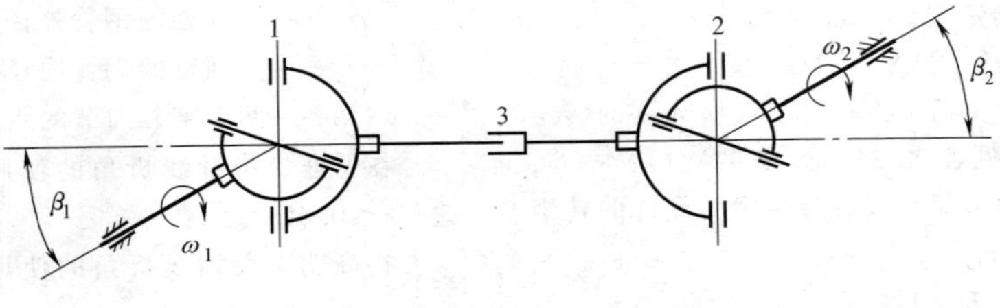

图 23-26　万向联轴器

1、2—万向节　3—中间轴

万向联轴器的安装型式按其轴线相互位置一般为Z型和W型，见图23-27。

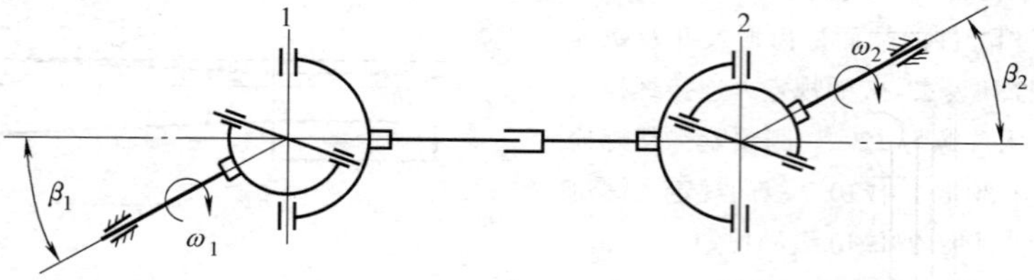

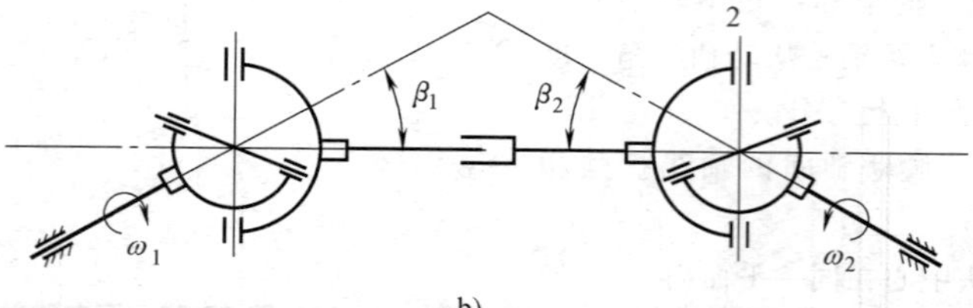

图 23-27　万向联轴器的安装型式

a）Z型（两轴平行）　b）W型（两轴相交）

计算转矩由下列公式求出；

$$T_c = KT$$

$$T = 9.55\frac{P_w}{n}$$

式中　T_c——计算转矩（kN · m）；

K——工况系数，由表23-39查取；

T——理论转矩（kN · m）；

P_w——驱动功率（kW）；

n——工作转速（r/min）。

表 23-39　工况系数 K

工作机构负荷性质	K	工作机构负荷性质	K
轻冲击负荷	1.1~1.65	特重冲击负荷	3.5~7
中等冲击负荷	1.65~2.5	极重冲击负荷	7~15
重冲击负荷	2.5~3.5		

一般情况下按传递转矩和轴承寿命选择万向联轴器，但也可根据机械设备的具体使用要求，只校核强度或轴承寿命。

1）强度校核。按下式进行强度校核：

$$T_c \leqslant T_n \text{ 或 } T_c \leqslant T_f \text{ 或 } T_c \leqslant T_p$$

式中　T_c——计算转矩（kN · m）；

T_n——公称转矩（kN · m）；

T_f——在交变负荷下按疲劳强度所允许的转矩（数值见表23-35~表23-37）（kN · m）；

T_p——在脉动负荷下按疲劳强度所允许的转矩（kN · m）。

$$T_p = 1.45T_f$$

2）轴承寿命校核。按下式进行轴承寿命校核：

$$L_h = \frac{K_L}{K_1 n\beta T^{10/3}} \times 10^{10}$$

式中　L_h——使用寿命（h）；

K_L——轴承寿命系数，由表23-35~表23-37查取；

K_1——原动机系数；电动机：$K_1=1$；柴油机：$K_1=1.2$；

n——工作转速（r/min）；

β——工作时的轴线折角（°）；

T——理论转矩（kN · m）。

当水平、垂直面间同时有轴线折角时，其合成轴线折角按下式计算：

$$\tan\beta = \sqrt{\tan^2\beta_1 + \tan^2\beta_2}$$

式中　β——合成轴线折角（°）；

β_1——水平面的轴线折角（°）；

β_2——垂直面的轴线折角（°）。

当选用长的万向联轴器时，其工作转速必须低于临界转速，应按下式进行校核：

$$n_c = 1.195 \times 10^8 \frac{\sqrt{D_3^2 + D_0^2}}{L^2}$$

式中　n_c——临界转速（r/min）；

D_3——中间轴的钢管外径（mm）；

D_0——中间轴的钢管内径（mm）；

L——两十字万向节的距离（mm）。

在低速、小轴线折角的使用条件下，其工作转速：$n \leqslant 0.85n_c$。

在高速、大轴线折角的使用条件下，其工作转速：$n \leqslant 0.65n_c$。

2. SWP大型十字轴式万向联轴器（摘自GB/T 26661—2011）

（1）型式、基本参数与尺寸（见表23-40）

表 23-40　基本型式

型式代号	名称	图　示	图表
BF	有伸缩双法兰型	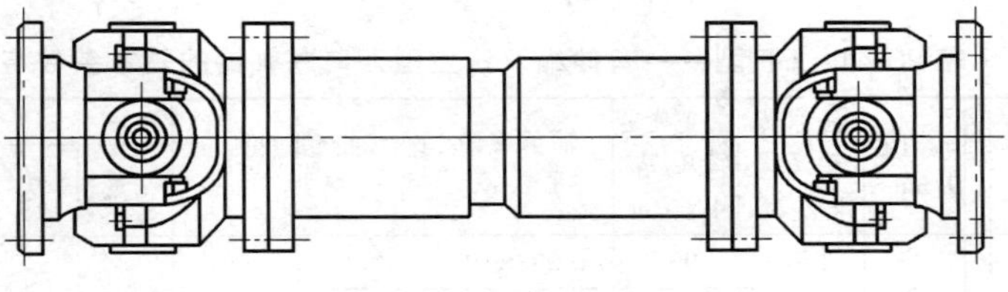	图 23-28 表 23-41
WF	无伸缩双法兰型	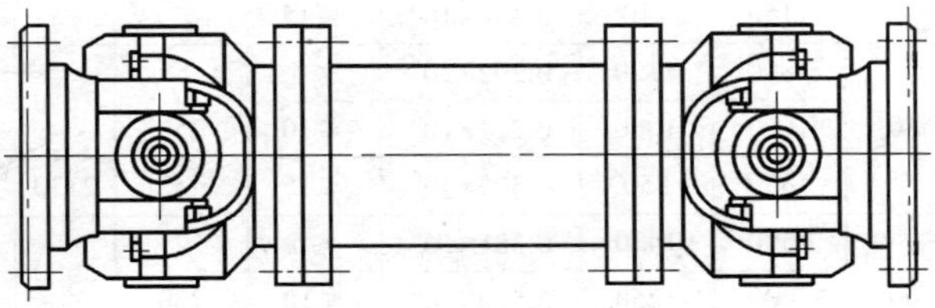	图 23-29 表 23-42
WD	无伸缩短型	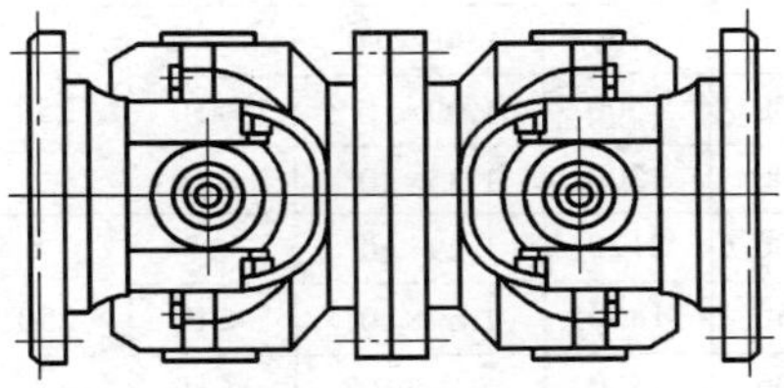	图 23-30 表 23-43

大型万向联轴器型号符合以下规定：

SWP □ □

- 型式代号(见表23-40)
- 回转直径，mm
- 十字轴式万向联轴器

标记示例：

示例 1：

回转直径 $D=800$mm，长度 $L=4500$mm 的 BF 型有伸缩双法兰型万向联轴器

SWP800BF×4500　联轴器　GB/T 26661—2011

示例 2：

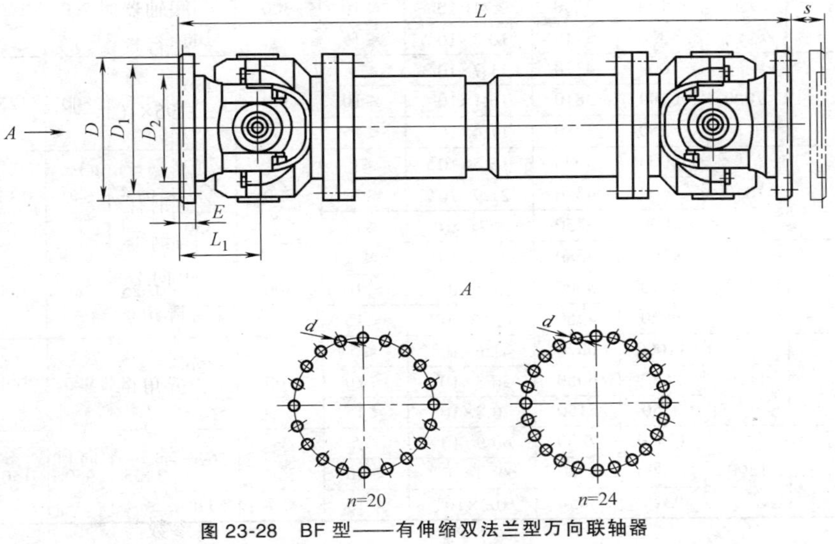

图 23-28　BF 型——有伸缩双法兰型万向联轴器

回转直径 $D=1000$mm，长度 $L=3800$mm 的 WF 型无伸缩双法兰型万向联轴器

SWP1000WF×3800 联轴器 GB/T 26661—2011

示例 3：

回转直径 $D=1200$mm 的 WD 型无伸缩短型万向联轴器

SWP1200WD 联轴器 GB/T 26661—2011

表 23-41 BF 型——有伸缩双法兰型万向联轴器的基本参数与尺寸

型号	回转直径 D/mm	公称转矩 T_n/kN·m	交变疲劳转矩 T_f/kN·m	轴承寿命系数 K_L	轴线折角 β/(°)	伸缩量 s/mm	尺寸/mm					
							L_{min}	D_1	D_2	E	L_1	$n\times d$
SWP600BF	600	1500	930	0.098×10^6	≤5	250	2560	555	480	75	370	20×26
		1300	810	0.115×10^6	≤10							
		1150	710	0.144×10^6	≤15							
SWP650BF	650	1800	1120	0.202×10^6	≤5	250	2650	605	520	80	390	20×26
		1600	1000	0.224×10^6	≤10							
		1350	850	0.322×10^6	≤15		2730				410	
SWP700BF	700	2300	1430	0.381×10^6	≤5	250	3580	655	570	90	420	24×26
		2000	1250	0.530×10^6	≤10							
		1700	1050	0.684×10^6	≤15		3660				440	
SWP750BF	750	2800	1750	0.903×10^6	≤5	250	3780	695	610	95	460	24×33
		2400	1500	1.09×10^6	≤10							
		2100	1300	1.35×10^6	≤15		3860				480	
SWP800BF	800	3400	2120	1.29×10^6	≤5	250	3920	745	650	100	480	24×33
		2950	1850	1.69×10^6	≤10							
		2600	1600	2.14×10^6	≤15		4000				500	
SWP850BF	850	4500	2800	2.05×10^6	≤5	250	4160	785	680	105	530	24×39
		3850	2400	3.05×10^6	≤10							
		3400	2120	3.48×10^6	≤15		4260				555	
SWP900BF	900	5200	3250	3.79×10^6	≤5	300	4860	835	710	110	555	24×39
		4500	2800	5.65×10^6	≤10							
		3900	2430	7.04×10^6	≤15		4960				580	
SWP950BF	950	5800	3620	6.46×10^6	≤5	300	4980	885	760	120	580	24×39
		5100	3180	9.71×10^6	≤10							
		4350	2710	10.7×10^6	≤15		5100				610	
SWP1000BF	1000	7000	4370	11.7×10^6	≤5	300	5150	925	800	125	625	20×45
		6100	3810	16.1×10^6	≤10							
		5250	3280	17.4×10^6	≤15		5260				655	
SWP1050BF	1050	8000	5000	15.5×10^6	≤5	300	5230	975	840	130	645	20×45
		7000	4370	21.9×10^6	≤10							
		6000	3750	28.71×10^6	≤15		5350				675	
SWP1100BF	1100	9100	5680	23.9×10^6	≤5	300	5330	1025	880	135	670	20×45
		8000	5000	35×10^6	≤10							
		6820	4260	42.63×10^6	≤15		5450				700	
SWP1150BF	1150	11000	6870	41.6×10^6	≤5	300	5520	1065	925	140	715	20×52
		9680	6050	56.3×10^6	≤10							
		8250	5150	70.8×10^6	≤15		5640				745	
SWP1200BF	1200	12500	7800	60.9×10^6	≤5	300	5620	1115	960	150	740	20×52
		11000	6870	89.9×10^6	≤10							
		9370	5856	102×10^6	≤15		5640				745	

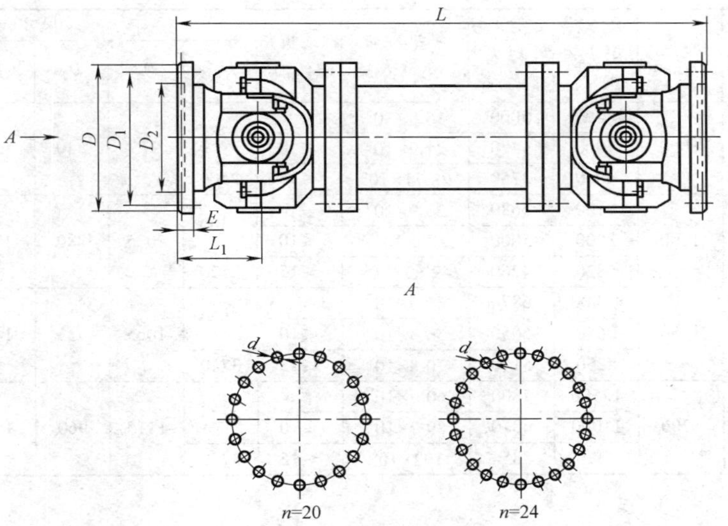

图 23-29　WF 型——无伸缩双法兰型万向联轴器

表 23-42　WF 型——无伸缩双法兰型万向联轴器的基本参数与尺寸

型号	回转直径 D/mm	公称转矩 T_n/kN · m	交变疲劳转矩 T_f/kN · m	轴承寿命系数 K_L	轴线折角 β/(°)	尺寸/mm					
						L_{min}	D_1	D_2	E	L_1	$n\times d$
SWP600WF	600	1500	930	0.098×10^6	≤5	1880	555	480	75	370	20×26
		1300	810	0.115×10^6	≤10						
		1150	710	0.144×10^6	≤15						
SWP650WF	650	1800	1120	0.202×10^6	≤5	1920	605	520	80	390	20×26
		1600	1000	0.224×10^6	≤10						
		1350	850	0.322×10^6	≤15	2060				410	
SWP700WF	700	2300	1430	0.381×10^6	≤5	2160	655	570	90	420	24×26
		2000	1250	0.530×10^6	≤10						
		1700	1050	0.684×10^6	≤15	2240				440	
SWP750WF	750	2800	1750	0.903×10^6	≤5	2360	695	610	95	460	24×33
		2400	1500	1.09×10^6	≤10						
		2100	1300	1.35×10^6	≤15	2420				480	
SWP800WF	800	3400	2120	1.29×10^6	≤5	2460	745	650	100	480	24×33
		2950	1850	1.69×10^6	≤10						
		2600	1600	2.14×10^6	≤15	2540				500	
SWP850WF	850	4500	2800	2.05×10^6	≤5	2710	785	680	105	530	24×39
		3850	2400	3.05×10^6	≤10						
		3400	2120	3.48×10^6	≤15	2810				555	
SWP900WF	900	5200	3250	3.79×10^6	≤5	2830	835	710	110	555	24×39
		4500	2800	5.65×10^6	≤10						
		3900	2430	7.04×10^6	≤15	2930				580	
SWP950WF	950	5800	3620	6.46×10^6	≤5	2970	885	760	120	580	24×39
		5100	3180	9.71×10^6	≤10						
		4350	2710	10.7×10^6	≤15	3090				610	
SWP1000WF	1000	7000	4370	11.7×10^6	≤5	3180	925	800	125	625	20×45
		6100	3810	16.1×10^6	≤10						
		5250	3280	17.4×10^6	≤15	3300				655	

（续）

型号	回转直径 D/mm	公称转矩 T_n/kN·m	交变疲劳转矩 T_f/kN·m	轴承寿命系数 K_L	轴线折角 β/(°)	尺寸/mm					
						L_{min}	D_1	D_2	E	L_1	$n\times d$
SWP1050WF	1050	8000	5000	15.5×10^6	≤5	3280	975	840	130	645	20×45
		7000	4370	21.9×10^6	≤10						
		6000	3750	28.71×10^6	≤15	3400				675	
SWP1100WF	1100	9100	5680	23.9×10^6	≤5	3400	1025	880	135	670	20×45
		8000	5000	35×10^6	≤10						
		6820	4260	42.63×10^6	≤15	3520				700	
SWP1150WF	1150	11000	6870	41.6×10^6	≤5	3620	1065	925	140	715	20×52
		9680	6050	56.3×10^6	≤10						
		8250	5150	70.8×10^6	≤15	3740				745	
SWP1200WF	1200	12500	7800	60.9×10^6	≤5	3760	1115	960	150	740	20×52
		11000	6870	89.9×10^6	≤10						
		9370	5856	102×10^6	≤15	3780				745	

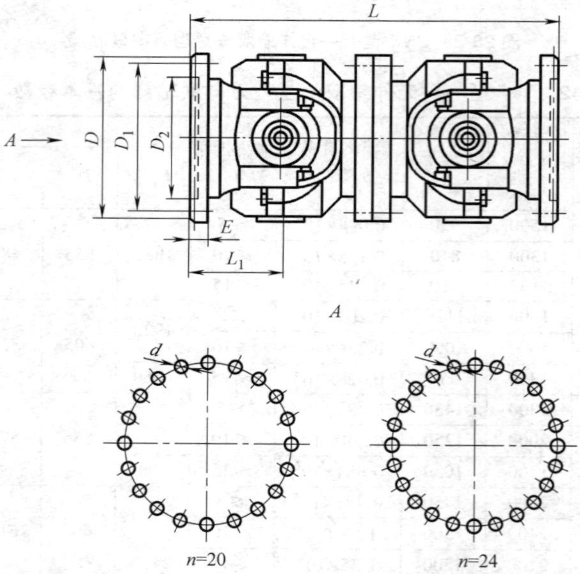

图 23-30　WD 型——无伸缩短型万向联轴器

表 23-43　WD 型——无伸缩短型万向联轴器的基本参数与尺寸

型号	回转直径 D/mm	公称转矩 T_n/kN·m	交变疲劳转矩 T_f/kN·m	轴承寿命系数 K_L	轴线折角 β/(°)	尺寸/mm					
						L_{min}	D_1	D_2	E	L_1	$n\times d$
SWP600WD	600	1500	930	0.098×10^6	≤5	1480	555	480	75	370	20×26
		1300	810	0.115×10^6	≤10						
		1150	710	0.144×10^6	≤15						
SWP650WD	650	1800	1120	0.202×10^6	≤5	1560	605	520	80	390	20×26
		1600	1000	0.224×10^6	≤10						
		1350	850	0.322×10^6	≤15	1640				410	
SWP700WD	700	2300	1430	0.381×10^6	≤5	1680	655	570	90	420	24×26
		2000	1250	0.530×10^6	≤10						
		1700	1050	0.684×10^6	≤15	1760				440	

（续）

型号	回转直径 D/mm	公称转矩 T_n/kN·m	交变疲劳转矩 T_f/kN·m	轴承寿命系数 K_L	轴线折角 β/(°)	尺寸/mm					
						L_{min}	D_1	D_2	E	L_1	$n\times d$
SWP750WD	750	2800	1750	0.903×10^6	≤5	1840	695	610	95	460	24×33
		2400	1500	1.09×10^6	≤10						
		2100	1300	1.35×10^6	≤15	1920				480	
SWP800WD	800	3400	2120	1.29×10^6	≤5	1920	745	650	100	480	24×33
		2950	1850	1.69×10^6	≤10						
		2600	1600	2.14×10^6	≤15	2000				500	
SWP850WD	850	4500	2800	2.05×10^6	≤5	2120	785	680	105	530	24×39
		3850	2400	3.05×10^6	≤10						
		3400	2120	3.48×10^6	≤15	2220				555	
SWP900WD	900	5200	3250	3.79×10^6	≤5	2220	835	710	110	555	24×39
		4500	2800	5.65×10^6	≤10						
		3900	2430	7.04×10^6	≤15	2320				580	
SWP950WD	950	5800	3620	6.46×10^6	≤5	2320	885	760	120	580	24×39
		5100	3180	9.71×10^6	≤10						
		4350	2710	10.7×10^6	≤15	2440				610	
SWP1000WD	1000	7000	4370	11.7×10^6	≤5	2500	925	800	125	625	20×45
		6100	3810	16.1×10^6	≤10						
		5250	3280	17.4×10^6	≤15	2620				655	
SWP1050WD	1050	8000	5000	15.5×10^6	≤5	2580	975	840	130	645	20×45
		7000	4370	21.9×10^6	≤10						
		6000	3750	28.7×10^6	≤15	2700				675	
SWP1100WD	1100	9100	5680	23.9×10^6	≤5	2680	1025	880	135	670	20×45
		8000	5000	35×10^6	≤10						
		6820	4260	42.63×10^5	≤15	2800				700	
SWP1150WD	1150	11000	6870	41.6×10^6	≤5	2860	1065	925	140	715	20×52
		9680	6050	56.3×10^6	≤10						
		8250	5150	70.8×10^6	≤15	2980				745	
SWP1200WD	1200	12500	7800	60.9×10^6	≤5	2960	1115	960	150	740	20×52
		11000	6870	89.9×10^6	≤10						
		9370	5856	102×10^6	≤15	2980				745	

（2）万向联轴器与相配件的连接　万向联轴器是通过端面齿、高强度螺栓及螺母将两端的法兰连接在其他相配件上，其相配件的端面齿齿形尺寸及螺栓预紧力矩应符合图 23-31 和表 23-44 的规定。

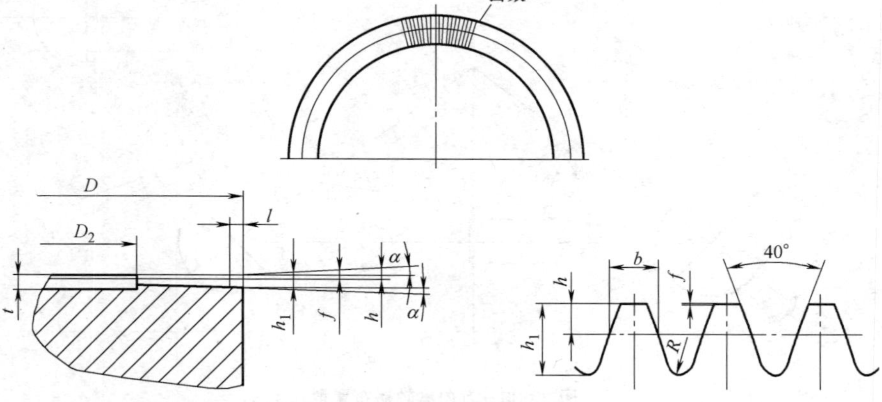

图 23-31　万向联轴器连接用端面齿形

表 23-44　端面齿齿形尺寸及螺栓预紧力矩

回转直径 D/mm	螺栓数量 n	螺栓规格 d/mm	预紧力矩 M_a/N·m	齿数 z	齿形尺寸/mm								
					b	h	h_1	f	R	l	t	D_2	α
600	20	M24×2	900	120	7.854	3.219	9.561	0.36	2.5	10	11	480	2°3′35″
650	20	M24×2	900	120	8.508	4.115	11.348	0.36	2.5	10	12	520	2°3′35″
700	24	M24×2	900	120	9.163	5.015	13.153	0.36	2.5	10	13	570	2°3′35″
750	24	M30×2	1800	144	8.181	3.576	10.455	0.45	2.5	15	11	610	1°43′
800	24	M30×2	1800	144	8.727	4.326	11.955	0.45	2.5	15	12	650	1°43′
850	24	M36×2	3150	144	9.272	5.075	13.453	0.45	2.5	15	13	680	1°43′
900	24	M36×3	3150	144	9.817	5.824	14.950	0.45	2.5	15	14	710	1°43′
950	24	M36×3	3150	144	10.363	6.574	16.451	0.45	2.5	15	16	760	1°43′
1000	24	M42×3	5400	180	8.727	4.416	11.955	0.36	2.5	15	12	800	1°22′25″
1050	20	M42×3	5400	180	9.163	5.015	13.153	0.36	2.5	15	13	840	1°22′25″
1100	20	M42×3	5400	180	9.599	5.614	14.351	0.36	2.5	15	14	880	1°22′25″
1150	20	M48×3	8200	180	10.036	6.215	15.552	0.36	2.5	15	15	925	1°22′25″
1200	20	M48×3	8200	180	10.472	6.814	16.750	0.36	2.5	15	16	960	1°22′25″

（3）万向联轴器选用　SWP 大型十字轴式万向联轴器是由两个单万向联轴器 1 和 2 和一中间连接件 3 所组成的双万向联轴器，见图 23-32。为使主动轴、从动轴角速度相等，即 $\omega_1=\omega_2$，必须满足以下三个条件：

1）中间连接件与主动轴、从动轴间的轴线折角相等，即 $\beta_1=\beta_2$；

2）中间连接件两端的叉头中心在同一平面内；

3）主动轴、从动轴与中间轴的中心线在同一平面内。

万向联轴器布置型式：根据机构的传动特点，布置型式分 Z 型和 W 型。

Z 型的调整只能移动；W 型的调整只能转动，见图 23-33。

万向联轴器的选用：

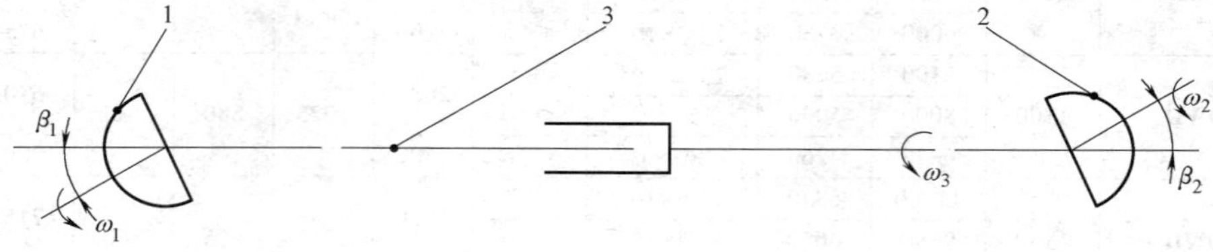

图 23-32　万向联轴器

1、2—万向节　3—中间轴

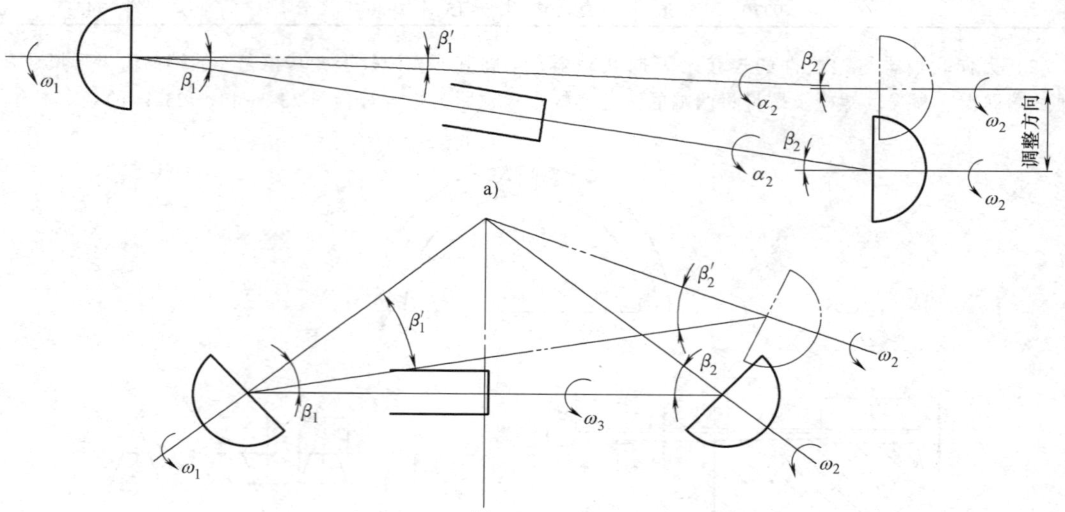

图 23-33　万向联轴器布置型式

a）Z 型　b）W 型

1）按传递转矩计算：

$$T_c = KT \leqslant T_n$$

$$或\ T_c \leqslant T_p$$

$$或\ T_c \leqslant T_f$$

式中　T_c——计算转矩（kN · m）；

T——理论转矩（kN · m）；

T_n——公称转矩（N · m）；

T_p——脉动疲劳转矩（N · m）；

T_f——交变疲劳转矩（N · m）；

K——工况系数，由表 23-45 查取。

表 23-45　工况系数 K

工作机构负荷性质	K	工作机构负荷性质	K
轻冲击负荷	1.1～1.65	特重冲击负荷	3.5～7
中等冲击负荷	1.65～2.5	极重冲击负荷	7～15
重冲击负荷	2.5～3.5		

2）按轴承寿命计算：

$$L_h = \frac{K_L}{K_1 n \beta T^{10/3}} \times 10^{10}$$

式中　L_h——使用寿命（h）；

K_L——轴承寿命系数，由表 23-41～表 23-43 查取；修改 K；

n——工作转速（r/min）；

β——工作时的轴线折角（°）；

T——理论转矩（kN · m）；

K_1——原动机系数；电动机：$K=1$。

3. SWZ 型大型整体式轴承座十字轴式万向联轴器（摘自 GB/T 29028—2012）

（1）型式、基本参数与尺寸（见表 23-46）

表 23-46　大型十字轴式万向联轴器型式

型式代号	名称	图　示	图表
BF	标准伸缩法兰式	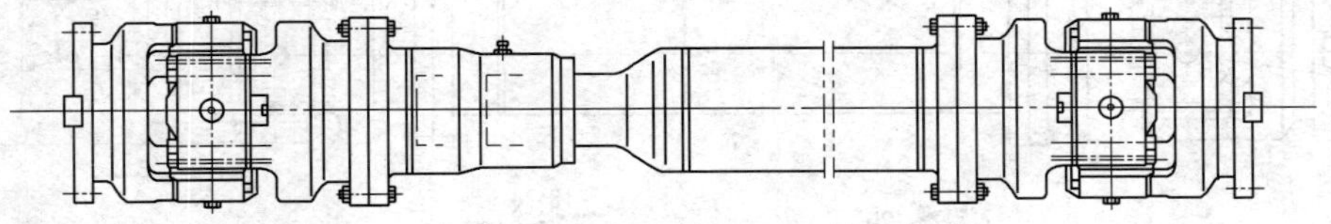	图 23-34 表 23-47
WF	无伸缩法兰式	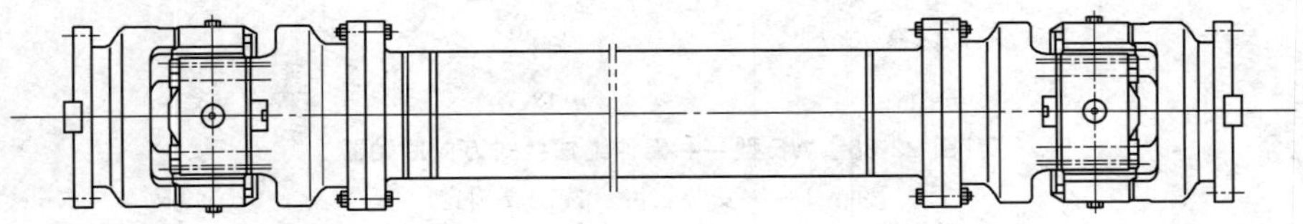	图 23-35 表 23-48
WD	无伸缩短式	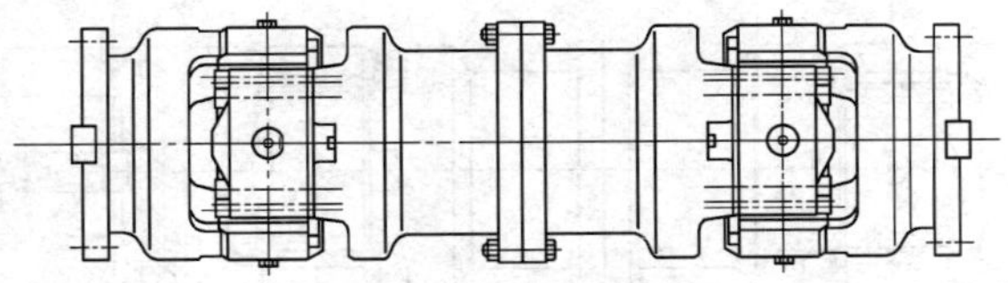	图 23-36 表 23-49

万向联轴器的型号按以下规定：

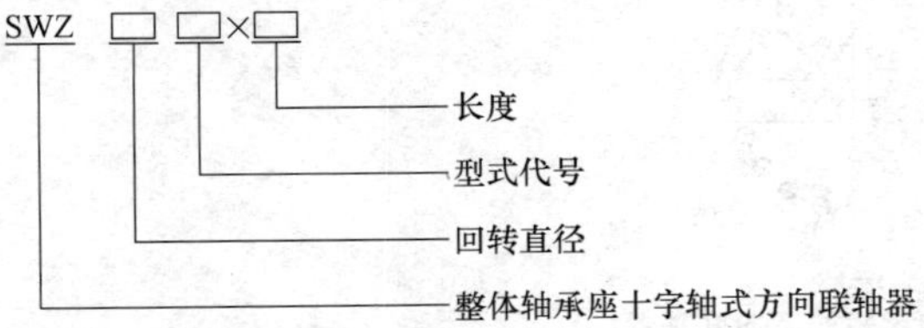

标记示例：

示例 1：

回转直径 $D=750$mm，长度 $L=8000$mm，BF 型标准伸缩法兰式万向联轴器

SWZ750 BF×8000　联轴器　GB/T 29028—2012

示例 2：

回转直径 $D=600$mm，WD 型无伸缩短式万向联轴器

SWZ600 WD　联轴器　GB/T 29028—2012

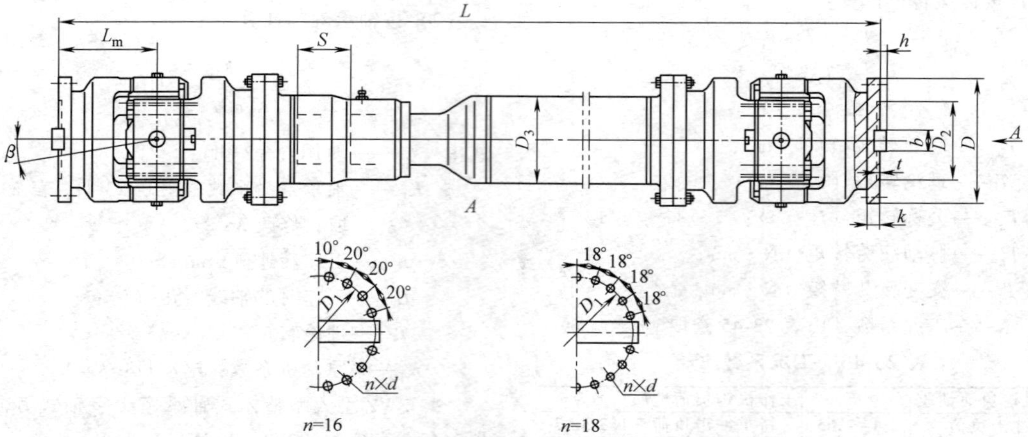

图 23-34　BF 型——标准伸缩法兰式万向联轴器

注：L——安装长度，按需要确定。

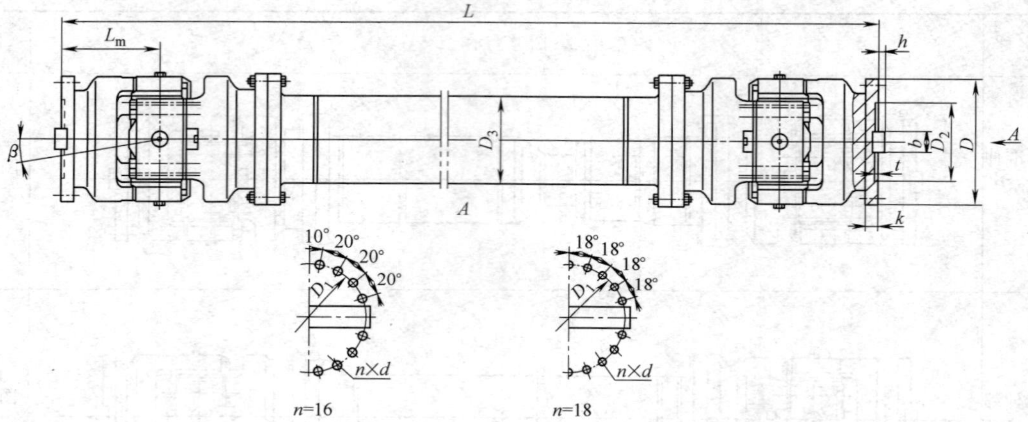

图 23-35　WF 型——无伸缩法兰式万向联轴器

注：L——安装长度，按需要确定。

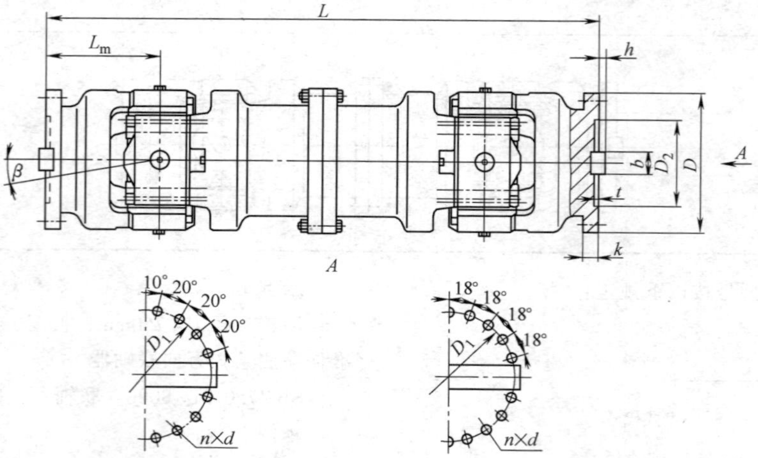

图 23-36　WD 型——无伸缩短式万向联轴器

注：L——安装长度，按需要确定。

表 23-47　BF 型——标准伸缩法兰式万向联轴器基本参数和主要尺寸

型号	回转直径 D/mm	公称转矩 T_n/kN·m	疲劳转矩 T_f①/kN·m	额定寿命转矩 T_s②/kN·m	轴线折角 β/(°)	伸缩量 S/mm	尺寸/mm										转动惯量/kg·m²		质量/kg	
							L_{min}③	D_1	D_2 (H7)	D_3	L_m	$n\times d$	k	t	b (h9)	h	L_{min}	加长 100mm	L_{min}	加长 100mm
SWZ600BF	600	1080	540	198		220	2980	536	360	450	390	16×37	70	15	90	22.5	148.533	1.777	4368	42.66
SWZ650BF	650	1400	700	250		235	3140	586	390	500	415	16×37	70	15	100	25	242.500	2.509	5523	47.44
SWZ700BF	700	1800	900	300		255	3280	636	420	560	440	18×37	90	15	100	30	359.435	3.488	6926	51.30
SWZ750BF	750	2200	1100	376		265	3710	675	450	560	500	18×43	95	15	125	32.5	495.220	4.129	8506	62.89
SWZ800BF	800	2600	1300	452		290	3950	712	480	600	525	16×50	95	18	135	35.5	681.890	5.617	10320	75.13
SWZ850BF	850	3200	1600	550	≤10	295	4140	762	510	630	550	18×50	110	18	135	35.5	889.307	6.592	12097	79.28
SWZ900BF	900	3800	1900	650		320	4400	800	540	690	600	16×58	110	18	150	40	1254.017	8.868	14768	87.56
SWZ950BF	950	4500	2250	751		320	4520	850	570	730	615	18×58	120	20	150	40	1608.967	11.215	17034	99.14
SWZ1000BF	1000	5200	2600	910		330	4560	890	600	765	630	16×66	125	20	165	45	1957.082	13.550	18889	109.10
SWZ1100BF	1100	6800	3400	1185		350	5010	980	660	840	670	16×74	135	22	180	47.5	3161.838	19.866	25130	132.93
SWZ1200BF	1200	9000	4500	1570		365	5370	1080	720	920	715	18×74	150	25	200	52.5	4813.688	28.954	321142	161.97

① T_f—交变负荷下的疲劳转矩。
② T_s—额定寿命转矩。
③ L_{min}—缩短后的最小长度。

表 23-48　WF 型——无伸缩法兰式万向联轴器基本参数和主要尺寸

型号	回转直径 D/mm	公称转矩 T_n/kN·m	疲劳转矩 T_f[①]/kN·m	额定寿命转矩 T_s[②]/kN·m	轴线折角 β/(°)	尺寸/mm										转动惯量/kg·m²		质量/kg	
						L_{min}[③]	D_1	D_2 (H7)	D_3	L_m	$n\times d$	k	t	b (h9)	h	L_{min}	加长 100mm	L_{min}	加长 100mm
SWZ600WF	600	1080	540	198	≤10	2130	536	360	450	390	16×37	70	15	90	22.5	134.817	1.777	3307	42.66
SWZ650WF	650	1400	700	250		2260	586	390	500	415	16×37	70	15	100	25	200.093	2.509	4166	47.44
SWZ700WF	700	1800	900	300		2400	636	420	560	440	18×37	90	15	100	30	292.755	3.488	5225	51.30
SWZ750WF	750	2200	1100	376		2710	675	450	560	500	18×43	95	15	125	32.5	419.407	4.129	6572	62.89
SWZ800WF	800	2600	1300	452		2860	712	480	600	525	16×50	95	18	135	35.5	572.990	5.617	7900	75.13
SWZ850WF	850	3200	1600	550		2970	762	510	630	550	18×50	110	18	135	35.5	757.267	6.592	9234	79.28
SWZ900WF	900	3800	1900	650		3240	800	540	690	600	16×58	110	18	150	40	1056.733	8.868	11453	87.56
SWZ950WF	950	4500	2250	751		3300	850	570	730	615	18×58	120	20	150	40	1341.984	11.215	13026	99.14
SWZ1000WF	1000	5200	2600	910		3280	800	600	765	630	16×66	125	20	165	45	1619.261	13.550	14271	109.10
SWZ1100WF	1100	6800	3400	1185		3630	980	660	840	670	16×74	135	22	180	47.5	2632.285	19.866	19126	132.93
SWZ1200WF	1200	9000	4500	1570		3840	1080	720	920	715	18×74	150	25	200	52.5	3968.981	28.954	24158	161.97

① T_f—交变负荷下的疲劳转矩。
② T_s—额定寿命转矩。
③ L_{min}—缩短后的最小长度。

表 23-49　WD 型——无伸缩短式万向联轴器基本参数和主要尺寸

型号	回转直径 D/mm	公称转矩 T_n/kN·m	疲劳转矩 T_f①/kN·m	额定寿命转矩 T_s②/kN·m	轴线折角 β/(°)	尺寸/mm									转动惯量 /kg·m²	质量 /kg
						L	D_1	D_2 (H7)	L_m	$n\times d$	k	t	b (h9)	h		
SWZ600WD	600	1080	540	198	≤10	1560	536	360	390	16×37	70	15	90	22.5	116.820	2576
SWZ650WD	650	1400	700	250		1660	586	390	415	167×37	70	15	100	25	171.218	3242
SWZ700WD	700	1800	900	300		1760	636	420	440	18×37	90	15	100	30	244.265	3988
SWZ750WD	750	2200	1100	376		2000	675	450	500	18×43	95	15	125	32.5	365.625	5200
SWZ800WD	800	2600	1300	452		2100	712	480	525	16×50	95	18	135	35.5	497.120	6214
SWZ850WD	850	3200	1600	550		2200	762	510	550	18×50	110	18	135	35.5	663.797	7350
SWZ900WD	900	3800	1900	650		2400	800	540	600	16×58	110	18	150	40	910.035	8988
SWZ950WD	950	4500	2250	751		2460	850	570	615	18×58	120	20	150	40	1158.533	10266
SWZ1000WD	1000	5200	2600	910		2400	890	600	630	16×66	125	20	165	45	1387.000	11096
SWZ1100WD	1100	6800	3400	1185		2680	980	660	670	16×74	135	22	180	47.5	2267.843	14994
SWZ1200WD	1200	9000	4500	1570		2860	1080	720	715	18×74	150	25	200	52.5	3427.920	19044

① T_f—交变负荷下的疲劳转矩。
② T_s—额定寿命转矩。

（2）万向联轴器与相配件的连接

1）法兰端面键连接。万向联轴器是通过高强度螺栓与螺母把两端法兰连接在其他相配件上。其相配件的连接尺寸及螺栓预紧力矩按图 23-37 和表 23-50 的规定。连接螺栓只能由联轴器相配件的法兰侧装入，螺母由联轴器的法兰侧预紧。其螺栓的力学性能应符合 GB/T 3098.1 中 10.9 级的规定，其螺母的力学性能应符合 GB/T 3098.2 中 10 级的规定。

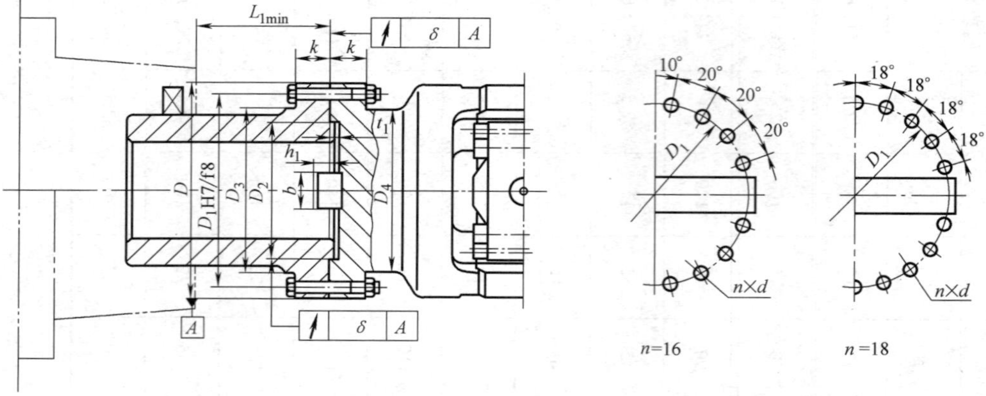

图 23-37　万向联轴器与相配件的连接尺寸

表 23-50　万向联轴器与相配件连接尺寸及螺栓预紧力矩

型号	回转直径 D/mm	螺栓数 n	螺栓规格	预紧力矩 T_a/N·m	尺寸/mm									
					D_1	D_2 (f8)	D_3	D_4 $\left(\begin{smallmatrix}0\\-0.3\end{smallmatrix}\right)$	k	b (Js8)	h_1	t_1 $\left(\begin{smallmatrix}+0.5\\0\end{smallmatrix}\right)$	δ	$L_{1\min}$
SWZ600	600	16	M36×150	3500	536	360	468	478	70	90	23	14	0.08	175
SWZ650	650	16	M36×150	3500	586	390	518	528	70	100	25.5	14	0.08	175
SWZ700	700	18	M36×160	3500	636	420	568	578	90	100	30.5	14	0.08	185
SWZ750	750	18	M42×180	5600	675	450	595	608	95	125	33	14	0.08	210
SWZ800	800	16	M48×200	9000	712	480	620	635	95	135	35.5	17	0.08	235
SWZ850	850	18	M48×200	9000	762	510	672	685	110	135	35.5	17	0.1	235
SWZ900	900	16	M56×220	14000	800	540	698	712	110	150	40.5	17	0.1	260
SWZ950	950	18	M56×220	14000	850	570	746	762	120	150	40.5	19	0.1	260
SWZ1000	1000	16	M64×240	20000	890	600	776	792	125	165	45.5	19	0.1	285
SWZ1100	1100	16	M72×260	30000	980	660	854	872	135	180	48	21	0.1	310
SWZ1200	1200	18	M72×280	30000	1080	720	954	972	150	200	53	24	0.1	330

2）法兰端面齿连接。法兰端面齿连接是通过端面齿、高强度螺栓及螺母把两端法兰连接在其他相配件上。其相配件的端面齿齿形尺寸及螺栓预紧力矩按图 23-38 和表 23-51 的规定。

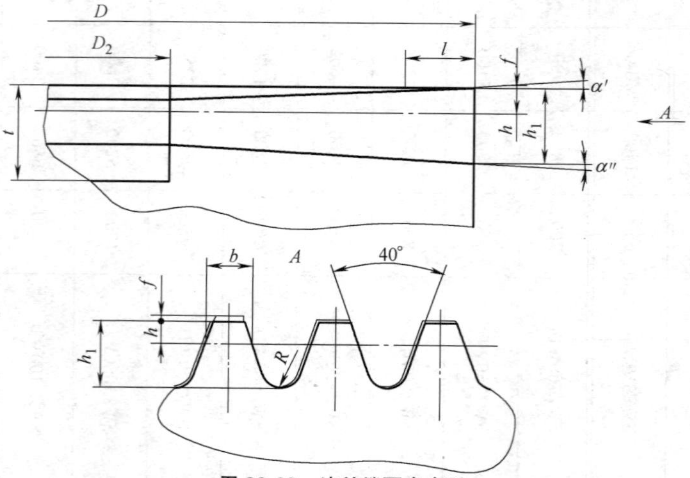

图 23-38　法兰端面齿齿形

表 23-51　万向联轴器相配件的端面齿齿形尺寸及螺栓预紧力矩

型号	回转直径 D/mm	螺孔 $n\times d$	螺栓直径	预紧力矩 T_a/N·m	齿数 Z	尺寸/mm									
						b	h	h_1	l	f	R	α'	α''	D_2	t
SWZ600	600	20×26	M24	900	120	7.725	3.111	8.981	10	0.36	2.5	2°4′	2°3′40″	480	15
SWZ650	650	20×26	M24	900	120	8.429	4.010	10.779	10	0.36	2.5	2°4′	2°3′40″	520	15
SWZ700	700	24×26	M24	900	120	9.083	4.909	12.577	10	0.36	2.5	2°4′	2°3′40″	570	15
SWZ750	750	24×33	M30	1800	144	8.072	3.519	9.797	12	0.36	2.5	1°43′30″	1°43′	610	20
SWZ800	800	24×33	M30	1800	144	8.167	4.268	11.296	12	0.36	2.5	1°43′30″	1°43′	650	15
SWZ850	850	24×39	M36×3	3150	144	9.162	5.017	12.974	12	0.36	2.5	1°43′30″	1°43′	680	20
SWZ900	900	24×39	M36×3	3150	144	9.708	5.766	14.292	12	0.36	2.5	1°43′30″	1°43′	710	20
SWZ950	950	24×39	M36×3	3150	144	10.253	6.515	16.791	12	0.36	2.5	1°43′30″	1°43′	760	25
SWZ1000	1000	20×45	M42×3	5400	180	8.595	3.878	10.876	15	0.72	2.5	2°44′43″	—	800	20
SWZ1100	1100	20×45	M42×3	5400	180	9.468	5.077	13.274	15	0.72	2.5	2°44′43″	—	880	25
SWZ1200	1200	20×51	M48×3	8200	180	10.341	6.276	15.671	15	0.72	2.5	2°44′43″	—	960	25

(3) 选择计算　万向联轴器应根据载荷特性、计算转矩、轴承寿命及工作转速选用。

计算转矩由下式求出：

$$T_c = 9.55\times\frac{N}{n}k$$

式中　T_c——计算的最大转矩（kN·m）；

N——电机功率（kW）；

n——转速（r/min）；

k——过载系数（见表 23-52）。

表 23-52　轧机的过载系数及电机功率利用系数

轧机名称	k	轧机名称	k
板坯初轧机	2.5~6.0	冷带钢轧机(4 辊)	1.25~2.0
初轧机	2.0~5.0	破鳞机	1.5~3.5
大型型钢轧机	1.5~3.0	平整轧机	1.25~2.0
中厚板轧机	2.0~5.0	精光轧机	1.25~2.0
中小型轧机	1.25~2.0	张力辊	1.25~3.0
立辊轧机	1.5~3.5	送料辊	2~10
热带钢轧机(4 辊)	1.25~2.0	辊道	2~10

万向联轴器的选择方法：

1）按强度选择时应满足下列要求：

$$T_c \leqslant T_n \text{ 或 } T_c \leqslant T_f \text{ 或 } T_c \leqslant T_p$$

式中　T_c——计算转矩（kN·m）；

T_n——公称转矩（kN·m）见参数表；

T_f——交变负荷下的按疲劳转矩（kN·m），所允许的转矩见表 23-47~表 23-49；

T_p——脉动负荷下的按疲劳转矩（kN·m）$T_p = 1.45T_f$。

2）按下式进行寿命计算。

$$L_h = 3000K_m\left(\frac{T_s K_n K_\beta}{T_m}\right)^{2.907}$$

式中　L_h——万向联轴器的寿命（h）；

K_m——材料系数，$K_m = 1\sim3$；

T_s——额定寿命转矩（kN·m）见参数表；

K_n——转速系数，$K_n = 10.2/n^{0.336}$；

n——平均转速（r/min）；

K_β——折角系数，$K_\beta = 1.46/\beta^{0.344}$；

T_m——使用平均转矩（kN·m）；

β——平均合成轴线折角（°）。

3）按各阶段的使用转矩、转速、时间计算平均转矩及平均转速。

使用阶段 1、2、3…Z；

转速 T_1、T_2、T_3…T_Z（kN·m）；

转速 n_1、n_2、n_3…n_Z（r/min）；

时间比（%）t_1、t_2、t_3…t_Z；

则平均转矩及平均转速为

$$T_m = \sqrt[3]{\frac{(T_1^3 n_1 t_1 + T_1^3 n_2 t_2 + \cdots + T_Z^3 n_Z t_Z)}{(n_1 t_1 + n_2 t_2 + \cdots n_Z t_Z)}}$$

$$n = \frac{(n_1 t_1 + n_2 t_2 + \cdots + n_Z t_Z)}{(t_1 + t_2 + \cdots + t_Z)}$$

4）在水平、垂直面间同时有轴线折角的情况下，其合成轴线折角由下式求得：

$$\tan\beta = \sqrt{\tan^2\beta_1 + \tan^2\beta_2}$$

式中　β——合成轴线折角；

β_1——水平面的轴线折角；

β_2——垂直面的轴线折角。

5）选用长的万向联轴器时，其工作转速必须低于临界转速。

临界转速按下式计算：

$$n_c = 1.195\times10^8\sqrt{\frac{D_1^2 + D_2^2}{L^2}}$$

式中　n_c——临界转速（r/min）；

L——两十字万向节的节距（mm）；

D_1——中间轴的钢管外径（mm）；

D_2——中间轴的钢管内径（mm）。

在低速、小轴线折角的使用条件下，其工作转速：$n = 0.85n_c$。

在高速、大轴线折角的使用条件下，其工作转速：$n < 0.65n_c$。

23.1.3.5　十字轴万向联轴器（见表 23-53）

表 23-53　WSD 型和 WS 型十字轴万向联轴器基本参数和主要尺寸（摘自 JB/T 5901—1991）

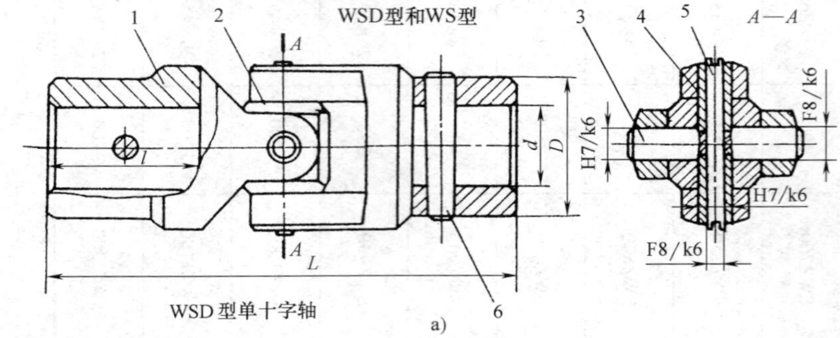

a)

标记示例：

WSD3 单十字轴万向联轴器，主动端 Y 型轴孔、d = 12mm、D = 25mm，从动端 J_1 型轴孔、d = 14mm、D = 25mm，采用滑动轴承，标记如下：

WSD3 联轴器　$\dfrac{12}{J_1 14}\times25(H)$

JB/T 5901—1991

（续）

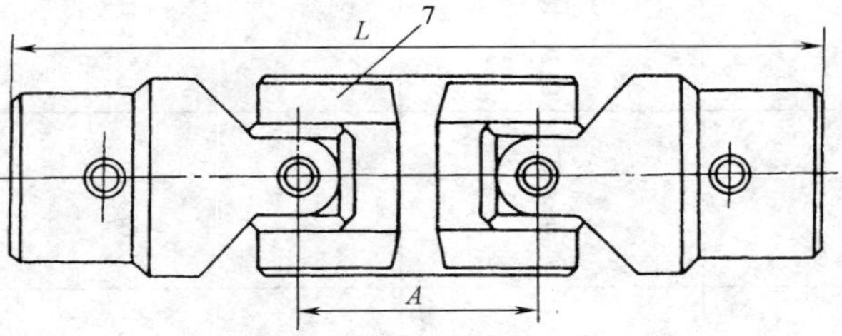

WS型双十字轴

b)

1—半联轴器　2—十字轴　3—圆柱销　4—套筒
5—销钉　6—圆锥销　7—叉形接头

标记示例：
WS4 双十字万向联轴器，主动端 Y 型轴孔、$d=16$mm、$D=32$mm，从动端 J_1 型轴孔、$d=18$mm、$D=32$mm，采用滚针轴承，标记如下：

WS4 联轴器 $\dfrac{16}{J_1 18}\times 32(G)$

JB/T 5901—1991

型号	轴径 d (H7)	许用转矩 M_p/N·m	L/mm WSD 型 Y 型	L/mm WSD 型 J_1 型	L/mm WS 型 Y 型	L/mm WS 型 J_1 型	l/mm Y 型	l/mm J_1 型	D/mm	A/mm	质量 m/kg WSD 型 Y 型	质量 m/kg WSD 型 J_1 型	质量 m/kg WS 型 Y 型	质量 m/kg WS 型 J_1 型	转动惯量 J/kg·m² WSD 型 Y 型	转动惯量 J/kg·m² WSD 型 J_1 型	转动惯量 J/kg·m² WS 型 Y 型	转动惯量 J/kg·m² WS 型 J_1 型
WS1 WSD1	8,9	11.2	60		80		20		16	20	0.23		0.32		0.06		0.08	
	10		66	60	86	80	25	22				0.20		0.29		0.05		0.07
WS2 WSD2	10,11	22.4	70	64	96	90			20	26	0.64	0.57	0.93	0.88	0.10	0.09	0.15	0.15
	12		84	74	110	100	32	27										
WS3 WSD3	12,14	45.0	90	80	122	112			25	32	1.45	1.30	2.10	1.95	0.17	0.15	0.24	0.22
WS4 WSD4	16,18	71.0	116	92	154	130	42	30	32	38	5.92	4.86	8.56	7.48	0.39	0.32	0.56	0.49
WS5 WSD5	19	140.0	144	116	192	164			40	48	16.3	12.9	24.0	20.6	0.72	0.59	1.04	0.91
	20,22						52	38										
WS6 WSD6	24	280.0	152	124	210	182	52	38	50	58	45.7	36.7	68.9	59.7	1.28	1.03	1.89	1.64
	25,28		172	136	330	194	62	44										
WS7 WSD7	30,32,35	560.0	226	182	296	252	82	60	60	70	148	117	207	177	2.82	2.31	3.90	3.38
WS8 WSD8	38	1120.0	240	196	332	288			75	92	396	338	585	525	5.03	4.41	7.25	6.63
	40,42		300	244	392	336	112	84										

注：1. 表中所列许用转矩是当轴间角为零时的值，若轴间角不等于零，则所列许用转矩应乘以 cosα。

2. 在同一转矩下，可以采用几种不同的轴径与两半联轴器孔径配合。

3. 圆锥销孔按 6 级精度加工。

23.1.3.6　球笼式万向联轴器

（1）WQL 型球笼式同步万向联轴器　球笼式同步万向联轴器是通过球形外环和星形内环分别与主、从动轴相连，传力钢球的中心都位于通过联轴器中心的平面内，并装在由球形外环和星形内环外球面凹槽组成的滚道中，两个球面的中心与万向联轴器的中心重合。为了保证所有钢球中心都在两轴轴线间夹角的平面上，钢球装于球笼内，从而保证了联轴器主、从动轴之间的夹角变化时，传力点能始终位于夹角的平分线上，因此，球笼式万向联轴器主、从动轴间的转速保持同步关系。

WQL 型球笼式万向联轴器（GB/T 7549—2008）结构如图 23-39 所示，基本参数和主要尺寸见表 23-54。

表 23-54　WQL 型球笼式万向联轴器基本参数和主要尺寸

型号	公称转矩 T_n/N·m	许用最大轴倾角 Q_{max}/(°)		轴孔直径 d (H7)/mm	轴孔长度 L/mm		D/mm	L_{0min}/mm		最大伸缩量 ΔL_0/mm	A/mm	D_1/mm	D_2/mm	D_3/mm	D_4/mm	螺栓 (d_1)	质量 m/kg				转动惯量 I/kg·m²			
																	L_{0min}		L_0（增长 100）		L_{0min}		L_0（增长 100）	
		静止时	工作时		y 型	J 型		通轴	焊接轴								通轴	焊接轴	通轴	焊接轴	通轴	焊接轴	通轴	焊接轴
				25	62	44																		
				28																				
WQL1	180			30			85	284	392	24	48	55	20		66		3.94	4.68	0.25		1.9×10^{-3}	2.16×10^{-3}	0.01×10^{-3}	0.29×10^{-3}
				32																				
				35	82	60																		
		16	14											50		M8				0.55				
				32																				
				35																				
WQL2	355			38			100	394	478	32	56	65	30		80		7.21	7.92	0.56		5.11×10^{-3}	5.35×10^{-3}	0.06×10^{-3}	0.29×10^{-3}
				40																				
				45																				
				45	112	84																		
				48																				
				50																				
				55																				
WQL3	800	18	16	56			130	443	561	40	68	90	31.5	60	106	M10	14.69	16.02	0.61	0.68	18.99×10^{-3}	19.64×10^{-3}	0.08×10^{-3}	0.52×10^{-3}
				60																				
				63	142	107																		
				65																				
				70																				

				55	112	84																		
				56																				
				60																				
WQL4	1400			63			150	537	643	48	80	105	44. 5	76	124	M12	25. 08	27. 42	1. 19	0. 88	44. 38×10^{-3}	46. 38×10^{-3}	0. 29×10^{-3}	1. 11×10^{-3}
				65																				
				70																				
				71																				
				75	142	107																		
				63																				
				65																				
				70																				
WQL5	2240	18	16	71			175	574	714	54	92	120	50	89	140	M14	36. 32	40. 17	1. 54	1. 04	112. 38×10^{-3}	116. 63×10^{-3}	0. 48×10^{-3}	1. 83×10^{-3}
				75																				
				80																				
				85	172	132																		
				90																				
				71	142	107																		
				75																				
				80																				
WQL6	3150			85	172	132	200	675	805		103	140	57. 5	102	159	M12	55. 11	59. 95	2. 04	1. 04	216. 35×10^{-3}	223. 6×10^{-3}	0. 84×10^{-3}	3. 28×10^{-3}
				90																				
				95																				
				100	212	167																		
				110																				

（续）

型号	公称转矩 T_n /N·m	许用最大轴倾角 Q_{max}/(°) 静止时	许用最大轴倾角 Q_{max}/(°) 工作时	轴孔直径 d (H7)/mm	轴孔长度 L/mm y型	轴孔长度 L/mm J型	D/mm	L_{0min}/mm 通轴	L_{0min}/mm 焊接轴	最大伸缩量 ΔL_0/mm	A/mm	D_1/mm	D_2/mm	D_3/mm	/D_4 mm	螺栓 (d_1)	质量 m/kg L_{0min} 通轴	质量 m/kg L_{0min} 焊接轴	质量 m/kg L_0(增长100) 通轴	质量 m/kg L_0(增长100) 焊接轴	转动惯量 I/kg·m² L_{0min} 通轴	转动惯量 I/kg·m² L_{0min} 焊接轴	转动惯量 I/kg·m² L_0(增长100) 通轴	转动惯量 I/kg·m² L_0(增长100) 焊接轴
WQL7	4500	18	16	80	172	132	220	701	840	54	110	160	63	102	180	M12	72.34	77.54	2.45	1.42	348×10^{-3}	355.5×10^{-3}	1.22×10^{-3}	3.28×10^{-3}
				85																				
				90																				
				95																				
				100	212	167																		
				110																				
				120																				
WQL8	6300	20	18	90	172	132	245	710	910	60	124	180	76	140	197	M16	96.97	109.92	3.56	2.6	584×10^{-3}	618×10^{-3}	2.75×10^{-3}	11.38×10^{-3}
				95																				
				100	212	167																		
				110																				
				120																				
				125																				
				130	252	202																		
				140																				
WQL9	10000			100	212	167	275	842	1065	70	173	205	81		226		148.36	162.84	4.04		1262.25×10^{-3}	1298×10^{-3}	3.31×10^{-3}	
				110																				
				120																				
				125																				
				130	252	202																		
				140																				
				150																				
				160	302	242																		

注：1. 公称转矩为转速 $n=100\text{r/min}$、0°轴倾角时的计算值。不同转速、轴倾角下的转矩按 GB/T 7549—2008 附录 A 选用。

2. 在起动、制动时产生的短时过大转矩的允许值为 $T_{max}=3T_n$，时间不得超过 15s。

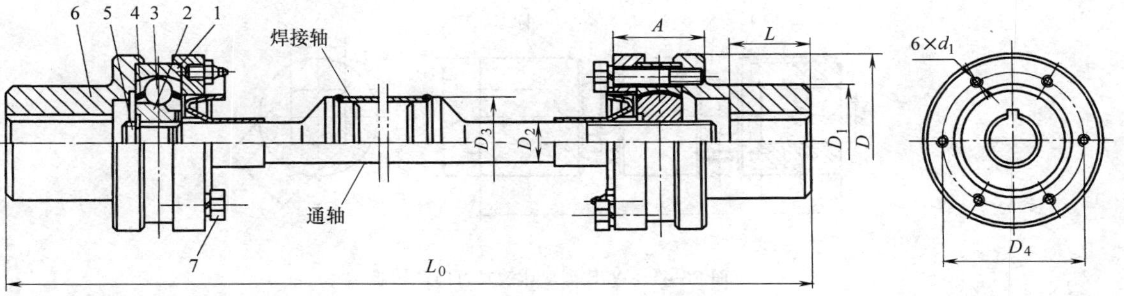

图 23-39　WQL 型球笼式万向联轴器

1—外环　2—内环　3—钢球　4—球笼　5—中间轴　6—半联轴器　7—螺栓

重型机械用球笼式万向联轴器见 JB/T 6140—1992。

（2）WJ 型球铰式万向联轴器（JB/T 6139—2007）　这是以球形零件为铰接点的万向联轴器，所传递的转矩较小，适用于小功率，以传递运动为主的轴系传动。用于连接不在同轴线的两轴，两轴线夹角 $\beta \leqslant 40°$，传递公称转矩为 18～2800N · m 的小型单球铰式万向联轴器和双球铰式万向联轴器。

1）WJ 型单球铰式万向联轴器结构如图 23-40 所示，其基本参数和主要尺寸见表 23-55。

2）WJS 型双球铰式万向联轴器结构如图 23-41 所示，其基本参数和主要尺寸见表 23-56。

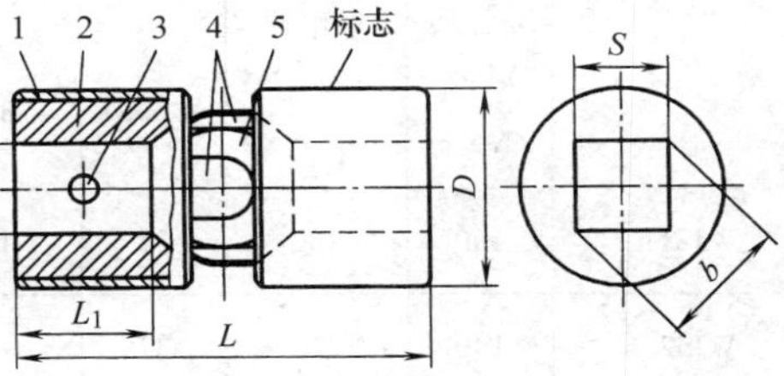

图 23-40　WJ 型单球铰式万向联轴器

1—外套　2—内套　3—沉头铆钉
4—耳爪　5—空心球

表 23-55　WJ 型单球铰式万向联轴器基本参数和主要尺寸（摘自 JB/T 6139—2007）

型　　号	公称转矩 T_n /N · m	许用转速 [n] /(r/min)	D /mm	d /mm	S /mm	b /mm	L_1 /mm	L /mm	质量 m/kg	转动惯量 I/kg · m²
WJ1	6.3	1000	16	6			9	34	0.05	0.00005
WJ2	12.5		18	8			11	40	0.06	
WJ3	25	980	22	10			12	45	0.1	
WJ4	40	900	26	12	10	13	13	50	0.15	0.00008
WJ5	63	820	29	14			16	56	0.2	0.0001
WJ6	100	780	32	16	14	18	18	65	0.3	
WJ7	140	720	37	18			20	72	0.45	0.0003
WJ8	224	680	42	20	19	25	23	82	0.67	0.0005
WJ9	280	650	47	22			25	95	1	0.0008
WJ10	355	620	52	25	24	32	29	108	1.35	0.001
WJ11	450	600	58	30			34	122	1.85	0.003
WJ12	560	570	70	35	30	40	39	140	3.15	0.005
WJ13	710	550	80	40	36	48	44	160	4.6	0.03
WJ14	1120	500	95	50	46	60	54	190	7.6	0.1

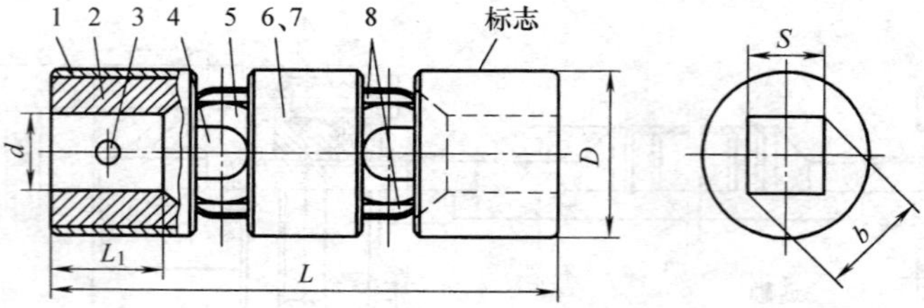

图 23-41　WJS 型双球铰式万向联轴器

1—外套　2—内套　3—沉头铆钉　4—耳爪

5—空心球　6—中间外套　7—中间内套　8—长耳爪

表 23-56　WJS 型双球铰式万向联轴器基本参数和主要尺寸

型　号	公称转矩 T_n /N · m	许用转速[n] /(r/min)	D /mm	d /mm	S /mm	b /mm	L_1 /mm	L /mm	质量 m/kg	转动惯量 I/kg · m²
WJS1	100	780	32	16	14	18	18	100	0.45	0.0008
WJS2	140	720	37	18			20	112	0.7	
WJS3	224	680	42	20	19	25	23	127	1	0.0015
WJS4	280	650	47	22			25	145	1.54	0.003
WJS5	355	620	52	25	24	32	29	163	2.1	0.005
WJS6	450	600	58	30			34	182	2.75	0.009
WJS7	560	570	70	35	30	40	39	212	4.75	0.01
WJS8	710	550	80	40	36	48	44	245	7.2	
WJS9	1120	500	95	50	46	60	54	290	12	0.07

注：小转矩万向联轴器应选用 JB/T 5901—1991。

23.1.3.7　球面滚子联轴器

球面滚子联轴器（JB/T 7009—2007）由外套、球面滚子、半联轴器、内盖、外盖等组成。半联轴器通过沿圆周分布的球面滚子与外套相连接。球面滚子嵌在半联轴器和外套之间的孔内，以传递转矩并承受径向力，兼起调心轴承的作用，可补偿减速器的输出轴与卷筒轴线之间的角位移。其机构与弹性柱销齿式联轴器相类似。使用时，半联轴器套装于减速器输出轴上，外套与钢丝绳卷筒用高强度螺栓连接，转矩和径向载荷通过球面滚子，在半联轴器和外套之间传递。球面滚子联轴器具有补偿两轴相对位移的性能，结构紧凑，质量轻，可靠性高，安装方便。适用于起重机的减速器与卷筒的联接及其他类似机构的连接，可作为传递转矩及支承径向载荷之用。

1）WJ 型球面滚子联轴器结构如图 23-42 所示，基本参数和主要尺寸见表 23-57。

2）WJA 型圆柱形轴孔联接球面滚子联轴器结构如图 23-43 所示，基本参数和主要尺寸见表 23-58。

3）WJ 型、WJA 型球面滚子联轴器许用补偿量见表 23-59。

表 23-57　WJ 型球面滚子联轴器基本参数和主要尺寸

型号	公称转矩 T_n/kN·m	许用径向力/kN	内花键 d	D/mm	D_1/mm	D_2(h6)/mm	D_3/mm	孔 $n\times d_1$/mm	螺栓	d_2(M6)/mm	d_3(K6)/mm	S(h9)/mm	L/mm	l_1/mm	l_2/mm	l_3/mm	l_4/mm	l_5/mm	l_6/mm	l_7/mm	α/(°)	r/mm	C/mm	磨损刻度 m_1	质量 m/kg	转动惯量 I/kg·m²
WJ1	4	14.5	INT16Z×2.5m	250	220	160	85	6×14	M12	35	45	220	80	42	5	12	24	22	30	18	60	2	1.6	4	12	0.06
			INT17Z×2.5m							38	48														11	
WJ2	5	16.5		280	250	180	90					250													18	0.11
			INT15Z×3m					6×18	M16	40	50														17	
WJ3	7.1	18.5		320	280	200	95					280	84	45		15	25			22		2.5			20.1	0.18
			INT18Z×3m							50	60												2		19.8	
WJ4	9	20		340	300	220	130					300	92							30					26.2	0.25
			INT22Z×3m							60	70								35	25					26.3	
WJ5	14	31		360	320	240	150					320												6	31.6	0.33
			INT27Z×3m							70	85		97						40				2.5		30.9	
WJ6	18	35		380	340	260	160					340													36.5	0.44
			INT18Z×5m							80	100		127					37	50						37.5	
WJ7	22.4	38.5		400	360	280	170					360		67	25		33					3			44.9	0.58
			INT22Z×5m							100	120		137						55	30					42.9	
WJ8	28	42		420	380	310	200					380		77	35										56	0.85
			INT26Z×5m							120	140		157						70	35			3		54	

（续）

型号	公称转矩 T_n/kN·m	许用径向力/kN	内花键 d	D/mm	D_1/mm	D_2(h6)/mm	D_3/mm	孔 $n\times d_1$/mm	螺栓	d_2(M6)/mm	d_3(K6)/mm	S(h9)/mm	L/mm	l_1/mm	l_2/mm	l_3/mm	l_4/mm	l_5/mm	l_6/mm	l_7/mm	α/(°)	r/mm	C/mm	磨损刻度 m_1	质量 m/kg	转动惯量 I/kg·m²
WJ9	35.5	49	INT26Z×5m	450	400	340	230			120	140	400	157	87	40		28		70	35				6	72 70	1.29
WJ10	71	115	INT30Z×5m	550	500	420	280	6×22		140	160	500	167			20			75	40	60		3	8	124 120	3.4
WJ11	112	125	INT34Z×5m	580	530	450	300		M20	160	180	530	182	95	43		38		85			3			136 132	4.08
WJ12	180	150	INT38Z×5m	650	600	530	360	8×22		180	200	580	192				35		95		40		4		190 187	7.23
WJ13	315	250	INT26Z×8m	680	630	560	400	24×22		190	222	600	207	120	63	25			105	45					228 220	9.66
WJ14	400	300	INT30Z×8m	710	660	600	440			220	254	640	222	140	68			37	120						290 285	14.5
WJ15	500	340	INT34Z×8m	780	730	670	500			250	286	700	237	160	88	35	43		135		10	4	5	8	390 382	23.9
WJ16	630	380	INT38Z×8m	850	800	730	550	24×26	M24	280	318	760	262	180	108				150	55					476 466	34.2
WJ17	800	450	INT44Z×8m INT50Z×8m	950	900	840	630			320 360	366 420	860	287 352	200	118	45	55	52	170 220	60			6 8		766 716	73.3

表 23-58　WJA 型球面滚子联轴器基本参数和主要尺寸

型号	公称转矩 T_n/kN·m	许用径向力/kN	d (H7)/mm	L/mm	D/mm	D_1/mm	D_2 (h6)/mm	D_3/mm	孔 $n \times d_1$/mm	螺栓	S (h9)/mm	l_1/mm	l_2/mm	l_3/mm	l_4/mm	α/(°)	r/mm	C/mm	磨损刻度 m_1	质量 m/kg	转动惯量 I/kg·m²
WJA1	4	14.5	40,42,45,48	84	250	220	160	85	6×14	M12	220	42	5	12	24	60	2	1.6	4	11.7	0.059
			50,55																		
WJA2	5	16.5	45,48,50,55		280	250	180	90			250									14.7	0.093
			60	107														2		14.5	
WJA3	7.1	18.5	48,50,55	84	320	280	200	95	6×18	M16	280	45		15	25		2.5			19.9	0.176
			60,65	107																20	
WJA4	9	20	60,65,70,71,75		340	300	220	130			300									27.1	0.253
			80,85	132																26.9	
WJA5	14	31	70,71,75	107	360	320	240	150			320								6	31.8	0.335
			80,85,90,95	132														2.5		33.3	
WJA6	18	35	80,85,90,95		380	340	260	160			340									39.4	0.451
			100,110	167																39.8	
WJA7	22.4	38.5	80,85,90,95	132	400	360	280	170			360	47			33		3			47	0.58
			100,110,120	167																48	
WJA8	28	42	100,110,120		420	380	310	200			380									66	0.91
			130,140	202														3		64	

（续）

型号	公称转矩 T_n/kN·m	许用径向力/kN	d (H7)/mm	L/mm	D/mm	D_1/mm	D_2 (h6)/mm	D_3/mm	孔 $n \times d_1$/mm	螺栓	S (h9)/mm	l_1/mm	l_2/mm	l_3/mm	l_4/mm	α/(°)	r/mm	C/mm	磨损刻度 m_1	质量 m/kg	转动惯量 I/kg·m²
WJA9	35.5	49	100,110,120	167	450	400	340	230	6×22	M20	400	52	5	20	28	60	3	2.5	6	83	1.35
			130,140,150	202																83.5	
WJA10	71	115	130,140,150		550	500	420	280			500	60	8		38			3	8	151	3.69
			160,170,180	242																145	
WJA11	112	125	160,170,180		580	530	450	300	8×22		530					40				169	4.53
			190,200	282																167	
WJA12	180	150	190,200,220		650	600	530	360			580	65		25	33			4		247	8.41
			240,250	330																229	
WJA13	315	250	200,220	282	680	630	560	400	24×22		600				35	10	4			301	11.4
			240,250,260	330																302	
WJA14	400	300	240,250,260		710	660	600	440	24×26	M24	640	82	10	35	43					392	17.7
			280,300	380														5		386	
WJA15	500	340	240,250,260	330	780	730	670	500			700									536	29
			280,300,320	380																547	
WJA16	630	380	280,300,320		850	800	730	550			760									686	43.6
			340,360,380	450														6		679	

注：1. 选用轴孔直径 d 和长度 L 在此表范围以外的，可与制造厂商定。

2. 转动惯量和质量是按轴孔最小直径计算的近似值。

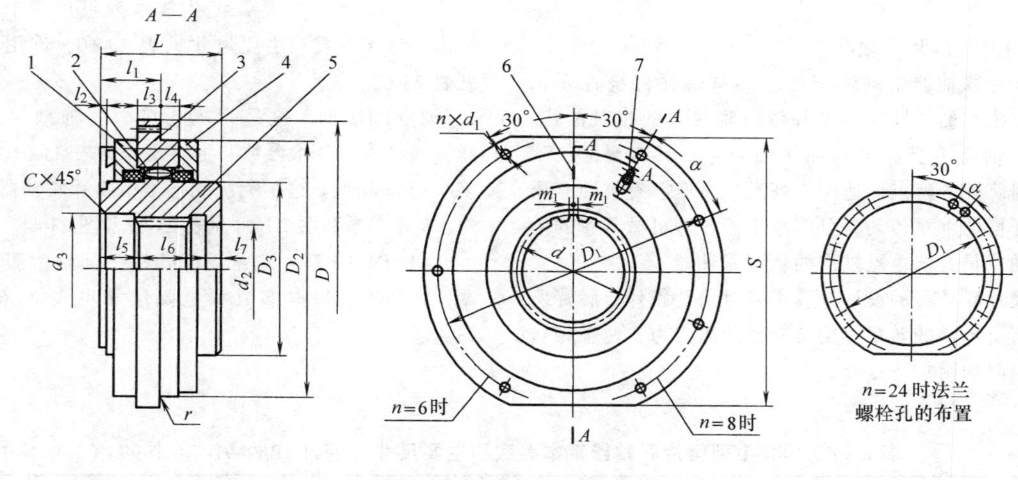

图 23-42　WJ 型球面滚子联轴器

1—外盖　2—滚子　3—外套　4—内盖　5—半联轴器　6—磨损标记　7—润滑装置

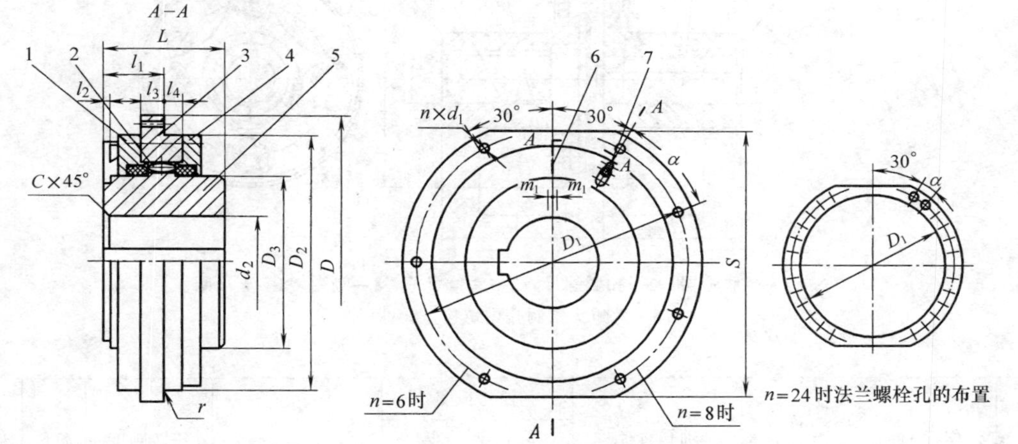

图 23-43　WJA 型球面滚子联轴器

1—外盖　2—滚子　3—外套　4—内盖　5—半联轴器　6—磨损标记　7—润滑装置

表 23-59　WJ 型、WJA 型球面滚子联轴器许用补偿量

型号		WJ1～WJ2 WJA1～WJA2	WJ3～WJ9 WJA3～WJA9	WJ10～WJ13 WJA10～WJA13	WJ14～WJ17 WJA14～WJA17
项目	轴向 Δx/mm	±1.5	±2	±3	±4
	角向 Δα	1°30′			

23.1.4　金属弹性元件挠性联轴器

由各种片状、卷板状、圆柱状等金属弹簧构成的不同结构形式的金属弹性元件挠性联轴器，利用其弹性变形，以达到补偿两轴相对偏移和减振、缓冲功能。金属弹性元件强度高，传递载荷能力大，使用寿

命长，弹性模量大而稳定，受温度影响小，适用范围广。

23.1.4.1 膜片联轴器

膜片联轴器是高性能的金属弹性元件挠性联轴器，靠膜片的弹性变形来补偿所联两轴的相对位移。膜片联轴器不受温度和油污的影响，具有耐酸、耐碱、耐腐蚀的特点。适用于高温、高速、有腐蚀介质工况环境的轴系传动，可广泛用于各种机械装置的轴系传动，是我国重点推广的新型联轴器。

膜片联轴器的设计计算主要对象是膜片。膜片所受载荷有传递的转矩、旋转零件的离心力、两轴相对位移引起的附加弯矩等。

膜片联轴器有以下几种类型：

1）JMI 型。这是带沉孔基本型膜片联轴器，其结构、基本参数和主要尺寸见表 23-60，许用补偿量见表 23-62。

2）JMIJ 型。这是带沉孔接中间轴型膜片联轴器，其结构、基本参数和主要尺寸见表 23-61。

3）JMⅡ型。这是无沉孔基本型膜片联轴器，其结构、基本参数和主要尺寸见表 23-63 和图 23-44。

4）JMⅡJ 型。这是无沉孔接中间轴型膜片联轴器，其结构、基本参数和主要尺寸见表 23-64 和图 23-45。

表 23-60 JMⅠ型膜片联轴器基本参数和主要尺寸（摘自 JB/T 9147—1999）

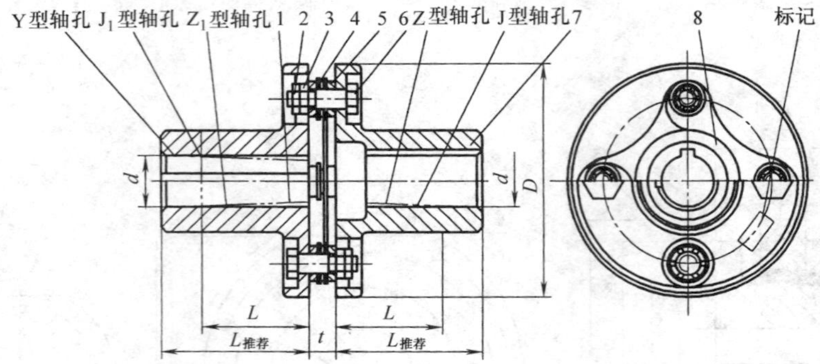

1、7—半联轴器 2—扣紧螺母 3—六角螺母 4—隔圈 5—支承圈
6—六角头铰制孔用螺栓 8—膜片

型号	公称转矩 T_n /N·m	瞬时最大转矩 T_{max} /N·m	许用转速 [n] /(r/min)	轴孔直径 d、d_1 /mm	轴孔长度 Y型 L/mm	轴孔长度 J、J_1、Z、Z_1 型 L/mm	轴孔长度 J、J_1、Z、Z_1 型 L_1/mm	$L_{推荐}$ /mm	D /mm	t /mm	扭转刚度 C /(N·m/r)	质量 m /kg	转动惯量 I /kg·m²
JMⅠ1	25	80	6000	14	32		27	35	90	8.8	$1×10^4$	1	0.0007
				16,18,19	42		30						
				20,22	52		38						
JMⅠ2	63	180	5000	18,19	42		30	45	100	9.5	$1.4×10^4$	2.3	0.001
				20,22,24	52		38						
				25	62		44						
JMⅠ3	100	315		20,22,24	52		38	50	120	11	$1.87×10^4$	2.3	0.0024
				25,28	62		44						
				30	82		60						

（续）

型号	公称转矩 T_n /N·m	瞬时最大转矩 T_{max} /N·m	许用转速 [n] /(r/min)	轴孔直径 d、d_1 /mm	轴孔长度 Y 型	轴孔长度 J、J_1、Z、Z_1 型		$L_{推荐}$ /mm	D /mm	t /mm	扭转刚度 C /(N·m/r)	质量 m /kg	转动惯量 I /kg·m²
					L/mm	L/mm	L_1/mm						
JMⅠ4	160	500	4500	24	52		38	55	130	12.5	3.12×10⁴	3.3	0.0024
				25、28	62		44						
				30、32、35	82		60						
JMⅠ5	250	710	4000	28	62		44	60	150	14	4.32×10⁴	5.3	0.0083
				30、32、35、38	82		60						
				40	112		84						
JMⅠ6	400	1120	3600	32、35、38	82	82	60	65	170	15.5	6.88×10⁴	8.7	0.0159
				40、42、45、48、50			84						
JMⅠ7	630	1800	3000	40、42、45、48、50、55、56	112	112	107	70	210	19	10.35×10⁴	14.3	0.0432
				60	142								
JMⅠ8	1000	2500	2800	45、48、50、55、56	112	112	84	80	240	22.5	16.11×10⁴	22	0.0879
				60、63、65、70	142		107						
JMⅠ9	1600	4000	2500	55、56	112		84	85	260	24	26.17×10⁴	29	0.1415
				60、63、70、71、75	142	112	107						
				80	172		132						
JMⅠ10	2500	6300	2000	63、65、70、71、75	142	142	107	90	280	17	7.88×10⁴	52	0.2974
				80、85、90、95	172		132						
JMⅠ11	4000	9000	1800	75	142	142	107	95	300	19.5	10.49×10⁴	69	0.4782
				80、85、90、95	172	172	132						
				100、110	212		167						
JMⅠ12	6300	12500	1600	90、95	172		132	120	340	23	14.07×10⁴	94	0.8067
				100、110、120、125	212		167						
JMⅠ13	10000	18000	1400	100、110、120、125				135	380	28	19.2×10⁴	128	1.7053
				130、140	252		202						
JMⅠ14	16000	28000	1200	120、125	212		167	150	420	31	30×10⁴	184	2.6832
				130、140、150	252		202						
				160	302		242						
JMⅠ15	25000	40000	1120	140、150	252		202	180	480	37.5	47.46×10⁴	262	4.8015
				160、170、180	302		242						
JMⅠ16	40000	56000	1000	160、170、180				200	560	41	48.09×10⁴	384	9.4118
				190、200	352		282						

（续）

型号	公称转矩 T_n /N·m	瞬时最大转矩 T_{max} /N·m	许用转速 [n] /(r/min)	轴孔直径 d、d_1 /mm	轴孔长度/mm Y型 L/mm	J、J_1、Z、Z_1型 L/mm	L_1/mm	$L_{推荐}$ /mm	D /mm	t /mm	扭转刚度 C /(N·m/r)	质量 m /kg	转动惯量 I /kg·m²
JMⅠ17	63000	8000	900	190、200、220	352		282	220	630	47	10.13×10^4	561	18.3753
				140	410		330						
JMⅠ18	100000	125000	800	220	352		282	250	710	54.5	16.14×10^4	723	28.2033
				240、250、260	410		330						
JMⅠ19	160000	200000	710	250、260				280	800	48	79.8×10^4	1267	66.5813
				280、300、320	470		380						

注：质量、转动惯量是计算近似值。

表 23-61 JMⅠJ型膜片联轴器基本参数和主要尺寸（摘自 JB/T 9147—1999）

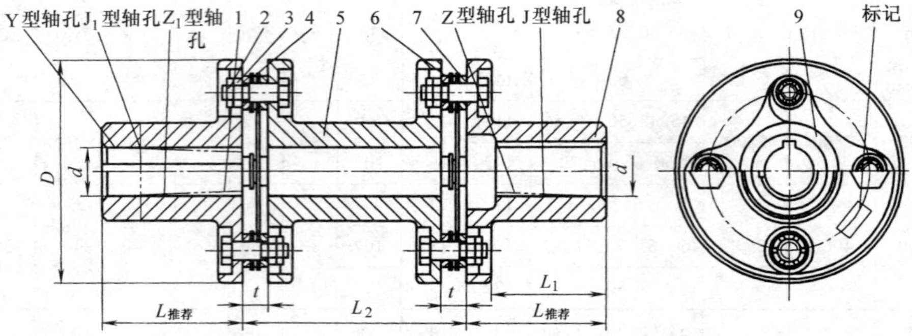

1、8—半联轴器　2—扣紧螺母　3—六角螺母　4—六角头铰制孔用螺栓　5—中间轴
6—隔圈　7—支承圈　9—膜片

型号	公称转矩 T_n /N·m	瞬时最大转矩 T_{max} /N·m	许用转速 [n] /(r/min)	轴孔直径 d、d_1 /mm	轴孔长度 Y型 L/mm	J、J_1、Z、Z_1型 L/mm	L_1/mm	$L_{推荐}$ /mm	D /mm	t /mm	L_2 min	质量 m /kg	转动惯量 I /kg·m²
JMⅠJ1	25	80	6000	14	32		27	35	90	8.8	100	1.8	0.0013
				16、18、19	42		30						
				20、22	52		38						
JMⅠJ2	63	180	5000	18、19	42		30	45	100	9.5		2.4	0.002
				20、22、24	52		38						
				25	62		44						
JMⅠJ3	100	315		20、22、24	54		38	50	120	11	120	4.1	0.0047
				25、28	62		44						
				30	82		60						

（续）

型号	公称转矩 T_n /N·m	瞬时最大转矩 T_{max} /N·m	许用转速[n] /(r/min)	轴孔直径 d、d_1 /mm	轴孔长度/mm Y型 L/mm	J、J_1、Z、Z_1型 L/mm	J、J_1、Z、Z_1型 L_1/mm	$L_{推荐}$ /mm	D /mm	t /mm	L_2 min	质量 m /kg	转动惯量 I /kg·m²
JMⅠJ4	160	500	4500	24	52		38	55	130	12.5	120	5.4	0.0069
				25、28	62		44						
				30、32、35	82		60						
JMⅠJ5	250	710	4000	28	62		44	60	150	14	140	8.8	0.0281
				30、32、35、38	82		60						
				40	112		84						
JMⅠJ6	400	1120	3600	32、35、38	82	82	60	65	170	15.5		13.4	0.0281
				40、42、45、48、50	112	112	84						
JMⅠJ7	630	1800	3000	40、42、45、48、50、55、56				70	210	19	150	22.3	0.076
				60	142		107						
JMⅠJ8	1000	2500	2800	45、48、50、55、56	112	112	84	80	240	22.5	180	36	0.1602
				60、63、65、70	142		107						
JMⅠJ9	1600	4000	2500	55、56	112	112	84	85	260	24	220	48	0.2509
				60、63、65、70、71、75	142		107						
				80	172		132						
JMⅠJ10	2500	6300	2000	63、65、70、71、75	142	142	107	90	280	17	250	85	0.5195
				80、85、90、95	172	—	132						
JMⅠJ11	4000	9000	1800	75	142	142	107	95	300	19.5	290	112	0.8223
				80、85、90、95	172	172	132						
				100、110	212		167						
JMⅠJ12	6300	12500	1600	90、95	172		132	120	340	23	300	150	1.4109
				100、110、120、125	212		167						

注：1. 表中 L_2 也可与制造厂另行商定。

2. 质量、转动惯量是计算近似值。

表 23-62　JMⅠ型膜片联轴器许用补偿量

项目 \ 补偿量 \ 型号	JMⅠ1～JMⅠ6	JMⅠ7～JMⅠ10	JMⅠ11～JMⅠ19
轴向 Δx/mm	1	1.5	2
角向 $\Delta\alpha$	1°	30′	

表 23-63　JMⅡ型膜片联轴器基本参数和主要尺寸（摘自 JB/T 9147—1999）　（单位：mm）

型号	公称转矩 T_n /N·m	瞬时最大转矩 T_{max} /N·m	最大转速 n_{max} /(r/min)	轴孔直径 d、d_1	轴孔长度 J_1型 L	轴孔长度 Y型 L	$L_{推荐}$	D	D_1	t_1	扭转刚度 C/(N·m/rad)	质量 m /kg	转动惯量 I /kg·m²
JMⅡ1	40	63	10700	14	27	32	35	80	39	8±0.2	0.37×10^6	0.9	0.0005
				16、18、19	30	42							
				20、22、24	38	52							
				25、28	44	62							
JMⅡ2	63	100	9300	20、22、24	38	52	40	92	53		0.45×10^6	1.4	0.0011
				25、28	44	62							
				30、32、35、38	60	82							

（续）

型号	公称转矩 T_n /N·m	瞬时最大转矩 T_{max} /N·m	最大转速 n_{max}/(r/min)	轴孔直径 d、d_1	轴孔长度 J_1 型 L	轴孔长度 Y 型 L	$L_{推荐}$	D	D_1	t_1	扭转刚度 C/(N·m/rad)	质量 m/kg	转动惯量 I/kg·m²
JMⅡ3	100	200	8400	25、28	44	62	45	102	63	8±0.2	0.56×10^6	2.1	0.002
				30、32、35、38	60	82							
				40、42、45	84	112							
JMⅡ4	250	400	6700	30、32、35、38	60	82	55	128	77	11±0.3	0.81×10^6	4.2	0.006
				40、42、45、48、50、55	84	112							
JMⅡ5	500	800	5900	35、38	60	82	65	145	91		1.2×10^6	6.4	0.012
				40、42、45、48、50、55、56	84	112							
				60、63、65	107	142							
JMⅡ6	800	1250	5100	40、42、45、48、50、55、56	84	112	75	168	105	14±0.3	1.42×10^6	9.6	0.024
				60、63、65、70、71、75	107	142							
JMⅡ7	1000	2000	4750	45、48、50、55、56	84	112	80	180	112	15±0.4	1.9×10^6	12.5	0.0365
				60、63、65、70、71、75	107	142							
				80	132	172							
JMⅡ8	1600	3150	4300	50、55、56	84	112		200	120		2.35×10^6	15.5	0.057
				60、63、65、70、71、75	107	142							
				80、85	132	172							
JMⅡ9	2500	4000	4200	55、56	84	112	80	205	120	20±0.4	2.7×10^6	16.5	0.065
				60、63、65、70、71、75	107	142							
				80、85	132	172							
JMⅡ10	3150	5000	4000	55、56	84	112	90	215	128		3.02×10^6	19.5	0.083
				60、63、65、70、71、75	107	142							
				80、85、90	132	172							
JMⅡ11	4000	6300	3650	60、63、65、70、71、75	107	142	100	235	132	23±0.5	3.46×10^6	25	0.131
				80、85、90、95	132	172							
JMⅡ12	5000	8000	3400	60、63、65、70、71、75	107	142		250	145		3.67×10^6	30	0.174
				80、85、90、95	132	172							
				100	167	212							
JMⅡ13	6300	10000	3200	63、65、70、71、75	107	142	110	270	155		5.2×10^6	36	0.239
				80、85、90、95	132	172							
				100、110	167	212							
JMⅡ14	8000	12500	2850	65、70、71、75	107	142	115	300	162	27±0.6	7.8×10^6	45	0.38
				80、85、90、95	132	172							
				100、110	167	212							
JMⅡ15	10000	16000	2700	70、71、75	107	142	125	320	176		8.43×10^6	55	0.5
				80、85、90、95	132	172							
				100、110、120、125	167	212.							

（续）

型号	公称转矩 T_n /N·m	瞬时最大转矩 T_{max} /N·m	最大转速 n_{max} /(r/min)	轴孔直径 d、d_1	轴孔长度 J₁型	轴孔长度 Y型	轴孔长度 $L_{推荐}$	D	D_1	t_1	扭转刚度 C/(N·m/rad)	质量 m/kg	转动惯量 I/kg·m²
					L	L							
JMⅡ16	12500	20000	2450	75	107	142	140	350	186	32±0.7	10.23×10⁶	75	0.85
				80、85、90、95	132	172							
				100、110、120、125	167	212							
				130	202	252							
JMⅡ17	16000	25000	2300	80、85、90、95	132	172	145	370	203		10.97×10⁶	85	1.1
				100、110、120、125	167	212							
				130、140	202	252							
JMⅡ18	20000	31500	2150	90、95	132	172	165	400	230		13.07×10⁶	115	1.65
				100、110、120、125	167	212							
				130、140、150	202	252							
				160	242	302							
JMⅡ19	25000	40000	1950	100、110、120、125	167	212	175	440	245	38±0.9	14.26×10⁶	150	2.69
				130、140、150	202	252							
				160、170	242	302							
JMⅡ20	31500	50000	1850	110、120、125	167	212	185	460	260		22.13×10⁶	170	3.28
				130、140、150	202	252							
				160、170、180	242	302							
JMⅡ21	35500	56000	1800	120、125	167	212	200	480	280		23.7×10⁶	200	4.28
				130、140、150	202	252							
				160、170、180	242	302							
				190、200	282	352							
JMⅡ22	40000	63000	1700	130、140、150	202	252	210	500	295		24.6×10⁶	230	5.18
				160、170、180	242	302							
				190、200	282	352							
JMⅡ23	50000	8000	1600	140、150	202	252	220	540	310	44±1	29.71×10⁶	275	7.7
				160、170、180	242	302							
				190、200、220	282	352							

（续）

型号	公称转矩 T_n /N·m	瞬时最大转矩 T_{max} /N·m	最大转速 n_{max} /(r/min)	轴孔直径 d、d_1	轴孔长度 J₁型 L	轴孔长度 Y型 L	轴孔长度 $L_{推荐}$	D	D_1	t_1	扭转刚度 C/(N·m/rad)	质量 m/kg	转动惯量 I/kg·m²
JMⅡ24	63000	10000	1450	150	202	252	240	600	335	50±1.2	32.64×10^6	380	9.3
				160、170、180	242	302							
				190、200、220	282	352							
				240	330	410							
JMⅡ25	80000	125000	1400	160、170、180	242	302	255	620	350		37.69×10^6	410	15.3
				190、200、220	282	352							
				240、250	330	410							
JMⅡ26	90000	140000	1300	180	242	302	275	660	385		50.43×10^6	510	20.9
				190、200、220	282	352							
				240、250、260	330	410							
JMⅡ27	112000	180000	1200	190、200、220	282	352	295	720	410	60±1.4	71.51×10^6	620	32.4
				240、250、260	330	410							
				280	380	470							
JMⅡ28	148000	200000	1150	220	282	352	300	740	420		93.37×10^6	680	36
				240、250、260	330	410							
				280、300	380	470							
JMⅡ29	160000	224000	1100	240、250、260	330	410	320	770	450		114.53×10^6	780	43.9
				280、300、320	380	470							
JMⅡ30	180000	280000	1050	250、260	330	410	350	820	490		130.76×10^6	950	60.5
				280、300、320	380	470							
				340	450	550							

注：质量、转动惯量是按 $L_{推荐}$ 计算近似值。

表 23-64 JMⅡJ型膜片联轴器基本参数和主要尺寸（摘自 JB/T 9147—1999） （单位：mm）

型号	公称转矩 T_n /N·m	瞬时最大转矩 T_{max} /N·m	最大转速 n_{max} /(r/min)	轴孔直径 d、d_1	轴孔长度 J_1型 L	轴孔长度 Y型 L	轴孔长度 $L_{推荐}$	D	D_1	D_2	L_{1min}	t	质量 m/kg L_{1min}质量	质量 m/kg 每增加1m质量	转动惯量 I /kg·m²
JMⅡJ1	63	100	9300	20、22、24	38	52	40	92	53	45	70	8±0.2	2	4.1	0.002
				25、28	44	62									
				30、32、35、38	60	82									
JMⅡJ2	100	200	8400	25、28	44	62	45	102	63		80		2.9		0.003
				30、32、35、38	60	82									
				40、42、45	84	112									
JMⅡJ3	250	400	6700	30、32、35、38	60	82	55	128	77	76	96	11±0.3	5.7	8	0.009
				40、42、45、48、50、55	84	112									
JMⅡJ4	500	800	5900	35、38	60	82	65	145	91		116		8.5		0.017
				40、42、45、48、50、55、56	84	112									
				60、63、65	107	142									
JMⅡJ5	800	1250	5100	40、42、45、48、50、55、56	84	112	75	168	105	102	136	14±0.3	12.5	12	0.034
				60、63、65、70、71、75	107	142									
JMⅡJ6	1250	2000	4750	45、48、50、55、56	84	112	80	180	112		140	15±0.2	16.5		0.053
				60、63、65、70、71、75	107	142									
				80	132	172									
JMⅡJ7	2000	3150	4300	50、55、56	84	112		200	120	114			21	19	0.082
				60、63、65、70、71、75	107	142									
				80、85	132	172									
JMⅡJ8	2500	4000	4200	55、56	84	112		205				20±0.4	23		0.092
				60、63、65、70、71、75	107	142									
				80、85	132	172									

（续）

型号	公称转矩 T_n /N·m	瞬时最大转矩 T_{max} /N·m	最大转速 n_{max} /(r/min)	轴孔直径 d、d_1	轴孔长度 J₁型 L	轴孔长度 Y型 L	轴孔长度 $L_{推荐}$	D	D_1	D_2	L_{1min}	t	质量 m/kg L_{1min}质量	质量 m/kg 每增加1m质量	转动惯量 I /kg·m²
JMⅡJ9	3150	5000	4000	55、56	84	112	90	215	128	127	160	20±0.4	27	21	0.117
				60、63、65、70、71、75	107	142									
				80、85、90	132	172									
JMⅡJ10	4000	6300	36500	60、63、65、70、71、75	107	142	100	235	132		170	23±0.5	36		0.191
				80、85、90、95	132	172									
JMⅡJ11	5000	8000	3400	60、63、65、70、71、75	107	142		250	145	140			42	26	0.252
				80、85、90、95	132	172									
				100	167	212									
JMⅡJ12	6300	10000	3200	60、63、65、70、71、75	107	142	110	270	155		190		50		0.349
				80、85、90、95	132	172									
				100、110	167	212									
JMⅡJ13	8000	12500	2850	65、70、71、75	107	142	115	300	162	165	200	27±0.6	66	47	0.56
				80、85、90、95	132	172									
				100、110	167	212									
JMⅡJ14	10000	16000	2700	70、71、75	107	142	125	320	176		220		78		0.75
				80、85、90、95	132	172									
				100、110、120、125	167	212									
JMⅡJ15	12500	20000	2450	75	107	142	140	350	186		240	32±0.7	110	51	1.26
				80、85、90、95	132	172									
				100、110、120、125	167	212									
				130	202	252									
JMⅡJ16	16000	25000	2300	80、85、90、95	132	172	145	370	203	219	250		125	72	1.63
				100、110、120、125	167	212									
				130、140	202	252									

JMⅡJ17	20000	31500	2150	90、95	132	172	165	400	230	219	290	32±0.7	160	72	2.45
				100、110、120、125	167	212									
				130、140、150	202	252									
				160	242	302									
JMⅡJ18	25000	40000	1950	100、110、120、125	167	212	175	440	245		300	38±0.9	220		3.99
				130、140、150	202	252									
				160、170	242	302									
JMⅡJ19	31500	50000	1850	100、110、120、125	167	212	185	460	260	267	320		245	89	4.98
				130、140、150	202	252									
				160、170、180	242	302									
JMⅡJ20	35500	56000	1800	120、125	167	212	200	480	280		350		275		6.28
				130、140、150	202	252									
				160、170、180	242	302									
				190、200	282	352									
JMⅡJ21	40000	63000	1700	120、125	167	212	210	500	295		370		320		7.68
				130、140、150	202	252									
				160、170、180	242	302									
				190、200	282	352									
JMⅡJ22	50000	80000	1600	140、150	202	252	220	540	310	299	380	44±1	400	110	11.6
				160、170、180	242	302									
				190、200、220	282	352									
JMⅡJ23	63000	100000	1450	140、150	202	252	240	600	335	356	410	50±1.2	560	145	19.8
				160、170、180	242	302									
				190、200、220	282	352									
				240	330	410									

（续）

型号	公称转矩 T_n /N·m	瞬时最大转矩 T_{max} /N·m	最大转速 n_{max} /(r/min)	轴孔直径 d、d_1	轴孔长度 J_1型 L	轴孔长度 Y型 L	轴孔长度 $L_{推荐}$	D	D_1	D_2	L_{1min}	t	质量 m/kg L_{1min}质量	质量 m/kg 每增加1m质量	转动惯量 I /kg·m²
JMⅡJ24	80000	125000	1400	160、170、180	242	302	255	620	350	356	440	50±1.2	620	145	23.6
				190、200、220	282	352									
				240、250	330	410									
JMⅡJ25	90000	140000	1300	180	242	302	275	660	385		480		740		31.6
				190、200、220	282	352									
				240、250、260	330	410									
				280	380	470									
JMⅡJ26	112000	180000	1200	180	242	302	295	720	410	406	510	60±1.4	970	190	50.4
				190、200、220	282	352									
				240、250、260	330	410									
				280、300	380	470									
JMⅡJ27	140000	200000	1150	220	282	352	300	740	420		520		1050		57
				240、250、260	330	410									
				280、300	380	470									
JMⅡJ28	160000	224000	1100	240、250、260	330	410	320	770	450	457	560		1200	215	69.4
				280、300	380	470									
JMⅡJ29	180000	280000	1050	250、260	330	410	350	820	490		620		1400		95.5
				280、300、320	380	470									
				340	450	550									
JMⅡJ30	280000	450000	1000	280、300、320	380	470		875	480	559	600	50±1.6		235	96.5
				340、360	450	550			550						109.5
JMⅡJ31	400000	630000	930	300、320	380	470		935	520	610	630	60±1.9	1800	290	142
				340、360、380	450	550			560						152
				400	540	650			600						162

JMⅡJ32	450000	710000	880	320	380	470	380	1030	480	622	690	60±1.9	2250	330	194
				340、360、380	450	550			600						224
				400、420	540	650			640						240
JMⅡJ33	560000	900000	820	360、380	450	550	400	1080	580	660	726	66±2.2	2750	390	271
				400、420、440、450、460	540	650			700						325
JMⅡJ34	1000000	1600000	740	400、420、440、450、460			460	1160	620	750	836	70±2.3	3500	450	387
				480、500					750						465
JMⅡJ35	1400000	2240000	680	440、450、460、480、500			520	1290	790	820	946	82±2.6	5000	570	750
				530、560	680	800			840						810
JMⅡJ36	2000000	3150000	620	480、500	540	650	570	1410	760	900	1040	92±2.8	6600	710	1050
				530、560、600	680	800			920						1290
JMⅡJ37	2800000	4000000	570	450、460、480、500	540	650	610	1530	810	1000	1100	105±3	8400	880	1630
				530、560、600、630	680	800			980						1950
JMⅡJ38	4000000	6000000	520	560、600、630			670	1670	950	1100	1210	115±3.4	11000	1050	2670
				670、710	780	—			1070						3030
JMⅡJ39	5000000	8000000	480	600、630	680	800	730	1830	970	1200	1320	125±3.7	14500	1350	4060
				670、710、750	780	—			1170						4800
JMⅡJ40	6300000	10000000	430	670、710、750			800	2000	1140	1300	1450	130±4	19000	1600	6600
				800、850	880				1290						7500
JMⅡJ41	8000000	12500000	400	750	780			2200	1260	1400	1600	140±4.4	25000	1850	10400
				800、850	880				1420						11900
JMⅡJ42	10000000	16000000	350	800、850			960	2400	1370	1500	1760		32000	2100	15200
				900、950	980				1550						17400

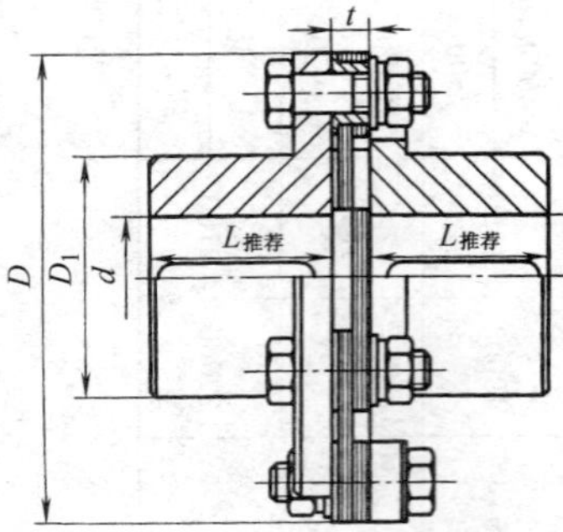

图 23-44　JMⅡ型膜片联轴器

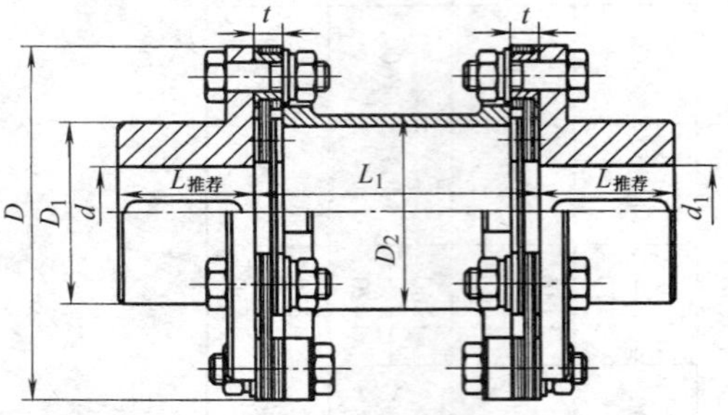

JMⅡJ1~JMⅡJ29型

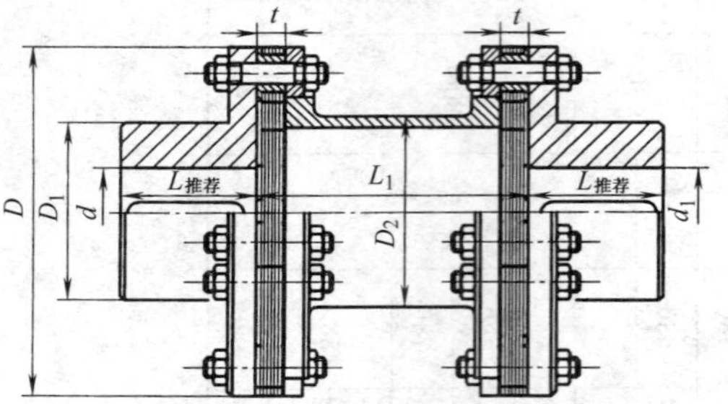

JMⅡJ30型~JMⅡJ42型

图 23-45　JMⅡJ 型膜片联轴器

5）JMⅠ型许用补偿量见表 23-62，JMⅡ型许用补偿量见表 23-65。JMⅠJ 型为 JMⅠ型补偿量的 2 倍，JMⅡJ 型为 JMⅡ型补偿量的 2 倍。表中所列许用补偿量是指工作状态允许的由于制造误差、安装误差、工作载荷变化引起的振动、冲击、变形、温度变化等综合因素形成的两轴相对偏移量。

23.1.4.2　蛇形弹簧联轴器

蛇形弹簧联轴器是利用蛇形弹簧嵌在两半联轴器凸缘上的齿间，以实现传递转矩和两半联轴器连接。为防止蛇形弹簧在离心力作用下甩出及避免蛇形弹簧与齿接触处发生干摩擦，需用封闭的壳体罩住，并在里面注以润滑油或润滑脂。蛇形弹簧联轴器分为恒刚度和变刚度两种，主要取决于与弹簧接触齿的形状。

直线齿形：在正常载荷时，蛇形弹簧与齿接触点之间的距离不随弹簧变形量的改变而变化，刚度不变，两半联轴器的相对转角与所传递的转矩为线性关系，属于恒刚度蛇形弹簧联轴器（见图 23-46a）。

曲线齿形：载荷较小时，蛇形弹簧的直线部分与被联接的轴线平行；随着载荷增大，蛇形弹簧的变形亦增大，与齿的接触亦增大，而与齿接触点之间的距离越来越短，刚度增大，两半联轴器的相对转角与所传递的转矩为非线性关系，属于变刚度蛇形弹簧联轴器（见图 23-46b）。

直线齿形虽加工方便，只适用于传递转矩变化较小的工况，性能差；曲线齿形适用于转矩变化较大，正反转多变的工况，有较好的减振缓冲作用和良好的补偿轴线偏移性能。

表 23-65　JMⅡ型膜片联轴器许用补偿量

型号 / 补偿量 / 项目	JMⅡ1 ~ JMⅡ8	JMⅡ9 ~ JMⅡ17	JMⅡ18 ~ JMⅡ26	JMⅡ27 ~ JMⅡ30
轴向 Δx/mm	1	2.5	4	6
角向 $\Delta\alpha$	1°			

1）蛇形弹簧的受力分析和强度计算

作用在弹簧上的力：

$$F=\frac{2T_c}{zD_0}=\frac{2\pi T_c}{z^2 t}$$

式中　T_c——联轴器的计算转矩（N · mm）；

z——半联轴器上的齿数；

D_0——弹簧平均厚度处的分布圆直径，即齿的节圆直径。

在受最大载荷时，交接处弹簧截面 m-m 强度应满足以下条件：

$$\sigma_{max}=\frac{2Fa}{tbh}+\frac{6K_\sigma F(l-a)}{bh^2}\leqslant[\sigma]$$

式中　$[\sigma]$——弹簧的许用应力，取 $[\sigma]=(0.5\sim0.7)\sigma_s$；

K_σ——弹簧的应力集中系数。

t、b、h、l、a 见图 23-47。

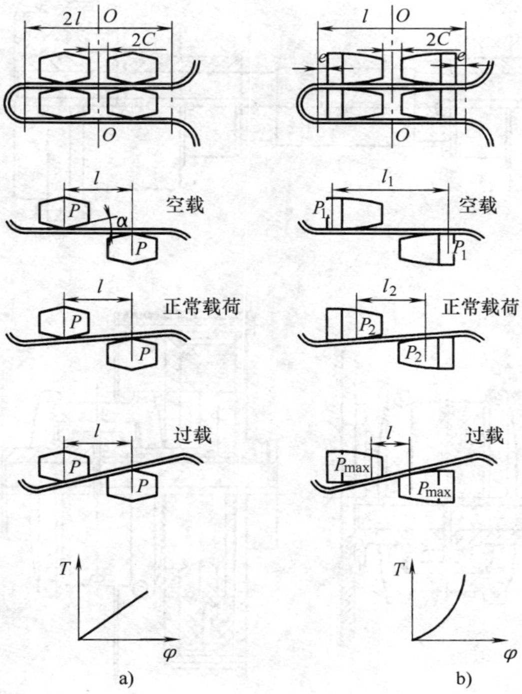

图 23-46　蛇形弹簧联轴器的齿廓及其受载过程

a）直线齿形　b）曲线齿形

2）蛇形弹簧的挠度和刚度

挠度 y：

$$y=\frac{Fa^2}{24EI}(24l-16a+3\pi t)$$

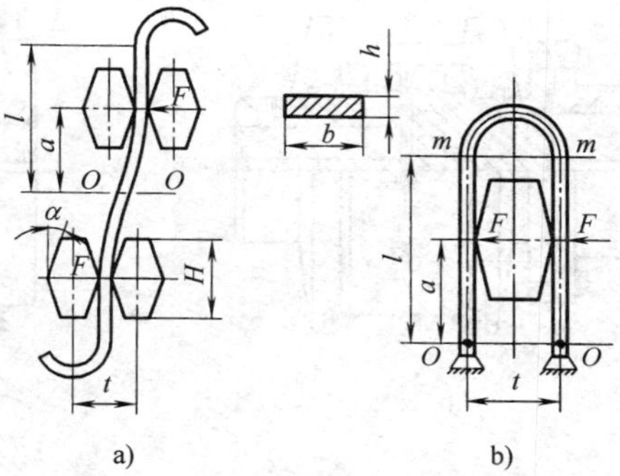

图 23-47　蛇形弹簧作用力分析

a）直线齿蛇形弹簧实际受力

b）简化的力学模型

或

$$y=\frac{T_c a^2}{12zD_0EI}(24l-16a+3\pi t)$$

两半联轴器相对扭转角 φ：

$$\varphi=\frac{Fa^2}{6D_0EI}(24l-16a+3\pi t)$$

或

$$\varphi=\frac{T_c a^2}{3ZD_0^2EI}(24l-16a+3\pi t)$$

联轴器的刚度 C：

$$C=\frac{T_c}{\varphi}=\frac{3ZD_0^2EI}{a^2(24l-16a+3\pi t)}$$

3）修订后的标准蛇形弹簧联轴器有如图 23-48 所示的九种结构形式，适用范围很广。尺寸及性能数据见表 23-66。

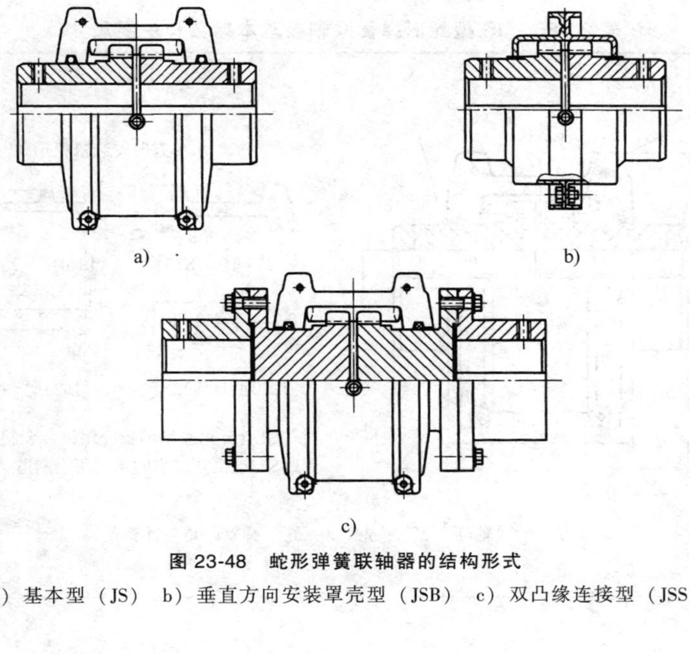

图 23-48　蛇形弹簧联轴器的结构形式

a）基本型（JS）　b）垂直方向安装罩壳型（JSB）　c）双凸缘连接型（JSS）

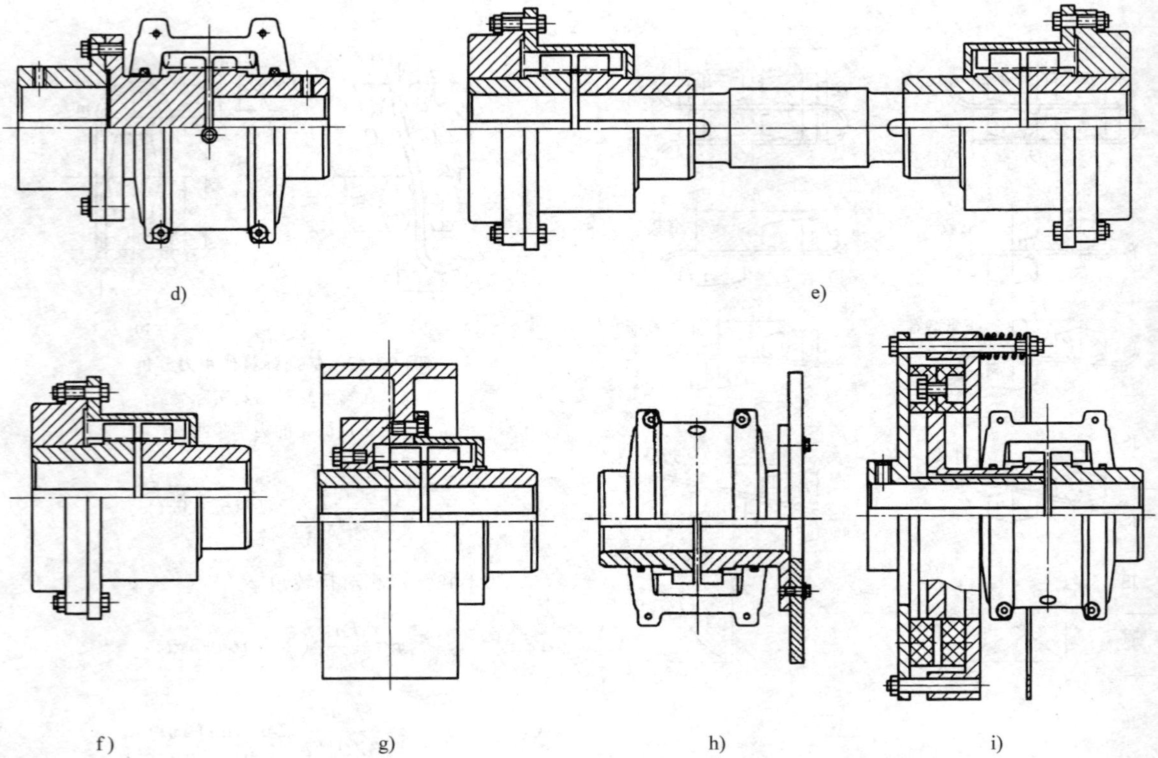

图 23-48　蛇形弹簧联轴器的结构形式（续）
d）单凸缘连接型（JSD）
e）接中间轴型（JSJ）　f）高速型（JSG）　g）带制动轮型（JSZ）
h）带制动盘型（JSP）　i）安全型（JSA）

表 23-66　JS 型蛇形弹簧联轴器基本参数和主要尺寸

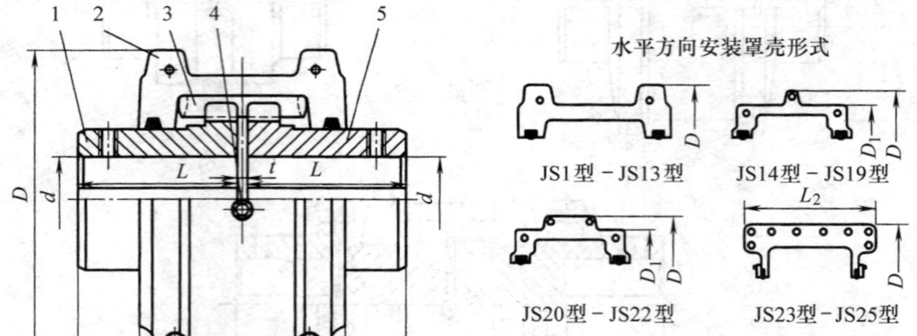

JS1型至JS22型的罩壳用铝合金制造
JS23型至JS25型的罩壳用钢制造

1、5—半联轴器　2—罩壳　3—蛇形弹簧　4—润滑孔

（续）

型号	公称转矩 T_n /N·m	许用转速 [n] /(r/min)	轴孔直径 d /mm	轴孔长度/mm Y型			L（推荐）	总长 L_0 /mm	L_2 /mm	D /mm	D_1 /mm	间隙 t /mm	质量(无孔) m /kg	转动惯量 I /kg·m²	润滑油 /kg
				Y型	J、J_1、Z、Z_1、Z_2、Z_3型										
				L	L	L_1									
JS1	45	4500	18、19	42	30	42	47	97	66	95		3	1.91	0.00141	0.0272
			20、22、24	52	38	52									
			25、28	62	44	62									
JS2	140		22、24	52	38	52			68	105			2.59	0.00223	0.0408
			25、28	62	44	62									
			30、32、35	82	60	82									
JS3	224		25、28	62	44	62	50	103	70	115			3.36	0.00327	0.0544
			30、32、35、38	82	60	82									
			40、42	112	84	112									
JS4	400		32、35、38	82	60	82	60	123	81	130			5.44	0.00727	0.068
			40、42、45、48、50	112	84	112									
JS5	630	4300	40、42、45、48、50、55、56				63	129	94	150			7.26	0.0119	0.0862
JS6	900	4100	48、50、55、56				76	155	97	160			10.4	0.0185	0.113
			60、63、65	142	107	142									
JS7	1800	3600	55、56	112	84	112	89	181	115	190			17.3	0.0451	0.172
			60、63、65、70、71、75	142	107	142									
			80	172	132	172									
JS8	3150		65、70、71、75	142	107	142	98	199	122	210			25.4	0.0787	0.254
			80、85、90、95	172	132	172									
JS9	5600	2400	75	142	107	142	120	245	155	250		5	42.2	0.178	0.426
			80、85、90、95	172	132	172									
			100、110	212	167	212									
JS10	8000	2200	85、90、95	172	132	172	127	259	162	270			54.4	0.27	0.508
			100、110、120	212	167	212									
JS11	12500	2000	90、95	172	132	172	149	304	191	310		6	81.2	0.514	0.735
			100、110、120、125	212	167	212									
			130、140	252	202	252									
JS12	18000	1800	110、120、125	212	167	212	162	330	195	346			121	0.989	0.907
			130、140、150	252	202	252									
			160、170	302	242	302									
JS13	25000	1600	120、125	212	167	212	184	374	201	384			178	1.85	1.13
			130、140、150	252	202	252									
			160、170、180	302	242	302									
			190、200	352	282	352									
JS14	35500	1500	140、150	252	202	252	183	372	271	450	391		227	3.49	1.95
			160、170、180	302	242	302									
			190、200、220	352	282	352									
JS15	50000	1300	160、170、180	302	242	302	198	402	278	500	431		309	5.82	2.81
			190、200、220	352	282	352									
			240	410	330										
JS16	63000	1200	180	302	242	302	216	438	307	566	487		448	10.4	3.49
			190、200、220	352	282	352									
			240、250、260	410	330										
			280	470	380										

（续）

型号	公称转矩 T_n /N·m	许用转速 [n] /(r/min)	轴孔直径 d /mm	轴孔长度/mm				总长 L_0 /mm	L_2 /mm	D /mm	D_1 /mm	间隙 t /mm	质量（无孔） m /kg	转动惯量 I /kg·m²	润滑油 /kg
				Y型	J、J_1、Z、Z_1、Z_2、Z_3型		L（推荐）								
				L	L	L_1									
JS17	90000	1100	200、220	352	282	352	239	484	321	630	555	6	619	18.3	3.76
			240、250、260	410	330										
			280、300	470	380										
JS18	125000	1000	240、250、260	410	330		260	526	325	675	608		776	26.1	4.4
			280、300、320	470	380										
			340	550	450										
JS19	160000	900	280、300、320	470	380		280	566	355	756	660		1057	43.5	5.62
			340、360	550	450										
JS20	224000	820	300、320	470	380		305	623	432	845	751	13	1424	75.5	10.5
			340、360、380	550	450										
JS21	315000	730	320	470	380		325	663	490	920	822		1785	113	16.1
			340、360、380	550	450										
			400、420	650	540										
JS22	400000	680	340、360、380	550	450		345	703	546	1000	905		2267	175	24
			400、420、440、450	650	540										
JS23	500000	630	360、380	550	450		368	749	648	1087			2950	339	33.8
			400、420、440、450、460、480	650	540										
JS24	630000	580	400、420、440、450	650	540		401	815	698	1180			3833	524	50.1
			460、480、500												
			530	800	680										
JS25	800000	540	420、440、450、460、480、500	650	540		432	877	762	1260			4682	711	67.2
			530、560	800	680										

23.1.4.3 簧片联轴器

簧片联轴器（GB/T 12922—2008）的弹性元件是由若干组簧片组成。簧片组沿径向呈辐射状分布，每组簧片的一端为固定端，另一端为自由端。当联轴器传递转矩时，簧片与花键轴接触的可动端相对于固定端发生弯曲变形，使两半联轴器相对扭转某一角度。为了增大联轴器的缓冲和吸振效果，每组簧片间的空腔中充满润滑油。在变载荷作用下，簧片左右弯曲变形，形成油腔的压力变化，迫使润滑油经簧片两侧的缝隙从一侧流至另一侧，产生较大的黏性摩擦阻尼。该联轴器的最大特点是阻尼性能好，润滑油还可减轻因簧片的弯曲变形而在簧片之间发生的摩擦和磨损。

簧片联轴器有较好的阻尼特性，弹性好，弹性元件变形大，结构紧凑，安全可靠。适用于载荷变化较大，有扭转振动的轴系。多用于船舶、内燃机、柴油发电机组、重型车辆及工业用柴油机动力机组等中低速、大功率，以柴油机为动力的传动装置中，用以调节轴系传动系统扭转振动的自振频率，降低共振时的振幅。

1）按簧片组的结构，联轴器分为图 23-49 所示的不可逆转和可逆转两种。

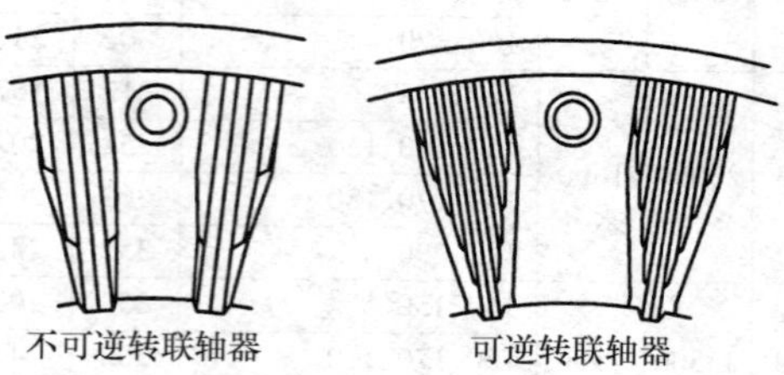

图 23-49 簧片组结构

2）簧片联轴器是由内部构件和外部构件组成，其结构如图 23-50 所示。

3）基本参数。按在公称转矩作用下内外构件之间的相对扭转角的大小，联轴器分为 55、85、140 和 55U、85U、140U 六个系列，各系列基本参数见表 23-67。

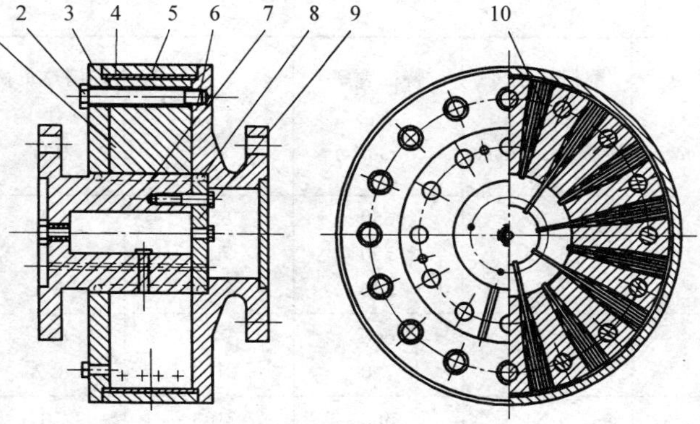

图 23-50　簧片联轴器

外部构件：1—中间块　2—六角头螺栓　3—侧板　4—中间圈
5—紧固圈　6—法兰　10—簧片组件
内部构件：7—花键轴　8—O 形橡胶密封圈　9—密封圈座

表 23-67a　55 系列联轴器基本参数

规格系列	公称转矩 T_n /kN · m	静扭转刚度 C_s /(MN·m/rad)	特征频率 ω_0 /(rad/s)	许用阻尼振动转矩 $[T_d]$ /(kN·m/MPa)	许用热负荷 $[P_v]$ /kW	许用径向补偿量 $[\Delta Y]$ /mm	许用轴向补偿量 $[\Delta X]$ /mm
41×2.5-55	4.29	0.079	160	1.72	1.1	0.24	1.5
41×5-55	8.58	0.158	350	3.44	1.2	0.31	
41×7.5-55	12.9	0.237	500	5.16	1.3	0.35	
41×10-55	17.2	0.315	690	6.88	1.4	0.39	
48×7.5-55	17.9	0.323	460	7.08	1.7	0.39	2
48×10-55	23.9	0.43	610	9.45	1.9	0.43	
48×12.5-55	29.9	0.538	800	11.8	2	0.47	
56×10-55	32.1	0.588	530	12.8	2.5	0.48	2.5
56×12.5-55	40.2	0.735	630	15.9	2.6	0.51	
56×15-55	48.2	0.883	800	19.1	2.8	0.55	
63×12.5-55	52.1	0.98	630	20.1	3.2	0.56	2.5
63×15-55	62.5	1.18	770	24.1	3.4	0.6	
63×17.55-55	73	1.37	890	28.1	3.6	0.63	
72×15-55	80.1	1.48	650	31.1	4.2	0.65	3
72×17.5-55	93.4	1.73	750	36.3	4.4	0.68	
72×20-55	107	1.98	850	41.5	4.7	0.71	
80×17.5-55	110	2.04	580	45.3	5.3	0.72	
80×20-55	126	2.33	660	51.8	5.5	0.75	
80×22.5-55	141	2.62	740	58.3	5.8	0.78	

（续）

规格系列	公称转矩 T_n /kN·m	静扭转刚度 C_s /(MN·m/rad)	特征频率 ω_0 /(rad/s)	许用阻尼振动转矩 $[T_d]$ /(kN·m/MPa)	许用热负荷 $[P_v]$ /kW	许用径向补偿量 $[\Delta Y]$ /mm	许用轴向补偿量 $[\Delta X]$ /mm
90×20-55	166	3.07	650	65.5	6.8	0.82	3.5
90×22.5-55	186	3.45	750	73.7	7	0.86	
90×25-55	207	3.84	830	81.9	7.3	0.89	
100×22.5-55	233	4.33	660	91.7	8.4	0.92	
100×25-55	259	4.81	750	102	8.7	0.96	
110×25-55	315	5.84	660	123	10	1	4
110×30-55	379	7.01	880	148	11	1.1	
125×25-55	419	7.87	630	158	13	1.1	
125×30-55	502	9.44	820	190	13	1.2	
125×35-55	586	11	990	222	14	1.3	

表 23-67b　85 系列联轴器基本参数

规格系列	公称转矩 T_n /kN·m	静扭转刚度 C_s /(MN·m/rad)	特征频率 ω_0 /(rad/s)	许用阻尼振动转矩 $[T_d]$ /(kN·m/MPa)	许用热负荷 $[P_v]$ /kW	许用径向补偿量 $[\Delta Y]$ /mm	许用轴向补偿量 $[\Delta X]$ /mm
41×2.5-85	4.02	0.049	74	1.28	1.1	0.24	1.5
41×5-85	8.04	0.098	150	2.57	1.2	0.3	
41×7.5-85	12.1	0.147	210	3.85	1.3	0.34	
48×7.5-85	17.2	0.206	220	5.11	1.7	0.39	2
48×10-85	22.9	0.275	290	6.81	1.9	0.43	
56×10-85	28.7	0.345	210	9.04	2.5	0.46	2.5
56×12.5-85	35.9	0.431	260	11.3	2.6	0.49	
63×12.5-85	44.6	0.536	230	14.3	3.2	0.53	
63×15-85	53.6	0.643	290	17.2	3.4	0.57	
72×15-85	72.6	0.875	280	22.1	4.2	0.63	3
72×17.5-85	84.7	1.02	320	25.8	4.4	0.66	
80×15-85	83.4	0.998	200	27.6	5.1	0.66	
80×17.5-85	97.3	1.16	230	32.2	5.3	0.69	
80×20-85	111	1.33	260	36.8	5.5	0.72	
90×20-85	147	1.76	260	46.7	6.8	0.79	3.5
90×22.5-85	165	1.98	290	52.5	7	0.82	
100×20-85	184	2.23	240	57.8	8.1	0.85	
100×22.5-85	207	2.51	280	65	8.4	0.89	
110×20-85	221	2.64	220	70.2	9.5	0.91	4
110×25-85	276	3.3	210	87.7	10	0.98	
125×20-85	292	3.54	210	90.2	12	1	
125×25-85	365	4.42	280	113	13	1.1	
125×30-85	438	5.31	280	135	13	1.1	

表 23-67c　140 系列联轴器基本参数

规格系列	公称转矩 T_n /kN·m	静扭转刚度 C_s /(MN·m/rad)	特征频率 ω_0 /(rad/s)	许用阻尼振动转矩 $[T_d]$ /(kN·m/MPa)	许用热负荷 $[P_v]$ /kW	许用径向补偿量 $[\Delta Y]$ /mm	许用轴向补偿量 $[\Delta X]$ /mm
41×2.5-140	2.35	0.017	32	1.24	1.1	0.2	1.5
41×5-140	4.7	0.034	62	2.47	1.2	0.25	
41×7.5-140	7.06	0.051	97	3.71	1.3	0.29	
41×10-140	9.41	0.069	130	4.95	1.4	0.32	
48×7.5-140	11.4	0.08	110	4.86	1.7	0.33	2
48×10-140	14.8	0.107	160	6.48	1.9	0.37	
48×12.5-140	18.6	0.134	200	8.1	2	0.4	
56×10-140	19.4	0.14	130	8.56	2.5	0.4	2.5
56×12.5-140	24.2	0.175	160	10.7	2.6	0.43	
56×15-140	29	0.21	190	12.8	2.8	0.46	
63×12.5-140	30.9	0.226	150	13.5	3.2	0.47	
63×15-140	37.1	0.271	180	16.2	3.4	0.5	
63×17.5-140	43.2	0.316	220	18.9	3.6	0.53	
72×15-140	47.4	0.346	150	21	4.2	0.54	3
72×17.5-140	55.3	0.403	170	24.5	4.4	0.57	
72×20-140	63.2	0.461	200	28	4.7	0.6	
80×17.5-140	68.2	0.5	150	30.5	5.3	0.61	
80×20-140	78	0.571	180	34.9	5.5	0.64	
80×22.5-140	87.7	0.642	200	39.2	5.8	0.67	
90×20-140	98.5	0.721	160	44.1	6.8	0.69	3.5
90×22.5-140	111	0.811	180	49.6	7	0.72	
90×25-140	123	0.901	200	55.1	7.3	0.75	
100×22.5-140	141	1.03	170	61.5	8.4	0.78	
100×25-140	156	1.15	200	68.4	8.7	0.81	
110×25-140	189	1.38	170	82.5	10	0.86	4
110×30-140	226	1.66	200	99	11	0.91	
125×25-140	251	1.84	160	107	13	0.95	
125×30-140	301	2.21	190	128	13	1	
125×35-140	351	2.58	260	149	14	1.1	

表 23-67d　55U 系列联轴器基本参数

规格系列	公称转矩 T_n /kN · m	静扭转刚度 C_s /(MN·m/rad)	特征频率 ω_0 /(rad/s)	许用阻尼振动转矩 [T_d] /(kN·m/MPa)	许用热负荷 [P_v] /kW	许用径向补偿量 [ΔY] /mm	许用轴向补偿量 [ΔX] /mm
41×2.5-55U	3.91	0.071	110	1.31	1.1	0.24	1.5
41×5-55U	7.83	0.142	210	2.61	1.2	0.3	
41×7.5-55U	11.7	0.213	300	3.92	1.3	0.34	
41×10-55U	15.7	0.284	420	5.23	1.4	0.38	
48×7.5-55U	15.9	0.295	280	5.26	1.7	0.38	2
48×10-55U	21.2	0.393	380	7.02	1.9	0.42	
48×12.5-55U	26.5	0.492	470	8.77	2	0.45	
56×10-55U	28.9	0.54	330	9.26	2.5	0.46	2.5
56×12.5-55U	36.1	0.675	430	11.6	2.6	0.5	
56×15-55U	43.3	0.81	510	13.9	2.8	0.53	
63×12.5-55U	43.5	0.805	330	14.9	3.2	0.53	
63×15-55U	52.2	0.966	390	17.6	3.4	0.56	
63×17.5-55U	60.9	1.13	460	20.6	3.6	0.59	
72×15-55U	70.1	1.3	380	22.7	4.2	0.62	3
72×17.5-55U	81.8	1.51	440	26.5	4.4	0.65	
72×20-55U	93.4	1.73	510	30.3	4.7	0.68	
80×17.5-55U	96	1.77	350	32.2	5.3	0.69	
80×20-55U	110	2.03	400	37.9	5.5	0.72	
80×22.5-55U	123	2.28	450	42.6	5.8	0.75	
90×20-55U	145	2.7	400	47.8	6.8	0.79	3.5
90×22.5-55U	163	3.04	440	53.8	7	0.82	
90×25-55U	181	3.37	490	59.7	7.3	0.85	
100×22.5-55U	203	3.76	390	67	8.4	0.88	
100×25-55U	225	4.18	440	74.5	8.7	0.91	
110×22.5-55U	251	4.67	390	80.7	9.8	0.95	4
110×25-55U	279	5.19	430	89.7	10	0.98	
110×30-55U	334	6.23	460	108	11	1	
125×25-55U	361	6.7	430	116	13	1.1	
125×30-55U	433	8.04	430	139	13	1.1	
125×35-55U	505	9.39	540	162	14	1.2	

表 23-67e　85U 系列联轴器基本参数

规格系列	公称转矩 T_n /kN·m	静扭转刚度 C_s /(MN·m/rad)	特征频率 ω_0 /(rad/s)	许用阻尼振动转矩 $[T_d]$ /(kN·m/MPa)	许用热负荷 $[P_v]$ /kW	许用径向补偿量 $[\Delta Y]$ /mm	许用轴向补偿量 $[\Delta X]$ /mm
41×2.5-85U	2.76	0.03	41	1.36	1.1	0.21	1.5
41×5-85U	5.52	0.066	87	2.72	1.2	0.27	
41×7.5-85U	8.29	0.099	120	4.07	1.3	0.3	
41×10-85U	11	0.132	160	5.43	1.4	0.33	
48×7.5-85U	11.3	0.135	110	5.49	1.7	0.34	2
48×10-85U	15.1	0.18	150	7.32	1.9	0.37	
48×12.5-85U	18.8	0.226	180	9.15	2	0.4	
56×10-85U	20.9	0.251	130	9.59	2.5	0.41	2.5
56×12.5-85U	26.1	0.313	160	12	2.6	0.44	
56×15-85U	31.3	0.376	190	14.4	2.8	0.47	
63×12.5-85U	33.3	0.404	150	15.1	3.2	0.48	
63×15-85U	40	0.484	180	18.2	3.4	0.51	
63×17.5-85U	46.7	0.565	210	21.2	3.6	0.54	
72×15-85U	53.2	0.641	170	23.5	4.2	0.56	3
72×17.5-85U	62.1	0.748	200	27.4	4.4	0.59	
72×20-85U	71	0.855	230	31.4	4.7	0.62	
80×17.5-85U	70.3	0.838	140	34.3	5.3	0.62	
80×20-85U	80.4	0.958	170	39.1	5.5	0.65	
80×22.5-85U	90.4	1.08	180	44	5.8	0.67	
90×20-85U	110	1.32	180	49.5	6.8	0.72	3.5
90×22.5-85U	123	1.49	200	55.7	7	0.75	
90×25-85U	137	1.65	220	61.9	7.3	0.77	
100×22.5-85U	153	1.86	170	69.3	8.4	0.8	
100×25-85U	170	2.06	190	77	8.7	0.83	
110×22.5-85U	182	2.19	150	83.3	9.8	0.85	4
110×25-85U	202	2.43	170	92.5	10	0.88	
110×30-85U	242	2.92	210	111	11	0.94	
125×25-85U	272	3.32	170	119	13	0.97	
125×30-85U	326	3.99	180	143	13	1	
125×35-85U	380	4.65	240	167	14	1	

表 23-67f　140U 系列联轴器基本参数

规格系列	公称转矩 T_n /kN · m	静扭转刚度 C_s /(MN·m/rad)	特征频率 ω_0 /(rad/s)	许用阻尼振动转矩 $[T_d]$ /(kN·m/MPa)	许用热负荷 $[P_v]$ /kW	许用径向补偿量 $[\Delta Y]$ /mm	许用轴向补偿量 $[\Delta X]$ /mm
41×2. 5-140U	1. 83	0. 013	25	1. 28	1. 1	0. 18	1. 5
41×5-140U	3. 66	0. 027	53	2. 55	1. 2	0. 23	
41×7. 5-140U	5. 49	0. 04	76	3. 83	1. 3	0. 26	
41×10-140U	7. 32	0. 053	110	5. 1	1. 4	0. 29	
48×7. 5-140U	7. 67	0. 056	76	5. 13	1. 7	0. 3	2
48×10-140U	10. 2	0. 074	100	6. 84	1. 9	0. 33	
48×12. 5-140U	12. 8	0. 093	120	8. 55	2	0. 35	
56×10-140U	15	0. 109	100	8. 91	2. 5	0. 37	2. 5
56×12. 5-140U	18. 7	0. 137	130	11. 1	2. 6	0. 4	
56×15-140U	22. 5	0. 164	150	13. 4	2. 8	0. 42	
63×12. 5-140U	23. 5	0. 17	110	14. 1	3. 2	0. 43	
63×15-140U	28. 2	0. 205	140	16. 9	3. 4	0. 46	
63×17. 5-140U	32. 9	0. 239	160	19. 7	3. 6	0. 48	
72×15-140U	36. 8	0. 266	120	22. 1	4. 2	0. 5	3
72×17. 5-140U	42. 9	0. 31	140	25. 7	4. 4	0. 53	
72×20-140U	49	0. 355	160	29. 4	4. 7	0. 55	
80×17. 5-140U	51	0. 379	120	31. 8	5. 3	0. 56	
80×20-140U	59. 2	0. 433	130	36. 3	5. 5	0. 58	
80×22. 5-140U	66. 6	0. 487	150	40. 8	5. 8	0. 61	
90×20-140U	77. 2	0. 57	130	45. 9	6. 8	0. 64	3. 5
90×22. 5-140U	86. 8	0. 641	140	51. 6	7	0. 66	
90×25-140U	96. 5	0. 712	160	57. 3	7. 3	0. 69	
100×22. 5-140U	112	0. 836	140	64	8. 4	0. 72	
100×25-140U	125	0. 929	160	71	8. 7	0. 75	
110×22. 5-140U	129	0. 947	120	77. 4	9. 8	0. 76	4
110×25-140U	144	1. 05	130	86	10	0. 79	
110×30-140U	173	1. 26	150	103	11	0. 83	
125×25-140U	191	1. 4	120	111	13	0. 86	
125×30-140U	229	1. 68	150	133	13	0. 92	
125×35-140U	267	1. 96	170	156	14	0. 97	

4）联轴器的许用弹性振动转矩按图 23-51 计算。

【例 23-6】 已知联轴器型号 BC90×20-55；联轴器公称转矩 T_n = 166kN · m；柴油机的平均转矩 T= 108kN · m。

求：联轴器许用弹性振动转矩。

【解】 ① 求 T/T_n。T/T_n = 108/166 = 0.65。

② 根据 T/T_n 值，从图 23-51 中查得：

持续许用弹性转矩 $[T_e]$/公称转矩 T_n = 0.406

瞬时许用弹性转矩 $[T_e]$/公称转矩 T_n = 0.65

③ 由此可得：

持续许用弹性振动转矩 $[T_e] = T_n \times 0.405$ = 67 kN · m

瞬时许用弹性振动转矩 $[T_e] = T_n \times 0.65$ = 108 kN · m

5）联轴器的连接形式如图 23-52 所示。各种形式联轴器连接尺寸、质量和转动惯量见表 23-68。

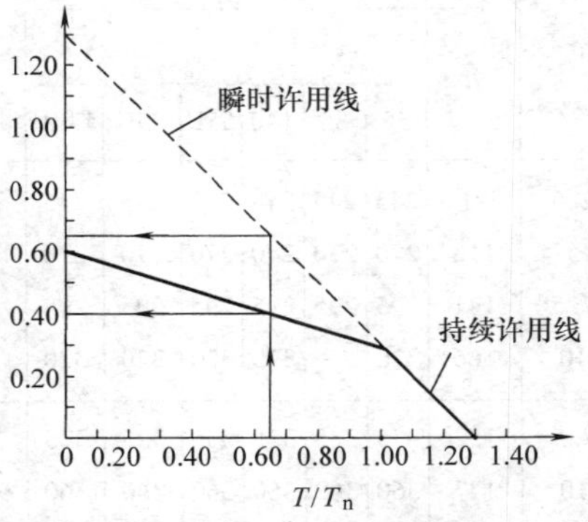

图 23-51　联轴器许用弹性振动转矩

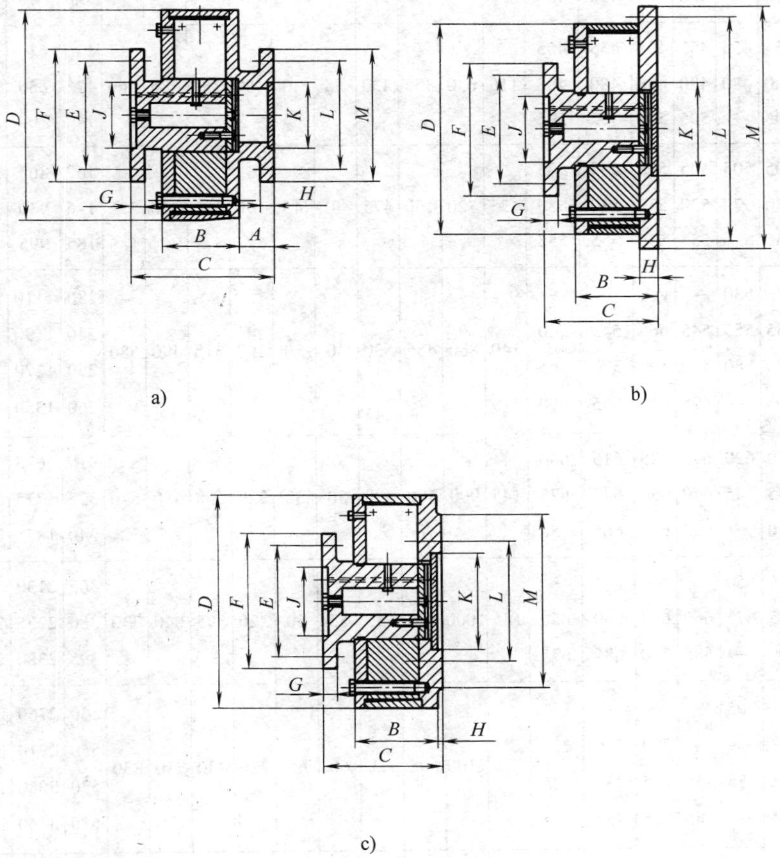

图 23-52　联轴器的连接形式

a）B 型　b）BC 型　c）BE 型

表 23-68a B 型联轴器连接尺寸、质量和转动惯量

规格	连接尺寸/mm																	质量 m /kg			转动惯量 I /kg · m^2	
	B	C						A	D	E	F	G	H	J	K	L	M					
		55	85	140	55U	85U	140U											内部	外部	总和	内部	外部
41×2.5	91	245	245	245	245	245	245	75	410	230	285	20	25	120	175	265	315	22	125	147	0.14	3.36
41×5	116	270	270	270	270	270	270											240	145	169	0.15	3.87
41×7.5	141	295	295	295	295	295	295											27	165	192	0.16	4.36
41×10	166	320	—	320	320	320	320											29	185	214	0.17	4.87
48×7.5	152	335	335	335	335	335	335	90	480	275	335	25	30	160	195	300	355	47	245	292	0.39	9.03
48×10	177	360	360	360	360	360	360											50	275	325	0.41	9.98
48×12.5	202	385	—	360	360	360	360											54	305	359	0.43	10.93
56×10	190	400	400	400	400	400	400	100	560	315	390	30	35	180	220	345	405	78	390	468	0.89	19.15
56×12.5	215	425	425	425	425	425	425											83	430	513	0.92	20.9
56×15	240	450	—	450	450	450	450											88	470	558	0.95	22.7
63×12.5	224	455	455	455	455	455	455	110	630	355	430	35	40	180	250	385	460	125	610	735	1.55	37.65
63×15	249	480	480	480	480	480	480											135	655	790	1.6	40.55
63×17.5	274	505	—	505	505	505	505											140	700	840	1.65	43.35
72×15	256	505	505	505	505	505	505	125	720	400	475	40	45	190	280	440	525	167	865	1032	2.7	69
72×17.5	281	530	530	530	530	530	530											176	930	1106	2.75	73.9
72×20	306	555	—	555	555	555	555											185	995	1180	2.85	78.7
80×15	264	—	530	—	—	—	—	140	800	455	530	40	50	190	315	490	580	230	1110	1340	4.55	108
80×17.5	289	555	555	545	565	545	540											240	1190	1430	4.7	115
80×20	314	580	580	570	590	570	565											250	1270	1520	4.85	123
80×22.5	339	605	—	595	615	595	590											260	1350	1610	5	130
90×20	322	620	620	615	625	615	600	145	900	500	590	50	55	220	350	580	670	310	1675	1985	8.15	202
90×22.5	347	645	645	640	650	640	625											325	1775	2100	8.35	214
90×25	372	670	—	665	675	665	650											340	1875	2215	8.55	226
100×20	328	—	650	—	—	—	—	155	1000	555	655	55	60	220	395	640	730	365	2130	2495	12.85	321
100×22.5	353	675	675	660	675	660	650											380	2255	2635	13.15	339
100×25	378	700	—	685	700	685	675											395	2380	2775	13.45	357
110×20	343	—	705	—	—	—	—	175	1100	605	720	60	65	220	430	710	830	530	2760	3290	21.2	507
110×22.5	368	—	—	—	730	710	700											550	2910	3460	21.7	533
110×25	393	755	755	735	755	735	725											570	3060	3630	22.2	560
110×30	443	805	—	785	825	785	775											610	3360	3970	23.1	613
125×20	342	—	725	—	—	—	—	190	1250	690	820	70	75	250	485	820	925	800	3620	4420	40.2	849
125×25	392	780	805	780	815	780	770											850	4010	4860	41.8	937
125×30	442	855	855	830	865	830	820											900	4400	5300	43.4	1025
125×35	492	905	—	880	915	900	—											950	4790	5740	45	1113

表 23-68b BC 型联轴器连接尺寸、质量和转动惯量

规格	连接尺寸/mm																质量 m /kg			转动惯量 I /kg·m^2	
	B	C						D	E	F	G	H	J	K	L	M					
		55	85	140	55U	85U	140U										内部	外部	总和	内部	外部
41×2.5	91	170	170	170	170	170	170	410	230	285	20	40	120	200	465	510	22	105	127	0.14	3.14
41×5	116	195	195	195	195	195	195										24	125	149	0.15	3.65
41×7.5	141	220	220	220	220	220	220										27	145	172	0.16	4.14
41×10	166	245	—	245	245	245	245										29	165	194	0.17	4.65
48×7.5	152	245	245	245	245	245	245	480	275	355	25	47	160	230	545	595	47	215	262	0.39	8.59
48×10	177	270	270	270	270	270	270										50	245	295	0.41	9.54
48×12.5	202	295	—	295	295	295	295										54	275	329	0.43	10.49
56×10	190	300	300	300	300	300	300	560	315	390	30	50	180	270	630	685	78	350	428	0.89	18.3
56×12.5	215	325	325	325	325	325	325										83	390	473	0.92	20.05
56×15	240	350	—	350	350	350	350										88	430	518	0.95	21.85
63×12.5	224	345	345	345	345	345	345	630	355	430	35	55	180	300	715	780	125	550	675	1.55	36.05
63×15	249	370	370	370	370	370	370										135	595	730	1.6	38.95
63×17.5	274	395	—	395	395	395	395										140	640	780	1.65	41.75
72×15	256	380	380	380	380	380	380	720	400	475	40	60	190	335	810	885	167	780	947	2.7	66
72×17.5	281	405	405	405	405	405	405										176	845	1021	2.75	70.9
72×20	306	430	—	430	430	430	430										185	910	1095	2.85	75.7
80×15	264	—	390	—	—	—	—	800	445	530	45	64	190	370	900	975	230	990	1220	4.55	103
80×17.5	289	415	415	405	425	405	400										240	1070	1310	4.7	110
80×20	314	440	440	430	450	430	425										250	1150	1400	4.85	118
90×20	322	475	475	470	480	470	455	900	500	590	50	69	220	460	1000	1085	310	1490	1800	8.15	192
90×22.5	347	500	500	495	505	495	480										325	1590	1915	8.35	204
90×25	372	525	—	520	530	520	505										340	1690	2030	8.55	216
100×20	328	—	495	—	—	—	—	1000	555	655	55	77	220	510	1115	1205	365	1820	2255	12.85	305
100×22.5	353	520	520	505	520	505	495										380	2015	2395	13.15	323
100×25	375	545	—	530	545	530	520										395	2140	2535	13.45	341
110×20	343	—	530	—	—	—	—	1100	605	720	60	88	220	555	1225	1330	530	2430	2960	21.2	479
110×22.5	368	—	—	—	555	535	525										550	2580	3130	21.7	505
110×25	393	580	580	560	580	560	550										570	2730	3300	22.2	532
110×30	443	630	—	610	650	610	600										610	3030	3640	23.1	585
125×20	342	—	535	—	—	—	—	1250	690	820	70	82	250	635	1395	1525	800	3120	3920	40.2	796
125×25	392	590	615	590	625	590	580										850	3510	4360	41.8	884
125×30	442	665	665	640	675	640	630										900	3900	4800	43.4	972
125×35	492	715	—	690	725	710	680										950	4290	5240	45	1060

表 23-68c BE 型联轴器的连接尺寸、质量和转动惯量

规格	连接尺寸/mm																质量 m/kg			转动惯量 I/kg · m²	
	B	C						D	E	F	G	H	J	K	L	M	内部	外部	总和	内部	外部
		55	85	140	55U	85U	140U														
41×2.5	100	180	180	180	180	180	180	410	230	285	20	1	120	200	265	320	22	90	112	0.14	2.14
41×5	125	205	205	205	205	205	205										24	110	134	0.15	2.64
41×7.5	150	230	230	230	230	230	230										27	130	157	0.16	3.14
41×10	175	255	—	255	255	255	255										29	150	179	0.17	3.64
48×7.5	161	255	255	255	255	255	255	480	275	335	25	1	160	230	300	360	47	190	237	0.39	6.35
48×10	186	280	280	280	280	280	280										50	220	270	0.41	7.3
48×12.5	211	305	—	305	305	305	305										54	250	304	0.43	8.25
56×10	199	310	310	310	310	310	310	560	315	390	30	1	180	270	345	425	78	320	398	0.89	14.5
56×12.5	224	335	335	335	335	335	335										83	360	443	0.92	16.25
56×15	249	360	—	360	360	360	360										88	400	488	0.95	18
63×12.5	233	350	350	350	350	350	350	630	355	430	35	1	180	300	385	465	125	475	600	1.55	27.15
63×15	258	375	375	375	375	375	375										135	525	660	1.6	30
63×17.5	283	400	—	400	400	400	400										140	575	715	1.65	32.85
72×15	269	390	395	395	395	395	395	720	400	475	40	2	190	335	440	535	169	720	887	2.7	53.7
72×17.5	294	425	420	420	420	420	420										176	785	961	2.75	58.55
72×20	319	440	—	445	445	445	445										185	850	1035	2.85	63.4
80×15	277	—	400	—	—	—	—	800	445	530	45	2	190	370	490	585	230	920	1150	4.55	84.3
80×17.5	302	430	435	420	440	420	415										240	1000	1240	4.7	91.7
80×20	327	455	450	445	465	445	440										250	1080	1330	4.85	99.1
80×22.5	352	480	—	470	490	470	465										260	1160	1420	5	106.5
90×20	335	490	490	485	495	485	470	900	500	590	50	2	220	460	580	675	310	1400	1710	8.15	162
90×22.5	360	515	515	515	520	510	495										325	1500	1825	8.35	174
90×25	385	540	—	535	545	535	520										340	1600	1940	8.55	186
100×20	341	—	510	—	—	—	—	1000	555	655	55	2	220	510	640	750	365	1760	2125	12.85	252
100×22.5	366	535	535	520	535	520	510										380	1880	2260	13.15	270
100×25	391	560	—	545	560	545	535										395	2000	2395	13.45	288
110×20	350	—	540	—	—	—	—	1100	605	725	60	3	220	550	710	820	530	2190	2720	21.2	380
110×22.5	375	—	—	—	565	545	535										550	2340	2890	21.7	407
110×25	400	590	590	570	590	570	560										570	2490	3060	22.2	433
110×30	450	640	—	620	660	620	610										610	2790	3400	23.1	486
125×20	359	—	555	—	—	—	—	1250	690	820	70	3	250	630	820	930	800	2910	3710	40.2	652
125×25	409	610	635	610	645	610	600										850	3300	4150	41.8	740
125×30	459	685	685	660	695	660	650										900	3690	4590	43.4	828
125×35	509	735	—	710	745	730	700										950	4080	5030	45	916

23.1.4.4　挠性杆联轴器

挠性杆联轴器（GB/T 14653—2008）如图 23-53 所示。它是由内部构件和外部构件组成。内部构件和外部构件通过 6 组或 8 组由合金弹簧钢制作的、沿切线方向布置的挠性杆件相连接，内、外构件通过挠性杆传递转矩。根据使用要求，设置关节轴承以轴向固定。该联轴器具有良好的角向（$\Delta\alpha$）和轴向（Δx）补偿性能，适用于连接两同轴线的轴系传动。

1）挠性杆联轴器按许用转速可分为两个系列：S 系列——普通型（6 组杆、8 组杆），其基本参数见表 23-69；H 系列——高速型（6 组杆、8 组杆），其基本参数见表 23-70。

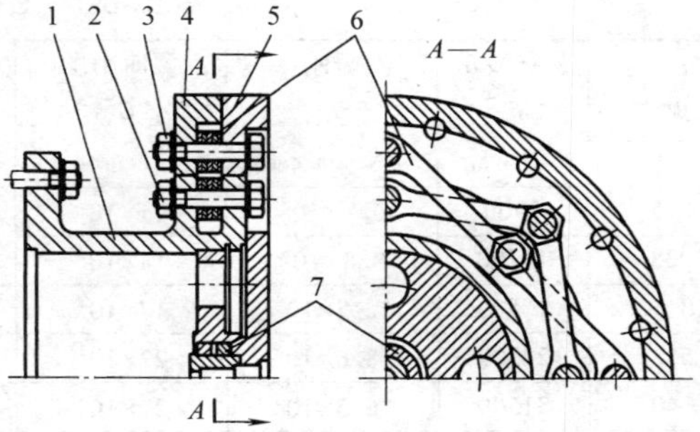

图 23-53　挠性杆联轴器

内部构件：1—内构件　2—六角头螺栓

外部构件：3—六角头螺栓　4—外圈

5—法兰盘　6—杆件　7—关节轴承

表 23-69a　S 系列 6 杆联轴器基本参数

规格	公称转矩 T_n /N·m	扭转刚度 C /(N·m/rad)	弯曲刚度 C_b /(N·m/rad)	轴向刚度 C_x /(N/mm)	最高转速 n_{max} /(r/min)	参数		许用角位移	
						i /mm	k /mm	β /rad	β_{max} /rad
25	5900	5.7×10^6	9×10^3	1020	5300	135	25		
28	8400	8.1×10^6	11×10^3	1140	4800	150	28		
31.5	118000	11.4×10^6	14×10^3	1280	4200	170	31		
35.5	16700	16.1×10^6	18×10^3	1440	3700	190	35		
40	23600	22.7×10^6	23×10^3	1620	3300	210	39		
45	33400	32.1×10^6	28×10^3	1810	2900	240	44		
50	47200	45.3×10^6	36×10^3	2040	2700	270	49		
56	66600	64×10^6	45×10^3	2280	2400	300	55		
63	94000	90×10^6	57×10^3	2560	2100	335	62	12×10^{-3}	15×10^{-5}
71	133000	128×10^6	71×10^3	2870	1900	375	70		
80	188000	180×10^6	90×10^3	3230	1650	420	78		
90	265000	255×10^6	113×10^3	3600	1500	470	88		
100	375000	360×10^6	143×10^3	4050	1350	530	98		
112	529000	508×10^6	180×10^3	4550	1200	600	110		
125	748000	720×10^6	226×10^3	5100	1050	670	124		
140	1056000	1010×10^6	285×10^3	5700	950	750	139		
160	1490000	1430×10^6	358×10^3	6400	850	840	156		
180	2107000	2020×10^6	450×10^3	7200	750	945	175		

注：表中许用角位移的 β 为连续工作状态；β_{max} 为瞬时工作状态。

表 23-69b　S 系列 8 杆联轴器基本参数

规格	公称转矩 T_n /N·m	扭转刚度 C /(N·m/rad)	弯曲刚度 C_b /(N·m/rad)	轴向刚度 C_x /(N/mm)	最高转速 n_{max} /(r/min)	参数 i /mm	参数 k /mm	许用角位移 β /rad	许用角位移 β_{max} /rad
25	7900	6.9×10^6	11×10^3	1080	5300	135	25	8×10^{-3}	12×10^{-3}
28	11200	8.8×10^6	14×10^3	1210	4800	150	28		
31.5	15800	12.7×10^6	17×10^3	1350	4200	170	31		
35.5	22300	18.6×10^6	22×10^3	1520	3700	190	35		
40	31500	26.5×10^6	27×10^3	1710	3300	210	39		
45	44500	37.3×10^6	34×10^3	1920	2900	240	44		
50	62900	52×10^6	43×10^3	2150	2700	270	49		
56	88900	73.5×10^6	54×10^3	2410	2400	300	55		
63	12500	104×10^6	68×10^3	2710	2100	335	62		
71	17500	147×10^6	86×10^3	3040	1900	375	70		
80	250500	208×10^6	108×10^3	3410	1650	420	78		
90	354000	295×10^6	136×10^3	3830	1500	470	88		
100	500000	415×10^6	171×10^3	4300	1350	530	98		
112	706000	586×10^6	215×10^3	4800	1200	600	110		
125	997000	825×10^6	271×10^3	5400	1050	670	124		
140	1410000	1170×10^6	341×10^3	6050	950	750	139		
160	1990000	1650×10^6	430×10^3	6800	850	840	156		
180	2810000	2330×10^6	540×10^3	7650	750	945	175		

注：表中许用角位移的 β 为连续工作状态；β_{max} 为瞬时工作状态。

表 23-70a　H 系列 6 杆联轴器基本参数

规格	公称转矩 T_n /N·m	扭转刚度 C /(N·m/rad)	弯曲刚度 C_b /(N·m/rad)	轴向刚度 C_x /(N/mm)	最高转速 n_{max} /(r/min)	参数 i /mm	参数 k /mm	许用角位移 β /rad	许用角位移 β_{max} /rad
25	4700	5.7×10^6	9×10^3	1020	10700	135	25	9×10^{-3}	11×10^{-3}
28	6700	8.1×10^6	11×10^3	1140	9500	150	28		
31.5	9500	11.4×10^6	14×10^3	1280	8500	170	31		
35.5	13400	16.1×10^6	18×10^3	1140	7500	190	35		
40	18900	22.7×10^6	23×10^3	1620	6700	210	39		
45	26700	32.1×10^6	28×10^3	1810	5900	240	44		
50	37700	45.3×10^6	36×10^3	2040	5300	270	49		
56	53300	64×10^6	45×10^3	2280	4800	300	55		
63	75300	90×10^6	57×10^3	2560	4200	335	62		
71	106500	128×10^6	71×10^3	2870	3800	375	70		
80	150000	180×10^6	90×10^3	3230	3300	420	78		
90	212000	255×10^6	113×10^3	3600	3000	470	88		
100	300000	360×10^6	143×10^3	4050	2700	530	98		
112	423000	508×10^6	180×10^3	4550	2400	600	110		
125	598000	720×10^6	226×10^3	5100	2100	670	124		
140	854000	1010×10^6	285×10^3	5700	1900	750	139		
160	190000	1430×10^6	358×10^3	6400	1700	840	156		
180	1680000	2020×10^6	450×10^3	7200	1500	945	175		

注：表中许用角位移的 β 为连续工作状态；β_{max} 为瞬时工作状态。

表 23-70b　H 系列 8 杆联轴器基本参数

规格	公称转矩 T_n /N·m	扭转刚度 C /(N·m/rad)	弯曲刚度 C_b /(N·m/rad)	轴向刚度 C_x /(N/mm)	最高转速 n_{max} /(r/min)	参数 i /mm	参数 k /mm	许用角位移 β /rad	许用角位移 β_{max} /rad
25	6300	6.9×10^6	11×10^3	1080	10700	135	25	6×10^{-3}	9×10^{-3}
28	9000	8.8×10^6	14×10^3	1210	9500	150	28		
31.5	12600	12.7×10^6	17×10^3	1350	8500	170	31		
35.5	17800	16.6×10^6	22×10^3	1520	7500	190	35		
40	25200	26.5×10^6	27×10^3	1710	6700	210	39		
45	35600	37.3×10^6	34×10^3	1920	5900	240	44		
50	50300	52×10^6	43×10^3	2150	5300	270	49		
56	71100	73.5×10^6	54×10^3	2410	4800	300	55		
63	100500	104×10^6	68×10^3	2710	4200	335	62		
71	142000	147×10^6	86×10^3	3040	3800	375	70		
80	200500	208×10^6	108×10^3	3410	3300	420	78		
90	283000	295×10^6	136×10^3	3830	3000	470	88		
100	400000	415×10^6	171×10^3	4300	2700	530	98		
112	565000	586×10^6	215×10^3	4800	2400	600	110		
125	798000	825×10^6	271×10^3	5400	2100	670	124		
140	1128000	1170×10^6	341×10^3	6050	1900	750	139		
160	1590000	1650×10^6	430×10^3	6800	1700	840	156		
180	2250000	2330×10^6	540×10^3	7650	1500	945	175		

注：表中许用角位移的 β 为连续工作状态；β_{max} 为瞬时工作状态。

2）挠性杆连接形式。联轴器按组合形式和法兰盘结构，可分为 P 型、T 型、F 型、K 型四种。这四种联轴器连接的主要尺寸见表 23-71。

表 23-71a　P 型联轴器连接主要尺寸

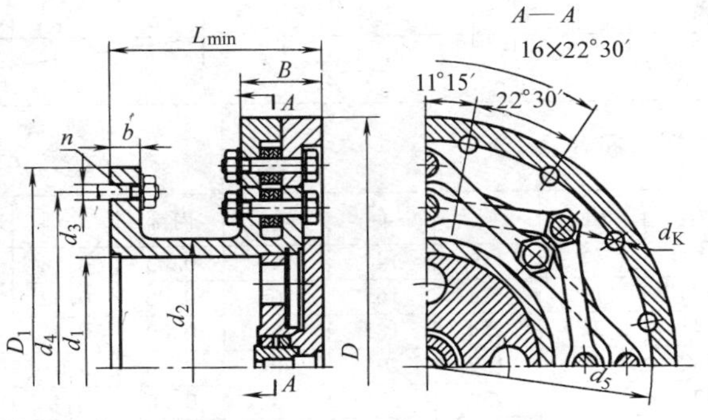

规格	连接主要尺寸/mm											转动惯量 I/kg·m²		质量 m/kg
	D	B	d_5	d_K	D_1	d_4	b	①$n\times d_3$	d_1	d_2	L_{min}	内部	外部	
25	301	49	271	17	238	200	18	20×13	119	147	135	0.09	0.18	27
28	337	54	304	19	250	220	20	20×15	134	165	155	0.16	0.32	58
31.5	378	61	341	21	275	240	23	20×17	150	185	175	0.25	0.57	52.5
35.5	425	68	382	23	310	270	25	20×19	169	208	200	0.46	1.01	74
40	476	75	429	25	355	312	28	20×21	189	233	220	0.85	1.8	104.5
45	535	85	481	28	415	370	32	20×23	212	262	250	1.61	3.2	153.5
50	600	93	540	31	430	380	35	24×25	238	294	270	2.74	5.7	206

（续）

规格	连接主要尺寸/mm											转动惯量 I/kg · m²		质量 m/kg
	D	B	d_5	d_K	D_1	d_4	b	① $n \times d_3$	d_1	d_2	L_{min}	内部	外部	
56	673	104	606	34	475	420	38	24×28	267	330	305	4.28	10.1	289
63	755	116	680	40	550	490	45	24×32	300	370	330	7.94	18	410
71	847	134	763	43	625	560	48	24×34	337	415	365	14.1	32	577
80	950	147	856	50	710	635	54	24×38	378	466	395	25.5	57	813
90	1066	165	961	54	885	810	60	24×40	424	523	445	59.5	101	1207
100	1197	182	1078	62	920	841	70	30×44	475	586	490	91.6	180	1606
112	1343	208	1209	66	1070	980	75	30×46	533	658	545	158	320	2345
125	1506	230	1357	74	1270	1170	85	30×50	599	738	590	309	570	3370
140	1690	257	1522	82	1480	1370	95	30×55	672	828	655	594	1012	4821
160	1896	287	1708	93	1860	1740	105	30×58	754	929	725	1419	1800	7205
180	2128	321	1917	104	2030	1900	120	30×66	846	1043	805	2359	3200	10040

① n 为 d_3 孔的个数。

表 23-71b　T 型联轴器连接主要尺寸

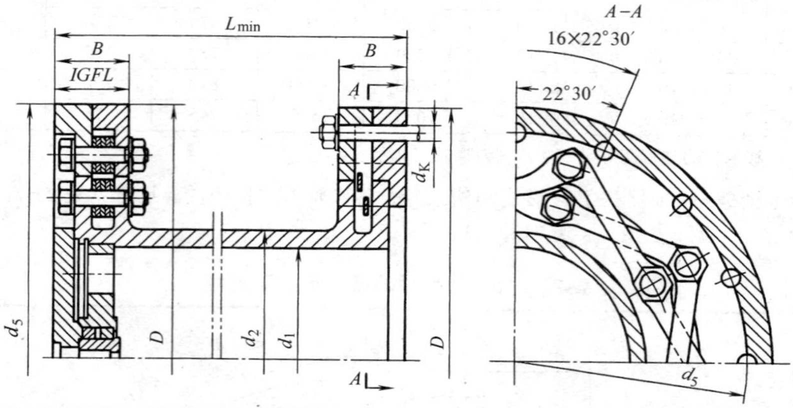

规格	连接主要尺寸/mm							转动惯量 I/kg · m²			质量 m/kg	
	D	B	d_5	d_K	d_1	d_2	L_{min}	内部	外部	100 管轴	IGFL	100 管轴
25	301	49	271	17	119	147	146	0.03	0.18	0.02	18	4.6
28	337	54	304	19	134	165	168	0.06	0.32	0.03	25	5.7
31.5	378	61	341	21	150	185	185	0.09	0.57	0.05	34	7.2
35.5	425	68	382	23	169	208	209	0.16	0.01	0.08	48	9.1
40	476	75	429	25	189	233	232	0.28	1.8	0.13	69	11.5
45	535	85	481	28	212	262	262	0.5	3.2	0.21	97	14.6
50	600	93	540	31	238	294	289	1.13	5.7	0.33	135	18.4
56	673	104	606	34	267	330	319	1.54	10.1	0.53	191	23.2
63	755	116	680	40	300	370	364	2.71	18	0.82	269	28.9
71	847	134	763	43	337	415	402	4.8	32	1.29	380	36.1
80	950	147	856	50	378	466	450	8.7	57	2.06	537	45.8
90	1066	165	961	54	424	523	500	20	101	3.3	761	57.8
100	1197	182	1078	62	475	586	566	34	180	5.2	1033	72.6
112	1343	208	1209	66	533	658	622	48	320	8.2	1516	91.8
125	1506	230	1357	74	599	738	702	82	570	12.9	2084	114.6
140	1690	257	1522	82	672	828	778	143	1012	20.5	2995	144.3
160	1806	287	1708	93	754	929	868	273	1800	32.5	4207	181.6
180	2128	321	1917	104	846	1043	972	490	3200	51.7	5950	229.5

表 23-71c　F 型联轴器连接主要尺寸

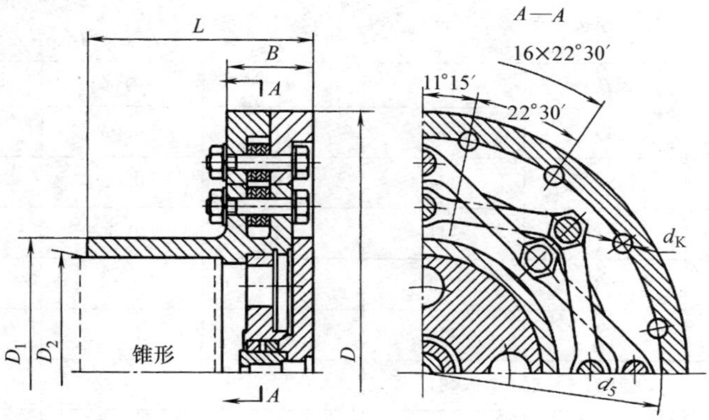

规格	连接主要尺寸/mm							转动惯量 $I/kg \cdot m^2$		质量 m/kg
	D	B	d_5	d_K	D_1	D_2	L	内部	外部	
25	301	49	271	17	147	107	147	0.06	0.18	24.7
28	337	54	304	19	165	120	165	0.11	0.32	34.5
31.5	378	61	341	21	185	135	185	0.18	0.57	47.3
35.5	425	68	382	23	208	151	207	0.32	1.01	67
40	476	75	429	25	233	170	233	0.56	1.8	96
45	535	85	481	28	262	190	261	1	3.2	135
50	600	93	540	31	294	213	292	2	5.7	189
56	673	104	606	34	330	239	328	3.1	10.1	267
63	755	116	680	40	370	269	369	5.5	18	376
71	847	134	763	43	415	301	413	9.8	32	531
80	950	147	856	50	466	338	464	17.6	57	751
90	1066	165	961	54	523	379	520	35.8	101	1065
100	1197	182	1078	62	586	425	585			
112	1343	208	1209	66	658	478	655			
125	1506	230	1357	74	738	535	735			
140	1690	257	1522	82	828	600	820			
160	1896	287	1708	93	929	675	920			
180	2128	321	1917	104	1043	755	1030			

表 23-71d　K 型联轴器连接主要尺寸

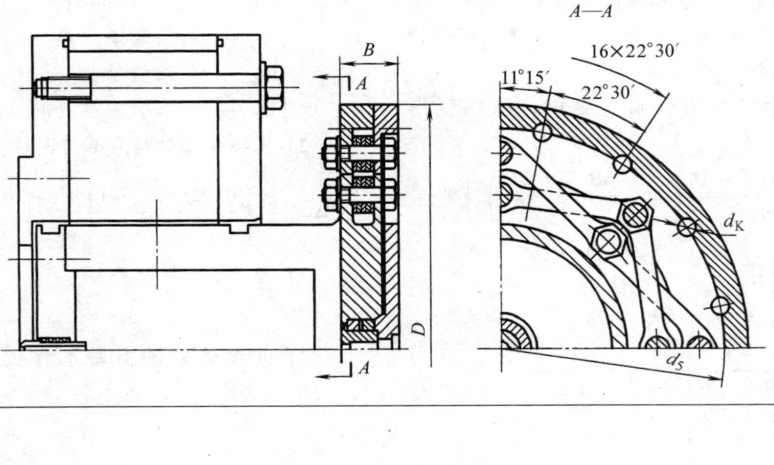

（续）

规格	连接主要尺寸/mm				转动惯量 I/kg·m²		质量 m/kg
	D	B	d_5	d_K	内部	外部	
25	301	49	271	17	0.03	0.18	19.3
28	337	54	304	19	0.06	0.32	27.1
31.5	378	61	341	21	0.1	0.57	38.1
35.5	425	68	382	23	0.18	1.01	53.5
40	476	75	429	25	11.5	1.82	75
45	535	85	481	28	14.6	3.2	106
50	600	93	540	31	18.4	5.7	149
56	673	104	606	34	23.2	10.1	209
63	755	116	680	40	28.9	18	293
71	847	134	763	43	36.1	32	412
80	950	147	856	50	45.8	10.1	579
90	1066	165	961	54	57.8	18	813
100	1197	182	1078	62	72.6	32	1143
112	1343	208	1209	66	91.8	57	1605
125	1506	230	1357	74	114.6	101	2255
140	1690	257	1522	82	144.3	180	3168
160	1890	287	1708	93	181.6	320	4451
180	2128	321	1917	104	229.5	570	6253

23.1.4.5　波纹管联轴器

波纹管联轴器是用外表呈波纹状，材料为锡磷青铜 QSn6.5-0.5 或不锈钢（Cr18Ni9Ti）的薄壁管件，直接与两半联轴器焊接或粘接，两端轴孔与主、从动端轴联接。波纹管联轴器结构简单，加工安装方便，外形尺寸小，质量轻，传动精度高。主要用于传递运动，适用于要求结构紧凑、外形尺寸小，传动精度较高的小功率精密机械传动机构。

1）当波纹管材料为锡磷青铜时，弹性变形计算：

$$\Delta\varphi' = \left[\frac{0.0493(n-1)}{t}\left(\varepsilon a + \frac{\alpha\beta}{\pi} + \frac{0.13L}{d^4}\right)\right]T_c$$

$$\varepsilon = \frac{1}{(D_W - t)^3} + \frac{1}{(D_H + t)^3}$$

$$\alpha = D_W - D_H - 2a$$

$$\beta = \frac{1}{(D_W - a)^3} + \frac{1}{(D_H + a)^3}$$

式中　$\Delta\varphi'$——弹性变形角（°）；

n——波纹圈数；

t——壁厚（mm）；

a——波厚（mm）；

L——轴端长度（mm）；

d——轴径（mm）；

T_c——计算转矩（g·cm）；

D_W——波纹管外径（mm）；

D_H——波纹管内径（mm）。

2）当波纹管材料为不锈钢时，弹性变形计算：

$$\Delta\varphi' = \left[\frac{0.0259(n-1)}{t}\left(\varepsilon a + \frac{\alpha\beta}{\pi} + \frac{0.13L}{d^4}\right)\right]T_c$$

3）弹性回差计算：

$$\Delta\varphi = 2\Delta\varphi'$$

4）波纹管联轴器基本参数和主要尺寸见表 23-72。

表 23-72 BL 型波纹管联轴器基本参数和主要尺寸

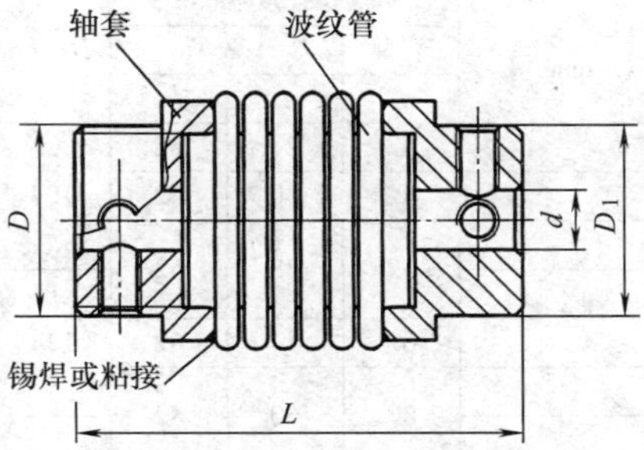

型 号	公称转矩 T_n /N · mm				主 要 尺 寸/mm			
					孔径	内径	外径	长度
	0.5	5	10	15	d	D_1	D	L
	弹性回差/(′)							
BL-10-02	0.6	6	12	18	2H7	8	10h12	21.65
BL-12-02.5	0.25	2.5	5	7.5	2.5H7	9	12h12	22.75
BL-15-03	0.13	1.3	2.6	3.9	3H7		15h12	30.1
BL-18-04	0.06	0.6	1.2	1.8	4H7	12	18h12	31.15
BL-20-15	0.04	0.4	0.8	1.05	5H7		20h12	31.1
BL-22-06	0.02	0.2	0.4	0.65	6H7	14	22h12	32.32

23.1.4.6 金属线簧联轴器（摘自 GB/T 26664—2011）

(1) 型号和标记

联轴器型号表示应符合下列规定：

```
J  X  L  □
|  |  |  └──规格代号
|  |  └─────联轴器代号
|  └────────直线弹簧代号
└───────────金属弹性元件代号(组别代号)
```

标记示例：

JXL1 金属线簧联轴器

JXL1 联轴器 GB/T 26664—2011

(2) 型式、基本参数和主要尺寸（见表 23-73a）

(3) 弹簧销的型式与尺寸（见表 23-73b）

(4) 联轴器许用补偿量（见表 23-73c）

(5) 联轴器主要零件的材料（见表 23-73d）

表 23-73a JXL 型金属线簧联轴器的基本参数和主要尺寸

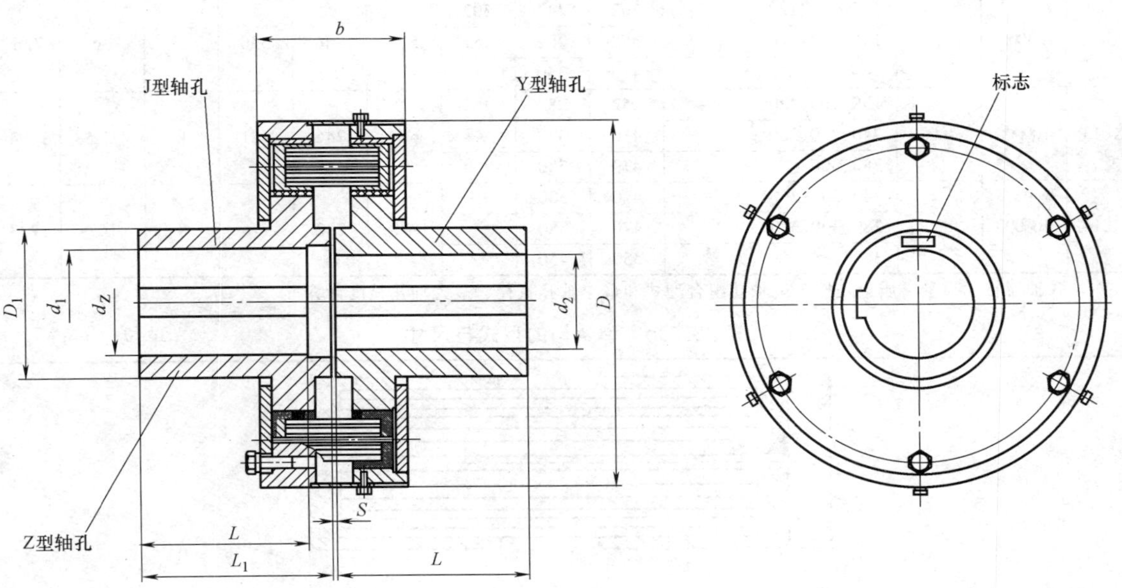

（续）

型号	公称扭矩 T_n/N·m	许用转速 $[n]$/(r/min)	轴孔直径 d_1、d_2、d_Z/mm	轴孔长度/mm Y型 L	J、Z型 L	J、Z型 L_1	D/mm	b/mm	D_1/mm	S/mm	转动惯量 I/kg·m²	质量 m/kg
JXL1	160	5000	12、14	32	27	32	104	76	30	2	0.015	5.1
			16、18	42	30	42						
			20、22、24	52	38	52						
JXL2	315	4500	20、22、24				124	76	49	2	0.021	6.7
			25、28	62	44	62						
			30、32、35	82	60	82						
JXL3	630	4000	30、32、35、38				171	76	56	2.5	0.063	12.5
			40	112	84	112						
JXL4	1250	3270	40、42、45、48、50、55、56				210	108	91	3	0.208	31.5
			60、63、65	142	107	142						
JXL5	2000	2950	50、55、56、60、63、65、70				233	108	98		0.327	36.5
JXL6	3150	2685	60、63、65、70、71、75	142	107	142	256	130	119	4	0.670	61.5
			80、85	172	132	172						
JXL7	6300	2160	70、71、75	142	107	142	318	152	168		1.965	115
			80、85、90、95	172	132	172						
			100、110、120	212	167	212						
JXL8	10000	2010	80、85、90、95	172	132	172	341	146	175	5	2.55	128
			100、110、120	212	167	212						
			125									
JXL9	16000	1650	100、110、120	212	167	212	413	164	210		6.1	211
			125									
			130、140、150	252	202	252						
JXL10	25000	1610	110、120、125	212	167	212	426	225	224	6	9.15	301
			130、140、150	252	202	252						
			160	302	242	302						
JXL11	31500	1380	130、140、150	252	202	252	496	225	295	6	17.5	491
			160、170、180	302	242	302						
			190、200、210	352	282	352						
JXL12	63000	1200	160、170、180	302	242	302	573	246	336	7	36	726
			190、200、220	352	282	352						
			240	410	330	—						
JXL13	100000	1000	190、200、220	352	282	352	684	246	421	8	77.5	1194
			240、250、260	410	330	—						
			280、300	470	380	—						
JXL14	160000	880	240、250、260	410	330	—	778	282	476	8	147	1723
			280、300、320	470	380	—						
			340	550	450	—						

注：联轴器转动惯量、质量是按 J/Y 轴孔组合型式和最小轴孔直径、最大轴孔长度计算。

表 23-73b　弹簧销的型式与尺寸　　（单位：mm）

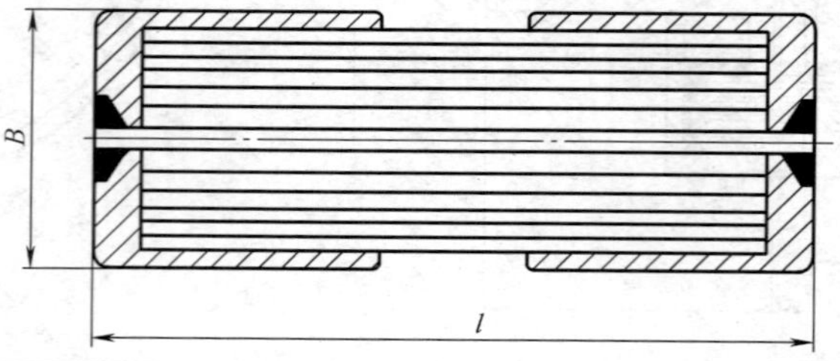

（续）

型号		JXL1 JXL2 JXL3	JXL4 JXL5	JXL6	JXL7	JXL8	JXL9	JXL10 JXL11	JXL12 JXL13	JXL14
尺寸代号	B	25	33	40	40	44	55	68	78	94
	l	68	96	112	128	128	132	195	210	246

表 23-73c　联轴器许用补偿量

型号	JXL1 JXL2	JXL3	JXL4 JXL5	JXL6	JXL7	JXL8	JXL9	JXL10 JXL11	JXL12 JXL13	JXL14
轴向 ΔX/mm	2	2	2	2	4	4	6	6	8	8
径向 ΔY/mm	0.3	0.3	0.3	0.3	0.3	0.3	0.4	0.4	0.4	0.4
角向 $\Delta\alpha$/(°)	0.5	0.5	0.4	0.4	0.4	0.4	0.4	0.4	0.3	0.3

表 23-73d　联轴器主要零件材料

零件序号	零件名称	材料	采用标准编号
1	半联轴器	ZG270-500、ZG310-570、35、45、40Cr	GB/T 11352、GB/T 3077、GB/T 699
2	弹簧	65Mn、60Si2Mn、60Si2MnA	GB/T 1222
3	镶套	40Cr、38CrMoAl、GCr15	GB/T 3077、GB/T 18254
4	杯套	40Cr、45	GB/T 3077、GB/T 699
5	盖板	45、Q235	GB/T 699、GB/T 700
6	螺栓	8.8 级	GB/T 5783
7	弹簧垫圈	65Mn	GB/T 7244
8	外套	45、Q235	GB/T 699、GB/T 700

23.1.5　非金属弹性元件挠性联轴器

非金属弹性元件具有弹性模量变化范围大，容易得到不同的刚度，可用硫化方法使橡胶与金属表面牢固地粘结，能用小型、形状简单的弹性元件构成大型挠性联轴器；还具有内摩擦大、质量轻、单位体积储存的变形能大、阻尼性能好、无机械摩擦与滑动、不需要润滑等优点。

橡胶是非金属材料中应用最多的材料，其次是工程塑料。橡胶强度低，易蠕变，耐油、耐热性差。非金属弹性元件挠性联轴器品种多，数量大，是目前应用最多的挠性联轴器，在现已制定的标准联轴器中占有较大的比例。

23.1.5.1　弹性套柱销联轴器（见表 23-74）

表 23-74a　LT 型弹性套柱销联轴器（摘自 GB/T 4323—2017）

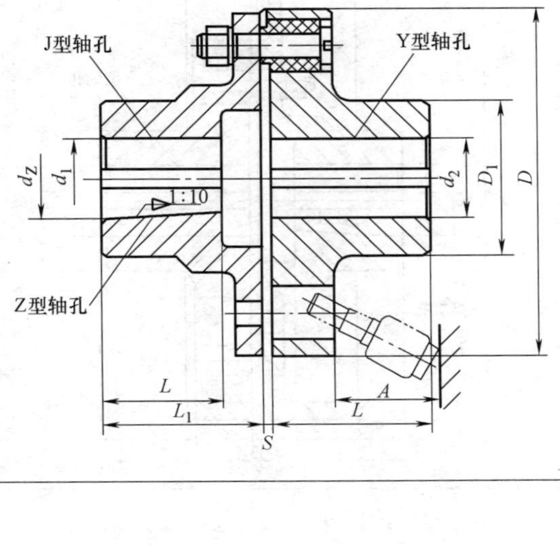

（续）

型号	公称转矩 T_n/N·m	许用转速[n]/(r/min)	轴孔直径 d_1、d_2、d_Z/mm	轴孔长度 Y型 L/mm	轴孔长度 J、Z型 L_1/mm	轴孔长度 J、Z型 L/mm	D/mm	D_1/mm	S/mm	A/mm	转动惯量 I/kg·m²	质量/kg	许用补偿量 ΔY/mm	许用补偿量 Δα/(°)
LT1	16	8800	10、11	22	25	22	71	22	3	18	0.0004	0.7	0.2	1.5
			12、14	27	32	27								
LT2	25	7600	12、14	27	32	27	80	30	3	18	0.001	1.0		
			16、18、19	30	42	30								
LT3	63	6300	16、18、19	30	42	30	95	35	4	35	0.002	2.2		
			20、22	38	52	38								
LT4	100	5700	20、22、24	38	52	38	106	42	4	35	0.004	3.2		
			25、28	44	62	44								
LT5	224	4600	25、28	44	62	44	130	56	5	45	0.011	5.5	0.3	
			30、32、35	60	82	60								
LT6	355	3800	32、35、38	60	82	60	160	71	5	45	0.026	9.6		1
			40、42	84	112	84								
LT7	560	3600	40、42、45、48	84	112	84	190	80	5	45	0.06	15.7		
LT8	1120	3000	40、42、45、48、50、55	84	112	84	224	95	6	65	0.13	24.0	0.4	
			60、63、65	107	142	107								
LT9	1600	2850	50、55	84	112	84	250	110	6	65	0.20	31.0		
			60、63、65、70	107	142	107								
LT10	3150	2300	63、65、70、75	107	142	107	315	150	8	80	0.64	60.2		
			80、85、90、95	132	172	132								
LT11	6300	1800	80、85、90、95	132	172	132	400	190	10	100	2.06	114	0.5	0.5
			100、110	167	212	167								
LT12	12500	1450	100、110、120、125	167	212	167	475	220	12	130	5.00	212		
			130	202	252	202								
LT13	22400	1150	120、125	167	212	167	600	280	14	180	16.0	416	0.6	
			130、140、150	202	252	202								
			160、170	242	302	242								

注：1. 转动惯量和质量是按 Y 型最大轴孔长度、最小轴孔直径计算的数值。

2. 轴孔型式组合为：Y/Y、J/Y、Z/Y。

表 23-74b　LTZ 型——带制动轮型联轴器的型式、基本参数和主要尺寸

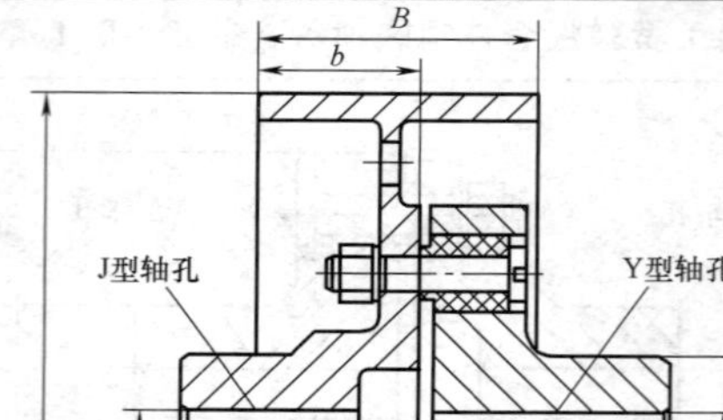

（续）

型号	公称转矩 T_n/N·m	许用转速[n]/(r/min)	轴孔直径 d_1、d_2、d_Z/mm	轴孔长度 Y 型 L	轴孔长度 J、Z 型 L_1	轴孔长度 J、Z 型 L	D/mm	D_1/mm	B/mm	b/mm	S/mm	A/mm	转动惯量 I/kg·m²	质量/kg	许用补偿量 ΔY/mm	许用补偿量 $\Delta\alpha$/(°)
				mm												
LTZ1	224	3800	25、28	44	62	44	200	56	85	40	5	45	0.05	8.3	0.3	1.5
			30、32、35	60	82	60										
LTZ2	355	3000	32、35、38	60	82	60	250	71	105	50	5	45	0.15	15.3		1
			40、42	84	112	84										
LTZ3	560	2400	40、42、45、48	84	112	84	315	80	135	65	5	45	0.45	30.3		
LTZ4	1120	2400	45、48、50、55	84	112	84	315	95	135	65	6	65	0.50	40.0	0.4	
			60、63	107	142	107										
LTZ5	1600	2400	50、55	84	112	84	315	110	135	65	6	65	1.26	47.3		
			60、63、65、70	107	142	107										
LTZ6	3150	1900	63、65、70、75	107	142	107	400	150	170	81	8	80	1.63	93.0		
			80、85、90、95	132	172	132										
LTZ7	6300	1500	80、85、90、95	132	172	132	500	190	210	100	10	100	4.04	172	0.5	0.5
			100、110	167	212	167										
LTZ8	12500	1200	100、110、120、125	167	212	167	630	220	265	127	12	130	15.0	304		
			130	202	252	202										
LTZ9	22400	1000	120、125	167	212	167	710	280	300	143	14	180	33.0	577	0.6	
			130、140、150	202	252	202										
			160、170	242	302	242										

注：1. 转动惯量和质量是按 Y 型最大轴孔长度、最小轴孔直径计算的数值。

2. 轴孔型式组合为：Y/Y/、J/Y、Z/Y。

标记示例：

联轴器的标记方法按 GB/T 3852 的规定。

示例 1：LT6 联轴器

主动端：Y 型轴孔，A 型键槽，d_1 = 38mm，L = 82mm；

从动端：Y 型轴孔，A 型键槽，d_2 = 38mm，L = 82mm；

LT6 联轴器 38×82　GB/T 4323—2017

示例 2：LT8 联轴器

主动端：Z 型轴孔，C 型键槽，d_2 = 50mm，L = 84mm；

从动端：Y 型轴孔，A 型键槽，d_1 = 60mm，L = 142mm；

LT8 联轴器 $\dfrac{\text{ZC}50\times84}{60\times142}$　GB/T 4323—2017

示例 3：LTZ5 联轴器

半联轴器端：J 型轴孔，A 型键槽，d_1 = 55mm，L = 84mm；

带制动轮端：Y 型轴孔，A 型键槽，d_2 = 60mm，L = 142mm；

LTZ5 联轴器 $\dfrac{\text{J}55\times84}{60\times142}$　GB/T 4323—2017

23.1.5.2　弹性柱销联轴器（摘自 GB/T 5014—2017）（见表 23-75 和表 23-76）

23.1.5.3　梅花型联轴器（摘自 GB/T 5272—2017）（见表 23-77）

标记示例：

示例 1：LM145 联轴器

主动端：Y 型轴孔，A 型键槽，d_1 = 45mm，L = 112mm；

从动端：Y 型轴孔，A 型键槽，d_2 = 45mm，L = 112mm；

LM145 联轴器 45×112　GB/T 5272—2017

示例 2：LMS125 联轴器

主动端：Y 型轴孔，A 型键槽，d_1 = 25mm，L = 44mm；

从动端：Z 型轴孔，C 型键槽，d_2 = 30mm，L = 60mm；

LMS125 联轴器 $\dfrac{25\times44}{\text{ZC}30\times82}$　GB/T 5272—2017

示例 3：LML125-200 联轴器

半联轴器端：Y 型轴孔，A 型键槽，d_1 = 38mm，L = 82mm；

带制动轮端：J 型轴孔，A 型键槽，d_2 = 35mm，L = 60mm；

表 23-75a　LX 型弹性柱销联轴器（基本型）的基本参数和主要尺寸

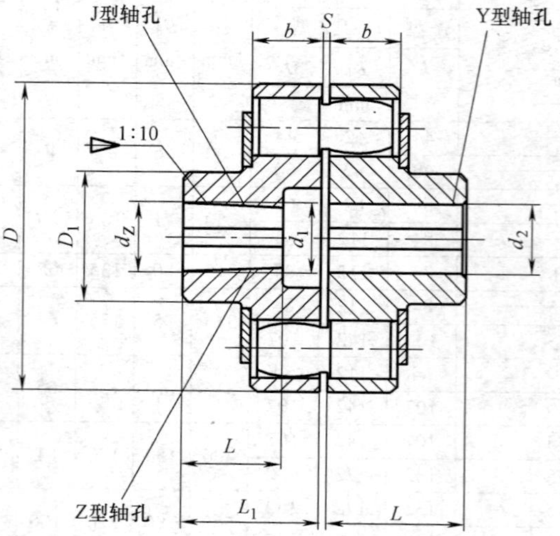

型号	公称转矩 T_n/N·m	许用转速 [n]/(r/min)	轴孔直径 d_1、d_2、d_Z	轴孔长度 Y 型 L	轴孔长度 J、Z 型 L	轴孔长度 J、Z 型 L_1	D	D_1	b	S	转动惯量/kg·m²	质量/kg
			mm									
LX1	250	8500	12、14	32	27	—	90	40	20	2.5	0.002	2
			16、18、19	42	30	42						
			20、22、24	52	38	52						
LX2	560	6300	20、22、24	52	38	52	120	55	28	2.5	0.009	5
			25、28	62	44	62						
			30、32、35	82	60	82						
LX3	1250	4750	30、32、35、38	82	60	82	160	75	36	2.5	0.026	8
			40、42、45、48	112	84	112						
LX4	2500	3850	40、42、45、48、50、55、56	112	84	112	195	100	45	3	0.109	22
			60、63	142	107	142						
LX5	3150	3450	50、55、56	112	84	112	220	120	45	3	0.191	30
			60、63、65、70、71、75	142	107	142						
LX6	6300	2720	50、63、65、70、71、75	142	107	142	280	140	56	4	0.543	53
			80、85	172	132	172						
LX7	11200	2360	70、71、75	142	107	142	320	170	56	4	1.314	98
			80、85、90、95	172	132	172						
			100、110	212	167	212						
LX8	16000	2120	80、85、90、95	172	132	172	360	200	56	5	2.023	119
			100、110、120、125	212	167	212						
LX9	22400	1850	100、110、120、125	212	167	212	410	230	63	5	4.386	197
			130、140	252	202	252						
LX10	35500	1600	110、120、125	212	167	212	480	280	75	6	9.760	322
			130、140、150	252	202	252						
			160、170、180	302	242	302						
LX11	50000	1400	130、140、150	252	202	252	540	340	75	6	20.05	520
			160、170、180	302	242	302						
			190、200、220	352	282	352						
LX12	80000	1220	150、170、180	302	242	302	630	400	90	7	37.71	714
			190、200、220	352	282	352						
			240、250、260	410	330	—						

（续）

型号	公称转矩 T_n/N·m	许用转速 [n]/(r/min)	轴孔直径 d_1、d_2、d_Z	轴孔长度 Y型 L	轴孔长度 J、Z型 L	轴孔长度 J、Z型 L_1	D	D_1	b	S	转动惯量/kg·m²	质量/kg
			mm									
LX13	125000	1060	190、200、220	352	282	352	710	465	100	8	71.37	1057
			240、250、260	410	330	—						
			280、300	470	380	—						
LX14	180000	950	240、250、260	410	330	—	800	530	110	8	170.6	1956
			280、300、320	470	380	—						
			340	550	450	—						

注：质量、转动惯量是按 J/Y 轴孔组合形式和最小轴孔直径计算的。

表 23-75b　LXZ 型带制动轮弹性柱销联轴器的基本参数和主要尺寸

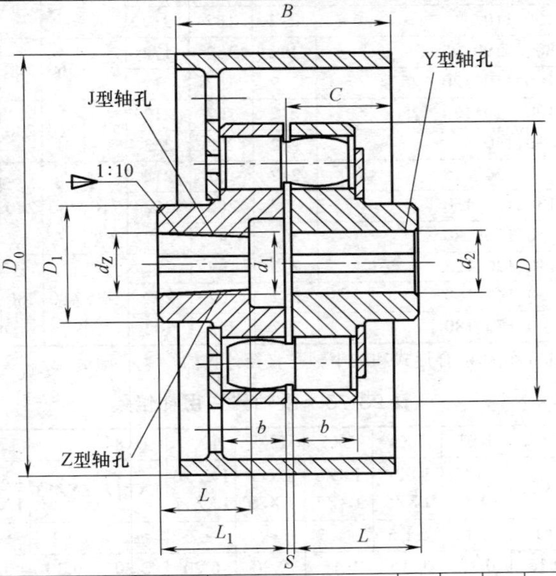

型号	公称转矩 T_n/N·m	许用转速 [n]/(r/min)	轴孔直径 d_1、d_2、d_Z	轴孔长度 Y型 L	轴孔长度 J、Z型 L	轴孔长度 J、Z型 L_1	D_0	D	D_1	B	b	S	C	转动惯量/kg·m²	质量/kg
			mm												
LXZ1	560	5600	20、22、24	52	38	52	200	120	55	85	28	2.5	42	0.055	11
			25、28	62	44	62									
			30、32、35	82	60	82									
LXZ2	1250	3750	30、32、35、38	82	60	82	200	160	75	85	36	2.5	40	0.072	14
			40、42、45、48	112	84	112									
LXZ3	1250	2430	30、32、35、38	82	60	82	315	160	75	132	36	2.5	66	0.313	25
			40、42、45、48	112	84	112									
LXZ4	2500	2430	40、42、45、48、50、55、56	112	84	112	315	195	100	132	45	3	66	0.504	40
			60、63	142	107	142									
LXZ5	2500	1900	40、42、45、48、50、55、56	112	84	112	400	195	100	168	45	3	84	1.192	59
			60、63	142	107	142									
LXZ6	3150	1900	50、55、56	112	84	112	400	220	120	168	45	3	84	1.402	69
			60、63、65、70、71、75	142	107	142									
LXZ7	3150	1500	50、55、56	112	84	112	500	220	120	210	45	3	105	2.872	91
			63、65、70、71、75	142	107	142									

（续）

型号	公称转矩 T_n/N·m	许用转速 [n]/(r/min)	轴孔直径 d_1、d_2、d_Z	轴孔长度 Y型 L	轴孔长度 J、Z型 L	轴孔长度 J、Z型 L_1	D_0	D	D_1	B	b	S	C	转动惯量/kg·m²	质量/kg
			mm												
LXZ8	6300	1900	60、63、65、70、71、75	142	107	142	400	280	140	168	56	4	84	1.800	88
			80、85	172	132	172									
LXZ9	6300	1500	60、63、65、70、71、75	142	107	142	500	280	140	210	56	4	105	3.582	113
			80、85	172	132	172									
LXZ10	11200	1500	70、71、75	142	107	142	500	320	170	210	56	4	105	4.970	156
			80、85、90、95	172	132	172									
			100、110	212	167	212									
LXZ11	11200	1220	70、71、75	142	107	142	630	320	170	265	56	4	132	9.392	187
			80、85、90、95	172	132	172									
			100、110	212	167	212									
LXZ12	16000	1220	80、85、90、95	172	132	172	630	360	200	265	56	5	132	16.43	326
			100、110、120、125	212	167	212									
LXZ13	22400	1080	100、110、120、125	212	167	212	710	410	230	298	63	5	149	21.66	337
			130、140	252	202	252									
LXZ14	35500	1060	110、120、125	212	167	212	710	480	280	298	75	6	149	29.55	458
			130、140、150	252	202	252									
			160、170、180	302	242	302									
LXZ15	35500	950	110、120、125	212	167	212	800	480	280	335	75	6	168	41.08	504
			130、140、150	252	202	252									
			160、170、180	302	242	302									

注：质量、转动惯量是按 J/Y 轴孔组合形式和最小轴孔直径计算的。

表 23-76　联轴器许用补偿量

项目	LX1	LX2	LX3	LX4	LX5	LX6	LX7	LX8	LX9	LX10	LX11	LX12	LX13	LX14
		LXZ1	LXZ2 LXZ3	LXZ4 LXZ5	LXZ6 LXZ7	LXZ8 LXZ9	LXZ10 LXZ11	LXZ12	LXZ13	LXZ14 LXZ15	—	—	—	—
轴向/mm	±0.5	±1	±1	±1.5	±1.5	±2	±2	±2	±2	±2.5	±2.5	±2.5	±3	±3
径向/mm	0.15	0.15	0.15	0.15	0.15	0.20	0.20	0.20	0.20	0.25	0.25	0.25	0.25	0.25
角向	≤0°30′													

注：1. 径向补偿量的测量部位在半联轴器最大外圆宽度的 1/2 处。

2. 表中所列补偿量是指由于安装误差、冲击、振动、变形、温度变化等因素形成的两轴相对偏移量，其安装误差应小于表中数值。

表 23-77a　LM 型——基本型联轴器的型式、基本参数和主要尺寸

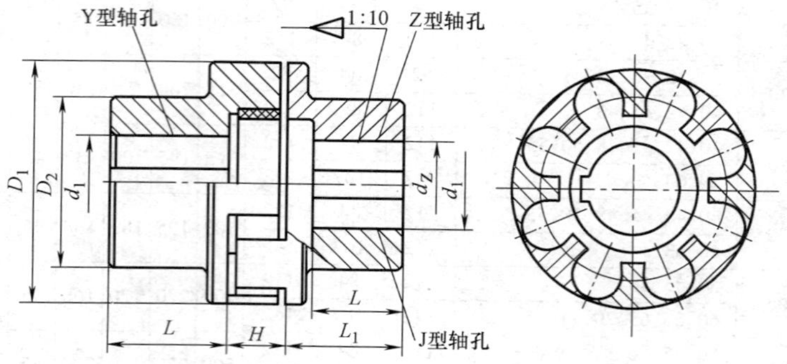

（续）

型号	公称转矩 T_n/N·m	最大转矩 T_{max}/N·m	许用转速 [n]/(r/min)	轴孔直径 d_1、d_2、d_Z/mm	轴孔长度/mm Y型 L	轴孔长度/mm J、Z型 L_1	轴孔长度/mm J、Z型 L	D_1/mm	D_2/mm	H/mm	转动惯量/kg·m²	质量/kg
LM50	28	50	15000	10、11	22	—	—	50	42	16	0.0002	1.00
				12、14	27	—	—					
				16、18、19	30	—	—					
				20、22、24	38	—	—					
LM70	112	200	11000	12、14	27	—	—	70	55	23	0.0011	2.50
				16、18、19	30	—	—					
				20、22、24	38	—	—					
				25、28	44	—	—					
				30、32、35、38	60	—	—					
LM85	160	288	9000	16、18、19	30	—	—	85	60	24	0.0022	3.42
				20、22、24	38	—	—					
				25、28	44	—	—					
				30、32、35、38	60	—	—					
LM105	355	640	7250	18、19	30	—	—	105	65	27	0.0051	5.15
				20、22、24	38	—	—					
				25、28	44	—	—					
				30、32、35、38	60	—	—					
				40、42	84	—	—					
LM125	450	810	6000	20、22、24	38	52	38	125	85	33	0.014	10.1
				25、28	44	62	44					
				30、32、35、38	60	82	60					
				40、42、45、48、50、55	84	—	—					
LM145	710	1280	5250	25、28	44	62	44	145	95	39	0.025	13.1
				30、32、35、38	60	82	60					
				40、42、45、48、50、55	84	112	84					
				60、63、65	107	—	—					
LM170	1250	2250	4500	30、32、35、38	60	82	60	170	120	41	0.055	21.2
				40、42、45、48、50、55	84	112	84					
				60、63、65、70、75	107	—	—					
				80、85	132	—	—					
LM200	2000	3600	3750	35、38	60	82	60	200	135	48	0.119	33.0
				40、42、45、48、50、55	84	112	84					
				60、63、65、70、75	107	142	107					
				80、85、90、95	132	—	—					
LM230	3150	5670	3250	40、42、45、48、50、55	84	112	84	230	150	50	0.217	45.5
				60、63、65、70、75	107	142	107					
				80、85、90、95	132	—	—					
LM260	5000	9000	3000	45、48、50、55	84	112	84	260	180	60	0.458	75.2
				60、63、65、70、75	107	142	107					
				80、85、90、95	132	172	132					
				100、110、120、125	167	—	—					
LM300	7100	12780	2500	60、63、65、70、75	107	142	107	300	200	67	0.804	99.2
				80、85、90、95	132	172	132					
				100、110、120、125	167	—	—					
				130、140	202	—	—					

（续）

型号	公称转矩 T_n/N·m	最大转矩 T_{max}/N·m	许用转速 [n]/(r/min)	轴孔直径 d_1、d_2、d_Z/mm	轴孔长度 Y型 L (mm)	轴孔长度 J、Z型 L_1 (mm)	轴孔长度 J、Z型 L (mm)	D_1/mm	D_2/mm	H/mm	转动惯量/kg·m²	质量/kg
LM360	12500	22500	2150	60、63、65、70、75	107	142	107	360	225	73	1.73	148.1
				80、85、90、95	132	172	132					
				100、110、120、125	167	212	167					
				130、140、150	202	—	—					
LM400	14000	25200	1900	80、85、90、95	132	172	132	400	250	73	2.84	197.5
				100、110、120、125	167	212	167					
				130、140、150	202	—	—					
				160	242	—	—					

注：1. 无J、Z型轴孔型式。
2. 转动惯量和质量是按Y型最大轴孔长度、最小轴孔直径计算的数值。

表23-77b　LMS型——法兰型联轴器的型式、基本参数和主要尺寸

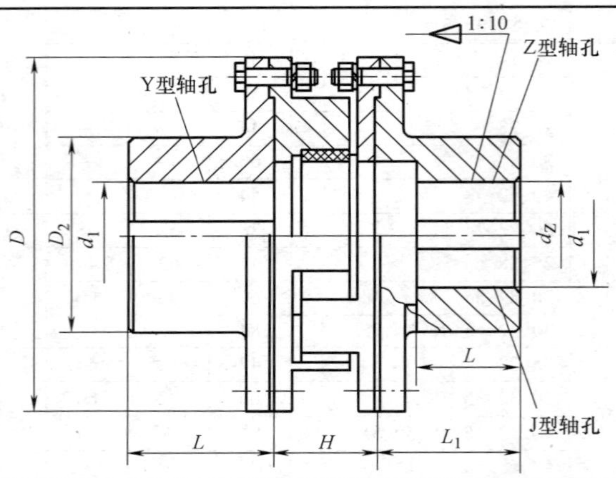

型号	公称转矩 T_n/N·m	最大转矩 T_{max}/N·m	许用转速 [n]/(r/min)	轴孔直径 d_1、d_2、d_Z/mm	轴孔长度 Y型 L (mm)	轴孔长度 J、Z型 L_1 (mm)	轴孔长度 J、Z型 L (mm)	D/mm	D_2/mm	H/mm	转动惯量/kg·m²	质量/kg
LMS105	355	640	5260	18、19	30	—	—	145	65	44	0.018	8.72
				20、22、24	38	—	—					
				25、28	44	—	—					
				30、32、35、38	60	—	—					
				40、42	84	—	—					
LMS125	450	810	4490	20、22、24	38	52	38	170	85	51	0.043	14.9
				25、28	44	62	44					
				30、32、35、38	60	82	60					
				40、42、45、48、50、55	84	—	—					
LMS145	710	1280	3910	25、28	44	62	44	195	95	59	0.078	20.4
				30、32、35、38	60	82	60					
				40、42、45、48、50、55	84	112	84					
				60、63、65	107	—	—					
LMS170	1250	2250	3470	30、32、35、38	60	82	60	220	120	63	0.151	31.1
				40、42、45、48、50、55	84	112	84					
				60、63、65、70、75	107	—	—					
				80、85	132	—	—					

（续）

型号	公称转矩 T_n/N·m	最大转矩 T_{max}/N·m	许用转速 [n]/(r/min)	轴孔直径 d_1、d_2、d_Z/mm	轴孔长度 Y型 L (mm)	轴孔长度 J、Z型 L_1 (mm)	轴孔长度 J、Z型 L (mm)	D/mm	D_2/mm	H/mm	转动惯量/kg·m²	质量/kg
LMS200	2000	3600	2930	35、38	60	82	60	260	135	74	0.319	47.2
				40、42、45、48、50、55	84	112	84					
				60、63、65、70、75	107	142	107					
				80、85、90、95	132	—	—					
LMS230	3150	5670	2630	40、42、45、48、50、55	84	112	84	290	150	82	0.54	64.0
				60、63、65、70、75	107	142	107					
				80、85、90、95	132	—	—					
LMS260	5000	9000	2280	45、48、50、55	84	112	84	335	180	100	1.18	105.4
				60、63、65、70、75	107	142	107					
				80、85、90、95	132	172	132					
				100、110、120、125	167	—	—					
LMS300	7100	12780	1980	60、63、65、70、75	107	142	107	385	200	117	2.24	151.0
				80、85、90、95	132	172	132					
				100、110、120、125	167	—	—					
				130、140	202	—	—					
LMS360	12500	22500	1660	60、63、65、70、75	107	142	107	460	225	129	4.94	233.5
				80、85、90、95	132	172	132					
				100、110、120、125	167	212	167					
				130、140、150	202	—	—					
LMS400	14000	25200	1250	80、85、90、95	132	172	132	500	250	129	7.33	293.3
				100、110、120、125	167	212	167					
				130、140、150	202	—	—					
				160	242	—	—					

注：1. 无 J、Z 型轴孔型式。
2. 转动惯量和质量是按 Y 型最大轴孔长度、最小轴孔直径计算的数值。

表 23-77c LML 型——带制动轮型联轴器的型式、基本参数和主要尺寸

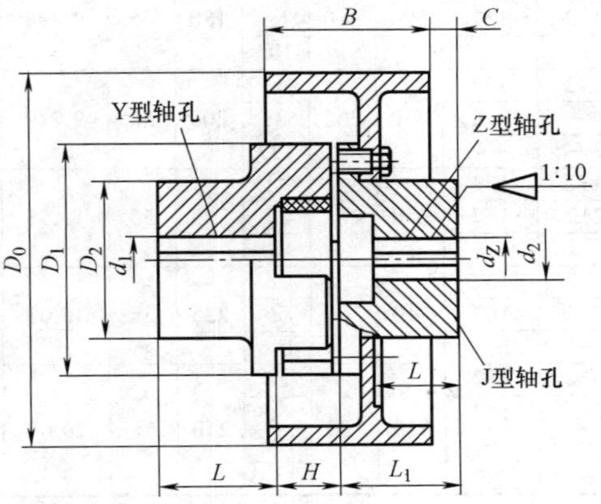

a) LML105-160～LML145-200型

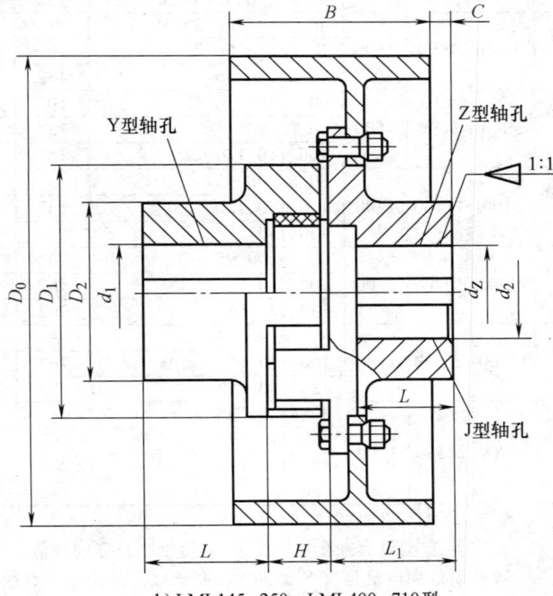

b) LML145-250～LML400-710型

（续）

型号	公称转矩 T_n/N·m	最大转矩 T_{max}/N·m	许用转速 [n]/(r/min)	轴孔直径 d_1、d_2、d_Z/mm	轴孔长度 Y型	轴孔长度 J、Z型		D_0/mm	B/mm	C^{**}/mm	D_z/mm	H/mm	转动惯量/kg·m^2	质量/kg
					L	L_1	L							
					mm									
LML105-160	355	640	4750	20、22、24	—	—	—	160	70	7.5	65	20	0.025	8.7
				25、28	—	—	—			17.5				
				30、32、35、38	60	—	—			37.5				
				40、42	84	—	—			67.5				
LML105-200	355	640	3800	20、22、24	—	—	—	200	85	4.5	65	20	0.048	10.8
				25、28	—	—	—			14.5				
				30、32、35、38	60	—	—			34.5				
				40、42	84	—	—			64.5				
LML125-200	450	810	3800	25、28	—	62	44	200	85	14	85	25	0.07	15.6
				30、32、35、38	60	82	60			34				
				40、42、45、48、50、55	84	—	—			64				
LML145-200	710	1280	3800	30、32、35、38	60	82	60	200	85	33	95	30	0.084	18.6
				40、42、45*、48*、50*、55*	84	112	84			63				
				60、63、65	107	—	—			93				
LML145-250	710	1280	3000	30、32、35、38	60	82	60	250	105	24	95	30	0.172	24.5
				40、42、45*、48*、50*、55*	84	112	84			54				
				60、63、65	107	—	—			84				
LML170-250	1250	2250	3000	40、42、45、48、50、55	84	112	84	250	105	53	120	30	0.227	32.3
				60、63、65、70、75	107	—	—			83				
				80、85	132	—	—			113				
LML170-315	1250	2250	2400	40、42、45、48、50、55	84	112	84	315	135	41	120	30	0.444	39.7
				60、63、65、70、75	107	—	—			71				
				80、85	132	—	—			101				
LML200-315	2000	3600	2400	40、42、45、48、50、55	84	112	84	315	135	40	135	35	0.578	51.8
				60、63、65、70*、75*	107	142	107			70				
				80、85、90、95	132	—	—			100				
LML200-400	2000	3600	1900	40、42、45、48、50、55	84	112	84	400	170	28	135	35	1.244	69.2
				60、63、65、70*、75*	107	142	107			58				
				80、85、90、95	132	—	—			88				
LML230-400	3150	5670	1900	40、42、45、48、50、55	—	112	84	400	170	26.5	150	35	1.460	81.1
				60、63、65、70、75	107	142	107			56.5				
				80、85、90、95	132	—	—			86.5				
LML230-500	3150	5670	1500	40、42、45、48、50、55	—	112	84	500	210	5	150	35	3.072	109.2
				60、63、65、70、75	107	142	107			35				
				80、85、90、95	132	—	—			65				
LML260-500	5000	9000	1500	60、63、65、70、75	107	142	107	500	210	35	180	45	3.898	138.6
				80、85、90*、95*	132	172	132			65				
				100、110、120、125	167	—	—			105				
LML300-630	7100	11160	1200	80、85、90、95	132	172	132	630	265	43	200	50	9.719	217.4
				100、110、120、125	167	—	—			83				
				130、140	202	—	—			123				
LML360-630	12500	20200	1200	80、85、90、95	132	172	132	630	265	41	225	55	11.95	267.7
				100、110、120*、125*	167	212	167			81				
				130、140、150	202	—	—			121				
LML360-710	12500	20200	1100	80、85、90、95	—	172	132	710	300	26	225	55	18.03	318.0
				100、110、120*、125*	167	212	167			66				
				130、140、150	202	—	—			106				
LML400-710	14000	22580	1100	80、85、90、95	—	172	132	710	300	26	250	55	20.65	364.1
				100、110、120、125	167	212	167			66				
				130、140、150	202	—	—			106				
				160	242	—	—			156				

注：1. 无 J、Z 型轴孔型式。

2. C^{**} 为 Y 型最大轴孔长度及 J、Z 型轴孔长度的数值。

3. 转动惯量和质量是按 Y 型最大轴孔长度、最小轴孔直径计算的数值。

4. 尺寸 D_1 见表 23-77a。

表 23-77d　LMP 型——带制动盘型联轴器的型式、基本参数和主要尺寸

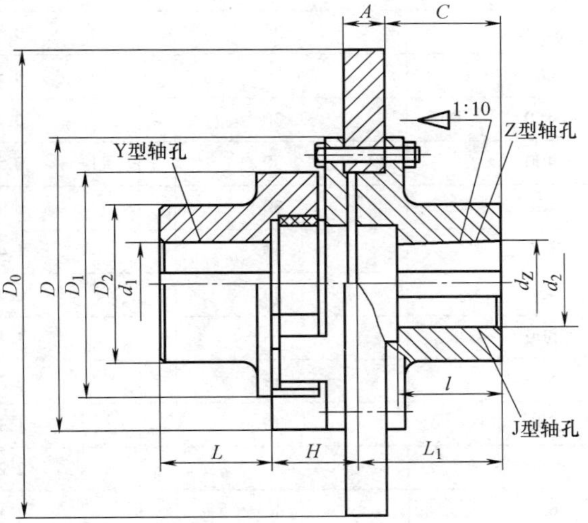

型号	公称转矩 T_n/N·m	最大转矩 T_{max}/N·m	许用转速 [n]/(r/min)	轴孔直径 d_1、d_2、d_Z/mm	轴孔长度 Y 型 L/mm	轴孔长度 J、Z 型 L_1/mm	轴孔长度 J、Z 型 L/mm	D_0/mm	D/mm	C^{**}/mm	D_z/mm	H/mm	转动惯量/kg·m²	质量/kg
LMP145	710	1230	2100	30、32、35、38	60	82	60	355	195	24	95	30	0.17	24.5
			1900	40、42、45*、48*、50*、55*	84	112	84	400		54				
			1700	60、63、65	107	—	—	450		84				
LMP170	1250	2040	1900	40、42、45、48、50、55	84	112	84	400	220	53	120	30	0.22	32.3
			1700	60、63、65、70、75	107	—	—	450		83				
			1500	80、85	132	—	—	500		113				
LMP200	2000	3180	1700	40、42、45、48、50、55	84	112	84	450	260	28	135	35	1.24	69.2
			1500	60、63、65、70*、75*	107	142	107	500		58				
			1360	80、85、90、95	132	—	—	560		88				
LMP230	3150	5160	1500	40、42、45、48、50、55	84	112	84	500	290	26.5	150	35	1.46	81.1
			1360	60、63、65、70、75	107	142	107	560		56.5				
			1200	80、85、90、95	132	—	—	630		86.5				
LMP260	5000	8400	1200	60、63、65、70、75	107	142	107	630	335	35	180	45	3.89	138
			1100	80、85、90*、95*	132	172	132	710		65				
				100、110、120、125	167	—	—			105				
LMP300	7100	11160	1100	80、85、90、95	132	172	132	710	385	43	200	50	9.71	217
			950	100、110、120、125	167	—	—	800		83				
				130、140	202	—	—			123				
LMP360	12500	20200	950	80、85、90、95	132	172	132	800	460	41	225	55	11.9	267
			850	100、110、120*、125*	167	212	167	900		81				
			760	130、140、150	202	—	—	1000		121				
LMP400	14000	22580	950	80、85、90、95	132	172	132	800	500	26	250	55	20.6	364
			850	100、110、120、125	167	212	167	900		66				
			760	130、140、150	202	—	—	1000		106				
				160	242	—	—			156				

注：1. 无 J、Z 型轴孔型式。
2. C^{**}为 Y 型最大轴孔长度及 J、Z 型轴孔长度的数值。
3. 转动惯量和质量是按 Y 型最大轴孔长度、最小轴孔直径计算的数值，未包括制动盘，制动盘相关数据见表 23-77e。
4. 尺寸 D_1 见表 23-77a。

表 23-77e　制动盘基本参数和主要尺寸

型号	制动盘直径 D_0/mm	制动盘厚度 B/mm	转动惯量 /kg · m^2	质量/kg
LMP145	355	30	0.36	19.4
	400	30	0.58	25.7
	450	30	0.94	33.5
LMP170	400	30	0.57	24.3
	450	30	0.93	32.1
	500	30	1.43	40.9
LMP200	450	30	0.91	30.0
	500	30	1.41	38.8
	560	30	2.24	50.6
LMP230	500	30	1.38	36.5
	560	30	2.21	48.2
	630	30	3.58	63.6
LMP260	630	30	3.54	60.9
	710	30	5.77	80.7
LMP300	710	30	5.69	76.6
	800	30	9.28	101.7
LMP360	800	30	9.08	94.4
	900	30	14.8	125.8
	1000	30	22.7	161
LMP400	800	30	8.88	88.8
	900	30	14.6	120.2
	1000	30	22.5	155.4

表 23-77f　梅花型联轴器许用补偿量

<table>
<tr><th colspan="4">联轴器型号</th><th>角向补偿量 $\Delta\alpha$/(°)</th><th>径向补偿量 ΔY/mm</th><th>轴向补偿量 ΔX/mm</th></tr>
<tr><td>LM50</td><td>—</td><td>—</td><td>—</td><td rowspan="4">2</td><td>0.5</td><td>1.2</td></tr>
<tr><td>LM70</td><td>—</td><td>—</td><td>—</td><td rowspan="3">0.8</td><td>1.5</td></tr>
<tr><td>LM85</td><td>—</td><td>—</td><td>—</td><td>2.0</td></tr>
<tr><td>LM105</td><td>LMS105</td><td>LML105</td><td>—</td><td>2.5</td></tr>
<tr><td>LM125</td><td>LMS125</td><td>LML125</td><td>—</td><td rowspan="4">1.5</td><td rowspan="3">1.0</td><td rowspan="2">3.0</td></tr>
<tr><td>LM145</td><td>LMS145</td><td>LML145</td><td>LMP145</td></tr>
<tr><td>LM170</td><td>LMS170</td><td>LML170</td><td>LMP170</td><td>3.5</td></tr>
<tr><td>LM200</td><td>LMS200</td><td>LML200</td><td>LMP200</td><td rowspan="3">1.5</td><td>4.0</td></tr>
<tr><td>LM230</td><td>LMS230</td><td>LML230</td><td>LMP230</td><td rowspan="5">1.0</td><td>4.5</td></tr>
<tr><td>LM260</td><td>LMS260</td><td>LML260</td><td>LMP260</td><td rowspan="4">5.0</td></tr>
<tr><td>LM300</td><td>LMS300</td><td>LML300</td><td>LMP300</td><td rowspan="3">1.8</td></tr>
<tr><td>LM360</td><td>LMS360</td><td>LML360</td><td>LMP360</td></tr>
<tr><td>LM400</td><td>LMS400</td><td>LML400</td><td>LMP400</td></tr>
</table>

23.1.5.4 弹性柱销齿式联轴器（见表 23-78）

表 23-78a　LZ 型弹性柱销齿式联轴器（基本型）的基本参数和主要尺寸（摘自 GB/T 5015—2017）

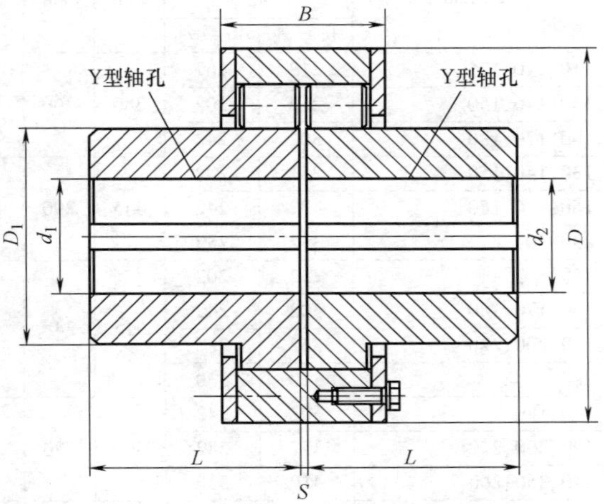

型号	公称转矩 T_n/N·m	许用转速 [n]/(r/min)	轴孔直径 d_1、d_2/mm	轴孔长度 L Y型 mm 长系列	轴孔长度 L Y型 mm 短系列	D/mm	D_1/mm	B/mm	S/mm	转动惯量/kg·m²	质量/kg
LZ1	112	5000	12、14	32	27	78	40	42	2.5	0.001	1.53
			16、18、19	42	30						1.60
			20、22、24	52	38						1.67
LZ2	250	5000	16、18、19	42	30	90	50	50	2.5	0.002	2.70
			20、22、24	52	38						2.76
			25、28	62	44					0.003	2.79
			30、32	82	60						3.00
LZ3	630	4500	25、28	62	44	118	65	70	3	0.011	6.49
			30、32、35、38	82	60						7.05
			40、42	112	84					0.012	7.31
LZ4	1800	4200	40、42、45、48、50、55	112	84	158	90	90	4	0.044	16.20
			60	142	107					0.045	15.25
LZ5	4500	4000	50、55	112	84	192	120	90	4	0.100	24.82
			60、63、65、70、75	142	107					0.107	27.02
			80	172	132					0.108	25.44
LZ6	8000	3300	60、63、65、70、75	142	107	230	130	112	5	0.238	40.89
			80、85、90、95	172	132					0.242	40.15
LZ7	11200	2900	70、75	142	107	260	160	112	5	0.406	54.93
			80、85、90、95	172	132					0.428	59.14
			100、110	212	167					0.443	59.60
LZ8	18000	2500	80、85、90、95	172	132	300	190	128	6	0.860	89.35
			100、110、120、125	212	167					0.911	94.67
			130	252	202					0.908	87.43
LZ9	25000	2300	90、95	172	132	335	220	150	7	1.559	113.9
			100、110、120、125	212	167					1.678	138.1
			130、140、150	252	202					1.733	136.6
LZ10	31500	2100	100、110、120、125	212	167	355	245	152	8	2.236	165.5
			130、140、150	252	202					2.362	169.3
			160、170	302	242					2.422	164.0

（续）

型号	公称转矩 T_n/N·m	许用转速 [n]/(r/min)	轴孔直径 d_1、d_2/mm	轴孔长度 L Y型 mm 长系列	短系列	D/mm	D_1/mm	B/mm	S/mm	转动惯量/kg·m²	质量/kg
LZ11	40000	2000	110、120、125	212	167	380	260	172	8	3.054	190.9
			130、140、150	252	202					3.249	203.1
			160、170、180	302	242					3.369	202.1
LZ12	63000	1700	130、140、150	252	202	445	290	182	8	6.146	288.5
			160、170、180	302	242					6.432	296.6
			190、200	352	282					6.524	288.0
LZ13	100000	1500	150	252	202	515	345	218	8	12.76	413.6
			160、170、180	302	242					13.62	469.2
			190、200、220	352	282					14.19	480.0
			240	410	330					13.98	436.1
LZ14	125000	1400	170、180	302	242	560	390	218	8	19.90	581.5
			190、200、220	352	282					21.17	621.7
			240、250、260	410	330					21.67	599.4
LZ15	160000	1300	190、200、220	352	282	590	420	240	10	28.08	736.9
			240、250、260	410	330					29.18	730.5
			280、300	470	380					29.52	702.1
LZ16	250000	1000	220	352	282	695	490	265	10	56.21	1045
			240、250、260	410	330					60.05	1129
			280、300、320	470	380					60.56	1144
			340	550	450					62.47	1064
LZ17	355000	950	240、250、260	410	330	770	550	285	10	105.5	1500
			280、300、320	470	380					102.3	1557
			340、360、380	550	450					106.0	1535
LZ18	450000	850	250、260	410	330	860	605	300	13	152.3	1902
			280、300、320	470	380					161.5	2025
			340、360、380	550	450					169.9	2062
			400、420	650	540					175.4	2029
LZ19	630000	750	280、300、320	470	380	970	695	322	14	283.7	2818
			340、360、380	550	450					303.4	2963
			400、420、440、450	650	540					323.2	3068
LZ20	1120000	650	320	470	380	1160	800	355	15	581.2	4010
			340、360、380	550	450					624.5	4426
			400、420、440、450、460、480、500	650	540					669.4	4715
LZ21	1800000	530	380	550	450	1440	1020	360	180	1565	7293
			400、420、440、450、460、480、500	650	540					1715	8228
			530、560、600、630	800	680					1880	8699
LZ22	2240000	500	420、440、450、460、480、500	650	540	1520	1100	405	19	2338	9736
			530、560、600、630	800	680					2596	10631
			670、710、750	—	780					2522	9473
LZ23	2800000	460	480、500	650	540	1640	1240	440	20	3490	11946
			530、560、600、630	800	680					3972	13822
			670、710、750	—	780					3949	12826
			800、850	—	880					3982	12095

注：1. 转动惯量、质量是按 Y/Y 轴孔组合型式、最大轴孔长度和最小轴孔直径计算的值。

2. 短时过载不得超过许用转矩的 2 倍。

表 23-78b　LZD 型联轴器（圆锥轴孔型）的基本参数和主要尺寸

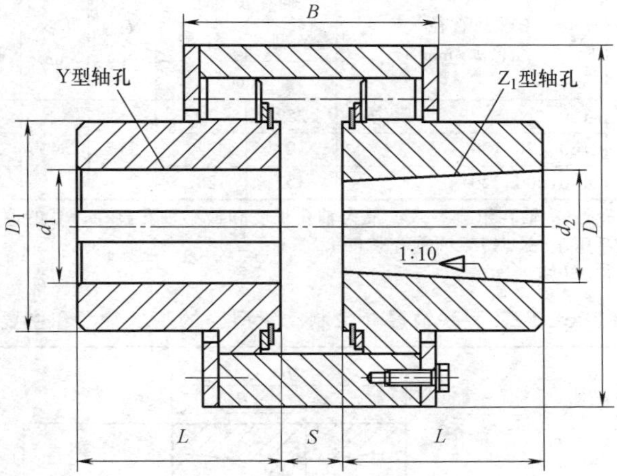

型号	公称转矩 T_n/N·m	许用转速 [n]/(r/min)	轴孔直径 d_1、d_2/mm	轴孔长度 L/mm Y 型	Z_1 型	D/mm	D_1/mm	B/mm	S/mm	转动惯量/kg·m^2	质量/kg
LZD1	112	5000	16、18、19	42	30	78	40	65	14.5	0.002	2.08
			20、22、24	52	38			70	16.5		2.25
			25、28	62	44			75	20.5		2.30
LZD2	250	5000	25、28	62	44	90	50	88	20.5	0.004	3.74
			30、32	82	60			92	24.5		3.98
LZD3	630	4500	30、32、35、38	82	60	118	65	115	25	0.015	9.43
			40、42	112	84			125	31	0.016	10.30
LZD4	1800	4200	40、42、45、48、50、55	112	84	158	90	145	32	0.052	22.46
			60	142	107			152	39	0.061	22.36
LZD5	4500	4000	50、55	112	84	192	120	145	32	0.131	29.24
			60、63、65、70、75	142	107			152	39	0.141	31.71
			80	172	132			158	44	0.143	30.45
LZD6	8000	3300	60、63、65、70、75	142	107	230	130	175	40	0.309	48.16
			80、85、90、95	172	132			178	45	0.312	47.25
LZD7	11200	290	70、75	142	107	260	160	178	40	0.535	64.13
			80、85、90、95	172	132			182	45	0.546	68.38
			100、110	212	167			188	50	0.570	69.42
LZD8	18000	2500	80、85、90、95	172	132	300	190	202	46	1.091	102.7
			100、110、120、125	212	167			208	51	1.157	108.8
			130	252	202			212	56	1.105	101.7
LZD9	25000	2300	90、95	172	132	335	220	232	47	1.957	142.4
			100、110、120、125	212	167			238	52	2.097	157.5
			130、140、150	252	202			242	57	2.157	156.0
LZD10	31500	2100	100、110、120、125	212	167	355	245	240	53	2.728	184.2
			130、140、150	252	202			245	58	2.840	188.5
			160、170	302	242			255	68	2.926	184.1
LZD11	40000	2000	110、120、125	212	167	380	260	260	53	3.659	212.3
			130、140、150	252	202			265	58	3.870	225.0
			160、170、180	302	242			275	68	4.021	224.8
LZD12	63000	1700	130、140、150	252	202	445	290	282	58	7.548	325.7
			160、170、180	302	242			292	68	7.940	335.2
			190、200	352	282			302	78	8.051	327.9

（续）

型号	公称转矩 T_n/N·m	许用转速 [n]/(r/min)	轴孔直径 d_1、d_2/mm	轴孔长度 L Y型 (mm)	轴孔长度 L Z_1 型 (mm)	D/mm	D_1/mm	B/mm	S/mm	转动惯量/kg·m²	质量/kg
LZD13	100000	1500	150	252	202	515	345	313	58	14.925	468.4
			160、170、180	302	242			323	68	15.892	513.1
			190、200、220	352	282			332	78	16.514	524.5

注：1. 转动惯量、质量是按 Y/Z_1 轴孔组合型式、最大轴孔长度和最小轴孔直径计算的值。

2. Z_1 型轴孔长度 L 也适用于 Y 型短系列轴孔长度 L。

3. 短时过载不得超过许用转矩的 2 倍。

表 23-78c　LZZ 型联轴器（带制动轮型）的基本参数和主要尺寸

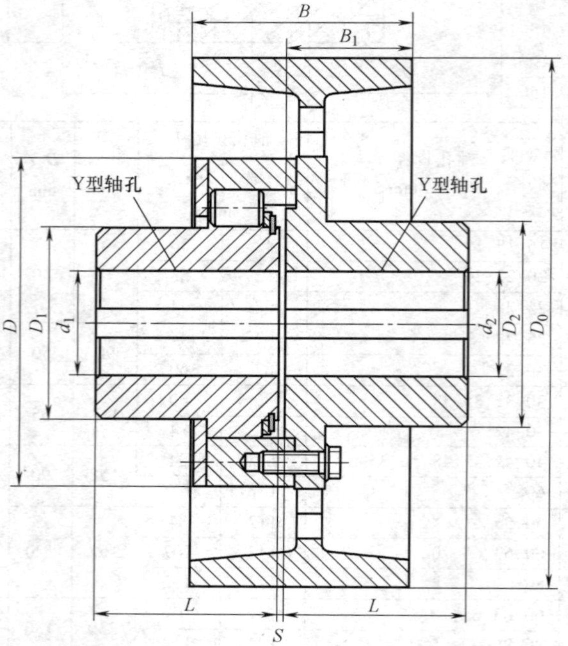

型号	公称转矩 T_n/N·m	许用转速 [n]/(r/min)	轴孔直径 d_1、d_2/mm	轴孔长度 L Y型 长系列 (mm)	轴孔长度 L Y型 短系列 (mm)	D_0 (mm)	D (mm)	D_1 (mm)	D_2 (mm)	B (mm)	B_1 (mm)	S (mm)	转动惯量/kg·m²	质量/kg
LZZ1	250	4500	16、18、19	42	—	160	98	50	56	70	33	2	0.018	5.82
			20、22、24	52	38									6.05
			25、28	62	44									6.17
			30、32、35*、38*	82	60									6.64
LZZ2	630	3800	25、28	62	—	200	124	65	70	85	32	2	0.053	11.15
			30、32、35、38	82	60									11.77
			40、42、45*、48*	112	84									12.04
LZZ3	1800	3000	40、42、45、48、50、55	112	84	250	166	90	105	105	63.5	3	0.181	28.09
			60、63*、65*、70*	142	107								0.183	27.54
LZZ4	4500	2450	50、55	112	84	315	214	120	130	135	72	3	0.534	48.75
			60、63、65、70、75	142	107								0.543	51.69
			80、85*、90*	172	132								0.547	50.21
LZZ5	8000	1900	60、63、65、70、75	142	107	400	240	130	145	170	98	3	1.404	76.51
			80、85、90、95*	172	132								1.413	76.25

（续）

型号	公称转矩 T_n/N·m	许用转速 [n]/(r/min)	轴孔直径 d_1、d_2/mm	轴孔长度 L Y型 (mm) 长系列	短系列	D_0 (mm)	D	D_1	D_2	B	B_1	S	转动惯量/kg·m²	质量/kg
LZZ6	11200	1500	70、75	142	107	500	280	160	170	210	102	4	3.812	124.7
			80、85、90、95	172	132								3.841	129.7
			100、110、120*	212	167								3.865	130.6
LZZ7	18000	1200	80、85、90、95	172	132	630	330	190	200	265	130	4	10.67	216.4
			100、110、120、125	212	167								10.74	222.6
			130	252	202								10.75	215.0
LZZ8	25000	1050	90、95	172	—	710	380	220	220	300	167	4	18.96	293.0
			100、110、120、125	212	167								19.09	307.9
			130、140、150	252	202								19.16	305.4
LZZ9	31500	950	100、110、120、125	212	—	800	400	245	245	340	172	5	33.26	403.8
			130、140、150	252	202								33.39	405.9
			160、170	302	242								33.45	398.6

注：1. 转动惯量，质量是按 Y/Y 轴孔组合型式、最大轴孔长度和最小轴孔直径计算的值。
2. 短时过载不得超过许用转矩的 2 倍。
3. 带（*）的轴孔直径不适用于 d_1。

表 23-78d　联轴器两轴的许用补偿量

型　号	径向 ΔY/mm	轴向 ΔX/mm	角向 Δa
LZ1~LZ3 LZD1~LZD3	0.30	±1.5	0°30′
LZ4~LZ7 LZD4~LZD7	0.40		
LZ8~LZ13 LZD8~LZD13	0.60	±2.5	
LZ14~LZ17	1.0		
LZ18~LZ21		±5.0	
LZ22~LZ23	1.5		
LZZ1~LZZ2	0.15	+1	0°30′
LZZ3~LZZ5	0.20	+3	
LZZ6~LZZ7		+5	
LZZ8~LZZ9	0.30	+10	

注：1. 径向补偿量的测量部位在半联轴器最大外圆宽度的 1/2 处。
2. 表中所列补偿量是指由于安装误差、冲击、振动、变形、温度变化等因素形成的两轴相对偏移量，其安装误差必须小于表中数值。

标记示例：

联轴器的标记方法按 GB/T 3852 的规定。

示例 1：LZ3 联轴器

主动端：Y 型轴孔，B 型键槽，轴孔直径 d_1 = 40mm，轴孔长度 L = 112mm；

从动端：Y 型轴孔，B 型键槽，轴孔直径 d_2 = 40mm，轴孔长度 L = 112mm；

LZ3 联轴器 B40×112　GB/T 5015—2017

示例 2：LZD5 联轴器

主动端：Y 型轴孔，A 型键槽，轴孔直径 d_1 = 55mm，轴孔长度 L = 112mm；

从动端：Z_1 型轴孔，C 型键槽，轴孔直径 d_2 = 60mm，轴孔长度 L = 107mm；

LZD5 联轴器 55×112/Z_1C60/107　GB/T 5015—2017

示例 3：LZZ6 联轴器

半联轴器端：Y 型轴孔，A 型键槽，轴孔直径 d_1 = 70mm，轴孔长度 L = 142mm；

带制动轮端：Y 型轴孔，B 型键槽，轴孔直径 d_2 = 80mm，轴孔长度 L = 132mm；

LZZ6 联轴器 70 × 142/B80 × 132　GB/T 5015—2017

23.1.5.5 轮胎式联轴器（见表23-79）

表23-79a UL型轮胎式联轴器基本参数和主要尺寸（摘自GB/T 5844—2002）

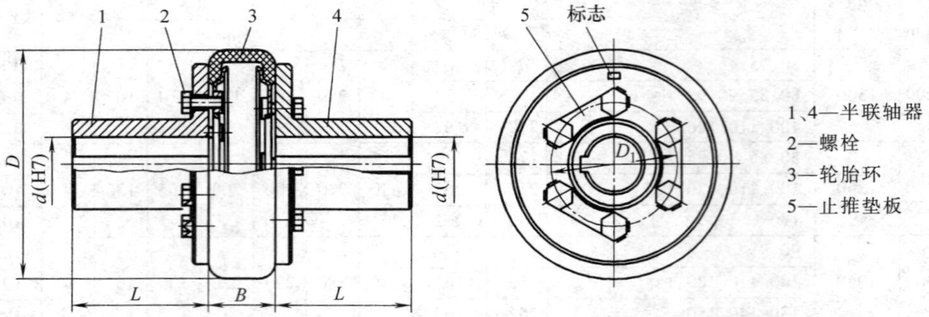

型号	公称转矩 T_n /N·m	瞬时最大转矩 T_{max} /N·m	许用转速 [n] /(r/min)	轴孔直径 d/mm	轴孔长度 L/mm J、J_1型*	y型**	D /mm	B /mm	D_1 /mm	质量 m /kg	转动惯量 I /kg·m²
UL1	10	31.5	500	11	22	25	80	20	42	0.7	0.0003
				12、14	27	32					
				16、18	30	42					
UL2	25	80		14	27	32	100	26	51	1.2	0.0008
				16、18、19	30	42					
				20、22	38	52					
UL3	63	180	4500	18、19	30	42	120	32	62	1.8	0.0022
				20、22、24	38	52					
				25	44	62					
UL4	100	315	4300	20、22、24	38	52	140	38	69	3	0.0044
				25、28	44	62					
				30	60	82					
UL5	160	500	4000	24	38	52	160	45	80	4.6	0.0084
				25、28	44	62					
				30、32、35	60	82					
UL6	250	710	3600	28	44	62	180	50	90	7.1	0.0164
				30、32、35、38	60	82					
				40	84	112					
UL7	315	900	3200	32、35、38	60	82	200	56	104	10.9	0.029
				40、42、45、48	84	112					
UL8	400	1250	3000	38	60	82	220	63	110	13	0.0448
				40、42、45、48、50	84	112					
UL9	630	1800	2800	42、45、48、50、55、56	84	112	250	71	130	20	0.0898
				60	107	142					

（续）

型号	公称转矩 T_n /N·m	瞬时最大转矩 T_{max} /N·m	许用转速 $[n]$ /(r/min)	轴孔直径 d/mm	轴孔长度 L/mm J、J_1型*	轴孔长度 L/mm y型**	D /mm	B /mm	D_1 /mm	质量 m /kg	转动惯量 I /kg·m²
UL10	800	2240	2400	45*、48、50、55、56	84	112	280	80	148	30.6	0.1596
				60、63、65、70	107	142					
UL11	1000	2500	2100	50*、55*、56*	84	112	320	90	165	39	0.2792
				60、63、65、70、71、75	107	142					
UL12	1600	4000	2000	55*、56	84	112	360	100	188	59	0.5356
				60*、63*、65*、70、71、75	107	142					
				80、85	132	172					
UL13	2500	6300	1800	63*、65*、70*、71*、75*	107	142	400	110	210	81	0.896
				80、85、90、95	132	172					
UL14	4000	10000	1600	75*	107	142	480	130	254	145	2.2616
				80*、85*、90*、95*	132	172					
				100、110	167	212					
UL15	6300	14000	1200	85*、90*、95*	132	172	560	150	300	222	4.6456
				100*、110*、120*、125*	167	212					
UL16	10000	20000	1000	100*、110*、120*、125*			630	180	335	302	8.0924
				130、140	202	252					
UL17	16000	31500	900	120*、125*	167	212	750	210	405	561	20.0176
				130*、140*、150*	202	252					
				160*	242	302					
UL18	25000	59000	800	140*、150*	202	252	900	250	490	818	43.053
				160*、170*、180*	242	302					

注：1. 轴孔尺寸与形状见表 23-4（按 GB/T 3852—2017 的规定）。

2. 联轴器质量和转动惯量是各型号中最大计算近似值。

表 23-79b　UL 型轮胎式联轴器许用补偿量

项　目	UL1	UL2	UL3	UL4	UL5	UL6	UL7	UL8	UL9	UL10	UL11	UL12	UL13	UL14	UL15	UL16	UL17	UL18
	许用补偿量																	
径向 Δy/mm	1		1.6				2	2.5		3		3.6	4		5			
轴向 Δx/mm	1		2				2.5	3		3.6		4	4.5	5	5.6	6	6.7	8
角向 $\Delta\alpha$	1°							1°30′										

注：表中所列许用补偿量，是指具有因制造误差、安装误差、冲击、振动、变形、温度变化等因素形成的两轴相对偏移量的总补偿能力。

23.1.5.6　径向弹性柱销联轴器

径向弹性柱销联轴器除具有一般弹性联轴器性能外，还具有承载高、更换弹性元件方便、运行安全可靠等特点。各种型号的径向弹性柱销联轴器，其基本参数和主要尺寸见表 23-80。

表 23-80a LJ 型径向弹性柱销联轴器基本参数和主要尺寸（摘自 JB/T 7849—2007）

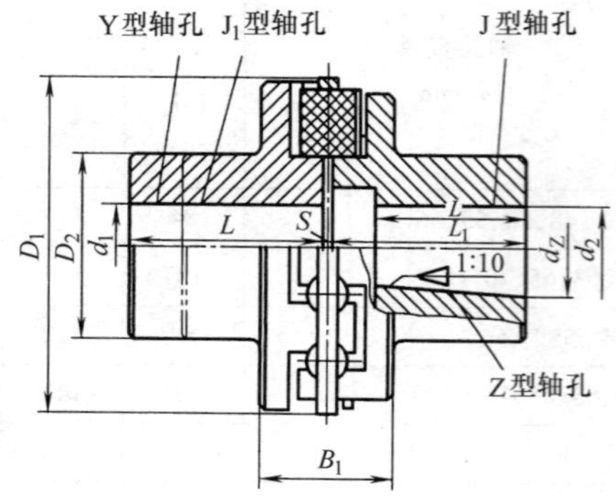

型号	公称转矩 T_n /N·m	许用转速 [n] /(r/min)	轴孔直径 d_1、d_2、d_Z /mm	轴孔长度/mm Y型 L	J1型 L	J、Z型 L_1	J、Z型 L	D_1 /mm	D_2 /mm	S /mm	B_1 /mm	质量 m /kg	转动惯量 I /kg·m²
LJ1	1250	5000	25、28	62	44	62	44	158	75	4	84	11.9	0.026
			30、32、35、38	82	60	82	60						
			40、42、(45、48)	112	84	112	84						
LJ2	2000	4400	30、32、35、38	82	60	82	60	178	85		88	19.3	0.051
			40、42、45、48 (50、55、56)	112	84	112	84						
LJ3	3150	4000	30、32、35、38	82	60	82	60	200	100		96	23.5	0.091
			40、42、45、48、50、55、56	112	84	112	84						
			60、63、65	142	107								
LJ4	4500	3500	30、32、35、38	82	60	82	60	224	120		100	31.4	0.166
			40、42、45、48、50、55、56	112	84	112	84						
			60、63、65、70、71、75	142	107	142	107						
LJ5	6300	3000	40、42、45、48、50、55、56	112	84	112	84	260	140	6	114	52.3	0.34
			60、63、65、70、71、75	142	107	142	107						
			80、85、(90、95)	172	132	172	132						
LJ6	12500	2600	50、55、56	112	84	112	84	320	170		118	79	0.8
			60、63、65、70、71、75	142	107	142	107						
			80、85、90、95	172	132	172	132						
			100、110	212	167	212	167						
LJ7	20000	2500	60、63、65、70、71、75	142	107	142	107	380	190		136	125	1.9
			80、85、90、95	172	132	172	132						
			100、110、(120)	212	167	212	167						
LJ8	31500	2300	70、71、75	142	107	142	107	420	220		142	171	3.1
			80、85、90、95	172	132	172	132						
			100、110、120、125	212	167	212	167						

（续）

型号	公称转矩 T_n /N·m	许用转速 [n] /(r/min)	轴孔直径 d_1、d_2、d_Z /mm	轴孔直径/mm Y 型 L	J_1 型 L	J、Z 型 L_1	J、Z 型 L	D_1 /mm	D_2 /mm	S /mm	B_1 /mm	质量 m /kg	转动惯量 I /kg·m²
LJ8	31500	2300	130、140	252	202	252	202	420	220	6	142	171	3.1
LJ9	45000	2100	80、85、90、95	172	132	172	132	470	250		148	237	5.4
			100、110、120、125	212	167	212	167						
			130、140、150	252	202	252	202						
			160	302	242	302	242						
LJ10	63000	1900	90、95	172	132	172	132	530	280	8	168	328	9.4
			100、110、120、125	212	167	212	167						
			130、140、150	252	202	252	202						
			160、170、(180)	302	242	302	242						
LJ11	80000	1800	90、95	172	132	172	132	580	280			380	12.9
			100、110、120、125	212	167	212	167						
			130、140、150	252	202	252	202						
			160、170、180	302	242	302	242						
LJ12	100000	1700	110、120、125	212	167	212	167	630	310		172	480	18.9
			130、140、150	252	202	252	202						
			160、170、180	302	242	302	242						
			190、200	352	282	352	282						
LJ13	125000	1600	110、120、125	212	167	212	167	680	340		198	566	28
			130、140、150	252	202	252	202						
			160、170、180	302	242	302	242						
			190、200、220	352	282	352	282						
LJ14	160000	1500	130、140、150	252	202	252	202	740	370		202	777	42
			160、170、180	302	242	302	242						
			190、200、220	352	282	352	282						
			240	410	330								
LJ15	250000	1400	150	252	202	252	202	840	400		206	1030	70
			160、170、180	302	242	302	242						
			190、200、220	352	282	352	282						
			240、250、260	410	330								
LJ16	355000	1200	160、170、180	302	242	302	242	940			212	1240	110
			190、200、220	352	282	352	282						
			240、250、260	410	330								

注：1. 带括号轴孔直径不适用于 J 型、Z 型轴孔。

2. 表中质量、转动惯量均是按联轴器最大实体计算的近似值。

表 23-80b　LJD 型单凸缘径向弹性柱销联轴器基本参数和主要尺寸（摘自 JB/T 7849—2007）

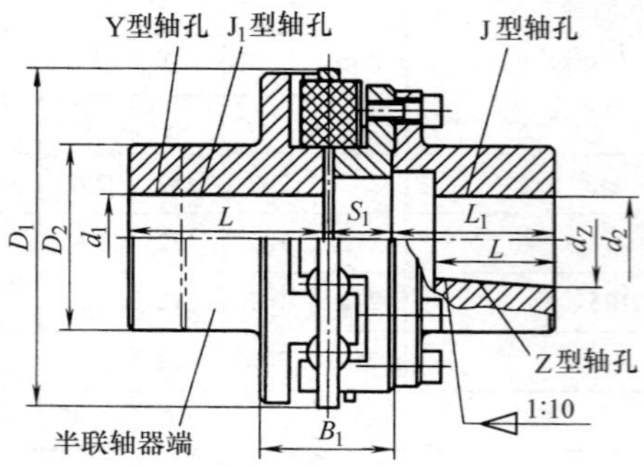

型号	公称转矩 T_n /N·m	许用转速 [n] /(r/min)	轴孔直径 d_1、d_2、d_Z /mm	轴孔长度/mm Y型 L	J_1型 L	J、Z型 L_1	J、Z型 L	D_1 /mm	D_2 /mm	S_1 /mm	B_1 /mm	质量 m /kg	转动惯量 I /kg·m²
LJD1	1250	5000	25、28	62	44	62	44	158	75	40	98	13.2	0.031
			30、32、35、38	82	60	82	60						
			40、42、45、48	112	84	112	84						
LJD2	2000	4400	30、32、35、38	82	60	82	60	178	85		102	20.6	0.058
			40、42、45、48、(50、55、56)	112	84	112	84						
LJD3	3150	4000	30、32、35、38	82	60	82	60	200	100	46	111	25.5	0.11
			40、42、45、48、50、55、56	112	84	112	84						
			60、63、65	142	107	142	107						
LJD4	4500	3500	30、32、35、38	82	60	82	60	224	120		115	34.4	0.19
			40、42、45、48、50、55、56	112	84	112	84						
			60、63、65、70、71、75	142	107	142	107						
LJD5	6300	3000	40、42、45、48、50、55、56	112	84	112	84	265	140	53	132	56.2	0.38
			60、63、65、70、71、75	142	107	142	107						
			80、85、(90、95)	172	132	172	132						
LJD6	12500	2600	50、55、56	112	84	112	84	320	170		136	86	0.95
			60、63、65、70、71、75	142	107	142	107						
			80、85、90、95	172	132	172	132						
			100、110	212	167	212	167						
LJD7	20000	2500	60、63、65、70、71、75	142	107	142	107	380	190	60	154	136	2.11
			80、85、90、95	172	132	172	132						
			100、110、(120)	212	167	212	167						
LJD8	31500	2300	70、71、75	142	107	142	107	420	220	63	162	184	3.5
			80、85、90、95	172	132	172	132						
			100、110、120、125	212	167	212	167						
			130、140	252	202	252	202						
LJD9	45000	2100	80、85、90、95	172	132	172	132	470	250		168	253	6
			100、110、120、125	212	167	212	167						
			130、140、150	252	202	252	202						
			160	302	242	302	242						
LJD10	63000	1900	90、95	172	132	172	132	530	280	73	193	355	10.5
			100、110、120、125	212	167	212	167						
			130、140、150	252	202	252	202						
			160、170(180)	302	242	302	242						
LJD11	80000	1800	90、95	172	132	172	132	580	280		193	415	14.5

（续）

型号	公称转矩 T_n /N·m	许用转速 [n] /(r/min)	轴孔直径 d_1、d_2、d_Z /mm	轴孔长度/mm Y型 L	J₁型 L	J、Z型 L_1	J、Z型 L	D_1 /mm	D_2 /mm	S_1 /mm	B_1 /mm	质量 m /kg	转动惯量 I /kg·m²
LJD11	80000	1800	100、110、120、125	212	167	212	167	580	280	73	193	415	14.5
			130、140、150	252	202	252	202						
			160、170、180	302	242	302	242						
LJD12	100000	1700	110、120、125	212	167	212	167	630	310	78	197	522	21.2
			130、140、150	252	202	252	202						
			160、170、180	302	242	302	242						
			190、200	352	282	352	282						
LJD13	125000	1600	110、120、125	212	167	212	167	680	340	90	226	624	32
			130、140、150	252	202	252	202						
			160、170、180	302	242	302	242						
			190、200、220	352	282	352	282						
LJD14	160000	1500	140、150	252	202	252	202	740	370	92	232	842	47
			160、170、180	302	242	302	242						
			190、200、220	352	282	352	282						
			240	410	330								
LJD15	250000	1400	150	252	202	252	202	840		94	236	1119	79
			160、170、180	302	242	302	242						
			190、200、220	352	282	352	282						
			240、250、260	410	330				400				
LJD16	355000	1200	160、170、180	302	242	302	242	940		97	247	1380	127
			190、200、220	352	282	352	282						
			240、250、260	410	330								

注：1. 带括号轴孔直径不适用于 J 型、Z 型轴孔。

2. 表中质量、转动惯量是按联轴器最大实体计算的近似值。

表 23-80c　LZJ 型带制动轮径向弹性柱销联轴器基本参数和主要尺寸（摘自 JB/T 7849—2007）

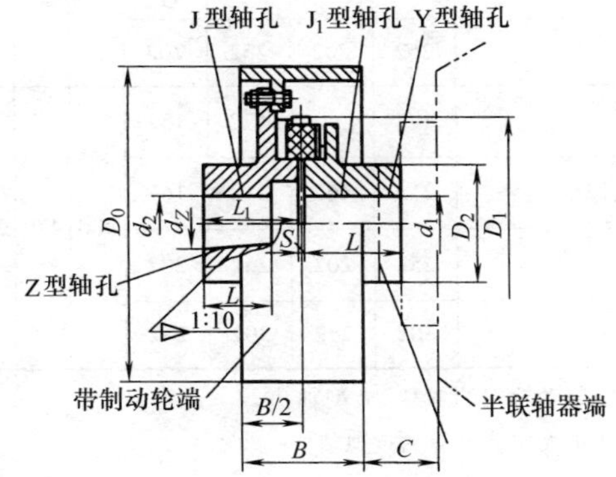

（续）

型号	公称转矩 T_n /N·m	许用转速 [n] /(r/min)	轴孔直径 d_1、d_2、d_Z /mm	轴孔长度 /mm Y型 L	J₁型 L	J、Z型 L_1	J、Z型 L	D_0 /mm	D_1 /mm	D_2 /mm	B /mm	S /mm	C_{min}① /mm	质量 m /kg	转动惯量 I /kg·m²
LJZ1	1250	3000	30、32、35、38	82	60	82	60	250	158	75	95			24	0.041
			40、42、(45、48)	112	84	112	84								
LJZ2	2000		30、32、35、38	82	60	82	60		178	85				38	0.087
		2400	40、42、45、48、(50、55、56)	112	84	112	84	315			118	4			
LJZ3	3150		40、42、45、48、50、55、56						200	100				42	0.45
			60、63、65	142	107										
LJZ4	4500		40、42、45、48、50、55、56	112	84	112	84		224	120				67	1.33
			60、63、65、70、71、75	142	107	142	107								
LJZ5	6300	1900	40、42、45、48、50、55、56	112	84	112	84	400			150				
			60、63、65、70、71、75	142	107	142	107		265	140				87	1.5
			80、85、(90、95)	172	132	172	132								
LJZ6	12500	1500	60、63、65、70、71、75	142	107	142	107						100		
			80、85、90、95	172	132	172	132	500	320	170	190			141	4.2
			100、110	212	167	212	167								
LJZ7	12500	1200	60、63、65、70、71、75	142		142	107								
			80、85、90、95	172	132	172	132	630	320	170	236	6		184	9.9
			100、110	212	167	212	167								
LJZ8	31500	1100	80、95、90、95	172	132	172	132								
			100、110、120、125	212	167	212	167	710	420	220	265			350	20
			130、140	252	202	252	202								
LJZ9	45000	950	80、85、90、95	172		172	132								
			100、110、120、125	212	162	212	167	800	470	250	310			443	32
			130、140、150	252	202	252	202								
			160	302	242	302	242								

注：1. 带括号轴孔直径不适用于带制动轮端的J型、Z型轴孔。

2. 质量、转动惯量是按联轴器最大实体计算的近似值。

① C_{min}为安装或更换弹性元件所需的最小尺寸。

表 23-80d　LJJ 型接中间轴型径向弹性柱销联轴器基本参数和主要尺寸（摘自 JB/T 7849—2007）

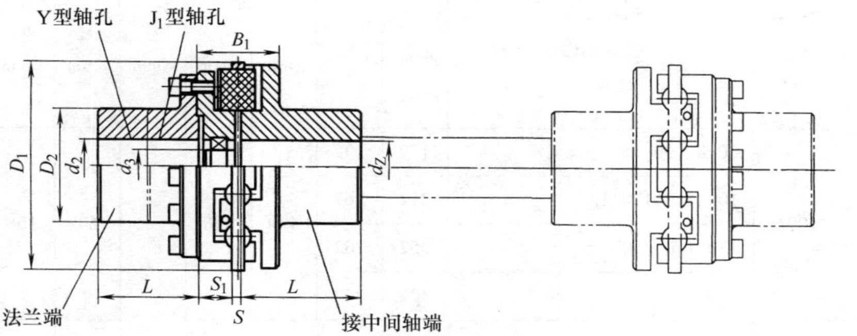

型号	公称转矩 T_n /N·m	许用转速 [n] /(r/min)	轴孔直径 d_1、d_2、d_Z /mm	轴孔长度 /mm Y 型 L	轴孔长度 /mm J_1 型 L	D_1 /mm	D_2 /mm	d_3 /mm	S_1 /mm	B_1 /mm	质量 m /kg	转动惯量 I /kg·m²
LJJ1	1250	5000	25、28	62	44	158	75	25	40	98	13.5	0.03
			30、32、35、38	82	60							
			40、42、45、48	112	84							
LJJ2	2000	4400	30、32、35、38	82	60	178	85			102	21	0.058
			40、42、45、48、50、55、56	112	84							
LJJ3	3150	4000	30、32、35、38	82	60	200	100		46	111	26	0.1
			40、42、45、48、50、55、56	112	84							
			60、63、65	142	107							
LJJ4	4500	3500	30、32、35、38	82	60	224	120			115	35	0.186
			40、42、45、48、50、55、56	112	84							
			60、63、65、70、71、75	142	107							
LJJ5	6300	3000	40、42、45、48、50、55、56	112	84	265	140	35	53	132	58	0.38
			60、63、65、70、71、75	142	107							
			80、85、90、95	172	132							
LJJ6	12500	2600	50、55、56	112	84	320	170			136	89	0.95
			60、63、65、70、71、75	142	107							
			80、85、90、95	172	132							
			100、110	212	167							
LJJ7	20000	2500	60、63、65、70、71、75	142	107	380	190		66	154	140	2.11
			80、85、90、95	172	132							
			100、110、120	212	167							
LJJ8	31500	2300	70、71、75	142	107	420	220		63	162	188	3.46
			80、85、90、95	172	132							
			100、110、120、125	212	167							
			130、140	252	202							

（续）

型号	公称转矩 T_n /N·m	许用转速 [n] /(r/min)	轴孔直径 d_1、d_2、d_Z /mm	轴孔长度 /mm Y型	J$_1$型	D_1 /mm	D_2 /mm	d_3 /mm	S_1 /mm	B_1 /mm	质量 m /kg	转动惯量 I /kg·m^2
				L								
LJJ9	45000	2100	80、85、90、95	172	132	470	250	70	63	168	264	6
			100、110、120、125	212	167							
			130、140、150	252	202							
			160	302	242							
LJJ10	63000	1900	90、95	172	132	530	280		73	193	365	11
			100、110、120、125	212	167							
			130、140、150	252	202							
			160、170、180	302	242							
LJJ11	80000	1800	90、95	172	132	580					432	15
			100、110、120、125	212	167							
			130、140、150	252	202							
			160、170、180	302	242							
LJJ12	100000	1700	110、120、125	212	167	630	310		78	197	545	22
			130、140、150	252	202							
			160、170、180	302	242							
			190、200	352	282							
LJJ13	125000	1600	110、120、125	212	167	680	340		90	226	647	32
			130、140、150	252	202							
			160、170、180	302	242							
			190、200、220	352	282							
LJJ14	160000	1500	130、140、150	252	202	740	370	125	92	232	891	47
			160、170、180	302	242							
			190、200、220	352	282							
			240	410	330							
LJJ15	250000	1400	150	252	202	840	400		94	236	1177	80
			160、170、180	302	232							
			190、200、220	352	282							
			240、250、260	410	330							
LJJ16	355000	1200	160、170、180	302	242	940			97	247	1449	128
			190、200、220	352	282							
			240、250、260	410	330							

注：1. 表中质量、转动惯量是按联轴器最大实体计算的近似值。

2. 设计中间轴时，与轴承孔 d_3 配合轴孔直径公差选用松配合。

23.1.5.7　鞍形块弹性联轴器（见表 23-81～表 23-83）

鞍形块弹性联轴器具有较高的弹性和补偿性能，有良好的减振、缓冲阻尼能力，散热性好。

在整个系列中只有四种规格弹性块，有利于降低成本，零件数量少、结构简单、易于维护。

弹性块抗剪强度计算如下：

$$\tau=\frac{2T_c\times10^3}{nD_1L\delta}\leqslant[\tau]$$

式中　T_c——联轴器计算转矩（N·m）；

n——弹性块数量；

D_1——承受最大剪力处的直径（mm）；

L——弹性块的宽度（mm）；

δ——弹性块的厚度（mm）；

$[\tau]$——弹性块材料的许用切应力（MPa），弹性块为橡胶织物材料时的许用切应力为 $[\tau]=0.7\sim0.75$MPa。

各种型号的鞍形块弹性联轴器的许用补偿量见表 23-81 和表 23-82。LAK 型鞍形块弹性联轴器基本参数和主要尺寸见表 23-83。

表 23-81　LJ、LTD、LJJ、LTZ 型鞍形块弹性联轴器许用补偿量

型号 / 补偿量 / 项目																
	LJ1	LJ2	LJ3	LJ4	LJ5	LJ6	LJ7	LJ8	LJ9	LJ10	LJ11	LJ12	LJ13	LJ14	LJ15	LJ16
	LJD1	LJD2	LJD3	LJD4	LJD5	LJD6	LJD7	LJD8	LJD9	LJD10	LJD11	LJD12	LJD13	LJD14	LJD15	LJD16
	LJJ1	LJJ2	LJJ3	LJJ4	LJJ5	LJJ6	LJJ7	LJJ8	LJJ9	LJJ10	LJJ11	LJJ12	LJJ13	LJJ14	LJJ15	LJJ16
	LJZ1	LJZ2	LJZ3	LJZ4	LJZ5	LJZ6		LJZ8	LJZ9							
						LJZ7										
轴向 Δx/mm	1															
径向 Δy/mm	1															
角向 $\Delta\alpha$	1°			45′		39′			33′		30′	27′			21′	

表 23-82　LAK 型鞍形块弹性联轴器许用补偿量

型号 / 补偿量 / 项目	LAK1	LAK2	LAK3	LAK4	LAK5	LAK6	LAK7	LAK8	LAK9	LAK10	LAK11	LAK12	LAK13	LAK14	LAK15	LAK16	LAK17
轴向 Δx/mm	±2		±4						±8								
径向 Δy/mm	2		3						5								
角向 $\Delta\alpha$	1°30′		1°														

表 23-83　LAK 型鞍形块弹性联轴器基本参数和主要尺寸（摘自 JB/T 7684—2007）

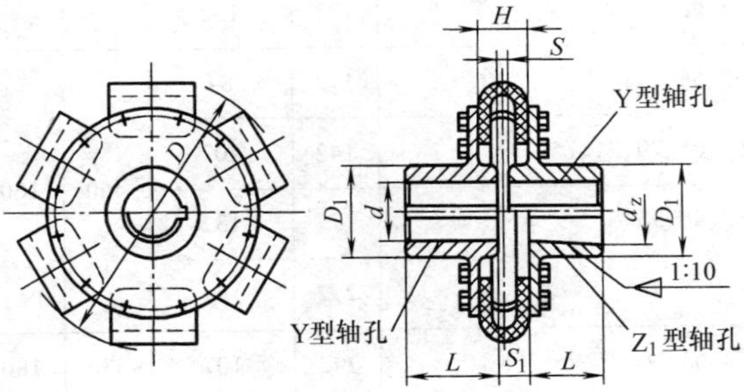

（续）

型号	公称转矩 T_n /N·m	许用转速 [n] /(r/min)	轴孔直径 d、d_Z /mm	轴孔长度 L/mm Y型	J₁、Z₁型	D /mm	D_1 /mm	S /mm	S_1 /mm	H /mm	质量 m /kg	转动惯量 I /kg·m²
LAK1	63	3700	20、22、24	52	38	155	50	10	30	50	3.4	0.005
			25、28	62	44							
			30、32	82	60							
LAK2	100	3500	25、28	62	44	165	60				4.8	0.007
			30、32、35、38	82	60							
LAK3	160	3150	28	62	44	185	75				8.73	0.018
			30、32、35、38	82	60							
			40、42、45	112	84							
LAK4	250	3000	30、32、35、38	82	60						8.86	
			40、42、45、48	112	84							
LAK5	500	2500	40、42、45、48、50、55、56			235	95	15	45	75	14.4	0.039
			60、63、65	142	107							
LAK6	630	2400	42、45、48、50、55、56	112	84	240	100	15	45	74	16.1	0.043
			60、63、65、70、71	142	107							
LAK7	1000	2000	45、48、50、55、56	112	84	295	120				29	0.147
			60、63、65、70、71、75	142	107							
LAK8	1600	1700	50、55、56	112	84	340	130				38.5	0.28
			60、63、65、70、71、75	142	107							
			80	172	132							
LAK9	2500	1500	50、55、56	112	84	385	145	25	70	115	53	0.424
			60、63、65、70、71、75	142	107							
			80、85、90	172	132							
LAK10	4000	1250	50、55、56	112	84	460	160				76.6	1.03
			60、63、65、70、71、75	142	107							
			80、85、90、95	172	132							
			100	212	167							
LAK11	6300	1050	60、63、65、70、71、75	142	107	530	180				128	2.38

（续）

<table>
<tr><th rowspan="2">型号</th><th rowspan="2">公称转矩 T_n /N·m</th><th rowspan="2">许用转速 [n] /(r/min)</th><th rowspan="2">轴孔直径 d、d_Z /mm</th><th colspan="2">轴孔长度 L/mm</th><th rowspan="2">D /mm</th><th rowspan="2">D_1 /mm</th><th rowspan="2">S /mm</th><th rowspan="2">S_1 /mm</th><th rowspan="2">H /mm</th><th rowspan="2">质量 m /kg</th><th rowspan="2">转动惯量 I /kg·m²</th></tr>
<tr><th>Y 型</th><th>J_1、Z_1 型</th></tr>
<tr><td rowspan="2">LAK11</td><td rowspan="2">6300</td><td rowspan="2">1050</td><td>80、85、90、95</td><td>172</td><td>132</td><td rowspan="2">530</td><td rowspan="2">180</td><td rowspan="9">25</td><td rowspan="9">70</td><td rowspan="9">115</td><td rowspan="2">128</td><td rowspan="2">2.38</td></tr>
<tr><td>100、110</td><td>212</td><td>167</td></tr>
<tr><td rowspan="3">LAK12</td><td rowspan="3">7100</td><td rowspan="3">1000</td><td>65、70、71、75</td><td>142</td><td>107</td><td rowspan="3">575</td><td rowspan="3">190</td><td rowspan="3">144</td><td rowspan="3">3.32</td></tr>
<tr><td>80、85、90、95</td><td>172</td><td>132</td></tr>
<tr><td>100、110、120</td><td>212</td><td>167</td></tr>
<tr><td rowspan="4">LAK13</td><td rowspan="4">10000</td><td rowspan="4">900</td><td>75</td><td>142</td><td>107</td><td rowspan="4">630</td><td rowspan="4">225</td><td rowspan="4">198</td><td rowspan="4">5.45</td></tr>
<tr><td>80、85、90、95</td><td>172</td><td>132</td></tr>
<tr><td>100、110、120、125</td><td>212</td><td>167</td></tr>
<tr><td>130、140</td><td>252</td><td>202</td></tr>
<tr><td rowspan="3">LAK14</td><td rowspan="3">14000</td><td rowspan="3">850</td><td>85、90、95</td><td>172</td><td>132</td><td rowspan="3">665</td><td rowspan="3">250</td><td rowspan="10">30</td><td rowspan="10">115</td><td rowspan="10">200</td><td rowspan="3">242</td><td rowspan="3">5.56</td></tr>
<tr><td>100、110、120、125</td><td>212</td><td>167</td></tr>
<tr><td>130、140、150</td><td>252</td><td>202</td></tr>
<tr><td rowspan="3">LAK15</td><td rowspan="3">20000</td><td rowspan="3">750</td><td>100、110、120、125</td><td>212</td><td>167</td><td rowspan="3">740</td><td rowspan="3">280</td><td rowspan="3">330</td><td rowspan="3">10.3</td></tr>
<tr><td>130、140、150</td><td>252</td><td>202</td></tr>
<tr><td>160、170、180</td><td>302</td><td>242</td></tr>
<tr><td rowspan="4">LAK16</td><td rowspan="4">31500</td><td rowspan="4">650</td><td>110、120、125</td><td>212</td><td>167</td><td rowspan="4">880</td><td rowspan="4">305</td><td rowspan="4">475</td><td rowspan="4">23.5</td></tr>
<tr><td>130、140、150</td><td>252</td><td>202</td></tr>
<tr><td>160、170、180</td><td>302</td><td>242</td></tr>
<tr><td>190</td><td>352</td><td>282</td></tr>
<tr><td rowspan="4">LAK17</td><td rowspan="4">50000</td><td rowspan="4">550</td><td>120、125</td><td>212</td><td>167</td><td rowspan="4">1040</td><td rowspan="4">345</td><td rowspan="4">30</td><td rowspan="4">115</td><td rowspan="4">200</td><td rowspan="4">701</td><td rowspan="4">502</td></tr>
<tr><td>130、140、150</td><td>252</td><td>202</td></tr>
<tr><td>160、170、180</td><td>302</td><td>242</td></tr>
<tr><td>190、200、220</td><td>352</td><td>282</td></tr>
</table>

注：1. 表中所列质量均为联轴器最大质量。
2. 转动惯量为近似值。
3. 联轴器两端不能同时采用 Z_1 型轴孔。
4. 联轴器最大转矩为公称转矩的 3 倍。

23.1.5.8 弹性活销联轴器

弹性活销联轴器不仅具有良好的补偿 Δx、Δy、$\Delta \alpha$ 轴线偏移性能，而且减振性能好，结构简单，工作平稳、可靠，无噪声，不用润滑，维护方便，工艺性好，成本低，可派生为多种结构形式，通用性好，适用范围广。该联轴器最突出的优点之一是只需一次性对中安装，当更换弹性元件时，不需移动半联轴器，减少了辅助工时，很适用于轴线对中安装困难的工况环境。可代替 GB/T 5272—2002 梅花形弹性联轴器、GB/T 4323—2002 弹性套柱销联轴器、GB/T 5014—2003 弹性柱销联轴器、GB/T 5015—2003 弹性柱销齿式联轴器、GB/T 10614—2008 芯型弹性联轴器、JB/T 9148—1999 弹性块联轴器、GB/T 6069—2002 滚子链联轴器，以及齿式联轴器。

LF 型弹性活销联轴器基本参数和主要尺寸见表 23-84。

表 23-84　LF 型弹性活销联轴器基本参数和主要尺寸

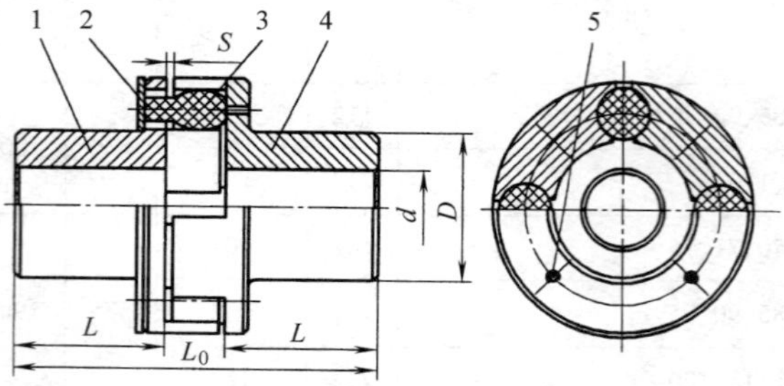

1、4—半联轴器　2—挡板　3—弹性活销　5—螺钉

型号	公称转矩 T_n/N·m	许用转速 [n]/(r/min)		轴孔直径 d/mm	外径 D/mm	质量 m/kg	转动惯量 I/kg·m²
		铁	钢				
LF1	16	10230	13640	12~19	56	0.39	0.0002
LF2	25	10000	12130	16~22	63	0.51	0.0004
LF3	40	7640	10190	20~28	75	0.88	0.0008
LF4	63	6740	8900	24~32	85	2.7	0.0027
LF5	90	5700	7600	28~38	100	3.66	0.0037
LF6	140	4700	6300	32~42	120	7.01	0.0096
LF7	250	4090	5450	38~48	140	8.83	0.0173
LF8	400	3580	4770	42~55	160	12.9	0.0333
LF9	710	3180	4240	50~65	180	19.1	0.059
LF10	1120	2720	3620	63~75	210	27.1	0.1186
LF11	1800	2290	3050	75~95	250	45.9	0.281
LF12	2800	2040	2720	85~110	280	79.1	0.6189
LF13	4000	1790	2390	90~120	320	94.8	0.9568
LF14	7100	1500	2010	100~130	380	147	1.9934
LF15	8000	1360	1810	120~150	420	189	3.215
LF16	10000	1240	1660	130~170	460	280	5.6433
LF17	16000	1100	1460	160~200	520	392	9.929
LF18	25000	950	1270	170~220	600	530	17.62
LF19	315000	850	1140	180~240	670	760	30.61

23.1.5.9 扇形块弹性联轴器

扇形块弹性联轴器具有显著的减振、缓冲功能，较大的轴向（Δx）、径向（Δy）、角向（Δα）补偿量，节能、无噪声，使用寿命长，装拆维护方便，一次对中后更换弹性元件不用移动半联轴器和主机，不用润滑，可净化工作环境，结构紧凑，工作平稳可靠，性能好，成本低，体积小，质量轻，惯量小。与 ZBJ19029 LK 型弹性块联轴器相比，传递相同转矩

时，外径 D 平均缩小 58%，质量 m 平均减轻 50%，转动惯量 I 平均减少 70%。根据实际需要，可派生出安全型、带制动轮型等多种结构形式。适用范围广，尤其适用于低速、重载工况的传动轴系。可代替 LK 型弹性块联轴器、鼓形齿式联轴器、十字轴式万向联轴器、球笼式万向联轴器，以及其他金属和非金属弹性元件挠性联轴器。

1）LE 型扇形块弹性联轴器结构如图 23-54 所示，基本参数和主要尺寸见表 23-85。

2）LEN 型重型扇形块弹性联轴器结构与图23-54同，基本参数和主要尺寸见表 23-86。

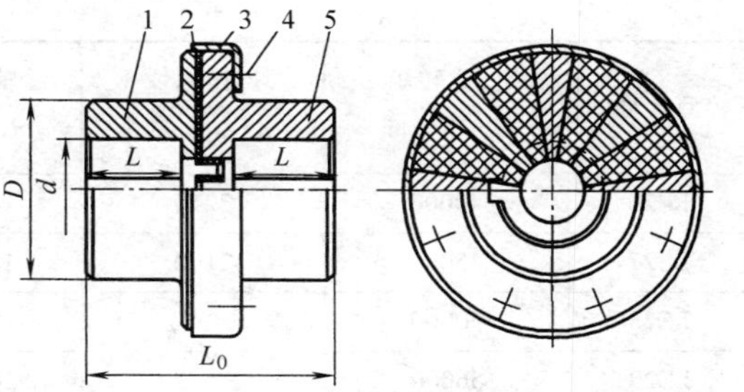

图 23-54　LE、LEN 型扇形块弹性联轴器

1、5—半联轴器　2—扇形弹性块
3—外罩　4—定位螺栓

表 23-85　LE 型扇形块弹性联轴器基本参数和主要尺寸

型　号	公称转矩 T_n/N · m	许用转速 [n]/(r/min)	轴孔直径 d_1、d_2/mm	外　径 D/mm	质　量 m/kg	转动惯量 I/kg · m^2
LE1	355	6900	36~56	110	6.6	0.01
LE2	630	5800	45~67	130	11.5	0.023
LE3	710		45~71		13	0.029
LE4	1000	5400	50~75	140	15	0.038
LE5	1120		55~80		19.9	0.055
LE6	1400		60~85		22.9	0.07
LE7	1600	5000	63~90	150	25.9	0.089
LE8	2240		65~95		28.4	0.108
LE9	2800	4700	71~100	160	38.7	0.164
LE10	3150		75~105		42.6	0.197
LE11	3550	4400	80~110	170	47.3	0.24
LE12	4500		85~120		56.4	0.333
LE13	5000	4200	90~120	180	57.7	0.343
LE14	5600		90~125		62.4	0.399
LE15	6300	4000	95~130	190	79.3	0.556
LE16	7100		100~140		91.5	0.733
LE17	8000		105~140		90.3	0.729
LE18	9000	3800	105~140	200	91.9	0.745
LE19	10000	3600	110~150	210	105.2	0.976
LE20	11200	3400	120~150	220	107.6	1.006
LE21	14000	3100	125~160	240	144.7	1.546
LE22	18000	3000	140~170	250	166.1	1.982
LE23	20000	2900	140~180	260	185.9	2.476
LE24	22400	2700	150~190	280	235.8	3.542
LE25	31500	2350	160~200	320	272.7	4.586

（续）

型　号	公称转矩 T_n/N · m	许用转速 [n]/(r/min)	轴孔直径 d_1、d_2/mm	外　径 D/mm	质　量 m/kg	转动惯量 I/kg · m^2
LE26	40000	2240	180～220	340	322.7	6.53
LE27	45000	2100	180～240	360	434.3	10.48
LE28	50000	2000	190～240	380	443	10.77
LE29	56000		200～240		447.7	10.87
LE30	63000	1900	210～250	400	491.9	12.96
LE31	71000	1800	210～260	420	534.3	15.25
LE32	80000	1700	220～260	440	550.5	15.88

表 23-86　LEN 型重型扇形块弹性联轴器基本参数和主要尺寸

型　号	公称转矩 T_n/N · m	许用转速 [n]/(r/min)	轴孔直径 d_1、d_2/mm	外　径 D/mm	质　量 m/kg	转动惯量 I/kg · m^2
LEN1	100000	1590	190～260	480	580	17.3
LEN2	125000	1440	220～280	530	761	26.7
LEN3	160000	1360	240～320	560	986	43.5
LEN4	200000	1270	260～340	600	1304	65.3
LEN5	250000	1175	280～360	650	1443	81.8
LEN6	350000	1090	300～380	700	1640	105.4
LEN7	400000	1015	320～400	750	2159	153.9
LEN8	500000	950	360～440	800	2635	223.9
LEN9	560000	895	380～460	850	2915	272.6
LEN10	630000		400～480		3131	313.2
LEN11	710000	845	420～500	900	3438	375.5
LEN12	800000	800	440～530	950	4645	570.2
LEN13	900000	760	450～530	1000	4769	598.1
LEN14	1000000	725	460～560	1050	5324	743
LEN15	1120000	690	480～580	1100	5605	843.2
LEN16	1250000	660	480～580	1150	5772	888.4
LEN17	1400000	635	580～600	1200	6259	1036.8
LEN18	1600000	610	530～630	1250	6935	1261.2
LEN19	1800000	585	560～630	1300	7185	1343
LEN20	2000000	565	580～670	1350	8949	1855.2
LEN21	2240000	545	600～710	1400	10013	2302.4
LEN22	2500000	525	630～750	1450	11197	2842.9
LEN23	2800000	505	670～800	1500	13847	3940.3
LEN24	3150000	490	710～850	1550	15542	4933.4
LEN25	3550000	460	750～900	1650	19066	6803.4

（续）

型　号	公称转矩 T_n/N·m	许用转速 [n]/(r/min)	轴孔直径 d_1、d_2/mm	外　径 D/mm	质　量 m/kg	转动惯量 I/kg·m²
LEN26	4000000	435	800~950	1750	21345	8499.5
LEN27	4500000	410	850~1000	1850	26041	11514
LEN28	5000000	390	900~1060	1950	29267	14508.5
LEN29	5600000	370	950~1120	2050	35195	19449.9
LEN30	6300000	360	1000~1180	2100	39021	23710.1
LEN31	8000000	335	1060~1250	2250	47563	32545.3

23.1.5.10　弹性块联轴器

弹性块联轴器是一种无扭转传动间隙的、易于现场调节刚度的联轴器。具有补偿两轴相对偏移的性能，减振、缓冲、节能、无噪声、不用润滑。可根据需要通过改变橡胶配方（主要是改变其硬度），以调整联轴器的扭转刚度。弹性块联轴器加工复杂，制造成本较高。适用于连接两同轴线的大、中功率，振动冲击较大的传动轴系，如冶金机械、矿山机械等。机械行业标准（JB/T 9148—1999）在原结构的基础上进行了改进，新结构不仅保留了减振、缓冲性能好的特点，而且缩小了外径尺寸，减轻了质量和转动惯量，提高了许用转速，优点十分明显，已成为原结构的更新换代产品。

1）LK 型弹性块联轴器，基本参数和主要尺寸见表 23-87。

2）LKA 型带安全销型弹性块联轴器，基本参数和主要尺寸见表 23-88。

表 23-87　LK 型弹性块联轴器基本参数和主要尺寸（摘自 JB/T 9148—1999）

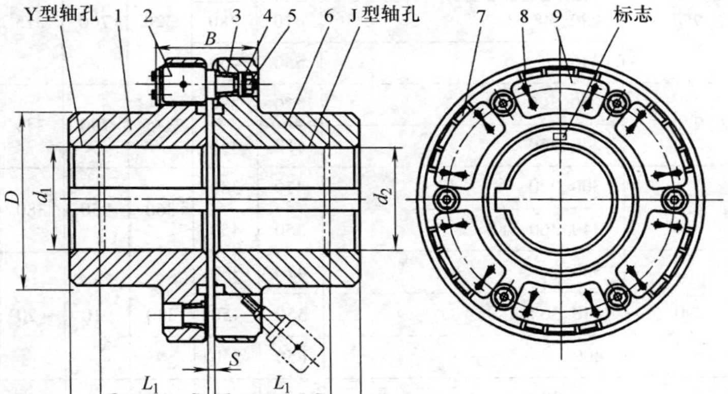

1、6—半联轴器　2—传力臂　3—锥套　4—垫圈
5—螺母　7—弹性块　8—螺栓　9—压板

型号	公称转矩 T_n /N·m	许用转速 [n] /(r/min)	轴孔直径 d_1、d_2/mm	轴孔长度/mm Y型 L	J₁型 L_1	$L_{推荐}$	D /mm	B /mm	S /mm	质量 m /kg	转动惯量 I /kg·m²
LK1	10000	1950	85、90、95	172	132	150	370	190	5	125	4
			100、110、120	212	167						
LK2	16000	1750	95	172	132	170	415	208		200	5.2
			100、110、120、125	212	167						

（续）

型号	公称转矩 T_n /N·m	许用转速 [n] /(r/min)	轴孔直径 d_1、d_2 /mm	轴孔长度/mm Y型 L	J₁型 L_1	$L_{推荐}$	D /mm	B /mm	S /mm	质量 m /kg	转动惯量 I /kg·m²
LK2	16000	1750	130	252	202	170	415	208	5	200	5.2
LK3	25000	1600	110、120、125	212	167	185	450	225		265	6.3
			130、140、150	252	202						
LK4	40000	1400	130、140、150			210	520	260		336	21.5
			160、170、180	302	242						
LK5	63000	1200	160、170、180			230	600	275	6	580	26.6
			190、200、220	352	282						
LK6	100000	1170	190、200、220			260	620	285		625	29.3
			240、250、260	410	330						
LK7	125000	1080	220	352	282	280	670	295		780	55
			240、250、260	410	330						
			280	470	380						
LK8	160000	990	240、250、260	410	330	300	730	305		880	80
			280、300、320	470	380						
LK9	200000	950	260	410	330	320	760	315		1075	100
			280、300、320	470	380						
			340	550	450						
LK10	250000	920	280、300、320	470	380	345	790	345	7	1270	120
			340、360	550	450						
LK11	315000	820	300、320	470	380	360	850	380		1545	192
			340、360、380	550	450						
LK12	400000	790	320	470	380	380	910	420		1820	255
			340、360、380	550	450						
			400	650	540						
LK13	500000	750	360、380	550	450	400	960	460	8	2245	332
			400、420、440	650	540						
LK14	630000	690	400、420、440			450	1050	505		2670	520
			450、460、480								
LK15	900000	600	440、450、460、480、500			500	1200	550	10	4401	708
			530	800	680						
LK16	1250000	535	460、480、500	650	540	520	1350	570		4870	1248
			530、560	800	680						
LK17	1600000	480	530、560			600	1500	650	12	5900	1930
			600、630								
LK18	2000000	450	560、600、630			650	1600	730		7000	2650

（续）

型号	公称转矩 T_n /N·m	许用转速 [n] /(r/min)	轴孔直径 d_1、d_2 /mm	轴孔长度/mm			D /mm	B /mm	S /mm	质量 m /kg	转动惯量 I /kg·m²
				Y 型 L	J_1 型 L_1	$L_{推荐}$					
LK18	2000000	450	670	900	780	650	1600	730	12	7000	2650
LK19	2500000	420	630	800	680	680	1700	780	12	8850	4080
			670、710、750	900	780						
LK20	3150000	380	710、750	900	780	750	1900	820	12	12060	5500
			800、850	1000	880						

注：1. 质量、转动惯量为近似值。

2. 瞬时最大转矩不得超过公称转矩 T_n 的 1.5 倍。

表 23-88　LKA 型带安全销弹性块联轴器基本参数和主要尺寸

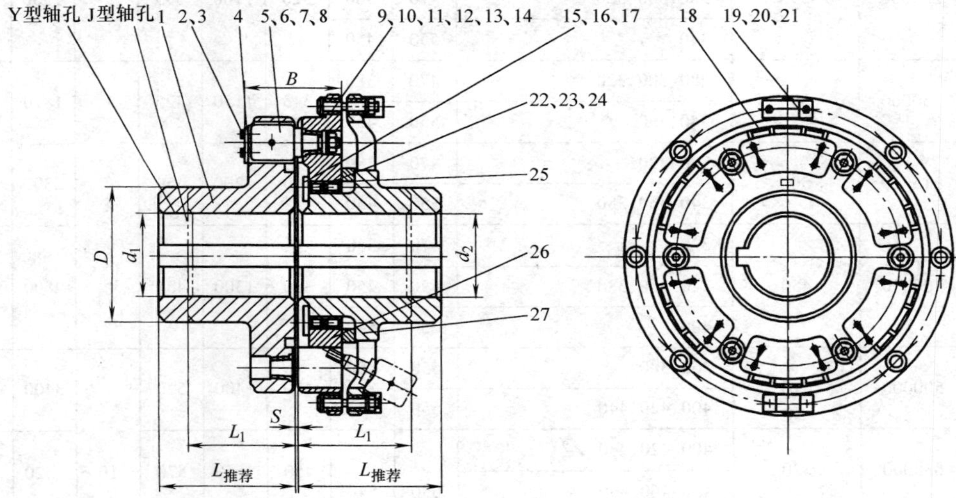

1、27—半联轴器　2、16、21、23—螺栓　3、14、17、20、24—垫圈　4—压板　5—传力臂　6—锥套　7—垫　8、13—螺母　9—安全销　10—销套　11—蝶簧　12—压环　15—摩擦环　18—弹性块　19—销罩　22—止推环　25—轴承　26—中间盘

型号	公称转矩 T_n /N·m	许用转速 [n] /(r/min)	轴孔直径 d_1、d_2 /mm	轴孔直径/mm			D /mm	B /mm	S /mm	质量 m /kg	转动惯量 I /kg·m²
				Y 型 L	J_1 型 L_1	$L_{推荐}$					
LKA1	10000	1275	85、90、95	172	132	150	500	245	5	258	4.32
			100、110、120	212	167						
LKA2	16000	1195	95	172	132	170	550	250		364	6.1
			100、110、120、125	212	167						
			130	252	202						
LKA3	25000	1100	110、120、125	212	167	185	600	260		462	7.32
			130、140、150	252	202						
LKA4	40000	1020	130、140、150			210	700	280		700	22.35
			160、170、180	302	242						
LKA5	63000	955	160、170、180			230	750	300		790	35.1
			190、200、220	352	282						

（续）

型号	公称转矩 T_n /N·m	许用转速 [n] /(r/min)	轴孔直径 d_1、d_2 /mm	轴孔直径/mm Y型 L	J₁型 L_1	$L_{推荐}$	D /mm	B /mm	S /mm	质量 m /kg	转动惯量 I /kg·m²
LKA6	100000	890	190、200、220	352	282	260	800	325	6	850	65.3
			240、250、260	410	330						
LKA7	125000	750	220	352	282	280	900	345		930	83.2
			240、250、260	410	330						
			280	470	380						
LKA8	160000	630	240、250、260	410	330	300	1000	370	7	1200	100
			280、300、320	470	380						
LKA9	200000	595	260	410	330	320	1100	395		1500	140
			280、300、320	470	380						
			340	550	450						
LKA10	250000	560	280、300、320	470	380	345	1150	425	8	1810	185
			340、360	550	450						
LKA11	315000	500	300、320	470	380	360	1200	450		2300	249
			340、360、380	550	450						
LKA12	400000	450	320	470	380	380	1300	485		2800	382
			340、360、380	550	450						
			400	650	540						
LKA13	500000	410	360、380	550	450	400	1400	520	10	3400	515
			400、420、440	650	540						
LKA14	630000	320	400、420、440	650	540	450	1550	570		4520	902
			450、460、480								
LKA15	900000	250	440、450、460、480、500			500	1750	650		6610	1630
			530	800	680						
LKA16	1250000	225	460、480、500	650	540	520	1900	720	12	9300	2790
			530、560	800	680						
LKA17	1600000	220	530、560			600	2080	765	15	11700	3950
			600、630								
LKA18	2000000	190	560、600、630			650	2200	800		13400	5300
			670	900	780						
LKA19	2500000	155	630	800	680	680	2300	915		15670	7296
			670、710、750	—	780						
LKA20	3150000	130	710、750			750	2500	1040		19890	10650
			800、850		880						

注：1. 质量、转动惯量为近似值。

2. 瞬时最大转矩不得超过公称转矩 T_n 的 1.5 倍。

23.1.5.11　H 型弹性块联轴器

H 型弹性块联轴器（JB/T 5511—2006）是利用若干个 H 型的橡胶弹性件，主、从动端的凸块对应插入 H 型弹性件上下之间，以实现两半联轴器的连接。该联轴器结构简单、尺寸紧凑、制造较方便，具有一定补偿两轴相对偏移和减振缓冲性能。适用于联接两水平和垂直同轴线的轴系传动。

各种型号 H 型弹性块联轴器基本参数和主要尺寸见表 23-89。

表 23-89a　HTLA 型弹性块联轴器基本参数和主要尺寸（摘自 JB/T 5511—2006）

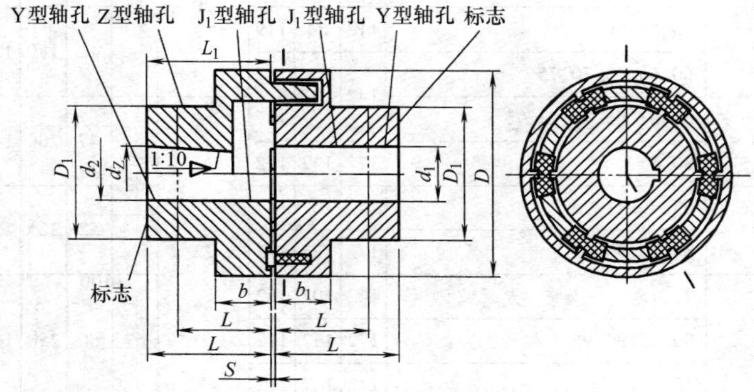

型号	公称转矩 T_n /N·m	许用转速 [n] /(r/min)	轴孔直径 d_1、d_2、d_Z/mm	轴孔长度/mm Y 型 L	J_1、Z 型 L	J_1、Z 型 L_1	b/mm Y、J_1 型	b/mm Z 型	b_1/mm	D/mm	D_1/mm	S/mm	质量 m/kg	转动惯量 I/kg·m²
HTLA1	20	5000	12、14	32	27	—	8	22	20	58	40	2	1.00	0.0003
			16、18、19	42	30	44								
			20、22、24	52	38	52								
HTLA2	35.5		16、18、19	42	30	48		26		70	48		1.65	0.0006
			20、22、24	52	38	56								
			25、28	62	44	62								
HTLA3	71		20、22、24	52	38	60	10	32	21	82	60		3.22	0.0017
			25、28	62	44	66								
			30、32	82	60	82								
HTLA4	112		24	52	38	66	12	40	24	95	70		5.15	0.0041
			25、28	62	44	72								
			30、32、35、38	82	60	88								
			40	112	84	112								
HTLA5	180		28	62	44	72	14	42	27	110	80		7.39	0.008
			30、32、35、38	82	60	88								
			40、42、45	112	84	112								
HTLA6	280	4500	32、35、38	82	60	88	17	45	31	125	92		10.85	0.014
			40、42、45、48、50	112	84	112								
HTLA7	400	4000	38	82	60	88	20	48	34	140	100		12.97	0.02
			40、42、45、48、50、55、56	112	84	112								

（续）

型号	公称转矩 T_n /N · m	许用转速 [n] /(r/min)	轴孔直径 d_1、d_2、d_Z/mm	轴孔长度 Y型 L	轴孔长度 J_1、Z型 L	轴孔长度 J_1、Z型 L_1	b /mm Y、J_1型	b /mm Z型	b_1 /mm	D /mm	D_1 /mm	S /mm	质量 m /kg	转动惯量 I /kg · m²
HTLA8	630	3500	42、45、48、50、55、56	112	84	119	20	55	39	160	110	2	20.15	0.033
			60、63、65	142	107	142								
HTLA9	1000	3100	50、55、56	112	84	119			42	180	125		26.12	0.061
			60、63、65、70、75	142	107	142								
HTLA10	1600	2800	60、63、65、70、71、75			147	22	62	47	200	140		38.9	0.13
			80、85	172	132	172								
HTLA11	2240	2500	65、70、71、75	142	107	147			52	225	150		43.13	0.19
			80、85、90	172	132	172								
HTLA12	3150	2200	71、75	142	107	152		67	60	250	165	3	57.55	0.33
			80、85、90、95	172	132	177								
			100	212	167	212								
HTLA13	4500	2000	80、85、90、95	172	132	177	24	69	65	280	180		80.33	0.52
			100、110	212	167	212								

注：1. 质量及转动惯量均是各型号中最大值的近似计算值。
2. 瞬时过载转矩不得大于公称转矩值的 2 倍。

表 23-89b　HTLB 型弹性块联轴器基本参数和主要尺寸（摘自 JB/T 5511—2006）

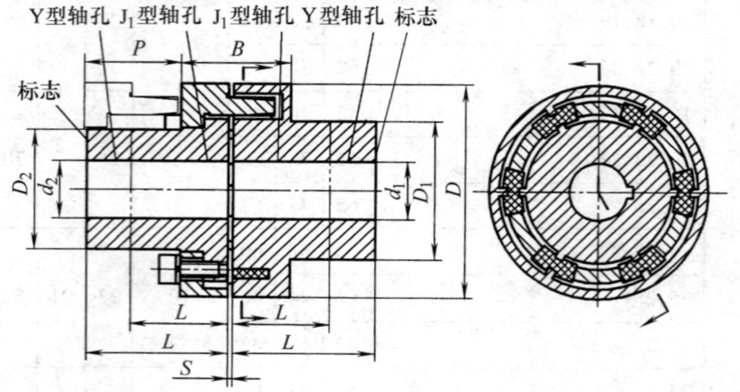

型号	公称转矩 T_n /N·m	许用转速 [n] /(r/min)	轴孔直径 d_1、d_2/mm	轴孔长度 L/mm Y型	轴孔长度 L/mm J_1型	尺寸/mm B	D	D_1	D_2	S	P①	质量 m /kg	转动惯量 I /kg · m²
HTLB1	180	5000	28	62	44	49	110	80	62		33	6	0.007
			30、32、35、38	82	60								
			40*、42*、45*	112	84								
HTLB2	280	4500	32、35、38	82	60	56	125	92	75	2	38	9.2	0.012
			40、42、45、48*、50*	112	84								
HTLB3	400	4000	38	82	60	62	140	100	80		43	11.2	0.02
			40、42、45、48 50、55*、56*	112	84								

（续）

型号	公称转矩 T_n /N·m	许用转速 $[n]$ /(r/min)	轴孔直径 d_1、d_2/mm	轴孔长度 L/mm Y 型	轴孔长度 L/mm J_1 型	尺寸/mm B	D	D_1	D_2	S	P①	质量 m /kg	转动惯量 I /kg·m²
HTLB4	630	3500	42、45、48、50、55、56	112	84	69	160	110	95	2	47	17.8	0.039
			60*、63*、65*	142	107								
HTLB5	1000	3100	50、55、56	112	84	74	180	125	108		50	25.4	0.072
			60、63、65、70*、71*、75*	142	107								
HTLB6	1600	2800	60、63、65、70、71、75			81	200	140	122		53	31.3	0.117
			80*、85*	172	132								
HTLB7	2200	2500	65、70、71、75	142	107	92	225	150	138		61	43.4	0.183
			80、85、90*	172	132								
HTLB8	3150	2200	71、75	142	107	105	250	165	155	3	69	58.5	0.35
			80、85、90、95	172	132								
			100*	212	167								
HTLB9	4500	2000	80、85、90、95	172	132	110	280	180	172		73	81	0.55
			100、110*	212	167								
HTLB10	6300	1800	90、95	172	132	120	315	200	200		78	98.9	0.9
			100、110、120、125	212	167								
HTLB11	8000	1600	100、110、120、125			128	350	230	230		83	152	1.6
			130、140	252	202								
HTLB12	11200	1400	110、120、125	212	167	137	400	250	250		88	182.8	2.7
			130、140、150	252	202								
HTLB13	14000	1300	120、125	212	167	155	440	265	265	5	99	204	3.9
			130、140、150	252	202								
			160	302	242								
HTLB14	18000	1200	130、140、150	252	202	160	480	300	300		104	277.6	5.9
			160、170	302	242								
HTLB15	22400	1100	140、150	252	202	175	520	315	315		115	348.3	8.6
			160、170、180	302	242								
HTLB16	31500	1000	160、170、180	302	242	201	560	320	320	6	125	496.9	13.9
			190、200	352	282								
HTLB17	40000	900	170、180	302	242	215	610	352	352		135	582	20.2
			190、200、220	352	282								
HTLB18	50000	860	180	302	242	234	660	384	384		145	706.2	29.7
			190、200、220	352	282								
			240	410	330								
HTLB19	71000	800	200、220	352	280	246	710	416	416		155	917.2	43.2
			240、250	410	330								

注：1. 联轴器的质量及转动惯量是按铸铁件最小轴孔尺寸计算的近似值。

2. 标有 * 号的轴孔直径不适用于 d_2。

3. 瞬时过载转矩不得大于公称转矩的 2 倍。

① 尺寸 P 为拆卸拨爪的最小尺寸。

表 23-89c　HTLC 型带制动轮弹性块联轴器基本参数和主要尺寸（摘自 JB/T 5511—2006）

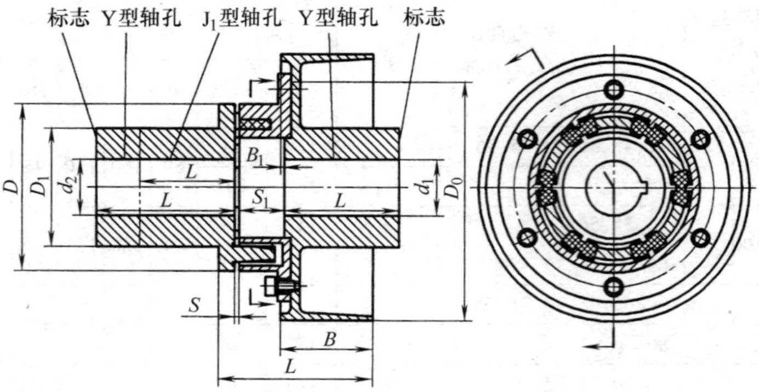

型号	公称转矩 T_n /N·m	许用转速 [n] /(r/min)	轴孔直径 d_1、d_2/mm	轴孔长度 L/mm Y型	J₁型	尺寸/mm B	B_1	L	D	D_0	D_1	S_1	S	质量 m /kg	转动惯量 I /kg·m²
HTLC1	280	2800	32、35、38	82	60	85	5	129	125	200	92	30		14.4	0.054
			40、42、45、48、50	112	84			134							
HTC2	400	2200	38	82	60	105	27	133	140	250	100	33		25.1	0.15
			40、42、45、48、50、55、56	112	84			166							
HTC3	600		42、45、48、50、55、56					167	160	250	110	38	2	31.8	0.172
			60、63、65	142	107										
HTC4	1000	1800	50、55、56	112	84	135	25	173	180	315	125	41		43.1	0.416
			60、63、65、70、71、75	142	107			198							
HTC5	2240	1400	65、70、71、75			170	30	215	225	400	150	51		75.8	1.28
			80、85、90	172	132			245							
HTC6	3150	1100	71、75	142	107	210	70	225	250	500	165	60		120.6	3.26
			80、85、90、95	172	132		40	255							
			100	212	167			295					3		
HTC7	4500	1100	80、85、90、95	172	132	210	40	262	280	500	180	65		133.4	5.53
			100、110	212	167			302							

注：1. 联轴器的质量及转动惯量是按铸件最小轴孔尺寸计算的近似值。

2. 瞬时过载转矩不得大于公称转矩的 2 倍。

表 23-89d　HTLD 型带制动轮弹性块联轴器基本参数和主要尺寸（摘自 JB/T 5511—2006）

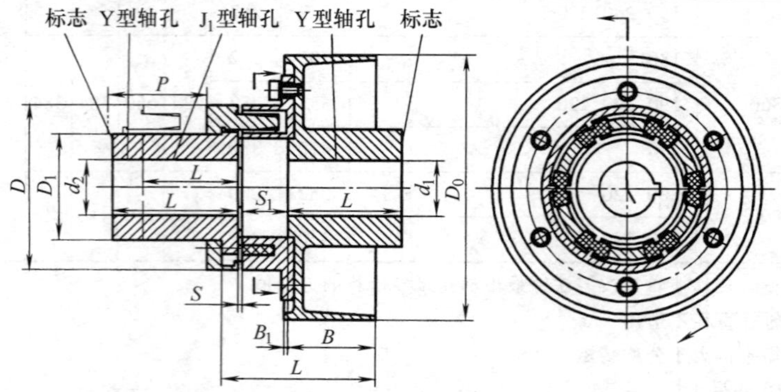

（续）

型号	公称转矩 T_n /N·m	许用转速 [n] /(r/min)	轴孔直径 d_1、d_2/mm	轴孔长度 L/mm		尺寸/mm									质量 m /kg	转动惯量 I /kg·m²
				Y 型	J_1 型	B	B_1	L	D	D_0	D_2	S_1	S	P①		
HTLD1	280	2800	32、35、38	82	60	85	5	135	125	200	75	30	2	38	14.3	0.089
			40、42、45、48*、50*	112	84			140								
HTLD2	400	2200	38	82	60	105	25	80	140	250	80	33		43	25	0.148
			40、42、45、48、50、55*、56*	112	84			166								
HTLD3	630		42、45、48、50、55、56					173	160		95	38		47	29.2	0.167
			60*、63*、65*	142	107											
HTLD4	1000	1800	50、55、56	112	84	135	25	183	180	315	108	41		50	43	0.415
			60、63、65、70*、71*、75*	142	107			208								
HTLD5	2240	1400	65、70、71、75			170	30	231	225	400	138	51		61	77.5	1.29
			80、85、90*	172	107			261								
HTLD6	3150	1100	71、75	142	107	210	70	245	250	500	156	60	3	69	119.9	3.27
			80、85、90、95	172	132		40	215								
			100*	212	167			315								
HTLD7	4500	1100	90、95	172	132	210	40	280	280	500	172	65		73	131.9	3.56
			100、110、120、125	212	167			320								
HTLD8	6300	900	90、95	172	132	265	95	190	315	630	200	70	3	78	191.6	9.32
			100、110、120、125	212	167			385								
HTLD9	8000		100、110、120、125				55	338	350		230	74		83	252	10.02
			130、140	252	202		15	393								

注：1. 联轴器的质量及转动惯量是按铸铁件最小轴孔尺寸计算的近似值。

2. 标记"*"号的轴孔直径不适用于 d_2。

3. 瞬时过载转矩不得大于公称转矩的 2 倍。

① 尺寸 P 为拆卸拨爪的最小尺寸。

表 23-89e　HTLE 型接中间轴弹性块联轴器基本参数和主要尺寸（摘自 JB/T 5511—2006）

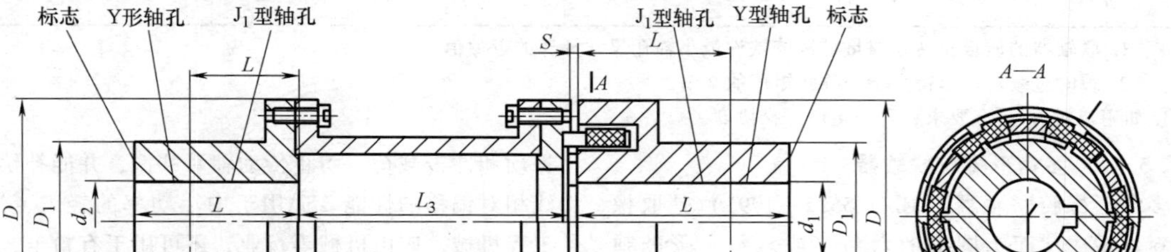

（续）

型号	公称转矩 T_n /N·m	许用转速 [n] /(r/min)	轴孔直径 d_1、d_2/mm	轴孔长度 L/mm		尺寸/mm							质量 m /kg	转动惯量 I/ kg·m²
				Y型	J_1型	D_1	D	L_1[①]	L_2	L_3	L_4	S		
HTLE1	71		20、22、24	52	38									
			25、28	62	44	60	82				36		3.1	0.0022
			30、32	82	60									
HTLE2	112		24	52	38			125	9	133				
			25、28	62	44									
		5000	30、32、35、38	82	60	70	95				39		6.7	0.0063
			40	112	84							5		
HTLE3	180		28	62	44									
			30、32、35、38	82	60	80	110	160		170	44		9.7	0.0119
			40、42、45	112	84				11					
HTLE4	280	4500	32、35、38	82	60	92	125			190	48		13.3	0.0207
			40、42、45、48、50	112	84			180						
HTLE5	400	4000	38	82	60	100	140			193	54		17	0.034
			40、42、45、48、50、55、56	112	84									
HTLE6	630	3500	42、45、48、50、55、56			110	160		15	237	60		22.5	0.059
			60、63、65	142	107									
HTLE7	1000	3100	50、55、56	112	84	125	180	224		237	63	6	33.4	0.111
			60、63、65、70、75	142	107									
HTLE8	1600	2800	60、63、65、70、71、75			140	200		18	240	71		41.5	0.19
			80、85	172	132									
HTLE9	2240	2500	65、71、75	142	107	150	225		18	252	76	6	55.9	0.310
			80、85、90	172	132									
HTLE10	3150	2200	71、75	142	107			236						
			80、85、90、95	172	132	165	250		21	256	91	8	78.1	0.52
			100	212	167									

注：1. 联轴器的质量及转动惯量是按铸铁件最小轴孔尺寸计算的近似值。

2. 瞬时过载转矩不得大于公称转矩值的2倍。

① 如用户对 L_1 另有要求，可与生产厂家协商。

23.1.5.12　多角形橡胶联轴器

多角形橡胶联轴器（JB/T 5512—1991）是取橡胶材料，做成截面为圆形的六角（或八角）形的弹性件，在每一角处嵌有与橡胶硫化后粘结在一起的套管，利用穿过套管的6个（或8个）螺栓，交错与主、从动端上的半联轴器凸缘连接。此联轴器结构简单，不用润滑，装拆方便，具有缓和传动轴系的扭转振动和冲击载荷，防止传动轴系共振，并能补偿两轴线相对偏移的性能。适用于中小功率的轻工、汽车、工程机械、矿山机械等行业，还可用于有粉尘、水分的工况环境，温度范围为-30~60℃，用于振动筛的连接效果显著。

LD型多角形橡胶联轴器基本参数和主要尺寸见表23-90。LD型联轴器许用补偿量见表23-91。

表 23-90　LD 型多角形橡胶联轴器基本参数和主要尺寸（摘自 JB/T 5512—1991）

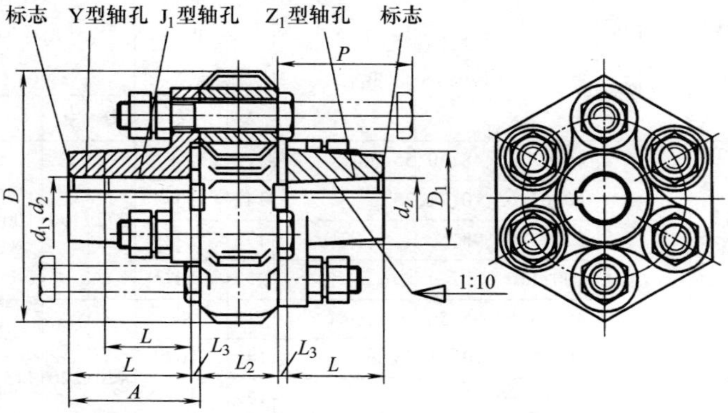

型号	公称转矩 T_n /N·m	许用转速① [n] /(r/min)	允许扭转角度 /(°)	轴孔直径 d_1、d_2、d_Z/mm	轴孔长度/mm Y 型 L	轴孔长度/mm J_1、Z_1 型 L	尺寸/mm D	D_1	L_2	L_3	A	质量 m /kg	转动惯量 I /kg·m²
LD1	50	5000	5	12、14	32		96	42	28	4	75	1.9	0.001
				16、18、19	42	30							
				20、22、24	52	38							
				25	62	44							
LD2	80	4000		16、18、19	42	30	118	55	32	5	85	3.9	0.0031
				20、22、24	52	38							
				25、28	62	44							
				30、32	82	60							
LD3	160	3150	4	20、22、24	52	38	142	68	46	7	105	8	0.0089
				25、28	62	44							
				30、32、35、38	82	60							
				40	112	84							
LD4	280	2500		22、24	52	38	182	92	52	9	120	14.2	0.026
				25、28	62	44							
				30、32、35、38	82	60							
				40、42、45、48、50、55	112	84							
LD5	560	2000		25、28	62	44	235	122	62	12	140	31.4	0.095
				30、32、35、38	82	60							
				40、42、45、48、50、55、56	112	84							
				60、63、65、70、71	142	107							
LD6	800	1800		28	62	44	258	128	68		150	35.6	0.132
				30、32、35、38	82	60							
				40、42、45、48、50、55、56	112	84							
				60、63、65、70、71、75	142	107							
LD7	1250	1600		35、38	82	60	282	148	78	13.5	185	58.4	0.287
				40、42、45、48、50、55、56	112	84							
				60、63、65、70、71、75	142	107							
				80、85	172	132							

（续）

型号	公称转矩 T_n /N·m	许用转速①[n] /(r/min)	允许扭转角度 /(°)	轴孔直径 d_1、d_2、d_Z/mm	轴孔长度/mm Y型 L	J₁、Z₁型 L	尺寸/mm D	D_1	L_2	L_3	A	质量 m/kg	转动惯量 I/kg·m²
LD8	2500	1250	4	40、42、45、48、50、55、56	112	84	372	190	100	15	230	117.1	0.952
				60、63、65、70、71、75	142	107							
				80、85、90、95	172	132							
				100、110	212	167							
LD9	3550	1120		45、48、50、55、56	112	84	420	220	115		270	171.8	1.981
				60、63、65、70、71、75	142	107							
				80、85、90、95	172	132							
				100、110、120、125、130	212	167							
LD10	5600	1000		50、55、56	112	84	465	242	130		295	252.9	3.606
				60、63、65、70、71、75	142	107							
				80、85、90、95	172	132							
				100、110、120、125	212	167							
				130、140、150	252	202							
LD11	8000	900		60、63、65、70、71、75	142	107	520	260	150	20	365	386.7	7.48
				80、85、90、95	172	132							
				100、110、120、125	212	167							
				130、140、150	252	202							
				160	302	242							

注：1. 联轴器轴孔组合形式有 y-J_1、y-Z、J_1-Z_1、y-y，J_1-J。
2. 瞬时冲击转矩不大于公称转矩的 2.3 倍。
3. 质量及转动惯量均是各型号中最大近似计算值。
① 许用转速是指角向补偿量 1°范围内的允许转速。

表 23-91　LD 型联轴器许用补偿量

型号	补偿量 角向 Δα/(°)	轴向 Δx/mm	径向 Δy/mm	型号	补偿量 角向 Δα/(°)	轴向 Δx/mm	径向 Δy/mm
LD 1	5	±2	1	LD 7	3	±4	2
LD 2		±2.5		LD 8	2	±4.5	
LD 3	4	±3		LD 9			
LD 4		±3.5	1.5	LD 10		±5	
LD 5	3	±4		LD 11			
LD 6							

注：许用补偿量是指在转速小于许用转速 70%时可使用的范围。

23.1.5.13　芯型弹性联轴器

芯型弹性联轴器（GB/T 10614—2008），是利用若干组合在一起的橡胶制成的，中心装有钢棒或钢管的柱销，置于两半联轴器的凹孔中，以实现两半联轴器的连接。芯型弹性联轴器结构简单、制造容易、成本低廉、不要润滑、维修方便，具有补偿两轴相对偏移和减振性能。适用于中小功率，轴线对中比较方便的传动轴系。

1）LN 型芯型弹性联轴器基本参数和主要尺寸见表 23-92。

2）LNS 型双法兰芯型弹性联轴器基本参数和主要尺寸见表 23-93。

3）芯型弹性联轴器芯型弹性件结构型式和尺寸见表 23-94，橡胶环力学性能见表 23-95，许用补偿量见表 23-96。

表 23-92　LN 型芯型弹性联轴器基本参数和主要尺寸（摘自 GB/T 10614—2008）

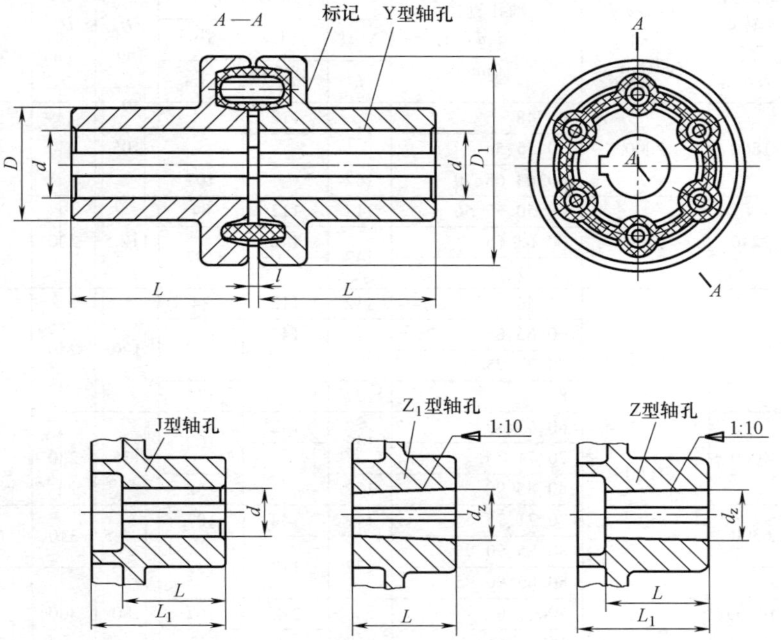

型号	公称转矩 T_n /N·m	瞬时最大转矩 T_{max} /N·m	许用转速 [n] /(r/min)	轴孔直径 d、d_Z /mm	轴孔长度/mm Y 型 L	J、Z、Z_1 型 L_1	J、Z、Z_1 型 L	D /mm	D_1 /mm	t /mm	质量 m /kg	转动惯量 I /kg·m²
LN1	6.3	20	4000	10、11	25		17*	33	70	3	1.1	0.0006
				12、14	32		20*					
				16、18、19	42		30					
				20、22	52		38					
LN2	25	80	3500	16、18、19	42	42	30	42	85		2	0.0015
				20、22、24	52	52	38					
				25、28	62		44					
LN3	63	180	3000	20、22、24	52	52	38	52.5	105		3.7	0.0039
				25、28	62	62	44					
				30、32、35	82		60					
LN4	100	315		24	52	52	38	68	120		6	0.0087
				25、28	62	62	44					
				30、32、35、38	82	82	60					
				40、42	112		84					
LN5	160	500		28	62	62	44	72	140		9	0.169
				30、32、35、38	82	82	60					
				40、42	112	112	84					
				45、48								
LN6	250	710	2500	32、35、38	82	82	60	84	160		14.1	0.0354
				40、42	112	112	84					
				45、48、50、55、56	112		84					
LN7	400	1120		38	82	82	60	90	180	4	16.8	0.0575
				40、42	112	112	84					
				45、48、50、55、56								
				60	142		107					

（续）

型号	公称转矩 T_n /N·m	瞬时最大转矩 T_{max} /N·m	许用转速 $[n]$ /(r/min)	轴孔直径 d、d_Z /mm	轴孔长度/mm Y型 L	J、Z、Z_1 型 L_1	J、Z、Z_1 型 L	D /mm	D_1 /mm	t /mm	质量 m /kg	转动惯量 I /kg·m²
LN8	630	1800	2000	45、48	112	112	84	105	240	4	24.1	0.0971
				50、55、56								
				60、63、65、70	142		107					
LN9	900	2240	2200	48、50、55、56	112	112	84	112.5	220		30.7	0.1412
				60、63、65	142	142	107					
				70、71、75								
LN10	1250	3150	1600	55、56	112	112	84	120	240	5	38.5	0.2304
				60、63、65	142	142	107					
				70、71、75								
				80	172		132					
LN11	1600	4000		60、63、65	142	142	107	135	250		45.2	0.2889
				70、71、75								
				80、85、90	172		132					
LN12	2500	6300		70、71、75	142	142	107	142.5	320	6	76.2	0.7902
				80、85、90、95	172	172	132					
LN13	4000	10000		80、85、90、95				180	360	7	118	1.4711
				100、110	212	212	167					
				120			202					
LN14	8000	16000	1400	100、110、120、125		212		210	420		171.6	2.9312
				130、140	252							

注：1. 带 * 的轴孔长度仅适用于 Z_1 型轴孔。

2. 质量和转动惯量是按 Y/Y 轴孔组合和最小轴孔直径计算的。

表 23-93　LNS 型双法兰芯型弹性联轴器基本参数和主要尺寸（摘自 GB/T 10614—2008）

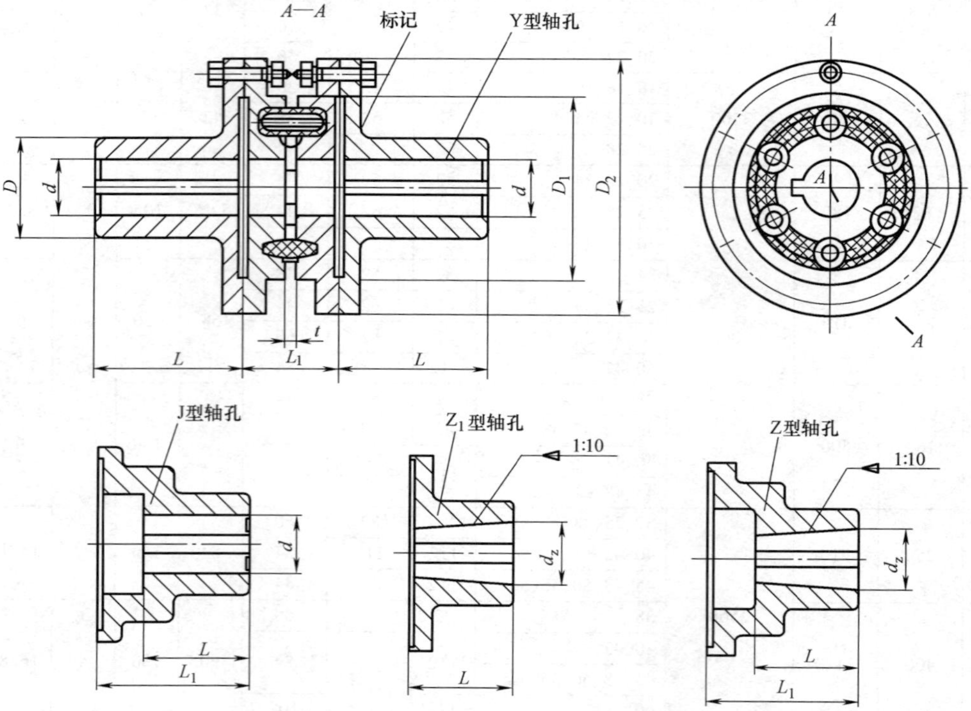

（续）

型号	公称转矩 T_n /N·m	瞬时最大转矩 T_{max} /N·m	许用转速 [n] /(r/min)	轴孔直径 d、d_Z /mm	轴孔长度/mm Y 型 L	J、Z、Z_1 型 L_1	J、Z、Z_1 型 L	尺寸/mm L_2	D_1	D_2	t	质量 m /kg	转动惯量 I /kg·m²
LNS1	6.3	20	4000	10、11	25		17*	40	115	70	3	2.7	0.0036
				12、14	32		20*						
				16、18、19	42	42	30						
				20、22	52	52	38						
LNS2	25	80	3500	16、18、19	42	42	30	45	120	85		3.8	0.0054
				20、22、24	52	52	38						
				25、28	62	62	44						
LNS3	63	180	3000	20、22、24	52	52	38	55	150	105		7.3	0.0162
				25、28	62	62	44						
				30、32、35	82	82	60						
LNS4	100	315		24	52	52	38	65	165	120		11.2	0.0301
				25、28	62	62	44						
				30、32、35、38	82	82	60						
				40、42	112	112	84						
LNS6	250	710	2500	32、35、38	82	82	60	85	215	160		23.7	0.1018
				40、42、45、48、50、55、56	112	112	84						
LNS7	400	1120		38	82	82	60	90	235	180	4	29.6	0.1654
				40、42、45、48、50、55、56	112	112	84						
				60	142	142	107						
LNS8	630	1800	2000	45、48、50、55、56	112	112	84	100	255	200		42.1	0.2752
				60、63、65、70	142	142	107						
LNS10	1250	3150	1600	55、56	112	112	84		300	240	5	64.1	0.5842
				60、63、65、70、71、75	142	142	107						
				80	172	172	132						
LNS11	1600	4000		60、63、65、70、71、75	142	142	107	115	310	250		75.4	0.7886
				80、85、90	172	172	132						
LNS12	2500	6300		70、71、75	142	142	107	140	380	320	6	120.3	1.7446
				80、85、90、95	172	172	132						
LNS13	4000	10000		80、85、90、95				150	435	360	7	176.5	3.1462
				100、110、120	212	212	167						
LNS14	8000	16000	1400	100、110、120、125				160	495	420		251.5	5.9174
				130、140	252	252	202						

注：1. 带 * 的轴孔长度仅适用于 Z_1 型轴孔。

2. 质量和转动惯量是按 Y/Y 轴孔组合和最小轴孔直径计算的。

表 23-94　芯型弹性件结构型式和尺寸　　（单位：mm）

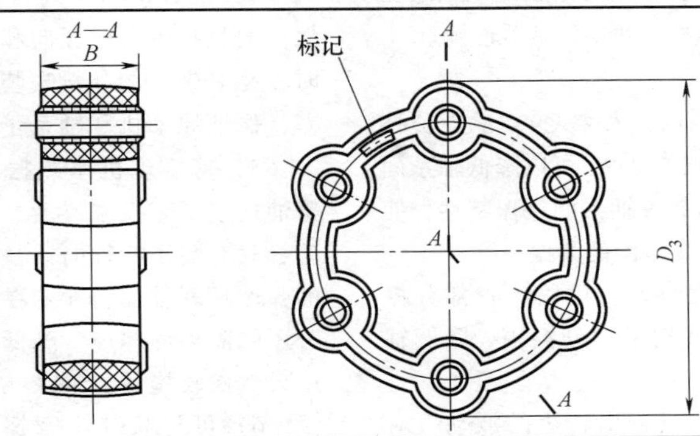

（续）

型号	尺寸		型号	尺寸	
	D_3	B		D_3	B
N1	63	17	N8	191	68
N2	78	23	N9	211	68
N3	98	29	N10	231	79
N4	113	37	N11	293	83
N5	133	45	N12	309	96
N6	151	55	N13	349	109
N7	171	62	N14	409	120

表 23-95　橡胶环力学性能

性能名称	单位	指标
硬度(邵尔 A 型)	HA	70±5
扯断伸长率	%	≥300
扯断强度	MPa	>15.3
磨耗量	cm^3/1.61km	≤0.2
老化:100℃×70h 硬度变化	%	0~10
压缩永久变形 100℃×70h×20%	%	≤70
耐油 100℃×70h 30 号油体积变化率	%	≤40

表 23-96　芯型弹性联轴器许用补偿量

项目＼补偿量＼型号	LN1 LNS1	LN2 LNS2	LN3 LNS3	LN4 LNS4	LN5 LNS5	LN6 LNS6	LN7 LNS7	LN8 LNS8	LN9 LNS9	LN10 LNS10	LN11 LNS11	LN12 LNS12	LN13 LNS13	LN14 LNS14
径向 Δy/mm	0.5		0.8					1.2				2.0		3.0
轴向 Δx/mm	0.5							1.0						
角向 $\Delta\alpha$	1°30′					1°				30′				

注：1. 表中所列补偿量是指由于制造误差、安装误差、工作时载荷变化所引起的冲击、振动、零件变形和温度变化等因素形成的两轴线相对偏移量的补偿能力。

2. 径向偏移量的测量部位在半联轴器最大外圆宽度的 1/2 处。

23.1.5.14　弹性环联轴器

弹性环联轴器（GB/T 2496—2008）亦称高弹性橡胶联轴器、橡胶金属环联轴器，是利用橡胶硫化粘结在金属上的圆环形组合件，以螺栓与两半联轴器连接。

（1）弹性环联轴器特点

1）具有较高弹性（低刚度、大柔度），承受公称转矩时转角为 10°，最大转矩时为 25°；可以降低轴系固有振动频率，改变柴油机动力装置轴系的扭振特性，使柴油机在许用转速范围内不出现危险的共振。

2）具有较好的阻尼减振特性，可以吸收部分振动能量，减少通过扭振共振点时的振动振幅，降低轴段扭振应力。

3）可以吸收和降低柴油机输出转矩的波动，对装有减速齿轮箱的柴油机动力装置而言，可以减少变动转矩对齿轮面的敲击，延长齿轮使用寿命。

4）能补偿轴线偏移，它不但在扭转方向有高弹性，而且在轴向、径向和角向也具有弹性，所以安装时较易对中；能补偿安装后由机座等变形而产生的误差，保证原动机和轴系正常运转。

5）能实现机座减振和隔离固体声及绝缘电流。柴油机装了减振基座后，它与轴系之间会产生相对振动，只有装了在轴向、径向、角向三个方向均有弹性的弹性环联轴器，才能在主机下面安装减振基座，同时还能隔离固体声，降低噪声，由于弹性环联轴器采用天然橡胶构件，绝缘性能良好，能防止轴向电流。

6）可与双锥体摩擦离合器组合，成为结构紧凑、性能良好的离合器（GB/T 6073—2010）。

7）结构紧凑，安装方便，维修简单，不用润滑。

8）加工较复杂，成本高，价格贵。

（2）适用的动力机械和工作机械

1）船用柴油机主推进动力装置。

2）带有减速齿轮箱、离合器的中高速柴油机动力装置。

3）陆用或船用柴油机-发电机组。

4）柴油机驱动的泥浆泵、水泵、压缩机等动力装置。

5）液力传动内燃机车、汽车等传动装置。

6）电动机或其他动力机械驱动的减速器、轧钢机、搅拌机、锻造机等传动装置。

（3）橡胶圈抗剪强度计算

$$\tau=\frac{2T_c}{\pi D_2^2 l_2 Z}\leqslant[\tau]$$

式中　T_c——计算转矩（N·m）；

D_2——橡胶圈平均外径（mm）；

l_2——橡胶圈平均长度（mm）；

Z——橡胶圈结合件数；

$[\tau]$——橡胶圈许用切应力，可取 $[\tau]=3\text{MPa}$。

（4）XL 型弹性环联轴器基本参数和主要尺寸　见表 23-97。

（5）XL 型联轴器许用补偿量　见表 23-98。

表 23-97a　XL 型弹性环联轴器基本参数（摘自 GB/T 2496—2008）

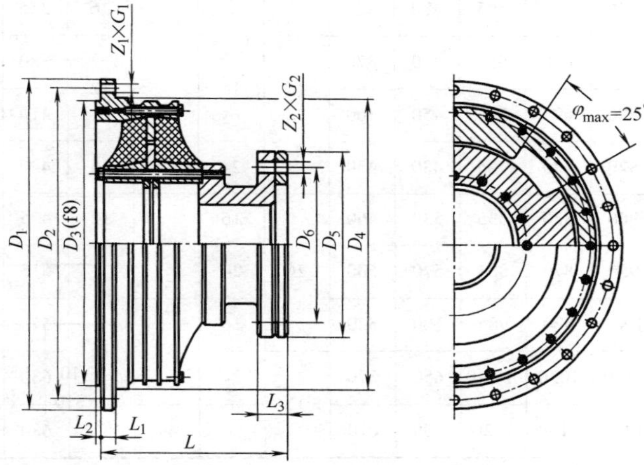

型号	公称转矩 T_n /kN·m	瞬时最大转矩 T_{max} /kN·m	许用变动转矩 $[T_v]$ /kN·m	许用转速 $[n]$ /(r/min)	静态扭转角 /(°) φ_n	静态扭转角 /(°) φ_{max}	静态扭转刚度 C_s/(kN·m/rad)	质量 m/kg	转动惯量 /kg·m² 外部 J_1	转动惯量 /kg·m² 内部 J_2	转动惯量 /kg·m² 总体 J
XL 7	0.71	1.78	±0.18	4000	10	25	4.07	20	0. 14	0. 04	0. 18
XL 11	1.12	2.80	±0.28	3800			6.42	30	0. 28	0. 07	0. 35
XL 18	1.80	4.50	±0.45	3500			10.31	45	0. 51	0. 16	0. 67
XL 28	2.80	7.00	±0.70	3000			16.04	70	1. 02	0. 33	1. 35
XL 40	4.00	10.00	±1.00	2800			22.92	100	1. 74	0. 58	2. 32
XL 56	5.60	14.00	±1.40	2500			32.09	135	2. 59	1. 04	3. 63
XL 80	8.00	20.00	±2.00	2200			45.84	180	4. 35	1. 77	6. 12
XL 110	11.20	28.00	±2.80	1950			64.17	282	8. 85	3. 36	12. 21
XL 160	16.00	40.00	±4.00	1750			91.57	350	14. 52	5. 56	20. 08
XL 180	18.00	45.00	±4.50	1650			103.13	415	19. 62	8. 16	27. 78
XL 250	25.00	62.50	±6.25	1500			143.24	500	26. 45	12. 57	39. 02
XL 315	31.50	78.75	±7.88	1400			180.48	700	45. 52	19. 40	64. 92
XL 400	40.00	100.00	±10.00	1300			229.18	845	60. 80	26. 98	87. 78
XL 560	56.00	140.00	±14.00	1200			320.86	1120	98. 20	46. 82	143. 02
XL 710	71.00	177.50	±17.75	1100			406.80	1410	149. 20	68. 30	217. 50
XL 1000	100.00	250.00	±25.00	1000			572.96	2120	254.46	103. 50	357. 96

表 23-97b　XL 型弹性环联轴器主要尺寸　　（单位：mm）

<table>
<tr><th>主要尺寸
型号</th><th>D_1</th><th>D_2</th><th>D_3</th><th>D_4</th><th>D_5</th><th>D_6</th><th>G_1</th><th>Z_1（只）</th><th>G_2</th><th>Z_2（只）</th><th>L</th><th>L_1</th><th>L_2</th><th>L_3</th><th>L_4</th></tr>
<tr><td>XL 7</td><td>295</td><td>275</td><td>240</td><td>250</td><td>150</td><td>130</td><td rowspan="3">12</td><td>12</td><td>11</td><td rowspan="5">12</td><td>150</td><td rowspan="2">10</td><td rowspan="7">5</td><td>12</td><td rowspan="3">10</td></tr>
<tr><td>XL 11</td><td>335</td><td>315</td><td>275</td><td>285</td><td>170</td><td>145</td><td rowspan="4">16</td><td rowspan="2">13</td><td>170</td><td>15</td></tr>
<tr><td>XL 18</td><td>390</td><td>365</td><td>320</td><td>330</td><td>190</td><td>165</td><td>200</td><td>12</td><td rowspan="2">20</td></tr>
<tr><td>XL 28</td><td>440</td><td>415</td><td>370</td><td>380</td><td>220</td><td>180</td><td rowspan="3">14</td><td rowspan="3">17</td><td>230</td><td rowspan="4">15</td><td rowspan="2">15</td></tr>
<tr><td>XL 40</td><td>490</td><td>465</td><td>410</td><td>420</td><td>250</td><td>210</td><td>265</td><td>25</td></tr>
<tr><td>XL 56</td><td>550</td><td>500</td><td>450</td><td>460</td><td>290</td><td>240</td><td>24</td><td>16</td><td>300</td><td rowspan="2">30</td><td rowspan="4">20</td></tr>
<tr><td>XL 80</td><td>600</td><td>565</td><td>510</td><td>520</td><td>320</td><td>270</td><td rowspan="2">18</td><td>16</td><td rowspan="2">21</td><td>12</td><td>315</td></tr>
<tr><td>XL 110</td><td>680</td><td>640</td><td>580</td><td>595</td><td>380</td><td>320</td><td>24</td><td>16</td><td>355</td><td>20</td><td rowspan="9">10</td><td rowspan="3">35</td></tr>
<tr><td>XL 160</td><td>760</td><td>720</td><td>640</td><td>655</td><td>420</td><td>370</td><td rowspan="3">22</td><td rowspan="2">16</td><td rowspan="3">25</td><td rowspan="2">12</td><td>380</td><td rowspan="3">25</td></tr>
<tr><td>XL 180</td><td>810</td><td>770</td><td>690</td><td>705</td><td>450</td><td>400</td><td>410</td><td rowspan="2">25</td></tr>
<tr><td>XL 250</td><td>860</td><td>820</td><td>750</td><td>765</td><td>480</td><td>430</td><td>24</td><td>16</td><td>440</td><td rowspan="2">40</td></tr>
<tr><td>XL 315</td><td>950</td><td>900</td><td>820</td><td>835</td><td>530</td><td>460</td><td rowspan="3">26</td><td>16</td><td rowspan="2">31</td><td>12</td><td>475</td><td rowspan="3">30</td><td rowspan="5">30</td></tr>
<tr><td>XL 400</td><td>1000</td><td>950</td><td>870</td><td>885</td><td>570</td><td>500</td><td>24</td><td rowspan="4">16</td><td>515</td><td>45</td></tr>
<tr><td>XL 560</td><td>1120</td><td>1060</td><td>970</td><td>985</td><td>600</td><td>520</td><td>16</td><td rowspan="2">37</td><td>570</td><td>50</td></tr>
<tr><td>XL 710</td><td>1200</td><td>1140</td><td>1030</td><td>1050</td><td>650</td><td>570</td><td rowspan="2">32</td><td>24</td><td>630</td><td>40</td><td>60</td></tr>
<tr><td>XL 1000</td><td>1290</td><td>1200</td><td>1100</td><td>1120</td><td>700</td><td>620</td><td>16</td><td>49</td><td>680</td><td>40</td><td>70</td></tr>
</table>

表 23-98　XL 型联轴器许用补偿量

<table>
<tr><th>型号
补偿量
项目</th><th>XL7</th><th>XL11</th><th>XL18</th><th>XL28</th><th>XL40</th><th>XL56</th><th>XL80</th><th>XL110</th><th>XL160</th><th>XL180</th><th>XL250</th><th>XL315</th><th>XL400</th><th>XL566</th><th>XL710</th><th>XL1000</th></tr>
<tr><td>轴向 Δx/mm</td><td>0. 7</td><td>0. 8</td><td>0. 9</td><td>1</td><td>1. 2</td><td>1. 3</td><td>1. 4</td><td>1. 6</td><td>1. 8</td><td>2</td><td>2. 2</td><td>2. 4</td><td>2. 6</td><td>2. 8</td><td>3</td><td>3. 2</td></tr>
<tr><td>径向 Δy/mm</td><td>1. 2</td><td>1. 5</td><td>1. 7</td><td>2</td><td>2. 2</td><td>2. 4</td><td>2. 6</td><td>3</td><td>3. 2</td><td>3. 6</td><td>4</td><td>4. 4</td><td>4. 8</td><td>5. 2</td><td>5. 8</td><td>6. 2</td></tr>
<tr><td>角向 $\Delta\alpha$</td><td colspan="16">3°12′</td></tr>
</table>

23. 2　离合器

23. 2. 1　概述

23. 2. 1. 1　离合器的作用和分类

离合器是主、从动部分在同轴线上传递动力或运动时，具有接合或分离功能的装置。其离合作用可以靠摩擦、啮合等方式来实现。操纵方法可以是机械式、电磁式、液压式、气压式、超越式、离心式等。离合器可以实现机械的起动、停车，齿轮箱的变速、传动轴间在运动中的同步和相互超越，机器的过载安全保护，防止从动轴的逆转、控制传递转矩的大小和满足接合时间等要求。

离合器分类见表 23-99。

表 23-99　离合器分类（摘自 GB/T 10043—2003）

类　别	组　别	品　种	型　式
操纵离合器	机械离合器	片　式	干式单片、湿式单片、干式双片、湿式双片、干式多片、湿式多片、倒顺湿式多片、双作用单片
		牙嵌式	正三角形、双面正三角形、斜三角形、正梯形、斜梯形、尖梯形、波形、螺旋形、锯齿形、矩形
		齿　式	单面嵌合、双面嵌合、鼠齿形
		圆锥式	干式单锥体、湿式单锥体、干式双锥体、湿式双锥体
		摩擦块式	
		销　式	滑销、插销
		键　式	滑键、拉键、转键、移动键
		棘轮式	外棘轮、内棘轮
		鼓　式	
		扭簧式	
		涨圈式	
		闸带式	
		双功能	离合器—制动器
	电磁离合器	片　式	干式单片线圈旋转、湿式单片线圈旋转、干式单片线圈静止、干式多片线圈旋转、湿式多片线圈旋转、干式多片线圈静止、湿式多片线圈静止、线圈旋转
		牙嵌式	线圈旋转、线圈静止
		圆锥式	
		扭簧式	
		转差式	感应型、爪型、单电枢、双电枢、磁滞型
		磁粉式	单隙式线圈旋转、单隙式线圈静止、复隙式线圈旋转、复隙式线圈静止
		双功能	电磁离合器-制动器
	液压离合器	片　式	活塞缸固定、活塞缸旋转、柱塞缸固定、柱塞缸旋转
		牙嵌式	活塞缸固定、活塞缸旋转、柱塞缸固定、柱塞缸旋转
		浮动块式	活塞缸固定、活塞缸旋转、柱塞缸固定、柱塞缸旋转
		圆锥式	活塞缸固定、活塞缸旋转、柱塞缸固定、柱塞缸旋转
		调速式	
		双功能	液压离合器-制动器
	气压离合器	片　式	活塞缸单片、活塞缸多片、环形缸单片、环形缸多片、隔膜缸单片、隔膜缸多片
		盘　式	
		气胎式	通风型、普通型、径向内收型、径向外涨型、轴向型
		圆锥式	刚性、弹性
		浮动块式	活塞缸、环形缸、隔膜缸
		双功能	气压离合器—制动器

（续）

类　别	组　别	品　种	型　式
自控离合器	超越离合器	牙嵌式	
		棘轮式	
		滑销式	
		滚柱式	内星轮型、外星轮型、双向型
		楔块式	接触型、非接触型、双向型
		同步式	棘齿同步离合器
	离心离合器	钢球式	
		缓冲式	
		橡胶弹性式	
		闸块式	铰链型、弹簧型
	安全离合器	片式	单片型、多片型
		牙嵌式	
		钢球式	
		销式	
		圆锥式	单锥体型、双锥体型

23.2.1.2　常用离合器术语（摘自 GB/T 10042—2003）

（1）离合器类别、品种术语

1）离合器。主、从动部分在同轴线上传递动力或运动时，具有接合或分离功能的装置。

2）操纵离合器。必须通过操纵，接合元件才具有接合或分离功能的离合器。

3）自控离合器。在主动部分或从动部分某些性能参数变化时，接合元件具有自行接合或分离功能的离合器。

4）机械离合器。在机械机构直接作用下，具有离合功能的离合器。

5）电磁离合器。在电磁力作用下，具有离合功能的离合器。

6）液压离合器。在液体压力作用下，具有离合功能的离合器。

7）气压离合器。在空气压力作用下，具有离合功能的离合器。

8）超越离合器。利用主、从动部分的速度变化或旋转方向的变换，具有自行离合功能的离合器。

9）离心离合器。在离心体的离心力直接作用下，具有离合功能的离合器。

10）安全离合器。确保传递的转矩或转速不超过某限定值的离合器。

11）片式离合器。用圆环片的端平面组成的摩擦副的离合器。

12）牙嵌离合器。用爪牙状零件组成嵌合副的离合器。

13）圆锥离合器。用圆锥侧面组成摩擦副的离合器。

14）磁粉离合器。主、从动部分间隙中充填磁粉，借助磁粉间的结合力和磁粉与工作面之间的摩擦力传递动力或运动的离合器。

（2）离合器性能术语

1）离合器空转转矩。离合器由接合状态变成分离状态后，从动轴上残存的转矩。

同义词：拖曳转矩；带排转矩。

2）离合器的储备系数 β。由于传动轴系载荷变化和工作环境等因素影响，在既要保证离合器处于静摩擦状态下工作，又要满足强度等条件的要求下，离合器的静摩擦转矩与理论转矩的比值。

3）滑差 ε。离合器的主动部分转速和从动部分转速之差。

4）滑差率 δ。离合器主、从动部分转速差对主动部分转速之比。

5）滑摩功 W。摩擦副在接合过程中，单位表观面积上产生的摩擦功。

6）滑摩功率 P。摩擦副在接合过程中，单位表观面积在单位时间内产生的摩擦功。

同义词：单位摩擦功率。

7）磨损率 K。摩擦副不产生烧伤，单位摩擦功下的最大磨损量（单面）。

8）热负荷值 q。离合器在滑摩过程中不断产生热量，热量的大小可用滑摩功和滑摩功率曲线表示，把滑摩功与滑摩功率的乘积称为热负荷值。

9）许用热负荷值 [q]。保证离合器不会烧伤的允许最大热负荷值。

10）覆盖系数 K_c。摩擦副中摩擦片与对偶件表观面积的比值。

11）接合频率 f。离合器单位时间内的接合次数。

12）衰退。由于接合过程或外界等因素，造成摩擦副的性能变化而引起离合器工作能力下降的现象。

13）恢复。摩擦副出现衰退现象后，恢复正常工作性能的能力。

14）颤振。离合器在接合过程中，产生振动和噪声的现象。

15）离合器的寿命 L。离合器因接合元件磨损、变形、表面烧伤，或材料相互转移而不能正常工作的使用时间或离合次数。

23.2.1.3　离合器的类型和性能（见表 23-100）

表 23-100　常用离合器性能比较

序号	类别	组别	品种(标准号) 名称	性能、特点及应用
1	操纵离合器	机械离合器	摩擦离合器 离合器摩擦面片尺寸	靠主、从动部分的接合元件(接触面积)间的摩擦力传递转矩。可在运转中结合,结合平稳,过载时离合器打滑起安全保护作用。基本形式有片式和锥体两类,片式具有单片、双片及多片等形式。结构较复杂,需要较大的轴向结合力,需经常调整摩擦面的间隙,以补偿磨损,摩擦面之间有相对滑动,损耗功率。不仅在机械离合器中有应用,在电磁离合器、液压离合器和气压离合器中均有应用。在机械离合器常应用于汽车、拖拉机、工程机械和齿轮箱等机械中
2			牙嵌离合器	靠啮合的牙面来传递转矩,结构简单,外形尺寸小,两个半离合器之间没有相对滑动,传动比固定不变。其缺点是结合时有冲击,只能在相对速度很低或几乎停止转动的情况下结合。结构型式较多,在机械、电磁、超越及安全离合器中有广泛的应用
3			齿形离合器	与牙嵌离合器相似,结构简单紧凑,外形尺寸小,为一对内啮合齿轮副。为了提高接合概率,齿端要经修整倒圆。适用于大转矩,有微量径向和角向位移的场合
4		电磁离合器	JB/T 1648—2015 湿式多片电磁离合器	这是利用激磁线圈的电流所产生的磁力来操纵离合器的各种结合元件,以达到接合或分离。其结构简单、起动力矩大、离合迅速、安装维修方便、使用寿命长、操纵方便,可单独操纵,也可集中控制及远距离控制。缺点是有一定的剩磁,影响主、从动摩擦片分离的彻底性。接合元件包括摩擦片式、牙嵌式、磁粉式,以及牙嵌-摩擦组合式等。可用于机床、数控机床、包装机械、起重运输机械、纺织机械等。磁粉离合器可用于离合、过载保护、调速、张力控制、换向或伺服机构、测试加载等
5			JB/T 5988—1992 磁粉离合器 GB/T 9149—2008 磁粉离合器通用技术条件	
6		气动离合器	气动双锥体摩擦离合器 (高弹性摩擦离合器)	以压缩空气为操纵动力源,接合平稳、维护方便,不用调整磨损间隙、寿命长,能传递大转矩、离合迅速,便于自控和遥控,操纵系统简单,工作安全。缺点是必须配备压缩空气系统以保证气源,配套的设备占地大、质量大、成本高。常用于船舶、石油钻井机械、大型机械压力机、挖掘机、球磨机、橡塑机械等
7			气胎离合器(船用)	
8			JB/T 7005—2007 气动盘式离合器	
9	自控离合器	超越离合器	JB/T 9130—2002 单向楔块超越离合器	利用主、从动部分的速度变化或旋转方向的变换,具有自行离合功能。按工作原理可分为啮合式和摩擦式两类。靠滚动体的自动楔紧来传递转矩,当从动轴的转速超过主动轴时,离合器便脱开。结构简单,结合平稳,可简化传动系统、制造容易。主要用于速度转换,防止逆转,间歇运动等场合。单向楔块超越离合器可用于军工、航天航空、船舶、交通运输、机器制造、能源动力行业的设备上

（续）

序号	类别	组别	品种(标准号)名称	性能、特点及应用
10	自控离合器	离心离合器	JB/T 5986—1992 钢砂式离心离合器（钢砂式安全联轴器）	靠离心体产生离心力，通过摩擦力来传递转矩，以达到自动分离和接合，过载时能起安全保护作用。不宜用于变速传动系统，不适用于频繁起动的工况，也不宜在起动过程太长的场合应用。由于它在一定转速下才能结合，因此可直接起动工作机械，而获得平稳起动的效果。通常装在机器的高速端，可作为安全联轴器应用，限制原动机起动转矩或实现过载保护。适用于原动机较小，并要对大惯量的工作机负载起动，如风机、离心机、压缩机和压力机等
11			JB/T 5987—1992 钢球式离心离合器	

23.2.2　离合器选用

23.2.2.1　离合器的基本要求

1）结合平稳，分离彻底，动作准确可靠。

2）质量轻，外形小，惯性小，结构简单，工作安全。

3）操作方便，省力，散热性好，寿命长。

选择离合器时，转矩按下式计算：

对于牙嵌式离合器　$T_C = KT$

对于摩擦式离合器　$T_C = \dfrac{KT}{K_T K_V}$

式中　T_C——离合器计算转矩（N·m）；

T——离合器额定转矩（N·m）；

K——离合器载荷系数，见表 23-3；

K_T——离合器接合次数修正系数，见表 23-101；

K_V——离合器圆周速度修正系数，见表 23-102。

摩擦面平均圆周速度和平均直径计算如下：

$$v_m = \frac{\pi D_m n}{60000} \qquad D_m = \frac{D_1 + D_2}{2}$$

式中　D_1——摩擦面的内径（mm）；

D_2——摩擦面的外径（mm）；

n——离合器的转速（r/min）。

表 23-101　离合器接合次数修正系数 K_T

离合器每小时结合次数	≤100	120	180	240	300	360 以上
K_T	1	0.95	0.8	0.7	0.6	0.5

表 23-102　离合器圆周速度修正系数 K_V

摩擦面平均圆周速度 V_m/(m/s)	1	1.5	2	2.5	3	4	5	6	8	10	13	15
K_V	1.35	1.19	1.08	1	0.94	0.86	0.8	0.75	0.68	0.63	0.59	0.55

注：1. K_V 值也可由计算得到：$K_V = \sqrt[3]{\dfrac{2.5}{v}}$。

2. K_T 值为离合器用于空转结合。

3. 如有足够的润滑油，特别是油路通过轴时，K_T 值可以稍增大。

23.2.2.2　离合器形式与结构选择

选用离合器首先应在标准离合器（包括国家标准、机械行业标准及企业标准）中进行选择。采用标准离合器产品（尤其是国标和机标产品），便于易损件的配套互换。

1）根据离合器使用的工况条件，选择离合器的接合元件。

① 低速、停止转动下离合，不频繁离合可选用刚性接合元件。刚性接合元件具有传递力矩大，传动速比固定不变，不产生摩擦热，体积小等特点。

② 当传动系统要求缓冲，通过离合器吸收峰值力矩，则可选用半刚性接合元件，即摩擦元件。

③ 长期打滑的工况，则应选用电磁和液体传递能量的离合器，如磁粉离合器。

2）根据工作机的要求选择离合器的操作方式

① 接合次数不多，传递力矩不大的离合器，常选用气动或液压操纵系统。

② 中小型，频繁操作，接合速度快，可采用电磁操纵系统。

3）根据机械设备的工作需要确定离合器容量，包括转矩容量和热容量。转矩容量是离合器的基本参数，必须大于机械的载荷力矩和惯性力矩。

4）离合器的寿命也是选型时必须考虑的因素。离合频繁的离合器要保持磨损量小、使用寿命长。

23.2.3　机械离合器

23.2.3.1　摩擦离合器

摩擦离合器是靠主、从动部分的接合元件采用摩擦副以传递转矩。可在运转中结合，结合平稳，过载时离合器可打滑起安全保护作用。片式摩擦离合器结构比较紧凑，调节简单可靠，在机械离合器、电磁离合器、液压离合器、气压离合器中均有应用。常应用于汽车、拖拉机、工程机械和齿轮箱等机械中。

用作摩擦件的材料要求耐磨性高，摩擦因数大而稳定，抗胶合能力大，有足够的表面耐压强度，且易于加工，耐高温，导热性好，热变形小，耐油。常用摩擦副材料、性能和应用见表 23-103。

摩擦片是片式离合器的易损件。为便于用户选用配套，现已将离合器摩擦面片尺寸制订为机械行业标准。

1）干式离合器面片结构如图 23-55 所示，尺寸系列见表 23-104。

2）湿式离合器面片结构如图 23-56 所示，尺寸系列见表 23-105。湿式离合器面片的齿形为渐开线齿形。

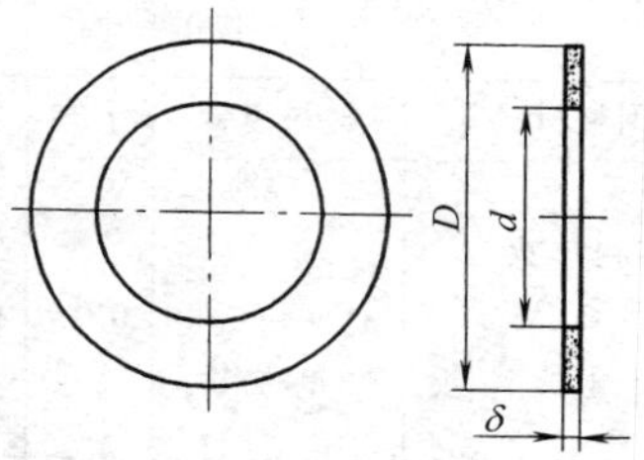

图 23-55　干式离合器面片

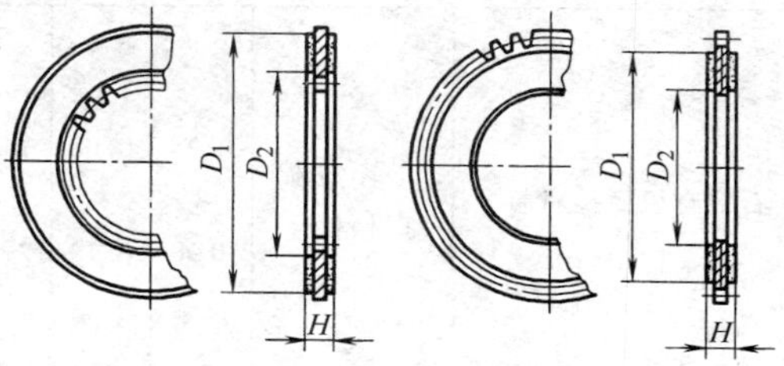

图 23-56　湿式离合器面片

表 23-103　常用摩擦副材料、性能和应用

摩擦副		静摩擦因数		动摩擦因数		许用比压 [p] /(N/cm²)		许用温度 /℃		性能特点和适用范围
摩擦副材料	材料组合	干式	湿式	干式	湿式	干式	湿式	干式	湿式	
10 钢或 15 钢（渗碳 0.5mm，淬火 56 ~ 62HRC），65Mn 淬火，35~45 钢	钢-钢	0.15 ~ 0.2	0.05 ~ 0.1	0.12 ~ 0.16	0.04 ~ 0.08	19.6 ~ 39.2	58.9 ~ 98.1	250	120	贴合紧密，耐磨性好，导热性好，热变形小 常用于湿式多片摩擦离合器
钢：同上 青铜：ZCuSn5Pb5Zn5 钢-青铜 ZCuSn10P1 ZCuAl10Fe3	钢-青铜	0.15 ~ 0.2	0.06 ~ 0.12	0.12 ~ 0.16	0.05 ~ 0.1	19.6 ~ 39.2	58.9 ~ 98.1	150	120	动、静摩擦因数差较小，成本较高 多用于湿式离合器
钢：同上 铜基粉末冶金	钢-铜基粉末冶金	0.25 ~ 0.45	0.1 ~ 0.12	0.2 ~ 0.3	0.05 ~ 0.1	39.2 ~ 58.9	117.7 ~ 392.4	560	120	耐磨性好，抗胶合能力强，摩擦因数大而稳定，有足够的强度和耐热性，成本高，密度大 适用于重载，如工程机械、重型汽车、压力机等离合器

（续）

摩擦副		静摩擦因数		动摩擦因数		许用比压 [p] /(N/cm²)		许用温度 /℃		性能特点和适用范围
摩擦副材料	材料组合	干式	湿式	干式	湿式	干式	湿式	干式	湿式	
45 钢（高频淬火 42~48HRC） 20MnB（渗碳淬火 53~58HRC） HT200	钢-铸铁	0.15~0.2	0.05~0.1	0.12~0.16	0.04~0.08	19.6~39.2	58.9~98.1	250	120	铸铁具有较好的耐磨性和抗胶合能力，但不能承受冲击 常用于圆锥式摩擦离合器
石棉有机摩擦材料	钢-石棉基材料	0.25~0.4	0.08~0.12	14.7~29.4	78.5~98.1			260	100	摩擦因数较大，耐热性较好，导热性较差，价格便宜，制造容易，摩擦因数随温度变化 常用于干式离合器，如汽车、拖拉机等

表 23-104　干式离合器面片尺寸　（单位：mm）

外径 D	内径 d	厚度 δ	极限偏差			每片的厚薄差
			D	d	δ	
160	110(76)	2.5 3 3.2 3.5	-1	+0.8	±0.12	<0.12
170	110、120					
180	125					
190	132、140					
200	130、140					
225	150、160					
250	150、155、160					
280(279)	165、180	4 4.5 5				
300	175、180、190					
325	190、200、210		-1.2	+1	±0.15	<0.15
350	195、200、210					
380	200、220、240					
400	235、240、250					
410	260、270					
430	240、250					
450	265、290	5 5.5				

注：括号内的尺寸，只适用于原生产的少数型号的离合器面片。

表 23-105　湿式离合器面片尺寸　　（单位：mm）

外径 D_1	内径 D_2	厚度 H	模数 m	压力角 /(°)
60	30			
70	40	2.5		
80				
90	30、45、55		2	
100	45			
110	50、60	2.5	2.5	
125	80、88	2.8		
135	88		3	
145	100(105)	3		
155	108			
160	100			
(165)	(92)95			
170	100			20 (30)
(175)	(90)			
180	116			
(185)	(122)			
190	92、100、112	3	2.5	
200	136、140			
210	145、150	3.8	3	
220	125	4		
230	140		3.5	
240	162			
(245)	(182)			
250	160			
(255)	(175)			
260	180、182	4	2.5 3 3.5	20(30)
270	225			
(275)	(188)			
280	165、200			
290	220、240			
305	235、245、254			
315	248			
320	250			
330	255			
340	260			
350	265			
360	270			
370	276			
380	280、323			
390	298、300			
400	309、314			
410	320、340			
420	320			
(425)	(325)			
430	240			
455	280			
475	372			
495	325			
630	510		5 5.5	
710	470			
990	690			

注：括号内的尺寸只适用于原生产的少数型号的离合器面片。

3）圆片式摩擦离合器强度验算。见图 23-57。

① 许用传递转矩［T］：

$$[T]=\frac{1}{8K}\pi(D_1^2-D_2^2)D_p m\mu[p]K_i K_V K_T>T$$

式中　K——工况系数，见表 23-3；

μ——摩擦因数，见表 23-103；

$[p]$——许用比压，见表 23-103；

m——摩擦面对数；

K_i——摩擦片数修正系数，见表 23-106；

K_V——速度修正系数，见表 23-102；

K_T——接合次数修正系数，见表 23-101。

② 压紧力 F：

$$F=\frac{2TK}{D_p\mu m}$$

③ 摩擦面上比压 p：

表 23-106　摩擦片数修正系数 K_i

离合器主动摩擦片数 i	≤3	4	5	6	7	8	9	10	11
K_i	1	0.97	0.94	0.91	0.88	0.85	0.82	0.79	0.76

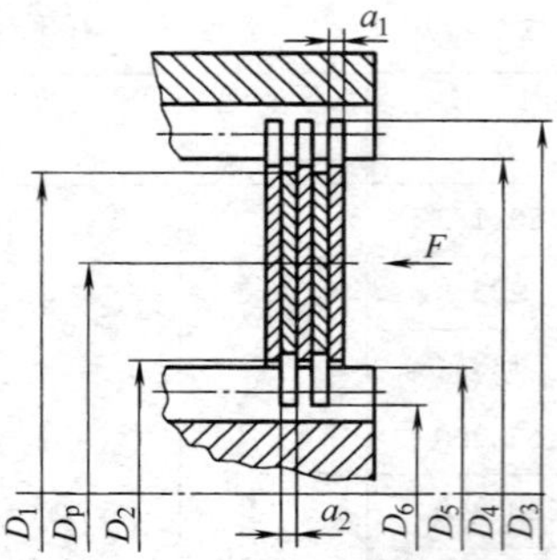

图 23-57　圆片式摩擦离合器

$$p=\frac{4F}{\pi(D_1^2-D_2^2)}\leqslant[p]$$

④ 外壳与外摩擦片接合处挤压应力 σ_1：

$$\sigma_1=\frac{8[T]K}{Z_1 i_1 a_1(D_3^2-D_4^2)}\leqslant[\sigma]$$

⑤ 内壳与内摩擦片接合处挤压应力 σ_2：

$$\sigma_2=\frac{8[T]K}{Z_2 i_2 a_2(D_5^2-D_6^2)}\leqslant[\sigma]$$

式中　a_1、a_2——外、内摩擦片的厚度；

Z_1——外摩擦片的齿数；

Z_2——内摩擦片的齿数；

i_1——外摩擦片数；

i_2——内摩擦片数；

$[\sigma]$——允许挤压应力，$[\sigma]=7.85\sim9.81$MPa。

4）圆锥式摩擦离合器强度验算。见图 23-58。

① 许用传递转矩 $[T]$：

$$[T]=\frac{1}{2K}\pi D_p^2 b\mu[p]K_V K_T\geqslant T$$

式中　b——圆锥母线宽度。

② 离合器所需的轴向压紧力 F：

$$F=\frac{2TK\sin\alpha}{D_p\mu}$$

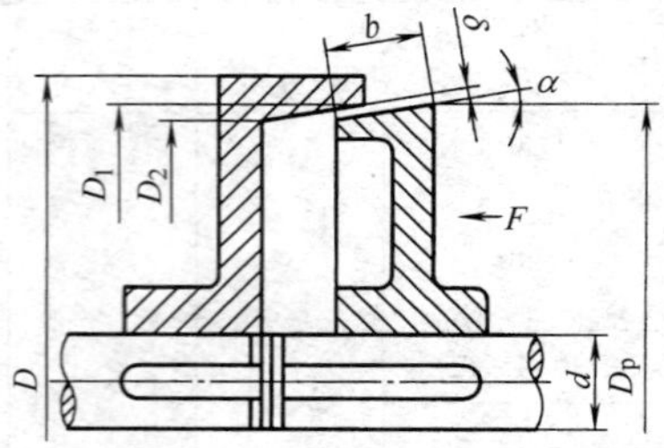

图 23-58　圆锥式摩擦离合器

③ 摩擦面比压 p：

$$p=F/\frac{\pi}{4}(D_1^2-D_2^2)=\frac{8TK\sin\alpha}{\pi D_p\mu(D_1^2-D_2^2)}\leqslant[p]$$

④ 外锥平均壁厚 δ：

$$\delta\geqslant\frac{F}{2b\pi[\sigma]\tan(\alpha+\varphi)}$$

式中　$[\sigma]$——许用应力，铸铁 $[\sigma]=19.6\sim29.4$MPa，铸钢 $[\sigma]=39.2\sim78.5$MPa，碳素钢 $[\sigma]=78.5\sim117.7$MPa；

φ——摩擦角，$\varphi=\arctan\mu$。

23.2.3.2　牙嵌离合器

牙嵌离合器靠啮合的牙面来传递转矩。结构简单，外形尺寸小，两个半离合器之间没有相对滑动，传动比固定不变。其缺点是结合时有冲击，只能在相对速度很低或几乎停止转动的情况下结合（一般相对圆周速度不大于 0.7～0.8m/s）。牙嵌离合器牙形有矩形牙、正三角形牙、斜三角形牙、正梯形牙、尖梯形牙、斜梯形牙、锯齿形牙、螺旋牙等。机械牙嵌离合器尚无标准系列产品。牙嵌离合器牙形比较见表 23-107。牙嵌离合器材料的许用应力见表 23-108。

表 23-107　牙嵌离合器牙形比较

牙形	角度/(°)	牙数	特　点	应　用
矩形		3～15	便于制造，结合脱开较困难。为了便于结合，常采用较大的牙间间隙	传递转矩大，可以传递双向转矩，需在静止或极低转速下才能结合。适用于重载，各种手动调整机构和不常离合的传动
正三角形	60～90	15～60	牙数多，可用在接合较快的场合，牙的强度较弱，接合后不能自锁，传递转矩时轴向分力较大	可双向传递转矩，应在低转速时结合，适用于轻载、低速
斜三角形	$\alpha=2\sim8$ $\beta=50\sim70$	15～60	接合时间短，牙数应选得多；但牙数多，各牙分担载荷不均匀	只能传递单向转矩，其他同正三角形牙

（续）

牙形	角度/(°)	牙数	特　点	应　用
正梯形	$\alpha=2\sim8$	3~15	脱开和接合比矩形齿容易，接合后牙间间隙较小，牙的强度较大	适用于较大速度和载荷，能传递双向载荷，要在静止状态下接合，能补偿牙的磨损和间隙，能避免速度变化时因间隙而产生的冲击
尖梯形	$\alpha=2\sim8$ $\beta=120$	3 ~15	接合较正梯形容易，强度较高	
斜梯形	$\alpha=2\sim8$ $\beta=50\sim70$	3~15	接合较正梯形更容易，强度较高	只能传递单向转矩，其他同正梯形
锯齿形	$\alpha=1\sim1.5$	3~15	强度高，接合容易，可传递较大转矩	只能单向传动
螺旋形		2~30	强度高，接合平稳，可以传递较大转矩	接合迅速而且不用精确对中，可以在较低转速过程中接合，螺旋牙的数量决定于接合前的转差，只能单向传递转矩

表 23-108　牙嵌离合器材料的许用应力　（单位：MPa）

结合情况	静止时结合	运转中结合	
		低速	高速
许用挤压应力$[\sigma_j]$	88.3~117.7	49.1~68.7	34.3~44.1
许用弯曲应力$[\sigma_b]$	$0.67\sigma_s$	$(0.17\sim0.22)\sigma_s$	

注：1. 齿数多时许用应力取小值，齿数少时许用应力取大值。

2. 表中给出的许用挤压应力，适用于 56~62HRC 的渗碳淬火钢。

牙嵌离合器强度校核：

1）牙齿工作面的挤压应力：

$$\sigma_j=\frac{2KT}{D_pZ'bh}\leqslant[\sigma_j]$$

2）牙齿根部的弯曲应力：

$$\sigma_b=\frac{6KTh}{D_pZ'b}\leqslant[\sigma_b]$$

式中　K——工况系数，见表 23-3；

T——传递转矩；

材料许用应力 $[\sigma_j]$、$[\sigma_b]$ 见表 23-108。

Z'——计算牙数，$Z'=\left(\frac{1}{3}-\frac{1}{2}\right)Z$；

b——牙齿宽度，$b=\frac{D-D_1}{2}$；

h——牙齿高度，$h=(0.6\sim1)b$。

淬硬钢的离合器 $Z>7$，未经热处理的离合器$Z>5$时，才进行抗弯强度校核。

23.2.3.3　齿形离合器

齿形离合器（亦称齿轮离合器、齿式离合器）结构简单紧凑。为了提高齿的抗弯强度并接合方便，外齿可制面短齿。与牙嵌离合器使用条件相同，低速时接合，通常有噪声。啮合齿按圆周布置，一个元件的齿插入另一元件的齿隙，形成自对中接合。目前无标准机械齿形离合器系列产品。

齿形离合器材料及许用弯曲应力见表 23-108。

外齿单齿弯曲应力 σ_b 计算如下：

$$\sigma_b=\frac{2KT}{mZbd}\leqslant[\sigma_b]$$

式中　T——传递的转矩；

K——工况系数，见表 23-3；

Z——离合器齿数；

m——离合器模数；

b——离合器齿的工作宽度。

许用弯曲应力 $[\sigma_b]$ 见表 23-109。

表 23-109　齿形离合器材料许用弯曲应力 $[\sigma_b]$　（单位：MPa）

外齿材料	HT200	HT300	45 调质	40Cr 调质	40Cr 淬火 46~50HRC	20Cr 渗碳淬火 56~62HRC	20CrMnTi 渗碳淬火 56~62HRC
$[\sigma_b]$	51	68.7	161.9	196.2	343.4	274.7	343.4

23.2.4　电磁离合器

电磁离合器是利用激磁线圈的电流所产生的磁力来操纵离合器的各种接合元件，以达到接合或分离的离合器。电磁离合器结构简单，起动力矩大，离合迅速，安装维修方便，使用寿命长，操纵方便。不需要设置像机械离合器的操纵机构或接合机构，也不需要像气动、液压离合器那样设置繁多的管路和阀件，以及空气压缩机或液压泵等设施。电磁离合器可以单独操纵，也可以集中控制及远距离控制。在设备中与其他电气元件协同实现自动控制，还可以方便地调节激磁电流来改变离合器的工作转矩，或者在连续的滑差下维持恒定的转矩（如磁粉离合器）。电磁离合器的缺点是有一定的剩磁，影响主、从动摩擦片分离的彻底性；对相邻件有磁化作用，能吸引铁屑，影响传动系统的精度和工作寿命；脱开时间较长，要有直流供电系统。常用的电磁离合器有摩擦片式、牙嵌式、磁粉式，以及牙嵌-摩擦组合式、柔性摩擦扭簧式及带有永久磁的电磁离合器等。

23.2.4.1　湿式多片电磁离合器

湿式多片电磁离合器（JB/T 1648—2015），是由电磁系统和摩擦片组组成，并在油润滑条件下工作的离合器。其正常工作条件如下：

1）周围空气温度上限不超过 40℃；周围空气温度 24h 的平均值不超过 35℃；周围空气温度下限不低于−5℃。

2）离合器安装地点的海拔不超过 2000m，离合器用于更高海拔时，要考虑到空气电气绝缘强度的减小和空气冷却效果的下降，用户应与制造厂协商。

3）离合器周围局部微观环境污染等级为 3 级。

4）离合器的安装类别为“Ⅱ”。离合器轴呈水平安装，当安装轴主动侧和从动侧为两轴时，其同轴度公差等级为 9 级。需要垂直安装时，其性能参数由用户和制造厂协商确定。

5）离合器须在有润滑油的情况下工作。供油方式为浸油、外浇油、轴心给油。润滑油必须保持清洁，油的黏度为 17～23mm²/s（50℃时），推荐使用油的温度为 20～40℃。

湿式多片电磁离合器性能参数见表 23-110。湿式多片电磁离合器寿命及试验条件见表 23-111。

湿式多片电磁离合器尺寸系列参数，是在 JB/T 1648—2015 的基础上，由各生产厂制订企业标准，在生产厂的产品样本上反映。用户选用湿式多片电磁离合器产品时，可向制造厂索取产品样本。

表 23-110　湿式多片电磁离合器性能参数

规格	额定静转矩 T_s /N · m	额定动转矩 T_d /N · m	空载转矩 T_i /N · m <	接通时间 t_c/s <	断开时间 t_r/s <	额定绝缘电压(DC) /V	额定绝缘电压 (AC)/V	允许最高转速 [n_{max}] /(r/min)
1.2	12	20	0.39	0.28	0.09	12 24① 48 110	60 125	3500
2.5	25	40	0.4	0.3				
5	50	80	0.9	0.32	0.1			3000
10	100	160	1.8	0.35	0.14			
16	160	250	2.4	0.37				2500
25	250	400	3.5	0.4	0.18			2200
40	400	630	5.6	0.42	0.2			2000
63	630	1000	9	0.45	0.25			1800
100	1000	1600	15	0.65	0.35			1600

注：离合器的最高相对转速，应不高于允许最高转速。

① 表中 24V 额定工作电压为优先电压值。

表 23-111　湿式多片电磁离合器寿命及试验条件

规格	转速 n /(r/min)	转动惯量 I /kg·m²	油的流量 /(L/min) (±10%)	操作频率 /h	通电持续率	寿命 /次
1.2	1000	0.03	0.4	770	40%	160×10^3
2.5		0.06	0.6	580		
5		0.1	1	390		140×10^3
10		0.22	1.2	260		120×10^3
16	750	0.43	1.4	250		
25		0.63	2	230		100×10^3
40		0.9	3	200		90×10^3
63		1.25	4	160		70×10^3
100	500	1.80	5	120		60×10^3

注：表中的转动惯量 I 值，包括离合器从动部分及连接件。

23.2.4.2　摩擦片式（磁通二次过片）电磁离合器设计程序

（1）已知数据

1）离合器轴的轴径 d（mm）。

2）离合器转速 n（r/min）。

3）离合器传递的转矩 T（N·m）。

4）电源电压（V）。

5）工作频度 z（次/h）。

6）润滑形式（干式或湿式）。

7）温升（℃）。

8）使用率。

（2）确定参数

1）摩擦面外直径 D（mm）：$D=10A_c\sqrt[3]{T}$。

2）摩擦面的平均摩擦直径 D_p（mm）：$D_p=10B_c\sqrt[3]{T}$。

3）摩擦片工作面的外半径 R（mm）：$R=D/2$。

4）摩擦片工作面的内半径 R_0（mm）：$R_0\geqslant d_0/2$。

5）摩擦片工作面的平均半径 R_p（mm）：$R_p=\dfrac{R+R_0}{2}$。

6）摩擦片工作面的宽度 b（mm）：$b=R-R_0$，一般可采用 $(0.3\sim0.6)R_p$。

7）摩擦片的厚度 b'（mm）：$b'=0.8\sim1.5$。

8）摩擦片在分开时间隙：湿式 $\delta=0.2\sim0.3$mm；干式 $\delta=0.4\sim1$mm。

9）摩擦片平均圆周速度 v（m/s）：$v_p=\dfrac{\pi R_p n}{30\times1000}$。

10）摩擦面数：$i=m-1=E_c\dfrac{T}{D^3}$。

11）摩擦面的压紧力 F（N）：$F=\dfrac{2T}{fR_p(m-1)}$。

12）内铁心磁极截面积 S_δ（mm²）：$S_\delta=\dfrac{F}{2P}$。

13）内铁心外直径 d_n（mm）：

$$d_n=\sqrt{\frac{4}{\pi}(1.1\sim1.2)S_\delta+d_0^2}$$

14）外铁心内直径 d_W（mm）：

$$d_W=\sqrt{D^2-\frac{4}{\pi}(1.1\sim1.2)S_\delta}$$

15）线圈槽宽 b_1（mm）：$b_1=\dfrac{d_W-d_n}{2}$。

16）气隙磁势 IW_δ（A）：

$$IW_\delta=(44\sim48)\sqrt{P}(m-1)$$

17）导线直径 d_1（mm）：

$$d_1=8.35\times10^{-4}\sqrt{\frac{IW_\delta d_p}{u}}$$

18）线圈匝数 W：

$$W=\frac{57\times10^3u}{\pi d_p j}\qquad j=2.5\sim4(\text{A/mm}^2)$$

19）线圈槽高度 h_n（mm）：$h_n=\dfrac{1.45d^2W}{b}$。

20）磁轭底部厚度 h_2（mm）：$h_2=\dfrac{S_\delta}{\pi d}$。

21）衔铁厚度 h_1（mm）：$h_1=h_2$。

22）磁轭高度 h_3（mm）：$h_3=h_n+h_2$。

23）离合器全长 L_c（mm）：

$$L_c=h_n+h_1+h_2+mb'$$

（3）校算

1）线圈匝数 W'（匝）：

$$W'=\frac{[d_W-d_n-(2\sim4)](h_n-2)}{2d^2}$$

2）线圈电阻 R（Ω）：

$$R=5.5\times10^{-5}\frac{d_p W'}{S}$$

其中　$S=\frac{\pi}{4}d^2$　　$d_p=\frac{d_W+d_n}{2}$

3）线圈电流 I（A）：$I=\frac{u}{R}$。

4）线圈磁势（A）：

$$IW=I\times W'$$

5）摩擦片接触气隙所需磁势（A）：

$$IW_\delta=\frac{S'_\delta B_\delta}{G_\delta}$$

其中　$G_\delta=\frac{G_{\delta1}}{n}$　　$G_{\delta1}=\frac{\mu_0 S_\delta}{\delta}$

式中　B_δ——磁通密度，$B_\delta=10000\sim12000$T；

δ——对片的间隙，取 $\delta=0.02$mm；

n——间隙个数。

6）磁轭所需磁势（A）：

$$IW_e=H_e\times l_p$$

$$l_p=2h_n+\frac{D-d_W+d_n-d_0}{2}+b_n$$

7）摩擦片所需磁势（A）：

$$IW_p=H_p\times 2b'm$$

8）衔铁消耗磁势（A）：

$$IW_x=H_x\times l_{px}$$

其中　$$l_{px}=2h_1+\frac{D-d_W+d_n-d_0}{2}+b_n$$

9）所需总磁势（A）：

$$IW'=IW_\delta+IW_e+IW_p+IW_x$$

10）漏磁系数：

$$\sigma=\frac{IW}{IW'}$$

11）有效磁感应强度 B_m（T）：

$$B_m=\frac{0.8\pi IW}{2(m-1)(1+\sigma)\delta}$$

12）摩擦片的压紧力 F(N)：

$$F=\left(\frac{B_m}{5000}\right)^2 2S_\delta$$

13）离合器转矩 T（N · m）：

$$T=\frac{1}{K}fR_{cp}F(m-1)$$

其中　$$R_{cp}=\frac{D+d_W+d_n+d_0}{8}$$

14）线圈功率 P_e（W）：

$$P_e=I^2R$$

15）线圈允许散热功率 P_0(W)：

$$P_0=\mu_m\theta_c S_B$$

其中　$S'_B=\frac{\pi}{4}(d_W^2-d_n^2)+n(d_W+d_n)h_n$

16）线圈热平衡：

$$P_e\leqslant P_0$$

23.2.4.3　磁粉离合器

磁粉离合器是采用导磁的磁粉为媒介，主动部件与从动部件间隙中充填磁粉，借助于磁粉间的电磁吸力形成的磁粉链同工作面之间的摩擦力产生离合功能。

（1）磁粉离合器的特点和用途

1）转矩控制的范围宽，控制精度高。转矩与激磁电流在相当广泛的范围内成正比，能完善地进行传递转矩的控制，可用作线性调节元件。

2）具有恒转矩性。转矩仅取决于激磁电流的大小，而与主、从动侧的相对转速无关。具有定转矩性，其静转矩与动转矩相同。

3）在同滑差无关的情况下能够传递一定的转矩，无冲击、振动，无噪声，运转平稳，可用于工作频率较高的离合场合。

4）消耗电力小，控制电力也小，断开激磁电流时的剩余转矩很小，空载时无发热现象，转矩的稳定性好。可用于精确离合控制。

5）结构简单、体积小、质量轻；磁粉不用油，是干式的，容易维护；磁粉具有耐氧化性，耐热性好、寿命长、可靠性高。

6）可采取多种输入、输出及安装连接形式。适用范围广，励磁功率小，可用很小的电功率控制很大的传递功率，易于用电子线路和微机控制。

由于磁粉离合器具有以上特性，因此可在多种工业场合得到应用。一般可用于离合、过载保护，调速、张力控制，换向或伺服机构，测试加载等。虽然磁粉离合器用途很广泛，但就用途分类而言有一般工业离合用离合器、调节用离合器和快速调节离合器三种。

（2）磁粉离合器的标准　行业标准为 JB/T 5988—1992《磁粉离合器》；国家标准为 GB/T 9149—2008《磁粉离合器通用技术条件》。磁粉离合器性能参数见表 23-112。

（3）磁粉离合器连接、安装形式及尺寸　见表 23-113～表 23-116。

（4）磁粉离合器正常工作条件：

1）周围空气温度−5～40℃。

2）周围空气最大相对湿度为 90%（平均最低温度为 25℃时）。

3）周围介质要求：无爆炸危险、无腐蚀金属、无破坏绝缘的尘埃、无油雾。

4）海拔不超过 2500m。

表 23-112　磁粉离合器性能参数

型　号	公称转矩 T_n /N·m	75℃时线圈 最大电压 U_m /V	75℃时线圈 最大电流 I_m /A ≤	75℃时线圈 时间常数 T_{ir} /s ≤	许用同步转速 [n] /(r/min)	转动惯量 I /kg·m²	自冷式 许用滑差功率 [P] /W ≥	风冷式 许用滑差功率 [P] /W ≥	风冷式 风量 /(m²/min)	液冷式 许用滑差功率 [P] /W	液冷式 液量 /(L/min)
FL0.5□	0.5	24	0.4	0.035	1500	4×10^{-4}	8				
FL1□	1		0.54	0.04		1.7×10^{-3}	15				
FL2.5□	2.5		0.64	0.052		4.4×10^{-3}	40				
FL5□	5		1.2	0.066		10.8×10^{-3}	70				
FL10□	10		1.4	0.11		2×10^{-2}	110	200	0.2		
FL25□□/□	25		1.9	0.11		7.8×10^{-2}	150	340	0.4		
FL50□□/□	50		2.8	0.12		2.3×10^{-1}	260	400	0.7	1200	3
FL100□□/□	100		3.6	0.23		8.2×10^{-1}	420	800	1.2	2500	6
FL200□□/□	200		3.8	0.33	1000	2.53	720	1400	1.6	3800	9
FL400□□/□	400		5	0.44		6.6	900	2100	2	5200	15
FL630□□/□	630	80	1.6	0.47		15.4	1000	2300	2.4		
FL1000□□/□	1000		1.8	0.57	750	31.9	1200	3900	3.2		
FL2000□□/□	2000		2.2	0.8		94.6	2000	8300	5		

表 23-113　轴输入、轴输出，单侧或双侧止口支撑式、机座支撑式、直角板支撑式磁粉离合器主要尺寸

（单位：mm）

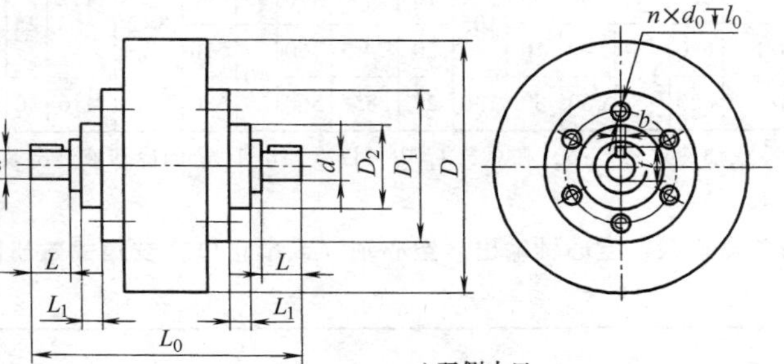

a) 双侧止口

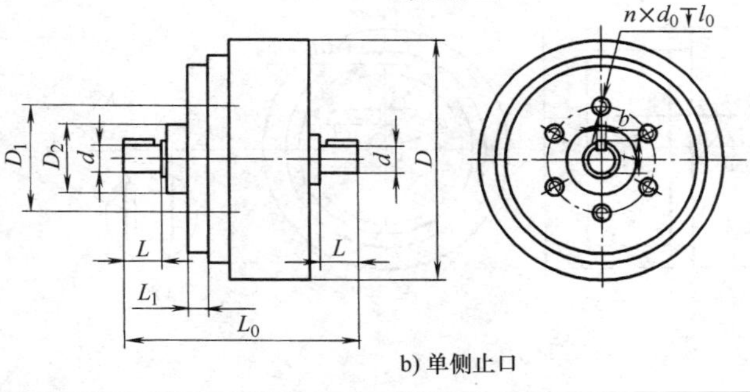

b) 单侧止口

（续）

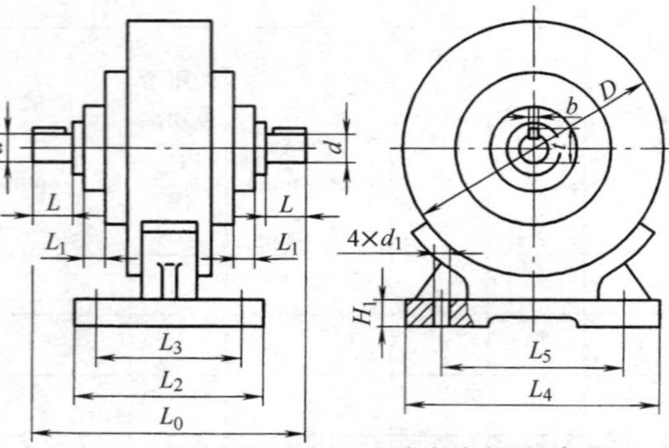

c) 轴输入、轴输出，机座支撑式磁粉离合器

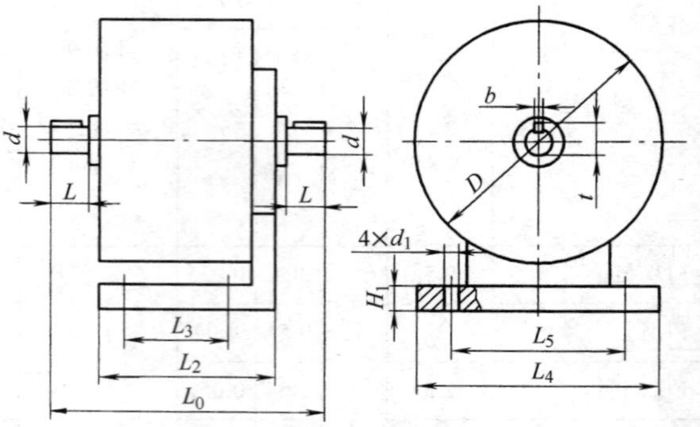

d) 轴输入、轴输出,直角板支撑式磁粉离合器

型号		外形尺寸			连接尺寸					止口支撑式安装尺寸						机座支撑式、直角板支撑式安装尺寸					
		L_0	L_6	D①	d h7	L	b p7	t	D_1	L_1	D_2 g7	n	d_0	l_0	L_2	L_3	L_4	L_5	H	$H_1$②	d
FL2.5□	FL2.5□.J	150		120	10	20	3	11.2		8		6	M5		70	50	120	100	80	8	7
FL5□	FL5□.J	162		134	12	25	4	13.5	64	10	42						140	120	90	10	
FL10□/□	FL10□.J/F	184		152	14		5	16		13				10	90	60	150		100	13	10
FL25□/□	FL25□.J/F	216		182	20	36	6	22.5	78	15	55		M6		100	70	180	150	120	15	
FL50□/□	FL50□.J/F	268		219	25	42	8	28	100	23	74	6×2			110	80	210	180	145		12
FL100□/□	FL100□.J/F	346	120	290	30	58		33	140	25	100		M10	15	140	100	290	250	185	20	
FL200□/□	FL200□.J/F	386	130	335	35		10	38	150		110				160	120	330	280	210	22	15
FL400□/□	FL400□.J/F	480		398	45	82	14	48.5	200	33	130			20	180	130	390	330	250	27	19
FL630□/□	FL630□.J/F	620	140	480	60	105	18	64	410	35	460	8×2	M12	25	210	150	480	410	290	33	
FL1000□/□	FL1000□.J/F	680	150	540	70		20	74.5	460	40	510				220	160	540	470	330	38	24
FL2000□/□	FL2000□.J/F	820		660	80	130	22	85	560		630		M16	30	230	180	660	580	390	45	

注：1. 对于液冷式（水冷或油冷式）产品，在总长 L_0 中可以增加小于 L_6 的冷却液进出装置的长度。

①、② D、H_1 为推荐尺寸。

表 23-114　法兰盘输入、空心轴输出、空心轴（或单止口）支撑式磁粉离合器主要尺寸

（单位：mm）

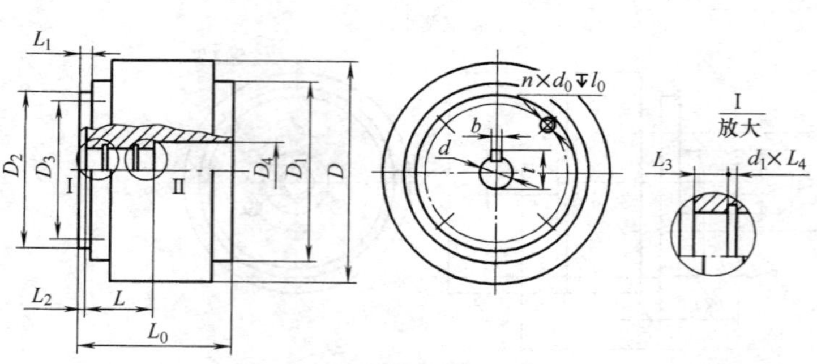

（续）

型号	外形尺寸		输入端连接尺寸							输出端连接尺寸								
	L_0	D①	D_1	D_2	D_3	L_1	n	d_0	l_0	D_4	L	L_2	L_3	L_4	d	d_1	b	t
FL10□. K	103	160	96	80	68	20	6	M6	15	24	30	2	4	1.1	18	19	6	20.8
FL25□. K	119	180	114	90	80					27	38				20	21		22.8
FL50□. K	141	220	140	110	95			M8	20	—	60	3	5	1.3	30	31.4	8	33.3
FL100□. K	166	275	176	125	110			M10	25			4		1.7	35	37	10	38.3

① D 为推荐尺寸。

表 23-115　法兰盘输入、单侧或双侧轴输出，单止口支撑式磁粉离合器主要尺寸

（单位：mm）

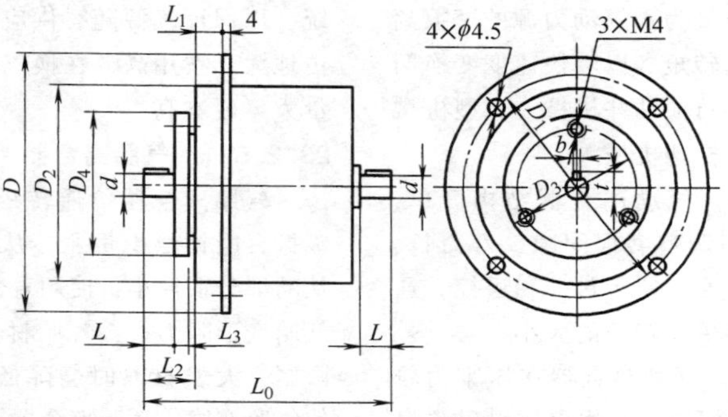

型号	外形尺寸		安装尺寸			连　接　尺　寸							
	L_0	D	L_1	D_1	D_2	L	L_2	L_3	D_3	D_4	d	t	b
FL0. 5□. D	77	70	8. 5	60	48	10.5	16.5	5	30	40	5	4.5	9
FL1□. D	83	76		66	54	12	18.5		34	42	7	6.5	10
FL2. 5□. D	95	85	9. 5	75	63	15	22.5	6	40	48	9	8.5	13
FL5□. D	111	100	12	90	78	18	25		50	60	12	11.5	16

表 23-116　齿轮（链轮、带轮）输入，轴输出，单面止口支撑式磁粉离合器主要尺寸

（单位：mm）

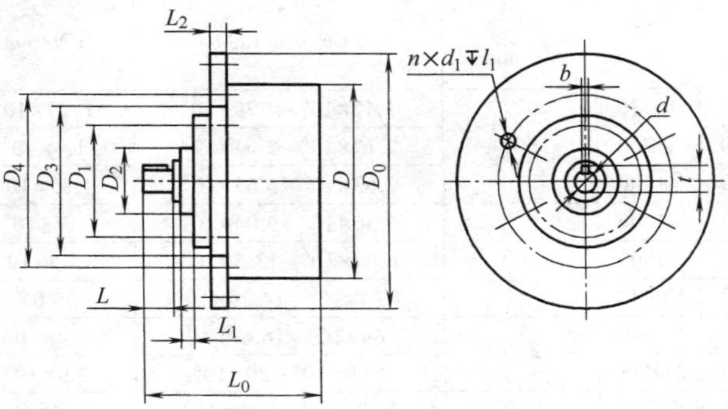

（续）

型号	外形尺寸		连接尺寸				安装尺寸						齿轮安装尺寸①						齿轮参数		
	L_0	D	d	L	b	t	D_1	D_2	L_1	n	d_0	l_0	D_3	D_4	L_2	n_1	d_1	l_1	外径 D_0	齿数 Z	模数 m
FL1□.C	60	56	4	7.5			19	13	4	3	3	4							61	120	0.5
FL2.5□.C	120	100	10	20	3	11.2			8	6	5		84	94					106	104	1
FL5□.C	136	134	12	25	4	13.5	64	42	10			10	105	118	18		M5	10	140	68	
FL10□.C	160	152	14	28	5	16			13	6×2	6		132	142		6	M6	15	162	68	2
FL25□.C	175	182	20	36	6	22.5	78	55	15				156	166	20			17	188	92	

① 齿轮安装尺寸为推荐值。

23.2.5　气动离合器

气动离合器是以压缩空气为操纵动力源的摩擦离合器。一般用于需要传递大转矩和以较快速度变换回转方向的设备上，如船舶、石油钻井机械、大型机械压力机、挖掘机、球磨机、橡塑机械等。

1）与机械离合器相比。气动离合器结构简单、接合平稳、维护方便、不用调整磨损间隙、寿命长、能传递很大的转矩、离合迅速、便于自控和遥控，通过调整气源压力，适当调整传递转矩的大小。

2）与电磁离合器相比。气动离合器在压紧力较大，离合频率较高的设备上使用，其优点比电磁离合器更突出。电磁离合器传递大转矩时，需要相当大的控制电流，工作时间长，线圈容易过热，影响使用寿命。电磁离合器的动作时间是固定的，而气动离合器可在空气进出口设置节流阀进行调节。由于电磁离合器的磁性材料质量大、惯性大，比同功率的气动装置重。

3）与液压离合器相比。操纵系统简单，用空气作为介质，工作安全，不会造成如液压系统中的油液滴漏对环境的污染，几乎可用于任何操作环境。

4）气动离合器的缺点。必须配备压缩空气系统，以保证气源随时供应。配套的空压机等辅助设备占地大、费用高，在换气时有一定噪声，体积大、质量大、成本高。

23.2.5.1　气胎离合器

气胎离合器传递转矩大，接合平稳，便于安装、吸振，能补偿少量主、从动轴角向和径向相对偏移。从动部分惯性小，使用寿命长，结构紧凑，密封性好。气胎变形阻力大，气胎材料成本高，使用温度有一定限制，大于60℃时会降低气胎寿命，小于-20℃时易使气胎变脆。气胎离合器广泛应用在钻探设备、船舶、挖掘机、矿井升降机等。气胎离合器接合元件主要采用摩擦片、摩擦块、摩擦锥盘等。CB/T 3860—2011船用气胎离合器是带有气胎元件的气动摩擦离合器，适用于以船用柴油机为动力的传动装置，有LQD（单气胎）型和LQS（双气胎）型两种结构形式。气胎离合器结构如图23-59和图23-60所示，性能参数及尺寸、质量、转动惯量参数见表23-117和表23-118。

表23-117　LQD型、LQS型气胎离合器性能参数（摘自CB/T 3860—2011）

型号	气胎数量	公称转矩 T_n /N·m	最大静转矩 T_{max} /N·m	许用转速 $[n]$ /(r/min)	静扭转刚度 C_s /(N·m/rad)	径向刚度 C_y /(N/mm)	使用时允许补偿量		
							轴向 Δx /mm	径向 Δy /mm	角向 $\Delta\alpha$/(°)
LQD70		7100	16330		$1.47\times10^6\sim1.79\times10^6$	1.27×10^4			
LQD110	1	11200	25760	600	$2.17\times10^6\sim2.63\times10^6$	1.4×10^4	1.5	1.5	0.09
LQD180		18000	41400		$2.63\times10^6\sim3.63\times10^6$	1.55×10^4			
LQD280		28000	64400		$5.56\times10^6\sim9.04\times10^6$	1.7×10^4	1.8	1.8	0.10
LQD400		40000	92000	500	$6.67\times10^6\sim12.5\times10^6$	1.85×10^4			
LQD560	1	56000	128800		$7.14\times10^6\sim14.29\times10^6$	2×10^4			
LQD710		71000	163300	450	$7.69\times10^6\sim16.67\times10^6$	2.4×10^4	2	2	0.11
LQD900		90000	207000		$9.09\times10^6\sim20\times10^6$	2.9×10^4			
LQS140	2	14000	32660	750	$2.94\times10^6\sim3.58\times10^6$	2.54×10^4	1.5	1.5	0.09

（续）

型号	气胎数量	公称转矩 T_n /N·m	最大静转矩 T_{max} /N·m	许用转速 [n] /(r/min)	静扭转刚度 C_s /(N·m/rad)	径向刚度 C_y /(N/mm)	使用时允许补偿量 轴向 Δx /mm	径向 Δy /mm	角向 $\Delta\alpha$/(°)
LQS220	2	22400	51520	750	$4.34\times10^6 \sim 5.26\times10^6$	2.8×10^4	1.5	1.5	0.09
LQS360		35500	82800		$5.26\times10^6 \sim 7.26\times10^6$	3.1×10^4			
LQS560	2	56000	128800	500	$11.12\times10^6 \sim 18.18\times10^6$	3.4×10^4	1.8	1.8	0.10
LQS800		80000	184000		$13.34\times10^6 \sim 25\times10^6$	3.7×10^4			
LQS1120		112000	257600		$14.28\times10^6 \sim 28.58\times10^6$	4×10^4	2	2	0.11
LQS1400		140000	326600	450	$15.38\times10^6 \sim 33.34\times10^6$	4.8×10^4			
LQS1800		180000	414000		$18.18\times10^6 \sim 40\times10^6$	5.8×10^4			

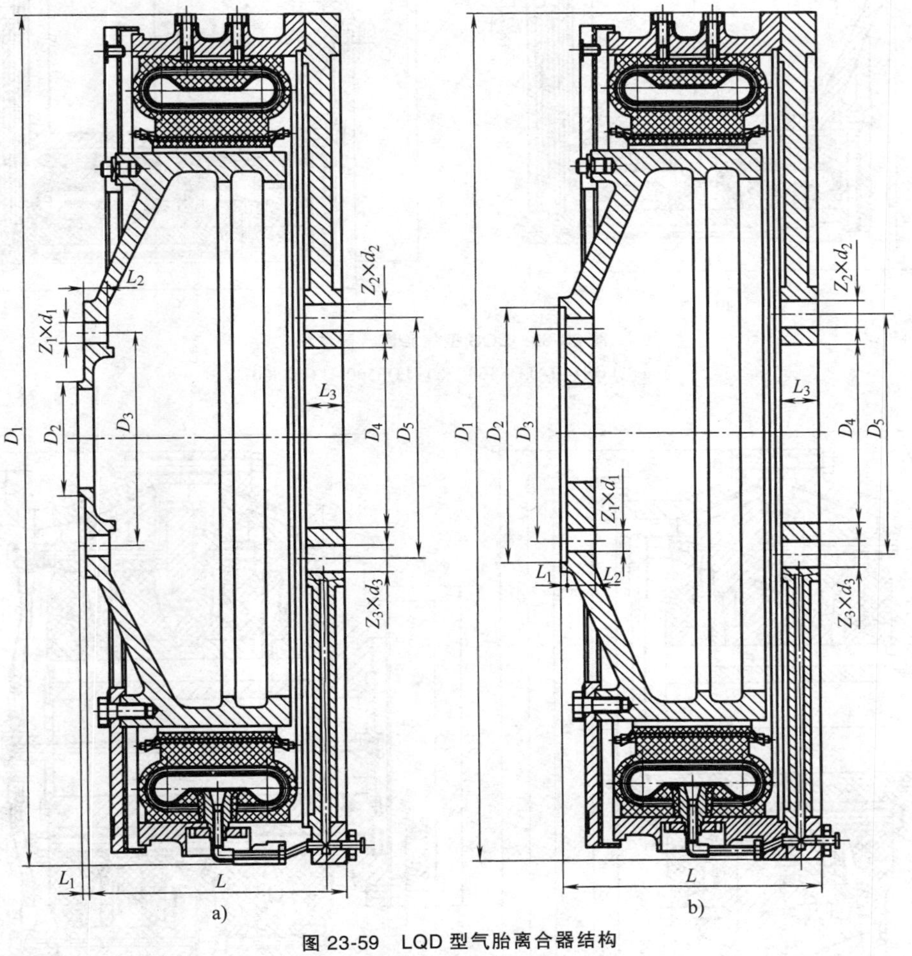

图 23-59　LQD 型气胎离合器结构

a）LQD70～LQD180　b）LQD280～LQD900

23.2.5.2　气动双锥体离合器

GB/T 6073—2010 LT 型高弹性摩擦离合器，是带有弹性元件的气动双锥体的高弹性摩擦离合器。适用于主、从动轴间要求离合的船用、陆用动力装置和机械传动装置。有单双锥体和二双锥体两种结构形式。其结构如图 23-61 所示；其性能参数主要尺寸、质量、转动惯量参数见表 23-119 和表 23-120。

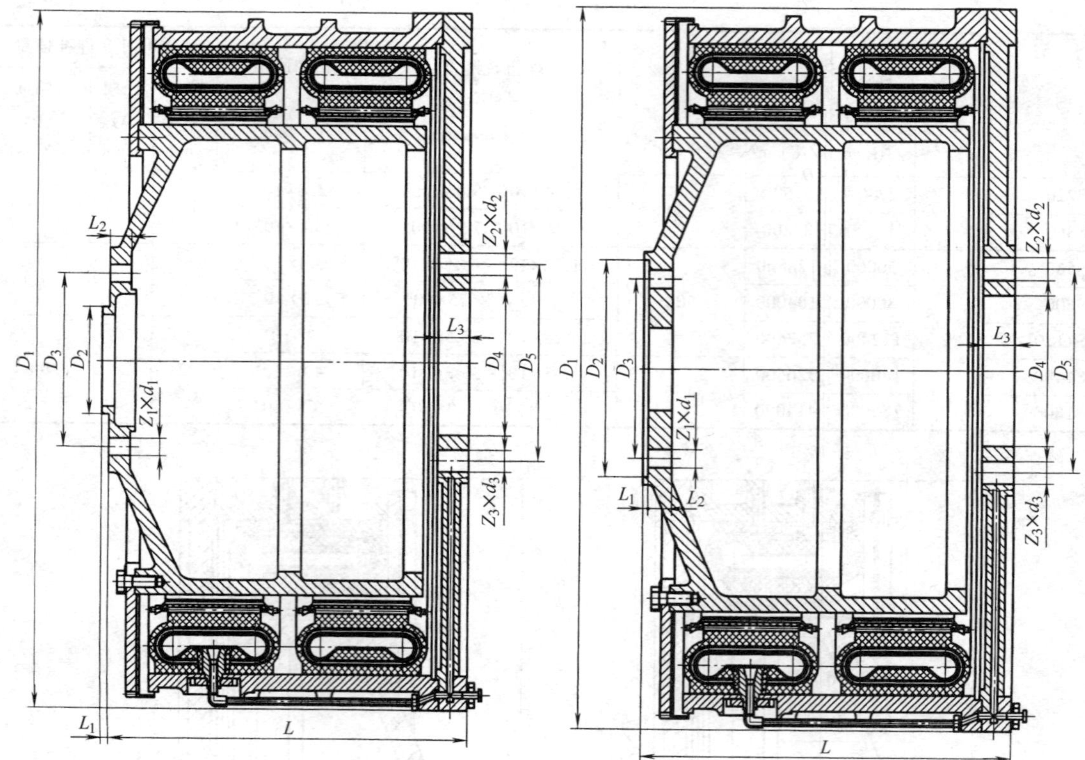

a)　　　　b)

图 23-60　LQS 型气胎离合器结构

a）LQS140～LQS360　b）LQS560～LQS1800

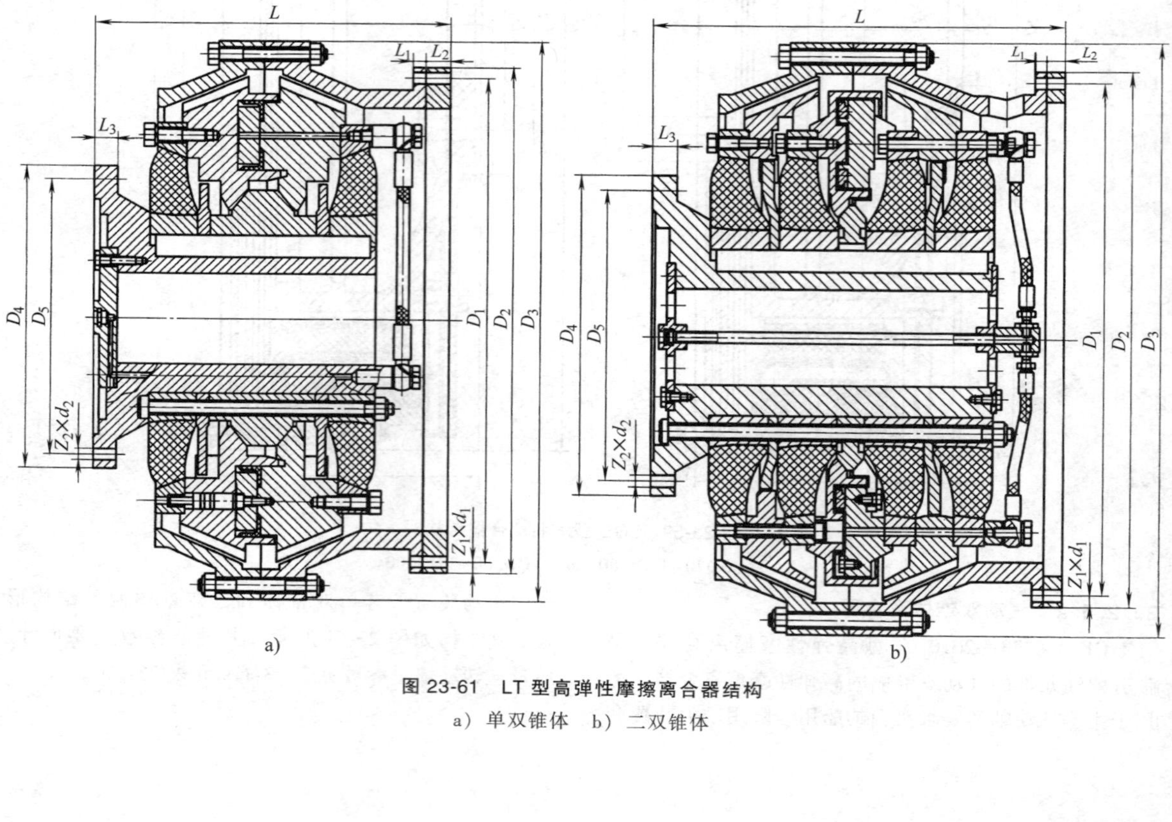

a)　　　　b)

图 23-61　LT 型高弹性摩擦离合器结构

a）单双锥体　b）二双锥体

表 23-118　LQD 型、LQS 型气胎离合器尺寸、质量、转动惯量参数（摘自 CB/T 3860—2011）

型号	主要尺寸/mm															转动惯量 /kg · m²			质量 /kg		
	D_1	D_2	D_3	D_4	D_5	L	L_1	L_2	L_3	Z_1	Z_2	Z_3	d_1	d_2	d_3	外转动件 I_1	内转动件 I_1	总体 I	外转动件 m_1	内转动件 m_2	总体 m
LQD70	750	110	235	160	215	315	6	32.5	38	6	8	5	28	30	24	18	7	25	208	116	324
LQD110	876	140	265	230	305	330		34.5	39				32	35	32	41	15	56	268	136	404
LQD180	1065					345		38.5					35			76	28	104	416	220	636
LQD280	1220	540	450			375	5	50	40	9		6	48			119	60	179	443	333	776
LQD400	1360					400		55								215	100	315	709	451	1160
LQD560	1500			310	580	420										283	168	451	1060	505	1565
LQD710	1700	660	530	450	530	440		60	46	8			60	48	44	583	218	864	1070	708	1778
LQD900	1850					480										911	535	1446	1621	1352	2973
LQS140	750	110	235	160	215	535	6	32.5	38	6		5	28	30	24	28	9	37	301	158	459
LQS220	876	140	265	230	305	575		34.5	39				32	35	32	51	17	68	379	222	601
LQS360	1065			250		600		38.5					35			120	39	159	618	350	968
LQS560	1260	590	500	430	530	663	5	55	40	8			50	48	44	212	100	312	879	579	1458
LQS800	1370					700			46			6	60			318	137	455	983	603	1586
LQS1120	1530	660	530			760		60								590	256	846	1367	878	2245
LQS1400	1700			450		772				9						753	409	1162	1520	1099	2619
LQS1800	1870	690	560		560	850		65	50				66	52		1329	689	2018	2206	1081	3887

23.2.5.3　气动盘式离合器

JB/T 7005—2007 QPL 型气动盘式离合器，适用于传递转矩为 520~82000N · m，许用转速为 1800~500r/min 的工况条件。其结构如图 23-62 所示；性能参数见表 23-121。

23.2.6　超越离合器

超越离合器是利用主、从动部分的速度变化，或旋转方向的变换，具有自行离合功能的离合器。主要用于速度转换，防止逆转、间歇运动等场合。按工作原理可分为啮合式和摩擦式两类。啮合式超越离合器利用棘轮棘爪、牙嵌式的牙等接合式元件的啮合传递转矩。其结构简单，制造方便，但外形尺寸大，接合位置受限制，有噪声，只适用于低速传动。摩擦式离合器利用楔块、滚柱、扭簧等压紧其他元件产生的摩擦力传递转矩。它体积小，能传递大转矩，接合平稳，工作无噪声。宜用于高速传动，但制造精度要求较高。这种离合器工作范围较宽，传递转矩可达 200000N · m，工作转速一般不超过 3000r/min，特殊条件下可达 4500r/min。

表 23-119　双锥体气动离合器性能参数（摘自 GB/T 6073—2010）

<table>
<tr><th rowspan="2">型　号</th><th rowspan="2">橡胶组合件对数</th><th rowspan="2">公称转矩 T_n /N·m</th><th rowspan="2">功率/转速 N/n /kW·(r/min)$^{-1}$</th><th rowspan="2">瞬时最大转矩 T_{max} /N·m</th><th rowspan="2">变动转矩 T_V /N·m ±</th><th rowspan="2">最大允许转速 n_{max} /(r/min)</th><th colspan="2">静态扭转角</th><th rowspan="2">动态扭转刚度 C_s /(kN·m/rad)</th><th colspan="3">使用时允许补偿量</th></tr>
<tr><th>T_n 时 φ_n /(°)</th><th>T_{max} 时 φ_{max} /(°)</th><th>轴向 Δx /mm</th><th>径向 Δy /mm</th><th>角向 $\Delta\alpha$ /(°)</th></tr>
<tr><td>LT7</td><td rowspan="5">1</td><td>710</td><td>0.074</td><td>1775</td><td>177.5</td><td>3800</td><td rowspan="18">10</td><td rowspan="18">25</td><td>4.68</td><td rowspan="2">0.7</td><td>1.2</td><td rowspan="18">0.3</td></tr>
<tr><td>LT11</td><td>1120</td><td>0.117</td><td>2800</td><td>280</td><td>3700</td><td>7.38</td><td>1.4</td></tr>
<tr><td>LT18</td><td>1800</td><td>0.188</td><td>4500</td><td>450</td><td>3100</td><td>11.86</td><td>0.8</td><td>1.5</td></tr>
<tr><td>LT28</td><td>2800</td><td>0.293</td><td>7000</td><td>700</td><td>2900</td><td>18.45</td><td>0.9</td><td>1.7</td></tr>
<tr><td>LT40</td><td>4000</td><td>0.419</td><td>10000</td><td>1000</td><td>2600</td><td>26.36</td><td>1</td><td>1.8</td></tr>
<tr><td>LT56</td><td rowspan="13">2</td><td>5600</td><td>0.586</td><td>14000</td><td>1400</td><td>2700</td><td>36.90</td><td>1.1</td><td>2</td></tr>
<tr><td>LT80</td><td>8000</td><td>0.838</td><td>20000</td><td>2000</td><td>2500</td><td>52.72</td><td>1.2</td><td>2.2</td></tr>
<tr><td>LT110</td><td>11200</td><td>1.173</td><td>28000</td><td>2800</td><td>2300</td><td>73.79</td><td>1.3</td><td>2.4</td></tr>
<tr><td>LT160</td><td>16000</td><td>1.675</td><td>40000</td><td>4000</td><td>2100</td><td>105.43</td><td>1.4</td><td>2.6</td></tr>
<tr><td>LT220</td><td>22400</td><td>2.346</td><td>56000</td><td>5600</td><td>1800</td><td>147.59</td><td>1.6</td><td>3</td></tr>
<tr><td>LT320</td><td>31500</td><td>3.298</td><td>78750</td><td>7875</td><td>1700</td><td>197.69</td><td>1.8</td><td>3.2</td></tr>
<tr><td>LT360</td><td>35500</td><td>3.717</td><td>88750</td><td>8875</td><td>1600</td><td>237.20</td><td>2</td><td>3.6</td></tr>
<tr><td>LT500</td><td>50000</td><td>5.236</td><td>125000</td><td>12500</td><td>1400</td><td>329.45</td><td>2.2</td><td>4</td></tr>
<tr><td>LT630</td><td>63000</td><td>6.597</td><td>157500</td><td>15750</td><td>1300</td><td>415.11</td><td>2.4</td><td>4.4</td></tr>
<tr><td>LT800</td><td>80000</td><td>8.377</td><td>200000</td><td>20000</td><td>1200</td><td>527.12</td><td>2.6</td><td>4.8</td></tr>
<tr><td>LT1120</td><td>112000</td><td>11.728</td><td>280000</td><td>28000</td><td>1100</td><td>737.98</td><td>2.8</td><td>5.2</td></tr>
<tr><td>LT1400</td><td>140000</td><td>14.660</td><td>350000</td><td>35000</td><td>1000</td><td>935.64</td><td>3</td><td>5.6</td></tr>
<tr><td>LT1800</td><td>180000</td><td>18.848</td><td>450000</td><td>45000</td><td>950</td><td>1317.80</td><td>3.2</td><td>6</td></tr>
</table>

表 23-120　双锥体气动离合器尺寸、质量、转动惯量参数（摘自 GB/T 6073—2010）

<table>
<tr><th rowspan="3">型号</th><th colspan="13">主要尺寸/mm</th><th colspan="3">转动惯量 /kg·m^2</th><th colspan="3">质量/kg</th></tr>
<tr><th rowspan="2">D_1</th><th rowspan="2">D_2</th><th rowspan="2">D_3</th><th rowspan="2">D_4</th><th rowspan="2">D_5</th><th rowspan="2">L</th><th rowspan="2">L_1</th><th rowspan="2">L_2</th><th rowspan="2">L_3</th><th rowspan="2">d_1</th><th rowspan="2">d_2</th><th rowspan="2">Z_1</th><th rowspan="2">Z_2</th><th>外转动件</th><th>内转动件</th><th>总体</th><th>外转动件</th><th>内转动件</th><th>总体</th></tr>
<tr><th>I_1</th><th>I_2</th><th>I</th><th>m_1</th><th>m_2</th><th>m</th></tr>
<tr><td>LT7</td><td>355</td><td>330</td><td>305</td><td>220</td><td>200</td><td>260</td><td rowspan="3">10</td><td rowspan="2">15</td><td>18</td><td rowspan="4">12</td><td>11</td><td rowspan="5">12</td><td rowspan="5">12</td><td>0.53</td><td>0.42</td><td>0.95</td><td>20</td><td>50</td><td>70</td></tr>
<tr><td>LT11</td><td>395</td><td>355</td><td>330</td><td>230</td><td>210</td><td>275</td><td rowspan="2">20</td><td rowspan="3">13</td><td>0.75</td><td>0.68</td><td>1.43</td><td>23</td><td>63</td><td>86</td></tr>
<tr><td>LT18</td><td>455</td><td>405</td><td>385</td><td>270</td><td>245</td><td>315</td><td rowspan="4">20</td><td>1.66</td><td>1.77</td><td>3.43</td><td>39</td><td>105</td><td>144</td></tr>
<tr><td>LT28</td><td>510</td><td>480</td><td>450</td><td>320</td><td>290</td><td>350</td><td rowspan="2">12</td><td rowspan="2">22</td><td>2.28</td><td>2.85</td><td>5.13</td><td>41</td><td>120</td><td>161</td></tr>
<tr><td>LT40</td><td>565</td><td>500</td><td>475</td><td>355</td><td>315</td><td>365</td><td>14</td><td rowspan="3">17</td><td>4.41</td><td>4.18</td><td>8.59</td><td>55</td><td>175</td><td>230</td></tr>
<tr><td>LT56</td><td>530</td><td>470</td><td>440</td><td>320</td><td>290</td><td>420</td><td rowspan="2">16</td><td rowspan="2">25</td><td rowspan="2">18</td><td rowspan="3">16</td><td rowspan="2">16</td><td>3.02</td><td>4.1</td><td>7.12</td><td>52</td><td>204</td><td>256</td></tr>
<tr><td>LT80</td><td>575</td><td>500</td><td>475</td><td>355</td><td>315</td><td>440</td><td rowspan="3">25</td><td>4.49</td><td>5.38</td><td>9.87</td><td>64</td><td>223</td><td>287</td></tr>
<tr><td>LT110</td><td>630</td><td>560</td><td>535</td><td>380</td><td>350</td><td>485</td><td rowspan="2">16</td><td rowspan="2">28</td><td>16</td><td>21</td><td rowspan="2">12</td><td>8.61</td><td>8.59</td><td>17.2</td><td>99</td><td>276</td><td>375</td></tr>
<tr><td>LT160</td><td>710</td><td>640</td><td>605</td><td>445</td><td>410</td><td>530</td><td>18</td><td>21</td><td>12</td><td>12.9</td><td>21.3</td><td>34.2</td><td>118</td><td>491</td><td>609</td></tr>
</table>

（续）

<table>
<tr><th rowspan="3">型号</th><th colspan="13">主要尺寸/mm</th><th colspan="3">转动惯量/kg · m²</th><th colspan="3">质量/kg</th></tr>
<tr><th rowspan="2">D_1</th><th rowspan="2">D_2</th><th rowspan="2">D_3</th><th rowspan="2">D_4</th><th rowspan="2">D_5</th><th rowspan="2">L</th><th rowspan="2">L_1</th><th rowspan="2">L_2</th><th rowspan="2">L_3</th><th rowspan="2">d_1</th><th rowspan="2">d_2</th><th rowspan="2">Z_1</th><th rowspan="2">Z_2</th><th>外转动件</th><th>内转动件</th><th>总体</th><th>外转动件</th><th>内转动件</th><th>总体</th></tr>
<tr><th>I_1</th><th>I_2</th><th>I</th><th>m_1</th><th>m_2</th><th>m</th></tr>
<tr><td>LT220</td><td>790</td><td>740</td><td>700</td><td>480</td><td>440</td><td>570</td><td rowspan="2">18</td><td>24</td><td>35</td><td>18</td><td rowspan="3">21</td><td rowspan="7">24</td><td rowspan="4">16</td><td>16.9</td><td>27.07</td><td>43.97</td><td>150</td><td>594</td><td>744</td></tr>
<tr><td>LT320</td><td>860</td><td>770</td><td>730</td><td>530</td><td>490</td><td>630</td><td rowspan="5">30</td><td>35</td><td rowspan="2">22</td><td>28</td><td>35</td><td>63</td><td>215</td><td>684</td><td>899</td></tr>
<tr><td>LT360</td><td>920</td><td>820</td><td>770</td><td>600</td><td>540</td><td>680</td><td>20</td><td>40</td><td>35</td><td>57</td><td>92</td><td>239</td><td>840</td><td>1079</td></tr>
<tr><td>LT500</td><td>1000</td><td>890</td><td>850</td><td>650</td><td>590</td><td>704</td><td>22</td><td>45</td><td rowspan="2">22</td><td rowspan="3">25</td><td>51</td><td>88</td><td>139</td><td>310</td><td>1115</td><td>1425</td></tr>
<tr><td>LT630</td><td>1100</td><td>1000</td><td>940</td><td>730</td><td>660</td><td>830</td><td>24</td><td>50</td><td>24</td><td>104</td><td>111</td><td>215</td><td>425</td><td>1464</td><td>1889</td></tr>
<tr><td>LT800</td><td>1150</td><td>1030</td><td>980</td><td>700</td><td>650</td><td>810</td><td>25</td><td>50</td><td rowspan="2">26</td><td rowspan="2">24</td><td>140</td><td>198</td><td>338</td><td>468</td><td>1854</td><td>2322</td></tr>
<tr><td>LT1120</td><td>1300</td><td>1180</td><td>1100</td><td>840</td><td>760</td><td>970</td><td>28</td><td rowspan="2">40</td><td>60</td><td>32</td><td>226</td><td>364</td><td>590</td><td>592</td><td>2726</td><td>3318</td></tr>
<tr><td>LT1400</td><td>1400</td><td>1260</td><td>1180</td><td>900</td><td>820</td><td>1080</td><td>30</td><td>65</td><td rowspan="2">29</td><td rowspan="2">38</td><td rowspan="2">16</td><td>16</td><td>364</td><td>492</td><td>856</td><td>945</td><td>3189</td><td>4134</td></tr>
<tr><td>LT1800</td><td>1500</td><td>1335</td><td>1250</td><td>1000</td><td>900</td><td>1230</td><td>35</td><td>50</td><td>70</td><td>24</td><td>573</td><td>715</td><td>1288</td><td>1200</td><td>4331</td><td>5531</td></tr>
</table>

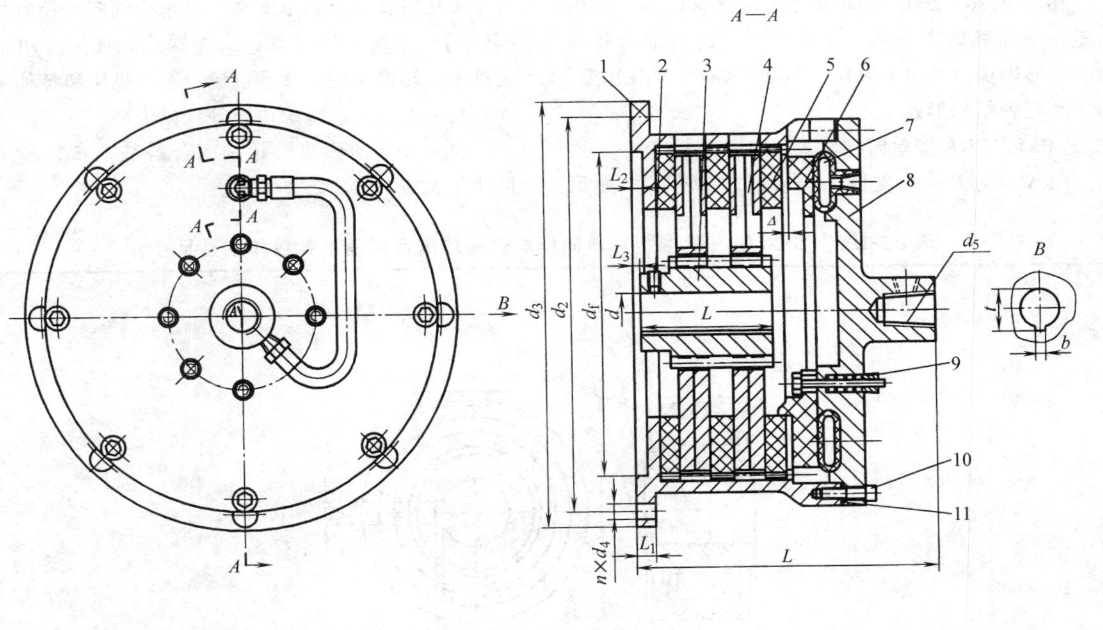

图 23-62　QPL 型气动盘式离合器

1—壳体　2—紧定螺钉　3—轴套　4—内盘　5—摩擦盘　6—压板　7—气囊　8—端盖　9—复位弹簧　10—螺钉　11—半圆形垫片

表 23-121 QPL 型气动盘式离合器性能参数（摘自 JB/T 7005—2007）

型号	转矩 T[①] /N·m 额定	转矩 T[①] /N·m 动态	许用转速 [n] r/min	d (H7)	l	d_1 (H8)	d_2	d_3	d_4	d_5	L ≈	L_1	L_2	L_3	n	转动惯量 I kg·m² 离合器	转动惯量 I kg·m² 轴套和内盘	质量 m /kg ≈
				mm														
QPL1	315	520	1800	45	82	190	203	220	9	Rc1/2	178	6	1.5	2	4	0.138	0.0141	20
QPL2	660	1100	1750	55	82	220	280	310	13.5	Rc3/4	192	13	6	8	6	0.357	0.0409	32
QPL3	1540	2560	1400	63	110	295	375	400	17.5	Rc3/4	235	16	10	6	6	1.42	0.175	75
QPL4	2680	4420	1200	80	114	370	445	470	17.5	Rc3/4	248	16	10	10	8	2.85	0.446	105
QPL5	4160	6900	1100	100	120	410	510	540	17.5	Rc1	260	16	10	10	12	5.25	0.761	148
QPL6	6320	10400	1000	120	120	470	560	590	17.5	Rc1	280	16	10	11	12	7.6	1.216	171
QPL7	8600	14300	900	130	130	540	648	685	17.5	Rc1	305	19	8	19	12	14.6	2.385	264
QPL8	15100	25000	700	150	130	620	730	760	17.5	Rc1¼	315	19	6	19	12	26.8	3.961	365
QPL9	16800	28000	650	160	175	700	800	830	17.5	Rc1¼	350	19	6	19	16	35	6.95	426
QPL10	32000	53000	600	180	180	775	900	940	22	Rc1½	366	19	6	19	18	62.5	10.261	640
QPL11	49600	82000	500	220	230	925	1065	1105	22	Rc1½	404	22	5	16	18	133	26.471	905

注：1. 动态转矩为离合器的全部传动能力，选用时按照额定转矩直接选用。

2. 平键只能传递部分转矩。对于平键不能传递的转矩，应由过盈配合传递。

① T 是指气囊进口处压力为 0.5MPa 时的转矩。

JB/T 9130—2002 单向楔块式超越离合器，在国内是比较新颖的离合器，用途广泛。此标准为接触型、拳形楔块，适用于单向，包括 CKA 型、CKB 型、CKZ 型三种结构形式。

23.2.6.1 CKA 型单向楔块式超越离合器

CKA 型为无轴承支撑的楔块超越离合器。使用时，可按需要配合轴承安装，以承受轴向与径向载荷（转矩）。单向自锁可靠，反向解脱轻便。常用于包装机械、印刷机械、食品机械、医疗机械和各种斗式提升机、运输机、纺织机械等机械传动。

CKA 型单向楔块式超越离合器基本参数和主要尺寸见表 23-122。

表 23-122 CKA 型（基本型）单向楔块式超越离合器基本参数和主要尺寸

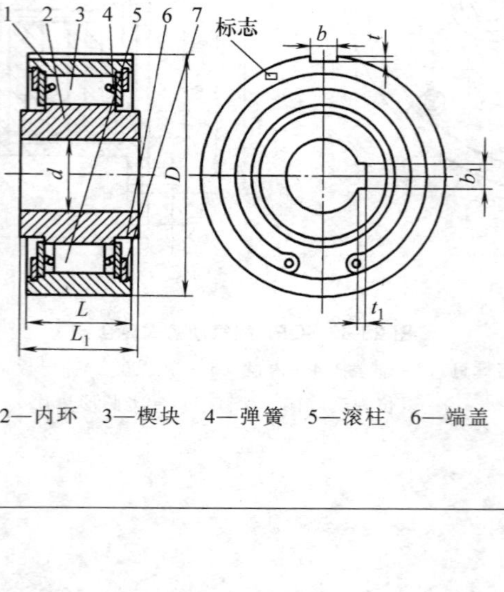

1—外环 2—内环 3—楔块 4—弹簧 5—滚柱 6—端盖 7—挡圈

（续）

型号	代　　号	公称转矩 T_n /N·m	超越时极限转速 n_{max} /(r/min)	外环尺寸/mm			内环尺寸/mm			质量 /kg
				D (h7)	键槽 $b×t$	L	d (H7)	键槽 $b_1×t_1$	L_1	
CKA1	CKA1-50×24-12	31.5	2500	50	3×1.8	22	12	3×1.4	24	0.24
CKA2	CKA2-55×24-18	50	2250	55	4×2.5		18	4×1.8		0.28
CKA3	CKA3-60×24-20	63	2000	60	6×3.5	24	20	6×2.8	26	0.33
CKA4	CKA4-65×26-24	100	1800	65			24			0.38
CKA5	CKA5-65×32-24	140				30			32	0.48
CKA6	CKA6-70×32-25	180	1500	70	8×4.0		25	8×3.3		0.63
CKA7	CKA7-70×32-28						28			0.60
CKA8	CKA8-80×32-25	200		80			25			0.90
CKA9	CKA9-80×32-30						30			0.87
CKA10	CKA10-100×34-35	315	1250	100	10×5.0	32	35			1.34
CKA11	CKA11-100×34-38						38	10×3.3	34	1.28
CKA12	CKA12-100×34-40						40			1.20
CKA13	CKA13-110×34-35	400	1000	110			35			1.81
CKA14	CKA14-110×34-40						40			1.94
CKA15	CKA15-130×38-45	630		130	14×5.5	36	45	14×3.8	38	3.11
CKA16	CKA16-130×38-50						50			3.02
CKA17	CKA17-140×55-50	1250	800	140	16×6.0	52			55	5.27
CKA18	CKA18-140×55-55						55	16×4.3		5.10
CKA19	CKA19-160×55-55	2000		160						6.96
CKA20	CKA20-160×55-60			160	18×7.0		60	18×4.4		6.78
CKA21	CKA21-170×55-60	2240		170			60			7.80
CKA22	CKA22-170×55-65			170			65			7.61
CKA23	CKA23-180×55-60	2500		180			60			8.87
CKA24	CKA24-180×55-65			180			65			8.69
CKA25	CKA25-200×55-65	2800		200			65			11.02
CKA26	CKA26-200×55-70			200	20×7.5		70	20×4.9		10.82

23.2.6.2　CKB 型单向楔块式超越离合器

CKB 型即 B 型 200 系列，是无内环和轴承支撑的楔块式超越离合器，是轴向安装型的。用于离合器安装的轴，在磨削后需热处理至 56～60HRC。轴的锥度每 500mm 不应超过 0.01mm。为了保证轴和离合器外环的同心度，并吸收可能影响外环和轴的径向或轴向载荷，可以在离合器的两端或一端装上轴承。适用的极限转速为 1000～2000r/min，最高频率（最大分度）为 150 次/min。常用于包装机、制袋机、瓦楞纸生产线、减速机、提升机、电动滚筒等机械运动。

CKB 型单向楔块式超越离合器基本参数和主要尺寸见表 23-123。

表 23-123 CKB 型单向楔块式超越离合器基本参数和主要尺寸

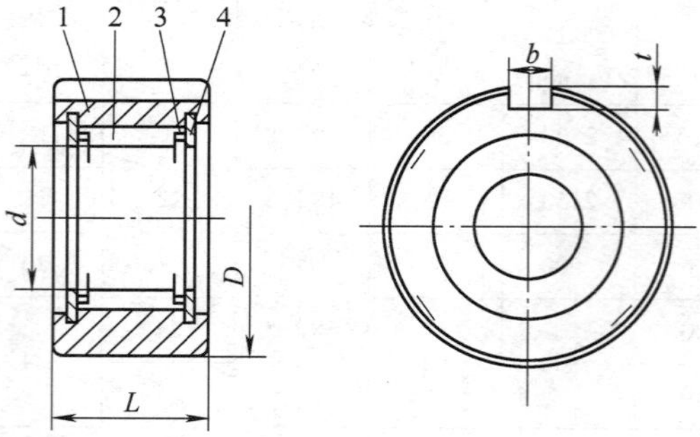

1—外环 2—楔块 3—弹簧 4—端盖

型号	代号	公称转矩 T_n /N·m	超越时极限转速 n_{max} /(r/min)	外环			轴径 $d(^{0}_{-0.025})$ /mm	同一外径的轴承型号	质量 /kg
				D (h7) /mm	键槽 (b×t) /mm	L/mm			
CKB1	CKB1-40×25-16	35.5	2000	40	4×2.5	25	16	6203	0.21
CKB2	CKB2-17×25-18	56	2000	47	5×3.0		18	6204	0.29
CKB3	CKB3-52×25-24	90	1800	52	5×3.0		24	6205	0.33
CKB4	CKB4-62×28-30	200	1800	62	6×3.5	28	30	6206	0.51
CKB5	CKB5-62×28-32						32		0.48
CKB6	CKB6-62×28-35						35		0.45
CKB7	CKB7-72×28-40	315		72			40	6207	0.61
CKB8	CKB8-72×28-42						42		0.59
CKB9	CKB9-80×32-45	500	1600	80	8×4.0	32	45	6208	0.75
CKB10	CKB10-80×32-48						48		0.80
CKB11	CKB11-90×32-50	560		90			50	6209	0.94
CKB12	CKB12-90×32-55	630	1200		10×5.0		55	6210	1.00
CKB13	CKB13-100×42-60	710					60	6211	1.26
CKB14	CKB14-110×42-65	1000		100		42	65	6212	2.04
CKB15	CKB15-120×42-70	1120	1000	120			70	6213	2.46
CKB16	CKB16-125×42-80	1250		125	12×5.0		80	6214	2.40

23.2.6.3 CKZ 型单向楔块式超越离合器

CKZ 型为内含两套滚珠轴承支撑的楔块式超越离合器。常用于包装机、起重运输机械、冶金机械、矿山机械、石油机械、化工机械、水泥机械、电站等，亦称逆止器。

CKZ 型单向楔块式超越离合器基本参数和主要尺寸见表 23-124。

表 23-124　CKZ 型单向楔块式超越离合器基本参数和主要尺寸

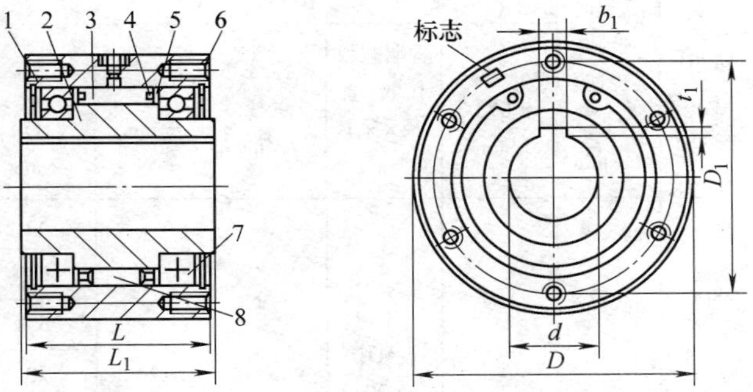

1—外环　2—内环　3—楔块　4—固定挡环　5—挡环　6—端盖　7—轴承　8—挡圈

型号	代号	公称转矩 T_n /N·m	超越时极限转速 n_{max} /(r/min)	外环 D(h7) /mm	外环 两端螺纹孔数(直径×深) /mm	外环 螺柱分布直径 D_1/mm	外环 宽 L/mm	内环 内径 d(H7) /mm	内环 键槽 (b_1×t_1) /mm	内环 L_1/mm	质量 /kg
CKZ1	CKZ1-75×50-14	180	1500	75	4-M6×12	61	48	14	5×2.3	50	1.35
CKZ2	CKZ2-80×68-20	200		80		68	66	20		68	1.95
CKZ3	CKZ3-90×70-25	250	1300	90	6-M8×12	76	68	25	6×2.8	70	2.36
CKZ4	CKZ4-100×82-30	315	1200	100		88	80	30	10×3.3	82	3.17
CKZ5	CKZ5-110×90-35	400		110	8-M8×16	92	86	35		90	4.65
CKZ6	CKZ6-120×92-38	650		120	8-M8×20	105	90	38		92	5.64
CKZ7	CKZ7-120×92-40							40			5.55
CKZ8	CKZ8-120×92-42							42	12×3.3		5.47
CKZ9	CKZ9-125×92-42	1000	1100	125		110					6.14
CKZ10	CKZ10-125×92-45							45	14×3.8		6.02
CKZ11	CKZ11-130×92-45	1200		130		115					6.70
CKZ12	CKZ12-130×92-48							48			6.55
CKZ13	CKZ13-136×95-45	1500	1000	136		120	92	45		95	8.06
CKZ14	CKZ14-136×95-50							50			7.74
CKZ15	CKZ15-150×102-48	2240		150		130	100	48		102	11.12
CKZ16	CKZ16-150×102-50							50			11.02
CKZ17	CKZ17-150×102-55							55	16×4.3		10.43
CKZ18	CKZ18-155×102-55	2500		155		140					11.36
CKZ19	CKZ19-155×102-60							60	18×4.4		11.01
CKZ20	CKZ20-160×112-60	2600		160		145	110			112	13.07
CKZ21	CKZ21-160×112-65							65			12.65
CKZ22	CKZ22-170×112-65	2700		170	6-M10×20	150					14.88
CKZ23	CKZ23-170×112-70							70	20×4.9		14.42

（续）

型号	代　号	公称转矩 T_n /N·m	超越时极限转速 n_{max} /(r/min)	外环 D (h7) /mm	外环 两端螺纹孔数(直径×深) /mm	外环 螺柱分布直径 D_1/mm	外环 宽 L/mm	内环 内径 d (H7) /mm	内环 键槽 $(b_1 \times t_1)$ /mm	L_1/mm	质量 /kg
CKZ24	CKZ24-180×128-55	2800	900	180	6-M10 ×20	158	124	55	16×4.3	128	18.80
CKZ25	CKZ25-180×128-60							60	18×4.4		18.46
CKZ26	CKZ26-180×128-65							65			18.06
CKZ27	CKZ27-180×128-70							70	20×4.9		17.63
CKZ28	CKZ28-190×128-65	2850	800	190		170		65	18×4.4		22.73
CKZ29	CKZ29-190×128-70							70	20×4.9		20.01
CKZ30	CKZ30-200×128-65	2900		200		175		65	18×4.4		22.93

注：1. 离合器的安装方向，应与主机要求的旋转方向一致。

2. 离合器的外环与机壳的配合，以及离合器的内环与轴的配合，均应是间隙配合。

3. 组装离合器时，应保证楔块的正确装配方向，并注入适量润滑油或2号锂基润滑脂。

4. 离合器长期在高速状态下运行时，应有相应的冷却措施。

5. 离合器的内环与轴均采用键连接。

23.2.7　离心离合器

离心离合器是靠离心体产生离心力，通过摩擦力来传递转矩，以达到自动分离或接合。它由主动件、离心体和从动件三部分组成。离合器的从动件可直接或通过带轮等机构与载荷连接。离心离合器的特点如下：

1）离心离合器的接合取决于离心力，因此不能传递大于计算转矩的载荷。如果从动端超载，离合器则打滑，所以也具有安全离合器的功能。

2）离心离合器所传递的转矩与转速的平方成正比，输出功率与转速立方成正比，因此不宜用于变速传动系统。

3）当原动机未达到额定转速之前，离心体相对于从动体的接合过程，实际上是一个摩擦打滑过程。在主、从动侧未达到同步前，伴随有摩擦发热，对摩擦副有磨损，消耗一部分能量。所以离心离合器不适用于频繁起动的工况，也不宜在起动过程太长的场合应用。

4）由于离心力是随转速的增加而逐渐增加，所以使用离心离合器就相当于将载荷逐渐地加到原动机上，因而可以直接起动工作机械，获得平稳起动的效果。若用电动机直接驱动，可以显著地减小起动电流，工作十分平稳。由于离心离合器具有其他离合器所没有的一些特点，所以在工业中得到广泛的应用。离心离合器通常装在机器的高速端，以限制原动机起动转矩或实现过载保护。常用的离心离合器为常开式，适用于原动机较小，并要对大惯量的工作机载荷起动，以及工作转速较高，接合频率不高的场合。较典型的应用有风扇、离心机、压缩机和压力机等；轻纺工业中陶瓷器皿的传递，纺织机等需平稳起动的部位；重载工作中煤炭及砂石运输；以及要求避免传送带抖动或急剧振动的设备中常有应用。

23.2.7.1　钢砂式离心离合器

钢砂式离心离合器的特点：起动性能好，可将电动机的载荷起动转变为空载运动，实现工作机的软起动；节省电能和设备费用；传递的转矩可调节，容易实现过载安全保护；除起动、制动阶段外，钢砂式离心离合器正常工作时，两端无转速差，无摩擦损耗；配以弹性联轴器，具有减振缓冲和补偿两轴线偏移的性能；工作可靠，性能稳定，装拆维修方便。

钢砂式离心离合器由两部分组成，与主动轴相连的部分由壳体、钢砂、滚动轴承及其他零件组成；与从动轴相连的部分由转子与弹性联轴器组成。

钢砂式离心离合器的工作过程：电动机带动壳体旋转，壳体内表面通过摩擦力带动钢砂旋转，从而带动与从动轴相连的转子旋转。此时作用在电动机轴上的阻力矩，仅为钢砂与壳体的滑动摩擦力矩，因此电动机近似于空载起动。随着电动机转速的升高，钢砂在离心力的作用下，紧贴壳体内壁，钢砂与壳体的摩擦力矩逐渐增大，壳体与转子达到同步运转状态，此时转子与壳体不再存在转速差。由起动到主、从动轴同步运转，一般不超过数秒。从动轴是平缓的等加速起动，改变了传统联轴器连接的“硬”起动方式，实现了工作机的“软”起动，改善了工作机的起动。钢砂式离心离合器可以代替一般的联轴器，将电动机的重载起动转变为近似的空载起动；可以通过改变钢砂填充量来调节传递的转矩，因此容易实现过载安全保护。当工作机过载或卡死时，钢砂式离心离合器自动打滑，防止电动机烧毁，或其他重要零部件的损坏，起到安全联轴器或安全离合器的作用。钢砂式离心离合器可以用于离心水泵、搅拌机、球磨机，以及各式运输机等工作机需要大起动转矩的工作部位。

1）AS 型（基本型）钢砂式离心离合器。其基本参数和主要尺寸见表 23-125。

表 23-125　AS 型钢砂式离心离合器基本参数和主要尺寸（摘自 JB/T 5986—1992）

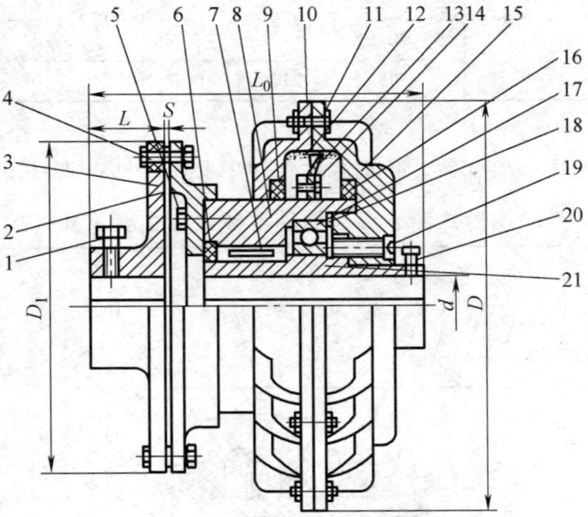

1、20—紧定螺钉　2—法兰　3—半联轴器　4、11、14—螺栓　5—弹性套　6、9、16—密封圈　7—滚针轴承　8—从动转子　10、15—壳体　12—钢砂　13—叶轮　17—滚动轴承　18—挡圈　19—内六角螺栓　21—主动轴套

型号	各种转速下的传递功率/kW 750	1000	1500	3000	轴孔直径 d (H7)	轴孔长度 Y 型 L	J、J_1、Z、Z_1 型 L	L_1	L_0	D_1	D	许用转速 [n]/(r/min) 铸铁	铸钢
	r/min				mm								
AS1		0.075	0.185	1.5	14	32	20	32	100	80	105	5700	7600
					16	42	30	42	110				
AS2	0.2	0.48	1.1	4	19				126	95	160	3500	5000
					20、22、24	52	38	52	136				
AS3	0.5	1.3	3.5	8①	24				180	106	194	2860	3800
					25、28	62	44	62	190				
AS4	0.8	1.5	5.5	20①	28						214	2600	3470
					30、32	82	60	82	218	130			
AS5	2	3.7	10	28①	32、35	82	60	82			240	2290	3060
					38								
					40	112	84	112	248	160			
					42								
AS6	4	7.5	22		42、45				262	190	293	1830	2240
					48					224			
					50								
					55								

（续）

型号	各种转速下的传递功率/kW				轴孔直径 d（H7）	轴孔长度			L_0	D_1	D	许用转速 [n] /(r/min)	
	750	1000	1500	3000		Y 型	J、J_1、Z、Z_1 型						
						L	L	L_1					
	r/min				mm							铸铁	铸钢
AS7	10	15	55		55、56	112	84	112	295	224	340	1600	2240
					60、63、65	142	107	142	325	250			
AS8	30	45	100		65、70、71				317	315	432	1270	1600
					75				347				
					80、85	172	132	172					
AS9	100	170	260		85、90、95				393	400	560	1000	1360
					100	212	167	212					

① 离合器材料为锻钢。

2）ASD 型 V 带轮型钢砂式离心离合器。其基本参数和主要尺寸见表 23-126。

表 23-126　ASD 型 V 带轮钢砂式离心离合器基本参数和主要尺寸（摘自 JB/T 5986—1992）

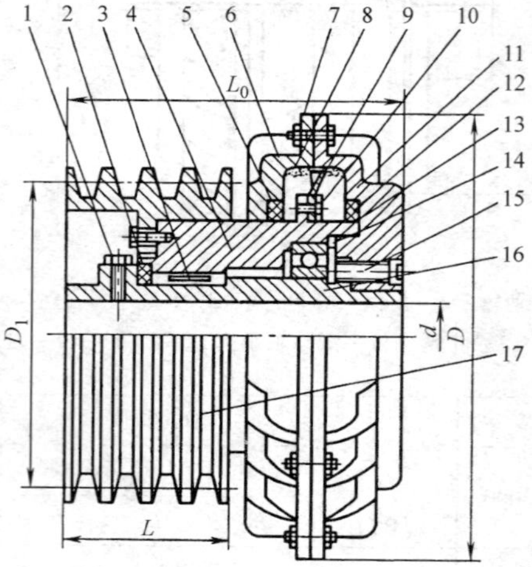

1—紧定螺钉　2、5、12—密封圈　3—滚针轴承　4—从动转子　6、11—壳体　7—螺母　8—钢砂　9—叶轮　10—螺栓　13—滚动轴承　14—挡圈　15—内六角螺栓　16—主动轴套　17—V 带轮

型号	各种转速下的传递功率/kW				轴孔直径 d（H7）	D	D_1	L_0	L	许用转速 [n] /(r/min)	
	750	1000	1500	3000							
	r/min				mm					铸铁	铸钢
ASD2	0.2	0.48	1.1	4①	19、20、22、24	160	118	99	50	2860	3820
ASD3	0.5	1.3	3.5	8①	24、25、28	194	140	141	63	2860	3820
ASD4	0.8	1.5	5.5	20①	28、30、32	214	180	170	90	2600	3470
ASD5	2	3.7	10	28①	32、35、38、40、42	242	180	190	105	2290	3060
ASD6	4	7.5	22		42、45、48、50、55	290	200	215	117	1830	2240
ASD7	10	15	55		55、56、60、63、65	340	236	250	135	1600	2140
ASD8	30	45	100		65、70、71、75、80、85	432	250	245	145	1250	1600

① 离合器材料为锻钢。

3）AS 型钢砂式离心离合器。其许用补偿量见表 23-127。

表 23-127　AS 型钢砂式离心离合器许用补偿量

项目 \ 补偿量 \ 型号	AS1～AS4	AS5	AS6～AS8	AS9
径向 Δy/mm	0.2	0.3	0.4	0.5
角向 $\Delta\alpha$	1°30′	1°		30′

23.2.7.2　钢球式离心离合器

钢球式离心离合器原理和特点与钢砂式离心离合器相同。不同的是钢球式离心离合器转子与电动机连接，带动钢球旋转，通过摩擦力带动壳体旋转，钢球离心离合器传递功率比钢砂式离心离合器大得多。它有三种结构型式。

1）AQ 型钢球式离心离合器。其基本参数和主要尺寸见表 23-128a。

2）AQZ 型带制动轮钢球式离心离合器。其基本参数和主要尺寸见表 23-128b。

3）AQD 型带轮型钢球式离心离合器。其基本参数和主要尺寸见表 23-128c。

4）AQ 型、AQZ 型离合器。其许用补偿量见表 23-129。

表 23-128a　AQ 型钢球式离心离合器基本参数和主要尺寸（摘自 JB/T 5987—1992）

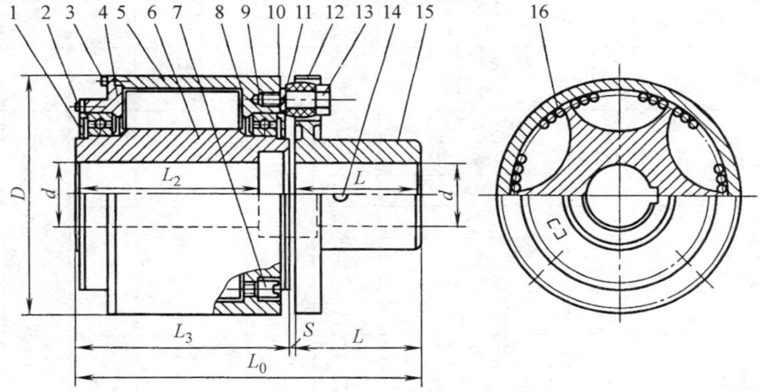

1、10—轴承盖　2、3—螺栓　4—端盖　5—壳体　6—转子　7—沉头螺塞　8—密封圈　9—滚动轴承　11—弹簧垫圈　12—弹性套　13—弹性柱销　14—定位螺钉　15—半联轴器　16—钢球

型号	各种转速下所能传递的功率/kW 600 r/min	750	1000	1500	3000	轴孔直径 d (H7) /mm	主动端轴孔长度 L_2	主动端轴孔长度 L_3	从动端轴孔长度 J、Z_1 型 L	D	L_0 ≤	S	许用转速 [n]/(r/min) 铸铁	铸钢
AQ1				0.5	4	19	42	100	32	80	166	3～4	7160	9550
						24	52		38					
						24	62		44					
AQ2				1	7.5	19	42	110	30	100	176		5730	7640
						24	52		38					
						28	62		44					
						32	82		60					
AQ3			0.87	3	24	24	52	150	38	130	238		4410	5880
						28	62		44					
						38	82		60					
						42、45	112		84					

（续）

型号	各种转速下所能传递的功率/kW					轴孔直径 d (H7)	主动端轴孔长度		从动端轴孔长度 J、Z_1 型	D	L_0 ≤	S	许用转速 [n]/(r/min)	
	600	750	1000	1500	3000		L_2	L_3	L					
	r/min					mm							铸铁	铸钢
AQ4			1.3	4.5	36	28	62	150	44	150	238	3~4	3820	5090
						38	82		60					
						42、48、55	112		84					
AQ5			3.6	12	96	38	82		60	180	262	4~5	3180	4240
						42、48、55	112		84					
						60、65	142		107					
AQ6		2.53	6	20	162	38	82		60	200			2860	3820
						42、48	112		84					
						55、60、65、70	142		107					
AQ7		65	14.6	49	393	42、48、55	112	210	84	220	322		2600	3470
						60、65、70、75	142		107					
AQ8		10	24	80	644	48、55	112		84	250	347		2290	3060
						60、65、70、75	142		107					
						80、85	172		132					
AQ9		21	77	173	1380	60、65、70、75	142		107	280	387		2140	2850
						90、95	172		132					
AQ10		25	60	200	1600	60、65、70、75	142	250	107	300	423	5~6	1830	2240
						80、85、90	172		132					
						100	212		167					
AQ11	23	46	110	360		75	142		107	350			1600	2140
						80	172		132					
						85、90								
						100、110	212		167					
AQ12	45	95	240	830		80、85、90	172	300	132	400	508		1400	1870
						100、110、120、125	212		167					
						130	252		202					
AQ13	58	113	267	902		80、85、90、95	172		132	450			1250	1660
						100、110、120、125	212		167					
						130、140、150	252		202					
AQ14	126	247	585	1975		90、95	172	350	132	500	600		1120	1400
						100、110、120、125	212		167					
						130、140、150	252		202					
						160、170	302		242					
AQ15	296	585	1372	4632*		110、120、125	212	450	167	550	700	6~8	1020	1360
						130、140、150	252		202					
						160、170、180	302		242					
AQ16	355	694	1645	5550*		125	212		167	600	740		940	1250
						130、140、150	252		202					
						160、170、180	302		242					
						190、200	352		282					
AQ17	630	1230*	2916*			140、150	252	500	202	650	792	8~10	860	1150
						160、170、180	302		242					
						190、200、220	352		282					

注：带 * 号的离合器材料为锻钢。

表 23-128b　AQZ 型带制动轮钢球式离心离合器基本参数和主要尺寸（摘自 JB/T 5987—1992）

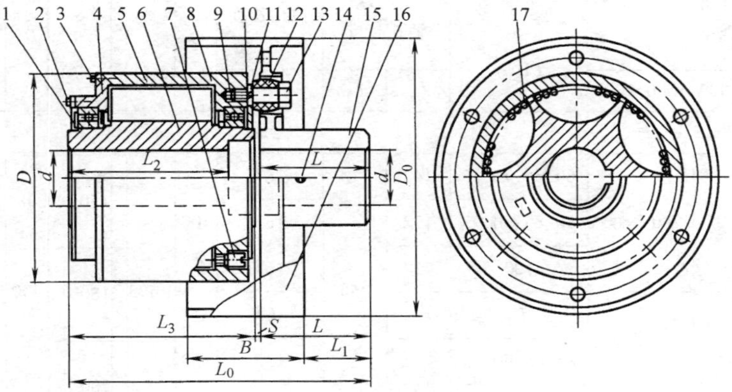

1、10—轴承盖　2、3—螺栓　4—端盖　5—壳体　6—转子　7—沉头螺塞　8—密封圈　9—滚动轴承　11—弹簧垫圈　12—弹性套　13—弹性柱销　14—定位螺钉　15—半联轴器　16—制动轮　17—钢球

型号	各种转速下所能传递的功率 /kW					轴孔直径 d (H7)	主动端轴孔长度		从动端轴孔长度 (J_1、Z_1 型)	D	L_0	S	D_0	B	L_1	许用转速 [n] /(r/min)	
	600	750	1000	1500	3000		L_2	L_3	L								
	r/min					mm										铸铁	铸钢
AQZ1				0.5	4	19	42	100	30	80	166	3~4	160	70	30	3580	4770
						24	52		38								
						28	62		44								
AQZ2				1	7.5	19	42	110	30	100	176						
						24	52		38								
						28	62		44								
						38	82		60								
AQZ3			0.87	3	24	24	52	150	38	130	238				47		
						28	62		44								
						38	82		60								
						42、45	112		84								
AQZ4			1.3	4.5	36	28	62		44	150			200	85		2060	3020
						38	82		60								
						42、48、55	112		84								
AQZ5			3.6	12	96	38	82		60	180	262	4~5	250	105	42	2290	3060
						42、48、55	112		84								
						60、65	142		107								
AQZ6		2.53	6	20	162	38	82		60	200					47		
						42、48、55	112		84								
						60、65、70	142		107								
AQZ7		6	14.6	49	393	42、48、55	112	210	84	220	327				57		
						60、65、70、75	142		107								
AQZ8		10	24	80	644	48、55	112		84	250	357		315	135	72	1820	2430
						60、65、70、75	142		107								
						80、85	172		132								
AQZ9		21	77	173	1380	60、65、70、75	142		107	280	378		400	170		1430	1910
						80、85、90、95	172		132								
						100	212		167								

（续）

型号	各种转速下所能传递的功率 /kW					轴孔直径 d（H7）	主动端轴孔长度		从动端轴孔长度（J_1、Z_1 型）	D	L_0	S	D_0	B	L_1	许用转速 [n] /(r/min)	
	600	750	1000	1500	3000		L_2	L_3	L								
	r/min					mm										铸铁	铸钢
AQZ10		25	60	200	1600*	60、65、70、75	142	250	107	300	423	4~5	400	170	97	1430	1910
						80、85、90、95	172		132								
						100	212		167								
AQZ11	23	46	110	360		75	142		107	350							
						80、85、90、95	172		132								
						100、110	212		167								
AQZ12	45	95	240	830		80、85、90、95	172	300	132	400	508	5~6	558	210	102	1150	1530
						100、110、120、125	212		167								
						130	252		202								
AQZ13	58	113	267	902		80、85、90、95	172		132	450			500				
						100、110、120、125	212		167								
						130、140	252		202								
AQZ14	126	247	585	1975		90、95	172	350	132	500	600	6~8	630	265	122	910	1210
						100、110、120、125	212		167								
						130、140、150	252		202								
						160、170	302		242								
AQZ15	296	585	1372	4632*		110、120、125	212	450	167	550	780						
						130、140、150	252		202								
						160、170、180	302		242								
AQZ16	355	694	1646*	5550*		125	212		167	600	740		810	340	120	950	1250
						130、140、150	252		202								
						160、170、180	302		242								
						190	352		282								
AQZ17	630	1230*	2916*			140、150	252	500	202	650	792	8~10	800		182	720	1150
						160、170、180	302		242								
						190、200、220	352		282								

注：1. 表中带 * 号离合器材料为锻钢。

2. 从动端轴孔形式按 GB/T 3852—2008 的规定。

表 23-128c　AQD 型带轮型钢球式离心离合器基本参数和主要尺寸（摘自 JB/T 5987—1992）

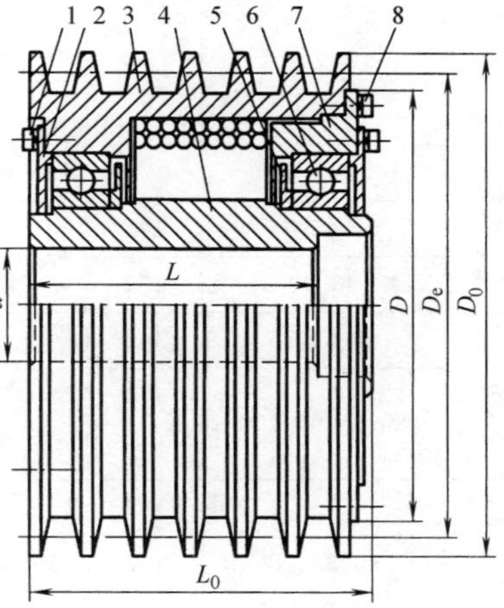

1、8—螺栓　2—轴承盖　3—带轮式壳体　4—转子　5—密封盖　6—滚动轴承　7—端盖

型号	各种转速下所能传递的功率 /kW					轴孔直径 d (H7)	轴孔长度 L	D	L_0	D_0	D_e	许用转速 [n] /(r/min)	
	600	750	1000	1500	3000								
	r/min					mm						铸铁	铸钢
AQD1				0.5	4	19 24 28	42 52 62	80	100	125	118	4580	6110
AQD2				1	7.5	19 24 28 38	42 52 62 82	100	110	130	125	4410	5880
AQD3			0.87	3	24	24 28 38 42、45	52 62 82 112	130	150	150	140	3825	5090
AQD4			1.3	4.5	36	28 38 42、48、55	62 82 112	150		190	180	3020	4020
AQD5			3.6	12	96	38 42、48、55 60、65	82 112 142	180		212	200	2700	3600
AQD6		2.53	6	20	162	38 42、48 55、60、65、70	82 112 142	200		248	236	2310	3080
AQD7		6	14.6	49	393	42、48、55 60、65、70、75	112 142	220	210	262	250	2190	2920
AQD8		10	24	80	644	48、55 60、65、70、75 80、85	112 142 172	250		292	280	1960	2620

（续）

型号	各种转速下所能传递的功率/kW					轴孔直径 d (H7)	轴孔长度 L	D	L_0	D_0	D_e	许用转速 [n] /(r/min)	
	600	750	1000	1500	3000								
	r/min					mm						铸铁	铸钢
AQD9		21	51	173	1380	60、65、75	142	280	250	332	315	1730	2300
						80、90	172						
AQD10		25	60	200	1600	60、65、75	142	300		372	355	1540	2050
						80、85、90、100	172						
							212						
AQD11	23	46	110	360		75	142	350		417	400	1370	1830
						80、85、90	172						
						100、110、120	212						
AQD12	45	95	240	830		80、85、90	172	400	300	467	450	1230	1640
						100、110、120、125	212						
						130、140	252						
AQD13	58	113	267	902		80、85、90、95	172	450		520	500	1100	1470
						100、110、120、125	212						
						130、140	252						
AQD14	126	247	585	1975		90、95	172	500	350	580	560	990	1320
						100、110、120、125	212						
						130、140、150	252						
						160、170	302						
AQD15	296	585	1372	4632		110、120、125	212	550	450	620	600	920	1230
						130、140、150	252						
						160、170、180	302						
AQD16	355	694	1645	5550*		125	212	600		690	670	830	1110
						130、140、150	252						
						160、170、180、190	302						
AQD17	630	1230*	2910*			140、150	252	650	500	730	710	780	1050
						160、170、180	302						
						190、200、220	352						

注：带 * 号的离合器材料为锻钢。

表 23-129　AQ 型、AQZ 型离合器许用补偿量

补偿量项目 \ 型号	AQ1～AQ6 AQZ1～AQZ6	AQ7～AQ10 AQZ7～AQZ10	AQ11～AQ14 AQZ11～AQZ14	AQ15～AQ16 AQZ15～AQZ16
径向 Δy/mm	0.2	0.3	0.4	0.6
角向 $\Delta\alpha$	1°30′	1°	1°	30′

5）钢球式离心离合器计算

① 计算转矩 T_c：

$$T_c = K_1 T$$

式中　K_1——工作储备系数，取 $K_1=2$；

T——需传递转矩。

② 圆周转矩 T_1：

$$T_1 = GR_0\omega^2 R_2\mu$$

式中　G——钢球质量；

R_0——钢球质心半径；

ω——正常工作角速度；

R_2——壳体内径；

μ——摩擦因数，钢球材料 $\mu=0.2\sim0.3$。

③ 端面转矩 T_2：

$$T_2 = GR_0^2\omega^2\mu$$

④ 许用转矩 $[T]$：

$$[T] = T_1 + T_2 \geqslant T_c$$

23.2.8　安全离合器

安全离合器是确保传递的转矩或转速不超过某限定值的离合器。主要用于工作中有可能发生大的过载和严重冲击的传动系统，如机床、运输机械、矿山机械、农业机械、轻纺机械等。安全离合器应满足动作可靠、超载时必须脱开、工作转矩的大小可调整、工作精度高等要求。安全离合器按其工作原理，可分为剪销式、啮合式和摩擦式三类。

目前尚无标准安全离合器产品提供用户选用，需自行设计。

1）剪销式安全离合器是一种断能式离合器，利用销钉传递转矩，过载时销钉被剪断，使连接中断。此种离合器结构简单，制造容易，尺寸紧凑，但工作精度不高，常用于不经常过载的传动装置，防止偶然性的损坏。

剪销式安全离合器为了安全可靠，一般只放置一个销钉，只利用一个剪切面，以使离合器有较可靠的工作性能。应将销钉装在低速轴上，尽量靠近受保护件的地方。

单剪式销钉直径由下式确定：

$$d = \sqrt{\frac{4T_c}{\pi r[\tau]Z}} = \sqrt{\frac{T_c}{r\sigma_b Z}}$$

式中　T_c——计算转矩；

r——传动轴中心至销钉剪断平面的半径；

Z——销钉数；

$[\tau]$——销钉的许用极限切应力；

σ_b——材料的抗拉强度极限。

2）啮合式主要采用钢球、牙嵌和滑销等为接合元件，这种离合器不宜应用于过载后转差大的场合。摩擦式主要有圆盘、圆锥和圆周摩擦等形式，该离合器工作平稳，只要散热好，可以用于离合器过载后反转差大，且不常作用的场合。

啮合式和摩擦式安全离合器。它们的计算主要是确定弹簧尺寸。

① 钢珠安全离合器弹簧终压紧力 F

端面钢珠：

$$F = \frac{T_c}{r}\left[\tan(\alpha-\beta) - \frac{2r}{d}\mu\right]$$

径向钢珠：

$$F = \frac{T_c}{rZ}\left[\left(1+\frac{3\mu_1 d}{\pi l}\right)+\tan(\alpha-\beta) - \frac{3\mu}{\pi}\left(2+\frac{d}{\tan\alpha}\right)\right]$$

式中　r——工作面平均半径；

α——工作面倾斜角；

β——工作面摩擦角，一般取 $\beta=5°\sim6°$；

μ——滑键式钢球的摩擦因数，$\mu=0.15\sim0.17$；

Z——钢球数，一般取 $Z=6\sim8$；

l——弹簧与滚珠支承面之间的距离。

② 弹簧初压紧力 F_1：

$$F_1 = (0.85\sim0.9)F$$

③ 钢珠数量：

$$Z = \frac{T_c\cos\beta}{[F]r\cos(\alpha-\beta)}$$

式中　$[F]$——钢珠许用正压力，见表 23-130。

表 23-130　钢珠的许用正压力

钢珠直径 d/mm	11	12	14	16	20	24	28	32
许用正压力 $[F]$/N	160	180	200	220	280	340	400	500

④ 圆盘式摩擦安全离合器弹簧终压紧力：

$$F = \frac{T_c}{r\mu l}$$

式中　r——平均摩擦半径，$r=\frac{r_1+r_2}{2}$；

μ——摩擦因数。

⑤ 摩擦面比压：

$$p = \frac{T_c}{2\pi r\mu m} < [p]$$

式中　m——摩擦面对数，$m=i-1$（i 为摩擦面数）；

$[p]$——许用比压。

23.3　制动器

23.3.1　概述

23.3.1.1　制动器分类、常用制动器性能（见表 23-131 和表 23-132）

表 23-131　制动器分类

类别和组别	品　　种	型　　式
制动器—按驱动部件分(类别)	机械制动器	牙嵌制动器 活塞制动器 扭簧制动器 惯性制动器
	气压制动器	
	液压制动器	液压电磁制动器 液压弹簧制动器 液压气压制动器 液压机械制动器 液压推杆制动器
	电动制动器	电力液压制动器 交流电磁制动器 直流电磁制动器 电磁牙嵌制动器 电磁磁滞制动器 电涡流制动器 磁粉制动器
	人力制动器	手动式制动器 脚踏式制动器
制动器—按制动部件分(组别)	外抱块式制动器	制动环式制动器 常闭式块式制动器 常开式块式制动器
	内胀蹄式制动器	单蹄式制动器 平衡双蹄式制动器 非平衡双蹄式制动器 自动增力双蹄式制动器 软管多蹄式制动器
		离心制动器 凸轮制动器 活塞制动器 推杆制动器 楔式制动器
	带式制动器	简单带式制动器 差动带式制动器 综合带式制动器
		单端拉紧带式制动器 双端拉紧带式制动器 偏心带式制动器 双带式制动器 凸轮带式制动器

（续）

类别和组别	品　种	型　式
制动器——按制动部件分(组别)	盘式制动器	固定钳盘制动器 浮动钳盘制动器 制动臂盘制动器
		单盘制动器 湿式单盘制动器 多盘式(干式)制动器 湿式多盘制动器 锥盘制动器
		螺旋载荷自制盘式制动器 螺杆载荷自制盘式制动器 牙嵌载荷自制盘式制动器 钢球盘式制动器 离心盘式制动器
	磁涡流制动器	
	磁粉制动器	自冷式磁粉制动器 风冷式磁粉制动器 液冷式磁粉制动器 扇冷式磁粉制动器
按功能分(组别)	双功能制动器	离合制动器 防爆制动器 防风制动器

表 23-132　各类制动器性能比较

序　号	制动器名称	性能及应用
1	外抱 块式制动器	构造简单可靠,散热一般,瓦块有较充分和较均匀的退距,调整较方便。对于直型制动臂结构,制动力矩大小与制动轴转向无关,制动轴不受弯曲,但包角和制动力矩小,制造比带式制动器复杂,杠杆系统复杂,外形尺寸较大。应用最广,主要用于起重运输、冶金机械等工作频繁和安装空间较大的机械上
2	内胀 蹄式制动器	两个内置的制动蹄在径向向外挤压制动鼓,产生制动力矩。结构紧凑,散热性较好,密封容易。大多为常开式,常用于安装空间受限制的场合,广泛应用于轮式起重机及各种车辆如汽车、拖拉机等行走机构的制动
3	带式制动器	结构简单紧凑,包角大(可超过 2π),制动力矩大,制动轮轴受较大的弯曲力,制动带的比压和磨损不均匀,散热性差。简单型和差动型带式制动器的制动力矩大小均与旋转方向有关,限制了应用范围。适于大型机器、要求紧凑的制动,如移动式起重机、提升机、机床等
4	盘式制动器	利用轴向压力使圆盘或圆锥形摩擦面压紧,实现制动。全盘式或点盘式对称布置时,制动轴不受弯曲力。结构紧凑,瓦块磨损均匀,制动力矩大小与旋转方向无关。用于防尘防潮时,可制成密封型式。点盘式散热性好,全盘式散热较差。特别适用于紧凑性要求高的场合,如车辆的车轮和电动葫芦
5	载荷自制 盘式制动器	靠重物自重在机构中产生的内力制动,能保证重物在升降过程中平稳下降和安全悬吊。主要用于提升设备及起重机械
6	磁粉制动器	利用磁粉磁化时产生的内力制动。体积小、质量轻、激磁功率小,且制动力矩与转动件的转速无关,磁粉会引起零件磨损。主要用于制动(制动转矩可调)、精密定位、测试加载、张力控制等
7	磁涡流制动器	坚固耐用,维护简单,调速范围大。但低速时效率低,温升高,必须采取散热措施。常用于有垂直载荷的机械中(如起重机械的起升机构),吸收停车前的功能,以减轻停车制动器的载荷

23.3.1.2　常用制动器术语

（1）制动器类别、品种术语

1）制动器。具有使运动部件（或运动机械）减速、停止或保持停止状态等功能的装置。

2）常开制动器。驱动部件停止工作时，不具有制动功能的制动器。

3）常闭制动器。驱动部件停止工作时，具有制动功能的制动器。

4）液压制动器。借助液体压力的作用，产生（或消除）制动功能的制动器。

5）气压制动器。借助气体压力的作用，产生（或消除）制动功能的制动器。

6）电磁制动器。借助电磁力的作用，产生（或消除）制动功能的制动器。

7）机械制动器。借助机械机构的作用，产生（或消除）制动功能的制动器。

8）块式制动器。用制动瓦总成内圆柱面作为摩擦副接触面的制动器。

9）磁粉制动器。制动部件与运动部件借助于磁粉间的电磁吸力形成的磁粉链，同工作面之间的摩擦力产生制动功能的制动器。

10）外抱式制动器（抱闸式制动器）。制动部件的内表面同运动部件（或运动机械）的外表面构成摩擦副的制动器。

（2）主要零部件术语

1）制动衬片（摩擦片）。把外圆柱面作为摩擦工作面，用摩擦材料制成的零件。

2）制动盘。以端平面为摩擦工作面的圆盘形运动部件。

3）制动衬块。把内圆柱面作为摩擦工作面，用摩擦材料制成的零件。

4）制动瓦。同制动臂连接，内圆柱面上可安装制动衬块的零件。

5）制动瓦总成。由制动瓦和制动衬块组成的部件。

6）制动轮。以外圆柱面为摩擦工作面，同制动带组成摩擦副的零件。

（3）制动器性能术语

1）制动力矩 T_f（N·m）。制动部件与运动部件（或运动机械）间产生的直接迫使运动机械减速、停止的力矩：

$$T_f = F_f R$$

式中　F_f——制动力的总合力（N）；

R——总合力的作用点到运动机械轴线中心的距离（m）。

2）负载力矩（N·m）。制动时运动部件（或运动机械）所具有的总能量，折算到制动轴上的力矩。

3）单位摩擦功 E（J/cm^2）。摩擦副在制动过程中，单位表观面积上产生的摩擦功。

同义词：制动功、滑摩功。

4）许用摩擦功率［A］（W/cm^2）。制动过程中，摩擦副允许的最大单位摩擦功率。

同义词：许用制动功率、许用滑摩功率。

5）磨损率 K（cm^3/J）。摩擦副不产生烧伤，单位摩擦功下的最大磨损量（单面）。

6）制动率。运动部件（或运动机械）的减速度同重力加速度的比值。

7）许用热负荷值［q］。保证制动器不会烧伤，允许的最大热负荷值。

8）制动安全系数 β。制动力矩大于负载力矩的倍数：$\beta = T_f / T_t$。

9）制动器效率。制动力同作用力之比：$\eta = F_f / F_s$。

10）制动瓦退距 ε（mm）。制动瓦和制动轴之间的径向间隙。

23.3.2　制动器选用

23.3.2.1　制动器类型选择

选用制动器，首先应在标准制动器中根据以下因素进行选择：

1）制动器的应用场合，配套主机的性能和条件。例如，要求制动器尺寸紧凑、制动力矩大、散热性能好，则应选用钳盘制动器；若只要求尺寸紧凑、制动力矩大，不考虑散热或散热要求不严格，就可以选用多盘制动器、块式制动器或带式制动器。起重机的起升和变幅机构、矿山机械的提升机都必须选用常闭式制动器，以保证安全可靠。起重机的行走和回转机构以及车辆等，则大多采用常开式制动器。

2）充分重视制动器的重要性，制动力矩必须有足够的储备，即保证一定的安全系数。对于安全性有高度要求的机构需装设双重制动器，例如，运送熔化金属的起升机构，规定必须装设两个制动器，其中每一个都能安全地支持吊物；对于落重制动器，则应考虑散热问题，在选用设计计算时，应进行发热验算，以免过热损坏或失效。

3）考虑安装条件，如制动器安装有足够的空间，可选用块式制动器或臂式盘形制动器；安装空间有限制，则应选用内蹄式、带式或钳形盘式制动器。

4）制动器通常安装在传动系统的高速轴上，此时，需要的制动力矩小，制动器的体积小、质量轻，但安全可靠性相对较差。如安装在低速轴上，则比较安全可靠，但转动惯量大，所需的制动力矩大，制动器的体积和质量相对也大。安全制动器通常安装在低速轴上。

5）配套主机的使用环境、工作和保养条件。例如，主机上有液压站，则选用带液压的制动器；固定不移动和要求不渗漏液体的设备、就近又有气源时，则选用气动制动器；主机希望干净并有直流电源，则选用直流短程电磁铁制动器；要求制动平稳、无噪声，则选用液压制动器或磁粉制动器。

23.3.2.2 起重机用制动器选用

（1）起升机构制动器选择　起升机构的每一套独立的驱动装置，至少要装一个支持制动器。吊运液态金属及其他危险物品的起升机构，每套独立的驱动装置至少应有两个支持制动器。

支持制动器应是常闭式的，制动轮必须装在与传动机构刚性连接的轴上。

制动器安全系数应不低于表 23-133 中数据：

（2）运行机构制动器选择　运行机构制动器的制动力矩加上运行摩擦阻力（不包括轮缘与轨头侧面的摩擦阻力），应能使处于不利情况下的起重机或小车，在要求的时间内停住（所要求的时间按起重机工作条件决定）。

推荐采用操纵的制动器。运行机构加（减）速度 a 及相应的加（减）速时间 t 的推荐值见表 23-134。

表 23-133　制动器最小安全系数推荐值

起升机构种类	推荐的最小安全系数	
一般起升机构	1.5	
重要起升机构	1.75	
吊运液态金属和危险品的起升机构	装有两个制动器时	每个不小于 1.25
	两套有刚性连接的驱动装置，每套装置有两个制动器	每个制动器不小于 1.1
有液压制动作用的液压传动起重机构	1.25	

表 23-134　加速时间和加速度值

要达到的速度 /(m/s)	低速和中速长距离运行		正常使用中速和高速运行		高加速度、高速运行	
	加速时间 /s	加速度 /(m/s²)	加速时间 /s	加速度 /(m/s²)	加速时间 /s	加速度 /(m/s²)
4.00	—	—	8.00	0.50	6.00	0.67
3.15	—	—	7.10	0.44	5.40	0.58
2.50	—	—	6.30	0.39	4.80	0.52
2.00	9.10	0.220	5.60	0.35	4.20	0.47
1.60	8.30	0.190	5.00	0.32	3.10	0.43
1.00	6.60	0.150	4.00	0.25	3.00	0.33
0.63	5.20	0.120	3.20	0.19	—	—
0.40	4.10	0.098	2.50	0.16	—	—
0.25	3.20	0.078	—	—	—	—
0.16	2.50	0.064	—	—	—	—

（3）回转机构制动器选择　回转机构宜采用可操纵的常开式制动器，在最不利工作状态和最大回转半径时，其制动力矩应能使回转部分停住。

如果采用常闭式制动器，则制动减速度不应超过下列数值：对于回转速度较低的安装用起重机，此值根据起重量大小为 0.1～0.3m/s^2；对于转速度较高的装卸用起重机，此值根据起重量大小为 0.8～1.2m/s^2。起重量大者取小值。

（4）变幅机构制动器选择　应采用常闭式制动器。对于平衡变幅机构，其制动安全系数在工作和非工作状态下分别取为 1.25 和 1.15；对于重要的非平衡变幅机构，应装有两个支持制动器，其制动安全系数的选择原则与起升机构相同。制动减速度不应超过 $0.6\mathrm{m/s^2}$。

23.3.2.3　制动器选用计算

选好制动器后，应按配套主机的要求对制动力矩、制动时间、发热情况进行验算。根据机器的运转情况计算制动轴上的负载力矩 T_t，并考虑一定的安全储备，求出计算制动力矩 T，参照标准制动器的额定制动力矩 T_e，使 $T \leqslant T_e$。安全系数 β 见表 23-135。

根据制动对象的运动情况，可分为水平移动制动和垂直移动制动两种基本类型。

表 23-135　制动安全系数 β 推荐值

设备类型		β
矿井提升机		3
起重机械的起升机构	一般起升机构	1.5
	重要起升机构	1.75
	双制动中的每台制动器	1.25
	两套刚性联系驱动装置，每套装有两个制动器时的每台制动器	1.1

（1）平移制动　被制动的只是惯性质量，如车辆的制动。计算制动力矩如下：

$$T = T_t - T_f$$

式中　T_t——负荷力矩，此处为换算到制动轴上的传动系统惯性力矩（N·m）；

T_f——换算到制动轴上的总摩擦力矩（N·m）。

（2）垂直制动　被制动的有惯性质量和垂直负荷，而垂直负荷是主要的，如提升设备的制动应保证重物能可靠悬吊。

计算制动力矩如下：

$$T = T_t \beta$$

其中
$$T_t = T_1 \eta / i$$

式中　T_t——换算到制动轴上的负荷力矩（N·m）；

T_1——垂直负荷对其轴的力矩（N·m）；

i——制动轴到负荷轴的传动比；

η——从制动轴到负荷轴的机械效率；

β——保证重物可靠悬吊的制动安全系数，（见表 23-135）。

因有较大储备，故惯性力矩可不计。

机械制动使重物匀速下降、车辆匀速下坡等情况，通常仍按以上基本类型考虑，但需进行较精确的发热计算。

23.3.2.4　制动器校核

选好制动器后，应根据制动器的应用场合，对其进行制动时间、制动平均减速度或制动行程的校核。

1）制动时间：

$$t = 4gJ(n_1 - n_2)/375T$$

2）制动平均减速度：

$$a = 375T/4gJ$$

3）制动行程：

$$S = 4gJ(n_1^2 - n_2^2)R/7160Ti$$
$$= 4gJ(v_1^2 - v_2^2)i/(78.5TR)$$

式中　J——换算到制动轴上的总等效转动惯量（包括转动与平动两部分）（$\mathrm{kg \cdot m^2}$）；

g——重力加速度，$g = 9.8\mathrm{m/s^2}$；

n_1、n_2——制动前、后制动轴的转速（r/min）；

v_1、v_2——制动前、后设备的行走速度（m/s）；

R——行走车轮半径（m）；

i——制动轴到车轮间的传动比；

T——制动器的制动力矩（N·m）。

23.3.2.5　制动器发热验算

用于下降的制动（滑摩式也称垂直制动），或在较高环境温度下频繁工作的制动器，需要进行发热验算。主要是计算摩擦面在制动过程中的温度是否超过许用值。摩擦面温度过高时，摩擦因数会降低，不能保持稳定的制动力矩，并加速摩擦元件的磨损。

（1）热平衡通式　对于滑摩式制动器和高温频繁工作的制动器，热平衡计算如下：

$$Q \leqslant Q_1 + Q_2 + Q_3$$

其中
$$Q_1 = (\beta_1 A_1 + \beta_2 A_2)\left[\left(\frac{273+t_1}{100}\right)^4 - \left(\frac{273+t_2}{100}\right)^4\right]$$

$$Q_2 = a_1 A_3 (t_1 - t_2)(1 - JC)$$

$$Q_3 = a_2 A (t_1 - t_2) JC$$

式中　Q——制动器工作一小时所产生的热量（kJ/h）；

Q_1——每小时辐射散热量（kJ/h）；

Q_2——每小时自然对流散热量（kJ/h）；

Q_3——每小时强迫对流散热量（kJ/h）；

β_1——制动轮光亮表面的辐射系数，通常取 $\beta_1 = 5.4\mathrm{kJ/m^2 \cdot h \cdot ℃}$；

β_2——制动轮暗黑表面的辐射系数，通常取

$\beta_2=18kJ/m^2\cdot h\cdot ℃$；

A_1——制动轮光亮表面的面积（m^2）；

A_2——制动轮暗黑表面的面积（m^2）；

a_1——自然对流系数，$a_1=20.9kJ/m^2\cdot h\cdot ℃$；

a_2——强迫对流系数［$kJ/(m^2\cdot h\cdot ℃)$］，$a_2=25.7v^{0.73}$；

v——散热圆环面的圆周速度（m/s）；

A_3——扣除制动带（块）遮盖后的制动轮外露面积（m^2）；

A——散热圆环面的面积（m^2）；

JC——接电持续率；

t_1——摩擦材料的许用温度（℃）；

t_2——周围环境温度的最高值，一般取 $t_2=30\sim35℃$。

（2）提升设备和平移机构制动器的发热量

1）提升设备制动器的发热量：

$$Q=\left[W_1S\eta+\frac{1.2\times4gJn^2}{7160}\right]Z_0A$$

2）平移机构制动器的发热量：

$$Q=\left[\frac{W_2v^2}{7200g}\eta+\frac{1.2\times4gJn^2}{7160}-\frac{F_xv}{120}t\right]Z_0A$$

式中　W_1——平均提升重力（N）；

W_2——直线运动部分的重力（N）；

S——平均制动行程（m）；

η——机械效率；

J——电动机转子及其同轴上制动轮、联轴器等相关零件的转动惯量之和（$kg\cdot m^2$）；

n——电动机转速（r/min）；

A——热功当量；

$$A=\frac{1}{1000}kJ/(N\cdot m)$$；

Z_0——制动器每小时的工作次数；

F_x——运行阻力（N）；

t——制动时间（s）；

g——重力加速度，$g=9.8m/s^2$；

v——运行速度（m/min）。

3）对于某些设备，还应按下式校核制动轮一次制动的温升是否超过许用值，即

$$t=\frac{T_t\varphi}{1000mc}\leqslant15\sim50℃$$

式中　φ——制动过程转角（rad）；

m——制动轮质量（kg）；

T_t——负荷力矩（$N\cdot m$）；

c——制动轮材料的比热容，对钢和铸铁 $c=0.523kJ/(kg\cdot ℃)$，对硅铝合金 $c=0.879kJ/(kg\cdot ℃)$。

23.3.3　块式制动器

块式制动器结构形式较多，但工作原理及基本结构形式大同小异。块式制动器由制动架、紧闸装置、松闸（亦称驱动）装置、制动副及辅助装置组成。常用块式制动器可按松闸装置的类型分为 6 种，见表 23-136。

表 23-136　块式制动器的形式比较

制动器名称、代号	优　缺　点	使用范围及选用注意事项
1. 交流电磁铁长行程块式制动器 代号：JCZ	动作较迅速，用重锤紧闸，使用可靠，供电方便。交流电磁铁工作可靠性低，耐用性差，寿命短，制动猛，冲性大，噪声大，耗电量大，效率低，易烧线圈，质量大，构造外形尺寸大，成本高	用于中等工作负荷，操作不频繁的场合和起重机的起升机构 怕振动、噪声，制动频繁的场合不应选用；电力紧张，周围环境潮湿不宜选用。此为淘汰产品，限制使用，被电力液压瓦块制动器或盘式制动器所代替
2. 交流电磁铁短行程块式制动器 代号：TJ2	动作迅速，结构简单，质量轻，维修方便，成本低。电磁铁工作可靠性低，耐用性差，寿命短，有冲击，噪声大，易烧线圈	用于短时不频繁操作，工作负荷较低的场合，常用于起重机的行走机构、提升机构及铰车等小型设备上。松闸能量较小，只适用于制动轮 315mm 以下的场合 起升机构潮湿、有灰尘的场合不应选用；长期频繁制动、怕振动、噪声的场合不应选用。逐步为电力液压瓦块制动器和盘式制动器代替
3. 直流电磁铁长行程块式制动器	可靠性高，制动平稳，冲击小，寿命长。动作慢，耗电量大，质量和外形尺寸大，需供直流电	用于操作不频繁并容量大的场合（每小时在 600 次以下） 无直流电源，电力供应紧张的工况不宜选用，很少选用
4. 直流电磁铁短行程块式制动器 代号：TZ2、ZWZ、MW	动作迅速，结构简单紧凑，稳定可靠，耐用性较好。有冲击，松闸能量小，需供直流电	可用于频繁操作、连续点动和工作环境较恶劣的场合，要求工作可靠性高，如轧钢机械、起重机起升机构等设备 无直流电源，电力供应紧张的工况不应选用

（续）

制动器名称、代号	优　缺　点	使用范围及选用注意事项
5. 电磁液压块式制动器 代号:YDWZ	动作平稳,迅速,噪声小,寿命长,能自动补偿制动衬片磨损的间隙,不需经常调整及维修。需配硅整流器及控制器,所需电气元件和保护环节较多,要求维修工人技术水平较高,成本较高	用于频繁制动和可靠性要求高的场合(接电次数每小时可达 900 次),如起重机起升机构、轧钢机械、石油机械等 寿命短,易漏油,寒冷地方需更换耐低温的油质 部分已被电力液压块制动器所代替
6. 电力液压块式制动器 代号:YWZ、YWZ3、YWZ5、YW 等	动作平稳,噪声小,寿命长,尺寸小,质量轻,不易渗漏,节电	用于起重机的各种机构,运输机械,轧钢机械,矿山机械,石油机械等设备,是用途最广泛的瓦块制动器。可用于操作每小时 720~1200 次场合

23.3.3.1　块式制动器连接尺寸

块式制动器的结构形式较多，在选用块式制动器产品时，必须注意生产厂家所生产的块式制动器的连接尺寸是否符合 JB/T 7021—2006 的规定。其连接尺寸见图 23-63、表 23-137，否则有关易损件将无法保证互换、配套。

23.3.3.2　制动轮

（1）形式、基本参数和主要尺寸

1）制动轮形式、基本参数和主要尺寸见表 23-138。

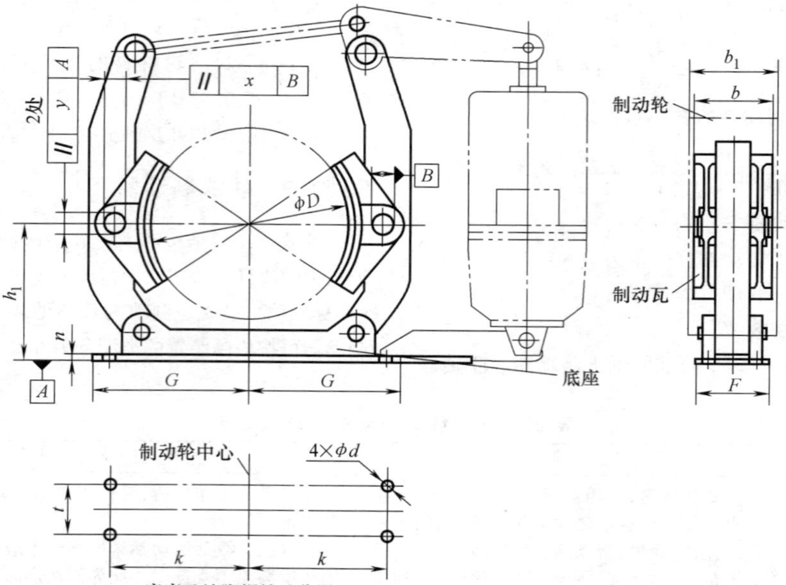

底座及地脚螺栓孔位置

图 23-63　块式制动器连接尺寸

表 23-137　块式制动器连接尺寸（摘自 JB/T 7021—2006）　　（单位：mm）

轮径	连接尺寸									形位公差	
D	h_1	b	b_1	k	i	$n\geqslant$	d	F	G	y	x
160	132±0.6	65	70	130	55	6	14	90	150	0.15	0.15
200	160±0.6	70	75	145	55	8			165		
250	190±1.2	90	95	180	65	10	18	110	200		
315	230±1.2	110	118	220	80			125	245		
400	280±1.5	140	150	270	100	12	22	150	300	0.20	0.20
500	340±1.5	180	190	325	130	16		180	365		
630	420±2.0	225	236	400	170	20	27	230	450	0.25	0.25
710	470±2.0	255	265	450	190			250	500		
800	530±2.0	280	310	520	210	22		280	570	0.30	0.30

表 23-138　制动轮主要尺寸　（单位：mm）

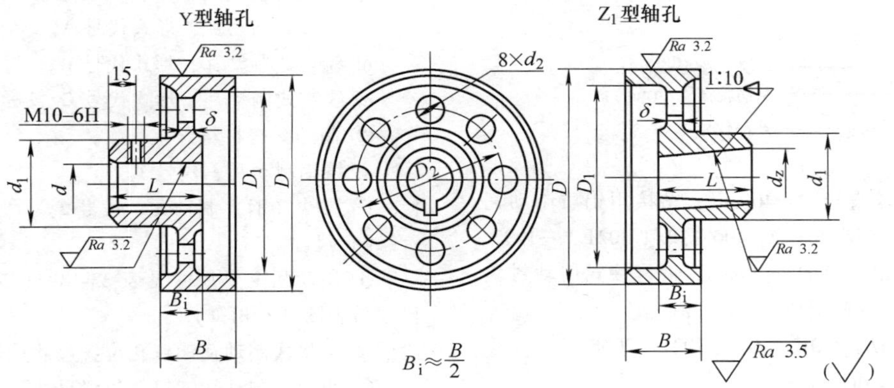

D	Y 型轴孔 d	Y 型轴孔 L	Z_1 型轴孔 d_z	Z_1 型轴孔 L	B	D_1	D_2	d_1	d_2	δ	转动惯量 /kg·m²	质量 /kg
100	25,28	62	25,28	44	70	84	—	65	—	8	0.0075	3.0
	30,32,35	82	30,32,35	60								
160	25,28	62	25,28	44	70	145	105	65	30	8	0.03	5
	30,32,35	82	30,32,35	60								
200	25,28	62	30,32,35,38	60	85	180	140	100	30	8	0.20	10.0
	30,32,35,38	82										
	40,42,45,48,50,55	112	40,42,45,48,50,55	84								
250	30,32,35,38	82	30,32,35,38	60	105	220	168	115	40	8	0.28	18.0
	40,42,45,48,50,55	112	40,42,45,48,50,55	84								
	60	142	60	107								
315 (300)	40,42,45,48,50,55	112	60,65,70,75	107	135	290 (275)	200	120	55	8	0.60	24.5
	60,65	142										
400	60,65,70,75	142	60,65,70,75	107	170	370	275	175	70	12	0.75	60.7
	80,85	172	80,85,90,95	132								
			100,110	167								
500	80,85,90,95	172	75	107	210	465	340	210	90	14	2.0	100.6
	100,110	212	80,85,90,95	132								
			100,110,120	167								
			130	202								
630 (600)	90,95	172	90,95	132	265	595 (565)	390	210	120	16	5.0	132.1
	100,110	212	100,110,120	167								
			130	202								
710 (700)	100,110,120	212	110,120	167	300	670 (660)	435	210	130	18	10	183.4
	130	252	130	202								
800	130,140,150	252	130,140,150	202	340	760	495	230	140	18	16.75	230.9

注：括号中的制动轮直径，在新设计中不得选用。

2）标记示例

示例：制动轮外径 200mm，轴孔直径 60mm，轴孔形式 Y。其标记如下：

制动轮　200-Y60

（2）技术要求

1）轮缘表面淬火硬度 35～45HRC，深度为 2～3mm。

2）材料：$D\leqslant 200$mm 时为 45 锻钢；$D\geqslant 250$mm 时为 ZG 340-570。

3）键槽形式与尺寸。按 GB/T 3852—2017（表 23-4）的规定。

23.3.3.3　制动瓦

块式制动器制动瓦（块）（JB/T 7021—2006）适用于各种块式制动器。

(1) 型号与标记

1) 型号

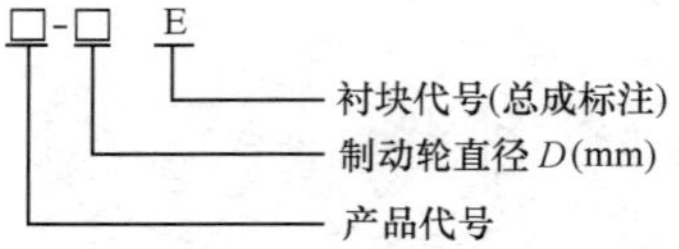

2) 标记

① 制动轮直径 $D=400$mm，粘接用铝质制动瓦。其标记如下：制动瓦　A_1-400　JB/T 7021.2—1993

② 制动轮直径 $D=400$mm，带铆接式制动衬块，铁质制动瓦。其标记如下：

制动瓦　B_2-400E　JB/T 7021—2006

(2) 形式和尺寸

1) 形式

① 制动瓦按其与制动衬块的连接方式分

a. 粘接式制动瓦，形式代号 A。

b. 铆接式制动瓦，形式代号 B。

c. 线装式制动瓦，形式代号 C。

② 制动瓦按材料分

a. 铸铝制动瓦，代号 1。

b. 铸铁（钢）制动瓦，代号 2。

2) 尺寸

① 制动瓦主要尺寸见表 23-139（结构可作适当更改与表图可不相符）。

② 铆接式制动瓦铆钉孔位置尺寸见表 23-140。

③ 组装式制动瓦螺钉孔位置尺寸见表 23-141。

表 23-139　制动瓦主要尺寸（摘自 JB/T 7021—2006）　　（单位：mm）

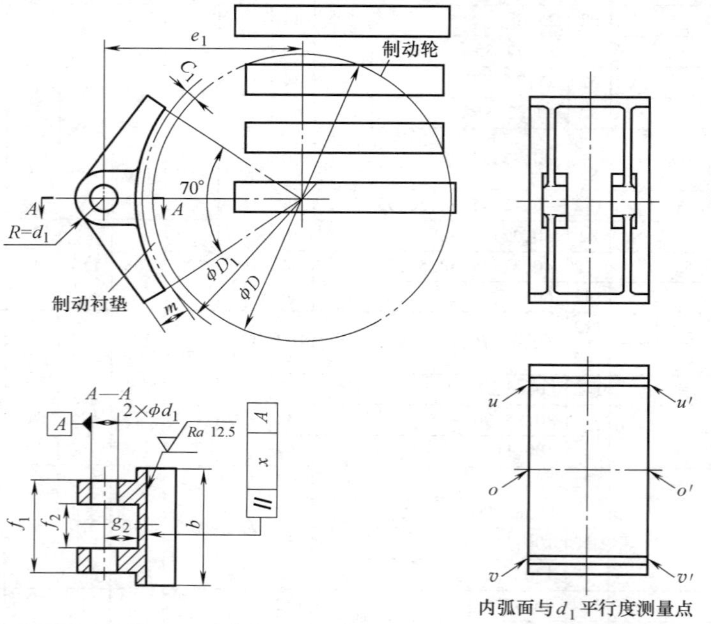

内弧面与 d_1 平行度测量点

轮径	制动瓦连接尺寸											形位公差
D	D_1	b	e_1	C_1	f_1 基本尺寸	f_1 公差	f_2 基本尺寸	f_2 公差	$m\leqslant$	g_2	d_1 ①	x ②
160	172	65	115	6	65	0 −0.20	35	+0.30 +0.10	20	23	16	0.10
200	216	70	140	8					25	24	20	
250	266	90	170		80	0 −0.30	40	+0.40 +0.20	28	29	25	
315	335	110	212	10	100		50		35	35	30	0.12
400	420	140	260		125	0 −0.40	62	+0.40 +0.20	35	40	35	
500	524	180	320	12	160		80		40	46	40	0.15
630	654	225	390		200	0 −0.50	100	+0.60 +0.30	40	51	45	
710	740	255	440	15	224		112		48	56	50	0.20
800	830	280	510		260		130		52	80	55	

① d_1 的公差配合宜采用 H9，配合销轴公差配合宜采用 f8。

② 内弧面相对于 d_1 轴线的平行度测量点（线）为 u—u'、o—o'、v—v' 6 点 3 线。

表 23-140a　铆接式制动瓦铆钉孔位置尺寸　（单位：mm）

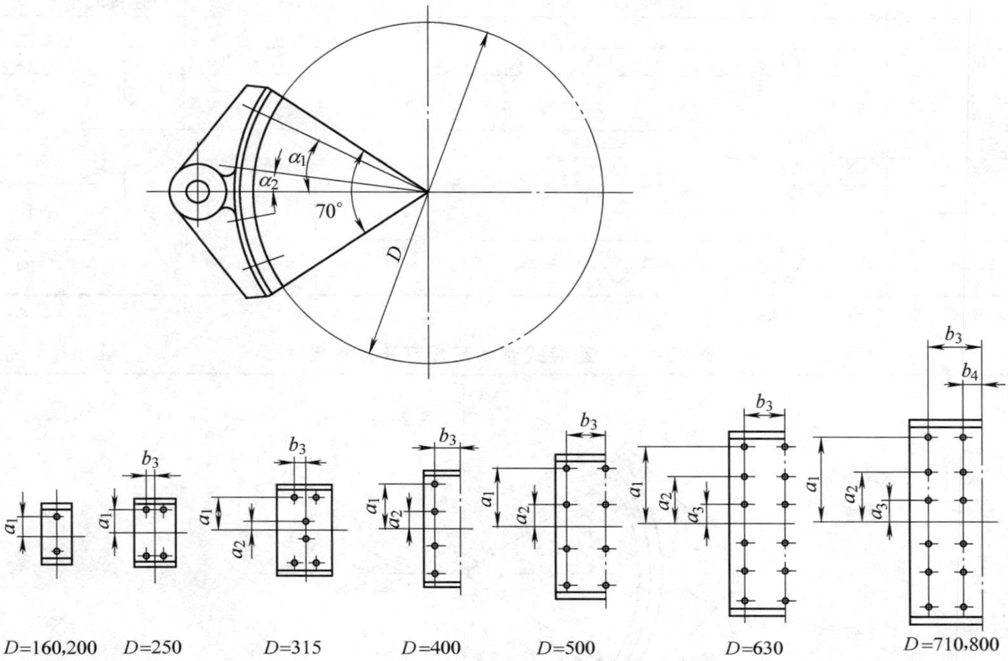

所有铆钉直径为 8.2mm

D	a_1	a_2	a_3	b_3	b_4	铆钉数
160						2
200	25°					3
250				15		5
315				20		6
400	28°	13°		40		8
500				75		12
630				90		18
710	31°	21°	11°	105	25	24
800				120	30	

注：采用 GB/T 875—1986《偏平头半空心铆钉》（有色）。

表 23-140b　制动衬垫连接尺寸（摘自 JB/T 7021—2006）　（单位：mm）

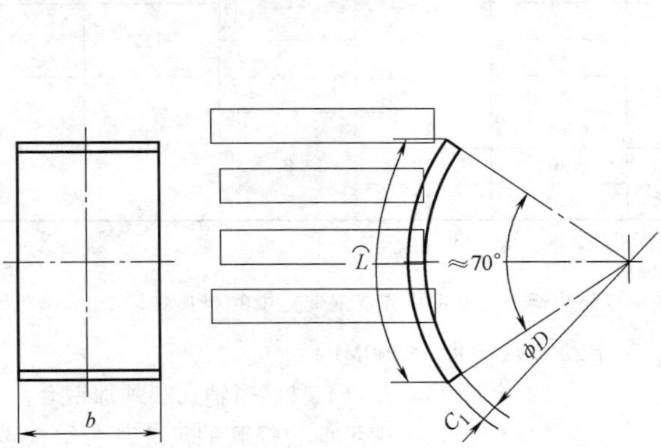

尺寸标注图

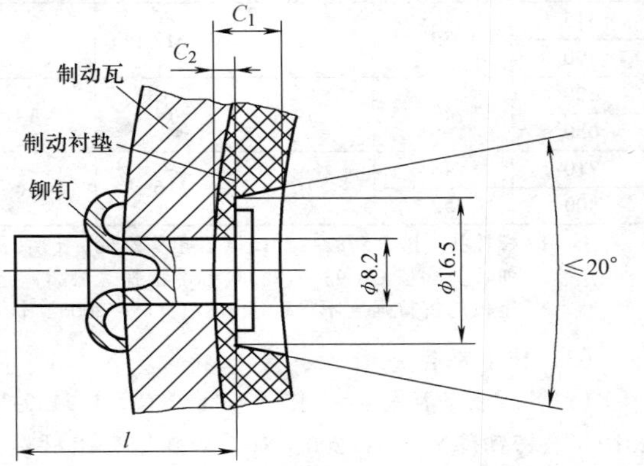

铆钉孔连接尺寸

（续）

轮径	制动衬垫连接尺寸			铆钉连接尺寸①	
D	b	$\widehat{L}$	C_1	C_2	l
160	65	105	6	1.6	12
200	70	132	8	2.0	15
250	90	162			
315	110	204	10	3.0	15
400	140	256			
500	180	320	12		18
630	225	399			
710	255	451	15		24
800	280	506			

① 采用 GB/T 875 铆钉的尺寸。

表 23-141　组装式制动瓦螺钉孔位置尺寸　（单位：mm）

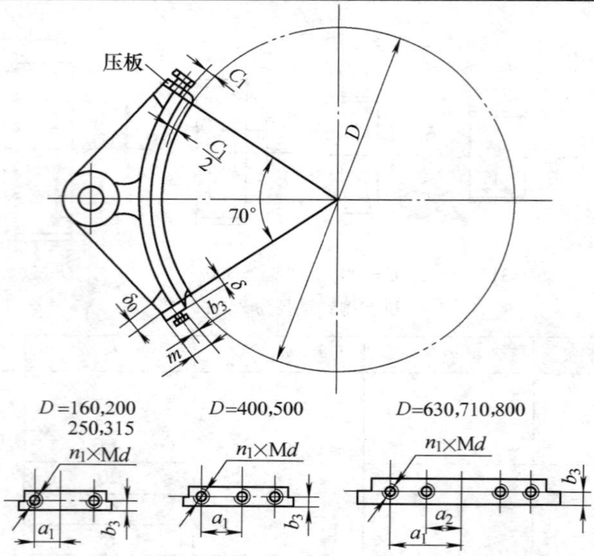

注:图中 C_1 尺寸为制动衬块厚度

D	m	b_3	δ_0	$\delta \geqslant$	a_1	a_2	n_1	螺栓孔 Md	螺孔深
160	20	8	6	5	20		4	M8	20
200	25		8						
250	28	10		7	25			M10	25
315	35	12	12	8	30			M12	30
400					45		6		
500	40	14	14	14	55			M16	40
630					78	25	8		
710	48	16	16	16	90	30			
800	52				105	40			

注：1. 螺栓按 GB/T 5782—2016《六角头螺栓》选取。
2. 弹簧垫圈按 GB 93—1987《标准型弹簧垫圈》选取。
3. 压板的抗拉强度不得低于 GB/T 711—2008《优质碳素结构钢热轧厚钢板和宽钢带》中的 08F 钢。

（3）技术要求

1）各型制动瓦材料一般应不低于 GB/T 9439—2010《灰铸铁件》中 HT200，对于特殊场合用材料，可采用铸铝、钢板、锻钢、铸钢或球墨铸铁，材料抗拉强度应不低于 360MPa。

2）铝质制动瓦（1 型）销轴孔必须加钢套。

3）制动瓦在满足前边提到的尺寸外，结构包括制动衬块的所有连接件，应能保证制动衬块有效磨损厚度（总厚度的 1/2）。

4）带制动衬块的制动瓦总成，所配用的制动衬块应符合 JB/T 7021—2006《块式制动器　制动衬块》的规定，外购件应有合格证。

5）制动瓦总成与制动轮的贴合面积，应不小于设计面积的 60%，修磨后应达到 70%。

6）制动瓦内弧面与制动衬块之间的装配间隙，在任意处均应不大于 0.5mm。

7）制动瓦总成应在不小于其匹配制动轮径对应的最大额定制动力矩值 1.25 倍的静力矩条件下，不得产生影响制动性能的永久变形，如轴孔或铆钉孔变形、铆钉剪断或变形、粘接面开裂、压板变形松动、制动衬块与制动瓦错位等缺陷。

23.3.3.4　制动衬块

块式制动器制动衬块（垫）（JB/T 7021—2006）适用于块式制动器制动瓦块。

（1）型号与标记

1）型号

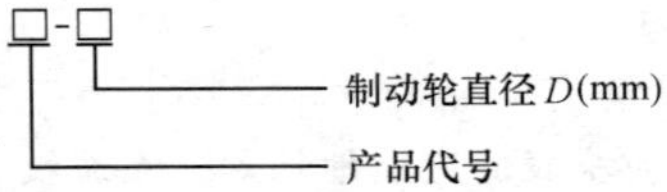

2）标记。与制动瓦连接形式为粘接，制动轮直径 $D=200$mm 的制动衬块。其标记如下：

制动衬块　E_1-200　JB/T 7021—2006

（2）形式和尺寸

1）制动衬块按其与制动瓦的连接方式分：

① 粘接式制动衬块，代号 E_1。

② 铆接式制动衬块，代号 E_2。

③ 组装式制动衬块，代号 E_3。

2）制动衬块尺寸。制动衬块的尺寸见表 23-142。

表 23-142　制动衬块尺寸（摘自 JB/T 7021—2006）　　（单位：mm）

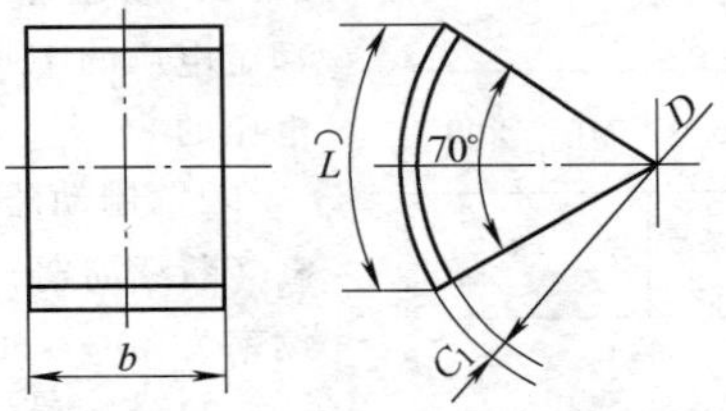

D		b	C_1		$\widehat{L}$	
公称尺寸	极限偏差	公称尺寸	公称尺寸	极限偏差	公称尺寸	极限偏差
160	+2 0	65	6	±0.2	105	+1 0
200		70	8	±0.25	132	
250		90			162	+1.2 0
315		110	10	±0.3	204	
400	+3 0	140			256	+1.4 0
500		180	12		320	
630		225			400	+1.6 0
710	+4 0	255	15	±0.3	452	+1.6 0
800		280			507	+1.8 0

注：E_1、E_2 型对 $\widehat{L}$ 没有偏差要求。

3）E_2 型制动衬块。E_2 型制动衬块与制动瓦铆接孔的形式和尺寸见表 23-143。

（3）技术要求

1）摩擦性能

① 制动衬块的最高热平衡温度为 250℃。

② 制动衬块的摩擦因数 μ。对于铸铁、铸钢材料，制动轮动摩擦因数应不小于 0.35。

③ 制动衬块的磨损率 q。制动衬块在制动器惯性试验台上连续制动 2000 次，其磨损质量与磨损前质量之比应不大于 2%。

2）材料

① 材料的力学性能见表 23-144。

② 制动衬块的材料粒度应均匀，不得含有损伤制动轮的杂质。

3）外观

① 制动衬块表面应质地均匀，无裂纹、气泡夹层等缺陷。

② 制动衬块表面不得有油污、脏物及水等杂质。

表 23-143　E_2 型制动衬块尺寸

（单位：mm）

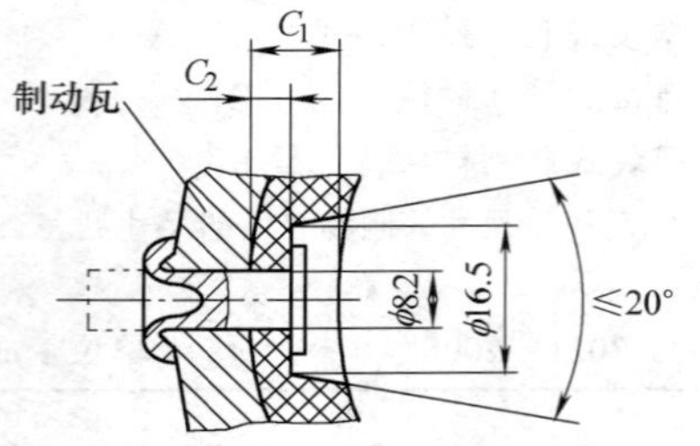

D	160	200	250	315	400	500	630	710	800
C_1	6	8		10		12		15	
C_2		2		3					

注：铆钉孔按 JB/T 7021—2006 中铆接式制动瓦的装配尺寸加工。

表 23-144　材料的力学性能

名　　称	指　　标
线膨胀系数/℃$^{-1}$	$\leqslant 3\times10^{-5}$
压缩强度/MPa	≥40
洛氏硬度	按 P、M、L 标尺测定，使 HR 值在 50～115 之间

23.3.4　电力液压块式制动器

23.3.4.1　YW 型电力液压块式制动器

YW 型电力液压块式制动器由驱动元件，即电力液压推动器和制动架组成。由于推动器的结构形式（单推杆或双推杆）和制动架的结构形式（直臂或弯臂）不同，组成了不同结构和性能的制动器系列产品。YW 型电力液压块式制动器参照采用德国 DIN15435—1980 标准，采用弯臂制动臂，配单杆推动器等目前较先进的结构形式，可代替同类进口产品。

（1）型号与标记

1）型号表示方法

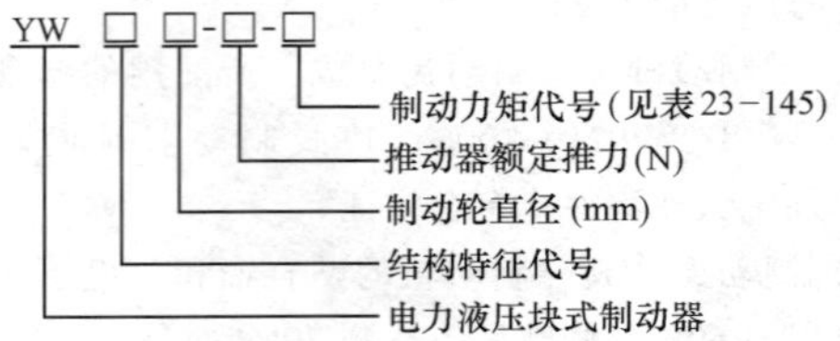

2）标记示例：

① 制动轮直径为 400mm，推动器额定推力为 1250N，制动力矩代号为 2，弹簧在侧面垂直布置的电力液压块式制动器。其标记如下：

制动器 YW400-1250-2

② 制动轮直径为 400mm，推动器额定推力为 1250N，制动力矩代号为 1，弹簧在上部水平布置的电力液压块式制动器。其标记如下：

制动器 YWP400-1250-1

（2）工作条件

1）制动器的电源为三相交流电，额定频率 50Hz，额定电压为 380V。允许电压波动上限不超过额定电压的 10%，下限（尖峰电流时）不低于额定电压的 85%。

2）制动器中的推动器分为 S_1（连续）工作制和 S_3（断续周期）工作制两种。S_3 工作制时的负荷持续率为 40%～60%。

3）制动器使用地点的海拔不应超过 2000m（超过 1000m 时，按 GB/T 755—2008 有关规定折算环境温度）。

4）制动器正常使用时，适合的环境温度为 −25～40℃，24h 内的平均温度不得超过 35℃。

5）制动器正常使用地点的最潮湿月份的月平均最高相对湿度，不应超过 90%，同时该月的月平均最低温度不应高于 25℃。

6）制动器工作环境中不得有易燃、易爆及腐蚀性气体（防爆制动器除外）。

7）制动器底座为水平安装。

（3）形式、基本参数和主要尺寸

1）形式。电力液压块式制动器结构形式，按制动弹簧的布置特征分为以下两种：

① 制动弹簧在侧面垂直布置为 A 型，见表 23-145图，特征代号省略。

② 制动弹簧在上部水平布置为 B 型，见表 23-145图，特征代号为 P。

2）基本参数和主要尺寸

① YW 型制动器的基本参数和主要尺寸见表 23-145。

② 制动瓦尺寸见表 23-139。

③ 制动衬块尺寸见表 23-142。

表 23-145　YW 型电力液压块式制动器基本参数和主要尺寸

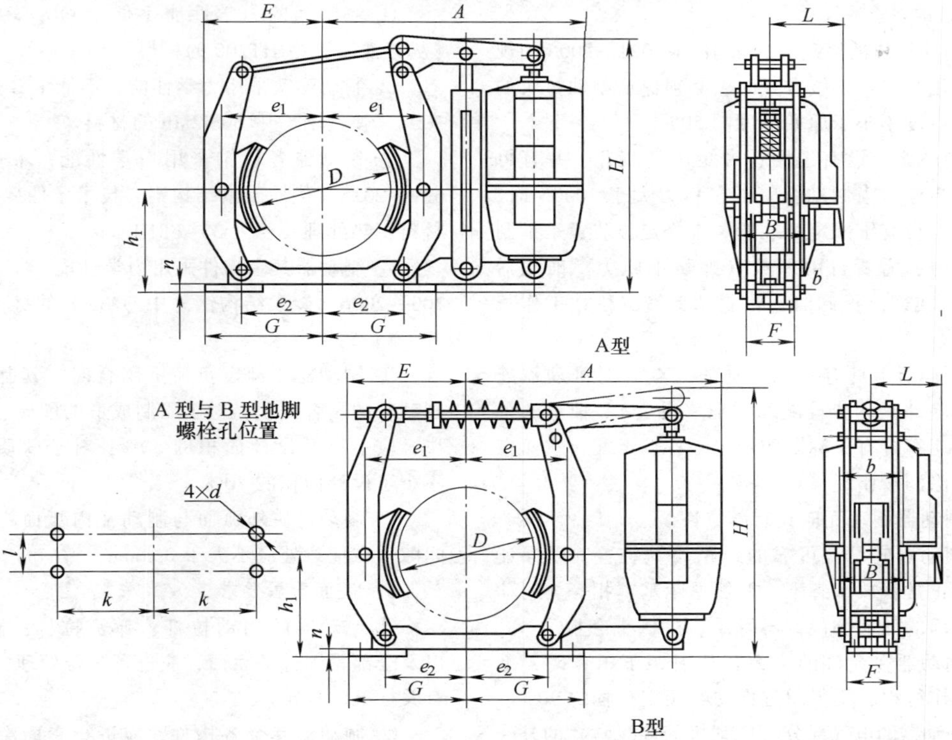

制动器规格	退距[①] δ/mm	制动力矩 T_f/N · m 1	2	3	公称尺寸/mm D	h_1	k	l	d	$n\geq$	e_1	e_2	b	F	G	$B\leq$	$E\leq$	$H\leq$	$A\leq$	$L\leq$
160～220		63	80	100	160	132	130			6	115	88	65		150		135	400	410	
200～220		90	112	140	200	160	145	55	14	8	140	108	70	90	165	125	165	490	450	120
200～300		140	180	224																
220～250	1	125	160	200															500	
250～300		160	200	250	250	190	180	65	18	10	170	133	90	100	200	150	200	570	540	157
250～500		280	355	450																
315～300		200	250	315															550	120
315～500		355	450	560	315	230	220	80	18	10	212	168	110	115	245	190	245	600	590	
315～800		560	710	900																157
400～500		450	560	710																
400～800	1.25	710	900	1120	400	280	270	100		12	260	210	140	140	300	220	300	790	680	
400～1250		1120	1400	1800					22											148
500～800		900	1120	1400																157
500～1250		1400	1800	2240	500	340	325	130		16	320	262	180	180	365	270	365	845	760	
500～2000		2240	2800	3550																
630～1250		1800	2240	2800																
630～2000		2800	3550	4500	630	420	400	170			390	327	225	220	450	320	450	1020	860	
630～3000	1.6	4000	5000	6300						20										148
710～2000		3150	4000	5000					27											
710～3000		4500	5600	7100	710	470	450	190			440	370	255	240	500	355	510	1100	930	
800～3000		5000	6300	8000	800	530	520	210		22	510	422	280	280	570	410	580	1200	985	

注：1. 制动器结构可不与表图相符，只要求符合给定的尺寸。

2. 制动力矩中 1、2、3 为制动力矩代号。要求动作快的，如起升机构选 1 或 2，行走或运输机构选 2 或 3。

3. 基本尺寸中 h_1、k、i 等重要尺寸的公差应不低于 IT12 级。

① 制动瓦退距一般为最小退距，允许的最大退距由产品生产厂自行确定，但应有明确的规定。

（4）技术要求

1）结构要求

① 制动衬块的固定方式按 JB/T 7021—2006 的规定。当采用组装和铆接方式时，必须保证制动衬块的有效磨损厚度不小于原始厚度的 50%。

② 制动器应设有退距、力矩调整装置，并有可靠的防松措施。当制动弹簧的工作力大于 3000N 时，制动弹簧应设有维修定位装置。维修定位装置是指制动器维修时，需要自由释放（弹簧不施力，推动器不工作）；或部分拆卸时，将制动弹簧定位在工作长度的装置。

③ 制动器上具有相对摆动的铰点（与推动器连接的铰点除外）均应设减摩轴承（轴套）。轴承的公差与配合应符合有关标准的规定。各铰点配合表面在出厂前应涂润滑脂。

④ 制动器制动瓦应具有随位性。

⑤ 制动器应设有可靠的退距均等装置，以保证制动器在正常释放状态下，两侧退距基本相等。制动瓦制动覆面的任何部位，不得浮贴在制动轮上。

⑥ 制动器在允许的最大瓦块退距下工作时，推动器的工作行程，不得超过推动器额定行程的 90%。

⑦ 制动器的电气部分（电动机的接线盒）的外壳防护等级，不低于 GB/T 4942.1—2006 中规定的 IP44。

2）性能要求

① 制动器的动作性能

a. 在额定弹簧工作力和 85% 的额定电压下操作时，应能灵活地释放。

b. 在 50% 额定弹簧工作力和额定电压下，按推动器额定操作频率操作时，应能灵活地闭合。

② 制动器的制动力矩性能

a. 制动力矩的额定值见表 23-145。

b. 一个规格的制动器在出厂时，一般仅提供一种制动力矩，即表 23-145 内三种中的任意一种。

c. 制动器在额定弹簧工作力下，制动力矩不得小于所提供的额定值。

d. 制动器应允许将制动力矩调整在（0.7～1）倍的额定值范围内使用。

③ 制动衬块的摩擦性能

a. 在 -25～200℃ 时，制动衬块的动摩擦因数不小于 0.35。

b. 在规定的温度范围内，动摩擦因数应具有一定的相对稳定性，最大值一般不超过最小值的 1.5 倍。

3）制动弹簧。制动弹簧见 GB/T 23934—2009《热卷圆柱螺旋弹簧　技术条件》。

4）材料及热处理

① 制动瓦的力学性能不低于 GB/T 9439—2010《灰铸铁件》中 HT200 的材料。

② 制动弹簧采用力学性能，不低于 GB/T 1222—2007《弹簧钢》中 60Si2Mn 的材料。

③ 制动器各铰轴采用力学性能，不低于 GB/T 699—2015《优质碳素结构钢　技术条件》中 45 钢的材料，热处理硬度为 33～38HRC。

④ 制动器其余构件采用力学性能，不低于 GB/T 700—2006《碳素结构钢》中 Q235-B 的材料。

5）精度要求

① 制动器在额定负荷下闭合时，其制动衬块与制动轮的贴合面积，对于压制成形的硬质、半硬质衬块，应不小于设计面积的 50%；对于软质衬块，应不小于设计面积的 70%。

② 制动衬块外弧面与制动瓦内弧面之间的装配间隙，在任意处应不大于 0.5mm。

6）表面质量要求

① 制动器的制动拉杆、弹簧拉杆、制动弹簧，以及全部紧固件的表面，应进行防锈处理，并应符合有关标准的规定。

② 制动器其余各构件，应进行表面涂装（配合表面除外），并符合下列要求：

a. 涂装前应进行表面防锈处理，除锈等级应达到 GB/T 8923.1—2011《涂覆涂料前钢材表面处理　表面清洁度的目视评定》中规定的 Sa2 或 St3 级。

b. 涂装表面至少应涂一层防锈底漆和两层面漆，油漆干膜总厚度不小于 75μm。

c. 漆膜附着力应符合 GB/T 9286—1998《色漆和清漆　漆膜的划格试验》中规定的二级质量要求。

d. 涂装后的表面应均匀、细致、光亮和色泽一致，不得有漏涂、皱纹、针孔及严重流挂。

采用其他涂装方法时不得低于上述效果。

23.3.4.2　YWZ5 型电力液压块式制动器

YWZ5 型电力液压块式制动器，是在参照德国 MAN 和 EMG 等公司的技术资料设计制造的。与德国 DIN15435 等标准相一致，是比较理想的完全国产化的新型制动器。主要用于起重、运输设备的各机构上。该制动器通用性和互换性强，可直接与德国进口的制动器互换。加调整垫板后，可与现有制动器通用。具有起制动快、动作灵敏、工作平稳、可靠性高，各关节都加有轴套。机械寿命要比现有的制动器长一倍以上。

制动器主要由基座、制动臂、制动瓦、调整杆、杠杆、弹簧、推动器及螺栓组成，如图 23-64 所示。

安装时，先松开螺栓和调整杆，将制动器安装在位置上。通过调整杆将杠杆调整到水平位置，再将弹簧调整到制动力矩相对应的长度 L_1；通过调节螺栓，使两制动瓦有相同的退距；通过调节螺栓，使制动器打开时，制动瓦摩擦片与制动轮有均匀的间隙；然后把所有应固定的螺栓螺母固定，再进行试车。当推动器通电时，杠杆 5 克服弹簧 6 力而使制动瓦 3 后退，即可进行运行、起重等作业。当推动器断电，制动瓦 3 在弹簧 6 力的作用下，迅速抱紧制动轮，起到安全可靠的制动作用。

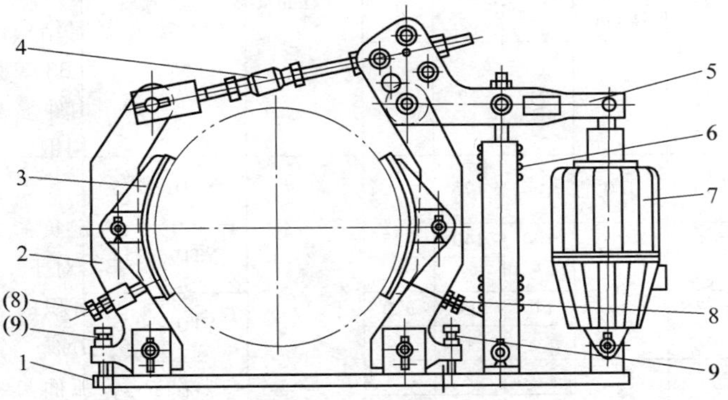

图 23-64　YWZ5 型电力液压块式制动器结构示意图

1—基座　2—制动臂　3—制动瓦　4—调整杆　5—杠杆

6—弹簧　7—推动器　8、9—螺栓

（1）型号

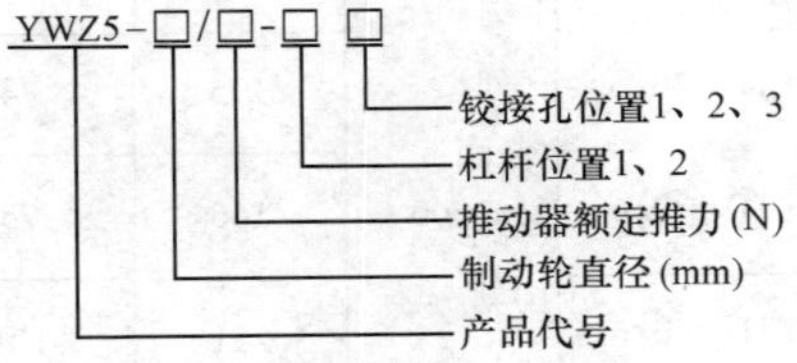

（2）形式、基本参数和主要尺寸　YWZ5 型电力液压块式制动器形式、基本参数和主要尺寸见表 23-146和表 23-147。

23.3.5　电磁块式制动器

电磁块式制动器按松闸装置的类别，可分为直流电磁铁短行程块式制动器、直流电磁铁长行程块式制动器、交流电磁铁短行程块式制动器、交流电磁铁长行程块式制动器、电磁液压块式制动器等。

23.3.5.1　MW 型电磁块式制动器

MW 型电磁块式制动器的电磁铁，采用外接交流或直流，内用直流结构，且强励磁启动，弱励磁维持的控制方式。具有体积小，成本低，节能，动作速度快，结构简单紧凑，稳定可靠，耐用性较好等特点。可用于频繁操作，要求工作可靠性高，连续点动和工作环境较恶劣的场合，如轧钢机械、起重机起升机构等设备。

（1）型号与标记

1）型号

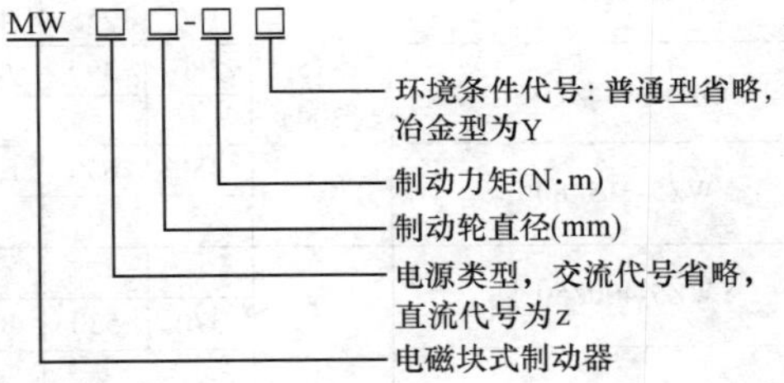

2）标记

① 制动轮直径为 400mm，额定制动力矩为 1250N · m，供电电源为交流的普通型制动器。其标记如下：

制动器　MW400-1250　JB/T 7685—2006

② 制动轮直径为 400mm，额定制动力矩为 1250N · m，电源为直流的冶金型制动器。其标记如下：

制动器　MWZ400—1250y　JB/T 7685—2006

（2）工作条件

1）制动器的供电电源为交流和直流两种。交流电源的电压等级一般为额定频率 50Hz，额定电压为 380V；直流电源的电压等级一般为 220V。允许的电压波动上限不超过额定电压的 10%，下限（尖峰电流时）不低于额定电压的-15%。

2）制动器中电磁铁的基准工作方式，有连续工作制和断续周期工作制两种。断续周期工作制时的负

表 23-146　YWZ5 型电力液压块式制动器基本参数

制动器型号	制动轮直径 D/mm	制动力矩 T_f/N·m 11	12	13	21	22	23	退距 δ/mm	配用推动器型号	操作频率 /(次/h)	弹簧长度 L_1/mm	质量 /kg
YWZ5-160/22	160	125						1	YTD_7-22/5	2000	127	28
YWZ5-200/22	200	100	140	225				1	YTD_7-22/5	2000	142	30
YWZ5-200/30	200	140	200	320				1	YTD_7-30/5	2000	129	33
YWZ5-250/22	250				100	140	230	1	YTD_7-22/5	2000	175	44
YWZ5-250/30	250	145	195	320				1	YTD_7-30/5	2000	167	47
YWZ5-250/50	250	225	310	500				1	YTD_7-50/6	2000	150	53
YWZ5-315/30	315 (300)				180	255	410	1.25	YTD_7-30/5	2000	210	68
YWZ5-315/50	315 (300)	280	390	630				1.25	YTD_7-50/6	2000	195	74
YWZ5-315/80	315 (300)	480	650	1050				1.25	YTD_7-80/6	2000	166	75
YWZ5-400/50	400				370	530	820	1.6	YTD_7-50/6	2000	251	101
YWZ5-400/80	400				580	820	1270	1.6	YTD_7-80/6	2000	235	102
YWZ5-400/125	400	920	1290	2010				1.6	YTD_7-125/6	2000	209	115
YWZ5-500/80	500				660	920	1430	1.6	YTD_7-80/6	2000	331	162
YWZ5-500/125	500	1050	1460	2280				1.6	YTD_7-125/6	2000	311	175
YWZ5-500/201	500	1670	2340	3630				1.6	YTD_7-201/6	2000	279	175
YWZ5-630/125	630				1320	1910	2850	2.0	YTD_7-125/6	2000	439	262
YWZ5-630/201	630				2090	3030	4520	2.0	YTD_7-201/6	2000	419	262
YWZ5-630/301	630				2930	4250	6330	2.0	YTD_7-301/6	1500	389	263
YWZ5-710/201	710				2350	3400	5040	2.0	YTD_7-201/6	2000	486	359
YWZ5-710/301	710				3390	4900	7270	2.0	YTD_7-301/6	1500	460	360

表 23-147　YWZ5 型电力液压块式制动器主要尺寸　（单位：mm）

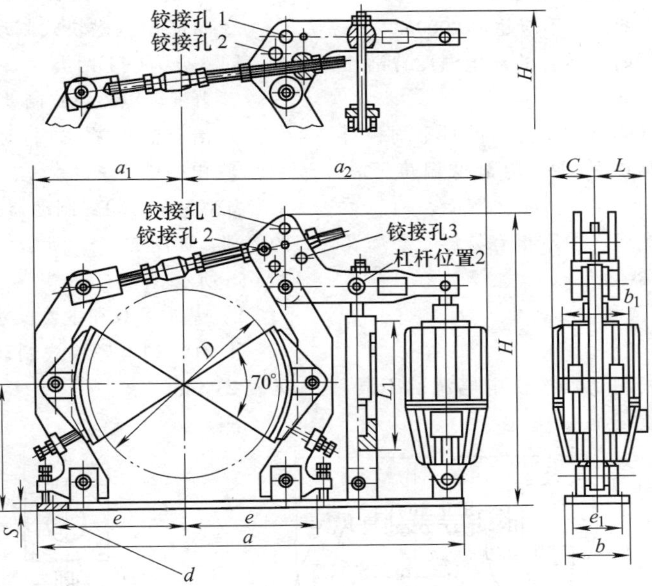

<table>
<tr><th>制动器型号</th><th>D</th><th>h</th><th>H</th><th>b</th><th>b1</th><th>d</th><th>e</th><th>e1</th><th>a</th><th>a1</th><th>a2</th><th>S</th><th>C</th><th>L</th><th>L1</th></tr>
<tr><td>YWZ5-160/22</td><td>160</td><td>132</td><td>370</td><td>80</td><td>65</td><td>14</td><td>30</td><td>55</td><td>485</td><td>150</td><td>395</td><td>8</td><td>80</td><td>120</td><td>127</td></tr>
<tr><td>YWZ5-200/22</td><td rowspan="2">200</td><td rowspan="2">160</td><td rowspan="2">440</td><td rowspan="2">80</td><td rowspan="2">80</td><td rowspan="2">14</td><td rowspan="2">145</td><td rowspan="2">55</td><td rowspan="2">540</td><td rowspan="2">170</td><td rowspan="2">410</td><td rowspan="2">8</td><td rowspan="4">80</td><td rowspan="4">120</td><td>142</td></tr>
<tr><td>YWZ5-200/30</td><td>129</td></tr>
<tr><td>YWZ5-250/22</td><td rowspan="3">250</td><td rowspan="3">190</td><td rowspan="3">525</td><td rowspan="3">100</td><td rowspan="3">100</td><td rowspan="6">18</td><td rowspan="3">180</td><td rowspan="3">65</td><td rowspan="3">630</td><td rowspan="3">205</td><td rowspan="2">465</td><td rowspan="3">10</td><td>175</td></tr>
<tr><td>YWZ5-250/30</td><td>167</td></tr>
<tr><td>YWZ5-250/50</td><td>483</td><td>98</td><td>156</td><td>150</td></tr>
<tr><td>YWZ5-315/30</td><td rowspan="3">315
(300)</td><td rowspan="3">225</td><td rowspan="3">570</td><td rowspan="3">120</td><td rowspan="3">125</td><td rowspan="3">220</td><td rowspan="3">80</td><td rowspan="3">760</td><td rowspan="3">253</td><td>538</td><td rowspan="3">10</td><td>80</td><td>120</td><td>210</td></tr>
<tr><td>YWZ5-315/50</td><td rowspan="2">555</td><td rowspan="4">98</td><td rowspan="4">156</td><td>195</td></tr>
<tr><td>YWZ5-315/80</td><td>166</td></tr>
<tr><td>YWZ5-400/50</td><td rowspan="3">400</td><td rowspan="3">280</td><td rowspan="3">725</td><td rowspan="3">150</td><td rowspan="3">160</td><td rowspan="6">22</td><td rowspan="3">270</td><td rowspan="3">100</td><td rowspan="3">900</td><td rowspan="3">305</td><td rowspan="2">638</td><td rowspan="3">14</td><td>251</td></tr>
<tr><td>YWZ5-400/80</td><td>235</td></tr>
<tr><td>YWZ5-400/125</td><td>660</td><td>120</td><td>148</td><td>209</td></tr>
<tr><td>YWZ5-500/80</td><td rowspan="3">500</td><td rowspan="3">335</td><td rowspan="3">840</td><td rowspan="3">180</td><td rowspan="3">200</td><td rowspan="3">325</td><td rowspan="3">130</td><td rowspan="3">1045</td><td rowspan="3">370</td><td>723</td><td rowspan="3">16</td><td>98</td><td>156</td><td>331</td></tr>
<tr><td>YWZ5-500/125</td><td rowspan="2">745</td><td rowspan="7">120</td><td rowspan="7">148</td><td>311</td></tr>
<tr><td>YWZ5-500/201</td><td>279</td></tr>
<tr><td>YWZ5-630/125</td><td rowspan="3">630</td><td rowspan="3">420</td><td rowspan="3">1020</td><td rowspan="3">220</td><td rowspan="3">250</td><td rowspan="5">27</td><td rowspan="3">400</td><td rowspan="3">170</td><td rowspan="3">1245</td><td rowspan="3">450</td><td rowspan="3">855</td><td rowspan="3">20</td><td>439</td></tr>
<tr><td>YWZ5-630/201</td><td>419</td></tr>
<tr><td>YWZ5-630/301</td><td>389</td></tr>
<tr><td>YWZ5-710/201</td><td rowspan="2">710</td><td rowspan="2">470</td><td rowspan="2">1095</td><td rowspan="2">250</td><td rowspan="2">280</td><td rowspan="2">450</td><td rowspan="2">190</td><td rowspan="2">1355</td><td rowspan="2">500</td><td rowspan="2">915</td><td rowspan="2">24</td><td>486</td></tr>
<tr><td>YWZ5-710/301</td><td>460</td></tr>
</table>

荷持续率为 40%，额定操作频率为 1200 次/h（$D\leqslant$ 250mm）、900 次/h（250mm<$D\leqslant$500mm）、600 次/h（500mm<$D\leqslant$800mm），D 为制动轮直径。

3）制动器使用地点的海拔不应超过 2000m。

4）制动器正常使用时，适合的环境温度普通型为-25～40℃、冶金型为-5～55℃。

5）制动器使用地点的最潮湿月份的月平均相对湿度不超过 90%，同时该月月平均最低温度不高于 25℃。

6）制动器周围工作环境中不得有易燃、易爆及腐蚀性气体（防爆制动器除外）。

（3）形式、基本参数和主要尺寸

1）形式

① MW 型电磁块式制动器按供电电源的不同，分为以下两类：

a. 交流型常闭式块式制动器。

b. 直流型常闭式块式制动器。

② MW 型电磁块式制动器按应用场所环境条件的不同，分为以下两类：

a. 普通型电磁块式制动器。

b. 冶金型电磁块式制动器。

③ 电磁铁

MW 型电磁块式制动器的电磁铁一般设在制动器的上部，如图 23-65a 所示；也可装设在中部，如图 23-65b 所示。

2）基本参数和主要尺寸

① MW 型电磁块式制动器基本参数和主要尺寸见表 23-148。

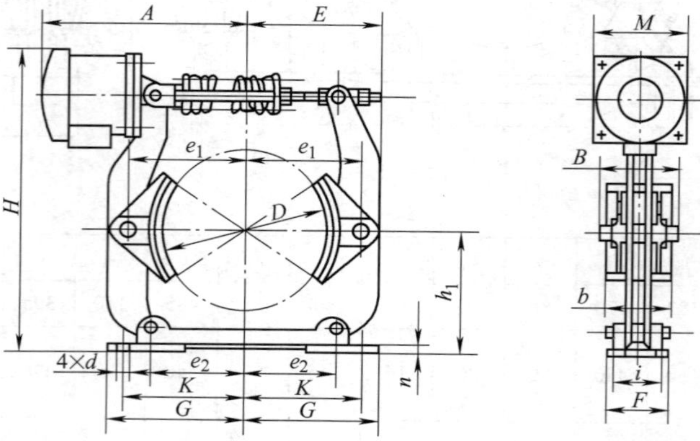

a)

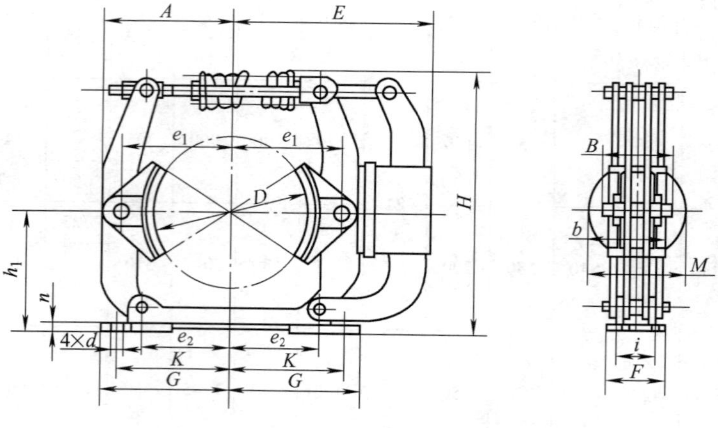

b)

图 23-65　MW 型电磁块式制动器

a）电磁铁设在上部　b）电磁铁设在中部

表 23-148　MW 型电磁块式制动器基本参数和主要尺寸（摘自 JB/T 7685—2006）

制动器规格	退距① δ/mm	在基准工作方式② 额定制动力矩 T_f/N·m	额定操作频率 /(次/h)	主要尺寸/mm D	h_1	K	i	d	n≥	e_1	e_2	b	F	G	B≤	E≤	H≤	A≤	M≤
160		80		160	132	130	55	14	6	115	88	65	90	150	125	150	380	280	135
200	0.6	160	1200	200	160	145			8	140	108	70		165		180	455	325	160
250		315		250	190	180	65	18	10	170	133	90	100	200	150	215	530	370	185
315	0.8	630		315	230	220	80			212	168	110	115	245	190	265	630	410	240
400		1250	900	400	280	270	100	22	12	260	210	140	140	300	220	320	780	535	310
500	1	2500		500	340	325	130		16	320	262	180	180	365	270	390	890	630	380
630		5000		630	420	400	170		20	390	327	225	220	450	320	470	1000	725	450
710	1.25	8000	600	710	470	450	190	27		440	370	255	240	500	355	530	1120	815	530
800		10000		800	530	520	210		22	510	422	280	280	570	410	600	1230	890	615

注：制动器结构不一定与表图所示相符，只要求符合给定的尺寸。

① 额定退距一般为最小退距，允许的最大退距由生产厂自行确定，但应有明确的规定。

② 基准工作方式为连续和断续周期两种工作制，断续周期工作制的负荷持续率为 40%。

② 电磁铁的基本参数见表 23-149。

（4）技术要求

1）结构要求

① 制动衬块的固定方式按 JB/T 7021—2006 的规定。当采用组装和铆接方式时，必须保证制动衬块的有效磨损厚度，不小于原始厚度的 50%。

② 制动器应设有瓦退矩和制动力矩调整装置，并有可靠的防松措施。当制动弹簧的工作力大于 3000N 时，制动弹簧应设有维修定位装置。

③ 制动器上具有相对摆动的铰点，应设减摩轴承或注油装置。轴承的公差与配合应符合有关标准的规定。各铰点配合面在出厂前应涂（注）润滑脂。

④ 制动器的制动瓦应具有随位性。

⑤ 制动器应设有可靠的瓦退距均等装置，以保证制动器在正常释放状态下，两侧瓦退距基本相等。制动瓦制动覆面的任何部位，不得浮贴在制动轮上。

⑥ 制动器应具有简便的手动释放功能。

⑦ 电磁铁应有衔铁行程指示装置。

⑧ 电磁铁及其接线盒应做成防护式，其外壳防护等级如下：

a. 普通型不低于 IP33。

b. 冶金型不低于 IP43。

⑨ 自带整流控制装置的电磁铁，其整流控制装置的外壳防护等级如下：

a. 普通型不低于 IP33。

b. 冶金型不低于 IP43。

表 23-149　电磁铁基本参数

电磁铁基本参数	制动器规格		160	200	250	315	400	500	630	710	800
	额定吸持力① F/N	装设在上部时	800	1250	2000	3150	5000	8000	12500	16000	20000
		装设在中部时	2000	3150	5000	8000	12500	20000	31500	40000	50000
	额定工作行程② δ/mm	装设在上部时	3.55			4.25		5		6	
		装设在中部时	1.25			1.8		2.24		2.8	

① 额定吸持力为基准工作方式时的吸持力。

② 额定工作行程指最小行程，允许的最大行程由生产厂家自行确定。

当整流控制装置在配套主机的电气室，或控制屏、柜中设（放）置时，无防护等级要求。

⑩ 电磁铁的其他结构要求，应符合 JB/T 6451《制动电磁铁　通用技术条件》中的有关规定。

2）性能要求

① 制动器的动作性能应符合以下规定：

a. 制动器在额定弹簧工作力和 85% 的额定电压下操作时，应能灵活地释放。

b. 制动器在 50% 额定弹簧工作力和额定电压下，电磁铁按每小时 1200 次进行瞬时操作时，应能灵活地闭合。

② 制动器的制动力矩性能应符合以下规定：

a. 制动器在额定弹簧工作力状态下的制动力矩，不得小于所提供的额定值。

b. 制动器应允许将制动力矩调整在 0.5～1 倍的额定值范围内使用。

③ 制动衬块的摩擦性能，按 JB/T 7021—2006 的规定。

3）制动弹簧

① 制动弹簧应采用热卷圆柱螺旋压缩弹簧，并按Ⅱ类负荷设计。

② 制动弹簧技术条件按 GB/T 23934—2009《热卷圆柱螺旋弹簧技术条件》的规定。

4）材料及热处理

① 制动瓦块采用力学性能不低于 GB/T 9439—2010《灰铸铁件》中 HT200 的材料。

② 制动弹簧采用力学性能不低于 GB/T 1222—2007《弹簧钢》中 60Si2Mn 的材料。

③ 制动器各铰轴采用力学性能不低于 GB/T 699—2015《优质碳素结构钢》中 45 钢的材料，热处理硬度为 33～38HRC。

④ 制动器其余构件采用力学性能不低于 GB/T 700—2006《碳素结构钢》中 Q235—B 的材料。

5）精度要求

① 制动器在额定弹簧工作力下闭合时，其制动衬块与制动轮的贴合面积，对于压制成形的硬质、半硬质衬块，应不小于设计面积的 50%，对于软质衬块应不小于设计面积的 70%。

② 制动衬块外弧面与制动瓦内弧面之间的装配间隙，在任意处应不大于 0.5mm。

6）防锈与表面涂装

① 制动器的制动拉杆、弹簧拉杆、制动弹簧，以及全部紧固件的表面，应进行防锈处理，并应符合有关标准的规定。

② 制动器其余各构件应进行表面涂装（配合面除外），并符合以下要求：

a. 涂装前应进行表面除锈处理。除锈等级应达到 GB/T 8923.1—2011 中规定的 Sa2 或 Sa3 级。

b. 涂装表面至少应涂一层防锈底漆和两层面漆，油漆干膜总厚度不小于 75μm。

c. 漆膜附着力按 GB/T 9286—1998《色漆和清漆　漆膜的划格试验》中规定的二级质量要求。

d. 涂装后的表面应均匀、细致、光亮和色泽一致，不得有漏涂、皱纹、针孔及严重流挂。

23.3.5.2　JWZ 型电磁块式制动器

JWZ 型电磁块式制动器集电力、电子、机电一体化，采用单相交流电源（380V），由电子控制器提供双电源自动切换技术，使电磁铁实现强电流启动，弱电流保持。具有结构紧凑、体积小、质量轻、电磁铁运行频率高、温升低、不烧线圈、使用寿命长、无交流噪声、维修方便、高效节能、安全可靠等特点。适用于起重、冶金、矿山、建筑、港口等机械设备的机械制动。可代替 MZD1、MZS1 型电磁铁和 JCZ、TJ2、YWZ、YDWZ 型制动器。

（1）工作条件

1）周围空气温度 -25～50℃。

2）空气相对湿度不大于 90%。

3）振幅不大于 1.5mm，频率不大于 15Hz。

4）周围工作环境中不得有易燃易爆介质。

5）电源为交流 380V（在 418～342V 之间可正常运行）、50Hz（输入线可与三相电源任意两根相接）。

6）通电持续率 100%，额定操作频率 600～1200 次/h。

（2）形式、基本参数和主要尺寸

JWZ 型电磁块式制动器形式、基本参数和主要尺寸见表 23-150 和表 23-151。

表 23-150　JWZ 型电磁块式制动器基本参数

型　号	制动轮直径/mm	制动力矩 T_f/N·m	吸持力/吸合力/N	退距 δ/mm	衔铁额定/最大行程 h_a/mm	吸合电流/吸持电流/A	弹簧安装长度/mm	额定操作频率/(次/h)
JWZ-100	100	20	315/250	0.5	2.5/4	3/20	50	1200
JWZ-200	200	200	1000/1250	0.6	3/5	4/20	156	
JWZ-300	300	630	3150/2500	0.8	3.5/6	6/20	198	

（续）

型　　号	制动轮直径/mm	制动力矩 T_f/N·m	吸持力/吸合力/N	退距 δ/mm	衔铁额定/最大行程 h_a/mm	吸合电流/吸持电流/A	弹簧安装长度/mm	额定操作频率/(次/h)
JWZ-400	400	1600	6300/5000	1	4.5/7	7/20	217	900
JWZ-500	500	2500	8000/6300		4.5/8	11/25	323	
JWZ-600	600	5000	12500/10000		4.5/9	11/35	333	600
JWZ-700	700	8000	16000/12500	1.25	5.5/10		332	
JWZ-800	800	10000	25000/20000		5.5/11	15/35	318	

表 23-151　JWZ 型电磁块式制动器主要尺寸　（单位：mm）

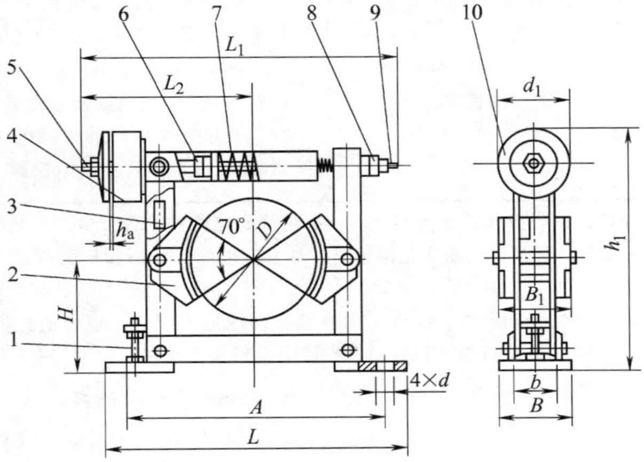

1—螺栓　2—制动瓦　3—电控器　4—电磁铁　5—导柱　6、8—螺母　7—主弹簧　9—调整杆　10—衔铁

制动器型号	D	H	A	b	B	B_1	L	L_1	L_2	h_1	d_1	d
JWZ-100	100	100	220 230	40	75	70	260	290	165	230	89	13
JWZ-200	200	170	350 380	60	100	80	420	460	255	378	133	17
JWZ-300	300	240	500 540	80	120	125	590	645	350	520	160	21
JWZ-400	400	320	650	130	180	180	700	838	450	695	219	22
JWZ-500	500	400	760	150	215	200	810	990	535	844	245	
JWZ-600	600	475	950	170	220	240	1000	1210	725	1013	276	26
JWZ-700	700	550	1080	200		270	1150	1470	980	1220	312	34
JWZ-800	800	600	1240	240	320	280	1334	1700	1200	1450	360	

（3）安装与调整

1）安装调整时需注意：在制动器制动状态下，制动瓦 2 内弧面必须紧贴在制动轮上，在电磁铁衔铁 10 吸合时，调整螺栓 1 使两制动瓦内弧面与制动轮间的退距相等。

2）电磁铁的初始行程，应调到略小于额定行程对应的制动瓦退距（见表 23-148）当制动衬块逐渐磨损，电磁铁的行程逐渐接近最大值时，应将行程调回到初始行程，以保证制动器正常工作，否则造成制动力矩减小，制动不灵。

3）调整杆 9 上的螺母 8 用以调整电磁铁行程，螺母 6 用以调整主弹簧长度，从而调节制动力矩。额定力矩对应的弹簧安装长度见表 23-150。

4）为了方便维修，提高电控器寿命，电控器可安装在便于维修及振动小的地方，不必与制动器合为一体。

5）电磁制动器安装在行车上时，在制动器周围应有挡板，避免个别零件（如螺钉松动）从空中坠下。

（4）故障与排除　JWZ 型电磁块式制动器故障分析与排除方法见表 23-152。

表 23-152　JWZ 型电磁块式制动器故障分析与排除方法

故障现象	原因分析	排除方法
制动器打不开	1)电磁铁的行程超过最大行程 2)主弹簧张力过大 3)电磁铁行程太小 4)电控器故障 5)电磁铁故障	1)参照说明书调到初始行程 2)调整螺母6,调节主弹簧的长度 3)调到初始行程 4)电控器输出是否存在大于100V(DC)的冲击电压,否则更换电控器 5)检查电阻是否在30~40Ω,如不在此范围更换电磁铁
制动不灵	1)电磁铁行程超过最大行程 2)制动轮或制动衬块严重磨损 3)主弹簧张力过小	1)调整螺母8,调整杆9,调到初始过程 2)更换制动轮或制动衬块 3)调整螺母6,调到额定长度
衔铁吸持不住	1)电磁铁底座与衔铁之间有污物或有异物 2)电控器故障	1)拆下衔铁10,清除污物或异物 2)检查电控器输出的吸持电压V(DC),是否在5~15V之间,如不在此范围要更换电控器

注：1. 当电控器发生故障损坏，在更换新的电控器之前，必须确定电磁铁是否合格，为此测量电磁铁引线电阻，正常阻值15~50Ω；并检查线圈，是否与电磁铁壳体短路，如发现电磁铁线圈阻值为零或与壳体短路、断路，应首先更换电磁铁。

2. 当电控器或电磁铁在“三包”期限内，因产品本身质量问题造成损坏，应将电控器或电磁铁卸下，寄回制造厂家，可以免费提供“三包”件。请勿自行拆开电控器或电磁铁，否则不予“三包”处理！

23.3.6　电磁制动器

23.3.6.1　磁粉制动器

磁粉制动器是采用导磁的磁粉为媒介，制动部件与运动部件间隙中充填磁粉，借助于磁粉间的电磁吸力形成的磁粉链，同工作面之间的摩擦力产生制动功能。

（1）特点和用途

1）力矩控制的范围宽，控制精度高，力矩与激磁电流在相当广泛的范围内成正比，能较好地控制传递转矩。可用作线性调节元件。

2）具有恒力矩性。力矩仅取决于激磁电流的大小，而与主、从动侧的相对转速无关，具有定转矩性，其静力矩与动力矩相同。

3）在同滑差无关的情况下，能够传递一定的转矩，无冲击、振动，无噪声，运转平稳。可用于工作频率较高的制动场合。

4）消耗电力小，控制电力也小，断开激磁电流时的剩余力矩很小，空载时完全无发热现象，力矩的稳定性好。可用于精确制动控制。

5）结构简单，体积小，质量轻，磁粉不用油，是干式的，容易维护，磁粉具有耐氧化性，耐热性好，寿命长，可靠性高。

6）可采取多种输入、输出及安装连接形式。适用范围广，励磁功率小，可以很小的电功率控制很大的传递功率，易于用电子线路和微机控制。

由于磁粉制动器具有以上力矩控制性，恒力矩性和较好的滑差特性，能平稳地制动，不出磨损粉，适于滑差使用等特性，所以可在多种工业场合应用。一般可用于制动、张力控制、测试加载等。磁粉制动器虽然用途很广泛，按用途分为一般工业制动用、调节用和快速调节制动器三种。参见表 23-153。

表 23-153　磁粉制动器分类

按转子结构形式分	按连接安装形式分	按冷却方式分
1)柱形转子制动器,代号省略 2)杯形转子制动器,代号B 3)筒形转子制动器,代号T 4)盘形转子制动器,代号P 几种转子的主要特点见表23-154	1)轴连接,止口支撑式,代号省略 2)轴连接,机座支撑式,代号J 3)空心轴连接,止口支撑式(外壳不旋转),代号K 4)空心轴连接,机座支撑式,代号Z	1)自然空气冷却(简称自冷式),代号省略 2)强迫通风冷却(简称风冷式),代号F 3)液(水或油)冷却(简称液冷式),代号Y 4)电风扇冷却(简称扇冷式),代号S

表 23-154　几种转子的主要特点

性能 \ 转子形状	杯形	圆筒形①	圆柱形②	圆盘形
转动惯量	小	大	最大	最小
允许厚度	小	较小	大	小
对磁路影响	小	小	大	小
零件工艺性	好	差	好	好
装配工艺性	好	较差	好	差
磁粉分布的均匀性	不够均匀	均匀	均匀	很不均匀
推荐选用	大、中、小型产品优先选用	目前一般工业产品仍广泛选用，今后一般不宜发展		仅适用于快速微型产品，大、中型不宜选用

① 有非工作间隙。

② 无非工作间隙。

(2) 型号示例

① 公称转矩 50N · m，杯形转子，轴连接，止口支撑，自冷式制动器。型号表示为 FZ50B。

② 公称转矩 100N · m，筒形转子，空心轴连接，止口支撑，液冷式制动器。型号表示为 FZ100T. K/Y。

(3) 基本参数和主要尺寸

1) 磁粉制动器主参数：公称力矩 T_n（N · m）。

2) 磁粉制动器基本参数见表 23-155。

3) 磁粉制动器连接、安装形式和主要尺寸见表 23-156。

在安装尺寸、连接尺寸和性能指标符合标准的前提下，可以派生其他形式的产品，但产品型号应按标准的原则确定。

表 23-155　磁粉制动器基本性能参数（摘自 GB/T 26662—2011）

型号	公称转矩 T_n /N · m	75℃时线圈 最大电压 U_{max} /V	75℃时线圈 最大电流 I_{max}/A ≤	75℃时线圈 时间常数 T_{ir}/s ≤	许用同步转速 [n] /(r/min)	转动惯量 /kg · m²	自冷式 许用滑差功率 [P]/W ≥	风冷式 许用滑差功率 [P]/W ≥	风冷式 风量 /(m²/min)	液冷式 许用滑差功率 [P]/W	液冷式 液量/(L/min)
FZ0.5	0.5	24	0.4	0.035	1500	6.69×10^{-5}	8				
FZ1	1		0.54	0.04		7.1×10^{-4}	15				
FZ2.5	2.5		0.64	0.052		1.34×10^{-4}	40				
FZ5	5		1.2	0.066		3.0×10^{-3}	70				
FZ10	10		1.4	0.11		5.7×10^{-3}	110	200	0.2		
FZ25	25		1.9			1.79×10^{-3}	150	340	0.4		
FZ50	50		2.8	0.12		4.71×10^{-2}	260	400	0.7	1200	3
FZ100	100		3.6	0.23		1.57×10^{-1}	420	800	1.2	2500	6
FZ200	200		3.8	0.33	1000	0.415	720	1400	1.6	3800	9
FZ400	400		5.0	0.44		1.09	900	2100	2	5200	15
FZ630	630	80	1.6	0.47	750	2.13	1000	2800	2.4		
FZ1000	1000		1.8	0.57		3.70	1200	3900	3.2		
FZ2000	2000		2.2	0.8		9.75	2000	6300	5		

表 23-156a　轴连接，止口支撑式和机座支撑式制动器主要尺寸（摘自 GB/T 26662—2001）

（单位：mm）

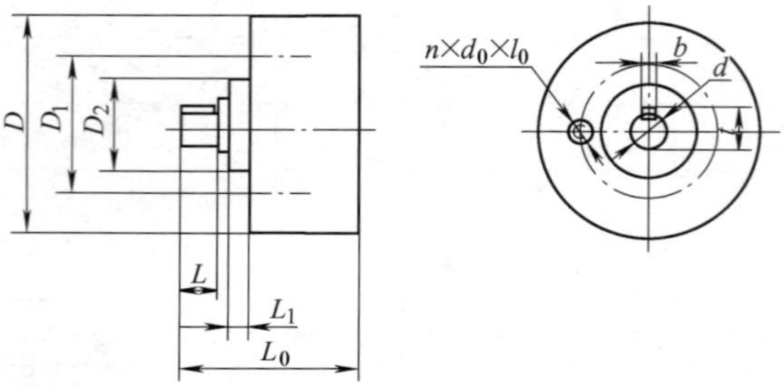

轴连接、止口支撑式磁粉制动器

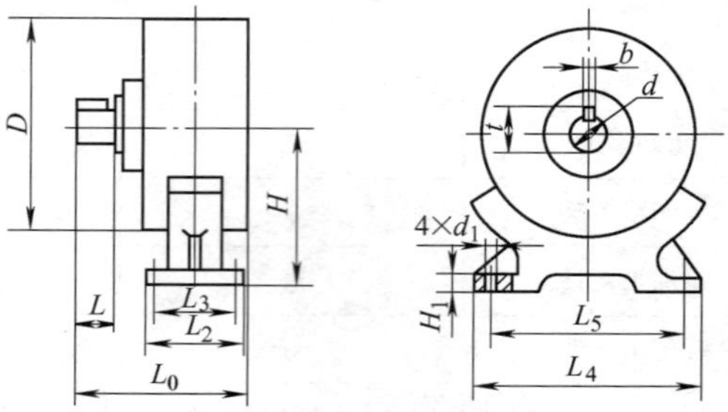

轴连接、机座支撑式磁粉制动器

型号	外形尺寸		连接尺寸				止口式安装尺寸						机座支撑式安装尺寸						
	$L_0$①	D①	d (h7)	L	b (P7)	t	D_1	D_2 (g7)	L_1	n	d_0	l_0	L_2	L_3	L_4	L_5	H	$H_1$①	d_1
FZ2.5	104	120	10	20	3	11.2	64	62	8	6	M5	10	70	50	120	100	80	8	7
FZ5	114	134	12	25	4	13.5			10						140	120	90	10	
FZ10	129	152	14		5	16			13				90	60	150		100	13	10
FZ25	148	182	20	36	6	22.5	78	55	15		M6		100	70	180	150	120	15	12
FZ50	182	219	25	42	8	28	100	74	23				110	80	210	180	145		
FZ100	232	290	30	58		33	140	100	25		M10	15	140	100	290	250	185	20	
FZ200	267	335	35		10	38	150	110					160	120	330	280	210	22	15
FZ400	329	398	45	82	14	48.5	200	130	33			20	180	130	390	330	250	27	19
FZ630	395	480	60	105	18	64	410	460	35	6×2	M12	25	210	150	480	410	290	33	24
FZ1000	435	540	70		20	74.5	460	510	40				220	160	540	470	330	38	
FZ2000	525	660	80	130	22	85	560	630				30	230	170	660	580	390	45	

① D、L_0、H_1 为推荐尺寸。

表 23-156b　空心轴连接、止口支撑式磁粉制动器主要尺寸（摘自 GB/T 26662—2011）

（单位：mm）

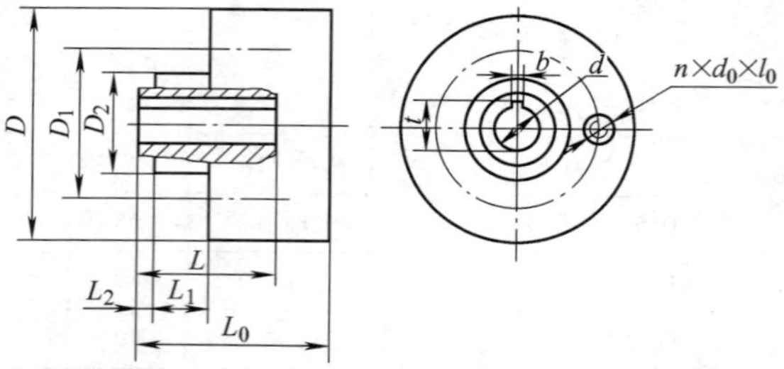

磁粉制动器型号	外形尺寸		安装尺寸							联接尺寸			
	$L_0$①	D①	D_1	D_2	L_1	L_2	n	d_0	l_0	d (H7)	L	b (F7)	t
FZ5□. K	80	130	90	70	10	2	6	M5	10	12	27	4	13.8
FZ10□. K	90	160	94	74	13			M6		13	30	6	20.8
FZ25□. K	100	180	120	100	15					20	38		22.8
FZ50□. K	120	220	130	110	23	4				30	60	8	33.3
FZ100□. K	140	290	150		25			M10	15	35		10	38.3
FZ200□. K	165	340	200	160		6				45	84	14	48.8
FZ400□. K	210	398			33			M12	20	50			53.8

注：空心轴配合长度不小于 L。空心轴可为通孔，或为不通孔。

① L_0、D 为推荐尺寸。

表 23-156c　空心轴连接、机座支撑式磁粉制动器主要尺寸（摘自 GB/T 26662—2011）

（单位：mm）

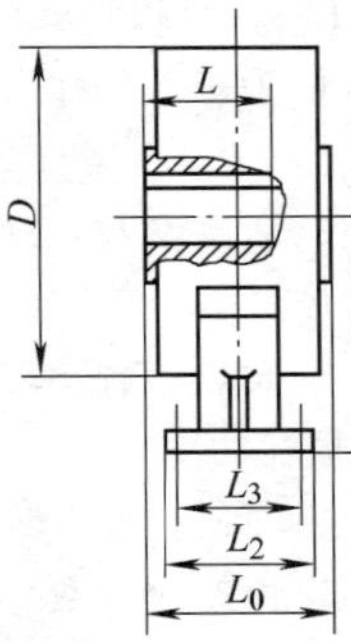

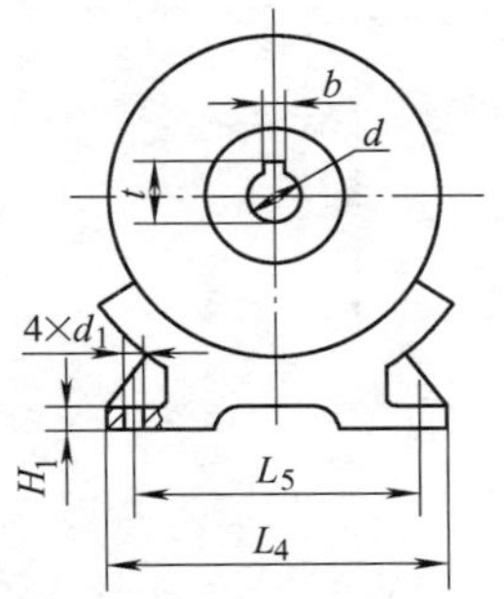

型号	外形尺寸		连接尺寸				安装尺寸						
	$L_0$①	D①	d (H7)	L	b (F7)	t	L_2	L_3	L_4	L_5	H	H_1	d_1
FZ5□. Z	72	130	12	27	4	13.8	70	50	140	120	90	10	7
FZ10□. Z	79	160	18	30	6	20.8	90	60	150	120	100	13	10
FZ25□. Z	87	180	20	38	6	22.8	100	70	180	150	120	15	12
FZ50□. Z	101	220	30	60	8	33.3	110	80	210	180	145	15	12
FZ100□. Z	119	290	35	60	10	38.3	140	100	290	250	185	20	12
FZ200□. Z	146	340	45	84	14	48.8	160	120	330	280	210	22	15
FZ400□. Z	183	398	50	84	14	53.8	180	130	390	330	250	27	19

① L_0、D 为推荐尺寸。

（4）技术要求

1）连接尺寸要求。磁粉制动器轴伸按 GB/T 1569—2005 的规定，键按 GB/T 1095—2003 的规定，轴孔和键槽按 GB/T 3852—2008 的规定。

2）正常工作条件

① 周围空气温度-5～40℃。

② 周围空气最大相对湿度为 90%（平均最低湿度为 25℃时）。

③ 周围介质要求无爆炸危险、无腐蚀金属、无破坏绝缘的尘埃、无油雾。

④ 海拔不超过 2500m。

3）结构要求

① 磁粉制动器采用的材料、元器件的性能，应符合有关标准规定，经入厂检验，并能在产品上通过相应的试验。

② 磁粉制动器的导磁材料，应采用导磁性能好的低碳优质碳素钢、电工纯铁及导磁性能不低于上述材料的其他导磁材料。

③ 磁粉制动器采用的软磁性磁粉，应经过稳定处理，物理性能和磁性能应符合有关专用技术条件标准的规定。

④ 励磁线圈的绝缘等级不得低于 E 级。

⑤ 磁粉制动器的引出线采用耐高温、强度高、绝缘性好的导线。

⑥ 磁粉制动器供电装置必须可靠。

⑦ 磁粉制动器按不同用途选用不同的电源：用于制动或快速制动的产品，可采用直流稳压电源；用于调节力矩的产品，推荐采用直流可调恒流源或专用的电子微机控制器。其直流电压、电流的精度应符合有关标准的规定。

4）性能要求

① 24V、80V 直流电压为励磁电压的优先电压值。

② 静特性参数之间的关系如图 23-66 所示。

a. 低速（$n<100$r/min）时，$T_0 \leqslant 3\% T_n$；高速时，$T_0<5\% T_n$。

b. 一般制动用磁粉制动器 $K_s \geqslant 1.3$；调节磁粉制动器 $K_s \geqslant 1.5$；快速磁粉制动器 $K_s \geqslant 2.0$。

c. 按不同用途，最大力矩 $T_m \geqslant K_s T_n$。

d. 磁粉制动器 $\Delta T<15\% T_n$。

③ 磁粉制动器在最大励磁电流工作时，$T<T_n$ 则磁粉制动器达到寿命期，应更换磁粉。在［P］的热负荷下，连续工作时间不得低于 3000h。

④ 磁粉制动器在常温下，绝缘电阻不小

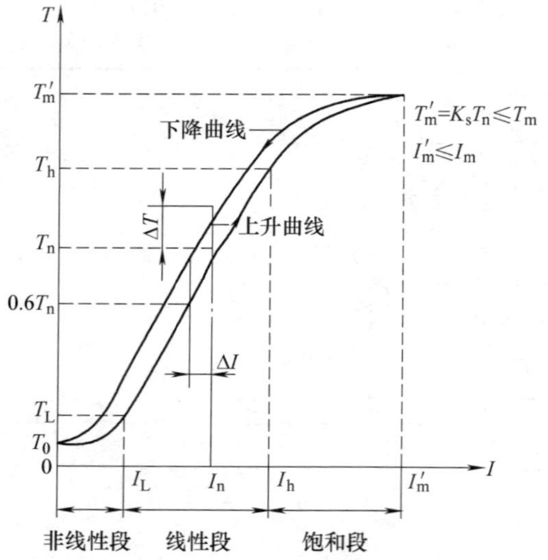

图 23-66　磁粉制动器静特性

于 20MΩ。

⑤ 磁粉制动器在非工作条件下，应能承受 330V（励磁电压 80V 时应为 500V），历时 1min 抗电试验。

5）制造要求

① 磁粉制动器非安装表面应喷漆或氧化处理。喷漆表面应均匀、完整、无气泡、无明显的橘皮流痕等现象，非油漆面应无锈蚀。

② 磁粉制动器各种零件的制造、部件的装配、磁粉制动器的励磁线圈的焊接、电气安装，应符合有关标准的规定。

③ 以 75℃时的励磁线圈电阻为名义值，线圈的电阻值允许偏差为±5%。

④ 磁粉制动器的装配质量应符合图样及有关文件要求。螺钉紧固件应联接牢固，不允许有松动现象。

⑤ 磁粉制动器装配后，转子与固定支撑部分之间应转动灵活，无卡滞现象及碰擦杂音，轴向无超过规定的位移。

⑥ 液冷式磁粉制动器不得有渗漏现象。

⑦ 在许用滑差功率［P］的条件下，励磁线圈的温度 θ 应低于所选导线和其他非金属材料的允许连续使用的温度。对于 F 级材料应小于 120℃，对 B 级材料应小于 130℃为合格。

6）磁粉要求

① 磁性能好，剩磁小，传递力矩大。

② 耐热性好，能在高温下稳定工作，寿命长。

③ 耐磨损性好。

④ 流动性好，以使磁粉分布均匀。

（5）选用

1）参数和要求

① 力矩：公称力矩 T_n、最大力矩 T_{max}、空载力矩 T_0。

② 激磁参数：激磁电压 U_j、激磁电流 I_j、激磁功率 P_j。

③ 发热参数：环境温度 θ_2、允许温升 θ_1、最大允许损耗功率 P_{sm}。

④ 转速：最高转速 n_{max}、最低转速 n_{min}。

⑤ 快速性参数：电流时间常数 T_i、转子转动惯量 J。

⑥ 其他技术要求：体积、质量、使用寿命、静特性线性度、安装连接形式、经济性等。

2）结构形式选择。根据配套主机的需要和上述参数，选择磁粉制动器的结构形式：冷却方式、固定支撑形式、转子工作面形式。

① 冷却方式包括自然空气冷却、强迫通风冷却、液体（水或油）冷却、电风扇冷却。

② 连接、固定支撑形式：轴连接、止口支撑式；轴连接、机座支撑式；空心轴连接、止口支撑式；空心轴连接、机座支撑式。

③ 转子工作面形式：柱形转子、杯形转子、筒形转子、盘形转子。

3）结构参数选择

① 工作间隙、非工作间隙及工作面宽度系数 K_b（工作面平均宽度 b_δ 与工作间隙平均直径 D_δ 之比），对磁粉制动器的力矩、快速性、寿命影响很大，参见表 23-157 选择。

② 工作间隙磁感应强度 B_δ 和导磁体磁感应强度 B_T，对力矩、寿命、体积、质量影响很大。磁感应强度大则导磁体截面小，体积小。

表 23-157　结构参数参考值

公称力矩 T_n/N·m	工作间隙 δ/mm	工作面宽度系数 $K_b=b_\delta/D_\delta$	非工作间隙 δ_F/mm
<0.1	0.25~0.3	0.3~0.25	0.1~0.2
0.1~1.0	0.3~0.5	0.2~0.15	0.15~0.25
1.0~10	0.4~0.8	0.16~0.14	0.2~0.3
10~100	0.6~1.2	0.14~0.12	0.25~0.4
100~1000	1~1.5	0.12~0.1	0.3~0.6
1000~10000	1.2~2.5	0.11~0.08	0.5~0.8
10000~50000	2~3.5	0.1~0.07	0.8~1.0

4）磁粉选择。磁粉种类较多，我国常用的铁钴镍（FeCoNi）磁粉较好，铬 13（Cr13）磁粉也可满足一般要求。磁粉应进行稳定处理。

对选定的磁粉制动器，最后应根据其绝缘等级、使用时的平均稳定温度，冷却方式、工作环境等进行发热验算。

23.3.6.2　DZM2 型电磁制动器

DZM2 型干式多片电磁制动器，为磁通不过片式，动作灵敏可靠，摩擦片磨损后易调整，空载力矩小。主要用于搬运、轧钢、半自动车床、数控机床、纺织机械等传动系统的制动、定位。

（1）工作条件

1）海拔不超过 2000m。

2）周围空气温度为-5~40℃。

3）周围介质中无爆炸危险，并且无足以腐蚀金属和破坏绝缘的气体及导电尘埃。

4）制动器线圈的供电电压波动范围，为额定电压的-15%~5%。

5）摩擦片应清洁无油污。

（2）形式和主要尺寸

DZM2 型干式多片电磁制动器形式和主要尺寸见表 23-158 和表 23-159。

表 23-158　DZM2 型干式多片电磁制动器基本参数

规　格	额定动力矩 /N·m	额定静力矩 /N·m	额定电压/V	线圈消耗功率 (20℃)/W	许用最高转速 /(r/min)	质　量/kg
1T	10	11	24	26	3000	2
4	40	44		33		3.2
10/10T	100	110		43		4
16T	160	175		47	2500	7.8
41T	400	440		62		15
64T	640	700		69	1750	21

表 23-159　DZM2 型干式多片电磁制动器主要尺寸　（单位：mm）

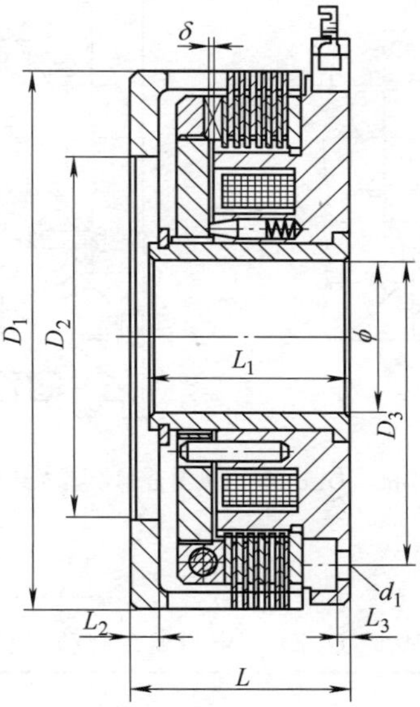

规格	D_1	D_2	D_3	ϕ	d_1	L	L_1	L_2	L_3	δ
1T	100	50H7	85	$23^{+0.1}_{0}$	4×ϕ6.5	45	42	5	4.5	0.3
4	120	80H9	102	32H9	6×ϕ6.5	52	48	6	5	
10/10T	147	100H9/70H7	125	42H9/$43^{+0.1}_{0}$	6×ϕ8.5	58	53	7	4	0.35
16T	162	80H7	142	$49^{+0.1}_{0}$		62	57			0.4
41T	202	120H7	180	$63^{+0.146}_{+0.100}$	6×ϕ10.5	76	70	9		0.5
64T	235	125H7	210	73±0.1	6×ϕ12.5	86	80	10		0.6

（3）安装要求

1）DZM2 型电磁离合器安装如图 23-67 所示。

2）安装前检查摩擦片不应有油污及杂物。

3）安装时应轴向固定，分轴安装时应保持 9 级同轴度。

4）摩擦片磨损后应调整间隙 δ（松开调整螺母上的螺钉，转动调整螺母，在通电的状态下，使 δ 达到表 23-159 中规定值后拧紧螺钉）。

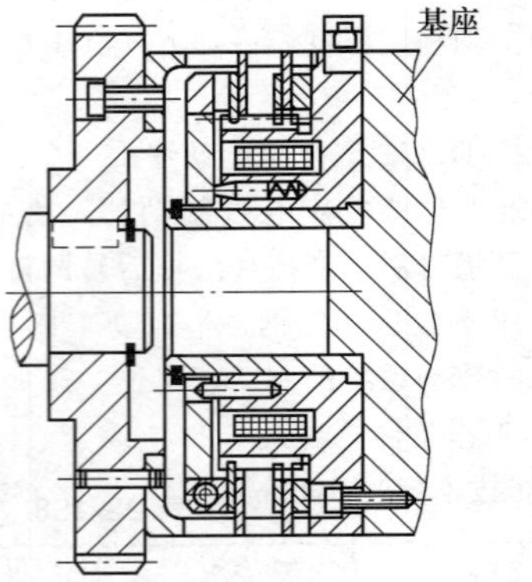

图 23-67　DZM2 型电磁离合器安装

23.3.6.3　电磁离合制动器

（1）DLZ1 型电磁离合制动器　此制动器形式、基本参数和主要尺寸见表 23-160。安装如图 23-68 所示。

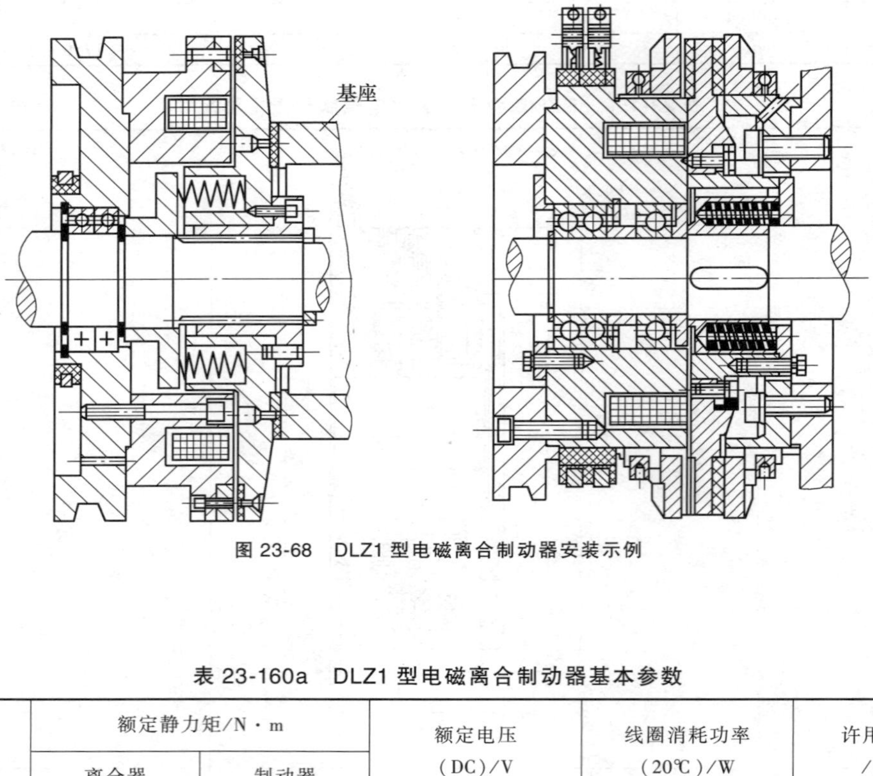

图 23-68　DLZ1 型电磁离合制动器安装示例

表 23-160a　DLZ1 型电磁离合制动器基本参数

规格	额定静力矩/N · m		额定电压（DC）/V	线圈消耗功率（20℃）/W	许用最高转速/（r/min）
	离合器	制动器			
25	250	80	24	81	2500
40	400	120		115	2500
50	500	90		137	1500
80	800	120		131	1500

表 23-160b　DLZ1 型 25、40 规格电磁离合制动器主要尺寸　　（单位：mm）

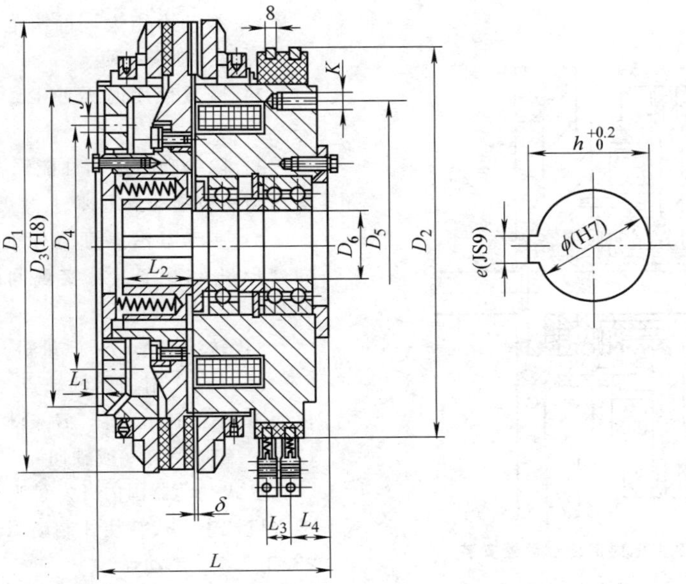

规格	D_1	D_2	D_3	D_4	D_5	D_6	J	K	L	L_1	L_2	L_3	L_4	δ	ϕ	e	h	电刷型号
25	285	247	200	155	180	45	8-ϕ11	8-M10 深 25	147	5	45	16	20.7	0.5	50	14	53.8	DS-009
40	315	265	210	170	195	50	8-ϕ13	8-M12 深 25	166	6	51	16	20	0.7	55	16	59.4	DS-010

表 23-160c　DLZ1 型 50、80 规格电磁离合器主要尺寸　　（单位：mm）

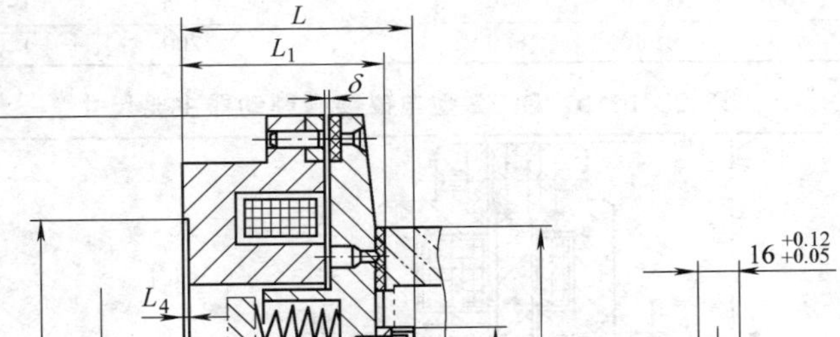

规格	D_1	D_2	D_3	D_4	D_5	K	L	L_1	L_2	L_3	L_4	δ	电刷型号
50	350	237	188	224	120	6-ϕ12	122	105	73	4	3	0.5	DS-10
80	402	242	194	280	165	6-ϕ13.5	138.5	115.5	94.5	4	6	0.6	

（2）DLZ2 型电磁离合制动器　DLZ2 型电磁离合制动器形式、基本参数和主要尺寸见表 23-161；安装如图 23-69 所示。

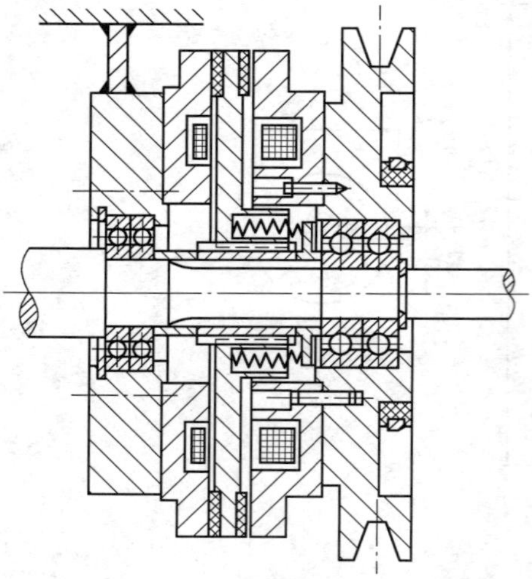

图 23-69　DLZ2 型电磁离合制动器安装

23.3.7　盘式制动器

盘式制动器的工作面为圆盘的两侧平面，极少数为圆锥面。其摩擦副由制动盘和制动衬块组成。

（1）盘式制动器的优点

1）制动力矩大，可调范围大，制动平稳可靠，动作灵敏，维修方便。

2）频繁使用时无冲击，性能稳定，散热性好，安全。

3）除尘和除水的性能强，制动盘上的灰尘和水等污物易被制动盘甩掉。

4）制动盘沿厚度方向变形量，比制动轮的径向变形量小得多，易实现间隙小和磨损后的自动补偿。

5）转动惯量小，质量轻，保养方便。

（2）盘式制动器的缺点　制动衬块（片）的摩擦面积小，比压大，需要材质较好的制动衬块（片），有时径向（或轴向）尺寸稍大，价格稍贵。

盘式制动器国内开发稍晚，但有很强生命力，在某些机械中有代替块式制动器的趋势。

23.3.7.1　制动盘

盘式制动器制动盘（JB/T 7019—2013）适用于单盘式各型制动器用的制动盘，不适用于多盘和湿式盘式制动器。

表 23-161a　DLZ2 型电磁离合制动器基本参数

规格	额定动转矩/N·m		静转矩/N·m		额定电压(DC)/V	线圈消耗功率(20℃)/W		许用最高转速/(r/min)
	离合器	制动器	离合器	制动器		离合器	制动器	
120	1200	400	1320	440	24	125	195	1500
180	1800	800	1980	880		200	120	1200

表 23-161b　DLZ2 型电磁离合制动器主要尺寸　　（单位：mm）

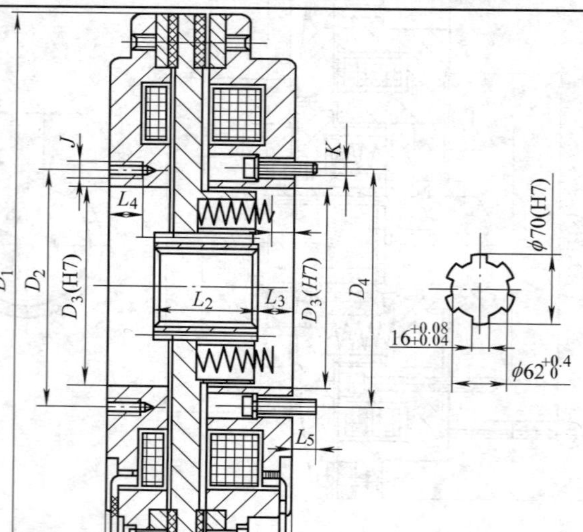

（续）

规格	D_1	D_2	D_3	D_4	J	K	L	L_1	L_2	L_3	L_4	L_5
120	420	205	176	205	4-M12	6-M10	152.5	77	70	38	25	20
180	500	205	180	220	8-M12	8-M20	183.8	88	70	61	25	35

制动轮和制动盘的形状、尺寸和材料见表 23-162～表 23-164。

表 23-162　A 型、B 型制动轮的型式和公称尺寸（摘自 JB/T 7019—2013）（单位：mm）

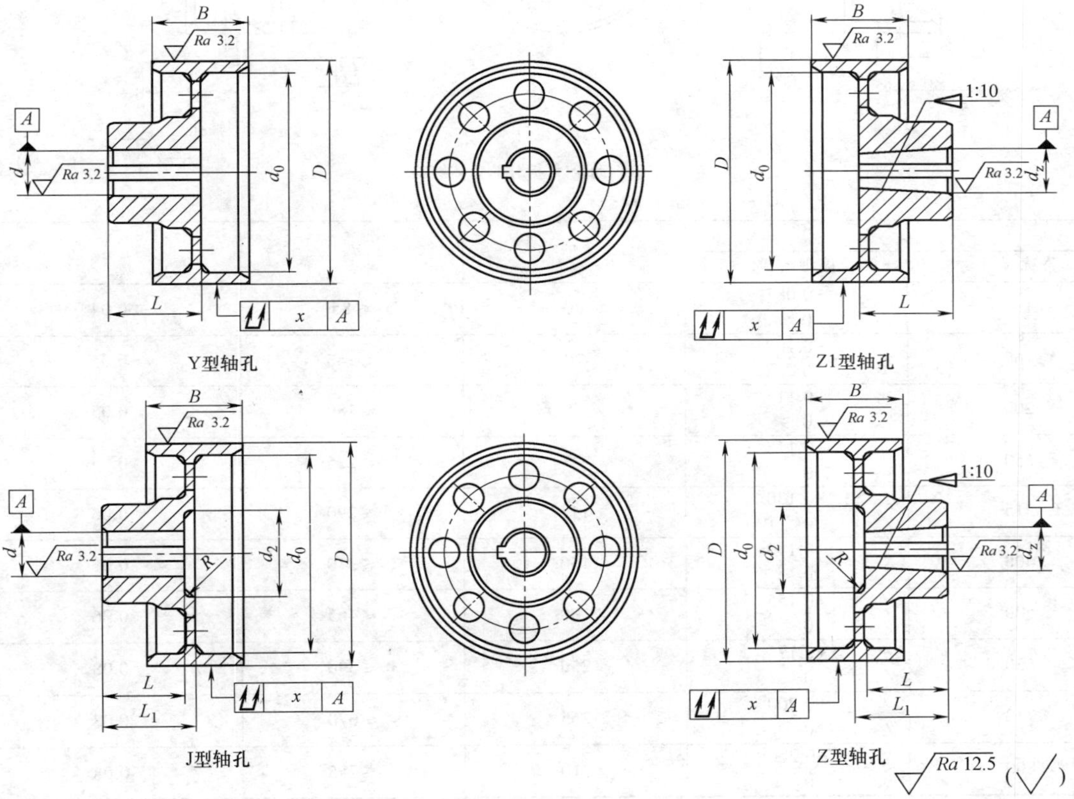

A型制动轮(不可分的整体结构)

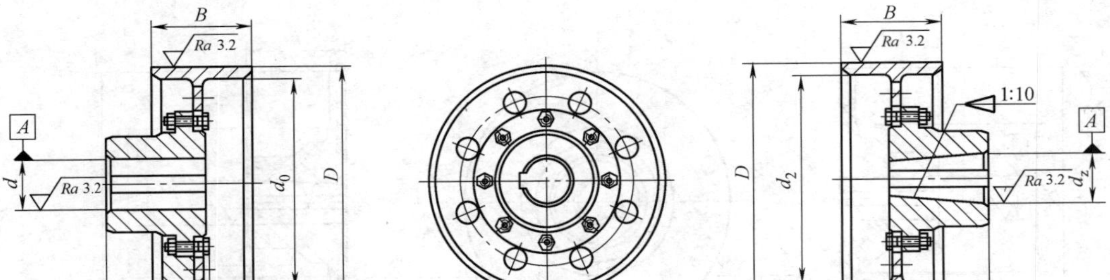

（续）

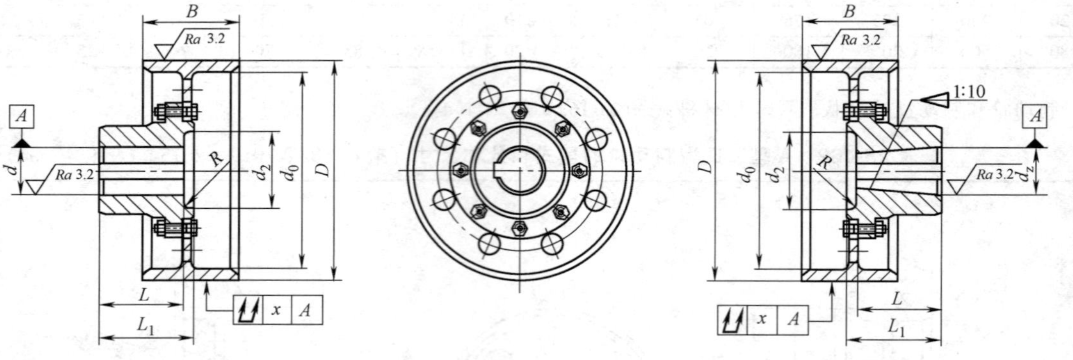

J型轴孔　　　　Z型轴孔

B型制动轮(可拆分的分体结构)

$\sqrt{Ra\ 12.5}$ ($\sqrt{}$)

D		B	d_0	x
公称尺寸	极限偏差			
100	+0.087 0	70	≤85	0.04
160	+0.100 0	70	≤145	0.05
200	+0.115 0	75	≤180	0.05
250	+0.115 0	95	≤225	0.05
315	+0.130 0	118	≤290	0.06
400	+0.140 0	150	≤370	0.06
500	+0.155 0	190	≤465	0.06
630	+0.175 0	236	≤590	0.08
710	+0.200 0	265	≤670	0.08
800	+0.200 0	310	≤755	0.08

表 23-163　A 型和 B 型制动盘的型式和基本尺寸（摘自 JB/T 7019—2013）（单位：mm）

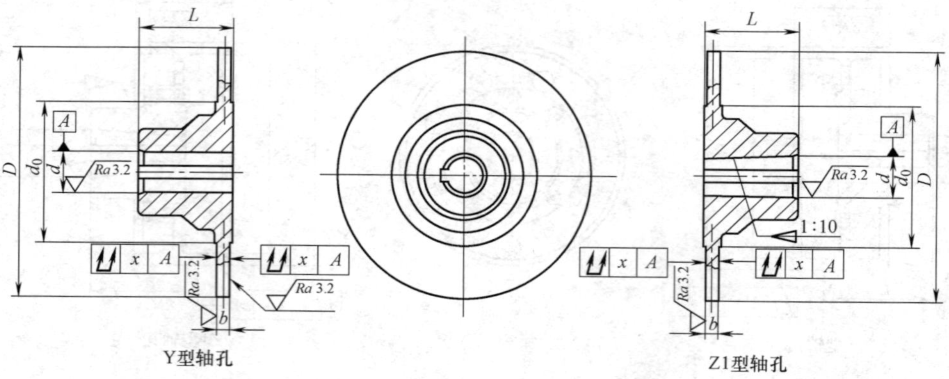

Y型轴孔　　　　Z1型轴孔

（续）

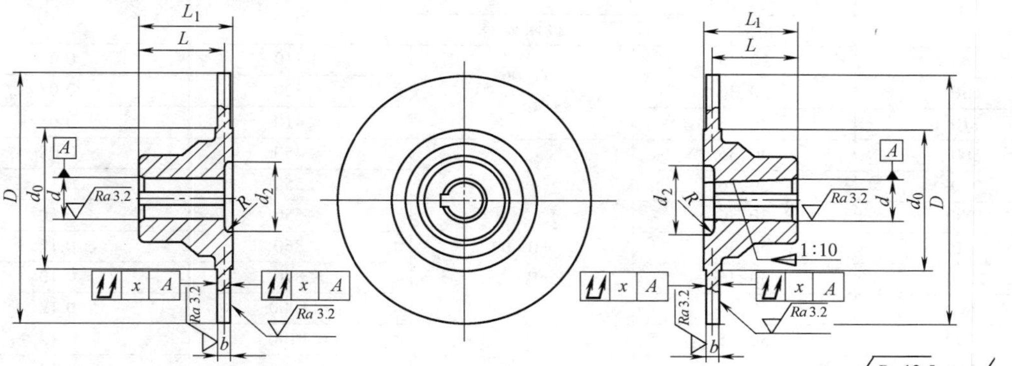

J型轴孔　　A型制动盘(不可分的整体结构)　　Z型轴孔　　Ra 12.5 (√)

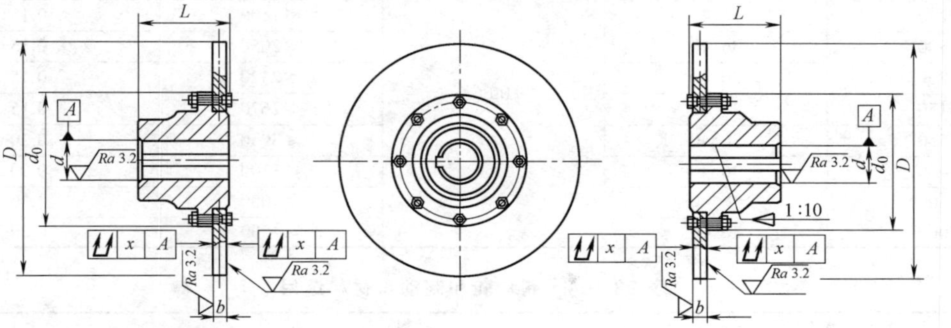

Y型轴孔　　Z1型轴孔

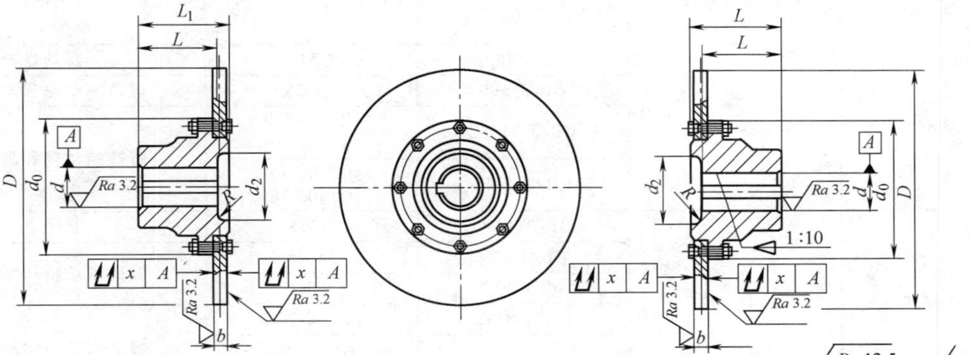

J型轴孔　　B型制动盘(可拆分的分体结构)　　Z型轴孔　　Ra 12.5 (√)

D	b		d_0	x
	公称尺寸	极限偏差		
160	12、16	+0.036 0	≤95	0.05
180	12、16		≤110	0.05
200	12、16		≤110	0.05
225	12、16		≤125	0.05
250	16、20		≤140	0.05
280	16、20		≤155	0.06
315	20、30	+0.052 0	≤175	0.06
355	20、30		≤200	0.06
400	20、30		≤220	0.06
450	20、30		≤250	0.06
500	20、30		≤280	0.06

（续）

D	b		d_0	x
	公称尺寸	极限偏差		
560	30、36	+0.062 0	≤310	0.08
630	30、36		≤350	0.08
710	30、36		≤410	0.08
800	30、36	+0.062 0	≤450	0.08
900	30、36		≤550	0.10
1000	30、36		≤650	0.10
1120	30、36		≤760	0.10
1250	30、36		≤870	0.10
1400	30、36		≤1000	0.12
1600	30、36		≤1200	0.12
1800	30、36		≤1400	0.12
2000	36、40	+0.062 0	≤1550	0.12
2250	36、40		≤1800	0.15
2500	36、40		≤2050	0.15
2800	36、40		≤2320	0.15
3150	36、40		≤2670	0.15
3550	36、40		≤3050	0.20
4000	36、40		≤3500	0.20
4500	36、40		≤4000	0.20
5000	36、40		≤4500	0.20

表 23-164　制动轮和制动盘材料选用

使用条件		材料		使用推荐
制动覆面温度/℃	单位制动覆面制动功①/(J/cm²)	标准	牌号	
≤350	≤45	GB/T 1591	Q345	制动盘
		GB/T 699	20、25	锻造制动轮和制动盘
		GB/T 11352	ZG200-400 ZG230-450	铸造制动轮和制动盘
		GB/T 1348	QT400-15 QT400-18	
>350~650	>45~90	GB/T 1591	Q345	制动盘
		GB/T 699	35、45	锻造制动轮和制动盘
		GB/T 3077	40Cr	
		GB/T 8492	ZG30Cr7Si2	锻造制动轮和制动盘
		GB/T 11352	ZG230-450 ZG270-500	
>650~1050	>90~160	GB/T 8492	ZG30Cr7Si2 ZG40Cr13Si2 ZG40Cr17Si2 ZG40Cr24Si2	铸造制动轮和制动盘

① 单位制动覆面制动功可根据机构制动参数按下式计算：

$$E=\frac{W}{\pi d_1 B}=\frac{n_1 M_{bz} t_b}{60 d_1 B}$$

式中　E——单位制动覆面上的制动功（J/cm^2）；

W——机构制动轴上一个制动轮或制动盘上一次的总制动功（J）；

M_{bz}——机构同一制动轴上一个制动轮或制动盘上总制动力矩（N · m）；

n_1——机构制动轴制动初转速（紧急制动时可能出现的最大制动初转速）(r/min)，一般取 n_1 或 n_c 或 $1.15n_e$；

t_b——机构在满载和全速（额定速度）时的理论制动时间（s）；

d_1——理论制动直径（对制动轮为直径 D，对制动盘为理论摩擦直径）(cm)；

B——制动轮或制动盘总制动覆面宽度（对制动轮为制动衬垫有效摩擦面宽度，对制动盘为制动衬垫有效摩擦面宽度×制动面数）(cm)。

技术要求

1）制动盘的制造方法和材料。

制动盘的制造方法和材料见表 23-165。

2）质量要求

① 制动盘的轴孔和键槽形式及尺寸按 GB/T 3852—2008 的规定。

② 按表 23-165 规定制造的制动盘，均应消除内应力。铸造的制动盘应无裂纹、砂眼、气孔等缺陷。具有通风道的铸造制动盘，应很好清理通风道内部。对锻造或钢板割制的制动盘，不允许有表面裂纹和影响使用性能的内部夹层等缺陷。

③ 制动盘除通风道不进行机械加工外，摩擦表面粗糙度 *Ra* 为 3.2μm；d_4 和 d_7 表面粗糙度 *Ra* 为 1.6μm；d_8 及其他部位的表面粗糙度 *Ra* 为 6.3μm。

④ 加工后的制动盘，加工表面应做防锈处理。

⑤ 对材料为钢的铸造和锻造制动盘进行调质处理时，硬度为 273～302HBW。摩擦表面如需淬火，淬硬层深度为 2～3mm，硬度为 35～45HRC。

⑥ 制动盘需要做静平衡。静平衡应使制动盘在其外径上的偏心残留量，小于下列两值中的较大值：0.005kg；制动盘和相匹配轮毂等附件质量的 0.2%。

如有特殊要求，供需双方在订货时协商确定。

表 23-165　制动盘的制造方法和材料

制造方法	材料名称	材料牌号
铸造	铸钢 合金铸钢 球墨铸铁	ZG 310-570 ZG 42CrMo QT 450-10 QT 600-3
锻造或钢板(割制)	优质碳素结构钢 合金结构钢	45 60 35CrMoV

23.3.7.2　制动臂盘式制动器

制动臂盘式制动器（JB/T 7020—2006），适用于以电力液压推动器为驱动装置的常闭制动臂盘式制动器。

（1）型号与标记

1）型号表示方法

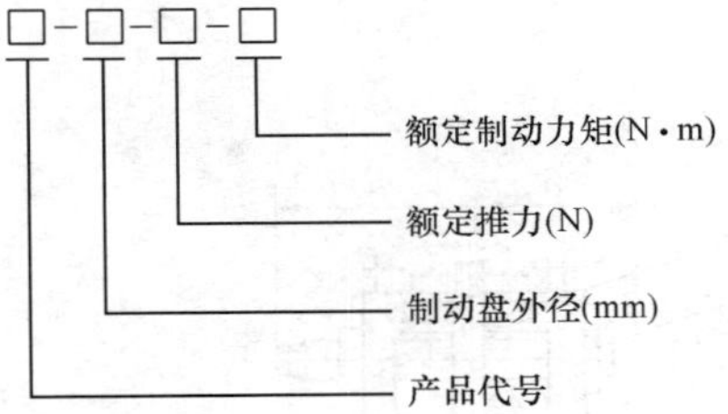

2）标记示例

① 制动架采用拉杆式释放结构的制动器，制动盘外径为 400mm，推动器额定推力为 800N，额定制动力矩为 1600N·m。标记如下：

制动器　YPB Ⅰ-400-800-1600 JB/T 7020—2006

② 制动架采用楔块式释放结构的制动器，制动盘外径为 400mm，推动器额定推力为 800N，额定制动力矩为 1000N·m。标记如下：

制动器　YPB Ⅱ-400-800-1000 JB/T 7020—2006

（2）工作条件

1）盘式制动器的电源为三相交流电，频率为 50Hz，额定电压为 380V。允许电压波动上限为 10%，下限为−15%。

2）盘式制动器中推动器的工作制，分为 S1（连续）工作制和 S3（断续）工作制两种。S3 工作制时的负荷持续率为 40%～60%。

3）盘式制动器使用地点的海拔不超过 2000m。超过 1000m 时，按 GB/T 755—2006 有关规定折算环境温度。

4）盘式制动器正常使用时，适合的环境温度为 −25～40℃。

5）盘式制动器使用地点的最湿月份，月平均最高相对湿度不超过 90%。

6）盘式制动器周围工作环境中，不得有易燃易爆及腐蚀性气体。

7）盘式制动器底座一般为水平安装。

（3）形式、基本参数和主要尺寸

1）形式。制动臂盘式制动器结构型式，按制动架特征分为Ⅰ型盘式制动器、Ⅱ型盘式制动器两种。

① 制动架采用拉杆式释放结构的盘式制动器，称为Ⅰ型，如图 23-70 所示，产品代号为 YPBⅠ。

② 制动架采用楔块式释放结构的盘式制动器，称为Ⅱ型，如图 23-71 所示，产品代号为 YPBⅡ。

2）基本参数和主要尺寸

① YPBⅠ型盘式制动器基本参数和主要尺寸见表 23-166。

② YPBⅡ型盘式制动器基本参数和主要尺寸见表 23-167。

(4) 技术要求

1) 结构要求

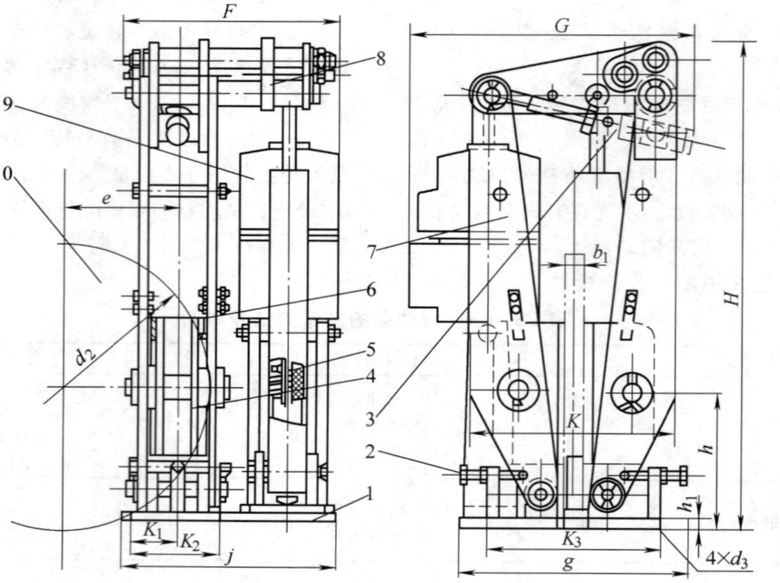

图 23-70　YPBⅠ型盘式制动器

1—底座　2—退距均等装置　3—磨损自动补偿装置　4—制动块总成
5—制动弹簧装置　6—制动块总成随位装置　7—制动臂
8—拉杆机构　9—推动器　10—制动盘

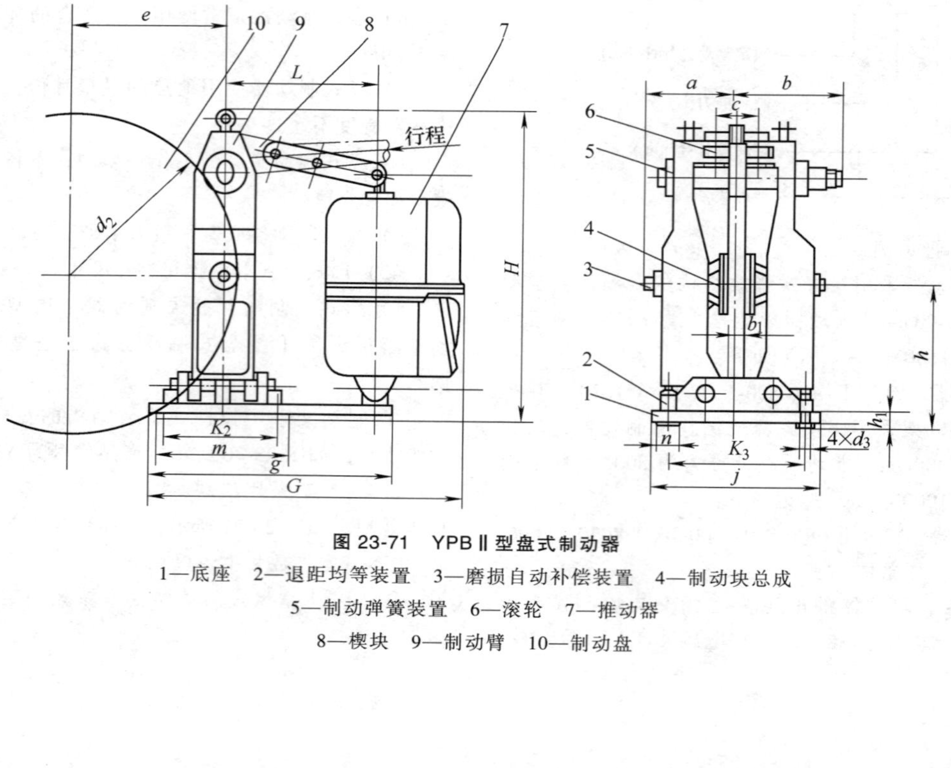

图 23-71　YPBⅡ型盘式制动器

1—底座　2—退距均等装置　3—磨损自动补偿装置　4—制动块总成
5—制动弹簧装置　6—滚轮　7—推动器
8—楔块　9—制动臂　10—制动盘

表 23-166　YPB Ⅰ 型盘式制动器基本参数和主要尺寸（摘自 JB/T 7020—2006）

制动器型号	制动盘 直径 d_2/mm	制动盘 有效摩擦直径 d_1/mm	制动盘 厚度 b_1/mm	制动衬垫有效摩擦面积 A_p/cm^2	推动器额定推力 F/N	制动力矩 T_n/N·m	单侧退距 ε_{min}/mm	主要尺寸/mm e	h	h_1	d_3	K_1	K_2	K_3	K	g	j	G	F	H	参考质量/kg
YPB Ⅰ-315-300-450	▲315	250				450		120													
YPB Ⅰ-355-300-500	355	288		108	300	500	0.6	140	225	12	14	70	130	160	240	340	330	460	330	660	105
YPB Ⅰ-400-300-600	▲400	331				600		162.5													
YPB Ⅰ-400-800-1600	▲400	318		177		1600		152.5				86.5	160	220	300	370	390	530	400	800	175
YPB Ⅰ-450-800-1800	450	364				1800		177.5													
YPB Ⅰ-500-800-2000	▲500	400			800	2000	0.8	192.5	270	16	18										
YPB Ⅰ-560-800-2250	560	458	30	270		2250		222.5				87.5	160	220	320	420	430	530	420	950	205
YPB Ⅰ-630-800-2500	▲630	526				2500		257.5													
YPB Ⅰ-630-2000-4000	▲630	504				4000		242.5													
YPB Ⅰ-710-2000-4500	710	580		434	2000	4500	1.0	282.5	410	20	22	149.5	280	320	370	530	550	630	520	1100	250
YPB Ⅰ-800-2000-5000	▲800	666				5000		327.5													
YPB Ⅰ-800-3000-8000	▲800	638				8000		307.5													
YPB Ⅰ-900-3000-9000	900	734		710	3000	9000	1.2	357.5	560	24	27	222.5	420	400	410	650	680	800	590	1500	315
YPB Ⅰ-1000-3000-10000	▲1000	830				10000		407.5													

注：1. e、h、K_1、K_2、K_3 等重要尺寸的公差不大于 IT12 级。

2. 带▲者应优先采用。

表 23-167　YPBⅡ型盘式制动器基本参数和主要尺寸（摘自 JB/T 7020—2006）

制动器型号	制动盘		制动衬垫有效摩擦面积 A_p /cm²	推动器额定推力 F/N	制动力矩 T_n /N·m	单侧退距 ε_{min} /mm	主要尺寸/mm																参考质量 /kg
	直径 d_2/mm	厚度 b_1 /mm					e	h	h_1	L	c	m	n	d_3	K_2	K_3	a	b	j	g	G	H	
YPB Ⅱ 315-500-355	315	30	66	500	355	0.8	130	279	19	290	76	260	40	17	220	260	169	197	320	460	582	624	95
YPB Ⅱ 400-500-450	400				450		172																
YPB Ⅱ 500-500-560	500				560		222																
YPB Ⅱ 630-500-710	630				710		287																
YPB Ⅱ 315-800-710	315			800	710		130																98
YPB Ⅱ 400-800-1000	400				1000		172																
YPB Ⅱ 500-800-1250	500				1250		222																
YPB Ⅱ 630-800-1600	630				1600		287																
YPB Ⅱ 630-2000-4000	630		177	2000	4000	0.8	271	394	24	380	100	340	60	22	280	320	232	271	400	595	708	882	255
YPB Ⅱ 710-2000-4500	710				4500		311																
YPB Ⅱ 800-2000-5000	800				5000		356																
YPB Ⅱ 630-3000-6000	630			3000	6000		271																265
YPB Ⅱ 710-3000-7100	710				7100		311																
YPB Ⅱ 800-3000-8000	800				8000		356																

注：e、h、K_2、K_3 等重要尺寸的公差不大于 IT12 级。

① 制动器应设有退距和力矩调整装置，以及制动衬块磨损自动补偿装置，并有可靠的防松措施。

② 制动器上具有相对摆动的铰点（与推动器连接的铰点除外），根据结构的需要设置轴套。各铰点配合表面在出厂前应涂润滑脂。

③ 制动器制动块总成（制动块和制动衬块组装后的简称）应具有随位性。

④ 制动器应设有可靠的退距均等装置，以保证制动器在正常释放状态下，两侧退距基本相等。制动器的任何部位不得浮贴在制动盘上。

⑤ 制动器在制动块总成最大退距下工作时，推动器的工作行程不得超过其额定行程的 90%。

⑥ 制动衬块的固定，按 JB/T 7020—2006 的规定。

⑦ 制动器的电器部分（电动机和接线盒）的外壳防护等级，不低于 GB 4942.1—2006 中规定的 IP44。

2）性能要求

① 制动器的动作性能应满足以下要求：

a. 将制动器调至最大退距，在额定制动力矩时制动弹簧工作力（以下简称弹簧工作力）和 85% 额定电压条件下操作，制动器应能灵活地释放。

b. 将制动器调至最大退距，在 50% 弹簧工作力和额定电压的条件下，按推动器额定操作频率操作时，应能灵活地闭合。

② 制动器的制动力矩应满足以下要求：

a. 在弹簧工作力和制动衬块温度在 250℃ 以内的条件下，制动器的制动力矩不低于表 23-166 和表 23-167中的额定值。

b. 制动器应允许将制动力矩调整在 0.7～1 倍的额定值范围内使用。

③ 制动衬垫的摩擦性能，按 JB/T 7020—2006 的有关规定。

④ 推动器的推力，按 JB/T 10603—2006 的有关规定。

3）材料及热处理。制动器用材料应有生产厂的正式标记及合格证。制动器的生产厂应进行抽样检查，确认合格后方可使用。

① 制动弹簧。对圆柱螺旋弹簧，采用力学性能不低于 60Si2Mn；对碟形弹簧，采用力学性能不低于 50CrVA（或 60Si2MnA）。

② 制动器各铰轴；采用力学性能不低于 45 钢，热处理硬度为 33～38HRC。

③ 制动器各结构件，采用力学性能不低于 GB/T 700—2006 中的 Q235-B。

④ 制动块的材料，按 JB/T 7020—2006 中第 4.1 条的规定。

4）装配及精度要求

① 制动器在弹簧工作力下闭合时，每个制动衬垫与制动盘工作面的贴合面积，应不小于有效摩擦面积的 60%。

② 制动瓦与制动衬块的装配应牢固可靠，在制动衬块磨损到允许的最小厚度时，不得有松动现象。制动衬块背面与制动瓦之间的间隙，在任意处不大于 0.15mm。

③ 各铰轴副的配合孔表面粗糙度 *Ra* 为 3.2μm，轴表面粗糙度 *Ra* 为 1.6μm。各铰轴副的配合公差应符合 GB/T 1800.1—2009 中的 H9/d9 或 H9/f9。

5）表面质量要求

① 制动器的制动拉杆、弹簧拉杆、制动弹簧、楔块、滚轮、补偿装置的零件，以及全部紧固件的表面，应进行防锈处理。

② 制动器各构件在涂装前，应进行除锈处理，按 GB/T 8923—2010 中规定的 Sa2 或 St3 级。

③ 制动器各构件的非配合表面，应涂防锈底漆，油漆干膜总厚度不小于 75μm。面漆应均匀、光亮和色泽一致，不得有漏涂、皱纹、针孔及严重流挂等缺陷。采用其他方法涂装时，不得低于上述效果。

④ 漆膜附着力，按 GB/T 9286—1998 中规定的 2 级质量要求。

6）制动弹簧按 GB/T 23934—2015 和 GB/T 1972—2005 的有关规定。

7）推动器按 JB/T 10603—2006 的规定。

8）制动块按 JB/T 7020—2006 的规定。

（5）制动瓦　制动臂盘式制动器的制动瓦（块）（JB/T 7020—2006），适用于制动臂盘式制动器用的制动瓦。

1）标记示例

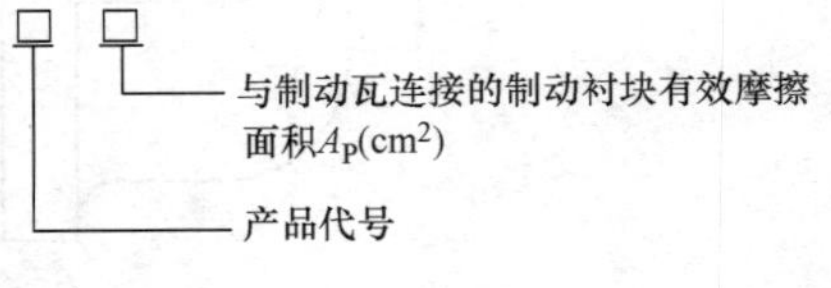

制动衬块有效摩擦面积为 108cm^2 的 B 型制动瓦的标记如下：

制动瓦　B108　JB/T 7020—2006

2）形式与尺寸

① 按制动瓦与制动衬块的连接方式，制动瓦可分为 A、B、C 三种形式。

A 型——制动瓦与制动衬块用燕尾槽连接，以压板螺栓紧固。

B 型——制动瓦与制动衬块用螺栓连接，以压板螺栓紧固。

C 型——制动瓦与制动衬块用螺栓连接。

② A 型、B 型制动瓦尺寸见表 23-168，C 型制动块尺寸见表 23-169。

③ 制动瓦与制动衬块连接成一体后，称为制动瓦总成，按其组装形式分为 ZA 型、ZB 型、ZC 型三种，如图 23-72 所示。

表 23-168　A 型、B 型制动瓦尺寸　　（单位：mm）

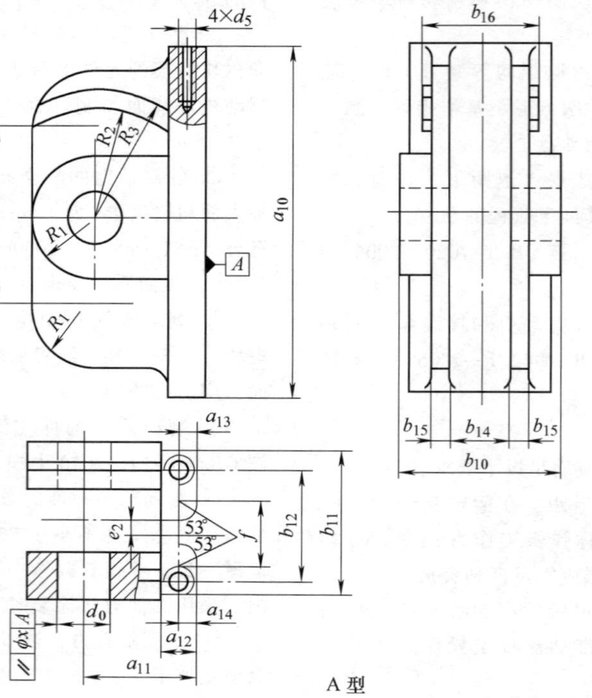

A 型

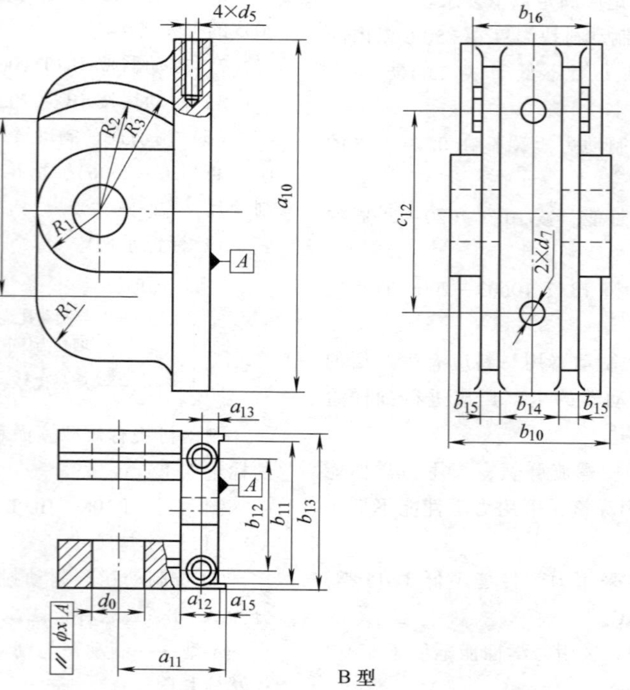

B 型

（续）

A_p/cm^2	制动盘直径 d_2	d_0 (H9)	a_{10} ($^{0}_{-0.5}$)	a_{11}	a_{12}	a_{13}	a_{14}	a_{15}	b_{10} (h12)	b_{11}	b_{12}	b_{13}	b_{14}
108	315,355	25	177	50					80	71	60	79	30
	400												
177	450	35	227	70	20		10	4	100	91	68	99	40
270	500,560	40	283	75					120	111	80	119	55
	630					7.9							
434	630,710	45	359	85	25		12.5	5	150	141	110	149	60
	800												
710	900	55	455	100	30		15	5	190	181	130	189	90
	1000												

A_p/cm^2	b_{15}	b_{16}	e_2	c_{11}	c_{12} (±0.3)	d_5	d_7	R_1	R_2	R_3	f	x	参考质量 /kg
108	10	55	5	90	80	M8		30	55	65		0.06	4.5
177	10	70	6.5	130	100	M10	7	35	75	85	35		8.5
270	10	85	7.5	170	120			40	85	100		0.08	11.5
434	15	100	9.5	210	150	M12	9	45	115	130	65		20
710	15	130	12.5	250	200	M14		50	125	140		0.1	23

表 23-169　C 型制动瓦尺寸　（单位：mm）

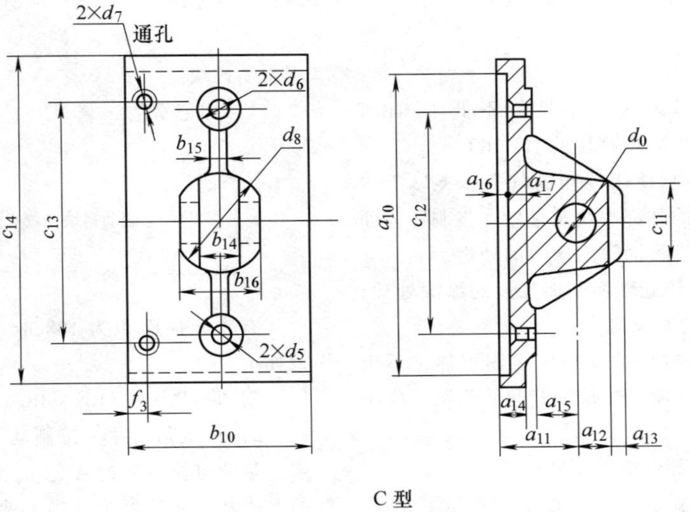

C 型

（续）

A_p/cm^2	制动盘直径 d_2	d_0 (H9)	a_{10} (±0.05)	a_{11}	a_{12}	a_{13}	a_{14}	a_{15}	a_{16}	a_{17}	b_{10}	b_{14} (${}^{+0.1}_{0}$)
66	315,400 500,630	20	130	38	20	6	12	3	5	10	70	15
177	630,710, 800	25	214	54	25	10	15	5	6	15	110	25

A_p/cm^2	b_{15}	b_{16}	c_{11}	c_{12}	c_{13} (±0.2)	c_{14}	d_5	d_6	d_7	d_8	f_3	参考质量 /kg
66	8	35	30	100	98	140	5.5	20	M8	45	8	1.2
177	10	50	60	150	157	230	8.5	30	M10	65	10	1.7

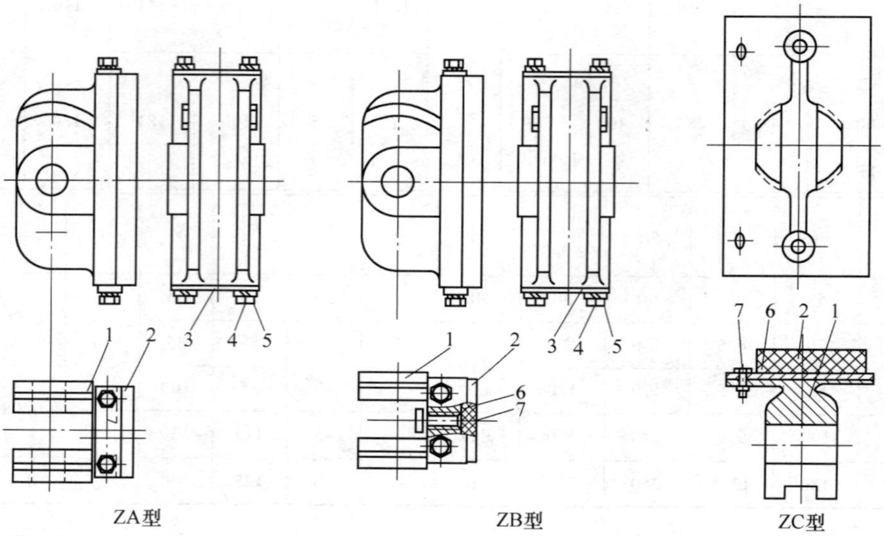

图 23-72　制动瓦总成

1—制动瓦　2—制动衬块　3—压板　4—紧固螺栓　5—垫圈　6—钢背　7—连接螺栓

3）技术要求

① 制动瓦材料，采用力学性能不低于 GB/T 9439—1988《灰铸铁件》中规定的 HT 200。

② 铸件不得有影响使用性能的气孔、夹砂等内部缺陷，不得有明显的外部裂纹及粘砂、飞刺等表面缺陷。机械加工前应进行消除内应力的处理。

③ 光洁部位的防锈处理和非加工面的涂漆处理，按 JB/T 7020—2006 的有关规定。

④ 制动瓦与制动衬块的连接应牢固可靠，不应有松动现象。制动瓦与制动衬块钢背间的间隙，应小于 0.15mm。

⑤ 在制动瓦明显部位应有型号标记。

(6) 制动衬块　制动臂盘式制动器的制动衬块（垫）（JB/T 7020—2006）适用于制动臂盘式制动器用制动衬块。

1）标记示例

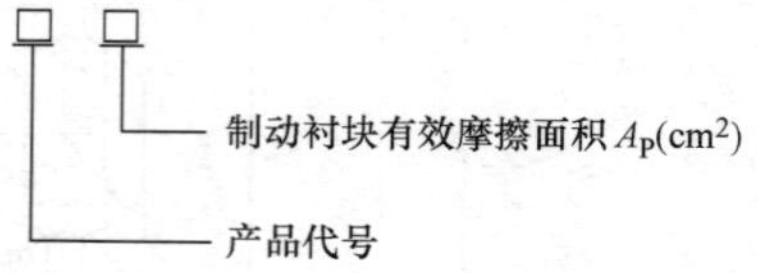

有效摩擦面积为 $108cm^2$ 的 A_1 型制动衬块的标记如下：

制动衬块　A_1-108　JB/T 7020—2006

2）形式与尺寸。按制动衬块与制动瓦的连接方式，制动衬块可分为 A_1、B_1、C_1 三种型式。制动块的型式及尺寸见表 23-170 和表 23-171。

表 23-170　A_1、B_1 型制动块型式及尺寸　　（单位：mm）

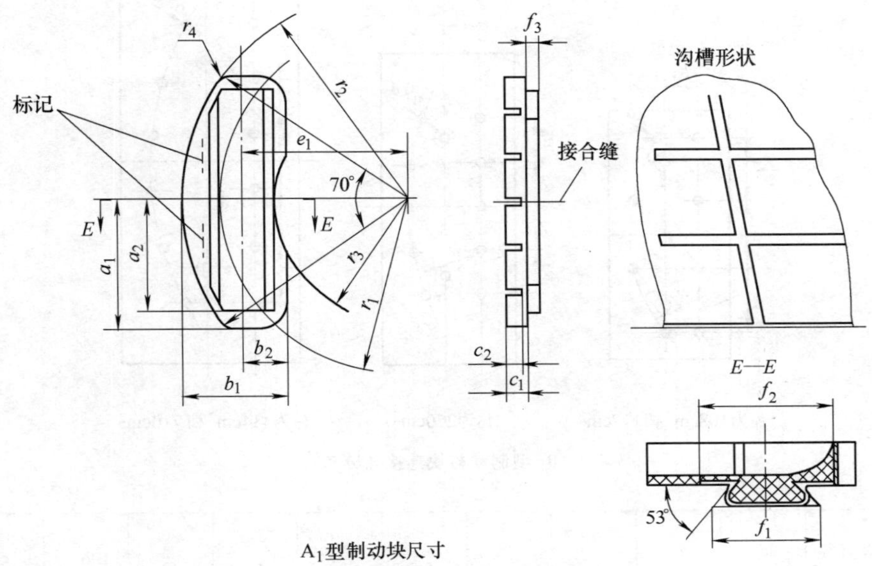

A_1型制动块尺寸

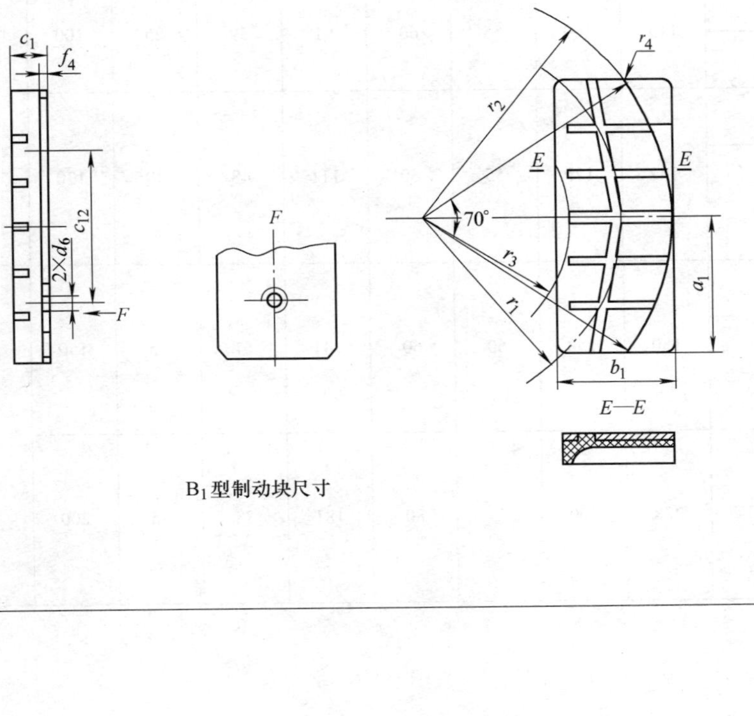

B_1型制动块尺寸

（续）

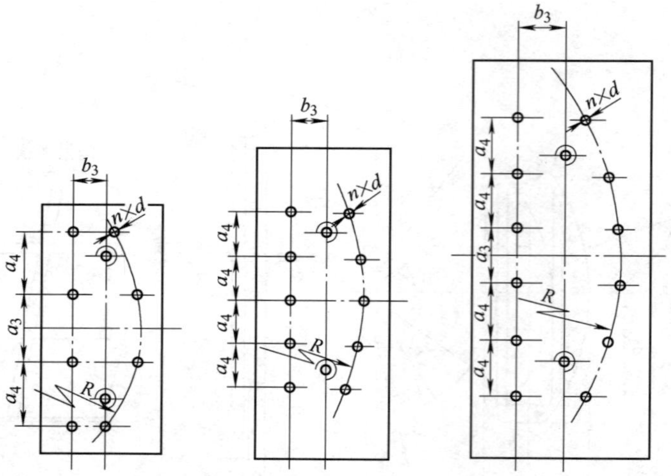

A_p为108cm²和177cm²　　A_p为270cm²　　A_p为434cm²和710cm²

B_1 型制动衬块连接孔分布

A_p/cm^2	制动盘直径 d_2	a_1 $(^{0}_{-0.3})$	a_2 $(^{-0.5}_{-0.5})$	a_3	a_4	b_1	b_2	b_3	c_{12}	c_1 $(^{-0.1}_{0.2})$	c_2 min	e_1
108	315	89	79	45	45	71	30.5	20	80	15	12	115
	355											135
	400											157.5
177	400	114	100	55	60	91	39	25	100			146
	450											171
270	500	142	125	55	60	111	48	30	120			185
	560											215
	630											250
434	630	180	158	60	60	141	61	35	150	20	16	233
	710											273
	800											318
710	800	228	200	75	80	181	78	45	200			295
	900											345
	1000											395

（续）

A_p/cm^2	f_1 $(^{0}_{0.5})$	f_2 $(^{-1}_{2})$	f_3 $(^{0}_{-0.3})$	f_4	平均有效摩擦半径 r_1	r_2	r_3	r_4	R	d_6	$n\times d$ （n 为孔数）	参考质量 /kg
108	35	46	7.9	4	125 144 167.5	155.5	89.5	16	140	M6	8×8	0.6
177	35	46	7.9	4	159 182	198	112	20	180	M6	8×8	1.0
270	35	46	7.9	4	200 229 265	248	142	25	230	M6	10×8	1.5
434	65	76	7.9	5	252 290 337	313	177	32	290	M8	12×10	3.0
710	65	76	7.9	5	319 367 415	398	222	40	370	M8	12×10	4.6

注：R 与 r_2 应同心。

表 23-171　C_1 型制动衬块型式及尺寸　　（单位：mm）

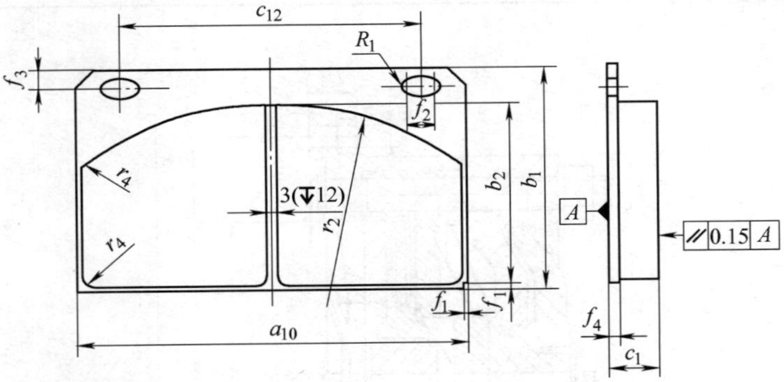

C_1 型

A_p/cm^2	制动盘直径 d_2	a_{10} $(^{-0.1}_{-0.2})$	b_1 $(^{-0.1}_{-0.2})$	b_2	c_{12}	c_1	f_1	f_2	f_3	f_4	r_2	r_4	R_1	参考质量 /kg
66	315,400 500,630	130	70	57.5	98	15	2.5	5	8	5	150	6	3.5	0.5
177	630,710, 800	214	110	94	157	22	2.5	5	10	6	313	10	5	1.6

3）技术要求

① 制动衬块的摩擦性能应满足以下要求：

a. 摩擦因数在温度 250℃以内，应不小于 0.36。

b. 磨损率 q 在连续制动 2000 次的磨损质量，与制动衬块磨损前质量之比不能大于 2%。

② 材料的物理（力学）性能见表 23-172。

表 23-172　制动衬块材料物理（力学）性能

名　　称	指　　标
线胀系数/℃$^{-1}$	≤3×10^{-5}
压缩强度/MPa	≥40
洛氏硬度	按 P、M 和 L 标尺测定，HR 值 40～90；同一制动衬块上的硬度相差不超过6个硬度单位

注：如有特殊要求，供需双方协商确定。

③ 钢背材料采用 Q 235-B 钢板。

④ A_1 型制动衬块与钢背采用压制或烧结，相互连接不可拆卸，中间横向剖面采用的燕尾槽按量规进行加工，沟槽的布置由制造厂选择。

⑤ B_1 型制动衬块与钢背采用压制，相互连接不可拆卸，沟槽的布置由制造厂选择。

⑥ C_1 型制动衬块与钢背采用粘结或烧结，相互连接不可拆卸。

⑦ 制动衬块的摩擦平面应平整，无气泡、裂纹、分层、明显杂质和加工损伤等缺陷。

⑧ 制动衬块与钢背之间连接必须牢固可靠，在制动衬块磨损到允许的最小厚度时，不得产生松动。

23.3.7.3　气动盘式制动器

（1）ZPQ 型气动盘式制动器　ZPQ 型气动盘式制动器（JB/T 8435—2006），制动力矩为 365～21990N · m；许用转速为 675～2315r/min；工作环境温度为-40～100℃。该制动器为弹簧紧闸、气动松闸的常闭式盘式制动器。适用于矿山、冶金、工程和船舶等机械设备。

1）型号与标记

① 型号表示方法：

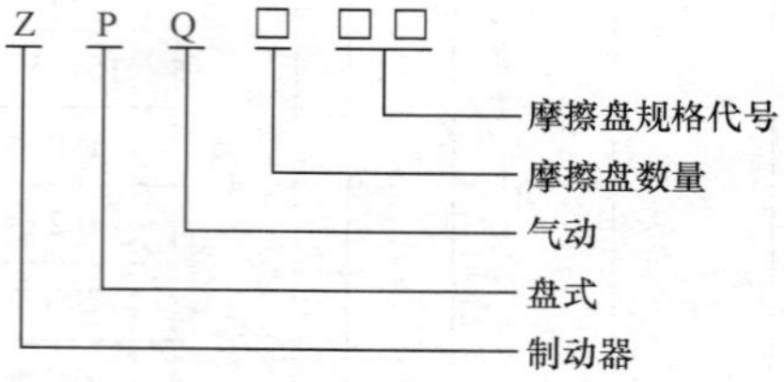

② 标记示例

a. 摩擦盘数量为 1，摩擦盘规格为 200mm 的气动盘式制动器。其标记如下：

ZPQ120 制动器　JB/T 8435—2006

b. 摩擦盘数量为 2，摩擦盘规格为 200mm 的气动盘式制动器。其标记如下：

ZPQ220 制动器　JB/T 8435—2006

2）形式、基本参数和主要尺寸。ZPQ 型气动盘式制动器采用气室驱动。结构型式分为单盘式和双盘式，见表 23-173 和表 23-174。

表 23-173　ZPQ 型气动盘式制动器基本参数（摘自 JB/T 8435—2006）

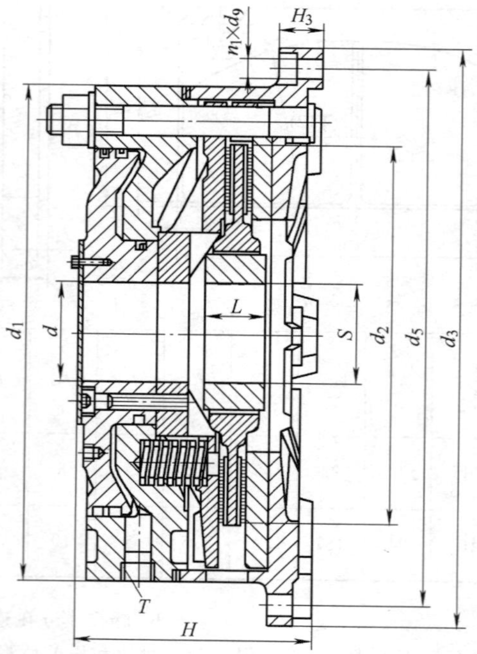

（续）

型　　号	制动力矩/N·m		转动惯量（摩擦盘）/kg·m²	许用转速[n]/(r/min)	气源极限压力/MPa		质量/kg
	max	额定值			min	max	
ZPQ 1200	365	330	0.0132	2315	0.41	0.75	30
ZPQ 2200	735	580	0.0264		0.45		36
ZPQ 1250	840	725	0.0325	1775	0.46		50
ZPQ 2250	1685	1225	0.065		0.51		60
ZPQ 1315	1715	1420	0.0869	1470	0.5		85
ZPQ 2315	2540	1830	0.1738		0.39		100
ZPQ 1400	3110	2800	0.2426	1100	0.4		140
ZPQ 2400	6220	4985	0.4852		0.42		170
ZPQ 1500	7015	6310	0.6411	875	0.45		250
ZPQ 2500	14030	11225	1.2822		0.47		295
ZPQ 1630	10995	9780	1.7512	675	0.32		435
ZPQ 2630	21990	17130	3.5024		0.35		540

表 23-174　ZPQ 型气动盘式制动器主要尺寸（摘自 JB/T 8435—2006）

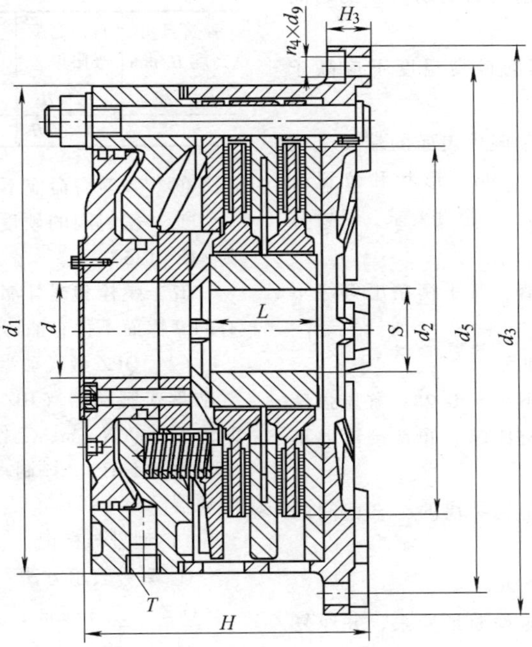

（续）

型号	适用轴径 S/mm	轮毂长度 L/mm		主要尺寸/mm								$n_1$①/个	n_4/个	T
		短轴伸	长轴伸	d	d_1	d_2	d_3	d_5	d_9	H	H_3			
ZPQ 1200	25~48	24~54	42~82	55	270	200	315	292	11	124	24	8	8	Rc3/8
ZPQ 2200										156				
ZPQ 1250	48~65	54~70	80~105	80	335	250	390	362	13.5	147	32	12	12	
ZPQ 2250										186				
ZPQ 1315	56~80	54~90	82~130	100	410	315	480	445	17.5	166	38	8	16	Rc1/2
ZPQ 2315										205				
ZPQ 1400	60~110	70~120	105~165	135	498	400	565	532		199	40	12	12	
ZPQ 2400										245				
ZPQ 1500	65~130	70~150	105~200	165	620	500	700	660	22	228	42			Rc3/4
ZPQ 2500										282				
ZPQ 1630	85~140	90~150	130~200	175	765	630	860	815		263	55	16	16	
ZPQ 2630										331				

① n_1 为可安装弹簧的最大数量。

3）技术要求

① ZPQ 型制动器应符合 JB/T 8435—2006《气动盘式制动器》的要求，并按照经规定程序批准的图样及技术文件制造。

② 材料和配套件应符合现行有关标准的规定。

③ 制动器从开始制动到达最大制动力矩的时间为 0.3~0.5s。

④ 制动时，摩擦片中部的最高温度不应高于 100℃。

⑤ 全部摩擦片铆好后，摩擦片表面的端面全跳动误差，应符合 GB/T 1184—1996《形状和位置公差　未注公差的规定》规定的 8 级精度要求，且铆钉头应低于摩擦面 2mm 以上。

⑥ 摩擦盘应做静平衡检查，其平衡精度等级不低于 G6.3。

⑦ 摩擦片表面不得沾上油污。

⑧ 摩擦片的动摩擦因数不小于 0.28；抗压强度不小于 1.9MPa；硬度为 35~55HBW；单片硬度差不大于 12HBW。

⑨ 摩擦片座板与粉末冶金烧结块的结合面间的抗剪强度不小于 0.3MPa。

⑩ 摩擦片滑动速度不大于 20m/s。

⑪ 弹簧应有制造厂的质量检验证明书，并经复检合格后方可使用。材料的质量应符合相应材料标准的有关规定。

⑫ 弹簧负荷允许偏差按 GB 1239—2009 规定的Ⅰ级精度要求。

⑬ 弹簧的自由高度极限偏差，以及用于同一套制动器的弹簧自由高度值见表 23-175。

⑭ 在自由状态下，弹簧轴线对两端面的垂直度误差见表 23-175。

表 23-175　弹簧自由高度误差

弹簧自由高度 H/mm	自由高度极限偏差	垂直度误差	用于同一套制动器的弹簧自由高度
≤125	±2%H	≤3%H	≤1.5%H
>125	±1.5%H	≤2.5%H	≤1%H

⑮　弹簧寿命应不小于 10^5 次。

⑯　密封圈的硬度为邵氏 70±5，工作温度范围为-48~135℃。

⑰　螺栓和螺母都必须按规定的预紧力拧紧。所有的摩擦面不得有油污。

（2）QPZ 型气动盘式制动器（常开型）　QPZ 型气动盘式制动器（JB/T 10469.1—2004），制动转矩 315~560000N·m，工作环境温度-20~80℃，气源系统压力 0.5MPa。该制动器为快速制动用常开型盘式制动器。

1）型号与标记

① 型号表示方法：

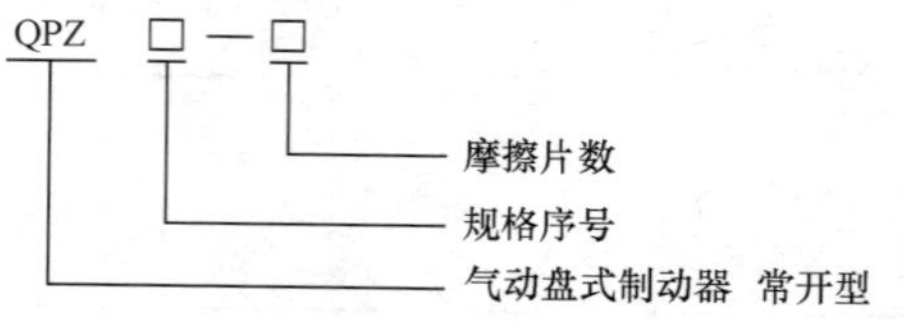

② 标记示例：额定制动转矩为 5600N · m，型号为 QPZ5-3，轴孔直径 d = 80mm 的常开型气动盘式制动器。其标记如下：

QPZ5-3 制动器　80　JB/T 10469. 1—2004

2）基本参数、形式与主要尺寸

① 基本参数见表 23-176。

② 形式与主要尺寸见表 23-177。

表 23-176　QPZ 型制动器基本参数（摘自 JB/T 10469. 1—2004）

型　号	额定制动转矩 /N · m	许用转速 /(r/min)	转动惯量 /kg · m²	质　量 /kg
QPZ1-2	315	2500	0. 017	20
QPZ2-2	710	2000	0. 044	32
QPZ3-2	1600	1500	0. 200	75
QPZ4-2	2800	1200	0. 450	105
QPZ5-2	4000	1100	0. 825	148
QPZ5-3	5600		1. 230	162
QPZ6-2	6300	1000	1. 345	171
QPZ6-3	9500		1. 997	210
QPZ7-2	8500	900	2. 5	264
QPZ7-3	12500		4. 0	330
QPZ8-2	15000	750	4. 5	365
QPZ8-3	22400		6. 75	465
QPZ9-2	17000	720	8. 5	426
QPZ9-3	25000		12. 6	540
QPZ10-2	31500	640	15. 1	640
QPZ10-3	47500		19. 5	795
QPZ11-2	50000	550	29. 5	905
QPZ11-3	75000		44. 7	1180
QPZ12-2	71000	450	65	1040
QPZ12-3	106000		92	1680
QPZ13-2	132000	400	140	2050
QPZ13-3	200000		211	2530
QPZ14-2	280000	380	400	4100
QPZ14-3	450000		600	5300
QPZ14-4	560000		800	6500

表 23-177　QPZ 型制动器主要尺寸

（单位：mm）

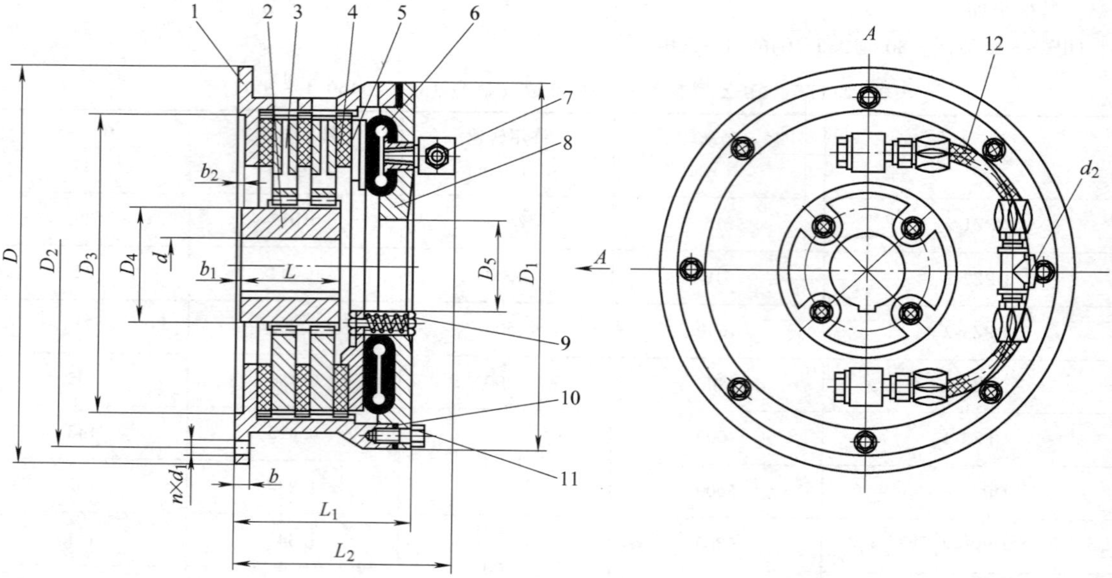

1—壳体　2—轴套　3—内盘　4—摩擦片　5—压板　6—气囊　7—快速排气阀
8—端盖　9—弹簧　10—垫片　11—螺钉　12—胶管总成

型号	d (H7)	L	L_1	L_2	D	D_1	D_2	D_3 (H8)	D_4	D_5	$n\times d_1$	d_2	b	b_1	b_2
QPZ1-2	15~45	82	132	195	220	225	203	190	70	50	$4\times\phi9$	$R_c1/2$	6	1.5	2
QPZ2-2	25~56	82	160	220	310	285	280	220	90	58	$6\times\phi14$		13	6	8
QPZ3-2	25~65	110	165	225	400	375	375	295	105	95	$6\times\phi18$		16	10	6
QPZ4-2	25~90	114	216	276	470	445	445	370	140	125	$8\times\phi18$		16	10	10
QPZ5-2	35~100	120	210	270	540	510	510	410	150	155	$12\times\phi18$		16	10	10
QPZ5-3		165	256	318											
QPZ6-2	50~120	120	235	295	590	560	560	470	180	195	$12\times\phi18$	$R_c3/4$	16	10	11
QPZ6-3		120	263	325											
QPZ7-2	50~150	130	260	320	685	632	648	540	230	235	$12\times\phi18$		19	8	19
QPZ7-3		178	294	355											
QPZ8-2	50~150	130	257	320	760	735	730	620	230	335	$12\times\phi18$	$R_c1\frac{1}{4}$	19	6	19
QPZ8-3		190	314	375											
QPZ9-2	65~165	175	259	325	830	790	800	700	230	335	$16\times\phi18$		19	6	19
QPZ9-3		202	318	380											
QPZ10-2	65~185	137	280	340	935	885	900	775	255	380	$18\times\phi22$		19	6	19
QPZ10-3		190	320	380											
QPZ11-2	150~230	229	330	390	1105	1045	1065	925	305	570	$18\times\phi22$		22	5	16
QPZ11-3		314	410	480											

（续）

型号	d (H7)	L	L_1	L_2	D	D_1	D_2	D_3 (H8)	D_4	D_5	$n\times d_1$	d_2	b	b_1	b_2
QPZ12-2	200~260	190	259	320	1320	1250	1250	1070	405	605	24×ϕ26	$R_c1\frac{1}{4}$	25	0	16
QPZ12-3		267	336	400											
QPZ13-2	250~360	223	248	310	1440		1372	1320	610	610			30		
QPZ13-3		260	448	510	1535		1472								
QPZ14-2	280~480	238			1790	1790	1689	1590	685	775	24×ϕ32		32	6	
QPZ14-3		260	575	645											
QPZ14-4		473	690	760											

注：1. 键槽形式尺寸见 GB/T 3852—2008。

2. QPZ1~QPZ3 为一个进气口，无胶管总成，其 d_2 为快速排气阀的接口尺寸。

3）技术要求

① 摩擦盘

a. 摩擦盘的摩擦平面不能有气泡、裂纹、分层、明显杂质和加工损伤等缺陷。

b. 摩擦盘的材料要具有以下性能：

a）摩擦盘性能见表 23-178。

表 23-178　摩擦盘性能

项　目		指　标	项　目		指　标
动摩擦因数 μ_d	100℃	$0.39_{-0.08}^{\ 0}$	磨损率/[$10^{-7}(cm^3/J)$] ≤	100℃	0.17
	150℃	$0.41_{-0.10}^{\ 0}$		150℃	
	200℃	$0.42_{-0.12}^{\ 0}$		200℃	0.25

b）弯曲强度不小于 49MPa。

c）抗拉强度不小于 19.6MPa。

d）抗压强度不小于 49MPa。

e）冲击强度不小于 0.49J/cm²。

② 气囊

a. 气囊由橡胶制成，性能要求如下：

a）扯断强度：内胶层不小于 19MPa；外胶层不小于 15MPa。

b）扯断伸长率：内、外胶层为 400%~430%。

c）热空气老化试验，在 100℃温度时经 24h，性能降低不得大于 30%。

d）扯断永久变形，内、外胶层均不大于 25%。

e）邵尔硬度 A 型：外胶层为 60±5；内胶层为 45±5。

b. 附着强度。各胶层与增强层之间，以及增强层与增强层之间不低于 27N/cm；胶料与接头之间不低于 200N/cm。

c. 内盘

a）内盘材料为力学性能不低于 HT250 的铸件，机械加工见 JB/T 5000.1~15—2007。

b）内盘齿部采用 30°平角根渐开线花键联接，花键副齿侧部配合为 H/d。

（3）QPBZ 型气动盘式制动器（常闭型）　QPBZ 型气动盘式制动器（JB/T 10469.2—2004），制动转矩 500~400000N·m，工作环境温度 -20~80℃，气源系统压力 0.5MPa。该制动器为快速制动用常闭型盘式制动器。

1）型号与标记

① 型号表示方法：

```
QPBZ □—□
 │   │  │
 │   │  └──── 摩擦片数
 │   └─────── 规格序号
 └─────────── 气动盘式制动器 常闭型
```

② 标记示例：额定制动转矩为 80000N·m，型号为 QPBZ12-3，轴孔直径 d=200mm 的常闭型气动盘式制动器。其标记如下：

QPBZ12-3　制动器 200　JB/T 10469.2—2004

2）基本参数、形式与主要尺寸

① 基本参数见表 23-179。

② 形式与主要尺寸见表 23-180。

表 23-179　QPBZ 型制动器基本参数（摘自 JB/T 10469.2—2004）

型号	额定制动转矩 /N · m	许用转速 /(r/min)	转动惯量 /kg · m^2	质量 /kg
QPBZ1-2	500	2500	0.017	25
QPBZ2-2	900	2000	0.044	37
QPBZ3-2	1400	1500	0.200	95
QPBZ4-2	3550	1200	0.450	135
QPBZ5-2	5000	1100	0.825	204
QPBZ6-2	7500	1000	1.345	216
QPBZ7-2	9500	900	2.5	341
QPBZ7-3	14000		4.0	367
QPBZ8-2	14000	750	4.5	435
QPBZ8-3	20000		6.75	550
QPBZ9-2	19000	720	8.5	552
QPBZ9-3	28000		12.6	630
QPBZ10-2	35500	640	15.1	728
QPBZ10-3	37000		19.5	1000
QPBZ11-2	47500	550	29.5	1230
QPBZ11-3	67000		44.7	1480
QPBZ12-2	53000	450	65	1820
QPBZ12-3	80000		92	2248
QPBZ13-2	170000	400	140	3025
QPBZ13-3	250000		211	3375
QPBZ14-2	224000	380	400	5000
QPBZ14-3	315000		600	7500
QPBZ14-4	400000		800	9980

表 23-180　QPBZ 型制动器主要尺寸（摘自 JB/T 10469.2—2004）　　（单位：mm）

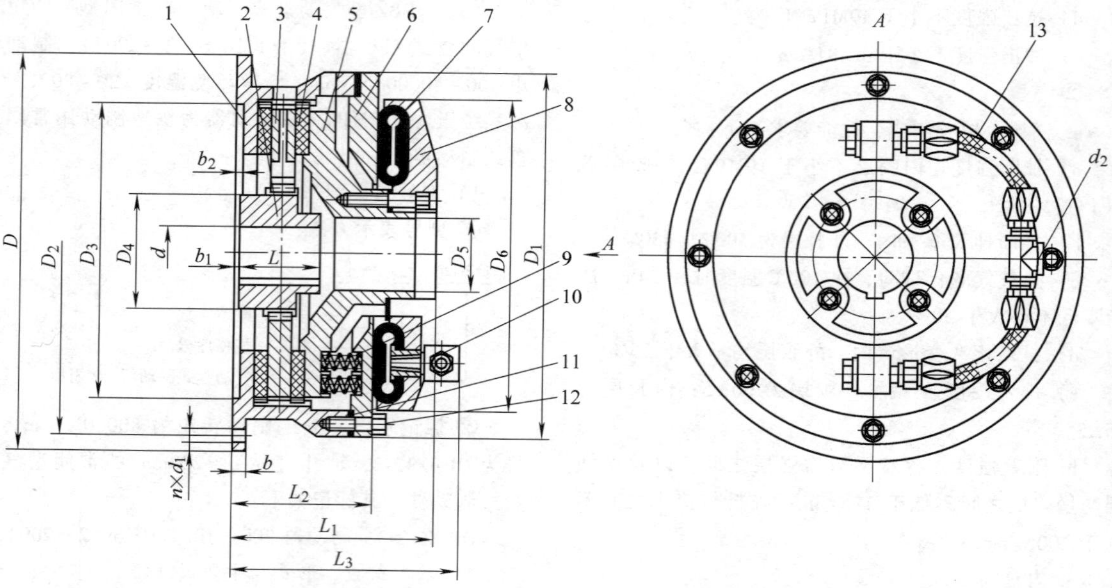

1—壳体　2—轴套　3—内盘　4—摩擦片　5—压板　6—端盖　7—气囊　8—托盘
9—弹簧　10—快速排气阀　11—垫片　12—螺钉　13—胶管总成

（续）

型号	d (H7)	L	L_1	L_2	L_3	D	D_1	D_2	D_3 (H8)	D_4	D_5	D_6	$n\times d_1$	d_2	b	b_1	b_2
QPBZ1-2	15~45	82	165	165	225	220	225	203	190	70	50	225	4×ϕ9	R_c1/2	6	1.6	2
QPBZ2-2	25~56	82	190	160	250	310	285	280	220	90	50	240	6×ϕ14		13	6	6
QPBZ3-2	25~65	110	218	200	280	400	375	375	295	100	75	305	6×ϕ18		16	6	9.5
QPBZ4-2	35~90	114	255	215	315	470	445	445	370	140	100	375	8×ϕ18		16	10	9.5
QPBZ5-2	35~100	120	270	225	330	540	510	510	410	150	110	415	12×ϕ18		16	10	9.5
QPBZ6-2	50~120	120	275	235	335	590	560	560	470	180	125	495	12×ϕ18	R_c3/4	16	11	9.5
QPBZ7-2	50~150	130	305	360	365	685	635	648	540	230	155	550	12×ϕ18		19	19	8
QPBZ7-3		178	355	395	415												
QPBZ8-2	50~150	130	310	260	370	760	740	730	620	230	210	685	12×ϕ18	$R_c1\frac{1}{4}$	19	19	6
QPBZ8-3		190	370	305	430												
QPBZ9-2	65~165	175	320	280	380	830	790	800	700	230	210	685	12×ϕ18		19	19	6
QPBZ9-3		202	370	325	430												
QPBZ10-2	65~230	136	330	265	390	940	885	900	775	255	210	815	18×ϕ22		19	19	6
QPBZ10-3		257	395	340	455												
QPBZ11-2	150~230	230	385	330	445	1105	1045	1065	925	305	325	975	18×ϕ22		22	16	6
QPBZ11-3		314	520	410	580												
QPBZ12-2	200~255	190	420	260	480	1320	1250	1250	1070	410	520	1120	24×ϕ26		25	15	6
QPBZ12-3		267	485	335	545												
QPBZ13-2	250~370	223	520	360	580	1490	1445	1440	1220	610	500	1320	24×ϕ26		25	15	6
QPBZ13-3		259	575	410	635												
QPBZ14-2	280~480	238	575	410	635	1790	1790	1689	1590	685	665	1530	24×ϕ32		30	12	6
QPBZ14-3		359	695	530	755												
QPBZ14-4		473	825	660	885												

注：1. 键槽形式尺寸按 GB/T 3852—2008 的规定。

2. QPBZ1~QPBZ3 为一个进气口，无胶管总成，其 d_2 为快速排气阀的接口尺寸。

（4）QPWZ 型气动盘式制动器（水冷却型）

QPWZ 型气动盘式制动器（JB/T 10469.3—2004）适用于用水冷却。其制动转矩 100~212000N · m，工作环境温度-20~80℃（低于 0℃时冷却水须加温），气源系统压力 0.5MPa，冷却水的流量 4~250L/min。该制动器力快速制动盘式水冷却型制动器。

1）型号与标记

① 型号表示方法

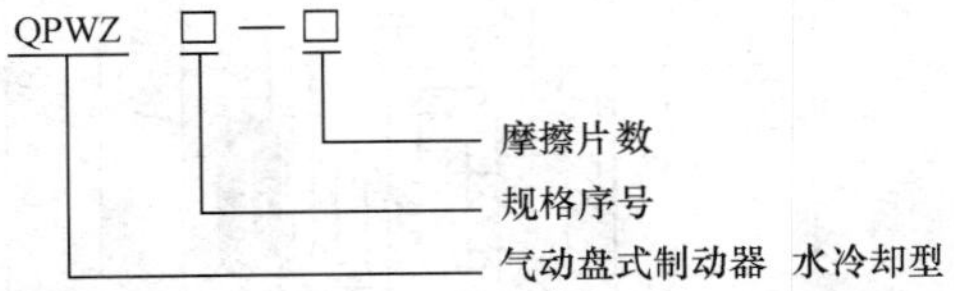

② 标记示例：额定转矩为 14200N · m，型号为 QPWZ8-2，轴孔直径 $d=90$mm 的水冷却气动盘式制动器。其标记如下：

QPWZ8-2 制动器 90　JB/T 10469.3—2004

2）基本参数、形式与主要尺寸

① 基本参数见表 23-181。

② 形式与主要尺寸见表 23-182。

表 23-181　QPWZ 型制动器的基本参数（摘自 JB/T 10469.3—2004）

型　号	额定制动转矩 /N · m	许用转速 /(r/min)	转动惯量 /kg · m²	质　量 /kg	水流量 /(L/min)
QPWZ1-1	100	2800	0.00125	10.6	4
QPWZ2-1	315	2500	0.02	21	6
QPWZ2-2	630		0.03	31	8
QPWZ3-1	560	2000	0.0225	36	8
QPWZ3-2	1120		0.0375	50	12
QPWZ4-1	1250	1500	0.113	78	12
QPWZ4-2	2500		0.25	90	17
QPWZ5-1	2240	1200	0.45	125	13
QPWZ5-2	4480		0.625	145	21
QPWZ6-1	3150	1100	0.495	168	18
QPWZ6-2	6300		0.72	250	25
QPWZ7-1	5000	1000	0.75	195	21
QPWZ7-2	11000		0.90	260	32
QPWZ8-1	7100	900	1.6	265	30
QPWZ8-2	14200		1.75	315	48
QPWZ9-1	7500	750	2.85	360	45
QPWZ9-2	15000		3.00	465	67
QPWZ10-1	13200	720	5.0	395	57
QPWZ10-2	26400		9.2	560	90
QPWZ11-1	26500	640	9.65	615	65
QPWZ11-2	53000		18.0	930	105
QPWZ12-1	40000	550	16.8	810	90
QPWZ12-2	80000		33	1200	145
QPWZ13-1	56000	450	31.5	960	110
QPWZ13-2	112000		70.0	1310	180
QPWZ14-2	212000	400	148	2250	250

表 23-182　QPWZ 型制动器基本尺寸（摘自 JB/T 10469.3—2004）　　（单位：mm）

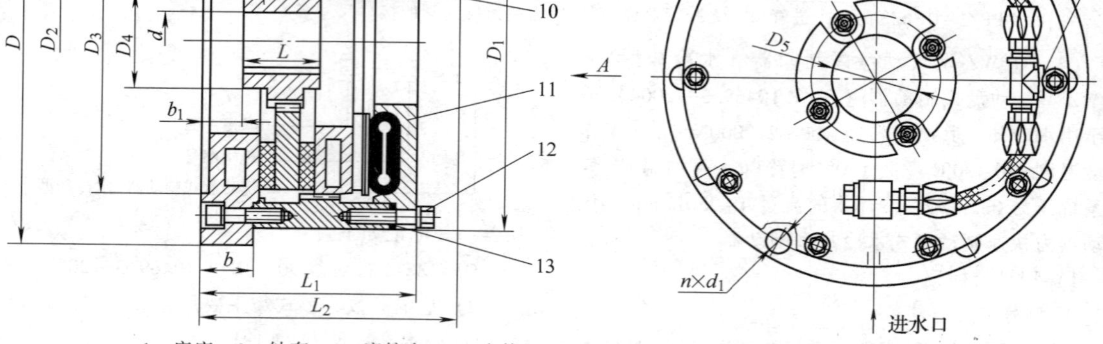

1—底座　2—轴套　3—摩擦盘　4—壳体　5—压盘　6—压板　7—气囊　8—快速排气阀
9—弹簧　10—拉紧螺栓　11—端盖　12—螺钉　13—垫片　14—胶管总成

（续）

型号	d（H7）	L	L_1	L_2	D	D_1	D_2	D_3（H8）	D_4	D_5	α/（°）	β/（°）	$n\times d_1$	d_2	d_3	b	b_1	b_2
QPWZ1-1	15~25	22	108	170	180	200	165	140	45	50	90	90	$4\times\phi9$	$R_c1/8$	$R_c1/2$	32	32	4
QPWZ2-1	15~45	50	145	205	220	225	203	190	70	50	90	90	$4\times\phi9$	$R_c1/4$		32	20	4
QPWZ2-2		112	198	260													32	
QPWZ3-1	25~56	50	172	235	310	285	280	220	90	55	60	120	$4\times\phi14$	$R_c1/2$		38	30	6
QPWZ3-2		102	225	285														
QPWZ4-1	25~65	70	188	250	400	375	375	295	105	82	60	120	$4\times\phi18$	$R_c1/2$		38	20	6
QPWZ4-2		122	240	300														
QPWZ5-1	25~90	95	215	275	470	445	445	370	140	125	45	90	$6\times\phi18$	$R_c1/2$		45	28	6
QPWZ5-2	25~71	143	268	330					110								45	
QPWZ6-1	35~100	102	220	280	540	510	510	410	150	150	30	60	$10\times\phi18$	$R_c1/2$		45	24	6
QPWZ6-2	35~120	143	285	345					180									
QPWZ7-1	35~120	102	228	290	590	560	560	470	180	200	30	60	$10\times\phi18$	$R_c1/2$	$R_c3/4$	45	28	6
QPWZ7-2	35~100	165	285	345					150					$R_c3/4$			42	
QPWZ8-1	50~150	102	245	305	685	635	648	540	230	235	30	60	$10\times\phi18$	$R_c1/2$		45	32	6
QPWZ8-2	50~140	165	302	365										$R_c3/4$				
QPWZ9-1	50~150	102	255	320	760	740	730	620	230	235	30	60	$10\times\phi18$	$R_c3/4$	$R_c1\frac{1}{4}$	45	35	6
QPWZ9-2	50~140	205	315	375					205									
QPWZ10-1	65~160	115	255	320	830	790	800	700	230	335	22.5	45	$14\times\phi18$	$R_c3/4$		50	30	6
QPWZ10-2		240	310	370														
QPWZ11-1	65~260	128	285	345	940	885	900	775	405	380	20	40	$16\times\phi22$	$R_c3/4$		50	35	6
QPWZ11-2		205	425	485													50	
QPWZ12-1	150~220	145	305	365	1105	1045	1065	925	305	475	20	40	$16\times\phi22$	$R_c3/4$		60	30	6
QPWZ12-2		280	445	505										$R_c1\frac{1}{4}$				
QPWZ13-1	200~250	145	305	365	1320	1250	1250	1070	405	615	15	30	$22\times\phi26$	$R_c1\frac{1}{4}$		60	30	6
QPWZ13-2		285	445	505														
QPWZ14-2	250~360	320	485	545	1490	1445	1440	1220	550	640	15	30	$22\times\phi26$	$R_c1\frac{1}{4}$		60	15	6

注：1. 键槽形式尺寸按 GB/T 3852—2008 的规定。

2. QPWZ1~QPWZ4 为一个进气口，无胶管总成，其 d_3 为快速排气阀的接口尺寸。

23.3.7.4 钳盘式制动器

钳盘式制动器　形式和基本参数（JB/T 5948—2013）适用于机重为3.5~38t的轮胎式装载机，也适用于铲运机、平地机等轮胎式车辆。

（1）形式　钳盘式制动器的形式为钳体固定活塞双向对置式。根据活塞数目的多少又分为三种形式。

1）单活塞双向对置式。

2）双活塞双向对置式。

3）三活塞双向对置式。

（2）主要尺寸

1）制动盘直径尺寸见表23-183。

2）液压缸直径及活塞外径尺寸见表23-184。

（3）基本参数和尺寸系列　钳盘式制动器基本参数和尺寸系列见表23-185。

表23-183　制动盘直径（摘自JB/T 5948—2013）

（单位：mm）

制动盘直径 D								
360	400	(410)	450	(460)	500	560	630	700

注：括号内为非优先选用尺寸。

表23-184　液压缸直径及活塞外径

（单位：mm）

液压缸直径及活塞外径 d				
50	63	70	75	80

表23-185　钳盘式制动器基本参数及尺寸系列（摘自JB/T 5948—2013）

尺寸系列（制动盘直径×液压缸直径）/mm	有效制动半径/m	制动力矩/N·m							
		单活塞双向对置式		双活塞双向对置式			三活塞双向对置式		
		液压缸油压/MPa							
		7	10	7	10	12	7	10	12
φ360×φ50	0.154	1480	2120	2960	4230	5080	4440	6350	7620
φ400×φ50 (φ410×φ50)	0.174	1670	2390	3350	4780	6220	5020	7170	8610
φ450×φ50	0.199	1910	2730	3830	5470	6560	5470	8200	9840
φ360×φ63	0.147	2245	3210	4490	6410	7690	6735	9620	11540
φ400×φ63	0.167	2550	3640	5100	7290	8750	7650	10930	13120
φ450×φ63	0.192	2930	4190	5860	8380	10050	8800	12570	15080
φ450×φ70	0.189	—	5090	—	10130	12220	—	15270	18330
φ500×φ70	0.214	—	5760	—	11530	13840	—	17290	20750
φ560×φ70	0.244	—	6570	—	13145	15780	—	19720	23660
φ450×φ75 (φ460×φ75)	0.186	—	5750	—	11500	13800	—	17260	20710
φ500×φ75	0.211	—	6525	—	13050	15660	—	19580	23490
φ560×φ75	0.241	—	7450	—	14910	17890	—	22360	26830
φ560×φ80	0.239	—	8410	—	16820	20180	—	25230	30270
φ630×φ80	0.274	—	9640	—	19280	23140	—	28930	34710
φ700×φ80	0.309	—	10870	—	21750	26090	—	32620	39140

注：1. 制动力矩为推荐值，是取摩擦因数 $\mu=0.35$ 计算的。

2. 括号内为不推荐选用尺寸。

（4）选用计算 制动力矩计算式如下：

$$M=\mu pARn$$

式中 M——一个钳盘式制动器的制动力矩（N·m）；

μ——摩擦因数；

p——液压缸压力（MPa）；

A——液压缸面积（mm^2）；

R——有效制动半径（m）；

n——液压缸个数。

有效制动半径 R 为液压缸中心到制动盘中心的距离，计算公式如下：

$$R=\frac{D}{2}-\left(\frac{d}{2}+1\right)$$

式中 D——制动盘直径（mm）；

d——液压缸直径（mm）。

钳盘式制动器技术条件见 JB/T 5948—2013。

23.3.7.5 气动钳盘式制动器

QP12.7 型气动钳盘式制动器结构简单，体积小，质量轻，可靠性高；以压缩空气为动力源，使用方便。适用于多种盘径，安装调试维护方便，具备盘式制动器的优点。

（1）QP12.7 型气动钳盘式制动器特点

1）符合 JB/T 7020—2006 和 DIN15435 标准。

2）QP12.7 型气动钳盘式制动器有 QP12.7-A、QP12.7-B 等规格。每种规格制动器的一种盘径可进行四级制动力矩调整。匹配气包采用铝合金气包，性能可靠稳定，密封性能好，体积小，质量轻。气动钳盘式制动器根据使用性能要求分 A 型、B 型。

3）制动衬块采用压簧卡装式，更换方便快捷。

4）可加装磨损显示装置，遥控显示和直观显示制动衬块磨损程度。

5）所用动力源无须单独设置，可与已有的空压站并网使用，在供气线路中加装调速阀，制动时间可实现无级调整。

（2）型号

1）型号表示方法：

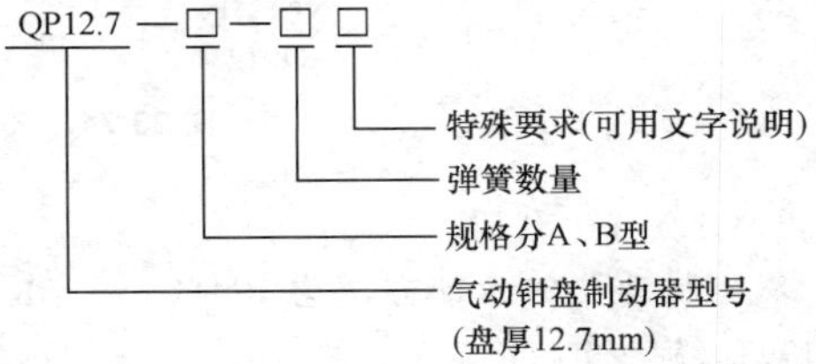

2）型号示例：A 型盘厚 12.7mm，六根弹簧气动钳盘制动器的型号：QP12.7-A-6。

（3）工作条件

1）环境温度：-40~60℃。

2）工作气压：0.5~0.7MPa。

3）安装方式：水平安装。

（4）形式、技术参数和主要尺寸 QP12.7 型气动钳盘制动器的主要尺寸和技术参数如图 23-73 和图 23-74 所示。

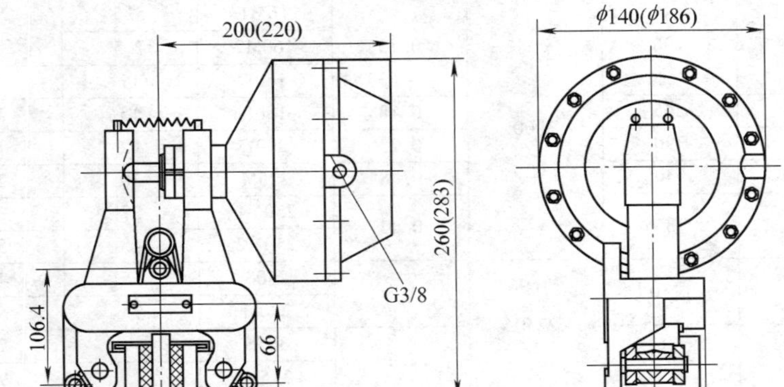

图 23-73 气动钳盘制动器

注：括号内尺寸为 QP12.7-A。

23.3.8 涡流制动器

WZ 系列起重及冶金用涡流制动器（JB/T 7561—2014），适用于各种起重机械及冶金辅助设备中，绕线转子三相异步电动机调速用涡流制动器。

23.3.8.1 形式、基本参数和主要尺寸

1）涡流制动器的外壳防护等级为 IP23，接线盒的防护等级为 IP44，见 GB/T 4942.1—2006《旋转电

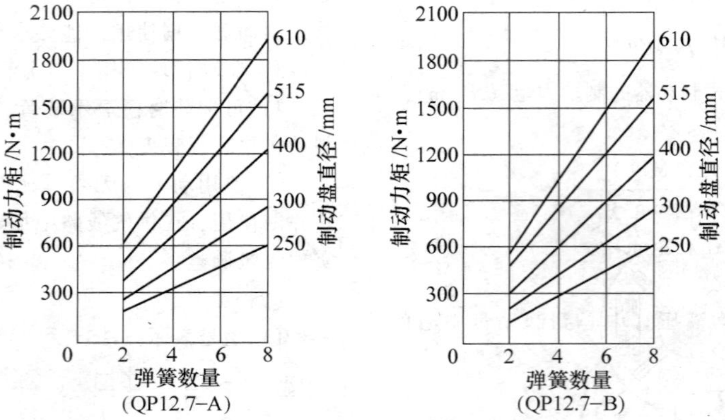

图 23-74　气动钳盘制动器技术参数

机外壳防护分级（IP 代码）。

2）涡流制动器的冷却方法为 IC411，见 GB/T 1993—1993《旋转电机冷却方法》。

3）涡流制动器的结构及安装形式为 IM1001，见 GB/T 997—2008《电机结构及安装形式代号》。

4）涡流制动器的基准工作制为 S3，基准负荷持续率为 15%，每一工作周期为 10min。

5）涡流制动器在额定转速 100r/min 时，额定制动力矩为 64N · m、118N · m、170N · m、245N · m、390N · m、620N · m、980N · m、1180N · m、1700N · m、1860N · m、2250N · m。

6）涡流制动器的额定制动力矩、限定制动力矩、转动惯量，以及与绕线转子电动机的匹配关系，见表 23-186（JB/T 10105—1999《YZR 系列起重及冶金用绕线转子三相异步电动机技术条件》）。

表 23-186　涡流制动器基本参数（摘自 JB/T 7561—2014）

机座号	额定制动力矩 /N · m	限定制动力矩 /N · m	允许最大转速 /(r/min)	转动惯量 /kg · m²	匹配绕线转子电动机/kW			
					机座号	S3 40%		
						1000r/min	750r/min	600r/min
160	64	196	3000	0.13	16M1	5.5		
					160M2	7.5		
					160L	11	7.5	
180	118	245		0.18	180L	15	11	
200	170	390		0.25	200L	22	15	
225	245	540		0.38	225M	30	22	
250	390	785		0.42	250M1	37	30	
					250M2	45	37	
280	620	1180	2250	1.3	280S	55	45	37
					280M	75	55	45
315	980	1860		2.7	315S		75	55
					315M		90	75
355	1180	2060	1800	4.75	355M			90
	1700	3040		5	355L1			110
					355L2			132
400	1860	3720		6.5	400L1			160
	2250	4410		6.75	400L2			200

7）涡流制动器励磁绕组的电源为直流。在额定励磁电流时，励磁电压为（80±15）V，也可制成（160±30）V。

8）涡流制动器结构及安装形式为 IM1001，安装尺寸及其公差，见 GB/T 4772.1—1999《旋转电机尺寸和输出功率等级　第 1 部分：机座号 56~400 和凸缘号 55~1080》。涡流制动器形式和主要尺寸见表 23-187。

表 23-187 涡流制动器主要尺寸（摘自 JB/T 7561—2014） （单位：mm）

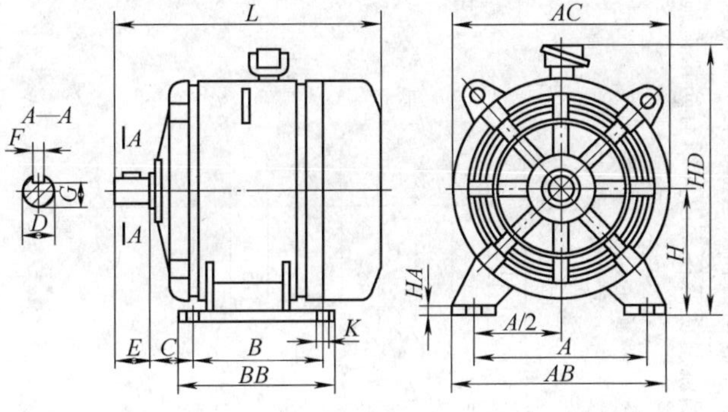

a)

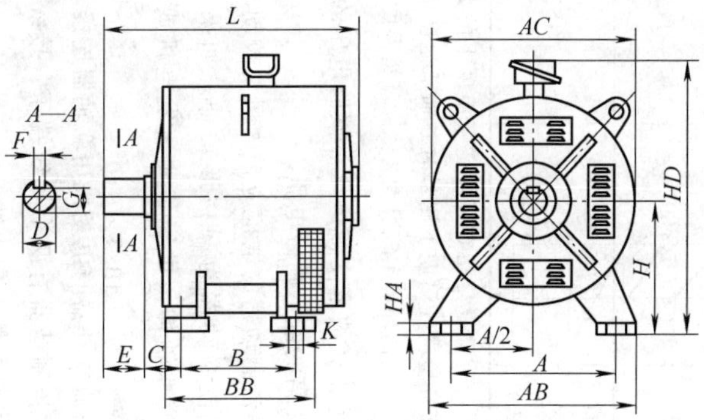

b)

机座号	图形	A	A/2①		B	C		D		E		F		G		H		K				AB	AC	BB	HA	HD	L
		安装尺寸及公差																				外形尺寸					
		基本尺寸	基本尺寸	极限偏差	基本尺寸	基本尺寸	极限偏差	基本尺寸	极限偏差	基本尺寸	极限偏差	基本尺寸	极限偏差	基本尺寸	极限偏差	基本尺寸	极限偏差	基本尺寸	极限偏差	位置度公差	螺栓直径						
160	图a	254	127	±0.75	178	28	±1.0	42	+0.018 +0.002	82	±0.43	12	0 −0.043	37	0 −0.2	160	0 −0.5	15	+0.43 0	ϕ1.5Ⓜ	M12	300	317	234	13	420	419
180		279	139.5		210	30		48				14		42.5		180						355	355	250		460	434
200		318	159		254	28		55	+0.030 +0.011			16		49		200		19			M16	400	395	300	16	510	452
225		356	178			43										225						450	445			540	492
250		406	203	±1.00	279	56	±1.5	60		105		18		53		250		24	+0.52 0	ϕ2.0Ⓜ	M20	500	495	335	25	590	585
280		457	228.5		305			70				20	0 −0.052	62.5		280	0 −1.0					560	555	365		660	693
315	图b	508	254		311	115	±2.0	85	+0.035 +0.015	130	±0.50	22		76		315		28			M24	610	625	385		725	735
355		610	305		349	121		100		165		28		90		355						700	705	420	35	805	920
400		686	343	±1.25	457	102		110						100		400		35	+0.62 0	ϕ2.5Ⓜ	M30	800	790	550		895	1075

① 如 K 孔的位置度合格，则 A/2 可不做考核。

23.3.8.2　技术要求

1）涡流制动器在下列条件下使用时，应能额定运行。

① 海拔不超过 1000m。如果涡流制动器指定在海拔超过 1000m 使用时，应按 GB 755—2008《旋转电机定额和性能》的规定处理。

② 最高环境空气温度随季节而变化，一般环境不超过 40℃，冶金环境不超过 60℃。环境空气温度高于上述规定时，应按 GB 755—2008 的规定处理。

③ 室内各种起重机械及冶金辅助设备电气传动的调速。

④ 经常的机械振动及冲击。

2）涡流制动器的绝缘等级分为 F 级和 H 级两种。F 级绝缘涡流制动器适用于环增空气温度不超过 40℃的场所。H 级绝缘涡流制动器适用于环境空气温度不超过 60℃的场所。当海拔和环境空气温度符合以上规定时，涡流制动器各发热部分的温升限值和允许温度应不超过表 23-188 的规定。

表 23-188　发热部分温升限值和允许温度

涡流制动器发热部位	155(F)	180(H)
励磁绕组温升（电阻法）	100K	100K
轴承允许温度①（温度计法）	95℃	115℃
电枢表面最高温度（温度计法）	150℃	150℃

① 轴承允许温度是指在环境空气温度下的数值。当在低于环境空气温度下测量时，轴承温度应为实测温度加规定的环境空气温度与实际环境温度之差。

3）涡流制动器在无励磁电流情况下，应能承受表 23-186 所规定的最大转速的超速试验，历时 2min，电枢不应发生有害变形。

4）涡流制动器励磁绕组的绝缘电阻在热态或温升试验后，不应低于 1MΩ。

5）涡流制动器励磁绕组应能承受历时 1min 的绝缘耐电压试验而不发生击穿。试验电压的频率为 50Hz，并尽可能为正弦波形交流电压。试验电压的有效值为 1500V 加 2 倍的额定励磁电压。

6）涡流制动器的电枢应带内风扇校动平衡。

7）涡流制动器为圆柱形轴伸。如果另有协议时，可制成双轴伸，供安装测速发电机或限速开关之用。

8）涡流制动器与电动机用联轴器连接。

9）涡流制动器有两个接线端子，接线盒位于机座顶部，可沿两侧方向出线。

10）涡流制动器在机座上应有明显的接地装置。

11）涡流制动器各紧固件须有防松措施。

第 24 章　起重机零部件

24.1　起重机的工作等级和载荷计算

24.1.1　起重机整机的分级

24.1.1.1　起重机的使用等级

起重机的设计预期寿命，是指设计预设的该起重机从开始使用起到最终报废时止，能完成的总工作循环数。起重机的一个工作循环，是指从起吊一个物品起到能开始起吊下一个物品时止，包括起重机运行及正常的停歇在内的一个完整的过程。

起重机的使用等级，是将起重机可能完成的总工作循环数划分成 10 个等级，用 U_0、U_1、U_2、…、U_9 表示，见表 24-1。

表 24-1　起重机的使用等级（摘自 GB/T 3811—2008）

使用等级	起重机总工作循环数 C_T	起重机使用频繁程度
U_0	$C_T \leqslant 1.60\times10^4$	很少使用
U_1	$1.60\times10^4 < C_T \leqslant 3.20\times10^4$	
U_2	$3.20\times10^4 < C_T \leqslant 6.30\times10^4$	
U_3	$6.30\times10^4 < C_T \leqslant 1.25\times10^5$	
U_4	$1.25\times10^5 < C_T \leqslant 2.50\times10^5$	不频繁使用
U_5	$2.50\times10^5 < C_T \leqslant 5.00\times10^5$	中等频繁使用
U_6	$5.00\times10^5 < C_T \leqslant 1.00\times10^6$	较频繁使用
U_7	$1.00\times10^6 < C_T \leqslant 2.00\times10^6$	频繁使用
U_8	$2.00\times10^6 < C_T \leqslant 4.00\times10^6$	特别频繁使用
U_9	$4.00\times10^6 < C_T$	

24.1.1.2　起重机的起升载荷状态级别

起重机的起升载荷，是指起重机在实际的起吊作业中，每一次吊运的物品与吊具及属具的总和的重力。起重机的额定起升载荷，是指起重机起吊额定起重量时，能够吊运的物品最大重力与吊具及属具重力的总和，起升载荷的单位为牛顿（N）或千牛（kN）。

起重机的起升载荷状态级别，是指在起重机的设计预期寿命期限内，它的各个有代表性的起升载荷值的大小及各相对应的起吊次数，与起重机的额定起升载荷值的大小及总的起吊次数的比值情况。

表 24-2 列出了起重机的载荷状态级别及载荷谱系数。

表 24-2　起重机的载荷状态级别及载荷谱系数

载荷状态级别	起重机的载荷谱系数 K_F	说　明
Q1	$K_P \leqslant 0.125$	很少吊运额定载荷，经常吊运较轻载荷
Q2	$0.125 < K_P \leqslant 0.250$	较少吊运额定载荷，经常吊运中等载荷
Q3	$0.250 < K_P \leqslant 0.500$	有时吊运额定载荷，较多吊运较重载荷
Q4	$0.500 < K_P \leqslant 1.000$	经常吊运额定载荷

如果已知起重机各个起升载荷值的大小及相应的起吊次数，则可用式（24-1）算出该起重机的载荷谱系数：

$$K_P = \sum \left[\frac{C_i}{C_T} \left(\frac{P_{Qi}}{P_{Q\max}} \right)^m \right] \tag{24-1}$$

式中 K_P——起重机的载荷谱系数；

C_i——与起重机各个有代表性的起升载荷相应的工作循环数，$C_i = C_1 C_2 C_3 \cdots C_n$；

C_T——起重机总工作循环数，$C_T = \sum_{i=1}^{n} C_i = C_1 + C_2 + C_3 + \cdots + C_n$；

P_{Qi}——能表征起重机在预期寿命期内工作任务的各个有代表性的起升载荷，$P_{Qi} = P_{Q1} P_{Q2} P_{Q3} \cdots P_{Qn}$；

$P_{Q\max}$——起重机的额定起升载荷；

m——幂指数，为了便于级别的划分，约定取 $m = 3$。

展开后，式（24-1）变为

$$K_P = \frac{C_1}{C_T}\left(\frac{P_{Q1}}{P_{Q\max}}\right)^3 + \frac{C_2}{C_T}\left(\frac{P_{Q2}}{P_{Q\max}}\right)^3 + \frac{C_3}{C_T}\left(\frac{P_{Q3}}{P_{Q\max}}\right)^3 + \cdots + \frac{C_i}{C_T}\left(\frac{P_{Qn}}{P_{Q\max}}\right)^3 \tag{24-2}$$

由式（24-2）算得起重机载荷谱系数的值后，即可按表（24-2）确定该起重机的载荷状态级别。

如果不能获得起重机设计预期寿命期内，起吊的各个有代表性的起升载荷值的大小及相应的起吊次数，因而无法通过上述计算得到它的载荷谱系数，以及确定它的载荷状态级别，则可以由制造商和用户协商选出适合于该起重机的载荷状态级别及确定相应的载荷谱系数。

24.1.1.3 起重机整机的工作级别

根据起重机的10个使用等级和4个载荷状态级别，起重机整机的工作级别划分为A1～A8八个级别，见表24-3。

表24-3 起重机整机的工作级别

载荷状态级别	起重机的载荷谱系数 K_P	起重机的使用等级									
		U_0	U_1	U_2	U_3	U_4	U_5	U_6	U_7	U_8	U_9
Q1	$K_P \leqslant 0.125$	A1	A1	A1	A2	A3	A4	A5	A6	A7	A8
Q2	$0.125 < K_P \leqslant 0.250$	A1	A1	A2	A3	A4	A5	A6	A7	A8	A8
Q3	$0.250 < K_P \leqslant 0.500$	A1	A2	A3	A4	A5	A6	A7	A8	A8	A8
Q4	$0.500 < K_P \leqslant 1.000$	A2	A3	A4	A5	A6	A7	A8	A8	A8	A8

24.1.2 机构的分级

24.1.2.1 机构的使用等级

机构的设计预期寿命，是指设计预设的该机构从开始使用起到预期更换或最终报废为止的总运转时间。它只是该机构实际运转小时数累计之和，而不包括工作中此机构的停歇时间。机构的使用等级，是将该机构的总运转时间分成10个等级，以 T_0、T_1、T_2、…、T_9 表示，见表24-4。

24.1.2.2 机构的载荷状态级别

机构的载荷状态级别表明了机构所受载荷的轻重情况，表24-5列出机构的载荷状态级别及载荷谱系数。机构载荷谱系数 K_m 的4个范围值，它们各代表了机构一个相对应的载荷状态级别。

表24-4 机构的使用等级

使用等级	总使用时间 t_T/h	机构运转频繁情况
T_0	$t_T \leqslant 200$	很少使用
T_1	$200 < t_T \leqslant 400$	
T_2	$400 < t_T \leqslant 800$	较少使用
T_3	$800 < t_T \leqslant 1600$	
T_4	$1600 < t_T \leqslant 3200$	不频繁使用

（续）

使用等级	总使用时间 t_T/h	机构运转频繁情况
T_5	$3200<t_T\leqslant 6300$	中等频繁使用
T_6	$6300<t_T\leqslant 12500$	较频繁使用
T_7	$12500<t_T\leqslant 25000$	频繁使用
T_8	$25000<t_T\leqslant 50000$	
T_9	$50000<t_T$	

表 24-5　机构的载荷状态级别及载荷谱系数

载荷状态级别	机构载荷谱系数 K_m	说　明
L1	$K_m\leqslant 0.125$	机构很少承受最大载荷，一般承受轻小载荷
L2	$0.125<K_m\leqslant 0.250$	机构较少承受最大载荷，一般承受中等载荷
L3	$0.250<K_m\leqslant 0.500$	机构有时承受最大载荷，一般承受较大载荷
L4	$0.500<K_m\leqslant 1.000$	机构经常承受最大载荷

机构的载荷谱系数 K_m 可用式（24-3）计算：

$$K_m=\sum\left[\frac{t_i}{t_T}\left(\frac{P_i}{P_{max}}\right)^m\right] \tag{24-3}$$

式中　K_m——机构载荷谱系数；

t_i——与机构承受各个大小不同等级载荷的相应持续时间（h），$t_i=t_1, t_2, t_3, \cdots, t_n$；

t_T——机构承受所有大小不同等级载荷的时间总和（h），$t_T=\sum_{i=1}^{n}t_i=t_1+t_2+t_3+\cdots+t_n$；

P_i——能表征机构在服务期内工作特征的各个大小不同等级的载荷（N），$P_i=P_1, P_2, P_3, \cdots, P_n$；

P_{max}——机构承受的最大载荷（N）。

展开后，式（24-3）变为

$$K_m=\frac{t_1}{t_T}\left(\frac{P_1}{P_{max}}\right)^3+\frac{t_2}{t_T}\left(\frac{P_2}{P_{max}}\right)^3+\frac{t_3}{t_T}\left(\frac{P_3}{P_{max}}\right)^3+\cdots+\frac{t_n}{t_T}\left(\frac{P_n}{P_{max}}\right)^3 \tag{24-4}$$

由式（24-4）算得机构载荷谱系数的值后，即可按表 24-5 确定该机构相应的载荷状态级别。

24.1.2.3　机构的工作级别

机构工作级别的划分，是将各单个机构分别作为一个整体进行的关于其载荷大小程度及运转频繁情况总的评价，它并不表示该机构中所有的零部件都有与此相同的受载及运转情况。

根据机构的 10 个使用等级和 4 个载荷状态级别，机构单独作为一个整体进行分级的工作级别划分为 M1～M8 共 8 级，见表 24-6。

表 24-6　机构的工作级别

载荷状态级别	机构载荷谱系数 K_m	机构的使用等级									
		T_0	T_1	T_2	T_3	T_4	T_5	T_6	T_7	T_8	T_9
		机构的工作级别									
L1	$K_m\leqslant 0.125$	M1	M1	M1	M2	M3	M4	M5	M6	M7	M8
L2	$0.125<K_m\leqslant 0.250$	M1	M1	M2	M3	M4	M5	M6	M7	M8	M8
L3	$0.250<K_m\leqslant 0.500$	M1	M2	M3	M4	M5	M6	M7	M8	M8	M8
L4	$0.500<K_m\leqslant 1.000$	M2	M3	M4	M5	M6	M7	M8	M8	M8	M8

24.1.3　结构件或机械零件的分级

24.1.3.1　结构件或机械零件的使用等级

结构件或机械零件的一个应力循环，是指应力从通过 σ_m 时起至该应力同方向再次通过 σ_m 时为止的一个连续过程。图 24-1 所示为包含 5 个应力循环的时间应力变化历程。

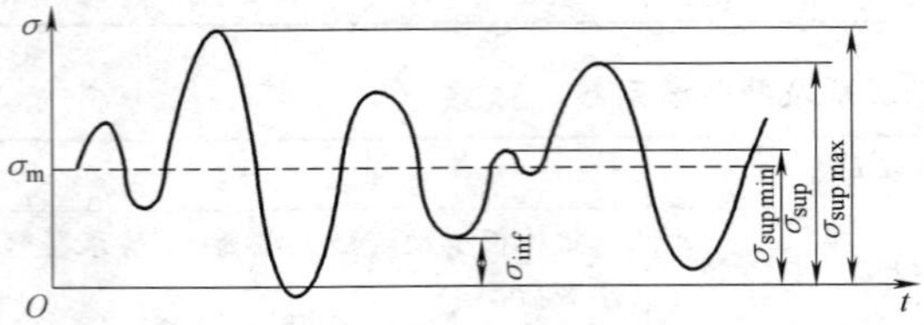

图 24-1　随时间变化的 5 个应力循环举例

σ_{sup}—峰值应力　$\sigma_{sup\,max}$—最大峰值应力　$\sigma_{sup\,min}$—最小峰值应力　σ_{inf}—谷值应力　σ_m—总使用时间内所有峰值应力和谷值应力的算术平均值

结构件或机械零件的总使用时间，是指设计预设的从开始使用起到该结构件报废，或该机械零件更换为止的期间内，发生的总的应力循环次数。

结构件的总应力循环数与起重机的总工作循环数之间，存在着一定的比例关系。某些结构件在一个起重循环内可能经受几个应力循环，这取决于起重机的类别和该结构件在该起重机结构中的具体位置。对各不同的结构件这一比值可能互不相同，但当这一比值已知时，该结构件的总使用时间，即它的总应力循环数便可以从起重机使用等级的总工作循环数中导出。

机械零件的总应力循环数，则应从该零件所归属机构的，或该零件的设计预定的总使用时间中导出。推导时要考虑到影响其应力循环的该零件的转速和其他相关的情况。

表 24-7　结构件或机械零件的使用等级

使用等级	结构件或机械零件的总应力循环数 n_T
B_0	$n_T \leqslant 1.6\times10^4$
B_1	$1.6\times10^4 < n_T \leqslant 3.2\times10^4$
B_2	$3.2\times10^4 < n_T \leqslant 6.3\times10^4$
B_3	$6.3\times10^4 < n_T \leqslant 1.25\times10^5$
B_4	$1.25\times10^5 < n_T \leqslant 2.5\times10^5$
B_5	$2.5\times10^5 < n_T \leqslant 5\times10^5$
B_6	$5\times10^5 < n_T \leqslant 1\times10^6$
B_7	$1\times10^6 < n_T \leqslant 2\times10^6$
B_8	$2\times10^6 < n_T \leqslant 4\times10^6$
B_9	$4\times10^6 < n_T \leqslant 8\times10^6$
B_{10}	$8\times10^6 < n_T$

结构件或机械零件的使用等级，都是将其总应力循环次数分成 11 个等级，分别以代号 B_0，B_1，…，B_{10}表示，见表 24-7。

24.1.3.2　结构件或机械零件的应力状态级别

结构件或机械零件的应力状态级别，表明了该结构件或机械零件在总使用期内发生应力的大小及相应的应力循环情况。表 24-8 列出了应力状态的 4 个级别及相应的应力谱系数。每一个结构件或机械零件的应力谱系数 K_s 可用式（24-5）计算：

$$K_s = \sum \left[\frac{n_i}{n_T} \left(\frac{\sigma_i}{\sigma_{max}} \right)^C \right] \tag{24-5}$$

式中　K_s——结构件或机械零件的应力谱系数；

n_i——与结构件或机械零件发生的不同应力相应的应力循环数，$n_i = n_1 n_2 n_3 \cdots n_n$；

n_T——结构件或机械零件总的应力循环数，$n_T = \sum_{i=1}^{n} n_i = n_1+n_2+n_3+\cdots+n_n$；

σ_i——该结构件或机械零件在工作时间内发生的不同应力，$\sigma_i = \sigma_1\sigma_2\sigma_3\cdots\sigma_n$，并设定：$\sigma_1>\sigma_2>\sigma_3>\cdots>\sigma_n$，对机械零件，每一个循环 n_i 期间内，认为发生的应力基本上相等，都为 σ_i，而各个循环之间的应力则可以是不同的；

σ_{max}——应力 σ_1，σ_2，σ_3，…，σ_n 中的最大应力；

C——幂指数，与有关材料的性能，结构件或机械零件的种类、形状和尺寸，表面粗糙度及腐蚀程度等有关，由试验得出。

展开后，式（24-5）变为

$$K_s = \frac{n_1}{n_T}\left(\frac{\sigma_1}{\sigma_{max}}\right)^C + \frac{n_2}{n_T}\left(\frac{\sigma_2}{\sigma_{max}}\right)^C + \frac{n_3}{n_T}\left(\frac{\sigma_3}{\sigma_{max}}\right)^C + \cdots + \frac{n_n}{n_T}\left(\frac{\sigma_n}{\sigma_{max}}\right)^C \tag{24-6}$$

对于机械零件，当式（24-5）、式（24-6）的 n_T 中，某单项应力 σ_i 首次出现 $n_i \geqslant 2\times10^6$ 项时，即取 $n_i = 2\times10^6$ 为有效值，并将此 n_i 值作为末项 n_n 的值，后续项不再计入。

由式（24-6）算得应力谱系数的值后，可按表 24-8 确定该结构件和机械零件的相应的应力状态级别。

24.1.3.3　结构件或机械零件的工作级别

根据结构件或机械零件的使用等级及应力状态级别，结构件或机械零件的工作级别划分为 E1～E8 共

8 个级别，见表 24-9。

表 24-8 结构件或机械零件的应力状态级别及应力谱系数

应力状态级别	应力谱系数 K_s	应力状态级别	应力谱系数 K_s
S1	$K_s \leqslant 0.125$	S3	$0.250<K_s \leqslant 0.500$
S2	$0.125<K_s \leqslant 0.250$	S4	$0.500<K_s \leqslant 1.000$

注：1. 某些结构件或机械零件，如已受弹簧加载的零部件，它所受的载荷同以后实际的工作载荷基本无关。在大多数情况下，它们的 $K_s=1$，应力状态级别属于 S4 级。

2. 对于机械零件，计算应力谱系数时所用的应力就是在零件计算截面上出现的总应力。对于结构件，确定应力谱系数所用的应力，是该结构件在工作期间内发生的各个不同的峰值应力，即图 24-1 中的 $\sigma_{\text{sup min}}$、σ_{sup}、$\sigma_{\text{sup max}}$等。

表 24-9 结构件或机械零件的工作级别

应力状态级别	使用等级										
	B_0	B_1	B_2	B_3	B_4	B_5	B_6	B_7	B_8	B_9	B_{10}
S1	E1	E1	E1	E1	E2	E3	E4	E5	E6	E7	E8
S2	E1	E1	E1	E2	E3	E4	E5	E6	E7	E8	E8
S3	E1	E1	E2	E3	E4	E5	E6	E7	E8	E8	E8
S4	E1	E2	E3	E4	E5	E6	E7	E8	E8	E8	E8

24.1.4 起重机整机和机构分级举例

24.1.4.1 起重机整机分级举例（见表 24-10~表 24-13）

表 24-10 流动式起重机整机分级举例

序号	起重机的使用情况	使用等级	载荷状态	整机工作级别
1	一般吊钩作业，非连续使用的起重机	U_2	Q1	A1
2	带有抓斗、电磁盘或吊桶的起重机	U_3	Q2	A3
3	集装箱吊运或港口装卸用的较繁重作业的起重机	U_3	Q3	A4

注：流重力式起重机包括汽车起重机、轮胎起重机、履带起重机。

表 24-11 塔式起重机整机分级举例

序号	起重机的类别和使用情况	使用等级	载荷状态	整机工作级别
1(a)	很少使用的起重机	U_1	Q2	A1
1(b)	货场用起重机	U_3	Q1	A2
1(c)	钻井平台上维修用起重机	U_3	Q2	A3
1(d)	造船厂舾装起重机	U_4	Q2	A4
2(a)	建筑用快装式塔式起重机	U_3	Q2	A3
2(b)	建筑用非快装式塔式起重机	U_4	Q2	A4
2(c)	电站安装设备用塔式起重机	U_4	Q2	A4
3(a)	船舶修理厂用起重机	U_4	Q2	A4
3(b)	造船用起重机	U_4	Q3	A5
3(c)	抓斗起重机	U_5	Q3	A6

表 24-12 臂架起重机整机分级举例

序号	起重机的类别	起重机的使用情况	使用等级	载荷状态	整机工作级别
1	人力驱动起重机	很少使用	U_2	Q1	A1
2	车间电动悬臂起重机	很少使用	U_2	Q2	A2
3	造船用臂架起重机	不频繁较轻载使用	U_4	Q2	A4
4(a)	货场用吊钩起重机	不频繁较轻载使用	U_4	Q2	A4
4(b)	货场用抓斗或电磁盘起重机	较频繁中等载荷使用	U_5	Q3	A6
4(c)	货场用抓斗、电磁盘或集装箱起重机	频繁重载使用	U_7	Q3	A8

（续）

序号	起重机的类别	起重机的使用情况	使用等级	载荷状态	整机工作级别
5(a)	港口装卸用吊钩起重机	较频繁中等载荷使用	U_5	Q3	A6
5(b)	港口装船用吊钩起重机	较频繁重载使用	U_6	Q3	A7
5(c)	港口装卸抓斗、电磁盘或集装箱用起重机	较频繁重载使用	U_6	Q3	A7
5(d)	港口装船用抓斗、电磁盘或集装箱起重机	频繁重载使用	U_6	Q4	A8
6	铁路起重机	较少使用	U_2	Q3	A2

注：臂架起重机包括人力驱动的臂架起重机、车间电动悬臂起重机、造船用臂架起重机、吊钩式臂架起重机、货场及港口装卸用的吊钩、抓斗、电磁盘或集装箱用臂架起重机及铁路起重机。但不包括塔式起重机和流动式起重机。

表 24-13　桥式和门式起重机整机分级举例

序号	起重机的类别	起重机的使用情况	使用等级	载荷状态	整机工作级别
1	人力驱动起重机(含手动葫芦起重机)	很少使用	U_2	Q1	A1
2	车间装配用起重机	较少使用	U_3	Q2	A3
3(a)	电站用起重机	很少使用	U_2	Q2	A2
3(b)	维修用起重机	较少使用	U_2	Q3	A3
4(a)	车间用起重机(含车间用电动葫芦起重机)	较少使用	U_3	Q2	A3
4(b)	车间用起重机(含车间用电动葫芦起重机)	不频繁较轻载使用	U_4	Q2	A4
4(c)	较繁忙车间用起重机(含车间用电动葫芦起重机)	不频繁中等载荷使用	U_5	Q2	A5
5(a)	货场用吊钩起重机(含货场电动葫芦起重机)	较少使用	U_4	Q1	A3
5(b)	货场用抓斗或电磁盘起重机	较频繁中等载荷使用	U_5	Q3	A6
6(a)	废料场吊钩起重机	较少使用	U_4	Q1	A3
6(b)	废料场抓斗或电磁盘起重机	较频繁中等载荷使用	U_5	Q3	A6
7	桥式抓斗卸船机	频繁重载使用	U_7	Q3	A8
8(a)	集装箱搬运起重机	较频繁中等载荷使用	U_5	Q3	A6
8(b)	岸边集装箱起重机	较频繁重载使用	U_6	Q3	A7
9	冶金用起重机				
9(a)	换轧辊起重机	很少使用	U_3	Q1	A2
9(b)	料箱起重机	频繁重载使用	U_7	Q3	A8
9(c)	加热炉起重机	频繁重载使用	U_7	Q3	A8
9(d)	炉前兑铁水铸造起重机	较频繁重载使用	$U_6 \sim U_7$	Q3～Q4	A7～A8
9(e)	炉后出钢水铸造起重机	较频繁重载使用	$U_4 \sim U_5$	Q4	A6～A7
9(f)	板坯搬运起重机	较频繁重载使用	U_6	Q3	A7
9(g)	冶金流程线上的专用起重机	频繁重载使用	U_7	Q3	A8
9(h)	冶金流程线外用的起重机	较频繁中等载荷使用	U_6	Q2	A6
10	铸工车间用起重机	不频繁中等载荷使用	U_4	Q3	A5
11	锻造起重机	较频繁重载使用	U_6	Q3	A7
12	淬火起重机	较频繁中等载荷使用	U_5	Q3	A6
13	装卸桥	较频繁重载使用	U_5	Q4	A7

24.1.4.2　起重机机构分级举例（见表 24-14～表 24-17）

表 24-14　流动式起重机各机构单独作为整体的分级举例

序号	机构名称		起重机整机工作级别	机构使用等级	机构载荷状态	机构工作级别
1	起升机构		A1	T_4	L1	M3
			A3	T_4	L2	M4
			A4	T_4	L3	M5
2	回转机构		A1	T_2	L2	M2
			A3	T_3	L2	M3
			A4	T_4	L2	M4
3	变幅机构		A1	T_2	L2	M2
			A3	T_3	L2	M3
			A4	T_3	L2	M3
4	臂架伸缩机构		A1	T_2	L1	M1
			A3	T_2	L2	M2
			A4	T_2	L2	M2
5	运行机构	轮胎式运行机构（仅在工作现场）	A1	T_2	L1	M1
			A3	T_2	L2	M2
			A4	T_2	L2	M2
		履带运行机构	A1	T_2	L1	M1
			A3	T_2	L2	M2
			A4	T_2	L2	M2

注：在空载状态下，臂架伸缩机构作伸缩动作。

表 24-15　塔式起重机各机构单独作为整体的分级举例

序号	起重机的类别和使用情况	起重机整机工作级别	机构使用等级					机构载荷状态					机构工作级别				
			H	S	L	D	T	H	S	L	D	T	H	S	L	D	T
1(a)	很少使用的起重机	A1	T_1	T_1	T_1	T_1	T_1	L2	L3	L2	L2	L3	M1	M2	M1	M1	M2
1(b)	货场用起重机	A2	T_3	T_3	T_2	T_2	T_1	L1	L3	L1	L1	L3	M2	M4	M1	M1	M2
1(c)	钻井平台上维修用起重机	A3	T_3	T_3	T_2	T_2	T_1	L1	L3	L2	L2	L3	M2	M4	M2	M2	M2
1(d)	造船厂舾装起重机	A4	T_4	T_4	T_3	T_3	T_2	L2	L3	L2	L2	L3	M4	M5	M3	M3	M3
2(a)	建筑用快装式塔式起重机	A4	T_3	T_3	T_2	T_2	T_1	L2	L3	L3	L2	L3	M3	M4	M3	M2	M2
2(b)	建筑用非快装式塔式起重机	A4	T_4	T_4	T_3	T_3	T_2	L2	L3	L3	L2	L3	M4	M5	M4	M3	M3
2(c)	电站安装设备用的塔式起重机	A4	T_4	T_4	T_3	T_3	T_2	L2	L2	L2	L2	L3	M4	M4	M3	M3	M3

（续）

序号	起重机的类别和使用情况	起重机整机工作级别	机构使用等级					机构载荷状态					机构工作级别				
			H	S	L	D	T	H	S	L	D	T	H	S	L	D	T
3(a)	船舶修理厂用起重机	A4	T_4	T_4	T_3	T_3	T_5	L2	L3	L2	L2	L3	M4	M5	M3	M3	M6
3(b)	造船用起重机	A5	T_4	T_4	T_3	T_3	T_4	L3	L3	L3	L3	L3	M5	M5	M4	M4	M5
3(c)	抓斗起重机	A6	T_5	T_5	T_4	T_5	T_2	L3	L3	L3	L3	L3	M6	M6	M5	M6	M3

注：H为起升机构；S为回转机构；L为动臂俯仰变幅机构；D为小车运行变幅机构；T为大车（纵向）运行机构。

表 24-16　臂架起重机各机构单独作为整体的分级举例

序号	起重机的类别	起重机的使用情况	起重机整机工作级别	机构使用等级					机构载荷状态					机构工作级别				
				H	S	L	D	T	H	S	L	D	T	H	S	L	D	T
1	人力驱动起重机	很少使用	A1	T_1	T_1	T_1	T_2	T_2	L2	L2	L2	L1	L1	M1	M1	M1	M1	M1
2	车间电动悬臂起重机	很少使用	A2	T_2	T_2	T_1	T_1	T_2	L2	L2	L2	L2	L2	M2	M2	M1	M1	M2
3	造船用臂架起重机	不频繁较轻载使用	A4	T_5	T_4	T_4	T_4	T_5	L2	L2	L2	L2	L2	M5	M4	M4	M4	M5
4(a)	货场用吊钩起重机	不频繁较轻载使用	A4	T_4	T_4	T_3	T_4	T_4	L2	L2	L2	L2	L2	M4	M4	M3	M4	M4
4(b)	货场用抓斗或电磁盘起重机	较频繁中等载荷使用	A6	T_5	T_5	T_5	T_5	T_4	L3	L3	L3	L3	L3	M6	M6	M6	M6	M5
4(c)	货场用抓斗、电磁盘或集装箱起重机	频繁重载使用	A8	T_7	T_6	T_6	T_6	T_5	L3	L3	L3	L3	L3	M8	M7	M7	M7	M6
5(a)	港口装卸用吊钩起重机	较频繁中等载荷使用	A6	T_4	T_4	T_4	—	T_3	L3	L3	L2	—	L2	M5	M5	M4	—	M3
5(b)	港口装船用吊钩起重机	较频繁重载使用	A7	T_6	T_5	T_4	—	T_3	L3	L3	L3	—	L3	M7	M6	M5	—	M4
5(c)	港口装卸抓斗、电磁盘或集装箱用起重机	较频繁重载使用	A7	T_6	T_5	T_5	—	T_3	L3	L3	L3	—	L3	M7	M6	M6	—	M4
5(d)	港口装船用抓斗、电磁盘或集装箱起重机	频繁重载使用	A8	T_7	T_6	T_6	—	T_3	L3	L3	L3	—	L3	M8	M7	M7	—	M4
6	铁路起重机	较少使用	A3	T_2	T_2	T_2	—	T_1	L3	L2	L3	—	L2	M3	M2	M3	—	M1

注：H为起升机构；S为回转机构；L为臂架俯仰变幅机构；D为小车（横向）运行变幅机构；T为大车（纵向）运行机构。

表 24-17　桥式和门式起重机各机构单独作为整体的分级举例

序号	起重机的类别	起重机的使用情况	起重机整机的工作级别	机构使用等级			机构载荷状态			机构工作级别		
				H	D	T	H	D	T	H	D	T
1	人力驱动的起重机（含手动葫芦起重机）	很少使用	A1	T_2	T_2	T_2	L1	L1	L1	M1	M1	M1
2	车间装配用起重机	较少使用	A3	T_2	T_2	T_2	L2	L1	L2	M2	M1	M2
3(a)	电站用起重机	很少使用	A2	T_2	T_2	T_3	L2	L1	L2	M2	M1	M3
3(b)	维修用起重机	较少使用	A3	T_2	T_2	T_2	L2	L1	L2	M2	M1	M2
4(a)	车间用起重机（含车间用电动葫芦起重机）	较少使用	A3	T_4	T_3	T_4	L1	L1	L1	M3	M2	M3
4(b)	车间用起重机（含车间用电动葫芦起重机）	不频繁较轻载使用	A4	T_4	T_3	T_4	L2	L2	L2	M4	M3	M4
4(c)	较繁忙车间用起重机（含车间用电动葫芦起重机）	不频繁中等载荷使用	A5	T_5	T_3	T_5	L2	L2	L2	M5	M3	M5
5(a)	货场用吊钩起重机（含货场用电动葫芦起重机）	较少使用	A3	T_4	T_3	T_4	L1	L1	L2	M3	M2	M4
5(b)	货场用抓斗或电磁盘起重机	较频繁中等载荷使用	A6	T_5	T_5	T_5	L3	L3	L3	M6	M6	M6
6(a)	废料场吊钩起重机	较少使用	A3	T_4	T_3	T_4	L2	L2	L2	M4	M3	M4
6(b)	废料场抓斗或电磁盘起重机	较频繁中等载荷使用	A6	T_5	T_5	T_5	L3	L3	L3	M6	M6	M6
7	桥式抓斗卸船机	频繁重载使用	A8	T_7	T_5	T_5	L3	L3	L3	M8	M7	M6
8(a)	集装箱搬运起重机	较频繁中等载荷使用	A6	T_5	T_5	T_5	L3	L3	L3	M6	M6	M6
8(b)	岸边集装箱起重机	较频繁重载使用	A7	T_6	T_6	T_5	L3	L3	L3	M7	M7	M6
9	冶金用起重机											
9(a)	换轧辊起重机	很少使用	A2	T_3	T_2	T_3	L3	L3	L3	M4	M3	M4
9(b)	料箱起重机	频繁重载使用	A8	T_7	T_5	T_7	L4	L4	L4	M8	M7	M8
9(c)	加热炉起重机	频繁重载使用	A8	T_6	T_6	T_6	L3	L4	L3	M7	M8	M7
9(d)	炉前兑铁水铸造起重机	较频繁重载使用	A6～A7	T_7	T_5	T_5	L3	L3	L3	M7～M8	M6	M6
9(e)	炉后出钢水铸造起重机	较频繁重载使用	A7～A8	T_7	T_6	T_6	L4	L3	L3	M8	M7	M6～M7

（续）

序号	起重机的类别	起重机的使用情况	起重机整机的工作级别	机构使用等级			机构载荷状态			机构工作级别		
				H	D	T	H	D	T	H	D	T
9(f)	板坯搬运起重机	较频繁重载使用	A7	T_6	T_5	T_6	L3	L4	L4	M7	M7	M8
9(g)	冶金流程线上的专用起重机	频繁重载使用	A8	T_6	T_6	T_7	L4	L3	L4	M8	M7	M8
9(h)	冶金流程线外用的起重机	较频繁中等载荷使用	A6	T_6	T_5	T_5	L2	L2	L3	M6	M5	M6
10	铸工车间用起重机	不频繁中等载荷使用	A5	T_5	T_4	T_5	L2	L2	L2	M5	M4	M5
11	锻造起重机	较频繁重载使用	A7	T_6	T_5	T_5	L3	L2	L3	M7	M6	M6
12	淬火起重机	较频繁中等载荷使用	A6	T_5	T_4	T_5	L3	L3	L3	M6	M5	M6
13	装卸桥	较频繁重载使用	A7	T_7	T_7	T_3	L4	L4	L2	M8	M8	M3

注：H为主起升机构；D为小车（横向）运行机构；T为大车（纵向）运行机构。

24.2 钢丝绳

24.2.1 钢丝绳的选择和计算

24.2.1.1 钢丝绳选用原则

起重机用钢丝绳应符合GB/T 20118—2017的要求，优先采用线接触型钢丝绳。

当起重机进行危险物品装卸作业（如吊运液态熔融金属、高放射性或高腐蚀性物品等），或吊运大件物品、重要设备，且起重机的使用对人身安全及可靠性有较高要求时，应采用GB 8918—2006中规定的钢丝绳。

钢丝绳的选择应满足GB/T 3811—2008标准适用的起重机，对所使用的钢丝绳规定的最低选用要求。该标准规定的钢丝绳使用的前提是所采用的钢丝绳出厂时已得到正确润滑，滑轮和卷筒的卷绕直径选择适当。

钢丝绳在滑轮和卷筒上的卷绕直径的选择，要以起升机构的工作级别为依据。但对于要经常拆卸钢丝绳的起重机（如建筑用起重机和流动式起重机），由于要求滑轮、卷筒等与钢丝绳相关的部件尺寸紧凑，重量较轻，且可以经常更换钢丝绳，故滑轮、卷筒的卷绕直径选用，允许比所在起升机构工作级别低一级，但最低工作级别不应低于M3级（起重机机构的工作级别见表24-6）。

当起重机进行危险物品装卸作业（如吊运液态熔融金属、高放射性或高腐蚀性物品等）时，宜按比该类起重机起升机构常用的工作级别高一级的机构来选择钢丝绳滑轮和卷筒的卷绕直径。

24.2.1.2 钢丝绳结构形式的选择

选用线接触型钢丝绳时，对起升高度很大，吊钩组钢丝绳倍率很小的港口装卸用起重机，或建筑塔式起重机，宜采用多层股不旋转钢丝绳；当钢丝绳在腐蚀性较大的环境中工作时，应采用镀锌钢丝绳。

24.2.1.3 钢丝绳直径的选择计算

（1）确定钢丝绳最大工作静拉力应考虑的因素

1）起重用（抓斗除外）钢丝绳。计算最大工作静拉力时应考虑下列因素：

① 起重机的额定起升载荷。

② 下滑轮组和取物装置的自重重力。

③ 起升钢丝绳缠绕滑轮组的倍率 a 和绕上卷筒的钢丝绳分支数。

④ 起升高度超过50m时，一般要计及钢丝绳的自重重力。

⑤ 在上极限位置，若钢丝绳与铅垂线夹角大于22.5°时，还需要考虑由钢丝绳的倾斜引起钢丝绳拉力的增大。

⑥ 钢丝绳系统的总传动效率 η_{Σ}。对单联滑轮组可按式（24-7）计算：

$$\eta_{\Sigma}=\frac{1-\eta_l^a}{(1-\eta_l)a}\eta_D \quad (24\text{-}7)$$

式中　η_{Σ}——钢丝绳系统的总传动效率；

η_l——单个滑轮的效率（滚动轴承取 0.98，滑动轴承取 0.96）；

η_D——导向滑轮的效率。

2）非起重用钢丝绳。对不专门用于起升垂直载荷的各种钢丝绳，应考虑在各种用途工况中能反复出现的载荷的最不利情况，来确定钢丝绳的最大工作静拉力 F_S。当钢丝绳用来作水平运动的牵引时，应考虑牵引对象作水平运动时的摩擦阻力、坡道阻力，以及起升钢丝绳绕过起升及导向滑轮系统的阻力等。

3）多绳抓斗的钢丝绳。对于四绳（或双绳）抓斗，其闭合绳和支持绳载荷分配按如下规定：

① 如果使用的系统能自动地且快速地（如采用差动式电控装置等）使闭合绳和支持绳中的载荷平均分配，或将两种绳之间的载荷差异仅限制在闭斗末期，或开始张开的一个极短时期内者，则闭合绳和支持绳的最大工作静拉力 F_S，各取为总载荷的 66% 除以各自的分支数；当采用直流调速或交流变频调速，并进行了特殊的设计，能实时监控保证抓斗离地时起升与闭合机构载荷准确协调、共同承担者，钢丝绳的最大工作静拉力 F_S，可各取为总载荷的 55% 除以各自的分支数。

② 如果使用的系统在起升过程中，不能使闭合绳和支持绳中的载荷平均分配，而实际上在抓斗闭合及起升初期，几乎全部载荷都作用在闭合绳上，则闭合绳最大工作静拉力 F_S 取为总载荷的 100% 除以其分支数，支持绳最大工作静拉力 F_S 取为总载荷的 66% 除以其分支数。

（2）钢丝绳选用计算

① C 系数法。这种方法只适用于运动绳。选取的钢丝绳直径不应小于（最接近于）按式（24-8）计算的钢丝绳直径。

$$d_{min}=C\sqrt{F_S} \quad (24\text{-}8)$$

式中　d_{min}——钢丝绳的最小直径（mm）；

C——钢丝绳选择系数（$mm/\sqrt{N}$）；

F_S——钢丝绳最大工作静拉力（N）。

钢丝绳选择系数 C 的取值，与钢丝的公称抗拉强度和机构工作级别有关，见表 24-18。

当钢丝绳的 k' 和 σ_t 值与表 24-18 中不同时，则可根据工作级别从表 24-18 中选择安全系数 n 值，并根据所选择钢丝绳的 k' 和 σ_t 值，按式（24-9）换算出适合的钢丝绳选择系数 C，然后再按式（24-8）选择钢丝绳直径 d_{min}。

$$C=\sqrt{\frac{n}{k'\sigma_t}} \quad (24\text{-}9)$$

式中　n——钢丝绳的最小安全系数，按表 24-18 选取；

k'——钢丝绳最小破断拉力系数，对 k' 的说明见表 24-18 注 2；

σ_t——钢丝的公称抗拉强度，单位为（MPa）。

② 最小安全系数法。这种方法对运动绳和静态绳都适用。按与钢丝绳所在机构工作级别有关的安全系数，选择钢丝绳直径。所选钢丝绳的整绳最小破断拉力 F_0（N）应满足式（24-10）：

$$F_0 \geqslant F_S n \quad (24\text{-}10)$$

表 24-18　钢丝绳的选择系数 C 和安全系数 n

	机构工作级别（表 24-6）	选择系数 C 值							安全系数 n	
		钢丝公称抗拉强度 σ_t/MPa								
		1470	1570	1670	1770	1870	1960	2160	运动绳	静态绳
纤维芯钢丝绳	M1	0.081	0.078	0.076	0.073	0.071	0.070	0.066	3.15	2.5
	M2	0.083	0.080	0.078	0.076	0.074	0.072	0.069	3.35	2.5
	M3	0.086	0.083	0.080	0.078	0.076	0.074	0.071	3.55	3
	M4	0.091	0.088	0.085	0.083	0.081	0.079	0.075	4	3.5
	M5	0.096	0.093	0.090	0.088	0.085	0.083	0.079	4.5	4
	M6	0.107	0.104	0.101	0.098	0.095	0.093	0.089	5.6	4.5
	M7	0.121	0.117	0.114	0.110	0.107	0.105	0.100	7.1	5
	M8	0.136	0.132	0.128	0.124	0.121	0.118	0.112	9	5

（续）

	机构工作级别（表 24-6）	选择系数 C 值							安全系数 n	
		钢丝公称抗拉强度 σ_t/MPa								
		1470	1570	1670	1770	1870	1960	2160	运动绳	静态绳
钢芯钢丝绳	M1	0.078	0.075	0.073	0.071	0.069	0.067	0.064	3.15	2.5
	M2	0.080	0.077	0.075	0.073	0.071	0.069	0.066	3.35	2.5
	M3	0.082	0.080	0.077	0.075	0.073	0.071	0.068	3.55	3
	M4	0.087	0.085	0.082	0.080	0.078	0.076	0.072	4	3.5
	M5	0.093	0.090	0.087	0.085	0.082	0.080	0.076	4.5	4
	M6	0.103	0.100	0.097	0.094	0.092	0.090	0.085	5.6	4.5
	M7	0.116	0.113	0.109	0.106	0.103	0.101	0.096	7.1	5
	M8	0.131	0.127	0.123	0.120	0.116	0.114	0.108	9	5

注：1. 对于吊运危险物品的起重用钢丝绳，一般应比设计工作级别高一级，来选择表中的钢丝绳选择系数 C 和钢丝绳最小安全系数 n 值。对起升机构工作级别为 M7、M8 的某些冶金起重机和港口集装箱起重机等，在使用过程中能监控钢丝绳劣化损伤发展进程，保证安全使用，保证一定寿命和及时更换钢丝绳的前提下，允许按稍低的工作级别选择钢丝绳。对冶金起重机最低安全系数不应小于 7.1，港口集装箱起重机主起升钢丝绳和小车曳引钢丝绳的最低安全系数不应小于 6。伸缩臂架用的钢丝绳，安全系数不应小于 4。

2. 本表中给出的 C 值，是根据起重机常用的钢丝绳 6×19W（S）型的最小破断拉力系数 k'，且只针对运动绳的安全系数，用式（24-2）计算而得。对纤维芯（NF）钢丝绳，$k'=0.330$；对金属丝绳芯（IWR），或金属丝股芯（IWS）钢丝绳，$k'=0.356$。

24.2.1.4 滑轮和卷筒

（1）滑轮和卷筒的卷绕直径　按钢丝绳中心计算的滑轮或卷筒的卷绕直径，计算式为

$$D=hd \tag{24-11}$$

式中　D——按钢丝绳中心计算的滑轮或卷筒的卷绕直径（mm）；

h——卷筒、滑轮和平衡滑轮的卷绕直径与钢丝绳直径之比值，分别为 h_1、h_2、h_3，不应小于表 24-19 的规定值；

d——钢丝绳公称直径（mm）。

表 24-19　h_1、h_2、h_3 的值

机构工作级别	卷筒 h_1	滑轮 h_2	平衡滑轮 h_3
M1	11.2	12.5	11.2
M2	12.5	14	12.5
M3	14	16	12.5
M4	16	18	14
M5	18	20	14
M6	20	22.4	16
M7	22.4	25	16
M8	25	28	18

注：1. 采用抗扭转钢丝绳时，h 值按比机构工作级别高一级的值选取。

2. 对于流动式起重机及某些水工工地用的臂架起重机，建议取 $h_1=16$、$h_2=18$，与工作级别无关。

3. 臂架伸缩机构滑轮的 h_2 值，可选为卷筒的 h_1 值。

4. 桥式和门式起重机，取 h_3 等于 h_2。

5. 用 24.2.1 节给出的方法求出的最小钢丝绳直径，并由此确定了卷筒和滑轮的最小直径后，只要实际采用的钢丝绳直径不大于原算得的最小直径的 25%、钢丝绳实际的拉力不超过原计算钢丝绳最小直径时用的最大工作静拉力 F_S 值，则新选的钢丝绳仍可以与算得的卷筒和滑轮的最小直径配用。

6. 本表的 h 值不能限制或代替钢丝绳制造厂和起重机制造厂之间的协议。当考虑采用不同柔性的新型钢丝绳时尤其如此。

（2）滑轮、卷筒的材料和结构型式的选择

1）滑轮、卷筒材料的选择。铸造滑轮和卷筒的材料，应选用力学性能不低于 HT 200 的灰铸铁，及力学性能不低于 ZG 270-500 的铸钢。

焊接、扎制滑轮和卷筒的材料，应选用力学性能不低于 Q235B 的碳素结构钢；根据使用工况和环境温度的需要，也可采用力学性能不低于 Q345 的低合金高强度结构钢。

允许使用满足使用要求的其他材料的滑轮。

2）滑轮、卷筒的结构型式。滑轮的结构型式宜采用 GB/T 27546—2011 中规定的型式。铸造卷筒结构型式宜采用 JB/T 9006—2013 规定的型式。焊接卷筒的结构型式一般为短轴式，可以用卷筒联轴器与减速器连接。

3）绳槽半径。钢丝绳的使用寿命不仅与其弯曲半径，即滑轮、卷筒的直径密切有关，还与其和沟槽之间的比压等因素有关。滑轮、卷筒的绳槽半径 r 与钢丝绳公称直径 d 的比值，应取按下式确定的值：

$$r=(0.53\sim0.6)d$$

式中　r——滑轮、卷筒的绳槽半径（mm）；

d——钢丝绳公称直径（mm）。

4）钢丝绳允许偏斜角。钢丝绳绕进或绕出滑轮槽时的最大偏斜角，即钢丝绳中心线和与滑轮轴垂直的平面之间的夹角，不应大于 5°。

钢丝绳绕进或绕出卷筒时，钢丝绳中心线偏离螺旋槽中心线两侧的角度，不应大于 3.5°；对大起升高度及 D/d 值较大的卷筒，其钢丝绳偏离螺旋槽中心线的允许偏斜角应由计算确定。

对于光卷筒无绳槽多层卷绕卷筒，当未采用排绳器时，钢丝绳中心线与卷筒轴垂直平面的偏离角度不应大于 1.7°。

5）钢丝绳在卷筒上绳端的固定。吊具下降到最低极限位置时，钢丝绳在卷筒上的剩余安全圈（不包括固定绳端所占的圈数）至少应保持 2 圈（对塔式起重机为 3 圈）。当钢丝绳和卷筒之间的摩擦因数取为 0.1 时，在此安全圈下，绳端固定装置应在承受 2.5 倍钢丝绳最大工作静拉力时不发生永久变形。

24.2.2　钢丝绳的术语、标记和分类

24.2.2.1　常用术语

（1）层　具有相同节圆直径钢丝的组合，与股芯接触的为第一层。

（2）股　钢丝绳组件之一，通常由一定形状和尺寸钢丝绕一中心，沿相同方向捻制成一层或多层的螺旋状结构。有圆股（见图 24-2a、b）、三角股（见图 24-2c，代号 V）、椭圆股（见图 24-2d，代号 Q）、扁带股（见图 24-2e，代号 P）。

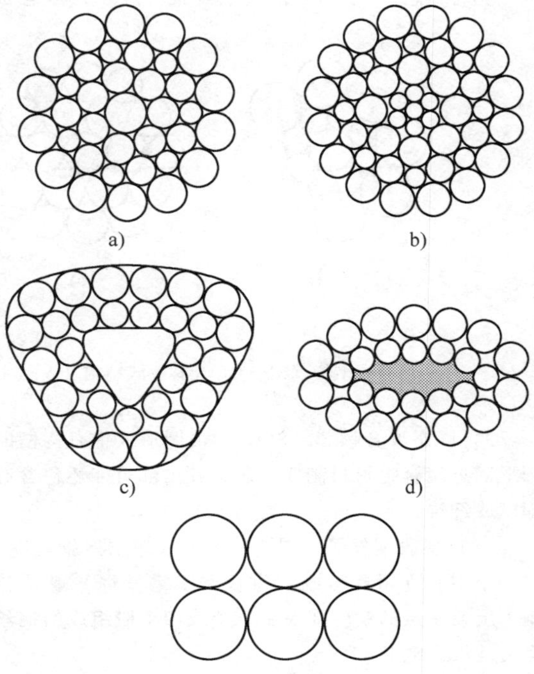

图 24-2　股的横截面

a）由一根中心钢丝构成的股　b）由 1-6 组合芯构成的股　c）由三角形中心构成的三角股　d）椭圆股　e）扁带股

（3）单捻股　仅由一层钢丝捻制的股。

（4）平行捻股　至少包括两层钢丝，所有的钢丝沿同一个方向一次捻制而成的股。股中所有的钢丝具有相同的捻距。钢丝间为线接触。

（5）捻股结构

1）西鲁式。两层具有相同钢丝数的平行捻股结构，如图 24-3a 所示，代号 S。

2）瓦林吞式。外层包含粗细两种交替排列的钢丝，而外层钢丝数是内层钢丝数的两倍的平行捻结构，如图 24-3b 所示，代号 W。

3）填充式。外层钢丝数是内层钢丝数的两倍，而且在两层钢丝间的间隙中有填充钢丝的平行捻股结构，如图 24-3c 所示，代号 Fi。

4）组合平行式。由典型的瓦林吞式和西鲁式股类型组合而成，由两层或三层以上钢丝一次捻制成的平行捻股结构，如图 24-3d 所示。

（6）压实股（K）　通过模拔、轧制或锻打等变形加工后，钢丝的形状和股的尺寸发生改变，而钢丝

的金属横截面积保持不变的股，如图 24-4 所示。

（7）芯及芯的类型（芯的代号 C）

1）纤维芯（FC）。由天然纤维（NFC）或合成纤维（SFC）组成的芯。

2）钢芯（WC）。由钢丝股（WSC）或独立钢丝绳（IWRC）组成的芯。

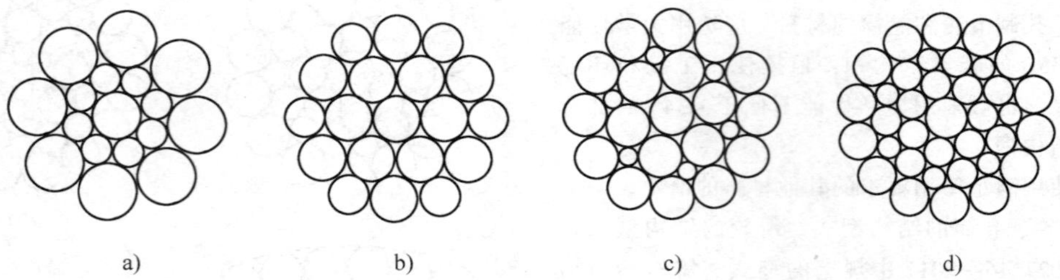

图 24-3　捻股结构

a）西鲁式结构（S）　b）瓦林吞式结构（W）　c）填充式结构（Fi）　d）瓦林吞式和西鲁式组合平行捻

3）固态聚合物芯（SPC）。由圆形或带有沟槽的圆形固态聚合物材料制成的芯，其内部可能还包含有钢丝或纤维。

（8）多股钢丝绳　围绕一个芯（单层股钢丝绳）或一个中心（阻旋转或平行捻密实钢丝绳）螺旋捻制一层或多层的钢丝绳。由三个或四个股组成的钢丝绳可能没有绳芯。

（9）半密封钢丝绳　外层由半密封钢丝（H 形）和圆钢丝相向捻制而成的单捻钢丝绳，如图 24-5 所示。

（10）全密封钢丝绳　外层由全密封钢丝（Z 形）捻制而成的单捻钢丝绳，如图 24-6 所示。

（11）股的捻距 h　股的外层钢丝围绕股轴线转一周（或螺旋），且平行于股轴线的对应两点间的距离 h，如图 24-7a 所示。

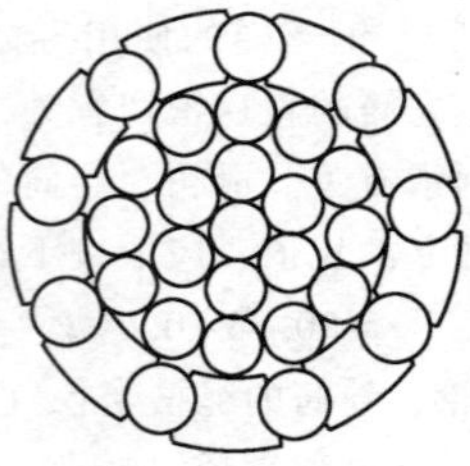

图 24-5　半密封钢丝绳示例（H 形）

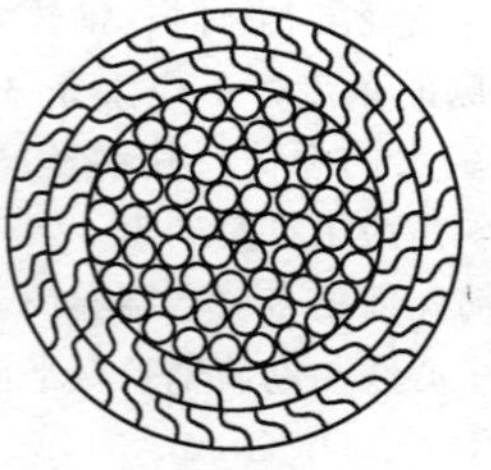

图 24-6　全密封钢丝绳示例（Z 形）

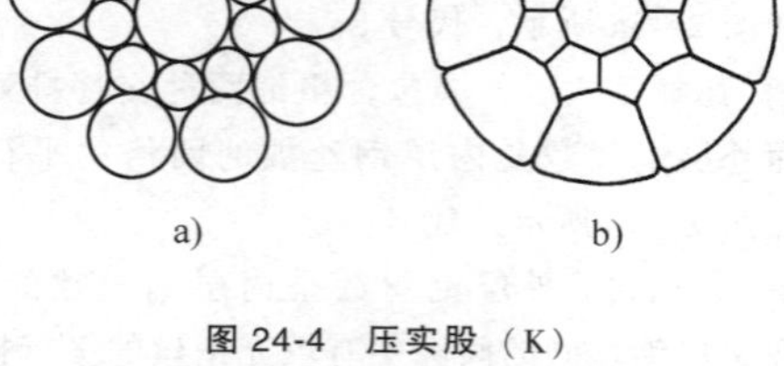

图 24-4　压实股（K）

a）压实前的股　b）压实后的股

（12）钢丝绳的捻距 H　单股钢丝绳的外层钢丝，多股钢丝绳的外层股围绕钢丝绳轴线旋转一周（或螺旋），且平行于钢丝绳轴线的对应两点间的距离 H，如图 24-7b 所示。

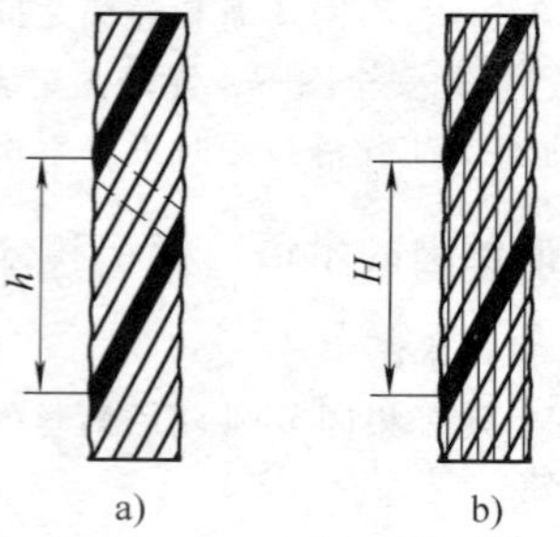

图 24-7　股和钢丝绳的捻距

a）股的捻距 h　b）钢丝绳的捻距 H

(13) 股的捻向（右捻 Z，左捻 S）

1）交互捻（SZ、ZS）。钢丝在外层股中的捻制方向，与外层股在钢丝绳中的捻制方向相反的多股钢丝绳，如图 24-8a、b 所示。

2）同向捻（ZZ、SS）。钢丝在外层股中的捻制方向，与外层股在钢丝绳中的捻制方向相同的多股钢丝绳，如图 24-8c、d 所示。

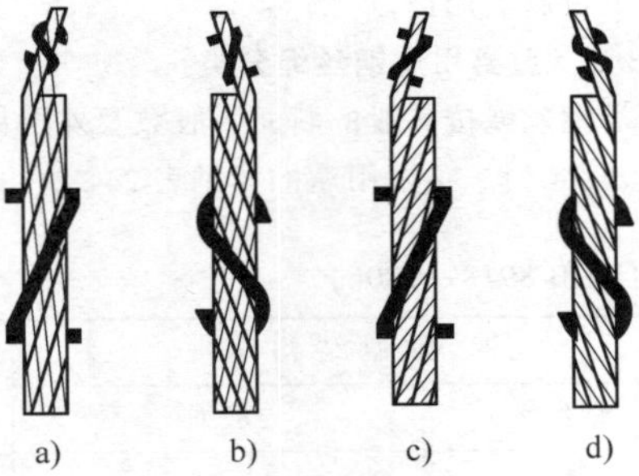

图 24-8　股的捻向

a）右交互捻（ZS）　b）左交互捻（SZ）

c）右同向捻（ZZ）　d）左同向捻（SS）

3）混合捻（aZ、aS）。钢丝绳外层股捻制类型为交互捻，与同向捻的股交替排列，如外层一半为交互捻而另一半为同向捻。

(14) 编织钢丝绳（见图 24-9）附加标记：提升用钢丝绳 HR，补偿（或平衡）用钢丝绳 CR。

(15) 扁钢丝绳　扁钢丝绳横截面的形状、宽度 W 和厚度 S，包括缝合线或铆钉，如图 24-10 所示。

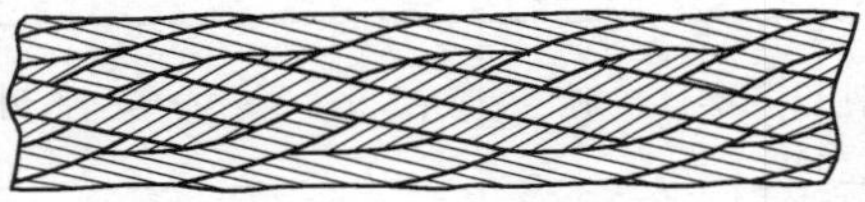

图 24-9　编织钢丝绳示例（BR）

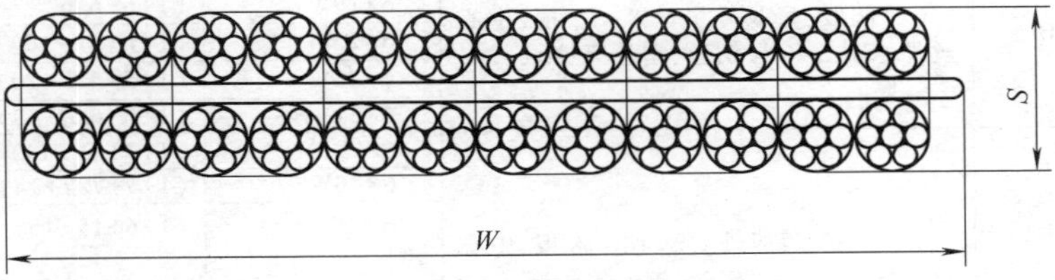

图 24-10　扁钢丝绳的尺寸（P）

扁钢丝绳由被称为“子绳”（每条子绳由 4 股组成）的单元钢丝绳制成。一条扁钢丝绳通常有 6、8 或 10 条子绳，左向捻和右向捻交替并排排列。连接方式有：单线缝合（代号 PS），双线缝合（代号 PD），铆钉铆接（代号 PN）。

(16) 钢丝的表面状态（外层钢丝）　用下列字母代号标记：

U 为光面或无镀层；B 为 B 级镀锌；A 为 A 级镀锌；B（Zn/Al）为 B 级锌合金镀层；A（Zn/Al）为 A 级锌合金镀层。

表 24-20 列出了一些代号供参考。

表 24-20　芯、平行捻密实钢丝绳中心和阻旋转钢丝绳中心组件代号

（摘自 GB/T 8706—2017）

项目或组件			代号	
单层钢丝绳	纤维芯	天然纤维芯	FC	NFC
		合成纤维芯		SFC
		固态聚合物芯		SPC
	钢芯	钢丝股芯	WC	WSC
		独立钢丝绳芯		IWRC
		压实股独立钢丝绳芯		IWRC（K）
		聚合物包覆独立绳芯		EPIWRC

项目或组件		代号
平行捻密实钢丝绳	平行捻钢丝绳芯	PWRC
	压实股平行捻钢丝绳芯	PWRC（K）
	填充聚合物的平行捻钢丝绳芯	PWRC（EP）
阻旋转钢丝绳中心构件	纤维芯	FC
	钢丝股芯	WSC
	密实钢丝股芯	KWSC

24.2.2.2 钢丝绳标记示例

钢丝绳标记系列示例如下：

22　6 × 36WS-IWRC　1770 B sZ
32　18 × 19S-WSC　1960 U sZ
95　1 × 127　1570 B Z

尺寸
钢丝绳结构
芯结构
钢丝绳级别，适用时
钢丝表面状态
捻制类型及方向

此示例其他部分各特性之间的间隔，在实际应用中通常不留空间。

24.2.3 重要用途钢丝绳

24.2.3.1 重要用途钢丝绳的应用

重要用途钢丝绳标准是 GB 8918—2006。这类钢丝绳适用于矿井提升机、高炉提升机、大型浇铸、石油钻井、大型吊装、繁忙起重、索道、地面缆车、船舶及海上设施等用途。

24.2.3.2 重要用途钢丝绳分类

这类钢丝绳按其股的断面、股数及外层钢丝绳的分类见表 24-21。主要用途推荐见表 24-22。

表 24-21 重要用途钢丝绳分类（摘自 GB 8918—2006）

组别	类别		分类原则	典型结构		直径范围/mm
				钢丝绳	股绳	
1	圆股钢丝绳	6×7	6个圆股,每股外层丝可到7根,中心丝(或无)外捻制1~2层钢丝,钢丝等捻距	6×7	(1+6)	8~36
				6×9W	(3+3/3)	14~36
2		6×19	6个圆股,每股外层丝8~12根,中心丝外捻制2~3层钢丝,钢丝等捻距	6×19S	(1+9+9)	12~36
				6×19W	(1+6+6/6)	12~40
				6×25Fi	(1+6+6F+12)	12~44
				6×26WS	(1+5+5/5+10)	20~40
				6×31WS	(1+6+6/6+12)	22~46
3		6×37	6个圆股,每股外层丝14~18根,中心丝外捻制3~4层钢丝,钢丝等捻距	6×29Fi	(1+7+7F+14)	14~44
				6×36WS	(1+7+7/7+14)	18~60
				6×37S(点线接触)	(1+6+15+15)	20~60
				6×41WS	(1+8+8/8+16)	32~56
				6×49SWS	(1+8+8+8/8+16)	36~60
				6×55SWS	(1+9+9+9/9+18)	36~64
4		8×19	8个圆股,每股外层丝8~12根,中心丝外捻制2~3层钢丝,钢丝等捻距	8×19S	(1+9+9)	20~44
				8×19W	(1+6+6/6)	18~48
				8×25Fi	(1+6+6F+12)	16~52
				8×26WS	(1+5+5/5+10)	24~48
				8×31WS	(1+6+6/6+12)	26~56
5		8×37	8个圆股,每股外层丝14~18根,中心丝外捻制3~4层钢丝,钢丝等捻距	8×36WS	(1+7+7/7+14)	22~60
				8×41WS	(1+8+8/8+16)	40~56
				8×49SWS	(1+8+8+8/8+16)	44~64
				8×55SWS	(1+9+9+9/9+18)	44~64
6		18×7	钢丝绳中有17或18个圆股,每股外层丝4~7根,在纤维芯或钢芯外捻制2层股	17×7	(1+6)	12~60
				18×7	(1+6)	12~60
7		18×19	钢丝绳中有17或18个圆股,每股外层丝8~12根,钢丝等捻距钢丝等捻距,在纤维芯或钢芯外捻制2层股	18×19W	(1+6+6/6)	24~60
				18×19S	(1+9+9)	28~60
8		34×7	钢丝绳中有34~36个圆股,每股外层丝可到7根,在纤维芯或钢芯外捻制3层股	34×7	(1+6)	16~60
				36×7	(1+6)	20~60
9		35W×7	钢丝绳中有24~40个圆股,每股外层丝4~8根,在纤维芯或钢芯(钢丝)外捻制3层股	35W×7	(1+6)	16~60
				24W×7		

（续）

组别	类别		分类原则	典型结构		直径范围 /mm
				钢丝绳	股绳	
10	异形股钢丝绳	6V×7	6个三角形股，每股外层丝7~9根，三角形股芯外捻制1层钢丝	6V×18	(/3×2+3/+9)	20~36
				6V×19	(/1×7+3/+9)	20~36
11		6V×19	6个三角形股，每股外层丝10~14根，三角形股芯或纤维芯外捻制2层钢丝	6V×21	(FC+9+12)	18~36
				6V×24	(FC+12+12)	18~36
				6V×30	(6+12+12)	20~38
				6V×34	(/1×7+3/+12+12)	28~44
12		6V×37	6个三角形股，每股外层丝15~18根，三角形股芯外捻制2层钢丝	6V×37	(/1×7+3/+12+15)	32~52
				6V×37S	(/1×7+3/+12+15)	32~52
				6V×43	(/1×7+3/+15+18)	38~58
13		4V×39	4个扇形股，每股外层丝15~18根，纤维股芯外捻制3层钢丝	4V×39S	(FC+9+15+15)	16~36
				4V×48S	(FC+12+18+18)	20~40
14		6Q×19+6V×21	钢丝绳中有12~14个股，在6个三角形股外，捻制6~8个椭圆股	6Q×19+6V×21	外股(5+14)、内股(FC+9+12)	40~52
				6Q×33+6V×21	外股(5+13+15)、内股(FC+9+12)	40~60

注：1. 13组及11组中，异形股钢丝绳中6V×21、6V×24结构仅为纤维绳芯，其余组别的钢丝绳可由需方指定纤维芯或钢芯。

2. 三角形股芯的结构可以相互代替，或改用其他结构的三角形股芯，但应在订货合同中注明。

表 24-22 钢丝绳主要用途推荐表（摘自 GB 8918—2006）

用途	名称	结构	备注
立井提升	三角股钢丝绳	6V×37S、6V×37、6V×34、6V×30、6V×43、6V×21	—
	线接触钢丝绳	6×19S、6×19W、6×25Fi、6×29Fi、6×26WS、6×31WS、6×36WS、6×41WS	推荐同向捻
	多层股钢丝绳	18×7、17×7、35W×7、24W×7	用于钢丝绳罐道的立井
		6Q×19+6V×21、6Q×33+6V×21	
开凿立井提升（建井用）	多层股钢丝绳及异形股钢丝绳	6Q×33+6V×21、17×7、18×7、34×7、36×7、6Q×19+6V×21、4V×39S、4V×48S、35W×7、24W×7	—
立井平衡绳	钢丝绳	6×37S、6×36WS、4V×39S、4V×48S	仅适用于交互捻
	多层股钢丝绳	17×7、18×7、34×7、36×7、35W×7、24W×7	仅适用于交互捻
斜井提升（绞车）	三角股钢丝绳	6V×18、6V×19	—
	钢丝绳	6×7、6×9W	推荐同向捻
高炉卷扬	三角股钢丝绳	6V×37S、6V×37、6V×30、6V×34、6V×43	—
	线接触钢丝绳	6×19S、6×25Fi、6×29Fi、6×26WS、6×31WS、6×36WS、6×41WS	—
立井罐道及索道	三角股钢丝绳	6V×18、6V×19	—
	多层股钢丝绳	18×17、17×7	推荐同向捻
露天斜坡卷扬	三角股钢丝绳	6V×37S、6V×37、6V×30、6V×34、6V×43	—
	线接触钢丝绳	6×36WS、6×37S、6×41WS、6×49SWS、6×55SWS	推荐同向捻
石油钻井	线接触钢丝绳	6×19S、6×19W、6×25Fi、6×29Fi、6×26WS、6×31WS、6×36WS	也可采用钢芯
钢绳牵引胶带运输机、索道及地面缆车	线接触钢丝绳	6×19S、6×19W、6×25Fi、6×29Fi、6×26WS、6×31WS、6×36WS、6×41WS	推荐同向捻 6×19W不适合索道

（续）

用　　途	名　　称	结　　构	备　　注
挖掘机（电铲卷扬）	线接触钢丝绳	6×19S+IWR、6×25Fi+IWR、6×19W+IWR、6×29Fi+IWR、6×26WS+IWR、6×31WS+IWR、6×36WS+IWR、6×55SWS+IWR、6×49SWS+IWR、35W×7、24W×7	推荐同向捻
	三角股钢丝绳	6V×30、6V×34、6V×37、6V×37S、6V×43	—
起重机　大型浇铸起重机	线接触钢丝绳	6×19S+IWR、6×19W+IWR、6×25Fi+IWR、6×36WS+IWR、6×41WS+IWR	—
起重机　港口装卸、水利工程及建筑用塔式起重机	多层股钢丝绳	18×19S、18×19W、34×7、36×7、35W×7、24W×7	—
	四股扇形股钢丝绳	4V×39S、4V×48S	—
起重机　繁忙起重及其他重要用途	线接触钢丝绳	6×19S、6×19W、6×25Fi、6×29Fi、6×26WS、6×31WS、6×36WS、6×37S、6×41WS、6×49SWS、6×55SWS、8×19S、8×19W、8×25Fi、8×26WS、8×31WS、8×36WS、8×41WS、8×49SWS、8×55SWS	—
	四股扇形股钢丝绳	4V×39S、4V×48S	—
热移钢机（轧钢厂推钢台）	线接触钢丝绳	6×19S+IWR、6×19W+IWR、6×25Fi+IWR、6×29Fi+IWR、6×31WS+IWR、6×37S+IWR、6×36WS+IWR	—
船舶装卸	线接触钢丝绳	6×19W、6×25Fi、6×29Fi、6×31WS、6×36WS、6×37S	镀锌
	多层股钢丝绳	18×19S、18×19W、34×7、36×7、35W×7、24W×7	—
	四股扇形股钢丝绳	4V×39S、4V×48S	—
拖船、货网	钢丝绳	6×31WS、6×36WS、6×37S	镀锌
船舶张拉桅杆吊桥	钢丝绳	6×7+IWS、6×19S+IWR	镀锌
打捞沉船	钢丝绳	6×37S、6×36WS、6×41WS、6×49SWS、6×31WS、6×55SWS、8×19S、8×19W、8×31WS、8×36WS、8×41WS、8×49SWS、8×55SWS	镀锌

注：1. 腐蚀是主要报废原因时，应采用镀锌钢丝绳。
2. 钢丝绳工作时，终端不能自由旋转，或虽有反拨力，但不能相互纠合在一起的工作场合，应采用同向捻钢丝绳。

24.2.3.3　常用重要用途钢丝绳（见表 24-23～表 24-37）

表 24-23　钢丝绳第 1 组 6×7 类的规格和力学性能（摘自 GB 8918—2006）

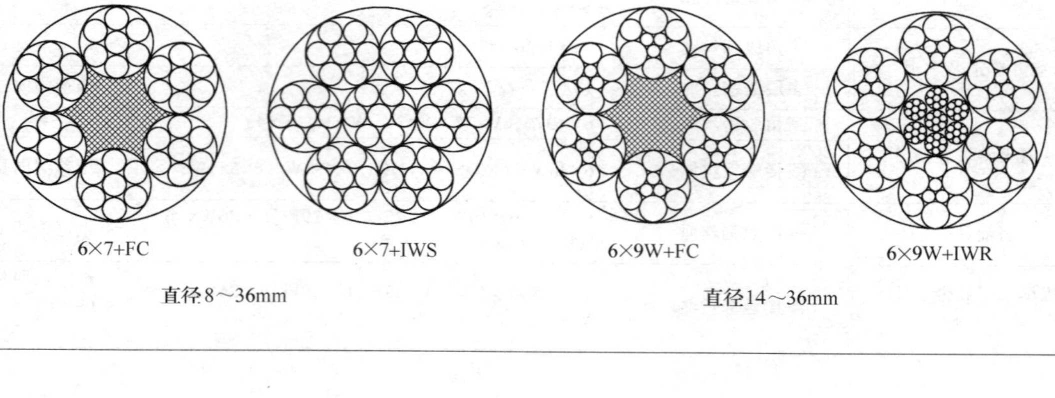

6×7+FC　　6×7+IWS　　6×9W+FC　　6×9W+IWR

直径 8～36mm　　直径 14～36mm

（续）

钢丝绳公称直径		钢丝绳参考质量/(kg/100m)			钢丝绳公称抗拉强度/MPa									
					1570		1670		1770		1870		1960	
					钢丝绳最小破断拉力/kN									
D/mm	允许偏差(%)	天然纤维芯钢丝绳	合成纤维芯钢丝绳	钢芯钢丝绳	纤维芯钢丝绳	钢芯钢丝绳	纤维芯钢丝绳	钢芯钢丝绳	纤维芯钢丝绳	钢芯钢丝绳	纤维芯钢丝绳	钢芯钢丝绳	纤维芯钢丝绳	钢芯钢丝绳
8		22.5	22.0	24.8	33.4	36.1	35.5	38.4	37.6	40.7	39.7	43.0	41.6	45.0
9		28.4	27.9	31.3	42.2	45.7	44.9	48.6	47.6	51.5	50.3	54.4	52.7	57.0
10		35.1	34.4	38.7	52.1	56.4	55.4	60.0	58.8	63.5	62.1	67.1	65.1	70.4
11		42.5	41.6	46.8	63.1	68.2	67.1	72.5	71.1	76.9	75.1	81.2	78.7	85.1
12		50.5	49.5	55.7	75.1	81.2	79.8	86.3	84.6	91.5	89.4	96.7	93.7	101
13		59.3	58.1	65.4	88.1	95.3	93.7	101	99.3	107	105	113	110	119
14		68.8	67.4	75.9	102	110	109	118	115	125	122	132	128	138
16		89.9	88.1	99.1	133	144	142	153	150	163	159	172	167	180
18	+5	114	111	125	169	183	180	194	190	206	201	218	211	228
20	0	140	138	155	208	225	222	240	235	254	248	269	260	281
22		170	166	187	252	273	268	290	284	308	300	325	315	341
24		202	198	223	300	325	319	345	338	366	358	387	375	405
26		237	233	262	352	381	375	405	397	430	420	454	440	476
28		275	270	303	409	442	435	470	461	498	487	526	510	552
30		316	310	348	469	507	499	540	529	572	559	604	586	633
32		359	352	396	534	577	568	614	602	651	636	687	666	721
34		406	398	447	603	652	641	693	679	735	718	776	752	813
36		455	446	502	676	730	719	777	762	824	805	870	843	912

表 24-24 钢丝绳第 2 组 6×19 类的规格和力学性能（摘自 GB 8918—2006）

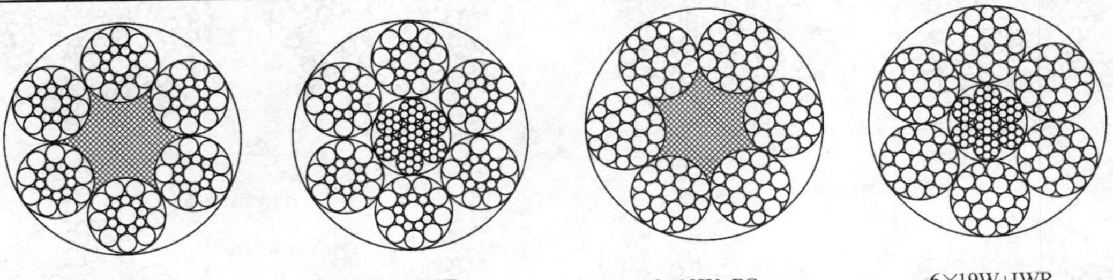

6×19S+FC　6×19S+IWR　直径12～36mm

6×19W+FC　6×19W+IWR　直径12～40mm

钢丝绳公称直径		钢丝绳参考质量/(kg/100m)			钢丝绳公称抗拉强度/MPa									
					1570		1670		1770		1870		1960	
					钢丝绳最小破断拉力/kN									
D/mm	允许偏差(%)	天然纤维芯钢丝绳	合成纤维芯钢丝绳	钢芯钢丝绳	纤维芯钢丝绳	钢芯钢丝绳	纤维芯钢丝绳	钢芯钢丝绳	纤维芯钢丝绳	钢芯钢丝绳	纤维芯钢丝绳	钢芯钢丝绳	纤维芯钢丝绳	钢芯钢丝绳
12		53.1	51.8	58.4	74.6	80.5	79.4	85.6	84.1	90.7	88.9	95.9	93.1	100
13		62.3	60.8	68.5	87.6	94.5	93.1	100	98.7	106	104	113	109	118
14		72.2	70.5	79.5	102	110	108	117	114	124	121	130	127	137
16		94.4	92.1	104	133	143	141	152	150	161	158	170	166	179
18		119	117	131	168	181	179	193	189	204	200	216	210	226
20		147	144	162	207	224	220	238	234	252	247	266	259	279
22		178	174	196	251	271	267	288	283	304	299	322	313	338
24	+5	212	207	234	298	322	317	342	336	363	355	383	373	402
26	0	249	243	274	350	378	373	402	395	426	417	450	437	472
28		289	282	318	406	438	432	466	458	494	484	522	507	547
30		332	324	365	466	503	496	535	526	567	555	599	582	628
32		377	369	415	531	572	564	609	598	645	632	682	662	715
34		426	416	469	599	646	637	687	675	728	713	770	748	807
36		478	466	525	671	724	714	770	757	817	800	863	838	904
38		532	520	585	748	807	796	858	843	910	891	961	934	1010
40		590	576	649	829	894	882	951	935	1010	987	1070	1030	1120

表 24-25 钢丝绳的规格和力学性能（摘自 GB 8918—2006）

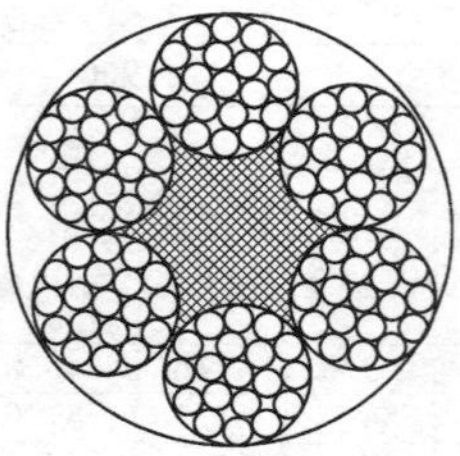

6×25Fi+FC

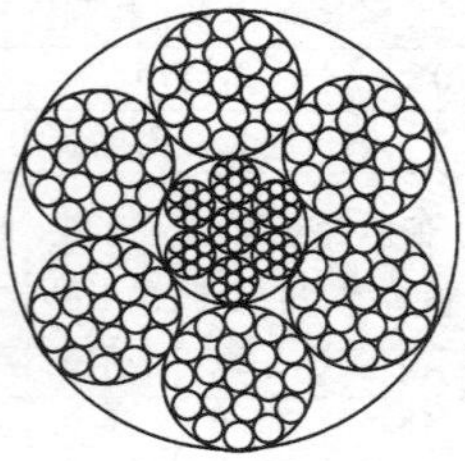

6×25Fi+IWR

直径12～44mm

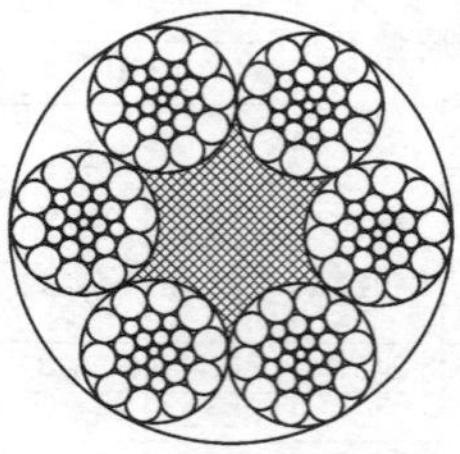

6×26WS+FC

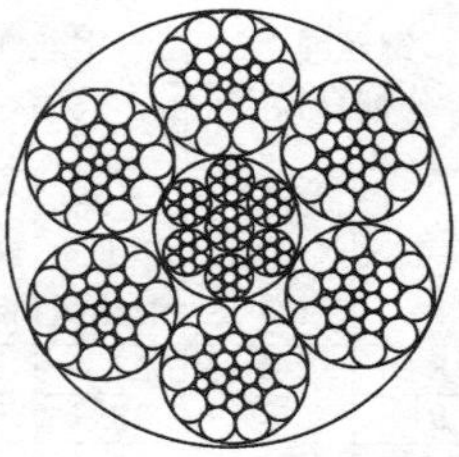

6×26WS+IWR

直径 20～40mm

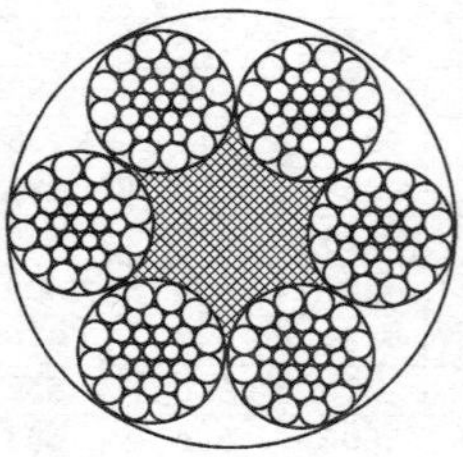

6×31WS+FC

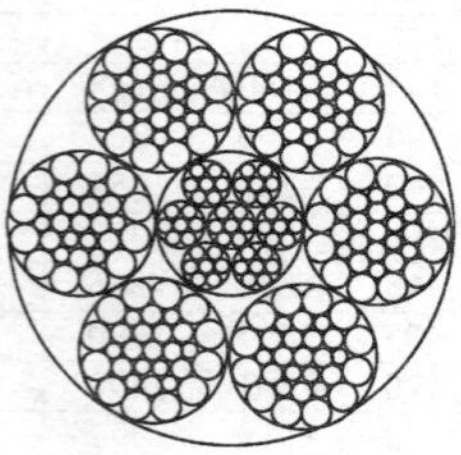

6×31WS+IWR

直径 22～46mm

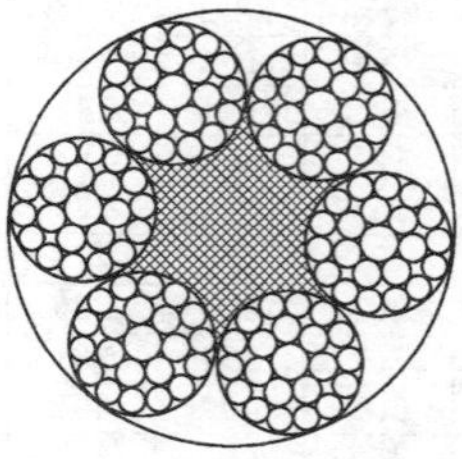

6×29Fi+FC

6×29Fi+IWR

直径14～44mm

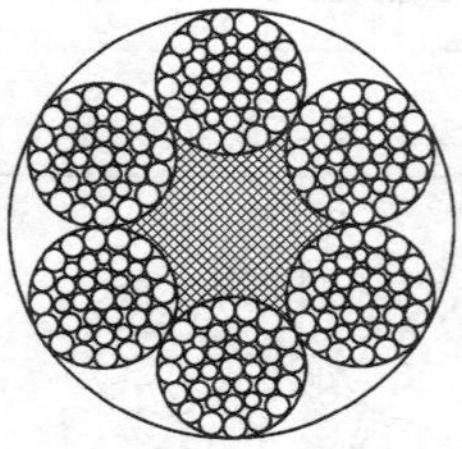

6×36WS+FC

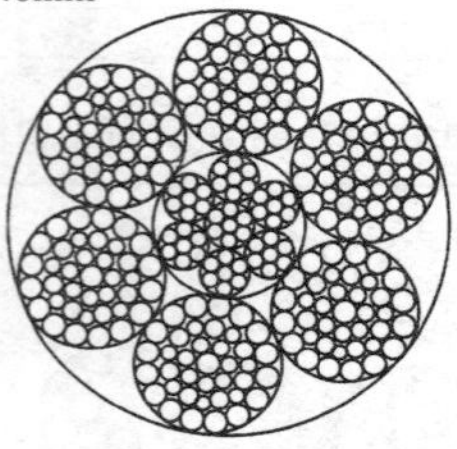

6×36WS+IWR

直径18～60mm

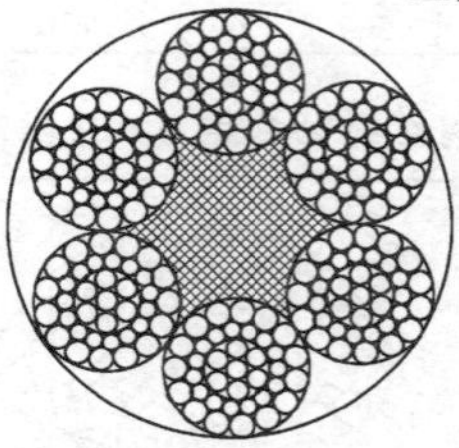

6×37S+FC

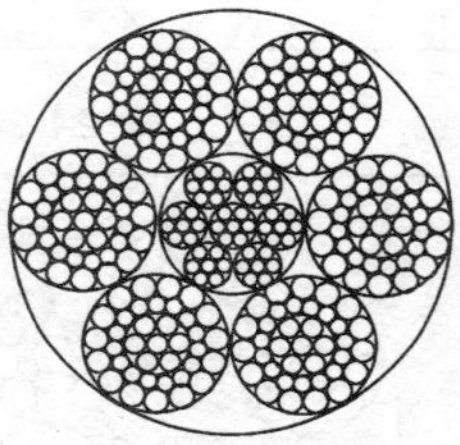

6×37S+IWR

直径 20～60mm

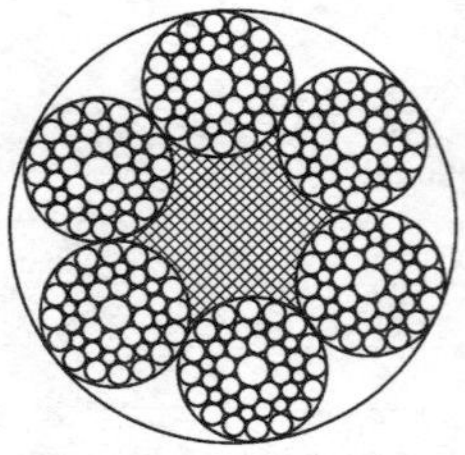

6×41WS+RC

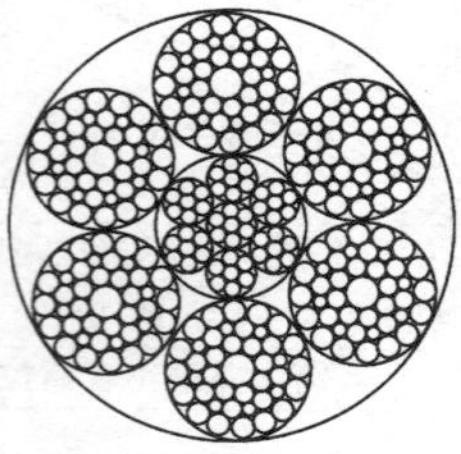

6×41WS+IWR

直径32～56mm

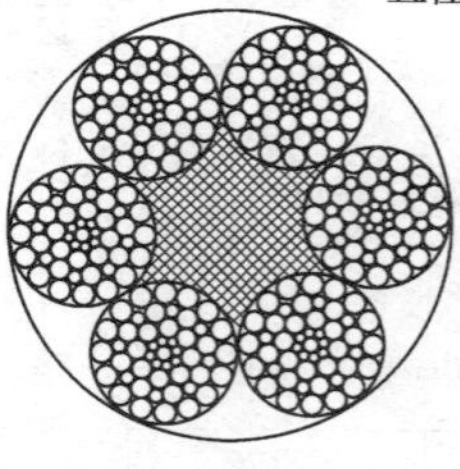

6×49WS+FR

6×49SWS+IWR

直径36～60mm

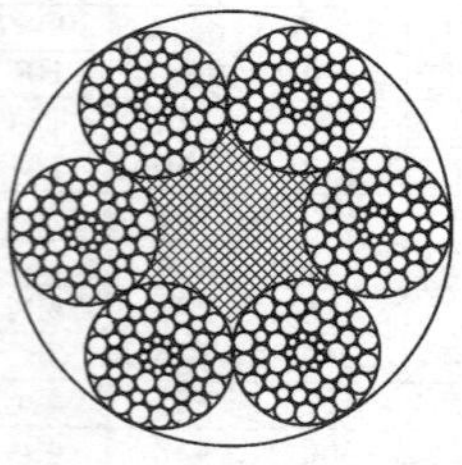

6×55SWS+FC

6×55SWS+IWR

直径36～64mm

钢丝绳结构：6×25Fi+FC、6×25Fi+IWR、6×25WS+FC、6×26WS+IWR、6×29Fi+FC、6×29Fi+IWR、6×31WS+FC、6×31WS+IWR、6×36WS+FC、6×36WS+IWR、6×37S+FC、6×37S+IWR、6×41WS+FC、6×41WS+IWR、6×49SWS+FC、6×49SWS+IWR、6×55SWS+FC、6×55SWS+IWR

（续）

钢丝绳公称直径		钢丝绳参考质量/（kg/100m）			钢丝绳公称抗拉强度/MPa									
					1570		1670		1770		1870		1960	
					钢丝绳最小破断拉力/kN									
D/mm	允许偏差（%）	天然纤维芯钢丝绳	合成纤维芯钢丝绳	钢芯钢丝绳	纤维芯钢丝绳	钢芯钢丝绳	纤维芯钢丝绳	钢芯钢丝绳	纤维芯钢丝绳	钢芯钢丝绳	纤维芯钢丝绳	钢芯钢丝绳	纤维芯钢丝绳	钢芯钢丝绳
12	+5 0	54.7	53.4	60.2	74.6	80.5	79.4	85.6	84.1	90.7	88.9	95.9	93.1	100
13		64.2	62.7	70.6	87.6	94.5	93.1	100	98.7	106	104	113	109	118
14		74.5	72.7	81.9	102	110	108	117	114	124	121	130	127	137
16		97.3	95.0	107	133	143	141	152	150	161	158	170	166	179
18		123	120	135	168	181	179	193	189	204	200	216	210	226
20		152	148	167	207	224	220	238	234	252	247	266	259	279
22		184	180	202	251	271	267	288	283	305	299	322	313	338
24		219	214	241	298	322	317	342	336	363	355	383	373	402
26		257	251	283	350	378	373	402	395	426	417	450	437	472
28		298	291	328	406	438	432	466	458	494	484	522	507	547
30		342	334	376	466	503	496	535	526	567	555	599	582	628
32		389	380	428	531	572	564	609	598	645	632	682	662	715
34		439	429	483	599	646	637	687	675	728	713	770	748	807
36		492	481	542	671	724	714	770	757	817	800	863	838	904
38		549	536	604	748	807	796	858	843	910	891	961	934	1010
40		608	594	669	829	894	882	951	935	1010	987	1070	1030	1120
42		670	654	737	914	986	972	1050	1030	1110	1090	1170	1140	1230
44		736	718	809	1000	1080	1070	1150	1130	1220	1190	1290	1250	1350
46		804	785	884	1100	1180	1170	1260	1240	1330	1310	1410	1370	1480
48		876	855	963	1190	1290	1270	1370	1350	1450	1420	1530	1490	1610
50		950	928	1040	1300	1400	1380	1490	1460	1580	1540	1660	1620	1740
52		1030	1000	1130	1400	1510	1490	1610	1580	1700	1670	1800	1750	1890
54		1110	1080	1220	1510	1630	1610	1730	1700	1840	1800	1940	1890	2030
56		1190	1160	1310	1620	1750	1730	1860	1830	1980	1940	2090	2030	2190
58		1280	1250	1410	1740	1880	1850	2000	1960	2120	2080	2240	2180	2350
60		1370	1340	1500	1870	2010	1980	2140	2100	2270	2220	2400	2330	2510
62		1460	1430	1610	1990	2150	2120	2290	2250	2420	2370	2560	2490	2680
64		1560	1520	1710	2120	2290	2260	2440	2390	2580	2530	2730	2650	2860

表 24-26　钢丝绳第 4 组 8×19 类的规格和力学性能（摘自 GB 8918—2006）

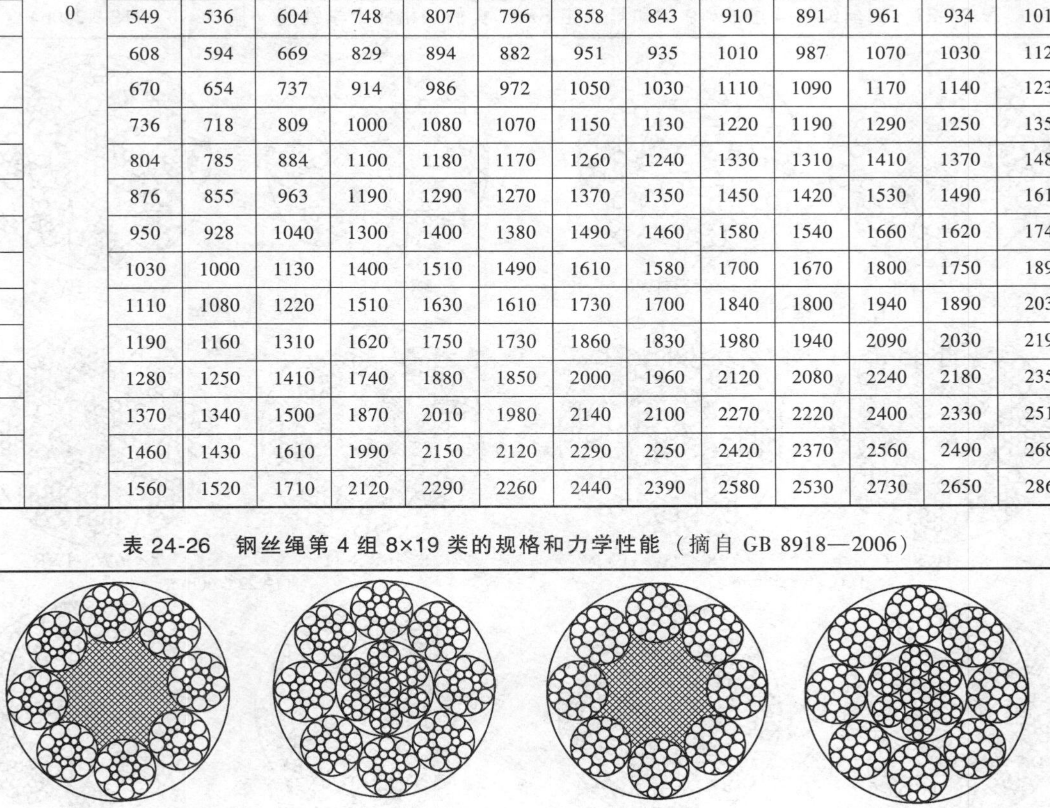

8×19S+FC　　8×19S+IWR

直径20～44mm

8×19W+FC　　8×19W+IWR

直径18～48mm

（续）

钢丝绳公称直径		钢丝绳参考质量/(kg/100m)			钢丝绳公称抗拉强度/MPa									
					1570		1670		1770		1870		1960	
					钢丝绳最小破断拉力/kN									
D/mm	允许偏差(%)	天然纤维芯钢丝绳	合成纤维芯钢丝绳	钢芯钢丝绳	纤维芯钢丝绳	钢芯钢丝绳	纤维芯钢丝绳	钢芯钢丝绳	纤维芯钢丝绳	钢芯钢丝绳	纤维芯钢丝绳	钢芯钢丝绳	纤维芯钢丝绳	钢芯钢丝绳
18	+5 0	112	108	137	149	176	159	187	168	198	178	210	186	220
20		139	133	169	184	217	196	231	207	245	219	259	230	271
22		168	162	204	223	263	237	280	251	296	265	313	278	328
24		199	192	243	265	313	282	333	299	353	316	373	331	391
26		234	226	285	311	367	331	391	351	414	370	437	388	458
28		271	262	331	361	426	384	453	407	480	430	507	450	532
30		312	300	380	414	489	440	520	467	551	493	582	517	610
32		355	342	432	471	556	501	592	531	627	561	663	588	694
34		400	386	488	532	628	566	668	600	708	633	748	664	784
36		449	432	547	596	704	634	749	672	794	710	839	744	879
38		500	482	609	664	784	707	834	749	884	791	934	829	979
40		554	534	675	736	869	783	925	830	980	877	1040	919	1090
42		611	589	744	811	958	863	1020	915	1080	967	1140	1010	1200
44		670	646	817	891	1050	947	1120	1000	1190	1060	1250	1110	1310
46		733	706	893	973	1150	1040	1220	1100	1300	1160	1370	1220	1430
48		798	769	972	1060	1250	1130	1330	1190	1410	1260	1490	1320	1560

表 24-27　钢丝绳第 4 组 8×19 类和第 5 组 8×37 类的规格和力学性能（摘自 GB 8918—2006）

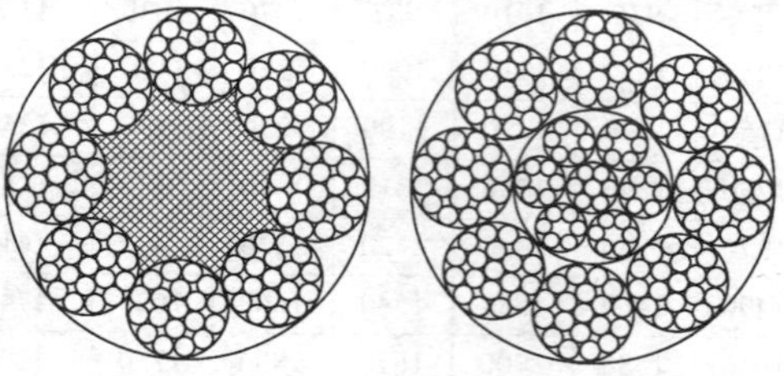

8×25Fi+FC　　8×25Fi+IWR

直径 16～52mm

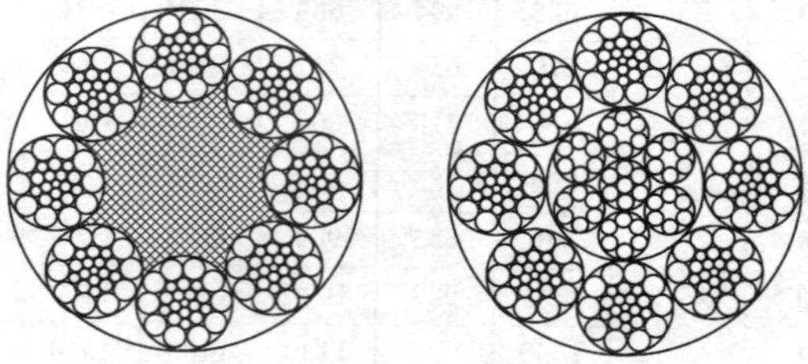

8×26WS+EC　　8×26WS+IWR

直径 24～48mm

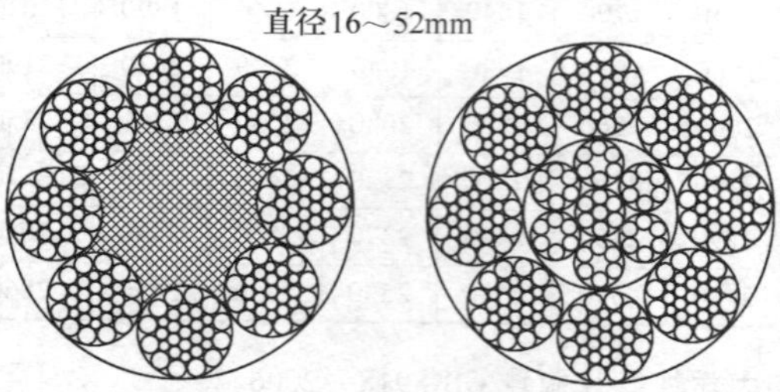

8×31WS+FC　　8×31WS+IWR

直径 26～56mm

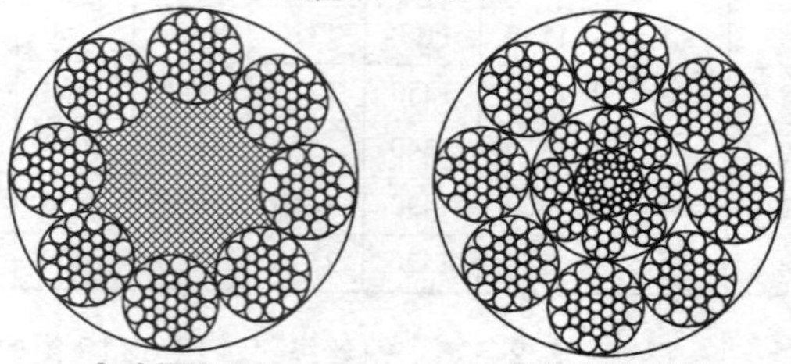

8×36WS+FC　　8×36WS+IWR

直径 22～60mm

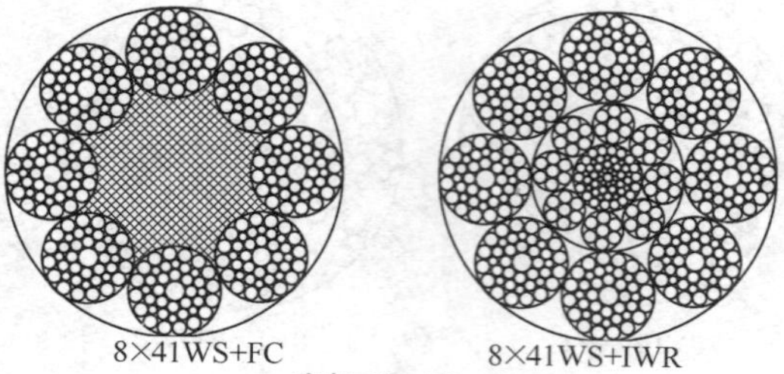

8×41WS+FC　　8×41WS+IWR

直径 40～56mm

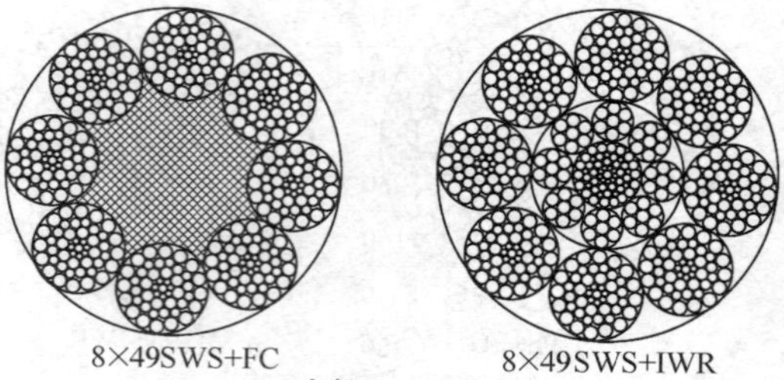

8×49SWS+FC　　8×49SWS+IWR

直径 44～64mm

（续）

8×55SWS+FC

8×55SWS+IWR

直径44～64mm

钢丝绳结构：8×25Fi+FC、8×25Fi+IWR、8×26WS+FC、8×26WS+IWR、8×31WS+FC、8×31WS+IWR、8×36WS+FC、8×36WS+IWR、8×41WS+FC、8×41WS+IWR、8×49SWS+FC、8×49SWS+IWR、8×55SWS+FC、8×55SWS+IWR

钢丝绳公称直径		钢丝绳参考质量/(kg/100m)			钢丝绳公称抗拉强度/MPa									
					1570		1670		1770		1870		1960	
					钢丝绳最小破断拉力/kN									
D/mm	允许偏差(%)	天然纤维芯钢丝绳	合成纤维芯钢丝绳	钢芯钢丝绳	纤维芯钢丝绳	钢芯钢丝绳	纤维芯钢丝绳	钢芯钢丝绳	纤维芯钢丝绳	钢芯钢丝绳	纤维芯钢丝绳	钢芯钢丝绳	纤维芯钢丝绳	钢芯钢丝绳
16	+5 0	91.4	88.1	111	118	139	125	148	133	157	140	166	147	174
18		116	111	141	149	176	159	187	168	198	178	210	186	220
20		143	138	174	184	217	196	231	207	245	219	259	230	271
22		173	166	211	223	263	237	280	251	296	265	313	278	328
24		206	198	251	265	313	282	333	299	353	316	373	331	391
26		241	233	294	311	367	331	391	351	414	370	437	388	458
28		280	270	341	361	426	384	453	407	480	430	507	450	532
30		321	310	392	414	489	440	520	467	551	493	582	517	610
32		366	352	445	471	556	501	592	531	627	561	663	588	694
34		413	398	503	532	628	566	668	600	708	633	748	664	784
36		463	446	564	596	704	634	749	672	794	710	839	744	879
38		516	497	628	664	784	707	834	749	884	791	934	829	979
40		571	550	696	736	869	783	925	830	980	877	1040	919	1090
42		630	607	767	811	958	863	1020	915	1080	967	1140	1010	1200
44		691	666	842	891	1050	947	1120	1000	1190	1060	1250	1110	1310
46		755	728	920	973	1150	1040	1220	1100	1300	1160	1370	1220	1430
48		823	793	1000	1060	1250	1130	1330	1190	1410	1260	1490	1320	1560
50		892	860	1090	1150	1360	1220	1440	1300	1530	1370	1620	1440	1700
52		965	930	1180	1240	1470	1320	1560	1400	1660	1480	1750	1550	1830
54		1040	1000	1270	1340	1580	1430	1680	1510	1790	1600	1890	1670	1980
56		1120	1080	1360	1440	1700	1530	1810	1630	1920	1720	2030	1800	2130
58		1200	1160	1460	1550	1830	1650	1940	1740	2060	1840	2180	1930	2280
60		1290	1240	1570	1660	1960	1760	2080	1870	2200	1970	2330	2070	2440
62		1370	1320	1670	1770	2090	1880	2220	1990	2350	2110	2490	2210	2610
64		1460	1410	1780	1880	2230	2000	2370	2120	2510	2240	2650	2350	2780

表 24-28　钢丝绳第 6 组 18×7 类的规格和力学性能（摘自 GB 6918—2006）

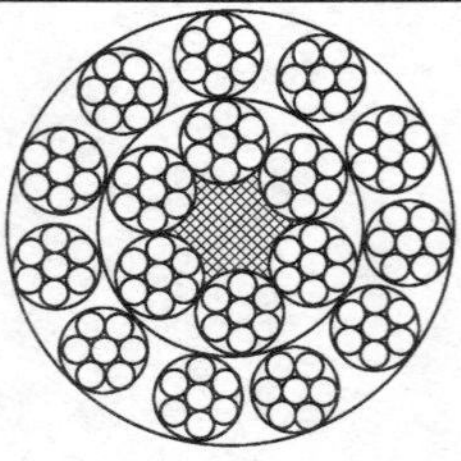
17×7+FC

17×7+IWS

直径 12～60mm

18×7+FC

18×7+IWS

直径 12～60mm

第7组18×19类

18×19S+FC

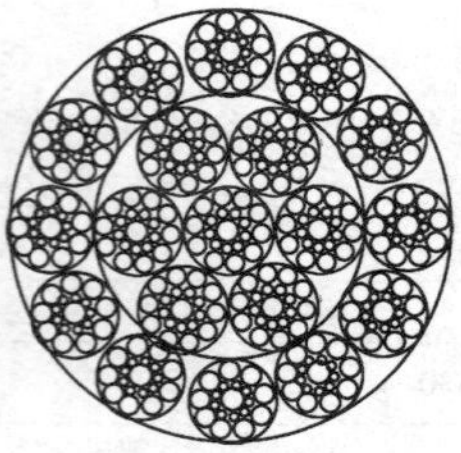
18×19S+IWS

直径 28～60mm

18×19W+FC

18×19W+IWS

直径 24～60mm

钢丝绳公称直径		钢丝绳参考质量/(kg/100m)		钢丝绳公称抗拉强度/MPa									
				1570		1670		1770		1870		1960	
				钢丝绳最小破断拉力/kN									
D/mm	允许偏差(%)	纤维芯钢丝绳	钢芯钢丝绳	纤维芯钢丝绳	钢芯钢丝绳	纤维芯钢丝绳	钢芯钢丝绳	纤维芯钢丝绳	钢芯钢丝绳	纤维芯钢丝绳	钢芯钢丝绳	纤维芯钢丝绳	钢芯钢丝绳
12	+5 0	56.2	61.9	70.1	74.2	74.5	78.9	79.0	83.6	83.5	88.3	87.5	92.6
13		65.9	72.7	82.3	87.0	87.5	92.6	92.7	98.1	98.0	104	103	109
14		76.4	84.3	95.4	101	101	107	108	114	114	120	119	126
16		99.8	110	125	132	133	140	140	149	148	157	156	165
18		126	139	158	167	168	177	178	188	188	199	197	208
20		156	172	195	206	207	219	219	232	232	245	243	257
22		189	208	236	249	251	265	266	281	281	297	294	311
24		225	248	280	297	298	316	316	334	334	353	350	370
26		264	291	329	348	350	370	371	392	392	415	411	435
28		306	337	382	404	406	429	430	455	454	481	476	504
30		351	387	438	463	466	493	494	523	522	552	547	579
32		399	440	498	527	530	561	562	594	594	628	622	658
34		451	497	563	595	598	633	634	671	670	709	702	743
36		505	557	631	667	671	710	711	752	751	795	787	833
38		563	621	703	744	748	791	792	838	837	886	877	928
40		624	688	779	824	828	876	878	929	928	981	972	1030
42		688	759	859	908	913	966	968	1020	1020	1080	1070	1130
44		755	832	942	997	1000	1060	1060	1120	1120	1190	1180	1240
46		825	910	1030	1090	1100	1160	1160	1230	1230	1300	1290	1360
48		899	991	1120	1190	1190	1260	1260	1340	1340	1410	1400	1480
50		975	1080	1220	1290	1290	1370	1370	1450	1450	1530	1520	1610
52		1050	1160	1320	1390	1400	1480	1480	1570	1570	1660	1640	1740
54		1140	1250	1420	1500	1510	1600	1600	1690	1690	1790	1770	1870
56		1220	1350	1530	1610	1620	1720	1720	1820	1820	1920	1910	2020
58		1310	1450	1640	1730	1740	1840	1850	1950	1950	2060	2040	2160
60		1400	1550	1750	1850	1860	1970	1980	2090	2090	2210	2190	2310

表 24-29　钢丝绳第 8 组 34×7 类的规格和力学性能（摘自 GB 8918—2006）

34×7+FC

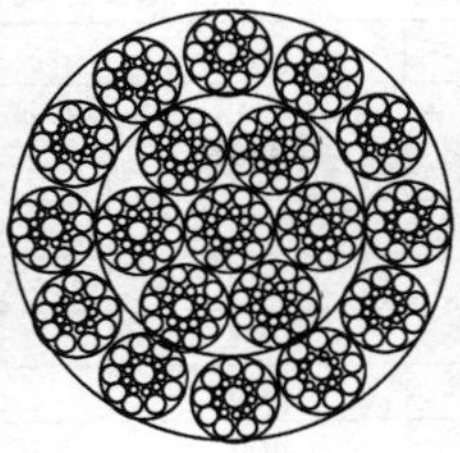

34×7+IWS

直径 28～60mm

36×7+FC

36×7+IWS

直径 24～60mm

钢丝绳公称直径		钢丝绳参考质量/(kg/100m)		钢丝绳公称抗拉强度/MPa									
				1570		1670		1770		1870		1960	
				钢丝绳最小破断拉力/kN									
D/mm	允许偏差(%)	纤维芯钢丝绳	钢芯钢丝绳	纤维芯钢丝绳	钢芯钢丝绳	纤维芯钢丝绳	钢芯钢丝绳	纤维芯钢丝绳	钢芯钢丝绳	纤维芯钢丝绳	钢芯钢丝绳	纤维芯钢丝绳	钢芯钢丝绳
16	+5 0	99.8	110	124	128	132	136	140	144	147	152	155	160
18		126	139	157	162	167	172	177	182	187	193	196	202
20		156	172	193	200	206	212	218	225	230	238	241	249
22		189	208	234	242	249	257	264	272	279	288	292	302
24		225	248	279	288	296	306	314	324	332	343	348	359
26		264	291	327	337	348	359	369	380	389	402	408	421
28		306	337	379	391	403	416	427	441	452	466	473	489
30		351	387	435	449	463	478	491	507	518	535	543	561
32		399	440	495	511	527	544	558	576	590	609	618	638
34		451	497	559	577	595	614	630	651	666	687	698	721
36		505	557	627	647	667	688	707	729	746	771	782	808
38		563	621	698	721	743	767	787	813	832	859	872	900
40		624	688	774	799	823	850	872	901	922	951	966	997
42		688	759	853	881	907	937	962	993	1020	1050	1060	1100
44		755	832	936	967	996	1030	1060	1090	1120	1150	1170	1210
46		825	910	1020	1060	1090	1120	1150	1190	1220	1260	1280	1320
48		899	991	1110	1150	1190	1220	1260	1300	1330	1370	1390	1440
50		975	1080	1210	1250	1290	1330	1360	1410	1440	1490	1510	1560
52		1050	1160	1310	1350	1390	1440	1470	1520	1560	1610	1630	1690
54		1140	1250	1410	1460	1500	1550	1590	1640	1680	1730	1760	1820
56		1220	1350	1520	1570	1610	1670	1710	1770	1810	1860	1890	1950
58		1310	1450	1630	1680	1730	1790	1830	1890	1940	2000	2030	2100
60		1400	1550	1740	1800	1850	1910	1960	2030	2070	2140	2170	2240

表 24-30　钢丝绳第 9 组 35W×7 类的规格和力学性能（摘自 GB 8918—2006）

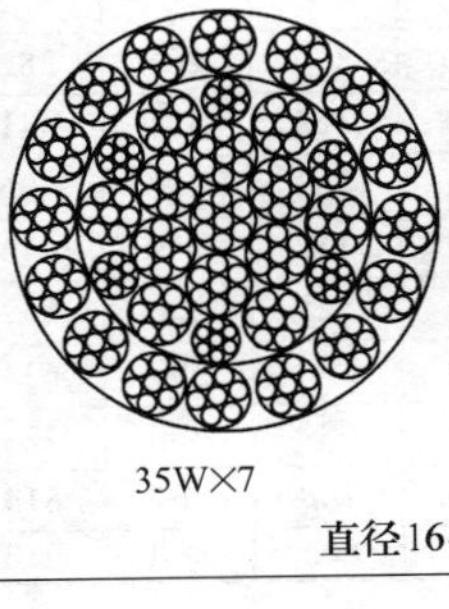

35W×7

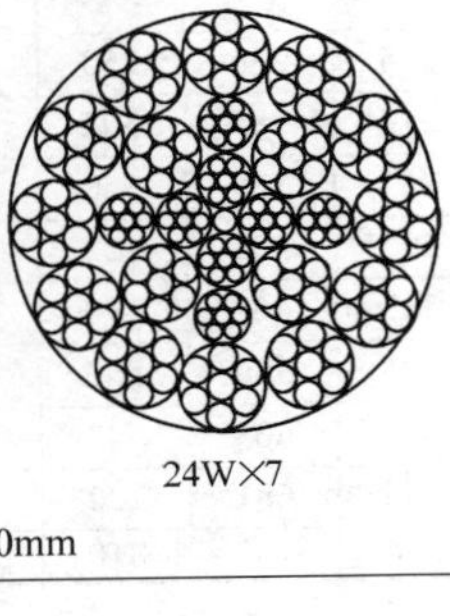

24W×7

直径 16～60mm

（续）

钢丝绳公称直径		钢丝绳参考质量 /(kg/100m)	钢丝绳公称抗拉强度/MPa				
D/mm	允许偏差 (%)		1570	1670	1770	1870	1960
			钢丝绳最小破断拉力/kN				
16	+5 0	118	145	154	163	172	181
18		149	183	195	206	218	229
20		184	226	240	255	269	282
22		223	274	291	308	326	342
24		265	326	346	367	388	406
26		311	382	406	431	455	477
28		361	443	471	500	528	553
30		414	509	541	573	606	635
32		471	579	616	652	689	723
34		532	653	695	737	778	816
36		596	732	779	826	872	914
38		664	816	868	920	972	1020
40		736	904	962	1020	1080	1130
42		811	997	1060	1120	1190	1240
44		891	1090	1160	1230	1300	1370
46		973	1200	1270	1350	1420	1490
48		1060	1300	1390	1470	1550	1630
50		1150	1410	1500	1590	1680	1760
52		1240	1530	1630	1720	1820	1910
54		1340	1650	1750	1860	1960	2060
56		1440	1770	1890	2000	2110	2210
58		1550	1900	2020	2140	2260	2370
60		1660	2030	2160	2290	2420	2540

表 24-31　钢丝绳第 10 组 6V×7 类的规格和力学性能（摘自 GB 8918—2006）

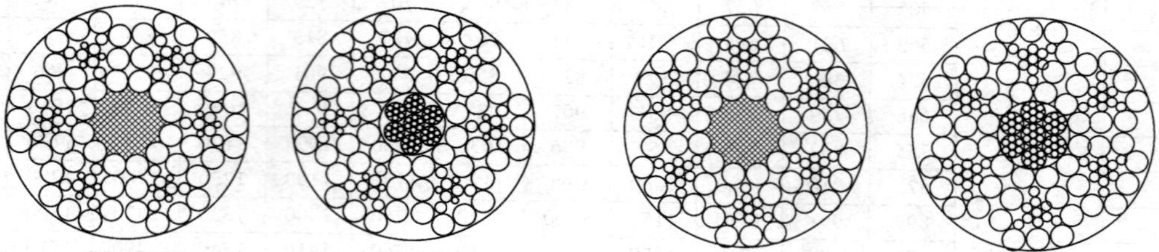

6V×18+FC　　6V×18+IWR　　6V×19+FC　　6V×19+IWR

直径 20×36mm　　直径 20～36mm

钢丝绳公称直径		钢丝绳参考质量 /(kg/100m)			钢丝绳公称抗拉强度/MPa									
					1570		1670		1770		1870		1960	
					钢丝绳最小破断拉力/kN									
D/mm	允许偏差 (%)	天然纤维芯钢丝绳	合成纤维芯钢丝绳	钢芯钢丝绳	纤维芯钢丝绳	钢芯钢丝绳	纤维芯钢丝绳	钢芯钢丝绳	纤维芯钢丝绳	钢芯钢丝绳	纤维芯钢丝绳	钢芯钢丝绳	纤维芯钢丝绳	钢芯钢丝绳
20	+6 0	165	162	175	236	250	250	266	266	282	280	298	294	312
22		199	196	212	285	302	303	322	321	341	339	360	356	378
24		237	233	252	339	360	361	383	382	406	404	429	423	449
26		279	273	295	398	422	423	449	449	476	474	503	497	527
28		323	317	343	462	490	491	521	520	552	550	583	576	612
30		371	364	393	530	562	564	598	597	634	631	670	662	702
32		422	414	447	603	640	641	681	680	721	718	762	753	799
34		476	467	505	681	722	724	768	767	814	811	860	850	902
36		534	524	566	763	810	812	861	860	913	909	965	953	1010

表 24-32　钢丝绳第 11 组 6V×19 类的规格和力学性能（摘自 GB 8918—2006）

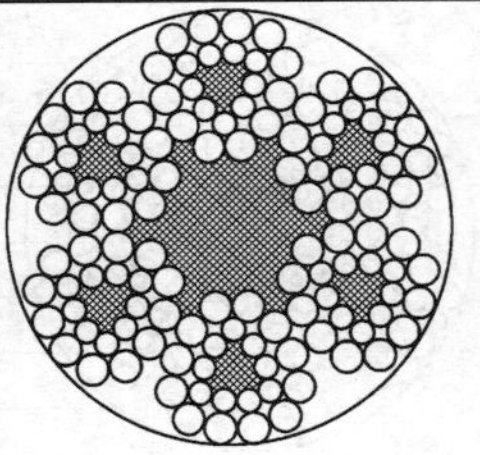

6V×21+7FC

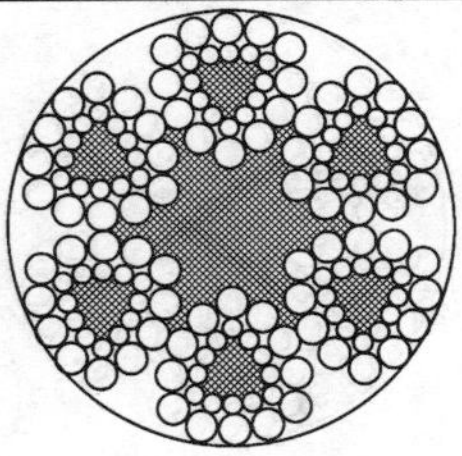

6V×24+7FC

直径 18~36mm

钢丝绳公称直径		钢丝绳参考质量/(kg/100m)		钢丝绳公称抗拉强度/MPa				
				1570	1670	1770	1870	1960
D/mm	允许偏差(%)	天然纤维芯钢丝绳	合成纤维芯钢丝绳	钢丝绳最小破断拉力/kN				
18	+6 0	121	118	168	179	190	201	210
20		149	146	208	221	234	248	260
22		180	177	252	268	284	300	314
24		215	210	300	319	338	357	374
26		252	247	352	374	396	419	439
28		292	286	408	434	460	486	509
30		335	329	468	498	528	557	584
32		382	374	532	566	600	634	665
34		431	422	601	639	678	716	750
36		483	473	674	717	760	803	841

表 24-33　钢丝绳第 11 组 6V×19 类的规格和力学性能（摘自 GB 8918—2006）

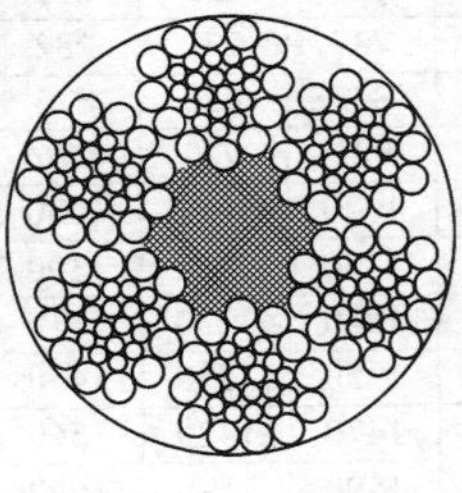

6V×30+FC

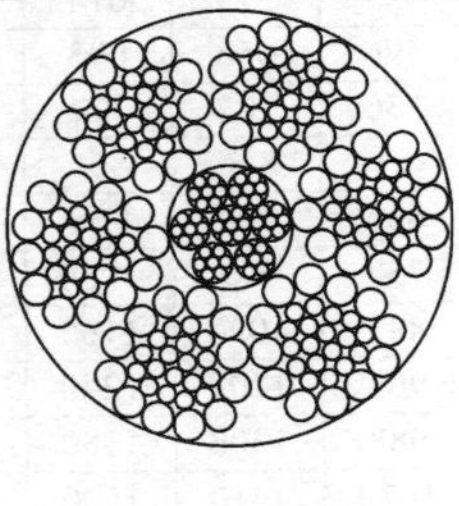

6V×30+IWR

直径 20~38mm

钢丝绳公称直径		钢丝绳参考质量/(kg/100m)			钢丝绳公称抗拉强度/MPa									
					1570		1670		1770		1870		1960	
					钢丝绳最小破断拉力/kN									
D/mm	允许偏差(%)	天然纤维芯钢丝绳	合成纤维芯钢丝绳	钢芯钢丝绳	纤维芯钢丝绳	钢芯钢丝绳	纤维芯钢丝绳	钢芯钢丝绳	纤维芯钢丝绳	钢芯钢丝绳	纤维芯钢丝绳	钢芯钢丝绳	纤维芯钢丝绳	钢芯钢丝绳
20	+6 0	162	159	172	203	216	216	230	229	243	242	257	254	270
22		196	192	208	246	261	262	278	278	295	293	311	307	326
24		233	229	247	293	311	312	331	330	351	349	370	365	388
26		274	268	290	344	365	366	388	388	411	410	435	429	456
28		318	311	336	399	423	424	450	450	477	475	504	498	528
30		365	357	386	458	486	487	517	516	548	545	579	572	606
32		415	407	439	521	553	554	588	587	623	620	658	650	690
34		468	459	496	588	624	625	664	663	703	700	743	734	779
36		525	515	556	659	700	701	744	743	789	785	833	823	873
38		585	573	619	735	779	781	829	828	879	875	928	917	973

表 24-34　钢丝绳第 11 组 6V×19 类和第 12 组 6V×37 类的规格和力学性能（摘自 GB 8918—2006）

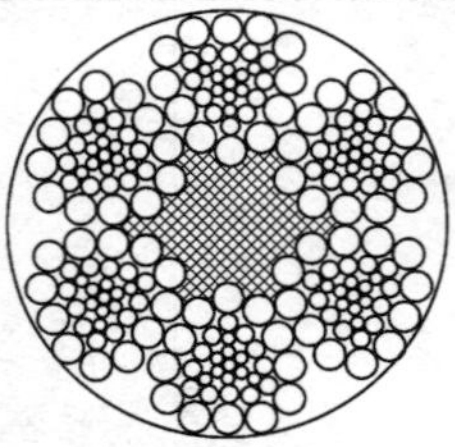
6V×34+FC

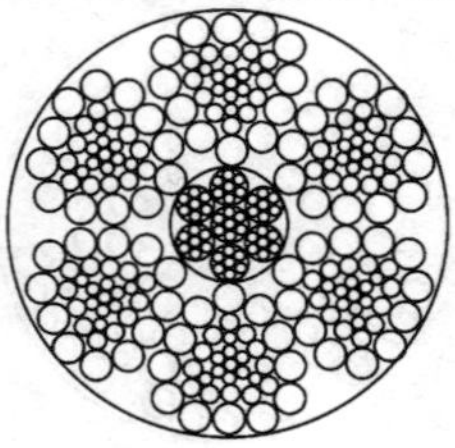
6V×34+IWR

直径28~44mm

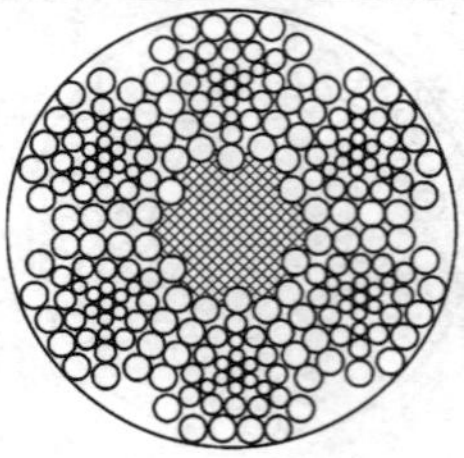
6V×37+FC

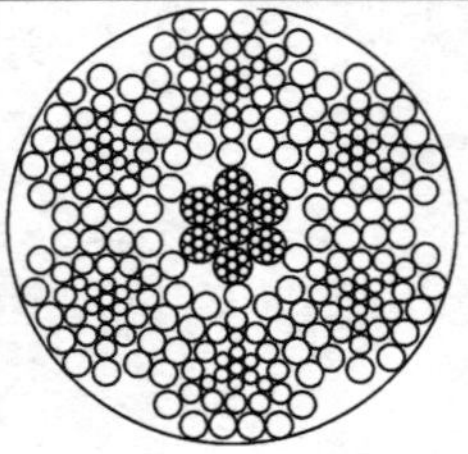
6V×37+IWR

直径32~52mm

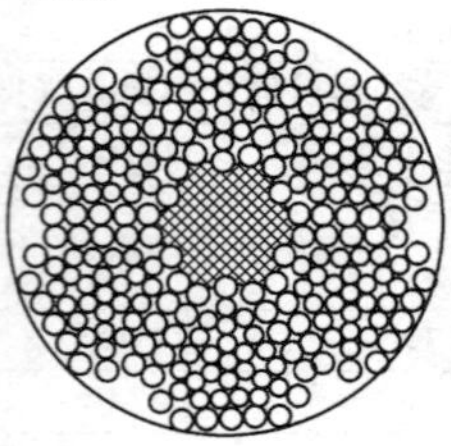
6V×43+FC

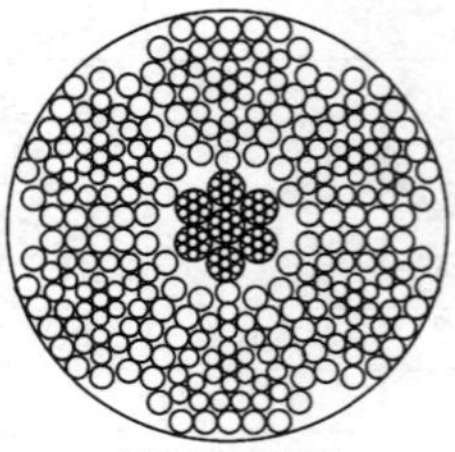
6V×43+IWR

直径38~58mm

钢丝绳公称直径		钢丝绳参考质量/(kg/100m)			钢丝绳公称抗拉强度/MPa									
					1570		1670		1770		1870		1960	
					钢丝绳最小破断拉力/kN									
D/mm	允许偏差(%)	天然纤维芯钢丝绳	合成纤维芯钢丝绳	钢芯钢丝绳	纤维芯钢丝绳	钢芯钢丝绳	纤维芯钢丝绳	钢芯钢丝绳	纤维芯钢丝绳	钢芯钢丝绳	纤维芯钢丝绳	钢芯钢丝绳	纤维芯钢丝绳	钢芯钢丝绳
28	+6 0	318	311	336	443	470	471	500	500	530	528	560	553	587
30		364	357	386	509	540	541	574	573	609	606	643	635	674
32		415	407	439	579	614	616	653	652	692	689	731	723	767
34		468	459	496	653	693	695	737	737	782	778	826	816	866
36		525	515	556	732	777	779	827	826	876	872	926	914	970
38		585	573	619	816	866	868	921	920	976	972	1030	1020	1080
40		648	635	686	904	960	962	1020	1020	1080	1080	1140	1130	1200
42		714	700	757	997	1060	1060	1130	1120	1190	1190	1260	1240	1320
44		784	769	831	1090	1160	1160	1240	1230	1310	1300	1380	1370	1450
46		857	840	908	1200	1270	1270	1350	1350	1430	1420	1510	1490	1580
48		933	915	988	1300	1380	1390	1470	1470	1560	1550	1650	1630	1730
50		1010	993	1070	1410	1500	1500	1590	1590	1690	1680	1790	1760	1870
52		1100	1070	1160	1530	1620	1630	1720	1720	1830	1820	1930	1910	2020
54		1180	1160	1250	1650	1750	1750	1860	1860	1970	1960	2080	2060	2180
56		1270	1240	1350	1770	1880	1890	2000	2000	2120	2110	2240	2210	2350
58		1360	1340	1440	1900	2020	2020	2150	2140	2270	2260	2400	2370	2520

表 24-35　钢丝绳第 12 组 6V×37 类的规格和力学性能（摘自 GB 8918—2006）

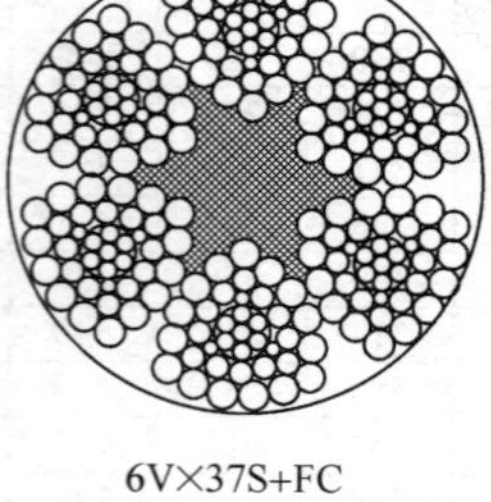
6V×37S+FC

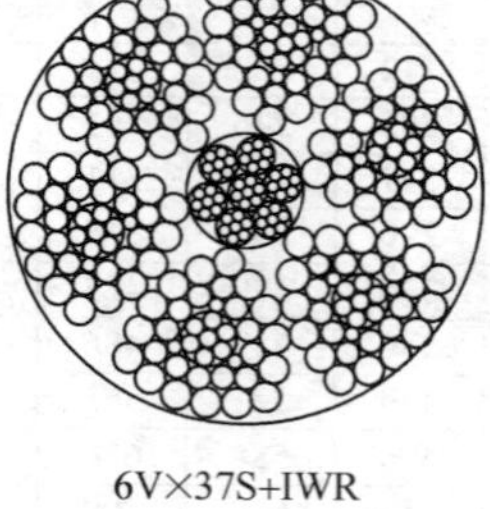
6V×37S+IWR

直径32～52mm

（续）

钢丝绳公称直径		钢丝绳参考质量/(kg/100m)			钢丝绳公称抗拉强度/MPa									
					1570		1670		1770		1870		1960	
					钢丝绳最小破断拉力/kN									
D/mm	允许偏差(%)	天然纤维芯钢丝绳	合成纤维芯钢丝绳	钢芯钢丝绳	纤维芯钢丝绳	钢芯钢丝绳	纤维芯钢丝绳	钢芯钢丝绳	纤维芯钢丝绳	钢芯钢丝绳	纤维芯钢丝绳	钢芯钢丝绳	纤维芯钢丝绳	钢芯钢丝绳
32	+6 0	427	419	452	596	633	634	673	672	713	710	753	744	790
34		482	473	511	673	714	716	760	759	805	802	851	840	891
36		541	530	573	754	801	803	852	851	903	899	954	942	999
38		602	590	638	841	892	894	949	948	1010	1000	1060	1050	1110
40		667	654	707	931	988	991	1050	1050	1110	1110	1180	1160	1230
42		736	721	779	1030	1090	1090	1160	1160	1230	1220	1300	1280	1360
44		808	792	855	1130	1200	1200	1270	1270	1350	1340	1420	1410	1490
46		883	865	935	1230	1310	1310	1390	1390	1470	1470	1560	1540	1630
48		961	942	1020	1340	1420	1430	1510	1510	1600	1600	1700	1670	1780
50		1040	1020	1100	1460	1540	1550	1640	1640	1740	1730	1840	1820	1930
52		1130	1110	1190	1570	1670	1670	1780	1770	1880	1870	1990	1970	2090

表 24-36 钢丝绳第 13 组 4V×39 类的规格和力学性能（摘自 GB 8918—2006）

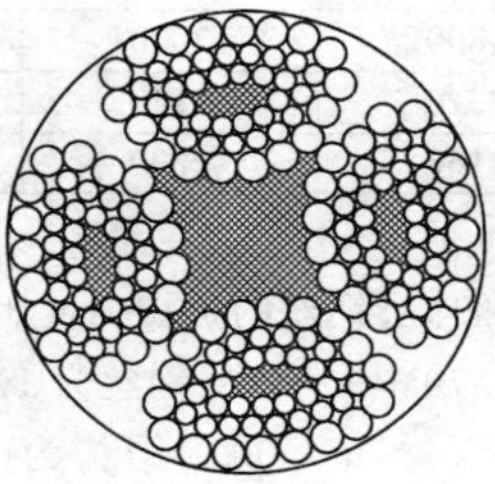

4V×39S+5FC
直径16～36mm

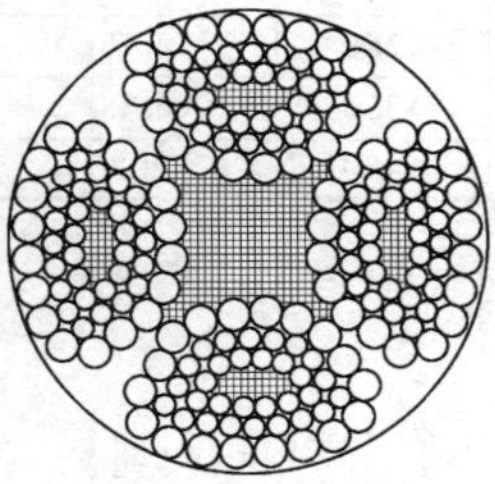

4V×48S+5FC
直径20～40mm

钢丝绳公称直径		钢丝绳参考质量(kg/100m)		钢丝绳公称抗拉强度/MPa				
				1570	1670	1770	1870	1960
D/mm	允许偏差(%)	天然纤维芯钢丝绳	合成纤维芯钢丝绳	钢丝绳最小破断拉力/kN				
16	+6 0	105	103	145	154	163	172	181
18		133	130	183	195	206	218	229
20		164	161	226	240	255	269	282
22		198	195	274	291	308	326	342
24		236	232	326	346	367	388	406
26		277	272	382	406	431	455	477
28		321	315	443	471	500	528	553
30		369	362	509	541	573	606	635
32		420	412	579	616	652	689	723
34		474	465	653	695	737	778	816
36		531	521	732	779	826	872	914
38		592	580	816	868	920	972	1020
40		656	643	904	962	1020	1080	1130

表 24-37 钢丝绳第 14 组 6Q×19+6V×21 类的规格和力学性能（摘自 GB 8918—2006）

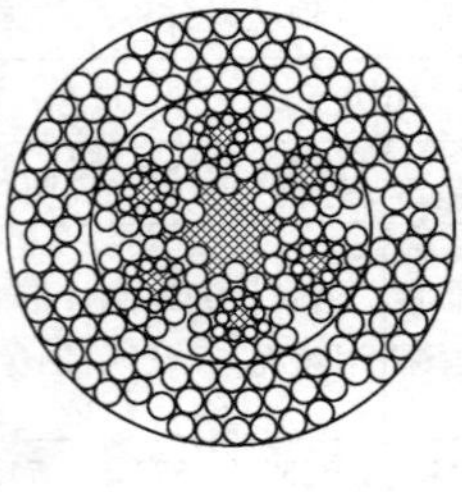

6Q×19+6V×21+7FC
直径40～52mm

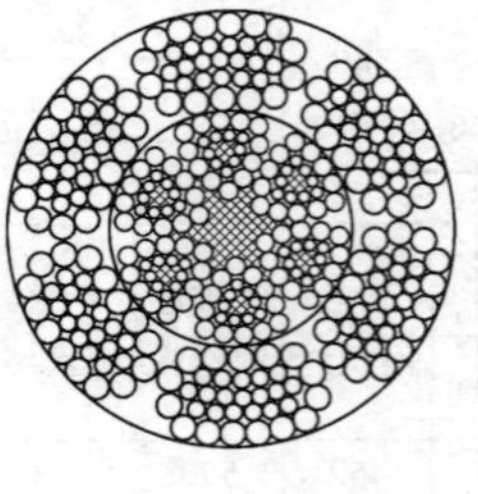

6Q×33+6V×21+7FC
直径40～60mm

钢丝绳公称直径		钢丝绳参考质量/(kg/100m)		钢丝绳公称抗拉强度/MPa				
				1570	1670	1770	1870	1960
D/mm	允许偏差(%)	天然纤维芯钢丝绳	合成纤维芯钢丝绳	钢丝绳最小破断拉力/kN				
40	+6 0	656	643	904	962	1020	1080	1130
42		723	709	997	1060	1120	1190	1240
44		794	778	1090	1160	1230	1300	1370
46		868	851	1200	1270	1350	1420	1490
48		945	926	1300	1390	1470	1550	1630
50		1030	1010	1410	1500	1590	1680	1760
52		1110	1090	1530	1630	1720	1820	1910
54		1200	1170	1650	1750	1860	1960	2060
56		1290	1260	1770	1890	2000	2110	2210
58		1380	1350	1900	2020	2140	2260	2370
60		1480	1450	2030	2160	2290	2420	2540

24.2.4 电梯用钢丝绳

国家标准 GB 8903—2005《电梯用钢丝绳》，适用于载客电梯或载货电梯的曳引用钢丝绳、补偿用钢丝绳和限速器用钢丝绳，以及在导轨中运行的人力升降机用钢丝绳等，不适用于建筑工地升降机、矿井升降机，以及不在永久性导轨中间运行的临时升降机用钢丝绳。

单强度钢丝绳是指外层绳股的外层钢丝具有和内层钢丝相同的抗拉强度。双强度钢丝绳是指外层绳股的外层钢丝的抗拉强度比内层钢丝低，如外层钢丝为1570MPa、内层钢丝为1770MPa。

标记示例：结构为 8×19 西鲁式，绳芯为纤维芯，公称直径为 13mm，钢丝公称抗拉强度为 1370/1770（1500）MPa，表面状态光面，双强度配制，捻制方法为右交互捻的电梯用钢丝绳，标记为

电梯用钢丝绳：13NAT8×19S+FC-1500（双）ZS-GB 8903—2005

表 24-38 给出表 24-39～表 24-43 五种电梯用钢丝绳的适用场合。

表 24-38 几种电梯用钢丝绳的适用场合（摘自 GB 8903—2005）

场合	表 24-39	表 24-40	表 24-41	表 24-42	表 24-43
曳引用钢丝绳和液压电梯用悬挂钢丝绳	△	△	△		
限速器用钢丝绳	△	△			
补偿用钢丝绳	△	△		△	△

注：有△的表示推荐使用。

电梯钢丝绳的公称长度参考质量 m(kg/100m) 的计算式为

$$m=Wd^2$$

公称金属截面积 A（mm^2）的计算式为

$$A=Cd^2$$

式中 W——经润滑的钢丝绳的单位长度参考质量系数；

C——公称金属截面积系数；

d——钢丝绳的公称直径（mm）。

W、C 的下标 1 表示纤维芯钢丝绳，下标 2 表示

钢芯钢丝绳。W、C 的值由表 24-39 ~ 表 24-43 中查得。

表 24-39 ~ 表 24-43 列出普通类别、直径和抗拉强度级别钢丝绳的最小破断拉力。

表 24-39　光面钢丝、纤维芯、结构为 6×19 类别的电梯用钢丝绳（摘自 GB 8903—2005）

截面结构实例

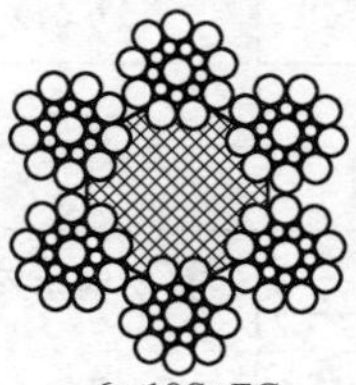

6×19S+FC

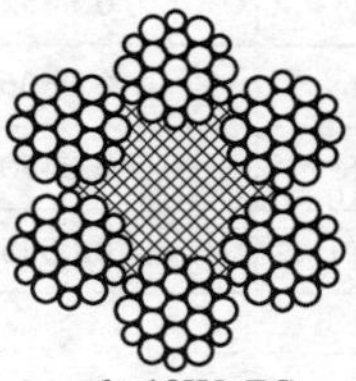

6×19W+FC

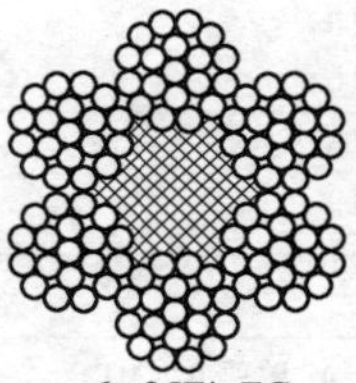

6×25Fi+FC

钢丝绳结构		股结构	
项目	数量	项目	数量
股数	6	钢丝	19 ~ 25
外股	6	外层钢丝	9 ~ 12
股的层数	1	钢丝层数	2
钢丝绳钢丝	114 ~ 150		

典型例子		外层钢丝的数量			外层钢丝系数① a
钢丝绳	股	总数	每股		
6×19S	1+9+9	54	9		0.080
6×19W	1+6+6/6	72	12	6	0.0738
				6	0.0556
8×25Fi	1+6+6F+12	72	12		0.064

最小破断拉力系数　$K_1 = 0.330$

单位重量系数①　$W_1 = 0.359$

金属截面积系数①　$C_1 = 0.384$

钢丝绳公称直径 /mm	参考质量① /(kg/100m)	最小破断拉力/kN						
		双强度/MPa				单强度/MPa		
		1180/1770 等级	1320/1620 等级	1370/1770 等级	1570/1770 等级	1570 等级	1620 等级	1770 等级
6	12.9	16.3	16.8	17.8	19.5	18.7	19.2	21.0
6.3	14.2	17.9	—	—	21.5	—	21.2	23.2
6.5②	15.2	19.1	19.7	20.9	22.9	21.9	22.6	24.7
8②	23.0	28.9	29.8	31.7	34.6	33.2	34.2	37.4
9	29.1	36.6	37.7	40.1	43.8	42.0	43.3	47.3
9.5	32.4	40.8	42.0	44.7	48.8	46.8	48.2	52.7
10②	35.9	45.2	46.5	49.5	54.1	51.8	53.5	58.4
11②	43.4	54.7	54.3	59.9	65.5	62.7	64.7	70.7
12	51.7	65.1	67.0	71.3	77.9	74.6	77.0	84.1
12.7	57.9	72.9	75.0	79.8	87.3	83.6	86.2	94.2
13②	60.7	76.4	78.6	83.7	91.5	87.6	90.3	98.7
14	70.4	88.6	91.2	97.0	106	102	105	114
14.3	73.4	92.4	—	—	111	—	—	119
15	80.8	102	—	111	122	117	—	131
16②	91.9	116	119	127	139	133	137	150
17.5	110	138	—	—	166	—	—	179
18	116	146	151	160	175	168	173	189
19②	130	163	168	179	195	187	193	211
20	144	181	186	198	216	207	214	234
20.6	152	192	—	—	230	—	—	248
22②	174	219	225	240	262	251	259	283

① 只做参考。

② 对新电梯的优先尺寸。

表 24-40　光面钢丝、纤维芯、结构为 8×19 类别的电梯用钢丝绳（摘自 GB 8903—2005）

截面结构实例

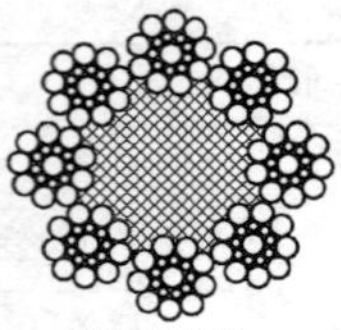

8×19S+FC

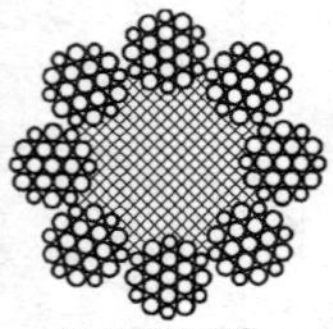

8×19W+FC

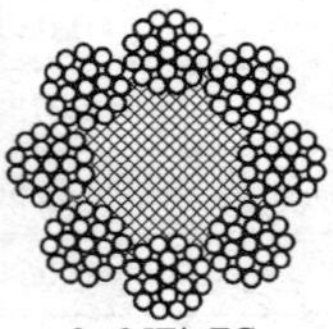

8×25Fi+FC

钢丝绳结构		股结构	
项目	数量	项目	数量
股数	8	钢丝	19~25
外股	8	外层钢丝	9~12
股的层数	1	钢丝层数	2
钢丝绳钢丝	152~200		

典型例子		外层钢丝的数量			外层钢丝系数①
钢丝绳	股	总数	每股		a
6×19S	1+9+9	72	9		0.0655
6×19W	1+6+6/6	96	12	6	0.0606
				6	0.0450
8×25Fi	1+6+6F+12	96	12		0.0525

最小破断拉力系数	$K_1 = 0.293$
单位重量系数①	$W_1 = 0.340$
金属截面积系数①	$C_1 = 0.349$

钢丝绳公称直径 /mm	参考质量① /(kg/100m)	最小破断拉力/kN						
		双强度/MPa				单强度/MPa		
		1180/1770 等级	1320/1620 等级	1370/1770 等级	1570/1770 等级	1570 等级	1620 等级	1770 等级
8②	21.8	25.7	26.5	28.1	30.8	29.4	30.4	33.2
9	27.5	32.5	—	35.6	38.9	37.3	—	42.0
9.5	30.7	36.2	37.3	39.7	43.6	41.5	42.8	46.8
10②	34.0	40.1	41.3	44.0	48.1	46.0	47.5	51.9
11②	41.1	48.6	50.0	53.2	58.1	55.7	57.4	62.8
12	49.0	57.8	59.5	63.3	69.2	66.2	68.4	74.7
12.7	54.8	64.7	66.6	70.9	77.5	74.2	76.6	83.6
13②	57.5	67.8	69.8	74.3	81.2	77.7	80.2	87.6
14	66.6	78.7	81.0	86.1	94.2	90.2	93.0	102
14.3	69.5	82.1	—	—	98.3	—	—	—
15	76.5	90.3	—	98.9	108	104	—	117
16②	87.0	103	106	113	123	118	122	133
17.5	104	123	—	—	147	—	—	—
18	110	130	134	142	156	149	154	168
19②	123	145	149	159	173	166	171	187
20	136	161	165	176	192	184	190	207
20.6	144	170	—	—	204	—	—	—
22②	165	194	200	213	233	223	230	251

① 只做参考。

② 对新电梯的优先尺寸。

表 24-41　光面钢丝、钢芯、8×19 结构类别的电梯用钢丝绳（摘自 GB 8903—2005）

截面结构实例

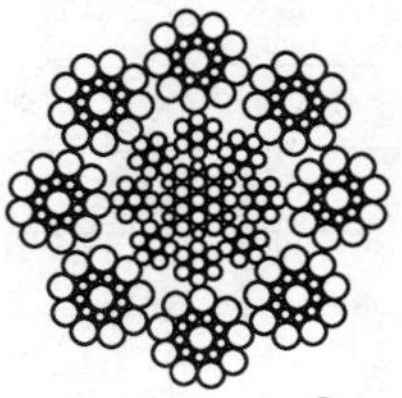

8×19S+IWR①

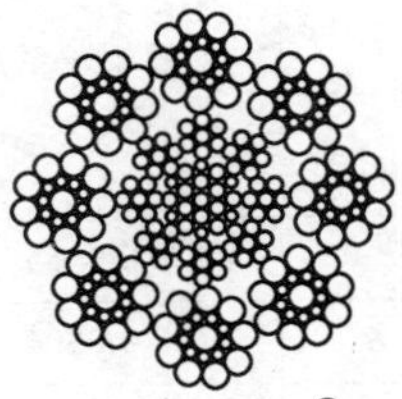

8×19W+IWR①

8×25Fi+IWR①

钢丝绳结构		股结构	
项目	数量	项目	数量
股数	8	钢丝	19~25
外股	8	外层钢丝	9~12
股的层数	1	钢丝层数	2
外股钢丝数	152~200		

典型例子		外层钢丝的数量			外层钢丝系数② a
钢丝绳	股	总数	每股		
8×19S	1+9+9	72	9		0.0655
8×19W	1+6+6/6	96	12	6	0.0606
				6	0.0450
8×25Fi	1+6+6F+12	96	12		0.0525

最小破断拉力系数	$K_2=0.356$
单位质量系数②	$W_2=0.407$
金属截面积系数②	$C_2=0.457$

钢丝绳公称直径 /mm	参考质量① /(kg/100m)	最小破断拉力/kN				
		双强度/MPa			单强度/MPa	
		1180/1770 等级	1370/1770 等级	1570/1770 等级	1570 等级	1770 等级
8③	26.0	33.6	35.8	38.0	35.8	40.3
9	33.0	42.5	45.3	48.2	45.3	51.0
9.5	36.7	47.4	50.4	53.7	50.4	56.9
10③	40.7	52.5	55.9	59.5	55.9	63.0
11③	49.2	63.5	67.6	79.1	67.6	76.2
12	58.6	75.6	80.5	85.6	80.5	90.7
12.7	65.6	84.7	90.1	95.9	90.1	102
13③	68.8	88.7	94.5	100	94.5	106
14	79.8	102	110	117	110	124
15	91.6	118	126	134	126	142
16③	104	134	143	152	143	161
18	132	170	181	193	181	204
19③	147	190	202	215	202	227
20	163	210	224	238	224	252
22③	197	254	271	288	271	305

① 钢丝绳外股与钢丝绳芯分层捻制。
② 只做参考。
③ 对新电梯的优先尺寸。

表 24-42　光面钢丝、钢芯、8×19 结构类别的钢丝绳（摘自 GB 8903—2005）

截面结构实例

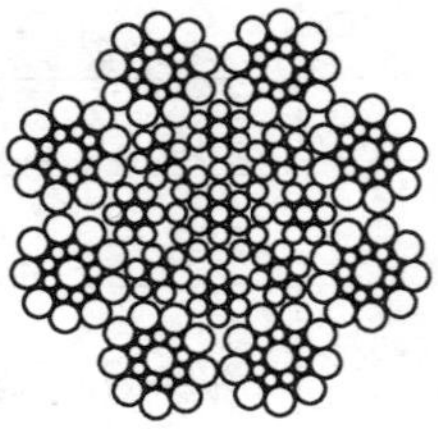

8×19S+IWR[①]

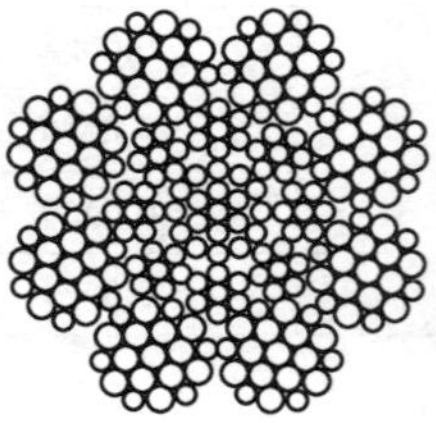

8×19W+IWR[①]

钢丝绳结构		股结构	
项目	数量	项目	数量
股数	8	钢丝	19~25
外股	8	外层钢丝	9~12
股的层数	1	钢丝层数	2
外股钢丝数	152~200		

典型例子		外层钢丝的数量			外层钢丝系数[②] a
钢丝绳	股	总数	每股		
8×19S	1+9+9	72	9		0.0655
8×19W	1+6+6/6	96	12	6	0.0606
				6	0.0450
8×25Fi	1+6+6F+12	96	12		0.0525

最小破断拉力系数	$K_2=0.405$
单位重量系数[②]	$W_2=0.457$
金属截面积系数[②]	$C_2=0.488$

钢丝绳公称直径 /mm	参考质量[①] /(kg/100m)	最小破断拉力/kN				
		双强度/MPa			单强度/MPa	
		1180/1770 等级	1370/1770 等级	1570/1770 等级	1570 等级	1770 等级
8	29.2	38.2	40.7	43.3	40.7	45.9
9	37.0	48.4	51.5	54.8	51.5	58.1
9.5	41.2	53.9	57.4	61.0	57.4	64.7
10[③]	45.7	59.7	63.6	67.6	63.6	71.7
11[③]	55.3	72.3	76.9	81.8	76.9	86.7
12	65.8	86.0	91.6	97.4	91.6	103
12.7	73.7	96.4	103	109	103	116
13[③]	77.2	101	107	114	107	121
14	89.6	117	125	133	125	141
15	103	134	143	152	143	161
16[③]	117	153	163	173	163	184
18	148	194	206	219	206	232
19[③]	165	216	230	244	230	259
20	183	239	254	271	254	287
22[②]	221	289	308	327	308	347

① 钢丝绳外股与钢丝绳芯一次平行捻制。
② 只做参考。
③ 对新电梯的优先尺寸。

表 24-43　光面钢丝、大直径的补偿用钢丝绳（摘自 GB 8903—2005）

截面结构实例

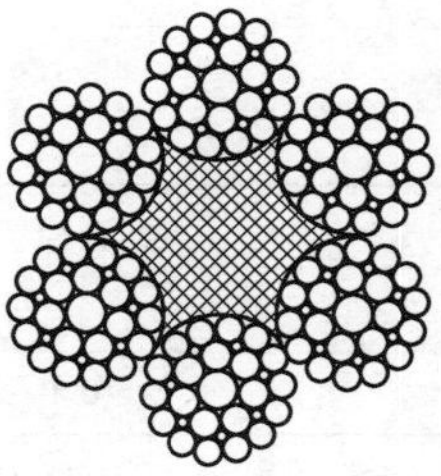

6×29Fi+FC

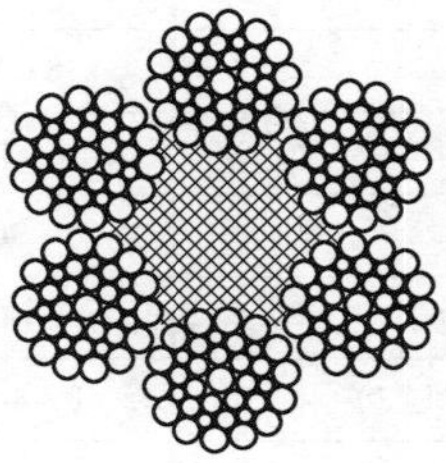

6×36WS+FC

钢丝绳结构		股结构	
项目	数量	项目	数量
股数	6	钢丝	25~41
外股	6	外层钢丝	12~16
股的层数	1	钢丝层数	2~3
钢丝绳钢丝数	150~246		

典型例子		外层钢丝的数量		外层钢丝系数① a
钢丝绳	股	总数	每股	
6×29Fi	1+7+7F+14	84	14	0.056
6×36WS	1+7+7/7+14			

钢丝绳类别为 6×36	
最小破断拉力系数	$K_1=0.330$
单位质量系数①	$W_1=0.367$
金属截面积系数①	$C_1=0.393$

钢丝绳公称直径 /mm	参考质量① /(kg/100m)	钢丝绳类别	最小破断拉力/kN		
			1570MPa 等级	1770MPa 等级	1960MPa 等级
24	211	6×36 类别(包括 6×36WS 和 6×29Fi)	298	336	373
25	229		324	365	404
26	248		350	395	437
27	268		378	426	472
28	288		406	458	507
29	309		436	491	544
30	330		466	526	582
31	353		498	561	622
32	376		531	598	662
33	400		564	636	704
34	424		599	675	748
35	450		635	716	792
36	476		671	757	838
37	502		709	800	885
38	530		748	843	934

① 仅做参考。

24.2.5 一般用途钢丝绳

24.2.5.1 应用范围

GB/T 20118—2017《钢丝绳通用技术条件》适用于机械、建筑、船舶、渔业、林业、矿业、货运索道等行业使用的各种圆股钢丝绳。

24.2.5.2 一般用途钢丝绳分类

钢丝绳按其股数和股外层钢丝的数目分类，见表 24-44。如果需方没有明确要求某种结构的钢丝绳，则在同一组别内，结构的选择由供方自行确定。

表 24-44 一般用途钢丝绳分类（摘自 GB/T 20118—2017）

组别	类别	分类原则	典型结构		直径范围/mm
			钢丝绳	股	
1	单股钢丝绳	1个圆股，每股外层丝可到18根，中心丝外捻制1~3层钢丝	1×7	(1+6)	0.6~12
			1×19	(1+6+12)	1~16
			1×37	(1+6+12+18)	1.4~22.5
2	6×7	6个圆股，每股外层丝可到7根，中心丝（或无）外捻制1~2层钢丝，钢丝等捻距	6×7	(1+6)	1.8~36
			6×9W	(3+3/3)	14~36
3	6×19(a)	6个圆股，每股外层丝8~12根，中心丝外捻制2~3层钢丝，钢丝等捻距	6×19S	(1+9+9)	6~36
			6×19W	(1+6+6/6)	6~40
			6×25Fi	(1+6+6F+12)	8~44
			6×26WS	(1+5+5/5+10)	13~40
			6×31WS	(1+6+6/6+12)	12~46
	6×19(b)	6个圆股，每股外层丝12根，中心丝外捻制2层钢丝	6×19	(1+6+12)	3~46
4	6×37(a)	6个圆股，每股外层丝14~18根，中心丝外捻制3~4层钢丝，钢丝等捻距	6×29Fi	(1+7+7F+14)	10~44
			6×36WS	(1+7+7/7+14)	12~60
			6×37S(点线接触)	(1+6+15+15)	10~60
			6×41WS	(1+8+8/8+16)	32~60
			6×49SWS	(1+8+8+8/8+16)	36~60
			6×55SWS	(1+9+9+9/9+18)	36~60
	6×37(b)	6个圆股，每股外层丝18根，中心丝外捻制3层钢丝	6×37	(1+6+12+18)	5~60
5	6×61	6个圆股，每股外层丝24根，中心丝外捻制4层钢丝	6×61	(1+6+12+18+24)	40~60
6	8×19	8个圆股，每股外层丝8~12根，中心丝外捻制2~3层钢丝，钢丝等捻距	8×19S	(1+9+9)	11~44
			8×19W	(1+6+6/6)	10~48
			8×25Fi	(1+6+6F+2)	18~52
			8×26WS	(1+5+5/5+10)	16~48
			8×31WS	(1+6+6/6+12)	14~56
7	8×37	8个圆股，每股外层丝14~18根，中心丝外捻制3~4层钢丝，钢丝等捻距	8×36WS	(1+7+7/7+14)	14~60
			8×41WS	(1+8+8/8+16)	40~60
			8×49SWS	(1+8+8+8/8+16)	44~60
			8×55SWS	(1+9+9+9/9+18)	44~60

（续）

组别	类别	分类原则	典型结构		直径范围/mm
			钢丝绳	股	
8	18×7	钢丝绳中有 17 或 18 个圆股，在纤维芯或钢芯外捻制 2 层股，外层 10～12 个股，每股外层丝 4～7 根，中心丝外捻制一层钢丝	17×7	（1+6）	6～44
			18×7	（1+6）	6～44
9	18×19	钢丝绳中有 17 或 18 个圆股，在纤维芯或钢芯外捻制 2 层股，外层 10～12 个股，每股外层丝 8～12 根，中心丝外捻制 2～3 层钢丝	18×19W	（1+6+6/6）	14～44
			18×19S	（1+9+9）	14～44
			18×19	（1+6+12）	10～44
10	34×7	钢丝绳中有 34～36 个圆股，在纤维芯或钢芯外捻制 3 层股，外层 17～18 个股，每股外层丝 4～8 根，中心丝外捻制一层钢丝	34×7	（1+6）	16～44
			36×7	（1+6）	16～44
11	35W×7	钢丝绳中有 24～40 个圆股，在钢芯外捻制 2～3 层股，外层 12～18 个股，每股外层丝 4～8 根，中心丝外捻制一层钢丝	35W×7	（1+6）	12～50
			24W×7	（1+6）	12～50
12	6×12	6 个圆股，每股外层丝 12 根，股纤维芯外捻制一层钢丝	6×12	（FC+12）	8～32
13	6×24	6 个圆股，每股外层丝 12～16 根，股纤维芯外捻制 2 层钢丝	6×24	（FC+9+15）	8～40
			6×24S	（FC+12+12）	10～44
			6×24W	（FC+8+8/8）	10～44
14	6×15	6 个圆股，每股外层丝 15 根，股纤维芯外捻制一层钢丝	6×15	（FC+15）	10～32
15	4×19	4 个圆股，每股外层丝 8～12 根，中心丝外捻制 2～3 层钢丝，钢丝等捻距	4×19S	（1+9+9）	8～12
			4×25Fi	（1+6+6F+12）	12～34
			4×26WS	（1+5+5/5+10）	12～31
			4×31WS	（1+6+6/6+12）	12～36
16	4×37	4 个圆股，每股外层丝 14～18 根，中心丝外捻制 3～4 层钢丝，钢丝等捻距	4×36WS	（1+7+7/7+14）	14～42
			4×41WS	（1+8+8/8+16）	26～46

注：1. 3 组和 4 组内推荐用（a）类钢丝绳。
2. 12～14 组仅为纤维芯，其余组别的钢丝绳可由需方指定纤维芯或钢芯。
3.（a）为线接触，（b）为点接触。

钢丝绳按捻法分为右交互捻、左交互捻、右同向捻和左同向捻 4 种，如图 24-8 所示。

1 组中 1×19 和 1×37 单股钢丝绳，外层钢丝与内部各层钢丝的捻向相反。

2～4 组、6～11 组钢丝绳，可为交互捻和同向捻，其中 8 组、9 组、10 组和 11 组多层股钢丝绳的内层绳捻法，由供方确定。

3 组中 6×19（b）类、6×19W 结构，6 组中 8×19W 结构和 9 组中 18×19W、18×19 结构钢丝绳，推荐使用交互捻。

4 组中 6×37（b）类、5 组、12 组、13 组、14 组、15 组、16 组钢丝绳仅为交互捻。

24.2.5.3　钢丝绳材料

（1）制绳用钢丝　制绳用钢丝应符合 YB/T 5343—2009 中一般用途钢丝绳用钢丝的规定。制绳用钢丝包括中心丝、填充丝和钢芯钢丝，其表面状态和公称抗拉强度应符合表 24-45 规定。

表 24-45　钢丝表面状态和公称抗拉强度（摘自 GB/T 20118—2017）

表面状态	公称抗拉强度/MPa						
光面和 B 级镀锌	—	1570	1670	1770	1870	1960	2160
AB 级镀锌	—	1570	1670	1770	1870	1960	—
A 级镀锌	1470	1570	1670	1770	1870	—	—

注：1. 1470MPa 仅适用于 6×12、6×15、6×24、6×24S 和 6×24W 结构钢丝绳。
2. 表中 1960MPa 和 2160MPa 抗拉强度级别制绳用钢丝性能，由生产厂家自定，但应确保钢丝绳的拆股性能满足标准要求。

（2）绳芯　分为纤维芯和钢芯。

1）纤维芯应用符合 GB/T 15030—2009 规定的剑麻或用黄麻、合成纤维、棉纱及其他能符合要求的纤维制成。除需方另有要求，纤维芯应用防腐、防锈、润滑油脂浸透。

2）钢芯分为独立的钢丝绳芯（IWR）和钢丝股芯（IWS）。

（3）油脂　钢丝绳用油脂应符合 NB/SH/T 0387—2014，或其他有关技术要求的规定。麻芯脂应符合 NB/SH/T 0387—2014，或其他有关技术要求的规定。

24.2.5.4　技术要求

（1）钢丝绳、股的捻距　钢丝绳及股的捻距用捻距倍数给出。捻距倍数为钢丝绳或股的直径倍数，应符合表 24-46 的规定。

表 24-46　钢丝绳及股的捻距倍数

（摘自 GB/T 20118—2017）

类　别	捻距倍数　≤	
	点接触	线接触(点线接触)
钢丝绳	8	7.25
单股钢丝绳	10.5	—
四股钢丝绳	—	9
股	10.8	10

（2）捻制质量

1）钢芯和股纤维芯的尺寸应具有足够的支撑作用，以使外层包捻的钢丝能均匀捻制，相邻股钢丝之间允许有较均匀的缝隙。用同直径钢丝制成的股，其中心钢丝应适当加大。

2）钢丝绳应捻制均匀、紧密和不松散，在展开和无载荷情况下，钢丝绳不得呈波浪状。绳内钢丝不得有交错、折弯和断丝等缺陷，但允许有因变形工卡具压紧造成的钢丝压扁现象存在。

3）在一条钢丝绳中，捻距不应有明显差别。

4）钢丝绳制造时，同直径钢丝应为同一公称抗拉强度，不同直径钢丝允许采用相同或相邻公称抗拉强度，但应保证钢丝绳最小破断拉力。

5）钢丝绳的绳芯尺寸应具有足够的支撑作用，以使外层包捻的股均匀捻制。允许各相邻股之间有较均匀的缝隙。

6）镀锌钢丝绳中所有钢丝都应是镀锌的。

7）钢丝绳中钢丝的接头应尽量减少。直径大于 0.6mm 的钢丝应用对焊连接，直径小于和等于 0.6mm 的钢丝，用对焊连接或插接连接。股在同一次捻制中，各连接点在股内的距离不得小于 5m。

（3）涂油　除非需方另有要求，钢丝绳应均匀地涂敷防锈、润滑油脂；需方要求钢丝绳有增摩性能时，钢丝绳应涂增摩油脂。钢丝绳表面不应有未涂上油脂的地方。

（4）表面质量　钢丝绳表面不应存在 GB/T 8706 中规定的制造缺陷。

（5）允许偏差和圆度　钢丝绳实测直径的允许偏差和圆度，应符合表 24-47 的规定。

表 24-47　允许偏差和圆度（摘自 GB/T 20118—2017）

钢丝绳公称直径 D /mm	允许偏差(%D)		圆度(%D)≤	
	股全部为钢丝的钢丝绳	带纤维股芯的钢丝绳	股全部为钢丝的钢丝绳	带纤维股芯的钢丝绳
$0.6 \leqslant D < 4$	+8 0	—	7	—
$4 \leqslant D < 6$	+7 0	—	6	—
$6 \leqslant D < 8$	+6 0	—	5	—
$D \geqslant 8$	+6 0	+7 0	4	6

（6）长度及其允许偏差　钢丝绳应按订货长度供货，并应符合下列长度允许偏差：≤400m 的为 0～+5%；>400～1000m 的为 0～+20m；>1000m 的为 0～+2%。

（7）参考质量　计算式为

$$M = KD^2$$

式中　M——钢丝绳单位长度的参考质量（kg/100m）；

D——钢丝绳的公称直径（mm）；

K——涂油的某一类别钢丝绳单位长度的重量系数 [kg/(100m · mm²)]，K 值见表 24-48。

钢丝绳的参考质量见 24.2.5.9 节的表 24-56～表 24-74。

（8）破断拉力　钢丝绳最小破断拉力的计算式为

$$F_0 = K'D^2R_0/1000$$

式中　F_0——钢丝绳最小破断拉力（kN）；

K'——某一类别钢丝绳的最小破断拉力系数，K'值见表 24-48；

D——钢丝绳公称直径（mm）；

R_0——钢丝绳公称抗拉强度（MPa）。

钢丝绳破断拉力的测定值应不低于表 24-48～表 24-55 的规定。

钢丝绳最小钢丝破断拉力总和，按表 24-56～表 24-74 下注的换算系数计算。

表 24-48　钢丝绳重量系数和最小破断拉力系数（摘自 GB/T 20118—2017）

组别	类别	钢丝绳质量系数 K			K_2/K_{1n}	K_2/K_{1p}	最小破断拉力系数 K'		$\frac{K'_2}{K'_1}$
		天然纤维芯钢丝绳	合成纤维芯钢丝绳	钢芯钢丝绳			纤维芯钢丝绳	钢芯钢丝绳	
		K_{1n}	K_{1p}①	K_2			K'_1	K'_2	
		kg/(100m·mm²)							
1	1×7	—		0.522	—	—	—	0.540	—
	1×19	—		0.507	—	—	—	0.530	—
	1×37	—		0.501	—	—	—	0.490	—
2	6×7	0.351	0.344	0.387	1.10	1.12	0.332	0.359	1.08
3 4	6×19(a) 6×37(a)	0.380	0.371	0.418	1.10	1.13	0.330	0.356	1.08
3	6×19(b)	0.351	0.344	0.400	1.14	1.16	0.307	0.332	1.08
4	6×37(b)	0.346	0.337	0.400	1.16	1.19	0.295	0.319	1.08
5	6×61	0.361	0.354	0.398	1.10	1.12	0.283	0.306	1.08
6 7	8×19 8×37	0.357	0.344	0.435	1.22	1.26	0.293	0.346	1.18
8 9	18×7 18×19	0.390		0.430	1.10	1.10	0.310	0.328	1.06
10	34×7	0.390		0.430	1.10	1.10	0.308	0.318	1.03
11	35W×7	—		0.460	—	—	—	0.360	—
12	6×12	0.251	0.231	—	—	—	0.209	—	—
13	6×24	0.318	0.304	—	—	—	0.280	—	—
14	6×15	0.200	0.185	—	—	—	0.180	—	—
15 16	4×19 4×37	0.410		—	—	—	0.360	—	—

注：1. 在 3 组、6 组钢丝绳中，当股内钢丝的数目为 19 根或 19 根以下时，重量系数应比表中所列的数小 3%。

2. 在 13 组钢丝绳中，股为等捻距结构钢丝绳的重量系数和最小破断拉力系数，应分别比表中所列的数值大 4%。

① K_{1p} 重量系数是对聚丙烯纤维芯钢丝绳而言。

（9）拆股钢丝的要求

1）实测直径。钢丝实测直径应符合 YB/T 5343—2009 的有关规定。允许有不超过测量钢丝数 3% 的钢丝超出规定，但不超出该规定的 50%。

2）抗拉强度。钢丝的抗拉强度应不低于表24-49 甲栏的规定。

表 24-49　抗拉强度的允许低值（摘自 GB/T 20118—2017）

公称抗拉强度/MPa		1470	1570	1670	1770	1870	1960	2160
最低抗拉强度/MPa	甲	1420	1520	1620	1720	1820	1910	2110
	乙	1290	1380	1470	1560	1650	1720	1900

3）反复弯曲。钢丝的最小反复弯曲次数应符合表 24-50 的规定。

4）扭转。钢丝的最小扭转次数应符合表 24-51 的规定。

5）打结拉伸。直径小于 0.5mm 的钢丝，扭转和反复弯曲试验由钢丝打结拉伸试验代替。试验钢丝数中，至少 95% 的钢丝打结拉力应不小于公称抗拉强度 50% 的拉力。

24.2.5.5　镀锌层

（1）级别　镀锌层级别分为三个级别：B 级、AB 级和 A 级。

（2）镀锌层质量　试验钢丝数中，至少 95% 的钢丝锌层质量应符合表 24-52 的规定。如果锌层质量不符合标准规定，而其他性能符合光面钢丝绳要求时，则可按光面钢丝绳交货。

表 24-50　最小反复弯曲次数（摘自 GB/T 20118—2017）

钢丝公称直径 d /mm	弯曲圆柱半径 /mm	光面和 B 级镀锌钢丝						AB 级镀锌钢丝					A 级镀锌钢丝				
		公称抗拉强度/MPa															
		1570	1670	1770	1870	1960	2160	1570	1670	1770	1870	1960	1470	1570	1670	1770	1870
$0.5 \le d < 0.55$	1.75	15	14	14	13	13	12	12	11	11	10	10	11	11	10	10	9
$0.55 \le d < 0.6$		14	13	13	12	12	11	10	9	9	8	8	9	9	8	8	7
$0.6 \le d < 0.65$		12	11	11	10	10	9	8	7	7	6	6	7	7	6	6	5
$0.65 \le d < 0.7$		11	10	10	9	9	8	7	6	6	5	5	6	6	5	5	4
$0.7 \le d < 0.75$	2.5	15	14	14	13	13	12	14	13	13	12	12	12	12	11	11	10
$0.75 \le d < 0.8$		14	13	13	12	12	11	13	12	12	11	11	11	11	10	10	9
$0.8 \le d < 0.85$		13	12	12	11	11	10	12	11	11	10	10	10	10	9	9	8
$0.85 \le d < 0.9$		11	10	10	9	9	8	11	10	10	9	9	8	8	7	7	6
$0.9 \le d < 0.95$		10	9	9	8	8	7	10	9	9	8	8	7	7	6	6	5
$0.95 \le d < 1$		10	9	9	8	8	7	9	8	8	7	7	7	7	6	6	5
$1 \le d < 1.1$	3.75	15	14	14	13	13	12	15	14	14	13	13	12	12	11	11	10
$1.1 \le d < 1.2$		13	12	12	11	11	11	13	12	12	11	11	10	10	9	9	8
$1.2 \le d < 1.3$		12	11	11	10	10	10	12	11	11	10	10	9	9	8	8	7
$1.3 \le d < 1.4$		10	9	9	8	8	8	10	9	9	8	8	7	7	6	6	5
$1.4 \le d < 1.5$		9	8	8	7	7	7	9	8	8	7	7	6	6	5	5	4
$1.5 \le d < 1.6$	5.0	12	11	11	10	10	9	12	11	11	10	10	9	9	8	8	7
$1.6 \le d < 1.7$		11	10	10	9	9	8	11	10	10	9	9	8	8	7	7	6
$1.7 \le d < 1.8$		10	9	9	8	8	7	10	9	9	8	8	7	7	6	6	5
$1.8 \le d < 1.9$		9	8	8	7	7	6	9	8	8	7	7	6	6	5	5	4
$1.9 \le d < 2$		8	7	7	6	6	5	8	7	7	6	6	5	5	4	4	3
$2 \le d < 2.1$	7.5	13	12	12	11	11	10	12	11	11	10	10	10	10	9	9	8
$2.1 \le d < 2.2$		12	11	11	10	10	9	11	10	10	9	9	9	9	8	8	7
$2.2 \le d < 2.4$		11	10	10	9	9	8	10	9	9	8	8	8	8	7	7	6
$2.4 \le d < 2.5$		10	9	9	8	8	7	9	8	8	7	7	7	7	6	6	5
$2.5 \le d < 2.6$		9	8	8	7	7	6	8	7	7	6	6	6	6	5	5	4
$2.6 \le d < 2.7$		8	7	7	6	6	5	7	6	6	5	5	5	5	4	4	3
$2.7 \le d < 3$		7	6	6	5	5	4	6	5	5	4	4	4	4	3	3	2
$3 \le d < 3.1$	10	11	10	10	9	9	8	10	9	9	8	8	8	8	7	7	6
$3.1 \le d < 3.2$		10	9	9	8	8	7	9	8	8	7	7	7	7	6	6	5
$3.2 \le d < 3.3$		9	8	8	7	7	6	8	7	7	6	6	6	6	5	5	4
$3.3 \le d < 3.4$		9	8	8	7	7	6	8	7	7	5	5	6	6	5	5	4
$3.4 \le d < 3.5$		8	7	7	6	6	5	8	7	7	6	6	6	6	5	5	4
$3.5 \le d < 3.6$	10.0	7	6	6	5	5	4	6	5	5	3	3	4	4	3	3	2
$3.6 \le d < 3.7$		7	6	6	5	5	4	6	5	5	3	3	4	4	3	3	2
$3.7 \le d < 3.8$		6	5	5	4	4	3	5	4	4	2	2	4	4	3	3	2

（续）

钢丝公称直径 d /mm	弯曲圆柱半径 /mm	光面和 B 级镀锌钢丝						AB 级镀锌钢丝					A 级镀锌钢丝				
		公称抗拉强度/MPa															
		1570	1670	1770	1870	1960	2160	1570	1670	1770	1870	1960	1470	1570	1670	1770	1870
3.8≤d<3.9	10.0	6	5	5	4	4	3	5	4	4	2	2	4	4	3	3	2
3.9≤d<4		6	5	5	4	4	3	5	4	4	2	2	4	4	3	3	2
4≤d<4.1	15.0	11	10	10	9	9	8	10	9	9	7	7	7	7	6	6	5
4.1≤d<4.2		10	9	9	8	8	7	9	8	8	6	6	6	6	5	5	4
4.2≤d<4.3		10	9	9	8	8	7	9	8	8	6	6	6	6	5	5	4
4.3≤d<4.4		10	9	9	8	8	7	9	8	8	6	6	6	6	5	5	4
4.4		9	8	8	7	7	6	8	8	8	6	6	5	5	4	4	3

表 24-51　最小扭转次数（摘自 GB/T 20118—2017）

钢丝公称直径 d /mm	试验长度（钳口距离）/mm	光面和 B 级镀锌钢丝						AB 级镀锌钢丝					A 级镀锌钢丝				
		公称抗拉强度/MPa															
		1570	1670	1770	1870	1960	2160	1570	1670	1770	1870	1960	1470	1570	1670	1770	1870
0.5≤d<1	100d	26	24	24	22	22	20	24	22	22	20	20	17	16	14	14	13
1≤d<1.3		25	22	22	20	20	18	22	20	20	18	18	16	15	13	13	12
1.3≤d<1.8		24	21	21	19	19	17	21	19	19	17	17	15	14	12	12	11
1.8≤d<2.3		22	20	20	18	18	16	20	18	18	16	16	15	14	12	12	11
2.3≤d<3		20	19	19	17	17	15	18	16	16	14	14	13	12	10	10	9
3≤d<3.5		19	17	17	15	15	13	17	14	14	12	12	11	10	8	8	7
3.5≤d<3.7		17	15	15	13	13	11	15	13	13	11	11	9	8	6	6	5
3.7≤d<4		15	13	13	11	11	9	13	11	11	9	9	8	7	5	5	4
4≤d<4.2		14	12	12	10	10	8	12	10	10	8	8	7	5	3	3	2
4.2≤d≤4.4		13	11	11	9	9	7	11	9	9	7	7	7	5	3	3	2

表 24-52　最小锌层质量（摘自 GB/T 20118—2017）

钢丝公称直径 d/mm	最小锌层质量/(g/m^2)		
	B 级镀锌钢丝	AB 级镀锌钢丝	A 级镀锌钢丝
0.15≤d<0.2	10	—	—
0.2≤d<0.25	14	—	—
0.25≤d<0.4	19	—	—
0.4≤d<0.5	28	57	71
0.5≤d<0.6	38	66	86
0.6≤d<0.7	48	81	104
0.7≤d<0.8	57	81	114
0.8≤d<1	66	90	124
1≤d<1.2	76	104	142
1.2≤d<1.5	86	114	157
1.5≤d<1.9	95	124	171
1.9≤d<2.5	104	142	195
2.5≤d<3.2	119	157	218
3.2≤d<4	128	180	238
4≤d≤4.4	142	190	247

24.2.5.6　允许的低值钢丝根数

1）允许有少数钢丝的抗拉强度低于表24-49中甲栏而不低于乙栏；反复弯曲次数低于表24-50中规定的20%（修约成整数）；扭转次数低于表24-51中规定的25%（修约成整数）。这种低值钢丝的允许数量不应超过表24-53的规定。

表24-53　钢丝绳允许低值钢丝根数（摘自GB/T 20118—2017）

圆股钢丝绳结构	部分试验		100%试验	
	抗拉强度	反复弯曲和扭转	抗拉强度	反复弯曲和扭转
1×7、1×19	1	1	1	1
1×37	1	1	1	2
6×7	1	1	1	2
6×9W	1	1	2	3
6×19、6×19W、6×19S、6×25Fi	1	2	3	6
6×24、6×24S、6×24W、6×29Fi	2	3	4	7
6×26WS	2	3	5	8
6×31WS	2	4	6	9
6×37、6×37S、6×36WS	2	5	7	11
6×41WS	3	5	7	12
6×49SWS	3	6	9	15
6×55SWS	4	7	10	16
6×61	4	8	11	18
8×19S、8×19W、8×25Fi	1	2	4	7
8×26WS	2	3	6	10
8×31WS	2	4	7	12
8×36WS	2	5	9	14
8×41WS	3	5	10	16
8×49SWS	3	6	12	20
8×55SWS	4	7	13	22
18×7、17×7	1	3	4	6
18×19S、18×19W、18×19	4	7	10	17
34×7、36×7、35W×7	3	5	7	12
24W×7	1	3	5	8
6×12	1	2	2	4
6×15	1	2	3	4
4×19S	1	2	2	4
4×25Fi	1	2	2	4
4×26WS	2	3	3	5
4×31WS	2	4	4	6
4×36WS	2	5	4	7
4×41WS	3	5	5	8

2）钢丝实测直径、打结拉伸、镀锌层重量所计算的低值钢丝数（修约成整数），不足一根时，分别允许有一根。

3）当同一根钢丝有多项低值时，只按一根计算。

24.2.5.7　钢丝绳检查

（1）直径的测量

1）钢丝绳直径应用带有宽钳口的游标卡尺测量。钳口的宽度要足以跨越两个相邻的股，如图24-11所示。

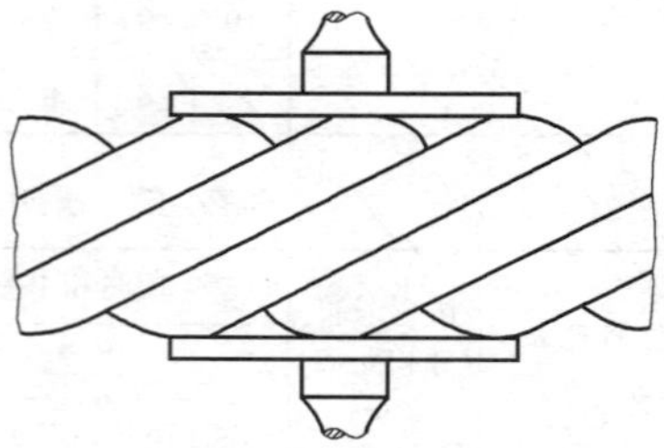

图24-11　钢丝绳直径测量

测量应在无张力的情况下，在距钢丝绳端头15m外的直线部位上进行，在相距至少1m的两截面上，并在同一截面相互垂直的方向上测取两个数值。四个测量结果的算术平均值作为钢丝绳的实测直径。

2）同一截面测量的最大差值与钢丝绳公称直径之比为圆度，应符合标准的规定。

3）在有争议的情况下，钢丝绳直径的测量可在不超过钢丝绳最小破断拉力5%的载荷下进行。

（2）长度的测量　测量钢丝绳长度的方法应供需双方协议。钢丝绳长度的测量以m为单位。

（3）质量的测量　钢丝绳的总质量包括钢丝绳、卷轴和包装材料的质量，应用衡器测量，单位为kg。

计算钢丝绳的单位质量时，用钢丝绳的净质量除以钢丝绳实测长度。钢丝绳的实测单位质量用kg/100m为单位。

（4）不松散检查　将钢丝绳一端解开相对称的两个股，约有两个捻距长。当这两个股重新恢复到原位后，不应自行再散开（多层股、四股绳和6×61结构钢丝绳除外）。

（5）表面质量检查　钢丝绳及其股表面质量，用手感和目测检查。

24.2.5.8　钢丝绳试验

（1）试验方式与试验数量　有两种试验方式由供需双方协商选定。订货合同中未注明者，由供方自行决定。

方式1，钢丝绳组批试验。每批由同一结构、同一公称直径、同一公称抗拉强度、同一捻法及同一表面状态的钢丝绳组成。

① 从每批（N）中，任选 n 条钢丝绳取样进行整绳破断拉力试验。

② 从每批（N）中，任选 n 条钢丝绳取样进行部分拆股钢丝试验（焊接点除外）。

③ 每批钢丝绳（N）的取样数量 n，按表24-54的规定。

表 24-54　每批钢丝绳的试样数量

每批钢丝绳数量 N	试样数量 n	附加试验的试样数量
1	1	—
2	2	—
3	3	—
4	3	1
5	3	2
6~15	3	3
16~25	4	4
26~40	5	5
41~65	7	7
66~110	10	10
111~180	15	15
181~300	20	20

方式 2，逐条试验。钢丝绳逐条取样进行部分拆股钢丝试验。

① 需方要求 100%拆股试验，应在订货合同中注明。

② 钢丝绳部分拆股试验的钢丝数量：单层股钢丝绳任取一股钢丝；单股钢丝绳每层钢丝数不少于 3 根；多层股钢丝绳按表 24-55 的规定。

表 24-55　多层股钢丝绳拆取的股数

（摘自 GB/T 20118—2017）

钢丝绳类型	外层	中层	内层
18×7 类、18×19 类	2	—	1
34×7 类	3	2	1
35W×7 类	3	大股、小股各 1	1

③ 如果需方要求，镀锌钢丝绳可进行钢丝锌层重量试验，为钢丝绳中同公称直径钢丝总数的 5%，但不应少于 3 根（从按规定的拆取股数中选取）。

④ 试验的钢丝不包括股中填充丝、中心丝、各种钢丝绳中的钢芯。

⑤ 不做试验的钢丝，应按制绳前钢丝公称直径和公称抗拉强度参加钢丝破断拉力总和的计算。

（2）破断拉力的测定　有两种方法。

方法 1，钢丝绳整绳破断拉力的测定按 GB/T 8358—2014 规定。

方法 2，钢丝绳内钢丝破断拉力总和的测定，按如下规定：

① 当试验钢丝绳内全部钢丝时，是将每根钢丝的实测破断拉力相加。

② 当试验钢丝绳内部分钢丝时，钢丝破断拉力总和的计算式为

$$F=F_0+F_1N_1+F_2N_2+F_3N_3+\cdots+F_nN_n$$

式中　F——钢丝破断拉力总和；

F_0——钢丝绳中钢芯的计算破断拉力之和；

F_1、F_2、F_3、…、F_n——同结构、同直径 1 股中，钢丝的实测破断拉力和不参加试验钢丝的计算破断拉力之和；

N_1、N_2、N_3、…、N_n——钢丝绳中同结构、同直径的股数。

多层股钢丝绳，同结构、同直径取大于 1 股试验时，应以算术平均值来计算。

（3）拆股钢丝试验　按 GB/T 238—2013、GB/T 239.1~2—2012 的规定进行试验。

24.2.5.9　常用一般用途钢丝绳（见表 24-56~表 24-74）

表 24-56　第 1 组 1×7 单股钢丝绳力学性能（摘自 GB/T 20118—2017）

（续）

钢丝绳公称直径/mm	参考质量/(kg/100m)	钢丝绳公称抗拉强度/MPa			
		1570	1670	1770	1870
		钢丝绳最小破断拉力/kN			
0.6	0.19	0.31	0.32	0.34	0.36
1.2	0.75	1.22	1.30	1.38	1.45
1.5	1.17	1.91	2.03	2.15	2.27
1.8	1.69	2.75	2.92	3.10	3.27
2.1	2.30	3.74	3.98	4.22	4.45
2.4	3.01	4.88	5.19	5.51	5.82
2.7	3.80	6.18	6.57	6.97	7.36
3	4.70	7.63	8.12	8.60	9.09
3.3	5.68	9.23	9.82	10.4	11.0
3.6	6.77	11.0	11.7	12.4	13.1
3.9	7.94	12.9	13.7	14.5	15.4
4.2	9.21	15.0	15.9	16.9	17.8
4.5	10.6	17.2	18.3	19.4	20.4
4.8	12.0	19.5	20.8	22.0	23.3
5.1	13.6	22.1	23.5	24.9	26.3
5.4	15.2	24.7	26.3	27.9	29.4
6	18.8	30.5	32.5	34.4	36.4
6.6	22.7	36.9	39.3	41.6	44.0
7.2	27.1	43.9	46.7	49.5	52.3
7.8	31.8	51.6	54.9	58.2	61.4
8.4	36.8	59.8	63.6	67.4	71.3
9	42.3	68.7	73.0	77.4	81.8
9.6	48.1	78.1	83.1	88.1	93.1
10.5	57.6	93.5	99.4	105	111
11.5	69.0	112	119	126	134
12	75.2	122	130	138	145

注：最小钢丝破断拉力总和=钢丝绳最小破断拉力×1.111。

表 24-57　第 1 组 1×19 单股钢丝绳力学性能（摘自 GB/T 20118—2017）

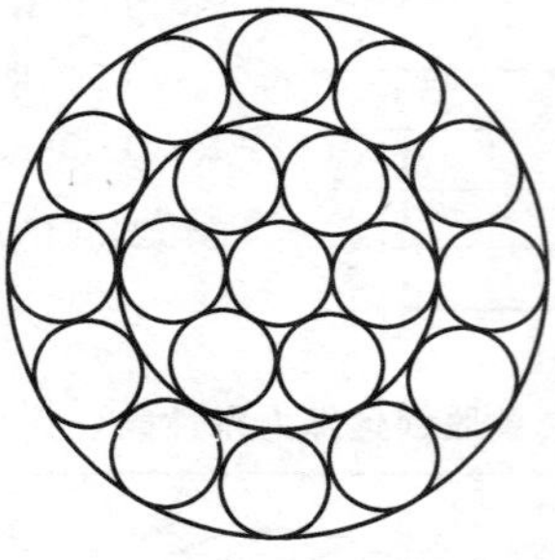

钢丝绳公称直径/mm	参考质量/(kg/100m)	钢丝绳公称抗拉强度/MPa			
		1570	1670	1770	1870
		钢丝绳最小破断拉力/kN			
1	0.51	0.83	0.89	0.94	0.99
1.5	1.14	1.87	1.99	2.11	2.23
2	2.03	3.33	3.54	3.75	3.96
2.5	3.17	5.20	5.53	5.86	6.19

（续）

钢丝绳公称直径/mm	参考质量/(kg/100m)	钢丝绳公称抗拉强度/MPa			
		1570	1670	1770	1870
		钢丝绳最小破断拉力/kN			
3	4.56	7.49	7.97	8.44	8.92
3.5	6.21	10.2	10.8	11.5	12.1
4	8.11	13.3	14.2	15.0	15.9
4.5	10.3	16.9	17.9	19.0	20.1
5	12.7	20.8	22.1	23.5	24.8
5.5	15.3	25.2	26.8	28.4	30.0
6	18.3	30.0	31.9	33.8	35.7
6.5	21.4	35.2	37.4	39.6	41.9
7	24.8	40.8	43.4	46.0	48.6
7.5	28.5	46.8	49.8	52.8	55.7
8	32.4	56.6	56.6	60.0	63.4
8.5	36.6	60.1	63.9	67.8	71.6
9	41.1	67.4	71.7	76.0	80.3
10	50.7	83.2	88.6	93.8	99.1
11	61.3	101	107	114	120
12	73.0	120	127	135	143
13	85.7	141	150	159	167
14	99.4	163	173	184	194
15	114	187	199	211	223
16	130	213	227	240	254

注：最小钢丝破断拉力总和=钢丝绳最小破断拉力×1.111。

表 24-58　第 1 组 1×37 单股钢丝绳力学性能（摘自 GB/T 20118—2017）

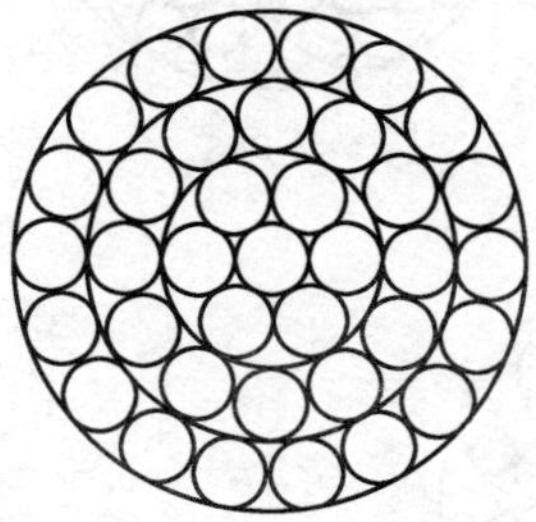

钢丝绳公称直径/mm	参考质量/(kg/100m)	钢丝绳公称抗拉强度/MPa			
		1570	1670	1770	1870
		钢丝绳最小破断拉力/kN			
1.4	0.98	1.51	1.60	1.70	1.80
2.1	2.21	3.39	3.61	3.82	4.04
2.8	3.93	6.03	6.42	6.80	7.18
3.5	6.14	9.42	10.0	10.6	11.2
4.2	8.84	13.6	14.4	15.3	16.2
4.9	12.0	18.5	19.6	20.8	22.0
5.6	15.7	24.1	25.7	27.2	28.7
6.3	19.9	30.5	32.5	34.4	36.4
7	24.5	37.7	40.1	42.5	44.9
7.7	29.7	45.6	48.5	51.4	54.3
8.4	35.4	54.3	57.7	61.2	64.7

（续）

钢丝绳公称直径/mm	参考质量/(kg/100m)	钢丝绳公称抗拉强度/MPa			
		1570	1670	1770	1870
		钢丝绳最小破断拉力/kN			
9.1	41.5	63.7	67.8	71.8	75.9
9.8	48.1	73.9	78.6	83.3	88.0
10.5	55.2	84.8	90.2	95.6	101
11	60.6	93.1	99.0	105	111
12	72.1	111	118	125	132
12.5	78.3	120	128	136	143
14	98.2	151	160	170	180
15.5	120	185	197	208	220
17	145	222	236	251	265
18	162	249	265	281	297
19.5	191	292	311	330	348
21	221	339	361	382	404
22.5	254	389	414	439	464

注：最小钢丝破断拉力总和=钢丝绳最小破断拉力×1.176。

表 24-59　第 2 组 6×7 类钢丝绳力学性能（摘自 GB/T 20118—2017）

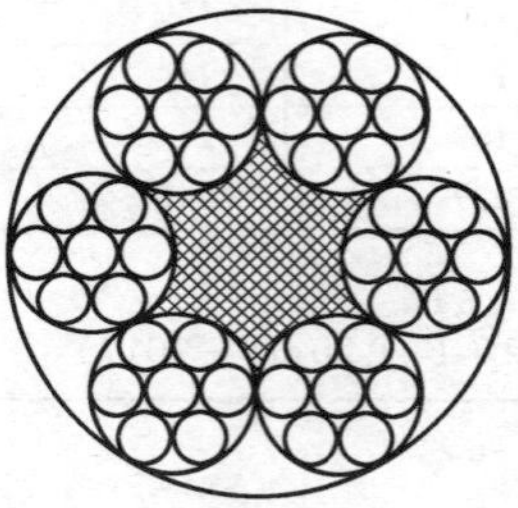

6×7+FC

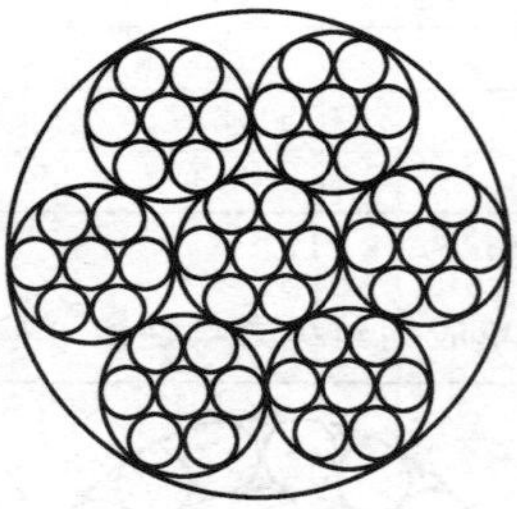

6×7+IWS

6×7+IWR

直径1.8～36mm

直径1.8～36mm

6×9W+FC

6×9W+IWR

直径14～36mm

钢丝绳公称直径/mm	参考质量/(kg/100m)			钢丝绳公称抗拉强度/MPa							
				1570		1670		1770		1870	
				钢丝绳最小破断拉力/kN							
	天然纤维芯钢丝绳	合成纤维芯钢丝绳	钢芯钢丝绳	纤维芯钢丝绳	钢芯钢丝绳	纤维芯钢丝绳	钢芯钢丝绳	纤维芯钢丝绳	钢芯钢丝绳	纤维芯钢丝绳	钢芯钢丝绳
1.8	1.14	1.11	1.25	1.69	1.83	1.80	1.94	1.90	2.06	2.01	2.18
2	1.40	1.38	1.55	2.08	2.25	2.22	2.40	2.35	2.54	2.48	2.69
3	3.16	3.10	3.48	4.69	5.07	4.99	5.40	5.29	5.72	5.59	6.04

（续）

钢丝绳公称直径/mm	参考质量/(kg/100m)			钢丝绳公称抗拉强度/MPa							
				1570		1670		1770		1870	
				钢丝绳最小破断拉力/kN							
	天然纤维芯钢丝绳	合成纤维芯钢丝绳	钢芯钢丝绳	纤维芯钢丝绳	钢芯钢丝绳	纤维芯钢丝绳	钢芯钢丝绳	纤维芯钢丝绳	钢芯钢丝绳	纤维芯钢丝绳	钢芯钢丝绳
4	5.62	5.50	6.19	8.34	9.02	8.87	9.59	9.40	10.2	9.93	10.7
5	8.78	8.60	9.68	13.0	14.1	13.9	15.0	14.7	15.9	15.5	16.8
6	12.6	12.4	13.9	18.8	20.3	20.0	21.6	21.2	22.9	22.4	24.2
7	17.2	16.9	19.0	25.5	27.6	27.2	29.4	28.8	31.1	30.4	32.9
8	22.5	22.0	24.8	33.4	36.1	35.5	38.4	37.6	40.7	39.7	43.0
9	28.4	27.9	31.3	42.2	45.7	44.9	48.6	47.6	51.5	50.3	54.4
10	35.1	34.4	38.7	52.1	56.4	55.4	60.0	58.8	63.5	62.1	67.1
11	42.5	41.6	46.8	63.1	68.2	67.1	72.5	71.1	76.9	75.1	81.2
12	50.5	49.5	55.7	75.1	81.2	79.8	86.3	84.6	91.5	89.4	96.7
13	59.3	58.1	65.4	88.1	95.3	93.7	101	99.3	107	105	113
14	68.8	67.4	75.9	102	110	109	118	115	125	122	132
16	89.9	88.1	99.1	133	144	142	153	150	163	159	172
18	114	111	125	69	183	180	194	190	206	201	218
20	140	138	155	208	225	222	240	235	254	248	269
22	170	166	187	252	273	268	290	284	308	300	325
24	202	198	223	300	325	319	345	338	366	358	387
26	237	233	262	352	381	375	405	397	430	420	454
28	275	270	303	409	442	435	470	461	498	487	526
30	316	310	348	469	507	499	540	529	572	559	604
32	359	352	396	534	577	568	614	602	651	636	687
34	406	398	447	603	652	641	693	679	735	718	776
36	455	446	502	676	730	719	777	762	824	805	870

注：最小钢丝破断拉力总和=钢线绳最小破断拉力×1.134（纤维芯）或 1.214（钢芯）。

表 24-60　第 3 组 6×19（a）类钢丝绳力学性能（摘自 GB/T 20118—2017）

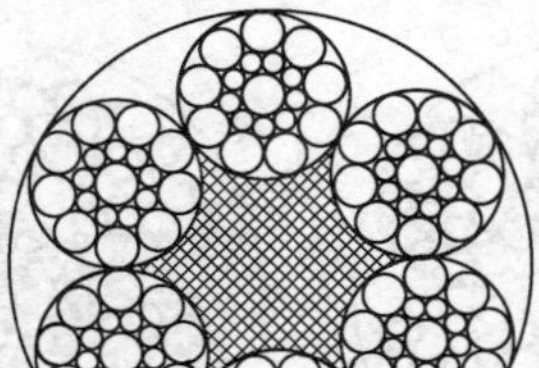

6×19S+FC

6×19S+IWR

直径6～36mm

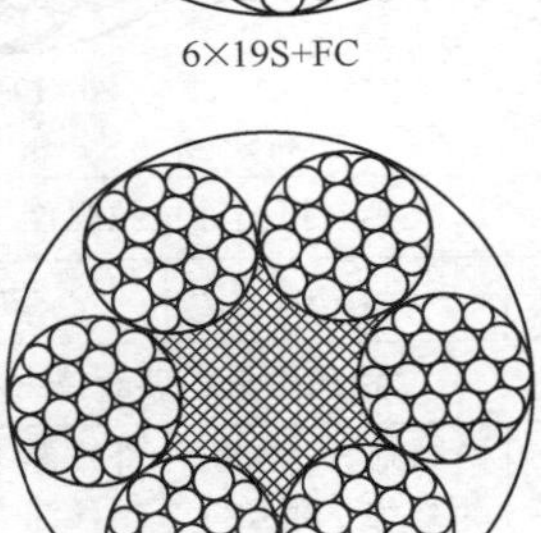

6×19W+FC

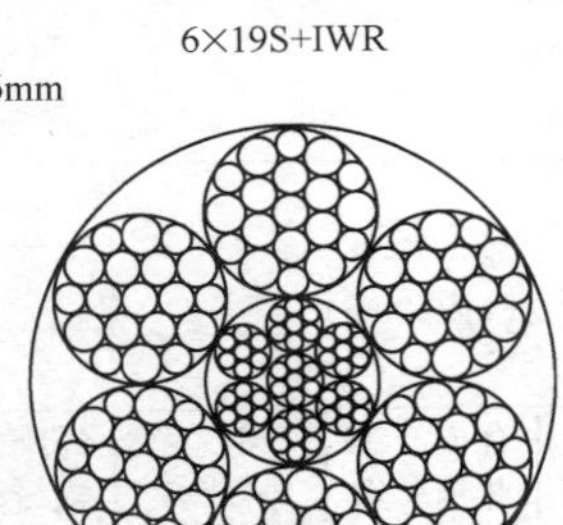

6×19W+IWR

直径6～40mm

（续）

钢丝绳公称直径/mm	参考质量/(kg/100m)			钢丝绳公称抗拉强度/MPa											
				1570		1670		1770		1870		1960		2160	
				钢丝绳最小破断拉力/kN											
	天然纤维芯钢丝绳	合成纤维芯钢丝绳	钢芯钢丝绳	纤维芯钢丝绳	钢芯钢丝绳	纤维芯钢丝绳	钢芯钢丝绳	纤维芯钢丝绳	钢芯钢丝绳	纤维芯钢丝绳	钢芯钢丝绳	纤维芯钢丝绳	钢芯钢丝绳	纤维芯钢丝绳	钢芯钢丝绳
6	13.3	13.0	14.6	18.7	20.1	19.8	21.4	21.0	22.7	22.2	24.0	23.3	25.1	25.7	27.7
7	18.1	17.6	19.9	25.4	27.4	27.0	29.1	28.6	30.9	30.2	32.6	31.7	34.2	34.9	37.7
8	23.6	23.0	25.9	33.2	35.8	35.3	38.0	37.4	40.3	39.5	42.6	41.4	44.6	45.6	49.2
9	29.9	29.1	32.8	42.0	45.3	44.6	48.2	47.3	51.0	50.0	53.9	52.4	56.5	57.7	62.3
10	36.9	36.0	40.6	51.8	55.9	55.1	59.5	58.4	63.0	61.7	66.6	64.7	69.8	71.3	76.9
11	44.6	43.5	49.1	62.7	67.6	66.7	71.9	70.7	76.2	74.7	80.6	78.3	84.4	86.2	93.0
12	53.1	51.8	58.4	74.6	80.5	79.4	85.6	84.1	90.7	88.9	95.9	93.1	100	103	111
13	62.3	60.8	68.5	87.6	94.5	93.1	100	98.7	106	104	113	109	118	120	130
14	72.2	70.5	79.5	102	110	108	117	114	124	121	130	127	137	140	151
16	94.4	92.1	104	133	143	141	152	150	161	158	170	166	179	182	197
18	119	117	131	168	181	179	193	189	204	200	216	210	226	231	249
20	147	144	162	207	224	220	238	234	252	247	266	259	279	285	308
22	178	174	196	251	271	267	288	283	305	299	322	313	338	345	372
24	212	207	234	298	322	317	342	336	363	355	383	373	402	411	443
26	249	243	274	350	378	373	402	395	426	417	450	437	472	482	520
28	289	282	318	406	438	432	466	458	494	484	522	507	547	559	603
30	332	324	365	466	503	496	535	526	567	555	599	582	628	642	692
32	377	369	415	531	572	564	609	598	645	632	682	662	715	730	787
34	426	416	469	599	646	637	687	675	728	713	770	748	807	824	889
36	478	466	525	671	724	714	770	757	817	800	863	838	904	924	997
38	532	520	585	748	807	796	858	843	910	891	961	934	1010	1030	1110
40	590	576	649	829	894	882	951	935	1010	987	1070	1030	1120	1140	1230

注：最小钢丝破断拉力总和=钢丝绳最小破断拉力×1.214（纤维芯）或1.308（钢芯）。

表24-61　第3组6×19（b）类钢丝绳力学性能（摘自GB/T 20118—2017）

6×19+FC　　6×19+IWS 直径3～46mm　　6×19+IWR

钢丝绳公称直径/mm	参考质量/(kg/100m)			钢丝绳公称抗拉强度/MPa							
				1570		1670		1770		1870	
				钢丝绳最小破断拉力/kN							
	天然纤维芯钢丝绳	合成纤维芯钢丝绳	钢芯钢丝绳	纤维芯钢丝绳	钢芯钢丝绳	纤维芯钢丝绳	钢芯钢丝绳	纤维芯钢丝绳	钢芯钢丝绳	纤维芯钢丝绳	钢芯钢丝绳
3	3.16	3.10	3.60	4.34	4.69	4.61	4.99	4.89	5.29	5.17	5.59
4	5.62	5.50	6.40	7.71	8.34	8.20	8.87	8.69	9.40	9.19	9.93
5	8.78	8.60	10.0	12.0	13.0	12.8	13.9	13.6	14.7	14.4	15.5

（续）

钢丝绳公称直径/mm	参考质量/（kg/100m）			钢丝绳公称抗拉强度/MPa							
				1570		1670		1770		1870	
				钢丝绳最小破断拉力/kN							
	天然纤维芯钢丝绳	合成纤维芯钢丝绳	钢芯钢丝绳	纤维芯钢丝绳	钢芯钢丝绳	纤维芯钢丝绳	钢芯钢丝绳	纤维芯钢丝绳	钢芯钢丝绳	纤维芯钢丝绳	钢芯钢丝绳
6	12.6	12.4	14.4	17.4	18.8	18.5	20.0	19.6	21.2	20.7	22.4
7	17.2	16.9	19.6	23.6	25.5	25.1	27.2	26.6	28.8	28.1	30.4
8	22.5	22.0	25.6	30.8	33.4	32.8	35.5	34.8	37.6	36.7	39.7
9	28.4	27.9	32.4	39.0	42.2	41.6	44.9	44.0	47.6	46.5	50.3
10	35.1	34.4	40.0	48.2	52.1	51.3	55.4	54.4	58.8	57.4	62.1
11	42.5	41.6	48.4	58.3	63.1	62.0	67.1	65.8	71.1	69.5	75.1
12	50.5	50.0	57.6	69.4	75.1	73.8	79.8	78.2	84.6	82.7	89.4
13	59.3	58.1	67.6	81.5	88.1	86.6	93.7	91.8	99.3	97.0	105
14	68.8	67.4	78.4	94.5	102	100	109	107	115	113	122
16	89.9	88.1	102	123	133	131	142	139	150	147	159
18	114	111	130	156	169	166	180	176	190	186	201
20	140	138	160	193	208	205	222	217	235	230	248
22	170	166	194	233	252	248	268	263	284	278	300
24	202	198	230	278	300	295	319	313	338	331	358
26	237	233	270	326	352	346	375	367	397	388	420
28	275	270	314	378	409	402	435	426	461	450	487
30	316	310	360	434	469	461	499	489	529	517	559
32	359	352	410	494	534	525	568	557	602	588	636
34	406	398	462	557	603	593	641	628	679	664	718
36	455	446	518	625	676	664	719	704	762	744	805
38	507	497	578	696	753	740	801	785	849	829	896
40	562	550	640	771	834	820	887	869	940	919	993
42	619	607	706	850	919	904	978	959	1040	1010	1100
44	680	666	774	933	1010	993	1070	1050	1140	1110	1200
46	743	728	846	1020	1100	1080	1170	1150	1240	1210	1310

注：最小钢丝破断拉力总和=钢丝绳最小破断拉力×1.226（纤维芯）或 1.321（钢芯）。

表 24-62 第 3 组和第 4 组 6×19（a）和 6×37（a）类钢丝绳力学性能（摘自 GB/T 20118—2017）

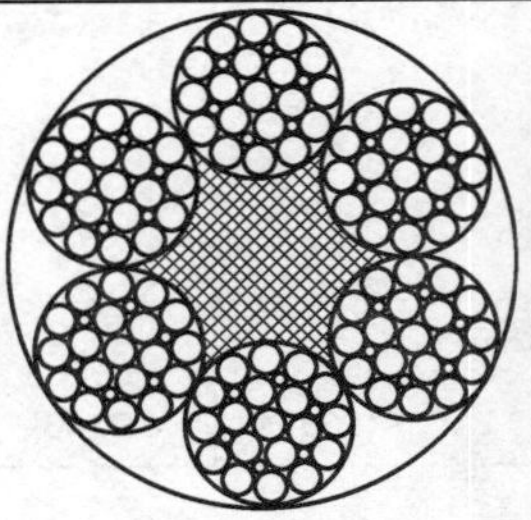

6×25Fi+FC

6×25Fi+IWR

直径8～44mm

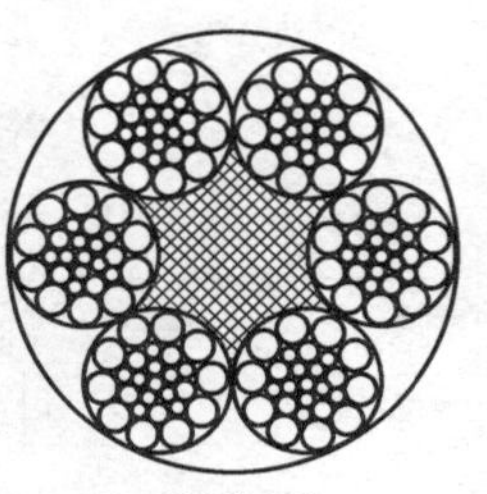

6×26WS+FC

6×26WS+IWR

直径13～40mm

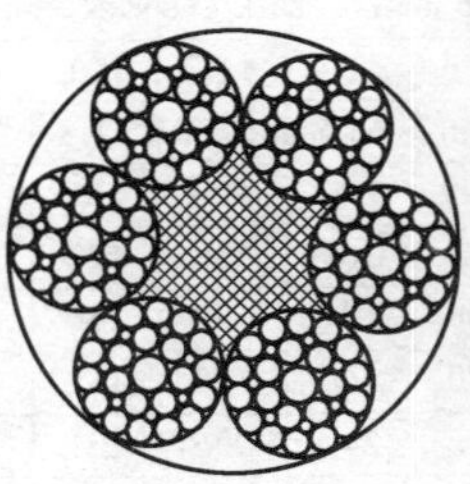

6×29Fi+FC

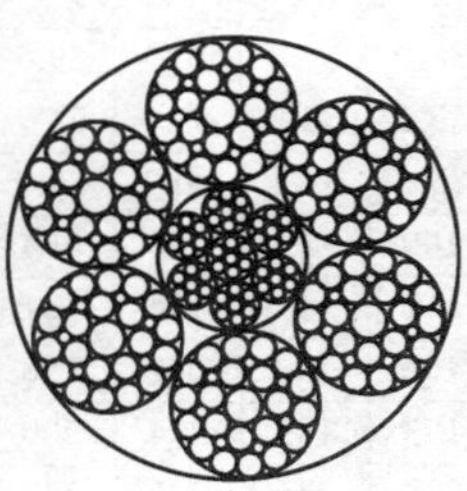

6×29Fi+IWR

直径10～44mm

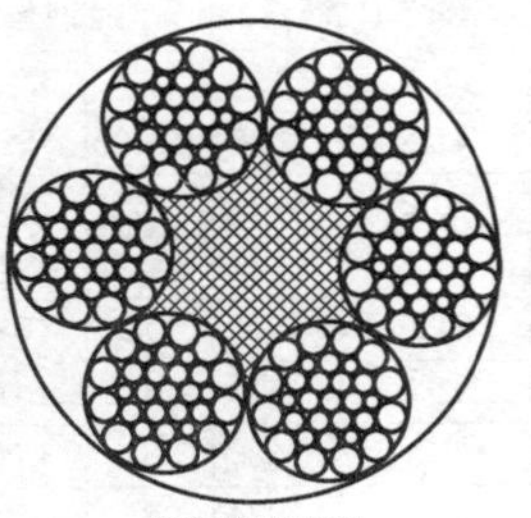

6×31WS+FC

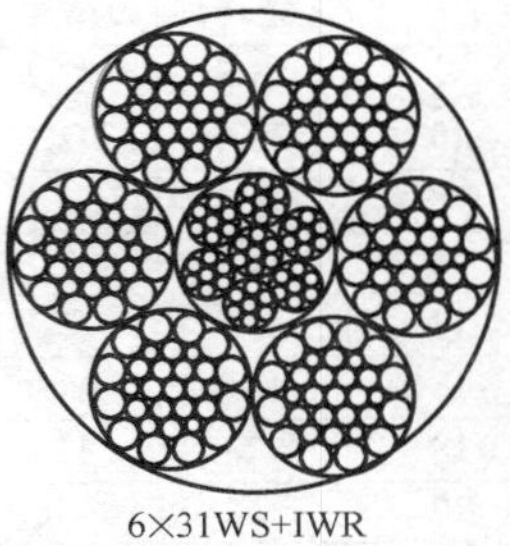

6×31WS+IWR

直径12～46mm

（续）

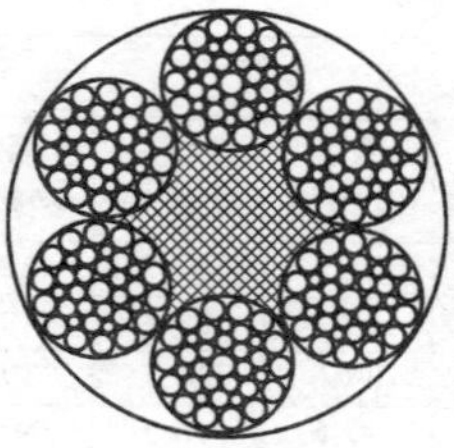

6×36WS+FC

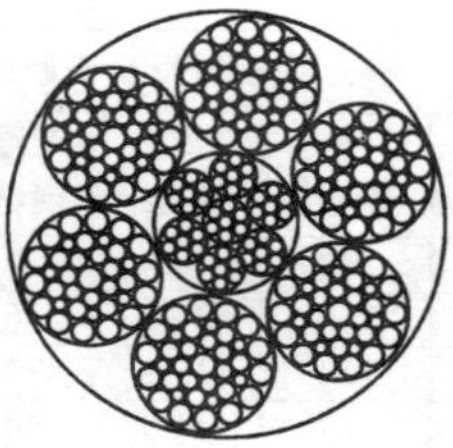

6×36WS+IWR

直径12～60mm

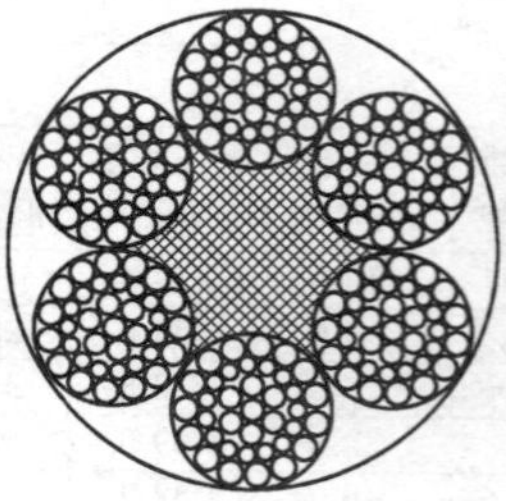

6×37S+FC

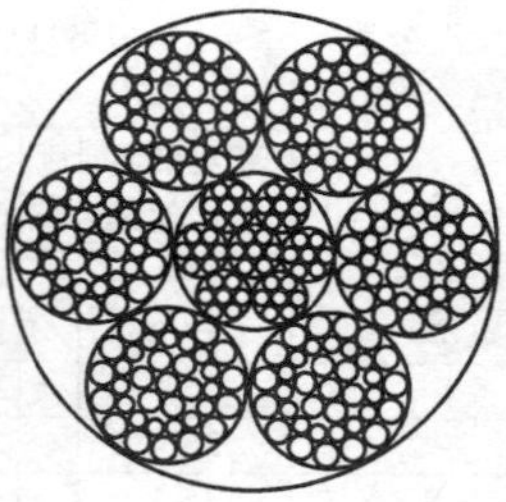

6×37S+IWR

直径10～60mm

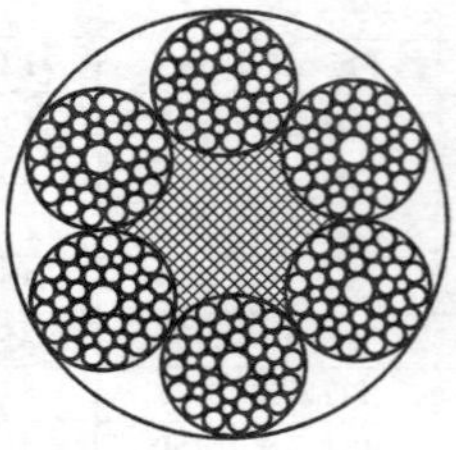

6×41WS+FC

6×41WS+IWR

直径32～60mm

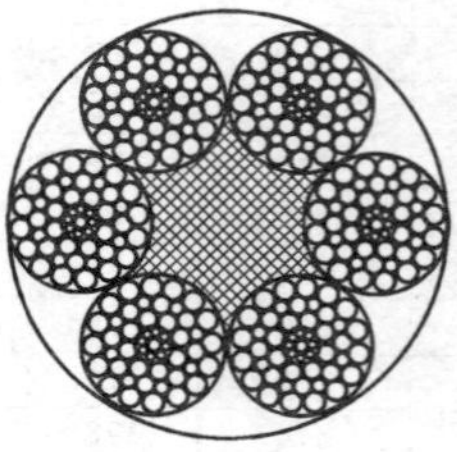

6×49WS+FC

6×49SWS+IWR

直径36～60mm

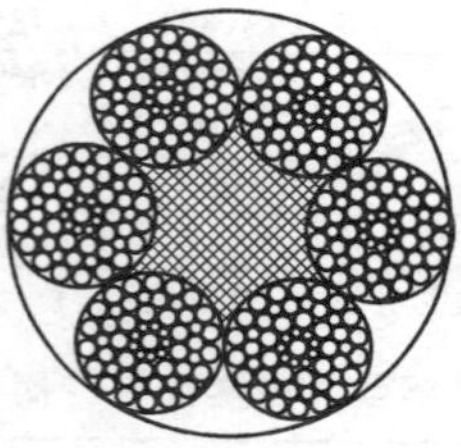

6×55SWS+FC

6×55SWS+IWR

直径36～60mm

钢丝绳公称直径/mm	参考质量/(kg/100m)			钢丝绳公称抗拉强度/MPa											
				1570		1670		1770		1870		1960		2160	
				钢丝绳最小破断拉力/kN											
	天然纤维芯钢丝绳	合成纤维芯钢丝绳	钢芯钢丝绳	纤维芯钢丝绳	钢芯钢丝绳	纤维芯钢丝绳	钢芯钢丝绳	纤维芯钢丝绳	钢芯钢丝绳	纤维芯钢丝绳	钢芯钢丝绳	纤维芯钢丝绳	钢芯钢丝绳	纤维芯钢丝绳	钢芯钢丝绳
8	24.3	23.7	26.8	33.2	35.8	35.3	38.0	37.4	40.3	39.5	42.6	41.4	44.7	45.6	49.2
10	38.0	37.1	41.8	51.8	55.9	55.1	59.5	58.4	63.0	61.7	66.6	64.7	69.8	71.3	76.9
12	54.7	53.4	60.2	74.6	80.5	79.4	85.6	84.1	90.7	88.9	95.9	93.1	100	103	111
13	64.2	62.7	70.6	87.6	94.5	93.1	100	98.7	106	104	113	109	118	120	130
14	74.5	72.7	81.9	102	110	108	117	114	124	121	130	127	137	140	151
16	97.3	95.0	107	133	143	141	152	150	161	158	170	166	179	182	197
18	123	120	135	168	181	179	193	189	204	200	216	210	226	231	249
20	152	148	167	207	224	220	238	234	252	247	266	259	279	285	308
22	184	180	202	251	271	267	288	283	305	299	322	313	338	345	372

（续）

钢丝绳公称直径/mm	参考质量/(kg/100m)			钢丝绳公称抗拉强度/MPa											
				1570		1670		1770		1870		1960		2160	
				钢丝绳最小破断拉力/kN											
	天然纤维芯钢丝绳	合成纤维芯钢丝绳	钢芯钢丝绳	纤维芯钢丝绳	钢芯钢丝绳	纤维芯钢丝绳	钢芯钢丝绳	纤维芯钢丝绳	钢芯钢丝绳	纤维芯钢丝绳	钢芯钢丝绳	纤维芯钢丝绳	钢芯钢丝绳	纤维芯钢丝绳	钢芯钢丝绳
24	219	214	241	298	322	317	342	336	363	355	383	373	402	411	443
26	257	251	283	350	378	373	402	395	426	417	450	437	472	482	520
28	298	291	328	406	438	432	466	458	494	484	522	507	547	559	603
30	342	334	376	466	503	496	535	526	567	555	599	582	628	642	692
32	389	380	428	531	572	564	609	598	645	632	682	662	715	730	787
34	439	429	483	599	646	637	687	675	728	713	770	748	807	824	889
36	492	481	542	671	724	714	770	757	817	800	863	838	904	924	997
38	549	536	604	748	807	796	858	843	910	891	961	934	1010	1030	1110
40	608	594	669	829	894	882	951	935	1010	987	1070	1030	1120	1140	1230
42	670	654	737	914	986	972	1050	1030	1110	1090	1170	1140	1230	1260	1360
44	736	718	809	1000	1080	1070	1150	1130	1220	1190	1290	1250	1350	1380	1490
46	804	785	884	1100	1180	1170	1260	1240	1330	1310	1410	1370	1480	1510	1630
48	876	855	963	1190	1290	1270	1370	1350	1450	1420	1530	1490	1610	1640	1770
50	950	928	1040	1300	1400	1380	1490	1460	1580	1540	1660	1620	1740	1780	1920
52	1030	1000	1130	1400	1510	1490	1610	1580	1700	1670	1800	1750	1890	1930	2080
54	1110	1080	1220	1510	1630	1610	1730	1700	1840	1800	1940	1890	2030	2080	2240
56	1190	1160	1310	1620	1750	1730	1860	1830	1980	1940	2090	2030	2190	2240	2410
58	1280	1250	1410	1740	1880	1850	2000	1960	2120	2080	2240	2180	2350	2400	2590
60	1370	1340	1500	1870	2010	1980	2140	2100	2270	2220	2400	2330	2510	2570	2770

注：最小钢丝破断拉力总和=钢丝绳最小破断拉力×1.226（纤维芯）或 1.321（钢芯），其中 6×37S 纤维芯为 1.191，钢芯为 1.283。

表 24-63　第 4 组 6×37（b）类钢丝绳力学性能（摘自 GB/T 20118—2017）

6×37+FC

6×37+IWR

直径5～60mm

钢丝绳公称直径/mm	参考质量/(kg/100m)			钢丝绳公称抗拉强度/MPa							
				1570		1670		1770		1870	
				钢丝绳最小破断拉力/kN							
	天然纤维芯钢丝绳	合成纤维芯钢丝绳	钢芯钢丝绳	纤维芯钢丝绳	钢芯钢丝绳	纤维芯钢丝绳	钢芯钢丝绳	纤维芯钢丝绳	钢芯钢丝绳	纤维芯钢丝绳	钢芯钢丝绳
5	8.65	8.43	10.0	11.6	12.5	12.3	13.3	13.1	14.1	13.8	14.9
6	12.5	12.1	14.4	16.7	18.0	17.7	19.2	18.8	20.3	19.9	21.5
7	17.0	16.5	19.6	22.7	24.5	24.1	26.1	25.6	27.7	27.0	29.2
8	22.1	21.6	25.6	29.6	32.1	31.5	34.1	33.4	36.1	35.3	38.2

（续）

钢丝绳公称直径/mm	参考质量/(kg/100m)			钢丝绳公称抗拉强度/MPa							
				1570		1670		1770		1870	
				钢丝绳最小破断拉力/kN							
	天然纤维芯钢丝绳	合成纤维芯钢丝绳	钢芯钢丝绳	纤维芯钢丝绳	钢芯钢丝绳	纤维芯钢丝绳	钢芯钢丝绳	纤维芯钢丝绳	钢芯钢丝绳	纤维芯钢丝绳	钢芯钢丝绳
9	28.0	27.3	32.4	37.5	40.6	39.9	43.2	42.3	45.7	44.7	48.3
10	34.6	33.7	40.0	46.3	50.1	49.3	53.3	52.2	56.5	55.2	59.7
11	41.9	40.8	48.4	56.0	60.6	59.6	64.5	63.2	68.3	66.7	72.2
12	49.8	48.5	57.6	66.7	72.1	70.9	76.7	75.2	81.3	79.4	85.9
13	58.5	57.0	67.6	78.3	84.6	83.3	90.0	88.2	95.4	93.2	101
14	67.8	66.1	78.4	90.8	98.2	96.6	104	102	111	108	117
16	88.6	86.3	102	119	128	126	136	134	145	141	153
18	112	109	130	150	162	160	173	169	183	179	193
20	138	135	160	185	200	197	213	209	226	221	239
22	167	163	194	224	242	238	258	253	273	267	289
24	199	194	230	267	288	284	307	301	325	318	344
26	234	228	270	313	339	333	360	353	382	373	403
28	271	264	314	363	393	386	418	409	443	432	468
30	311	303	360	417	451	443	479	470	508	496	537
32	354	345	410	474	513	504	546	535	578	565	611
34	400	390	462	535	579	570	616	604	653	638	690
36	448	437	518	600	649	638	690	677	732	715	773
38	500	487	578	669	723	711	769	754	815	797	861
40	554	539	640	741	801	788	852	835	903	883	954
42	610	594	706	817	883	869	940	921	996	973	1050
44	670	652	774	897	970	9554	1030	1010	1090	1070	1150
46	732	713	846	980	1060	1040	1130	1100	1190	1170	1260
48	797	776	922	1070	1150	1140	1230	1200	1300	1270	1370
50	865	843	1000	1160	1250	1230	1330	1300	1410	1380	1490
52	936	911	1080	1250	1350	1330	1440	1410	1530	1490	1610
54	1010	983	1170	1350	1460	1440	1550	1520	1650	1610	1740
56	1090	1060	1250	1450	1570	1540	1670	1640	1770	1730	1870
58	1160	1130	1350	1560	1680	1660	1790	1760	1900	1860	2010
60	1250	1210	1440	1670	1800	1770	1920	1880	2030	1990	2150

注：最小钢丝破断拉力总和=钢丝绳最小破断拉力×1.249（纤维芯）或1.336（钢芯）。

表 24-64　第 5 组 6×61 类钢丝绳力学性能（摘自 GB/T 20118—2017）

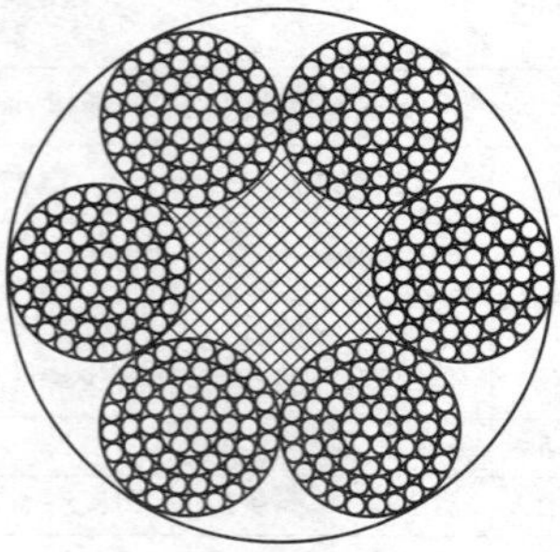

6×61+FC

6×61+IWR

（续）

钢丝绳公称直径/mm	参考质量/(kg/100m)			钢丝绳公称抗拉强度/MPa							
				1570		1670		1770		1870	
				钢丝绳最小破断拉力/kN							
	天然纤维芯钢丝绳	合成纤维芯钢丝绳	钢芯钢丝绳	纤维芯钢丝绳	钢芯钢丝绳	纤维芯钢丝绳	钢芯钢丝绳	纤维芯钢丝绳	钢芯钢丝绳	纤维芯钢丝绳	钢芯钢丝绳
40	579	566	637	711	769	756	818	801	867	847	916
42	637	624	702	784	847	834	901	884	955	934	1010
44	699	685	771	860	930	915	989	970	1050	1020	1110
46	764	749	842	940	1020	1000	1080	1060	1150	1120	1210
48	832	816	917	1020	1110	1090	1180	1150	1250	1220	1320
50	903	885	995	1110	1200	1180	1280	1250	1350	1320	1430
52	976	957	1080	1200	1300	1280	1380	1350	1460	1430	1550
54	1050	1030	1160	1300	1400	1380	1490	1460	1580	1540	1670
56	1130	1110	1250	1390	1510	1480	1600	1570	1700	1660	1790
58	1210	1190	1340	1490	1620	1590	1720	1690	1820	1780	1920
60	1300	1270	1430	1600	1730	1700	1840	1800	1950	1910	2060

注：最小钢丝破断拉力总和=钢丝绳最小破断拉力×1.301（纤维芯）或 1.392（钢芯）。

表 24-65　第 6 组 8×19 类钢丝绳力学性能（摘自 GB/T 20118—2017）

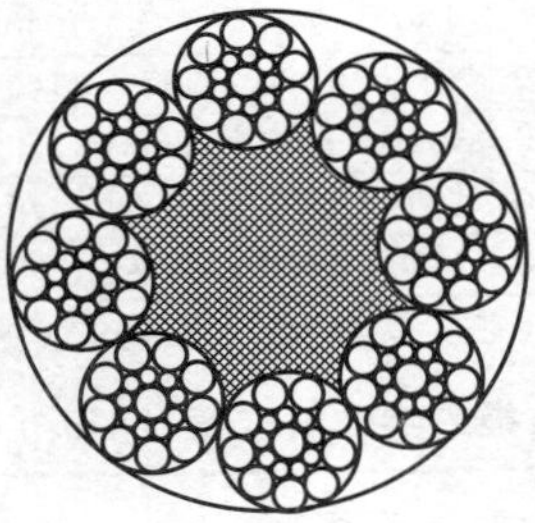

8×19S+FC

8×19S+IWR

直径11～44mm

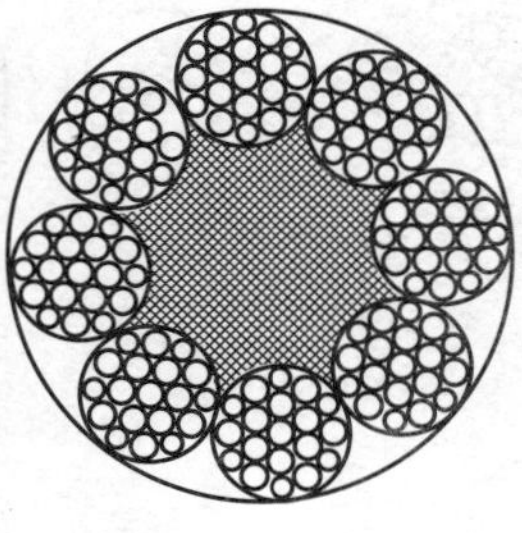

8×19W+FC

8×19W+IWR

直径10～48mm

钢丝绳公称直径/mm	参考质量/(kg/100m)			钢丝绳公称抗拉强度/MPa											
				1570		1670		1770		1870		1960		2160	
				钢丝绳最小破断拉力/kN											
	天然纤维芯钢丝绳	合成纤维芯钢丝绳	钢芯钢丝绳	纤维芯钢丝绳	钢芯钢丝绳	纤维芯钢丝绳	钢芯钢丝绳	纤维芯钢丝绳	钢芯钢丝绳	纤维芯钢丝绳	钢芯钢丝绳	纤维芯钢丝绳	钢芯钢丝绳	纤维芯钢丝绳	钢芯钢丝绳
10	34.6	33.4	42.2	46.0	54.3	48.9	57.8	51.9	61.2	54.8	64.7	57.4	67.8	63.3	74.7
11	41.9	40.4	51.1	55.7	65.7	59.2	69.9	62.8	74.1	66.3	78.3	69.5	82.1	76.6	90.4
12	49.9	48.0	60.8	66.2	78.2	70.5	83.2	74.7	88.2	78.9	93.2	82.7	97.7	91.1	108

（续）

钢丝绳公称直径/mm	参考质量/(kg/100m)			钢丝绳公称抗拉强度/MPa											
				1570		1670		1770		1870		1960		2160	
				钢丝绳最小破断拉力/kN											
	天然纤维芯钢丝绳	合成纤维芯钢丝绳	钢芯钢丝绳	纤维芯钢丝绳	钢芯钢丝绳	纤维芯钢丝绳	钢芯钢丝绳	纤维芯钢丝绳	钢芯钢丝绳	纤维芯钢丝绳	钢芯钢丝绳	纤维芯钢丝绳	钢芯钢丝绳	纤维芯钢丝绳	钢芯钢丝绳
13	58.5	56.4	71.3	77.7	91.8	82.7	97.7	87.6	103	92.6	109	97.1	115	107	126
14	67.9	65.4	82.7	90.2	106	95.9	113	102	120	107	127	113	133	124	146
16	88.7	85.4	108	118	139	125	148	133	157	140	166	147	174	162	191
18	112	108	137	149	176	159	187	168	198	178	210	186	220	205	242
20	139	133	169	184	217	196	231	207	245	219	259	230	271	253	299
22	168	162	204	223	263	237	280	251	296	265	313	278	328	306	362
24	199	192	243	265	313	282	333	299	353	316	373	331	391	365	430
26	234	226	285	311	367	331	391	351	414	370	437	388	458	428	505
28	271	262	331	361	426	384	453	407	480	430	507	450	532	496	586
30	312	300	380	414	489	440	520	467	551	493	582	517	610	570	673
32	355	342	432	471	556	501	592	531	627	561	663	588	694	648	765
34	400	386	488	532	628	566	668	600	708	633	748	664	784	732	864
36	449	432	547	596	704	634	749	672	794	710	839	744	879	820	969
38	500	482	609	664	784	707	834	749	884	791	934	829	979	914	1080
40	554	534	675	736	869	783	925	830	980	877	1040	919	1090	1010	1200
42	611	589	744	811	958	863	1020	915	1080	967	1140	1010	1200	1120	1320
44	670	646	817	891	1050	947	1120	1000	1190	1060	1250	1110	1310	1230	1450
46	733	706	893	973	1150	1040	1220	1100	1300	1160	1370	1220	1430	1340	1580
48	798	769	972	1060	1250	1130	1330	1190	1410	1260	1490	1320	1560	1460	1720

注：最小钢丝破断拉力总和=钢丝绳最小破断拉力×1.214（纤维芯）或1.360（钢芯）。

表 24-66　第6组和第7组8×19和8×37类钢丝绳力学性能（摘自 GB/T 20118—2017）

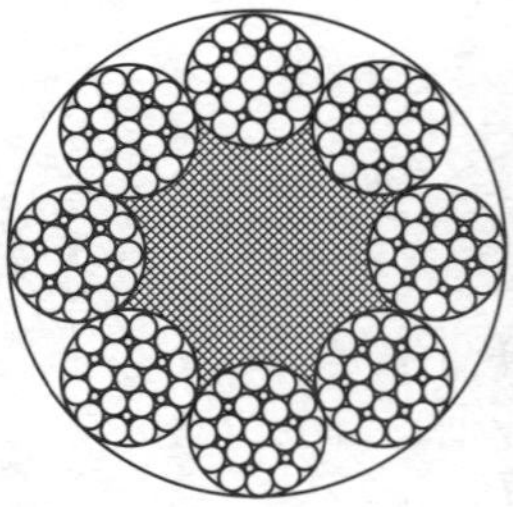

8×25Fi+FC

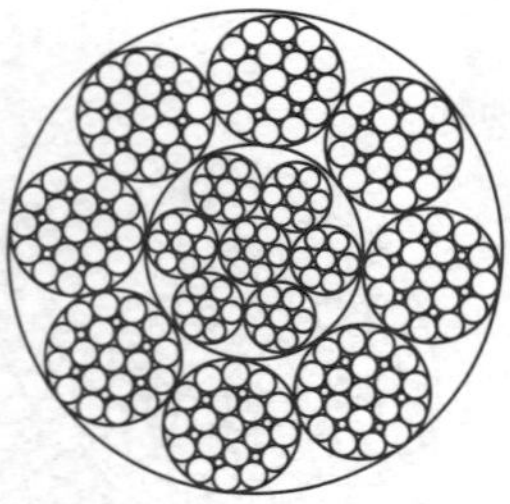

8×25Fi+IWR

直径18～52mm

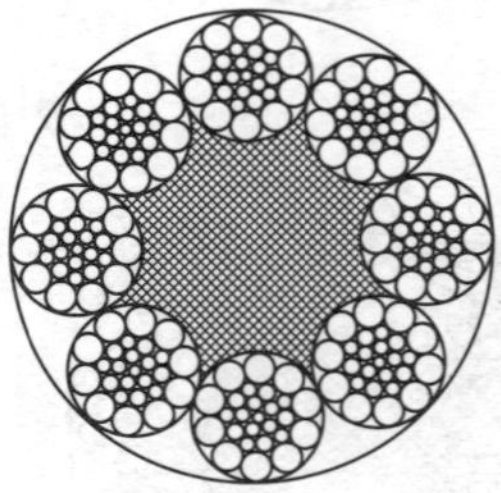

8×26WS+FC

8×26WS+IWR

直径16～48mm

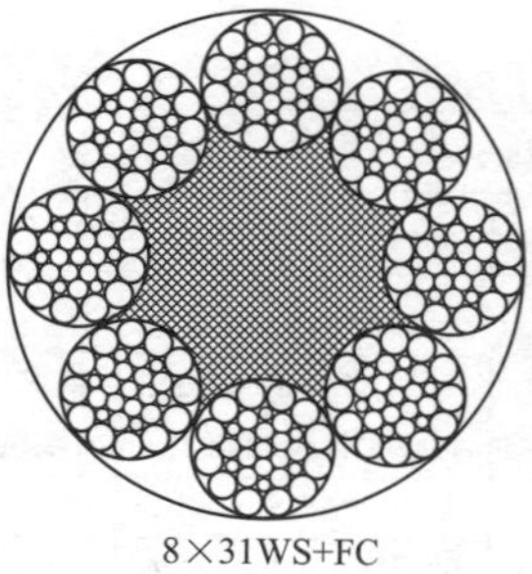

8×31WS+FC

8×31WS+IWR

直径14～56mm

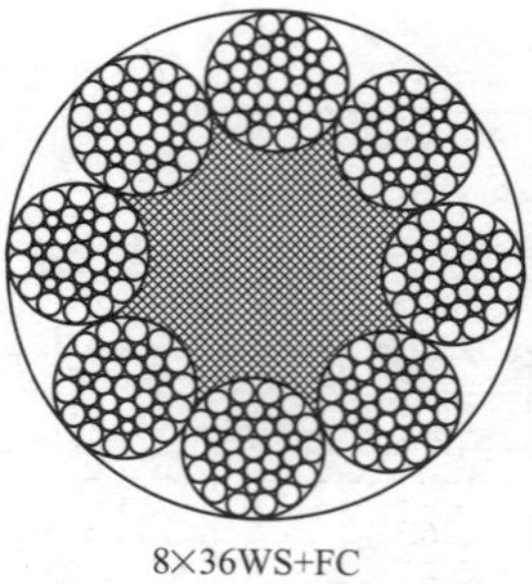

8×36WS+FC

8×36WS+IWR

直径14～60mm

（续）

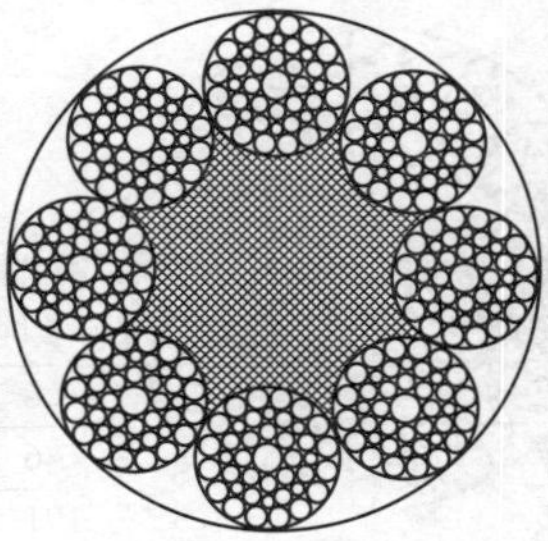

8×41WS+FC

8×41WS+IWR

直径40～60mm

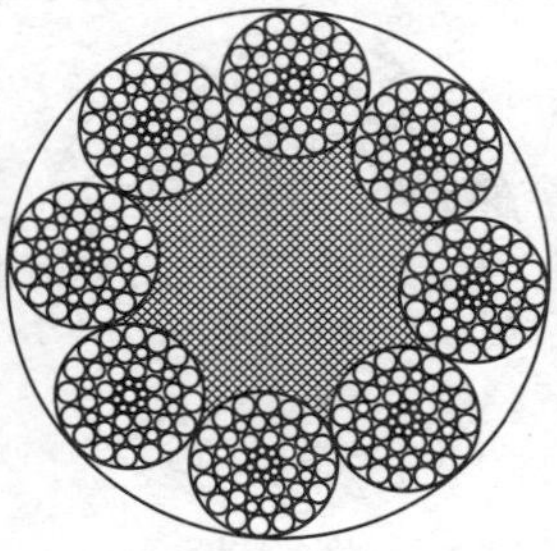

8×49SWS+FC

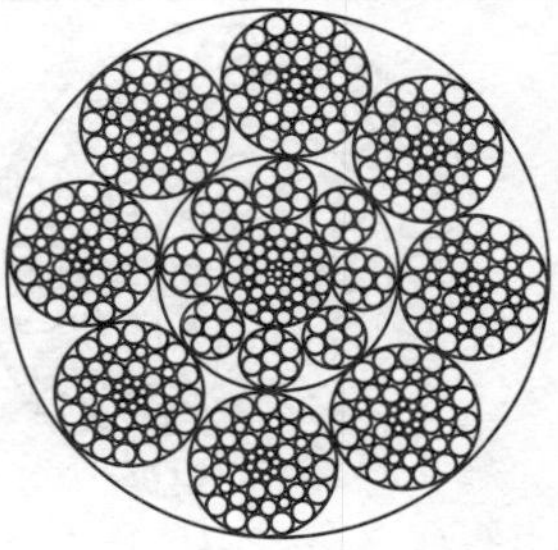

8×49SWS+IWR

直径44～60mm

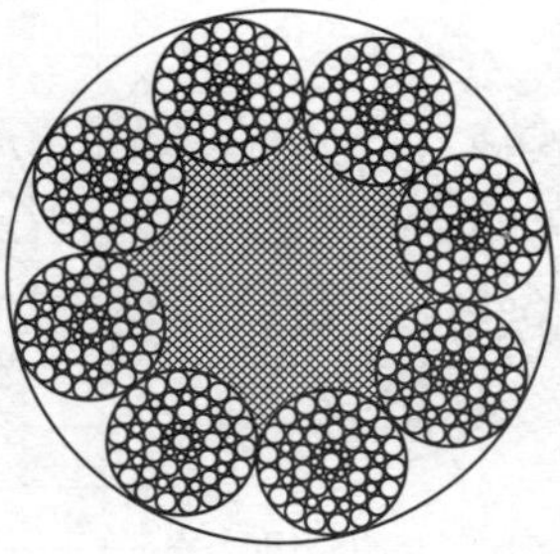

8×55SWS+FC

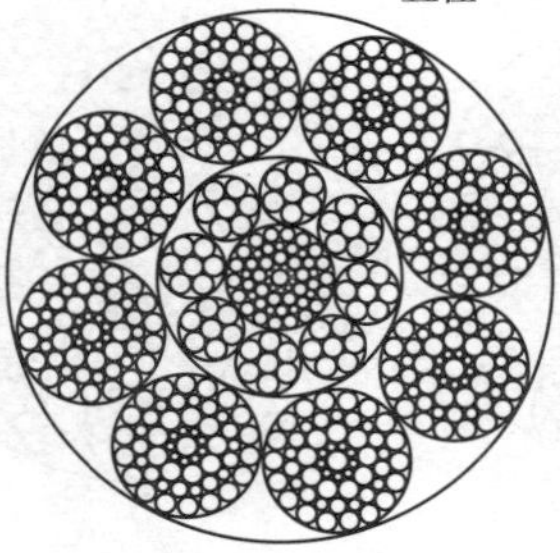

8×55SWS+IWR

直径44～60mm

钢丝绳公称直径/mm	参考质量/(kg/100m)			钢丝绳公称抗拉强度/MPa											
				1570		1670		1770		1870		1960		2160	
				钢丝绳最小破断拉力/kN											
	天然纤维芯钢丝绳	合成纤维芯钢丝绳	钢芯钢丝绳	纤维芯钢丝绳	钢芯钢丝绳	纤维芯钢丝绳	钢芯钢丝绳	纤维芯钢丝绳	钢芯钢丝绳	纤维芯钢丝绳	钢芯钢丝绳	纤维芯钢丝绳	钢芯钢丝绳	纤维芯钢丝绳	钢芯钢丝绳
14	70.0	67.4	85.3	90.2	106	95.9	113	102	120	107	127	113	133	124	146
16	91.4	88.1	111	118	139	125	148	133	157	140	166	147	174	162	191
18	116	111	141	149	176	159	187	168	198	178	210	186	220	205	242
20	143	138	174	184	217	196	231	207	245	219	259	230	271	253	299
22	173	166	211	223	263	237	280	251	296	265	313	278	328	306	362
24	206	198	251	265	313	282	333	299	353	316	373	331	391	365	430
26	241	233	294	311	367	331	391	351	414	370	437	388	458	428	505
28	280	270	341	361	426	384	453	407	480	430	507	450	531	496	586
30	321	310	392	414	489	440	520	467	551	493	582	517	610	570	673
32	366	352	445	471	556	501	592	531	627	561	663	588	694	648	765
34	413	398	503	532	628	566	668	600	708	633	748	664	784	732	864
36	463	446	564	596	704	634	749	672	794	710	839	744	879	820	969
38	516	497	628	664	784	707	834	749	884	791	934	829	979	914	1080
40	571	550	696	736	869	783	925	830	980	877	1040	919	1090	1010	1230
42	630	607	767	811	958	863	1020	915	1080	967	1140	1010	1200	1120	1320
44	691	666	842	890	1050	947	1120	1000	1190	1060	1250	1110	1310	1230	1450
46	755	728	920	973	1150	1040	1220	1100	1300	1160	1370	1220	1430	1340	1580
48	823	793	1000	1060	1250	1130	1330	1190	1410	1260	1490	1320	1560	1460	1720
50	892	860	1090	1150	1360	1220	1440	1300	1530	1370	1620	1440	1700	1580	1870
52	965	930	1180	1240	1470	1320	1560	1400	1660	1480	1750	1550	1830	1710	2020
54	1040	1000	1270	1340	1580	1430	1680	1510	1790	1600	1890	1670	1980	1850	2180
56	1120	1080	1360	1440	1700	1530	1810	1630	1920	1720	2030	1800	2130	1980	2340
58	1200	1160	1460	1550	1830	1650	1940	1740	2060	1840	2180	1930	2280	2130	2510
60	1290	1240	1570	1660	1960	1760	2080	1870	2200	1970	2330	2070	2440	2280	2690

注：最小钢丝破断拉力总和=钢丝绳最小破断拉力×1.226（纤维芯）或1.374（钢芯）。

表 24-67　第 8 组和第 9 组 18×7 和 18×19 类钢丝绳力学性能（摘自 GB/T 20118—2017）

17×7+FC

17×7+IWS

直径6～44mm

18×7+FC

18×7+IWS

直径6～44mm

18×19W+FC

18×19W+IWS

直径14～44mm

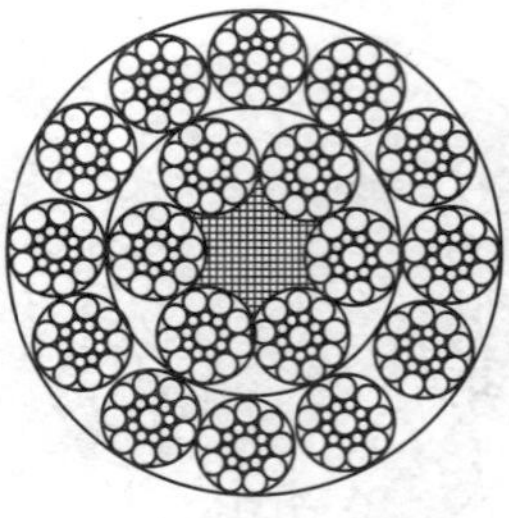
18×19S+FC

18×19S+IWS

直径14～44mm

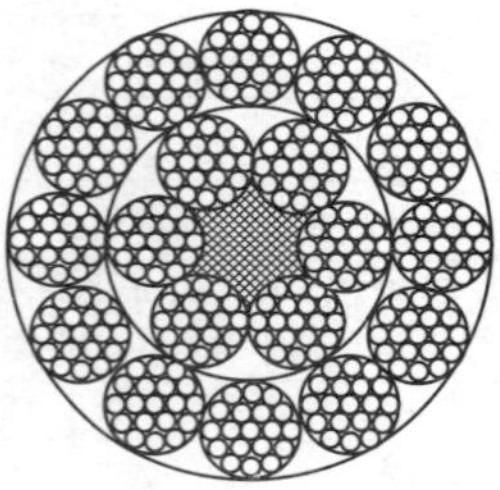
18×19+FC

18×19+IWS

直径10～44mm

钢丝绳公称直径/mm	参考质量/(kg/100m)		钢丝绳公称抗拉强度/MPa											
			1570		1670		1770		1870		1960		2160	
			钢丝绳最小破断拉力/kN											
	纤维芯钢丝绳	钢芯钢丝绳	纤维芯钢丝绳	钢芯钢丝绳	纤维芯钢丝绳	钢芯钢丝绳	纤维芯钢丝绳	钢芯钢丝绳	纤维芯钢丝绳	钢芯钢丝绳	纤维芯钢丝绳	钢芯钢丝绳	纤维芯钢丝绳	钢芯钢丝绳
6	14.0	15.5	17.5	18.5	18.6	19.7	19.8	20.9	20.9	22.1	21.9	23.1	24.1	25.5
7	19.1	21.1	23.8	25.2	25.4	26.8	26.9	28.4	28.4	30.1	29.8	31.5	32.8	34.7
8	25.0	27.5	31.1	33.0	33.1	35.1	35.1	37.2	37.1	39.3	38.9	41.1	42.9	45.3
9	31.6	34.8	39.4	41.7	41.9	44.4	44.4	47.0	47.0	49.7	49.2	52.1	54.2	57.4
10	39.0	43.0	48.7	51.5	51.8	54.8	54.9	58.1	58.0	61.3	60.8	64.3	67.0	70.8
11	47.2	52.0	58.9	62.3	62.6	66.3	66.4	70.2	70.1	74.2	73.5	77.8	81.0	85.7
12	56.2	61.9	70.1	74.2	74.5	78.9	79.0	83.6	83.5	88.3	87.5	92.6	96.4	102
13	65.9	72.7	82.3	87.0	87.5	92.6	92.7	98.1	98.0	104	103	109	113	120
14	76.4	84.3	95.4	101	101	107	108	114	114	120	119	126	131	139
16	99.8	110	125	132	133	140	140	149	148	157	156	165	171	181
18	126	139	158	167	168	177	178	188	188	199	197	208	217	230
20	156	172	195	206	207	219	219	232	232	245	243	257	268	283
22	189	208	236	249	251	265	266	281	281	297	294	311	324	343

（续）

钢丝绳公称直径/mm	参考质量/(kg/100m)		钢丝绳公称抗拉强度/MPa											
			1570		1670		1770		1870		1960		2160	
			钢丝绳最小破断拉力/kN											
	纤维芯钢丝绳	钢芯钢丝绳	纤维芯钢丝绳	钢芯钢丝绳	纤维芯钢丝绳	钢芯钢丝绳	纤维芯钢丝绳	钢芯钢丝绳	纤维芯钢丝绳	钢芯钢丝绳	纤维芯钢丝绳	钢芯钢丝绳	纤维芯钢丝绳	钢芯钢丝绳
24	225	248	280	297	298	316	316	334	334	353	350	370	386	408
26	264	291	329	348	350	370	371	392	392	415	411	435	453	479
28	306	337	382	404	406	429	430	455	454	481	476	504	525	555
30	351	387	438	463	466	493	494	523	522	552	547	579	603	638
32	399	440	498	527	530	561	562	594	594	628	622	658	686	725
34	451	497	563	595	598	633	634	671	670	709	702	743	774	819
36	505	557	631	667	671	710	711	752	751	795	787	833	868	918
38	563	621	703	744	748	791	792	838	837	886	877	928	967	1020
40	624	688	779	824	828	876	878	929	928	981	972	1030	1070	1130
42	688	759	859	908	913	966	968	1020	1020	1080	1070	1130	1180	1250
44	755	832	942	997	1000	1060	1060	1120	1120	1190	1180	1240	1300	1370

注：最小钢丝破断拉力总和=钢丝绳最小破断拉力×1.283，其中 17×7 为 1.250。

表 24-68　第 10 组 34×7 类钢丝绳力学性能（摘自 GB/T 20118—2017）

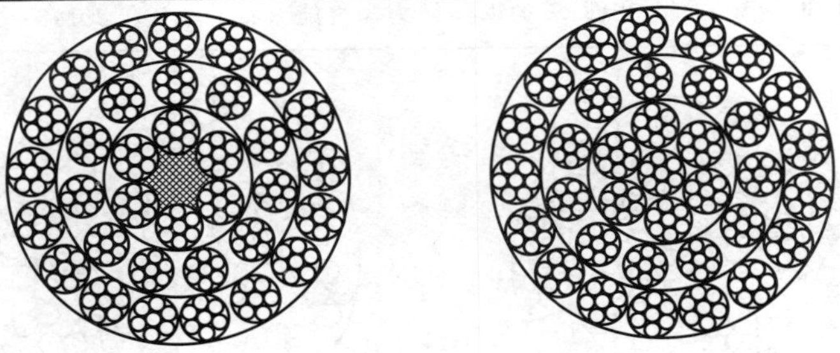

34×7+FC　　34×7+IWS

直径16～44mm

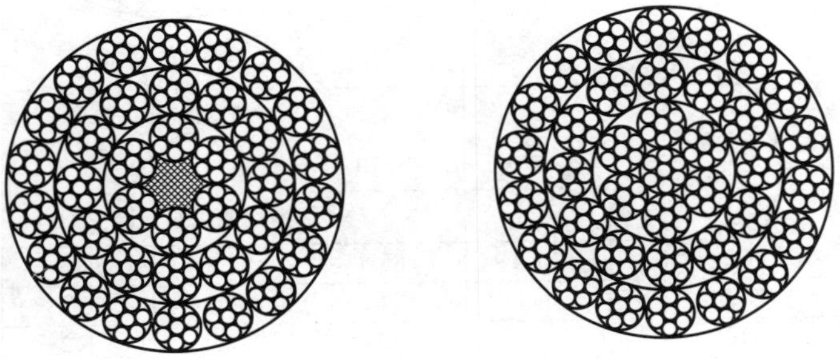

36×7+FC　　36×7+IWS

直径16～44mm

钢丝绳公称直径/mm	参考质量/(kg/100m)		钢丝绳公称抗拉强度/MPa							
			1570		1670		1770		1870	
			钢丝绳最小破断拉力/kN							
	纤维芯钢丝绳	钢芯钢丝绳	纤维芯钢丝绳	钢芯钢丝绳	纤维芯钢丝绳	钢芯钢丝绳	纤维芯钢丝绳	钢芯钢丝绳	纤维芯钢丝绳	钢芯钢丝绳
16	99.8	110	124	128	132	136	140	144	147	152
18	126	139	157	62	167	172	177	182	187	193
20	156	172	193	200	206	212	218	225	230	238

（续）

钢丝绳公称直径/mm	参考质量/(kg/100m)		钢丝绳公称抗拉强度/MPa							
			1570		1670		1770		1870	
			钢丝绳最小破断拉力/kN							
	纤维芯钢丝绳	钢芯钢丝绳	纤维芯钢丝绳	钢芯钢丝绳	纤维芯钢丝绳	钢芯钢丝绳	纤维芯钢丝绳	钢芯钢丝绳	纤维芯钢丝绳	钢芯钢丝绳
22	189	208	234	242	249	257	264	272	279	288
24	225	248	279	288	296	306	314	324	332	343
26	264	291	327	337	348	359	369	380	389	402
28	306	337	379	391	403	416	427	441	452	466
30	351	387	435	449	463	478	491	507	518	535
32	399	440	495	511	527	544	558	576	590	609
34	451	497	559	577	595	614	630	651	666	687
36	505	557	627	647	667	688	707	729	746	771
38	563	621	698	721	743	767	787	813	832	859
40	624	688	774	799	823	850	872	901	922	951
42	688	759	853	881	907	937	962	993	1020	1050
44	755	832	936	967	996	1030	1060	1090	1120	1150

注：最小钢丝破断拉力总和=钢丝绳最小破断拉力×1.334，其中34×7为1.300。

表 24-69　第 11 组 35W×7 类钢丝绳力学性能（摘自 GB/T 20118—2017）

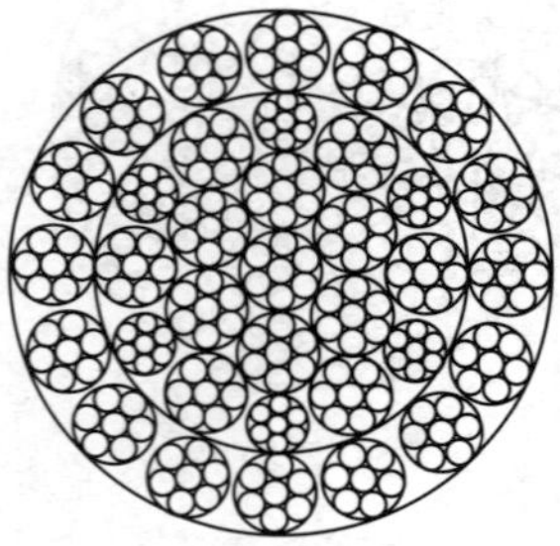

35W×7

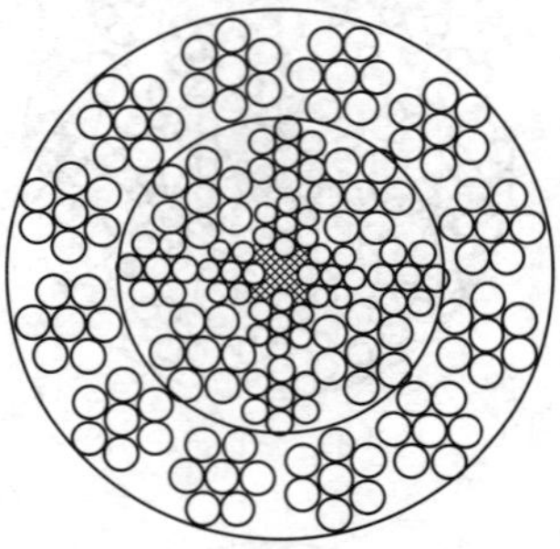

24W×7

钢丝绳公称直径/mm	参考质量/(kg/100m)	钢丝绳公称抗拉强度/MPa					
		1570	1670	1770	1870	1960	2160
		钢丝绳最小破断拉力/kN					
12	66.2	81.4	86.6	91.8	96.9	102	112
14	90.2	111	118	125	132	138	152
16	118	145	154	163	172	181	199
18	149	183	195	206	218	229	252
20	184	226	240	255	269	282	311
22	223	274	291	308	326	342	376
24	265	326	346	367	388	406	448
26	311	382	406	431	455	477	526
28	361	443	471	500	528	553	610
30	414	509	541	573	606	635	700
32	471	579	616	652	689	723	796
34	532	653	695	737	778	816	899
36	596	732	779	826	872	914	1010
38	664	816	868	920	972	1020	1120

（续）

钢丝绳公称直径/mm	参考质量/(kg/100m)	钢丝绳公称抗拉强度/MPa					
		1570	1670	1770	1870	1960	2160
		钢丝绳最小破断拉力/kN					
40	736	904	962	1020	1080	1130	1240
42	811	997	1060	1120	1190	1240	1370
44	891	1090	1160	1230	1300	1370	1510
46	973	1200	1270	1350	1420	1490	1650
48	1060	1300	1390	1470	1550	1630	1790
50	1150	1410	1500	1590	1680	1760	1940

注：最小钢丝破断拉力总和=钢丝绳最小破断拉力×1.287。

表 24-70　第 12 组 6×12 类钢丝绳力学性能（摘自 GB/T 20118—2017）

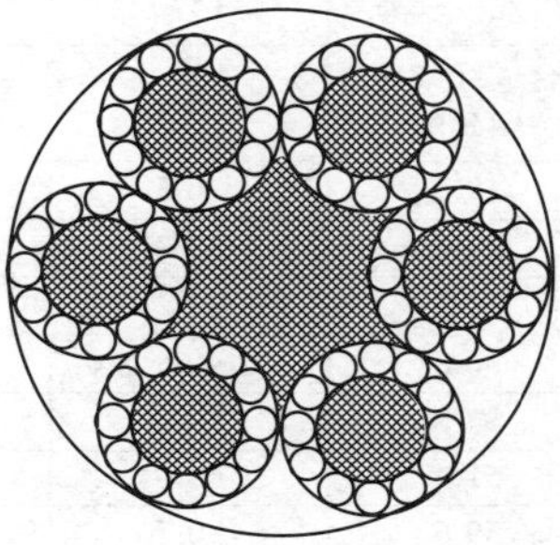

6×12+7FC

钢丝绳公称直径/mm	参考质量/(kg/100m)		钢丝绳公称抗拉强度/MPa			
			1470	1570	1670	1770
	天然纤维芯钢丝绳	合成纤维芯钢丝绳	钢丝绳最小破断拉力/kN			
8	16.1	14.8	19.7	21.0	22.3	23.7
9	20.3	18.7	24.9	26.6	28.3	30.0
9.3	21.7	20.0	26.6	28.4	30.2	32.0
10	25.1	23.1	30.7	32.8	34.9	37.0
11	30.4	28.0	37.2	39.7	42.2	44.8
12	36.1	33.3	44.2	47.3	50.3	53.3
12.5	39.2	36.1	48.0	51.3	54.5	57.8
13	42.4	39.0	51.9	55.5	59.0	62.5
14	49.2	45.3	60.2	64.3	68.4	72.5
15.5	60.3	55.5	73.8	78.8	83.9	88.9
16	64.3	59.1	78.7	84.0	89.4	94.7
17	72.5	66.8	88.8	94.8	101	107
18	81.3	74.8	99.5	106	113	120
18.5	85.9	79.1	105	112	119	127
20	100	92.4	123	131	140	148
21.5	116	107	142	152	161	171
22	121	112	149	159	169	179
24	145	133	177	189	201	213
24.5	151	139	184	197	210	222
26	170	156	208	222	236	250
28	197	181	241	257	274	290
32	257	237	315	336	357	379

注：最小钢丝破断拉力总和=钢丝绳最小破断拉力×1.136。

表 24-71　第 13 组 6×24 类钢丝绳力学性能（摘自 GB/T 20118—2017）

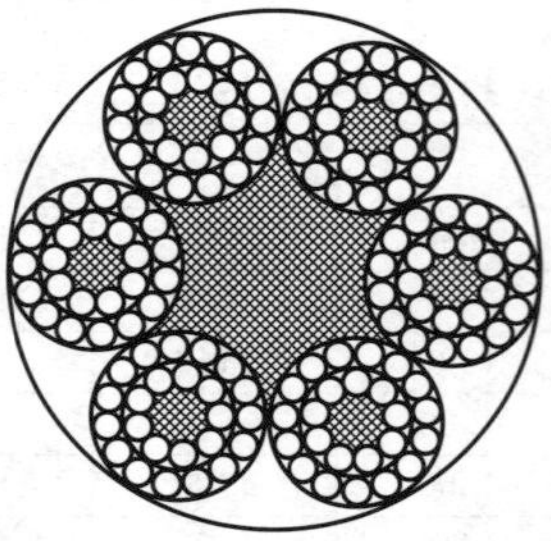

6×24+7FC
直径 8～40mm

钢丝绳公称直径 /mm	参考质量 /(kg/100m)		钢丝绳公称抗拉强度/MPa			
			1470	1570	1670	1770
	天然纤维芯钢丝绳	合成纤维芯钢丝绳	钢丝绳最小破断拉力/kN			
8	20.4	19.5	26.3	28.1	29.9	31.7
9	25.8	24.6	33.3	35.6	37.9	40.1
10	31.8	30.4	41.2	44.0	46.8	49.6
11	38.5	36.8	49.8	53.2	56.6	60.0
12	45.8	43.8	59.3	68.3	67.3	71.4
13	53.7	51.4	69.6	74.3	79.0	83.8
14	62.3	59.6	80.7	86.2	91.6	97.1
16	81.4	77.8	105	113	120	127
18	103	98.5	133	142	152	161
20	127	122	165	176	187	198
22	154	147	199	213	226	240
24	183	175	237	253	269	285
26	215	206	278	297	316	335
28	249	238	323	345	367	389
30	286	274	370	396	421	446
32	326	311	421	450	479	507
34	368	351	476	508	541	573
36	412	394	533	570	606	642
38	459	439	594	635	675	716
40	509	486	659	703	748	793

注：最小钢丝破断拉力总和＝钢丝绳最小破断拉力×1.150（纤维芯）。

表 24-72　第 13 组 6×24 类钢丝绳力学性能（摘自 GB/T 20118—2017）

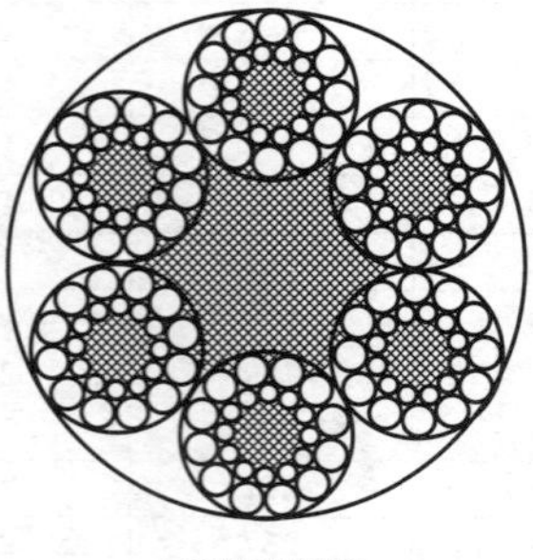

6×24S+7FC

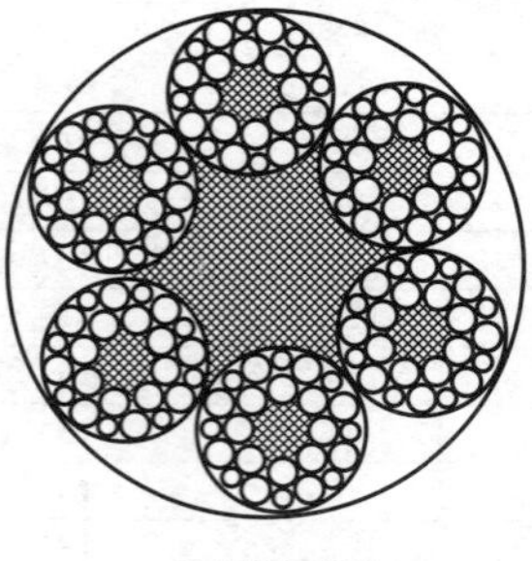

6×24W+7FC

直径 10～44mm

（续）

钢丝绳公称直径/mm	参考质量/(kg/100m)		钢丝绳公称抗拉强度/MPa			
			1470	1570	1670	1770
	天然纤维芯钢丝绳	合成纤维芯钢丝绳	钢丝绳最小破断拉力/kN			
10	33.1	31.6	42.8	45.7	48.6	51.5
11	40.0	38.2	51.8	55.3	58.8	62.3
12	47.7	45.5	61.6	65.8	70.0	74.2
13	55.9	53.4	72.3	77.2	82.1	87.0
14	64.9	61.9	83.8	90.0	95.3	101
16	84.7	80.9	110	117	124	132
18	107	102	139	148	157	167
20	132	126	171	183	194	206
22	160	153	207	221	235	249
24	191	182	246	263	280	297
26	224	214	289	309	329	348
28	260	248	335	358	381	404
30	298	284	385	411	437	464
32	339	324	438	468	498	527
34	383	365	495	528	562	595
36	429	410	554	592	630	668
38	478	456	618	660	702	744
40	530	506	684	731	778	824
42	584	557	755	806	857	909
44	641	612	828	885	941	997

注：最小钢丝破断拉力总和=钢丝绳最小破断拉力×1.150（纤维芯）。

表 24-73　第 14 组 6×15 类钢丝绳力学性能（摘自 GB/T 20118—2017）

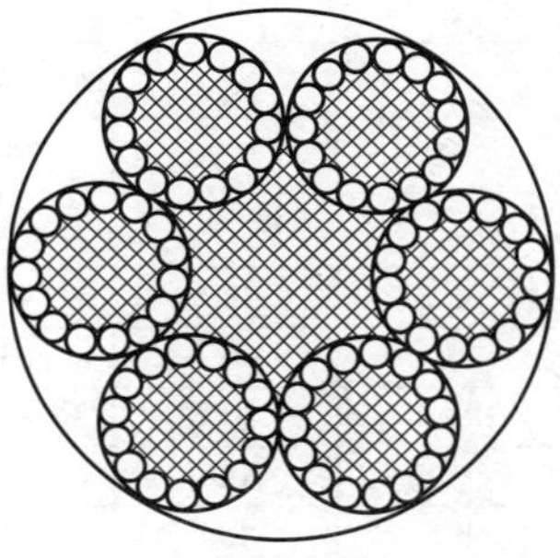

6×15+7FC

钢丝绳公称直径/mm	参考质量/(kg/100m)		钢丝绳公称抗拉强度/MPa			
			1470	1570	1670	1770
	天然纤维芯钢丝绳	合成纤维芯钢丝绳	钢丝绳最小破断拉力/kN			
10	20.0	18.5	26.5	28.3	30.1	31.9
12	28.8	26.6	38.1	40.7	43.3	45.9
14	39.2	36.3	51.9	55.4	58.9	62.4
16	51.2	47.4	67.7	72.3	77.0	81.6
18	64.8	59.9	85.7	91.6	97.4	103
20	80.0	74.0	106	113	120	127
22	96.8	89.5	128	137	145	154
24	115	107	152	163	173	184
26	135	125	179	191	203	215
28	157	145	207	222	236	250
30	180	166	238	254	271	287
32	205	189	271	289	308	326

注：最小钢丝破断拉力总和=钢丝绳最小破断拉力×1.136。

表 24-74　第 15 组和第 16 组 4×19 和 4×37 类钢丝绳力学性能（摘自 GB/T 20118—2017）

4×19S+FC
直径8～28mm

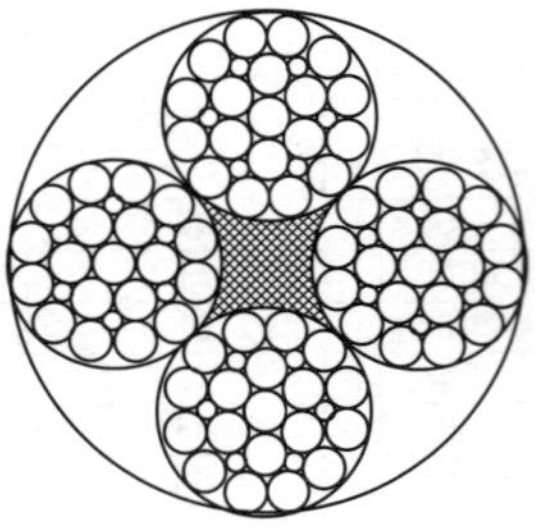
4×25Fi+FC
直径12～34mm

4×26WS+FC
直径12～31mm

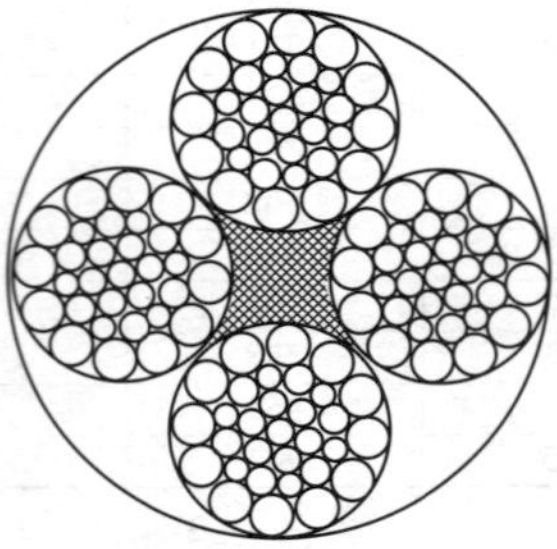
4×31WS+FC
直径12～36mm

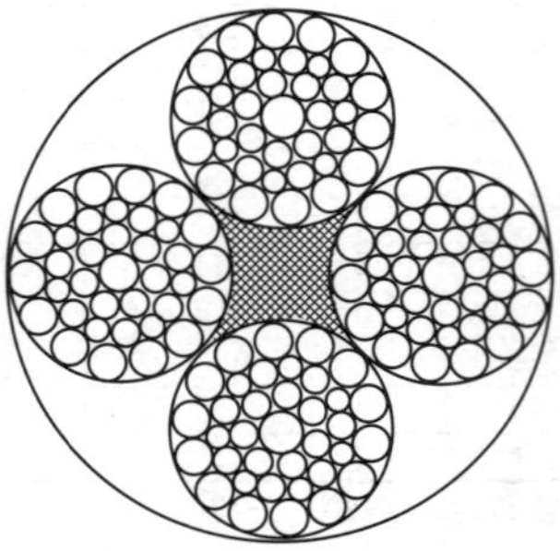
4×36WS+FC
直径14～42mm

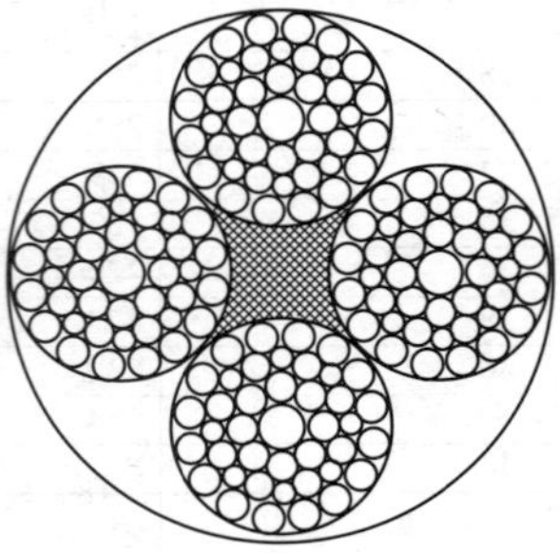
4×41WS+FC
直径26～46mm

钢丝绳公称直径 /mm	参考质量 /(kg/100m)	钢丝绳公称抗拉强度/MPa					
		1570	1670	1770	1870	1960	2160
		钢丝绳最小破断拉力/kN					
8	26.2	36.2	38.5	40.8	43.1	45.2	49.8
10	41.0	56.5	60.1	63.7	67.3	70.6	77.8
12	59.0	81.4	86.6	91.8	96.9	102	112
14	80.4	111	118	125	132	138	152
16	105	145	154	163	172	181	199
18	133	183	195	206	218	229	252
20	164	226	240	255	269	282	311
22	198	274	291	308	326	342	376
24	236	326	346	367	388	406	448
26	277	382	406	431	455	477	526
28	321	443	471	500	528	553	610
30	369	509	541	573	606	635	700
32	420	579	616	652	689	723	796
34	474	653	695	737	778	816	899
36	531	732	779	836	872	914	1010
38	592	816	868	920	972	1020	1120
40	656	904	962	1020	1080	1130	1240
42	723	997	1060	1120	1190	1240	1370
44	794	1090	1160	1230	1300	1370	1510
46	868	1200	1270	1350	1420	1490	1650

注：最小钢丝破断拉力总和=钢丝绳最小破断拉力×1.191。

24.2.6　粗直径钢丝绳

24.2.6.1　尺寸及应用范围

本部分规定了直径为 60～190mm 圆股钢丝绳的分类、订货内容、材料、技术要求、检查、试验、验收方法、包装、标志及质量证明书。

本部分适用于大型吊装起重、挖掘机、船舶、海上设施和打捞等行业使用的各种圆股钢丝绳。

24.2.6.2　粗直径钢丝绳分类

钢丝绳按捻法分为右交互捻、左交互捻、右同向捻和左同向捻 4 种，如图 24-8 所示。

1～2 组、6～8 组钢丝绳可为交互捻或同向捻，3～5 组、9～12 组钢丝绳仅为交互捻。钢丝绳分类见表 24-75。

表 24-75　钢丝绳分类（摘自 GB/T 20067—2006）

组别	类别	股数	钢丝层数	外层钢丝数	典型结构		股捻制类型	直径范围/mm
					钢丝绳	股		
1	6×37(a)	6	3～4	14～16	6×36WS 6×41WS 6×49SWS	1+7+7/7+14 1+8+8/8+16 1+8+8+8/8+16	一次捻	60～90 60～100 60～100
2	6×61(a)	6	4～5	18～24	6×55SWS 6×61FWS 6×64SFS	1+9+9+9/9+18 1+5+5F+10+10/10+20 1+9+9+9F+18+18	一次捻	60～102 60～110 60～102
3	6×61(ab)	6	4～5	18～24	6×65FNS 6×80WSNS 6×84WSNS	1+6+6F+12-20+20 1+7+7/7+14-22+22 1+7+7/7+14-24+24	二次捻 每股由中心股芯外捻制 1～2 层钢丝，中心股芯由 19～46 根钢丝一次捻制，外捻两层时次外层与外层钢丝根数相同，并一次捻	60～116 60～130 60～142
4	6×91(ab)	6	5～6	25～30	6×111SWSNS 6×103FSNS 6×109SWSNS	1+9+9+9/9+18-28+28 1+7+7F+14+14-30+30 1+8+8+8/8+16-30+30	二次捻 每股由中心股芯外捻制 1～2 层钢丝，中心股芯由 19～61 根钢丝一次捻制，外捻两层时次外层与外层钢丝根数相同，并一次捻	60～128 60～156 60～156
5	6×61(b)	6	4	24	6×61	1+6+12+18+24	四次捻	60～110
6	8×19(a)	8	2～3	8～12	8×25Fi 8×31WS	1+6+6F+12 1+6+6/6+12	一次捻	60～92 60～92
7	8×37(a)	8	3～4	14～18	8×36WS 8×41WS 8×49SWS	1+7+7/7+14 1+8+8/8+16 1+8+8+8/8+16	一次捻	60～108 60～120 60～120
8	8×61(a)	8	4～5	18～24	8×55SWS 8×61FWS 8×64SFS	1+9+9+9/9+18 1+5+5F+10+10/10+20 1+9+9+9F+18+18	一次捻	60～124 60～136 60～124
9	8×37(b)	8	3	18	8×37	1+6+12+18	三次捻	60～86
10	8×61(ab)		4～5	18～24	8×65FNS 8×80WSNS 8×84WSNS	1+6+6F+12-20+20 1+7+7/7+14-22+22 1+7+7/7+14-24+24	二次捻 每股由中心股芯外捻制两层钢丝，中心股芯由 19～46 根钢丝一次捻制，外捻两层时次外层与外层钢丝根数相同，并一次捻	60～140 60～158 60～172

（续）

组别	类别	股数	钢丝层数	外层钢丝数	典型结构		股捻制类型	直径范围 /mm
					钢丝绳	股		
11	8×91(ab)		5~6	25~30	8×111SWSNS 8×103FSNS 8×109SWSNS	1+9+9+9/9+18-28+28 1+7+7F+14+14-30+30 1+8+8+8/8+16-30+30	二次捻 每股由中心股芯外捻制两层钢丝，中心股芯由 19~61 根钢丝一次捻制，外捻两层时次外层与外层钢丝根数相同，并一次捻	60~156 60~190 60~190
12	8×61(b)		4	24	8×61	1+6+12+18+24	四次捻	60~134

注：1. （a）为线接触，（ab）为点线接触，（b）为点接触。
2. 6×61（b）、8×37（b）、8×61（b）类不推荐使用。
3. 股结构中的减号（-）表示点接触。
4. 钢丝绳结构中的 N 表示点接触。

24.2.6.3　粗直径钢丝绳力学性能（见表 24-76~表 24-85）

表 24-76　第 1 组　6×37（a）类粗直径钢丝绳力学性能（摘自 GB/T 20067—2006）

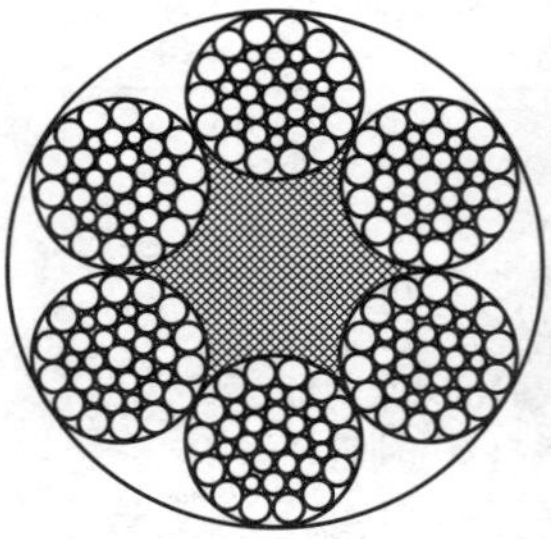
6×36WS+FC

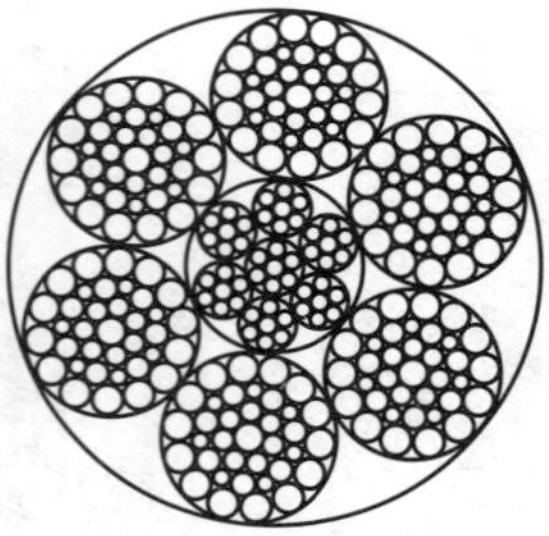
6×36WS+IWR

直径60～90mm

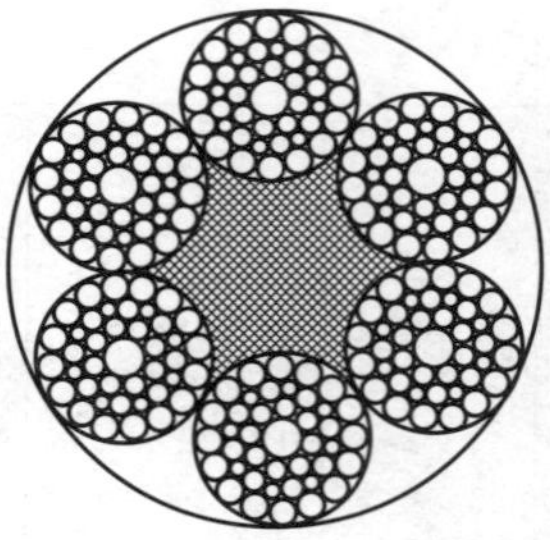
6×41WS+FC

6×41WS+IWR

直径60～100mm

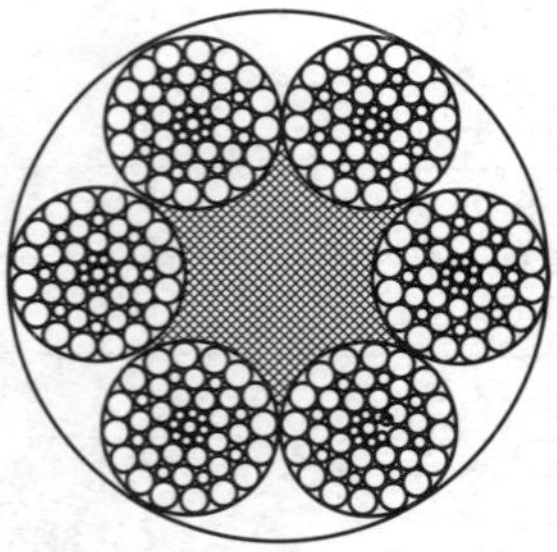
6×49SWS+FC

6×49SWS+IWR

直径60～100mm

（续）

钢丝绳公称直径/mm	参考质量/（kg/100m）		钢丝绳公称抗拉强度/MPa									
			1570		1670		1770		1870		1960	
			钢丝绳最小破断拉力/kN									
	纤维芯钢丝绳	钢芯钢丝绳	纤维芯钢丝绳	钢芯钢丝绳	纤维芯钢丝绳	钢芯钢丝绳	纤维芯钢丝绳	钢芯钢丝绳	纤维芯钢丝绳	钢芯钢丝绳	纤维芯钢丝绳	钢芯钢丝绳
60	1380	1500	1870	2010	1980	2140	2100	2270	2220	2400	2330	2510
62	1470	1610	1990	2150	2120	2290	2250	2420	2370	2560	2490	2680
64	1570	1710	2120	2290	2260	2440	2390	2580	2530	2730	2650	2860
66	1670	1820	2260	2430	2460	2590	2540	2740	2690	2900	2820	3040
68	1770	1930	2400	2580	2550	2750	2700	2910	2850	3080	2990	3230
70	1880	2050	2540	2740	2700	2910	2860	3090	3020	3260	3170	3420
72	1990	2170	2690	2900	2860	3080	3030	3270	3200	3450	3350	3620
74	2100	2290	2840	3060	3020	3260	3200	3450	3380	3650	3540	3820
76	2210	2410	2990	3230	3180	3430	3370	3640	3560	3850	3740	4030
78	2330	2540	3150	3400	3350	3620	3550	3830	3750	4050	3940	4250
80	2450	2680	3320	3580	3530	3800	3740	4030	3950	4260	4140	4470
82	2580	2810	3480	3760	3710	4000	3930	4240	4150	4480	4350	4690
84	2700	2950	3660	3940	3890	4190	4120	4450	4350	4700	4560	4920
86	2830	3090	3830	4130	4080	4400	4320	4660	4560	4920	4780	5160
88	2970	3240	4010	4330	4270	4600	4520	4880	4780	5160	5010	5400
90	3100	3390	4200	4530	4460	4820	4730	5100	5000	5390	5240	5650
92	3240	3540	4390	4730	4660	5030	4940	5330	5220	5630	5470	5910
94	3380	3690	4580	4940	4870	5250	5160	5570	5450	5890	5720	6170
96	3530	3850	4770	5150	5080	5480	5380	5810	5690	6140	5960	6430
98	3680	4010	4980	5370	5290	5710	5610	6050	5930	6390	6200	6700
100	3830	4180	5180	5590	5510	5950	5840	6300	6170	6660	6470	6980

注：最小钢丝破断拉力总和=钢丝绳最小破断拉力×1.226（纤维芯）或 1.321（钢芯）。

表 24-77　第 2 组　6×61（a）类粗直径钢丝绳力学性能（摘自 GB/T 20067—2006）

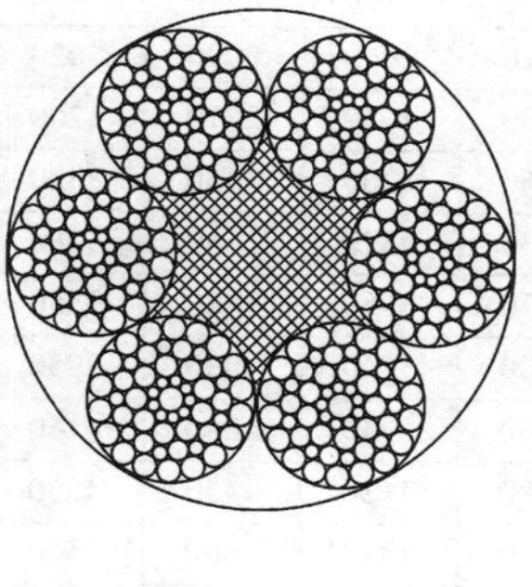

6×55SWS+FC

6×55SWS+IWR

直径60～102mm

（续）

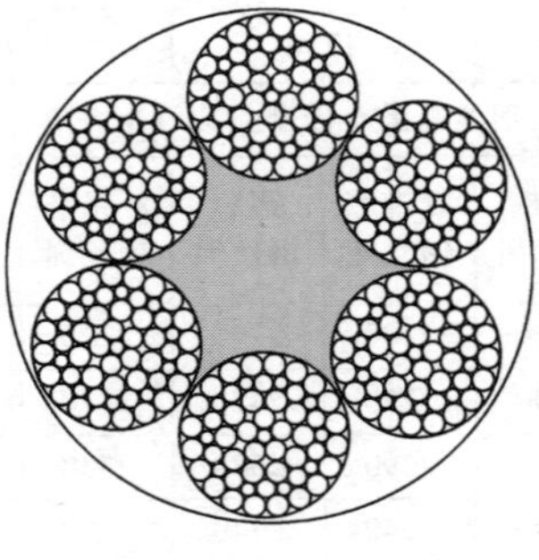

6×61FWS+FC

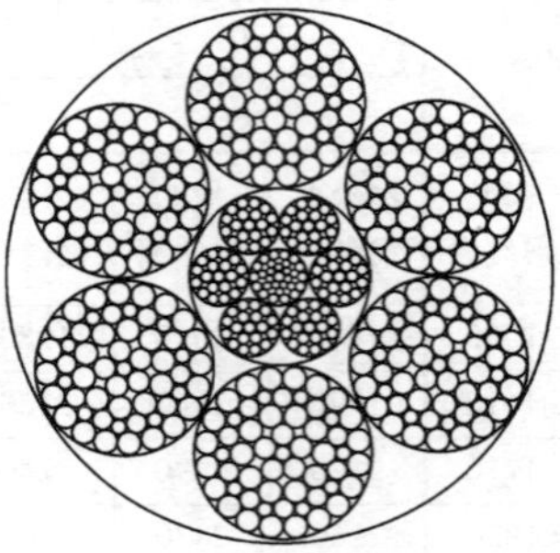

6×61FWS+IWR

直径60～110mm

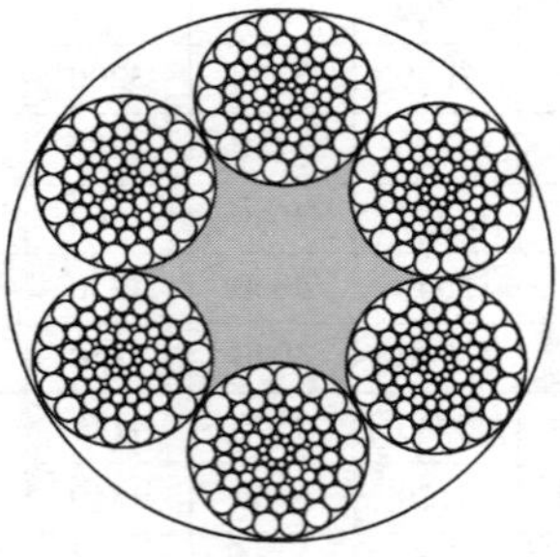

6×64SFS+FC

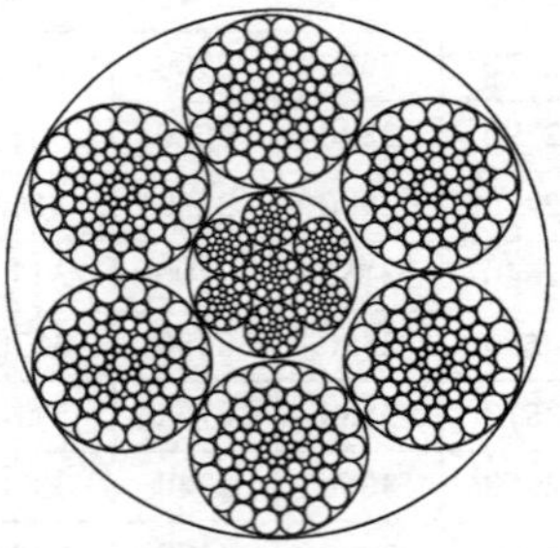

6×64SFS+IWR

直径60～102mm

钢丝绳公称直径/mm	参考质量/(kg/100m)		钢丝绳公称抗拉强度/MPa									
			1570		1670		1770		1870		1960	
			钢丝绳最小破断拉力/kN									
	纤维芯钢丝绳	钢芯钢丝绳	纤维芯钢丝绳	钢芯钢丝绳	纤维芯钢丝绳	钢芯钢丝绳	纤维芯钢丝绳	钢芯钢丝绳	纤维芯钢丝绳	钢芯钢丝绳	纤维芯钢丝绳	钢芯钢丝绳
60	1390	1570	1870	2010	1980	2140	2100	2270	2220	2400	2330	2510
62	1480	1670	1990	2150	2120	2290	2250	2420	2370	2560	2490	2680
64	1580	1780	2120	2290	2260	2440	2390	2580	2530	2730	2650	2860
66	1680	1890	2260	2430	2400	2590	2540	2740	2690	2900	2820	3040
68	1780	2010	2400	2580	2550	2750	2700	2910	2850	3080	2990	3230
70	1890	2130	2540	2740	2700	2910	2860	3090	3020	3260	3170	3420
72	2000	2260	2690	2900	2860	3080	3030	3270	3200	3450	3350	3620
74	2110	2380	2840	3060	3020	3260	3200	3450	3380	3650	3540	3820
76	2230	2510	2990	3230	3180	3430	3370	3640	3560	3850	3740	4030
78	2350	2650	3150	3400	3350	3620	3550	3830	3750	4050	3940	4250
80	2470	2780	3320	3580	3530	3800	3740	4030	3950	4260	4140	4470
82	2600	2920	3480	3760	3710	4000	3930	4240	4150	4480	4350	4690
84	2720	3070	3660	3940	3890	4190	4120	4450	4350	4700	4560	4920
86	2850	3220	3830	4130	4080	4400	4320	4660	4560	4920	4780	5160
88	2990	3370	4010	4330	4270	4600	4520	4880	4780	5160	5010	5400
90	3130	3520	4200	4530	4460	4820	4730	5100	5000	5390	5240	5650
92	3270	3680	4390	4730	4660	5030	4940	5330	5220	5630	5470	5910
94	3410	3840	4580	4940	4870	5250	5160	5570	5450	5890	5720	6170

（续）

钢丝绳公称直径/mm	参考质量/(kg/100m)		钢丝绳公称抗拉强度/MPa									
			1570		1670		1770		1870		1960	
			钢丝绳最小破断拉力/kN									
	纤维芯钢丝绳	钢芯钢丝绳	纤维芯钢丝绳	钢芯钢丝绳	纤维芯钢丝绳	钢芯钢丝绳	纤维芯钢丝绳	钢芯钢丝绳	纤维芯钢丝绳	钢芯钢丝绳	纤维芯钢丝绳	钢芯钢丝绳
96	3560	4010	4770	5150	5080	5480	5380	5810	5690	6140	5960	6430
98	3710	4180	4980	5370	5290	5710	5610	6050	5930	6390	6210	6700
100	3860	4350	5180	5590	5510	5950	5840	6300	6170	6660	6470	6980
102	4020	4530	5390	5820	5730	6190	6080	6560	6420	6930	6730	7260
104	4170	4700	5600	6050	5960	6430	6320	6820	6670	7200	7000	7550
106	4340	4890	5820	6280	6190	6680	6560	7080	6930	7480	7270	7840
108	4500	5070	6040	6520	6430	6930	6810	7350	7200	7760	7540	8140
110	4670	5260	6270	6760	6670	7190	7070	7620	7470	8060	7830	8440

注：最小钢丝破断拉力总和=钢丝绳最小破断拉力×1.219（纤维芯）或 1.321（钢芯）。

表 24-78　第 3 组　6×61（ab）类和第 4 组　6×91（ab）类粗直径钢丝绳力学性能（摘自 GB/T 20067—2006）

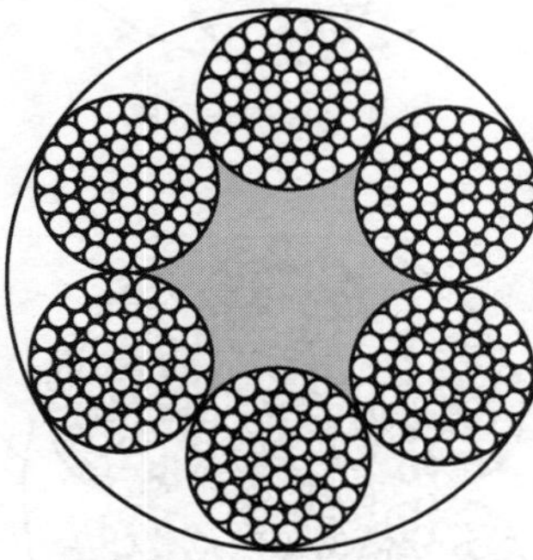

6×65FNS+FC

6×65FNS+IWR

直径 60～116mm

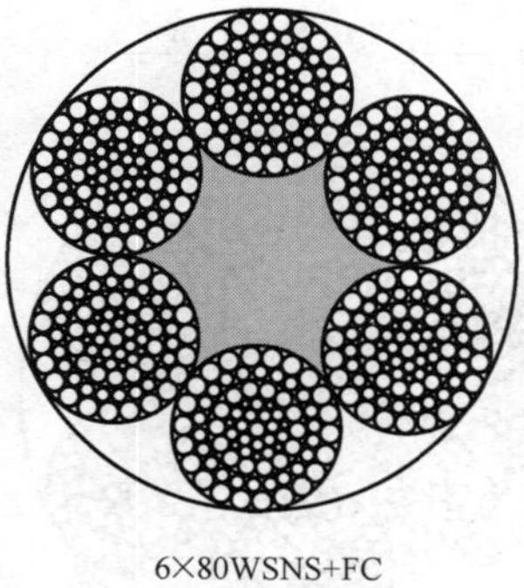

6×80WSNS+FC

6×80WSNS+IWR

直径 60～130mm

（续）

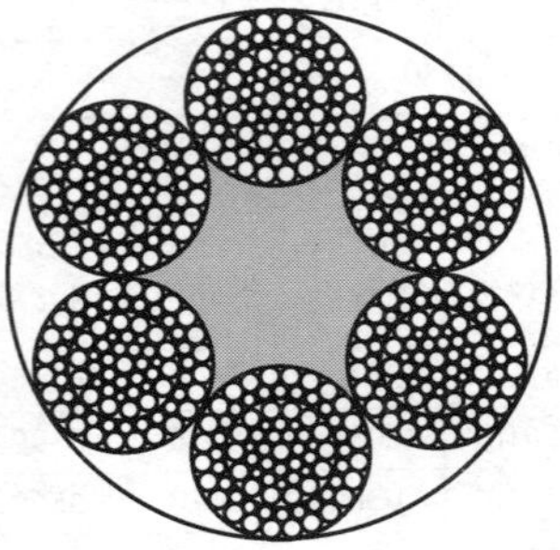

6×84WSNS+FC

6×84WSNS+IWR

直径 60～142mm

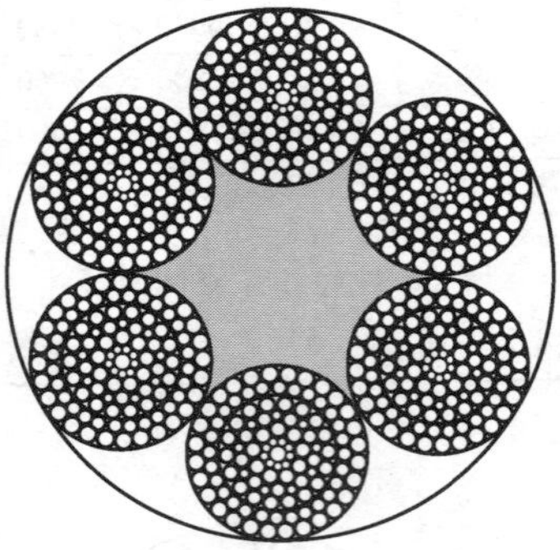

6×111SWSNS+FC

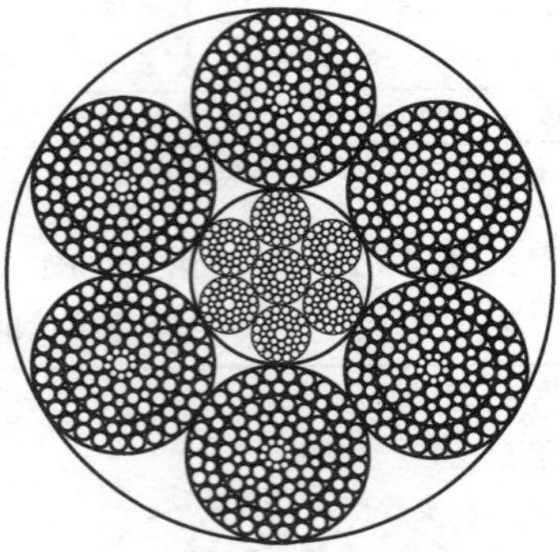

6×111SWSNS+IWR

直径 60～128mm

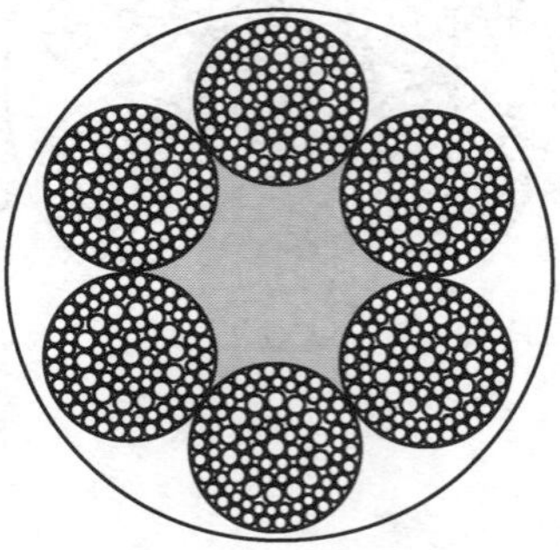

6×103FSNS+FC

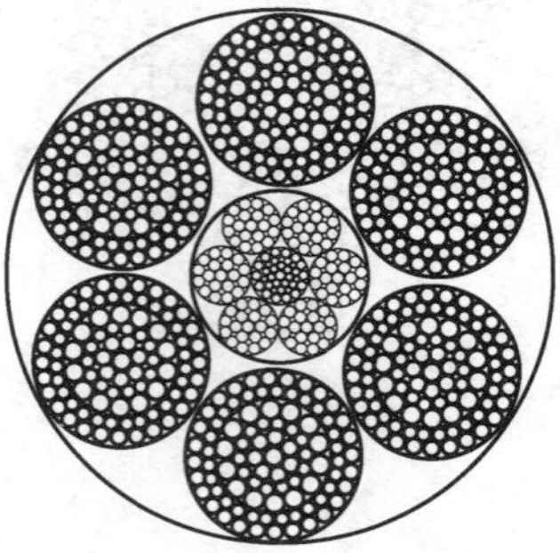

6×103FSNS+IWR

直径 60～156mm

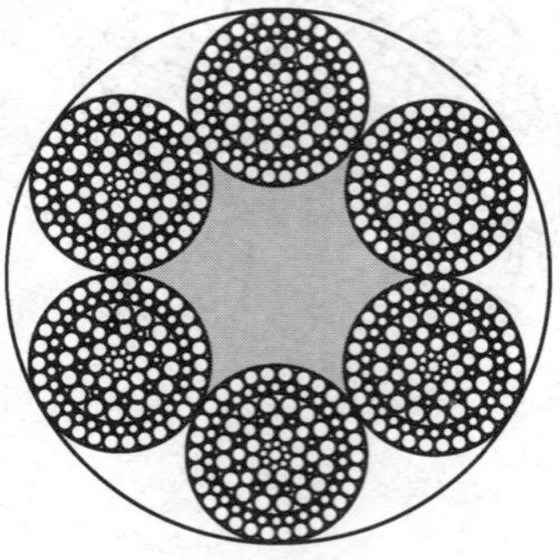

6×109SWSNS+FC

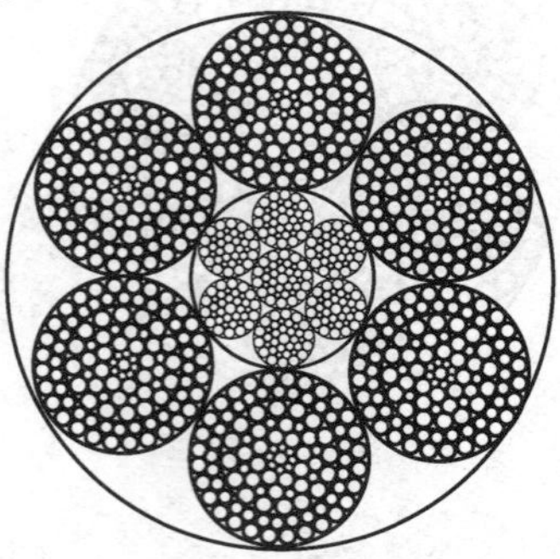

6×109SWSNS+IWR

直径 60～156mm

（续）

钢丝绳公称直径/mm	参考质量/(kg/100m)		钢丝绳公称抗拉强度/MPa									
			1570		1670		1770		1870		1960	
			钢丝绳最小破断拉力/kN									
	纤维芯钢丝绳	钢芯钢丝绳	纤维芯钢丝绳	钢芯钢丝绳	纤维芯钢丝绳	钢芯钢丝绳	纤维芯钢丝绳	钢芯钢丝绳	纤维芯钢丝绳	钢芯钢丝绳	纤维芯钢丝绳	钢芯钢丝绳
60	1370	1570	1800	1960	1910	2080	2030	2200	2140	2330	2240	2440
62	1460	1670	1920	2090	2040	2220	2160	2350	2290	2490	2400	2610
64	1560	1780	2040	2230	2180	2370	2310	2510	2440	2650	2550	2780
66	1660	1890	2170	2370	2310	2520	2450	2670	2590	2820	2720	2950
68	1760	2010	2310	2510	2460	2670	2600	2830	2750	2990	2880	3140
70	1860	2130	2450	2660	2600	2830	2760	3000	2910	3170	3050	3320
72	1970	2260	2590	2820	2750	3000	2920	3170	3080	3350	3230	3520
74	2080	2380	2730	2970	2910	3160	3080	3350	3260	3540	3410	3710
76	2190	2510	2880	3140	3070	3340	3250	3540	3430	3740	3600	3920
78	2310	2650	3040	3300	3230	3520	3420	3730	3620	3940	3790	4130
80	2430	2780	3200	3480	3400	3700	3600	3920	3810	4140	3990	4340
82	2560	2920	3360	3650	3570	3890	3780	4120	4000	4350	4190	4560
84	2680	3070	3520	3830	3750	4080	3970	4320	4200	4570	4400	4790
86	2810	3220	3690	4020	3930	4270	4160	4530	4400	4790	4610	5020
88	2940	3370	3870	4210	4110	4470	4360	4740	4610	5010	4830	5250
90	3080	3520	4040	4400	4300	4680	4560	4960	4820	5240	5050	5490
92	3220	3680	4230	4600	4490	4890	4760	5180	5030	5480	5280	5740
94	3360	3840	4410	4800	4690	5110	4970	5410	5250	5720	5510	5990
96	3500	4010	4600	5010	4890	5330	5190	5640	5480	5960	5740	6250
98	3650	4180	4790	5220	5100	5550	5410	5880	5710	6210	5990	6510
100	3800	4350	4990	5430	5310	5780	5630	6120	5950	6470	6230	6780
102	3950	4530	5190	5650	5530	6010	5860	6370	6190	6730	6480	7060
104	4110	4700	5400	5880	5740	6250	6090	6620	6430	7000	6740	7330
106	4270	4890	5610	6100	5970	6490	6320	6880	6680	7270	7000	7620
108	4430	5070	5820	6340	6190	6740	6570	7140	6940	7550	7270	7910
110	4600	5260	6040	6570	6430	6990	6810	7410	7200	7830	7540	8210
112	4770	5460	6260	6810	6660	7250	7060	7680	7460	8120	7820	8510
114	4940	5650	6490	7060	6900	7510	7310	7960	7730	8410	8100	8810
116	5110	5850	6720	7310	7150	7780	7570	8240	8000	8710	8390	9130
118	5290	6060	6950	7560	7390	8050	7840	8530	8280	9010	8680	9440
120	5470	6260	7190	7820	7650	8320	8100	8820	8560	9320	8980	9770
122	5660	6470	7430	8090	7900	8600	8380	9120	8850	9630	9280	10100
124	5840	6690	7680	8350	8170	8880	8650	9420	9140	9950	9580	10400
126	6030	6910	7930	8620	8430	9170	8940	9720	9440	10300	9900	10800
128	6230	7130	8180	8900	8700	9470	9220	10000	9740	10600	10200	11100
130	6420	7350	8440	9180	8970	9770	9510	10300	10000	10900	10500	11500
132	6620	7580	8700	9470	9250	10100	9810	10700	10400	11300	10900	11800
134	6820	7810	8960	9750	9540	10400	10100	11000	10700	11600	11200	12200
136	7030	8050	9230	10000	9820	10700	10400	11300	11000	12000	11500	12500
138	7240	8280	9510	10300	10100	11000	10700	11700	11300	12300	11900	12900
140	7450	8530	9790	10600	10400	11300	11000	12000	11700	12700	12200	13300

（续）

钢丝绳公称直径/mm	参考质量/(kg/100m)		钢丝绳公称抗拉强度/MPa									
			1570		1670		1770		1870		1960	
			钢丝绳最小破断拉力/kN									
	纤维芯钢丝绳	钢芯钢丝绳	纤维芯钢丝绳	钢芯钢丝绳	纤维芯钢丝绳	钢芯钢丝绳	纤维芯钢丝绳	钢芯钢丝绳	纤维芯钢丝绳	钢芯钢丝绳	纤维芯钢丝绳	钢芯钢丝绳
142	7660	8770	10100	11000	10700	11700	11300	12300	12000	13000	12600	13700
144	7880	9020	10400	11300	11000	12000	11700	12700	12300	13400	12900	14100
146	8100	9270	10600	11600	11300	12300	12000	13100	12700	13800	13300	14500
148	8320	9530	10900	11900	11600	12700	12300	13400	13000	14200	13700	14900
150	8550	9790	11200	12200	11900	13000	12700	13800	13400	14600	14000	15300
152	8780	10100	11500	12600	12300	13300	13000	14100	13700	14900	14400	15700
154	9010	10300	11800	12900	12600	13700	13300	14500	14100	15300	14800	16100
156	9250	10600	12100	13200	12900	14100	13700	14900	14500	15700	15200	16500

注：最小钢丝破断拉力总和=钢丝绳最小破断拉力×1.250（纤维芯）或1.330（钢芯）。

表 24-79　第 5 组　6×61（b）类粗直径钢丝绳力学性能（摘自 GB/T 20067—2006）

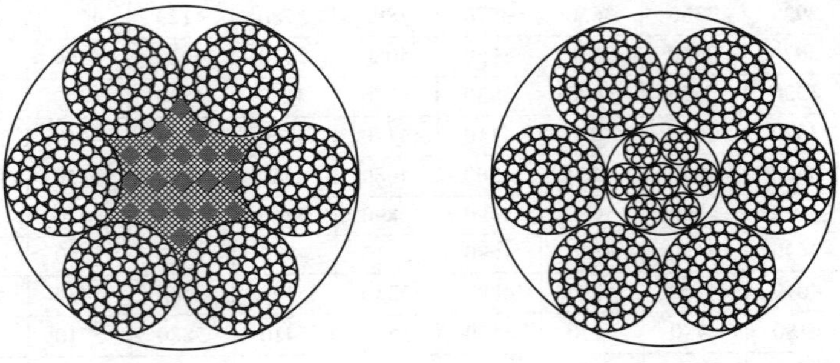

6×61+FC　　　　6×61+IWR

直径60～110mm

钢丝绳公称直径/mm	参考质量/(kg/100m)		钢丝绳公称抗拉强度/MPa									
			1570		1670		1770		1870		1960	
			钢丝绳最小破断拉力/kN									
	纤维芯钢丝绳	钢芯钢丝绳	纤维芯钢丝绳	钢芯钢丝绳	纤维芯钢丝绳	钢芯钢丝绳	纤维芯钢丝绳	钢芯钢丝绳	纤维芯钢丝绳	钢芯钢丝绳	纤维芯钢丝绳	钢芯钢丝绳
60	1300	1430	1600	1730	1700	1840	1800	1950	1910	2060	2000	2160
62	1390	1530	1710	1850	1820	1960	1930	2080	2030	2200	2130	2310
64	1480	1630	1820	1970	1940	2090	2050	2220	2170	2340	2270	2460
66	1570	1730	1940	2090	2060	2230	2180	2360	2310	2490	2420	2610
68	1670	1840	2050	2220	2190	2360	2320	2500	2450	2650	2560	2770
70	1770	1950	2180	2350	2320	2500	2450	2650	2590	2800	2720	2940
72	1870	2060	2300	2490	2450	2650	2600	2810	2740	2970	2880	3110
74	1980	2180	2430	2630	2590	2800	2740	2970	2900	3130	3040	3280
76	2090	2300	2570	2770	2730	2950	2890	3130	3060	3310	3200	3460
78	2200	2420	2700	2920	2880	3110	3050	3300	3220	3480	3370	3650
80	2310	2550	2840	3070	3020	3270	3210	3470	3390	3660	3550	3840
82	2430	2680	2990	3230	3180	3440	3370	3640	3560	3850	3730	4030

（续）

钢丝绳公称直径/mm	参考质量/（kg/100m）		钢丝绳公称抗拉强度/MPa									
			1570		1670		1770		1870		1960	
			钢丝绳最小破断拉力/kN									
	纤维芯钢丝绳	钢芯钢丝绳	纤维芯钢丝绳	钢芯钢丝绳	纤维芯钢丝绳	钢芯钢丝绳	纤维芯钢丝绳	钢芯钢丝绳	纤维芯钢丝绳	钢芯钢丝绳	纤维芯钢丝绳	钢芯钢丝绳
84	2550	2810	3140	3390	3330	3610	3530	3820	3730	4040	3910	4230
86	2670	2940	3290	3550	3500	3780	3700	4010	3910	4230	4100	4440
88	2800	3080	3440	3720	3660	3960	3880	4190	4100	4430	4300	4640
90	2920	3220	3600	3890	3830	4140	4060	4390	4290	4630	4490	4860
92	3060	3370	3760	4070	4000	4330	4240	4580	4480	4840	4690	5080
94	3190	3520	3930	4240	4180	4520	4430	4790	4680	5060	4900	5300
96	3330	3670	4090	4430	4360	4710	4620	4990	4880	5270	5110	5530
98	3470	3820	4270	4610	4540	4910	4810	5200	5080	5500	5330	5760
100	3610	3980	4440	4800	4730	5110	5010	5420	5290	5720	5550	6000
102	3760	4140	4620	5000	4920	5320	5210	5640	5510	5950	5770	6240
104	3900	4300	4810	5200	5110	5530	5420	5860	5720	6190	6000	6490
106	4060	4470	4990	5400	5310	5740	5630	6090	5950	6430	6230	6740
108	4210	4640	5180	5600	5510	5960	5840	6320	6170	6670	6470	7000
110	4370	4820	5380	5810	5720	6180	6060	6550	6400	6920	6710	7260

注：最小钢丝破断拉力总和=钢丝绳最小破断拉力×1.301（纤维芯）或 1.392（钢芯）。

表 24-80　第 6 组　8×19（a）类粗直径钢丝绳力学性能（摘自 GB/T 20067—2006）

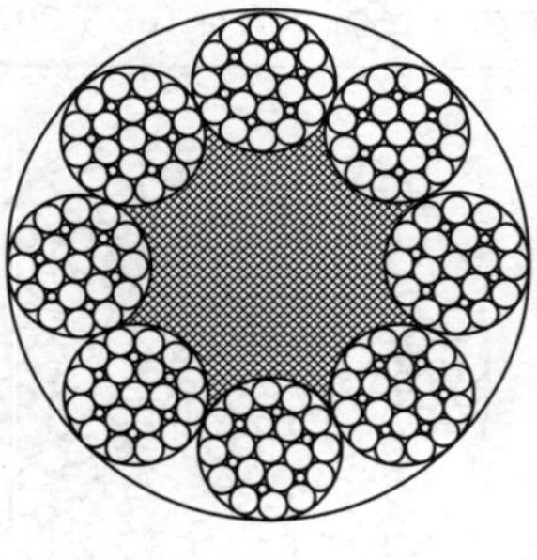

8×25Fi+FC

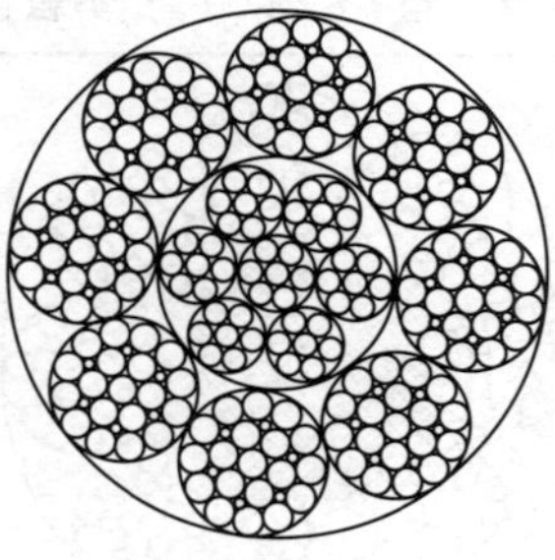

8×25Fi+IWR

直径60～92mm

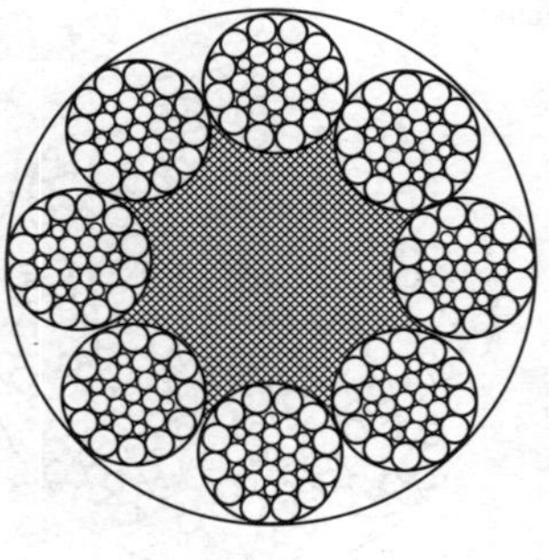

8×31WS+FC

8×31WS+IWR

直径60～92mm

（续）

钢丝绳公称直径/mm	参考质量/（kg/100m）		钢丝绳公称抗拉强度/MPa									
			1570		1670		1770		1870		1960	
			钢丝绳最小破断拉力/kN									
	纤维芯钢丝绳	钢芯钢丝绳	纤维芯钢丝绳	钢芯钢丝绳	纤维芯钢丝绳	钢芯钢丝绳	纤维芯钢丝绳	钢芯钢丝绳	纤维芯钢丝绳	钢芯钢丝绳	纤维芯钢丝绳	钢芯钢丝绳
60	1290	1570	1660	1960	1760	2080	1870	2200	1970	2330	2070	2440
62	1370	1670	1770	2090	1880	2220	1990	2350	2110	2490	2210	2610
64	1460	1780	1880	2230	2000	2370	2120	2510	2240	2650	2350	2780
66	1560	1890	2000	2370	2130	2520	2260	2670	2390	2820	2500	2950
68	1650	2010	2130	2510	2260	2670	2400	2830	2530	2990	2660	3140
70	1750	2130	2250	2600	2400	2830	2540	3000	2680	3170	2810	3320
72	1850	2260	2380	2820	2540	3000	2690	3180	2840	3350	2980	3520
74	1950	2380	2520	2970	2680	3160	2840	3350	3000	3540	3140	3710
76	2060	2510	2660	3140	2830	3340	3000	3540	3160	3740	3320	3920
78	2170	2650	2800	3300	2980	3520	3160	3730	3330	3940	3490	4130
80	2280	2780	2940	3480	3130	3700	3320	3920	3510	4140	3680	4340
82	2400	2920	3090	3650	3290	3890	3490	4120	3680	4350	3860	4560
84	2520	3070	3250	3830	3450	4080	3660	4320	3870	4570	4050	4790
86	2640	3220	3400	4020	3620	4270	3840	4530	4050	4790	4250	5020
88	2760	3370	3560	4210	3790	4470	4020	4740	4240	5010	4450	5250
90	2890	3520	3730	4400	3960	4680	4200	4960	4440	5240	4650	5490
92	3020	3680	3890	4600	4140	4890	4390	5180	4640	5480	4860	5740

注：最小钢丝破断拉力总和=钢丝绳最小破断拉力×1.226（纤维芯）或1.374（钢芯）。

表 24-81　第 7 组　8×37（a）类粗直径钢丝绳力学性能（摘自 GB/T 20067—2006）

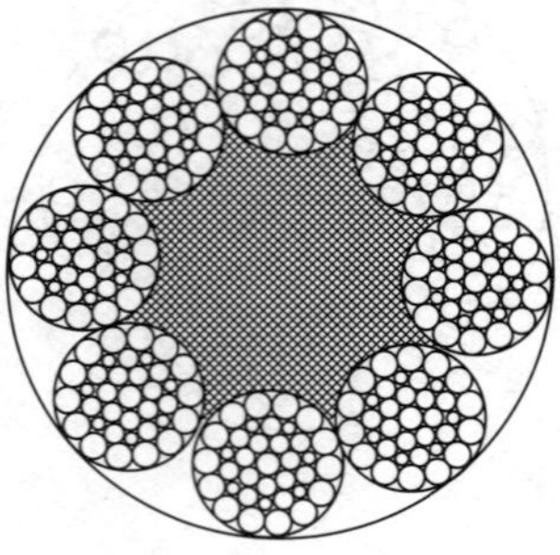

8×36WS+FC

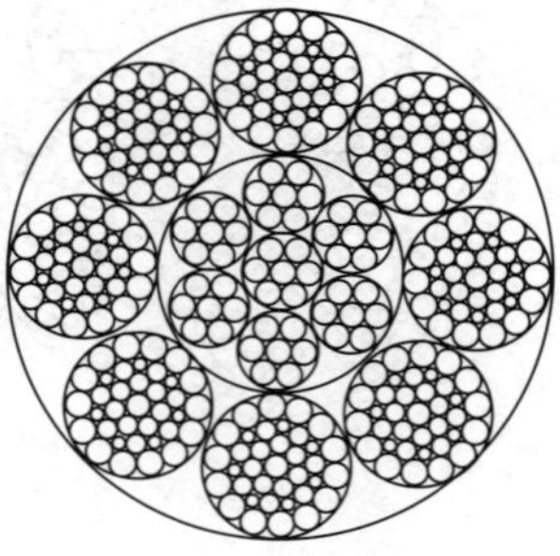

8×36WS+IWR

直径60～108mm

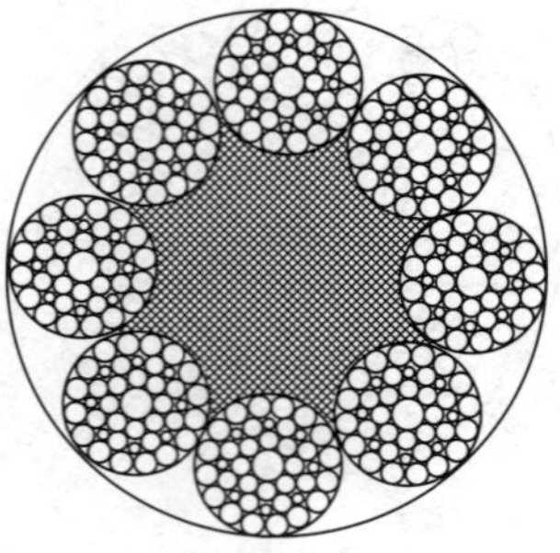

8×41WS+FC

8×41WS+IWR

直径60～120mm

（续）

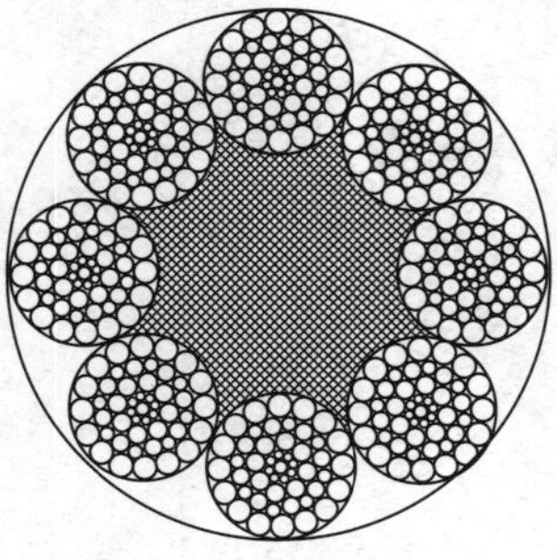

8×49SWS+FC

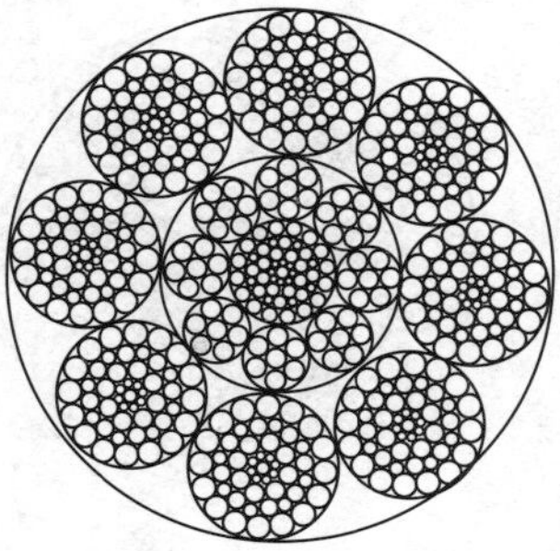

8×49SWS+IWR

直径60～120mm

钢丝绳公称直径/mm	参考质量/(kg/100m)		钢丝绳公称抗拉强度/MPa									
			1570		1670		1770		1870		1960	
			钢丝绳最小破断拉力/kN									
	纤维芯钢丝绳	钢芯钢丝绳	纤维芯钢丝绳	钢芯钢丝绳	纤维芯钢丝绳	钢芯钢丝绳	纤维芯钢丝绳	钢芯钢丝绳	纤维芯钢丝绳	钢芯钢丝绳	纤维芯钢丝绳	钢芯钢丝绳
60	1350	1600	1660	1960	1760	2080	1870	2200	1970	2330	2070	2440
62	1440	1710	1770	2090	1880	2220	1990	2350	2110	2490	2210	2610
64	1540	1820	1880	2230	2000	2370	2120	2510	2240	2650	2350	2780
66	1630	1940	2000	2370	2130	2520	2260	2670	2390	2820	2500	2950
68	1730	2060	2130	2510	2260	2670	2400	2830	2530	2990	2660	3140
70	1840	2180	2250	2660	2400	2830	2540	3000	2680	3170	2810	3320
72	1940	2310	2380	2820	2540	3000	2690	3170	2840	3350	2980	3520
74	2050	2440	2520	2970	2680	3160	2840	3350	3000	3540	3140	3710
76	2170	2570	2660	3140	2830	3340	3000	3540	3160	3740	3320	3920
78	2280	2710	2800	3300	3980	3520	3160	3730	3330	3940	3490	4130
80	2400	2850	2940	3480	3130	3700	3320	3920	3510	4140	3680	4340
82	2520	2990	3090	3650	3290	3890	3490	4120	3680	4350	3860	4560
84	2650	3140	3250	3830	3450	4080	3660	4320	3870	4570	4050	4790
86	2770	3290	3400	4020	3620	4270	3840	4530	4050	4790	4250	5020
88	2900	3450	3560	4210	3790	4470	4020	4740	4240	5010	4450	5250
90	3040	3600	3730	4400	3960	4680	4200	4960	4440	5240	4650	5490
92	3170	3770	3890	4600	4140	4890	4390	5180	4640	5480	4860	5740
94	3310	3930	4060	4800	4320	5110	4580	5410	4840	5720	5070	5990
96	3460	4100	4240	5010	4510	5330	4780	5640	5050	5960	5290	6250
98	3600	4270	4420	5220	4700	5550	4980	5880	5260	6210	5520	6510
100	3750	4450	4600	5430	4890	5780	5190	6120	5480	6470	5740	6780
102	3900	4630	4790	5650	5090	6010	5400	6370	5700	6730	5970	7060
104	4060	4810	4980	5880	5290	6250	5610	6620	5930	7000	6210	7330
106	4210	5000	5170	6100	5500	6490	5830	6880	6160	7270	6450	7620
108	4370	5190	5370	6340	5710	6740	6050	7140	6390	7550	6700	7910
110	4540	5380	5570	6570	5920	6990	6280	7410	6630	7830	6950	8210
112	4700	5580	5770	6810	6140	7250	6510	7680	6870	8120	7200	8510
114	4870	5780	5980	7060	6360	7510	6740	7960	7120	8410	7460	8810
116	5050	5990	6190	7310	6580	7780	6980	8240	7370	8710	7730	9130
118	5220	6200	6410	7560	6810	8050	7220	8530	7630	9010	8000	9440
120	5400	6410	6620	7820	7050	8320	7470	8820	7890	9320	8270	9770

注：最小钢丝破断拉力总和=钢丝绳最小破断拉力×1.226（纤维芯）或 1.374（钢芯）。

表 24-82　第 8 组 8×61（a）类粗直径钢丝绳力学性能（摘自 GB/T 20067—2006）

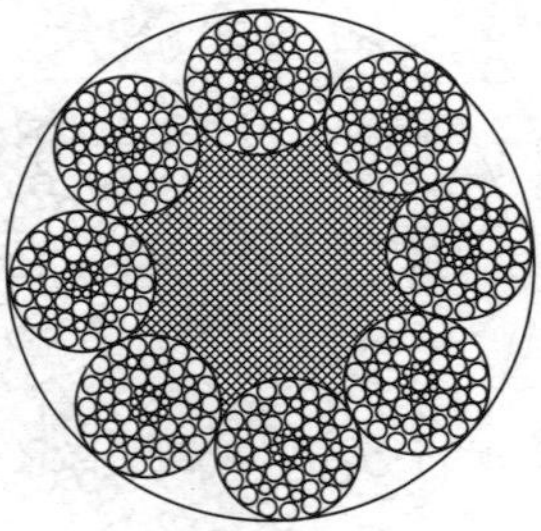

8×55SWS+FC

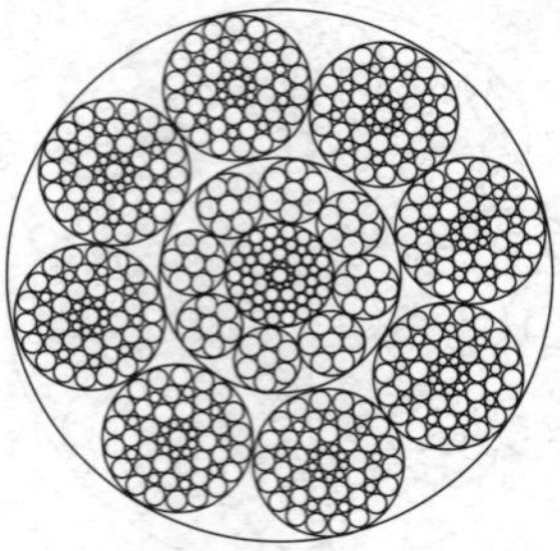

8×55SWS+IWR

直径60～124mm

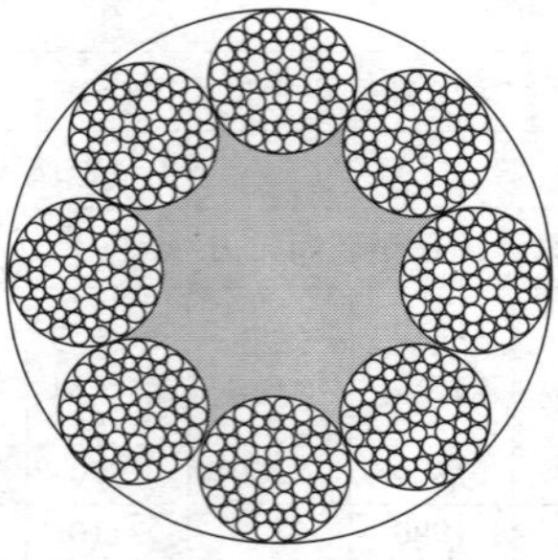

8×61FWS+FC

8×61FWS+IWR

直径60～136mm

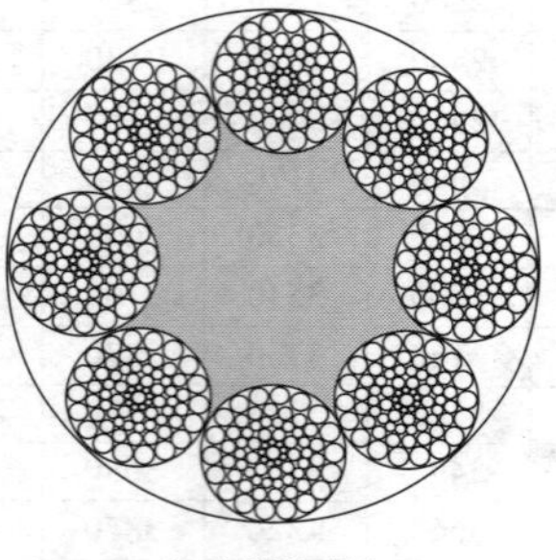

8×64SFS+FC

8×64SFS+IWR

直径60～124mm

钢丝绳公称直径/mm	参考质量/（kg/100m）		钢丝绳公称抗拉强度/MPa									
			1570		1670		1770		1870		1960	
			钢丝绳最小破断拉力/kN									
	纤维芯钢丝绳	钢芯钢丝绳	纤维芯钢丝绳	钢芯钢丝绳	纤维芯钢丝绳	钢芯钢丝绳	纤维芯钢丝绳	钢芯钢丝绳	纤维芯钢丝绳	钢芯钢丝绳	纤维芯钢丝绳	钢芯钢丝绳
60	1370	1640	1660	1960	1760	2080	1870	2200	1970	2330	2070	2440
62	1460	1750	1770	2090	1880	2220	1990	2350	2110	2490	2210	2610
64	1560	1860	1880	2230	2000	2370	2120	2510	2240	2650	2350	2780
66	1660	1980	2000	2370	2130	2520	2260	2670	2390	2820	2500	2950
68	1760	2100	2130	2510	2260	2670	2400	2830	2530	2990	2660	3140
70	1860	2230	2250	2660	2400	2830	2540	3000	2680	3170	2810	3320
72	1970	2360	2380	2820	2540	3000	2690	3170	2840	3350	2980	3520
74	2080	2490	2520	2970	2680	3160	2840	3350	3000	3540	3140	3710
76	2190	2630	2660	3140	2830	3340	3000	3540	3160	3740	3320	3920
78	2310	2770	2800	3300	2980	3520	3160	3730	3330	3940	3490	4130
80	2430	2910	2940	3480	3130	3700	3320	3920	3510	4140	3680	4340
82	2560	3060	3090	3650	3290	3890	3490	4120	3680	4350	3860	4560

（续）

钢丝绳公称直径/mm	参考质量/(kg/100m)		钢丝绳公称抗拉强度/MPa									
			1570		1670		1770		1870		1960	
			钢丝绳最小破断拉力/kN									
	纤维芯钢丝绳	钢芯钢丝绳	纤维芯钢丝绳	钢芯钢丝绳	纤维芯钢丝绳	钢芯钢丝绳	纤维芯钢丝绳	钢芯钢丝绳	纤维芯钢丝绳	钢芯钢丝绳	纤维芯钢丝绳	钢芯钢丝绳
84	2680	3210	3250	3830	3450	4080	3660	4320	3870	4570	4050	4790
86	2810	3370	3400	4020	3620	4270	3840	4530	4050	4790	4250	5020
88	2940	3520	3560	4210	3790	4470	4020	4740	4240	5010	4450	5250
90	3080	3690	3730	4400	3960	4680	4200	4960	4440	5240	4650	5490
92	3220	3850	3890	4600	4140	4890	4390	5180	4640	5480	4860	5740
94	3360	4020	4060	4800	4320	5110	4580	5410	4840	5720	5070	5990
96	3500	4190	4240	5010	4510	5330	4780	5640	5050	5960	5290	6250
98	3650	4370	4420	5220	4700	5550	4980	5880	5260	6210	5520	6510
100	3800	4550	4600	5430	4890	5780	5190	6120	5480	6470	5740	6780
102	3950	4730	4790	5650	5090	6010	5400	6370	5700	6730	5970	7060
104	4110	4920	4980	5880	5290	6250	5610	6620	5930	7000	6210	7330
106	4270	5110	5170	6100	5500	6490	5830	6880	6160	7270	6450	7620
108	4430	5310	5370	6340	5710	6740	6050	7140	6390	7550	6700	7910
110	4600	5510	5570	6570	5920	6990	6280	7410	6630	7830	6950	8210
112	4770	5710	5770	6810	6140	7250	6510	7680	6870	8120	7200	8510
114	4940	5910	5980	7060	6360	7510	6740	7960	7120	8410	7460	8810
116	5110	6120	6190	7310	6580	7780	6980	8240	7370	8710	7730	9130
118	5290	6340	6410	7560	6810	8050	7220	8530	7630	9010	8000	9440
120	5470	6550	6620	7820	7050	8320	7470	8820	7890	9320	8270	9770
122	5660	6770	6850	8090	7280	8600	7720	9120	8160	9630	8550	10100
124	5840	7000	7070	8350	7520	8880	7970	9420	8420	9950	8830	10400
126	6030	7220	7300	8620	7770	9170	8230	9720	8700	10300	9120	10800
128	6230	7450	7540	8900	8020	9470	8500	10000	8980	10600	9410	11100
130	6420	7690	7770	9180	8270	9770	8760	10300	9260	10900	9710	11500
132	6620	7930	8020	9470	8530	10100	9040	10700	9550	11300	10000	11800
134	6820	8170	8260	9750	8790	10400	9310	11000	9840	11600	10300	12200
136	7030	8420	8510	10000	9050	10700	9590	11300	10100	12000	10600	12500

注：最小钢丝破断拉力总和＝钢丝绳最小破断拉力×1.234（纤维芯）或 1.374（钢芯）。

表 24-83　第 9 组 8×37（b）类粗直径钢丝绳力学性能（摘自 GB/T 20067—2006）

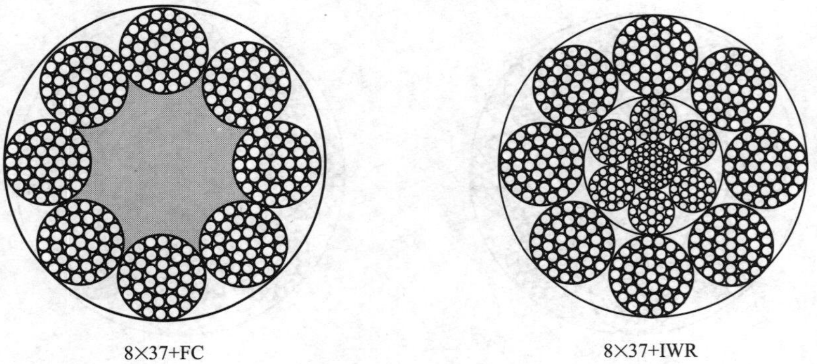

8×37+FC　　　　8×37+IWR

直径60～86mm

（续）

钢丝绳公称直径/mm	参考质量/(kg/100m)		钢丝绳公称抗拉强度/MPa									
			1570		1670		1770		1870		1960	
			钢丝绳最小破断拉力/kN									
	纤维芯钢丝绳	钢芯钢丝绳	纤维芯钢丝绳	钢芯钢丝绳	纤维芯钢丝绳	钢芯钢丝绳	纤维芯钢丝绳	钢芯钢丝绳	纤维芯钢丝绳	钢芯钢丝绳	纤维芯钢丝绳	钢芯钢丝绳
60	1280	1510	1480	1750	1570	1860	1660	1980	1760	2090	1840	2190
62	1370	1610	1580	1870	1680	1990	1780	2110	1880	2230	1970	2340
64	1460	1720	1680	1990	1790	2120	1890	2250	2000	2370	2100	2490
66	1550	1830	1780	2120	1900	2260	2010	2390	2130	2530	2230	2650
68	1650	1940	1890	2250	2020	2390	2140	2540	2260	2680	2370	2810
70	1740	2060	2010	2380	2140	2540	2260	2690	2390	2840	2510	2980
72	1850	2180	2120	2520	2260	2680	2390	2840	2530	3010	2650	3150
74	1950	2300	2240	2670	2390	2830	2530	3000	2670	3170	2800	3330
76	2060	2430	2370	2810	2520	2990	2670	3170	2820	3350	2950	3510
78	2170	2560	2490	2960	2650	3150	2810	3340	2970	3530	3110	3700
80	2280	2690	2620	3110	2790	3310	2960	3510	3120	3710	3270	3890
82	2390	2820	2760	3270	2930	3480	3110	3690	3280	3900	3440	4090
84	2510	2960	2890	3430	3080	3650	3260	3870	3440	4090	3610	4290
86	2630	3110	3030	3600	3220	3830	3420	4060	3610	4290	3780	4490

注：最小钢丝破断拉力总和=钢丝绳最小破断拉力×1.300（纤维芯）或1.448（钢芯）。

表24-84　第10组8×61（ab）类和第11组8×91（ab）类粗直径钢丝绳力学性能（摘自GB/T 20067—2006）

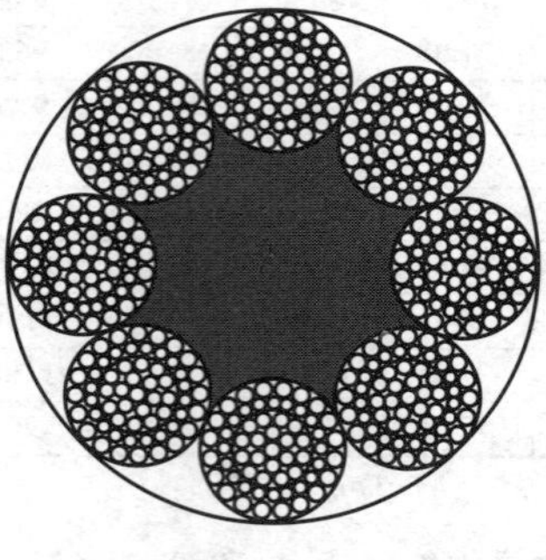

8×65FNS+FC

8×65FNS+IWR

直径60～140mm

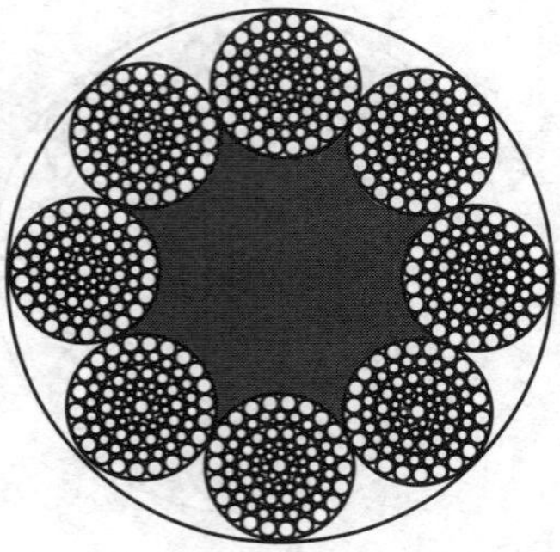

8×80WSNS+FC

8×80WSNS+IWR

直径60～158mm

（续）

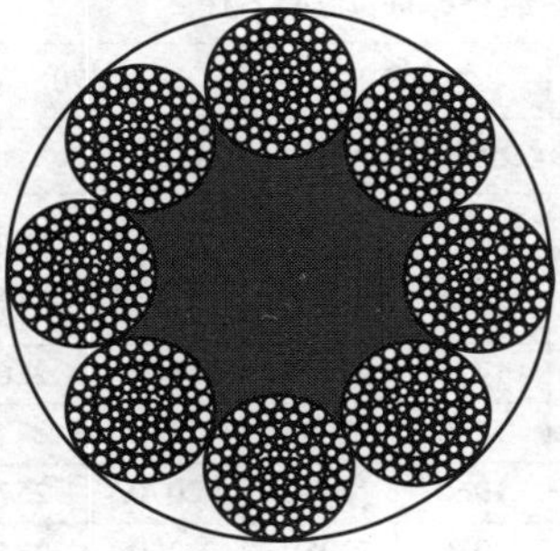

8×84WSNS+FC

8×84WSNS+IWR

直径60～172mm

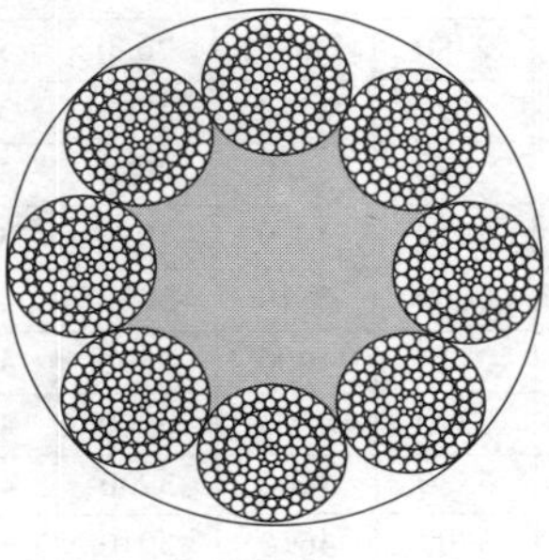

8×111SWSNS+FC

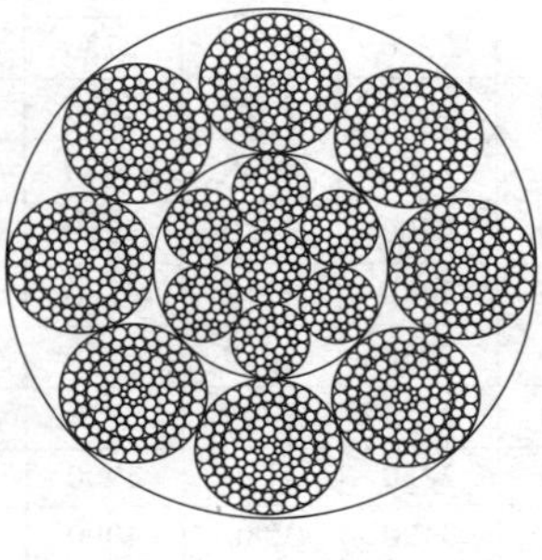

8×111SWSNS+IWR

直径60～156mm

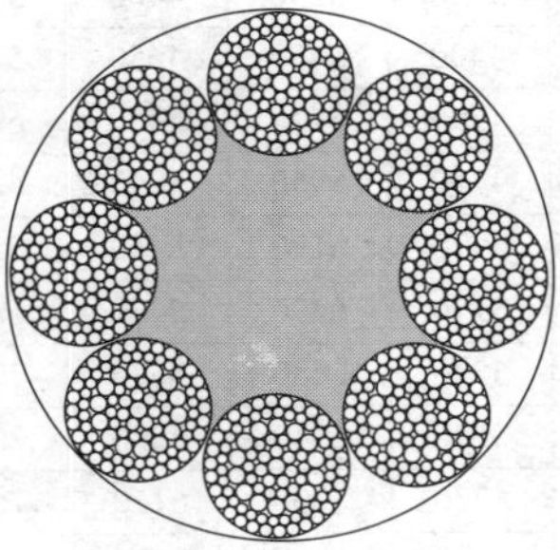

8×103FSNS+FC

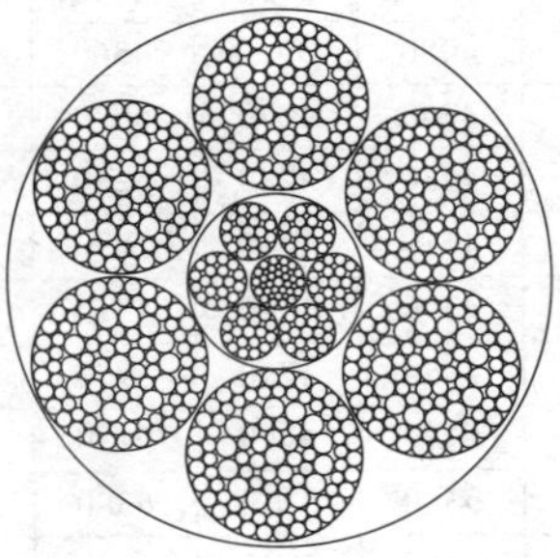

8×103FSNS+IWR

直径60～190mm

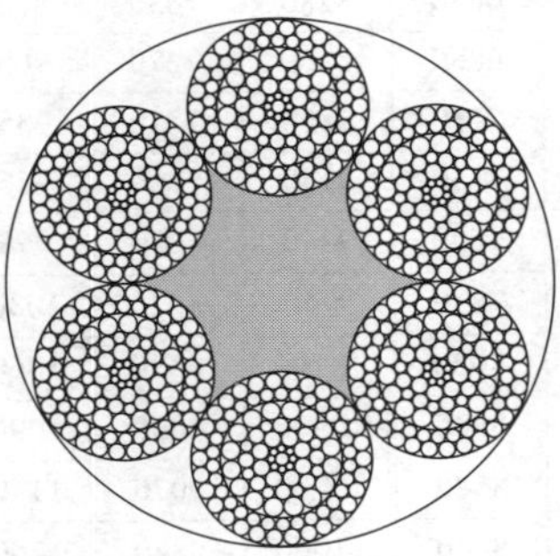

8×109SWSNS+FC

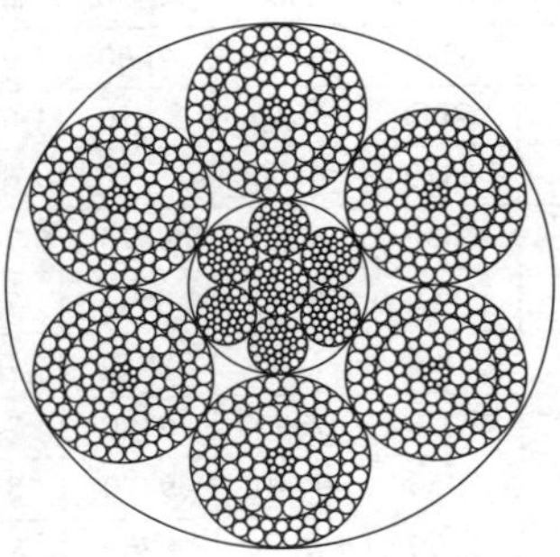

8×109SWSNS+IWR

直径60～190mm

（续）

钢丝绳公称直径/mm	参考质量/(kg/100m)		钢丝绳公称抗拉强度/MPa									
			1570		1670		1770		1870		1960	
			钢丝绳最小破断拉力/kN									
	纤维芯钢丝绳	钢芯钢丝绳	纤维芯钢丝绳	钢芯钢丝绳	纤维芯钢丝绳	钢芯钢丝绳	纤维芯钢丝绳	钢芯钢丝绳	纤维芯钢丝绳	钢芯钢丝绳	纤维芯钢丝绳	钢芯钢丝绳
60	1330	1590	1530	1900	1620	2020	1720	2140	1820	2260	1910	2370
62	1420	1700	1630	2030	1730	2160	1840	2290	1940	2420	2030	2530
64	1520	1810	1740	2160	1850	2300	1960	2440	2070	2570	2170	2700
66	1610	1930	1850	2300	1960	2440	2080	2950	2200	2740	2310	2870
68	1710	2050	1960	2440	2080	2590	2210	2750	2330	2910	2450	3050
70	1810	2170	2080	2580	2210	2750	2340	2910	2470	3080	2590	3230
72	1920	2300	2200	2730	2340	2910	2480	3080	2620	3260	2740	3410
74	2030	2430	2320	2890	2470	3070	2620	3260	2760	3440	2900	3610
76	2140	2560	2450	3050	2600	3240	2760	3440	2920	3630	3060	3800
78	2250	2700	2580	3210	2740	3410	2910	3620	3070	3820	3220	4010
80	2370	2840	2710	3380	2890	3590	3060	3810	3230	4020	3390	4210
82	2490	2980	2850	3550	3030	3770	3210	4000	3390	4220	3560	4430
84	2610	3130	2990	3720	3180	3960	3370	4200	3560	4430	3730	4650
86	2740	3280	3140	3900	3330	4150	3530	4400	3730	4650	3910	4870
88	2870	3430	3280	4090	3490	4350	3700	4610	3910	4870	4100	5100
90	3000	3590	3430	4270	3650	4550	3870	4820	4090	5090	4290	5330
92	3130	3750	3590	4460	3820	4750	4040	5030	4270	5320	4480	5570
94	3270	3910	3750	4660	3980	4960	4220	5250	4460	5550	4680	5820
96	3410	4080	3910	4860	4160	5170	4400	5480	4650	5790	4880	6070
98	3550	4250	4070	5070	4330	5390	4590	5710	4850	6030	5080	6320
100	3700	4430	4240	5280	4510	5610	4780	5950	5050	6280	5290	6590
102	3850	4610	4410	5490	4690	5840	4970	6190	5250	6540	5510	6850
104	4000	4790	4580	5710	4880	6070	5170	6430	5460	6800	5720	7120
106	4160	4980	4760	5930	5070	6300	5370	6680	5670	7060	5950	7400
108	4320	5170	4940	6150	5260	6540	5570	6940	5890	7330	6170	7680
110	4480	5360	5130	6380	5460	6790	5780	7200	6110	7600	6400	7970
112	4640	5560	5320	6620	5660	7040	5990	7460	6330	7880	6640	8260
114	4810	5760	5510	6860	5860	7290	6210	7730	6560	8170	6880	8560
116	4980	5960	5700	7100	6070	7550	6430	8000	6790	8450	7120	8860
118	5150	6170	5900	7350	6280	7810	6650	8280	7030	8750	7370	9170
120	5330	6380	6100	7600	6490	8080	6880	8560	7270	9050	7620	9480
122	5510	6590	6310	7850	6710	8350	7110	8850	7510	9350	7880	9800
124	5690	6810	6520	8110	6930	8630	7350	9140	7760	9660	8140	10100
126	5870	7030	6730	8370	7160	8910	7590	9440	8020	9980	8400	10500
128	6060	7260	6950	8640	7390	9190	7830	9740	8270	10300	8670	10800
130	6250	7490	7160	8920	7620	9480	8080	10100	8530	10600	8940	11100
132	6450	7720	7390	9190	7860	9780	8330	10400	8800	10900	9220	11500
134	6640	7950	7610	9470	8100	10100	8580	10700	9070	11300	9500	11800
136	6840	8190	7840	9760	8340	10400	8840	11000	9340	11600	9790	12200
138	7050	8440	8070	10000	8590	10700	9100	11300	9620	12000	10100	12500
140	7250	8680	8310	10300	8840	11000	9370	11700	9900	12300	10400	12900

（续）

钢丝绳公称直径/mm	参考质量/(kg/100m)		钢丝绳公称抗拉强度/MPa									
			1570		1670		1770		1870		1960	
			钢丝绳最小破断拉力/kN									
	纤维芯钢丝绳	钢芯钢丝绳	纤维芯钢丝绳	钢芯钢丝绳	纤维芯钢丝绳	钢芯钢丝绳	纤维芯钢丝绳	钢芯钢丝绳	纤维芯钢丝绳	钢芯钢丝绳	纤维芯钢丝绳	钢芯钢丝绳
142	7460	8930	8550	10600	9090	11300	9640	12000	10200	12700	10700	13300
144	7670	9190	8790	10900	9350	11600	9910	12300	10500	13000	11000	13700
146	7890	9440	9040	11200	9610	12000	10200	12700	10800	13400	11300	14000
148	8100	9700	9290	11600	9880	12300	10500	13000	11100	13800	11600	14400
150	8330	9970	9540	11900	10100	12600	10800	13400	11400	14100	11900	14800
152	8550	10200	9790	12200	10400	13000	11000	13700	11700	14500	12200	15200
154	8770	10500	10100	12500	10700	13300	11300	14100	12000	14900	12600	15600
156	9000	10800	10300	12800	11000	13700	11600	14500	12300	15300	12900	16000
158	9240	11100	10600	13200	11300	14000	11900	14800	12600	15700	13200	16400
160	9470	11300	10900	13500	11500	14400	12200	15200	12900	16100	13500	16900
162	9710	11600	11100	13800	11800	14700	12500	15600	13300	16500	13900	17300
164	9950	11900	11400	14200	12100	15100	12900	16000	13600	16900	14200	17700
166	10200	12200	11700	14500	12400	15500	13200	16400	13900	17300	14600	18100
168	10400	12500	12000	14900	12700	15800	13500	16800	14300	17700	14900	18600
170	10700	12800	12300	15200	13000	16200	13800	17200	14600	18200	15300	19000
172	10900	13100	12500	15600	13300	16600	14100	17600	14900	18600	15700	19500
174	11200	13400	12800	16000	13700	17000	14500	18000	15300	19000	16000	19900
176	11500	13700	13100	16300	14000	17400	14800	18400	15600	19500	16400	20400
178	11700	14000	13400	16700	14300	17800	15100	18800	16000	19900	16800	20900
180	12000	14400	13700	17100	14600	18200	15500	19300	16400	20400	17100	21300
182	12300	14700	14000	17500	14900	18600	15800	19700	16700	20800	17500	21800
184	12500	15000	14400	17900	15300	19000	16200	20100	17100	21300	17900	22300
186	12800	15300	14700	17300	15600	19400	16500	20600	17500	21700	18300	22800
188	13100	15700	15000	18600	15900	19800	16900	21000	17800	22200	18700	23300
190	13400	16000	15300	19000	16300	20300	17300	21500	18200	22700	19100	23800

注：最小钢丝破断拉力总和=钢丝绳最小破断拉力×1.280（纤维芯）或 1.398（钢芯）。

表 24-85　第 12 组 8×61（b）类粗直径钢丝绳力学性能（摘自 GB/T 20067—2006）

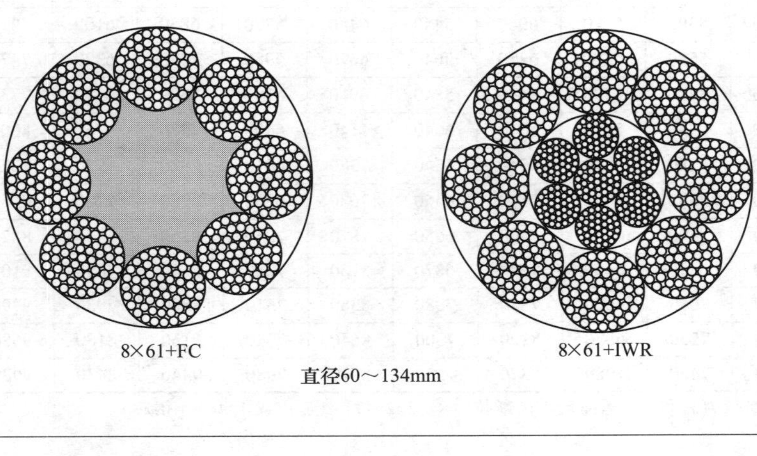

8×61+FC　　8×61+IWR

直径60～134mm

（续）

钢丝绳公称直径/mm	参考质量/(kg/100m)		钢丝绳公称抗拉强度/MPa									
			1570		1670		1770		1870		1960	
			钢丝绳最小破断拉力/kN									
	纤维芯钢丝绳	钢芯钢丝绳	纤维芯钢丝绳	钢芯钢丝绳	纤维芯钢丝绳	钢芯钢丝绳	纤维芯钢丝绳	钢芯钢丝绳	纤维芯钢丝绳	钢芯钢丝绳	纤维芯钢丝绳	钢芯钢丝绳
60	1280	1490	1420	1680	1510	1790	1600	1890	1690	2000	1770	2100
62	1370	1600	1510	1790	1610	1910	1710	2020	1800	2130	1890	2240
64	1460	1700	1610	1910	1720	2030	1820	2150	1920	2270	2020	2380
66	1550	1810	1720	2030	1830	2160	1940	2290	2040	2420	2140	2540
68	1650	1920	1820	2160	1940	2290	2050	2430	2170	2570	2270	2690
70	1740	2030	1930	2280	2050	2430	2180	2580	2300	2720	2410	2850
72	1850	2150	2040	2420	2170	2570	2300	2730	2430	2880	2550	3020
74	1950	2270	2160	2550	2300	2720	2430	2880	2570	3040	2690	3190
76	2060	2400	2280	2690	2420	2860	2570	3040	2710	3210	2840	3360
78	2170	2520	2400	2840	2550	3020	2700	3200	2860	3380	2990	3540
80	2280	2660	2520	2980	2680	3170	2840	3360	3000	3550	3150	3730
82	2390	2790	2650	3140	2820	3340	2990	3530	3160	3730	3310	3910
84	2510	2930	2780	3290	2960	3500	3130	3710	3310	3920	3470	4110
86	2630	3070	2910	3450	3100	3670	3290	3890	3470	4110	3640	4310
88	2760	3210	3050	3610	3250	3840	3440	4070	3630	4300	3810	4510
90	2880	3360	3190	3780	3400	4020	3600	4260	3800	4500	3980	4720
92	3010	3510	3340	3950	3550	4200	3760	4450	3970	4700	4160	4930
94	3150	3670	3480	4120	3700	4380	3930	4640	4150	4910	4350	5140
96	3280	3820	3630	4300	3860	4570	4090	4840	4330	5120	4530	5360
98	3420	3990	3780	4480	4030	4760	4270	5050	4510	5330	4720	5590
100	3560	4150	3940	4660	4190	4960	4440	5260	4690	5550	4920	5820
102	3700	4320	4100	4850	4360	5160	4620	5470	4880	5780	5120	6060
104	3850	4490	4260	5040	4530	5360	4810	5690	5080	6010	5320	6300
106	4000	4660	4430	5240	4710	5570	4990	5910	5270	6240	5530	6540
108	4150	4840	4600	5440	4890	5790	5180	6130	5470	6480	5740	6790
110	4310	5020	4770	5640	5070	6000	5380	6360	5680	6720	5950	7040
112	4470	5210	4940	5850	5260	6220	5570	6590	5890	6970	6170	7300
114	4630	5390	5120	6060	5450	6450	5770	6830	6100	7220	6390	7570
116	4790	5580	5300	6270	5640	6670	5980	7070	6320	7470	6620	7830
118	4960	5780	5490	6490	5840	6910	6190	7320	6540	7730	6850	8110
120	5130	5980	5670	6710	6040	7140	6400	7570	6760	8000	7080	8380
122	5300	6180	5870	6940	6240	7380	6610	7820	6990	8270	7320	8660
124	5470	6380	6060	7170	6450	7630	6830	8080	7220	8540	7560	8950
126	5650	6590	6260	7400	6650	7870	7050	8350	7450	8820	7810	9240
128	5830	6800	6460	7640	6870	8130	7280	8610	7690	9100	8060	9540
130	6020	7010	6660	7880	7080	8380	7510	8880	7930	9390	8310	9840
132	6200	7230	6870	8120	7300	8640	7740	9160	8180	9680	8570	10100
134	6390	7450	7080	8370	7530	8910	7980	9440	8430	9970	8830	10500

注：最小钢丝破断拉力总和=钢丝绳最小破断拉力×1.332（纤维芯）或1.483（钢芯）。

24.2.7 航空用钢丝绳

24.2.7.1 尺寸、外形和重量（见表 24-86~表 24-92）

表 24-86 1×7 单股钢丝绳（摘自 YB/T 5197—2005）

钢丝绳结构	钢丝绳直径/mm		钢丝公称抗拉强度/MPa	钢丝绳最小破断拉力/kN	参考质量/(kg/100m)
	公称直径	允许偏差(%)			
	0.7	$^{+10}_{0}$	1870	0.5	0.30
	1			1.1	0.60
	1.5		1770	2.2	1.20
	1.8			3.2	1.80
	1.95			3.7	2.10

表 24-87 1×19 单股钢丝绳（摘自 YB/T 5197—2005）

钢丝绳结构	钢丝绳直径/mm		钢丝公称抗拉强度/MPa	钢丝绳最小破断拉力/kN	参考质量/(kg/100m)
	公称直径	允许偏差(%)			
	1	$^{+10}_{0}$	1870	1.0	0.60
	1.2		1770	1.4	0.90
	1.4			1.9	1.20
	1.7			2.7	1.70
	2			3.8	2.40
	2.5	$^{+8}_{0}$		5.9	3.70
	3		1670	8.1	5.40

表 24-88 6×7+IWS 金属股芯绳（摘自 YB/T 5197—2005）

钢丝绳结构	钢丝绳直径/mm		钢丝公称抗拉强度/MPa	钢丝绳最小破断拉力/kN	参考质量/(kg/100m)
	公称直径	允许偏差(%)			
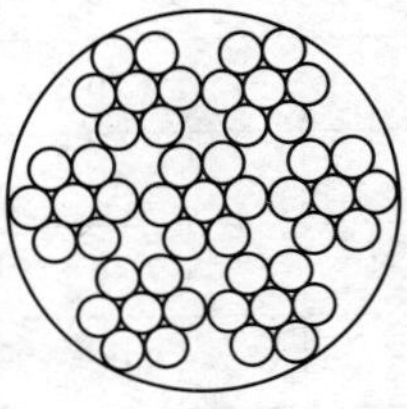	1.8	$^{+10}_{0}$	1870	2.5	1.50
	2.15	$^{+8}_{0}$		3.6	2.20
	2.5			5.0	3.00
	3.05			7.3	4.40
	3.6			10.1	6.20
	4.5	$^{+7}_{0}$	1770	15.0	9.60
	5.4		1670	20.4	13.80

表 24-89　6×19+IWS 金属股芯绳（摘自 YB/T 5197—2005）

钢丝绳结构	钢丝绳直径/mm		钢丝公称抗拉强度/MPa	钢丝绳最小破断拉力/kN	参考质量/(kg/100m)
	公称直径	允许偏差(%)			
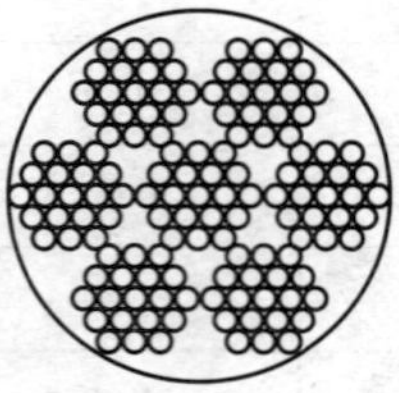	3	$^{+8}_{0}$	2060	7.3	4.20
	3.2		2160	8.9	4.30
	3.6		1770	9.1	6.00
	4.2	$^{+7}_{0}$		12.3	8.20
	5.1			18.2	12.10
	6		1670	23.7	16.70
	7.5	$^{+5}_{0}$		37.1	26.00
	8.25			44.9	32.00
	9			53.4	37.60
	9.75			62.6	44.10

表 24-90　6×7+FC 纤维芯绳（摘自 YB/T 5197—2005）

钢丝绳结构	钢丝绳直径/mm		钢丝公称抗拉强度/MPa	钢丝绳最小破断拉力/kN	参考质量/(kg/100m)
	公称直径	允许偏差(%)			
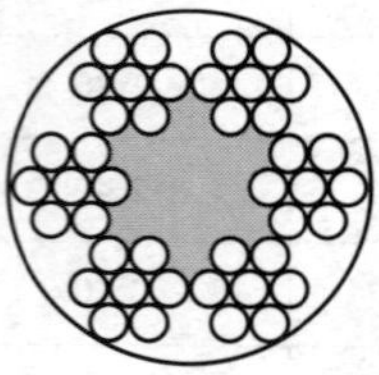	1.8	$^{+10}_{0}$	1960	2.3	1.40
	2.15	$^{+8}_{0}$	1960	3.3	2.00
	2.5			4.5	2.70
	3.05		1870	6.3	4.00
	3.6			8.7	5.50
	4.1	$^{+7}_{0}$	1770	10.4	7.00
	4.5			12.8	8.70
	5.4		1670	17.5	12.50

表 24-91　6×19+FC 纤维芯绳（摘自 YB/T 5197—2005）

钢丝绳结构	钢丝绳直径/mm		钢丝公称抗拉强度/MPa	钢丝绳最小破断拉力/kN	参考质量/(kg/100m)
	公称直径	允许偏差(%)			
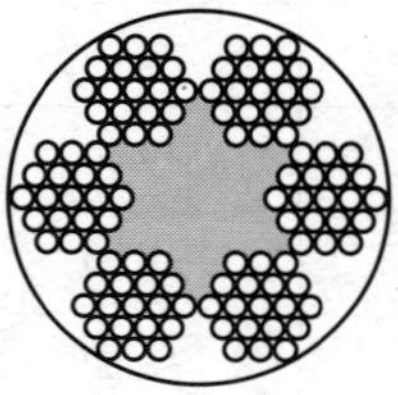	3	$^{+8}_{0}$	2060	6.3	3.80
	3.3		1770	6.5	4.50
	3.6			7.8	5.40
	4.2	$^{+7}_{0}$		10.6	7.40
	4.8			12.9	9.00
	5.1			15.6	10.90
	6.2		1670	20.3	15.00

表 24-92　6×37+FC 纤维芯绳（摘自 YB/T 5197—2005）

钢丝绳结构	钢丝绳直径/mm		钢丝公称抗拉强度/MPa	钢丝绳最小破断拉力/kN	参考质量/(kg/100m)
	公称直径	允许偏差(%)			
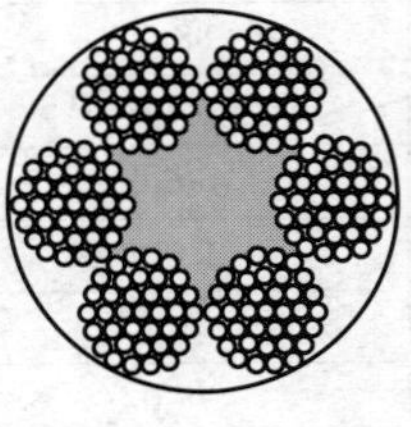	4.8	+7 0	1960	14.6	8.27
	5.2			17.2	9.71
	6.7	+6 0	1770	25.8	16.11
	7.4			31.4	19.65
	8.7	+5 0	1670	41.0	27.17

24.2.7.2　技术要求

（1）材料

1）钢丝绳用钢应符合 GB/T 699—2015 的规定，也可选用能满足标准规定的钢丝绳性能要求，且适用于制绳钢丝用的高碳钢盘条。牌号由供方选择，但其硫、磷含量各不大于 0.025%（质量分数）。

2）钢丝绳应由镀锌钢丝制造。钢丝镀锌层应均匀、连续、无开裂和脱落现象。

3）钢丝直径允许偏差应符合表 24-93 规定。

4）钢丝绳中的有机物芯应用棉纱、麻或合成纤维制成，并在中性油脂中浸透。如纤维芯不需带油，需在订货合同中注明。

表 24-93　钢丝直径允许偏差（摘自 YB/T 5197—2005）（单位：mm）

钢丝公称直径	允许偏差
<0.4	+0.015 -0.01
≥0.4	+0.02 -0.01

（2）钢丝绳捻制质量

1）钢丝绳中各股及股中各钢丝紧密捻制在一起，不应有表面损伤、断丝、钢丝交错及股松弛等缺陷。钢丝表面不应有刮伤、压扁或硬弯等缺陷。

2）钢丝绳的捻制方向，除单股绳为左捻外，其余均为右交互捻。如有特殊要求，可由供需双方协议，并在合同中注明。

3）钢丝绳中股的捻距和股中钢丝捻距在其全长上应均匀。钢丝绳捻距为绳径的 6~8 倍，单股钢丝绳及股中钢丝捻距为不超过股径的 12 倍。

4）钢丝绳应不松散。中心股和外层股中心丝要适当加粗。

5）钢丝绳中钢丝接头应尽量减少，必须接头时，接头距离不得小于 8m。钢丝接头应密封在绳股内部，不得露在外面。

6）钢丝绳在制造中可涂少量具有防腐性能的中性油脂。其油脂性能应符合 SH/T 0387 标准要求。如有其他要求，应在合同中注明。

（3）力学性能

1）钢丝绳中钢丝公称抗拉强度和钢丝绳破断拉力，应分别符合表 24-86~表 24-92 的规定。

2）对于 6×19+IWS 结构的钢丝绳应进行疲劳试验。疲劳试验次数、滑轮直径及钢丝绳在试验中保持的张力，应符合表 24-94 规定。经供需双方协议，6×7+IWS 和 6×19+FC 结构的钢丝绳，可按表 24-94 规定进行疲劳试验。

表 24-94　钢丝绳疲劳试验（摘自 YB/T 5197—2005）

钢丝绳结构	公称直径/mm	疲劳次数	滑轮直径/mm	施加张力/N
6×7+IWS	1.8	70000	22	25.3
	2.15	15000		24.5
	2.5	10000		34.0
	3.05	8000		73.5
	3.6	10000	35	103.0
	4.5		45	152.0

（续）

钢丝绳结构	公称直径/mm	疲劳次数	滑轮直径/mm	施加张力/N
6×19+IWS	3	70000	22	73.5
	3.2			80
	3.6	160000	35	88.0
	4.2	130000	40	127.0
	5.1		50	176.0
	6		55	240.0
6×19+FC	3	22000	22	63.7
	3.6	100000	35	78.0
	4.2	90000	40	108.0
	5.1	80000	50	157.0
	6.2	36000	55	196.0

3）经疲劳试验后，钢丝绳磨损部位应具有足够的强度，其破断拉力：6×7+IWS 和 6×19+IWS 结构钢丝绳应不小于表 24-88、表 24-89 规定的钢丝绳最小破断拉力的 60%；6×19+FC 结构钢丝绳应不小于表 24-91 规定的钢丝绳最小破断拉力的 50%。

4）钢丝绳伸长率：如用户要求，其伸长率应符合表 24-95 规定，并在订货合同中注明。

5）钢丝绳应进行拆股试验，拆股钢丝性能应符合如下规定：

① 钢丝绳中钢丝实测抗拉强度应符合表 24-96 规定。

② 钢丝应进行打结拉力试验。打结拉力应不小于该钢丝公称抗拉强度 58%的载荷。

（4）对不做疲劳试验的钢丝绳　应做钢丝扭转试验，扭转次数应符合表 24-97 规定。

（5）钢丝的锌层质量　应符合表 24-98 规定。供应 A 级锌层钢丝绳时，须经供需双方协议，并在合同中注明。

表 24-95　钢丝绳伸长率（摘自 YB/T 5197—2005）

钢丝绳结构	伸长率(%)　≤
1×7;1×19	0.80
6×7+IWS	0.85
6×7+FC	0.90
6×19+IWS	1.00
6×19+FC	1.10

表 24-96　钢丝抗拉强度（摘自 YB/T 5197—2005）

（单位：MPa）

公称抗拉强度	实测抗拉强度　≥
2060	1870
1960	1770
1870	1670
1770	1570
1670	1520

表 24-97　钢丝扭转次数（摘自 YB/T 5197—2005）

钢丝公称直径/mm	钢丝公称抗拉强度/MPa	扭转次数/(次/360°)　≥
0.2~0.22	1770~1870	74
	1960~2060	71
0.24	1770	68
	1870~1960	66
0.28	1770	56
	1870~1960	53
0.31~0.34	1770~1870	48
0.4~0.45	1670~1770	43
	1870	41
0.5	1670~1770	31
0.55	1670	30
0.6	1670~1770	29
0.65	1670~1770	28

注：中间规格直径钢丝最少扭转次数应符合相邻较大直径钢丝的规定。

表 24-98　钢丝锌层质量（摘自 YB/T 5197—2005）

钢丝公称直径/mm	锌层质量/(g/m²)　≥	
	A	B
<0.31	28	20
0.31~0.5	35	28
>0.5	42	35

24.2.8　飞机操纵用钢丝绳

24.2.8.1　力学性能（见表 24-99 和表 24-100）

24.2.8.2　技术要求

（1）材料

1）钢丝绳用钢应符合 GB/T 699 的规定。牌号由供方选择，但其硫、磷的质量分数应不大于 0.025%。

2）钢丝绳应由镀锌钢丝制造。

3）钢丝直径允许偏差应符合表 24-101 规定。

4）钢丝表面不应有刮伤、压扁或硬弯等缺陷。

（2）钢丝绳捻制质量

1）钢丝绳中各股及股中各钢丝均应紧密捻制在一起，其捻制方向为右交互捻，中心股捻向与外层股捻向相反。其中心股和外层股中心丝要适当加粗。

表 24-99　6×7+IWS 钢丝绳力学性能（摘自 YB/T 5196—2005）

钢丝绳结构	钢丝绳直径/mm		钢丝绳最小破断拉力/kN	不松散直径增大值 /mm　≤	参考质量 /(kg/100m)
	公称直径	允许偏差			
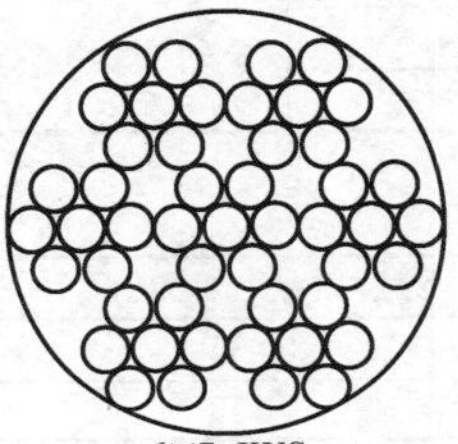 6×7+IWS	1.2	+0.20	1.2	0.20	0.65
	1.6		2.2	0.23	1.2
	2.4	+0.30	4.1	0.25	2.4

表 24-100　6×19+IWS 钢丝绳力学性能（摘自 YB/T 5196—2005）

钢丝绳结构	钢丝绳直径/mm		钢丝绳最小破断拉力/kN	不松散直径增大值 /mm　≤	参考质量 /(kg/100m)
	公称直径	允许偏差			
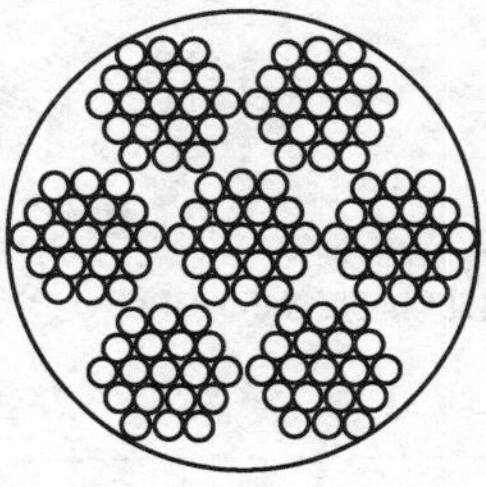 6×19+IWS	2.4	+0.30	4.4	0.25	2.6
	3.2		8.9	0.28	4.3
	4	+0.40	12.4	0.43	6.7
	4.8		18.6	0.48	9.7
	5.6		24.9	0.51	12.8
	6.4		31.2	0.53	16.4
	7.2	+0.50	35.6	0.58	20.8
	8	+0.60	43.6	0.61	25.8
	9.5	+0.70	64.1	0.69	36.2

注：每个包装件钢丝绳总长度不小于 300m。单根钢丝绳长度应不小于 25m。

表 24-101　钢丝直径允许偏差
（摘自 YB/T 5196—2005）

（单位：mm）

钢丝公称直径	允许偏差
<0.4	±0.010
≥0.4	±0.015

2）钢丝绳的各股中均不应有表面损伤、断丝、钢丝交错及股松弛等缺陷。

3）钢丝绳中钢丝接头应尽量减少，必须接头时，接头距离不得小于 8m。钢丝可采用插接或对头焊接。

4）钢丝绳中股的捻距和股中钢丝捻距在其全长上应均匀。钢丝绳捻距为绳径的 6~8 倍，股中钢丝捻距不超过股径的 12 倍。

5）钢丝绳应不松散。

6）钢丝绳在制造中可涂少量中性油脂，其油脂应符合 SH/T 0387 要求。

（3）钢丝绳伸长率　应符合表 24-102 规定。

表 24-102　钢丝绳伸长率（摘自 YB/T 5196—2005）

钢丝绳结构	伸长率(%)　≤
6×7+IWS	0.85
6×19+IWS	1.00

（4）钢丝绳应进行疲劳试验　疲劳次数、滑轮直径及钢丝绳在试验时所保持的张力，按表 24-103

规定。经试验后，钢丝绳磨损部位应具有足够的强度，其破断拉力应不低于表 24-100 和表 24-101 相应规定的 50%。

（5）钢丝镀锌层　应均匀、连续，无开裂和剥落现象。其锌层重量应符合表 24-104 规定。

（6）疲劳试验用滑轮尺寸　见表 24-105。

表 24-103　疲劳试验的滑轮直径、施加张力及疲劳次数

钢丝绳结构	钢丝绳公称直径/mm	滑轮直径/mm	施加张力/N	疲劳次数
6×7+IWS	1.2	14.27	13.5	70000
	1.6	19.05	22	
	2.4	30.98	40	
6×19+IWS		16.57	40	
	3.2	22.22	80	
	4.0	37.69	107	130000
	4.8	45.24	165	
	5.6	52.78	225	
	6.4	60.32	285	
	7.2	67.84	350	
	8	75.40	400	
	9.5	90.49	535	

表 24-104　镀锌层重量

钢丝公称直径/mm	锌层质量/(g/m²)　≥	钢丝公称直径/mm	锌层质量/(g/m²)　≥
≤0.25	15	>0.4~0.5	35
>0.25~0.4	25	>0.5	50

表 24-105　疲劳试验用滑轮尺寸

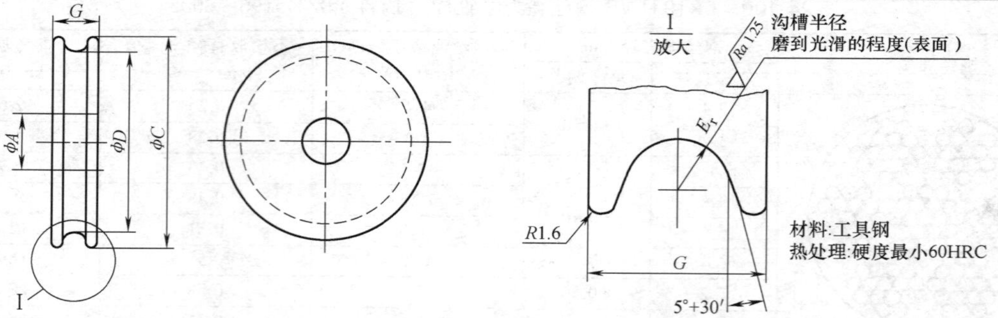

钢丝绳结构	钢丝绳公称直径 d/mm	滑轮比①	C②、③	$D^{+0.13}_{0}$	$E_{r}{}^{+0.05}_{0}$	G②
			mm			
6×7+IWS	1.2	12.0∶1	18	14.27	0.635	10
	1.6		24	19.05	0.914	
	2.4		36	30.98	1.32	
6×19+IWS		7.0∶1	24	16.57		
	3.2		32	22.22	1.75	
	4	9.5∶1	50	37.69	2.20	
6×19+IWS	4.8	9.5∶1	60	45.24	2.60	13
	5.6		70	52.78	3.00	
	6.4		80	60.32	3.40	
	7.2		90	67.84	3.81	14
	8		100	75.40	4.24	
	9.5		120	90.49	5.08	

① 滑轮直径 D 和钢丝绳直径 d 的比例。
② 参考。
③ $C=D+3d$。

24.2.9　密封钢丝绳

24.2.9.1　应用范围

YB/T 5295—2010《密封钢丝绳》标准，适用于客运索道、矿井罐道、塔式起重机主索、挖掘机绷绳、吊桥主索等场合用密封钢丝绳（以下简称密封绳）。

24.2.9.2　分类

1）密封绳按用途分为客运索道用密封绳及矿井罐道等其他用途密封绳。客运索道用密封绳见表24-106～表 24-110，其他用途密封绳（包括矿井罐道、塔式起重机主索、挖掘机绷绳、吊桥主索等）见表24-111～表 24-116。

2）密封绳按绳芯结构分为点接触、点线接触、线接触、压实股四种结构形式。外层包捻 1～5 层异形钢丝。如果需方没有明确要求密封绳的结构，则密封绳结构由供方确定。

3）密封绳按钢丝表面状态，分为光面和镀锌两种。

4）密封绳捻向按最外层钢丝捻向确定，分为左捻（S）和右捻（Z）两种。如需方无要求，按右捻供货。

24.2.9.3　标记示例

1）公称直径为 20mm，由一层 Z 型钢丝和线接触（1×25Fi）绳芯构成的，强度级别为 1470MPa，右捻镀锌密封钢丝绳，标记如下：

密封钢丝绳 20 Zn-WSC(1×25Fi)+18Z-1470 Z YB/T 5295—2010。

2）公称直径为 60mm，由三层 Z 型钢丝和点接触（1×37）绳芯构成的，强度级别为 1370MPa，左捻光面密封钢丝绳，标记如下：

密封钢丝绳 60U-WSC(1×37)+22Z+26Z+33Z-1370 S YB/T 5295—2010。

表 24-106　一层 Z 形密封钢丝绳（摘自 YB/T 5295—2010）

WSC+n_1Z

钢丝绳公称直径 D/mm	参考质量 /(kg/100m)	钢丝绳公称抗拉强度/MPa				
		1370	1470	1570	1670	1770
		最小钢丝破断拉力总和/kN				
22	278	463	497	531	564	605
24	331	511	598	639	679	720
26	388	647	694	741	788	835
28	451	751	806	860	915	970
30	518	862	925	988	1050	1113
32	589	980	1051	1123	1194	1266
34	664	1107	1188	1269	1349	1430
36	745	1240	1330	1421	1511	1602

注：密封钢丝绳的最小破断拉力=最小钢丝破断拉力总和×0.86。

表 24-107　二层 Z 形密封钢丝绳（摘自 YB/T 5295—2010）

WSC+n_1Z+n_2Z

钢丝绳公称直径 D/mm	参考质量 /(kg/100m)	钢丝绳公称抗拉强度/MPa				
		1370	1470	1570	1670	1770
		最小钢丝破断拉力总和/kN				
28	470	767	823	879	935	991
30	538	881	945	1010	1074	1138
32	609	1001	1075	1148	1221	1294
34	692	1132	1214	1297	1397	1462
36	782	1269	1361	1454	1546	1639
38	871	1311	1517	1620	1723	1827
40	958	1566	1680	1795	1909	2023
42	1040	1726	1852	1978	2104	2230
44	1140	1852	1987	2122	2258	2393
46	1259	2070	2221	2372	2523	2674

注：密封钢丝绳的最小破断拉力=最小钢丝破断拉力总和×0.86。

表 24-108　三层 Z 形密封钢丝绳（摘自 YB/T 5295—2010）

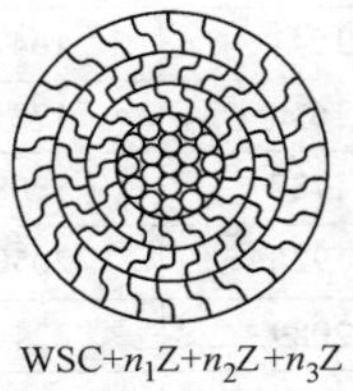

WSC+n_1Z+n_2Z+n_3Z

钢丝绳公称直径 D/mm	参考质量 /(kg/100m)	钢丝绳公称抗拉强度/MPa				
		1370	1470	1570	1670	1770
		最小钢丝破断拉力总和/kN				
46	1240	2082	2234	2386	2538	2690
48	1360	2267	2433	2598	2764	2929
50	1460	2461	2640	2820	2999	3179
52	1640	2661	2855	3049	3243	3437
54	1750	2869	3078	3288	3497	3706
56	1870	2087	3312	3547	3763	3988
58	2002	3312	3554	3795	4037	4279

注：密封钢丝绳的最小破断拉力=最小钢丝破断拉力总和×0.86。

表 24-109　四层 Z 形密封钢丝绳（摘自 YB/T 5295—2010）

WSC+n_1Z+n_2Z+n_3Z+n_4Z

钢丝绳公称直径 D/mm	参考质量 /(kg/100m)	钢丝绳公称抗拉强度/MPa				
		1370	1470	1570	1670	1770
		最小钢丝破断拉力总和/kN				
58	2010	3278	3518	3757	3996	4236
60	2130	3507	3763	4019	4275	4531
62	2270	3746	4019	4292	4566	4839
64	2430	3991	4282	4573	4865	5156
66	2570	4244	4554	4864	5174	5484
68	2710	4506	4835	5164	5493	5822
70	2860	4774	5123	5471	5820	6168

注：密封钢丝绳的最小破断拉力=最小钢丝破断拉力总和×0.86。

表 24-110　五层 Z 形密封钢丝绳（摘自 YB/T 5295—2010）

WSC+n_1Z+n_2Z+n_3Z+n_4Z+n_5Z

钢丝绳公称直径 D/mm	参考质量 /(kg/100m)	钢丝绳公称抗拉强度/MPa				
		1370	1470	1570	1670	1770
		最小钢丝破断拉力总和/kN				
60	2148	3524	3781	4038	4295	4552
62	2284	3762	4037	4311	4586	4860
64	2435	4009	4301	4594	4886	5179
66	2589	4263	4575	4886	5197	5508
68	2745	4525	4855	5186	5516	5846
70	2889	4795	5145	5495	5845	6195

注：密封钢丝绳的最小破断拉力=最小钢丝破断拉力总和×0.86。

表 24-111　一层圆形及 X 形密封钢丝绳（摘自 YB/T 5295—2010）

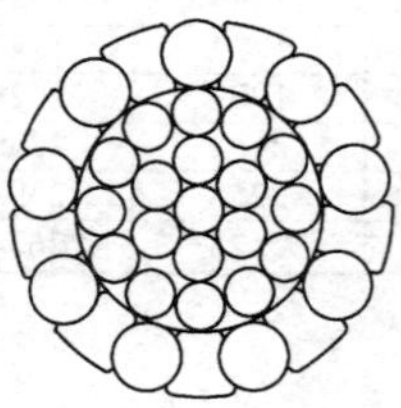

WSC+n_1H−$n_1\Phi$

钢丝绳公称直径 D/mm	参考质量 /(kg/100m)	钢丝绳公称抗拉强度/MPa			
		1270	1370	1470	1570
		最小钢丝破断拉力总和/kN			
20	225	347	376	402	431
22	271	420	450	486	516
24	322	499	536	578	614
26	367	586	612	679	702
28	426	680	706	787	809
30	476	781	792	851	908
32	557	888	949	1028	1088
34	623	1003	1020	1094	1169
36	693	1124	1131	1211	1296
38	771	1252	1272	1366	1457
40	864	1388	1437	1541	1647
42	936	1394	1502	1610	1721
44	1030	1544	1665	1787	1908
46	1110	1664	1789	1926	2050
48	1231	1812	1944	2089	2244
50	1324	1966	2123	2276	2433

注：密封钢丝绳的最小破断拉力=最小钢丝破断拉力总和×0.88。

表 24-112　一层 Z 形密封钢丝绳（摘自 YB/T 5295—2010）

WSC+n_1Z

钢丝绳公称直径 D/mm	参考质量 /(kg/100m)	钢丝绳公称抗拉强度/MPa				
		1180	1270	1370	1470	1570
		最小钢丝破断拉力总和/kN				
16	141	202	217	234	251	268
18	178	255	274	296	318	339
20	220	315	339	366	392	419
22	266	381	410	443	475	507
24	316	454	488	526	564	603
26	371	532	573	618	663	708
28	430	617	664	717	769	821
30	494	709	763	823	883	944
32	562	806	867	936	1004	1072
34	634	910	979	1056	1133	1210
36	712	1020	1099	1185	1272	1358
38	793	1135	1222	1318	1414	1511
40	878	1258	1354	1460	1567	1674
42	968	1387	1493	1610	1728	1845

注：密封钢丝绳的最小破断拉力=最小钢丝破断拉力总和×0.86。

表 24-113　二层 Z 形密封钢丝绳（摘自 YB/T 5295—2010）

WSC+n_1Z+n_2Z

钢丝绳公称直径 D/mm	参考质量 /(kg/100m)	钢丝绳公称抗拉强度/MPa				
		1180	1270	1370	1470	1570
		最小钢丝破断拉力总和/kN				
24	322	462	496	536	575	614
26	378	542	583	629	675	721
28	438	628	676	729	782	835
30	503	721	776	837	898	959
32	572	820	883	952	1022	1091
34	646	926	997	1075	1154	1232
36	724	1038	1118	1206	1294	1382
38	807	1157	1246	1344	1442	1540
40	894	1282	1379	1488	1596	1705
42	985	1413	1521	1641	1761	1881
44	1074	1542	1660	1790	1921	2052
46	1178	1690	1819	1963	2107	2250
48	1286	1840	1980	2136	2292	2448
50	1395	1996	2149	2318	2487	2656
52	1509	2159	2324	2507	2690	2873

注：密封钢丝绳的最小破断拉力=最小钢丝破断拉力总和×0.86。

表 24-114　三层 Z 形密封钢丝绳（摘自 YB/T 5295—2010）

WSC+n_1Z+n_2Z+n_3Z

钢丝绳公称直径 D/mm	参考质量 /(kg/100m)	钢丝绳公称抗拉强度/MPa				
		1180	1270	1370	1470	1570
		最小钢丝破断拉力总和/kN				
48	1310	1878	2022	2180	2340	2499
50	1421	2038	2193	2366	2539	2711
52	1538	2204	2372	2559	2746	2933
54	1657	2377	2558	2759	2961	3162
56	1782	2566	2751	2967	3184	3401
58	1912	2742	2951	3184	3416	3649
60	2046	2935	3158	3407	3656	3905

（续）

WSC+n_1Z+n_2Z+n_3Z

钢丝绳公称直径 D/mm	参考质量 /(kg/100m)	钢丝绳公称抗拉强度/MPa				
		1180	1270	1370	1470	1570
		最小钢丝破断拉力总和/kN				
62	2184	3133	3372	3637	3903	4168
64	2328	3399	3594	3877	4160	4443
66	2474	3550	3821	4122	4423	4724
68	2626	3769	4056	4375	4695	5014
70	2783	3994	4298	4637	4975	5314

注：密封钢丝绳的最小破断拉力=最小钢丝破断拉力总和×0.86。

表 24-115　四层 Z 形密封钢丝绳（摘自 YB/T 5295—2010）

WSC+n_1Z+n_2Z+n_3Z+n_4Z

钢丝绳公称直径 D/mm	参考质量 /(kg/100m)	钢丝绳公称抗拉强度/MPa				
		1180	1270	1370	1470	1570
		最小钢丝破断拉力总和/kN				
56	1803	2556	2751	2968	3185	3401
58	1934	2742	2951	3184	3416	3648
60	2069	2934	3158	3407	3656	3904
62	2210	3133	3372	3638	3903	4169
64	2354	3339	3595	3876	4159	4442
66	2504	3550	3822	4123	4423	4724
68	2658	3769	4057	4376	4696	5015
70	2817	3994	4299	4637	4976	5314
72	2981	4225	4547	4905	5263	5622
74	3149	4463	4803	5182	5560	5938
76	3321	4708	5067	5466	5865	6263
78	3498	4959	5337	5757	6177	6597
80	3680	5216	5614	6056	6498	6940

注：密封钢丝绳的最小破断拉力=最小钢丝破断拉力总和×0.86。

表 24-116　五层 Z 形密封钢丝绳（摘自 YB/T 5295—2010）

WSC+n_1Z+n_2Z+n_3Z+n_4Z+n_5Z

钢丝绳公称直径 D/mm	参考质量 /(kg/100m)	钢丝绳公称抗拉强度/MPa				
		1180	1270	1370	1470	1570
		最小钢丝破断拉力总和/kN				
60	2093	2968	3194	3446	3697	3949
62	2235	3169	3411	3679	3948	4216
64	2381	3377	3634	3920	4207	4493
66	2532	3591	3865	4193	4474	4778
68	2688	3812	4103	4426	4749	5072
70	2849	4039	4348	4690	5032	5375
72	2981	4273	4599	4962	5324	5686
74	3149	4514	4858	5241	5624	6006
76	3321	4761	5125	5528	5932	6335
78	3498	5015	5398	5823	6248	6673
80	3680	5276	5678	6125	6572	7020

注：密封钢丝绳的最小破断拉力=最小钢丝破断拉力总和×0.86。

密封绳实测直径的允许偏差和不圆度，应符合表 24-117 的规定。

表 24-117 钢丝绳直径允许偏差和不圆度

（摘自 GB/T 352—2002）

密封绳公称直径/mm	允许偏差（%）	圆度（%）
对所有密封绳直径	密封绳直径的$^{+5}_{0}$	≤5

24.2.10 不锈钢丝绳

24.2.10.1 应用范围

标准 GB/T 9944—2015《不锈钢丝绳》，适用于仪表和机械传动、拉索、吊索、减振器减振等使用的不锈钢丝绳。

24.2.10.2 标记示例

公称直径 1.6mm，6×7-WSC 结构，右交互捻，材料牌号 12Cr18Ni9 的钢丝绳，其标记为：1.6 6×7-WSC SZ 302 GB/T 9944。

24.2.10.3 材料

制绳用钢丝的材料应符合 GB/T 4240 或 YB/T 4470 中规定的 12Cr18Ni9、06Cr19Ni10、06Cr17Ni12Mo2 奥氏体不锈钢。根据需方要求可采用其他牌号的奥氏体不锈钢。

24.2.10.4 分类、性能和应用

不锈钢丝绳的结构、尺寸和力学性能见表 24-118。

根据需方要求，飞机操纵用和减振器用钢丝绳，可进行疲劳性能试验，试验结果应符合表 24-119 的规定。

用于飞机操纵用钢丝绳，应进行伸长率试验，其伸长率不得大于 1.5%。

表 24-118 不锈钢丝绳的结构、尺寸和力学性能（摘自 GB/T 9944—2015）

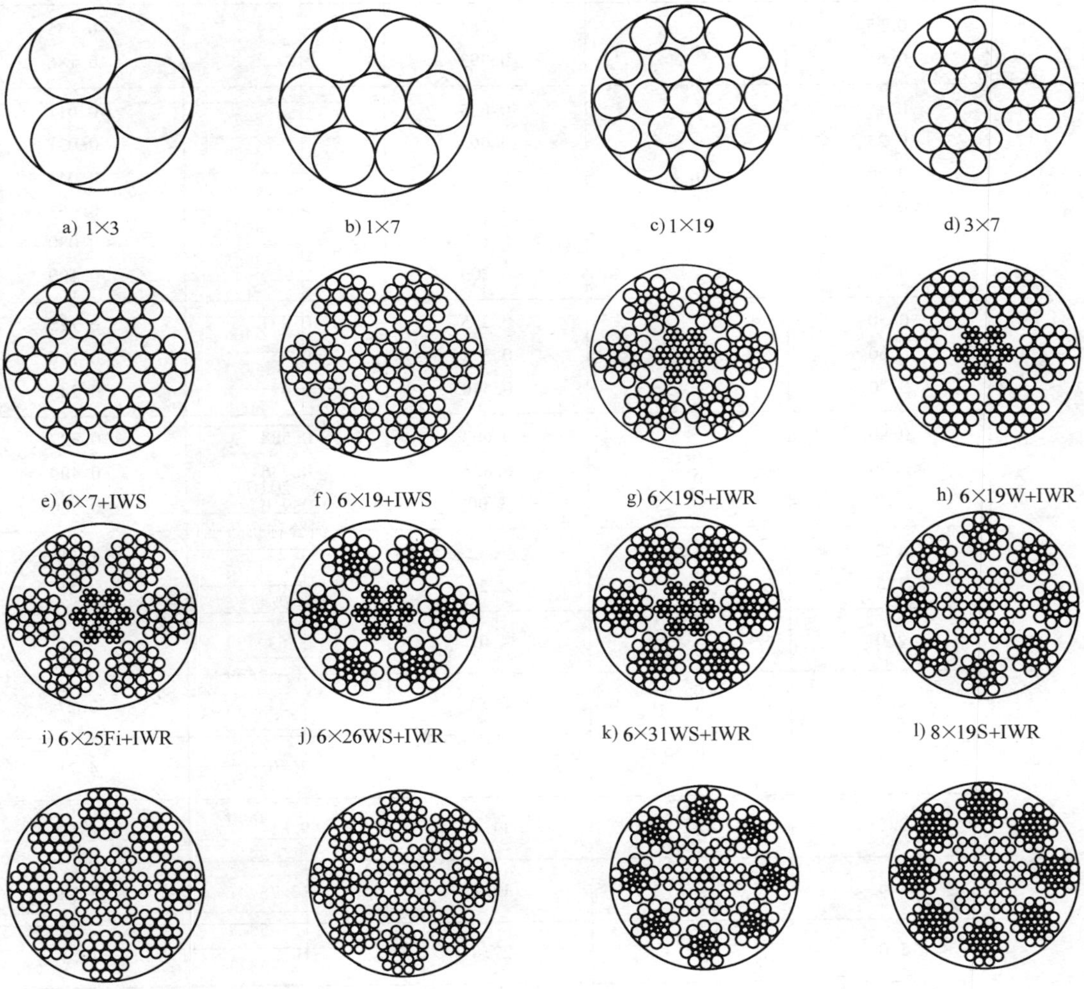

a) 1×3　b) 1×7　c) 1×19　d) 3×7

e) 6×7+IWS　f) 6×19+IWS　g) 6×19S+IWR　h) 6×19W+IWR

i) 6×25Fi+IWR　j) 6×26WS+IWR　k) 6×31WS+IWR　l) 8×19S+IWR

m) 8×19W+IWR　n) 8×25Fi+IWR　o) 8×26WS+IWR　p) 8×31WS+IWR

（续）

q) 8×19W+IWR

r) 8×25Fi+IWR

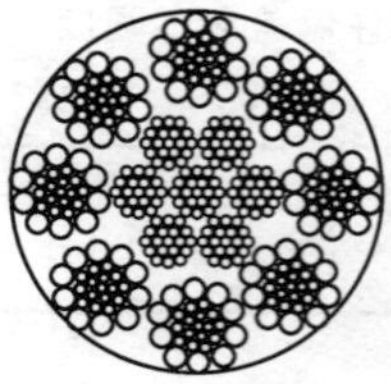

s) 8×26WS+IWR

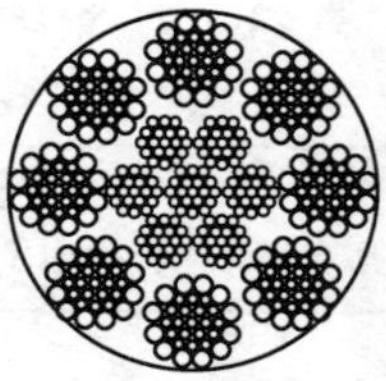

t) 8×31WS+IWR

结构	公称直径/mm	允许偏差/mm	最小破断拉力/kN		参考质量/(kg/100m)
			12Cr18Ni9 06Cr19Ni10	06Cr17Ni12Mo2	
1×3	0.15 0.25 0.35 0.45	+0.03 0	0.022 0.056 0.113 0.185	—	0.012 0.029 0.055 0.089
	0.55 0.65	+0.06 0	0.284 0.393	—	0.135 0.186
1×7	0.15 0.25 0.30 0.35 0.40 0.45	+0.03 0	0.025 0.063 0.093 0.127 0.157 0.200	—	0.011 0.031 0.044 0.061 0.080 0.100
	0.50 0.60 0.70	+0.06 0	0.255 0.382 0.540	0.231 0.333 0.445	0.125 0.180 0.245
	0.80 0.90 1.0	+0.08 0	0.667 0.823 1.00	0.588 0.736 0.910	0.327 0.400 0.500
	1.2 1.5	+0.10 0	1.32 2.26	1.21 2.05	0.70 1.18
	2.0	+0.20 0	4.02	3.63	2.10
	2.5	+0.25 0	6.13	5.34	3.27
	3.0	+0.30 0	8.83	7.70	4.71
	3.5	+0.35 0	11.6	9.81	6.67
	4.0	+0.40 0	15.1	12.7	8.34
	5.0	+0.50 0	22.8	19.2	13.1
	6.0	+0.60 0	33.0	27.8	18.9

（续）

结构	公称直径/mm	允许偏差/mm	最小破断拉力/kN		参考质量 /(kg/100m)
			12Cr18Ni9 06Cr19Ni10	06Cr17Ni12Mo2	
1×19	0.60 0.70 0.80	+0.08 0	0.343 0.470 0.617	—	0.175 0.240 0.310
	0.90	+0.09 0	0.774	—	0.390
	1.0	+0.10 0	0.950	0.814	0.500
	1.2 1.5	+0.12 0	1.27 2.25	1.17 1.81	0.70 1.10
	2.0	+0.20 0	3.82	3.24	2.00
	2.5	+0.25 0	5.58	5.10	3.13
	3.0	+0.30 0	8.03	7.31	4.50
	3.5	+0.35 0	10.6	9.32	6.13
	4.0	+0.40 0	13.9	12.2	8.19
	5.0	+0.50 0	21.0	17.8	12.9
	6.0	+0.60 0	30.4	25.5	18.5
3×7	0.70 0.80	+0.08 0	0.323 0.488	—	0.182 0.238
	1.0 1.2	+0.12 0	0.686 0.931	—	0.375 0.540
6×7-WSC	0.45 0.50 0.60 0.70 0.80 0.90	+0.09 0	0.142 0.176 0.253 0.345 0.461 0.539	— — — — 0.384 0.485	0.08 0.12 0.15 0.20 0.26 0.32
	1.0 1.2 *	+0.15 0	0.637 1.20	0.599 0.915	0.40 0.65
	1.5 1.6 * 1.8 2.0	+0.20 0	1.67 2.15 2.25 2.94	1.47 1.63 1.94 2.55	0.93 1.20 1.35 1.65
	2.4 * 3.0 3.2	+0.30 0	4.10 6.37 7.15	3.45 5.39 6.14	2.40 3.70 4.20
	3.5 4.0 4.5	+0.40 0	7.64 9.51 12.1	6.81 8.90 11.3	5.10 6.50 8.30
	5.0	+0.50 0	14.7	13.9	10.5
	6.0 8.0	+0.60 0	18.6 40.6	18.6 35.6	15.1 26.6

（续）

结构	公称直径/mm	允许偏差/mm	最小破断拉力/kN		参考质量/(kg/100m)
			12Cr18Ni9 06Cr19Ni10	06Cr17Ni12Mo2	
6×19-WSC	1.5 1.6	+0.20 0	1.63 1.85	1.37 1.56	0.93 1.12
	2.4 * 3.2 *	+0.30 0	4.10 7.85	3.52 6.08	2.60 4.30
	4.0 * 4.8 * 5.0 5.6 * 6.0 6.4 *	+0.40 0	10.7 16.5 17.4 22.3 23.5 28.5	9.51 13.69 14.9 18.6 20.8 23.7	6.70 9.70 10.5 12.8 14.9 16.4
	7.2 *	+0.50 0	34.7	29.9	20.8
	8.0 *	+0.56 0	40.1	36.1	25.8
	9.5 *	+0.66 0	53.4	47.9	36.2
6×19-IWRC	11.0	+0.76 0	72.5	64.3	53.0
	12.7	+0.84 0	101	85.7	68.2
	14.3	+0.91 0	127	109	87.8
	16.0	+0.99 0	156	136	106
	19.0	+1.14 0	221	192	157
	22.0	+1.22 0	295	249	213
	25.4	+1.27 0	380	321	278
	28.5	+1.37 0	474	413	357
	30.0	+1.50 0	499	448	396

结构	公称直径/mm	允许偏差/mm	最小破断拉力/kN 12Cr18Ni9 06Cr19Ni10	参考质量/(kg/100m)
6×19S 6×19W 6×25Fi 6×26WS 6×31WS	6.0 7.0	+0.42 0	23.9 32.6	15.4 20.7
	8.0 8.75 9.0 10.0	+0.56 0	42.6 54.0 54.0 63.0	27.0 32.4 34.2 42.2
	11.0 12.0	+0.66 0	76.2 85.6	53.1 60.8
	13.0 14.0 16.0	+0.82 0	106 123 161	71.4 82.8 108
	18.0 20.0	+1.10 0	192 237	137 168
	22.0 24.0	+1.20 0	304 342	216 241

（续）

结构	公称直径/mm	允许偏差/mm	最小破断拉力/kN 12Cr18Ni9 06Cr19Ni10	参考质量/ (kg/100m)
6×19S 6×19W 6×25Fi 6×26WS 6×31WS	26.0 28.0	+1.40 0	401 466	282 327
	30.0 32.0	+1.60 0	503 572	376 428
	35.0	+1.75 0	687	512
8×19S 8×19W 8×25Fi 8×26WS 8×31WS	8.0 8.75 9.0 10.0	+0.56 0	42.6 54.0 54.0 61.2	28.3 33.9 35.8 44.2
	11.0 12.0	+0.66 0	74.0 83.3	53.5 63.7
	13.0 14.0 16.0	+0.82 0	103 120 156	74.8 86.7 113
	18.0 20.0	+1.10 0	187 231	143 176
	22.0 24.0	+1.20 0	296 332	219 252
	26.0 28.0	+1.40 0	390 453	296 343
	30.0 32.0	+1.60 0	489 556	392 445
	35.0	+1.75 0	651	533

注：1. 表中带“*”的钢丝绳（12Cr18Ni9、06Cr19Ni10 材质）规格适用于飞机操纵用钢丝绳。
2. 8.75mm 钢丝绳主要用于电气化铁路接触网滑轮补偿装置。
3. 公称直径≤8.0mm 为钢丝股芯，≥8.75mm 为钢丝绳芯。

表 24-119　不锈钢丝绳疲劳性能（摘自 GB/T 9944—2015）

结构	公称直径/mm	滑轮直径/mm	施加张力/N	疲劳次数	试验后破断拉力/kN，≥
6×7-WSC	1.2	14.27	13.5	70000	0.70
	1.6	19.05	22	70000	1.28
	2.4	30.98	40	70000	2.45
6×19-WSC	2.4	16.7	40	70000	2.45
	3.2	22.2	80	70000	4.70
	4.0	37.7	107	130000	6.40
	4.8	45.2	165	130000	9.90
	5.6	52.8	225	130000	13.4
	6.4	60.3	285	130000	17.0
	7.2	67.8	350	130000	20.8
	8.0	75.4	400	130000	24.0
	9.5	90.5	535	130000	32.0

注：1 循环=2 次疲劳。

24.2.11　压实股钢丝绳

24.2.11.1　应用范围

YB/T 5359—2010《压实股钢丝绳》标准，适用于矿井提升、索道牵引和起重运输等设备用压实股钢丝绳。

24.2.11.2　尺寸、重量、力学性能

表 24-120、表 24-121 列出五种压实股钢丝绳的

尺寸、重量和最小整绳破断拉力。

表 24-120　6×K7 类结构钢丝绳最小破断拉力（摘自 YB/T 5359—2010）

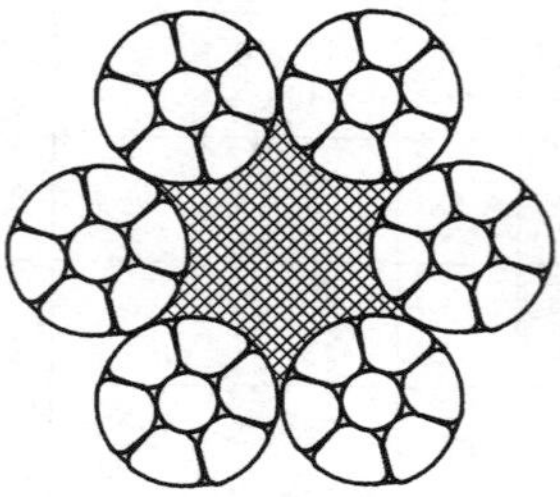

钢丝绳结构：6×K7-FC
股结构：(1－6)直径:10～40mm

钢丝绳公称直径/mm	参考质量/(kg/100m)	钢丝绳公称抗拉强度级别/MPa			
		1570	1670	1770	1870
		钢丝绳最小破断拉力/kN			
10	41.0	58.9	62.6	66.4	70.1
12	59.0	84.8	90.2	95.6	101
14	80.4	115	123	130	137
16	105	151	160	170	180
18	133	191	203	215	227
20	164	236	250	266	280
22	198	285	303	321	339
24	236	339	361	382	404
26	277	398	423	449	474
28	321	462	491	520	550
30	369	530	564	597	631
32	420	603	641	680	718
34	474	681	724	767	811
36	531	763	812	860	909
38	592	850	904	958	1010
40	656	942	1000	1060	1120

注：最小破断拉力总和=最小破断拉力×1.134。

表 24-121　6×K19 类、6×K36 类结构钢丝绳最小破断拉力（摘自 YB/T 5359—2010）

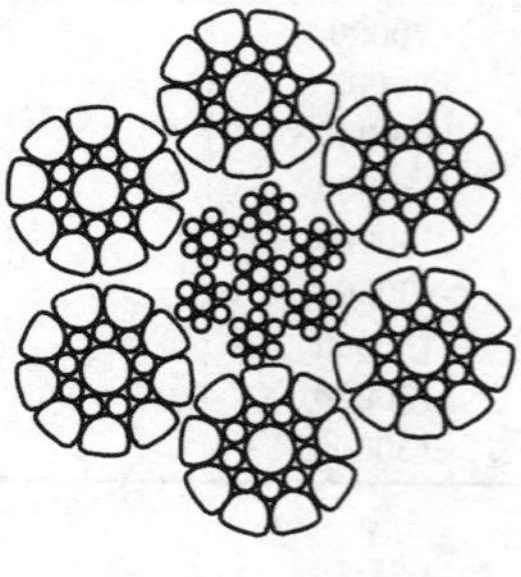

钢丝绳结构:6×K19S-IWRC

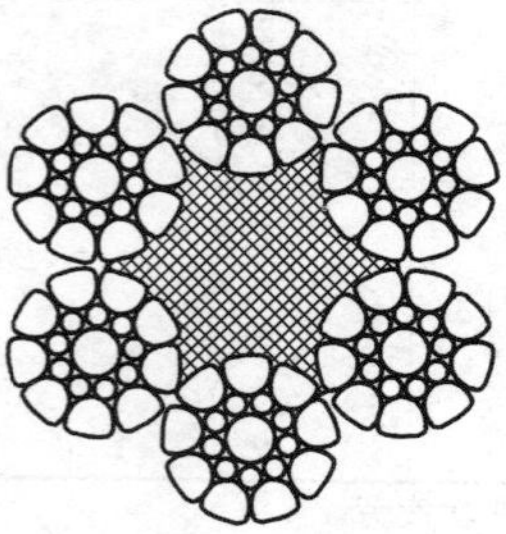

钢丝绳结构:6×K19S-FC

股结构：(1-9-9) 直径：12～40mm

（续）

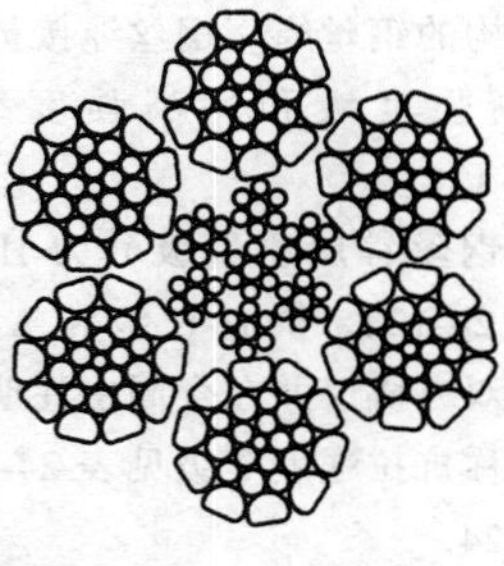

钢丝绳结构：6×K26WS－IWRC

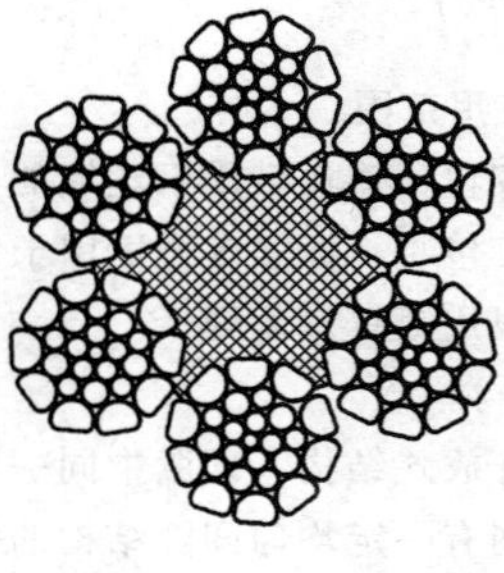

钢丝绳结构：6×K26WS－FC

股结构：(1－5－5+5－10)　　直径：14～40mm

钢丝绳公称直径/mm	参考质量/(kg/100m)		钢丝绳公称抗拉强度级别/MPa							
			1570		1670		1770		1870	
			钢丝绳最小破断拉力/kN							
	纤维芯	钢芯	纤维芯	钢芯	纤维芯	钢芯	纤维芯	钢芯	纤维芯	钢芯
12	61.2	68.7	84.3	92.7	89.7	98.6	95.1	105	100	110
14	83.3	93.5	115	126	122	134	129	142	137	150
16	109	122	150	165	159	175	169	186	179	196
18	138	155	190	209	202	222	214	235	226	248
20	170	191	234	257	249	274	264	290	279	307
22	206	231	283	312	301	331	320	351	338	371
24	245	275	337	371	359	394	380	418	402	442
26	287	322	396	435	421	463	446	491	472	518
28	333	374	459	505	488	537	518	569	547	601
30	382	429	527	579	561	616	594	653	628	690
32	435	488	600	659	638	701	676	743	714	785
34	491	551	677	744	720	792	763	839	806	886
36	551	618	759	834	807	887	856	941	904	994
38	614	689	846	930	899	989	953	1050	1010	1110
40	680	763	937	1030	997	1100	1060	1160	1120	1230
42	750	841	1030	1140	1100	1210	1160	1280	1230	1350
44	823	923	1130	1250	1210	1330	1280	1400	1350	1480
46	899	1010	1240	1360	1320	1450	1400	1540	1480	1620
48	979	1100	1350	1480	1440	1580	1520	1670	1610	1770
50	1060	1190	1460	1610	1560	1710	1650	1810	1740	1920
52	1150	1290	1580	1740	1680	1850	1790	1960	1890	2070
54	1240	1390	1710	1880	1820	2000	1930	2120	2030	2240
56	1330	1500	1840	2020	1950	2150	2070	2280	2190	2400
58	1430	1600	1970	2170	2100	2300	2220	2440	2350	2580
60	1530	1720	2110	2320	2240	2460	2380	2610	2510	2760
62	1630	1830	2250	2470	2390	2630	2540	2790	2680	2950
64	1740	1950	2400	2640	2550	2800	2700	2970	2860	3140
66	1850	2080	2550	2800	2710	2980	2880	3160	3040	3340
68	1970	2210	2710	2980	2880	3170	3050	3360	3030	3550

注：最小破断拉力总和=最小破断拉力×1.214（纤维芯）或 1.260（钢芯）。

24.2.12　输送带用钢丝绳（摘自 GB/T 12753—2008）

24.2.12.1　应用范围

本部分内容包括输送带用钢丝绳的分类、技术要求、试验方法、包装、标志等。适用于钢丝绳芯输送带骨架增强材料用镀锌钢丝绳。

24.2.12.2　分类

钢丝绳为开放式结构，即股中同一层钢丝之间及绳中外层股之间有一定均匀间隙结构的钢丝绳。按钢丝绳结构分为 6×7-WSC、6×19-WSC 和 6×19W-WSC 三种，见表 24-125～表 24-127。经供需双方协商，也可供应其他结构的钢丝绳。钢丝绳按抗拉强度分为普通强度级、高强度级和特高强度级三种，见表 24-123、表 24-124。

钢丝绳按钢丝锌层质量级分为 H 级、A 级和 B 级三种，见表 24-122。供应 H 级和 A 级锌层钢丝绳时，需经供需双方协议并在合同中注明。

钢丝的公称抗拉强度等级见表 24-123，最小扭转次数见表 24-124。

表 24-122　输送带用钢丝绳的最小锌层质量、尺寸及公差

最小锌层质量	钢丝公称直径 d/mm	最小锌层质量/(g/m^2)		
		H 级	A 级	B 级
	0.20～1.30	80×d	60×d	30×d
钢丝直径及不圆度	钢丝公称直径 d/mm	不圆度(不大于)	最大值和最小值之差(不大于)	
	0.20～0.50		0.02	
	>0.50～0.95		0.04	
	>0.95～1.30		0.06	
钢丝绳的长度	钢丝绳的长度/m	长度允许偏差		
	≤1000	+10		
	>1000～2000	+15		
	>2000	+20		

表 24-123　钢丝绳中钢丝的公称抗拉强度级

钢丝直径 d/mm	钢丝公称抗拉强度/MPa		
	普通强度级	高强度级	特高强度级
0.20～0.40	2260	2360	2460
>0.40～0.60	2160	2260	2360
>0.60～0.95	2060	2160	2260
>0.95～1.30	1960	2060	2160

表 24-124　钢丝的最小扭转次数

钢丝直径 d/mm	最小扭转次数(次/360°, $L_0=100d$)		
	普通强度级	高强度级	特高强度级
$0.50 \leqslant d < 0.60$	29	28	27
$0.60 \leqslant d < 0.70$	28	27	26
$0.70 \leqslant d < 0.80$	27	26	25
$0.80 \leqslant d < 0.90$	26	25	24
$0.90 \leqslant d < 0.95$	25	24	23
$0.95 \leqslant d < 1.30$	24	23	22

24.2.12.3　输送带用钢丝绳的力学性能（表 24-125～表 24-127）

表 24-125　6×7-WSC 型钢丝绳力学性能

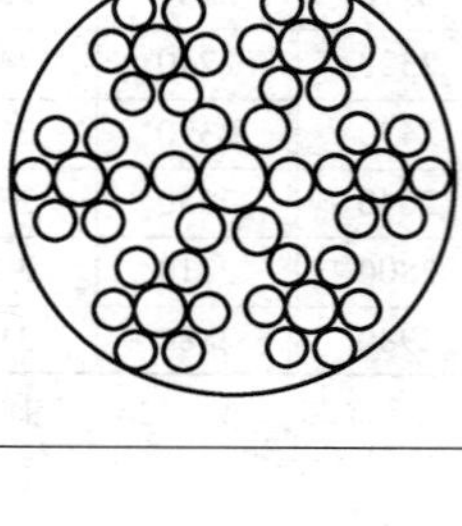

（续）

钢丝绳直径		钢丝绳最小破断拉力/kN			参考质量/(kg/100m)
公称直径 D/mm	允许偏差(%)	普通强度级	高强度级	特高强度级	
2.50	+5 −2	5.3	5.5	5.8	2.4
2.60		5.5	6.0	6.5	2.7
2.70		6.4	6.7	7.0	2.9
2.80		6.8	7.2	7.6	3.2
2.90		7.5	7.7	8.0	3.4
3.00		8.0	8.5	9.0	3.7
3.10		8.8	9.5	10.0	3.9
3.20		9.5	10.0	10.5	4.1
3.30		10.3	10.8	11.4	4.4
3.40		10.6	11.1	12.0	4.6
3.50		11.4	12.0	12.8	4.9
3.60		12.0	12.7	13.2	5.3
3.70		12.7	13.2	14.2	5.5
3.80		13.7	14.3	15.0	6.0
3.90		14.0	14.8	15.8	6.3
4.00		14.5	15.2	16.3	6.5
4.10		15.3	16.2	17.4	6.8
4.20		15.9	16.6	17.8	7.1
4.30		16.8	17.8	19.0	7.5
4.40		17.5	18.5	19.7	7.7
4.50		18.2	19.3	20.7	8.1
4.60		19.2	20.1	21.3	8.4
4.70		19.6	20.8	22.5	8.7
4.80		20.4	21.5	23.2	9.2
4.90		21.5	22.7	24.1	9.5
5.00		22.2	23.3	24.9	9.8
5.10		23.4	24.2	25.7	10.4
5.20		24.5	25.6	26.7	10.6
5.30		25.2	26.1	27.5	11.1
5.40		26.2	27.5	28.7	11.5
5.50		27.5	28.5	29.7	12.1
5.60		28.1	29.0	30.1	12.5
5.70		28.5	29.6	30.8	13.0
5.80		29.2	30.7	31.3	13.4
5.90		30.0	31.7	32.5	14.1

表 24-126　6×19-WSC 型钢丝绳力学性能

（续）

钢丝绳直径		钢丝绳最小破断拉力/kN			参考质量/(kg/100m)
公称直径 D/mm	允许偏差(%)	普通强度级	高强度级	特高强度级	
4.5	+5 -2	18.2	18.6	19.3	7.8
4.8		20.0	20.7	21.2	8.7
5.0		22.5	23.2	23.9	9.8
5.4		25.2	25.1	27.0	11.2
5.6		27.5	28.7	29.9	12.1
5.8		29.6	31.0	31.6	13.2
6.0		31.0	32.3	33.3	13.9
6.2		33.1	34.4	35.7	14.8
6.4		34.5	36.2	37.4	15.7
6.8		39.3	41.0	42.7	18.0
7.2		43.0	45.0	47.1	19.9
7.6		48.8	51.0	53.0	22.5
8.0		53.2	55.3	57.2	24.4
8.4		56.4	59.0	62.4	26.7
8.8		63.2	66.2	68.3	29.4
9.0		65.0	68.0	71.0	30.8
9.2		67.8	71.1	73.9	32.1
9.6		73.6	77.2	79.7	34.8
10.0	+4 -2	78.7	82.3	86.3	37.8
10.4		84.8	88.6	92.5	40.5
10.8		90.0	94.0	97.7	43.1
11.2		98.3	101	104	46.4
11.6		104	108	112	50.8
12.0		110	114	118	53.4
12.2		112	116	121	54.0
12.4		116	121	126	55.9
12.6		121	125	130	58.1
12.8		124	129	135	58.9
13.0		128	133	139	62.0
13.2		132	137	143	64.0
13.4		135	140	146	65.5
13.6		141	146	152	68.0
13.8		145	150	155	70.0
14.0		148	154	160	71.5
14.5		156	162	168	76.1
15.0		165	172	180	81.3

表 24-127　6×19W-WSC 型钢丝绳力学性能

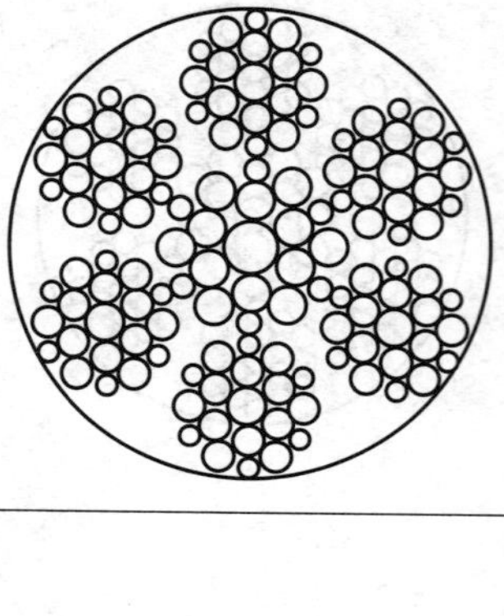

(续)

钢丝绳直径		钢丝绳最小破断拉力/kN			参考质量/(kg/100m)
公称直径 D/mm	允许偏差(%)	普通强度级	高强度级	特高强度级	
5.0	+5 −2	23.0	23.7	24.5	10.3
5.6		30.0	30.8	31.5	13.3
6.0		33.2	34.3	34.8	14.9
6.6		39.6	41.2	41.8	17.7
7.0		44.7	46.5	47.0	19.9
7.2		47.2	49.1	49.5	20.8
7.6		52.8	55.0	55.5	23.6
8.0		57.2	59.3	60.0	26.7
8.3		60.0	62.3	63.0	28.4
8.7		66.3	69.0	70.0	31.0
9.1		73.0	76.3	77.0	33.7
10.0		84.0	87.5	88.3	38.9
10.5	+4 −2	91.5	95.2	96.5	42.9
11.0		101	104	106	47.1
11.5		105	109	112	51.5
12.0		114	118	120	56.1
12.5		122	127	132	60.2
13.0		131	138	143	65.3
13.5		140	146	154	70.2
14.0		150	157	164	73.9
14.5		154	162	170	79.5
15.0		167	175	184	86.0

24.2.13 操纵用钢丝绳（摘自 GB/T 14451—2008）

24.2.13.1 分类

按用途分为普通钢丝绳和柔性钢丝绳。

24.2.13.2 尺寸、外形、重量（见表 24-128）

24.2.13.3 钢丝的力学性能（见表 24-129、表 24-130）

表 24-128 操纵用钢丝绳的尺寸和允许偏差 (单位：mm)

<table>
<tr><td rowspan="2" colspan="1"></td><td colspan="3">普通钢丝绳</td><td rowspan="2">柔性钢丝绳</td></tr>
<tr><td>钢丝直径 d</td><td>不圆度</td><td>最大最小直径之差</td></tr>
<tr><td rowspan="4">钢丝直径</td><td>≤0.15</td><td>≤0.005</td><td>≤0.010</td><td rowspan="4">钢丝不圆度应不大于 0.005,组成钢丝绳的同种钢丝直径的最大值和最小值之差不大于 0.010</td></tr>
<tr><td>>0.15~0.30</td><td>≤0.010</td><td>≤0.020</td></tr>
<tr><td>>0.30~0.60</td><td>≤0.015</td><td>≤0.030</td></tr>
<tr><td>>0.60</td><td>≤0.020</td><td>≤0.040</td></tr>
<tr><td rowspan="4">钢丝绳直径</td><td colspan="2">钢丝绳公称直径 D</td><td>允许偏差(%)</td><td rowspan="4">钢丝绳的公称直径及允许偏差应符合表 24-138 的规定</td></tr>
<tr><td colspan="2">≥0.9~1.5</td><td>+10
0</td></tr>
<tr><td colspan="2">>1.5~2.0</td><td>+8
0</td></tr>
<tr><td colspan="2">>2.0~6.0</td><td>+7
0</td></tr>
</table>

表 24-129 普通钢丝绳中钢丝的公称抗拉强度级

钢丝公称直径 d/mm	钢丝公称抗拉强度/MPa	钢丝实测抗拉强度/MPa
≤0.30	≥1960	≥1870
>0.30~0.50	≥1870	≥1770
>0.50	≥1770	≥1670

注：柔性钢丝绳应用公称抗拉强度不低于 2060MPa 的钢丝捻制，钢丝实测抗拉强度不得低于 1960MPa。

表 24-130　钢丝的最小扭转次数和最小反复弯曲次数

钢丝直径 d/mm	弯曲圆弧半径/mm	最小反复弯曲次数/(次/180°)	最小扭转次数/(次/360°, $L_0=100d$)
$0.50 \leqslant d < 0.55$	1.75	13	34
$0.55 \leqslant d < 0.60$		11	33
$0.60 \leqslant d < 0.65$		9	32
$0.65 \leqslant d < 0.70$		7	31
$0.70 \leqslant d < 0.75$	2.50	14	30
$0.75 \leqslant d < 0.80$		13	28
$0.80 \leqslant d < 0.85$		12	26
$0.85 \leqslant d < 0.90$		11	24
$0.90 \leqslant d < 0.95$		10	22
$0.95 \leqslant d < 1.00$		9	20

24.2.13.4　镀锌层（见表 24-131）

表 24-131　钢丝最小锌层质量

钢丝直径 d/mm	最小锌层质量/(g/m²)	钢丝直径 d/mm	最小锌层质量/(g/m²)
≤0.15	7	>0.30~0.40	20
>0.15~0.20	10	>0.40~0.50	28
>0.20~0.30	15	>0.50	35

24.2.13.5　操纵用钢丝绳的力学性能（见表 24-132~表 24-138）

表 24-132　1×7 钢丝绳的结构和力学性能

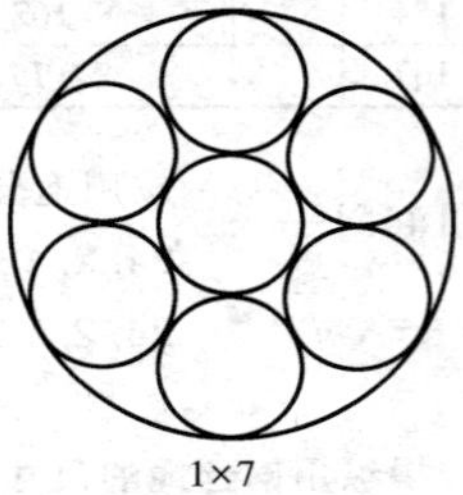

1×7

钢丝绳公称直径/mm	钢丝绳伸长率(%)不大于		钢丝绳最小破断拉力/kN	参考质量/(kg/100m)
	弹性	永久		
0.9	0.8	0.2	0.90	0.41
1.0			1.03	0.50
1.2			1.52	0.74
1.4			2.08	1.01
1.5			2.25	1.15
1.6			2.77	1.42
1.8			3.19	1.63
2.0			4.02	2.05

表 24-133　1×12 钢丝绳的结构和力学性能

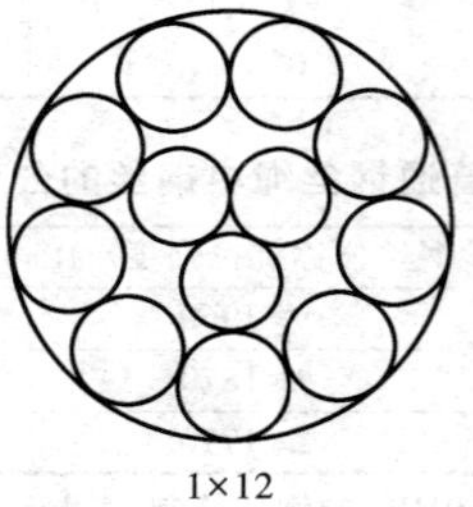

1×12

（续）

钢丝绳公称直径/mm	钢丝绳伸长率(%)不大于		钢丝绳最小破断拉力/kN	参考质量/(kg/100m)
	弹性	永久		
1.0	0.8	0.2	1.05	0.49
1.2			1.50	0.70
1.4			2.00	0.95
1.5			2.30	1.09
1.6			2.50	1.24
1.8			3.10	1.56
2.0			3.90	1.95
2.5			5.60	3.05
2.8			7.35	3.80
3.0			8.40	4.40

表 24-134　1×19 钢丝绳的结构和力学性能

1×19

钢丝绳公称直径/mm	钢丝绳伸长率(%)不大于		钢丝绳最小破断拉力/kN	参考质量/(kg/100m)
	弹性	永久		
1.0	0.8	0.2	1.06	0.49
1.2			1.52	0.70
1.4			2.08	0.96
1.5			2.39	1.10
1.6			2.59	1.25
1.8			3.29	1.59
2.0			4.06	1.96
2.5			6.01	3.07
2.8			7.53	3.84
3.0			8.63	4.41
3.2			10.10	5.10
3.5			11.74	5.99
3.8			13.72	7.23
4.0			15.37	8.00
4.5			19.46	10.1
4.8			22.1	11.6
5.0			24.00	12.6
5.3			27.0	14.2

表 24-135　1×37 钢丝绳的结构和力学性能

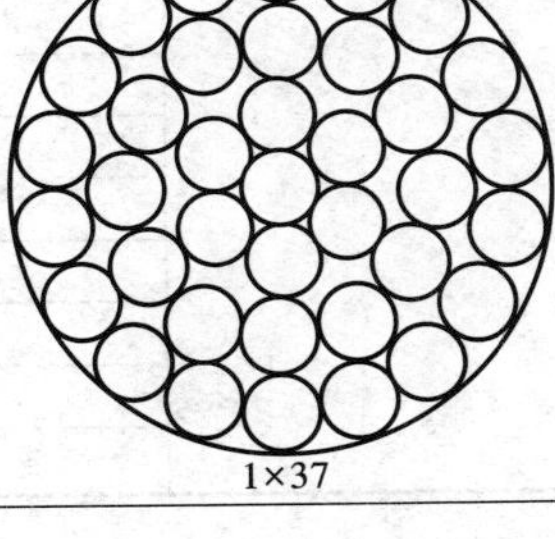

1×37

（续）

钢丝绳公称直径/mm	钢丝绳伸长率(%)不大于		钢丝绳最小破断拉力/kN	参考质量/(kg/100m)
	弹性	永久		
1.5	0.8	0.2	2.41	1.16
1.6			2.65	1.30
1.8			3.38	1.61
2.0			3.92	1.96
2.5			6.20	3.10
2.8			7.60	3.86
3.0			8.80	4.50
3.5			11.80	6.00
3.8			13.20	7.30
4.0			14.70	7.90
4.5			18.50	10.00
5.0			23.00	12.30

表 24-136　6×7-WSC 钢丝绳的结构和力学性能

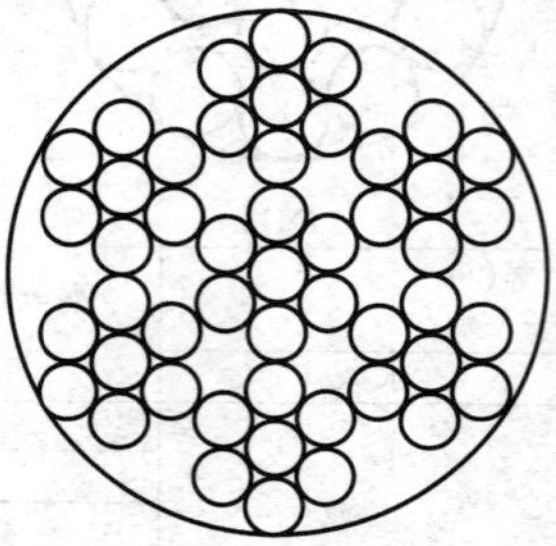

6×7-WSC

钢丝绳公称直径/mm	钢丝绳伸长率(%)不大于		钢丝绳最小破断拉力/kN	参考质量/(kg/100m)
	弹性	永久		
1.0	0.9	0.2	1.00	0.50
1.1			1.17	0.58
1.2			1.35	0.67
1.4			1.76	0.87
1.5			1.99	0.98
1.6			2.29	1.13
1.8			2.81	1.39
2.0			3.38	1.67
2.5			5.45	2.37
2.8			6.45	3.34
3.0			7.28	3.77
3.5	1.1		10.37	5.37
3.6			10.68	5.68
4.0			12.92	6.70
4.5			15.89	8.69
4.8			17.79	9.73
5.0			19.79	10.83
5.5			23.19	12.68
6.0			28.11	15.37

表 24-137　6×19-WSC 钢丝绳的结构和力学性能

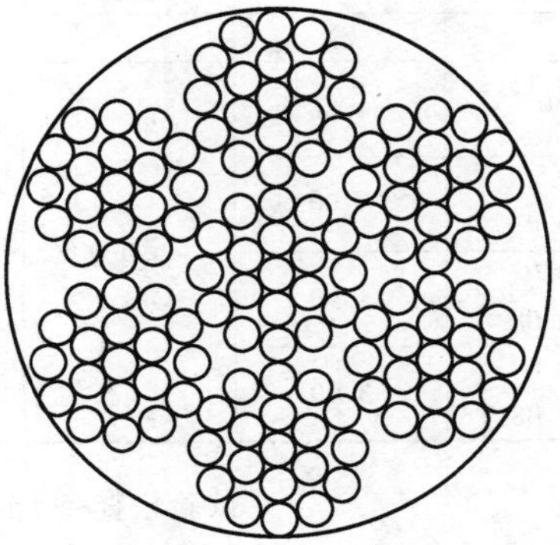

6×19-WSC

钢丝绳公称直径/mm	钢丝绳伸长率(%)不大于		钢丝绳最小破断拉力/kN	参考质量/(kg/100m)
	弹性	永久		
1.8	0.9	0.2	2.59	1.32
2.0			3.03	1.55
2.5			5.15	2.63
2.8			6.56	3.35
3.0			7.25	3.70
3.5	1.1		9.53	4.87
4.0			12.13	6.20
4.5			16.13	8.33
4.8			16.58	8.89
5.0			18.74	10.04
5.5			23.23	12.45
6.0			27.66	14.82

表 24-138　6×7-WSC、8×7-WSC 钢丝绳的结构和力学性能

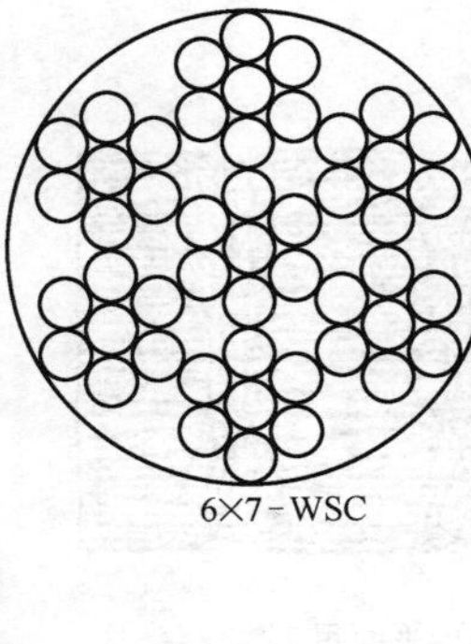

6×7-WSC

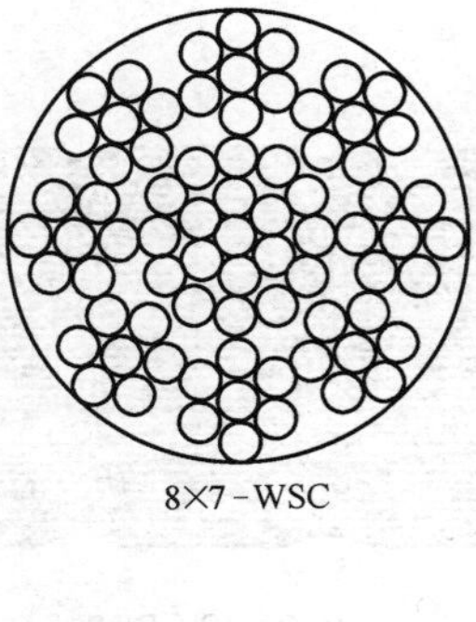

8×7-WSC

（续）

钢丝绳结构	公称直径	允许偏差	最小破断拉力	伸长率		切断处直径允许增大值	参考质量
				弹性	永久		
	mm		kN	%		mm	kg/100m
6×7-WSC	1.50	+0.15 0	1.80	≤0.9	≤0.1	0.22	0.96
	1.80	+0.08 −0.08	3.00			0.25	1.34
8×7-WSC	1.50	+0.08 −0.08	1.90			0.22	0.99
	1.80	+0.08 −0.08	3.00			0.25	1.36

24.2.13.6　钢丝绳的弯曲疲劳试验

钢丝绳弯曲疲劳试验按 GB/T 12347 的规定进行，包角为 90°，弯曲疲劳频率为 120 次/min，疲劳次数、试验轮直径及钢丝绳在试验时所保持的张力应符合表 24-139 的规定，疲劳试验用试验轮的尺寸应符合表 24-140 的规定。

表 24-139　柔性钢丝绳弯曲疲劳试验

钢丝绳结构	钢丝绳公称直径 D/mm	疲劳次数	试验轮直径 D_1/mm	施加张力/N
6×7-WSC	1.50	52000	22.22	230
	1.80	40000	28.58	530
8×7-WSC	1.50	65000	22.22	230
	1.80	42000	28.58	530

表 24-140　柔性钢丝绳弯曲疲劳试验用试验轮的尺寸

钢丝绳的公称直径 D/mm	钢丝绳的结构	绳轮比①	试验轮外径② C	试验轮宽度 G	试验轮直径 D_1	试验轮槽半径 Er
			mm			
1.50	6×7-WSC	15∶1	32	10	22.22	1.75
1.80		16∶1	36	10	28.58	1.32
1.50	8×7-WSC	15∶1	32	10	22.22	1.75
1.80		16∶1	36	10	28.58	1.32

① 绳轮比约等于滑轮直径 D_1 与钢丝绳公称直径 D 之比。

② $C \approx D_1+3D$。

24.2.14　平衡用扁钢丝绳

24.2.14.1　长度及允许偏差

扁钢丝绳按订货长度交货。实际长度允许与交货长度存在以下偏差：长度不大于 400m：$^{+5\%}_{0}$；长度大于 400m，每 1000m 或不足 1000m：$^{+20}_{0}$m。

24.2.14.2　标记

扁钢丝绳的标记方法按 GB/T 8706 的规定。

图 24-12 所示为由 6 条子绳，每条子绳 4 股，每股1+6 丝制成的双纬绳平衡用扁钢丝绳，其全称标记示例如下：PD6[4(1+6)+FC]。

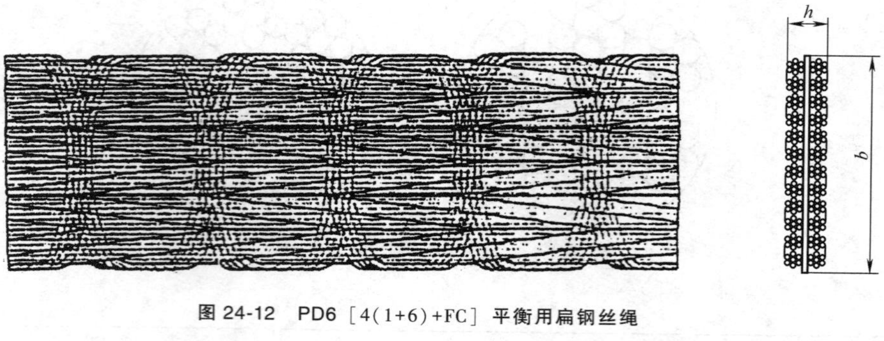

图 24-12　PD6［4(1+6)+FC］平衡用扁钢丝绳

24.2.14.3　扁钢丝绳的典型结构、公称尺寸和力学性能（见表 24-141）

表 24-141　扁钢丝绳的典型结构、公称尺寸和力学性能

PD6×4×7扁钢丝绳断面图

PD8×4×7扁钢丝绳断面图

PD8×4×9扁钢丝绳断面图

PD8×4×14扁钢丝绳断面图

PD8×4×19扁钢丝绳断面图

公称尺寸 (b/mm)×(h/mm)	子绳钢丝公称直径 /mm	子绳钢丝断面积总和 /mm²	扁钢丝绳参考质量 /(kg/100m)	扁钢丝绳公称抗拉强度/MPa			编织方式
				1370	1470	1570	
				最小钢丝破断拉力总和/kN			
扁钢丝绳典型结构 6×4×7、子绳股结构(1+6)							
58×13	1.3	223	210	306	328	350	双纬绳两侧各 2 条
62×14	1.4	258	240	353	379	405	
67×15	1.5	297	280	407	437	466	
71×16	1.6	338	320	463	497	531	
75×17	1.7	381	360	522	560	598	
扁钢丝绳典型结构 8×4×7、子绳股结构(1+6)							
88×15	1.5	396	370	543	582	622	双纬绳两侧各 2 条
94×16	1.6	450	420	616	662	706	
100×17	1.7	508	470	696	747	798	
107×18	1.8	570	530	781	838	895	
113×19	1.9	635	580	870	933	997	
119×20	2	703	650	963	1030	1100	
扁钢丝绳典型结构 8×4×9、子绳股结构(FC+9)							
132×21	1.7	653	700	895	960	1030	双纬绳两侧各 4 条
139×23	1.8	732	770	1000	1080	1150	
143×24	1.85	774	800	1060	1140	1220	
147×24	1.9	816	840	1120	1200	1280	
155×26	2	904	940	1240	1330	1420	
163×27	2.1	997	1050	1370	1470	1570	
170×28	2.2	1090	1160	1490	1600	1710	

（续）

公称尺寸 (b/mm)×(h/mm)	子绳钢丝公称直径 /mm	子绳钢丝断面积总和 /mm²	扁钢丝绳参考质量 /(kg/100m)	扁钢丝绳公称抗拉强度/MPa			编织方式
				1370	1470	1570	
				最小钢丝破断拉力总和/kN			
扁钢丝绳典型结构 8×4×14、子绳股结构(4+10)							
145×24	1.7	1020	960	1400	1500	1600	双纬绳两侧各 4 条
154×25	1.8	1140	1080	1560	1680	1790	
158×26	1.85	1200	1140	1640	1760	1880	
162×27	1.9	1270	1190	1740	1870	1990	
171×28	2	1410	1330	1930	2070	2210	
180×30	2.1	1550	1480	2120	2280	2430	
188×31	2.2	1700	1610	2330	2500	2670	
扁钢丝绳典型结构 8×4×19、子绳股结构(1+6+12)							
148×24	1.5	1070	980	1470	1570	1680	双纬绳两侧各 4 条
157×25	1.6	1220	1120	1670	1790	1920	
166×26	1.7	1380	1260	1890	2030	2170	
177×28	1.8	1550	1420	2120	2280	2430	
187×29	1.9	1720	1560	2360	2530	2700	
196×31	2	1910	1740	2620	2810	3000	
206×33	2.1	2100	1950	2880	3090	3300	
216×34	2.2	2310	2120	3160	3400	3630	

注：1. 子绳钢丝公称直径允许在±0.20mm 范围内调整。
2. 若纬绳钢丝损坏是钢丝绳报废的主要原因，则纬绳可以用其他构件代替，但应按标准的规定进行检验与验收。
3. 表中钢丝绳的参考重量为未涂油的重量，涂油钢丝绳的单位长度重量应双方协议。

24.2.14.4 技术要求

1）制造子绳用钢丝，应符合 YB/T 5343 中一般用途钢丝绳用钢丝的规定，其公称抗拉强度应符合 1370MPa、1470MPa、1570MPa 的规定。

2）扁钢丝绳最小钢丝破断拉力总和，应符合表 24-141 的规定。

3）扁钢丝绳中子绳钢丝的反复弯曲次数，应符合表 24-142 的规定。

表 24-142　最小反复弯曲次数

（摘自 GB/T 20119—2006）

钢丝公称直径 /mm	弯芯半径 /mm	反复弯曲次数	
		光面	镀锌
$d<1.3$	3.75	10	7
$1.3\leqslant d<1.4$		10	7
$1.4\leqslant d<1.5$		9	6
$1.5\leqslant d<1.6$	5.00	12	9
$1.6\leqslant d<1.7$		11	8
$1.7\leqslant d<1.8$		10	7
$1.8\leqslant d<1.9$		9	6
$1.9\leqslant d<2$		8	5
$2\leqslant d<2.1$	7.50	13	10
$2.1\leqslant d<2.2$		12	9
$d\geqslant 2.2$		11	8

4）扁钢丝绳中子绳钢丝的扭转次数，应符合表 24-143 的规定。

表 24-143　最小扭转次数

（摘自 GB/T 20119—2006）

钢丝公称直径 /mm	试验长度	最小扭转次数	
		光面	镀锌
$d<1.3$	$100d$	24	14
$1.3\leqslant d<1.8$		24	14
$d\geqslant 1.8$		22	14

5）编织用纬绳钢丝（或其他材料）的公称抗拉强度，应小于子绳钢丝的公称抗拉强度。

6）扁钢丝绳可以是光面的或镀锌的，在镀锌钢丝绳中，所有子绳钢丝和纬绳钢丝均应是镀锌的。子绳钢丝的最小镀锌层质量应符合表 24-144 的规定。

表 24-144　最小镀锌层质量

（摘自 GB/T 20119—2006）

钢丝公称直径 d/mm	镀锌层质量 /(g/m²)≥
$d<1.3$	157
$1.3\leqslant d<1.5$	157
$1.5\leqslant d<1.9$	171
$d\geqslant 1.9$	195

24.2.15 起重机用钢丝绳检验和报废实用规范

24.2.15.1 标准应用范围

GB/T 5972—2016 标准，规定了钢丝绳检验和报废的一般原则。此标准适用于下列起重机：

1）缆索及门式缆索起重机。

2）悬臂起重机（柱式、壁上或自行车式）。

3）甲板起重机。

4）桅杆及牵索式桅杆起重机。

5）斜撑式桅杆起重机。

6）浮式起重机。

7）流动式起重机。

8）桥式起重机。

9）门式或半门式起重机。

10）门座或半门座起重机。

11）铁路起重机。

12）塔式起重机。

这些起重机可用吊钩、抓斗、电磁铁、钢包、挖掘机或堆垛机等。并可以手动、机动、电动或液压操纵。

此标准也适用于钢丝绳电动葫芦。

24.2.15.2 起重机钢丝绳的安装和使用

（1）钢丝绳的安装　展开或安装钢丝绳时，应采取各种措施避免钢丝绳向内或向外旋转。否则可能使钢丝绳产生结环、扭结或折弯，导致无法使用。

为了避免出现上述不良趋势，宜将钢丝绳在允许的最小松弛状态下呈直线放出（见图 24-13）。

以绳卷状态供货的钢丝绳宜放在可旋转的装置上以直线状态放出，但是绳卷长度较短时，可让外圈钢丝绳端呈自由状态，将其余部分沿着地面向前滚动（见图 24-13a）。

不应采取从平放于地面的绳卷或卷盘上将钢丝绳拉出或沿地面滚动卷盘的方法放绳（见图 24-14）。

从卷盘上直接供绳时，应将卷盘和其支架放在离起重机或起重葫芦尽可能远的地方，以便将钢丝绳偏角的影响降到最低限度，从而避免不利的旋转。

为了避免沙土或其他污物进入钢丝绳，作业时，应将钢丝绳放在合适的垫子（如旧传送带）上，不能直接放在地面上。

旋转中的钢丝绳卷盘可能具有很大的惯性，需要加以控制，才能使钢丝绳缓慢地释放出来。对于较小的卷盘，通常使用一个制动器就能控制（见图 24-15）。大卷盘具有很大的惯性，一旦转动起来，可能需要很大的制动力矩才能控制。

在安装过程中，只要条件允许，就要确保钢丝绳始终向一个方向弯曲，即：从供绳卷盘上部放出的钢丝绳进入到起重机或起重葫芦卷筒的上部（称为“上到上”），从供绳卷盘下部放出的钢丝绳进入到起重机或起重葫芦卷筒的下部（称为“下到下”，见图 24-15）。

对多层缠绕的钢丝绳，在安装过程中向钢丝绳施加一个大小约为钢丝绳最小破断拉力 2.5%～5%的张紧力。这样有助于保证底层钢丝绳缠绕牢固，为后续的钢丝绳提供稳固的基础。

按照起重机制造商的使用说明书在卷筒和外部固定点上固定钢丝绳端部。

安装期间，应避免钢丝绳与起重机或起重葫芦的任何部位产生摩擦。

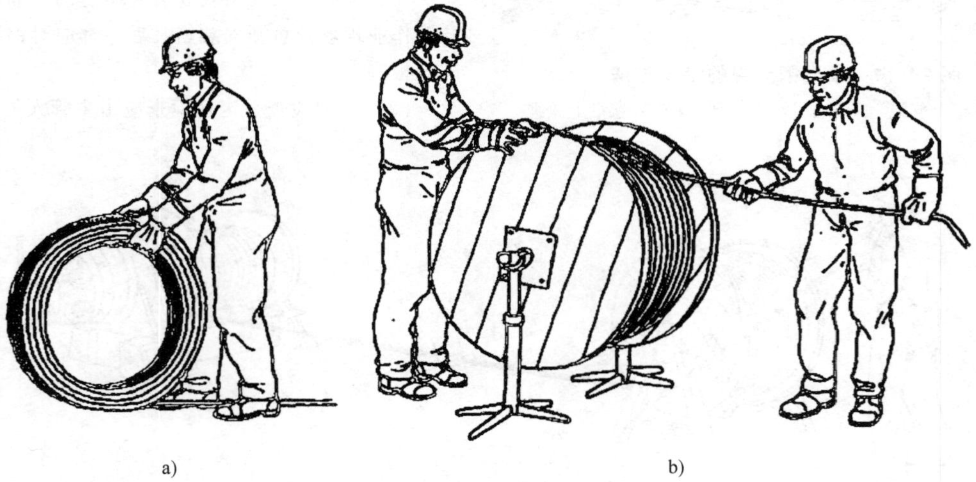

a)　　b)

图 24-13　放出钢丝绳的正确方法

a）从绳卷上放绳　b）从卷盘上放绳

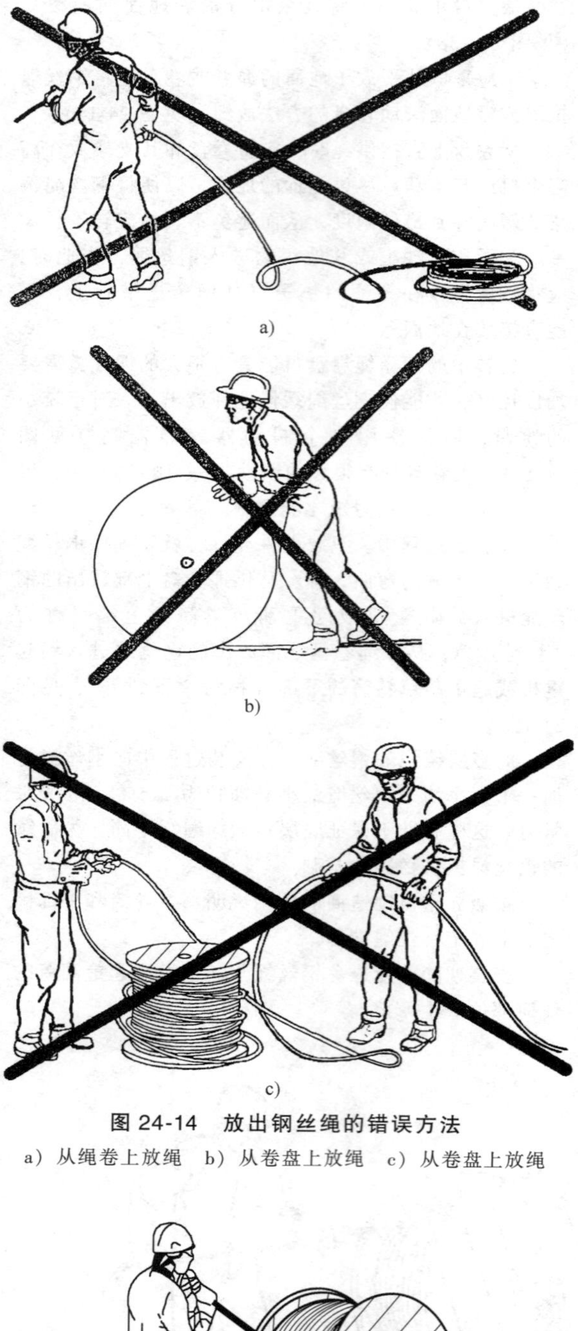

a)

b)

c)

图 24-14　放出钢丝绳的错误方法

a）从绳卷上放绳　b）从卷盘上放绳　c）从卷盘上放绳

（2）新钢丝绳的试运行　在钢丝绳投入起重机的使用之前，用户应确保与起重机运行有关的限制和指示装置工作正常。

为使钢丝绳组件能较大程度地调整到正常工作状态，用户应操作起重机在低速轻载［极限工作载荷（WLL）的 10%，或额定起重量的 10%］状态下运行若干工作循环。

（3）钢丝绳的维护　应根据起重机的类型、使用频率、环境条件和钢丝绳的类型对钢丝绳进行维护。

在钢丝绳寿命期内，在出现干燥或腐蚀迹象前，应按照主管人员的要求，定期为钢丝绳润滑，尤其是经过滑轮和进出卷筒的区段以及与平衡滑轮同步运动的区段。有时，为了提高润滑效果，需在润滑前将钢丝绳清理干净。

钢丝绳的润滑材料应与钢丝绳制造商提供的初期润滑材料兼容，还应具有渗透性。如果从起重机使用手册中不能确定润滑材料的型号，用户应征询钢丝绳供货商或钢丝绳制造商的意见。

钢丝绳缺乏维护会导致使用寿命缩短，尤其是起重机或起重葫芦用于腐蚀环境，或者不能对钢丝绳进行润滑时。在这些情况下，钢丝绳的检验周期应适当缩短。

24.2.15.3　检验

（1）日常检查　至少应在特定的日期对预期的钢丝绳工作区段进行外观检查，目的是发现一般的劣化现象或机械损伤。

对钢丝绳在卷筒和滑轮上的正确位置也宜检查确认，确保钢丝绳没有脱离正常的工作位置。

无论何时，只要索具安装发生变动，如当起重机转移作业现场及重新安装索具后，都应对钢丝绳进行外观检查。

（2）定期检查　定期检查应由主管人员实施。

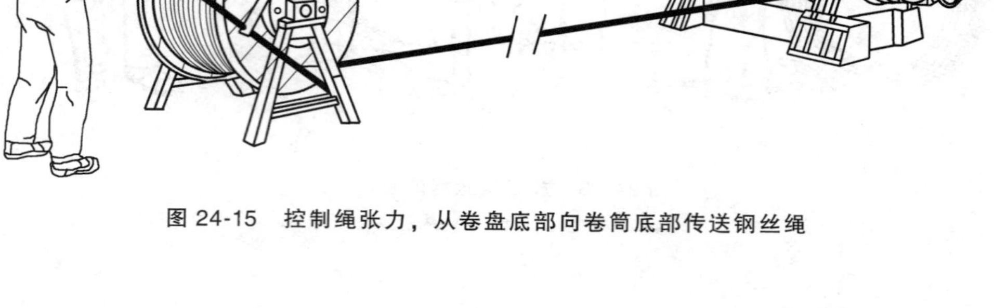

图 24-15　控制绳张力，从卷盘底部向卷筒底部传送钢丝绳

从定期检查中获得的信息用来帮助对起重机钢丝绳做出如下判定：

1）是否能够继续安全使用到最近的下一次定期检查；

2）是否需要立即更换或者在规定的时间段内更换。

应采用适当的评价方法，如计算、观察、测量等，对劣化的严重程度做出评估，并且用各自特定报废基准的百分比表示（如 20%、40%、60%、80%、100%），或者用文字表述（如轻度、中度、重度、严重、报废）。

在钢丝绳试运行和投入使用前，对其可能出现的任何损伤都应由主管人员做出评估并记录观察结果。

比较常见的劣化模式以及评价方法在表 24-145 中列出，有些模式的各项内容都能轻易量化（即计算或测量），也有的只能由主管人员做出主观评价（即观察）。

表 24-145　劣化模式和评价方法

劣化模式	评价方法
可见断丝数量（包括随机分布、局部聚集、股沟断丝、绳端固定装置及其附近）	计算
钢丝绳直径减小（源自外部磨损/擦伤、内部磨损和绳芯劣化）	测量
绳股断裂	观察
腐蚀（外部、内部及摩擦）	观察
变形	观察和测量（仅限于波浪形）
机械损伤	观察
热损伤（包括电弧）	观察

（3）检查周期　定期检查的周期应由主管人员决定，并且至少应考虑如下内容：

1）国家关于钢丝绳应用的法规要求；

2）起重机的类型及工作现场的环境状况；

3）机构的工作级别；

4）前期的检查结果；

5）在检查同类起重机钢丝绳过程中获取的经验；

6）钢丝绳已使用的时间；

7）使用频率。

24.2.15.4　报废基准（见表 24-146～表 24-150）

不同种类可见断丝的报废基准应符合表 24-146 的规定。

表 24-146　可见断丝报废基准

序号	可见断丝的种类	报废基准
1	断丝随机地分布在单层缠绕的钢丝绳经过一个或多个钢制滑轮的区段和进出卷筒的区段，或者多层缠绕的钢丝绳位于交叉重叠区域的区段	单层和平行捻密实钢丝绳见表 24-147，阻旋转钢丝绳见表 24-148
2	在不进出卷筒的钢丝绳区段出现的呈局部聚集状态的断丝	如果局部聚集集中在一个或两个相邻的绳股，即使 6*d* 长度范围内的断丝数低于表 24-147 和表 24-148 的规定值，可能也要报废钢丝绳
3	股沟断丝	在一个钢丝绳捻距（大约为 6*d* 的长度）内出现两个或更多断丝
4	绳端固定装置处的断丝	两个或更多断丝

对表 24-150 中的单层钢丝绳或平行捻密实钢丝绳，根据其相应的钢丝绳类别编号（RCN）在表 24-147 中读取 6*d* 和 30*d* 长度范围内的断丝数报废值。如果表 24-150 中没有对应的钢丝绳结构，按钢丝绳内承载钢丝的总数（不包括填充丝在内的外层绳股的钢丝总数）在表 24-147 中读取相应的 6*d* 和 30*d* 长度范围内的断丝数报废值。

对表 24-150 中的阻旋转钢丝绳，根据其相应的钢丝绳类别编号（RCN）在表 24-148 中读取 6*d* 和 30*d* 长度范围内的断丝数报废值。如果表 24-150 中没有对应的钢丝绳结构，按钢丝绳外层股数和外层股内承载钢丝的总数（不包括填充丝在内的外层绳股的钢丝总数）在表 24-148 中读取相应的 6*d* 和 30*d* 长度范围内的断丝数报废值。

单层和平行捻密实钢丝绳以及阻旋转钢丝绳达到报废程度的最少可见断丝数见表 24-147 和表 24-148。

表 24-147　单层股钢丝绳和平行捻密实钢丝绳中达到报废程度的最少可见断丝数

钢丝绳类别编号 RCN（参见表 24-150）	外层股中承载钢丝的总数① n	可见外部断丝的数量②					
		在钢制滑轮上工作和/或单层缠绕在卷筒上的钢丝绳区段（钢丝断裂随机分布）				多层缠绕在卷筒上的钢丝绳区段③	
		工作级别 M1～M4 或未知级别④				所有工作级别	
		交互捻		同向捻		交互捻和同向捻	
		6*d*⑤长度范围内	30*d*⑤长度范围内	6*d*⑤长度范围内	30*d*⑤长度范围内	6*d*⑤长度范围内	30*d*⑤长度范围内
01	$n \leqslant 50$	2	4	1	2	4	8
02	$51 \leqslant n \leqslant 75$	3	6	2	3	6	12

（续）

钢丝绳类别编号 RCN（参见表 24-150）	外层股中承载钢丝的总数① n	可见外部断丝的数量②					
		在钢制滑轮上工作和/或单层缠绕在卷筒上的钢丝绳区段（钢丝断裂随机分布）				多层缠绕在卷筒上的钢丝绳区段③	
		工作级别 M1~M4 或未知级别④				所有工作级别	
		交互捻		同向捻		交互捻和同向捻	
		$6d$⑤长度范围内	$30d$⑤长度范围内	$6d$⑤长度范围内	$30d$⑤长度范围内	$6d$⑤长度范围内	$30d$⑤长度范围内
03	$76 \leqslant n \leqslant 100$	4	8	2	4	8	16
04	$101 \leqslant n \leqslant 120$	5	10	2	5	10	20
05	$121 \leqslant n \leqslant 140$	6	11	3	6	12	22
06	$141 \leqslant n \leqslant 160$	6	13	3	6	12	26
07	$161 \leqslant n \leqslant 180$	7	14	4	7	14	28
08	$181 \leqslant n \leqslant 200$	8	16	4	8	16	32
09	$201 \leqslant n \leqslant 220$	9	18	4	9	18	36
10	$221 \leqslant n \leqslant 240$	10	19	5	10	20	38
11	$241 \leqslant n \leqslant 260$	10	21	5	10	20	42
12	$261 \leqslant n \leqslant 280$	11	22	6	11	22	44
13	$281 \leqslant n \leqslant 300$	12	24	6	12	24	48
	$n>300$	$0.04n$	$0.08n$	$0.02n$	$0.04n$	$0.08n$	$0.16n$

注：对于外股为西鲁式结构且每股的钢丝数≤19 的钢丝绳（例如 6×19 Seale），在表中的取值位置为其“外层股中承载钢丝总数”所在行之上的第二行。

① 在本表中，填充钢丝不作为承载钢丝，因而不包括在 n 值之中。

② 一根断丝有两个断头（按一根断丝计数）。

③ 这些数值适用于交叉重叠区域和由于钢丝绳偏角影响的缠绕绳圈之间干涉引起的劣化（不适用于只在滑轮上工作而不在卷筒上缠绕的区段）。

④ 机构的工作级别为 M5~M8 时，断丝数可取表中数值的两倍。

⑤ d—钢丝绳公称直径。

表 24-148　阻旋转钢丝绳中达到报废程度的最少可见断丝数

钢丝绳类别编号 RCN（参见表 24-150）	钢丝绳外层股数和外层股中承载钢丝总数① n	可见断丝数量②			
		在钢制滑轮上工作和/或单层缠绕在卷筒上的钢丝绳区段		多层缠绕在卷筒上的钢丝绳区段③	
		$6d$④长度范围内	$30d$④长度范围内	$6d$④长度范围内	$30d$④长度范围内
21	4 股 $n \leqslant 100$	2	4	2	4
22	3 股或 4 股 $n \geqslant 100$	2	4	4	8
	至少 11 个外层股				
23-1	$71 \leqslant n \leqslant 100$	2	4	4	8
23-2	$101 \leqslant n \leqslant 120$	3	5	5	10
23-3	$121 \leqslant n \leqslant 140$	3	5	6	11
24	$141 \leqslant n \leqslant 160$	3	6	6	13
25	$161 \leqslant n \leqslant 180$	4	7	7	14
26	$181 \leqslant n \leqslant 200$	4	8	8	16
27	$201 \leqslant n \leqslant 220$	4	9	9	18
28	$221 \leqslant n \leqslant 240$	5	10	10	19
29	$241 \leqslant n \leqslant 260$	5	10	10	21
30	$261 \leqslant n \leqslant 280$	6	11	11	22
31	$281 \leqslant n \leqslant 300$	6	12	12	24
	$n>300$	6	12	12	24

注：对于外股为西鲁式结构且每股的钢丝数≤19 的钢丝绳（例如 18×19 Seale-WSC），在表中的取值位置为其“外层股中承载钢丝总数”所在行之上的第二行。

① 在本表中，填充钢丝不作为承载钢丝，因而不包括在 n 值之中。

② 一根断丝有两个断头（按一根断丝计数）。

③ 这些数值适用于交叉重叠区域和由于钢丝绳偏角影响的缠绕绳圈之间干涉引起的劣化（不适用于只在滑轮上工作而不在卷筒上缠绕的区段）。

④ d—钢丝绳公称直径。

表 24-149 直径等值减小的报废基准——单层缠绕卷筒和钢制滑轮上的钢丝绳

钢丝绳类型	直径的等值减小量 Q(用公称直径的百分比表示)	严重程度分级	
		程度	%
纤维芯单层股钢丝绳	$Q<6\%$	—	0
	$6\% \leqslant Q<7\%$	轻度	20
	$7\% \leqslant Q<8\%$	中度	40
	$8\% \leqslant Q<9\%$	重度	60
	$9\% \leqslant Q<10\%$	严重	80
	$Q \geqslant 10\%$	报废	100
钢芯单层股钢丝绳或平行捻密实钢丝绳	$Q<3.5\%$	—	0
	$3.5\% \leqslant Q<4.5\%$	轻度	20
	$4.5\% \leqslant Q<5.5\%$	中度	40
	$5.5\% \leqslant Q<6.5\%$	重度	60
	$6.5\% \leqslant Q<7.5\%$	严重	80
	$Q \geqslant 7.5\%$	报废	100
阻旋转钢丝绳	$Q<1\%$	—	0
	$1\% \leqslant Q<2\%$	轻度	20
	$2\% \leqslant Q<3\%$	中度	40
	$3\% \leqslant Q<4\%$	重度	60
	$4\% \leqslant Q<5\%$	严重	80
	$Q \geqslant 5\%$	报废	100

注：表中给出了直径等值减小的等效值，用钢丝绳公称直径的百分比表示，将严重程度分级以 20% 为单位增量来表示（即 20%、40%、60%、80%、100%）。也可以选择其他的严重程度分级方法，如用 25% 作为单位增量（即 25%、50%、75%、100%）。

表 24-150 钢丝绳类别编号（RCN）及对应截面示例

结构:6×7-FC 单层股

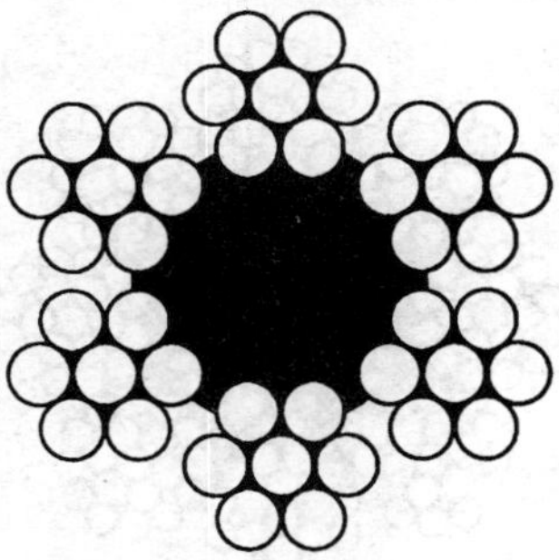

RCN. 01

结构:6×19S-IWRC 单层股钢丝绳

RCN. 02

结构:6×19M-WSC 单层股钢丝绳

RCN. 04

结构:6×25F-IWRC 单层股钢丝绳

RCN. 04

（续）

结构:6×25TS-IWRC 单层股钢丝绳

RCN. 04

结构:6×36WS-IWRC 单层股钢丝绳

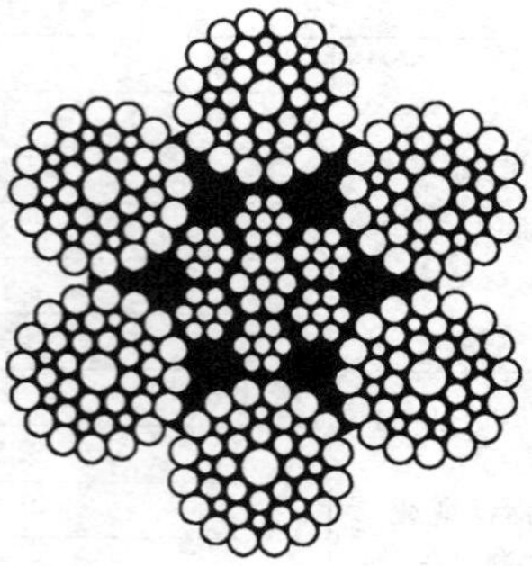

RCN. 09

结构:6×41WS-IWRC 单层股钢丝绳

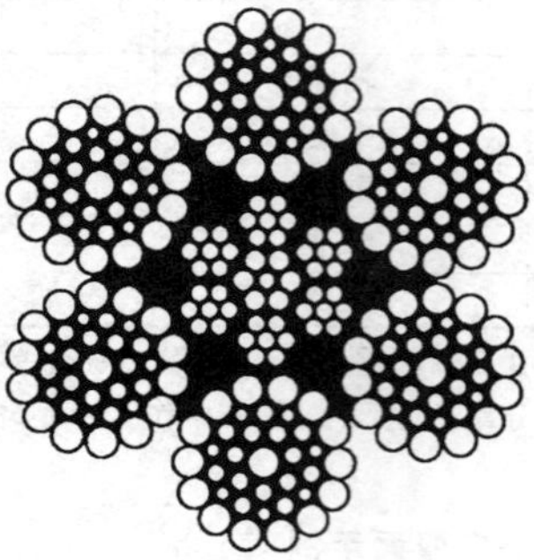

RCN. 11

结构:6×37M-IWRC 单层股钢丝绳

RCN. 10

结构:8×19S-IWRC 单层股钢丝绳

RCN. 04

结构:8×25F-IWRC 单层股钢丝绳

RCN. 06

结构:8×19S-PWRC 平行捻密实钢丝绳

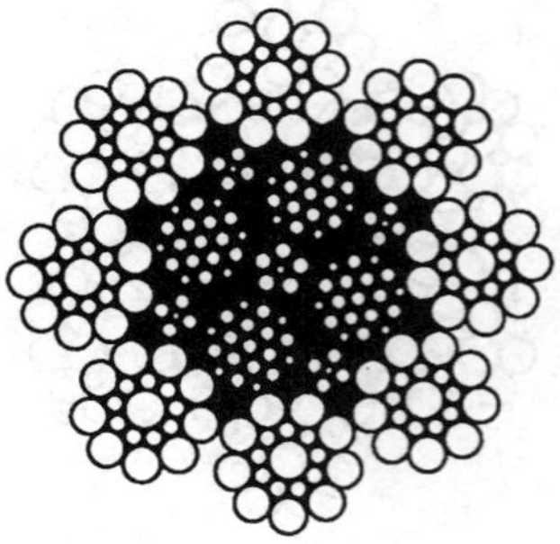

RCN. 04

结构:8×K26WS-IWRC 单层压实股钢丝绳

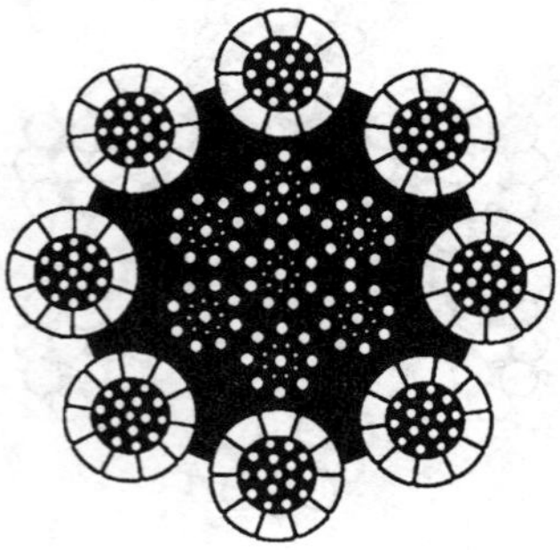

RCN. 09

（续）

	结构:4×K26WS 单层股钢丝绳/压实股阻旋转钢丝绳 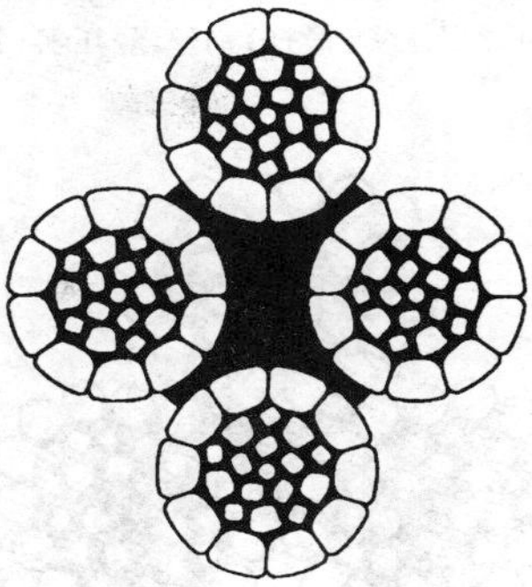 RCN. 22
结构:6×K26WS-IWRC 单层压实股钢丝绳  RCN. 06	结构:6×K36WS-IWRC 单层压实股钢丝绳  RCN. 09
结构:8×K26WS-PWRC 压实股平行捻密实钢丝绳  RCN. 09	结构:18×K19S-WSC 或 19×K19S 压实股阻旋转钢丝绳  RCN. 26
	结构:4×29F 单层股钢丝绳/4×29F 阻旋转钢丝绳 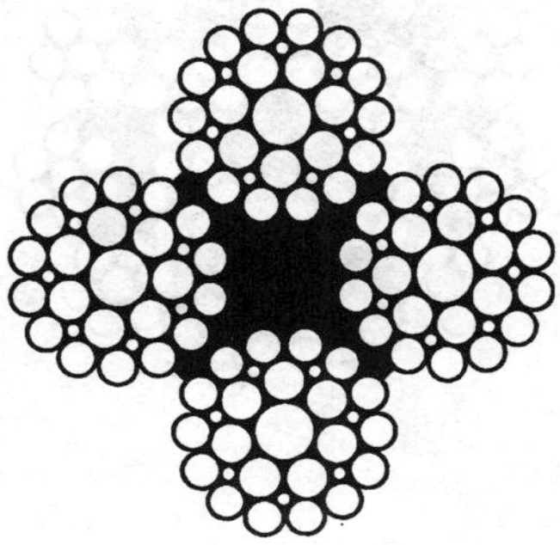 RCN. 21

（续）

结构：K3×40 单层压实（锻打）钢丝绳/压实（锻打）阻旋转钢丝绳

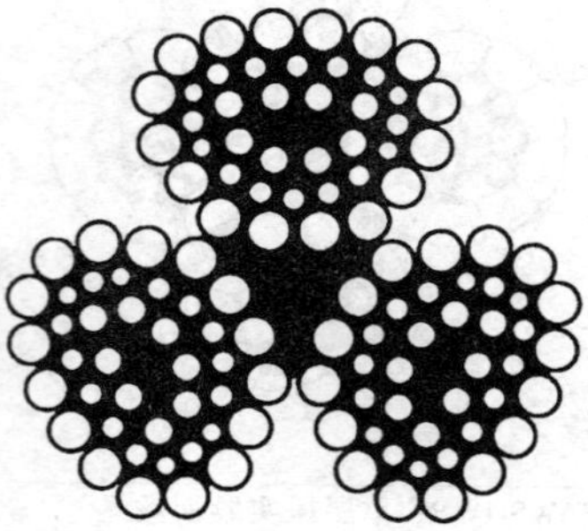

RCN. 22

结构：K4×40 单层压实（锻打）钢丝绳/压实（锻打）阻旋转钢丝绳

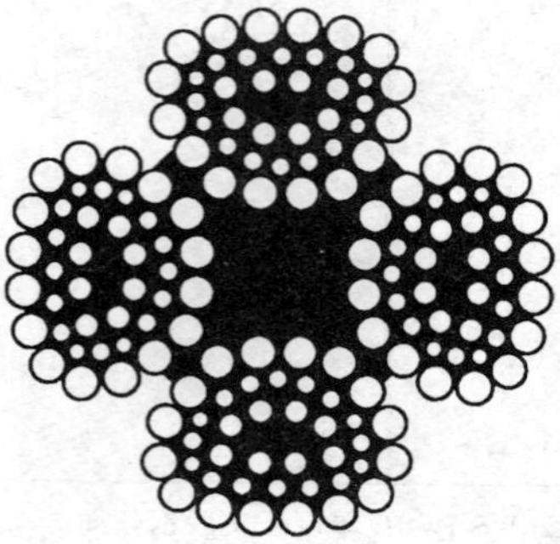

RCN. 22

结构：K3×48 单层压实（锻打）钢丝绳/压实（锻打）阻旋转钢丝绳

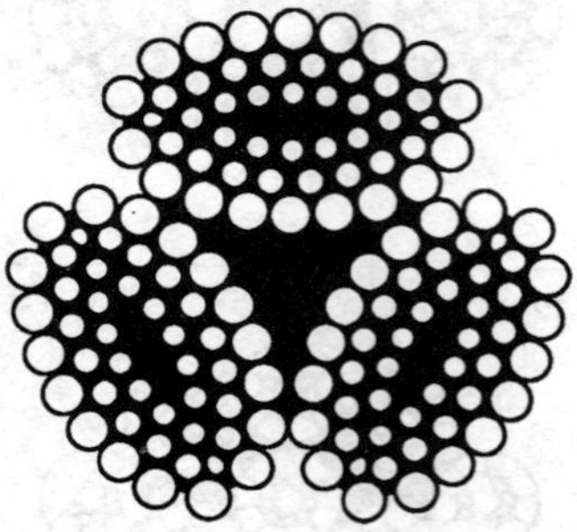

RCN. 22

结构：K4×48 单层压实（锻打）钢丝绳/压实（锻打）阻旋转钢丝绳

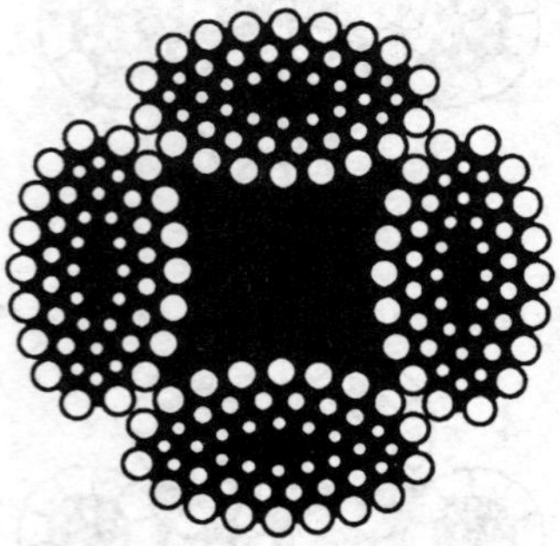

RCN. 22

结构：17×7-FC 阻旋转钢丝绳

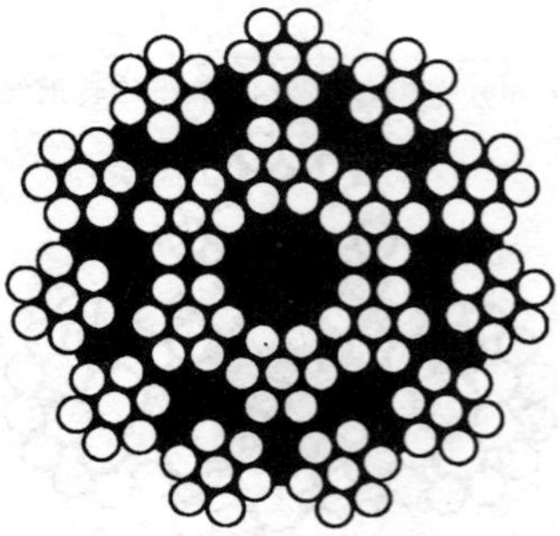

RCN. 23-1

结构：18×7-WSC 或 19×7 阻旋转钢丝绳

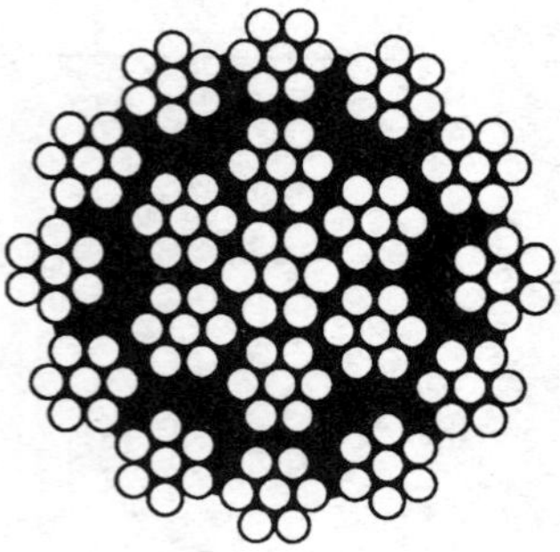

RCN. 23-1

（续）

结构：34（W）×7-WSC 或 35（W）×7 阻旋转钢丝绳 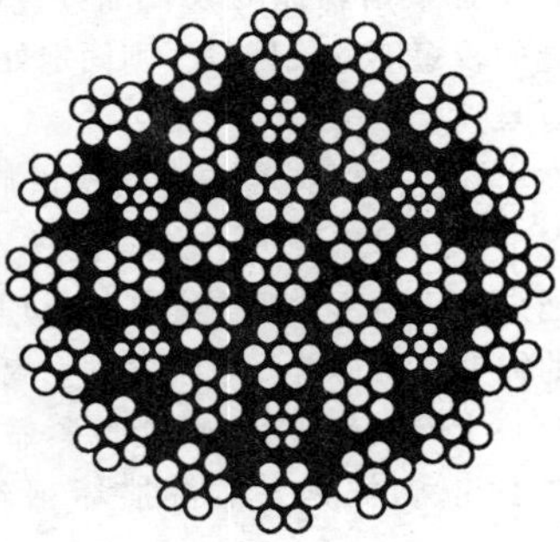 RCN. 23-2	结构：12×P6：3×Q24 阻旋转钢丝绳（Paragon） 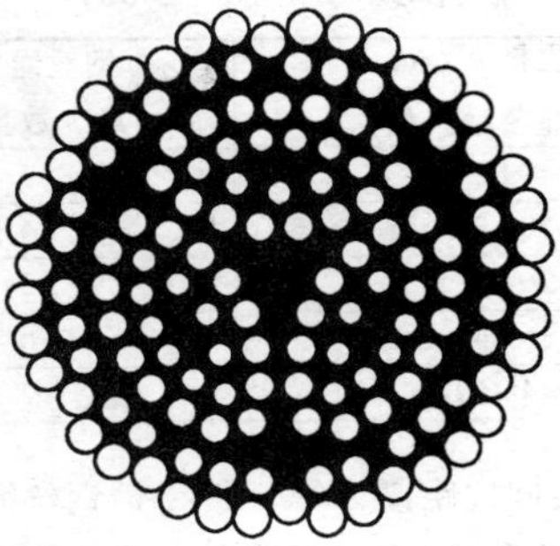 RCN. 23-1
结构：39（W）×7-WSC 阻旋转钢丝绳 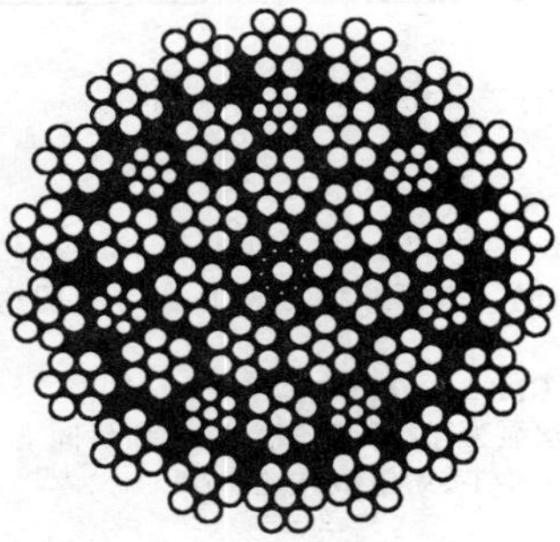 RCN. 23-3	结构：34（W）×K7-WSC 压实股阻旋转钢丝绳  RCN. 23-2
结构：39（W）×K7-KWSC 压实股阻旋转钢丝绳  RCN. 23-3	

24.3　绳具

24.3.1　钢丝绳夹

24.3.1.1　钢丝绳夹的布置

钢丝绳夹应按图 24-16 所示布置，把夹座扣在钢丝绳的工作段上，U 型螺栓扣在钢丝绳的尾段上。钢丝绳夹不得在钢丝绳上交替布置。

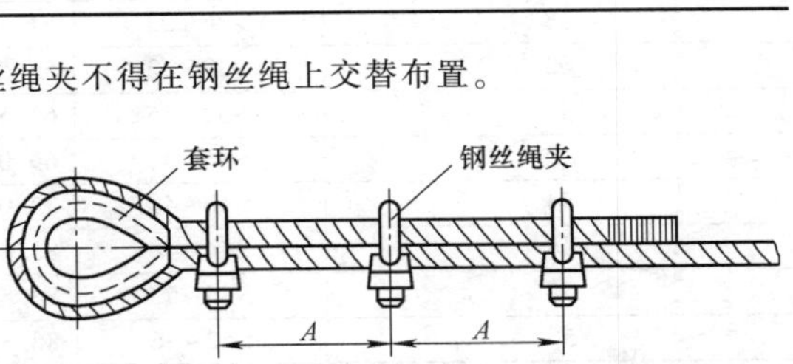

图 24-16　钢丝绳夹的正确布置方法

24.3.1.2　钢丝绳夹的数量（见表 24-151）

表 24-151　推荐使用的钢丝绳夹数量

（摘自 GB/T 5976—2006）

绳夹规格 d_r/mm（钢丝绳公称直径）	钢丝绳夹的最少数量/组
≤18	3
>18~26	4
>26~36	5
>36~44	6
>44~60	7

钢丝绳夹间的距离 A 等于 6~7 倍钢丝绳直径。

24.3.1.3　影响钢丝绳夹固定处强度的因素

不恰当的紧固螺母，或钢丝绳夹数量不足，就可能使绳端在承载时，一开始就产生滑动。

如果绳夹按推荐数量正确布置和夹紧，并且所有的绳夹将夹座置于钢丝绳的较长部分，而 U 形螺栓置于钢丝绳的较短部分或尾段，则固定处的强度至少为钢丝绳自身强度的 80%。

绳夹在实际使用中，受载一两次以后应作检查。在多数情况下，螺母需要进一步拧紧。

紧固绳夹时，须考虑每个绳夹的合理受力，离套环最远处的绳夹，不得首先单独紧固。离套环最近处的绳夹（第一个绳夹），应尽可能地紧靠套环，但仍须保证绳夹的正确拧紧，不得损坏钢丝绳的外层钢丝。

24.3.1.4　钢丝绳夹的结构和尺寸（见表 24-152）

表 24-152　钢丝绳夹的结构和尺寸（摘自 GB/T 5976—2006）

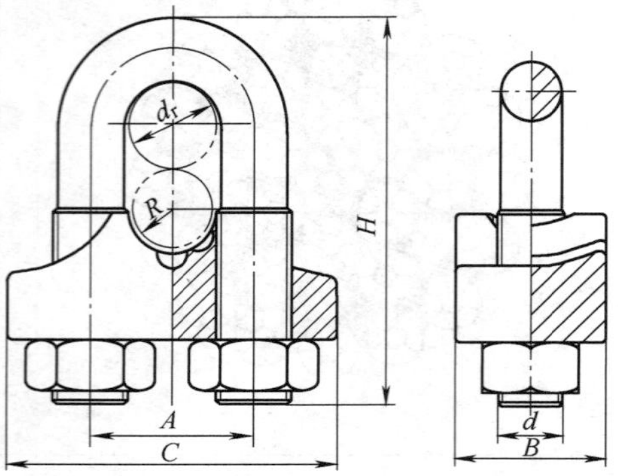

标记示例：

1）钢丝绳为右捻 6 股，规格为 20（钢丝绳公称直径 d_r>18~20mm），夹座材料为 KTH 350-10 的钢丝绳夹，标记为

绳夹　GB/T 5976-20 KTH

2）钢丝绳为左捻 6 股时，其余项目同上。标记为

绳夹　GB/T 5976-20 左 KTH

绳夹规格 d_r/mm（钢丝绳公称直径）	尺寸/mm						螺母 d（GB/T 41—2016）	单组质量/kg
	适用钢丝绳公称直径 d_r	A	B	C	R	H		
6	6	13.0	14	27	3.5	31	M6	0.034
8	>6~8	17.0	19	36	4.5	41	M8	0.073
10	>8~10	21.0	23	44	5.5	51	M10	0.140
12	>10~12	25.0	28	53	6.5	62	M12	0.243
14	>12~14	29.0	32	61	7.5	72	M14	0.372
16	>14~16	31.0	32	63	8.5	77	M14	0.402
18	>16~18	35.0	37	72	9.5	87	M16	0.601
20	>18~20	37.0	37	74	10.5	92	M16	0.624
22	>20~22	43.0	46	89	12.0	108	M20	1.122
24	>22~24	45.5	46	91	13.0	113	M20	1.205
26	>24~26	47.5	46	93	14.0	117	M20	1.244
28	>26~28	51.5	51	102	15.0	127	M22	1.605
32	>28~32	55.5	51	106	17.0	136	M22	1.727
36	>32~36	61.5	55	116	19.5	151	M24	2.286
40	>36~40	69.0	62	131	21.5	168	M27	3.133
44	>40~44	73.0	62	135	23.5	178	M27	3.470
48	>44~48	80.0	69	149	25.5	196	M30	4.701
52	>48~52	84.5	69	153	28.0	205	M30	4.897
56	>52~56	88.5	69	157	30.0	214	M30	5.075
60	>56~60	98.5	83	181	32.0	237	M36	7.921

钢丝绳夹用 U 型螺栓见表 24-153。钢丝绳夹座 见表 24-154。夹座和 U 型螺栓材料见表 24-155。

表 24-153 钢丝绳夹用 U 型螺栓（摘自 GB/T 5976—2006）

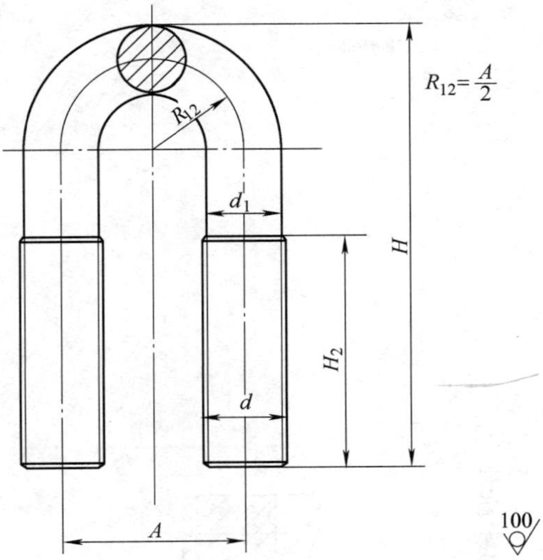

标记示例：

绳夹规格为 20 的 U 型螺栓，标记为

U 型螺栓 GB/T 5976-20

绳夹规格 d_r/mm（钢丝绳公称直径）	尺寸/mm						单件质量/kg
	d	$d_1$①	A		H	H_2	
			公称尺寸	极限偏差			
6	M6	5.28	13.0	$^{+0.5}_{0}$	31	17	0.014
8	M8	7.13	17.0		41	22	0.027
10	M10	8.94	21.0		51	27	0.052
12	M12	10.77	25.0	$^{+0.8}_{0}$	62	33	0.092
14	M14	12.62	29.0		72	39	0.145
16	M14	12.62	31.0		77	41	0.156
18	M16	14.62	35.0	$^{+1.2}_{0}$	87	46	0.248
20	M16	14.62	37.0		92	48	0.260
22	M20	18.28	43.0		108	57	0.457
24	M20	18.28	45.5		113	60	0.520
26	M20	18.28	47.5		117	61	0.540
28	M22	20.32	51.5	$^{+1.6}_{0}$	127	66	0.670
32	M22	20.32	55.5		136	70	0.720
36	M24	22.00	61.5		151	77	0.946
40	M27	25.00	69.0		168	85	1.341
44	M27	25.00	73.0		178	90	1.437
48	M30	27.68	80.0	$^{+2.0}_{0}$	196	99	1.937
52	M30	27.68	84.5		205	103	2.036
56	M30	27.68	88.5		214	106	2.130
60	M36	33.68	98.5		237	117	3.475

① d_1 供选择合适直径的材料时参考，允许制成 $d_1=d$。

表 24-154　钢丝绳夹座（摘自 GB/T 5976—2006）

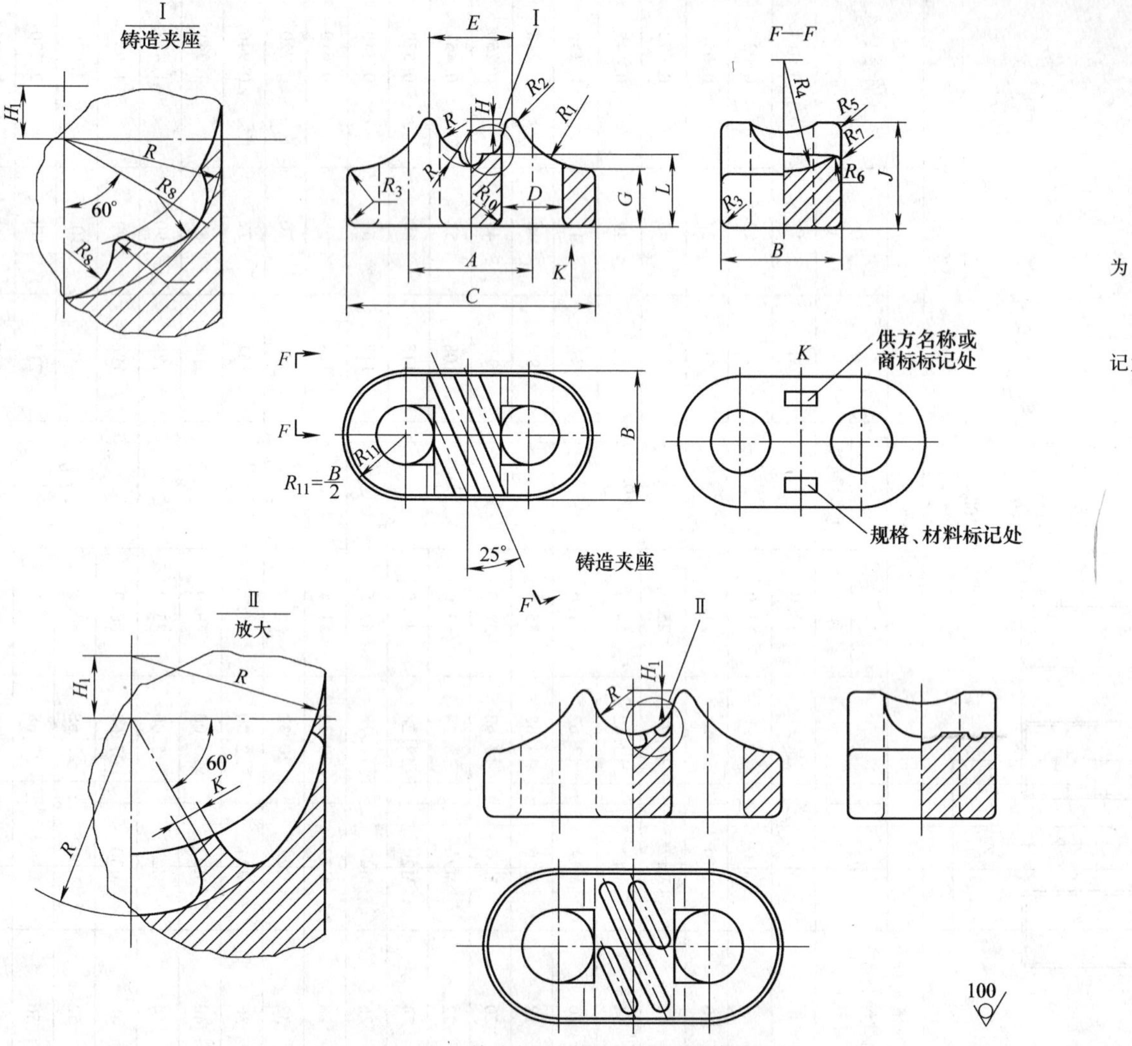

锻造夹座（未注出的尺寸同铸造夹座）。

标记示例：

1）钢丝绳为右捻 6 股绳夹规格为 20，材料为 KTH350—10 的夹座，标记为

夹座　GB/T 5976-20 KTH

2）钢丝绳为左捻 6 股，其余项目同上。标记为

夹座　GB/T 5976-20 左 KTH

绳夹规格 d_r/mm（钢丝绳公称直径）	公称尺寸/mm													参考尺寸/mm											字体号数	单件质量 /kg
	A		B	C	D		E	G	H_1	J	L	R		R_1	R_2	R_3	R_4	R_5	R_6	R_7	R_8	R_9	R_{10}	k		
	尺寸	偏差			尺寸	偏差						尺寸	偏差													
6	13.0	+0.5 0	14	27	7.0	+0.4 0	7	6	1.0	12	7	3.5	+0.3 0	10	1.0	1.0	12	0.5	3	1.0	1.0	0.5	0.5	1.0	5	0.015
8	17.0		19	36	9.5		9	8	1.4	15	9	4.5		13	1.5	1.0	16	0.5	4	1.0	1.4	0.5	0.5	1.0	5	0.034
10	21.0		23	44	11.5		11	10	1.7	19	11	5.5		16	1.5	1.5	19	1.0	5	1.0	1.7	0.5	0.5	1.0	5	0.066
12	25.0	+0.8 0	28	53	14.0	+0.5 0	13	12	2.0	23	14	6.5	+0.4 0	20	1.5	1.5	22	1.0	6	1.5	2.0	0.5	1.0	1.0	5	0.119
14	29.0		32	61	16.0		15	14	2.4	26	16	7.5		22	2.0	2.0	25	1.5	7	1.5	2.4	0.5	1.0	1.5	5	0.177
16	31.0		32	63	16.0		17	14	2.7	27	17	8.5		22	2.0	2.0	28	1.5	8	1.5	2.7	1.0	1.0	1.5	5	0.196
18	35.0	+1.2 0	37	72	18.5	+0.6 0	19	16	3.0	30	19	9.5	+0.6 0	26	2.0	2.0	30	1.5	9	2.0	3.0	1.0	1.0	1.5	7	0.285
20	37.0		37	74	18.5		21	16	3.4	31	20	10.5		26	2.0	2.0	32	1.5	10	2.0	3.4	1.0	1.0	1.5	7	0.296
22	43.0		46	89	23.0		24	20	3.7	36	24	12.0		32	3.0	2.0	34	1.5	11	2.0	3.7	1.0	1.5	2.0	7	0.541
24	45.5		46	91	23.0		26	20	4.0	37	25	13.0		32	3.0	2.5	36	2.0	12	2.0	4.0	1.0	1.5	2.0	7	0.561
26	47.5		46	93	23.0		28	20	4.4	37	25	14.0		32	3.0	2.5	38	2.0	13	2.5	4.4	1.0	1.5	2.0	7	0.580
28	51.5	+1.6 0	51	102	25.5	+0.8 0	30	22	4.7	40	27	15.0	+0.8 0	36	3.0	2.5	40	2.0	14	2.5	4.7	1.0	1.5	2.0	7	0.783
32	55.5		51	106	25.5		34	22	5.4	42	28	17.0		36	3.0	2.5	43	2.0	15	2.5	5.4	1.5	1.5	3.0	7	0.855
36	61.5		55	116	27.5		39	24	6.0	46	31	19.5		39	4.0	3.0	46	2.0	16	3.0	6.0	1.5	1.5	3.0	7	1.116
40	69.0		62	131	31.0		43	27	6.7	49	34	21.5		43	4.0	3.0	48	2.0	17	3.0	6.7	1.5	1.5	3.0	10	1.456
44	73.0		62	135	31.0		47	27	7.4	52	36	23.5		46	4.0	3.0	50	3.0	18	3.0	7.4	1.5	2.0	3.0	10	1.697
48	80.0	+2.0 0	69	149	34.5	+1.0 0	51	30	8.0	57	40	25.5	+1.0 0	50	4.0	4.0	52	3.0	19	4.0	8.0	1.5	2.0	3.0	10	2.296
52	84.5		69	153	34.5		56	30	8.7	59	41	28.0		52	5.0	4.0	54	3.0	20	4.0	8.7	2.0	2.0	4.0	14	2.393
56	88.5		69	157	34.5		60	30	9.4	61	42	30.0		54	5.0	4.0	56	3.0	21	4.0	9.4	2.0	2.0	4.0	14	2.477
60	98.5		83	181	41.5		64	36	10.0	64	45	32.0		56	5.0	4.0	58	3.0	22	4.0	10.0	2.0	2.0	4.0	14	3.704

注：1. 表中质量是夹座材料为可锻铸铁时的参考值。

2. 表中 R_4、R_6、R_7、R_8、R_9 为图中绳槽法面上的尺寸。

3. 图中的槽向为右旋 6 股钢丝绳用，当为左旋时，槽向应相反。

表 24-155　夹座和 U 型螺栓材料（摘自 GB/T 5976—2006）

零件名称		材料[①]
夹座[②]	锻造	GB/T 700—2006 规定的 Q235B
	铸造	GB/T 1348—2009 规定的 QT450-10
		GB/T 9440—2010 规定的 KTH350-10
		GB/T 11352—2009 规定的 ZG270-500
U 型螺栓		GB/T 700—2006 规定的 Q235B

① 允许用性能不低于表中的材料代替。

② 当绳夹用于起重机上时，夹座材料推荐采用 Q235B 钢，或 ZG270-500 制造。

24.3.2　钢丝绳用套环

24.3.2.1　钢丝绳用普通套环（见表 24-156）

表 24-156　钢丝绳用普通套环（摘自 GB/T 5974.1—2006）

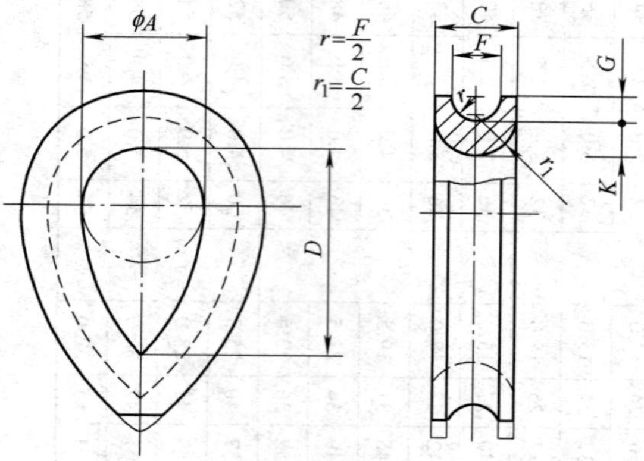

标记示例：

规格为 16（钢丝绳公称直径 >14～16mm）的普通套环，标记为

套环　GB/T 5974.1-16

套环规格 d/mm（钢丝绳公称直径）	尺寸/mm										单件质量 /kg
	F	C		A		D		G min	K		
		公称尺寸	极限偏差	公称尺寸	极限偏差	公称尺寸	极限偏差		公称尺寸	极限偏差	
6	6.7±0.2	10.5	0 −1.0	15	+1.5 0	27	+2.7 0	3.3	4.2	0 −0.1	0.032
8	8.9±0.3	14.0	0 −1.4	20	+2.0 0	36	+3.6 0	4.4	5.6	0 −0.2	0.075
10	11.2±0.3	17.5		25		45		5.5	7.0		0.150
12	13.4±0.4	21.0		30		54		6.6	8.4		0.250
14	15.6±0.5	24.5		35		63		7.7	9.8		0.393
16	17.8±0.6	28.0	0 −2.8	40	+4.0 0	72	+7.2 0	8.8	11.2	0 −0.4	0.605
18	20.1±0.6	31.5		45		81		9.9	12.6		0.867
20	22.3±0.7	35.0		50		90		11.0	14.0		1.205
22	24.5±0.8	38.5		55		99		12.1	15.4		1.563

（续）

套环规格 d/mm（钢丝绳公称直径）	F	C 公称尺寸	C 极限偏差	A 公称尺寸	A 极限偏差	D 公称尺寸	D 极限偏差	G min	K 公称尺寸	K 极限偏差	单件质量 /kg
24	26.7±0.9	42.0	0 −3.4	60	+4.8 0	108	+8.6 0	13.2	16.8	0 −0.6	2.045
26	29.0±0.9	45.5		65		117		14.3	18.2		2.620
28	31.2±1.0	49.0		70		126		15.4	19.6		3.290
32	35.6±1.2	56.0		80		144		17.6	22.4		4.854
36	40.1±1.3	63.0	0 −4.4	90	+6.0 0	162	+11.3 0	19.8	25.2	0 −0.8	6.972
40	44.5±1.5	70.0		100		180		22.0	28.0		9.624
44	49.0±1.6	77.0		110		198		24.2	30.8		12.808
48	53.4±1.8	84.0		120		216		26.4	33.6		16.595
52	57.9±1.9	91.0	0 −5.5	130	+7.8 0	234	+14.0 0	28.6	36.4	0 −1.1	20.945
56	62.3±2.1	98.0		140		252		30.8	39.2		26.310
60	66.8±2.2	105.0		150		270		33.0	42.0		31.396

注：套环材料的抗拉强度应不低于 375~530MPa，伸长率不低于 20%。

24.3.2.2　钢丝绳用重型套环（见表 24-157）

表 24-157　钢丝绳用重型套环（摘自 GB/T 5974.2—2006）

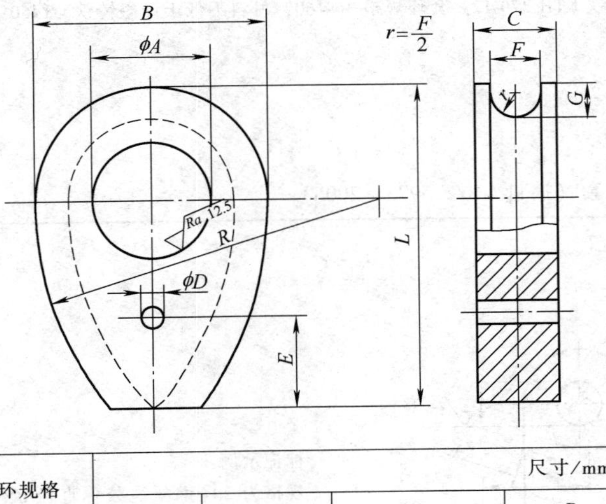

标记示例：

规格为 16（钢丝绳公称直径 d>14~16mm），由可锻铸铁制成的重型套环，标记为

套环　GB/T 5974.2-16 KTH

套环规格 d/mm（钢丝绳公称直径）	F	C 公称尺寸	C 极限偏差	A 公称尺寸	A 极限偏差	B 公称尺寸	B 极限偏差	L 公称尺寸	L 极限偏差	R 公称尺寸	R 极限偏差	G min	D	E	单件质量 /kg
8	8.9±0.3	14.0	0 −1.4	20	+0.149 +0.065	40	±2	56	±3	59	+3 0	6.0	5	20	0.08
10	11.2±0.3	17.5		25		50		70		74		7.5			0.17
12	13.4±0.4	21.0		30		60		84		89		9.0			0.32
14	15.6±0.5	24.5		35	+0.180 +0.080	70		98		104		10.5			0.50

（续）

套环规格 d/mm（钢丝绳公称直径）	尺寸/mm														单件质量/kg
	F	C		A		B		L		R		G min	D	E	
		公称尺寸	极限偏差	公称尺寸	极限偏差	公称尺寸	极限偏差	公称尺寸	极限偏差	公称尺寸	极限偏差				
16	17.8±0.6	28.0	0 −2.8	40	+0.180 +0.080	80	±4	112	±6	118	+6 0	12.0	5	20	0.78
18	20.1±0.6	31.5		45		90		126		133		13.5			1.14
20	22.3±0.7	35.0		50		100		140		148		15.0	10	30	1.41
22	24.5±0.8	38.5		55		110		154		163		16.5			1.96
24	26.7±0.9	42.0	0 −3.4	60	+0.220 +0.100	120	±6	168	±9	178	+9 0	18.0			2.41
26	29.0±0.9	45.5		65		130		182		193		19.5			3.46
28	31.2±1.0	49.0		70		140		196		207		21.0			4.30
32	35.6±1.2	56.0		80		160		224		237		24.0			6.46
36	40.1±1.3	63.0	0 −4.4	90	+0.260 +0.120	180	±9	252	±13	267	+13 0	27.0			9.77
40	44.5±1.5	70.0		100		200		280		296		30.0			12.94
44	49.0±1.6	77.0		110		220		308		326		33.0	15	45	17.02
48	53.4±1.8	84.0		120		240		336		356		36.0			22.75
52	57.9±1.9	91.0	0 −5.5	130	+0.305 +0.145	260	±13	364	±18	385	+19 0	39.0			28.41
56	62.3±2.1	98.0		140		280		392		415		42.0			35.56
60	66.8±2.2	105.0		150		300		420		445		45.0			48.35

注：推荐材料套环规格 8～32，材料不低于可锻铸铁 KTH 370-12。套环规格 36～60，材料不低于球墨铸铁 QT450-10，或铸钢 ZG270-500。

24.3.3　钢丝绳用楔形接头

24.3.3.1　楔套（见表 24-158）

表 24-158　楔套（摘自 GB/T 5973—2006）

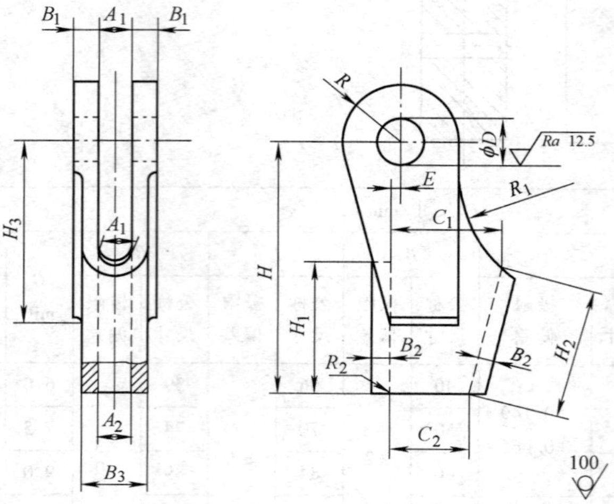

标记示例：

规格为 20（钢丝绳公称直径 d>18～20mm）的楔套，标记为

楔套　GB/T 5973-20

（续）

楔套规格 d/mm（钢丝绳公称直径）	尺寸/mm																				单件质量/kg
	A_1		A_2		B_1	B_2	B_3	C_1		C_2		D	E	H	H_1	H_2	H_3	R	R_1	R_2	
	公称尺寸	极限偏差	公称尺寸	极限偏差				公称尺寸	极限偏差	公称尺寸	极限偏差										
6	13		11		8	7	25	30		20.5		16	3.0	105	45	43.0	60	16	40	2	0.452
8	15		13		8	7	27	39		27.0		18	3.5	125	55	51.0	80	25	50	2	0.623
10	18	$^{+1.0}_{0}$	16	$^{+1.0}_{0}$	10	8	30	49	$^{+1.0}_{0}$	32.5	$^{+1.0}_{0}$	20	4.5	150	75	71.0	100	25	60	3	0.802
12	20		18		12	10	36	58		40.5		25	5.5	180	80	75.0	110	30	70	3	1.309
14	23		21		14	13	41	69		50.5		30	6.5	185	85	79.0	140	35	80	3	1.708
16	26		24		17	15	48	77		56.5		34	7.5	195	95	88.0	140	42	90	4	2.379
18	28		26		18	17	52	87		65.5		36	8.5	195	100	92.0	150	44	100	4	2.948
20	30		28		21	18	58	93		68.0		38	9.5	220	115	107.0	160	50	110	4	3.939
22	32	$^{+1.5}_{0}$	29	$^{+1.5}_{0}$	22	22	64	104	$^{+1.5}_{0}$	80.0	$^{+1.5}_{0}$	40	10.5	240	115	107.0	180	52	120	5	4.571
24	35		32		24	24	71	112		86.5		50	11.5	260	120	109.0	200	60	130	5	5.928
26	38		35		27	25	76	120		92.5		55	12.5	280	130	118.0	210	65	140	6	7.153
28	40		36		27	25	78	119		83.0		55	13.5	320	165	154.0	230	70	155	6	9.906
32	44		40		33	27	84	146		104.0		65	15.0	360	190	180.0	270	77	175	7	12.948
36	48	$^{+2.0}_{0}$	44	$^{+2.0}_{0}$	37	32	96	166	$^{+2.0}_{0}$	120.5	$^{+2.0}_{0}$	70	17.0	390	210	195.0	280	85	195	7	16.848
40	55		51		45	32	103	184		125.5		75	19.0	470	260	246.0	340	90	210	8	23.665

24.3.3.2　楔（见表 24-159）

表 24-159　楔（摘自 GB/T 5973—2006）

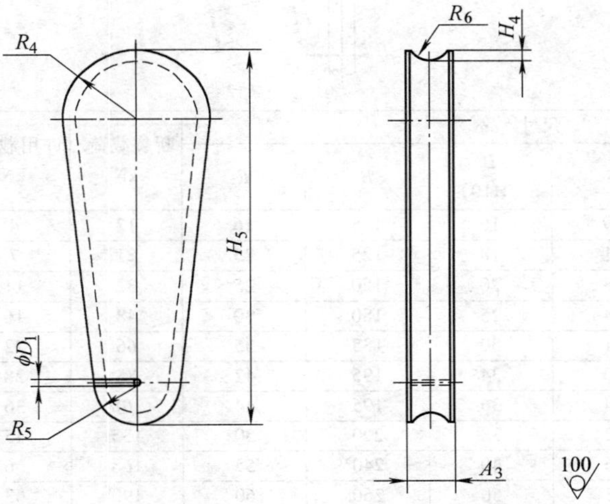

标记示例：

规格为 20（钢丝绳公称直径 $d>18\sim20$mm）的楔，标记为

楔　GB/T 5973-20

楔的规格 d/mm（钢丝绳公称直径）	尺寸/mm							单件质量/kg
	A_3	H_4	H_5	R_4	R_5	R_6	D_1	
6	9	2	65	12	6.5	3.5		0.133
8	11	2	79	15	8.0	4.5	2	0.179
10	12	3	98	18	9.5	5.5		0.242
12	14	3	111	21	11.5	6.5		0.421

（续）

楔的规格 d/mm（钢丝绳公称直径）	尺寸/mm							单件质量/kg
	A_3	H_4	H_5	R_4	R_5	R_6	D_1	
14	15	4	120	24	14.0	7.5	3.2	0.632
16	17	4	136	26	14.5	9.0		0.889
18	19	5	142	30	18.5	10.0		1.045
20	21	5	161	31	17.0	11.0		1.513
22	23	5	166	35	22.0	12.0	4	1.794
24	25	6	180	37	22.0	13.0		2.387
26	28	6	192	39	23.0	14.0		3.011
28	30	7	229	42	21.5	15.0		4.064
32	34	7	259	47	24.5	17.5	5	4.992
36	38	8	286	54	29.5	19.5		6.178
40	42	8	341	58	26.5	21.5		8.689

24.3.3.3 楔形接头（见表 24-160）

表 24-160 楔形接头（摘自 GB/T 5973—2006）

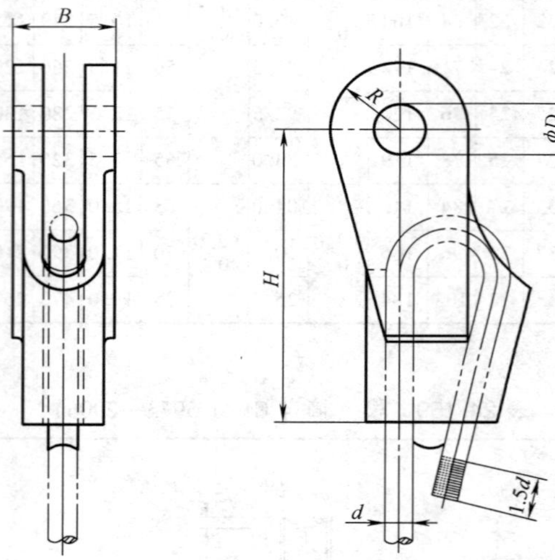

楔形接头规格 d/mm（钢丝绳公称直径）	尺寸/mm				断裂载荷/kN	许用载荷/kN	单组质量/kg
	适用钢丝绳公称直径 d/mm	B	D（H10）	H	R			
6	6	29	16	105	16	12	4	0.59
8	>6~8	31	18	125	25	21	7	0.80
10	>8~10	38	20	150	25	32	11	1.04
12	>10~12	44	25	180	30	48	16	1.73
14	>12~14	51	30	185	35	66	22	2.34
16	>14~16	60	34	195	42	85	28	3.27
18	>16~18	64	36	195	44	108	36	4.00
20	>18~20	72	38	220	50	135	45	5.45
22	>20~22	76	40	240	52	168	56	6.37
24	>22~24	83	50	260	60	190	63	8.32
26	>24~26	92	55	280	65	215	75	10.16
28	>26~28	94	55	320	70	270	90	13.97
32	>28~32	110	65	360	77	336	112	17.94
36	>32~36	122	70	390	85	450	150	23.03
40	>36~40	145	75	470	90	540	180	32.35

注：表中许用载荷和断裂载荷是楔套材料采用 GB/T 11352 中规定的 ZG 270-500 铸钢件，楔的材料采用 GB/T 9439 中规定的 HT 200 灰铸铁件确定的。

24.3.4　钢丝绳用压板（见表 24-161）

表 24-161　钢丝绳用压板（摘自 GB/T 5975—2006）

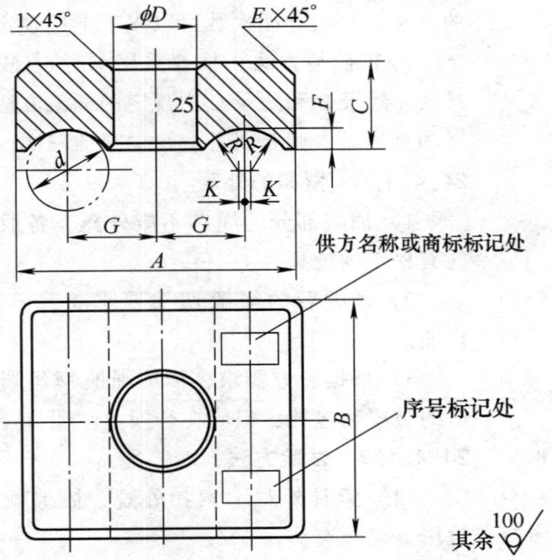

标记示例：

序号为 4（钢丝绳公称直径 d>14～17mm）的标准槽压板，标记为

压板　GB/T 5975-4

序号为 4（钢丝绳公称直径 d>14～17mm）的深槽压板，标记为

压板　GB/T 5975-4 深

压板序号	适用钢丝绳公称直径 d/mm	尺寸/mm													单件质量/kg	
		A		B	C	D	E	F	G		K	R		压板螺栓直径		
		标准槽	深槽						标准槽	深槽		基本尺寸	极限偏差		标准槽	深槽
1	6～8	25	29	25	8	9	1	2.0	8.0	10.0	1.0	4.0	$^{+0.1}_{0}$	M8	0.03	0.04
2	>8～11	35	39	35	12	11	1	3.0	11.5	13.5	1.5	5.5		M10	0.10	0.12
3	>11～14	45	51	45	16	15	2	3.5	14.5	17.5	1.5	7.0		M14	0.22	0.25
4	>14～17	55	66	50	18	18	2	4.0	17.5	21.5	1.5	8.5	$^{+0.2}_{0}$	M16	0.32	0.37
5	>17～20	65	73	60	20	22	3	5.0	21.0	25.0	1.0	10.0		M20	0.48	0.55
6	>20～23	75	85	60	20	22	4	6.0	24.5	29.5	1.5	11.5		M20	0.55	0.65
7	>23～26	85	95	70	25	26	4	6.5	28.0	33.0	1.0	13.0		M24	0.91	1.05
8	>26～29	95	105	70	25	30	5	7.0	31.5	36.5	1.5	14.5	$^{+0.3}_{0}$	M27	0.99	1.12
9	>29～32	105	117	80	30	33	5	8.0	34.5	40.5	1.5	16.0		M30	1.52	1.75
10	>32～35	115	129	90	35	33	6	9.0	38.0	45.0	1.0	17.5		M30	2.23	2.58
11	>35～38	125	141	90	35	39	6	10.0	40.5	48.5	1.5	19.0		M36	2.29	2.69
12	>38～41	135	153	100	40	45	8	11.0	44.0	53.0	1.0	20.5		M42	3.17	3.74
13	>41～44	145	163	110	40	45	8	12.0	47.5	56.5	1.5	22.0		M42	3.82	4.44
14	>44～47	155	175	110	50	45	8	13.0	51.5	61.5	1.5	23.5		M42	5.25	6.12
15	>47～52	170	189	125	50	52	10	13.0	56.0	65.0	2.0	26.0		M48	6.69	7.57
16	>52～56	180	—	135	50	52	10	14.0	60.0	—	2.0	28.0		M48	8.10	—
17	>56～60	190	—	145	55	52	10	15.0	64.0	—	2.0	30.0		M48	9.20	—

24.4　钢丝绳吊索

24.4.1　插编索扣

24.4.1.1　标准应用范围

GB/T 16271—2009 标准，适用于折回式、对插式手工插编和机械插编的六股钢丝绳吊索的索扣，其他多股钢丝绳的插编可参照执行。

24.4.1.2　术语和定义

（1）插编索扣　将绳股末端反向插入钢丝绳主体内，在钢丝绳端部构成一个环孔或环眼，如图 24-17所示。

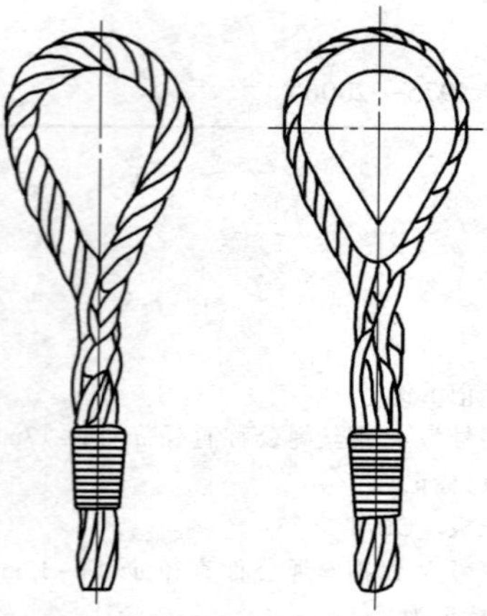

无套环的索扣　　有套环的索扣

图 24-17　插编的索扣

（2）穿插　把需要插编的绳股分别穿过本体钢丝绳中规定数目的绳股。

（3）折回式　将绳端折成环状，需要插编的绳股分别穿过本体钢丝绳构成的环眼。

（4）对插式　将绳端分成两部分，每部分都朝相反方向捻在一起，构成对称于钢丝绳轴线的环眼。

24.4.1.3　分类

1）插编的方式分为手工插编和机械插编。

2）手工插编的索扣按插编方法分为折回式和对插式。

24.4.1.4　技术要求

（1）钢丝绳

1）钢丝绳应选用 GB 8918、GB/T 9944、GB/T 20067 或 GB/T 20118 中规定的交互捻钢丝绳，但单股钢丝绳、异形股钢丝绳和多层股钢丝绳除外，并尽量避免选用金属芯钢丝绳。

2）钢丝绳的公称抗拉强度应不大于 1960MPa。

（2）索扣的设计要求

1）静载试验后，索扣的绳股不应有抽脱和断丝现象。

2）索扣的实际破断拉力，应不小于相应钢丝绳的最小破断拉力的 75%。

3）索扣经 20000 次疲劳试验后，其破断拉力应不小于主体钢丝绳的最小破断拉力的 70%。

4）在单根吊索中，两端索扣的插编部位末端的最小距离，一般不小于钢丝绳公称直径的 15 倍。

24.4.1.5　插编操作

（1）穿插次数

1）手工插编。对于折回式插编，每一股应至少穿插五次，并且五次中至少三次用整股穿插。对于对插式插编，可以减少穿插次数，但不小于三次。

2）机械插编。插编操作由三股穿插四次，另外三股穿插五次而成（共穿插 27 次）。

3）其他要求。根据钢丝绳的规格、结构及插编的方法，每股穿插次数可以多于上述规定。

（2）插编方法　推荐采用 GB/T 16271—2009 附录 A、附录 B 和附录 C 中规定的插编方法。如果钢丝绳为金属芯，则金属芯应至少穿插三次。

24.4.1.6　索扣的外观

1）插编部分的绳芯不应外露，各股要紧密，不能有松动的现象。

2）插编后的绳股切头要平整，不应有明显的扭曲。

3）根据需方要求，插编绳股钢丝端部应采用合适的被覆物包扎，但应在合同中注明。

24.4.1.7　试验方法

（1）索具外观　索扣外观、插编顺序和插编针数用目视检查。

（2）静载试验　在校准的立式或卧式拉力试验机上，采用不小于 2 倍钢丝绳直径的圆销钉穿过索扣眼，以不大于 10MPa/s 的速率，沿钢丝绳的轴线方向施加 2 倍额定载荷的拉力，保持不少于 5min，索扣应符合标准的规定。

（3）破断拉伸试验

1）吊索的两个索扣插编部分末端之间的钢丝绳长度，应不小于钢丝绳公称直径的 30 倍，或不小于 2m。每一个试验的索扣不应装有套环。

2）采用不小于 2 倍钢丝绳直径的圆销钉穿过索扣眼的方法施加拉力。

3）先迅速加载到不超过钢丝绳最小破断拉力的 60%，然后以不大于 10MPa/s 的速率平稳施加拉力，直至达到理论破断拉力。

（4）疲劳试验

1）吊索的两个索扣插编部分末端之间的钢丝绳长度应与破断拉伸试验的一样，两个索扣应装有套环。

2）试验应在拉伸疲劳试验机上进行，该疲劳试验机应能够显示出吊索的应力特性曲线。

3）吊索应能承受沿钢丝绳轴向的交变拉力。该交变拉力应为钢丝绳最小破断拉力的 15%～30%，试验机的频率不应超过 15kHz。

（5）检查数量

1）每个索扣都要进行外观、插编长度和插编顺序的检查。

2）索扣静载拉伸试验的取样数量，应符合表 24-162 的要求。

表 24-162　取样数量

批　量	试样数量/个
≤100	2
>100~200	4
>200	6

24.4.1.8　插编索扣的结构和插编初期的插编方法

1）钢丝绳和套环的布置如图 24-18 所示。手工插编初期的方法如图 24-19 所示。

2）第一、第二和第三组穿插次序见表 24-163。

3）第四和第五组穿插。

① 在第三组穿插后，可从每根绳股切除部分钢丝来减细尾端，把剩余的钢丝沿股的中心反向捻入相应的绳股中。

② 应使用减少的尾端按规定的方法进行第四、第五组穿插。用适当的工具对插编部位进行整形，使插编的部位平滑和圆整。

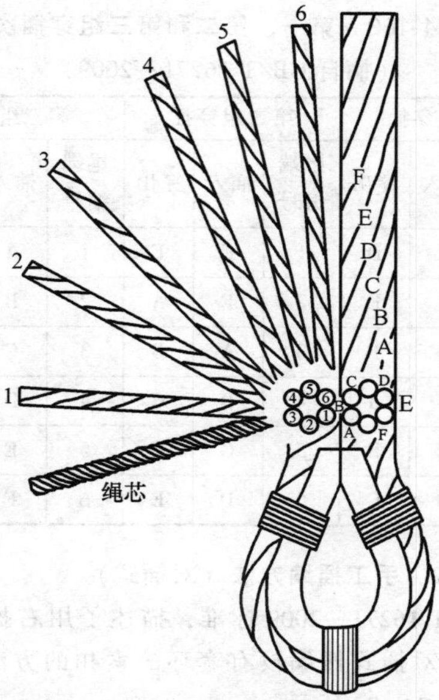

图 24-18　钢丝绳和套环的布置

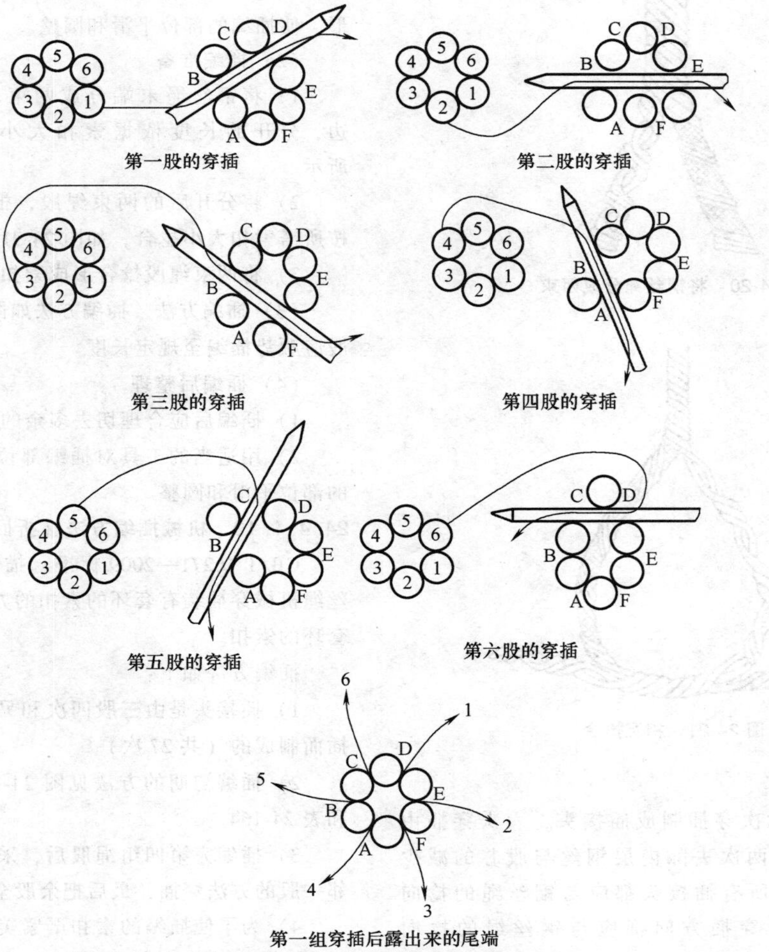

图 24-19　手工插编初期的方法

表 24-163　第一、第二和第三组穿插次序
（摘自 GB/T 16271—2009）

第一组穿插			第二组穿插			第三组穿插		
尾端编号	插入	穿出	尾端编号	插入	穿出	尾端编号	插入	穿出
1	B	D	1	E	F	1	A	B
2	B	E	2	F	A	2	B	C
3	B	F	3	A	B	3	C	D
4	B	A	4	B	C	4	D	E
5	C	B	5	C	D	5	E	F
6	D	C	6	D	E	6	F	A

24.4.1.9　手工插编方法（对插式）

GB/T 16271—2009 标准，描述了用右捻六股钢丝绳采用对插式插编没有套环的索扣的方法，如图 24-20～图 24-22 所示。

图 24-20　将钢丝绳分成两束

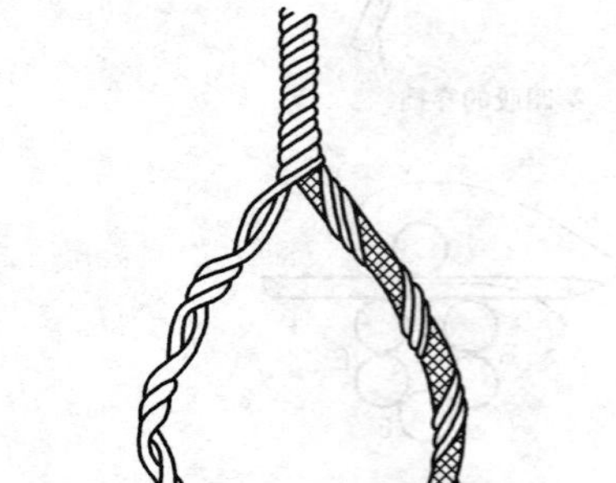

图 24-21　相互捻合

（1）方法

1）每股经六次穿插制成插接头，六次穿插由四次整股穿插和两次去除内层钢丝与股芯的减少的股穿插组成。所有插接头都应与钢丝绳的捻向相反。所有绳股穿插方向都应与钢丝绳的捻向相反。

2）每绳股穿插六次后，依次进入下一股穿插，穿插顺序如图 24-22 所示。

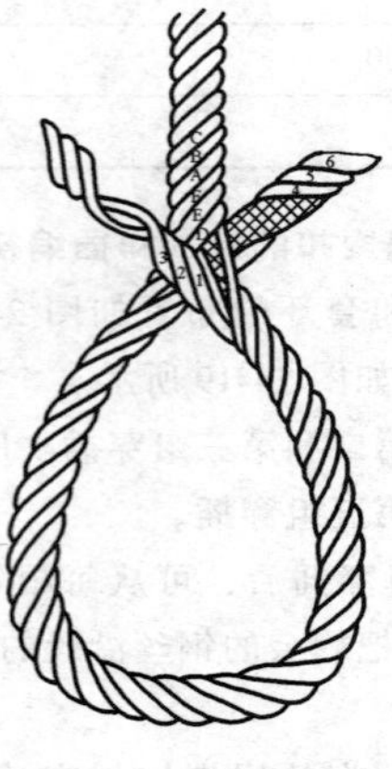

图 24-22　插编前的准备

3）所有的穿插应牢牢拉紧到与被插钢丝绳的中心线相一致为止。用专用的整形机对插编部位进行整形，使插编的部位平滑和圆整。

（2）插编准备

1）将钢丝绳末端分成两束，绳芯任意归入一边，分开的长度依据索扣大小决定，如图 24-20 所示。

2）将分开后的两束绳股，根据绳原捻距捻向，按所需索扣大小捻合，如图 24-21 所示。

3）将两束绳股捻合形成索扣后，把每股分开。

（3）插编方法　插编方法如图 24-23 所示。每根股应顺势插编至规定长度。

（4）插编后整理

1）插编后应合理切去多余的绳股末端。

2）用适当的工具对插编部位进行整形，使插编的部位平滑和圆整。

24.4.1.10　机械插编方法（折回式）

GB/T 16271—2009 标准，描述了用右捻六股钢丝绳机械穿插装有套环的索扣的方法，也适用于没有套环的索扣。

插编方法如下：

1）插接头是由三股四次和另外三股五次整股穿插而制成的（共 27 次）。

2）插编初期的方法见图 24-24 所示的图解说明和表 24-164。

3）插编完第四组绳股后，采取插一股，剪掉相邻一股的方法穿插，最后把余股全部切除。

4）为了使插编的索扣严紧美观，应采用整形机整形，使它们进入合适的位置。

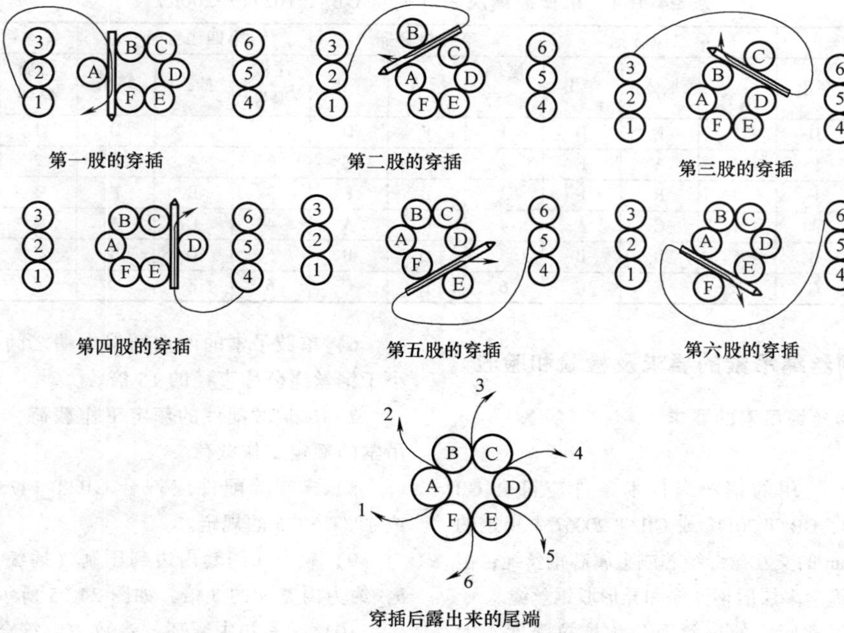

图 24-23　手工插编方法

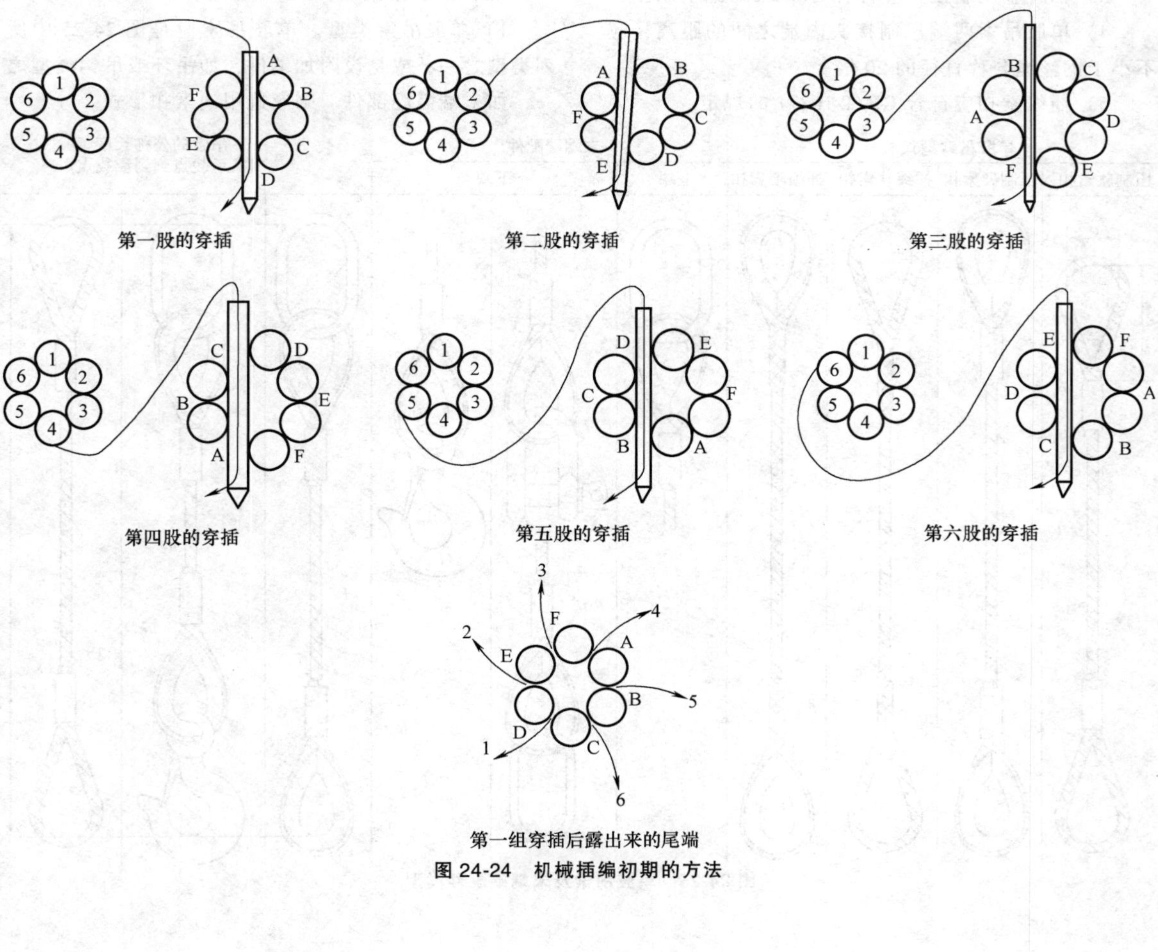

图 24-24　机械插编初期的方法

表 24-164　机械插编次序（摘自 GB/T 16271—2009）

第一组穿插			第二组穿插			第三组穿插			第四组穿插			第五组穿插		
尾端编号	插入	穿出	尾端编号	插入	穿出	尾端编号	插入	穿出	尾端编号	插入	穿出	尾端编号	插入	穿出
1	A	D	1	F	D	1	F	D	1	F	D	1	F	D
2	A	E	2	A	E	2	A	E	2	A	E	2	剪掉	
3	B	F	3	B	F	3	B	F	3	B	F	3	B	F
4	C	A	4	C	A	4	C	A	4	C	A	4	剪掉	
5	D	B	5	D	B	5	D	B	5	D	B	5	D	B
6	E	C	6	E	C	6	E	C	6	E	C	6	剪掉	

24.4.2　对钢丝绳吊索的要求及检验和验收

24.4.2.1　对钢丝绳吊索的要求

（1）总则

1）钢丝绳。选用的钢丝绳技术条件应符合 GB 8918、GB/T 9944、GB/T 20118 或 GB/T 20067 中规定的直径不大于 120mm 的交互捻纤维芯或金属芯钢丝绳；但不包括单股钢丝绳、多层股钢丝绳和异形股钢丝绳。

2）钢丝绳吊索所用的钢丝绳公称抗拉强度不大于 1960MPa。

3）铝合金压制接头应符合 GB/T 6946 的规定。

4）单肢吊索两端压制接头内端之间的距离，应不小于钢丝绳公称直径的 20 倍。

5）插编索扣应符合 GB/T 16271 的规定。

6）单肢吊索的两端插编末端之间的距离，应不小于钢丝绳公称直径的 15 倍。

7）末端端配件的额定工作载荷，应不小于相配吊索的额定工作载荷。

8）末端端配件应符合 GB/T 14736、JB/T 8112 或 JT/T 5025 的规定。

9）软索扣绳套内边到压制（插编）索扣的长度 b，约为内宽 a 的 2 倍，如图 24-25 所示。

10）硬索扣中套环的参数，应符合 GB/T 5974.1 或 GB/T 5974.2 的规定。

（2）单肢吊索

1）单肢吊索类型。单肢吊索应是图 24-25 中所列类型之一，或是设附加端件，如吊环或吊钩类型之一；如末端需配部件，则应选用硬索扣形式。

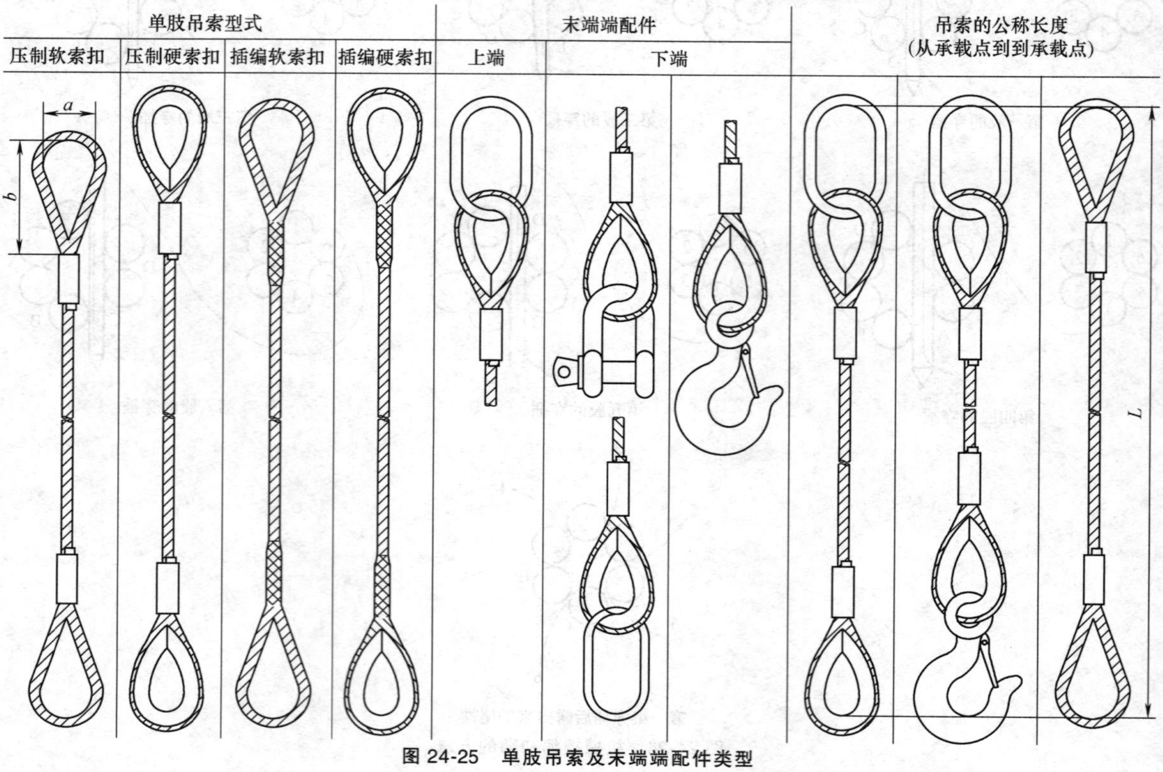

图 24-25　单肢吊索及末端端配件类型

2）单肢吊索长度允许偏差。吊索的公称长度 L，是指两个末端端配件（如吊环、套环和吊钩等）的实际工作承载点之间的距离，如图 27-25 所示。

吊索实测长度和公称长度的差值，应不大于钢丝绳公称直径的±2 倍，或不大于规定长度的±0.5%。需方未指定公差要求时，二者之中取大值。

同组吊装的各单肢吊索长度间的差值，不大于钢丝绳公称直径的 1.5 倍，或不大于规定长度的 0.5%，二者之中取大值。

吊索的公称长度应在无载荷下测量。

3）额定工作载荷。额定工作载荷计算式如下：

$$WLL=\frac{F_0K_e}{K_mK_u}$$

式中 WLL——吊索额定工作载荷（t）；

F_0——钢丝绳最小破断拉力（kN）；

K_e——接头型式效能近似系数，压制接头取 0.9，插编接头取 0.75；

K_u——安全系数，一般取 5；

K_m——质量与力的转换系数，取值为 9.80665。

如果有关标准、法规或需方要求选取不同的 K_e 或 K_u 值，应在合同中注明 K_e 或 K_u 的确切数值。

4）单肢吊索的额定工作载荷采用表 24-165 的数值。

（3）多肢组装吊索

1）组装吊索的结构。组装吊索由两肢、三肢或四肢（以上）符合标准要求的单肢吊索组合而成。各肢钢丝绳的规格、结构及公称抗拉强度级都应相同。

两肢组装吊索是由两肢单肢吊索的上端，用一个主吊环连接而成，如图 24-26a 所示；三肢组装吊索中的两肢，由一个中间环与主吊环连接，另一肢应由第二个中间环连接，如图 24-26b 所示；对于四肢组装吊索，它们中间两肢应由一个中间环与主吊环连接，如图 24-26c 所示。装有末端端配件时，吊索应采用硬索扣型式。

表 24-165 单肢吊索的额定工作载荷

钢丝绳公称直径/mm	铝合金压制单肢吊索的额定工作载荷				插编单肢吊索的额定工作载荷			
	1670MPa 公称抗拉强度级				1670MPa 公称抗拉强度级			
	纤维芯		金属芯		纤维芯		金属芯	
	kN	t	kN	t	kN	t	kN	t
5	2.21	0.23	2.39	0.24	1.85	0.19	2.00	0.20
6	3.19	0.32	3.46	0.35	2.66	0.27	2.88	0.29
7	4.34	0.44	4.70	0.48	3.62	0.37	3.92	0.40
8	5.67	0.58	6.14	0.63	4.73	0.48	5.12	0.52
9	7.18	0.73	7.78	0.79	5.99	0.61	6.48	0.66
10	8.87	0.90	9.59	0.98	7.40	0.75	8.00	0.82
11	10.73	1.09	11.61	1.18	8.94	0.91	9.68	0.99
12	12.76	1.30	13.81	1.41	10.64	1.08	11.51	1.17
13	14.99	1.53	16.20	1.65	12.50	1.27	13.50	1.38
14	17.39	1.77	18.72	1.91	14.49	1.48	15.60	1.59
16	22.68	2.31	24.48	2.50	18.90	1.93	20.40	2.08
18	28.80	2.94	31.14	3.18	24.00	2.45	25.95	2.65
20	35.46	3.62	38.34	3.91	29.55	3.01	31.95	3.26
22	42.84	4.37	46.44	4.74	35.70	3.64	38.70	3.95
24	51.12	5.21	55.26	5.63	42.60	4.34	46.05	4.70
26	59.94	6.11	64.80	6.61	49.95	5.09	54.00	5.51
28	69.48	7.08	75.24	7.67	57.90	5.90	62.70	6.39
30	79.74	8.13	86.22	8.79	66.45	6.78	71.85	7.33
32	90.72	9.25	98.28	10.02	75.60	7.71	81.90	8.35
34	102.60	10.46	110.88	11.31	85.50	8.72	92.40	9.42
36	114.84	11.71	124.20	12.66	95.70	9.76	103.50	10.55
38	127.98	13.05	138.42	14.11	106.65	10.88	115.35	11.76
40	141.84	14.46	153.36	15.64	118.20	12.05	127.80	13.03
42	156.42	15.95	169.20	17.25	130.35	13.29	141.00	14.38
44	171.72	17.51	185.40	18.91	143.10	14.59	154.50	15.75
46	187.20	19.09	203.40	20.74	156.00	15.91	169.50	17.28
48	205.20	20.92	221.40	22.58	171.00	17.44	184.50	18.81

（续）

钢丝绳公称直径/mm	铝合金压制单肢吊索的额定工作载荷 1670MPa 公称抗拉强度级				插编单肢吊索的额定工作载荷 1670MPa 公称抗拉强度级			
	纤维芯		金属芯		纤维芯		金属芯	
	kN	t	kN	t	kN	t	kN	t
50	221.40	22.58	239.40	24.41	184.50	18.81	199.50	20.34
52	239.40	24.41	259.20	26.43	199.50	20.34	216.00	22.03
54	259.20	26.43	279.00	28.45	216.00	22.03	232.50	23.71
56	277.20	28.27	300.60	30.65	231.00	23.56	250.50	25.54
58	298.80	30.47	322.20	32.86	249.00	25.39	268.50	27.38
60	318.60	32.49	345.60	35.24	265.50	27.07	288.00	29.37
62	289.80	29.55	343.80	35.06	241.50	24.63	286.50	29.21
64	309.60	31.57	365.40	37.26	258.00	26.31	304.50	31.05
66	329.40	33.59	388.80	39.65	274.50	27.99	324.00	33.04
68	349.20	35.61	412.20	42.03	291.00	29.67	343.50	35.03
70	369.00	37.63	437.40	44.60	307.50	31.36	364.50	37.17
72	390.60	39.83	462.60	47.17	325.50	33.19	385.50	39.31
74	414.00	42.22	489.60	49.93	345.00	35.18	408.00	41.60
76	435.60	44.42	514.80	52.49	363.00	37.02	429.00	43.75
78	459.00	46.80	543.60	55.43	382.50	39.00	453.00	46.19
80	482.40	49.19	570.60	58.19	402.00	40.99	475.50	48.49
82	507.60	51.76	601.20	61.31	423.00	43.13	501.00	51.09
84	532.80	54.33	630.00	64.24	444.00	45.28	525.00	53.54
86	558.00	56.90	660.60	67.36	465.00	47.42	550.50	56.14
88	585.00	59.65	691.20	70.48	487.50	49.71	576.00	58.74
90	612.00	62.41	723.60	37.79	510.00	52.01	603.00	61.49
92	639.00	65.16	756.00	77.09	532.50	54.30	630.00	64.24
94	666.00	67.91	788.40	80.39	555.00	56.59	657.00	67.00
96	694.80	70.85	822.60	83.88	579.00	59.04	685.50	69.90
98	725.40	73.97	856.80	87.37	604.50	61.64	714.00	72.81
100	754.20	76.91	892.80	91.04	925.50	64.09	744.00	75.87
102	784.80	80.03	928.80	94.71	654.00	66.69	774.00	78.93
104	815.40	83.15	964.80	98.38	679.50	69.29	804.00	81.99
106	847.80	86.45	1002.60	102.24	706.50	72.04	835.50	85.20
108	880.20	89.76	1042.20	106.27	733.50	74.80	868.50	88.56
110	912.60	93.06	1080.00	110.13	760.50	77.55	900.00	91.77
112	946.80	96.55	1119.60	114.17	789.00	80.46	933.00	95.14
114	981.00	100.03	1161.00	118.39	817.50	83.36	967.50	98.66
116	1015.20	103.53	1200.60	122.43	846.00	86.27	1000.50	102.02
118	1051.20	107.19	1243.80	126.83	876.00	89.33	1036.50	105.69
120	1087.20	110.86	1285.20	131.05	906.00	92.39	1071.00	109.21

注：1. 铝合金压制的 K_e 值按 0.9 计算，插编的 K_e 值按 0.75 计算。

2. 钢丝绳公称直径不大于 60mm 的，选用 GB/T 20118 中结构为 6×37（b）类钢丝绳；钢丝绳公称直径大于 60mm 的，选用 GB/T 20067 中结构为 8×61（b）类钢丝绳。

3. 额定工作载荷数值取小数点后两位。

4. 铝合金压制和插编吊索，也可采用其他类型普通捻纤维芯，或金属芯圆股钢丝绳，其额定工作载荷根据钢丝绳最小破断拉力另行计算。

5. 表中的额定工作载荷，是设定单肢吊索软索扣在不小于二倍钢丝绳公称直径的承载点使用的基础上确定的。

2）组装吊索长度允许偏差。吊索的公称长度 L，是指两个末端端配件（如吊环、套环和吊钩等）的实际工作承载点之间的距离，如图 24-26 所示。

吊索实测长度和公称长度的差值，应不大于钢丝绳公称直径的±2 倍，或不大于规定长度的±0.5%。用户未指定误差要求时，二者之中取大值。

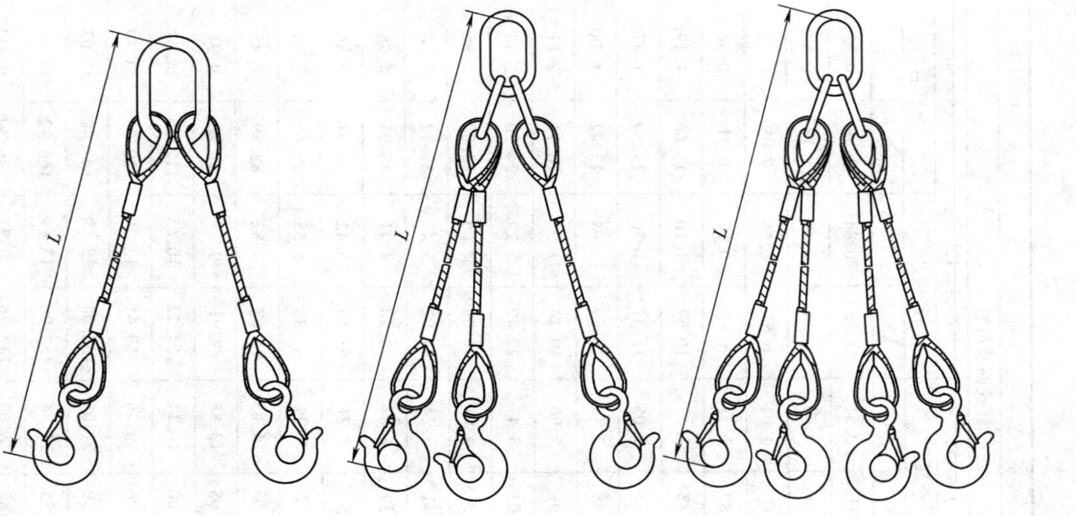

图 24-26　组装吊索结构

a）两肢组装吊索　b）三肢组装吊索　c）四肢组装吊索

多肢吊索中各单肢吊索长度间的差值，不大于钢丝绳公称直径的 1.5 倍，或不大于规定长度的 0.5%，二者之中取大值。

吊索的公称长度应在无载荷下测量。

3）组装吊索的额定工作载荷。由对称分布的与垂直方向具有相同角度的单肢吊索组成的多肢吊索的工作载荷，按下式计算：

$$WLL=\frac{F_0K_eK}{K_mK_u}$$

式中　WLL——吊索额定工作载荷（t）；

F_0——钢丝绳最小破断拉力（kN）；

K_e——接头型式效能近似系数，压制接头取 0.9，插编接头取 0.75；

K——肢的数量与垂直方向角度的相关系数，即额定工作载荷计算系数，见表 24-166；

K_u——安全系数，一般取 5；

K_m——质量与力的转换系数，取值为 9.80665。

如果有关标准、法规或需方要求选取不同的 K_e 或 K_u 值，应在合同中注明 K_e 或 K_u 的确切数值。用单肢吊索的额定工作载荷乘以表 24-166 所示的系数，以计算组装吊索的额定工作载荷。

竖向角度 β 不应大于 60°，两肢相对应的吊索夹角 α 不应大于 120°。多肢组装吊索的夹角如图 24-27 所示。

表 24-166　额定工作载荷计算系数

两对应吊索间的夹角 α	竖向角度（夹角）β	额定工作载荷计算系数 K		
		单肢吊索数量		
		两肢	三肢	四肢
$\alpha \leqslant 90°$	$\beta \leqslant 45°$	1.4	2.1	2.1
$90°<\alpha \leqslant 120°$	$45°<\beta \leqslant 60°$	1.0	1.5	1.5

注：1. 如果每肢吊索均匀地分布载荷，则本表所给出的系数和额定工作载荷才是正确的。

2. 主吊环和中间环设计仅在规定的夹角 α 范围内，例如，0°~90°能起吊标记在吊索上的额定工作载荷；在大于 90°夹角时，它们不应用来承受更大载荷。

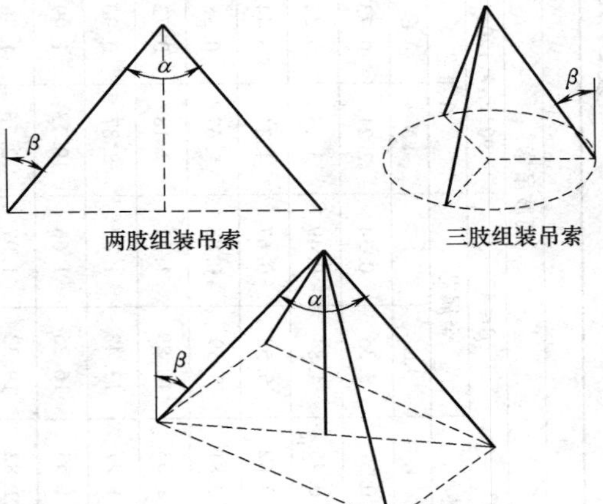

图 24-27　多肢组装吊索的夹角

4）铝合金压制组装吊索的额定工作载荷采用表 24-167 数值。

5）插编组装吊索额定工作载荷采用表 24-168 数值。

表 24-167 铝合金压制组装吊索额定工作载荷

钢丝绳公称直径/mm	1670MPa 公称抗拉强度级															
	两肢吊索								三肢或四肢吊索							
	$\alpha \leq 90°$		$\beta \leq 45°$		$90° < \alpha \leq 120°$		$45° < \beta \leq 60°$		$\alpha \leq 90°$		$\beta \leq 45°$		$90° < \alpha \leq 120°$		$45° < \beta \leq 60°$	
	纤维芯		金属芯		纤维芯		金属芯		纤维芯		金属芯		纤维芯		金属芯	
	kN	t	kN	t	kN	t	kN	t	kN	t	kN	t	kN	t	kN	t
5	3.10	0.32	3.35	0.34	2.21	0.23	2.39	0.24	4.65	0.47	5.03	0.51	3.32	0.34	3.59	0.37
6	4.46	0.45	4.84	0.49	3.19	0.32	3.46	0.35	6.69	0.68	7.26	0.74	4.78	0.49	5.18	0.53
7	6.07	0.62	6.58	0.67	4.34	0.44	4.70	0.48	9.11	0.93	9.87	1.01	6.51	0.66	7.05	0.72
8	7.94	0.81	8.59	0.88	5.67	0.58	6.14	0.63	11.91	1.21	12.89	1.31	8.51	0.87	9.21	0.94
9	10.05	1.03	10.89	1.11	7.18	0.73	7.78	0.79	15.08	1.54	16.33	1.67	10.77	1.10	11.66	1.19
10	12.42	1.27	13.43	1.37	8.87	0.90	9.59	0.98	18.64	1.90	20.15	2.05	13.31	1.36	14.39	1.47
11	15.02	1.53	16.25	1.66	10.73	1.09	11.61	1.18	22.53	2.30	24.38	2.49	16.09	1.64	17.42	1.78
12	17.87	1.82	19.33	1.97	12.76	1.30	13.81	1.41	26.80	2.73	28.99	2.96	19.14	1.95	20.71	2.11
13	20.99	2.14	22.68	2.31	14.99	1.53	16.20	1.65	31.49	3.21	34.02	3.47	22.49	2.29	24.30	2.48
14	24.34	2.48	26.21	2.67	17.39	1.77	18.72	1.91	36.51	3.72	39.31	4.01	26.08	2.66	28.08	2.86
16	31.75	3.24	34.27	3.49	22.68	2.31	24.48	2.50	47.63	4.86	51.41	5.24	34.02	3.47	36.72	3.74
18	40.32	4.11	43.60	4.45	28.80	2.94	31.14	3.18	60.48	6.17	65.39	6.67	43.20	4.41	46.71	4.76
20	49.64	5.06	53.68	5.47	35.46	3.62	38.34	3.91	74.47	7.59	80.51	8.21	53.19	5.42	57.51	5.86
22	59.98	6.12	65.02	6.63	42.84	4.37	46.44	4.74	89.96	9.17	97.52	9.94	64.26	6.55	69.66	7.10
24	71.57	7.30	77.36	7.89	51.12	5.21	55.26	5.63	107.35	10.95	116.05	11.83	76.68	7.82	82.89	8.45
26	83.92	8.56	90.72	9.25	59.94	6.11	64.80	6.61	125.87	12.84	136.08	13.88	89.91	9.17	97.20	9.91
28	97.27	9.92	105.34	10.74	69.48	7.08	75.24	7.67	145.91	14.88	158.00	16.11	104.22	10.63	112.86	11.51
30	111.64	11.38	120.71	12.31	79.74	8.13	86.22	8.79	167.45	17.08	181.06	18.46	119.61	12.20	129.33	13.19
32	127.01	12.95	137.59	14.03	90.72	9.25	98.28	10.02	190.51	19.43	206.39	21.05	136.08	13.88	147.42	15.03
34	143.64	14.65	155.23	15.83	102.60	10.46	110.88	11.31	215.46	21.97	232.85	23.74	153.90	15.69	166.32	16.96
36	160.78	16.39	173.88	17.73	114.84	11.71	124.20	12.66	241.16	24.59	260.82	26.60	172.26	17.57	186.30	19.00
38	179.17	18.27	193.79	19.76	121.98	13.05	138.42	14.11	268.76	27.41	290.68	29.64	191.97	19.58	207.63	21.17

40	198.58	20.25	214.70	21.89	141.84	14.46	153.36	15.64	297.86	30.37	322.06	32.84	212.76	21.70	230.04	23.46
42	218.99	22.33	236.88	24.16	156.42	15.95	169.20	17.25	328.48	33.50	355.32	36.23	234.63	23.93	253.80	25.88
44	240.41	24.51	259.56	26.47	171.72	17.51	185.40	18.91	360.61	36.77	389.34	39.70	257.58	26.27	278.10	28.36
46	262.08	26.72	284.76	29.04	187.20	19.09	203.40	20.74	393.12	40.09	427.14	43.56	280.80	28.63	305.10	31.11
48	287.28	29.29	309.96	31.61	205.20	20.92	221.40	22.58	430.92	43.94	464.94	47.41	307.80	31.39	332.10	33.86
50	309.96	31.61	335.16	34.18	221.40	22.58	239.40	24.41	464.94	47.41	502.74	51.27	332.10	33.86	359.10	36.62
52	335.16	34.18	362.88	37.00	239.40	24.41	259.20	26.43	502.74	51.27	544.32	55.51	359.10	36.62	388.80	39.65
54	362.88	37.00	390.150	39.83	259.20	26.43	279.00	28.45	544.32	55.51	585.90	59.75	388.80	39.155	418.50	42.68
56	388.08	39.57	420.84	42.91	277.20	28.27	300.60	30.65	582.12	59.36	631.26	64.37	415.80	42.40	450.90	45.98
58	418.32	42.66	451.08	46.00	298.80	30.47	322.20	32.86	627.48	63.99	676.62	69.00	448.20	45.70	483.30	49.28
60	446.04	45.48	483.84	49.34	318.60	32.49	345.60	35.24	669.06	68.23	725.76	74.01	477.90	48.73	518.40	52.86
62	405.72	41.37	481.32	49.08	289.80	29.55	343.80	35.06	608.58	62.06	721.98	73.62	434.70	44.33	515.70	52.59
64	433.44	44.20	511.56	52.16	309.60	31.57	365.40	37.26	650.16	66.30	767.34	78.25	464.40	47.36	548.10	55.89
66	461.16	47.03	544.32	55.51	329.40	33.59	388.80	39.65.	691.74	70.54	816.48	83.26	494.10	50.38	583.20	59.47
68	488.88	49.85	577.08	58.85	349.20	35.61	412.Z0	42.03	733.32	74.78	865.62	88.27	523.80	53.41	618.30	63.05
70	516.60	52.68	612.36	62.44	369.00	37.63	437.40	44.60	774.90	79.02	918.54	93.67	553.50	56.44	656.10	66.90
72	546.84	55.76	647.64	66.04	390.60	39.83	462.60	47.17	820.26	83.64	971.46	99.06	585.90	59.75	693.90	70.76
74	579.60	59.10	685.44	69.90	414.00	42.22	489.60	49.93	869.40	88.65	1028.16	104.84	621.00	63.32	734.40	74.89
76	609.84	62.19	720.72	73.49	435.60	44.42	514.80	52.49	914.76	93.28	1081.08	110.24	653.40	66.63	772.20	78.74
78	642.60	65.53	761.04	77.60	459.00	46.80	543.60	55.43	963.90	98.29	1141.56	116.41	688.50	70.21	815.40	83.15
80	675.36	68.87	798.84	81.46	482.40	49.19	570.60	58.19	1013.04	103.30	1198.26	122.19	723.60	73.79	855.90	87.28
82	710.64	72.47	841.68	85.83	507.60	51.76	601.20	61.31	1065.96	108.70	1262.52	128.74	761.40	77.64	901.80	91.96

（续）

钢丝绳公称直径/mm	1670MPa公称抗拉强度级															
	两肢吊索								三肢或四肢吊索							
	$\alpha\leqslant90°$		$\beta\leqslant45°$		$90°<\alpha\leqslant120°$		$45°<\beta\leqslant60°$		$\alpha\leqslant90°$		$\beta\leqslant45°$		$90°<\alpha\leqslant120°$		$45°<\beta\leqslant60°$	
	纤维芯		金属芯		纤维芯		金属芯		纤维芯		金属芯		纤维芯		金属芯	
	kN	t	kN	t	kN	t	kN	t	kN	t	kN	t	kN	t	kN	t
84	745.92	76.06	882.00	89.94	532.80	54.33	630.00	64.24	1118.88	114.09	1323.00	134.91	799.20	81.50	945.00	96.36
86	781.20	79.66	924.84	94.31	558.00	56.90	660.60	67.36	1171.80	119.49	1387.26	141.46	837.00	85.35	990.90	101.04
88	919.00	83.51	967.68	98.68	585.00	59.65	691.20	70.48	1228.50	125.27	1451.52	148.01	877.50	89.48	1036.80	105.72
90	856.80	87.37	1013.04	103.30	612.00	62.41	723.60	73.79	1285.20	131.05	1519.56	154.95	918.00	93.61	1085.40	110.68
92	894.60	91.22	1058.40	107.93	639.00	65.16	756.00	77.09	1341.90	136.84	1587.60	161.89	958.50	97.74	1134.00	115.64
94	932.40	95.08	1103.76	112.55	666.00	67.91	788.40	80.39	1398.60	142.62	1655.64	168.83	999.00	101.87	1182.60	120.59
96	972.72	99.19	1151.64	117.43	694.80	70.85	822.60	83.88	1459.08	148.78	1727.46	176.15	1042.20	106.27	1233.90	125.82
98	1015.56	103.56	1199.52	122.32	725.40	73.97	856.80	87.37	1523.34	155.34	1799.28	183.48	1088.10	110.96	1285.20	131.05
100	1055.88	107.67	1249.92	127.46	754.20	76.91	892.80	91.04	1583.82	161.50	1874.88	191.18	1131.30	115.36	1339.20	136.56
102	1098.72	112.04	1300.32	132.60	784.80	80.03	928.80	94.71	1648.08	168.06	1950.48	198.89	1177.20	120.04	1393.20	142.07
104	1141.56	116.41	1350.72	137.74	815.40	83.15	964.80	98.38	1712.34	174.61	2026.08	206.60	1223.10	124.72	1447.20	147.57
106	1186.92	121.03	1403.64	143.13	847.80	86.45	1002.60	102.24	1780.38	181.55	2105.46	21.70	1271.70	129.68	1503.90	153.36
108	1232.28	125.66	1459.08	148.78	880.20	89.76	1042.20	106.27	1848.42	188.49	2188.62	223.18	1320.30	134.63	1563.30	159.41
110	1277.64	130.28	1512.00	154.18	912.60	93.06	1080.00	110.13	1916.46	195.42	2268.00	231.27	1368.90	139.59	1620.00	165.19
112	1325.52	135.17	1567.44	159.83	946.80	96.55	1119.60	114.12	1988.28	202.75	2351.16	239.75	1420.20	144.82	1679.40	171.25
114	1373.40	140.05	1625.40	165.74	981.00	100.03	1161.00	118.39	2060.10	210.07	2438.10	248.62	1471.50	150.05	1741.50	177.58
116	1421.28	144.93	1680.84	171.40	1015.20	103.52	1200.60	122.43	2131.92	217.40	2521.26	257.10	1522.80	155.28	1800.90	183.64
118	1471.68	150.07	1741.32	177.57	1051.20	107.19	1243.80	126.83	2207.52	225.10	2611.98	266.35	1576.80	160.79	1865.70	190.25
120	1522.08	155.21	1799.28	183.48	1087.20	110.86	1285.20	131.05	2283.12	232.81	2698.92	275.21	1630.80	166.30	1927.80	196.58

注：1. 铝合金压制的 K_e 值按 0.9 计算。

2. 钢丝绳公称直径不大于 60mm 的，选用 GB/T 20118 中结构为 6×37（b）类钢丝绳；钢丝绳公称直径大于 60mm 的，选用 GB/T 20067 中结构为 8×61（b）类钢丝绳。

3. 额定工作载荷数值取小数点后两位。

4. 铝合金压制组装吊索也可采用其他类型普通捻纤维芯，或金属芯圆股钢丝绳，其额定工作载荷根据钢丝绳最小破断拉力另行计算。

表 24-168　插编组装吊索额定工作载荷

钢丝绳公称直径/mm	1670MPa公称抗拉强度级															
	两肢吊索								三肢或四肢吊索							
	$\alpha \leq 90°$		$\beta \leq 45°$		$90° < \alpha \leq 120°$		$45° < \beta \leq 60°$		$\alpha \leq 90°$		$\beta \leq 45°$		$90° < \alpha \leq 120°$		$45° < \beta \leq 60°$	
	纤维芯		金属芯		纤维芯		金属芯		纤维芯		金属芯		纤维芯		金属芯	
	kN	t	kN	t	kN	t	kN	t	kN	t	kN	t	kN	t	kN	t
5	2.58	0.26	2.79	0.28	1.85	0.19	2.00	0.20	3.87	0.40	4.19	0.43	2.77	0.28	2.99	0.31
6	3.72	0.38	4.03	0.41	2.66	0.27	2.88	0.29	5.58	0.57	6.05	0.62	3.98	0.41	4.32	0.44
7	5.06	0.52	5.48	0.56	3.62	0.37	3.92	0.40	7.59	0.77	8.22	0.84	5.42	0.55	5.87	0.60
8	6.62	0.67	7.16	0.73	4.73	0.48	5.12	0.52	9.92	1.01	10.74	1.10	7.09	0.72	7.67	0.78
9	8.38	0.85	9.07	0.93	5.99	0.61	6.48	0.66	12.57	1.28	13.61	1.39	8.98	0.92	9.72	0.99
10	10.35	1.06	11.19	1.14	7.40	0.75	8.00	0.82	15.53	1.58	16.79	1.71	11.09	1.13	11.99	1.22
11	12.52	1.28	13.55	1.38	8.94	0.91	9.68	0.99	18.77	1.91	20.32	2.07	13.41	1.37	14.51	1.48
12	14.89	1.52	16.11	1.64	10.64	1.08	11.51	1.17	22.33	2.28	24.16	2.46	15.95	1.63	17.26	1.76
13	17.49	1.78	18.90	1.93	12.50	1.27	13.50	1.38	26.24	2.68	28.35	2.89	18.74	1.91	20.25	2.06
14	20.29	2.07	21.84	2.23	14.49	1.48	15.60	1.59	30.43	3.10	32.76	3.34	21.74	2.22	23.40	2.39
16	26.46	2.70	28.56	2.91	18.90	1.93	20.40	2.08	39.69	4.05	42.84	4.37	28.35	2.89	30.60	3.12
18	33.60	3.43	36.33	3.70	24.00	2.45	25.95	2.65	50.40	5.14	54.50	5.56	36.00	3.67	38.93	3.97
20	41.37	4.22	44.73	4.56	29.55	3.01	31.95	3.26	62.06	6.33	67.10	6.84	44.33	4.52	47.93	4.89
22	49.98	5.10	54.18	5.52	35.70	3.64	38.70	3.95	74.97	7.64	81.27	8.29	53.55	5.46	58.05	5.92
24	59.64	6.08	64.47	6.57	42.60	4.34	46.05	4.70	89.46	9.12	96.71	9.86	63.90	6.52	69.08	7.04
26	69.93	7.13	75.60	7.71	49.95	5.09	54.00	5.51	104.90	10.70	113.40	11.56	74.93	7.64	81.00	8.26
28	81.06	8.27	87.78	8.95	57.90	5.90	62.70	6.39	121.59	12.40	131.67	13.43	86.85	8.86	94.05	9.59
30	93.03	9.49	100.59	10.26	66.45	6.78	71.85	7.33	139.55	14.23	150.89	15.39	99.68	10.16	107.78	10.99
32	105.84	10.79	114.66	11.69	75.60	7.71	81.90	8.35	158.76	16.19	171.99	17.54	113.40	11.56	122.85	12.53
34	119.70	12.21	129.36	13.19	85.50	8.72	92.40	9.42	179.55	18.31	194.04	19.79	128.25	13.08	138.60	14.13
36	133.98	13.66	144.90	14.78	95.70	9.76	103.50	10.55	200.97	20.49	217.35	22.16	143.55	14.64	155.25	15.83
38	149.31	15.23	161.49	16.47	106.65	10.88	115.35	11.76	223.97	22.84	242.24	24.70	159.98	16.31	173.03	17.64

（续）

钢丝绳公称直径/mm	1670MPa公称抗拉强度级															
	两肢吊索								三肢或四肢吊索							
	α≤90°		β≤45°		90°<α≤120°		45°<β≤60°		α≤90°		β≤45°		90°<α≤120°		45°<β≤60°	
	纤维芯		金属芯		纤维芯		金属芯		纤维芯		金属芯		纤维芯		金属芯	
	kN	t	kN	t	kN	t	kN	t	kN	t	kN	t	kN	t	kN	t
40	165.48	16.87	178.92	18.24	118.20	12.05	127.80	13.03	248.22	25.31	268.38	27.37	177.30	18.08	191.70	19.55
42	182.49	18.61	197.40	20.13	130.35	13.29	141.00	14.38	273.74	27.91	296.10	30.19	195.53	19.94	211.50	21.57
44	200.34	20.43	216.30	22.06	143.10	14.59	154.50	15.75	300.51	30.64	324.45	33.08	214.65	21.89	231.75	23.63
46	218.40	22.27	237.30	24.20	156.00	15.91	169.50	17.28	327.60	33.41	355.95	36.30	234.00	23.86	254.25	25.93
48	239.40	24.41	258.30	26.34	171.00	17.44	184.50	18.81	359.10	36.62	387.45	39.51	256.50	26.16	276.75	28.22
50	258.30	26.34	279.30	28.48	184.50	18.81	199.50	20.34	387.45	39.51	418.95	42.72	276.75	28.22	299.25	30.52
52	279.30	28.48	302.40	30.84	199.50	20.34	216.00	22.03	418.95	42.72	453.60	46.25	299.25	30.52	324.00	33.04
54	302.40	30.84	325.50	33.19	216.00	22.03	232.50	23.71	453.60	46.25	488.25	49.79	324.00	33.04	348.75	35.56
56	323.40	32.98	350.70	35.76	231.00	23.56	250.50	25.54	485.10	49.47	526.05	53.64	346.50	35.33	375.75	38.32
58	348.60	35.55	375.90	38.33	249.00	25.39	268.50	27.38	522.90	53.32	563.85	57.50	373.50	38.09	402.75	41.07
60	371.70	37.90	403.20	41.11	265.50	27.07	288.00	29.37	557.55	56.85	604.80	61.67	398.25	40.61	432.00	44.05
62	338.10	34.48	401.10	40.90	241.50	24.63	286.50	29.21	507.15	51.71	601.65	61.35	362.25	36.94	429.75	43.82
64	361.20	36.83	426.30	43.47	258.00	26.31	304.50	31.05	541.80	55.25	639.45	65.21	387.00	39.46	456.75	46.58
66	384.30	39.19	453.60	46.25	274.50	27.99	324.00	33.04	576.45	58.78	680.40	69.38	411.75	41.99	486.00	49.56
68	407.40	41.54	480.90	49.04	291.00	29.67	343.50	35.03	611.10	62.31	721.35	73.56	436.50	44.51	515.25	52.54
70	430.50	43.90	510.30	52.04	307.50	31.36	364.50	37.17	645.75	65.85	765.45	78.05	461.25	47.03	546.75	55.75
72	455.70	46.47	539.70	55.03	325.50	33.19	385.50	39.31	683.55	69.70	809.55	82.55	488.25	49.79	578.25	58.97
74	483.00	49.25	571.20	58.25	345.00	35.18	408.00	41.60	724.50	73.88	856.80	87.37	517.50	52.77	612.00	62.41
76	508.20	51.82	600.60	61.24	363.00	37.02	429.00	43.75	762.30	77.73	900.90	91.87	544.50	55.52	643.50	65.62
78	535.50	54.61	634.20	64.67	382.50	39.00	453.00	46.19	803.25	81.91	951.30	97.01	573.75	58.51	679.50	69.29
80	562.80	57.39	665.70	67.88	402.00	40.99	475.50	48.49	844.20	86.08	998.55	101.82	603.00	61.49	713.25	72.73
82	592.20	60.39	701.40	71.52	423.00	43.13	501.00	51.09	888.30	90.58	1052.10	107.28	634.50	64.70	751.50	76.63

84	621.60	63.39	735.00	74.95	444.00	45.28	525.00	53.54	932.40	95.08	1102.50	112.42	666.00	67.91	787.50	80.30
86	651.00	66.38	770.70	78.59	465.00	47.42	550.50	56.14	976.50	99.58	1156.05	117.88	697.50	71.13	825.75	84.20
88	682.50	69.60	806.40	82.23	487.50	49.71	576.00	58.74	1023.75	104.39	1209.60	123.34	731.25	74.57	864.00	88.10
90	714.00	72.81	844.20	86.08	510.00	52.01	603.00	61.49	1071.00	109.21	1266.30	129.13	765.00	78.01	904.50	92.23
92	745.500	76.02	882.00	89.94	532.50	54.30	630.00	64.24	1118.25	114.03	1323.00	134.91	798.75	81.45	945.00	96.36
94	777.00	79.23	919.80	83.79	555.00	56.59	657.00	67.00	1165.50	118.85	1379.70	140.69	832.50	84.89	985.50	100.49
96	810.60	82.66	959.70	97.86	579.00	59.14	685.50	69.90	1215.90	123.99	1429.55	146.79	868.50	88.56	1028.25	104.85
98	846.30	86.30	999.60	101.93	604.50	61.64	714.00	72.81	1269.45	129.45	1499.40	152.90	906.75	92.46	1071.00	109.21
100	879.90	89.72	1041.60	106.21	628.50	64.09	744.00	75.87	1319.85	134.59	1562.40	159.32	942.75	96.13	1116.00	113.80
102	915.60	93.37	1083.60	110.50	654.00	66.69	774.00	78.93	1373.40	140.05	1625.40	165.74	981.00	100.03	1161.00	118.39
104	951.30	97.01	1125.60	114.78	679.50	69.29	804.00	81.99	1426.95	145.51	1688.40	172.17	1019.25	103.93	1206.00	122.98
106	989.10	100.86	1169.70	119.28	706.50	72.04	835.50	85.20	1483.65	151.29	1754.55	178.91	1059.75	108.06	1253.25	127.80
108	1026.90	104.71	1215.90	123.99	733.50	74.80	868.50	88.56	1540.35	157.07	1823.85	185.98	1100.25	112.19	1302.75	132.84
110	1064.70	108.57	1260.00	128.48	760.50	77.55	900.00	91.77	1597.05	162.85	1890.00	192.73	1140.75	116.32	1350.00	137.66
112	1104.60	112.64	1306.20	133.20	789.00	80.46	933.00	95.14	1656.90	168.96	1959.30	199.79	1183.50	120.68	1399.50	142.71
114	1144.50	116.71	1354.50	138.12	817.50	83.36	967.50	98.66	1716.75	175.06	2031.75	207.18	1226.25	125.04	1451.25	147.99
116	1184.40	120.78	1400.70	142.83	846.00	86.27	1000.50	102.02	1776.60	181.16	2101.05	214.25	1269.00	129.40	1500.75	153.03
118	1226.40	125.06	1451.10	147.97	876.00	89.33	1036.50	105.69	1839.60	187.59	2176.65	221.96	1314.00	133.99	1554.75	158.54
120	1268.40	129.34	1499.40	152.90	906.00	92.39	1071.00	109.21	1902.60	194.01	2249.10	229.34	1359.00	138.58	1606.50	163.82

注：1. 插编的 K_e 值按 0.75 计算。

2. 钢丝绳公称直径不大于 60mm 的，选用 GB/T 20118 中结构为 6×37（b）类钢丝绳；钢丝绳公称直径大于 60mm 的，选用 GB/T 20067 中结构为 8×61（b）类钢丝绳。

3. 额定工作载荷数值取小数点后两位。

4. 插编组装吊索也可采用其他类型普通捻纤维芯，或金属芯圆股钢丝绳，其额定工作载荷根据钢丝绳最小破断拉力另行计算。

24.4.2.2　订货须知

订购吊索时应按下列内容提出要求：

1）写明标准号。

2）单肢吊索类型。如果是组装吊索，需提供单肢吊索的肢数。

3）公称长度，以 m 为单位。

4）是否有末端端配件。

5）单肢吊索提升的额定工作载荷。如果是组装吊索，需提供使用最大角度 α 或 β 起吊时的额定工作载荷。

6）钢丝绳类型。

7）起吊方式（对单技吊索而言）。

8）其他要求。

24.4.2.3　检验和验收

（1）吊索的检验

1）钢丝绳应按 GB 8918、GB/T 9944、GB/T 20118 或 GB/T 20067 的规定进行检验。

2）铝合金压制接头按 GB/T 6946 的规定进行检验。

3）插编吊索按 GB/T 16271 的规定进行检验。

4）末端端配件，如吊钩、吊环等的额定工作载荷应不小于相配吊索的额定工作载荷。

5）吊索用套环按 GB/T 5974.1 或 GB/T 5974.2 的规定进行检验。

（2）检验规则

1）组批规则。每批应由同一类型、同一结构规格和同一公称抗拉强度的吊索组成。

2）取样数量。按表 24-169 规定的取样数量进行取样，特殊情况由供需双方另行协商。

表 24-169　取样数量

批　　量	取样数量/个
≤100	2
>100~200	4
>200	6

（3）复验与判定

1）一次检测符合规定要求，该批吊索判定合格。

2）一次检测不符合规定要求，被检测吊索判定不合格。该批吊索逐根进行检测，检测合格者判定为合格，检测不合格者判定为不合格。

24.4.2.4　钢丝绳吊索使用工作温度的影响

钢丝绳吊索的使用工作温度对起重能力的影响见表 24-170。

表 24-170　使用工作温度及其影响

接头	钢丝绳类型	钢丝绳表面温度/℃	起重能力（%）
铝制压制接头	纤维芯	-40~100	100
	钢芯	-40~150	100
插编	纤维芯	-40~100	100
	钢芯	-40~150	100
		150~200	90
		200~300	75
		300~400	65

24.4.3　钢丝绳铝合金压制接头

24.4.3.1　应用范围

GB/T 6946—2008 标准规定了钢丝绳铝合金压制接头（以下简称接头）的分类、技术要求、试验方法与检验规则等。

此标准适用于直径 6~65mm，公称抗拉强度不大于 1870MPa 的圆股钢丝绳的接头。此标准不适用于单股和异形股钢丝绳的接头。

24.4.3.2　分类

（1）型式　按接头结构外形分为 A 型和 B 型，如图 24-28 所示。A 型为圆柱形接头；B 型为圆柱锥端形接头。

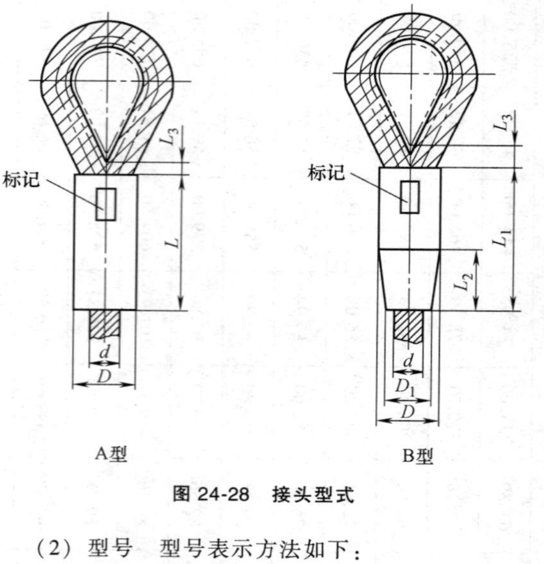

图 24-28　接头型式

（2）型号　型号表示方法如下：

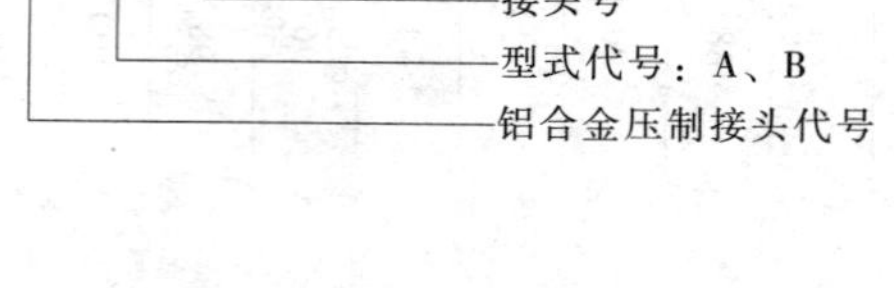

标记示例：

直径为 16mm 的钢丝绳，按钢丝绳截面积选用 18 号圆柱锥端形铝合金压制接头，制造厂标志为××，标记如下：

接头　TLB18-16　××

(3) 规格系列

1) 接头号（表 24-171）。

表 24-171　接头号系列

6	7	8	9	10	11	12	13
14	16	18	20	22	24	26	28
30	32	34	36	38	40	44	48
52	56	60	65				

2) 接头基本参数。接头基本参数应符合表 24-172的规定。

3) 接头号的选取。接头号的选取与钢丝绳公称直径及其金属截面积有关。按表 24-173 中钢丝绳公称直径，再根据钢丝绳金属截面积选取接头号。

介于表 24-173 钢丝绳公称直径系列之间的钢丝绳，应按下列原则选取：

① 直径为 6~14mm，所选用的钢丝绳公称直径按小数位四舍五入选取。例如，ϕ9.3mm 选取 ϕ9mm。

② 在直径大于 14~40mm 范围内，所选用的钢丝绳公称直径与表 24-173 中钢丝绳公称直径之差小于 1mm 时，选取系列小值；当直径差大于或等于 1mm 时，选取系列大值。例如，ϕ22.5mm 选取 ϕ22mm；ϕ31mm 选取 ϕ32mm。

③ 在直径大于 40~65mm 范围内，所选用的钢丝绳公称直径与表 24-173 中钢丝绳公称直径之差小于或等于 2mm 时，选取系列小值；当直径差大于 2mm 时，选取系列大值。例如，ϕ46mm 选取 ϕ44mm，ϕ47.5mm 选取 ϕ48mm。

表 24-172　接头基本参数（摘自 GB/T 6946—2008）

接头号	D/mm		D_{1min} /mm	L_{min} /mm	L_{1min} /mm	L_{2max} /mm	L_3/mm ≈	压制力(参考值) /kN
	公称尺寸	极限偏差						
6	13	+0.35 0	—	30	—	—	3	300
7	15		—	34	—	—	4	350
8	17		—	38	42	—	4	400
9	19	+0.40 0	15	44	48	20	5	450
10	21		16	49	53	22	5	500
11	23		18	54	75	24	6	600
12	25	+0.50 0	19	59	75	27	6	700
13	27		21	64	75	29	7	800
14	29		22	69	75	31	7	1000
16	33	+0.60 0	25	78	83	35	8	1200
18	37		28	88	90	40	9	1400
20	41		31	98	110	44	10	1600
22	45	+0.80 0	34	108	115	49	11	1800
24	49		37	118	126	53	12	2000
26	54		41	127	142	57	13	2250
28	58	+1.0 0	44	137	150	62	14	2550
30	62		47	147	155	66	15	2950
32	66		50	157	176	71	16	3400
34	70	+1.5 0	53	167	180	75	17	3800
36	74		56	176	185	79	18	4300
38	78		59	186	205	84	19	4800
40	82	+2.0 0	62	196	210	88	20	5300
44	90		68	215	228	96	22	6200
48	98		74	235	248	106	24	7300
52	106	+2.0 0	80	255	270	114	26	8600
56	114		86	275	290	124	28	10000
60	124		93	295	315	132	30	12000
65	135		102	360	—	144	33	15300

表 24-173　钢丝绳金属截面积与接头号关系（摘自 GB/T 6946—2008）

钢丝绳公称直径 d/mm	第一种情况			第二种情况			第三种情况		
	钢丝绳金属截面积/mm^2		接头号	钢丝绳金属截面积/mm^2		接头号	钢丝绳金属截面积/mm^2		接头号
	>	≤		>	≤		>	≤	
6	11.9	16.5	6	16.5	20.5	7	20.5	25.9	8
7	13.9	19.2	7	19.2	23.9	8	23.9	30.0	9
8	18.1	25.0	8	25.0	31.2	9	31.2	39.2	10
9	22.9	31.7	9	31.7	39.4	10	39.4	49.6	11
10	28.3	39.2	10	39.2	48.7	11	48.7	61.3	12
11	34.2	47.5	11	47.5	58.9	12	58.9	74.1	13
12	40.7	56.6	12	56.6	70.1	13	70.1	88.2	14
13	47.8	66.2	13	66.2	82.3	14	82.3	104.0	16
14	55.4	76.8	14	76.8	95.4	16	95.4	120.0	18
16	72.4	100.0	16	100.0	125.0	18	125.0	157.0	20
18	91.6	127.0	18	127.0	158.0	20	158.0	199.0	22
20	113.0	157.0	20	157.0	195.0	22	195.0	245.0	24
22	137.0	189.0	22	189.0	236.0	24	236.0	296.0	26
24	163.0	226.0	24	226.0	280.0	26	280.0	353.0	28
26	191.0	265.0	26	265.0	329.0	28	329.0	414.0	30
28	222.0	308.0	28	308.0	382.0	30	382.0	480.0	32
30	254.0	352.0	30	352.0	438.0	32	438.0	551.0	34
32	290.0	401.0	32	401.0	499.0	34	499.0	627.0	36
34	327.0	454.0	34	454.0	563.0	36	563.0	708.0	38
36	366.0	509.0	36	509.0	631.0	38	631.0	794.0	40
38	408.0	565.0	38	565.0	703.0	40	703.0	884.0	44
40	452.0	630.0	40	630.0	780.0	44	780.0	980.0	48
44	547.0	760.0	44	760.0	942.0	48	942.0	1185.0	52
48	651.0	904.0	48	904.0	1121.0	52	1121.0	1411.0	56
52	764.0	1061.0	52	1061.0	1316.0	56	1316.0	1656.0	60
56	886.0	1231.0	56	1231.0	1526.0	60	—	—	—
60	1017.0	1413.0	60	—	—	—	—	—	—
65	—	—	65	—	—	—	—	—	—

(4) 接头材料　接头所使用的扁椭圆管应优先选用由管材压制而成的扁椭圆管，材料应采用 GB/T 4437.1 中 3A21H112（此种材料只能用在吊装索具上），或 5A02H112 铝及铝合金热挤压无缝圆管制造。必须附有质量证明书。

24.5　滑轮

24.5.1　滑轮的主要尺寸（见表 24-174 和表 24-175）

表 24-174　起重机用铸造滑轮绳槽断面形状和尺寸（摘自 JB/T 9005.1—1999）　（单位：mm）

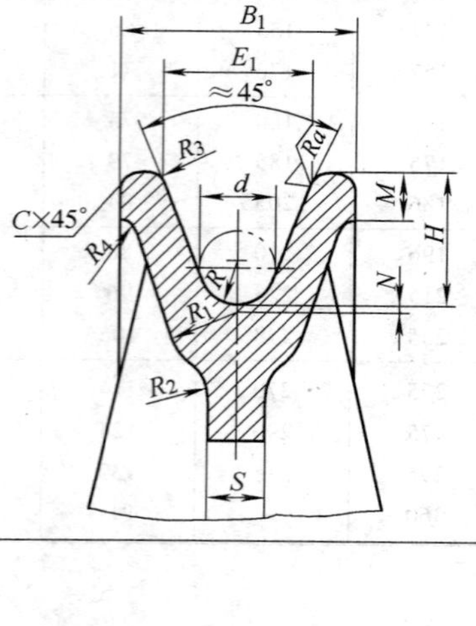

标记示例：

滑轮绳槽半径 R = 13.5mm，表面粗糙度为 2 级的绳槽断面，标记如下：

绳槽断面 13.5-2　JB/T 9005.1—1999

（续）

钢丝绳直径 d	公称尺寸							参考尺寸						
	R			H	B_1	E_1	C	R_1	R_2	R_3	R_4	M	N	S
	尺寸	极限偏差												
		1 级	2 级											
5~6	3.3	+0.1 0	+0.2 0	12.5	22	15	0.5	7	5	1.5	2.0	4	0	6
>6~7	3.8			15.0	26	17	0.5	8	6	2.0	2.5	5	0	7
>7~8	4.3					18								
>8~9	5.0			17.5	32	21	1.0	10	8	2.0	2.5	6	0	8
>9~10	5.5					22								
>10~11	6.0	+0.2 0	+0.3 0	20.0	36	25	1.0	12	10	2.5	3.0	8	0	9
>11~12	6.5													
>12~13	7.0			22.5	40	28	1.0	13	11	2.5	3.0	8	0	10
>13~14	7.5			25.0	45	31	1.0	15	12	3.0	4.0	10	0	11
>14~15	8.2													
>15~16	9.0			27.5	50	35	1.5	16	13	3.0	4.0	10	0	12
>16~17	9.5		+0.4 0	30.0	53	38	1.5	18	15	3.0	5.0	12	0	12
>17~18	10.0													
>18~19	10.5			32.5	56	41	1.5	18	15	3.0	5.0	12	0	12
>19~20	11.0			35.0	60	44	1.5	20	16	3.0	5.0	14	0	14
>20~21	11.5													
>21~22	12.0				63	45	1.5	20	16	3.0	5.0	14	2.0	14
>22~23	12.5					46								
>23~24	13.0			37.5	67	48	1.5	20	16	4.0	6.0	16	2.5	16
>24~25	13.5			40.0	71	51	1.5	22	18	4.0	6.0	16	3.0	16
>25~26	14.0					52								
>26~28	15.0				75	53	1.5	25	20	4.0	6.0	16	3.0	18
>28~30	16.0	+0.4 0	+0.8 0	45.0	85	59	2.0	25	20	5.0	6.0	18	4.0	18
>30~32	17.0					61								
>32~34	18.0			50.0	90	66	2.0	28	22	5.0	6.0	18	4.0	20
>34~36	19.0			55.0	100	72	2.5	32	25	5.0	8.0	20	4.0	20
>36~38	20.0					73								
>38~40	21.0			60.0	105	78	2.5	36	28	5.0	8.0	22	5.0	22
>40~41	22.0					79								
>41~43	23.0			65.0	115	84	2.5	36	28	6.0	8.0	25	5.0	24
>43~45	24.0					86								
>45~46	25.0			67.5	120	90	2.5	40	32	6.0	8.0	25	5.0	24
>46~47				70.0	125	92	3.0	40	32	6.0	8.0	28	6.0	26
>47~48.5	26.0					94								
>48.5~50	27.0			72.5	130	96	3.0	45	36	6.0	10.0	28	6.0	26
>50~52	28.0			75.0		99								
>52~54.5	29.0			77.5	140	103	4.0	45	36	6.0	10.0	32	6.0	28
>54.5~56	30.0			80.0		106								
>56~58	31.0			82.5	150	110	4.0	50	40	8.0	10.0	32	8.0	30
>58~60.5	32.0			85.0		114								

注：1. 对于冶金起重机推荐用 1 级精度。

2. 绳槽断面允许按 JB/T 9005.2—1999 匹配，将同一直径的滑轮按最大绳径做成一种。

3. 参考尺寸是按铸铁滑轮提出的。

4. 滑轮绳槽表面粗糙度分为两级：1 级：$Ra6.3\mu m$；2 级：$Ra12.5\mu m$。

表 24-175　滑轮直径与钢丝绳直径匹配关系（摘自 JB/T 9005.2—1999）（单位：mm）

滑轮直径 D	钢丝绳直径 d																																					
	7~8	>8~9	>9~10	>10~11	>11~12	>12~13	>13~14	>14~15	>15~16	>16~17	>17~18	>18~19	>19~20	>20~21	>21~22	>22~24	>24~25	>25~26	>26~27	>27~28	>28~30	>30~31	>31~32	>32~33	>33~34	>34~35	>35~36	>36~37	>37~39	>39~40	>40~41	>41~43	>43~44	>44~46	>46~48	>48~50	>50~54	>54~56	>56~60
225	//	//																																					
260			//																																				
280				//																																			
315					//	//																																	
355							//																																
400								//	//																														
450									\\	//	//																												
500										\\	\\	//	//																										
560												\\	\\	//	//																								
630														\\	\\	//	//	//																					
710																\\	\\	\\	//	//																			
800																			\\	\\	//	//	//																
900																					\\	\\	\\	//	//	//	//												
1000																								\\	\\	\\	\\												
1120																												\\	\\	\\									
1250																															\\	\\	\\						
1400																																		\\	\\	\\			
1600																																					\\	\\	
1800																																							\\
2000																																							

注：在滑轮轴上并列安装2个滑轮时，推荐按阴影区 // 选用；当并列安装4个和4个以上滑轮，以及用于冶金起重机的滑轮时，推荐按阴影区 \\ 选用。

滑轮标记方法如下：

滑轮　型号　$d\times D$—D_5　JB/T 9005.3—1999

- 标准号
- 滑轮轴的直径(mm)
- 钢丝绳直径和滑轮直径(mm)
- 分别用A、B、C、D、E、F表示
- 名称

标记示例：

钢丝绳直径 d=25mm，滑轮直径 D=630mm 和滑轮轴的直径 D_5=90mm 的 A 型滑轮，标记为

滑轮 A25×630-90　JB/T 9005.3—1999

24.5.2　轮毂和轴承尺寸

A 型～F 型滑轮的轮毂和轴承尺寸，如图 24-29 和图 24-30 所示，以及表 24-176～表 24-179 的规定。

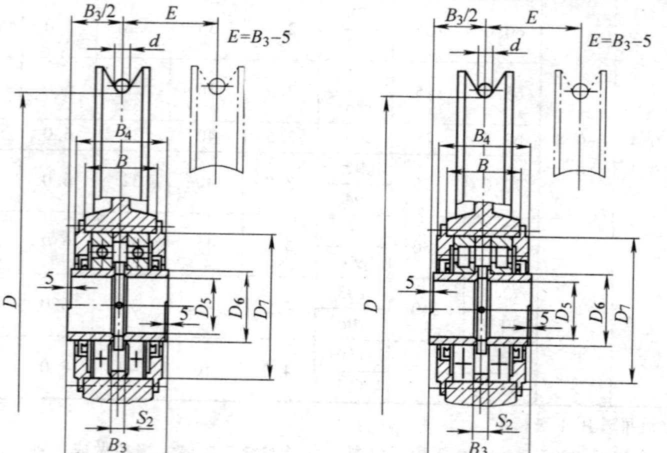

A_1型　　a)　　A_2型

图 24-29　滑轮轴承尺寸

a) A 型

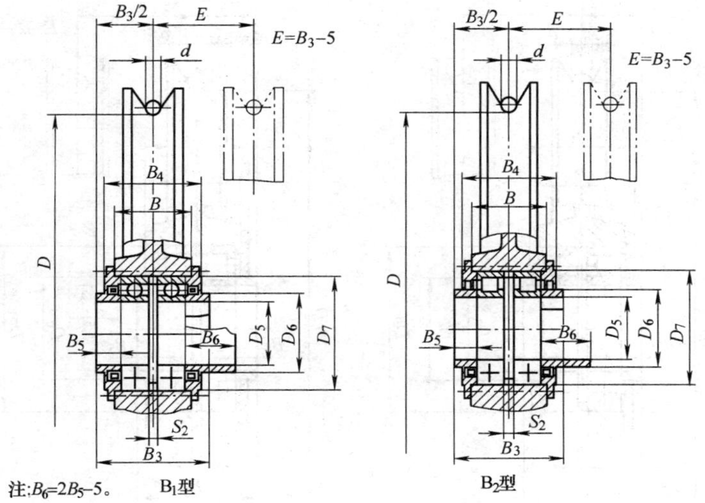

b)

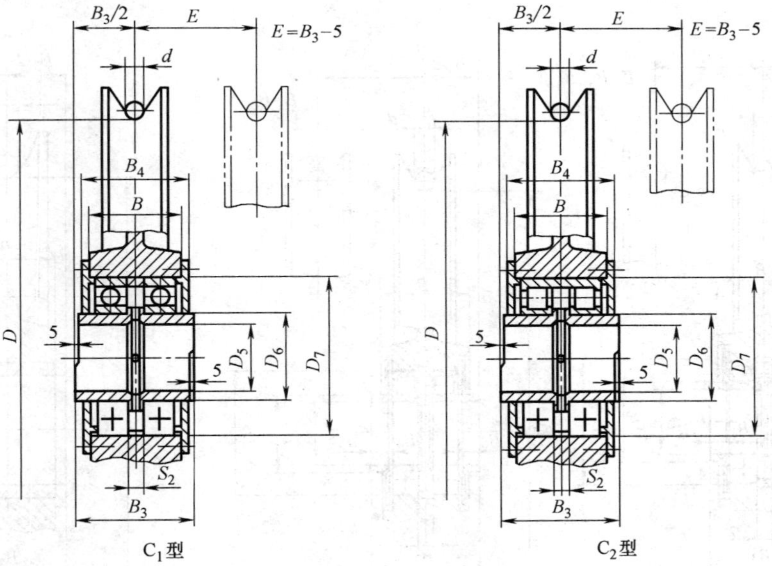

c)

图 24-29　滑轮轴承尺寸（续）

b）B 型　c）C 型

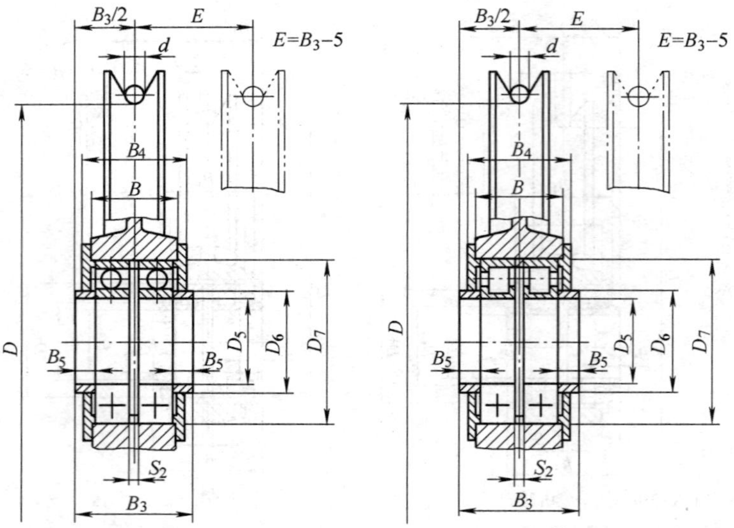

D1型　　D2型

d)

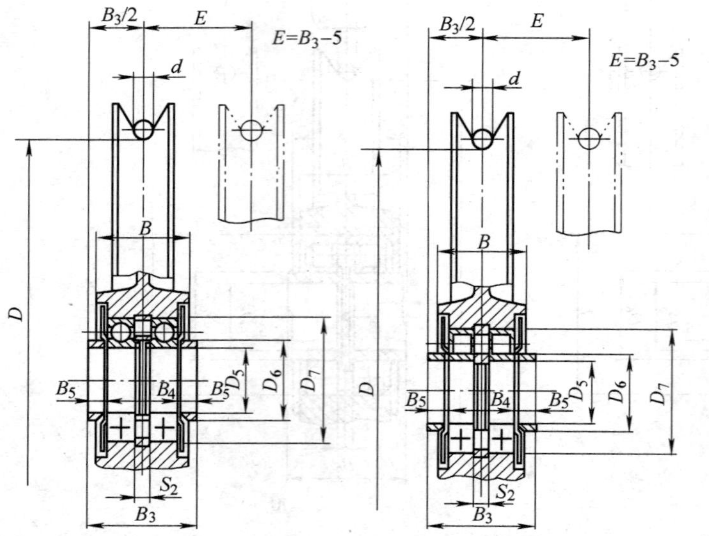

E1型　　E2型

e)

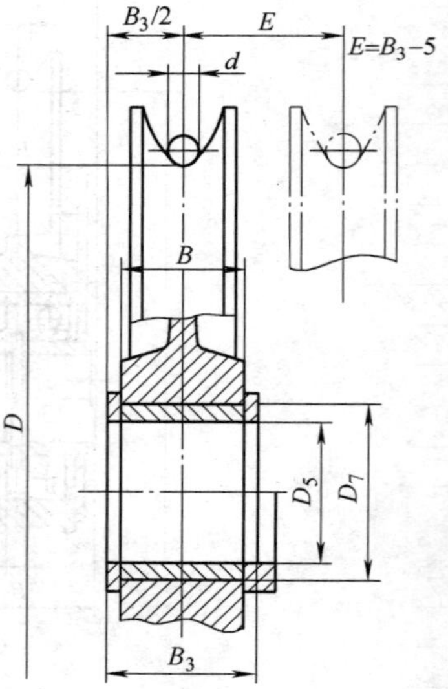

F型

f)

图 24-29　滑轮轴承尺寸（续）

d）D 型　e）E 型　f）F 型

注：对于 A 型～D 型以及 F 型滑轮的 B_3 尺寸不给间隙。但为了能安装，在连接结构中每侧的轴向间隙至少规定 1mm。

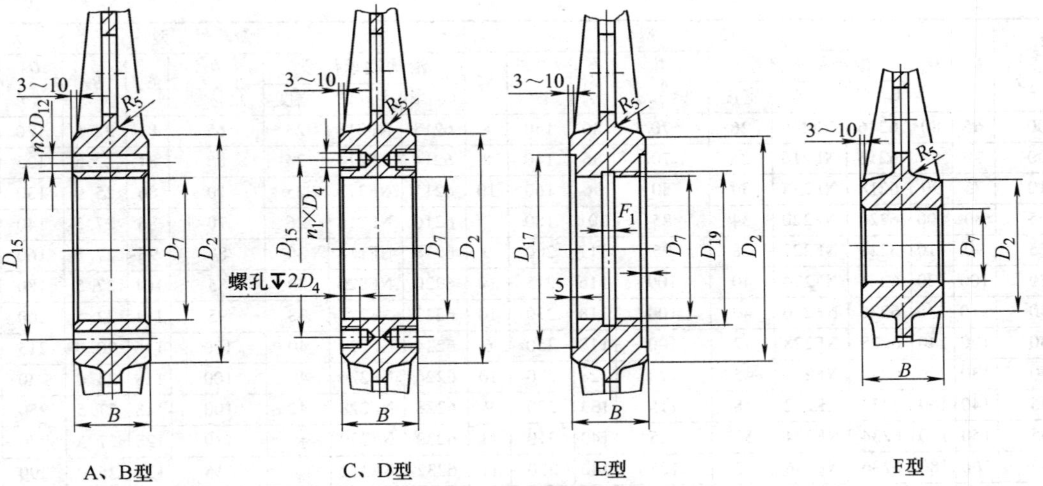

图 24-30　滑轮轮毂尺寸

表 24-176　滑轮轴承尺寸（A、B、C、D 型）（摘自 JB/T 9005.3—1999）（单位：mm）

B_3 $\left(\begin{smallmatrix}0\\-0.2\end{smallmatrix}\right)$	D_5	D_6	A 型 滚动轴承代号 A_1 型	A_2 型	宽度	B $\left(\begin{smallmatrix}0\\-0.2\end{smallmatrix}\right)$	B_4	D_7 k7	S_2	B 型 滚动轴承代号 B_1 型	B_2 型	宽度	B $\left(\begin{smallmatrix}0\\-0.2\end{smallmatrix}\right)$	B_4	B_5	D_7 k7	S_2	F 型 B $\left(\begin{smallmatrix}0\\-0.2\end{smallmatrix}\right)$	D_7 H7/k6
100	45	60	6212	NF212	22	60	86	110	6	6209	NF209	19	55	81	27.5	85	7	80	55
100	50	60	6212	NF212	22	60	86	110	6	6210	NF210	20	60	86	25.0	90	10	80	60
105	55	70	6214	NF214	24	65	91	125	7	6211	NF211	21	60	86	27.5	100	8	90	65
105	60	70	6214	NF214	24	65	91	125	7	6212	NF212	22	60	86	27.5	110	6	90	75
110	65	80	6216	NF216	26	70	96	140	8	6213	NF213	23	65	91	27.5	120	9	90	80
110	70	80	6216	NF216	26	70	96	140	8	6214	NF214	24	65	91	27.5	125	7	90	85
130	75	90	6218	NF218	30	80	106	160	10	6215	NF215	25	70	96	35.0	130	10	110	90
135	80	100	6220	NF220	34	85	111	180	7	6216	NF216	26	70	96	37.5	140	8	110	95
145	90	110	6222	NF222	38	95	125	200	9	6218	NF218	30	80	110	37.5	160	10	120	105
150	100	120	6224	NF224	40	100	130	215	10	6220	NF220	34	85	115	37.5	180	7	130	120
160	110	130	6226	NF226	40	100	130	230	10	6222	NF222	38	95	125	37.5	200	9	140	130
160	120	140	6228	NF228	42	100	134	250	6	6224	NF224	40	100	134	35.0	215	10	140	140
165	130	150	6230	NF230	45	110	144	270	10	6226	NF226	40	100	134	37.5	230	10	140	150
170	140	160	6232	NF232	48	115	149	290	9	6228	NF228	42	100	134	40.0	250	6	140	160
180	150	170	6234	NF234	52	125	159	310	11	6230	NF230	45	110	144	40.0	270	10	140	170
180	160	180	6236	NF236	52	125	159	320	11	6232	NF232	48	115	149	37.5	290	9	140	180
185	170	190	6238	NF238	55	130	164	340	10	6234	NF234	52	125	159	35.0	310	11	140	190
190	180	200	6240	NF240	58	135	169	360	9	6236	NF236	52	125	159	37.5	320	11	150	200
220	190	220	6244	NF244	65	150	184	400	10	6238	NF238	55	130	164	50.0	340	10	150	210
220	200	220	6244	NF244	65	150	184	400	10	6240	NF240	58	135	169	47.5	360	9	160	220
220	220	240	—	—	—	—	—	—	—	6244	NF244	65	150	188	50.0	400	10	160	250

B_3 $\left(\begin{smallmatrix}0\\-0.2\end{smallmatrix}\right)$	D_5	D_6	C 型 滚动轴承代号 C_1 型	C_2 型	宽度	B $\left(\begin{smallmatrix}0\\-0.2\end{smallmatrix}\right)$	B_4	D_7 k7	S_2	D 型 滚动轴承代号 D_1 型	D_2 型	宽度	B $\left(\begin{smallmatrix}0\\-0.2\end{smallmatrix}\right)$	B_4	B_5	D_7 k7	S_2
90	45	60	6212	NF212	22	60	76	110	6	6209	NF209	19	55	71	22.5	85	7
90	50	60	6212	NF212	22	60	76	110	6	6210	NF210	20	60	76	20.0	90	10
95	55	70	6214	NF214	24	65	81	125	7	6211	NF211	21	60	76	22.5	100	8
95	60	70	6214	NF214	24	65	81	125	7	6212	NF212	22	60	76	22.5	110	6

（续）

B_3 ($^{0}_{-0.2}$)	D_5	D_6	C型							D型							
			滚动轴承代号			B ($^{0}_{-0.2}$)	B_4	D_7 k7	S_2	滚动轴承代号			B ($^{0}_{-0.2}$)	B_4	B_5	D_7 k7	S_2
			C_1 型	C_2 型	宽度					D_1 型	D_2 型	宽度					
100	65	80	6216	NF216	26	70	86	140	8	6213	NF213	23	65	81	22.5	120	9
100	70	80	6216	NF216	26	70	86	140	8	6214	NF214	24	65	81	22.5	125	7
110	75	90	6218	NF218	30	80	96	160	10	6215	NF215	25	70	86	25.0	130	10
115	80	100	6220	NF220	34	85	101	180	7	6216	NF216	26	70	86	27.5	140	8
125	90	110	6222	NF222	38	95	111	200	9	6218	NF218	30	80	96	27.5	160	10
130	100	120	6224	NF224	40	100	116	215	10	6220	NF220	34	85	101	27.5	180	7
130	110	130	6226	NF226	40	100	118	230	10	6222	NF222	38	95	111	22.5	200	9
130	120	140	6228	NF228	42	100	118	250	6	6224	NF224	40	100	116	20.0	215	10
140	130	150	6230	NF230	45	110	128	270	10	6226	NF226	40	100	118	25.0	230	10
145	140	160	6232	NF232	48	115	133	290	9	6228	NF228	42	100	118	27.5	250	6
155	150	170	6234	NF234	52	125	143	310	11	6230	NF230	45	110	128	27.5	270	10
155	160	180	6236	NF236	52	125	143	320	11	6232	NF232	48	115	133	25.0	290	9
160	170	190	6238	NF238	55	130	148	340	10	6234	NF234	52	125	143	22.5	310	11
165	180	200	6240	NF240	58	135	153	360	9	6236	NF236	52	125	143	25.0	320	11
190	190	220	6244	NF244	65	150	174	400	10	6238	NF238	55	130	148	35.0	340	10
190	200	220	6244	NF244	65	150	174	400	10	6240	NF240	58	135	153	32.5	360	9
190	220	240	—	—	—	—	—	—	—	6244	NF244	65	150	174	25.0	400	10

表 24-177　滑轮轴承尺寸（E 型）（摘自 JB/T 9005.3—1999）　　（单位：mm）

B_3 ($^{0}_{-0.2}$)	D_5	D_6	E型						
			滚动轴承代号			B ($^{0}_{-0.2}$)	B_4	D_7 k7	S_2
			E_1 型	E_2 型	宽度				
65	45	60	6209	NJ209	19	55	48	85	7
70	50	60	6210	NJ210	20	60	53	90	10
70	55	70	6211	NJ211	21	60	53	100	8
70	60	70	6212	NJ212	22	60	53	110	6
75	65	80	6213	NJ213	23	65	58	120	9
75	70	80	6214	NJ214	24	65	58	125	7
80	75	90	6215	NJ215	25	70	63	130	10
80	80	100	6216	NJ216	26	70	63	140	8
90	90	110	6218	NJ218	30	80	74	160	10
95	100	120	6220	NJ220	34	85	79	180	7
105	110	130	6222	NJ222	38	95	89	200	9
110	120	140	6224	NJ224	40	100	94	215	10
110	130	150	6226	NJ226	40	100	94	230	10
110	140	160	6228	NJ228	42	100	94	250	6
120	150	170	6230	NJ230	45	110	104	270	10
125	160	180	6232	NJ232	48	115	109	290	9
135	170	190	6234	NJ234	52	125	119	310	11
135	180	200	6236	NJ236	52	125	119	320	11
140	190	220	6238	NJ238	55	130	124	340	10
145	200	220	6240	NJ240	58	135	129	360	9
160	220	240	6244	NJ244	65	150	144	400	10

表 24-178　滑轮轮毂尺寸（A 型～E 型滑轮）（摘自 JB/T 9005.3—1999）（单位：mm）

A 型～E 型												
基本尺寸								参考尺寸			螺栓孔数	螺钉孔数
D_7 K7	D_4	D_{12}	D_{15}	D_{17}	D_{19} H12	B ($^{0}_{-0.2}$)	F_1 ($^{+0.1}_{0}$)	D_2 铸钢	D_2 铸铁	R_5	n	n_1
85	M8	9	100	110	90	55	6.5	120	130	8	4	8
90	M8	9	105	115	95	60	9.5	130	140	8	4	8
100	M8	9	115	125	105	60	7.5	140	150	8	4	8
110	M8	9	125	135	115	60	5.5	150	160	10	4	8
120	M8	11	140	150	125	65	8.5	160	170	10	4	8
125	M8	11	145	155	130	65	6.5	170	180	10	4	8
130	M8	11	150	160	135	70	9.5	180	190	10	4	8
140	M8	11	160	170	145	70	7.5	190	200	10	4	8
160	M10	11	185	190	165	80	9.5	215	230	10	4	8
180	M10	11	205	210	185	85	6.5	240	260	12	4	8
200	M10	11	225	230	205	95	8.5	265	280	12	6	12
215	M10	11	240	245	220	100	9.5	280	300	12	6	12
230	M12	14	260	265	235	100	9.5	305	330	12	6	12
250	M12	14	280	285	255	105	5.5	330	350	16	6	12
270	M12	14	300	305	275	110	9.5	360	380	16	6	12
290	M12	14	320	325	295	115	8.5	380	400	16	6	12
310	M12	14	340	345	315	125	10.5	410	430	20	8	16
320	M12	14	350	355	325	125	10.5	430	450	20	8	16
340	M12	14	370	375	345	130	9.5	450	470	20	8	16
360	M12	14	390	395	365	135	8.5	470	500	20	8	16
400	M16	18	440	445	405	150	9.5	530	560	25	8	16

表 24-179　F 型滑轮轮毂尺寸（摘自 JB/T 9005.3—1999）　　（单位：mm）

F 型									
基本尺寸		参考尺寸			基本尺寸		参考尺寸		
D_7 H7	B ($^{0}_{-0.2}$)	D_2 铸钢	D_2 铸铁	R_5	D_7 H7	B ($^{0}_{-0.2}$)	D_2 铸钢	D_2 铸铁	R_5
55	80	90	90	8	140	140	220	230	10
60	80	100	100	8	150	140	230	240	10
65	90	105	105	8	160	140	240	260	12
75	90	120	120	8	170	140	260	280	12
80	90	125	130	8	180	140	270	290	12
85	90	130	140	8	190	140	290	310	12
90	110	140	150	8	200	150	300	320	12
95	110	150	160	10	210	150	320	340	16
105	120	165	175	10	220	160	330	350	16
120	130	185	195	10	250	160	370	390	20
130	140	200	210	10					

24.5.3　滑轮连接螺栓、内轴套（T）隔环和挡盖的尺寸

24.5.3.1　A 型铸造滑轮用螺栓、内轴套和隔环（见表 24-180）

表 24-180　A 型铸造滑轮用螺栓、内轴套和隔环（摘自 JB/T 9005.4—1999）

（单位：mm）

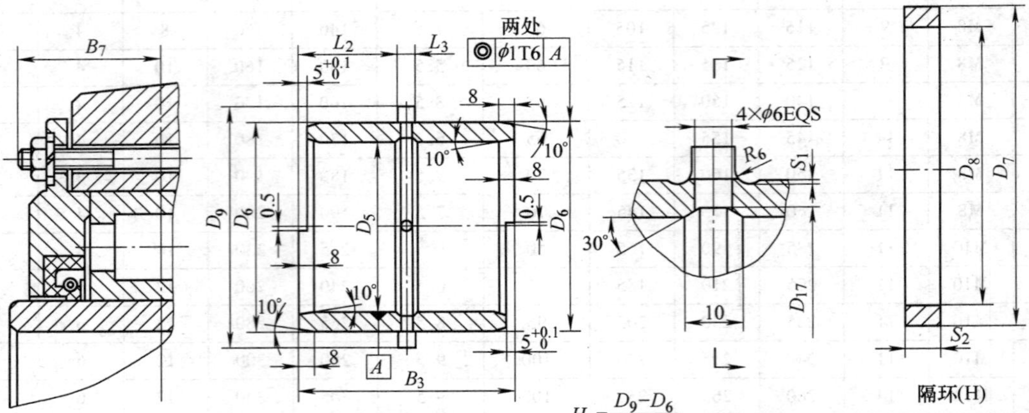

$H_4=\dfrac{D_9-D_6}{2}$

连接螺栓　　内轴套(T)　　隔环(H)

尺寸			六角头螺栓按 GB/T 5782—2016(加长)	六角螺母按 GB/T 6170—2015	弹簧垫圈按 GB/T 93—1987	螺栓、螺母及弹簧垫圈数量	内轴套(T)				隔环(H)			
D_5	B_3	B_7					D_9	D_{17}	L_2 ($^{+0.1}_{0}$)	L_3 ($^{-0.1}_{-0.2}$)	S_1	R_6	D_8	S_2 ($^{0}_{-0.1}$)
45	100	46.0	M8×80	M8	8	4	72	48	47.5	5	1.00	2.5	100	6
50	100	46.0	M8×80	M8	8	4	72	53	47.5	5	1.00	2.5	100	6
55	105	48.4	M10×85	M10	10	4	82	58	49.5	6	1.00	2.5	115	7
60	105	48.4	M10×85	M10	10	4	82	63	49.5	6	1.00	2.5	115	7
65	110	51.0	M10×90	M10	10	4	92	68	51.5	7	0.50	2.5	130	8
70	110	51.0	M10×90	M10	10	4	92	73	51.5	7	0.50	2.5	130	8
75	130	60.0	M10×105	M10	10	4	104	79	60.5	9	0.50	2.5	150	10
80	135	62.4	M10×110	M10	10	4	114	84	64.5	6	0.50	2.5	165	7
90	145	67.4	M10×120	M10	10	6	124	94	68.5	8	0.50	2.5	185	9
100	150	70.0	M10×125	M10	10	6	134	104	70.5	9	0.50	2.5	200	10
110	160	74.0	M12×130	M12	12	6	144	114	75.5	9	1.00	4.0	215	10
120	160	74.0	M12×130	M12	12	6	154	124	77.5	5	1.00	4.0	235	6
130	165	79.0	M12×140	M12	12	6	164	134	78.0	9	1.00	4.0	255	10
140	170	81.4	M12×145	M12	12	6	174	144	81.0	8	1.00	4.0	275	9
150	180	86.0	M12×155	M12	12	8	184	154	85.0	10	1.00	4.0	295	11
160	180	86.0	M12×155	M12	12	8	194	164	85.0	10	1.00	4.0	305	11
170	185	88.4	M12×160	M12	12	8	204	174	88.0	9	1.00	4.0	325	10
180	190	91.0	M12×165	M12	12	8	214	184	91.0	8	1.00	4.0	345	9
190	220	106.4	M16×190	M16	16	8	234	194	105.5	9	1.00	4.0	380	10
200	220	106.4	M16×190	M16	16	8	234	204	105.5	9	1.00	4.0	380	10

注：为便于滑轮的安装，在连接结构中应规定每边的轴向间隙至少为 1mm。

24.5.3.2　A 型铸造滑轮用挡盖的尺寸(见表 24-181)

表 24-181　A 型铸造滑轮用挡盖（AG 或 BG）的尺寸（摘自 JB/T 9005.4—1999）

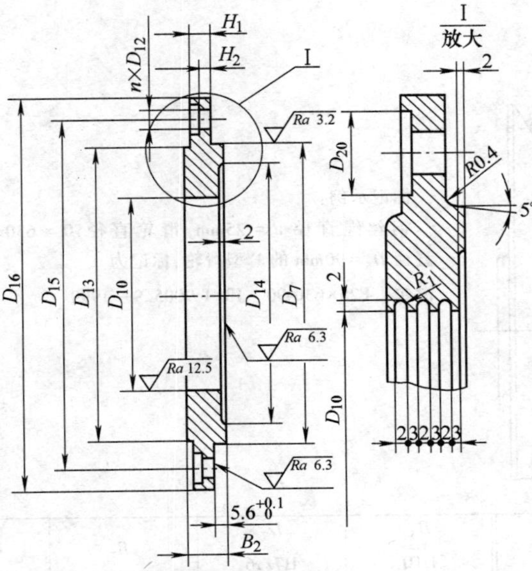

槽型密封挡盖(AG)

标记示例：

直径 D_7 = 200mm 的 A 型滑轮用槽型密封挡盖（AG），标记为

挡盖　AG 200 JB/T 9005.4—1999

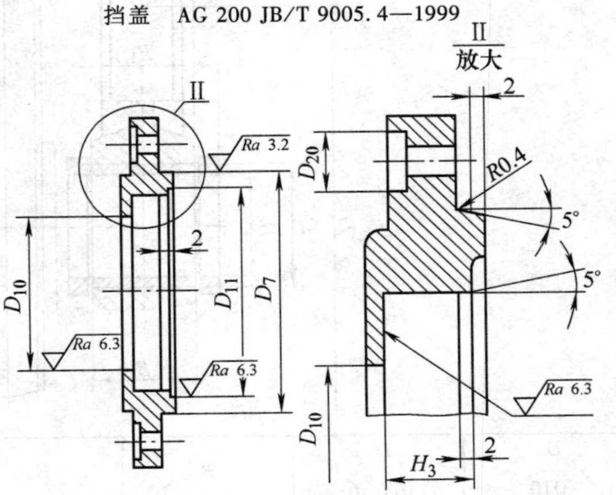

轴密封挡盖(BG)

D_7 f7	D_{10}	B_2	D_{11} H8	D_{12}	D_{13}	D_{14}	D_{15}	D_{16}	D_{20}	H_1	H_2	H_3	孔数 n	骨架式橡胶油封按 GB/T 9877.1
尺寸/mm														
110	61	18	85	9	105	95	125	145	18	7	3.5	8	4	60×85×8
125	71	18	95	11	120	110	145	170	22	7	3.5	10	4	70×95×10
140	81	18	105	11	135	125	160	185	22	7	3.5	10	4	80×105×10
160	91	18	115	11	155	145	185	210	22	8	4.5	12	4	90×115×12
180	101	18	125	11	175	165	205	230	22	8	4.5	12	4	100×125×12
200	111	20	140	11	195	185	225	250	22	8	4.5	12	6	110×140×12
215	121	20	160	11	210	200	240	265	22	8	4.5	12	6	120×160×12
230	131	20	170	14	230	210	260	290	24	10	5.5	12	6	130×170×12
250	141	22	180	14	250	230	280	310	24	10	5.5	15	6	140×180×15
270	151	22	190	14	270	250	300	330	24	10	5.5	15	6	150×190×15
290	161	22	200	14	290	270	320	350	24	10	5.5	15	6	160×200×15
310	171	22	200	14	310	290	340	370	24	12	6.0	15	8	170×200×15
320	181	22	210	14	320	300	350	380	24	12	6.0	15	8	180×210×15
340	191	22	220	14	340	320	370	400	24	12	6.0	15	8	190×220×15
360	201	22	230	14	360	340	390	420	24	12	6.0	15	8	200×230×15
400	221	22	250	18	400	380	440	480	30	14	8.0	15	8	220×250×15

24.5.3.3 F型滑轮型式和尺寸（见表24-182和表24-183）

表24-182 F型滑轮的型式和尺寸（摘自JB/T 9005.9—1999）（单位：mm）

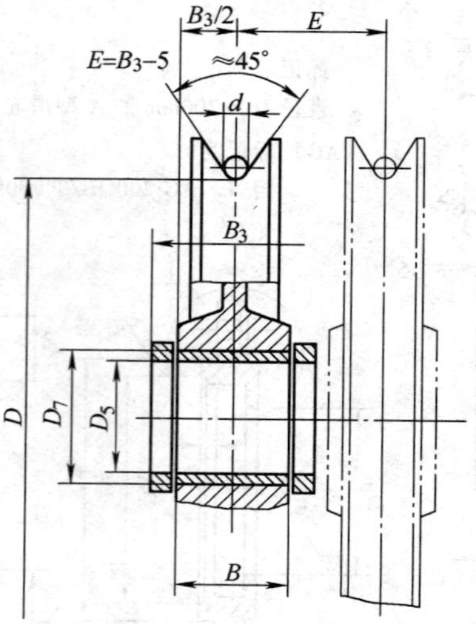

标记示例：

钢丝绳直径 d = 25mm，滑轮直径 D = 630mm 和直径 D_5 = 90mm 的F型滑轮，标记为

滑轮 F25×630-90 JB/T 9005.9—1999

D_5 D10	D_7 H7/r6	B	B_3	D_5 D10	D_7 H7/r6	B	B_3
45	55	80	100	120	140	140	160
50	60	80	100	130	150	140	165
55	65	90	105	140	160	140	170
60	75	90	105	150	170	140	180
65	80	90	110	160	180	140	180
70	85	90	110	170	190	140	185
75	90	110	130	180	200	150	190
80	95	110	135	190	210	150	220
90	105	120	145	200	220	160	220
100	120	130	150	220	250	160	240
110	130	140	160				

注：1. 为便于滑轮的安装，在连接结构中应规定每边的轴向间隙至少为1mm。

2. 根据设计需要，B_3 尺寸允许变动。

表24-183 F型滑轮用衬套（T）和隔环（H）的尺寸（单位：mm）

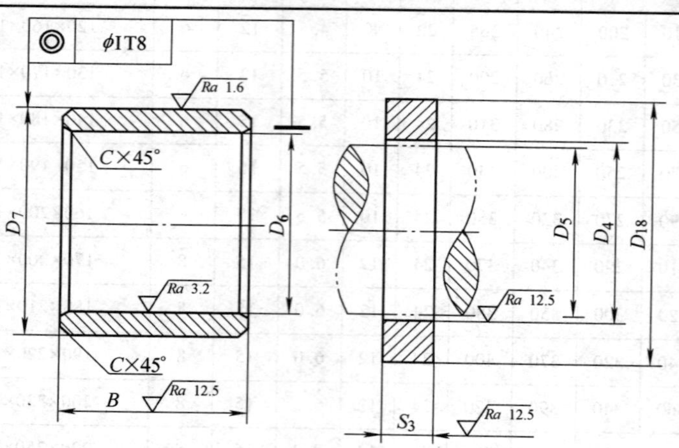

衬套(T)　　隔环(H)

注：根据需要开润滑槽

标记示例：

1）直径 D_5 = 90mm 的F型滑轮用衬套（T），标记为

衬套 T90 JB/T 9005.9—1999

2）直径 D_5 = 90mm 的F型滑轮用隔环（H），标记为

隔环 H90 JB/T 9005.9—1999

（续）

D_5	衬套(T)尺寸			隔环(H)尺寸			
	D_7	B h13	C_{max}	D_4 H12	D_{18}	$S_3(^{0}_{-0.2})$	
45	55	80	0.8	46	65	10.0	15
50	60	80	0.8	51	70	10.0	15
55	65	90	0.8	56	80	7.5	10
60	75	90	0.8	61	85	7.5	10
65	80	90	1.0	66	95	10.0	15
70	85	90	1.0	71	100	10.0	15
75	90	110	1.0	76	105	10.0	15
80	95	110	1.0	81	115	12.5	20
90	105	120	1.0	91	125	12.5	20
100	120	130	1.0	101	140	10.0	15
110	130	140	1.0	111	155	10.0	15
120	140	140	1.0	121	170	10.0	15
130	150	140	2.0	131	185	12.5	20
140	160	140	2.0	141	195	15.0	25
150	170	140	2.0	151	210	20.0	35
160	180	140	2.0	161	225	20.0	35
170	190	140	2.0	171	240	22.5	40
180	200	150	2.0	181	255	20.0	35
190	210	150	2.0	191	265	35.0	65
200	220	160	2.0	202	280	30.0	55
220	250	160	2.0	222	310	40.0	75
240	270	190	2.0				
260	290	190	2.0				

注：1. 衬套尺寸 D_5 取公差 D10。

2. 衬套尺寸 D_7 公差，当 $D_7 \leqslant 120$mm 时取 s6；$D_7 > 120$mm 时取 r6。

24.5.4　双幅板压制滑轮（见表 24-184～表 24-186）

表 24-184　双幅板压制滑轮槽断面主要尺寸（摘自 GB/T 27546—2011）（单位：mm）

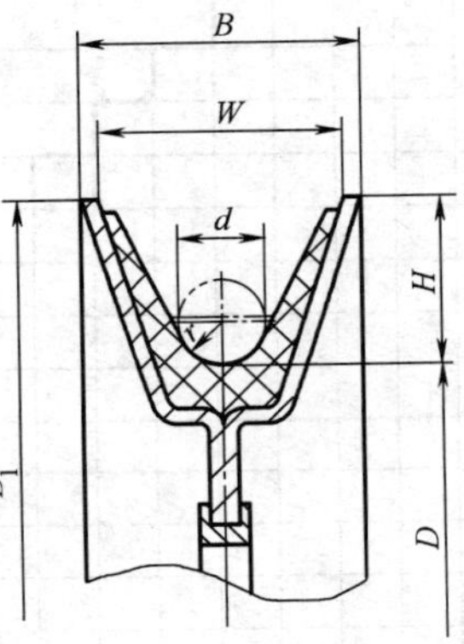

（续）

钢丝绳直径 d	槽底半径 r 基本尺寸	槽底半径 r 极限偏差 铸造	槽底半径 r 极限偏差 其他	槽高 H	槽宽 W	轮缘宽 B
>10~11	6.0	$^{+0.3}_{0}$	$^{+0.90}_{0}$	20.0	25	43
>11~12	6.5					
>12~13	7.0			22.5	28	
>13~14	7.5			25.0	31	
>14~15	8.2					57
>15~16	9.0	$^{+0.4}_{0}$		27.5	35	
>16~17	9.5			30.0	38	
>17~18	10.0					
>18~19	10.5		$^{+1.10}_{0}$	32.5	41	
>19~20	11.0			35	44	67
>20~21	11.5					
>21~22	12.0				45	
>22~23	12.5				46	
>23~24	13.0			37.5	48	
>24~25	13.5			40.0	51	82
>25~26	14.0				52	
>26~28	15.0				53	
>28~30	16.0			45.0	59	
>30~32	17.0				61	95
>32~33	18.0		$^{+1.3}_{0}$	50.0	66	
>34~35	19.0			55.0	72	106
>36~37	20.0				73	
>38~39	21.0			60.0	78	120
>39~41	22.0				79	
>41~43	23.0				84	

表 24-185　双幅板压制滑轮直径 D 与钢丝绳直径 d 的推荐匹配（摘自 GB/T 27546—2011）

钢丝绳直径 d	滑轮直径 D 70	80	90	100	110	125	140	160	180	200	225	250	280	315	355	400	450	500	560	630	710	800	900	1000	1120	1250	1400	1600	1800
6																													
>6~7																													
>7~8																													
>8~9																													
>9~10																													
>10~11																													
>11~12																													
>12~13																													
>13~14																													
>14~15																													
>15~16																													
>16~17																													
>17~18																													
>18~19																													
>19~20																													
>20~21																													
>21~22																													
>22~24																													

（续）

钢丝绳直径 d	滑轮直径 D 70	80	90	100	110	125	140	160	180	200	225	250	280	315	355	400	450	500	560	630	710	800	900	1000	1120	1250	1400	1600	1800
>24~25																													
>25~26																													
>26~28																													
>28~30																													
>30~32																													
>32~33																													
>33~35																													
>35~37																													
>37~39																													
>39~41																													
>41~43																													
>43~45																													
>45~46																													
>46~47																													
>47~48.5																													
>48.5~50																													
>50~52																													
>52~54.5																													
>54.5~56																													
>56~58																													

表 24-186　双幅板压制滑轮的结构型式和尺寸　　（单位：mm）

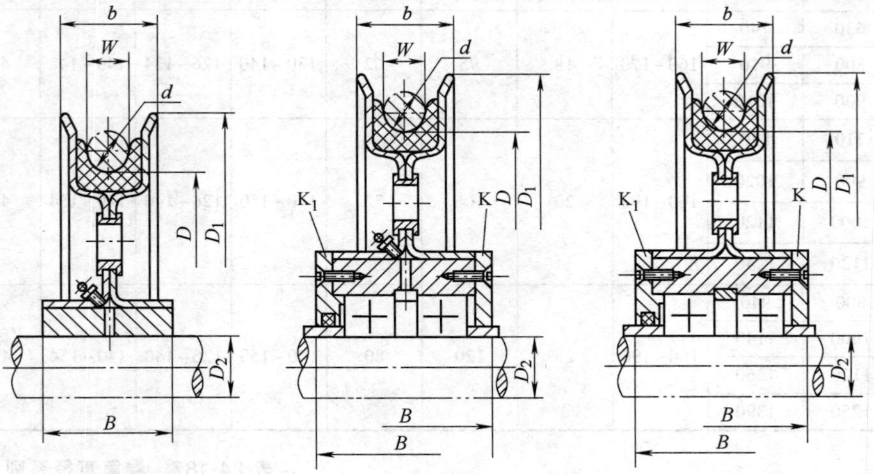

A型　　B型　　C型

钢丝绳直径 d	主要尺寸 D	D_1	D_2	R	b	W	B A型	B K封	B K_1 封	轴承型号 K封	轴承型号 K_1 封
10~14	200	245	40~55	7.5	43	24	60~90	72~78	86~92	211~214	
	280	325									
	315	360									
	400	445									
	450	495									

（续）

钢丝绳直径 d	主要尺寸									轴承型号	
	D	D_1	D_2	R	b	W	B			K 封	K_1 封
							A 型	K 封	K_1 封		
>14~19	315	375	65~75	10.5	57	35	90~110	82~94	96~108	216~219	
	355	415									
	400	460									
	450	510									
	500	560									
	560	620									
>19~24	400	480	75~110	13	67	44	110~130	94~110	108~124	219~224	
	450	530									
	500	580									
	560	640									
	630	710									
	710	790									
>24~30	500	590	110~140	16	82	50	130~140	110~126	124~140	226~232	
	560	650									
	630	720									
	710	800									
	800	890									
	900	990									
>30~34	630	740	160~170	18	95	62	130~140	126~134	140~148	42232~42234	
	800	910									
	900	1010									
>34~37	710	830	160~190	20	106	72	140~150	126~140	140~154	42232~42238	
	900	1020									
	1000	1120									
	1120	1240									
>37~43	800	940	160~190	23	120	80	140~150	126~140	140~154	42232~42238	
	1000	1140									
	1120	1260									
	1250	1390									

24.6 卷筒

24.6.1 起重机卷筒直径和槽形（见表 24-187和表 24-188）

本部分适用于起重机的钢丝绳铸造卷筒和焊接卷筒（以下简称卷筒）。

槽底半径 r，按（0.53~0.6）d（d 为钢丝绳直径）确定。

卷筒直径 D 一般采用表 24-187 的数值。

表 24-187　卷筒直径系列

（摘自 JB/T 9006—2013）

D/mm								
200	250	280	315	355	400	450	500	560
630	710	800	900	1000	1120	1250	1320	1400
1500	1600	1700	1800	1900	2000	2120	2240	2360
2500	2650	2800	3000	3150	3350	3550	3750	4000

卷筒槽形分为标准槽形和加深槽形两种，其尺寸见表 24-188。

表 24-188　起重机用铸造卷筒槽形（摘自 JB/T 9006—2013）　　（单位：mm）

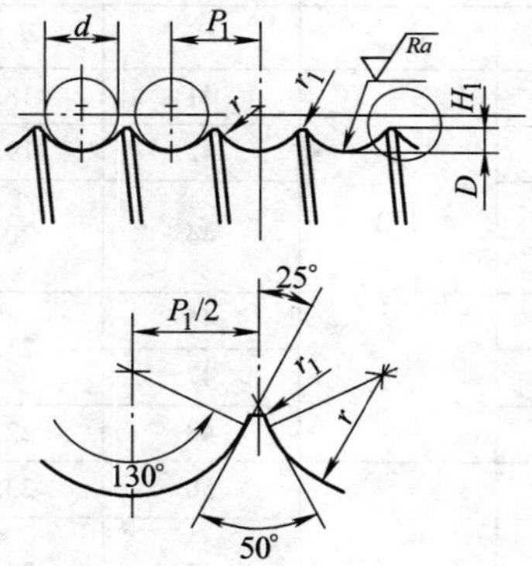

标准槽形

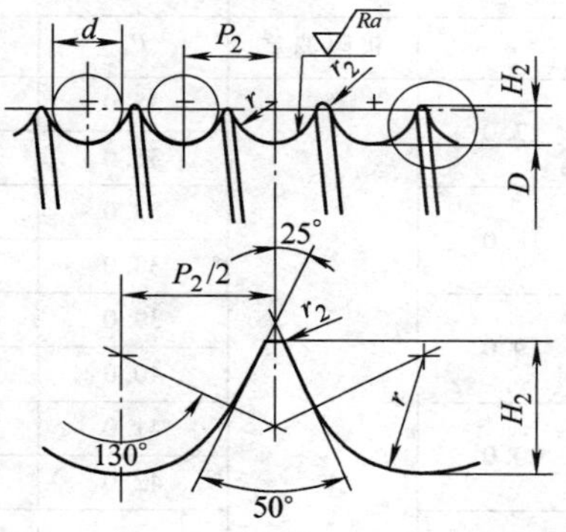

加深槽形

钢丝绳直径 d	槽底半径		标准槽形			加深槽形		
	r	极限偏差	P_1	$H_{1\min}$	$r_{1\min}$	P_2	$H_{2\min}$	$r_{2\min}$
6	3.3	+0.1 0	7.0	2.2	0.5	—	—	0.3
>6~7	3.7		8.0	2.5		—	—	
>7~8	4.2		9.0	2.8		11	5.0	
>8~9	5.0		10.5	3.3		12	5.0	
>9~10	5.5	+0.2 0	12.0	3.8	0.8	14	6.0	0.5
>10~11	6.0		13.0	4.2		15	6.5	
>11~12	6.5		14.0	4.5		16	7.0	
>12~13	7.0		15.0	4.8		18	8.0	
>13~14	7.5		16.0	5.0		19	8.5	
>14~15	8.0		17.0	5.5		20	9.0	
>15~16	8.5		18.0	6.0		21	9.5	
>16~17	9.0		19.0	6.5		23	10.5	
>17~18	9.5		20.0	6.5		24	11.0	
>18~19	10.0		21.0	7.0		25	11.5	
>19~20	10.5		22.0	7.5		26	12.0	
>20~21	11.0		24.0	8.0		28	13.0	
>21~22	12.0		25.0	8.5		29	13.0	
>22~23	12.5		26.0	9.0		31	14.0	
>23~24	13.0		27.0			32	14.5	
>24~25	13.5		28.0	9.5		33	15.0	
>25~26	14.0		29.0	10.0		34	16.0	
>26~27	15.0		30.0	10.0		36	16.5	
>27~28			32.0	10.5		37	17.0	
>28~29	16.0		33.0	11.0	1.3	38	17.0	0.8
>29~30			34.0	11.5		39	18.0	

（续）

钢丝绳直径 d	槽底半径		标准槽形			加深槽形		
	r	极限偏差	P_1	H_{1min}	r_{1min}	P_2	H_{2min}	r_{2min}
>30~31	17.0	+0.4 0	35.0	11.5	1.3	41	18.5	0.8
>31~32			36.0	12.0		42	19.0	
>32~33	18.0		37.0	12.5		44	20.0	
>33~34			38.0	13.0				
>34~35	19.0		39.0	13.0		46	21.0	
>35~36			40.0	13.5		47		
>36~37	20.0		41.0	14.0		48	22.0	
>37~38			42.0	14.5	1.6	50	23.0	1.3
>38~39	21.0		44.0	15.0		52	24.0	
>39~40								
>40~41	22.0		45.0	15.5		54	25.0	
>41~42	23.0		47.0	16.0		55		
>42~43			48.0	16.5		56	26.0	
>43~44	24.0		49.0			58		
>44~45			50.0	17.0	2	60	27.0	1.6
>45~46	25.0		52.0	17.5		62	28.0	
>46~47			53.0	18.5		63		
>47~48	26.0		54.0			64	29.0	
>48~50	27.0		56.0	19.0		65	29.0	
>50~52	28.0		58.0	19.5				
>52~54	29.0		60.0	21.0				
>54~56	30.0		63.0		2.5			
>56~58	31.0		64.0	22.0				
>58~60	32.0		67.0	23.0	3.0			

注：槽形表面粗糙度 Ra 值分为两级：1 级为 6.3μm；2 级为 12.5μm。

24.6.2 起重机卷筒组装结构示例（见图 24-31）

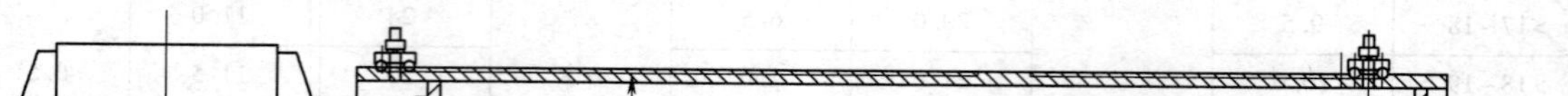

a)

图 24-31　卷筒典型结构

a）焊接卷筒组装型式 1

图 24-31　卷筒典型结构（续）

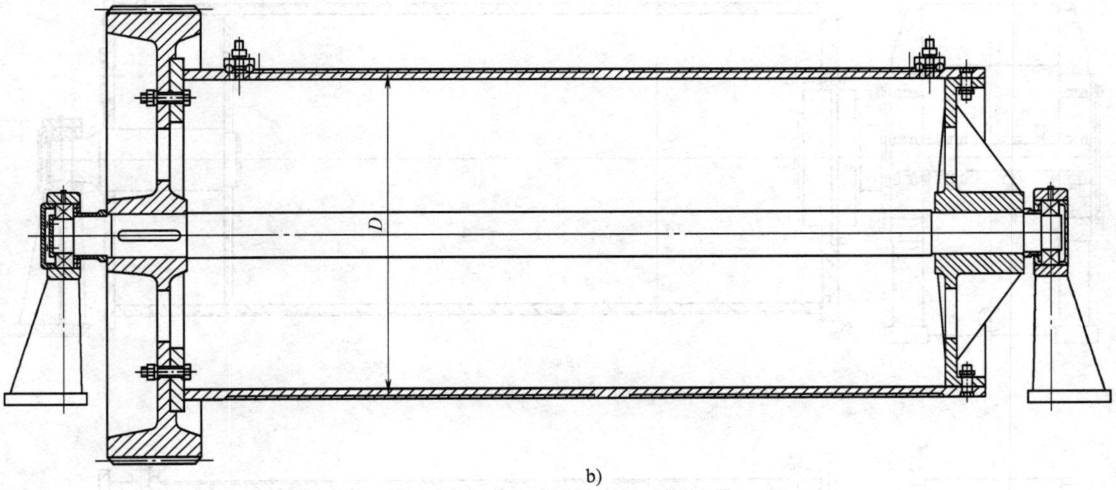

b)

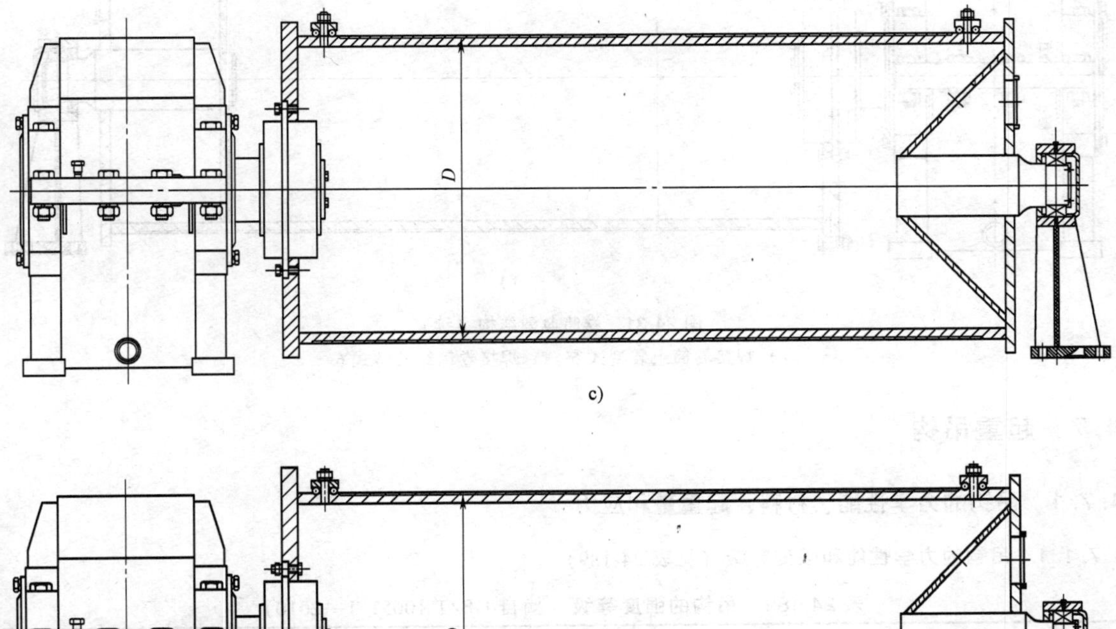

c)

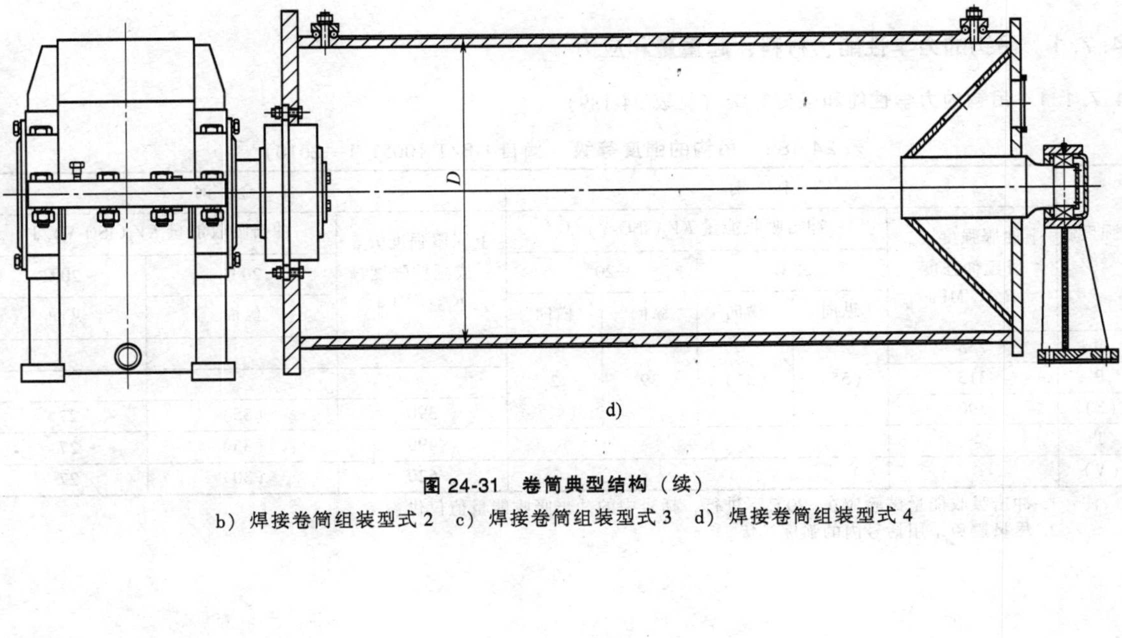

d)

图 24-31　卷筒典型结构（续）

b）焊接卷筒组装型式 2　c）焊接卷筒组装型式 3　d）焊接卷筒组装型式 4

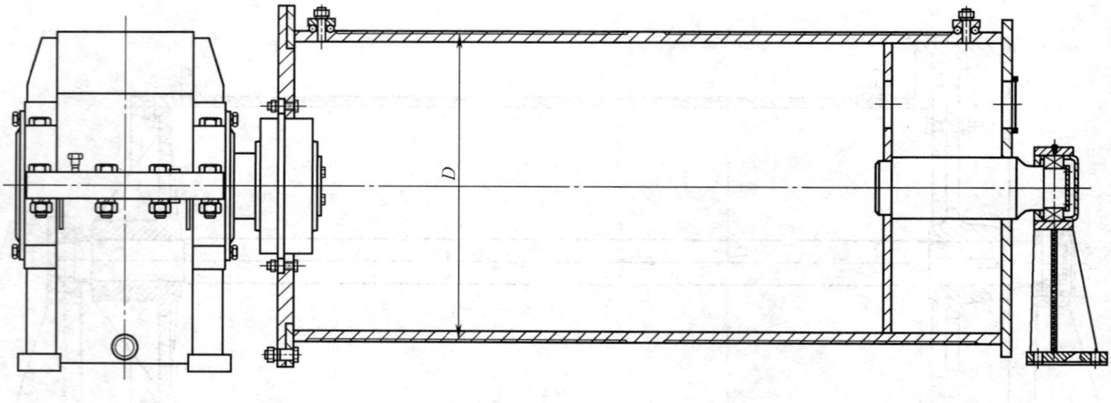

e)

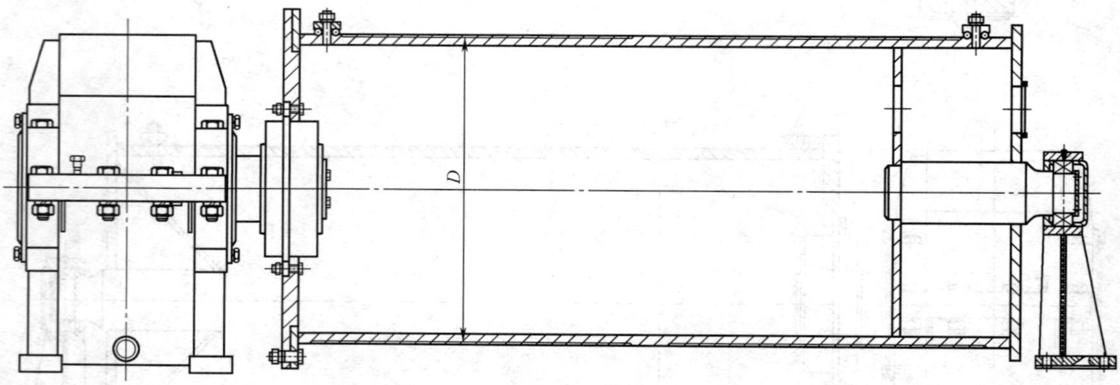

f)

图 24-31　卷筒典型结构（续）

e）焊接卷筒组装型式 5　f）焊接卷筒组装型式 6

24.7　起重吊钩

24.7.1　吊钩的力学性能、材料、起重量和应力

24.7.1.1　吊钩的力学性能和强度等级（见表 24-189）

表 24-189　吊钩的强度等级（摘自 GB/T 10051.1—2010）

强度等级	结构钢					合金钢		
	上屈服强度 R_{eH} 或延伸强度 $R_{p0.2}$/MPa	冲击吸收能量 KV_2(ISO-V)/J				上屈服强度 R_{eH} 或延伸强度 $R_{p0.2}$/MPa	冲击吸收能量 KV_2(ISO-V)/J	
		20℃		-20℃			20℃	-20℃
		纵向	横向	纵向	横向		纵向	纵向
M	235							
P	315	(55)	(31)	39	2			
(S)	390					390	(35)	27
T						490	(35)	27
(V)						620	(30)	27

注：1. 冲击吸收能量试验应在-20℃下进行，括号中的冲击吸收能量值仅供参考。
　　2. 尽量避免采用括号内的强度等级。

24.7.1.2　吊钩材料的牌号（见表 24-190）

表 24-190　吊钩材料（摘自 GB/T 10051.1—2010）

<table>
<tr><th rowspan="2">钩号</th><th rowspan="2">柄部直径
d_1/mm</th><th colspan="5">强度等级</th></tr>
<tr><th>M</th><th>P</th><th>(S)</th><th>T</th><th>(V)</th></tr>
<tr><td>006</td><td>14</td><td rowspan="14">Q345qD</td><td rowspan="14">Q345qD</td><td rowspan="14">Q420qD
或 35CrMo</td><td rowspan="14">35CrMo</td><td rowspan="10">35CrMo</td></tr>
<tr><td>010</td><td rowspan="2">16</td></tr>
<tr><td>012</td></tr>
<tr><td>020</td><td rowspan="2">20</td></tr>
<tr><td>025</td></tr>
<tr><td>04</td><td rowspan="2">24</td></tr>
<tr><td>05</td></tr>
<tr><td>08</td><td rowspan="2">30</td></tr>
<tr><td>1</td></tr>
<tr><td>1.6</td><td>36</td></tr>
<tr><td>2.5</td><td>42</td><td rowspan="4">34Cr2Ni2Mo</td></tr>
<tr><td>4</td><td>48</td></tr>
<tr><td>5</td><td>53</td></tr>
<tr><td>6</td><td>60</td></tr>
<tr><td>8</td><td>67</td><td rowspan="16">Q345qD</td><td rowspan="8">Q345qD</td><td rowspan="8">Q420qD
或 35CrMo</td><td rowspan="8">35CrMo</td><td rowspan="8">34Cr2Ni2Mo</td></tr>
<tr><td>10</td><td>75</td></tr>
<tr><td>12</td><td>85</td></tr>
<tr><td>16</td><td>95</td></tr>
<tr><td>20</td><td>105</td></tr>
<tr><td>25</td><td>118</td></tr>
<tr><td>32</td><td>132</td></tr>
<tr><td>40</td><td>150</td></tr>
<tr><td>50</td><td>170</td><td rowspan="8">Q420qD</td><td rowspan="8">35CrMo</td><td rowspan="8">34Cr2Ni2Mo</td><td rowspan="8">30Cr2Ni2Mo</td></tr>
<tr><td>63</td><td>190</td></tr>
<tr><td>80</td><td>212</td></tr>
<tr><td>100</td><td>236</td></tr>
<tr><td>125</td><td>265</td></tr>
<tr><td>160</td><td>300</td></tr>
<tr><td>200</td><td>335</td></tr>
<tr><td>250</td><td>375</td></tr>
</table>

注：当采用 JB/T 6396 中规定的材料时，推荐材料中 ALt 的含量≥0.020%，或用其他形式证明材料中的氮被固化。

24.7.1.3　吊钩钩号的选择（见表 24-191）

表 24-191　按工作级别和强度等级确定吊钩的钩号（摘自 GB/T 10051.1—2010）

强度等级	机构工作级别(按 GB/T 3811)										强度等级
M	—	—	—	—	M3	M4	M5	M6	M7	M8	M
P	—	—	—	M3	M4	M5	M6	M7	M8	—	P
(S)	—	—	M3	M4	M5	M6	M7	M8	—	—	(S)
T	—	M3	M4	M5	M6	M7	—	—	—	—	T
(V)	M3	M4	M5	M6	M7	—	—	—	—	—	(V)

（续）

强度等级	机构工作级别(按 GB/T 3811)										强度等级
钩号	起重量/t										钩号
006	0.32	0.25	0.2	0.16	0.125	0.1	—	—	—	—	006
010	0.5	0.4	0.32	0.25	0.2	0.16	0.125	0.1	—	—	010
012	0.63	0.5	0.4	0.32	0.25	0.2	0.16	0.125	0.1	—	0.12
020	1	0.8	0.63	0.5	0.4	0.32	0.25	0.2	0.16	0.125	020
025	1.25	1	0.8	0.63	0.5	0.4	0.32	0.25	0.2	0.16	0.25
04	2	1.6	1.25	1	0.8	0.63	0.5	0.4	0.32	0.25	04
05	2.5	2	1.6	1.25	1	0.8	0.63	0.5	0.4	0.32	05
08	4	3.2	2.5	2	1.6	1.25	1	0.8	0.63	0.5	0.8
1	5	4	3.2	2.5	2	1.6	1.25	1	0.8	0.63	1
1.6	8	6.3	5	4	3.2	2.5	2	1.6	1.25	1	1.6
2.5	12.5	10	8	6.3	5	4	3.2	2.5	2	1.6	2.5
4	20	16	12.5	10	8	6.3	5	4	3.2	2.5	4
5	25	20	16	12.5	10	8	6.3	5	4	3.2	5
6	32	25	20	16	12.5	10	8	6.3	5	4	6
8	40	32	25	20	16	12.5	10	8	6.3	5	8
10	50	40	32	25	20	16	12.5	10	8	6.3	10
12	63	50	40	32	25	20	16	12.5	10	8	12
16	80	63	50	40	32	25	20	16	12.5	10	16
20	100	80	63	50	40	32	25	20	16	12.5	20
25	125	100	80	63	50	40	32	25	20	16	25
32	160	125	100	80	63	50	40	32	25	20	32
40	200	160	125	100	80	63	50	40	32	25	40
50	250	200	160	125	100	80	63	50	40	32	50
63	320	250	200	160	125	100	80	63	50	40	63
80	400	320	250	200	160	125	100	80	63	50	80
100	500	400	320	250	200	160	125	100	80	63	100
125	—	500	400	320	250	200	160	125	100	80	125
160	—	—	500	400	320	250	200	160	125	100	160
200	—	—	—	500	400	320	250	200	160	125	200
250	—	—	—	—	500	400	320	250	200	160	250

注：1. 机构工作级别低于 M3 的按 M3 考虑。

2. T、V 级强度等级的吊钩不推荐用于冶金起重机。

24.7.2 直柄单钩毛坯件尺寸及公差（见表 24-192～表 24-195）

按单钩毛坯件的结构和锻造方式分为四种：MM 型、MMD 型、MY 型和 MYD 型。

推荐钩号 006～40 的吊钩采用 MM 型或 MMD 型，钩号 10～250 的吊钩采用 MY 型或 MYD 型。

型号表示方法：

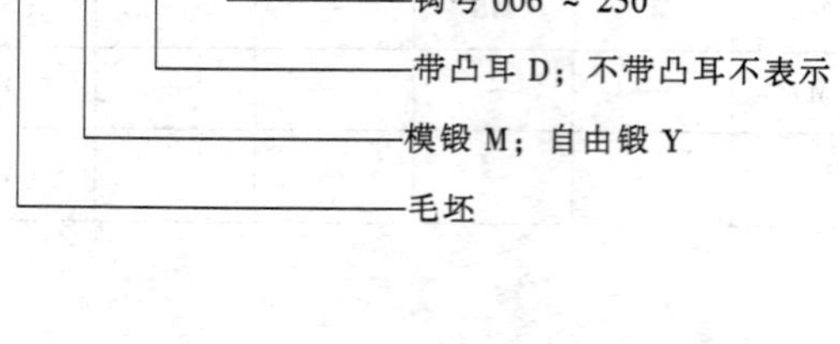

标记示例：

1）钩号为 10、强度等级为 M 的不带凸耳模锻单钩毛坯件：

单钩毛坯件　MM10-M　GB/T 10051.4

2）钩号为 12、强度等级为 P 的带凸耳自由锻单钩毛坯件：

单钩毛坯件　MYD12-P　GB/T 10051.4

表 24-192　MM、MMD 型直柄单钩毛坯型式及尺寸（摘自 GB/T 10051.4—2010）

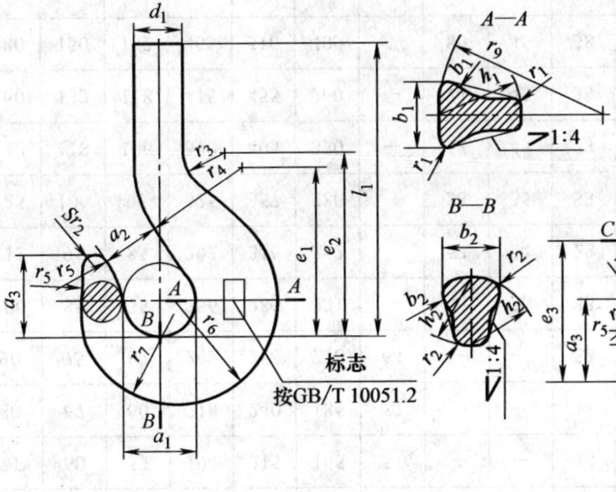

MM型 钩号006～40

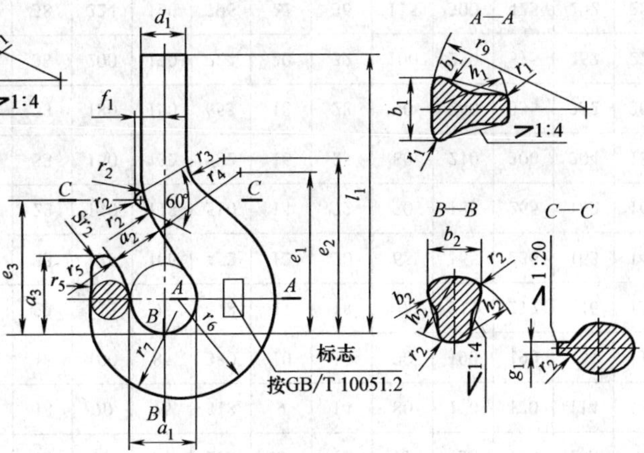

MMD型 钩号006～8

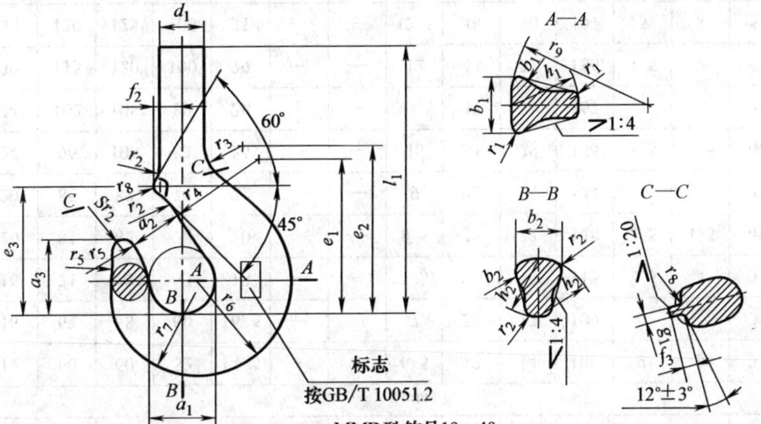

MMD型 钩号10～40

（续）

钩号	a_1	a_2	a_3	b_1	b_2	d_1	e_1	e_2	e_3	f_1	f_2	f_3	g_1	h_1	h_2	l_1	r_1	r_2	r_3	r_4	r_5	r_6	r_7	r_8	r_9	质量/kg
	mm																									
006	25	20	28	13	11	14	60	60	52	14.5	—	—	6.5	17	14	100	2	3	32	53	53	27	26	—	34	0.2
010	28	22	32	16	13	16	67	68	60	16.5	—	—	7	20	17	109	2	3.5	35	60	60	31	30	—	40	0.3
012	30	24	34	19	15	16	71	73	63	18	—	—	7.5	22	19	115	2.5	4	37	63	63	34	33	—	44	0.4
020	34	27	39	21	18	20	81	82	70	20	—	—	8.5	26	22	138	2.5	4.5	40	71	71	39	37	—	52	0.6
025	36	28	41	22	19	20	85	88	74	22	—	—	9	28	24	144	3	5	43	75	75	42	40	—	56	0.8
04	40	32	45	27	22	24	96	100	83	25	—	—	10	34	29	155	3.5	5.5	46	85	85	49	45	—	68	1.1
05	43	34	49	29	24	24	102	108	89	26	—	—	10.5	37	31	167	4	6	48	90	90	53	48	—	74	1.6
08	48	38	54	35	29	30	115	120	100	29	—	—	12	44	37	186	4.5	7	52	100	100	61	56	—	88	2.3
1	50	40	57	38	32	30	120	128	105	31	—	—	12.5	48	40	197	5	8	55	106	106	65	60	—	96	3.2
1.6	56	45	64	45	38	36	135	146	118	35	—	—	14	56	48	224	6	9	60	118	118	76	68	—	112	4.5
2.5	63	50	72	53	45	42	152	167	132	40	—	—	16	67	58	253	7	10	65	132	132	90	78	—	134	6.3
4	71	56	80	63	53	48	172	190	148	45	—	—	16	80	67	285	8	12	71	150	150	103	90	—	160	8.8
5	80	63	90	71	60	53	194	215	165	51	—	—	18	90	75	318	9	14	80	170	170	114	100	—	180	12.3
6①	90	71	101	80	67	60	218	240	185	57	—	—	18	100	85	380	10	16	90	190	190	131	112	—	200	17.1
8	100	80	113	90	75	67	242	268	210	64	—	—	23	112	95	418	11	18	100	212	212	146	125	—	224	24
10①	112	90	127	100	85	75	256	286	221	—	46	26	23	125	106	452	12	20	65	165	236	163	140	12	250	34
12①	125	100	143	112	95	85	292	316	252	—	53	34	28	140	118	510	14	22	70	185	265	182	160	16	280	47
16①	140	112	160	125	106	95	325	357	280	—	58	35	33	160	132	582	16	25	80	210	300	204	180	16	320	66
20①	160	125	180	140	118	106	370	405	330	—	68	45	33	180	150	653	18	28	90	240	335	232	200	20	360	95
25	180	140	202	160	132	118	415	455	360	—	74	45	38	200	170	724	20	32	100	270	375	262	224	20	400	136
32①	200	160	225	180	150	132	465	510	400	—	80	45	38	224	190	796	22	36	115	300	425	292	250	20	448	187
40①	224	180	252	200	170	150	517	567	447	—	93	55	42	250	212	893	25	40	130	335	475	326	280	25	500	264

① 推荐用于冶金起重机。

表 24-193 MY、MYD 型直柄单钩毛坯型式及尺寸（摘自 GB/T 10051.4—2010） （单位：mm）

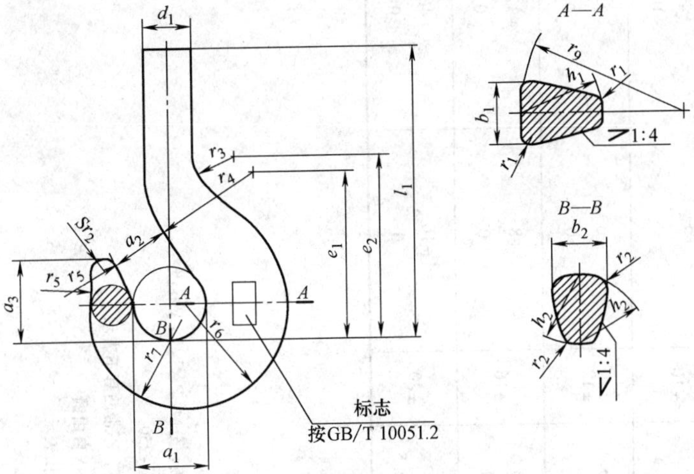

MY 型 钩号 10～250

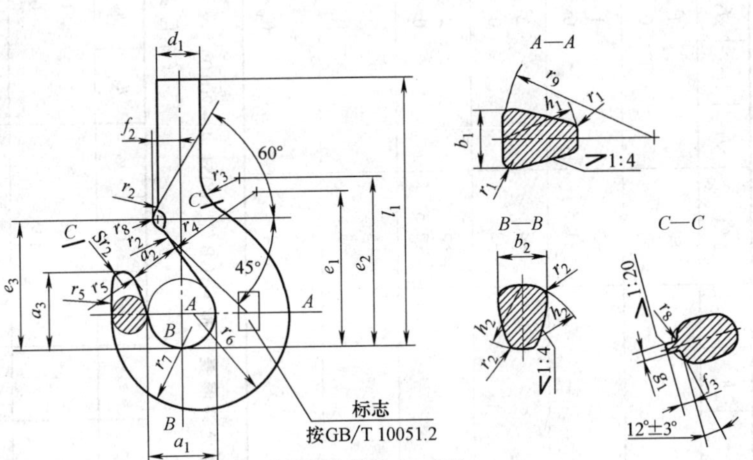

MYD 型 钩号 10～250

钩号	a_1	a_2	a_3	b_1	b_2	d_1	e_1	e_2	e_3	f_2	f_3	g_1	h_1	h_2	l_1	r_1	r_2	r_3	r_4	r_5	r_6	r_7	r_8	r_9	质量/kg
10	112	90	127	100	85	75	256	286	221	46	26	23	125	106	460	12	20	65	165	236	163	140	12	250	40
12	125	100	143	112	95	85	292	316	252	53	34	28	140	118	525	14	22	70	185	265	182	160	16	280	55
16	140	112	160	125	106	95	325	357	280	58	35	33	160	132	595	16	25	80	210	300	204	180	16	320	77
20	160	125	180	140	118	106	370	405	330	68	45	33	180	150	665	18	28	90	240	335	232	200	20	360	112
25	180	140	202	160	132	118	415	455	360	74	45	38	200	170	735	20	32	100	270	375	262	224	20	400	160
32	200	160	225	180	150	132	465	510	400	80	45	38	224	190	810	22	36	115	300	425	292	250	20	448	220
40	224	180	252	200	170	150	517	567	447	93	55	42	250	212	905	25	40	130	335	475	326	280	25	500	310
50	250	200	285	224	190	170	575	635	485	100	55	42	280	236	990	28	45	150	370	530	363	315	25	560	430
63*	280	224	320	250	212	190	655	710	550	108	60	45	315	265	1120	32	50	160	420	600	408	355	25	630	600
80*	315	250	358	280	236	212	727	802	598	113	60	45	355	300	1270	36	56	180	470	670	460	400	25	710	860
100*	355	280	402	315	265	236	827	902	688	130	70	50	400	335	1415	40	63	200	530	750	516	450	30	800	1220
125*	400	315	450	355	300	265	920	1020	750	138	70	50	450	375	1590	45	71	230	600	850	579	500	30	900	1740
160*	450	355	505	400	335	300	1035	1145	825	147	70	55	500	425	1790	50	80	250	675	950	654	560	30	1000	2480
200*	500	400	565	450	375	335	1195	1275	900	154	70	55	560	475	2048	56	90	285	750	1060	729	630	30	1120	3420
250	560	450	635	500	425	375	1280	1430	980	164	70	60	630	530	2305	63	100	320	840	1180	815	710	30	1260	4800

注：“*”表示推荐用于冶金起重机。

表 24-194　MM 型和 MMD 型直柄单钩毛坯件的尺寸允许偏差（摘自 GB/T 10051.4—2010）

（单位：mm）

钩号	a_1	a_2	a_3	b_1	b_2	l_1	e_3	h_1	h_2	d_1	f_1	f_2	f_3	g_1
006~04	+2 0									+2 −1	+1 0			
05~2.5	+3 0									+3 −1.5	+1 0			
4~5	+4 0									+4 −2	+2 0			
6~8	+5 0									+5 −2.5	+2 0			
10~16	+6 0									+6 −3	+3 0			
20~40	+8 0									+8 −4	+3 0			

表 24-195　MY 型和 MYD 型直柄单钩毛坯件的尺寸允许偏差（摘自 GB/T 10051.4—2010）

（单位：mm）

钩号	a_1	a_2	a_3	b_1	b_2	d_1	e_3	f_2	f_3	g_1	h_1	h_2	l_1
10~16	+10 0		±8	+12 0		+10 −5	±8	+4 0			+16 0		
20~32	+12 0		±10	+16 0		+12 −6	±10	+5 0			+20 0		
40~63	+16 0		±12	+20 0		+16 −8	±12	+6 0			+24 0		
80~125	+20 0		±16	+25 0		+20 −10	±16	+8 0			+32 0		
160~250	+25 0		±20	+32 0		+25 −12.5	±20	+10 0			+40 0		

24.7.3　单钩的尺寸（见表 24-196）

直柄单钩的标记：

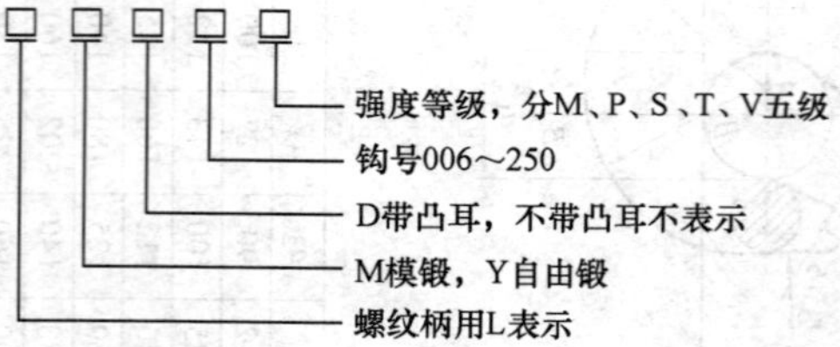

标记示例：

钩号 250、螺纹柄、自由锻、带凸耳、强度等级为 T 的直柄单钩，标记为

直柄单钩 LYD250-T　GB/T 10051.5—2010

表 24-196　单钩的尺寸（摘自 GB/T 10051.5—2010）　（单位：mm）

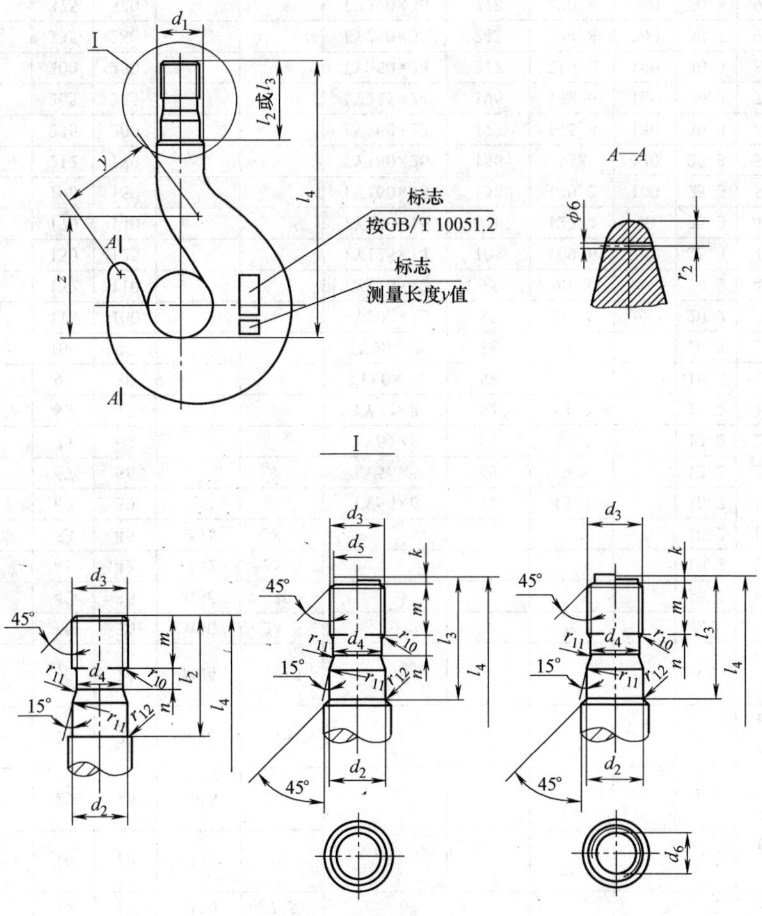

型式Ⅰ 钩号006～5　型式Ⅱ钩号6～32　型式Ⅲ钩号40～250

LM 型和 LY 型

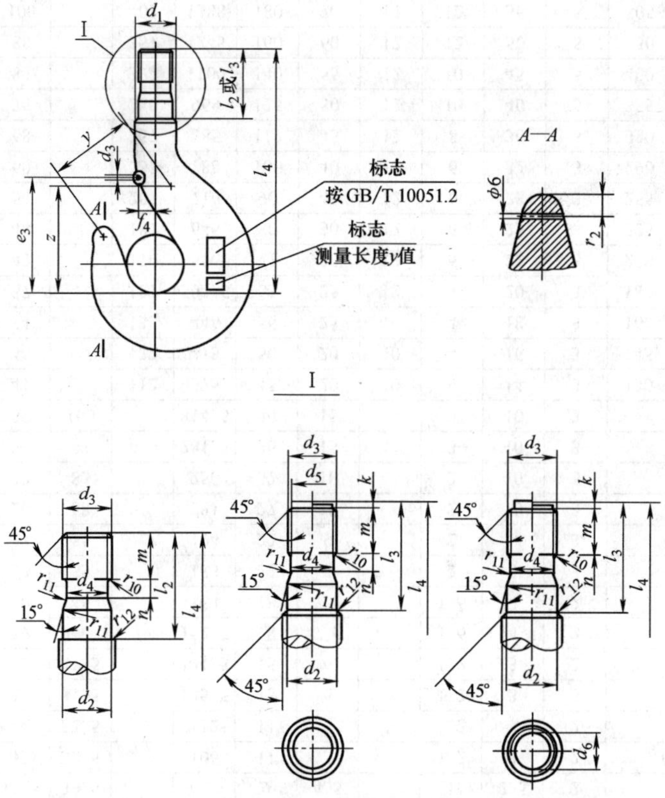

型式Ⅰ 钩号006～5　型式Ⅱ钩号6～32　型式Ⅲ钩号40～250

LMD 型和 LYD 型

A—*A* 剖面中钩号 6～250 的单钩，应压入 $\phi6$ 不锈钢圆柱销，r_2 的尺寸见 GB/T 10051.4—2010。

注：轻小型起重设备用的 006～5 号单钩，柄端为型式Ⅰ；起重机械和轻小型起重设备用的 6～32 号为型式Ⅱ；起重机械用的 40～250 号为型式Ⅲ。

（续）

钩号	d_1	d_2	普通螺纹 GB/T 193—2003		梯形圆螺纹①			d_6	d_7	e_3	f_4	l_2	l_3	l_4	m	n	k	r_{10}	r_{11}	r_{12}	y	z
			d_3	d_4	d_3	d_4	d_5															
006	14	10	M10	7.5					3.2	52	11.5	30.5		97.5	9	4.5		1	2.5	2		
010	16	12	M12	9					3.2	60	13	32.5		106	11	5		1.2	3	2		
012										63	14	32.5		112	11	5		1.2	3	2		
020	20	16	M16	12.5					4.2	70	16	41.5		135.5	15	6		1.2	3	2		
025										74	17	41.5		141.5	15	6		1.2	3	2		
04	24	20	M20	16					5.2	83	19	46		152.5	18	7.5		1.6	4	2		
05										89	20	46		164	18	7.5		1.6	4	2		
08	30	24	M24	19.5					6.2	100	22	55		183	22	9		2	5	3		
1										105	23	55		194	22	9		2	8	3		
1.6	36	30	M30	24.5					6.2	118	26	68		221	27	10		2	10	3		
2.5	42	36	M36	30					10.2	132	30	83		250	32	10		2	10	3		
4	48	42	M42	35.5					10.2	148	33	93		281.5	36	15		3	10	3		
5	53	45	M45	38.5					10.2	165	37	103		314.5	40	15		3	10	3		
6	60	50			TY50×6	42	43.4		10.2	185	41		112	375	45	20	10	4	14	3	130	160
8	67	56			TY56×6	48	49.4		12.2	210	46		122	413	50	20	10	4	16	3	145	180
10	75	64			TY64×8	54	55.2		12.2	221	34		135	446	56	25	10	4	18	3	160	200
12	85	72			TY72×8	62	63.2		16.2	252	37		157	504.5	63	25	12	4	20	3	180	220
16	95	80			TY80×10	68	69		16.2	280	42		170	576	71	30	12	6	22	3	200	250
20	106	90			TY90×10	78	79		20.2	330	48		187	645	80	30	12	6	25	3	225	280
25	118	100			TY100×12	85	86.8		20.2	360	54		207	716	90	40	12	6	28	3	255	315
32	132	110			TY110×12	95	96.8		20.2	400	60		232	788	100	40	12	6	32	3	290	350
40	150	125			TY125×14	108	109.6	80	25.3	447	68		257	885	112	45	12	8	36	3	320	395
50	170	140			TY140×16	120	122.4	90	25.3	485	75		280	969	125	50	12	10	40	5	355	445
63	190	160			TY160×18	138	140.2	100	25.3	550	83		322	1100	140	55	12	10	45	5	400	495
80	212	180			TY180×20	156	158	120	25.3	598	88		357	1245	160	60	12	12	50	5	450	565
100	236	200			TY200×22	173	175.8	140	30.3	688	100		402	1388	180	70	12	12	56	5	505	635
125	265	225			TY225×24	196	198.6	160	30.3	750	108		465	1565	200	80	15	12	63	5	570	710
160	300	250			TY250×28	217	219.2	180	30.3	825	117		510	1761	225	90	15	15	70	5	640	800
200	335	280			TY280×32	242	244.8	200	30.3	900	124		613	2012	250	100	15	18	80	5	720	900
250	375	320			TY320×36	278	280.4	240	30.3	980	134		690	2272	280	110	15	20	90	5	810	1015

注：TY 为梯形圆螺纹代号，后面的数字为直径×螺距。

① 梯形圆螺纹见表 24-197。

表 24-197　直柄吊钩用梯形圆螺纹的牙型（摘自 GB/T 10051.5—2010）（单位：mm）

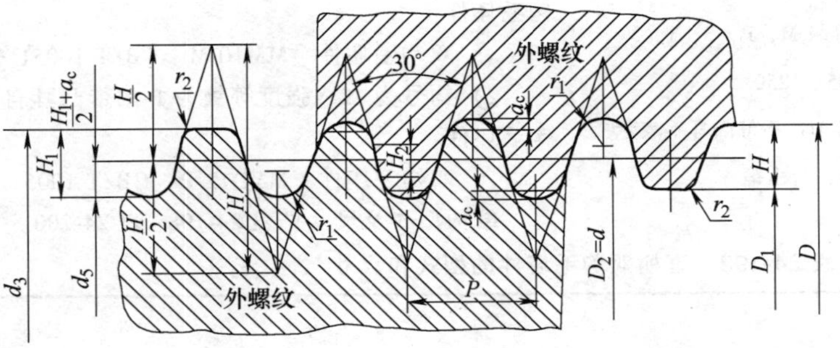

标记示例：
公称直径 80mm，螺距 10mm 的梯形螺纹，标记为
TY80×10

a_c—允许最大径向间隙　d_5—外螺纹小径　d_3—外螺纹大径　$d(D_2)$—螺纹中径　D—内螺纹大径
D_1—内螺纹小径　H—原始三角形高度　H_1—基本牙型高度　H_2—接触高度

$$P\approx\frac{d_3}{9}\text{—螺距}\quad H=1.866P, H_1=0.55P, H_2=0.27234P$$

$$a_c=0.05P, r_1=0.22104P, r_2=0.15359P$$

钩柄				钩柄与螺母					螺母		轴向间隙
d_3 c11	P c11	d_5	W① /mm^2	$d(D_2)$	H_1	H_2	r_1	r_2	D C11	D_1 C11	
50	6	43.4	1479	47	3.3	1.634	1.326	0.922	50.6	44	≤0.1
56		49.4	1917	53					56.6	50	
64	8	55.2	2393	60	4.4	2.179	1.768	1.229	64.8	56	
72		63.2	3137	68					72.8	64	
80	10	69	3739	75	5.5	2.723	2.210	1.536	81	70	≤0.2
90		79	4902	85					91	80	
100	12	86.8	5917	94	6.6	3.268	2.652	1.843	101.2	88	
110		96.8	7359	104					111.2	98	
125	14	109.6	9434	118	7.7	3.813	3.095	2.150	126.4	111	≤0.3
140	16	122.4	11767	132	8.8	4.357	3.537	2.457	141.6	124	
160	18	140.2	15438	151	9.9	4.902	3.979	2.765	161.8	142	
180	20	158	19607	170	11	5.447	4.421	3.072	182	160	
200	22	175.8	24273	189	12.1	5.991	4.863	3.379	202.2	178	
225	24	198.6	30977	213	13.2	6.536	5.305	3.686	227.4	201	
250	28	219.2	37737	236	15.4	7.626	6.189	4.301	252.8	222	
280	32	244.8	47067	264	17.6	8.715	7.073	4.915	283.2	248	
320	36	280.4	61751	302	19.8	9.804	7.957	5.529	323.6	284	

① W—螺纹心部截面积（mm^2）。

24.7.4　直柄双钩毛坯件（摘自 GB/T 10051.6—2010）

按双钩毛坯件的结构和锻造方式分为四种：MM 型、MMD 型、MY 型和 MYD 型。

推荐钩号 05~40 的吊钩采用 MM 型或 MMD 型，钩号 40~250 的吊钩采用 MY 或 MYD。

型号表示方法：

M □ □ □-□

- 强度等级 M，P，S，T，V
- 钩号 05 ～ 250
- 带凸耳 D；不带凸耳不表示
- 模锻 M；自由锻 Y
- 毛坯

标记示例：

1）钩号为 10、强度等级为 M 的不带凸耳模锻双钩毛坯件：

双钩毛坯件　MM10-M　GB/T 10051.6

2）钩号为 12、强度等级为 P 的带凸耳自由锻双钩毛坯件：

双钩毛坯件　MYD12-P　GB/T 10051.6

结构型式及尺寸见表 24-198～表 24-200。

表 24-198　直柄双钩毛坯件的型式和尺寸

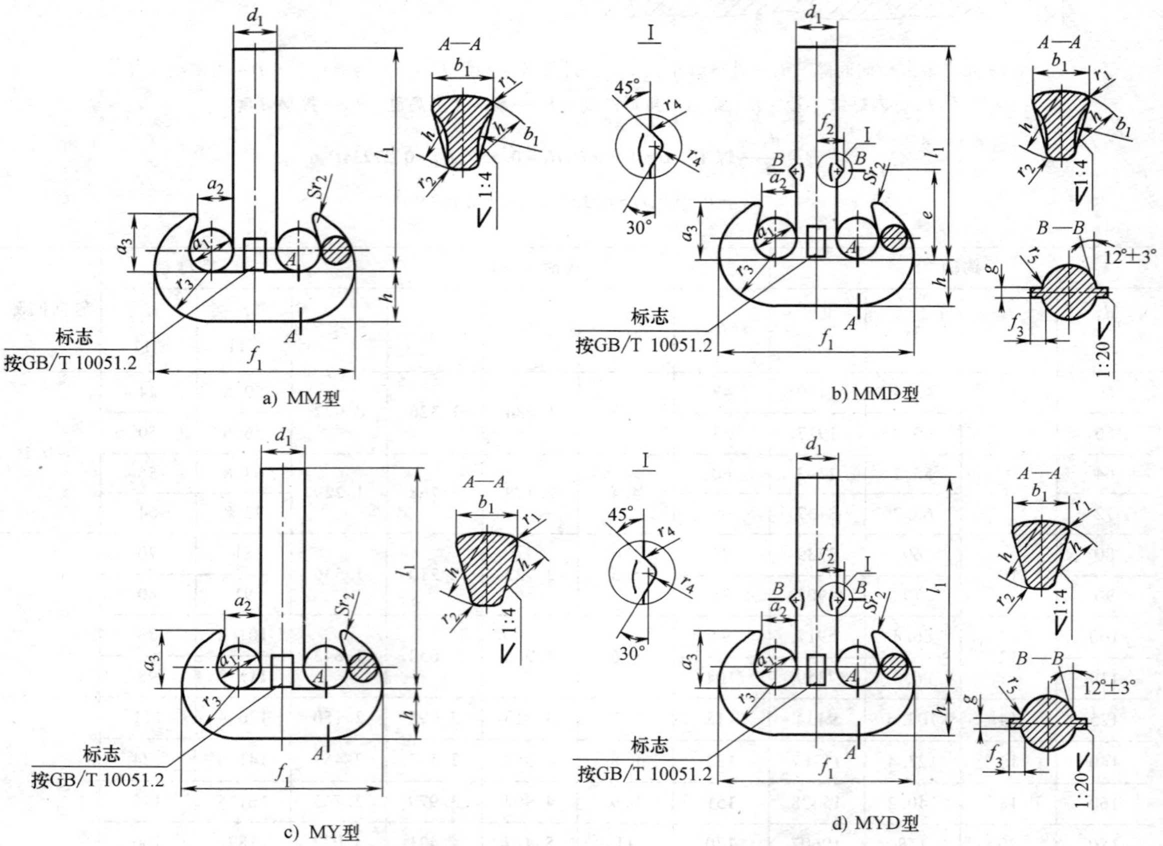

a) MM型　b) MMD型　c) MY型　d) MYD型

钩号	a_1	a_2	a_3	b_1	d_1	e	f_1	f_2	f_3	g	h	l_1	r_1	r_2	r_3	r_4	r_5	质量/kg			
	mm																	MM	MMD	MY	MYD
05	34	27	44	22	24	80	130	20	12	10	27	165	3	3	36	6	1.6	1.8	1.9	—	—
08	38	30	49	26	30	83	150	22	12	10.5	33	183	4	3	41	6	1.6	2.5	2.6	—	—
1	40	32	52	28	30	96	158	22	14	12	36	195	4	3.5	44	7	1.6	3.5	3.8	—	—
1.6	45	36	59	34	36	100	183	28	14	12.5	43	222	5	4	51	7	1.6	5	5.3	—	—
2.5	50	40	65	40	42	112	208	30	14	14	50	250	6	4.5	58	7	1.6	6.5	6.9	—	—
4	56	45	73	48	48	124	238	33	23	16	60	280	7	5.5	67	10	2.5	9	9.7	—	—
5	63	50	82	53	53	143	266	40	23	16	67	312	8	6.5	75	10	2.5	12.5	13.4	—	—
※6	71	56	92	60	60	160	301	44	23	18	75	375	9	7	85	10	2.5	15.5	16.8	—	—
8	80	63	103	67	67	182	337	48	23	18	85	415	10	8	95	10	2.5	24	25.3	—	—
※10	90	71	116	75	75	192	377	54	27	23	95	450	11	9	106	12	3.0	34.3	35.5	35	36.3
※12	100	80	130	85	85	210	421	60	27	23	106	510	12.5	10	118	12	3.0	48	49.5	49	50.5

（续）

钩号	a_1	a_2	a_3	b_1	d_1	e	f_1	f_2	f_3	g	h	l_1	r_1	r_2	r_3	r_4	r_5	质量/kg			
	mm																	MM	MMD	MY	MYD
※16	112	90	146	95	95	237	471	69	36	28	118	580	14	11	132	16	4.0	67.6	69.7	69	71.1
※20	125	100	163	106	106	265	531	75	36	33	132	650	16	12.5	150	16	4.0	95	97.5	97	99.5
25	140	112	182	118	118	315	598	86	45	33	150	715	18	14	170	20	5.0	132	135	135	138
※32	160	125	205	132	132	335	672	94	45	38	170	790	20	16	190	20	5.0	189	193	193	197
※40	180	140	230	150	150	375	754	104	45	38	190	885	22	18	212	20	5.0	274	280	280	286
50	200	160	260	170	170	420	842	120	56	42	212	965	25	20	236	25	6.0	—	—	388	394
※63	224	180	292	190	190	460	944	131	56	42	236	1090	28	22	265	25	6.0	—	—	539	547
※80	250	200	325	212	212	515	1062	144	56	45	265	1235	32	25	300	25	6.0	—	—	750	759
※100	280	224	364	236	236	575	1186	157	56	45	300	1375	36	28	335	25	6.0	—	—	1050	1060
※125	315	250	408	265	265	645	1330	178	68	50	335	1550	40	132	375	30	8.0	—	—	1480	1491
※160	355	280	458	300	300	725	1505	198	68	50	375	1745	45	36	425	30	8.0	—	—	2100	2115
※200	400	315	515	335	335	800	1685	218	68	55	425	1998	50	40	475	30	8.0	—	—	3000	3015
250	450	355	580	375	375	875	1885	240	68	55	475	2250	56	45	530	30	8.0	—	—	4250	4268

注：※—推荐用于冶金起重机。

表 24-199 MM 型和 MMD 型双钩毛坯件的尺寸允许偏差（单位：mm）

钩号	a_1、a_2、a_3、b_1、d_1、e、f_1、f_2、h、l_1	g、f_3
05~2.5	$^{+3}_{0}$	$^{+1}_{0}$
4~5	$^{+4}_{0}$	$^{+2}_{0}$
6~8	$^{+5}_{0}$	$^{+2}_{0}$
10~16	$^{+6}_{0}$	$^{+4}_{0}$
20~40	$^{+8}_{0}$	$^{+5}_{0}$

表 24-200 MY 型和 MYD 型双钩毛坯件的尺寸允许偏差（单位：mm）

钩号	a_1、a_2	a_3	b_1	d_1、f_2	e、g、f_3	h、l_1
10~16	$^{+10}_{0}$	±8	$^{+12}_{0}$	$^{+10}_{0}$	$^{+4}_{0}$	$^{+16}_{0}$
20~32	$^{+12}_{0}$	±10	$^{+16}_{0}$	$^{+12}_{0}$	$^{+5}_{0}$	$^{+20}_{0}$
40~63	$^{+16}_{0}$	±12	$^{+20}_{0}$	$^{+16}_{0}$	$^{+6}_{0}$	$^{+24}_{0}$
80~125	$^{+20}_{0}$	±16	$^{+25}_{0}$	$^{+20}_{0}$	$^{+8}_{0}$	$^{+32}_{0}$
160~250	$^{+25}_{0}$	±20	$^{+32}_{0}$	$^{+25}_{0}$	$^{+10}_{0}$	$^{+40}_{0}$

24.7.5 直柄双钩的型式和尺寸（摘自 GB/T 10051.7—2010）

按双钩的结构和锻造方式分为四种：LM 型、LMD 型、LY 型和 LYD 型。

型号表示方法：

□ □ □ □-□

强度等级 M，P，S，T，V

钩号 05 ~ 250

带凸耳 D；不带凸耳不表示

模锻 M；自由锻 Y

螺纹柄 L

标记示例：

1）钩号为 10、强度等级为 M 的不带凸耳模锻双钩：

双钩 LM10-M GB/T 10051.7

2）钩号为 12、强度等级为 P 的带凸耳自由锻直柄双钩：

双钩 LYD12-P GB/T 10051.7

结构型式和尺寸见表 24-201。

表 24-201　直柄双钩的型式和尺寸　（单位：mm）

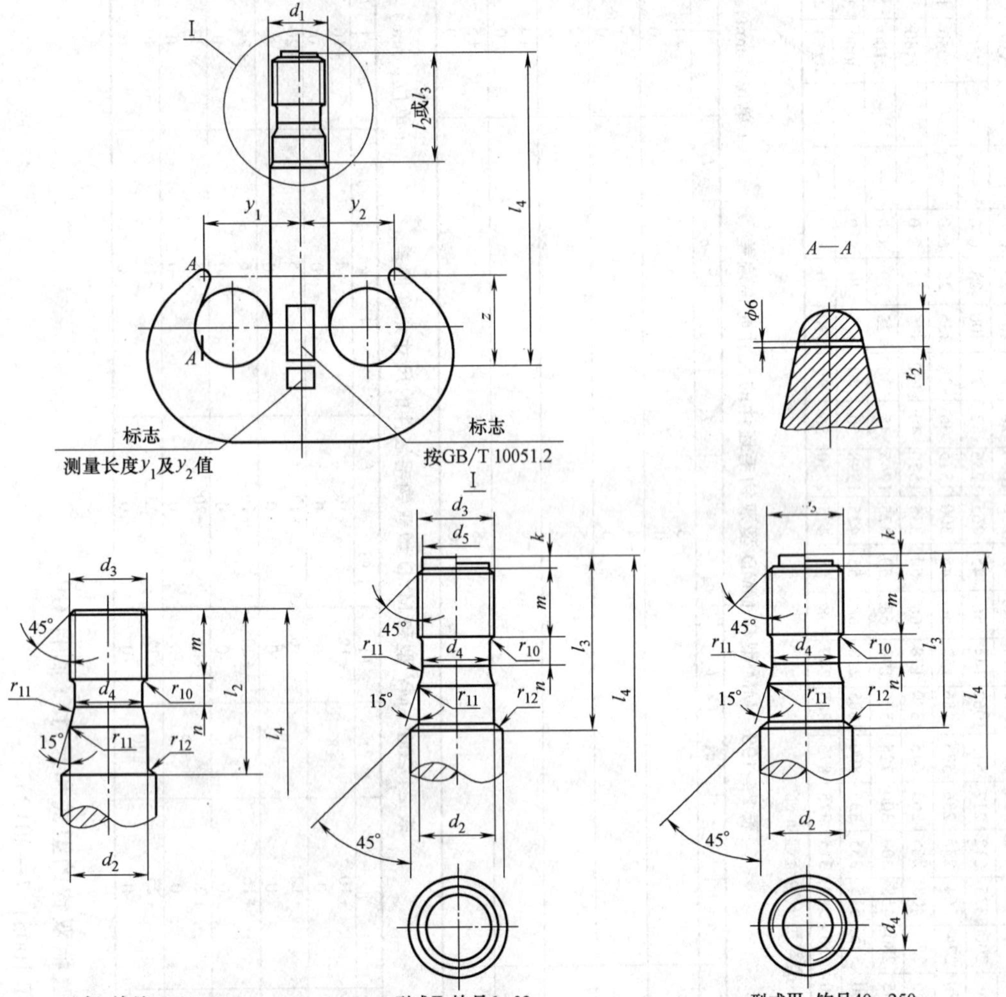

型式Ⅰ 钩号05～5　　型式Ⅱ 钩号6～32　　型式Ⅲ 钩号40～250

A—A 剖面中钩号 6～250 的双钩，应压入 $\phi 6$ 不锈钢圆柱销，r_2 的尺寸见 GB/T 10051.4—2010。

注：轻小型起重设备用的 05～5 号双钩，柄端为型式Ⅰ；起重机械和轻小型起重设备用的 6～32 号为型式Ⅱ；起重机械用的 40～250 号为型式Ⅲ。

a）LM 型和 LY 型

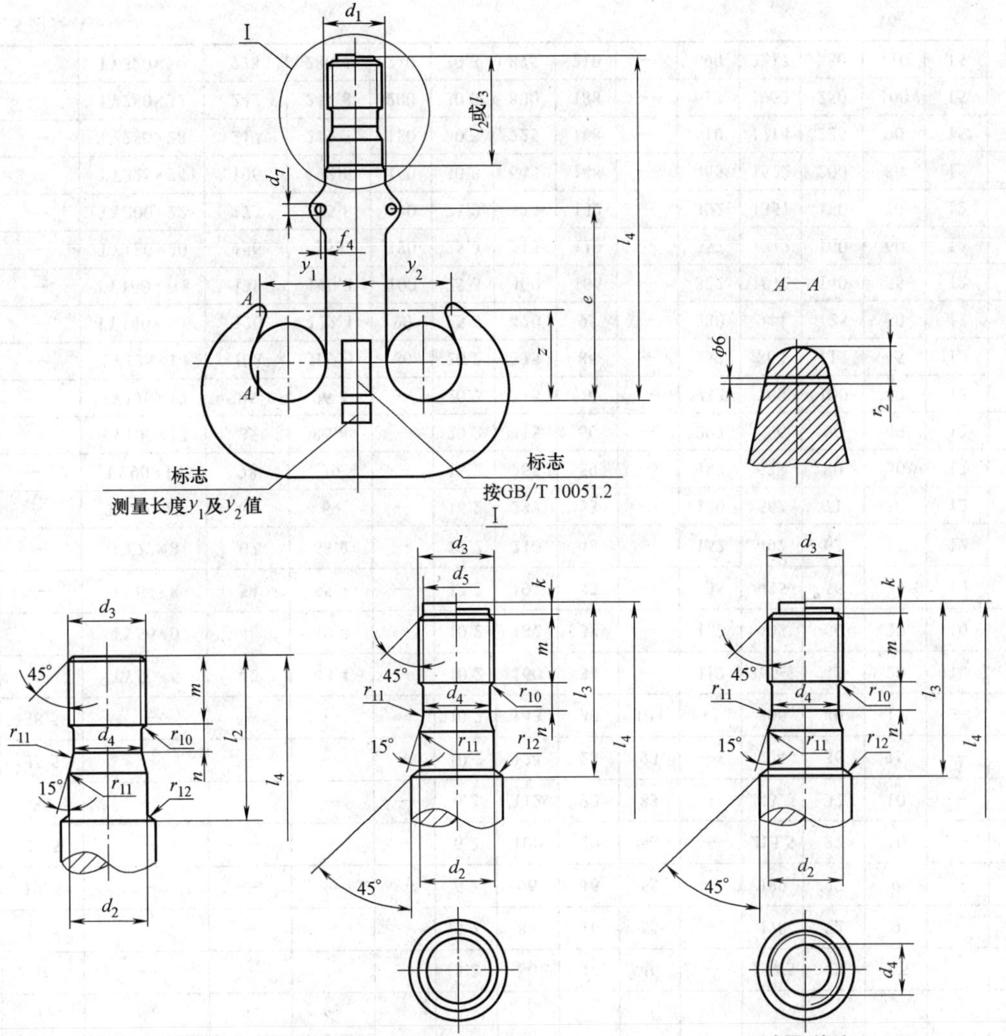

型式I 钩号05～5　　型式II 钩号6～32　　型式III 钩号40～250

A—A 剖面中钩号 6~250 的双钩，应压入 $\phi6$ 不锈钢圆柱销，r_2 的尺寸见 GB/T 10051.4—2010。

注：轻小型起重设备用的 05~5 号双钩，柄端为型式 I；起重机械和轻小型起重设备用的 6~32 号为型式 II；起重机械用的 40~250 号为型式 III。

b) LMD 型和 LYD 型

（续）

钩号	d_1	d_2	普通螺纹 GB/T 196		梯形圆螺纹			d_6	d_7	e	f_4	l_2	l_3	l_4	m	n	k	r_{10}	r_{11}	r_{12}	$y_1=y_2$	z
			d_3	d_4	d_3	d_4	d_5															
05	24	20	M20	16	—	—	—	—	5.2	80	14	46	—	159.5	18	7.5	—	1.6	4	2	—	—
08	30	24	M24	19.5	—	—	—	—	5.2	83	16	55	—	178	22	9	—	2	5	3	—	—
1	30	24	M24	19.5	—	—	—	—	6.2	96	16	55	—	189	22	9	—	2	8	3	—	—
1.6	36	30	M30	24.5	—	—	—	—	6.2	100	20	68	—	215.5	27	10	—	2	10	3	—	—
2.5	42	36	M36	30	—	—	—	—	6.2	112	22	83	—	243.5	32	10	—	2	10	3	—	—
4	48	42	M42	35.5	—	—	—	—	10.2	124	25	93	—	274	36	15	—	3	10	3	—	—
5	53	45	M45	38.5	—	—	—	—	10.2	143	30	103	—	306	40	15	—	3	10	3	—	—
6	60	50	—	—	TY50×6	42	43.4	—	10.2	160	34	—	112	365.5	45	20	10	4	14	3	93	85
8	67	56	—	—	TY56×6	48	49.4	—	10.2	182	38	—	122	403	50	20	10	4	16	3	104.5	95
10	75	64	—	—	TY64×8	54	55.2	—	12.2	192	42	—	135	435	56	25	10	4	18	3	117.5	107
12	85	72	—	—	TY72×8	62	63.2	—	12.2	210	48	—	157	492	63	25	12	4	20	3	132.5	120
16	95	80	—	—	TY80×10	68	69	—	16.2	237	53	—	170	562	71	30	12	6	22	3	148.5	135
20	106	90	—	—	TY90×10	78	79	—	16.2	265	59	—	187	628	80	30	12	6	25	3	165.5	150.5
25	118	100	—	—	TY100×12	85	86.8	—	20.2	315	66	—	207	696	90	40	12	6	28	3	185	168
32	132	110	—	—	TY110×12	95	96.8	—	20.2	335	74	—	232	768	100	40	12	6	32	3	207	189
40	150	125	—	—	TY125×14	108	109.6	80	20.2	375	84	—	257	863	112	45	12	8	36	3	233	212
50	170	140	—	—	TY140×16	120	122.4	90	25.3	420	95	—	280	944	125	50	12	10	40	5	265	240
63	190	160	—	—	TY160×18	138	140.2	100	25.3	460	106	—	322	1072	140	55	12	10	45	5	297	270
80	212	180	—	—	TY180×20	156	158	120	25.3	515	119	—	357	1212	160	60	12	12	50	5	331	300
100	236	200	—	—	TY200×22	173	175.8	140	25.3	575	132	—	402	1351	180	70	12	12	56	5	370	336
125	265	225	—	—	TY225×24	196	198.6	160	30.3	645	148	—	465	1522	200	80	15	12	63	5	414.5	376
160	300	250	—	—	TY250×28	217	219.2	180	30.3	725	168	—	510	1714	225	90	15	15	70	5	466	422
200	335	280	—	—	TY280×32	242	244.8	200	30.3	800	188	—	613	1962	250	100	15	18	80	5	522.5	475
250	375	320	—	—	TY320×36	278	280.4	240	30.3	875	210	—	690	2217	280	110	15	20	90	5	587.5	535

注：梯形圆螺纹见 GB/T 10051.5 附录 A。

24.7.6　吊钩横梁毛坯件（摘自 GB/T 10051.8—2010）

横梁按力学性能分为 5 个强度等级，与其相匹配的起重吊钩的强度等级高一级，见表 24-202。

横梁毛坯件按不同的成型方式分为如下三种：

1）模锻横梁毛坯件：一般用于制造 GB/T 10051.9—2010 中的 A 型：钩号 006~1、B 型：钩号 1.6~16 和 C 型：钩号 2.5~40 的横梁。

2）自由锻和轧制横梁毛坯件：一般用于制造 GB/T 10051.9—2010 中的 C 型：钩号 2.5~250 和具有吊钩螺母防松板的吊钩装置中的横梁。

型号表示方法：

HM □ □-□

- 强度等级：M、P、S、T、V
- 钩号：006～250
- 锻造方法：模锻M、自由锻Y、轧制Z
- 横梁毛坯件

标记示例：

1）钩号 006，强度等级为 M 的模锻吊钩横梁毛坯件：

横梁毛坯件 HMM006-M　GB/T 10051.8

2）钩号 40，强度等级为 P 的模锻吊钩横梁毛坯件：

横梁毛坯件 HMM40-P　GB/T 10051.8

3）钩号 100，强度等级为 M 的自由锻吊钩横梁毛坯件：

横梁毛坯件 HMY100-M　GB/T 10051.8

4）钩号 2.5，强度等级为 V 的轧制吊钩横梁毛坯件：

横梁毛坯件 HMZ2.5-V　GB/T 10051.8

钩号为 2.5~250 自由锻及轧制的横梁毛坯件的结构型式和尺寸按 GB/T 10051.9—2010 中的 C 型吊钩横梁相应的规格尺寸确定。

24.7.7　起重吊钩横梁（摘自 GB/T 10051.9—2010）（见表 24-203 和表 24-204）

横梁力学性能分为 5 个强度等级，与其相匹配的起重吊钩的强度等级高一级，见表 24-189。

在不同的强度等级和机构工作级别下，各横梁承受的额定载荷（起重量）应与吊钩相匹配，其值与表 24-191 所列钩号的吊钩起重量相同。

表 24-202　模锻横梁毛坯件的结构型式和尺寸　（单位：mm）

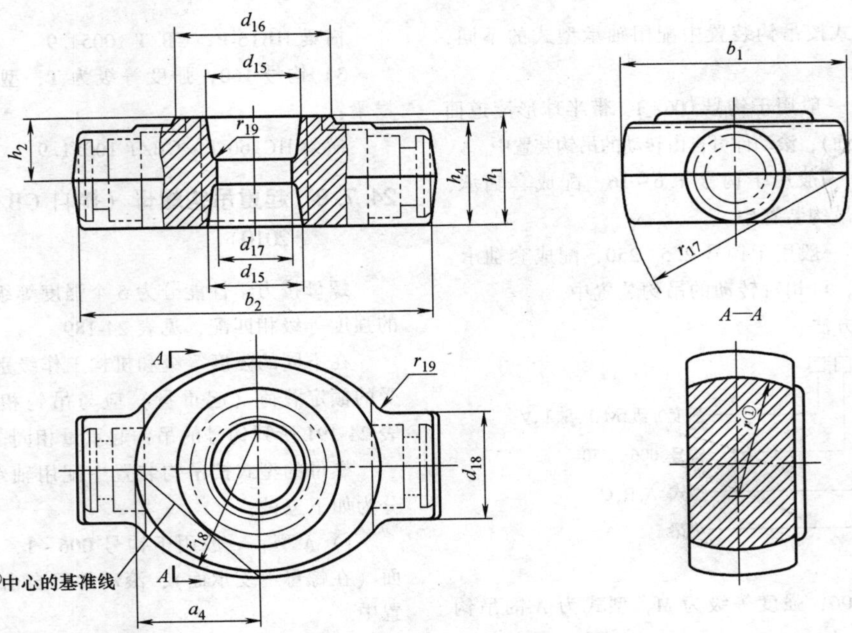

注：未注斜度为 6°。

① r 的中心应在图上所示的基准线上，其值应使从横梁轴颈到横梁中心的外廓线平滑过渡。

（续）

钩号	a_4	b_1	b_2	d_{15}	d_{16}	d_{17}	d_{18}	h_1	h_2	h_4	r_{17}	r_{18}	r_{19}	r_{20}	质量/kg
006	16	30	45	9	—	7	17	19	9.5	—	30	30	4	1.6	0.1
010 和 012	18	35	50	11	—	9	17	19	9.5	—	35	30	4	1.6	0.2
020 和 025	20	38	58	14	—	13	22	24	12	—	38	36	5	1.6	0.3
04 和 05	23	45	70	18	—	14	22	25	12.5	—	45	36	5	1.6	0.4
08 和 1	26	50	85	22	—	18	28	30	15	—	50	42	5	2	0.6
1.6	32	65	100	27	—	22	28	30	16	—	65	42	5	2	0.9
2.5	38	80	125	32	—	27	33	40	21.5	—	80	50	6	2	1.6
4	44	90	140	38	—	33	38	45	24	—	90	58	6	2	2.4
5	52	100	155	40	66	34	45	50	27.5	47	100	66	6	3	3.5
6	62	125	185	45	76	38	50	55	30	52	125	76	6	3	5.5
8	73	140	210	52	86	44	55	60	32.5	57	140	86	8	3	8.0
10	83	160	230	60	96	52	60	65	35	62	160	96	8	3	11
12	90	180	265	68	106	58	66	78	42	75	180	106	8	4	15
16	95	190	275	75	116	64	76	88	47	85	190	116	10	4	19
20	102	200	295	85	128	72	88	95	51	92	200	126	10	4	24
25	112	220	318	95	138	80	96	105	56	102	220	138	12	4	32
32	130	260	378	105	170	90	108	115	62	110	260	157	16	6	48
40	145	285	415	118	190	102	120	130	70	125	285	175	20	6	65

注：r_{20}为未注圆角。

横梁的型式按吊钩装置中配用轴承型式的不同，分为如下三种：

1）A 型：一般用于钩号 006～1，带半球形滚道面（横梁上的支承面），滚动件可自由转动的吊钩装置中。

2）B 型：一般用于钩号 1.6～16，配成套轴承，可相对转动的吊钩装置中。

3）C 型：一般用于钩号 2.5～250，配成套轴承，带轴端挡板槽，可相对转动的吊钩装置中。

型号表示方法：

H □ □-□

- 强度等级：M、P、S、T、V
- 钩号：006～250
- 型式：A、B、C
- 横梁

标记示例：

1）钩号 006，强度等级为 M，型式为 A 的吊钩横梁：

横梁 HA006-M GB/T 10051.9

2）钩号 16，强度等级为 P，型式为 B 的吊钩横梁：

横梁 HB16-P GB/T 10051.9

3）钩号 160，强度等级为 T，型式为 C 的吊钩横梁：

横梁 HC160-T GB/T 10051.9

24.7.8 起重吊钩螺母（摘自 GB/T 10051.10—2010）

螺母按力学性能分为 5 个强度等级，与起重吊钩的强度等级相匹配，见表 24-189。

在不同的强度等级和机构工作级别下，各螺母承受的额定载荷（起重量）应与吊钩相匹配，其值与表 24-191 所列钩号的吊钩起重量相同。

螺母的型式按吊钩装置中配用轴承型式的不同，分为如下三种：

1）A 型：一般用于钩号 006～1，带半球形滚道面（在螺母下支承面），滚动件可自由转动的吊钩装置中。

2）B 型：一般用于钩号 1.6～5，配成套轴承，可相对转动的吊钩装置中。

3）C 型：一般用于钩号 6～250，配成套轴承，带轴端档板槽，可相对转动的吊钩装置中。

表 24-203　横梁的结构型式和尺寸

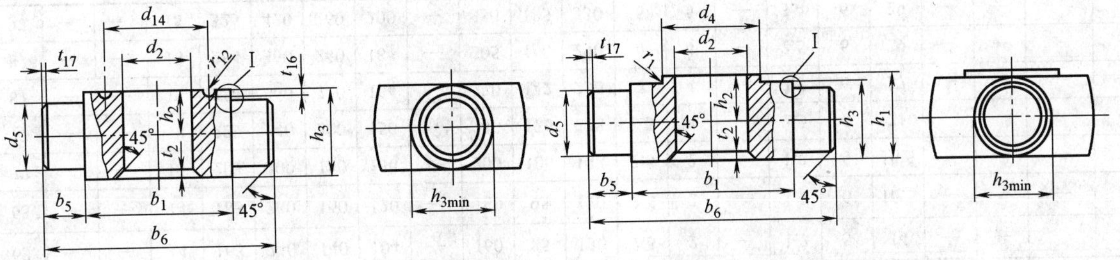

A型　B型

模锻（钩号 2.5~40）

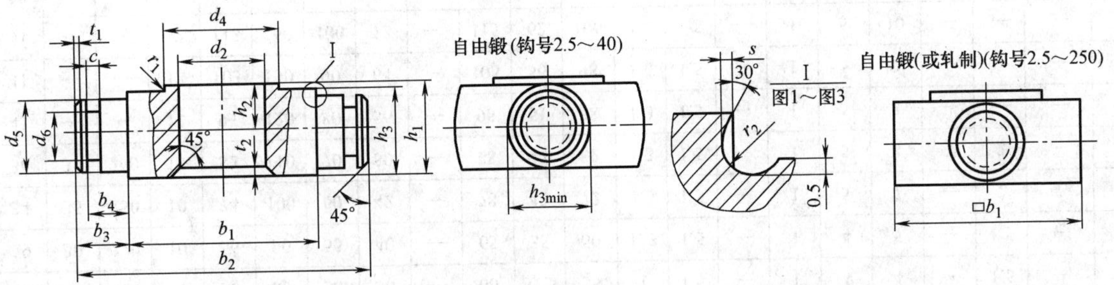

C 型

钩号	b_1	b_2	b_3	b_4	b_5	b_6	c	d_2	d_4 js6	d_5 d9	d_6	d_{14}	h_1	h_2	h_3 h11	r_1	r_2	r_{12}	s	t_1	t_2	t_{16}	t_{17}	质量/kg A 型	质量/kg B 型	质量/kg C 型 模锻	质量/kg C 型 自由锻或轧制
	mm																							—	—		
006	30	—	—	—	7.5	45	—	11	—	15	—	19	—	9.5	19	—	1	2.7	0.4	—	1	1.65	0.5	0.1	—	—	—
010	35	—	—	—	7.5	50	—	13	—	15	—	22	—	9.5	19	—	1	2.7	0.4	—	1.2	1.65	0.5	0.2	—	—	—
012																											
020	38	—	—	—	10	58	—	17	—	20	—	25.5	—	12	24	—	1	2.7	0.4	—	1.6	1.65	1	0.2	—	—	—
025																											
04	45	—	—	—	12.5	70	—	21	—	20	—	31	—	12.5	25	—	1	3.25	0.4	—	2	2	1	0.3	—	—	—
05																											

（续）

钩号	b_1	b_2	b_3	b_4	b_5	b_6	c	d_2	d_4 js6	d_5 d9	d_6	d_{14}	h_1	h_2	h_3 h11	r_1	r_2	r_{12}	s	t_1	t_2	t_{16}	t_{17}	质量/kg A型	B型	C型 模锻	C型 自由锻或轧制
	mm																							—	—		
08 1	50	—	—	—	17.5	85	—	25	—	25	—	36	—	15	30	—	1	3.25	0.4	—	2	2	1	0.5	—	—	—
1.6	65	—	—	—	17.5	100	—	31	35	25	—	—	30	16	28	0.6	1	—	0.4	—	3	—	1	—	0.7	—	—
2.5	80	125	22.5	17	20	120	8	37	40	30	19	—	40	21.5	37	0.6	1	—	0.4	2	3	—	1	—	1.4	1.4	1.7
4	90	140	25	19	22.5	135	8	43	50	35	23	—	45	24	42	0.6	1	—	0.4	3	3	—	1.5	—	2.1	2.1	2.5
5	100	155	27.5	22	25	150	8	46	60	40	27	—	50	27.5	45	1	1	—	0.4	3	3	—	1.5	—	2.8	2.8	3.4
6	125	185	30	24	27.5	180	10	51	70	45	32	—	55	30	50	1	1.5	—	1	4	4	—	1.5	—	4.6	4.6	6.0
8	140	210	35	29	30	200	10	58	80	50	36	—	60	32.5	55	1	1.5	—	1	4	4	—	1.5	—	7.0	7.0	8.3
10	160	230	35	29	30	220	10	66	90	55	40	—	65	35	60	1.3	1.5	—	1	4	5	—	1.5	—	9.0	9.0	12
12	180	265	42.5	34	35	250	10	74	100	60	42	—	78	42	72	1.3	1.5	—	1	5	7	—	2	—	13	13	18
16	190	275	42.5	36	35	260	12	82	110	70	50	—	88	47	82	1.3	1.5	—	1	5	8	—	2	—	17	17	22
20	200	295	47.5	41	—	—	12	93	120	80	56	—	95	51	88	1.3	1.5	—	1	5	8	—	—	—	—	20	26
25	220	318	49	41	—	—	12	103	130	90	64	—	105	56	98	1.6	1.5	—	1	5	9	—	—	—	—	28	35
32	260	378	59	51	—	—	12	113	160	100	72	—	115	62	106	1.6	1.5	—	1	5	10	—	—	—	—	43	55
40	285	41 5	65	58	—	—	14	128	180	110	80	—	130	70	120	1.6	2	—	1.2	5	12	—	—	—	—	58	74
50	335	465	65	58	—	—	14	143	220	125	92	—	145	77.5	135	2	2	—	1.2	5	13	—	—	—	—	—	115
63	380	522	71	63	—	—	14	163	240	140	104	—	160	85	150	2.5	2	—	1.2	5	14	—	—	—	—	—	163
80	420	565	72.5	63	—	—	14	183	280	160	120	—	180	95	170	2.5	2	—	1.2	6	16.5	—	—	—	—	—	224
100	470	645	87.5	77	—	—	18	203	300	180	136	—	200	106	188	2.5	2	—	1.2	6	18.5	—	—	—	—	—	314
125	510	685	87.5	77	—	—	18	229	340	200	150	—	240	126	228	2.5	4	—	2.5	6	21	—	—	—	—	—	423
160	550	750	100	87	—	—	18	254	360	220	164	—	270	142	256	3	4	—	2.5	6	27	—	—	—	—	—	567
200	610	810	100	87	—	—	18	284	360	240	184	—	305	160	290	4	4	—	2.5	6	29	—	—	—	—	—	773
250	700	920	110	97	—	—	18	325	420	260	200	—	350	185	330	5	5	—	3.4	6	29	—	—	—	—	—	1149

注：对自由锻吊钩横梁，其长度方向尺寸（如 b_2、b_6）及高度方向尺寸（如 h_1、h_3）在保证强度和结构要求的条件下，允许适当调整。钩号 200 及尺寸 250 系列为参考值。

表 24-204　横梁的表面粗糙度要求

部　位	表面粗糙度 Ra/μm
A 型的半球形滚道面	1.6
B 型和 C 型的 d_4、d_5、h_3 轴承接触支承面	3.2
Ⅰ部放大(沟槽)	6.3
C 槽的两侧面、自由锻 b_1 的周边	12.5
其他加工面	25

注：如为横锻横梁，h_1 的上、下平面和 b_1 的周边可不加工，但应光滑平整。

型号表示方法：

L □ □-□

- 强度等级：M、P、S、T、V
- 钩号：006～250
- 型式：A、B、C
- 螺母

标记示例：

1）钩号 006，强度等级为 M，型式为 A 的吊钩螺母：

螺母 LA006-M　GB/T 10051.10

2）钩号 50，强度等级为 P，型式为 B 的吊钩螺母：

螺母 LB50-P　GB/T 10051.10

3）钩号 160，强度等级为 T，型式为 C 的吊钩螺母：

螺母 LC160-T　GB/T 10051.10

结构型式和尺寸见表 24-205。

表 24-205　起重吊钩螺母的型式和尺寸

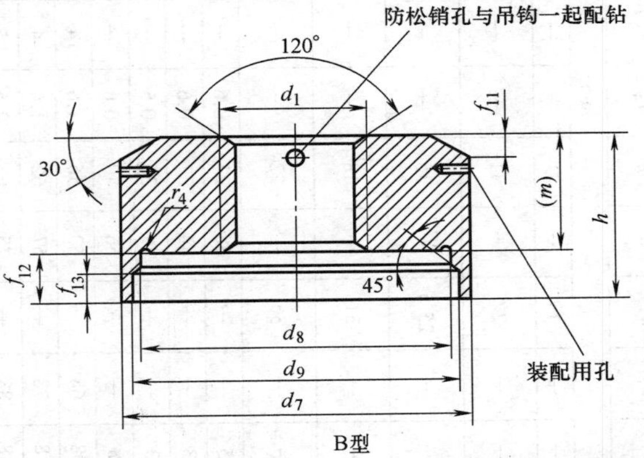

B型

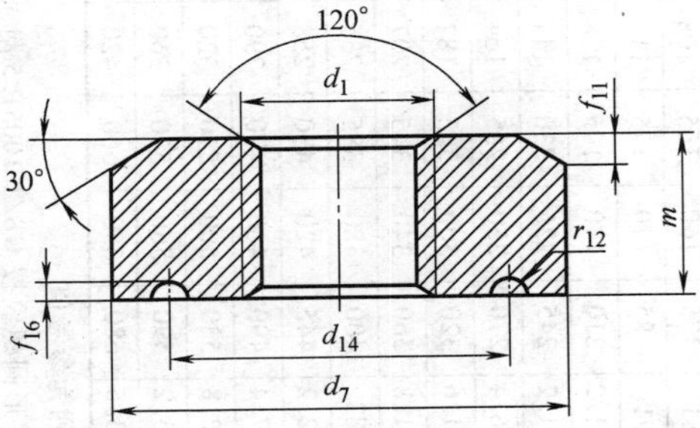

A 型

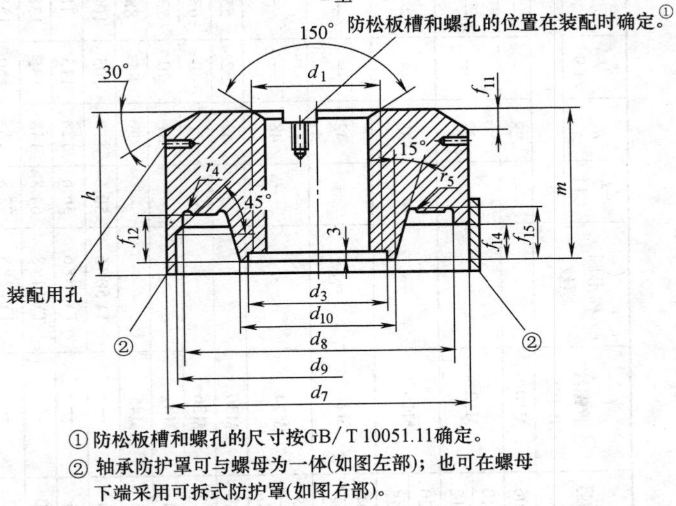

① 防松板槽和螺孔的尺寸按GB/T 10051.11确定。

② 轴承防护罩可与螺母为一体(如图左部)；也可在螺母下端采用可拆式防护罩(如图右部)。

C型

（续）

钩号	d_1 普通螺纹 GB 196	梯形圆螺纹	d_3 C11	d_7	d_8 E9	d_9	d_{10}	d_{14}	h	m	r_4	r_5	r_{12}	f_{11}	f_{12}	f_{13}	f_{14}	f_{15}	f_{16}	质量/kg A型	质量/kg B型	质量/kg C型
			mm																			
006	M10	—	—	28	—	—	—	19	—	9	—	—	2.7	1.6	—	—	—	—	1.65	0. 03	—	—
010 012	M12	—	—	32	—	—	—	22	—	11	—	—	2.7	2	—	—	—	—	1.65	0.06	—	—
020 025	M16	—	—	35	—	—	—	25.5	—	15	—	—	2.7	2.5	—	—	—	—	1.65	0.09	—	—
04 05	M20	—	—	42	—	—	—	31	—	18	—	—	3.25	3	—	—	—	—	2	0.14	—	—
08 1	M24	—	—	48	—	—	—	36	—	22	—	—	3.25	3	—	—	—	—	2	0.22	—	—
1.6	M30	—	—	63	52	55	—	—	38	27	0.6	—	—	3	11	3	—	—	—	—	0.55	—
2.5	M36	—	—	71	60	63	—	—	44	32	0.6	—	—	3	12	4	—	—	—	—	0.85	—
4	M42	—	—	81	70	73	—	—	49	36	0.6	—	—	3	13	4	—	—	—	—	0.99	—
5	M45	—	—	96	85	88	—	—	56	40	0.6	—	—	3	16	6	—	—	—	—	2.0	—
6	—	TY50×6	50.6	118	105	108	68	—	60	56	1.6	4	—	8	20	—	15	22	—	—	—	2.9
8	—	TY56×6	56.6	128	115	118	78	—	67	62	1.6	4	—	8	21	—	15	22.5	—	—	—	3.8
10	—	TY64×8	64.8	148	135	138	88	—	75	67	2.5	5	—	8	24	—	18	26	—	—	—	6.1
12	—	TY72×8	72.8	165	150	155	98	—	85	76	2.5	5	—	8	25	—	20	27	—	—	—	8
16	—	TY80×10	81	175	160	165	108	—	89	84	2.5	6	—	10	29	—	24	32	—	—	—	10.1
20	—	TY90×10	91	185	170	175	118	—	100	93	2.5	6	—	10	28	—	22	31	—	—	—	12.6
25	—	TY100×12	101. 2	210	190	195	128	—	110	103	2. 5	6	—	10	33	—	25	36	—	—	—	16. 5
32	—	TY110×12	111. 2	245	225	230	144	—	128	113	2. 5	8	—	10	33	—	25	36	—	—	—	27. 5
40	—	TY125×14	126. 4	270	250	255	164	—	140	125	2. 5	8	—	10	35	—	27	39	—	—	—	40
50	—	TY140×16	141. 6	320	300	305	187	—	152	138	2. 5	10	—	10	47	—	37	52	—	—	—	56
63	—	TY160×18	161. 8	360	340	345	207	—	175	153	2. 5	12	—	10	48	—	38	53	—	—	—	83
80	—	TY180×20	182	400	380	385	235	—	192	173	2. 5	16	—	10	52. 5	—	42	57. 5	—	—	—	115
100	—	TY200×22	202. 2	445	420	430	258	—	220	193	2. 5	16	—	10	58. 5	—	48	63. 5	—	—	—	163
125	—	TY225×24	227. 4	490	460	470	290	—	246	215	3	18	—	12	63	—	51	69	—	—	—	210
160	—	TY250×28	252. 8	530	500	510	320	—	274	241	3	18	—	12	75	—	60	82	—	—	—	270
200	—	TY280×32	283. 2	590	560	570	360	—	343	266	3	20	—	12	81	—	63	89	—	—	—	370
250	—	TY320×36	323. 6	680	650	660	420	—	383	296	3	20	—	12	91	—	69	100	—	—	—	520

注：1. 钩号 200 及 250 的尺寸系列为参考值。

2. TY 为梯形圆螺纹代号。梯形圆螺纹按 GB/T 10051. 5 附录 A 的规定。

24.7.9　起重吊钩螺母防松板（见表 24-206）

表 24-206　防松板的结构、尺寸（摘自 GB/T 10051.11—2010）

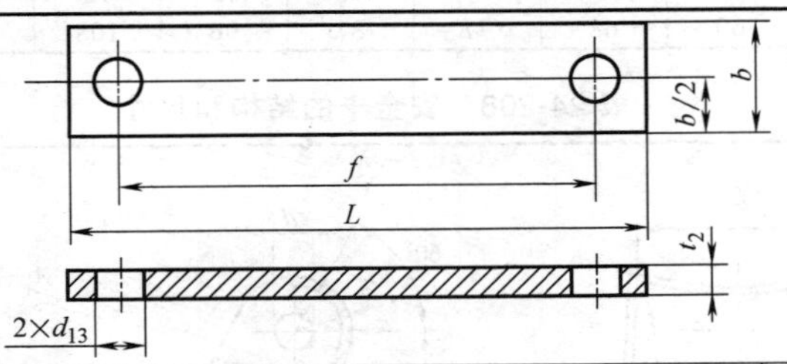

钩号	f	b h11	t_2	L	d_{13}	质量/kg
	mm					
6	75	25	6	100	12	0.12
8	85	25	6	110	14.5	0.13
10	100	25	6	125	14.5	0.15
12	100	32	8	125	14.5	0.25
16 和 20	130	32	8	160	14.5	0.32
25	150	32	8	180	14.5	0.36
32 和 40	190	32	8	220	14.5	0.44
50	240	32	8	270	14.5	0.54
63,80 和 100	300	40	8	340	14.5	0.85
125,160 和 200	430	50	10	480	20	1.90
250	480	50	10	540	20	2.10

标记示例：

钩号 6，孔距 f 为 75mm，宽度 b 为 25mm 的防松板：

防松板　75×25　GB/T 10051.11

24.7.10　起重吊钩闭锁装置（摘自 GB/T 10051.12—2010）

型号表示方法：

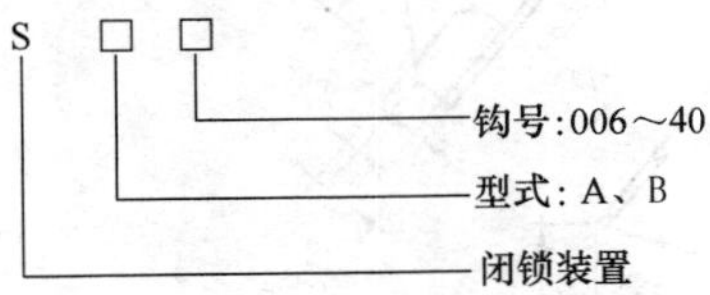

标记示例：

a）钩号 006，型式为 A 的闭锁装置：

闭锁装置 SA006　GB/T 10051.12

b）钩号 16，型式为 B 的闭锁装置：

闭锁装置 SB16　GB/T 10051.12

结构型式和尺寸：

1）闭锁装置的结构型式见表 24-207。

2）A 型安全卡的结构型式和尺寸见表 24-208。

3）B 型安全卡的结构型式和尺寸见表 24-208。

4）双扭弹簧的结构型式和尺寸见表 24-209。

5）铆钉的选用由制造商确定。

表 24-207　起重吊钩闭锁装置（摘自 GB/T 10051.12—2010）

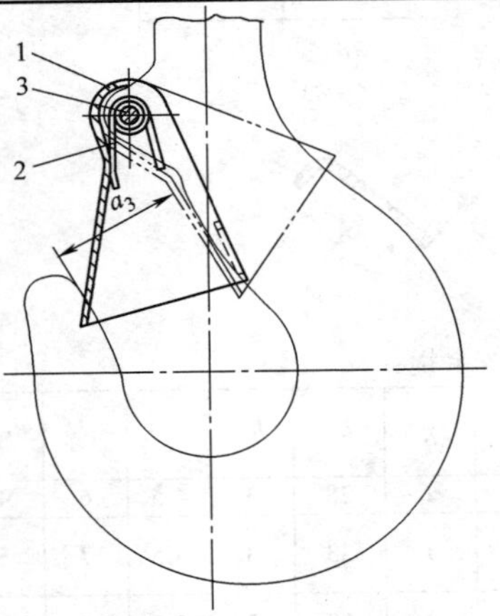

1—安全卡

2—双扭弹簧

3—铆钉

A型(用于钩号006～8)

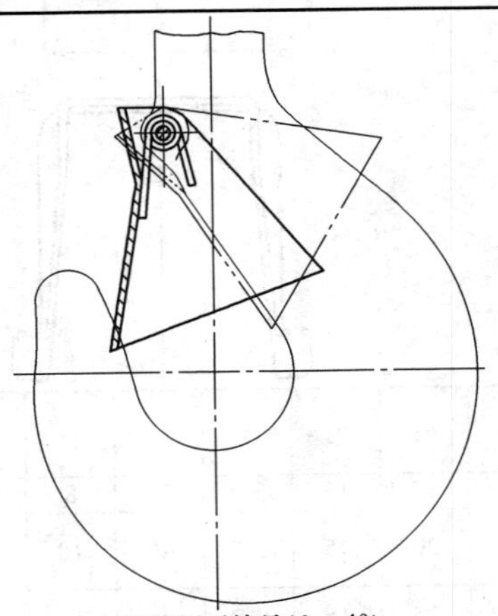

B型(用于钩号10～40)

（续）

钩号	006	010	012	020	025	04	05	08	1	1.6	2.5
a_3/mm	18	20	22	25	26	30	32	36	38	42	47
钩号	4	5	6	8	10	12	16	20	25	32	40
a_3/mm	53	60	68	77	87	96	108	122	135	155	175

表 24-208　安全卡的结构和尺寸　　（单位：mm）

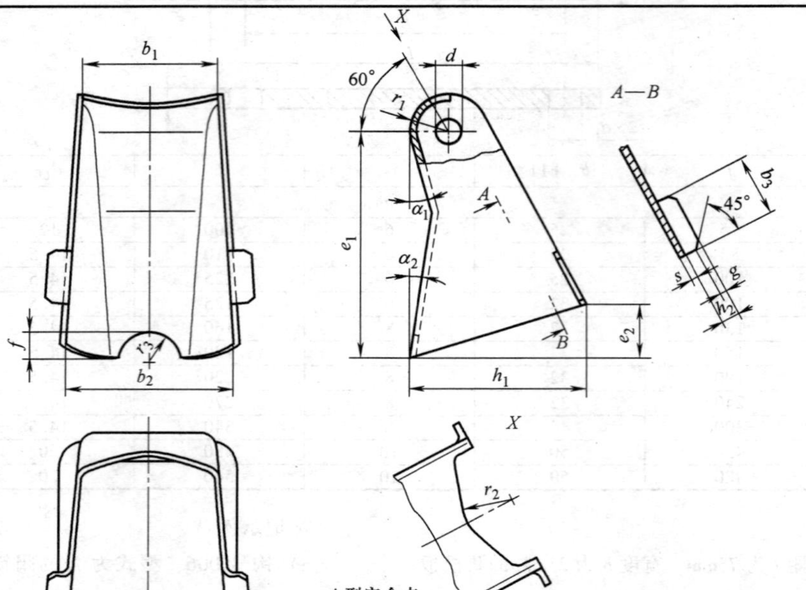

A型安全卡

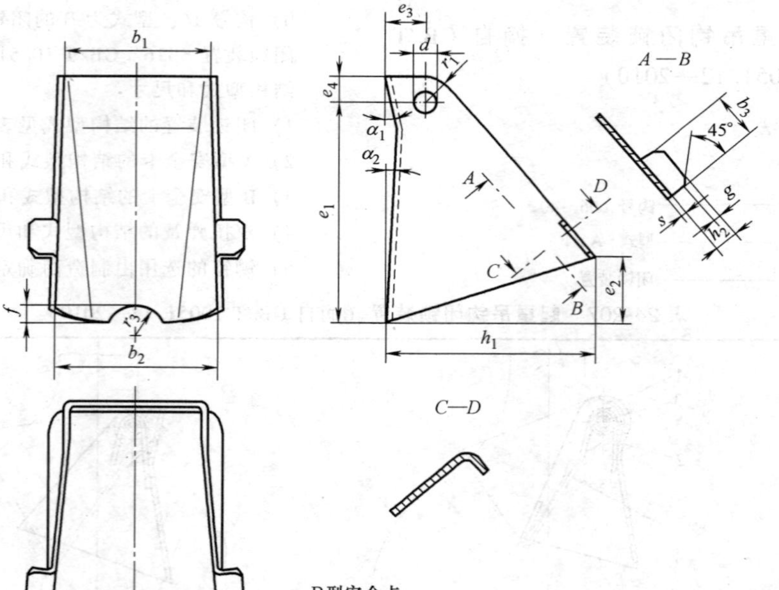

B型安全卡

钩号	b_1	b_2	b_3	d	e_1	e_2	e_3	e_4	g	h_1	h_2	r_1	r_2	r_3	s	f	α_1/(°)	α_2/(°)
006	15	17	15	3.2	32	8	—	—	1	28	3	4.5	6	4	1.5	3	15	10
010 012	17	20	15	3.2	40	10	—	—	1	33	3	5.5	7	5	1.5	4	15	10
020 025	21	25	15	4.2	46	12	—	—	1	38	3	6.5	8	6	1.5	5	15	10

（续）

钩号	b_1	b_2	b_3	d	e_1	e_2	e_3	e_4	g	h_1	h_2	r_1	r_2	r_3	s	f	α_1/(°)	α_2/(°)
04 05	25	30	15	5.2	55	14	—	—	1	42	3	7.5	10	7	1.5	6	15	9
08 1	32	40	20	6.2	65	16	—	—	1	48	4	10.5	12	8	1.5	7	15	9
1.6	38	48	25	6.2	73	18	—	—	2	55	5	11.5	14	9	2	7	15	8
2.5	45	55	25	10.2	82	20	—	—	2	62	6	13	16	10	2	8	15	8
4	52	65	25	10.2	92	22	—	—	2	70	7	15	20	12	2	8	15	8
5	60	73	30	10.2	102	25	—	—	3	80	8	17	25	14	2.5	9	15	8
6	68	82	30	10.2	116	30	—	—	3	90	10	19	30	17	2.5	9	15	8
8	76	92	30	12.2	125	35	—	—	3	100	12	22	36	20	2.5	10	15	7
10	85	100	40	12.2	130	45	24	15	5	120	14	15	—	20	2.5	10	10	5
12	100	120	40	16.2	148	50	26	18	5	135	16	18	—	20	3	11	10	4
16	110	130	40	16.2	165	55	28	20	5	150	18	20	—	25	3	12	10	3
20	125	150	40	20.2	200	60	33	22	5	180	20	22	—	25	3	14	10	2
25	150	170	40	20.2	215	70	35	25	5	200	22	25	—	28	4	17	10	3
32	170	190	40	20.2	240	80	38	28	5	225	25	28	—	32	4	20	10	4
40	190	212	40	25.3	270	92	45	32	5	250	28	32	—	36	4	24	10	3

表 24-209　双扭弹簧的结构型式和尺寸　（单位：mm）

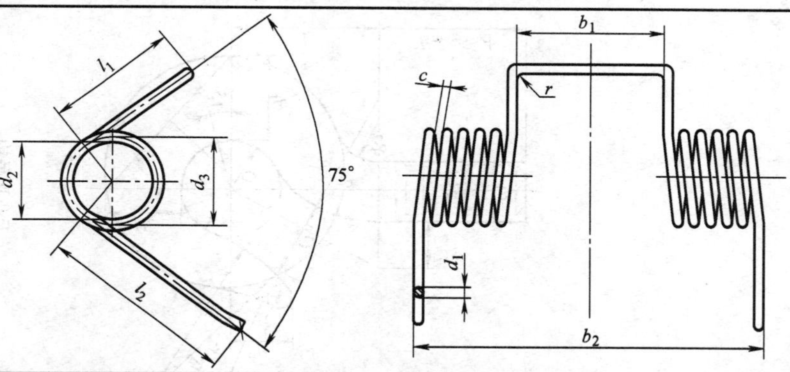

钩号	b_1	b_2	c	d_1	d_2	d_3	l_1	l_2	r	n
006	7	15	0.3	0.7	3.5	4.2	8	10	0.8	3.3
010 012	8	17	0.3	0.8	3.5	4.3	10	12	0.8	3.3
020 025	10	21.5	0.4	0.9	5	5.9	12	14	1	3.3
04 05	11	26.5	0.4	1.1	6	7.1	14	18	1	4.3
08 1	13	31	0.5	1.25	7	8.25	18	22	1.2	4.3
1.6	16	38	0.4	1.4	7	8.4	25	30	1.6	5.3
2.5	18	44	0.5	1.6	12	13.6	25	30	1.6	5.3
4	20	53	0.5	1.8	12	13.8	30	35	2	6.3
5	22	62	0.4	2	12	14	35	40	2	7.3
6	24	69	0.5	2.25	12	14.25	40	45	25	7.3
8	27	77	0.5	2.5	14	16.5	45	50	2.5	7.3
10	36	82	0.7	2.5	14	16.5	30	45	2.5	6.3
12	39	100	1.6	2.8	18	20.8	32	50	3.2	6.3
16	43	110	1.6	3.2	18	21.2	35	55	3.2	6.3
20	45	125	0.9	4.0	24	28.0	40	60	4	7.3
25	48	150	1.1	4.5	24	28.5	46	66	5	8.3
32	50	170	0.9	5	24	29	52	72	5	9.3
40	54	190	1.2	5.5	30	35.5	58	78	6	9.3

注：n—每边的钢丝缠绕圈数。

24.7.11 手动起重设备用吊钩（见表 24-210～表 24-213）

表 24-210 手动起重设备用吊钩（摘自 JB/T 4207.1—1999） （单位：mm）

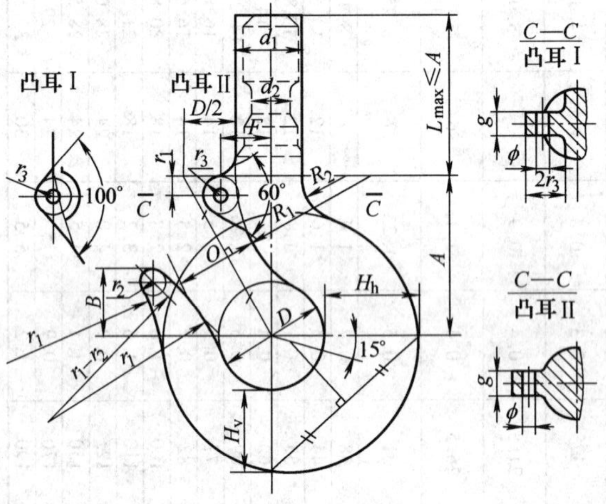

带凸耳吊钩

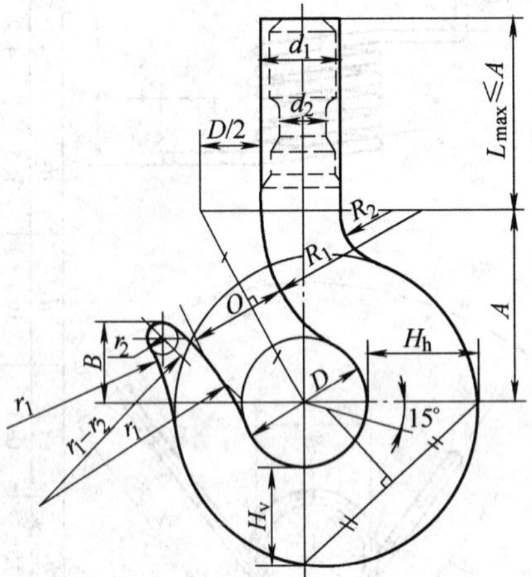

无凸耳吊钩

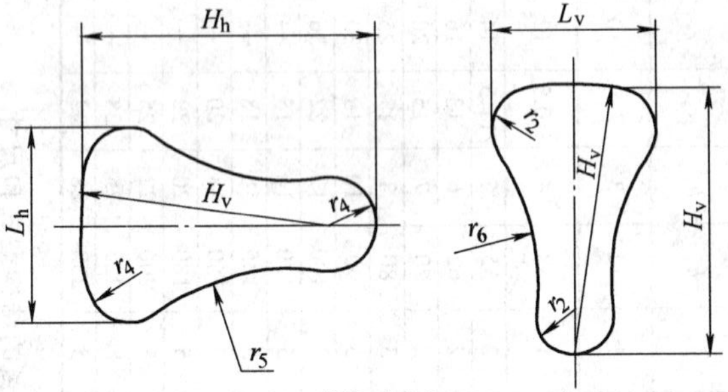

T形截面形状

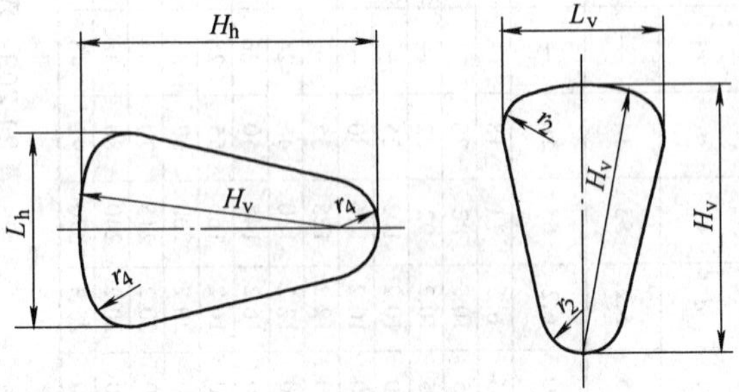

梯形截面形状

M级		P级		S级		T级		D		B	A	O		F	d_1	d_{2min}	H_h	L_h	H_v	L_v	r_1	r_2	r_3	r_4	r_5	r_6	g	ϕ
额定起重量 G_n/t	试验载荷 F_e/kN	额定起重量 G_n/t	试验载荷 F_e/kN	额定起重量 G_n/t	试验载荷 F_e/kN	额定起重量 G_n/t	试验载荷 F_e/kN	基本尺寸	极限偏差			公称尺寸	极限偏差															
								mm																				
0.08	1.6	0.10	2	0.125	2.5	0.16	3.15	22.4	+2 0	14	33.5	18.0	+2 0	10	14	6	15.5	10	12.8	8.5	40	2	3.5	2.3	13.2	10.9	4.5	4.2
0.10	2	0.125	2.5	0.16	3.15	0.20	4	23.6		15	35.5	19.0		10.6	15	6.5	17	10.9	14	9.3	42.5	2.1	3.7	2.5	14.5	11.8	4.7	4.2
0.125	2.5	0.16	3.15	0.20	4	0.25	5	25.0		16	37.5	20.0		11.2	16	7.1	18.5	11.2	15.5	10	45	2.3	4.0	2.8	16	12.8	5	4.2
0.16	3.15	0.20	4	0.25	5	0.32	6.3	26.5		17	40	21.2		11.8	17	7.75	20	12.1	17	10.9	47.6	2.5	4.2	3.0	17.5	14	5.3	4.2
0.20	4	0.25	5	0.32	6.3	0.40	8	28.0		18	42.5	22.4		12.5	18	8.5	21.8	13.2	18.5	11.8	50	2.7	4.5	3.2	19	15.5	5.6	4.2
0.25	5	0.32	6.3	0.40	8	0.50	10	30.0		19	45	23.6		13.2	19	9.25	23.6	14.5	20	12.8	53	3	4.7	3.5	20.6	17	6	4.2
0.32	6.3	0.40	8	0.50	10	0.63	12.5	31.5		20	47.5	25.0		14	20	10	25.7	16	21.8	14	56	3.3	5.0	3.8	22.4	18.5	6.3	4.2
0.40	8	0.50	10	0.63	12.5	0.80	16	33.5		21.2	50	26.5		15	21.2	10.9	28	17.5	23.6	15.5	60	3.5	5.3	4.2	24.3	20	6.7	4.2
0.50	10	0.63	12.5	0.80	16	1.00	20	35.5		22.4	53	28.0		16	22.4	11.8	30.7	19	25.7	17	63	3.9	5.6	4.6	26.5	21.8	7.1	4.2
0.63	12.5	0.80	16	1.00	20	1.25	25	37.5		23.6	56	30.0		17	23.6	12.8	33.5	20.6	28	18.5	67	4.3	6.0	5.0	29	23.6	7.5	4.2
0.80	16	1.00	20	1.25	25	1.60	31.5	40.0		25	60	31.5		18	25	14	36.5	22.4	30.7	20	71	4.6	6.3	5.5	30.7	25.7	8	6.2
1.00	20	1.25	25	1.60	31.5	2.0	40	42.5	+3 0	26.5	63	33.5	+3 0	19	26.5	15.5	40	24.3	33.5	21.8	75	5	6.7	6.0	33.5	28	8.5	6.2
1.25	25	1.60	31.5	2.0	40	2.5	50	45.0		28	67	35.5		20	28	17	43.7	26.5	36.5	23.6	80	5.5	7.1	6.5	36.5	30.7	9	6.2
1.60	31.5	2.0	40	2.5	50	3.2	63	47.5		30	71	37.5		21.2	30	18.5	47.5	29	40	25.7	85	6	7.5	7.1	40	33.5	9.5	6.2
2.0	40	2.5	50	3.2	63	4.0	80	50.0		31.5	75	40.0		22.4	31.5	20	51.5	31.5	43.7	28	90	6.5	8.0	7.7	43.7	36.5	10	6.2
2.5	50	3.2	63	4.0	80	5.0	100	53.0		33.5	80	42.5		23.6	33.5	21.8	56	34.5	47.5	30.7	95	7.1	8.5	8.5	47.5	40	10.6	6.2
3.2	63	4.0	80	5.0	100	6.3	125	60.0		37.5	90	47.5		26.5	37.5	23.6	60	37.5	50	31.5	100	8	9.5	9	50	42.5	11.8	6.2
4.0	80	5.0	100	6.3	125	8.0	160	67	+4 0	42.5	100	53	+4 0	30	42.5	25.7	67	42.5	56	35.5	106	9	10.6	10	56	47.5	13.2	6.2
5.0	100	6.3	125	8.0	160	10.0	200	75		47.5	112	60		33.5	47.5	28	75	47.5	63	40	118	10	11.8	11.2	63	53	15	8.2
6.3	125	8.0	160	10.0	200	12.5	250	85		53	125	67		37.5	53	30.7	85	53	71	45	132	11.2	13.2	12.5	71	60	17	8.2
8.0	160	10.0	200	12.5	250	16	315	95	+5 0	60	140	75	+5 0	42.5	60	33.5	95	60	80	50	150	12.5	15	14	80	67	19	8.2
10.0	200	12.5	250	16	315	20	400	106		67	160	85		47.5	67	37.5	106	67	90	56	170	14	17	16	90	75	21.2	8.2
12.5	250	16	315	20	400	25	500	118	+6 0	75	180	95	+6 0	53	75	42.5	118	75	100	63	190	16	19	18	100	85	23.6	8.2
16	315	20	400	25	500	—	—	132		85	200	106		60	85	47.5	132	85	112	71	212	18	21.2	20	112	95	26.5	8.2
20	400	25	500	—	—	—	—	150		95	224	118		67	95	53	150	95	125	80	236	20	23.6	22.4	125	106	30	8.2

表 24-211　手动起重设备用吊钩闭锁装置（摘自 JB/T 4207.2—1999）

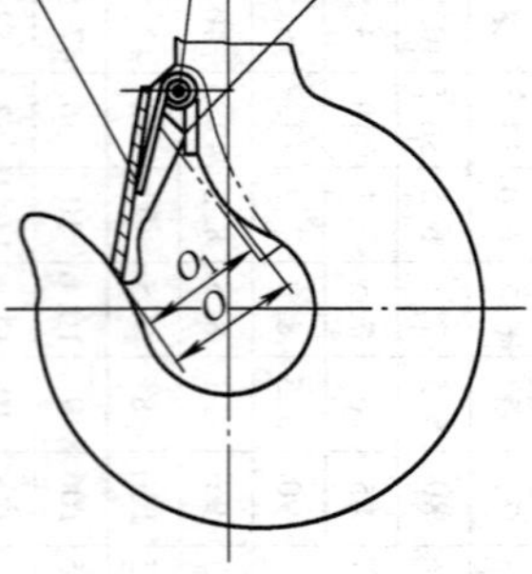

凸耳Ⅰ型吊钩

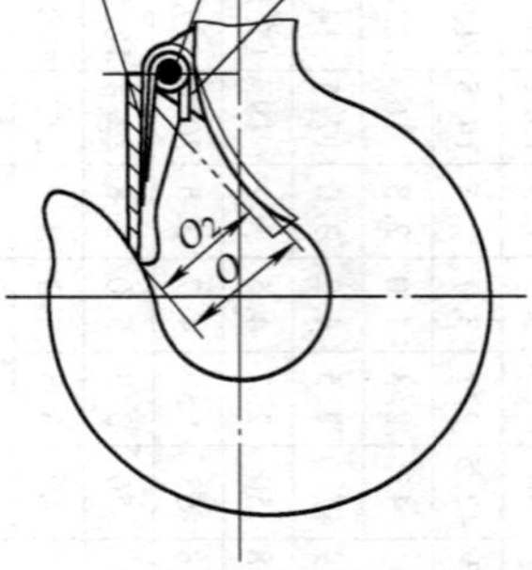

凸耳Ⅱ型吊钩

注：尺寸 O 按 JB/T 4207.1—1999 的规定（表 24-216）。

闭锁装置号	吊钩等级（JB/T 4207.1—1999）				钩口尺寸/mm		
	M	P	S	T	O	O_1	O_2
	额定起重量/t						
1	0.08	0.10	0.125	0.16	18	≥15	≥15
2	0.10	0.125	0.16	0.20	19	≥16	≥16
3	0.125	0.16	0.20	0.25	20	≥17	≥17
4	0.16	0.20	0.25	0.32	21.2	≥18	≥17
5	0.20	0.25	0.32	0.40	22.4	≥19	≥18
6	0.25	0.32	0.40	0.50	23.6	≥20	≥19
7	0.32	0.40	0.50	0.63	25	≥21	≥20
8	0.40	0.50	0.63	0.80	26.5	≥22	≥21
9	0.50	0.63	0.80	1.00	28	≥24	≥22
10	0.63	0.80	1.00	1.25	30	≥25	≥24
11	0.80	1.00	1.25	1.6	31.5	≥27	≥25
12	1.00	1.25	1.6	2.0	33.5	≥29	≥27
13	1.25	1.6	2.0	2.5	35.5	≥30	≥29
14	1.6	2.0	2.5	3.2	37.5	≥32	≥30
15	2.0	2.5	3.2	4.0	40	≥35	≥32
16	2.5	3.2	4.0	5.0	42.5	≥37	≥35
17	3.2	4.0	5.0	6.3	47.5	≥41	≥38
18	4.0	5.0	6.3	8.0	53	≥46	≥43
19	5.0	6.3	8.0	10.0	60	≥52	≥49
20	6.3	8.0	10.0	12.5	67	≥58	≥55
21	8.0	10.0	12.5	16	75	≥66	≥63
22	10.0	12.5	16	20	85	≥75	≥71
23	12.5	16	20	25	95	≥84	≥80
24	16	20	25	—	106	≥95	≥90
25	20	25	—	—	118	≥105	≥100

表 24-212　手动起重设备用吊钩闭锁安全卡（摘自 JB/T 4207.2—1999）（单位：mm）

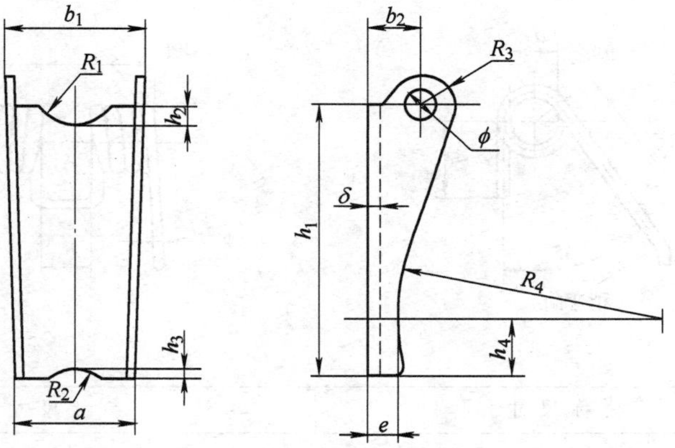

注：尺寸 a 由生产厂自定。

闭锁装置号	公称尺寸					参考尺寸								铆钉直径[①]
	b_1	b_2	δ	ϕ	h_1	h_2	h_3	h_4	e	R_1	R_2	R_3	R_4	
1	13	4.5	1	4.2	27	2	0.9	6	3	5	2.8	3.5	24	4
2	14	5.0			29	2	0.9	6	3	5	3.0	3.5	25	
3	15	5.0			30	2	1.0	7	3	5	3.5	3.5	26	
4	16	5.6			32	2	1.1	7	3	6	3.5	3.5	28	
5	17	5.6			33	2	1.1	8	3	6	3.5	3.5	30	
6	18	6.0			36	2	1.2	8	3	6	4.0	4	32	
7	19	6.3			37	3	1.4	9	4	7	4.0	4	34	
8	20	7.1			40	3	1.4	9	4	7	4.5	4	36	
9	21	7.1			42	3	1.4	10	4	8	4.5	4	38	
10	22	8.0	1.5		44	3	1.6	10	4	8	5.0	4	40	
11	24	8.0		6.2	48	3	1.6	11	4	8	5.0	6	42	6
12	25	9.0			50	4	1.8	12	5	9	5.5	6	45	
13	26	9.0			55	4	1.8	12	5	10	6.0	6	48	
14	28	10			58	4	2.0	14	5	10	6.0	6	50	
15	30	10			59	4	2.0	14	6	11	7.0	6	53	
16	36	11.2			64	4	2.2	14	6	11	7.0	6	56	
17	36	12			74	5	2.5	16	7	13	8.0	7	63	
18	40	14	2		80	5	2.8	18	7	14	9.0	7	71	
19	42	15		8.2	89	6	3	20	8	16	10	9	80	8
20	50	17			103	7	3.5	24	9	18	12	10	90	
21	56	19			111	8	3.5	26	11	20	12	11	100	
22	63	21.2	3		122	9	4.0	30	12	22	14	13	110	
23	71	23.6			140	9	4.5	32	13	25	15	13	125	
24	80	26.5			157	11	5.0	36	15	28	17	13	140	
25	90	30			178	12	6.0	42	17	32	20	13	160	

① 铆钉的选用标准和长度由生产厂自定。

表 24-213　手动起重设备用吊钩闭锁双圈弹簧（摘自 JB/T 4207.2—1999）（单位：mm）

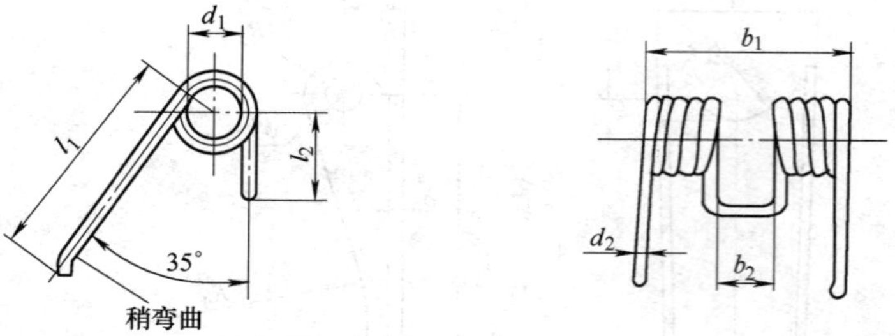

闭锁装置号	公称尺寸			参考尺寸			n①
	b_1	b_2	d_1	d_2	l_1	l_2	
1	11	5	5.5	1	15	6	2.4
2	12	6			16	6	2.4
3	13	7			17	7	2.4
4	14	7			18	7	2.4
5	15	7			19	8	2.4
6	16	8			21	8	3.4
7	17	8			22	9	3.4
8	18	9			24	9	3.4
9	19	9			25	10	3.4
10	19	9			26	10	3.4
11	21	10	8		28	11	4.4
12	22	10			30	12	4.4
13	23	11			32	12	4.4
14	25	12			34	14	4.4
15	27	13			36	14	4.4
16	29	14			38	14	4.4
17	33	15			42	16	4.4
18	36	16		1.5	45	18	5.4
19	38	20	11		53	20	5.4
20	46	21			60	24	5.4
21	52	23			67	26	5.4
22	57	25			75	30	6.4
23	65	28			80	32	6.4
24	74	32			90	36	6.4
25	84	40			105	42	6.4

① n 为每边的钢丝缠绕圈数。

24.8　起重机车轮

24.8.1　起重机车轮型式和尺寸（见表 24-214 和表 24-215）

表 24-214　起重机车轮型式和尺寸（摘自 JB/T 6392—2008）　（单位：mm）

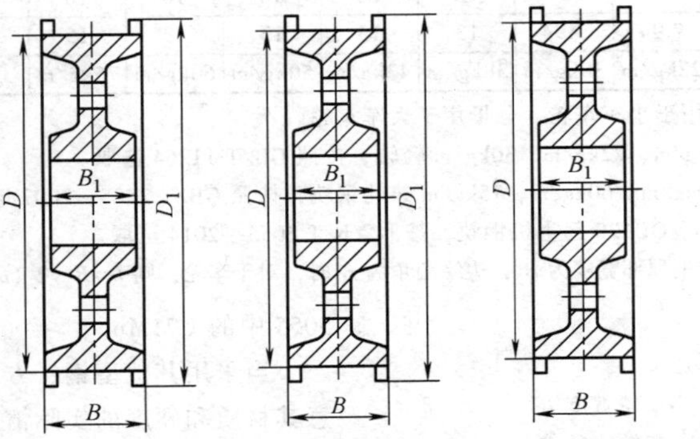

双轮缘车轮(代号SL)　单轮缘车轮(代号DL)　无轮缘车轮(代号WL)

基本尺寸			
D	D_1	B	B_1
100	130	80~100	95~100
125	140	80~100	95~100
160	190	90~100	95~100
200	230	95~100	95~100
250	280	95~140	95~140
315	350	95~210	95~210
400	440	105~210	105~210
500	540	105~210	105~210
630	680	120~210	120~210
710	760	140~210	140~210
800	850	140~210	140~210
900	950	145~220	140~220
1000	1060	145~220	140~220
(1250)	1310	145~220	140~220

注：表中的基本参数（除括号内）宜优先使用。

表 24-215　起重机车轮与轨道的匹配（摘自 JB/T 6392—2008）　（单位：mm）

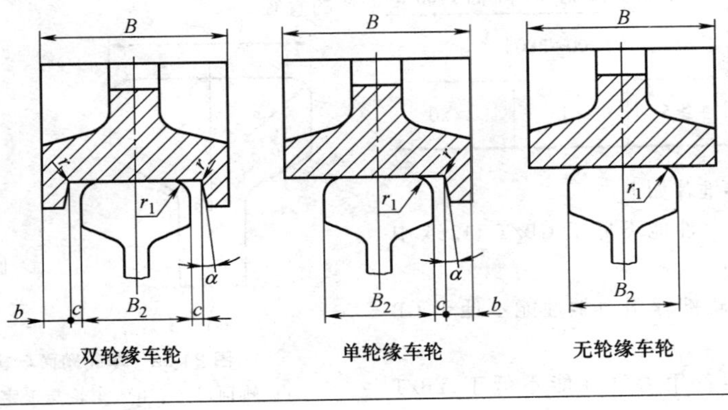

双轮缘车轮　单轮缘车轮　无轮缘车轮

（续）

$B\geqslant$	90/95	95/100	100/105	110/110	120/120	135/145	135/145	135/145	140/150	140/150	135/145	155/160	185/190	205/210
B_2	32.1	38.1	42.86	50.8	60.33	68	70	70	73	75	70	80	100	120
$c\geqslant$	7.5/9.5	7.5/9.5	7.5/9.5	7.5/9.5	7.5/9.5	7.5/12.5	7.5/12.5	7.5/12.5	7.5/12.5	7.5/12.5	7.5/12.5	7.5/15	12.5/15	12.5/15
$b\geqslant$	20	20	20	20	20	25	25	25	25	25	25	25/30	25/30	25/30
α	6°	6°	6°	6°	6°	6°	6°	6°	6°	6°	10°	10°	10°	10°
$r\leqslant$	5	5	5	5	5	10	10	10	10	10	5	5	5	5
r_1	6.35	6.35	7.94	7.94	7.94	13	13	13	13	15	6	8	8	8
轨道	9kg/m	12kg/m	15kg/m	22kg/m	30kg/m	38kg/m	43kg/m	50kg/m	60kg/m	75kg/m	QU70	QU80	QU100	QU120

注：1. 表中 B 值和 c 值分子用于小车车轮，分母用于大车车轮。

2. 9kg/m、12kg/m、15kg/m、22kg/m、30kg/m 轻轨，按照 GB/T 11264 选取。

3. 38kg/m、43kg/m、50kg/m、60kg/m、75kg/m 热轧钢轨，按照 GB/T 2585—2007 选取。

4. QU70、QU80、QU100、QU120 起重机钢轨，按照 YB/T 5055—2014 选取。

5. 钢轨可以采用方钢，方钢顶部宽度为 B_2，边缘圆角为 r_1 时，对于车轮，则 $B=B_2+2\ (b+c)$，$r=r_1-2$，$r\geqslant2$mm。

车轮型号表示方法如下：

```
□—□×□  JB/T 6392
│  │ └────────车轮宽度 B
│  └──────────车轮直径 D
└─────────────车轮代号
```

标记示例：

1）直径 $D=710$mm，轮宽 $B=155$mm 的双轮缘车轮，标记如下：车轮 SL—710×155　JB/T 6392。

2）直径 $D=315$mm，轮宽 $B=110$mm 的单轮缘车轮，标记如下：车轮 DL—315×110　JB/T 6392。

3）直径 $D=630$mm，轮宽 $B=145$mm 的无轮缘车轮，标记如下：车轮 WL—630×145　JB/T 6392。

24.8.2 起重机车轮、导轨材料和热处理（见表 24-216）

表 24-216　起重机车轮、导轨材料和热处理

项目		车轮踏面直径/mm		
		100~200	>200~400	>400
车轮材料	铸钢车轮	不低于 ZG 340-640 GB/T 11352		
	轧制车轮	不低于 60 钢 GB/T 699		
	锻造车轮	不低于 55 钢		不低于 60 钢
热处理	踏面和轮缘内侧面硬度 HBW	300~380		
	淬硬层 260HBW 处深度/mm	≥5	≥15	≥20

起重机轨道用材料推荐如下：

1）轻轨推荐用力学性能不低于 GB/T 11264 中的 55Q。

2）铁路用热轧钢轨推荐用力学性能不低于 GB 2585 中的 U71Mn。

3）起重机钢轨推荐用力学性能不低于 YB/T 5055 中的 U71Mn。

当采用其他型钢、方钢和扁钢等做轨道时，应注意其材质和硬度的实际情况，必要时可降低轮压，以保证有足够的使用寿命。

24.8.3 起重机车轮精度

1）车轮踏面直径尺寸偏差不低于 h9，轴孔尺寸偏差不低于 H7。

2）车轮踏面和基准端面相对于孔轴线的径向及轴向圆跳动，不低于 GB/T 1184—1996 中的 8 级。

24.8.4 轨道强度计算

24.8.4.1 确定承压面的有效接触宽度

对具有平坦承压面的轨道，轨顶总宽度为 b，每边倒角圆半径为 r，如图 24-32a 所示。轮轨有效接触宽度 $l=b-2r$。

对于具有平坦、锥形或凸起承压面的轮轨，如车轮在工字钢梁下翼缘上面运行，则轮轨有效接触宽度 $l=w-r$。

车轮踏面宽度 w、下翼缘外侧倒角圆半径 r 如图 24-32b 所示。车轮直径 D 应为投影宽度 $w-r$ 中点上的直径。

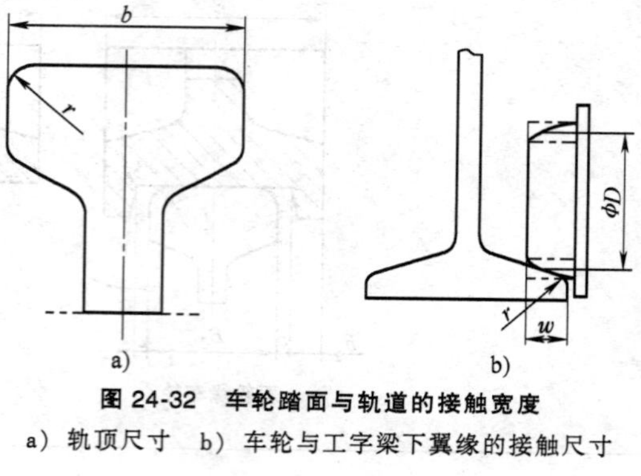

图 24-32　车轮踏面与轨道的接触宽度

a）轨顶尺寸　b）车轮与工字梁下翼缘的接触尺寸

24.8.4.2　允许轮压

允许轮压按下式确定：

$$F_L = kDlC$$

式中　F_L——正常工作起重机车轮或滚轮的允许轮压（N）；

k——车轮或滚轮的许用比压（MPa），钢质车轮或滚轮按表 24-217 选取，对于具有凸起承压面的轨道或车轮（滚轮），许用比压 k 可增加 10%，这能改善轮轨的接触；

D——车轮或滚轮的踏面直径（mm）；

l——车轮或滚轮与轨道承压面的有效接触宽度（mm）；

C——计算系数，进行车轮或滚轮踏面疲劳校验时 $C=C_1C_2$，进行车轮或滚轮强度校验时 $C=C_{max}=C_{1max}C_{2max}$，取 $C_{max}=1.9$；

C_1——转速系数，按表 24-218 或表 24-219 选取；

C_2——车轮所在机构的工作级别系数，按表 24-220 选取。

24.8.4.3　车轮或滚轮的疲劳强度校验

车轮或滚轮的疲劳强度应满足下式：

$$F_{mean} \leqslant F_L$$

式中　F_{mean}——根据载荷变化计算得到的等效工作轮压（精确计算公式）见 GB/T 3811—2008；

F_L——允许轮压。

24.8.4.4　车轮或滚轮的静强度校验

车轮或滚轮的静强度应满足下式

$$F_{max} \leqslant 1.9kDl$$

式中　F_{max}——最大轮压（N），包括考虑动载试验或静载试验的载荷。

表 24-217　车轮或滚轮的许用比压 k

（摘自 GB/T 3811—2008）

（单位：MPa）

车轮或滚轮材料的抗拉强度 σ_b	轨道材料最小抗拉强度	许用比压 k
$\sigma_b>500$	350	5.0
$\sigma_b>600$	350	5.6
$\sigma_b>700$	510	6.5
$\sigma_b>800$	510	7.2
$\sigma_b>900$	600	7.8
$\sigma_b>1000$	700	8.5

注：σ_b 为车轮或滚轮材料未热处理时的抗拉强度。

表 24-218　车轮转速系数 C_1（摘自 GB/T 3811—2008）

车轮转速 n/(r/min)	C_1	车轮转速 n/(r/min)	C_1	车轮转速 n/(r/min)	C_1
200	0.66	50	0.94	16	1.09
160	0.75	45	0.96	14	1.10
125	0.77	40	0.97	12.5	1.11
112	0.79	35.5	0.99	11.2	1.12
100	0.82	31.5	1.00	10	1.13
90	0.84	28	1.02	8	1.14
80	0.87	25	1.03	6.3	1.15
71	0.89	22.4	1.04	5.6	1.16
63	0.91	20	1.06	5	1.17
56	0.92	18	1.07		

表 24-219　车轮直径、运行速度与转速系数 C_1（摘自 GB/T 3811—2008）

车轮直径 /mm	运行速度/(m/min)														
	10	12.5	16	20	25	31.5	40	50	63	80	100	125	160	200	250
200	1.09	1.06	1.03	1.00	0.97	0.94	0.91	0.87	0.82	0.77	0.72	0.66			
250	1.11	1.09	1.06	1.03	1.00	0.97	0.94	0.91	0.87	0.82	0.77	0.72	0.66		
315	1.13	1.11	1.09	1.06	1.03	1.00	0.97	0.94	0.91	0.87	0.82	0.77	0.72	0.66	
400	1.14	1.13	1.11	1.09	1.06	1.03	1.00	0.97	0.94	0.91	0.87	0.82	0.77	0.72	0.66
500	1.15	1.14	1.13	1.11	1.09	1.06	1.03	1.00	0.97	0.94	0.91	0.87	0.82	0.77	0.72
630	1.17	1.15	1.14	1.13	1.11	1.09	1.06	1.03	1.00	0.97	0.94	0.91	0.87	0.82	0.77
710		1.16	1.14	1.13	1.12	1.1	1.07	1.04	1.02	0.99	0.96	0.92	0.89	0.84	0.79
800		1.17	1.15	1.14	1.13	1.11	1.09	1.06	1.03	1.00	0.97	0.94	0.91	0.87	0.82
900			1.16	1.14	1.13	1.12	1.1	1.07	1.04	1.02	0.99	0.96	0.92	0.89	0.84
1000			1.17	1.15	1.14	1.13	1.11	1.09	1.06	1.03	1.00	0.97	0.94	0.91	0.87

表 24-220　工作级别系数 C_2
（摘自 GB/T 3811—2008）

车轮所在机构工作级别	C_2
M1、M2	1.25
M3、M4	1.12
M5	1.00
M6	0.90
M7、M8	0.80

24.9　起重机用缓冲器

24.9.1　起重机用液压缓冲器

按 GB/T 3811—2008 规定，缓冲器按碰撞能及最大碰撞力，并考虑缓冲行程来选用，允许的最大减速度为 4m/s²。宜选用 JB/T 7017、JB/T 8110.1、JB/T 8110.2、JB/T 10833 中规定的缓冲器。

起重机用液压缓冲器见表 24-221～表 24-223。

表 24-221　HYGD 型高频度单向型液压缓冲器（摘自 JB/T 7017—1993）

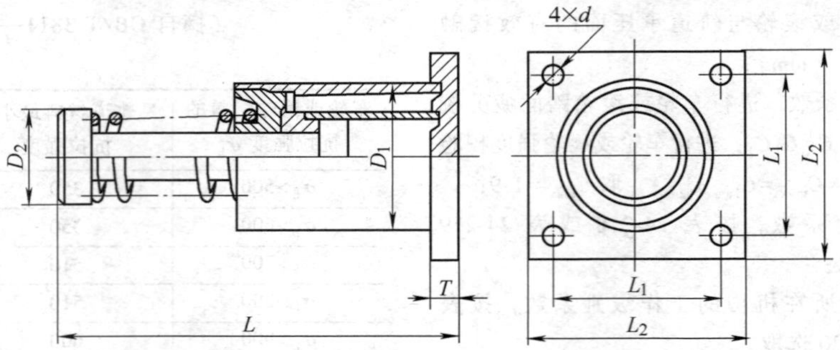

型　号	缓冲容量 W/kN·m	缓冲行程 S/mm	缓冲力 F/kN	主要尺寸/mm D_1	D_2	L	L_1	L_2	T	d	质量 /kg
HYGD 2-60	2.5	60	45	127	62	280	125	160	16	13	12
HYGD 4-90	4.0	90	45	127	62	355	125	160	16	13	13
HYGD 6-80	5.6	80	70	159	80	360	155	200	20	17	22
HYGD 8-110	8.0	110	75	159	80	440	155	200	20	17	25
HYGD 12-90	12.5	90	140	203	100	430	195	250	25	21	46
HYGD 18-120	18	120	150	203	100	520	195	250	25	21	50
HYGD 25-130	25	130	200	245	125	580	230	285	30	26	80
HYGD 40-180	40	180	230	245	125	720	230	285	30	26	88
HYGD 56-200	56	200	280	299	170	760	280	360	35	32	146
HYGD 80-270	80	270	300	299	170	945	280	360	35	32	162
HYGD 125-220	125	220	570	351	205	880	350	430	40	38	245
HYGD 180-320	180	320	570	351	205	1140	350	430	40	38	270
HYGD 250-270	250	270	950	485	248	1080	450	560	55	38	520
HYGD 355-350	355	350	1020	485	248	1345	450	560	55	38	592

注：用于碰撞频度不超过 1 次/min。

表 24-222　HYDD 型低频度单向型液压缓冲器（摘自 JB/T 7017—1993）

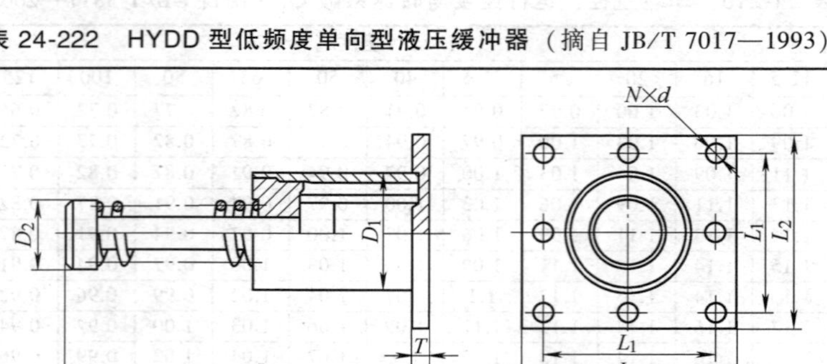

（续）

型号	缓冲容量 W/kN·m	缓冲行程 S/mm	缓冲力 F/kN	主要尺寸/mm D_1	D_2	L	L_1	L_2	T	质量 /kg
HYDD 4-50	4.0	50	80	92	60	240	100	130	16	6
HYDD 7-100	7.1	100	75	92	90	360	100	130	16	11
HYDD 10-70	10	70	150	130	80	295	130	170	20	15
HYDD 16-150	16	150	110	130	100	430	130	170	28	18
HYDD 25-80	25	80	315	170	100	360	170	220	22	37
HYDD 31.5-150	31.5	150	210	170	100	550	170	220	22	45
HYDD 40-100	40	100	400	191	120	440	190	250	25	47
HYDD 50-150	50	150	355	191	120	610	190	250	25	60
HYDD 63-100	63	100	630	258	140	505	350	410	36	130
HYDD 100-200	100	200	500	258	160	750	350	410	36	160
HYDD 140-150	140	150	935	300	180	650	400	460	40	190
HYDD 200-250	200	250	800	300	230	920	400	460	40	250
HYDD 250-250	250	250	1000	356	230	1020	480	580	60	430
HYDD 315-400	315	400	800	356	280	1432	480	580	60	500

注：用于碰撞频度每日不超过 10 次。

表 24-223　HYDS 型低频度双向型液压缓冲器（摘自 JB/T 7017—1993）

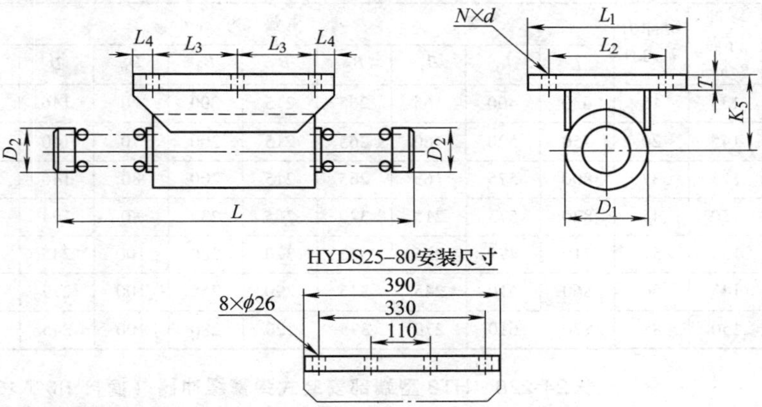

型号	缓冲容量 W/kN·m	缓冲行程 S/mm	缓冲力 F/kN	主要尺寸/mm D_1	D_2	L	L_1	L_2	L_3	L_4	K_5	T	质量 /kg
HYDS 4-50	4.0	50	80	92	55	400	180	140	100	20	80	15	15
HYDS 10-70	10	70	150	130	80	400	230	180	110	25	120	20	30
HYDS 25-80	25	80	315	170	100	640	320	260	—	—	150	30	70

注：用于碰撞频度每日不超过 10 次。

24.9.2　起重机用弹簧缓冲器（见表 24-224 ~ 表 24-228）

表 24-224　HT1 型壳体焊接式弹簧缓冲器（摘自 JB/T 12987—2016）

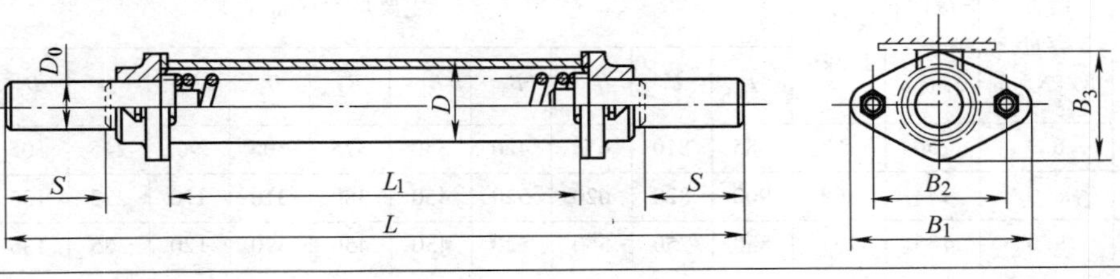

（续）

型　号	缓冲容量 W/kN · m	缓冲行程 S/mm	缓冲力 F_j/kN	主要尺寸/mm							质量 /kg
				L	L_1	B_1	B_2	B_3	D_0	D	
HT1-16	0.15	60	5	435	220	160	120	85	40	70	12.6
HT1-40	0.38	95	8	720	370	170	130	90	45	76	17
HT1-63	0.63	115	11	850	420	190	145	100	45	89	26
HT1-100	1.00	115	18	880	450	220	170	125	55	114	34

表 24-225　HT2 型底座焊接式弹簧缓冲器（摘自 JB/T 12987—2016）

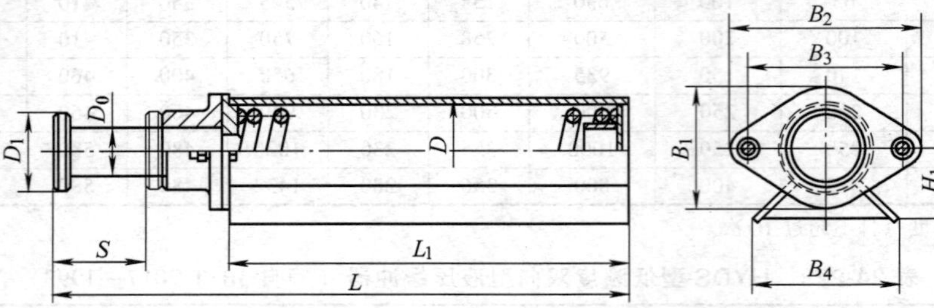

型号	缓冲容量 W/kN · m	缓冲行程 S/mm	缓冲力 F_j/kN	主要尺寸/mm										质量 /kg
				L	L_1	B_1	B_2	B_3	B_4	D_0	D	D_1	H_1	
HT2-100	1.00	135	15	630	400	165	265	215	200	70	146	100	90	31.5
HT2-160	1.45	145	20	750	520	160	265	215	200	70	140	100	90	41.3
HT2-250	2.30	125	37	800	575	165	265	215	200	80	146	110	90	53.1
HT2-315	3.40	150	45	820	575	215	320	265	230	80	194	110	115	78.6
HT2-400	3.85	135	57	710	475	265	375	320	280	100	245	130	140	92.2
HT2-500	4.80	145	66	860	610	245	345	290	255	100	219	130	135	97.7
HT2-630	6.30	150	88	870	610	270	375	320	280	100	245	130	140	122.7

表 24-226　HT3 型端部安装式弹簧缓冲器（摘自 JB/T 12987—2016）

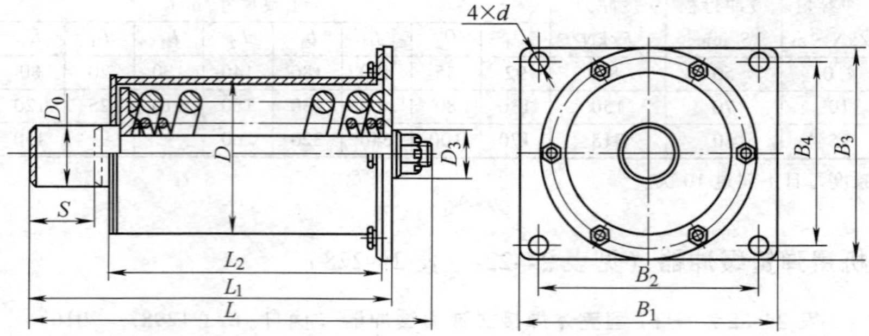

型号	缓冲容量 W/kN · m	缓冲行程 S/mm	缓冲力 F_j/kN	主要尺寸/mm											质量 /kg
				L	L_1	L_2	B_1	B_2	B_3	B_4	D_0	D	D_3	d	
HT3-630	6.3	150	88	885	810	615	420	350	375	305	90	245	105	35	145.8
HT3-800	8.0	143	108	900	820	620	520	450	380	310	110	273	135	35	176.9
HT3-1000	9.0	135	131	830	750	560	520	450	450	390	120	325	135	35	204.6

（续）

型号	缓冲容量 W/kN·m	缓冲行程 S/mm	缓冲力 F_j/kN	主要尺寸/mm											质量 /kg
				L	L_1	L_2	B_1	B_2	B_3	B_4	D_0	D	D_3	d	
HT3-1250①	11.0	135	165	830	750	560	520	450	450	390	120	325	135	42	231.3
HT3-1600②	16.0	120	273	980	900	730	780	700	480	400	120	325	135	42	338.0
HT3-2000②	21.5	150	293	1140	1050	820	780	700	480	400	120	325	135	42	393.8

① 由内、外弹簧组成。

② 内、外弹簧由两段串联而成。

表 24-227　HT4 型中部安装式弹簧缓冲器（摘自 JB/T 12987—2016）

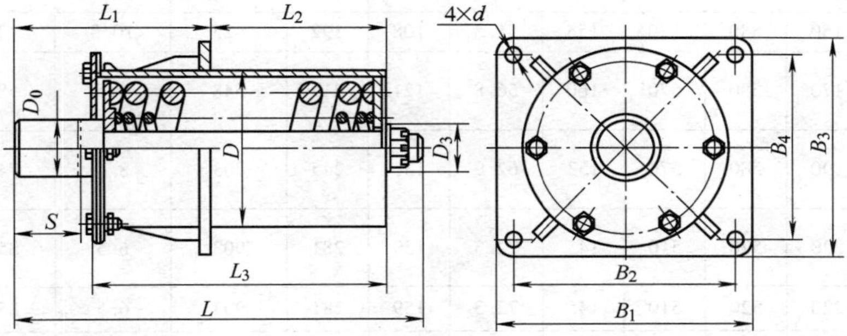

型号	缓冲容量 W/kN·m	缓冲行程 S/mm	缓冲力 F_j/kN	主要尺寸/mm												质量 /kg
				L	L_1	L_2	L_3	B_1	B_2	B_3	B_4	D_0	D	D_3	d	
HT4-800	8.0	143	108	910	400	430	640	520	450	380	310	110	273	135	35	180.9
HT4-1000	9.0	135	131	840	400	360	580	520	450	450	390	120	325	135	35	208.6
HT4-1250①	11.0	135	165	840	400	360	580	520	450	450	390	120	325	135	42	235.3
HT4-1600②	16.0	120	273	1010	400	530	750	780	700	480	400	120	325	135	42	342.0
HT4-2000②	21.5	150	293	1140	450	600	840	780	700	480	400	120	325	135	42	397.8

① 由内、外弹簧组成。

② 内、外弹簧由两段串联而成。

表 24-228　缓冲器用弹簧（摘自 JB/T 12987—2016）

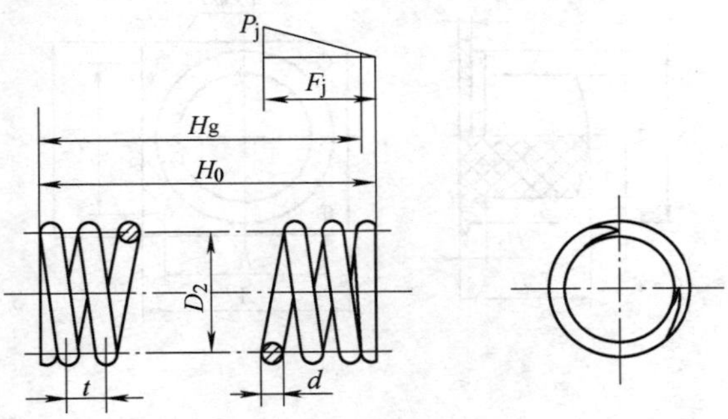

（续）

型号	主要尺寸/mm								弹簧刚度 P_j/(N/mm)	有效圈数 n	单件质量/kg	备注
	d	D_2	H_0	H_g	F_j	t	D_{xmax}	D_{Tmin}				
HT1-16	10	45	220	215	65	14.5	31	59	75	14.5	1.4	—
HT1-40	12	50	370	360	105	17	34	66	79	21	3.2	—
HT1-63	14	60	420	410	126	20.3	41	79	89	20	5.4	—
HT1-100	18	75	450	440	126	25.4	52	98	146	17	8.6	—
HT2-100	18	100	380	370	144	33.3	76	124	100	10.5	7.5	—
HT2-160	20	95	500	490	154	31.9	69	121	129	14.5	11.7	—
HT2-250	25	100	550	540	135	35	69	131	269	14.5	19.7	—
HT2-315	30	140	550	540	161	47.2	103	177	281	10.5	29.3	—
HT2-400	35	180	450	440	145	60	136	224	396	6.5	34.2	—
HT2-500	35	150	580	570	155	51.5	108	192	423	10.5	42.7	—
HT2-630 HT3-630	40	170	580	570	160	56.8	121	219	548	9.5	58.0	—
HT3-800 HT4-800	45	190	580	570	153	62.9	135	245	703	8.5	74.5	—
HT3-1000 HT4-1000	50	220	520	510	145	72.3	159	281	903	6.5	85.2	—
HT3-1250 HT4-1250	50	220	520	510	145	72.3	159	281	903	6.5	85.2	内、外弹簧组合式
	25	110	500	490	163	38	79	141	235	12.5	18.6	
HT3-1600 HT4-1600	60	220	335	330	65	78.5	150	305	3477	3.5	75.8	内、外弹簧组合串联式
	30	120	320	315	69.8	42	84	156	721	6.5	16.7	
HT3-2000 HT4-2000	60	220	380	375	80	80	150	305	3042	4	83.5	内、外弹簧组合串联式
	30	120	360	355	80.1	42	84	156	625	7.5	18.8	

注：H_g—预紧后的弹簧高度（弹簧工作高度）；L—弹簧展开长度；D_{xmax}—最大允许心轴直径；D_{Tmin}—最小允许套筒直径。

24.9.3 起重机用橡胶缓冲器（见表 24-229）

表 24-229　起重机用橡胶缓冲器（摘自 JB/T 12988—2016）

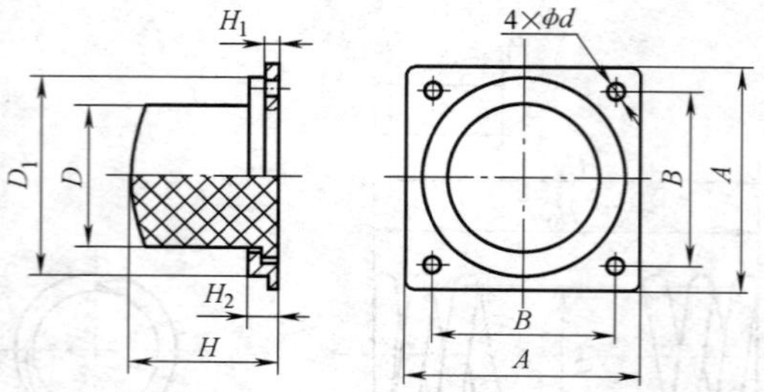

（续）

型号	缓冲容量 W/kN·m	缓冲行程 S/mm	缓冲力 F/kN	主要尺寸/mm								质量 /kg
				D	D_1	H	H_1	H_2	A	B	d	
HX-10	0.10	22	16	50	71	50	5	8	80	63	7	0.36
HX-16	0.16	25	19	56	80	56	5	10	90	71	7	0.48
HX-25	0.25	28	28	67	90	67	6	12	100	80	7	0.70
HX-40	0.40	32	40	80	112	80	6	14	125	100	12	1.34
HX-63	0.63	40	50	90	125	90	6	16	140	112	12	2.13
HX-80	0.80	45	63	100	140	100	8	18	160	125	14	2.70
HX-100	1.00	50	75	112	160	112	8	20	180	140	14	3.68
HX-160	1.60	56	95	125	180	125	8	22	200	160	18	5.00
HX-250	2.50	63	118	140	200	140	8	25	224	180	18	6.50
HX-315	3.15	71	160	160	224	160	10	28	250	200	18	9.18
HX-400	4.00	80	200	180	250	180	10	32	280	224	18	12.00
HX-630	6.30	90	250	200	280	200	10	36	315	250	24	16.18
HX-1000	10.00	100	300	224	315	224	12	40	355	280	24	25.00
HX-1600	16.00	112	425	250	355	250	12	45	400	315	24	34.00
HX-2000	20.00	125	500	280	400	280	12	50	450	355	24	48.20
HX-2500	25.00	140	630	315	450	315	12	56	500	400	24	64.80

第 25 章　操　作　件

25.1　操作件分类和标记

25.1.1　操作件分类（见表 25-1）

表 25-1　操作件分类

- 操作件
  - 手柄
    - 手柄
    - 曲面手柄
    - 直手柄
    - 转动小手柄
    - 转动手柄
    - 曲面转动手柄
    - 锥柱手柄
    - 球头手柄
    - 单柄对重手柄
    - 双柄对重手柄
    - 可折手柄
    - 可调位紧定手柄
  - 手柄球
    - 手柄球
    - 指示手柄球
  - 手柄套
    - 手柄套
    - 椭圆手柄套
    - 长手柄套
  - 手柄杆
    - 手柄杆
  - 手柄座
    - 手柄座
    - 圆盘手柄座
    - 锁紧手柄座
    - 定位手柄座
  - 手轮
    - 小波纹手轮
    - 小手轮
    - 手轮
    - 波纹手轮
    - 圆轮缘手轮
    - 波纹圆轮缘手轮
    - 内波纹手轮
    - 背面波纹手轮
    - 幅条手轮
    - 带可折手柄的幅条手轮
    - 直幅条圆轮缘手轮
  - 把手
    - 把手
    - 压花把手
    - 十字把手
    - 星形把手
    - 定位把手
    - T形把手
    - 方形把手
    - 三角箭形把手
  - 嵌套

25.1.2　操作件标记

1）标记方法：

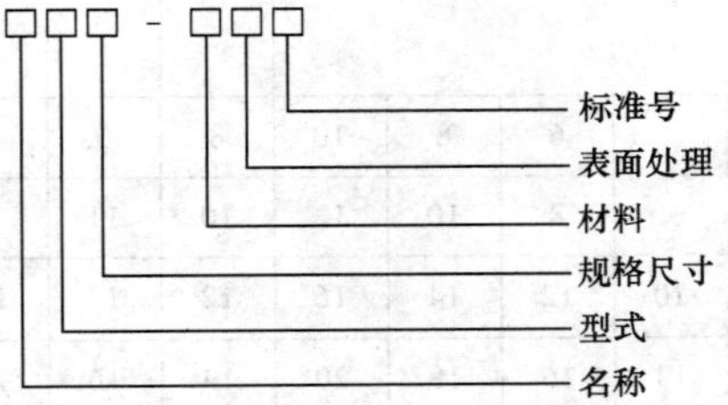

2）标记示例见表 25-2。

表 25-2　标记示例

零件名称	型式	规格尺寸/mm	标准号	材料	表面处理	标记示例
圆盘手柄座	A	$d=10$、$D=40$	JB/T 7272.3—2014	HT200	喷砂镀铬	手柄座 10×40　JB/T 7272.3
				35	喷砂镀铬	手柄座 10×40-35　JB/T 7272.3
				HT200	镀铬抛光	手柄座 10×40-D · L_3Cr JB/T 7272.3
				Q235-A	氧化	手柄座 10×40-Q235-AH · Y JB/T 7272.3
圆盘手柄座	B	$d=10$、$D=40$	JB/T 7272.3—2014	HT200	喷砂镀铬	手柄座 B10×40　JB/T 7272.3
				35	喷砂镀铬	手柄座 B10×40-35　JB/T 7272.3
手轮	C	$d=16$、$D=160$	JB/T 7273.3—2014	HT200	喷砂镀铬	手轮 C16×160　JB/T 7273.3

25.2　手柄

1）标记示例：

A 型 $d=6$mm、$L=50$mm、$l=10$mm 的 35 钢喷砂镀铬手柄，标记为

手柄 6×50×10　JB/T 7270.1

B 型 $d_1=$M6、$L=50$mm 的 35 钢喷砂镀铬手柄，标记为

手柄 BM6×50　JB/T 7270.1

2）形式与尺寸：

手柄形式与尺寸见图 25-1 和表 25-3。

3）技术要求：

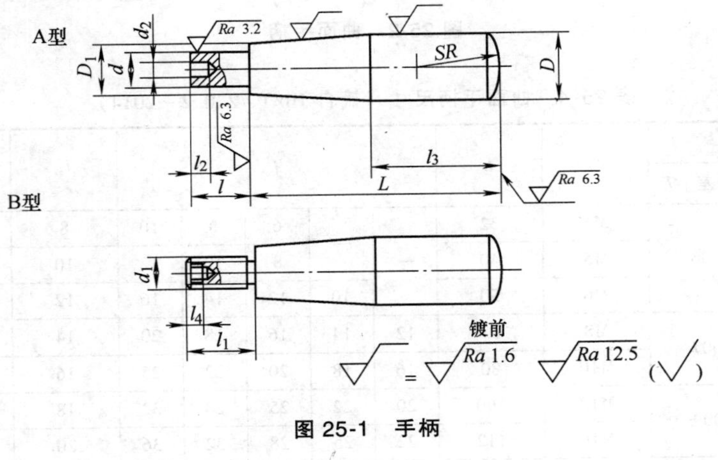

图 25-1　手柄

表 25-3 手柄尺寸（摘自 JB/T 7270.1—2014） （单位：mm）

d		d_1	L	l					l_1	D	D_1	d_2	l_2	l_3 ≈	l_4	SR
基本尺寸	极限偏差 js7															
4	±0.006	M4	32	—	—	6	8	10	8	9	7	2.5	3	16	2	12
5		M5	40			8	10	12	10	11	8	3.5		20	2.5	14
6		M6	50		10	12	14	16	12	13	10	4	4	25	3	16
8	±0.007	M8	63	12	14	16	18	20	14	16	12	5.5		32	4	20
10		M10	80	16	18	20	22	25	16	20	15	7	5	40	5	25
12	±0.009	M12	100	20	22	25	28	32	18	25	18	9	6	50	6	32
16		M16	112	22	25	28	32	36	20	32	22	12	8	56	8	40

① 材料：推荐使用 35 钢和 Q235-A。

② 表面处理：喷砂镀铬、镀铬抛光、氧化。

25.2.1 曲面手柄

1）标记示例：

A 型 d=6mm、L=50mm、l=10mm 的 35 钢喷砂镀铬曲面手柄，标记为：手柄 6×50×10 JB/T 7270.2

B 型 d_1=M6，L=50mm 的 35 钢喷砂镀铬曲面手柄，标记为 手柄 BM6×50 JB/T 7270.2

2）形式与尺寸：

曲面手柄形式与尺寸见图 25-2 和表 25-4。

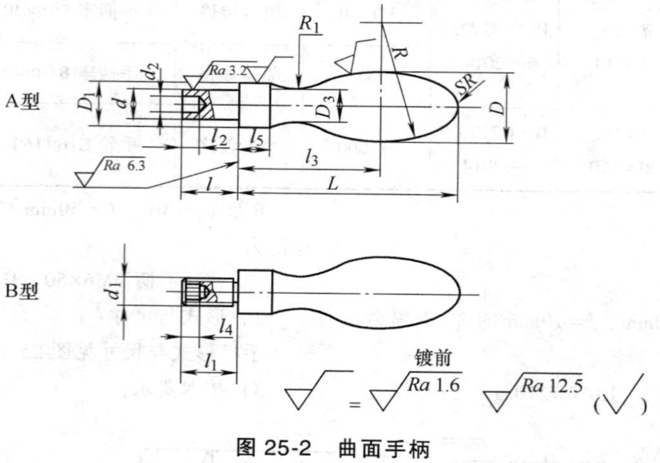

图 25-2 曲面手柄

表 25-4 曲面手柄尺寸（摘自 JB/T 7270.2—2014） （单位：mm）

d		d_1	L	l					l_1	D	D_1
基本尺寸	极限偏差 js7										
4	±0.006	M4	32	—	—	6	8	10	8	10	7
5		M5	40			8	10	12	10	13	8
6		M6	50		10	12	14	16	12	16	10
8	±0.007	M8	63	12	14	16	18	20	14	20	12
10		M10	80	16	18	20	22	25	16	25	15
12	±0.009	M12	100	20	22	25	28	32	18	32	18
16		M16	112	22	25	28	32	36	20	36	22

（续）

d		D_3	d_2	l_2	$l_3\approx$	l_4	l_5	R	R_1	SR
基本尺寸	极限偏差 js7									
4	±0.006	5	2.5	3	20	2	4	20	9.5	2
5		6.5	3.5		25	2.5	5	24	14.5	2.5
6		8	4	4	32	3	7	28	19	3
8	±0.007	10	5.5		39	4	8	41	21	
10		13	7	5	49	5	10	50	29	4
12	±0.009	16	9	6	60	6	13	63	40	4.5
16		18	12	8	70	8	14	68	41	7

3）技术要求

① 材料：推荐使用 35 钢和 Q235-A。

② 表面处理：喷砂镀铬、镀铬抛光、氧化。

25.2.2 转动小手柄

1）标记示例：

d=M8、L=40mm 的 35 钢氧化转动小手柄，标记为：手柄 M8×40 JB/T 7270.4

d=M8、L= 40mm 的塑料转动小手柄，标记为：M8×40-塑 JB/T 7270.4

2）形式与尺寸：

① 转动小手柄的形式与尺寸见图 25-3 和表 25-5。

② 转套的形式与尺寸见图 25-4 和表 25-5。

③ 螺钉的形式与尺寸见图 25-5 和表 25-5。

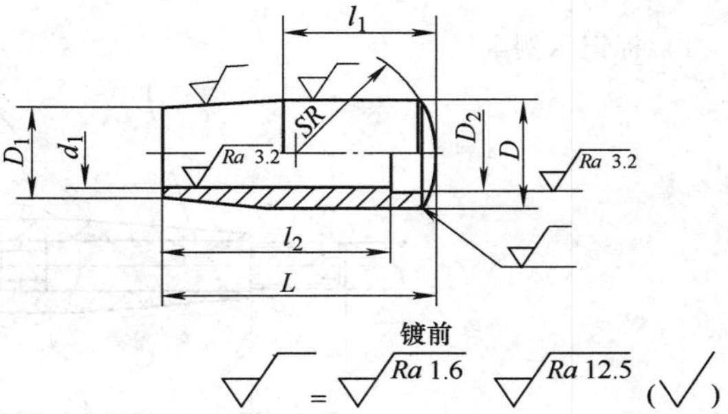

图 25-4 转套

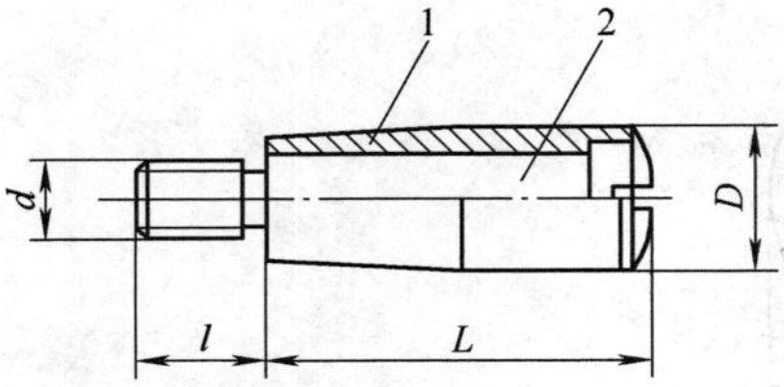

图 25-3 转动小手柄

1—转套 2—螺钉

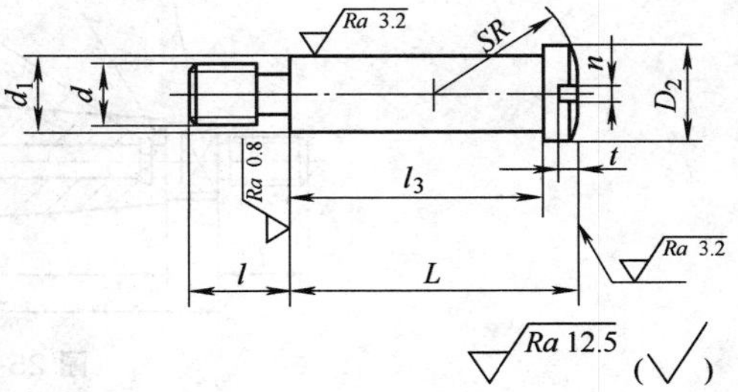

图 25-5 螺钉

表 25-5 转动小手柄、转套和螺钉尺寸（摘自 JB/T 7270.4—2014） （单位：mm）

主要尺寸					d_1			l_1	l_2	l_3	SR ≈	n	t	D_2
d	L	l	D	D_1	基本尺寸	转套	螺钉							
M5	25	10	12	10	6	+0.075 0	−0.030 −0.105	12	20	21	14	1.2	2.0	8

（续）

主要尺寸					d_1			l_1	l_2	l_3	SR ≈	n	t	D_2
d	L	l	D	D_1	基本尺寸	转套	螺钉							
M6	32	12	14	12	8	+0.090 0	−0.040 −0.130	16	27	28	16	1.6	2.5	10
M8	40	14	16	14	10			20	34	35	20	2.0	3.0	12
M10	50	16	20	16	12	+0.110 0	−0.050 −0.160	25	43	44	25	2.5	3.5	16

3）技术要求：

① 材料：

a. 转套：推荐使用35钢、Q235-A、ZL102和塑料。

b. 螺钉：35钢。

② 表面处理：

a. 转套：钢件氧化、喷砂镀铬、镀铬抛光、ZL102阳极氧化。

b. 螺钉：氧化。

25.2.3 转动手柄

1）标记示例

A型 d = M6、L = 50mm的35钢喷砂镀铬转动手柄，标记为：手柄 M6×50　JB/T 7270.5

B型 d = M6、L = 50mm的塑料转动手柄，标记为：手柄 BM6×50-塑　JB/T 7270.5

2）形式与尺寸：

① 转动手柄的形式与尺寸见图25-6和表25-6。

② 手柄套的形式与尺寸见图25-7和表25-7。

③ 手柄杆A型形式与尺寸见图25-8和表25-8；B型见图25-9和表25-9。

④ 弹性套的形式与尺寸见图25-10和表25-10。

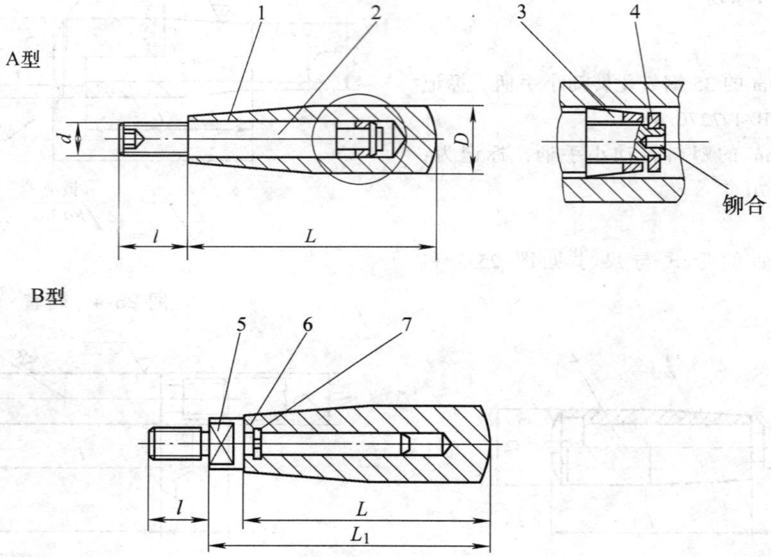

图25-6　转动手柄

1—A型手柄套　2—A型手柄杆　3—弹性套　4—平垫圈
5—B型手柄杆　6—B型手柄套　7—钢丝挡圈

表25-6　转动手柄尺寸（摘自JB/T 7270.5—2014）　　（单位：mm）

主要尺寸					件号	1	6	2	5	3	4	7
					名称	手柄套A型、B型		手柄杆A型、B型		弹性套	平垫圈	钢丝挡圈
d	L	L_1	l	D	标准号	—		—		—	GB/T 97.1	GB/T 895.1
M6	50	—	12	16	规格尺寸	50		M6		4	2	—

（续）

主要尺寸					件号	1	6	2	5	3	4	7
					名称	手柄套 A 型、B 型		手柄杆 A 型、B 型		弹性套	平垫圈	钢丝挡圈
d	L	L_1	l	D	标准号	—		—		—	GB/T 97.1	GB/T 895.1
M8	63	71	14	18	规格尺寸	63		M8		5	2.5	7
M10	80	90	16	22		80		M10		6	3	8
M12	100	112	18	25		100		M12		8	4	10
M16	112	126	20	32		112		M16		10	6	14

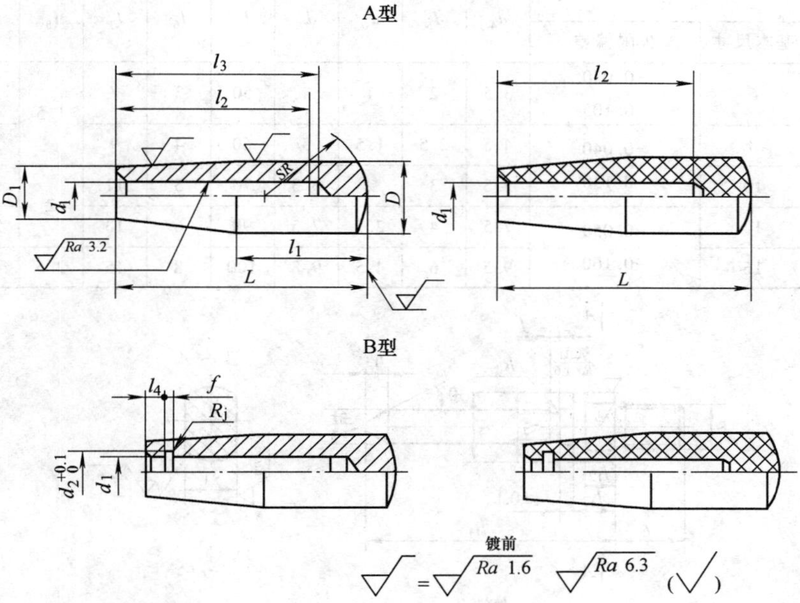

图 25-7　手柄套

表 25-7　手柄套尺寸（摘自 JB/T 7270.5—2014）　　　　（单位：mm）

L	D	D_1	d_1 基本尺寸 A 型	d_1 基本尺寸 B 型	d_1 极限偏差 A 型	d_1 极限偏差 B 型	d_2	l_1	l_2 A 型	l_2 B 型	l_3 A 型	l_3 B 型	l_4	f	R_j	SR ≈
50	16	12	6	—	+0.075 0		—	25	40	—	42	—	—			20
63	18	14	8	7	+0.090 0		7.4	32	50	45	52	50	3	0.8	0.4	25
80	22	16	10	8			8.5	40	60	55	65	60	3.5			28
100	25	18	12	10	+0.110 0	+0.090 0	10.5	50	75	65	80	70	4.5			32
112	32	22	16	14	+0.110 0		14.6	60	85	80	90	85	5.5	1	0.5	40

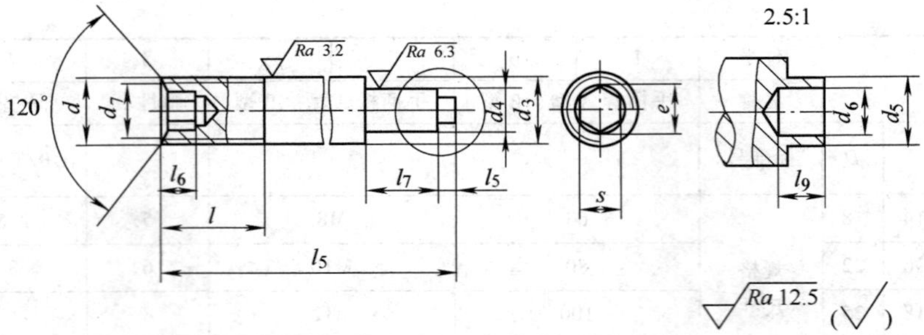

图 25-8 A 型手柄杆

表 25-8 A 型手柄杆尺寸（摘自 JB/T 7270.5—2014） （单位：mm）

d	l	d_2 基本尺寸	d_2 极限偏差	d_4	d_5	d_6	d_7	l_5	l_6	l_7	l_8	l_9	e	s
M6	12	6	−0.030 −0.105	3.5	2	1	4	50	3	7	1.5	1	3.5	3
M8	14	8	−0.040 −0.130	4.5	2.5	1.5	5	60	4	9		1.5	4.6	4
M10	16	10		5.5	3	2	6.3	70	5	11	2	2	5.8	5
M12	18	12	−0.050 −0.160	7.5	4	2.5	7.5	90	6	13		2.5	6.9	6
M16	20	16		9.5	6	4.5	9.8	100	8	15	2.5	4.5	9.2	8

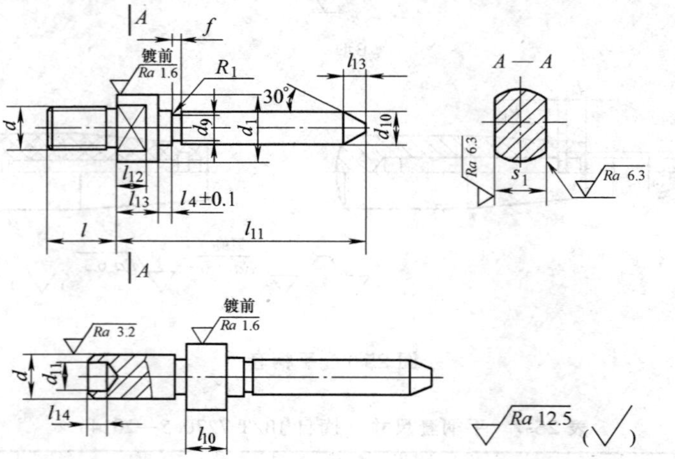

图 25-9 B 型手柄杆

表 25-9 B 型手柄杆尺寸（摘自 JB/T 7270.5—2014） （单位：mm）

d Ⅰ型	d Ⅱ型 基本尺寸	d Ⅱ型 极限偏差	d_1	d_9	d_{10} 基本尺寸	d_{10} 极限偏差	d_{11}	l Ⅰ型	l Ⅱ型	l_4	l_{10}	l_{11}	l_{12}	l_{13}	l_{14}	f	R_1	s_1 基本尺寸	s_1 极限偏差
M8	14	±0.007	13	5.4	7	−0.040 −0.130	5.5	14	20	3	8	50	6	4	4	0.8	0.4	10	0 −0.220
M10	16		15	6.4	8		7	16	25	3.5	10	60	8		5			13	
M12	18	±0.009	18	8.4	10		9	18	32	4.5	12	75	10	5	6	1		16	0 −0.270
M16	20	—	21	12	14	−0.050 −0.160	—	20	—	5.5	14	92	12		—		0.5	16	

注：B 型手柄杆Ⅱ型用于单柄对重手柄。

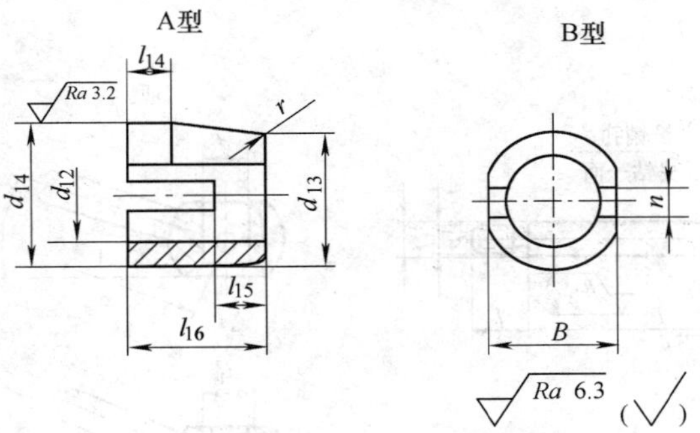

图 25-10　弹性套

表 25-10　弹性套尺寸（摘自 JB/T 7270.5—2014）　　（单位：mm）

d_{12}	d_{13}	d_{14}		B	l_{15}	l_{16}	n	r
		基本尺寸	极限偏差					
4	6	6.20	0 −0.090	5.5	2	6	1	0.5
5	8	8.25		7.5		8		
6	10	10.25	0 −0.110	9.5	3	10	1.2	1
8	12	12.30		11.5		12		
10	16	16.30		14.5		14	1.5	

3）技术要求：

① 推荐材料：

a. 手柄套：35 钢、Q235-A 和塑料。

b. 手柄杆：35 钢。

② 表面处理：

a. 手柄套：钢件喷砂镀铬、镀铬抛光、氧化。

b. A 型手柄杆：氧化。

c. B 型手柄杆：d_8 处喷砂镀铬、镀铬抛光、氧化。

③ 热处理。弹性套硬度为 42HRC。

25.2.4　球头手柄

1）标记示例：

A 型 $d=8$mm、$L=50$mm 的 35 钢喷砂镀铬球头手柄，标记为：手柄 8×50　JB/T 7270.8

A 型 $d_1=8$mm、$L=50$mm 的 35 钢喷砂镀铬球头手柄，标记为：手柄 M8×50　JB/T 7270.8

A 型 $s=5.5$mm、$L=50$mm 的 35 钢喷砂镀铬球头手柄，标记为：手柄 5.5×5.5×50　JB/T 7270.8

B 型 $d=8$mm、$L=50$mm 的 35 钢喷砂镀铬球头手柄，标记为：手柄 B8×50　JB/T 7270.8

B 型 $d_1=8$mm、$L=50$mm 的 35 钢喷砂镀铬球头手柄，标记为：手柄 BM8×50　JB/T 7270.8

B 型 $s=5.5$mm、$L=50$mm 的 35 钢喷砂镀铬球头手柄，标记为：手柄 B5.5×5.5×50　JB/T 7270.8

2）形式与尺寸：

球头手柄形式与尺寸见图 25-11 和表 25-11。

表 25-11　球头手柄尺寸（摘自 JB/T 7270.8—2014）　　（单位：mm）

d		d_1	s		L	SD	D_1	d_2	d_3	l	H	h
基本尺寸	极限偏差		基本尺寸	极限偏差								
8	+0.022 0	M8	5.5	+0.18 0	50	16	6	3	M5	8	11	5
10		M10	7	+0.22 0	63	20	8		M6	10	14	6.5
12	+0.027 0	M12	8		80	26	10	4	M8	12	18	8.5
16		M16	10		100	32	12	5	M10	14	22	10
20	+0.033 0	M20	13	+0.27 0	125	40	16	6	M12	16	28	13
25		M24	18		160	50	20	8	M16	20	36	17

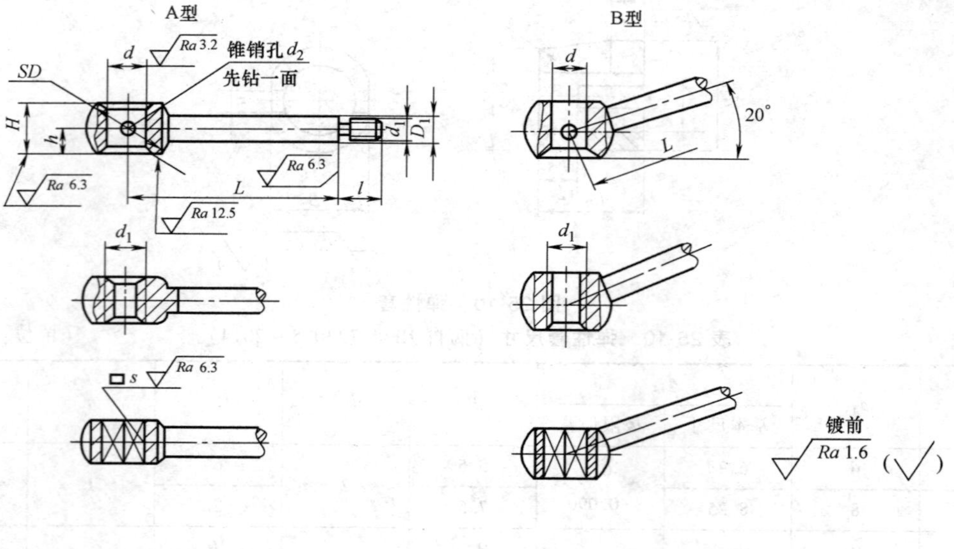

图 25-11　球头手柄

3）技术要求

① 推荐材料：35 钢和 Q235-A。

② 表面处理：喷砂镀铬、镀铬抛光。

25.2.5　曲面转动手柄

1）标记示例：

A 型 d=M8、L=63mm 的 35 钢喷砂镀铬曲面转动手柄，标记为：

手柄　M8×63　JB/T 7270.6

2）形式与尺寸：

① 曲面转动手柄与手柄套的形式与尺寸见图 25-12和表 25-12。

② 手柄套的形式与尺寸见图 25-13 和表 25-13。

3）技术要求：

曲面转动手柄套推荐材料：35 钢和 Q235-A。

曲面转动手柄套表面处理：喷砂、镀铬；镀铬抛光。

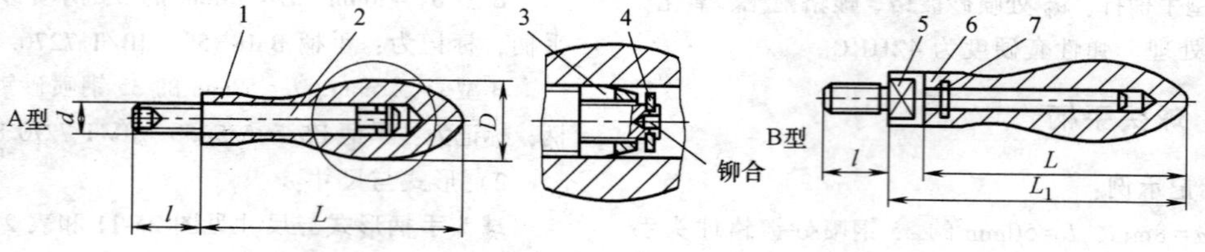

图 25-12　曲面转动手柄

表 25-12　曲面转动手柄尺寸（摘自 JB/T 7270.6—2014）　　（单位：mm）

主要尺寸					件号	1、6	2、5	3	4	7
					名称	手柄套 A 型、B 型	手柄杆 A 型、B 型	弹性套	平垫圈	钢丝挡圈
d	L	l	L_1	D	标准号	—	JB/T 7270.5		GB/T 97.1	GB/T 895.1
M6	50	12	—	16	规格尺寸	50	M6	4	2	—
M8	63	14	71	20		63	M8	5	2.5	7
M10	80	16	90	25		80	M10	6	3	8
M12	100	18	112	32		100	M12	8	4	10
M16	112	20	126	36		112	M16	10	6	14

手柄套(件号 1,6)

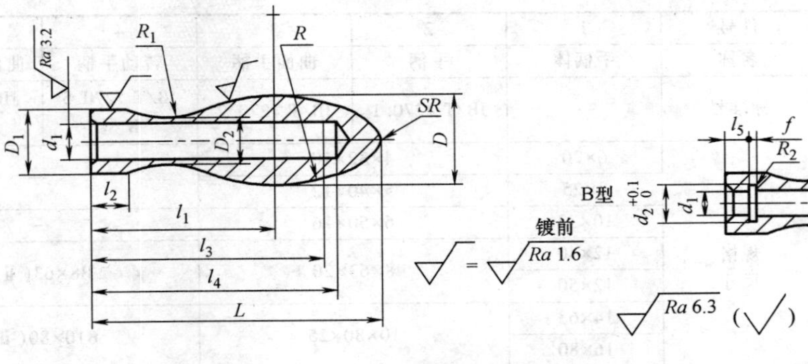

图 25-13　手柄套

表 25-13　手柄套尺寸（摘自 JB/T 7270.6—2014）　　（单位：mm）

L	D	D_1	d_1 基本尺寸 A 型	d_1 基本尺寸 B 型	d_1 极限偏差 H11 A 型	d_1 极限偏差 H11 B 型	d_2	D_2	l_1 ≈	l_2	l_3	l_4	l_5	f	R	R_1	R_2	SR ≈
50	16	11	6	—	+0.075 0		—	9	32	7	40	42	—		31	21	—	3
63	20	14	8	7	+0.090 0		7.4	11	40	8	50	52	3	0.8	41	26	0.4	3.5
80	25	16	10	8			8.5	13	50	10	60	65	3.5		50	29		5
100	32	20	12	10	+0.110 0	+0.090 0	10.5	16	64	13	75	80	4.5		55	40		6
112	36	22	16	14	+0.110 0		14.6	20	70	14	85	90	5.5	1	68	41	0.5	7

25.2.6　单柄对重手柄

1）标记示例：

A 型 $d=8$mm、$A=25$mm 的 35 钢喷砂、镀铬单柄对重手柄，标记为：

手柄　8×25　JB/T 7270.9

B 型 $d=8$mm、$A=25$mm 的 35 钢喷砂、镀铬单柄对重手柄，标记为：

手柄　B8×25　JB/T 7270.9

C 型 $d=10$mm、$A=32$mm 的 35 钢喷砂、镀铬单柄对重手柄，标记为：

手柄　C10×32　JB/T 7270.9

D 型 $d=10$mm、$A=32$mm 的 35 钢喷砂、镀铬单柄对重手柄，标记为：

手柄　D10×32　JB/T 7270.9

2）形式与尺寸：

① 单柄对重手柄的形状与尺寸见图 25-14 和表 25-14。

② 单柄对重手柄的手柄体的形状和尺寸见图 25-15和表 25-15。

3）技术要求：

手柄体推荐材料：35 钢和 Q235-A。

表面处理：喷砂、镀铬；镀铬抛光。

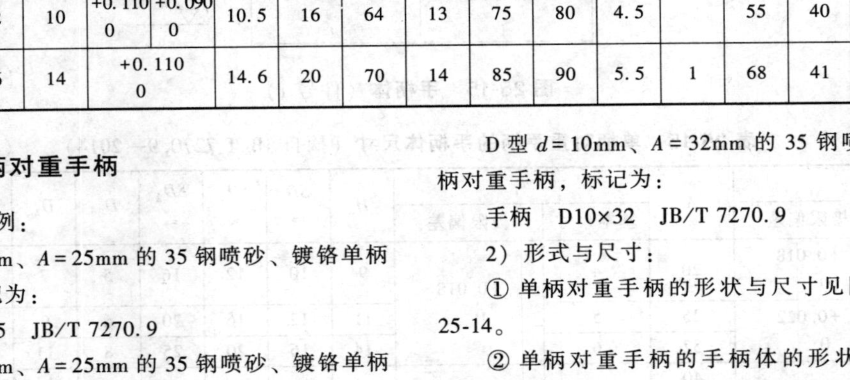

图 25-14　单柄对重手柄

表 25-14 单柄对重手柄尺寸（摘自 JB/T 7270.9—2014） （单位：mm）

主要尺寸				件号	1	2	3	4	5
				名称	手柄体	手柄	曲面手柄	转动手柄	曲面转动手柄
d	A	L	L_1	标准号	—	JB/T 7270.1	JB/T 7270.2	JB/T 7270.5 B 型	JB/T 7270.6 B 型
6	20	40	—	规格尺寸	6×20	4×32×10		—	
8	25	50			8×25	5×40×12			
10	32	63	—		10×32	6×50×16		—	
12	40	80	88		12×40	8×63×20		B8×63(Ⅱ)	
	50				12×50				
14	63	102	112		14×63	10×80×25		B10×80(Ⅱ)	
16	80				16×80				
18	100	130	142		18×100	12×100×32		B12×100(Ⅱ)	

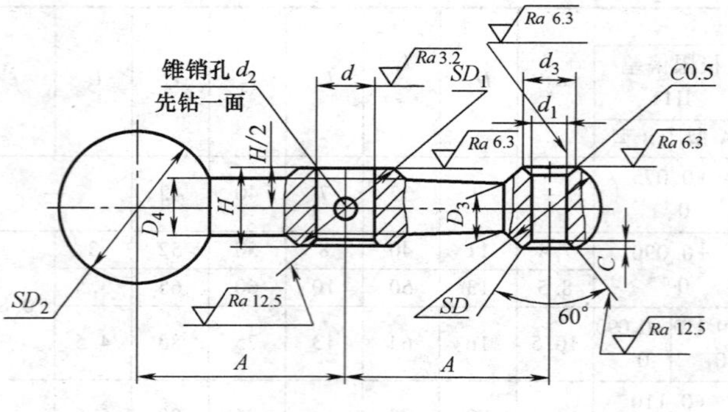

图 25-15 手柄体（件号 1）

表 25-15 单柄对重手柄的手柄体尺寸（摘自 JB/T 7270.9—2014） （单位：mm）

d		A	d_1		H	SD ≈	SD_1 ≈	SD_2 ≈	D_3	D_4	d_2	d_3	C
基本尺寸	极限偏差		基本尺寸	极限偏差									
6	+0.018 0	20	4	+0.018 0	9	10	12	16	5	7	2	7	1
8	+0.022 0	25	5		11	12	16	20	6	9	3	8	
10		32	6		14	16	20	25	8	11		10	
12		40	8	+0.022 0	18	20	26	32	10	14	4	12	1.5
		50								15			
14	+0.027 0	63	10		22	25	32	38	12	19	5	15	
16		80								21			
18		100	12	+0.027 0	28	32	40	45	14	25	6	18	

25.2.7 双柄对重手柄

1）标记示例：

A 型 d=8mm、A=25mm 的 35 钢喷砂、镀铬双柄对重手柄，标记为：

手柄 8×25 JB/T 7270.10

B 型 d=8mm、A=25mm 的 35 钢喷砂、镀铬双柄对重手柄，标记为：

手柄 B8×25 JB/T 7270.10

2）形式与尺寸：

双柄对重手柄的形状与尺寸见图 25-16 和表 25-16。

手柄体的形状与尺寸见图 25-17 和表 25-17。

3）技术要求：

手柄体推荐材料：35 钢和 Q235-A。

表面处理：喷砂、镀铬；镀铬抛光。

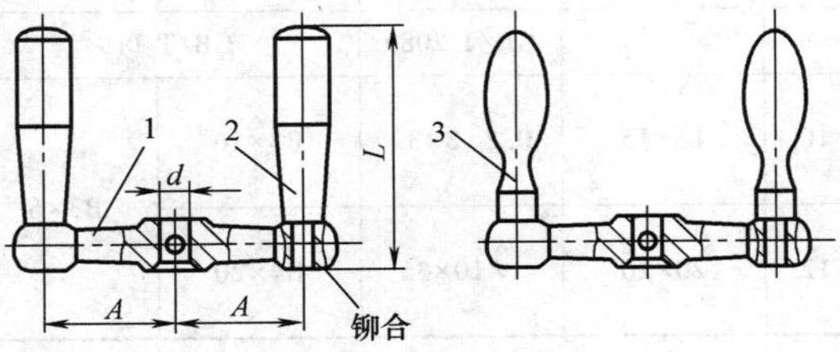

A型　　　　B型

图 25-16　双柄对重手柄

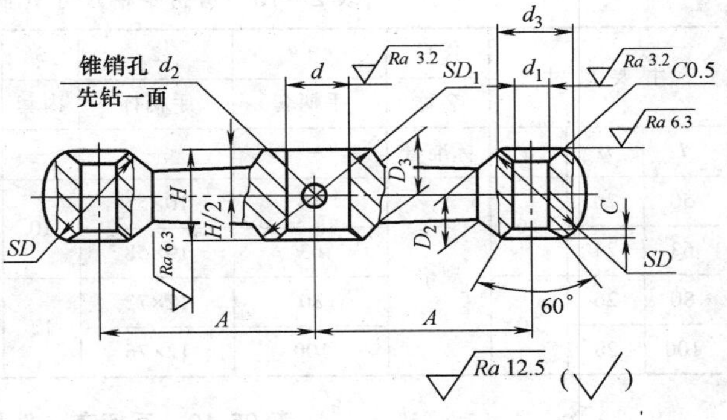

图 25-17　手柄体（件号 1）

表 25-16　双柄对重手柄尺寸（JB/T 7270.10—2014）　　（单位：mm）

主要尺寸			件号	1	2	3
			名称	手柄体	手柄	曲面手柄
d	*A*	*L*	标准号	—	JB/T 7270.1	JB/T 7270.2
6	20	40	规格	6×20	4×32×10	
8	25	50		8×25	5×40×12	
10	32	63		10×32	6×50×16	
12	40	80		12×40	8×63×20	

表 25-17　双柄对重手柄的手柄体尺寸

d		*A*	d_1		*H*	*SD* ≈	SD_1 ≈	D_2	D_3	d_2	d_3	*C*
基本尺寸	极限偏差		基本尺寸	极限偏差								
6	+0.018 0	20	4	+0.018 0	9	10	12	5	6	2	7	1
8	+0.022 0	25	5		11	12	16	6	7	3	8	
10		32	6		14	16	20	8	9		10	
12	+0.027 0	40	8	+0.022 0	18	20	26	10	12	4	12	1.5

25.2.8　可折手柄

1）标记方法：

L=50mm 的可折手柄，标记为：手柄　50　JB/T 7270.11

2）形式与尺寸：

① 可折手柄形式与尺寸见图 25-18 和表 25-18。

② 图 25-18 中第 1、2、3、4、5 号零件的形状和尺寸见表 25-19～表 25-23。

3）技术要求：

推荐材料：手柄套：塑料；手柄杆：45 钢；内套：45 钢；钢套：H62；手柄头：45 钢。

表面处理：手柄杆、手柄头，发蓝处理。内套 D_5 端头部热处理硬度 42HRC。

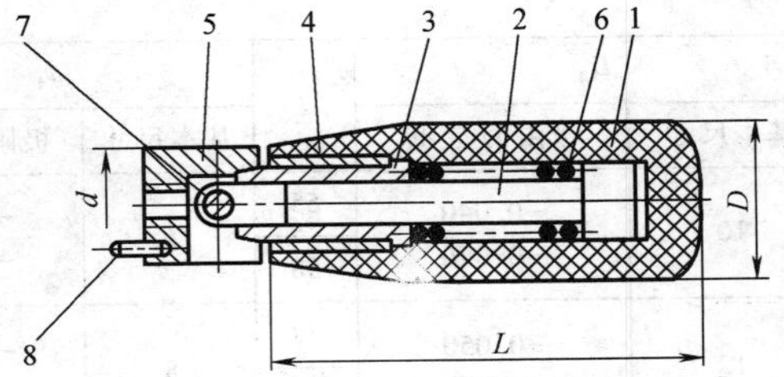

图 25-18　可折手柄

表 25-18　可折手柄尺寸（摘自 JB/T 7270.11—2014）

主要尺寸			件号	1	2	3	4	5	6	7	8
			名称	手柄套	手柄杆	内套	铜套	手柄头	弹簧	圆柱销	圆柱销
L	D	d	标准号	—	—	—	—	—	GB/T 2089	GB/T 119	
50	20	16	规格	50	10×55	10	10	16×15	0.8×8×32	B3×16	B3×6
63	24			63	10×58						
80	26	20		80	12×72	12	12	20×20	1×10×35	B4×20	
100	28			100	12×76						

表 25-19　手柄套（件号 1）的形状和尺寸

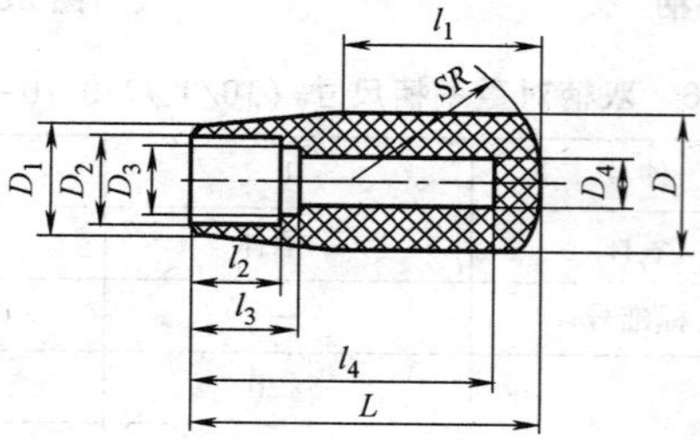

L	D	D_1	D_2		D_3		D_4		l_1	l_2	l_3	l_4	SR ≈
			基本尺寸	极限偏差 K8	基本尺寸	极限偏差 H11	基本尺寸	极限偏差 H11					
50	22	16	12	+0.008 −0.019	11	+0.110 0	10	+0.090 0	30	15	19	45	25
63	24	18							38			58	32
80	26	20	14		13		12	+0.110 0	48	19	23	60	40
100	28	22							60			65	50

表 25-20　手柄杆（件号 2）的形状和尺寸

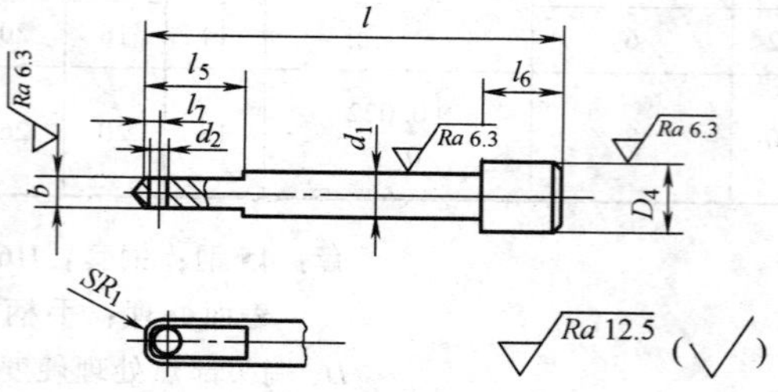

D_4		l	d_1		b		l_5	l_6	l_7	d_2	SR_1 ≈
基本尺寸	极限偏差 d9		基本尺寸	极限偏差 d9	基本尺寸	极限偏差 d11					
10	−0.040 −0.076	55	6	−0.030 −0.060	4	−0.030 −0.105	16	12	3	3.2	3
		58									
12	−0.050 −0.093	72	8	−0.040 −0.076	6		18	14	4	4.2	4
		76									

表 25-21　内套（件号 3）的形状和尺寸

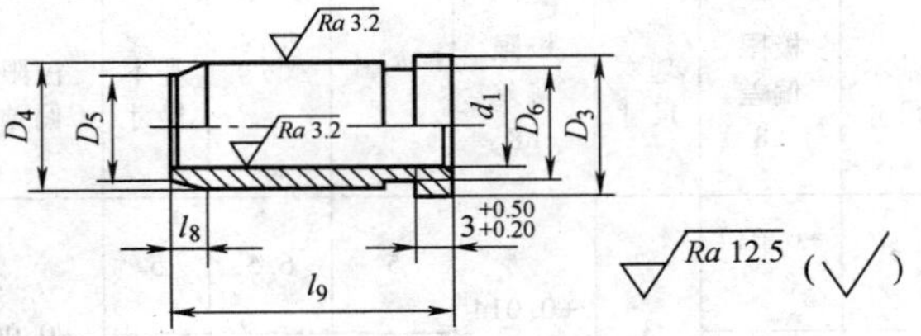

D_4		D_3		D_5	D_6	d_1		l_8	l_9
基本尺寸	极限偏差 d9	基本尺寸	极限偏差			基本尺寸	极限偏差 H9		
10	-0.040 -0.076	11	-0.03 -0.07	9	9.5	6	+0.030 0	3	22
12	-0.050 -0.093	13		10.5	11.5	8	+0.036 0	4.5	28

表 25-22　铜套（件号 4）的形状和尺寸

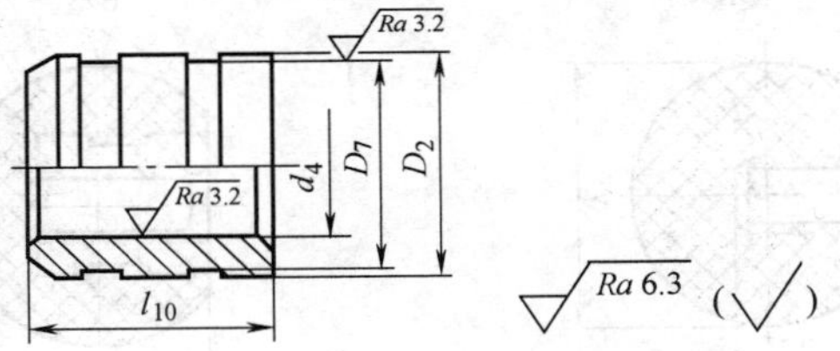

d_4		D_2		D_7	l_{10}	
基本尺寸	极限偏差 H9	基本尺寸	极限偏差 u7		基本尺寸	极限偏差 H14
10	+0.036 0	12	+0.051 +0.033	11.5	15	+0.430 0
12	+0.043 0	14		13.5	19	+0.520 0

表 25-23　手柄头（件号 5）的形状和尺寸

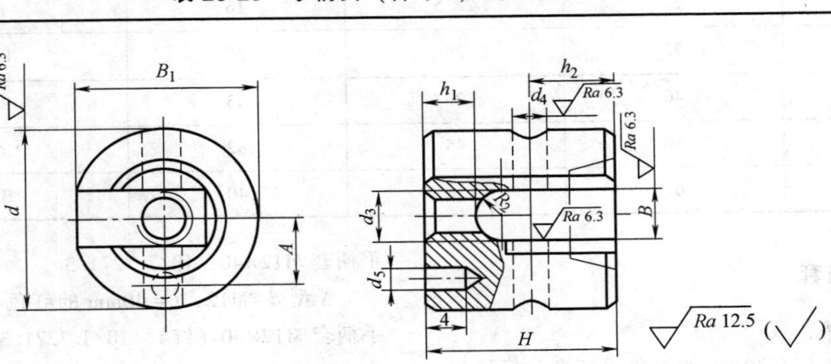

（续）

d		H	d_3	d_4		d_5		h_1	h_2^*	A		B		B_1	R_2
基本尺寸	极限偏差 h9			基本尺寸	极限偏差 h8	基本尺寸	极限偏差 h8			基本尺寸	极限偏差	基本尺寸	极限偏差 H11		
16	0 −0.043	15	M4	3	+0.014 0	3	+0.014 0	5	6.5	5	±0.06	4	+0.075 0	15	2
20	0 −0.052	20	M6	6	+0.018 0			6	8.5	7		6		19	3

25.3　手柄球、手柄套

25.3.1　手柄球

1）标记示例：

A 型 d = M10、SD = 32mm 的黑色手柄球，标记为：手柄球 M10×32　JB/T 7271.1

B 型 d = M10、SD = 32mm 的红色手柄，标记为：手柄球 BM10×32（红）　JB/T 7271.1

2）形式与尺寸：

手柄球形式与尺寸见图 25-19 和表 25-24。

3）技术要求。推荐材料：塑料。

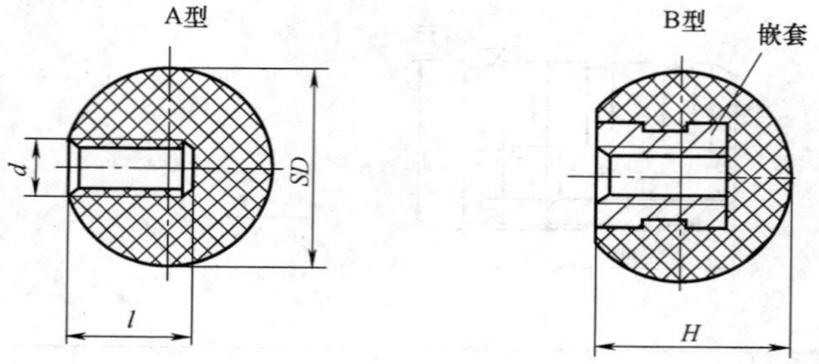

图 25-19　手柄球

表 25-24　手柄球尺寸（摘自 JB/T 7271.1—2014）　（单位：mm）

d	SD	H	l	嵌套 JB/T 7275
M5	16	14	12	BM5×12
M6	20	18	14	BM6×14
M8	25	22.5	16	BM8×16
M10	32	29	20	BM10×20
M12	40	36	25	BM12×25
M16	50	45	32	BM16×32
M20	63	56	40	BM20×36

25.3.2　手柄套

1）标记示例：

A 型 d = M12、L = 40mm 的黑色手柄套，标记为：手柄套 M12×40　JB/T 7271.3

A 型 d = M12、L = 40mm 的红色手柄套，标记为：手柄套 M12×40（红）　JB/T 7271.3

B 型 d = M12、L = 40mm 的黑色手柄套，标记为：

手柄套 M12×40 JB/T 7271.3

2）形式与尺寸：

手柄套形式与尺寸见图 25-20 和表 25-25。

3）技术要求。推荐材料：塑料。

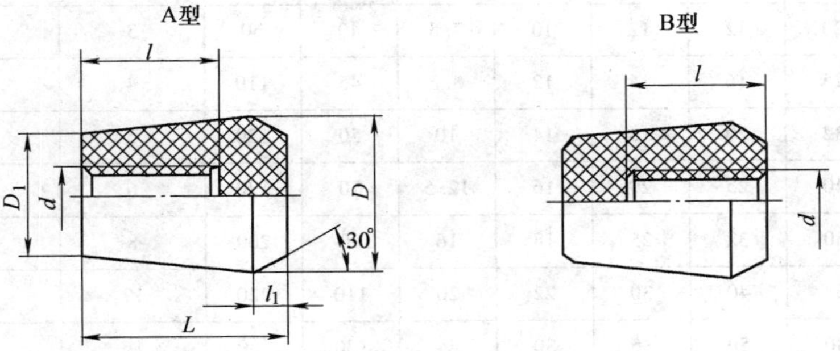

图 25-20 手柄套

表 25-25 手柄套尺寸（摘自 JB/T 7271.3—2014） （单位：mm）

d	L	D	D_1	l	l_1
M5	16	12	9	12	3
M6	20	16	12	14	
M8	25	20	15	16	4
M10	32	25	20	20	5
M12	40	32	25	25	6
M16	50	40	32	32	7
M20	63	50	40	40	8

25.3.3 椭圆手柄套

1）标记示例：

A 型 d=M8、L=25mm 的黑色椭圆手柄套，标记为：手柄套 M8×25 JB/T 7271.4

A 型 d=M8、L=25mm 的红色椭圆手柄套，标记为：手柄套 M8×25（红） JB/T 7271.4

B 型 d=M8、L=32mm 的黑色椭圆手柄套，标记为：手柄套 M8×32 JB/T 7271.4

B 型，d=M8、L=32mm 的红色椭圆手柄套，标记为：手柄套 BM8×32（红） JB/T 7271.4

2）形式与尺寸：

椭圆手柄套形式与尺寸见图 25-21 和表 25-26。

3）技术要求。推荐材料：塑料。

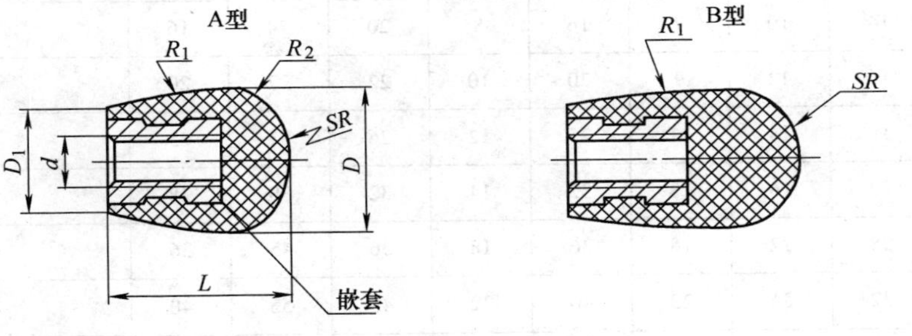

图 25-21 椭圆手柄套

表 25-26　椭圆手柄套尺寸（摘自 JB/T 7271.4—2014）　（单位：mm）

d	L		D	D_1	SR ≈		R_1 ≈		R_2	嵌套 JB/T 7275—2014
	A 型	B 型			A 型	B 型	A 型	B 型		
M5	16	20	12	12	10	7.5	40	60	3	BM5×12
M6	20	25	16	14	12	8.5	45	110	4	BM6×14
M8	25	32	20	16	14	10	50	120	5	BM8×16
M10	32	40	25	20	16	12.5	70	170	6	BM10×20
M12	40	50	32	25	18	16	90	200	8	BM12×25
M16	50	63	40	30	22	20	110	220	12	BM16×32
M20	63	80	50	35	30	24	130	230	16	BM20×36

25.3.4　长手柄套

1）标记示例：

A 型 d=M8、L=40mm 的 35 钢喷砂镀铬长手柄套，标记为：手柄套 M8×40　JB/T 7271.5

B 型 d=M8、L=40mm 的塑料长手柄套，标记为：手柄套 BM8×40　JB/T 7271.5

2）形式与尺寸：

长手柄套形式与尺寸见图 25-22 和表 25-27。

3）技术要求：

① 推荐材料：35 钢、Q235-A、塑料。

② 表面处理：钢件喷砂镀铬、镀铬抛光。

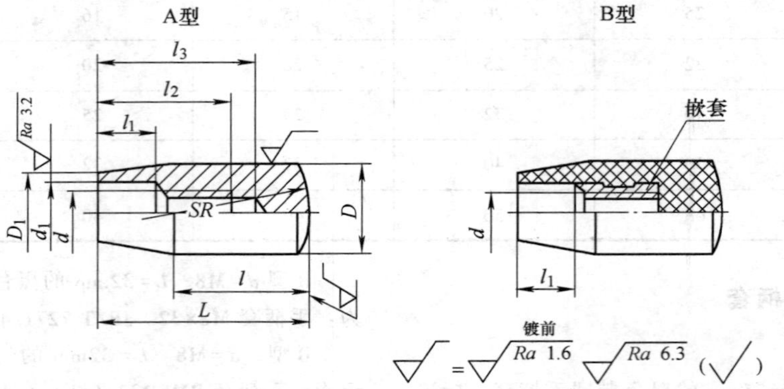

图 25-22　长手柄套

表 25-27　长手柄套尺寸（摘自 JB/T 7271.5—2014）　（单位：mm）

d	L	D	D_1	d_1	l	l_1	l_2	l_3	SR ≈	嵌套 JB/T 7275—2014
M5	32	14	10	7	16	8	20	24	16	BM5×12
M6	36	16	12	9	20	10	22	27	20	BM6×14
M8	40	18	14	11	25	12	26	31	25	BM8×16
M10	50	22	16	13	32	14	32	39	28	BM10×20
M12	60	28	22	18	36	18	36	45	36	BM12×25
M16	70	32	26	22	40	22	45	55	40	BM16×32
M20	80	40	32	28	45	28	56	68	50	BM20×36

25.4　手柄座

1）标记示例：

A 型 $d=20$mm、$D=40$mm 的 35 钢喷砂镀铬手柄座，标记为：手柄座 20×40　JB/T 7272.1

A 型 $d_1=$M20、$D=40$mm 的 35 钢喷砂镀铬手柄座，标记为：手柄座 M20×40　JB/T 7272.1

B 型 $d=20$mm、$D=40$mm 的 35 钢喷砂镀铬手柄座，标记为：手柄座 B20×40　JB/T 7272.1

B 型 $d_1=$M20、$D=40$mm 的 35 钢喷砂镀铬手柄座，标记为：手柄座 BM20×40　JB/T 7272.1

2）形式与尺寸：

手柄座形式与尺寸见图 25-23 和表 25-28。

3）技术要求：

① 推荐材料：35 钢、Q235-A。

② 表面处理：喷砂镀铬、镀铬抛光、氧化。

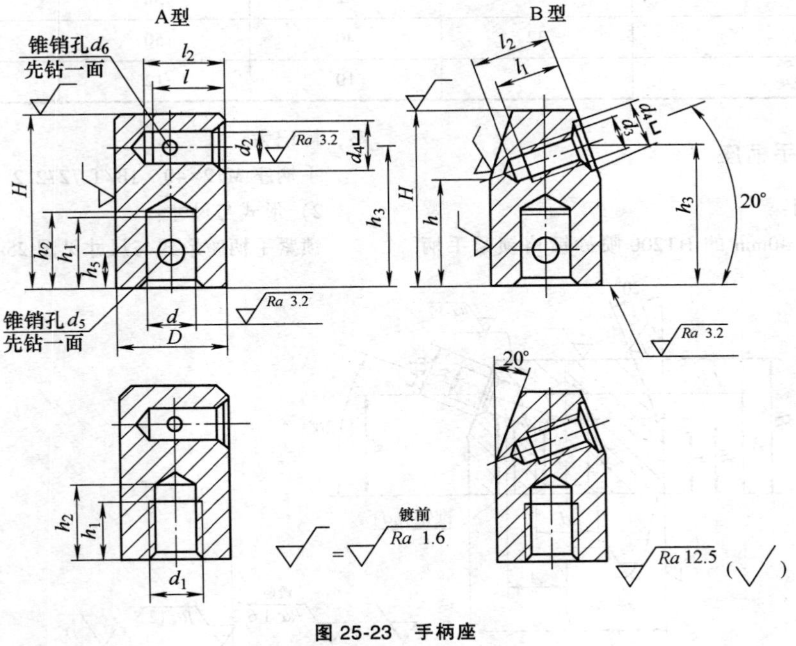

图 25-23　手柄座

表 25-28　手柄座尺寸（摘自 JB/T 7272.1—2014）　（单位：mm）

d	基本尺寸	12	16	20	25
	极限偏差 H8	+0.027 0		+0.033 0	
d_1		M12	M16	M20	M24
D		26	32	40	50
d_2	基本尺寸	8	10	12	16
	极限偏差 H8	+0.022 0		+0.027 0	
H		40	50	63	76
d_3		M8	M10	M12	M16
d_4		11	13	17	21
d_5		5	6		8
d_6		3		4	5

（续）

		8	10	12	16
d_2	基本尺寸	8	10	12	16
	极限偏差 H8	+0.022 0		+0.027 0	
$l;h_1$		16	20	25	32
$l_1;h_4$		14	18	22	28
$l_2;h_2$		19	24	29	36
h		24	32	38	50
h_3		32	40	50	63
h_5		8	10	12	16

25.4.1 锁紧手柄座

1）标记示例：

d=M12、D=40mm 的 HT200 喷砂镀铬锁紧手柄座，标记为：

手柄座 M12×40 JB/T 7272.2

2）形式与尺寸：

锁紧手柄座形式与尺寸见图 25-24 和表 25-29。

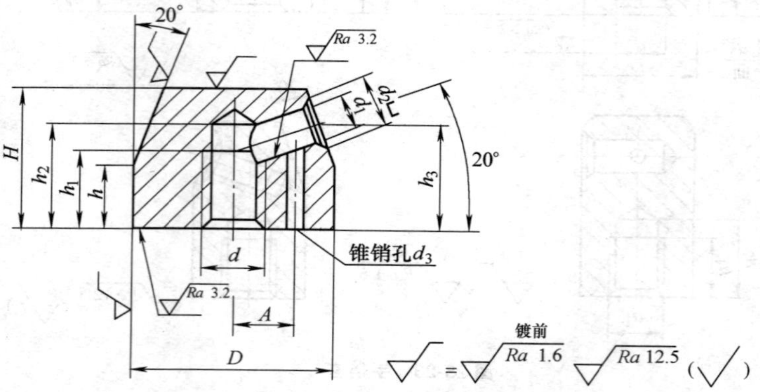

图 25-24 锁紧手柄座

表 25-29 锁紧手柄座尺寸（摘自 JB/T 7272.2—2014）（单位：mm）

d	D	A	H	d_1 基本尺寸	d_1 极限偏差 H8	d_2	d_3	h	h_1	h_2	h_3
M12	40	12	28	8	+0.022 0	11	3	13	16	22	21
M16	50	14	35	10		13	4	16	20	28	25
M20	60	18	45	12	+0.027 0	17	5	22	25	34	33
M24	70	22	50					27	32	40	39
M27	80	26	60	16		21	6	34	40	48	47

3）技术要求：

① 推荐材料：HT200、35 钢、Q235-A。

② 表面处理：喷砂镀铬、镀铬抛光、氧化。

25.4.2 定位手柄座

1）标记示例：

d=16mm、D=60mm 的 HT200 喷砂镀铬定位手柄座，标记为：

手柄座 16×60 JB/T 7272.4

2）形式与尺寸：

定位手柄座形式与尺寸见图 25-25 和表 25-30。

3）技术要求：

① 推荐材料：HT200、35 钢、Q235-A。

② 表面处理：喷砂镀铬、镀铬抛光、氧化。

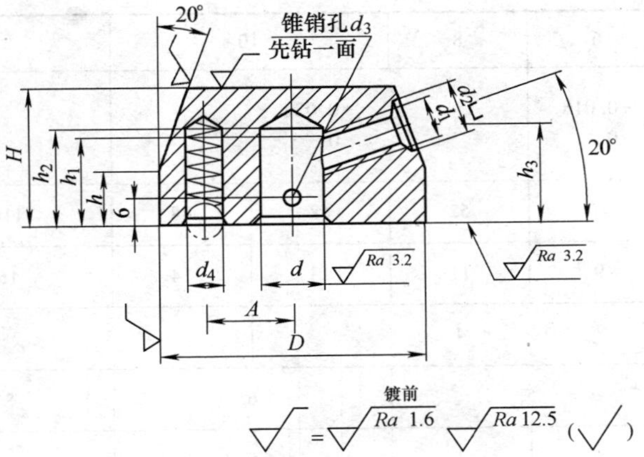

图 25-25 定位手柄座

表 25-30 定位手柄座尺寸（摘自 JB/T 7272.4—2014） （单位：mm）

d 基本尺寸	d 极限偏差 H8	D	A	H	d_1	d_2	d_3	d_4	h	h_1	h_2	h_3	钢球 GB/T 308	压缩弹簧 GB/T 2089
12	+0.027 0	50	16	26	M8	11	5	6.7	11	18	20	19	6.5	0.8×5×24
16		60	20	32	M10	13		8.5	13	21	23	23	8	1.2×7×35
18		70	25				6							
22	+0.033 0	80	30	36	M12	17						25		

25.5 手轮

1）标记示例：

A 型 $d=16$mm、$D=160$mm 的喷砂镀铬手轮，标记为：手轮 16×160 JB/T 7273.3

B 型 $d=16$mm、$D=160$mm 的喷砂镀铬手轮，标记为：手轮 B16×160 JB/T 7273.3

C 型 $d=16$mm、$D=160$mm 的喷砂镀铬手轮，标记为：手轮 C16×160 JB/T 7273.3

2）形式与尺寸：

手轮形式与尺寸见图 25-26 和表 25-31。

3）技术要求：

① 推荐材料：HT200。

② 表面处理：喷砂镀铬、镀铬抛光。

表 25-31 手轮尺寸（摘自 JB/T 7273.3—2014） （单位：mm）

d	基本尺寸	12	14	16	18	22	25	28
	极限偏差 H8	+0.027 0				+0.033 0		
D		100	125	160	200	250		320
D_1		86	107	138	176	222		288
D_2		76	97	128	164	210		279
d_1		M6	M8	M10		M12		
d_2		22	28	32	36	45		55
d_3		30	38	42	48	58		72

（续）

d_4	基本尺寸	6	8	10		12		
	极限偏差 H8	+0.018 0	+0.022 0			+0.027 0		
R		40	52	68	88	110	145	
R_1		9	11	13	14	16	18	
R_2		4			5			
R_3		5		6		8	10	
R_4		3	4	5		6		
R_5		5	6	8		10		
R_6		7	8	10		12		
H		32	36	40	45	50	55	
h	基本尺寸	18		20	25	28	32	
	极限偏差 h13	0 -0.270		0 -0.330			0 -0.390	
h_1		5			6			
h_2		6		7	8	9	10	
h_3		10	11	12	14	18	20	
h_4		9	10	11	12	14	16	
B		14	16	18	20	22	24	
b_1		16	18	22	26	30	35	
b_2		14	16	18	20	21	28	
b	基本尺寸	4	5		6		8	
	极限偏差 JS9	±0.015					±0.018	
t	基本尺寸	13.8	16.3	18.3	20.8	24.8	28.3	31.3
	极限偏差	+0.1 0					+0.2 0	
C		1				1.5		
$\beta/(°)$		15		10			5	

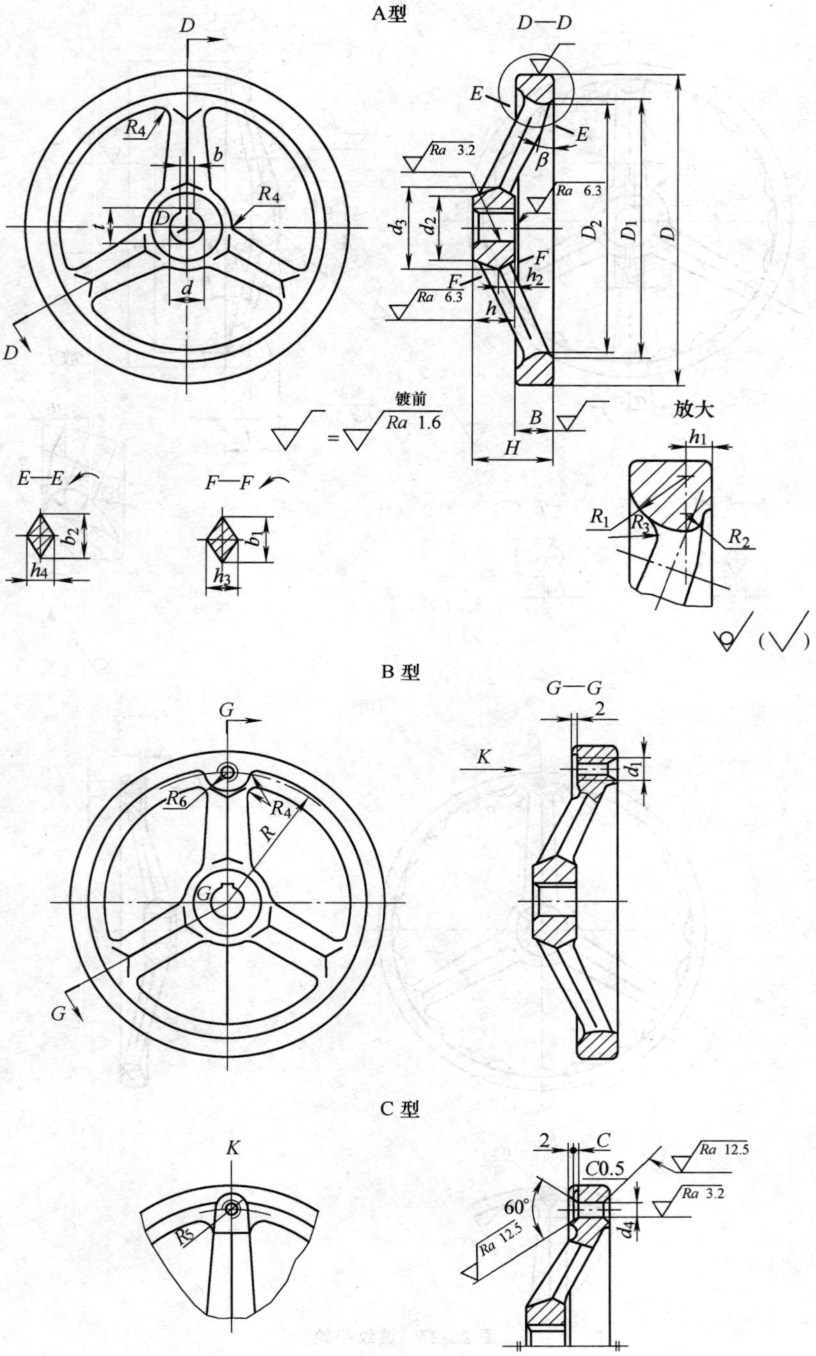

图 25-26　手轮

25.5.1　波纹手轮

1）标记示例：

A 型 $d=18$mm、$D=200$mm 的喷砂镀铬波纹手轮，标记为：手轮 18×200　JB/T 7273.4

B 型 $d=18$mm、$D=200$mm 的喷砂镀铬波纹手轮，标记为：手轮 B18×200　JB/T 7273.4

2）形式与尺寸：

波纹手轮形式与尺寸见图 25-27 和表 25-32。

3）技术要求：

① 推荐材料：HT200。

② 表面处理：喷砂镀铬、镀铬抛光。

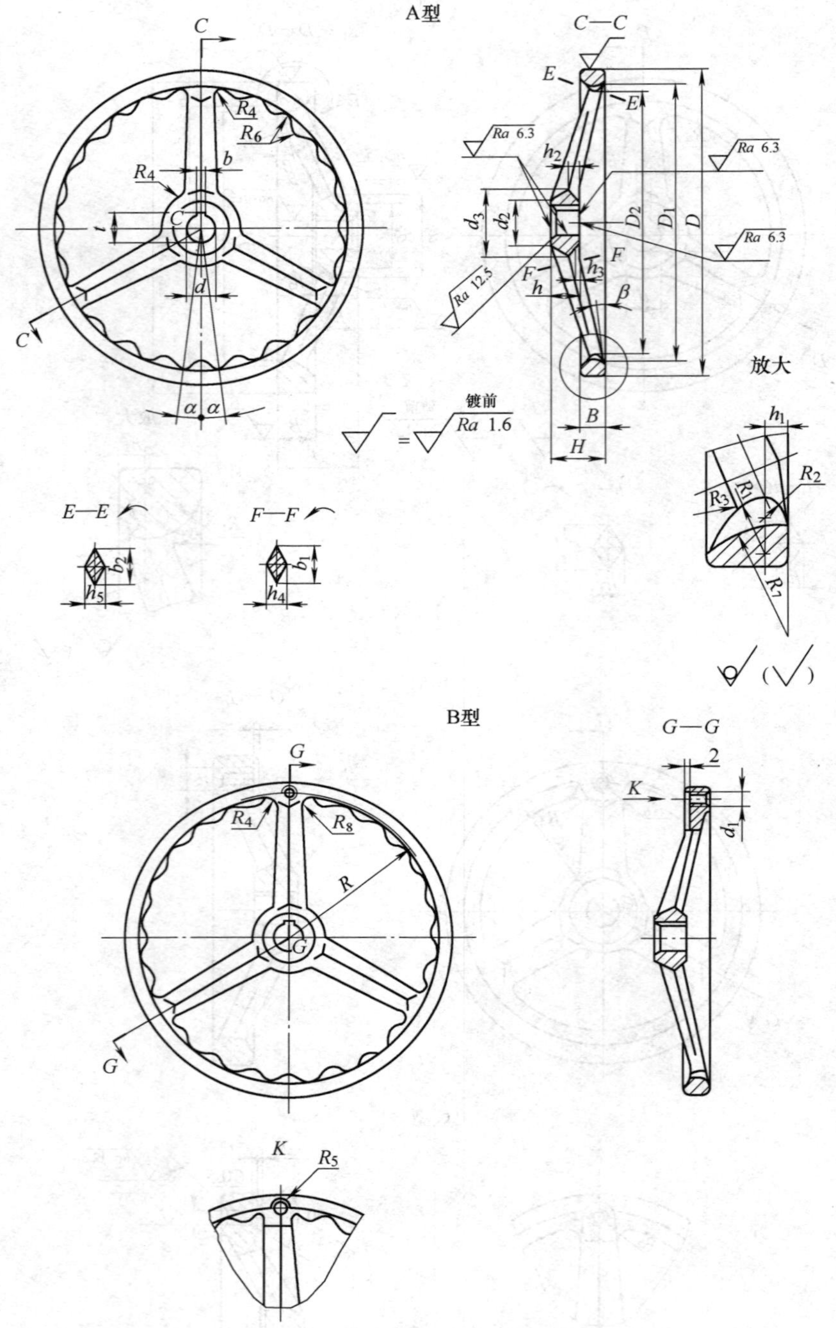

图 25-27　波纹手轮

表 25-32　波纹手轮尺寸（摘自 JB/T 7273.4—2014）　　（单位：mm）

d	基本尺寸	18	22	25	28	32	35	40	45
	极限偏差 H8	+0.027 0	+0.033 0			+0.039 0			
D		200	250		320	400		500	630
D_1		176	222		288	364		462	588

（续）

<table>
<tr><td rowspan="2">d</td><td>基本尺寸</td><td>18</td><td>22</td><td colspan="2">25</td><td>28</td><td>32</td><td colspan="2">35</td><td colspan="2">40</td><td>45</td></tr>
<tr><td>极限偏差
H8</td><td>+0.027
0</td><td colspan="4">+0.033
0</td><td colspan="6">+0.039
0</td></tr>
<tr><td colspan="2">D_2</td><td>164</td><td colspan="2">210</td><td colspan="2">276</td><td colspan="2">352</td><td colspan="2">448</td><td colspan="2">574</td></tr>
<tr><td colspan="2">d_1</td><td>M10</td><td colspan="4">M12</td><td colspan="6">—</td></tr>
<tr><td colspan="2">d_2</td><td>36</td><td colspan="2">45</td><td colspan="2">55</td><td colspan="2">65</td><td colspan="2">75</td><td colspan="2">85</td></tr>
<tr><td colspan="2">d_3</td><td>48</td><td colspan="2">58</td><td colspan="2">72</td><td colspan="2">85</td><td colspan="2">95</td><td colspan="2">105</td></tr>
<tr><td colspan="2">R</td><td>88</td><td colspan="2">110</td><td colspan="2">145</td><td colspan="2">—</td><td colspan="2">—</td><td colspan="2">—</td></tr>
<tr><td colspan="2">R_1</td><td>20</td><td colspan="2">22</td><td colspan="2">23</td><td colspan="2">26</td><td colspan="2">28</td><td colspan="2">32</td></tr>
<tr><td colspan="2">R_2</td><td colspan="7">5</td><td colspan="4">6</td></tr>
<tr><td colspan="2">R_3</td><td>6</td><td colspan="2">8</td><td colspan="2">10</td><td colspan="2">12</td><td colspan="4">16</td></tr>
<tr><td colspan="2">R_4</td><td>5</td><td colspan="4">6</td><td colspan="6">8</td></tr>
<tr><td colspan="2">R_5</td><td>8</td><td colspan="4">10</td><td colspan="6">—</td></tr>
<tr><td colspan="2">$R_6\approx$</td><td>16</td><td colspan="2">16.5</td><td colspan="6">16</td><td colspan="2">20</td></tr>
<tr><td colspan="2">R_7</td><td>30</td><td colspan="2">29</td><td colspan="2">30</td><td colspan="2">30</td><td colspan="2">34</td><td colspan="2">36</td></tr>
<tr><td colspan="2">R_8</td><td>10</td><td colspan="4">12</td><td colspan="6">—</td></tr>
<tr><td colspan="2">H</td><td>45</td><td colspan="2">50</td><td colspan="2">55</td><td colspan="2">65</td><td colspan="2">70</td><td colspan="2">75</td></tr>
<tr><td rowspan="2">h</td><td>基本尺寸</td><td>25</td><td colspan="2">28</td><td colspan="2">32</td><td colspan="2">40</td><td colspan="2">45</td><td colspan="2">50</td></tr>
<tr><td>极限偏差
h13</td><td colspan="3">0
−0.33</td><td colspan="8">0
−0.39</td></tr>
<tr><td colspan="2">h_1</td><td colspan="7">6</td><td colspan="4">7</td></tr>
<tr><td colspan="2">h_2</td><td>8</td><td colspan="2">9</td><td colspan="2">10</td><td colspan="2">12</td><td colspan="2">14</td><td colspan="2">16</td></tr>
<tr><td colspan="2">h_3</td><td colspan="5">2</td><td colspan="4">3</td><td colspan="2">5</td></tr>
<tr><td colspan="2">h_4</td><td>14</td><td colspan="2">18</td><td colspan="2">20</td><td colspan="2">22</td><td colspan="2">24</td><td colspan="2">26</td></tr>
<tr><td colspan="2">h_5</td><td>12</td><td colspan="2">14</td><td colspan="4">16</td><td colspan="2">18</td><td colspan="2">20</td></tr>
<tr><td colspan="2">B</td><td>20</td><td colspan="2">22</td><td colspan="2">24</td><td colspan="2">26</td><td colspan="2">28</td><td colspan="2">30</td></tr>
<tr><td colspan="2">b_1</td><td>26</td><td colspan="2">30</td><td colspan="2">35</td><td colspan="2">38</td><td colspan="2">42</td><td colspan="2">45</td></tr>
<tr><td colspan="2">b_2</td><td>20</td><td colspan="2">24</td><td colspan="2">28</td><td colspan="2">30</td><td colspan="2">32</td><td colspan="2">35</td></tr>
<tr><td rowspan="2">b</td><td>基本尺寸</td><td colspan="2">6</td><td colspan="3">8</td><td colspan="3">10</td><td colspan="2">12</td><td>14</td></tr>
<tr><td>极限偏差
JS9</td><td colspan="2">±0.015</td><td colspan="6">±0.018</td><td colspan="3">±0.0215</td></tr>
<tr><td rowspan="2">t</td><td>基本尺寸</td><td>20.8</td><td>24.8</td><td colspan="2">28.3</td><td>31.3</td><td>35.3</td><td colspan="2">38.3</td><td colspan="2">43.3</td><td>48.8</td></tr>
<tr><td>极限偏差</td><td colspan="2">+0.1
0</td><td colspan="9">+0.2
0</td></tr>
<tr><td colspan="2">β/(°)</td><td colspan="3">10</td><td colspan="2">5</td><td colspan="6">—</td></tr>
<tr><td colspan="2">α</td><td>12°30′</td><td colspan="2">10°</td><td colspan="2">7°30′</td><td colspan="2">6°</td><td colspan="2">5°</td><td colspan="2">4°</td></tr>
<tr><td colspan="2">轮辐数</td><td colspan="5">3</td><td colspan="6">5</td></tr>
</table>

25.5.2　圆轮缘手轮

1）标记示例：

A 型 d=16mm、D=160mm 的 HT200 喷砂镀铬圆轮缘手轮，标记为：手轮 16×160　JB/T 7273.5

B 型 d=16mm、D=160mm 的塑料圆轮缘手轮，标记为：手轮 B16×160　JB/T 7273.5

C 型 d=16mm、D=160mm 的 HT200 喷砂镀铬圆轮缘手轮，标记为：手轮 C16×160　JB/T 7273.5

D 型 d=16mm、D=160mm 的塑料圆轮缘手轮，标记为：手轮 D16×160　JB/T 7273.5

2）形式与尺寸：

圆轮缘手轮形式与尺寸见图 25-28 和表 25-33。

3）技术要求：

① 推荐材料：HT200；塑料。

② 表面处理：HT200 为喷砂镀铬、镀铬抛光。

表 25-33　圆轮缘手轮尺寸（摘自 JB/T 7273.5—2014）　　（单位：mm）

<table>
<tr><td rowspan="2">d</td><td>基本尺寸</td><td>12</td><td>14</td><td>16</td><td>18</td><td>22</td><td colspan="2">25</td><td>28</td><td>32</td><td colspan="2">35</td><td colspan="2">40</td><td>45</td></tr>
<tr><td>极限偏差
H8</td><td colspan="4">+0.027
0</td><td colspan="4">+0.033
0</td><td colspan="6">+0.039
0</td></tr>
<tr><td colspan="2">D</td><td>100</td><td>125</td><td>160</td><td>200</td><td colspan="2">250</td><td colspan="2">320</td><td colspan="2">400</td><td colspan="2">500</td><td colspan="2">630</td></tr>
<tr><td colspan="2">D_1</td><td>64</td><td>87</td><td>120</td><td>156</td><td colspan="2">200</td><td colspan="2">264</td><td colspan="2">336</td><td colspan="2">428</td><td colspan="2">550</td></tr>
<tr><td colspan="2">d_1</td><td colspan="2">M8</td><td colspan="2">M10</td><td colspan="4">M12</td><td colspan="6">—</td></tr>
<tr><td colspan="2">d_2</td><td>26</td><td>28</td><td>32</td><td>36</td><td colspan="2">45</td><td colspan="2">55</td><td colspan="2">65</td><td colspan="2">75</td><td colspan="2">85</td></tr>
<tr><td colspan="2">d_3</td><td>30</td><td>39</td><td>44</td><td>50</td><td colspan="2">61</td><td colspan="2">73</td><td colspan="2">85</td><td colspan="2">97</td><td colspan="2">109</td></tr>
<tr><td colspan="2">R</td><td>36</td><td>47</td><td>62</td><td>80</td><td colspan="2">101</td><td colspan="2">132</td><td colspan="2">—</td><td colspan="2">—</td><td colspan="2">—</td></tr>
<tr><td colspan="2">R_1</td><td colspan="2">14</td><td>18</td><td>22</td><td colspan="10">—</td></tr>
<tr><td colspan="2">R_2</td><td colspan="2">5</td><td>5.5</td><td>6</td><td colspan="2">7</td><td colspan="2">8</td><td colspan="2">9</td><td colspan="2">10</td><td colspan="2">11</td></tr>
<tr><td colspan="2">R_3</td><td colspan="2">12</td><td>16</td><td>20</td><td colspan="2">24</td><td colspan="2">28</td><td colspan="2">45</td><td colspan="2">65</td><td colspan="2">75</td></tr>
<tr><td colspan="2">R_4</td><td colspan="2">3</td><td>3.5</td><td colspan="5">4</td><td colspan="2">5</td><td colspan="2">6</td><td colspan="2">7</td></tr>
<tr><td colspan="2">R_5</td><td colspan="2">20</td><td>22</td><td>24</td><td colspan="2">28</td><td colspan="2">32</td><td colspan="2">36</td><td colspan="2">40</td><td colspan="2">44</td></tr>
<tr><td colspan="2">R_6</td><td colspan="2">16</td><td>18</td><td>20</td><td colspan="2">22</td><td colspan="2">24</td><td colspan="2">28</td><td colspan="2">32</td><td colspan="2">36</td></tr>
<tr><td colspan="2">$R_7 \approx$</td><td colspan="2">3.5</td><td>4.1</td><td>4.5</td><td colspan="2">5.3</td><td colspan="2">6</td><td colspan="2">6.8</td><td colspan="2">7.5</td><td colspan="2">8.3</td></tr>
<tr><td colspan="2">$R_8 \approx$</td><td colspan="2">2.8</td><td>3.4</td><td>3.7</td><td colspan="2">4.1</td><td colspan="2">4.5</td><td colspan="2">5.3</td><td colspan="2">6</td><td colspan="2">6.8</td></tr>
<tr><td colspan="2">R_9</td><td>7.5</td><td>8</td><td colspan="2">10</td><td colspan="4">12</td><td colspan="6">—</td></tr>
<tr><td colspan="2">R_{10}</td><td>7.5</td><td>8</td><td>9</td><td>10</td><td colspan="2">11</td><td colspan="2">12.5</td><td colspan="2">14</td><td colspan="2">16</td><td colspan="2">18</td></tr>
<tr><td colspan="2">H</td><td>33</td><td>36</td><td>40</td><td>45</td><td colspan="2">50</td><td colspan="2">56</td><td colspan="2">64</td><td colspan="2">72</td><td colspan="2">78</td></tr>
<tr><td rowspan="2">h</td><td>基本尺寸</td><td>17</td><td>18</td><td>20</td><td>25</td><td colspan="2">28</td><td colspan="2">32</td><td colspan="2">40</td><td colspan="2">45</td><td colspan="2">50</td></tr>
<tr><td>极限偏差
h13</td><td colspan="2">0
-0.270</td><td colspan="2">0
-0.330</td><td colspan="10">0
-0.390</td></tr>
<tr><td colspan="2">h_1</td><td>6</td><td>7</td><td>8</td><td>9</td><td colspan="2">10</td><td colspan="2">11</td><td colspan="2">12</td><td colspan="2">14</td><td colspan="2">16</td></tr>
<tr><td colspan="2">B</td><td>15</td><td>16</td><td>18</td><td>20</td><td colspan="2">22</td><td colspan="2">25</td><td colspan="2">28</td><td colspan="2">32</td><td colspan="2">36</td></tr>
<tr><td colspan="2">b_1</td><td>18</td><td>20</td><td>22</td><td>24</td><td colspan="2">28</td><td colspan="2">32</td><td colspan="2">36</td><td colspan="2">40</td><td colspan="2">44</td></tr>
<tr><td colspan="2">b_2</td><td>14</td><td>16</td><td>18</td><td>20</td><td colspan="2">22</td><td colspan="2">24</td><td colspan="2">28</td><td colspan="2">32</td><td colspan="2">36</td></tr>
<tr><td colspan="2">c</td><td colspan="2">0.6</td><td>0.8</td><td colspan="3">1</td><td colspan="6">1.5</td><td colspan="2">2</td></tr>
<tr><td rowspan="2">b</td><td>基本尺寸</td><td>4</td><td colspan="2">5</td><td colspan="2">6</td><td colspan="3">8</td><td colspan="3">10</td><td colspan="2">12</td><td>14</td></tr>
<tr><td>极限偏差
JS9</td><td colspan="5">±0.015</td><td colspan="6">±0.018</td><td colspan="3">±0.0215</td></tr>
</table>

（续）

t	基本尺寸	13.8	16.3	18.3	20.8	24.8	28.3	31.3	35.3	38.5	43.3	48.8
	极限偏差	+0.1 0					+0.2 0					
轮辐数		3							5			
B 型	嵌套 JB/T 7275	C12×18		C16×20	C18×25	—						
D 型		C12×18		C16×20	C18×25	—						
		BM8×14		BM10×16		—						

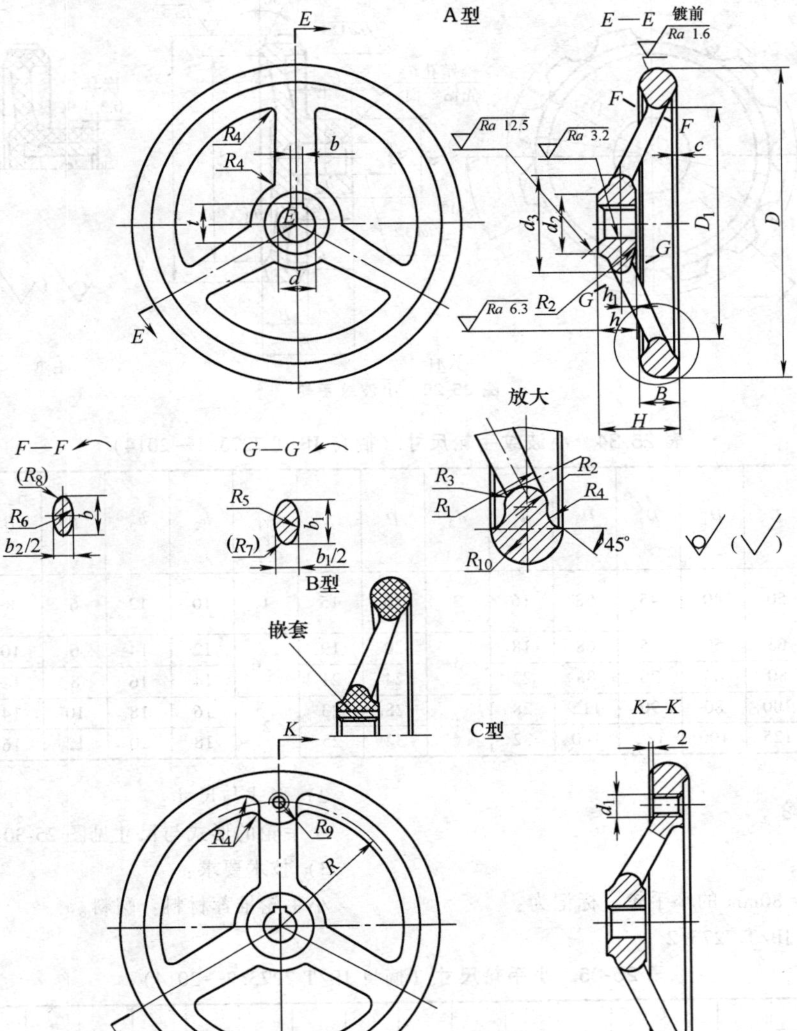

图 25-28　圆轮缘手轮

25.5.3 小波纹手轮

1）标记示例：

A 型 $d=10$mm、$D=80$mm 的 ZL102 阳极氧化小波纹手轮，标记为：

手轮 10×80 JB/T 7273.1

2）形式与尺寸：

小波纹手轮形式与尺寸见图 25-29 和表 25-34。

3）技术要求：

小波纹手轮推荐材料：ZL102、塑料。

表面处理：ZL102 为阳极氧化。

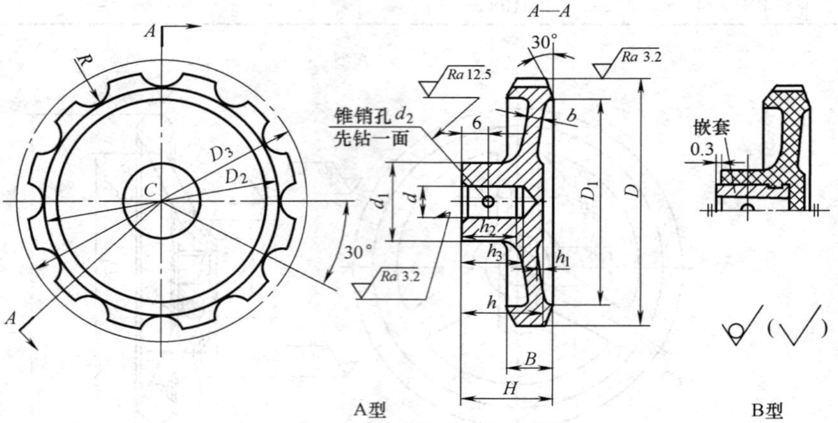

图 25-29 小波纹手轮

表 25-34 小波纹手轮尺寸（摘自 JB/T 7273.1—2014）

d 基本尺寸	d 极限偏差	D	D_1	D_2	D_3	d_1	d_2	H	h	h_1	h_2	h_3	R	B	b	嵌套（JB/T 7275）
6	+0.018 0	50	40	45	58	16	2	16	15	1	10	12	6	8	3	6×12
8	+0.022 0	63	50	55	68	18	3	20	19	1.6	12	14	6	10	4	8×14
10		80	63	70	88	22		24	21		14	16	8	12		10×16
12	+0.027 0	100	80	90	112	28	4	28	23	2	16	18	10	14	5	12×18
		125	100	112	140	32		32	25		18	20	12	16		12×20

25.5.4 小手轮

1）标记示例：

$d=10$mm、$D=80$mm 的小手轮，标记为：

手轮 10×80 JB/T 7273.2

2）形式与尺寸：

小手轮的形式与尺寸见图 25-30 和表 25-35。

3）技术要求：

小手轮推荐材料：塑料。

表 25-35 小手轮尺寸（摘自 JB/T 7273.2—2014）

d 基本尺寸	d 极限偏差 H8	D	D_1	d_1	d_3	d_2	H	h	h_1	R	R_1	R_2	R_3	B	b	b_1	嵌套（JB/T 7275）
10	+0.022 0	80	63	M5	22	3	32	20	1.6	32	6	5	8	12	4	12	10×16 BM5×12
12	+0.027 0	100	80	M6	28	4	36	22	2	40	7	6	9	14	5	14	12×18 BM6×14
		125	100	M8			40			50	8		10	16		16	12×18 BM8×16

注：手柄选用 JB/T 7270.4—1994 规定的相应规格。

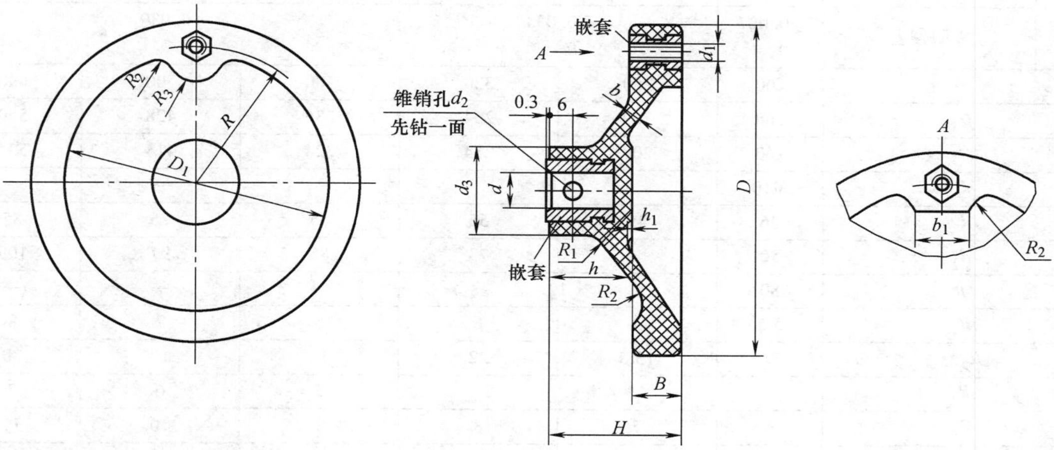

图 25-30　小手轮

25. 5. 5　波纹圆轮缘手轮

1）标记示例：

A 型 $d=28$mm、$D=320$mm 的喷砂镀铬波纹圆轮缘手轮，标记为：

手轮　28×320　JB/T 7273. 6

B 型 $d=28$mm、$D=320$mm 的喷砂镀铬波纹圆轮缘手轮，标记为：

手轮　B28×320　JB/T 7273. 6

2）形式与尺寸：

波纹圆轮缘手轮形式与尺寸见图 25-31 和表 25-36。

3）技术要求：

波纹圆轮缘手轮推荐材料：HT200。

表面处理：喷砂镀铬、镀铬抛光。

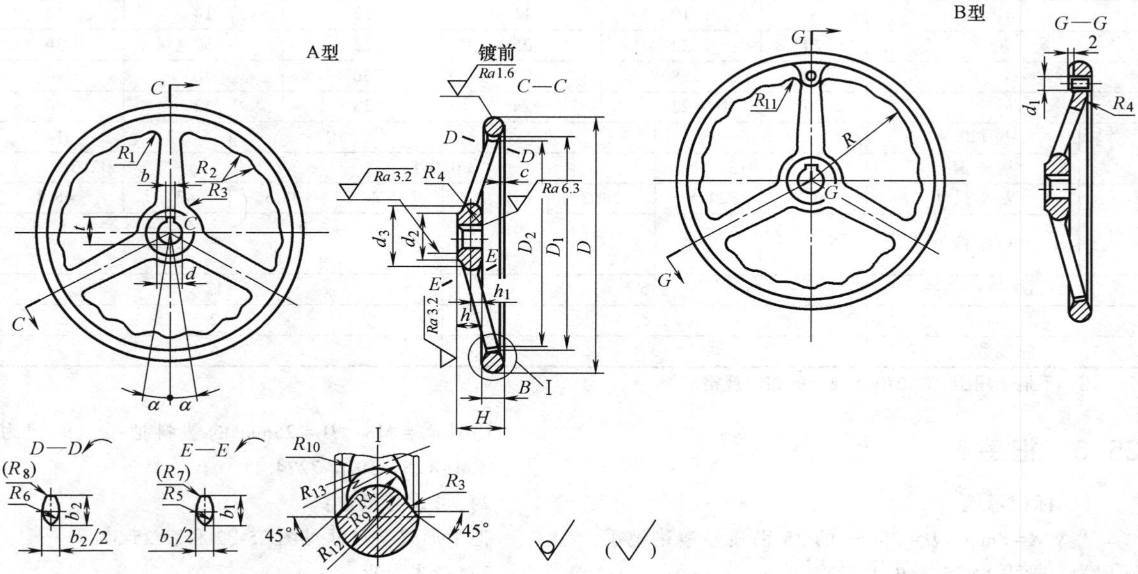

图 25-31　波纹圆轮缘手轮

表 25-36　波纹圆轮缘手轮尺寸（摘自 JB/T 7273.6—2014）

d	基本尺寸	18	22	25	28	32	35	40	45
	极限偏差	+0.027 0	+0.033 0			+0.039 0			
D		200	250		320	400		500	630
D_1		168	209		264	336		428	550
D_2		160	200		254	324		414	534
d_1		M10	M12			—		—	—
d_2		36	45		55	65		75	85
d_3		50	61		73	85		97	109
R		80	12			—		—	—
R_1		5.5	4		6	6		7	8
$R_2\approx$		9	13.5		22	16		19	30
R_3		4				5		6	7
R_4		6	7		8	9		10	11
R_5		24	28		32	36		40	44
R_6		20	22		24	28		32	36
$R_7\approx$		4.5	5.3		6	6.8		7.5	8.3
$R_8\approx$		3.7	4.1		4.5	5.3		6	6.8
R_9		9	9.5		10	11		12	13
R_{10}		20	24		32	45		65	75
R_{11}		10	12			—		—	—
R_{12}		10	11		12.5	14		16	18
R_{13}		14	18		—	—		—	—
H		45	50		56	64		72	78
L	基本尺寸	25	28		32	40		45	50
	极限偏差	0 -0.330				0 -0.390			
h_1		9	10		11	12		14	16
B		20	22		25	28		32	36
b_1		24	28		32	36		40	44
b_2		20	22		24	28		32	36
b	基本尺寸	6		8		10		12	14
	极限偏差	±0.015		±0.018				±0.0215	
t	基本尺寸	20.8	24.8	28.3	31.3	35.3	38.3	43.3	48.8
	极限偏差	+0.1 0		+0.2 0					
$\alpha/(°)$		8.5				12			
c		1.5				2			
轮辐数		3				5			

注：手柄选用 JB/T 7270.5 规定的相应规格。

25.6　把手

1）标记示例：

A 型 d = 8mm、D = 25mm 的 35 钢喷砂镀铬把手，标记为：把手 8×25　JB/T 7274.1

B 型 d_1 = M8、D = 25mm 的 35 钢喷砂镀铬把手，标记为：把手 M18×25　JB/T 7274.1

C 型 d_1 = M8、D = 25mm 的塑料把手，标记为：把手 CM8×25　JB/T 7274.1

2）形式与尺寸：

把手形式与尺寸见图 25-32 和表 25-37。

3）技术要求：

① 推荐材料：35 钢、塑料。

② 表面处理：钢件喷砂镀铬、镀铬抛光、氧化。

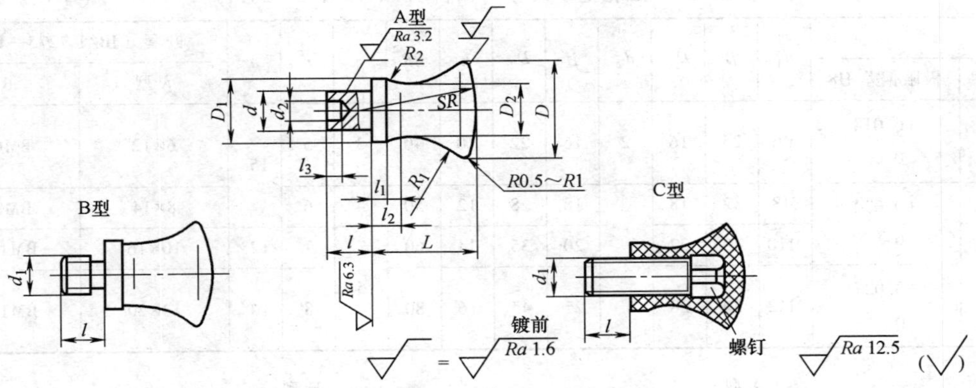

图 25-32　把手

表 25-37　把手尺寸（JB/T 7274.1—2014）　　（单位：mm）

d 基本尺寸	d 极限偏差 js7	d_1	D	L	l	D_1	D_2	d_2	l_1	l_2	l_3	SR	R_1	R_2	螺钉 GB/T 821—1998
5	±0.006	M5	16	16	6	10	8	3.5	3	5	3	20	12	1	M5×12
6		M6	20	20	8	12	10	4		6	4	25	15		M6×16
8	±0.007	M8	25	25	10	16	13	5.5	4	7		32	20	1.5	M8×25
10		M10	32	32	12	20	16	7	5	10	5	40	24	2	M10×30
12	±0.009	M12	40	40	16	25	20	9	6	13	6	50	28	2.5	M12×40

25.6.1　压花把手

1）标记示例：

A 型 $d=10$mm、$D=40$mm 的压花把手，标记为：

把手 10×40　JB/T 7274.2

B 型 $d_1=$M10、$D=40$mm 的压花把手，标记为：

把手 BM10×40　JB/T 7274.2

2）形式与尺寸：

压花把手的形式与尺寸见图 25-33 和表 25-38。

3）技术要求。推荐材料：塑料。

25.6.2　十字把手

1）标记示例：

A 型 $d=8$mm、$D=40$mm 的十字把手，标记为：

把手 8×40，JB/T 7274.3

B 型 $d_1=$M8、$D=40$mm 的十字把手，标记为：

把手 BM8×40　JB/T 7274.3

2）形式与尺寸：

十字把手形式与尺寸见图 25-34 和表 25-39。

3）技术要求。推荐材料：塑料。

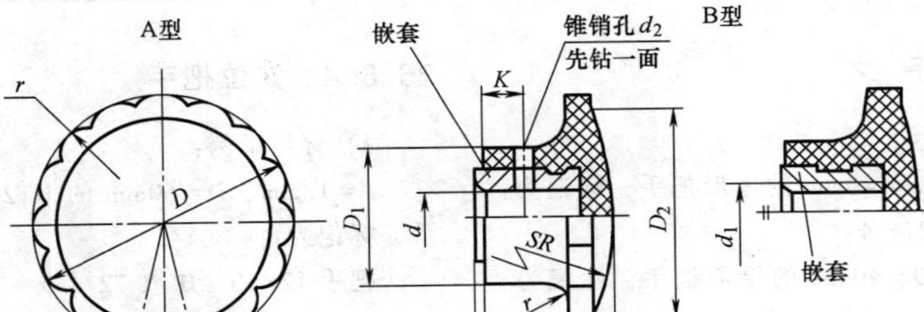

图 25-33　压花把手

表 25-38　压花把手尺寸（摘自 JB/T 7274.2—2014）　　(单位：mm)

d 基本尺寸	d 极限偏差 H8	d_1	D	D_1	d_2	H	D_2	h	SR	r	K	a	嵌套（JB/T 7275—1994）A 型	嵌套（JB/T 7275—1994）B 型
6	+0.018 0	M6	25	16	2	16	22	10	40	3	5	15°	6×12	BM6×12
8	+0.022 0	M8	32	18	3	18	28	12	50	4	6		8×14	BM8×14
10		M10	40	22		20	35	14	60	5	7	12°	10×16	BM10×16
12	+0.027 0	M12	50	28		25	45	16	80		8	10°	12×20	BM12×20

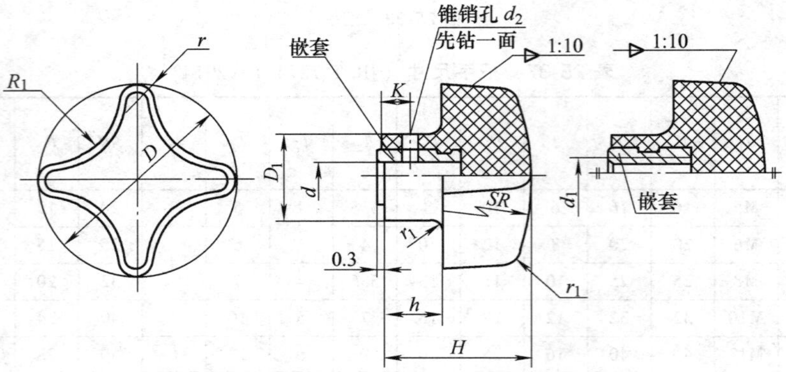

图 25-34　十字把手

表 25-39　十字把手尺寸（摘自 JB/T 7274.3—2014）　　(单位：mm)

d 基本尺寸	d 极限偏差 H8	d_1	d_2	D	D_1	H	h	SR	R_1	r	r_1	K	嵌套（JB/T 7275—1994）A 型	嵌套（JB/T 7275—1994）B 型
4	+0.018 0	M4	2	20	12	18	8	25	8	2	1.6	4	4×10	BM4×10
5		M5		25	14	20		32	10	2.5			5×10	BM5×10
6		M6		32	16	25	10	40	12	3		5	6×12	BM6×12
8	+0.022 0	M8	3	40	18	30	12	50	16	3.5	2	6	8×16	BM8×16

25.6.3　星形把手

1）标记示例：

A 型 $d=10$mm、$D=40$mm 的星形把手，标记为：把手 10×40　JB/T 7274.4

B 型 $d_1=$M10、$D=40$mm 的星形把手，标记为：把手 BM10×40　JB/T 7274.4

2）形式与尺寸：

星形把手形式与尺寸见图 25-35 和表 25-40。

3）技术要求。推荐材料：塑料。

25.6.4　定位把手

1）标记示例：

$d=12$mm、$D=50$mm 的 HT200 喷砂镀铬定位把手，标记为：

把手 12×50　JB/T 7274.5

2）形式与尺寸：

定位把手形式与尺寸见图 25-36 和表 25-41。

3）技术要求：

定位把手推荐材料：HT200、35 钢、Q235-A。

表面处理：喷砂镀铬、镀铬抛光。

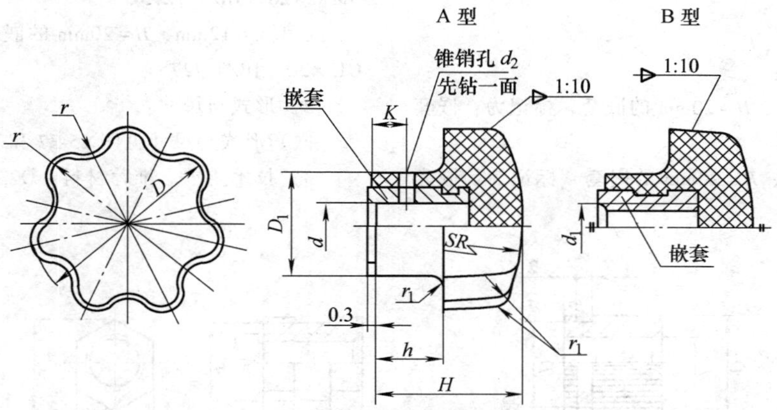

图 25-35　星形把手

表 25-40　星形把手尺寸（摘自 JB/T 7274.4—2014）　　（单位：mm）

d 基本尺寸	d 极限偏差 H8	d_1	d_2	D	D_1	H	h	SR	r	r_1	K	嵌套（JB/T 7275—1994）A 型	嵌套（JB/T 7275—1994）B 型
6	+0.018 0	M6	2	25	16	20	10	32	4	1.6	5	6×12	BM6×12
8	+0.022 0	M8	3	32	18	25	12	40	5	2	6	8×16	BM8×16
10		M10		40	22	30	14	50	6		7	10×20	BM10×20
12	+0.027 0	M12		50	28	35	16	60	8		8	12×25	BM12×25
16		M16	4	63	32	40	18	80	10	2.5	10	16×30	BM16×30

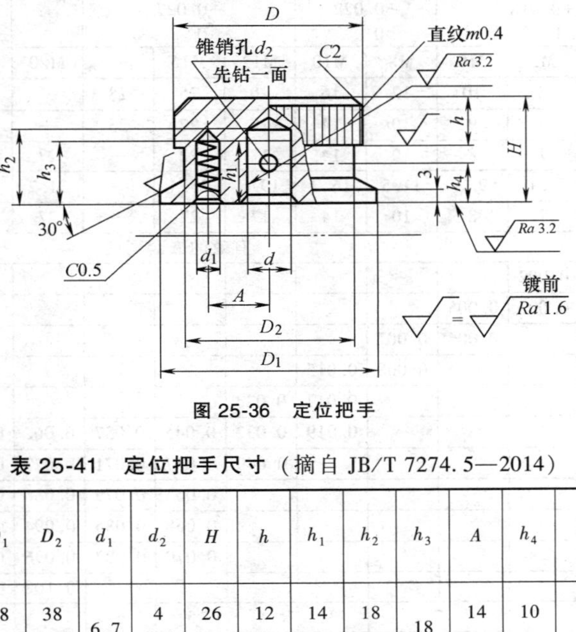

图 25-36　定位把手

表 25-41　定位把手尺寸（摘自 JB/T 7274.5—2014）

d 基本尺寸	d 极限偏差 H8	D	D_1	D_2	d_1	d_2	H	h	h_1	h_2	h_3	A	h_4	钢球（GB/T 308）	压缩弹簧（GB/T 2089）
10	+0.022 0	40	48	38	6.7	4	26	12	14	18	18	14	10	6.5	0.8×5×25
12	+0.027 0	50	58	45		5	30	14	18	20		16	11		
16		60	68	55	8.5		32	16	21	23	21	20		8	1.2×6×35
18		70	78	65		6	34	18				25			

25.7　嵌套

1）标记示例：

A 型 $d=12\text{mm}$、$H=20\text{mm}$ 的嵌套，标记为：嵌套 12×20　JB/T 7275

B 型 $d_1=\text{M}12$、$H=20\text{mm}$ 的嵌套，标记为：嵌套 BM12×20　JB/T 7275

C 型 $d=12\text{mm}$、$H=20\text{mm}$ 的嵌套，标记为：嵌套 C12×20　JB/T 7275

2）形式与尺寸：

嵌套形式与尺寸见图 25-37 和表 25-42。

3）技术要求。推荐材料：Q235-A。

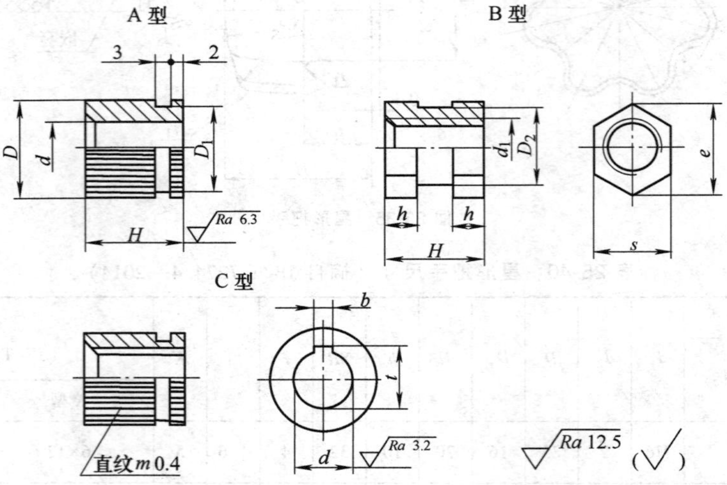

图 25-37　嵌套

表 25-42　嵌套尺寸（推荐 JB/T 7275—2014）　　（单位：mm）

d	基本尺寸		4	5	6	8	10	12	16	18	—	22	25	28	32
	极限偏差 H8		$^{+0.018}_{0}$			$^{+0.022}_{0}$		$^{+0.027}_{0}$			—	$^{+0.033}_{0}$			$^{+0.039}_{0}$
d_1			M4	M5	M6	M8	M10	M12	M16	—	M20	—			
D			6	8	10	12	16	20	25	28	—	32	36	40	45
D_1			5	7	9	10	14	18	22	25	—	30	34	38	42
D_2			5.5	7	8	10	14	17	22	—	27	—			
e			6.3	8.1	9.2	11.5	16.2	19.6	25.4	—	31.2	—			
s			5.5	7	8	10	14	17	22	—	27	—			
H	h		有效的嵌套宽度												
10	3		0.001	0.002											
12	4			0.003	0.005										
14	4.5				0.006	0.007									
16	5					0.008	0.015								
18	6						0.017	0.028							
20	6.5						0.019	0.032	0.045	0.057	0.062	0.067	0.083	0.101	0.124
25	8							0.040	0.057	0.071	0.077	0.083	0.104	0.126	0.155
28	9								0.064	0.079	0.086	0.093	0.116	0.141	0.173
30	10								0.068	0.085	0.094	0.100	0.124	0.151	0.186
32	11								0.070	0.087	0.096	0.105	0.129	0.157	0.191
36	12										0.108	0.118	0.145	0.177	0.216
b	公称尺寸		—		2		3	4	5	6	—	6	8		10
	极限偏差 Js9				±0.0125			±0.015				±0.018			
t	基本尺寸		—		7	9	11.4	13.8	18.3	20.8	—	24.8	28.3	31.3	35.3
	极限偏差				$^{+0.1}_{0}$								$^{+0.2}_{0}$		

第26章 弹 簧

26.1 弹簧的分类（见表26-1）

表26-1 弹簧产品小类、系列、品种举例

小类	系列	品种或参数举例
螺旋弹簧	圆柱螺旋弹簧	小型圆柱螺旋压缩弹簧（两端圈并紧不磨型）主参数1级精度
螺旋弹簧	圆柱螺旋弹簧	小型圆柱螺旋拉伸弹簧（圆钩环压中心型）主参数2级精度
螺旋弹簧	圆柱螺旋弹簧	小型圆柱螺旋扭转弹簧（各种形状区分为不同品种）
螺旋弹簧	圆柱螺旋弹簧	冷卷圆柱螺旋压缩弹簧（两端圈并紧磨平型）1类负荷、主参数1级精度
螺旋弹簧	圆柱螺旋弹簧	冷卷圆柱螺旋拉伸弹簧（半圆钩环型）1类负荷
螺旋弹簧	圆柱螺旋弹簧	冷卷圆柱螺旋扭转弹簧（外臂扭转式）主参数1级精度
螺旋弹簧	圆柱螺旋弹簧	热卷圆柱螺旋压缩弹簧（两端圈并紧磨平型）
螺旋弹簧	圆柱螺旋弹簧	热卷圆柱螺旋拉伸弹簧（半圆钩环型）
螺旋弹簧	圆柱螺旋弹簧	中小功率内燃机气门弹簧（根据主机产品图样要求，不同精度及寿命要求，构成不同品种）
螺旋弹簧	圆柱螺旋弹簧	大功率内燃机气门外弹簧（根据主机产品图样要求，不同精度及寿命要求，构成不同品种）
螺旋弹簧	圆柱螺旋弹簧	无中心股多股圆柱螺旋压缩弹簧（三股、1组、动负荷）
螺旋弹簧	圆柱螺旋弹簧	扁钢丝轻载荷圆柱螺旋压缩弹簧（轻载荷）
螺旋弹簧	非圆柱形螺旋弹簧	截锥螺旋压缩弹簧（等节距） 截锥螺旋压缩弹簧（等螺旋角）
螺旋弹簧	非圆柱形螺旋弹簧	矩形弹簧圈螺旋压缩弹簧
涡卷弹簧	平面涡卷弹簧	非接触形平面涡卷弹簧（外端固定型） 非接触形平面涡卷弹簧（外端回转型）
涡卷弹簧	截锥涡卷弹簧	接触形平面涡卷弹簧

小类	系列		品种或参数举例
碟形弹簧	碟形弹簧	系列A	$\frac{D}{t}\approx 18$；$\frac{h_0}{t}\approx 0.4$
碟形弹簧	碟形弹簧	系列B	$\frac{D}{t}\approx 28$；$\frac{h_0}{t}\approx 0.75$
碟形弹簧	碟形弹簧	系列C	$\frac{D}{t}\approx 40$；$\frac{h_0}{t}\approx 1.3$
碟形弹簧	膜片弹簧		膜片弹簧（末端为长方孔型） 膜片弹簧（末端为圆弧型） 膜片弹簧（末端为圆孔型）
板弹簧	等截面板弹簧		等刚度弓形板弹簧
板弹簧	等截面板弹簧		变刚度弓形板弹簧
板弹簧	等截面板弹簧		等刚度椭圆形板弹簧
板弹簧	等截面板弹簧		变刚度椭圆形板弹簧
板弹簧	等截面板弹簧		悬臂板弹簧
板弹簧	变截面板弹簧		—
橡胶弹簧	柱形橡胶弹簧		—
橡胶弹簧	锥台形橡胶弹簧		—
橡胶弹簧	空心柱形橡胶弹簧		—
橡胶弹簧	空心锥形橡胶弹簧		—
流体介质弹簧	气体介质弹簧		单曲囊式空气弹簧
流体介质弹簧	气体介质弹簧		双曲囊式空气弹簧
流体介质弹簧	气体介质弹簧		约束膜式空气弹簧
流体介质弹簧	气体介质弹簧		自由膜式空气弹簧
流体介质弹簧	气体介质弹簧		混合式空气弹簧
流体介质弹簧	气体介质弹簧		套筒空气弹簧
流体介质弹簧	液体介质弹簧		—
流体介质弹簧	气—液复合介质弹簧		—
扭杆弹簧			—
其他弹簧	油封弹簧		—
其他弹簧	卡簧		圆形卡簧（多种形状）
其他弹簧	卡簧		异形弹簧（多种形状）
其他弹簧	蛇形弹簧		联轴器用蛇形弹簧
其他弹簧	线形弹簧		各种形状线形弹簧
其他弹簧	环形弹簧		—
其他弹簧	片状弹簧		直片弹簧
其他弹簧	片状弹簧		弯片弹簧（各种形状）

表 26-2~表 26-4 为主要类型弹簧的性能、变形大小、防振性能和使用条件的比较。

表 26-2　主要类型弹簧性能比较

类　型	载荷	变形	径向尺寸	轴向尺寸	特性曲线稳定性	特性曲线渐增性	特性曲线衰减性	摩擦减振性能
圆柱螺旋弹簧	小到大	小到大	小	大	很好	无	无	无
圆锥螺旋弹簧	小到大	小到大	小	大	很好	很好	无	无
平面蜗卷弹簧	小到中	中	大	小	很好	无	无	无
扭杆弹簧	大	小	小	大	很好	无	无	无
板弹簧	大	中	—	大	很好	很好	无	中等
碟形弹簧	小到大	小	大	小	好	很好	很好	中等
环形弹簧	大	小	大	小	很好	无	无	很好
橡胶弹簧	小	小	中	中	差	很好	无	很好

表 26-3　弹簧变形能大小的比较

类　型		受载荷后弹簧的主要应力类型	单位体积变形能计算公式	与棒材拉压变形能的比值
棒材的拉伸或压缩		拉、压应力	$\sigma^2/2E$	1
碟形弹簧		拉、压应力	$\sigma^2/(10\sim40)E$	0.20~0.05
螺旋拉伸或压缩弹簧	圆截面	切应力	$\tau^2/4G$	0.43
	矩形截面	切应力	$\tau^2/6.5G$	0.27
扭杆弹簧	圆截面	切应力	$\tau^2/4G$	0.43
螺旋扭转弹簧	圆截面	弯曲应力	$\sigma^2/8E$	0.25
	矩形截面	弯曲应力	$\sigma^2/6E$	0.33
涡卷弹簧		弯曲应力	$\sigma^2/6E$	0.33
板弹簧		弯曲应力	$\sigma^2/6E$	0.33
两端固定梯形板弹簧		弯曲应力	$\sigma^2/6E$	0.33
两端固定长方形板弹簧		弯曲应力	$\sigma^2/18E$	0.11
悬臂长方形板弹簧		弯曲应力	$\sigma^2/18E$	0.11

注：1. 比值计算时的换算式：$G\approx E/2.6$ 和 $\tau=\sigma/\sqrt{3}=0.577\sigma$。
2. 弹簧体积按有效工作部分体积计算。
3. 弹簧应力修正系数未考虑。
4. σ 为弹簧受载荷后的正应力，τ 为弹簧受载荷后的切应力。

表 26-4　弹簧防振性能和使用条件比较

项　目	板弹簧	螺旋弹簧	碟形弹簧	空气弹簧	橡胶弹簧
承受载荷	大	小到大	中到大	中	小到中
自振频率/Hz	2~8	1~8	1.5~8	0.3~3	8~20
防振范围/Hz	>15	>6	>6	>3	>24
横向稳定性	大	中	—	大	大
衰减比 C/C_c	0.1~0.2	0	0.1~0.2	0.1~0.2	0.08
空间尺寸	大	中	小	大	大
结构	简单	简单	简单	复杂	简单

（续）

项　　目	板弹簧	螺旋弹簧	碟形弹簧	空气弹簧	橡胶弹簧
维护	方便	方便	方便	较困难	方便
弹簧特性改变方式	调整跨度	更换弹簧	更换弹簧	改变空气压力	改变形状
价格	高	低	中	高	低

注：衰减比为衰减系数 C 与临界衰减系数 C_c 的比。

26.2　弹簧材料

弹簧材料要求具有较高的抗拉强度、屈服强度、弹性模量、疲劳强度和冲击韧度，并应具有良好的工艺性能。高温环境下工作的弹簧材料要求一定的热稳定性。仪器、仪表弹簧要求恒弹性等性能。表 26-5 列出了主要类型弹簧常用材料牌号。

表 26-6 列出了常用弹簧材料的技术标准和规格，以及性能和应用举例。

表 26-5　主要类型弹簧常用材料牌号

用　途	线　材		棒材（热轧）	板带材	
	冷　拉	油淬火回火		冷　轧	热　轧
一般小型螺旋弹簧	65、70、75、85、60Si2MnA、78MnA、50CrVA	60、70、65Mn、75Mn	—	—	—
阀门弹簧	78MnA	60、70、65Mn、75Mn、55CrSi 50CrVA	—	—	—
一般大型螺旋弹簧	—	—	60、70、65Mn、55CrMnA、60Si2MnA	—	—
板弹簧	—	—	—	—	55Si2Mn 55SiMnMoV 60Si2Mn 55Si2MnVB 55Si2MnB
片弹簧	65、70、65Mn、T7A、T8A、T9A	—	—	65、70、65Mn、60Si2MnA、T7、T7A、T8、T8A	—
平面涡卷弹簧	65、70、65Mn、78MnA	—	—	T7A、T8A、T9A、T10A、T12A	—
碟形弹簧	—	—	—	T9、T10、60Si2MnA、50CrVA	55Si2Mn、60Si2MnA、50CrVA
环形弹簧	—	—	60Si2MnA、50CrMn	—	—
不锈、耐腐蚀弹簧	30Cr13、40Cr13、12Cr18Ni9、07Cr19Ni11Ti、07Cr17Ni7Al	—	—	30Cr13、12Cr17Ni7、06Cr19Ni10、07Cr17Ni7Al	—
高温弹簧	—	—	45Cr1MnMoV、1Cr15Ni36W3Ti、Cr14Ni25Mo	—	—

表 26-6　常用弹簧材料的技术标准和规格

标准号	标准名称	牌号	规格尺寸 /mm	切变模量 G /MPa	推荐硬度范围 HRC	推荐温度范围 /℃	性能
GB/T 4357—2009	冷拉碳素弹簧钢丝	25~80、40Mn~70Mn	B 级：ϕ0.08~ϕ13.0、C 级：ϕ0.08~ϕ13.0、D 级：ϕ0.08~ϕ6.0	79×10^3	—	-40~130	强度高、性能好。B 级用于低应力弹簧，C 级用于中等应力弹簧，D 级用于高应力弹簧
YB/T 5311—2011	重要用途碳素弹簧钢丝	60~80、T8MnA~T9A、60Mn~70Mn	G1 组：ϕ0.08~ϕ6.0、G2 组：ϕ0.08~ϕ6.0、F 组：ϕ2.0~ϕ5.0				强度高，韧性好。用于重要的小弹簧，G2 组较 G1 组强度高，F 组主要用于阀弹簧
GB/T 18983—2017	油淬火-回火弹簧钢丝	65Mn、70	ϕ2.0~ϕ6.0			-40~150	强度高，性能好。用于内燃机阀门弹簧或类似用途弹簧
		55、60、60Mn 65、65Mn、70 70Mn、75、80	A 类、B 类，ϕ2.0~ϕ12.0				强度高，性能好。适用于普通机械用弹簧。B 类较 A 类强度高
		60Si2MnA	A 类、B 类、C 类，ϕ2.0~ϕ14.0			-40~200	强度高，弹性好。易脱碳，用于较高负荷的弹簧。A 类用于一般用途弹簧，B 类用于一般用途和汽车悬挂弹簧，C 类用于汽车悬挂弹簧
		55CrSi	ϕ1.6~ϕ8.0			-40~250	有较高的疲劳强度，用于较高工作温度的高应力内燃机阀门弹簧或其他类似弹簧
		50CrVA	ϕ1.0~ϕ10.0			-40~210	
YB/T 5318—2010	合金弹簧钢丝	60Si2MnA、65Si2MnWA、70Si2MnA	ϕ1.0~ϕ12.0		45~50	-40~200	强度高，较好的弹性，易脱碳，用于普通机械的较大弹簧
		50CrVA	ϕ0.8~ϕ12.0		45~50	-40~210	高温时强度性能稳定，用于较高工作温度下的弹簧，如内燃机阀门弹簧等
		50CrVA	ϕ0.5~ϕ12.0				
		55CrSiA	ϕ0.8~ϕ6.0			-40~250	高温时强度性能稳定，用于较高工作温度下的高应力弹簧
GB/T 4240—2009	不锈钢丝	12Cr18Ni9、06Cr19Ni10、06Cr17Ni12Mo2	ϕ0.8~ϕ12.0	71×10^3	—	-200~300	耐腐蚀、耐高、低温，用于腐蚀或高、低温工作条件下的小弹簧

（续）

标准号	标准名称	牌号	规格尺寸 /mm	切变模量 G /MPa	推荐硬度范围 HRC	推荐温度范围 /℃	性　能
GB/T 1222—2016	弹簧钢	65Mn	圆钢 $\phi5\sim\phi80$，薄板厚度 0.7~4.0，钢板厚度 4.5~60	78×10^3	45~50	-40~120	弹性好，用于普通机械用弹簧
		55Si2Mn、55Si2Mn8、60Si2Mn、60Si2MnA				-40~200	较高的疲劳强度，弹性好，广泛用于各种机械、交通工具等用弹簧
		55CrMnA、60CrMnA			47~52	-40~250	强度高，抗高温，用于承受较重负荷的较大弹簧
		50CrVA			45~50	-40~210	高的疲劳性能，抗高温，用于较高工作温度下的较大弹簧
YB/T 5058—2005	弹簧钢、工具钢冷轧钢带	70Si2CrA、60Si2Mn、T7~T12A、50CrVA	厚度 0.1~3.0	79×10^3	—	—	用于制造片弹簧，平面涡卷弹簧和小型碟形弹簧
YB/T 5063—2007	热处理弹簧钢带	65Mn、T7A~T10A、60Si2MnA、70Si2CrA	厚度 0.08~1.0	79×10^3	—	—	用于制造片弹簧，平面涡卷弹簧和小型碟形弹簧
YB/T 5310—2010	弹簧用不锈冷轧钢带	12Cr17Ni7、06Cr19Ni10、30Cr13、07Cr17Ni7Al	厚度 0.05~2.5	71×10^3	—	—	用于在高温、低温或腐蚀介质中工作的片弹簧、平面涡卷弹簧
GB/T 2040—2017 GB/T 2059—2017 GB/T 21652—2017	铜及铜合金线、板、带	QSn3-1	线 $\phi0.1\sim\phi6.0$，带、板厚度 0.05~1.20、0.4~12	41×10^3	90~100 HBW	-40~120	有较高的耐腐蚀和防磁性能。用于机械或仪表等用弹性元件
		QSn4-3、QSn6.5-0.1、QSn6.5-0.4、QSn7-0.2	线 $\phi0.1\sim\phi6.0$，带、板厚度 0.05~1.50、0.20~10	40×10^3		-250~120	有较高的耐磨损、耐腐蚀和防磁性能。用于机械或仪表等用弹性元件
YS/T 571—2009 YS/T 323—2012	铍青铜线、板、带材	QBe2	线 $\phi0.03\sim\phi6.0$，带、板厚度 0.05~6.0	44×10^3	37~40	-200~120	较高的耐磨损、耐腐蚀、防磁和导电性能。用于机械或仪表等用精密弹性元件

26.3　圆柱螺旋弹簧

26.3.1　圆柱螺旋弹簧尺寸系列

一般用途圆柱螺旋弹簧材料截面直径 d、弹簧中径 D、有效圈数 n（拉伸、压缩弹簧）及自由高度 H_0 等主要尺寸，如图 26-1 所示。圆柱螺旋弹簧尺寸系列，见表 26-7。

表 26-7　圆柱螺旋弹簧尺寸系列（摘自 GB/T 1358—2009）

项目		数据									
弹簧材料截面直径 d /mm	第一系列	0.10	0.12	0.14	0.16	0.2	0.25	0.3	0.35	0.4	0.45
		0.50	0.60	0.70	0.80	0.90	1.00	1.20	1.60	2.00	2.50
		3.00	3.50	4.00	4.50	5.00	6.00	8.00	10.0	12.0	15.0
		16.0	20.0	25.0	30.0	35.0	40.0	45.0	50.0	60.0	—
	第二系列	0.05	0.06	0.07	0.08	0.09	0.18	0.22	0.28	0.32	0.55
		0.65	1.40	1.80	2.20	2.80	3.20	5.50	6.50	7.00	9.00
		11.0	14.0	18.0	22.0	28.0	32.0	38.0	42.0	55.0	—
	设计时优先选用第一系列										

项目	数据															
弹簧中径 D/mm	0.3	0.4	0.5	0.6	0.7	0.8	0.9	1	1.2	1.4	1.6	1.8	2	2.2	2.5	2.8
	3	3.2	3.5	3.8	4	4.2	4.5	4.8	5	5.5	6	6.5	7	7.5	8	8.5
	9	10	12	14	16	18	20	22	25	28	30	32	38	42	45	48
	50	52	55	58	60	65	70	75	80	85	90	95	100	105	110	115
	120	125	130	135	140	145	150	160	170	180	190	200	210	220	230	240
	250	260	270	280	290	300	320	340	360	380	400	450	500	550	600	—

项目		数据																
弹簧有效圈数 n/圈	压缩弹簧	2	2.25	2.5	2.75	3	3.25	3.5	3.75	4	4.25	4.5	4.75					
		5	5.5	6	6.5	7	7.5	8	8.5	9	9.5	10	10.5					
		11.5	12.5	13.5	14.5	15	16	18	20	22	25	28	30					
	拉伸弹簧	2	3	4	5	6	7	8	9	10	11	12	13	14	15	16	17	18
		19	20	22	25	28	30	35	40	45	50	55	60	65	70	80	90	100
		拉伸弹簧有效圈数除按表中规定外，由于两勾环相对位置不同，其尾数还可为 0.25、0.5、0.75																

项目	数据													
压缩弹簧自由高度 H_0/mm	2	3	4	5	6	7	8	9	10	11	12	13	14	15
	16	17	18	19	20	22	24	26	28	30	32	35	38	40
	42	45	48	50	52	55	58	60	65	70	75	80	85	90
	95	100	105	110	115	120	130	140	150	160	170	180	190	200
	220	240	260	280	300	320	340	360	380	400	420	450	480	500
	520	550	580	600	620	650	680	700	720	750	780	800	850	900
	950	1000	—	—	—	—	—	—	—	—	—	—	—	—

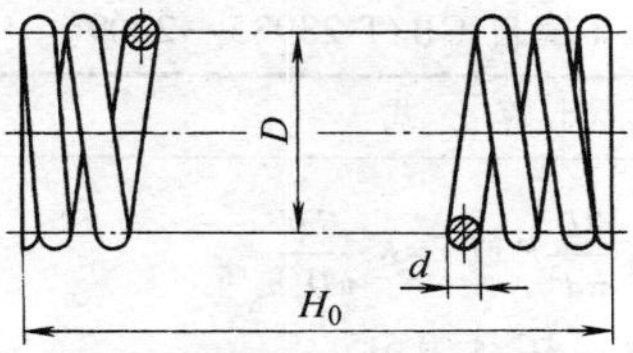

图 26-1　圆柱螺旋弹簧主要尺寸

26.3.2　圆柱螺旋压缩弹簧

26.3.2.1　圆柱螺旋压缩弹簧的结构形式

圆柱螺旋压缩弹簧的结构形式见表 26-8。

26.3.2.2　圆柱螺旋压缩弹簧的设计计算

（1）强度和变形的基本计算公式　圆截面圆柱螺旋压缩弹簧的结构参数如图 26-2 所示。强度和变形的基本计算公式见表 26-9。

（2）许用切应力　见表 26-12。

（3）几何尺寸及参数计算　见表 26-13。

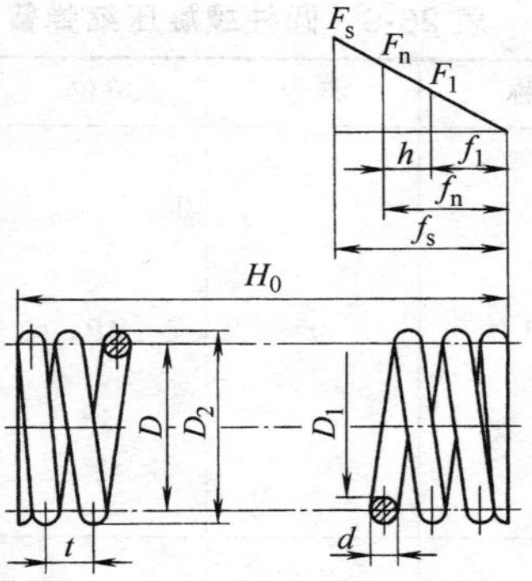

图 26-2　圆柱螺旋压缩弹簧结构参数

F_1—预加工作负荷　F_n—最大工作负荷

F_s—试验负荷　f_1—预加变形

f_n—最大变形　f_s—试验负荷下变形量

h—工作行程　H_0—自由高度

D_2—弹簧外径　D_1—弹簧内径

表 26-8　圆柱螺旋压缩弹簧的结构形式（摘自 GB/T 23935—2009）

类　型	代号	简　图	端部结构形式
冷卷压缩弹簧（Y）	YⅠ	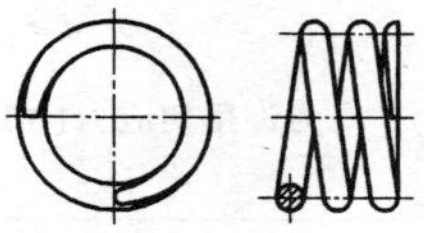	两端圈拼紧并磨平 $n_z \geqslant 2$
	YⅡ	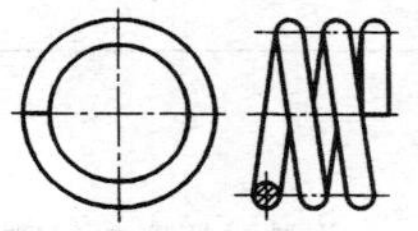	两端圈拼紧不磨 $n_z \geqslant 2$
	YⅢ	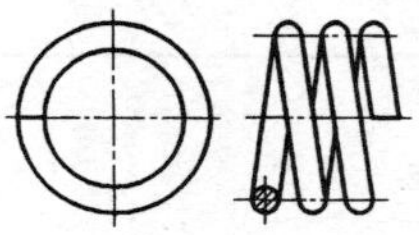	两端圈不拼紧 $n_z < 2$
热卷压缩弹簧（RY）	RYⅠ	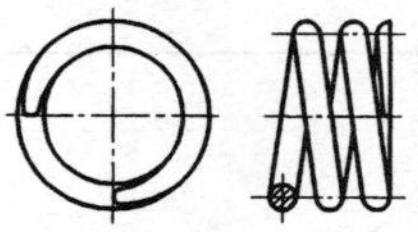	两端圈拼紧并磨平 $n_z \geqslant 1.5$
	RYⅡ		两端圈拼紧不磨 $n_z \geqslant 1.5$

表 26-9 圆柱螺旋压缩弹簧强度和变形的基本计算公式（摘自 GB/T 23935—2009）

名　称	符号	单位	计算公式
材料切应力	τ	MPa	$\tau=K\dfrac{8D}{\pi d^3}F$ 或 $\tau=K\dfrac{Gdf}{\pi D^2 n}$ 其中 $K=\dfrac{4C-1}{4C-4}+\dfrac{0.615}{C}$ 式中，F 为工作载荷(N)；D 为弹簧中径(mm)；d 为材料直径(mm)；K 为曲度系数；C 为旋绕比，$C=\dfrac{D}{d}=4\sim12$，其推荐值见表 26-10
弹簧变形量	f	mm	$f=\dfrac{8D^3n}{Gd^4}F$ 式中，n 为有效圈数(圈)；G 为材料切变模量(MPa)，工作温度超过 60℃时，工作温度下的切变模量 $G_t=K_tG$，K_t 为温度修正系数，见表 26-11
拉压弹簧刚度	k_T	N/mm	$k_T=\dfrac{F}{f}=\dfrac{Gd^4}{8D^3n}$
弹簧变形能	U	N · mm	$U=\dfrac{Ff}{2}$
弹簧材料截面直径	d	mm	$d\geqslant\sqrt[3]{\dfrac{8KDF}{\pi[\tau]}}$ 或 $d\geqslant\sqrt{\dfrac{8KCF}{\pi[\tau]}}$ 式中，$[\tau]$ 为许用切应力(MPa)，按载荷类型在表 26-12 中选取
弹簧有效圈数	n	圈	$n=\dfrac{Gd^4f}{8D^3F}$
试验载荷	F_s	N	$F_s=\dfrac{\pi d^3}{8D}\tau_s$ 式中，τ_s 为试验切应力(MPa)，其最大值取表 26-12 中的静载荷下的许用切应力值，动载荷有时取 $\tau_s=(1.1\sim1.3)[\tau]$
试验载荷下变形量	f_s	mm	$f_s=\dfrac{8D^3n}{Gd^4}F_s$ 弹簧变形量应满足 $0.2f_s\leqslant f_{1,2,3,\cdots,n}\leqslant0.8f_s$
压并载荷	F_b	N	$F_b=\dfrac{Gd^4}{8D^3n}f_b$ 式中，f_b 为压并变形量(mm)，由压并高度 H_b 求得，见表 26-13

表 26-10 旋绕比 C 的推荐值（摘自 GB/T 23935—2009）

d/mm	0.2~0.4	>0.5~1.0	>1.1~2.2	2.5~6.0	7.0~16	≥18
C	7~14	5~12	5~10	4~9	4~8	4~16

表 26-11　切变模量 G 与温度修正系数 K_t

材　料	切变模量 G /MPa	工作温度/℃			
		≤60	150	200	250
		K_t			
铬钒钢	79×10^3	1	0.96	0.95	0.94
硅锰钢	78×10^3	1	0.99	0.98	0.98
不锈钢	71×10^3	1	0.95	0.94	0.92
青铜	$(40\sim44)\times10^3$	1	0.95	0.94	0.92

表 26-12　许用切应力 [τ]（摘自 GB/T 23935—2009）

材　料		冷卷弹簧				热卷弹簧
		油淬火-退火弹簧钢丝	碳素弹簧钢丝、重要用途碳素弹簧钢丝	弹簧用不锈钢丝	铜及铜合金线材、铍青铜丝	60Si2Mn、60Si2MnA、50CrVA、55CrSiA、60CrMnA、60CrMnBA、60Si2CrA、60Si2CrVA
静载荷①许用切应力		$0.5R_m$	$0.45R_m$	$0.38R_m$	$0.36R_m$	710～890MPa
动载荷许用切应力	有限疲劳寿命②	$(0.4\sim0.5)R_m$	$(0.38\sim0.45)R_m$	$(0.34\sim0.38)R_m$	$(0.33\sim0.36)R_m$	568～712MPa
	无限疲劳寿命③	$(0.35\sim0.4)R_m$	$(0.33\sim0.38)R_m$	$(0.3\sim0.34)R_m$	$(0.3\sim0.33)R_m$	426～534MPa

注：1. 抗拉强度 R_m 值见表 26-14。

2. 对重要的弹簧，许用切应力应适当降低；经强压处理、喷丸处理能提高疲劳强度。

① 静载荷是指恒定不变的载荷，或循环次数 $N<10^4$ 次的动载荷。

② 有限疲劳寿命是指冷卷弹簧载荷循环次数 $N\geqslant10^4\sim10^6$ 次、热卷弹簧载荷循环次数 $N\geqslant10^4\sim10^5$ 次的动载荷。

③ 无限疲劳寿命是指冷卷弹簧载荷循环次数 $N\geqslant10^7$ 次、热卷弹簧载荷循环次数 $N\geqslant2\times10^6$ 次的动载荷。

表 26-13　圆柱螺旋压缩弹簧的几何尺寸及参数计算（摘自 GB/T 23935—2009）

名　称		符号	单位	计算公式及确定方法
弹簧材料直径		d	mm	由表 26-9 公式计算，并按表 26-7 GB 1358 标准选取
弹簧簧圈直径	弹簧中径	D	mm	$D=Cd, D=\dfrac{D_1+D_2}{2}$，由表 26-7 GB 1358 按结构要求选取
	弹簧内径	D_1		$D_1=D-d$
	弹簧外径	D_2		$D_2=D+d$
	弹簧受负荷后，中径增大值	ΔD		两端固定　$\Delta D=0.05\dfrac{t^2-d^2}{D}$ 两端回转　$\Delta D=0.1\dfrac{t^2-0.8td-0.2d^2}{D}$
弹簧圈数	有效圈数	n	—	按表 26-9 公式计算，并由表 26-7 GB/T 1358—2009 标准选取，一般不少于 3 圈，最少不少于 2 圈
	支承圈数	n_z		由表 26-8 按端圈结构型式确定
	总圈数	n_1		$n_1=n+n_z$ 尾数应为 1/4、1/2、3/4 或整圈，荐用 1/2 圈

（续）

<table>
<tr><td colspan="2">名　称</td><td>符号</td><td>单位</td><td colspan="6">计算公式及确定方法</td></tr>
<tr><td rowspan="5">弹簧高度</td><td rowspan="2">自由高度</td><td rowspan="2">H_0</td><td rowspan="5">mm</td><td>n_1</td><td>$n+1.5$</td><td>$n+2$</td><td>$n+2.5$</td><td>$n+2$</td><td>$n+2.5$</td></tr>
<tr><td>H_0</td><td>$nt+d$</td><td>$nt+1.5d$</td><td>$nt+2d$</td><td>$nt+3d$</td><td>$nt+3.5d$</td></tr>
<tr><td>工作高度</td><td>$H_{1,2,3,\cdots,n}$</td><td>端部结构形式</td><td colspan="3">两端圈磨平</td><td colspan="2">两端圈不磨</td></tr>
<tr><td>试验高度</td><td>H_s</td><td colspan="6" rowspan="2">t 为节距，H_0 推荐按表 26-7 GB/T 1358—2009 选取
$H_{1,2,3,\cdots,n}=H_0-f_{1,2,3,\cdots,n}$
$H_s=H_0-f_s$
端面磨削 3/4 圈　$H_b \leqslant n_1 d_{max}$
端面不磨削　$H_b \leqslant (n_1+1.5)d_{max}$
式中，d_{max} 为材料直径最大值</td></tr>
<tr><td>压并高度</td><td>H_b</td></tr>
<tr><td colspan="2">弹簧节距</td><td>t</td><td>mm</td><td colspan="6">$t=d+\frac{f_n}{n}+\delta_1=(0.28\sim0.5)D$
式中，f_n 为最大工作载荷 F_n 作用下的弹簧变形量；δ_1 为余隙，一般取 $\delta_1 \geqslant 0.1d$</td></tr>
<tr><td colspan="2">间距</td><td>δ</td><td>mm</td><td colspan="6">$\delta=t-d$</td></tr>
<tr><td colspan="2">螺旋角</td><td>α</td><td>(°)</td><td colspan="6">$\alpha=\arctan\frac{t}{\pi D}$
推荐 α 值 5°~9°，旋向一般为右旋</td></tr>
<tr><td colspan="2">材料展开长度</td><td>L</td><td>mm</td><td colspan="6">$L=\frac{\pi D n_1}{\cos\alpha}\approx \pi D n_1$</td></tr>
</table>

表 26-14a　材料抗拉强度 R_m（摘自 GB/T 23935—2009）　　（单位：MPa）

直径范围/mm	油淬火-退火弹簧钢丝 R_m/MPa								
	静态级、中疲劳级					高疲劳级			
	碳素钢	铬钒合金 A	铬钒合金 B	硅锰合金	铬硅合金	碳素钢	铬钒合金 A	铬钒合金 B	铬硅合金
0.5~0.8	1800	1800	1900	1850	2000	1700	1750	1910	2030
>0.8~1.0	1800	1780	1860	1850	2000	1700	1730	1880	2030
>1.0~1.3	1800	1750	1850	1850	2000	1700	1700	1860	2030
>1.3~1.4	1750	1750	1840	1850	2000	1700	1680	1840	2030
>1.4~1.6	1740	1710	1820	1850	2000	1670	1660	1820	2000
>1.6~2.0	1720	1710	1790	1820	2000	1650	1640	1770	1950
>2.0~2.5	1670	1670	1750	1800	1970	1630	1620	1720	1900
>2.5~2.7	1640	1660	1720	1780	1950	1610	1610	1690	1890
>2.7~3.0	1620	1630	1700	1760	1930	1590	1600	1660	1880
>3.0~3.2	1600	1610	1680	1740	1910	1570	1580	1640	1870

（续）

直径范围 /mm	油淬火-退火弹簧钢丝 R_m/MPa								
	静态级、中疲劳级					高疲劳级			
	碳素钢	铬钒合金 A	铬钒合金 B	硅锰合金	铬硅合金	碳素钢	铬钒合金 A	铬钒合金 B	铬硅合金
>3.2~3.5	1580	1600	1660	1720	1900	1550	1560	1620	1860
>3.5~4.0	1550	1560	1620	1710	1870	1530	1540	1570	1840
>4.0~4.2	1540	1540	1610	1700	1860	—	—	—	—
>4.2~4.5	1520	1520	1590	1690	1850	1510	1520	1540	1810
>4.5~4.7	1510	1510	1580	1680	1840	—	—	—	—
>4.7~5.0	1500	1500	1560	1670	1830	1490	1500	1520	1780
>5.0~5.6	1470	1460	1540	1660	1800	1470	1480	1490	1750
>5.6~6.0	1460	1440	1520	1650	1780	1450	1470	1470	1730
>6.0~6.5	1440	1420	1510	1640	1760	1420	1440	1440	1710
>6.5~7.0	1430	1400	1500	1630	1740	1400	1420	1420	1690
>7.0~8.0	1400	1380	1480	1620	1710	1370	1410	1390	1660
>8.0~9.0	1380	1370	1470	1610	1700	1350	1390	1370	1640
>9.0~10.0	1360	1350	1450	1600	1660	1340	1370	1340	1620
>10.0~12.0	1320	1320	1430	1580	1660	—	—	—	—
>12.0~14.0	1280	1300	1420	1560	1620	—	—	—	—
>14.0~15.0	1270	1290	1410	1550	1620	—	—	—	—
>15.0~17.0	1250	1270	1400	1540	1580	—	—	—	—

注：1. 静态级钢丝适用于一般用途弹簧；中疲劳级钢丝用于离合器、悬架弹簧等；高疲劳级适用于阀门弹簧等。

2. 表列抗拉强度 R_m 为材料标准的下限值。

表 26-14b　材料抗拉强度 R_m（摘自 GB/T 23935—2009）　（单位：MPa）

直径 /mm	碳素弹簧钢丝			YB/T 5311 重要用途碳素弹簧钢丝			直径 /mm	碳素弹簧钢丝			YB/T 5311 重要用途碳素弹簧钢丝		
	B 级	C 级	D 级	E 组	F 组	G 组		B 级	C 级	D 级	E 组	F 组	G 组
0.20	2150	2400	2690	2260	2640	—	0.30	2010	2300	2640	2210	2600	—
0.22	2110	2350	2690	2240	2620	—	0.32	1960	2250	2600	2210	2590	—
0.25	2060	2300	2640	2220	2600	—	0.35	1960	2250	2600	2210	2590	—
0.28	2010	2300	2640	2220	2600	—	0.40	1910	2250	2600	2200	2580	—

（续）

直径 /mm	碳素弹簧钢丝			YB/T 5311 重要用途碳素弹簧钢丝			直径 /mm	碳素弹簧钢丝			YB/T 5311 重要用途碳素弹簧钢丝		
	B 级	C 级	D 级	E 组	F 组	G 组		B 级	C 级	D 级	E 组	F 组	G 组
0.45	1860	2200	2550	2190	2570	—	2.2	1420	1660	1810	1720	1870	1620
0.50	1860	2200	2550	2180	2560	—	2.5	1420	1660	1760	1680	1770	1620
0.55	1810	2150	2500	2170	2550	—	2.8	1370	1620	1710	1630	1720	1570
0.60	1760	2110	2450	2160	2540	—	3.0	1370	1570	1710	1610	1690	1570
0.63	1760	2110	2450	2140	2520	—	3.2	1320	1570	1660	1560	1670	1570
0.70	1710	2060	2450	2120	2500	—	3.5	1320	1570	1660	1520	1620	1470
0.80	1710	2010	2400	2110	2490	—	4.0	1320	1520	1620	1480	1570	1470
0.90	1710	2010	2350	2060	2390	—	4.5	1320	1520	1620	1410	1500	1470
1.0	1660	1960	2300	2020	2350	1850	5.0	1320	1470	1570	1380	1480	1420
1.2	1620	1910	2250	1920	2270	1820	5.5	1270	1470	1570	1330	1440	1400
1.4	1620	1860	2150	1870	2200	1780	6.0	1220	1420	1520	1320	1420	1350
1.6	1570	1810	2110	1830	2160	1750	6.3	1220	1420	—	—	—	—
1.8	1520	1760	2010	1800	2060	1700	7.0	1170	1370	—	—	—	—
2.0	1470	1710	1910	1760	1970	1670	8.0	1170	1370	—	—	—	—

注：表列抗拉强度 R_m 为材料标准的下限值。

表 26-14c　材料抗拉强度 R_m（摘自 GB/T 23935—2009）　　（单位：MPa）

直径 /mm	弹簧用不锈钢丝			直径 /mm	弹簧用不锈钢丝			直径 /mm	弹簧用不锈钢丝		
	A 组	B 组	C 组		A 组	B 组	C 组		A 组	B 组	C 组
0.08	1618	2157	—	0.55	1569	1961	1814	2.9	1177	1569	1373
0.09	1618	2157	—	0.60	1569	1961	1814	3.0	—	1471	—
0.10	1618	2157	—	0.65	1569	1961	1814	3.2	1177	—	1373
0.12	1618	2157	1961	0.70	1569	1961	1814	3.5	1177	1471	1373
0.14	1618	2157	1961	0.80	1471	1863	1765	4.0	1177	1471	1373
0.16	1618	2157	1961	0.90	1471	1863	1765	4.5	1079	1471	1275
0.18	1618	2157	1961	1.0	1471	1863	1765	5.0	1079	1373	1275
0.20	1618	2157	1961	1.2	1373	1765	1667	5.5	1079	1373	1275
0.23	1569	2157	1961	1.4	1373	1765	1667	6.0	1079	1373	1275
0.26	1569	2059	1912	1.6	1324	1765	1569	6.5	981	1373	—
0.29	1569	2059	1912	1.8	1324	1667	1569	7.0	981	1275	—
0.32	1569	2059	1912	2.0	1324	1667	1569	8.0	981	1275	—
0.35	1569	2059	1912	2.2	—	1667	—	9.0	—	1275	—
0.40	1569	2059	1912	2.3	1275	—	1471	10.0	—	1128	—
0.45	1569	1961	1814	2.5	—	1569	—	11.0	—	981	—
0.50	1569	1961	1814	2.6	1275	—	1471	12.0	—	883	—

注：表列抗拉强度 R_m 为材料标准的下限值。

表 26-14d　材料抗拉强度 R_m（摘自 GB/T 23935—2009）　（单位：MPa）

铜及铜合金线材（GB/T 21652）	材料状态	线材直径/mm	R_m/MPa
QCd1	软	0.1～6.0	≥275
	硬	0.1～0.5	590～880
		>0.5～4.0	490～735
		>4.0～6.0	470～685
QSn6.5-0.1、QSn6.5-0.4、QSn7-0.2	软	0.1～6.0	≥350
QSi3-1、QSn4-3、QSn6.5-0.1、QSn6.5-0.4、QSn7-0.2	硬	0.1～1.0	880～1130
		>1.0～2.0	860～1060
		>2.0～4.0	830～1030
		>4.0～6.0	780～980
铍青铜丝（YS/T 571）QBe2	材料状态	时效前的拉力试验	时效后的拉力试验
	软	345～568	>1029
	1/2 硬	579～784	>1176
	硬	>598	>1274

26.3.2.3　圆柱螺旋压缩弹簧的校核计算

（1）稳定性校核　弹簧的高径比 $b=H_0/D$，应满足以下要求：

1）两端固定时，$b\leqslant5.3$。

2）一端固定、一端回转时，$b\leqslant3.7$。

3）两端回转时，$b\leqslant2.6$。

不符合上述要求时，要进行稳定性校核：最大工作载荷 F_n 应满足 $F_n<F_C$。F_C 为稳定性临界载荷，$F_C=C_BF'H_0$。C_B 为不稳定系数，可查图 26-3。

当不满足要求时，可重新改变参数，或者设置导杆或导套。导杆或导套与弹簧圈的间隙值见表 26-15。

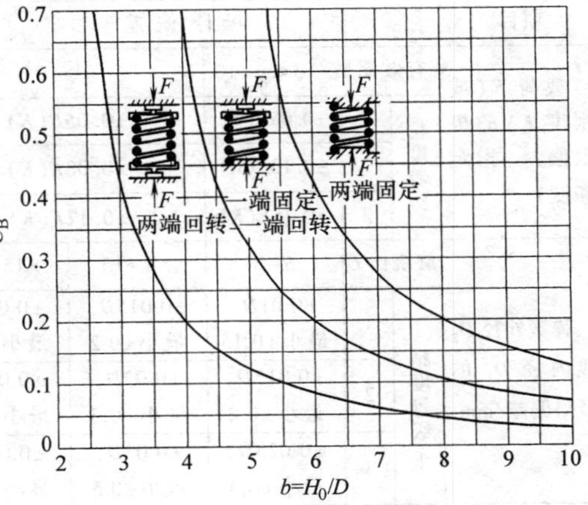

图 26-3　不稳定系数 C_B

表 26-15　导杆或导套与弹簧圈的间隙值（摘自 GB/T 23935—2009）　（单位：mm）

D	≤5	>5～10	>10～18	>18～30	>30～50	>50～80	>80～120	>120～150
间隙	0.6	1	2	3	4	5	6	7

（2）共振验算　受变载荷并高频率变化的弹簧，应进行共振验算。对于两端固定的钢制弹簧，其一次固有自振频率为

$$f_e=\frac{3.56d}{\pi D^2}\sqrt{\frac{G}{\rho}} \tag{26-1}$$

式中　ρ——材料密度（kg/mm^3）。

自振频率 f_e 与强迫振动频率 f_r 之比应大于 10，即

$$\frac{f_e}{f_r}>10 \tag{26-2}$$

26.3.2.4　典型工作图

弹簧零件工作图如图 26-4 所示。图中应注明的技术要求有以下数项：

1）弹簧端部形式。

2）总圈数 n_1。

3）有效圈数 n。

4）旋向。

5）表面处理。

6）制造技术条件。

必要时，可注明立定处理、强化处理等要求，以及使用条件，如温度、载荷性质等。

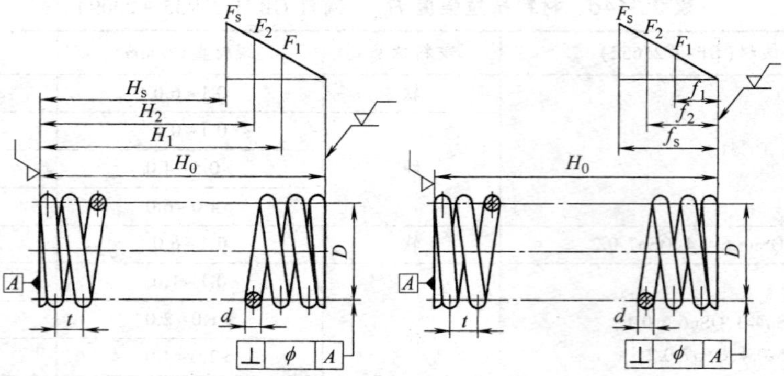

图 26-4　弹簧零件工作图

26.3.2.5　圆柱螺旋压缩弹簧的技术要求及检验（见表 26-16）

表 26-16　冷卷及热卷圆柱螺旋压缩弹簧的尺寸及载荷公差

冷卷圆柱螺旋压缩弹簧（$0.5\text{mm} \leqslant d < 14\text{mm}$，摘自 GB/T 1239.2—2009）

项目	极限偏差				
载荷 F（或刚度 K）的极限偏差（指定高度）	有效圈数		$3 \leqslant n < 10$	$n \geqslant 10$	
	精度等级	1	$\pm 0.05F(K)$	$\pm 0.05F(K)$	
		2	$\pm 0.10F(K)$	$\pm 0.08F(K)$	
		3	$\pm 0.15F(K)$	$\pm 0.12F(K)$	
弹簧外径 D_2 或内径 D_1 的极限偏差/mm	旋绕比 C		3～8	>8～15	>15～22
	精度等级	1	$\pm 0.01D$，最小 ± 0.15	$\pm 0.015D$，最小 ± 0.2	$\pm 0.02D$，最小 ± 0.3
		2	$\pm 0.015D$，最小 ± 0.2	$\pm 0.02D$，最小 ± 0.3	$\pm 0.03D$，最小 ± 0.5
		3	$\pm 0.025D$，最小 ± 0.4	$\pm 0.03D$，最小 ± 0.5	$\pm 0.04D$，最小 ± 0.7
弹簧自由高度 H_0 的极限偏差/mm	旋绕比 C		3～8	>8～15	>15～22
	精度等级	1	$\pm 0.01H_0$，最小 ± 0.2	$\pm 0.015H_0$，最小 ± 0.5	$\pm 0.02H_0$，最小 ± 0.6
		2	$\pm 0.02H_0$，最小 ± 0.5	$\pm 0.03H_0$，最小 ± 0.7	$\pm 0.04H_0$，最小 ± 0.8
		3	$\pm 0.03H_0$，最小 ± 0.7	$\pm 0.04H_0$，最小 ± 0.8	$\pm 0.06H_0$，最小 ± 1
垂直度极限偏差	精度等级	1	$0.02H_0(1°09')$		
		2	$0.05H_0(2°54')$		
		3	$0.08H_0(4°36')$		
其他	1）总圈数的极限偏差 ±1/4 圈 2）两端面并紧磨平的弹簧，支承圈磨平部分约 3/4 圈，端头厚度不少于 $\frac{1}{8}d$，表面粗糙度 Ra 不大于 12.5μm				

热卷圆柱螺旋压缩弹簧（$d > 12\text{mm}$，摘自 GB/T 23934—2015）

项目	极限偏差	
弹簧特性	指定载荷时高度的极限偏差/mm	$\pm(1.5 \pm 0.03f)$ 最小值 $\pm 0.01H_0$ f 为指定载荷时的变形量（mm）
	指定高度时载荷的极限偏差/N	$\pm(1.5 \pm 0.03f)K$ 最小值 $\pm 0.01H_0K$ K 为弹簧刚度（N/mm）
	弹簧刚度的极限偏差	一般 ±10% 精度要求较高时 ±5%
弹簧外径 D_2（或内径 D_1）的极限偏差/mm	$H_0 \leqslant 250$	$\pm 0.01D$，最小 ± 1.5
	$250 \leqslant H_0 < 500$	$\pm 0.015D$，最小 ± 1.5
	$H_0 > 500$	供需双方协议规定
自由高度 H_0 的极限偏差/mm	对弹簧特性有规定要求时 $\pm 0.02H_0$	
	对弹簧特性没有规定要求时 H_0 为参考值	
总圈数的极限偏差	对弹簧特性有要求时圈数为参考值，对弹簧特性没有要求时 ±1/4 圈	
垂直度极限偏差	两端圈制扁或磨平时为 $\pm 0.05H_0(2°52')$，有特殊要求时为 $\pm 0.02H_0(1°08'45'')$	
节距	在全变形量的 80% 时，正常节距圈不得接触	
压并高度	原则上不规定 要求规定时，最大值为 $H_b = n_1 \times d_{max}$，n_1 为总圈数，d_{max} 为材料最大直径	

【例 26-1】 设计螺旋压缩弹簧，最大工作载荷 $F_2=1300\text{N}$，工作行程 $h=45\text{mm}$，预加压力 $F_1=250\text{N}$。要求弹簧外径 $D_2\leqslant 45\text{mm}$，设计此弹簧。

【解】 1）选材料。由表 26-14 选碳素钢油淬火退火弹簧钢丝。设弹簧材料截面直径 $d=6\text{mm}$，查得其抗拉强度 $R_m=1460\text{MPa}$，由表 26-12 求得许用应力 $[\tau]=0.5R_m=0.5\times1460\text{MPa}=730\text{MPa}$

2）计算弹簧材料截面直径 d。由表 26-9 知

$$d\geqslant\sqrt{\frac{8KFC}{\pi[\tau]}}=\sqrt{\frac{8\times1.253\times1300\times6}{\pi\times730}}\text{mm}=5.84\text{mm}$$

按表 26-7 取标准值 6mm。选择材料时假设弹簧材料截面直径 $d=6\text{mm}$，合理。

参考表 26-10，取 $C=6$，按表 26-9 中公式求得

$$K=\frac{4C-1}{4C-4}+\frac{0.615}{C}=1.253$$

由表 26-13 公式计算，弹簧中径 $D=Cd=6\times6\text{mm}=36\text{mm}$。弹簧内径 $D_1=D-d=(36-6)\text{mm}=30\text{mm}$，弹簧外径 $D=D+d=(36+6)\text{mm}=42\text{mm}\leqslant45\text{mm}$ 符合要求。

3）求弹簧刚度。由题目要求弹簧刚度 $k_T=\dfrac{F_2-F_1}{h}=\dfrac{1300-250}{45}\text{N/mm}=23.33\text{N/mm}$。

4）按弹簧刚度要求，计算弹簧有效圈数 n。由表 26-9 计算公式知

$$k_T=\frac{Gd^4}{8D^3n}，由此$$

$$n=\frac{Gd^4}{8D^2k_T}=\frac{79000\times6^4}{8\times36^3\times23.33}=11.8\ 取\ n=12\ 圈$$

5）由表 26-8 端部结构形式，采用 YI 两端拼紧并磨平，取 $n_z=2$

6）取试验载荷 $F_s=1.1$，则 $F_2=1.1\times1300\text{N}=1430\text{N}$

由表 26-9，试验载荷下的应力 $\tau_s=\dfrac{8DF_s}{\pi d^3}=\dfrac{8\times36\times1430}{\pi\times6^3}\text{MPa}=606.9\text{MPa}$

试验载荷下的变形量

$$f_s=\frac{8D^3n}{Gd^4}F_s=\frac{8\times36^3\times12}{79000\times6^4}\times1430\text{mm}=62.6\text{mm}$$

载荷 F_2 下的变形

$$f_2=\frac{8D^3n}{Gd^4}F_2=\frac{8\times36^3\times12}{79000\times6^4}\times1300\text{mm}=57.6\text{mm}$$

载荷 F_1 下的变形（预变形）

$$f_1=\frac{8D^3n}{Gd^4}F_1=\frac{8\times36^3\times12}{79000\times6^4}\times250\text{mm}=11.1\text{mm}$$

载荷由 F_1 增至 F_2 时的工作行程 $h=f_2-f_1=(57.6-11.1)\text{mm}=46.5\text{mm}$，接近要求值 45mm。

7）几何尺寸计算

由表 26-13 知

总圈数 $n_1=n+n_2=12+2=14$

弹簧节距 $t=d+\dfrac{f_n}{\eta}+\delta_1=6+\dfrac{57.6}{12}+0.1\times6=11.4$

式中，f_n 等于载荷 F_2 下的总变形 f_2

取 $\delta_1=0.1d$

弹簧自由高度 $H_o=nt+1.5d$

$=(12\times11.4+1.5\times6)\text{mm}=144.3\text{mm}$

弹簧间距 $\delta=t-d=(11.4-6)\text{mm}=5.4\text{mm}$

螺旋角 $\alpha=\arctan\dfrac{t}{\pi D}=\arctan\dfrac{11.4}{\pi\times36}=5.756°$

材料展开长度 $L=\dfrac{\pi Dn_1}{\cos\alpha}=\dfrac{\pi\times36\times14}{\cos5.756°}\text{mm}=1591.4\text{mm}$

8）稳定性校核。

弹簧的高径比 $b=\dfrac{H_0}{D}=\dfrac{144.3}{36}=4.008$

由 26.3.2.3 节的规定，两端固定时，$b\leqslant5.3$。此弹簧稳定校核设计可用。

图请参照图 26-2，不同的是本例题中 F_2、f_2 在图 26-2 中下标为 n。

26.3.2.6 圆柱螺旋压缩弹簧的选择（摘自 GB/T 2089—2009）

本部分用于受静负荷及循环次数 $N<10^6$ 的动负荷的普通冷卷或热卷圆截面圆柱螺旋压缩弹簧。

标记方法：

弹簧的标记由类型代号、规格、精度代号、旋向代号和标准号组成，规定如下：

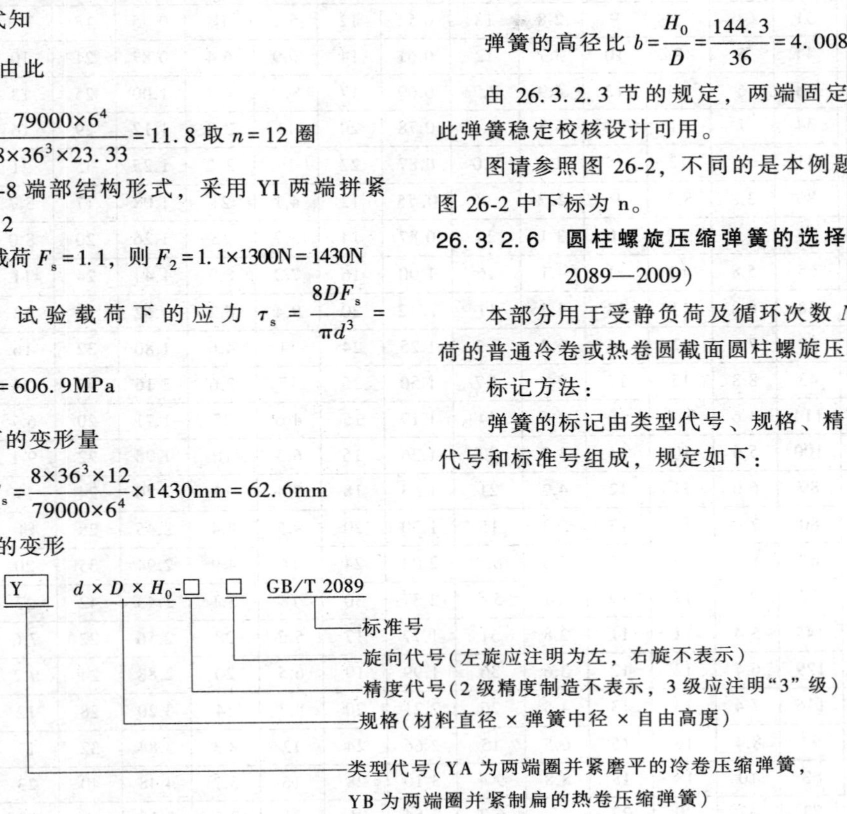

标记示例：

示例1：

YA型弹簧，材料直径为1.2mm，弹簧中径为8mm，自由高度40mm，精度等级为2级，左旋的两端圈并紧磨平的冷卷压缩弹簧。

标记：YA 1.2×8×40 左 GB/T 2089

表 26-17　圆柱螺旋压缩

d /mm	D /mm	F_n /N	D_{Xmax} /mm	D_{Tmin} /mm	n=2.5圈				n=4.5圈				n=6.5圈			
					H_0 /mm	f_n /mm	k_T/ (N/mm)	m /g	H_0 /mm	f_n /mm	k_T/ (N/mm)	m /g	H_0 /mm	f_n /mm	k_T/ (N/mm)	m /g
0.5	3	14	1.9	4.1	4	1.5	9.1	0.07	7	2.8	5.1	0.09	10	4.0	3.5	0.12
	3.5	12	2.4	4.6	5	2.1	5.8	0.08	8	3.8	3.2	0.11	12	5.5	2.2	0.14
	4	11	2.9	5.1	6	2.8	3.9	0.09	9	5.2	2.1	0.12	14	7.3	1.5	0.16
	4.5	9.6	3.4	5.6	7	3.6	2.7	0.10	10	6.4	1.5	0.14	16	9.6	1.0	0.18
	5	8.6	3.9	6.1	8	4.3	2.0	0.11	12	7.8	1.1	0.16	18	11	0.8	0.20
0.8	4	40	2.6	5.4	6	1.6	25	0.22	9	2.9	14	0.32	12	4.1	9.7	0.42
	4.5	36	3.1	5.9	7	2.0	18	0.25	10	3.6	10	0.36	14	5.3	6.8	0.47
	5	32	3.6	6.4	8	2.5	13	0.28	11	4.4	7.2	0.40	15	6.4	5.0	0.52
	6	27	4.2	7.8	9	3.6	7.5	0.33	13	6.4	4.2	0.48	19	9.3	2.9	0.63
	7	23	5.2	8.8	10	4.9	4.7	0.39	15	8.8	2.6	0.56	23	13	1.8	0.73
	8	20	6.2	9.8	12	6.3	3.2	0.44	18	11	1.8	0.64	28	17	1.2	0.84
1	4.5	68	2.9	6.1	7	1.6	43	0.39	10	2.8	24	0.56	14	4.0	17	0.74
	5	62	3.4	6.6	8	1.9	32	0.43	11	3.4	18	0.62	15	5.2	12	0.82
	6	51	4	8	9	2.8	18	0.52	12	5.1	10	0.75	18	7.3	7.0	0.98
	7	44	5	9	10	3.7	12	0.61	14	6.9	6.4	0.87	21	10	4.4	1.14
	8	38	6	10	12	4.9	7.7	0.69	17	8.8	4.8	1.00	25	13	3.0	1.31
	9	34	7	11	13	6.3	5.4	0.78	20	11	3.0	1.12	29	16	2.1	1.47
	10	31	8	12	15	7.8	4.0	0.87	22	14	2.2	1.25	35	21	1.5	1.63
1.2	6	86	3.8	8.2	9	2.3	38	0.75	12	4.1	21	1.08	17	5.7	15	1.41
	7	74	4.8	9.2	10	3.1	24	0.87	14	5.7	13	1.26	20	8.0	9.2	1.65
	8	65	5.8	10	11	4.1	16	1.00	16	7.3	8.9	1.44	24	11	6.2	1.88
	9	58	6.8	11	12	5.3	11	1.12	20	9.4	6.2	1.62	28	13	4.3	2.12
	10	52	7.8	12	14	6.3	8.2	1.25	24	11	4.6	1.80	32	16	3.2	2.35
	12	43	8.8	15	17	9.1	4.7	1.50	26	17	2.6	2.16	40	24	1.8	2.82
1.4	7	114	4.6	9.4	10	2.6	44	1.19	15	4.6	25	1.71	20	6.7	17	2.24
	8	100	5.6	10	11	3.3	30	1.36	16	6.3	16	1.96	22	9.1	11	2.56
	9	89	6.6	11	12	4.2	21	1.53	18	7.4	12	2.20	24	11	8.0	2.88
	10	80	7.6	12	13	5.3	15	1.70	20	9.5	8.4	2.45	28	14.	5.8	3.20
	12	67	8.6	15	16	7.6	8.8	2.03	24	14	4.9	2.94	35	20	3.4	3.84
	14	57	11	17	19	10	5.5	2.37	30	18	3.1	3.43	42	27	2.1	4.48
1.6	8	145	5.4	11	11	2.8	51	1.77	17	5.2	28	2.56	22	7.6	19	3.35
	9	129	6.4	12	12	3.6	36	1.99	19	6.5	20	2.88	24	9.2	14	3.77
	10	116	7.4	13	13	4.5	26	2.21	20	8.3	14	3.20	28	12	10	4.18
	12	97	8.4	16	15	6.5	15	2.66	24	12	8.3	3.84	32	17	5.8	5.02
	14	83	10	18	18	8.8	9.4	3.10	28	16	5.2	4.48	40	23	3.6	5.86
	16	73	12	20	22	12	6.3	3.54	36	21	3.5	5.12	48	30	2.4	6.69

示例 2：

YB 型弹簧，材料直径为 30mm，弹簧中径为 160mm，自由高度 200mm，精度等级为 3 级，右旋的并紧制扁的热卷压缩弹簧。

标记：YB 30×160×200-3 GB/T 2089

弹簧尺寸及参数（见表 26-17）：

弹簧的尺寸及参数

n=8.5 圈				n=10.5 圈				n=12.5 圈			
H_0 /mm	f_n /mm	k_T/ (N/mm)	m /g	H_0 /mm	f_n /mm	k_T/ (N/mm)	m /g	H_0 /mm	f_n /mm	k_T/ (N/mm)	m /g
11	5.2	2.7	0.15	14	6.4	2.2	0.18	16	7.8	1.8	0.21
13	7.1	1.7	0. 18	16	8.6	1.4	0.21	19	10	1.2	0. 24
15	10	1.1	0.20	19	12	0.9	0. 24	22	14	0.8	0.28
18	12	0.8	0.23	22	16	0.6	0. 27	26	19	0.5	0.31
21	14	0.6	0.25	26	17	0.5	0. 30	30	22	0.4	0. 35
15	5.4	7.4	0. 52	18	6.7	6.0	0. 62	22	7.8	5.1	0.71
16	6.9	5.2	0.58	20	8.6	4.2	0. 69	24	10	3.6	0. 80
18	8.4	3.8	0. 65	22	10	3.1	0.77	28	12	2.6	0.89
22	12	2.2	0.78	28	15	1.8	0. 92	32	18	1.5	1.07
28	16	1.4	0. 90	32	21	1.1	1.08	38	26	0.9	1.25
32	22	0.9	1.03	40	25	0.8	1.23	48	33	0.6	1.43
16	5.2	13	0.91	20	6.8	10	1.08	24	7.8	8.7	1.25
18	6.7	9.3	1.01	22	8.3	7.5	1.20	26	9.8	6.3	1.39
20	9.4	5.4	1.21	26	12	4.4	1.44	30	14	3.7	1.67
26	13	3.4	1.41	30	16	2.7	1.68	35	19	2.3	1.95
30	17	2.3	1.62	35	21	1.8	1.92	42	25	1.5	2.23
35	21	1.6	1.82	42	26	1.3	2.16	48	31	1.1	2.51
40	26	1.2	2.02	48	34	0.9	2.40	58	39	0.8	2.79
22	7.8	11	1.74	25	9.6	9.0	2.08	30	11	7.6	2.41
25	11	7.0	2.03	30	13	5.7	2.42	35	15	4.8	2.81
28	14	4.7	2.33	35	17	3.8	2.77	40	20	3.2	3.21
35	18	3.3	2.62	45	22	2.7	3.11	50	26	2.2	3.61
40	22	2.4	2.91	50	26	2.0	3.46	58	33	1.6	4.01
48	31	1.4	3.49	58	39	1.1	4.15	70	48	0.9	4.82
26	8.8	13	2.77	30	10	11	3.30	35	13	8.8	3.82
28	11	8.7	3.17	35	14	7.1	3.77	40	17	5.9	4.37
32	15	6.1	3.56	38	18	5.0	4.24	45	21	4.2	4.92
35	18	4.5	3.96	42	22	3.6	4.71	50	27	3.0	5.46
45	26	2.6	4.75	52	32	2.1	5.65	60	37	1.8	6.56
55	36	1.6	5.54	65	44	1.3	6.59	75	52	1.1	7.65
28	9.7	15	4.13	35	12	12	4.92	40	15	10	5.71
32	13	10	4.65	38	15	8.5	5.54	45	18	7.1	6.42
35	15	7.6	5.17	42	19	6.2	6.15	48	22	5.2	7.14
42	22	4.4	6.20	50	27	3.6	7.38	60	32	3.0	8.56
50	30	2.8	7.24	60	38	2.2	8.61	70	44	1.9	9.99
60	38	1.9	8.27	70	49	1.5	9.84	85	56	1.3	11.42

d /mm	D /mm	F_n /N	D_{Xmax} /mm	D_{Tmin} /mm	$n=2.5$ 圈				$n=4.5$ 圈				$n=6.5$ 圈			
					H_0 /mm	f_n /mm	k_T/(N/mm)	m /g	H_0 /mm	f_n /mm	k_T/(N/mm)	m /g	H_0 /mm	f_n /mm	k_T/(N/mm)	m /g
1.8	9	179	6.2	12	13	3.1	57	2.52	18	5.6	32	3.64	25	8.1	22	4.77
	10	161	7.2	13	15	3.9	41	2.80	20	7.0	23	4.05	28	10	16	5.29
	12	134	8.2	16	16	5.6	24	3.36	24	10	13	4.86	32	15	9.2	6.35
	14	115	10	18	18	7.7	15	3.92	28	14	8.4	5.67	38	20	5.8	7.41
	16	101	12	20	20	10	10	4.49	32	18	5.6	6.48	45	26	3.9	8.47
	18	90	14	22	22	13	7	5.05	38	23	4.0	7.29	52	33	2.7	9.53
2	10	215	7	13	13	3.4	63	3.46	20	6.1	35	5.00	28	9.0	24	6.54
	12	179	8	16	15	4.8	37	4.15	24	9.0	20	6.00	32	13	14	7.84
	14	153	10	18	17	6.7	23	4.85	26	12	13	7.00	38	17	8.9	9.15
	16	134	12	20	19	8.9	15	5.54	30	16	8.6	8.00	42	23	5.9	10.46
	18	119	14	22	22	11	11	6.23	35	20	6.0	9.00	48	28	4.2	11.77
	20	107	15	25	24	14	7.9	6.92	40	24	4.4	10.00	55	36	3.0	13.07
2.5	12	339	7.5	17	16	3.8	89	6.49	24	6.8	50	9.37	32	10	34	12.26
	14	291	9.5	19	17	5.2	56	7.57	28	9.4	31	10.93	38	13	22	14.30
	16	255	12	21	19	6.7	38	8.65	30	12	21	12.50	40	18	14	16.34
	18	226	14	23	20	8.7	26	9.73	30	15	15	14.06	48	23	10	18.39
	20	204	15	26	24	11	19	10.81	38	19	11	15.62	52	28	7.4	20.43
	22	185	17	28	26	13	14	11.90	42	23	8.1	17.18	58	33	5.6	22.47
	25	163	20	31	30	16	10	13.52	48	30	5.5	19.53	70	43	3.8	25.53
3	14	475	9	19	18	4.1	117	10.90	28	7.3	65	15.75	38	11	45	20.59
	16	416	11	21	20	5.3	78	12.46	30	9.7	43	18.00	40	14	30	23.53
	18	370	13	23	22	6.7	55	14.02	35	12	30	20.25	45	18	21	26.47
	20	333	14	26	24	8.3	40	15.57	38	15	22	22.49	50	22	15	29.42
	22	303	16	28	24	10	30	17.13	40	18	17	24.74	58	25	12	32.36
	25	266	19	31	28	13	20	19.47	45	23	11	28.12	65	34	7.9	36.77
	28	238	22	34	32	16	15	21.80	52	29	8.1	31.49	70	43	5.6	41.18
	30	222	24	36	35	19	12	23.36	58	34	6.6	33.74	80	48	4.6	44.12
3.5	16	661	11	22	22	4.6	145	16.96	32	8.3	80	24.49	45	12	56	32.03
	18	587	13	24	22	5.8	102	19.08	35	10	56	27.56	48	15	39	36.03
	20	528	14	27	24	7.1	74	21.20	38	13	41	30.62	50	19	28	40.04
	22	480	16	29	26	8.6	56	23.32	40	15	31	33.68	55	23	21	44.04
	25	423	19	32	28	11	38	26.50	45	20	21	38.27	65	28	15	50.05
	28	377	22	35	32	14	27	29.68	50	25	15	42.86	70	38	10	56.05
	30	352	24	37	35	16	22	31.80	55	29	12	45.93	75	42	8.4	60.06
	32	330	25	40	38	18	18	33.92	60	33	10	48.99	80	47	7.0	64.06
	35	302	28	43	40	22	14	37.09	65	39	7.7	53.58	90	57	5.3	70.07

（续）

$n=8.5$ 圈				$n=10.5$ 圈				$n=12.5$ 圈			
H_0 /mm	f_n /mm	k_T/ (N/mm)	m /g	H_0 /mm	f_n /mm	k_T/ (N/mm)	m /g	H_0 /mm	f_n /mm	k_T/ (N/mm)	m /g
32	11	17	5.89	38	13	14	7.01	42	16	11	8.13
35	13	12	6.54	40	16	9.9	7.79	48	19	8.3	9.03
40	19	7.1	7.85	50	24	5.7	9.34	58	28	4.8	10.84
48	26	4.4	9.16	58	32	3.6	10.90	70	38	3.0	12.65
60	34	3.0	10.47	70	42	2.4	12.46	80	51	2.0	14.45
65	43	2.1	11.77	80	53	1.7	14.02	95	64	1.4	16.26
35	11	19	8.08	40	14	15	9.61	48	17	13	11.15
40	16	11	9.69	48	21	8.7	11.54	58	25	7.3	13.38
50	23	6.8	11.31	55	28	5.5	13.46	65	33	4.6	15.61
55	30	4.5	12.92	65	37	3.7	15.38	75	43	3.1	17.84
65	37	3.2	14.54	75	46	2.6	17.30	90	54	2.2	20.07
75	47	2.3	16.15	90	56	1.9	19.23	105	67	1.6	22.30
40	13	26	15.14	50	16	21	18.02	58	19	18	20.91
45	17	17	17.66	55	22	13	21.03	65	26	11	24.39
52	23	11	20.19	65	28	9.0	24.03	75	34	7.5	27.88
58	29	7.8	22.71	70	36	6.3	27.04	85	43	5.3	31.36
65	36	5.7	25.23	80	44	4.6	30.04	95	52	3.9	34.85
75	43	4.3	27.76	90	53	3.5	33.05	105	64	2.9	38.33
90	56	2.9	31.54	105	68	2.4	37.55	120	82	2.0	43.56
48	14	34	25.44	58	17	28	30.28	65	21	23	35.13
52	18	23	29.07	65	22	19	34.61	75	26	16	40.14
58	23	16	32.70	70	28	13	38.93	80	34	11	45.16
65	28	12	36.34	75	35	9.5	43.26	90	42	8.0	50.18
70	34	8.8	39.97	85	42	7.2	47.58	100	51	6.0	55.20
80	44	6.0	45.42	100	54	4.9	54.07	115	65	4.1	62.73
95	55	4.3	50.87	115	68	3.5	60.56	140	82	2.9	70.25
100	63	3.5	54.51	120	79	2.8	64.89	150	93	2.4	75.27
55	15	43	39.57	65	19	34	47.10	75	23	29	54.64
58	20	30	44.51	70	24	24	52.99	80	29	20	61.47
65	24	22	49.46	75	29	18	58.88	90	35	15	68.30
70	30	16	54.41	85	37	13	64.77	100	44	11	75.13
80	38	11	61.82	95	47	9.0	73.60	110	56	7.6	85.38
90	48	7.9	69.24	110	59	6.4	82.43	130	70	5.4	95.62
95	54	6.5	74.19	115	68	5.2	88.32	140	80	4.4	102.5
105	62	5.3	79.14	130	77	4.3	94.21	150	92	3.6	109.3
115	74	4.1	86.55	140	92	3.3	103.0	170	108	2.8	119.5

d/mm	D/mm	F_n/N	D_{Xmax}/mm	D_{Tmin}/mm	n=2.5圈				n=4.5圈				n=6.5圈			
					H_0/mm	f_n/mm	k_T/(N/mm)	m/g	H_0/mm	f_n/mm	k_T/(N/mm)	m/g	H_0/mm	f_n/mm	k_T/(N/mm)	m/g
4	20	764	13	27	26	6.1	126	27.69	38	11	70	39.99	52	16	49	52.30
	22	694	15	29	28	7.3	95	30.45	40	13	53	43.99	55	19	37	57.52
	25	611	18	32	30	9.4	65	34.61	45	17	36	49.99	60	24	25	65.37
	28	545	21	35	34	12	46	38.76	50	21	26	55.99	70	30	18	73.21
	30	509	23	37	36	14	37	41.53	55	24	21	59.99	75	36	14	78.44
	32	477	24	40	37	15	31	44.30	58	28	17	63.98	80	40	12	83.67
	35	436	27	43	41	18	24	48.45	65	34	13	69.98	90	48	9.1	91.52
	38	402	30	46	46	22	18	52.60	70	40	10	75.98	100	57	7.1	99.36
	40	382	32	48	48	24	16	55.37	75	43	8.8	79.98	105	63	6.1	104.6
4.5	22	988	15	30	28	6.5	152	38.54	42	12	85	55.67	58	17	59	72.80
	25	870	18	33	30	8.4	104	43.80	48	15	58	63.27	60	22	40	82.73
	28	777	21	36	32	11	74	49.06	50	19	41	70.86	70	28	28	92.66
	30	725	23	38	36	12	60	52.56	52	22	33	75.92	75	32	23	99.28
	32	680	24	41	37	14	49	56.06	58	25	27	80.98	75	36	19	105.9
	35	621	27	44	40	16	38	61.32	60	30	21	88.57	85	41	15	115.8
	38	572	30	47	44	19	30	66.58	65	36	16	96.16	90	52	11	125.8
	40	544	42	49	48	22	25	70.08	70	39	14	101.2	100	56	9.7	132.4
	45	483	37	54	54	27	18	78.84	85	48	10	113.9	120	71	6.8	148.9
5	25	1154	17	33	30	7	158	54.07	48	13	88	78.11	65	19	61	102.1
	28	1030	20	36	32	9	112	60.56	52	17	62	87.48	70	24	43	114.4
	30	962	22	38	35	11	91	64.89	55	19	51	93.73	75	27	35	122.6
	32	902	23	41	38	12	75	69.21	58	21	42	99.98	80	31	29	130.7
	35	824	26	44	40	14	58	75.70	60	26	32	109.3	85	37	22	143.0
	38	759	29	47	42	17	45	82.19	65	30	25	118.7	90	44	17	155.3
	40	721	31	49	45	18	39	86.52	70	34	21	125.0	100	48	15	163.4
	45	641	36	54	50	24	27	97.33	80	43	15	140.6	115	64	10	183.9
	50	577	41	59	55	29	20	108.1	95	52	11	156.2	130	76	7.6	204.3
6	30	1605	21	39	38	8	190	93.44	55	15	105	135.0	75	22	73	176.5
	32	1505	22	42	38	10	156	99.67	58	17	87	144.0	80	25	60	188.3
	35	1376	25	45	40	12	119	109.0	60	21	66	157.5	85	30	46	205.9
	38	1267	28	48	42	14	93	118.4	65	24	52	171.0	90	35	36	223.6
	40	1204	30	50	45	15	80	124.6	70	27	44	180.0	95	39	31	235.3
	45	1070	35	55	48	19	56	140.2	75	35	31	202.5	105	49	22	264.7
	50	963	40	60	52	23	41	155.7	85	42	23	224.9	120	60	16	294.2
	55	876	44	66	58	28	31	171.3	95	52	17	247.4	130	73	12	323.6
	60	803	49	71	65	33	24	186.9	105	62	13	269.9	150	12	9.1	353.0

（续）

$n=8.5$ 圈				$n=10.5$ 圈				$n=12.5$ 圈			
H_0 /mm	f_n /mm	k_T/(N/mm)	m /g	H_0 /mm	f_n /mm	k_T/(N/mm)	m /g	H_0 /mm	f_n /mm	k_T/(N/mm)	m /g
65	21	37	64.60	80	25	30	76.90	90	30	25	89.21
70	25	28	71.06	85	30	23	84.60	100	37	19	98.13
80	32	19	80.75	95	41	15	96.13	110	47	13	111.5
90	39	14	90.44	105	50	11	107.7	130	59	9.2	124.9
95	46	11	96.90	115	57	8.9	115.4	140	68	7.5	133.8
100	52	9.1	103.4	120	65	7.3	123.0	150	77	6.2	142.7
115	63	6.9	113.1	140	78	5.6	134.6	160	93	4.7	156.1
130	74	5.4	122.7	150	91	4.4	146.1	180	109	3.7	169.5
142	83	4.6	129.2	160	101	3.8	153.8	190	119	3.2	178.4
70	22	45	89.9	85	27	36	107.1	100	33	30	124.2
80	29	30	102.2	95	35	25	121.7	110	41	21	141.1
85	35	22	114.5	105	43	18	136.3	120	52	15	158.1
90	40	18	122.6	110	52	14	146.0	130	60	12	169.4
100	45	15	130.8	120	57	12	155.7	140	69	9.9	180.6
105	56	11	143.1	130	69	9.0	170.3	150	82	7.6	197.6
110	66	8.7	155.3	145	82	7.0	184.9	160	97	5.9	214.5
130	74	7.4	163.5	160	91	6.0	194.7	190	107	5.1	225.8
150	93	5.2	184.0	180	115	4.2	219.0	220	134	3.6	254.0
80	25	46	126.2	100	30	38	150.2	115	36	32	174.2
90	31	33	141.3	105	38	27	168.2	120	47	22	195.1
95	36	27	151.4	115	44	22	180.2	130	53	18	209.1
100	41	22	161.5	120	50	18	192.3	140	60	15	223.0
110	48	17	176.6	130	59	14	210.3	150	69	12	243.9
120	58	13	191.8	140	69	11	228.3	170	84	9.0	264.8
130	66	11	201.9	150	78	9.2	240.3	180	93	7.7	278.8
140	80	8.0	227.1	180	99	6.5	270.4	200	118	5.4	313.6
170	99	5.8	252.3	200	123	4.7	300.4	240	144	4.0	348.5
95	29	56	218.0	115	36	45	259.6	130	42	38	301.1
100	33	46	232.6	120	41	37	276.9	140	49	31	321.2
105	39	35	254.4	130	49	28	302.8	150	57	24	351.3
115	47	27	276.2	140	58	22	328.8	160	67	19	381.4
120	50	24	290.7	140	63	19	346.1	170	75	16	401.4
140	63	17	327.0	160	82	13	389.3	190	97	11	451.6
150	80	12	363.4	190	98	9.8	432.6	220	117	8.2	501.8
170	97	9.0	399.7	200	120	7.3	475.8	240	141	6.2	552.0
190	115	7.0	436.1	240	143	5.6	519.1	280	171	4.7	602.2

d /mm	D /mm	F_n /N	D_{Xmax} /mm	D_{Tmin} /mm	$n=2.5$ 圈				$n=4.5$ 圈				$n=6.5$ 圈			
					H_0 /mm	f_n /mm	k_T/(N/mm)	m /g	H_0 /mm	f_n /mm	k_T/(N/mm)	m /g	H_0 /mm	f_n /mm	k_T/(N/mm)	m /g
8	32	3441	20	44	45	7	494	177.2	70	13	274	255.9	90	18	190	334.7
	35	3146	23	47	47	8	377	193.8	72	15	210	279.9	96	22	145	366.1
	38	2898	26	50	49	10	295	210.4	76	18	164	303.9	98	26	113	397.4
	40	2753	28	52	50	11	253	221.5	78	20	140	319.9	100	28	97	418.4
	45	2447	33	57	52	14	178	249.2	84	25	99	359.9	105	36	68	470.7
	50	2203	38	62	55	17	129	276.9	88	31	72	399.9	115	44	50	523.0
	55	2002	42	68	58	21	97	304.5	90	37	54	439.9	130	54	37	575.2
	60	1835	47	73	60	24	75	332.2	100	44	42	479.9	140	63	29	627.5
	65	1694	52	78	65	29	59	359.9	110	51	33	519.9	150	74	23	679.8
	70	1573	57	83	70	33	47	387.6	115	61	26	559.9	160	87	18	732.1
	75	1468	62	88	75	39	38	415.3	130	70	21	599.9	180	98	15	784.4
	80	1377	67	93	80	43	32	443.0	140	77	18	639.8	190	115	12	836.7
10	40	5181	26	54	56	8	617	346.1	80	15	343	499.9	110	22	237	653.7
	45	4605	31	59	58	11	433	389.3	85	19	241	562.4	115	28	167	735.4
	50	4145	36	64	61	13	316	432.6	90	24	176	624.9	120	34	122	817.1
	55	3768	40	70	64	16	237	475.8	95	29	132	687.3	130	41	91	898.8
	60	3454	45	75	68	19	183	519.1	105	34	102	749.8	140	49	70	980.5
	65	3188	50	80	72	22	144	562.4	110	40	80	812.3	150	58	55	1062
	70	2961	55	85	75	26	115	605.6	115	46	64	874.8	160	67	44	1144
	75	2763	60	90	80	29	94	648.9	120	53	52	937.3	170	77	36	1226
	80	2591	65	95	86	34	77	692.1	130	60	43	999.8	180	86	30	1307
	85	2438	69	101	92	38	64	735.4	140	68	36	1062	190	98	25	1389
	90	2303	74	106	94	43	54	778.7	150	77	30	1125	200	110	21	1471
	95	2181	79	111	98	47	46	821.9	160	84	26	1187	220	121	18	1553
	100	2072	84	116	100	52	40	865.2	170	94	22	1250	240	138	15	1634
12	50	6891	34	66	70	11	655	622.9	105	19	364	900	140	27	252	1177
	55	6264	38	72	75	13	492	685.2	110	23	274	990	150	33	189	1294
	60	5742	43	77	75	15	379	747.5	120	27	211	1080	160	39	146	1412
	65	5301	48	82	80	18	298	809.8	130	32	166	1170	170	46	115	1530
	70	4922	53	87	85	21	239	872.1	130	37	133	1260	180	54	92	1647
	75	4594	58	92	90	24	194	934.4	140	43	108	1350	190	61	75	1765
	80	4307	63	97	95	27	160	996.7	150	48	89	1440	200	69	62	1883
	85	4053	67	103	100	30	133	1059	160	55	74	1530	220	79	51	2000
	90	3828	72	108	105	34	112	1121	170	62	62	1620	240	89	43	2118
	95	3627	77	113	110	38	96	1184	180	68	53	1710	240	98	37	2236
	100	3445	82	118	115	42	82	1246	190	75	46	1800	260	108	32	2353
	110	3132	92	128	130	51	62	1370	220	92	34	1980	300	131	24	2589
	120	2871	102	138	140	61	47	1495	240	110	26	2159	340	160	18	2824

（续）

n=8.5圈				n=10.5圈				n=12.5圈			
H_0 /mm	f_n /mm	k_T/(N/mm)	m /g	H_0 /mm	f_n /mm	k_T/(N/mm)	m /g	H_0 /mm	f_n /mm	k_T/(N/mm)	m /g
110	24	145	413.4	150	29	118	492.2	155	35	99	570.9
115	28	111	452.2	140	35	90	538.3	160	42	75	624.5
122	33	87	491.0	140	41	70	584.5	170	49	59	678.0
128	37	74	516.8	150	46	60	615.2	180	54	51	713.7
130	47	52	581.4	160	58	42	692.1	190	68	36	802.9
150	58	38	646.0	180	73	31	769.0	210	85	26	892.1
160	69	29	710.6	190	87	23	846.0	220	105	19	981.3
170	83	22	775.2	220	102	18	922.9	260	122	15	1071
190	100	17	839.8	240	121	14	999.8	280	141	12	1160
200	112	14	904.4	260	143	11	1077	300	167	9.4	1249
220	133	11	969.0	280	161	9.1	1154	320	191	7.7	1338
260	148	9.3	1034	300	184	7.5	1230	360	219	6.3	1427
140	28	182	807.5	160	35	147	961.3	190	42	123	1115
140	36	127	908.4	170	45	103	1081	200	53	87	1255
150	45	93	1009	190	55	75	1202	220	66	63	1394
170	54	70	1110	200	66	57	1322	240	80	47	1533
180	64	54	1211	210	79	44	1442	260	93	37	1673
190	76	42	1312	220	94	34	1562	260	110	29	1812
200	87	34	1413	240	110	27	1682	280	129	23	1951
220	99	28	1514	260	126	22	1802	300	145	19	2091
240	113	23	1615	280	144	18	1923	340	173	15	2230
255	128	19	1716	300	163	15	2043	360	188	13	2370
270	144	16	1817	320	177	13	2163	380	210	11	2509
280	156	14	1918	340	198	11	2283	400	237	9.2	2648
300	173	12	2019	360	220	9.4	2403	420	262	7.9	2788
180	36	193	1454	220	44	156	1730	260	53	131	2007
190	43	145	1599	230	54	117	1903	260	64	98	2208
200	51	112	1744	240	64	90	2076	280	76	76	2409
220	60	88	1890	260	75	71	2249	300	88	60	2609
230	70	70	2035	280	86	57	2423	320	103	48	2810
240	81	57	2180	300	100	46	2596	340	118	39	3011
260	92	47	2326	320	113	38	2769	380	135	32	3212
280	104	39	2471	340	127	32	2942	400	152	27	3412
300	116	33	2616	360	142	27	3115	420	174	22	3613
320	130	28	2762	380	158	23	3288	450	191	19	3814
340	144	24	2907	420	172	20	3461	480	215	16	4014
380	174	18	3198	480	209	15	3807	550	261	12	4416
450	205	14	3488	520	261	11	4153	620	302	9.5	4817

d /mm	D /mm	F_n /N	D_{Xmax} /mm	D_{Tmin} /mm	$n=2.5$ 圈				$n=4.5$ 圈				$n=6.5$ 圈			
					H_0 /mm	f_n /mm	k_T/(N/mm)	m /g	H_0 /mm	f_n /mm	k_T/(N/mm)	m /g	H_0 /mm	f_n /mm	k_T/(N/mm)	m /g
14	60	10627	41	79	82	15	703	1017	130	27	390	1470	170	39	270	1922
	65	9809	46	84	85	18	553	1102	135	32	307	1592	180	46	213	2082
	70	9109	51	89	90	21	442	1187	140	37	246	1715	190	54	170	2242
	75	8501	56	94	95	24	360	1272	145	43	200	1837	200	62	138	2402
	80	7970	61	99	105	27	296	1357	150	48	165	1960	210	70	114	2562
	85	7501	65	105	110	30	247	1441	160	55	137	2082	220	79	95	2723
	90	7084	70	110	115	34	208	1526	170	61	116	2204	240	89	80	2883
	95	6712	75	115	120	38	177	1611	180	68	98	2327	240	99	68	3043
	100	6376	80	120	125	42	152	1696	190	76	84	2449	260	110	58	3203
	110	5796	90	130	130	51	114	1865	200	92	63	2694	280	132	44	3523
	120	5313	100	140	140	60	88	2035	220	108	49	2939	320	156	34	3844
	130	4905	109	151	150	71	69	2204	260	129	38	3184	360	182	27	4164
16	65	14642	44	86	90	16	943	1440	140	28	524	2080	190	40	363	2719
	70	13596	49	91	95	18	755	1550	150	32	419	2239	200	47	290	2929
	75	12690	54	96	100	21	614	1661	150	37	341	2399	210	54	236	3138
	80	11897	59	101	100	24	506	1772	160	42	281	2559	220	61	194	3347
	85	11197	63	107	105	27	422	1883	165	48	234	2719	230	69	162	3556
	90	10575	68	112	110	30	355	1993	170	54	197	2879	240	77	137	3765
	95	10018	73	117	115	33	302	2104	180	60	168	3039	250	86	116	3974
	100	9517	78	122	120	37	259	2215	190	66	144	3199	260	95	100	4184
	110	8652	88	132	130	45	194	2436	200	80	108	3519	280	115	75	4602
	120	7931	98	142	140	53	150	2658	220	96	83	3839	320	137	58	5020
	130	7321	107	153	150	62	118	2879	240	113	65	4159	340	163	45	5439
	140	6798	117	163	160	72	94	3101	260	131	52	4479	380	189	36	5857
	150	6345	127	173	180	82	77	3322	300	148	43	4799	400	212	30	6275
18	75	18068	52	98	105	18	983	2102	160	33	546	3037	220	48	378	3971
	80	16939	57	103	105	21	810	2243	160	38	450	3239	230	54	311	4236
	85	15943	61	109	110	24	675	2383	170	43	375	3442	240	61	260	4501
	90	15057	66	114	115	26	569	2523	180	48	316	3644	250	69	219	4765
	95	14264	71	119	120	29	484	2663	185	53	269	3847	260	77	186	5030
	100	13551	76	124	120	33	415	2803	190	59	230	4049	270	85	159	5295
	110	12319	85	134	130	39	312	3084	200	71	173	4454	280	103	120	5824
	120	11293	96	144	140	47	240	3364	220	85	133	4859	300	123	92	6354
	130	10424	105	155	150	55	189	3644	240	99	105	5264	340	143	73	6883
	140	9679	115	165	160	64	151	3924	260	115	84	5669	360	167	58	7413
	150	9034	125	175	170	73	123	4205	280	133	68	6074	400	192	47	7942
	160	8470	134	186	190	84	101	4485	300	151	56	6478	420	217	39	8472
	170	7971	143	197	200	95	84	4765	340	170	47	6883	480	249	32	9001

（续）

$n=8.5$ 圈				$n=10.5$ 圈				$n=12.5$ 圈			
H_0 /mm	f_n /mm	k_T/（N/mm）	m /g	H_0 /mm	f_n /mm	k_T/（N/mm）	m /g	H_0 /mm	f_n /mm	k_T/（N/mm）	m /g
220	51	207	2374	260	64	167	2826	300	75	141	3278
230	60	163	2572	270	74	132	3062	320	88	111	3552
240	70	130	2770	280	87	105	3297	340	104	88	3825
250	80	106	2968	300	99	86	3533	360	118	72	4098
270	92	87	3165	320	112	71	3768	380	135	59	4371
280	103	73	3363	340	127	59	4004	400	153	49	4644
300	116	61	3561	360	142	50	4239	420	169	42	4918
320	129	52	3759	380	160	42	4475	450	192	35	5191
320	142	45	3957	400	177	36	4710	480	213	30	5464
360	170	34	4352	450	215	27	5181	520	252	23	6011
400	204	26	4748	500	253	21	5653	580	295	18	6557
450	245	20	5144	550	307	16	6124	650	350	14	7103
240	53	277	3359	280	65	224	3999	340	77	189	4639
240	61	222	3618	300	76	180	4307	350	90	151	4996
260	71	180	3876	320	87	146	4614	360	103	123	5353
260	80	149	4134	320	99	120	4922	380	118	101	5709
280	90	124	4393	340	112	100	5230	400	133	84	6066
300	102	104	4651	360	124	85	5537	420	149	71	6423
320	113	89	4910	380	139	72	5845	450	167	60	6780
320	125	76	5168	400	154	62	6152	480	183	52	7137
360	152	57	5685	450	188	46	6768	520	222	39	7850
400	180	44	6202	480	220	36	7383	580	264	30	8564
450	209	35	6718	520	261	28	7998	620	305	24	9278
480	243	28	7235	580	309	22	8613	680	358	19	9991
520	276	23	7752	650	352	18	9229	750	423	15	10705
260	63	289	4906	320	77	234	5840	380	92	197	6774
280	71	238	5233	340	88	193	6229	400	105	162	7226
290	80	199	5560	350	99	161	6619	410	118	135	7678
300	90	167	5887	360	112	135	7008	420	132	114	8129
320	100	142	6214	380	124	115	7397	450	147	97	8581
340	111	122	6541	400	137	99	7787	480	163	83	9032
360	134	92	7195	450	166	74	8565	520	199	62	9936
400	159	71	7849	480	198	57	9344	550	235	48	10839
420	186	56	8503	520	232	45	10123	620	274	38	11742
450	220	44	9157	550	269	36	10901	650	323	30	12645
500	251	36	9811	620	312	29	11680	720	361	25	13549
550	282	30	10465	680	353	24	12459	800	426	20	14452
600	319	25	11119	720	399	20	13237	850	469	17	15355

d /mm	D /mm	F_n /N	D_{Xmax} /mm	D_{Tmin} /mm	n=2.5 圈				n=4.5 圈				n=6.5 圈			
					H_0 /mm	f_n /mm	k_T/(N/mm)	m /g	H_0 /mm	f_n /mm	k_T/(N/mm)	m /g	H_0 /mm	f_n /mm	k_T/(N/mm)	m /g
20	80	23236	55	105	115	19	1234	2786	170	34	686	4025	240	49	475	5263
	85	21869	59	111	120	21	1029	2960	180	38	572	4276	250	55	396	5592
	90	20654	64	116	130	24	867	3135	190	43	482	4528	260	62	333	5921
	95	19567	69	121	140	27	737	3309	200	48	410	4779	270	69	284	6250
	100	18589	74	126	150	29	632	3483	210	53	351	5031	280	76	243	6579
	110	16899	84	136	160	36	475	3831	220	64	264	5534	290	92	183	7237
	120	15491	94	146	170	42	366	4179	230	76	203	6037	300	110	141	7895
	130	14299	103	157	180	50	288	4528	240	89	160	6540	340	129	111	8552
	140	13278	113	167	190	58	230	4876	260	104	128	7043	360	149	89	9210
	150	12393	123	177	200	66	187	5224	280	119	104	7546	380	172	72	9868
	160	11618	132	188	205	75	154	5573	300	135	86	8049	420	197	59	10526
	170	10935	141	199	210	85	129	5921	320	154	71	8552	450	223	49	11184
	180	10327	151	209	220	96	108	6269	340	172	60	9056	480	246	42	11842
	190	9784	160	220	230	106	92	6618	380	192	51	9559	520	280	35	12500
25	100	36306	69	131	140	24	1543	5407	220	42	857	7811	300	61	593	10214
	110	33006	79	141	150	28	1159	5948	230	51	644	8592	310	74	446	11235
	120	30255	89	151	160	34	893	6489	240	61	496	9373	320	88	343	12257
	130	27928	98	162	160	40	702	7030	260	72	390	10154	340	103	270	13278
	140	25933	108	172	170	46	562	7570	270	83	312	10935	360	120	216	14300
	150	24204	118	182	180	53	457	8111	280	95	254	11716	380	138	176	15321
	160	22691	127	193	190	60	377	8652	300	109	209	12497	420	156	145	16342
	170	21357	136	204	200	68	314	9193	320	123	174	13278	450	177	121	17364
	180	20170	146	214	210	76	265	9733	340	137	147	14059	450	198	102	18385
	190	19109	155	225	220	85	225	10274	360	153	125	14840	500	220	87	19406
	200	18153	165	235	240	94	193	10815	380	170	107	15621	520	245	74	20428
	220	16503	184	256	260	114	145	11896	450	204	81	17183	580	295	56	22471
30	120	52281	84	156	170	28	1852	9404	260	51	1029	13583	340	73	712	17763
	130	48259	93	167	180	33	1456	10187	280	60	809	14715	360	86	560	19243
	140	44812	103	177	185	38	1166	10971	290	69	648	15847	380	100	448	20723
	150	41825	113	187	190	44	948	11755	300	79	527	16979	400	115	365	22204
	160	39211	122	198	210	50	781	12538	310	90	434	18111	420	131	300	23684
	170	36904	131	209	220	57	651	13322	320	102	352	19243	450	148	250	25164
	180	34854	141	219	230	63	549	14106	340	114	305	20375	460	165	211	26644
	190	33020	150	230	240	71	466	14889	360	127	259	21507	480	184	179	28124
	200	31369	160	240	250	78	400	15673	380	141	222	22639	520	204	154	29605
	220	28517	179	261	260	95	300	17240	420	171	167	24903	580	246	116	32565
	240	26141	198	282	280	113	231	18808	450	203	129	27167	620	294	89	35526
	260	24130	217	303	300	133	182	20375	500	239	101	29431	700	345	70	38486

（续）

$n=8.5$ 圈				$n=10.5$ 圈				$n=12.5$ 圈			
H_0 /mm	f_n /mm	k_T/(N/mm)	m /g	H_0 /mm	f_n /mm	k_T/(N/mm)	m /g	H_0 /mm	f_n /mm	k_T/(N/mm)	m /g
300	64	363	6460	350	79	294	7690	400	94	247	8921
310	72	303	6864	360	89	245	8171	420	106	206	9479
320	81	255	7268	380	100	206	8652	450	119	173	10036
330	90	217	7671	400	111	176	9132	460	133	147	10594
340	100	186	8075	420	124	150	9613	480	148	126	11151
360	121	140	8883	450	150	113	10574	520	178	95	12266
400	143	108	9690	480	178	87	11536	550	212	73	13381
420	168	85	10498	520	210	68	12497	600	247	58	14497
450	195	68	11305	550	241	55	13458	650	289	46	15612
500	225	55	12113	600	275	45	14420	700	335	37	16727
520	258	45	12920	650	314	37	15381	780	375	31	17842
580	288	38	13728	700	353	31	16342	850	421	26	18957
620	323	32	14535	750	397	26	17304	900	469	22	20072
680	362	27	15343	850	445	22	18265	950	544	18	21187
360	80	454	12617	420	99	367	15020	520	117	309	17424
380	97	341	13879	460	120	276	16523	550	142	232	19166
400	115	263	15141	500	142	213	18025	580	169	179	20909
420	135	207	16402	520	167	167	19527	620	199	140	22651
450	157	165	17664	550	193	134	21029	650	232	112	24393
500	181	134	18926	600	222	109	22531	700	266	91	26136
520	204	111	20188	620	252	90	24033	750	303	75	27878
550	232	92	21449	680	285	75	25535	800	339	63	29620
600	263	78	22711	720	320	63	27037	850	381	53	31363
620	290	66	23973	780	354	54	28539	880	425	45	33105
680	318	57	25234	800	395	46	30041	900	465	39	34848
750	384	43	27758	850	472	35	33045	950	569	29	38332
450	96	545	21942	520	119	441	26122	620	141	370	30301
460	113	428	23771	550	139	347	28299	650	166	291	32826
480	131	343	25599	580	161	278	30475	680	192	233	35351
500	150	279	27428	620	185	226	32652	720	220	190	37877
520	170	230	29256	650	211	186	34829	750	251	156	40402
550	192	192	31085	680	238	155	37006	800	284	130	42927
580	216	161	32913	720	266	131	39183	850	317	110	45452
620	241	137	34742	750	297	111	41359	880	355	93	47977
650	266	118	36570	800	330	95	43536	910	392	80	50502
720	324	88	40228	900	396	72	47890	950	475	60	55552
800	384	68	43885	920	475	55	52244				
900	447	54	47542	980	561	43	56597				

d /mm	D /mm	F_n /N	D_{Xmax} /mm	D_{Tmin} /mm	n=2.5 圈				n=4.5 圈				n=6.5 圈			
					H_0 /mm	f_n /mm	k_T/(N/mm)	m /g	H_0 /mm	f_n /mm	k_T/(N/mm)	m /g	H_0 /mm	f_n /mm	k_T/(N/mm)	m /g
35	140	71160	92	182	200	33	2160	14933	300	59	1200	21570	400	86	831	28207
	150	66416	108	192	210	38	1756	16000	320	68	976	23111	420	98	675	30221
	160	62265	117	203	230	43	1447	17066	330	77	804	24651	450	112	557	32236
	170	58603	126	214	235	49	1206	18133	340	87	670	26192	460	126	464	34251
	180	55347	136	224	240	54	1016	19200	360	98	565	27733	480	142	391	36266
	190	52434	145	235	250	61	864	20266	370	109	480	29273	500	158	332	38280
	200	49812	155	245	260	67	741	21333	380	121	412	30814	520	175	285	40295
	220	45284	174	266	270	81	557	23466	420	147	309	33895	580	212	214	44325
	240	41510	193	287	280	97	429	25599	450	174	238	36977	620	252	165	48354
	260	38317	212	308	300	114	337	27733	480	205	187	40058	680	295	130	52384
	280	35580	231	329	320	132	270	29866	520	237	150	43140	720	342	104	56413
	300	33208	250	350	360	151	220	31999	580	272	122	46221	800	395	84	60443
40	160	92944	112	208	220	38	2469	22149	340	68	1372	31992	460	98	950	41836
	170	87477	121	219	230	43	2058	23533	360	77	1143	33992	480	110	792	44451
	180	82617	131	229	240	48	1734	24917	370	86	963	35991	500	124	667	47066
	190	78269	140	240	250	53	1474	26301	380	96	819	37991	520	138	567	49681
	200	74355	150	250	260	59	1264	27686	400	106	702	39991	520	153	486	52295
	220	67596	169	271	280	71	950	30454	420	128	528	43990	580	185	365	57525
	240	61963	188	292	290	85	731	33223	450	153	406	47989	620	221	281	62754
	260	57196	207	313	300	99	575	35991	480	179	320	51988	680	259	221	67984
	280	53111	226	334	320	115	461	38760	520	207	256	55987	720	300	177	73213
	300	49570	245	355	340	132	375	41529	550	238	208	59986	780	344	144	78443
	320	46473	264	376	380	150	309	44297	600	272	171	63985	850	391	119	83673
45	180	117632	126	234	260	42	2777	31738	360	76	1543	45844	480	110	1068	59949
	190	111441	135	245	270	47	2361	33501	360	85	1312	48391	500	123	908	63280
	200	105869	145	255	275	52	2025	35264	280	94	1125	50937	520	136	779	66611
	220	96245	164	276	280	63	1521	38791	400	114	845	56031	550	165	585	73272
	240	88224	183	297	290	75	1172	42317	440	136	651	61125	580	196	451	79933
	260	81438	202	318	300	88	922	45844	450	159	512	66219	650	230	354	86594
	280	75621	221	339	320	102	738	49370	500	184	410	71312	680	266	284	93255
	300	70579	240	360	320	118	600	52897	520	212	333	76406	720	306	231	99916
	320	66168	259	381	340	134	494	56423	550	241	275	81500	780	348	190	106577
	340	62276	278	402	380	151	412	59949	600	272	229	86594	850	392	159	113238
50	200	145225	140	260	280	47	3086	43536	450	85	1714	62886	580	122	1187	82235
	220	132023	159	281	300	57	2319	47890	450	103	1288	69174	620	148	892	90459
	240	121021	178	302	320	68	1786	52244	480	122	992	75463	650	176	687	98682
	260	111712	197	323	320	80	1405	56597	500	143	780	81751	680	207	540	106906
	280	103732	216	344	340	92	1125	60951	550	166	625	88040	720	240	433	115129
	300	96817	235	365	360	106	914	65304	580	191	508	94329	780	275	352	123353
	320	90766	254	386	380	121	753	69658	600	217	419	100617	820	313	290	131576
	340	85426	273	407	400	136	628	74012	620	245	349	106906	850	353	242	139800

（续）

n=8.5圈				n=10.5圈				n=12.5圈			
H_0 /mm	f_n /mm	k_T/(N/mm)	m /g	H_0 /mm	f_n /mm	k_T/(N/mm)	m /g	H_0 /mm	f_n /mm	k_T/(N/mm)	m /g
500	112	635	34844	620	138	514	41480	720	165	432	48117
520	128	517	37332	650	159	418	44443	740	189	351	51554
550	146	426	39821	680	180	345	47406	760	215	289	54991
580	165	355	42310	700	204	287	50369	780	243	241	58428
600	185	299	44799	720	229	242	53332	820	273	203	61865
620	206	254	47288	750	255	206	56295	850	303	173	65302
650	228	218	49776	800	283	176	59258	880	337	148	68739
720	276	164	54754	850	340	133	65184	950	408	111	75613
780	329	126	59732	880	407	102	71109	—	—	—	—
850	387	99	64709	950	479	80	77035	—	—	—	—
900	450	79	69687	—	—	—	—	—	—	—	—
950	514	65	74665	—	—	—	—	—	—	—	—
580	128	726	52011	700	158	588	61918	780	188	494	71825
600	145	605	55262	720	179	490	65788	820	212	412	76314
620	162	510	58513	740	200	413	69658	840	238	347	80803
650	180	434	61763	760	223	351	73528	860	265	295	85292
680	200	372	65014	780	247	301	77398	900	294	253	89782
720	242	279	71516	820	299	226	85138	950	356	190	98760
750	288	215	78017	850	356	174	92877	—	—	—	—
780	338	169	84518	950	417	137	99976	—	—	—	—
850	393	135	91020	—	—	—	—	—	—	—	—
900	450	110	97521	—	—	—	—	—	—	—	—
950	512	91	104023	—	—	—	—	—	—	—	—
640	144	817	74055	720	178	661	88161	880	212	555	102267
660	160	695	78169	750	198	562	93059	950	236	472	107948
680	178	595	82284	780	220	482	97957	—	—	—	—
700	215	447	90512	850	266	362	107752	—	—	—	—
740	256	345	98740	950	316	279	117548	—	—	—	—
800	301	271	106969	—	—	—	—	—	—	—	—
840	348	217	115197	—	—	—	—	—	—	—	—
900	401	176	123425	—	—	—	—	—	—	—	—
—	—	—	—	—	—	—	—	—	—	—	—
—	—	—	—	—	—	—	—	—	—	—	—
720	160	908	111743	850	198	735	133028	—	—	—	—
780	194	682	121902	880	239	552	145121	—	—	—	—
800	230	525	132060	950	285	425	157214	—	—	—	—
850	270	413	142219	—	—	—	—	—	—	—	—
—	—	—	—	—	—	—	—	—	—	—	—
—	—	—	—	—	—	—	—	—	—	—	—
—	—	—	—	—	—	—	—	—	—	—	—

（续）

d/mm	D/mm	F_n/N	D_{Xmax}/mm	D_{Tmin}/mm	$n=2.5$ 圈				$n=4.5$ 圈				$n=6.5$ 圈			
					H_0/mm	f_n/mm	k_T/(N/mm)	m/g	H_0/mm	f_n/mm	k_T/(N/mm)	m/g	H_0/mm	f_n/mm	k_T/(N/mm)	m/g
55	200	193294	292	428	310	43	4518	52679	460	77	2510	76092	610	111	1738	99505
	220	175722	311	449	330	52	3395	57947	480	93	1886	83701	640	135	1306	109455
	240	161079	330	470	350	62	2615	63215	500	111	1453	91310	670	160	1006	119406
	260	148688	349	491	370	72	2056	68483	520	130	1142	98919	700	188	791	129356
	280	138067	368	512	390	84	1647	73750	540	151	915	106528	730	218	633	139306
	300	128863	387	533	410	96	1339	79018	560	173	744	114138	750	250	515	149257
	320	120809	406	554	430	110	1103	84286	580	197	613	121747	790	285	424	159207
	340	113703	425	575	450	124	920	89554	600	223	511	129356	830	321	354	169158
60	200	193294	444	617	350	30	6399	62692	480	54	3555	90555	620	79	2461	118419
	220	175722	463	638	370	37	4808	68961	500	66	2671	99611	640	95	1849	130261
	240	161079	482	659	390	43	3703	75231	520	78	2057	108667	660	113	1424	142102
	260	148688	501	680	410	51	2913	81500	540	92	1618	117722	680	133	1120	153944
	280	138067	520	701	430	59	2332	87769	560	107	1296	126778	700	154	897	1657786
	300	128863	539	722	450	68	1896	94038	580	122	1053	135833	720	177	729	177628
	320	120809	558	743	470	77	1562	100308	620	139	868	144889	740	201	601	189470
	340	113703	577	764	490	87	1302	106577	640	157	724	153944	780	227	501	201312

d/mm	D/mm	F_n/N	D_{Xmax}/mm	D_{Tmin}/mm	$n=8.5$ 圈				$n=10.5$ 圈				$n=12.5$ 圈			
					H_0/mm	f_n/mm	k_T/(N/mm)	m/g	H_0/mm	f_n/mm	k_T/(N/mm)	m/g	H_0/mm	f_n/mm	k_T/(N/mm)	m/g
55	200	193294	292	428	740	145	1329	122917	900	180	1076	146330	—	—	—	—
	220	175722	311	449	780	176	998	135209	950	217	808	160963	—	—	—	—
	240	161079	330	470	800	209	769	147501	—	—	—	—	—	—	—	—
	260	148688	349	491	860	246	605	159793	—	—	—	—	—	—	—	—
	280	138067	368	512	900	285	484	172084	—	—	—	—	—	—	—	—
	300	128863	387	533	950	327	394	184376	—	—	—	—	—	—	—	—
60	200	193294	444	617	760	103	1882	146282	—	—	—	—	—	—	—	—
	220	175722	463	638	800	124	1414	160910	—	—	—	—	—	—	—	—
	240	161079	482	659	850	148	1089	175538	—	—	—	—	—	—	—	—
	260	148688	501	680	900	173	857	190167	—	—	—	—	—	—	—	—
	280	138067	520	701	950	201	686	204795	—	—	—	—	—	—	—	—
	300	128863	539	722	—	—	—	—	—	—	—	—	—	—	—	—

注：1. 质量 m 为近似值，仅作参考。

2. F_n 取 $0.8F_s$。

3. f_n 取 $0.8f_s$。

4. 支承圈 $n_Z=2$ 圈。

5. 计算中采用的数据见表 26-18 和表 26-19。

表 26-18　弹簧钢

推荐负荷类型	许用切应力[τ] /MPa	切变模量 G /MPa	最大工作负荷 F_n /N	最大工作变形量 f_n /mm
静负荷	740	79000	$\left(\frac{740\pi d^3}{8D}\right)0.8$	$\left(\frac{740\pi D^2 n}{Gd}\right)0.8$
循环次数为 $N\leqslant10^5$ 的动负荷	740×0.8		$\left(\frac{740\pi d^3}{8KD}\right)0.8$	$\left(\frac{740\pi D^2 n}{KGd}\right)0.8$

注：试验切应力 740MPa 选自 GB/T 23934。

表 26-19　GB/T 4357—1989 中 C 级材料抗拉强度

d /mm	0.5	0.8	1.0	1.2	1.4	1.6	1.8	2.0	2.5	3.0	3.5
R_m /MPa	2200	2010	1960	1910	1860	1810	1760	1710	1660	1570	1570
d /mm	4.0	4.5	5.0	5.5	6.0	8.0	10	11	12	13	—
R_m /MPa	1520	1520	1470	1470	1420	1370	1320	1270	1270	1220	—

注：表中材料抗拉强度为 C 级下限值。

【例 26-2】　一两端圈并紧磨平按 2 级精度制造的右旋压缩弹簧，要求安装负荷 $F_1=232\text{N}$，最大工作负荷 $F_2=490\text{N}$，工作行程 $f=10\text{mm}$，弹簧自由高度不得超过 56mm，弹簧外径不得超过 35mm，弹簧在常温下受动负荷循环次数小于 10^5 次。

【解】　已知 F_1、F_2、f，则弹簧刚度：

$$k_T=\frac{F_2-F_1}{f_2-f_1}=\frac{F}{f}=\frac{490-232}{10}\text{N/mm}=25.8\text{N/mm}\approx26\text{N/mm}$$

按 $F=f$ 公式，则最大工作负荷下的变形量：

$$f=\frac{F}{k_T}=\frac{490}{26}\text{mm}=18.8\text{mm}$$

已知，弹簧自由高度不得超过 56mm，弹簧外径不得超过 35mm，弹簧刚度 $k_T=26\text{N/mm}$，弹簧最大工作变形量 $f=18.8\text{mm}$；根据弹簧在常温下工作，受动负荷循环次数小于 10^5 次。

查表 26-17，选规格 YA 4×28×50，其中最大工作负荷 $F_n=545\text{N}$，最大工作变量 $f=21\text{mm}$。

验证合理性：

最大工作负荷 $F_2=490\text{N}<F_n=545\text{N}$，符合要求。

最大工作负荷下的变形量 $f=18.8\text{mm}<f_n=21\text{mm}$，符合要求。

弹簧外径 (28+4)mm=32mm<35mm，符合要求。

弹簧高度 50mm<56mm，符合要求。

选压簧：YA 4×28×50-2 GB/T 2089 符合设计要求。

【例 26-3】　一两端圈并紧制扁按 2 级精度制造的左旋压缩弹簧，其最大工作变形量 $f_2=108\text{mm}$，最大工作负荷 $F_2=11618\text{N}$，弹簧自由高度不得超过 450mm，弹簧外径不超过 150mm，弹簧在常温下受静负荷作用。

【解】　已知 F_2、f_2，则弹簧刚度：

$$k_T=\frac{F}{f}=\frac{F_2}{f_2}=\frac{11618}{108}\text{N/mm}=107.6\text{N/mm}$$

已知，弹簧最大工作变形量 $f_2=108\text{mm}$，最大工作负荷 $F_2=11618\text{N}$，弹簧刚度 $k_T=107.6\text{N/mm}$，弹簧自由高度不得超过 450mm，弹簧外径不超过 150mm，弹簧在常温下受静负荷作用。

查表 26-17，选规格 YB 20×120×400，其中最大工作负荷 $F_n=15491\text{N}$，最大工作变形量 $f=143\text{mm}$。

验证合理性：

最大工作负荷 $F_2=11618\text{N}<F_n=15491\text{N}$，符合要求。

最大工作负荷下的变形量 $f_2=108\text{mm}<f_n=143\text{mm}$，符合要求。

弹簧高度 400mm<450mm，符合要求。

弹簧外径 (120+20)mm=140mm<150mm，符合要求。

选压簧：YB 20×120×400-2 左 GB/T 2089 符合设计要求。

26.3.3　圆柱螺旋拉伸弹簧

26.3.3.1　圆柱螺旋拉伸弹簧的结构形式（见表 26-20）

表 26-20　圆柱螺旋拉伸弹簧的端部结构形式（摘自 GB/T 23935—2009）

代号	简　图	端部结构形式	代号	简　图	端部结构形式
LⅠ	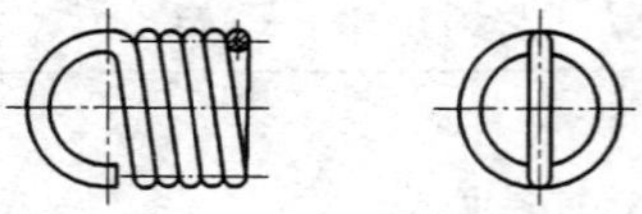	半圆钩环	LⅥ	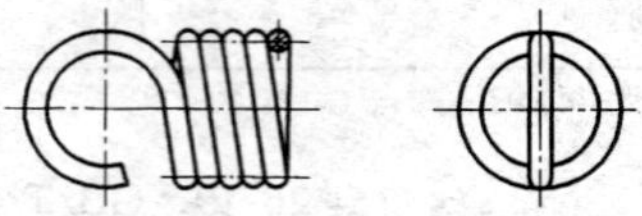	圆钩环压中心
LⅡ	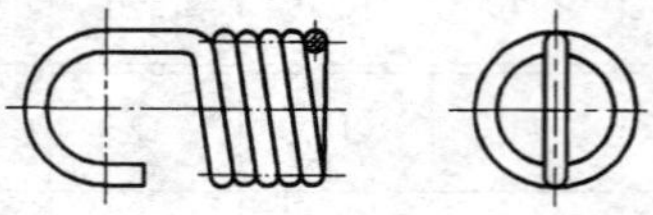	长臂半圆钩环	LⅦ	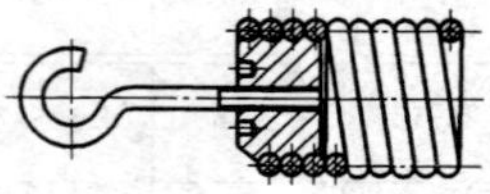	可调式拉簧
LⅢ	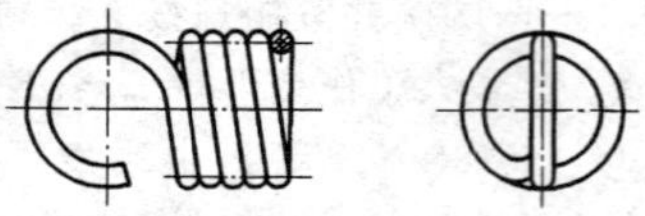	圆钩环扭中心（圆钩环）	LⅧ	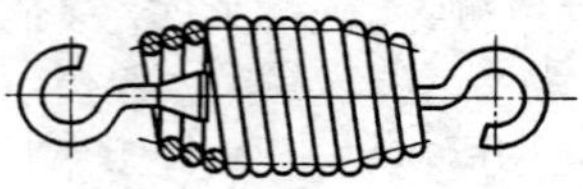	具有可转钩环
LⅤ	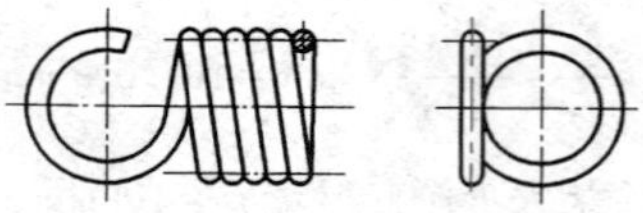	偏心圆钩环	LⅨ	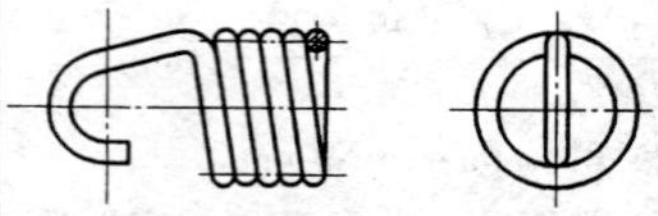	长臂小圆钩环

26.3.3.2　圆柱螺旋拉伸弹簧的设计计算

用不需淬火、回火材料制成的密圈拉伸弹簧，在簧圈之间形成的轴向压力，称为初拉力 F_0。当所加载荷超过初拉力后，弹簧才开始变形。

卷绕成形后，需要淬火的弹簧没有初拉力。初拉力计算式为

$$F_0=\frac{\pi d^3}{8D}\tau_0 \tag{26-3}$$

式中，τ_0 的初切应力，对钢制弹簧，可由图 26-5 阴影线内选取，一般取偏下值。也可由下式计算：

$$\tau_0=\frac{G}{100C} \tag{26-4}$$

圆柱螺旋拉伸弹簧设计计算公式，与压缩弹簧基本相同（见表 26-9）。考虑初拉力 F_0 的影响，计算弹簧有效圈数 n，弹簧变形量 f 和弹簧刚度 k_T 时，载荷均应以（$F-F_0$）代入计算公式。

圆柱螺旋拉伸弹簧的许用切应力［τ］，按表 26-21 选取。

圆柱螺旋拉伸弹簧的几何尺寸及参数计算见表 26-22。

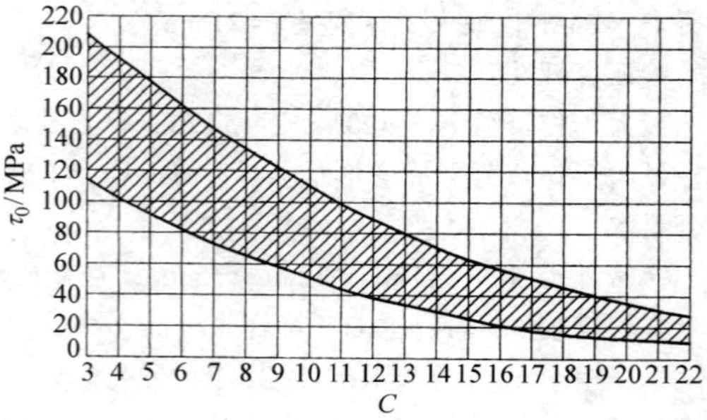

图 26-5　初切应力 τ_0

表 26-21　圆柱螺旋拉伸弹簧的许用切应力 [τ]　　（单位：MPa）

材料		冷卷弹簧				热卷弹簧
		油淬火-退火弹簧钢丝	碳素弹簧钢丝、重要用途碳素弹簧钢丝	弹簧用不锈钢丝	铜及铜合金线材、铍青铜线	60Si2Mn、60Si2MnA、50CrVA、55CrSiA、60CrMnA、60CrMnBA、60Si2CrA、60Si2CrVA
静负荷许用切应力		$0.4R_m$	$0.36R_m$	$0.30R_m$	$0.28R_m$	475～596
动负荷许用切应力	有限疲劳寿命	$(0.32\sim0.4)R_m$	$(0.30\sim0.36)R_m$	$(0.27\sim0.30)R_m$	$(0.26\sim0.28)R_m$	405～507
	无限疲劳寿命	$(0.28\sim0.32)R_m$	$(0.26\sim0.30)R_m$	$(0.24\sim0.27)R_m$	$(0.24\sim0.26)R_m$	356～447

表 26-22　圆柱螺旋拉伸弹簧的几何尺寸及参数计算（摘自 GB/T 23935—2009）

名称		符号	单位	计算公式及确定方法
弹簧材料截面直径		d	mm	由表 26-9 公式计算，并由表 26-7 GB/T 1358 标准选取
弹簧簧圈直径	弹簧中径	D	mm	$D=Cd$ 或 $D=\frac{D_1+D_2}{2}$ 由表 26-7 GB/T 1358，按结构要求选取
	弹簧内径	D_1	mm	$D_1=D-d$
	弹簧外径	D_2	mm	$D_2=D-d$
弹簧有效圈数		n	圈	$n=\frac{Gd^4f}{8D^3(F-F_0)}$ 由表 26-7 GB/T 1358 选取标准值，一般不少于 3 圈，最少不少于 2 圈。当 $n>20$ 时，一般圆整为整圈；$n\leqslant20$ 时圆整为半圈
弹簧长度	自由长度	H_0	mm	端部结构类型：自由长度 H_0 半圆钩环：$(n+1)d+D_1$ 圆钩环：$(n+1)d+2D_1$ 圆钩环压中心：$(n+1.5)d+2D_1$
	工作长度 试验长度	$H_{1,2,3,\cdots,n}$ H_s	mm	$H_{1,2,3,\cdots,n}=H_0+f_{1,2,3,\cdots,n}$ $H_s=H_0+f_s$
弹簧节距		t	mm	$t=d+\delta$ 对密卷拉伸弹簧，取 $\delta=0$
螺旋角		α	(°)	$\alpha=\arctan\frac{t}{\pi D}$ 旋向一般为右旋
弹簧材料展开长度		L	mm	$L\approx\pi Dn$+钩环展开部分

26.3.3.3　圆柱螺旋拉伸弹簧的强度校核

如图 26-5 所示，拉伸弹簧受工作载荷时，钩环 A、B 截面处承受较大的弯曲应力和切应力，对于重要弹簧应进行强度校核：

弹簧材料的弯曲应力　$\sigma=\frac{32FRr_1}{\pi d^3r_2}$　(26-5)

弹簧材料的切应力　$\tau=\frac{16FRr_3}{\pi d^3r_4}$　(26-6)

许用弯曲应力 $[\sigma]=(0.50\sim0.63)R_m$

式中，$R(=D/2)$，r_1，r_2，r_3，r_4 如图 26-6 所示。

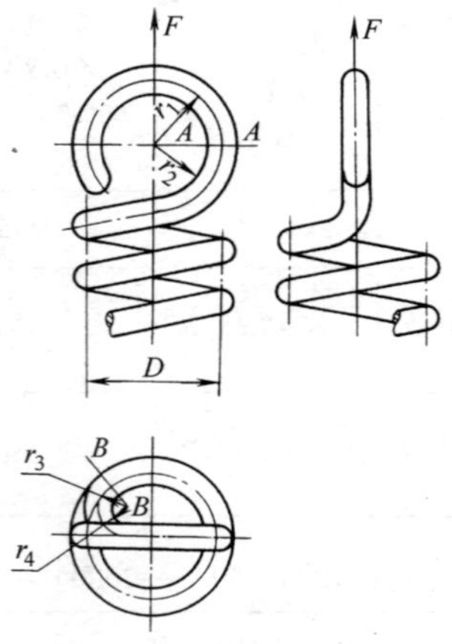

图 26-6 钩环结构图

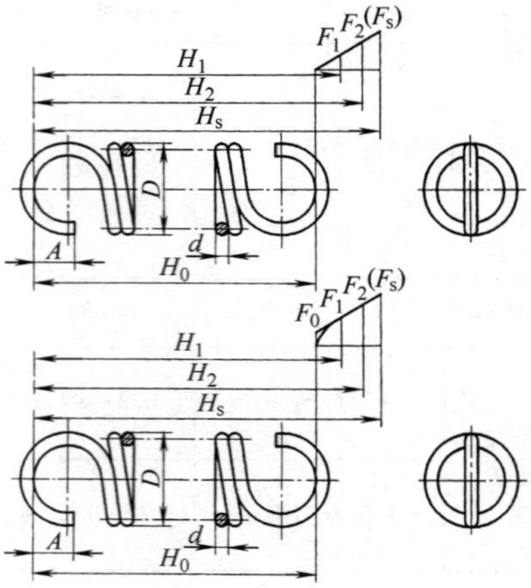

图 26-7 弹簧零件工作图

26.3.3.4 典型工作图

弹簧零件工作图如图 26-7 所示，图中应注明的技术要求有以下数项：

1）端部型式。

2）圈数 n。

3）旋向。

4）表面处理。

5）制造技术条件。

在需要时可注明强扭处理等要求，以及使用条件，如温度、载荷性质等。

工作图中还应注出设计计算数据。

26.3.3.5 尺寸及载荷公差

表 26-23 为冷卷圆柱螺旋拉伸弹簧的尺寸及载荷公差。热卷圆柱螺旋拉伸弹簧的尺寸及载荷公差参见表 26-16。

表 26-23 冷卷圆柱螺旋拉伸弹簧的尺寸及载荷公差（摘自 GB/T 1239.1—2009）

项目		极限偏差					备注
弹簧特性	指定长度下的载荷极限偏差	有效圈数大于 3 圈，极限偏差：±[（初拉力×α）+（指定长度时载荷-初拉力×β）]。α 为初拉力的极限偏差；β 为与变形量对应的载荷偏差，α、β 值查下表					—
		精度等级		1 级	2 级	3 级	
		α		0.10	0.15	0.20	
		β	$n\geqslant3\sim10$	0.05	0.10	0.15	
			$n>10$	0.04	0.08	0.12	
		弹簧变形量应在试验载荷下变形量的 20%～80% 要求 1 级精度时，指定长度时的变形量应在 4mm 以上					
	弹簧刚度极限偏差	精度等级 / 极限偏差 / 有效圈数 n		1	2	3	有特殊需要时采用
		≥3～10		$\pm0.05F'$	$\pm0.10F'$	$\pm0.15F'$	
		>10		$\pm0.04F6$	$\pm0.08F'$	$\pm0.12F$	
		其变形量应是试验载荷下变形量的 30%～70%					

（续）

项　目	钩环钩长度 h_l	≤15	>15~30	>30~50	>50	备　注
弹簧钩环钩部长度极限偏差/mm	极限偏差	±1	±2	±3	±4	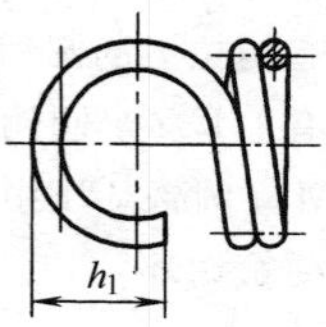

项　目	极限偏差 精度等级 / 旋绕比 C	1	2	3	备　注
弹簧外径 D_2 的极限偏差/mm	≥4~8	±0.010D 最小±0.15	±0.015D 最小±0.2	±0.025D 最小±0.4	—
	>8~15	±0.015D 最小±0.2	±0.020D 最小±0.3	±0.030D 最小±0.5	
	>15~22	±0.020D 最小±0.3	±0.030D 最小±0.5	±0.040D 最小±0.7	

项　目	极限偏差 精度等级 / 旋绕比 C	1	2	3	备　注
自由长度 H_0（两钩环内侧之间的长度）的极限偏差/mm	≥4~8	±0.010H_0 最小±0.2	±0.02H_0 最小±0.5	±0.03H_0 最小±0.6	有特性要求时，自由长度作为参考
	>8~15	±0.015H_0 最小±0.5	±0.03H_0 最小±0.7	±0.04H_0 最小±0.8	
	>15~22	±0.020H_0 最小±0.6	±0.04H_0 最小±0.8	±0.06H_0 最小±1.0	
	无初拉力的弹簧，由供需双方协议规定				

项　目	总圈数为参考值。钩环相对角度公差按下表				备　注
总圈数和钩环相对角度偏差	弹簧中径 D/mm	≤10	>10~25	>25~55	>55	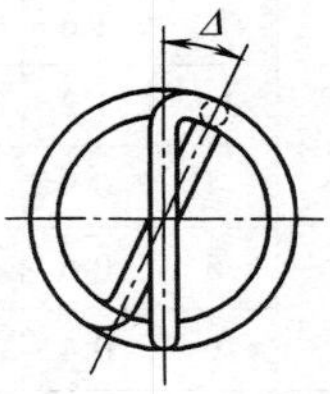
	角度偏差 Δ(°)	35	25	20	15	

项　目	弹簧中径 D/mm	>3~6	>6~10	>10~18	>18~30	>30~50	>50~120	备　注
钩环中心面与弹簧轴心线位置度/mm	极限偏差	0.5	1	1.5	2	2.5	3	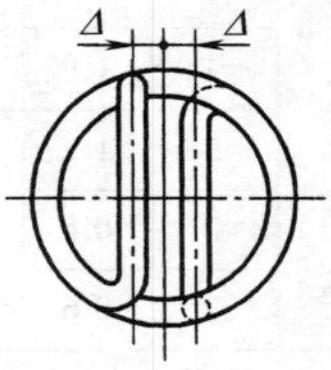

26.3.3.6　圆柱螺旋拉伸弹簧的选择（摘自 GB/T 2088—2009）

本部分用于受静负荷及循环次数 $N \leqslant 10^5$ 的动负荷、有初拉力的圆截面圆柱螺旋拉伸弹簧。弹簧结构型式有 LⅠ（半圆钩环型）、LⅢ（圆钩环扭中心型）及 LⅥ（圆钩环压中心型）。

弹簧钩环：

开口宽度 h_2 为：结构型式 LⅠ：$h_2=0.2D$；结构型式 LⅢ：$h_2=0.33D$；结构型式 LⅥ：$h_2=(0.25\sim0.35)D$。

标记方法：

弹簧的标记由类型代号、型式代号、规格、精度代号、旋向代号和标准编号组成，规定如下：

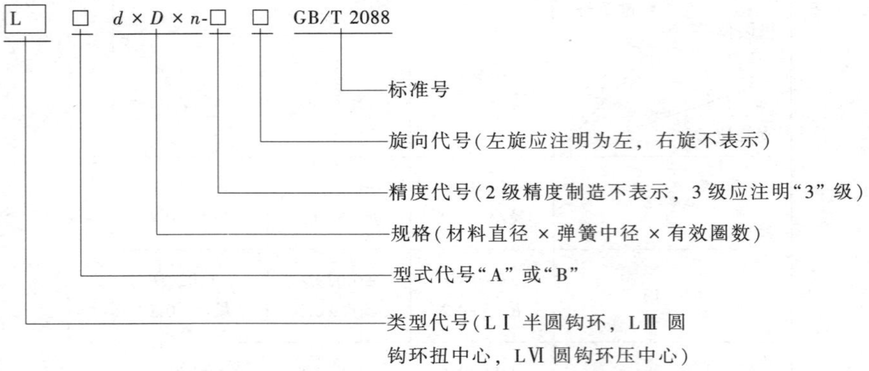

标记示例：

示例 1：

LⅠ型弹簧，材料直径为 1mm，弹簧中径为 7mm，有效圈数为 10.5，精度等级为 3 级，A 型左旋弹簧：

标记：LⅠ A 1×7×10.5-3 左 GB/T 2088

示例 2：

LⅢ 型弹簧，材料直径为 1mm，弹簧中径为 5mm，有效圈数为 12.25，精度为 2 级的 B 型弹簧：

标记：LⅢ B 1×5×12.25 GB/T 2088

示例 3：

LⅥ 型弹簧，材料直径为 2.5mm，弹簧中径为 16mm，有效圈数为 30.25，精度为 3 级的 B 型弹簧：

标记：LⅥ B 2.5×16×30.25-3 GB/T 2088

弹簧尺寸及参数（见表 26-24）：

表 26-24　圆柱螺旋拉伸弹簧的尺寸及参数

d /mm	D /mm	F_0 /N	F_s /N	$n=8.25$ 圈				$n=10.5$ 圈				$n=12.25$ 圈			
				H_{Lb} /mm	f_s /mm	k_T /(N/mm)	m /g	H_{Lb} /mm	f_s /mm	k_T /(N/mm)	m /g	H_{Lb} /mm	f_s /mm	k_T /(N/mm)	m /g
0.5	3	1.6	14.4	4.6	4.6	2.77	0.14	5.8	5.9	2.18	0.17	6.6	5.3	1.87	0.20
	3.5	1.2	12.3		6.4	1.74	0.16		8.1	1.37	0.20		9.8	1.18	0.23
	4	0.9	10.8		8.5	1.17	0.18		10.8	0.92	0.23		15.7	0.79	0.26
	5	0.6	8.6		13.3	0.60	0.23		17	0.47	0.28		22.9	0.40	0.33
	6	0.4	7.2		19.4	0.35	0.27		25.2	0.27	0.34		31.5	0.23	0.40
0.6	3	3.3	23.9	5.6	3.6	5.75	0.21	6.9	4.6	4.51	0.26	7.9	5.3	3.87	0.30
	4	1.9	17.9		6.6	2.42	0.29		8.4	1.90	0.35		9.8	1.63	0.39
	5	1.2	14.3		10.6	1.24	0.36		13.4	0.975	0.44		15.7	0.836	0.50
	6	0.8	11.9		15.5	0.718	0.43		19.7	0.564	0.52		22.9	0.484	0.69
	7	0.6	10.2		21.2	0.452	0.50		27	0.355	0.61		31.5	0.305	0.69

(续)

d /mm	D /mm	F_0 /N	F_s /N	n=8.25 圈 H_{Lb} /mm	f_s /mm	k_T /(N/mm)	m /g	n=10.5 圈 H_{Lb} /mm	f_s /mm	k_T /(N/mm)	m /g	n=12.25 圈 H_{Lb} /mm	f_s /mm	k_T /(N/mm)	m /g
0.8	4	5.9	40.4	7.4	4.5	7.66	0.51	9.2	5.7	6.02	0.62	10.6	6.7	5.16	0.71
	5	3.8	32.3		7.3	3.92	0.63		9.3	3.08	0.78		10.8	2.64	0.88
	6	2.6	26.9		10.7	2.27	0.76		13.7	1.78	0.93		15.9	1.53	1.06
	8	1.5	20.2		19.6	0.952	0.94		24.9	0.752	1.16		29	0.645	1.33
	9	1.2	18.0		25	0.673	1.05		31.8	0.528	1.30		37.1	0.453	1.50
1.0	5	9.2	61.5	9.3	5.5	9.58	0.99	11.5	7	7.52	1.21	13.3	8.1	6.45	1.38
	6	6.4	51.3		8.1	5.54	1.19		10.3	4.35	1.45		12	3.73	1.66
	7	4.7	44.0		11.3	3.49	1.39		14.3	2.74	1.69		16.7	2.35	1.93
	8	3.6	38.5		14.9	2.34	1.59		19	1.84	1.94		22.2	1.57	2.21
	10	2.3	30.8		23.8	1.20	1.99		30.3	0.940	2.42		35.4	0.806	2.76
	12	1.6	25.6		34.6	0.693	2.38		44.1	0.544	2.91		51.4	0.467	3.31
1.2	6	13.3	86.4	11.1	6.4	11.5	1.72	13.8	8.1	9.03	2.09	15.9	9.4	7.74	2.38
	7	9.8	74.0		8.9	7.24	2.00		11.3	5.69	2.44		13.2	4.87	2.78
	8	7.5	64.8		11.8	4.85	2.29		15	3.81	2.79		17.6	3.26	3.18
	10	4.8	51.8		19	2.48	2.86		19.5	2.41	2.93		28.1	1.67	3.97
	12	3.3	43.2		27.7	1.44	3.43		35.3	1.13	4.18		41.3	0.967	4.77
	14	2.4	37.0		38.2	0.905	4.00		48.7	0.711	4.88		56.8	0.609	5.56
1.6	8	23.6	145	14.8	7.9	15.3	4.07	18.4	10.1	12.0	4.96	21.2	11.8	10.3	5.65
	10	15.1	116		12.9	7.84	5.08		16.4	6.16	6.20		19.1	5.28	7.07
	12	10.5	97.0		19.1	4.54	6.10		24.2	3.57	7.44		28.3	3.06	8.48
	14	7.7	83.1		26.4	2.86	7.12		33.5	2.25	8.68		39.1	1.93	9.89
	16	5.9	72.7		34.8	1.92	8.13		44.5	1.50	9.92		51.8	1.29	11.3
	18	4.7	64.7		44.4	1.35	9.15		56.6	1.06	11.2		66.2	0.906	12.7
2.0	10	37.0	215	18.5	9.3	19.2	7.94	23.0	11.9	15.0	9.68	26.5	13.8	12.9	11.0
	12	25.7	179		13.8	11.1	9.53		17.6	8.71	11.6		20.5	7.46	13.3
	14	18.8	153		19.2	6.98	11.1		24.5	5.48	13.6		28.6	4.70	15.5
	16	14.4	134		25.6	4.68	12.7		32.6	3.67	15.5	26.5	38	3.15	17.7
	18	11.4	119		32.8	3.28	14.3		41.7	2.58	17.4		48.7	2.21	19.9
	20	9.2	107		40.9	2.39	15.9		52	1.88	19.4		60.7	1.61	22.1
2.5	12	62.7	339	23.1	10.2	27.1	14.9	28.8	13	21.3	18.2	33.1	15.2	18.2	20.7
	14	46.1	291		14.4	17.0	17.4		18.3	13.4	21.2		21.3	11.5	24.2
	16	35.3	255		19.3	11.4	19.9		24.5	8.97	24.2		28.6	7.69	27.6
	18	27.9	226		24.7	8.02	22.3		31.4	6.30	27.2		36.7	5.40	31.1
	20	22.6	204		31.1	5.84	24.8		39.5	4.59	30.3		46	3.94	34.5
	25	14.4	163		49.7	2.99	31.0		63.2	2.35	37.8		73.6	2.02	43.1

d /mm	D /mm	F_0 /N	F_s /N	n=15.5圈				n=18.25圈				n=20.5圈			
				H_{Lb} /mm	f_s /mm	k_T /(N/mm)	m /g	H_{Lb} /mm	f_s /mm	k_T /(N/mm)	m /g	H_{Lb} /mm	f_s /mm	k_T /(N/mm)	m /g
0.5	3	1.6	14.4	8.3	8.7	1.47	0.25	9.6	10.2	1.25	0.29	10.7	11.4	1.12	0.33
	3.5	1.2	12.3		11.9	0.929	0.30		14.1	0.789	0.34		15.8	0.702	0.38
	4	0.9	10.8		15.9	0.622	0.34		18.8	0.528	0.39		21.1	0.470	0.44
	5	0.6	8.6		25.1	0.319	0.42		29.5	0.271	0.49		33.2	0.241	0.55
	6	0.4	7.2		37	0.184	0.51		43.3	0.157	0.59		48.9	0.139	0.65
0.6	3	3.3	23.9	9.9	6.7	3.06	0.37	11.6	7.9	2.60	0.42	12.9	8.9	2.31	0.47
	4	1.9	17.9		12.4	1.29	0.49		14.5	1.10	0.57		16.4	0.975	0.63
	5	1.2	14.3		19.8	0.661	0.61		23.4	0.561	0.71		26.3	0.499	0.78
	6	0.8	11.9		29.1	0.382	0.73		34.2	0.325	0.85		38.4	0.289	0.94
	7	0.6	10.2		39.8	0.241	0.85		47.1	0.204	0.99		52.7	0.182	1.10
0.8	4	5.9	40.4	13.2	8.5	4.08	0.87	15.4	10	3.46	1.00	17.2	11.2	3.08	1.12
	5	3.8	32.3		13.6	2.09	1.08		16.1	1.77	1.26		18	1.58	1.39
	6	2.6	26.9		20.1	1.21	1.30		23.6	1.03	1.51		26.6	0.913	1.69
	8	1.5	20.2		36.7	0.510	1.74		43.2	0.433	2.01		48.6	0.385	2.23
	9	1.2	18.0		46.9	0.358	1.95		55.3	0.304	2.26		62	0.271	2.51
1.0	5	9.2	61.5	16.5	10.3	5.10	1.69	19.3	12.1	4.33	1.96	21.5	13.6	3.85	2.18
	6	6.4	51.3		15.2	2.95	2.03		17.9	2.51	2.35		25.1	1.79	3.20
	7	4.7	44.0		21.1	1.86	2.37		24.9	1.58	2.75		28.1	1.40	3.05
	8	3.6	38.5		28.1	1.24	2.71		32.9	1.06	3.14		37.1	0.941	3.49
	10	2.3	30.8		44.7	0.637	3.39		52.7	0.541	3.92		59.1	0.482	4.36
	12	1.6	25.6		65	0.369	4.07		76.7	0.313	4.71		86	0.279	5.23
1.2	6	13.3	86.4	19.8	11.9	6.12	2.93	23.1	14.1	5.19	3.39	25.8	15.8	4.62	3.77
	7	9.8	74.0		16.7	3.85	3.42		19.6	3.27	3.95		21.8	2.95	4.34
	8	7.5	64.8		22.2	2.58	3.90		26.2	2.19	4.52		29.4	1.95	5.02
	10	4.8	51.8		35.6	1.32	4.88		42	1.12	5.65		47	0.999	6.28
	12	3.3	43.2		52.2	0.765	5.86		61.5	0.649	6.78		69	0.578	7.53
	14	2.4	37.0		71.9	0.481	6.83		84.6	0.409	7.91		95.1	0.364	8.79
1.6	8	23.6	145	26.4	14.9	8.15	6.94	30.8	17.5	6.93	8.03	34.4	19.7	6.17	8.93
	10	15.1	116		24.1	4.18	8.68		28.4	3.55	10.0		31.9	3.16	11.2
	12	10.5	97.0		35.7	2.42	10.4		42.2	2.05	12.1		47.3	1.83	13.4
	14	7.7	83.1		49.6	1.52	12.2		58.4	1.29	14.1		65.6	1.15	15.6
	16	5.9	72.7		65.5	1.02	13.9		77.1	0.866	16.1		86.6	0.771	17.9
	18	4.7	64.7		83.8	0.716	15.6		98.7	0.608	18.1		110.9	0.541	20.1
2.0	10	37.0	215	33.0	17.5	10.20	13.6	38.5	20.6	8.66	15.7	43.0	23.1	7.71	17.4
	12	25.7	179		26	5.90	16.3		30.6	5.01	18.8		34.4	4.46	20.9
	14	18.8	153		36.2	3.71	19.0		42.5	3.16	22.0		47.8	2.81	24.4
	16	14.4	134		48	2.49	21.7		56.7	2.11	25.1		63.6	1.88	27.9
	18	11.4	119		61.5	1.75	24.4		72.7	1.48	28.2		81.5	1.32	31.4
	20	9.2	107		77	1.27	27.1		90.6	1.08	31.4		101.6	0.963	34.9
2.5	12	62.7	339	41.3	19.2	14.4	25.4	48.1	22.6	12.2	29.4	53.8	25.3	10.9	32.7
	14	46.1	291		27	9.07	29.7		31.8	7.70	34.3		35.7	6.86	38.1
	16	35.3	255		36.1	6.08	33.9		42.6	5.16	39.2		47.9	4.59	43.6
	18	27.9	226		46.4	4.27	38.1		54.7	3.62	44.1		61.3	3.23	49.0
	20	22.6	204		58.3	3.11	42.4		68.7	2.64	49.0		77.2	2.35	54.5
	25	14.4	163		128.1	11.59	53.0		110.1	1.35	61.3		123.8	1.20	68.1

（续）

$n=25.5$ 圈				$n=30.25$ 圈				$n=40.5$ 圈			
H_{Lb} /mm	f_s /mm	k_T /(N/mm)	m /g	H_{Lb} /mm	f_s /mm	k_T /(N/mm)	m /g	H_{Lb} /mm	f_s /mm	k_T /(N/mm)	m /g
13.2	14.3	0.896	0.40	15.6	19.8	0.648	0.54	20.8	22.7	0.564	0.62
	19.6	0.565	0.47		27.2	0.408	0.63		31.3	0.355	0.72
	26.2	0.378	0.53		36.1	0.274	0.72		41.6	0.238	0.82
	41.2	0.194	0.67		57.1	0.140	0.90		65.6	0.122	1.03
	60.7	0.112	0.80		83.8	0.081	1.08		96.3	0.0706	1.23
15.9	11.1	1.86	0.58	18.8	13.1	1.570	0.68	24.9	17.6	1.17	0.89
	20.4	0.784	0.77		24.2	0.661	0.90		32.4	0.494	1.19
	32.6	0.402	0.96		38.8	0.338	1.12		51.8	0.253	1.48
	47.8	0.232	1.15		56.6	0.196	1.35		76.0	0.146	1.78
	65.8	0.146	1.35		78.0	0.123	1.57		104.3	0.092	2.07
21.2	13.9	2.48	1.36	25.0	16.5	2.09	1.60	33.2	22.1	1.56	2.11
	22.4	1.27	1.70		26.6	1.07	2.00		35.7	0.799	2.63
	33.1	0.734	1.98		39.3	0.619	2.34		52.6	0.462	3.10
	60.3	0.310	2.64		71.6	0.261	3.11		95.9	0.195	4.13
	77.1	0.218	2.98		91.8	0.183	3.50		122.6	0.137	4.65
26.5	16.9	3.10	2.66	31.3	20.0	2.61	3.12	41.5	26.8	1.95	4.12
	25.1	1.79	3.20		29.7	1.51	3.75		39.7	1.13	4.94
	34.8	1.13	3.73		41.3	0.952	4.37		55.3	0.711	5.76
	46.2	0.756	4.26		54.7	0.638	5.00		73.3	0.476	6.59
	73.6	0.387	5.33		87.4	0.326	6.25		116.8	0.244	8.22
	107.1	0.224	6.39		127.0	0.189	7.50		170.2	0.141	9.88
31.8	19.7	3.72	4.60	37.5	23.4	3.13	5.40	49.8	31.2	2.34	7.11
	27.4	2.34	5.37		32.6	1.97	6.30		43.7	1.47	8.30
	36.5	1.57	6.14		43.4	1.32	7.20		58.0	0.988	9.48
	58.5	0.803	7.67		69.4	0.677	9.00		92.9	0.506	11.9
	85.8	0.465	9.20		101.8	0.392	10.8		136.2	0.293	14.2
	118.1	0.293	10.7		140.1	0.247	12.6		188	0.184	16.6
42.4	24.5	4.96	10.9	50.0	29.0	4.18	12.8	66.4	38.9	3.12	16.9
	39.7	2.54	13.6		47.1	2.14	16.0		63.1	1.60	21.1
	58.8	1.47	16.4		69.8	1.24	19.2		93.5	0.925	25.3
	81.5	0.925	19.1		96.7	0.780	22.4		129.6	0.582	29.5
	107.7	0.620	21.8		128	0.522	25.6		171.3	0.390	33.7
	137.9	0.435	24.6		163.5	0.367	28.8		219	0.274	37.9
53.0	28.7	6.20	21.3	62.5	34.1	5.22	25.0	83	45.6	3.90	32.9
	42.7	3.59	25.6		50.8	3.02	30.0		67.8	2.26	39.5
	59.4	2.26	29.8		70.6	1.90	35.0		94.5	1.42	46.1
	79.2	1.51	34.1		93.4	1.28	40.0		125.6	0.952	52.7
	101.5	1.06	38.4		120.1	0.896	45.0		160.8	0.669	59.3
	126.2	0.775	42.6		149.8	0.653	50.0		200.4	0.488	65.9
66.3	31.6	8.75	40.0	78.1	37.4	7.38	46.9	103.8	50.1	5.51	61.7
	44.4	5.51	46.6		52.7	4.65	54.7		70.6	3.47	72.0
	59.5	3.69	53.3		70.6	3.11	62.5		94.3	2.33	82.3
	76.5	2.59	59.9		90.5	2.19	70.3		121.5	1.63	92.6
	96.0	1.89	66.6		114.1	1.59	78.1		152.4	1.19	103
	153.5	0.968	83.2		182.1	0.816	92.6		243.6	0.610	129

d /mm	D /mm	F_0 /N	F_s /N	n=8.25圈				n=10.5圈				n=12.25圈			
				H_{Lb} /mm	f_s /mm	k_T /(N/mm)	m /g	H_{Lb} /mm	f_s /mm	k_T /(N/mm)	m /g	H_{Lb} /mm	f_s /mm	k_T /(N/mm)	m /g
3.0	14	95.6	475	27.8	10.7	35.3	23.0	34.5	13.6	27.8	28.5	39.8	15.9	23.8	32.8
	16	73.2	416		14.5	23.7	28.6		18.4	18.6	34.9		21.6	15.9	39.8
	18	57.8	370		18.8	16.6	32.2		23.8	13.1	39.2		27.9	11.2	44.7
	20	46.8	333		23.7	12.1	35.7		30.1	9.52	43.7		35.1	8.16	49.7
	22	38.7	303		29	9.11	39.3		37	7.15	47.9		43.1	6.13	54.7
	25	29.9	266		38	6.21	44.7		48.4	4.88	54.5		56.5	4.18	62.1
3.5	18	107	587	32.4	15.6	30.8	43.8	40.3	19.8	24.2	53.4	46.4	23.2	20.7	60.9
	20	86.8	528		19.6	22.5	48.6		25.1	17.6	59.3		29.2	15.1	67.6
	22	71.7	480		24.2	16.9	53.5		30.7	13.3	65.3		35.8	11.4	74.4
	25	55.5	423		32	11.5	60.8		40.7	9.03	74.2		47.5	7.74	84.5
	28	44.2	377		40.7	8.18	68.1		51.8	6.43	83.1		60.4	5.51	94.7
	35	28.4	302		65.3	4.19	85.1		83.2	3.29	104		97	2.82	118
4.0	22	123	694	37.0	19.8	28.8	69.9	46.0	25.3	22.6	85.2	53.0	29.4	19.4	97.2
	25	94.7	611		26.3	19.6	79.4		33.5	15.4	96.9		39.1	13.2	110
	28	75.4	545		33.5	14.0	89.0		42.7	11.0	109		50	9.40	124
	32	57.8	477		44.8	9.35	102		57	7.35	124		66.5	6.30	141
	35	48.3	436		54.2	7.15	111		69	5.62	136		80.6	4.81	155
	40	37.0	382		72	4.79	127		91.8	3.76	155		107.1	3.22	177
	45	29.2	339		92.2	3.36	143		118.7	2.61	174		137.1	2.26	199
4.5	25	152	870	41.6	15.6	46.1	101	51.8	29.1	24.7	123	59.6	33.9	21.2	140
	28	121	777		29.3	22.4	113		37.3	17.6	137		43.4	15.1	157
	32	92.6	680		39.2	15.0	129		49.8	11.8	157		58.2	10.1	179
	35	77.4	621		47.7	11.4	141		60.5	8.99	172		70.5	7.71	196
	40	62.8	544		62.7	7.67	161		79.8	6.03	196		93.1	5.17	224
	45	46.8	483		80.9	5.39	181		103.1	4.23	221		120.2	3.63	252
	50	37.9	435		101	3.93	201		128.5	3.09	245		150.4	2.64	280
5.0	25	232	1154	46.3	19.2	47.9	124	57.5	24.5	37.6	151	66.3	28.6	32.2	173
	28	184	1030		24.8	34.1	139		31.6	26.8	170		36.8	23.0	193
	32	141	902		33.4	22.8	159		42.5	17.9	194		49.4	15.4	221
	35	118	824		40.6	17.4	174		51.5	13.7	212		59.8	11.8	242
	40	90.3	721		53.9	11.7	199		68.7	9.18	242		80.1	7.87	276
	45	71.3	641		69.4	8.21	223		88.3	6.45	272		103	5.53	311
	55	47.8	525		106	4.50	273		135.2	3.53	333		157.5	3.03	380
6.0	32	292	1505	55.5	25.6	47.3	228	69	32.6	37.2	279	79.5	38	31.9	318
	35	244	1376		31.3	36.2	250		39.9	28.4	281		46.4	24.4	348
	40	187	1204		42	24.2	286		53.5	19	349		62.4	16.3	398
	45	148	1070		54.2	17	322		68.8	13.4	392		80.2	11.5	447
	50	120	963		68	12.4	357		86.5	9.75	436		100.8	8.36	497
	60	83.2	803		100.3	7.18	429		127.6	5.64	523		148.7	4.84	596
	70	61.1	688		138.7	4.52	500		176.6	3.55	610		205.5	3.05	696
8.0	40	592	2753	132	28.2	76.6	508	154	35.9	60.2	620	172	41.9	51.6	707
	45	468	2447		36.8	53.8	572		46.8	42.3	697		55.7	35.5	809
	50	379	2203		46.5	39.2	635		59.2	30.8	775		70.4	25.9	899
	55	313	2002		57.3	29.5	699		72.8	23.2	852		87.1	19.4	989
	60	263	1835		69.3	22.7	762		88.3	17.8	930		102.7	15.3	1060
	70	193	1573		96.5	14.3	890		123.2	11.2	1080		143.3	9.63	1240
	80	148	1377		128.3	9.58	1020		163.4	7.52	1240		190.5	6.45	1410

（续）

$n=15.5$ 圈				$n=18.25$ 圈				$n=20.5$ 圈			
H_{Lb} /mm	f_s /mm	k_T /(N/mm)	m /g	H_{Lb} /mm	f_s /mm	k_T /(N/mm)	m /g	H_{Lb} /mm	f_s /mm	k_T /(N/mm)	m /g
49.5	20.2	18.8	40.7	57.8	23.7	16.0	47.4	64.5	26.7	14.2	54.9
	27.2	12.6	48.8		32	10.7	56.5		36	9.53	62.8
	35.3	8.85	54.9		41.5	7.52	63.5		46.7	6.69	70.6
	44.4	6.45	61.0		52.2	5.48	70.5		58.6	4.88	78.5
	54.5	4.85	67.1		64.2	4.12	77.7		72.2	3.66	86.3
	71.5	3.30	76.3		84	2.81	88.3		94.4	2.50	98.1
57.8	29.3	16.4	74.7	67.4	34.5	13.9	86.5	75.3	38.7	12.4	96.1
	36.8	12.0	83.1		43.7	10.1	96.1		48.8	9.04	107
	45.5	8.98	91.4		53.5	7.63	106		60.1	6.79	118
	60	6.12	103		70.7	5.20	120		79.4	4.63	134
	76.3	4.36	116		89.9	3.70	135		101.2	3.29	150
	122.7	2.23	145		144.8	1.89	168		161.9	1.69	187
66	37.3	15.3	119	77.0	43.9	13.0	138	86.0	49.2	11.6	153
	49.6	10.4	136		58.2	8.87	157		65.4	7.89	174
	63.2	7.43	152		74.4	6.31	176		83.6	5.62	195
	84.2	4.98	174		99.1	4.23	201		111.5	3.76	223
	102	3.80	190		120	3.23	220		134.6	2.88	244
	135.3	2.55	217		159.7	2.16	251		178.8	1.93	279
	173.1	1.79	244		203.8	1.52	282		229.5	1.35	314
74.3	43	16.7	172	86.6	50.6	14.2	199	96.8	57	12.6	221
	55.1	11.9	192		65	10.1	222		72.9	9.00	247
	73.7	7.97	220		86.8	6.77	254		97.4	6.03	282
	89.3	6.09	240		104.9	5.18	278		117.9	4.61	309
	117.9	4.08	275		138.7	3.47	318		155.7	3.09	353
	152	2.87	309		179.5	2.43	357		201	2.17	397
	190	2.09	343		223.1	1.78	397		251.3	1.58	441
82.5	36.2	25.5	212	96.3	42.7	21.6	245	107.5	47.8	19.3	272
	46.7	18.1	237		54.9	15.4	275		61.8	13.7	305
	62.4	12.2	271		73.9	10.3	314		82.8	9.19	349
	76	9.29	297		89.5	7.89	343		100.6	7.02	381
	101.4	6.22	339		119.5	5.28	392		134.2	4.70	436
	130.4	4.37	381		153.6	3.71	441		172.6	3.30	490
	199.7	2.39	466		235.1	2.03	539		263.6	1.81	599
99.0	48.1	25.2	391	116	56.7	21.4	452	129	63.5	19.1	502
	58.7	19.3	427		69	16.4	494		77.5	14.6	549
	78.8	12.9	488		92.5	11.0	565		104.3	9.75	628
	101.8	9.06	549		119.7	7.70	635		134.6	6.85	706
	126.4	6.67	610		150.3	5.61	706		168.9	4.99	785
	188.4	3.82	732		221.5	3.25	847		249.1	2.89	941
	260.1	2.41	854		307.3	2.04	989		344.5	1.82	1100
132	53	40.8	868	154	62.5	34.6	1000	172	70.2	30.8	1120
	69.2	28.6	976		81.4	24.3	1130		91.2	21.7	1260
	87.3	20.9	1080		103.1	17.7	1260		115.4	15.8	1390
	107.6	15.7	1190		127	13.3	1380		141.9	11.9	1530
	129.9	12.1	1300		152.6	10.3	1510		172.2	9.13	1670
	181.3	7.61	1520		213.6	6.46	1760		240	5.75	1950
	241	5.10	1740		283.8	4.33	2010		319.2	3.85	2230

（续）

d /mm	D /mm	F_0 /N	F_s /N	n=25.5圈				n=30.25圈				n=40.5圈			
				H_{Lb} /mm	f_s /mm	k_T /(N/mm)	m /g	H_{Lb} /mm	f_s /mm	k_T /(N/mm)	m /g	H_{Lb} /mm	f_s /mm	k_T /(N/mm)	m /g
3.0	14	95.5	475	79.5	33.3	11.4	67.1	93.8	39.4	9.64	78.7	124.5	52.7	7.20	104
	16	73.2	416		44.8	7.66	76.7		53.1	6.46	90.0		71.1	4.82	119
	18	57.8	370		58	5.38	86.3		68.9	4.53	101		92.1	3.39	133
	20	46.8	333		73	3.92	95.9		86.5	3.31	112		115.9	2.47	148
	22	38.7	303		89.6	2.95	106		106.6	2.48	124		142.9	1.85	163
	25	29.9	266		117.5	2.01	120		139.7	1.69	141		187.4	1.26	185
3.5	18	107	587	92.8	48.2	9.96	118	109.4	57.1	8.40	138	145.3	76.6	6.27	182
	20	86.8	528		60.8	7.26	131		72.1	6.12	153		96.5	4.57	202
	22	71.7	480		74.8	5.46	144		88.8	4.60	168		118.7	3.44	222
	25	55.5	423		98.8	3.72	163		117	3.14	191		157.1	2.34	252
	28	44.2	377		125.6	2.65	183		149.2	2.23	214		199.3	1.67	282
	35	28.4	302		201.2	1.36	228		240	1.14	268		320.8	0.853	353
4.0	22	123	694	106	61.3	9.31	188	125.0	72.7	7.85	220	166.0	97.4	5.86	290
	25	94.7	611		81.4	6.34	213		96.5	5.35	250		129.4	3.99	329
	28	75.4	545		103.9	4.52	239		123.3	3.81	280		165.4	2.84	369
	32	57.8	477		138.3	3.03	273		164.4	2.55	320		220.6	1.90	422
	35	48.3	436		167.8	2.31	298		198.8	1.95	350		265.5	1.46	461
	40	37.0	382		222.6	1.55	341		263.4	1.31	400		353.8	0.975	527
	45	29.2	339		284.2	1.09	384		337.8	0.917	450		452.3	0.685	593
4.5	25	152	870	119.3	70.4	10.2	270	140.6	83.8	8.57	316	186.8	112.2	6.40	417
	28	121	777		90.7	7.23	302		107.5	6.10	354		144.2	4.55	467
	32	92.6	680		121.1	4.85	345		143.6	4.09	405		192.6	3.05	534
	35	77.4	621		146.9	3.70	378		174.2	3.12	443		233.3	2.33	584
	40	62.8	544		194	2.48	432		230.2	2.09	506		308.5	1.56	666
	45	46.8	483		250.7	1.74	485		296.7	1.47	569		396.5	1.10	750
	50	37.9	435		312.7	1.27	539		371.1	1.07	633		496.4	0.800	834
5.0	25	232	1154	132.5	59.5	15.5	333	156.3	70.4	13.1	390	207.5	94.6	9.75	515
	28	184	1030		76.9	11.0	373		91.1	9.29	437		121.9	6.94	576
	32	141	902		103	7.39	426		122.2	6.23	500		163.7	4.65	659
	35	118	824		125	5.65	466		148.3	4.76	547		198.9	3.55	720
	40	90.3	721		166.9	3.78	533		197.7	3.19	625		265	2.38	823
	45	71.3	641		214.2	2.66	599		243.5	2.34	703		341.1	1.67	926
	55	47.8	525		329.1	1.45	732		388	1.23	859		521	0.916	1130
6.0	32	292	1505	159	79.3	15.3	614	188	94	12.9	720	249	125.8	9.64	948
	35	244	1376		96.8	11.7	671		114.7	9.87	787		153.6	7.37	1040
	40	187	1204		129.7	7.84	767		153.9	6.61	900		205.9	4.94	1190
	45	148	1070		167.3	5.51	863		198.7	4.64	1010		265.7	3.47	1330
	50	120	963		209.7	4.02	959		249.4	3.38	1120		333.2	2.53	1480
	60	83.2	803		310.3	2.32	1150		367.2	1.96	1350		493	1.46	1780
	70	61.1	688		429.4	1.46	1340		509.7	1.23	1570		680.7	0.921	2070
8.0	40	592	2753	212	87.1	24.8	1360	250	103.4	20.9	1600	332	138.5	15.6	2110
	45	468	2447		113.7	17.3	1530		134.6	14.7	1800		181.6	10.9	2370
	50	379	2203		143.6	12.7	1700		170.5	10.7	2000		228.3	7.99	2630
	55	313	2002		177.2	9.53	1880		210.1	8.04	2200		281.5	6.00	2900
	60	263	1835		214.2	7.34	2050		254	6.19	2400		340.3	4.62	3160
	70	193	1573		298.7	4.62	2390		353.8	3.90	2800		474.2	2.91	3690
	80	148	1377		396.5	3.10	2730		470.9	2.61	3200		630.3	1.95	4210

注：1. 表中所列 F_0 值，不作考核项目。

2. 质量 m 为近似值，仅供参考。表中的数值是按 LⅢ及 LⅥ型弹簧的计算结果，对 LⅠ型弹簧，该数据略有偏大。

3. 计算采用的数据见表 26-25 和表 26-26。

表 26-25　碳素弹簧钢丝

推荐负荷类型	许用切应力[τ] /MPa	切变模量 G /MPa	试验负荷 F_s /N	试验负荷下变形量 f_s /mm
静负荷	$0.4R_m$	79000	$\frac{0.4\pi d^3 R_m}{8D}$	$\frac{\pi D^2 n}{Gd}(0.4R_m-\tau_0)$
循环次数为 $N\leqslant 10^5$ 的动负荷	$0.32R_m$			

表 26-26　GB/T 4357—1989 中 C 级材料抗拉强度

d /mm	0.50	0.60	0.80	1.00	1.20	1.60	2	2.5
R_m /MPa	2200	2110	2010	1960	1910	1810	1710	1660
d /mm	3	3.5	4	4.5	5	6	8	—
R_m /MPa	1570	1570	1520	1520	1470	1420	1370	—

注：表中材料抗拉强度为 C 级下限值。

【例 26-4】　一拉伸弹簧，要求最小拉力 $F_1=147.15$N，最大拉力 $F_2=441.45$N，工作行程 $f=75$mm，弹簧外径不得超过 32mm，此弹簧受变负荷循环次数小于 10^3 次。

【解】　已知 F_1、F_2 及 f，则弹簧刚度为

$$k_T=\frac{F_2-F_1}{f}=\frac{441.45-147.15}{75}\text{N/mm}=3.92\text{N/mm}$$

因为弹簧受变负荷循环次数小于 10^3 次，所以允许：

$F_s\geqslant F_2$，即：$F_s\geqslant 441.45$N

已知：$F_s\geqslant 441.15$N

$k_T=3.92$N/mm，$D_2\leqslant 32$mm

查表 26-24，选规格：LⅠ A4×25×40.5

其中：$F_s=611$N，$f_s=129.4$mm

$F_0=94.7$N，$k_T=3.92$N/mm

验证该弹簧工作特征：

$F_1=147.15$N 时，$f_1=\frac{F_1-F_0}{k_T}=\frac{147.15-94.7}{3.92}\text{mm}\approx 13.38\text{mm}$

$F_2=441.45$N 时，$f_2=\frac{F_2-F_0}{k_T}=\frac{441.45-94.7}{3.92}\text{mm}\approx 88.46\text{mm}$

$$f_2+\frac{F_0}{k_T}=\left(88.46+\frac{94.7}{3.92}\right)\text{mm}=112.62\text{mm}$$

所选弹簧 $f_s=129.4\text{mm}>112.62\text{mm}$，$F_s=611\text{N}>441.45\text{N}$

选拉簧：LⅠ A4×25×40.5 GB/T 2088 符合设计要求。

【例 26-5】　一拉伸弹簧，要求最小拉力 $F_1=176.5$N，最大拉力 $F_2=333.5$N，工作行程 $f=11$mm，弹簧外径不得超过 18mm，此弹簧受负荷作用次数小于 10^3 次。

【解】　已知 F_1、F_2 及 f，则弹簧刚度为

$$k_T=\frac{F_2-F_1}{f}=\frac{333.5-176.5}{11}\text{N/mm}=14.27\text{N/mm}$$

因为弹簧受动负荷循环次数小于 10^3 次，可按受静负荷弹簧处理，表 26-24 数值运用于本弹簧设计要求

$F_s\geqslant F_2$，即：$F_s\geqslant 333.5$N

已知：$F_s\geqslant 333.5$N，$k_T=14.27$N/mm，$D_2\leqslant 18$mm

查表 26-24，选规格：LⅢ A3×14×20.5

其中：$F_s=475$N，$f_s=26.7$mm

$F_0=95.6$N，$F'=14.2$N/mm

验证该弹簧工作特征：

$F_1=176.5$N 时，$f_1=\frac{F_1-F_0}{k_T}=\frac{176.5-95.6}{14.2}\text{mm}\approx 5.70\text{mm}$

$F_2=333.5$N 时，$f_2=\frac{F_2-F_0}{k_T}=\frac{333.5-95.6}{14.2}\text{mm}\approx 16.8\text{mm}$

$$f_s=f_2+\frac{F_0}{k_T}=\left(16.8+\frac{95.6}{14.2}\right)\text{mm}=23.4\text{mm}$$

所选弹簧 $f_s=33.4\text{mm}>23.4\text{mm}$，$F_s=475\text{N}>333.54\text{N}$

选拉簧：LⅢ A3×14×20.5 GB/T 2088 符合设计要求。

26.3.4　圆柱螺旋扭转弹簧

26.3.4.1　圆柱螺旋扭转弹簧的结构形式（见表 26-27）

表 26-27　圆柱螺旋扭转弹簧的结构形式（摘自 GB/T 23935—2009）

代号	简　图	端部结构形式	代号	简　图	端部结构形式
NⅠ	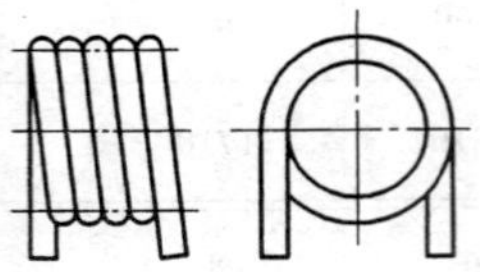	外臂扭转弹簧	NⅣ	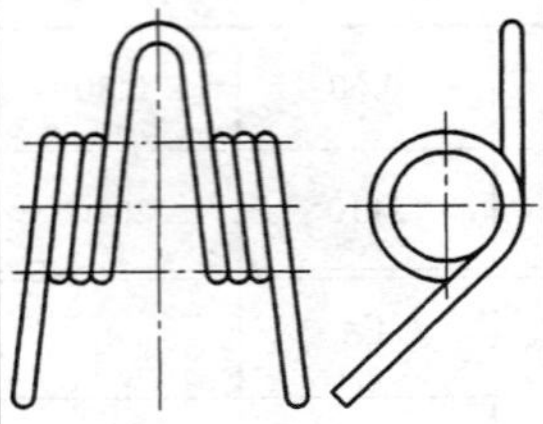	平列双扭弹簧
NⅡ	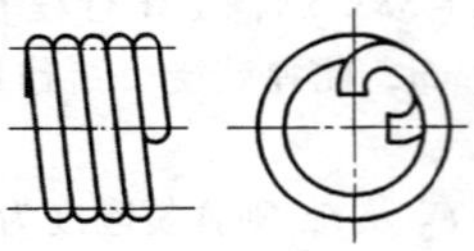	内臂扭转弹簧	NⅤ	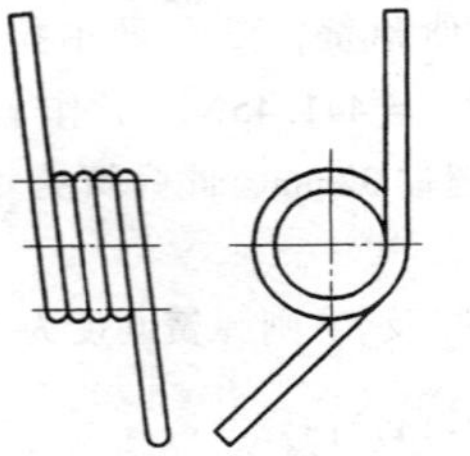	直臂扭转弹簧
NⅢ	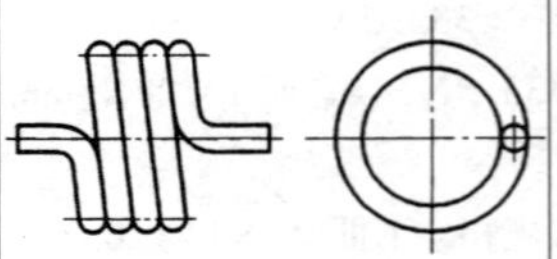	中心臂扭转弹簧	NⅥ	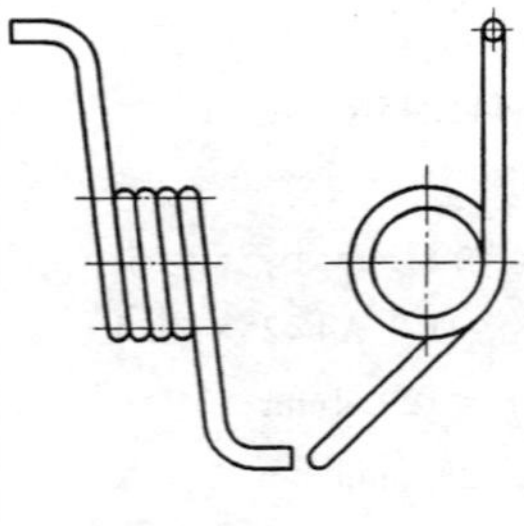	单臂弯曲扭转弹簧

注：弹簧结构形式推荐用外臂扭转弹簧、内臂扭转弹簧和直臂扭转弹簧。弹簧端部扭臂结构形式根据安装方法、安装条件的要求，可做成特殊的形式。

26.3.4.2　圆柱螺旋扭转弹簧的设计计算

图 26-8 所示为圆柱螺旋扭转弹簧受力简图。基本计算公式见表 26-28。

许用弯曲应力［σ］见表 26-29。

经强扭处理的弹簧，可提高疲劳极限。对变载荷下的松弛有明显效果。对重要的，其损坏对整个机械有重大影响的弹簧，许用弯曲应力应取允许范围内的低值。

圆柱螺旋扭转弹簧的几何尺寸及参数计算见表 26-30。

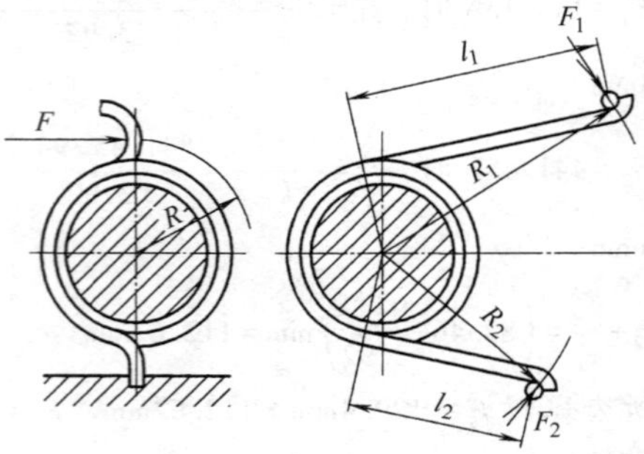

a)　　　　b)

图 26-8　圆柱螺旋扭转弹簧受力简图

a）矩扭臂弹簧　b）长扭臂弹簧

表 26-28　圆柱螺旋扭转弹簧基本计算公式（摘自 GB/T 23935—2009）

名　　称	符号	单　　位	计 算 公 式
材料弯曲应力	σ	MPa	$\sigma=K_b\dfrac{32T}{\pi d^3}$ $K_b=\dfrac{4C^2-C-1}{4C^2(C-1)}$ 短扭臂　$T=FR$ 长扭臂　$T=F_1R_1=F_2R_2$ 式中，T 为扭矩（N · mm）；F、F_1、F_2 为弹簧受力（N），见图 26-8；R、R_1、R_2 为力臂（mm），见图 26-8；K_b 为曲度系数，当扭转方向为顺向时，$K_b=1$；C 为旋绕比，$C=\dfrac{D}{d}$，可查表 26-10
材料直径	d	mm	$d\geqslant\sqrt[3]{\dfrac{10.2K_bT}{[\sigma]}}$ 式中，$[\sigma]$ 为许用弯曲应力（MPa），查表 26-29
弹簧中径	D	mm	$D=Cd$
扭转变形角	ϕ $\phi°$	rad （°）	短扭臂　$\phi=\dfrac{64TDn}{Ed^4}$ 长扭臂　$\phi=\dfrac{64T}{\pi Ed^4}\left[\pi Dn+\dfrac{1}{3}(l_1+l_2)\right]$ 式中，E 为材料弹性模量（MPa）；l_1、l_2 为臂长（mm），见图 26-8b；n 为有效圈数 短扭臂 $\phi°=\dfrac{3670TDn}{Ed^4}$；长扭臂 $\phi°=\dfrac{670T}{\pi Ed^4}\left[\pi Dn+\dfrac{1}{3}(l_1+l_2)\right]$
扭转刚度	T_k	N · mm · rad^{-1} N · mm ·（°）$^{-1}$	短扭臂： $T_k=\dfrac{T}{\phi}=\dfrac{Ed^4}{64Dn}$ $T_k=\dfrac{T}{\phi}=\dfrac{Ed^4}{3670Dn}$ 长扭臂： $T_k=\dfrac{\pi Ed^4}{64\left[\pi Dn+\dfrac{1}{3}(l_1+l_2)\right]}$ $T_k=\dfrac{\pi Ed^4}{3670\left[\pi Dn+\dfrac{1}{3}(l_1+l_2)\right]}$
有效圈数	n	圈	$n=\dfrac{Ed^4\phi}{64TD}=\dfrac{Ed^4\phi°}{3670TD}$
试验扭矩	T_s	N · mm	$T_s=\dfrac{\pi d^3}{32}\sigma_s$ 式中，σ_s 为试验弯曲应力（MPa），其值查表 26-29。动载荷在有些情况下可取 $\sigma_s=(1.1\sim1.3)[\sigma]$，或取 $T_s=(1.1\sim1.3)T_n$ 有特殊要求时，工作扭矩应满足 $0.2T_s\leqslant T_{1,2,3,\cdots,n}\leqslant0.8T_s$
试验扭矩下的变形角	ϕ_s $\phi_s°$	rad （°）	$\phi_s=\dfrac{64T_sDn}{Ed^4}$ $\phi_s°=\dfrac{3670T_sDn}{Ed^4}$ 有特殊要求时，应满足 $0.2\phi_s\leqslant\phi_{1,2,3,\cdots,n}\leqslant0.8\phi_s$

表 26-29　许用弯曲应力［σ］　（单位：MPa）

材料		冷卷弹簧				热卷弹簧
		油淬火-退火弹簧钢丝	碳素弹簧钢丝、重要用途碳素弹簧钢丝	弹簧用不锈钢丝	铜及铜合金线材、铍青铜线	60Si2Mn、60Si2MnA、50CrVA、55CrSiA、60CrMnA、60CrMnBA、60Si2CrA、60Si2CrVA
静载荷许用弯曲应力		$0.72R_m$	$0.70R_m$	$0.68R_m$	$0.68R_m$	994～1232
动载荷许用弯曲应力	有限疲劳寿命	$(0.6\sim0.68)R_m$	$(0.58\sim0.66)R_m$	$(0.55\sim0.65)R_m$	$(0.55\sim0.65)R_m$	795～986
	无限疲劳寿命	$(0.5\sim0.6)R_m$	$(0.49\sim0.58)R_m$	$(0.45\sim0.55)R_m$	$(0.45\sim0.55)R_m$	636～788

注：R_m 值见表 26-14。

表 26-30　圆柱螺旋扭转弹簧的几何尺寸及参数计算（摘自 GB/T 23935—2009）

名称		符号	单位	计算公式及确定方法
弹簧材料直径		d	mm	由表 26-28 公式计算，并由表 26-7 GB/T 1358 标准选取
弹簧簧圈直径	弹簧中径	D	mm	$D=Cd$ 或 $D=\dfrac{D_1+D_2}{2}$，由表 26-7 选取标准值
	弹簧内径	D_1		$D_1=D-d$
	弹簧外径	D_2		$D_2=D+d$
	弹簧受扭矩后直径减少值	ΔD_s		$\Delta D_s=\dfrac{\phi_s D}{2\pi n}=\dfrac{\phi^\circ{}_s D}{360n}$ 导杆直径可取 $D'=0.9(D_1-\Delta D_s)$
弹簧圈数		n	圈	由表 26-28 公式计算应不少于 3 圈，并应按表 26-7 查标准值
节距		t	min	$t=d+\delta$ 密圈弹簧间距 $\delta=0$
自由长度		H_0	mm	$H_0=(nt+d)$+扭臂在弹簧轴线的长度
螺旋角		α	(°)	$\alpha=\arctan\dfrac{t}{\pi D}$ 一般旋向为右旋

26.3.5　矩形截面圆柱螺旋压缩弹簧

矩形截面圆柱螺旋压缩弹簧的截面积大于圆形截面弹簧，因此可以储存较大的能量或产生较大的弹簧力，可以用于受力较大的场合。此外这种弹簧的特性曲线更接近直线，适用于要求弹簧刚度稳定的测力装置。矩形截面圆柱螺旋压缩弹簧的形状、尺寸和计算公式见表 26-31。

26.3.6　多股圆柱螺旋弹簧

多股圆柱螺旋弹簧（GB/T 13828—2009）是由直径为 d 的钢丝绕成直径为 d_c 的钢索，再由 3 股或 4 股钢索绕制成多股弹簧（见图 26-11）。多股圆柱螺旋弹簧的钢丝，开始接触不很紧密，随着载荷的增加，钢索逐渐拧紧刚度增加（见图 26-12），特性曲线如图 26-12 中的曲线 CAB 所示。在卸载时弹簧放松，特性线如图 26-12 中的曲线 CAO 所示。由于钢丝件的互相摩擦，可以消耗能量，有吸收振动的作用。多股圆柱螺旋弹簧多用于武器和航空发动机。

钢索拧角 β 按下式计算，也可由表 26-33 查得。多股圆柱螺旋弹簧的计算公式见表 26-34。

$$\beta=\arctan\frac{\pi d_2}{t_c}$$

表 26-31 矩形截面圆柱螺旋压缩弹簧的形状、尺寸和计算公式

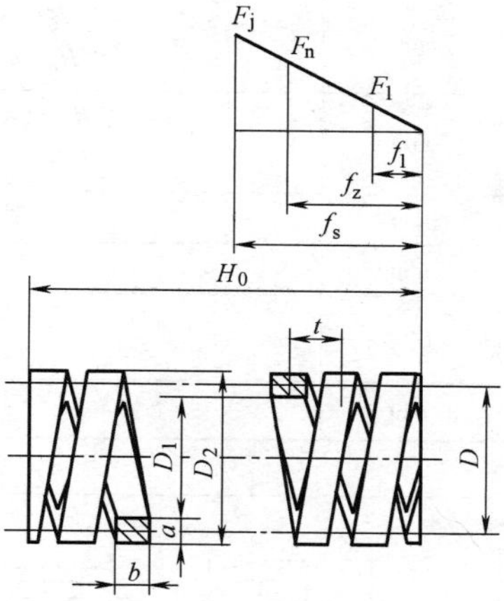

名　称	符 号	单 位	计 算 公 式
最大工作载荷	F	N	$F=\frac{ab\sqrt{ab}}{\beta D}[\tau]=\frac{b\sqrt{ab}}{\beta C}[\tau]$ 式中,$C=\frac{D}{a}$,为旋绕比,其推荐值见表 26-10 β 为系数,由图 26-10 查得 $a=\frac{D}{C}=\frac{D_2}{C+1}$,$D_2$ 根据空间确定 $\frac{b}{a}$由表 26-32 查得,再求出 b $[\tau]$为许用切应力
最大工作载荷下的变形	f_n	mm	$f_n=\gamma\frac{FD^2n}{Ga^2b^2}=\gamma\frac{FC^2nD}{Gb^2}$ 式中,γ 为系数,由图 26-9 查得 n 为弹簧有效圈数
应力	τ	MPa	$\tau=\beta\frac{FD}{ab\sqrt{ab}}=\beta\frac{FC}{b\sqrt{ab}}$ 若 τ 大于许用应力$[\tau]$(见表 26-12)则需重新计算 β 为系数,由图 26-10 查得
有效圈数	n	圈	$n=\frac{Ga^2b^2f_n}{\gamma FD^3}=\frac{Gf_na\left(\frac{b}{a}\right)^2}{\gamma FC^3}$
弹簧刚度	k_T	N/mm	$k_T=\frac{Ga^2b^2}{\gamma D^3n}$
极限载荷	F_s	N	$F_s=\frac{ab\sqrt{ab}}{\beta D}\tau_s$
弹簧外径	D_2	mm	$D_2=D+a$
弹簧内径	D_1	mm	$D_1=D-a$
总圈数	n_t	圈	$n_t=n+2$

（续）

名　称	符　号	单　位	计　算　公　式
自由高度	H_0	mm	$H_0=nt+1.5b$（端部并紧，磨平） $H_0=nt+3b$（端部并紧，不磨平）
压并高度	H_b	mm	$H_b=(n+1.5)b$（端部并紧，磨平） $H_b=(n+3)b$（端部并紧，不磨平）
节距	t	mm	推荐 $t=(0.28\sim0.5)D_2$
间距	δ	mm	$\delta=t-b$
螺旋角	α	（°）	$\alpha=\arctan\left(\dfrac{t}{\pi D}\right)$
展开长度	L	mm	$L=n_1\pi D$

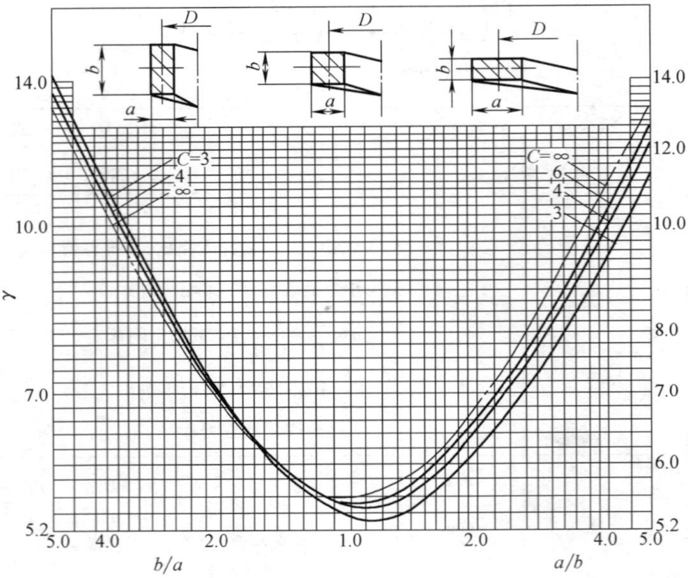

图 26-9　系数 γ 线图

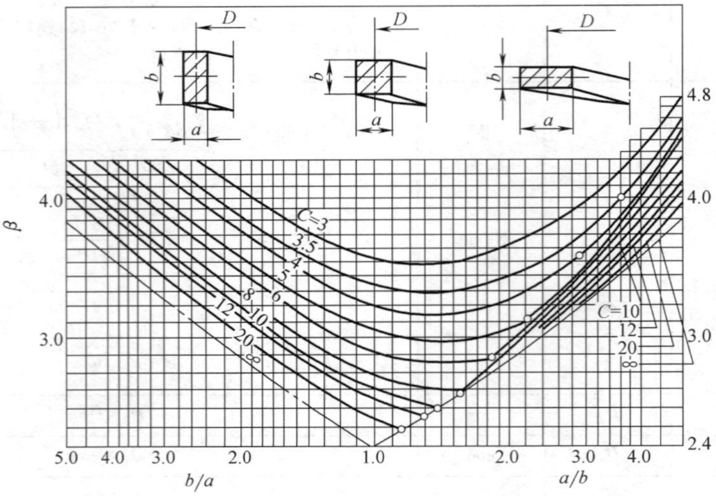

图 26-10　系数 β 线图

表 26-32　矩形截面圆柱螺旋弹簧截面尺寸推荐

a/mm	0.2~0.4	0.5~1	1.1~2.4	2.5~6	7~16	18~50
$C=\frac{D}{a}$	4~7	5~12	5~10	4~9	4~8	4~6

注：建议 $a>b$ 时取 $a/b<4$，$b>a$ 时取 $b/a>4$。

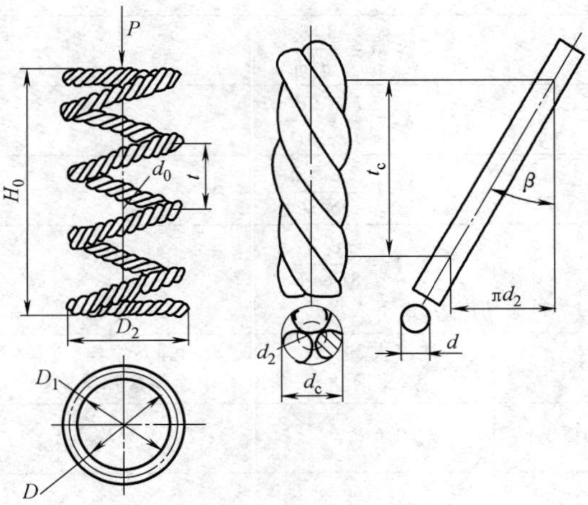

图 26-11　多股圆柱螺旋弹簧的形状和结构

D_2—多股螺旋弹簧外径　D—多股螺旋弹簧中径

D_1—多股螺旋弹簧内径　d—钢丝直径　d_c—钢索外径

d_2—通过各钢丝中心圆的直径　β—钢索的拧角

t_c—钢索的索距　t—弹簧节距　H_0—自由高度

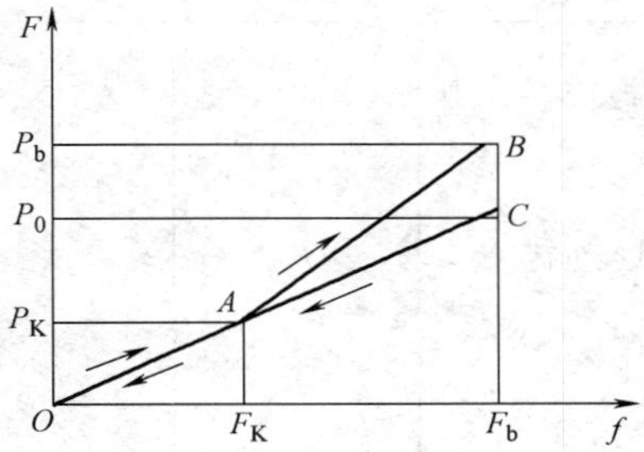

图 26-12　多股圆柱螺旋弹簧的特性曲线

表 26-33　多股圆柱螺旋弹簧的钢索拧角 β（摘自 GB/T 13828—2009）

t_c/d		8	9	10	11	12	13	14
三股	β	24.97°	22.37°	20.25°	18.49°	17.00°	125.74°	14.64°
	d_c/d	2.19	2.18	2.17	2.17	2.17	2.17	2.16
四股	β	31.13°	27.78°	25.08°	22.85°	20.99°	—	—
	d_c/d	2.54	2.51	2.49	2.48	2.47	—	—

表 26-34　多股圆柱螺旋弹簧的计算公式（摘自 GB/T 13828—2009）

名　　称	符号	单位	计　算　公　式
钢丝中心在钢索横截面上所成的圆周直径	d_2	mm	三股钢索　$d_2=\frac{2d\cos\phi}{\sqrt{1+2\cos2\phi}}$ 四股钢索　$d_2=\frac{2d\cos\phi}{\sqrt{2\cos2\phi}}$ 式中，ϕ 为与钢丝周长对钢索索距的比值有关的角度，$\tan\phi=\frac{\pi d}{t_c}$，建议三股簧 $t_c=(3\sim14)d$，四股簧 $t_c=(8\sim12)d$
钢索直径	d_c	mm	$d_c=d+d_2$

（续）

<table>
<tr><th>名　　称</th><th>符号</th><th>单位</th><th>计　算　公　式</th></tr>
<tr><td>拉、压弹簧
工作切应力</td><td>τ</td><td>MPa</td><td>$\tau=\frac{8FD\cos\beta}{\pi d^3 im}$
式中，i 为捻索系数
当 $m=3,\beta=15°\sim25°$时，取 $i=1.05\sim1.2$
当 $m=4,\beta=20°\sim30°$时，取 $i=1.1\sim1.3$</td></tr>
<tr><td>扭转弹簧
弯曲应力</td><td>σ</td><td>MPa</td><td>$\sigma=\frac{32T}{\pi d^3 m}$</td></tr>
<tr><td>拉、压弹簧
刚度</td><td>k_T</td><td>N/mm</td><td>$k_T=\frac{F}{f}=\frac{Gd^4 mi}{8D^3 n}$</td></tr>
<tr><td>扭转弹簧刚度</td><td>T_k</td><td>N · mm/rad</td><td>$T_k=\frac{Ed^4 m}{64Dn}$</td></tr>
<tr><td>试验负荷</td><td>F_s</td><td>N</td><td>$F_s=\frac{\pi d^3 im}{8D\cos\beta}\tau_s$
式中，τ_s 为试验切应力，由下表求得
<table>
<tr><th>材料</th><th>油淬火、退火弹簧钢丝</th><th>碳素弹簧钢丝、重要用途碳素弹簧钢丝</th></tr>
<tr><td>试验切应力 τ_s</td><td>$0.6R_m$</td><td>$0.55R_m$</td></tr>
</table>
在有些情况下可取 $\tau_s=(1.2\sim1.3)[\tau]$</td></tr>
<tr><td>弹簧材料直径</td><td>d</td><td>mm</td><td>拉压弹簧　$d=\sqrt[3]{\frac{8FD\cos\beta}{\pi im[\tau]}}$
扭转弹簧　$d=\sqrt[3]{\frac{32T}{\pi m[\sigma]}}$</td></tr>
<tr><td>钢丝展开长度</td><td>L_1</td><td>mm</td><td>$L_1=\frac{\pi Dn_1}{\cos\alpha}$，三股或四股钢丝展开长度公式为 $L_1=\frac{\pi Dn_1 m}{\cos\alpha\cos\beta}$</td></tr>
</table>

多股弹簧的许用应力见表 26-35，常用材料见表 26-36，允许偏差见表 26-37。

表 26-35　多股圆柱螺旋弹簧的许用应力（摘自 GB/T 13828—2009）

组别	工作性质	变形速度 V /(m/s)	许用切应力[τ] /MPa	许用弯曲应力[σ] /MPa
Ⅰ	动负荷	$8<V\leqslant13$	$(0.43\sim0.52)R_m$	$(0.68\sim0.75)R_m$
	重要弹簧	$5<V\leqslant8$		
Ⅱ	一般弹簧	$V\leqslant5$	$(0.57\sim0.62)R_m$	$(0.86\sim0.97)R_m$

注：对重要的，其损坏对整个机械有重大影响的弹簧，许用切应力及许用弯曲应力应适当降低。R_m 取下限值。

表 26-36　多股圆柱弹簧常用材料（摘自 GB/T 13828—2009）

标准号	标准名称	切变模量 G /MPa	弹性模量 E /MPa	推荐使用温度温度范围 /℃	性能
GB/T 3457—1989	碳素弹簧钢丝	78.5×10^3	206×10^3	−40～150	强度高，性能好。B 级用于低应力弹簧，C 级用于中等应力弹簧，D 级用于高应力弹簧
YB/T 5311	重要用途碳素弹簧钢丝			−40～150	强度高，韧性好。用于重要用途弹簧
GB/T 18983	油淬火-回火弹簧钢丝①			−40～210	强度高，韧性好。用于普通机械用弹簧

① 采用 GB/T 18983 油淬火-回火弹簧钢丝中 VDC、FDC、TDC。

表 26-37　多股圆柱螺旋弹簧的允许偏差（摘自 GB/T 13828—2009）

内径、外径允许偏差	旋绕比	弹簧组别	
		Ⅰ	Ⅱ
		内径、外径极限偏差/mm	
	≤4	±0.015D 最小±0.2	±0.025D 最小±0.4
	>4~8	±0.02D 最小±0.3	±0.03D 最小±0.5
	>8~15	±0.03D 最小±0.5	±0.04D 最小±0.7
自由高度（长度）允许偏差	自由高度（长度）H_0	弹簧组别	
		Ⅰ	Ⅱ
		自由高度极限偏差/mm	
	≤50	±0.06H_0	±0.08H_0
	>50~100	±0.05H_0	±0.06H_0
	>100~300	±0.04H_0	±0.05H_0
	>300~500	±0.03H_0	±0.04H_0
扭转弹簧自由角度允许偏差	有效圈数 n	弹簧组别	
		Ⅰ	Ⅱ
		扭转弹簧自由角度极限偏差/(°)	
	≤3	±10	±15
	>3~10	±15	±20
	>10~20	±20	±30
	>20~30	±30	±40
总圈数允许偏差	总圈线 n_1	弹簧组别	
		Ⅰ	Ⅱ
		总圈数极限偏差/圈	
	≤15	±0.25	±0.50
	>15~30	±0.50	±0.75
	>30~50	±0.75	±1.00
	>50	±1.00	±1.50

【例 26-6】 设计自动车床用复位三股弹簧，要求弹簧中径 $D=18\text{mm}$，安装高度 $H_1=400\text{mm}$，安装负荷 $F_1=100\text{N}$，弹簧从安装高度压缩 140mm，弹簧工作负荷 $F_2=275\text{N}$，弹簧在工作时受动负荷，变形速度较大（$v>8\text{m/s}$）。

【解】

1. 材料选择

根据弹簧工作条件，由表 26-35 确定为Ⅰ组弹簧。选用碳素弹簧钢丝 C 级（GB/T 4357—1989），初步假设钢丝直径 $d=1.8\text{mm}$。

由表 26-36 查得材料切变模量 $G=78.5\times10^3\text{MPa}$。

查得材料抗拉强度极限 $R_m=1716\text{MPa}$；根据表 26-35 组弹簧取许用切应力 $[\tau]=0.5R_m=0.5\times1716\text{MPa}=858\text{MPa}$。

2. 确定钢索索距和钢丝直径

由 26-34 选取 $t_c=24\text{mm}$，即 $t_c/d=13.33$。

由表 26-33 查得钢索拧角 $\beta\approx15.37°$。

由表 26-34 选取捻索系数 $i=1.10$。

按表 26-34 计算材料直径。

$$d=\sqrt[3]{\frac{8F_2D\cos\beta}{\pi im[\tau]}}=\sqrt[3]{\frac{8\times275\times18\times\cos15.37°}{3.14\times1.10\times3\times858}}\text{mm}=1.63\text{mm}$$

与原假设接近。

3. 计算钢索索径

根据 $t_c/d=13.33$，取 $t_c/d=13$。

由表 26-33 查得 $d_c/d=2.17$，$d_c=2.17\times1.8=3.9\text{mm}$。

4. 弹簧内外径

弹簧内径：$D_1=D-d_c=(18-3.9)\text{mm}=14.1\text{mm}$。

弹簧外径：$D_2=D+d_c=(18+3.9)\text{mm}=21.9\text{mm}$。

5. 弹簧刚度和变形

弹簧刚度由表 26-34 中公式计算：

$$k_T=\frac{F}{f}=\frac{F_2-F_1}{f_2-f_1}=\frac{275-100}{140}\text{N/mm}=1.25\text{N/mm}$$

弹簧工作负荷变形量：

$$f_1=\frac{F_1}{k_T}=\frac{100}{1.25}\text{mm}=80\text{mm}$$

$$f_2=\frac{F_2}{k_T}=\frac{275}{1.25}\text{mm}=220\text{mm}$$

6. 弹簧圈数

由表 26-34 中公式计算：

$$n=\frac{Gd^4mi}{8D^3k_{\mathrm{T}}}=\frac{78500\times1.8^4\times3\times1.1}{8\times18^3\times1.25}\text{圈}=46.63\text{ 圈}$$

取 $n=47$ 圈，取支承圈 $n_z=2$ 圈，则总圈数 $n_1=n+2=47+2=49$ 圈。

7. 其他结构参数

自由高度 $H_0=H_1+F_1=(400+80)\mathrm{mm}=480\mathrm{mm}$

安装高度 $H_1=400\mathrm{mm}$

工作负荷下的高度 $H_2=H_1-140=(400-140)\mathrm{mm}=260\mathrm{mm}$

压并高度 $H_b=(n_1+1)d_n=(49+1)\times3.9\mathrm{mm}=195\mathrm{mm}$

压并变形量 $f_b=H_0-H_b=(480-195)\mathrm{mm}=285\mathrm{mm}$

节距 $t=\frac{H_0-3d_c}{n}=\frac{480-3\times3.9}{47}\mathrm{mm}=9.96\mathrm{mm}$

弹簧展开长度表 26-34 中公式计算：

$$L=\frac{\pi Dn_1}{\cos\alpha}=\frac{3.14\times18\times49}{\cos9.99^\circ}\mathrm{mm}\approx2813.5\mathrm{mm}$$

三股钢丝展开长度由表 26-34 中公式计算：

$$L_1\approx\frac{\pi Dn_1m}{\cos\alpha\cos\beta}\approx\frac{3.14\times18\times49\times3}{\cos9.99^\circ\cos15.37^\circ}\mathrm{mm}\approx8753.7\mathrm{mm}$$

8. 试验负荷和试验负荷下的高度和变形量

查表 26-34 可得试验切应力：

$$\tau_s=0.55R_m=0.55\times1716\mathrm{MPa}=943.8\mathrm{MPa}$$

由 26-34 公式计算试验负荷：

$$F_s=\frac{\pi d^3im}{8D\cos\beta}\tau_s=\frac{3.14\times1.8\times1.1\times3}{8\times18\times\cos15.37^\circ}\times943.8\mathrm{N}=411\mathrm{N}$$

由 26-34 公式计算试验负荷下的变形量：

$$f_s'=\frac{F_s}{k_{\mathrm{T}}}=\frac{411}{1.25}\mathrm{mm}=328.8\mathrm{mm}$$

由于 $f_s>f_b$，取 $f_s=f_b=285\mathrm{mm}$，即试验负荷下的高度 $H_s=H_b=195\mathrm{mm}$。

因而得试验负荷：

$$F_s(F_b)=k_{\mathrm{T}}f_s=k_{\mathrm{T}}f_b=1.25\times285\mathrm{N}=356.25\mathrm{N}$$

由表 26-34 中公式计算试验切应力：

$$\tau_s(\tau_b)=\frac{8F_sD\cos\beta}{\pi d^3im}=\frac{8\times356.25\times18\times\cos15.37^\circ}{3.14\times1.8^3\times3\times1.1}\mathrm{MPa}=818.1\mathrm{MPa}$$

9. 特性校核

$$\frac{f_1}{f_s}=\frac{80}{285}=0.28\qquad\frac{f_2}{f_s}=\frac{220}{285}=0.77$$

满足 $0.2f_s\leqslant f_{1,2}\leqslant0.8f_s$ 的要求。

10. 弹簧典型工作图样（见图 26-13）

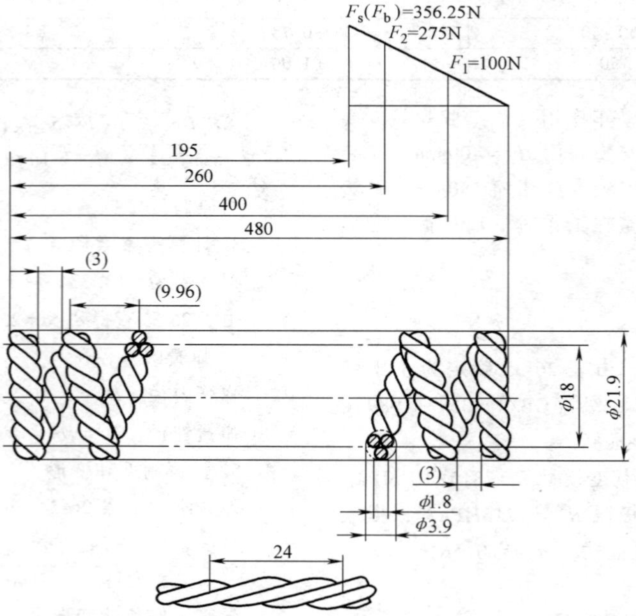

图 26-13 弹簧工作图

技术要求：

1）碳素弹簧钢丝。

2）弹簧组别：I组。

3）钢索拧向：左旋。

4）弹簧旋向：右旋。

5）有效圈数：47 圈。

6）总圈数：49 圈±0.75 圈。

7）弹簧展开长度：$L=2813.5\mathrm{mm}$。

8）三股钢丝展开总长度：$L_1=8753.7\text{mm}$。

9）压并应力：$\tau_b=818.1\text{MPa}$。

10）试验切应力：$\tau_s=\tau_b$。

11）热处理：去应力退火。

12）表面处理：热涂油。

13）其余按 GB/T 13828 规定。

26.4　平面涡卷弹簧

26.4.1　平面涡卷弹簧的类型、结构和特性

平面涡卷弹簧按弹簧圈是否接触，分为两种类型：A 型非接触型平面涡卷弹簧，如图 26-14a 所示，常用来产生反作用转矩；B 型为接触型平面涡卷弹簧，如图 26-14b 所示，常用作储存能量。

非接触型平面涡卷弹簧的结构，分外端固定（见图 26-15a）和外端回转（见图 26-15b）两种。其特性线为直线（见图 26-15c）。

接触型平面涡卷弹簧的结构及特性如图 26-16 所示，图中横坐标为弹簧转数，纵坐标为弹簧转矩，T_2 为最大输出转矩，T_j 为极限转矩。图 26-16中 AJ 为弹簧的理论特性线，BEF 为输出转矩特性曲线。

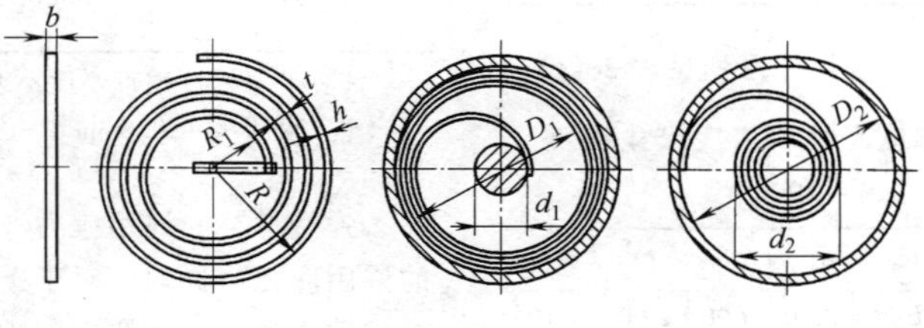

a)　　b)

图 26-14　平面涡卷弹簧

a）非接触型　b）接触型

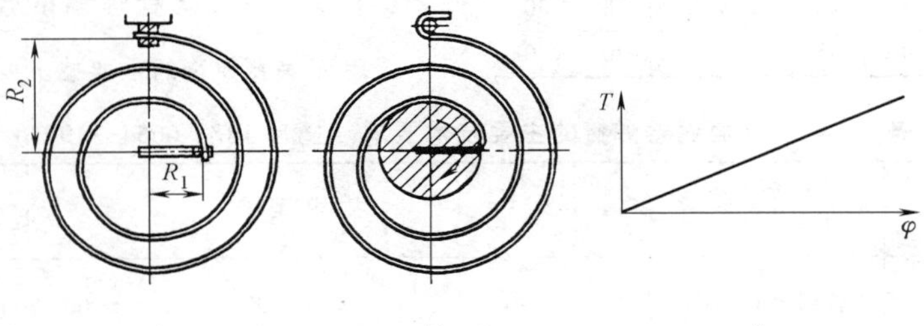

a)　　b)　　c)

图 26-15　非接触型平面涡卷弹簧的外端固定形式及特性线

a）外端固定　b）外端回转　c）特性线

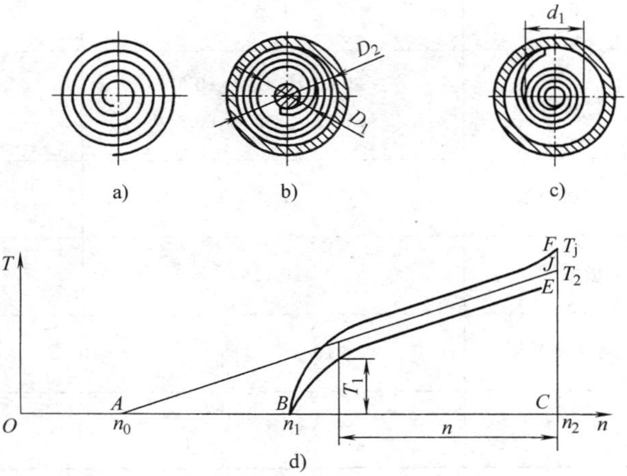

图 26-16　接触型平面涡卷弹簧的结构及特性线

a）自由状态　b）松卷状态　c）卷紧状态　d）特性线

26.4.2 平面涡卷弹簧的材料和许用应力

平面涡卷弹簧一般选用表 26-38 所列材料。

表 26-38 平面涡卷弹簧的材料

标准号	材料名称	牌号
YB/T 5058	弹簧钢、工具钢冷轧钢带	65Mn、50CrVA、60Si2MnA、60Si2Mn
YB/T 5063	热处理弹簧钢带Ⅰ、Ⅱ、Ⅲ级	65Mn、T7A、T8A、T9A、60Si2MnA、70Si2Cr
YB/T 5183	汽车车身附件用异形钢丝	65Mn、50CrVA

弹簧材料的厚度尺寸和宽度尺寸系列见表 26-39。

表 26-39 弹簧材料的厚度尺寸和宽度尺寸系列
（摘自 JB/T 7366—1994）

名称	尺寸系列							
材料厚度 h/mm	0.5	0.55	0.60	0.70	0.80	0.90	1.00	1.10
	1.20	1.40	1.50	1.60	1.80	2.0	2.2	2.5
	2.8	3.0	3.2	3.5	3.8	4.0	—	—
材料宽度 b/mm	5	5.5	6	7	8	9	10	12
	14	16	18	20	22	25	28	30
	32	35	40	45	50	60	70	80

热处理弹簧钢带的硬度和强度见表 26-40。

表 26-40 热处理弹簧钢带的硬度和强度

钢带的强度级别	硬度		抗拉强度 R_m/MPa
	HV	HRC	
Ⅰ	375~485	40~48	1275~1600
Ⅱ	486~600	48~55	1579~1863
Ⅲ	>600	>55	>1863

注：Ⅱ级强度钢带厚度不大于 1.0mm。Ⅲ级强度钢带厚度不大于 0.8mm。

弹簧材料的许用应力，可参照圆柱螺旋扭转弹簧的许用应力值选取。对于碳素钢带的合金钢带，当转矩作用次数小于 10^3 时，取 $[\sigma]=0.8R_m$，大于 10^3 次时，取 $[\sigma]=(0.60\sim0.80)R_m$，大于 10^5 次时，取 $[\sigma]=(0.50\sim0.60)R_m$。

26.4.3 平面涡卷弹簧的技术要求

平面涡卷弹簧的主要技术要求见表 26-41。

表 26-41 平面涡卷弹簧的主要技术要求（摘自 JB/T 6654—1993）

项目	技术要求				
弹簧各圈平面度	弹簧外径/mm	≤50	>50~100	>100~200	>200
	平面度公差/mm	1	2	3	协议
弹簧外径 D_2 和内径 D_1 的极限偏差/mm	精度等级	1 级		2 级	
	极限偏差	$\pm0.03D_2$ 最小±0.5 $\pm0.03D_1$ 最小±0.3		$\pm0.04D_2$ 最小±0.7 $\pm0.04D_1$ 最小±0.4	
非接触型平面涡卷弹簧圈数的极限偏差/圈	精度等级	1 级		2 级	
	极限偏差	±0.125		±0.25	
弹簧弯钩钩部长度的极限偏差/mm	弯钩部长度	≤10	>10~30	>30	
	极限偏差	±1	±1.5	±2	

26.4.4 平面涡卷弹簧的设计

26.4.4.1 非接触型平面涡卷弹簧（A 型）的设计计算（见表 26-42）

26.4.4.2 接触型平面涡卷弹簧（B 型）的设计计算（见表 26-43）

表 26-42 非接触型平面涡卷弹簧（A 型）的设计计算公式（摘自 JB/T 7366—1994）

名 称	符号	单位	计 算 公 式
弹簧材料截面的厚度	h	mm	$h=\sqrt{\dfrac{6K_2T}{b[\sigma]}}$ 式中，T 为转矩（N · mm）；K_2 为系数，外端固定时 $K_2=1$，外端回转时 $K_2=2$；b 为材料宽度（mm）由表 26-39 选取；$[\sigma]$ 为许用应力（MPa） h 值应符合表 26-39 系列值
弹簧变形角（承受转矩 T 后，弹簧在自身平面内的扭转角度）	ψ	rad 或（°）	$\psi=\dfrac{12K_1Tl}{Ebh^3}$ 或 $\psi\approx\dfrac{2K_1l[\sigma]}{Eh}$ 式中，K_1 为系数，外端固定时 $K_1=1$，外端回转时 $K_1=1.25$；l 为弹簧材料工作圈展开长度（mm）；E 为材料弹性模量（MPa）
扭转弹簧刚度	$k_{T'}$	N · mm/rad	$k_{T'}=\dfrac{T}{\psi}=\dfrac{Ebh^3}{12K_1l}$
弹簧工作转数	n	转	$n=\dfrac{\psi}{2\pi}=\dfrac{6K_1Tl}{\pi Ebh^3}$
材料的工作长度	l	mm	$l=\dfrac{Ebh^3\psi}{12K_1T}=\dfrac{\pi Ebh^3n}{6K_1T}$
材料展开长度	L	mm	$L=l+$两端固定部分长度
弹簧的内半径	R_1	mm	$R_1=(8\sim15)h$
弹簧的外半径	R	mm	$R=R_1+n_0t$ 或 $R=\dfrac{2l}{\psi}-R_1$ 式中，n_0 为弹簧自由状态下的圈数（圈）；t 为节距（mm）
节距	t	mm	$t=\dfrac{\pi(R^2-R_1^2)}{l}$
弹簧的强度校验	σ	MPa	$\sigma=\dfrac{6K_2T}{bh^2}=\dfrac{n\pi EhK_2}{K_1l}\leqslant[\sigma]$

表 26-43 接触型平面涡卷弹簧（B 型）的设计计算公式（摘自 JB/T 7366—1994）

名 称	符号	单位	计 算 公 式
极限转矩	T_j	N · mm	$T_j=\dfrac{bh^2}{6}R_m$ 式中，b 为材料宽度（mm）；h 为材料厚度（mm）；R_m 为材料抗拉强度极限（MPa）
最大输出转矩	T_2	N · mm	$T_2=K_3T_j=K_3\dfrac{bh^2}{6}R_m$ 式中，K_3 为固定系数，按外端固定形式取 0.65～0.95

（续）

名　　称	符号	单位	计　算　公　式
最小输出转矩	T_1	N · mm	$T_1=(0.5\sim0.7)T_2=(0.5\sim0.7)K_3\dfrac{bh^2}{6}R_m$
弹簧理论工作转数	n	转	$n=\dfrac{6T_2 l}{\pi Ebh^3}=\dfrac{K_3 lR_m}{\pi Eh}$
弹簧自由状态下的圈数	n_0	圈	$n_0=\dfrac{1}{2h}\left[\sqrt{\dfrac{4lh}{\pi}+d_1^2}-d_1\right]-\dfrac{K_3 lR_m}{\pi Eh}$ 式中，d_1 为芯轴直径(mm)
未受转矩时的圈数	n_1	圈	$n_1=\dfrac{1}{2h}\left[D_2-\sqrt{D_2^2-\dfrac{4lh}{\pi}}\right]$ 式中，D_2 为弹簧盒内径(mm)
卷紧在芯轴上时的圈数	n_2	圈	$n_2=\dfrac{1}{2h}\left[\sqrt{\dfrac{4lh}{\pi}+d_1^2}-d_1^2\right]$
弹簧有效工作转数	n	转	$n=K_4(n_2-n_1)$ 式中，K_4 为有效系数，按下图根据 d_1/h 值选取 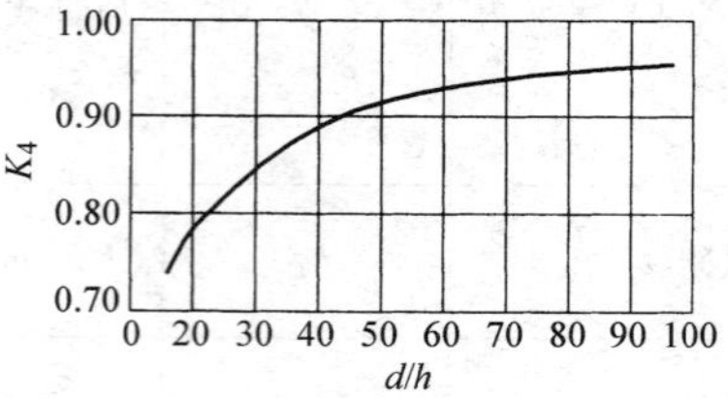
材料截面厚度	h	mm	$h=\sqrt{\dfrac{6T_j}{bR_m}}=\sqrt{\dfrac{6T_2}{K_3 bR_m}}$ 式中，b 为材料厚度，按表 26-39 选取厚度 h 值，应符合表26-39系列值
芯轴直径	d_1	mm	$d_1\geqslant(15\sim25)h$
弹簧卷紧在芯轴上时的外径	d_2	mm	$d_2=\sqrt{\dfrac{4lh}{\pi}+d_1^2}$
簧盒内径	D_2	mm	$D_2=\sqrt{2.55lh+d_1^2}$
松卷时簧圈内径	D_1	mm	$D_1=\sqrt{D_2^2-\dfrac{4lh}{\pi}}$
弹簧工作圈的展开长度	l	mm	$l=\dfrac{\pi Eh}{K_3R_m}(n_2-n_1)=\dfrac{\pi Ehn}{K_3K_4R_m}$ 设计时，一般可取 $l/h=3000\sim7000$，最大 15000
材料展开总长度	L	mm	$L=l+l_d+l_D$ 式中，l_d 为固定于芯轴上的长度(mm)，一般取 $l_d=(1\sim1.5)\pi d_1$；l_D 为固定于簧盒上的长度(mm)，一般取 $l_D=0.8\pi d_1$

26.4.4.3　设计举例

【例 26-7】　设计一平衡用平面涡卷弹簧，承受的转矩 $T=38.3\text{N}\cdot\text{m}$，变形角 $\psi=31.5\text{rad}$，允许安装宽度 $b=50\text{mm}$，外端为固定式。要求使寿命大于 10^5 作用次。此弹簧的作用较为重要。

【解】　设计计算步骤及结果见表 26-44。弹簧工作图及技术要求如图 26-17 所示。

表 26-44 非接触型平面涡卷弹簧(A 型)设计举例(摘自 JB/T 7366—1994)

项 目	单位	计算或选用结果
弹簧材料		由表 26-38,选用Ⅰ级强度热处理钢带,再由表 26-40,取硬度为 40~48HRC,抗拉强度 $R_m=1300\text{MPa}$
许用应力	MPa	由 26.4.2 节,使用寿命大于 10^5 时,取 $[\sigma]=(0.5\sim0.6)R_m=(0.5\sim0.6)\times1300\text{MPa}=650\sim780\text{MPa}$ 根据重要程度,取 $[\sigma]=730\text{MPa}$
弹簧材料的截面尺寸 b,h	mm	由表 26-39,按已知条件取 $b=50\text{mm}$ 由表 26-42 公式 $h=\sqrt{\dfrac{6K_2T}{b[\sigma]}}$ 弹簧要求外端固定,因此 $K_2=1$ 所以 $h=\sqrt{\dfrac{6\times1\times38300}{50\times730}}\text{mm}=2.5\text{mm}$ 查表 26-39,取 $h=2.5\text{mm}$
弹簧工作长度 l	mm	由表 26-42 公式,并取 $K_1=1,E=2.0\times10^5\text{N/mm}^2$ $l=\dfrac{Ebh^3\psi}{12K_1T}=\dfrac{2\times10^5\times50\times2.5^3\times31.5}{12\times1\times38300}\text{mm}=10710\text{mm}$
弹簧圈内半径 R_1	mm	$R_1=(8\sim15)h=(8\sim15)\times2.5\text{mm}=20\sim37.5\text{mm}$,取 $R_1=30\text{mm}$
弹簧圈外半径 R	mm	$R=\dfrac{2l}{\psi}-R_1=\left(\dfrac{2\times10710}{31.5}-30\right)\text{mm}=650\text{mm}$,取 $R=650\text{mm}$
节距 t	mm	$t=\dfrac{\pi(R^2-R_1^2)}{l}=\dfrac{\pi\times(650^2-30^2)}{10710}\text{mm}=123.7\text{mm}$,取 $t=124\text{mm}$
自由状态下弹簧的圈数 n_0	圈	$n_0=\dfrac{R-R_1}{t}=\dfrac{650-30}{124}$圈 = 5 圈
弹簧材料的展开总长度 L	mm	两端各取固定部分长度为 145mm $L=l+$两端固定部分长度 = (10710+2×145)mm = 11000mm

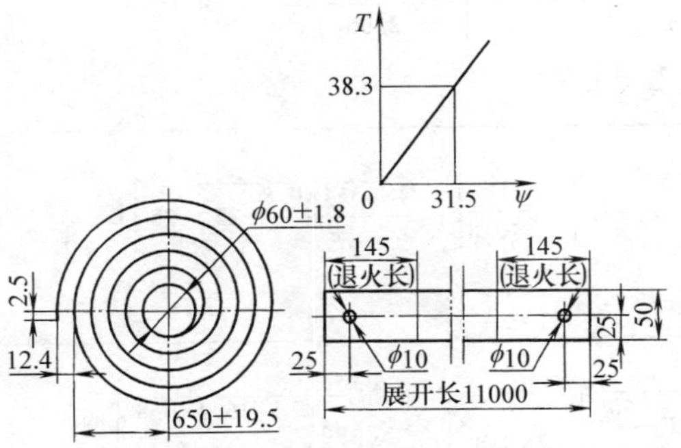

图 26-17 非接触型平面涡卷弹簧设计举例的零件工作图

【例 26-8】 设计一储能用接触型平面涡卷弹簧。要求最小输出转矩 $T_1=900\text{N}\cdot\text{mm}$,最大输出转矩 $T_2=1800\text{N}\cdot\text{mm}$,有效工作转数 $n=8$ 转。材料为Ⅱ级热处理弹簧钢带,其硬度不小于 48~53HRC,外端V 型固定。

【解】 设计计算步骤及结果见表 26-45。弹簧工作图及技术要求如图 26-18 所示。

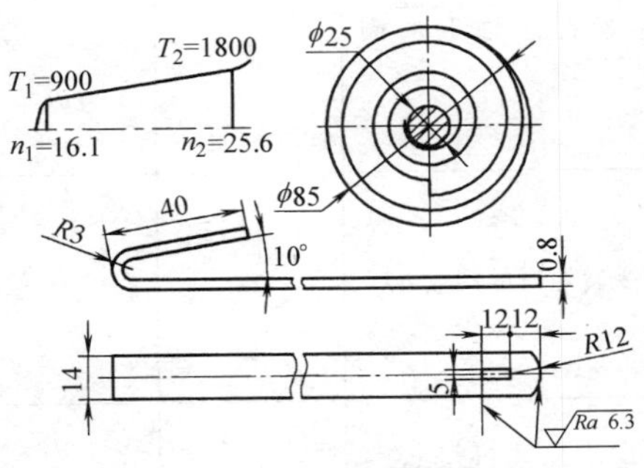

图 26-18 接触型平面涡卷弹簧设计举例的零件工作图

表 26-45　接触型平面涡卷弹簧（B 型）设计举例（摘自 JB 7366—1994）

项　目	单位	计算或选用结果
弹簧材料		由题给材料为Ⅱ级热处理弹簧钢带,硬度为 53HRC(查表 26-40),取材料抗拉强度 $R_m=1579\text{MPa}$
弹簧极限转矩 T_j	N · mm	由表 26-43 公式,并按外端为 V 型固定,取 $K_3=0.85$,则 $T_j=\frac{T_2}{K_3}=\frac{1800}{0.85}\text{N}\cdot\text{mm}=2118\text{N}\cdot\text{mm}$
弹簧材料的截面尺寸 b,h	mm	由表 26-39,取材料宽度 $b=14\text{mm}$,由表 26-43 公式 $h=\sqrt{\frac{6T_j}{bR_m}}=\sqrt{\frac{6\times2118}{14\times1579}}\text{mm}=0.76\text{mm}$ 按表 26-39,取 $h=0.8\text{mm}$
材料工作部分展开长度 l	mm	由表 26-43 公式,并取 $d_1/h=30$,则 $K_4=0.84$,取 $E=2.06\times10^5\text{MPa}$ $l=\frac{\pi Ehn}{K_3K_4R_m}=\frac{\pi\times2.06\times10^5\times0.8\times8}{0.85\times0.84\times1579}\text{mm}=3674\text{mm}$
芯轴直径 d_1	mm	由 $d_1/h=30$, $d_1=30h=30\times0.8\text{mm}\approx25\text{mm}$
芯轴固定部分长度 l_d	mm	$l_d=1.2\pi d_1=1.2\times\pi\times25\text{mm}\approx95\text{mm}$
簧盒固定部分长度 l_D	mm	$l_D=0.8\pi d_1=0.8\times\pi\times25\text{mm}\approx63\text{mm}$
材料展开总长度 L	mm	$L=l+l_d+l_D=(3674+95+63)\text{mm}=3832\text{mm}$
簧盒内径 D_2	mm	$D_2=\sqrt{2.55lh+d_1^2}=\sqrt{2.55\times3654\times0.8+25^2}\text{mm}=89.8\text{mm}$ 取 $D_2=85\text{mm}$
自由状态下的圈数 n_0	圈	$n_0=\frac{1}{2h}\left[\sqrt{\frac{4lh}{\pi}+d_1^2}-d_1\right]-\frac{K_3l\sigma_b}{\pi Eh}$ $=\frac{1}{2\times0.8}\left[\sqrt{\frac{4\times3654\times0.8}{\pi}+25^2}-25\right]-\frac{0.85\times3654\times1569}{\pi\times2.06\times10^5\times0.8}$圈 $=16.2$ 圈
卷紧在芯轴上的圈数 n_2	圈	$n_2=\frac{1}{2h}\left[\sqrt{\frac{4lh}{\pi}+d_1^2}-d_1\right]=\frac{1}{2\times0.8}\left[\sqrt{\frac{4\times3654\times0.8}{\pi}+25^2}-25\right]$圈 $=25.6$ 圈
未受转矩时的圈数 n_1	圈	$n_1=\frac{1}{2h}\left[D_2-\sqrt{D_2^2-\frac{4lh}{\pi}}\right]=\frac{1}{2\times0.8}\times\left[85-\sqrt{85^2-\frac{4\times3654\times0.8}{\pi}}\right]$圈 $=16.1$ 圈
弹簧的有效工作转数 n	转	$n=K_4(n_2-n_1)=0.84\times(25.6-16.1)$转$=8$ 转 符合题给要求

26.5　碟形弹簧

26.5.1　碟形弹簧的类型和结构

碟形弹簧按截面厚度大小分为三类，见表 26-46。结构形式如图 26-19 所示。

表 26-46　碟形弹簧的分类

类别	碟簧厚度 t/mm	支承面和减薄厚度
1	<1.25	无
2	1.25~6.0	无
3	>6.0~14.0	有

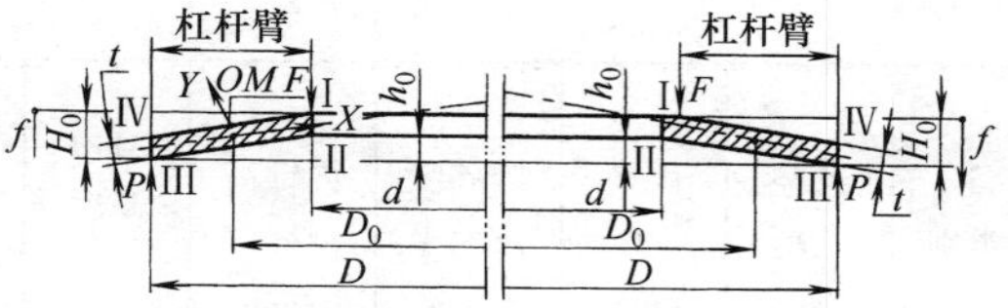

图 26-19　碟形弹簧的结构形式

26.5.2　碟形弹簧的尺寸系列

GB/T 1972—2005 规定，碟簧尺寸和参数分为 A、B、C 三个系列。在相同的外径尺寸下，A 系列承载大，刚度大。三个系列碟簧的尺寸和参数见表 26-47~表 26-49。表中尺寸符号如图 26-19 所示。弹簧的材质为 60Si2MnA 或 50CrVA。

碟形弹簧标记示例：

1）一级精度，系列 A，外径 $D=80$mm 的第 2 类碟簧，标记如下：

碟簧 A 80-1　GB/T 1972

2）二级精度，系列 B，外径 $D=80$mm 的第 2 类弹簧，标记如下：

碟簧 B 80　GB/T 1972

表 26-47　系列 A $\left(\frac{D}{t}\approx18;\ \frac{h_0}{t}\approx0.4;\ E=206000\text{MPa};\ \mu=0.3\right)$ 碟簧尺寸和参数

（摘自 GB/T 1972—2005）

类别	外径 D /mm	内径 d /mm	厚度 $t(t')$① /mm	内锥高 h_0 /mm	自由高度 H_0 /mm	$f\approx0.75h_0$ 载荷 F /N	变形量 f /mm	受载后高度 H_0-f /mm	中性径处应力 σ_{OM}② /MPa	应力 σ_{II}③ σ_{III} /MPa	质量 m /(kg/1000 件)
1	8	4.2	0.4	0.20	0.60	210	0.15	0.45	−1200	1220*	0.114
	10	5.2	0.5	0.25	0.75	329	0.19	0.56	−1210	1240*	0.225
	12.5	6.2	0.7	0.30	1.00	673	0.23	0.77	−1280	1420*	0.508
	14	7.2	0.8	0.30	1.10	813	0.23	0.87	−1190	1340*	0.711
	16	8.2	0.9	0.35	1.25	1000	0.26	0.99	−1160	1290*	1.050
	18	9.2	1.0	0.40	1.40	1250	0.30	1.10	−1170	1300*	1.480
	20	10.2	1.1	0.45	1.55	1530	0.34	1.21	−1180	1300*	2.010
2	22.5	11.2	1.25	0.50	1.75	1950	0.38	1.37	−1170	1320*	2.940
	25	12.2	1.5	0.55	2.05	2910	0.41	1.64	−1210	1410*	4.400
	28	14.2	1.5	0.65	2.15	2850	0.49	1.66	−1180	1280*	5.390
	31.5	16.3	1.75	0.70	2.45	3900	0.53	1.92	−1190	1310*	7.840
	35.5	18.3	2.0	0.80	2.80	5190	0.60	2.20	−1210	1330*	11.40
	40	20.4	2.25	0.90	3.15	6540	0.68	2.47	−1210	1340*	16.40
	45	22.4	2.5	1.00	3.50	7720	0.75	2.75	−1150	1390*	23.50
	50	25.4	3.0	1.10	4.10	12000	0.83	3.27	1250	1430*	34.30
	56	28.5	3.0	1.30	4.30	11400	0.98	3.32	−1180	1280*	43.00

（续）

类别	外径 D /mm	内径 d /mm	厚度 $t(t')$① /mm	内锥高 h_0 /mm	自由高度 H_0 /mm	$f\approx0.75h_0$ 载荷 F /N	变形量 f /mm	受载后高度 H_0-f /mm	中性径处应力 σ_{OM}② /MPa	应力 σ_{II}③ σ_{III} /MPa	质量 m /(kg/1000 件)
2	63	31	3.5	1.40	4.90	15000	1.05	3.85	−1140	1300*	64.90
	71	36	4	1.60	5.60	20500	1.20	4.40	−1200	1330*	91.80
	80	41	5	1.70	6.70	33700	1.28	5.42	−1260	1460*	145.00
	90	46	5	2.00	7.0	31400	1.50	5.50	−1170	1300*	184.5
	100	51	6	2.20	8.2	48000	1.65	6.55	−1250	1420*	273.7
	1123	57	6	2.50	8.5	43800	1.88	6.62	−1130	1240*	343.8
3	125	64	8(7.5)	2.6	10.6	85900	1.95	8.65	−1280	1330*	533.0
	140	72	8(7.5)	3.2	11.2	85300	2.40	8.80	−1260	1280*	666.6
	160	82	10(9.4)	3.5	13.5	13900	2.63	10.87	−1320	1340*	1094
	180	92	10(9.4)	4.0	14.0	12500	3.00	11.00	−1180	1200	1387
	200	102	11(11.25)	4.2	16.2	18300	3.15	13.05	−1210	1230*	2100
	225	112	12(11.25)	5.0	17.0	171000	3.75	13.25	−1120	1140	2640
	250	127	14(13.1)	5.6	19.6	24900	4.20	15.40	−1200	1220	3750

① 碟簧厚度 t 是基本尺寸，第 3 类中碟簧厚度减薄为 t'。

② σ_{OM}是 OM 点（见图 26-19）的计算应力（压应力）。

③ 有“＊”的是位置Ⅱ处算出的最大计算拉应力 σ_{II} 的值，无“＊”的是位置Ⅲ处算出的最大计算拉应力 σ_{III} 的值。

表 26-48　系列 B $\left(\dfrac{D}{t}\approx28;\ \dfrac{h_0}{t}\approx0.75;\ E=206000\text{MPa};\ \mu=0.3\right)$碟簧尺寸和参数

（摘自 GB/T 1972—2005）

类别	外径 D /mm	内径 d /mm	厚度 $t(t')$① /mm	内锥高 h_0 /mm	自由高度 H_0 /mm	$f\approx0.75h_0$ 载荷 F /N	变形量 f /mm	受载后高度 H_0-f /mm	中性径处应力 σ_{OM}② /MPa	应力 σ_{III} /MPa	质量 m /(kg/1000 件)
1	8	4.2	0.3	0.25	0.55	119	0.19	0.36	−1114	1330	0.086
	10	5.2	0.4	0.30	0.70	213	0.23	0.47	−1170	1300	0.180
	12.5	6.2	0.5	0.35	0.85	291	0.26	0.59	−1000	1100	0.363
	14	7.2	0.5	0.40	0.90	279	0.30	0.60	−970	1100	0.444
	16	8.2	0.6	0.45	1.05	412	0.34	0.71	−1010	1120	0.698
	18	9.2	0.7	0.50	1.20	572	0.38	0.82	−1040	1130	1.030
	20	10.2	0.8	0.55	1.35	745	0.41	0.94	−1030	1110	1.460
	22.5	11.2	0.8	0.65	1.45	710	0.49	0.96	−962	1080	1.880
	25	12.2	0.9	0.70	1.60	868	0.53	1.07	−938	1030	2.640
	28	14.2	1.0	0.80	1.80	1110	0.60	1.20	−961	1090	3.590
2	31.5	16.3	1.25	0.90	2.15	1920	0.68	1.47	−1090	1190	5.600
	35.5	18.3	1.25	1.00	2.25	1700	0.75	1.50	−944	1070	7.130
	40	20.4	1.5	1.15	2.65	2620	0.86	1.79	−1020	1130	10.95

（续）

类别	外径 D /mm	内径 d /mm	厚度 $t(t')$ ① /mm	内锥高 h_0 /mm	自由高度 H_0 /mm	$f \approx 0.75h_0$					质量 m /(kg/1000 件)
						载荷 F /N	变形量 f /mm	受载后高度 H_0-f /mm	中性径处应力 σ_{OM} ② /MPa	应力 σ_{III} /MPa	
2	45	22.4	1.75	1.30	3.05	3660	0.98	2.07	-1050	1150	16.40
	50	25.4	2.0	1.40	3.40	4760	1.05	2.35	-1060	1140	22.90
	56	28.5	2.0	1.60	3.60	4440	1.20	2.40	-963	1090	28.70
	63	31.0	2.5	1.75	4.25	7180	1.31	2.94	-1020	1090	46.40
	71	36.0	2.5	2.00	4.50	6730	1.50	3.00	-934	1060	57.70
	80	41.0	3.0	2.30	5.30	10500	1.73	3.57	-1030	1140	87.30
	90	46.0	3.5	2.50	6.00	14200	1.88	4.12	-1030	1120	129.1
	100	51.0	3.5	2.80	6.30	13100	2.10	4.2	-926	1050	159.7
	112	57.0	4.0	3.20	7.20	17800	2.40	4.8	-963	1090	229.2
	125	64.0	5.0	3.50	8.50	30000	2.63	5.87	-1060	1150	355.4
	140	72.0	5.0	4.0	9.0	27900	3.00	6.0	-970	1110	444.4
	160	82.0	6.0	4.5	10.5	41100	3.38	7.12	-1000	1110	698.3
	180	92.0	6.0	5.1	11.1	37500	3.83	7.27	-895	1040	885.4
3	200	102	8(7.5)	5.6	13.6	76400	4.20	9.40	-1060	1250	1369
	225	112	8(7.5)	6.5	14.5	70800	4.88	9.62	-951	1180	1761
	250	127	10(9.4)	7.0	17.0	119000	5.25	11.75	-1050	1240	2687

① 碟簧厚度 t 是基本尺寸，第 3 类中碟簧厚度减薄为 t'。

② σ_{OM} 是 OM 点（见图 26-19）的计算应力（压应力）。

表 26-49 系列 C$\left(\frac{D}{t} \approx 40;\ \frac{h_0}{t} \approx 1.3;\ E=206000\text{MPa};\ \mu=0.3\right)$碟簧尺寸和参数

（摘自 GB/T 1972—2005）

类别	外径 D /mm	内径 d /mm	厚度 $t(t')$ ① /mm	内锥高 h_0 /mm	自由高度 H_0 /mm	$f \approx 0.75h_0$					质量 m /(kg/1000 件)
						载荷 F /N	变形量 f /mm	受载后高度 H_0-f /mm	中性径处应力 σ_{OM} ② /MPa	应力 σ_{III} /MPa	
1	8	4.2	0.20	0.25	0.45	39	0.19	0.26	-762	1040	0.057
	10	5.2	0.25	0.30	0.55	58	0.23	0.32	-734	980	0.112
	12.5	6.2	0.35	0.45	0.80	152	0.34	0.46	-944	1280	0.251
	14	7.2	0.35	0.45	0.80	123	0.34	0.46	-769	1060	0.311
	16	8.2	0.40	0.50	0.90	155	0.38	0.52	-751	1020	0.466
	18	9.2	0.45	0.60	1.05	214	0.45	0.60	-789	1110	0.661
	20	10.2	0.50	0.65	1.15	254	0.49	0.66	-772	1070	0.912
	22.5	11.2	0.60	0.80	1.40	425	0.60	0.80	-883	1230	1.410
	25	12.2	0.70	0.90	1.60	601	0.68	0.92	-936	1270	2.060
	28	14.2	0.80	1.00	1.80	801	0.75	1.05	-961	1300	2.870
	31.5	16.3	0.80	1.05	1.85	687	0.79	1.06	-810	1130	3.580
	35.5	18.3	0.90	1.15	2.05	831	0.86	1.19	-779	1080	5.140
	40	20.4	1.00	1.30	2.30	102	0.98	1.32	-772	1070	7.300

（续）

类别	外径 D /mm	内径 d /mm	厚度 $t(t')$① /mm	内锥高 h_0 /mm	自由高度 H_0 /mm	$f\approx0.75h_0$ 载荷 F /N	变形量 f /mm	受载后高度 H_0-f /mm	中性径处应力 σ_{OM}② /MPa	应力 σ_{III} /MPa	质量 m /(kg/1000件)
2	45	22.4	1.25	1.60	2.85	1890	1.20	1.65	-920	1250	11.70
	50	25.4	1.25	1.60	2.85	1550	1.20	1.65	-754	1040	14.30
	56	28.5	1.50	1.95	3.45	2620	1.46	1.99	-879	1220	21.50
	63	31.0	1.80	2.35	4.15	4240	1.76	2.39	-985	1350	33.40
	71	36.0	2.00	2.60	4.60	5140	1.95	2.65	-971	1340	46.20
	80	41.0	2.25	2.95	5.20	6610	2.21	2.99	-982	1370	65.50
	90	46.0	2.50	3.20	5.70	7680	2.40	3.30	-935	1290	92.20
	100	51.0	2.70	3.50	6.20	8610	2.63	3.5	-895	1240	123.2
	112	57.0	3.00	3.90	6.90	10500	2.93	3.97	-882	1220	171.9
	125	64.0	3.50	4.50	8.00	15100	3.38	4.62	-956	1320	248.9
	140	72.0	3.80	4.90	8.70	17200	3.68	5.02	-904	1250	337.7
	160	82.0	4.30	5.60	9.90	21800	4.20	5.70	-892	1240	500.4
	180	92.0	4.80	6.20	11.00	26400	4.65	6.35	-869	1200	708.4
	200	102.0	5.50	7.00	12.50	36100	5.25	7.25	-910	1250	1004.0
3	225	112	6.5(6.2)	7.1	13.6	44600	5.33	8.27	-840	1140	1456
	250	127	7.0(6.7)	7.8	14.8	50500	5.85	8.95	-814	1120	1915

① 碟簧厚度 t 是基本尺寸，第 3 类中碟簧厚度减薄为 t'。

② σ_{OM}是 OM 点（见图 26-19）的计算应力（压应力）。

26.5.3　碟形弹簧的技术要求

碟形弹簧的尺寸极限偏差见表 26-50。碟簧表面不允许有毛刺、裂纹和斑疤等缺陷。

碟簧成型后，必须进行淬火、回火热处理。淬火次数不得超过二次。淬火、回火后的硬度必须在42~52HRC 范围内。经热处理后的碟簧，其单面脱炭层的深度，对于 $t<1.25$mm 碟簧，不得超过其厚度的5%；对于 $t\geqslant1.25$mm 的碟簧，不得超过其厚度的 3%（其最小值允许为 0.06mm）。

碟簧应全部进行强压处理。处理方法为一次压平，持续时间不少于 12h，或短时压平，压平次数不少于五次，压平力不少于二倍 $p_{f=0.75h}$。经强压处理后，自由高度应稳定，并符合表 26-50 要求。

对承受变载荷的碟簧，内锥表面推荐进行表面强化处理，如喷丸处理。根据需要，碟簧表面可进行防腐处理，如磷化、氧化和镀锌等。经电镀处理后的碟簧必须进行去氢处理。承受变载荷的碟簧应避免电镀。

碟簧组常采用导向件（导杆或导套）。导向件表面硬度应不小于 55HRC，表面粗糙度 $Ra<3.2\mu$m。导向件与碟簧间的间隙可取为导杆直径的 0.01~0.02倍，应优先采用导杆。

表 26-50　碟形弹簧的尺寸偏差

（摘自 GB/T 1972—2005）

名　称			极限偏差/mm 一级精度	二级精度
外径 D			h12	h13
内径 d			H12	H13
厚度 t (t')	1类	0.2~0.6	+0.02 -0.06	
		>0.6~1.25	+0.03 -0.09	
	2类	1.25~3.8	+0.04 -0.12	
		>3.8~6	+0.05 -0.15	
	3类	>6~14	±0.10	
自由高度 H_0	1类	<1.25	+0.10 -0.05	
	2类	1.25~2	+0.15 -0.08	
		>2~3	+0.20 -0.10	
		>3~6	+0.30 -0.15	
	3类	>6~14	±0.30	

26.5.4 碟形弹簧的典型工作图

碟形弹簧典型工作图如图 26-20 所示。

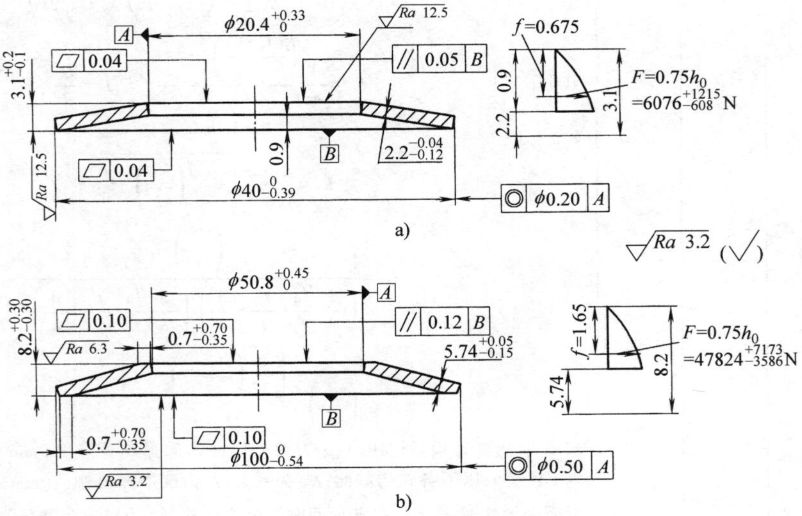

图 26-20 碟簧工作图

a）无支承面碟簧 b）有支承面碟簧

26.5.5 碟形弹簧的设计计算

一般情况下，设计时应尽量选用标准系列的碟形弹簧，直接订购产品。在有特殊性能要求、在特殊环境下工作，或尺寸超出标准系列范围时才自行设计。选用标准碟形碟簧时，主要按载荷、变形量要求，以及尺寸条件，考虑选用单片还是组合碟形弹簧。按特性曲线形状及刚度大小的要求，选定系列和尺寸。标准碟形弹簧承受静载荷时，不必核验静强度。承受变载荷时，需按寿命要求核验疲劳强度。

26.5.5.1 单个碟形弹簧的计算

表 26-51 为单个碟形弹簧的计算公式，适用于有支承面和无支承面的碟形弹簧。由于有支承面碟形弹簧承受载荷产生变形时，将改变受力位置而影响弹簧刚度，因此为使有支承面的计算载荷 F（在 $f=0.75h_0$ 时），与相同尺寸（D, d, H）的无支承面碟形弹簧的计算载荷相等，应将有支承面碟形弹簧的厚度减薄。减薄碟形弹簧厚度 t' 与厚度 t 的比值为：A、B 系列 $t'/t=0.94$，C 系列 $t'/t=0.96$。

单个碟形弹簧的特性线见图 26-21。无支承面碟形弹簧与 h_0/t 值有关，有支承面碟形弹簧与 $K_4\dfrac{h_0'}{t'}$ 值有关。

$f/h_0>0.75$ 时，计算特性线与实测结果有较大区别。

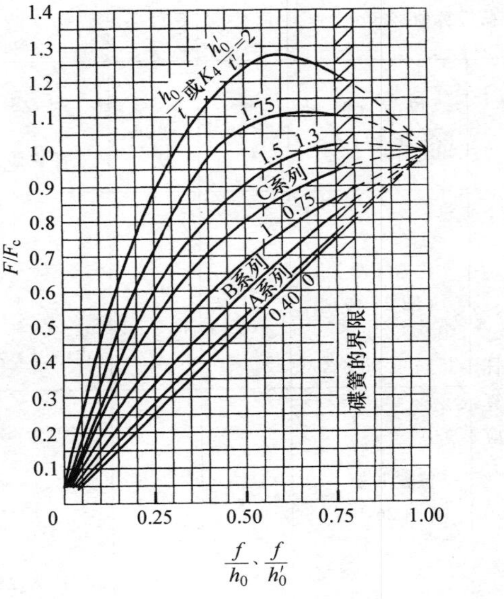

图 26-21 单个碟形弹簧的特性线

注：一条线上有两个数字的，左边数是有支承，右边数字是无支承。

表 26-51　单个碟形弹簧的计算公式（摘自 GB/T 1972—2005）

名　称		代号	单位	计算公式
碟形弹簧载荷		F	N	$F=\frac{4E}{1-\mu^2}\frac{t^4}{K_1D^2}K_4^2\frac{f}{t}\left[K_4^2\left(\frac{h_0}{t}-\frac{f}{t}\right)\left(\frac{h_0}{t}-\frac{f}{2t}\right)+1\right]$ 其中　$K_1=\frac{1}{\pi}\frac{\left(\frac{(C-1)}{C}\right)^2}{\frac{C+1}{C-1}-\frac{2}{\ln C}}$　　$C=\frac{D}{d}$ $K_4=\sqrt{-\frac{C_1}{2}+\sqrt{\left(\frac{C_1}{2}\right)+C_2}}$ $C_1=\frac{\left(\frac{t'}{t}\right)^2}{\left(\frac{1}{4}\frac{H_0}{t}-\frac{t'}{t}+\frac{3}{4}\right)\left(\frac{5}{8}\frac{H_0}{t}-\frac{t'}{t}+\frac{3}{8}\right)}$ $C_2=\frac{C_1}{\left(\frac{t'}{t}\right)^3}\left[\frac{5}{32}\left(\frac{H_0}{t}-1\right)^2+1\right]$ 式中，E 为弹性模量（MPa）；μ 为泊松比；t 为碟形弹簧厚度（mm），有支承面时，应以 t' 代替 t，以下各式均如此；K_1 为系数；D 为碟形弹簧外径（mm）；K_4 为系数，无支承面碟形弹簧 $K_4=1$，有支承面时按公式计算；h_0 为碟形弹簧压平时变形量的计算值（mm），有支承面时以 $h_0'=H_0-t'$ 代替 h_0，以下各式均如此；f 为单个碟形弹簧的变形量（mm）；d 为碟形弹簧内径（mm）；H_0 为单个碟形弹簧的自由高度（mm）
压平时碟形弹簧载荷计算值		F_c	N	$F_c=F_{(f=h_0)}=\frac{4E}{1-\mu^2}\frac{t^3h_0}{K_1D^2}K_4^2$
计算应力	位置 OM 处（图 26-19）	σ_{OM}	MPa	$\sigma_{OM}=\frac{4E}{1-\mu^2}\frac{t^2}{K_1D^2}K_4\frac{f}{t}\frac{3}{\pi}$ 计算应力为正值时是拉应力，负值为压应力
	位置Ⅰ处（图 26-19）	$\sigma_{Ⅰ}$	MPa	$\sigma_{Ⅰ}=\frac{4E}{1-\mu^2}\frac{t^2}{K_1D^2}K_4\frac{f}{t}\left[K_4K_3\left(\frac{h_0}{t}-\frac{f}{2t}\right)+K_3\right]$ $K_3=\frac{3}{\pi}\frac{C-1}{\ln C}$ 式中，K_3 为系数
	位置Ⅱ处（图 26-19）	$\sigma_{Ⅱ}$	MPa	$\sigma_{Ⅱ}=\frac{4E}{1-\mu^2}\frac{t^2}{K_1D^2}K_4\frac{f}{t}\left[K_4K_2\left(\frac{h_0}{t}-\frac{f}{2t}\right)-K_3\right]$ $K_2=\frac{6}{\pi}\frac{\frac{C-1}{\ln C}-1}{\ln C}$ 式中，K_2 为系数
	位置Ⅲ处（图 26-19）	$\sigma_{Ⅲ}$	MPa	$\sigma_{Ⅲ}=-\frac{4E}{1-\mu^2}\frac{t^2}{K_1D^2}K_4\frac{1}{C}\frac{f}{t}\left[K_4(K_2-2K_3)\left(\frac{h_0}{t}-\frac{f}{2t}\right)-K_3\right]$
	位置Ⅳ处（图 26-19）	$\sigma_{Ⅳ}$	MPa	$\sigma_{Ⅳ}=-\frac{4E}{1-\mu^2}\frac{t_2}{K_1D^2}K_4\frac{1}{C}\frac{f}{t}\left[K_4(K_2-2K_3)\left(\frac{h_0}{t}-\frac{f}{2t}\right)+K_3\right]$

（续）

名　　称	代号	单位	计算公式
弹簧刚度	k_T	N/mm	$k_T=\dfrac{dF}{df}=\dfrac{4E}{1-\mu^2}\dfrac{t^3}{K_1D^2}K_4^2\left\{K_4^2\left[\left(\dfrac{h_0}{t}\right)^2-3\dfrac{h_0}{t}\dfrac{f}{t}+\dfrac{3}{2}\left(\dfrac{f}{t}\right)^2\right]+1\right\}$
弹簧变形能	U	MPa	$U=\int_0^f F df=\dfrac{2E}{1-\mu^2}\dfrac{t^5}{K_1D^2}K_4^2\left(\dfrac{f}{t}\right)^2\left[K_4^2\left(\dfrac{h_0}{t}-\dfrac{f}{2t}\right)^2+1\right]$

26.5.5.2　组合碟形弹簧的计算

表 26-52 列出了各种组合形式碟形弹簧的计算公式。

组合碟形弹簧计算时，应考虑摩擦力对特性线的影响，对于叠合组合的碟形弹簧，考虑摩擦力影响时，弹簧载荷为

$$F_R=F\frac{n}{1\pm f_M(n-1)\pm f_R} \tag{26-7}$$

式中　f_M——碟形弹簧锥面间的摩擦因数，见表 26-53；

f_R——承载边缘处的摩擦因数，见表 26-53；

n——碟形弹簧片数。

用于加载时摩擦因数前取负号，卸载时取正号。

表 26-52　组合碟形弹簧的计算公式

组合形式	简图和特性线	计算公式
叠合组合	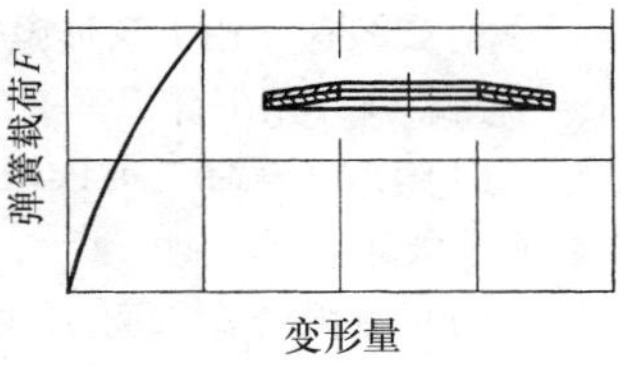	$F_z=nF$　$f_z=f$ $H_z=H_0+(n-1)t$ 式中，F_z 为组合碟形弹簧负荷（N）；f_z 为组合碟形弹簧变形量（mm）；H_z 为组合碟形弹簧的自由高度（mm）；n 为叠合碟形弹簧中单个碟形弹簧的片数
对合组合	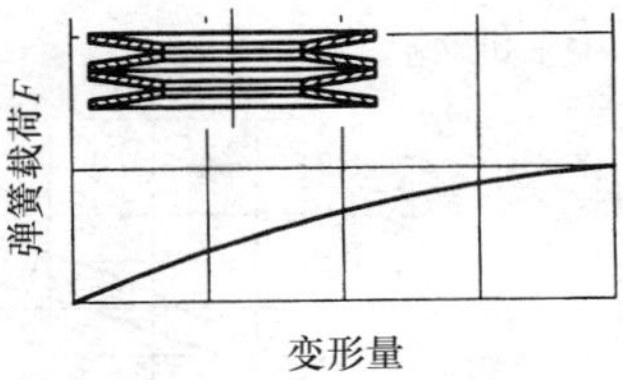	$F_z=F$　$f_z=if$ $H_z=iH_0$ 式中，i 为对合组合中单个碟形弹簧片数
复合组合	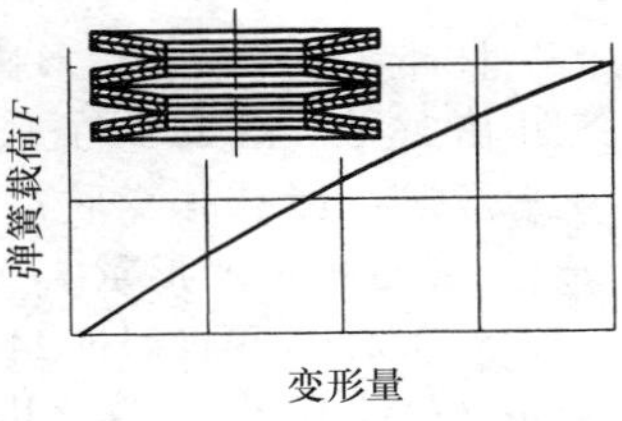	$F_z=nF$　$f_z=if$ $H_z=i[H_0+(n-1)t]$ 式中，i 为叠合碟形弹簧组数

（续）

组合形式	简图和特性线	计算公式
不同厚度碟形弹簧对合组合	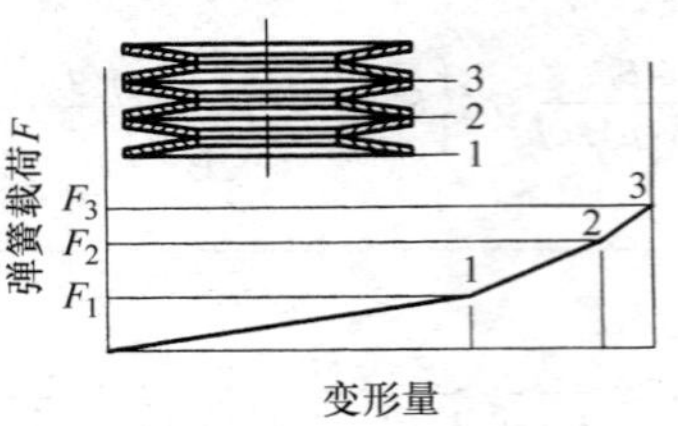	$F_z=F \quad f_z=\Sigma f_i$ $H_z=\Sigma H_{0i}$ 式中，f_i 为各单片碟形弹簧的变形量（mm）；H_{0i} 为各单片碟形弹簧的自由高度（mm）
不同片数碟形弹簧复合组合	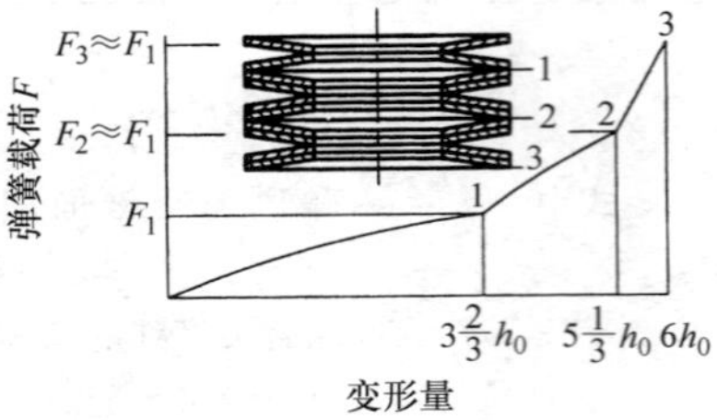	$F_z=n_iF_i \quad f_z=\Sigma f_i$ $H_0=\Sigma[H_{0i}+(n_i-1)t]$ 式中，F_i 为任一叠合碟形弹簧组中，单片碟形弹簧载荷（N）；n_i 为任一叠合碟形弹簧组中，碟片片数；f_i 为各组碟形弹簧变形量（mm）；H_{0i} 为各组单片碟形弹簧的自由高度（mm）

表 26-53　摩擦因数 f_M 和 f_R

按 GB/T 1972 系列	f_M	f_R
A 系列	0.005~0.03	0.03~0.05
B 系列	0.003~0.02	0.02~0.04
C 系列	0.002~0.015	0.01~0.03

对于复合组合碟形弹簧，考虑摩擦力影响时，弹簧载荷为

$$F_R=F\frac{n}{1\pm f_M(n-1)} \tag{26-8}$$

加载时，f_M 前取负号，卸载时取正号。

确定组合弹簧中单片碟形弹簧的载荷和变形量后，即可按照表 26-51 中单片碟形弹簧的计算公式计算。

26.5.5.3　碟形弹簧的载荷分类和许用应力

1. 载荷分类

（1）静负荷　作用载荷不变，或在长时间内只有偶然变化，在规定寿命内变化次数小于 1×10^4 次。

（2）变负荷　作用在碟形弹簧上的载荷，在预加载荷 F_1 和工作载荷 F_2 之间循环变化，在规定寿命内变化次数大于 1×10^4 次。

2. 静载荷作用下碟形弹簧的许用应力

标准碟形弹簧，采用 60Si2MnA 或 50CrVA 带、板材或锻造坯料制造。静载荷下，以限定 *OM* 点处（图 26-19）的应力 σ_{OM}，来保证自由高度 H_0 的稳定。压平时 σ_{OM} 达到最大，应使其接近材料的屈服点 σ_s，对于 60Si2MnA 或 50CrVA，σ_s = 1400~1600MPa。标准系列的碟形弹簧都能满足静载荷的要求，不必校验。非标准尺寸，或选用其他材料的碟形弹簧，应进行校验。

3. 变载荷作用下碟形弹簧的疲劳极限

变载荷作用下碟形弹簧的使用寿命可分为两类：

（1）无限寿命　可以承受 2×10^6 或更多加载次数而不破坏。

（2）有限寿命　可以在持久强度范围内，承受 1×10^4~2×10^6 次有限的加载变化，直至破坏。

承受变载荷作用的碟形弹簧疲劳破坏的位置，由图26-22判断。如在Ⅱ点或Ⅲ点位置时，需同时校验 $\sigma_{Ⅱ}$ 和 $\sigma_{Ⅲ}$。

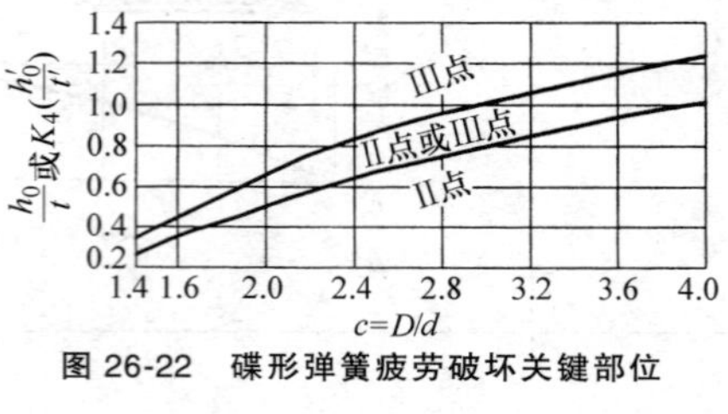

图 26-22　碟形弹簧疲劳破坏关键部位

材料为 50CrVA 的碟形弹簧，变载荷下的疲劳极限由图 26-23~图 26-25 查取。图中计算的上限应力 σ_{max}，是与最大工作变形 f_2 对应的应力；下限应力 σ_{min}，是与预压变形量 f_1 对应的应力。一般 f_1 = (0.15~0.2)h。厚度超过 14mm，或对合弹簧组片数较多（超过 10 片），以及其他材料和特殊工作条件时，疲劳极限应酌量降低。

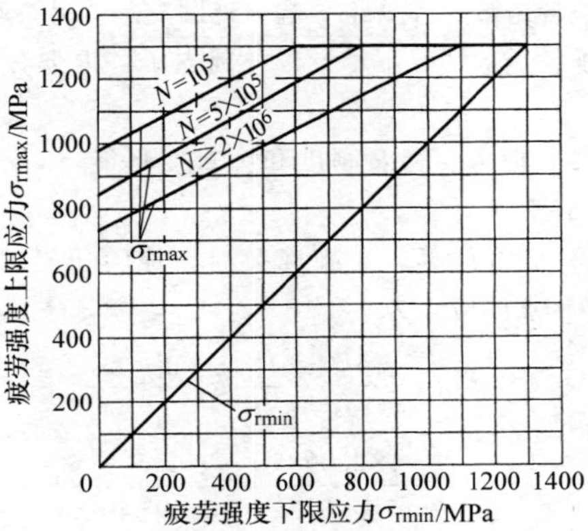

图 26-23　t<1.25mm 碟形弹簧的极限应力曲线

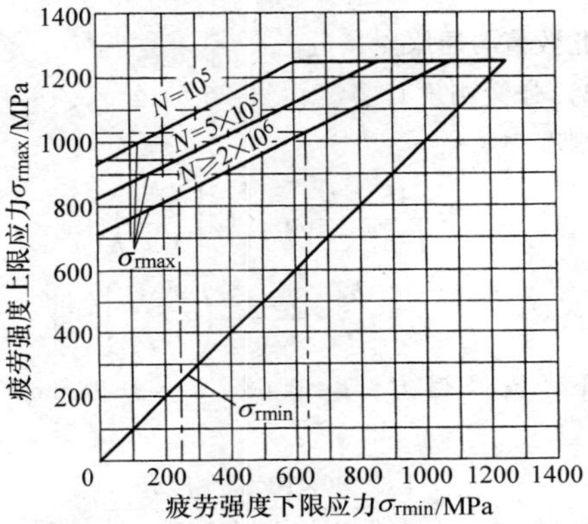

图 26-24　t=1.25~6mm 碟形弹簧的极限应力曲线图

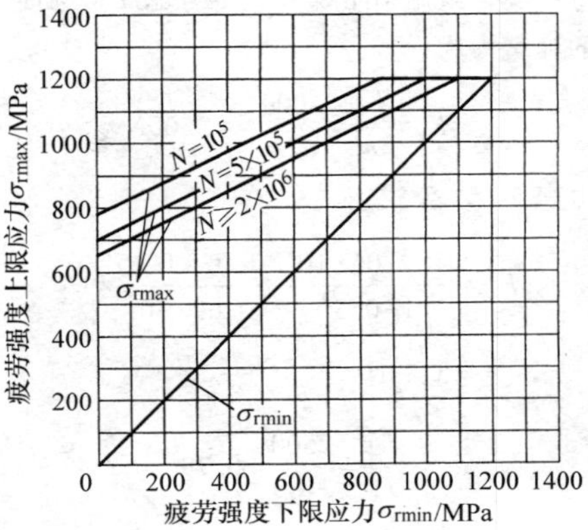

图 26-25　6mm<t≤14mm 碟形弹簧的极限应力曲线

26.5.5.4　设计举例

【例 26-9】　设计一组合碟形弹簧，要求承受静载荷为 5000N 时，变形量为 10mm，导杆的最大直径为 20mm。

【解】　按导杆尺寸条件，在表 26-47~表 26-49 中，选取内径 d=20.4mm 的碟形弹簧三种，尺寸见表 26-54。

由表中可见，采用单个碟形弹簧不能满足要求。采用组合弹簧时，可以有两个方案：用 A 系列碟形弹簧对合组合（见表 26-52）；用 B 系列碟形弹簧复合组合（见表 26-52）。

表 26-54　碟形弹簧尺寸

碟　　簧	D /mm	d /mm	t /mm	h_0 /mm	H_0 /mm	F	f	σ_{II} 或 σ_{III}
						$f=0.75h_0$		
						N	mm	MPa
A40 GB/T 1972	40	20.4	2.25	0.9	3.15	6540	0.68	$\sigma_{\text{II}}=1340$
B40 GB/T 1972	40	20.4	1.5	1.15	2.65	2620	0.86	$\sigma_{\text{II}}=1130$
C40 GB/T 1972	40	20.4	1	1.30	2.30	1020	0.98	$\sigma_{\text{II}}=1070$

（1）方案一　选用 A 系列，D=40mm 碟形弹簧的对合弹簧组。由表 26-51 公式

$$F_c=\frac{4E}{1-\mu^2}\frac{t^3h_0}{K_1D^2}K_4^2$$

式中，$E=2.06\times10^5$MPa，$\mu=0.3$，无支承面 $K_4=1$，由 K_1 公式，$C=2$，则 $K_1=0.69$，查表 12-54，$t=2.25$mm，$h_0=0.9$mm，将这些数据代入计算式，得

$$F_c=\frac{4\times2.06\times10^5}{1-0.3^2}\times\frac{2.25^3\times0.9}{0.69\times40^2}\times1^2\text{N}$$
$$=8410\text{N}$$

$$\frac{F_1}{F_c}=\frac{5000}{8410}=0.59$$

由图 26-21，A 系列的 $h_0/t\approx0.4$；根据 $\frac{F_1}{F_c}=0.59$，查出 $f/h_0=0.57$。变形量 $f_1=0.57h_0=0.57\times0.9\text{mm}=0.51\text{mm}$，因此为满足总变形量为 10mm，所需碟形弹簧片数为

$$i=\frac{f_{z1}}{f_1}=\frac{10}{0.51}=19.6$$

取 20 片，则弹簧组合尺寸如下：

1）未受载荷时，自由高度 $H_z=iH_0=20\times3.15\text{mm}=63\text{mm}$

2）受载荷 $F_1=5000$N 时，弹簧高度 $H_1=H_z-f_{z1}=(63-20\times0.51)\text{mm}=52.8\text{mm}$

（2）方案二　选用 B 系列，D=40mm 复合弹簧

组。每一叠合组用两个碟片，不考虑摩擦力时，单个碟片的弹簧力为

$$F_1=\frac{F_z}{n}=\frac{5000}{2}\text{N}=2500\text{N}$$

由表 26-51 公式

$$F_c=\frac{4\times2.06\times10^5}{1-0.3^2}\times\frac{1.5^3\times1.15}{0.69\times40^2}\times1\text{N}$$

$$=3183\text{N}$$

$$\frac{F_1}{F_c}=\frac{2500}{3183}=0.79$$

由图 26-21，$f_1/h_0=0.71$，$f_1=0.71\times1.15\text{mm}=0.82\text{mm}$，按总变形量为 10mm 的要求，由表 26-52 公式，所需叠合组数为

$$i=\frac{f_z}{f_1}=\frac{10}{0.82}=12.2$$

取 13 个叠合组，则弹簧组尺寸如下：

1）未受载荷时，弹簧组自由高度（按表 26-52 公式）为

$$\begin{aligned}H_z&=i[H_0+(n-1)t]\\&=13\times[2.65+(2-1)\times1.5]\text{mm}\\&=54\text{mm}\end{aligned}$$

2）受载荷 $F_{z1}=5000\text{N}$ 后，弹簧组高度为

$$\begin{aligned}H_1&=H_z-if_{z1}=(54-13\times0.82)\text{mm}\\&=43.34\text{mm}\end{aligned}$$

考虑摩擦力时，弹簧载荷应予修正，按式（26-7），由表 26-53 取 $f_M=0.015$，载荷为 5000N 时，单片碟形弹簧的弹簧载荷为

$$\begin{aligned}F_1&=F_{P1}\frac{1-f_M(n-1)}{n}\\&=5000\times\frac{1-0.015\times(2-1)}{2}\text{N}=2462.5\text{N}\end{aligned}$$

$$\frac{F_1}{F_c}=\frac{2462.5}{3180}=0.77$$

由图 26-21，B 系列$\frac{h_0}{t}=0.75$，则

$$\frac{f_1}{h_0}=0.68,\ f_1=0.68\times1.15\text{mm}=0.78\text{mm}$$

叠合组数应为

$$i=\frac{f_{z1}}{f_1}=\frac{10}{0.78}=12.82$$

仍应取 13 组。载荷为 5000N 时的变形量为 $f_{z1}=13\times0.78\text{mm}=10.14\text{mm}$，尺寸同前。可见方案二的弹簧组高度较小，单个碟形弹簧的利用也较好。由于采用单数叠合组数，弹簧组一端为外圆支承，另一端为内圆支承，一般情况下尽量以外圆支承（取偶数组数）为宜。

（3）应力、弹簧刚度和弹簧变形能　可分别由表 26-51 公式计算。

1）应力计算。受静载荷时，检验压平时（$f=h_0$）OM 点的应力为

$$\begin{aligned}\sigma_{OM}&=-\frac{4E}{1-\mu^2}\times\frac{t^2}{K_1D^2}K_4\frac{f}{t}\times\frac{3}{\pi}\\&=\frac{4\times2.06\times10^5}{1-0.3^2}\times\frac{1.5^2}{0.69\times40^2}\times1\\&\quad\times\frac{1.15}{1.5}\times\frac{3}{\pi}\text{MPa}=-1350\text{MPa}\end{aligned}$$

此数值与屈服点接近。

2）弹簧刚度计算。由表 26-51 公式，单片碟形弹簧刚度为

$$\begin{aligned}F'&=\frac{4E}{1-\mu^2}\frac{t^2}{K_1D^2}K_4^2\left\{K_4^2\left[\left(\frac{h_0}{t}\right)^2\right.\right.\\&\quad\left.\left.-3\times\frac{h_0}{t}\times\frac{f}{t}+\frac{3}{2}\left(\frac{f}{t}\right)^2\right]+1\right\}\end{aligned}$$

不考虑摩擦力，$f=0.68$，$h_0=0.78\text{mm}$ 时，刚度为

$$\begin{aligned}F'&=\frac{4\times2.06\times10^5}{1-0.3^2}\times\frac{1.5^3}{0.69\times40^2}\\&\quad\times\left\{1^2\times\left[\left(\frac{1.15}{1.5}\right)^2-3\times\frac{1.15}{1.5}\right.\right.\\&\quad\left.\left.\times\frac{0.78}{1.5}+\frac{3}{2}\times\left(\frac{0.78}{1.5}\right)\right]+1\right\}\text{N/mm}\\&=2207\text{N/mm}\end{aligned}$$

考虑摩擦力时，一个叠合弹簧组合，$f_1=0.78\text{mm}$ 时的刚度应为

$$\begin{aligned}F'_R&=F'\frac{n}{1-f_M(n-1)}\\&=2207\times\frac{2}{1-0.015\times(2-1)}\text{N/mm}\\&=4481.7\text{N/mm}\end{aligned}$$

复合弹簧组变形为

$$f_{z1}=if_1=13\times0.78\text{mm}=10.14\text{mm}$$

此时的刚度为

$$F'_z=\frac{F'_R}{1}=\frac{4481.7}{13}\text{N/mm}=344.75\text{N/mm}$$

3）弹簧变形能计算。单片碟形弹簧变形量为 $f_1=0.78\text{mm}$ 时的变形能：

$$U=\frac{2E}{1-\mu^2}\times\frac{t^5}{K_1D^2}K_4^2\left(\frac{f}{t}\right)^2\times\left[K_4\left(\frac{h_0}{t}-\frac{f}{2t}\right)^2+1\right]$$

$$=\frac{2\times2.06\times10^5}{1-0.3^2}\times\frac{1.5^5}{0.69\times40^2}\times1\times\left(\frac{0.78}{1.5}\right)^2\times$$

$$\left[1\times\left(\frac{1.15}{1.5}-\frac{0.78}{2\times1.5}\right)^2+1\right]\text{N}\cdot\text{mm}$$

$$=1058\text{N}\cdot\text{mm}$$

弹簧组总变形能为

$$U_z=inU=13\times2\times1058\text{N}\cdot\text{mm}=27508\text{N}\cdot\text{mm}$$

【例 26-10】 校核碟形弹簧 A125 GB/T 1972 有支承面的单个碟形弹簧，在 $F_1=17500\text{N}$ 和 $F_2=54000\text{N}$ 之间循环工作时的疲劳寿命。

【解】 由表 26-51 公式：

$$C=\frac{D}{d}=\frac{125}{65.8}=1.90$$

将 C 值代入 K_1 的计算式，得

$$K_1=\frac{1}{\pi}\frac{\left(\dfrac{C-1}{C}\right)^2}{\dfrac{C+1}{C-1}-\dfrac{2}{\ln C}}=0.67$$

由标准查得 $t'=6.68\text{mm}$，$t=7\text{mm}$，$H_0=9.6\text{mm}$，代入 C_1、C_2 和 K_4 的计算式，得

$$C_1=\frac{\left(\dfrac{t'}{t}\right)^2}{\left(\dfrac{1}{4}\times\dfrac{H_0}{t}-\dfrac{t'}{t}+\dfrac{3}{4}\right)\left(\dfrac{5}{8}\dfrac{H_0}{t}-\dfrac{t'}{t}+\dfrac{3}{8}\right)}$$

$$C_2=\frac{C_1}{\left(\dfrac{t'}{t}\right)^3}\left[\frac{5}{32}\left(\frac{H_0}{t}-1\right)+1\right]=27.8$$

$$K_4=\sqrt{-\frac{C_1}{2}+\sqrt{\left(\frac{C_1}{2}\right)^2+C_2}}$$

$$=\sqrt{-\frac{23.65}{2}+\sqrt{\left(\frac{23.65}{2}\right)^2+27.8}}=1.059$$

有支承面碟形弹簧，$t'=6.68\text{mm}$，$h'_0=H_0-t'=9.6-6.68\text{mm}=2.92\text{mm}$

将上面有关的已知数值代入 F_c 计算式，得

$$F_c=\frac{4E}{1-\mu^2}\frac{t^3h_0}{K_1D^2}K_4^2=\frac{4\times2.06\times10^5}{1-0.3^2}$$

$$\times\frac{6.68^3\times2.92}{0.67\times125^2}\times1.059^2\text{N}=96900\text{N}$$

按已知的 F_1 和 F_2 值，得

$$\frac{F_1}{F_c}=\frac{17500}{96900}=0.181$$

$$\frac{F_2}{F_c}=\frac{54000}{96900}=0.557$$

由图 26-21，按 $K_4\dfrac{h'_0}{t'}=1.059\times\dfrac{2.92}{6.68}=0.463$ 和$\dfrac{F_1}{F_c}$、$\dfrac{F_2}{F_\varepsilon}$值，分别查出

$$\frac{f_1}{h'_0}=0.18,\ \frac{f_2}{h'_0}=0.60$$

所以 $f_1=0.18\times2.92\text{mm}=0.526\text{mm}$

$f_2=0.60\times2.92\text{mm}=1.752\text{mm}$

由图 26-22，$C\approx2$，$K_4\dfrac{h'_0}{t'}=0.463$，查出疲劳破坏关键部位在Ⅱ点或Ⅲ点。

计算Ⅱ点应力 σ_0。由表 26-51 公式，求得 $K_1=1.196$，$K_2=1.339$。$f_1=0.526\text{mm}$ 时

$$\sigma_{\text{II}}=\frac{4E}{1-\mu^2}\frac{t^2}{K_1D^2}=\frac{-4\times2.06\times10^5}{1-0.3^2}\times\frac{6.68^2}{0.67\times125^2}$$

$$\times1.059\times\frac{0.526}{6.68}\times\left[1.059\times1.196\right.$$

$$\left.\times\left(\frac{2.92}{6.68}-\frac{0.526}{2\times6.68}\right)-1.339\right]\text{MPa}$$

$$=285\text{MPa}$$

$f_2=1.752\text{mm}$ 时

$$\sigma_{\text{II}}=\frac{4E}{1-\mu^2}\frac{t^2}{K_1D^2}K_4\frac{f}{t}\left[K_uK_2\left(\frac{h_0}{t}-\frac{f}{2t}\right)-K_3\right]$$

$$=-\frac{4\times2.06\times10^5}{1-0.3^2}\times\frac{6.68^2}{0.67\times125^2}\times$$

$$1.059\times\frac{1.752}{6.68}\times\left[1.059\times1.196\times\right.$$

$$\left.\left(\frac{2.92}{6.68}-\frac{1.752}{2\times6.68}\right)-1.339\right]\text{MPa}$$

$$=1085\text{MPa}$$

由表 26-51 公式计算Ⅲ点应力 σ_m。当 $f_1=0.526\text{mm}$ 时，$\sigma_{\text{III}}=327\text{MPa}$；当 $f_1=1.752\text{mm}$ 时，$\sigma_{\text{III}}=1023\text{MPa}$。

可见，Ⅱ点的应力幅较大，应校核Ⅱ点疲劳强度。碟形弹簧的计算上限应力 $\sigma_{max}=1085\text{MPa}$；下限应力 $\sigma_{min}=285\text{MPa}$；应力幅 $\sigma_a=\sigma_{max}-\sigma_{min}=(1085-285)\text{MPa}=800\text{MPa}$

由图 26-21，下限应力 $\sigma_{min}=285\text{MPa}$，寿命 $N=10^5$ 次时的疲劳强度上限应力为 $\sigma_{max}=1090\text{N/mm}$，可见碟形弹簧的工作寿命大约为 $N=10^5$。

【例 26-11】 例题 26-9 中的方案二，用碟形弹簧 B40 GB/T 1972 二片叠合，共 13 个叠合碟形弹簧组的复合弹簧组，受变载荷 $F_{z1}=1500\text{N}$ 到 $F_{z2}=5000\text{N}$ 循环作用。试验算此弹簧组的疲劳强度。

【解】 不考虑摩擦力时，单个碟片受力为

$$F_1=\frac{F_{z1}}{2}=\frac{1500}{2}\text{N}=750\text{N}$$

$$F_2=\frac{F_{z2}}{2}=\frac{5000}{2}\text{N}=2500\text{N}$$

由表 26-51 公式，计算得 $F_c=3180\text{N}$，则

$$\frac{F_1}{F_c}=\frac{750}{3180}=0.24\qquad\frac{F_2}{F_c}=\frac{2500}{3180}=0.79$$

按图 26-21，查得$\frac{f_1}{h_0}\approx0.17$，则

$$f_1=0.17\times1.15\text{mm}=0.2\text{mm}$$

$\frac{f_2}{h_0}\approx0.71$，则 $f_2=0.71\times1.15\text{mm}=0.82\text{mm}$

由图 26-22，查出疲劳破坏关键位置为Ⅲ点。按表 26-23 公式计算Ⅲ点应力 $\sigma_{Ⅲ}$：

当 $f_1=0.2\text{mm}$ 时　$\sigma_{Ⅲ}=308\text{MPa}$

当 $f_2=0.82\text{mm}$ 时　$\sigma_{Ⅲ}=1060\text{MPa}$

由下限应力为 $\sigma_{rmin}=308\text{MPa}$ 时，计算上限应力 $\sigma_{max}=1060\text{MPa}$，则疲劳强度大约为 $N=10^5$ 次，其 $\sigma_a=752\text{MPa}$。

由于弹簧组数较多，因此按图 26-21 查出的数值应考虑安全系数，予以适当降低。

第 27 章　机　　架

27.1　机架设计概述

机器中的部件或大型零件都应有基座支承，各种传动件也必须加以防护，以免零件损伤或造成安全事故。机器中能支承或包容零部件的零件统称为机架。如机器的底座、机体，机床的床身、立柱，车辆的底盘、车架，以及机器中的壳体、箱体等均属机架零件。

27.1.1　机架的分类及特点

27.1.1.1　按制造方法和所用材料分类

1）铸造机架。主要材料是铸铁，有时也用铸钢或铸铝合金。铸造机架形状可以比较复杂，铸造工艺较成熟，毛坯质量较好。

2）焊接机架。由钢板和型钢或锻件和型钢组合焊接而成。自重轻，生产周期短，单件小批量生产中常用。

3）非金属机架。包括混凝土预应力机架，花岗岩机架及塑料机架。

塑料机架的材料是工程塑料，自重轻，形状也可以较复杂，因加工时要用模具，所以只用于大批量生产的产品。

27.1.1.2　按结构形式分类（见图 27-1）

1）梁柱结构机架。各种机器中的横梁和立柱，如机床的床身、立柱等主体结构件。

2）框架结构机架。框架结构有闭式与开式之分，如轧钢机机架、汽车车架等是闭式结构机架，开式压力机的机身是开式结构机架。

3）平板结构机架。各种平板型机身，如机器或仪器的底座，机床的工作台等。

4）箱壳结构机架。全封闭的箱型结构，如齿轮传动箱的箱体，泵体及汽车发动机机体等。

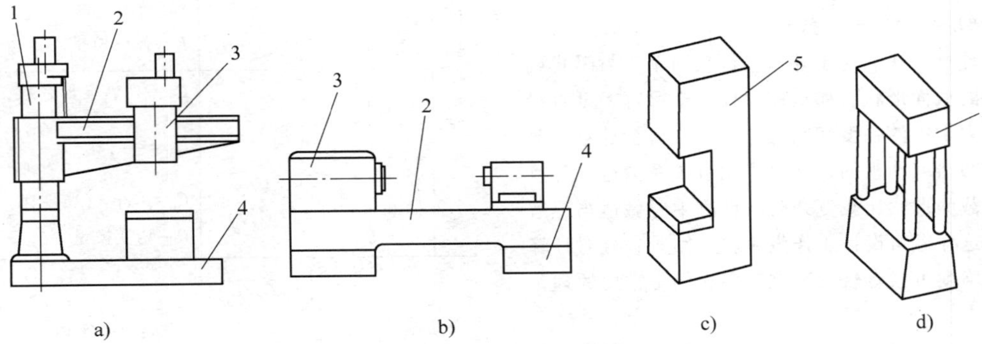

图 27-1　机架结构形式分类

a）摇臂钻床　b）车床　c）开式锻压机　d）柱式压力机

1、2—梁柱结构　3—箱壳结构　4—平板结构　5—框架结构

不同结构形式的机架有不同的设计计算方法。但对于某个具体机架，有时很难把它归于哪类结构，应按哪种结构进行设计计算取决于计算的精度要求和计算工作量的大小，有的机架还可能要简化成几种结构的组合，用有限元法进行计算。

27.1.2　机架设计准则和一般要求

27.1.2.1　机架设计准则

机架是承受较大载荷的基础零件，它的设计和制造质量对机器的正常工作和性能影响很大。机架的设计主要应保证刚度、强度和稳定性。

1）刚度。刚度是评定多数机架工作性能的主要参数。刚度不足将使机器失去应有的工作精度。例如：机床床身的刚度决定着机床的加工精度；齿轮减速器箱体的刚度则决定齿轮的啮合精度；轧钢机的机架刚度直接影响钢板的质量和精度。

动刚度是衡量机架抗振能力的指标，它与机架构件的静刚度、固有频率及阻尼特性有关。机架的振动同样会影响机器的工作精度。

2）强度。对于重载机架，强度是评定其工作能力的基本参数。机架的强度包括静强度和疲劳强度，应根据机器的最大载荷来校核静强度，同时还要校核其疲劳强度。

3）稳定性。包括结构稳定性和精度稳定性（即尺寸稳定性）。机架受压或斜弯时，容易产生结构失稳，设计时应加以校核，确保安全。机床和仪器仪表等对精度稳定性有较高要求，它的机架在制造时要注意消除内应力，减少残余变形，确保尺寸精度。

此外，对精密机械或仪器仪表还应考虑热变形。热变形影响机架精度，使设备性能降低。因此，机架结构设计时应尽量减小热变形。

27.1.2.2　机架设计的一般要求

1）在满足机架强度和刚度要求的同时，应尽量减轻重量、降低成本。

2）结构设计合理，工艺性良好，便于制造。

3）机架结构要便于安装、调整、维修和更换零部件。

4）造型美观，经济性好。机架的造型一般要求比例匀称、格调统一和平衡稳定。

27.1.3　机架设计的方法和步骤

27.1.3.1　机架设计的一般方法

1）理论公式设计。这种方法是以力学公式为基础的设计计算方法。对于外形结构较简单，封闭式或半封闭式的截面形状，如机床立柱、横梁等，可直接采用工程力学中的强度和刚度计算公式进行计算，对于有加强肋条或肋板的机架可引用有关系数修正计算公式。当截面形状比较复杂时，计算中要做适当分解和简化，这样做对设计工作带来较大困难，且对计算结果的精确度也会有较大影响，但它仍是常用的理论设计计算方法。

2）类比法。这种设计方法是根据现有产品中使用效果较好的同类产品进行比较，适当地做些分析和综合，进行一些简单的校核计算并结合实际生产情况考虑工艺性能，使设计结果更符合实际情况。此法简易可行，是目前应用较多的一种方法。

3）模型试验设计。对某些机架，尤其是无法类比而结构又较复杂的机架，为保证产品的质量，将所设计的机架作成模型或样机进行试验，根据试验结果对设计进行逐步修改，使机架的设计不断完善。

大型机架多按比例缩小做成模型进行试验，这种试验用模型必须按照相似理论来缩小。机架及其模型不仅要求几何相似，还应考虑运动相似和载荷相似等，两者每一对应点上的各物理量应成比例，此比例系数即为相似系数。做模型的材料多采用有机玻璃，因它容易加工，热塑性及粘接性能好，试验方便，模型试验计算见表 27-1。

近代机架的模型试验也可在计算机上进行，利用计算机的图形技术将设计结果在计算机的屏幕上绘制出三维立体图形，可任意剖切和体内巡视，屏幕修改并及时绘制出修改结果，这就大大缩短了机架的设计和制造周期。

4）有限元设计法。对较复杂机架的刚度计算常采用有限元法，它是将复杂的结构分割成有限个单元，单元之间通过节点相互联系，利用计算机进行计算，求出每个节点的位移，从而求得机架在外力作用下的变形。这种方法不仅能进行静态分析，同时也可进行动态分析，特别是对结构复杂的机架，它可以提供可靠的设计信息。

表 27-1　模型试验计算表

试验类型		计算式	说明
静刚度	弯曲	$C_\delta=\dfrac{C_F}{C_E C_1}$ $C_\delta=\delta_1/\delta_2$ 所以 $\delta_1=C_\delta\delta_2$	C_δ—弯曲变形相似系数 C_F—频率相似系数 $C_1=l_1/l_2$；$C_F=F_1/F_2$； $C_E=\dfrac{E_1}{E_2}$ δ—弯曲变形 E—弹性模量
	扭转	$C_\varphi=\dfrac{C_M}{C_G C_1}$ $C_\varphi=\varphi_1/\varphi_2$ 所以 $\varphi_1=C_\varphi\varphi_2$	C_φ—扭转变形系数 $C_M=\dfrac{T_1}{T_2}$，$C_G=\dfrac{G_1}{G_2}$， $C_\rho=\rho_1/\rho_2$（密度比） G—切变模量
弯曲振动		$C_f=\dfrac{1}{C_1}\sqrt{C_E/C_\rho}$ $C_f=f_1/f_2$ 所以 $f_1=C_f f_2$	下标：1—实物　2—模型

27.1.3.2　机架设计的一般步骤

1）初步确定机架形状和尺寸。机架的结构要考虑机架上零部件形状尺寸、配置情况，也要考虑所承受的载荷、运动等设计要求，以保证机架内外零件能正常运转。拟定机架结构形状和尺寸，一般要依靠设计人员的经验，最好能参考现有的同类型机架。

2）初步确定制造方法和材料。机架制造方法和所用材料主要取决于使用要求，同时也取决于结构工艺和产品批量。一般来说，形状复杂的机架采用铸造机架；单件小批量的非标准设备可采用焊接或锻焊结合的机架。

3）强度和刚度计算。绘制机架构件受力简图；

根据承载情况合理选择截面形状尺寸，确定主要设计参数；进行强度、刚度和稳定性的校核计算，修改设计。

4）重要设备的机架或结构、受力复杂的机架，应进行有限元静、动态分析或模型试验设计，以求得最佳设计方案。

27.1.4 机架的常用材料和热处理

机架的材料选择主要取决于使用要求和制造方法。多数机架结构较复杂，故一般采用铸造。铸铁的铸造性能良好、价格低廉，所以应用最广。重型机架因强度要求较高，常采用铸钢。当机架需要自重轻时，可采用铸铝合金等轻金属制造。焊接机架具有制造周期短、自重较轻和成本较低等多项优点，故应用日益增多。有些机架则由于防锈、吸振及绝缘性能等方面的要求，宜选用相应的非金属材料。

27.1.4.1 机架的常用材料

（1）铸造机架常用材料

1）铸铁。铸铁是铸造机架的优良材料，它的流动性好，铸造方法成熟，毛坯质量稳定。铸铁中加入少量合金元素可提高其耐磨性，铸铁中的片状石墨增大了阻尼吸振作用，因而其动态刚度好。铸铁还具有切削性能好、价格便宜和适于大批量生产等优点。铸铁机架的常用材料牌号见表27-2。

2）铸钢。铸钢具有良好的塑性和韧性，较好的焊接性和切削加工性。但由于钢水的流动性差，在铸型中冷凝时收缩较大，故不宜用作形状复杂的铸件。与铸铁相比，铸钢的吸振性较差，但其具有较大的弹性模量和较高的强度，故铸钢机架适用于载荷较大的重型机架。铸钢机架常用材料牌号见表27-3。

3）铸造铝合金。铸铝合金密度小，经强化可具有足够高的强度，较好的塑性，良好的低温韧性和耐热性，常用作轻型机架。铸铝合金机架常用材料牌号见表27-4。

（2）焊接机架常用材料　用于焊接机架的钢材除力学性能外还要考虑可焊性，焊接性能差的材料会造成焊接困难，使焊缝可靠性降低。钢材焊接性能的优劣取决于钢的碳含量，一般碳质量分数<0.25%的低碳钢和碳质量分数<0.2%的低碳合金钢均具有良好的焊接性。焊接机架常用的钢材有Q235A、20、25、15Mn及20Mn等，普通条件下都能焊接，但当厚度较大或环境温度较低时要进行预热。

表27-2 铸铁机架常用材料牌号

牌　　号	特点及应用举例
HT100	力学性能较低，用于承受轻负载，如机床导轨的支承件
HT150	用于承受中等弯曲应力(约为10MPa)、摩擦面间压强大于0.5MPa的铸件，如机床底座、齿轮减速器和汽车变速器箱体、水泵壳体等
HT200及HT250	用于承受较大弯曲应力(达30MPa)、摩擦面间压强大于0.5MPa或须经表面淬火的铸件，以及要求保持气密性的铸件，如机床立柱、齿轮箱体，锻压机和气体压缩机机身，汽轮机机架等
HT300	用于承受高弯曲应力(达50MPa)和拉应力、摩擦面间压强大于2MPa或进行表面淬火，以及要求保持高度气密性的铸件，如轧钢机座、重型机床的床身、高压液压泵的泵体、多轴机床的主轴箱等
QT800-2	具有较高强度、耐磨性和一定的韧性，用于空压机和冷冻机的缸体、缸套，冶金、矿山用减速机机体等
QT450-10	具有中等强度和韧性，用作水轮机阀门体、曲柄压力机机身等
QT400-15	韧性高，低温性能好，且有一定的耐蚀性，用作汽车、拖拉机驱动桥的壳体，离合器和差速器的壳体等

表27-3 铸钢机架常用材料牌号

牌　　号	特点及应用举例
ZG200-400、ZG230-450	有一定的强度、良好的塑性与韧性，有较高导热性、焊接性和切削加工性。但排除钢液中的气体和杂质较难，易氧化和热裂。常用于轧钢机机架、锻锤气缸体和箱体等
ZG270-500	具有较好的铸造性和焊接性、为大型铸钢件材料；但易产生较大铸造应力引起热裂。广泛应用于轧钢、锻压、矿山等设备，如轧钢机机架、水压机横梁和底座及破碎机架体等

表 27-4　铸铝合金机架常用材料牌号

牌　号	特点及应用举例
ZL101	力学性能较高，但高温力学性能较低。耐蚀性良好，铸造、焊接性能好，切削加工性能中等。常用于船用柴油机机体、汽车传动箱体等
ZL104	用于形状复杂、薄壁、耐腐蚀、承受冲击载荷的大型铸件，如中小型高速柴油机机体等
ZL105A	高温力学性能较高，有良好的铸造焊接、切削性能和耐蚀性能。用于液压泵泵体、高速柴油机机体等
ZL401	综合性能优良。用于铸造大型、复杂和承受较高载荷而又不便进行热处理的零件，如特殊柴油机机体

（3）非金属机架常用材料

1）混凝土。混凝土的弹性模量和抗拉强度较低，但具有良好的抗压强度和耐蚀性能，它的内阻尼是钢的 15 倍，铸铁的 5 倍，吸振作用强。此外，混凝土机架还具有经济性好和生产周期短等优点，可用作机床床身、底座和液压机机架等。

混凝土机架多采用预应力结构，详细设计方法请参阅有关专著。

2）花岗岩。组织稳定，几乎不会再变形，加工简便，可以获得较高而又稳定的精度。热导率和热胀系数均很小，对温度不敏感，不导电，无磁性，耐腐蚀，吸振性好。使用中维护简单，成本低，但脆性较大，不能承受冲击载荷，常用于精密机械或仪器的机架，如测量仪的基座，三坐标测量机的机身等。

3）塑料。用塑料制作壳体已很广泛，塑料有自重轻、防腐蚀和绝缘等优点，用注射模可制成形状较复杂的塑料件而无须后续加工，这大大简化了工艺和生产过程。

塑料分热固性塑料和热塑性塑料两大类，常用的热固性塑料其强度较低，用于压制中小型且结构简单的塑件，热塑性塑料可制作结构较复杂的大型塑件，但其模具费用高，只适用于大批量生产。

铸件设计的基本要求也适用于塑料压制零件的设计。

27.1.4.2　机架的热处理及时效处理

（1）铸钢机架的热处理　铸钢件一般都要经过热处理以消除内应力并改善力学性能。铸钢机架的热处理方法有退火、正火加回火、高温扩散退火及焊补后回火等，形状简单的机架只需退火，结构较复杂且对力学性能又有一定要求时多用正火加回火。

铸钢机架回火温度一般为 550~650℃，正火或退火温度见表 27-5。

铸钢机架热处理后可用喷丸清理表面的粘砂和氧化皮，对机架上的缺陷焊补前也必须清理以利补焊。

表 27-5　铸钢机架正火或退火温度

牌　号	正火或退火温度/℃
ZG200-400	920~940
ZG230-450	880~900
ZG270-500	860~880

（2）铸铁机架的时效处理　时效处理可以在保持铸铁力学性能的条件下，使铸铁机架的内应力和机加工切削应力得到消除或稳定，以减少长期使用中的变形，保证几何精度。通常时效处理有以下两类：

1）自然时效。粗加工后在室外放置相当长一段时间，使内应力自然松弛或消除。自然时效方法简单，效果好，但生产周期长，一般要在一年以上。

2）人工时效。一种人工时效是热处理方法，将铸件缓慢加热到 500℃ 左右，保温一段时间，然后缓慢冷却以消除内应力。另一种人工时效是机械振动法，通过振动使金属产生局部微观塑性变形，以消除机架中的残余应力。

铸铁机架人工时效工艺规程见表 27-6。

（3）焊接机架的时效处理　焊接机架需要通过时效处理减少或消除焊接残余应力，可采用的方法有以下几种：

1）热处理时效。将机架加热到弹性转变温度以下，保温后缓慢冷却以消除残余应力。

2）振动时效。采用机械振动的方法消除残余应力，它的成本低、效率高，不会损伤零件而且操作简便。

3）喷砂处理。对焊接机架进行喷砂处理也能消除部分焊接残余应力，喷砂作用使焊缝得以延伸和变薄，通过塑性变形导致内应力降低，一般喷砂应在探伤工序之前进行。

4）分级加工。在对焊接机架进行机械加工时，将毛坯总余量分几次切掉，而切深逐次减少。分级加工的优点是机架不会产生新的内应力，也不必再做热处理。

表 27-6　铸铁机架人工时效工艺规程

类别	质量/t	壁厚/mm	工艺参数					
			装炉温度/℃	加热速度/(℃/h)	退火温度/℃	保温时间/h	降温速度/(℃/h)	出炉温度/℃
较大机架	>2	20~80	<150	30~60	500~550	8~10	30~40	150~200
较小机架	<1	<60	≤200	<100	500~550	3~5	20~30	150~200
复杂外形精度高	>1.5	>70	200	75	500~550	9~10	20~30	<200
		40~70	200	70	450~500	8~9	20~30	<200
		<40	150	60	420~450	5~6	30~40	<200
有精度要求的机架平板	0.1~1.0	15~60	100~200	75	500	8~10	40	≤200

27.2　机架结构设计

27.2.1　机架的结构参数

27.2.1.1　机架截面形状

机架构件的抗弯、抗扭强度不仅与其截面面积相关，还取决于截面形状。在机架设计中，应对所承受的载荷进行分析，合理选择截面形状，取得较大的惯性矩，从而充分发挥材料的作用。

各种常见截面的抗弯、抗扭惯性矩的比值见表 27-7。表 27-7 中所列比值是以边长为 a，壁厚为 t 的正方形截面的惯性矩为基准，各种面积相等而形状不同的截面，其惯性矩（均有 $t/a=0.05$）与之相比而得的相对值。

表 27-7　各种截面抗弯抗扭惯性矩比值

截面形状	抗弯 W 比值	抗扭 I 比值	截面形状	抗弯 W 比值	抗扭 I 比值
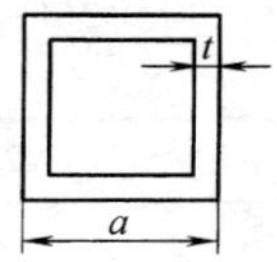	1.00	1.00	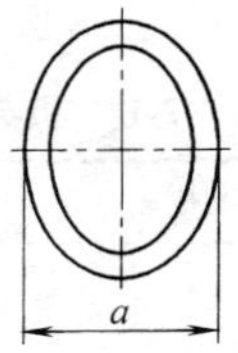	1.55	1.45
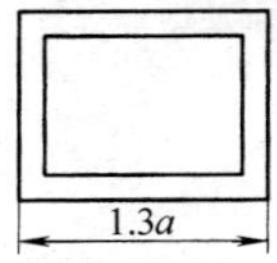	0.54	0.80	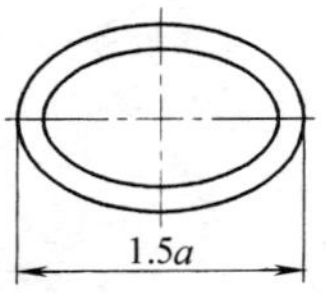	0.82	1.45
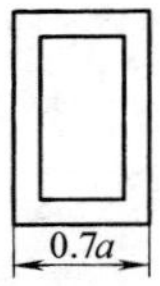	1.46	0.80	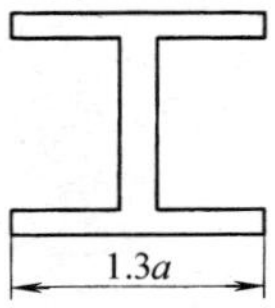	2.0	0.04
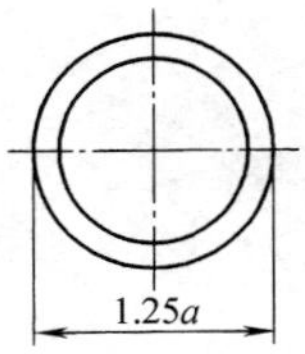	1.20	1.60	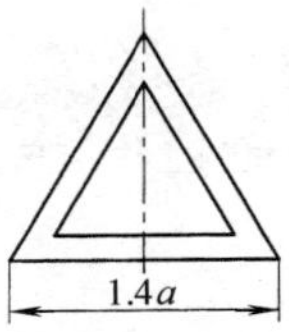	1.00	0.65

选择机架截面形状时可考虑以下五个方面：

（1）截面形状应与载荷种类相适应　由表 27-7 中比值可知，工字形的抗弯惯性矩最大，若抗弯强度相同，工字形截面的重量仅为方形截面的 1/5，可见抗弯惯性矩的经济性表现为将材料尽量布置在远离中性轴的位置，即将材料置于高应力区。抗扭惯性矩以工字形截面最差，圆形、椭圆形及正方形较高，可见扭转惯性矩的经济性表现为截面中线短而所包围的面积又大的截面形状为好。

由此可知，工字形截面宜用于承受纯弯的机架；圆形或椭圆形截面则宜用于扭转为主的机架。矩形截面的综合性能较好，内腔容易设置零件，常用于受载情况复杂的机架。

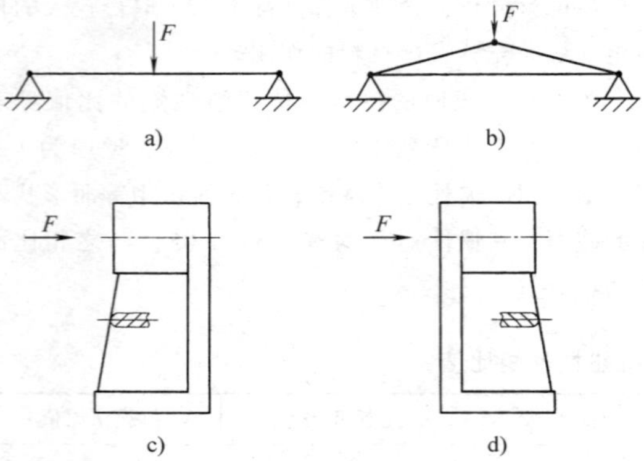

图 27-2　充分利用材料特性

（2）截面形状应与零件材料特性相适应　钢材应尽量使用拉、压代替其受弯，将图 27-2a 所示结构改为图 27-2b 所示结构，就充分发挥了钢材的特性。铸铁应尽可能使其受压，当承受弯曲时，应将较多的材料分布在受拉的一侧，如图 27-2d 所示为合理布置。

（3）截面形状应符合等强度原则　机架截面形状还应适应载荷的分布情况，符合等强度原则，各种截面的应用实例见表 27-8。

（4）封闭截面的扭转惯性矩比开口截面大得多　以开口圆管和封闭圆管为例，设 J_f 为封闭圆管的抗扭截面惯性矩，则有

$$J_f = 3\frac{r_0^2}{t^2}J_h$$

式中　r_0——圆管的中半径（mm）；

t——圆管壁厚（mm）；

J_h——开口圆管的扭转惯性矩，其计算式为 $J_h = 1.05t^3d$，d 是圆管的中径。

设圆管的平均半径为 200mm，壁厚为 15mm，则有 $J_f = 533J_h$。

表 27-9 所列为面积和材料质量相等的封闭式和开式截面构件的抗扭截面模量的比较，其中构件截面面积 $A = 1500\text{mm}^2$，单位长度材料重力 $W = 118\text{N/m}$。

表 27-8　机架中各种截面的应用

截面形状	应用	截面形状	应用
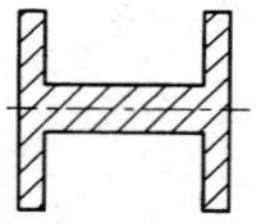	曲柄压力机开式机身	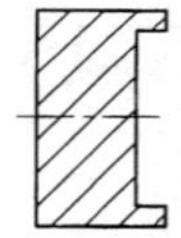	钢丝缠绕机架中的立柱
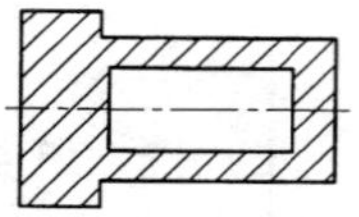	曲柄压力机的开式机身	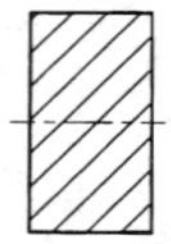	钢丝缠绕机架中的立柱
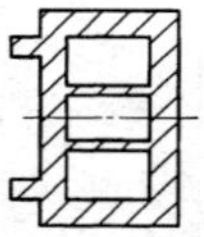	闭式组合机的立柱	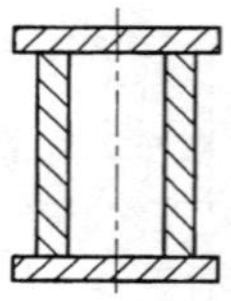	起重机的桥架

（续）

截面形状	应用	截面形状	应用
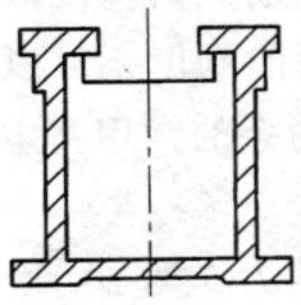	金属切削机床的床身	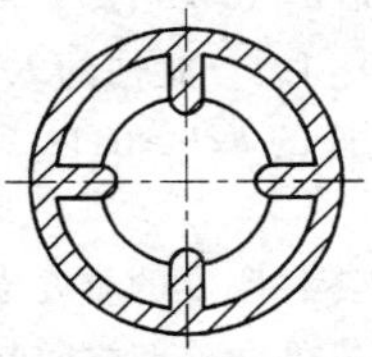	摇臂钻床的立柱
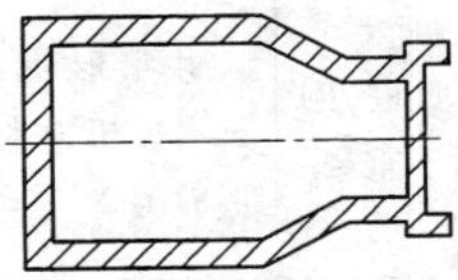	单柱式机床的立柱	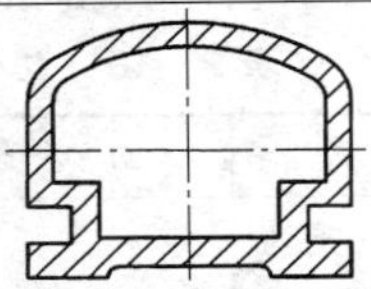	摇臂钻床的摇臂
			加工中心机床床身（焊接组合截面）

表 27-9　封闭截面和开口截面抗扭模量比较表

封闭截面形状	抗扭截面模量	开口截面形状	抗扭截面模量
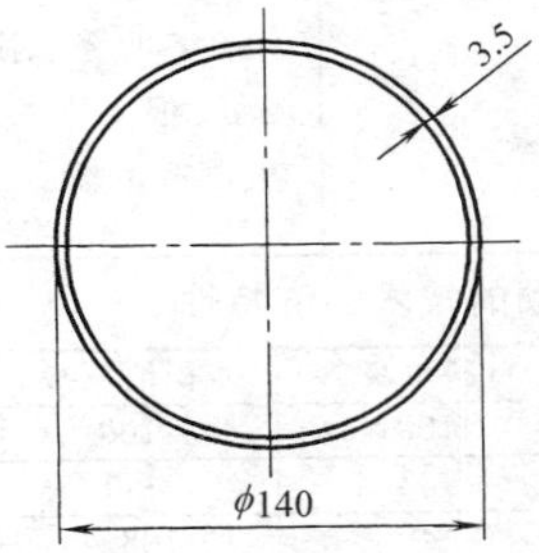	$100cm^3$	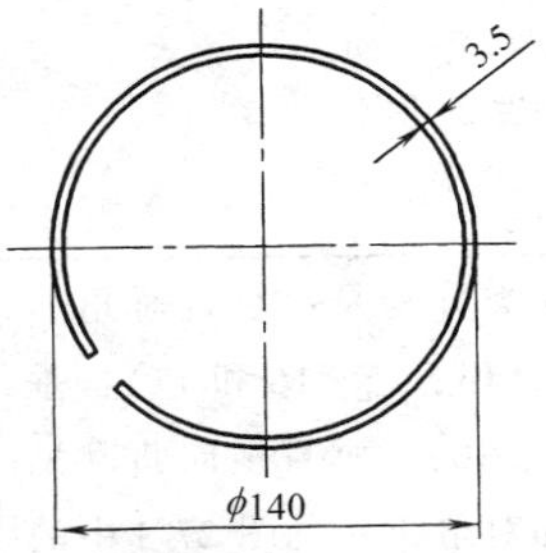	$1.77cm^3$
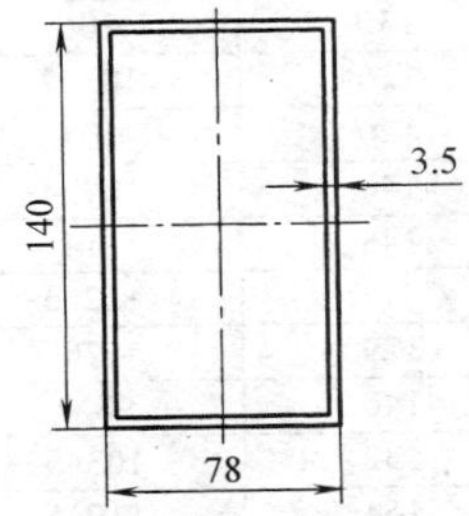	$71.2cm^3$	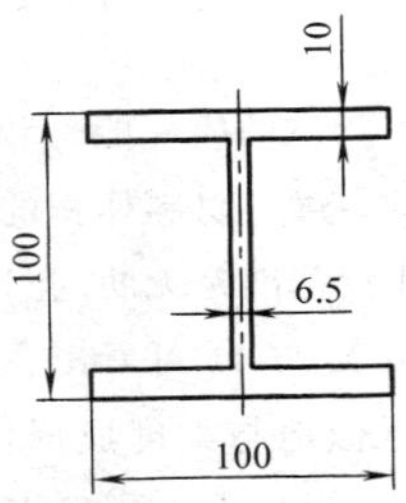	$8.29cm^3$
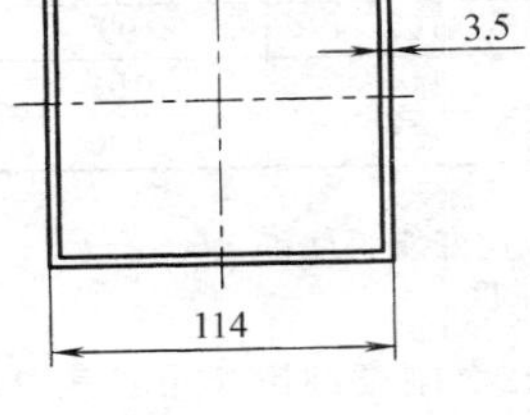	$85.5cm^3$	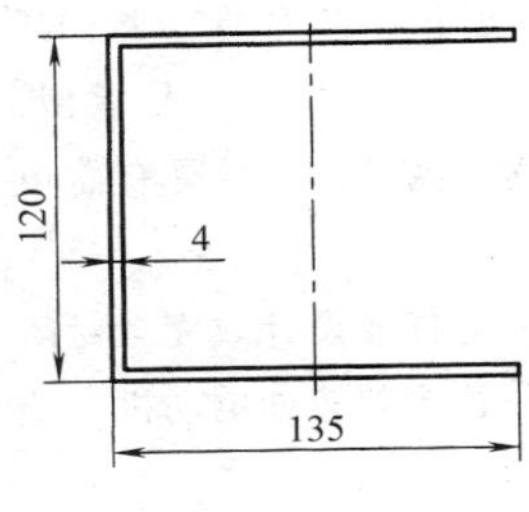	$2.03cm^3$

（5）截面尺寸的高宽比　对机架截面尺寸的高宽比建议采用如下比值：矩形组合截面 $h/b \leqslant 0.5$，工字形截面 $h/b \geqslant 2$，箱形截面 $h/b = 0.5 \sim 1.5$。一般金属切削机床，床身的 $h/b = 1.0 \sim 1.5$，立柱的 $h/b = 1 \sim 4$，横梁的 $h/b = 1.5 \sim 2.2$，底座的 $h/b \geqslant 0.1$。

27.2.1.2　肋板和肋条

采用肋板和肋条是提高机架零件刚度的重要措施之一。肋板又叫隔板，系指机架零件两外壁之间起连接作用的内壁，它的功能是加强机架四壁之间的联系使它们起到一个整体作用。肋条也叫加强肋，一般配置在内壁上，肋条的高度有限，通常取为壁厚的4~5倍，但不应小于壁厚的 1.5 倍，肋条的厚度取为壁厚的 0.8，加强肋主要是加强壁板的刚度，可以减少局部变形和薄壁的振动。肋板及肋条的常用基本结构形式及其特点见表 27-10。

将机架中的肋板和肋条归纳为 5 类 20 种，其原则性表示如图 27-3 所示，5 类分别是：垂直对角肋（见图 27-3 中的 5、6、7、8、14、15、16 和 17），垂直纵向肋（见图 27-3 中的 9、10），垂直横向肋（见图 27-3 中的 18 和 19），空间对角肋（见图 27-3 中的 1、2、4、11、12 和 13）和各种不同肋的组合（见图 27-3 中的 3 和 20）。

表 27-10　肋板及肋条的基本结构形式

结构形式	肋　板	肋　条	结构形式	肋　板	肋　条
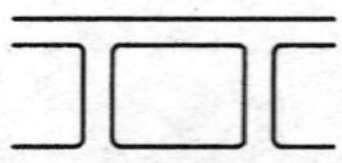	横肋板，抗弯差，抗扭较好，结构简单，工艺性好，承载小	直肋条，制造容易，刚度差	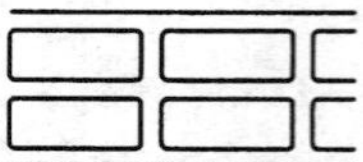	纵横肋板，刚度好，适于重载	井字形肋条，抗弯抗扭为米字形的 1/2
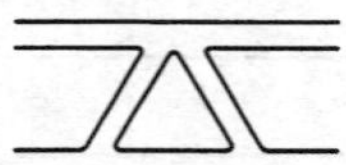	斜肋板，刚度好，制造简单，用于中载	—		—	斜肋条，刚度好
	纵横组合肋板，刚度好，用于重载大机架	—		—	米字肋条，刚度好，但工艺复杂，制造困难

若以机架在各种载荷作用下产生的应变能总和作为柔度特性值时，各种加强肋的柔度，材料体积的比较见表 27-11，这 20 种模型的比较基准是无肋的封闭截面，表中以 0 号模型表示。由表 27-11 可看出，各种加强肋结构所用材料的体积近似地与柔度成反比，柔度最小的 13 号模型，材料体积为最大。最经济的结构形式应是柔度小而材料用得也少的结构，从表 27-11 中可知，最有利的是不加肋板的 0 号模型，其次是具有简单的横向肋板的结构 18 号和 12 号模型，从技术经济特性看，结构 9 号和结构 10 号具有简单纵向肋板的模型是比较差的。

机器中，特别是机床中的立柱要设计成完全封闭是很困难的，因为立柱内腔往往要装置如电动机、传动件、管道、配重或电气元件等。

肋对空心立柱刚度的影响，立柱顶上的孔、肋板上的方孔及壁板上的孔对刚度的影响可见表 27-12~表 27-14。

表 27-11　各种肋的技术经济特性

模型号	柔度（%）	材料（%）	体积值（%）
0	100	100	100
1	83	133	111
2	77	140	108.4
3	79	129	101.6
4	78	136	106
5	82	126	103.7
6	89	120	107
7	78	140	109.4
8	77	148	114
9	98	114	112.3
10	93	129	126
11	70	140	98.4
12	78	132	103.5
13	64	164	110.5
14	92	116	107.4
15	86	132	113.7
16	85	123	105
17	80	139	111.4
18	92	107	99
19	88	114	101
20	69	155	106

注：1. 0 为无加强肋的箱形机架。
2. 柔度为载荷作用下应变能的总和。
3. 体积值 = 体积% × 柔度。

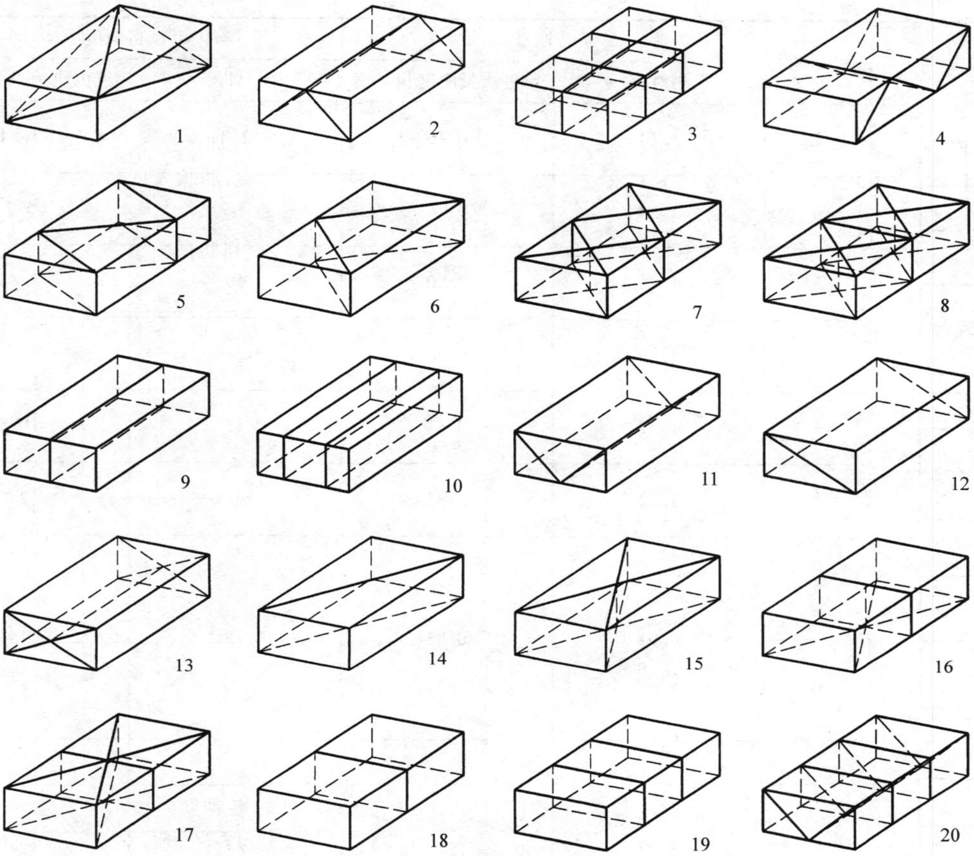

图 27-3　20 种肋的原则性表示图

表 27-12　肋对空心立柱刚度的影响

模　　型		静　刚　度			
简图	有无顶板	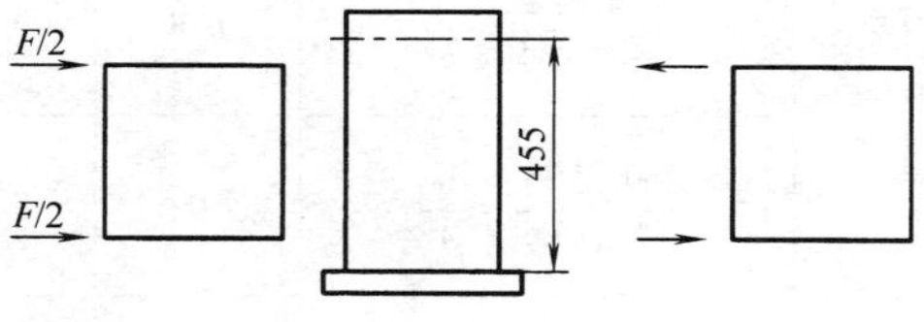			
		抗弯刚度		抗扭刚度	
		相对值	单位质量刚度相对值	相对值	单位质量刚度相对值
	无	1	1	1	1
	有	1	1	7.9	7.9
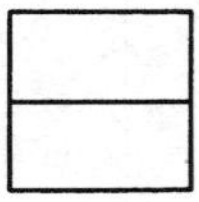	无	1.17	0.94	1.4	1.1
	有	1.13	0.90	7.9	6.5

（续）

简图	有无顶板	抗弯刚度		抗扭刚度	
		相对值	单位质量刚度相对值	相对值	单位质量刚度相对值
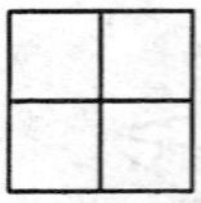	无	1. 14	0. 76	2. 3	1. 54
	有	1. 14	0. 76	7. 9	5. 7
	无	1. 21	0. 90	10	7. 45
	有	1. 19	0. 90	12. 2	9. 3
	无	1. 32	0. 81	18	10. 8
	有	1. 32	0. 83	19. 4	12. 2
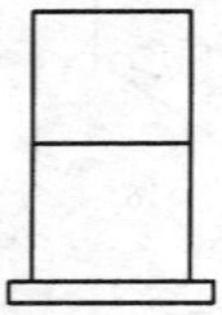	无 有	0. 91	0. 85	15	14
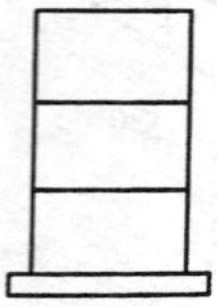	无 有	0. 85	0. 75	17	14. 6

表 27-13　立柱中方孔对扭转刚度的影响

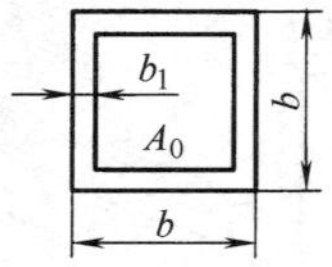		肋条高度/截面尺寸 $=\frac{b_1}{b}$	0. 50	0. 25	0. 20	0. 15	0. 10	0
		孔面积/截面面积 $=\frac{A_0}{A}$	0	0. 25	0. 36	0. 49	0. 64	1. 00
相对抗扭刚度	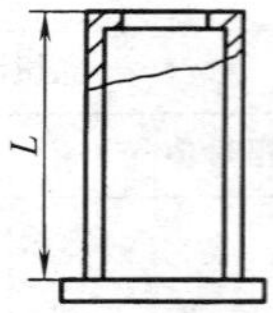		1. 00	0. 53	0. 43	0. 28	0. 18	0. 13
	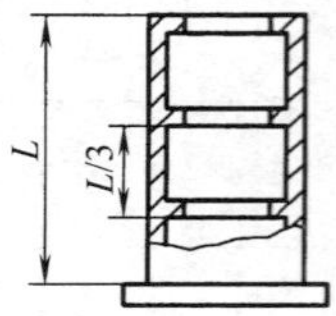		1. 00	0. 61	0. 45	0. 30	0. 17	0. 11

表 27-14 板壁孔对立柱扭转刚度的影响

简图	$\frac{L_0}{L}$	b_0/b				
		0.2	0.4	0.6	0.8	1.0
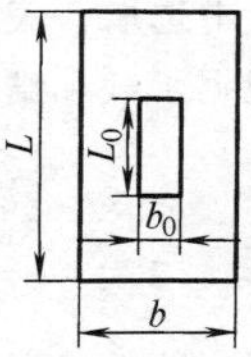	0.1	0.99	0.96	0.9	0.72	0.17
	0.15	0.76	0.61	0.4	0.26	0.17
	$\frac{b_0}{b}$	L_0/L				
		0.1	0.2	0.3	0.4	0.5
	0.2	0.98	0.96	0.92	0.86	0.78
	0.6	0.90	0.78	0.62	0.62	0.40
	1.0	0.18				

表 27-14 是以无壁孔的立柱为基准，由表可知：孔的尺寸小于立柱轮廓尺寸的 20%时，即 $b_0/b \leq 0.2$，$L_0/L \leq 0.2$，孔对立柱扭转刚度的影响比较小，超过此值时，立柱刚度明显减弱。

27.2.1.3 机架外壁上的孔

由于结构和工艺上的需要，在机架外壁上常会开孔，这些孔的形状、大小及位置在一定程度上影响到机架的强度和刚度，以下模型试验的数据供设计时参考。

1）圆孔的影响。在弯矩、扭矩作用下，圆孔对箱形截面梁刚度的影响可见表 27-15。表中所列比值以无孔结构为比较基准。由表可知，随着孔直径的加大，刚度持续下降，当 $D/H>0.4$ 时，刚度将显著下降。此外，试验表明，位于弯曲中性轴附近的孔对弯曲刚度的影响比较小。

表 27-15 孔直径对机架刚度的影响

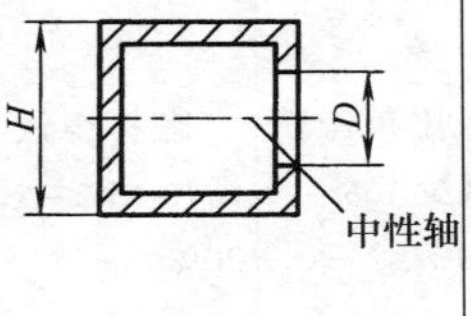	孔径 D 梁高 H	相对刚度比值	
		弯曲刚度	扭转刚度
$\frac{D}{H}$	0	1	1
	0.1	0.97	0.98
	0.2	0.94	0.95
	0.3	0.89	0.90
	0.4	0.82	0.84
	0.5	0.70	0.75

2）长孔的影响。实验表明，带有长孔的箱形结构，在扭矩作用下其扭转角 φ 等于有孔部分的变形和无孔部分变形之和，即

$$\varphi = \frac{l}{K} = \frac{l_i}{K_i} + \frac{l_0 - l_i}{K_0}$$

式中 l_0 和 l_i——分别为机架长和孔长；

K，K_i 和 K_0——分别为箱形结构的总抗扭刚度，有孔和无孔部位的抗扭刚度。

一般机床大件，孔的长度与直径的比值在 2～5 范围内，所以带孔结构的抗扭刚度比无孔结构的抗扭刚度低 50%～100%。

3）孔边凸台的影响。表 27-16 为孔边缘凸台大小及凸台厚度对刚度的影响。

4）孔盖板的影响。机架上孔有无盖板及盖板类型对刚度的影响见表 27-17。

表 27-16 孔边凸台的影响

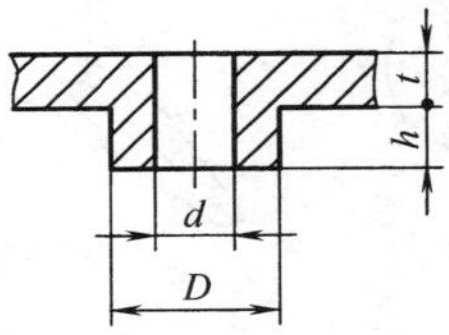

$\frac{D}{d}$	刚度比值	$\frac{h}{t}$	刚度比值
1	1	0.5	1
1.5	1.3	1.0	1.1
2.0	1.4	1.5	1.18
2.5	1.5	2.0	1.2

表 27-17　孔盖板对刚度的影响

简图	刚度比值	
	弯曲刚度	扭转刚度
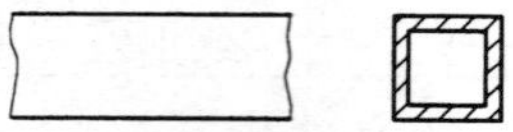	1	1
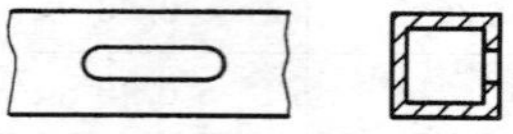	0.85	0.28
	0.89	0.35
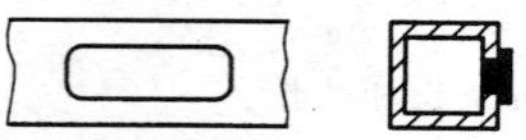	0.91	0.41

5）孔的形状的影响。孔的形状对箱体扭转强度的影响如图 27-4 所示，图 27-4 中所示为带有不同形状孔的箱体在相同扭矩作用下应力分布的比较。显然，菱形孔的应力集中现象为最小，其次是圆孔。因此，对受扭转力矩作用的箱体，结构设计时应尽可能采用菱形孔。

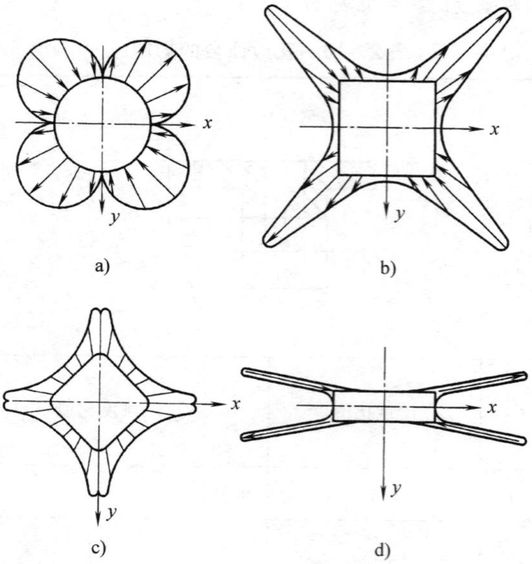

图 27-4　孔的形状对扭转强度的影响

a）圆形孔　b）正方形孔
c）菱形孔　d）窄长方形孔

27.2.2　铸造机架

27.2.2.1　壁厚及肋的尺寸

（1）铸铁机架　铸件的壁厚尺寸与其强度、刚度、材料、尺寸及工艺等因素有关。对于砂型铸造的铸铁件，可按当量尺寸 N 从表 27-18 中选取，表中推荐的是铸件最小壁厚，其他部位可根据承载和结构上的需要适当加厚。

$$当量尺寸\quad N=\frac{2L+B+H}{3000}$$

式中，L、B 及 H 分别为铸件的长度、宽度和高度尺寸，单位为 mm（L 为最大尺寸）。

铸铁机架常用肋板和肋条来加强铸件刚度，其加强肋的尺寸见表 27-19。

（2）铸钢机架　由于钢液的流动性较差，为防止浇注不足，铸钢件的壁厚不能太小。对于砂型铸造，小型铸钢件的最小允许壁厚一般为 6～8mm。大型铸钢件的模型及工艺装备比较粗糙，钢液浇注温度一般难以控制，所以其壁厚的取值应适当加大，大型铸钢机架的最小壁厚见表 27-20。

表 27-18　铸铁机架的最小壁厚

（单位：mm）

材料		灰铸铁		可锻铸铁	球墨铸铁
壁厚		外壁厚	内壁厚	壁厚	壁厚
N	0.3	6	5	比灰铸铁减少 15%～20%	比灰铸铁增加 15%～20%
	0.75	8	6		
	1.0	10	8		
	1.5	12	10		
	2.0	16	12		
	2.5	18	14		
	3.0	20	16		
	4.0	24	20		
	5.0	26	22		
	6.0	28	24		
	8.0	32	28		
	10.0	40	36		

表 27-19　铸铁机架加强肋的尺寸

（单位：mm）

外壁上的肋厚度	内腔中的肋厚度	肋的高度
$0.8S$	$(0.6\sim0.7)S$	$1.5S\leqslant h\leqslant5S$
S 为肋所在壁的厚度(mm)；h 为肋的高度		

表 27-20　大型铸钢机架的最小壁厚　　（单位：mm）

最大轮廓尺寸 \ 次大轮廓尺寸	≤350	351～700	701～1500	1501～3500	3501～5500	5501～7000
≤350	10	—	—	—	—	—
351～700	10～15	15～20	—	—	—	—
701～1500	15～20	20～25	25～30	—	—	—
1501～3500	20～25	25～30	30～35	35～40	—	—
3501～5500	25～30	30～35	35～40	40～45	45～50	—
5501～7000	—	35～40	40～45	45～50	50～55	55～60
>7000	—	—	>50	>55	>60	>65

形状复杂且易变形的铸钢件，最小壁厚可适当增加。 形状简单的，且不重要的铸钢件，最小壁厚可适当减小。

（3）铸铝机架　铝合金铸件的壁厚，可按表 27-21选取。用于仪器仪表外壳的铝合金和其他合金，其铸造壳体的最小壁厚见表 27-22。

表 27-21　铝合金铸件的壁厚

（单位：mm）

当量尺寸 N	0.3	0.5	1.0	1.5	2	2.5	3	4
壁厚	4	4	6	8	10	12	14	18

27.2.2.2　铸造机架的结构工艺性

铸造机架一般多为箱体结构，有复杂的内外形状。合理的设计应能保证铸件必需的强度和刚度，并能避免产生内部和外形的缺陷，同时还应使铸件制造简便、省时省力。表 27-23 列出了铸件结构设计中的一般原则。

表 27-22　仪器仪表铸造壳体最小壁厚

（单位：mm）

合金种类	铸造方法				
	砂模铸造	金属模	压力铸造	熔模铸造	壳模铸造
铝合金	3	2.5	1～1.5	1～1.5	2～2.5
镁合金	3	2.5	1.2～1.8	1.5	2～2.5
铜合金	3	3	2	2	—
锌合金	—	2	1.5	1	2～2.5

此外，铸造机架的结构设计还要考虑机架的加工工艺性。例如，加工时有可靠的基准支承，尽量减少装夹次数；机架上的孔要便于加工，避免设计不通孔，孔的尺寸规格尽量一致，以减少刀具数量和换刀次数等。

表 27-23　铸件结构设计的一般原则

不合理结构	合理结构	说　明
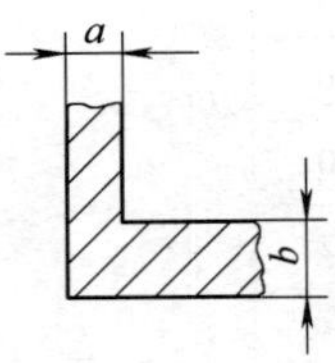	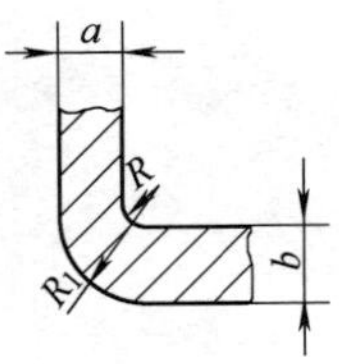	两壁成直角相交的结构，转角处为尖角相接会产生裂纹，应采用圆角相接
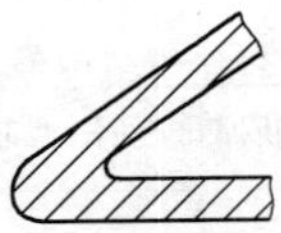	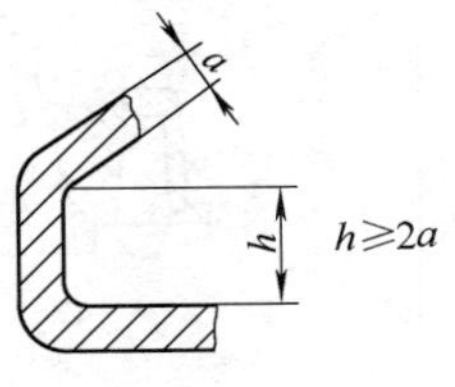	应当避免两壁成锐角相交

（续）

不合理结构	合理结构	说　明
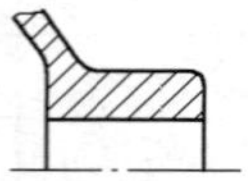	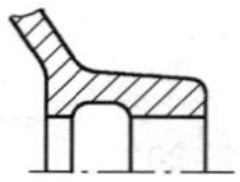	金属过多积聚，将会产生缩孔、疏松等缺陷，应改进结构，避免积聚
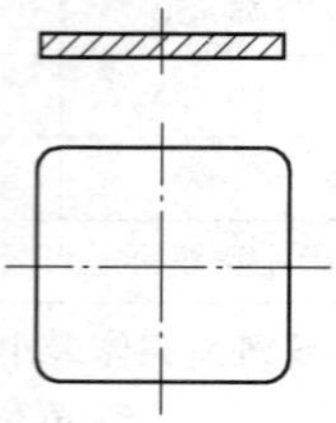	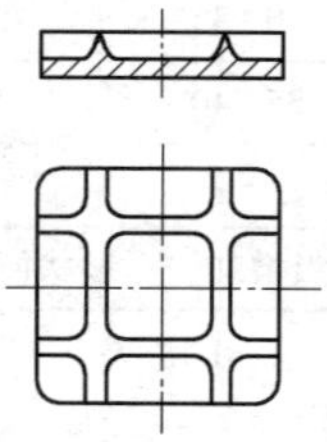	具有较大平面结构的铸件，应当设肋以防止发生翘曲变形
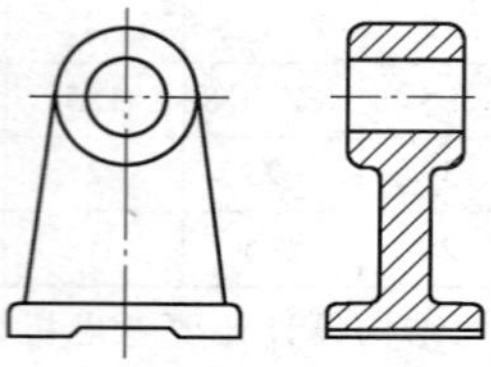	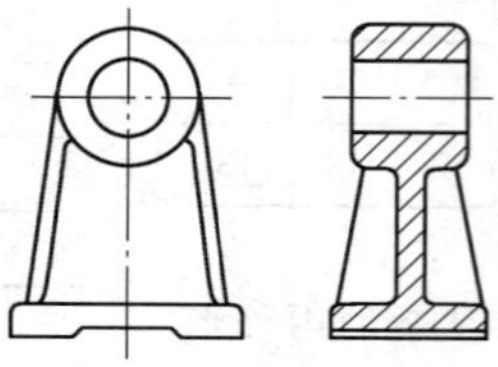	采用加强肋增大铸件刚度和强度，并使各处壁厚相差不大而减少了金属积聚 在受力部位、零件上的薄弱环节设置加强肋，可增大强度和刚度，防止产生裂纹和过大变形
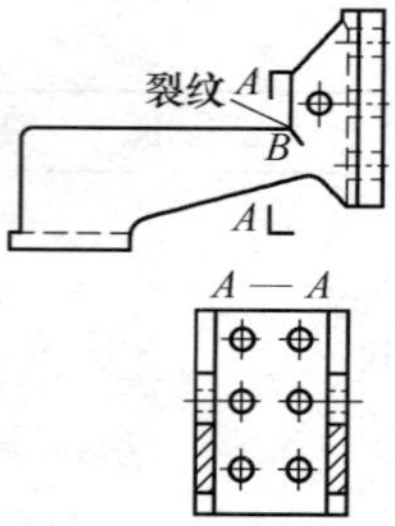	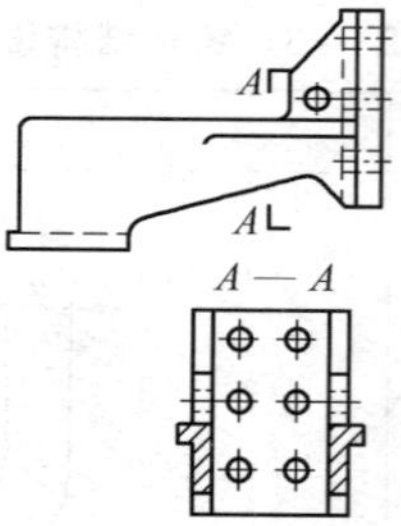	
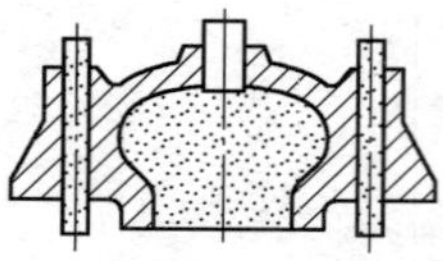	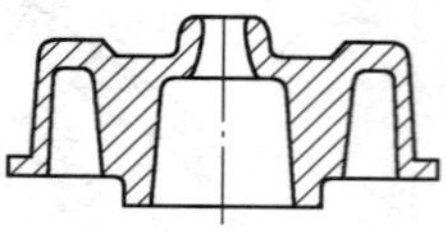	铸件的结构形状要能尽量避免或减少使用型芯

27.2.3 焊接机架

27.2.3.1 焊接机架的特点

焊接机架与铸造机架比较，具有强度高、刚度好、重量轻、周期短及加工简便等优点。因此，焊接机架的使用日渐增多。焊接机架与铸造机架的特点比较见表 27-24。

表 27-24 铸焊机架特点比较

内　容	铸铁机架	焊接机架
重量	较重	比铸件轻 30%
刚度	较低	较高
强度	较低	强度 2.5 倍 疲劳强度 3 倍
抗振性	好	差
经济性(批量生产)	好	较差
生产周期	长	短
用途	批量生产	单件小批量

27.2.3.2 焊接机架的结构形式

1）型钢结构。型钢结构（见图 27-5a）机架主要由槽钢、角钢、工字钢等型钢焊接而成。它的重量轻、成本低、材料利用充分，适用于中小型机架。

2）板焊结构。板焊结构机架（见图 27-5b）主要由钢板拼焊而成，是最常见的焊接机架，如压力机机身、金属切削机床的床身、立柱以及柴油机机身等。

3）双层壁结构。双层壁结构（见图 27-5c）是带有对角线肋网的焊接结构，它具有刚度高、重量轻、抗振好等高性能特点，适用于大型精密设备的机架。

4）管形结构。以无缝钢管作为机架的主体，其特点是重量轻，抗扭刚度高，可用于加工中心的机床床身（参见表 27-8 焊接组合截面）。

27.2.3.3 焊接机架设计中的一般问题

1）按焊接工艺特点设计焊接机架。焊接机架应尽量避免形状复杂的结构，还应注意提高机架的刚度和抗振能力。

2）合理布置焊缝。承受载荷的焊缝，设计时要使其受力合理。焊缝聚集或汇交、接头处剖面有突变都会引起应力集中，应尽量避免。

3）经济性。选用槽钢、工字钢和钢管等标准型材，或把板材弯曲成形后焊接，都可减少焊接工作量和费用。

4）操作方便。选择焊接性良好的材料，以免造成焊接困难。避免仰焊、减少立焊，尽量采用自动焊，减少手工焊的工作量。

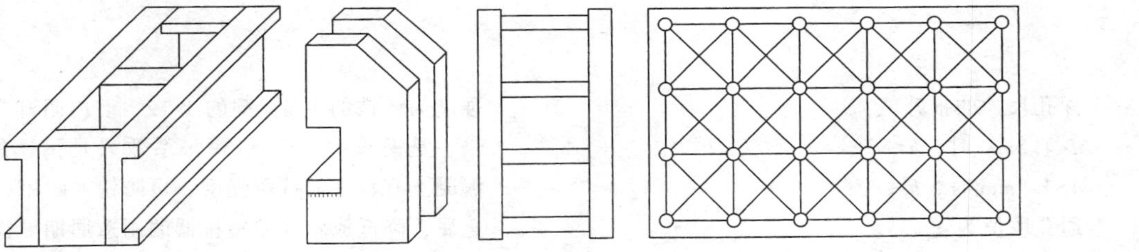

a)　　b)　　c)

图 27-5 焊接机架的结构形式

a）型钢结构 b）板焊结构 c）双层壁结构

27.2.4 非金属机架

27.2.4.1 塑料机架

设计金属铸件时的基本要求亦适用于用塑料压制的零件，与铸件相同，用塑料压制的壳体零件，其内外表面上不应该有内凹形状，图 27-6a 所示为不正确结构，图 27-6d 所示为正确结构。壳体零件上壁与基座，壁与加强肋及基座与凸台之间的过渡处，厚度不应有突变，其中图 27-6b、图 27-6c 所示为不正确结构，图 27-6e、图 27-6f 所示为正确结构。所有在内外表面的尖角均应做成圆角，圆角半径应尽可能大些。为了节约材料和缩短零件在压模中的停留时间，压制零件的厚度应尽可能取得薄些，一般在 1.5~2.5mm 之间，为保证零件有足够的强度和刚度，可适当采用加强肋（见图 27-7d），肋的厚度可取为 $b=0.7a$，肋的高度 $h=3b$。注塑零件的工艺斜度应不小于 10′~15′，一般精度的零件则应不小于 20′~30′。设计塑料机架时应考虑到能压出通孔和深孔及内外螺纹（见图 27-7）的可能性。

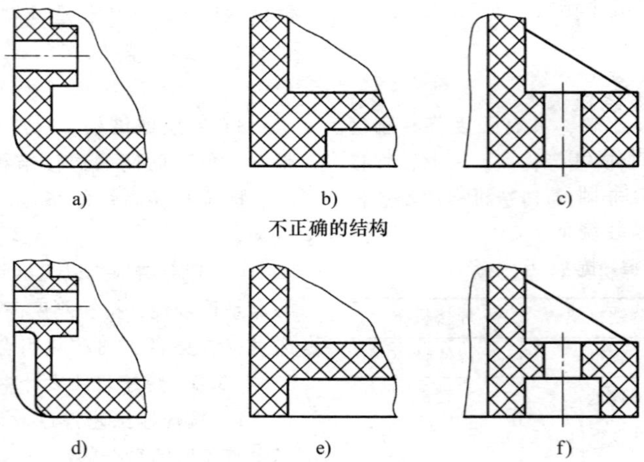

图 27-6　塑料机架的正误结构

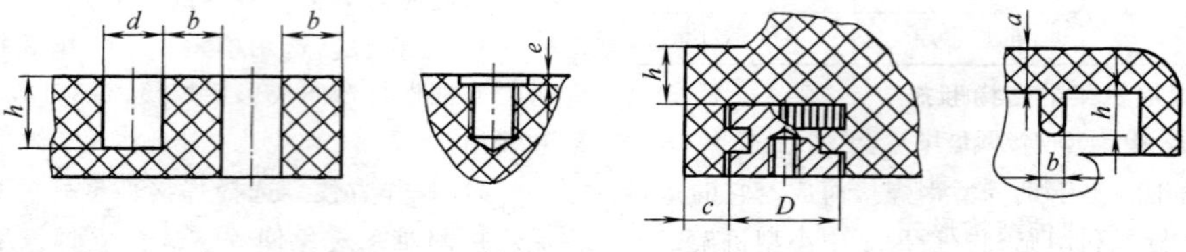

图 27-7　塑料机架的结构要求

深孔尺寸的推荐值：

$d<1.5$mm 时，$h \leqslant d$

$d>1.5$mm 时，$h \leqslant 3d$

通孔取值为：

$d>1.5$mm 时，$h>4d$

零件相邻孔壁之间或孔与零件边缘之间的壁厚（见图 27-7a）应按下式确定：

$d=(1.5\sim3)$mm 时　$b \geqslant (1.5\sim2)$mm

$d=(3\sim10)$mm 时　$b \geqslant (3\sim3.5)$mm

压制零件为防止螺纹口的螺纹崩裂，一般应留有圆柱形的引导面（见图 27-7b），其深度 e 约等于1～2个螺距。塑料壳体或支架，立柱等应合理设置各种必要的嵌件，如滑动轴承，轴套及支柱等，嵌件的表面应滚花并开出横槽（见图 27-7c）以防止嵌件转动或脱落，在嵌件顶部的壁厚 h 及嵌件与零件边缘的距离 c 的大小应按表 27-25 选取。

27.2.4.2　混凝土机架

混凝土的弹性模量约为铸铁的 1/5，钢的 1/8.5，强度为铸铁的 1/6，钢的 1/12，但内阻却是铸铁的 5 倍，是钢的 15 倍。热膨胀系数只是钢铁的 1/4，且混凝土有较好的抗压强度，可防锈，耐用，并可节约金属，降低成本并缩短机器的制造周期等优点。

表 27-25　嵌件外边缘尺寸

（单位：mm）

D	h	c
4	0.5	1.5
>4～8	1.5	2
>8～12	2	3

混凝土机架的结构特点：

1）混凝土的弹性模量较低，提高刚度的主要措施是加大壁厚或截面尺寸。

2）在混凝土结构中要正确布置钢筋，也可以使用钢板、金属网改善结构性能。

3）混凝土表面可经喷砂处理后用塑料涂层保护，机架易受撞击的部位应设置护角。

4）施加预应力，使混凝土始终保持在受压状态下工作。

27.2.5　预应力钢丝缠绕机架

钢丝缠绕机架是20世纪60年代发展起来的预应力结构，它由上下两个半圆梁（或拱形梁）和立柱用高强度预应力钢丝缠绕而成（见图27-8）。它具有结构紧凑、重量轻、抗疲劳强度高以及便于加工、运输和安装等优点，广泛地应用于各种超高压液压机中。

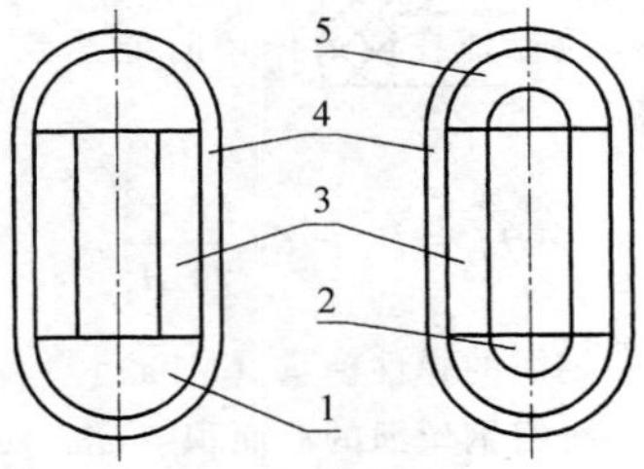

图 27-8　半圆梁和拱形梁机架

1—半圆梁　2—半圆垫块　3—立柱　4—钢丝层　5—拱形梁

钢丝缠绕机架有两种结构形式。一种为单牌坊双立柱结构，立柱和半圆梁具有相同的宽度，多数机架采用此结构。另一种为双牌坊四立柱结构，在两立柱之间安装液压缸。设计中选用何种结构取决于压机的类型以及是否需要在立柱位置布置必要的部件。

立柱一般多采用实心结构，其结构形式如图27-9所示，整体无槽式适用于台面较大，缠绕层数少的中载机架，整体开槽式（见图27-9b）适用于缠绕层数少的机架，贴板式（见图27-9c）适用于缠绕层数多的机架，镶条式（见图27-9d）在大型机架中得到广泛应用，多片组合式（见图27-9e）适用于大吨位机架。立柱采用空心结构，强度虽然允许，但工艺复杂且壁厚不均匀，使变形和应力呈不规则变化。半圆梁一般采用实心结构，当液压缸工作压力较低时，也可采用空心结构。半圆梁也可用拱梁代替，拱梁机架与半圆梁机架相比，具有抗疲劳强度高，立柱挠度变化小，预紧状态下应力分布较均匀等优点，缺点是当半圆形垫块与拱接触不良时，会引起拱梁上较大的扭转切应力和弯曲应力。

按照钢丝缠绕的初张力不同，可分为等张力缠绕和变张力缠绕两种形式。等张力缠绕时初张力始终保持不变，工艺简单，但缠绕完成后钢丝应力分布不均。变张力缠绕时各层初张力不等，而缠绕完成后各层的张力相等。等张力缠绕只适用于立柱刚度较大、缠绕层数不多及小吨位的压机机架。

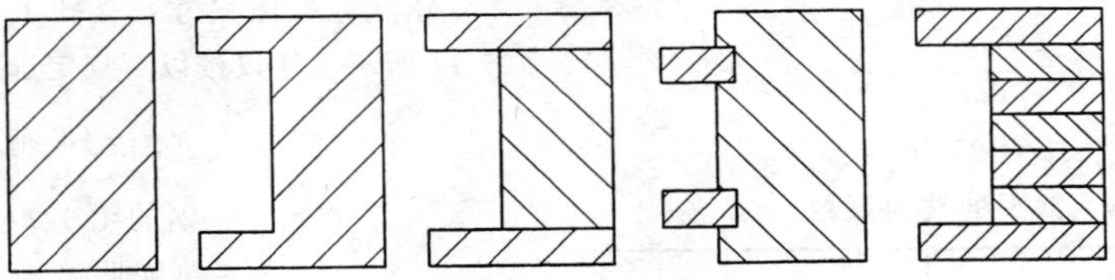

图 27-9　立柱结构形式

a）整体无槽式　b）整体开槽式　c）贴板式　d）镶条式　e）多片组合式

27.2.6　钢绳（柔性）机架

钢绳机架是利用钢丝绳张紧作为机架来支承机件的运转和载荷的，由于机架是柔性的，所以机架上零部件所受的动载荷明显下降，因而延长了其上零部件的寿命。目前，此种机架的胶带运输机已得到广泛的应用。另外，钢绳机架还有三个优点：①运行可靠，稳定，在水平式倾斜的运输条件下不撒落物料。②有自动调心对中作用，即使物料在胶带上偏心堆积，胶带也能在运行时自动对中。③由于带速较高，所以运输量也较高。

钢绳机架的静力计算：图27-10所示为悬挂有三个托辊组的钢绳机架，受力分析时，可先不考虑钢绳的弹性变形，两点用拉力拉紧的柔线在垂直载荷作用下，其变形量可认为是简支梁在相同载荷作用下的弯矩除以绳中的水平拉力，即

$$y = \frac{\Sigma M}{H}$$

式中　H——绳中的水平拉力（N）；

y——绳中任意点的挠度（mm）；

ΣM——相同跨距的简支梁在相同载荷作用下的弯矩（N · mm）。

钢绳机架中钢绳的跨距都不大，所以计算时可忽略钢绳的重量产生的挠度，设钢绳上托辊组的载荷为F（N），它包括托辊组重量及所运物料总重所产生的重力载荷，钢绳内的张力为H，因钢绳张得很紧，通

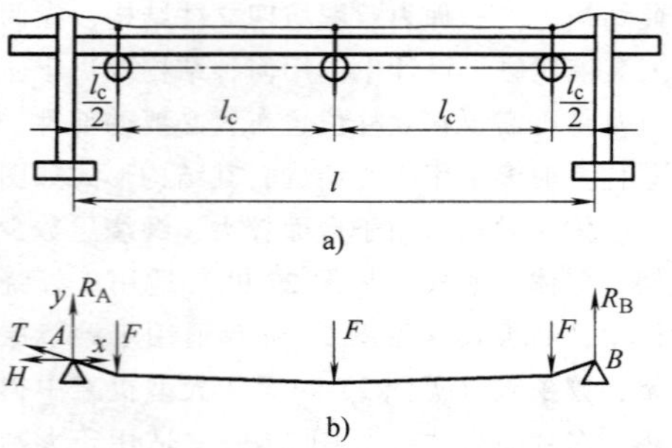

图 27-10　钢绳机架等效简图

常以水平拉力代替钢绳中的拉力，H 的单位为 N。钢绳由于静载荷作用而允许的挠度与钢绳跨度之比为 m，则

$$m = \frac{y_{max}}{l}$$

式中　y_{max}——钢绳的最大许用垂度（mm）；

l——钢绳两相邻支架的间距（mm）。

令 l_c 为托辊间距，一般钢绳支架的间距为托辊间距的整数倍，即 $l=nl_c$，n 为每跨的托辊数。通常规定 $m=0.01\sim0.02$，在固定式的大运量输送机中，m 可以增大到 0.04 或更大。

钢绳的拉力：机架两侧各有一根钢绳，每根钢绳的拉力为

$$H = \frac{K_1F}{8m}$$

K_1 为钢绳的拉力系数，按表 27-26 选择。

表 27-26　钢绳的拉力系数

每一绳跨内的托辊组数 n	1	2	3	4	5	6	7	8
K_1	1	1	1.7	2	2.6	3	3.6	4

实际选用的钢绳拉力 H_1 应较 H 大，

$$H_1 = KH$$

式中　K——考虑钢绳两侧会水平移近的张力增大系数。当采用三节托辊组时，若侧托辊倾角为 20°时 $K=2$，侧托辊倾角为 30°时 $K=1.5$。

根据钢绳拉力 H_1 选择钢绳，钢绳的拉断力应满足下式要求

$$T \geqslant nK_\theta(H_1+\Delta H)$$

式中　T——所选钢绳的拉断力（N）；

n——钢绳的安全系数，$n=2.5\sim3.5$；

K_θ——温度变化影响系数。按环境温度 t 从表 27-27 中选取。

ΔH——输送机运转时的水平分力增量，粗略计算时可忽略。

表 27-27　温度影响系数 K_θ

环境温度 t	≥-10℃	-15~-10℃	-25℃	-40℃
K_θ	1	1.15	1.2	1.25

对于倾斜的输送机，上式仍可用，式中 H_1 则代表钢绳的张力。

钢丝绳的预张力：钢绳机架安装时是空载，钢绳的预张力 H_0 应保证在载荷作用时能达到 H_1，H_0 可按下式计算

$$H_0 = H_1 - K_2\frac{EA}{96}\frac{F^2}{H_1^2}$$

式中　E——钢绳的弹性模量（MPa）；

A——每根钢丝绳的截面积（mm^2）；

K_2——计算系数，按表 27-28 选取。

表 27-28　计算系数 K_2

跨间托辊组数	1	2	3	4	5	6	7	8
K_2	3	6	11	18	27	38	51	66

钢丝绳鞍座尺寸：支腿上承载钢绳的鞍座如图 27-11 所示，建议按以下规定选取各值

$$R_{min} = (4\sim6)d$$

$$a_{min} = (0.2\sim0.3)R$$

$$r = (10\sim20)\text{mm}$$

式中　d——钢绳直径（mm）。

钢绳机架的计算尚无规范可查，以上方法仅供参考。

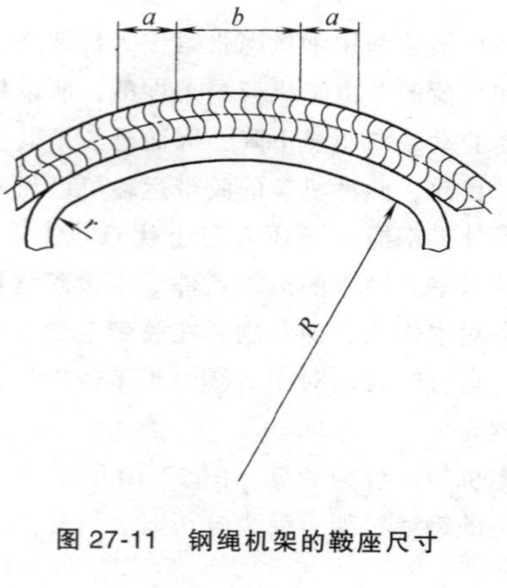

图 27-11　钢绳机架的鞍座尺寸

27.2.7　机架的连接和固定

机架结构设计中必须保证机架与其上零部件的连接以及机架与地基之间连接的强度和刚度，影响连接刚度的主要因素是：连接处的结构，连接螺栓的数量，大小及其排列形式，垫片及接合面的机加工表面精度等。

连接处凸缘形式有三种：爪座式、翻边式及壁龛式，三种形式凸缘的结构简图、特点及应用见表27-29。

表 27-29　连接凸缘的特点及应用

形式	结构简图	特点及应用
爪座式	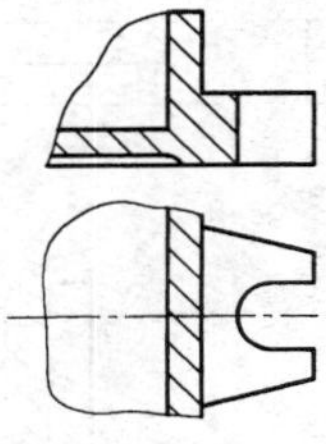 a)	连接处局部强度、刚度均较差，但铸造简单，节约材料 适用于轻型机架的连接，中载及以上机架不建议用此种型式
翻边式	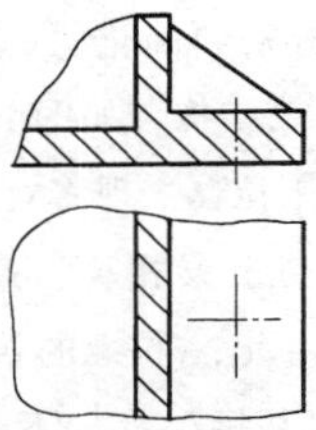 b)	连接处局部强度、刚度均较好，还可以在连接处加肋条改善连接刚度，铸造容易，结构简单 适用于各种大、中、小型机架
壁龛式	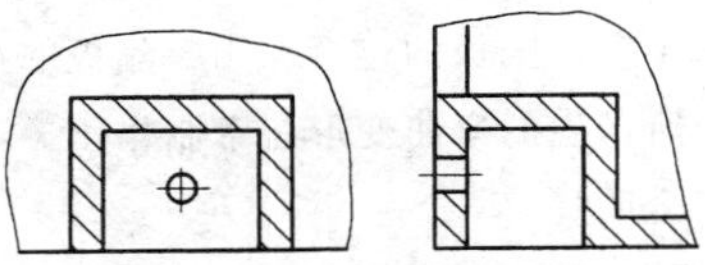 c)	连接处局部刚度高，外形美观，占地面积小，但制造较困难 适用于大件机架或箱体

在保证强度和刚度要求的条件下，连接处螺钉直径较小而数量稍多的连接优于螺钉直径大而数量较少的连接，螺钉数量和大小对连接刚度的影响如图27-12所示。

螺钉排列对连接刚度的影响如图27-13所示。图27-13中五种连接结构的特点为：结构a，M16的12个螺钉分为两个一组排列于立柱两侧。结构b，10个螺钉等距离分布于两侧和背面。结构c、d、e的螺钉排列与结构b相同，主要区别是加强肋的数目不同。肋条厚度与立柱板壁（实验模型）相同，高度为200mm。

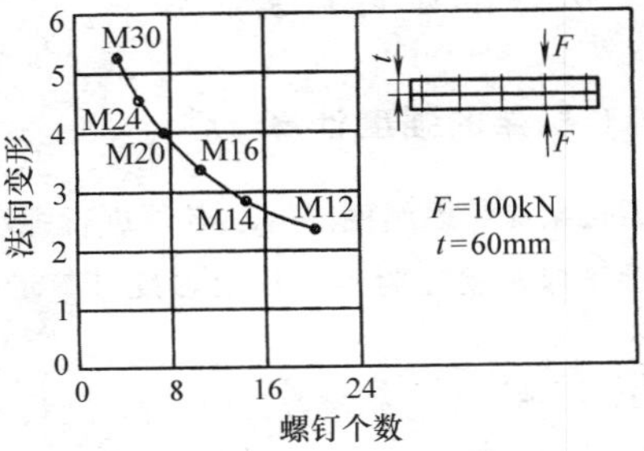

图 27-12　螺钉大小及数量的影响

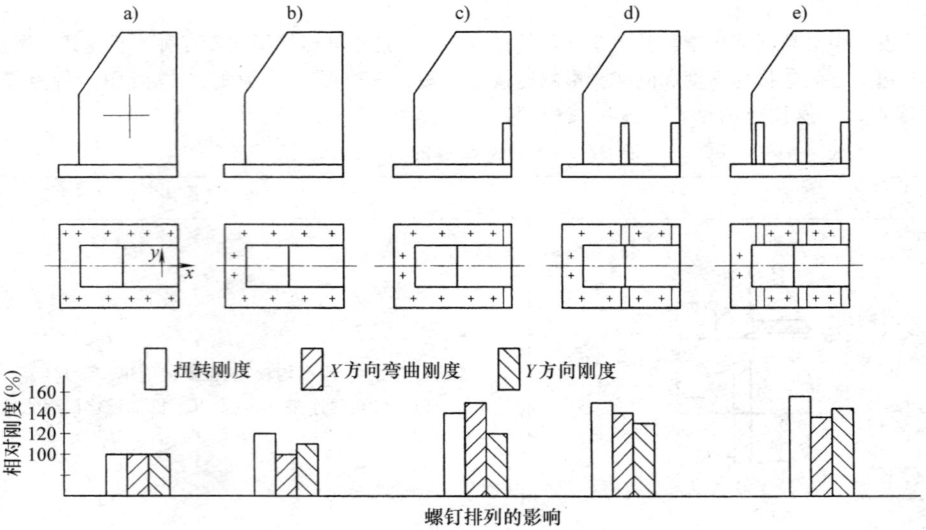

图 27-13　螺钉排列对连接刚度的影响

图 27-13 中，以结构 a 为比较基础，从图中可以看到：

1）结构 b 比 a 减少了 2 个螺钉，但排列均匀，Y 方向的抗弯刚度提高了 10%，抗扭刚度提高了 20%。结构 a 的 12 个螺钉全部排列在 X 方向，但它 X 方向的抗弯刚度并不比结构 b 高，这是因为立柱前缘的一对螺钉几乎全部承受了 X 方向的载荷，所以结构 a 成双并列的 12 个螺钉，其效果仅相当于结构 b 的 6 个螺钉。

2）加强肋数目与连接刚度的关系。从图中可以看到，Y 方向的抗弯抗扭刚度，随着加强肋数目的增加而增大，X 方向的抗弯刚度，有一对加强肋的结构 c，比无加强肋的结构 a 高 40%，然而，结构 d 和 e 并不比 c 高，说明 X 方向的抗弯刚度与加强肋的多少关系不大。

27.3　机架的设计计算

27.3.1　机架的强度计算

重载机架除考虑刚度外，还必须进行强度计算，现以三轴滚弯机立柱为例来说明强度计算的步骤和内容。

图 27-14 所示为三轴滚弯机的结构简图，其中立柱为焊接结构，图 27-15 所示为立柱的结构图及与计算有关的尺寸。

27.3.1.1　受力分析和简化

立柱为框式焊接结构，如图 27-15 所示，用于固定下横梁、液压缸及限位器。现将立柱计算作如下简化。

1）立柱下梁与上梁相比，高度约大一倍，比小支座高 2~3 倍，因此，下梁的抗弯刚度很大，下梁又用螺钉固定在地基钢架上，不能自由变形，所以可把下梁看作是不变形的刚架，这就将框式结构简化为门式结构，如图 27-16 所示。

2）立柱中央有安装限位器托架的隔板，为了简化计算，不考虑隔板的连接作用，隔板的存在对立柱受横向力所产生的弯曲变形有牵制作用，不考虑隔板是偏于安全的。

3）限位器作用力的合力 F 作用在隔板中央，如图 27-17 所示，由于隔板两端受隔板下面支撑肋条托持的刚度较大，隔板中间的刚度小，限位器的作用又非常靠近两侧立柱的侧面，因此，外力可以简化为 $F/2$ 分别于两侧作用在立柱上（见图 27-17b）。

当机床只滚弯一种曲度的板料，不用靠模滚弯时，上横梁由限位器承托。用靠模滚弯时，其受力状态简称为“A”设计状态（见图 27-18a）。滚弯蒙皮前，液压缸向下作用力分别由左右限位器平衡，此时，液压缸最大作用力可达到 $F=750\text{kN}$，这种状态称“B”状态（见图 27-18b）。滚弯蒙皮或板料时，F 力由蒙皮承担一部分，其余由限位机构承担，这种状态称为“C”状态（见图 27-18c）。

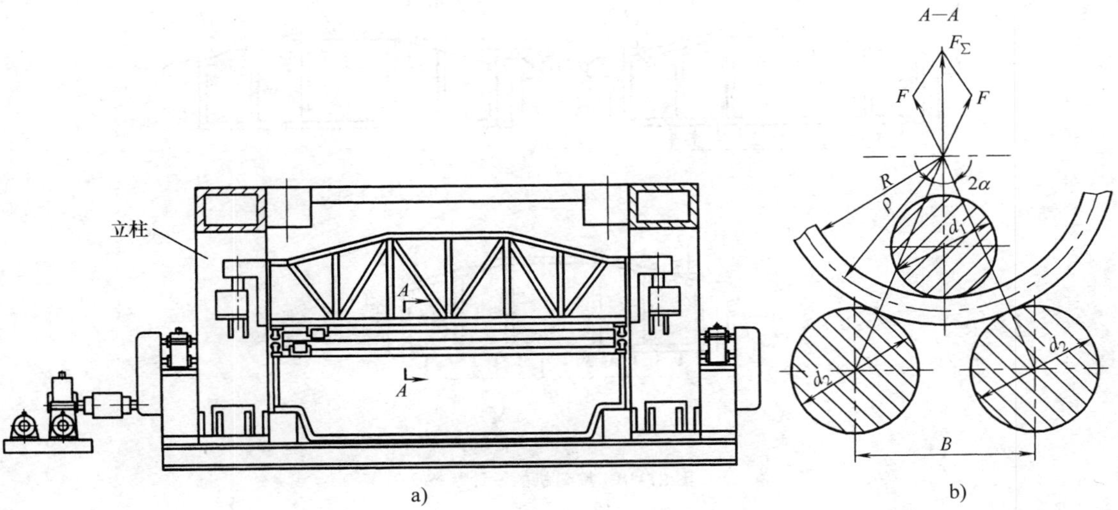

图 27-14　三轴滚弯机结构简图

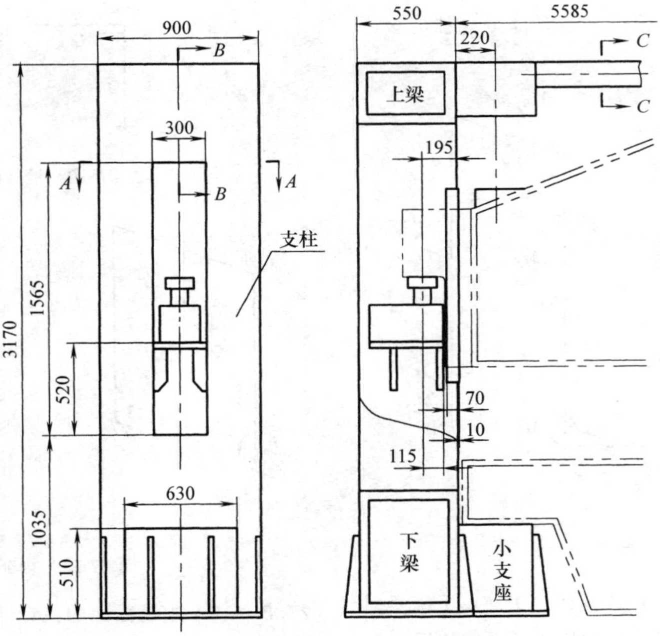

图 27-15　焊接立柱

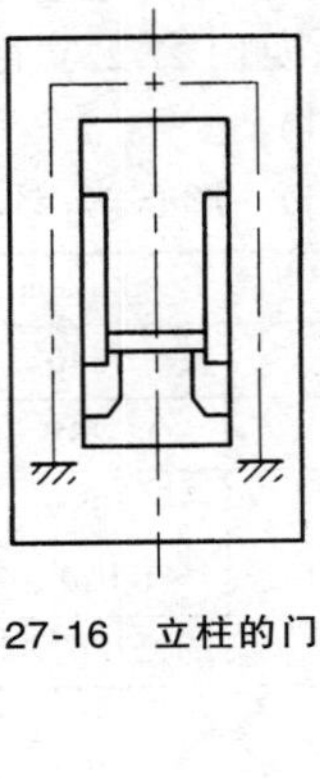

图 27-16　立柱的门式

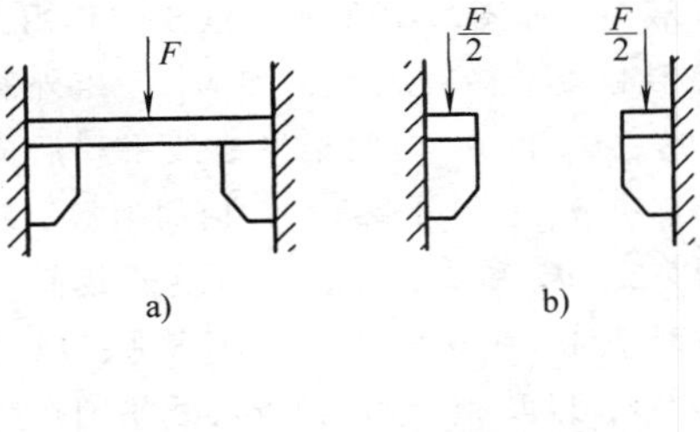

图 27-17　隔板受力简化图

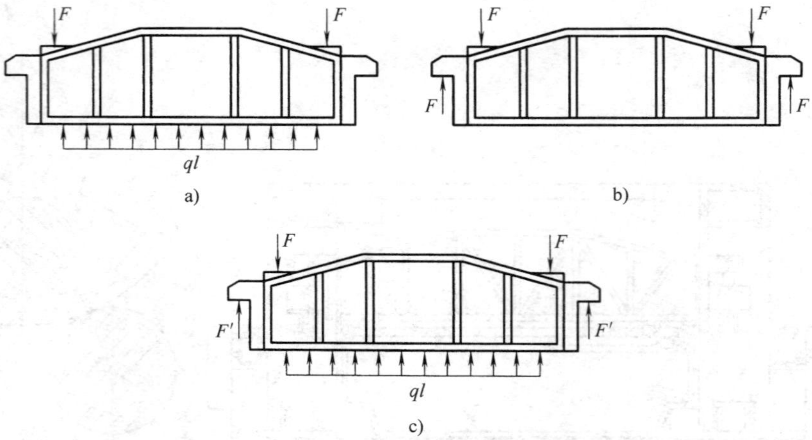

图 27-18　滚弯机的设计状态

为下文讨论方便，进一步将“B”“C”设计状态简称为“B”及“C”情况，图 27-19 所示为“B”“C”状态下立柱的受力情况，二者都是立柱的极限工作状态。

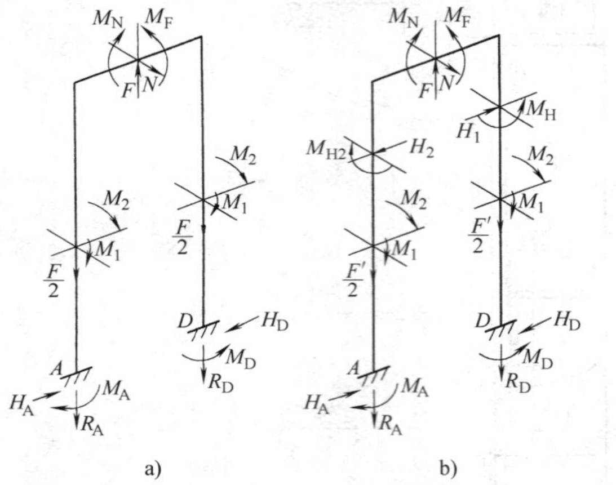

图 27-19　立柱的外力

立柱受四组外载荷：液压缸作用力 F，上横梁对导轨作用力 H_1 和 H_2，限位器对托架隔板的作用力 F' 以及拉紧梁对立柱的牵制力 N，采用拉紧梁，拉紧梁和立柱组成框架，立柱增加了拉力 N 和弯矩 M_H 所组成的一组外载荷，如图27-20所示；液压缸作用力 F 向立柱门架形心线平移后成为 F 和 M_F 一组外载荷（见图 27-19）；H_1 和 H_2 向门架形心线平移后成为 H_1，H_2，M_{H1}和 M_{H2}一组外载荷；F'向门架形心线平移成两个 $F'/2$，M_1 和 M_2 组成另一组外载荷。N，M_F，M_N 和两个 M_1 使立柱产生总体弯曲；F，H_1，H_2 和两个 $F'/2$，以及 M_2 使门架形心线平面产生变形，如图 27-21a 所示；M'_F，M'_H和 M_{H1}，M_{H2}使门架产生扭转，见图 27-21b。

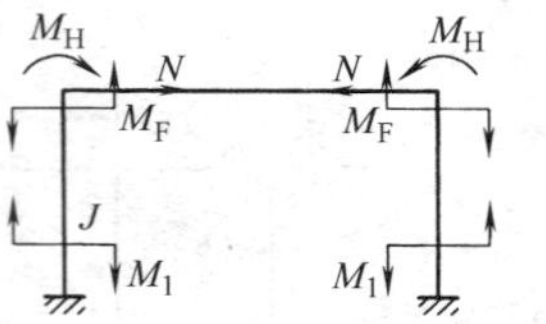

图 27-20　框架的外载荷

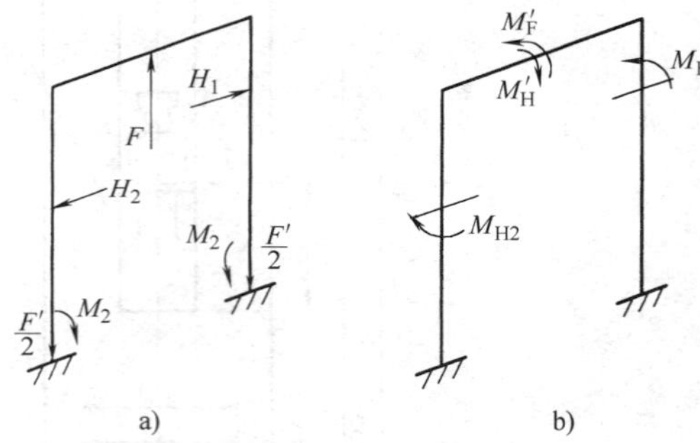

图 27-21　内架的载荷

27.3.1.2　主要截面的设计计算

图 27-15 中的 $A—A$ 和 $B—B$ 剖面为立柱强度校核剖面，立柱尺寸在图 27-15 中已表示。

1）$A—A$ 剖面（见图 27-22）的几何特性（计算见表 27-30、表 27-31）。

表 27-30　形心 Y_C 计算表

钢板号	A_i/mm^2	Y_i/mm	A_iY_i/mm^3
Ⅰ	6000	540	3.24×10^6
Ⅱ	12250	285	3.49×10^6
Ⅲ	12250	285	3.49×10^6
Ⅳ	12000	20	2.4×10^5
Σ	42500		10.46×10^6

$$Y_C^{A-A}=\frac{\Sigma A_i Y_i}{\Sigma A_i}=\frac{10.46\times10^6}{4.25\times10^4}\text{mm}=246\text{mm}$$

表 27-31　*A—A* 剖面几何特性计算表

计算内容		计算公式	计算结果
惯性矩	J_y^{A-A}	$J_y^{A-A}=\dfrac{BH^3}{12}-\dfrac{bh^3}{12}$	$0.6\times10^9\text{mm}^4$
惯性矩	J_z^{A-A}	$J_z^{A-A}=2\left[\dfrac{30}{3}Y^3\Big\|_{-24.6}^{30.4}-\dfrac{25}{3}Y^3\Big\|_{-20.6}^{28.4}\right]$	$3.32\times10^9\text{mm}^4$
弯心	$\overline{Y}$	$\overline{Y}^{A-A}=\dfrac{B'^2h'^2}{J_r}\left[\dfrac{3}{4}t+\dfrac{dh'}{12B'}-\dfrac{(B'd+h't)\ t\delta}{2B'd\delta+h't\ (d+\delta)}\right]$	196mm
面积	A	$A^{A-A}=\Sigma A_i$	$4.3\times10^4\text{mm}^2$
面积	A_0	$A_0^{A-A}=B'h'$	$1.43\times10^5\text{mm}^2$

2）*B—B* 剖面（见图 27-23）的几何特性计算见表27-32。

表 27-32　*B—B* 剖面几何特性计算表

计算内容		计算公式	计算结果
惯性矩 J_z		$J_z^{B-B}=\dfrac{BH^3}{12}-\dfrac{bh^3}{12}$	$2.743\times10^9\text{mm}^4$
弯心 $\overline{Z}$		$\overline{Z}^{B-B}=\dfrac{B'^2H^2}{J_2}\left[\dfrac{3}{4}t+\dfrac{dh'}{12B'}-\dfrac{(B'd+h't)\ +t\delta}{2B'd\delta+h't\ (d+\delta)}\right]$	174mm
面积	A	$A^{B-B}=BH-bh$	$5.87\times10^4\text{mm}^2$
面积	A_0	$A_0^{B-B}=B'h'$	$2.84\times10^5\text{mm}^2$

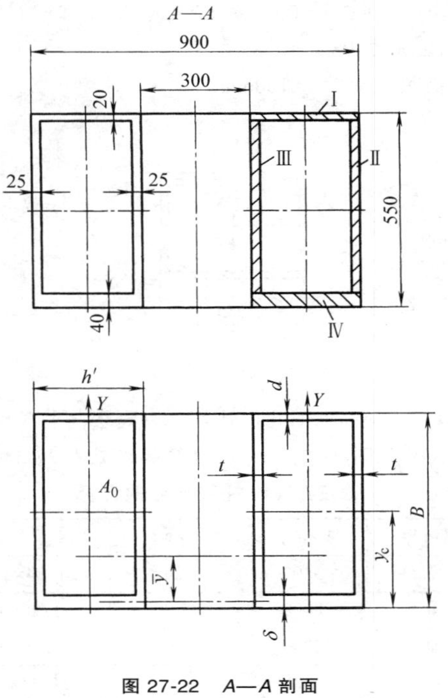

图 27-22　*A—A* 剖面

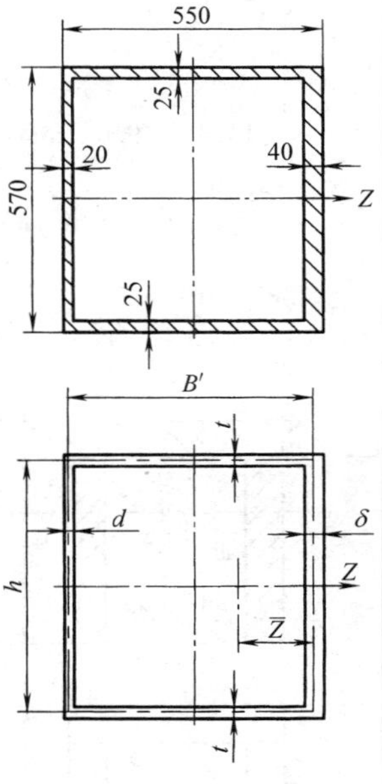

图 27-23　*B—B* 剖面

3）*C—C* 断面（见图 27-24）的几何特性：槽钢 14*a* 截面积为 1851mm^2，沿对称轴的惯性矩为 $5.64\times10^6\text{mm}^4$。

C—C 截面惯性矩 J_Z：

$$J_Z^{C-C}=2\times5.64\times10^6\text{mm}^4+2\times\frac{200\times6^3}{12}\text{mm}^4$$

$$+2\times200\times6\times73^2\text{mm}^4$$

$$=2408\times10^4\text{mm}^4$$

面积：$A^{C-C}=6100\text{mm}^2$

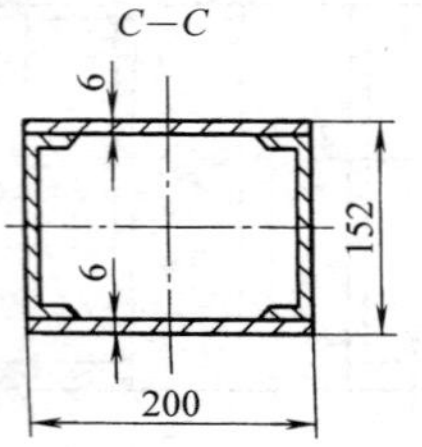

图 27-24　C—C 断面

4）托架断面的几何特性：由隔板与肋条组成的托架尺寸如图 27-25 所示，计算结果见表 27-33。

表 27-33　托架形心的计算

钢板号	A_i/mm^2	Y_i/mm	A_iY_i/mm^3
Ⅰ	9200	20	1.84×10^5
Ⅱ	8000	140	11.20×10^5
Ⅲ	8000	140	11.20×10^5
Σ	25200	—	24.24×10^5

$$y_C=\frac{\Sigma A_iY_1}{\Sigma A_i}=\frac{2424}{25.2}\text{mm}=96\text{mm}$$

惯性矩 J_Z：

$$J_Z=\frac{23}{3}(14.4^3+9.6^3)\text{mm}^4$$

$$-\frac{15}{3}(14.4^3+5.6^3)\text{mm}^4$$

$$=1387\times10^5\text{mm}^4$$

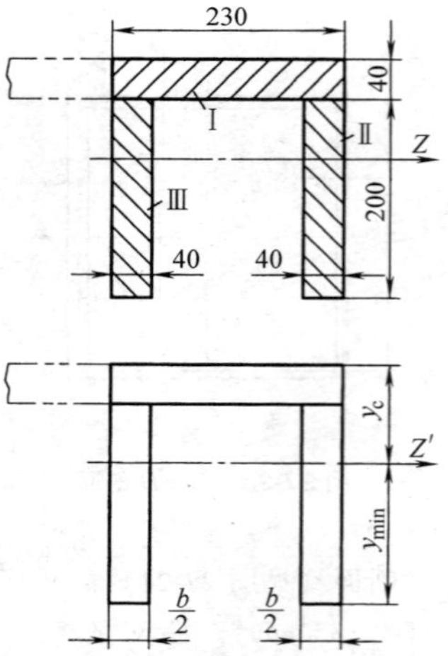

图 27-25　托架尺寸

27.3.1.3　立柱的强度计算

（1）"B"情况立柱的强度计算

1）立柱侧向受力情况如图 27-26 所示，图27-26a 所示为受力情况，图 27-26b 所示为受力分析。

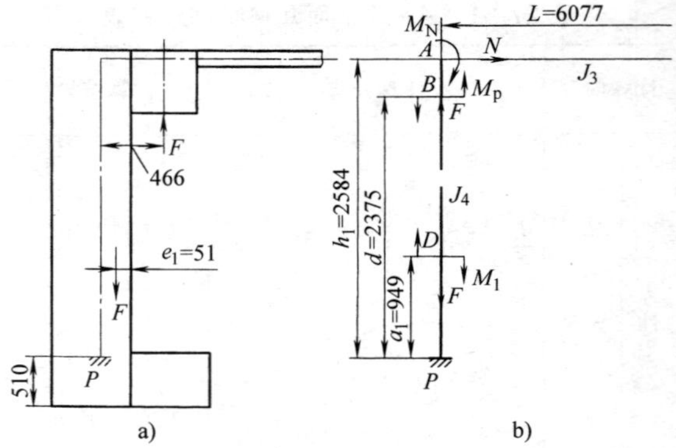

图 27-26　立柱受力情况及受力分析

尺寸参数：

$$\delta=\frac{d}{h_1}=\frac{2375}{2584}=0.918$$

$$\alpha_1=\frac{a_1}{h_1}=\frac{949}{2584}=0.367$$

$$K_1=\frac{J_3h_1}{J_4L}=\frac{J_Z^{C-C}}{J_Z^{A-A}}\times\frac{h_1}{L}\approx0$$

外力数值：

$$F=750\text{kN}$$

$$M_F=750\times(246+220)\text{kN}\cdot\text{mm}=349500\text{kN}\cdot\text{mm}$$

$$M_1=F\cdot e_1=38250\text{kN}\cdot\text{mm}$$

$$N=\frac{2M_F\delta[2+2K_1-\delta(2K_1+1)]}{h_1(2+K_1)}-\frac{3M_1\alpha_1[2+2K_1-\alpha_1(2K_1+1)]}{h_1(2+K_1)}$$

代入数据计算得 $N=188.7\text{kN}$。

立柱侧向弯矩（见图 27-27a）：

$$M_{B-}=-N\times209=-39440\text{kN}\cdot\text{mm}$$

$$M_{B+}=M_F-209N=310062\text{kN}\cdot\text{mm}$$

$$M_C=M_F-494N=256700\text{kN}\cdot\text{mm}$$

$$M_{D1}=M_F-1640N=41000\text{kN}\cdot\text{mm}$$

$$M_{D2}=M_F-1640N-M_1=2800\text{kN}\cdot\text{mm}$$

$$M_E=M_F-2060N-M_1=-77250\text{kN}\cdot\text{mm}$$

$$M_P=M_F-2584N-M_1=-177250\text{kN}\cdot\text{mm}$$

立柱侧向切力及轴力：

立柱侧向切力（见图 27-27b）：

$$Q_1=N=188.7\text{kN}$$

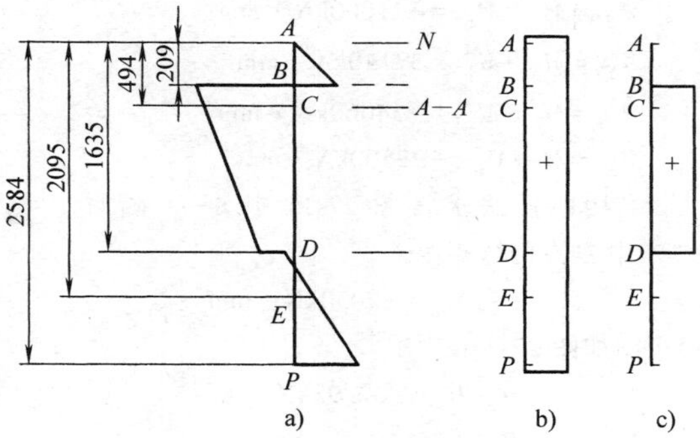

图 27-27　立柱侧向弯矩及受力情况

a）弯矩图（M 图）　b）侧向切力图（Q 图）
c）轴力图（N 图）

立柱侧向轴力（见图 27-27c）：

$$N_1 = F = 750\text{kN}$$

2）立柱框平面受力情况如图 27-28a 所示，计算简图如图 27-28b 及图 27-28c 所示。

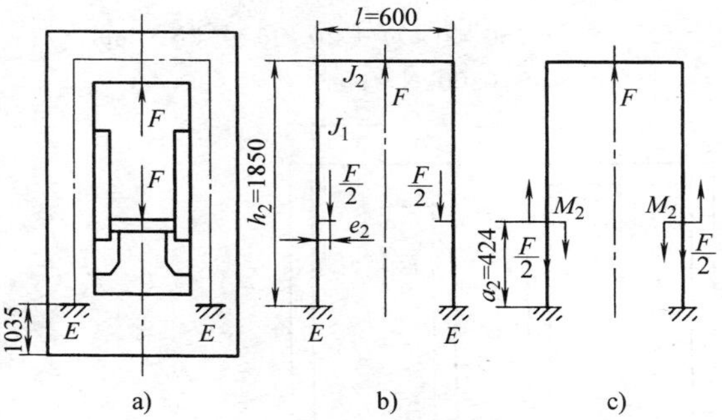

图 27-28　立柱框平面受力情况

尺寸参数：

$$\alpha_2 = \frac{a_2}{h_2} = \frac{42.4}{185} = 0.228$$

$$K_2 = \frac{h_2}{l} \times \frac{J_2}{J_1} = \frac{h_2}{l} \times \frac{J_Z^{B-B}}{J_y^{A-A}}$$

$$= \frac{185}{60} \times \frac{2.743 \times 10^5}{0.6 \times 10^5} = 14.1$$

外力数值：

$$F = 750\text{kN}$$

$$M_2 = \frac{F}{2} \cdot e_2 = \frac{750}{2}\left(\frac{300}{2} + \frac{80}{2}\right)\text{kN} \cdot \text{mm}$$

$$= 71250\text{kN} \cdot \text{mm}$$

上梁中部有垂直集中载荷 F（见图 27-29a）时的弯矩，切力和轴力为

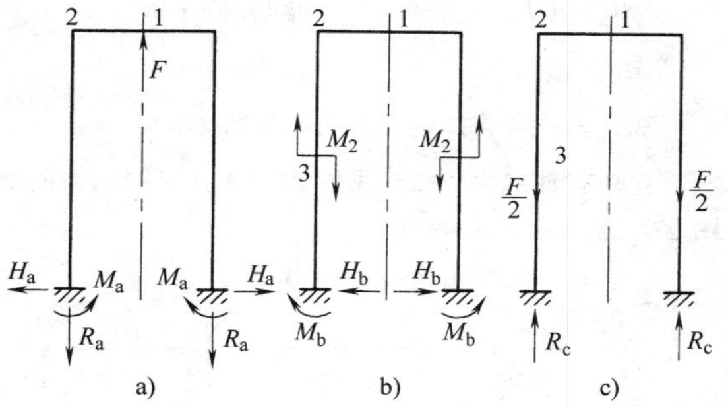

图　27-29

$$R_a = \frac{F}{2} = 375\text{kN}$$

$$H_a = \frac{3Fl}{8h_2(K_2+2)} = \frac{3 \times 750 \times 600}{8 \times 1850(14.1+2)}\text{kN}$$

$$= 5.67\text{kN}$$

$$M_a = \frac{-Fl}{8(K_2+2)} = -3500\text{kN} \cdot \text{mm}$$

$$M_{a2} = -M_a + H_a h_2 = \frac{Fl}{4(K_2+2)}$$

$$= 6988\text{kN} \cdot \text{mm}$$

$$M_{a1} = -M_a + H_a h_2 - R_a \cdot \frac{l}{2}$$

$$= \frac{-Fl(K_2+1)}{4(K_2+2)} = -105512\text{kN} \cdot \text{mm}$$

利用内插法可得

$$M_{a3} = 940\text{kN} \cdot \text{mm}$$

弯矩 M，轴力 N 及切力 Q 如图 27-30 所示。

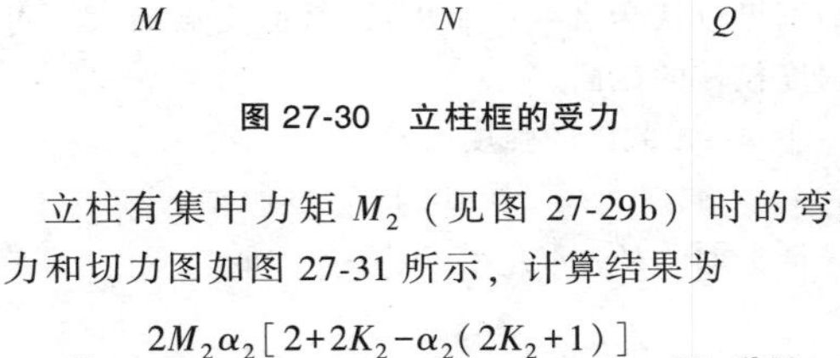

图 27-30　立柱框的受力

立柱有集中力矩 M_2（见图 27-29b）时的弯矩，轴力和切力图如图 27-31 所示，计算结果为

$$H_b = \frac{2M_2\alpha_2[2+2K_2-\alpha_2(2K_2+1)]}{h_2(2+K_2)} = 38.6\text{kN}$$

$$M_{b2} = \frac{M_2K_2(3\alpha_2^2-2\alpha_2)}{2+K_2} = -18800\text{kN} \cdot \text{mm}$$

$$M_b = H_b h_2 + M_{b2} - M_2 = -19000\text{kN} \cdot \text{mm}$$

$$M^+_{b3} = H_b(h_2 - a_2) + M_{b2} = 36200\text{kN} \cdot \text{mm}$$

$$M^-_{b3} = H_b(h_2 - a_2) + M_{b2} - M_2 = -35000\text{kN} \cdot \text{mm}$$

立柱有轴向力 $F/2$（见图 27-29c）时的轴力图如图 27-32a 所示，大小为

$$R_C = F/2 = 375\text{kN}$$

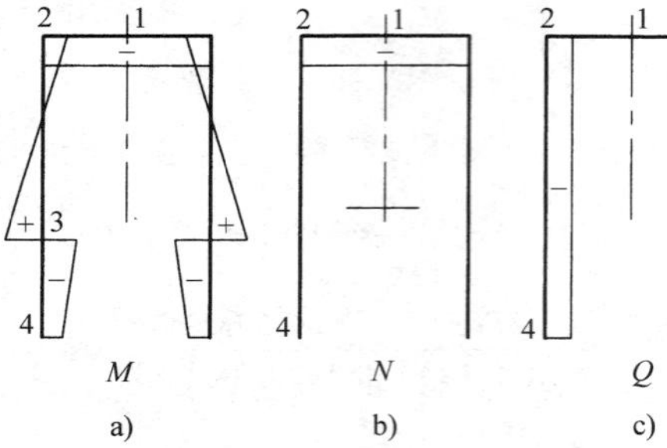

图 27-31　立柱框受力分析（一）

框平面的总弯矩，总轴力和总切力如图 27-32b、图 27-32c、图 27-32d 所示，计算结果为

$$M_{\Sigma 1} = M_{a1} + M_{b1} = -124200\text{kN} \cdot \text{mm}$$

$$M_{\Sigma 2} = M_{a2} + M_{b2} = -11800\text{kN} \cdot \text{mm}$$

$$M^+_{\Sigma 3} = M_{a3} + M^+_{b3} = 37140\text{kN} \cdot \text{mm}$$

$$M^-_{\Sigma 3} = M_{a3} + M^-_{b3} = -34060\text{kN} \cdot \text{mm}$$

$$M_{\Sigma 4} = M_a + M_b = -22500\text{kN} \cdot \text{mm}$$

利用内插法求得图 27-15 中 A—A 截面，即图 27-27中 C 点的弯矩为

$$M_{\Sigma C} = -2050\text{kN} \cdot \text{mm}$$

弯矩图如图 27-32b 所示。

$$N_{\Sigma(1-2)} = H_a - H_b = -32.93\text{kN}$$

$$N_{\Sigma(2-3)} = R_a = 375\text{kN}$$

$$N_{\Sigma(3-4)} = R_a - R_c = 0$$

轴力图如图 27-32c 所示。

$$Q_{(1-2)} = -\frac{F}{2} = -375\text{kN}$$

$$Q_{(2-4)} = H_a - H_b = -32.93\text{kN}$$

切力图如图 27-32d 所示。

3）立柱上梁的扭转力矩：

$$M'_F = F(\overline{Z}^{B-B} + 20 + 220)$$
$$= 750 \times (174 + 20 + 220)\text{kN} \cdot \text{mm}$$
$$= 310500\text{kN} \cdot \text{mm}$$

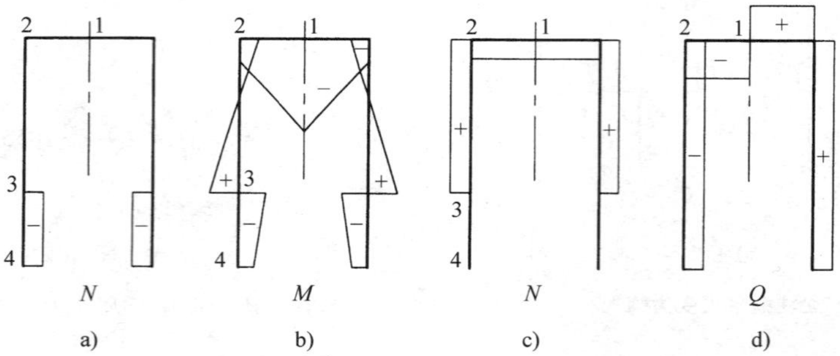

图 27-32　立柱框受力分析（二）

$$M'_N = N \times 209 = 39600\text{kN} \cdot \text{mm}$$

$$\frac{M_n}{2} = \frac{M'_F - M'_N}{2} = 135200\text{kN} \cdot \text{mm}$$

以上计算可参见图 27-15 和图 27-23。

4）强度校核。从以上弯矩图，轴力图及切力和扭矩图可以认为 A—A 和 B—B 截面受载最大，可作为强度校核的截面。

① A—A 截面的强度校核。

A—A 截面受载情况如图 27-33 所示。

框平面　$M_y = M_{\Sigma C} = -2050\text{kN} \cdot \text{mm}$

$$Q_z = Q_{(2-4)} = -33\text{kN}$$

$$N_x = \frac{F}{2} = 375\text{kN}$$

侧向平面　$M_z = M_C = 256700\text{kN} \cdot \text{mm}$

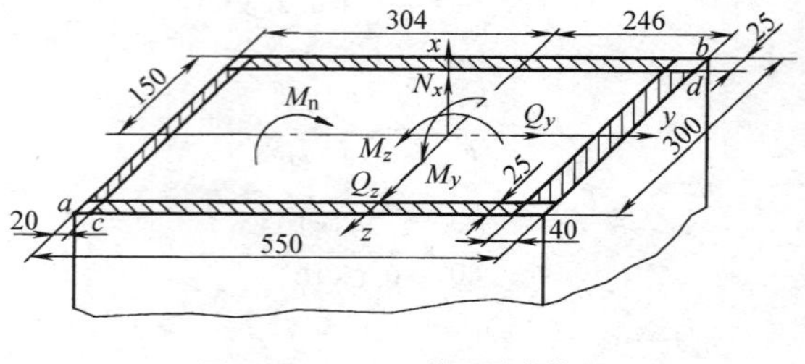

图 27-33　A—A 截面受力情况

$$Q_y = \frac{Q_1}{2} = 94.4\text{kN}$$

a 点的合成应力：

$$\sigma^a = \sigma^+_{max} = \frac{N_x}{A^{A-A}} + \frac{M_y}{W^a_y} + \frac{M_z}{W^a_z} = 28\text{MPa}$$

b 点合成应力：

$$\sigma^{b}=\sigma^{-}_{max}=\frac{-M_y}{W_y^b}-\frac{M_z}{W_z^b}+\frac{N_x}{A^{A-A}}=15\text{MPa}$$

c 点的合成应力：

$$\sigma^{c}=\frac{N_x}{A^{A-A}}+\frac{M_y}{W_y^c}+\frac{M_z}{W_z^c}=25\text{MPa}$$

$$\tau^{c}=\frac{Q_y}{2\times25\times(550-40-20)}=3.85\text{MPa}$$

$$\sigma_{r3}^{c}=\sqrt{(\sigma^{c})^2+4(\tau^{c})^2}=26.4\text{MPa}$$

d 点合成应力：

$$\sigma^{d}=\frac{N_x}{A^{A-A}}+\frac{M_y}{W_y^d}+\frac{M_z}{W_z^d}=28.3\text{MPa}$$

$$\tau^{d}=\frac{Q_z}{(300-25\times2)\times(40+20)}=2.20\text{MPa}$$

$$\sigma_{r3}^{d}=\sqrt{(\sigma^{d})^2+4(\tau^{d})^2}=\sqrt{28.3^2+4\times2.2^2}\text{MPa}=28.6\text{MPa}$$

② $B—B$ 截面的强度校核。

$B—B$ 截面的受力情况如图 27-34 所示。计算结果如下：

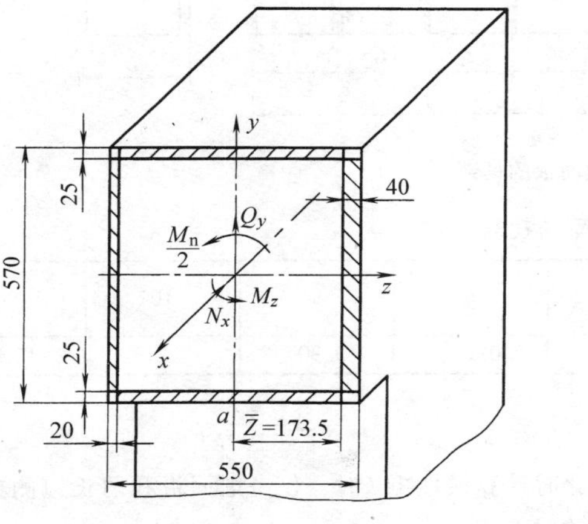

图 27-34 $B—B$ 截面受力情况

$M_z=M_{\Sigma1}=-124200\text{kN}\cdot\text{mm}$

$Q_y=Q_{(1-2)}=-375\text{kN}$

$Q_z=\frac{Q_1}{2}=94.4\text{kN}$

$N_x=N_{\Sigma(1-2)}=-32.93\text{kN}$

$\frac{M_n}{2}=135200\text{kN}\cdot\text{mm}$

a 点合成应力：

$$\sigma^{a}=\frac{N_x}{F^{B-B}}+\frac{M_z}{W_z^a}=-13.6\text{MPa}$$

$$\tau^{a}=\tau_1+\tau_2=\frac{\frac{M_n}{2}}{2A_0^{B-B}\times25}+\frac{Q_z}{490\times25\times2}=13.4\text{MPa}$$

$$\sigma_{r3}^{a}=\sqrt{(\sigma^{a})^2+4(\tau^{a})^2}=30\text{MPa}$$

b 点合成应力：

$$\sigma^{b}=\frac{N_x}{A^{B-B}}+\frac{M_z}{W_z^b}=12.4\text{MPa}$$

$$\tau^{b}=\tau_3+\tau_4=\frac{\frac{M_n}{2}}{2A_0^{B-B}\times4}+\frac{Q_y}{520(40+20)}=18\text{MPa}$$

$$\sigma_{r3}^{b}=\sqrt{(\sigma^{b})^2+4(\tau^{b})^2}=38\text{MPa}$$

③ 托架的强度校核。

“B” 情况下托架受力最大，托架的受力情况及剖面尺寸可参见图 27-18 及图 27-25。

$$\sigma_{max}=\frac{M_z}{J_z}\times Y_{max}=74.5\text{MPa}$$

$$\tau_{max}=\frac{Q\times S_{max}}{J_z\times b}=\frac{\frac{F}{2}Y_{max}^2}{2J_z}=28.4\text{MPa}$$

机架由 Q235 钢板焊接而成，Q235 的许用应力 $[\sigma]=80\sim120\text{MPa}$，从上述计算中可知 “B” 情况下，立柱强度足够。

（2）“C” 情况立柱的强度计算　其强度计算与 “B” 情况雷同，其中 $B—B$ 剖面在 “C” 情况下的应力比 “B” 情况下小，可以不再进行强度校核，在 “C” 情况下 4 点和 6′点受力最大，需要进行强度校核，读者可按上述步骤进行，此处从略。

27.3.2 机架的刚度计算

27.3.2.1 有横向肋板框架的刚度计算

带横向肋板的框架如图 27-35 所示，其弯曲刚度的计算分两种情况处理。

第一种情况：当横向肋板厚度 t_1 对框架长度 L 的比值很小时，横肋板的数目及厚度对垂直方向的弯曲刚度影响很小，这种情况下，框架的弯曲刚度主要取决于平行中性轴的两块纵向侧板。考虑肋板对侧壁的支承作用，计算刚度时，两块侧壁可不作为简支梁计算，可以简化成两端固定的梁来做计算，因此，其垂直方向的挠度为

$$\Delta_Z=\frac{FL^3}{32Eth^3}$$

式中 F——框架上的集中载荷（N）；

L——支架的总长度（mm）；

E——支架材料的弹性模量。

其他参数见图 27-35。

第二种情况：当图 27-35 所示框架承受侧向（x 向）载荷时，框架刚度和横肋板的数目及壁厚有关，当横肋板尺寸一定时，框架的变形随着肋板数目的增大而减小，即刚度随横肋板数目的增大而增大，此时有：

$$\Delta x = an^b$$

式中 a——实验所得常数，$a=140.8$；

b——实验所得常数，$b=-1.224$；

n——横肋板隔开的单元数。

$$n = L/l_1$$

l_1——横肋板之间的距离；

L——框架长度。

带横板框架的扭转刚度：图 27-35 所示横肋板对扭转刚度的影响很小，这种框架的扭转刚度主要取决于两纵向侧壁，两侧壁的扭转变形按下式计算：

$$\varphi = \frac{M_T nb}{2K_1 Ght^3}$$

式中 G——材料的剪切弹性模量；

K_1——矩形截面扭转常数，取值见表 27-34。

n——横肋板隔开的单元数。

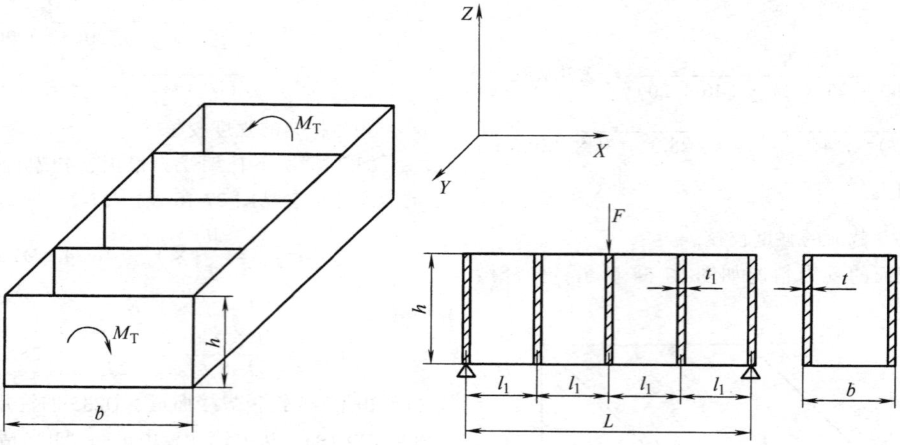

图 27-35 有横向肋板的框架

表 27-34 矩形截面的扭转常数

$\frac{h}{t}$	1	2	3	4	6	8	10	∞
K_1	0.141	0.229	0.263	0.281	0.299	0.307	0.313	0.333

27.3.2.2 有横肋板底座的刚度计算

图 27-36 所示为带有面板及横肋板的框架，可以将它理解为由两种梁组成，即图 27-36b 分解出来的 c 和 d 两种梁截面，当肋板数目为 n 时，底座的惯性矩由两部分组成，即

$$I = nI_1 + 2I_2$$

式中 I_1——图 27-36d 所示梁的截面惯性矩（mm^4）；

I_2——图 27-36c 所示梁的截面惯性矩（mm^4）。

垂直方向的挠度为

$$\Delta = \frac{Fb^3}{192EI}$$

若以短边 b 为支承边时，则挠度为

$$\Delta = \frac{FL^3}{192EI}$$

此时计算惯性矩 I 时，仅考虑面板和两长边侧板组成的惯性矩。

27.3.2.3 对角肋板结构的刚度计算

1）对角肋板的扭转刚度。图 27-37a 所示为带有对角肋板的框架结构，图 27-37b 所示为以两根交叉的对角肋板作为分离体，则它分别承受着方向相反的作用力 F，此分离体产生的变形 Δ 可按简支梁的计算公式来求：

$$\Delta = 2\frac{Fl^3}{48EI}$$

式中 I——对角肋板的截面惯性矩（mm^4）；

l——对角肋板的长度（mm）。

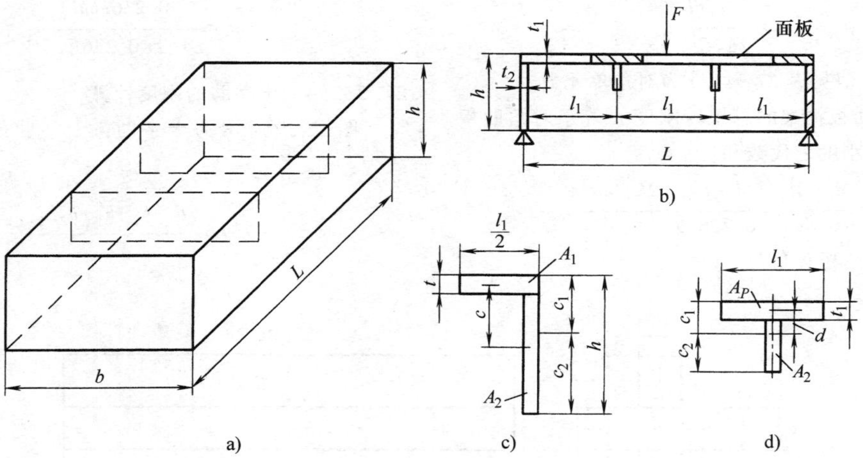

图 27-36　有横肋板的底座的刚度

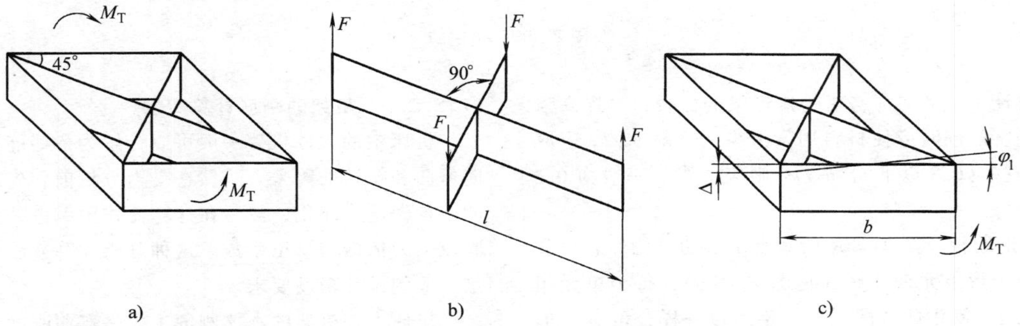

图 27-37　对角肋板的受力分析

框架结构所受的扭矩 M_T 为

$$M_T = F \cdot b$$

对角肋板的弯曲变形使框架结构产生的扭转角 φ_1 为

$$\varphi_1 = \frac{2\Delta}{b}$$

以 $l=\sqrt{2}b$ 及 M_T，φ_1 代入计算公式，得

$$\varphi_1 = 0.236\frac{M_T b}{EI}$$

若结构如图 27-38 所示，由几个对角肋串联，扭矩 M_T 作用于短边，则串联对角肋板的总扭转角为

$$\varphi_1 = 0.236n\frac{M_T b}{EI}$$

2）侧壁的扭转刚度。设对角肋板所在的矩形框架侧壁高为 h，侧壁板厚为 t，框架长度 $l=nb$，则两块侧壁的扭转角为

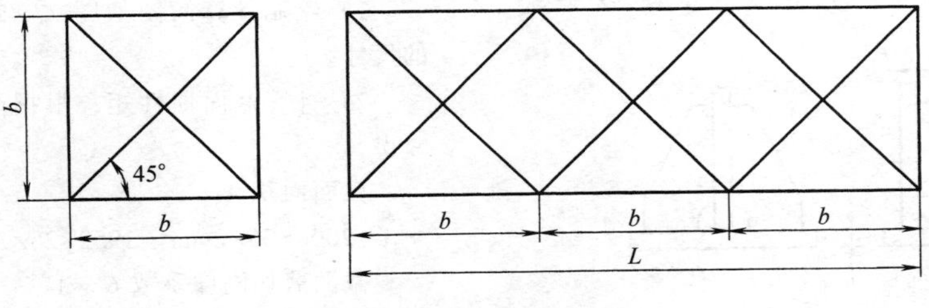

图 27-38　对角肋板的单元组合

$$\varphi_2=\frac{M_T nb}{2K_1 Ght^3}$$

式中，K_1 的取值见表 27-34，n 为对角单元数。

3）对角肋板框架的总扭转刚度 K 等于对角肋板和两侧壁板的刚度之代数和：

$$K=\frac{M_T}{\varphi_1}+\frac{M_T}{\varphi_2}=\frac{EI}{0.236nb}+\frac{2K_1 Ght^3}{nb}$$

对角肋板框架的扭转角为

$$\varphi=\frac{0.236nbM_T}{EI+2\times0.236K_1 Gt^3}$$

27.3.2.4　十字肋的刚度计算

图 27-39 所示为十字肋，十字肋的惯性矩计算式为：

$$I=\frac{(b_1-b_2)h_1^3+b_2h_2^3}{12}$$

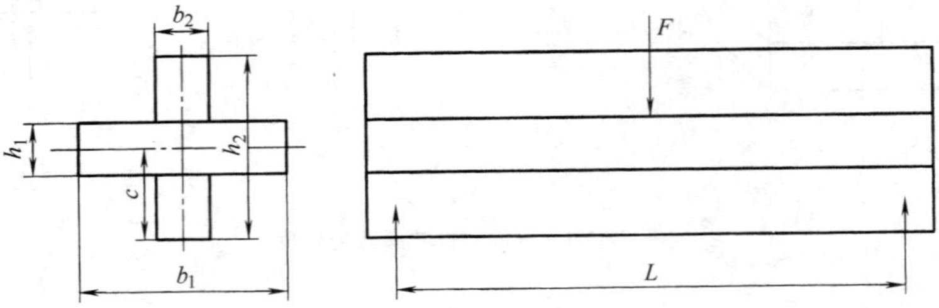

图 27-39　十字肋

设计十字肋时应考虑与矩形梁的比较，在提高强度和刚度的同时应使材料用量最少，一般 b_2/b_1 应取得小一些（0.3 以下），h_1/h_2 则应适当，一般为 0.2 左右较好。

T 形肋板。图 27-40a 所示为 T 形肋结构，它可分成几个 T 形单元来计算（见图 27-40b），每个单元相当于图 27-36 中的 d 图。与十字肋板一样，可对 T 形截面的参数尺寸比例进行分析，以求得在强度和刚度都较好的情况下材料用量最省的截面。

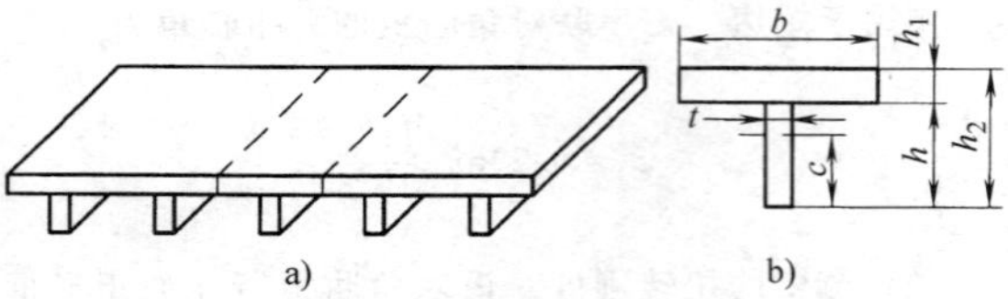

图 27-40　T 形肋结构

对于图 27-41 所示三角肋条可看作多 T 形肋的特例，每个截面都可视为高度不同的 T 形肋来计算。

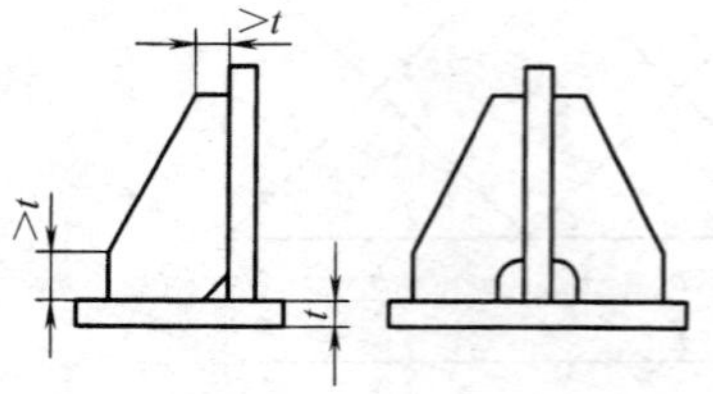

图 27-41　三角肋结构

27.3.2.5　机架的刚度计算实例

机床中的大件机架一般可以分解为一些能用受横向弯曲和扭转的梁来表示，在受力分析前，先对构件的结构做适当简化，然后在计算公式中引进一些以实验数据为依据的修正系数。这种分析计算方法可以满足一般的设计精度要求。

机床大件机架的本体刚度主要是弯曲刚度和扭转刚度，其刚度的指标是相对于刀具和零件加工表面之间的位移量。由于对构件本体刚度影响最大的是径向切削分力，即 Y 方向的水平分力，所以机床大件机架的刚度常用 $K=F_y/y$ 来表示。

【例 27-1】　图 27-42 所示为卧式镗床的焊接立柱。已知数据为：壁厚 25mm，板壁横向肋板高度大于壁厚的 3 倍，即 $h/t>3$，镗杆直径 160mm，轴向切削分力 $F_x=3\text{kN}$，钢的弹性模量 $E=2.1\times10^5\text{MPa}$，剪切弹性模量 $G=8.1\times10^4\text{MPa}$，其他数据、尺寸如图 27-42 所示。求此立柱的刚度值。

【解】

1）绘制计算简图如图 27-42 所示，标注出必要的尺寸。

2）计算截面惯性矩，根据图 27-42 所示截面尺寸得：

截面面积 A：

$$A=2000\times25\times2\text{mm}^2+1950\times25\times2\text{mm}^2=197500\text{mm}^2$$

截面剪切刚度系数 $G\cdot A$：

$$G\cdot A=8.1\times10^4\times197500\text{N}=1600\times10^4\text{kN}$$

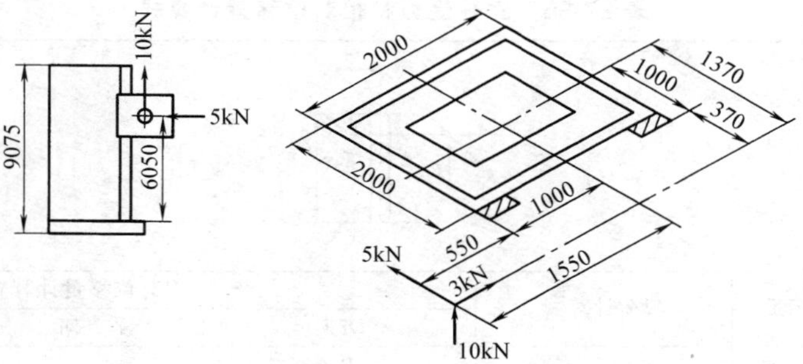

图 27-42　卧式镗床刚度计算简图

截面弯曲惯性矩 I:

$$I=\frac{BH^3-bh^3}{12}$$

$$=\frac{2000\times2000^3-1950\times1950^3}{12}\text{mm}^4$$

$$=1.28\times10^{11}\text{mm}^4$$

由于 $b=h$，$H=B$，所以 $I_x=I_y=I$，从而截面弯曲刚度系数 EI 为

$$EI=2.1\times10^5\times1.28\times10^{11}\text{N}\cdot\text{mm}^2$$

$$=2.7\times10^{13}\text{kN}\cdot\text{mm}^2$$

截面扭转惯性矩 J 及扭转刚度系数 GJ:

$$J=\frac{4tA_m^2}{S}=\frac{4\times25\times1950^4}{1950\times40}\text{mm}^4$$

$$=1.85\times10^{10}\text{mm}^4$$

$$GJ=8.1\times10^4\times1.85\times10^{10}\text{N}\cdot\text{mm}^2$$

$$=1.5\times10^{12}\text{kN}\cdot\text{mm}^2$$

3）确定有关的修正系数。立柱在镗床中所占变形的比例 ε，由有关资料查得 $\varepsilon=15\%$。

剪切变形不均匀分布系数 α_s 由表 27-35 选取，因 $h/b=1$，所以 $\alpha_s=2.4$。

表 27-35　剪切变形分布系数 $\boldsymbol{\alpha}_s$

实心截面	α_s	空心薄壁矩形截面	h/b	α_s
圆形	1.11	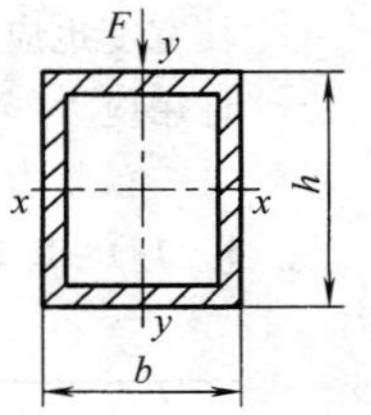	0.5	$h/b=0.5$
			0.7	$h/b=0.7$
矩形	1.2		1.0	$h/b=1$
			1.5	$h/b=1.5$
I 字形	2.0~2.9		2.0	$h/b=20$

4）相对位移量的计算。立柱变形引起的相对位移量计算式为

$$\delta_y=(\delta_{y4}+\delta_{y5})-(\delta_{y1}+\delta_{y2}+\delta_{y3})$$

式中每一项的计算参见表 27-36。

计算结果如下：

δ_{y1}——切削力 F_y 使立柱产生的弯曲变形：

$$\delta_{y1}=0.048\text{mm}$$

δ_{y2}——F_y 使立柱产生的剪切变形：

$$\delta_{y2}=0.00042\text{mm}$$

δ_{y3}——F_y 使立柱产生的扭转变形：

$$\delta_{y3}=0.003\text{mm}$$

δ_{y4}——F_x 力使立柱产生的扭转变形：

$$\delta_{y4}=0.006\text{mm}$$

δ_{y5}——F_z 力使立柱产生 y 方向的弯曲变形：

$$\delta_{y5}=0.0001\text{mm}$$

将以上计算结果代入上述计算公式，得到立柱的相对位移量 δ_y 为

$$\delta_y=0.045321\text{mm}=45.32\mu\text{m}$$

5）立柱的刚度计算。立柱在 y 方向的刚度为

表 27-36 立柱受力和相对位移量计算式

力学模型

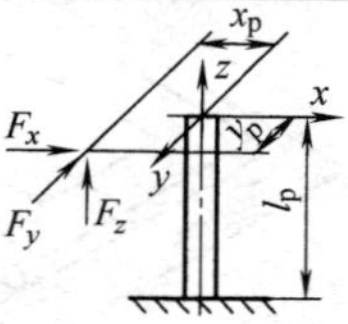

立柱无壁板孔
所以 $K_0=1$

切削分力	作用平面	载荷计算式	相对位移量计算式		
			X 方向	Y 方向	Z 方向
F_x	XZ XY XY	$M_X=F_Xl_p$ $V_X=F_X$ $M_{TX}=F_Xy_p$	$\delta_{X1}=\dfrac{F_xl_p^3}{3EI_y}$ $\delta_{X2}=\dfrac{\alpha_2F_xl_p}{GA}$ $\delta_{X3}=\dfrac{F_xy_p^2l_p}{K_0GJ}$	$\delta_{Y4}=\dfrac{F_xy_px_pl_p}{K_0GJ}$	
F_y	YZ XY XY	$M_y=F_yl_p$ $V_X=F_y$ $M_{Ty}=F_yx_p$		$\delta_{y1}=\dfrac{F_yl_p^3}{3EI_x}$ $\delta_{y2}=\alpha_1\dfrac{F_yl_p}{GA}$ $\delta_{y3}=\dfrac{F_yx_p^2l_p}{K_0GJ}$	$\delta_{z1}=\dfrac{F_yy_pl_p^2}{2EI_X}$
F_z	YZ YZ	$M_z=F_zY_p$		$\delta_{y5}=\dfrac{F_zy_pl_p^2}{2EI_X}$	$\delta_z=\dfrac{F_z\cdot l_p}{EA}$ $\delta_{z2}=\dfrac{F_zy_p^2l_p}{EI_X}$

$$K_y=F_y/\delta_y=\frac{5}{45.32}=0.11\text{kN}/\mu\text{m}$$

而卧式镗床刚度 $K=K_y\cdot\varepsilon$，所以

$$K=0.11\text{kN/mm}\times15\%=16.55\text{N}/\mu\text{m}$$

27.3.3 钢丝缠绕机架的设计计算

钢丝缠绕机架中钢丝应力的计算受立柱截面面积和钢丝截面面积之比值的影响，梁和立柱的应力和变形取决于自身的几何尺寸，这些条件的变化直接影响其应力和变形，很难用几个公式一次确定这些尺寸，而是要通过试算法反复多次才能确定这些构件的结构尺寸，此处提供的设计步骤仅供参考，更详细的计算请参阅有关专著。

27.3.3.1 初步确定构件的尺寸

机架中立柱的结构形式如图 27-9 所示。决定机架横向尺寸的主要因素是立柱液压缸直径，一般情况下，半圆梁的宽度应等于或稍小于工作缸直径，这就确定了梁的宽度 b（见图 27-9），对单牌坊机架的立柱宽度也应为 b，使立柱的平均压应力稍小于材料的许用应力，从而求得立柱的厚度 a。

预紧力与载荷之比称为预紧系数 η，预紧系数 $\eta=1.1\sim1.3$（一般情况）或按表 27-37 来选取。

表 27-37 预紧系数 η

载荷情况	中心载荷		偏心载荷
	单牌坊	双牌坊	
η	1.05~1.2	1.5	1.5~2.4

若为双牌坊机架，立柱有四个，立柱厚度 a 应大于宽度 b，梁的宽度也应适当宽些。

27.3.3.2 机架的设计计算

半圆梁机架（见图 27-8）的强度和刚度计算步骤及计算公式见表 27-38。

表 27-38 半圆梁机架的设计计算

序号	计算内容及计算公式	说　明
1	计算钢丝层数 n 等张力缠绕：$n=\left(\dfrac{F_0}{e^{2mfk}}-1\right)K$	

（续）

序号	计算内容及计算公式	说 明
1	变张力缠绕：$n=\frac{F_0}{2mf}$ 式中 K—立柱截面面积与一层钢丝截面积之比 m—每层钢丝根数 f—最外层每根钢丝的张力 f的取值 $\frac{1.1f}{A}+\frac{Eh}{2R_1}\leqslant[\sigma]$ A—钢丝截面积 h—钢丝厚度 R_1—半圆梁上最外层钢丝的弯曲半径 E—钢丝的弹性模量 $[\sigma]$—钢丝的许用应力	
2	校核钢丝的疲劳强度 $F\frac{n}{n+K}=(0.1\sim0.15)F_0$ $\lambda=\frac{F_0}{F}=\frac{(7\sim10)n}{n+K}$ 式中 F_0—缠完后立柱的总预紧力 $F_0=2nT_1=2nmf_1$ T_1—缠绕完后，钢丝最外层的初张力 F—工作载荷	可通过控制钢丝的应力幅变动来保证钢丝的寿命，一般可让钢丝的应力幅变动在10%~15%范围内 K值若与α_s矛盾，则应改变K值重算
3	校核钢丝强度 等张力缠绕 $\sigma=\frac{f}{A}+\frac{F}{2m(n+K)A}+\frac{Eh}{2R_1}\leqslant[\sigma]$ 变张力缠绕 $\sigma=\frac{f_1}{A}+\frac{F}{2m(n+K)A}+\frac{Eh}{2R_1}\leqslant[\sigma]$ 式中 f_1—最外层每根钢丝的初张力，即缠绕完后每根钢丝的张力 n—钢丝的总层数	
4	计算立柱端的弯矩 M_0 $M_0=\frac{J_2F_0}{L_2}\left[\frac{(L_1-R)L_0}{2J_0}+\frac{3.9\cos\alpha_0}{A\alpha_0}\right]$ 式中 J_2—单侧立柱的惯性矩 L_2—立柱的高度 L_1—两立柱截面形心间跨距 R—半圆梁钢丝槽底半径 J_0—半圆梁中截面惯性矩 $A\alpha_0$—立柱内侧处半圆梁的截面积 $\cos\alpha_0=\frac{L_0}{R}$ L_0—立柱内侧至梁中截面的距离	假设立柱两端弯矩相等，按立柱受纯弯计算

（续）

序号	计算内容及计算公式	说明
5	计算半圆梁中截面应力 $\sigma=-\frac{F_0}{2A_0}\pm\frac{3F_0(L_1-R)}{2bR^2}$ 式中　A_0—半圆梁中截面面积	前一项为轴向压缩应力，后一项为弯曲应力
6	计算半圆梁中截面挠度 半圆梁为实心 $\delta_0=\frac{12}{EbR}\left(M_0-\frac{1}{4}F_0L_1\right)-\frac{3F_0}{4Gb}+\frac{4.3F_0}{Eb}$ 半圆梁为空心 $\delta_0=\frac{R^2}{EJ_0}\left(M_0-\frac{F_0L_1}{4}\right)+\frac{1.43F_0R^3}{4EJ_0}-\frac{3F_0R}{4GA_0}$	
7	校核立柱强度 $\sigma=\frac{M_{max}}{W}+\frac{F_0}{2A_c}$ 式中　A_c—单侧立柱的截面积 $M_{max}=\frac{F_0e_0}{2}\sec\frac{K_0L_2}{2}$ $e_0=\frac{2M_0}{F_0}$ $K_0=\sqrt{\frac{F_0/2}{EJ_2}}$	立柱应力在预紧状态下达到最大值，在立柱的中间截面内 卧式结构的计算从略 e_0 是立柱端部压力作用线的偏心距
8	计算立柱挠度 立柱中截面挠度 $\delta_0=\frac{M_0L_2^2}{8EJ_2}$ 或　$\delta_0=e_0\left(\sec\frac{K_0L_2}{2}-1\right)$	
9	稳定性校核 校核条件　$\frac{F_0}{2}\leqslant\frac{F_K}{n}$ 式中　n_0—稳定性安全系数可在(1.5~3)范围内选取	若强度刚度不够，应改变梁和柱的结构尺寸做调整计算，一般经二次调整后是可以达到要求的

27.3.4　机架的动刚度和热变形的计算

27.3.4.1　影响动刚度的主要参数

动刚度是衡量机架结构抗振能力的常用指标，它在数值上等于产生单位振幅所需的动态力。在一定的激振力作用下，机架结构的动刚度越大，则其振动量越小。

机架的动刚度取决于机架结构本身的参数，它除与机架的静刚度有关外，还与机架的质量、阻尼比和固有频率有关。

1）固有频率 ω_n 和频率比 λ。系统的固有频率 ω_n 是系统做自由振动时，由系统的固有性质所决定的振动频率。单自由度振动系统在无阻尼时有 $\omega_n=\sqrt{K/m}$；多自由度较复杂的系统，固有频率可用近似计算的方法解决。

频率比 λ 是激振频率与系统固有频率之比，即 $\lambda=\omega_j/\omega_n$。频率比 λ 是判断系统振动特性的重要指标。

2）阻尼比 ζ。阻尼比 ζ 是系统的粘性阻尼系数 γ 与临界阻尼系数 γ_c 之比，对于单自由度系统有

$$\zeta=\frac{\gamma}{\gamma_c}=\frac{\gamma}{2\sqrt{mK}}$$

阻尼比是决定振动系统动刚度的重要参数，常用材料和结构的阻尼比数值见表 27-39。

3）动刚度 K_d。对于受简谐激振力的单自由度系统，其动刚度与静刚度的关系为

$$K_d=\frac{F}{A}=K\sqrt{(1-\lambda^2)^2+(2\zeta\lambda)^2}$$

式中　F——激振力；

　　　A——振幅。

表 27-39　结构阻尼比

结构名称	材料和工作条件	阻尼比 ζ
单构件	铸铁件	0.0005~0.003
	焊接钢件	0.0002~0.015
	混凝土或钢筋混凝土件	0.01~0.022
机床大件	悬梁，滑枕	0.03~0.04
	床身，立柱，主轴箱	0.035~0.06
结构结合面	接合面无润滑油	0.01~0.04
	接合面有润滑油	0.04~0.10

在不同频率比范围内，各参数对动刚度的影响是不同的。在 $0.7\leqslant\lambda\leqslant1.3$ 区间，动刚度受阻尼比影响很大，共振时机架结构的动刚度 K_d 值最小，上式可简化为 $K_d=2\zeta K$，此时机架的振幅为最大值

$$A=\frac{F}{2\zeta K}$$

综上所述，确定机架的振动特性既要考虑外界条件激振力及激振频率，也要考虑机架的动刚度，即刚度、阻尼比和固有频率等内在条件的影响。由于在共振区域，动刚度一般仅为静刚度的几分之一，故在设计机架时，应使结构的固有频率尽量远离激振频率，ω_n 取值低于 $0.7\omega_j$ 或高于 $1.3\omega_j$ 均可。

27.3.4.2　提高机架结构动刚度的措施

（1）提高机架静刚度和固有频率 w_0　合理地改善机架结构以提高其静刚度 K 和固有频率 w_0 可改善机架的动刚度，在个别情况下，若机架的固有频率与其上零部件的固有频率接近时，也可用增大机架质量 m 和降低机架固有频率的办法来获得较好的动刚度，其主要措施有：

1）合理选取机架的截面形状及尺寸，以便在相同质量时具有较高的刚度和固有频率。例如，在条件允许时，应尽可能地增加截面轮廓尺寸而不增加壁厚；受扭矩作用的机架尽可能采用封闭形截面，其形状以圆形或正方形较好；对受弯矩作用的机架，应根据其弯矩图增大最大弯矩处的截面高度等。

2）合理布置肋板和肋条可以明显地增大机架的刚度和固有频率。

3）改善部件间连接处的刚度，提高螺钉连接处的局部刚度，能改善整机刚度，尤其是受弯曲载荷作用的机架，效果更为明显。

（2）改善机架的阻尼特性　机架的阻尼由接合面间的摩擦阻尼和材料的内摩擦阻尼组成。

1）充分利用接合面间的摩擦阻尼，提高接合面间摩擦阻尼的原则是：即使接合面上具有较大的压力（2~5MPa），又能在振动时做微小的相对运动，这种移动虽使静刚度略有降低，但阻尼增大后动刚度也会增大。

2）采用泥芯和混凝土等阻尼大的材料充填机架的空腔以提高机架的阻尼特性，出现振动时，它们之间的相对摩擦可以消耗掉一部分振动能量。

3）采用表面涂层，表面阻尼涂层和约束阻尼带，或阻尼夹心结构可以改变结构动刚度，提高阻尼比 ζ，其值可达 0.05~0.1。

27.3.4.3　机架的热变形

机架的热变形对机器的尺寸稳定性有较大影响。例如，精密机床床身和导轨的热变形、精密光学仪器的底座和支架的热变形，都会不同程度地对产品精度、测量精度产生影响。因此，精密机械的设计和使用都必须考虑机架的热变形。

机架的热变形可分为两大类：自由状态热变形和约束状态热变形，每类热变形又包括由于温度均匀升高引起的变形（属于线性伸长）和由于机架体不同侧面温升差而引起的弯曲变形。各类热变形的计算公式见表 27-40。

表 27-40　热变形类型及计算公式

热变形类型		热变形计算公式
自由状态热变形	机架均匀升温	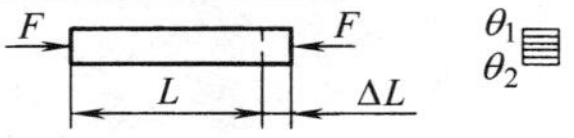 热变形直线伸长量 $\Delta L=\alpha L(\theta_2-\theta_0)$ α 为热膨胀系数，铸铁 $\alpha=11\times10^{-6}/℃$ L 为机架原始长度 θ_0 为机架的原始温度 θ_1 为机架加热后的温度

（续）

<table>
<tr><th colspan="2">热变形类型</th><th>热变形计算公式</th></tr>
<tr><td rowspan="3">自由状态热变形</td><td>机架均匀升温</td><td>消除热变形 ΔL 所需施加的轴向载荷为
$$F=\alpha EA(\theta_1-\theta_0)=K\Delta L(\mathrm{N})$$
K 为机架抗压刚度，$K=\frac{EA}{L}$
E 为弹性模量，铸铁 $E=(1.15\sim1.6)\times10^5\mathrm{MPa}$
A 为截面面积</td></tr>
<tr><td>截面上温度呈线性分布（自由支承）</td><td>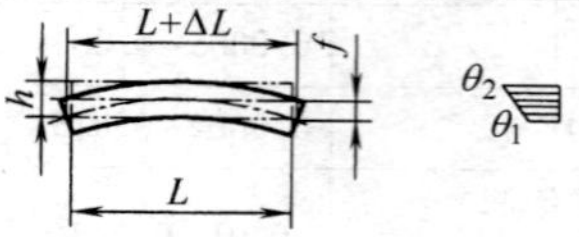

热变形弯曲量 $f=\frac{\alpha L^2(\theta_2-\theta_1)}{8h}$
消除热变形 f 需施加的弯曲载荷
$$F=Kf=\frac{6EI\alpha(\theta_2-\theta_1)}{Lh}$$
消除热变形 f 施加于两端的弯矩
$$M=K'f=\frac{EI\alpha(\theta_2-\theta_1)}{h}$$
K 为机架弯曲刚度，$K=\frac{48EI}{L^3}$
K' 为变形阻力，$K'=\frac{M}{f}=\frac{8EI}{L^2}$
I 为截面惯性矩
θ_1，θ_2 为机架截面上两面的温度（℃）</td></tr>
<tr><td>截面上温度呈线性分布（一端紧固）</td><td>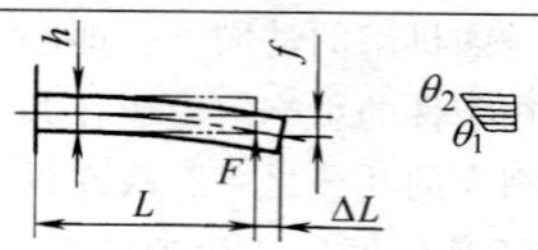

热变形弯曲量　$f=\frac{\alpha L^2(\theta_2-\theta_1)}{2h}$
消除热变形 f 应施加的弯曲载荷
$$F=Kf=\frac{1.5EI\alpha(\theta_2-\theta_1)}{Lh}$$
K 为机架弯曲刚度，$K=\frac{3EI}{L^3}$</td></tr>
<tr><td>约束状态热变形</td><td>互相连接的两机架并具有不同温度分布</td><td>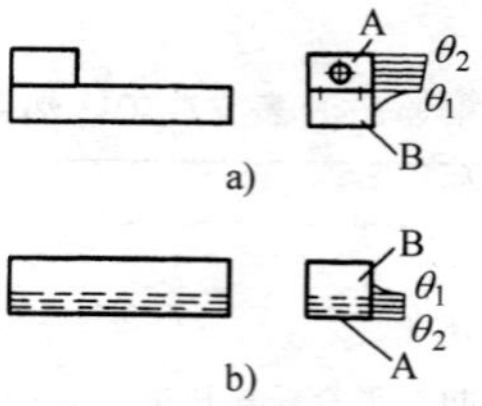

A 为温度较高的机架（图 a）
或机架中温度较高的部分（图 b）
B 为温度较低的机架（图 a）
或机架中温度较低的部分（图 b）B 部分具有限制 A 部分热变形的作用，成为约束热变形，其变形量与 A、B 两部分的刚度有关</td></tr>
</table>

（续）

热变形类型		热变形计算公式
约束状态热变形	互相连接的两机架并具有不同温度分布	$\Delta L_1=\Delta L\dfrac{K_A}{K_A+K_B}$ $f_1=f\dfrac{K_A}{K_A+K_B}$ ΔL_1，f_1 为 A、B 两部分的约束热变形的直线伸长量和弯曲量 ΔL，f 为 A、B 两部分按自由状态热变形的直线伸长量和弯曲量 K_A，K_B 为 A、B 两部分的刚度

27.4 箱体

27.4.1 概述

箱体是支承和容纳机器内各种运动零件的重要零件，它使箱体内的零件不受外界环境的影响，保护机器操作者的人身安全，并有一定的隔振、隔热和隔声作用。通常，箱体多为矩形截面的六面体。

27.4.1.1 箱体的分类

按箱体的功能可分为：

1）传动箱体。如减速器、汽车变速箱及机床主轴的箱体，主要功能是支承各传动件及其支承零件，这类箱体要求有密封性、强度和刚度。

2）泵体和阀体。如齿轮泵的泵体，各种液压阀的阀体，主要功能是改变液体流动方向、流量大小或改变液体压力。这类箱体除有对前一类箱体的要求外，还要求能承受箱体内液体的压力。

3）发动机缸体。如柴油机等的缸体，主要功能是保证内燃机的正常工作，除有前一类箱体的要求以外，还要求有一定的耐高温性能。

4）支架箱体。如机床的支座、立柱等箱体形零件，要求有一定的强度、刚度和精度，这类箱体设计时要特别注意刚度和造型。

按箱体的制造方法分，主要有：

1）铸造箱体。常用材料是铸铁、有时也用铸钢、铸铝合金和铸铜等。铸铁箱体的特点是结构形状可以较复杂，有较好的吸振性和机加工性能，常用于成批生产的中小型箱体。

2）焊接箱体。由钢板、型钢或铸钢件焊接而成，结构要求较简单，生产周期较短。焊接箱体适用于单件小批量生产，尤其是大件箱体，采用焊接件可大大降低制造成本。

3）其他箱体。如冲压和注塑箱体，适用于大批量生产的小型、轻载和结构形状简单的箱体。

27.4.1.2 箱体的设计要求

设计箱体首先要考虑箱体内零件的布置及与箱体外部零件的关系。如车床主轴箱要按箱内传动轴与齿轮以及所加工零件的最大设计尺寸来确定箱体的形状和尺寸。主要的设计要求如下：

1）满足强度和刚度要求。有些受力很大的箱体零件，满足强度要求是一个重要问题，箱体强度应根据工作过程中的最大载荷验算其静强度，对承受变载荷的箱体还应验算其疲劳强度。但是，对于大多数的箱体，尤其是各类传动箱和变速箱，评定性能的主要指标还是箱体的刚度，如车床主轴箱箱体的刚度，不仅影响箱体内齿轮、轴承等零件的正常工作，还影响机床的加工精度。

2）有良好的抗振性能和阻尼性能。即对箱体的动刚度要求。机床主轴箱体的动刚度同样会影响箱内零件的正常工作和机床加工精度。

3）散热性能和热变形问题。箱体内零件摩擦发热使润滑油黏度变化，影响其润滑性能，温度升高使箱体产生热变形，尤其是温度不均匀分布的热变形和热应力，对箱体的精度和强度有很大影响。

4）稳定性好。对于面积较大而箱体壁又很薄的箱体应考虑其失稳问题。

5）结构设计合理。如支点安排、肋的布置、开孔位置和连接结构的设计等均要有利于提高箱体的强度和刚度。

6）工艺性好。包括毛坯制造、机械加工及热处理、装配调整、安装固定、吊装运输、维护修理等各个方面的工艺性。

7）造型好。符合实用、经济和美观三项基本原则。

8）质量小。箱体质量在整机中常占较大比例，所以减小箱体质量对减小机器质量有相当大的作用。

设计不同的箱体对以上要求可能有所侧重。

27.4.2 箱体结构方案分析

设计箱体结构时，当箱体内部零件的相互关系和受力情况相同，但制造方法与工艺装配条件不同时，也可以设计成不同的结构形式。

齿轮传动分配箱中各齿轮的啮合关系如图 27-43a 所示，功率通过齿轮 1 输入，齿轮 1 与齿轮 2 啮合，齿轮 3 和齿轮 4 及齿轮 5 同时啮合，且齿轮 3、齿轮 4 和齿轮 5 的轴均为功率输出轴，五个齿轮和四根轴组成一个动力分配箱，箱体内齿轮的传动关系如图 27-43b 所示，对图 27-44 所示三种箱体不同分箱面结构方案的比较见表 27-41。

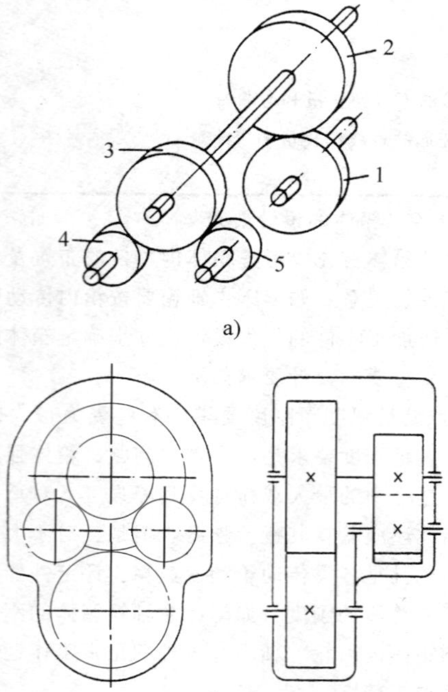

图 27-43　齿轮分配箱传动系统

a）传动方案　b）分配箱

1、2、3、4、5—齿轮

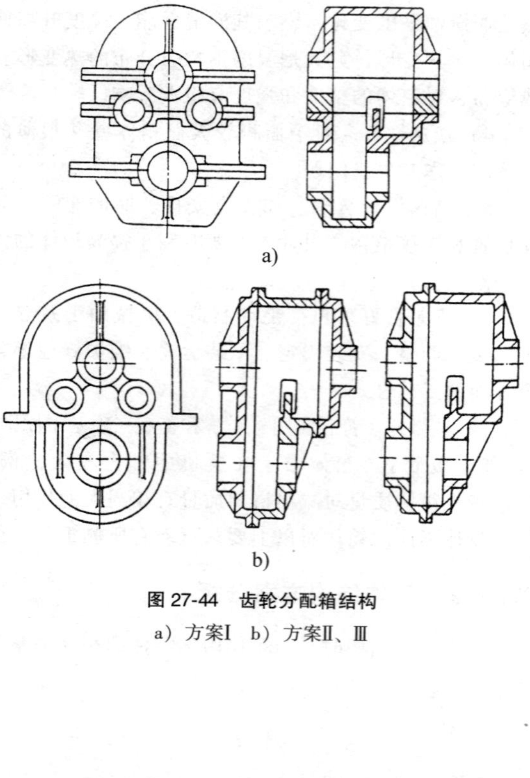

图 27-44　齿轮分配箱结构

a）方案Ⅰ　b）方案Ⅱ、Ⅲ

表 27-41　分配箱箱体结构形式比较表

结构形式Ⅰ	结构形式Ⅱ	结构形式Ⅲ
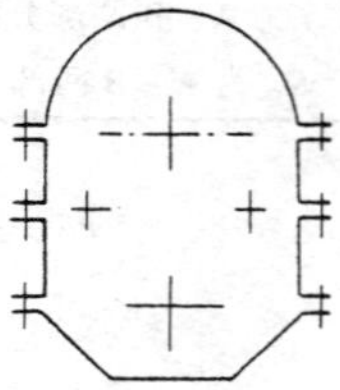	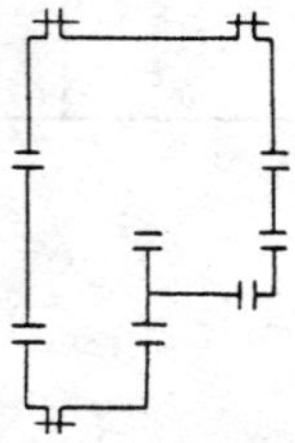	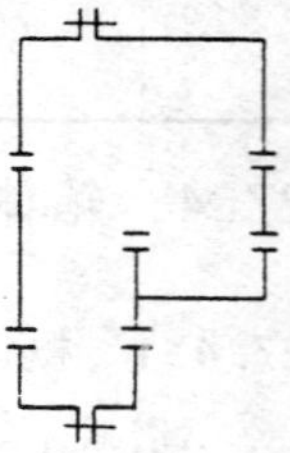
铸造工艺性好，制模造型方便，机加工量大，箱体结合面要求精加工且表面要求高，轴承孔必须组合镗孔 下箱可以储油，结合面密封要求不高	左右两侧盖铸造困难易变形，中间箱体结构较复杂，铸造费时又费工 机加工量较少，但结合面密封要求高，结合面容易漏油	右箱体较复杂，铸造有一定难度 结合面少，机加工量也减少，加工要求稍低，较易加工 密封要求高，结合面容易漏油

27.4.3　箱体的强度计算

27.4.3.1　箱体设计计算的一般原则

箱体设计计算主要是指箱体壁的强度和刚度。通常取箱体中较长的两侧壁为计算单元，图 27-45 所示的 M 面和 N 面是箱体零件的主要承载面，轴承多安装在此两侧壁上。以 M 和 N 壁为计算单元求得的壁厚，可作为整个箱体壁厚的参考值。

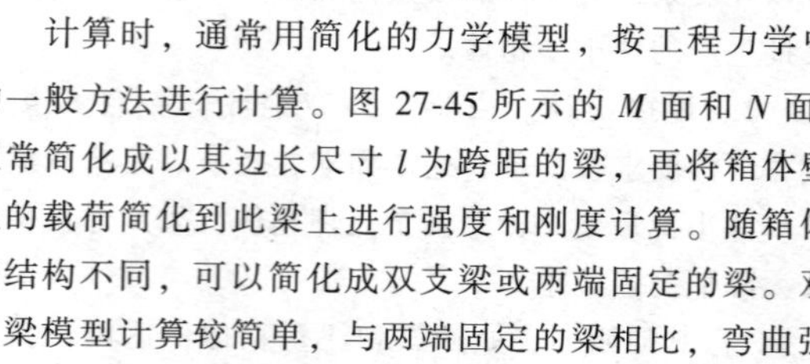

图 27-45　箱体

计算时，通常用简化的力学模型，按工程力学中的一般方法进行计算。图 27-45 所示的 M 面和 N 面，通常简化成以其边长尺寸 l 为跨距的梁，再将箱体壁上的载荷简化到此梁上进行强度和刚度计算。随箱体的结构不同，可以简化成双支梁或两端固定的梁。双支梁模型计算较简单，与两端固定的梁相比，弯曲强度差别很小。但刚度计算差别较大，所以在刚度计算时，尽可能按两端固定的梁处理，有利于减小计算结果的误差。

重要且结构复杂的箱体，可用计算机按有限元法进行计算，并可用计算机模拟进行箱体的结构设计。

27.4.3.2　箱体的强度计算

（1）已知条件　单级斜齿圆柱齿轮减速器见图27-46a，其中：输入轴的转速 $n_1=228\mathrm{r/min}$，减速器传动比 $i=4$，小齿轮齿数 $z_1=22$，右旋，分度圆螺旋角 $\beta=10°50'38''$，法面模数 $m_n=5\mathrm{mm}$，齿轮宽度 $b=90\mathrm{mm}$，小齿轮轴的输入扭矩 $T_1=542.5\times10^3\mathrm{N\cdot m}$，小齿轮轴上安装 209 轴承，大齿轮轴上安装 214 轴承，不计齿轮和轴的自重。

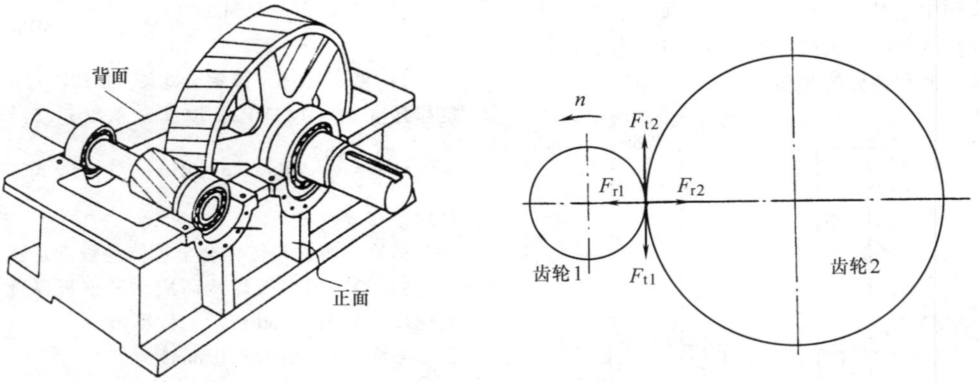

a)　　　　b)

图 27-46　单级斜齿轮减速器

按已知条件，齿轮上各力的计算结果为

圆周力　$F_{t1}=F_{t2}=9686\mathrm{N}$

径向力　$F_{r1}=F_{r2}=3590\mathrm{N}$

轴向力　$F_{a1}=F_{a2}=1854\mathrm{N}$

方向如图 27-46b 所示。

试计算减速器箱座的强度。根据箱座结构尺寸简化的计算模型如图 27-47 所示，其中 F_1 为箱座上 1 点的作用力，F_2 为箱座上 2 点的作用力。

（2）计算支反力和弯矩　减速器传动简图如图 27-48 所示，齿轮在箱座中，相对前后壁为对称布置，输入和输出端只有转矩作用，前后箱壁上点 1，2，3 和 4 的作用力计算结果为

$$F_t\text{的作用}：F_1=F_3=F_2=F_4=\frac{F_t}{2}=4843\mathrm{N}$$

$$F_r\text{的作用}：F_{01}=F_{02}=F_{03}=F_{04}=\frac{F_r}{2}=1795\mathrm{N}$$

F_{a1} 和 F_{a2} 分别作用于前壁上点 1 处和后壁上点 4 处，且与箱壁垂直（若轴承定位方式更改，也可能作用于点 3 和点 2），为了简化计算，不考虑切应力的影响，也暂不考虑 F_r 对箱壁的作用。

F_1 和 F_2 的作用方向如图 27-47 所示，箱壁的支反力及弯矩计算结果如下：

支反力：$R_A=R_B=2159\mathrm{N}$

弯矩：$M_1=R_A\cdot a=209\mathrm{N\cdot m}$

$M_2=R_B\cdot c=542\mathrm{N\cdot m}$

支反力方向和弯矩图如图 27-47 所示。

（3）截面模量的计算　弯矩 M_2 大于 M_1，所以

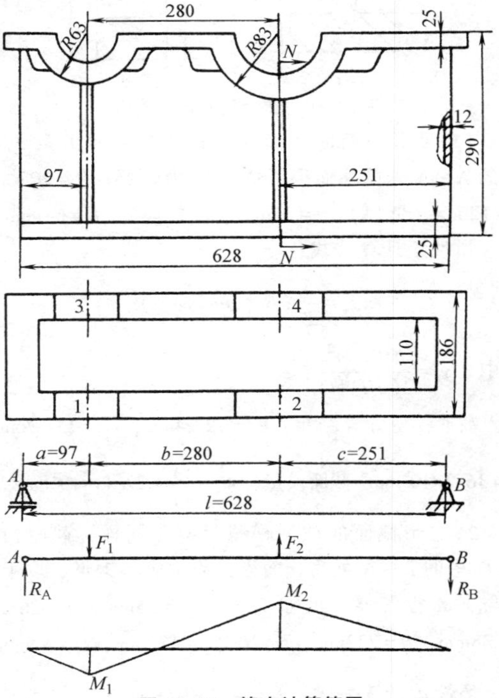

图 27-47　箱座计算简图

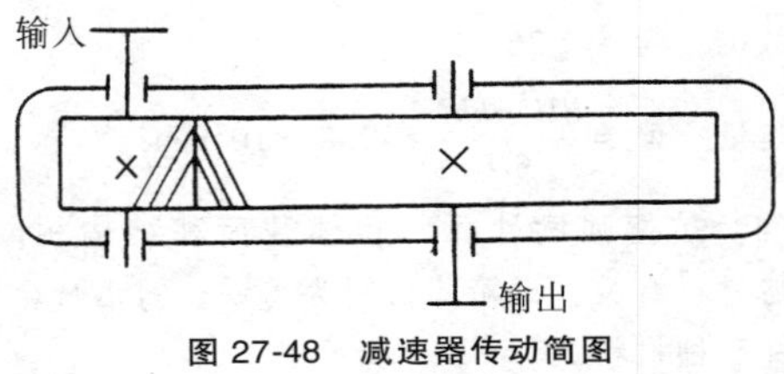

图 27-48　减速器传动简图

应在点 2 处进行弯曲应力的计算，此处的抗弯截面可以分两种情况简化，一是简化成轴承座孔以下的⊥形截面，⊥形底边宽度 B 取成从箱座壁厚的中心线到底板外侧的两倍，如图 27-49a 所示。二是简化成过轴承座孔中心的⊏形截面，为计算方便，取上翼板厚度等于下翼板（箱座的翻边）的厚度，如图 27-49b 所示。实例中，对此两种简化成的截面，在相同弯矩下均计算出其弯曲应力的大小，以便于比较，由计算结果可知，两种截面的弯曲应力无明显差别。

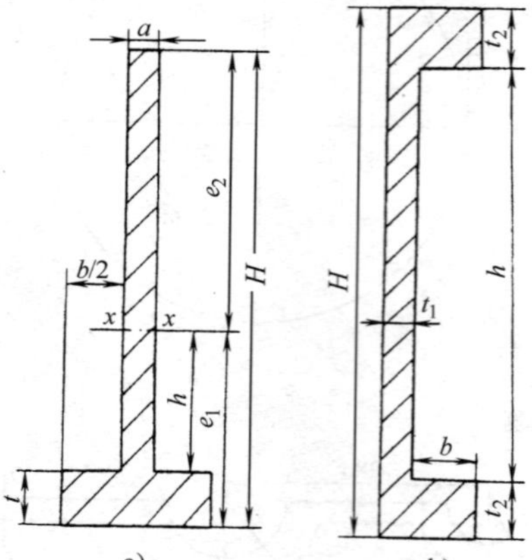

图 27-49　铸件箱座计算截面

1）⊥形截面的截面模量计算。截面由图 27-47 中的 N—N 处简化而得，截面尺寸如下：$H=207\text{mm}$，$a=12\text{mm}$（壁厚），$t=25\text{mm}$（底板厚），$B=64\text{mm}$。

惯性矩计算公式：

$$J_x=\frac{1}{3}(Be_1^3-bh^3+ae_2^3)$$

式中　$e_1=\dfrac{aH^2+bt^2}{2(aH+bt)}$；$e_2=H-e_1$

代入数据，得计算结果：$e_1=72.24\text{mm}$，$e_2=134.76\text{mm}$，$J_x=16.2\times10^6\text{mm}^4$ 截面模量　$W_x=\dfrac{J_x}{e_1}=22.43\times10^4\text{mm}^3$。

2）⊏形截面的截面模量计算。同样，截面由图 27-47 中的 N—N 处简化而得，简化成槽钢形，取上翼板与下翼板等厚，尺寸如下：$t_2=25\text{mm}$，$b=26\text{mm}$，$B=38\text{mm}$，$H=232\text{mm}$，$h=H-2t_2=182\text{mm}$，$t_1=12\text{mm}$。

惯性矩计算公式：$J_x=\dfrac{1}{12}(BH^3-bh^3)$

代入数据，得 $J_x=26.48\times10^6\text{mm}^4$

截面模量　$W_x=\dfrac{BH^3-bh^3}{6H}=22.83\times10^4\text{mm}^3$。

（4）抗弯强度计算　箱体载荷和结构相同时，强度与材料有关，设箱体材料为铸铁、铸铝合金和钢板焊件三种材料。

1）箱座材料为铸铁 HT200。铸铁 HT200 的抗拉强度 $\sigma_b=195\text{MPa}$，取安全系数 $s=4$，许用应力 $[\sigma]=\dfrac{\sigma_b}{s}=48.8\text{MPa}$，工作应力分别为

⊥形截面　$\sigma=\dfrac{M_2}{W_x}=\dfrac{542000}{22.43\times10^4}\text{MPa}=2.4\text{MPa}<[\sigma]$

⊏形截面　$\sigma=\dfrac{M_2}{W_x}=\dfrac{542000}{22.83\times10^4}\text{MPa}=2.37\text{MPa}<[\sigma]$

2）箱座材料为铸铝合金 ZAlSi12。尺寸同铸件，抗拉强度 $\sigma_b=143\text{MPa}$，取安全系数 $s=5$，许用应力 $[\sigma]=\dfrac{\sigma_b}{s}=\dfrac{143}{5}\text{MPa}=28.6\text{MPa}$，对⊥形和⊏形两种截面均存在 $\sigma<[\sigma]$。

结论：铸铁和铸铝合金箱体的强度足够。

3）箱座用钢板焊接而成。设钢板厚度 $t=5\text{mm}$，其他尺寸如图 27-50 所示，计算得

⊥形截面　$J_x=6.04\times10^6\text{mm}^4$

$$W_x=7.46\times10^4\text{mm}^3$$

$$\sigma=\frac{M_2}{W_x}=\frac{542000}{7.46\times10^4}\text{MPa}=7.27\text{MPa}$$

⊏形截面　$J_x=5.83\times10^6\text{mm}^4$

$$W_x=6.07\times10^4\text{mm}^3$$

$$\sigma=\frac{M_2}{W_x}=8.93\text{MPa}$$

取材料为 20F-钢板，屈服强度 $\sigma_s=230\text{MPa}$，安全系数 $s=2.5$，许用应力 $[\sigma]=\dfrac{\sigma_s}{s}=92\text{MPa}$，⊥形或⊏形简化截面均有 $\sigma<[\sigma]$，所以强度足够。

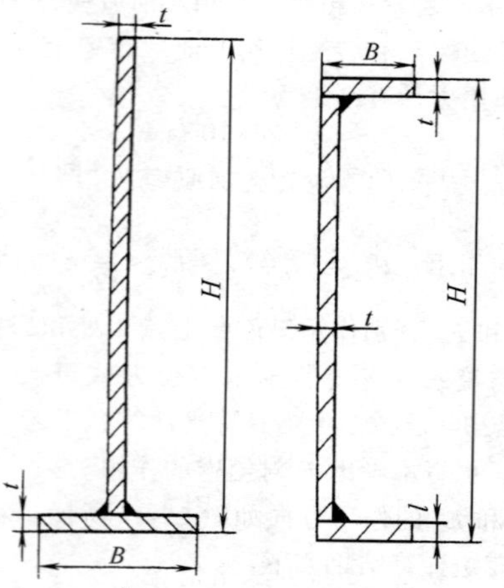

图 27-50　焊接箱座简化截面的尺寸

上述计算中，未考虑齿轮径向力 F_r 的作用，F_r 在前箱壁上产生弯矩 M_{01} 和 M_{02}，其大小为 $M_0=\dfrac{F_r}{2}\bar{y}$，

$\bar{y}$ 为箱座前壁顶面到中性轴的距离。不计 F_r 和切应力的影响，经计算，结果相差 30%，但计算过程简单易行，从计算结果分析，对最后结论未产生影响。

从计算结果看，箱体强度裕量较大，因箱体除满足强度要求外，主要还是刚度要求，而满足刚度要求时，强度裕量一定会较大。

27.4.4　齿轮减速器箱座的刚度计算

刚度计算的已知条件和强度计算实例的已知条件完全相同，结构简图和计算模型如图 27-47 所示，刚度计算的内容包括纵向刚度、水平刚度、扭转刚度和压缩刚度。

（1）纵向刚度计算　箱座壁的简化情况与强度计算相同，所以，在强度计算中已获得的参数值此处不再重复计算。由于简化成双支梁或简化成两端固定的梁，其计算所得挠度有较大差别，下面对两种简化情况将分别计算，以利于比较。

1）箱座材料为灰铸铁。取铸铁的弹性模量 $E=1.5\times10^5$MPa，将 N—N 截面分别简化成⊥形和⊏形截面，简化截面尺寸如图 27-49 所示，计算结果如下：

⊥形截面

按双支梁简化并利用叠加原理，得挠度计算式为

$$f_2=\frac{Fc}{6EJl}\{a(a+b)^2+a(a^2-2al-2bl)-(a+b)[(a+b)^2+c^2-l^2]\}$$

式中　f_2——图 27-47 中 2 点的挠度（mm）；

E——箱体材料的弹性模量（MPa）；

J——截面惯性矩（mm^4）。

代入 a、b、c 和 l 的值（见图 27-47）进行计算，得 2 点的挠度值为

$$f_2=5.326\times10^{-3}\text{mm}$$

按固定梁简化并利用叠加原理，得

$$f_2=\frac{Fc^2}{6EJl^3}\{a^2\ [c\ (3b+3c+a)\ -3bl-3cl]-(a+b)^2\ [\ (a+b)\ (3a+3b+c)\ -3al-3bl]\ \}$$

代入图 27-47 所示数据进行计算，得

$$f_2=1.868\times10^{-3}\text{mm}$$

同样情况下，简支梁与固定梁的挠度比值 $R=\frac{5.326}{1.868}=2.85$，说明两种简化情况的结果相差较大，按两端固定梁简化更接近箱体壁的计算情况，所以，在不过多增添计算烦琐情况下，按两端固定梁简化较好。

⊏形截面

按双支梁简化，得挠度

$$f_2=3.78\times10^{-3}\text{mm}$$

按两端固定梁简化，挠度为

$$f_2=1.326\times10^{-3}\text{mm}$$

2）箱座用钢板焊接。钢板厚度 $t=5$mm，其结构和截面尺寸如图 27-50 所示，与上述同理，按双支梁简化，其挠度为

⊥形截面　$f_2=14.285\times10^{-3}$mm

⊏形截面　$f_2=17.17\times10^{-3}$mm

按两端固定梁简化，其挠度为

⊥形截面　$f_2=5.01\times10^{-3}$mm

⊏形截面　$f_2=6.023\times10^{-3}$mm

上述计算结果分析，用钢板 $t=5$mm 焊接的箱座刚度稍差，可增添加强肋以改善刚度。

（2）水平刚度计算（见图 27-51）　齿轮的轴向力 F_a 引起箱壁的平面变形，变形大小计算式为

$$\left(\frac{f}{l}\right)=\frac{\Sigma F_{ai}l^2\lambda_1}{J_y}$$

$$\lambda_1=\frac{3K-4K^3}{48E}$$

$$K=\frac{a}{l}$$

式中　F_{ai}——垂直于箱壁平面的作用力（N）；

l——箱壁的计算长度（mm）；

J_y——箱壁横截面绕垂直中性轴的惯性矩，（mm^4）；

λ_1——运算符。

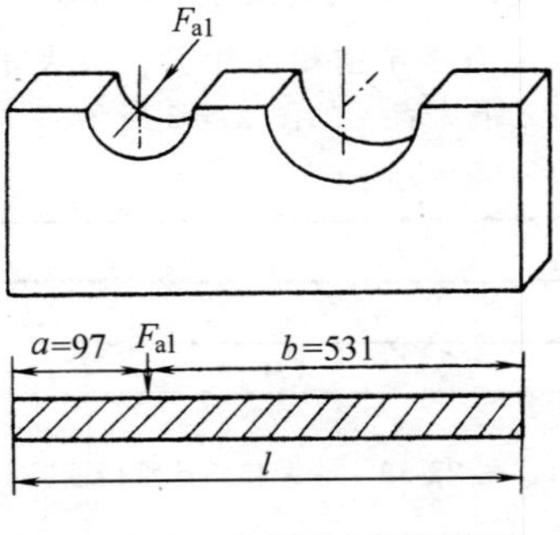

图 27-51　水平刚度计算简图

铸铁箱体的弹性模量 $E=1.5\times10^5$MPa，壁厚 $t=12$mm，其他数据同前，代入数据得计算结果：

$F_{ai}=F_{a1}=1854$N

$K=\frac{a}{l}=0.15445$

$\lambda_1=0.0063\times10^{-5}\text{mm}^2/\text{N}$

$J_y=\frac{lt^3}{12}=90432\text{mm}^4$

$f_y=0.000314\text{mm}=0.314\times10^{-3}\text{mm}$

钢板焊接箱体，钢板厚 $t=5\text{mm}$，其他尺寸同前，代入数据得计算结果

$\lambda_1=0.0047\times10^{-5}\text{mm}^2/\text{N}$

$J_y=6542\text{mm}^4$

$f_y=0.0033\text{mm}=3.3\times10^{-3}\text{mm}$

（3）扭转刚度　齿轮的轴向力 F_a 除使箱体壁产生平面变形，即水平挠度外，还使箱体壁产生扭转变形，计算用力学模型如图 27-53 所示，截面几何形状及尺寸如图 27-52 所示，扭转角

$$\varphi=\frac{T_{\max}l}{GJ}$$

式中　$T_{\max}$——箱壁上作用的最大转矩（N · mm），

$T_1=F_{a1}\bar{y}$，$\bar{y}\approx145\text{mm}$

$T_1=26.87\times10^4\text{N}\cdot\text{mm}$

$T_{\max}=22.72\times10^4\text{N}\cdot\text{mm}$；

J——抗扭极惯性矩（mm^4）；

$$J=\frac{1.12}{3}\Sigma h_i t_i^3=142.32\times10^4\text{mm}^4;$$

G——材料的剪切弹性模量（MPa），铸铁 $G=4.5\times10^4\text{MPa}$。

代入数据得　$\varphi=0.00223\text{rad}=0.13°$

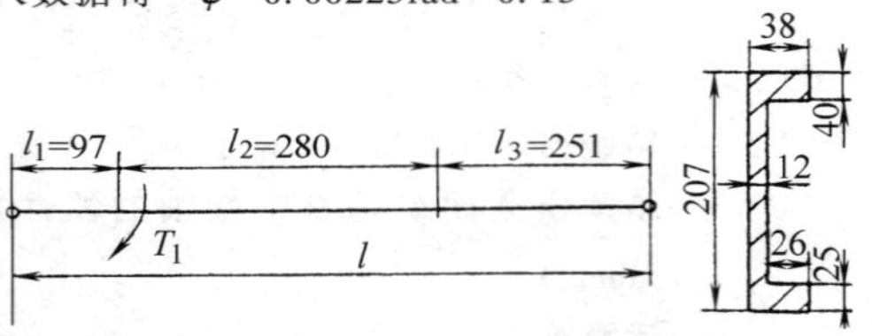

图 27-52　扭转刚度计算简图

当截面上有多个扭矩作用时，最大扭矩 $T_{\max}$ 取 T_{11} 至 T_{14} 中之最大者，如图 27-53 所示。

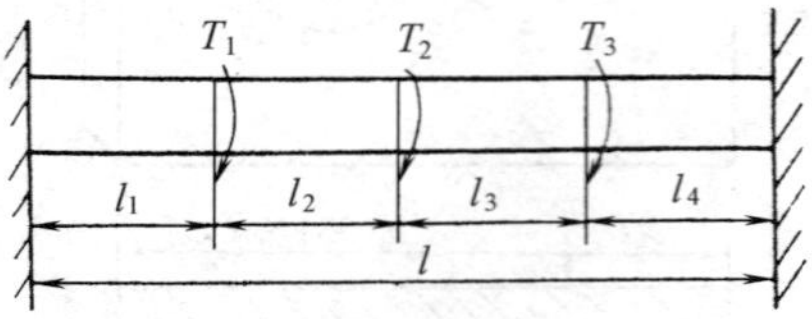

图 27-53　最大转矩计算用图

$$T_{11}=\frac{T_1(l_2+l_3+l_4)+T_2(l_3+l_4)+T_3l_4}{l}$$

$$T_{12}=\frac{-T_1l_1-T_2(l_1-l_2)+T_3l_4}{l}$$

$$T_{13}=\frac{-T_1l_1-T_2(l_1+l_2)+T_3l_4}{l}$$

$$T_{14}=\frac{-T_1l_1-T_2(l_1+l_2)-T_3(l_1+l_2+l_3)}{l}$$

（4）压缩刚度　齿轮的圆周力 F_t 和径向力 F_r 对箱座壁产生垂直方向的压力，压缩变形计算式为

$$f_1=\frac{Fl}{AE}$$

式中　A——箱座承压面积（mm^2）；

E——箱体材料的弹性模量（MPa）。

通常，箱体的压缩刚度不会有问题，铸铁的承压能力较好，所以此处对压缩刚度就不进行数据计算。

27.4.5　机床主轴箱的刚度计算

计算机床主轴箱壁板的刚度时，设定只考虑与主轴箱箱壁垂直的作用力，箱体壁板刚度是指箱壁上垂直方向的作用力与着力点处同方向的变形量之比。

箱体壁板的刚度用矩形平板的刚度公式，考虑具体情况乘以不同的修正系数，其近似计算式为

$$f=K\frac{Fb^2}{Et^3}\text{㊀}$$

$$K=K_0K_1K_2K_3K_4$$

式中　F——垂直于箱壁的作用力（N）；

t——箱壁的厚度（mm）；

b——矩形箱壁的短边（mm）；

E——箱体材料的弹性模量（MPa）；

K——修正系数；

K_0——着力点影响系数，查表 27-42；

K_1——孔和凸台的影响系数，查表 27-43 及表 27-44，凸台尺寸见表 27-45；

K_2——其他孔的影响系数，$K_2=1+\Sigma\Delta K_2$，ΔK_2 的值见表 27-46 和表 27-47；

K_3——肋的影响系数，对加强受力孔凸台的肋，取 $K_3=0.8\sim0.9$，对加强整个箱体壁的肋，相互交叉者，取 $K_3=0.80\sim0.85$，互不交叉者，可取 $K_3=0.75\sim0.80$；

K_4——箱体受力面，即矩形平板的长短边比例修正系数，查表 27-48。

【例 27-2】　车床主轴箱刚度计算。

图 27-54 所示为车床主轴箱计算用结构简图，已知主轴孔Ⅰ的最大轴向力 $F=3000\text{N}$，箱体尺寸 $a\times b\times c=550\text{mm}\times360\text{mm}\times420\text{mm}$，箱体材料为铸铁，弹性模量 $E=1.5\times10^5\text{MPa}$，箱壁厚 $t=10\text{mm}$。求箱体的刚度。

【解】　箱体尺寸比 $a:b:c\approx1:0.6:0.75$，受力面的边长比 $a:b=1:0.6$，着力点位置的坐标 $x=0.25a$，$y=0.55b$。

㊀　此式的使用条件是：平板材料的泊松比 $\mu=0.3$，板厚 $t\leqslant0.2b$，b 为矩形平板之短边，表中 a 为矩形平板之长边。

表 27-42 着力点位置影响系数 K_0

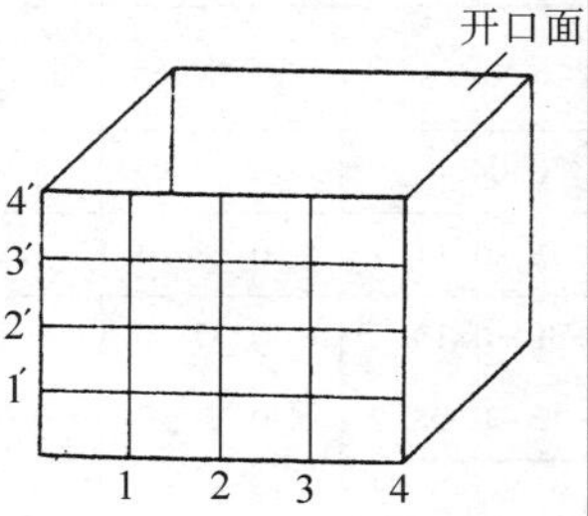

受力面边长比 $a:b$	1:1			1:0.75						1:0.5					
箱体轮廓尺寸 $a:b:c$	1:1:1			1:0.75:1			1:0.75:0.75			1:0.5:1			1:0.5:0.75		
坐标	1	2	3	1	2	3	1	2	3	1	2	3	1	2	3
1′	0.74	1.15	0.74	0.69	0.92	0.69	0.69	—	0.69	0.37	0.41	0.37	0.37	—	0.37
2′	1.38	2.20	1.38	1.33	2.06	1.33	1.28	1.93	1.28	0.87	1.28	0.87	0.83	1.24	0.83
3′	1.97	3.21	1.97	1.79	2.84	1.80	—	2.84	—	1.56	2.34	1.56	—	2.20	—
4′	4.36	6.42	4.36	3.53	5.32	3.53	—	0.74	—	2.84	4.22	2.84	—	3.17	—

注：1. 表中 1，2，3 和 1′，2′，3′，4′为着力点坐标，具体位置见表中箱体图。

2. 受力面三边与其他边相连，一边为开口。

表 27-43 孔和凸台的影响系数 K_1

$\frac{D}{d}$	$\frac{H_0}{t}$	$\frac{D^2}{a\times b}$							
		0.02	0.03	0.05	0.07	0.10	0.13	0.16	0.20
1.2	1.5	0.97	0.95	0.93	0.91	0.88	0.86	0.83	0.78
	1.6	0.93	0.91	0.88	0.85	0.81	0.77	0.75	0.70
	1.8	0.86	0.83	0.78	0.74	0.69	0.65	0.62	0.57
	2.0	0.80	0.77	0.71	0.67	0.61	0.57	0.53	0.48
	3.0	0.71	0.65	0.56	0.50	0.43	0.37	0.33	0.28
1.6	1.2	0.97	0.95	0.93	0.91	0.88	0.86	0.83	0.79
	1.4	0.88	0.85	0.80	0.76	0.72	0.66	0.65	0.63
	1.6	0.82	0.77	0.71	0.66	0.60	0.55	0.51	0.45
	2.0	0.75	0.70	0.62	0.56	0.49	0.43	0.38	0.30
	3.2	0.70	0.63	0.54	0.47	0.38	0.32	0.27	0.21

注：表中 D—凸台直径；d—孔径；$\frac{H_0}{t}$—凸台有效高度与箱壁厚度之比，见表 27-45 中图。

表 27-44 无凸台的孔的影响系数 K_1

$\frac{d^2}{a\times b}$	0.05	0.01	≥0.015
K_1	1.1	1.15	1.2

注：表中 d—孔的直径。

查表 27-42 $K_0=1.28$

查表 27-48 $K_4=0.0778$

查表 27-43 $K_1=0.445$，由图知，孔 Ⅰ $\frac{H}{t}=9$，$\frac{R}{a'}=0$，由表 27-45 得$\frac{H_0}{t}=2.25$，$\frac{D}{d}=1.2$，$\frac{D^2}{a\times b}=$

表 27-45 凸台有效高度与壁厚比值的确定表

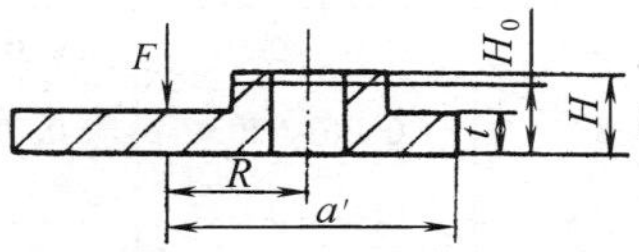

H—凸台实际高度

H_0—凸台有效高度

t—箱体壁厚

$\frac{H}{t}$	$\frac{R}{a'}$		
	0	0.3	0.5
	$\frac{H_0}{t}$		
1.2	1.19	1.16	1.14
1.6	1.53	1.41	1.35
2.0	1.78	1.62	1.50
2.4	1.96	1.76	1.60
4.0	2.15	1.90	1.70
10.0	2.25	2.00	1.75

注：1. R—凸台孔中心线至受力点的距离。

2. a'—受力点到箱板边缘的距离。

0.19，再查表 27-43，用插值法得 K_1。

查表 $K_2=0.76$，对孔 Ⅱ，$\frac{H}{t}=4$，$\frac{R}{a'}=0.48$，表 27-45，$\frac{H_0}{t}=1.7$，$\frac{D^2}{a\times b}=0.073$，$\frac{D}{d}=1.5$，表 27-47，$\Delta K_2=-0.14$，按相同步骤，对孔 Ⅲ、孔 Ⅳ 和孔 Ⅴ 分别查得 $\Delta K_2=-0.16$，$\Delta K_2=+0.03$，$\Delta K_2=+0.03$，所以，$K_2=1+\Sigma\Delta K_2=0.76$。

取 $K_3=0.85$，代入上述数据计算，得

$$K=K_0K_1K_2K_3K_4$$
$$=1.28\times0.445\times0.76\times0.85\times0.0778=0.0286$$

将已知数据 F，b，E 和 t 代入计算式计算，求得有孔

箱壁板的挠度为

$$f=K\frac{Fb^2}{Et^3}=0.0286\ \frac{3000\times360^2}{1.5\times10^5\times10^3}\text{mm}=0.0741\text{mm}$$

根据前面的定义，主轴箱刚度 $W=\frac{F}{f}$，代入数据计算，得主轴箱刚度 $W=40.5\text{N}/\mu\text{m}$。

表 27-46　$+\Delta K_2$ 值

$\frac{D}{d}$	$\frac{H_0}{t}$	$\frac{d^2}{a\times b}$				
		0.01	0.02	0.03	0.04	0.05
1.2	1.1	0.06～0.03	0.11～0.05	0.14～0.08	0.18～0.11	0.21～0.13
1.6	1.0	0.08～0.03	0.14～0.06	0.22～0.10	0.30～0.13	0.37～0.17
	1.2	0.07～0.03	0.11～0.05	0.13～0.07	0.13～0.08	0.14～0.09

注：无凸台时，可用孔径 d 的平方查表。

表 27-47　$-\Delta K_2$ 值

$\frac{D}{d}$	$\frac{H_0}{t}$	$\frac{d^2}{a\times b}$				
		0.01	0.02	0.04	0.07	0.10
1.2	1.6	0.02～0.01	0.03～0.02	0.05～0.03	0.07～0.04	0.09～0.05
	1.8	0.06～0.03	0.08～0.04	0.11～0.06	0.16～0.08	0.19～0.10
	2.0	0.08～0.04	0.11～0.06	0.16～0.09	0.21～0.13	0.26～0.17
	3.0	0.12～0.07	0.18～0.10	0.25～0.15	0.34～0.20	0.41～0.24
1.6	1.4	0.06～0.04	0.08～0.05	0.11～0.07	0.14～0.10	0.16～0.12
	1.6	0.09～0.05	0.12～0.07	0.17～0.10	0.22～0.13	0.27～0.16
	2.0	0.12～0.07	0.17～0.09	0.23～0.13	0.31～0.18	0.37～0.21
	3.0	0.14～0.08	0.20～0.12	0.29～0.17	0.38～0.23	0.35～0.28

注：1. 当 $\frac{H_0}{t}$ 较大时 ΔK_2 取负值，参照本表。

2. 当 $\frac{H_0}{t}$ 较小时 ΔK_2 取正值，参照表 27-46。

表 27-48　长短边比例系数

$\frac{a}{b}$	K_4
1.0	0.0611
1.2	0.0707
1.4	0.0755
1.6	0.0778
1.8	0.0786
2.0	0.0788
∞	0.0792

27.4.6　箱体截面几何形状及壁厚的设计

设计箱体的截面几何形状和确定截面中各参量的大小时，可以根据设计任务书给定的箱体许用挠度 $[f]$ 和许用扭转角 $[\theta]$，求出承载截面所要求的惯性矩，再根据求出的惯性矩值，设计几种不同几何形状的截面和尺寸，进行综合比较后，择优选用，其设计步骤如下：

1）根据已知条件及传动方案图计算作用于箱体上的外力。

2）计算箱体受力面垂直方向所需惯性矩 J（见图 27-55）。

$$J=\sum_{i=1}^{n}J_{Fi}+\sum_{i=1}^{n}J_{Mi}$$

式中　J_{Fi}——外力作用下所需惯性矩

$$J_{Fi}=\frac{F_{yi}L^3\lambda_1}{[f]}$$，λ_1 见 27.4.4 节；

J_{Mi}——外力矩作用下所需惯性矩

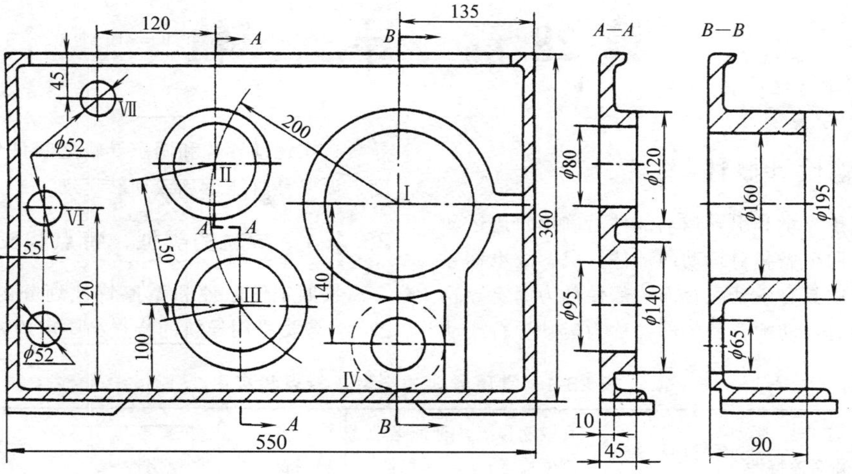

图 27-54　车床主轴箱结构简图

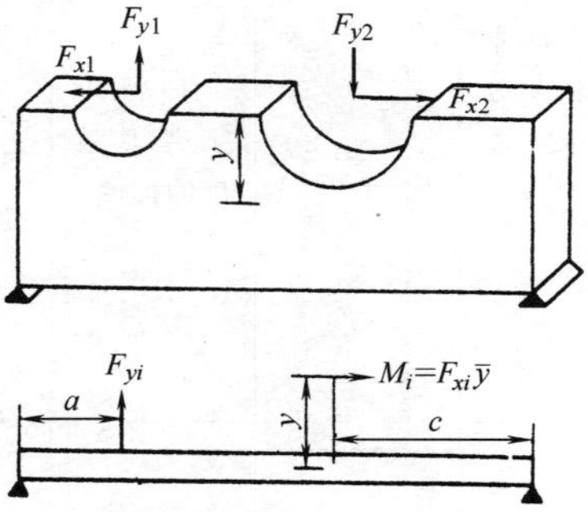

图 27-55　纵向惯性矩计算简图

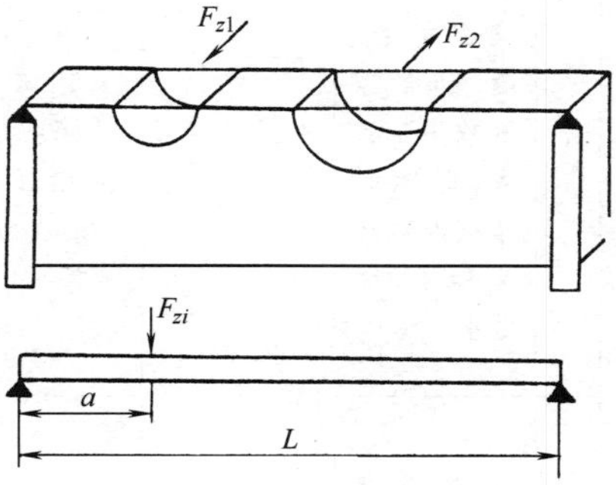

图 27-56　水平惯性矩计算简图

$$J_{Mi}=\frac{M_iL^2\lambda_2}{[f]},\ \lambda_2=\frac{4K^2-1}{16E};$$

3）计算箱壁水平面所需惯性矩 J_y（见图 27-56）。

$$J_y=\sum_{i=1}^{n}\frac{F_{zi}L^3\lambda_1}{[f]}$$

式中　F_{zi}——垂直于箱体壁的作用力。

4）计算抗扭惯性矩 J_K。

$$J_K=\frac{T_{max}}{G[\theta]}$$

式中　T_{max}——截面中的最大扭矩；

G——材料的剪切弹性模量。

根据求得的惯性矩，用定性分析和定量分析相结合的方法，寻求理想的截面几何形状和尺寸匹配。定性分析用于判断结构的优劣，定量分析用于确定结构中主要参量的大小，但定性分析有可能给设计人员带来新的方案构思，从而有可能促进结构设计中的重要突破。

第28章　导　　轨

28.1　导轨设计概述

导轨是用于支承和引导运动部件沿确定轨迹运动的装置，它由两个做相对运动的部件构成，故也称导轨副。导轨副中具有不动配合面的部件称为固定导轨或静导轨，而有运动配合面的部件称为运动导轨或动导轨。在运动导轨和固定导轨之间只允许有一个自由度，可以是直线运动或回转运动。

28.1.1　导轨的类型、特点和应用

按照工作原理和摩擦特性划分的导轨类型见表28-1，各类常用导轨的特点和应用均列于表中。

表28-1　常用导轨的类型、特点和应用

类　型			工作原理和摩擦特性	导向精度	灵敏度和定位精度	低速运动平稳性	精度保持性	抗振性和稳定性	应　用	特　点
滑动导轨	普通滑动导轨	整体式	导轨副工作面是混合摩擦状态，静、动摩擦因数相差较大，低速时摩擦因数随速度增加而减小		较差、不采用减摩措施时，定位精度为0.01~0.02mm	低速时(1~60mm/min)易产生爬行	导轨表面淬火可将耐磨性提高1~2倍		广泛用于普通精度的机械	结构简单，制造容易，维护简便，成本低
		镶装式	采用镶铜、有色金属或塑料板，改变导轨基体的摩擦特性，增加耐磨性	采用精铣、磨削或刮削可达到较高的几何精度	一般比整体式的好	一般	比整体式好	好	—	—
		贴(涂)塑式	由工程塑料做成动导轨表面，与金属制静导轨的摩擦因数较小，只随着速度增加而略有增大，但承载能力较差		用聚四氟乙烯软带时，定位精度可达0.002mm	无爬行	好		广泛用于精密和重型机械，也常用于旧机器导轨的大修	结构简单，制造容易，维修简便，制造成本较低，静导轨常用镶钢式

（续）

类型			工作原理和摩擦特性	导向精度	灵敏度和定位精度	低速运动平稳性	精度保持性	抗振性和稳定性	应用	特点
滑动导轨	静压导轨	液体	压力油通过节流器进入导轨承压面，在任何速度下均为液体摩擦状态；油膜承载能力大	油膜有均化误差的作用，精度可达0.001~0.006mm/1000mm	微量位移定位精度为0.002mm，摩擦因数很小，约为混合摩擦的百分之一	低速运动时无爬行，定位精确，速度均匀	导轨无磨损，精度保持性好	油膜有吸振能力	用于重型、大型和精密机械，如数控机床	制造复杂，调整较难，需要一套较复杂的供油系统
滑动导轨	静压导轨	气体	用压缩空气经节流器进入导轨面内腔，形成厚约0.02~0.025mm的气垫，比液体静压导轨摩擦因数小，承载能力低	空气介质有很好的冷却作用，减小导轨热变形，导向精度可达0.00025mm/300mm	灵敏度很高，定位精度可达0.125μm，重复精度0.025μm	平稳性很好，低速无爬行	导轨副无金属接触，还可以用空气起净化作用	可以采用花岗岩做机座，隔振性很好，由于气隙很小，在很小振幅下已产生接触，阻尼性强	多用于数控机床三坐标测量机等	需要一套供气系统，承载能力低，空气不需回收，不污染环境，结构比液体静压导轨简单
滑动导轨	动压导轨	液体	利用导轨面间的相对运动形成压力油楔，将动导轨浮起，形成液体摩擦	有“浮升”现象，导向精度一般	一般	不能用于低速	起动和停止时速度低，不能建立动压，有磨损	油膜有吸振能力	只适用于高速运动的主运动导轨，如立式车床的圆周运动导轨	—
滚动导轨	普通滚动导轨		在导轨面间放置钢球、圆柱滚子或滚针使导轨副形成滚动摩擦，适用于高速、高灵敏度的机械或仪器	导向精度与导轨面和滚动件的精度有关，可达较高精度	适当预加载荷，定位精度可达0.1~0.2μm	低速时无爬行，但如预加载荷，可造成灵敏度低，甚至出现爬行	维护良好时寿命长，滚动体一般可运行10^5~10^8m，淬火钢导轨修理周期为12~15年	较差	用于精密机械导轨	制造复杂，导轨尺寸越大，成本越高，使用维护简单，对脏物敏感，必须有较好的防护措施

（续）

类型		工作原理和摩擦特性	导向精度	灵敏度和定位精度	低速运动平稳性	精度保持性	抗振性和稳定性	应用	特点
滚动导轨	滚动体循环导轨	标准部件，滚动体循环运动	导向精度与导轨面和滚动件的精度有关，可达较高精度	适当预加载荷，定位精度可达0.1~0.2μm	低速时无爬行，但如预加载荷，可造成灵敏度低，甚至出现爬行	维护良好时寿命长，滚动体一般可运行 10^5 ~ 10^8m，淬火钢导轨修理周期为12~15年	较差	用于精密机械导轨	有多种型号，制造较简单
其他导轨	滚动贴塑复合式	综合了滚动贴塑-镶钢导轨的优点，既有灵敏度高又有塑料导轨黏性阻尼的特性	高	较高	无爬行	好	好	用于大型精密机械	—
	弹簧导轨	利用弹簧的弹性变形来控制微小的位移，其摩擦极小，工作平稳可靠	一般	高	好	无磨损	低	用于微小位移的精密仪器	—
	磁浮导轨	利用磁场的相互作用，将导轨浮起，导轨面不接触，无摩擦	较高	高	好	好	—	用于航天仪器及磁浮列车等	—

28.1.2　导轨的设计要求

28.1.2.1　导向精度及精度保持性

导向精度是指动导轨沿静导轨运动时其运动轨迹的准确程度。

影响导向精度的主要因素有：导轨的几何精度、导轨副的接触精度、导轨和支承件的刚度和热变形、导轨的油膜厚度及油膜刚度等。

导轨的几何精度主要是指导轨的直线度和导轨间的平行度。接触精度则用导轨实际接触面所占百分比或单位面积内接触点数来衡量。各类机械的技术条件不同，对导轨的精度要求也不同。

导轨精度的保持性主要取决于导轨的耐磨性和导轨材料的尺寸稳定性。耐磨性与导轨副的材料匹配情况、受力情况、加工精度、润滑方式及防护装置的性能等因素有关；而良好的尺寸稳定性则要求在导轨制造过程中尽力消除导轨及其支承件的内部残余应力。

28.1.2.2　运动精度

运动精度包括运动的平稳性、移动灵敏度和定位精度等。

导轨运动的平稳性，特别是在低速运动时的平稳性，要求导轨速度均匀而无爬行现象。它与导轨的结构、导轨副材料匹配、润滑条件和导轨运动传动系统的刚度、运动部件的质量等因素有关。

导轨移动灵敏度指运动导轨完成一次移动所能达到的最短距离。定位精度指运动导轨由运动状态停止在某一指定位置的能力。灵敏度和定位精度与导轨类型、摩擦特性、运动速度、传动系统刚度及移动件质量等因素有关。

28.1.2.3　刚度和承载能力

导轨受力后的变形将影响部件之间的相对位置和导向精度，这对于精密机械和仪器尤为重要。导轨变形有导轨本体变形和动导轨与静导轨接触部位的接触变形，应分别考虑。

导轨应具有足够的承载能力，载荷的分布要合理，以避免导轨不均匀磨损而失去精度，影响使用寿命。

28.1.2.4　抗振性和稳定性

抗振性和稳定性是导轨的振动稳定性指标，前者指抗受迫振动的能力，而后者指抗自激振动的能力。

导轨的抗振能力与导轨刚度、固有频率和阻尼特性有关。如闭环控制的数控机床，不仅要求导轨的起动、制动跟踪灵敏度高，还要求有适当的黏滞阻尼特性，以防止在起动、制动过程中发生振动稳定性问题。

28.1.2.5　结构工艺性

结构简单、工艺性好，在满足使用要求的前提下，尽量便于加工、装配、调整和维修。

28.1.2.6　对温度变化的适应性

环境温度变化和局部热源产生的不均匀温度场，都可能会引起导轨变形，精密设备的导轨应具有较好的适应性。

28.1.3　导轨设计的一般步骤

1）根据工作条件和载荷，确定导轨的类型、截面形状和结构尺寸。

2）导轨的设计计算。滑动导轨选定导轨材料与热处理方法、进行导轨压强的校核计算。滚动导轨进行受力分析、静强度计算和预期寿命的计算。

3）滑动导轨间隙调整装置的设计。滚动导轨预加载荷调整机构的设计。

4）导轨润滑系统及防护装置的设计。

5）选定导轨精度和制定技术条件。

28.2　滑动导轨

28.2.1　滑动导轨截面形式、特点及应用

28.2.1.1　直线滑动导轨

直线滑动导轨一般由若干个平面组成，为便于制造、装配和检验，其平面数量应尽量少。选择截面形状时要注意以下两点：

1）导轨磨损量随导轨表面压强的增加而增加，设计时应尽可能使导轨面垂直于外载荷的作用方向。

2）导轨面磨损对导向精度的影响要小。

常用直线滑动导轨的截面形式和结构特点见表 28-2。

当移动部件的尺寸较小，为细长条状或行程较小时，可将导轨做成封闭形。常用全封闭式滑动导轨的截面形式、结构特点及应用见表 28-3。

28.2.1.2　常用滑动导轨组合形式（见表 28-4）

28.2.1.3　回转运动滑动导轨

回转运动导轨多用于金属切削机床，在径向切削力和离心力作用下，运动部件能保持较高的回转精度。这种导轨常与主轴联合使用。回转运动滑动导轨截面形式、特点及应用见表 28-5。

表 28-2　常用直线滑动导轨的截面形式

截面形式		凸　形 凸形作为下导轨时，有利于排屑，但不易保存润滑油，只宜于低速运动	凹　形 凹形作为下导轨时容易保存润滑油，须注意导轨的防护	结　构　特　点
三角形导轨（V形导轨）	对称		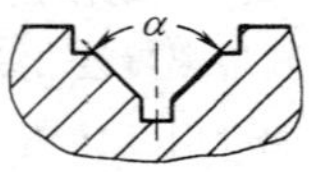	1）导向精度高，不会产生间隙，因而能自动补偿磨损 2）一般选取三角形顶角 $\alpha=90°$，重型机床导轨承受垂直载荷大，采用较大的顶角，$\alpha=110°\sim120°$ 3）水平力大于垂直力，两侧压力分布不均时采用不对称导轨
	不对称	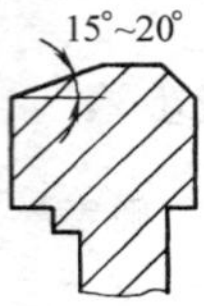	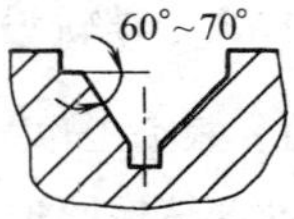	
矩形导轨（平导轨）			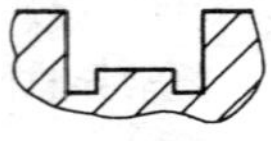	1）承载能力大，制造方便 2）必须留有侧面间隙，磨损后不能自动补偿磨损，用镶条调整时会降低导向精度 3）应注意导轨的保护
燕尾形导轨			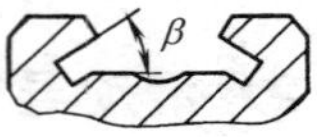	1）尺寸紧凑，适合于高度小、层次多的部件 2）用一根镶条可以同时调整各面间隙，调整及夹紧简便 3）刚度不及矩形导轨，不适于承受大的颠覆力矩和向上的力 4）摩擦阻力大 5）加工，测量较麻烦，β 角通常取为 55°
圆柱形导轨		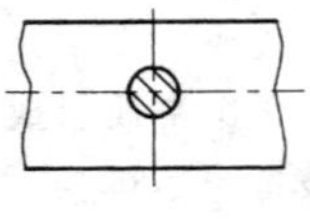	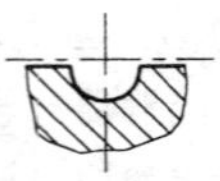	1）制造简单，不易积存较大的切屑 2）抗弯刚度小，主要用于受轴向载荷的导轨 3）适用于同时做直线和转动的场合

表 28-3　常用全封闭式滑动导轨的截面形式

截面形式	简　　图	结构特点	应用举例
圆形	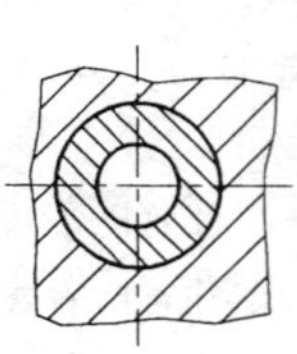	1）制造简单，外圆采用磨削，内孔珩磨，可达到精密配合 2）磨损后调整间隙不便 3）为了防止转动，需要加导向键，但不能承受大的转矩	钻床、铣床的主轴套筒，车床，外圆磨床尾座套筒，摇臂钻床立柱等
三角形	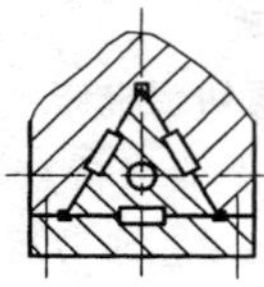	1）磨损后可刮研结合面调整间隙 2）可以通过刮研两个结合面来调整中心位置 3）能承受一定的转矩	螺纹磨床尾座套筒，花键轴磨床尾座套筒及砂轮修整器等

（续）

截面形式	简　　图	结构特点	应用举例
菱形	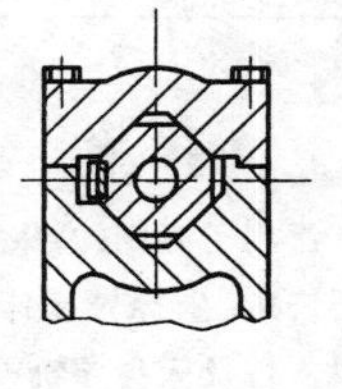	1）能承受较大的转矩 2）可修刮结合面或用棍镶条调整间隙 3）菱形导轨的对中性比矩形导轨好，因而导向性能好。菱形导轨有较高的刚度	用于立式车床刀架滑枕，卧式镗床主轴滑枕，可移式刨床、刀架滑枕等
矩形	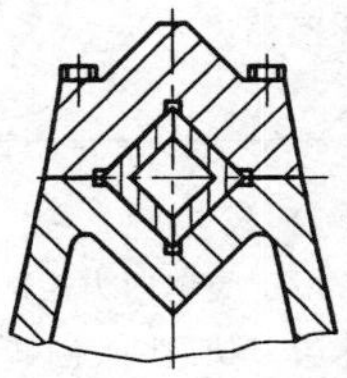		

表 28-4　常用滑动导轨组合形式

截面组合形式		简　　图	结构特点	应用情况
双矩形组合	宽式组合	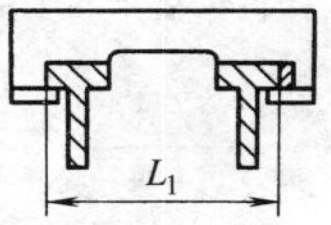	1）承载能力大，制造简单 2）侧导向面用镶条调整间隙，使接触刚度降低，而且必须留有间隙，降低了导向精度 3）宽式组合导向面之间的距离 L_1 较大，受热后膨胀量较大，要求间隙大，导向精度和导向性能不如窄式组合 4）用两条导轨内侧面导向，当传动件位于中心线上时，可减小牵引力引起的运动部件的偏转，提高导向精度 5）窄式，加工和测量都较简单，易获得较高的平行度	用于普通精度机床，如升降台铣床、组合机床、龙门铣床、卧式镗床、车床、拉床和重型机床床身等 窄式组合比宽式组合应用广泛
	窄式组合	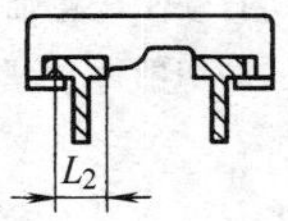		
双三角形组合		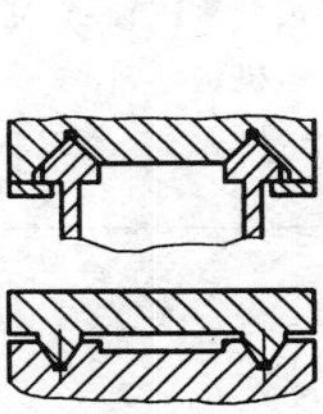	1）两个三角形导轨同时起支承和导向作用，对两导轨平行度要求高 2）不需镶条调整间隙，接触刚度好，导向面间无间隙，导向精度高 3）磨损后相对位置变化小，对机床精度影响小，能自行补偿垂直及水平方向的磨损 4）对温度变化较敏感，热变形会引起导轨面接触不良，降低导向精度，为保证四个工作面都能良好接触，可将其中一个三角形导轨设计成浮动形式（浮动导轨不起导向作用） 5）不能承受大的侧向力 6）工艺性差，制造困难	用于高精度车床、丝杠车床、转塔车床、导轨磨床、龙门刨床床身导轨、滚齿机的立柱与床身、齿轮磨床和单柱坐标镗床立柱等

（续）

截面组合形式	简　图	结构特点	应用情况
三角形和矩形组合	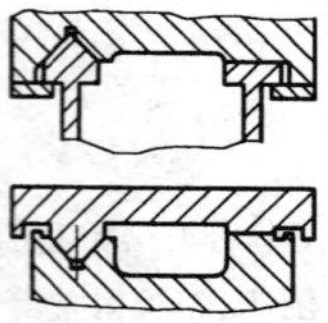	1）不需镶条调整间隙，导向精度高 2）加工和装配都比较简便 3）两条导轨磨损不同，特别是三角形导轨磨损较快，对位置精度有影响 4）温度变化不会改变导轨面的接触情况，但热变形会使移动部件水平偏移 5）凹三角形（V形）导轨的动压浮升量比矩形导轨大，会引起移动部件偏转	广泛用于车床、磨床、龙门刨床、龙门铣床、坐标镗床床身导轨、滚齿机立柱及床身导轨等
燕尾形和矩形组合	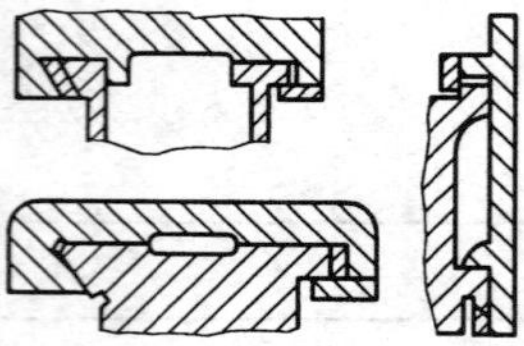	1）用矩形导轨承受较大的颠覆力矩产生的压力 2）用燕尾形导轨作侧导向面，减少一个压板接触面，调整间隙简便，夹紧容易 3）摩擦阻力大，加工、测量麻烦	常用于受单向力矩的场合，如多刀车床刀架、牛头刨床工作台、立式车床、龙门刨床横梁和立柱，摇臂钻床摇臂导轨等
三角形和燕尾形组合	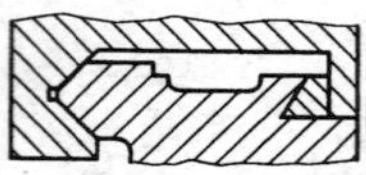	1）组合成闭式导轨的接触面数目较少 2）调整间隙只需一根镶条 3）三角形导轨能承受水平和垂直方向的载荷，导向精度高 4）加工和测量都比较复杂	主要用于横向垂直配置的导轨，如多刀车床前、后刀架的导轨，坐标镗床横梁和主轴箱溜板导轨
双三角形对顶组合	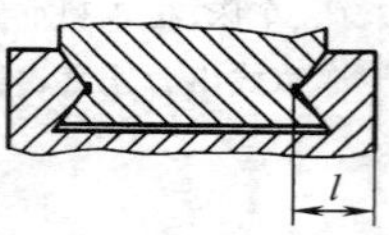	1）保持一定宽度时，具有足够的刚度，能承受各方向的作用力 2）当导轨采用装配式结构时，导轨本身具有镶条和压板的作用 3）移动一个导轨即可调整间隙 4）因运动部件悬挂在两条导轨上，承重不宜过大	主要用于多轴自动车床刀架，纵切自动车床主轴箱，可承受不同方向的切削力
双圆柱形组合	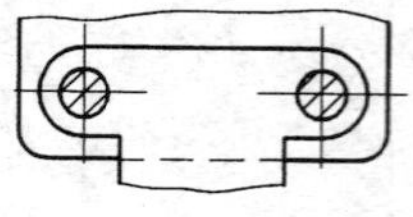	1）圆柱面既是导向面又是支承面，结构简单，便于采用淬火钢，延长导轨寿命，减小摩擦力 2）导轨刚性较差 3）磨损后不易补偿，调整装置复杂 4）两圆柱的轴线平行度要求较高	用于拉床、珩磨机、插齿机、攻丝机、专门机床床身，近年也见用于镗铣床主轴箱，立柱导轨机械手传送机构导轨
圆柱形与矩形组合	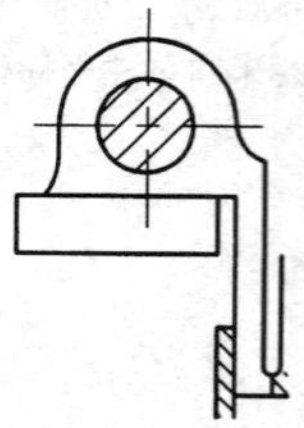	1）对圆柱中心线位置精度要求比双圆柱组合的低 2）矩形导轨制成斜面和阶梯面时，刀架移动的同时还可做摆动进刀、退刀 3）在矩形导轨的两侧面加镶条调整	多刀自动车床的纵刀架和横刀架，多轴自动车床纵刀架

（续）

截面组合形式		简　图	结构特点	应用情况
多条导轨组合	三条矩形	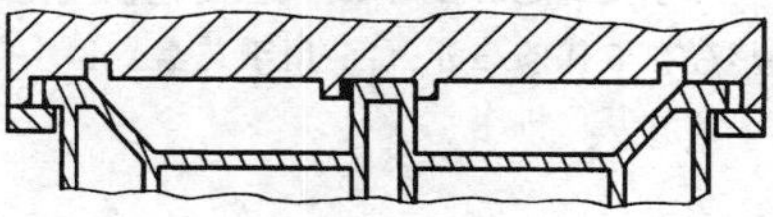 a) 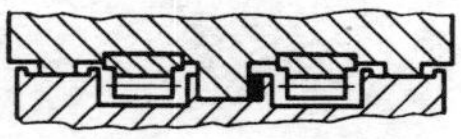 b)	1）承载能力大，便于制造 2）用中间导轨的两侧面导向，用镶条调整间隙，因此导向精度较差。采用镶钢导轨及偏心滚轮消隙机构可改善导向精度 3）用双齿条传动工作台时偏转量很小	重型镗床工作台滑座与床身导轨
	两条矩形和中央三角形	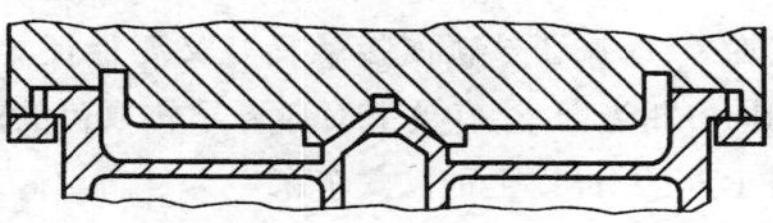 a) 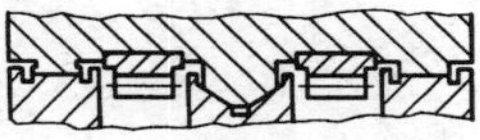 b)	1）用中央三角形导轨导向，能自动补偿磨损，不用镶条，导向精度高 2）比三条矩形组合工艺性差，制造困难 3）三角形顶角 110°，当牵引力偏置时，会出现偏转，影响导向精度	1）重型龙门刨床工作台导轨 2）重型卧式镗床，镗铣床床身导轨 3）坐标镗床工作台导轨
	两条不对称三角形和矩形	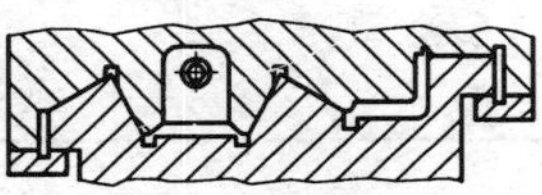	1）将牵引装置布置在两条凸三角形导轨之间，可减少偏转，提高精度 2）不需要镶条调整间隙 3）工艺性差、制造比较困难	用于重型镗床立柱与床身导轨
	两条三角形和矩形	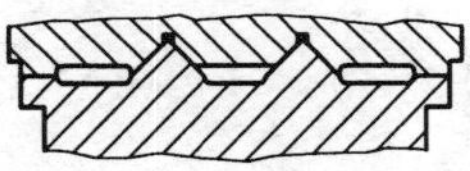 a)  b)	1）承载能力大，不用镶条，完全防止了侧向偏移，导向精度高 2）工艺性差，制造比较困难	1）单柱坐标镗床床身与十字滑座的导轨 2）龙门刨床，铣刨联合机床床身与工作台导轨

注：各种截面组合的接触刚度，由大到小的顺序为：双矩形、双三角形、对称三角形和矩形、不对称三角形和矩形，燕尾形导轨。但应注意，由于矩形导轨磨损后不能自动消除间隙，其刚度减小速度要比双三角形及矩形和三角形组合的导轨快。

表 28-5　回转运动滑动导轨的截面形式

类　型	截面形式	特点及应用
平面环形导轨	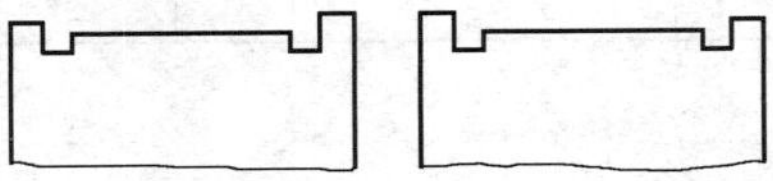	具有承载能力大、工作精度高、结构简单和制造方便等优点，但只能承受轴向载荷，必须与主轴联合使用 适用于主轴定心的回转运动导轨的机床，如立式车床、齿轮加工机床和平面磨床等

（续）

类　型	截面形式	特点及应用
锥面环形导轨	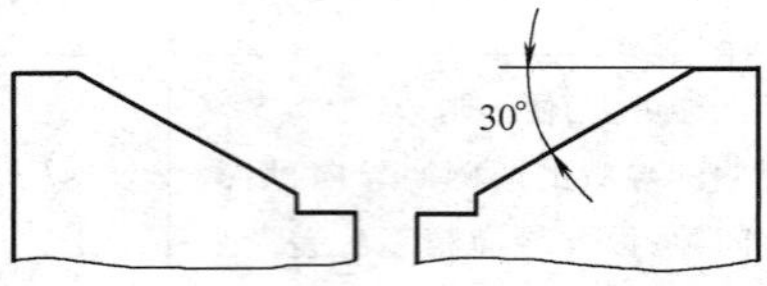	可以承受一定的径向载荷，但工艺性较差，有被平面环形导轨取代的趋势，目前用于花盘直径小于3m的立式车床和其他机床
V形面环形导轨	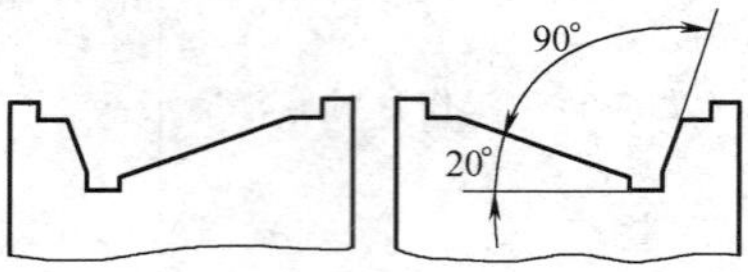	可以承受较大的径向载荷和一定的倾覆力矩，但工艺性差，既保证导轨面接触良好又要保证导轨面与主轴同心相当困难，有被平面环形导轨取代的趋势，目前用于直径3m以上的立式车床
	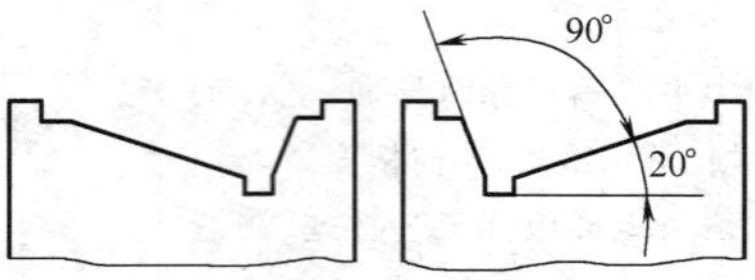	
	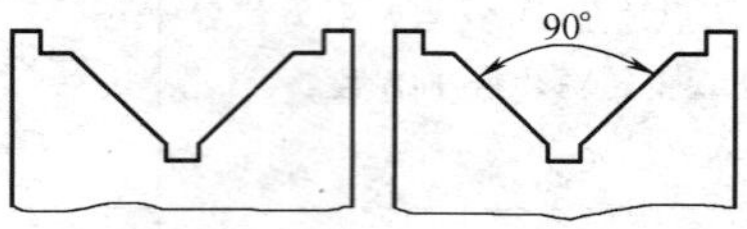	

28.2.2　滑动导轨尺寸

28.2.2.1　三角形导轨尺寸（见表28-6）

表28-6　三角形导轨尺寸　　（单位：mm）

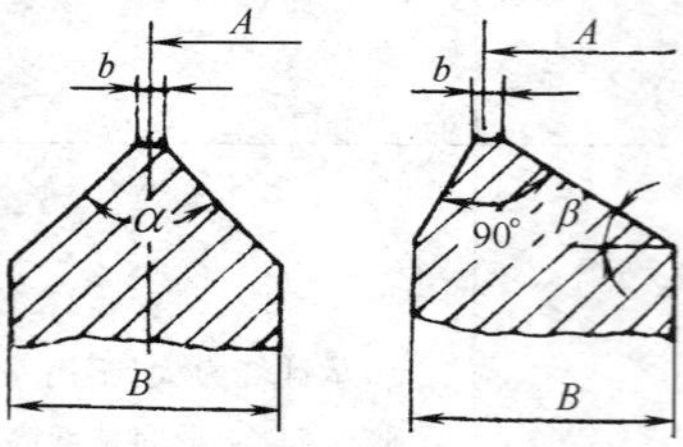

B	12	16	20	25	32	(35)	40	45	50	(55)	60	65
b ≤	1.2	1.6	2	2.5	3	3.5	4	4.5	5	5.5	6	6.5
B	70	80	90	100	110	(120)	125	(130)	140	150	160
b ≤	7	8	9	10	11	12	12	13	14	15	16
B	170	180	200	220	250	280	300	320	350	380	400
b ≤	17	18	20	22	25	28	30	32	35	38	40

A尺寸系列

50	55	60	70	80	90	100	110	125	140	150	180
200	220	250	280	320	360	400	450	500	550	630	710
800	900	1000	1120	1250	1400	1600	1800	2000	2240	2500	—

角度系列

α	60°	90°	100°	120°	β	20°	25°	30°

注：1. 括号内尺寸尽可能不用。

2. 表中尺寸亦适用于凹形。

3. A为导轨跨度。

28.2.2.2　燕尾形导轨尺寸（见表 28-7）

表 28-7　燕尾形导轨尺寸　　（单位：mm）

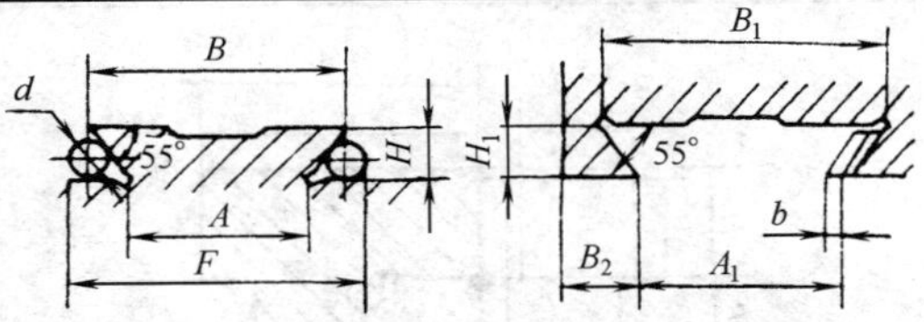

H	H_1	d	b	A	A_1	B	B_1	B_2 ≥	F
20	21	12	4	80	85	108	114.4	32	115.052
				90	95	118	124.4		125.052
				100	105	128	134.4		135.052
				110	115	138	144.4		145.052
				125	130	153	159.4		160.052
25	26	25	5	100	105	135	141.4	40	173.025
				110	115	145	151.4		183.025
				125	130	160	166.4		198.025
				140	145	175	181.4		213.025
				160	165	195	201.4		233.025
32	33	32		125	131	169.8	177.2	50	198.025
				140	146	184.8	192.2		213.025
				160	166	204.8	212.2		233.025
				180	186	224.8	232.2		253.025
				200	206	244.8	252.2		273.025
40	41	32	6	160	166	221.6	223.4	65	253.472
				180	186	241.6	243.4		273.472
				200	206	261.6	263.4		293.472
				225	231	286.6	288.4		318.472
				250	256	311.6	313.4		343.472
50	51.5	50	8	200	208	270	280.1	80	346.050
				225	233	295	305.1		370.050
				250	258	320	330.1		396.050
				280	288	350	360.1		426.050
				320	328	390	400.1		466.050
65	66.5		10	250	260	341	353.1	100	396.050
				280	290	371	383.1		426.050
				320	330	411	423.1		466.050
				360	370	451	463.1		506.050
				400	410	491	503.1		546.050
80	81.5	80		320	330	432	444.1	125	563.680
				360	370	472	484.1		593.680
				400	410	512	524.1		633.680
				450	460	562	574.1		682.680
				500	510	612	624.1		733.680

注：1. b 为斜镶条小端厚度，滑座及镶条斜度为 1∶50 或 1∶100，镶条法向斜度（垂直于 55°方向的斜度）为 0.82∶50 或 0.82∶100。

2. $A_1=A+b$，$B=A+1.4H$，$B_1=A_1+1.4H_1$，$F=A+2\times\frac{\alpha}{2}\left(1+\cot\frac{55°}{2}\right)=A+2.921d$。

28.2.2.3　矩形导轨尺寸（见表 28-8）

表 28-8　矩形导轨尺寸　　（单位：mm）

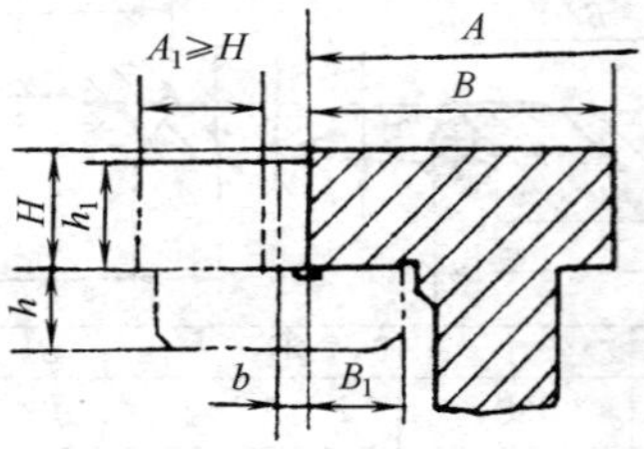

H	B	B_1	A	h	h_1	镶条 b	
						斜镶条	平镶条
16	25~40	10;12	100~320	10	H-0.5	4	5
20	32~80	12;16	140~400	12		5;6	6
25	40~100	16;20	180~500	16		6;8	8
(30);32	50~125	20;25	220~630	20			8;10
40;(45)	60~160	25;32	280~800	25	H-1	8;10	10;12
50;(55)	80~200	32;40	360~1000	32			12;15
60;(65)	100~250	40;50	450~1250	40		10;12	15;19
(70);80	125~320	50;65	560~1600	50		12;15	20;25
100	160~400	60;80	710~2000	60		15;18	—

A、B 尺寸系列

A	50	55	60	70	80	90	100	110	125	140	160	180	200	220	250	280	320
	360	400	450	500	560	630	710	810	900	1000	1120	1250	1400	1600	1800	2000	—
B	12	16	20	25	32	(35)	40	(45)	50	(55)	60	(65)	70	80	90	100	110
	(120)	125	(130)	140	150	160	170	180	200	220	250	280	300	320	350	380	400

28.2.3　滑动导轨间隙调整装置

为保证导轨的正常运动，运动件和支承件之间应保持适当的间隙，间隙过小会增加摩擦力，操作费力还会加快磨损，间隙过大会使精度降低，甚至会产生振动。因此，除在装配过程应仔细调整导轨的间隙外，在使用一段时间后因磨损还需重调。广泛使用的导轨间隙调整装置是镶条和压板。

28.2.3.1　镶条和压板的设计要求

镶条和压板结构型式很多，可单独使用，也可配合使用，其中压板主要用于调整辅助导轨的间隙，并承受倾覆力矩。设计时一般要求：

1）调整方便，保证刚性，接触良好。

2）镶条一般应布置在受力较小的一侧，如要求调整后不改变中心位置，可在导轨两侧各放一根镶条。

3）导轨长度较长时（>1200mm），可采用两根镶条在两端调节。

4）选择燕尾导轨镶条时，应考虑部件装配的方式，要便于装配。

28.2.3.2　镶条和压板的结构型式（见表 28-9）

28.2.3.3　导轨夹紧装置

有些导轨（如非水平放置的导轨）在移动到预定位置后，要求将它的位置固定，为此采用专用的锁（夹）紧装置。常用的锁紧方式有机械锁紧和液压锁紧。

大夹紧力导轨锁紧装置如图 28-1 所示。在滑板上有一个长槽，锁紧杆穿过长槽上端装有锁紧块，在没有液压时，由碟形弹簧产生的力使螺钉拉紧，有液压时，使锁紧装置松开。这种结构可防止液压系统失效时锁紧装置松脱。

表 28-9　常用镶条和压板结构形式

结构形式	简　图	结构说明	特　点	应用情况
平镶条	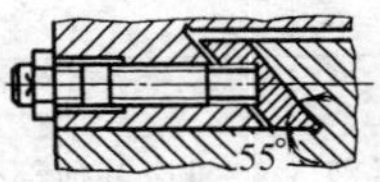	1)镶条各面彼此平行 2)用均布的顶紧螺钉使镶条横向移动来调整间隙	1)制造简单 2)调整麻烦,各处间隙很难调到一致 3)沿镶条全长只有几点受力,接触刚度差	用于短的或受力不大和不太重要的场合
斜(楔)镶条	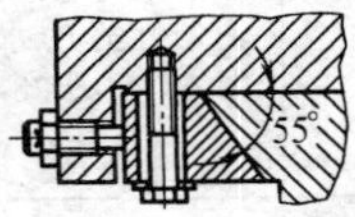	1)镶条的一面有斜度 2)使镶条纵向移动来调节间隙	1)镶条与导轨面接触较好,接触刚度大,允许承受较大载荷 2)调整方便,精确,可使各处间隙一致 3)制造麻烦 4)长镶条的两端尺寸相差大	用于受力较大、要求间隙较小和调整精确的场合,应用较广
燕尾形导轨用梯形镶条	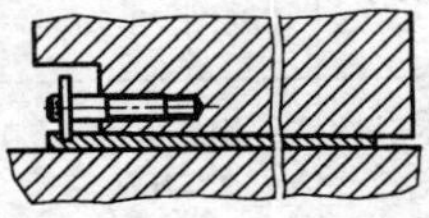	1)垂直于运动方向进行装配 2)用螺钉使镶条移动来调整间隙	1)刚度好 2)调整麻烦	用于受颠覆力矩大的燕尾导轨,应用较广
压板	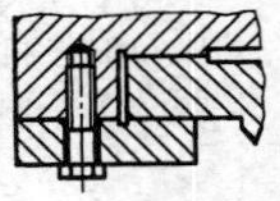	调整间隙时可采用磨削或刮配,用垫片进行调整	1)结构简单 2)调整麻烦,要拆卸压板	用于磨损较小或间隙对加工精度影响不大的场合
压板镶条	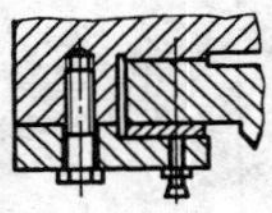	压板与导轨间的间隙用镶条调整,可以用平镶条或斜镶条	1)调整方便 2)间隙可精确调节 3)刚度低(用斜镶条时比用平镶条时好)	平镶条适用于轻载荷,斜镶条用于载荷大,需要精确调节的场合,如在立柱横梁上移动部件,车床溜板后压板

28.2.4　滑动导轨的卸荷装置

28.2.4.1　卸荷导轨的特点、应用和卸荷系数的确定

1）卸荷导轨的特点和应用见表 28-10。

2）卸荷系数的确定。

卸荷量的大小用卸荷系数 α 表示：

$$\alpha=\frac{F'}{F}$$

式中　F'——由卸荷装置承受的载荷（N）；

F——滑动导轨和卸荷装置所承受的总载荷（N）。

对于大型机械或重型机床，减轻导轨载荷是主要的，α 应取大值（$\alpha\approx0.7$）。对于高精度机床或仪器，应优先考虑导向精度和运动灵敏性，α 可取较小值（$\alpha\leqslant0.5$）。

表 28-10 导轨的卸荷方式

导轨类型	卸荷方式		优点	缺点	应用情况
直线运动导轨	机械卸荷	通过弹簧滚轮卸荷	结构比较简单，制造容易	1）调整卸荷力麻烦 2）所占空间位置大 3）夹紧运动部件时，所需夹紧力大	应用广泛（见图 28-2）
		通过液压缸、滚轮卸荷	1）调整卸荷力容易（改变供油压力） 2）部件不动时停止供油，便于夹紧	结构较复杂，需要供液系统	机床其他部分采用液压时（见图 28-3）
	静压卸荷	用通入导轨面液压腔内的压力液卸荷	1）导轨面直接接触，接触刚度大，低速均匀性优于普通导轨 2）摩擦阻力及起动时的阻力变化小于无载荷的普通导轨	结构较复杂，需要一套可靠的供液装置	适用于运动部件较长，要求接触刚度较高，低速均匀性好的水平导轨（见图 28-4、图 28-5）
	气压卸荷	用通入导轨面气腔内的压缩空气卸荷	同上，但比液压卸荷简单夹紧容易	需要压缩空气源，卸荷量不大，效果不及静压导轨	用于钻、镗坐标工作台导轨（见图 28-6a）
回转运动导轨	中心卸荷（卸荷力作用于工作台中心位置）	用垫片调整	结构简单	卸荷量固定，调整不便	用于立式车床工作台（见图 28-7a）
		用斜楔调整	结构简单，卸荷量可调	斜楔的移动不灵敏	用于小直径工作台（见图 28-7b）
		用螺旋调整	1）结构简单、调整容易 2）允许较大卸荷量	1）制造较复杂 2）卸荷量不便显示	用于立式车床、卧式镗床和滚齿机工作台（见图 28-7c）
		用液压缸卸荷	调整方便，显示准确	需要供液系统	用于立式车床工作台（见图 28-8）
回转运动导轨	液压卸荷	环槽式，由通入导轨面环形槽内的压力液卸荷	结构简单，工作台变形小	1）需要供液系统 2）载荷不均时容易产生偏斜，不如液腔式的精度高	用于大型滚齿机工作台（见图 28-9）
		液腔式（静压卸荷），由通入导轨面油腔内的压力液卸荷	摩擦、磨损小，接触刚度好，工作台变小	结构较复杂，制造麻烦，需要供液系统	用于大型立式车床，滚齿机工作台（参见导轨润滑部分）
	气压卸荷	导轨面上开环形槽，通入压缩空气卸荷	结构简单	需要压缩空气源，卸荷量不大	用于镗床，组合机床工作台，回转前通入压缩空气使工作台略微升起（见图 28-6b）

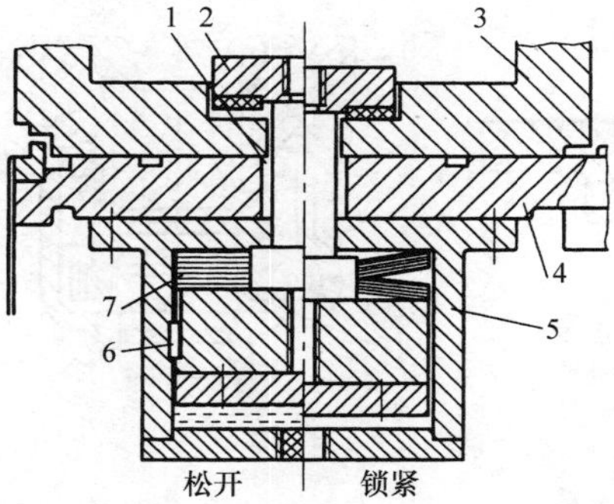

图 28-1　大夹紧力导轨锁紧装置

1—长槽　2—锁紧块　3—滑板　4—床身　5—锁紧装置　6—防活塞旋转键　7—碟形弹簧

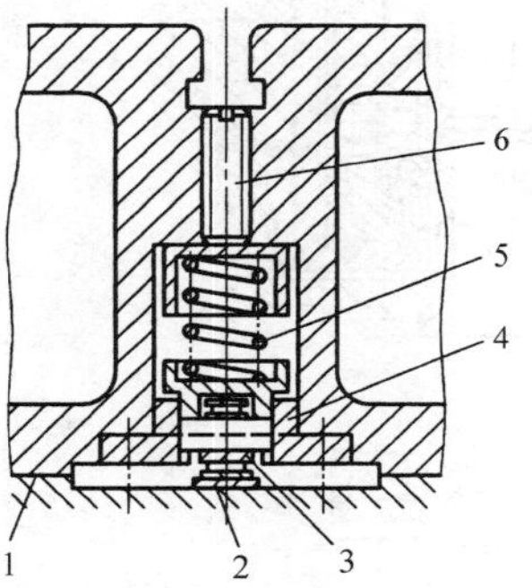

图 28-2　滑动导轨的机械卸荷装置

1—工作台的滑动导轨　2—卸荷用的滚动导轨　3—滚动轴承　4—滑柱　5—弹簧　6—调节螺钉

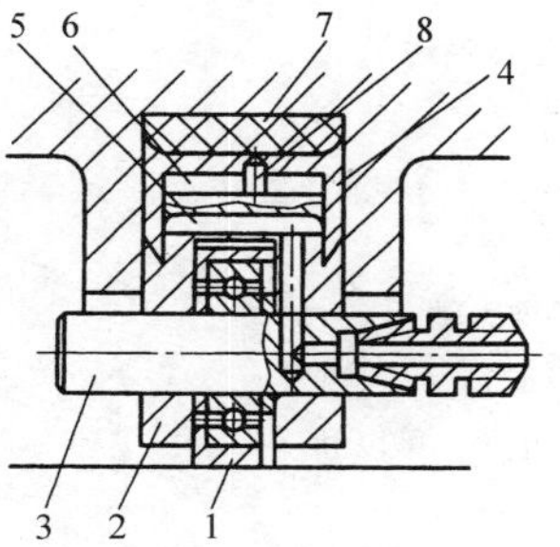

图 28-3　液压机械卸荷装置

1—滚轮　2—支架　3—轴　4—液压缸体　5—液压腔　6—活塞　7—液体塑料　8—活塞杆

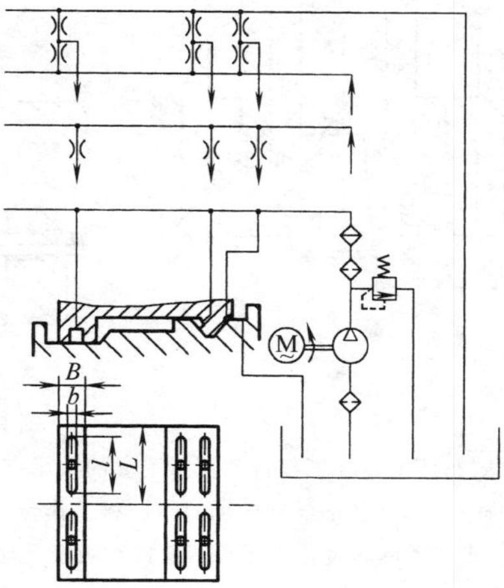

图 28-4　静压卸荷导轨

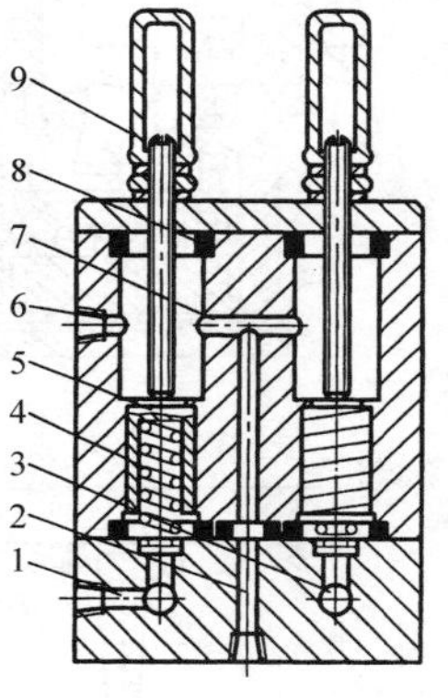

图 28-5　双毛细管节流器

1—进油孔　2—测油压孔　3—回油孔　4—弹簧　5—螺旋槽毛细管　6—进入通油腔的油孔　7—通第二个螺旋槽毛细管的油孔　8—密封圈　9—调节螺钉

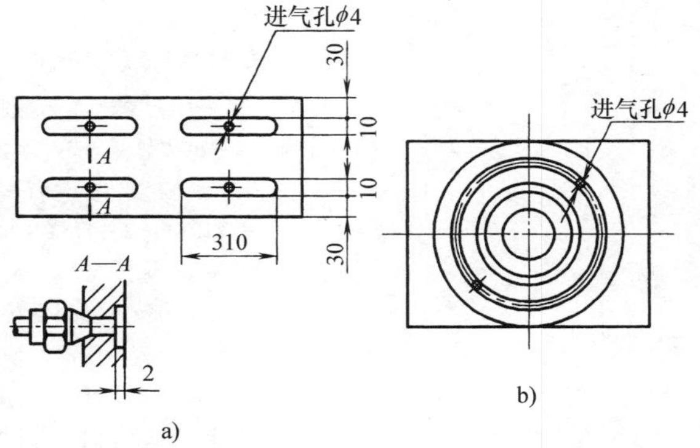

图 28-6　气压卸荷导轨

a）直线运动导轨　b）回转运动导轨

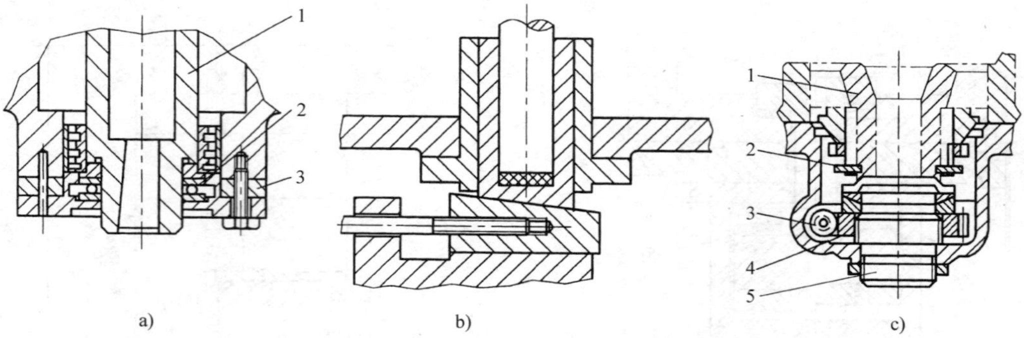

图 28-7　机械式中心卸荷装置

a）立式车床 C551J 工作台卸荷量不变的轴承结构（装配时调整垫 3 的厚度，推力轴承 2 将主轴 1 顶起 0.06mm，实现导轨卸荷）　b）转动丝杠移动斜楔，将工作台中心顶起　c）立式车床工作台卸荷量可调的轴承结构（转动调节蜗杆 3，使带螺母的齿轮 4 回转，丝杠 5 固定不动，齿轮 4 上移，通过推力轴承 2 将主轴 1 顶起，实现导轨卸荷）

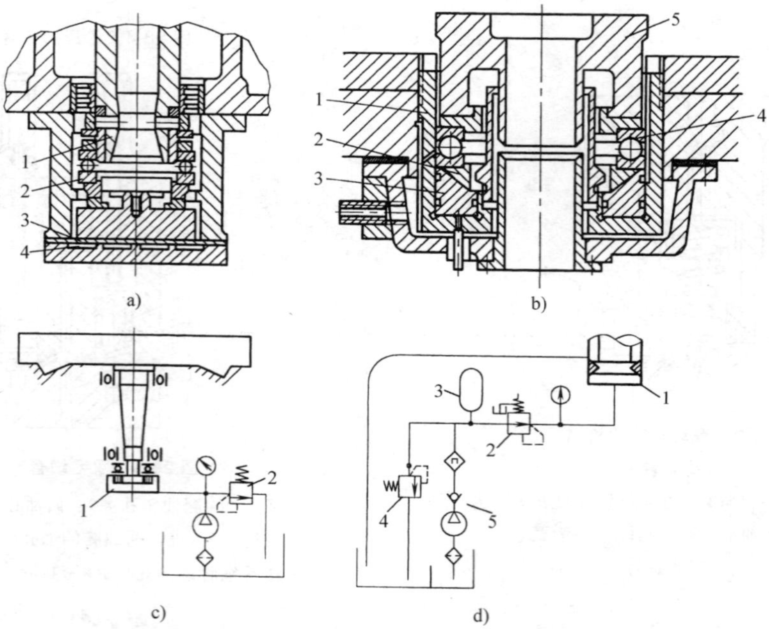

图 28-8　液压机械中心卸荷装置的结构及液压系统

a）立式车床薄膜式液压缸卸荷装置

1—主轴　2—推力轴承　3—薄膜（0.5~1.0mm 钢板）　4—液压缸

b）立式车床活塞式液压缸卸荷装置

1—液压缸　2—自位止推环　3—活塞　4—推力轴承

5—主轴

c）无蓄能器的液压卸荷系统图（液压泵要持续开动，可以利用润滑油泵兼做卸荷）

1—液压缸　2—溢流阀（调节卸荷量）

d）有蓄能器的液压卸荷系统图（专供卸荷用的液压泵，往蓄能器充油时才开动，充满后自动断开，用电量很小）

1—液压缸　2—减压阀（阀上的刻度表示卸荷量）

3—蓄能器　4—溢流阀　5—单向阀

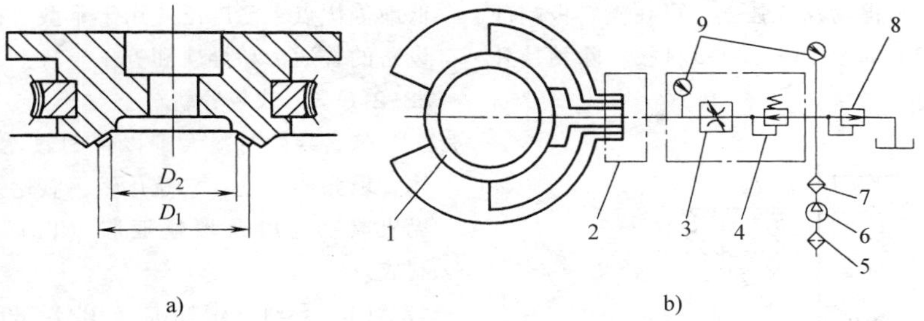

图 28-9　滚齿机工作台环槽式液压卸荷原理图

a）工作台导轨环形槽　b）液压系统图

1—卸荷油槽　2—分油器　3—微调节流阀　4—减压阀（1MPa）　5—过滤器　6—液压泵　7—精滤　8—溢流阀/(2.5MPa)　9—压力表

28.2.4.2　自动调节气压卸荷导轨

图 28-10 所示为能随载荷变化自动调节卸荷气压的导轨原理图，可使导轨在不同载荷下的摩擦阻力比较接近。压力为 p_s 的压缩空气经阀 5 的阀口 a 进入动导轨 1 的气槽，再经空气隙进入大气。气压 p_s 经阀口 a 降至 p，p 乘以气槽的有效面积即为气槽的卸荷力。每条导轨至少应有 2 个气槽。p_s 的另一路经节流阀 3，使气压降至 p_d，再经位移传感器的喷嘴 2 和支承导轨间形成的间隙 H，压力下降至 0。压力 p_d 被引到阀 5 的中部。第 3 条路是 p_s 经定压阀 4，减压至恒定的气压 p_c，并引至阀 5 的下部。p_cA（A 为膜片面积）加弹簧力与 p_dA 平衡，以保持一定的开口 a，从而保持一定的气槽压力 p。当载荷增加时 H 减小，阻力增大，使 p_d 增压，膜片上方的作用力加大，阀芯下降，开口 a 加大，同时 h 也减小了，使压力 p 增大，卸荷能力增加，反之，则 H 加大，p 降低，卸荷能力减小。

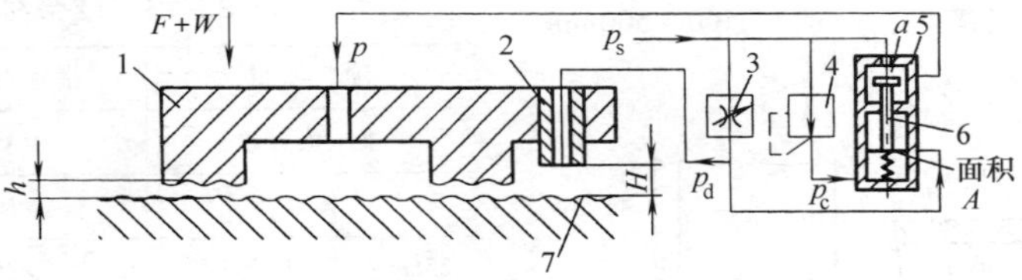

图 28-10　自动调节气压卸荷导轨原理

这种导轨的卸荷能力随载荷增加而加大，使承载导轨的载荷变化很小，摩擦力的变化也很小。可用于精密进给导轨。

28.2.5　镶装式滑动导轨

在导轨表面镶装另一种材料，目的在于提高导轨的耐磨性和改善低速运动的平稳性。采用镶装导轨还可以在修理时迅速更换磨损的导轨表面，延长设备导轨的整体使用寿命。通常是在静导轨上镶装淬硬钢块、钢板或钢带，在动导轨上镶装塑料或有色金属板。

28.2.5.1　镶钢导轨

镶钢导轨的结构如图 28-11 所示，图 28-11a、图 28-11b、图 28-11c 都用螺钉直接将淬硬的钢导轨固定在支承件上，图 28-11d 所示为拉紧式结构，可有效减小或消除螺钉紧固处的接触变形对导轨精度的影响。

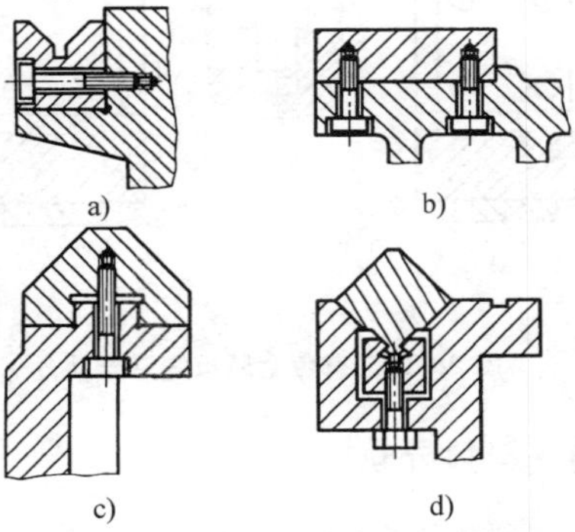

图 28-11　常用的镶钢导轨结构

28.2.5.2　镶塑料导轨

镶塑料导轨的结构如图 28-12 所示。常用材料为酚醛层压板、环氧树脂层压板及尼龙板等。厚度为 3~5mm 的塑料板可用环氧树脂粘接，黏合后在室温下 24h 或在烘箱中 150℃下保温 2h 即可牢固。若加压黏接则效果更好。为提高黏合强度，可在塑料板端部加入固定销。对于厚度为10mm的塑料板，除黏接外还要使用螺钉或销子固定。

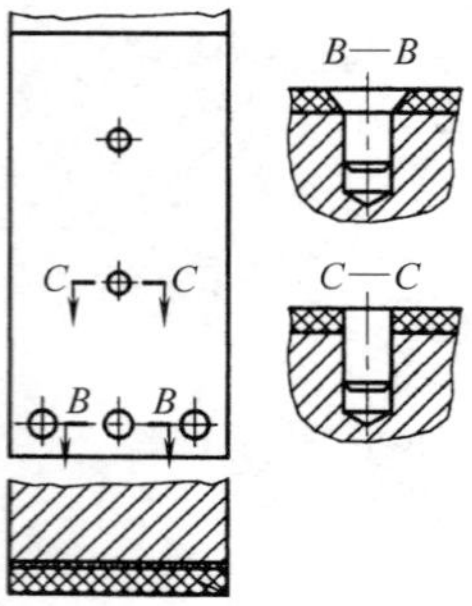

图 28-12　镶装塑料导轨

28.2.5.3　镶有色金属导轨

有色金属板镶装导轨的结构如图28-13所示。常用镶装材料有铝青铜和锌铝合金。有色金属镶装导轨的粘接工艺与塑料相同，但有色金属与铸铁的黏接强度不高，黏接时必须使用螺钉紧固。通常，轧制铝青铜板的厚度可取为10mm，长度可取为600~800mm。采用锌合金时，由于其线膨胀系数与铸铁相差较大，因此每块板的长度应适当减小，一般在400~500mm即可。

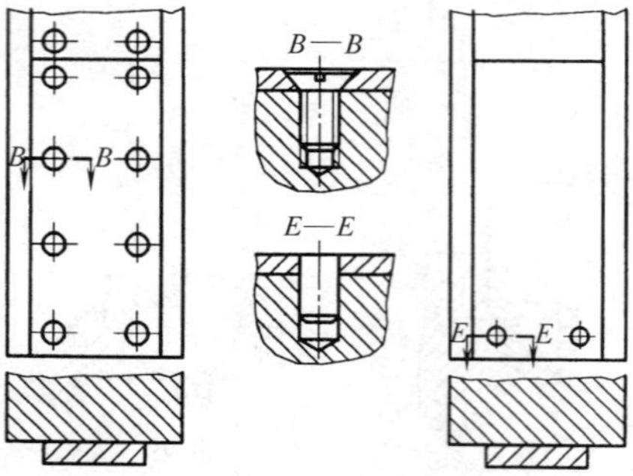

a)　　b)

图 28-13　有色金属板镶装导轨

28.2.6　塑料导轨

在金属制整体式滑动导轨的一个导轨面（一般为动导轨）上贴涂一层特制的抗磨塑料层，即可构成所谓塑料导轨。

目前新型的塑料导轨采用塑料基的复合材料制成，主要有涂层、软带和金属塑料复合板等几种形式。这种导轨具有耐磨、摩擦因数小、无爬行、防振性和自润滑性好，应用工艺简便、可修复性好、价格低廉等优点，已广泛应用于重型、精密和数控等机床设备的普通滑动导轨和静压导轨上。

28.2.6.1　软带导轨

软带导轨材料大都以聚四氟乙烯（PTFE）为基体，填充如石墨、二硫化钼、氧化铝、青铜和铅锌等无机填充剂以及聚酰亚胺（PI）等有机填充剂而制成。

（1）导轨软带标准（JB/T 7898—2013）　该标准适用于厚度在0.3~4.0mm的软带，规定了软带的技术要求、检验规则、包装、标志和贮存。具体项目见表28-11~表28-15。

表 28-11　软带厚度极限偏差

（单位：mm）

厚　度	0.3~0.5	0.6~1.0	1.1~1.5	1.6~2.5	>2.5
极限偏差	±0.03	±0.04	±0.05	±0.08	±0.10

表 28-12　软带宽度极限偏差

（单位：mm）

宽　度	<50	50~100	101~200	201~300	>300
极限偏差	+1 0	+2 0	+3 0	+4 0	+5 0

表 28-13　软带材料力学性能

项　目	指标/MPa	试验方法
球压痕硬度	>35	GB/T 3398.1
拉伸硬度	>16	GB/T 1040.2
25%定应变压缩应力	>25	GB/T 1041

表 28-14　软带摩擦磨损性能

项　目	指　标	试验方法
动摩擦因数(30号机油润滑)	<0.05	GB/T 3960
磨痕宽度	<4mm	

表 28-15　软带粘接性能

项　目	指　标		试验方法
	MPa	N/cm²	
软带与铸铁粘接抗剪强度	>10		GB/T 12830
软带与铸铁180°剥离强度		>24	GB/T 15254

（2）软带导轨制作工艺　制成的氟塑软带导轨截面如图28-14所示。其制作工艺如下。

1）确定软带宽度及相关尺寸。根据导轨尺寸选定软带宽度，并确定导轨体上粘带槽的宽度及深度，其尺寸见表28-16。

表 28-16　粘接软带的导轨尺寸

（单位：mm）

软带宽度 B	36	45	65	85	130	160
粘带槽宽 B_1	37.5	46.5	66.5	86.5	131.5	161.5
粘带槽深 t	0.5					

2）粘接工艺。用钠基溶液处理软带的粘接面，并将粘接表面拉毛。清除导轨粘接面的油污，令其干燥。涂胶粘接，胶层厚度 0.1～0.2mm，加压固化。加工导轨油槽，并切去工艺余量及倒角。

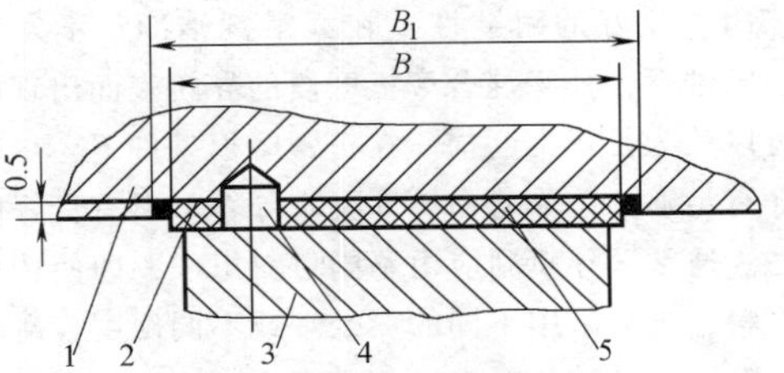

图 28-14　氟塑软带导轨截面

1—移动导轨体　2—氟塑软带　3—支承导轨　4—油沟　5—粘接面

（3）软带导轨技术条件（JB/T 7899—2013）

1）材料要求。软带的质量与性能、相配导轨的材料与硬度应符合标准。粘结剂性能应满足粘接工艺和使用要求。

2）设计要求。软带导轨压强≤1.0MPa，局部压强≤12MPa。粘接前导轨表面粗糙度 Ra1.6～6.3μm，相配导轨 Ra 为 0.4～0.8μm。油槽与软带边缘的距离≥5mm，采用压力润滑时油槽深度必须小于软带厚度。

3）粘接要求。软带粘接时允许拼接或对接，但接缝必须严密，边缘平直。必须严格按粘接工艺规程进行粘接，固化后应清除外溢涂胶，粘接面间不允许有脱胶、气泡和移位等缺陷。

4）加工与装配要求。软带导轨可用机械加工或手工刮研方法达到精度要求，但切削量要小，导轨表面不允许有明显拉伤或划伤。软带导轨与相配导轨的接触指标和配合间隙的规定见表 28-17 和表 28-18。

表 28-17　软带导轨接触指标

产品精度等级	接触指标(%)			
	滑动导轨		位置导轨	
	全长上	全宽上	全长上	全宽上
高精度级	80	70	70	50
精密级	75	60	65	45
普通级	70	50	60	40

注：只有当导轨宽度接触指标达到要求时，才能做长度上的评定。

表 28-18　软带导轨配合间隙

产品重量/t	插入深度(<)/mm	
	高精密级	精密及普通级
<1	5	10
1～10	10	20
>10	15	25

注：检验导轨配合间隙所用塞尺的厚度为 0.04mm。

28.2.6.2　环氧涂层导轨

环氧涂层导轨是以环氧树脂为主料，加入二硫化钼、铁粉、石墨等无机成分以及邻苯二甲酸二丁酯等有机成分配制的涂层材料所制作的耐磨涂层导轨。

（1）环氧涂层材料性能指标（JB/T 3578—2007）　环氧涂层材料的摩擦磨损性能、机械物理性能等技术指标见表 28-19 和表 28-20。

表 28-19　环氧涂层材料摩擦磨损性能

项　目	单　位	指　标
摩擦因数	—	<0.06
磨痕宽度	mm	<3
磨 损 率	$mm^3/N \cdot m$	$<5\times10^{-3}$

表 28-20　环氧涂层材料机械物理性能

项　目	单　位	指　标
粘接抗剪强度	MPa	>12
冲击韧度	$N \cdot cm/cm^2$	>80
硬　　度	N/mm^2	>180
抗压强度	MPa	>80
压缩弹性模量	MPa	$>6\times10^3$
线胀系数	1/℃	$<12\times10^{-5}$
传热系数	W/(m·K)	$>1.42\times10^{-1}$
抗低温性	放置在-40℃环境下放置 48h 后观察,涂层表面不得开裂,不得与基体表面剥离	

（2）环氧涂层导轨技术条件（JB/T 3579—2007）

1）涂层导轨设计要求。涂层导轨的平均压强≤1.0MPa，局部最大压强≤2.0MPa，涂层厚度≤3mm，如需加大厚度应按材料压缩弹性模量核算最大压力下的弹性变形量。油槽与涂层导轨边缘的距离≥5mm，油槽深度不得小于涂层厚度，涂层导轨两端应安装防护装置。

2）配对导轨的要求。配对导轨材料用铸铁或钢，表面最好进行淬火处理，表面硬度和加工质量应符合标准规定。配对导轨表面切削纹路应与导轨相对运动方向一致。

3）加工与装配要求。为提高涂层的粘接强度，其金属基面一般加工成锯齿形。涂层导轨表面必须平整光滑，不得有明显表面缺陷，允许在表面人工刮研存油刀花。导轨出厂前必须进行跑合，按标准进行检查。涂层导轨与配对导轨的接触精度可用涂色法和塞尺法进行检验，其接触精度指标见表 28-21～表28-23。

表 28-21　涂层导轨与配合导轨的面接触指标(%)

产品精度等级	滑动导轨		移置导轨	
	全长上	全宽上	全长上	全宽上
高精度级	80	70	70	50
精密级	75	60	65	45
普通级	70	50	60	40

注：只有在宽度上接触指标达到要求后，才能做长度上的评价。

表 28-22　涂层导轨与配合导轨的点接触指标

产品精度级别	导轨宽度/mm			
	滑动导轨		移置导轨	
	≤250	>250	≤100	>100
	接触点数(25mm×25mm 内)			
高精度级	≥15	≥12	≥12	≥9
精密级	≥12	≥9	≥9	≥8
普通级	≥8	≥6	≥6	≥5

注：用于刮研涂层导轨。

表 28-23　涂层导轨的塞入深度

（单位：mm）

产品重量/t	高精度级	精密级及普通级
≤10	10	20
>10	15	25

注：厚度 0.04mm 的塞尺在导轨配合面的塞入深度不得大于表中数值。

28.2.7　滑动导轨的材料与热处理

28.2.7.1　对导轨材料性能的要求

（1）良好的耐磨性　在润滑剂洁净、不发生擦伤的条件下，处于混合摩擦区段的导轨表面出现的磨损可以认为是正常磨损。在正常磨损条件下，导轨应保证有足够的工作寿命，即要求导轨材料有良好的耐磨性。通常，导轨副应由不同材料组成，即使选用相同材料，也应采用不同的热处理或不同硬度，滑动导轨材料匹配及其相对寿命值见表 28-24。

表 28-24　滑动导轨材料匹配及其相对寿命

导轨材料匹配(动导轨/静导轨)	相对寿命
铸铁/铸铁(均为普通铸铁)	1
铸铁/淬硬铸铁	2～3
铸铁/淬硬钢	>5～10
淬硬铸铁/淬硬铸铁	4～5
铸铁/镀铬或喷涂钼铸铁	3～4

（2）良好的摩擦特性　在设计滑动导轨时，为避免在低速运动时出现爬行，除合理选用润滑剂及加强传动系统的刚度以外，要求导轨副的静摩擦和动摩擦因数差以及滑动速度对动摩擦因数的影响都要小。表 28-25 为灰铸铁 HT200 与不同材料匹配时的摩擦因数。

表 28-25　滑动导轨材料的摩擦因数

材料及热处理	静摩擦因数				动摩擦因数							
	静止接触时间				滑动速度/(mm/min)							
	2s	10min	1h	16h	0.8	5	20	110	360	530	720	1200
灰铸铁 HT200,180HBW	0.27	0.27	0.28	0.30	0.02	0.19	0.18	0.17	0.12	0.08	0.05	0.03
灰铸铁 HT200,45HRC	0.27	0.27	0.28	—	0.23	0.18	0.17	0.13	0.10	0.08	0.05	0.02
钢 45,50HRC	0.30	0.30	0.32	—	0.28	0.25	0.22	0.18	0.15	0.10	0.08	0.05
青铜 ZCuSn5Pb5Zn5	—	—	—	—	0.22	0.20	0.18	0.17	0.12	0.10	0.07	0.03
锌合金 ZnA110-5	0.19	—	0.25	—	0.15	0.14	0.12	0.11	0.07	0.04	0.03	0.02
轴承合金(白合金)	0.24	0.34	0.38	—	0.21	0.19	0.17	0.15	0.10	0.08	0.05	0.02
夹布胶水	0.33	0.35	0.37	0.40	0.27	0.20	0.20	0.18	0.13	0.12	0.10	0.07
聚四氟乙烯	0.05	0.05	0.05	0.06	0.03	0.03	0.03	0.03	0.04	0.04	0.04	0.05

（3）良好的尺寸稳定性　导轨在加工和使用过程中，残余应力引起的变形、温度分布不均和变化都会影响几何尺寸的稳定。对于塑料导轨，除了材料的线胀系数大、导热性差、易吸湿外，还存在冷流性和常温蠕变性大的问题。

（4）工艺性好，成本低

28.2.7.2　常用材料与热处理

铸铁是应用最广泛的滑动导轨材料，它具有良好的耐磨性和抗振性。铸铁导轨常与支座或支承部件制成一体。常用铸铁导轨材料的技术特性和要求见表 28-26。

导轨的热处理一般有时效处理与淬火。

表 28-26　常用铸铁导轨材料的技术特性和要求

名称或牌号		技术特性和要求		备　注
灰铸铁		金属切削机床通用技术条件规定 1. 导轨装配时的硬度(HBW)		通常以 HT200 或 HT300 为静导轨，以 HT150 或 HT200 为相应的动导轨 对于高精度的机床或仪器，铸件在半精加工后还须进行第二次时效处理
		导轨长度≤2500mm	180	
		导轨长度>2500mm	170	
		导轨质量≤3000kg	170	
		导轨质量>3000kg	160	
		2. 加工后导轨表面硬度差(HBW)		
		导轨长度≤2500mm	25	
		导轨长度>2500mm	35	
		由几块连接组成的导轨	45	
耐磨铸铁	磷铜钛铸铁 MTPCuTi20 MTPCuTi30	铸件质量易于控制，使用寿命比普通铸铁高 1.5~2 倍		—
	高磷铸铁 MTP20 MTP30	寿命比普通铸铁高 1 倍		—
	钒钛铸铁 MTVTi20 MTVTi30	力学性能好，熔铸工艺简便，耐磨性与磷铜钛耐磨铸铁相仿		—
	稀土铸铁	力学性能可达到 HT350 或 HT400 的要求，耐磨性明显提高		—
	铬钼铜铸铁	使用寿命比普通铸铁高 1 倍左右		—

为提高导轨的尺寸稳定性，一般重要的导轨，铸件粗加工后要进行一次时效处理，高精度导轨铸件半精加工后还需要进行第二次时效处理。

为增强导轨的抗磨损能力，可将铸铁导轨表面淬火，镀铬式喷涂钼等。

对于灰铸铁 HT200 或 HT300，若采用高频感应加热淬火，淬火前的硬度不应低于 180HBW，淬火后可取 48~55HRC，硬化层厚度 1.5~2.5mm，其相对寿命可提高两倍，若利用电接触加热淬火，可获淬硬层厚度 0.15~0.20mm，硬度 55HRC 以上，导轨寿命可提高 1~2 倍，这种方法工艺设备简单，操作方便，淬火变形小。

对于镀铬铸铁（或钢）导轨，其镀层厚度 0.025~0.05mm，硬度为 68~72HRC，耐磨性提高 2~3 倍。

常用镶装材料有钢、有色金属、合金铸铁及工程塑料等。钢材又可分为冷轧弹簧钢带，经高频感应加热淬火的中碳结构钢、渗碳钢、氮化钢、轴承钢或特殊的工具钢等。常用的工程塑料有酚醛夹布塑料、聚酰胺（尼龙）、聚四氟乙烯和改性聚甲醛等。

28.2.8　滑动导轨的压强计算

28.2.8.1　计算目的

导轨的损坏形式主要是磨损，而导轨的磨损又与导轨表面的压强（单位面积上的压力）有密切关系，随着压强增加，导轨的磨损量也增加。此外，导轨面的接触变形又与压强近似地成正比。在初选定导轨的结构尺寸后，应核算导轨面的压强，使其限制在允许范围内。

铸铁导轨的许用压强可按表 28-27 选取。

表 28-27　铸铁导轨的许用压强　　（单位：MPa）

导轨种类		机器类型举例	许用平均压强 $[p_m]$	许用最大压强 $[p_{max}]$
直线运动导轨	主运动导轨和滑动速度较大的进给运动导轨	中型机床	0.4~0.5	0.8~1.0
		重型机床	0.2~0.3	0.4~0.6
	滑动速度低的进给运动导轨	中型机床	1.2~1.5	2.5~3.0
		重型机床	0.5	1.0~1.5
		磨床	0.025~0.04	0.05~0.08
主运动和滑动速度较大的圆周运动导轨		导轨直径 $D<3$m	0.4	—
		导轨直径 $D>3$m	0.2~0.3	
		环状	0.15	

注：1. 钢对铸铁时，用表中的许用值，许用压强应提高 20%~30%。

2. 以固定切削规范工作的专用机床，许用压强应减小 25%。

28.2.8.2　导轨面压强的分布

导轨面压强分布比较复杂，为了能进行工程计算，做如下假设：

1）导轨所在部件本身刚度很高，受力以后导轨接触面仍保持为一平面。

2）导轨面上的接触变形与压强成正比例。

3）导轨面宽度远比接触长度小，沿导轨宽度方向上的压强各处相等。

根据上述假设，可以认为，导轨面上沿长度方向的压强按线性规律分布。如果作用于导轨面上的集中载荷位于导轨长度方向的中点，则压强按矩形分布。如果该载荷偏离中心，则压强按梯形分布。

作用在导轨面上的外载荷可以简化为一个垂直作用在导轨中部的集中力 F 和一个倾覆力矩 M，如图 28-15 所示。

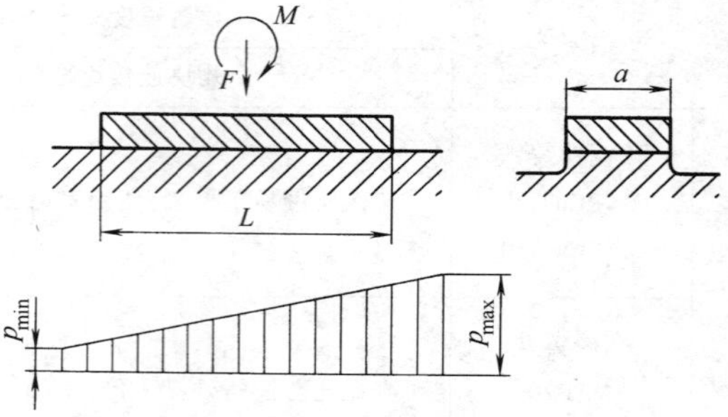

图 28-15　导轨的压强

当力 F 与力矩 M 同时作用时，导轨压强呈梯形分布

$$p_{max}=\left(\frac{F}{S}+\frac{6M}{SL}\right)$$

$$p_{min}=\left(\frac{F}{S}-\frac{6M}{SL}\right)$$

式中　M——导轨面上的弯曲力矩（N · mm）。

28.2.8.3　压强计算公式

（1）平均压强计算　导轨面的平均压强 p_m 为

$$p_m=\frac{F}{S}\leqslant[p_m]$$

式中　F——作用在导轨面上的法向力（N）；

S——导轨的承载面积，$S=La$（mm）；

L——导轨接触面长度（mm）；

a——导轨接触面宽度（mm）；

$[p_m]$——许用平均压强，见表 28-27。

（2）最大压强计算

1）当 $\frac{M}{F}\leqslant\frac{L}{6}$ 时，

$$p_{max}=p_m+p_M\leqslant[p_{max}]$$

式中　p_M——由倾覆力矩 M 引起的压强（MPa）。

其他符号意义同前。

2）当 $\frac{M}{F}>\frac{L}{6}$ 时，由于 $p_{min}<0$ 应采用辅助导轨面和压板。此种情况下主导轨面压强为

$$p_{max}=p_m(k_m+k_\Delta)\leqslant[p_{max}]$$

式中　k_m——考虑压板和辅助导轨面的影响系数，见图 28-16a，图中 $m=a'/\xi$，a' 为压板和辅助导轨面的接触宽度（mm）；ξ

为考虑压板弯曲的系数，在多数情况下，取 $\xi=1.5\sim2$，当压板上的压强较小（$p\leqslant0.3$MPa）时，ξ 取小值，当压板上压强较大（$p=1\sim1.5$MPa），压板较短时，ξ 取大值；

k_Δ——间隙影响系数，见图 28-16c；

在图 28-16b 中，Δ 为压板与导轨的间隙，对于精度较高的一般机械和中型普通机床，可取 $\Delta=20\sim30\mu$m；

C——接触柔度，按表 28-28 选取。

辅助导轨面最大压强为

$$p'_{max}=k'p_{max}\leqslant[p_{max}]$$

式中 p_{max}——主导轨面最大压强（MPa）；

k'——影响系数，见图 28-16b。

3）当导轨上只有倾覆力矩作用时（$F=0$），考虑间隙、柔度等的影响，取

$$p_{max}=\frac{6M}{aL^2}(k'_m+k'_\Delta)\leqslant[p_{max}]$$

表 28-28 铸铁直线运动导轨的接触柔度 C

（单位：μm/MPa）

平均比压 /MPa	导轨宽度 /mm		
	≤50	≤100	≤200
≤0.3	8~10	15	20
>0.3	4~6	7~9	10~12

式中系数 k'_Δ 由图 28-16d 选取，系数 k'_m 由表 28-29 选取。

辅助导轨面最大压强 $p''_{max}=k''p_{max}\leqslant[p_{max}]$

式中 k'' 也由表28-29选取。

表 28-29 系数 k'_m 和 k''

m	0.05	0.1	0.2	0.4	0.6	0.8	1.0	2	5	10
k'_m	3.7	2.1	1.6	1.3	1.15	1.06	1	0.86	0.72	0.66
k''	4.5	3.25	2.25	1.6	1.3	1.12	1	0.7	0.45	0.32

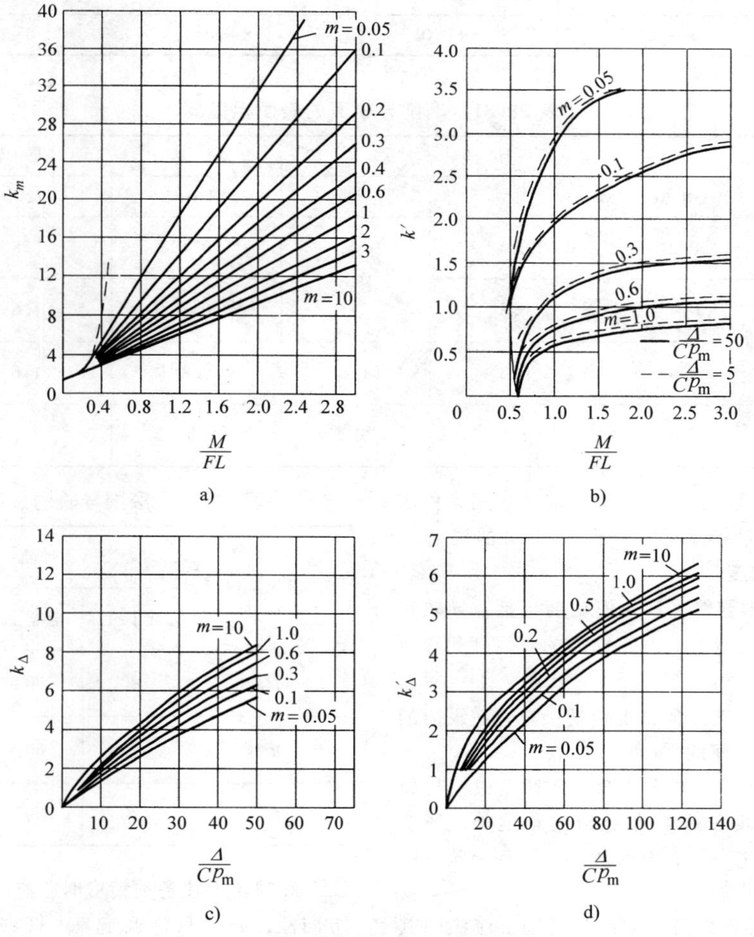

图 28-16 确定系数 k_m、k_Δ、k' 和 k'_Δ 的线图

28.2.9 滑动导轨的技术要求

28.2.9.1 表面粗糙度

（1）刮研导轨　可以达到最高的精度，同时还具有接触好、变形小、表面可以存油的优点。它的缺点是劳动强度大、生产率低。刮研导轨主要用于高精度机床和精密机械，在缺乏磨削设备时，也可用于精密机床和普通精度机床。

刮研导轨面每（25×25）mm^2 面积内的接触点数见表 28-30。

两配合件的接合面一个是刮研面，另一个是机械加工面时，用配合件的机械加工面检验刮研面的接触点数时，不得少于表 28-30 中规定点数的 75%。

（2）磨削导轨　可以达到较高的精度和表面粗糙度，生产率高，而且是加工淬硬导轨的唯一方法。磨削导轨应达到的表面粗糙度见表 28-31。

表 28-30　刮研导轨面每（25×25）mm^2 内的接触点数

机床类别		静压、滑（滚）动导轨		移置导轨		镶条压板滑动面
		每条导轨宽度/mm				
		≤250	>250	≤100	>100	
高精度机床	Ⅰ级	25～30	16～20	16～20	13～16	13～16
	Ⅱ级	20～25				
精密机床		16～20	13～16	13～16	10～13	10～13
普通机床		10～13	8～10	8～10	6～8	6～8

表 28-31　磨削导轨面的表面粗糙度　（单位：μm）

机床类别		固定导轨			动导轨		
		中小型	大型	重型	中小型	大型	重型
高精度机床	Ⅰ级	0.2	0.4	0.8	0.4	0.8	1.6
	Ⅱ级	0.4	0.8		0.8	1.6	
精密机床		0.4	0.8	1.6	0.8	1.6	3.2
普通机床		0.8	1.6	3.2	1.6	3.2	3.2

两个配合件的接合面均采用磨削时，应用涂色法检验接触情况，接触指标不应小于表 28-32 的规定。

表 28-32　磨削导轨的接触指标（%）

机床类别	滑（滚）动导轨		移置导轨	
	全长上	全宽上	全长上	全宽上
高精密	80	70	70	50
精密	75	60	65	45
普通	70	50	60	40

28.2.9.2 几何精度

1）单条的 V 形导轨，其几何精度包括：导轨在垂直面内的直线度、导轨在水平面内的直线度和导轨表面的扭曲。

单条的平导轨，其几何精度包括：导轨在纵向的直线度和导轨工作表面的平面度。

2）与同一运动部件配合的两条或两条以上导轨（即导轨的组合），除注明各单导轨的精度外，还应注明各导轨之间的平行度，有时还要注明各导轨之间的平面度（扭曲）。

3）几个运动部件的各导轨组合之间，应注明其相互位置精度要求，如平行度或垂直度。

在规定上述各项精度时，有时还要注明其误差的方向性，如“只许凸起”“只许凹下”“只许向下偏”等，部分机床床身导轨的几何精度见表 28-33。

表 28-33　部分通用机床床身导轨的几何精度

<table>
<tr><th>序号</th><th>机床</th><th>检验项目</th><th colspan="3">允　　差</th><th>检验工具</th><th>备注</th></tr>
<tr><td rowspan="2">1</td><td rowspan="2">外圆磨床</td><td>工作台移动在水平面内的直线度</td><td colspan="3">1000 测量长度内为 0.01,长度每增加 1000 或 1000 以内,公差增加 0.005</td><td>指示器和两顶尖间的检验棒或平尺</td><td rowspan="2">GB/T 4685—2007</td></tr>
<tr><td>头架主轴和尾架套筒中心连线对工作台移动在垂直平面内的平行度</td><td colspan="3">1000 测量长度内为 0.02,长度每增加 1000 或 1000 以内,公差增加 0.005</td><td>指示器和两顶尖间的检验棒</td></tr>
<tr><td rowspan="3">2</td><td rowspan="3">精密卧轴矩台平面磨床</td><td>工作台纵向移动在垂直平面内的直线度</td><td colspan="3" rowspan="3">1000 测量长度内为 0.008,每增加 1000,公差增加 0.008,最大公差为 0.030,局部公差为:任意 300 测量长度上为 0.005</td><td rowspan="2">平尺和指示器或光学仪器</td><td rowspan="3">JB/T 3382.3—2014</td></tr>
<tr><td>工作台纵向移动在水平面内的直线度</td></tr>
<tr><td>工作台纵向移动的平行度</td><td>指示器、量块</td></tr>
<tr><td rowspan="2">3</td><td rowspan="2">龙门铣床</td><td>工作台移动在水平面内的直线度</td><td colspan="3">2000 测量长度内为 0.02,测量长度每增加 1000,公差增加 0.01,最大公差为 0.10,局部公差:在任意 1000 测量长度上为 0.01</td><td>显微镜和钢丝或其他光学仪器</td><td rowspan="2">GB/T 19362.1—2003</td></tr>
<tr><td>工作台面对
1)工作台移动的平行度;
2)铣头移动的平行度</td><td colspan="3">2000 测量长度内为 0.02,测量长度每增加 1000,公差增加 0.005,最大公差为 0.05</td><td>指示器、平尺和量块</td></tr>
<tr><td rowspan="4">4</td><td rowspan="4">龙门导轨磨床</td><td>工作台在水平面内移动的直线度</td><td colspan="3" rowspan="2">2000 测量长度内为 0.02,测量长度每增加 1000,公差增加 0.01,最大公差为 0.10,局部公差:在任意 1000 测量长度上为 0.01</td><td rowspan="2">光学方法</td><td rowspan="4">GB/T 5288—2007</td></tr>
<tr><td>工作台在垂直平面内移动的直线度</td></tr>
<tr><td>工作台面对工作台移动的平行度</td><td colspan="3">测量长度≤2000,公差为 0.025,测量长度>2000,长度每增加 1000,公差增加 0.013,最大公差为 0.130</td><td>指示器、平尺和量块</td></tr>
<tr><td>中央或基准 T 形槽对工作台移动的平行度</td><td colspan="3">测量长度≤5000,公差为 0.02,测量长度>2000,公差为 0.03,局部公差:在任意 1000 测量长度上为 0.01</td><td>指示器和专用量块</td></tr>
<tr><td rowspan="7">5</td><td rowspan="7">落地导轨磨床</td><td rowspan="3">往复台纵向移动在垂直平面内的直线度</td><td colspan="3">在全部行程上</td><td rowspan="3">水平仪</td><td rowspan="7">JB/T 4145.1—2017</td></tr>
<tr><td>≤4000</td><td>>4000~8000</td><td>>8000</td></tr>
<tr><td>0.020</td><td>0.030</td><td>0.040</td></tr>
<tr><td rowspan="4">往复台纵向移动在水平面内的直线度</td><td colspan="3">在全部行程上</td><td rowspan="4">钢丝、显微镜、专用支座、光学仪器</td></tr>
<tr><td>≤4000</td><td>>4000~8000</td><td>>8000</td></tr>
<tr><td>0.030</td><td>0.040</td><td>0.050</td></tr>
<tr><td colspan="3">局部公差:在任意 1000 行程上为 0.010</td></tr>
</table>

28.3　滚动导轨

滚动导轨摩擦因数小，动、静摩擦因数接近。因此，运动轻便灵活、所需功率小，摩擦发热少、磨损小、精度保持性好、低速运动平稳性好、移动精度和定位精度都较高。滚动导轨还具有润滑简单，高速运动时不会像滑动导轨那样因动压效应而使动导轨浮起等优点。但是，滚动导轨结构比较复杂、制造困难、成本较高、抗振性较差，对脏物比较敏感，因此必须有良好的防护。

28.3.1　滚动导轨的类型、特点和应用

滚动导轨有多种类型，按运动形式可分为直线运动导轨和回转运动导轨。按滚动体的形式可分为滚珠、滚柱和滚针导轨。按滚动体是否循环可分为滚动体不循环和滚动体循环导轨。

常用的直线运动滚动导轨和回转运动滚动导轨的结构、特点和应用分别见表 28-34、表 28-35。

滚动体循环的滚动导轨一般由于专业化的工厂生产，品种规格齐全、有技术质量保证，可满

足用户需要。设计制造机械设备时，采用这种导轨副可缩短设计制造周期、提高质量、降低成本。常用的滚动体循环的滚动导轨有直线滚动导轨副、直线滚动导轨套副、滚动导轨块、滚动花键副等。各类导轨副的结构、特点和应用分别见有关节。

表 28-34　直线运动滚动导轨的结构特点和应用

类型		简图	结构特点	应用情况
三角平开式导轨	滚珠导轨	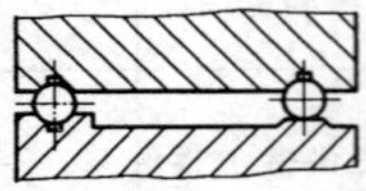	1)结构简单,制造容易 2)对温度变化不敏感 3)摩擦阻力小 4)承载能力小,刚度较低	常用于轻载机械和仪器,如磨床砂轮架,工具磨床工作台导轨
	滚珠和滚柱导轨	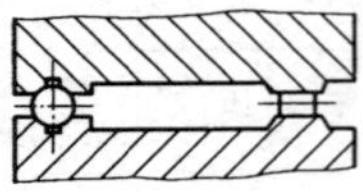		
三角平开式导轨	滚柱或滚针导轨	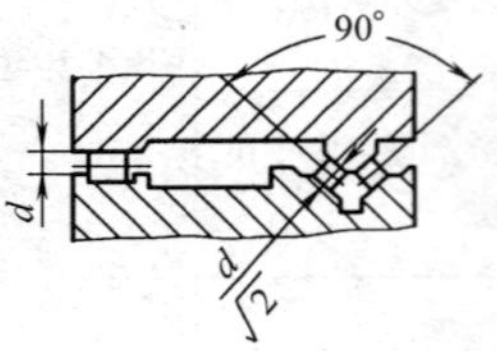	1)结构简单,制造精度高,导轨表面可互相研配 2)刚度和承载能力比滚珠的大,但比相同尺寸的滑动导轨稍低(约低 25%) 3)滚柱对导轨的平面度较敏感,易产生侧向偏移和滑动,直径越大越显著 4)多采用淬火钢导轨。无冲击载荷,运动不频繁,防护条件较好时可用铸铁导轨	用于磨床砂轮架及工作台导轨,应用较广泛
	交叉滚柱导轨	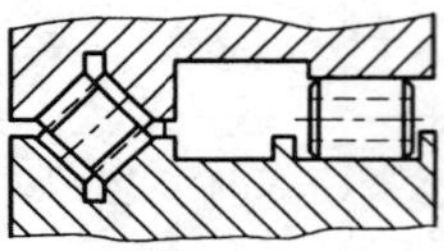	1)三角形导轨面上相邻滚柱的轴线相互成 90°交叉排列,能承受左右两方向的水平力,承载能力高,导向性好 2)采用空心滚柱时,抗振性好,并可减小压痕 3)三角形的导轨面要求加工精度高	用于大型坐标镗床工作台等的导轨
闭式导轨	双三角形	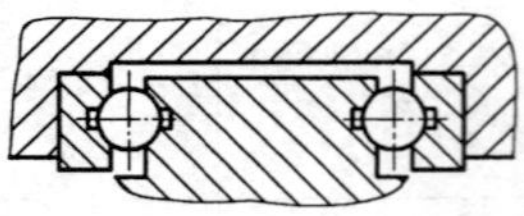	1)用镶条调整间隙或预紧,刚度比开式好,结构简单 2)能承受不大的倾覆力矩 3)摩擦阻力较大,对温度变化较敏感	常用于仪器,应用比较广泛
	双圆弧	形状与上图近似,导轨面略有不同	1)将截面为双三角形的直线导轨面改为圆弧,增加了接触面积,减小了接触应力 2)可在较长的时间内保持导向精度 3)加工较难	常用于仪器
	交叉滚柱	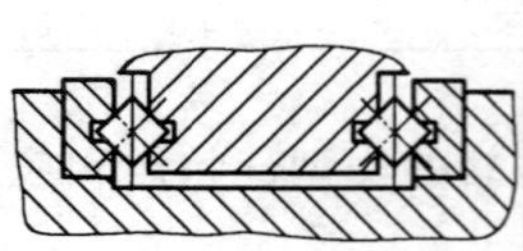	1)在三角形导轨面上相邻滚柱的轴线互成 90°交叉排列,各方向的承载能力相同,能承受较大的倾覆力矩 2)刚度好,尺寸紧凑,水平方向刚度高 3)三角形导轨面要求的制造精度高,导轨面不能互相研配	常用于仪器
钢丝滚道导轨		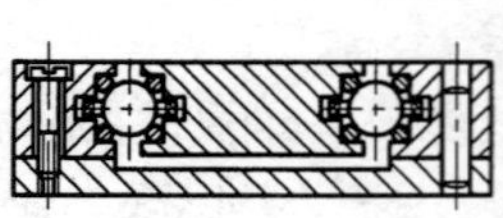	1)滚道是由淬火钢丝制成的细圆杆,具有较高的导向精度 2)导轨磨损后容易调整 3)工作寿命长,可以设计成开式或闭式 4)承载能力较小	常用于仪器

表 28-35　回转运动滚动导轨

滚动件	简　　图	特　　点	应用情况
钢球(1)	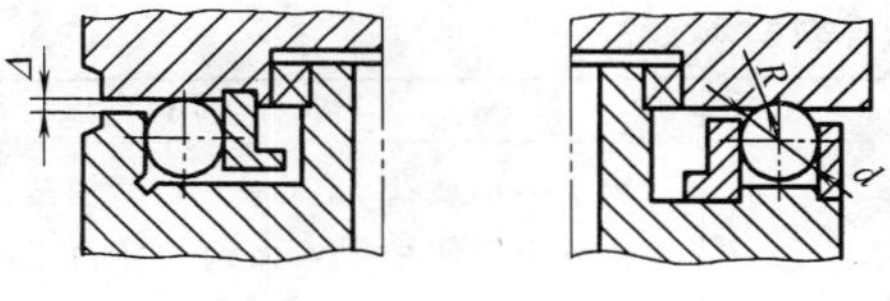 a)　　b) a) 铸铁平导轨 b) 铸铁圆弧面导轨滚道圆弧半径 $R=0.54d$	1) 结构简单,制造容易 2) 承载能力低(用圆弧滚道可提高承载能力) 3) 容易磨损 4) 只能承受轴向载荷	用于低速回转工作台,如坐标镗床工作台(钢球高于定位面,间隙 $\Delta=0.02\sim0.03$mm,工作台回转后夹紧)间隙太大会引起工作台变形
钢球(2)	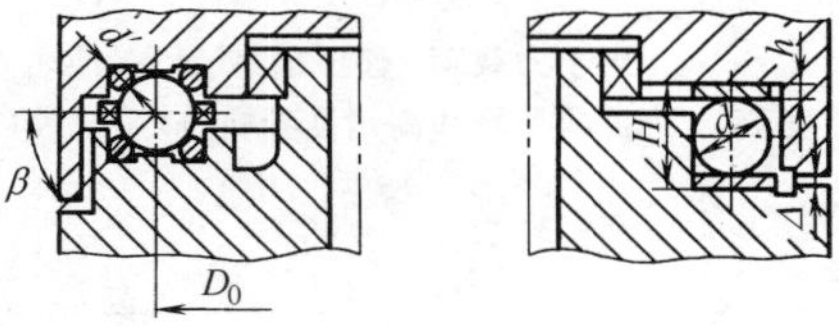 a)　　b) a) 钢丝滚道,$\beta=45^\circ\sim60^\circ$,钢球数 $Z=(2.09\sim2.35)\dfrac{D_0}{d}$,$d'=d/4$ b) 钢圈滚道 $h=0.48d$ 或 $d=0.52H$	1) 导轨用钢圈作滚道时,承载能力大,寿命长 2) 钢圈制造困难,可采用钢丝作滚道	同钢球(1)
钢球(3)	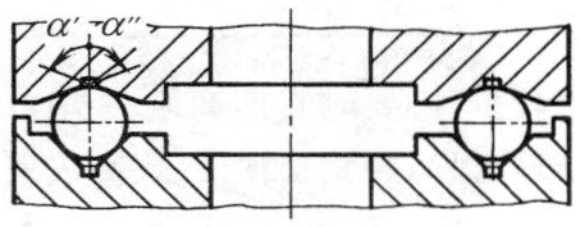	1) 下导轨为对称三角形,上导轨为不对称三角形,α'、α''选择适当时,钢球为纯滚动 2) 承载能力大,能承受一定的径向力 3) 制造复杂	用于圆刻线机导轨,精密回转工作台导轨
滚动轴承	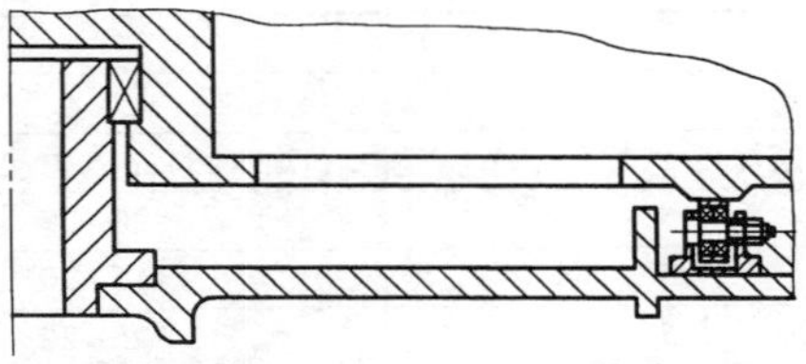	1) 单个轴承装在独立支架上,轴承外环上装有淬硬的圆锥环 2) 轴承装在偏心轴上,可以调节高度,保证导轨的精度 3) 承载能力大 4) 制造复杂	用于高速大型回转工作台

28.3.2　滚动导轨结构设计

28.3.2.1　滚动体

常用的滚动体有球、短圆柱滚子、长圆柱滚子、空心螺旋滚子、圆锥滚子、鼓形滚子和滚针等，材料用 GCr15、GCr15SiMn 等含铬合金钢，硬度达到 60～65HRC，工作表面经研磨抛光。

滚动体的尺寸和数量可根据滚动导轨的结构选择，选择时应考虑下列因素。

滚动体的直径越大，滚动摩擦力越小，接触应力也越小，刚度增大，因此在结构允许的情况下，尽量选取较大的直径。滚动体的直径过小，会产生滑动。建议滚子直径不小于 6mm，滚针直径不小于 4mm。

当滚动体的承载能力不够时，可增加滚动体的直径或数量。增加滚子长度可提高强度和刚度，但是当长度增加到一定程度后，由于滚子和导轨制造误差的影响，使滚子沿长度的压力分布不均匀。

28.3.2.2　保持架

保持架一般用低碳钢板冲压制成，高速运动的导轨可采用有色金属（如铜合金、铝合金）或工程塑料制成的实体保持架。

28.3.2.3　导轨体

（1）导轨体的尺寸　导轨长度取值与行程长度

和运动件的尺寸有关，见 28.3.3 节，宽度则由滚动体的形状和尺寸确定。

（2）导轨材料　常用滚动导轨材料及热处理见表 28-36，滚动导轨工作面的表面粗糙度见表 28-37。淬火钢导轨采用镶装结构（见图 28-11），便于热处理，节约贵金属材料，且磨损后容易更换。

表 28-36　滚动导轨材料

材料及热处理	特　点	应　用
铸铁 HT200，200~220HBW	1）与床身为整体结构，成本低，加工方便 2）容易刮研配作，达到很高精度 3）硬度低，容易压出凹痕，用滚珠时尤为显著 4）承载能力及耐磨性低	用于中小载荷、无冲击，无预加载荷的导轨，导轨较长不便采用淬火钢的导轨，以及要求精度高的导轨，如坐标镗床、螺纹磨床的工作台导轨。必须加强防护
铬轴承钢 GCr9、GCr15、GCr15 SiMn、60~62HRC，合金工具钢 CrWMn、62HRC	1）承载能力大，耐磨性好 2）整体淬火硬化层深，接触强度高，偶然过载时不易产生凹坑 3）采用镶装结构，制造工作量大（特别在要求精度高时） 4）尺寸稳定性好	用于大载荷，有预加载荷，有冲击载荷，不易防护的导轨和高精度导轨，应用比较广泛
合金结构钢 20Cr、20CrMnTi，渗碳层厚 0.9~1mm，56~62HRC	1）承载能力比铸铁高，略低于铬轴承钢 2）热处理后尚可适当加工 3）矫正变形时螺孔边缘容易开裂	用于导轨截面尺寸较大和必须在淬硬后的导轨板上钻孔或其他镶配工作
合金工具钢 9M2V，58~60HRC	1）可锻性比 GCr15 好，经等温淬火后容易切削 2）淬透性及淬火变形均比 GCr15、20Cr 小，与 CrWMn 接近 3）耐磨性与 CrWMn 接近	用于中、小载荷的滚动导轨，如工具磨床工作台导轨
合金结构钢 38Cr、MoAlA，氮化≥850HV	1）承载能力高于铸铁 2）淬火变形小 3）硬化层深度线，偶然超载时表层有压溃危险	应用较少，必要时心部调质（35HRC），经两次渗氮处理，提高硬化层深度，提高表面承载能力

表 28-37　滚动导轨表面粗糙度

机床类型		淬火钢导轨		铸铁导轨		
		工作面	安装面	磨削	刮削	
		不低于		不低于	凹痕深度不大于/μm	$(25\times25)mm^2$ 内接触点数
普通精度机床	中小型机床	$Ra0.4\mu m$	$Ra1.6\mu m$	$Ra0.8\mu m$	5	20~25
	大型机床				8	16~20
高精度机床	中小型机床	$Ra0.2\mu m$	$Ra0.8\mu m$	$Ra0.4\mu m$	5	25~30
	大型机床				8	20~25

28.3.2.4　滚动导轨的预载

在滚动体与导轨面之间预加一定载荷，可增加滚动体与导轨面的接触，以减小导轨面平面度、滚子圆柱度及滚动体直径不一致性误差的影响，使大多数滚动体均能参加工作。由于有预加接触变形，接触刚度增加，提高了导轨的精度和刚度，阻尼性能也有所增加，提高了导轨的抗振性，垂直配置的滚动导轨预加载荷后，可防止滚动体在导轨之间下滑或歪斜。

预加载荷的方法如图 28-17 所示。整体型的直线滚动导轨副，用选配不同直径的钢球组的方法来决定间隙或预加载荷。分离型的直线滚动导轨副和滚子导轨块，由用户根据要求，按规定的间隙进行调整，如图 28-17a 中用螺钉 1 调整，图 28-17b 中用垫块 2 调整，图 28-17c 用偏心销 3 调整。图 28-17d 所示为滚动导轨块，通过两个螺钉 4（一拉一推）和楔铁 5 进行预紧。

28.3.3　滚动导轨设计计算

28.3.3.1　滚动导轨的长度

在设计滚动导轨时，首先应确定动导轨的长度 L，其确定原则是：在满足使用要求即最大行程 S_{max}

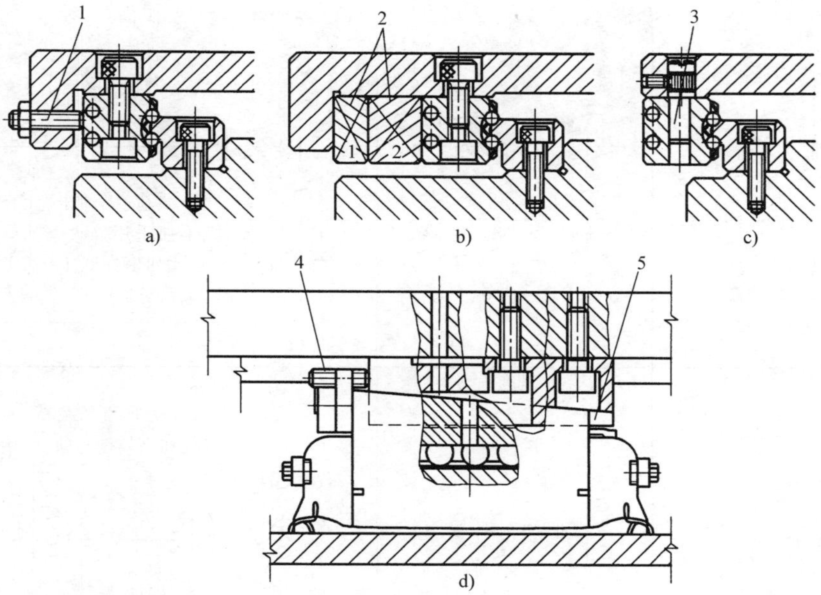

图 28-17　导轨副的预载

的条件下，应尽可能地减小动导轨的长度 L，如图 28-18 所示，滚珠中心的线速度 v_r 与动导轨速度 v 的关系为 $v_r=\frac{1}{2}v$，因此动导轨的长度 L 应为

$$L=2l_0+l+\frac{S_{\max}}{2}$$

式中　l_0——边缘余量，一般取 $l_0=5\sim10$mm；

l——滚珠间的距离由结构确定。

若取静导轨与动导轨长度相同，则动导轨移动到两极端位置时，将伸出到静导轨之外，如希望动导轨不伸出，则静导轨长度

$$L'=L+S_{\max}$$

L'也是动导轨的运动范围。

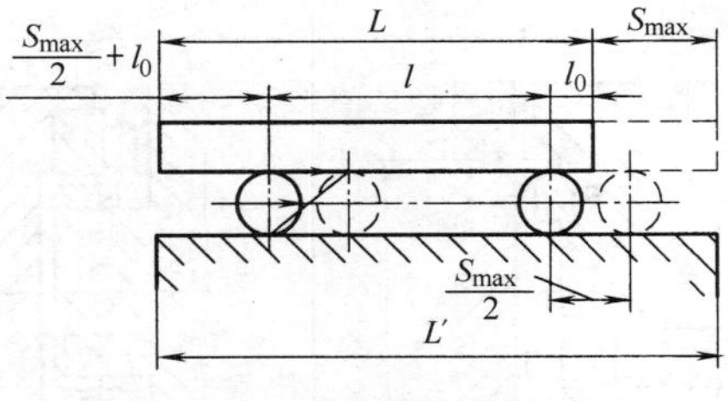

图 28-18　滚动导轨长度计算

28.3.3.2　滚动体的尺寸和数量

增大滚动体直径，可以减小摩擦因数和接触应力，不易产生滑动。若采用滚柱，推荐其直径 $d\geqslant6\sim8$mm，滚柱长径比 $b/d=1.5\sim2$。

滚动体的数量取决于导轨的长度和刚度条件，每条导轨上一般不少于 12～16 个。若数量过多，会因制造误差引起载荷分布不均匀。推荐取滚柱数目

$$Z_b\leqslant\frac{F}{9.5\sqrt{d}}$$

滚柱数目

$$Z_r\leqslant\frac{F}{4b}$$

式中　F——每条导轨所承受的载荷（N）；

d——滚柱直径（mm）；

b——滚柱长度（mm）。

28.3.3.3　导轨受力分析

进行导轨受力分析，目的在于求得滚动体的最大载荷。

图 28-19 所示为一个由滚动导轨支承的工作台，可能受的外载荷有沿 y、z 两轴的力 F_y、F_z 和绕 3 个轴的力矩 M_x、M_y、M_z，受力最大的滚动体所受的力 $F_{\max}$ 计算公式见表 28-38。

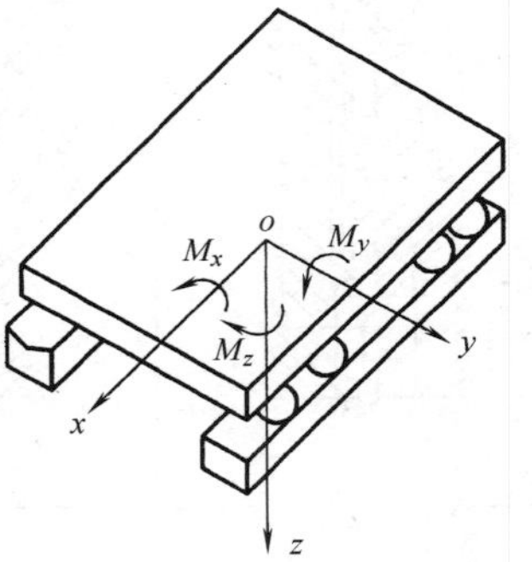

图 28-19　滚动导轨受力图

表 28-38　滚动导轨的受力分析和刚度计算公式

序号	结构简图	受力最大滚动体受力	坐标原点 O(重心)的弹性变形	绕各轴的转角和当量惯性矩
1	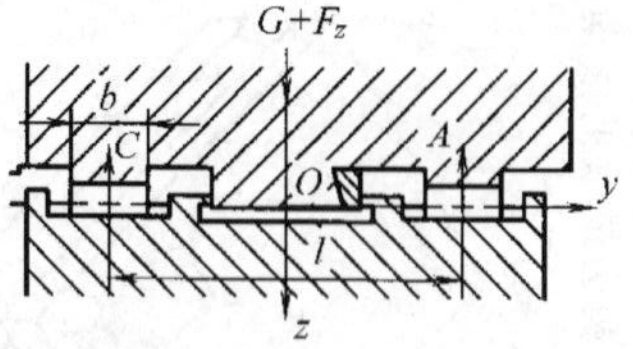	$F_{\max}=\frac{F_A}{z}+\frac{3M_y t}{\varepsilon L^2}$ $F_A=0.5(G+F_z)+\frac{M_x}{l}$	$\delta_z=\frac{(G+F_z)C_1 t}{L_z L_n \varepsilon_1}$ $l_z=2l_1$	$\phi_x=\frac{M_x t C_1}{J_x\varepsilon_1}$　$J_x=\frac{l_1 L_n B_d^2}{2}$ $\phi_y=\frac{M_y\ t\ C_1}{J_y\varepsilon}$　$J_y=\frac{L_1 L_n^3}{6}$
2	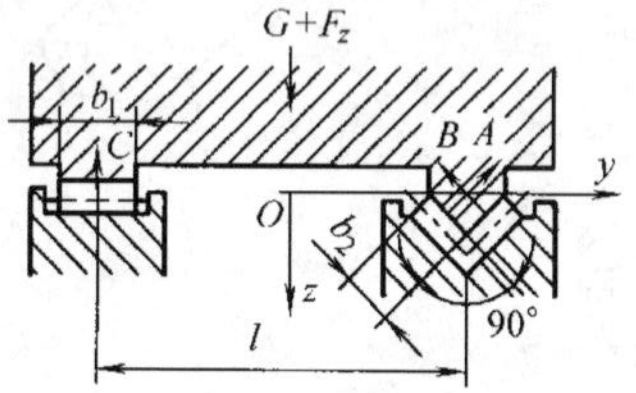	$F_{B\max}=\frac{F_B}{z}+\frac{6M_B t}{\varepsilon L^2}$ $F_B=0.707\left[0.5(G+F_z)+F_y+\frac{M_x}{l}\right]$ $M_B=0.707\left(M_y\frac{b_2}{b_1+b_2}+M_z\right)$	$\delta_z=\frac{(G+F_z)C_1 t}{l_z L_n \varepsilon_1}$ $l_z=l_1+l_2$ $\delta_y=\frac{F_y C_1 t}{l_y L_n \varepsilon_1}$ $l_y=l_2$	$\phi_x=\frac{M_x t C_1}{J_x\varepsilon_1}$, $J_x=\frac{l_1 l_2}{l_1+l_2}LB_d^2$ $\phi_y=\frac{M_y t C_1}{J_y\varepsilon}$, $J_y=\frac{l_2 L_n^3}{l_2}$ $\phi_z=\frac{M_z t C_1}{J_z\varepsilon}$, $J_z=\frac{(l_1+l_2)l_n^2}{12}$
3	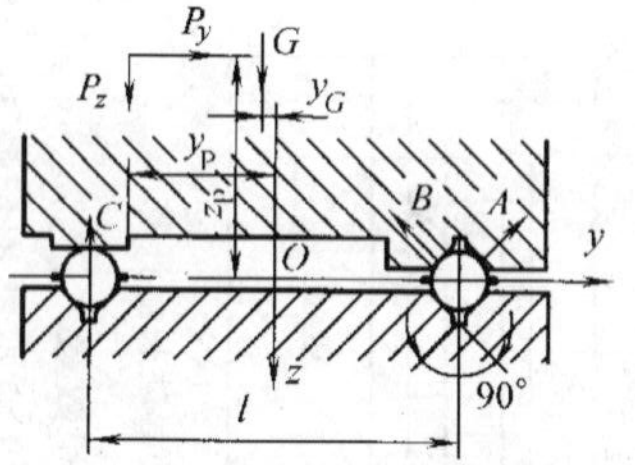	$F_{B\max}=\frac{F_B}{z}+\frac{6M_B t}{\varepsilon L^2}$ $F_B=0.707\left[0.5(G+F_z)+F_y+\frac{M_x}{l}\right]$ $M_B=0.707(0.5M_y+M_z)$	$\delta_z=\frac{(G+F_z)C_2 t}{L_n\varepsilon_1}$ $\delta_y=\frac{F_y C_2 t}{\varepsilon_1 L_n}$	$\phi_x=\frac{M_x t C_2}{J_x\varepsilon_1}$, $J_x=\frac{L_n B_d^2}{2}$ $\phi_y=\frac{M_y t C_2}{J_y\varepsilon}$, $J_y=\frac{L_n^3}{6}$① $\phi_z=\frac{M_z t C_2}{J_x\varepsilon}$, $J_z=\frac{L_n^3}{12}$①
4	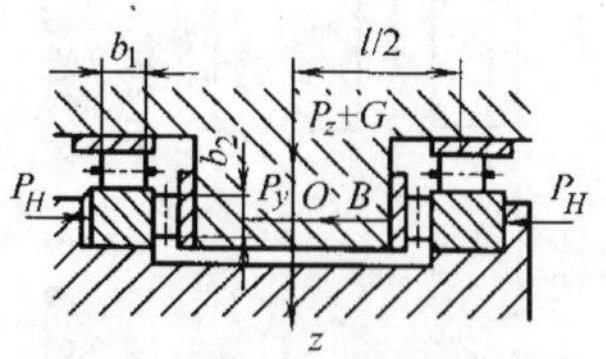	$F_{\max}=\frac{F_B}{z}+\frac{3M_x t}{\varepsilon L^2}$ $F_B=F_H+\frac{F_y}{2}$	$\delta_x=\frac{(G+F_z)C_1 t}{L+L_n\varepsilon_1}$ $\delta_y=\frac{F_y C_1 t}{l_y L_n \varepsilon_1}$ $l_z=2l_1$ $l_y=2l_2$①	$\phi_x=\frac{M_x t C_1}{J_x\varepsilon_1}$, $J_x=\frac{l_1 L_n^3}{6}$ $\phi_y=\frac{M_y t C_1}{J_y\varepsilon}$, $J_y=\frac{l_n L_n^3}{2}$ $\phi_z=\frac{M_z t C_1}{J_z\varepsilon}$, $J_z=\frac{l_1 L_n B_d^2}{2}$

5	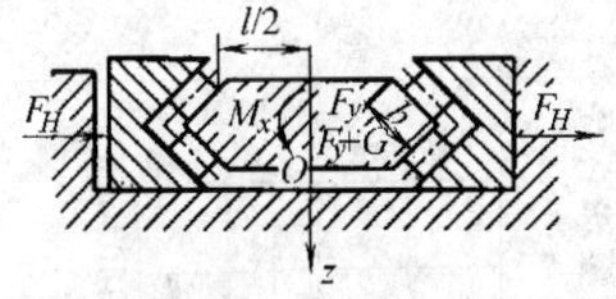	$F_{\max}=\frac{F_C}{z}+\frac{3M_Ct}{\varepsilon L^2}$ $F_C=0.707\left[F_H+0.5(G+F_y+F_z)+\frac{M_x}{l}\right]$ $M_C=0.707(M_y+M_z)$	$\delta_z=\frac{(G+F_z)C_1t}{L_z\varepsilon_1L_n}$ $\delta_y=\frac{F_yC_1t}{l_y\varepsilon_1L_n}$ $l_y=l_z=2l$①	$\phi_x=\frac{M_xtC_1}{J_x\varepsilon}$, $J_x=\frac{lL_nB_d^2}{2}$ $\phi_y=\frac{M_ytC_1}{J_y\varepsilon}$, $J_y=\frac{lL_n^3}{6}$ $\phi_z=\frac{M_ztC_1}{J_z\varepsilon}$, $J_z=\frac{lL_n^3}{6}$①
6	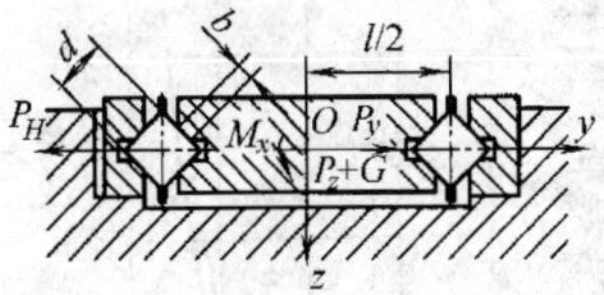	$F_{\max}=\frac{2F_C}{z}+\frac{6M_Ct}{\varepsilon L^2}$ $F_C=0.707\left[F_H+0.5(G+F_y+F_z)+\frac{M_x}{l}\right]$ $M_C=0.707(M_y+M_z)$	$\delta_z=\frac{(G+F_z)C_1t}{l_z\varepsilon_1L_n}$ $\delta_y=\frac{F_yC_1t}{l_y\varepsilon_1L_n}$ $l_y=l_z=l$① $l=(0.3\sim0.4)d$	$\phi_x=\frac{M_xt\,C_1}{J_x\varepsilon_1}$, $J_x=\frac{lL_nB_d^2}{4}$ $\phi_y=\frac{M_yt\,C_1}{J_y\varepsilon}$, $J_y=\frac{lL_n^3}{12}$ $\phi_z=\frac{M_zt\,C_1}{J_z\varepsilon}$, $J_z=\frac{lL_n^3}{12}$①
7	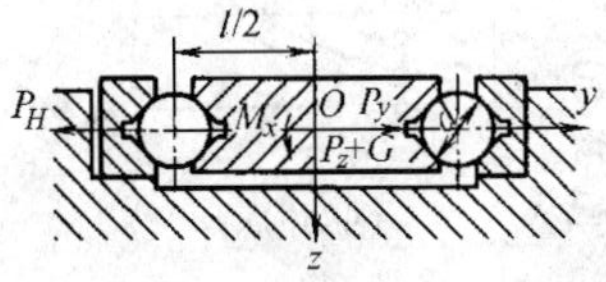	$F_{\max}=\frac{F_C}{z}+\frac{3M_Ct}{\varepsilon L^2}$ $F_C=0.707\left[F_H+0.5(G+F_y+F_z)+\frac{M_x}{l}\right]$ $M_C=0.707(M_y+M_z)$	$\delta_z=\frac{(G+F_z)C_2t}{2\varepsilon_1L_n}$③ $\delta_y=\frac{F_yC_2t}{2\varepsilon_1L_n}$③	$\phi_x=\frac{M_xt\,C_2}{J_x\varepsilon_1}$, $J_x=\frac{L_nB_d^2}{2}$ $\phi_y=\frac{M_yt\,C_2}{J_y\varepsilon}$, $J_y=\frac{L_n^3}{6}$ $\phi_z=\frac{M_zt\,C_2}{J_z\varepsilon}$, $J_z=\frac{L_n^3}{6}$①
8	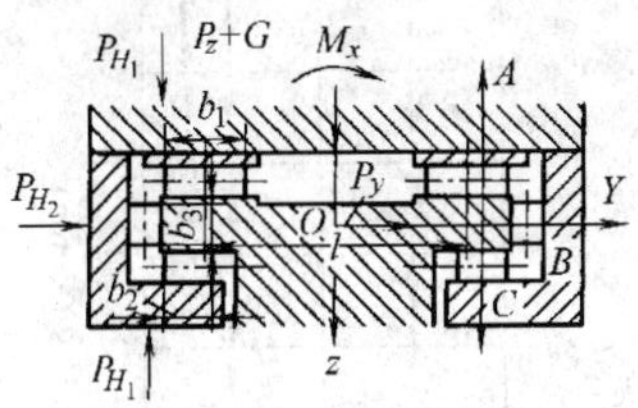	$F_{A\max}=\frac{F_A}{z}+\frac{3M_yb_1t}{\varepsilon(b_1+b_2)L^2}$ $F_{B\max}=\frac{F_B}{z}+\frac{3M_yt}{\varepsilon L^2}$ $F_{C\max}=\frac{F_C}{z}+\frac{3M_yb_2t}{\varepsilon(b_1+b_2)L^2}$ $F_A=F_{HZ}+0.5G+\left(0.5F_z+\frac{M_x}{l}\right)\frac{b_1}{b_1+b_2}$ $F_B=F_{HY}+0.5F_y$ $F_C=F_{HZ}-0.5G+\left(\frac{M_x}{l}-0.5F_z\right)\frac{b_2}{b_1+b_2}$	$\delta_z=\frac{(G+F_z)C_1t}{l_z\varepsilon_1L_n}$ $\delta_y=\frac{F_yC_1t}{L_y\varepsilon_1L_n}$ $l_z=2(l_1+l_2)$② $l_y=2l_3$	$\phi_x=\frac{M_xtC_1}{J_x\varepsilon_1}$, $J_x=\frac{(l_1+l_2)L_nB_d^2}{2}$② $\phi_y=\frac{M_ytC_1}{J_y\varepsilon}$, $J_y=\frac{(l_1+l_2)L_n^3}{6}$② $\phi_z=\frac{M_ztC_1}{J_z\varepsilon}$, $J_z=\frac{l_3L_n^3}{6}$

① 若外载荷大于预加载荷 F_H，预加过盈消失时，滚子当量长度 l_x、l_y、l_z 及当量惯性矩 J_x、J_y、J_z 取表中值的一半。

② 若外载荷超过预加载荷 F_H，则式中的 l_2 不计。

③ 若外载荷超过预加载荷，按表中计算所得值应加一倍。

式中 L_n—滚动导轨工作长度；t—滚动体之间的距离；z—滚动体数目；F_H—预加载荷；G—动导轨及移动部分总重力；F_A、F_B、F_C—滚动体 A、B、C 的受力；b_1、b_2—滚动体长度；C_1、C_2—滚动导轨的柔度系数（见图 28-20）；ε、ε_1—考虑两段滚动体之间空隙的系数，$\varepsilon=1-\left(\frac{L_o}{L_n}\right)^3$，$\varepsilon_1=1-\frac{L_o}{L_n}$

28.3.3.4 导轨的静强度计算

（1）许用载荷 按接触区不产生塑性变形计算导轨表面的静强度，作用在一个滚动体上的许用载荷〔F〕，由下式求得：

对滚珠导轨：

$$[F]=K_1K_2K_3d^2$$

对滚柱导轨：

$$[F]=K_1K_2K_3bd$$

式中 d——滚珠或滚柱直径（mm）；

b——滚柱长度（mm）；

K_1——材料系数（MPa）（按表 28-39 选取）；

K_2——硬度系数（按表 28-40 选取）；

K_3——精度系数（按表 28-41 选取）。

表 28-39 滚动导轨的材料系数 K_1

（单位：MPa）

滚动体类型	钢导轨 60HRC			铸铁导轨 200HBW
	整体淬火或渗碳淬火	高频感应加热淬火	氮化	
滚珠导轨	0.6	0.5	0.4	0.02
短滚柱导轨	20	18	15	2
长滚柱导轨	15	13	10	1.5

表 28-40 硬度系数 K_2

导轨	淬硬钢导轨硬度 HRC				铸铁导轨硬度 HBW		
硬度	50	55	57	60	170～180	200～220	230
K_2	0.52	0.7	0.8	1	0.75	1	1.2

表 28-41 精度系数 K_3

	导轨精度				K_3	备注
	相配导轨在接触长度内平面度误差不大于/μm	相配导轨在接触长度内扭曲度不大于/μm	V 形导轨夹角不一致性不大于（″）	滚动体直径相互差不大于/μm		
高精度	<4	<4	15～20	1	1.5	或导轨很短
较高精度	7～10	7～10		2	1	
普通精度	15～20	20		2～3	0.6～0.7	

（2）强度校核 滚动导轨应满足强度条件

$$F_{\max}\leqslant[F]$$

验算后如果滚动体的最大载荷超过许用载荷值，应重新选取 d、b、z 等参数，再进行验算，直到满足强度条件时为止。

28.3.3.5 接触变形

对于滚珠导轨接触变形量

$$\delta=C_2F$$

对于滚柱导轨接触变形量

$$\delta=C_1q$$

式中 F——一个滚珠上的载荷（N）；

q——滚柱单位长度上的载荷（N/mm）；

C_2——滚珠导轨的柔度系数（μm/N）（按图 28-20b 选取）；

C_1——滚柱导轨的柔度系数（μm · mm/N），（按图 28-20a 选取）。

柔度系数 C_2 和 C_1，应根据初始载荷（动导轨重量、工件重量与预紧力之和）确定。图 28-20a 所示用于滚柱导轨，曲线 1 用于短滚柱钢导轨，曲线 2 用于长滚柱钢导轨，曲线 3 用于刮研的铸铁导轨。图 28-20b 用于滚珠导轨，图中 d 为滚珠直径。

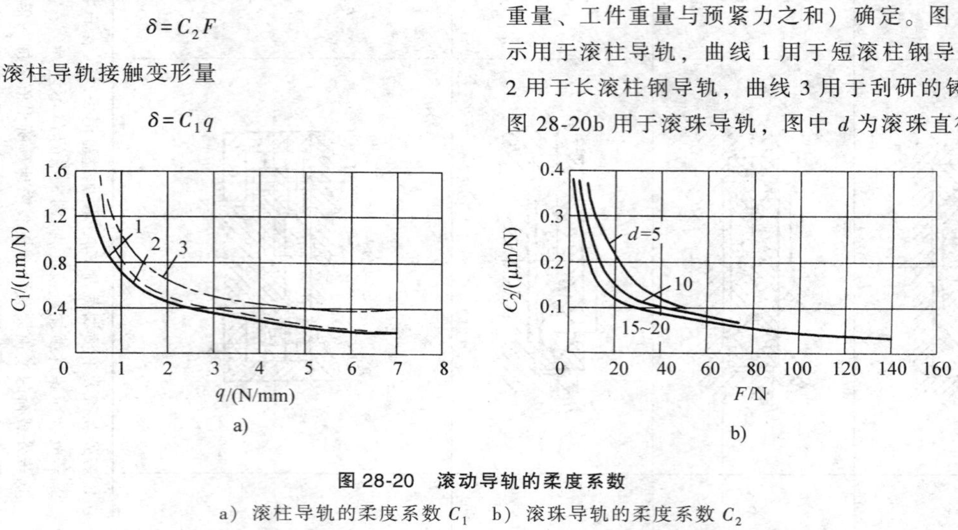

图 28-20 滚动导轨的柔度系数

a）滚柱导轨的柔度系数 C_1 b）滚珠导轨的柔度系数 C_2

28.3.4　直线滚动导轨副

28.3.4.1　工作原理和特点

（1）工作原理　直线滚动导轨副的典型结构如图 28-21 所示，它由四列循环滚珠、滚珠保持架、支承滑块和带滚道的导轨四部分组成。当导轨与支承滑块做相对运动时，滚珠沿着导轨上的四条滚道滚动，在支承滑块端部，滚珠通过反向器经反向孔返回滚道，如此周而复始地循环工作。根据需要每根导轨上可安装 1 个或多个支承滑块，四列滚珠对称分布，能承受上下左右四个方向的载荷和倾覆力矩。导轨体的安装可沿水平方向，也可垂直或倾斜。使用时可两条导轨平行安装，也可单用一条导轨，还可将导轨接长为长导轨，以适应各种行程和用途的需要。

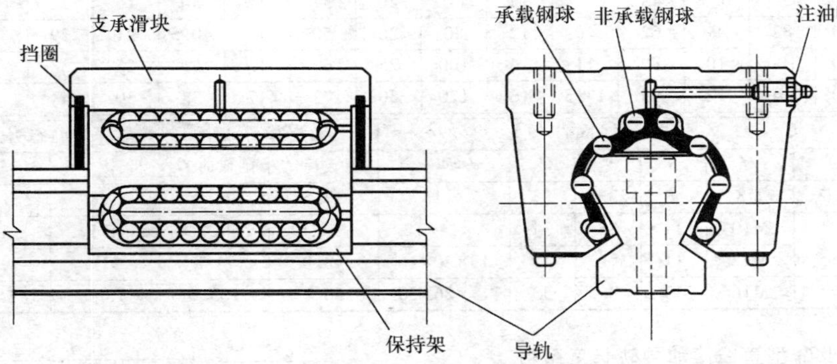

图 28-21　直线滚动导轨副

（2）特点

1）摩擦阻力小，定位精度高，微量移动灵敏准确。

2）承载能力大，刚度高，四方向等载荷，可预加载荷，具有良好的减振特性。

3）适用很广的速度范围，能实现高速直线运动。

4）导轨调整方便，对基础配件的精度要求不高。

5）由专业化工厂生产，可简化设计、保证质量、降低成本。

28.3.4.2　结构形式和规格

目前，国内已开发出多种结构类型的直线滚动导轨副，图 28-22 所示为汉江机床厂生产的 HJG 型直线滚动导轨副的代号示例，其结构尺寸如图 28-23 所示，

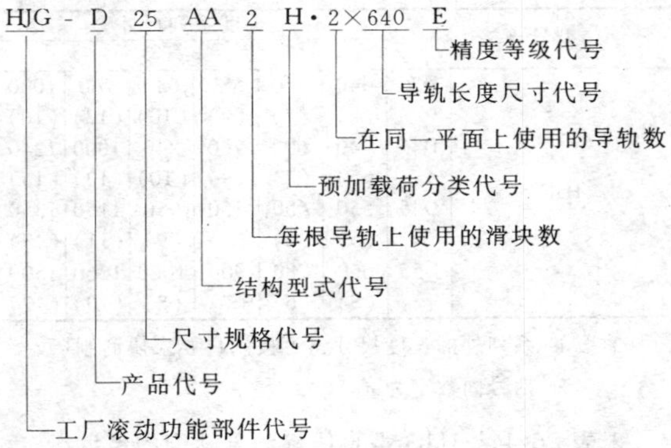

图 28-22　国产直线滚动导轨副代号示例

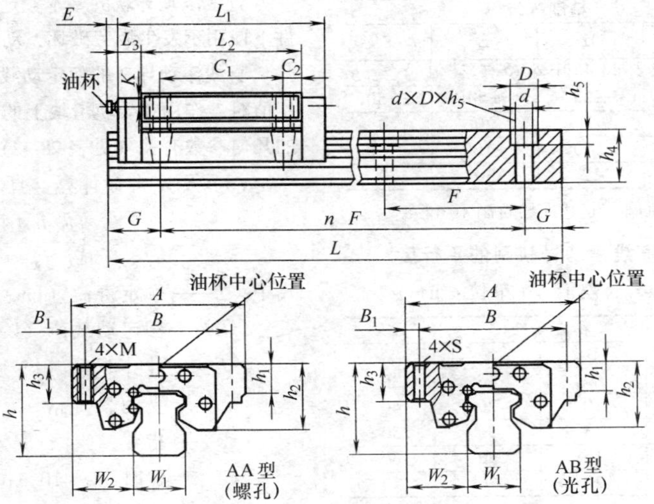

图 28-23　HJG 型直线滚动导轨副

规格参数、额定载荷等数据见表 28-42，导轨长度系列见表 28-43。

HJG 型直线滚动导轨的精度等级分为 4 级，即 C、D、E、F 级。检验项目及公差值见图 28-24 和表 28-44、表 28-45。

由南京工艺装备厂生产的 GGB、GGC 和 GGF 型直线滚动导轨副，可查阅相关的设计手册。

表 28-42　HJG 型直线滚动导轨副的规格参数

型号规格	规格参数 /mm															
	A	B	B_1	C_1	C_2	E	F	G	h	h_1	h_2	h_3	h_4	K	L_1	L_2
HJG—D25	70	57	6.5	45	7	12	60	20	37	12	30	16	22	6	80	59
HJG—D35	100	82	9	62	10	12	80	20	50	13	40.5	21	29	8	105	82
HJG—D45	120	100	10	80	11	16	100	25	62	15	51	25	38	9	135	105
HJG—D55	140	116	12	95	13.5	16	120	30	72	17	58	30	44	11	159	122

型号规格	规格参数/mm						额定载荷/kN		静态力矩/N · m		
	L_3	M	S	W	W_1	$d \times D \times h_5$	动载荷 C	静载荷 C_0	M_A	M_B	M_C
HJG—D25	10.5	M8	7	23.5	23	7×11×8	17.5	26.0	198	198	888
HJG—D35	11.5	M10	11	33	34	9×14×12	29.4	46.0	471	471	755
HJG—D45	16.5	M12	11	37.5	45	13×20×16	43.8	71.8	919	919	1537
HJG—D55	18.5	M16	13	43.5	53	17×26×20	60.7	103.0	1590	1590	2670

表 28-43　HJG 型直线滚动导轨长度系列

（单位：mm）

型号规格		长度系列尺寸 $L_0=F_n+2G$					
HJG	D25	340 (5)	460 (7)	580 (9)	640 (10)	760 (12)	1000 (16)
	D35	440 (5)	600 (7)	760 (9)	840 (10)	1000 (12)	1240 (15)
	D45	550 (5)	650 (6)	750 (7)	950 (9)	1150 (11)	1350 (13)
	D55	660 (5)	780 (6)	900 (7)	1020 (8)	1260 (10)	1500 (12)

注：1. 系列外的长度尺寸，可按用户要求协商制造。
2. 括号内数字为 n。

表 28-44　HJG 型直线滚动导轨副的精度

（单位：μm）

项目	精度等级			
	C	D	E	F
平行度	见表 28-45 中 δ_1、δ_2 公差值			
h 公差值	±10	±20	±50	±150
h 同组变动量	5	7	20	40
W 公差值	±25	±50	±100	±150
W 同组变动量	8	12	30	70

注：W 只用于基准导轨副，非基准导轨副不考核。

表 28-45　HJG 型直线滚动导轨副的平行度 δ_1、δ_2 公差值　（单位：μm）

长度/mm	精度等级			
	C	D	E	F
≤500	4	8	15	30
>500≤1000	7	10	20	40
>1000≤1500	9	13	26	50
>1500≤2000	12	16	30	60
>2000≤2500	15	20	36	70

注：δ_2 只用于基准导轨副，非基准导轨副不考核。

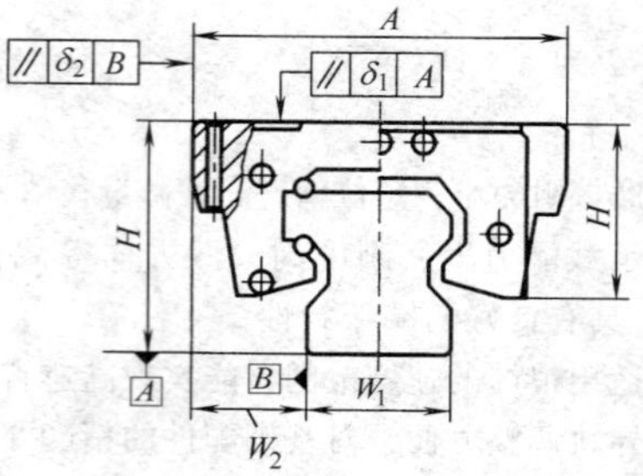

图 28-24　HJG 型直线滚动导轨副的尺寸公差和形位公差

28.3.4.3　直线滚动导轨副的计算

（1）基本额定寿命和额定动载荷　直线滚动导轨的滑块在一定的载荷下运动，使导轨副滚道和滚动体均受频繁变化的接触应力作用，其状态与滚动轴承相似。

直线滚动导轨的基本额定寿命是指导轨副在正常条件下使用不发生疲劳破坏，动导轨允许运行的总距离。

直线滚动导轨的额定动载荷是指使导轨寿命达到额定值时，作用在导轨滑块上的恒定载荷。它与导轨滑块的几何参数有关（见表 28-42）。

（2）额定寿命计算　直线滚动导轨的寿命

$$L=\left(\frac{f_H f_T f_C}{f_W}\frac{C}{F}\right)^{\varepsilon}K$$

式中　L——额定寿命（km）；

C——额定动载荷（kN）；

F——计算载荷（kN），取受力最大的滑块所受的载荷；

ε——指数，当滚动体为滚珠时，$\varepsilon=3$，当滚柱时，$\varepsilon=10/3$；

K——额定寿命系数，当滚珠时 $K=50$km，滚

柱时 $K=100\text{km}$；

f_H——硬度系数，查图 28-25；

f_T——温度系数，查图 28-26；

f_C——接触系数，查表 28-46；

f_W——载荷系数，查表 28-47。

当行程长度为定值时，导轨额定寿命可用工作时间的小时数计算

$$L_h=\frac{L\times10^3}{2ln\times60}\approx\frac{8.3L}{ln}$$

式中　L_h——寿命时间（h）；

l——单行程长度（m）；

n——每分钟往复次数。

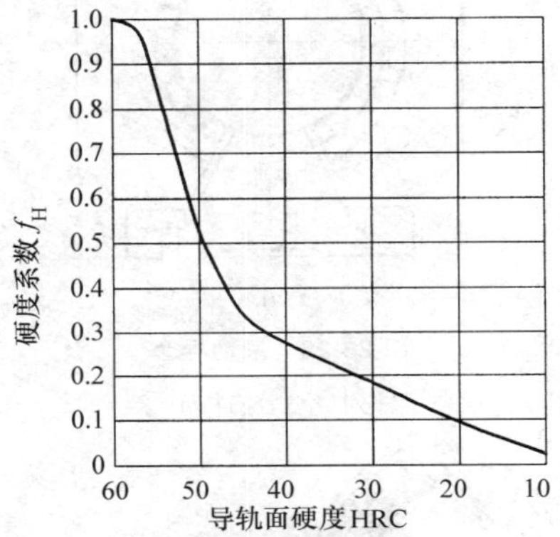

图 28-25　硬度系数 f_H

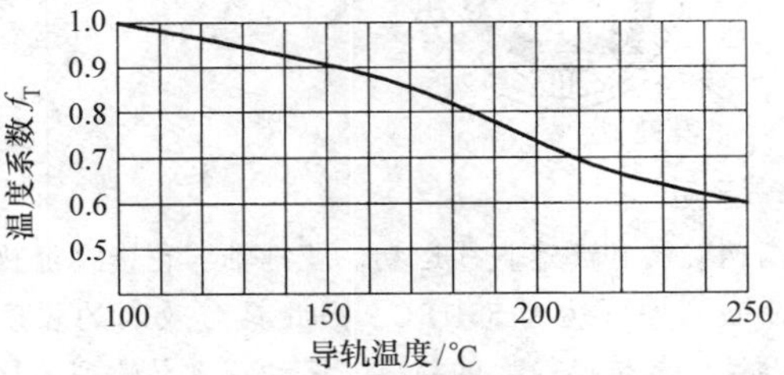

图 28-26　温度系数 f_T

（3）静载荷计算　直线滚动导轨副在静止或运动状态下受到超载或大冲击载荷作用时，滚道或滚动体都可能产生局部塑性变形，当塑性变形量超过一定限度时，就会影响导轨的导向精度和运动平稳性。按静载荷作校核计算的公式为

$$\frac{C_0}{F_0}\geqslant f_s$$

式中　C_0——额定静载荷（kN）；

F_0——静载荷或冲击载荷（kN）；

f_s——静态安全系数，（按表 28-48 选取）。

28.3.4.4　安装与压紧

（1）安装和压紧方式　直线滚动导轨的安装方式很多，适用于各种受力情况，如图 28-27 所示。图 28-27 中箭头表示能承受的力或力矩的方向。

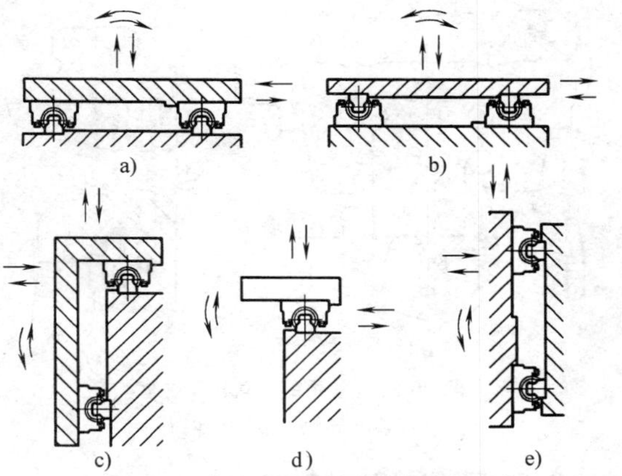

图 28-27　直线滚动导轨副常用安装方式

表 28-46　接触系数 f_C

每根导轨上的滑块数量	接触系数 f_C
1	1.00
2	0.81
3	0.72
4	0.66
5	0.61

表 28-47　载荷系数 f_W

工作条件	f_W
无外部冲击或振动的低速运动，速度<15m/min	1~1.5
无明显冲击或振动的中速运动，速度<60m/min	1.5~2
有外部冲击或振动的高速运动，速度≥60m/min	2~2.5

常用的几种导轨和滑块的压紧方式如图 28-28 所示。其中图 28-28a 适用于受冲击和振动较大的导轨，它的压板可采用若干块窄型的或用单块宽型的，装配时应根据需要磨板底面 *A* 或 *B*，以达到压紧的目的。图 28-28b 用螺钉压紧导轨，适用于冲击和振动不大的场合。图 28-28c 所示为斜楔压紧方式，调整方便，压紧力大，不易松动，可靠性较好，但结构较复杂。

表 28-48　静态安全系数 f_s

运动条件	工作条件	f_s（下限）
不经常运动	轻微冲击，导轨挠曲变形小	1.0~1.3
	有冲击，受转矩	2.0~3.0
一般运动状况	普通载荷，导轨挠曲变形小	1.0~1.5
	有冲击，受转矩	2.5~5.0

（2）安装要求

1）安装过程不允许从导轨上拆下滑块。

2）清洗导轨，并清除基础件装配表面的毛刺及污物。检查装配部位螺纹孔是否吻合，不得错位。

3）安装前必需要按产品编号标记分清基准导轨副与非基准导轨副，并按导轨滑块上的标记槽识别安装时所需的基准侧面。

4）安装时，导轨体与滑块基准侧面靠上定位台阶后，应从另一面顶紧后再固定（见图 28-28）。

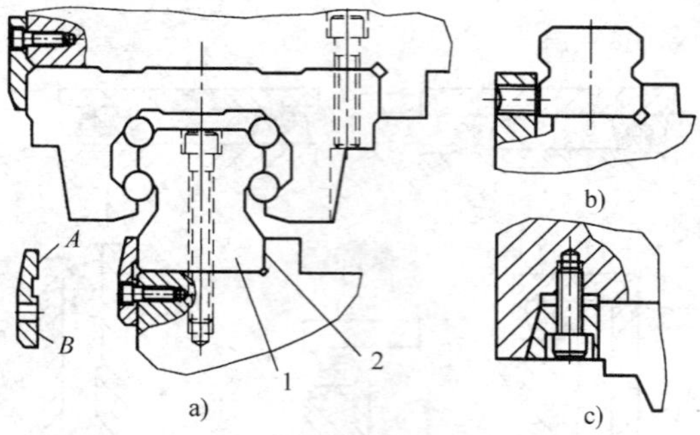

图 28-28　常用的导轨压紧方式

1—基准导轨　2—基准面

28.3.5　直线滚动导轨套副

直线滚动导轨套副简称滚动导套，其结构如图 28-29 所示，它由直线运动球轴承（见图 28-29a）、球轴承支承座 1、导轨轴 2 和导轨轴支承座 3 所构成（见图 28-29b）。由于结构上的原因，球轴承支承座，即滚动导套的支承滑块只能在导轨轴上做轴向直线往复运动，而不能转动。负载滚珠与导轨轴外圆为凸圆之间的点接触，故许用载荷较小。滚动导套运动轻便灵活、精度较高而价格较低，广泛用于轻载的精密机械，如办公机械、计算机外部设备和精密机床等。

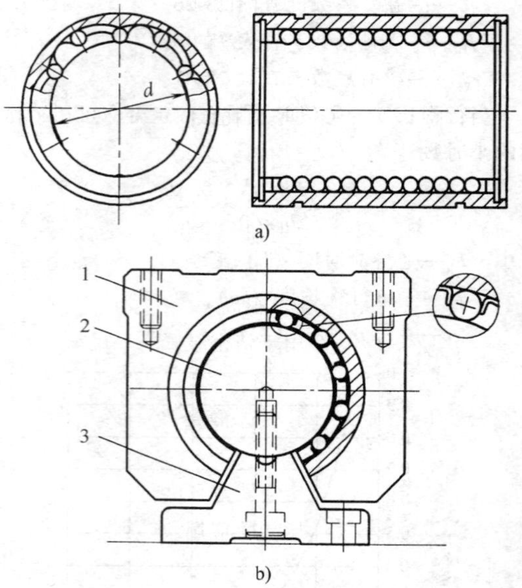

图 28-29　滚动导套

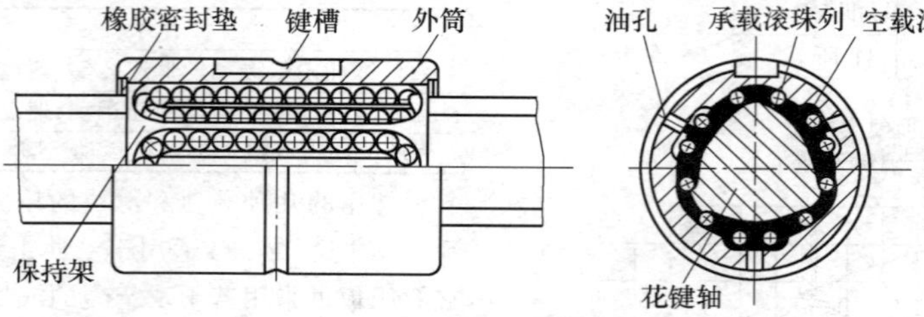

图 28-30　滚动花键导轨副

按直线运动球轴承的结构形式，滚动导套有封闭式和开放式两类。封闭式导套又分为可调间隙和不可调间隙两种，开放式导套均为可调间隙。各类滚动导套的尺寸系列和精度等级，可参阅有关标准和样本。

28.3.6　滚动花键导轨副

滚动花键导轨副是一种能传递转矩的直线运动导轨副，其结构如图 28-30 所示，它由花键轴、花键套、滚珠及保持架等所组成。花键轴外圆上均布的三条凸起轨道与花键套内相应部位将滚珠夹持在轨道凸起的两侧，形成六条承载滚珠列。

花键轴、套的轨道横截面为近似滚珠直径的凹圆弧形，以减小接触应力。承受转矩时，三列承载滚珠受载，并自动定心。当转矩方向改变时，则由另外三列承载滚珠来传递转矩。花键轴与花键套进行相对直线运动时，滚珠在轨道中经反向器往复循环。

滚动花键导轨副可通过预紧控制切向间隙，可进行高速旋转和高速直线运动。花键轴与花键套经热处理后硬度均可达到 58HRC，因此具有较高的强度和耐磨性，能传递较大的载荷。滚动花键导轨副还具有结构紧凑、组装简单等优点，保持架不仅使滚珠互不摩擦，而且拆卸时不会脱落。滚动花键广泛用于既要求传递转矩、又要求直线运动的机械上，如工业机器人、机床分度轴及各种自动装卸机等。

滚动花键导轨副可分为凸缘式花键副和凹槽式花键副两类。一般情况下，凸缘式花键副承载能力比凹槽式的要大一些。各类滚动花键副的尺寸系列和精度等级，可参阅有关标准和样本。

28.4　液体静压导轨

28.4.1　液体静压导轨的原理、类型、特点和应用

在导轨的油腔通入有一定压强的润滑油，可使导

轨（如工作台）微微浮起，在导轨面间建立油膜，得到液体摩擦状态，称为静压导轨。它的优点是：

1）在起动和停止阶段没有磨损，精度保持性好。

2）油膜较厚，有均化误差的作用，可以提高精度，吸振性好。

3）摩擦因数小，功率损耗低，减小摩擦发热。

4）低速移动准确、均匀，运动平稳性好。

静压导轨的缺点是：

1）结构比较复杂，增加一套供液设备。

2）调整比较麻烦。

3）导轨的平面度要求很高。

因此，静压导轨多用于精密级和高精度机床的进给运动和低速运动导轨。

按结构形式分，有开式静压导轨、闭式静压导轨。

按供油情况分，有定压式静压导轨、定量式静压导轨。目前，定压式静压导轨应用较多，下面介绍定压式静压导轨。

液体静压导轨通常将移动件的导轨面分成若干段，每一段相当于一个独立的油垫支承，每个支承由油腔和封油面组成，如图 28-31 所示。

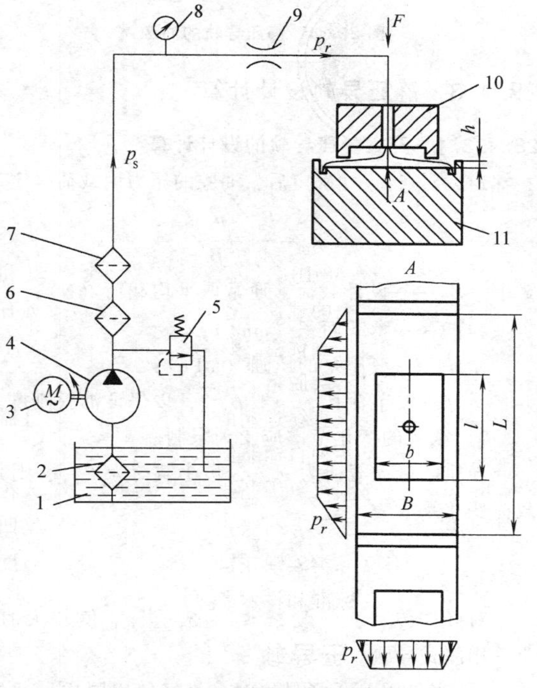

图 28-31　定压开式静压导轨原理

1—油池　2—进油过滤器　3—液压泵电动机　4—液压泵　5—溢流阀　6—粗过滤器　7—精过滤器　8—压力表　9—节流器　10—上支承　11—下支承

28.4.2　静压导轨结构设计

28.4.2.1　导轨面支承单元的主要形式

用于静压导轨的支承单元有三种主要形式，见表 28-49，可用以组合成多种静压导轨。

28.4.2.2　静压导轨的基本结构形式

静压导轨面大部采用平导轨面，截面形状为矩形，形状简单，制造容易，承载能力及刚度大，油面调整比较容易，也有的采用斜面支承（V 形导轨）或圆导轨。

表 28-49　导轨支承单元

形式	简　图	特　点
单一支承	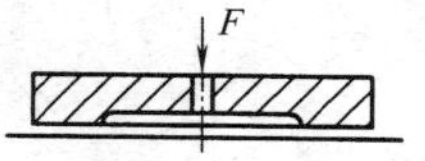	1）载荷沿支承法线方向使上支承压向下支承 2）支承能沿垂直于法线的任何方向移动
一对对置支承	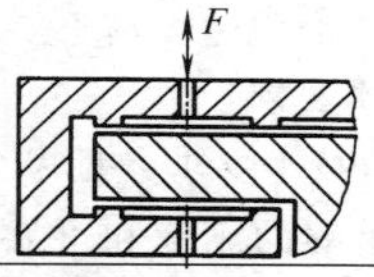	1）载荷可沿支承法线的正向或反向作用 2）支承能沿垂直于法线的任何方向做相对移动
一对斜面支承	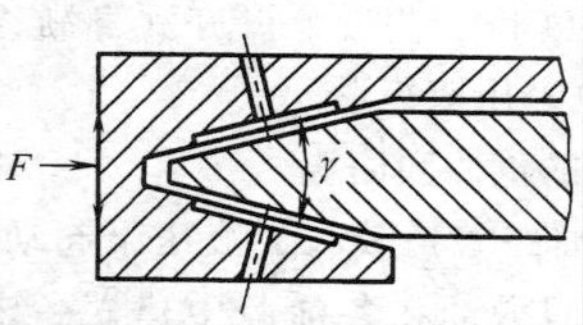	1）能在朝向支承的任何方向加载 2）支承能沿垂直于两个支承法线的平面方向相对滑动

常用的开式静压导轨基本形式如图 28-32 所示。其中图 28-32a、图 28-32b 应用较普遍，图 28-32c 用于回转导轨，图 28-32d 使用较少，因它加工困难，精度难保证。

闭式静压导轨的基本形式如图 28-33 所示，图 28-33a受热变形影响较大，图 28-33b 用左边导轨两侧

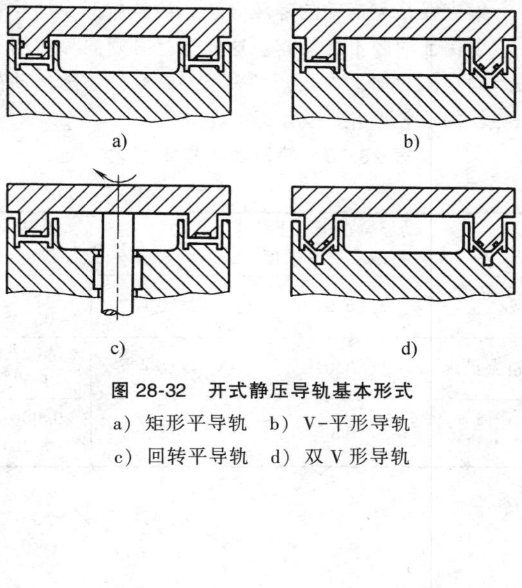

图 28-32　开式静压导轨基本形式

a）矩形平导轨　b）V-平形导轨　c）回转平导轨　d）双 V 形导轨

定位，受热膨胀影响小，图 28-33c 是对置多油腔平导轨，用于回转件支承，图 28-33d 的特点是加工面少，适用于载荷不大，移动件不长的导轨。闭式静压导轨能承受正、反方向的载荷，油膜刚度高，承受偏载和倾覆力矩的能力较强，但加工制造和油膜调整较复杂，用不等面积的油腔结构较经济。

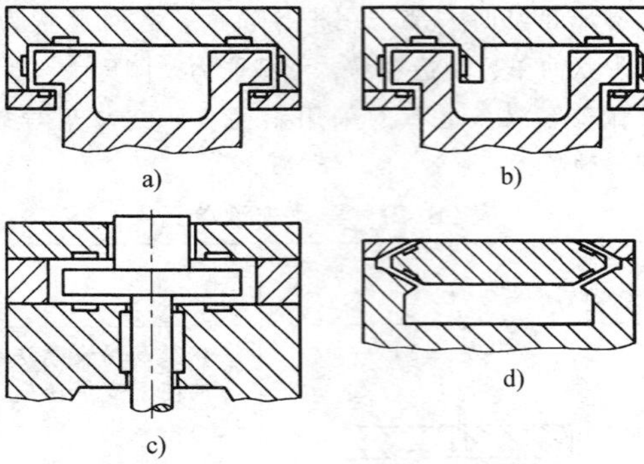

图 28-33　闭式静压导轨基本形式

a）宽式双矩形导轨　b）窄式双矩形导轨　c）回转平导轨　d）菱形导轨

28.4.2.3　静压导轨的技术要求

以机床为例，静压导轨技术要求参见表 28-50。

导轨及其支承件应有足够的刚度和可靠的防护。导轨的形状应力求简单和工艺性好。开式导轨多用 V—平组合，闭式导轨多用双矩形。

28.4.2.4　静压导轨的供油和油腔

由于静压导轨的油路管道较长，液压泵起动后，需要一定时间才能使润滑油在各油腔中建立一定压强，使工作台浮起。常采用时间继电器，在液压泵起动一定时间后，才能使工作台运动，以保证安全。

润滑油在进入节流器以前应进行精滤，其过滤精度，中小型机床应保证大于 10μm 的微粒不能通过，大型机床应保证大于 10~20μm 的微粒不能通过。

做直线往复运动的静压导轨，油腔应开在动导轨上，以保证油腔不会外露。这样，就必须向移动的工作台输送压力油，为此，可采用伸缩套管。圆运动静压导轨的油腔可开在支承导轨上。

表 28-50　静压导轨技术要求

（单位：mm）

	动导轨在全长上的直线度与平面度	$(25\times25)\,\mathrm{mm}^2$ 上的接触点	刮研深度
高精度机床	0.01	≥20 点	0.003~0.005
精密机床	0.01	≥16 点	0.003~0.005
普通和大型机床	0.02	≥12 点	0.006~0.010

运动导轨长度在 2m 以下时，每条导轨开 2~4 个油腔，在 2m 以上时，每 0.5~2m 开一个油腔，每条导轨的油腔数至少为 2 个。当载荷分布均匀，机器刚度较高时，油腔数量可少些。

油腔的常用形状和尺寸如图 28-34 所示，油腔形状根据导轨宽度选择。其尺寸为 $a_1\approx0.1B$，$a=0.5a_1$，$a_2=2a_1$。为避免相邻油腔中油压互相影响，两油腔中间有一横向回油沟 E。油沟长度 l 可取得长一些，以提高承载能力，但不得开通。

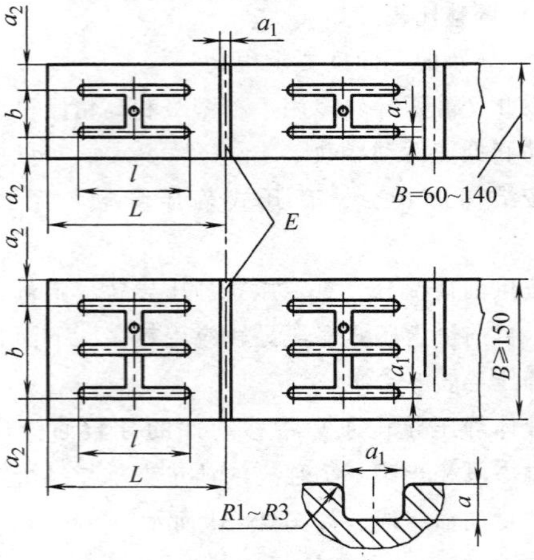

图 28-34　静压导轨的油腔

28.4.3　静压导轨设计计算

28.4.3.1　开式静压导轨的设计计算

1）当结构尺寸确定后，油腔的压力由载荷确定。

$$p_{\mathrm{ro}}=\frac{F_{\mathrm{O}}}{A_{\mathrm{e}}}=\frac{p_{\mathrm{s}}}{\beta}$$

式中　F_{O}——设计载荷，通常取平均载荷（N）；

A_{e}——承载面积（mm^2）；

p_{s}——液压泵的压强（MPa）；

β——节流比，一般 $\beta=2$，以保证油膜刚度。

2）载荷的变化范围应受到限制。

导轨的最大载荷为 $F_{\max}$，最小载荷为 $F_{\min}$，则其载荷变化系数为

$$\xi_{\mathrm{F}}=\frac{F_{\max}}{F_{\min}}$$

对开式传动，一般 $\xi_{\mathrm{F}}\leqslant4\sim5$，当 ξ_{F} 值较大时，应采用闭式导轨。

3）当采用 V 平形导轨时，最好使用同样尺寸的节流器。

由于平导轨和 V 形导轨尺寸不同，受力状态也不同，因此若要使工作台均匀浮起，或者是采用不同参数的节流器，或者采用同样参数的节流器，但要使

导轨尺寸保持一定的关系。一般用后一种方法较多。这时可先确定平导轨尺寸，然后计算 V 形导轨的尺寸，计算的假设是：

1）两种导轨的油腔压力相等。

2）两种导轨的流量相等。

3）两种导轨的长度及油腔长度相等。

这样可得（见图 28-35）

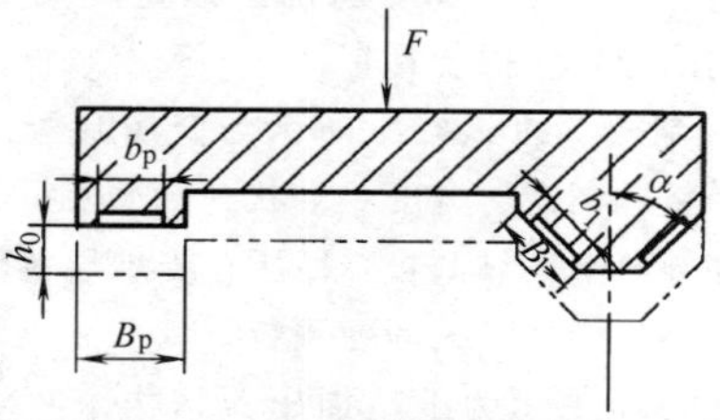

图 28-35　V—平形导轨计算图

$$B_v=\frac{1}{2}\left[\frac{B_p b_p}{2\sin\alpha}+\frac{2\sin^3\alpha(L^2-l^2)}{12\overline{B}(L-l)-(B_p+b_p)\sin^2\alpha}\right]$$

$$b_v=\frac{B_p+b_p}{2\sin\alpha}-B_v$$

式中　B_v——V 形导轨宽度（mm）；

b_v——V 形导轨油腔宽度（mm）；

B_p——平导轨宽度（mm）；

b_p——平导轨的油腔宽度（mm）；

L——每个油垫支承的长度（mm）；

l——每个油腔的长度（mm）；

$\overline{B}$——平导轨一个油垫支承的流量系数

$$\overline{B}=\frac{1}{6}\left[\frac{L+l}{B_p-b_p}+\frac{B_p+b_p}{L-l}\right]$$

α——V 形导轨的夹角之半。

28.4.3.2　闭式静压导轨的设计计算

闭式静压导轨可采用等面积或不等面积油腔的对置静压油垫。对于等面积对置静压油垫，只要承载能力及刚度足够，供油压力 p_s 可任意选择。对于不等面积对置油垫，其供油压力 p_s 不能任意选择，因此闭式导轨的设计主要是确定不等面积油腔的参数。不等面积油腔闭式静压导轨（见图 28-36）的设计计算，可算出 A_{e1} 和 A_{e2} 后，设上、下两油垫支承的长度 L 及油腔的长度 l 相等，则可解得大、小油腔的尺寸关系如下：

$$B_2=\frac{B_1+b_1}{m}-b_2$$

$$b_2=\frac{\dfrac{2l(L-l)+2b_1(B_1-b_1)}{B_1-b_1}+\dfrac{B_1+b_1}{m}}{4}-$$

$$\frac{1}{4}\sqrt{\left[\frac{2l(L-l)+2b_1(B_1-b_1)}{B_1-b_1}+\frac{B_1-b_1}{m}\right]^2-}$$

$$\overline{8\left\{\left[\frac{l(L-l)+b_1(B_1-b_1)}{B_1-b_1}\right]\frac{B_1+b_1}{m}-l(L+l)\right\}}$$

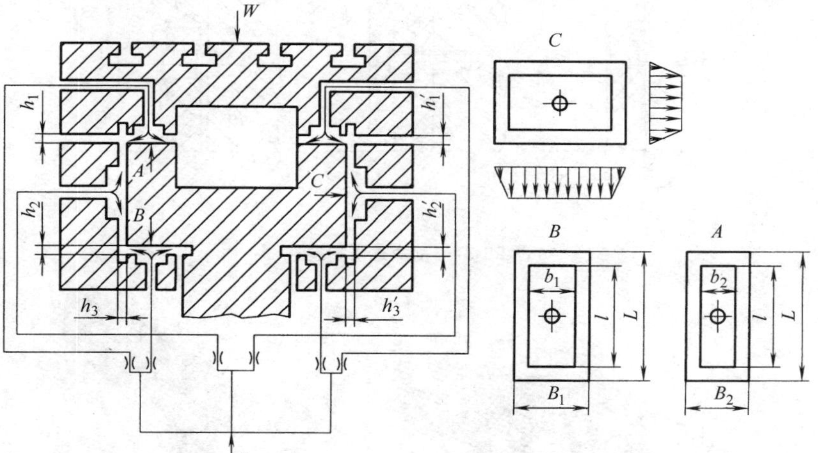

图 28-36　闭式导轨尺寸

28.5　导轨的润滑与防护

28.5.1　导轨的润滑

对导轨进行润滑可提高导轨运动平稳性，防止爬行；减少摩擦，提高机械效率；减少磨损，延长使用寿命；润滑还可以降低温度，改善工作条件和防止导轨生锈，起到防护作用。

28.5.1.1　导轨的润滑方式

人工定期向导轨面浇油，简单易行，但不能保证经常充分的润滑。

在运动部件上装油杯，使油经油孔流向导轨面，效果欠佳。

运动部件上装润滑电磁泵或手动润滑泵，定时拉动，效果较好。

压力强制供油，效果好，润滑可靠，但必须有专门的供油系统。

28.5.1.2 润滑剂的选择

导轨常用润滑剂有润滑油和润滑脂两种。其中滑动导轨应使用润滑油，滚动导轨则两种润滑剂都能用。

滑动导轨根据工作条件和供油方式选定润滑油的黏度。高速轻载用黏度较低的油，反之用黏度较高的油。低载荷，高、中速的中小型机械导轨，可采用32号导轨油 SH/T 0361—1998（2007）；中等载荷的中、低速导轨，可采用46号导轨油；重型机床的低速导轨可采用68号或100号导轨油。如果润滑油来自液压系统，则液压系统应采用抗磨液压油。中、低压系统推荐采用L—HM32抗磨液压油，中、高压系统推荐采用L—HM46抗磨液压油。对于性能要求较高的系统，如万能磨床、轴承磨床、螺纹磨床和齿轮磨床的液压导轨系统，应采用添加有防爬剂的L—HG系列液压油，黏度等级仍以负载和速度而定。

滚动导轨多采用脂润滑，优点是润滑脂不易流失泄漏，不需要经常添加补充。缺点是尘屑进入后易磨损导轨。所以用润滑脂的滚动导轨需要较高的防护条件，易被污染而又难于防护的滚动导轨，还应使用润滑油润滑。

28.5.2 导轨的防护装置

导轨防护装置的主要功能是防止灰尘、切屑和冷却液侵入导轨，从而提高导轨的使用寿命。有可靠防护装置的导轨，比外露导轨的磨损量可减少60%左右。常用的导轨防护装置有：

（1）刮板　图28-37a所示为金属刮板，刮板由黄铜或弹簧钢制造，宽度、形状与导轨相同。刮板1固定在动导轨上，靠刮板弹性压在支承导轨面上。耐热性好，但只能排除大的硬颗粒。

图28-37b所示为毛毡加压盖结构，毛毡2可除去细小的尘屑并有良好的吸油能力。干净的毛毡吸油率可达毛毡体积的80%，其适于含油量足够不常移动的导轨使用。但是容易堵塞，需要经常清洗，耐热性能较差。

图28-37c所示为金属刮板4和毛毡3的组合结构。耐热性好，防护能力强并有良好的润滑性，结构稍复杂，但应用仍广泛。

（2）伸缩式防护罩　有软式皮腔和迭层式盖板两种类型，如图28-38所示。两种结构都能把导轨全部封闭，防护可靠，在滑动导轨和滚动导轨中都能使用。

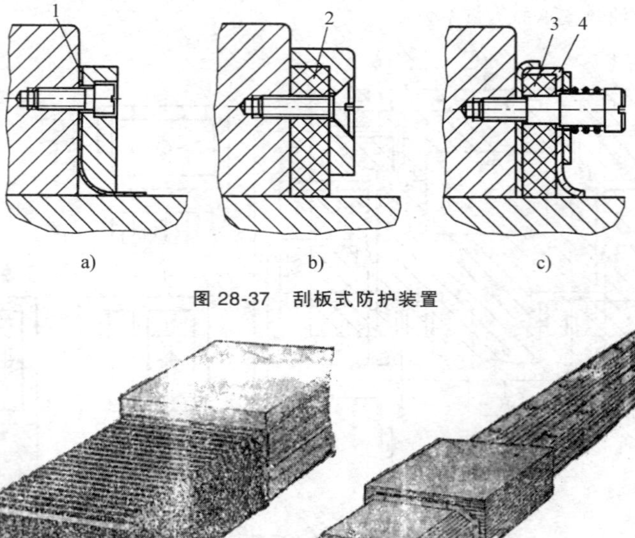

图28-37　刮板式防护装置

图28-38　伸缩式导轨防护装置

a）软式皮腔　b）迭层式盖板

软式皮腔防护罩一般用帆布、皮革或人造革制成，结构简单，速度可达60m/min。它适合行程大、速度高，而且对导轨清洁度要求较高的导轨，如平面磨床、导轨磨床的纵向导轨。但这种防护罩使用寿命较短，耐热性差，不适用于车床等有热切屑的机床。

迭层式盖板防护罩以钢板为主体材料、由多层罩壳组成。它以滑块或滚轮支承在静导轨上，随滑座运动。这种防护罩耐热性好，强度高，使用寿命长，也有一定的刚性，移动速度可达5~6m/min。它一般用于大型或精密机床上，如龙门铣床、坐标镗座和数控加工中心等。这种防护罩的缺点是制造成本高、重量大、安装和维修较困难，不能用于高速导轨的防护。

上述两类导轨防护罩已均有专业厂家生产，可提供系列化的成品部件，用户订货时应提出必要的技术参数。

28.6 提高导轨性能的措施

28.6.1 提高导轨的耐磨性

（1）减小或避免磨损　采用动压或静压滑动导轨可减小甚至避免磨损。此外，还有降低压强，用滚动副代替滑动副，正确选择摩擦副的材料和热处理，加强防护等。

（2）使磨损均匀化　使导轨形状对称，减小扭转力矩和倾覆力矩，保证零件刚度以减小变形，摩擦副中局部使用时间较长的那一件，摩擦面硬度应较高。

（3）磨损补偿方法　设计中应采用结构措施补偿磨损，如补偿由于磨损引起的间隙变化。

28.6.2 提高导轨的运动平稳性

低速运动或间歇微量位移的工作台，可能会有爬行现象。爬行产生的原因有：动静摩擦系数之间的差异，运动件质量产生的惯性力，传动机构刚度不足，在工作中有较大的弹性变形。减轻或避免爬行的途径有：用滚动摩擦代替滑动摩擦，采用卸荷装置，采用静压导轨，采用减摩材料，采用能降低摩擦的导轨油，提高传动机构的刚度。

28.6.3 提高导轨的几何精度

提高导轨的几何精度，可提高导轨副的运动精度，这是最基本的措施和途径，但应注意各项指标的影响，正确分配误差，合理地提出要求，单项误差要求过高或过低，都可能引起不合理的结果。

第 29 章　管件及管法兰

29.1　基本资料

29.1.1　管路图形画法

29.1.1.1　管路图形符号和标注（见表 29-1、图 29-1）

1. 管路的图形符号

表 29-1a　管路的图形符号（摘自 GB/T 6567.2—2008）

名称	符号	说明
方法一 可见管路 不可见管路 假想管路		方法一： 符号表示图样上管路与有关剖切平面的相对位置，介质的状态、类别和性质用规定的代号注在管路符号上方或中断处表示，必要时应在图样上加注图例说明
方法二		方法二： 符号表示介质的状态、类别和性质，并应在图样上加注图例说明。如不够用时，可按符号的规律进行派生或另行补充
挠性管、软管		
保护管	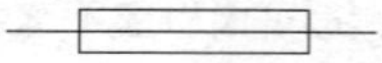	起保护管路的作用，使其不受撞击、防止介质污染绝缘等，可在被保护管路的全部或局部上用该符号表示或省去符号仅用文字说明
保温管		起隔热作用。可在被保温管路的全部或局部上用该符号表示或省去符号仅用文字说明
夹套管	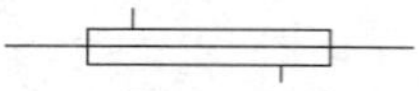	管路内及夹层内均有介质出入。该符号可用波浪线断开表示
蒸汽伴热管	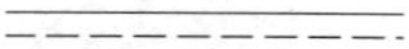	
电伴热管		
交叉管	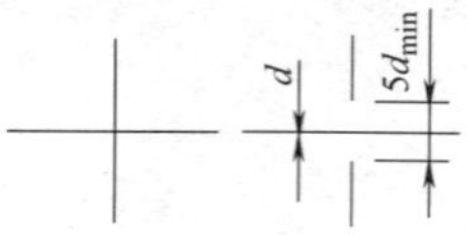	指两管路交叉不连接。当需要表示两管路相对位置时，其中在下方或后方的管路应断开表示
相交管	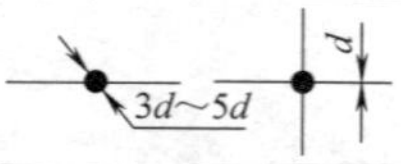	指两管路相交连接，连接点的直径为所连接管路符号线宽 d 的 3~5 倍
弯折管		表示管路朝向观察者弯成 90°
		表示管路背离观察者弯成 90°
介质流向		一般标注在靠近阀的图形符号处，箭头的形式按 GB/T 4458.4—2003 的规定绘制
管路坡度	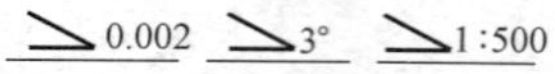	管路坡度符号按 GB/T 4458.4—2003 中的斜度符号绘制

注：方法一和方法二应尽量避免在同一图样上同时使用。

2. 管路的一般连接形式

表 29-1b　管路的一般连接形式

名称	符号	说明
螺纹连接	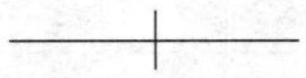	必要时可用文字说明,省略符号绘制
法兰连接	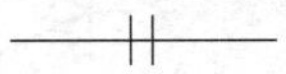	
承插连接	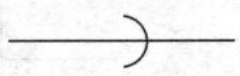	
焊接连接	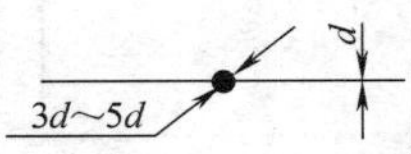	焊点符号的直径约为所连接管路符号线宽 d 的 3～5 倍,必要时可省略

3. 管路中常用介质的类别代号

表 29-1c　管路中常用介质的类别代号

类别	代号	英文名称
空气	A	Air
蒸汽	S	Steam
油	O	Oil
水	W	Water

注：1. 管路中其他介质的类别代号用相应的英语名称的第一位大写字母表示，如与表 29-1c 中规定的类别代号重复时，则用前两位大写字母表示。也可采用该介质化合物分子式符号（如硫酸为 H_2SO_4）或国际通用代号（如聚氯乙烯为 PVC）表示其类别。

2. 必要时，可在类别代号的右下角注上阿拉伯数字，以区别该类介质的不同状态和性质。

4. 管路的标注

（1）管径　对无缝钢管或有色金属管管路，应采用“外径×壁厚”标注，如 $\phi108\times4$，其中 ϕ 允许省略（见图 29-1）。对输送水、煤气的钢管、铸铁管、塑料管等其他管路应采用公称通径“DN”标注，如图 29-1 所示。

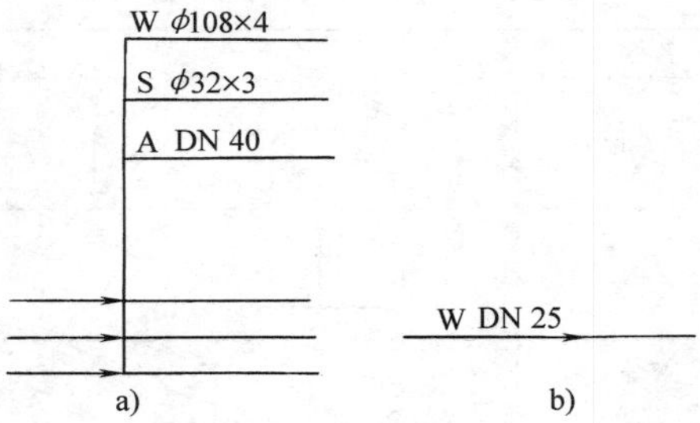

图 29-1　管径的标注

（2）标高

1）标高符号一般采用图 29-2a 的形式。当注写位置不够时，也可采用图 29-2b 的形式。

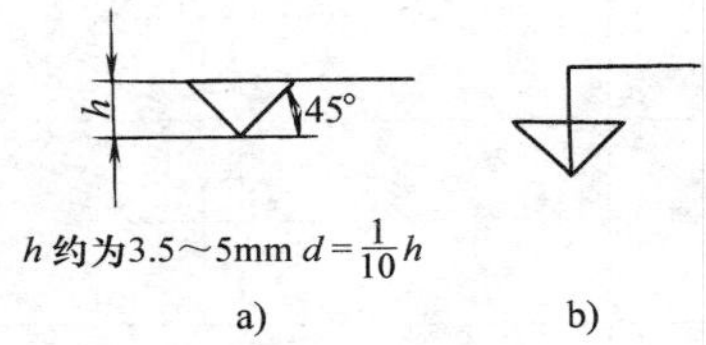

图 29-2　标高符号

2）标高的单位一律为 m。

3）管路一般注管中心的标高。必要时，也可注管底的标高。

4）标高一般注至小数点后二位。

5）零点标高注成±0.00，正标高前可不加正号（+），但负标高前必须加注负号（-）。

6）标高一般应标注在管路的起始点、末端、转弯及交点外，如图 29-3 所示。如需同时表示几个不同的标高时，可按图 29-3f 所示的方式标注。

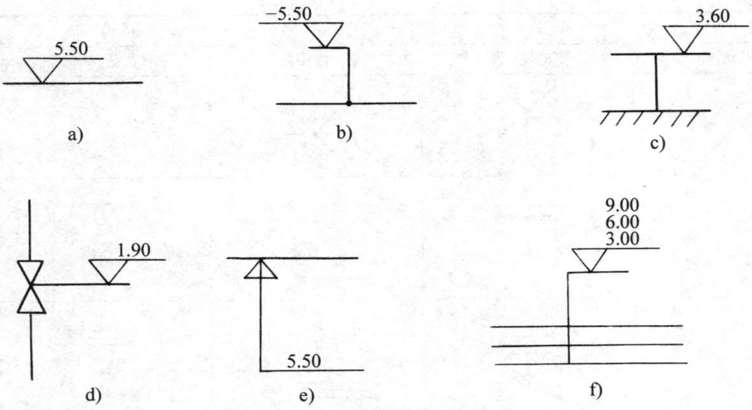

图 29-3　标高的标注

29.1.1.2　管路系统的图形符号　管件（摘自 GB/T 6567.3—2008）（见表 29-2）

表 29-2a　管接头的图形符号

名称		符　　号
弯头(管)		
三通		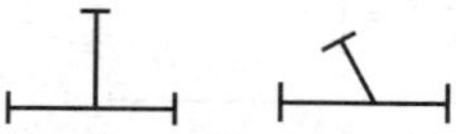
四通		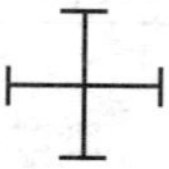
活接头		
外接头		
内外螺纹接头		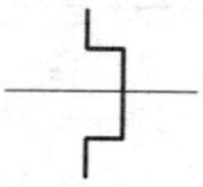
同心异径管接头		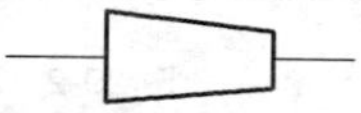
偏心异径管接头	同底	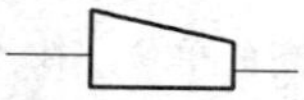
	同顶	
双承插管接头		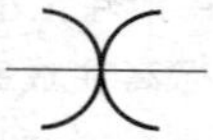
快换接头		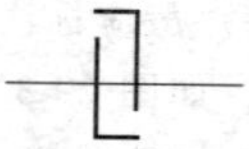

表 29-2b　管帽及其他

名称	符　　号
螺纹管帽（管帽螺纹为内螺纹）	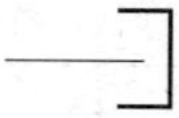
堵头（堵头螺纹为外螺纹）	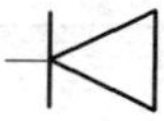
法兰盖	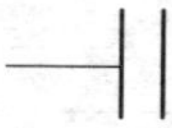
盲板	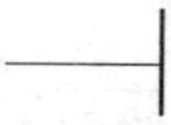
管间盲板	

表 29-2c　伸缩器

名称	符　　号
波形伸缩器	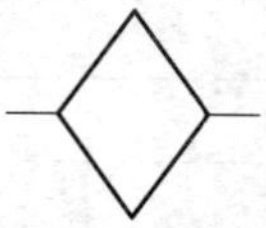
套筒伸缩器	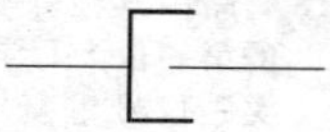
矩形伸缩器	
弧形伸缩器	
球形铰接器	

表 29-2d　管架

名称	符　　号				
	一般形式	支(托)架	吊架	弹性支(托)架	弹性吊架
固定管架		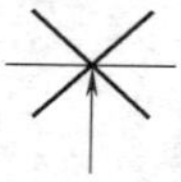	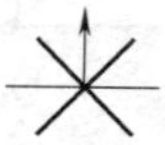		
活动管架		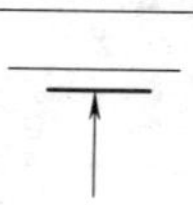			
导向管架	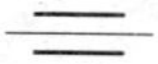				

29.1.1.3　阀门和控制元件的图形符号（见表 29-3）

表 29-3a　常用阀门

名　　称		符　　号
截止阀		
闸阀		
节流阀		
球阀		
碟阀		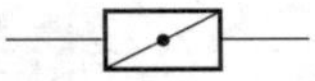
隔膜阀		
旋塞阀		
止回阀		 流向由空白三角形至非空白三角形
安全阀	弹簧式	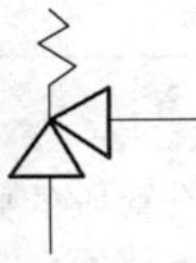
	重锤式	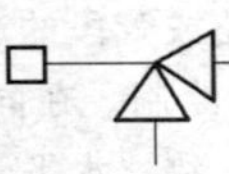
减压阀		 小三角形一端为高压端
疏水阀		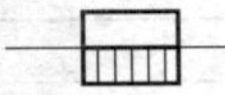
角阀		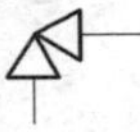
三通阀		
四通阀		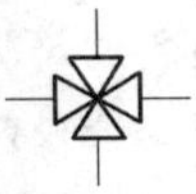

表 29-3b　阀门与管路一般连接形式

名　　称	符　　号
螺纹连接	
法兰连接	
焊接连接	

表 29-3c　控制元件

名　　称	符　　号
手动（包括脚动）元件	
自动元件	
带弹簧薄膜元件	
不带弹簧薄膜元件	
活塞元件	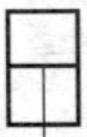
电磁元件	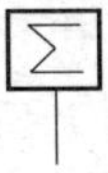
电动元件	
弹簧元件	
浮球元件	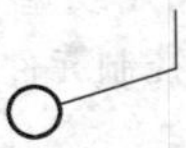
重锤元件	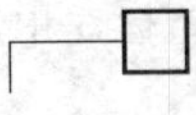
遥控	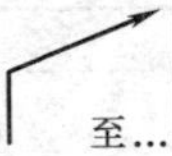 至……
组合方式举例	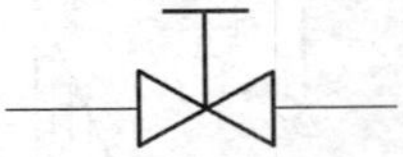 人工控制阀 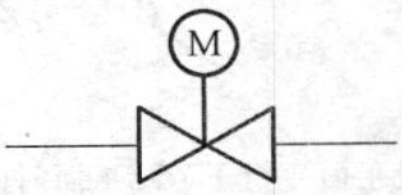 电动阀

表 29-3d　传感元件

名　　称	符　　号
温度传感元件	
压力传感元件	
流量传感元件	
湿度传感元件	
水准传感元件	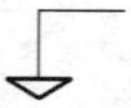

表 29-3e　指示表（计）和记录仪

名　　称	符　　号
指示表(计)	
记录仪	
组合方式示例	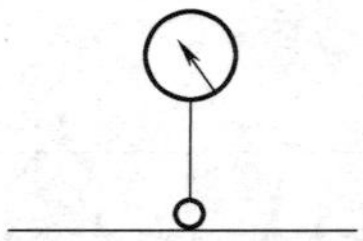 温度指示表(计)  湿度记录仪

29.1.1.4　管路、管件和阀门等图形符号的轴测图画法（摘自 GB/T 6567.5—2008）（见表 29-4）

1. 一般规定

1）管路用线宽为 $d=0.5\sim2$mm 的图线绘制，管件、阀门及控制元件等图形符号允许用线宽约为 $d/2$ 的图线绘制。

2）管路标注中所用的字母和数字应符合 GB/T 14691 的规定。

2. 管路或管段的画法

3. 法兰连接画法

垂直管路或管段的法兰连接图形符号按与水平线方向成 30°角绘制。在同一张图样上法兰连接图形符号的方向应一致。水平管路的法兰连接图形画法按垂直方向绘制。

表 29-4a　管路或管段的画法

在直角坐标上的画法		
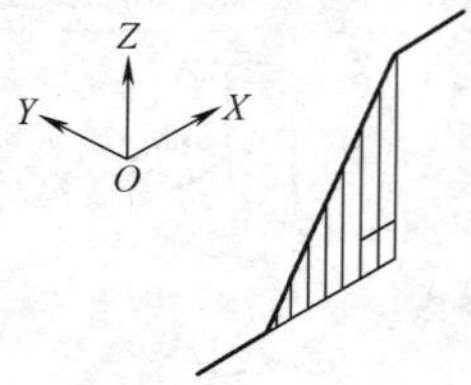 管段平面平行于 XOZ 平面时的表示	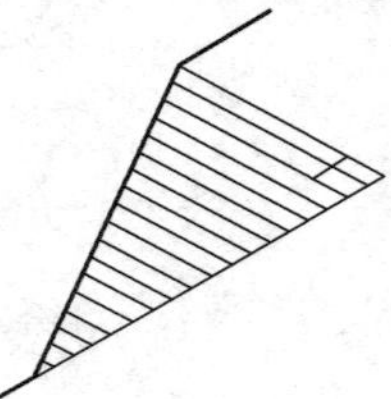 管段平面平行于水平面时的表示	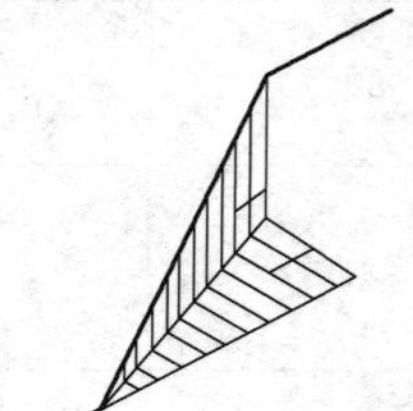 管段不平行于任何直角坐标平面时的表示

（续）

用长方形表示投影平面的画法		
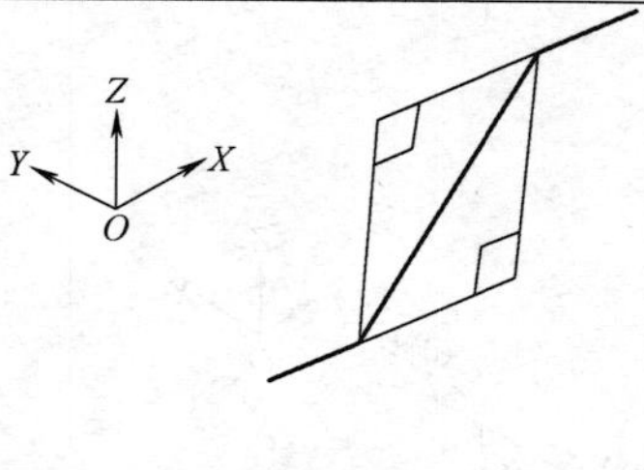 在XOZ平面内	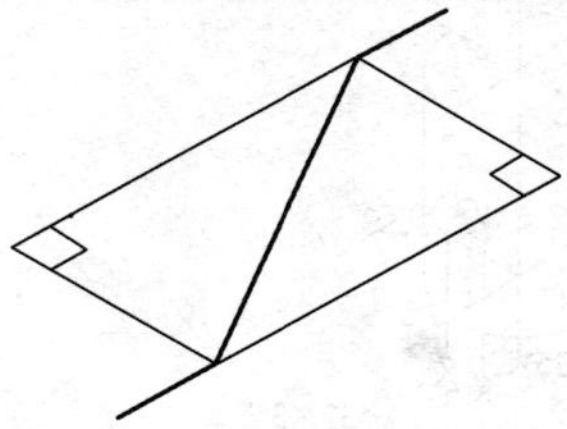 在XOY平面内	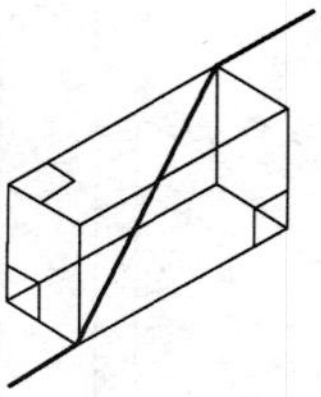 用长方体表示投射平面
用长方形表示投影平面		

图 29-4b　法兰连接画法

垂直管段的法兰连接画法	水平管段的法兰连接画法
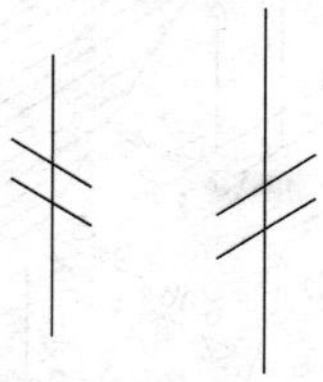	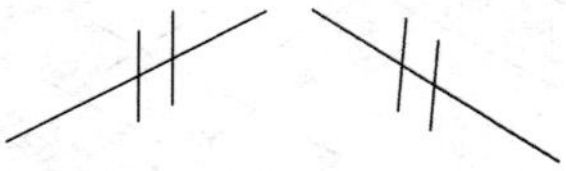

4. 阀门和控制元件画法

必要时，应画出阀门上的控制元件图形符号的类型（人工、活塞等）和位置。当控制元件符号的位置与任一直角坐标轴平行时，可不标注，否则应标注其与直角坐标平面的相对位置。

表 29-4c　阀门及其控制元件画法

阀门与连接	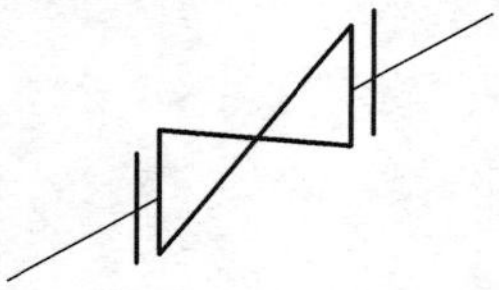 阀门画法(法兰连接)	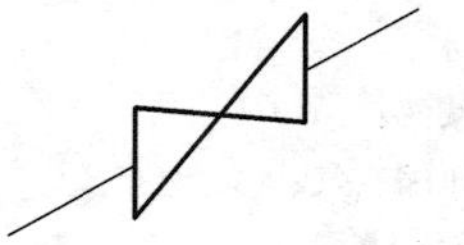 阀门画法(螺纹连接)
阀门与控制元件	 控制元件平行于直角坐标轴时的表示	 控制元件平行于直角坐标轴时的表示
	 控制元件平行于直角坐标轴时的表示	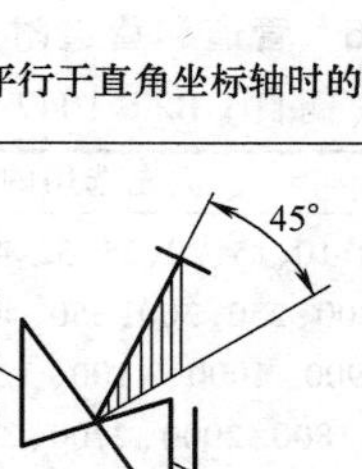 控制元件不平行于直角坐标轴时的表示

5. 管路系统轴测图示例（见图 29-4）

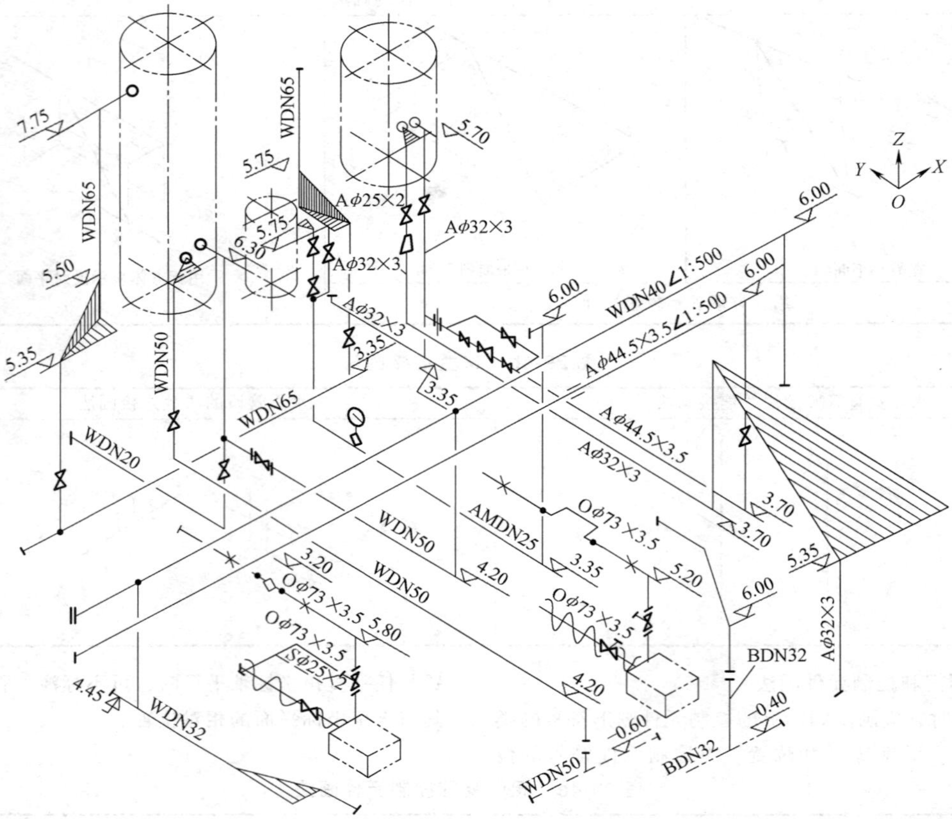

W—水；

B—碱液；

A—压缩空气；

O—油；

AM—氨；

S—蒸汽。

图 29-4　综合输送管路的轴测图示例

29.1.2　管道工程参数的标准化

1. 公称尺寸（见表 29-5）

表 29-5　管道和管道附件的公称尺寸

（摘自 GB/T 1047—2005）

代号	优先选用的 DN 数值
DN	6、8、10、15、20、25、32、40、50、65、80、100、125、150、200、250、300、350、400、450、500、600、700、800、900、1000、1100、1200、1300、1400、1500、1600、1800、2000、2200、2400、2600、2800、3000、3200、3400、3600、3800、4000

2. 管道元件　PN（公称压力）的定义和选用（摘自 GB/T 1048—2005）

PN 是与管道系统元件的力学性能和尺寸特性相关、用于参考的字母和数字组合的标识。它由字母 PN 和后跟无因次的数字组成。

1）字母 PN 后跟的数字不代表测量值，不应用于计算目的，除非在有关标准中另有规定。

2）除与相关的管道元件标准有关联外，术语 PN 不具有意义。

3）管道元件允许压力取决于元件的 PN 数值、材料和设计以及允许工作温度等，允许压力在相应标准的压力-温度等级表中给出。

4）具有同样 PN 和 DN 数值的所有管道元件同与其相配的法兰应具有相同的配合尺寸。

PN 数值应从以下系列中选择（必要时允许选用

其他 PN 数值）。

DIN 系列	ANSI 系列
PN2.5	PN20
PN6	PN50
PN10	PN110
PN16	PN150
PN25	PN260
PN40	PN420
PN63	
PN100	

29.2　铸铁管件

29.2.1　灰口铸铁管件（摘自 GB/T 3420—2008）

29.2.1.1　灰口铸铁管件的应用、形状和尺寸

1）本部分适用于输送水及煤气用的承插连接和法兰连接的灰口铸铁管件及柔性机械接口铸铁管件。

2）灰口铸铁管件按公称直径可分 DN75、DN100、DN150、DN200、DN250、DN300、DN350、DN400、DN500、DN600、DN700、DN800、DN900、DN1000、DN1100、DN1200 和 DN1500 共 17 种。

3）铸铁管件按接口型式分为 N 型、N1 型和 X 型等。

灰口铸铁管件的名称、图形标示应符合表 29-6 的规定（具体见表 29-8～表 29-33），柔性机械接口铸铁管件接口型式分为 N（包括 N_1）型胶圈机械接口和 X 型胶圈机械接口如图 29-5，柔性机械接口铸铁管件的名称、图形标示应符合表 29-6 的规定（具体见表 29-34～表 29-52）。

表中未列入的其他类型、规格和尺寸的管件，可由供需双方协商生产。

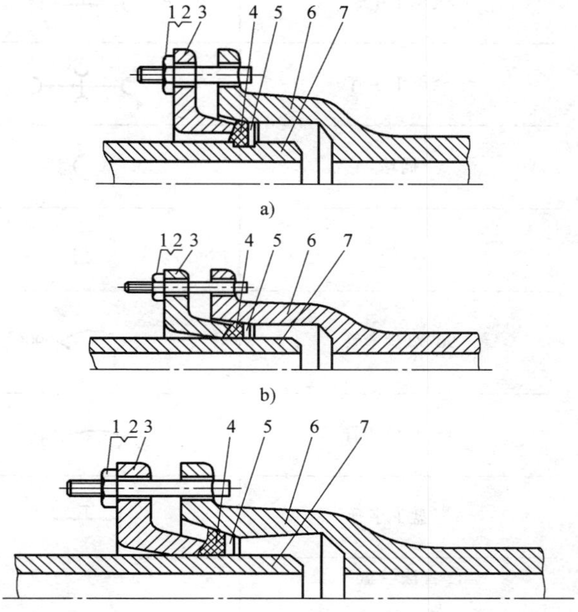

1—螺栓；
2—螺母；
3—法兰；
4—胶圈；
5—支承环；
6—管体承口；
7—管体插口。

图 29-5　各类型铸铁管接口简图

a）N 型接口简图　b）N_1 型接口简图　c）X 型接口简图

表 29-6　灰口铸铁管件名称、图形标示

名　称	图形标示	公称直径 DN/mm	表　号
承盘短管	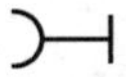	75～1500	29-10
插盘短管		75～1500	29-11
套管	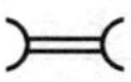	75～1500	29-12
90°双承弯管	 90°	75～1500	29-13
45°双承弯管	 45°	75～1500	29-14
22½°双承弯管	 22½°	75～1500	29-15
11¼°双承弯管	 11¼°	75～1500	29-16

（续）

名　　称	图形标示	公称直径 DN/mm	表　　号
全承丁字管	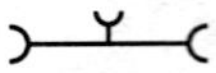	75～1500	29-17
全承十字管	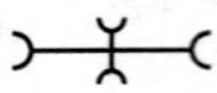	200～1500	29-18
插堵		75～1500	29-19
承堵		75～300	29-20
90°双盘弯管	 90°	75～1000	29-21
45°双盘弯管	 45°	75～1000	29-22
三盘丁字管	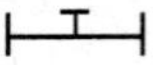	75～1000	29-23
盲法兰盘		75～1500	29-24
双承丁字管	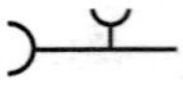	75～1500	29-25
承插渐缩管		75～1500	29-26
插承渐缩管		75～1500	29-26
90°承插弯管	 90°	75～700	29-27
45°承插弯管	 45°	75～700	29-28
22½°承插弯管	 22½°	75～700	29-29
11¼°承插弯管	 11¼°	75～700	29-30
乙字管		75～500	29-31
承插单盘排气管	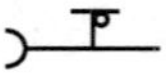	150～1500	29-32
承插泄水管	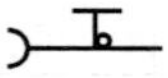	700～1500	29-33

注：承插单盘排气管可用作消火栓丁字管。

表 29-7 柔性机械接口铸铁管件的名称、图形标示

名　　称	图形标示	公称直径 DN/mm	表　　号
插盘短管		100～600	29-36
承盘短管		100～600	29-37
可卸接头	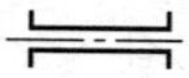	100～600	29-38
90°双承弯管		100～600	29-39
90°单承弯管		100～600	29-40
45°双承弯管		100～600	29-41
45°单承弯管		100～600	29-42
22½°双承弯管		100～600	29-43
22½°单承弯管		100～600	29-44
11¼°双承弯管		100～600	29-45
11¼°单承弯管		100～600	29-46
双承丁字管		100～600	29-47
三承十字管	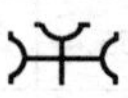	100～600	29-48
插堵	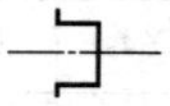	100～600	29-49
承堵	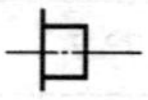	100～600	29-50
插承渐缩管	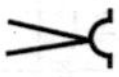	150～600	29-51
乙字管	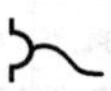	100～600	29-52

表 29-8　异型管件承插口尺寸

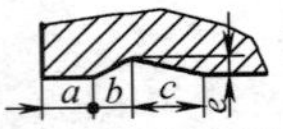

公称口径/mm	各部尺寸/mm			
Dg	a	b	c	e
75～450	15	10	20	6
500～900	18	12	25	7
1000～1500	20	14	30	8

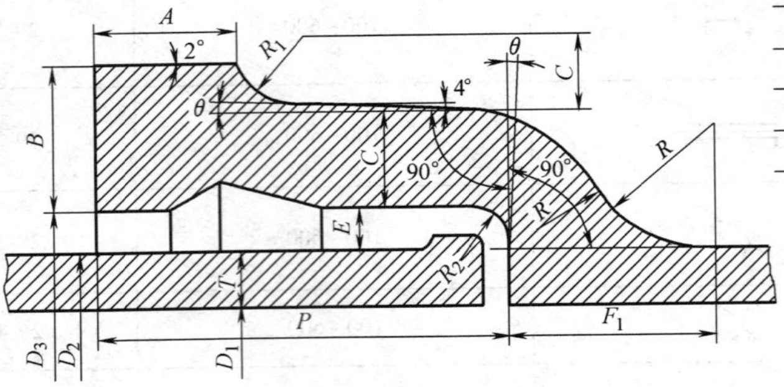

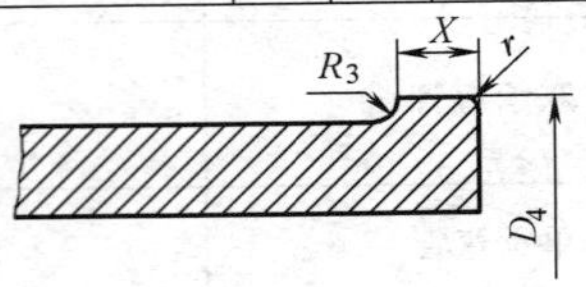

公称直径	管厚	内径	外径	承口尺寸								插口尺寸						质量	
mm																		kg	
DN	T	D_1	D_2	D_3	A	B	C	P	E	F_1	R	D_4	R_3	X	r	R_1	R_2	承口凸部	插口凸部
75	10	73	93	113	36	28	14	90	10	41.6	24	103	5	15	4	14	10	6.83	0.17
100	10	98	118	138	36	28	14	95	10	41.6	24	128	5	15	4	14	10	8.49	0.21
(125)	10.5	122	143	163	36	28	14	95	10	41.6	24	153	5	15	4	14	10	9.85	0.25
150	11	147	169	189	36	28	14	100	10	41.6	24	179	5	15	4	14	10	11.70	0.30
200	12	196	220	240	38	30	15	100	10	43.3	25	230	5	15	4	15	10	15.90	0.38
250	13	245.6	271.6	293.6	38	32	16.5	105	11	47.6	27.5	281.6	5	20	4	16.5	11	21.98	0.63
300	14	294.8	322.8	344.8	38	33	17.5	105	11	49.4	28.5	332.8	5	20	4	17.5	11	26.94	0.74
(350)	15	344	374	396	40	34	19	110	11	52	30	384	5	20	4	19	11	34.07	0.86
400	16	393.6	425.6	447.6	40	36	20	110	11	53.7	31	435.6	5	25	5	20	11	40.67	1.46
(450)	17	442.8	476.8	498.8	40	37	21	115	11	55.4	32	486.8	5	25	5	21	11	48.69	1.64
500	18	492	528	552	40	38	22.5	115	12	59.8	34.5	540	6	25	5	22.5	12	57.08	1.81
600	20	590.8	630.8	654.8	42	41	25	120	12	64.1	37	642.8	6	25	5	25	12	77.39	2.16
700	22	689	733	757	42	44.5	27.5	125	12	68.4	39.5	745	6	25	5	27.5	12	101.5	2.51
800	24	788	836	860	45	48	30	130	12	72.7	42	848	6	25	5	30	12	130.3	2.86
900	26	887	939	963	45	51.5	32.5	135	12	77.1	44.5	951	6	25	5	32.5	12	163.0	3.21
1000	28	985	1041	1067	50	55	35	140	13	83.1	48	1053	6	25	6	35	13	202.8	3.55
1200	32	1182	1246	1272	52	62	40	150	13	91.8	53	1258	6	25	6	40	13	294.5	4.25
1500	38	1478	1554	1580	57	72.5	47.5	165	13	104.8	60.5	1566	6	25	6	47.5	13	474.4	4.29

注：公称直径 DN 中不带括号为第一系列，优先采用；带括号为第二系列，不推荐使用。以下各表相同。

表 29-9　异形管件法兰盘尺寸

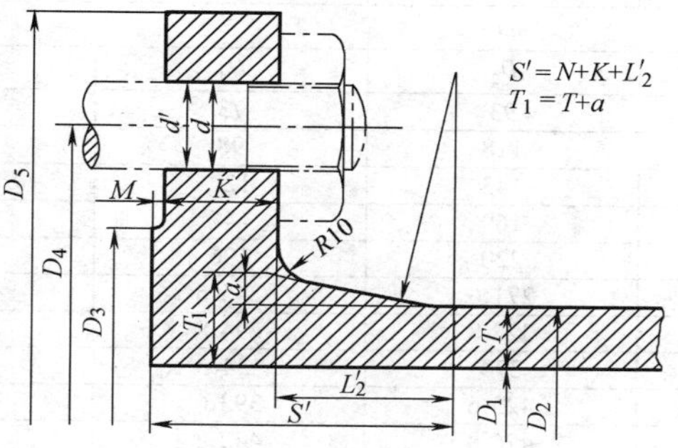

公称直径	管厚	内径	外径	法兰盘尺寸						螺栓				质量
										中心圆	直径	孔径	数量	
mm													个	kg
DN	T	D_1	D_2	D_5	D_3	K	M	a	L'_2	D_4	d	d'	N	法兰凸部
75	10	73	93	200	133	19	4	4	25	160	16	18	8	3.69
100	10	98	118	220	158	19	4.5	4	25	180	16	18	8	4.14
(125)	10.5	122	143	250	184	19	4.5	4	25	210	16	18	8	5.04
150	11	147	169	285	212	20	4.5	4	25	240	20	22	8	6.60
200	12	196	220	340	268	21	4.5	4	25	295	20	22	8	8.86
250	13	245.6	271.6	395	320	22	4.5	4	25	350	20	22	12	11.31
300	14	294.8	322.8	445	370	23	4.5	5	30	400	20	22	12	13.63
(350)	15	344	374	505	430	24	5	5	30	460	20	22	16	17.60
400	16	393.6	425.6	565	482	25	5	5	30	515	24	26	16	21.76
(450)	17	442.8	476.8	615	532	26	5	5	30	565	24	26	20	24.65
500	18	492	528	670	585	27	5	5	30	620	24	26	20	28.75
600	20	590.8	630.8	780	685	28	5	5	30	725	27	30	20	36.51
700	22	689	733	895	800	29	5	5	30	840	27	30	24	47.52
800	24	788	836	1015	905	31	5	6	35	950	30	33	24	63.61
900	26	887	939	1115	1005	33	5	6	35	1050	30	33	28	73.47
1000	28	985	1041	1230	1100	34	6	6	35	1160	33	36	28	90.26
1200	32	1182	1246	1455	1330	38	6	6	35	1380	36	39	32	131.88
1500	38	1478	1554	1785	1640	42	6	7	40	1700	39	42	36	197.80

表 29-10　承盘短管尺寸

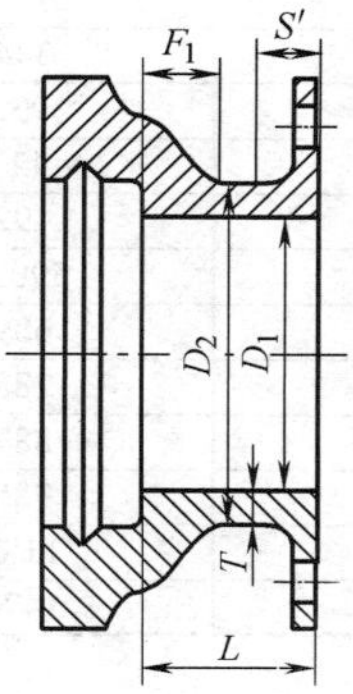

（续）

公称直径	管厚	外径	内径	管长	质量
mm					kg
DN	T	D_2	D_1	L	
75	10	93	73	120	12.78
100	10	118	98	120	16.01
(125)	10.5	143	122	120	18.67
150	11	169	147	120	23.00
200	12	220	196	120	31.53
250	13	271.6	245.6	170	46.21
300	14	322.8	294.8	170	57.18
(350)	15	374	344	170	72.36
400	16	425.6	393.6	170	87.62
(450)	17	476.8	442.8	170	103.38
500	18	528	492	170	121.11
600	20	630.8	590.8	250	182.95
700	22	733	689	250	237.42
800	24	836	788	250	304.04
900	26	939	887	250	370.65
1000	28	1041	985	250	460.89
1200	32	1246	1182	320	707.44
1500	38	1554	1478	320	1088.97

注：承口及法兰盘各部尺寸按表 29-8 和表 29-9。

表 29-11　插盘短管尺寸

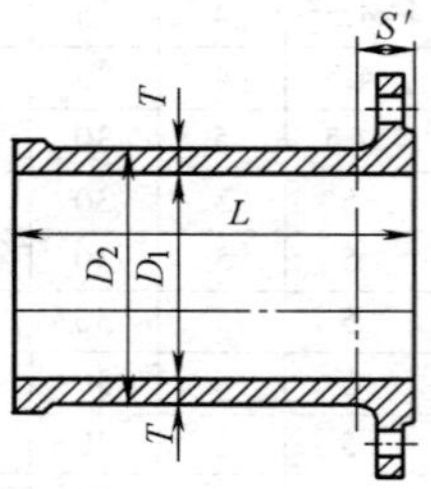

公称直径	管道	外径	内径	管长	质量
mm					kg
DN	T	D	D_1	L①	
75	10	93	73	400(700)	12.26(17.90)
100	10	118	98	400(700)	15.3(22.62)
(125)	10.3	143	122	400(700)	19.4(28.84)
150	11	169	147	400(700)	24.56(36.34)
200	12	220	196	500(700)	40.3(51.59)
250	13	271.6	245.6	500(700)	53.85(68.05)
300	14	322.8	294.8	500(700)	68.86(88.41)
(350)	15	374	344	500(700)	86.51(110.86)
400	16	425.6	393.6	500(750)	106.19(143.23)
(450)	17	476.8	442.8	500(750)	125.43(169.61)
500	18	528	492	500(750)	147.2(199.09)
600	20	630.8	590.8	600(750)	222.22(263.65)
700	22	733	689	600(750)	284.84(337.89)
800	24	836	788	600(750)	362.1(428.18)
900	26	939	887	600(800)	437.86(545.16)
1000	28	1041	985	600(800)	526.71(654.91)
1200	32	1246	1182	700(800)	820.32(908.12)
1500	38	1554	1478	700(800)	1229.4(1359.6)

注：插口及法兰盘各部尺寸按表 29-8 和表 29-9。

① 管长 L 括号内尺寸为加长管，供用户按不同接口工艺时选用。

表 29-12　套管尺寸

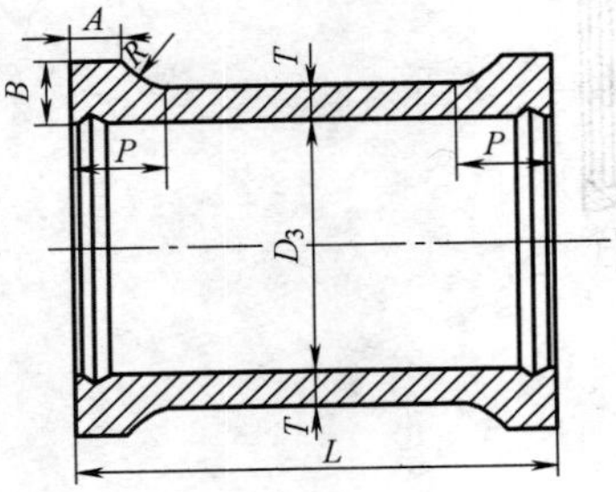

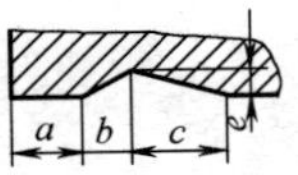

公称口径/mm	各部尺寸/mm			
Dg	*a*	*b*	*c*	*e*
75～450	15	10	20	6
500～900	18	12	25	7
1000～1500	20	14	30	8

公称直径	套管直径	管厚	各部尺寸					质量
mm								kg
DN	D_3	*T*	*A*	*B*	*R*	*P*	*L*	
75	113	14	36	28	14	90	300	15.84
100	138	14	36	28	14	95	300	18.97
(125)	163	14	36	28	14	95	300	22.00
150	189	14	36	28	14	100	300	25.38
200	240	15	38	30	15	100	300	34.19
250	294	16.5	38	32	16.5	105	300	45.27
300	345	17.5	38	33	17.5	105	350	62.43
(350)	396	19	40	34	19	110	350	76.89
400	448	20	40	36	20	110	350	91.26
(450)	499	21	40	37	21	115	350	106.15
500	552	22.5	40	38	22.5	115	350	122.71
600	655	25	42	41	25	120	400	178.33
700	757	27.5	42	44.5	27.5	125	400	228.55
800	860	30	45	48	30	130	400	284.05
900	963	32.5	45	51.5	32.5	135	400	344.62
1000	1067	35	50	55	35	140	450	454.80
1200	1272	40	52	62	40	150	450	622.18
1500	1580	47.5	57	72.5	47.5	165	500	1018.02

表 29-13　90°双承弯管尺寸

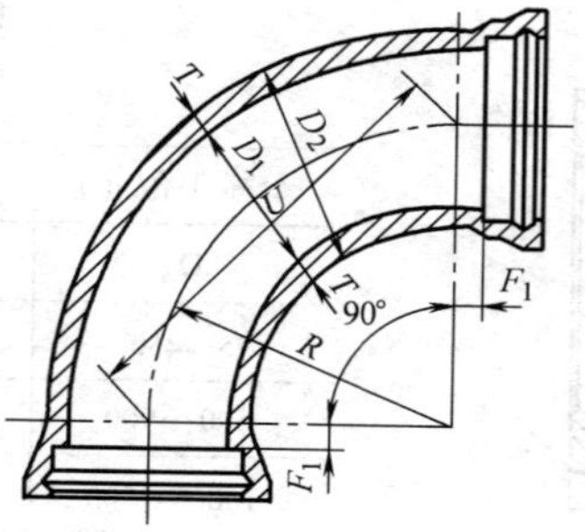

公称直径	内径	外径	管厚	各部尺寸		质量
mm						kg
DN	D_1	D_2	T	R	U	
75	73	93	10	137	193.7	19.26
100	98	118	10	155	219.2	24.97
(125)	122	143	10.5	177.5	251	31.09
150	147	169	11	200	282.8	39.01
200	196	220	12	245	346.5	58.41
250	245.6	271.6	13	290	410.1	85.84
300	294.8	322.8	14	335	473.8	115.00
(350)	344	374	15	380	537.4	153.51
400	393.6	425.6	16	425	601	196.22
(450)	442.8	476.8	17	470	664.7	247.49
500	492	528	18	515	728.3	306.96
600	590.8	630.8	20	605	855.6	452.78
700	689	733	22	695	982.9	637.64
800	788	836	24	785	1110.1	868.21
900	887	939	26	875	1237.4	1146.80
1000	985	1041	28	965	1364.7	1484.72
1200	1182	1246	32	1145	1619.3	2330.63
1500	1478	1554	38	1415	2001.1	4118.09

表 29-14　45°双承弯管尺寸

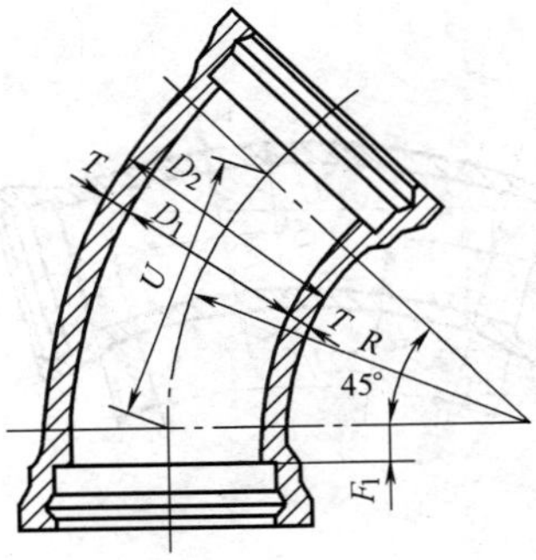

公称直径	内径	外径	管厚	各部尺寸		质量
mm						kg
DN	D_1	D_2	T	R	U	
75	73	93	10	280	214.3	19.35
100	98	118	10	300	229.6	24.97
(125)	122	143	10.5	325	248.8	30.35
150	147	169	11	350	267.9	37.47
200	196	220	12	400	306.2	54.42
250	245.6	271.6	13	450	344.4	78.08
300	294.8	322.8	14	500	382.7	101.94
(350)	344	374	15	550	421	133.42
400	393.6	425.6	16	600	459.2	167.12
(450)	442.8	476.8	17	650	497.5	207.22
500	492	528	18	700	535.8	253.14
600	590.8	630.8	20	800	612.3	363.80
700	689	733	22	900	688.9	501.48
800	788	836	24	1000	765.4	670.87
900	887	939	26	1100	841.9	872.68
1000	985	1041	28	1200	918.5	1116.87
1200	1182	1246	32	1400	1071.6	1716.40
1500	1478	1554	38	1700	1301.2	2961.62

注：承口各部尺寸按表 29-8。

表 29-15　22½°双承弯管尺寸

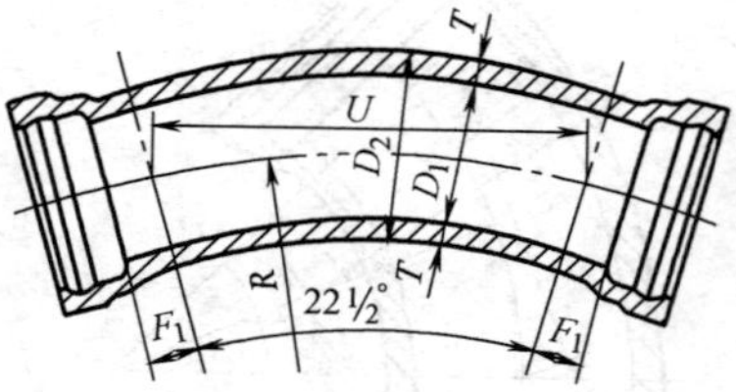

公称直径	内径	外径	管厚	各部尺寸		质量
mm						kg
DN	D_1	D_2	T	R	U	
75	73	93	10	280	109.2	17.28
100	98	118	10	300	117	21.90
(125)	122	143	10.5	325	126.8	26.34
150	147	169	11	350	136.6	32.06
200	196	220	12	400	156.1	45.55
250	245.6	271.6	13	450	175.6	64.64
300	294.8	322.8	14	500	195.1	82.74
(350)	344	374	15	550	214.6	107.11
400	393.6	425.6	16	600	234.1	132.19
(450)	442.8	476.8	17	650	253.6	162.09
500	492	528	18	700	273.1	196.06
600	590.8	630.8	20	800	312.1	276.99
700	689	733	22	900	351.1	376.43
800	788	836	24	1000	390.2	497.76
900	887	939	26	1100	429.2	640.74
1000	985	1041	28	1200	468.2	814.54
1200	1182	1246	32	1400	546.2	1233.30
1500	1478	1554	38	1700	663.3	2091.71

注：承口各部尺寸按表 29-8。

表 29-16 11¼°双承弯管尺寸

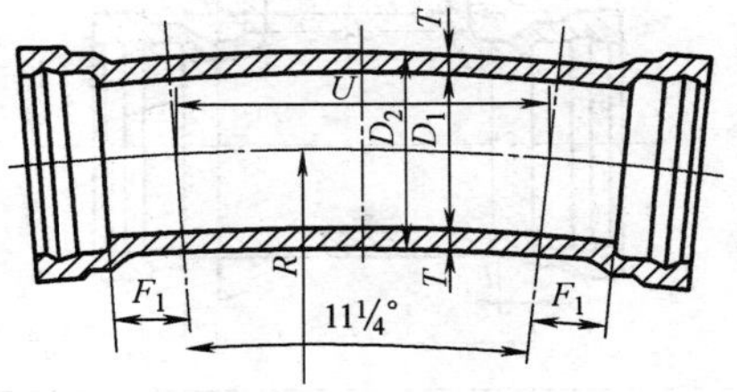

公称直径	内径	外径	管厚	各部尺寸		质量
mm						kg
DN	D_1	D_2	T	R	U	
75	73	93	10	280	54.9	16.25
100	98	118	10	300	58.8	20.46
(125)	122	143	10.5	325	63.7	24.33
150	147	169	11	350	68.6	29.36
200	196	220	12	400	78.4	41.11
250	245.6	271.6	13	450	88.2	57.92
300	294.8	322.8	14	500	98	73.14
(350)	344	374	15	550	107.8	93.95
400	393.6	425.6	16	600	117.6	112.02
(450)	442.8	476.8	17	650	127.4	139.53
500	492	528	18	700	137.2	167.52
600	590.8	630.8	20	800	156.8	233.58
700	689	733	22	900	176.4	313.90
800	788	836	24	1000	196.1	411.21
900	887	939	26	1100	215.7	524.77
1000	985	1041	28	1200	235.3	663.37
1200	1182	1246	32	1400	274.5	991.75
1500	1478	1554	38	1700	333.3	1656.75

注：承口各部尺寸按表 29-8。

表 29-17　全承丁字管尺寸

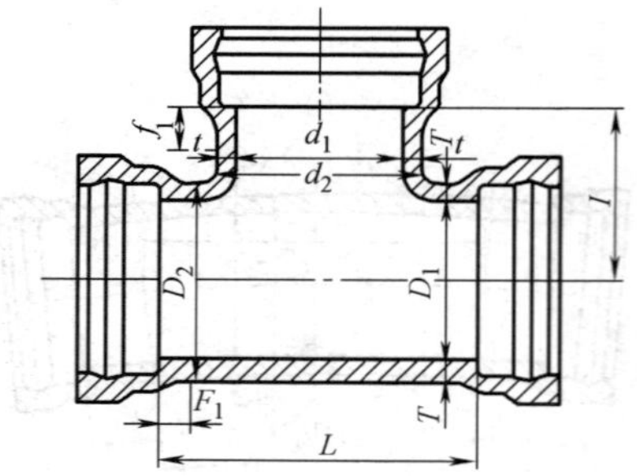

公称直径		管厚		外径		内径		管长		质量
mm										kg
DN	DN	T	t	D_2	d_2	D_1	d_1	L	I	
75	75	10	10	93	93	73	73	212	106	25.47
100	75	10	10	118	93	98	73	240	116	30.58
	100		10		118		98		120	32.60
(125)	75	10.5	10	143	93	122	73	275	128.5	36.05
	100		10		118		98		132.5	38.01
	(125)		10.5		143		122		137.5	39.90
150	75	11	10	169	93	147	73	310	141	43.24
	100		10		118		98		145	45.16
	(125)		10.5		143		122		150	46.97
	150		11		169		147		155	49.46
200	75	12	10	220	93	196	73	380	166	60.84
	100		10		118		98		170	62.72
	(125)		10.5		143		122		175	64.45
	150		11		169		147		180	66.80
	200		12		220		196		190	72.17
250	75	13	10	271.6	93	245.6	73	450	191	85.71
	100		10		118		98		195	87.54
	(125)		10.5		143		122		200	89.21
	150		11		169		147		205	91.43
	200		12		220		196		215	96.80
	250		13		271.6		245.6		225	104.86
300	75	14	10	322.8	93	294.8	73	520	216	112.22
	100		10		118		98		220	114.00
	(125)		10.5		143		122		225	115.63
	150		11		169		147		230	117.75
	200		12		220		196		240	122.91
	250		13		271.6		245.6		250	130.59
	300		14		322.8		294.8		260	138.04
(350)	200	15	12	374	220	344	196	590	265	157.89
	250		13		271.6		245.6		275	165.33
	300		14		322.8		294.8		285	172.20
	350		15		374		344		295	182.33
400	200	16	12	425.6	220	393.6	196	660	290	196.62
	250		13		271.6		245.6		300	203.73
	300		14		322.8		294.8		310	210.37
	(350)		15		374		344		320	220.25
	400		16		425.6		393.6		330	230.46

（续）

公称直径		管厚		外径		内径		管长		质量
mm										kg
DN	DN	T	t	D_2	d_2	D_1	d_1	L	I	
(450)	250	17	13	476.8	271.6	442.8	245.6	730	325	250.61
	300		14		322.8		294.8		335	256.80
	350		15		374		344		345	266.15
	400		16		425.6		393.6		355	276.15
	450		17		476.8		442.8		365	288.37
500	250	18	13	528	271.6	492	245.6	800	350	303.78
	300		14		322.8		294.8		360	309.87
	(350)		15		374		344		370	318.78
	400		16		425.6		393.6		380	327.70
	(450)		17		476.8		442.8		390	339.52
	500		18		528		492		400	353.60
600	300	20	14	630.8	322.8	590.8	294.8	940	410	442.51
	(350)		15		374		344		420	450.74
	400		16		425.6		393.6		430	459.41
	(450)		17		476.8		442.8		440	469.63
	500		18		528		492		450	482.84
	600		20		630.8		590.8		470	515.31
700	(350)	22	15	733	374	689	344	1080	470	619.45
	400		16		425.6		393.6		480	627.51
	(450)		17		476.8		442.8		490	637.08
	500		18		528		492		500	648.97
	600		20		630.8		590.8		520	679.08
	700		22		733		689		540	718.98
800	400	24	16	836	425.6	788	393.6	1220	530	838.27
	(450)		17		476.8		442.8		540	847.29
	500		18		528		492		550	857.39
	600		20		630.8		590.8		570	884.63
	700		22		733		689		590	922.42
	800		24		836		788		610	971.79
900	(450)	26	17	939	476.8	887	442.8	1360	590	1101.88
	500		18		528		492		600	1111.18
	600		20		630.8		590.8		620	1136.31
	700		22		733		689		640	1170.17
	800		24		836		788		660	1217.32
	900		26		939		887		680	1275.12
1000	500	28	18	1041	528	985	492	1500	650	1419.46
	600		20		630.8		590.8		670	1442.61
	700		22		733		689		690	1474.07
	800		24		836		788		710	1515.41
	900		26		939		887		730	1571.26
	1000		28		1041		985		750	1641.99
1200	600	32	20	1246	630.8	1182	590.8	1780	770	2217.36
	700		22		733		689		790	2244.3
	800		24		836		788		810	2280.05
	900		26		939		887		830	2326.61
	1000		28		1041		985		850	2390.05
	1200		32		1246		1182		890	2625.90

（续）

公称直径		管厚		外径		内径		管长		质量
mm										kg
DN	DN	T	t	D_2	d_2	D_1	d_1	L	I	
1500	700	38	22	1554	733	1478	689	2200	940	3885.88
	800		24		836		788		960	3914.93
	900		26		939		887		980	3951.46
	1000		28		1041		985		1000	4001.45
	1200		32		1246		1182		1040	4203.77
	1500		38		1554		1478		1100	4477.26

注：承口各部尺寸按表 29-8。

表 29-18　全承十字管尺寸

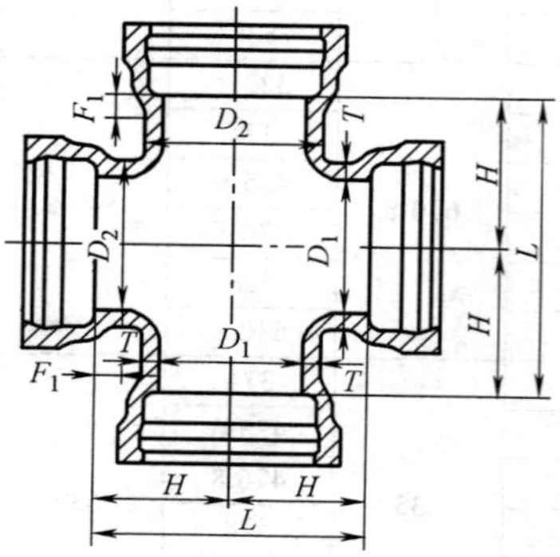

公称直径	管厚	外径	内径	管长		质量
mm						kg
DN	T	D_2	D_1	L	H	
200	12	220	196	380	190	91.68
250	13	271.6	245.6	450	225	131.54
300	14	322.8	294.8	520	260	171.35
(350)	15	374	344	590	295	224.83
400	16	425.6	393.6	660	330	281.73
(450)	17	476.8	442.8	730	365	350.32
500	18	528	492	800	400	426.93
600	20	630.8	590.8	940	470	616.09
700	22	733	689	1080	540	852.85
800	24	836	788	1220	610	1145.19
900	26	939	887	1360	680	1692.09
1000	28	1041	985	1500	750	1916.01
1200	32	1246	1182	1780	890	2960.46

注：承口各部尺寸按表 29-8。

表 29-19　插堵尺寸

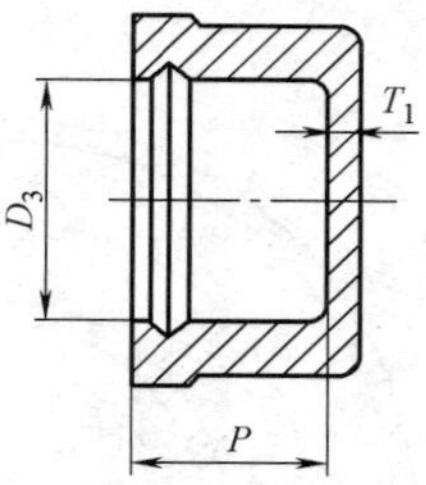

公称直径	各部尺寸			质量
mm				kg
DN	D_3	T_1	P	
75	113	21	90	7.86
100	138	22	95	10.67
(125)	163	22.5	95	12.45
150	189	23	100	15.41
200	240	24.5	100	22.61
250	293.6	26	105	32.83
300	344.8	27.5	105	43.14
(350)	396	29	110	57.01
400	447.6	30	110	71.40
(450)	498.8	31.5	115	89.19
500	552	33	115	109.10
600	654.8	36	120	158.39
700	757	38.5	125	218.47
800	860	41.5	130	294.31
900	963	44	135	382.31
1000	1067	47	140	490.82
1200	1272	52.5	150	768.82
1500	1580	61	165	1307.42

注：1. 超过公称直径 DN300，插堵底部可以向内凸出并加筋。

2. 承口各部尺寸按表 29-8。

表 29-20　承堵尺寸

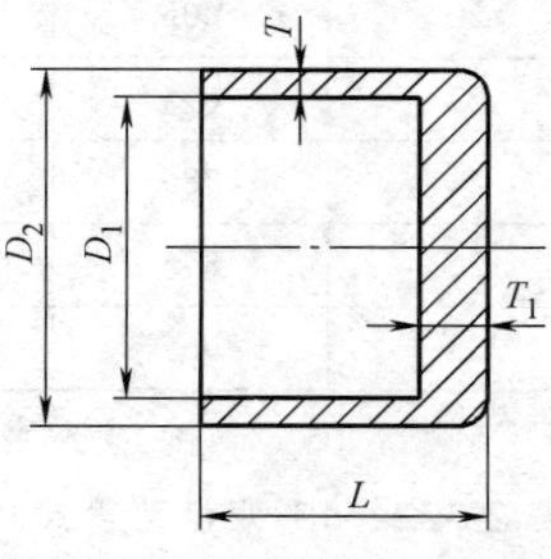

公称直径	各部尺寸					质量
mm						kg
DN	D_2	D_1	L	T	T_1	
75	93	73	130	10	21	3.07
100	118	98	135	10	22	4.49
(125)	143	122	140	10.5	22.5	6.30
150	169	147	145	11	23	8.51
200	220	196	150	12	24.5	14.36
250	271.6	245.6	155	13	26	21.42
300	322.8	294.8	160	14	27.5	29.16

表 29-21　90°双盘弯管尺寸

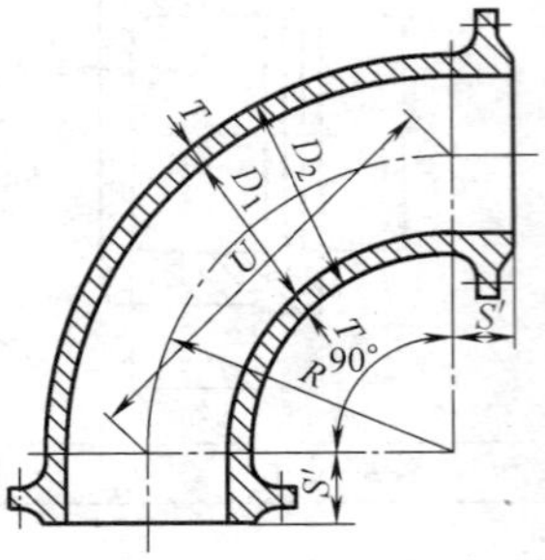

公称直径	内径	外径	管厚	各部尺寸			质量
mm							kg
DN	D_1	D_2	T	R	S'	U	
75	73	93	10	137	48	193.7	13.22
100	98	118	10	155	48.5	219.2	16.59
(125)	122	143	10.5	177.5	48.5	251	21.91
150	147	169	11	200	49.5	282.8	29.43
200	196	220	12	245	50.5	346.5	44.97
250	245.6	271.6	13	290	51.5	410.1	65.08
300	294.8	322.8	14	335	57.5	473.8	89.95
(350)	344	374	15	380	59	537.4	122.27
400	393.6	425.6	16	425	60	601	160.26
(450)	442.8	476.8	17	470	61	664.7	201.39
500	492	528	18	515	62	728.3	251.22
600	590.8	630.8	20	605	63	855.6	370.42
700	689	733	22	695	64	982.9	526.56
800	788	836	24	785	71	1110.1	733.33
900	887	939	26	875	73	1237.4	963.30
1000	985	1041	28	965	75	1364.7	1249.24

注：法兰盘各部尺寸按表 29-9。

表 29-22　45°双盘弯管尺寸

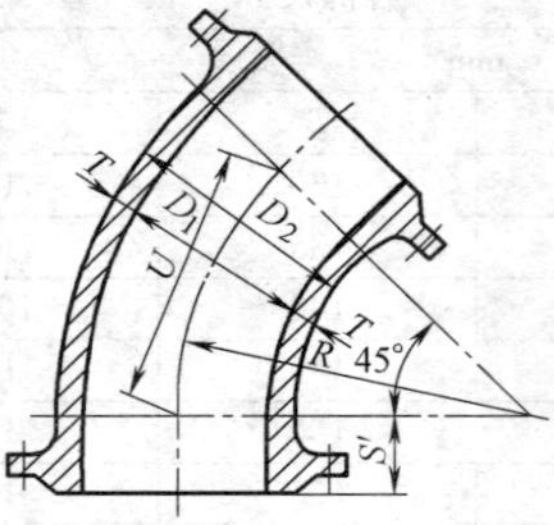

（续）

公称直径	内径	外径	管厚	各部尺寸			质量
mm							kg
DN	D_1	D_2	T	R	S'	U	
75	73	93	10	331	48	253.3	14.06
100	98	118	10	374	48.5	286.3	17.82
(125)	122	143	10.5	129	48.5	328.4	23.74
150	147	169	11	483	49.5	369.7	31.99
200	196	220	12	591	50.5	452.4	49.63
250	245.6	271.6	13	700	51.5	535.8	72.25
300	294.8	322.8	14	809	57.5	619.2	100.63
(350)	344	374	15	550	59	386.5	102.18
400	393.6	425.6	16	600	60	459.2	131.16
(450)	442.8	476.8	17	650	61	497.5	161.12
500	492	528	18	700	62	535.8	197.40
600	590.8	630.8	20	800	63	612.3	281.44
700	689	733	22	900	64	688.9	390.4
800	788	836	24	1000	71	765.4	535.99
900	887	939	26	1100	73	841.9	689.18
1000	985	1041	28	1200	75	918.5	881.39

注：法兰盘各部尺寸按表 29-9。

表 29-23　三盘丁字管尺寸

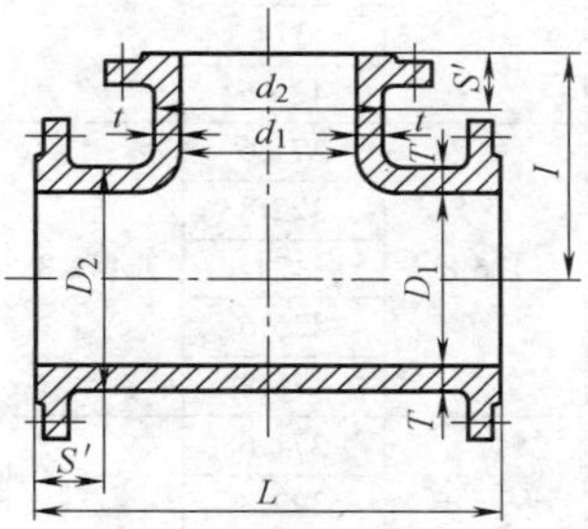

公称直径		管厚		外径		内径		管长		质量
mm										kg
DN	DN	T	t	D_2	d_2	D_1	d_1	L	I	
75	75	10	10	93	93	73	73	360	180	20.22
100	75	10	10	118	93	98	73	400	190	24.58
	100		10		118		98		200	25.95
(125)	75	10.5	10	143	93	122	73	450	202.5	30.19
	100		10		118		98		212.5	31.50
	(125)		10.5		143		122		225	33.73
150	75	11	10	169	93	147	73	500	215	38.78
	100		10		118		98		225	40.04
	(125)		10.5		143		122		237.5	42.18
	150		11		169		147		250	45.36
200	75	12	10	220	93	196	73	600	240	57.43
	100		10		118		98		250	58.67
	(125)		10.5		143		122		262.5	60.74
	150		11		169		147		275	63.78
	200		12		220		196		300	69.98

（续）

公称直径		管厚		外径		内径		管长		质量
mm										kg
DN	DN	T	t	D_2	d_2	D_1	d_1	L	I	
250	75	13	10	271.6	93	245.6	73	700	265	79.63
	100		10		118		98		275	82.81
	(125)		10.5		143		122		287.5	84.82
	150		11		169		147		300	87.73
	200		12		220		196		325	93.59
	250		13		271.6		245.6		350	101.36
300	75	14	10	322.8	93	294.8	73	800	290	111.23
	100		10		118		98		300	112.37
	(125)		10.5		143		122		312.5	114.32
	150		11		169		147		325	117.18
	200		12		220		196		350	122.84
	250		13		271.6		245.6		375	130.19
	300		14		322.8		294.8		400	139.18
(350)	200	15	12	374	220	344	196	850	325	152.97
	250		13		271.6		245.6		325	157.19
	300		14		322.8		294.8		425	171.31
	350		15		374		344		425	180.51
400	200	16	12	425.6	220	393.6	196	900	350	190.72
	250		13		271.6		245.6		350	194.62
	300		14		322.8		294.8		450	208.51
	(350)		15		374		344		450	217.37
	400		16		425.6		393.6		450	227.09
(450)	250	17	13	476.8	271.6	442.8	245.6	950	375	234.56
	300		14		322.8		294.8		475	248.00
	350		15		374		344		475	256.33
	400		16		425.6		393.6		475	265.85
	450		17		476.8		442.8		475	274.61
500	250	18	13	528	271.6	492	245.6	1000	400	281.79
	300		14		322.8		294.8		500	295.12
	(350)		15		374		344		500	303.00
	400		16		425.6		393.6		500	311.45
	(450)		17		476.8		442.8		500	320.80
	500		18		528		492		500	330.91
600	300	20	14	630.8	322.8	590.8	294.8	1100	550	405.34
	(350)		15		374		344			412.56
	400		16		425.6		393.6			420.74
	(450)		17		476.8		442.8			427.49
	500		18		528		492			437.73
	600		20		630.8		590.8			458.98
700	(350)	22	15	733	374	689	344	1200	600	553.31
	400		16		425.6		393.6			560.89
	(450)		17		476.8		442.8			566.99
	500		18		528		492			575.9
	600		20		630.8		590.8			594.8
	700		22		733		689			620.73

（续）

公称直径		管厚		外径		内径		管长		质量
mm										kg
DN	DN	T	t	D_2	d_2	D_1	d_1	L	I	
800	400	24	16	836	425.6	788	393.6	1300	650	739.06
	（450）		17		476.8		442.8			744.38
	500		18		528		492			751.71
	600		20		630.8		590.8			767.74
	700		22		733		689			791.55
	800		24		836		788			824.59
900	（450）	26	17	939	476.8	887	442.8	1400	700	939.7
	500		18		528		492			946.03
	600		20		630.8		590.8			959.96
	700		22		733		689			979.83
	800		24		836		788			1010.68
	900		26		939		887			1038.75
1000	500	28	18	1041	528	985	492	1500	750	1186.81
	600		20		630.8		590.8			1198.75
	700		22		733		689			1216.24
	800		24		836		788			1241.27
	900		26		939		887			1267.32
	1000		28		1041		985			1304.37

注：法兰盘各部尺寸按表 29-9。

表 29-24　盲法兰盘尺寸

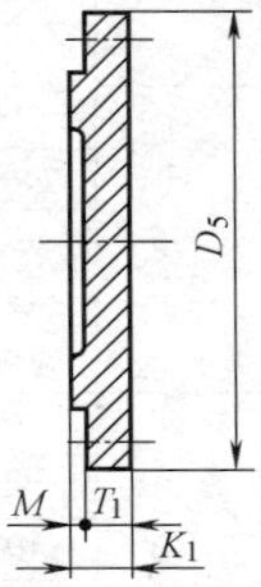

公称直径	各部尺寸				质量
mm					kg
DN	D_5	T_1	K_1	M	
75	200	21	25	4	5.03
100	220	22	26.5	4.5	6.41
（125）	250	22.5	27	4.5	8.43
150	285	23	27.5	4.5	11.15
200	340	24.5	29	4.5	16.87
250	395	26	30.5	4.5	24.01
300	445	27.5	32	4.5	32.06
（350）	505	29	34	5	43.70
400	565	30	35	5	56.35
（450）	615	31.5	36.5	5	69.83
500	670	33	38	5	86.60
600	780	36	41	5	127.26
700	895	38.5	43.5	5	179.06
800	1015	41.5	46.5	5	247.37
900	1115	44	49	5	315.64
1000	1230	47	53	6	410.99
1200	1455	52.5	58.5	6	641.11
1500	1785	61	67	6	1116.22

注：1. 超过公称直径 DN300，则法兰盘的底部可以做成凸出的。

2. 法兰盘各部尺寸按表 29-9。

表 29-25　双承丁字管尺寸

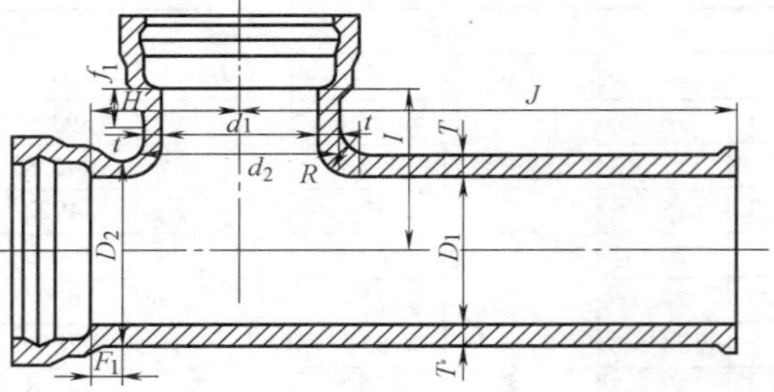

公称直径		管厚		外径		内径		各部尺寸				质量
mm												kg
DN	DN	T	t	D_2	d_2	D_1	d_1	H	I	J	R	
75	75	10	10	93	93	73	73	160	140	450	50	26.92
100	75	10	10	118	93	98	73	180	160	500	50	34.32
	100				118		98				50	36.94
125	75	10.5	10	143	93	122	73	190	180	510	50	41.42
	100				118		98				50	44.02
	125		10.5		143		122				50	45.64
150	75	11	10	169	93	147	73	190	190	570	50	50.45
	100				118		98				50	53.00
	125		10.5		143		122				50	54.52
	150		11		169		147				50	57.12
200	75	12	10	220	93	196	73	225	230	510	50	66.57
	100				118		98				50	69.16
	125		10.5		143		122				50	70.71
	150		11		169		147		250	590	60	78.59
	200		12		220		196				60	84.89
250	75	13	10	271.6	93	245.6	73	225	280	570	50	92.26
	100				118		98				50	94.95
	125		10.5		143		122				60	96.61
	150		11		169		147				60	99.26
	200		12		220		196		300	600	60	108.77
	250		13		271.6		245.6				60	117.73
300	75	14	10	322.8	93	294.8	73	240	280	570	50	115.58
	100				118		98				50	118.08
	125		10.5		143		122				60	119.50
	150		11		169		147				60	121.88
	200		12		220		196		300	600	60	131.39
	250		13		271.6		245.6	300			70	145.35
	300		14		322.8		294.8				70	152.91
350	200	15	12	374	220	344	196	270	310	610	60	162.54
	250		13		271.6		245.6	360	340	720	70	196.75
	300		14		322.8		294.8				70	204.05
	350		15		374		344				70	214.37
400	200	16	12	425.6	220	393.6	196	290	350	650	70	206.79
	250		13		271.6		245.6	410	390	780	70	249.93
	300		14		322.8		294.8				80	257.55
	350		15		374		344				80	268.13
	400		16		425.6		393.6				90	278.71

（续）

公称直径		管厚		外径		内径		各部尺寸				质量
mm												kg
DN	DN	T	t	D_2	d_2	D_1	d_1	H	I	J	R	
450	250	17	13	476.8	271.6	442.8	245.6	330	380	680	80	257.24
	300		14		322.8		294.8	440	420	820	80	311.77
	350		15		374		344				80	322.16
	400		16		425.6		393.6				90	332.44
	450		17		476.8		442.8				90	344.76
500	250	18	13	528	271.6	492	245.6	340	410	680	80	298.75
	300		14		322.8		294.8	480	460	850	80	374.43
	350		15		374		344				80	384.51
	400		16		425.6		393.6				90	394.35
	450		17		476.8		442.8				90	406.68
	500		18		528		492				100	420.85
600	300	20	14	630.8	322.8	590.8	294.8	410	490	760	90	438.66
	350		15		374		344	550	530	920	90	535.41
	400		16		425.6		393.6				90	545.45
	450		17		476.8		442.8				100	556.82
	500		18		528		492				100	570.67
	600		20		630.8		590.8				110	603.10
700	350	22	15	733	374	689	344	620	600	980	90	720.91
	400		16		425.6		393.6				100	730.30
	450		17		476.8		442.8				100	741.52
	500		18		528		492				100	754.73
	600		20		630.8		590.8				110	786.17
	700		22		733		680				110	825.21
800	400	24	16	836	425.6	788	393.6	470	600	800	100	743.28
	450		17		476.8		442.8	690	670	1030	100	963.04
	500		18		528		492				110	975.27
	600		20		630.8		590.8				110	1004.06
	700		22		733		689				120	1043.69
	800		24		836		788				120	1091.20
900	450	26	17	939	476.8	887	442.8	600	690	940	110	1056.41
	500		18		528		492				110	1066.73
	600		20		630.8		590.8				120	1092.51
	700		22		733		689	770	750	1090	120	1317.77
	800		24		836		788				130	1365.67
	900		26		939		887				130	1421.39
1000	500	28	18	1041	528	985	492	680	770	990	120	1354.19
	600		20		630.8		590.8				120	1380.06
	700		22		733		689				130	1412.19
	800		24		836		788	840	820	1140	130	1672.60
	900		26		939		887				140	1782.22
	1000		28		1041		985				140	1795.60
1200	600	32	20	1246	630.8	1182	590.8	650	850	950	130	1791.05
	700		22		733		689	810	910	1100	130	2110.74
	800		24		836		788				140	2148.12
	900		26		939		887				140	2193.61
	1000		28		1041		985	970	950	1250	150	2550.59
	1200		32		1246		1182				150	2789.44

（续）

公称直径		管厚		外径		内径		各部尺寸				质量
mm												kg
DN	DN	T	t	D_2	d_2	D_1	d_1	H	I	J	R	
1500	800	38	24	1554	836	1478	788	1250	1100	1500	140	4224.22
	900		26		939		887				140	4263.47
	1000		28		1041		985			1650	150	4506.65
	1200		32		1246		1182				150	4714.85
	1500		38		1554		1478				160	4920.30

注：承、插口各部尺寸按表 29-8。

表 29-26　承插渐缩管、插承渐缩管尺寸

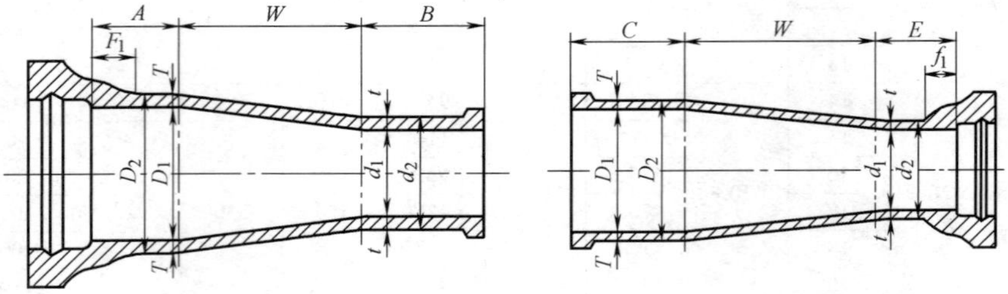

a) 承插渐缩管　　b) 插承渐缩管

公称直径		管厚		外径		内径		各部尺寸					质量	
mm													kg	
DN	DN	T	t	D_2	d_2	D_1	d_1	A	B	C	E	W	承插	插承
100	75	10	10	118	93	98	73	50	200	200	50	300	20.57	19.35
(125)	75	10.5	10	143	93	122	73	50	200	200	50	300	22.87	21.83
	100		10		118		98						24.89	25.08
150	100	11	10	169	118	147	98	55	200	200	50	300	28.44	27.80
	(125)		10.5		143		122						31.01	30.17
200	100	12	10	220	118	196	98	60	200	200	50	300	36.29	33.73
	(125)		10.5		143		122				55		38.89	36.15
	150		11		169		147						41.73	39.83
250	100	13	10	271.6	118	245.6	98	70	200	200	50	400	51.79	45.40
	(125)		10.5		143		122				55		54.86	48.29
	150		11		169		147				60		58.19	52.46
	200		12		220		196						62.42	58.58
300	100	14	10	322.8	118	294.8	98	80	200	200	50	400	63.07	53.67
	(125)		10.5		143		122				55		66.21	56.64
	150		11		169		147				60		69.62	60.88
	200		12		220		196				70		76.95	70.11
	250		13		271.6		245.6						85.26	82.27
(350)	150	15	11	374	169	344	147	80	200	200	55	400	82.96	70.07
	200		12		220		196				60		90.44	79.45
	250		13		271.6		245.6				70		98.91	91.77
	300		14		322.8		294.8				80		107.93	103.80
400	150	16	11	425.6	169	393.6	147	90	200	220	50	500	106.67	92.44
	200		12		220		196				60		115.32	102.99
	250		13		271.6		245.6				70		125.06	116.58
	300		14		322.8		294.8				80		135.42	129.95
	(350)		15		374		344						146.63	145.29

（续）

公称直径		管厚		外径		内径		各部尺寸					质量	
mm													kg	
DN	DN	T	t	D_2	d_2	D_1	d_1	A	B	C	E	W	承插	插承
	200		12		220		196				60		133.96	117.50
	250		13		271.6		245.6				70		143.89	131.28
(450)	300	17	14	476.8	322.8	442.8	294.8	100	200	230	80	500	154.44	144.84
	(350)		15		374		344				90		165.83	160.36
	400		16		425.6		393.6						178.63	177.46
	250		13		271.6		245.6		200		70		164.29	145.34
	300		14		322.8		294.8				80		175.03	159.14
500	(350)	18	15	528	374	492	344	110	220	230		500	189.06	174.86
	400		16		425.6		393.6				90 100		202.56	192.14
	(450)		17		476.8		442.8		230				218.21	211.92
	300		14		322.8		294.8		200		80		220.92	190.56
	(350)		15		374		344						235.32	206.66
600	400	20	16	630.8	425.6	590.8	393.6	120	220	230	90 100	500	249.21	224.32
	(450)		17		476.8		442.8						265.24	244.48
	500		18		528		492		230		110		280.68	266.21
	400		16		425.6		393.6		220		90		352.48	312.33
700	(450)	22	17	733	476.8	689	442.8	130		240	100	700	372.15	336.13
	500		18		528		492		230		110		391.40	361.67
	600		20		630.8		590.8				120		433.18	417.92
	(450)		17		476.8		442.8				100		445.99	386.68
800	500	24	18	836	528	788	492	140	230	240	110	700	463.69	410.67
	600		20		630.8		590.8				120		506.53	467.98
	700		22		733		689				130		562.86	533.63
	500		18		528		492				110		545.15	474.76
900	600	26	20	939	630.8	887	590.8	150	230	260	120	700	589.06	533.14
	700		22		733		689				130		640.51	599.85
	800		24		836		788				140		693.77	676.40
	500		18		528		492		230		110		645.31	534.15
	600		20		630.8		590.8				120		690.28	593.59
1000	700	28	22	1041	733	985	689	170	240	260	130	700	742.80	661.37
	800		24		836		788		260		140		797.11	738.97
	900		26		939		887				150		866.52	825.75
	700		22		733		689		240		130		1026.89	875.48
1200	800	32	24	1246	836	1182	788	190		280	140	800	1088.37	960.25
	900		26		939		887		260		150		1165.25	1054.50
	1000		28		1041		985				170		1237.67	1167.87
	900		26		939		887		260		150		1633.6	1357.10
1500	1000	38	28	1554	1041	1478	985	230		300	170	800	1706.88	1471.33
	1200		32		1246		1182		280		190		1891.32	1725.27

注：承、插口各部尺寸按表 29-8。

表 29-27　90°承插弯管尺寸

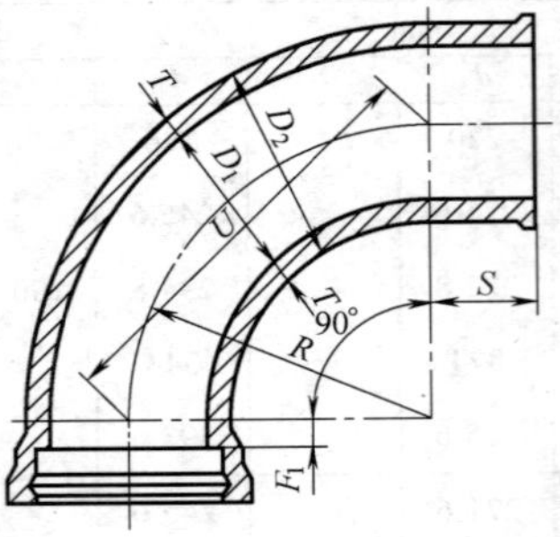

公称直径	内径	外径	管厚	各部尺寸			质量
mm							kg
DN	D_1	D_2	T	R	S	U	
75	73	93	10	250	150	353.5	17.97
100	98	118	10	250	150	353.5	22.97
(125)	122	143	10.5	300	200	424.2	32.54
150	147	169	11	300	200	424.2	40.00
200	196	220	12	400	200	565.6	65.47
250	245.6	271.6	13	400	250	565.6	93.01
300	294.8	322.8	14	550	250	777.8	141.42
(350)	344	374	15	550	250	777.8	176.92
400	393.6	425.6	16	600	250	848.5	226.84
(450)	442.8	476.8	17	600	250	848.5	270.94
500	492	528	18	700	250	989.9	351.50
600	590.8	630.8	20	800	300	1131.3	527.34
700	689	733	22	900	300	1271.7	734.47

注：承、插口各部尺寸按表 29-8。

表 29-28　45°承插弯管尺寸

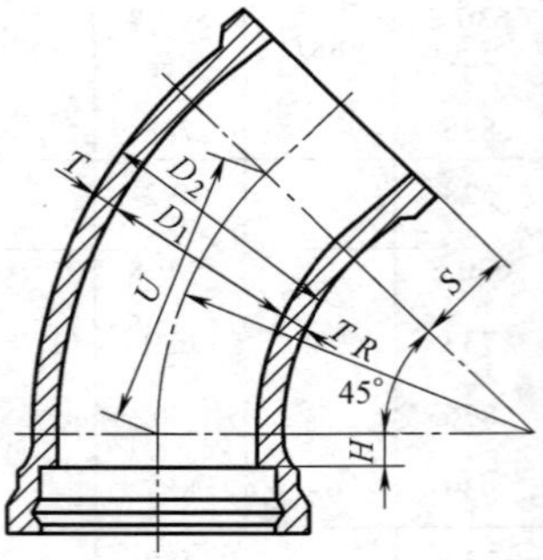

公称直径	内径	外径	管厚	各部尺寸			质量
mm							kg
DN	D_1	D_2	T	R	S	U	
75	73	93	10	400	200	306.1	17.44
100	98	118	10	400	200	306.1	22.27
(125)	122	143	10.5	500	200	382.6	30.07

（续）

公称直径	内径	外径	管厚	各部尺寸			质量
mm							kg
DN	D_1	D_2	T	R	S	U	
150	147	169	11	500	200	382.6	36.91
200	196	220	12	600	200	159.2	55.66
250	245.6	271.6	13	600	200	459.2	77.26
300	294.8	322.8	14	700	200	535.8	105.21
(350)	344	374	15	800	200	612.3	142.13
400	393.6	425.6	16	900	200	688.8	184.51
(450)	442.8	476.8	17	1000	200	765.4	234.32
500	492	528	18	1100	200	841.9	292.19
600	590.8	630.8	20	1300	200	995.0	434.62
700	689	733	22	1500	200	1148.1	615.75

注：承、插口各部尺寸按表 29-8。

表 29-29　22½°承插弯管尺寸

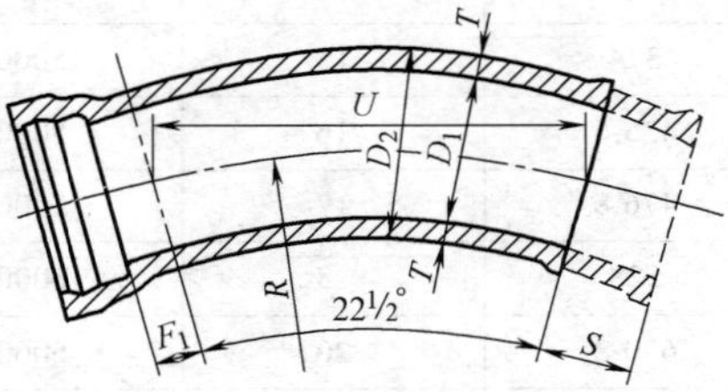

公称直径	内径	外径	管厚	各部尺寸			质量
mm							kg
DN	D_1	D_2	T	R	S	U	
75	73	93	10	800	150	312.1	16.50
100	98	118	10	800	150	312.1	21.05
(125)	122	143	10.5	1000	150	390.1	28.50
150	147	169	14	1000	150	390.1	34.95
200	196	220	12	1200	150	468.2	53.79
250	245.6	271.6	13	1200	150	468.2	73.46
300	294.8	322.8	14	1400	150	546.3	100.93
(350)	344	374	15	1600		624.3	117.79
400	393.6	425.6	16	1800		702.3	154.87
(450)	442.8	476.8	17	2000		780.4	198.98
500	492	528	18	2200		858.4	250.69
600	590.8	630.8	20	2600		1041.5	379.38
700	689	733	22	3000		1170.5	545.03

注：承、插口各部尺寸按表 29-8。

表 29-30　11¼°承插弯管尺寸

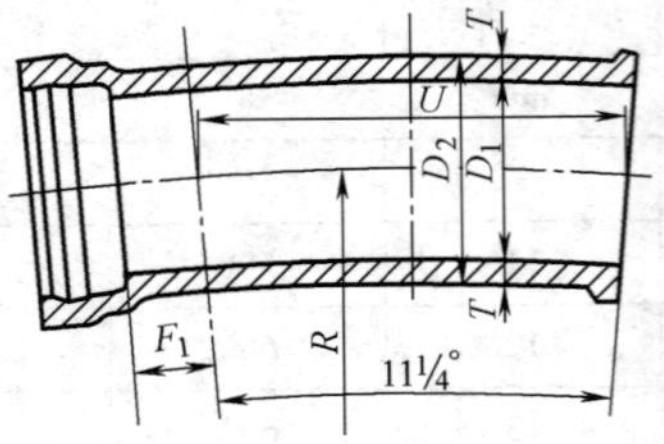

公称直径	内径	外径	管厚	各部尺寸		质量
mm						kg
DN	D_1	D_2	T	R	U	
75	73	93	10	3000	588.1	19.38
100	98	118	10	3000	588.1	24.11
(125)	122	143	10.5	3000	588.1	29.95
150	147	169	11	3000	588.1	36.79
200	196	220	12	4000	784.1	63.06
250	245.6	271.6	13	4000	784.1	85.95
300	294.8	322.8	14	4000	784.1	109.31
(350)	344	374	15	5000	980.2	160.84
400	393.6	425.6	16	5000	980.2	195.62
(450)	442.8	476.8	17	5000	980.2	233.70
500	492	528	18	6000	1176.2	315.93
600	590.8	630.8	20	6000	1176.2	422.78
700	689	733	22	6000	1176.2	545.03

注：承、插口各部尺寸按表 29-8。

表 29-31　乙字管尺寸

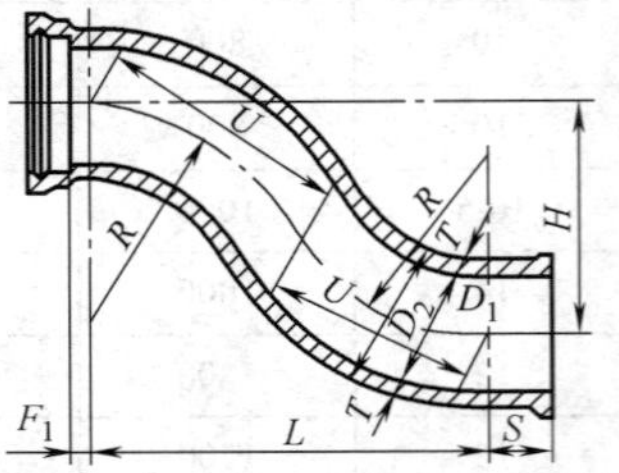

公称直径	内径	外径	管厚	各部尺寸					质量
mm									kg
DN	D_1	D_2	T	R	S	U	H	L	
75	73	93	10	200	150	200	200	346.4	18.46
100	98	118	10	200	150	200	200	346.4	24.06
(125)	122	143	10.5	225	150	225	225	389.7	30.97
150	147	169	11	250	200	250	250	433	42.05
200	196	220	12	300	250	300	300	519.6	68.29

（续）

公称直径	内径	外径	管厚	各部尺寸					质量
mm									kg
DN	D_1	D_2	T	R	S	U	H	L	
250	245.6	271.6	13	300	250	300	300	519.6	93.01
300	294.8	322.8	14	300	250	300	300	519.6	118.38
(350)	344	374	15	350	250	350	350	606.2	160.98
400	393.6	425.6	16	400	250	400	400	692.8	211.33
(450)	442.8	476.8	17	450	250	450	450	779.4	270.94
500	492	528	18	500	250	500	500	866	340.63

注：承、插口各部尺寸按表 29-8。

表 29-32 承插单盘排气管尺寸

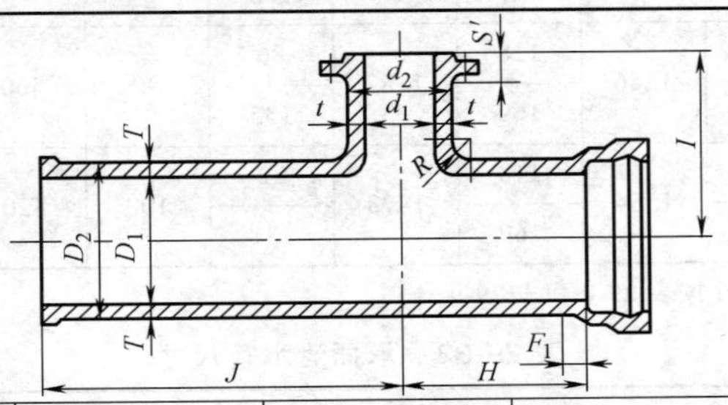

公称直径		管厚		外径		内径		各部尺寸				质量
mm												kg
DN	DN	T	t	D_2	d_2	D_1	d_1	R	H	I	J	
150	100	11	10	169	118	147	98	50	160	260	520	46.77
	150		11		169		147					51.63
200	100	12	10	220	118	196	98	50	170	270	530	63.33
	150		11		169		147					67.74
250	100	13	10	271.6	118	245.6	98	50	180	280	530	83.69
	150		11		169		147					87.68
300	100	14	10	322.8	118	294.8	98	50	190	300	540	105.93
	150		11		169		147					109.72
(350)	100	15	10	374	118	344	98	50	200	310	640	131.49
	150		11		169		147					134.96
400	100	16	10	425.6	118	393.6	98	60	210	320	550	160.76
	150		11		169		147					163.93
(450)	100	17	12	476.8	118	442.8	94	60	220	340	550	192.77
	150		13		169		143					196.05
500	100	18	12	528	118	492	94	60	230	360	560	229.01
	150		13		169		143					232.10
600	100	20	12	630.8	118	590.8	94	60	240	410	570	309.3
	150		13		169		143					312.20

（续）

公称直径		管厚		外径		内径		各部尺寸				质量
mm												kg
DN	DN	T	t	D_2	d_2	D_1	d_1	R	H	I	J	
700	100	22	14	733	118	689	90	70	260	480	580	408.14
	150		15		169		139					411.56
800	100	24	14	836	118	788	90	70	270	520	590	518.72
	150		15		169		139					521.75
900	100	26	14	939	118	887	90	80	300	590	620	667.16
	150		15		169		139					670.43
1000	100	28	16	1041	118	985	86	80	320	640	640	829.68
	150		17		169		135					833.14
1200	100	32	16	1246	118	1182	86	90	360	750	680	1220.15
	150		17		169		135					1223.52
1500	100	38	18	1554	118	1478	82	100	420	910	720	1973.32
	150		19		169		131					1976.78

注：承、插口及法兰盘各部尺寸按表 29-8 和表 29-9。

表 29-33　承插泄水管尺寸

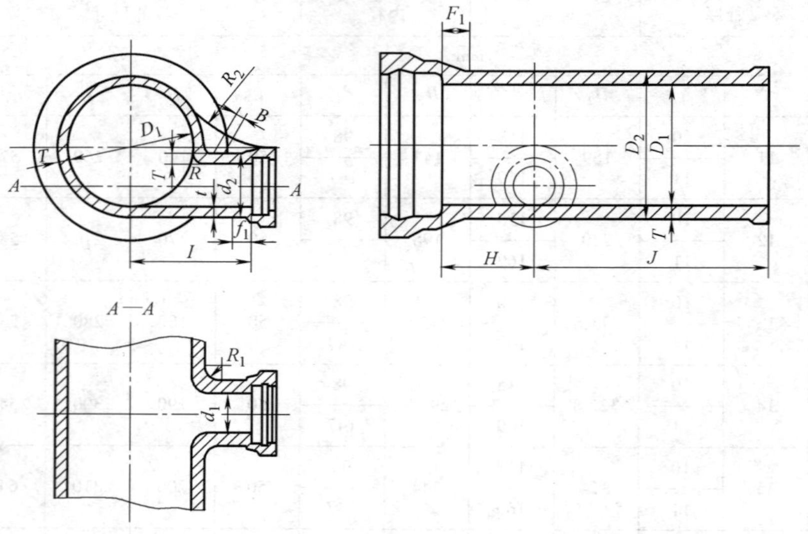

公称直径		管厚		外径		内径		各部尺寸							质量
mm															kg
DN	DN	T	t	D_2	d_2	D_1	d_1	R_1	R	I	H	J	B	R_2	
700	300	22	15	733	322.8	689	292.8	80	10	440	360	690	14	150	530.61
800	300	24	15	836	322.8	788	292.8	90	15	490	360	700	14	150	661.03
900	300	26	16	939	322.8	887	290.8	90	15	550	410	740	16	150	851.52
1000	400	28	18	1041	425.6	985	389.6	100	15	600	440	740	17	150	1068.53
1200	400	32	20	1246	425.6	1182	385.6	110	20	710	470	770	19	200	1513.19
1500	500	38	22	1554	528	1478	484	110	20	850	560	850	22	200	2504.49

注：承、插口各部尺寸按表 29-8。

表 29-34　N 型和 N_1 型接口各部尺寸

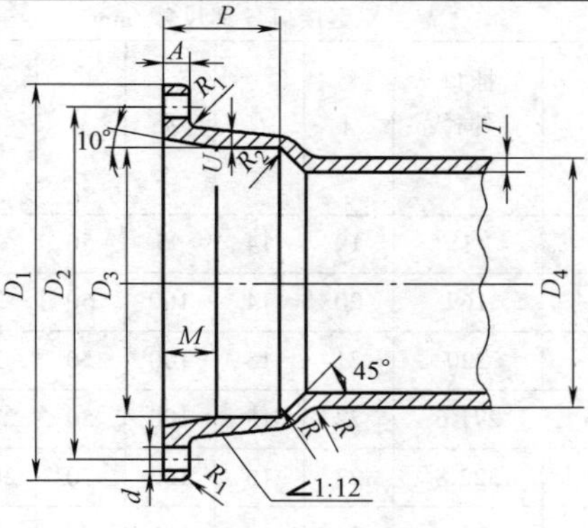

a) N、N_1型承口剖面

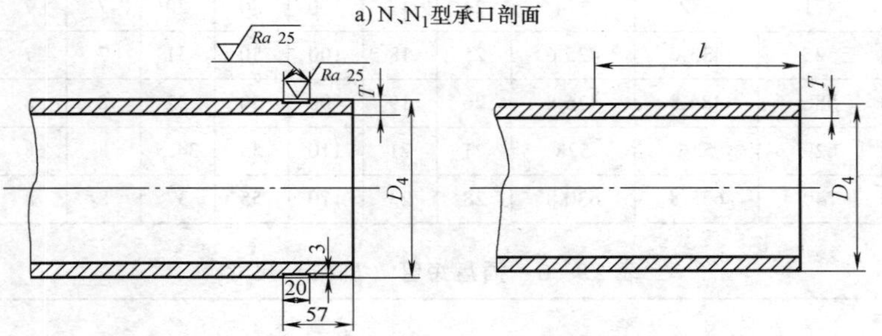

b) N型插口剖面　　　c) N_1、X型插口剖面

公称直径 DN	N 型和 N_1 型接口各部尺寸/mm													
	承口法兰盘的外径 D_1	螺孔中心圆直径 D_2	承口内径 D_3	插口外径 D_4	A	U	P	M	R	R_1	R_2	l	螺栓孔	
													d	N(个)
100	250	210	138	118	19	12	95	45	24	6	10	180	22	4
150	300	262	189	169	20	12	100	45	24	6	10	180	22	6
200	350	312	240	220	21	13	100	45	25	6	10	190	22	6
250	408	366	293.6	271.6	22	15	100	45	27.5	7	11	190	22	6
300	466	420	344.8	322.8	23	16	100	45	28.5	7	11	190	22	8
350	516	474	396	374	24	17	100	45	30	7	11	200	22	10
400	570	526	447.6	425.6	25	18	100	45	31	7	11	200	22	10
450	624	586	498.8	476.8	26	19	100	45	32	8	11	200	22	12
500	674	632	552	528	27	21	110	50	34.5	8	12	200	24	14
600	792	740	654.8	630.8	28	23	110	50	37	8	12	200	24	16

表 29-35　X 型接口各部尺寸

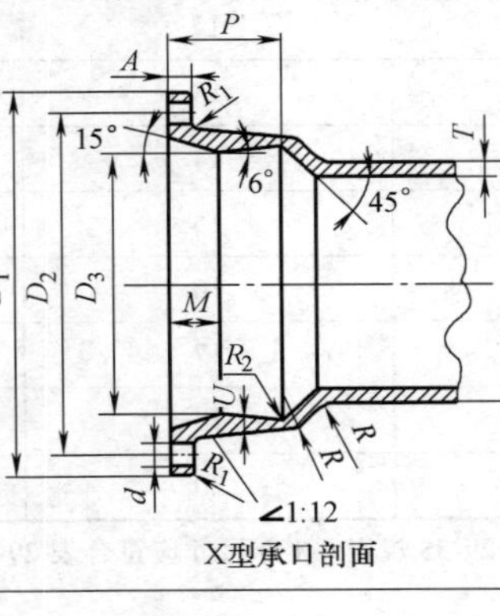

X型承口剖面

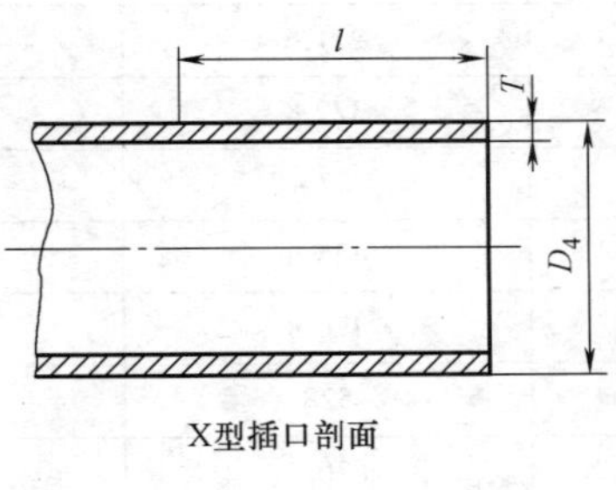

X型插口剖面

（续）

公称直径 DN	X型接口各部尺寸/mm													
	承口法兰盘的外径 D_1	螺孔中心圆直径 D_2	承口内径 D_3	插口外径 D_4	A	U	P	M	R	R_1	R_2	l	螺栓孔	
													d	N(个)
100	262	209	126	118	19	14	95	50	24	6	6	180	23	4
150	313	260	177	169	20	14	100	50	24	6	6	180	23	6
200	366	313	228	220	21	15	100	50	25	6	6	190	23	6
250	418	365	279.6	271.6	22	15	100	50	27.5	7	7	190	23	6
300	471	418	330.8	322.8	23	16	100	50	28.5	7	7	190	23	8
350	524	471	382	374	24	17	100	50	30	7	7	200	23	10
400	578	525	433.6	425.6	25	18	100	50	31	7	7	200	23	12
450	638	586	484.8	476.8	26	19	100	50	32	8	8	200	23	12
500	682	629	536	528	21	21	110	55	34.5	8	8	200	24	14
600	792	740	638.8	630.8	28	23	110	55	37	8	8	200	24	16

表 29-36 插盘短管（机械）尺寸

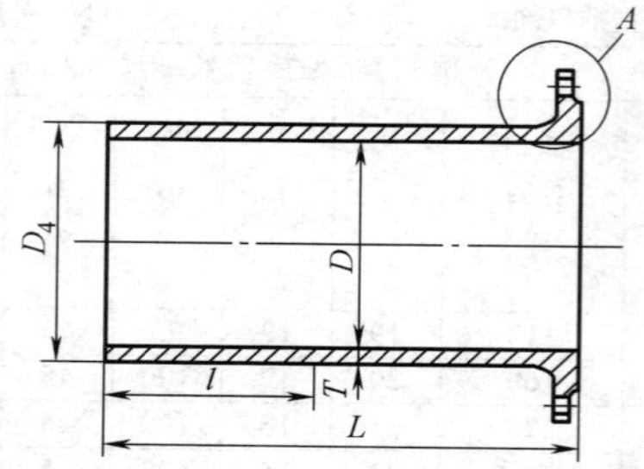

公称直径	外径	管长	壁厚	质量
mm				kg
DN	D_4	L	T	
100	118	400	10	15.1
150	169	400	11	24.3
200	220	500	12	39.9
250	271.6	500	13	53.2
300	322.8	500	14	88.1
350	374	500	15	85.7
400	425.6	500	16	104.7
450	476.8	500	17	123.8
500	528	500	18	145.7
600	630.8	600	20	220.1

注：插口各部尺寸，根据接口形式的不同，应符合表 29-34 或表 29-35 规定。A 部尺寸应符合表 29-9 规定。

表 29-37　承盘短管（机械）尺寸

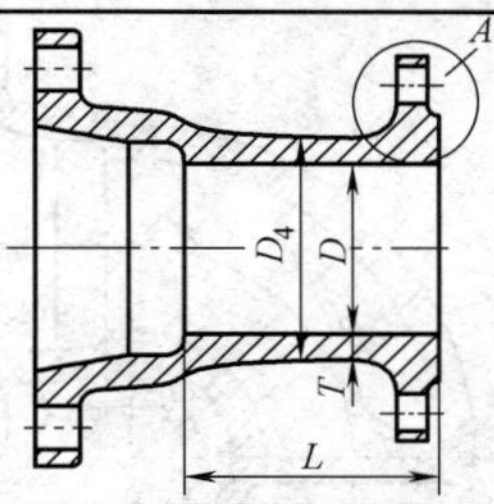

公称直径	外径	管长	壁厚	质量
mm				kg
DN	D_4	L	T	
100	118	120	10	18.8
150	169	120	11	26.5
200	220	120	12	35.9
250	271.6	170	13	52.8
300	322.8	170	14	65.7
350	374	170	15	80.1
400	425.6	170	16	88.0
450	476.8	170	17	115.2
500	528	170	18	136.2
600	630.8	250	20	204.0

注：插口各部尺寸，根据接口形式的不同，应符合表 29-34 或表 29-35 规定。*A* 部尺寸应符合表 29-9 规定。

表 29-38　可卸接头（机械）尺寸

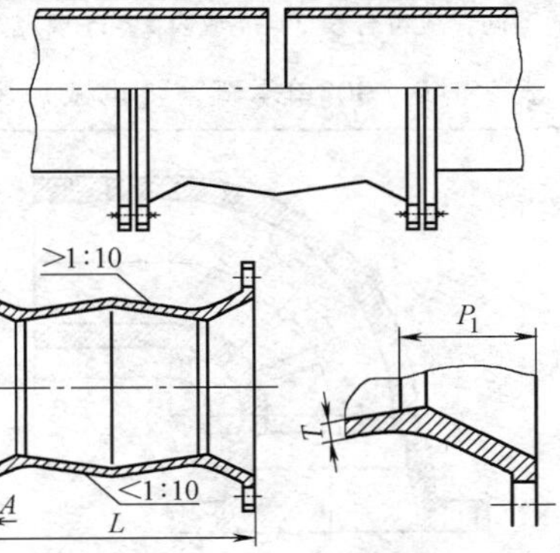

公称直径	壁厚	各部尺寸		质量
mm				kg
DN	T	P_1	L	
100	11	85	300	21.8
150	12	85	300	29.1
200	13	90	350	40.1
250	14	90	350	57.2
300	15	90	350	70.4
350	16	95	400	85.4
400	17	95	400	105.0
450	18	95	450	132.5
500	20	100	550	178.4
600	22	100	550	241.5

注：1. 承口其余各部尺寸，根据接口形式的不同，应符合表 29-34 或表 29-35 规定。
2. 本接头作为管道修理或可卸部分使用。

表 29-39　90°双承弯管（机械）尺寸

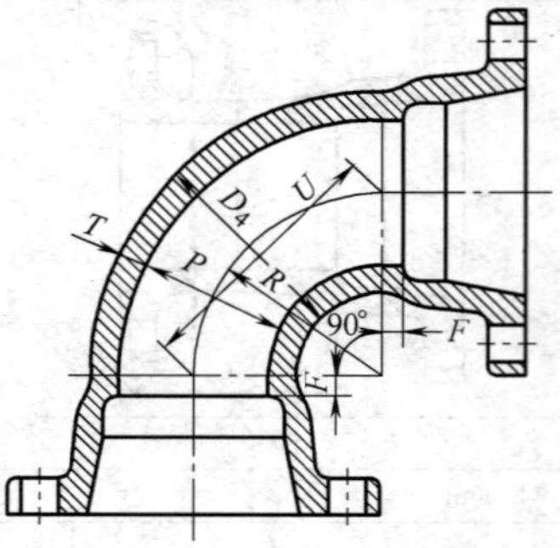

公称直径	外径	壁厚	各部尺寸		质量
mm					kg
DN	D_4	T	R	U	
100	118	10	155	219.2	30.6
150	169	11	200	282.8	46.1
200	220	12	245	346.5	67.1
250	271.6	13	290	410.1	99.0
300	322.8	14	335	473.8	132.0
350	374	15	380	537.4	169.1
400	425.6	16	425	601	217.0
450	476.8	17	470	664.7	271.0
500	528	18	515	728.3	337.2
600	630.8	20	605	855.6	494.9

注：承口各部尺寸，根据接口形式的不同，应符合表 29-34 或表 29-35 规定。

表 29-40　90°单承弯管（机械）尺寸

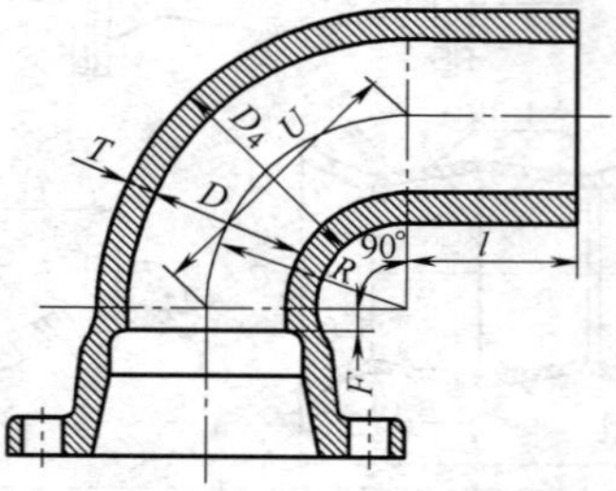

公称直径	外径	壁厚	各部尺寸			质量
mm						kg
DN	D_4	T	R	U	l	
100	118	10	250	353.5	180	25.8
150	169	11	300	424.2	180	43.5
200	220	12	400	565.6	190	69.8
250	271.6	13	400	565.6	190	99.7
300	322.8	14	550	777.8	190	149.9
350	374	15	550	777.8	200	184.7
400	425.6	16	600	848.5	200	237.2
450	476.8	17	600	848.5	200	282.7
500	528	18	700	989.3	200	366.6
600	630.8	20	800	1131.3	200	548.4

注：承、插口各部尺寸，根据接口形式的不同，应符合表 29-34 或表 29-35 规定。

表 29-41　45°双承弯管（机械）尺寸

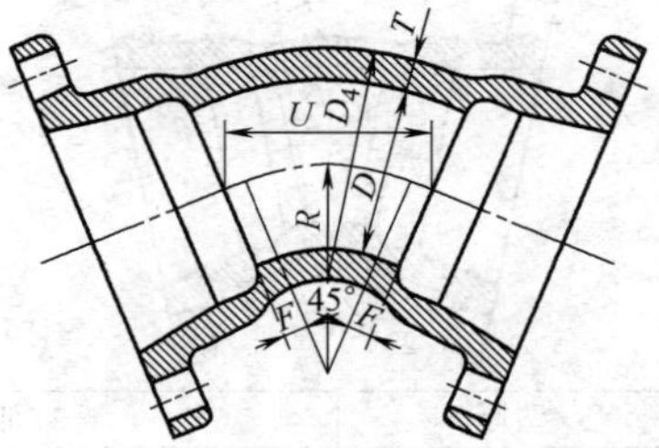

公称直径	外径	壁厚	各部尺寸		质量
mm					kg
DN	D_4	T	R	U	
100	118	10	300	229.6	30.6
150	169	11	350	267.9	44.5
200	220	12	400	306.2	63.1
250	271.6	13	450	344.4	91.3
300	322.8	14	500	382.7	119.0
350	374	15	550	421	149.0
400	425.6	16	600	459.2	187.9
450	476.8	17	650	497.5	230.8
500	528	18	700	535.8	283.4
600	630.8	20	800	612.3	405.9

注：承口各部尺寸，根据接口形式的不同，应符合表 29-34 或表 29-35 规定。

表 29-42　45°单承弯管（机械）尺寸

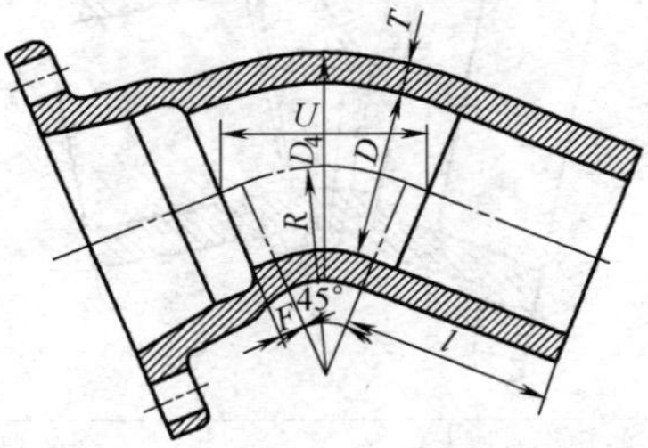

公称直径	外径	壁厚	各部尺寸			质量
mm						kg
DN	D_4	T	R	U	l	
100	118	10	400	306.1	180	25.1
150	169	11	500	382.6	180	40.4
200	220	12	600	459.2	190	59.9
250	271.6	13	600	459.2	190	83.9
300	322.8	14	700	535.8	190	113.7
350	374	15	800	612.3	200	149.9
400	425.6	16	900	688.8	200	194.9
450	476.8	17	1000	765.4	200	246.1
500	528	18	1100	841.9	200	307.3
600	630.8	20	1300	995.0	200	455.7

注：承、插口各部尺寸，根据接口形式的不同，应符合表 29-34 或表 29-35 规定。

表 29-43 22½°双承弯管（机械）尺寸

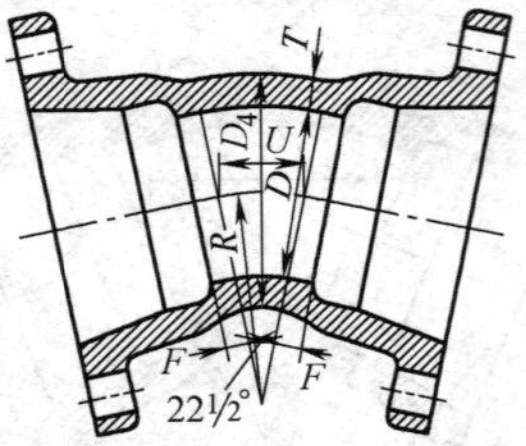

公称直径	外径	壁厚	各部尺寸		质量
mm					kg
DN	D_4	T	R	U	
100	118	10	300	117	27.5
150	169	11	350	136.6	39.1
200	220	12	400	156.1	54.2
250	271.6	13	450	475.6	77.8
300	322.8	14	500	195.1	99.8
350	374	15	550	214.6	122.7
400	425.6	16	60	234.1	152.9
450	476.8	17	650	253.1	183.6
500	528	18	700	273.1	226.3
600	630.8	20	800	312.1	319.1

注：承口各部尺寸，根据接口形式的不同，应符合表 29-34 或表 29-35 规定。

表 29-44 22½°单承弯管（机械）尺寸

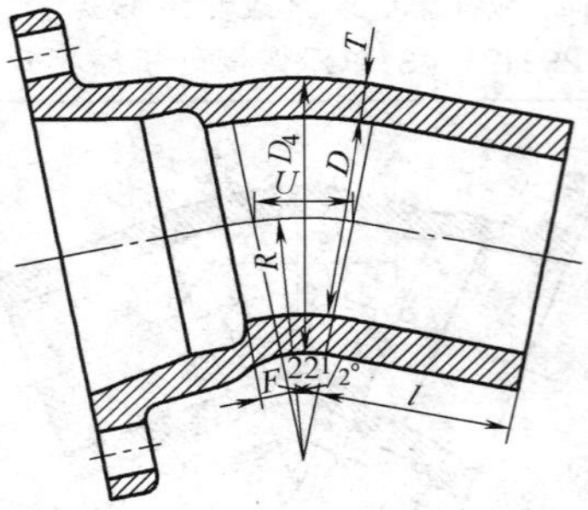

公称直径	外径	壁厚	各部尺寸			质量
mm						kg
DN	D_4	T	R	U	l	
100	118	10	800	312.1	180	23.9
150	169	11	1000	390.1	180	38.5
200	220	12	1200	468.2	190	58.1
250	271.6	13	1200	468.2	190	80.1
300	322.8	14	1400	546.3	190	109.5
350	374	15	1600	624.3	200	165.6
400	425.6	16	1800	702.3	200	213.3
450	476.8	17	2000	780.4	200	266.8
500	528	18	2200	858.4	200	329.8
600	630.8	20	2600	1041.5	200	488.4

注：承、插口各部尺寸、根据接口形式的不同，应符合表 29-34 或表 29-35 规定。

表 29-45　11¼°双承弯管（机械）尺寸

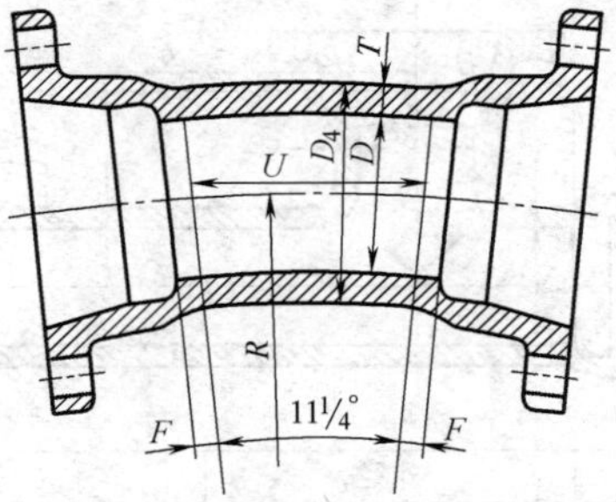

公称直径	外径	壁厚	各部尺寸		质量
mm					kg
DN	D_4	T	R	U	
100	118	10	300	58.8	26.1
150	169	11	350	68.6	36.4
200	220	12	400	78.4	49.8
250	271.6	13	450	88.2	71.1
300	322.8	14	500	98	90.2
350	374	15	550	107.8	109.5
400	425.6	16	600	117.6	132.7
450	476.8	17	650	127.4	163.1
500	528	18	700	137.2	197.8
600	630.8	20	800	156.8	275.7

注：承口各部尺寸，根据接口形式的不同，应符合表 29-34 或表 29-35 规定。

表 29-46　11¼°单承弯管（机械）尺寸

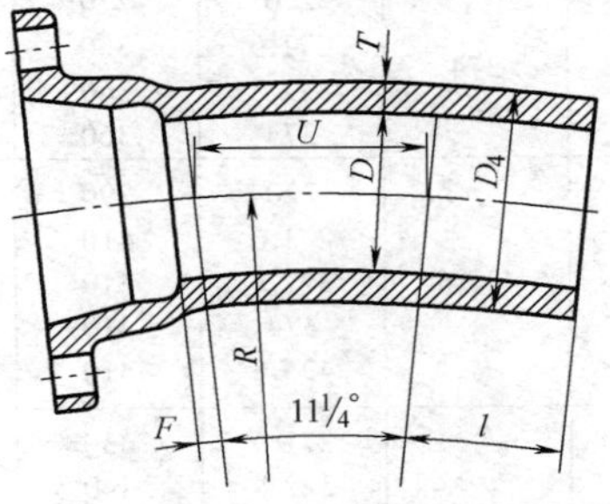

公称直径	外径	壁厚	各部尺寸			质量
mm						kg
DN	D_4	T	R	U	l	
100	118	10	3000	588.1	180	36.9
150	169	11	3000	588.1	180	52.3
200	220	12	4000	784.1	190	87.4
250	271.6	13	4000	784.1	190	117.5
300	322.8	14	4000	784.1	190	147.8
350	374	15	4000	986.2	200	208.6
400	425.6	16	5000	980.2	200	233.9
450	476.8	17	5000	980.2	200	300.5
500	528	18	6000	1176.2	200	394.8
600	630.8	20	6000	1176.2	200	531.8

注：承、插口各部尺寸，根据接口形式的不同，应符合表 29-34 或表 29-35 规定。

表 29-47　双承丁字管（机械）尺寸

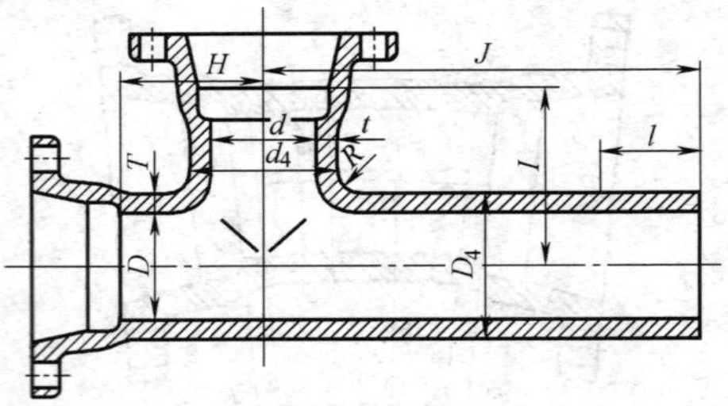

公称直径		壁厚		外径		各部尺寸				质量
mm										kg
DN	DN	T	t	D_4	d_4	H	I	R	J	
100	100	10	10	118	118	180	160	50	500	51.1
150	100	11	10	169	118	190	190		570	70.3
	150		11		169					77.6
200	100	12	10	220	118	225	230	50	510	89.5
	150		11		169		250	60	590	102.2
	200		12		220		250	60	590	111.6
250	100	13	10	271.6	118	225	280	50	570	120.3
	150		11		169		280	60	570	127.7
	200		12		220		300	60	600	140.2
	250		13		271.6		300	60	600	154.2
300	100	14	10	322.8	118	240	280	50	570	147.4
	150		11		169	240	280	60	570	154.4
	200		12		220	240	300	60	600	167.1
	250		13		271.6	300	300	70	600	186.0
	300		14		322.8	300	300	70	600	197.9
350	200	15	12	374	220	270	310	60	610	201.6
	250		13		271.6	360	340	70	720	240.7
	300		14		322.8	360	340	70	720	252.3
	350		15		374	360	340	70	720	285.9
400	200	16	12	425.6	220	290	350	70	650	252.5
	250		13		271.6	410	390	70	780	300.6
	300		14		322.8	410	390	80	780	312.6
	350		15		374	410	390	80	780	326.3
	400		16		425.6	410	390	90	780	344.4
450	250	17	13	476.8	271.6	330	380	80	680	312.2
	300		14		322.8	440	420	80	820	371.1
	350		15		374	440	420	80	820	384.8
	400		16		425.6	440	420	90	820	402.5
	450		17		476.8	440	420	90	820	419.2
500	250	18	13	528	271.6	340	410	80	680	361.1
	300		14		322.8	480	460	80	850	426.1
	350		15		374	480	460	80	850	454.6
	400		16		425.6	480	460	90	850	471.8
	450		17		476.8	480	460	90	850	488.6
	500		18		528	480	460	100	850	510.4
600	300	20	14	630.8	322.8	410	490	90	760	519.1
	350		15		374	550	530	90	920	619.2
	400		16		425.6	550	530	90	920	636.6
	450		17		476.8	550	530	100	920	652.4
	500		18		528	550	530	100	920	673.9
	600		20		630.8	550	530	100	920	720.4

注：承、插口各部尺寸，根据接口形式的不同，应符合表 29-34 或表 29-35 规定。

表 29-48　三承十字管（机械）尺寸

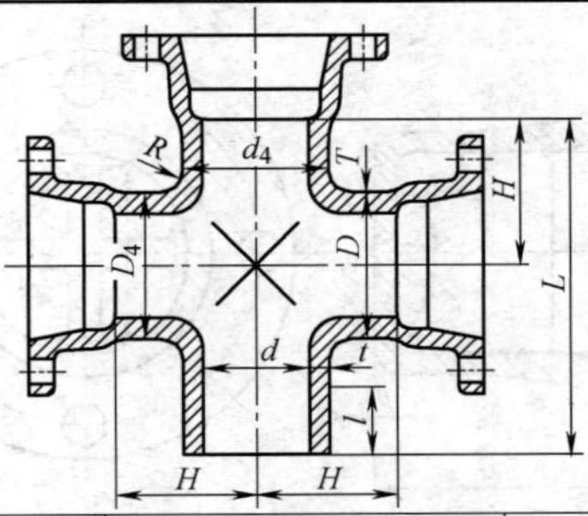

公称直径		壁厚		外径	各部尺寸				质量
mm									kg
DN	DN	T	t	D_4	d_4	H	L	R	
100	100	10	10	118	118	120	620	20	51.8
150	100	11	10	169	118	145	715	20	66.9
	150		11		169	155	725		70.0
200	100	12	10	220	118	170	680	20	83.9
	150		11		169	180	770		97.6
	200		12		220	190	780		112.2
250	100	13	10	271.6	118	195	765	25	114.0
	150		11		169	205	775		125.0
	200		12		220	215	815		140.5
	250		13		271.6	225	825		159.7
300	100	14	10	322.8	118	220	790	30	143.7
	150		11		169	230	800		154.3
	200		12		220	240	840		169.1
	250		13		271.6	250	850		187.5
	300		14		322.8	260	860		206.6
350	200	15	12	374	220	265	875	35	201.6
	250		13		271.6	275	995		228.0
	300		14		322.8	285	1005		248.6
	350		15		374	295	1015		270.6
400	200	18	12	425.6	220	290	940	35	246.4
	250		13		271.6	300	1080		274.2
	300		14		322.8	310	1090		295.1
	350		15		374	320	1100		318.0
	400		16		425.6	330	1110		345.5
450	250	12	13	476.8	271.6	325	1005	40	314.2
	300		14		322.8	335	1155		345.9
	350		15		374	345	1165		368.4
	400		16		425.6	365	1175		396.1
	450		17		476.8	365	1185		426.0
500	250	18	13	528	271.6	350	1030	40	372.2
	300		14		322.8	360	1210		406.1
	350		15		374	370	1220		428.3
	400		16		425.6	380	1230		455.0
	450		17		476.8	390	1240		484.6
	500		18		528	400	1250		520.8
600	300	20	14	630.8	322.8	410	1170	45	536.6
	350		15		374	420	1340		574.4
	400		16		425.6	430	1350		601.4
	450		17		476.8	440	1360		629.9
	500		18		528	450	1370		665.9
	600		20		630.8	470	1390		746.0

注：承、插口各部尺寸，根据接口形式的不同，应符合表 29-34 或表 29-35 规定。

表 29-49 插堵（机械）尺寸

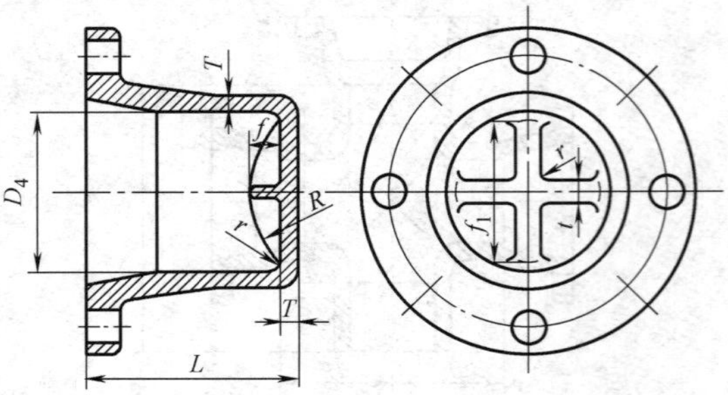

公称直径	壁厚	各部尺寸				质量
mm						kg
DN	T	L	f_1	f	t	
100	10	117	—	—	—	13.4
150	11	123	—	—	—	19.4
200	12	125	—	—	—	26.4
250	13	131	—	—	—	37.9
300	14	133	—	—	—	48.7
350	15	139	320	27	17	61.3
400	16	140	370	29	18	77.1
450	17	146	410	31	19	94.1
500	18	147	450	33	20	114.7
600	20	153	550	35	21	190.4

注：承口各部尺寸，根据接口形式的不同，应符合表 29-34 或表 29-35 规定。r 值为铸造圆角。

表 29-50 承堵（机械）尺寸

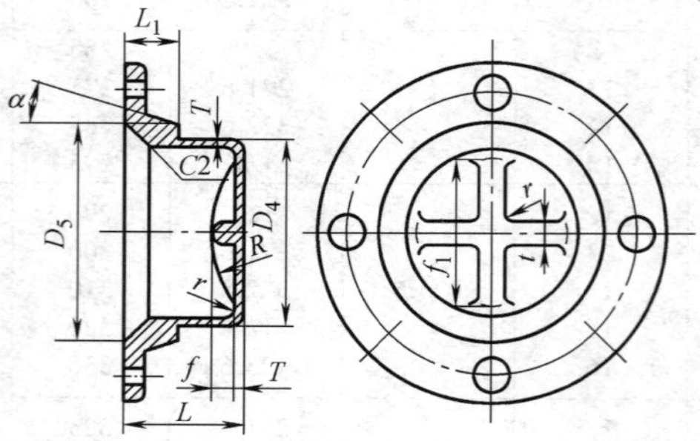

公称直径	壁厚	各部尺寸							质量
mm									kg
DN	T	D_4	D_5	L	L_1	f	f_1	t	
100	10	118	145	105	55	—	—	—	8.9
150	11	169	196	110	55	—	—	—	11.9
200	12	220	247	110	55	—	—	—	17.7
250	13	271.6	299	115	55	—	—	—	24.8
300	14	322.8	350	120	55	—	—	—	33.2
350	15	374	404	125	55	27	320	17	49.1
400	16	425.6	455	125	55	29	370	18	62.2
450	17	476.8	506	130	55	31	410	19	76.3
500	18	528	558	130	55	33	450	20	91.0
600	20	630.8	660	130	55	35	550	21	132.8

注：法兰及孔眼尺寸，根据接口形式的不同，应符合表 29-34 或表 29-35 规定。其 α 值：X 型接口为 15°；N 型及 N_1 型接口为 10°，r 值为铸造圆角。

表 29-51　插承渐缩管（机械）尺寸

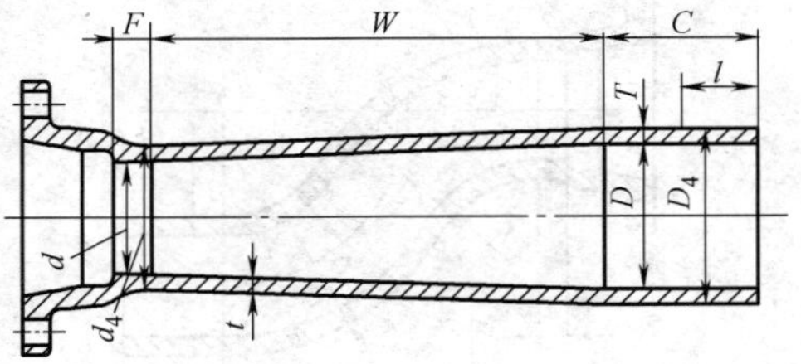

公称直径		壁厚		外径		各部尺寸				质量
mm										kg
DN	DN	T	t	D_4	d_4	F	W	C	l	
150	100	11	10	169	118	75	300	200	180	30.6
200	100	12	10	220	118	75	300	200	190	36.5
	150		11		169					43.3
250	100	13	10	271.6	118	75	400	200	190	48.2
	150		11		169	75				55.9
	200		12		220	77				62.9
300	100	14	10	322.8	118	75	400	200	190	56.5
	150		11		169	75				64.4
	200		12		220	77				74.4
	250		13		271.6	83				88.9
350	150	15	11	374	169	75	400	200	200	73.6
	200		12		220	77				83.8
	250		13		271.6	83				98.4
	300		14		322.8	85				112.3
400	150	16	11	425.6	169	75	500	220	200	95.9
	200		12		220	77				107.3
	250		13		271.6	83				123.2
	300		14		322.8	85				138.5
	350		15		374	87				153.1
450	200	17	12	476.8	220	77	500	230	200	121.8
	250		13		271.6	83				137.9
	300		14		322.8	85				153.4
	350		15		374	87				168.1
	400		16		425.6	89				187.8
500	250	18	13	528	271.6	83	500	230	200	151.9
	300		14		322.8	85				167.7
	350		15		374	87				182.6
	400		16		425.6	89				202.5
	450		17		476.8	91				223.7
600	300	20	14	630.8	322.8	85	500	230	200	199.1
	350		15		374	87				214.4
	400		16		425.6	89				234.7
	450		17		476.8	91				256.3
	500		18		528	97				281.3

注：承、插口各部尺寸，根据接口形式的不同，应符合表 29-34 或表 29-35 规定。

表 29-52　乙字管（机械）尺寸

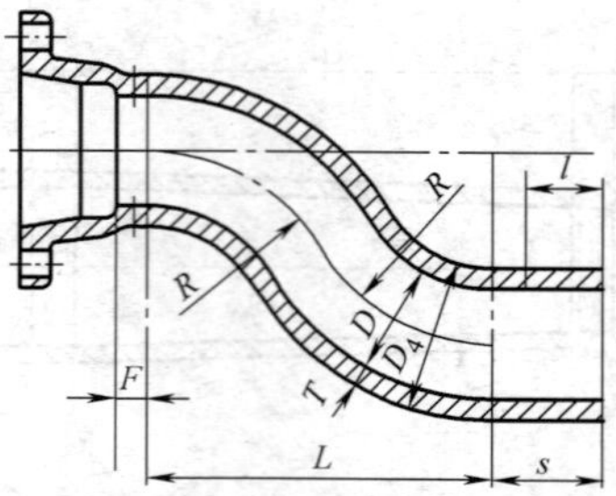

公称直径	外径	壁厚	各部尺寸				质量
mm							kg
DN	D_4	T	R	s	F	L	
100	118	10	200	180	75	346.4	28.6
150	169	11	250	200	75	433	47.6
200	220	12	300	250	77	519.6	72.6
250	271.6	13	300	250	83	519.6	99.6
300	322.8	14	300	250	85	519.6	126.9
350	374	15	350	250	87	606.2	168.8
400	425.6	16	400	250	89	692.8	221.7
450	476.3	17	450	250	91	779.4	282.7
500	528	18	500	250	97	866	355.7
600	630.8	20	600	250	101	1039.2	557.7

注：承、插口各部尺寸，根据接口形式的不同，应符合表 29-34 或表 29-35 规定。

29.2.1.2　灰口铸铁管件的尺寸偏差和技术要求

1. 灰口铸铁管件插口外径和承口内径偏差（见表 29-53）

表 29-53　灰口铸铁管件插口外径和承口内径偏差

（单位：mm）

公称直径	插口外径 D_4	承口内径 D_3
DN75～DN200	+3.5 −4	+4−3.5
DN250～DN900	+4 −5	+5 −4
DN1000～DN1500	+4.5 −6	+6 −4.5

2. 柔性机械接口铸铁管件允许偏差（见表 29-54）

表 29-54　柔性机械接口铸铁管件承插口允许偏差及插口椭圆度

（单位：mm）

公称直径	承口内径 D_3	插口外径 D_4	插口椭圆度
≤DN300	±1.5	±2.0	≤4
DN350～DN600	±2.0	±3.0	≤5

铸铁管件承口深度允许偏差：

公称直径为 75～500mm，允许偏差为±5mm。

公称直径等于和大于 600mm，允许偏差为±10mm。

3. 壁厚允许偏差

管件壁厚负偏差为（1.5+0.05T）mm。

承口壁厚负偏差为（1.5+0.05C）mm。

4. 长度允许偏差

铸铁管件长度允许偏差为$^{+20}_{-30}$mm。

5. 管盘机械加工及钻孔允许偏差

管盘上的各螺孔中心应和管件中心相对应，螺孔中心圆直径偏差为±1mm。

相邻螺孔中心之间距离的偏差为±0.5mm。

管盘加工后的厚度偏差；

公称直径小于和等于 300mm，厚度负偏差为 2mm；

公称直径等于和大于 350mm，厚度负偏差为 3mm。

管盘突出部分直径偏差为±2%。

管盘内径中心与螺孔中心圆的中心之偏差，应不大于表 29-55 的规定。

表 29-55　管盘内径中心与螺孔中心圆的中心之偏差　（单位：mm）

公称直径	允许偏差
≤DN150	1
DN200～DN500	1.5
≥DN600	2

6. 端面

管件端面应与管件轴线垂直。

7. 柔性机械接口铸铁管件法兰盘厚度偏差

公称直径小于或等于 300mm 的，允许负偏差为 2mm。

公称直径大于或等于 350mm 的，允许负偏差为 3mm。

法兰盘上的螺栓孔径允许偏差为$^{+1}_{0}$mm。

8. 重量及其允许偏差

管件按理论重量交货。计算重量时，铸铁比重采用 7.20。承口重量为估算值。

每根管件的重量偏差为±8%，其中弯管、多支管的管件及非标准管件的重量偏差为±12%。

9. 化学成分

铸铁管件的磷含量大应大于 0.30%，硫含量不应大于 0.10%。

10. 力学性能

铸铁管件的抗拉强度应不小于 1.4MPa。

管件表面硬度不大于 HBW230，管件中心部分硬度不大于 HBW215。

11. 管件水压试验压力（见表 29-56）

管件用于输气管道时，需做气密性试验。

表 29-56　管件水压试验压力

公称直径	试验压力/MPa
≤DN300	2.5
≥DN350	2.0

29.2.2　可锻铸铁管路连接件（摘自 GB/T 3287—2011）

29.2.2.1　概述

本部分适用于公称尺寸 DN6～DN150 输送水、油、空气、煤气和蒸汽用的一般管路上连接的管件，指定与符合 GB/T 7306.1 或 GB/T 7306.2 规定的螺纹相连接。管件规格（即螺纹尺寸代号）与公称尺寸之间的关系见表 29-57。

表 29-57　管件规格与公称尺寸的关系

管件规格	1/8	1/4	3/8	1/2	3/4	1	1¼
公称尺寸 DN/mm	6	8	10	15	20	25	32
管件规格	1½	2	2½	3	4	5	6
公称尺寸 DN/mm	40	50	65	80	100	125	150

29.2.2.2　产品分类（见表 29-58）

表 29-58　可锻铸铁管件的结构型式和符号

型式	符号			
A 弯头	A1 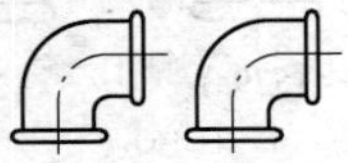 (90)	A1/45°  (120)	A4 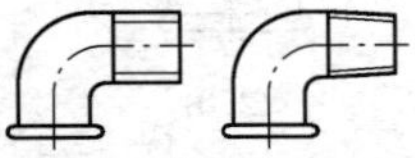 (92)	A4/45° 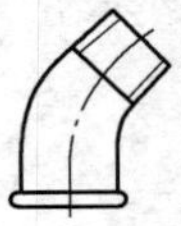 (121)
B 三通	B1 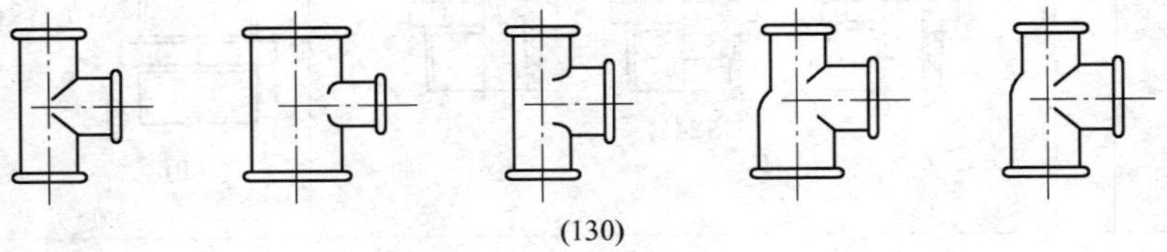 (130)			
C 四通	C1 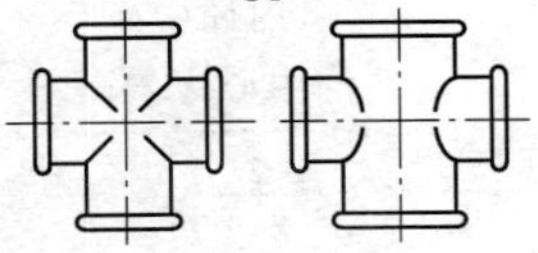 (180)			

（续）

型式	符号
D 短月弯	D1 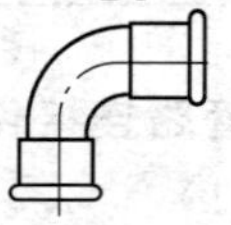 (2a)　D4 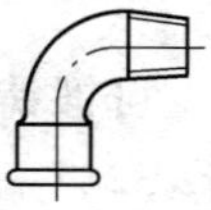 (1a)
E 单弯三通 及 双弯弯头	E1 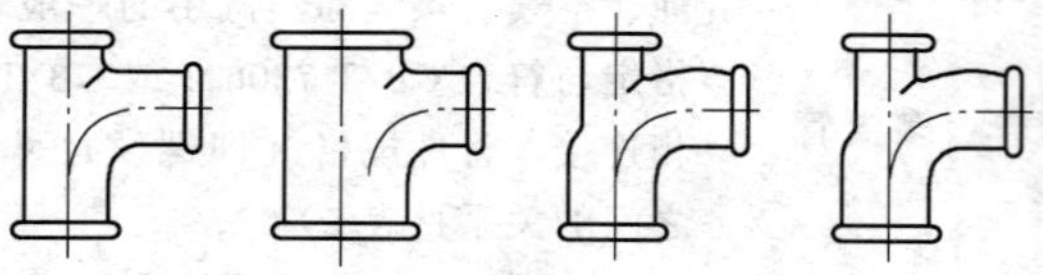 (131)　E2 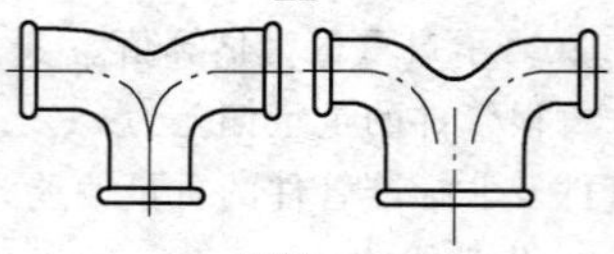 (132)
G 长月弯	G1 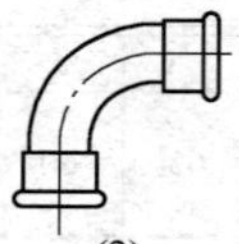 (2)　G1/45° 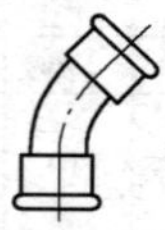 (41)　G4 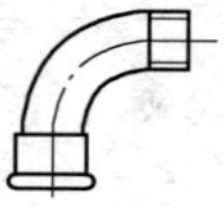 (1)　G4/45°  (40)　G8 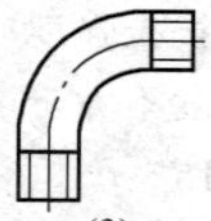 (3)
M 外接头	M2 M2 R-L 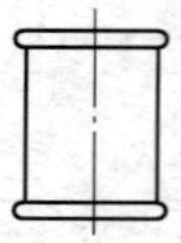 (270)　M2  (240)　M4  (529a)  (246)
N 内外螺丝 内接头	N4 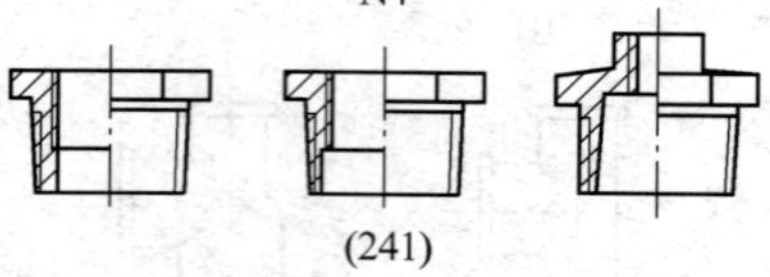 (241)　N8 N8 R-L 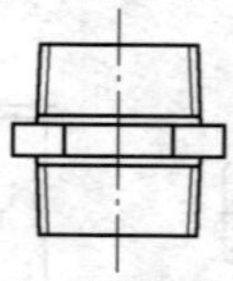 (280)　N8 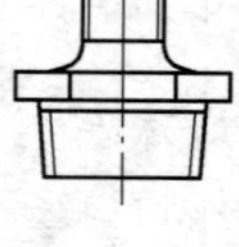 (245)
P 锁紧螺母	P4  (310)

（续）

型　式	符　号				
T 管帽 管堵	T1 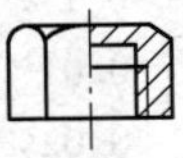 (300)	T8 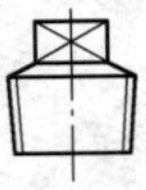 (291)	T9  (290)	T11 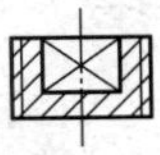 (596)	
U 活接头	U1 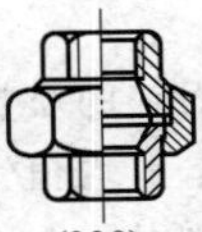 (330)	U2 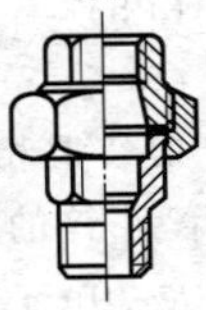 (331)	U11 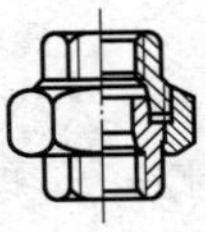 (340)	U12 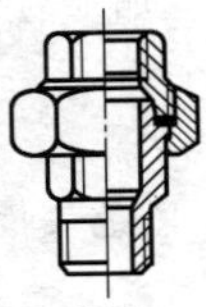 (341)	
UA 活接弯头	UA1 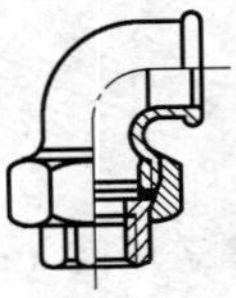 (95)	UA2 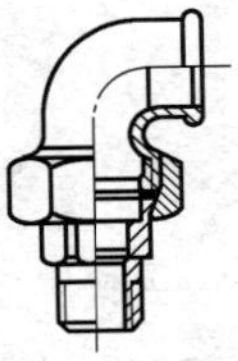 (97)	UA11 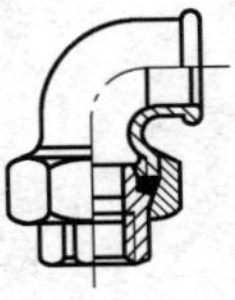 (96)	UA12 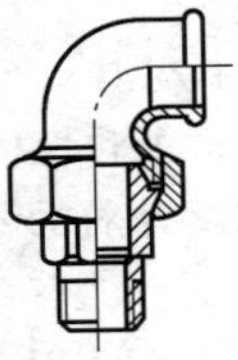 (98)	
Za 侧孔弯头 侧孔三通	Za1 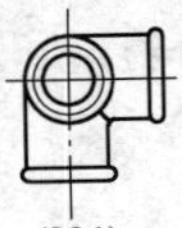 (221)	Za2 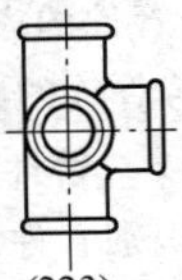 (223)			

注：按管件表面状态：Fe 为黑品管件，Zn 为热镀锌管件。

29.2.2.3　产品标记

1. 标记内容

1）管件的型式和符号（见表 29-58）。

2）执行标准编号（GB/T 3287—2011）。

3）管件规格（见 29.2.2.6 节）。

4）表面状态（见表 29-58 注）。

5）设计符号（见 29.2.2.5 节）。

2. 标记的补充说明

1）同径管件，即所有出口处规格相同，归类于一个规格表示。

2）有两个出口端的异径管件，按出口规格渐减的顺序来规定（大出口~小出口）。

3）有两个以上出口端并且出口规格不一样的异径管件按图 29-6 规定标记。

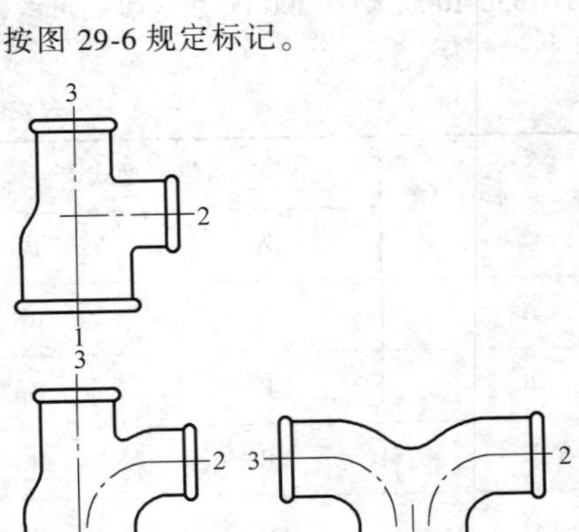

图 29-6　异径管件规定标记

4）有两个以上出口而主管规格不变的异径管件，按下面简易方法规定：

三通 B1 和 E1，主管出口规格相同，而支管规格增大或减少，规定先标注主管规格后标注支管规格，如 1×3/4（见表 29-70、表 29-71 和表 29-76～表 29-78）。

异径双弯 E2，规定先标注大出口的规格，后标注两个相等的较小出口规格，如 1½×1¼（见表 29-79）。

异径四通 C1，规定先标注最大主管的规格，后标注两个相等的较小支管规格，如 1½×1（见表 29-74）。

3. 标记示例

1）等径弯头，管件规格 2，黑色表面，设计符号 A：

弯头 GB/T 3287　A1-2-Fe-A

2）异径三通，主管管件规格 2，支管管件规格 1，热镀锌表面，设计符号 C：

三通 GB/T 3287　B1-2×1-Zn-C

3）异径三通，主管管件规格 1 和规格 3/4，支管管件规格 1/2，黑色表面，设计符号分别为 B 和 D：

设计符号 B：三通 GB/T 3287　BI-1×1/2×3/4-Fe-B

设计符号 D：三通 GB/T 3287　BI-1×1/2×3/4-Fe-D

29.2.2.4　管件材料

1. 管件材料选取

管件应使用符合 GB/T 9440 的可锻铸铁材料，所用材料根据设计者的要求按下列牌号选取：

KTB 400-05 或 KTB 350-04 用于白心可锻铸铁。

KTH 350-10 或 KTH 300-06 用于黑心可锻铸铁。

2. 热镀锌层

1）管件要求镀锌保护层时，应采用热镀工艺，并符合下列要求：

在形成的锌层中，微量元素的质量百分比含量不允许超出下列规定的最大值：

铝（Al）　0.1%

锑（Sb）　0.01%

砷（As）　0.02%

铋（Bi）　0.01%

镉（Cd）　0.01%

铜（Cu）　0.1%

铅（Pb）　1.6%，在特定情况下允许为 1.8%

锡（Sn）　0.1%

2）镀锌层相关表面锌的质量不小于 500g/m²，以五件管件锌的质量作平均值，相当于平均覆盖厚度为 70μm，个别样件不小于 450g/m²（63μm）。

锌层平均覆盖厚度可用下列近似公式进行计算：

$$\bar{S}=\frac{m_A}{7.2}$$

式中　$\bar{S}$——锌层平均覆盖厚度（μm）；

m_A——单位面积的锌层质量（g/m²）。

3）镀锌管件表面镀层应均匀连接，内表面锌层应无锌疤、毛刺和非金属附着物。

4）管件的表面应作防锈处理，防锈材料不应带有多环芳香族的碳氢化合物。

29.2.2.5　管件设计

1. 识别管件

按选择的材料和螺纹所对应的设计符号（见表 29-59）来识别管件。

管件的型式和尺寸应符合表 29-67～表 29-90 的规定。

表 29-59　螺纹的设计符号

设计符号	螺纹型式		材料牌号
	外	内	
A	R	Rp	KTB 400-05 或 KTH 350-10
B	R	Rp	KTB 350-04 或 KTH 300-06
C	R	Rc	KTB 400-05 或 KTH 350-10
D	R	Rc	KTB 350-04 或 KTH 300-06

注：对仅有外螺纹的管件，其设计符号应与带有内螺纹，并用具有相同材料等级的管件规定的设计符号相同。

2. 尺寸与公差

1）管件的主要尺寸见表 29-67～表 29-90。未规定尺寸，由制造方自行决定。在没有规定最大或最小尺寸时，管件从端面到端面，端面到中心的尺寸偏差见表 29-60。

2）安装长度（z）用作安装期间的帮助和指导，其准确性决定所给公差及 GB/T 7306.1 或 GB/T 7306.2 中规定的螺纹公差，在表 29-67～表 29-90 给出的尺寸（z_1、z_2 与 z_3）是管子端部到管件轴线（见图 29-7）或管子端部之间（见图 29-8）的平均距离。

这些安装尺寸给出的是端面到端面或端面到中心的尺寸减去平均配合长度计算得到的，平均配合长度是按 GB/T 7306.1 或 GB/T 7306.2 给出的尺寸加以圆整（见表 29-61）。

3）扳手平面对边宽度尺寸 S 取决于管件的设计，由制造方确定。

管堵的扳手平面应是方形的，其他小于或等于 3/4 管件的平面应是六边形的，大于 3/4 的管件的平面可以是六边形或八边形。活接头零件的平面（除活接头螺母外）可以是六边、八边或十边形的。

扳手平面的最小厚度（见表 29-62）在其转角处测量，对锁紧螺母任何形式的倒角均不应使扳手平面的厚度小于表 29-62 给出的尺寸。

表 29-60　从端面到中心或由端面到端面的尺寸公差　（单位：mm）

基本尺寸	≤30	>30～≤50	>50～≤75	>75～≤100	>100～≤150	>150～≤200	>200
公差	±1.5	±2.0	±2.5	±3.0	±3.5	±4.0	±5.0

注：活接头端面和端面到中心的尺寸，由于管件公差和设计的综合影响，最后的装配结果可能不符合所给公差。

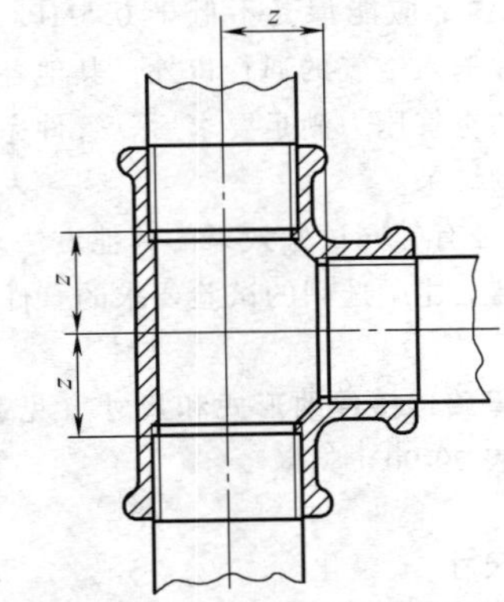

图 29-7　管路有角度情况下管子相连接时的安装长度 z

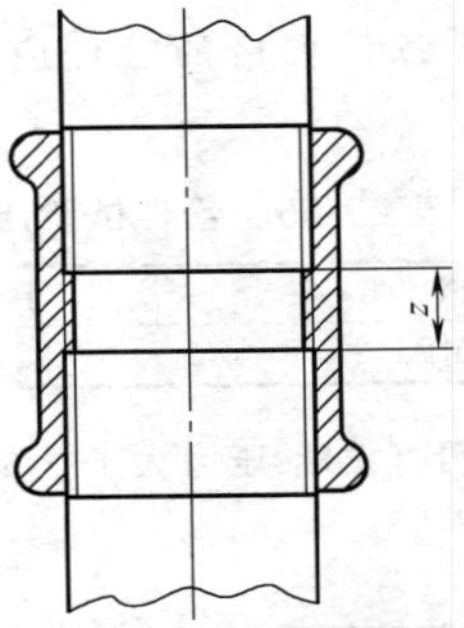

图 29-8　同轴管子相连接时的安装长度 z

表 29-61　管件的配合长度

管件规格	1/8	1/4	3/8	1/2	3/4	1	1¼	1½	2	2½	3	4	5	6
配合长度/mm	7	10	10	13	15	17	19	19	24	27	30	36	40	40

表 29-62　扳手平面的最小厚度

管件规格	1/8	1/4	3/8	1/2	3/4	1	1¼	1½	2	2½	3	4
扳手平面最小厚度/mm	4	4	5	5	5.5	6	6.5	6.5	7	7	7.5	8

3. 螺纹的选择和要求

1）管件密封管螺纹应该符合 GB/T 7036.1 或 GB/T 7036.2 的规定，外螺纹为圆锥形（R），内螺纹可以是圆柱形（Rp）或圆锥形（Rc）。

2）活接头螺母的螺纹与螺母配合的螺纹应符合 GB/T 7307 的规定，允许采用公制螺纹，应符合 GB/T 192、GB/T 193、GB/T 196 和 GB/T 197 中外螺纹 6 级、内螺纹 7 级的规定。锁紧螺母应符合 GB/T 7307 的规定。

3）管件螺纹的轴线应是精确的，测定角度的偏差不超过±0.5°。

4）螺纹轴线应与管件端面垂直，垂直度偏差不得大于表 29-63 的规定。

表 29-63　螺纹轴线与零件端面的垂直度偏差

管件规格	1/16～1/8	1/4～3/8	1/2～3/4	1～6
偏差/mm	0.5	0.7	0.9	1.2

5）管件螺纹端面必须倒角，内螺纹最小夹角为 90°端面倒角直径应大于螺纹的大径。外螺纹最小夹

角为 60°，端面倒角的直径应小于端面螺纹的小径。端面倒角的轴向长度不得大于 1P。

管件不允许含有对使用有害的材料。管件应光滑，无粘砂、气孔、裂纹与其他有害的缺陷。不允许含有上述缺陷，加以浸渍以覆盖故障。

4. 性能要求

1）所有管件应符合表 29-64 中给出的最大允许的工作压力和温度范围。温度为 120～300℃之间的压力值用线性插入法确定，管件正常使用的温度不低于 -20℃，当在超出规定的压力和温度范围使用时，应同制造方协商。

表 29-64　最大允许工作压力

使用温度/℃	最大允许工作压力/MPa
-20～120	2.5
120～300	内插值
300	2

2）承受压力的管件包括活接头的组成部件应能承受表 29-65［水压设计试验压力（检验）］所给定的试验压力，各种规格的管件应按表 29-65 进行试验。

表 29-65　管件试验压力

管件规格 1/8～4	管件规格 5 和 6
10MPa	6.4MPa

在某温度下，如果压力大于 1.5 倍最大允许工作压力（见表 29-64），即使压力低于表 29-65 给定值时，发生泄漏也是允许的。

5. 密封性要求试验

所有承受压力的管件应在机加工之后，涂保护层之前（热镀锌除外），用下列方法之一进行试验，每个管件都应无泄漏迹象。试压操作台必须装有经确认有效的监测压力表并与被测管件串通连接，以获得测试的真实效果。

1）管件内部应能承受不低于 2MPa 常温水压，试验时除输入水的通径口外，封闭其他各端后，按表 29-66 要求进行，目测结果。

表 29-66　密封性试验要求

管件规格	保压时间/s	要求
1/8～2	≥15	无渗漏和损伤
2½～6	≥60	

2）管件内部应能承受不低于 0.5MPa 的空气压力，试验时除输入空气的通径口外，其他各通径口封闭，待充入的空气压力满足要求后，管件完全浸置于水槽中，目测结果。

3）能保证有等同试验效果的其他方法。

不能满足上述所选用的试验要求的管件，应予以拒收。

29.2.2.6　管路连接件的形式和尺寸（见表 29-67～表 29-90）

表 29-67　弯头、三通、四通形式尺寸

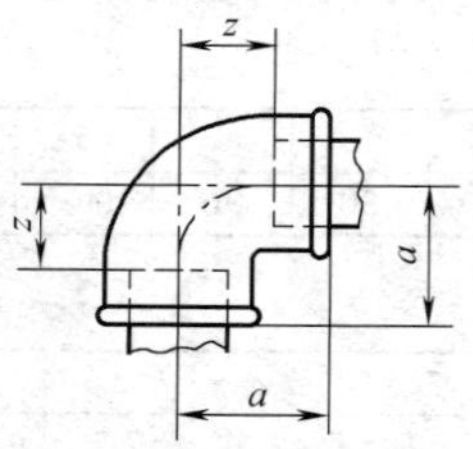

弯头 A1 (90)

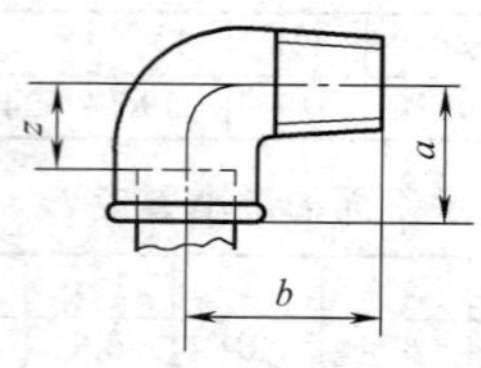

内外丝弯头 A4 (92)

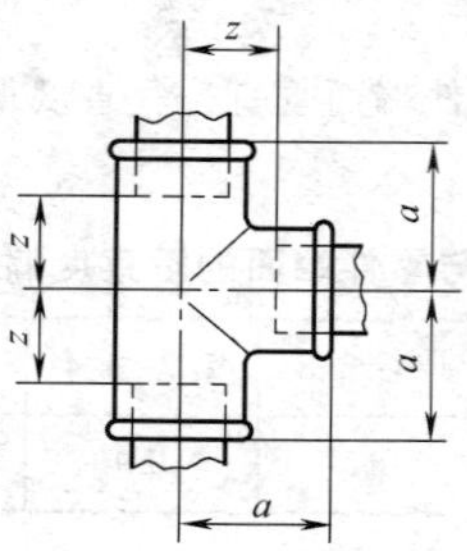

三通 B1 (130)

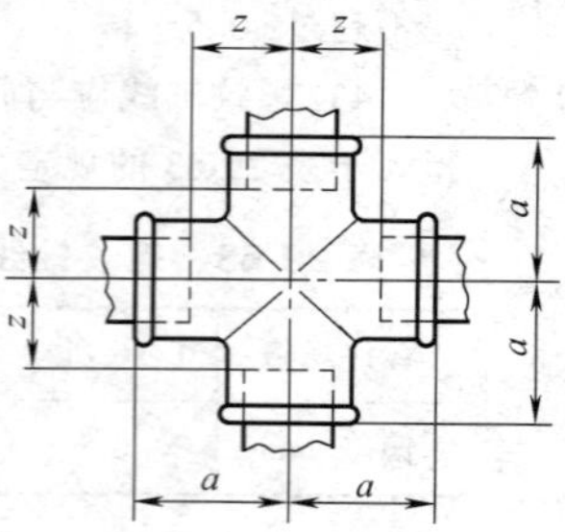

四通 C1 (180)

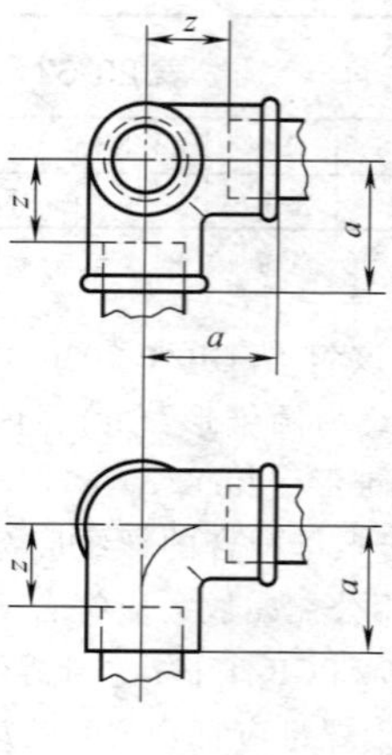

侧孔弯头 Za1 (221)

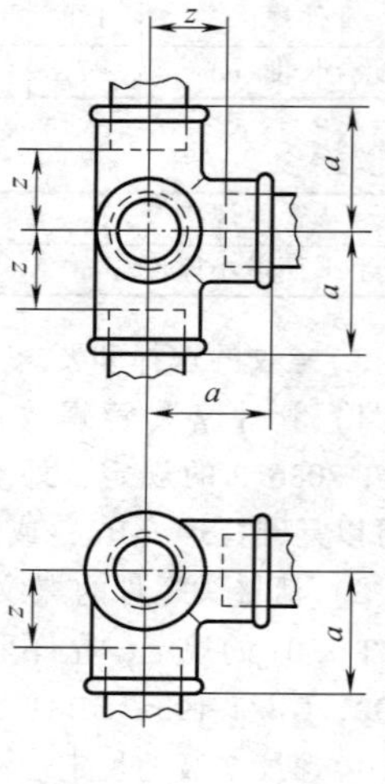

侧孔三通 Za2 (223)

（续）

公称尺寸 DN						管件规格						尺寸/mm		安装长度 z/mm
A1	A4	B1	C1	Za1	Za2	A1	A4	B1	C1	Za1	Za2	a	b	
6	6	6	—	—	—	1/8	1/8	1/8		—	—	19	25	12
8	8	8	(8)	—	—	1/4	1/4	1/4	(1/4)	—	—	21	28	11
10	10	10	10	(10)	(10)	3/8	3/8	3/8	3/8	(3/8)	(3/8)	25	32	15
15	15	15	15	15	(15)	1/2	1/2	1/2	1/2	1/2	(1/2)	28	37	15
20	20	20	20	20	(20)	3/4	3/4	3/4	3/4	3/4	(3/4)	33	43	18
25	25	25	25	(25)	(25)	1	1	1	1	(1)	(1)	38	52	21
32	32	32	32	—	—	1¼	1¼	1¼	1¼	—	—	45	60	26
40	40	40	40	—	—	1½	1½	1½	1½	—	—	50	65	31
50	50	50	50	—	—	2	2	2	2	—	—	58	74	34
65	65	65	(55)	—	—	2½	2½	2½	(2½)	—	—	69	88	42
80	80	80	(80)	—	—	3	3	3	(3)	—	—	78	98	48
100	100	100	(100)	—	—	4	4	4	(4)	—	—	96	118	60
(125)	—	(125)	—	—	—	(5)	—	(5)	—	—	—	115	—	75
(150)	—	(150)	—	—	—	(6)	—	(6)	—	—	—	131	—	91

表 29-68　异径弯头形式尺寸

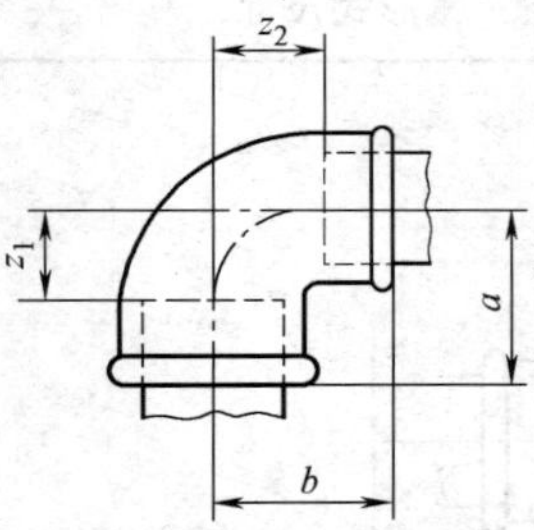

异径弯头A1 (90)

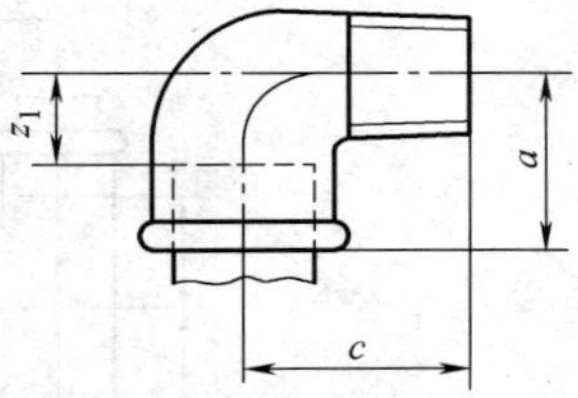

异径内外丝弯头A4 (92)

公称尺寸 DN		管件规格		尺寸/mm			安装长度/mm	
A1	A4	A1	A4	a	b	c	z_1	z_2
(10×8)	—	(3/8×1/4)	—	23	23	—	13	13
15×10	15×10	1/2×3/8	1/2×3/8	26	26	33	13	16
(20×10)	—	(3/4×3/8)	—	28	28	—	13	18
20×15	20×15	3/4×1/2	3/4×1/2	30	31	40	15	18
25×15	—	1×1/2	—	32	34	—	15	21
25×20	25×20	1×3/4	1×3/4	35	36	46	18	21
32×20	—	1¼×3/4	—	36	41	—	17	26
32×25	32×25	1¼×1	1¼×1	40	42	56	21	25
(40×25)	—	(1½×1)	—	42	46	—	23	29
40×32	—	1½×1¼	—	46	48	—	27	29
50×40	—	2×1½	—	52	56	—	28	36
(65×50)	—	(2½×2)	—	61	66	—	34	42

表 29-69　45°弯头形式尺寸

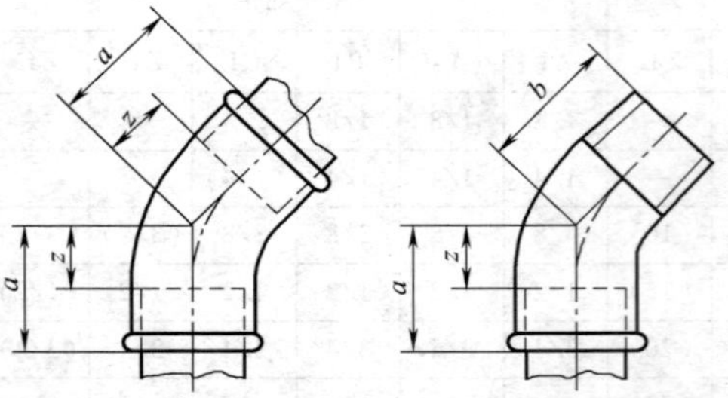

45°弯头 A1/45°(120)　　45°内外丝弯头 A4/45°(121)

公称尺寸 DN		管件规格		尺寸/mm		安装长度 z/mm
A1/45°	A4/45°	A1/45°	A4/45°	a	b	
10	10	3/8	3/8	20	25	10
15	15	1/2	1/2	22	28	9
20	20	3/4	3/4	25	32	10
25	25	1	1	28	37	11
32	32	1¼	1¼	33	43	14
40	40	1½	1½	36	46	17
50	50	2	2	43	55	19

表 29-70　中大异径三通形式尺寸

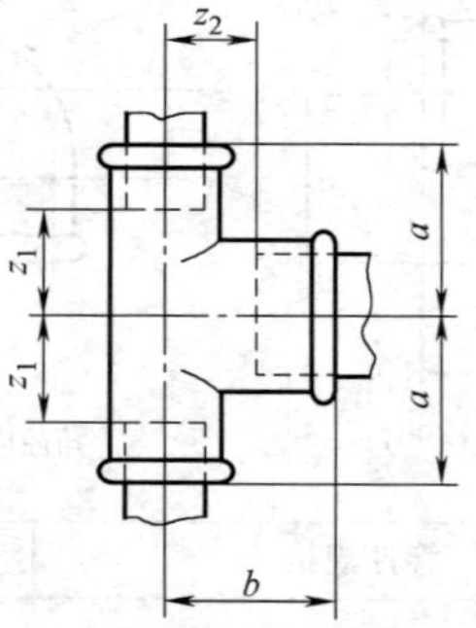

中大异径三通 B1(130)

公称尺寸 DN	管件规格	尺寸/mm		安装长度/mm	
		a	b	z_1	z_2
10×15	3/8×1/2	26	26	16	13
15×20	1/2×3/4	31	30	18	15
(15×25)	(1/2×1)	34	32	21	15
20×25	3/4×1	36	35	21	18
(20×32)	(3/4×1¼)	41	36	26	17
25×32	1×1¼	42	40	25	21
(25×40)	(1×1½)	46	42	29	23
32×40	1¼×1½	48	46	29	27
(32×50)	(1¼×2)	54	48	35	24
40×50	1½×2	55	52	36	28

表 29-71　中小异径三通形式尺寸

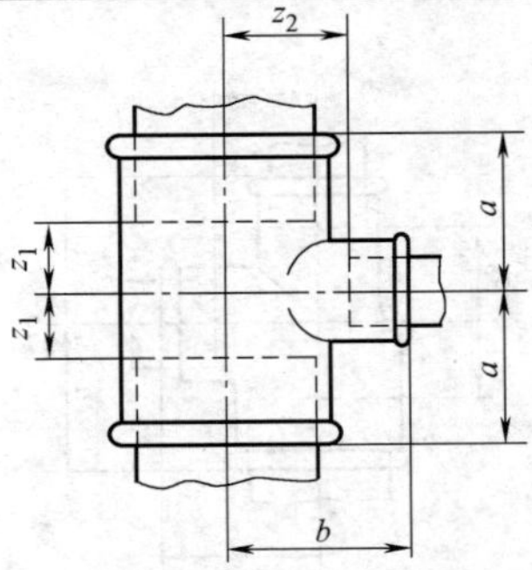

中小异径三通 B1(130)

公称尺寸 DN	管件规格	尺寸/mm		安装长度/mm	
		a	b	z_1	z_2
10×8	3/8×1/4	23	23	13	13
15×8	1/2×1/4	24	24	11	14
15×10	1/2×3/8	26	26	13	16
(20×8)	(3/4×1/4)	26	27	11	17
20×10	3/4×3/8	28	28	13	18
20×15	3/4×1/2	30	31	15	18
(25×8)	(1×1/4)	28	31	11	21
25×10	1×3/8	30	32	13	22
25×15	1×1/2	32	34	15	21
25×20	1×3/4	35	36	18	21
(32×10)	(1¼×3/8)	32	36	13	26
32×15	1¼×1/2	34	38	15	25
32×20	1¼×3/4	36	41	17	26
32×25	1¼×1	40	42	21	25
40×15	1½×1/2	36	42	17	29
40×20	1½×3/4	38	44	19	29
40×25	1½×1	42	46	23	29
40×32	1½×1¼	46	48	27	29
50×15	2×1/2	38	48	14	35
50×20	2×3/4	40	50	16	35
50×25	2×1	44	52	20	35
50×32	2×1¼	48	54	24	35
50×40	2×1½	52	55	28	36
65×25	2½×1	47	60	20	43
65×32	2½×1¼	52	62	25	43
65×40	2½×1½	55	63	28	44
65×50	2½×2	61	66	34	42
80×25	3×1	51	67	21	50
(80×32)	(3×1¼)	55	70	25	51
80×40	3×1½	58	71	28	52
80×50	3×2	64	73	34	49
80×65	3×1½	72	76	42	49
100×50	4×2	70	86	34	62
100×80	4×3	84	92	48	62

表 29-72　异径三通形式尺寸

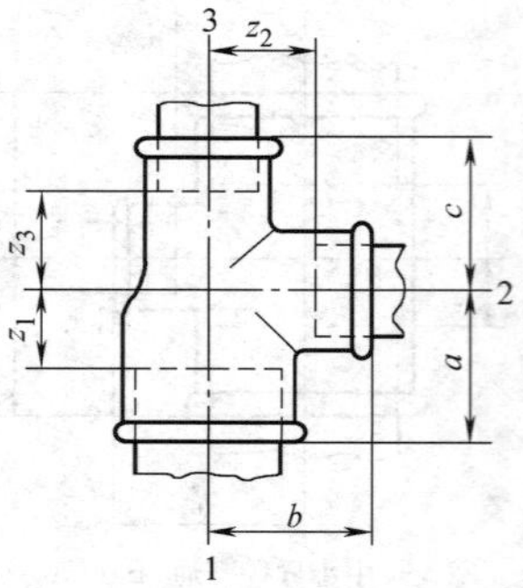

异径三通 B1(130)

公称尺寸 DN 标记方法 1　2　3	管件规格 标记方法 1　2　3	尺寸/mm a	 b	 c	安装长度/mm z_1	 z_2	 z_3
15×10×10	1/2×3/8×3/8	26	26	25	13	16	15
20×10×15	3/4×3/8×1/2	28	28	26	13	18	13
20×15×10	3×4×1/2×3/8	30	31	26	15	18	16
20×15×15	3/4×1/2×1/2	30	31	28	15	18	15
25×15×15	1×1/2×1/2	32	34	28	15	21	15
25×15×20	1×1/2×3/4	32	34	30	15	21	15
25×20×15	1×3/4×1/2	35	36	31	18	21	18
25×20×20	1×3/4×3/4	35	36	33	18	21	18
32×15×25	1¼×1/2×1	34	38	32	15	25	15
32×20×20	1¼×3/4×3/4	36	41	33	17	26	18
32×20×25	1¼×3/4×1	36	41	35	17	26	18
32×25×20	1¼×1×3/4	40	42	36	21	25	21
32×25×25	1¼×1×1	40	42	38	21	25	21
40×15×32	1½×1/2×1¼	36	42	34	17	29	15
40×20×32	1½×3/4×1¼	38	44	36	19	29	17
40×25×25	1½×1×1	42	46	38	23	29	21
40×25×32	1½×1×1¼	42	46	40	23	29	21
(40×32×25)	(1½×1¼×1)	46	48	42	27	29	25
40×32×32	1½×1¼×1¼	46	48	45	27	29	26
50×20×40	2×3/4×1½	40	50	39	16	35	19
50×25×40	2×1×1½	44	52	42	20	35	23
50×32×32	2×1¼×1¼	48	54	45	24	35	26
50×32×40	2×1¼×1½	48	54	46	24	35	27
(50×40×32)	(2×1½×1¼)	52	55	48	28	36	29
50×40×40	2×1½×1½	52	55	50	28	36	31

表 29-73　侧小异径三通形式尺寸

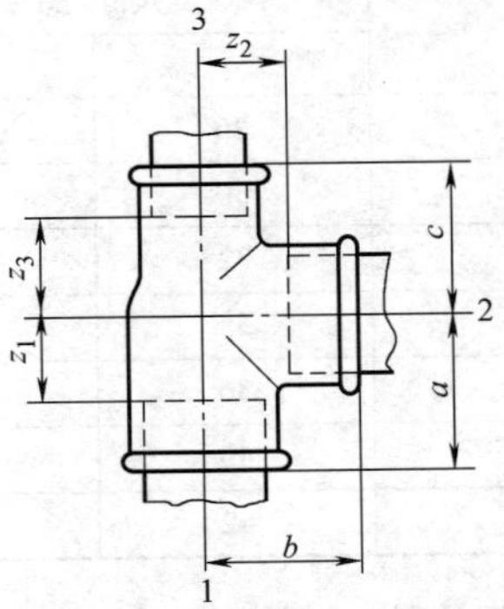

侧小异径三通 B1(130)

公称尺寸 DN	管件规格	尺寸/mm			安装长度/mm		
标记方法 1 2 3	标记方法 1 2 3	a	b	c	z_1	z_2	z_3
15×15×10	1/2×1/2×3/8	28	28	26	15	15	16
20×20×10	3/4×3/4×3/8	33	33	28	18	18	18
20×20×15	3/4×3/4×1/2	33	33	31	18	18	18
(25×25×10)	(1×1×3/8)	38	38	32	21	21	22
25×25×15	1×1×1/2	38	38	34	21	21	21
25×25×20	1×1×3/4	38	38	36	21	21	21
32×32×15	1¼×1¼×1/2	45	45	38	26	26	25
32×32×20	1¼×1¼×3/4	45	45	41	26	26	26
32×32×25	1¼×1¼×1	45	45	42	26	26	25
40×40×15	1½×1½×1/2	50	50	42	31	31	29
40×40×20	1½×1½×3/4	50	50	44	31	31	29
40×40×25	1½×1½×1	50	50	46	31	31	29
40×40×32	1½×1½×1¼	50	50	48	31	31	29
50×50×20	2×2×3/4	58	58	50	34	34	35
50×50×25	2×2×1	58	58	52	34	34	35
50×50×32	2×2×1¼	58	58	54	34	34	35
50×50×40	2×2×1½	58	58	55	34	34	36

表 29-74　异径四通形式尺寸

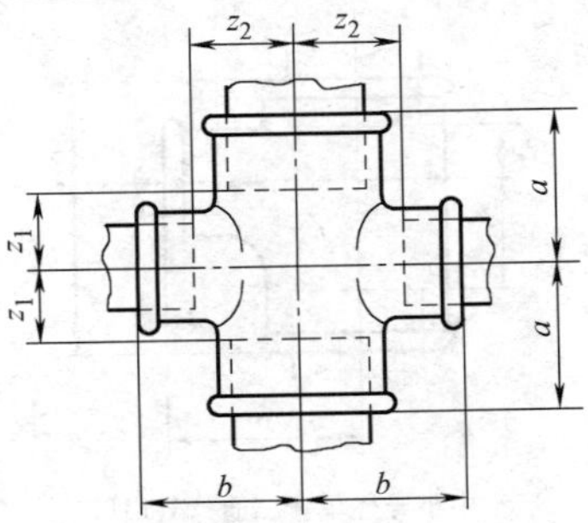

异径四通 C1(180)

（续）

公称尺寸 DN	管件规格	尺寸/mm		安装长度/mm	
		a	b	z_1	z_2
（15×10）	（1/2×3/8）	26	26	13	16
20×15	3/4×1/2	30	31	15	18
25×15	1×1/2	32	34	15	21
25×20	1×3/4	35	36	18	21
（32×20）	（1¼×3/4）	36	41	17	26
32×25	1¼×1	40	42	21	25
（40×25）	（1½×1）	42	46	23	29

表 29-75　短月弯、单弯三通、双弯弯头形式尺寸

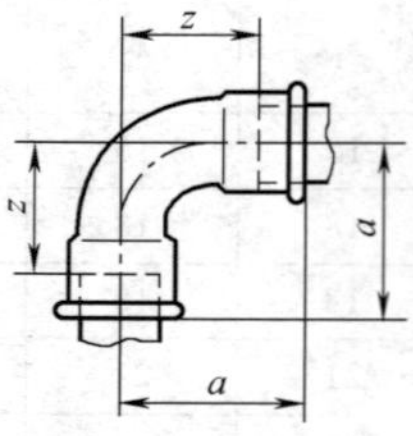

短月弯 D1(2a)

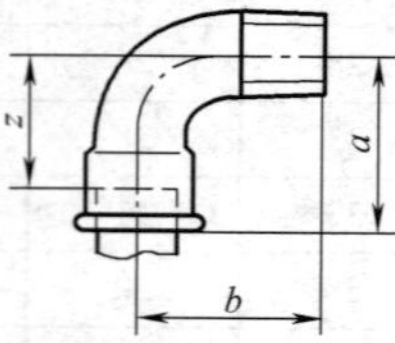

内外丝短月弯 D4(1a)

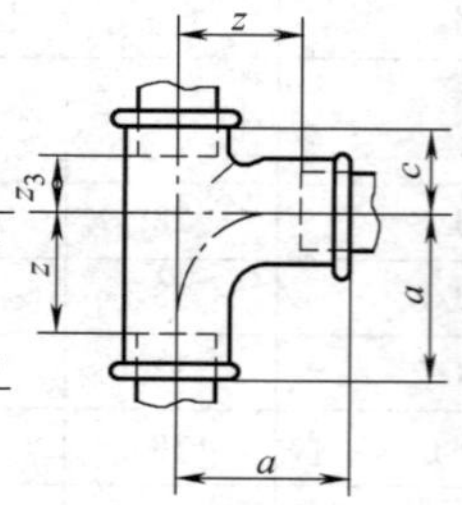

单弯三通 E1(131)

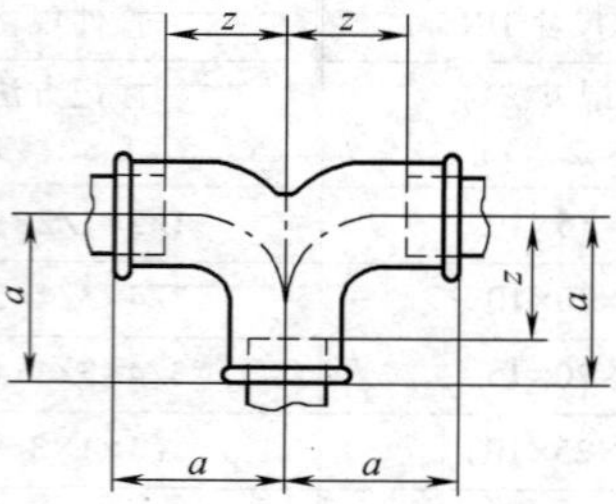

双弯弯头 E2(132)

公称尺寸 DN				管件规格				尺寸/mm		安装长度/mm	
D1	D4	E1	E2	D1	D4	E1	E2	$a=b$	c	z	z_3
8	8			1/4	1/4	—	—	30	—	20	—
10	10	10	10	3/8	3/8	3/8	3/8	36	19	26	9
15	15	15	15	1/2	1/2	1/2	1/2	45	24	32	11
20	20	20	20	3/4	3/4	3/4	3/4	50	28	35	13
25	25	25	25	1	1	1	1	63	33	46	16
32	32	32	32	1¼	1¼	1¼	1¼	76	40	57	21
40	40	40	40	1½	1½	1½	1½	85	43	66	24
50	50	50	50	2	2	2	2	102	53	78	29

表 29-76　中小异径单弯三通形式尺寸

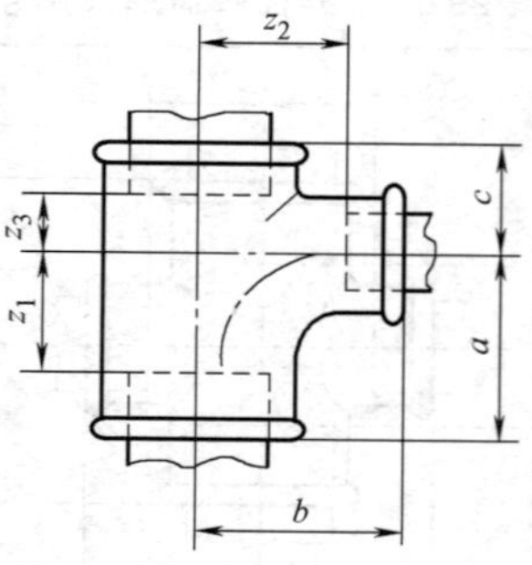

中小异径单弯三通 E1(131)

（续）

公称尺寸 DN	管件规格	尺寸/mm			安装长度/mm		
		a	b	c	z_1	z_2	z_3
20×15	3/4×1/2	47	48	25	32	35	10
25×15	1×1/2	49	51	28	32	38	11
25×20	1×3/4	53	54	30	36	39	13
32×15	1¼×1/2	51	56	30	32	43	11
32×20	1¼×3/4	55	58	33	36	43	14
32×25	1¼×1	66	68	36	47	51	17
(40×20)	(1½×3/4)	55	61	33	36	46	14
(40×25)	1½×1	66	71	36	47	54	17
(40×32)	(1½×1¼)	77	79	41	58	60	22
(50×25)	(2×1)	70	77	40	46	60	16
(50×32)	(2×1¼)	80	85	45	56	66	21
(50×40)	(2×1½)	91	94	48	57	75	24

表 29-77　侧小异径单弯三通形式尺寸

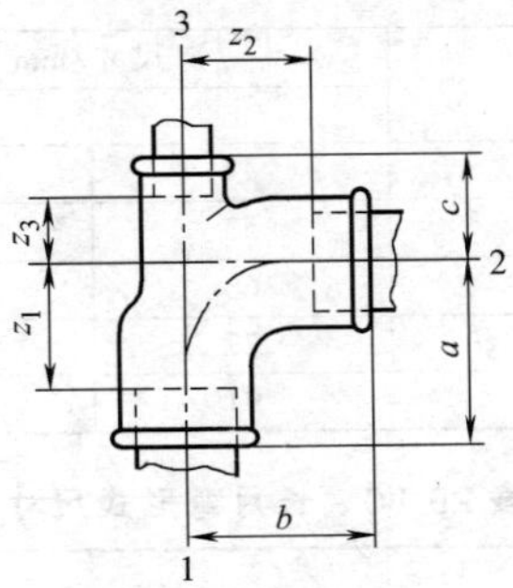

侧小异径单弯三通 E1(131)

公称尺寸 DN	管件规格	尺寸/mm			安装长度/mm		
标记方法 1　2　3	标记方法 1　2　3	a	b	c	z_1	z_2	z_3
20×20×15	3/4×3/4×1/2	50	50	27	35	35	14

表 29-78　异径单弯三通形式尺寸

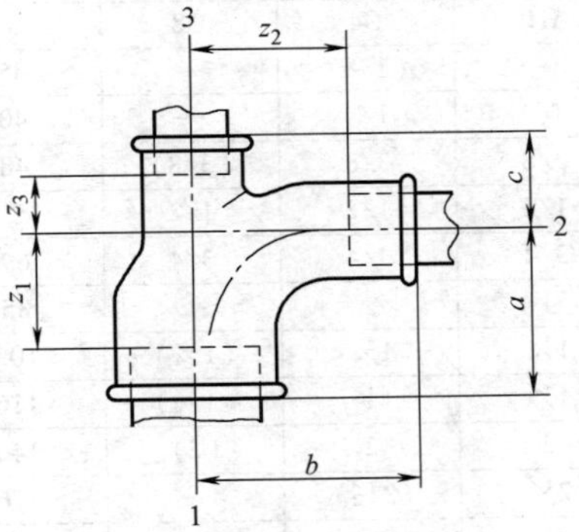

异径单弯三通　E1(131)

（续）

公称尺寸 DN	管件规格	尺寸/mm			安装长度/mm		
标记方法 1　2　3	标记方法 1　2　3	*a*	*b*	*c*	z_1	z_2	z_3
20×15×15	3/4×1/2×1/2	47	48	24	32	35	11
20×15×20	1×1/2×3/4	49	51	25	32	38	10
25×20×20	1×3/4×3/4	53	54	28	36	39	13

表 29-79　异径双弯弯头形式尺寸

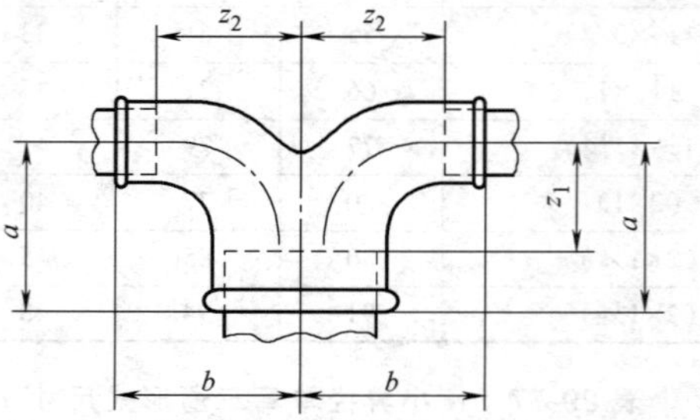

异径双弯弯头 E2(132)

公称尺寸 DN	管件规格	尺寸/mm		安装长度/mm	
		a	*b*	z_1	z_2
(20×15)	(3/4×1/2)	47	48	32	35
(25×20)	(1×3/4)	53	54	36	39
(32×25)	(1¼×1)	66	68	47	51
(40×32)	(1½×1¼)	77	79	58	60
(50×40)	(2×1½)	91	94	67	75

表 29-80　长月弯形式尺寸

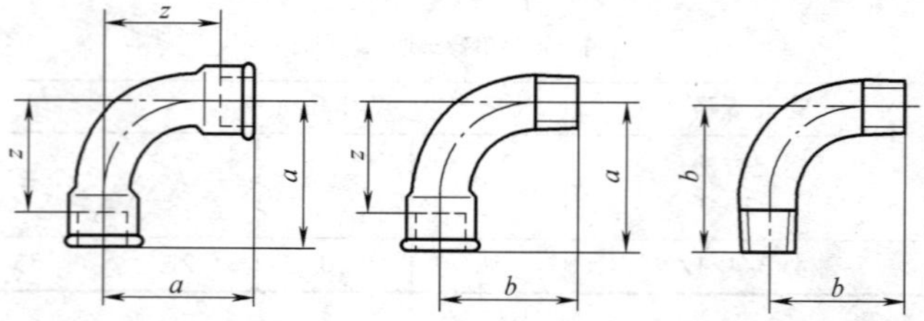

长月弯 G1(2)　　内外丝月弯 G4(1)　　外丝月弯 G8(3)

公称尺寸 DN			管件规格			尺寸/mm		安装长度 z/mm
G1	G4	G8	G1	G4	G8	*a*	*b*	
—	(6)	—	—	(1/8)	—	35	32	28
8	8	—	1/4	1/4	—	40	36	30
10	10	(10)	3/8	3/8	(3/8)	48	42	38
15	15	15	1/2	1/2	1/2	55	48	42
20	20	20	3/4	3/4	3/4	69	60	54
25	25	25	1	1	1	85	75	68
32	32	(32)	1¼	1¼	(1¼)	105	95	86
40	40	(40)	1½	1½	(1½)	116	105	97
50	50	(50)	2	2	(2)	140	130	116
65	(65)	—	2½	(2½)	—	176	165	149
80	(80)	—	3	(3)	—	205	190	175
100	(100)	—	4	(4)	—	260	245	224

表 29-81　45°月弯形式尺寸

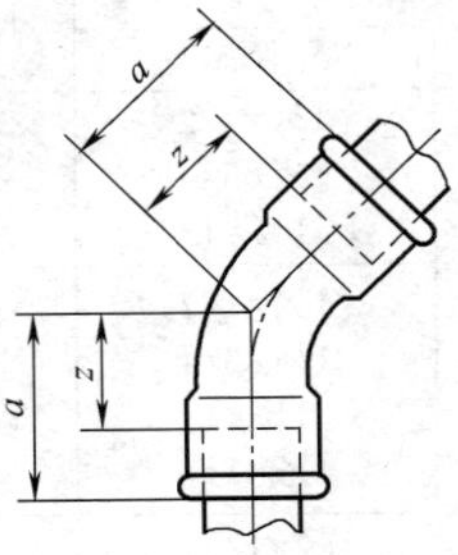

45°月弯 G1/45°(41)

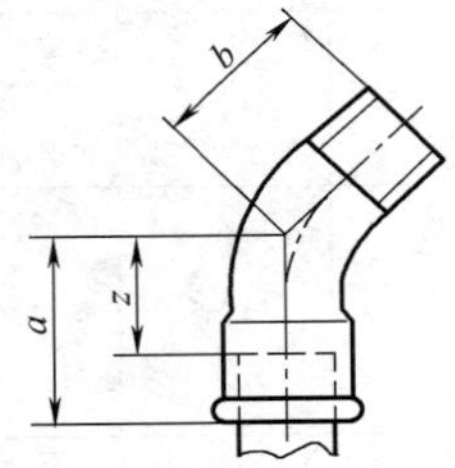

45°内外丝月弯 G4/45°(40)

公称尺寸 DN		管件规格		尺寸/mm		安装长度 *z*/mm
G1/45°	G4/45°	G1/45°	G4/45°	*a*	*b*	
—	(8)	—	(1/4)	26	21	16
(10)	10	(3/8)	3/8	30	24	20
15	15	1/2	1/2	36	30	23
20	20	3/4	3/4	43	36	28
25	25	1	1	51	42	34
32	32	1¼	1¼	64	54	45
40	40	1½	1½	68	58	49
50	50	2	2	81	70	57
(65)	(65)	(2½)	(2½)	99	86	72
(80)	(80)	(3)	(3)	113	100	83

表 29-82　外接头形式尺寸

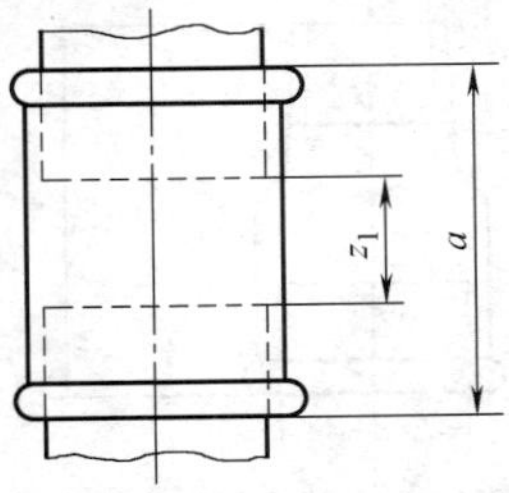

外接头 M2(270)
左右旋外接头 M2R-L(271)

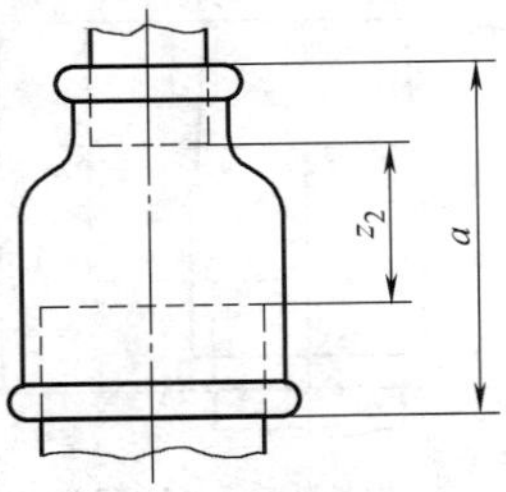

异径外接头 M2(240)

公称尺寸 DN			管件规格			尺寸 *a*/mm	安装长度/mm	
M2	M2R-L	异径 M2	M2	M2R-L	异径 M2		z_1	z_2
6	—	—	1/8	—	—	25	11	—
8	—	8×6 (10×6)	1/4	—	1/4×1/8 (3/8×1/8)	27	7	10 13
10	10	10×8	3/8	3/8	3/8×1/4	30	10	10
15	15	15×8 15×10	1/2	1/2	1/2×1/4 1/2×3/8	36	10	13 13
20	20	(20×8) 20×10 20×15	3/4	3/4	(3/4×1/4) 3/4×3/8 3/4×1/2	39	9	14 14 11
25	25	25×10 25×15 25×20	1	1	1×3/8 1×1/2 1×3/4	45	11	18 15 13

（续）

公称尺寸 DN			管件规格			尺寸 a/mm	安装长度/mm	
M2	M2R-L	异径 M2	M2	M2R-L	异径 M2		z_1	z_2
32	32	32×15 32×20 32×25	1¼	1¼	1¼×1/2 1¼×3/4 1¼×1	50	12	18 16 14
40	40	(40×15) 40×20 40×25 40×32	1½	1½	(1½×1/2) 1½×3/4 1½×1 1½×1¼	55	17	23 21 19 17
(50)	(50)	(50×15) (50×20) 50×25 50×32 50×40	(2)	(2)	(2×1/2) (2×3/4) 2×1 2×1¼ 2×1½	65	17	28 26 24 22 22
(65)	—	(65×32) (65×40) (65×50)	(2½)	—	(2½×1¼) (2½×1½) (2½×2)	74	20	28 28 23
(80)	—	(80×40) (80×50) (80×65)	(3)	—	(3×1½) (3×2) (3×2½)	80	20	31 26 23
(100)	—	(100×50) (100×65) (100×80)	(4)	—	(4×2) (4×2½) (4×3)	94	22	34 31 28
(125)	—	—	(5)	—	—	109	29	—
(150)	—	—	(6)	—	—	120	40	—

表 29-83　内外丝接头形式尺寸

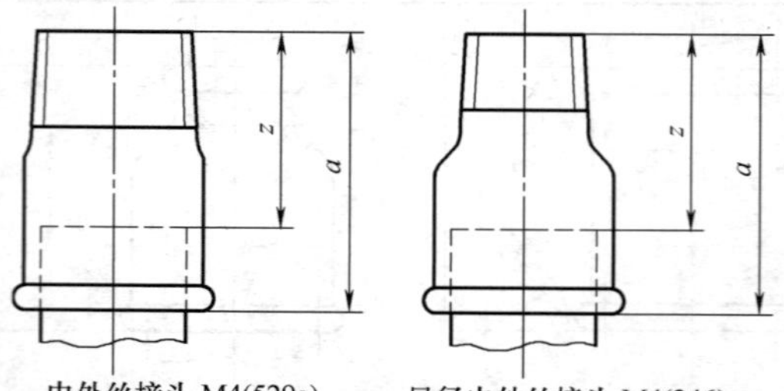

内外丝接头 M4(529a)　　异径内外丝接头 M4(246)

公称尺寸 DN		管件规格		尺寸 a/mm	安装长度 z/mm
M4	异径 M4	M4	异径 M4		
10	10×8	3/8	3/8×1/4	35	25
15	15×8 15×10	1/2	1/2×1/4 1/2×3/8	43	30
20	(20×10) 20×15	3/4	(3/4×3/8) 3/4×1/2	48	33
25	25×15 25×20	1	1×1/2 1×3/4	55	38
32	32×20 32×25	1¼	1¼×3/4 1¼×1	60	41
—	40×25 40×32	—	1½×1 1½×1¼	63	44
—	(50×32) (50×40)	—	(2×1¼) (2×1½)	70	46

表 29-84　内外螺丝形式尺寸

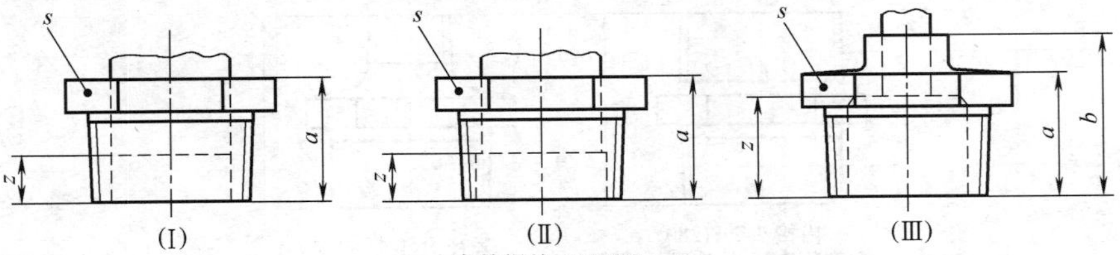

内外螺丝 N4(241)

公称尺寸 DN	管件规格	形式	尺寸/mm		安装长度 z/mm
			a	b	
8×6	1/4×1/8	Ⅰ	20	—	13
10×6	3/8×1/8	Ⅱ	20	—	13
10×8	3/8×1/4	Ⅰ	20	—	10
15×6	1/2×1/8	Ⅱ	24	—	17
15×8	1/2×1/4	Ⅱ	24	—	14
15×10	1/2×3/8	Ⅰ	24	—	14
20×8	3/4×1/4	Ⅱ	26	—	16
20×10	3/4×3/8	Ⅱ	26	—	16
20×15	3/4×1/2	Ⅰ	26	—	13
25×8	1×1/4	Ⅱ	29	—	19
25×10	1×3/8	Ⅱ	29	—	19
25×15	1×1/2	Ⅱ	29	—	16
25×20	1×3/4	Ⅰ	29	—	14
32×10	1¼×3/8	Ⅱ	31	—	21
32×15	1¼×1/2	Ⅱ	31	—	18
32×20	1¼×3/4	Ⅱ	31	—	16
32×25	1¼×1	Ⅰ	31	—	14
(40×10)	(1½×3/8)	Ⅱ	31	—	21
40×15	1½×1/2	Ⅱ	31	—	18
40×20	1½×3/4	Ⅱ	31	—	16
40×25	1½×1	Ⅱ	31	—	14
40×32	1½×1¼	Ⅰ	31	—	12
50×15	2×1/2	Ⅲ	35	48	35
50×20	2×3/4	Ⅲ	35	48	33
50×25	2×1	Ⅱ	35	—	18
50×32	2×1¼	Ⅱ	35	—	16
50×40	2×1½	Ⅱ	35	—	16
65×25	2½×1	Ⅲ	40	54	37
65×32	2½×1¼	Ⅲ	40	54	35
65×40	2½×1½	Ⅱ	40	—	21
65×50	2½×2	Ⅱ	40	—	16
80×25	3×1	Ⅲ	44	59	42
80×32	3×1¼	Ⅲ	44	59	40
80×40	3×1½	Ⅲ	44	59	40
80×50	3×2	Ⅱ	44	—	20
80×65	3×2½	Ⅱ	44	—	17
100×50	4×2	Ⅲ	51	69	45
100×65	4×2½	Ⅲ	51	69	42
100×80	4×3	Ⅲ	51	—	21

表 29-85　内接头形式尺寸

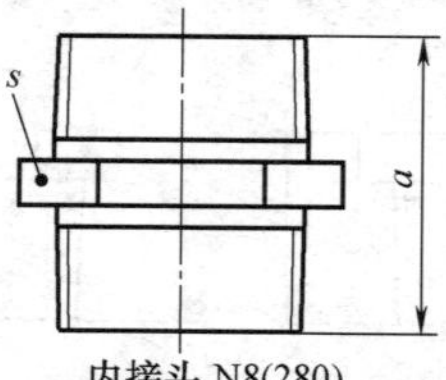

内接头 N8(280)
左右旋内接头 N8R-L(281)

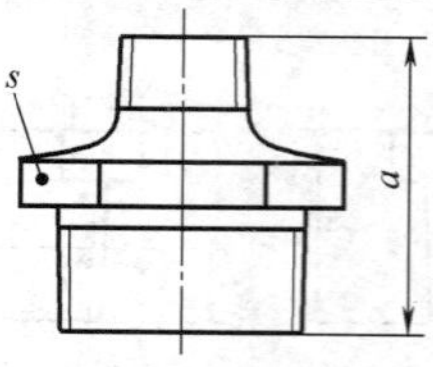

异径内接头 N8(245)

公式尺寸 DN			管件规格			尺寸 a/mm
N8	N8R-L	异径 N8	N8	N8R-L	异径 N8	
6	—	—	1/8	—	—	29
8	—	—	1/4	—	—	36
10	—	10×8	3×8	—	3/8×1/4	38
15	15	15×8 15×10	1/2	1/2	1/2×1/4 1/2×3/8	44
20	20	20×10 20×15	3/4	3/4	3/4×3/8 3/4×1/2	47
25	(25)	25×15 25×20	1	(1)	1×1/2 1×3/4	53
	—	(32×15) 32×20 32×25	1¼	—	(1¼×1/2) 1¼×3/4 1¼×1	57
40	—	(40×20) 40×25 40×32	1½	— —	(1½×3/4) 1½×1 1½×1¼	59
50	— —	(50×25) 50×32 50×40	2	— —	(2×1) 2×1¼ 2×1½	68
65	—	(65×50)	2½	—	(2½×2)	75
80		(80×50) (80×65)	3	—	(3×2) (3×2½)	83
100	—	—	4	—	—	95

表 29-86　锁紧螺母形式尺寸

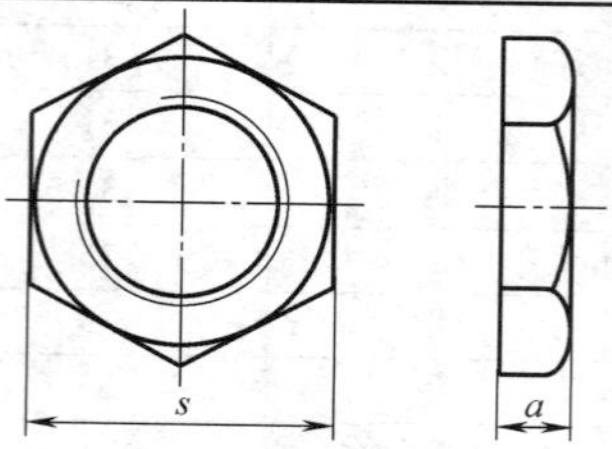

锁紧螺母 P4(310)

锁紧螺母可以是平的，或凹入式的，允许加工一个表面
s 尺寸（扳手对边宽度）由制造商自己决定
螺纹应符合 GB/T 7307 的规定

公称尺寸 DN	管件规格	尺寸 a_{min}/mm
8	1/4	6
10	3/8	7
15	1/2	8
20	3/4	9
25	1	10
32	1¼	11
40	1½	12
50	2	13
65	2½	16
80	3	19

表 29-87　管帽和管堵形式尺寸

管帽可以是六边形、圆形或其他形状，由制造方决定。

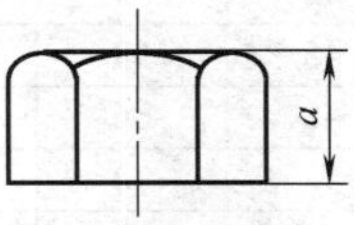

管帽 T1(300)

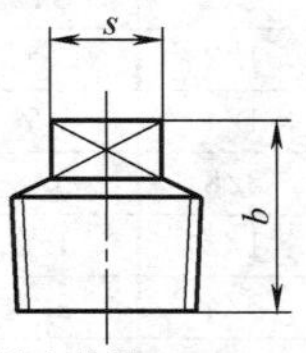

外方管堵 T8(291)

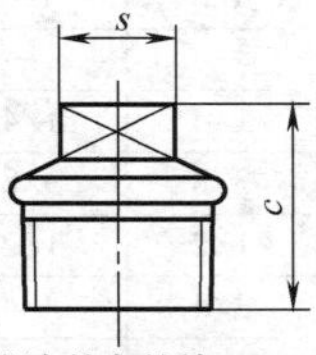

带边外方管堵 T9(290)

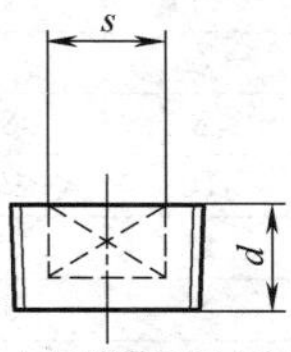

内方管堵 T11(596)

公称尺寸 DN				管件规格				尺寸/mm			
T1	T8	T9	T11	T1	T8	T9	T11	a_{min}	b_{min}	c_{min}	d_{min}
(6)	6	6	—	(1/8)	1/8	1/8	—	13	11	20	—
8	8	8	—	1/4	114	1/4	—	15	14	22	—
10	10	10	(10)	3/8	3/8	3/8	(3/8)	17	15	24	11
15	15	15	(15)	1/2	1/2	1/2	(1/2)	19	18	26	15
20	20	20	(20)	3/4	3/4	3/4	(3/4)	22	20	32	16
25	25	25	(25)	1	1	1	(1)	24	23	36	19
32	32	32	—	1¼	1¼	1¼	—	27	29	39	—
40	40	40	—	1½	1½	1½	—	27	30	41	—
50	50	50	—	2	2	2	—	32	36	48	—
65	65	65	—	2½	2½	2½	—	35	39	54	—
80	80	80	—	3	3	3	—	38	44	60	—
100	100	100	—	4	4	4	—	45	58	70	—

表 29-88　活接头的形式尺寸

其他类型座的设计和材料应符合本部分给出的尺寸 a、b。

垫圈见表 29-90。

活接头 U1 和 U2 可否同套管一起供应由制造方决定。

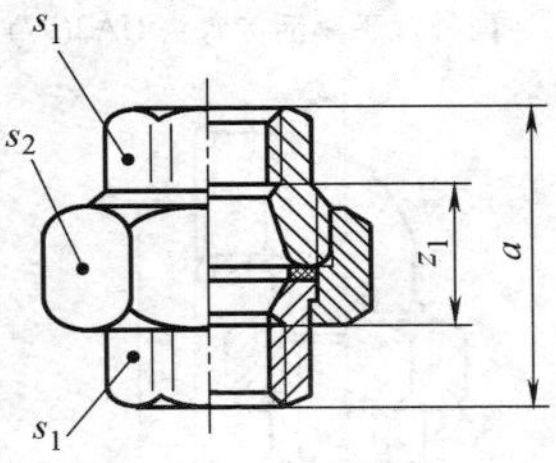

平座活接头 U1(330)

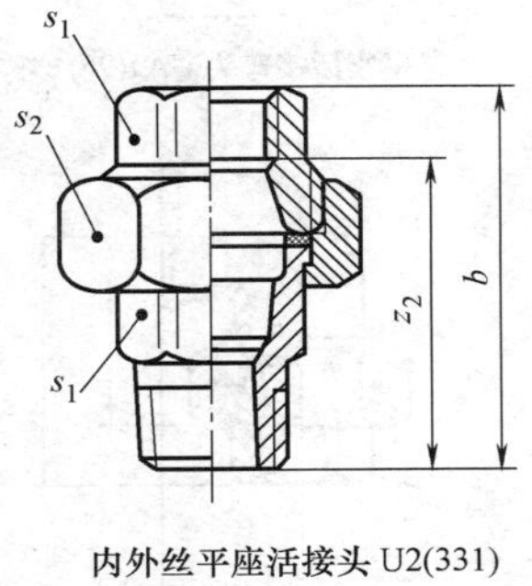

内外丝平座活接头 U2(331)

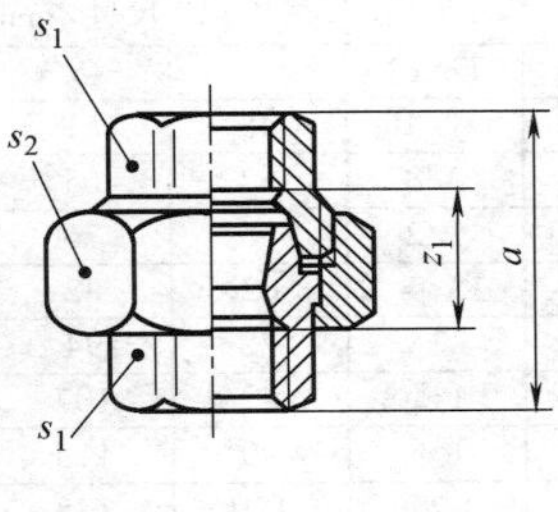

锥座活接头 U11(340)

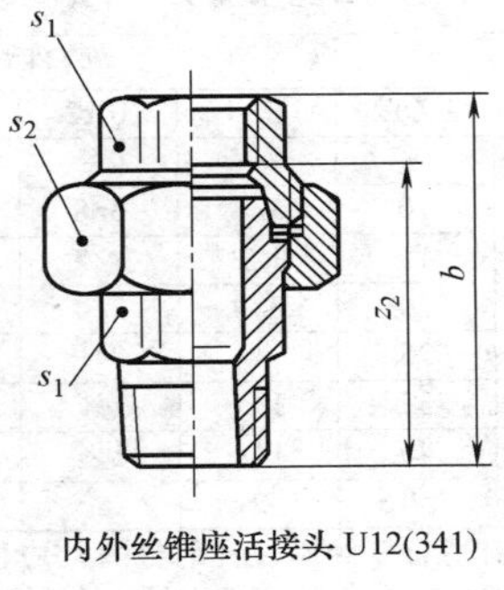

内外丝锥座活接头 U12(341)

（续）

公称尺寸 DN				管件规格				尺寸/mm		安装长度/mm	
U1	U2	U11	U12	U1	U2	U11	U12	a	b	z_1	z_2
—	—	(6)	—	—	—	(1/8)	—	38	—	24	—
8	8	8	8	1/4	1/4	1/4	1/4	42	55	22	45
10	10	10	10	3/8	3/8	3/8	3/8	45	58	25	48
15	15	15	15	1/2	1/2	1/2	1/2	48	66	22	53
20	20	20	20	3/4	3/4	3/4	3/4	52	72	22	57
25	25	25	25	1	1	1	1	58	80	24	63
32	32	32	32	1¼	1¼	1¼	1¼	65	90	27	71
40	40	40	40	1½	1½	1½	1½	70	95	32	76
50	50	50	50	2	2	2	2	78	106	30	82
65	—	65	65	2½	—	2½	2½	85	118	31	91
80	—	80	80	3	—	3	3	95	130	35	100
—	—	100	—	—	—	4	—	100	—	38	—

注：活接头（无论是否有适合于阀座设计的垫圈）应作为一个完整组件来使用，因为活接头的部件可以由不同的制造商来加工，也可以不同类型活接头的部件由同一个制造商来做，这些部件没有必要（要求）具有互换性。

表 29-89　活接弯头的形式尺寸

其他类型座的设计和材料应符合本部分给出的尺寸 a、b 和 c。

垫圈见表 29-90。

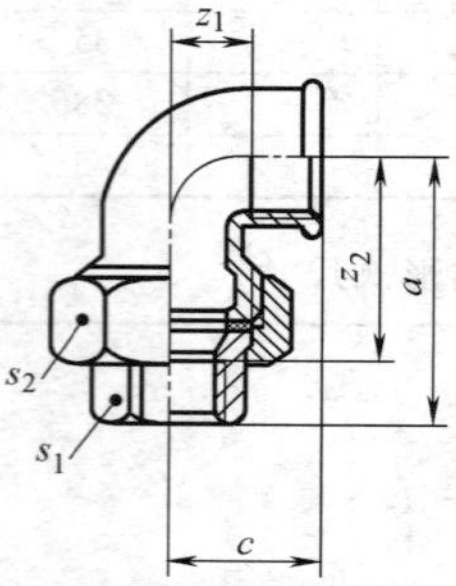

平座活接弯头 UA1(95)

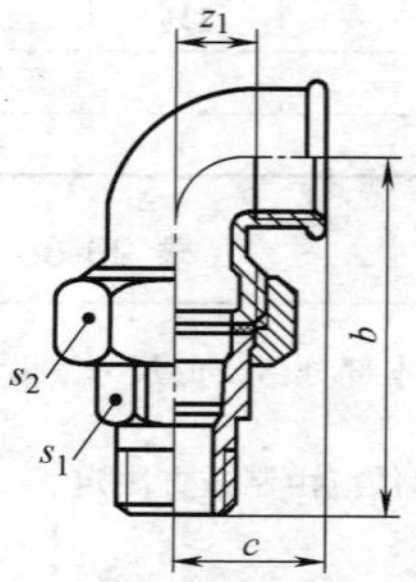

内外丝平座活接弯头 UA2(97)

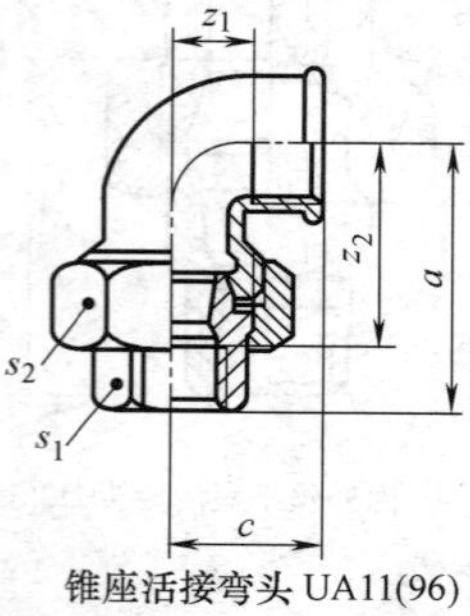

锥座活接弯头 UA11(96)

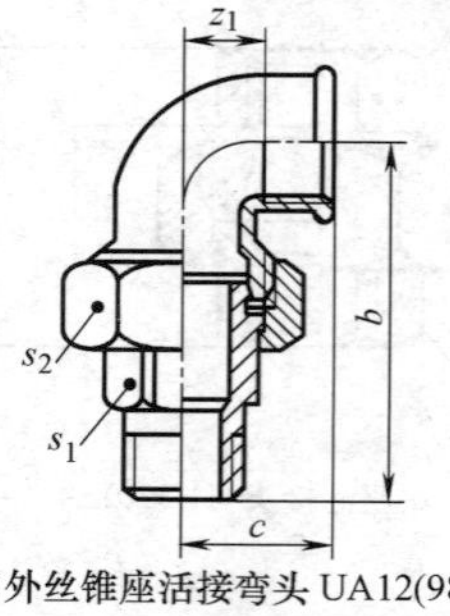

内外丝锥座活接弯头 UA12(98)

公称尺寸 DN				管件规格				尺寸/mm			安装长度/mm	
UA1	UA2	UA11	UA12	UA1	UA2	UA11	UA12	a	b	c	z_1	z_2
—	—	8	8	—	—	1/4	1/4	48	61	21	11	38
10	10	10	10	3/8	3/8	3/8	3/8	52	65	25	15	42
15	15	15	15	1/2	1/2	1/2	1/2	58	76	28	15	45
20	20	20	20	3/4	3/4	3/4	3/4	62	82	33	18	47
25	25	25	25	1	1	1	1	72	94	38	21	55
32	32	32	32	1¼	1¼	1¼	1¼	82	107	45	26	63
40	40	40	40	1½	1½	1½	1½	90	115	50	31	71
50	50	50	50	2	2	2	2	100	128	58	34	76

注：活接头（无论是否有适合于阀座设计的垫圈）应作为一个完整组件使用，因为活接头的部件可以由不同的制造商来加工，也可以不同类型活接头的部件由同一个制造商来做，这些部件没有必要（要求）具有互换性。

表 29-90　垫圈的形式尺寸

垫片材料和厚度依照用途订货时双方协定。

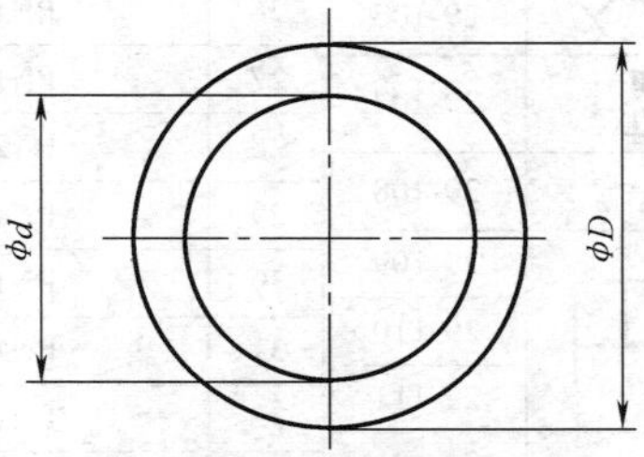

平座活接头和活接弯头垫圈
U1(330)、U2(331)、UA1(95)和UA2(97)

活接头和活接弯头		垫圈尺寸/mm		活接头螺母的螺纹尺寸代号（仅作参考）
公称尺寸 DN	管件规格	d	D	
6	1/8	—	—	G1/2
8	1/4	13 17	20 24	G5/8 G3/4
10	3/8	17 19	24 27	G3/4 G7/8
15	1/2	21 24	30 34	G1 G1⅛
20	3/4	27	38	G1¼
25	1	32	44	G1½
32	1¼	42	55	G2
40	1½	46	62	G23/4
50	2	60	78	G23/4
65	2½	75	97	G31/2
80	3	88	110	G4
100	4	—	—	G5 G5½

29.2.3　球墨铸件管件（摘自 GB/T 13295—2013）

29.2.3.1　承接管件

表 29-91 列出了管件的名称、符号及管件参数对应的表号、表 29-92～表 29-114 给出各种管件的尺寸，所给尺寸均为公称尺寸，单位为 mm。

表 29-91　管件名称和符号

序号	名　称	图示符号	表号	序号	名　称	图示符号	表号
1	盘承		29-92	10	承插 22°30′(1/16)弯头		29-98
2	盘插	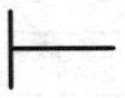	29-93	11	承插 11°15′(1/32)弯头		29-99
3	承套		29-93	12	全承三通		29-100
4	双承 90°(1/4)弯头		29-94	13	DN40-250 双承单支盘三通		29-101
5	双承 45°(1/8)弯头		29-94	14	DN300-700 双承单支盘三通		29-102
6	双承 22°30′(1/16)弯头		29-95	15	DN800-2600 双承单支盘三通		29-103
7	双承 11°15′(1/32)弯头		29-95	16	承插单支盘三通	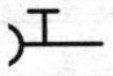	29-104
8	承插 90°(1/4)弯头		29-96	17	承插单支承三通	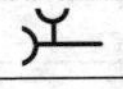	29-105
9	承插 45°(1/8)弯头		29-97	18	双盘渐缩管		29-106

（续）

序号	名　　称	图示符号	表号	序号	名　　称	图示符号	表号
19	双盘 90°(1/4)弯头		29-107	26	PN10 法兰盲板	|	29-113
20	双盘 90°(1/4)鸭掌弯头		29-107	27	PN16 法兰盲板		29-113
21	双盘 45°(1/8)弯头		29-108	28	PN25 法兰盲板		29-113
22	DN40-250 全盘三通		29-109	29	PN40 法兰盲板		29-113
23	DN300-700 全盘三通		29-110	30	PN10 减径法兰	||	29-114
24	DN800-2600 全盘三通		29-111	31	PN16 减径法兰		29-114
25	双承渐缩管		29-112	32	PN25 减径法兰		29-114
				33	PN40 减径法兰		29-114

表 29-92　盘承的尺寸　　（单位：mm）

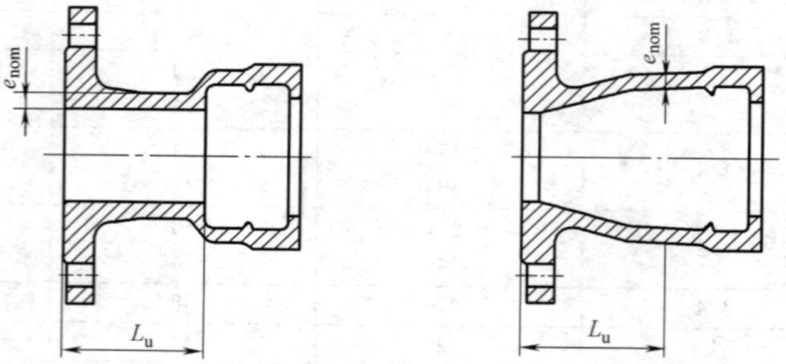

a)　　b)

DN	e_{nom}	L_u		d
		系列 A	系列 B	
40	7	125	75	67
50	7	125	85	78
60	7	125	100	88
65	7	125	105	93
80	7	130	105	109
100	7.2	130	110	130
125	7.5	135	115	156
150	7.8	135	120	183
200	8.4	140	120	235
250	9	145	125	288
300	9.6	150	130	340
350	10.2	155	135	393
400	10.8	160	140	445
450	11.4	165	145	498
500	12	170	—	550
600	13.2	180	—	655
700	14.4	190	—	760
800	15.6	200	—	865
900	16.8	210	—	970
1000	18	220	—	1075
1100	19.2	230	—	1180
1200	20.4	240	—	1285
1400	22.8	310	—	1492
1500	24	330	—	1596
1600	25.2	330	—	1699

（续）

DN	e_{nom}	L_u		d
		系列 A	系列 B	
1800	27.6	350	—	1905
2000	30	370	—	2107
2200	32.4	390	—	2316
2400	34.8	410	—	2521
2600	37.2	480	—	2728

表 29-93　盘插和承套的尺寸　（单位：mm）

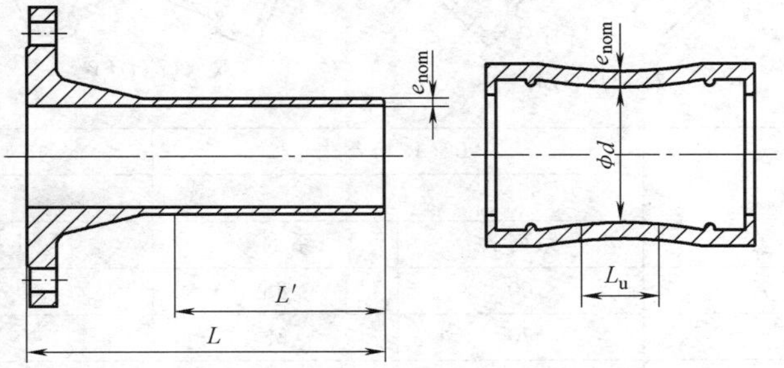

DN	e_{nom}	盘插			承套		
		L		L′	L_u		d
		系列 A	系列 B		系列 A	系列 B	
40	7	335	335	200	155	155	67
50	7	340	340	200	155	155	78
60	7	345	345	200	155	155	88
65	7	345	345	200	155	155	93
80	7	350	350	215	160	160	109
100	7.2	360	360	215	160	160	130
125	7.5	370	370	220	165	165	156
150	7.8	380	380	225	165	165	183
200	8.4	400	400	230	170	170	235
250	9	420	420	240	175	175	288
300	9.6	440	440	250	180	180	340
350	10.2	460	460	260	185	185	393
400	10.8	480	480	270	190	190	445
450	11.4	500	500	280	195	195	498
500	12	520	—	290	200	—	550
600	13.2	560	—	310	210	—	655
700	14.4	600	—	330	220	—	760
800	15.6	600	—	330	230	—	865
900	16.8	600	—	330	240	—	970
1000	18	600	—	330	250	—	1075
1100	19.2	600	—	330	260	—	1180
1200	20.4	600	—	330	270	—	1285
1400	22.8	710	—	390	340	—	1492
1500	24	750	—	410	350	—	1596
1600	25.2	780	—	430	360	—	1699
1800	27.6	850	—	470	380	—	1905
2000	30	920	—	500	400	—	2107
2200	32.4	990	—	540	420	—	2316
2400	34.8	1060	—	570	440	—	2521
2600	37.2	1130	—	610	460	—	2728

表 29-94　双承 90°（1/4）弯头和双承 45°弯头（1/8）的尺寸　　（单位：mm）

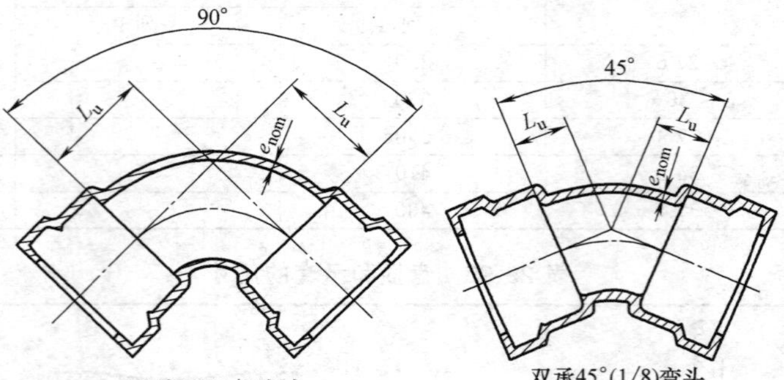

双承90°(1/4)弯头　　双承45°(1/8)弯头

DN	e_{nom}	90°(1/4)弯头 L_u		45°(1/8)弯头 L_u	
		系列 A	系列 B	系列 A	系列 B
40	7	60	85	40	85
50	7	70	85	40	85
60	7	80	90	45	90
65	7	85	90	50	90
80	7	100	85	55	50
100	7.2	120	100	65	60
125	7.5	145	115	75	65
150	7.8	170	130	85	70
200	8.4	220	160	110	80
250	9	270	240	130	135
300	9.6	320	280	150	155
350	10.2	—	—	175	170
400	10.8	—	—	195	185
450	11.4	—	—	220	200
500	12	—	—	240	—
600	13.2	—	—	285	—
700	14.4	—	—	330	—
800	15.6	—	—	370	—
900	16.8	—	—	415	—
1000	18	—	—	460	—
1100	19.2	—	—	505	—
1200	20.4	—	—	550	—
1400	22.8	—	—	515	—
1500	24	—	—	540	—
1600	25.2	—	—	565	—
1800	27.6	—	—	610	—
2000	30	—	—	660	—
2200	32.4	—	—	710	—
2400	34.8	—	—	755	—
2600	37.2	—	—	805	—

表 29-95　双承 22°30′（1/16）弯头和双承 11°15′（1/32）弯头的尺寸（单位：mm）

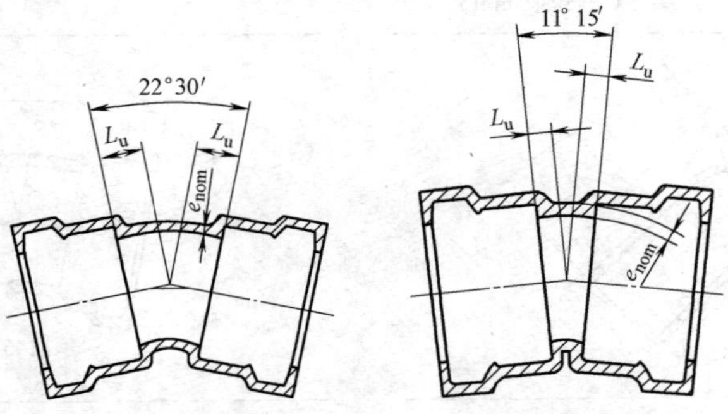

双承22°30′(1/16)弯头　　双承11°15′(1/32)弯头

DN	e_{nom}	22°30′(1/16)弯头		11°15′(1/32)弯头	
		L_u		L_u	
		系列 A	系列 B	系列 A	系列 B
40	7	30	30	25	25
50	7	30	30	25	25
60	7	35	35	25	25
65	7	35	35	25	25
80	7	40	40	30	30
100	7.2	40	50	30	30
125	7.5	50	55	35	35
150	7.8	55	60	35	40
200	8.4	65	70	40	45
250	9	75	80	50	55
300	9.6	85	90	55	55
350	10.2	95	100	60	60
400	10.8	110	110	65	65
450	11.4	120	120	70	70
500	12	130	—	75	—
600	13.2	150	—	85	—
700	14.4	175	—	95	—
800	15.6	195	—	110	—
900	16.8	220	—	120	—
1000	18	240	—	130	—
1100	19.2	260	—	140	—
1200	20.4	285	—	150	—
1400	22.8	260	—	130	—
1500	24	270	—	140	—
1600	25.2	280	—	140	—
1800	27.6	305	—	155	—
2000	30	330	—	165	—
2200	32.4	355	—	190	—
2400	34.8	380	—	205	—
2600	37.2	400	—	215	—

表 29-96 承插 90°（1/4）弯头的尺寸

（单位：mm）

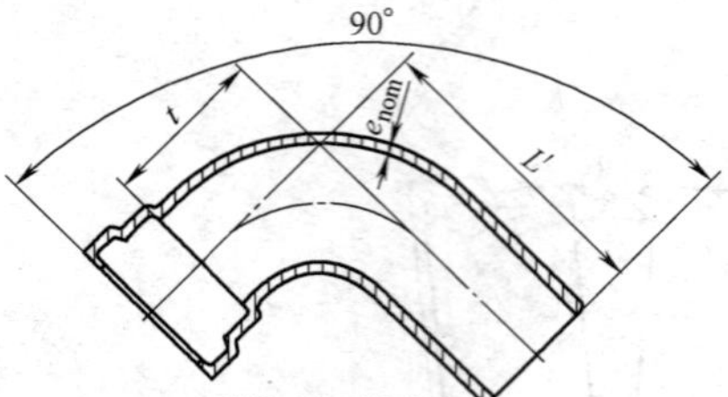

承插90°(1/4)弯头

DN	e_{nom}	t	L'
40	7	60	240
50	7	70	250
60	7	80	260
65	7	85	265
80	7	100	280
100	7.2	110	300
125	7.5	145	325
150	7.8	170	350
200	8.4	220	400
250	9	270	450
300	9.6	320	500
350	10.2	370	550
400	10.8	420	600
450	11.4	470	670
500	12	520	720
600	13.2	620	820
700	14.4	720	900
800	15.6	820	1000
900	16.8	920	1100
1000	18	1020	1200
1100	19.2	1120	1300
1200	20.4	1220	1400
1400	22.8	1220	1400
1500	24	1270	1525
1600	25.2	1290	1555
1800	27.6	1320	1560

表 29-97 承插 45°（1/8）弯头的尺寸

（单位：mm）

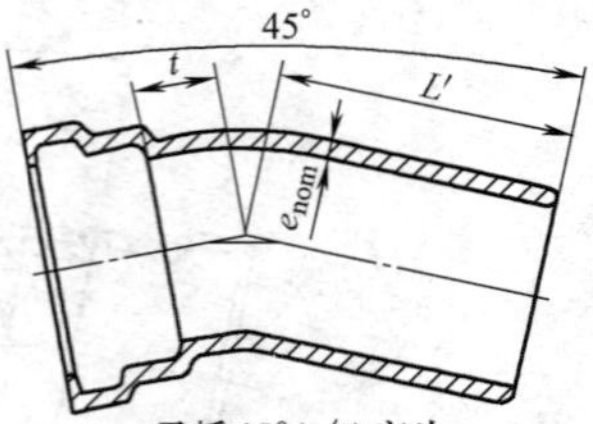

承插45°(1/8)弯头

DN	e_{nom}	t	L'
40	7	40	220
50	7	40	220
60	7	45	225
65	7	50	230
80	7	50	235
100	7.2	60	245
125	7.5	75	255
150	7.8	85	265
200	8.4	110	290
250	9	130	310
300	9.6	150	330
350	10.2	175	355
400	10.8	195	375
450	11.4	220	42.0
500	12	240	440
600	13.2	285	485
700	14.4	330	580
800	15.6	370	620
900	16.8	415	665
1000	18	460	760
1100	19.2	505	805
1200	20.4	550	850
1400	22.8	515	815
1500	24	540	840
1600	25.2	565	885
1800	27.6	610	890
2000	30	660	920
2200	32.4	710	990
2400	34.8	755	1025
2600	37.2	805	1120

表 29-98　承插 22°30′（1/16）弯头的尺寸

（单位：mm）

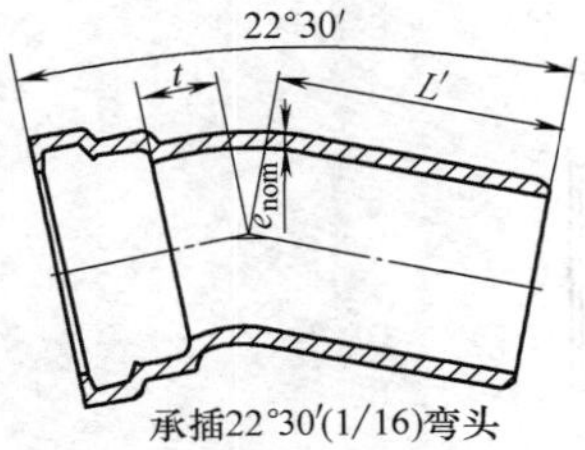

承插22°30′(1/16)弯头

DN	e_{nom}	t	L'
40	7	30	210
50	7	30	210
60	7	35	215
65	7	35	215
80	7	40	220
100	7.2	40	220
125	7.5	50	230
150	7.8	55	235
200	8.4	65	245
250	9	75	255
300	9.6	85	265
350	10.2	95	275
400	10.8	110	290
450	11.4	120	320
500	12	130	330
600	13.2	150	350
700	14.4	175	425
800	15.6	195	445
900	16.8	220	470
1000	18	240	540
1100	19.2	260	560
1200	20.4	285	585
1400	22.8	260	560
1500	24	270	570
1600	25.2	280	640
1800	27.6	305	665
2000	30	330	730
2200	32.4	355	755
2400	34.8	380	780
2600	37.2	400	800

表 29-99　承插 11°15′（1/32）弯头的尺寸

（单位：mm）

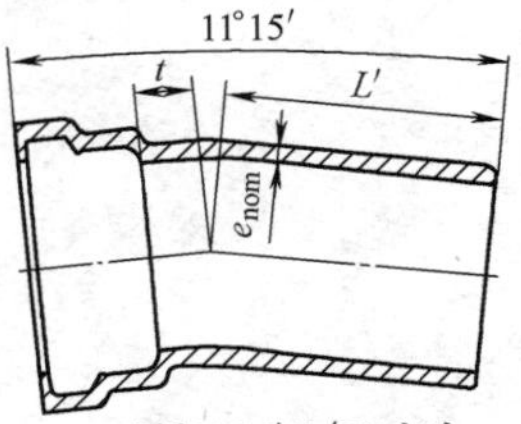

承插11°15′(1/32)弯头

DN	e_{nom}	T	L'
40	7	25	205
50	7	25	205
60	7	25	205
65	7	25	205
80	7	30	210
100	7.2	30	210
125	7.5	35	215
150	7.8	35	215
200	8.4	40	220
250	9	50	230
300	9.6	55	235
350	10.2	60	240
400	10.8	65	245
450	11.4	70	270
500	12	75	275
600	13.2	85	285
700	14.4	95	345
800	15.6	110	360
900	16.8	120	370
1000	18	130	42.0
1100	19.2	140	440
1200	20.4	150	450
1400	22.8	130	430
1500	24	140	440
1600	25.2	140	500
1800	27.6	155	515
2000	30	165	565
2200	32.4	190	590
2400	34.8	205	605
2600	37.2	215	615

表 29-100　全承三通的尺寸　（单位：mm）

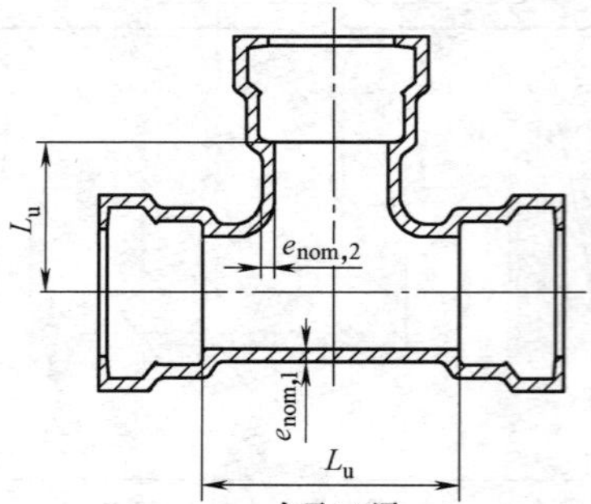

全承三通

DN×dn	主管			支管		
	$e_{nom,1}$	L_u		$e_{nom,2}$	L_u	
		系列 A	系列 B		系列 A	系列 B
40×40	7	120	155	7	60	75
50×50	7	130	155	7	65	75
60×60	7	145	155	7	70	80
65×65	7	150	155	7	75	80
80×40	7	120	155	7	80	80
80×80	7	170	175	7	85	85
100×40	7.2	120	155	7	90	90
100×60	7.2	145	155	7	90	90
100×80	7.2	170	165	7	95	90
100×100	7.2	190	195	7.2	95	100
125×40	7.5	125	155	7	100	105
125×80	7.5	170	175	7	105	105
125×100	7.5	195	195	7.2	110	115
125×125	7.5	225	225	7.5	110	115
150×40	7.8	125	160	7	115	115
150×80	7.8	170	180	7	120	120
150×100	7.8	195	200	7.2	120	125
150×150	7.8	255	260	7.8	125	130
200×40	8.4	130	165	7	140	140
200×80	8.4	175	180	7	145	145
200×100	8.4	200	200	7.2	145	150
200×150	8.4	255	260	7.8	150	155
200×200	8.4	315	320	8.4	155	160
250×80	9	180	185	7	170	185
250×100	9	200	205	7.2	170	190
250×150	9	260	265	7.8	175	190
250×200	9	315	320	8.4	180	190
250×250	9	375	380	9	190	190
300×100	9.6	205	210	7.2	195	220
300×150	9.6	260	265	7.8	200	220
300×200	9.6	320	325	8.4	205	220
300×250	9.6	375	380	9	210	220
300×300	9.6	435	440	9.6	220	220

注：DN 为主管公称直径，dn 为支管公称直径。

表 29-101　DN40~250 双承单支盘三通的尺寸　　（单位：mm）

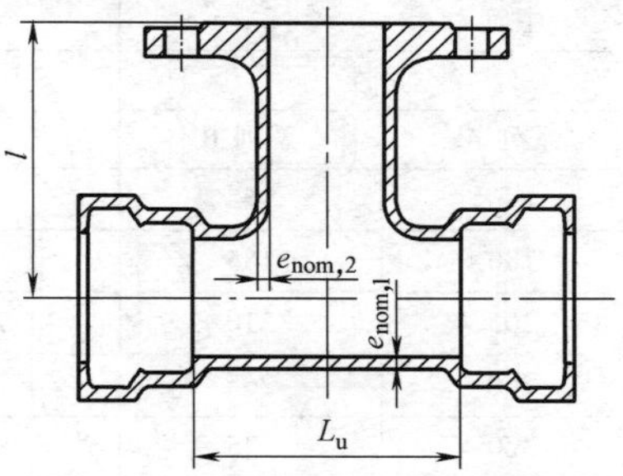

双承单支盘三通

DN×dn	主管			支管		
	$e_{nom,1}$	L_u		$e_{nom,2}$	l	
		系列 A	系列 B		系列 A	系列 B
40×40	7	120	155	7	130	130
50×50	7	130	155	7	140	140
60×40	7	—	155	7	—	130
60×60	7	145	155	7	150	150
65×40	7	—	155	7	—	130
65×65	7	150	155	7	150	155
80×40	7	—	155	7	—	135
80×60	7	—	155	7	—	155
80×80	7	170	175	7	165	165
100×40	7.2	—	155	7	—	145
100×60	7.2	—	155	7	—	165
100×80	7.2	170	165	7	175	170
100×100	7.2	190	195	7.2	180	180
125×40	7.5	—	155	7	—	160
125×60	7.5	—	155	7	—	180
125×80	7.5	170	175	7	190	185
125×100	7.5	195	195	7.2	195	195
125×125	7.5	225	225	7.5	200	200
150×40	7.8	—	160	7	—	170
150×60	7.8	—	160	7	—	190
150×80	7.8	170	180	7	205	200
150×100	7.8	195	200	7.2	210	205
150×125	7.8	—	230	7.5	—	215
150×150	7.8	255	260	7.8	220	220
200×40	8.4	—	165	7	—	195
200×60	8.4	—	165	7	—	215
200×80	8.4	175	180	7	235	225
200×100	8.4	200	200	7.2	240	230
200×125	8.4	—	235	7.5	—	240
200×150	8.4	255	260	7.8	250	245
200×200	8.4	315	320	8.4	260	260
250×60	9	—	165	7	—	160
250×80	9	180	185	7	265	265
250×100	9	200	205	7.2	270	270
250×150	9	260	265	7.8	280	280
250×200	9	315	320	8.4	290	290
250×250	9	375	380	9	300	300

注：DN 为主管公称直径，dn 为支管公称直径。

表 29-102　DN300～700 双承单支盘三通的尺寸　（单位：mm）

DN×dn	主管			支管		
	$e_{nom,1}$	L_u		$e_{nom,2}$	l	
		系列 A	系列 B		系列 A	系列 B
300×60	9.6	—	165	7	—	290
300×80	9.6	180	185	7	295	295
300×100	9.6	205	210	7.2	300	300
300×150	9.6	260	265	7.8	310	310
300×200	9.6	320	325	8.4	320	320
300×250	9.6	—	380	9	—	330
300×300	9.6	435	440	9.6	340	340
350×60	10.2	—	170	7	—	320
350×80	10.2	—	185	7	—	325
350×100	10.2	205	210	7.2	330	330
350×150	10.2	—	270	7.8	—	340
350×200	10.2	325	325	8.4	350	350
350×250	10.2	—	385	9	—	360
350×350	10.2	495	500	10.2	380	380
400×80	10.8	185	190	7	355	355
400×100	10.8	210	210	7.2	360	360
400×150	10.8	270	270	7.8	370	370
400×200	10.8	325	330	8.4	380	380
400×250	10.8	—	385	9	—	390
400×300	10.8	440	445	9.6	400	400
400×400	10.8	560	560	10.8	420	420
450×100	11.4	215	215	7.2	390	390
450×150	11.4	270	270	7.8	400	400
450×200	11.4	330	330	8.4	410	410
450×250	11.4	390	390	9	420	420
450×300	11.4	445	445	9.6	430	430
450×400	11.4	560	560	10.8	450	450
450×450	11.4	620	620	11.4	460	460
500×100	12	215	—	7.2	420	—
500×200	12	330	—	8.4	440	—
500×400	12	565	—	10.8	480	—
500×500	12	680	—	12	500	—
600×200	13.2	340	—	8.4	500	—
600×400	13.2	570	—	10.8	540	—
600×600	13.2	800	—	13.2	580	—
700×200	14.4	345	—	8.4	525	—
700×400	14.4	575	—	10.8	555	—
700×700	14.4	925	—	14.4	600	—

注：DN 为主管公称直径，dn 为支管公称直径。

表 29-103　DN800~2600 双承单支盘三通的尺寸　（单位：mm）

DN×dn	主管		支管	
	$e_{nom,1}$	L_u 系列 A	$e_{nom,2}$	l 系列 B
800×200	15.6	350	8.4	585
800×400	15.6	580	10.8	615
800×600	15.6	1045	13.2	645
800×800	15.6	1045	15.6	675
900×200	16.8	355	8.4	645
900×400	16.8	590	10.8	675
900×600	16.8	1170	13.2	705
900×900	16.8	1170	16.8	750
1000×200	18	360	8.4	705
1000×400	18	595	10.8	735
1000×600	18	1290	13.2	765
1000×1000	18	1290	18	825
1100×400	19.2	600	10.8	795
1100×600	19.2	830	13.2	825
1200×600	20.4	840	13.2	885
1200×800	20.4	1070	15.6	915
1200×1000	20.4	1300	18	945
1400×600	22.8	1030	13.2	980
1400×800	22.8	1260	15.6	1010
1400×1000	22.8	1495	18	1040
1500×600	24	1035	13.2	1035
1500×1000	24	1500	18	1595
1600×600	25.2	1040	13.2	1090
1600×800	25.2	1275	15.6	1120
1600×1000	25.2	1505	18	1150
1600×1200	25.2	1740	20.4	1180
1800×600	27.6	1055	13.2	1200
1800×800	27.6	1285	15.6	1230
1800×1000	27.6	1520	18	1260
1800×1200	27.6	1750	20.4	1290
2000×600	30	1065	13.2	1310
2000×1000	30	1530	18	1370
2000×1400	30	1995	22.8	1430
2200×600	32.4	1080	13.2	1420
2200×1200	32.4	1775	20.4	1510
2200×1800	32.4	2470	27.6	1600
2400×600	34.8	1090	13.2	1530
2400×1200	34.8	1785	20.4	1620
2400×1800	34.8	2480	27.6	1710
2600×600	37.2	1100	13.2	1640
2600×1400	37.2	2030	22.8	1750
2600×2000	37.2	2725	30	1850

注：DN 为主管公称直径，dn 为支管公称直径。

表 29-104　承插单支盘三通的尺寸　　（单位：mm）

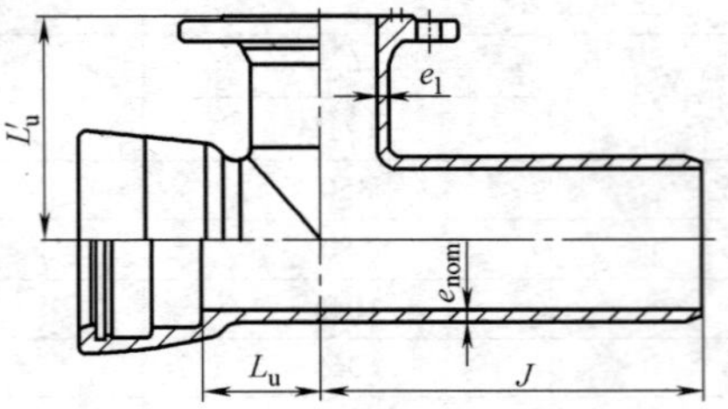

承插单支盘三通

主管				支管		
DN	e_{nom}	L_u	J	dn	e_1	L'_u
80	8.1	85	275	80	8.1	165
100	8.4	85	275	80	8.1	175
		95	285	100	8.4	180
125	8.7	85	275	80	8.1	190
		100	285	100	8.4	195
		110	285	125	8.7	200
150	9.1	85	275	80	8.1	205
		100	285	100	8.4	210
		110	285	125	8.7	215
		130	310	150	9.1	220
200	9.8	90	275	80	8.1	235
		100	280	100	8.4	240
		110	285	125	8.7	240
		130	310	150	9.1	250
		150	340	200	9.8	260
250	10.5	90	315	80	8.1	265
		100	325	100	8.4	270
		115	325	125	8.7	255
		130	360	150	9.1	280
		150	.385	200	9.8	290
		180	415	250	10.5	300
300	11.2	90	340	80	8.1	295
		105	355	100	8.4	300
		115	360	125	8.7	285
		130	390	150	9.1	310
		160	415	200	9.8	320
		190	445	250	10.5	330
		215	475	300	11.2	340
350	11.9	95	345	80	8.1	325
		100	355	100	8.4	330
		115	360	125	8.7	315
		135	390	150	9.1	340
		160	415	200	9.8	350
		190	445	250	10.5	350
		210	475	300	11.2	350
		240	500	350	11.9	380
400	12.6	95	355	80	8.1	355
		105	355	100	8.4	360
		115	360	125	8.7	345

（续）

主管				支管		
DN	e_{nom}	L_u	J	dn	e_1	L'_u
400	12.6	135	390	150	9.1	370
		160	415	200	9.8	380
		190	445	250	10.5	390
		220	475	300	11.2	400
		240	500	350	11.9	400
		280	530	400	12.6	420
450	13.3	95	355	80	8.1	370
		110	355	100	8.4	390
		11.5	360	125	8.7	405
		135	390	150	9.1	400
		165	415	200	9.8	410
		195	445	250	10.5	420
		220	175	300	11.2	430
		240	500	350	11.9	440
		280	530	400	12.6	450
		310	555	450	13.3	460
500	14	95	355	80	8.1	400
		110	355	100	8.4	420
		120	360	125	8.7	420
		140	390	150	9.1	425
		165	415	200	9.8	440
		190	445	250	10.5	440
		220	475	300	11.2	440
		215	500	350	11.9	450
		280	530	400	12.6	480
		300	555	450	13.3	480
		340	580	500	14	500

表 29-105　承插单支承三通的尺寸　（单位：mm）

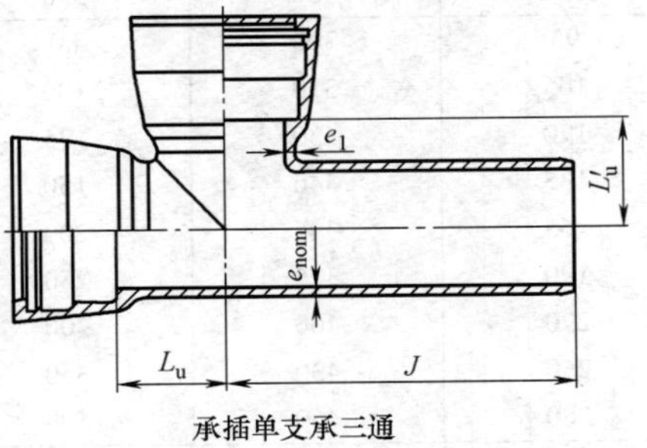

承插单支承三通

主管				支管		
DN	e_{nom}	L_u	J	dn	e_1	L'_u
80	8.1	85	275	80	8.1	85
100	8.4	85	275	80	8.1	95
		95	275	100	8.4	95
125	8.7	85	280	80	8.1	105
		95	290	100	8.4	110
		110	295	125	8.7	110

（续）

主管				支管		
DN	e_{nom}	L_u	J	dn	e_1	L'_u
150	9.1	85	275	80	8.1	120
		100	280	100	8.4	120
		115	305	125	8.7	125
		130	310	150	9.1	125
200	9.8	90	275	80	8.1	145
		100	280	100	8.4	145
		115	305	125	8.7	145
		130	310	150	9.1	150
		160	340	200	9.8	155
250	10.5	90	300	80	8.1	170
		100	300	100	8.4	170
		115	315	125	8.7	175
		130	310	150	9.1	175
		160	340	200	9.8	180
		190	370	250	10.5	190
300	11.2	95	300	80	8.1	195
		105	285	100	8.4	195
		120	320	125	8.7	200
		130	310	150	9.1	200
		160	340	200	9.8	205
		190	370	250	10.5	210
		220	400	300	11.2	220
350	11.9	90	300	80	8.1	220
		100	310	100	8.4	220
		120	325	125	8.7	225
		125	340	150	9.1	225
		160	340	200	9.8	230
		190	370	250	10.5	235
		220	400	300	11.2	240
		250	430	350	11.9	250
400	12.6	95	300	80	8.1	240
		105	310	100	8.4	245
		120	330	125	8.7	250
		135	340	150	9.1	250
		165	345	200	9.8	255
		190	375	250	10.5	260
		220	400	300	11.2	270
		250	430	350	11.9	270
		280	460	400	12.6	280
450	13.3	95	320	80	8.1	270
		105	330	100	8.4	270
		120	345	125	8.7	270
		135	360	150	9.1	280
		165	390	200	9.8	280
		195	415	250	10.5	290
		220	445	300	11.2	290
		250	460	350	11.9	300
		280	500	400	12.6	300
		310	525	450	13.3	310

（续）

主管				支管		
DN	e_{nom}	L_u	J	dn	e_1	L'_u
500	14	95	320	80	8.1	290
		110	330	100	8.4	295
		120	345	125	8.7	300
		135	360	150	9.1	300
		165	390	200	9.8	310
		195	395	250	10.5	310
		225	425	300	11.2	320
		255	455	350	11.9	320
		280	485	400	12.6	330
		310	525	450	13.3	335
		340	540	500	14	340
600	15.4	100	325	80	8.1	340
		110	330	100	8.4	345
		125	345	125	8.7	350
		140	360	150	9.1	350
		170	390	200	9.8	360
		200	415	250	10.5	360
		225	430	300	11.2	370
		255	455	350	11.9	370
		285	485	400	12.6	380
		315	525	450	13.3	385
		345	545	500	14	390
		400	600	600	15.4	400

表 29-106　双承渐缩管的尺寸　（单位：mm）

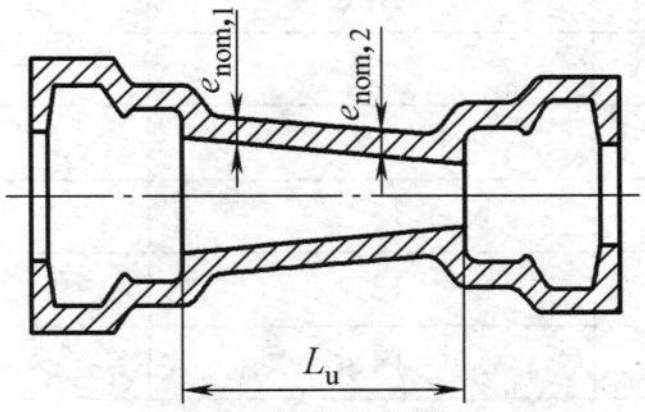

双承渐缩管

DN×dn	$e_{nom,1}$	$e_{nom,2}$	L_u	
			系列 A	系列 B
50×40	7	7	70	75
60×50	7	7	70	75
65×50	7	7	80	75
80×40	7	7	—	80
80×60	7	7	90	80
80×65	7	7	80	80
100×60	7.2	7	—	120
100×80	7.2	7	90	85
125×60	7.5	7	—	190
125×80	7.5	7	140	135
125×100	7.5	7.2	100	120
150×80	7.8	7	190	190

（续）

DN×dn	$e_{nom,1}$	$e_{nom,2}$	L_u	
			系列 A	系列 B
150×100	7.8	7.2	150	150
150×125	7.8	7.5	100	115
200×100	8.4	7.2	250	250
200×125	8.4	7.5	200	230
200×150	8.4	7.8	150	145
250×125	9	7.5	300	335
250×150	9	7.8	250	250
250×200	9	8.4	150	150
300×150	9.6	7.8	350	370
300×200	9.6	8.4	250	250
300×250	9.6	9	150	150
350×200	10.2	8.4	360	370
350×250	10.2	9	260	260
350×300	10.2	9.6	160	160
400×250	10.8	9	360	380
400×300	10.8	9.6	260	260
400×350	10.8	10.2	160	155
450×350	11.4	10.2	260	270
450×400	11.4	10.8	160	160
500×350	12	10.2	360	—
500×400	12	10.8	260	—
600×400	13.2	10.8	460	—
600×500	13.2	12	260	—
700×500	14.4	12	480	—
700×600	14.4	13.2	280	—
800×600	15.6	13.2	480	—
800×700	15.6	14.4	280	—
900×700	16.8	14.4	480	—
900×800	16.8	15.6	280	—
1000×800	18	15.6	480	—
1000×900	18	16.8	280	—
1100×1000	19.2	18	280	—
1200×1000	20.4	18	480	—
1400×1200	22.8	20.4	360	—
1500×1400	24	22.8	260	—
1600×1400	25.2	22.8	360	—
1800×1600	27.6	25.2	360	—
2000×1800	30	27.6	360	—
2200×2000	32.4	30	360	—
2400×2200	34.8	32.4	360	—
2600×2400	37.2	34.8	360	—

注：较大公称直径为 DN，较小公称直径为 dn。

表 29-107　双盘 90°（1/4）弯头和双盘 90°（1/4）鸭脚弯头的尺寸　（单位：mm）

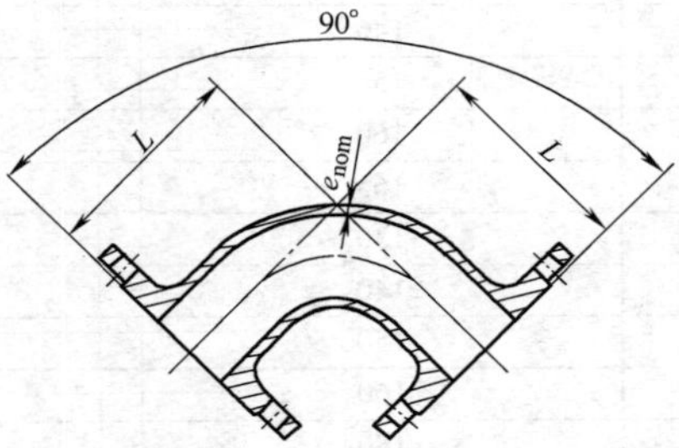

双盘90°(1/4)弯头

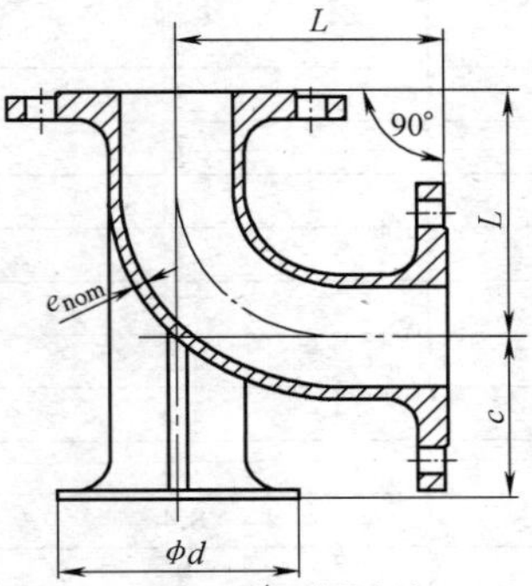

双盘90°(1/4)鸭脚弯头

DN	系列 A 和 B				
	e_{nom}	90°(1/4)弯头	90°(1/4)鸭脚弯头		
		L	L	c	d
40	7	140	—	—	—
50	7	150	150	95	150
60	7	160	160	100	160
65	7	165	165	100	165
80	7	165	165	110	180
100	7.2	180	180	125	200
125	7.5	200	200	140	225
150	7.8	220	220	160	250
200	8.4	260	260	190	300
250	9	350	350	225	350
300	9.6	400	400	255	400
350	10.2	450	450	290	450
400	10.8	500	500	320	500
450	11.4	550	550	355	550
500	12	600	600	385	600
600	13.2	700	700	450	700
700	14.4	800	—	—	—
800	15.6	900	—	—	—
900	16.8	1000	—	—	—
1000	18	1100	—	—	—

表 29-108　双盘 45°（1/8）弯头的尺寸　（单位：mm）

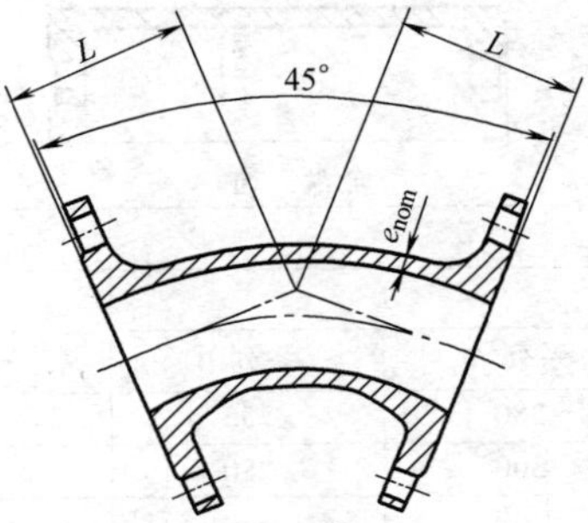

双盘45°(1/8)弯头

（续）

DN	e_{nom}	L	
		系列 A	系列 B
40	7	140	140
50	7	150	150
60	7	160	160
65	7	165	165
80	7	130	130
100	7.2	140	140
125	7.5	150	150
150	7.8	160	160
200	8.4	180	180
250	9	350	245
300	9.6	400	275
350	10.2	300	300
400	10.8	325	325
450	11.4	350	350
500	12	375	—
600	13.2	425	—
700	14.4	480	—
800	15.6	530	—
900	16.8	580	—
1000	18	630	—
1100	19.2	695	—
1200	20.4	750	—
1400	22.8	775	—
1500	24	810	—
1600	25.2	845	—
1800	27.6	910	—
2000	30	980	—
2200	32.4	880	—
2400	34.8	945	—
2600	37.2	1005	—

表 29-109　DN40~250 全盘三通的尺寸　（单位：mm）

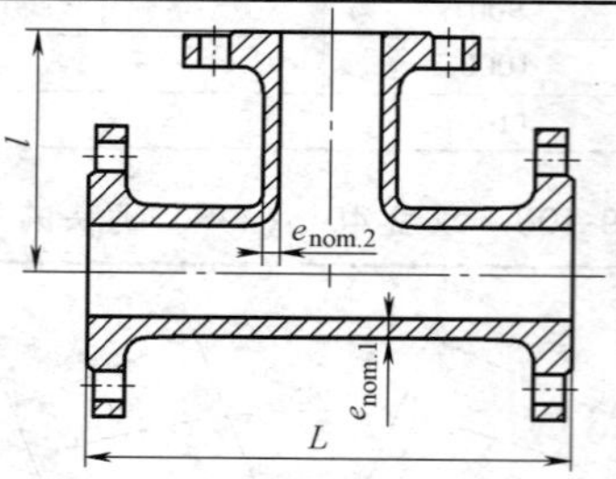

全盘三通

DN×dn	主　　管			支　　管		
	$e_{nom,1}$	L		$e_{nom,2}$	l	
		系列 A	系列 B		系列 A	系列 B
40×40	7	280	255	7	140	130
50×50	7	300	280	7	150	140
60×40	7	300	—	7	130	—
60×60	7	320	300	7	160	150

（续）

DN×dn	主管			支管		
	$e_{nom,1}$	L		$e_{nom,2}$	l	
		系列 A	系列 B		系列 A	系列 B
65×65	7	330	305	7	165	150
80×40	7	—	310	7	—	135
80×60	7	—	310	7	—	155
80×80	7	330	330	7	165	165
100×40	7.2	—	320	7	—	145
100×60	7.2	—	320	7	—	165
100×80	7.2	360	330	7	175	170
100×100	7.2	360	360	7.2	180	180
125×40	7.5	—	330	7	—	160
125×60	7.5	—	330	7	—	180
125×80	7.5	400	350	7	190	185
125×100	7.5	400	370	7.2	195	195
125×125	7.5	400	400	7.5	200	200
150×40	7.8	—	340	7	—	170
150×60	7.8	—	340	7	—	190
150×80	7.8	440	360	7	205	200
150×100	7.8	440	380	7.2	210	205
150×125	7.8	440	410	7.5	215	215
150×150	7.8	440	440	7.8	220	220
200×40	8.4	—	365	7	—	195
200×60	8.4	—	365	7	—	215
200×80	8.4	520	380	7	235	225
200×100	8.4	520	400	7.2	240	230
200×125	8.4	—	435	7.5	—	240
200×150	8.4	520	460	7.8	250	245
200×200	8.4	520	520	8.4	260	260
250×60	9	—	385	7	—	260
250×80	9	—	405	7	—	265
250×100	9	700	425	7.2	275	270
250×150	9	—	485	7.8	—	280
250×200	9	700	540	8.4	325	290
250×250	9	700	600	9	350	300

注：主管公称直径为 DN，支管公称直径为 dn。

表 29-110　DN300～700 全盘三通的尺寸　（单位：mm）

DN×dn	主管			支管		
	$e_{nom,1}$	L		$e_{nom,2}$	l	
		系列 A	系列 B		系列 A	系列 B
300×60	9.6	—	405	7	—	290
300×80	9.6	—	425	7	—	295
300×100	9.6	800	450	7.2	300	300
300×150	9.6	—	505	7.8	—	310
300×200	9.6	800	565	8.4	350	320
300×250	9.6	—	620	9	—	330
300×300	9.6	800	680	9.6	400	340
350×60	10.2	—	430	7	—	320
350×80	10.2	—	445	7	—	325

（续）

DN×dn	主管			支管		
	$e_{nom,1}$	L		$e_{nom,2}$	l	
		系列 A	系列 B		系列 A	系列 B
350×100	10.2	850	470	7.2	325	330
350×150	10.2	—	530	7.8	—	340
350×200	10.2	850	585	8.4	325	850
350×250	10.2	—	645	9	—	360
350×350	10.2	850	760	10.2	425	380
400×80	10.8	—	470	7	—	355
400×100	10.8	900	490	7.2	350	360
400×150	10.8	—	550	7.8	—	370
400×200	10.8	900	610	8.4	350	380
400×250	10.8	—	665	9	—	390
400×300	10.8	—	725	9.6	—	400
400×400	10.8	900	840	10.8	450	420
450×100	11.4	950	515	7.2	375	390
450×150	11.4	—	570	7.8	—	400
450×200	11.4	950	630	8.4	375	410
450×250	11.4	—	690	9	—	420
450×300	11.4	—	745	9.6	—	430
450×400	11.4	—	860	10.8	—	450
450×450	11.4	950	920	11.4	475	460
500×100	12	1000	535	7.2	400	420
500×200	12	1000	650	8.4	400	440
500×400	12	1000	885	10.8	500	480
500×500	12	1000	1000	12	500	500
600×200	13.2	1100	700	8.4	450	500
600×400	13.2	1100	930	10.8	550	540
600×600	13.2	1100	1165	13.2	550	580
700×200	14.4	650	—	8.4	525	—
700×400	14.4	870	—	10.8	555	—
700×700	14.4	1200	—	14.4	600	—

注：主管公称直径为 DN，支管公称直径为 dn。

表 29-111　DN800～2600 全盘三通的尺寸　（单位：mm）

DN×dn	主管		支管	
	$e_{nom,1}$	L	$e_{nom,2}$	l
		系列 A		系列 A
800×200	15.6	690	8.4	585
800×400	15.6	910	10.8	615
800×600	15.6	1350	13.2	645
800×800	15.6	1350	15.6	675
900×200	16.8	730	8.4	645
900×400	16.8	950	10.8	675
900×600	16.8	1500	13.2	705
900×900	16.8	1500	16.8	750
1000×200	18	770	8.4	705
1000×400	18	990	10.8	735
1000×600	18	1650	13.2	765

（续）

DN×dn	主管		支管	
	$e_{nom,1}$	L	$e_{nom,2}$	l
		系列 A		系列 A
1000×1000	18	1650	18	825
1100×400	19.2	980	8.4	795
1100×600	19.2	1210	13.2	825
1200×600	20.4	1240	13.2	885
1200×800	20.4	1470	15.6	915
1200×1000	20.4	1700	18	945
1400×600	22.8	1550	13.2	980
1400×800	22.8	1760	15.6	1010
1400×1000	22.8	2015	18	1040
1500×600	24	1575	13.2	1035
1500×1000	24	2040	18	1095
1600×600	25.2	1600	13.2	1090
1600×800	25.2	1835	15.6	1120
1600×1000	25.2	2065	18	1150
1600×1200	25.2	2300	20.4	1180
1800×600	27.6	1655	13.2	1200
1800×800	27.6	1885	15.6	1230
1800×1000	27.6	2120	18	1260
1800×1200	27.6	2350	20.4	1290
2000×600	30	1705	13.2	1310
2000×1000	30	2170	18	1370
2000×1400	30	2635	22.8	1430
2200×600	32.4	1560	13.2	1420
2200×1200	32.4	2220	20.4	1510
2200×1800	32.4	2880	27.6	1600
2400×600	34.8	1620	13.2	1530
2400×1200	34.8	2280	20.4	1620
2400×1800	34.8	2940	27.6	1710
2600×600	37.2	1680	13.2	1640
2600×1400	37.2	2560	22.8	1760
2600×2000	37.2	3220	30	1850

注：主管公称直径为 DN，支管公称直径为 dn。

表 29-112 双盘渐缩管的尺寸 （单位：mm）

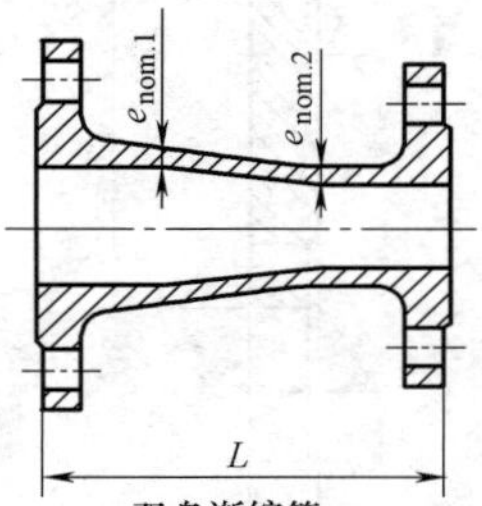

双盘渐缩管

（续）

DN×dn	$e_{nom,1}$	$e_{nom,2}$	L	
			系列 A	系列 B
50×40	7	7	150	165
60×50	7	7	160	160
65×50	7	7	200	190
80×60	7	7	200	185
80×65	7	7	200	190
100×80	7.2	7	200	195
125×100	7.5	7.2	200	185
150×125	7.8	7.5	200	190
200×150	8.4	7.8	300	235
250×200	9	8.4	300	250
300×250	9.6	9	300	265
350×300	10.2	9.6	300	290
400×350	10.8	10.2	300	305
450×400	11.4	10.8	300	320
500×400	12	10.8	600	—
600×500	13.2	12	600	—
700×600	14.4	13.2	600	—
800×700	15.6	14.4	600	—
900×800	16.8	15.6	600	—
1000×900	18	16.8	600	—
1100×1000	19.2	18	600	—
1200×1000	20.4	18	790	—
1400×1200	22.8	20.4	850	—
1800×1600	27.6	25.2	970	—
2000×1800	30	27.6	1030	—
2200×2000	32.4	30	1090	—
2400×2200	34.8	32.4	1150	—
2600×2400	37.2	34.8	1210	—

注：较大公称直径为 DN，较小公称直径为 dn。

表 29-113 法兰盲板尺寸 （单位：mm）

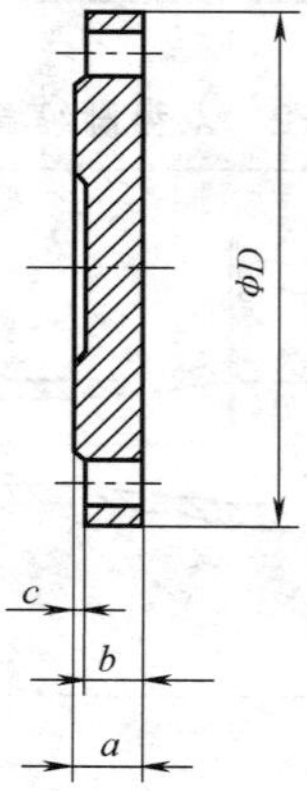

（续）

DN	PN10				PN16				PN25				PN40			
	D	*a*	*b*	*c*	*D*	*a*	*b*	*c*	*D*	*a*	*b*	*c*	*D*	*a*	*b*	*c*
40	150	19	16	3	150	19	16	3	150	19	16	3	150	19	16	3
50	165	19	16	3	165	19	16	3	165	19	16	3	165	19	16	3
60	175	19	16	3	175	19	16	3	175	19	16	3	175	19	16	3
65	185	19	16	3	185	19	16	3	185	19	16	3	185	19	16	3
80	200	19	16	3	200	19	16	3	200	19	16	3	200	19	16	3
100	220	19	16	3	220	19	16	3	235	19	16	3	235	19	16	3
125	250	19	16	3	250	19	16	3	270	19	16	3	270	23.5	20.5	3
150	285	19	16	3	285	19	16	3	300	20	17	3	300	26	23	3
200	340	20	17	3	340	20	17	3	360	22	19	3	375	30	27	3
250	400	22	19	3	400	22	19	3	425	24.5	21.5	3	450	34.5	31.5	3
300	455	24.5	20.5	4	455	24.5	20.5	4	485	27.5	23.5	4	515	39.5	35.5	4
350	505	24.5	20.5	4	520	26.5	22.5	4	555	30	26	4				
400	565	24.5	20.5	4	580	28	24	4	620	32	28	4				
450	615	25.5	21.5	4	640	30	26	4	670	34.5	30.5	4				
500	670	26.5	22.5	4	715	31.5	27.5	4	730	36.5	32.5	4				
600	780	30	25	5	840	36	31	5	845	42	37	5				
700	895	32.5	27.5	5	910	39.5	34.5	5								
800	1015	35	30	5	1025	43	38	5								
900	1115	37.5	32.5	5	1125	46.5	41.5	5								
1000	1230	40	35	5	1255	50	45	5								
1100	1340	42.5	37.5	5	1355	53.5	48.5	5								
1200	1455	45	40	5	1485	57	52	5								
1400	1675	46	41	5	1685	60	55	5								
1500	1785	47.5	42.5	5	1820	62.5	57.5	5								
1600	1915	49	44	5	1930	65	60	5								
1800	2115	52	47	5	2130	70	65	5								
2000	2325	55	50	5	2345	75	70	5								

表 29-114　减径法兰尺寸　（单位：mm）

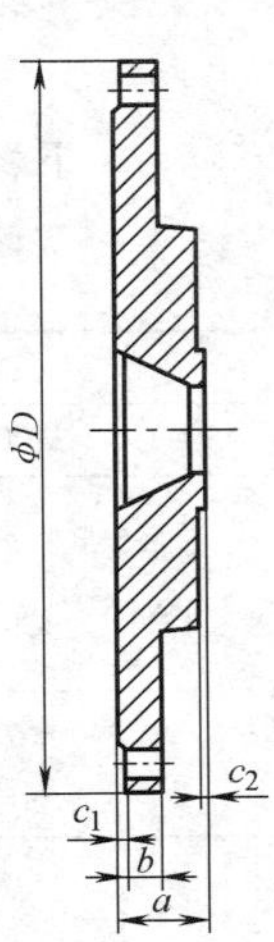

（续）

DN	PN10					PN16					PN25					PN40				
	D	a	b	c_1	c_2	D	a	b	c_1	c_2	D	a	b	c_1	c_2	D	a	b	c_1	c_2
200×80	340	40	17	3	3	340	40	17	3	3	360	40	19	3	3	375	40	27	3	3
200×100	340	40	17	3	3	340	40	17	3	3	360	47	19	3	3	375	47	27	3	3
200×125	340	40	17	3	3	340	40	17	3	3	360	53	19	3	3	375	53	27	3	3
350×250	505	48	20.5	4	3	520	54	22.5	3	3	555	60	26	4	3					
400×250	565	48	20.5	4	3	580	54	24	3	3	620	60	28	4	3					
400×300	565	49	20.5	4	4	580	55	24	3	4	620	61	28	4	4					
700×500	895	56	27.5	5	4	910	67	34.5	3	4										
900×700	1115	63	32.5	5	5	1125	73	41.5	3	5										
1000×700	1230	63	35	5	5	1250	73	45	3	5										
1000×800	1230	68	35	5	5	1250	77	45	3	5										

29.2.3.2　尺寸偏差

1）N1 型、X 型和 S 型承口内径、插口外径允许偏差见下表。

（单位：mm）

公称通径	承口内径	插口外径
≤DN300	+2 −1	+1 −3
DN350～DN700	+3 −1	+1 −4

2）T 型承口内径、插口外径允许偏差可参考表 29-53。

3）壁厚允许偏差：

管件壁厚负偏差为（2.3+0.001DN）mm。

承口壁厚负偏差为（2.3+0.001DN）mm。

4）管件承口深度允许偏差为±5mm。

5）管件长度允许偏差为±20mm。

其中弯曲管件为展开长度。

6）N1 型、X 型和 S 型机械接口管件承口法兰盘厚度及孔径偏差。

① 法兰厚度偏差为±(2+0.05A)mm（其中 A 为法兰厚度）。

② 法兰盘上螺栓孔径允许偏差为 $^{+1}_{0}$mm。

③ 法兰盘螺栓孔轴心线以管体中心为基准位置的允许偏差见下表。

（单位：mm）

公称通径	允许偏差
DN100～DN150	1
DN200～DN400	1.5
DN500～DN700	2

7）管件端面（指承口和插口）应与管件轴线垂直。

PN10、16、25、40MPa 法兰管件的法兰盘厚度及孔径偏差。

① 法兰盘外径和凸面直径及凸面高度偏差见下表。

（单位：mm）

<table>
<tr><th rowspan="2">尺寸</th><th colspan="10">公称通径 DN</th></tr>
<tr><th>100</th><th>150</th><th>200</th><th>250</th><th>300</th><th>350</th><th>400</th><th>500</th><th>600</th><th>700</th></tr>
<tr><td>法兰盘外径 D_1</td><td>±4.5</td><td colspan="2">±5.5</td><td colspan="2">±5.5
PN16$^{+5.5}_{-2.5}$</td><td colspan="4">±6.5</td><td>±7.5</td></tr>
<tr><td>凸面直径 D_3</td><td>±4.0</td><td>+4.5
−4.0</td><td colspan="6">+5.5
−4.5</td><td colspan="2">+6.5
−5.0</td></tr>
<tr><td>凸面高度</td><td colspan="4">+1.5
−2.0</td><td colspan="4">+2
−3</td><td colspan="2">+2.5
−4.0</td></tr>
</table>

② 法兰盘厚度偏差为±(3+0.05b) mm（其中 b 为法兰厚度）。

③ 法兰钻孔偏差见下表。

（单位：mm）

尺　寸	螺栓孔直径	
	19~28	31~56
	偏　差	
螺栓孔直径	+0.5 0	+0.5 0
螺栓孔中心圆直径	±2.0	±2.8
相邻螺栓孔中心距		

8）质量及其允许偏差：

① 每个品种规格管件的质量，指管体质量与承口突部质量或法兰突部质量之和，见各表，表中所列质量均为管体质量。

② 弯管、带支管的管件及非标准管件质量允许偏差为±12%。

其余管件质量允许偏差为±8%。

29.2.3.3 技术要求

1. 材质

管件的材质应为铁素体基体的球墨铸铁。

2. 性能

1）管件的力学性能见下表。

抗拉强度 R_m/MPa	屈服强度 $\sigma_{0.2}$/MPa	延伸率 δ(%)
≥400	≥300	≥5

注：屈服强度仅在专门协定时或需方在订货中有规定的情况下使用。

2）管件应易于切削、钻孔和机械加工。若加工困难发生异议时，应进行硬度试验，管件表面硬度应不大于250HBS（检查时应在经过稍许打磨的铸件外表面上进行）。

3. 工艺性能试验

1）管件水压试验见下表。

公称通径	水压试验压力/MPa
≤DN300	3.2
DN350~DN600	2.5
≥DN700	1.8

2）用于输送气体的管件应进行气密性试验，试验以空气为介质，试验压力不小于 0.3MPa，也可根据双方协议商定。

29.3 钢制管件

29.3.1 钢制对焊无缝管件（摘自 GB/T 12459—2005）（见表 29-115 ~ 表 29-124）

表 29-115　90°、45°、180°等径弯头（长半径和短半径）

90°等径弯头　45°等径弯头　180°长半径等径弯头　180°短半径等径弯头

公称尺寸 DN	坡口处外径 D		长半径弯头					短半径弯头			
			中心至端面		中心至中心	背部至端面 K		中心至端面 A	中心至中心 O	背部至端面 K	
	Ⅰ系列	Ⅱ系列	90°弯头 A	45°弯头 B	180°弯头 O	180°弯头		90°弯头	180°弯头	180°弯头	
						Ⅰ系列	Ⅱ系列			Ⅰ系列	Ⅱ系列
15	21.3	18	38	16	76	48	47				
20	26.9	25	38	19	76	51	51				
25	33.7	32	38	22	76	56	54	25	51	41	41
32	42.4	38	48	25	95	70	67	32	64	52	51
40	48.3	45	57	29	114	83	80	38	76	62	61
50	60.3	57	76	35	152	106	105	51	102	81	79
65	73.0	76	95	44	190	132	133	64	127	100	102
80	88.9	89	114	51	229	159	159	76	152	121	121
90	101.6	—	133	57	267	184	—	89	178	140	—

（续）

公称尺寸 DN	坡口处外径 D		长半径弯头					短半径弯头			
			中心至端面		中心至中心	背部至端面 K		中心至端面 A	中心至中心 O	背部至端面 K	
	Ⅰ系列	Ⅱ系列	90°弯头 A	45°弯头 B	180°弯头 O	180°弯头 Ⅰ系列	180°弯头 Ⅱ系列	90°弯头	180°弯头	180°弯头 Ⅰ系列	180°弯头 Ⅱ系列
100	114.3	108	152	64	305	210	206	102	203	159	156
125	141.3	133	190	79	381	262	257	127	254	197	194
150	168.3	159	229	95	457	313	308	152	305	237	232
200	219.1	219	305	127	610	414	414	203	406	313	313
250	273.0	273	381	159	762	518	518	354	508	391	391
300	323.9	325	457	190	914	619	620	305	610	467	467
350	355.6	377	533	222	1067	711	722	356	711	533	544
400	406.4	426	610	254	1219	813	823	406	813	610	619
450	457	480	686	286	1372	914	925	457	914	686	697
500	508	530	762	318	1524	1016	1026	508	1016	762	773
550	559	—	838	343	1676	1118	—	559	1118	838	—
600	610	630	914	381	1829	1219	1229	610	1219	914	925
650	660	—	991	406							
700	711	720	1067	438							
750	762	—	1143	470							
800	813	820	1219	502							

表 29-116　90°长半径异径弯头形式与尺寸

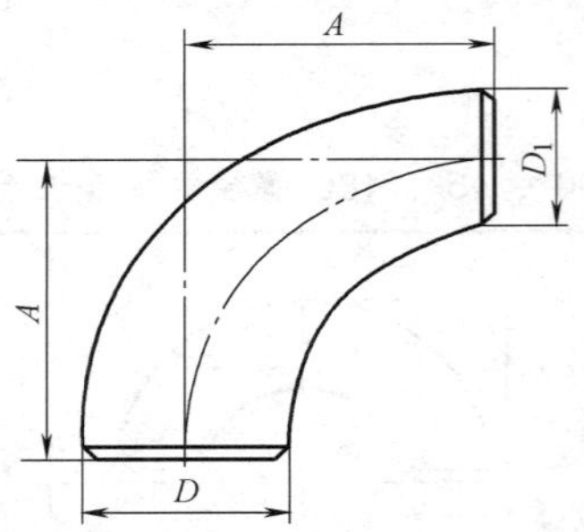

公称尺寸 DN	坡口处外径				中心至端面 A
	大端 D		小端 D_1		
	Ⅰ系列	Ⅱ系列	Ⅰ系列	Ⅱ系列	
50×40	60.3	57	48.3	45	76
50×32	60.3	57	42.4	38	76
50×25	60.3	57	33.7	32	76
65×50	73.0	76	60.3	57	95
65×40	73.0	76	48.3	45	95
65×32	73.0	76	42.4	38	95
80×65	88.9	89	73.0	76	114
80×50	88.9	89	60.3	57	114
80×40	88.9	89	48.3	45	114
90×80	101.6	—	88.9	—	133
90×65	101.6	—	73.0	—	133
90×50	101.6	—	60.3	—	133
100×90	114.3	108	101.6	—	152
100×80	114.3	108	88.9	89	152

（续）

公称尺寸 DN	坡口处外径				中心至端面 A
	大端 D		小端 D_1		
	Ⅰ系列	Ⅱ系列	Ⅰ系列	Ⅱ系列	
100×65	114.3	108	73.0	76	152
100×50	114.3	108	60.3	57	152
125×100	141.3	133	114.3	108	190
125×90	141.3	—	101.6	—	190
125×80	141.3	133	88.9	89	190
125×65	141.3	133	73.0	76	190
150×125	168.3	159	141.3	133	229
150×100	168.3	159	114.3	108	229
150×90	168.3	—	101.6	—	229
150×80	168.3	159	88.9	89	229
200×150	219.1	219	168.3	159	305
200×125	219.1	219	141.3	133	305
200×100	219.1	219	114.3	108	305
250×200	273.0	273	219.1	219	381
250×150	273.0	273	168.3	159	381
250×125	273.0	273	141.3	133	381
300×250	323.9	325	273.0	273	457
300×200	323.9	325	219.1	219	457
300×150	323.9	325	168.3	159	457
350×300	355.6	377	323.9	325	533
350×250	355.6	377	273.0	273	533
350×200	355.6	377	219.1	219	533
400×350	406.4	426	355.6	377	610
400×300	406.4	426	323.9	325	610
400×250	406.4	426	273.0	273	610
450×400	457	480	406.4	426	686
450×350	457	480	355.6	377	686
450×300	457	480	323.9	325	686
450×250	457	480	273.0	273	686
500×450	508	530	457	480	762
500×400	508	530	406.4	426	762
500×350	508	530	355.6	377	762
500×300	508	530	323.9	325	762
500×250	508	530	273.0	273	762
600×550	610	—	559	—	914
600×500	610	630	508	530	914
600×450	610	630	457	480	914
600×400	610	630	406.4	426	914
600×350	610	630	355.6	377	914
600×300	610	630	323.9	325	914

表 29-117　异径接头形式与尺寸　（单位：mm）

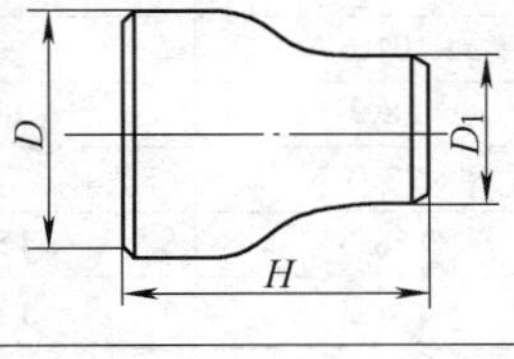

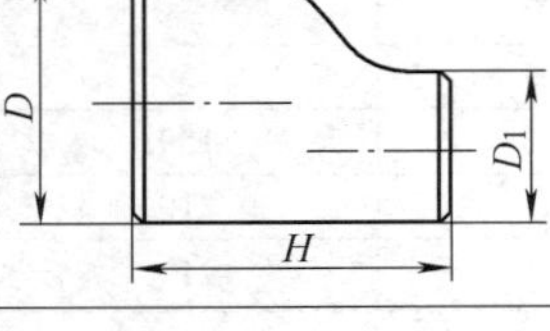

（续）

公称尺寸 DN	坡口处外径				端面至端面 *H*
	大端 *D*		小端 D_1		
	Ⅰ系列	Ⅱ系列	Ⅰ系列	Ⅱ系列	
20×15	26.9	25	21.3	18	38
20×10	26.9	25	17.3	14	38
25×20	33.7	32	26.9	25	51
25×15	33.7	32	21.3	18	51
32×25	42.4	38	33.7	32	51
32×20	42.4	38	26.9	25	51
32×15	42.4	38	21.3	18	51
40×32	48.3	45	42.4	38	64
40×25	48.3	45	33.7	32	64
40×20	48.3	45	26.9	25	64
40×15	48.3	45	21.3	18	64
50×40	60.3	57	48.3	45	76
50×32	60.3	57	42.4	38	76
50×25	60.3	57	33.7	32	76
50×20	60.3	57	26.9	25	76
65×50	73.0	76	60.3	57	89
65×40	73.0	76	48.3	45	89
65×32	73.0	76	42.4	38	89
65×25	73.0	76	33.7	32	89
80×65	88.9	89	73.0	76	89
80×50	88.9	89	60.3	57	89
80×40	88.9	89	48.3	45	89
80×32	88.9	89	42.4	38	89
90×80	101.6	—	88.9	—	102
90×65	101.6	—	73.0	—	102
90×50	101.6	—	60.3	—	102
90×40	101.6	—	48.3	—	102
90×32	101.6	—	42.4	—	102
100×90	114.3	—	101.6	—	102
100×80	114.3	108	88.9	89	102
100×65	114.3	108	73.0	76	102
100×50	114.3	108	60.3	57	102
100×40	114.3	108	48.3	45	102
125×100	141.3	133	114.3	108	127
125×90	141.3	—	101.6	—	127
125×80	141.3	133	88.9	89	127
125×65	141.3	133	73.0	76	127
125×50	141.3	133	60.3	57	127
150×125	168.3	159	141.3	133	140
150×100	168.3	159	114.3	108	140
150×90	168.3	—	101.6	—	140
150×80	168.3	159	88.9	89	140
150×65	168.3	159	73.0	76	140
200×150	219.1	219	168.3	159	152
200×125	219.1	219	141.3	133	152

（续）

公称尺寸 DN	坡口处外径				端面至端面 H
	大端 D		小端 D_1		
	Ⅰ系列	Ⅱ系列	Ⅰ系列	Ⅱ系列	
200×100	219.1	219	114.3	108	152
200×90	219.1	—	101.6	—	152
250×200	273.0	273	219.1	219	178
250×150	273.0	273	168.3	159	178
250×125	273.0	273	141.3	133	178
250×100	273.0	273	114.3	108	178
300×250	323.9	325	273.0	273	203
300×200	323.9	325	219.1	219	203
300×150	323.9	325	168.3	159	203
300×125	323.9	325	141.3	133	203
350×300	355.6	377	323.9	325	330
350×250	355.6	377	273.0	273	330
350×200	355.6	377	219.1	219	330
350×150	355.6	377	168.3	159	330
400×350	406.4	426	355.6	377	356
400×300	406.4	426	323.9	325	356
400×250	406.4	426	273.0	273	356
400×200	406.4	426	219.1	219	356

表 29-118　等径三通和四通形式与尺寸

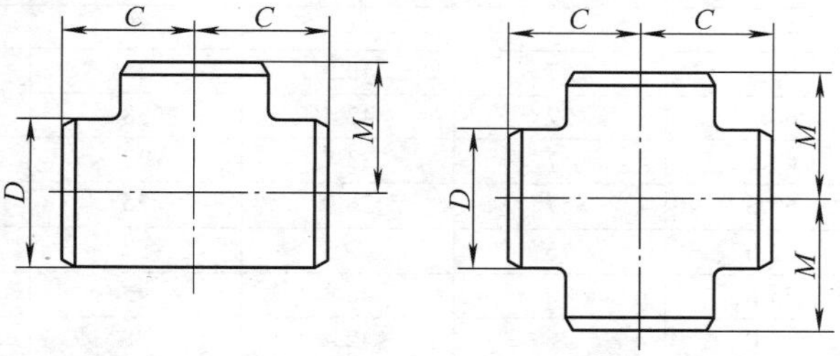

公称尺寸 DN	坡口处外径 D		中心至端面		公称尺寸 DN	坡口处外径 D		中心至端面	
	Ⅰ系列	Ⅱ系列	管程 C	出口①② M		Ⅰ系列	Ⅱ系列	管程 C	出口①② M
15	21.3	18	25	25	250	273.0	273	216	216
20	26.9	25	29	29	300	323.9	325	254	254
25	33.7	32	38	38	350	355.6	377	279	279
32	42.4	38	48	48	400	406.4	426	305	305
40	48.3	45	57	57	450	457	480	343	343
50	60.3	57	64	64	500	508	530	381	381
65	73.0	76	76	76	550	559	—	419	419
80	88.9	89	86	86	600	610	630	432	432
90	101.6	—	95	95	650	660	—	495	495
100	114.3	108	105	105	700	711	720	521	521
125	141.3	133	124	124	750	762	—	559	559
150	168.3	159	143	143	800	813	820	597	597
200	219.1	219	178	178					

① DN650 及其以上的三通和四通，推荐但并不要求采用出口尺寸 M。

② 尺寸适用于 DN600 及其以下的四通。

表 29-119 异径三通和四通形式与尺寸 （单位：mm）

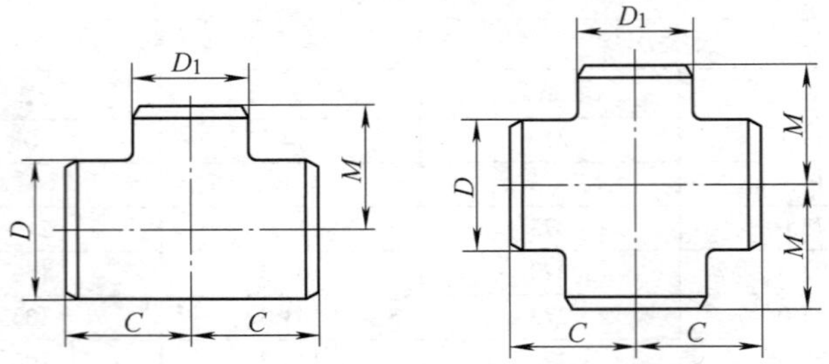

公称尺寸 DN	坡口处外径				中心至端面	
	管程 D		出口 D_1		管程	出口[①]
	Ⅰ系列	Ⅱ系列	Ⅰ系列	Ⅱ系列	C	M
15×15×10	21.3	18	17.3	14	25	25
15×15×8	21.3	18	13.7	10	25	25
20×20×15	26.9	25	21.3	18	29	29
20×20×10	26.9	25	17.3	14	29	29
25×25×20	33.7	32	26.9	25	38	38
25×25×15	33.7	32	21.3	18	38	38
32×32×25	42.4	38	33.7	32	48	48
32×32×20	42.4	38	26.9	25	48	48
32×32×15	42.4	38	21.3	18	48	48
40×40×32	48.3	45	42.4	38	57	57
40×40×25	48.3	45	33.7	32	57	57
40×40×20	48.3	45	26.9	25	57	57
40×40×15	48.3	45	21.3	18	57	57
50×50×40	60.3	57	48.3	45	64	60
50×50×32	60.3	57	42.4	38	64	57
50×50×25	60.3	57	33.7	32	64	51
50×50×20	60.3	57	26.9	25	64	44
65×65×50	73.0	76	60.3	57	76	70
65×65×40	73.0	76	48.3	45	76	67
65×65×32	73.0	76	42.4	38	76	64
65×65×25	73.0	76	33.7	32	76	57
80×80×65	88.9	89	73.0	76	86	83
80×80×50	88.9	89	60.3	57	86	76
80×80×40	88.9	89	48.3	45	86	73
80×80×32	88.9	89	42.4	38	86	70
90×90×80	101.6	—	88.9	—	95	92
90×90×65	101.6	—	73.0	—	95	89
90×90×50	101.6	—	60.3	—	95	83
90×90×40	101.6	—	48.3	—	95	79
100×100×90	114.3	—	101.6	—	105	102
100×100×80	114.3	108	88.9	89	105	98
100×100×65	113.3	108	73.0	76	105	95
100×100×50	114.3	108	60.3	57	105	89
100×100×40	114.3	108	48.3	45	105	86
125×125×100	141.3	133	114.3	133	124	117
125×125×90	141.3	—	101.6	—	124	114
125×125×80	141.3	133	88.9	89	124	111
125×125×65	141.3	133	73.0	76	124	108

（续）

公称尺寸 DN	坡口处外径				中心至端面	
	管程 D		出口 D_1		管程	出口[①]
	Ⅰ系列	Ⅱ系列	Ⅰ系列	Ⅱ系列	C	M
125×125×50	141.3	133	60.3	57	124	105
150×150×125	168.3	159	141.3	133	143	137
150×150×100	168.3	159	114.3	108	143	130
150×150×90	168.3	—	101.6	—	143	127
150×150×80	168.3	159	88.9	89	143	124
150×150×65	168.3	159	73.0	76	143	121
200×200×150	219.1	219	168.3	159	178	168
200×200×125	219.1	219	141.3	133	178	162
200×200×100	219.1	219	114.3	108	178	156
200×200×90	219.1	—	101.6	—	178	152
250×250×200	273.0	273	219.1	219	216	203
250×250×150	273.0	273	168.3	159	216	194
250×250×125	273.0	273	141.3	133	216	191
250×250×100	273.0	273	114.3	108	216	184
300×300×250	323.9	325	273.0	273	254	241
300×300×200	323.9	325	219.1	219	254	229
300×300×150	323.9	325	168.3	159	254	219
300×300×125	323.9	325	141.3	133	254	216

① DN350 及其以上的三通和四通，推荐组不要求采用出口尺寸 M。

表 29-120　管帽的形式与尺寸　（单位：mm）

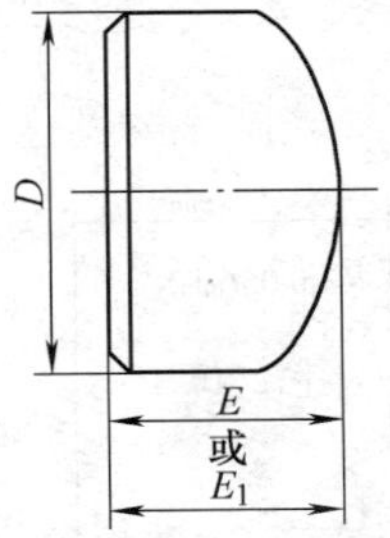

注：管帽的形状应为椭圆形，并应符合相应国家标准或行业标准中给定的形状要求。

公称尺寸 DN	坡口处外径 D		长度[①] E	长度 E 时极限壁厚	长度[②] E_1
	Ⅰ系列	Ⅱ系列			
15	21.3	18	25	4.57	25
20	26.9	25	25	3.81	25
25	33.7	32	38	4.57	38
32	42.4	38	38	4.83	38
40	48.3	45	38	5.08	38
50	60.3	57	38	5.59	44
65	73.0	76	38	7.11	51
80	88.9	89	51	7.62	64
90	101.6	—	64	8.13	76
100	114.3	108	64	8.64	76
125	141.3	133	76	9.65	89
150	168.3	159	89	10.92	102
200	219.1	219	102	12.70	127
250	273.0	273	127	12.70	152
300	323.9	325	152	12.70	178

（续）

公称尺寸 DN	坡口处外径 D		长度① E	长度 E 时极限壁厚	长度② E_1
	Ⅰ系列	Ⅱ系列			
350	355.6	377	165	12.70	191
400	406.4	426	178	12.70	203
450	457	480	203	12.70	229
500	508	530	229	12.70	254
550	559	—	254	12.70	254
600	610	630	267	12.70	305
650	660	—	267	—	—
700	711	720	267	—	—
750	762	—	267	—	—
800	813	820	267	—	—

① 长度 E 适用于厚度不超过“长度 E 时极限壁厚”栏中所列值的场合。
② DN600 及其以下的管帽，长度 E_1 适用于厚度大于“长度 E 时极限壁厚”栏中所列值的场合。

表 29-121　管件的焊接坡口和钝边的形状和尺寸

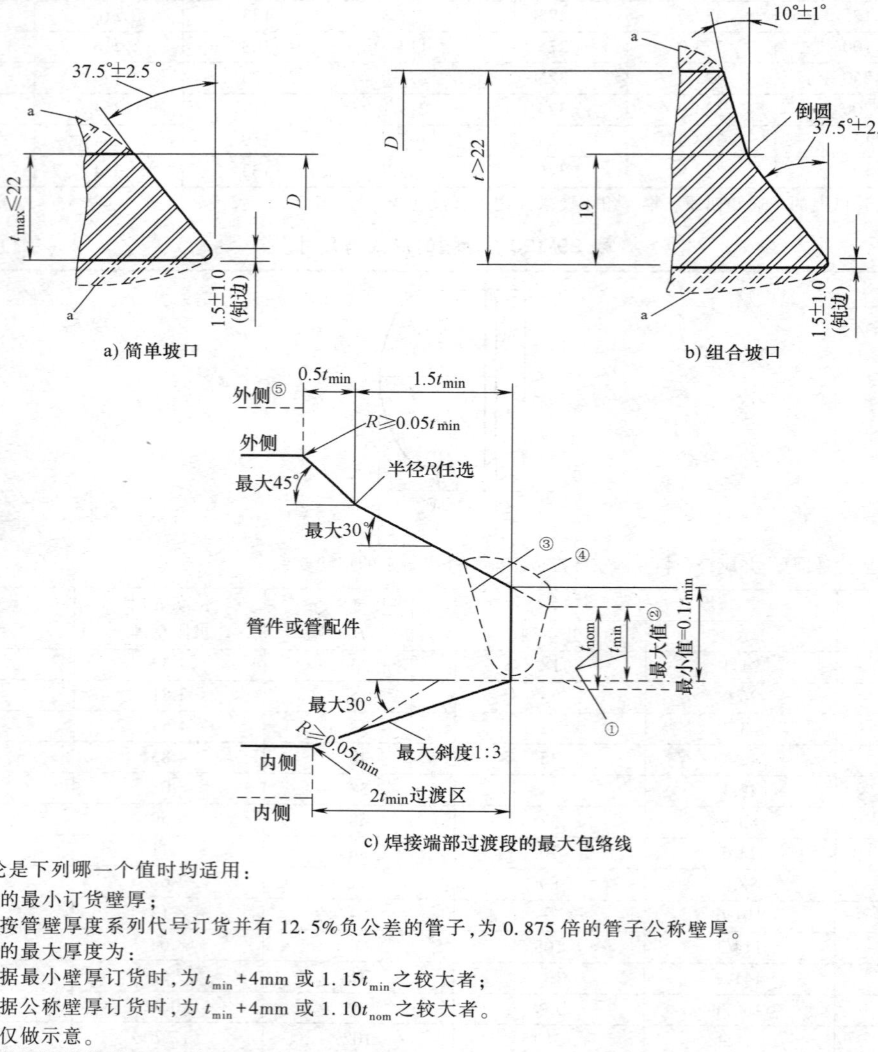

c) 焊接端部过渡段的最大包络线

① t_{min}值不论是下列哪一个值时均适用：
——管子的最小订货壁厚；
——对于按管壁厚度系列代号订货并有 12.5%负公差的管子，为 0.875 倍的管子公称壁厚。
② 管件端部的最大厚度为：
——当依据最小壁厚订货时，为 t_{min}+4mm 或 1.15t_{min}之较大者；
——当依据公称壁厚订货时，为 t_{min}+4mm 或 1.10t_{nom}之较大者。
③ 焊接坡口仅做示意。
④ 由适用规范允许的焊接补强可位于最大包络线外。
⑤ 在所用最大斜度的过渡段不与内表面或外表面相交时，如虚线轮廓所示，应采用图示的最大斜度或换角圆角。

（续）

公称壁厚 t	端部制备
<X	直角或轻微倒角，由制造商确定
X~22mm	简单坡口，如图 a 所示
>22mm	组合坡口，如图 b 所示

注：对于碳素钢或铁素体合金钢 $X=5\text{mm}$，对于奥氏体合金钢 $X=3\text{mm}$。

表 29-122　钢制对焊无缝管件的材料热处理

材料牌号	热处理要求		材料牌号	热处理要求	
	冷成形	热成形		冷成形	热成形
Q235、Q295 10、20、20R 20G、20g、20MnG	正火或消除应力	正火或退火	12Cr1MoVG、12Cr1MoVg 12CrMo、12CrMoG、15CrMo、 15CrMoR、15CrMoG、15CrMog	正火+回火	
16Mn、16Mng 16MnR、Q345 16MnDR、09Mn2VDR	正火+回火		06Cr19Ni10 022Cr19Ni10 06Cr17Ni12Mo2 022Cr17Ni12Mo2	固溶处理	
12Cr5Mo	正火+回火或退火		07Cr18Ni11Nb 06Cr18Ni11Ti 06Cr18Ni11Nb	固溶处理或 固溶处理+稳定化处理	

表 29-123　管件硬度

材　　料	硬度值(HB)	材　　料	硬度值(HB)
Q235、10、20	≤156	12Cr1MoVG、12Cr1MoVg、 12CrMoG、15CrMo	≤180
16Mn、16MnR、16Mng、 16MnDR、Q295、Q345、 20MnG、09Mn2VDR	≤170	12Cr5Mo	≤230
		奥氏体不锈钢	≤190

表 29-124　与管件连接的无缝钢管壁厚分级表　（单位：mm）

公称尺寸		外径	公称壁厚																
DN	NPS		Sch5S	Sch10S	Sch40S	Sch80S	Sch10	Sch20	Sch30	STD	Sch40	Sch60	XS	Sch80	Sch100	Sch120	Sch140	Sch160	XXS
6	1/8	10.3		1.24	1.73	2.41				1.73	1.73		2.41	2.41					
8	1/4	13.7		1.65	2.24	3.02				2.24	2.24		3.02	3.02					
10	3/8	17.1		1.65	2.31	3.20				2.31	2.31		3.20	3.20					
15	1/2	21.3	1.65	2.11	2.77	3.73				2.77	2.77		3.73	3.73				4.78	7.47
20	3/4	26.7	1.65	2.11	2.87	3.91				2.87	2.87		3.91	3.91				5.56	7.82
25	1	33.4	1.65	2.77	3.38	4.55				3..38	3.38		4.55	4.55				6.35	9.09
32	1¼	42.2	1.65	2.77	3.56	4.85				3.56	3.56		4.85	4.85				6.35	9.70
40	1½	48.3	1.65	2.77	3.68	5.08				3.68	3.68		5.08	5.08				7.14	10.15
50	2	60.3	1.65	2.77	3.91	5.54				3.91	3.91		5.54	5.54				8.74	11.07
65	2½	73.0	2.11	3.05	5.16	7.01				5.16	5.16		7.01	7.01				9.53	14.02
80	3	88.9	2.11	3.05	5.49	7.62				5.49	5.49		7.62	7.62				11.13	15.24
90	3½	101.6	2.11	3.05	5.74	8.08				5.74	5.74		8.08	8.08					
100	4	114.3	2.11	3.05	6.02	8.56				6.02	6.02		8.56	8.56		11.13		13.49	17.12
125	5	141.3	2.77	3.40	6.55	9.53				6.55	6.55		9.53	9.53		12.70		15.88	19.05
150	6	168.3	2.77	3.40	7.11	10.97				7.11	7.11		10.97	10.97		14.27		18.26	21.95
200	8	219.1	2.77	3.76	8.18	12.70		6.35	7.04	8.18	8.18	10.31	12.70	12.70	15.09	18.26	20.62	23.01	22.23
250	10	273.0	3.40	4.19	9.27	* 12.70		6.35	7.80	9.27	9.27	12.70	12.70	15.09	18.26	21.44	25.40	28.58	25.40
300	12	323.8	3.96	* 4.57	* 9.53	* 12.70		6.35	8.38	9.53	10.31	14.27	12.70	17.48	21.44	25.40	28.58	33.32	25.40
350	14	355.6	3.96	* 4.78			6.35	7.92	9.53	9.53	11.13	15.09	12.70	19.05	23.83	27.79	31.75	35.71	
400	16	406.4	4.19	* 4.78			6.35	7.92	9.53	9.53	12.70	16.66	12.70	21.44	26.19	30.96	36.53	40.49	
450	18	457	4.19	* 4.78			6.35	7.92	11.13	9.53	14.27	19.05	12.70	23.83	29.36	34.93	39.67	45.24	
500	20	508	4.78	* 5.54			6.35	9.53	12.70	9.53	15.09	20.62	12.70	26.19	32.54	38.10	44.45	50.01	

（续）

公称尺寸		外径	公称壁厚																
DN	NPS		Sch5S	Sch10S	Sch40S	Sch80S	Sch10	Sch20	Sch30	STD	Sch40	Sch60	XS	Sch80	Sch100	Sch120	Sch140	Sch160	XXS
550	22	559	4.78	* 5.54			6.35	9.53	12.70	9.53		22.23	12.70	28.58	34.93	41.28	47.63	53.98	
600	24	610	5.54	6.35			6.35	9.53	14.27	9.53	17.48	24.61	12.70	30.96	38.89	46.02	52.37	59.54	
650	26	660					7.92	12.70		9.53			12.70						
700	28	711					7.92	12.70	15.88	9.53			12.70						
750	30	762	6.35	7.92			7.92	12.70	15.88	9.53			12.70						
800	32	813					7.92	12.70	15.88	9.53	17.48		12.70						

注：1. Sch 数字后带“S”者为 ASME B36.19M 标准中规定的数据；不带“S”者为 ASME B36.10M 标准中规定的数据。
2. 带“*”号的壁厚数据，在 ASME B36.19M 标准中注明与 ASME B36.10M 不同。
3. “STD”为标准管壁厚系列代号，“XS”为加强管壁厚系列代号，“XXS”为特加强管壁厚系列代号。

29.3.2 钢板制对焊管件（摘自 GB/T 13401—2005）（见表 29-125～表 29-130）

表 29-125 等径弯头（90°，45°弯头），三通和四通 （单位：mm）

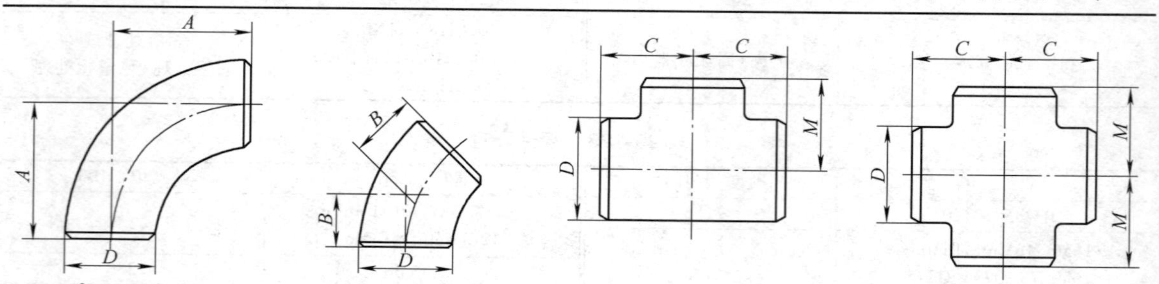

90°短半径弯头（90°长半径弯头）　45°长半径弯头　三通和四通

公称尺寸 DN	坡口处外径 D		长半径弯头 中心至端面		短半径弯头 中心至端面 A	三通和四通 中心至端面	
	Ⅰ系列	Ⅱ系列	90°弯头 A	45°弯头 B	90°弯头	管程 C	出口 M
150	168.3	159	229	95	152	143	143
200	219.1	219	305	127	203	178	178
250	273.0	273	381	159	254	216	216
300	323.9	325	457	160	305	254	254
350	355.5	377	533	222	356	279	279
400	406.4	426	610	254	406	305	305
450	457	480	686	286	457	343	343
500	508	530	762	318	508	381	381
550	559	—	838	343	559	419	419
600	610	630	914	381	610	432	432
650	660	—	991	405	—	495	495
700	711	720	1067	438	—	521	521
750	762	—	1143	470	—	559	559
800	813	820	1219	502	—	597	597
850	864	—	1295	533	—	635	635
900	914	920	1372	565	—	673	673
950	965	—	1448	600	—	711	711
1000	1016	1020	1524	632	—	749	749
1050	1067	—	1600	660	—	762	711
1100	1118	1120	1676	695	—	813	762
1150	1168	—	1753	727	—	851	800
1200	1219	1220	1829	759	—	889	838

表 29-126　90°长半径异径弯头　（单位：mm）

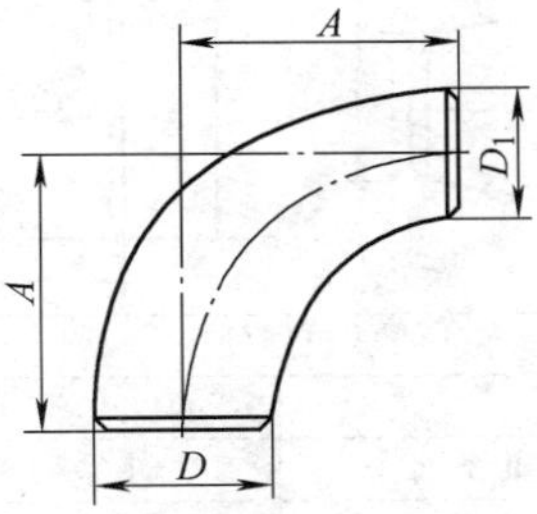

公称尺寸 DN	坡口处外径				中心至端面 A
	大端 D		小端 D_1		
	Ⅰ系列	Ⅱ系列	Ⅰ系列	Ⅱ系列	
150×125	168.3	159	141.3	133	229
150×100	168.3	159	114.3	108	229
150×90	168.3	—	101.6	—	229
150×80	168.3	159	88.9	89	229
200×150	219.1	219	168.3	159	305
200×125	219.1	219	141.3	133	305
200×100	219.1	219	114.3	108	305
250×200	273.0	273	219.1	219	381
250×150	273.0	273	168.3	159	381
250×125	273.0	273	141.3	133	381
300×250	323.9	325	273.0	273	457
300×200	323.9	325	219.1	219	457
300×150	323.9	325	168.3	159	457
350×300	355.6	377	323.9	325	533
350×250	355.6	377	273.0	273	533
350×200	355.6	377	219.1	219	533
400×350	406.4	426	355.6	377	610
400×300	406.4	426	323.9	325	610
400×250	406.4	426	273.0	273	610
450×400	457	480	406.4	426	686
450×350	457	480	355.6	377	686
450×300	457	480	323.9	325	686
450×250	457	480	273.0	273	686
500×450	508	530	457	480	762
500×400	508	530	406.4	426	762
500×350	508	530	355.6	377	762
500×300	508	530	323.9	325	762
500×250	508	530	273.0	273	762
600×550	610	—	559	—	914
600×500	610	630	508	530	914
600×450	610	630	457	480	914
600×400	610	630	406.4	426	914
600×350	610	630	355.6	377	914
600×300	610	630	323.9	325	914

表 29-127　异径接头　　（单位：mm）

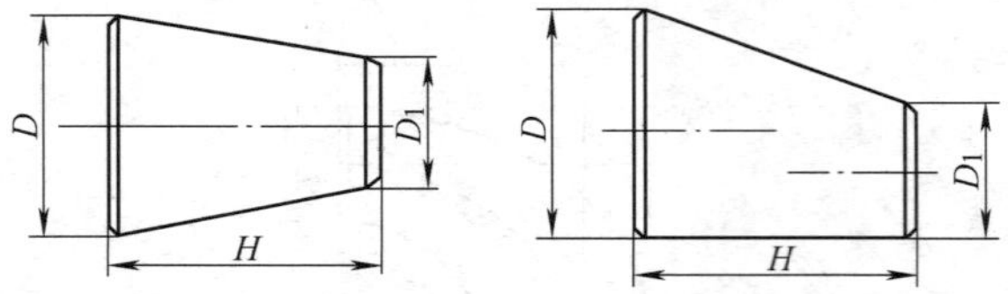

公称直径 DN	坡口处外径				端面至端面 *H*
	大端 *D*		小端 D_1		
	Ⅰ系列	Ⅱ系列	Ⅰ系列	Ⅱ系列	
150×125	168.3	159	141.3	133	140
150×100	168.3	159	114.3	108	140
150×90	168.3	—	101.6	—	140
150×80	168.3	159	88.9	89	140
150×65	168.3	159	73.0	76	140
200×150	219.1	219	168.3	159	152
200×125	219.1	219	141.3	133	152
200×100	219.1	219	114.3	108	152
200×90	219.1	—	101.6	—	152
250×200	273.0	273	219.1	219	178
250×150	273.0	273	168.3	159	178
250×125	273.0	273	141.3	133	178
250×100	273.0	273	114.3	108	178
300×250	323.9	325	273.0	273	203
300×200	323.9	325	219.1	219	203
300×150	323.9	325	168.3	159	203
300×125	323.9	325	141.3	133	203
350×300	355.6	377	323.9	325	330
350×250	355.6	377	273.0	273	330
350×200	355.6	377	219.1	219	330
350×150	355.6	377	168.3	159	330
400×350	406.4	426	355.6	377	356
400×300	406.4	426	323.9	325	356
400×250	406.4	426	273.0	273	356
400×200	406.4	426	219.1	219	356
450×400	457	480	406.4	426	381
450×350	457	480	355.6	377	381
450×300	457	480	323.9	325	381
450×250	457	480	273.0	273	381
500×450	508	530	457	480	508
500×400	508	530	406.4	426	508
500×350	508	530	355.6	377	508
500×300	508	530	323.9	325	508
550×500	559	—	508	—	508
550×450	559	—	457	—	508
550×400	559	—	406.4	—	508
550×350	559	—	355.6	—	508
600×550	610	—	559	—	508
600×500	610	630	508	530	508
600×450	610	630	457	480	508
600×400	610	630	406.4	426	508
650×600	660	—	610	—	610

（续）

公称直径 DN	坡口处外径				端面至端面 H
	大端 D		小端 D_1		
	Ⅰ系列	Ⅱ系列	Ⅰ系列	Ⅱ系列	
650×550	660	—	559	—	610
650×500	660	—	508	—	610
650×450	660	—	457	—	610
700×650	711	—	660	—	610
700×600	711	720	610	630	610
700×550	771	—	559	—	610
700×500	711	720	508	530	610
750×700	762	—	711	—	610
750×650	762	—	660	—	610
750×600	762	—	610	—	610
750×550	762	—	559	—	610
800×750	813	—	762	—	610
800×700	813	820	711	720	610
800×650	813	—	660	—	610
800×600	813	820	610	630	610
850×800	864	—	813	—	610
850×750	864	—	762	—	610
850×700	864	—	711	—	610
850×650	864	—	660	—	610
900×850	914	—	864	—	610
900×800	914	920	813	820	610
900×750	914	—	762	—	610
900×700	914	920	711	720	610
900×650	914	—	660	—	610

表 29-128　异径三通和四通　　（单位：mm）

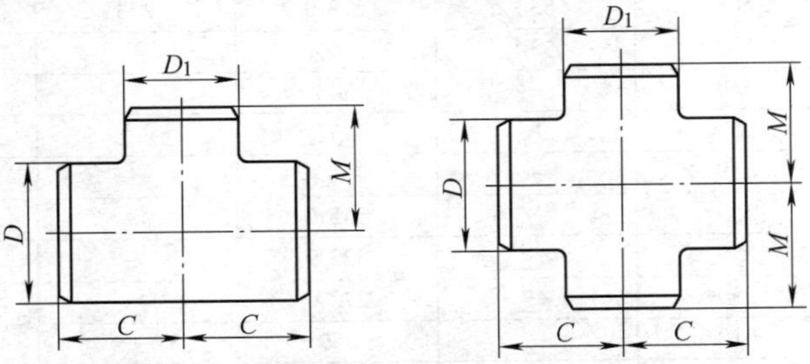

公称尺寸 DN	坡口处外径				中心至端面	
	管程 D		出口 D_1		管程 C	出口 M
	Ⅰ系列	Ⅱ系列	Ⅰ系列	Ⅱ系列		
150×150×125	168.3	159	141.3	133	143	137
150×150×100	168.3	159	114.3	108	143	130
150×150×90	168.3	—	101.6	—	143	127
150×150×80	168.3	159	88.9	89	143	124
150×150×65	168.3	159	73.0	76	143	121
200×200×150	219.1	219	168.3	159	178	168
200×200×125	219.1	219	141.3	133	178	162
200×200×100	219.1	219	114.3	108	178	156
200×200×90	219.1	—	101.6	—	178	152

（续）

公称尺寸 DN	坡口处外径				中心至端面	
	管程 D		出口 D_1		管程 C	出口 M
	Ⅰ系列	Ⅱ系列	Ⅰ系列	Ⅱ系列		
250×250×200	273.0	273	219.1	219	216	203
250×250×150	273.0	273	168.3	159	216	194
250×250×125	273.0	273	141.3	133	216	191
250×250×100	273.0	273	114.3	108	216	184
300×300×250	323.9	325	273.0	273	254	241
300×300×200	323.9	325	219.1	219	254	229
300×300×150	323.9	325	168.3	159	254	219
300×300×125	323.9	325	141.3	133	254	216
350×350×300	355.6	377	323.9	325	279	270
350×350×250	355.6	377	273.0	273	279	257
350×350×200	355.6	377	219.1	219	279	248
350×350×150	355.6	377	168.3	159	279	238
400×400×350	406.4	426	355.6	377	305	305
400×400×300	406.4	426	323.9	325	305	295
400×400×250	406.4	426	273.0	273	305	283
400×400×200	406.4	426	219.1	219	305	273
400×400×150	406.4	426	168.3	159	305	264
450×450×400	457	480	406.4	426	343	330
450×450×350	457	480	355.6	377	343	330
450×450×300	457	480	323.9	325	343	321
450×450×250	457	480	273.0	273	343	308
450×450×200	457	480	219.1	219	343	298
500×500×450	508	530	457	480	381	368
500×500×400	508	530	406.4	426	381	356
500×500×350	508	530	355.6	377	381	356
500×500×300	508	530	323.9	325	381	346
500×500×250	508	530	273.0	273	381	333
500×500×200	508	530	219.1	219	381	324
550×550×500	559	—	508	—	419	406
550×550×450	559	—	457	—	419	394
550×550×400	559	—	406.4	—	419	381
550×550×350	559	—	355.6	—	419	381
550×550×300	559	—	323.9	—	419	371
550×550×250	559	—	273.0	—	419	359
600×600×550	610	—	559	—	432	432
600×600×500	610	630	508	530	432	432
600×600×450	610	630	457	480	432	419
600×600×400	610	630	406.4	426	432	406
600×600×350	610	630	355.6	377	432	406
600×600×300	610	630	323.9	325	432	397
600×600×250	610	630	273.0	273	432	384
650×650×600	660	—	610	—	495	483
650×650×550	660	—	559	—	495	470
650×650×500	660	—	508	—	495	457
650×650×450	660	—	457	—	495	444
650×650×400	660	—	406.4	—	495	432
650×650×350	660	—	355.6	—	495	432
650×650×300	660	—	323.8	—	495	422

表 29-129　管帽　　（单位：mm）

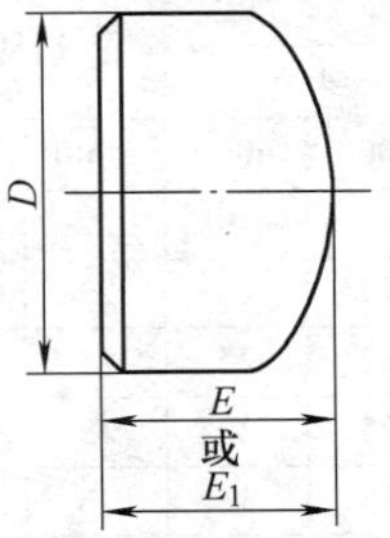

注：管帽的形状应为椭圆形，并应符合相应国家标准或行业标准中给定的形状要求。

公称尺寸 DN	坡口处外径 D		长度① E	长度 E 时极限壁厚	长度② E_1
	Ⅰ系列	Ⅱ系列			
150	168.3	159	89	10.92	102
200	219.1	219	102	12.70	127
250	273.0	273	127	12.70	152
300	323.9	325	152	12.70	178
350	355.6	377	165	12.70	191
400	406.4	426	178	12.70	203
450	457	480	203	12.70	229
500	508	530	229	12.70	254
550	559	—	254	12.70	254
600	610	630	267	12.70	305
650	660	—	267	—	—
700	711	720	267	—	—
750	762	—	267	—	—
800	813	820	267	—	—
850	864	—	267	—	—
900	914	920	267	—	—
950	965	—	305	—	—
1000	1016	1020	305	—	—
1050	1067	—	305	—	—
1100	1118	1120	343	—	—
1150	1168	—	343	—	—
1200	1219	1220	343	—	—

① 长度 E 适用于厚度不超过“长度 E 时极限壁厚”栏中所列值的场合。
② 对 DN600 及其以下的管帽，长度 E_1 适用于厚度大于“长度 E 时极限壁厚”栏中所列值的场合。对于 DN650 及其以上的管帽，长度 E_1 应由制造厂与采购方协商确定。

29.3.3　锻制螺纹管件（摘自 GB/T 14383—2008）

锻制螺纹管件的形状和尺寸应符合表 29-130 和表 29-131 的规定。

锻制螺纹管件的螺纹应符合 GB/T 12716 标准中的 60°圆角管螺纹（NPT）的规定。

当采购方制定采用其他螺纹型式时应在订单中注明螺纹型式和标准编号。

表 29-130　45°弯头、90°弯头、三通和四通尺寸　　（单位：mm）

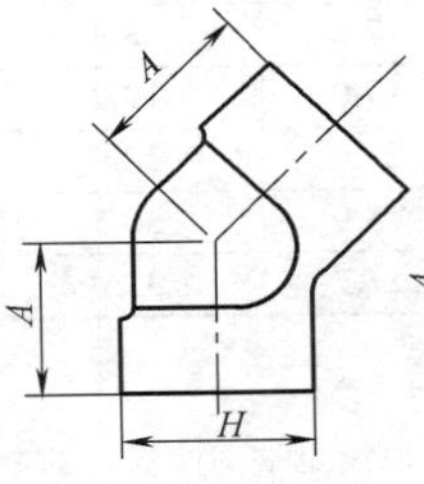

45°弯头

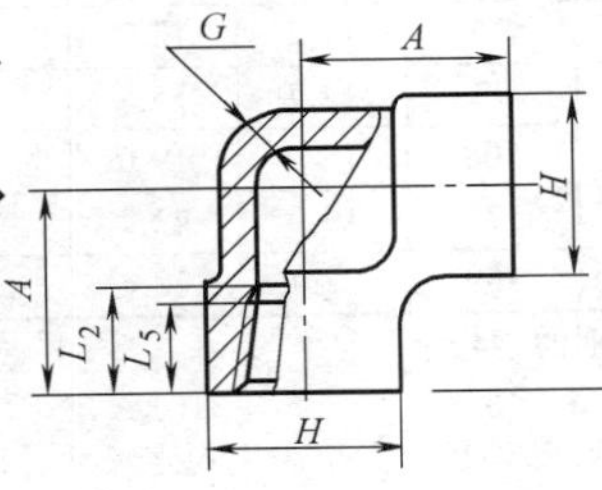

90°弯头

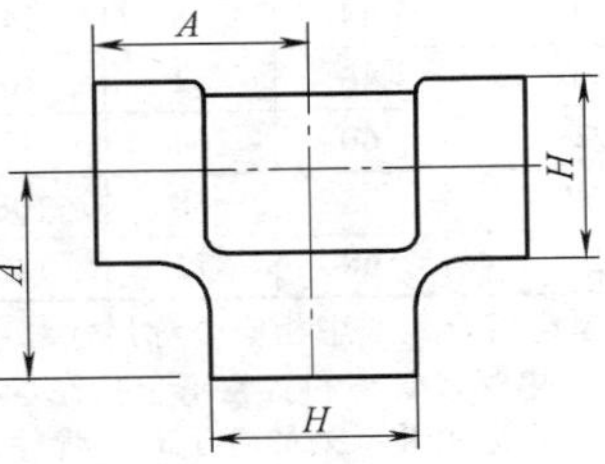

三通

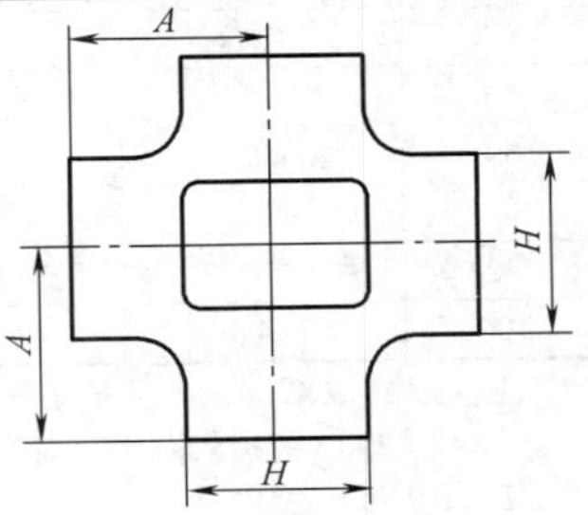

四通

（续）

公称尺寸 DN	螺纹尺寸代号 NPT	中心至端面 A						端部外径 H①			本体壁厚 G_{min}			完整螺纹长度 L_{5min}	有效螺纹长度 L_{2min}
		90°弯头、三通和四通			45°弯头										
		2000	3000	6000	2000	3000	6000	2000	3000	6000	2000	3000	6000		
6	1/8	21	21	25	17	17	19	22	22	25	3.18	3.18	6.35	6.4	6.7
8	1/4	21	25	28	17	19	22	22	25	33	3.18	3.30	6.60	8.1	10.2
10	3/8	25	28	33	19	22	25	25	33	38	3.18	3.51	6.98	9.1	10.4
15	1/2	28	33	38	22	25	28	33	38	46	3.18	4.09	8.15	10.9	13.6
20	3/4	33	38	44	25	28	33	38	46	56	3.18	4.32	8.53	12.7	13.9
25	1	38	44	51	28	33	35	46	56	62	3.68	4.98	9.93	14.7	17.3
32	1¼	44	51	60	33	35	43	56	62	75	3.89	5.28	10.59	17.0	18.0
40	1½	51	60	64	35	43	44	62	75	84	4.01	5.56	11.07	17.8	18.4
50	2	60	64	83	43	44	52	75	84	102	4.27	7.14	12.09	19.0	19.2
65	2½	76	83	95	52	52	64	92	102	121	5.61	7.65	15.29	23.6	28.9
80	3	86	95	106	64	64	79	109	121	146	5.99	8.84	16.64	25.9	30.5
100	4	106	114	114	79	79	79	146	152	152	6.55	11.18	18.67	27.7	33.0

① 当 DN65（NPS 2½）的管件配管选用Ⅱ系列的管子时，管件的端部外径应大于表中规定尺寸，以满足端部凸缘处的壁厚要求，其余尺寸应符合本标准规定。

表 29-131 双螺口管箍、单螺口管箍和管帽尺寸 （单位：mm）

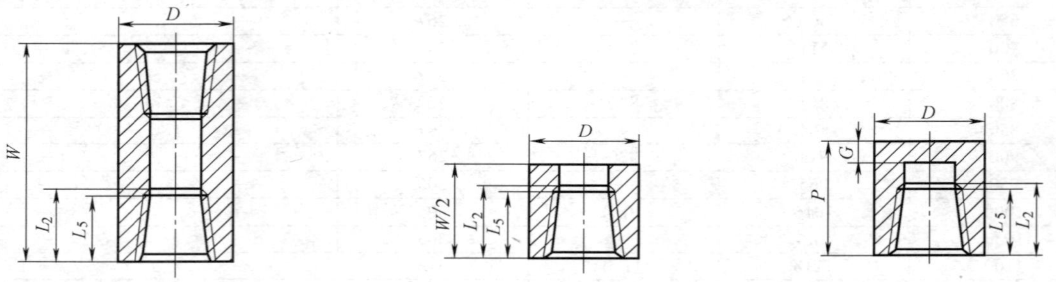

双螺口管箍　　单螺口管箍　　管帽

公称尺寸 DN	螺纹尺寸代号 NPT	端面至端面 W	端面至端面 P		外径 D①		顶部厚度 G_{min}		完整螺纹长度 L_{3min}	有效螺纹长度 L_{2min}
		3000 和 6000	3000	6000	3000	6000	3000	6000		
6	1/8	32	19	—	16	22	4.8	—	6.4	6.7
8	1/4	35	25	27	19	25	4.8	6.4	8.1	10.2
10	3/8	38	25	27	22	32	4.8	6.4	9.1	10.4
15	1/2	48	32	33	28	38	6.4	7.9	10.9	13.6
20	3/4	51	37	38	35	44	6.4	7.9	12.7	13.9
25	1	60	41	43	44	57	9.7	11.2	14.7	17.3
32	1¼	67	44	46	57	64	9.7	11.2	17.0	18.0
40	1½	79	44	48	54	76	11.2	12.7	17.8	18.4
50	2	86	48	51	76	92	12.7	15.7	19.0	19.2
65	2½	92	60	64	92	108	15.7	19.0	23.6	28.9
80	3	108	65	68	108	127	19.0	22.4	25.9	30.5
100	4	121	68	75	140	159	22.4	28.4	27.7	33.0

注：1. 螺纹端部以外的最小壁厚应符合表 5 中相应公称尺寸和级别的规定。

2. 2000 级别的双螺口管箍、单螺口管箍和管帽不包括在本标准中。

① 当 DN65（NPS 2½）的管件配管选用Ⅱ系列的管子时，管件的端部外径应大于表中规定尺寸，以满足端部凸缘处的壁厚要求，其余尺寸应符合本标准规定。

29.3.4　钢制法兰管件（摘自 GB/T 17185—2012）

本部分适用于公称压力为 Class 50 和 Class 300 的钢制法兰管件。

29.3.4.1　钢制管法兰的种类及代号（见表29-132）

表 29-132　钢制法兰管件的种类及代号

品　种	类　别	代　号
45°弯头	等径	F45ES
	异径	F45ER
90°弯头	等径	F90ES
	异径	F90ER
	长半径等径	F90ELS
	长半径异径	F90ELR
三通	等径	FTS
	异径	FTR
四通	等径	FCRS
	异径	FCRR
45°斜三通	等径	F45TS
	异径	F45TR
异径接头(大小头)	同心	FRC
	偏心	FRE
Y 型三通	等径	FYTS
	异径	FYTR

29.3.4.2　钢制管法兰的尺寸

钢制法兰管件的形式与尺寸应符合图 29-9、图 29-10、表 29-133 及表 29-134 的规定；异径管件的所有开孔中心至接触面或法兰面的尺寸与最大开孔的标准管件相同；钢制法兰管件的法兰尺寸应符合 GB/T 9113—2010 中公称压力为 Class150 和 Class300 的整体式法兰的规定。

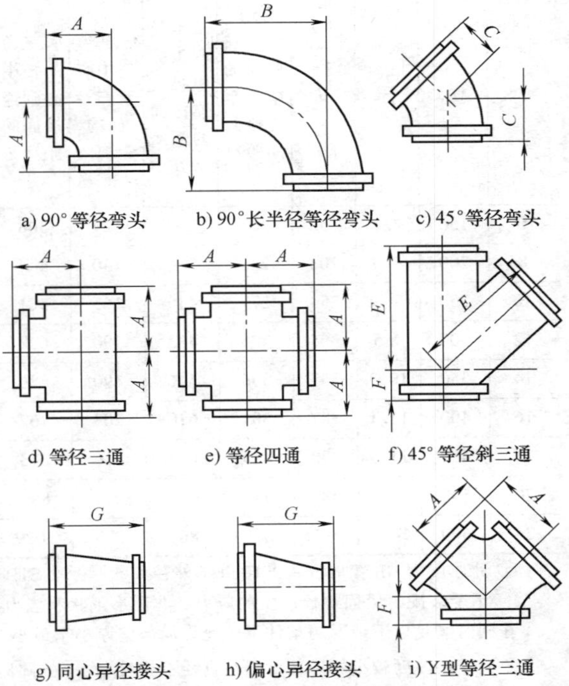

图 29-9　常用钢制法兰管件型式

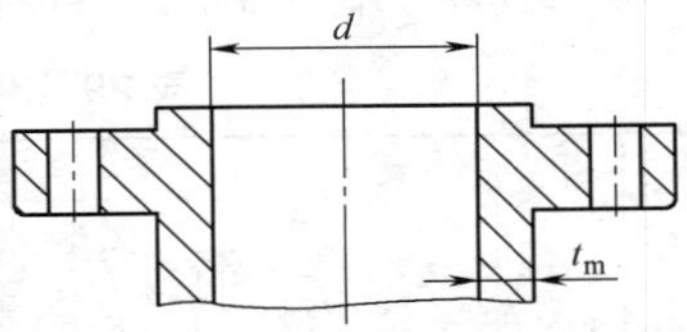

图 29-10　钢制法兰管件法兰端部示意图

表 29-133　Class150 钢制法兰管件的尺寸　（单位：mm）

公称尺寸		最小壁厚 t_m①	内径 d	突面						环连接面					
NPS	DN			弯通、三通和四通的中心至连接面的距离 A	长半径弯头的中心至连接面的距离 B	45°弯头的中心至连接面的距离 C	斜三通的长中心到连接面的距离 E	斜三通的短中心至连接面的距离 F	异径接头的连接面至连接面的距离 G	弯通、三通和四通的中心至端面的距离 A	长半径弯头的中心至端面的距离 B	45°弯头的中心至端面的距离 C	斜三通的长中心到端面的距离 E	斜三通的短中心至端面的距离 F	异径接头的端面至端面的距离 G
1	25	4.0	25	89	127	44	146	44	114	95	133	51	152	51	127
1¼	32	4.8	32	95	140	51	159	44	114	102	146	57	165	51	127
1½	40	4.8	38	102	152	57	178	51	114	108	159	64	184	57	127
2	50	5.6	51	114	165	64	203	64	127	121	171	70	210	70	140
2½	65	5.6	64	127	178	76	241	64	140	133	184	83	248	70	153
3	80	5.6	76	140	197	76	254	76	152	146	203	83	260	70	165
4	100	6.4	102	165	229	102	305	76	178	171	235	108	311	83	191
5	125	7.1	127	190	260	114	343	89	203	197	267	121	349	95	216

（续）

公称尺寸		最小壁厚 $t_{\rm m}$①	内径 d	突面						环连接面					
NPS	DN			弯通、三通和四通的中心至连接面的距离 A	长半径弯头的中心至连接面的距离 B	45°弯头的中心至连接面的距离 C	斜三通的长中心到连接面的距离 E	斜三通的短中心至连接面的距离 F	异径接头的连接面至连接面的距离 G	弯通、三通和四通的中心至端面的距离 A	长半径弯头的中心至端面的距离 B	45°弯头的中心至端面的距离 C	斜三通的长中心到端面的距离 E	斜三通的短中心至端面的距离 F	异径接头的端面至端面的距离 G
6	150	7.1	152	203	292	127	368	89	229	210	298	133	375	95	242
8	200	7.9	203	229	356	140	444	114	279	235	362	146	451	121	292
10	250	8.7	254	279	419	165	521	127	305	286	425	171	527	133	318
12	300	9.5	305	305	483	190	622	140	356	311	489	197	629	146	369
14	350	10.3	337	356	546	190	686	152	406	362	552	197	692	159	419
16	400	11.1	387	381	610	203	762	165	457	387	616	210	768	171	470
18	450	11.9	438	419	673	216	813	178	483	425	679	222	819	184	496
20	500	12.7	489	457	737	241	889	203	508	464	743	248	895	210	521
24	600	14.5	591	559	864	279	1029	229	610	565	870	286	1035	235	623

① 此厚度为 GB/T 9124—2010 管子外径和壁厚标准 STD 对应的壁厚，用户如果没有特殊订货要求，则按此壁厚供货。因承受装配时紧固螺栓产生的应力、非圆形形状和应力集中而需要增加附加壁厚，由制造商确定。

在同时满足以下情况的条件下，允许局部壁厚小于最小壁厚：

——厚度较小的局部封闭在直径不超过 $\sqrt{dt_{\rm m}}$ 的圆周范围内，其中 d 为管件的内径；

——实际测量厚度 $\geqslant 0.75t_{\rm m}$；

——厚度较小的局部所在的各封闭圆之间的间隔 $>1.75\sqrt{dt_{\rm m}}$。

表 29-134　Class300 钢制法兰管件的尺寸　　（单位：mm）

公称尺寸		最小壁厚 $t_{\rm m}$①	内径 d	突面						环连接面					
NPS	DN			弯通、三通和四通的中心至连接面的距离 A	长半径弯头的中心至连接面的距离 B	45°弯头的中心至连接面的距离 C	斜三通的长中心到连接面的距离 E	斜三通的短中心至连接面的距离 F	异径接头的连接面至连接面的距离 G	弯通、三通和四通的中心至端面的距离 A	长半径弯头的中心至端面的距离 B	45°弯头的中心至端面的距离 C	斜三通的长中心到端面的距离 E	斜三通的短中心至端面的距离 F	异径接头的端面至端面的距离 G
1	25	4.8	25	102	127	57	165	51	114	108	133	64	171	57	127
1¼	32	4.8	32	108	140	64	184	57	114	114	146	70	191	64	127
1½	40	4.8	38	114	152	70	216	64	114	121	159	76	222	70	127
2	50	6.4	51	127	165	76	229	64	127	135	173	84	237	71	143
2½	65	6.4	64	140	178	89	267	64	140	148	186	97	275	71	156
3	80	7.1	76	152	197	89	279	76	152	160	205	97	287	84	168
4	100	7.9	102	178	229	114	343	76	178	186	237	124	351	84	194
5	125	9.5	127	203	260	127	381	89	203	211	268	135	389	97	219
6	150	9.5	152	216	292	140	445	102	229	224	300	148	452	110	245
8	200	11.1	203	254	356	152	521	127	279	262	364	160	529	135	295
10	250	12.7	254	292	419	178	610	140	305	300	427	186	618	148	321
12	300	14.3	305	330	483	203	698	152	356	338	491	211	706	160	372

（续）

公称尺寸		最小壁厚 t_m①	内径 d	突面						环连接面					
NPS	DN			弯通、三通和四通的中心至连接面的距离 A	长半径弯头的中心至连接面的距离 B	45°弯头的中心至连接面的距离 C	斜三通的长中心到连接面的距离 E	斜三通的短中心至连接面的距离 F	异径接头的连接面至连接面的距离 G	弯通、三通和四通的中心至端面的距离 A	长半径弯头的中心至端面的距离 B	45°弯头的中心至端面的距离 C	斜三通的长中心到端面的距离 E	斜三通的短中心至端面的距离 F	异径接头的端面至端面的距离 G
14	350	15.9	337	381	546	216	787	165	406	389	554	224	795	173	422
16	400	17.5	387	419	610	241	876	190	457	427	618	249	884	198	473
18	450	19.0	432	457	673	254	952	203	483	465	681	262	960	211	499
20	500	20.6	483	495	737	267	1029	216	508	505	746	276	1038	225	527
24	600	23.8	584	572	864	305	1206	254	610	583	875	316	1218	285	632

① 此厚度为 GB/T 9124—2010 管子外径和壁厚标准 STD 对应的壁厚，用户如果没有特殊订货要求，则按此壁厚供货。因承受装配时紧固螺栓产生的应力、非圆形形状和应力集中而需要增加附加壁厚，由制造商确定。

在同时满足以下情况的条件下，允许局部壁厚小于最小壁厚：

——厚度较小的局部封闭在直径不超过 $\sqrt{dt_m}$ 的圆周范围内；

——实际测量厚度≥$0.75t_m$；

——厚度较小的局部所在的各封闭圆之间的间隔>$1.75\sqrt{dt_m}$。

29.3.4.3 钢制管法兰的公差

1）钢制法兰管件的法兰公差应符合 GB/T 9124—2010 的规定。

2）突面连接面的钢制法兰管件中心至连接面的尺寸公差应符合表 29-135 的规定。

表 29-135 突面连接面的钢制法兰管件中心至连接面的极限偏差

（单位：mm）

公称尺寸		公差
NPS	DN	
≤10	≤250	±1.0
≥12	≥300	±1.5

3）环连接连接面的钢制法兰管件中心至端面的尺寸公差应符合表 29-136 的规定。

表 29-136 环连接连接面的钢制法兰管件中心至端面的极限偏差

（单位：mm）

公称尺寸		公差
NPS	DN	
≤10	≤250	±1.0
≥12	≥300	±1.5

4）钢制法兰管件连接面至连接面或端面至端面的尺寸公差应符合表 29-137 的规定。

表 29-137 钢制法兰管件中心连接面至连接面或端面至端面的极限偏差

（单位：mm）

公称尺寸		公差
NPS	DN	
≤10	≤250	±2.0
≥12	≥300	±3.0

29.3.4.4 技术要求

1）钢制法兰管件的原材料为铸件或锻件，其常用材料见 GB/T 9124—2010，根据用户要求，也可以采用其他材料。钢制法兰管件材料的化学成分、力学性能及热处理制度等技术要求应符合 GB/T 9124—2010 中所列相应标准的规定。

制造法兰管件的原材料均须具有材料制造厂的质量合格证明书或其复印件，并应按照证明书对钢材进行验收，必要时还应进行复验确认合格后方可使用。

2）所有成品管件表面应无裂纹、夹层、夹渣及氧化皮等有害缺陷；铸造管件表面应没有影响使用的裂纹、气孔、冷隔和粘砂等缺陷。

3）碳钢合金钢管件的内外表面应进行除锈处理，并涂防锈油漆。对于铸造管件必要时应进行喷丸处理。

奥氏体不锈钢管件应进行酸洗钝化处理。

4）压力-温度额定值。钢制法兰管件的压力-温度额定值应按照 GB/T 9124—2010 中的规定。如果异径管件上几个法兰的压力-温度额定值不相同，那么该管件的压力-温度额定值由几个法兰中较低的一个法兰所决定。

29.3.4.5 标记

公称尺寸为 NPS4（DN 100），公称压力为 Class150，材料为 WCB 的 45°等径弯头标记为：

F45ES NPS4(或 DN100)-
Class150 WCB GB/T 17185—2012

公称尺寸为 NPS4×2(DN100×50)，公称压力为 Class300，材料为 ZG12Cr2Mo1G 的同心异径接头标记为：

FRC NPS4×2(或 DN100×50)-Class300
ZG12Cr2Mo1G GB/T 17185—2012

29.3.4.6 水压试验

1）每一个钢制法兰管件都应对壳体进行水压试验，其水压试验压力应为温度在 38℃时的最大允许工作压力的 1.5 倍。

2）试验介质为水（可含抗腐蚀剂或煤油），也可以是其他液体介质（黏度不大于水）。其试验温度不超过 50℃。当对不锈钢、镍及镍合金管件进行试验时，水中氯离子含量不得超过 25×10^{-6}(25ppm)。

3）试验保压时间应符合表 29-138 的规定。

表 29-138 保压时间（单位：s）

公称尺寸		保压时间
NPS	DN	
≤2	≤50	60
2½≤NPS≤8	65≤DN≤200	120
≥10	≥250	180

4）承压壳体表面不得有可见泄漏。

29.3.5 不锈钢卡压式管件组件（摘自 GB/T 19228.1—2011）

1. 分类和标记

（1）管件的型式和代号　管件按承口端部连接方式分为下列两类：

D 型——管件承口端部无延伸直段的卡压连接；

S 型——管件承口端部有延伸直段的卡压连接。

（2）管件的种类、型式及代号　管件的种类、型式及代号见表 29-139a。

（3）基本参数

管件的基本参数见表 29-140。

表 29-139 管件的种类、型式及代号

种类		型式	代号	承口端部连接方式	
管帽		—	CAP	D 型	S 型
等径接头		—	C(S)		
异径接头		A 型	C(R)-A		
		B 型	C(R)-B		
等径	三通	—	T(S)		
异径		—	T(R)		
90°弯头		A 型	90E-A		
		B 型	90E-B		
45°弯头		A 型	45E-A		
		B 型	45E-B		
内螺纹转换接头		—	ITC		
外螺纹转换接头		—	ETC		

注：A 型卡压管件接口两端均为承口；
B 型卡压管件接口一端为承口，另一端为插口（直管）。

表 29-140 管件的基本参数

型式	管子外径系列	公称压力	设计压力 P/MPa	公称尺寸
管帽、等径接头、等径三通、90°弯头、45°弯头	Ⅰ系列	PN16	1.6	DN10~DN100
	Ⅱ系列			DN15~DN50
异径接头、异径三通	Ⅰ系列			$DN20\times DN_1 15$~$DN100\times DN_1 80$
	Ⅱ系列			$DN20\times DN_1 15$~$DN50\times DN_1 40$
内螺纹转换接头	Ⅰ系列			DN15~DN50
	Ⅱ系列			
外螺纹转换接头	Ⅰ系列			DN15~DN80
	Ⅱ系列			DN15~DN50

(4) 标记与标志

1) 标记方法：

产品标记由产品代号、连接方式、公称尺寸×管子外径、材料代号和标准编号组成。

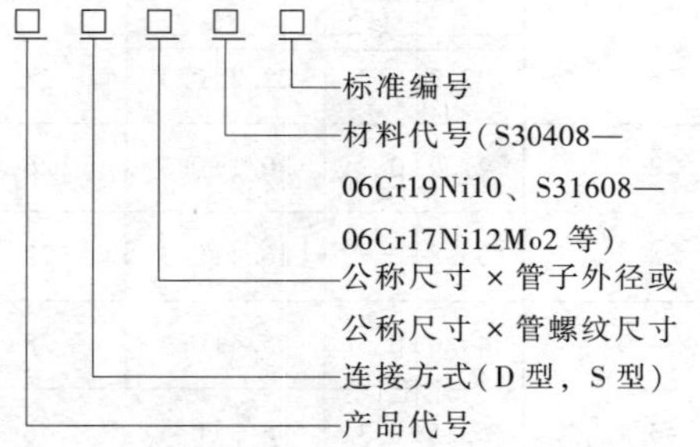

2) 标记示例：

示例 1：公称尺寸 DN20，连接钢管外径为 22.22mm、材料为 06Cr19Ni10 的 D 型不锈钢等径接头标记为：

管件　C(S)-D　DN20×22.2　S30408　GB/T 19228.1—2011

示例 2：公称尺寸为 DN32 × $DN_1$20，材料为 06Cr17Ni12Mo2 的 S 型不锈钢异径三通标记为：

管件　T(R)-S　DN32×$DN_1$20　S31608　GB/T 19228.1—2011

示例 3：公称尺寸为 DN40，管螺纹为 $R_1$1½，材料为 022Cr17Ni12Mo2 的 S 型不锈钢外螺纹转换接头标记为：

管件　ETC-S　DN40×$R_1$1½　S31603　GB/T 19228.1—2011

2. 结构型式与尺寸

(1) 承口　D 型管件承口的结构型式和基本尺寸见图 29-11 和表 29-141。S 型管件承口的结构型式和基本尺寸见图 29-11 和表 29-142。

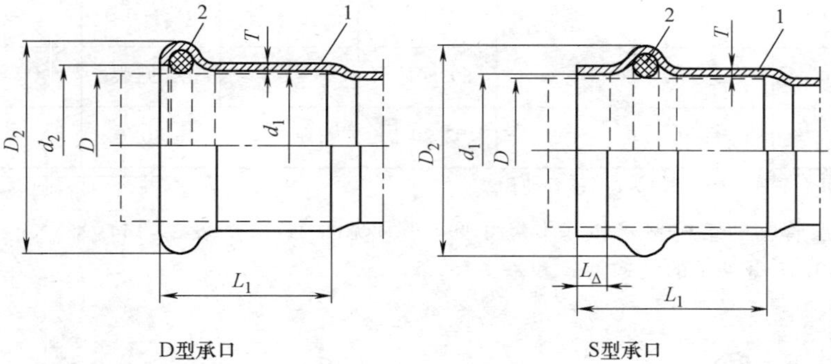

1——本体；
2——密封圈。

图 29-11　卡压式管件承口

表 29-141　D 型管件承口的基本尺寸　（单位：mm）

公称尺寸 DN	管子外径 D Ⅰ系列	管子外径 D Ⅱ系列	管件壁厚 T_{min} Ⅰ系列	管件壁厚 T_{min} Ⅱ系列	承口内径 d_1 Ⅰ系列	承口内径 d_1 Ⅱ系列	承口端内径 d_2 Ⅰ系列	承口端内径 d_2 Ⅱ系列	承口端外径 D_2 Ⅰ系列	承口端外径 D_2 Ⅱ系列	承口长度 L_1 Ⅰ系列	承口长度 L_1 Ⅱ系列
10	—	12.7	—	0.6	—	$12.8^{+0.4}_{0}$	—	13.3±0.3	—	18.2±0.3	—	21±3
15	18	15.9	1.2	0.6	$18.2^{+0.5}_{0}$	$16.1^{+0.4}_{0}$	18.9±0.4	16.6±0.3	36.2±0.4	22.2±0.3	20±3	21±3
20	22	22.2	1.2	0.8	$22.2^{+0.5}_{0}$	$22.3^{+0.4}_{0}$	23.0±0.4	22.8±0.3	31.6±0.4	30.1±0.3	21±3	24±3
25	28	28.6	1.2	0.8	$28.2^{+0.5}_{0}$	$28.7^{+0.4}_{0}$	28.9±0.4	29.2±0.3	37.2±0.4	36.4±0.3	23±3	24±3
32	35	34.00	1.2	1.0	$35.3^{+0.8}_{0}$	$34.3^{+0.6}_{0}$	36.5±0.6	36.6±0.4	44.3±0.6	45.4±0.4	26±4	39±4
40	42	42.70	1.2	1.0	$42.3^{+0.8}_{0}$	$43.0^{+0.6}_{0}$	43±0.6	46.0±0.4	53.3±0.6	56.2±0.4	30±4	47±4
50	54	48.6	1.2	1.0	$54.4^{+0.8}_{0}$	$49.0^{+0.6}_{0}$	55.0±0.6	52.4±0.4	65.4±0.6	63.2±0.4	35±4	52±4
60	—	60.3	—	1.3	—	$61.0^{+1.0}_{0}$	—	64.3±0.5	—	77.3±0.5	—	52±4
65	76.1	—	1.5	—	$76.70^{+1.5}_{0}$	—	78.0±1.0	—	94.7±1.0	—	53±5	—
80	88.9	—	1.5	—	$89.50^{+1.5}_{0}$	—	91.0±1.0	—	109.5±1.0	—	60±5	—
100	108.0	—	1.5	—	$108.8^{+1.5}_{0}$	—	111.0±1.0	—	132.8±1.0	—	75±5	—

表 29-142　S 型管件承口的基本尺寸　（单位：mm）

公称尺寸 DN	管子外径 D		管件壁厚 $T_{\min}$	承口内径 d_1		承口端外径 D_2		承口长度 L_1
	Ⅰ系列	Ⅱ系列		Ⅰ系列	Ⅱ系列	Ⅰ系列	Ⅱ系列	
10	12.7	—	0.6	$12.8^{+0.2}_{0}$	—	18.2±0.2	—	18±2
15	16	(15.9)	0.6	$16.2^{+0.3}_{0}$	$16.1^{+0.3}_{0}$	22.2±0.2	22.2±0.3	23±3
20	20	22.2	0.8	$20.2^{+0.3}_{0}$	$22.3^{+0.3}_{0}$	27.9±0.2	30.1±0.3	26±3
25	25.4	28.6	0.8	$25.6^{+0.3}_{0}$	$28.7^{+0.3}_{0}$	33.8±0.2	36.4±0.3	32±3
32	32	34.0	1.0	$32.3^{+0.4}_{0}$	$34.3^{+0.4}_{0}$	44.0±0.3	45.4±0.4	38±3
40	40	42.7	1.0	$40.3^{+0.4}_{0}$	$43.1^{+0.4}_{0}$	53.5±0.3	56.2±0.4	46±4
50	50.8	—	1.0	$51.2^{+0.6}_{0}$	—	66.5±0.3	—	56±4
60	63.5	—	1.3	$63.9^{+0.6}_{0}$	—	79.30±0.3	—	58±4
65	76.1	—	1.5	$76.7^{+1.2}_{0}$	—	94.7±0.8	—	60±5
80	88.9	—	1.5	$89.50^{+1.2}_{0}$	—	109.5±0.8	—	70±5
100	101.6	—	1.5	$102.20^{+1.2}_{0}$	—	126.40±0.8	—	82±5

注：推荐优先选用Ⅰ系列；带括号尺寸不推荐使用。

（2）管帽　D 型管帽的结构型式和基本尺寸见图 29-12 和表 29-143。S 型管帽的结构型式和基本尺寸见图 29-12 和表 29-144。

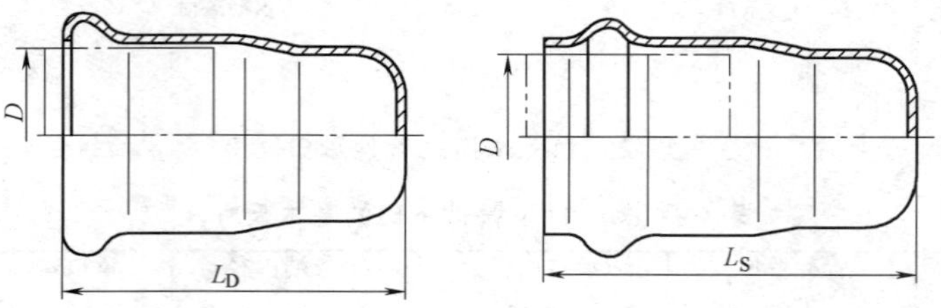

D型　　S型

图 29-12　管帽

表 29-143　D 型管帽的基本尺寸　（单位：mm）

公称尺寸 DN	管子外径 D		L_D	
	Ⅰ系列	Ⅱ系列	Ⅰ系列	Ⅱ系列
10	—	12.7	—	30±3
15	18	15.9	31±3	31±3
20	22	22.2	33±3	42±3
25	28	28.6	35±3	44±3
32	35	34.00	41±4	85±4
40	42	42.70	48±4	93±4
50	54	48.60	56±4	98±4

（续）

公称尺寸 DN	管子外径 D		L_D	
	Ⅰ系列	Ⅱ系列	Ⅰ系列	Ⅱ系列
60	—	60. 3	—	84±4
65	76. 1	—	94±5	—
80	88. 9	—	104±5	—
100	108. 0	—	125±5	—

表 29-144　S 型管帽的基本尺寸　（单位：mm）

公称尺寸 DN	管子外径 D		L_S
	Ⅰ系列	Ⅱ系列	
10	12. 7	—	31±2
15	16	(15. 9)	34±2
20	20	22. 2	40±2
25	25. 4	28. 6	46±2
32	32	34. 00	55±3
40	40	42. 70	67±3
50	50. 8	—	77±3
60	63. 5	—	92±5
65	76. 1	—	103±5
80	88. 9	—	120±5
100	101. 6	—	126±5

（3）等径接头　D 型等径接头的结构型式和基本尺寸见图 29-13 和表 29-145。S 型等径接头的结构型式和基本尺寸见图 29-13 和表 29-146。

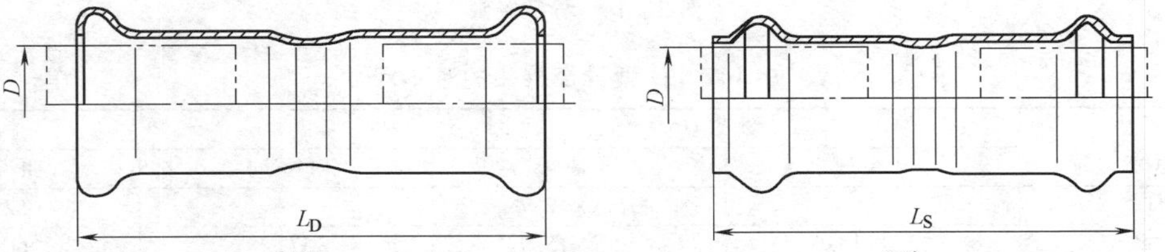

图 29-13　等径接头

表 29-145　D 型等径接头的基本尺寸　（单位：mm）

公称尺寸 DN	管子外径 D		L_D	
	Ⅰ系列	Ⅱ系列	Ⅰ系列	Ⅱ系列
10	—	12. 7	—	53±3
15	18	15. 9	48±3	53±3
20	22	22. 2	50±3	60±3
25	28	28. 6	54±3	60±3
32	35	34. 00	62±4	100±4
40	42	42. 70	71±4	116±4
50	54	48. 6	83±4	126±4
60	—	60. 3	—	130±4
65	76. 1	—	141±5	—
80	88. 9	—	162±5	—
100	108. 0	—	194±5	—

表 29-146　S 型等径接头的基本尺寸　（单位：mm）

公称尺寸 DN	管子外径 D		L_S
	Ⅰ系列	Ⅱ系列	
10	12.7	—	60±3
15	16	(15.9)	61±3
20	20	22.2	66±3
25	25.4	28.6	82±3
32	32	34.0	96±3
40	40	42.7	116±4
50	50.8	—	136±4
60	63.5	—	152±4
65	76.1	—	158±4
80	88.9	—	165±5
100	101.6	—	190±5

（4）异径接头　D 型异径接头的结构型式和基本尺寸见图 29-14 和表 29-147。S 型异径接头的结构型式和基本尺寸见图 29-14 和表 29-148。

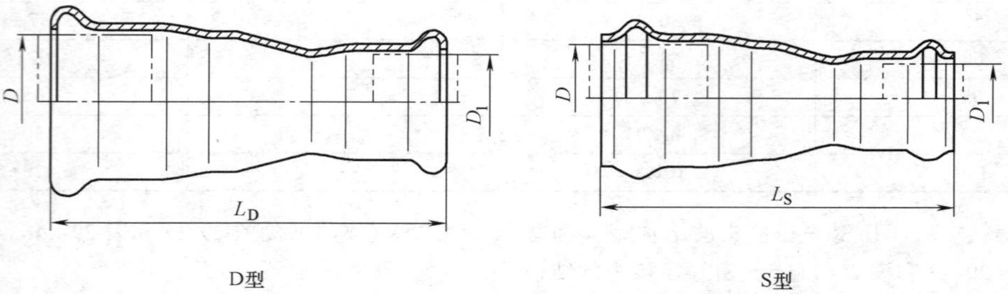

图 29-14　异径接头

表 29-147　D 型异径接头的基本尺寸　（单位：mm）

公称尺寸 $DN \times DN_1$	管子外径 $D \times D_1$		L_D	
	Ⅰ系列	Ⅱ系列	Ⅰ系列	Ⅱ系列
15×10	—	15.9×12.7	—	52±3
20×15	22.0×18.0	22.2×15.9	57±3	60±3
25×15	28.0×18.0	28.6×15.9	64±3	75±3
25×20	28.0×22.0	28.6×22.2	59±3	64±3
32×15	35.0×18.0	34.0×15.9	71±4	109±4
32×20	35.0×22.0	34.0×22.2	71±4	103±4
32×25	35.0×28.0	34.0×28.6	68±4	90±4
40×20	42.0×22.0	42.7×22.2	88±4	134±4
40×25	42.0×28.0	42.7×28.6	79±4	121±4
40×32	42.0×35.0	42.7×34.0	72±4	122±4
50×25	54.0×28.0	48.6×28.6	102±4	131±4
50×32	54.0×35.0	48.6×34.0	95±4	138±4
50×40	54.0×42.0	48.6×42.7	89±4	133±4
60×50	—	60.3×48.6	—	144±5
65×50	76.1×54	—	147±5	—
80×50	88.9×54	—	163±5	—
80×65	88.9×76.1	—	160±5	—
100×50	108.0×54	—	172±5	—
100×65	108.0×76.1	—	184±5	—
100×80	108.0×88.9	—	204±5	—

表 29-148　S 型异径接头的基本尺寸　（单位：mm）

公称尺寸 DN×DN₁	管子外径 $D \times D_1$		L_S
	Ⅰ系列	Ⅱ系列	
15×10	16×12.7	—	62±3
20×15	20×16	22.2×15.9	67±3
25×15	25.4×16	28.6×15.9	77±3
25×20	25.4×20	28.6×22.2	81±3
32×20	32×20	34.0×22.2	90±3
32×25	32×25.4	34.0×28.6	94±3
40×25	40×25.4	42.7×28.6	115±5
40×32	40×32	42.7×34.0	114±5
50×25	50.8×25.4	—	134±5
50×32	50.8×32.0	—	136±5
50×40	50.8×40.0	—	138±5
60×32	63.5×32.0	—	157±5
65×50	76.1×50.8	—	168±5
65×60	76.1×63.5	—	161±5
80×60	88.9×63.5	—	184±8
80×75	88.9×76.1	—	189±8
100×75	101.6×76.1	—	206±8
100×80	101.6×88.9	—	214±8

（5）等径三通　D 型等径三通的结构型式和基本尺寸见图 29-15 和表 29-149。S 型等径三通的结构型式和基本尺寸见图 29-15 和表 29-150。

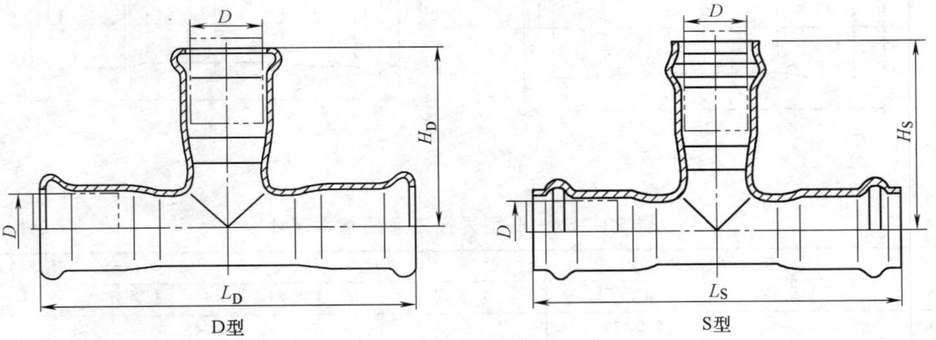

图 29-15　等径三通

表 29-149　D 型等径三通的基本尺寸　（单位：mm）

公称尺寸 DN	管子外径 D		L_D		H_D	
	Ⅰ系列	Ⅱ系列	Ⅰ系列	Ⅱ系列	Ⅰ系列	Ⅱ系列
10	—	12.7	—	76±3	—	38±3
15	18	15.9	68±3	76±3	42±3	38±3
20	22	22.2	74±3	92±3	45±3	46±3
25	28	28.6	84±3	102±3	52±3	51±3
32	35	34.00	100±4	136±4	58±4	68±4
40	42	42.70	114±4	161±4	63±4	80±4
50	54	48.60	138±4	177±4	78±4	88±4
60	—	60.3	—	192±4	—	96±4
65	76.1	—	230±5	—	106±5	—
80	88.9	—	260±5	—	123±5	—
100	108.0	—	310±5	—	146±5	—

表 29-150　S 型等径三通的基本尺寸　　（单位：mm）

公称尺寸 DN	管子外径 D		L_S	H_S
	Ⅰ系列	Ⅱ系列		
10	12.7	—	76±3	38±2
15	16	(15.9)	78±3	39±2
20	20	22.2	94±4	46±3
25	25.4	28.6	115±4	56±3
32	32	34.00	136±4	68±3
40	40	42.70	168±4	82±4
50	50.8	—	198±4	97±4
60	63.5	—	220±5	114±5
65	76.1	—	237±5	120±5
80	88.9	—	263±8	130±8
100	101.6	—	304±8	151±8

（6）异径三通　D 型异径三通的结构型式和基本尺寸见图 29-16 和表 29-151。S 型异径三通的结构型式和基本尺寸见图 29-16 和表 29-152。

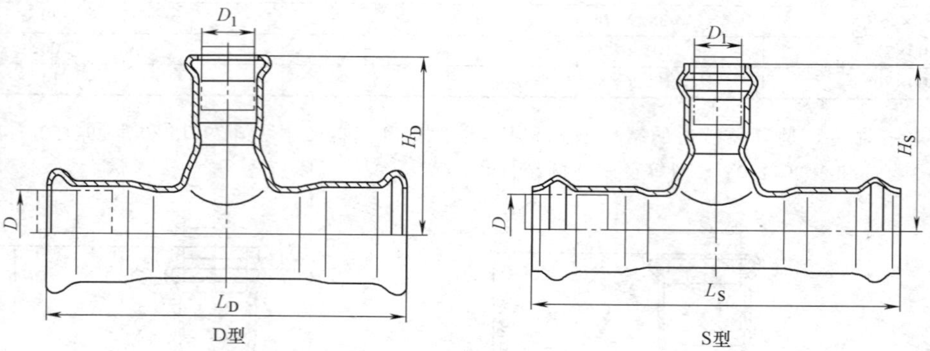

图 29-16　异径三通

表 29-151　D 型异径三通的基本尺寸　　（单位：mm）

公称尺寸 DN×DN_1	管子外径 D×D_1		L_D		H_D	
	Ⅰ系列	Ⅱ系列	Ⅰ系列	Ⅱ系列	Ⅰ系列	Ⅱ系列
15×10	—	15.9×12.7	—	76±3	—	40±3
20×15	22.0×18.0	22.2×15.9	74±3	92±3	45±3	48±3
25×15	28.0×18.0	28.6×15.9	84±3	102±3	45±3	52±3
25×20	28.0×22.0	28.6×22.2	84±3	102±3	47±3	50±3
32×15	35.0×18.0	34.0×15.9	100±4	136±4	50±3	54±3
32×20	35.0×22.0	34.0×22.2	100±4	136±4	51±3	52±3
32×25	35.0×28.0	34.0×28.6	100±4	136±4	52±3	61±4
40×15	42.0×18.0	42.7×15.9	114±4	161±4	53±3	58±3
40×20	42.0×22.0	42.7×22.2	114±4	161±4	53±3	56±3
40×25	42.0×28.0	42.7×28.6	114±4	161±4	56±3	56±3
40×32	42.0×35.0	42.7×34.0	114±4	161±4	61±4	90±4
50×15	54.0×18.0	48.6×15.9	138±4	177±4	59±3	61±4
50×20	54.0×22.0	48.6×22.2	138±4	177±4	59±3	59±3
50×25	54.0×28.0	48.6×28.6	138±4	177±4	64±4	69±4
50×32	54.0×35.0	48.6×34.0	138±4	177±4	67±4	76±4
50×40	54.0×42.0	48.6×42.7	138±4	177±4	70±4	99±4

（续）

公称尺寸 DN×DN$_1$	管子外径 $D×D_1$		L_D		H_D	
	Ⅰ系列	Ⅱ系列	Ⅰ系列	Ⅱ系列	Ⅰ系列	Ⅱ系列
60×50	—	60.3×48.6	—	192±5	—	95±4
65×20	76.1×22.0	—	230±5	—	73±3	—
65×25	76.1×28.0	—	230±5	—	73±3	—
65×32	76.1×35.0	—	230±5	—	78±4	—
65×40	76.1×42.0	—	230±5	—	81±4	—
65×50	76.1×54.0	—	230±5	—	85±4	—
80×40	88.9×42.0	—	260±5	—	88±4	—
80×50	88.9×54.0	—	260±5	—	91±4	—
80×65	88.9×76.1	—	260±5	—	116±5	—
100×50	108.0×54.0	—	310±5	—	105±5	—
100×65	108.0×76.1	—	310±5	—	126±5	—
100×80	108.0×88.9	—	310±5	—	136±5	—

表 29-152　S 型异径三通的基本尺寸　（单位：mm）

公称尺寸 DN	管子外径 $D×D_1$		L_S	H_S
	Ⅰ系列	Ⅱ系列		
15×10	16×12.7	—	78±3	38±2
20×10	20×12.7	22.2×12.7	94±4	42±2
20×15	20×16	22.2×15.9		46±3
25×15	25.4×16	28.6×15.9	115±4	50±3
25×20	25.4×20	28.6×22.2		51±2
32×15	32×16	34×15.9	136±4	53±2
32×20	32×20	34×22.2		56±2
32×25	32×25.4	34×28.6		65±2
40×15	40×16	42.7×15.9	168±4	59±3
40×20	40×20	42.7×22.2		62±3
40×25	40×25.4	42.7×28.6		71±3
40×32	40×32	42.7×34.0		78±3
50×15	50.8×16	—	198±4	67±3
50×20	50.8×20	—		68±3
50×25	50.8×25.4	—		71±3
50×32	50.8×32	—		73±3
50×40	50.8×40	—		75±3
60×32	63.5×34	—	220±5	84±5
60×40	63.5×42.7	—		94±5
60×50	63.5×50.8	—		101±5
65×40	76.1×40	—	237±5	102±5
65×50	76.1×50.8	—		113±5
65×60	76.1×63.5	—		124±5
80×50	88.9×40	—	263±8	119±8
80×60	88.9×63.5	—		129±8
80×75	88.9×76.1	—		131±8
100×50	101.6×50.8	—	304±8	124±8
100×60	101.6×63.5	—		127±8
100×75	101.6×76.1	—		129±8
100×80	101.6×88.9	—		141±8

（7）90°弯头　D 型 90°弯头的结构型式和基本尺寸见图 29-17 和表 29-153。S 型 90°弯头的结构型式和基本尺寸见图 29-17 和表 29-154。

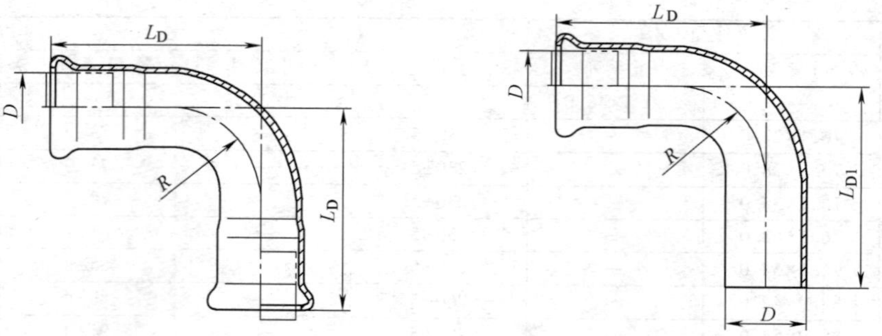

A型　　　　B型

D型

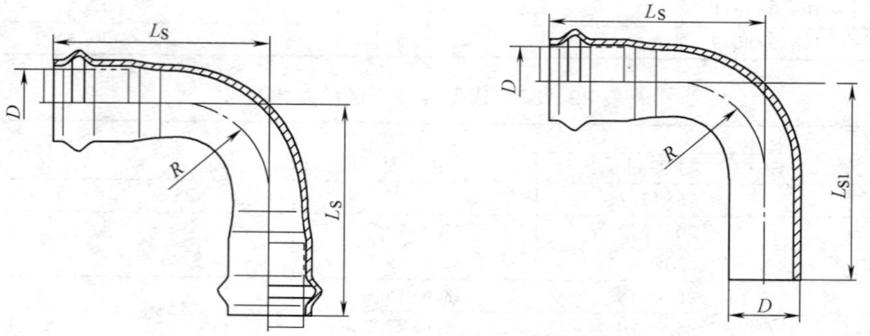

注：$R=1.5D$。

A型　　　　B型

S型

图 29-17　90°弯头

表 29-153　D 型 90°弯头的基本尺寸　（单位：mm）

公称尺寸 DN	管子外径 D		L_D		L_{D1}	
	Ⅰ系列	Ⅱ系列	Ⅰ系列	Ⅱ系列	Ⅰ系列	Ⅱ系列
10	—	12.7	—	45±3	—	80±3
15	18	15.9	53±3	48±3	59±3	120±3
20	22	22.2	61±3	58±3	67±3	127±3
25	28	28.6	72±3	66±3	78±3	135±3
32	35	34.00	86±4	91±4	120±4	241±4
40	42	42.70	112±4	110±4	140±4	252±4
50	54	48.6	138±4	122±4	165±4	259±4
60	—	60.3	—	135±4	—	200±4
65	76.1	—	190±5	—	247±5	—
80	88.9	—	220±5	—	292±5	—
100	108.0	—	260±5	—	358±5	—

表 29-154　S 型 90°弯头的基本尺寸　（单位：mm）

公称尺寸 DN	管子外径 D		L_S	L_{S1}
	Ⅰ系列	Ⅱ系列		
10	12.7	—	48±3	62±3
15	16	(15.9)	49±3	79±3
20	20	22.2	62±3	98±3
25	25.4	28.6	76±3	117±3

（续）

公称尺寸 DN	管子外径 D		L_S	L_{S1}
	Ⅰ系列	Ⅱ系列		
32	32	34.00	87±4	138±4
40	40	42.70	108±4	171±4
50	50.8	—	129±4	202±4
60	63.5	—	160±5	234±5
65	76.1	—	163±5	248±5
80	88.9	—	191±5	285±5
100	101.6	—	220±5	303±5

（8）45°弯头　D 型 45°弯头的结构型式和基本尺寸见图 29-18 和表 29-155。S 型 45°弯头的结构型式和基本尺寸见图 29-18 和表 29-156。

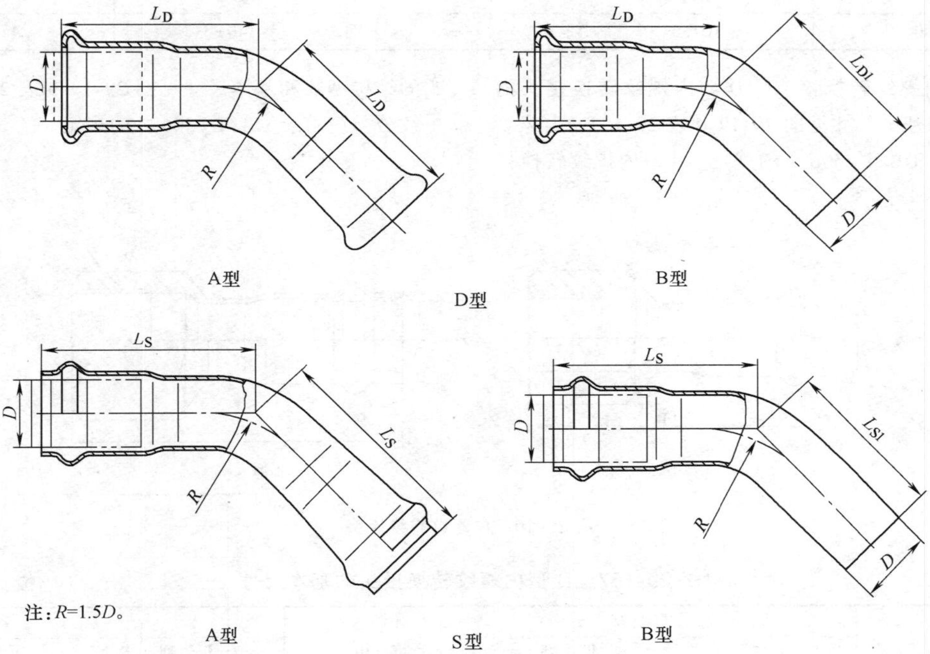

图 29-18　45°弯头

表 29-155　D 型 45°弯头的基本尺寸　（单位：mm）

公称尺寸 DN	管子外径 D		L_D		L_{D1}	
	Ⅰ系列	Ⅱ系列	Ⅰ系列	Ⅱ系列	Ⅰ系列	Ⅱ系列
10	—	12.7	—	34±3	—	75±3
15	18	15.9	37±3	36±3	42±3	113±3
20	22	22.2	42±3	42±3	48±3	116±3
25	28	28.6	48±3	46±3	54±3	120±3
32	35	34.00	55±4	66±4	81±4	217±4
40	42	42.70	65±4	78±4	99±4	222±4
50	54	48.6	78±4	87±4	127±4	225±4
60	—	60.3	—	91±4	—	150±4
65	76.1	—	123±5	—	188±5	—
80	88.9	—	141±5	—	225±5	—
100	108.0	—	166±5	—	275±5	—

表 29-156　S 型 45°弯头的基本尺寸　　（单位：mm）

公称尺寸 DN	管子外径 D		L_S	L_{S1}
	Ⅰ系列	Ⅱ系列		
10	12.7	—	33±3	62±3
15	16	(15.9)	35±3	65±3
20	20	22.2	41±3	79±3
25	25.4	28.6	51±3	96±3
32	32	34.00	60±4	113±4
40	40	42.70	74±4	139±4
50	50.8	—	88±4	163±4
60	63.5	—	108±5	183±5
65	76.1	—	113±5	197±5
80	88.9	—	122±8	214±5
100	101.6	—	140±8	247±5

（9）内螺纹转换接头　D 型内螺纹转换接头的结构型式和基本尺寸见图 29-19 和表 29-157，内螺纹公差应符合 GB/T 7306.1 的规定。S 型内螺纹转换接头的结构型式和基本尺寸见图 29-19 和表 29-158，内螺纹公差应符合 GB/T 7306.1 的规定。

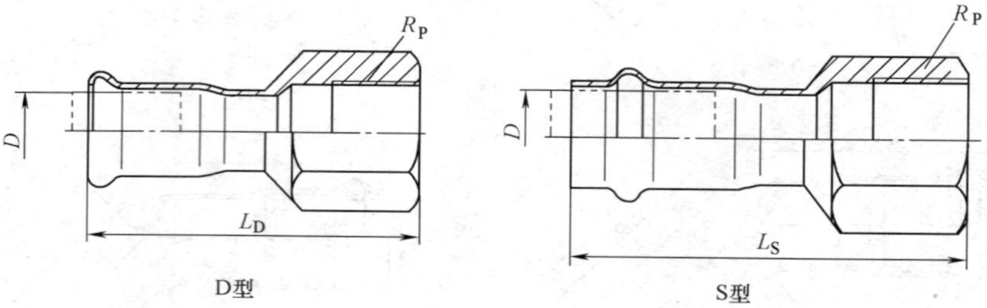

图 29-19　内螺纹转换接头

表 29-157　D 型内螺纹转换接头的基本尺寸　　（单位：mm）

公称尺寸 DN	管子外径 D		管螺纹 R_p/in	L_D	
	Ⅰ系列	Ⅱ系列		Ⅰ系列	Ⅱ系列
10	—	12.7	½	—	48±3
15	18	15.9	½	59±3	48±3
			¾	62±3	—
20	22	22.2	½	60±3	51±3
			¾	62±3	52±3
			1	66±3	—
25	28	28.6	¾	63±3	51±3
			1	69±3	52±3
			1¼	71±3	56±3
32	35	34	1	67±3	76±3
			1¼	75±4	79±3
			1½	75±4	—
40	42	42.7	1¼	71±4	85±3
			1½	79±4	89±3
50	54	48.6	1½	77±4	94±3
			2	97±4	98±3

表 29-158　S 型内螺纹转换接头的基本尺寸　（单位：mm）

公称尺寸 DN	管子外径 D Ⅰ系列	管子外径 D Ⅱ系列	管螺纹 R_p/in	L_S
10	12.7	—	½	48±2
15	16	(15.9)	½	49±2
20	20	22.2	½	53±3
			¾	55±3
			1	58±3
25	25.4	28.6	¾	66±3
			1	68±3
			1¼	72±3
32	32	34	1	76±3
			1¼	78±3
			1½	83±3
40	40	42.7	1¼	90±3
			1½	92±3
50	50.8	—	1½	106±3
			2	108±3

（10）外螺纹转换接头　D 型外螺纹转换接头的型式结构和基本尺寸见图 29-20 和表 29-159，外螺纹公差应符合 GB/T 7306.1 的规定。S 型外螺纹转换接头的型式结构和基本尺寸见图 29-20 和表 29-160，外螺纹公差应符合 GB/T 7306.1 的规定。

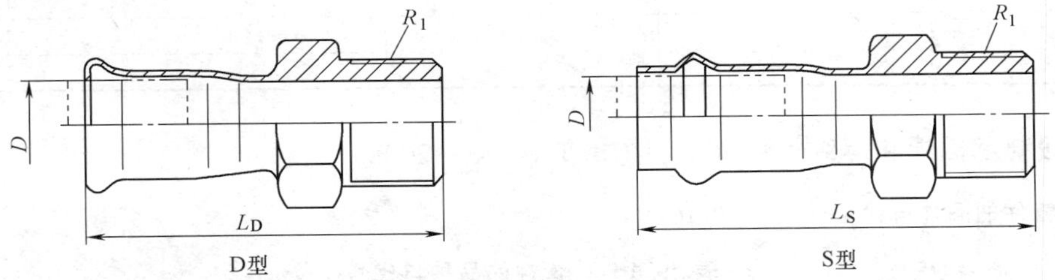

图 29-20　外螺纹转换接头

表 29-159　D 型外螺纹转换接头的基本尺寸　（单位：mm）

公称尺寸 DN	管子外径 D Ⅰ系列	管子外径 D Ⅱ系列	管螺纹 R_1/in	L_D Ⅰ系列	L_D Ⅱ系列
10	—	12.7	½	—	52±3
15	18	15.9	½	53±3	53±3
			¾	57±3	55±3
20	22	22.2	½	54±3	56±3
			¾	58±3	57±3
			1	61±3	—
25	28	28.6	¾	61±3	—
			1	64±3	62±3
			1¼	68±4	—
32	35	34	1	68±4	82±4
			1¼	72±4	86±4
			1½	73±4	—
40	42	42.7	1¼	73±4	94±4
			1½	77±4	96±4
50	54	48.6	1½	89±4	101±4
			2	90±4	105±4

（续）

公称尺寸 DN	管子外径 D		管螺纹 R_1/in	L_D	
	Ⅰ系列	Ⅱ系列		Ⅰ系列	Ⅱ系列
60		60.3	2½	—	111±5
65	76.1	—	2½	117±5	—
80	88.9	—	3	128±5	—

表 29-160　S 型外螺纹转换接头的基本尺寸　　（单位：mm）

公称尺寸 DN	管子外径 D		管螺纹 R_1/in	L_S
	Ⅰ系列	Ⅱ系列		
10	12.7	—	½	55±3
15	16	(15.9)	½	57±3
20	20	22.2	½	61±3
			¾	64±3
			1	68±3
25	25.4	28.6	¾	71±3
			1	74±3
			1¼	78±3
32	32	34	1	90±4
			1¼	101±4
			1½	105±4
40	40	42.7	1¼	103±4
			1½	111±4
50	50.8	—	1½	104±4
			2	129±4

29.3.6　锻制承插焊和螺纹管件（摘自 GB/T 14383—2008）

29.3.6.1　管件的品种与代号（见表 29-161）

表 29-161　管件的品种与代号

连接形式	品　种	代号	连接形式	品　种	代号
承插焊	承插焊 45°弯头	S45E	螺纹	螺纹 45°弯头	T45E
	承插焊 90°弯头	S90E		螺纹 90°弯头	T90E
	承插焊三通	ST		内外螺纹 90°弯头	T90SE
	承插焊 45°三通	S45T		螺纹三通	TT
	承插焊四通	SCR		螺纹四通	TCR
	双承口管箍(同心)	SFC		双螺口管箍(同心)	TFC
	双承口管箍(偏心)	SFCR		双螺口管箍(偏心)	TFCR
	单承口管箍	SHC		单螺口管箍	THC
	单承口管箍(带斜角)①	SHCB		单螺口管箍(带斜角)①	THCB
	承插焊管帽	SC		螺纹管帽	TC
	—	—		四方头管塞	SHP
	—	—		六角头管塞	HHP
	—	—		圆头管塞	RHP
	—	—		六角头内外螺纹接头	HHB
	—	—		无头内外螺纹接头	FB

① 当要求与主管焊接相连的端部加工成带 45°斜角的形状时，在代号后加“B”；即一端带斜角的单承口管箍的代号为 SHCB，一端带斜角的单螺口管箍的代号为 THCB。

29.3.6.2　管件级别

承插焊管件的级别（Class）分别为 3000、6000 和 9000，螺纹管件的级别分为 2000、3000 和 6000；与之适配的管子壁厚等级见表 29-162。

表 29-162 管件级别和与之适配的管子壁厚等级的关系

连接形式	级别代号	适配的管子壁厚等级	连接形式	级别代号	适配的管子壁厚等级
承插焊	3000	Sch80、XS	螺纹	2000	Sch80、XS
	6000	Sch160		3000	Sch160
	9000	XXS		6000	XXS

注：本表并未限制与管件连接时使用更厚或更薄的管子。实际使用的管子可以比表中所示的更厚或更薄。当使用更厚的管子时，管件的强度决定承压能力；当使用更薄的管子时，管子的强度决定承压能力。

29.3.6.3 特殊的连接形式

1）管件可以制成承插焊和螺纹组合的端部连接形式。对于这种组合的端部连接形式，应按表29-162中低级别的一端确定管件级别。

2）经供需双方同意，可制成带其他螺纹形式或其他连接形式的管件；除此之外，管件应符合本部分其他相关的规定。

29.3.6.4 接管尺寸（见表 29-163～表 29-165）

与管件连接的管子尺寸见表 29-163。管子外径分为Ⅰ、Ⅱ两个系列，Ⅰ系列外径为推荐使用的管子外径，Ⅱ系列外径不推荐使用。当选用以外的接管尺寸时，应在订货内容中明确规定接管尺寸要求，制造商按需要的接管尺寸确定加工承插孔径，管件其余尺寸应符合本相关的规定。

表 29-163a Ⅰ系列的管子外径和壁厚 （单位：mm）

公称尺寸		外径	公称壁厚			
DN	NPS		XS	Sch80	Sch160	XXS
6	1/8	10.3	2.41	2.41	3.15	4.83
8	1/4	13.7	3.02	3.02	3.68	6.05
10	3/8	17.1	3.20	3.20	4.01	6.40
15	1/2	21.3	3.73	3.73	4.78	7.47
20	3/4	26.7	3.91	3.91	5.56	7.82
25	1	33.4	4.55	4.55	6.35	9.09
32	1¼	42.2	4.85	4.85	6.35	9.70
40	1½	48.3	5.08	5.08	7.14	10.15
50	2	60.3	5.54	5.54	8.74	11.07
65	2½	73.0	7.01	7.01	9.53	14.02
80	3	88.9	7.62	7.62	11.13	15.24
100	4	114.3	8.56	8.56	13.49	17.12

注：1. 除 DN6～DN10（NPS1/8～NPS3/8）Sch160 和 XXS 的管子壁厚值为标准 GB/T 14383 规定外，其余数值与 ASMEB36.10M 相同。

2. 本部分并不限制采用表 29-163a 以外的接管壁厚；当采用表 29-163a 以外的接管壁厚时，见表 29-162 中的表注。

表 29-163b Ⅱ系列的管子外径 （单位：mm）

公称尺寸		外径
DN	NPS	
6	1/8	—
8	1/4	—
10	3/8	—
15	1/2	18
20	3/4	25
25	1	32
32	1¼	38
40	1½	45
50	2	57
65	2½	76
80	3	89
100	4	108

表 29-164a　承插焊管件——45°弯头、90°弯头、三通和四通尺寸

（单位：mm）

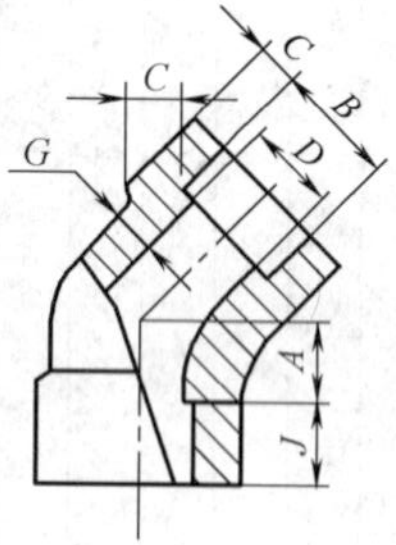

45°弯头

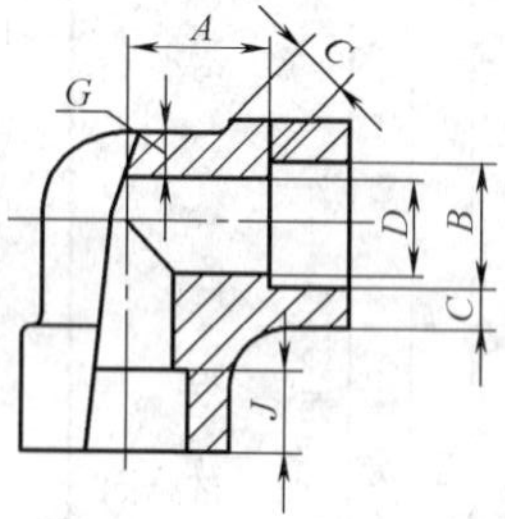

90°弯头

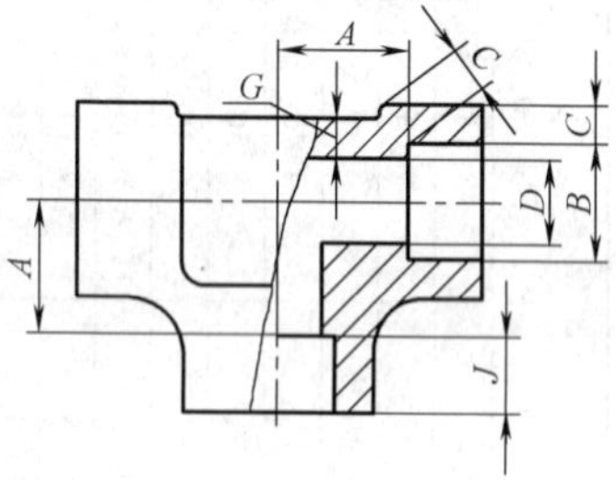

三通

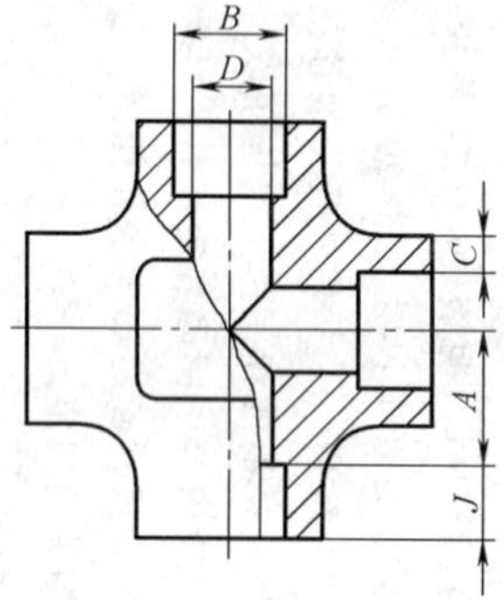

四通

公称尺寸		承插孔径 B①	流通孔径 D①			承插孔壁厚 C②						本体壁厚 G_{min}			承插孔深度 J_{min}	中心至承插孔底 A					
DN	NPS		3000	6000	9000	3000		6000		9000		3000	6000	9000		90°弯头、三通、四通			45°弯头		
						ave	min	ave	min	ave	min					3000	6000	9000	3000	6000	9000
6	1/8	10.9	6.1	3.2	—	3.18	3.18	3.96	3.43	—	—	2.41	3.15	—	9.5	11.0	11.0	—	8.0	8.0	—
8	1/4	14.3	8.5	5.6	—	3.78	3.30	4.60	4.01	—	—	3.02	3.68	—	9.5	11.0	13.5	—	8.0	8.0	—
10	3/8	17.7	11.8	8.4	—	4.01	3.50	5.03	4.37	—	—	3.20	4.01	—	9.5	13.5	15.5	—	8.0	11.0	—
15	1/2	21.9	15.0	11.0	5.6	4.67	4.09	5.97	5.18	9.53	8.18	3.73	4.78	7.47	9.5	15.5	19.0	25.5	11.0	12.5	15.5
20	3/4	27.3	20.2	14.8	10.3	4.90	4.27	6.96	6.04	9.78	8.56	3.91	5.56	7.82	12.5	19.0	22.5	28.5	13.0	14.0	19.0
25	1	34.0	25.9	19.9	14.4	5.69	4.98	7.92	6.93	11.38	9.96	4.55	6.35	9.09	12.5	22.5	27.0	32.0	14.0	17.5	20.5
32	1¼	42.8	34.3	28.7	22.0	6.07	5.28	7.92	6.93	12.14	10.62	4.85	6.35	9.70	12.5	27.0	32.0	35.0	17.5	20.5	22.5
40	1½	48.9	40.1	33.2	27.2	6.35	5.54	8.92	7.80	12.70	11.12	5.08	7.14	10.15	12.5	32.0	38.0	38.0	20.5	25.5	25.5
50	2	61.2	51.7	42.1	37.4	6.93	6.04	10.92	9.50	13.84	12.12	5.54	8.74	11.07	16.0	38.0	41.0	54.0	25.5	28.5	28.5
65	2½	73.9	61.2	—	—	8.76	7.62	—	—	—	—	7.01	—	—	16.0	41.0	—	—	28.5	—	—
80	3	89.9	76.4	—	—	9.52	8.30	—	—	—	—	7.62	—	—	16.0	57.0	—	—	32.0	—	—
100	4	115.5	100.7	—	—	10.69	9.35	—	—	—	—	8.56	—	—	19.0	66.5	—	—	41.0	—	—

① 当选用Ⅱ系列的管子时，其承插孔径和流通孔径应按Ⅱ系列管子尺寸配制，其余尺寸应符合标准 GB/T 14383 的规定。

② 沿承插孔周边的平均壁厚不应小于平均值，局部允许达到最小值。

表 29-164b　承插焊管件——双承口管箍、单承口管箍、管帽和 45°三通尺寸　（单位：mm）

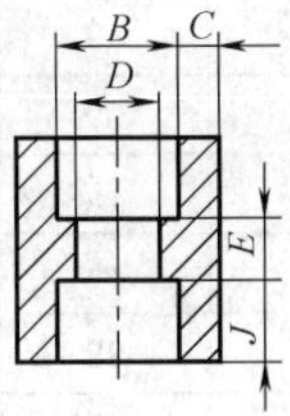

双承口管箍

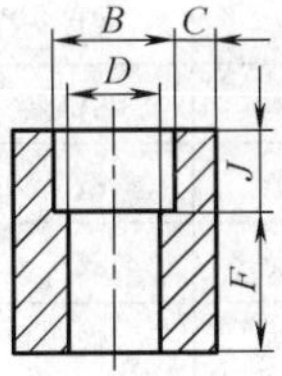

单承口管箍

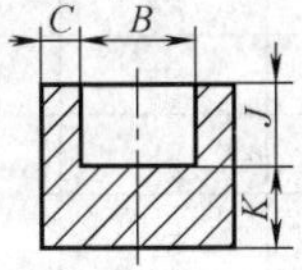

管帽

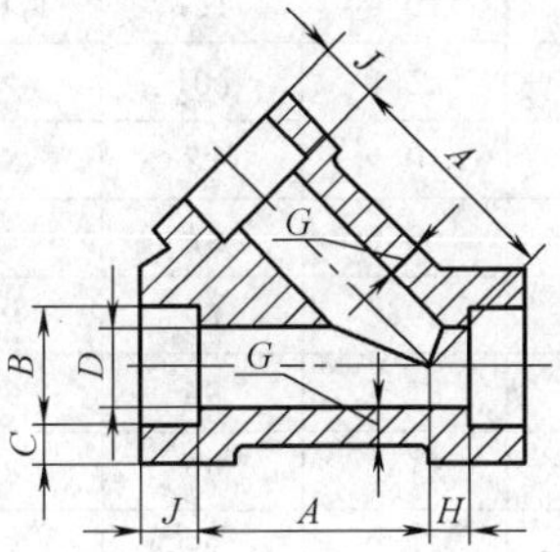

45°三通

公称尺寸		承插孔径 B①	流通孔径 D①			承插孔壁厚 C②						本体壁厚 G_{min}			承插孔深度 J_{min}	承插孔底距离 E	承插孔底至端面 F	顶部厚度 K_{min}			中心至承插孔底			
DN	NPS		3000	6000	9000	3000		6000		9000		3000	6000	9000				3000	6000	9000	A		H	
						ave	min	ave	min	ave	min										3000	6000	3000	6000
6	1/8	10.9	6.1	3.2	—	3.18	3.18	3.96	3.43	—	—	2.41	3.15	—	9.5	6.5	16.0	4.8	6.4	—	—	—	—	—
8	1/4	14.3	8.5	5.6	—	3.78	3.30	4.60	4.01	—	—	3.02	3.68	—	9.5	6.5	16.0	4.8	6.4	—	—	—	—	—
10	3/8	17.7	11.8	8.4	—	4.01	3.50	5.03	4.37	—	—	3.20	4.01	—	9.5	6.5	17.5	4.8	6.4	—	37	—	9.5	—
15	1/2	21.9	15.0	11.0	5.6	4.67	4.09	5.97	5.18	9.53	8.18	3.73	4.78	7.47	9.5	9.5	22.5	6.4	7.9	11.2	41	51	9.5	11
20	3/4	27.3	20.2	14.8	10.3	4.90	4.27	6.96	6.04	9.78	8.56	3.91	5.56	7.82	12.5	9.5	24.0	6.4	7.9	12.7	51	60	11	13
25	1	34.0	25.9	19.9	14.4	5.69	4.98	7.92	6.93	11.38	9.96	4.55	6.35	9.09	12.5	12.5	28.5	9.6	11.2	14.2	60	71	13	16
32	1¼	42.8	34.3	28.7	22.0	6.07	5.28	7.92	6.93	12.14	10.62	4.85	6.35	9.70	12.5	12.5	30.0	9.6	11.2	14.2	71	81	16	17
40	1½	48.9	40.1	33.2	27.2	6.35	5.54	8.92	7.80	12.70	11.12	5.08	7.14	10.15	12.5	12.5	32.0	11.2	12.7	15.7	81	98	17	21
50	2	61.2	51.7	42.1	37.4	6.93	6.04	10.92	9.50	13.84	12.12	5.54	8.74	11.07	16.0	19.0	41.0	12.7	15.7	19.0	98	151	21	30
65	2½	73.9	61.2	—	—	8.76	7.62	—	—	—	—	7.01	—	—	16.0	19.0	43.0	15.7	19.0	—	151	—	30	—
80	3	89.9	76.4	—	—	9.52	8.30	—	—	—	—	7.62	—	—	16.0	19.0	44.5	19.0	22.4	—	184	—	57	—
100	4	115.5	100.7	—	—	10.69	9.35	—	—	—	—	8.56	—	—	19.0	19.0	48.0	22.4	28.4	—	201	—	66	—

① 当选用Ⅱ系列的管子时，其承插孔径和流通孔径应按Ⅱ系列管子尺寸配制，其余尺寸应符合标准 GB/T 14383 的规定。

② 沿承插孔周边的平均壁厚不应小于平均值，局部允许达到最小值。

表 29-165a　螺纹管件——45°弯头、90°弯头、三通和四通尺寸　　（单位：mm）

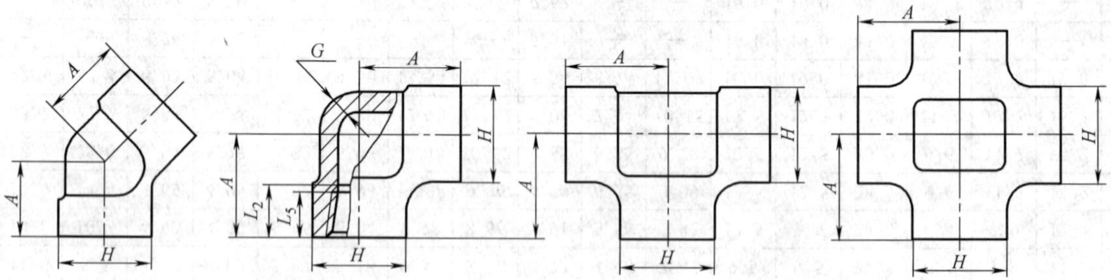

45°弯头　　90°弯头　　三通　　四通

公称尺寸 DN	螺纹尺寸代号 NPT	中心至端面 A						端部外径 H①			本体壁厚 G_{min}			完整螺纹长度 L_{5min}	有效螺纹长度 L_{2min}
		90°弯头、三通和四通			45°弯头										
		2000	3000	6000	2000	3000	6000	2000	3000	6000	2000	3000	6000		
6	1/8	21	21	25	17	17	19	22	22	25	3.18	3.18	6.35	6.4	6.7
8	1/4	21	25	28	17	19	22	22	25	33	3.18	3.30	6.60	8.1	10.2
10	3/8	25	28	33	19	22	25	25	33	38	3.18	3.51	6.98	9.1	10.4
15	1/2	28	33	38	22	25	28	33	38	46	3.18	4.09	8.15	10.9	13.6
20	3/4	33	38	44	25	28	33	38	46	56	3.18	4.32	8.53	12.7	13.9
25	1	38	44	51	28	33	35	46	56	62	3.68	4.98	9.93	14.7	17.3
32	1¼	44	51	60	33	35	43	56	62	75	3.89	5.28	10.59	17.0	18.0
40	1½	51	60	64	35	43	44	62	75	84	4.01	5.56	11.07	17.8	18.4
50	2	60	64	83	43	44	52	75	84	102	4.27	7.14	12.09	19.0	19.2
65	2½	76	83	95	52	52	64	92	102	121	5.61	7.65	15.29	23.6	28.9
80	3	86	95	106	64	64	79	109	121	146	5.99	8.84	16.64	25.9	30.5
100	4	106	114	114	79	79	79	146	152	152	6.55	11.18	18.67	27.7	33.0

① 当 DN65（NPS 2½）的管件配管选用Ⅱ系列的管子时，管件的端部外径应大于表中规定尺寸，以满足端部凸缘处的壁厚要求，其余尺寸应符合标准 GB/T 14383 的规定。

表 29-165b　螺纹管件——内外螺纹 90°弯头尺寸　（单位：mm）

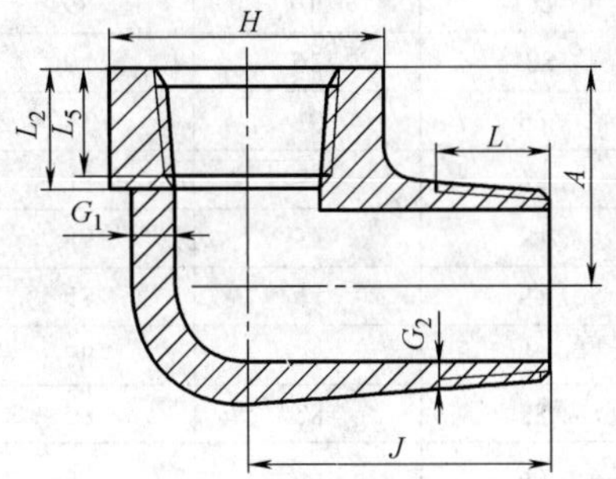

公称尺寸 DN	螺纹尺寸代号 NPT	中心至内螺纹端面 A①		中心至外螺纹端面 J		端部外径 H②		本体壁厚 G_{1min}		本体壁厚 G_{2min}③		内螺纹完整长度 L_{5min}	内螺纹有效长度 L_{2min}	外螺纹长度 L_{min}
		3000	6000	3000	6000	3000	6000	3000	6000	3000	6000			
6	1/8	19	22	25	32	19	25	3.18	5.08	2.74	4.22	6.4	6.7	10
8	1/4	22	25	32	38	25	32	3.30	5.66	3.22	5.28	8.1	10.2	11
10	3/8	25	28	38	41	32	38	3.51	6.98	3.50	5.59	9.1	10.4	13
15	1/2	28	35	41	48	38	44	4.09	8.15	4.16	6.53	10.9	13.6	14
20	3/4	35	44	48	57	44	51	4.32	8.53	4.88	6.86	12.7	13.9	16
25	1	44	51	57	66	51	62	4.98	9.93	5.56	7.95	14.7	17.3	19
32	1¼	51	54	66	71	62	70	5.28	10.59	5.56	8.48	17.0	18.0	21
40	1½	54	64	71	84	70	84	5.56	11.07	6.25	8.89	17.8	18.4	21
50	2	64	83	84	105	84	102	7.14	12.09	7.64	9.70	19.0	19.2	22

① 制造商也可以选择使用表 29-165a 中 90°弯头的 A 尺寸。

② 制造商也可以选择使用表 29-165a 中的 H 尺寸。

③ 为加工螺纹前的壁厚。

表 29-165c　螺纹管件——双螺口管箍、单螺口管箍和管帽尺寸　　（单位：mm）

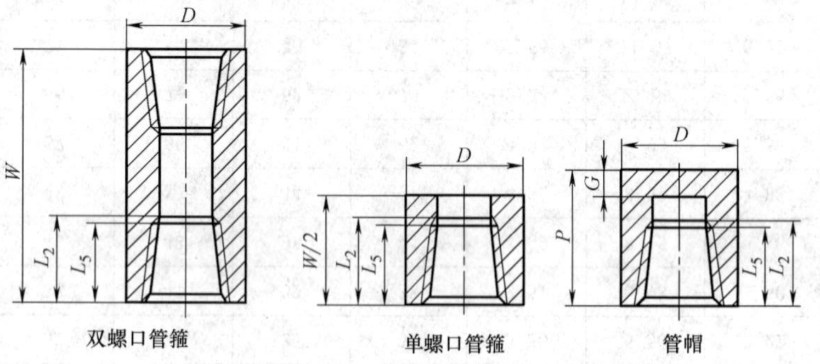

公称尺寸 DN	螺纹尺寸代号 NPT	端面至端面 W	端面至端面 P		外径 D①		顶部厚度 $G_{\min}$		完整螺纹长度 $L_{5\min}$	有效螺纹长度 $L_{2\min}$
		3000 和 6000	3000	6000	3000	6000	3000	6000		
6	1/8	32	19	—	16	22	4.8	—	6.4	6.7
8	1/4	35	25	27	19	25	4.8	6.4	8.1	10.2
10	3/8	38	25	27	22	32	4.8	6.4	9.1	10.4
15	1/2	48	32	33	28	38	6.4	7.9	10.9	13.6
20	3/4	51	37	38	35	44	6.4	7.9	12.7	13.9
25	1	60	41	43	44	57	9.7	11.2	14.7	17.3
32	1¼	67	44	46	57	64	9.7	11.2	17.0	18.0
40	1½	79	44	48	64	76	11.2	12.7	17.8	18.4
50	2	86	48	51	76	92	12.7	15.7	19.0	19.2
65	2½	92	60	64	92	108	15.7	19.0	23.6	28.9
80	3	108	65	68	108	127	19.0	22.4	25.9	30.5
100	4	121	68	75	140	159	22.4	28.4	27.7	33.0

注：1. 螺纹端部以外的最小壁厚应符合表 29-165a 中相应公称尺寸和级别的规定。
2. 2000 级别的双螺口管箍、单螺口管箍和管帽不包括在本表中。

① 当 DN65（NPS 2½）的管件配管选用Ⅱ系列的管子时，管件的端部外径应大于表中规定尺寸，以满足端部凸缘处的壁厚要求，其余尺寸应符合标准 GB/T 14383 的规定。

表 29-165d　螺纹管件——方头管塞、六角头管塞、圆头管塞、六角头内外螺纹接头和无头内外螺纹接头尺寸　（单位：mm）

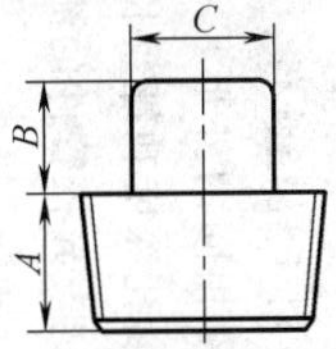

方头管塞

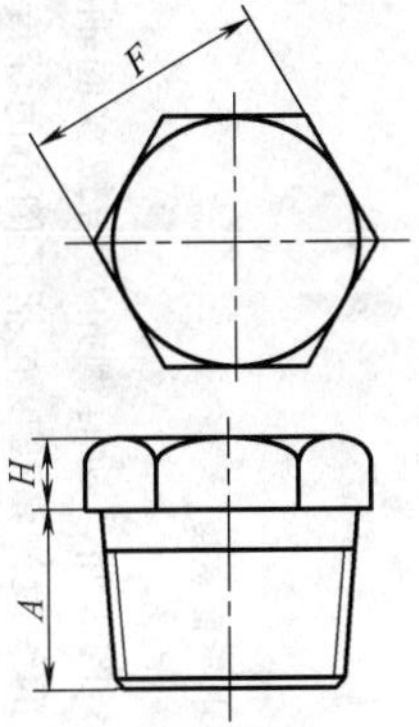

六角头管塞

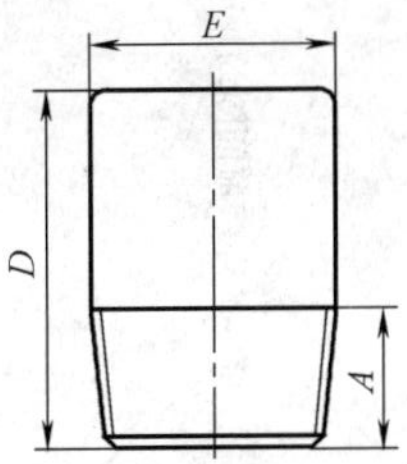

圆头管塞

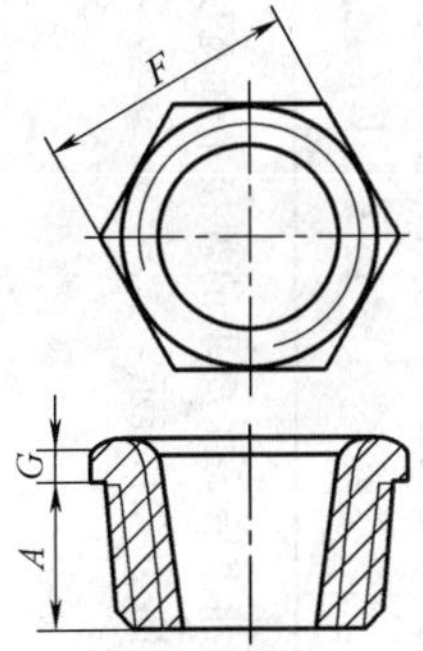

六角头内外螺纹接头

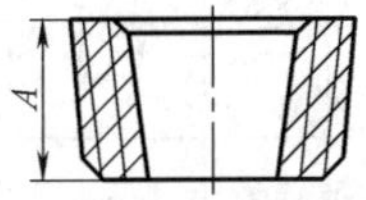

无头内外螺纹接头

公称尺寸 DN	螺纹尺寸代号 NPT	螺纹长度 A_{min}	方头高度 B_{min}	方头对边宽度 C_{min}	圆头直径 E	总长 D_{min}	六角头厚度 H_{min}	六角头厚度 G_{min}	六角头对边宽度 F
6	1/8	10	6	7	10	35	6	—	11
8	1/4	11	6	10	14	41	6	3	16
10	3/8	13	8	11	18	41	8	4	18
15	1/2	14	10	14	21	44	8	5	22
20	3/4	16	11	16	27	44	10	6	27
25	1	19	13	21	33	51	10	6	36
32	1¼	21	14	24	43	51	14	7	46
40	1½	21	16	28	48	51	16	8	50
50	2	22	18	32	60	64	18	9	65
65	2½	27	19	36	73	70	19	10	75
80	3	28	21	41	89	70	21	10	90
100	4	32	25	65	114	76	25	13	115

表 29-165e　管件极限偏差　（单位：mm）

公称尺寸		承插焊管件				螺纹管件			
		所有管件		弯头、三通和四通	双承口管箍	单承口管箍	弯头、三通和四通	双螺口管箍	单螺口管箍
DN	NPS	承插孔径 B	流通孔径 D	中心至承插孔底 A、H	承插孔底距离 E	承插孔底至端面 F	中心至端面 A、J	端面至端面 W	端面至端面 $W/2$
6~8	1/8~1/4	+0.4 0	+1.5 0	±1.0	±1.5	±1.0	±1.0	±1.0	±1.0
10~20	3/8~3/4	+0.4 0	+1.5 0	±1.5	±3.0	±1.5	±1.5	±1.5	±1.5
25~40	1~1½	+0.4 0	+1.5 0	±2.0	±4.0	±2.0	±2.0	±2.0	±2.0
50	2	+0.5 0	+1.5 0	±2.0	±4.0	±2.0	±2.0	±2.0	±2.0
65~100	2½~4	+0.5 0	+3.0 0	±2.5	±5.0	±2.5	±2.5	±2.5	±2.5

29.3.6.5　形状、尺寸与公差

1. 承插焊管件

1）承插焊管件端部凸缘的锻造圆角在经过端部平面的加工后，所要求的焊接平面宽度及要求的焊接间隙如图 29-21 所示。

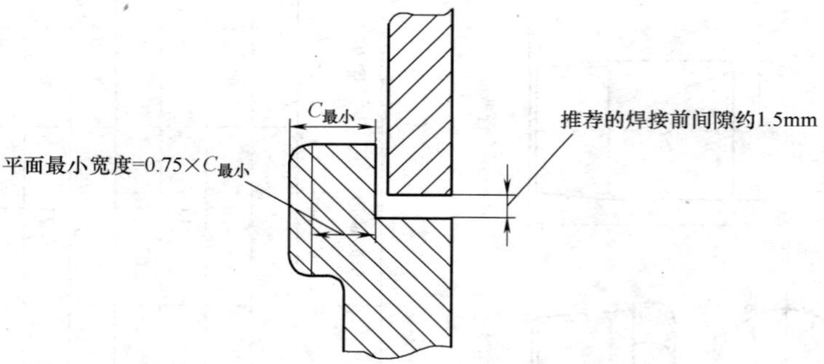

图 29-21　要求的焊接间隙和最小平面宽度

2）承插焊管件的形状和尺寸应符合表 29-163 的规定，尺寸偏差应符合表 29-165 的规定。

3）承插焊管件的端部平面应与承插孔轴向垂直。

2. 螺纹管件

1）螺纹管件的形状和尺寸及尺寸偏差应符合表 29-165 的规定。

2）螺纹管件的螺纹应符合 GB/T 12716 标准中的 60°圆锥管螺纹（NPT）的规定。

当采购方指定采用其他螺纹形式时应在订单中注明螺纹型式和标准编号。

3）管件的螺纹端部应进行倒角，以便于连接和保护螺纹。对于内螺纹，倒角直径不应大于螺纹大径，深度不应小于螺距的二分之一，并与螺纹轴向呈约为 45°的夹角；对于外螺纹，倒角应与螺纹轴向呈 30°~45°的夹角。所有倒角应与螺纹同轴。相关表格中规定的螺纹测量长度包括了倒角的深度。

3. 异径管件的尺寸

1）对于异径管件，除明确规定以外，应具有与等径管件相同的外形尺寸。异径管件小端的承插孔径、承插孔深度和螺纹长度应按小端公称尺寸对应的尺寸规定。异径管件的流通孔径应按小端公称尺寸对应的尺寸规定。

2）异径管件尺寸的表示方法如下：

a）对于有两个接管尺寸的管件，首先给出大端的公称尺寸，然后给出小端的公称尺寸。

b）对于三通，首先给出主管大端的公称尺寸，其次给出与主管大端相对一端的公称尺寸，最后给出支管端的公称尺寸，如图 29-22a 所示。

c）对于四通，首先给出最大端的公称尺寸，其

次给出与最大端相对一端的公称尺寸，第三给出另外两端中较大一端的公称尺寸，最后给出剩余一端的公称尺寸，如图 29-22b 所示。

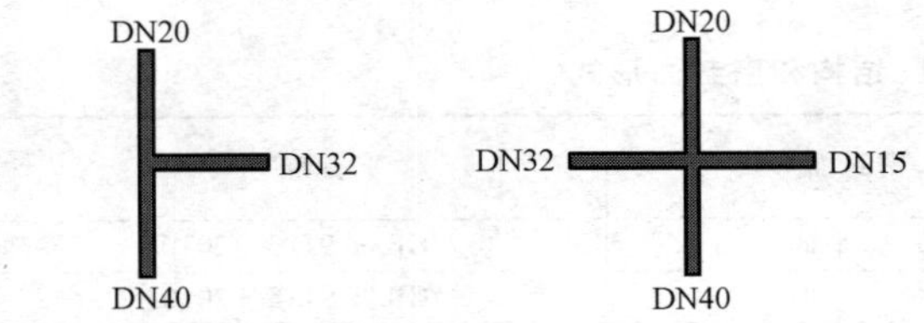

a) 三通DN40×20×32　　b) 四通DN40×20×32×15

图 29-22　异径三通和四通公称尺寸的表示方法

4. 形位公差

(1) 同轴度　承插焊管件的承插孔径和流通孔径应同轴，其同轴度公差为 0.8mm。水平相对的两承插孔径应同轴，其同轴度公差为 1.5mm。

(2) 直线度　承插焊管件的承插孔径和流通孔径的轴线应重合，其直线度的最大允许值为 200mm 内 1mm。螺纹管件的流通孔径与螺纹的轴线应重合，其直线度的最大允许值为 200mm 内 1mm。

5. 材料

1) 管件的材料包括锻件、棒材或无缝管等金属材料。制造商应对所用材料进行验证，以确定材料符合订货技术要求和相关材料标准规定的冶炼工艺、化学成分和力学性能等要求。

2) 为了选用方便，管件的常用材料列于表 29-166。除表 29-166 中所列常用材料外，本部分并不限制采用此表中材料以外的其他材料。热处理及硬度要求见表 29-167，表 29-168。

表 29-166　常用的材料牌号及材料标准

材料牌号(旧牌号)	标准编号	材料牌号(旧牌号)	标准编号
20	GB/T 699	06Cr19Ni10(0Cr18Ni9) 06Cr17Ni12Mo2(0Cr17Ni12Mo2) 06Cr18Ni11Ti(0Cr18Ni10Ti)	GB/T 1220 GB/T 1221
Q295、Q345	GB/T 1591		
15CrMo、 12Cr1MoV	GB/T 3077		
12Cr5Mo(1Cr5Mo)	GB/T 1221	022Cr19Ni10(00Cr19Ni10) 022Cr17Ni12Mo2(00Cr17Ni14Mo2)	GB/T 1220

表 29-167　常用材料的热处理要求

材料牌号(旧牌号)	热处理要求	材料牌号(旧牌号)	热处理要求
20	退火或正火	06Cr19Ni10(0Cr18Ni9) 06Cr17Ni12Mo2(0Cr17Ni12Mo2) 06Cr18Ni11Ti(0Cr18Ni10Ti) 022Cr19Ni10(00Cr19Ni10) 022Cr17Ni12Mo2(00Cr17Ni14Mo2)	固溶
Q295、Q345	退火或正火+回火		
15CrMo、12Cr1MoV、 12Cr5Mo(1Cr5Mo)	退火或正火+回火		

注：对含 Ti 的不锈钢管件，制造商可在固溶处理后进行稳定化热处理。

表 29-168　常用材料的硬度值

材料牌号(旧牌号)	硬度值 ≤	材料牌号(旧牌号)	硬度值 ≤
20	160HB	06Cr19Ni10(0Cr18Ni9) 06Cr17Ni12Mo2(0Cr17Ni12Mo2) 06Cr18Ni11Ti(0Cr18Ni10Ti) 022Cr19Ni10(00Cr19Ni10) 022Cr17Ni12Mo2(00Cr17Ni14Mo2)	187HB
Q295、Q345	170HB		
15CrMo、12Cr1MoV	180HB		
12Cr5Mo(1Cr5Mo)	230HB		

6. 标志示例

例 1：材料牌号为 20、级别为 3000、公称尺寸为 DN40×40 的弯头标志为：

制造商名称或商标　20　材料熔炼炉号　3000

DN40×40　GB/T 14383

例 2：材料牌号为 15CrMo、级别为 3000、公称尺寸为 DN40×40×25 的三通标志为：

制造商名称或商标　15CrMo　材料熔炼炉号　3000

DN40×40×25　GB/T 14383

例 3：材为牌号为 06Cr19Ni10、级别为 6000、公称尺寸为 DN40×20×32×15 的四通标志为：

制造商名称或商标　06Cr19Ni10　材料熔炼炉号

6000　DN40×20×32×15　GB/T 14383

29.4 管法兰

29.4.1 管法兰分类

管法兰分类见表 29-169。

29.4.2 管法兰类型及适用范围

29.4.2.1 欧洲体系

欧洲体系管法兰类型及适用范围见表 29-170。

表 29-169 管法兰类别、结构和密封面形式

类别	结构形式	密封面形式	标准号
钢制管法兰	整体管法兰	平面	GB/T 9113—2010
		突面	GB/T 9113—2010
		凹凸面	GB/T 9113—2010
		榫槽面	GB/T 9113—2010
		环连接面	GB/T 9113—2010
	螺纹管法兰	突面	GB/T 9114—2010
	对焊管法兰	平面	GB/T 9115—2010
		突面	GB/T 9115—2010
		凹凸面	GB/T 9115—2010
		榫槽面	GB/T 9115—2010
		环连接面	GB/T 9115—2010
	带颈平焊管法兰	平面	GB/T 9116—2010
		突面	GB/T 9116—2010
		凹凸面	GB/T 9116—2010
		榫槽面	GB/T 9116—2010
		环连接面	GB/T 9116—2010
	带颈承插焊管法兰	突面	GB/T 9117—2010
		凹凸面	GB/T 9117—2010
		榫槽面	GB/T 9117—2010
		环连接面	GB/T 9117—2010
	对焊环带颈松套管法兰	突面	GB/T 9118—2010
		环连接面	GB/T 9118—2010
	板式平焊管法兰	平面	GB/T 9119—2010
		突面	
	对焊环板式松套管法兰	突面	GB/T 9120—2010
		凹凸面	GB/T 9120—2010
		环连接面	GB/T 9120—2010
	平焊环板式松套管法兰	突面	GB/T 9121—2010
		凹凸面	GB/T 9121—2010
		榫槽面	GB/T 9121—2010
	翻边环板式松套管法兰	突面	GB/T 9122—2010
铸铁法兰	带颈螺纹管法兰	平面	GB/T 17241.3—1998
		突面	
	带颈平焊和带颈承插焊管法兰	突面	GB/T 17241.4—1998
	管端翻边带颈松套管法兰	平面	GB/T 17241.5—1998
	整体管法兰	平面	GB/T 17241.6—2008
		突面	
其他法兰	铜合金整体铸造法兰	—	GB/T 15530.1—2008
	铜合金对焊法兰		GB/T 15530.2—1995
	铜合金板式平焊法兰		GB/T 15530.3—1995
	铜合金带颈平焊法兰		GB/T 15530.4—2008
	铜合金平焊环松套板式钢法兰		GB/T 15530.5—2008
	铜合金对焊环松套板式钢法兰		GB/T 15530.6—2008

表 29-170　公称压力等级属于欧洲体系的法兰类型及适用范围

法兰类型	整体法兰																																									
密封面型式	平面(FF)						突面(RF)												凹凸面(MF)										榫槽面(TG)										O 型圈面(OSG)			
标准号	GB/T 9113—2010																																									
适用钢管外径系列	系列Ⅰ和系列Ⅱ																																									
公称压力 PN	25	6	10	16	25	40	25	6	10	16	25	40	63	100	160	250	320	400	10	16	25	40	63	100	160	250	320	400	10	16	25	40	63	100	160	250	320	400	10	16	25	40
公称通径 DN	10~2000					10~600	10~2000					10~600	10~400	10~350	10~300		10~250	10~200	10~200			10~600	10~400	10~350	10~300		10~250	10~200	10~2000			10~600	10~400	10~350	10~300		10~250	10~200	10~2000			10~600

法兰类型	带颈螺纹法兰												对焊法兰																											
密封面型式	平面(FF)					突面(RF)							平面(FF)						突面(RF)												凹凸面(MF)									
标准号	GB/T 9114—2010												GB/T 9115—2010																											
适用钢管外径系列	系列Ⅰ												系列Ⅰ和系列Ⅱ																											
公称压力 PN	6	10	16	25	40	6	10	16	25	40	63	100	2.5	6	10	16	25	40	2.5	6	10	16	25	40	63	100	160	250	320	400	10	16	25	40	63	100	160	250	320	400
公称通径 DN	10~300	10~600	10~600	10~600		10~300	10~600	10~600	10~600		10~300	10~600	10~4000	10~3600	10~3000	10~2000	10~1000	10~600	10~4000	10~3600	10~3000	10~2000	10~1000	10~600	10~400	10~350	10~300	10~250		10~200	10~2000		10~1000	10~600	10~400	10~350	10~300	10~250		10~200

法兰类型	对焊法兰														带颈平焊法兰																											
密封面型式	榫槽面(TG)										O 型圈面(OSG)				平面(FF)					突面(RF)							凹凸面(MF)						榫槽面(TG)						O 型圈面(OSG)			
标准号	GB/T 9115—2010														GB/T 9116—2010																											
适用钢管外径系列	系列Ⅰ和系列Ⅱ																																									
公称压力 PN	10	16	25	40	63	100	160	250	320	400	10	16	25	40	6	10	16	25	40	6	10	16	25	40	63	100	10	16	25	40	63	100	10	16	25	40	63	100	10	16	25	40
公称通径 DN	10~2000		10~1000	10~600	10~400	10~350	10~300	10~250		10~200	10~2000		10~1000	10~600	10~300	10~600	10~1000	10~600		10~300	10~600	10~1000	10~600		10~150		10~600	10~1000	10~600		10~150		10~600	10~1000	10~600		10~150		10~600	10~1000	10~600	

（续）

法兰类型	板式平焊法兰														A型对焊环板法兰																B型对焊环板法兰					
密封面型式	平面(FF)						突面(RF)								突面(RF)				凹凸面(MF)				榫槽面(TG)				O型圈面(OSG)				突面(RF)					
标准号	GB/T 9119—2010														GB/T 9120—2010																					
适用钢管外径系列	系列Ⅰ和系列Ⅱ																																			
公称压力PN	2.5	6	10	16	25	40	2.5	6	10	16	25	40	63	100	10	16	25	40	10	16	25	40	10	16	25	40	10	16	25	40	2.5	6	10	16	25	40
公称通径DN	10~2000				10~800	10~600	10~2000				10~800	10~600	10~400	10~350	10~600				10~600				10~600				10~600				10~1000	10~1200	10~1000		10~800	10~400

法兰类型	平焊环板松套法兰																				翻边环板松套法兰								法兰盖				
密封面型式	突面(RF)						凹凸面(MF)				榫槽面(TG)				O型圈面(OSG)						突面(RF)(A型)				突面(RF)(B型)				平面(FF)				
标准号	GB/T 9121—2010																				GB/T 9122—2010								GB/T 9123—2010				
适用钢管外径系列	系列Ⅰ和系列Ⅱ																												系列Ⅰ和系列Ⅱ				
公称压力PN	2.5	6	10	16	25	40	10	16	25	40	10	16	25	40	10	16	25	40			2.5	6	10	16	2.5	6	10	16	2.5	6	10	16	25
公称通径DN	10~600						10~600				10~600				10~600						10~200				10~500		10~400		10~1200	10~2000			10~600

法兰类型	法兰盖																										
密封面型式	突面(RF)									凹凸面(MF)							榫槽面(TG)							O型圈面(OSG)			
标准号	GB/T 9123—2010																										
适用钢管外径系列	系列Ⅰ和系列Ⅱ																										
公称压力PN	2.5	6	10	16	25	40	63	100	160	10	16	25	40	63	100	160	10	16	25	40	63	100	160	10	16	25	40
公称通径DN	10~1200	10~2000			10~600		10~400	10~350	10~300	10~1200	10~1000	10~600		10~400	10~350	10~300	10~1200	10~1000	10~600		10~400	10~350	10~300	10~1200	10~1000	10~600	

29.4.2.2 美洲体系

美洲体系法兰类型及适用范围见表 29-171。

表 29-171 公称压力等级属于美洲体系的法兰类型及适用范围

法兰类型	整体法兰																						
密封面型式	平面(FF)	突面(RF)						凸凸面(MF)					榫槽面(TG)					环连接面(RJ)					
标准号	GB/T 9113—2010																						
公称压力 PN	20	20	50	110	150	260	420	50	110	150	260	420	50	110	150	260	420	20	50	110	150	260	420
公称通径 DN	15~600	15~600					15~300	15~600				15~300	15~600				15~300	25~600	15~600				15~300

法兰类型	带颈螺纹法兰						对焊法兰																
密封面型式	突面(RF)						平面(FF)	突面(RF)						凹凸面(MF)					榫槽面(TG)				
标准号	GB/T 9114—2010						GB/T 9115—2010																
公称压力 PN	20	50	110	150	260	420	20	20	50	110	150	260	420	50	110	150	260	420	50	110	150	260	420
公称通径 DN	15~600				15~6		15~600	15~600					15~30	15~600				15~300	15~600				15~300

法兰类型	对焊法兰						带颈平焊法兰																		
密封面型式	环连接面(RJ)						平面(FF)	突面(RF)					凹凸面(MF)				榫槽面(TG)				环连接面(RJ)				
标准号	GB/T 9115—2010						GB/T 9116—2010																		
公称压力 PN	20	50	110	150	260	420	20	20	50	110	150	260	50	110	150	260	50	110	150	260	20	50	110	150	260
公称通径 DN	25~600	15~600				15~300	15~600	15~600				15~65	15~600			15~65	15~600			15~65	25~600	15~600			15~65

法兰类型	带颈承插焊法兰																			对焊环带颈松套法兰					
密封面型式	平面(FF)	突面(RF)					凹凸面(MF)				榫槽面(TG)				环连接面(RJ)					突面(RF)					
标准号	GB/T 9117—2010																			GB/T 9118—2010					
公称压力 PN	20	20	50	110	150	260	50	110	150	260	50	110	150	260	20	50	110	150	260	20	50	110	150	260	420
公称通径 DN	15~80	15~80			15~65		15~80		15~65		15~80		15~65		25~80	15~80		15~65		15~600					15~300

法兰类型	对焊环带颈松套法兰						法兰盖																				
密封面型式	环连接面(RJ)						平面(FF)	突面(RF)						凹凸面(MF)				榫槽面(TG)				环连接面(RJ)					
标准号	GB/T 9118—2010						GB/T 9123—2010																				
公称压力 PN	20	50	110	150	260	420	20	20	50	110	150	260	420	50	110	150	260	50	110	150	260	20	50	110	150	260	420
公称通径 DN	25~600	15~600				15~300	15~600	15~600					15~300	15~600				15~600				25~600	15~600				15~300

29.4.3　法兰结构及连接尺寸

标记示例：

公称尺寸为 DN400、公称压力为 PN25、突面（RF）对焊钢制管法兰（WN）、配用米制管（系列Ⅱ）、材料为 Q235A，其标记为

法兰　DN 400-PN 25　WN　RF　Ⅱ　Q235A
GB/T 9115

公称尺寸为 NPS6（DN 150）、公称压力为 Class 900、环连接面（RJ）对焊钢制管法兰（WN）、配用英制管、管表号 Sch120、材料为 06Cr17Ni12Mo2，其标记为

法兰　NPS 6(或 DN 150) Class 900　WN　RJ　Sch120
06Cr17Ni12Mo2　GB/T 9115

1）公称通径≤DN600、公称压力≤PN40 的法兰形式与尺寸见图 29-23 和表 29-172。

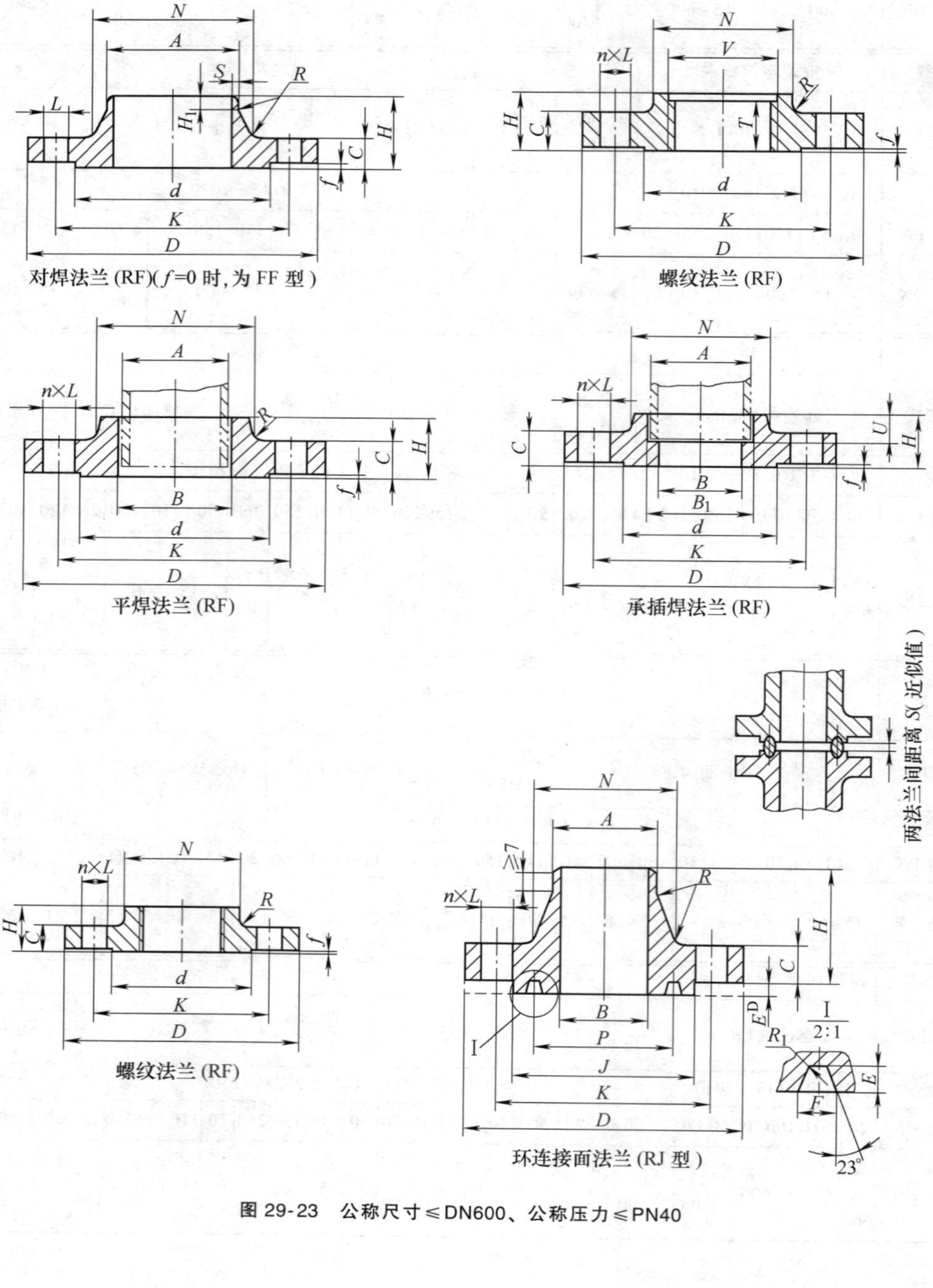

图 29-23　公称尺寸≤DN600、公称压力≤PN40

表 29-172　整体、对焊、板式平焊、B 型对焊换板松套、平焊环板松套法兰尺寸

（单位：mm）

公称压力 PN25 和 PN60

公称尺寸 DN	法兰焊端外径(钢管外径)A I	法兰焊端外径(钢管外径)A Ⅱ	连接尺寸 法兰外径 D	连接尺寸 螺栓孔中心圆直径 K	连接尺寸 螺栓孔直径 L	螺栓 数量 n	螺栓 螺纹规格	法兰厚度 C 整体、对焊法兰	法兰厚度 C 其他	法兰高度 H	法兰颈 N 对焊法兰 I	法兰颈 N 对焊法兰 Ⅱ	法兰颈 N 整体法兰	法兰颈 S_{min}	法兰颈 H_1	法兰颈 r	密封面 d	密封面 f_1	法兰内径 板式平焊法兰 B I	法兰内径 板式平焊法兰 B Ⅱ	法兰内径 其他 B I	法兰内径 其他 B Ⅱ	法兰内径 其他 E	对焊环 F_1	对焊环 H_1	对焊环 S	平焊环 外径 d	平焊环 内径 B_1 I	平焊环 内径 B_1 Ⅱ	平焊环 厚度 F
10	17.2	14	75	50	11	4	M10	12	12	28	26		20	2.0	6	4	35	2	18.0	15	21	18	3	5	28	3	35	18.0	15	10
15	21.3	18	80	55	11	4	M10	12	12	30	30		26	2.0	6	4	40	2	22.0	19	25	22	3	5	30	3	40	22.0	19	10
20	26.9	25	90	65	11	4	M10	14	14	32	38		34	2.3	6	4	50	2	27.5	26	31	29	4	6	32	3	50	27.5	26	10
25	33.7	32	100	75	11	4	M10	14	14	35	42		44	2.6	6	4	60	2	34.5	33	38	36	4	7	35	3	60	34.5	33	10
32	42.4	38	120	90	14	4	M12	14	16	35	55		54	2.6	6	6	70	2	43.5	39	46	42	5	8	35	3	70	43.5	39	10
40	48.3	45	130	100	14	4	M12	14	16	38	62		64	2.6	7	6	80	3	49.5	46	53	49	5	8	38	3	80	49.5	46	10
50	60.3	57	140	110	14	4	M12	14	16	38	74		74	2.9	8	6	90	3	61.5	59	65	61	5	8	38	3	90	61.5	59	12
65	76.1	76	160	130	14	4	M12	14	16	38	88		94	2.9	9	6	110	3	77.5	78	81	81	6	8	38	4	110	77.5	78	12
80	88.9	89	190	150	18	4	M16	16	18	42	102		110	3.2	10	8	128	3	90.5	91	94	94	6	10	43	4	128	90.5	91	12
100	114.3	108	210	170	18	4	M16	16	18	45	130		130	3.6	10	8	148	3	116.0	110	120	113	6	10	45	4	148	116.0	110	14
125	139.7	133	240	200	18	8	M16	18	20	48	155		160	4.0	10	8	178	3	141.5	135	145	138	6	10	48	5	178	141.5	135	14
150	168.3	159	265	225	18	8	M16	18	20	48	184		182	4.5	12	10	202	3	170.5	161	174	164	6	10	48	6	202	170.5	161	14
200	219.1	219	320	280	18	8	M16	20	22	55	236		238	6.3	15	10	258	3	221.5	222	226	226	6	11	55	6	258	221.5	222	16
250	273.0	273	375	335	18	12	M16	22	24	60	290		284	6.3	15	12	312	3	276.5	276	281	281	8	12	60	8	312	276.5	276	18
300	323.9	325	440	395	22	12	M20	22	24	62	342		342	7.1	15	12	365	4	327.5	328	333	333	8	12	62	8	365	327.5	328	18
350	355.6	377	490	445	22	12	M20	22	26	62	385	390	392	7.1	15	12	415	4	359.5	380	365	386	8	13	62	8	415	359.5	381	18
400	406.4	426	540	495	22	16	M20	22	28	65	438	440	442	7.1	15	12	465	4	411.0	430	416	435	8	14	65	8	465	411.0	430	20
450	457	480	595	550	22	16	M20	22	30	65	492	494	494	7.1	15	12	520	4	462.0	484	467	490	8	15	65	8	520	462.0	485	20
500	508	530	645	600	22	20	M20	24	30	68	538	545	544	7.1	15	12	570	4	513.5	534	519	540	8	16	68	8	570	513.5	535	22
600	610	630	755	705	26	20	M24	30	32	70	640	650	642	7.1	16	12	670	5	616.5	634	622	640	8	16	70	8	670	615.5	636	22

（续）

公称尺寸DN	法兰焊端外径（钢管外径）A Ⅰ	法兰焊端外径（钢管外径）A Ⅱ	连接尺寸 法兰外径D	连接尺寸 螺栓孔中心圆直径K	连接尺寸 螺栓孔直径L	螺栓 数量n	螺栓 螺纹规格	法兰厚度C 整体、对焊法兰	法兰厚度C 其他	法兰高度H	法兰颈 N 对焊法兰 Ⅰ	法兰颈 N 对焊法兰 Ⅱ	法兰颈 N 整体法兰	法兰颈 S_{min}	法兰颈 H_1	法兰颈 r	密封面 d	密封面 f_1	法兰内径 板式平焊法兰 B Ⅰ	法兰内径 板式平焊法兰 B Ⅱ	法兰内径 其他 B Ⅰ	法兰内径 其他 B Ⅱ	法兰内径 E	对焊环 F_1	对焊环 H_1	对焊环 S	平焊环 外径d	平焊环 内径B_1 Ⅰ	平焊环 内径B_1 Ⅱ	平焊环 厚度F
10	17.2	14	90	60	14	4	M12	16	14	35	28		28	2.0	6	4	40	2	18.0	15	21	18	3	5	35	3	40	18.0	15	12
15	21.3	18	95	65	14	4	M12	16	14	38	32		32	2.0	6	4	45	2	22.0	19	25	22	3	5	38	3	45	22.0	19	12
20	26.9	25	105	75	14	4	M12	18	16	40	40		40	2.3	6	4	58	2	27.5	26	31	29	4	6	40	3	58	27.5	26	14
25	33.7	32	115	85	14	4	M12	18	16	40	46		50	2.6	6	4	68	2	34.5	33	38	36	4	7	40	3	68	34.5	33	14
32	42.4	38	140	100	18	4	M16	18	18	42	56		60	2.6	6	6	78	2	43.5	39	47	42	5	8	42	3	78	43.5	39	14
40	48.3	45	150	110	18	4	M16	18	18	45	64		70	2.6	7	6	88	3	49.5	46	53	49	5	8	45	3	88	49.5	46	14
50	60.3	57	165	125	18	4	M16	18	20	45	74		84	2.9	8	6	102	3	61.5	59	65	61	5	8	45	3	102	61.5	59	16
65	76.1	76	185	145	18	8	M16	18	20	45	92		104	2.9	10	6	122	3	77.5	78	81	81	6	8	45	4	122	77.5	78	16
80	88.9	89	200	160	18	8	M16	20	20	50	105		120	3.2	10	6	138	3	90.5	91	94	94	6	10	50	4	138	90.5	91	16
100	114.3	108	220	180	18	8	M16	20	22	52	131		140	3.6	12	8	158	3	116.0	110	120	113	6	10	52	4	158	116.0	110	18
125	139.7	133	250	210	18	8	M16	22	22	55	156		170	4.0	12	8	188	3	141.5	135	145	138	6	10	55	5	188	141.5	135	18
150	168.3	159	285	240	22	8	M20	22	24	55	184		190	4.5	12	10	212	3	170.5	161	174	164	6	10	55	6	212	170.5	161	20
200	219.1	219	340	295	22	8	M20	24	24	62	234		246	6.3	16	10	268	3	221.5	222	226	226	6	11	62	6	268	221.5	222	20
250	273.0	273	395	350	22	12	M20	26	26	68	292		298	6.3	16	12	320	3	276.5	276	281	281	8	12	70	8	320	276.5	276	22
300	323.9	325	445	400	22	12	M20	26	26	68	342		348	7.1	16	12	370	4	327.5	328	333	333	8	12	68	8	370	327.5	328	22
350	355.6	377	505	460	22	16	M20	26	30	68	385	400	408	7.1	16	12	430	4	359.5	381	365	386	8	13	68	8	430	359.5	381	22
400	406.4	426	565	515	26	16	M24	26	32	72	440	445	456	7.1	16	12	482	4	411.0	430	416	435	8	14	72	8	482	411.0	430	24
450	457	480	615	565	26	20	M24	28	36	72	488	500	502	7.1	16	12	532	4	462.0	485	467	490	8	15	72	8	532	462.0	485	24
500	508	530	670	620	26	20	M24	28	38	75	542	550	559	7.1	16	12	585	4	513.5	535	519	540	8	16	75	8	585	513.5	535	26
600	610	630	780	725	0	20	M27	34	42	82	642	650	658	8.0	18	12	685	5	616.5	636	622	640	8	18	80	10	685	616.5	636	26

（表头：公称压力 PN100）

（续）

公称尺寸DN	法兰焊端外径（钢管外径）A		连接尺寸					法兰厚度C		法兰高度H	法兰颈						密封面		法兰内径					对焊环			平焊环			
			法兰外径D	螺栓孔中心圆直径K	螺栓孔直径L	螺栓		整体、对焊法兰	其他		N			S_{min}	H_1	r	d	f_1	板式平焊法兰		其他		E	F_1	H_1	S	外径d	内径B_1		厚度F
	Ⅰ	Ⅱ				数量n	螺纹规格				对焊法兰Ⅰ	对焊法兰Ⅱ	整体法兰						B Ⅰ	B Ⅱ	B Ⅰ	B Ⅱ						Ⅰ	Ⅱ	
10	17.2	14	90	60	14	4	M12	16	14	35	28		28	2.0	6	4	40	2	18.0	15	21	18	3	5	35	3	40	18.0	15	12
15	21.3	18	95	65	14	4	M12	16	14	38	32		32	2.0	6	4	45	2	22.0	19	25	22	3	5	38	3	45	22.0	19	12
20	26.9	25	105	75	14	4	M12	18	16	40	40		40	2.3	6	4	58	2	27.5	26	31	29	4	6	40	3	58	27.5	26	14
25	33.7	32	115	85	14	4	M12	18	16	40	46		50	2.6	6	4	68	2	34.5	33	38	36	4	7	40	3	68	34.5	33	14
32	42.4	38	140	100	18	4	M16	18	18	42	56		60	2.6	6	6	78	2	43.5	39	47	42	5	8	42	3	78	43.5	39	14
40	48.3	45	150	110	18	4	M16	18	18	45	64		70	2.6	7	6	88	3	49.5	46	53	49	5	8	45	3	88	49.5	46	14
50	60.3	57	165	125	18	4	M16	18	20	45	74		84	2.9	8	6	102	3	61.5	59	65	61	5	8	45	3	102	61.5	59	16
65	76.1	76	185	145	18	8	M16	18	20	45	92		104	2.9	10	6	122	3	77.5	78	81	81	6	8	45	4	122	77.5	78	16
80	88.9	89	200	160	18	8	M16	20	20	50	105		120	3.2	10	6	138	3	90.5	91	94	94	6	10	50	4	138	90.5	91	16
100	114.3	108	220	180	18	8	M16	20	22	52	131		140	3.6	12	8	158	3	116.0	110	120	113	6	10	52	4	158	116.0	110	18
125	139.7	133	250	210	18	8	M16	22	22	55	156		170	4.0	12	8	188	3	141.5	135	145	138	6	10	55	5	188	141.5	135	18
150	168.3	159	285	240	22	8	M20	22	24	55	184		190	4.5	12	10	212	3	170.5	161	174	164	6	10	55	6	212	170.5	161	20
200	219.1	219	340	295	22	12	M20	24	26	62	235		246	6.3	16	10	268	3	221.5	222	226	226	6	11	62	6	268	221.5	222	20
250	273.0	273	405	355	26	12	M24	26	29	70	292		296	6.3	16	12	320	3	276.5	276	281	281	8	12	70	8	320	276.5	276	22
300	323.9	325	460	410	26	12	M24	28	32	78	344		350	7.1	16	12	378	4	327.5	328	333	333	8	14	78	10	378	327.5	328	24
350	355.6	377	520	470	26	16	M24	30	35	82	390	400	410	8.0	16	12	438	4	359.5	381	365	386	8	18	82	10	438	359.5	381	25
400	406.4	426	580	525	30	16	M27	32	38	85	445	450	458	8.0	16	12	490	4	411.0	430	416	135	8	20	85	12	490	411.0	430	28
450	457	480	640	585	30	20	M27	34 40	42	83	490	506	516	8.0	16	12	550	4	462.0	485	467	490	8	22	87	12	550	462.0	485	30
500	508	530	715	650	33	20	M30	36 44	46	84	548	576	559	8.0	16	12	610	4	513.5	535	519	540	8	22	90	12	610	513.5	535	32
600	610	630	840	770	36	20	M33	40 54	55	88	670	690	658	10	18	12	725	5	616.5	636	622	640	8	24	95	12	725	615.5	636	32

（续）

公称尺寸DN	法兰焊端外径(钢管外径)A I	法兰焊端外径(钢管外径)A Ⅱ	连接尺寸 法兰外径D	连接尺寸 螺栓孔中心圆直径K	连接尺寸 螺栓孔直径L	连接尺寸 螺栓 数量n	连接尺寸 螺栓 螺纹规格	法兰厚度C 整体、对焊法兰	法兰厚度C 其他	法兰高度H	法兰颈 N 对焊法兰 I	法兰颈 N 对焊法兰 Ⅱ	法兰颈 N 整体法兰	法兰颈 S_{min}	法兰颈 H_1	法兰颈 r	密封面 d	密封面 f_1	法兰内径 板式平焊法兰 B I	法兰内径 板式平焊法兰 B Ⅱ	法兰内径 其他 B I	法兰内径 其他 B Ⅱ	法兰内径 其他 E	对焊环 F_1	对焊环 H_1	对焊环 S	平焊环 外径d	平焊环 内径B_1 I	平焊环 内径B_1 Ⅱ	平焊环 厚度F
公称压力PN250																														
10	17.2	14	90	60	14	4	M12	16	14	35	28		28	2.0	6	4	40	2	18.0	15	21	18	3	5	35	3	40	18.0	15	12
15	21.3	18	95	65	14	4	M12	16	14	38	32		32	2.0	6	4	45	2	22.0	19	25	22	3	5	38	3	45	22.0	19	12
20	26.9	25	105	75	14	4	M12	18	16	40	40		40	2.3	6	4	58	2	27.5	26	31	29	4	6	40	3	58	27.5	26	14
25	33.7	32	115	85	14	4	M12	18	16	40	46		50	2.6	6	4	68	2	34.5	33	38	36	4	7	40	3	68	34.5	33	14
32	42.4	38	140	100	18	4	M16	18	18	42	56		60	2.6	6	6	78	2	43.5	39	47	42	5	8	42	3	78	43.5	39	14
40	48.3	45	150	110	18	4	M16	18	18	45	64		70	2.6	7	6	88	3	49.5	46	53	49	5	8	45	3	88	49.5	46	14
50	60.3	57	165	125	18	4	M16	20	20	48	75		84	2.9	8	6	102	3	61.5	59	65	61	5	10	48	4	102	61.5	59	16
65	76.1	76	185	145	18	8	M16	22	22	52	90		104	2.9	10	6	122	3	77.5	78	81	81	6	11	52	5	122	77.5	78	16
80	88.9	89	200	160	18	8	M16	24	24	58	105		120	3.2	12	8	138	3	90.5	91	94	94	6	12	58	6	138	90.5	91	18
100	114.3	108	235	190	22	8	M20	24	26	65	134		140	3.6	12	8	162	3	116.0	110	120	113	6	14	65	6	162	116.0	110	20
125	139.7	133	270	220	26	8	M24	26	28	68	162		170	4.0	12	8	188	3	141.5	135	145	138	6	16	68	6	188	141.5	135	22
150	168.3	159	300	250	26	8	M24	28	30	75	192		190	4.5	12	10	218	3	170.5	161	174	164	6	18	75	8	218	170.5	161	24
200	219.1	219	360	310	26	12	M24	30	32	80	244		246	6.3	16	10	278	3	221.5	222	226	226	6	18	80	8	278	221.5	222	26
250	273.0	273	425	370	30	12	M27	32	35	88	298		296	7.1	18	12	335	3	276.5	276	281	281	8	18	88	10	335	276.5	276	26
300	323.9	325	485	430	30	16	M27	34	38	92	352		350	8.0	18	12	395	4	327.5	328	333	333	8	20	92	10	395	327.5	328	28
350	355.6	377	555	490	33	16	M30	8	42	100	398	406	410	8.0	20	12	450	4	359.5	381	365	386	8	22	100	12	450	359.5	381	32
400	406.4	426	620	550	36	16	M33	40	48	110	452	464	458	8.8	20	12	505	4	411.0	430	416	435	8	24	110	14	505	411.0	430	34
450	457	480	670	600	36	20	M33	46	54	110	500	514	516	8.8	20	12	555	4	462.0	485	467	490	8	26	110	15	555	462.0	485	36
500	508	530	730	660	36	20	M33	48	58	125	558	570	559	10	20	12	615	4	513.5	535	159	540	8	28	125	16	615	513.5	535	38
600	610	630	845	770	39	20	M36	48	68	125	660	670	658	11	20	12	720	5	616.5	636	622	640	8	30	115	18	720	616.5	636	40

（续）

公称压力 PN400																														
公称尺寸 DN	法兰焊端外径（钢管外径）A		连接尺寸					法兰厚度 C		法兰高度 H	法兰颈						密封面		法兰内径					对焊环			平焊环			
			法兰外径 D	螺栓孔中心圆直径 K	螺栓孔直径 L	螺栓					N			S_{min}	H_1	r	d	f_1	板式平焊法兰		其他			F_1	H_1	S	外径 d	内径 B_1		厚度 F
						数量 n	螺纹规格	整体、对焊法兰	其他		对焊法兰		整体法兰						B		B		E							
	Ⅰ	Ⅱ									Ⅰ	Ⅱ							Ⅰ	Ⅱ	Ⅰ	Ⅱ						Ⅰ	Ⅱ	
10	17.2	14	90	60	14	4	M12	16	14	35	28		28	2.0	6	4	40	2	18.0	15	21	18	3	5	35	3	40	18.0	15	12
15	21.3	18	95	65	14	4	M12	16	14	38	32		32	2.0	6	4	45	2	22.0	19	25	22	3	5	38	3	45	22.0	19	12
20	26.9	25	105	75	14	4	M12	18	16	40	40		40	2.3	6	4	58	2	27.5	26	31	29	4	6	40	3	58	27.5	26	14
25	33.7	32	115	85	14	4	M12	18	16	40	46		50	2.6	6	4	68	2	34.5	33	38	36	4	7	40	3	68	34.5	33	14
32	42.4	38	140	100	18	4	M16	18	18	42	56		60	2.6	6	6	78	2	43.5	39	47	42	5	8	42	3	78	43.5	39	14
40	48.3	45	150	110	18	4	M16	18	18	45	64		70	2.6	7	6	88	3	49.5	46	53	49	5	8	45	3	88	49.5	46	14
50	60.3	57	165	125	18	4	M16	20	20	48	75		84	2.9	8	6	102	3	61.5	59	65	61	5	10	48	4	102	61.5	59	16
65	76.1	76	185	145	18	8	M16	22	22	52	90		104	2.9	10	6	122	3	77.5	78	81	81	6	11	52	5	122	77.5	78	16
80	88.9	89	200	160	18	8	M16	24	24	58	105		120	3.2	12	8	138	3	90.5	91	94	94	6	12	58	6	138	90.5	91	18
100	114.3	108	235	190	22	8	M20	24	26	65	134		142	3.6	12	8	162	3	116.0	110	120	113	6	14	65	6	162	116.0	110	20
125	139.7	133	270	220	26	8	M24	26	28	68	162		162	4.0	12	8	188	3	141.5	135	145	138	6	16	68	6	188	141.5	135	22
150	168.3	159	300	250	26	8	M24	28	30	75	192		192	4.5	12	10	218	3	170.5	161	174	164	6	18	75	8	218	170.5	161	24
200	219.1	219	375	320	30	12	M27	34	36	88	244		254	6.3	16	10	278	3	221.5	222	226	226	6	20	88	10	285	221.5	222	28
250	273.0	273	450	385	33	12	M30	38	42	105	306		312	7.1	18	12	335	3	276.5	276	281	281	8	22	105	12	345	276.5	276	30
300	323.9	325	515	450	33	16	M30	42	52	115	362		378	8.0	18	12	395	4	327.5	328	333	333	8	25	115	12	410	327.5	328	34
350	355.6	377	580	510	36	16	M33	46	58	125	408	418	432	8.8	20	12	450	4	359.5	381	365	386	8	28	125	14	465	359.5	381	36
400	406.4	426	660	585	39	16	M36	50	65	135	462	480	498	11.0	20	12	505	4	411.0	430	416	435	8	32	135	16	535	411.0	430	42
450	457	480	685	610	39	20	M36	57	66	135	500	530	522	12.5	20	12	555	4	462.0	485	467	490	8				560	462.0	485	46
500	508	530	755	670	42	20	M39	57	72	140	562	580	576	14.2	20	12	615	4	513.5	535	519	540	8				615	513.5	535	50
600	610	630	890	795	48	20	M45	72	84	150	666	686	686	16.0	20	12	720	5	616.5	636	622	640	8				735	616.5	636	54

2）公称通径≤DN600，美洲体系、欧洲体系的凹凸面榫槽面法兰密封面尺寸见图 29-24 和表 29-173。

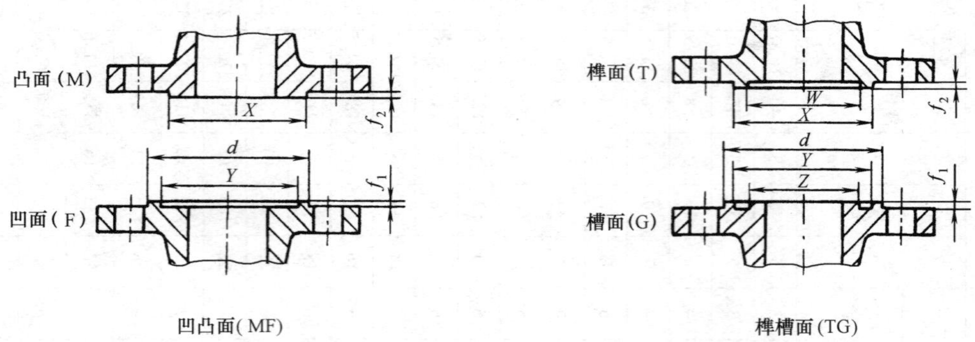

图 29-24　凹凸面榫槽面法兰密封面

表 29-173　凹凸面榫槽面法兰密封面尺寸　（单位：mm）

公称尺寸 DN	用 PN 标记(欧洲体系)							用 Class 标记(美洲体系)							
	密封面							密封面							
	d(PN 100)	X	Y	Z	W	f_1	f_2	d	X	Y	Z	W	f_1		f_2
10	40	34	35	23	24	2	4.5	—	—	—	—	—			
15	45	39	40	28	29	2	4.5	46	34.9	36.5	23.8	25.4	2①	7②	7
20	58	50	51	35	36	2	4.5	54	42.9	44.4	31.8	33.3			
25	68	57	58	42	43	2	4.5	62	50.8	52.4	36.5	38.1			
32	78	65	66	50	51	2	4.5	75	63.5	65.1	46.0	47.6			
40	88	75	76	60	61	3	4.5	84	73.0	74.6	52.4	54.0			
50	102	87	88	72	72	3	4.5	103	92.1	93.7	71.4	73.0			
65	122	109	110	94	95	3	4.5	116	104.8	106.4	84.1	85.7			
80	138	120	121	105	106	3	4.5	138	127.0	128.6	106.4	108.0			
100	158	149	150	128	129	3	5	168	157.2	158.8	130.2	131.8			
125	188	175	176	154	155	3	5	197	185.7	187.3	158.8	160.3			
150	212	203	204	182	183	3	5	227	215.9	217.5	188.9	190.5	—	—	—
200	268	259	260	238	239	3	5	281	269.9	271.5	236.5	238.1			
250	320	312	313	291	292	3	5	335	323.8	325.4	284.2	285.8			
300	370	363	364	342	343	4	5	392	381.0	382.6	341.3	342.9			
350	430	421	422	394	395	4	5.5	424	412.8	414.3	373.1	374.6			
400	482	473	474	446	447	4	5.5	481	469.9	471.5	423.9	425.4			
450	532	523	524	496	497	4	5.5	544	533.4	535.0	487.4	489.0			
500	585	575	576	548	549	4	5.5	595	584.2	585.8	531.8	533.4			
600	685	675	676	648	649	5	5.5	703	692.2	693.7	639.8	641.4			

① 为 Class150 和 Class300 法兰的尺寸。
② 为 Class600、Class900、Class1500 和 Class2500 法兰的尺寸。

3）公称通称≤DN600、公称压力≤PN110 的环松套法兰型式与尺寸见图 29-25 和表 29-174。

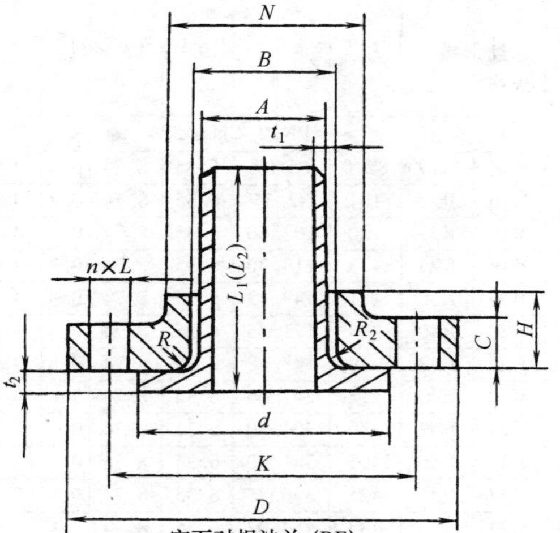

突面对焊法兰 (RF)

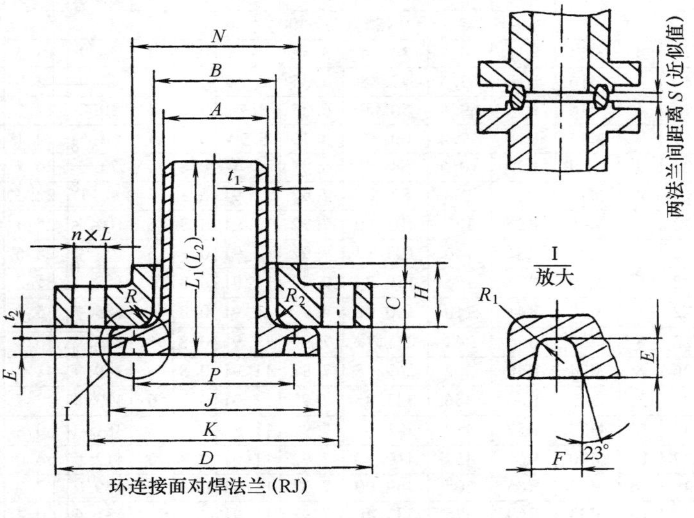

环连接面对焊法兰 (RJ)

图 29-25　环松套法兰

注：t_1 为短节壁厚，一般为钢管壁厚；t_2 应不小于钢管最小壁厚。

表 29-174　对焊环带颈松套法兰尺寸　　（单位：mm）

公称尺寸 DN	钢管外径 A	连接尺寸					密封面							法兰面直径 X	法兰厚度 C	法兰高度 H	颈部直径 N	法兰内径 B_{min}	r_1、r_2	对焊环高度 h
		法兰外径 D	螺栓孔中心圆直径 K	螺栓孔直径 L	螺栓数量 n	螺栓螺纹规格	槽号	J_{min}	P	E	F	R_{1max}	S							
PN20(Class150)																				
15	21.3	90	60.3	16	4	M14	—	—	—	—	—	—	—	34.9	11.2	16	30	22.9	3	50
20	26.9	100	69.9	16	4	M14	—	—	—	—	—	—	—	42.9	12.7	16	38	28.2	3	50
25	33.7	110	79.4	16	4	M14	R15	63.0	47.63	6.35	8.74	0.8	4	50.8	14.3	17	49	34.9	3	50
32	42.4	115	88.9	16	4	M14	R17	72.5	57.15	6.35	8.74	0.8	4	63.5	15.9	21	59	43.7	5	50

（续）

公称尺寸DN	钢管外径 A	连接尺寸					密封面							法兰面直径 X	法兰厚度 C	法兰高度 H	颈部直径 N	法兰内径 B_{min}	r_1、r_2	对焊环高度 h
		法兰外径 D	螺栓孔中心圆直径 K	螺栓孔直径 L	螺栓数量 n	螺栓螺纹规格	槽号	J_{min}	P	E	F	R_{1max}	S							
PN20(Class150)																				
40	48.3	125	98.4	16	4	M14	R19	82.0	65.07	6.35	8.74	0.8	4	73.0	17.5	22	65	50.0	6	50
50	60.3	150	120.7	19	4	M16	R22	101	82.55	6.35	8.74	0.8	4	92.1	19.1	25	78	62.5	8	65
65	76.1	180	139.7	19	4	M16	R25	120	101.60	6.35	8.74	0.8	4	104.8	22.3	29	90	78.5	8	65
80	88.9	190	152.4	19	4	M16	R29	133	114.30	6.35	8.74	0.8	4	127.0	23.9	30	108	91.4	10	65
100	114.3	230	190.5	19	8	M16	R36	171	149.23	6.35	8.74	0.8	4	157.2	23.9	33	135	116.8	11	75
125	139.7	255	215.9	22	8	M20	R40	493	171.45	6.35	8.74	0.8	4	185.7	23.9	36	164	144.4	11	75
150	168.3	280	241.3	22	8	M20	R43	219	193.68	6.35	8.74	0.8	4	215.9	25.4	40	192	171.4	13	90
200	219.1	345	298.5	22	8	M20	R48	273	247.65	6.35	8.74	0.8	4	269.9	28.6	44	246	222.2	13	100
250	273.0	405	362.0	26	12	M24	R52	330	304.80	6.35	8.74	0.8	4	323.8	30.2	49	305	277.4	13	125
300	323.9	485	431.8	26	12	M24	R56	405	381.00	6.35	8.74	0.8	4	381.0	21.8	56	365	328.2	13	150
350	355.6	535	476.3	29	12	M27	R59	425	396.88	6.35	8.74	0.8	3	412.8	35.0	79	400	360.2	13	150
400	406.4	595	539.8	29	16	M27	R64	483	454.03	6.35	8.74	0.8	3	469.9	36.6	87	457	411.2	13	150
450	457	635	577.9	32	16	M30	R68	546	517.53	6.35	8.74	0.8	3	533.4	39.7	97	505	462.3	13	150
500	508	700	635.0	32	20	M30	R72	597	558.80	6.35	8.74	0.8	3	584.2	42.9	103	559	514.4	13	150
600	610	815	749.3	35	20	M33	R76	711	673.10	6.35	8.74	0.8	3	692.2	47.7	111	653	616.0	13	150
PN50(Class300)																				
15	21.3	95	66.7	16	4	M14	R11	50.5	34.14	5.54	7.14	0.9	3	34.9	14.3	22	38	22.9	3	50
20	26.9	115	82.6	19	4	M16	R13	63.5	42.88	6.35	8.74	0.8	4	42.9	15.9	25	48	28.2	3	50
25	33.7	125	88.9	19	4	M16	R16	69.5	50.80	6.35	8.74	0.8	4	50.8	17.5	27	54	34.9	3	50
32	42.4	135	98.4	19	4	M16	R18	79.0	60.33	6.35	8.74	0.8	4	63.5	19.1	27	64	43.7	5	50
40	48.3	155	114.3	22	4	M120	R20	90.5	68.27	6.35	8.74	0.8	4	73.0	20.7	30	70	50.0	6	50
50	60.3	165	127.0	19	4	M16	R23	108	82.55	7.92	11.91	0.8	6	92.1	22.3	33	84	62.5	8	65
65	76.1	190	149.2	22	4	M20	R26	127	101.60	7.92	11.91	0.8	6	104.8	25.4	38	100	78.5	8	65
80	88.9	210	168.3	22	4	M20	R31	146	123.83	7.92	11.91	0.8	6	127.0	28.6	43	117	91.4	10	65
100	114.3	255	200.0	22	8	M20	R37	175	149.23	7.92	11.91	0.8	6	157.2	31.8	48	146	116.8	11	75
125	139.7	280	235.0	22	8	M20	R41	210	180.98	7.92	11.91	0.8	6	185.7	35.0	51	178	144.4	11	75
150	168.3	320	269.9	22	8	M20	R45	241	211.12	7.92	11.91	0.8	6	215.9	36.6	52	206	171.4	13	90
200	219.1	380	330.2	26	8	M24	R49	302	269.88	7.92	11.91	0.8	6	269.9	41.3	62	260	222.2	13	100
250	273.0	445	387.4	29	12	M127	R53	356	323.85	7.92	11.91	0.8	6	323.8	47.7	95	321	277.4	13	250
300	323.9	520	450.8	32	12	M30	R57	413	381.00	7.92	11.91	0.8	6	381.0	50.8	102	375	328.2	13	250
350	355.6	585	514.4	32	12	M30	R61	457	419.10	7.92	11.91	0.8	6	412.8	54.0	111	425	360.2	13	300
400	406.4	650	571.5	35	16	M33	R65	508	469.90	7.92	11.91	0.8	6	469.9	57.2	121	483	411.2	13	300
450	457	710	628.6	35	16	M33	R69	575	533.40	7.92	11.91	0.8	6	533.4	60.4	130	533	462.3	13	300
500	508	775	685.8	35	20	M33	R73	635	584.20	9.53	13.49	1.5	6	584.2	63.5	140	587	514.4	13	300
600	610	915	812.8	42	20	M39	R77	749	692.15	11.13	16.66	1.5	6	692.2	69.9	152	702	616.0	13	300
PN110(Class600)																				
15	21.3	95	66.7	16	4	M14	R11	50.5	34.14	5.54	7.14	0.9	3	34.9	14.3	22	38	22.9	3	50
20	26.9	115	82.6	19	4	M16	R13	63.5	42.88	6.35	8.74	0.8	4	42.9	15.9	25	48	28.2	3	65
25	33.7	125	88.9	19	4	M16	R16	69.5	50.80	6.35	8.74	0.8	4	50.8	17.5	27	54	34.9	3	65
32	42.4	135	98.4	19	4	M16	R18	79.0	60.33	6.35	8.74	0.8	4	63.5	20.7	29	64	43.7	5	65
40	48.3	155	114.3	22	4	M20	R20	90.5	68.27	6.35	8.74	0.8	4	73.0	22.3	32	70	50.0	6	75
50	60.3	165	127.0	19	8	M16	R23	108	82.55	7.92	11.91	0.8	5	92.1	25.4	37	84	62.5	8	75
65	76.1	190	149.2	22	8	M20	R26	127	101.60	7.92	11.91	0.8	5	104.8	28.6	41	100	78.5	8	90
80	88.9	210	168.3	22	8	M20	R31	146	123.83	7.92	11.91	0.8	5	127.0	31.8	46	117	91.4	10	100
100	114.3	275	215.9	26	8	M24	R37	175	149.23	7.92	11.91	0.8	5	157.2	38.1	54	152	116.8	11	125
125	139.7	330	266.7	29	8	M27	R41	210	180.98	7.92	11.91	0.8	5	185.7	44.5	60	189	144.4	11	150
150	168.3	355	292.1	29	12	M27	R45	241	211.12	7.92	11.91	0.8	5	215.9	47.7	67	222	171.4	13	175
200	219.1	420	349.2	32	12	M30	R49	302	269.88	7.92	11.91	0.8	5	269.9	55.6	76	273	222.2	13	190
250	273.0	510	431.8	35	12	M33	R53	356	323.85	7.92	11.91	0.8	5	323.8	63.5	111	343	277.4	13	200

（续）

公称尺寸 DN	钢管外径 A	连接尺寸 法兰外径 D	螺栓孔中心圆直径 K	螺栓孔直径 L	螺栓 数量 n	螺纹规格	密封面 槽号	J_{min}	P	E	F	R_{1max}	S	法兰面直径 X	法兰厚度 C	法兰高度 H	颈部直径 N	法兰内径 B_{min}	r_1、r_2	对焊环高度 h
PN110(Class600)																				
300	323.9	560	489.0	35	16	M33	R57	413	381.00	7.92	11.91	0.8	5	381.0	66.7	117	400	328.2	13	250
350	355.6	605	527.0	39	20	M36	R61	457	419.10	7.92	11.91	0.8	5	412.8	69.9	127	432	360.2	13	300
400	406.4	685	603.2	42	20	M39	R65	508	469.90	7.92	11.91	0.8	5	469.9	76.2	140	495	411.2	13	300
450	457	745	654.0	45	20	M42	R69	575	533.40	7.92	11.91	0.8	5	533.4	82.6	152	546	462.3	13	300
500	508	815	723.9	45	20	M42	R73	635	584.20	9.53	13.49	1.5	5	584.2	88.9	165	610	514.4	13	300
600	610	940	838.2	51	24	M48	R77	749	692.15	11.13	16.66	1.5	6	692.2	101.6	184	718	616.0	13	300

4）法兰盖（GB/T 9123—2010）。

① 平面、突面钢制管法兰盖（公称直径≤DN600、公称压力≤PN40 的法兰盖）形式与尺寸见表 29-175。

表 29-175　平面、突面法兰盖相关尺寸　（单位：mm）

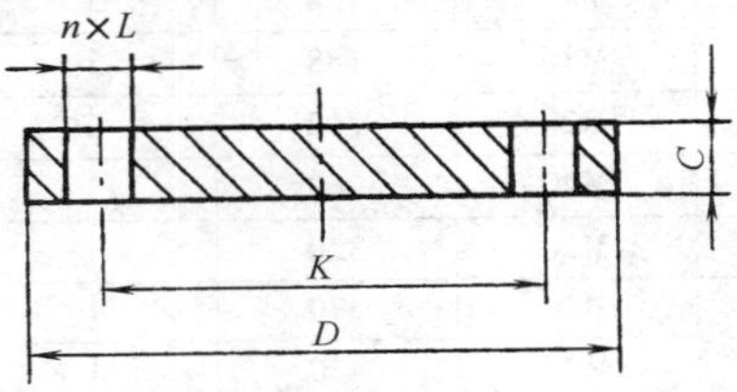

平面 (FF) 法兰盖

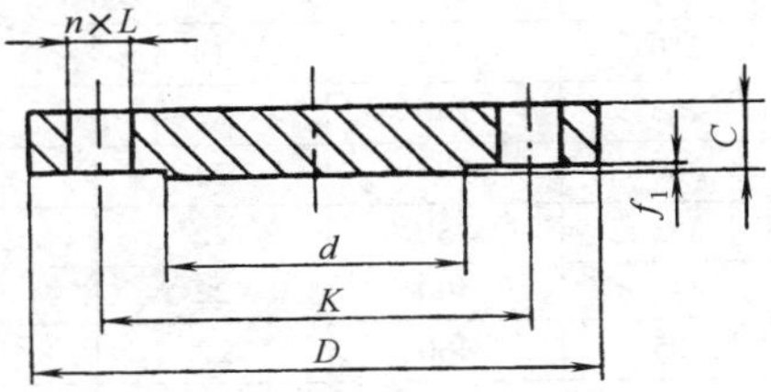

突面 (RF) 法兰盖

标记示例

示例 1：公称尺寸 DN600、公称压力 PN25、突面(RF)钢制管法兰盖(BL)、材料为 Q235A，其标记为：

法兰　DN 600-PN 25　BL　RF　Q235A　GB/T 9123

示例 2：公称尺寸 NPS12(DN300)、公称压力 Class900、环连接面(RJ)钢制管法兰盖(BL)、材料为 06Cr19Ni10，其标记为：

法兰　NPS 12(或 DN300)-Class900　BL　RJ　06Cr19Ni10　GB/T 9123

PN2.5、PN6 法兰盖　平面、突面

公称尺寸 DN	连接尺寸 法兰外径 D	螺栓孔中心圆直径 K	螺栓孔直径 L	螺栓 数量 n	螺纹规格	密封面 d	f	法兰盖厚度 C
10	75	50	11	4	M10	35	2	12
15	80	55	11	4	M10	40	2	12
20	90	65	11	4	M10	50	2	14
25	100	75	11	4	M10	60	2	14
32	120	90	14	4	M12	70	2	14
40	130	100	14	4	M12	80	3	14
50	140	110	14	4	M12	90	3	14
65	160	130	14	4	M12	110	3	14
80	190	150	18	4	M16	128	3	16
100	210	170	18	4	M16	148	3	16
125	240	200	18	8	M16	178	3	18
150	265	225	18	8	M16	202	3	18
200	320	280	18	8	M16	258	3	20
250	375	335	18	12	M16	312	3	22
300	440	395	22	12	M20	365	4	22
350	490	445	22	12	M20	415	4	22
400	540	495	22	16	M20	465	4	22
450	595	550	22	16	M20	520	4	24
500	645	600	22	20	M20	570	4	24
600	755	705	26	20	M24	670	5	30

（续）

公称尺寸 DN	连接尺寸					密封面		法兰盖厚度 *C*
	法兰外径 *D*	螺栓孔中心圆直径 *K*	螺栓孔直径 *L*	螺栓		*d*	*f*	
				数量 *n*	螺纹规格			
PN10 法兰盖　平面、突面								
10	90	60	14	4	M12	40	2	16
15	95	65	14	4	M12	45	2	16
20	105	75	14	4	M12	58	2	18
25	115	85	14	4	M12	68	2	18
32	140	100	18	4	M16	78	2	18
40	150	110	18	4	M16	88	3	18
50	165	125	18	4	M16	102	3	18
65	185	145	18	8	M16	122	3	18
80	200	160	18	8	M16	138	3	20
100	220	180	18	8	M16	158	3	20
125	250	210	18	8	M16	188	3	22
150	285	240	22	8	M20	212	3	22
200	340	295	22	8	M20	268	3	24
250	395	350	22	12	M20	320	3	26
300	445	400	22	12	M20	370	4	26
350	505	460	22	16	M20	430	4	26
400	565	515	26	16	M24	482	4	26
450	615	565	26	20	M24	532	4	28
500	670	620	26	20	M24	585	4	28
600	780	725	30	20	M27	685	5	34
PN16 法兰盖　平面、突面								
10	90	60	14	4	M12	40	2	16
15	95	65	14	4	M12	45	2	16
20	105	75	14	4	M12	58	2	18
25	115	85	14	4	M12	68	2	18
32	140	100	18	4	M16	78	2	18
40	150	110	18	4	M16	88	3	18
50	165	125	18	4	M16	102	3	18
65	185	145	18	8	M16	122	3	18
80	200	160	18	8	M16	138	3	20
100	220	180	18	8	M16	158	3	20
125	250	210	18	8	M16	188	3	22
150	285	240	22	8	M20	212	3	22
200	340	295	22	12	M20	268	3	24
250	405	355	26	12	M24	320	3	26
300	460	410	26	12	M24	378	4	28
350	520	470	26	16	M24	438	4	30
400	580	525	30	16	M27	490	4	32
450	640	585	30	20	M27	550	4	40
500	715	650	33	20	M30	610	4	44
600	840	770	36	20	M33	725	5	54

（续）

公称尺寸 DN	连接尺寸					密封面		法兰盖厚度 C
	法兰外径 D	螺栓孔中心圆直径 K	螺栓孔直径 L	螺栓		d	f	
				数量 n	螺纹规格			
PN25 法兰盖 平面、突面								
10	90	60	14	4	M12	40	2	16
15	95	65	14	4	M12	45	2	16
20	105	75	14	4	M12	58	2	18
25	115	85	14	4	M12	68	2	18
32	140	100	18	4	M16	78	2	18
40	150	110	18	4	M16	88	3	18
50	165	125	18	4	M16	102	3	20
65	185	145	18	8	M16	122	3	22
80	200	160	18	8	M16	138	3	24
100	235	190	22	8	M20	162	3	24
125	270	220	26	8	M24	188	3	26
150	300	250	26	8	M24	218	3	28
200	360	310	26	12	M24	278	3	30
250	425	370	30	12	M27	335	3	32
300	485	430	30	16	M27	395	4	34
350	555	490	33	16	M30	450	4	38
400	620	550	36	16	M33	505	4	40
450	670	600	36	20	M33	555	4	50
500	730	660	36	20	M33	615	4	51
600	845	770	39	20	M36	720	5	66
PN40 法兰盖 平面、突面								
10	90	60	14	4	M12	40	2	16
15	95	65	14	4	M12	45	2	16
20	105	75	14	4	M12	58	2	18
25	115	85	14	4	M12	68	2	18
32	140	100	18	4	M16	78	2	18
40	150	110	18	4	M16	88	3	18
50	165	125	18	4	M16	102	3	20
65	185	145	18	8	M16	122	3	22
80	200	160	18	8	M16	138	3	24
100	235	190	22	8	M20	162	3	24
125	270	220	26	8	M24	188	3	26
150	300	250	26	8	M24	218	3	28
200	375	320	30	12	M27	285	3	36
250	450	385	33	12	M30	345	3	38
300	515	450	33	16	M30	410	4	42
350	580	510	36	16	M33	465	4	46
400	660	585	39	16	M36	535	4	50
450	685	610	39	20	M36	560	4	57
500	755	670	42	20	M39	615	4	57
600	890	795	48	20	M45	735	5	72

② 凹凸面、榫槽面钢制管法兰盖（公称通径≤DN600、公称压力为 PN10～PN25 的法兰盖）形式与尺寸见表 29-176。

表 29-176　凹凸面、榫槽面法兰盖相关尺寸　（单位：mm）

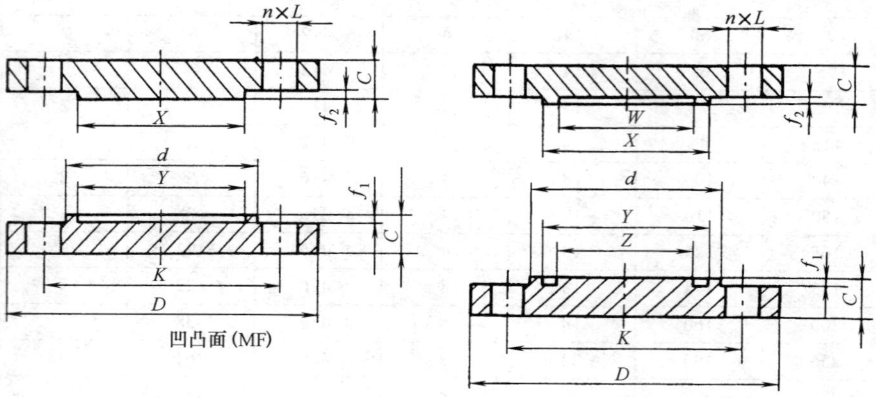

凹凸面(MF)　　榫槽面(TG)

公称尺寸 DN	连接尺寸					密封面							法兰盖厚度 C
	法兰外径 D	螺栓孔中心圆直径 K	螺栓孔直径 L	螺栓		d	X	Y	Z	W	f_1	f_2	
				数量 n	螺纹规格								
PN10 法兰盖　凹凸、榫槽													
10	90	60	14	4	M12	40	34	35	23	24	2	4.5	16
15	95	65	14	4	M12	45	39	40	28	29	2	4.5	16
20	105	75	14	4	M12	58	50	51	35	36	2	4.5	18
25	115	85	14	4	M12	68	57	58	42	43	2	4.5	18
32	140	100	18	4	M16	78	65	66	50	51	2	4.5	18
40	150	110	18	4	M16	88	75	76	60	61	3	4.5	18
50	165	125	18	4	M16	102	87	88	72	72	3	4.5	18
65	185	145	18	8	M16	122	109	110	94	95	3	4.5	18
80	200	160	18	8	M16	138	120	121	105	106	3	4.5	20
100	220	180	18	8	M16	158	149	150	128	129	3	5	20
125	250	210	18	8	M16	188	175	176	154	155	3	5	22
150	285	240	22	8	M20	212	203	204	182	183	3	5	22
200	340	295	22	8	M20	268	259	260	238	239	3	5	24
250	395	350	22	12	M20	320	312	313	291	292	3	5	26
300	445	400	22	12	M20	370	363	364	342	343	4	5	26
350	505	460	22	16	M20	430	421	422	394	395	4	5.5	26
400	565	515	26	16	M24	482	473	474	446	447	4	5.5	26
450	615	565	26	20	M24	532	523	524	496	497	4	5.5	28
500	670	620	26	20	M24	585	575	576	548	549	4	5.5	28
600	780	725	30	20	M27	685	675	676	648	649	5	5.5	34

（续）

公称尺寸 DN	连接尺寸					密封面							法兰盖厚度 C
	法兰外径 D	螺栓孔中心圆直径 K	螺栓孔直径 L	螺栓		d	X	Y	Z	W	f_1	f_2	
				数量 n	螺纹规格								
PN16 法兰盖　凹凸、榫槽													
10	90	60	14	4	M12	40	34	35	23	24	2	4.5	16
15	95	65	14	4	M12	45	39	40	28	29	2	4.5	16
20	105	75	14	4	M12	58	50	51	35	36	2	4.5	48
25	115	85	14	4	M12	68	57	58	42	43	2	4.5	18
32	140	100	18	4	M16	78	65	66	50	51	2	4.5	18
40	150	110	18	4	M16	88	75	76	60	61	3	4.5	18
50	165	125	18	4	M16	102	87	88	72	72	3	4.5	18
65	185	145	18	8	M16	122	109	110	94	95	3	4.5	18
80	200	160	18	8	M16	138	120	121	105	106	3	4.5	20
100	220	180	18	8	M16	158	149	150	128	129	3	5	20
125	250	210	18	8	M16	188	175	176	154	155	3	5	22
150	285	240	22	8	M20	212	203	204	182	183	3	5	22
200	340	295	22	12	M20	268	259	260	238	239	3	5	24
250	405	355	26	12	M24	320	312	313	291	292	3	5	26
300	460	410	26	12	M24	378	363	364	342	343	4	5	28
350	520	470	26	16	M24	438	421	422	394	395	4	5.5	30
400	580	525	30	16	M27	490	473	474	446	447	4	5.5	32
450	640	585	30	20	M27	550	523	524	496	497	4	5.5	40
500	715	650	33	20	M30	610	575	576	548	549	4	5.5	44
600	840	770	36	20	M33	725	675	676	648	649	5	5.5	54
PN25 法兰盖　凹凸、榫槽													
10	90	60	14	4	M12	40	34	35	23	24	2	4.5	16
15	95	65	14	4	M12	45	39	40	28	29	2	4.5	16
20	105	75	14	4	M12	58	50	51	35	36	2	4.5	18
25	115	85	14	4	M12	68	57	58	42	43	2	4.5	18
32	140	100	18	4	M16	78	65	66	50	51	2	4.5	18
40	150	110	18	4	M16	88	75	76	60	61	3	4.5	18
50	165	125	18	4	M16	102	87	88	72	72	3	4.5	20
65	185	145	18	8	M16	122	109	110	94	95	3	4.5	22
80	200	160	18	8	M16	138	120	121	105	106	3	4.5	24
100	235	190	22	8	M20	162	149	150	128	129	3	5	24
125	270	220	26	8	M24	188	175	176	154	155	3	5	26
150	300	250	26	8	M24	218	203	204	182	183	3	5	28
200	360	310	26	12	M24	278	259	260	238	239	3	5	30
250	425	370	30	12	M27	335	312	313	291	292	3	5	32
300	485	430	30	16	M27	395	363	364	342	343	4	5	34
350	555	490	33	16	M30	450	421	422	394	395	4	5.5	38
400	620	550	36	16	M33	505	473	474	446	447	4	5.5	40
450	670	600	36	20	M33	555	523	524	496	497	4	5.5	50
500	730	660	36	20	M33	615	575	576	548	549	4	5.5	51
600	845	770	39	20	M36	720	675	676	648	649	5	5.5	66

③ 环连接面钢制管法兰盖（公称通径≤DN600、公称压力为 PN63～PN160 的法兰盖）形式与尺寸见表29-177。

表 29-177　环连接面法兰盖相关尺寸　　（单位：mm）

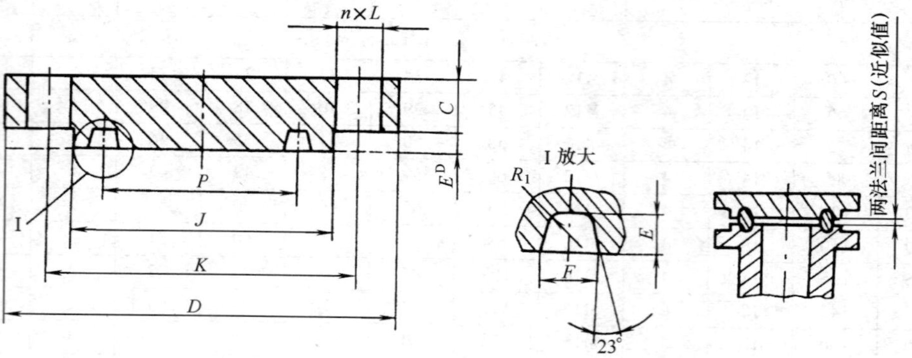

环连接面(RJ)

注：突出部分高度 E^D 与梯形槽深度尺寸 E 相同，但不受 E 公差的限制。允许采用如虚线所示轮廓的全平面式。

标记示例：

公称直径 80mm、公称压力 5.0MPa(50bar)的环连接面钢制管法兰盖：

法兰盖 DN80-PN50　RJ　GB/T 9123—2010

公称尺寸 DN	连接尺寸					密封面						法兰盖厚度 C
	法兰外径 D	螺栓孔中心圆直径 K	螺栓孔直径 L	螺栓 数量 n	螺栓 螺纹规格	J_{min}	P	E	F	R_{1max}	S	
PN63												
15	105	75	14	4	M12	55	35	6.5	9	0.8	5	20
20	130	90	18	4	M16	68	45	6.5	9	0.8	5	22
25	140	100	18	4	M16	78	50	6.5	9	0.8	5	24
32	155	110	22	4	M20	86	65	6.5	9	0.8	5	24
40	170	125	22	4	M20	102	75	6.5	9	0.8	5	26
50	180	135	22	4	M20	112	85	8	12	0.8	7	26
65	205	160	22	8	M20	136	110	8	12	0.8	7	26
80	215	170	22	8	M20	146	115	8	12	0.8	7	28
100	250	200	26	8	M24	172	145	8	12	0.8	7	30
125	295	240	30	8	M27	208	175	8	12	0.8	7	34
150	345	280	33	8	M30	245	205	8	12	0.8	7	36
200	415	345	36	12	M33	306	265	8	12	0.8	7	42
250	470	400	36	12	M33	362	320	8	12	0.8	7	46
300	530	460	36	16	M33	422	375	8	12	0.8	7	52
350	600	525	39	16	M36	475	420	8	12	0.8	7	55
400	670	585	42	16	M39	540	480	8	12	0.8	7	60

（续）

公称尺寸DN	连接尺寸					密封面						法兰盖厚度 C
	法兰外径 D	螺栓孔中心圆直径 K	螺栓孔直径 L	螺栓		J_{min}	P	E	F	R_{1max}	S	
				数量 n	螺纹规格							
PN100												
15	105	75	14	4	M12	55	35	6.5	9	0.8	5	20
20	130	90	18	4	M16	68	45	6.5	9	0.8	5	22
25	140	100	18	4	M16	78	50	6.5	9	0.8	5	24
32	155	110	22	4	M20	86	65	6.5	9	0.8	5	24
40	170	125	22	4	M20	102	75	6.5	9	0.8	5	26
50	195	145	26	4	M24	116	85	8	12	0.8	7	28
65	220	170	26	8	M24	140	110	8	12	0.8	7	30
80	230	180	26	8	M24	150	115	8	12	0.8	7	32
100	265	210	30	8	M27	176	145	8	12	0.8	7	36
125	315	250	33	8	M30	212	175	8	12	0.8	7	40
150	355	290	33	12	M30	250	205	8	12	0.8	7	44
200	430	360	36	12	M33	312	265	8	12	0.8	7	52
250	505	430	39	12	M36	376	320	8	12	0.8	7	60
300	585	500	42	16	M39	448	375	8	12	0.8	7	68
350	655	560	48	16	M45	505	420	11	17	0.8	8	74
PN160												
15	105	75	14	4	M12	58	35	6.5	9	0.8	5	26
20	130	90	18	4	M16	70	45	6.5	9	0.8	5	30
25	140	100	18	4	M16	80	50	6.5	9	0.8	5	32
32	155	110	22	4	M20	86	65	6.5	9	0.8	5	34
40	170	125	22	4	M20	102	75	6.5	9	0.8	5	36
50	195	145	26	4	M24	118	95	8	12	0.8	7	38
65	220	170	26	8	M24	142	110	8	12	0.8	7	42
80	230	180	26	8	M24	152	130	8	12	0.8	7	46
100	265	210	30	8	M27	178	160	8	12	0.8	7	52
125	315	250	33	8	M30	215	190	8	12	0.8	7	55
150	355	290	33	12	M30	255	205	10	14	0.8	9	62
200	430	350	36	12	M33	322	275	11	17	0.8	8	65
250	515	430	42	12	M39	388	330	11	17	0.8	8	76
300	585	500	42	16	M39	456	380	14	23	0.8	9	88

29.4.4　法兰尺寸公差（见表 29-178 和表 29-179）

表 29-178　法兰尺寸公差　　（单位：mm）

项　目	法兰形式	尺寸范围	极限偏差
法兰厚度 C	双面加工的所有形式（包括锪孔）	$C\leqslant18$	$^{+2}_{0}$
		$18<C\leqslant50$	$^{+3}_{0}$
		$C>50$	$^{+4}_{0}$
法兰高度 H	对焊、平焊、螺纹、松套、承插焊法兰	≤DN250	±1.5
		DN300～DN600	±3
		≥DN700	±4.5
焊端外径 A	对焊法兰、对焊环松套法兰、翻边环松套法兰	≤DN150	$^{+2.5}_{-1.0}$
		DN200～DN600	$^{+4.0}_{-1.0}$
		≥DN700	$^{+5.5}_{-1.5}$
法兰内径 B 和焊环内径 B_1	对焊法兰、承插焊法兰	≤DN125	$^{+0.5}_{-1.0}$
		DN150～DN300	$^{+1.0}_{-1.5}$
		≥DN350	±2.5
	除以上两种以外的其他形式	≤DN125	$^{+1.0}_{0}$
		DN150～DN600	$^{+1.5}_{0}$
		DN700～DN1000	$^{+3.0}_{0}$
		≥DN1200	$^{+4.0}_{0}$
法兰外径 D	所有形式	≤DN150	±2.0
		DN200～DN500	±3.0
		DN600～DN1200	±5.0
		≥DN1400	±7.0
密封面直径 d	所有形式（PN2.5～PN160）	≤DN250	$^{+2.0}_{-1.0}$
		≥DN300	$^{+3.0}_{-1.0}$

项　目	法兰形式	尺寸范围	极限偏差
密封面直径 d	所有形式（PN20～PN420）	$f=2$	±1.0
		$f=7$	±0.5
凹凸面和榫槽面高度 f_1	所有形式	所有尺寸	$^{+0.5}_{0}$
凹凸面和榫槽面高度 f_2			$^{0}_{-0.5}$
凹凸面和榫槽面直径 w、y	所有形式	所有尺寸	$^{+0.5}_{0}$
凹凸面和榫槽面直径 x、z			$^{0}_{-0.5}$
螺栓孔中心圆直径 K	所有形式	M10～M24	±1.0
		M27～M33	±1.25
		M36～M52	±1.5
		≥M56	±2.0
相邻两螺栓孔的弦距	所有形式	M10～M24	±0.5
		M27～M33	±0.625
		M36～M52	±0.75
		≥M56	±1.0
任意两螺栓孔的弦距	所有形式	≤DN500	±1.0
		DN600～DN1200	±1.5
		≥DN1400	±2.0
螺栓孔直径 L	所有形式	≥DN10	±0.5
螺栓孔中心圆与加工密封面的同轴度公差	所有形式	≤DN65	$\phi1.0$
		DN80～DN150	$\phi2.0$
		DN200～DN500	$\phi4.0$
		≥DN600	$\phi6.0$
密封面与螺栓支承面的夹角	所有形式	≥DN10	≤1°

表 29-179　环连接面的密封尺寸极限偏差　　（单位：mm）

项　目	极限偏差	项　目	极限偏差	项　目	极限偏差
环槽深度 E	$^{+0.4}_{0}$	环槽圆中心直径 P	±0.13	环槽圆角 R_{max}	±0.1
环槽顶宽度 F	±0.2	环槽角度 23°	±0.5°	密封面直径 d	±0.5

29.4.5　法兰连接密封面的表面粗糙度

法兰密封面的加工表面粗糙度应符合表 29-180 的规定。根据供需双方协商，用户也可按表 29-181 的规定选用密封面表面粗糙度，但应在订货合同中注明。环连接密封面的环槽最低硬度值应比所有的金属环垫的最高硬度值高 30HBW。

突面法兰的密封面允许按 $f\times45°$ 倒角。

当使用非金属软垫片时，突面法兰密封面上允许加工水线，但在订货合同中注明。

表 29-180　未注要求时密封面的表面粗糙度

密封面形式	密封面代号	Ra/μm		密纹水线尺寸/mm		
		min	max	深度	水线节距	加工刀具圆角
全平面、突面、凹凸面	FF、RF、FM	3.2	6.3	—		
全平面、突面(加工密纹水线,仅用于软垫片)	FF (A) RF (A)	3.2	12.5	0.05	0.8	1.6
榫槽面	TG	0.8	3.2	—		
环连接面	RJ	0.4	1.6			

表 29-181　订货要求时密封面的表面粗糙度

垫片形式	Ra/μm	垫片形式		Ra/μm
非金属垫片	6.3、12.5(加工水线)	金属包覆垫片	碳钢	1.6、3.2
柔性石墨复合垫片			不锈钢	0.8、1.6
聚四氟乙烯包覆垫片		金属环垫	碳钢、铬钢	
齿形组合垫片	3.2、6.3			
缠绕式垫片			不锈钢	0.4、0.8

29.4.6　法兰连接用螺栓

用户应根据法兰的压力、温度、材料和所选择的垫片来选择螺栓材料，以保证法兰连接在预期的操作条件下保持紧密。

螺纹规格小于或等于 M45 的螺栓，建议使用 GB/T 193 中的粗牙系列；螺纹规格大于或等于 M48 的螺栓，建议使用 GB/T 193 中相同螺距为 4mm 的细牙系列。

29.4.7　钢制管法兰焊接接头形式和坡口尺寸

1）板式平焊法兰和平焊环松套板式法兰与钢管连接的焊接接头形式和坡口尺寸应符合图 29-26 和表 29-182 的规定。

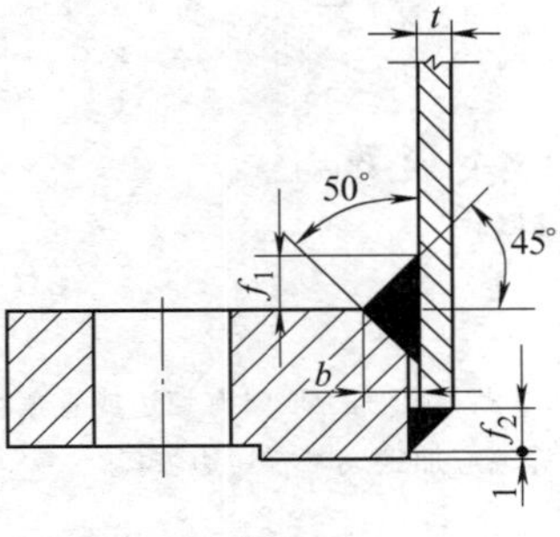

t—管子公称壁厚　b—坡口宽度

图 29-26　平焊焊接接头

表 29-182　坡口尺寸

（单位：mm）

公称通径	DN10~DN20	DN25~DN50	DN85~DN150	DN200	DN250~DN300	DN350~DN600
坡口宽度 b	4	5	6	8	10	12

公称通径	DN700~DN1200	DN1400	DN1600	DN1800	DN2000
坡口宽度 b	13	14	16	18	20

2）小于或等于 PN25 的带颈平焊法兰与钢管连接的焊接接头形式和坡口尺寸应符合图 29-27 和表 29-183 的规定。

大于或等于 PN40 的带颈平焊法兰与钢管连接的焊接接头形式和坡口尺寸应符合图 29-27 和表 29-184 的规定。

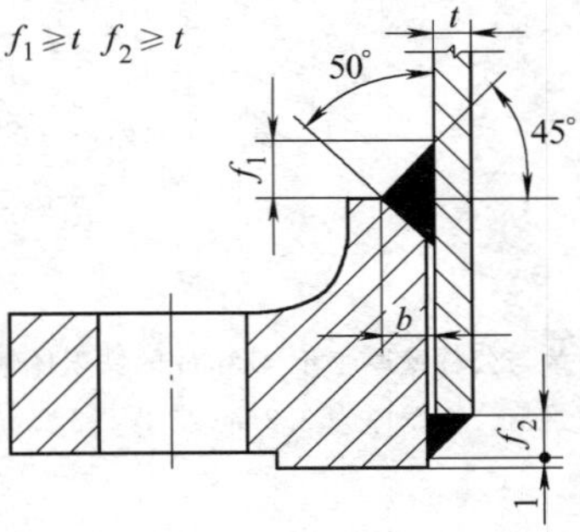

t—管子公称壁厚　b—坡口宽度

图 29-27　带颈平焊焊接接头

表 29-183　坡口尺寸　（单位：mm）

公称通径	DN10～DN20	DN25～DN50	DN85～DN150	DN200	DN250～DN300	DN350～DN600
坡口宽度 *b*	4	5	6	8	10	12

表 29-184　坡口尺寸　（单位：mm）

公称通径	DN10～DN20	DN25～DN50	DN85～DN150	DN125～DN150	DN200～DN250
坡口宽度 *b*	4	5	6	8	10
公称通径	DN300～DN350	DN400	DN450	DN500	DN600
坡口宽度 *b*	14	14	16	18	20

3）对焊法兰的焊接坡口形式及尺寸应符合图 29-28 的规定。

当法兰与薄壁、高强度管子连接时，其焊接坡口形式及尺寸应符合图 29-29 的规定。

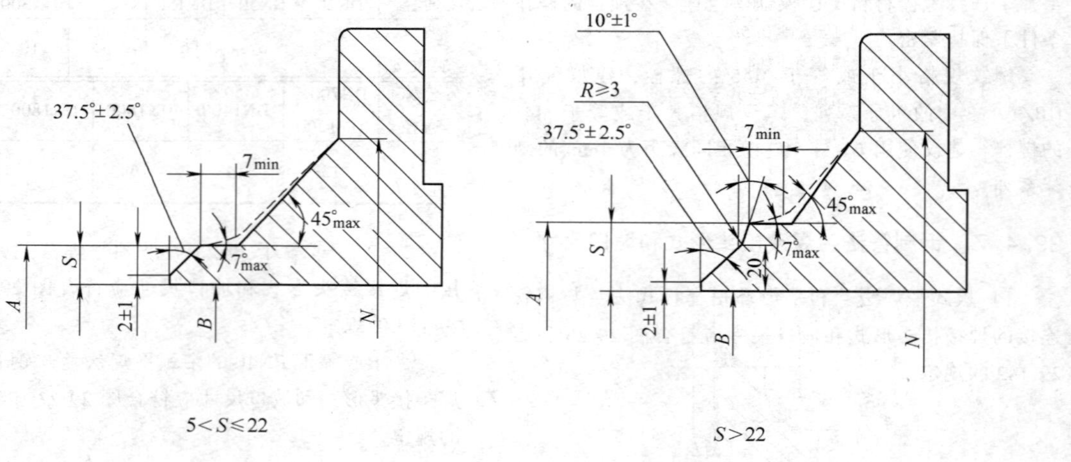

A—焊颈端部外径（管子外径）；*B*—法兰内径（等于管子的公称内径）；
S—法兰焊端壁厚（等于管子的公称壁厚）

注：
1. 当法兰与公称壁厚小于 4.8mm 的铁素体钢管连接时，根据制造厂的选择，焊端可加工成略有切边或直角坡口。
2. 当法兰与公称壁厚为 3.2mm 或小于 3.2mm 的奥氏体不锈钢管连接时，焊端应加工成略有切边坡口。

图 29-28　对焊法兰的焊接坡口形式及尺寸

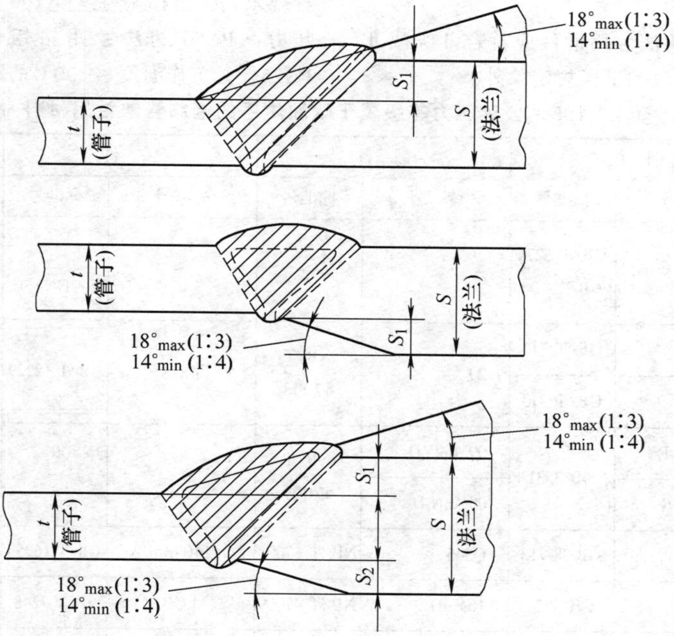

图 29-29　法兰与薄壁高强度管子连接时的焊接坡口形式及尺寸

注：1. 当相连材料具有相同的屈服强度时，应取消最小值限制。

2. S_1+S_2、S_1、S_2 不应超过 $0.5t$。

3. 当相连材料屈服强度不同时，焊缝的力学性能应等于或大于两屈服强度的较大值，同时 S 值至少应等于管子壁厚 t 乘以管子和法兰的屈服强度之比，但不应大于 $1.5t$。

承插焊法兰与钢管连接的焊接坡口形式及尺寸应符合图 29-30 的规定。

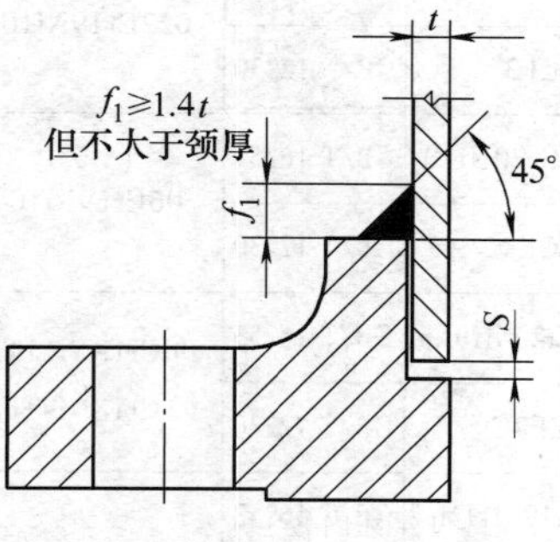

图 29-30　承插焊法兰与钢管连接的焊接坡口形式及尺寸

焊环松套法兰和翻边环板式松套法兰的翻边环与钢管连接的焊接坡口形式及尺寸应符合图 29-31 的规定。

对焊环与公称壁厚≤3.2mm 奥氏体钢管连接时，钝边可取消。

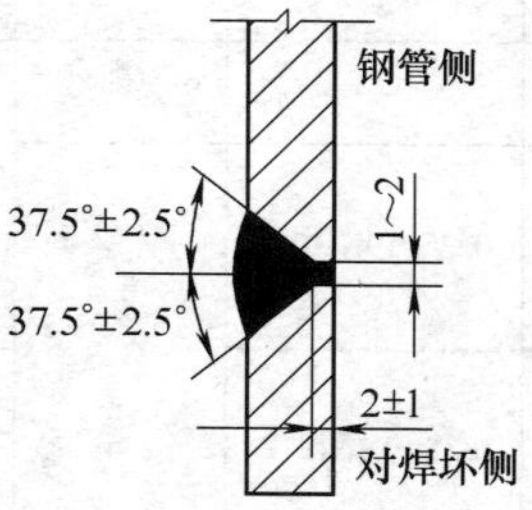

图 29-31　焊环松套法兰和翻边环板式松套法兰的翻边环与钢管连接的焊接坡口及尺寸

29.4.8　钢制管法兰用材料

1）公称压力等级属于欧洲体系的钢制管法兰用材料，应符合表 29-185 的规定，属于美洲体系的应符合表 29-186 的规定。法兰材料的化学成分、力学性能、使用温度和其他技术要求应符合表 29-185 和表 29-186 所列有关标准的规定。

2）锻件（包括锻轧件）的级别及技术要求应符合 NB/T 47008—2017 ~ NB/T 47010—2017 的相应要求。

公称压力≤PN20 的法兰用低碳钢和奥氏体不锈钢锻件，允许采用Ⅰ级锻件。

公称压力≤PN50 的法兰用锻件应符合Ⅱ级或Ⅱ级以上锻件的要求，上段和下段规定除外。

符合下列情况之一者，法兰用锻件应符合Ⅲ级锻件要求：①公称压力≥PN100 的法兰用锻件；②公称压力≥PN50 的法兰用铬钼锻件；③公称压力≥PN25，且工作温度≤-20℃的法兰用铁素体钢锻件。

表 29-185　公称压力等级属于欧洲体系的钢制管法兰用材料

材料组号	材料类别	钢板		锻件		铸件		钢管	
		牌号	标准号	牌号	标准号	牌号	标准号	牌号	标准号
1.0	Q235	Q235-A、Q235-B	GB/T 3274 (GB/T 700)	—	—	—	—	—	—
2.0	20	20	GB/T 711	20	NB/T 47008	WCA	GB/T 12229		
		20R	GB/T 713						
		09Mn2VDR	GB 3531	09Mn2VD	NB/T 47009	—	—		
		09MnNiDR		09MnNiD					
3.0	Q345~Q420	Q345	GB/T 713	Q345	NB/T 47008	ZG 240-450AG	GB/T 16253		
		16MnDR	GB 3531	16MnD	NB/T 47009	LCB	JB/T 7248		
		Q420R	GB/T 713	Q420	NB/T 47008	WCB	GB/T 12229		
			—	—	—	WCC	GB/T 12229		
5.0	1Cr-0.5Mo	15CrMoR	GB/T 713	15CrMo	NB/T 47008	ZG 15Cr1Mo	GB/T 16253		
6.0	2¼Cr-1Mo	12Cr2Mo1R	GB 150.1~4 (GB/T 713)	12Cr2Mol	NB/T 47008	ZG12Cr2Mo1G	GB/T 16253		
6.1	5Cr-0.5Mo	—	—	12Cr5Mo	NB/T 47008	ZG16Cr5MoG	GB/T 16253		
10.0	304L	022Cr19Ni10	GB/T 4237	022Cr19Ni10	NB/T 47010	ZG03Cr18Ni10	GB/T 16253	022Cr19Ni10	GB/T 14976(HG 20537.1~4)
						CF3	GB/T 12230		
11.0	304	06Cr19Ni10		06Cr19Ni10		ZG07Cr20Ni10	GB/T 16253	06Cr19Ni10	
						CF8	GB/T 12230		
12.0	321	06Cr18Ni11Ti (1Cr18Ni9Ti)		06Cr18Ni11Ti (1Cr18Ni9Ti)		ZG08Cr20Ni10Nb	GB/T 16253	06Cr18Ni11Ti (1Cr18Ni9Ti)	
						CF8C	GB/T 12230		
13.0	316L	022Cr17Ni12Mo2		022Cr17Ni12Mo2	NB/T 47010	ZG03Cr19Ni11Mo2	GB/T 16253	022Cr17Ni12Mo2	GB/T 14976(HG 20537.1~4)
						CF3M	GB/T 12230		
14.0	316	06Cr17Ni12Mo2		06Cr17Ni12Mo2		ZG07Cr19Ni11Mo2	GB/T 16253	06Cr17Ni12Mo2	
						CF8M	GB/T 12230		

注：1. 表列钢板仅适用于法兰盖和板式法兰。
2. 表列铸件仅适用于整体法兰。
3. 表列钢管仅适用于采用钢管制造的奥氏体不锈钢翻边环。
4. Q235-A 仅适用于公称压力≤PN10 的法兰和法兰盖。

表 29-186 公称压力等级属于美洲体系的钢制管法兰用材料

材料组号	材料类别	钢板 牌号	钢板 标准号	锻件 牌号	锻件 标准号	铸件 牌号	铸件 标准号	钢管 牌号	钢管 标准号
1.0	Q235	Q235-B	GB/T 3274 (GB/T 700)	—	—	—	—	—	—
	20	20	GB/T 711	20	NB/T 47008	WCA	GB/T 12229		
		20R	GB/T 713						
1.1	WCB	—	—	—	—	WCB	GB/T 12229		
1.2	WCC	—	—	—	—	WCC	GB/T 12229		
1.3	16Mn	16MnR	GB/T 713	16MnR	NB/T 47008	ZG240-450AG	GB/T 16253		
		16MnDR	GB 3531	16MnD	NB/T 47009	LCB	JB/T 7248		
1.4	09Mn	09Mn2VDR	GB 3531	09Mn2VD	NB/T 47009	—	—	—	—
		09MnNiDR		09MnNiD					
1.9a	1Cr-0.5Mo	15CrMoR	GB/T 713	15CrMo	NB/T 47008	ZG15Cr1Mo	GB/T 16253		
1.10	2 ¼Cr-1Mo	12Cr2Mo1R	GB 150.1~4 (GB/T 713)	12Cr2Mo1	NB/T 47008	ZG12Cr2Mo1G	GB/T 16253		
1.13	5Cr-0.5Mo	—	—	12Cr5Mo	NB/T 47008	ZG16Cr5MoG	GB/T 16253		
2.1	304	06Cr19Ni10	GB/T 4237	06Cr19Ni10	NB/T 47010	ZG07Cr20Ni10	GB/T 16253	06Cr19Ni10	GB/T 14976 (HG 20537.1~4)
						CF8	GB/T 12230		
2.2	316	06Cr17Ni12Mo2		06Cr17Ni12Mo2		ZG07Cr19Ni11Mo2	GB/T 16253	06Cr17Ni12Mo2	
						CF8M	GB/T 12230		
	304L	022Cr19Ni10		022Cr19Ni10		ZG03Cr18Ni10	GB/T 16253	022Cr19Ni10	
						CF3	GB/T 12230		
2.3	316L	022Cr17Ni12Mo2		022Cr17Ni12Mo2		ZG03Cr19Ni11Mo2	GB/T 16253	022Cr17Ni12Mo2	
						CF3M	GB/T 12230		
2.4	321	06Cr18Ni11Ti (1Cr18Ni9Ti)		06Cr18Ni11Ti (1Cr18Ni9Ti)		ZG08Cr20Ni10Nb	GB/T 16253	06Cr18Ni11Ti (1Cr18Ni9Ti)	
						CF8C	GB/T 12230		

注：1. 表列钢板仅适用于法兰盖和板式法兰。

2. 表列铸件仅适用于整体法兰。

3. 表列钢管仅适用于采用钢管制造的奥氏体不锈钢翻边环。

29.4.9 钢制管法兰压力-温度等级

法兰的压力-温度等级是指法兰在不同温度下所能承受的最大无冲击工作压力。

1）PN2.5～PN160 公称压力等级属于欧洲体系的法兰的压力-温度等级见表 29-187。

2）PN20～PN420 公称压力等级属于美洲体系的法兰的压力、温度等级见表 29-188。

表 29-187 欧洲体系法兰的压力-温度等级

公称压力	材料组号	工作温度/℃														
		≤20	100	150	200	250	300	350	400	425	450	475	500	510	520	530
		允许最高无冲击工作压力/MPa														
PN2.5	1.0	0.25	0.25	0.225	0.2	0.175	0.15	—	—	—	—	—	—	—	—	—
	2.0							0.125	0.088							
	3.0			0.245	0.238	0.225	0.2	0.175	0.138	0.113						
	5.0			0.25	0.25	0.25	0.25	0.238	0.228	0.223	0.218	0.205	0.185	0.155	0.123	0.095
	6.0							0.25				0.2	0.138	0.125	0.11	
	6.1								0.25	—	—	—	—	—	—	—
	10.0	0.223	0.201	0.18	0.163	0.152	0.141	0.134	0.129		0.124		0.21			
	11.0	0.234	0.212	0.191	0.174	0.161	0.15	0.143	0.139		0.136		0.133			
	12.0	0.247	0.231	0.217	0.206	0.194	0.186	0.179	0.173		0.169		0.166			
	13.0	0.241	0.221	0.201	0.186	0.174	0.161	0.154	0.15		0.144		0.142			
	14.0	0.25	0.234	0.212	0.197	0.186	0.173	0.167	0.16		0.157		0.154			
PN6	1.0	0.60	0.60	0.54	0.48	0.42	0.36	—	—	—	—	—	—	—	—	—
	2.0							0.3	0.21							
	3.0			0.59	0.57	0.54	0.48	0.42	0.38	0.27						
	5.0			0.60	0.60	0.60	0.60	0.57	0.546	0.534	0.522	0.492	0.444	0.374	0.294	0.228
	6.0							0.60				0.48	0.33	0.3	0.264	
	6.1								0.60	—	—	—	—	—	—	—
	10.0	0.54	0.48	0.43	0.39	0.37	0.34	0.32	0.31		0.3		0.29			
	11.0	0.56	0.51	0.46	0.42	0.39	0.36	0.34	0.33		0.33		0.32			
	12.0	0.59	0.55	0.52	0.49	0.47	0.45	0.43	0.42		0.41		0.4			
	13.0	0.58	0.53	0.58	0.45	0.42	0.39	0.37	0.36		0.35		0.34			
	14.0	0.6	0.56	0.51	0.47	0.45	0.42	0.4	0.38		0.38		0.37			
PN10	1.0	1.0	1.0	0.9	0.8	0.7	0.6	—	—	—	—	—	—	—	—	—
	2.0	1.0	1.0	0.9	0.8	0.7	0.6	0.5	0.35	—	—	—	—	—	—	—
	3.0	1.0	1.0	0.98	0.95	0.9	0.8	0.7	0.55	0.45	—	—	—	—	—	—
	5.0	1.0	1.0	1.0	1.0	1.0	1.0	0.95	0.91	0.89	0.87	0.82	0.74	0.62	0.49	0.38
	6.0	1.0	1.0	1.0	1.0	1.0	1.0	1.0	0.91	0.89	0.87	0.8	0.55	0.5	0.44	0.38
	6.1	1.0	1.0	1.0	1.0	1.0	1.0	1.0	1.0	—	—	—	—	—	—	—
	10.0	0.89	0.8	0.72	0.65	0.61	0.56	0.54	0.52	—	0.5	—	0.48	—	—	—
	11.0	0.94	0.85	0.76	0.7	0.64	0.6	0.57	0.56	—	0.54	—	0.53	—	—	—
	12.0	0.99	0.92	0.87	0.82	0.78	0.74	0.72	0.69	—	0.68	—	0.66	—	—	—
	13.0	0.96	0.88	0.8	0.74	0.7	0.64	0.62	0.6	—	0.58	—	0.57	—	—	—
	14.0	1.0	0.94	0.85	0.79	0.74	0.69	0.67	0.64	—	0.63	—	0.62	—	—	—

（续）

公称压力	材料组号	工作温度/℃ ≤20	100	150	200	250	300	350	400	425	450	475	500	510	520	530
		允许最高无冲击工作压力/MPa														
PN16	1.0	1.6	1.6	1.44	1.28	1.12	0.96	—	—	—	—	—	—	—	—	—
	2.0							0.8	0.56							
	3.0			1.57	1.52	1.44	1.28	1.12	0.88	0.72						
	5.0			1.6	1.6	1.6	1.6	1.52	1.456	1.424	1.392	1.312	1.184	0.992	0.784	0.608
	6.0							1.6				1.28	0.88	0.8	0.704	
	6.1								1.6		—		—			
	10.0	1.43	1.29	1.15	1.05	0.97	0.9	0.86	0.82		0.8		0.78			
	11.0	1.5	1.36	1.22	1.12	1.03	0.96	0.92	0.89	—	0.87	—	0.85	—	—	—
	12.0	1.58	1.48	1.39	1.32	1.24	1.19	1.14	1.11		1.08		1.06			
	13.0	1.54	1.42	1.29	1.19	1.12	1.03	0.99	0.96		0.92		0.91			
	14.0	1.6	1.5	1.36	1.26	1.19	1.11	1.07	1.02		1.0		0.99			
PN25	2.0	2.5	2.5	2.25	2.0	1.75	1.5	1.25	0.88	—	—	—	—	—	—	—
	3.0			2.45	2.38	2.25	2.0	1.75	1.38	1.13						
	5.0			2.5	2.5	2.5	2.5	2.38	2.28	2.23	2.18	2.05	1.85	1.55	1.23	0.95
	6.0							2.5				2.0	1.38	1.25	1.1	
	6.1								2.5		—		—			
	10.0	2.23	2.01	1.8	1.63	1.52	1.41	1.34	1.29		1.24		1.21			
	11.0	2.34	2.12	1.91	1.74	1.61	1.5	1.43	1.39	—	1.36	—	1.33	—	—	—
	12.0	2.47	2.31	2.17	2.06	1.94	1.86	1.79	1.73		1.69		1.66			
	13.0	2.41	2.21	2.01	1.86	1.74	1.61	1.54	1.5		1.44		1.42			
	14.0	2.5	2.34	2.12	1.97	1.86	1.73	1.67	1.6		1.5		1.54			
PN40	2.0	4.0	4.0	3.6	3.2	2.8	2.4	2.0	1.4	—	—	—	—	—	—	—
	3.0			3.92	3.8	3.6	3.2	2.8	2.2	1.8						
	5.0			4.0	4.0	4.0	4.0	3.8	3.64	3.56	3.48	3.28	2.96	2.48	1.96	1.52
	6.0							4.0				3.2	2.2	2.0	1.76	
	6.1								4.0		—		—			
	10.0	3.57	3.22	2.88	2.61	2.44	2.26	2.15	2.06		1.99		1.94			
	11.0	3.75	3.4	3.06	2.79	2.58	2.4	2.29	2.22	—	2.17	—	2.13	—		—
	12.0	3.95	3.7	3.47	3.29	3.11	2.97	2.86	2.77		2.7		2.65			
	13.0	3.86	3.54	3.22	2.97	2.79	2.58	2.47	2.4		2.31		2.28			
	14.0	4.0	3.75	3.4	3.15	2.97	2.77	2.67	2.56		2.51		2.47			

（续）

公称压力	材料组号	工作温度/℃ ≤20	100	150	200	250	300	350	400	425	450	475	500	510	520	530
		允许最高无冲击工作压力/MPa														
PN63	2.0	5.28	5.10	4.85	4.47	4.10	3.72	3.15	2.21	—	—	—	—	—	—	—
	3.0			6.17	5.99	5.67	5.04	4.41	3.47	2.84						
	5.0	6.3	6.3					5.99	5.73	5.61	5.48	5.17	4.66	3.91	3.09	2.39
	6.0			6.3	6.3	6.3	6.3	6.3				5.04	3.47	3.15	2.77	
	6.1								6.3		—		—			
	10.0	5.61	5.04	4.54	4.1	3.84	3.53	3.4	3.28		3.15		3.13			
	11.0	5.92	5.36	4.79	4.41	4.03	3.78	3.59	3.53	—	3.4	—	3.34	—	—	—
	12.0	6.24	5.8	5.48	5.17	4.91	4.66	4.54	4.35		4.28		4.16			
	13.0	6.05	5.54	5.04	4.66	4.41	4.03	3.91	3.78		3.65		3.59			
	14.0	6.3	6.11	5.8	5.48	5.23	4.91	4.73	4.6		4.47		4.41			
PN100	2.0	8.4	8.1	7.1	7.1	6.5	5.9	5.0	3.5	—	—	—	—	—	—	—
	3.0	10.0	10.0	9.8	9.5	9.0	8.0	7.0	5.5	4.5	—	—	—	—	—	—
	5.0	10.0	10.0	10.0	10.0	10.0	10.0	9.5	9.1	8.9	8.7	8.2	7.4	6.2	4.9	3.8
	6.0	10.0	10.0	10.0	10.0	10.0	10.0	10.0	9.1	8.9	8.7	8.0	5.5	5.0	4.4	3.8
	6.1	10.0	10.0	10.0	10.0	10.0	10.0	10.0	10.0	—	—	—	—	—	—	—
	10.0	8.9	8.0	7.2	6.5	6.1	5.6	5.4	5.2	—	5.0	—	4.8	—	—	—
	11.0	9.4	8.5	7.6	7.0	6.4	6.0	5.7	5.6	—	5.4	—	5.3	—	—	—
	12.0	9.9	9.2	8.7	8.2	7.8	7.4	7.2	6.9	—	6.8	—	6.6	—	—	—
	13.0	9.6	8.8	8.0	7.4	7.0	6.4	6.2	6.0	—	5.8	—	5.7	—	—	—
	14.0	10.0	9.4	8.5	7.9	7.4	6.9	6.7	6.4	—	6.3	—	6.2	—	—	—
PN160	2.0	13.4	13.0	12.3	11.4	10.4	9.4	8.0	5.6	—	—	—	—	—	—	—
	3.0			15.7	15.2	14.4	12.8	11.2	8.8	7.2						
	5.0	16.0	16.0					15.2	14.6	14.2	13.9	13.1	11.8	9.9	7.8	6.1
	6.0			16.0	16.0	16.0	16.0	16.0				12.8	8.8	8.0	7.0	
	6.1								16.0		—		—			
	10.0	14.3	12.9	11.5	10.5	9.7	9.0	8.6	8.2		8.0		7.8			
	11.0	15.0	13.6	12.5	11.2	10.3	9.6	9.2	8.9	—	8.7	—	8.5	—	—	—
	12.0	15.8	14.8	13.9	13.2	12.4	11.9	11.4	11.1		10.8		10.6			
	13.0	15.4	14.2	12.9	11.9	11.2	10.3	9.9	9.6		9.2		9.1			
	14.0	16.0	15.0	13.6	12.6	11.9	11.1	10.7	10.2		10.0		9.9			

表 29-188 美洲体系法兰的压力-温度等级

公称压力	工作温度/℃	材料组号											
		1	1.1	1.2	1.3	1.4	1.9a	1.10	1.13	2.1	2.2	2.3	2.4
PN20	≤38	1.58	1.96	2.0	1.84	1.63	1.83	2.0	2.0	1.9	1.9	1.59	1.9
	50	1.53	1.92	1.92	1.81	1.6	1.76	1.92	1.92	1.84	1.84	1.53	1.84
	100	1.42	1.77	1.77	1.73	1.48	1.67	1.77	1.77	1.57	1.62	1.32	1.59
	150	1.35	1.58	1.58	1.58	1.45	1.58	1.58	1.58	1.39	1.48	1.2	1.44
	200	1.27	1.4	1.4	1.4	1.4	1.4	1.4	1.4	1.26	1.37	1.1	1.32
	250	1.15	1.21	1.21	1.21	1.21	1.21	1.21	1.21	1.17	1.21	1.02	1.21
	300	1.02	1.02	1.02	1.02	1.02	1.02	1.02	1.02	1.02	1.02	0.97	1.02
	350	0.84	0.84	0.84	0.84	0.84	0.84	0.84	0.84	0.84	0.84	0.84	0.84
	375	0.74	0.74	0.74	0.74	0.74	0.74	0.74	0.74	0.74	0.74	0.74	0.74
	400	0.65	0.65	0.65	0.65	0.65	0.65	0.65	0.65	0.65	0.65	0.65	0.65
	425	0.56	0.56	0.56	0.56	0.56	0.56	0.56	0.56	0.56	0.56	0.56	0.56
	450	0.47	0.47	0.47	0.47	0.47	0.47	0.47	0.47	0.47	0.47	0.47	0.47
	475	0.37	0.37	0.37	0.37	0.37	0.37	0.37	0.37	0.37	0.37	—	0.37
	500	—	—	—	—	—	0.28	0.28	0.28	0.28	0.28	—	0.28
	525	—	—	—	—	—	0.19	0.19	0.19	0.19	0.19	—	0.19
	540	—	—	—	—	—	0.13	0.13	0.13	0.13	0.13	—	0.13
PN50	≤38	3.95	5.11	5.17	4.79	4.25	4.74	5.17	5.17	4.96	4.96	4.14	4.96
	50	3.85	5.01		4.73	4.17	4.68	5.12		4.78	4.81	4.0	4.8
	100	3.56	4.64	5.15	4.51	3.86	4.66	4.9	5.15	4.09	4.22	3.45	4.15
	150	3.39	4.52	5.02	4.4	3.77	4.64	4.66	5.02	3.63	3.85	3.12	3.75
	200	3.18	4.38	4.88	4.27	3.66	4.55	4.48	4.88	3.28	3.57	2.87	3.44
	250	2.88	4.17	4.63	4.06	3.47	4.45	4.42	4.63	3.05	3.34	2.67	3.21
	300	2.57	3.87	4.24	3.77	3.23	4.25	4.24	4.24	2.91	3.16	2.52	3.05
	350	2.39	3.7	4.02	3.6	3.09	4.02	4.02	4.02	2.81	3.04	2.4	2.93
	375	2.29	3.65	3.88	3.53		3.88	3.88	3.88	2.78	2.97	2.36	2.89
	400	2.19	3.45	3.45	3.24	3.03	3.66	3.66	3.66	2.75	2.91	2.32	2.86
	425	2.12	2.88	2.88	2.73	2.58	3.51	3.51	3.45	2.72	2.87	2.27	2.85
	450	1.96	2.0	2.0	1.98	1.96	3.38	3.38	3.09	2.69	2.81	2.23	2.82
	475	1.35	1.35	1.35	1.35	1.35	3.17	3.17	2.59	2.66	2.74	—	2.8
	500	—	—	—	—	—	2.78	2.78	2.03	2.61	2.68	—	2.78
	525	—	—	—	—	—	2.03	2.19	1.54	2.39	2.58	—	2.58
	550	—	—	—	—	—	1.28	1.64	1.17	2.18	2.5	—	2.5
	575	—	—	—	—	—	0.85	1.17	0.88	2.01	2.41	—	2.28
	600	—	—	—	—	—	0.59	0.76	0.65	1.67	2.14	—	1.98
	625	—	—	—	—	—	—	—	—	1.31	1.83	—	1.58
	650	—	—	—	—	—	—	—	—	1.05	1.41	—	1.25

（续）

公称压力	工作温度/℃	材料组号											
		1	1.1	1.2	1.3	1.4	1.9a	1.10	1.13	2.1	2.2	2.3	2.4
PN50	675	—	—	—	—	—	—	—	—	0.78	1.26	—	0.98
	700	—	—	—	—	—	—	—	—	0.6	0.99	—	0.77
	725	—	—	—	—	—	—	—	—	0.46	0.77	—	0.62
	750	—	—	—	—	—	—	—	—	0.37	0.59	—	0.48
	775	—	—	—	—	—	—	—	—	0.28	0.46	—	0.38
	800	—	—	—	—	—	—	—	—	0.21	0.35	—	0.3
PN110	≤38	7.9	10.21	10.34	9.57	8.51	9.48	10.34	10.34	9.93	9.93	8.27	9.93
	50	7.75	10.02		9.46	8.34	8.38	10.24		9.57	9.63	7.99	9.6
	100	7.12	9.28	10.31	9.02	7.72	9.32	9.81	10.31	8.18	8.44	6.9	8.3
	150	6.78	9.05	10.04	8.79	7.54	9.27	9.33	10.04	7.27	7.7	6.25	7.5
	200	6.36	8.76	9.76	8.54	7.31	9.1	8.97	9.76	6.55	7.13	5.74	6.87
	250	5.76	8.34	9.27	8.12	6.94	8.89	8.84	9.27	6.11	6.68	5.34	6.41
	300	5.14	7.75	8.49	7.54	6.46	8.49	8.49	8.49	5.81	6.33	5.05	6.11
	350	4.78	7.39	8.05	7.19	6.19	8.05	8.05	8.05	5.61	6.08	4.81	5.87
	375	4.58	7.29	7.76	7.06	6.17	7.76	7.76	7.76	5.55	5.94	4.72	5.78
	400	4.38	6.9	6.9	6.48	6.06	7.32	7.32	7.32	5.49	5.82	4.63	5.73
	425	4.25	5.75	5.75	5.46	5.16	7.02	7.02	6.9	5.43	5.73	4.54	5.7
	450	3.92	4.01	4.01	3.96	3.92	6.76	6.76	6.18	5.37	5.62	4.45	5.64
	475	2.71	2.71	2.71	2.71	2.71	6.33	6.33	5.18	5.31	5.47	—	5.6
	500	—	—	—	—	—	5.56	5.56	4.05	5.21	5.37	—	5.56
	525	—	—	—	—	—	4.05	4.38	3.08	4.78	5.16	—	5.16
	550	—	—	—	—	—	2.55	3.27	2.34	4.36	4.99	—	4.99
	575	—	—	—	—	—	1.7	2.34	1.76	4.01	4.82	—	4.56
	600	—	—	—	—	—	1.18	1.53	1.31	3.34	4.29	—	3.96
	625	—	—	—	—	—	—	—	—	2.62	3.65	—	3.16
	650	—	—	—	—	—	—	—	—	2.1	2.82	—	2.5
	675	—	—	—	—	—	—	—	—	1.55	2.53	—	1.97
	700	—	—	—	—	—	—	—	—	1.2	1.99	—	1.54
	725	—	—	—	—	—	—	—	—	0.93	1.54	—	1.24
	750	—	—	—	—	—	—	—	—	0.73	1.1	—	0.96
	775	—	—	—	—	—	—	—	—	0.56	0.91	—	0.75
	800	—	—	—	—	—	—	—	—	0.41	0.7	—	0.61
PN150	≤38	11.85	15.32	15.52	14.36	12.76	14.23	15.52	15.52	14.89	14.89	12.41	14.89
	50	11.6	15.02		14.19	12.52	14.06	15.36		14.35	14.44	11.99	14.39
	100	10.68	13.91	15.46	13.53	11.58	13.99	14.71	15.46	12.26	12.66	10.35	12.45
	150	10.17	13.57	15.06	13.19	11.31	13.91	13.99	15.06	10.9	11.55	9.37	11.25

（续）

公称压力	工作温度/℃	材料组号											
		1	1.1	1.2	1.3	1.4	1.9a	1.10	1.13	2.1	2.2	2.3	2.4
PN150	200	9.54	13.15	14.64	12.8	10.97	13.64	13.45	14.64	9.83	10.7	8.61	10.31
	250	8.64	12.52	13.9	12.18	10.41	13.34	13.27	13.9	9.16	10.02	8.01	9.62
	300	7.71	11.62	12.73	11.31	9.69	12.73	12.73	12.73	8.72	9.49	7.57	9.16
	350	7.17	11.09	12.07	10.79	9.28	12.07	12.07	12.07	8.42	9.13	7.21	8.8
	375	6.87	10.94	11.64	10.59	9.26	11.64	11.64	11.64	8.33	8.91	7.08	8.68
	400	6.57	10.35	10.35	9.72	9.09	10.98	10.98	10.98	8.24	8.73	6.95	8.59
	425	6.36	8.63	8.63	8.19	7.74	10.53	10.53	10.53	8.15	8.6	6.81	8.54
	450	5.87	6.01	6.01	5.94	5.8	10.14	10.14	9.27	8.06	8.42	6.68	8.46
	475	4.06	4.06	4.06	4.06	4.06	9.5	9.5	7.77	7.97	8.21	—	8.4
	500	—	—	—	—	—	8.34	8.34	6.08	7.82	8.05	—	8.34
	525	—	—	—	—	—	6.08	6.58	4.63	7.16	7.74	—	7.74
	550	—	—	—	—	—	3.83	4.91	3.5	6.54	7.49	—	7.49
	575	—	—	—	—	—	2.55	3.51	2.64	6.02	7.23	—	6.84
	600	—	—	—	—	—	1.76	2.29	1.96	5.01	6.43	—	5.94
	625	—	—	—	—	—	—	—	—	3.92	5.48	—	4.74
	650	—	—	—	—	—	—	—	—	3.16	4.24	—	3.74
	675	—	—	—	—	—	—	—	—	2.33	3.79	—	2.95
	700	—	—	—	—	—	—	—	—	1.79	2.98	—	2.3
	725	—	—	—	—	—	—	—	—	1.39	2.31	—	1.86
	750	—	—	—	—	—	—	—	—	1.1	1.76	—	1.44
	775	—	—	—	—	—	—	—	—	0.84	1.37	—	1.13
	800	—	—	—	—	—	—	—	—	0.62	1.05	—	0.91
PN260	≤38	19.75	25.53	25.86	23.94	21.27	23.7	25.86	25.86	24.82	24.82	20.68	24.82
	50	19.3	25.04		23.65	20.86	23.43	25.6		23.92	24.06	19.98	23.99
	100	17.8	23.19	25.77	22.55	19.31	23.31	24.52	25.77	20.44	21.1	17.24	20.75
	150	16.9	22.61	25.1	21.98	18.86	23.19	23.32	25.1	18.17	19.25	15.61	18.75
	200	15.9	21.91	24.39	21.34	18.28	22.74	22.42	24.39	16.38	17.84	14.35	17.19
	250	14.35	20.86	23.17	20.29	17.36	22.23	22.11	23.17	15.27	16.69	13.35	16.03
	300	12.85	19.37	21.21	18.85	16.15	21.21	21.21	21.21	14.53	15.81	12.62	15.27
	350	11.95	18.48	20.12	17.98	15.46	20.12	20.12	20.12	14.03	15.21	12.02	14.67
	375	11.45	18.23	19.4	17.66	15.43	19.4	19.4	19.4	13.88	14.85	11.8	14.46
	400	10.9	17.25	17.25	16.2	15.15	18.29	18.29	18.29	13.73	14.56	11.58	14.31
	425	10.6	14.38	14.38	13.65	12.89	17.55	17.55	17.55	13.58	14.33	11.35	14.24
	450	9.79	10.02	10.02	9.9	9.79	16.9	16.9	15.45	13.43	14.04	11.13	14.1
	475	6.77	6.77	6.77	6.77	6.77	15.83	15.83	12.95	13.28	13.68	—	14.01
	500	—	—	—	—	—	13.9	13.9	10.13	13.03	13.41	—	13.9

（续）

公称压力	工作温度/℃	材料组号											
		1	1.1	1.2	1.3	1.4	1.9a	1.10	1.13	2.1	2.2	2.3	2.4
PN260	525	—	—	—	—	—	10.13	10.96	7.71	11.94	12.9	—	12.9
	550	—	—	—	—	—	6.38	8.18	5.84	10.91	12.48	—	12.48
	575	—	—	—	—	—	4.25	5.85	4.41	10.04	12.05	—	11.39
	600	—	—	—	—	—	2.94	3.82	3.26	8.36	10.72	—	9.9
	625	—	—	—	—	—	—	—	—	6.54	9.13	—	7.9
	650	—	—	—	—	—	—	—	—	5.26	7.06	—	6.24
	675	—	—	—	—	—	—	—	—	3.88	6.32	—	4.92
	700	—	—	—	—	—	—	—	—	2.99	4.97	—	3.84
	725	—	—	—	—	—	—	—	—	2.31	3.85	—	3.1
	750	—	—	—	—	—	—	—	—	1.83	2.94	—	2.4
	775	—	—	—	—	—	—	—	—	1.4	2.28	—	1.88
	800	—	—	—	—	—	—	—	—	1.03	1.75	—	1.52
PN420	≤38	33.15	42.55	43.1	39.89	35.46	39.51	43.1	43.1	41.36	41.36	34.46	41.36
	50	32.6	41.73		39.42	34.77	39.07	42.67		39.86	40.1	33.3	39.98
	100	29.95	38.65	42.95	37.59	32.18	38.85	40.87	42.95	34.07	35.17	28.74	34.59
	150	28.4	37.69	41.83	36.63	31.43	38.64	38.86	41.83	30.28	32.09	26.02	31.25
	200	26.7	36.52	40.66	35.56	30.47	37.9	37.37	40.66	27.3	29.73	23.91	28.65
	250	24.15	34.77	38.61	33.82	28.93	37.06	36.85	38.61	25.45	27.82	22.25	26.72
	300	21.6	32.28	35.35	31.42	26.91	35.35	35.35	35.35	24.21	26.36	21.04	25.46
	350	20.05	30.8	33.53	29.97	25.77	33.53	33.53	33.53	23.38	25.38	20.04	24.45
	375	19.2	30.39	32.34	29.43	25.52	32.34	32.34	32.34	23.13	24.75	19.67	24.1
	400	18.35	28.75	28.75	27	25.25	30.49	30.49	30.49	22.89	24.26	19.29	23.86
	425	17.8	23.96	23.96	22.75	21.49	29.25	29.25	28.75	22.64	23.89	18.92	23.73
	450	16.32	16.69	16.69	16.5	16.32	28.17	28.17	25.76	22.39	23.4	18.55	23.49
	475	11.29	11.29	11.29	11.29	11.29	26.38	26.38	21.58	22.14	22.8	—	23.35
	500	—	—	—	—	—	23.16	23.16	16.89	21.72	22.36	—	23.16
	525	—	—	—	—	—	16.89	18.27	12.85	19.9	21.49	—	21.49
	550	—	—	—	—	—	10.64	13.64	9.73	18.18	20.8	—	20.8
	575	—	—	—	—	—	7.08	9.75	7.34	16.73	20.08	—	18.99
	600	—	—	—	—	—	4.9	6.36	5.44	13.93	17.86	—	16.51
	625	—	—	—	—	—	—	—	—	10.9	15.21	—	13.16
	650	—	—	—	—	—	—	—	—	8.76	11.77	—	10.4
	675	—	—	—	—	—	—	—	—	6.46	10.53	—	8.19
	700	—	—	—	—	—	—	—	—	4.98	8.29	—	6.4
	725	—	—	—	—	—	—	—	—	3.85	6.42	—	5.16
	750	—	—	—	—	—	—	—	—	3.04	4.9	—	4.0
	775	—	—	—	—	—	—	—	—	2.33	3.8	—	3.13
	800	—	—	—	—	—	—	—	—	1.71	2.92	—	2.52

29.4.10　钢制管法兰计算质量

1）各种类型的法兰近似计算质量见表29-189。

2）表29-189中给出的钢制管法兰近似计算质量，仅供设计、制造、建设和施工等单位作工程询价、报价预算等工作时参考。

3）表29-189中的法兰近似计算质量均以突面法兰作为计算基准，其他密封面形式的法兰质量可参考表29-189中的数值适当增减。

4）法兰计算质量不作为检测法兰的技术指标。

表29-189　钢制管法兰近似计算质量　（单位：kg）

法兰形式	公称通径	公称压力								
		PN6	PN10	PN16	PN25	PN40	PN20	PN50	PN110	PN150
带颈螺纹钢制管法兰	DN10	0.33	0.57	0.57	0.57	0.57	—	—	—	—
	DN15	0.38	0.64	0.64	0.64	0.64	0.42	0.65	0.83	1.87
	DN20	0.59	0.94	0.94	0.94	0.94	0.60	1.18	1.50	2.55
	DN25	0.73	1.15	1.15	1.15	1.15	0.82	1.41	1.83	3.85
	DN32	1.19	1.84	1.84	1.84	1.84	1.10	1.80	2.57	4.57
	DN40	1.42	2.18	2.18	2.18	2.18	1.41	2.53	3.58	6.29
	DN50	1.61	2.90	2.90	2.90	2.90	2.07	3.15	4.74	11.3
	DN65	2.20	3.41	3.41	3.87	3.87	3.51	4.70	6.97	16.18
	DN80	3.25	4.00	4.00	4.82	4.82	3.98	6.45	9.81	14.62
	DN100	3.70	5.05	5.05	6.48	6.48	5.61	10.04	19.94	25.79
	DN125	4.82	6.55	6.55	8.78	8.78	6.60	12.83	33.38	43.57
	DN150	5.91	8.58	8.58	11.57	11.57	8.25	17.32	43.10	58.81
	DN200	—	—	—	—	—	13.41	25.86	69.94	112.0
	DN250	—	—	—	—	—	17.80	36.98	116.5	155.6
	DN300	—	—	—	—	—	28.35	52.78	151.1	215.3
	DN350	—	—	—	—	—	36.88	74.78	181.9	263.1
	DN400	—	—	—	—	—	48.77	94.60	261.4	332.6
	DN450	—	—	—	—	—	52.30	115.5	340.4	467.7
	DN500	—	—	—	—	—	66.67	140.9	442.5	605.9
	DN600	—	—	—	—	—	94.27	209.8	657.6	1091.8

（续）

法兰形式	公称通径	公称压力														
		PN 2.5	PN 6	PN 10	PN 16	PN 25	PN 40	PN 63	PN 100	PN 160	PN 20	PN 50	PN 110	PN 150	PN 260	PN 420
对焊钢制管法兰	DN10	0.34	0.34	0.59	0.59	0.59	0.59	1.09	1.09	1.09	—	—	—	—	—	—
	DN15	0.39	0.39	0.68	0.68	0.68	0.68	1.19	1.19	1.19	0.54	0.80	0.87	1.87	1.87	2.87
	DN20	0.59	0.59	0.97	0.97	0.97	0.97	2.00	2.00	2.90	0.78	1.41	1.53	2.55	2.55	3.20
	DN25	0.73	0.71	1.16	1.16	1.16	1.16	2.66	2.66	2.66	1.12	1.72	1.86	3.78	3.78	4.53
	DN32	1.18	1.18	1.89	1.89	1.89	1.89	3.38	3.38	4.60	1.46	2.25	2.57	4.39	4.39	6.54
	DN40	1.40	1.40	2.20	2.20	2.20	2.20	4.09	4.09	5.92	1.86	3.11	3.48	6.06	6.06	9.31
	DN50	1.56	1.56	2.93	2.93	2.93	2.93	4.55	5.98	8.28	2.69	3.79	4.35	10.80	10.80	13.38
	DN65	1.97	1.97	3.32	3.32	3.9	3.9	5.73	7.91	10.8	4.40	5.74	6.393	14.07	14.07	18.90
	DN80	3.11	3.11	3.98	3.98	5.08	5.08	6.69	8.95	12.9	5.11	7.74	8.49	13.44	14.82	29.33
	DN100	3.62	3.62	4.89	4.89	6.85	6.85	9.66	13.70	19.6	7.29	12.00	17.46	21.81	22.55	43.78
	DN125	4.49	4.49	6.24	6.24	9.29	9.29	15.10	22.70	30.6	9.43	16.05	28.68	35.92	44.61	73.31
	DN150	5.55	5.55	8.17	8.17	12.15	12.15	21.90	30.20	42.2	11.59	21.29	33.96	46.70	50.60	113.6
	DN200	8.32	8.32	11.42	11.16	16.84	21.6	34.90	52.80	65.6	19.17	32.20	52.23	86.91	82.93	154.6
	DN250	11.29	11.29	15.01	15.99	23.26	35.76	49.60	81.40	106.4	25.67	47.01	86.02	117.4	138.6	300.5
	DN300	15.14	15.14	18.03	21.76	30.76	49.36	68.70	122.0	153.2	38.99	66.64	102.9	156.6	195.6	414.8
	DN350	19.68	19.68	25.26	32.10	48.36	71.35	94.60	165.0	—	53.30	95.69	124.0	181.2	265.4	—
	DN400	22.85	22.85	30.79	40.81	63.11	100.1	124.0	214.5	—	68.50	121.0	174.9	223.3	339.1	—
	DN450	26.54	26.54	36.29	56.60	77.00	107.4	—	—	—	79.99	150.2	214.4	302.7	470.8	—
	DN500	30.61	30.61	42.68	77.23	98.21	133.4	—	—	—	101.0	181.6	288.9	378.6	590.1	—
	DN600	42.03	42.03	62.25	90.60	114.4	214.3	—	—	—	139.0	265.0	380.8	674.2	949.3	—
	DN700	42.25	42.25	78.90	92.47	139.4	—	—	—	—	—	—	—	—	—	—
	DN800	51.05	51.05	91.18	110.7	183.7	—	—	—	—	—	—	—	—	—	—
	DN900	56.80	56.80	107.1	129.0	220.2	—	—	—	—	—	—	—	—	—	—
	DN1000	62.04	62.04	124.1	170.1	285.5	—	—	—	—	—	—	—	—	—	—
	DN1200	82.94	95.72	183.4	243.1	—	—	—	—	—	—	—	—	—	—	—
	DN1400	105.9	137.6	246.2	312.2	—	—	—	—	—	—	—	—	—	—	—
	DN1600	135.4	164.9	345.4	445.1	—	—	—	—	—	—	—	—	—	—	—
	DN1800	162.8	210.2	418.1	599.0	—	—	—	—	—	—	—	—	—	—	—
	DN2000	190.8	266.4	517.7	657.4	—	—	—	—	—	—	—	—	—	—	—
	DN2200	240.0	330.6	639.1	—	—	—	—	—	—	—	—	—	—	—	—
	DN2400	278.5	398.7	766.7	—	—	—	—	—	—	—	—	—	—	—	—
	DN2600	307.6	475.7	883.1	—	—	—	—	—	—	—	—	—	—	—	—
	DN2800	385.7	548.7	1065.0	—	—	—	—	—	—	—	—	—	—	—	—
	DN3000	432.9	615.6	1274.0	—	—	—	—	—	—	—	—	—	—	—	—

（续）

法兰形式	公称通径	公称压力								
		PN 10	PN 16	PN 25	PN 40	PN 20	PN 50	PN 110	PN 150	PN 260
带颈平焊钢制管法兰	DN10	0.56	0.56	0.56	0.56	—	—	—	—	—
	DN15	0.63	0.63	0.63	0.63	0.41	0.63	0.75	1.75	1.75
	DN20	0.93	0.93	0.93	0.93	0.58	1.16	1.35	2.34	2.34
	DN25	1.12	1.12	1.12	1.12	0.798	1.37	1.58	3.50	3.50
	DN32	1.79	1.79	1.79	1.79	1.07	1.75	2.15	4.01	4.01
	DN40	2.12	2.12	2.12	2.12	1.37	2.47	2.99	5.53	5.53
	DN50	2.82	2.82	2.82	2.82	2.01	3.06	3.70	9.80	9.80
	DN65	3.30	3.30	3.73	3.73	3.40	4.56	5.34	13.76	13.76
	DN80	3.85	3.85	4.64	4.64	3.84	6.25	7.14	11.55	—
	DN100	4.81	4.81	6.21	6.21	5.40	9.74	14.89	19.41	—
	DN125	6.20	6.20	8.40	8.40	6.29	12.39	24.89	32.68	—
	DN150	7.84	7.84	10.71	10.71	7.82	16.76	29.96	42.17	—
	DN200	10.18	9.92	15.06	15.39	12.75	24.93	44.87	79.12	—
	DN250	12.75	13.59	21.13	22.54	16.78	35.59	72.84	101.7	—
	DN300	14.82	18.14	28.18	31.38	26.91	50.91	85.89	133.7	—
	DN350	23.26	28.30	46.35	48.50	35.24	72.60	101.7	154.3	—
	DN400	28.85	36.62	59.42	71.58	46.46	91.63	144.1	187.3	—
	DN450	33.40	49.61	71.45	83.00	49.26	111.6	177.4	258.7	—
	DN500	40.18	68.68	89.36	100.2	62.94	136.0	225.3	336.9	—
	DN600	56.03	107.4	129.2	201.8	88.11	202.1	314.0	601.1	—

法兰形式	公称通径	公称压力		
		PN20	PN50	PN110
带颈承插焊钢制管法兰	DN15	0.42	0.64	0.75
	DN20	0.60	1.15	1.35
	DN25	0.83	1.37	1.58
	DN32	1.12	1.76	2.15
	DN40	1.43	2.53	2.99
	DN50	2.07	2.91	3.71
	DN65	3.53	4.43	5.20
	DN80	4.01	6.16	7.13

（续）

法兰形式	公称通径	公称压力							
		PN10		PN16		PN25		PN40	
		法 兰	对焊环	法 兰	对焊环	法 兰	对焊环	法 兰	对焊环
对焊环板式松套钢制管法兰	DN10	0. 55	0. 16	0. 55	0. 16	0. 55	0. 16	0. 55	0. 16
	DN15	0. 61	0. 21	0. 61	0. 21	0. 61	0. 21	0. 61	0. 21
	DN20	0. 84	0. 33	0. 84	0. 33	0. 84	0. 33	0. 84	0. 33
	DN25	0. 99	0. 42	0. 99	0. 42	0. 99	0. 42	0. 99	0. 42
	DN32	1. 65	0. 58	1. 65	0. 58	1. 65	0. 58	1. 65	0. 58
	DN40	1. 85	0. 71	1. 85	0. 71	1. 85	0. 71	1. 85	0. 71
	DN50	2. 47	1. 01	2. 47	1. 01	2. 47	1. 01	2. 47	1. 01
	DN65	2. 76	1. 19	2. 76	1. 19	3. 04	1. 47	3. 04	1. 47
	DN80	3. 01	1. 58	3. 01	1. 58	3. 61	2. 10	3. 61	2. 10
	DN100	3. 78	2. 02	3. 78	2. 02	5. 18	2. 97	5. 18	2. 97
	DN125	4. 57	2. 74	4. 57	2. 74	6. 89	4. 04	6. 89	4. 04
	DN150	6. 22	3. 38	6. 22	3. 38	8. 69	5. 43	8. 69	5. 43
	DN200	8. 01	5. 39	7. 72	5. 39	11. 6	8. 31	15. 00	10. 84
	DN250	10. 20	7. 28	11. 10	7. 42	17. 00	10. 91	23. 9	18. 33
	DN300	12. 30	9. 22	14. 20	10. 46	22. 20	15. 58	33. 4	26. 96
	DN350	16. 10	14. 81	18. 40	17. 97	32. 30	26. 15	48. 00	39. 93
	DN400	20. 90	18. 63	23. 70	22. 58	42. 80	34. 54	69. 70	58. 38
	DN450	25. 20	21. 46	35. 10	30. 41	50. 40	39. 17	72. 70	59. 26
	DN500	31. 10	26. 42	49. 10	39. 52	63. 90	54. 12	92. 10	76. 48
	DN600	43. 60	33. 78	81. 50	53. 28	98. 40	71. 66	150. 0	110. 8

（续）

法兰形式	公称通径	公称压力					
		PN2.5	PN6	PN10	PN16	PN25	PN40
板式平焊钢制管法兰	DN10	0.31	0.31	0.53	0.53	0.53	0.53
	DN15	0.35	0.35	0.59	0.59	0.59	0.59
	DN20	0.53	0.53	0.85	0.85	0.85	0.85
	DN25	0.64	0.62	1.01	1.01	1.01	1.01
	DN32	1.05	1.05	1.67	1.67	1.67	1.67
	DN40	1.22	1.22	1.91	1.91	1.91	1.91
	DN50	1.35	1.35	2.53	2.53	2.53	2.53
	DN65	1.69	1.69	2.94	2.94	3.26	3.26
	DN80	2.71	2.71	3.36	3.36	4.08	4.08
	DN100	2.98	2.98	4.12	4.12	5.74	5.74
	DN125	3.58	3.58	5.09	5.09	7.78	7.78
	DN150	4.41	4.41	6.74	6.74	9.77	9.77
	DN200	6.45	6.45	8.77	9.25	13.72	17.39
	DN250	8.41	8.41	11.23	13.05	19.48	28.48
	DN300	11.23	11.23	13.98	18.17	25.86	40.75
	DN350	16.05	16.05	21.05	27.20	40.80	62.18
	DN400	18.98	18.98	26.58	34.84	54.02	88.11
	DN450	23.61	23.61	31.61	45.15	63.29	90.16
	DN500	27.11	27.11	39.03	62.74	82.56	118.4
	DN600	37.78	37.78	53.07	94.29	125.2	187.0
	DN700	72.27	80.74	—	—	—	—
	DN800	123.9	144.2	—	—	—	—
	DN900	180.6	217.8	—	—	—	—
	DN1000	246.8	306.9	—	—	—	—
	DN1200	415.1	569.0	—	—	—	—
	DN1400	650.2	925.0	—	—	—	—
	DN1600	906.1	1355.9	—	—	—	—
	DN1800	1230.1	1921.0	—	—	—	—
	DN2000	1652.0	2630.0	—	—	—	—

（续）

法兰形式	公称通径	公称压力											
		PN20		PN50		PN110		PN150		PN260		PN420	
		法兰	焊环	法兰	焊环	法兰	焊环	法兰	焊环	法兰	焊环	法兰	焊环
对焊环带颈松套钢制管法兰	DN15	0.53	0.15	0.71	0.15	0.71	0.15	1.65	0.15	1.71	0.22	2.98	0.28
	DN20	0.73	0.19	1.26	0.19	1.30	0.28	2.23	0.28	2.30	0.28	3.36	0.36
	DN25	0.89	0.28	1.47	0.28	1.51	0.40	3.30	0.40	3.43	0.52	4.75	0.52
	DN32	1.17	0.40	1.86	0.40	2.06	0.57	3.76	0.57	3.92	0.74	6.90	0.91
	DN40	1.48	0.48	2.65	0.48	2.86	0.68	5.21	0.68	5.39	0.88	9.67	1.28
	DN50	2.10	0.98	2.98	0.98	3.48	0.98	8.70	0.98	9.57	1.53	14.14	1.81
	DN65	3.56	1.48	4.47	1.48	5.06	1.89	12.09	1.89	13.46	2.31	19.14	3.15
	DN80	3.96	2.08	6.14	2.08	6.74	2.65	10.76	3.23	17.24	3.23	30.06	4.96
	DN100	5.57	2.89	10.05	2.89	14.32	4.47	18.82	5.26	26.87	5.26	45.78	7.63
	DN125	6.33	5.37	12.56	5.37	23.60	6.42	31.34	7.47	51.26	7.00	76.42	10.15
	DN150	7.67	7.80	16.42	7.80	27.83	10.63	40.10	10.63	60.56	10.89	117.4	13.72
	DN200	12.67	11.47	24.42	11.47	42.04	15.63	79.49	17.72	103.0	16.13	163.1	22.38
	DN250	16.56	18.67	38.85	18.67	75.69	24.40	105.0	24.4	181.0	25.09	307.2	33.69
	DN300	27.20	24.18	55.75	24.18	90.85	31.92	141.4	31.92	285.2	34.23	423.7	53.59
	DN350	39.29	30.80	81.00	30.80	108.9	40.15	161.6	40.15	385.4	41.41	—	—
	DN400	52.00	41.08	104.9	41.08	154.8	53.23	199.6	53.23	490.4	54.39	—	—
	DN450	56.21	52.59	128.6	52.59	218.5	68.10	278.1	68.10	635.2	70.86	—	—
	DN500	73.40	66.72	156.0	66.72	275.7	86.13	387.7	86.13	764.6	89.00	—	—
	DN600	99.83	80.00	235.1	80.00	346.6	105.6	696.4	105.6	1221.0	118.3	—	—

法兰形式	公称通径	公称压力									
		PN6		PN10		PN16		PN25		PN40	
		法兰	焊环	法兰	焊环	法兰	焊环	法兰	焊环	法兰	焊环
平焊环板式松套钢制管法兰	DN10	0.35	0.05	0.60	0.10	0.59	0.10	0.59	0.10	0.59	0.10
	DN15	0.39	0.06	0.67	0.12	0.66	0.12	0.65	0.12	0.66	0.12
	DN20	0.57	0.10	0.91	0.21	0.92	0.21	0.91	0.21	0.92	0.21
	DN25	0.69	0.13	1.08	0.26	1.09	0.26	1.08	0.26	1.09	0.26
	DN32	1.13	0.18	1.79	0.34	1.80	0.34	1.79	0.34	1.80	0.34
	DN40	1.30	0.22	2.03	0.40	2.04	0.40	2.03	0.40	2.04	0.40
	DN50	1.43	0.29	2.66	0.59	2.68	0.59	2.66	0.59	2.68	0.59
	DN65	1.79	0.42	3.07	0.78	3.23	0.78	3.38	0.78	3.40	0.78
	DN80	2.86	0.53	3.50	0.91	3.50	0.91	4.20	1.02	4.23	1.03
	DN100	3.13	0.63	4.23	1.21	4.23	1.21	5.89	1.34	5.92	1.34
	DN125	4.16	0.90	5.24	1.55	5.24	1.55	7.97	1.90	8.02	1.88

（续）

法兰形式	公称通径	公称压力									
		PN6		PN10		PN16		PN25		PN40	
		法兰	焊环	法兰	焊环	法兰	焊环	法兰	焊环	法兰	焊环
平焊环板式松套钢制管法兰	DN150	4.58	0.92	6.92	1.93	6.92	1.93	9.98	2.31	10.05	2.29
	DN200	6.57	1.52	8.92	2.68	9.35	2.68	13.80	4.17	17.56	5.45
	DN250	8.49	2.11	11.35	3.43	13.67	3.43	19.48	5.20	28.71	7.87
	DN300	11.31	2.72	13.95	4.02	18.15	4.39	25.59	7.61	40.67	12.58
	DN350	16.10	4.59	20.96	7.43	17.09	8.78	40.49	14.10	62.06	19.31
	DN400	19.01	5.60	26.53	9.10	34.67	10.61	53.71	17.63	88.12	30.38
	DN450	23.56	6.77	29.64	9.98	44.64	16.07	62.76	19.28	89.81	28.40
	DN500	26.85	7.99	38.65	12.03	62.02	21.15	81.52	25.11	117.8	35.31
	DN600	37.41	8.79	51.90	13.63	93.27	27.29	123.6	34.11	186.0	53.32

法兰形式	公称通径	公称压力			
		PN6		PN10	
		法兰	翻边环	法兰	翻边环
翻边环板式松套钢制管法兰	DN10	0.35	0.02	0.60	0.03
	DN15	0.39	0.03	0.67	0.04
	DN20	0.57	0.04	0.91	0.06
	DN25	0.69	0.07	1.08	0.08
	DN32	1.13	0.10	1.79	0.12
	DN40	1.30	0.13	2.03	0.15
	DN50	1.43	0.17	2.66	0.22
	DN65	1.79	0.24	3.07	0.28
	DN80	2.86	0.34	3.50	0.39
	DN100	3.13	0.43	4.23	0.52
	DN125	4.16	0.59	5.24	0.68
	DN150	4.58	0.67	6.92	0.79
	DN200	6.57	0.92	8.92	1.07
	DN250	8.49	1.44	11.35	1.64
	DN300	11.31	10.21	13.95	11.95

第 30 章　常用电动机

30.1　常用电气简图用图形符号

30.1.1　符号要素、限定符号和其他常用符号（见表 30-1）

表 30-1　符号要素、限定符号和其他常用符号（摘自 GB/T 4728.2—2005）

名称或含义	图形符号
物件（设备、器件、功能单元、元件功能、外壳、外形）	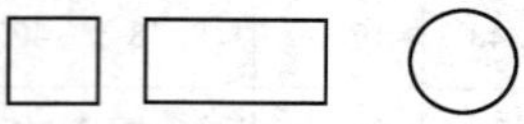
外壳	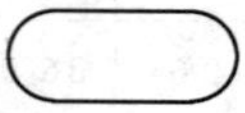
边界线	
屏蔽（外壳、外形、护罩）	
防止无意识接触，一般符号	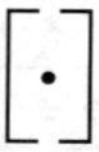
直流	==
交流	~
交流（示出频率）	~50Hz
交流（示出频率范围）	~100...600kHz
交流（示出电压） 注：标注三相带中性线，400V（相线和中性线间的电压为 230V）频率 50Hz	3N~400/230V　50Hz
交流（示出系统） 注：标注三相系统，50Hz，具有一个直接接地点且中性线与保护导体全部分开的系统	3/N~50Hz/TN-S
交流（示出频率范围，低频）	~
交流（示出频率范围，中频）	≈
交流（示出频率范围，高频）	≋
正极性	+
负极性	（无符号）
中性	N
中间线	M

名称或含义	图形符号
可调节性，一般符号	
可调节性，非线性	
可变性，一般符号	
可变性，非线性	
预调	
预调（仅在电流为零时，允许预调）	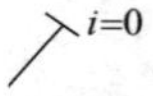
步进动作	
步进调节（示出 5 步）	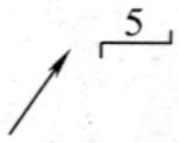
连续可变性	
连续可变性（预调）	
自动控制	
自动增益控制放大器	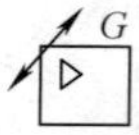
直线运动（单向）	
直线运动（双向）	
环形运动（单向）	
环形运动（双向）	

（续）

名称或含义	图形符号
环形运动（双向均受到限制）	
振动	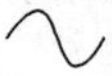
传送（单向）	
传送（双向，同时）	
传送（双向，非同时）	
发送	
接收	
能量从母线输出	
能量向母线输入	
能量流动，双向（向母线输入和从母线输出）	
特征量值大于整定值时动作	>
特征量值小于整定值时动作	<
特征量值大于高整定值或小于低整定值时动作	> <
特征量值等于零时动作	=0
特征量值近似等于零时动作	≈0
材料，未规定类型	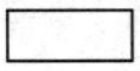
材料，固体	
材料，液体	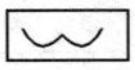
材料，气体	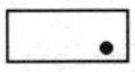
材料，驻极体	
材料，半导体	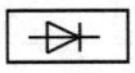
材料，绝缘材料	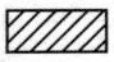
热效应	
电磁效应	
磁致伸缩效应	
磁场效应或磁场相关性	
延时	
半导体效应	
具有电隔离的耦合效应	
非电离的电磁辐射	
非电离的相干辐射	
电离辐射	
非电离的双向电磁辐射	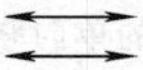
非电离的双向相干辐射	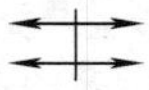
正脉冲	
键盘	
传真	
连接	- - - 或 ══
机械连接（力或运动）	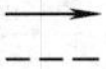
机械连接（旋转）	
延时动作	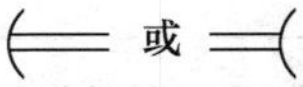
自动复位	
自锁	
脱开自锁	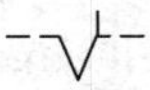
进入自锁	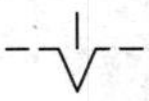

（续）

名称或含义	图形符号	名称或含义	图形符号
机械连锁		操作件(手轮操作)	
脱扣的闭锁件		操作件(脚踏操作)	
锁扣的闭锁件		操作件(杠杆操作)	
阻塞器件		操作件(用可拆卸手柄操作)	
处于阻塞状态的阻塞器件		操作件(钥匙操作)	
离合器、机械联轴器		操作件(曲柄操作)	
机械联轴器,脱开的		操作件(滚子操作)	
机械联轴器,闭锁的		操作件(凸轮操作)	
旋转用的单向联轴器		操作件(仿形凸轮操作)	
制动器		操作件(仿形样板、仿形凸轮操作)	
制动着的制动器		操作件(仿形凸轮和滚子操作)	
未制动的制动器		操作件(贮存机械能操作)	
齿轮装置		操作件(单向作用的气动或液压驱动)	
手动操作,一般符号		操作件(双向作用的气动或液压驱动)	
操作件,手动(带防护)		操作件(电磁效应驱动)	
操作件(拉拔操作)		操作件(电磁器件驱动)	
操作件(旋转操作)		操作件(热器件驱动)	
操作件(按动操作)		操作件(电动机操作)	
操作件(接近效应操作)		操作件(电钟操作)	
操作件(接触操作)		操作件(半导体)	
操作件(应急)		操作件(液位控制)	

（续）

名称或含义	图形符号	名称或含义	图形符号
操作件（计数器控制）	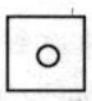	理想回转器	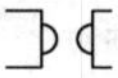
操作件（流体控制）	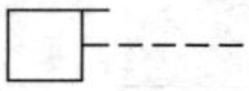	故障，指出故障	
操作件（气流控制）	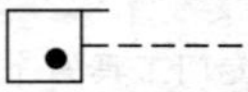	闪络	
操作件（相对湿度控制）	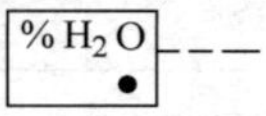	永久磁铁	
接地，一般符号		动触点（滑动触点）	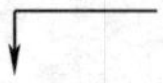
抗干扰接地		测试点指示符	
保护接地		变换器，一般符号	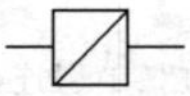
接机壳	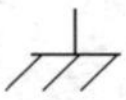	转换，一般符号	
保护等电位联接		模拟	
理想电流源	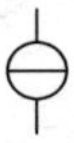	数字	
理想电压源			

30.1.2　导体和连接件（见表 30-2）

表 30-2　导体和连接件（摘自 GB/T 4728.3—2005）

名称或含义	图形符号	名称或含义	图形符号
连线，一般符号		绞合连接	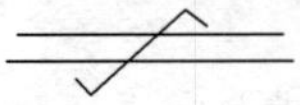
导线组（示出导线数）	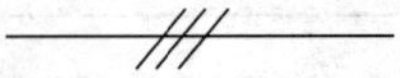	电缆中的导线（示出三根导线）	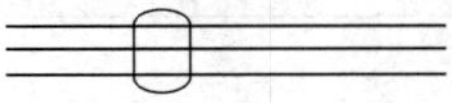
导线组（示出导线数）	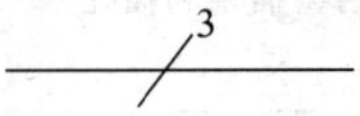	电缆中的导线（示出五根导线，其中箭头所指的两根在同一电缆内	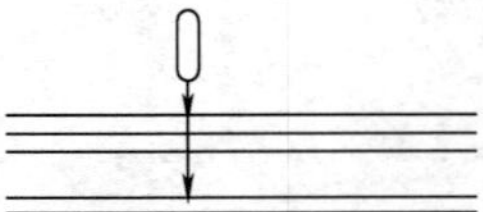
直流电路（110V，两根 $120mm^2$ 的铝导线）	$==$ 110V $2\times120mm^2$ Al	同轴对	
三相电路，50Hz，400V，三根 $120mm^2$，一根 $50mm^2$ 的中性线，3N 替代 3+N	3N～50Hz 400V $3\times120mm^2+1\times50mm^2$	连到端子上的同轴对	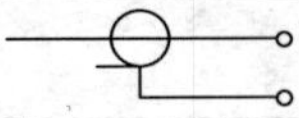
软连接			
屏蔽导体	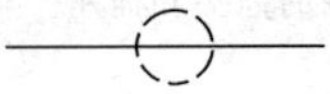		

（续）

名称或含义	图形符号
屏蔽同轴对	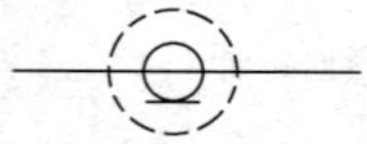
导线或电缆的终端（未连接）	
导线或电缆的终端（未连接并有专门的绝缘）	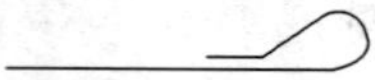
连接点	
端子	
端子板	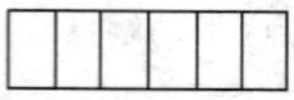
T 型连接	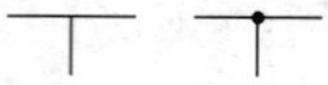
导线的双 T 型连接	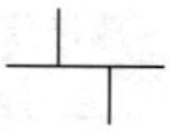
导线的双 T 型连接	
支路	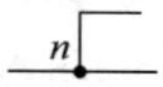
换位	
相序变更	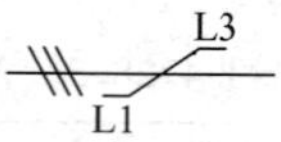
中性点	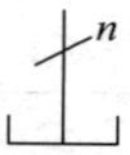
发电机中性点（单线表示法）	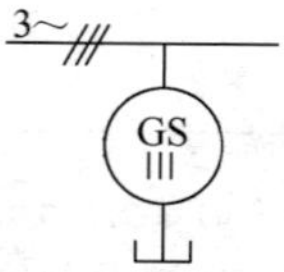
发电机中性点（多线表示法）	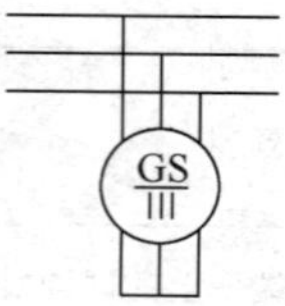

名称或含义	图形符号
不切断导线的导线抽头	
需要专门工具的连接	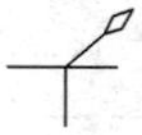
阴接触件（连接器的）	
阳连触件（连接器的）	
插头和插座	
接头和插座，多级（多线表示法）	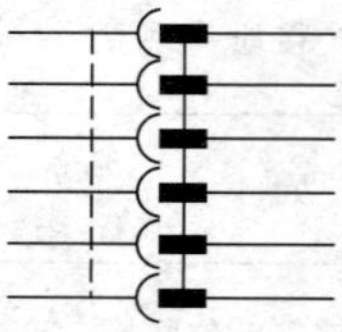
接头和插座，多级（单线表示法）	
连接器，组件的固定部分	
连接器，组件的可动部分	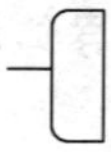
配套连接器	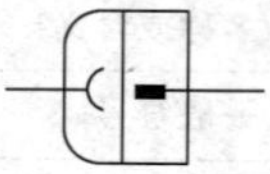
电话型插塞和插孔	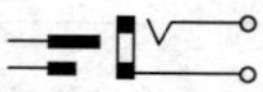
带断开触头的电话型插塞和插孔	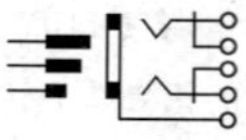
电话型断开的插孔，电话型隔离的插孔	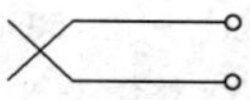
同轴的插头和插座	

（续）

名称或含义	图 形 符 号	名称或含义	图 形 符 号
对接连接器		直通接线盒（多线表示）	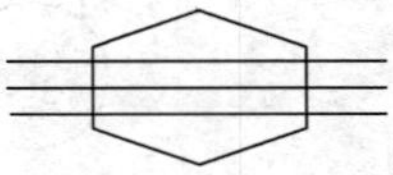
接通的连接片			
接通的连接片		直通接线盒（单线表示）	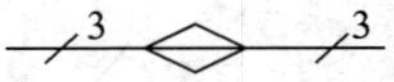
断开的连接片			
插头和插座式连接器，阳—阳		接线盒（多线表示）	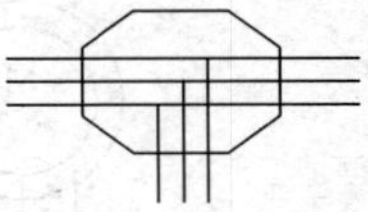
插头和插座式连接器，阳—阴			
插头和插座式连接器，有插座的阳—阳		接线盒（单线表示）	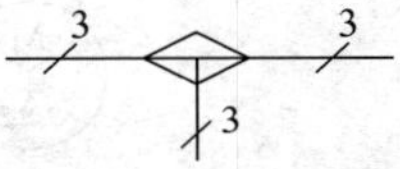
电缆密封终端（多芯电缆）	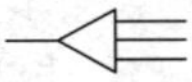		
电缆密封终端（单芯电缆）	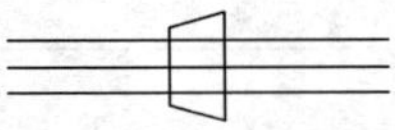	电缆气闭套管	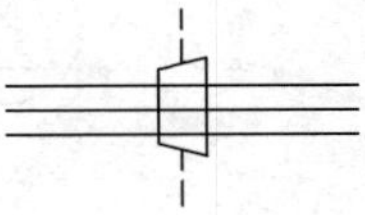

30.1.3　电能的发生与变换装置的简图（见表 30-3）

表 30-3　电能的发生与变换装置的符号（摘自 GB/T 4728.6—2008）

	图 形 符 号	说　明		图 形 符 号	说　明
电机的类型	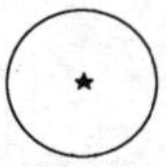	电动机的一般符号 符号内的星号用下述字母之一代替： C 旋转变流机 G 发电机 GS 同步发电机 M 电动机 MG 能作为发电机或电动机使用的电动机 MS 同步电动机	电机的类型	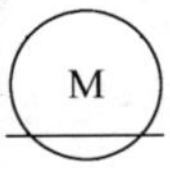	直线电动机，一般符号
					步进电动机，一般符号

（续）

	图形符号	说　　明
感应型（异步）电动机	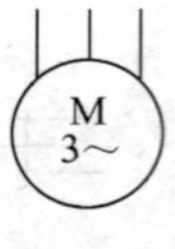	三相鼠笼式感应电动机
	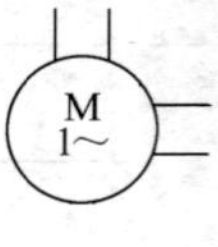	单相鼠笼式有分相绕组引出端的感应电动机
	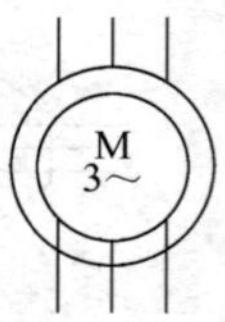	三相绕线式转子感应电动机
	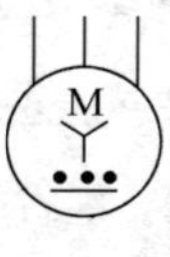	有自动起动器的三相星形连接的感应电动机
	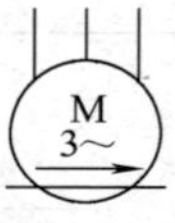	限于一个方向运动的三相直线感应电动机
直流电机	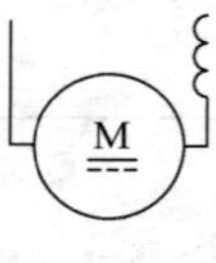	直流串励电动机
	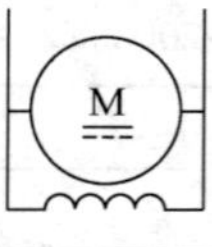	直流并励电动机
	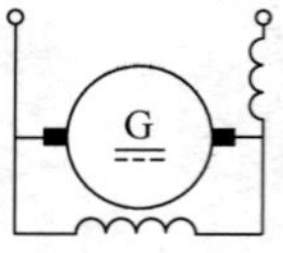	短分路复励直流发电机，示出接线端子和电刷
	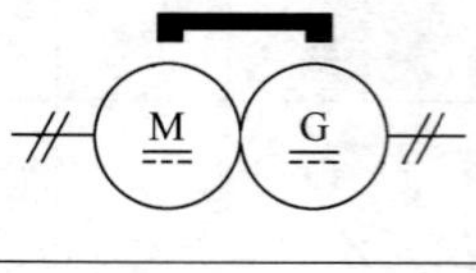	具有公共永久磁场的直流/直流旋转变流机
	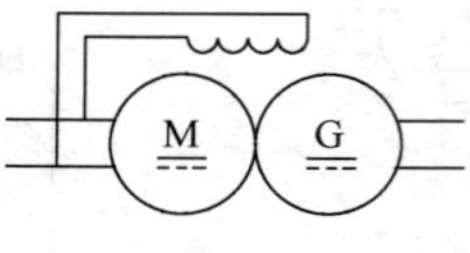	具有公共磁场绕组的直流/直流旋转变流机
同步电机		三相永磁同步发电机
		单相同步电动机
		中性点引出的星形连接的三相同步发电机
	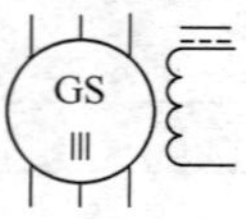	每相绕组两端都引出的三相同步发电机
		三相并励同步旋转变流机
交流换向器电动机		单相串励电动机
	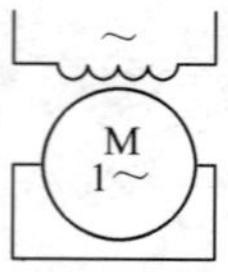	单相推斥电动机
	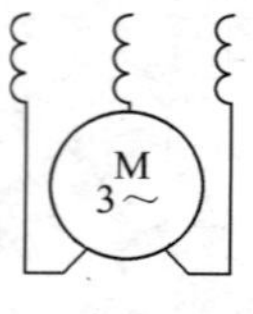	三相串励电动机

（续）

	图形符号	说　明
变压器和电抗器	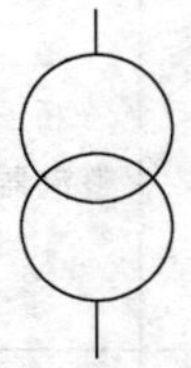 或 	双绕组变压器
		三绕组变压器
		自耦变压器
		扼流圈电抗器
	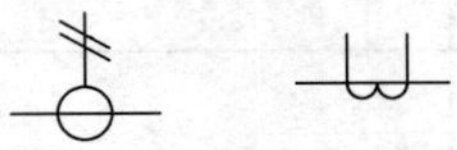	电流互感器 脉冲变压器
具有独立绕组的变压器	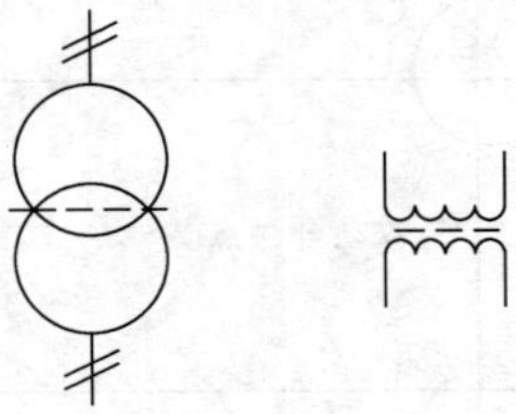	绕组间有屏蔽的双绕组单相变压器
	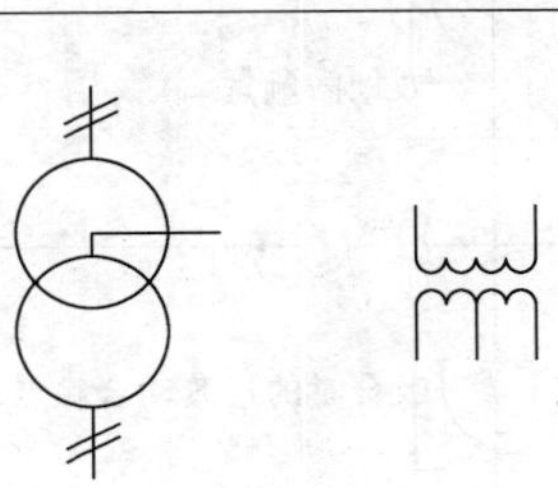	在一个绕组上有中心点抽头的变压器

	图形符号	说　明
具有独立绕组的变压器	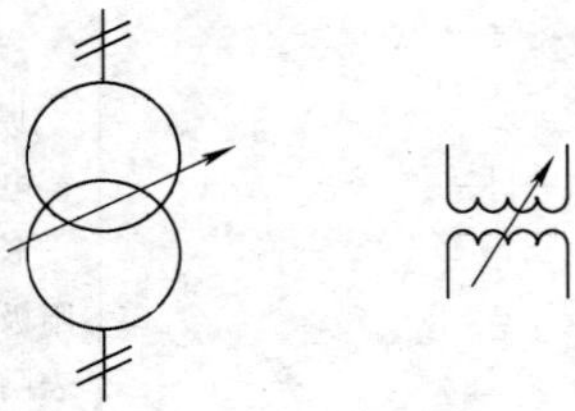	耦合可变的变压器
	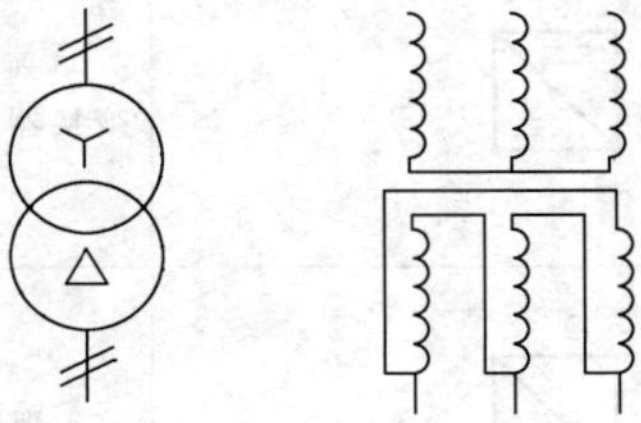	星形-三角形连接的三相变压器
变压器和电抗器	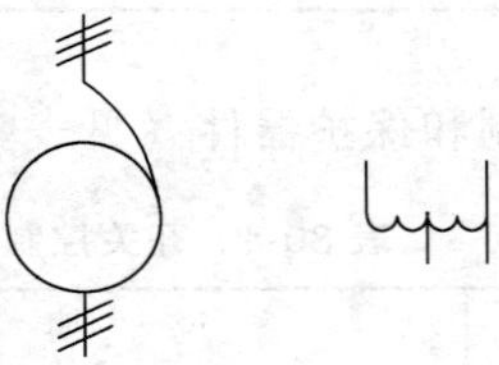	单相自耦变压器
	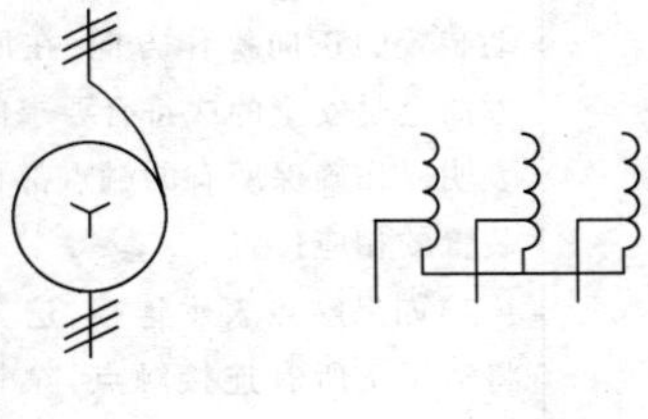	三相自耦变压器星形连接
	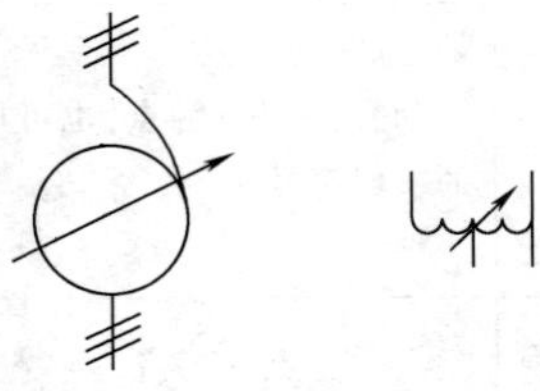	可调压的单相自耦变压器
	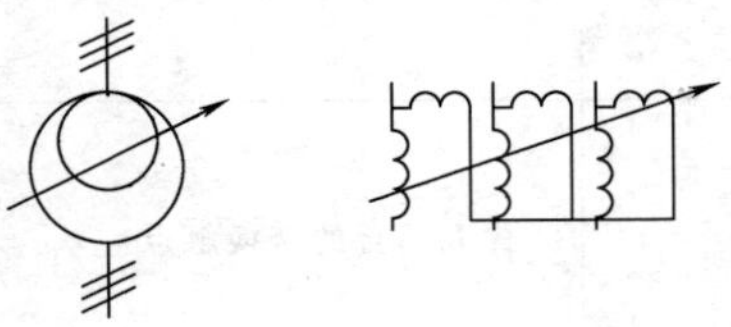	三相感应调压器

（续）

图形符号		说明	图形符号		说明
蓄电池	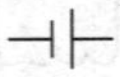	原电流 蓄电池 原电池或蓄电池组 长线代表阳极,短线代表阴极	电能变换器		桥式全波整流器
电能变换器		直流-直流变换器			逆变器
		整流器			整流器-逆变器

30.1.4　开关控制和保护器件（见表 30-4）

表 30-4　开关控制和保护器件（摘自 GB/T 4728.7—2008）

图形符号	说明	图形符号	说明
	开关的正向操作 1)此符号应该用于指明一个机动装置的正向操作方向,在所示的方向上是安全的或符合要求的。它表明操作确保所有的触点都在启动装置的相应位置 2)如果触点表示连接,这个符号将适用于所有连接触点,除非另有说明		中间断开的双向转换触点
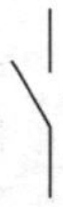	动合(常开)触点,也可用作开关的一般符号	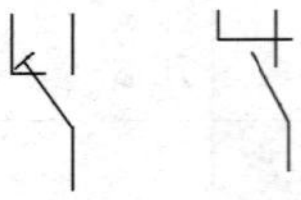	先合后断的双向转换触点
	动断(常闭)触点		双动合触点
	先断后合的转换触点	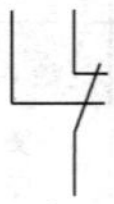	双动断触点
			吸合时的过渡动合触点

（续）

图形符号	说　明
	释放时的过渡动合触点
	过渡动合触点
	提前闭合的动合触点
	滞后闭合的动合触点
	滞后断开的动断触点
	提前断开的动断触点
	延时闭合的动合触点
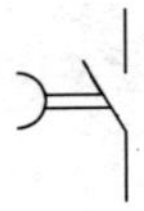	延时断开的动合触点
	延时断开的动断触点
	延时闭合的动断触点
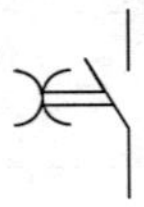	延时动合触点
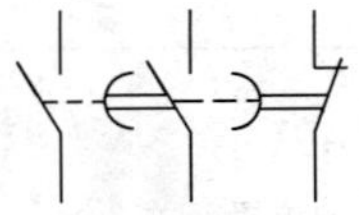	触点组
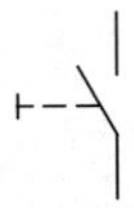	手动操作开关,一般符号
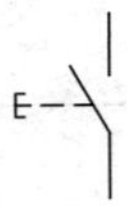	自动复位的手动按钮开关

（续）

图形符号	说　明	图形符号	说　明
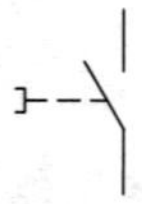	自动复位的手动拉拔开关	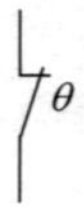	带动断触点的热敏开关
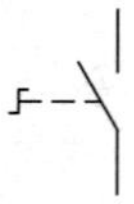	无自动复位的手动旋转开关	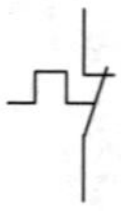	带动断触点的热敏自动开关
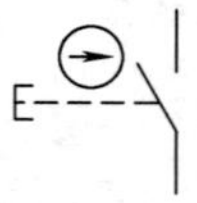	正向操作且自动复位的手动按钮开关		有热元件的气体放电管
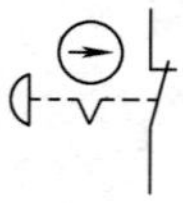	应急制动开关		接触器 接触器的主动合触点
	带动合触点的位置开关		带自动释放功能的接触器
	带动断触点的位置开关		接触器 接触器的主动断触点
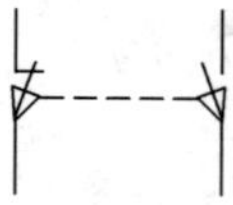	组合位置开关		断路器
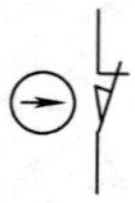	能正向操作带动断触点的位置开关		隔离开关 隔离器
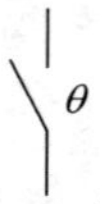	带动合触点的热敏开关		

（续）

图形符号	说　明
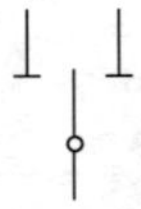	双向隔离开关 双向隔离器
	负荷开关 负荷隔离开关
	带自动释放功能的负荷开关
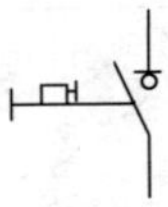	手工操作带有闭锁器件的隔离开关 隔离器
	自由脱扣机构
	电动机起动器，一般符号 特殊类型的起动器可以在一般符号内加上限定符号
	步进起动器 起动步数可以示出
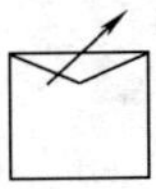	调节-起动器
	可逆直接在线起动器

图形符号	说　明
	星-三角起动器
	带自耦变压器的起动器
	带晶闸管整流器的调节-起动器
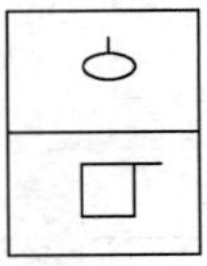	瓦斯保护器件 气体继电器
	自动重闭合器件 自动重合闸继电器
	熔断器，一般符号
	熔断器 烧断后仍带电的一端用粗线表示
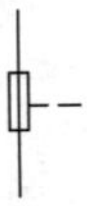	带机械连杆的熔断器 撞击式熔断器

（续）

图形符号	说　明	图形符号	说　明
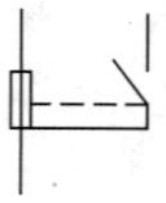	带报警触点熔断器	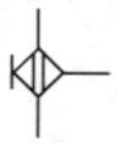	接触传感器
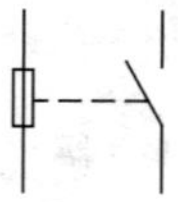	独立报警熔断器		接触敏感开关
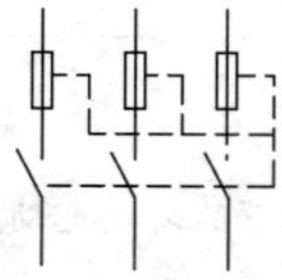	带撞击式熔断器的三极开关	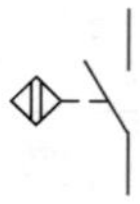	接近开关
	熔断器开关	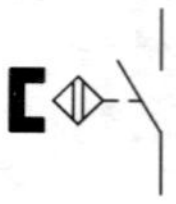	磁控接近开关
	熔断器式隔离开关 熔断器式隔离器	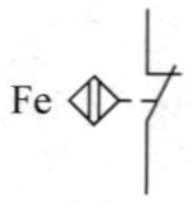	铁控接近开关
	熔断器负荷开关组合电器		火花间隙
	接近传感器	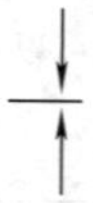	双火花间隙
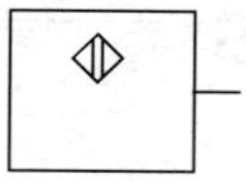	接近传感器器件		避雷器
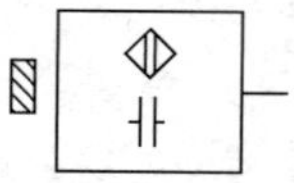	容性接近传感器	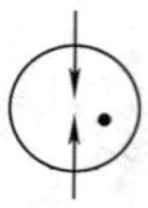	保护用充气放电管
		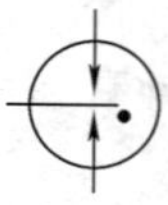	保护用对称充气放电管

30.1.5　测量仪表、灯和信号器件

电气简图中使用的测量仪表图形符号，按 GB/T 4728.8—2008 的规定有图 30-1 所示的三种形式。图 30-1 中的星号按仪表功能被下列内容之一代替：

1）被测量单位的文字符号或倍数、约数。

2）被测量的文字符号。

3）化学分子式。

4）图形符号。

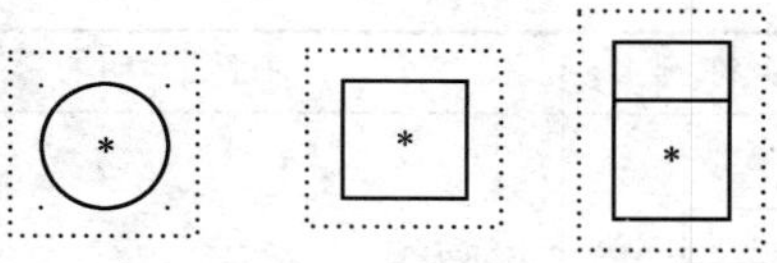

图 30-1　电气简图用的测量仪表图形符号

a）指示仪表　b）记录仪表　c）积算仪表

常用测量仪表图形符号见表 30-5。信号器件和灯等的图形符号见表 30-6。

表 30-5　常用测量仪表图形符号（摘自 GB/T 4728.8—2008）

图形符号	说明	图形符号	说明
V（圆内）	电压表		示波器
A $L\sin\varphi$（圆内）	无功电流表	V U_d（圆内）	差动式电压表
→ W P_{max}（圆内）	积算仪表激励的最大需量指示器		检流计
var（圆内）	无功功率表	NaCl（圆内）	盐度计
$\cos\varphi$（圆内）	功率因数表	Θ（圆内）	温度计 高温计
φ（圆内）	相位表	n（圆内）	转速表
Hz（圆内）	频率计	W（方框内）	记录式功率表
	同步指示器	W │ var（方框内）	组合式记录功率表和无功功率表
λ（圆内）	波长表		录波器

（续）

图形符号	说　明	图形符号	说　明
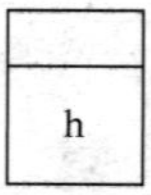	小时计 计时器	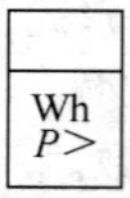	超量电度表
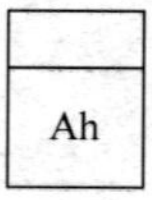	安培小时计	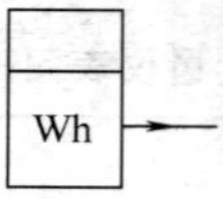	带发送器电度表
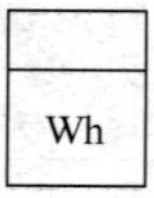	电度表(瓦时计)	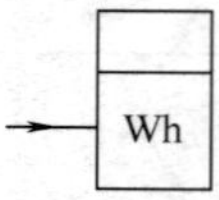	从动电度表(转发器)
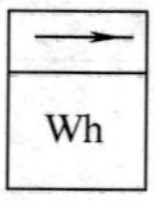	电度表,仅测量单向传输能量	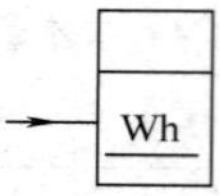	从动电度表(转发器)带有打印装置
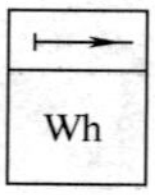	电度表,计算从母线流出的能量		带最大需量指示器电度表
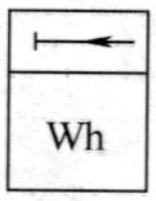	电度表,计算流向母线的能量	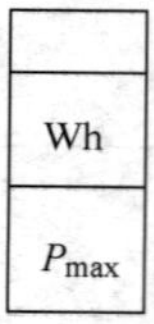	带最大需量记录器电度表
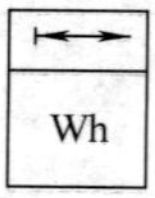	电度表,计算双向流动能量(输出或输入)	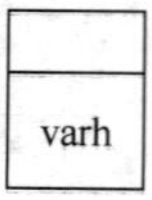	无功电度表
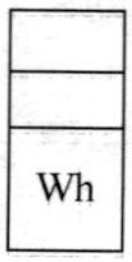	复费率电度表,示出二费率		

表 30-6　信号器件和灯等的图形符号（摘自 GB/T 4728.8—2008）

图形符号	说　明
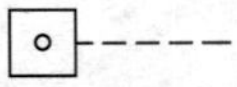	计数功能限定符号
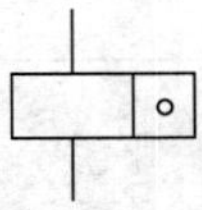	脉冲计(电动计数装置)
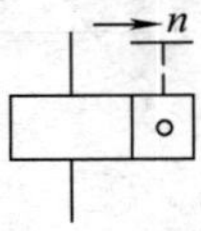	手动预设到 n 脉冲计(如 $n=0$ 则重设)
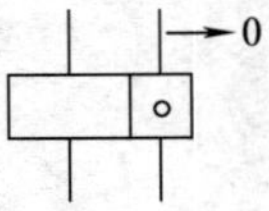	电动复零脉冲计
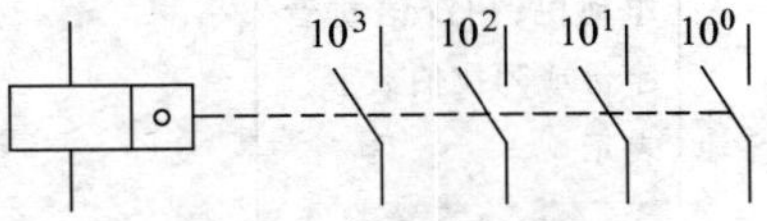	带有多触点的脉冲计 计数器每记录 1 次,10 次, 100 次, 1000 次,相应触点闭合一次
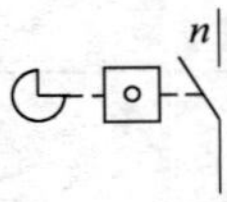	凸轮驱动的每 n 次触点闭合一次的计数器件
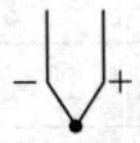	热电偶,示出极性符号
	钟, 一般符号 子钟
	母钟
	带有触点的钟
200% 	灯,一般符号 信号灯,一般符号 如果要求指示颜色,则在靠近符号处标出下列代码: RD—红 YE—黄 GN—绿 BU—蓝 WH—白 如果要求指示灯类型,则在靠近符号处标出下列代码: Ne—氖 Xe—氙 Na—钠气 Hg—汞 I—碘 IN—白炽 EL—电发光 ARC—弧光 FL—荧光 IR—红外线 UV—紫外线 LED—发光二极管

（续）

图形符号	说　　明	图形符号	说　　明
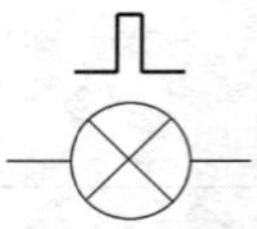	闪光型信号灯		报警器
			蜂鸣器
	音响信号装置，一般符号	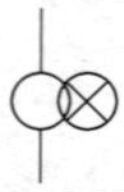	由内置变压器供电的指示灯

30.2　电动机产品型号和代号

30.2.1　电动机产品型号（见图 30-2）

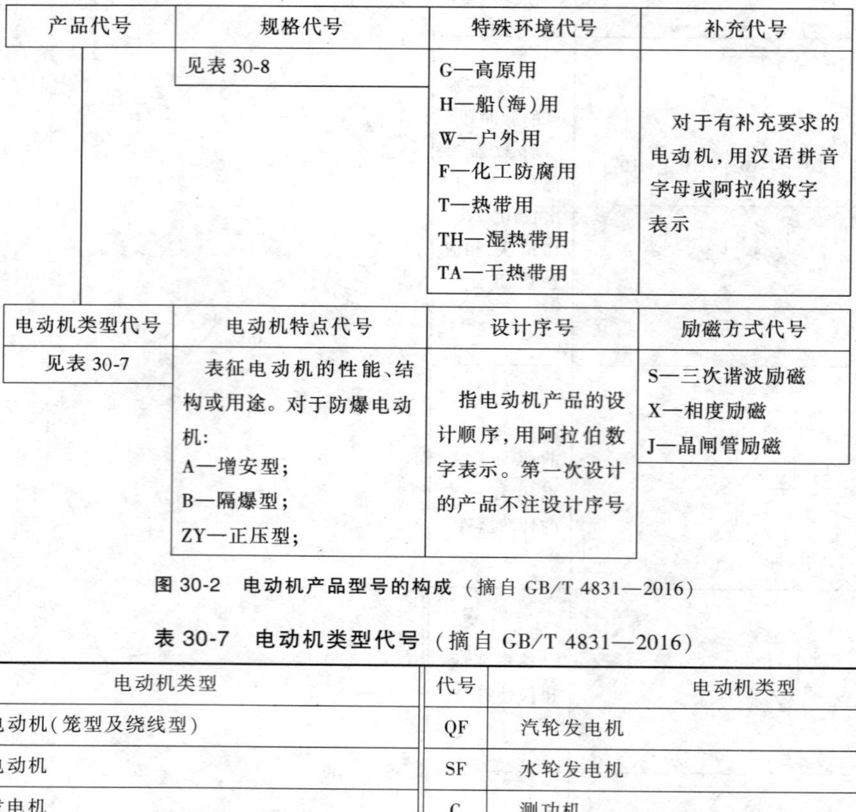

图 30-2　电动机产品型号的构成（摘自 GB/T 4831—2016）

表 30-7　电动机类型代号（摘自 GB/T 4831—2016）

代号	电动机类型	代号	电动机类型
Y	异步电动机（笼型及绕线型）	QF	汽轮发电机
T	同步电动机	SF	水轮发电机
YF	异步发电机	C	测功机
TF	同步发电机（除汽轮发电机、水轮发电机外）	H	交流换向器电动机
Z	直流电动机	Q	潜水电泵
ZF	直流发电机	F	纺织用电动机

表 30-8　电动机规格代号（摘自 GB/T 4831—2016）

序号	系列产品	规格代号
1	小型异步电动机	中心高(mm)-机座长度(字母代号)-铁心长度(数字代号)-极数
2	中大型异步电动机	中心高(mm)-铁心长度(数字代号)-极数
3	异步发电机	中心高(mm)-极数
4	小型同步电动机	中心高(mm)-机座长度(字母代号)-铁心长度(数字代号)-极数
5	中大型同步电动机	中心高(mm)-铁心长度(数字代号)-极数
6	小型直流电动机	中心高(mm)-铁心长度(数字代号)
7	中型直流电动机	中心高(mm)或机座号(数字代号)-铁心长度(数字代号)-电流等级(数字代号)
8	大型直流电动机	电枢铁心外径(mm)-铁心长度(mm)
9	汽轮发电机	功率(MW)-极数
10	中小型水轮发电机	功率(kW)-极数/定子铁心外径(mm)
11	大型水轮发电机	功率(MW)-极数/定子铁心外径(mm)
12	测功机	功率(kW)-转速(仅对直流测功机)
13	分马力电动机(小功率电动机)	中心高或机壳外径(mm)-(或/)机座长度(字母代号)-铁心长度、电压、转速(均用数字代号)
14	交流换向器电动机	中心高或机壳外径(mm)-(或/)铁心长度、转速(均用数字代号)

注：1. 关于大、中小交流电动机（同步电动机和异步电动机）的划分：中小型交流电动机，即中心高为 630mm 及以下，或定子铁心外径为 990mm 及以下的电动机；大型交流电动机，即定子铁心外径为 990mm 以上的电动机。

2. 关于大、中、小直流电动机的划分：小型直流电动机，即中心高为 400mm 及以下，或电枢铁心外径为 368mm 及以下的电动机；中型直流电动机，即电枢铁心外径大于 368mm 至 990mm 的电动机；大型直流电动机，即电枢铁心外径为 990mm 以上的电动机。

3. 关于大、中小水轮发电机的划分：中小型水轮发电机，即功率为 10000kW 及以下的电动机；大型水轮发电机，即功率为 10000kW 以上的电动机。

4. 分马力电动机和小功率电动机：分马力电动机，折算至 1000r/min 时连续额定功率不超过 735W 的电动机；小功率电动机，折算至 1500r/min 时连续额定功率不超过 1.1kW 的电动机。

5. 机座长度代号：S—短机座；M—中机座；L—长机座。

产品型号示例：

1）小型异步电动机

Y　112S-6

- 112S-6 ——规格代号，表示中心高 112mm，短机座，6 极
- Y ——产品代号，表示异步电动机

Y2-180M-2

- 180M-2 ——规格代号，表示中心高 180mm，中机座，2 极
- Y2 ——产品代号，表示异步电动机，第二次设计

2）湿热带用小型直流电动机

Z-132L-TH

- TH —— 特殊环境代号，表示湿热带
- 132L —— 规格代号，表示中心高 132mm，长机座
- Z —— 产品代号，表示直流电动机

30.2.2　常用电动机产品代号（见表 30-9 和表 30-10）

表 30-9　常用异步电动机产品代号（摘自 GB/T 4831—2016）

产 品 名 称	产品代号	代号汉字意义
三相异步电动机	Y	异
分马力三相异步电动机	YS	异三
绕线转子三相异步电动机	YR	异绕
立式三相异步电动机(大中型)	YLS	异立三
绕线转子立式三相异步电动机(大中型)	YRL	异绕立
大型二极(快速)三相异步电动机	YK	异(二)
大型绕线转子二极(快速)三相异步电动机	YRK	异绕(二)
电阻启动单相异步电动机	YU	异(组)
电容启动单相异步电动机	YC	异(容)
电容运转单相异步电动机	YY	异运
双值电容单相异步电动机	YL	异(双)
罩极单相异步电动机	YJ	异极
罩极单相异步电动机(方形)	YJF	异极方
三相异步电动机(高效率)	YX(YE2)	异效
三相异步电动机(超高效率)	YE3	异效(超)
电阻启动单相异步电动机(高效率)	YUX	异(阻)效
电容启动单相异步电动机(高效率)	YCX	异(容)效
电容运转单相异步电动机(高效率)	YYX	异运效
双值电容单相异步电动机(高效率)	YLX	异(双)效
三相异步电动机(高启动转矩)	YQ	异起
高转差率(滑率)三相异步电动机	YH	异(滑)
多速三相异步电动机	YD	异多
通风机用多速三相异步电动机	YDT	异多通
制冷机用耐氟三相异步电动机	YSR	异三(氟)
制冷机用耐氟电阻起动单相异步电动机	YUR	异(阻)(氟)
制冷机用耐氟电容起动单相异步电动机	YCR	异(容)(氟)
屏蔽式三相异步电动机	YP	异屏
泥浆屏蔽式三相异步电动机	YPJ	异屏浆
制冷屏蔽式三相异步电动机	YPL	异屏冷
高压屏蔽式三相异步电动机	YPG	异屏高
力矩三相异步电动机	YLJ	异力矩
力矩单相异步电动机	YDJ	异单矩

（续）

产品名称	产品代号	代号汉字意义
制动三相异步电动机(附加制动器式)	YEJ	异(制)加
电磁调速三相异步电动机	YCT	异磁调
齿轮减速三相异步电动机	YCJ	异齿减
谐波齿轮减速三相异步电动机	YJI	异减(谐)
摆线针轮减速三相异步电动机	YXJ	异线减
行星齿轮减速三相异步电动机	YHJ	异(行)减
三相异步电动机(低振动精密机床用)	YZS	异振三
单相异步电动机(低振动精密机床用)	YZM	异振密
离合器三相异步电动机	YSL	异三离
离合器单相异步电动机	YDL	异单离
三相电泵(机床用)	YSB	异三泵
单相电泵(机床用)	YDB	异单泵
木工用三相异步电动机	YM	异木
钻探用三相异步电动机	YZT	异钻探
辊道用三相异步电动机	YG	异辊
起重及冶金用三相异步电动机	YZ	异重
起重及冶金用涡流制动绕线转子三相异步电动机	YZRW	异重绕涡
起重及冶金用绕线转子三相异步电动机	YZR	异重绕
起重及冶金用多速三相异步电动机	YZD	异重多
起重及冶金用制动三相异步电动机	YZE	异重(制)
起重及冶金用减速三相异步电动机	YZJ	异重减
起重及冶金用减速绕线转子三相异步电动机	YZRJ	异重绕减
隔爆型三相异步电动机	YB	异爆
起重用隔爆型双速三相异步电动机	YBZS	异爆重双
隔爆型绕线转子三相异步电动机	YBR	异爆绕
隔爆型多速三相异步电动机	YBD	异爆多
起重用隔爆型多速三相异步电动机	YBZD	异爆重多

表 30-10 常用直流电动机产品代号（摘自 GB/T 4831—2016）

产品名称	产品代号	代号汉字意义
直流电动机	Z	直
高速(快速)直流电动机	ZK	直(快)
幅压直流电动机	ZYF	直压幅
永磁直流电动机(铝镍钴)	ZY	直永
广调速直流电动机	ZT	直调
他励直流电动机	ZLT	直励他
并励直流电动机	ZLB	直励并
串励直流电动机	ZLC	直励串

（续）

产 品 名 称	产品代号	代号汉字意义
复励直流电动机	ZLF	直励复
空心杯直流电动机	ZX	直心
印制绕组直流电动机	ZN	直(印)
减速永磁直流电动机	ZYJ	直永减
石油井下用永磁直流电动机	ZYY	直永油
精密机床用直流电动机	ZJ	直精
电梯用直流电动机	ZTD	直梯电
龙门刨床用直流电动机	ZU	直(刨)
空气压缩机用直流电动机	ZKY	直空压
挖掘机用直流电动机	ZWJ	直挖掘
矿井提升机用直流电动机	ZKJ	直矿卷
轧机主传动直流电动机	ZZ	直轧
轧机辅传动直流电动机	ZZF	直轧辅
电铲用起重直流电动机	ZDC	直电铲
冶金起重用直流电动机	ZZJ	直重金
轴流式直流通风机	ZZT	直轴通
增安型直流电动机	ZA	直安
隔爆型直流电动机	ZB	直爆
脉冲直流电动机	ZM	直脉
试验用直流电动机	ZS	直试
录音机永磁直流电动机	ZL	直录
电唱机永磁直流电动机	ZCJ	直唱机
玩具直流电动机	ZWZ	直玩直

30.2.3 旋转电动机外壳防护分级（IP 代码）

GB/T 4942.1—2006 规定了防止人体触及，或接近壳内带电部分和触及壳内转动部件（光滑的旋转轴和类似部件除外），防止固体异物进入电动机和由于进水引起的有害影响。该标准不规定电动机防止机械损害或潮湿（由凝露所引起的）、腐蚀性气体、霉菌、虫害等条件下的防护等级，也不规定电动机在爆炸气体环境中运行的防护等级。

防护等级的标志由表征字母“IP”及附加在后面的两个表征数字组成。表征数字的含义见表30-11和表30-12。当只需一个表征数字表示某一防护等级时，被省略的数字以字母“X”代替，如 IPX5 或 IP2X。

表 30-11 IP 代码第一位表征数字表示的防护等级（摘自 GB/T 4942.1—2006）

第一位表征数字	防护等级	
	简　述[①]	含　义
0	无防护电动机	无专门防护
1[②]	防护大于 50mm 固体的电动机	能防止大面积的人体(如手)偶然或意外地触及,或接近壳内带电或转动部件(但不能防止故意接触) 能防止直径大于 50mm 的固体异物进入壳内
2[②]	防护大于 12mm 固体的电动机	能防止手指或长度不超过 80mm 的类似物体触及,或接近壳内带电或转动部件 能防止直径大于 12mm 的固体异物进入壳内

（续）

第一位表征数字	防护等级	
	简述①	含　　义
3②	防护大于 2.5mm 固体的电动机	能防止直径大于 2.5mm 的工具或导线触及,或接近壳内带电或转动部件 能防止直径大于 2.5mm 的固体异物进入壳内
4②	防护大于 1mm 固体的电动机	能防止直径或厚度大于 1mm 的导线或片条触及或接近壳内带电或转动部件 能防止直径大于 1mm 的固体异物进入壳内
5③	防尘电动机	能防止触及或接近壳内带电或转动部件 虽不能完全防止灰尘进入,但进尘量不足以影响电动机的正常运行
6	防尘电动机	完全防止尘埃进入

① 本表中“简述”一栏不作为防护型式的规定。

② 第一位表征数字为 1~4 的电动机所能防止的固体异物，系包括形状规则或不规则的物体，其三个相互垂直的尺寸，均超过“含义”栏中相应规定的数值。

③ 第 5 级防尘是一般的防尘，当尘的颗粒大小、纤维状或粒状已做规定时，试验条件应由制造厂和用户协商确定。

表 30-12　IP 代码第二位表征数字表示的防护等级（摘自 GB/T 4942.1—2006）

第二位表征数字	防护等级	
	简　　述①	含　　义
0	无防护电动机	无专门防护
1	防滴电动机	垂直滴水应无有害影响
2	15°防滴电动机	当电动机从正常位置向任何方向倾斜至 15°以内任一角度时,垂直滴水应无有害影响
3	防淋水电动机	与垂直线成 60°角范围内的淋水应无有害影响
4	防溅水电动机	承受任何方向的溅水应无有害影响
5	防喷水电动机	承受任何方向的喷水应无有害影响
6	防海浪电动机	承受猛烈的海浪冲击或强烈喷水时,电动机的进水量应不达到有害的程度
7	防浸水电动机	当电动机浸入规定压力的水中经规定时间后,电动机的进水量应不达到有害的程度
8	潜水电动机	电动机在制造厂规定的条件下能长期潜水②

① 表中“简述”一栏不作为防护型式的规定。

② 电动机一般为水密型，但对某些类型电动机也可允许水进入，但应不达到有害的程度。

30.2.4　旋转电动机结构及安装型式（IM 代号）

GB/T 997—2008 规定了两种 IM（国际安装）代号。

代号 1（如 IMB14）：字母数字代号，适用于有端盖式轴承和一个轴伸的电动机。

代号 2（如 IM1731）：全数字代号，适用于更广的电动机型式，包括代号 1 涉及的电动机型式。

表 30-13 和表 30-14 所列为按代号 1 规定的安装电动机代号，表中括号中的代号是对应的按代号 2 规定的代号。

代号 2 由代号字母 IM 和 4 位数字组成，中间空一格，标记如下：

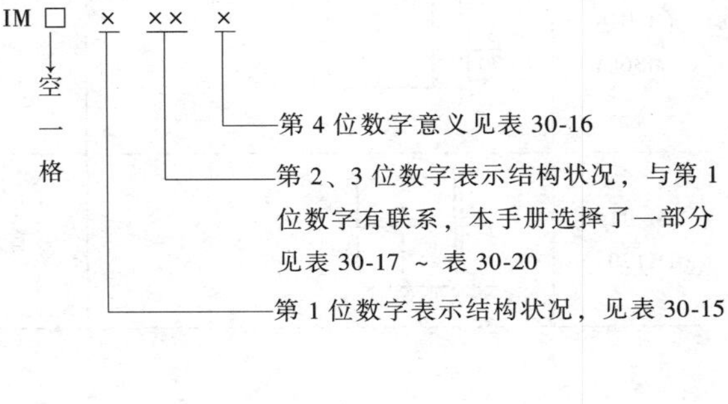

表 30-13 卧式安装电动机代号（IM B××）（摘自 GB/T 997—2008）

代号	示意图	结构型式				安装型式（卧式）
		端盖式轴承数	底脚	凸缘	其他细节	
IM B3（IM1001）	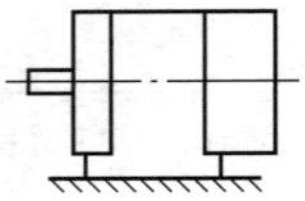	2	有底脚	—	—	借底脚安装，底脚在下
IM B5（IM3001）	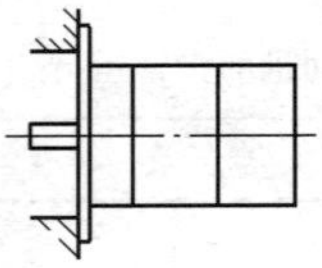	2	—	有凸缘	端盖上带凸缘，凸缘有通孔，凸缘在 D 端	借 D 端凸缘面安装
IM B6（IM1051）	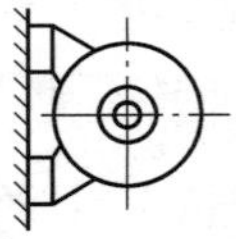	2	有底脚	—	—	借底脚安装，从 D 端看底脚在左边
IM B7（IM1061）	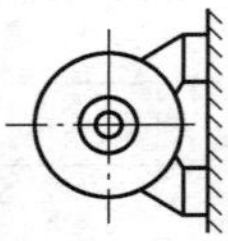	2	有底脚	—	—	借底脚安装，从 D 端看底脚在右边
IM B8（IM1071）	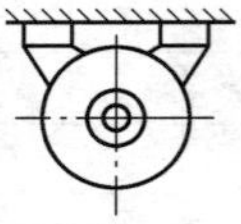	2	有底脚	—	—	借底脚安装，底脚在上
IM B9（IM9101）	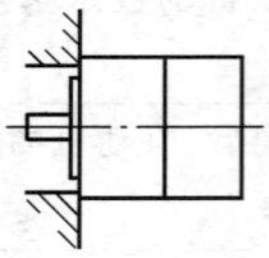	1	—	—	D 端无端盖或轴承	借 D 端的机座面安装
IM B10（IM4001）	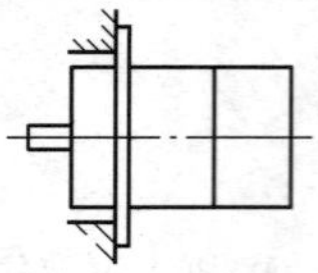	2	—	有凸缘	D 端有特殊的凸缘	借 D 端的凸缘面安装
IM B14（IM3601）	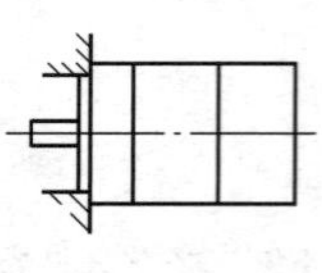	2	—	有凸缘	端盖有止口，无通孔，凸缘在 D 端	借 D 端的凸缘面安装
IM B15（IM1201）	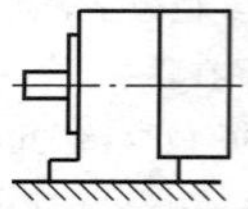	1	有底脚	—	D 端无端盖或轴承，机座的 D 端用作附加安装	借底脚安装，底脚在下，用机座端面作附加安装

（续）

代号	示意图	结构型式				安装型式（卧式）
		端盖式轴承数	底脚	凸缘	其他细节	
IM B20（IM1101）	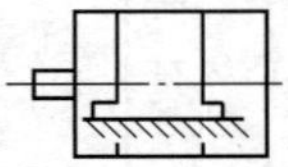	2	有抬高的底脚	—	—	借底脚安装，底脚在下
IM B25（IM2401）	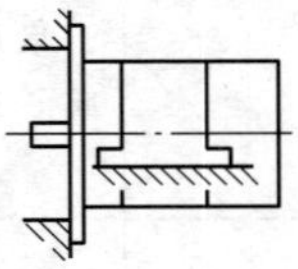	2	有抬高的底脚	有凸缘	端盖凸缘在 D 端，凸缘上有通孔	借底脚安装，底脚在下，用凸缘作附加安装
IM B30（IM9201）	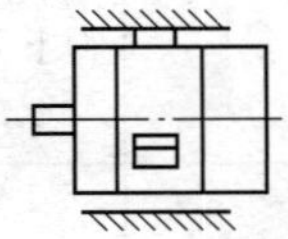	2	—	—	在端盖或机座上有 3 只或 4 只搭子	借搭子安装
IM B34（IM2101）	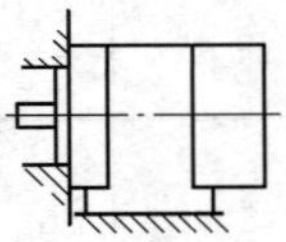	2	有底脚	有凸缘	端盖有止口，无通孔，凸缘在 D 端	借底脚安装，底脚在下，用 D 端的凸缘面作附加安装
IM B35（IM2001）	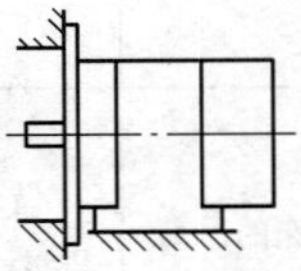	2	有底脚	有凸缘	端盖上带凸缘，凸缘有通孔，凸缘在 D 端	借底脚安装，底脚在下，用 D 端的凸缘面作附加安装

注：括号中是相应的按代号 2 规定的代号。

表 30-14　立式安装电动机的代号（IM V××）（摘自 GB/T 997—2008）

代号	示意图	结构型式				安装型式（立式）
		端盖式轴承数	底脚	凸缘	其他细节	
IM V1（IM3011）	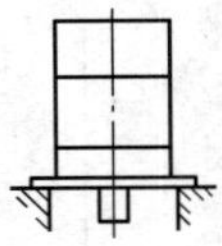	2	—	有凸缘	端盖上带凸缘，凸缘有通孔，凸缘在 D 端	借 D 端凸缘面安装，D 端向下
IM V2（IM3231）	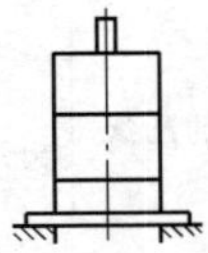	2	—	有凸缘	端盖上带凸缘，凸缘有通孔，凸缘在 N 端	借 N 端凸缘面安装，D 端向上
IM V3（IM3031）	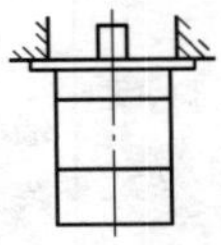	2	—	有凸缘	端盖上带凸缘，凸缘有通孔，凸缘在 D 端	借 D 端凸缘面安装，D 端向上

（续）

代号	示意图	结构型式				安装型式（立式）
		端盖式轴承数	底脚	凸缘	其他细节	
IM V4（IM3211）	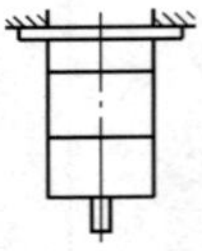	2	—	有凸缘	端盖上带凸缘，凸缘上有通孔，凸缘在N端	借N端凸缘面安装，D端向下
IM V5（IM1011）	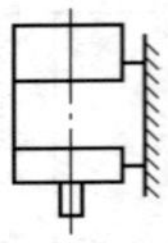	2	有底脚	—	—	借底脚安装，D端向下
IM V6（IM1031）	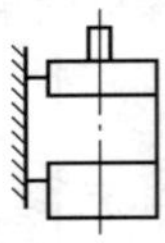	2	有底脚	—	—	借底脚安装，D端向上
IM V8（IM9111）	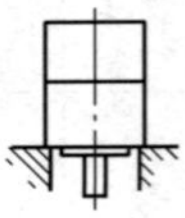	1	—		D端无端盖或轴承	借D端机座端面安装，D端向下
IM V9（IM9131）	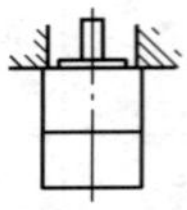	1	—		D端无端盖或轴承	借D端机座端面安装，D端向上
IM V10（IM4011）	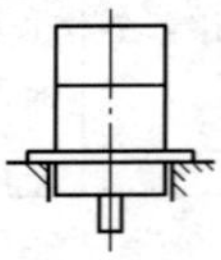	2	—	有凸缘	D端有特殊的凸缘	借D端凸缘面安装，D端向下
IM V14（IM4031）	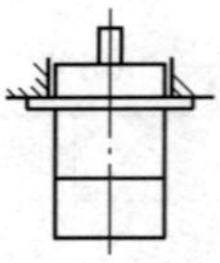	2	—	有凸缘	D端有特殊的凸缘	借D端凸缘面安装，D端向上
IM V15（IM2011）	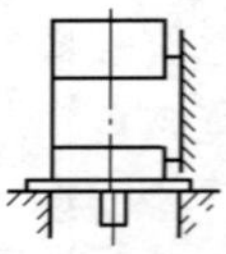	2	有底脚	有凸缘	D端端盖上带凸缘，凸缘有通孔	借底脚安装，有D端的凸缘面作附加安装，D端向下
IM V16（IM4131）	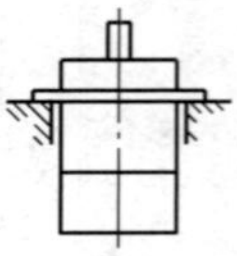	2	—	有凸缘	D端有特殊的凸缘	借N端凸缘面安装，D端向上
IM V17（IM2111）	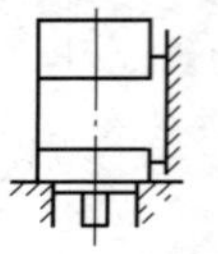	2	有底脚	有凸缘	端带上带止口，无通孔，凸缘在D端	借底脚安装，有D端的凸缘面作附加安装，D端向下

（续）

代号	示意图	结构型式				安装型式（立式）
		端盖式轴承数	底脚	凸缘	其他细节	
IM V18（IM 3611）	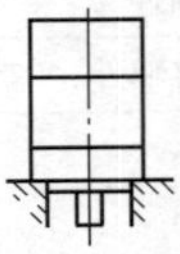	2	—	有凸缘	端盖带止口,无通孔,凸缘在 D 端	借 D 端凸缘面安装,D 端向下
IM V19（IM 3631）	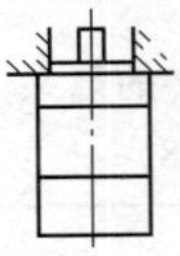	2	—	有凸缘	端盖上带止口,无通孔,凸缘在 D 端	借 D 端凸缘面安装,D 端向上
IM V30（IM 9211）	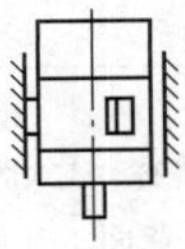	2	—	—	在端盖或机座上有 3 只或 4 只搭子	借搭子安装,D 端向下
IM V31（IM 9231）	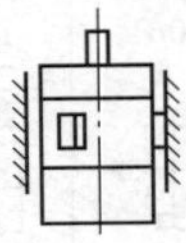	2	—	—	在端盖或机座上有 3 只或 4 只搭子	借搭子安装,D 端向上
IM V35（IM2031）	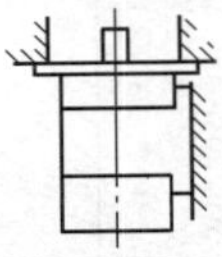	2	有底脚	有凸缘	端盖上带凸缘,凸缘在 D 端,有通孔	借底脚安装,用 D 端凸缘面作附加安装,D 端向上
IM V37（IM 2131）	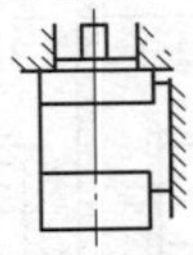	2	有底脚	有凸缘	端盖上带止口,无通孔,凸缘在 D 端	借底脚安装,用 D 端凸缘面作附加安装,D 端向上

注：括号中是相应的按代号 2 规定的代号。

表 30-15　电动机代号 2 中第 1 位数字的意义（摘自 GB/T 997—2008）

第 1 位数字	意　义	对第 2 位和第 3 位数字的相关表
0	无安排	—
1	底脚安装电动机,仅有端盖式轴承	表 30-17
2	底脚和凸缘安装电动机,仅有端盖式轴承	表 30-18
3	凸缘安装电动机,仅有端盖式轴承,一个端盖带凸缘	表 30-19
4	凸缘安装电动机,仅有端盖式轴承,有一个凸缘,凸缘不在端盖上,而在机座或其他部件上	表 30-20
5	无轴承电动机	表 30-21
6	具有端盖式轴承和座式轴承的电动机	表 30-22
7	只有座式轴承的电动机	表 30-23
8	第 1 位数字为 1~4 以外结构形式的立式电动机	表 30-24
9	特殊安装形式的电动机	表 30-25

表 30-16　电动机代号 2 中第 4 位数字的意义（摘自 GB/T 997—2008）

第 4 位数字	意　义	第 4 位数字	意　义
0	无轴伸	5	一个带凸缘的轴伸
1	一个圆柱型轴伸	6	两个带凸缘的轴伸
2	两个圆柱型轴伸	7	D 端为带凸缘的轴伸，N 端为圆柱型轴伸
3	一个圆锥型轴伸	8	无安排
4	两个圆锥型轴伸	9	其他类型的轴伸

表 30-17　电动机代号 2 中第 1 位数字为 1 时第 2 位和第 3 位数字的意义

（底脚安装电动机，仅有端盖式轴承）（摘自 GB/T 997—2008）

电动机结构		第2位数字	代号和示意图									
			第 3 位数字									
轴承数	底脚（齿轮箱）		0 卧式，底脚在下	1 D 端向下	2	3 D 端向上	4	5 D 端在左，底脚在背面	6 D 端在右，底脚在背面	7 卧式，底脚在上	8	9
2	正常底脚（无齿轮箱）	0	IM 1001 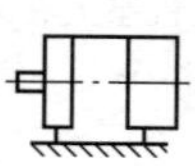	IM 1011 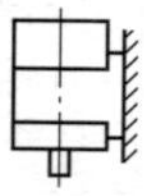	适用于运行在第3位数字为0和1	IM 1031 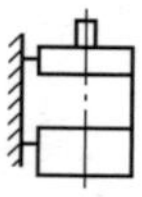	适用于运行在第3位数字为0、1和3	IM 1051 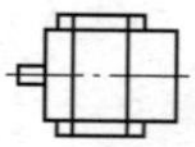	IM 1061 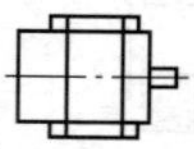	IM 1071 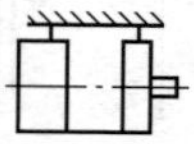	适用于运行在第3位数字为0、1、3、5、6和7	不包括第3位数字0~8（轴的倾斜不做规定）
2	抬高底脚（无齿轮箱）	1	IM 1101 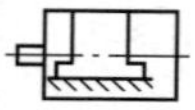	—		—		—	—	—		
1	正常底脚（无齿轮箱）	2	IM 1201 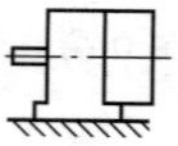	IM 1211 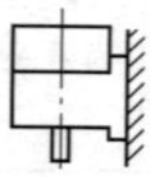		IM 1231 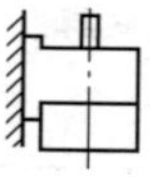		IM 1251 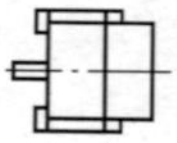	IM 1261 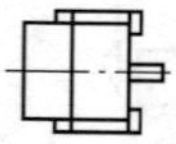	IM 1271 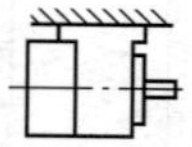		
1	抬高底脚（无齿轮箱）	3	IM 1301 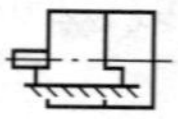	—		—		—	—	—		
无安排		4	—	—		—		—	—	—		
无安排		5	—	—		—		—	—	—		
2	正常底脚，带输出轴平行于输入轴的齿轮箱	6	IM 1601 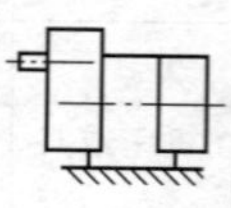	IM 1611 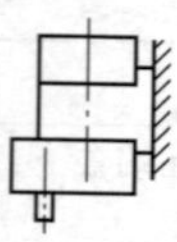		IM 1631 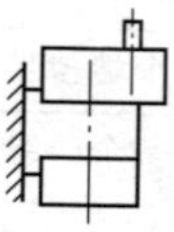		IM 1651 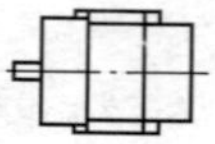	IM 1661 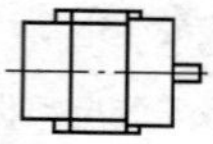	IM 1671 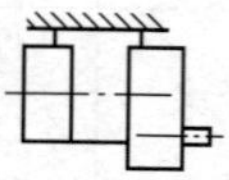		
2	正常底脚，带输出轴位于输入轴右面的齿轮箱	7	IM 1701 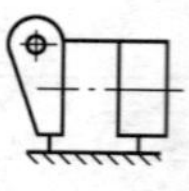	IM 1711 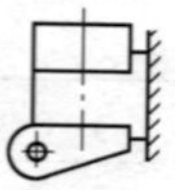		IM 1731 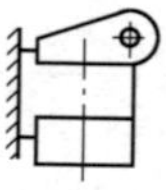		IM 1751 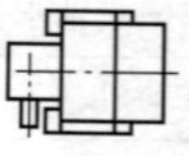	IM 1761 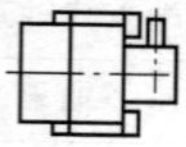	IM 1771 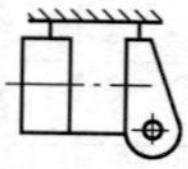		
无安排		8										
无安排		9										

表 30-18　电动机代号 2 中第 1 位数字为 2 时第 2 位和第 3 位数字的意义

（底脚和凸缘安装电动机，仅有端盖式轴承）（摘自 GB/T 997—2008）

电动机结构		第2位数字	代号和示意图									
			第3位数字									
底脚	凸缘数和凸缘上通孔		0 卧式,底脚在下	1 D端向下	2	3 D端向上	4	5 D端在左,底脚在背面	6 D端在右,底脚在背面	7 卧式,底脚在上	8	9
正常底脚	一个凸缘,凸缘有通孔	0	IM 2001 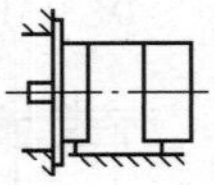	IM 2011 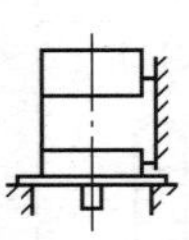	适用于运行在第3位数字为0和1	IM 2031 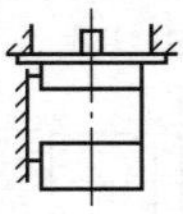	适用于运行在第3位数字为0、1和3	IM 2051 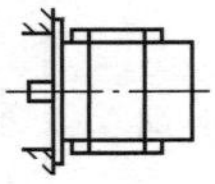	IM 2061 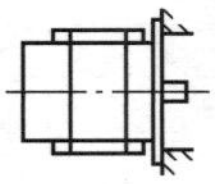	IM 2071 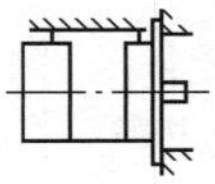	适用于运行在第3位数字为0、1、3、5、6和7	不包括第3位数字0~8(轴的倾斜不做规定)
正常底脚	一个凸缘,凸缘无通孔	1	IM 2101 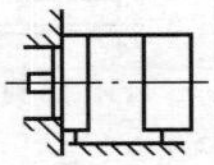	IM 2111 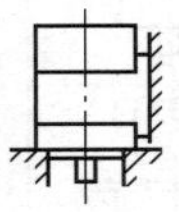		IM 2131 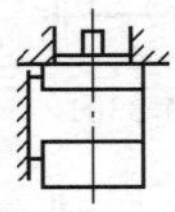		IM 2151 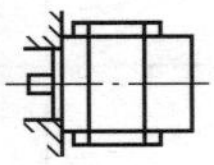	IM 2161 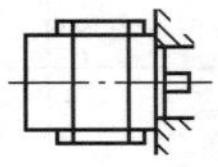	IM 2171 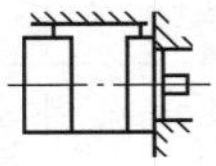		
正常底脚	二个凸缘,凸缘有通孔	2	IM 2202 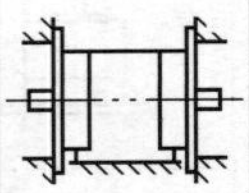	IM 2212 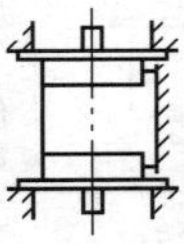		IM 2232 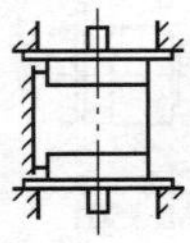		IM 2252 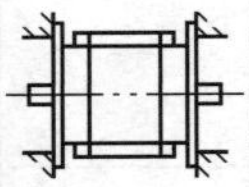	IM 2262 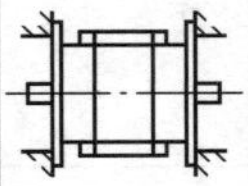	IM 2272 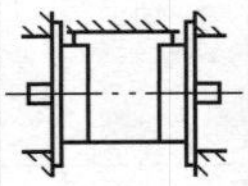		
正常底脚	二个凸缘,凸缘无通孔	3	IM 2302 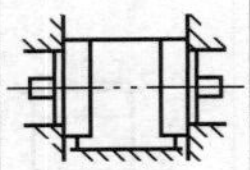	IM 2312 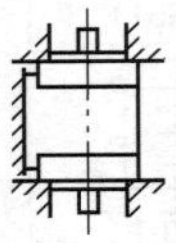		IM 2332 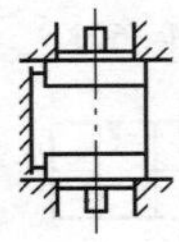		IM 2352 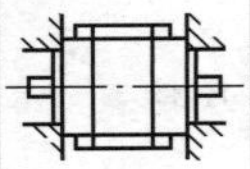	IM 2362 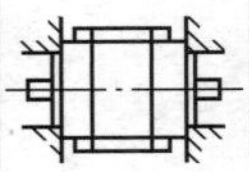	IM 2372 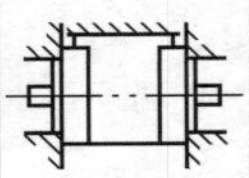		
抬高底脚	一个凸缘,凸缘有通孔	4	IM 2401 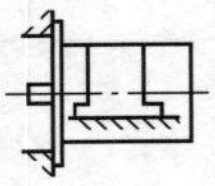	—		—		—	—	—		
无安排		5	—	—		—		—	—	—		
无安排		6	—	—		—		—	—	—		

表 30-19　电动机代号 2 中第 1 位数字为 3 时第 2 位和第 3 位数字的意义

（凸缘安装电动机，仅有端盖式轴承，一个端盖带凸缘）（摘自 GB/T 997—2008）

电动机结构				第2位数字	代号和示意图						
					第 3 位数字						
轴承数	凸缘位置	凸缘有通孔	凸缘面朝向		0 卧式	1 D 端向下	2	3 D 端向上	4	5~8 无安排	9
2	D 端	是	D 端	0	IM 3001 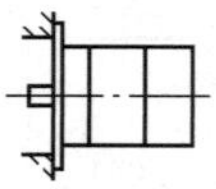	IM 3011 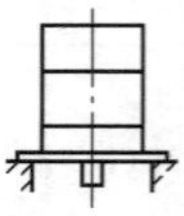	适用于运行在第 3 位数字为 0 和 1	IM 3031 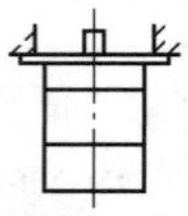	适用于运行在第 3 位数字为 0、1 和 3	—	不包括第 3 位数字 0~4（轴的倾斜不做规定）
2	D 端	是	N 端	1	IM 3101 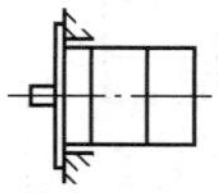	IM 3111 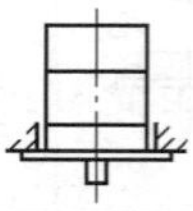		IM 3131 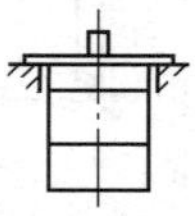			
2	N 端	是	N 端	2	IM 3201 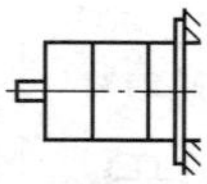	IM 3211 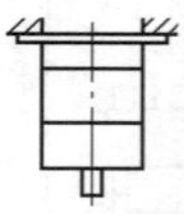		IM 3231 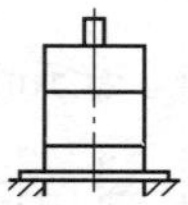			
2	N 端	是	D 端	3	IM 3301 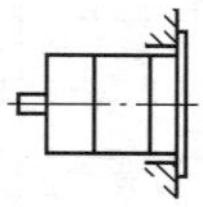	IM 3311 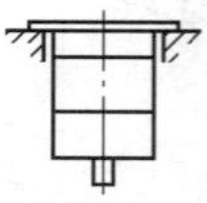		IM 3331 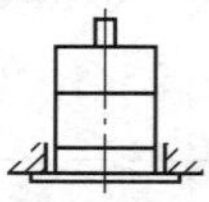			
1	N 端	是	N 端	4	IM 3401 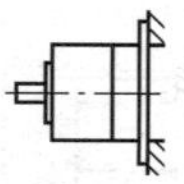	IM 3411 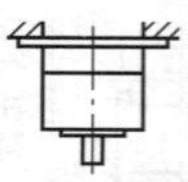		IM 3431 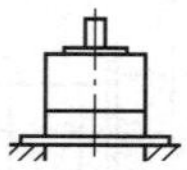			
1	N 端	是	D 端	5	IM 3501 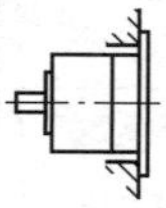	IM 3511 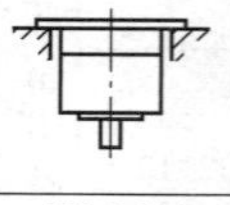		IM 3531 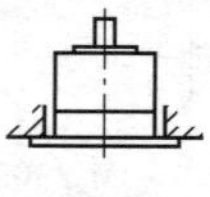			
2	D 端	否	D 端	6	IM 3601 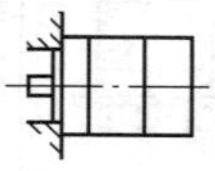	IM 3611 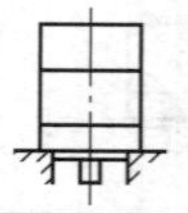		IM 3631 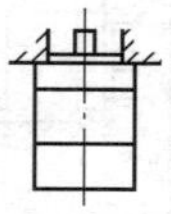			
2	N 端	否	N 端	7	IM 3701 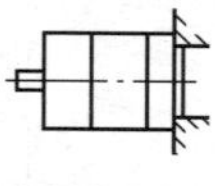	IM 3711 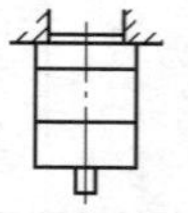		IM 3731 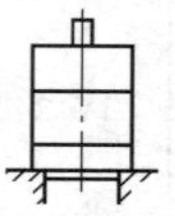			
2	D 端有裙式凸缘，为端盖的一部分①	是	D 端	8	—	IM 3811 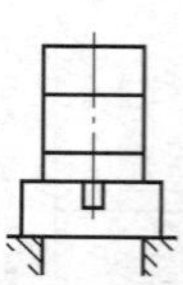		—			

① 第 2 位数字为 8，除其有裙式凸缘外与第 2 位数字为 0 相同。

表 30-20　电动机代号 2 中第 1 位数字为 4 时第 2 位和第 3 位数字的意义（凸缘安装电动机，仅有端盖式轴承，有一个凸缘，凸缘不在端盖上，而在机座或其他部件上）（摘自 GB/T 997—2008）

电动机结构				第2位数字	代号和示意图						
					第 3 位数字						
轴承数	凸缘位置	凸缘有通孔	凸缘面朝向		0 卧式	1 D 端向下	2	3 D 端向上	4	5~8 无安排	9
2	D 端	是	D 端	0	IM 4001 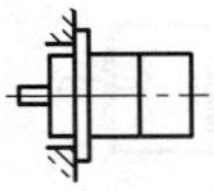	IM 4011 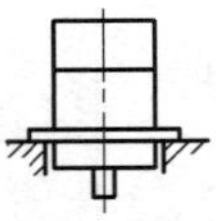	适用于运行在第3位数字为0和1	IM 4031 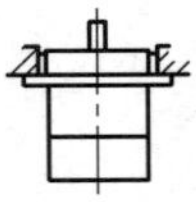	适用于运行在第3位数字为0、1和3	—	不包括第3位数字0~4（轴的倾斜不做规定）
2	D 端	是	N 端	1	IM 4101 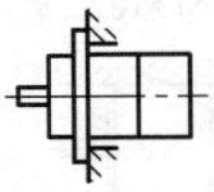	IM 4111 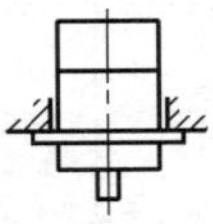		IM 4131 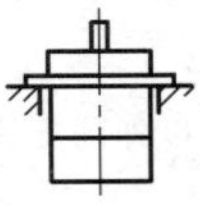			
2	N 端	是	D 端	2	IM 4201 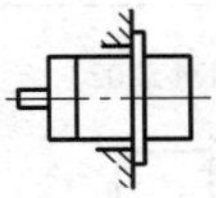	IM 4211 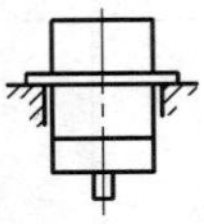		IM 4231 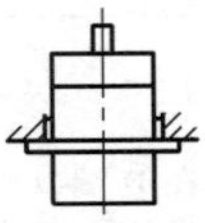			
2	N 端	是	N 端	3	IM 4301 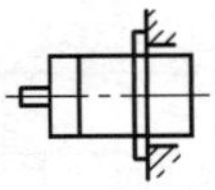	IM 4311 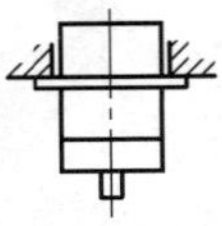		IM 4331 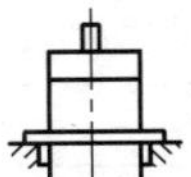			
1	D 端	是	D 端	4	IM 4401 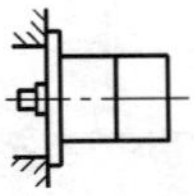	IM 4411 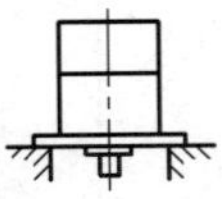		IM 4431 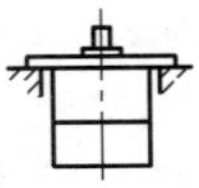			
1	D 端	是	N 端	5	IM 4501 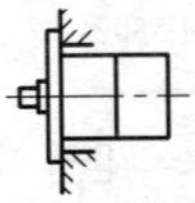	IM 4511 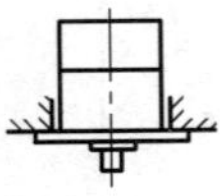		IM 4531 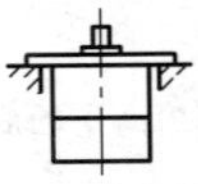			
1	N 端	否	D 端	6	IM 4601 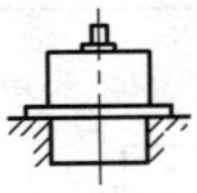	IM 4611 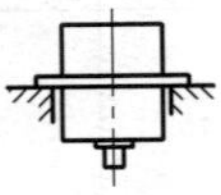		IM 4631 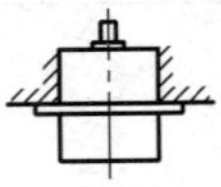			
1	N 端	否	N 端	7	IM 4701 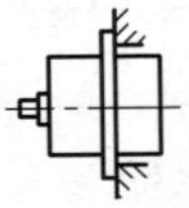	IM 4711 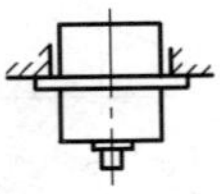		IM 4731 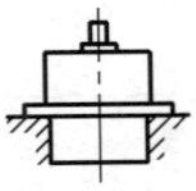			
无安排				8	—	—		—			

表 30-21　电动机代号 2 中第 1 位数字为 5 时第 2 位和第 3 位数字的意义
（无轴承电动机）（摘自 GB/T 997—2008）

电动机结构		第 2 位数字	代号和示意图		
			第 3 位数字		
机座	安装型式		0 有转子及转轴	1 有转子，无转轴	2 只有定子
无机座	不规定	0	IM 5002 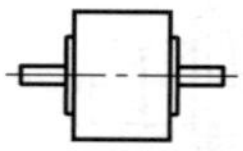	IM 5010 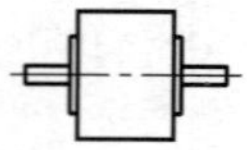	IM 5020 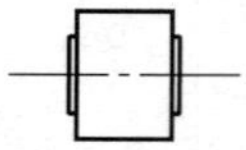
有机座	以外圆支承	1	IM 5102 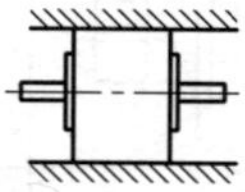	IM 5110 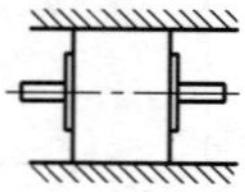	IM 5120 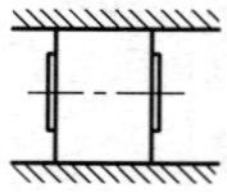
有机座	在 D 端以机座端面安装	2	IM 5202 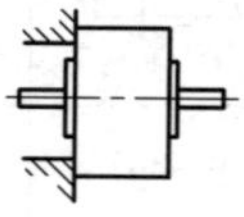	IM 5210 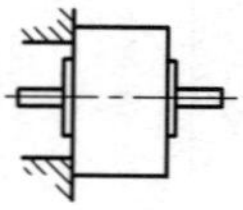	IM 5220 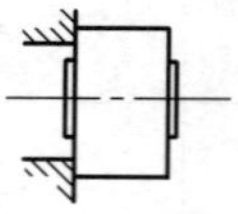
无安排		3	—	—	—
有机座	带正常底脚	4	IM 5402 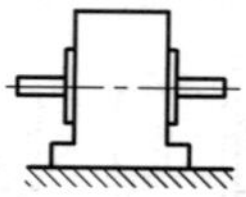	IM 5410 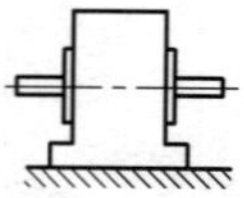	IM 5420 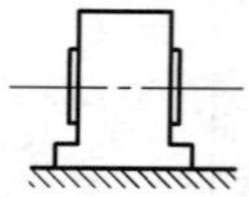
有机座	带抬高了的底脚	5	IM 5502 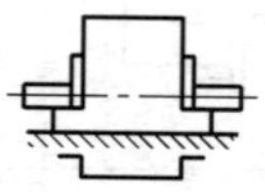	IM 5510 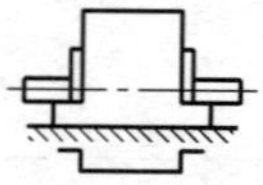	IM 5520 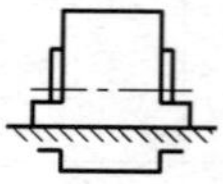
有机座	带正常底脚和底板	6	IM 5602 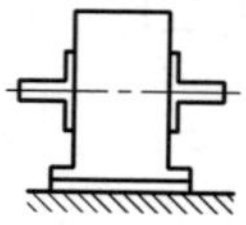	IM 5610 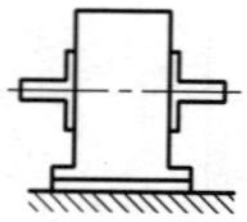	IM 5620 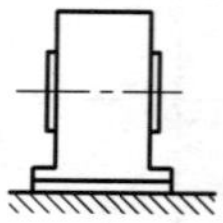
有机座	带抬高了的底脚和底板	7	IM 5702 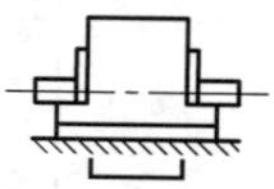	IM 5710 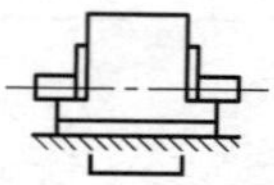	IM 5720 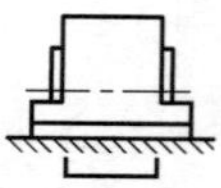

表 30-22　电动机代号 2 中第 1 位数字为 6 时第 2 位和第 3 位数字的意义

（具有端盖式轴承和座式轴承的电动机）（摘自 GB/T 997—2008）

电动机结构			第 2 位数字	代号和示意图	
				第 3 位数字	
底脚	端盖式轴承数	座式轴承数		0 无底板	1 有底板
正常底脚	2	1 D 端	0	IM 6000 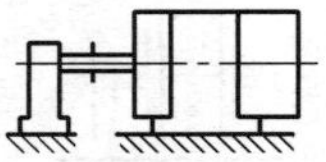	IM 6010 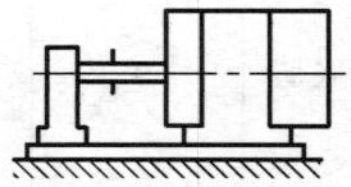
抬高底脚	2	1 D 端	1	IM 6100 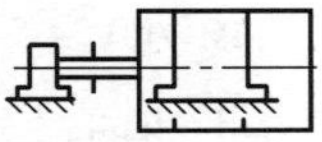	IM 6110 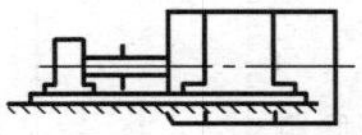
正常底脚	1 D 端	1 N 端	2	IM 6201 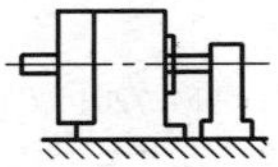	IM 6211 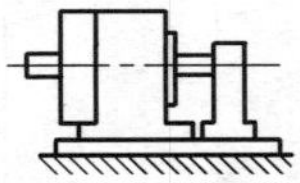
抬高底脚	1 D 端	1 N 端	3	IM 6301 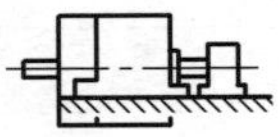	IM 6311 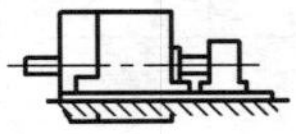
无安排			4	—	—
无安排			5	—	—
正常底脚	1 D 端	2	6	IM 6600 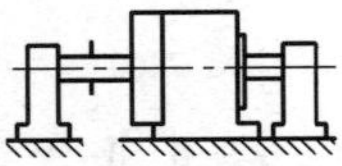	IM 6610 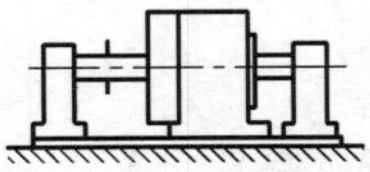
抬高底脚	1 D 端	2	7	IM 6700 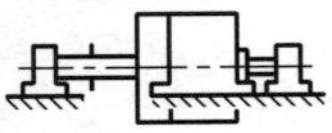	IM 6710 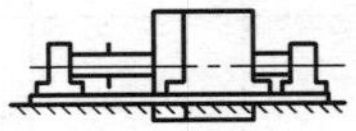
无底脚	2	2	8	—	IM 6811 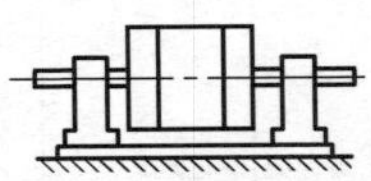

表 30-23　电动机代号 2 中第 1 位数字为 7 时第 2 位和第 3 位数字的意义

（只有座式轴承的电动机）（摘自 GB/T 997—2008）

电动机结构		第 2 位数字	代号和示意图			
			第 3 位数字			
底脚	座式轴承数		0 无底板	1 有整块底板	2 有分块底板	3 有整块和分块底板
正常底脚	1	0	IM 7001 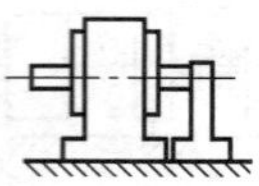	IM 7011 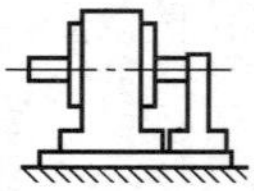	IM 7021 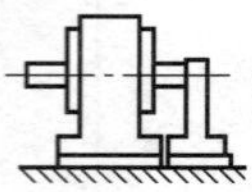	—
抬高底脚	1	1	IM 7101 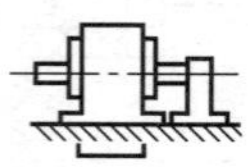	IM 7111 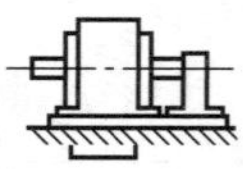	IM 7121 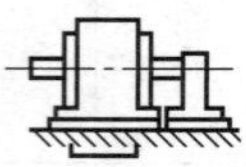	—
正常底脚	2	2	IM 7201 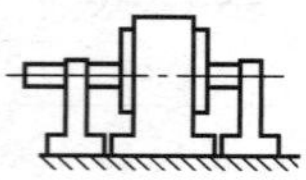	IM 7211 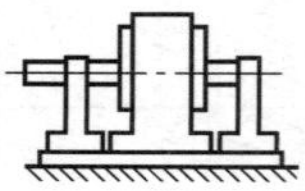	IM 7221 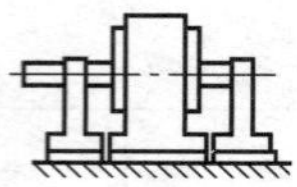	—
抬高底脚	2	3	IM 7301 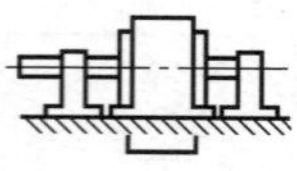	IM 7311 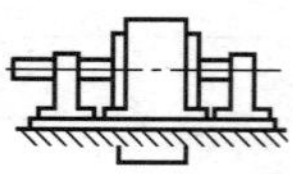	IM 7321 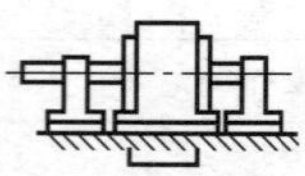	—
正常底脚	3	4	IM 7400 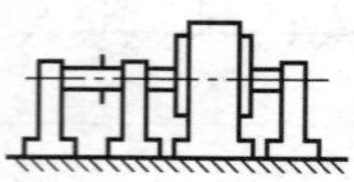	IM 7410 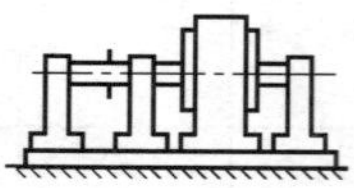	IM 7420 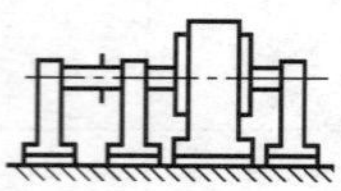	IM 7430 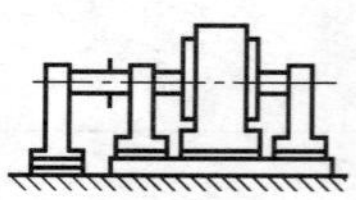
抬高底脚	3	5	IM 7500 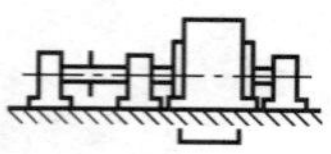	IM 7510 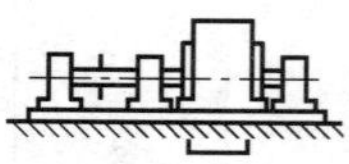	IM 7520 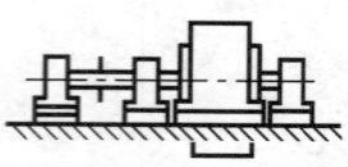	IM 7530 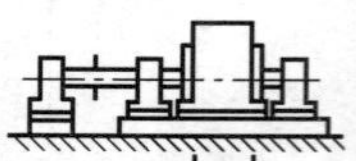

表 30-24　电动机代号 2 中第 1 位数字为 8 时第 2 位和第 3 位数字的意义

（第 1 位数字为 1 至 4 以外结构型式的立式电动机）（摘自 GB/T 997—2008）

电动机结构			第2位数字	代号和示意图				
				第 3 位数字				
推力轴承位置	轴	飞轮		0 一个导轴承在转子下	1 一个导轴承在转子上	2 两个导轴承分别在转子上下	3 两个导轴承在转子下	4 无导轴承
无推力轴承	有轴	无飞轮	0	IM 8001 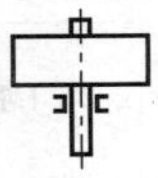	IM 8011 	IM 8021 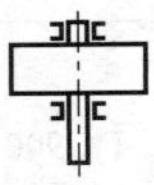	IM 8031 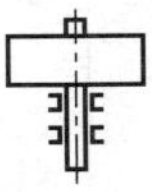	IM 8041 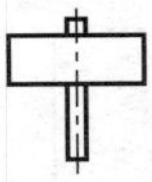
无推力轴承	无轴	无飞轮	1	IM 8100 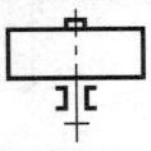	IM 8110 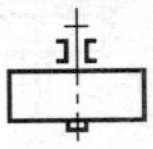	IM 8120 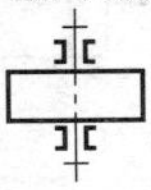	—	IM 8140 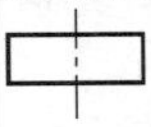
在转子下	有轴	无飞轮	2	IM 8201 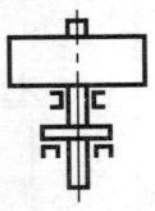	IM 8211 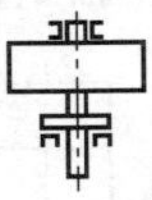	IM 8221 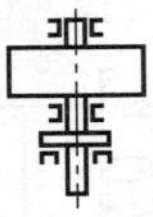	IM 8231 	—
在转子下	无轴	无飞轮	3	IM 8300 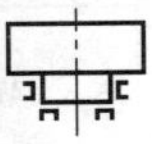	IM 8310 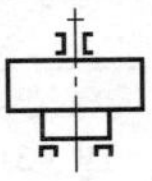	IM 8320 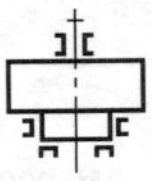	—	—
在转子上	有轴	无飞轮	4	—	IM 8411 	IM 8421 	—	—
在转子上	无轴	无飞轮	5	—	IM 8510 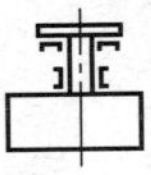	—	—	—
在转子上	有轴	有飞轮	6	—	—	IM 8621 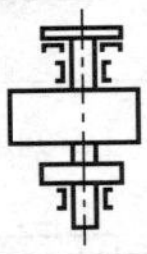	—	—
在转子上	有轴	有飞轮	7	—	—	IM 8721 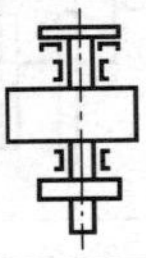	—	—
在转子上	无轴	有飞轮	8	—	—	IM 8820 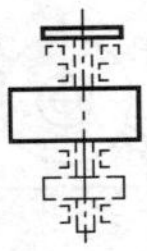	—	—

表 30-25　电动机代号 2 中第 1 位数字为 9 时第 2 位数字和第 3 位数字的意义
（特殊安装型式的电动机）（摘自 GB/T 997—2008）

<table>
<tr><th colspan="2">电动机结构</th><th rowspan="3">第 2 位数字</th><th colspan="7">代号和示意图</th></tr>
<tr><th colspan="2"></th><th colspan="7">第 3 位数字</th></tr>
<tr><th>端盖式轴承数</th><th>安装形式</th><th>0
卧式</th><th>1
D 端向下</th><th>2</th><th>3
D 端向上</th><th>4</th><th>5~8
无安排</th><th>9</th></tr>
<tr><td>2</td><td>装入式,具有圆柱形机座</td><td>0</td><td>IM 9001
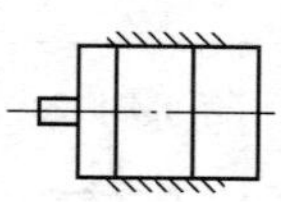</td><td>IM 9011
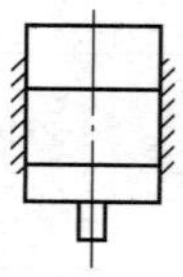</td><td rowspan="6">适用于运行在第 3 位数字为 0 和 1</td><td>IM 9031
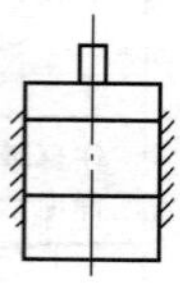</td><td rowspan="6">适用于运行在第 3 位数字为 0、1 和 3</td><td>—</td><td rowspan="6">不包括第 3 位数字 0~4（轴的倾斜不做规定）</td></tr>
<tr><td>1</td><td>借 D 端机座的端面安装</td><td>1</td><td>IM 9101
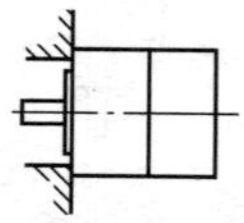</td><td>IM 9111
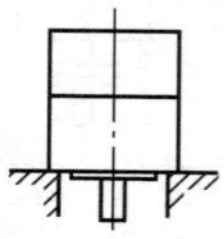</td><td>IM 9131
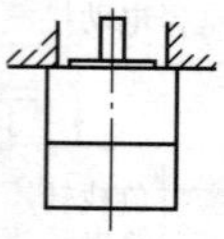</td><td>—</td></tr>
<tr><td>2</td><td>有搭子</td><td>2</td><td>IM 9201
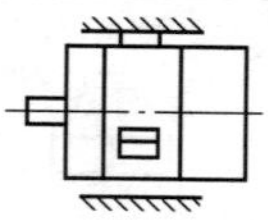</td><td>IM 9211
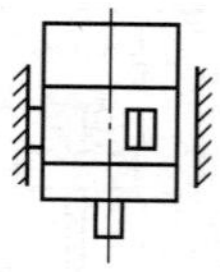</td><td>IM 9231
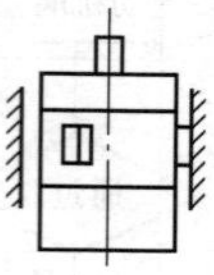</td><td>—</td></tr>
<tr><td>2</td><td>有支柱</td><td>3</td><td>IM 9301
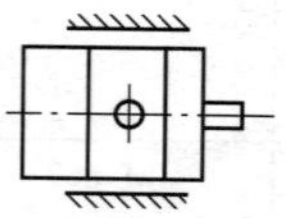</td><td>—</td><td>—</td><td>—</td></tr>
<tr><td>2</td><td>悬置式</td><td>4</td><td>IM 9401
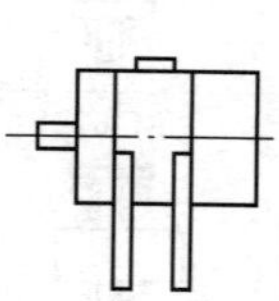</td><td>—</td><td>—</td><td>—</td></tr>
<tr><td>2</td><td>悬摆式</td><td>5</td><td>IM 9501
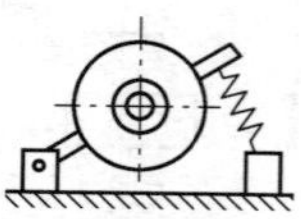</td><td>—</td><td>—</td><td>—</td></tr>
</table>

30.3　选择电动机的基本原则和方法

30.3.1　选择电动机的基本原则

1）考虑电动机的主要性能（起动、过载及调速等）、额定功率大小、额定转速及结构型式等方面，要满足生产机械的要求。

2）在满足以上要求前提下，优先选用结构简单、运行可靠、维护方便又价格合理的电动机。

选择电动机的一般步骤如图 30-3 所示。

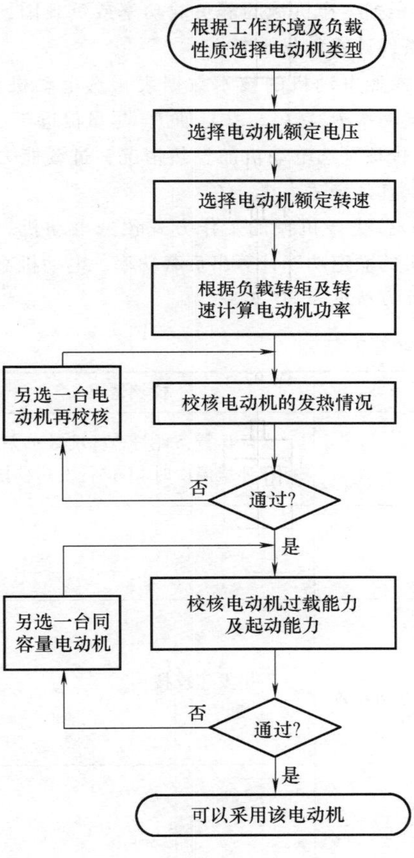

图 30-3　选择电动机的一般步骤

30.3.2　电动机类型的选择

（1）根据电动机的工作环境选择电动机类型

1）安装方式的选择。电动机安装方式有卧式和立式两种。卧式电动机的价格比立式的便宜，所以通常情况下都选用卧式电动机。一般只在为简化传动装置，且必须垂直运转时才选用立式电动机。

2）防护型式的选择。电动机防护型式有开启式、封闭式、防护式及防爆式四种。

① 开启式电动机在定子两侧与端盖上有较大的通风口，散热条件好，价格便宜，但水气、尘埃等杂物容易进入，因此只在清洁、干燥的环境下使用。

② 封闭式电动机又可分为自扇冷式、他扇冷式和密封式三种。前两种可在潮湿、多尘埃、高温、有腐蚀性气体或易受风雨的环境中工作。密封式可浸入液体中使用。

③ 防护式电动机在机座下方开有通风口，散热较好，能防止水滴、铁屑等杂物从上方落入电动机，但不能防止尘埃和潮气入侵，所以适用于较清洁干净的环境中。

④ 防爆式电动机适用于有爆炸危险的环境中，如油库、矿井等。

（2）根据机械设备的负载性质选择电动机类型

1）一般调速要求不高的生产机械，应优先选用交流电动机。负载平稳、长期稳定工作的设备，如切削机床、水泵、通风机、轻工业用器械，以及其他一般机械设备，应采用一般笼型三相异步电动机。

2）起动、制动较频繁，以及起动、制动转矩要求较大的生产机械，如起重机、矿井提升机，不可逆轧钢机等，一般选用绕线转子异步电动机。

3）对要求调速不连续的生产机械，可选用多速笼型电动机。

4）要求调速范围大、调速平滑、位置控制准确、功率较大的机械设备，如龙门刨床、高精度数控机床、可逆轧钢机、造纸机等，大多选用他励直流电动机。

5）要求起动转矩大、恒功率调速的生产机械，应选用串励或复励直流电动机。

6）要求恒定转速或改善功率因数的生产机械，如大中容量空气压缩机、各种泵等，可选用同步电动机。

7）特殊场合下使用的电动机，如有易燃易爆气体存在或尘埃较多时，宜选用防护等级相宜的电动机。

8）要求调速范围很宽，调速平滑性不高时，选用机电结合的调速方式比较经济合理。

30.3.3　电动机额定电压的选择

电动机额定电压一般选择与供电电压一致。普通工厂的供电电压为 380V 或 220V，因此中小型交流电动机的额定电压大都是 380V 或 220V。大中容量的交流电动机，可以选用 3kV 或 6kV 的高压电源供电，这样可以减小电动机体积并可以节省铜材。

直流电动机无论是由直流发电机供电，还是由晶闸管变流装置直接供电，其额定电压都应与供电电压相匹配。普通直流电动机的额定电压有 440V、220V、110V 三种，新型直流电动机增设了 1600V 的电压等级。

30.3.4　电动机额定转速的选择

电动机的额定转速要根据生产机械的具体情况来选择。

1）不要求调速的中高转速生产机械，应尽量不采用减速装置，而应选用与生产机械相应转速的电动机直接传递转矩。

2）要求调速的生产机械上使用的电动机，额定转速的选择应结合生产机械转速的要求，选取合适传动比的减速装置。

3）低转速的生产机械，一般选用适当偏低转速的电动机，再经过减速装置传动；大功率的生产机械中需要低速传动时，注意不要选择高速电动机，以减少减速器的能量损耗。

4）一些低速重复，短时工作的生产机械，应尽量选用低速电动机直接传动，而不用减速器。

5）要求重复、短时、正反转工作的生产机械，除应选择满足工艺要求的电动机额定转速外，还要保证生产机械达到最大的加、减速度的要求而选择最恰当的传动装置，以达到最大生产率或最小损耗的目标。

30.3.5　电动机容量的选择

（1）确定电动机额定功率的方法和步骤

1）根据生产机械的静负载功率或负载图，或其他给定条件计算负载功率 P_L。

2）参照电动机的技术数据表预选电动机型号，使其额定功率 $P_N \geqslant P_L$，并且使 P_N 尽量接近于 P_L。

3）校核预选电动机的发热情况，过载能力及起动能力，直到合适为止。

（2）按生产机械的工作方式预选电动机。由预选电动机的额定功率计算出负载功率。电动机额定功率的计算方法见表 30-26。

表 30-26　电动机额定功率的计算方法

序号	工作方式及负载性质	计算公式	校核情况
1	长期工作方式恒定负载	$P_N \geqslant P_L$	实际运行条件符合标准散热条件和标准环境温度时,不进行发热校核
2	长期工作方式周期性变化负载	$P_N \geqslant (1.1 \sim 1.6) P_{Lav}$ P_{Lav} 为平均负载功率	进行发热校核
3	短时工作方式短时工作制	$P_N \geqslant P_L \sqrt{\dfrac{t_g}{t_{gb}}}$ t_g 为电动机实际工作时间(下同)；t_{gb} 为电动机标准工作时间(30min、60min、90min)	不用发热校核
4	短时工作方式长期工作制	$P_N \geqslant P_L \sqrt{\dfrac{1-e^{-\frac{t_g}{T_\theta}}}{1+\alpha e^{-\frac{t_g}{T_\theta}}}}$ T_θ 为电动机发热时间常数；α 为电动机额定运行时的比值,普通直流电动机 $\alpha=1.0 \sim 1.5$,普通三相笼型电动机 $\alpha=0.5 \sim 0.7$,小型三相绕线转子异步电机 $\alpha=0.45 \sim 0.6$ 当 $t_g<(0.3 \sim 0.4) T_\theta$ 时,需按过载能力选择 P_N： $P_N \geqslant P_L/\lambda_m$ λ_m 为电动机允许过载倍数,见表 30-27	进行过载能力和起动能力校核

（续）

序号	工作方式及负载性质	计算公式	校核情况
5	周期性断续工作方式周期性断续工作制	$P_N=(1.1\sim1.6)\dfrac{\sum_{i=1}^{n}P_{Li}t_i}{t_g}\sqrt{\dfrac{FC(\%)}{FCB(\%)}}$ t_i 为每段工作周期；P_{Li}为每段工作周期内的负载功率；FC 为负载持续率（%）；FCB 为标准负载持续率（%）	进行发热校核

表 30-27　各种电动机的转矩过载倍数 λ_m

电动机类型	直流电动机	绕线转子异步电动机	笼型异步电动机	同步电动机
转矩过载倍数 λ_m	1.5~2 （特殊型 3~4）	2~2.5 （特殊型 3~4）	1.8~2 （双笼型 2.7）	2~2.5 （特殊型 3~4）

（3）电动机的发热校核　为了保证电动机的寿命及安全，计算出电动机的额定功率后，通常要对选择的电动机进行发热校核，即限制电动机的温升：

$$\tau_m=\theta_m-\theta_0\leqslant\tau_{max}=\theta_{max}-\theta_0$$

式中　τ_m——电动机温升；

θ_m——电动机温度；

θ_0——标准环境温度，$\theta_0=40℃$；

τ_{max}——电动机绝缘的最高允许温升；

θ_{max}——电动机最高允许温度。

电动机发热校核的具体方法见表 30-28。

表 30-28　电动机的发热校核

方　法	已知条件	计算公式	备　注
平均损耗法	平均损耗图 $\Delta p=f(t)$	$\Delta p_{av}=(1/t_z)\sum_{i=1}^{n}\Delta p_i t_i\leqslant\Delta p_N$ Δp_{av}—平均损耗功率 t_z—负载变化周期，$t_z=t_1+t_2+\cdots+t_n$，下同 Δp_N—额定功率损耗	不满足条件时，应重选功率大些的电动机，重新校核，直至满足
等效电流法	电流负载图 $I=f(t)$	$I_{eq}=\sqrt{(1/t_z)\sum_{i=1}^{n}I_1^2t_i}\leqslant I_N$ I_{eq}—等效电流 I_N—电动机额定电流	经常起动、制动的异步电动机，以及深槽式、双笼型异步电动机，不能采用该方法校核，只能采用平均损耗法
等效转矩法	转矩负载图 $T=f(t)$	$T_{eq}=\sqrt{(1/t_z)\sum_{i=1}^{n}T_1^2t_i}\leqslant T_N$ T_{eq}—等效转矩 T_N—电动机额定转矩	不能采用等效电流法校核的情况及串励直流电动机等磁通变化时，均不能采用此方法
等效功率法	功率负载图 $P=f(t)$	$P_{eq}=\sqrt{(1/t_z)\sum_{i=1}^{n}P_1^2t_i}\leqslant P_N$ P_{eq}—等效功率 P_N—电动机额定功率	不能采用等效转矩法校核的情况和电机转速有变化的情况，都不能采用此方法

（4）电动机的过载能力校核　电动机的过载能力一般可按下式进行校核：

$$T_m\leqslant\lambda_m T_N$$

式中　T_m——电动机运行时承受的最大转矩；

λ_m——允许过载倍数，$\lambda_m=T_{max}/T_N$，λ_m 值见表 30-27；

T_{max}、T_N——电动机的允许最大转矩和额定转矩。

（5）电动机起动能力校核　对于笼型异步电动机，有时需要进行起动能力的校核。一般应保证电动机起动时，起动转矩 T_{st}大于负载转矩 T_L。如果 T_{st}小于 T_L，则应选择起动转矩较大的异步电动机或加大电动机的额定功率来满足。

30.3.6 电动机的工作制（见表 30-29）

表 30-29 电动机的工作制（摘自 GB 755—2008）

<table>
<tr><th colspan="2">工作制</th><th rowspan="2" colspan="2">负载及其持续时间和次序</th></tr>
<tr><th>名称</th><th>代号</th></tr>
<tr><td>连续工作制</td><td>S1</td><td>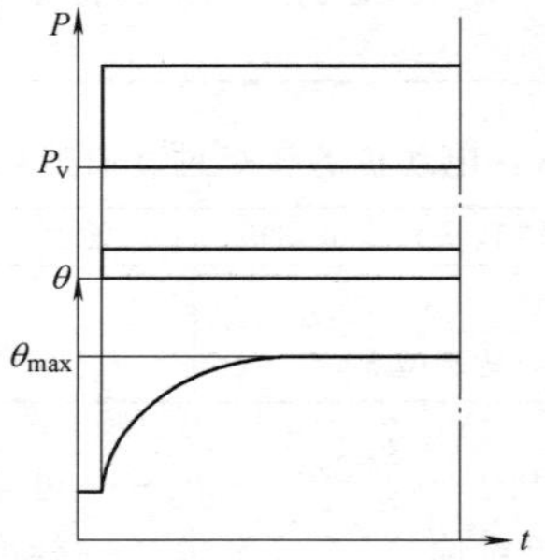

P—负载 P_V—电气损耗 θ—温度
θ_{max}—达到的最高温度 t—时间</td><td>保持在恒定负载下运行至热稳定状态</td></tr>
<tr><td>短时工作制</td><td>S2</td><td>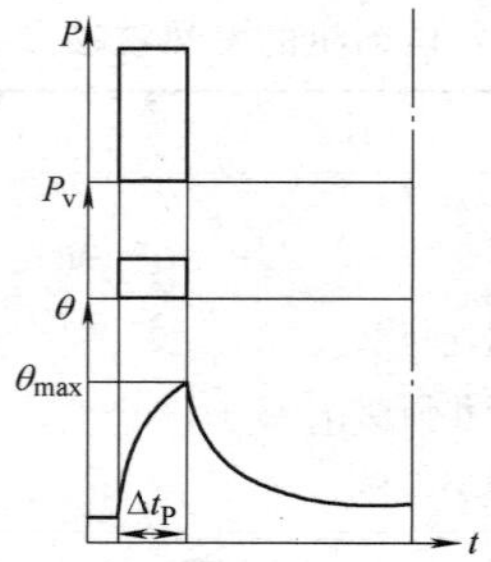

P—负载 P_V—电气损耗 θ—温度
θ_{max}—达到的最高温度 t—时间
Δt_P—恒定负载运行时间</td><td>电动机未达到热稳定状态，即停机和断能一段时间，使电动机再冷却到与冷却介质温度之差不超过 2K</td></tr>
<tr><td>断续周期工作制</td><td>S3</td><td>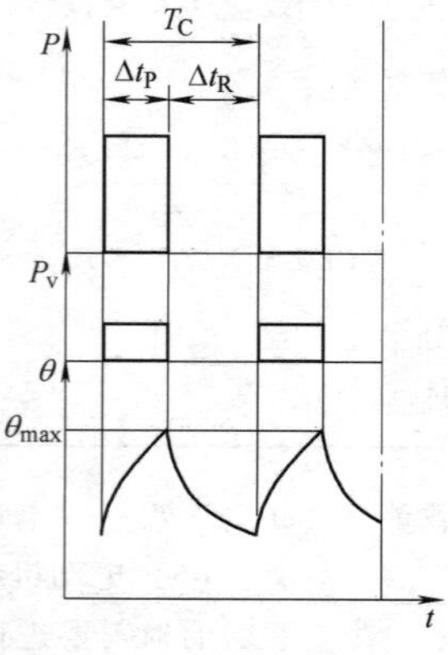

P—负载 P_V—电气损耗 θ—温度
θ_{max}—达到的最高温度 t—时间</td><td>$$T_C=\Delta t_P+\Delta t_R$$ $$F_C=\frac{\Delta t_P}{T_C}$$ 负载持续率 $=\Delta t_P/T_C$
式中，T_C 为负载周期；Δt_P 为恒定负载运行时间；Δt_P 为停机和断能时间
按一系列相同的工作周期运行，每一周期包括一段恒定负载运行时间和一段停机和断能时间，每一周期的启动电流不致对温升有显著影响</td></tr>
</table>

（续）

工作制 名称	代号	负载及其持续时间和次序	
包括启动的断续周期工作制	S4	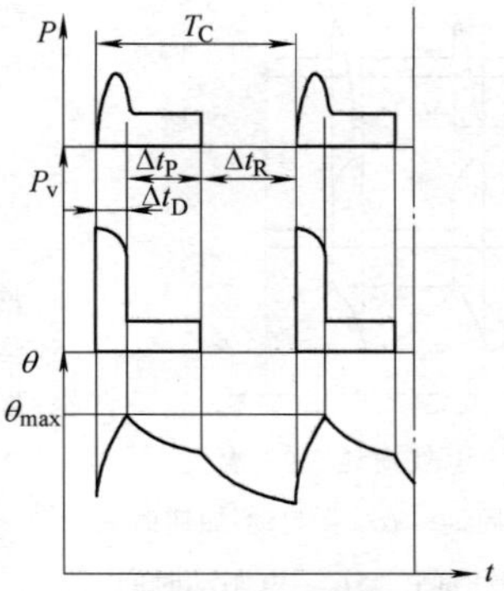 P—负载　P_V—电气损耗　θ—温度 θ_{max}—达到的最高温度　t—时间	$T_C=\Delta t_D+\Delta t_P+\Delta t_R$ $F_C=\dfrac{\Delta t_P+\Delta t_P}{T_C}\times 100\%$ 负载持续率 $=(\Delta t_D+\Delta t_P)/T_C$ 式中，T_C 为负载周期；Δt_D 为起动-加速时间；Δt_P 为恒定负载运行时间；Δt_R 为停机和断能时间 按一系列相同的工作周期运行，每一周期包括一段对温升有显著影响的启动时间，一段恒定负载运行时间和一段停机和断能时间
包括电制动的断续周期工作制	S5	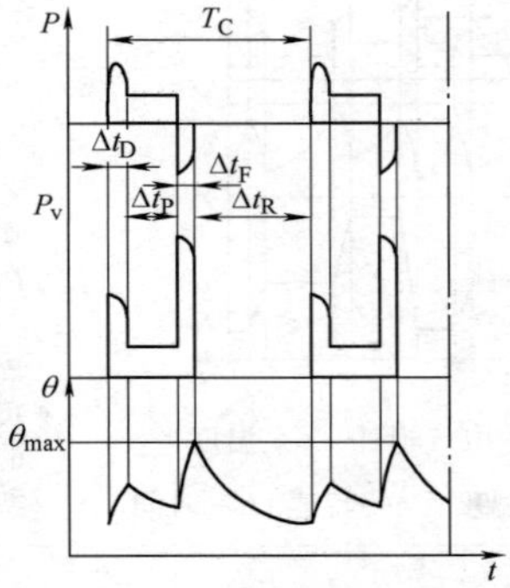 P—负载　P_V—电气损耗 θ—温度　θ_{max}—达到的最高温度　t—时间	$T_C=\Delta t_D+\Delta t_P+\Delta t_F+\Delta t_R$ $F_C=\dfrac{\Delta t_P}{T_C}\times 100\%$ 负载持续率 $=\Delta t_P/T_C$ 式中，T_C 为负载周期；Δt_D 为起动/加速时间；Δt_P 为恒定负载运行时间；Δt_F 为电制动时间；Δt_R 为停机和断能时间 按一系列相同的周期运行，每一周期包括一段启动时间，一段恒定负载运行时间，一段电制动时间和一段停机和断能时间
连续周期	S6	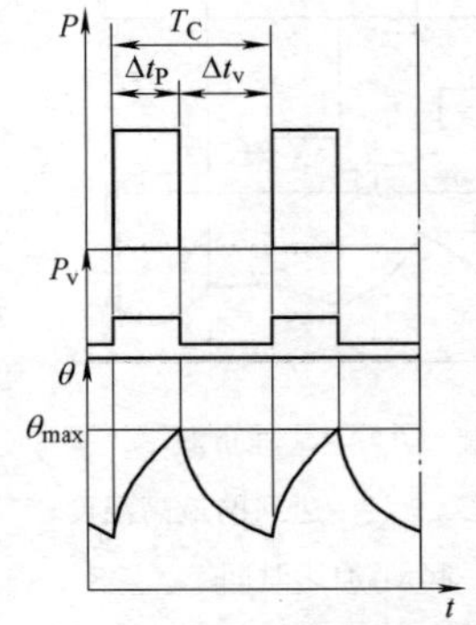 P—负载　P_V—电气损耗　θ—温度 θ_{max}—达到的最高温度　t—时间	$T_C=\Delta t_P+\Delta t_V$ $F_C=\dfrac{\Delta t_P}{T_C}\times 100\%$ 负载持续率 $=\Delta t_P/T_C$ 式中，T_C 为负载周期；Δt_P 为恒定负载运行时间；Δt_V 为空载运行时间 按一系列相同的工作周期运行，每一周期包括一段恒定负载运行时间和一段空载运行时间，无停机和断能时间

（续）

工作制		负载及其持续时间和次序	
名　　称	代号		
包括电制动的连续周期工作制	S7	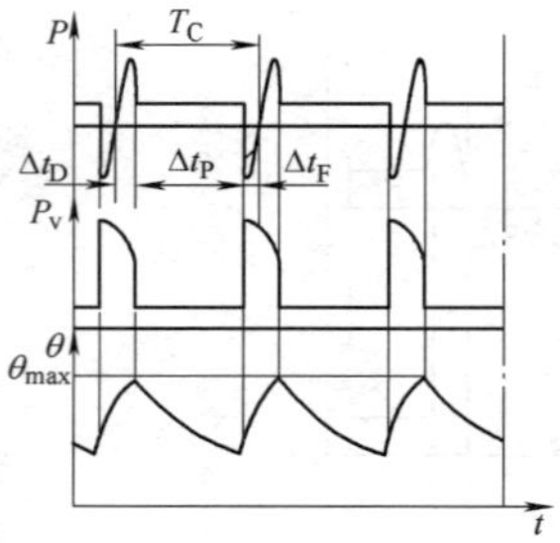 P—负载　P_V—电气损耗　θ—温度 t—时间　T_C—负载周期　Δt_D—起动-加速时间 Δt_P—恒定负载运行时间　Δt_F—电制动时间	$F_C=1$　　负载持续率=1 按一系列相同的工作周期运行，每一周期包括一段起动时间，一段恒定负载运行时间和一段电制动时间，无停机和断能时间
包括负载-转速相应变化的连续周期工作制	S8	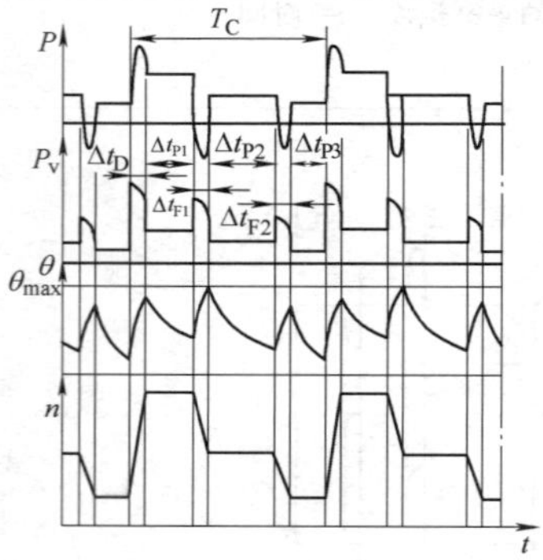 P—负载　P_V—电气损耗　θ—温度 θ_{max}—达到的最高温度　n—转速　t—时间	$T_C=\Delta t_D+\Delta t_{P1}+\Delta t_{F1}+\Delta t_{P2}+\Delta t_{F2}+\Delta t_{P3}$ $F_{C1}=\dfrac{\Delta t_D+\Delta t_{P1}}{T_C}$　$F_{C2}=\dfrac{\Delta t_{F1}+\Delta t_{P2}}{T_C}$ $F_{C3}=\dfrac{\Delta t_{F2}+\Delta t_{P3}}{T_C}$ 负载持续率$=(\Delta t_D+\Delta t_{P1})/T_C$或$(\Delta t_{F1}+\Delta t_{P2})/T_C$或$(\Delta t_{F2}+\Delta t_{P3})/T_C$ 式中，T_C为负载周期；Δt_D为起动-加速时间；Δt_P为恒定负载运行时间（P_1，P_2，P_3）；Δt_F为电制动时间（F_1，F_2） 按一系列相同的工作周期运行，每一周期包括按一段按预定转速运行的恒定负载时间和一段或几段按不同转速运行的其他恒定负载时间（例如变极多速电动机），无停机和断能时间
负载和转速非周期变化的工作制	S9	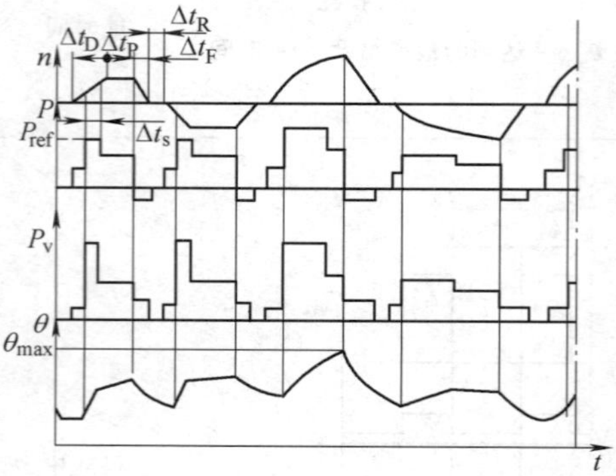 n—转速　P—负载　P_{ref}—基准负载 P_V—电气损耗　θ—温度　θ_{max}—达到的最高温度 t—时间　Δt_D—起动-加速时间 Δt_P—恒定负载运行时间　Δt_F—电制动时间 Δt_R—停机和断能时间　Δt_S—过载时间	负载和转速在允许的范围内作非周期变化的工作制。这种工作制包括经常性过载，其值可远远超过基准负载

（续）

工作制 名　称	代号	负载及其持续时间和次序
离散恒定负载工作制	S10	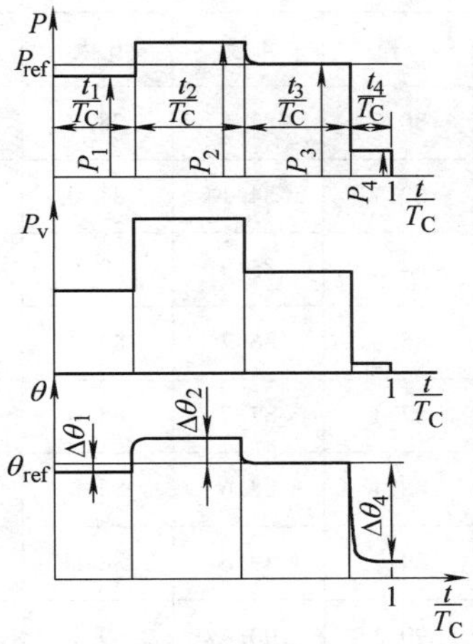 P—负载　P_i—负载周期内的恒定负载 P_{ref}—基于 S1 工作制的基准负载　P_V—电气损耗 θ—温度　θ_{ref}—基准负载时的温度　T_C—负载周期 $\Delta\theta_i$—在负载周期内每种负载时绕组的温升与基准负载时温升的差值　t—时间 t_i—负载周期中的恒定负载时间 包括不超过四种离散负载值（或等效负载）的工作制。每一种负载的运行时间应足以使电动机达到热稳定。在一个周期中的最小负载值可以为零

30.3.7　节能电动机

中小型电动机广泛用于工业、农业、国防、商业等领域，其用电量占工业系统用电量的 75% 左右，占全国发电量的 50% 以上，具有很大的节能潜力。美国于 2011 年起推行了新标准，使 NEMA Premium 电动机的损耗平均下降了 18.8%。欧盟规定 1.1～90kW 的中小型电动机平均效率 87.6%～90.5%。国际电工委员会（IEC）于 2008 年 10 月颁布了 IEC 60034-30—2008 将电动机的能效分为 IE1（标准效率）、IE2（高效率）、IE3（超高效率）、IE4（目前最高效率）四个等级。我国于 2002 年发布实施了 GB 18613—2002《中小型三相异步电动机能效限定值及节能评价值》，该标准明确规定了我国中小型异步电动机的能效限定值和评价值的量化技术指标。之后，参照 IEC 60034-30—2008 于 2012 年发布实施了 GB 18613—2012。该标准适用于 0.75～375kW 极数为 2、4 极，单速自扇冷式、连续工作的一般用途的电动机或防爆电动机。GB 18613—2012 与 IEC 60034-30—2008 的对应关系及 GB 18613—2012 的技术指标见表 30-30 和表 30-31。

表 30-30　GB 18613 与 IEC 60034-30 的对应关系

GB 18613——2012 新标准	GB 18613——2006 旧标准	IEC 60034-30—2008	平均效率(%)	效率提高幅度(%)	相对应的产品
1 级效率标准	无	IE4 超超高效率等级	93.1	1.6	—
2 级效率标准（节能评价值）	超高效率标准（1 级）	IE3 超高效率等级	91.5	1.5	YE3、YZTE3 等
3 级效率标准（能效限定值）	节能评价值或高效率标准（2 级）	IE2 高效率等级	90.0	3.0	YE2、YX3 等
无（已废止）	能效限定值标准（3 级）	IE1 普通效率等级	87.0	—	Y、Y2、Y3 等

表 30-31 电动机能效等级

额定功率/kW	效率(%)								
	1级			2级			3级		
	2极	4极	6极	2极	4极	6极	2极	4极	6极
0.75	84.9	85.6	83.1	80.7	82.5	78.9	77.4	79.6	75.9
1.1	86.7	87.4	84.1	82.7	84.1	81.0	79.6	81.4	78.1
1.5	87.5	88.1	86.2	84.2	85.3	82.5	81.3	82.8	79.8
2.2	89.1	89.7	87.1	85.9	86.7	84.3	83.2	84.3	81.8
3	89.7	90.3	88.7	87.1	87.7	85.6	84.6	85.5	83.3
4	90.3	90.9	89.7	88.1	88.6	86.8	85.8	86.6	84.6
5.5	91.5	92.1	89.5	89.2	89.6	88.0	87.0	87.7	86.0
7.5	92.1	92.6	90.2	90.1	90.4	89.1	88.1	88.7	87.2
11	93.0	93.6	91.5	91.2	91.4	90.3	89.4	89.8	88.7
15	93.4	94.0	92.5	91.9	92.1	91.2	90.3	90.6	89.7
18.5	93.8	94.3	93.1	92.4	92.6	91.7	90.9	91.2	90.4
22	94.4	94.7	93.9	92.7	93.0	92.2	91.3	91.6	90.9
30	94.5	95.0	94.3	93.3	93.6	92.9	92.0	92.3	91.7
37	94.8	95.3	94.6	93.7	93.9	93.3	92.5	92.7	92.2
45	95.1	95.6	94.9	94.0	94.2	93.7	92.9	93.1	92.7
55	95.4	95.8	95.2	94.3	94.6	94.1	93.2	93.5	93.1
75	95.6	96.0	95.4	94.7	95.0	94.6	93.8	94.0	93.7
90	95.8	96.2	95.6	95.0	95.2	94.9	94.1	94.2	94.0
110	96.0	96.4	95.6	95.2	95.4	95.1	94.3	94.5	94.3
132	96.0	96.5	95.8	95.4	95.6	95.4	94.6	94.7	94.6
160	96.2	96.5	96.0	95.6	95.8	95.6	94.8	94.9	94.8
200	96.3	96.6	96.1	95.8	96.0	95.8	95.0	95.1	95.0
250	96.4	96.7	96.1	95.8	96.0	95.8	95.0	95.1	95.0
315	96.5	96.8	96.1	95.8	96.0	95.8	95.0	95.1	95.0
355、375	96.6	96.8	96.1	95.8	96.0	95.8	95.0	95.1	95.0

30.4 常用电动机产品

30.4.1 交流电动机

30.4.1.1 交流异步电动机的类型及应用

交流异步电动机的分类如下：

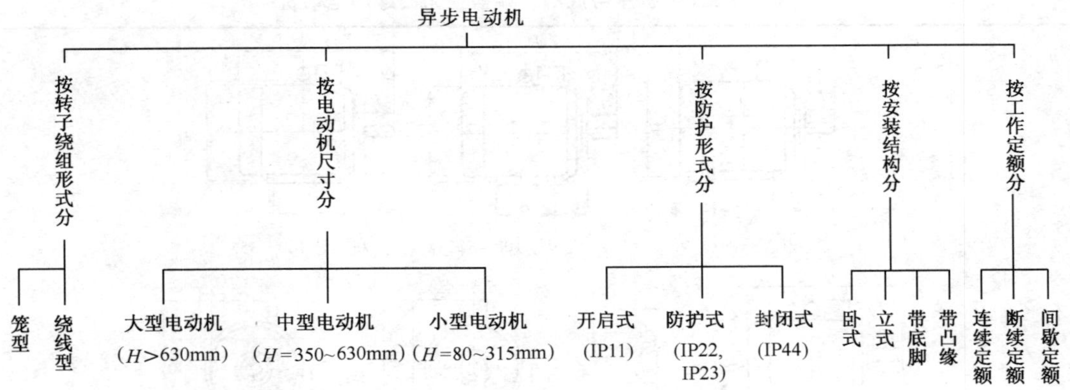

异步电动机具有结构简单、维修方便、工作效率较高、质量较轻、成本较低、负载特性较硬等特点，能满足大多数工业生产机械的电气传动需要，因此在国民经济的各部门特别是工业电气部门得到广泛应用，作为各种机床、水泵液压、鼓风机、胶带运输机械、吊车、起重运输机械、冶金、轧钢、轻工业和农副加工业等设备及其他通用设备的动力源。它是各类电动机中应用最广、需求最多的一类电动机。

选择电动机时应考虑节能减排，具体可参见表 30-30。

（1）YE3 系列（IP55）超高效率三相异步电动机（摘自 GB/T 28575—2012）（见表 30-32）

表 30-32a　电动机的结构及安装型式

机座号	结构及安装代号(IM)
80~112	B14、B34、V18、V19
80~160	B3、B5、B6、B7、B8、B35、V1、V3、V5、V6、V15、V17、V35、V37
180~280	B3、B5、B35、V1
315~355	B3、B35、V1

表 30-32b　机座号与转速及功率的对应关系

机座号	同步转速/(r/min)			机座号	同步转速/(r/min)		
	3000	1500	1000		3000	1500	1000
	功率/kW				功率/kW		
80M1	0.75	—	—	200L1	30	30	18.5
80M2	1.1	0.75	—	200L2	37		22
90S	1.5	1.1	0.75	225S	—	37	—
90L	2.2	1.5	1.1	225M	45	45	30
100L1	3	2.2	1.5	250M	55	55	37
100L2		3		280S	75	75	45
112M	4	4	2.2	280M	90	90	55
132S1	5.5	5.5	3	315S	110	110	75
132S2	7.5			315M	132	132	90
132M1	—	7.5	4	315L1	160	160	110
132M2			5.5	315L2	200	200	132
160M1	11	11	7.5	355M1	250	250	160
160M2	15			355M2			200
160L	18.5	15	11	355L	315	315	250
180M	22	18.5	—	3551	355	355	—
180L	—	22	15	3552	375	375	315

表 30-32c　机座带底脚，端盖上无凸缘的电动机

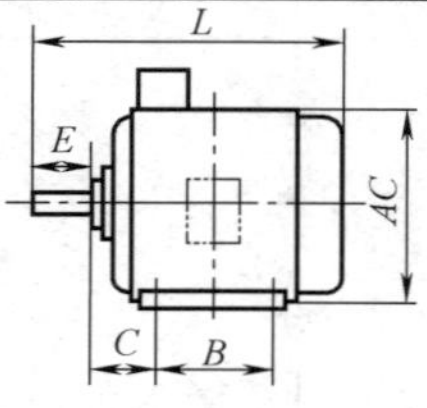

机座号 80～90

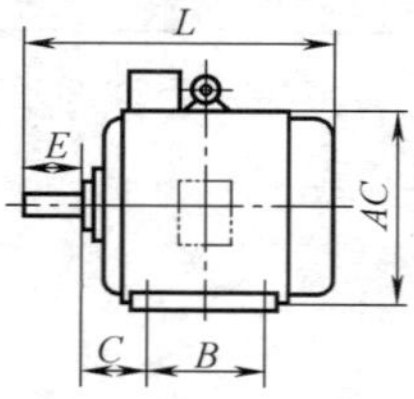

机座号 100～132

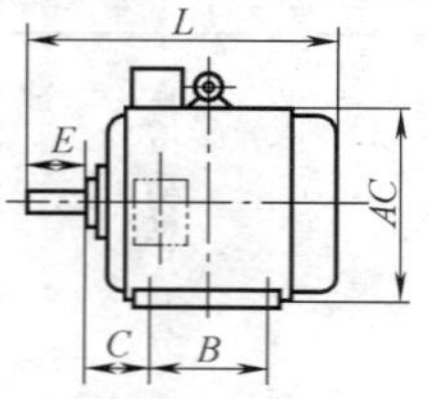

机座号 160～355

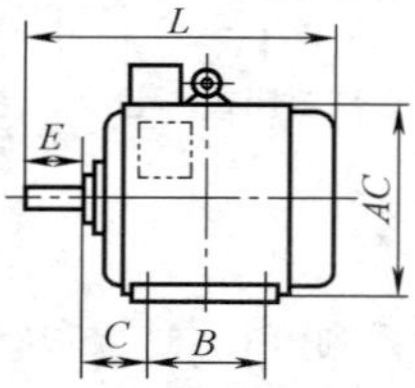

机座号 3551, 3552

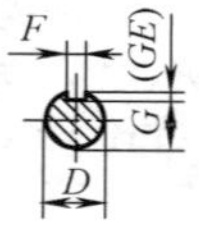

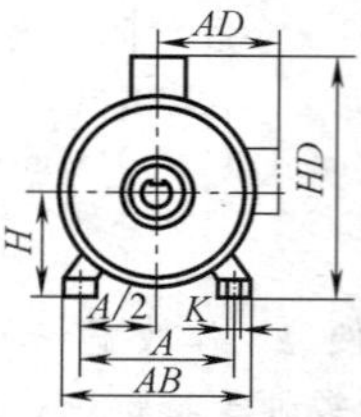

机座号 80～355

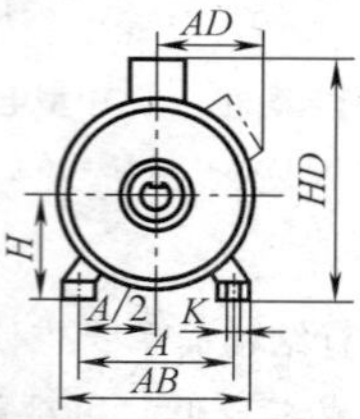

机座号 3551, 3552

机座号	极数	安装尺寸/mm									外形尺寸/mm				
		A	B	C	D	E	F	G[a]	H	K[b]	AB	AC	AD	HD	L
80M	2、4、6	125	100	50	19	40	6	15.5	80	10	165	175	145	220	305
90S		140		56	24	50	8	20	90		180	205	170	265	360
90L			125												390
100L		160	140	63	28	60		24	100	12	205	215	180	270	435
112M		190		70					112		230	255	200	310	440
132S		216		89	38	80	10	33	132		270	310	230	365	510
132M			178												550
160M		254	210	108	42	110	12	37	160	14.5	320	340	260	425	730
160L			254												760
180M		279	241	121	48		14	42.5	180		355	390	285	460	770
180L			279												800
200L		318	305	133	55		16	49	200		395	445	320	520	860
225S	4	356	286	149	60	140	18	53	225	18.5	435	495	350	575	830
225M	2		311		55	110	16	49							830
	4、6				60	140	18	53							860
250M	2	406	349	168					250	24	490	550	390	635	990
	4、6				65			58							
280S	2	457	368	190					280		550	630	435	705	990
	4、6				75		20	67.5							
280M	2		419		65		18	58							1040
	4、6				75		20	67.5							
315S	2	508	406	216	65		18	58	315	28	635	645	530	845	1180
	4、6				80	170	22	71							1290
315M	2		457		65	140	18	58							1210
	4、6				80	170	22	71							1320
315L	2		508		65	140	18	58							1210
	4、6				80	170	22	71							1320
355M	2	610	560	254	75	140	20	67.5	355		730	710	655	1010	1500
	4、6				95	170	25	86							1530
355L	2		630		75	140	20	67.5							1500
	4、6				95	170	25	86							1530
3551	2	630	800	224	80	170	22	71		35	760	770	760	1130	1870
3552	4、6				110	210	28	100							1920

表 30-32d　机座带底脚，端盖上无凸缘（带通孔）的电动机

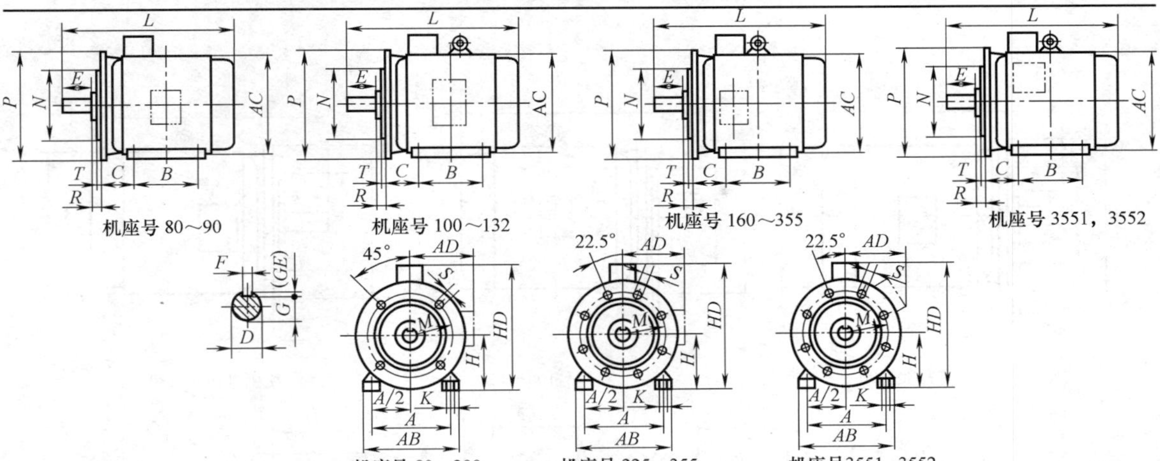

机座号 80～90　机座号 100～132　机座号 160～355　机座号 3551，3552

机座号 80～200　机座号 225～355　机座号3551，3552

机座号	凸缘号	极数	安装尺寸/mm															外形尺寸/mm				
			A	B	C	D	E	F	G	H	K	M	N	P①	S	T	凸缘孔数	AB	AC	AD	HD	L
80M	FF165	2、4、6	125	100	50	19	40	6	15.5	80	10	165	130	200	12	3.5	4	165	175	145	220	305
90S			140		56	24	50	8	20	90								180	205	170	265	395
90L				125																		425
100L	FF125		160	140	63	28	60		24	100	12	215	180	250	14.5	4		250	215	180	270	435
112M			190		70					112								230	255	200	310	475
132S	FF265		216		89	38	80	10	33	132		265	230	300				270	310	230	365	535
132M				178																		550
160M	FF300		254	210	108	42	110	12	37	160	14.5	300	250	350	18.5	5		320	340	260	425	730
160L				254																		760
180M			279	241	121	48		14	42.5	180								355	390	285	460	805
180L				279																		835
200L	FF350		318	305	133	55		16	49	200	18.5	350	300	400				395	445	320	520	890
225S	FF400	4	356	286	149	60	140	18	53	225		400	350	450			8	435	495	350	575	865
225M		2		311		55	110	16	49													865
		4、6				60	140	18	53													895
250M	FF500	2	406	349	168					250	24	500	450	550				490	550	390	635	995
		4、6				65			58	280												
280S		2	457	368	190													550	630	435	705	1030
		4、6				75		20	67.5													
280M		2		419		65		18	58													1080
		4、6				75		20	67.5													
315S	FF600	2	508	406	216	65		18	58	315	28	600	550	660	24	6		635	645	530	845	1180
		4、6				80	170	22	71													1290
315M		2		457		65	140	18	58													1210
		4、6				80	170	22	71													1320
315L		2		508		65	140	18	58													1210
		4、6				80	170	22	71													1320
355M	FF740	2	610	560	254	75	140	20	67.5	355		740	680	800				730	710	655	1010	1500
		4、6				95	170	25	86													1530
355L		2		630		75	140	20	67.5													1500
		4、6				95	170	25	86													1530
3551 3552	FF840	2	630	800		80	170	22	71		35	840	780	900				760	900	760	1130	1870
		4、6			224	110	210	28	100													1920

① P 尺寸为最大极限值。

表 30-32e　机座不带底脚，端盖上有凸缘（带通孔）的电动机

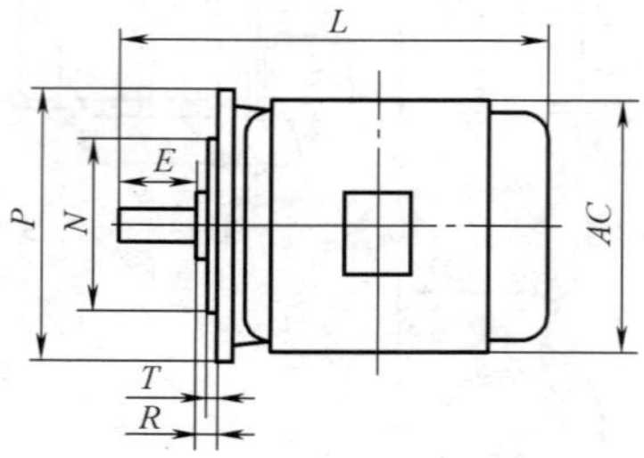

机座号80～90

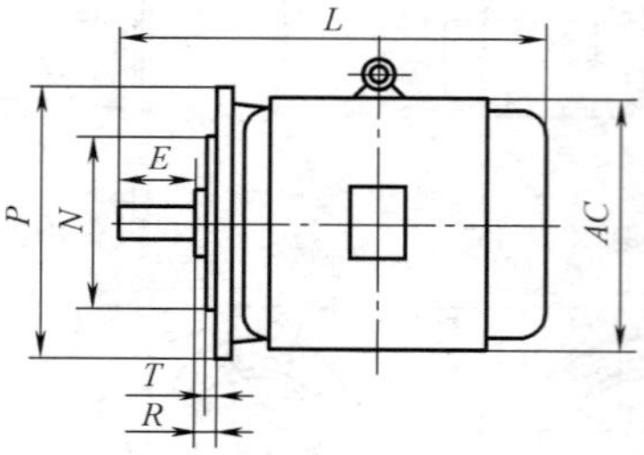

机座号100～132

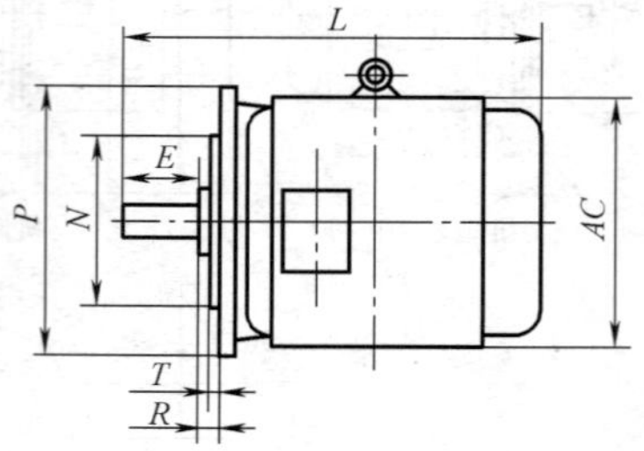

机座号160～280

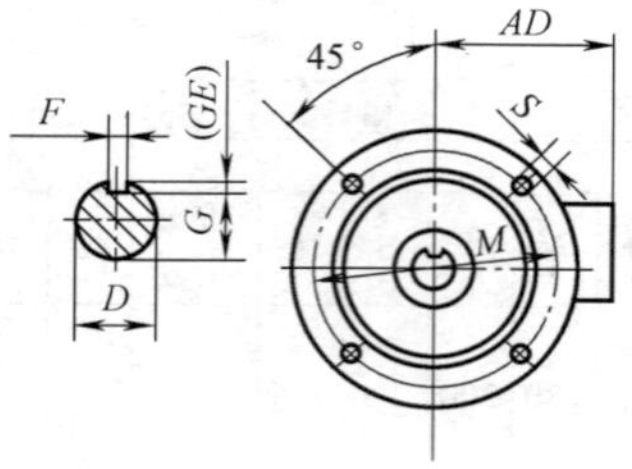

机座号80～90

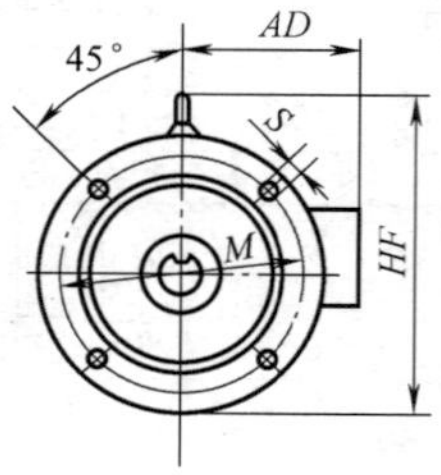

机座号100～200

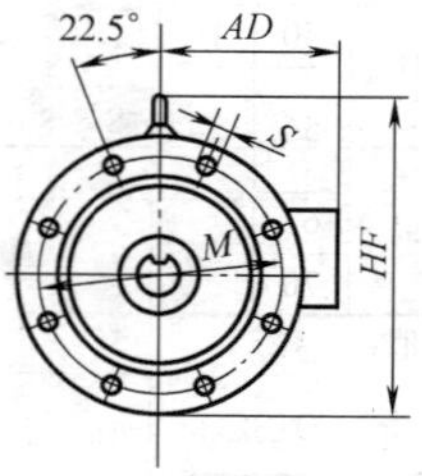

机座号225～280

机座号	凸缘号	极数	安装尺寸/mm										外形尺寸/mm			
			D	E	F	G	M	N	P①	S	T	凸缘孔数	AC	AD	HF	L
80M	FF165	2、4、6	19	40	6	15.5	165	130	200	12	3.5	4	175	145	—	305
90S			24	50	8	20							205	170	—	395
90L																425
100L	FF215		28	60		24	215	180	250	14.5	4		215	180	240	435
112M													255	200	275	475
132S	FF265		38	80	10	33	265	230	300				310	230	335	535
132M																550
160M	FF300		42	110	12	37	300	250	350	18.5	5		340	260	390	730
160L																760
180M			48		14	42.5							390	285	435	805
180L																835
200L	FF350		55		16	49	350	300	400				445	320	495	890
225S	FF400	4	60	140	18	53	400	350	450			8	495	350	550	865
225M		2	55	110	16	49										865
		4、6	60	140	18	53										895
250M	FF500	2					500	450	550				550	390	615	995
		4、6	65			58										
280S		2											630	435	675	1030
		4、6	75		20	67.5										
280M		2	65		18	58										1080
		4、6	75		20	67.5										

① P 尺寸为最大极限值。

表 30-32f　机座带底脚，端盖上有凸缘（带螺孔）的电动机

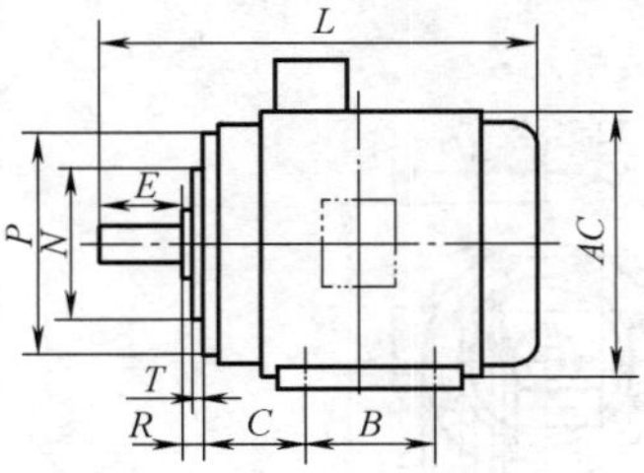

机座号80～90

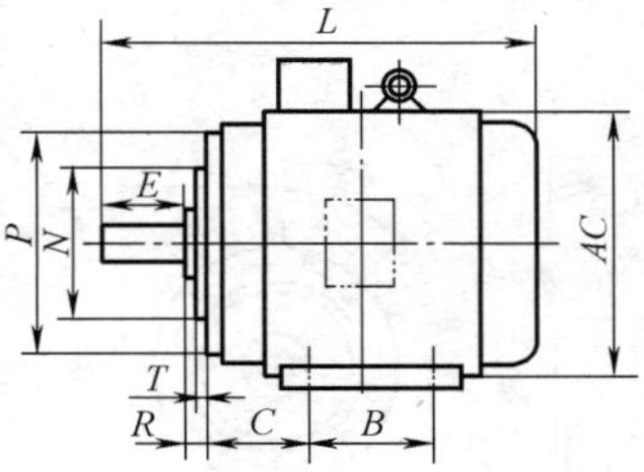

机座号100～112

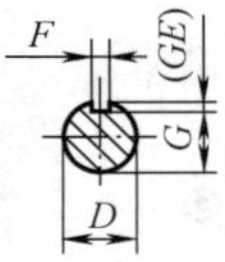

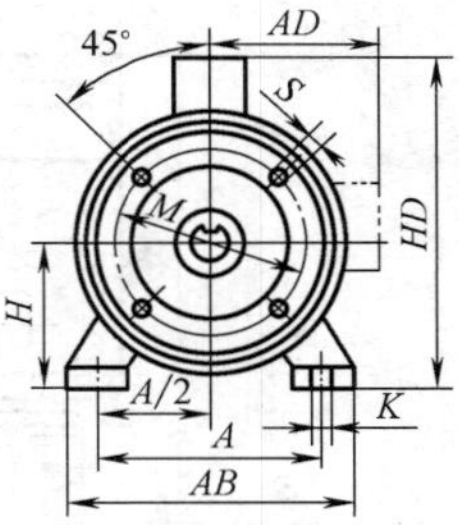

机座号80～112

机座号	凸缘号	极数	安装尺寸/mm															外形尺寸/mm				
			A	B	C	D	E	F	G	H	K	M	N	P①	S	T	凸缘孔数	AB	AC	AD	HD	L
80M	FT100	2、4、6	125	100	50	19	40	6	15.5	80	10	100	80	120	M6	3.0	4	165	175	145	220	305
90S	FT115		140		56	24	50	8	20	90		115	95	140	M8			180	205	170	265	360
90L				125																		390
100L	FT130		160	140	63	28	60		24	100	12	130	110	160		3.5		205	215	180	270	435
112M			190		70					112								230	255	200	310	440

① P 尺寸为最大极限值。

表 30-32g　机座不带底脚，端盖上有凸缘（带螺孔）的电动机

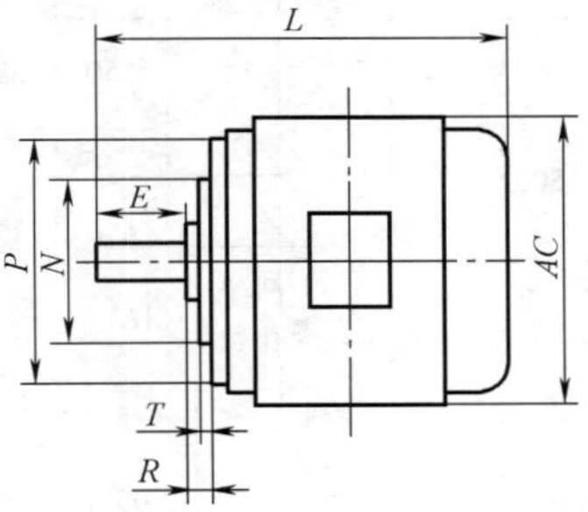

机座号80～90

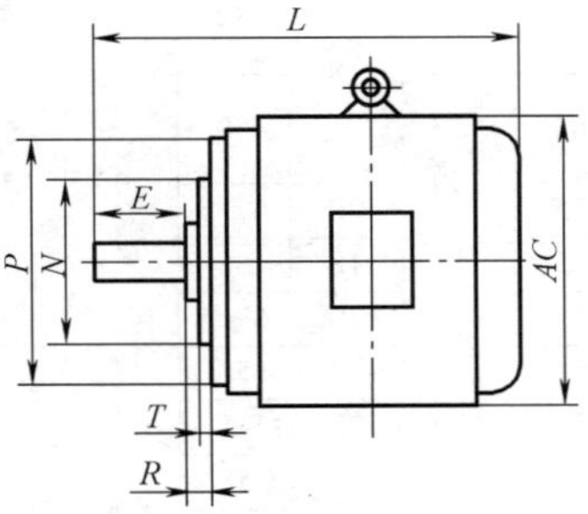

机座号100～112

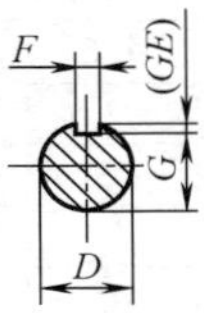

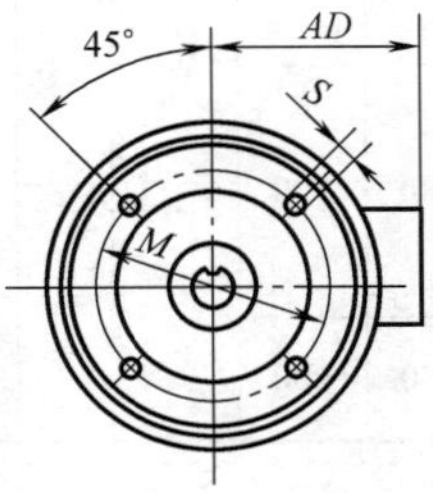

机座号80～90

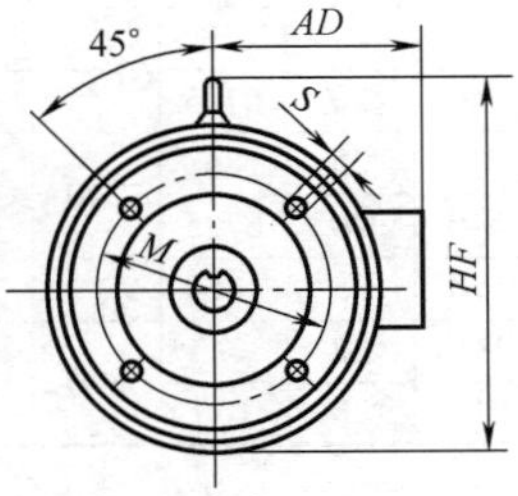

机座号100～112

机座号	凸缘号	极数	安装尺寸/mm										外形尺寸/mm			
			D	E	F	G	M	N	P①	S	T	凸缘孔数	AC	AD	HF	L
80M	FT100	2、4、6	19	40	6	15.5	100	80	120	M6	3.0	4	175	145	—	305
90S	FT115		24	50	8	20	115	95	140	M8			205	170		360
90L																390
100L	FT130		28	60		24	130	110	160		3.5		215	180	245	435
112M													255	200	275	440

① P 尺寸为最大极限值。

表 30-32h　立式安装，机座不带底脚，端盖上有凸缘（带通孔），轴伸向下的电动机

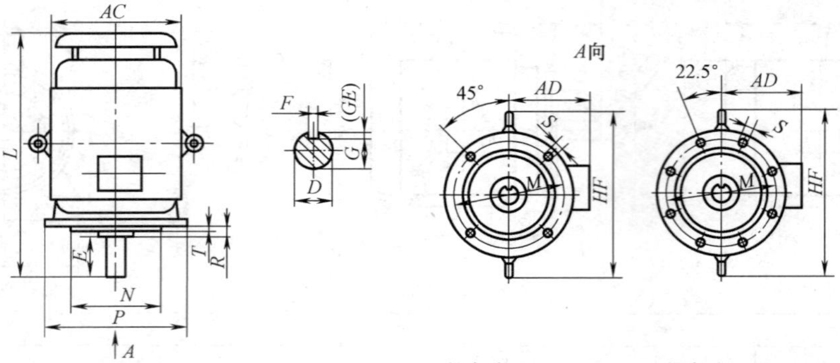

机座号180～200　　　　机座号225～355

机座号	凸缘号	极数	安装尺寸/mm										外形尺寸/mm			
			D	*E*	*F*	*G*	*M*	*N*	*P*①	*S*	*T*	凸缘孔数	*AC*	*AD*	*HD*	*L*
180M	FF300	2、4、6	48	110	14	42.5	300	250	350	18.5	5	4	390	285	505	825
180L																845
200L	FF350		55		16	49	350	300	400				445	320	565	940
225S	FF400	4	60	140	18	53	400	350	450			8	495	350	625	945
225M		2	55	110	16	49										945
		4、6	60	140	18	53										975
250M	FF500	2					500	450	550				550	390	670	1095
		4、6	65			58										
280S		2											630	435	745	1155
		4、6	75		20	67.5										
280M		2	65		18	58										1195
		4、6	75		20	67.5										
315S	FF600	2	65		18	58	600	550	660	24	6		645	530	900	1280
		4、6	80	170	22	71										1400
315M		2	65	140	18	58										1310
		4、6	80	170	22	71										1430
315L		2	65	140	18	58										1310
		4、6	80	170	22	71										1430
355M	FF740	2	75	140	20	67.5	740	680	800				710	655	1010	1640
		4、6	95	170	25	86										1670
355L		2	75	140	20	67.5										1640
		4、6	95	170	25	86										1670
3551 3552	FF840	2	80	170	22	71	840	780	900				900	760	1220	1920
		4、6	110	210	28	100										1970

① *P* 尺寸为最大极限值

表 30-32i　效率和功率因数的保证值

功率/kW	同步转速/(r/min)					
	3000	1500	1000	3000	1500	1000
	效率 η(%)			功率因数($\cos\varphi$)		
0.75	80.7	82.5	78.9	0.82	0.75	0.71
1.1	82.7	84.1	81.0	0.83	0.76	0.73
1.5	84.2	85.3	82.5	0.84	0.77	0.73
2.2	85.9	86.7	84.3	0.85	0.81	0.74
3	87.1	87.7	85.6	0.87	0.82	0.74
4	88.1	88.6	86.8	0.88	0.82	0.74

（续）

功率/kW	同步转速/(r/min)					
	3000	1500	1000	3000	1500	1000
	效率 η(%)			功率因数(cosφ)		
5.5	89.2	89.6	88.0	0.88	0.83	0.75
7.5	90.1	90.4	89.1	0.88	0.84	0.79
11	91.2	91.4	90.3	0.89	0.85	0.80
15	91.9	92.1	91.2	0.89	0.86	0.81
18.5	92.4	92.6	91.7	0.89	0.86	0.81
22	92.7	93.0	92.2	0.89	0.86	0.81
30	93.3	93.6	92.9	0.89	0.86	0.83
37	93.7	93.9	93.3	0.89	0.86	0.84
45	94.0	94.2	93.7	0.90	0.86	0.85
55	94.3	94.6	94.1	0.90	0.86	0.86
75	94.7	95.0	94.6	0.90	0.88	0.84
90	95.0	95.2	94.9	0.90	0.88	0.85
110	95.2	95.4	95.1	0.90	0.89	0.85
132	95.4	95.6	95.4	0.90	0.89	0.86
160	95.6	95.8	95.6	0.91	0.89	0.86
200	95.8	96.0	95.8	0.91	0.90	0.87
250	95.8	96.0	95.8	0.91	0.90	0.87
315	95.8	96.0	95.8	0.91	0.90	0.86
355	95.8	96.0	—	0.91	0.88	—
375	95.8	96.0	—	0.91	0.88	—

表 30-32j　堵转转矩对额定转矩之比的保证值

<table>
<tr><th rowspan="3">功率/kW</th><th colspan="3">同步转速/(r/min)</th></tr>
<tr><th>3000</th><th>1500</th><th>1000</th></tr>
<tr><th colspan="3">堵转转矩/额定转矩</th></tr>
<tr><td>0.75</td><td>2.3</td><td rowspan="5">2.3</td><td rowspan="20">2.0</td></tr>
<tr><td>1.1</td><td rowspan="5">2.2</td></tr>
<tr><td>1.5</td></tr>
<tr><td>2.2</td></tr>
<tr><td>3</td></tr>
<tr><td>4</td><td>2.2</td></tr>
<tr><td>5.5</td><td rowspan="10">2.0</td><td rowspan="2">2.0</td></tr>
<tr><td>7.5</td></tr>
<tr><td>11</td><td rowspan="2">2.2</td></tr>
<tr><td>15</td></tr>
<tr><td>18.5</td><td rowspan="5">2.0</td></tr>
<tr><td>22</td></tr>
<tr><td>30</td></tr>
<tr><td>37</td></tr>
<tr><td>45</td></tr>
<tr><td>55</td><td>2.2</td></tr>
<tr><td>75</td><td rowspan="6">1.8</td><td rowspan="8">2.0</td></tr>
<tr><td>90</td></tr>
<tr><td>110</td></tr>
<tr><td>132</td></tr>
<tr><td>160</td><td rowspan="4">1.8</td></tr>
<tr><td>200</td></tr>
<tr><td>250</td><td rowspan="4">1.6</td></tr>
<tr><td>315</td></tr>
<tr><td>355</td><td rowspan="2">1.7</td><td rowspan="2">—</td></tr>
<tr><td>375</td></tr>
</table>

表 30-32k　最小转矩对额定转矩之比的保证值

<table>
<tr><th rowspan="3">功率/kW</th><th colspan="3">同步转速/(r/min)</th></tr>
<tr><th>3000</th><th>1500</th><th>1000</th></tr>
<tr><th colspan="3">最小转矩/额定转矩</th></tr>
<tr><td>0.75</td><td rowspan="3">1.5</td><td rowspan="3">1.6</td><td>1.5</td></tr>
<tr><td>1.1</td><td rowspan="6">1.3</td></tr>
<tr><td>1.5</td></tr>
<tr><td>2.2</td><td rowspan="3">1.4</td><td rowspan="3">1.5</td></tr>
<tr><td>3</td></tr>
<tr><td>4</td></tr>
<tr><td>5.5</td><td rowspan="4">1.2</td><td rowspan="4">1.4</td></tr>
<tr><td>7.5</td></tr>
<tr><td>11</td><td rowspan="6">1.2</td></tr>
<tr><td>15</td></tr>
<tr><td>18.5</td><td rowspan="4">1.1</td><td rowspan="4">1.2</td></tr>
<tr><td>22</td></tr>
<tr><td>30</td></tr>
<tr><td>37</td></tr>
<tr><td>45</td><td rowspan="2">1.0</td><td rowspan="2">1.1</td><td rowspan="2">1.1</td></tr>
<tr><td>55</td></tr>
<tr><td>75</td><td rowspan="5">0.9</td><td rowspan="5">1.0</td><td rowspan="5">1.0</td></tr>
<tr><td>90</td></tr>
<tr><td>110</td></tr>
<tr><td>132</td></tr>
<tr><td>160</td></tr>
<tr><td>200</td><td rowspan="3">0.8</td><td rowspan="2">0.9</td><td rowspan="2">0.9</td></tr>
<tr><td>250</td></tr>
<tr><td>315</td><td>0.8</td><td>0.8</td></tr>
<tr><td>355</td><td rowspan="2">0.7</td><td rowspan="2">0.8</td><td rowspan="2">—</td></tr>
<tr><td>375</td></tr>
</table>

表 36-32l　最大转矩对额定转矩之比的保证值

<table>
<tr><th rowspan="3">功率
/kW</th><th colspan="3">同步转速/(r/min)</th></tr>
<tr><th>3000</th><th>1500</th><th>1000</th></tr>
<tr><th colspan="3">最大转矩/额定转矩</th></tr>
<tr><td>0.75</td><td rowspan="21">2.3</td><td rowspan="18">2.3</td><td rowspan="14">2.1</td></tr>
<tr><td>1.1</td></tr>
<tr><td>1.5</td></tr>
<tr><td>2.2</td></tr>
<tr><td>3</td></tr>
<tr><td>4</td></tr>
<tr><td>5.5</td></tr>
<tr><td>7.5</td></tr>
<tr><td>11</td></tr>
<tr><td>15</td></tr>
<tr><td>18.5</td></tr>
<tr><td>22</td></tr>
<tr><td>30</td></tr>
<tr><td>37</td></tr>
<tr><td>45</td><td rowspan="10">2.0</td></tr>
<tr><td>55</td></tr>
<tr><td>75</td></tr>
<tr><td>90</td></tr>
<tr><td>110</td><td rowspan="8">2.2</td></tr>
<tr><td>132</td></tr>
<tr><td>160</td></tr>
<tr><td>200</td><td rowspan="5">2.2</td></tr>
<tr><td>250</td></tr>
<tr><td>315</td></tr>
<tr><td>355</td><td rowspan="2">—</td></tr>
<tr><td>375</td></tr>
</table>

表 30-32m　不同轴中心高 H（mm）用位移、速度和加速度表示的振动强度限值（方均根值）

轴中心高/mm	$80 \leqslant H \leqslant 132$		
安装方式	位移/μm	速度/(mm/s)	加速度/(m/s²)
自由悬置	25	1.6	2.5
刚性安装	21	1.3	2.0
轴中心高/mm	$132 < H \leqslant 280$		
安装方式	位移/μm	速度/(mm/s)	加速度/(m/s^2)
自由悬置	35	2.2	3.5
刚性安装	29	1.8	2.8
轴中心高/mm	$H > 280$		
安装方式	位移/μm	速度/(mm/s)	加速度/(m/s^2)
自由悬置	45	2.8	4.4
刚性安装	37	2.3	3.6

表 30-32n　空载最大 A 计权声功率级值 L_{WA}（dB）

中心高/mm	同步转速/(r/min)		
	3000	1500	1000
80	62	56	—
90	67	59	57
100	74	64	61
112	77	65	65
132	79	71	69
160	81	73	73
180	83	76	73
200	84	76	73
225	86	78	74
250	89	79	76
280	91	80	78
315	92	88	83
355	100	95	85
3551、3552	104	102	91

表 30-32o　负载时 A 计权声功率级的噪声允许最大增加值 ΔL_{WA}（dB）

中心高/mm	同步转速/(r/min)		
	3000	1500	1000
$80 \leqslant H \leqslant 160$	2	5	7
$180 \leqslant H \leqslant 200$	2	4	6
$225 \leqslant H \leqslant 280$	2	3	6
$H = 315$	2	3	5
$H = 355$	2	2	4

（2）YZTE3 系列（IP55）铸铜转子超高效率三相异步电动机（摘自 JB/T 11712—2013）（见表 30-33）

表 30-33a　电动机的结构及安装型式

机座号	结构及安装型式代号(IM)
80～112	B14、B34、V18、V19
80～160	B3、B5、B6、B7、B8、B35、V1、V3、V5、V6、V15、V17、V35、V37
180～200	B3、B5、B35、V1

表 30-33b　机座号与转速及功率的对应关系

机座号	同步转速/(r/min) 3000	1500	1000
	功率/kW		
80M1	0.75	0.55	—
80M2	1.1	0.75	—
90S	1.5	1.1	0.75
90L	2.2	1.5	1.1
100L1	3	2.2	1.5
100L2		3	
112M	4	4	2.2
132S1	5.5	5.5	3
132S2	7.5		
132M1	—	7.5	4
132M2			5.5
160M1	11	11	7.5
160M2	15		
160L	18.5	15	11
180M	22	18.5	—
180L	—	22	15
200L1	30	30	18.5
200L2	37		22

注：S、M、L 后面的数字 1、2 分别代表同一机座号和转速下的不同功率。

表 30-33c　机座带底脚、端盖上无凸缘的电动机

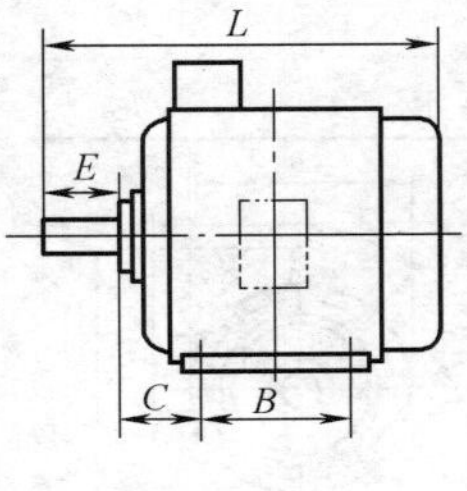

机座号80、90

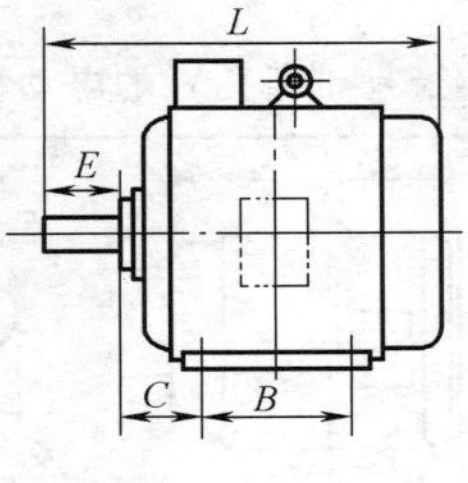

机座号100～132

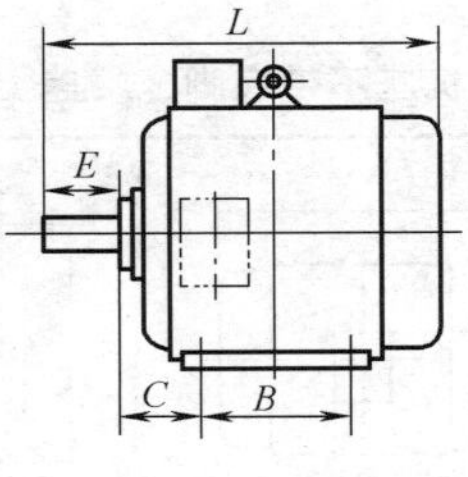

机座号160～200

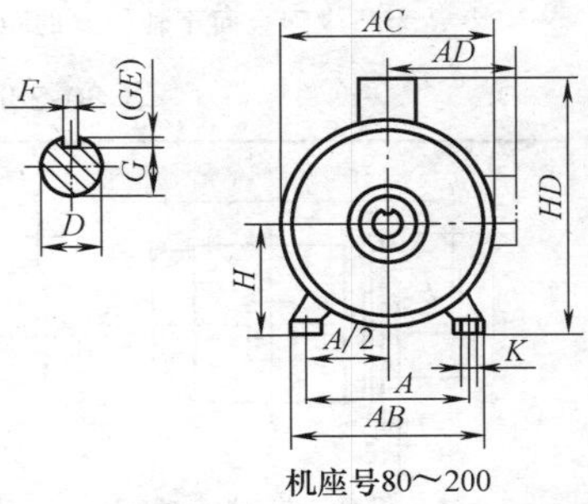

机座号80～200

机座号	极数	安装尺寸/mm A	B	C	D	E	F	G	H	K	外形尺寸/mm AB	AC	AD	HD	L
80M	2、4	125	100	50	19	40	6	15.5	80	10	165	175	145	220	305
90S	2、4、6	140		56	24	50	8	20	90		180	195	165	260	360
90L			125					24							390
100L		160	140	63	28	60			100	12	205	215	180	275	435
112M		190		70				33	112		230	240	190	300	470
132S		216		89	38	80	10		132		270	275	210	345	510
132M			178												560
160M		254	210	108	42	110	12	37	160	14.5	320	330	255	420	670
160L			254												700
180M		279	241	121	48		14	42.5	180		355	380	280	455	740
180L			279												790
200L		318	305	133	55		16	49	200	18.5	395	420	305	505	790

表 30-33d　机座带底脚、端盖上有凸缘（带通孔）的电动机

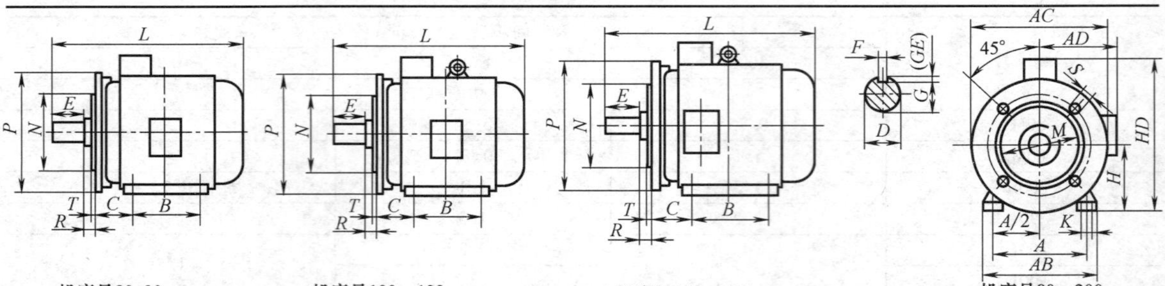

机座号80、90　机座号100～132　机座号160～200　机座号80～200

机座号	凸缘号	极数	安装尺寸/mm																外形尺寸/mm				
			A	B	C	D	E	F	G	H	K	M	N	P①	R②	S	T	凸缘孔数	AB	AC	AD	HD	L
80M		2、4	125	100	50	19	40	6	15.5	80									165	175	145	220	305
90S	FF165		140		56	24	50		20	90	10	165	130	200		12	3.5		180	195	165	260	360
90L				125																			390
100L	FF215		160		63	28	60	8	24	100		215	180	250					205	215	180	270	435
112M			190	140	70					112	12					14.5	4		230	240	190	300	470
132S	FF265																						510
132M		2、4、6	216	178	89	38	80	10	33	132		265	230	300	0			4	270	275	210	345	560
160M				210																			670
160L			254	254	108	42		12	37	160									320	330	255	420	700
180M	FF300			241			110				14.5	300	250	350		18.5	5						740
180L			279	279	121	48		14	42.5	180									355	380	280	455	790
200L	FF350		318	305	133	55		16	49	200	18.5	350	300	400					395	420	305	505	790

① P 尺寸为最大极限值。

② R 为凸缘配合面至轴伸肩的距离。

表 30-33e　机座不带底脚、端盖上有凸缘（带通孔）的电动机

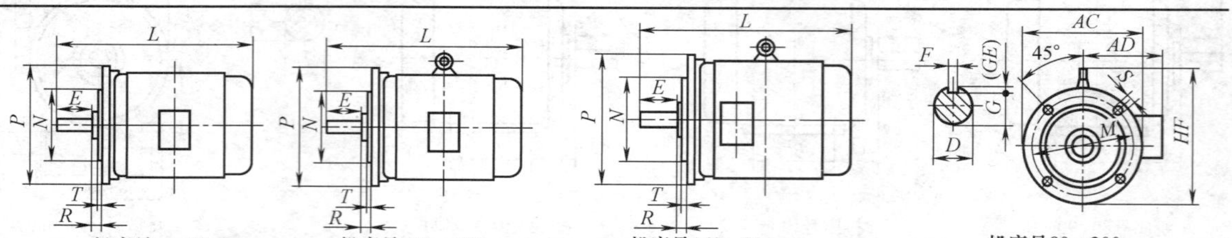

机座号80、90　机座号100～132　机座号160～200　机座号80～200

机座号	凸缘号	极数	安装尺寸/mm											外形尺寸/mm			
			D	E	F	G	M	N	P①	R②	S	T	凸缘孔数	AC	AD	HF	L
80M		2、4	19	40	6	15.5								175	145	—	305
90S	FF165		24	50		20	165	130	200		12	3.5		195	165	—	360
90L					8												390
100L	FF215		28	60		24	215	180	250					215	180	245	435
112M											14.5	4		240	190	265	470
132S					10												510
132M	FF265	2、4、6	38	80		33	265	230	300	0			4	275	210	315	560
160M			42		12	37											670
160L	FF300						300	250	350					330	255	385	700
180M				110							18.5	5					740
180L			48		14	42.5								380	280	430	790
200L	FF350		55		16	49	350	300	400					420	305	480	790

① P 尺寸为最大极限值。

② R 为凸缘配合面至轴伸肩的距离。

表 30-33f　机座带底脚、端盖上有凸缘（带螺孔）的电动机

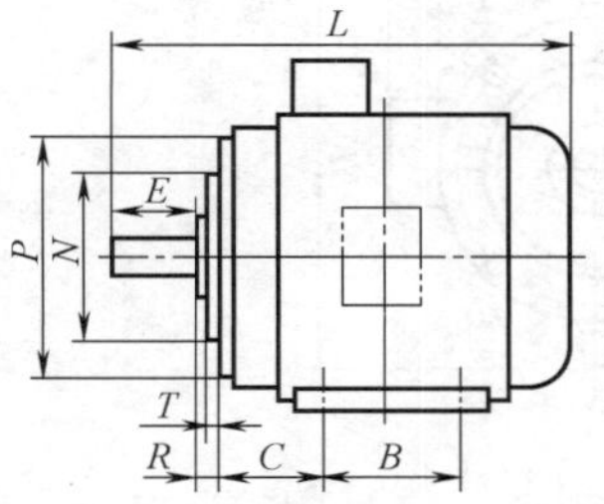

机座号80、90

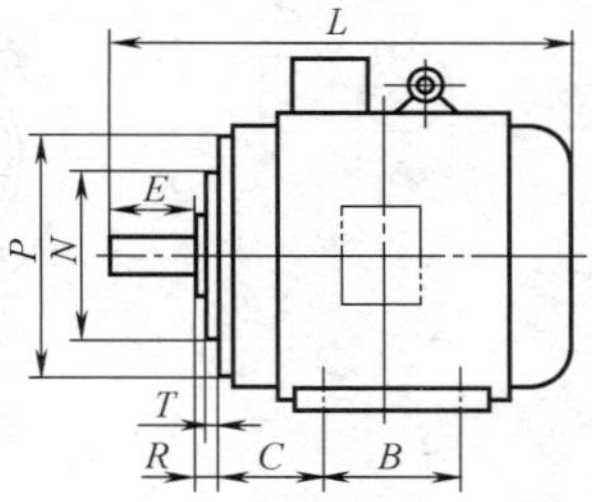

机座号100、112

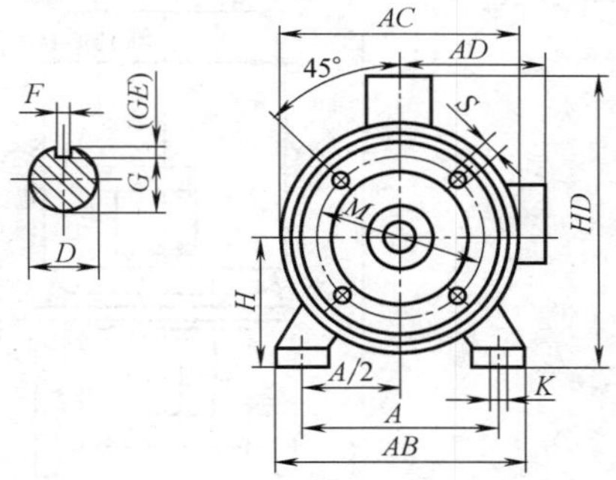

机座号80～112

机座号	凸缘号	极数	A	B	C	D	E	F	G	H	K	M	N	P①	R②	S	T	凸缘孔数	AB	AC	AD	HD	L
80M	FT100	2、4、6	125	100	50	19	40	6	15.5	80	10	100	80	120	0	M6	3.0	4	165	175	145	220	305
90S	FT115		140		56	24	50	8	20	90		115	95	140		M8			180	195	165	260	360
90L				125																			390
100L	FT130		160	140	63	28	60		24	100	12	130	110	160			3.5		205	215	180	270	435
112M			190		70					112									230	240	190	300	470

① P 尺寸为最大极限值。

② R 为凸缘配合面至轴伸肩的距离。

表 30-33g　机座不带底脚、端盖上有凸缘（带螺孔）的电动机

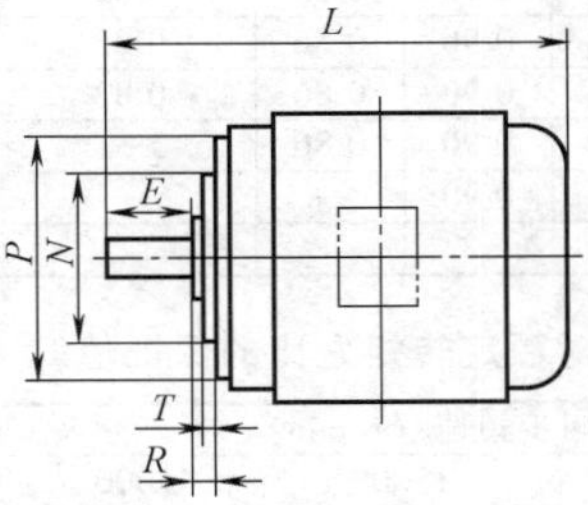

机座号80、90

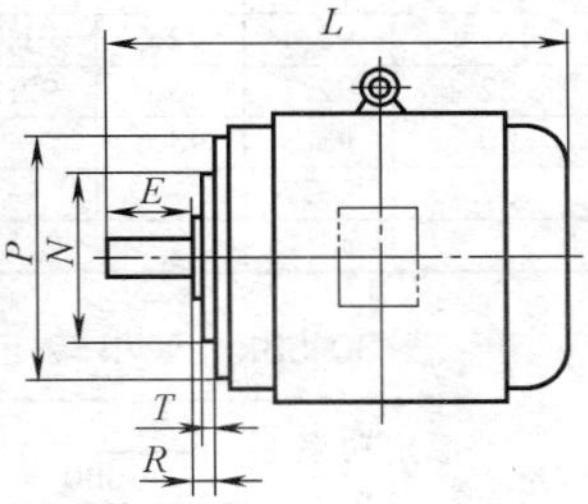

机座号100、112

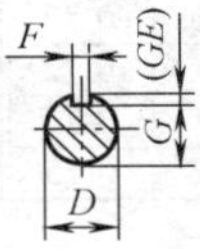

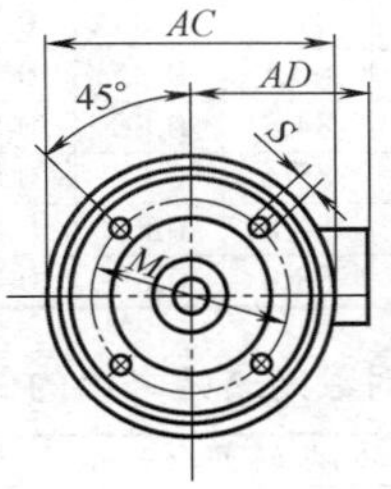

机座号80、90

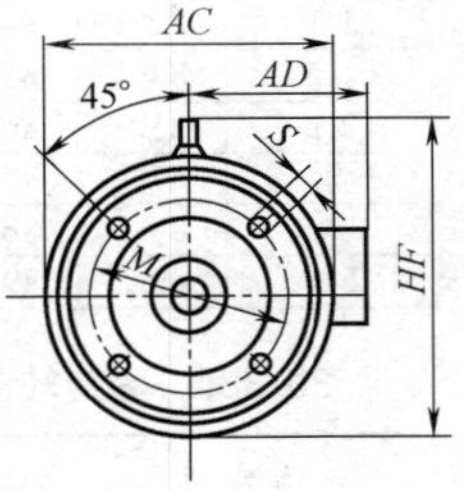

机座号100、112

机座号	凸缘号	极数	D	E	F	G	M	N	P①	R②	S	T	凸缘孔数	AC	AD	HF	L
80M	FT100	2、4	19	40	6	15.5	100	80	120	0	M6	3.0	4	175	145	—	305
90S	FT115	2、4、6	24	50	8	20	115	95	140		M8			195	165	—	360
90L																—	390
100L	FT130		28	60		24	130	110	160			3.5		215	180	245	435
112M														240	190	265	470

① P 尺寸为最大极限值。

② R 为凸缘配合面至轴伸肩的距离。

表 30-33h　立式安装、机座不带底脚、端盖上有凸缘（带通孔）、轴伸向下的电动机

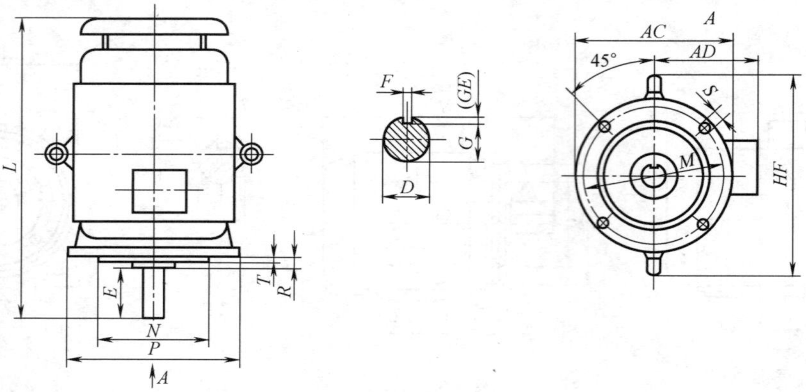

机座号　180、200

<table>
<tr><th rowspan="2">机座号</th><th rowspan="2">凸缘号</th><th rowspan="2">极数</th><th colspan="11">安装尺寸/mm</th><th colspan="4">外形尺寸/mm</th></tr>
<tr><th>D</th><th>E</th><th>F</th><th>G</th><th>M</th><th>N</th><th>P①</th><th>R②</th><th>S</th><th>T</th><th>凸缘孔数</th><th>AC</th><th>AD</th><th>HF</th><th>L</th></tr>
<tr><td>180M</td><td rowspan="2">FF300</td><td rowspan="3">2、4、6</td><td rowspan="2">48</td><td rowspan="3">110</td><td rowspan="2">14</td><td rowspan="2">42.5</td><td rowspan="2">300</td><td rowspan="2">250</td><td rowspan="2">350</td><td rowspan="3">0</td><td rowspan="3">18.5</td><td rowspan="3">5</td><td rowspan="3">4</td><td rowspan="2">380</td><td rowspan="2">280</td><td rowspan="2">500</td><td>800</td></tr>
<tr><td>180L</td><td>850</td></tr>
<tr><td>200L</td><td>FF350</td><td>55</td><td>16</td><td>49</td><td>350</td><td>300</td><td>400</td><td>420</td><td>305</td><td>550</td><td>860</td></tr>
</table>

① P 尺寸为最大极限值。
② R 为凸缘配合面至轴伸肩的距离。

表 30-33i　效率和功率因数的保证值

额定功率/kW	同步转速/(r/min)						额定功率/kW	同步转速/(r/min)					
	3000	1500	1000	3000	1500	1000		3000	1500	1000	3000	1500	1000
	效率 η(%)			功率因数(cosφ)				效率 η(%)			功率因数(cosφ)		
0.55	—	80.7	—	—	0.75	—	7.5	90.1	90.4	89.1	0.88	0.84	0.79
0.75	80.7	82.5	78.9	0.82	0.77	0.70	11	91.2	91.4	90.3	0.90	0.84	0.80
1.1	82.7	84.1	81.0	0.84	0.77	0.71	15	91.9	92.1	91.2	0.90	0.85	0.82
1.5	84.2	85.3	82.5	0.85	0.78	0.72	18.5	92.4	92.6	91.7	0.90	0.86	0.82
2.2	85.9	86.7	84.3	0.86	0.80	0.72	22	92.7	93.0	92.2	0.90	0.86	0.82
3	87.1	87.7	85.6	0.88	0.81	0.72	30	93.3	93.6	—	0.90	0.86	—
4	88.1	88.6	86.8	0.89	0.81	0.73	37	93.7	—	—	0.90	—	—
5.5	89.2	89.6	88.0	0.88	0.82	0.75							

30-33j　堵转转矩对额定转矩之比的保证值

<table>
<tr><th rowspan="3">额定功率/kW</th><th colspan="3">同步转速/(r/min)</th></tr>
<tr><th>3000</th><th>1500</th><th>1000</th></tr>
<tr><th colspan="3">堵转转矩/额定转矩</th></tr>
<tr><td>0.55</td><td>—</td><td>2.4</td><td>—</td></tr>
<tr><td>0.75</td><td rowspan="3">2.2</td><td rowspan="3">2.3</td><td rowspan="12">2.0</td></tr>
<tr><td>1.1</td></tr>
<tr><td>1.5</td></tr>
<tr><td>2.2</td><td>2.1</td><td>2.2</td></tr>
<tr><td>3</td><td rowspan="4">1.9</td><td rowspan="2">2.1</td></tr>
<tr><td>4</td></tr>
<tr><td>5.5</td><td rowspan="2">1.9</td></tr>
<tr><td>7.5</td></tr>
<tr><td>11</td><td rowspan="3">2.1</td><td rowspan="2">2.0</td></tr>
<tr><td>15</td></tr>
<tr><td>18.5</td><td rowspan="3">2.2</td></tr>
<tr><td>22</td><td rowspan="3">2.2</td></tr>
<tr><td>30</td><td rowspan="2">—</td></tr>
<tr><td>37</td><td>—</td></tr>
</table>

表 30-33k　最小转矩对额定转矩之比的保证值

<table>
<tr><th rowspan="3">额定功率/kW</th><th colspan="3">同步转速/(r/min)</th></tr>
<tr><th>3000</th><th>1500</th><th>1000</th></tr>
<tr><th colspan="3">最小转矩/额定转矩</th></tr>
<tr><td>0.55</td><td>—</td><td>1.7</td><td>—</td></tr>
<tr><td>0.75</td><td rowspan="3">1.5</td><td rowspan="3">1.6</td><td>1.5</td></tr>
<tr><td>1.1</td><td rowspan="4">1.3</td></tr>
<tr><td>1.5</td></tr>
<tr><td>2.2</td><td rowspan="2">1.4</td><td rowspan="2">1.5</td></tr>
<tr><td>3</td></tr>
<tr><td>4</td><td>1.4</td><td>1.5</td><td rowspan="3">1.3</td></tr>
<tr><td>5.5</td><td rowspan="5">1.2</td><td rowspan="5">1.4</td></tr>
<tr><td>7.5</td></tr>
<tr><td>11</td><td rowspan="4">1.2</td></tr>
<tr><td>15</td></tr>
<tr><td>18.5</td><td rowspan="4">1.1</td><td rowspan="3">1.2</td></tr>
<tr><td>22</td></tr>
<tr><td>30</td><td rowspan="2">—</td></tr>
<tr><td>37</td><td>—</td></tr>
</table>

表 30-33l　最大转矩对额定转矩之比的保证值

额定功率/kW	同步转速/(r/min) 3000	1500	1000
	最大转矩/额定转矩		
0.55	—	2.4	—
0.75	2.4		2.3
1.1			
1.5			
2.2			
3			
4	2.5		
5.5		2.5	
7.5			2.4
11			
15			
18.5			
22			
30			—
37		—	

表 30-33m　堵转电流对额定电流之比的保证值

额定功率/kW	同步转速/(r/min) 3000	1500	1000
	堵转电流/额定电流		
0.55	—	6.5	—
0.75	7.1		5.5
1.1	7.4	6.9	5.5
1.5	7.7	7.0	6.0
2.2	8.0	7.5	6.0
3	8.0	7.6	6.6
4	8.4	7.6	6.8
5.5	8.2	7.9	7.0
7.5	7.9	7.5	7.0
11	8.1	7.6	7.2

表 30-33n　不同轴中心高（H）用位移、速度和加速度表示的振动强度限值（方均根值）

中心高/mm	$80 \leq H \leq 132$			$132 < H \leq 200$		
安装方式	位移/μm	速度/(mm/s)	加速度/(m/s²)	位移/μm	速度/(mm/s)	加速度/(m/s²)
自由悬置	25	1.6	2.5	35	2.2	3.5
刚性安装	21	1.3	2.0	29	1.8	2.8

表 30-33o　空载时最大 A 计权声功率级的噪声数值 L_{WA}

中心高/mm	同步转速/(r/min) 3000	1500	1000
	声功率级/dB(A)		
80	62	56	—
90	67	59	57
100	74	64	61
112	77	65	65
132	79	71	69
160	81	73	70
180	83	76	73
200	84	76	73

表 30-33p　负载时 A 计权功率级的噪允许最大增加值 ΔL_{WA}

中心高/mm	同步转速/(r/min) 3000	1500	1000
	声功率级/dB(A)		
$80 \leq H \leq 160$	2	5	7
H=180、200	2	4	6

(3) YE2 系列（IP55）高效率三相异步电动机（摘自 JB/T 11707—2013）（见表 30-34）

表 30-34a　电动机的结构及安装型式

机座号	结构及安装型式代号(IM)
80~112	B14、B34、V18、V19
80~160	B3、B5、B6、B7、B8、B35、V1、V3、V5、V6、V15、V17、V35、V37
180~280	B3、B5、B35、V1
315~355	B3、B35、V1

表 30-34b　机座号与转速及功率的对应关系

机座号	同步转速/(r/min) 3000	1500	1000
	功率/kW		
80M1	0.75	—	—
80M2	1.1	0.75	—
90S	1.5	1.1	0.75
90L	2.2	1.5	1.1
100L1	3	2.2	1.5
100L2		3	
112M	4	4	2.2
132S1	5.5	5.5	3
132S2	7.5		
132M1	—	7.5	4
132M2			5.5
160M1	11	11	7.5
160M2	15		
160L	18.5	15	11
180M	22	18.5	—
180L	—	22	15
200L1	30	30	18.5
200L2	37		22
225S	—	37	—
225M	45	45	30
250M	55	55	37
280S	75	75	45
280M	90	90	55
315S	110	110	75
315M	132	132	90
315L1	160	160	110
315L2	200	200	132
355M1	250	250	160
355M2			200
355L	315	315	250
3551	355	355	—
3552	375	375	315

表 30-34c 机座带底脚、端盖上无凸缘的电动机

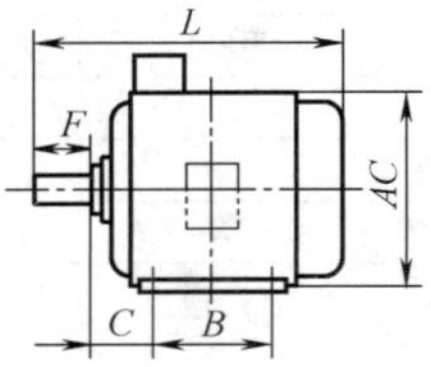

机座号80、90

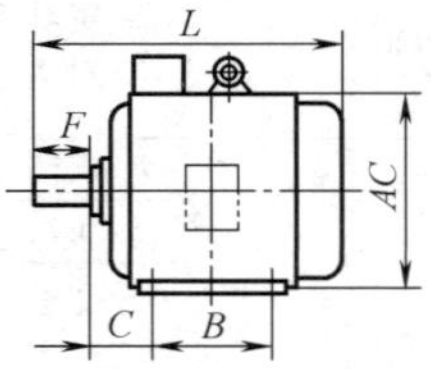

机座号100～132

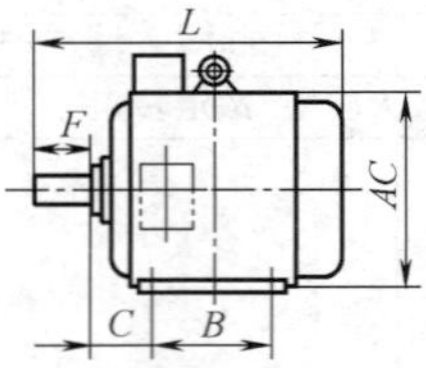

机座号160～355

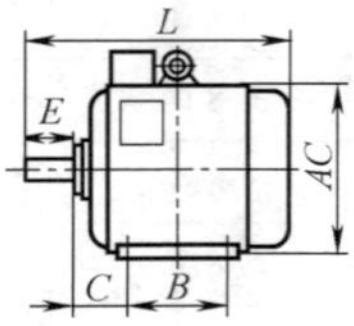

机座号3551、3552

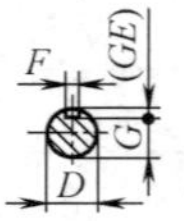

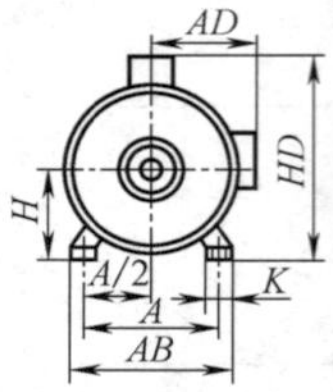

机座号80～355

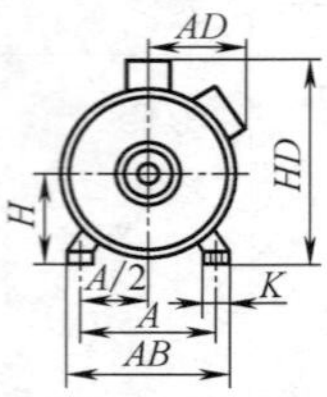

机座号3551、3552

机座号	极数	安装尺寸/mm									外形尺寸/mm				
		A	B	C	D	E	F	G	H	K	AB	AC	AD	HD	L
80M	2、4、6	125	100	50	19	40	6	15.5	80	10	165	175	145	220	305
90S		140		56	24	50	8	20	90		180	195	165	260	360
90L			125												390
100L		160	140	63	28	60		24	100	12	205	215	180	275	435
112M		190		70					112		230	240	190	300	470
132S		216		89	38	80	10	33	132		270	275	210	345	510
132M			178												560
160M		254	210	108	42	110	12	37	160	14.5	320	330	255	420	700
160L			254												740
180M		279	241	121	48		14	42.5	180		355	380	280	455	790
180L			279												790
200L		318	305	133	55		16	49	200	18.5	395	420	305	505	830
225S	4	356	286	149	60	140	18	53	225		435	470	335	560	830
225M	2		311		55	110	16	49							825
	4、6				60	140	18	53							855
250M	2	406	349	168					250	24	490	510	370	615	915
	4、6				65			58							
280S	2	457	368	190					280		550	580	410	680	985
	4、6				75		20	67.5							
280M	2		419		65		18	58							1035
	4、6				75		20	67.5							
315S	2	508	406	216	65		18	58	315	28	635	645	530	845	1180
	4、6				80	170	22	71							1290
315M	2		457		65	140	18	58							1210
	4、6				80	170	22	71							1320
315L	2		508		65	140	18	58							1210
	4、6				80	170	22	71							1320
355M	2	610	560	254	75	140	20	67.5	355		730	710	655	1010	1500
	4、6				95	170	25	86							1530
355L	2		630		75	140	20	67.5							1500
	4、6				95	170	25	86							1530
3551	2	630	800	224	80	170	22	71		35	760	770	760	1130	1870
3552	4、6				110	210	28	100							1920

表 30-34d　机座带底脚、端盖上有凸缘（带通孔）的电动机

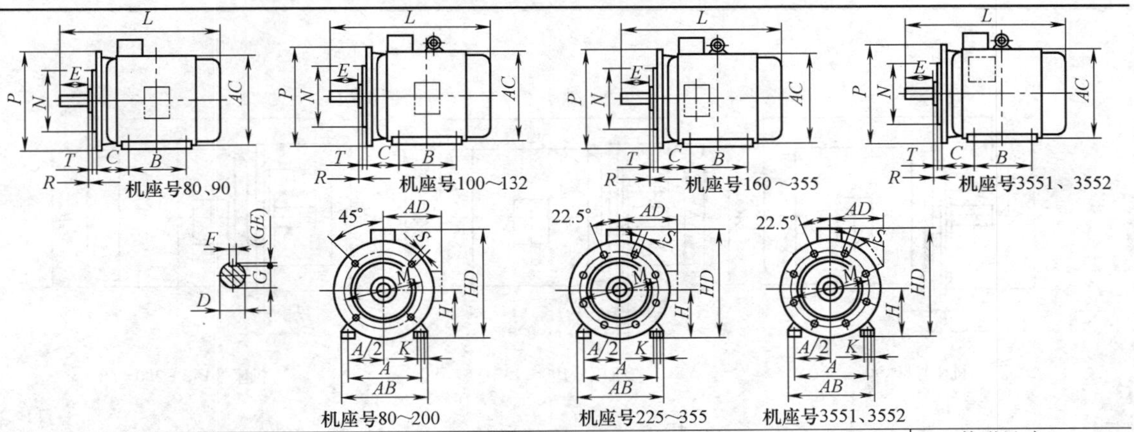

机座号	凸缘号	极数	安装尺寸/mm																外形尺寸/mm				
			A	B	C	D	E	F	G	H	K	M	N	P①	R②	S	T	凸缘孔数	AB	AC	AD	HD	L
80M	FF165	2、4、6	125	100	50	19	40	6	15.5	80	10	165	130	200	0	12	3.5	4	165	175	145	220	305
90S			140		56	24	50	8	20	90									180	195	165	260	360
90L				125																			390
100L	FF215		160	140	63	28	60		24	100	12	215	180	250		14.5	4		250	215	180	270	435
112M			190		70					112									230	240	190	300	470
132S	FF265		216		89	38	80	10	33	132		265	230	300					270	275	210	345	510
132M				178																			560
160M	FF300		254	210	108	42	110	12	37	160	14.5	300	250	350					320	330	255	420	670
160L				254																			700
180M			279	241	121	48		14	42.5	180									355	380	280	455	740
180L				279																			790
200L	FF350		318	305	133	55		16	49	200	18.5	350	300	400		18.5	5		390	420	305	505	790
225S	FF400	4	356	286	149	60	140	18	53	225		400	350	450				8	435	470	335	560	830
225M		2		311		55	110	16	49														825
		4、6				60	140	18	53														855
250M	FF500	2	406	349	168					250	24	500	450	550					490	510	370	615	915
		4、6				65			58														
280S		2	457	368	190					280									550	580	410	680	985
		4、6				75		20	67.5														
280M		2		419		65		18	58														1035
		4、6				75		20	67.5														
315S	FF600	2	508	406	216	65	140	18	58	315	28	600	550	660					635	645	530	845	1180
		4、6				80	170	22	71														1290
315M		2		457		65	140	18	58														1210
		4、6				80	170	22	71														1320
315L		2		508		65	140	18	58														1210
		4、6				80	170	22	71														1320
355M	FF740	2	610	560	254	75	140	20	67.5	355		740	680	800		24	6		730	710	655	1010	1500
		4、6				95	170	25	86														1530
355L		2		630		75	140	20	67.5														1500
		4、6				95	170	25	86														1530
3551	FF840	2	630	800	224	80	170	22	71		35	840	780	900					760	900	760	1130	1870
3552		4、6				110	210	28	100														1920

① P 尺寸为最大极限值。

② R 为凸缘配合面至轴伸肩的距离。

表 30-34e 机座不带底脚、端盖上有凸缘（带通孔）的电动机

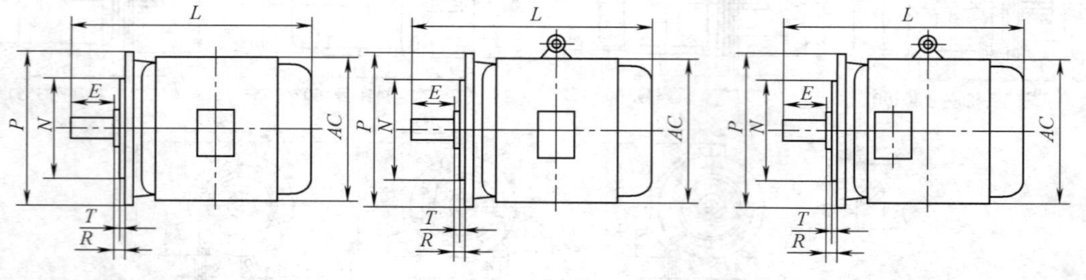

机座号80、90　　机座号100～132　　机座号160～280

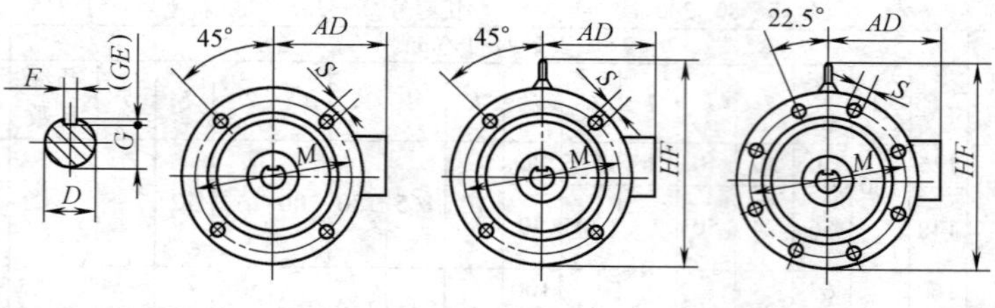

机座号80、90　　机座号100～200　　机座号225～280

机座号	凸缘号	极数	安装尺寸/mm											外形尺寸/mm			
			D	E	F	G	M	N	P①	R②	S	T	凸缘孔数	AC	AD	HF	L
80M	FF165	2、4、6	19	40	6	15.5	165	130	200	0	12	3.5	4	175	145	—	305
90S			24	50	8	20								195	165	—	320
90L																	390
100L	FF215		28	60		24	215	180	250		14.5	4		215	180	245	435
112M														240	190	265	470
132S	FF265		38	80	10	33	265	230	300					275	210	315	510
132M																	560
160M	FF300		42	110	12	37	300	250	350		18.5	5		330	255	385	670
160L																	700
180M			48		14	42.5								380	280	430	740
180L																	790
200L	FF350		55		16	49	350	300	400					420	305	480	790
225S	FF400	4	60	140	18	53	400	350	450				8	470	335	535	830
225M		2	55	110	16	49											825
		4、6	60	140	18	53											855
250M	FF500	2					500	450	550					510	370	595	915
		4、6	65			58											
280S		2												580	410	650	985
		4、6	75		20	67.5											
280M		2	65		18	58											1035
		4、6	75		20	67.5											

① P 尺寸为最大极限值。

② R 为凸缘配合面至轴伸肩的距离。

表 30-34f　机座带底脚、端盖上有凸缘（带螺孔）的电动机

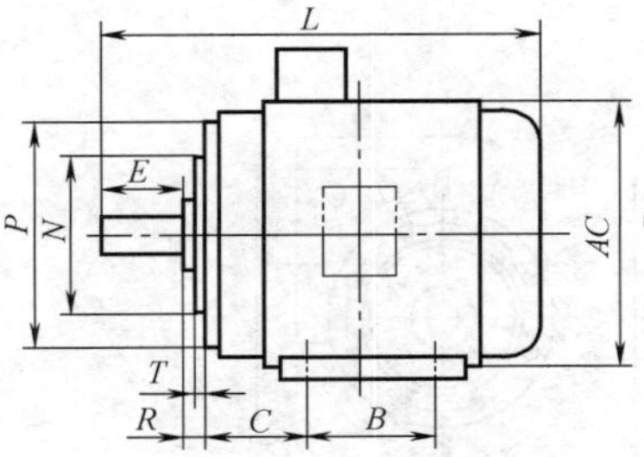

机座号80、90

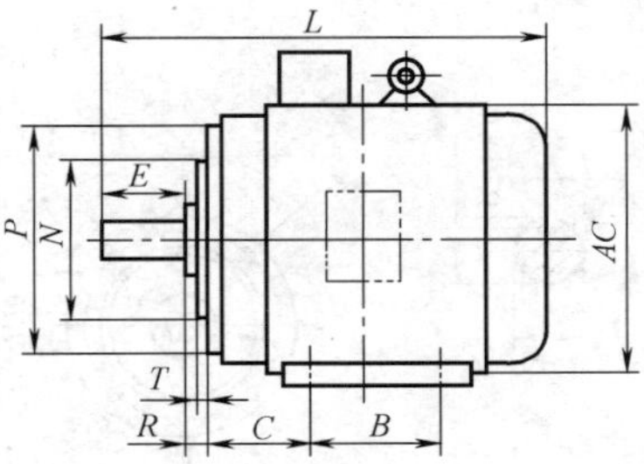

机座号100、112

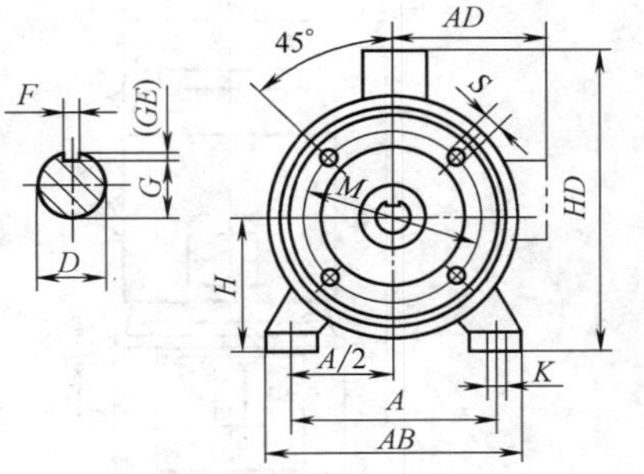

机座号80～112

机座号	凸缘号	极数	安装尺寸/mm																外形尺寸/mm				
			A	*B*	*C*	*D*	*E*	*F*	*G*	*H*	*K*	*M*	*N*	*P*①	*R*②	*S*	*T*	凸缘孔数	*AB*	*AC*	*AD*	*HD*	*L*
80M	FT100	2、4、6	125	100	50	19	40	6	15.5	80	10	100	80	120	0	M6	3.0	4	165	175	145	220	305
90S	FT115		140		56	24	50	8	20	90		115	95	140		M8			180	195	165	250	360
90L				125																			390
100L	FT130		160	140	63	28	60		24	100	12	130	110	160			3.5		205	215	180	270	435
112M			190		70					112									230	240	190	300	470

① *P* 尺寸为最大极限值。
② *R* 为凸缘配合面至轴伸肩的距离。

表 30-34g　机座不带底脚、端盖上有凸缘（带螺孔）的电动机

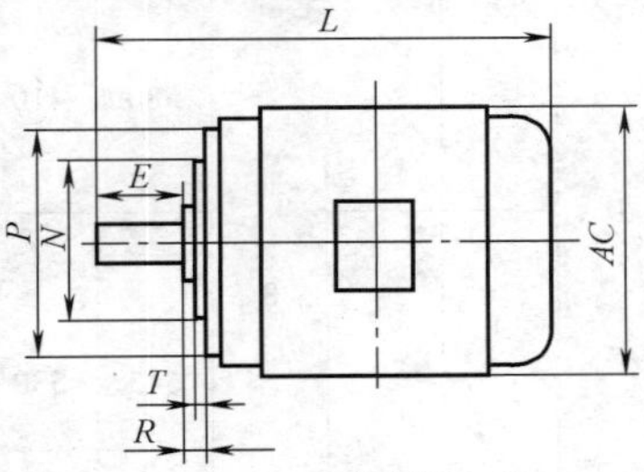

机座号80、90

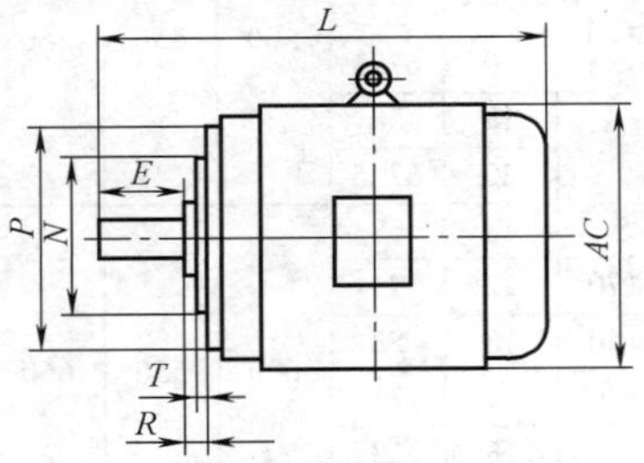

机座号100 、112

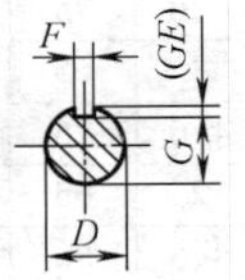

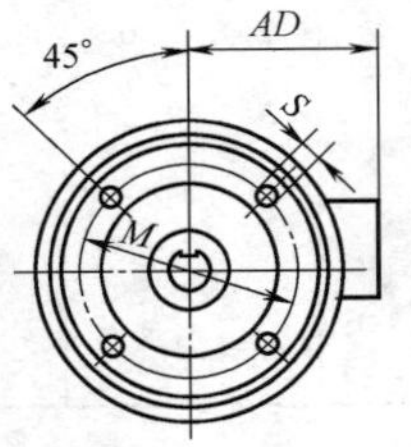

机座号80、90

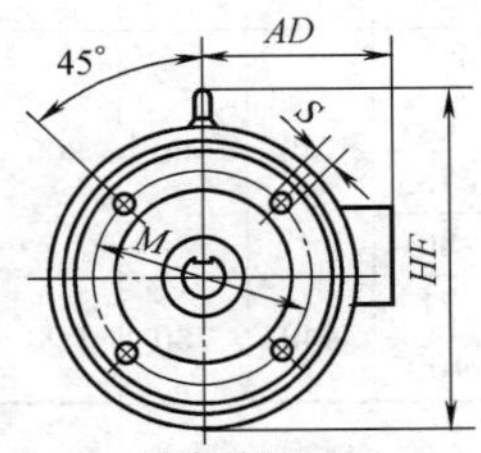

机座号100、112

机座号	凸缘号	极数	安装尺寸/mm										外形尺寸/mm			
			D	*E*	*F*	*G*	*M*	*N*	*P*①	*R*②	*S*	*T*	凸缘孔数	*AC*	*AD*	*HF*	*L*
80M	FT100	2、4、6	19	40	6	15.5	100	80	120	0	M6	3.0	4	175	145	—	305
90S	FT115		24	50	8	20	115	95	140		M8			195	165		360
90L																	390
100L	FT130		28	60		24	130	110	160			3.5		215	180	245	435
112M														240	190	265	470

① *P* 尺寸为最大极限值。
② *R* 为凸缘配合面至轴伸肩的距离。

表 30-34h　立式安装、机座不带底脚、端盖上有凸缘（带通孔）、轴伸向下的电动机

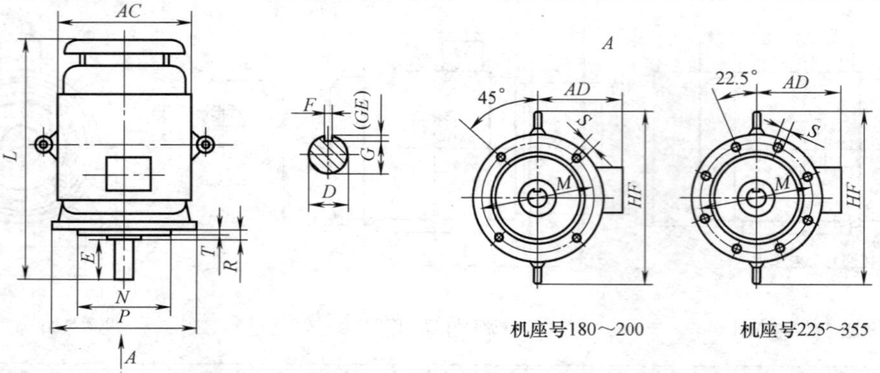

机座号180～200　　　机座号225～355

机座号	凸缘号	极数	安装尺寸/mm										凸缘孔数	外形尺寸/mm			
			D	E	F	G	M	N	P①	R②	S	T		AC	AD	HF	L
180M	FF300	2、4、6	48	110	14	42.5	300	250	350	0	18.5	5	4	380	280	500	760
180L																	800
200L	FF350		55		16	49	350	300	400					420	305	550	840
225S	FF400	4	60	140	18	53	400	350	450				8	470	335	610	910
225M		2	55	110	16	49											905
		4、6	60	140	18	53											935
250M	FF500	2					500	450	550					510	370	650	1015
		4、6	65			58											
280S		2												580	410	720	1110
		4、6	75		20	67.5											
280M		2	65		18	58											1150
		4、6	75		20	67.5											
315S	FF600	2	65		18	58	600	550	660		24	6		645	530	900	1280
		4、6	80	170	22	71											1400
315M		2	65	140	18	58											1310
		4、6	80	170	22	71											1430
315L		2	65	140	18	58											1310
		4、6	80	170	22	71											1430
355M	FF740	2	75	140	20	65.7	740	680	800					710	655	1010	1640
		4、6	95	170	25	86											1670
355L		2	75	140	20	67.5											1640
		4、6	95	170	25	86											1670
355_2^1	FF840	2	80	170	22	71	840	780	900					900	760	1220	1920
		4、6	110	210	28	100											1970

① P 尺寸为最大极限值。

② R 为凸缘配合面至轴伸肩的距离。

表 30-34i　效率和功率因数的保证值

额定功率/kW	同步转速/(r/min)					
	3000	1500	1000	3000	1500	1000
	效率 η(%)			功率因数(cosφ)		
0.75	77.4	79.6	75.9	0.82	0.76	0.71
1.1	79.6	81.4	78.1	0.83	0.77	0.72
1.5	81.3	82.8	79.8	0.84	0.78	0.72
2.2	83.2	84.3	81.8	0.85	0.80	0.72
3	84.6	85.5	83.3	0.87	0.81	0.72
4	85.8	86.6	84.6	0.88	0.81	0.74

（续）

额定功率/kW	同步转速/(r/min)					
	3000	1500	1000	3000	1500	1000
	效率 η(%)			功率因数(cosφ)		
5.5	87.0	87.7	86.0	0.88	0.82	0.75
7.5	88.1	88.7	87.2	0.89	0.83	0.78
11	89.4	89.8	88.7	0.89	0.83	0.79
15	90.3	90.6	89.7	0.89	0.84	0.82
18.5	90.9	91.2	90.4	0.89	0.85	0.80
22	91.3	91.6	90.9	0.89	0.85	0.81
30	92.0	92.3	91.7	0.89	0.85	0.82
37	92.5	92.7	92.2	0.89	0.86	0.83
45	92.9	93.1	92.7	0.89	0.86	0.85
55	93.2	93.5	93.1	0.89	0.86	0.86
75	93.8	94.0	93.7	0.89	0.87	0.84
90	94.1	94.2	94.0	0.89	0.88	0.85
110	94.3	94.5	94.3	0.90	0.89	0.85
132	94.6	94.7	94.6	0.90	0.89	0.86
160	94.8	94.9	94.8	0.91	0.90	0.86
200	95.0	95.1	95.0	0.91	0.90	0.86
250	95.0	95.1	95.0	0.91	0.90	0.86
315	95.0	95.1	95.0	0.91	0.90	0.86
355	95.0	95.1		0.91	0.89	—
375	95.0	95.1		0.91	0.88	—

30-34j　堵转转矩对额定转矩之比的保证值

<table>
<tr><th rowspan="3">额定功率/kW</th><th colspan="3">同步转速/(r/min)</th></tr>
<tr><th>3000</th><th>1500</th><th>1000</th></tr>
<tr><th colspan="3">堵转转矩/额定转矩</th></tr>
<tr><td>0.75</td><td rowspan="4">2.3</td><td rowspan="6">2.3</td><td rowspan="24">2.0</td></tr>
<tr><td>1.1</td></tr>
<tr><td>1.5</td></tr>
<tr><td>2.2</td></tr>
<tr><td>3</td><td rowspan="8">2.2</td></tr>
<tr><td>4</td></tr>
<tr><td>5.5</td><td rowspan="5">2.0</td></tr>
<tr><td>7.5</td></tr>
<tr><td>11</td></tr>
<tr><td>15</td></tr>
<tr><td>18.5</td></tr>
<tr><td>22</td><td rowspan="3">2.1</td></tr>
<tr><td>30</td><td rowspan="2">2.0</td></tr>
<tr><td>37</td></tr>
<tr><td>45</td><td rowspan="2">2.2</td><td rowspan="4">2.2</td></tr>
<tr><td>55</td></tr>
<tr><td>75</td><td rowspan="6">1.8</td></tr>
<tr><td>90</td></tr>
<tr><td>110</td><td rowspan="4">2.1</td></tr>
<tr><td>132</td></tr>
<tr><td>160</td></tr>
<tr><td>200</td></tr>
<tr><td>250</td><td rowspan="4">1.6</td><td rowspan="2">2.0</td></tr>
<tr><td>315</td></tr>
<tr><td>355</td><td rowspan="2">1.7</td><td rowspan="2">—</td></tr>
<tr><td>375</td></tr>
</table>

表 30-34k　最小转矩对额定转矩之比的保证值

<table>
<tr><th rowspan="3">额定功率/kW</th><th colspan="3">同步转速/(r/min)</th></tr>
<tr><th>3000</th><th>1500</th><th>1000</th></tr>
<tr><th colspan="3">最小转矩/额定转矩</th></tr>
<tr><td>0.75</td><td rowspan="3">1.5</td><td rowspan="3">1.6</td><td>1.5</td></tr>
<tr><td>1.1</td><td rowspan="7">1.3</td></tr>
<tr><td>1.5</td></tr>
<tr><td>2.2</td><td rowspan="3">1.4</td><td rowspan="3">1.5</td></tr>
<tr><td>3</td></tr>
<tr><td>4</td></tr>
<tr><td>5.5</td><td rowspan="4">1.2</td><td rowspan="4">1.4</td></tr>
<tr><td>7.5</td></tr>
<tr><td>11</td><td rowspan="6">1.2</td></tr>
<tr><td>15</td></tr>
<tr><td>18.5</td><td rowspan="4">1.1</td><td rowspan="4">1.2</td></tr>
<tr><td>22</td></tr>
<tr><td>30</td></tr>
<tr><td>37</td></tr>
<tr><td>45</td><td rowspan="2">1.0</td><td rowspan="2">1.1</td><td rowspan="2">1.1</td></tr>
<tr><td>55</td></tr>
<tr><td>75</td><td rowspan="5">0.9</td><td rowspan="5">1.0</td><td rowspan="5">1.0</td></tr>
<tr><td>90</td></tr>
<tr><td>110</td></tr>
<tr><td>132</td></tr>
<tr><td>160</td></tr>
<tr><td>200</td><td rowspan="3">0.8</td><td rowspan="2">0.9</td><td rowspan="2">0.9</td></tr>
<tr><td>250</td></tr>
<tr><td>315</td><td rowspan="3">0.8</td><td>0.8</td></tr>
<tr><td>355</td><td rowspan="2">0.7</td><td rowspan="2">—</td></tr>
<tr><td>375</td></tr>
</table>

表 36-34l　最大转矩对额定转矩之比的保证值

<table>
<tr><th rowspan="3">额定功率/kW</th><th colspan="3">同步转速/(r/min)</th></tr>
<tr><th>3000</th><th>1500</th><th>1000</th></tr>
<tr><th colspan="3">最大转矩/额定转矩</th></tr>
<tr><td>0.75</td><td rowspan="16">2.3</td><td rowspan="16">2.3</td><td rowspan="14">2.1</td></tr>
<tr><td>1.1</td></tr>
<tr><td>1.5</td></tr>
<tr><td>2.2</td></tr>
<tr><td>3</td></tr>
<tr><td>4</td></tr>
<tr><td>5.5</td></tr>
<tr><td>7.5</td></tr>
<tr><td>11</td></tr>
<tr><td>15</td></tr>
<tr><td>18.5</td></tr>
<tr><td>22</td></tr>
<tr><td>30</td></tr>
<tr><td>37</td></tr>
<tr><td>45</td><td rowspan="10">2.0</td></tr>
<tr><td>55</td></tr>
<tr><td>75</td><td rowspan="10">2.2</td><td rowspan="10">2.2</td></tr>
<tr><td>90</td></tr>
<tr><td>110</td></tr>
<tr><td>132</td></tr>
<tr><td>160</td></tr>
<tr><td>200</td></tr>
<tr><td>250</td></tr>
<tr><td>315</td></tr>
<tr><td>355</td><td rowspan="2">—</td></tr>
<tr><td>375</td></tr>
</table>

表 30-34m　堵转电流对额定电流之比的保证值

额定功率/kW	同步转速/(r/min) 3000	1500	1000
	堵转电流/额定电流		
0.75	6.8	6.4	5.8
1.1	7.1	6.6	5.9
1.5	7.3	6.7	5.9
2.2	7.6	7.3	6.2
3	7.8	7.5	6.4
4	8.1	7.5	6.6
5.5	8.2	7.5	6.8
7.5	7.8	7.3	6.8
11	7.9	7.4	6.9
15	7.9	7.5	7.3
18.5	8.0	7.6	7.2
22	8.1	7.7	7.3
30	7.5	7.1	6.8
37	7.5	7.3	7.0
45	7.5	7.3	7.2
55	7.6	7.3	7.2
75	6.9	6.8	6.5
90	6.9	6.9	6.6
110	7.0	6.9	6.6
132	7.0	6.9	6.6
160	7.1	6.9	6.7
200	7.1	6.9	6.8
250	7.1	6.9	6.8
315	7.2	6.9	6.8
355	7.2	6.5	—
375	7.2	6.5	—

注：计算堵转电流对额定电流之比时，所采用的额定电流值按额定功率、额定电压及效率和功率因数的保证值（不计及容差）求得。

表 30-34n　不同轴中心高（H）用位移、速度和加速度表示的振动强度限值（方均根值）

中心高/mm	$80 \leqslant H \leqslant 132$			$132 < H \leqslant 280$			$H > 280$		
安装方式	位移/μm	速度/(mm/s)	加速度/(m/s²)	位移/μm	速度/(mm/s)	加速度/(m/s²)	位移/μm	速度/(mm/s)	加速度/(m/s²)
自由悬置	25	1.6	2.5	35	2.2	3.5	45	2.8	4.4
刚性安装	21	1.3	2.0	29	1.8	2.8	37	2.3	3.6

表 30-34o　空载时最大 A 计权声功率级的噪声数值 L_{WA}

中心高/mm	同步转速/(r/min)		
	3000	1500	1000
	声功率级/dB(A)		
80	62	56	—
90	67	59	57
100	74	64	61
112	77	65	65
132	79	71	69
160	81	73	73
180	83	76	73
200	84	76	73
225	86	78	74
250	89	79	76
280	91	80	78
315	92	88	83
355	100	95	85
3551、3552	104	102	91

表 30-34p　负载时 A 计权声功率级的噪声允许最大增加值 ΔL_{WA}

中心高/mm	同步转速/(r/min)		
	3000	1500	1000
	声功率级/dB(A)		
$80 \leqslant H \leqslant 160$	2	5	7
$H=180$、200	2	4	6
$225 \leqslant H \leqslant 280$	2	3	6
$H=315$	2	3	5
$H=355$	2	2	4

(4) YX3 系列（IP55）高效三相异步电动机（摘自 GB/T 22722—2008）（见表 30-35）

表 30-35a　结构及安装代码

机座号	结构及安装代码(IM)
80~112	B14、B34、V18、V19
80~160	B3、B5、B6、B7、B8、B35、V1、V3、V5、V6、V15、V17、V35、V37
180~280	B3、B5、B35、V1
315~355	B3、B35、V1

表 30-35b　机座号与转速及功率的对应关系

机座号	同步转速/(r/min)		
	3000	1500	1000
	功率/kW		
80M1	0.75	0.55	—
80M2	1.1	0.75	—
90S	1.5	1.1	0.75
90L	2.2	1.5	1.1
100L1	3	2.2	1.5
100L2		3	
112M	4	4	2.2
132S1	5.5	5.5	3
132S2	7.5		
132M1	—	7.5	4
132M2			5.5
160M1	11	11	7.5
160M2	15		
160L	18.5	15	11
180M	22	18.5	—
180L	—	22	15
200L1	30	30	18.5
200L2	37	30	22
225S	—	37	—
225M	45	45	30
250M	55	55	37
280S	75	75	45
280M	90	90	55
315S	110	110	75
315M	132	132	90
315L1	160	160	110
315L2	200	200	132
355M1	250	250	160
355M2			200
355L	315	315	250

注：S、M、L 后面的数字 1、2 分别代表同一机座号和转速下的不同功率。

表 30-35c　机座带底脚、端盖上无凸缘的电动机

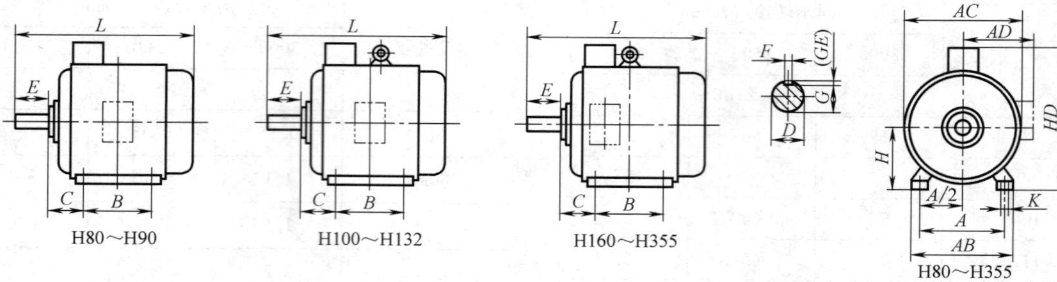

机座号	极数	安装尺寸/mm									外形尺寸/mm				
		A	B	C	D	E	F	G	H	K	AB	AC	AD	HD	L
80M	2、4、6	125	100	50	19	40	6	15.5	80	10	165	175	145	220	305
90S		140		56	24	50	8	20	90		180	195	165	260	360
90L			125					24							390
100L		160	140	63	28	60			100	12	205	215	180	270	435
112M		190		70				33	112		230	240	190	300	470
132S		216		89	38	80	10		132		270	275	210	345	510
132M			178												560
160M		254	210	108	42	110	12	37	160	14.5	320	330	255	420	670
160L			254												700
180M		279	241	121	48		14	42.5	180		355	380	280	455	740
180L			279												790
200L		318	305	133	55		16	49	200	18.5	395	420	305	505	790
225S	4	356	286	149	60	140	18	53	225		435	470	335	560	830
225M	2		311		55	110	16	49							825
	4、6				60	140	18	53							855
250M	2	406	349	168					250	24	490	510	370	615	915
	4、6				65			58							
280S	2	457	368	190					280		550	580	410	680	985
	4、6				75		20	67.5							
280M	2		419		65		18	58							1035
	4、6				75		20	67.5							
351S	2	508	406	216	65		18	58	315	28	635	645	530	845	1180
	4、6				80	170	22	71							1290
315M	2		457		65	140	18	58							1210
	4、6				80	170	22	71							1320
315L	2		508		65	140	18	58							1210
	4、6				80	170	22	71							1320
355M	2	610	560	254	75	140	20	67.5	355		730	710	655	1010	1500
	4、6				95	170	25	86							1530
355L	2		630		75	140	20	67.5							1500
	4、6				95	170	25	86							1530

表 30-35d　机座带底脚、端盖上有凸缘（带通孔）的电动机

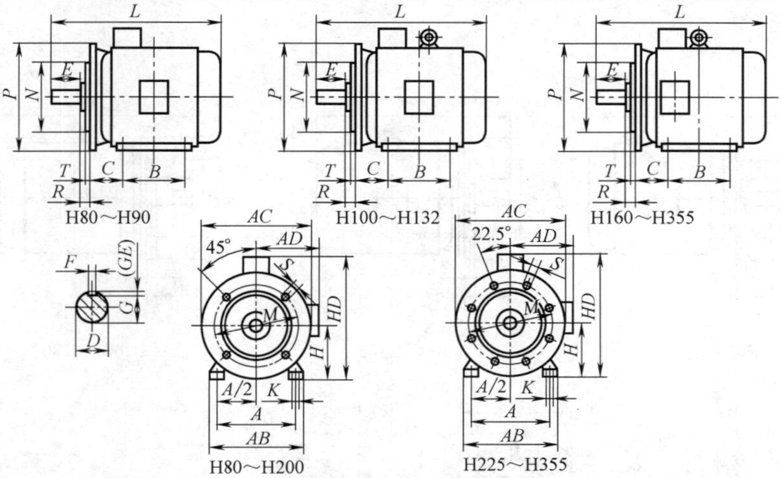

机座号	凸缘号	极数	A	B	C	D	E	F	G	H	K	M	N	P①	R②	S	T	凸缘孔数	AB	AC	AD	HD	L
80M	FF165	2、4、6	125	100	50	19	40	6	15.5	80	10	165	130	200	0	12	3.5	4	165	175	145	220	305
90S			140		56	24	50	8	20	90									180	195	165	260	360
90L				125																			390
100L	FF215		160		63	28	60		24	100	12	215	180	250		14.5	4		205	215	180	270	435
112M			190	140	70					112									230	240	190	300	470
132S	FF265		216		89	38	80	10	33	132		265	230	300					270	275	210	345	510
132M				178																			560
160M	FF300		254	210	108	42	110	12	37	160	14.5	300	250	350		18.5	5		320	330	255	420	670
160L				254																			700
180M			279	241	121	48		14	42.5	180									355	380	280	455	740
180L				279																			790
200L	FF350		318	305	133	55		16	49	200		350	300	400					395	420	305	505	790
225S	FF400	4	356	286	149	60	140	18	53	225	18.5	400	350	450				8	435	470	335	560	830
225M		2		311		55	110	16	49														825
		4、6				60	140	18	53														855
250M	FF500	2	406	349	168					250									490	510	370	615	915
		4、6				65			58														
280S		2	457	368	190					280	24	500	450	550					550	580	410	680	985
		4、6				75		20	67.5														
280M		2		419		65		18	58														1035
		4、6				75		20	67.5														
315S	FF600	2	508	406	216	65		18	58	315	28	600	550	660		24	6		635	645	530	845	1180
		4、6				80	170	22	71														1290
315M		2		457		65	140	18	58														1210
		4、6				80	170	22	71														1320
315L		2		508		65	140	18	58														1210
		4、6				80	170	22	71														1320
355M	FF740	2	610	560	254	75	140	20	67.5	355		740	680	800					730	710	655	1010	1500
		4、6				95	170	25	86														1530
355L		2		630		75	140	20	67.5														1500
		4、6				95	170	25	86														1530

注：A～T、凸缘孔数为安装尺寸/mm；AB～L为外形尺寸/mm。

① P 尺寸为最大极限值。

② R 为凸缘配合面至轴伸肩的距离。

表 30-35e　机座不带底脚、端盖上有凸缘（带通孔）的电动机

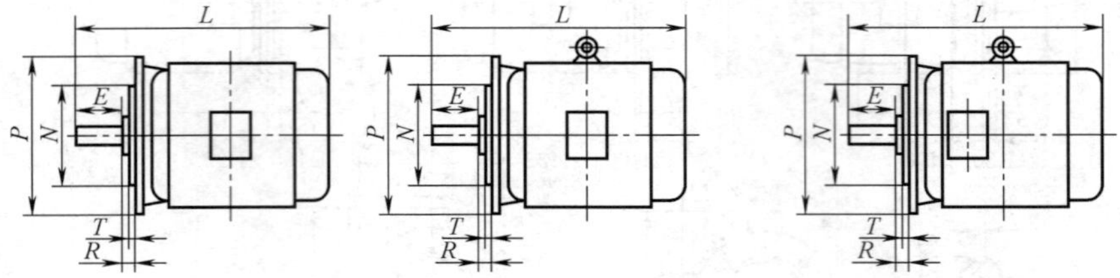

H80～H90　H100～H132　H160～H280

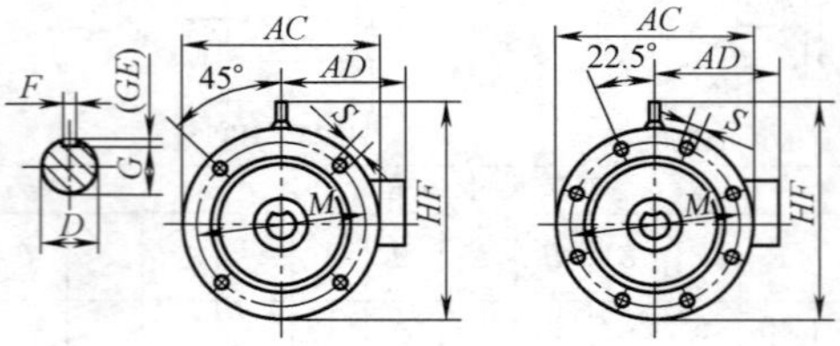

H80～H200　H225～H280

机座号	凸缘号	极数	安装尺寸/mm											外形尺寸/mm			
			D	E	F	G	M	N	P①	R②	S	T	凸缘孔数	AC	AD	HF	L
80M	FF165	2、4、6	19	40	6	15. 5	165	130	200	0	12	3. 5	4	175	145	—	305
90S			24	50	8	20								195	165	—	360
90L																	390
100L	FF215		28	60		24	215	180	250		14. 5	4		215	180	245	435
112M														240	190	265	470
132S	FF265		38	80	10	33	265	230	300					275	210	315	510
132M																	560
160M	FF300		42	110	12	37	300	250	350		18. 5	5		330	255	385	670
160L																	700
180M			48		14	42. 5								380	280	430	740
180L																	790
200L	FF350		55		16	49	350	300	400					420	305	480	790
225S	FF400	4	60	140	18	53	400	350	450				8	470	335	535	830
225M		2	55	110	16	49											825
		4、6	60	140	18	53											855
250M	FF500	2					500	450	550					510	370	595	915
		4、6	65			58											
280S		2												580	410	650	985
		4、6	75		20	67. 5											
280M		2	65		18	58											1035
		4、6	75		20	67. 5											

① P 尺寸为最大极限值。

② R 为凸缘配合面至轴伸肩的距离。

表 30-35f 机座带底脚、端盖上有凸缘（带螺孔）的电动机

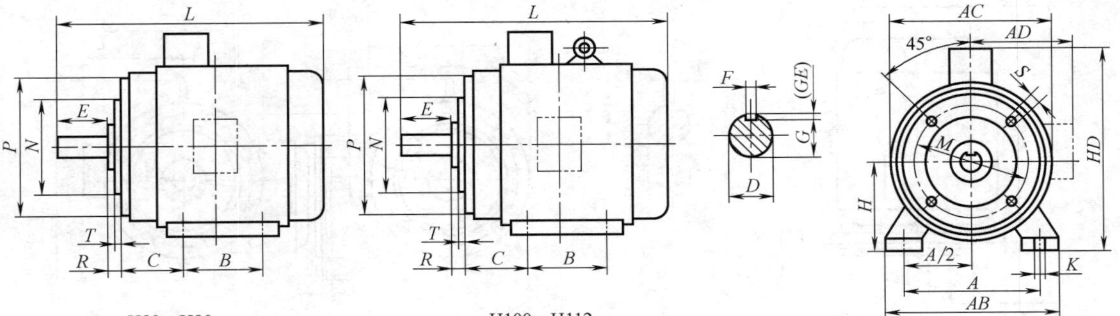

H80～H90　　H100～H112　　H80～H112

机座号	凸缘号	极数	安装尺寸/mm																外形尺寸/mm				
			A	B	C	D	E	F	G	H	K	M	N	P①	R②	S	T	凸缘孔数	AB	AC	AD	HD	L
80M	FT100	2、4、6	125	100	50	19	40	6	15.5	80	10	100	80	120	0	M6	3.0	4	165	175	145	220	305
90S	FT115		140		56	24	50	8	20	90		115	95	140		M8			180	195	165	260	360
90L				125																			390
100L	FT130		160	140	63	28	60		24	100	12	130	110	160			3.5		205	215	180	270	435
112M			190		70					112									230	240	190	300	470

① P 尺寸为最大极限值。
② R 为凸缘配合面至轴伸肩的距离。

表 30-35g 机座不带底脚、端盖上有凸缘（带螺孔）的电动机

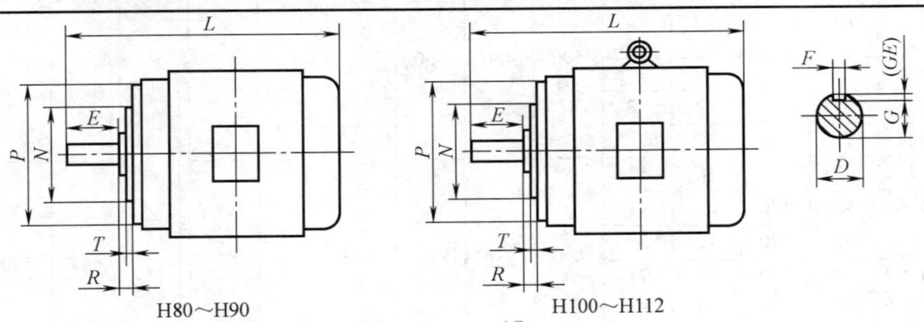

H80～H90　　H100～H112

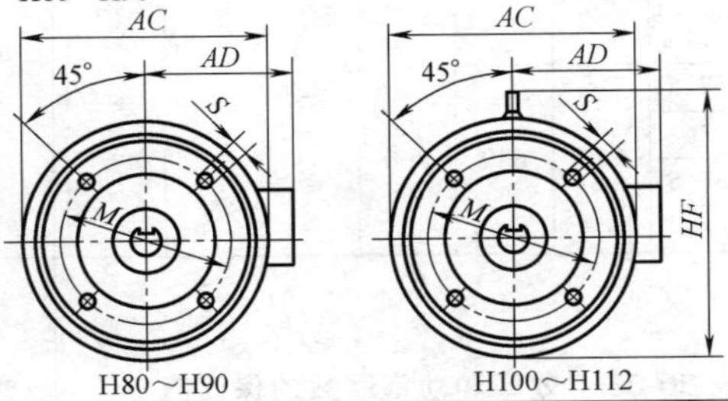

H80～H90　　H100～H112

机座号	凸缘号	极数	安装尺寸/mm											外形尺寸/mm			
			D	E	F	G	M	N	P①	R②	S	T	凸缘孔数	AC	AD	HF	L
80M	FT100	2、4、6	19	40	6	15.5	100	80	120	0	M6	3.0	4	175	145	—	305
90S	FT115		24	50	8	20	115	95	140		M8			195	165		360
90L																	390
100L	FT130		28	60		24	130	110	160			3.5		215	180	245	435
112M														240	190	265	470

① P 尺寸为最大极限值。
② R 为凸缘配合面至轴伸肩的距离。

表 30-35h　立式安装、机座不带底脚、端盖上有凸缘（带通孔）、轴伸向下的电动机

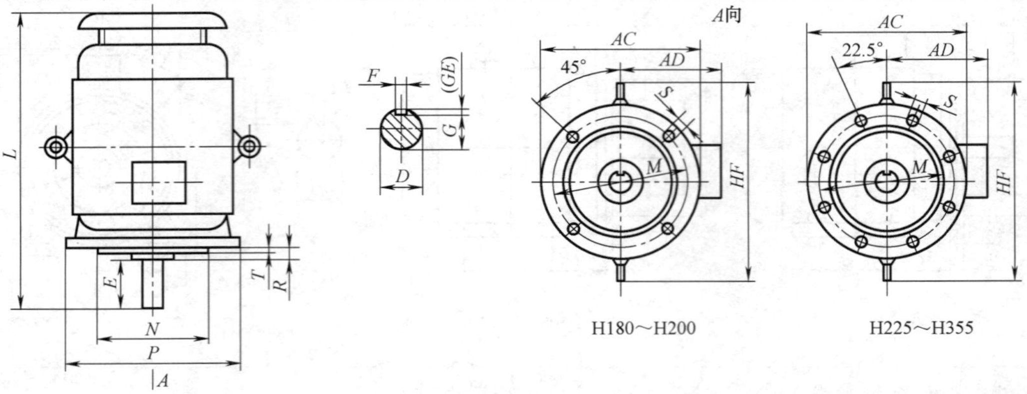

机座号	凸缘号	极数	安装尺寸/mm											外形尺寸/mm			
			D	E	F	G	M	N	P①	R②	S	T	凸缘孔数	AC	AD	HF	L
180M	FF300	2、4、6	48	110	14	42.5	300	250	350	0	18.5	5	4	380	280	500	800
180L																	850
200L	FF350		55		16	49	350	300	400					420	305	550	860
225S	FF400	4	60	140	18	53	400	350	450				8	470	335	610	920
225M		2	55	110	16	49											915
		4、6	60	140	18	53											945
250M	FF500	2					500	450	550					510	370	650	1020
		4、6	65			58											
280S		2												580	410	720	1110
		4、6	75		20	67.5											
280M		2	65		18	58											1150
		4、6	75		20	67.5											
315S	FF600	2	65		18	58	600	550	660		24	6		645	530	900	1300
		4、6	80	170	22	71											1420
315M		2	65	140	18	58											1330
		4、6	80	170	22	71											1450
315L		2	65	140	18	58											1330
		4、6	80	170	22	71											1450
355M	FF740	2	75	140	20	67.5	740	680	800					710	655	1010	1640
		4、6	95	170	25	86											1670
355L		2	75	140	20	67.5											1640
		4、6	95	170	25	86											1670

① *P* 尺寸为最大极限值。

② *R* 为凸缘配合面至轴伸肩的距离。

表 30-35i　效率和功率因数的保证值

功率/kW	同步转速/(r/min)					
	3000	1500	1000	3000	1500	1000
	效率 η(%)			功率因数 cosφ		
0.55	—	80.7	—	—	0.75	—
0.75	77.5	82.3	77.7	0.83	0.75	0.72
1.1	82.8	83.8	79.9	0.83	0.75	0.73
1.5	84.1	85.0	81.5	0.84	0.75	0.74
2.2	85.6	86.4	83.4	0.85	0.81	0.74
3	86.7	87.4	84.9	0.87	0.82	0.74
4	87.6	88.3	86.1	0.88	0.82	0.74

（续）

功率/kW	同步转速/(r/min)					
	3000	1500	1000	3000	1500	1000
	效率 η(%)			功率因数 $\cos\varphi$		
5.5	88.6	89.2	87.4	0.88	0.82	0.75
7.5	89.5	90.1	89.0	0.89	0.83	0.78
11	90.5	91.0	90.0	0.89	0.85	0.79
15	91.3	91.8	91.0	0.89	0.86	0.81
18.5	91.8	92.2	91.5	0.89	0.86	0.81
22	92.2	92.6	92.0	0.89	0.86	0.82
30	92.9	93.2	92.5	0.89	0.86	0.81
37	93.3	93.6	93.0	0.89	0.86	0.84
45	93.7	93.9	93.5	0.89	0.86	0.86
55	94.0	94.2	93.8	0.89	0.86	0.86
75	94.6	94.7	94.2	0.89	0.88	0.85
90	95.0	95.0	94.5	0.89	0.88	0.84
110	95.0	95.4	95.0	0.90	0.88	0.85
132	95.4	95.4	95.0	0.90	0.88	0.86
160	95.4	95.4	95.0	0.91	0.89	0.87
200	95.4	95.4	95.0	0.91	0.89	0.87
250	95.8	95.8	95.0	0.91	0.90	0.87
315	95.8	95.8	—	0.91	0.90	—

表 30-35j　堵转转矩对额定转矩之比的保证值

<table>
<tr><th rowspan="3">功率/kW</th><th colspan="3">同步转速/(r/min)</th></tr>
<tr><th>3000</th><th>1500</th><th>1000</th></tr>
<tr><th colspan="3">堵转转矩/额定转矩</th></tr>
<tr><td>0.55</td><td>—</td><td rowspan="7">2.3</td><td>—</td></tr>
<tr><td>0.75</td><td rowspan="6">2.3</td><td rowspan="4">2.1</td></tr>
<tr><td>1.1</td></tr>
<tr><td>1.5</td></tr>
<tr><td>2.2</td></tr>
<tr><td>3</td><td rowspan="3">2.0</td></tr>
<tr><td>4</td></tr>
<tr><td>5.5</td><td rowspan="11">2.2</td><td rowspan="2">2.0</td></tr>
<tr><td>7.5</td><td rowspan="2">2.1</td></tr>
<tr><td>11</td><td rowspan="15">2.2</td></tr>
<tr><td>15</td><td>2.0</td></tr>
<tr><td>18.5</td><td rowspan="2">2.1</td></tr>
<tr><td>22</td></tr>
<tr><td>30</td><td>2.0</td></tr>
<tr><td>37</td><td rowspan="3">2.1</td></tr>
<tr><td>45</td></tr>
<tr><td>55</td></tr>
<tr><td>75</td><td rowspan="8">2.0</td><td rowspan="7">2.0</td></tr>
<tr><td>90</td></tr>
<tr><td>110</td></tr>
<tr><td>132</td></tr>
<tr><td>160</td></tr>
<tr><td>200</td></tr>
<tr><td>250</td></tr>
<tr><td>315</td><td>—</td></tr>
</table>

表 30-35k　最小转矩对额定转矩之比的保证值

<table>
<tr><th rowspan="3">功率/kW</th><th colspan="3">同步转速/(r/min)</th></tr>
<tr><th>3000</th><th>1500</th><th>1000</th></tr>
<tr><th colspan="3">最小转矩/额定转矩</th></tr>
<tr><td>0.55</td><td>—</td><td>1.7</td><td>—</td></tr>
<tr><td>0.75</td><td rowspan="3">1.5</td><td rowspan="3">1.6</td><td>1.5</td></tr>
<tr><td>1.1</td><td rowspan="7">1.3</td></tr>
<tr><td>1.5</td></tr>
<tr><td>2.2</td><td rowspan="3">1.4</td><td rowspan="3">1.5</td></tr>
<tr><td>3</td></tr>
<tr><td>4</td></tr>
<tr><td>5.5</td><td rowspan="4">1.2</td><td rowspan="4">1.4</td></tr>
<tr><td>7.5</td></tr>
<tr><td>11</td><td rowspan="6">1.2</td></tr>
<tr><td>15</td></tr>
<tr><td>18.5</td><td rowspan="4">1.1</td><td rowspan="4">1.2</td></tr>
<tr><td>22</td></tr>
<tr><td>30</td></tr>
<tr><td>37</td></tr>
<tr><td>45</td><td rowspan="2">1.0</td><td rowspan="2">1.1</td><td rowspan="2">1.1</td></tr>
<tr><td>55</td></tr>
<tr><td>75</td><td rowspan="5">0.9</td><td rowspan="5">1.0</td><td rowspan="5">1.0</td></tr>
<tr><td>90</td></tr>
<tr><td>110</td></tr>
<tr><td>132</td></tr>
<tr><td>160</td></tr>
<tr><td>200</td><td rowspan="3">0.8</td><td rowspan="2">0.9</td><td>0.9</td></tr>
<tr><td>250</td><td rowspan="2">—</td></tr>
<tr><td>315</td><td>0.8</td></tr>
</table>

表 30-35l 最大转矩对额定转矩之比的保证值

<table>
<tr><th rowspan="3">功率/kW</th><th colspan="3">同步转速/(r/min)</th></tr>
<tr><th>3000</th><th>1500</th><th>1000</th></tr>
<tr><th colspan="3">最大转矩/额定转矩</th></tr>
<tr><td>0.55</td><td>—</td><td rowspan="19">2.3</td><td>—</td></tr>
<tr><td>0.75</td><td rowspan="18">2.3</td><td rowspan="14">2.1</td></tr>
<tr><td>1.1</td></tr>
<tr><td>1.5</td></tr>
<tr><td>2.2</td></tr>
<tr><td>3</td></tr>
<tr><td>4</td></tr>
<tr><td>5.5</td></tr>
<tr><td>7.5</td></tr>
<tr><td>11</td></tr>
<tr><td>15</td></tr>
<tr><td>18.5</td></tr>
<tr><td>22</td></tr>
<tr><td>30</td></tr>
<tr><td>37</td></tr>
<tr><td>45</td><td rowspan="8">2.0</td></tr>
<tr><td>55</td></tr>
<tr><td>75</td></tr>
<tr><td>90</td></tr>
<tr><td>110</td><td rowspan="6">2.2</td><td rowspan="6">2.2</td></tr>
<tr><td>132</td></tr>
<tr><td>160</td></tr>
<tr><td>200</td></tr>
<tr><td>250</td><td rowspan="2">—</td></tr>
<tr><td>315</td></tr>
</table>

表 30-35m 堵转电流对额定电流之比的保证值

功率/kW	同步转速/(r/min) 3000	1500	1000
	堵转电流/额定电流		
0.55	—	6.3	—
0.75	6.8	6.5	5.8
1.1	7.3	6.6	5.9
1.5	7.6	6.9	6.0
2.2	7.8	7.5	6.0
3	8.1	7.6	6.2
4	8.3	7.7	6.8
5.5	8.0	7.5	7.1
7.5	7.8	7.4	6.7
11	7.9	7.5	6.9
15	8.0	7.5	7.2
18.5	8.1	7.7	7.2
22	8.2	7.8	7.3
30	7.5	7.2	7.1
37	7.5	7.3	7.1
45	7.6	7.4	7.2
55	7.6	7.4	7.2
75	6.9	6.7	6.7
90	7.0	6.9	6.7
110	7.1	6.9	6.7
132	7.1	6.9	6.7
160	7.1	6.9	6.7
200	7.1	6.9	6.7
250	7.1	6.9	6.7
315	7.1	6.9	—

注：计算堵转电流对额定电流之比时，所采用的额定电流应按额定功率、额定电压及效率和功率因数的保证值（不计及容差）求得。

表 30-35n 不同轴中心高 *H*（mm）用位移、速度和加速度表示的振动强度限值（方均根值）

轴中心高 *H*/mm	80<*H*≤132			132<*H*≤280			280<*H*≤355		
安装方式	位移/μm	速度/(mm/s)	加速度/(m/s^2)	位移/μm	速度/(mm/s)	加速度/(m/s^2)	位移/μm	速度/(mm/s)	加速度/(m/s^2)
自由悬置	25	1.6	2.5	35	2.2	3.5	45	2.8	4.4
刚性安装	21	1.3	2.0	29	1.8	2.8	37	2.3	3.6

表 30-35o A 计权声功率级的噪声数值

中心高/mm	同步转速/(r/min)		
	3000	1500	1000
	声功率级/dB(A)		
80	62	56	—
90	67	59	57
100	74	64	61
112	77	65	65
132	79	71	69
160	81	73	70
180	83	76	73
200	84	76	73
225	86	78	74
250	89	79	76
280	91	80	78
315	92	88	83
355	100	95	85

(5) Y 系列 (IP23) 防护式笼型三相异步电动机

1) 结构特点。此系列电动机采用防淋水结构，能防止直径大于 12mm 的固体异物进入，并能防止沿垂直线成 60°或小于 60°的淋水对电动机的影响。

表 30-35p 负载噪声数值的增值

中心高/mm	同步转速/(r/min)		
	3000	1500	1000
	声功率级/dB(A)		
$80 \leqslant H \leqslant 160$	2	5	7
$180 \leqslant H \leqslant 200$	2	4	6
$225 \leqslant H \leqslant 280$	2	3	5
$H=315$	2	3	5
$H=355$	2	2	4

2) 主要性能及特点。此系列电动机具有效率高、耗电少、性能好、噪声低、振动小、体积小、质量轻、运行可靠、维修方便等特点。绝缘等级为 B 级。

3) 应用场合。适用于驱动无特殊要求的各种机械设备，如切削机床、水泵、鼓风机、破碎机、运输机械等。

4) 使用条件。①海拔不超过 1000m；②环境温度不超过 40℃；③额定电压为 380V，额定频率为 50Hz；④3kW 及以下功率电动机为 Y 联接，4kW 及以上功率电动机为 Δ 连接。

5) 安装方式。B3、B5 或 B35 及其派生型式，根据用户需要可以生产立式电动机。

6) 技术数据见表 30-36a。

7) 安装尺寸及外形尺寸见表 30-36b。

表 30-36a Y 系列 (IP23) 防护型三相异步电动机技术数据 (摘自 JB/T 5271—2010)

型号	额定功率/kW	效率(%)	功率因数 $\cos\phi$	空载噪声/dB(A)	负载时噪声增量/dB(A)	堵转电流/额定电流	最大转矩/额定转矩	最小转矩/额定转矩	堵转转矩/额定转矩
同步转速 3000r/min									
Y160M-2	15	88.0	0.88	85	2	7.0	2.2	1.2	1.7
Y160L1-2	18.5	89.0	0.89			7.0	2.2	1.1	1.8
Y160L2-2	22	89.5				7.0	2.2	1.1	2.0
Y180M-2	30	89.5		88		7.0	2.2	1.1	1.7
Y180L-2	37	90.5				7.0	2.2	1.1	1.9
Y200M-2	45	91.0		90		7.0	2.2	0.9	1.9
Y200L-2	55	91.5				7.0	2.2	0.9	1.9
Y225M-2	75	91.5		92		6.7	2.2	0.8	1.8
Y250S-2	90	92.0		96		6.8	2.2	0.8	1.7

（续）

型号	额定功率/kW	效率(%)	功率因数 cosφ	空载噪声/dB(A)	负载时噪声增量/dB(A)	堵转电流/额定电流	最大转矩/额定转矩	最小转矩/额定转矩	堵转转矩/额定转矩
同步转速 3000r/min									
Y250M-2	110	92.5	0.90	96	2	6.8	2.2	0.8	1.7
Y280M-2	132	92.5		98		6.8	2.2	0.8	1.6
Y315S-2	160	92.5		102		6.8	2.0	0.83	1.4
Y315M1-2	(185)	92.5				6.8	2.0	0.71	1.4
Y315M2-2	200	93.0				6.8	2.0	0.71	1.4
Y315M3-2	(220)	93.5				6.8	2.0	0.71	1.4
Y315M4-2	250	93.8	0.88			6.8	2.0	0.71	1.2
Y355M2-2	(280)	94.0		104		6.5	1.8	0.71	1.0
Y355M3-2	315	94.0	0.89			6.5	1.8	0.71	1.0
Y355L1-2	355	94.3				6.5	1.8	0.71	1.0
同步转速 1500r/min									
Y160M-4	11	87.5	0.85	76	5	7.0	2.2	1.3	1.9
Y160L1-4	15	88.0	0.86	80		7.0	2.2	1.2	2.0
Y160L2-4	18.5	89.0	0.86			7.0	2.2	1.2	2.0
Y180M-4	22	89.5	0.86		4	7.0	2.2	1.2	1.9
Y180L-4	30	90.5	0.87	84		7.0	2.2	1.2	1.9
Y200M-4	37	90.5	0.87	87		7.0	2.2	1.2	2.0
Y200L-4	45	91.5	0.87	87		7.0	2.2	1.1	2.0
Y225M-4	55	91.5	0.88	88	3	7.0	2.2	1.1	1.8
Y250S-4	75	92.0	0.88	89		6.7	2.2	0.9	2
Y250M-4	90	92.5	0.88	89		6.7	2.2	0.9	2.2
Y280S-4	110	92.5	0.88	92		6.7	2.2	0.9	1.7
Y280M-4	132	93.0	0.88	92		6.8	2.2	0.9	1.8
Y315S-4	160	93.0	0.88	98		6.8	2.0	0.95	1.4
Y315M1-4	(185)	93.5	0.88			6.8	2.0	0.83	1.4
315M2-4	200	93.8	0.88			6.8	2.0	0.83	1.4
Y315M3-4	(220)	94.0	0.88			6.8	2.0	0.83	1.4
Y315M4-4	250	94.3	0.88			6.8	2.0	0.83	1.2
Y355M2-4	(280)	94.3	0.89	99	2	6.5	1.8	0.71	2.2
Y355M3-4	315	94.3	0.90	99		6.5	1.8	0.71	1.0
Y355L1-4	355	94.5	0.90	99		6.5	1.8	0.71	1.0
同步转速 1000r/min									
Y160M-6	7.5	85.0	0.79	74	7	6.5	2.0	1.3	2.0
Y160L1-6	11	86.5	0.78	74		6.5	2.0	1.2	2.0
Y180M-6	15	88.0	0.81	78	6	6.5	2.0	1.2	1.8
Y180L-6	18.5	88.5	0.83	78		6.5	2.0	1.2	1.8
Y200M-6	22	89.0	0.85	81		6.5	2.0	1.2	1.7
Y200L-6	30	89.5	0.85	81		6.5	2.0	1.2	1.7
Y225M-6	37	90.5	0.87	81		6.5	2.0	1.2	1.8
Y250S-6	45	91.0	0.86	83		6.5	2.0	1.1	1.8
Y250M-6	55	91.0	0.87	83		6.5	2.0	1.1	1.8
Y280S-6	75	91.5	0.87	86		6.5	2.0	0.9	1.8
Y280M-6	90	92.0	0.88	86		6.5	2.0	0.9	1.8

（续）

型号	额定功率/kW	效率（%）	功率因数 cosφ	空载噪声/dB(A)	负载时噪声增量/dB(A)	堵转电流/额定电流	最大转矩/额定转矩	最小转矩/额定转矩	堵转转矩/额定转矩
同步转速 3000r/min									
Y315S-6	110	93.0	0.87	90	5	6.5	1.8	0.95	1.3
Y315M1-6	132	93.5	0.87	90		6.5	1.8	0.95	1.3
Y315M2-6	160	93.8	0.87	90		6.5	1.8	0.95	1.3
Y355M1-6	(185)	94.0	0.87	95	4	6.0	1.8	0.83	1.1
Y355M2-6	200	94.0	0.87			6.0	1.8	0.83	1.1
Y355M3-6	(220)	94.0	0.88			6.0	1.8	0.83	1.1
Y355M4-6	250	94.3	0.88			6.0	1.8	0.83	1.1
Y355L1-6	(280)	94.3	0.88			6.0	1.8	0.71	1.1
同步转速 750r/min									
Y160M-8	5.5	83.5	0.73	73	8	6.0	2.0	1.2	2.0
Y160L1-8	7.5	85.0	0.73	73		6.0	2.0	1.2	2.0
Y180M-8	11	86.5	0.74	77	7	6.0	2.0	1.1	1.8
Y180L-8	15	87.5	0.76	77		6.0	2.0	1.1	1.8
Y200M-8	18.5	88.5	0.78	80		6.0	2.0	1.1	1.7
Y200L-8	22	89.0	0.78	80		6.0	2.0	1.1	1.8
Y225M-8	30	89.5	0.81	80		6.0	2.0	1.1	1.7
Y250S-8	37	90.0	0.80	81		6.0	2.0	1.1	1.6
Y250M-8	45	90.5	0.80	81		6.0	2.0	0.9	1.8
Y280S-8	55	91.0	0.80	83		6.0	2.0	0.9	1.8
Y280M-8	75	91.5	0.81	83		6.0	2.0	0.8	1.8
Y315S-8	90	92.2	0.81	89	6	6.0	1.8	0.83	1.3
Y315M1-8	110	92.8	0.81	89		6.0	1.8	0.83	1.3
Y315M2-8	132	93.3	0.81	89		6.0	1.8	0.83	1.3
Y355M2-8	160	93.5	0.81	93	5	5.5	1.8	0.83	1.1
Y355M3-8	(185)	93.5	0.81			5.5	1.8	0.83	1.1
Y355M4-8	200	93.5	0.81			5.5	1.8	0.83	1.1
Y355L1-8	(220)	94.0	0.81			5.5	1.8	0.83	1.1
Y355L2-8	250	94.0	0.79			5.5	1.8	0.83	1.1
同步转速 600r/min									
Y315S-10	55	91.5	0.74	87	7	5.5	1.8	0.71	1.2
Y315M1-10	75	92.0	0.74	90		5.5	1.8	0.71	1.2
Y315M2-10	90	92.0	0.76	90		5.5	1.8	0.71	1.2
Y355M2-10	110	92.5	0.78	90	7	5.5	1.8	0.71	1.0
Y355M3-10	132	92.8	0.79	94		5.5	1.8	0.71	1.0
Y355L1-10	160	92.8	0.79	94		5.5	1.8	0.71	1.0
Y355L2-10	(185)	93.0	0.79	94		5.5	1.8	0.71	1.0
同步转速 500r/min									
Y355M4-12	90	92.0	0.74	90	6	5.5	1.8	0.5	1.0
Y355L1-12	110	92.3	0.75	90		5.5	1.8	0.5	1.0
Y355L2-12	132	92.5	0.75	94		5.5	1.8	0.5	1.0

表 30-36b　Y 系列三相异步电动机的安装尺寸（摘自 JB/T 5271—2010）（单位：mm）

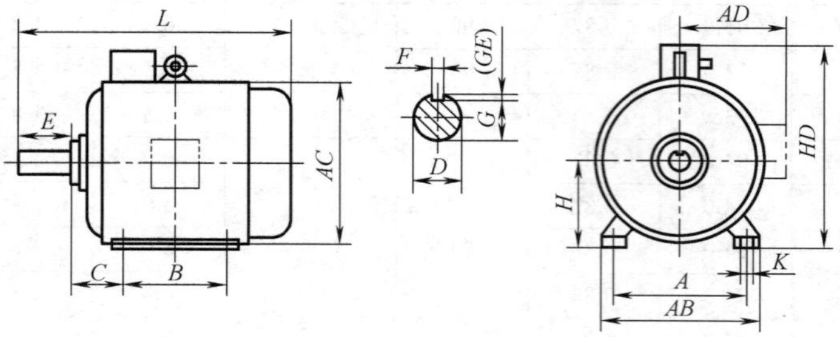

机座带底脚，端盖上无凸缘的电动机

机座号	极数	安装尺寸									外形尺寸				
		A	*B*	*C*	*D*	*E*	*F*	*G*	*H*	*K*	*AB*	*AC*	*AD*	*HD*	*L*
160M	2、4、6、8	254	210	108	48	110	14	42.5	160	14.5	330	380	290	440	676
160L			254												
180M	2、4、6、8	279	241	121	55		16	49	180		350	420	325	505	726
180L			279												
200M	2、4、6、8	318	267	133	60	140	18	53	200	18.5	400	465	350	570	820
200L			305												886
225M	2	356	311	149					225		450	520	395	640	880
	4、6、8				65			58							
250S	2	406		168					250	24	510	550	410	710	930
	4、6、8				75		20	67.5							
250M	2		349		65		18	58							960
	4、6、8				75		20	67.5							
280S	4、6、8		368		80	170	22	71	280		570	610	485	785	1090
280M	2	457	419	190	65	140	18	58							
	4、6、8				80	170	22	71							1140
315S	2		406		70	140	20	62.5	315	28	630	792	586	928	1130
	4、6、8、10			216	90	170	25	81							1160
315M	2	508	457		70	140	20	62.5							1240
	4、6、8、10				90	170	25	81							1270
355M	2		560		75	140	20	67.5	355		710	980	630	1120	1550
	4、6、8、10			254	100	210	28	90							1620
355L	2	610	630		75	140	20	67.5							1620
	4、6、8、10				100	210	28	90							1690

(6) Y 系列（IP44）封闭式笼型三相异步电动机

1）结构特点。采用封闭自扇冷式结构。能防止灰尘、铁屑或其他固体异物进入电动机内，能防止任何方向的溅水对电动机的影响。一般只有一个轴伸端。

2）此系列电动机的主要性能特点，与 Y 系列（IP23）电动机相同。

3）应用场合。除与 Y 系列（IP23）电动机相同外，还适用于灰尘多、土扬水溅的场合，如农用机械、矿山机械、搅拌机、磨粉机等。

4）使用条件与 Y 系列（IP23）相同，电动机工作制为 S_1 工作制。

5）安装方式。B_3、B_5、B_{35} 及其派生型式。

6）技术数据见表 30-37a。

7）安装尺寸及外形尺寸见表 30-37b～表 30-37e。

表 30-37a　Y 系列（IP44）三相异步电动机技术数据

型号	额定功率/kW	效率(%)	功率因数 cosϕ	空载噪声/dB(A)	负载时噪声增量/dB(A)	堵转电流/额定电流	最大转矩/额定转矩	最小转矩/额定转矩	堵转转矩/额定转矩
同步转速 3000r/min									
Y80M1-2	0.75	75.0	0.84	66/71		6.1	2.3	1.5	2.2
Y80M2-2	1.1	76.2	0.86	66/71		7.0	2.3	1.5	2.2
T90S-2	1.5	78.5	0.85	70/75		7.0	2.3	1.5	2.2
T90L-2	2.2	81.0	0.86	70/75		7.0	2.3	1.4	2.2
Y100L1-2	3	82.6	0.87	74/79		7.5	2.3	1.4	2.2
Y100L2-2	3	82.6	0.87	74/79		7.5	2.3	1.4	2.2
Y112M-2	4	84.2	0.87	74/70		7.5	2.3	1.4	2.2
Y132S1-2	5.5	85.7	0.88	78/83		7.5	2.3	1.2	2.0
Y132S2-2	7.5	87.0	0.88	78/83		7.5	2.3	1.2	2.0
Y160M1-2	11	88.4	0.88	82/87		7.5	2.3	1.2	2.0
Y160M2-2	15	89.4		82/87		7.5	2.3	1.2	2.0
Y160L-2	18.5	90.0		82/87		7.5	2.2	1.2	2.0
Y180M-2	22	90.5		87/91		7.5	2.2	1.1	2.0
Y200L1-2	30	91.4		90/93	2	7.5	2.2	1.1	2.0
Y200L2-2	37	92.0		90/93		7.5	2.2	1.1	2.0
Y225M-2	45	92.5		90/95		7.5	2.2	1.0	2.0
Y250M-2	55	93.0		92/95		7.5	2.2	1.0	2.0
Y280S-2	75	93.6	0.89	94/97		7.5	2.2	0.9	2.0
Y280M-2	90	93.9		94/97		7.5	2.2	0.9	2.0
Y315S-2	110	94.0		99/97		7.1	2.2	0.9	1.8
Y315M-2	132	94.5		99/100		7.1	2.2	0.9	1.8
Y315L1-2	160	94.6		99/100		7.1	2.2	0.9	1.8
Y315L2-2	200	94.8		99/100		7.1	2.2	0.8	1.8
Y355M1-2	(220)	94.8		—/100		7.1	2.2	0.71	1.2
Y355M2-2	250	95.2				7.1	2.2	0.71	1.2
Y355L1-2	(280)	95.2	0.90	—/104		7.1	2.2	0.71	1.2
Y355L2-2	315	95.4				7.1	2.2	0.71	1.2
同步转速 1500r/min									
Y80M1-4	0.55	71.0	0.76	56/67		5.2	2.3	1.7	2.4
Y80M2-4	0.75	73.0	0.76	56/67	5	6.0	2.3	1.6	2.3
Y90S-4	1.1	76.2	0.78	61/67		6.0	2.3	1.6	2.3
Y90L-4	1.5	78.5	0.79	62/67		6.0	2.3	1.6	2.3
Y100L1-4	2.2	81.0	0.82	65/68		7.0	2.3	1.5	2.2
Y100L2-4	3	82.6	0.81	65/70		7.0	2.3	1.5	2.2
Y112M-4	4	84.2	0.82	68/70	4	7.0	2.3	1.5	2.2
Y132S1-4	5.5	85.7	0.84	70/73		7.0	2.3	1.4	2.2
Y132S2-4	5.5	85.7	0.84	70/73		7.0	2.3	1.4	2.2

（续）

型号	额定功率/kW	效率(%)	功率因数 cosϕ	空载噪声/dB(A)	负载时噪声增量/dB(A)	堵转电流/额定电流	最大转矩/额定转矩	最小转矩/额定转矩	堵转转矩/额定转矩
同步转速 1500r/min									
Y132M1-4	7.5	87.0	0.85	71/78	4	7.0	2.3	1.4	2.2
Y132M2-4	7.5	87.0	0.85	71/78		7.0	2.3	1.4	2.2
Y160M1-4	11	88.4	0.84	75/78		7.0	2.3	1.4	2.2
Y160M2-4	11	88.4	0.84	75/78		7.0	2.3	1.4	2.2
Y160L-4	15	89.4	0.85	77/82		7.0	2.3	1.4	2.2
Y180M-4	18.5	90.0	0.86	77/82		7.0	2.2	1.2	2.0
Y180L-4	22	90.5	0.86	77/82		7.0	2.2	1.2	2.0
Y200L1-4	30	91.4	0.87	79/84		7.0	2.2	1.2	2.0
Y200L2-4	30	91.4	0.87	79/84		7.0	2.2	1.2	2.0
Y225S-4	37	92.0	0.87	79/84		7.0	2.2	1.2	1.9
Y225M-4	45	92.5	0.88	79/84	3	7.2	2.2	1.1	1.9
Y250M-4	55	93.0	0.88	81/86		7.2	2.2	1.1	2.0
Y280S-4	75	93.6	0.88	85/90		7.2	2.2	1.0	1.9
Y280M-4	90	93.9	0.89	85/90		7.2	2.2	1.0	1.9
Y315S-4	110	94.5	0.89	93/94		7.1	2.2	1.0	1.8
Y315M-4	132	94.8	0.89	96/98		7.1	2.2	1.0	1.8
Y315L1-4	160	94.9	0.89	96/98		7.1	2.2	1.0	1.8
Y315L2-4	200	94.8	0.89	98/96		6.9	2.2	0.9	1.8
Y355M1-4	(220)	94.9	0.89	—/98		6.9	2.2	0.83	1.4
Y355M2-4	250	94.9	0.87	—/102		6.9	2.2	0.83	1.4
Y355L1-4	(280)	95.2	0.87	—/102		6.9	2.2	0.71	1.4
Y355L2-4	315	95.2	0.87	—/102		6.9	2.2	0.71	1.4
同步转速 1000r/min									
Y90S-6	0.75	69.0	0.70	56/65	7	5.5	2.2	1.5	2.0
Y90L-6	1.1	72.0	0.72	56/65		5.5	2.2	1.3	2.0
Y100L1-6	1.5	76.0	0.74	62/67		5.5	2.2	1.3	2.0
Y100L2-6	1.5	76.0	0.74	62/67		5.5	2.2	1.3	2.0
Y112M-6	2.2	79.0	0.74	62/67		6.5	2.2	1.3	2.0
Y132S1-6	3	81.0	0.76	66/71		6.5	2.2	1.3	2.0
Y132S2-6	3	81.0	0.76	66/71		6.5	2.2	1.3	2.0
Y132M1-6	4	82.0	0.77	66/71		6.5	2.2	1.3	2.0
Y132M2-6	5.5	84.0	0.78	66/71		6.5	2.2	1.3	2.0
Y160M1-6	7.5	86.0	0.78	69/75		6.5	2.0	1.3	2.0
Y160M2-6	7.5	86.0	0.78	69/75		6.5	2.0	1.3	2.0
Y160L-6	11	87.5	0.78	70/75		6.5	2.0	1.2	2.0
Y180L-6	15	89.0	0.81	70/78	6	7.0	2.0	1.2	2.0
Y200L1-6	18.5	90.0	0.83	73/78		7.0	2.0	1.2	2.0
Y200L2-6	22	90.0	0.83	73/78		7.0	2.0	1.2	2.0
Y225M-6	30	91.5	0.85	76/81		7.0	2.0	1.2	1.7
Y250M-6	37	92.0	0.86	76/81		7.0	2.0	1.2	1.7
Y280S-6	45	92.5	0.87	79/84	5	7.0	2.0	1.1	1.8
Y280M-6	55	92.8	0.87	79/84		7.0	2.0	1.1	1.8
Y315S-6	75	93.5	0.87	87/91		7.0	2.0	1.0	1.6
Y315M-6	90	93.8	0.87	87/91		7.0	2.0	1.0	1.6
Y315L1-6	110	94.0	0.87	87/91		6.7	2.0	1.0	1.6

（续）

型号	额定功率/kW	效率（%）	功率因数 cosϕ	空载噪声/dB(A)	负载时噪声增量/dB(A)	堵转电流/额定电流	最大转矩/额定转矩	最小转矩/额定转矩	堵转转矩/额定转矩
同步转速 1000r/min									
Y315L2-6	132	94.2	0.87	87/92	4	6.7	2.0	1.0	1.6
Y355M1-6	160	94.5	0.86	—/95		6.7	2.0	0.95	1.3
Y355M2-6	(185)	94.5	0.86			6.7	2.0	0.83	1.3
Y355M3-6	200	94.5	0.86			6.7	2.0	0.83	1.3
Y355L1-6	(220)	94.5	0.86			6.7	2.0	0.83	1.3
Y355L2-6	250	94.5	0.86	—/98		6.7	2.0	0.83	1.3
同步转速 750r/min									
Y132S1-8	2.2	80.5	0.71	61/66	8	6.0	2.0	1.2	2.0
Y132S2-8	2.2	80.5	0.71	61/66		6.0	2.0	1.2	2.0
Y132M1-8	3	82.0	0.72	61/66		6.0	2.0	1.2	2.0
Y132M2-8	3	82.0	0.72	61/66		6.0	2.0	1.2	2.0
Y160M1-8	4	84.0	0.73	64/69		6.0	2.0	1.2	2.0
Y160M2-8	5.5	85.0	0.74	64/69		6.0	2.0	1.2	2.0
Y160L-8	7.5	86.0	0.75	67/72		6.0	2.0	1.2	2.0
Y180L-8	11	87.5	0.77	67/72		6.6	2.0	1.1	1.7
Y200L1-8	15	88.0	0.76	70/75	7	6.6	2.0	1.1	1.8
Y200L2-8	15	88.0	0.76	70/75		6.6	2.0	1.1	1.7
Y225S-8	18.5	89.5	0.76	70/75		6.6	2.0	1.1	1.7
Y225M-8	22	90.0	0.78	70/75		6.6	2.0	1.1	1.8
Y250M-8	30	90.5	0.79	73/78		6.6	2.0	1.1	1.8
Y280S-8	37	91.0	0.80	73/78		6.6	2.0	1.1	1.8
Y280M-8	45	91.7	0.80	73/78	6	6.6	2.0	1.0	1.8
Y315S-8	55	92.0	0.80	82/86		6.6	2.0	1.0	1.6
Y315M-8	75	92.5	0.81	82/87		6.6	2.0	0.9	1.6
Y315L1-8	90	93.0	0.82	82/87		6.6	2.0	0.9	1.6
Y315L2-8	110	93.3	0.82	82/87		6.4	2.0	0.9	1.6
Y355M1-8	132	93.8	0.81	—/93	5	6.4	2.0	0.85	1.3
Y355M2-8	160	94.0	0.81	—/93		6.4	2.0	0.85	1.3
Y355L1-8	(185)	94.2	0.81	—/93		6.4	2.0	0.85	1.3
Y355L2-8	200	94.3	0.81	—/93		6.4	2.0	0.85	1.3
同步转速 600r/min									
Y315S-10	45	91.5	0.74	82/87	7	6.2	2.0	0.8	1.4
Y315M-10	55	92.0	0.74	82/87		6.2	2.0	0.8	1.4
Y315L1-10	75	92.5	0.74	82/87		6.2	2.0	0.8	1.4
Y315L2-10	75	92.5	0.75	82/87		6.2	2.0	0.8	1.4
Y355M1-10	90	93.0	0.77	—/93		6.2	2.0	0.71	1.2
Y355M2-10	110	93.2	0.78	—/93	6	6.0	2.0	0.71	1.2
Y355L1-10	132	93.5	0.78	—/96		6.0	2.0	0.71	1.2
Y355L2-10	132	93.5	0.78	—/96		6.0	2.0	0.71	1.2

注：表中空载噪声 dB（A）分子为 1 级，分母为 2 级产品的噪声数据。

表 30-37b　机座带底脚，端盖上无凸缘的电动机的安装尺寸及公差

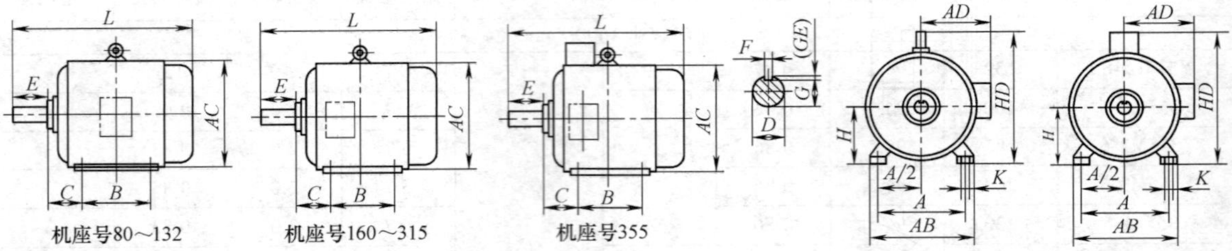

机座号80～132　机座号160～315　机座号355　机座号80～315　机座号355

机座号	极数	安装尺寸/mm									外形尺寸/mm				
		A	*B*	*C*	*D*	*E*	*F*	*G*	*H*	*K*	*AB*	*AC*	*AD*	*HD*	*L*
80M	2、4	125	100	50	19	40	6	15.5	80	10	165	175	150	175	290
90S	2、4、6	140	100	56	24	50	8	20	90		180	195	160	195	315
90L			125					24							340
100L		160	140	63	28	60			100	12	205	215	180	245	380
112M		190	140	70				33	112		245	240	190	265	400
132S	2、4、6、8	216	140	89	38	80	10		132		280	275	210	315	475
132M			178												515
160M		254	210	108	42	110	12	37	160	14.5	330	335	265	385	605
160L			254												650
180M		279	241	121	48		14	42.5	180		355	380	285	430	670
180L			279												710
200L		318	305	133	55		16	49	200	18.5	395	420	315	475	775
225S	4、8	356	286	149	60	140	18	53	225		435	475	345	530	820
225M	2		311		55	110	16	49							815
	4、6、8				60	140	18	53							845
250M	2	406	349	168					250	24	490	515	385	575	930
	4、6				65			58							
280S	2	457	368	190					280		550	580	410	640	1000
	4、6、8				75		20	67.5							
280M	2		419		65		18	58							1050
	4、6、8				75		20	67.5							
351S	2	508	406	216	65		18	58	315	28	635	645	576	865	1240
	4、6、8、10				80	170	22	71							1270
315M	2		457		65	140	18	58							1310
	4、6、8、10				80	170	22	71							1340
315L	2		508		65	140	18	58							1310
	4、6、8、10				80	170	22	71							1340
355M	2	610	560	254	75	140	20	67.5	355		740	750	680	1035	1540
	4、6、8、10				95	170	25	86							1570
355L	2		630		75	140	20	67.5							1540
	4、6、8、10				95	170	25	86							1570

表 30-37c　机座带底脚，端盖上有凸缘（带通孔）的电动机的安装尺寸及公差

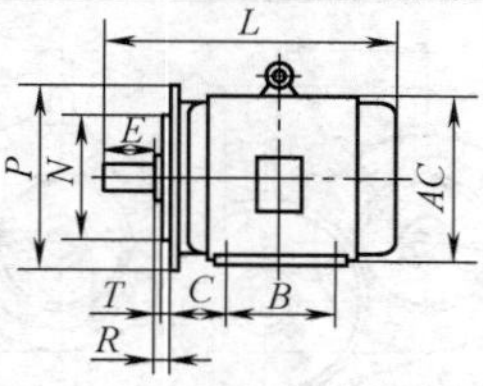

机座号80～132

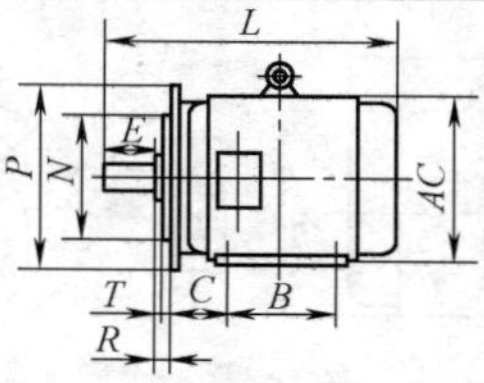

机座号160～315

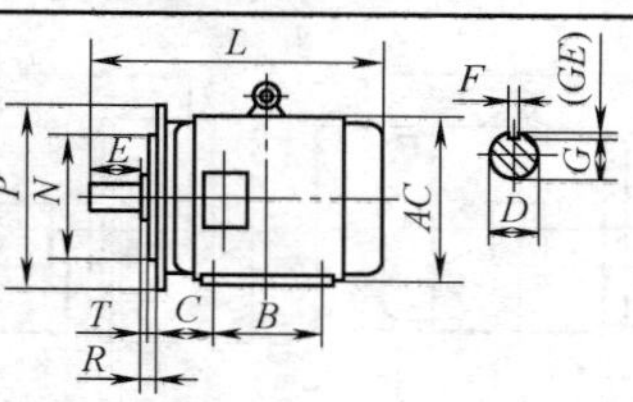

机座号355

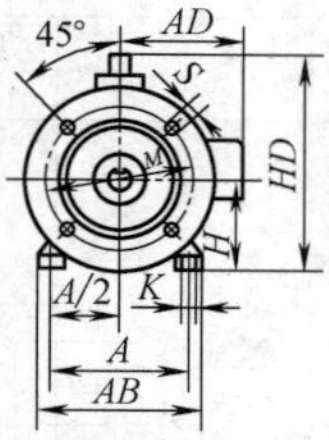

机座号80～200

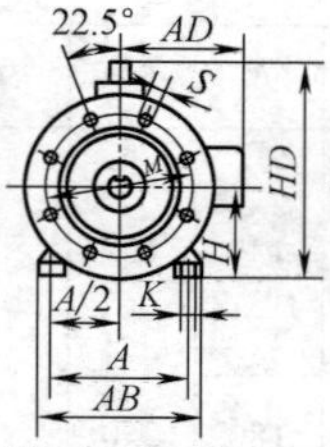

机座号225～315

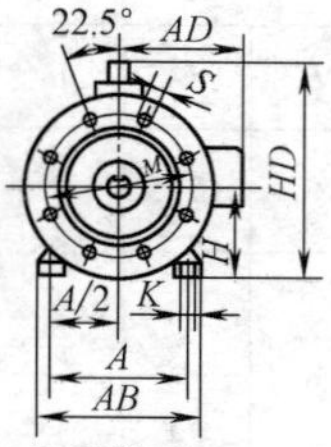

机座号355

机座号	凸缘号	极数	安装尺寸/mm															凸缘孔数	外形尺寸/mm				
			A	B	C	D	E	F	G	H	K	M	N	P①	R②	S	T		AB	AC	AD	HD	L
80M	FF165	2、4	125	100	50	19	40	6	15.5	80	10	165	130	200	0	12	3.5	4	165	175	150	175	290
90S		2、4、6	140		56	24	50	8	20	90									180	195	160	195	315
90L				125																			340
100L	FF215		160		63	28	60		24	100	12	215	180	250		14.5	4		205	215	180	245	380
112M			190	140	70					112									245	240	190	365	400
132S	FF265	2、4、6、8	216		89	38	80	10	33	132		265	230	300					280	275	210	315	475
132M				178																			515
160M	FF300		254	210	108	42	110	12	37	160	14.5	300	250	350					330	335	265	385	605
160L				254																			650
180M			279	241	121	48		14	42.5	180									355	380	285	430	670
180L				279																			710
200L	FF350		318	305	133	55		16	49	200		350	300	400					395	420	315	475	775
225S	FF400	4、8	356	286	149	60	140	18	53	225	18.5	400	350	450		18.5	5	8	435	475	345	530	820
225M		2		311		55	110	16	49														815
		4、6、8				60			53														845
250M	FF500	2	406	349	168			18		250									490	515	385	575	930
		4、6、8				65			58														
280S		2	457	368	190		140			280	24	500	450	550					550	585	410	640	1000
		4、6、8				75		20	67.5														
280M		2		419		65		18	58														
		4、6、8				75		20	67.5														1050
315S	FF600	2	508	406	216	65		18	58	315	28	600	550	660		24	6		635	645	576	865	1240
		4、6、8、10				80	170	22	71														1270
315M		2		457		65	140	18	58														1310
		4、6、8、10				80	170	22	71														1340
315L		2		508		65	140	18	58														1310
		4、6、8、10				80	170	22	71														1340
355M	FF740	2	610	560	254	75	140	20	67.5	355		740	680	800					740	750	680	1035	1540
		4、6、8、10				95	170	25	86														1570
355L		2		630		75	140	20	67.5														1540
		4、6、8、10				95	170	25	86														1570

① P 尺寸为最大极限值。

② R 为凸缘配合面至轴伸肩的距离。

表 30-37d　机座不带底脚，端盖上有凸缘（带通孔）的电动机

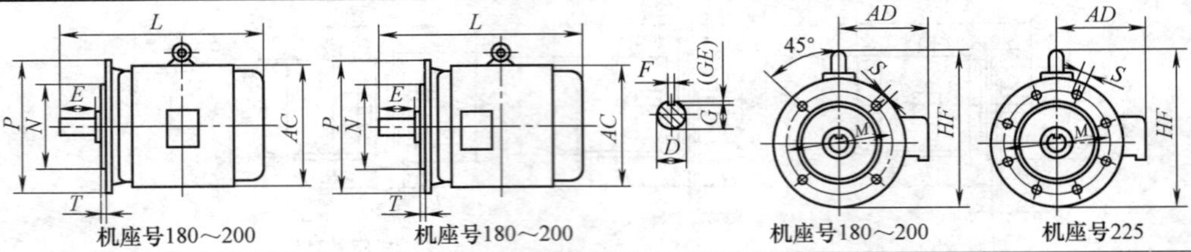

机座号	凸缘号	极数	安装尺寸/mm D	E	F	G	M	N	P①	R②	S	T	凸缘孔数	外形尺寸/mm AC	AD	HF	L
80M	FF165	2、4	19	40	6	15.5	165	130	200	0	12	3.5	4	175	150	185	290
90S		2、4、6	24	50	8	20								195	160	195	315
90L																	340
100L	FF215		28	60		24	215	180	250		14.5	4		215	180	245	380
112M														240	190	265	400
132S	FF265	2、4 6、8	38	80	10	33	265	230	300					275	210	315	475
132M																	515
160M	FF300		42	110	12	37	300	250	350		18.5	5		335	265	385	605
160L																	650
180M			48		14	42.5								380	285	430	670
180L																	710
200L	FF350		55		16	49	350	300	400					420	315	480	775
225S	FF400	4、8	60	140	18	53	400	350	450				8	475	345	535	820
225M		2	55	110	16	49											815
		4、6、8	60	140	18	53											845

① P 尺寸为最大极限值。

② R 为凸缘配合面至轴伸肩的距离。

表 30-37e　立式安装，机座不带底脚，端盖上有凸缘（带通孔），轴伸向下的电动机

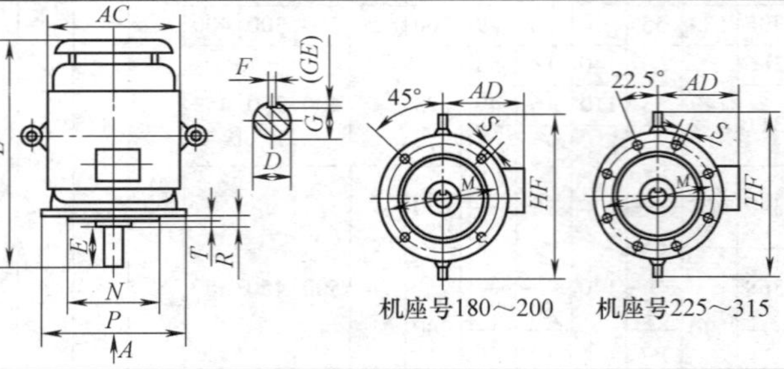

机座号	凸缘号	极数	安装尺寸/mm D	E	F	G	M	N	P	R	S	T	凸缘孔数	外形尺寸/mm AC	AD	HF	L
180M	FF300	2、4、6、8	48	110	14	42.5	300	250	350	0	18.5	5	4	380	285	500	730
180L																	770
200L	FF350		55		16	49	350	300	400					420	315	500	850
225S	FF400	4、8	60	140	18	53	400	350	450				8	475	345	610	910
225M		2	55	110	16	49											905
		4、6、8	60	140	18	53											935
250M	FF500	2					500	450	550					515	385	650	1035
		4、6、8	65			58											
280S		2												580	410	720	1120
		4、6、8	75		20	67.5											

（续）

机座号	凸缘号	极数	安装尺寸/mm											外形尺寸/mm			
			D	E	F	G	M	N	P	R	S	T	凸缘孔数	AC	AD	HF	L
280M	FF500	2	65	140	18	58	500	450	550	0	18.5	5	8	580	410	720	1120
		4、6、8	75		20	67.5											1170
315S	FF600	2	65		18	58	600	550	660		24	6		645	576	900	1360
		4、6、8、10	80	170	22	71											1390
315M		2	65	140	18	58											1460
		4、6、8、10	80	170	22	71											1490
315L		2	65	140	18	58											1460
		4、6、8、10	80	170	22	71											1490
315L	FF740	2	75	140	20	67.5	740	680	800					750	680	1035	1645
		4、6、8、10	95	170	25	86								750	680	1035	1675

（7）Y2 系列（IP54）三相异步电动机

1）结构特点。Y2 系列三相异步电动机，是在 Y 系列电机基础上更新设计的，是一般用途低压三相笼形异步电动机。它属于防尘电动机，能防止触及或接近壳内带电转动部件，虽不能完全防止灰尘进入，但进尘量不足以影响电动机的正常运行。它也是防溅水电动机，承受任何方向的溅水时，无有害的影响。

2）类型、主要性能及特点。Y2 系列电动机基本系列分两种设计：

第一种设计，即 Y2 系列（IP54）三相异步电动机，可以满足国内外一般用途的需要。

第二种设计，即 Y2-E 系列（IP54）三相异步电动机，有较高的效率和节能效果。

3）应用场合。第一种设计用于一般的使用条件；第二种设计适用于长期连续运行，负载率较高的使用场合，如风机、水泵等。

4）使用条件。海拔不超过 1000m，环境空气温度不超过 40℃，不低于-15℃。最湿月的月平均最高相对湿度为 90%，同时该月的月平均最低温度不高于 25℃。

5）电动机的安装型式见表 30-38a。

表 30-38a　Y2 系列（IP54）三相异步电动机的结构及安装型式

机座号	结构及安装代号(IM)
63～112	B14、B34、V18
63～160	B3、B5、B6、B7、B8、B35、V1、V3、V5、V6、V15、V36
180～280	B3、B5、B35、V1
315～355	B3、B35、V1

6）型号含义。Y2 系列电动机，机座号 90S，4 级，型号表示如下：Y2-90S-4Y。其中，Y 表示第一种设计，可以省略。若为第二种设计，则表示如下：Y2-90S-4E。

7）技术数据、安装尺寸及外形尺寸。第一种设计电动机的技术性能见表 30-38b。安装尺寸及外形尺寸见表 30-38c～表 30-38h。

表 30-38b　Y2 系列（IP54）三相异步电动机技术数据

型号	额定功率/kW	效率(%)	功率因数 cosϕ	空载噪声/dB(A)	负载时噪声增量/dB(A)	堵转电流/额定电流	最大转矩/额定转矩	最小转矩/额定转矩	堵转转矩/额定转矩
同步转速 3000r/min									
63M1-2	0.18	65.0	0.80	61	2	5.5	2.2	1.6	2.2
63M2-2	0.25	68.0	0.81	61		5.5	2.2	1.6	2.2
71M1-2	0.37	70.0	0.81	64		6.1	2.2	1.6	2.2
71M2-2	0.55	73.0	0.82	64		6.1	2.3	1.6	2.2
Y80M1-2	0.75	75.0	0.83	67		6.1	2.3	1.5	2.2
Y80M2-2	1.1	76.2	0.84	67		7.0	2.3	1.5	2.2
Y90S-2	1.5	78.5	0.84	72		7.0	2.3	1.5	2.2
Y90L-2	2.2	81.0	0.85	72		7.0	2.3	1.4	2.2
Y100L1-2	3	82.6	0.87	76		7.5	2.3	1.4	2.2
Y100L2-2	3	82.6	0.87	76		7.5	2.3	1.4	2.2
Y112M-2	4	84.2	0.88	77		7.5	2.3	1.4	2.2
Y132S1-2	5.5	85.7	0.88	80		7.5	2.3	1.2	2.2
Y132S2-2	7.5	87.0	0.88	80		7.5	2.3	1.2	2.2
Y160M1-2	11	88.4	0.89	86		7.5	2.3	1.2	2.2
Y160M2-2	15	89.4	0.89	86		7.5	2.3	1.2	2.2
Y160L-2	18.5	90.0	0.89	86		7.5	2.3	1.1	2.2
Y180M-2	22	90.5		89		7.5	2.3	1.1	2.2
Y200L1-2	30	91.4		92		7.5	2.3	1.1	2.2
Y200L2-2	37	92.0		92		7.5	2.3	1.1	2.2

（续）

型号	额定功率/kW	效率(%)	功率因数 $\cos\phi$	空载噪声/dB(A)	负载时噪声增量/dB(A)	$\frac{堵转电流}{额定电流}$	$\frac{最大转矩}{额定转矩}$	$\frac{最小转矩}{额定转矩}$	$\frac{堵转转矩}{额定转矩}$
同步转速 3000r/min									
Y225M-2	45	92.5	0.89	92	2	7.5	2.3	1.0	2.0
Y250M-2	55	93.0		93		7.5	2.3	1.0	2.0
Y280S-2	75	93.6		94		7.5	2.3	0.9	2.0
Y280M-2	90	93.9	0.91	94		7.5	2.3	0.9	2.0
Y315S-2	110	94.0		96		7.1	2.2	0.9	1.8
Y315M-2	132	94.5		96		7.1	2.2	0.9	1.8
Y315L1-2	160	94.6	0.92	99		7.1	2.2	0.9	1.8
Y315L2-2	200	94.8		99		7.1	2.2	0.8	1.8
Y355M1-2	250	95.2		103		7.1	2.2	0.8	1.6
Y355M2-2	250	95.2		103		7.1	2.2	0.8	1.6
Y355L-2	315	95.4		103		7.1	2.2	0.8	1.6
同步转速 1500r/min									
63M1-4	0.12	57.0	0.72	52	5	4.4	2.2	1.7	2.1
63M2-4	0.18	60.0	0.73	52		4.4	2.2	1.7	2.1
71M1-4	0.25	65.0	0.74	55		5.2	2.2	1.7	2.1
71M2-4	0.37	67.0	0.75	55		5.2	2.2	1.7	2.1
Y80M1-4	0.55	71.0	0.75	58		5.2	2.3	1.7	2.4
Y80M2-4	0.75	73.0	0.76	58		6.0	2.3	1.6	2.3
Y90S-4	1.1	76.2	0.77	61		6.0	2.3	1.6	2.3
Y90L-4	1.5	78.5	0.79	61		6.0	2.3	1.6	2.3
Y100L1-4	2.2	81.0	0.81	64		7.0	2.3	1.5	2.3
Y100L2-4	3	82.6	0.82	64		7.0	2.3	1.5	2.3
Y112M-4	4	84.2	0.82	65		7.0	2.3	1.5	2.3
Y132S1-4	5.5	85.7	0.83	71		7.0	2.3	1.4	2.3
Y132S2-4	5.5	85.7	0.83	71		7.0	2.3	1.4	2.3
Y132M1-4	7.5	87.0	0.84	71		7.0	2.3	1.4	2.3
Y132M2-4	7.5	87.0	0.84	75		7.0	2.3	1.4	2.2
Y160M1-4	11	88.4	0.84	75		7.0	2.3	1.4	2.2
Y160M2-4	11	88.4	0.84	75		7.0	2.3	1.4	2.2
Y160L-4	15	89.4	0.85	75	4	7.5	2.3	1.4	2.2
Y180M-4	18.5	90.0	0.86	76		7.5	2.3	1.2	2.2
Y180L-4	22	90.5	0.86	76		7.5	2.3	1.2	2.2
Y200L1-4	30	91.4	0.86	79		7.2	2.3	1.2	2.2
Y200L2-4	30	91.4	0.86	79		7.5	2.3	1.2	2.2
Y225S-4	37	92.0	0.87	81		7.2	2.3	1.2	2.2
Y225M-4	45	92.5	0.87	81	3	7.2	2.3	1.1	2.2
Y250M-4	55	93.0	0.87	83		7.2	2.3	1.1	2.2
Y280S-4	75	93.6	0.87	86		7.2	2.3	1.0	2.2
Y280M-4	90	93.9	0.87	86		7.2	2.3	1.0	2.2
Y315S-4	110	94.5	0.88	93		6.9	2.2	1.0	2.1
Y315M-4	132	94.8	0.88	93		6.9	2.2	1.0	2.1

（续）

型号	额定功率/kW	效率(%)	功率因数 cosϕ	空载噪声/dB(A)	负载时噪声增量/dB(A)	堵转电流/额定电流	最大转矩/额定转矩	最小转矩/额定转矩	堵转转矩/额定转矩
同步转速 1500r/min									
Y315L1-4	160	94.9	0.89	97	3	6.9	2.2	1.0	2.1
Y315L2-4	200	94.9	0.89	97	3	6.9	2.2	0.9	2.1
Y355M1-4	250	95.2	0.90	101	3	6.9	2.2	0.9	2.1
Y355M2-4	250	95.2	0.90	101	3	6.9	2.2	0.9	2.1
Y355L-4	315	95.2	0.90	101	3	6.9	2.2	0.8	2.1
同步转速 1000r/min									
71M1-6	0.18	56.0	0.66	52	7	4.0	2.0	1.5	1.9
71M2-6	0.25	59.0	0.68	52	7	4.0	2.0	1.5	1.9
Y80M1-6	0.37	62.0	0.70	54	7	4.7	2.0	1.5	1.9
Y80M2-6	0.55	65.0	0.72	54	7	4.7	2.1	1.5	1.9
Y90S-6	0.75	69.0	0.72	57	7	5.5	2.1	1.5	2.0
Y90L-6	1.1	72.0	0.73	57	7	5.5	2.1	1.3	2.0
Y100L1-6	1.5	76.0	0.75	61	7	5.5	2.1	1.3	2.0
Y100L2-6	1.5	76.0	0.75	61	7	5.5	2.1	1.3	2.0
Y112M-6	2.2	79.0	0.76	65	7	6.5	2.1	1.3	2.0
Y132S1-6	3	81.0	0.76	69	7	6.5	2.1	1.3	2.1
Y132S2-6	3	81.0	0.76	69	7	6.5	2.1	1.3	2.1
Y132M1-6	4	82.0	0.76	69	7	6.5	2.1	1.3	2.1
Y132M2-6	5.5	84.0	0.77	69	7	6.5	2.1	1.3	2.1
Y160M1-6	7.5	86.0	0.77	73	7	6.5	2.1	1.3	2.1
Y160M2-6	7.5	86.0	0.77	73	7	6.5	2.1	1.3	2.0
Y160L-6	11	87.5	0.78	73	7	6.5	2.1	1.2	2.0
Y180L-6	15	89.0	0.81	73	6	7.0	2.1	1.2	2.0
Y200L1-6	18.5	90.0	0.81	76	6	7.0	2.1	1.2	2.1
Y200L2-6	22	90.0	0.83	76	6	7.0	2.1	1.2	2.1
Y225M-6	30	91.5	0.84	76	6	7.0	2.1	1.2	2.0
Y250M-6	37	92.0	0.86	78	6	7.0	2.1	1.2	2.1
Y280S-6	45	92.5	0.86	80	5	7.0	2.0	1.1	2.1
Y280M-6	55	92.8	0.86	80	5	7.0	2.0	1.1	2.1
Y315S-6	75	93.5	0.86	85	5	7.0	2.0	1.0	2.0
Y315M-6	90	93.8	0.86	85	5	7.0	2.0	1.0	2.0
Y315L1-6	110	94.0	0.86	85	5	6.7	2.0	1.0	2.0
Y315L2-6	132	94.2	0.87	85	4	6.7	2.0	1.0	2.0
Y355M1-6	160	94.5	0.88	92	4	6.7	2.0	1.0	1.9
Y355M2-6	200	94.5	0.88	92	4	6.7	2.0	0.9	1.9
Y355L-6	250	94.5	0.88	92	4	6.7	2.0	0.9	1.9

（续）

型号	额定功率/kW	效率(%)	功率因数 cosϕ	空载噪声/dB(A)	负载时噪声增量/dB(A)	堵转电流/额定电流	最大转矩/额定转矩	最小转矩/额定转矩	堵转转矩/额定转矩
同步转速 1000r/min									
Y80M1-8	0.18	51.0	0.61	52	8	3.3	1.9	1.3	1.8
Y80M2-8	0.25	54.0	0.61	52		3.3	1.9	1.3	1.8
Y90S-8	0.37	62.0	0.61	56		4.0	1.9	1.3	1.8
Y90L-8	0.55	63.0	0.61	56		4.0	1.9	1.3	1.8
Y100L1-8	0.75	71.0	0.67	59		4.0	2.0	1.2	1.8
Y100L2-8	1.1	73.0	0.69	59		5.0	2.0	1.2	1.8
Y112M-8	1.5	75.0	0.69	61		5.0	2.0	1.2	1.8
Y132S1-8	2.2	78.0	0.71	64		6.0	2.0	1.2	1.8
Y132S2-8	2.2	78.0	0.71	64		6.0	2.0	1.2	1.8
Y132M1-8	3	79.0	0.73	64		6.0	2.0	1.2	1.8
Y132M2-8	3	79.0	0.73	64		6.0	2.0	1.2	1.8
Y160M1-8	4	81.0	0.73	68		6.0	2.0	1.2	1.9
Y160M2-8	5.5	83.0	0.74	68		6.0	2.0	1.2	2.0
Y160L-8	7.5	85.5	0.75	68		6.0	2.0	1.2	2.0
Y180L-8	11	87.5	0.76	70		6.6	2.0	1.1	2.0
Y200L1-8	15	88.0	0.76	73	7	6.6	2.0	1.1	2.0
Y200L2-8	15	88.0	0.76	73		6.6	2.0	1.1	2.0
Y225S-8	18.5	90.0	0.76	73		6.6	2.0	1.1	1.9
Y225M-8	22	90.5	0.78	73		6.6	2.0	1.1	1.9
Y250M-8	30	91.0	0.79	75		6.6	2.0	1.1	1.9
Y280S-8	37	91.5	0.79	76		6.6	2.0	1.1	1.9
Y280M-8	45	92.0	0.79	76	6	6.6	2.0	1.0	1.9
Y315S-8	55	92.8	0.81	82		6.6	2.0	1.0	1.8
Y315M-8	75	93.0	0.81	82		6.6	2.0	0.9	1.8
Y315L1-8	90	93.8	0.82	82		6.6	2.0	0.9	1.8
Y315L2-8	110	94.0	0.82	82		6.4	2.0	0.9	1.8
Y355M1-8	132	93.7	0.82	90	5	6.4	2.0	0.9	1.8
Y355M2-8	160	94.2	0.82	90		6.4	2.0	0.9	1.8
Y355L-8	200	94.5	0.83	90		6.4	2.0	0.9	1.8
同步转速 600r/min									
Y315S-10	45	91.5	0.75	82	7	6.2	2.0	0.8	1.5
Y315M-10	55	92.0	0.75	62		6.2	2.0	0.8	1.5
Y315L1-10	75	92.5	0.76	82		6.2	2.0	0.8	1.5
Y315L2-10	90	93.0	0.77	82		6.2	2.0	0.8	1.5
Y355M1-10	110	93.2	0.78	90		6.0	2.0	0.8	1.3
Y355M2-10	132	93.5	0.78	90	6	6.0	2.0	0.8	1.3
Y355L-10	160	93.5	0.78	90		6.0	2.0	0.8	1.3

表 30-38c Y2 系列（IP54）三相异步电动机外形和安装尺寸（一） （单位：mm）

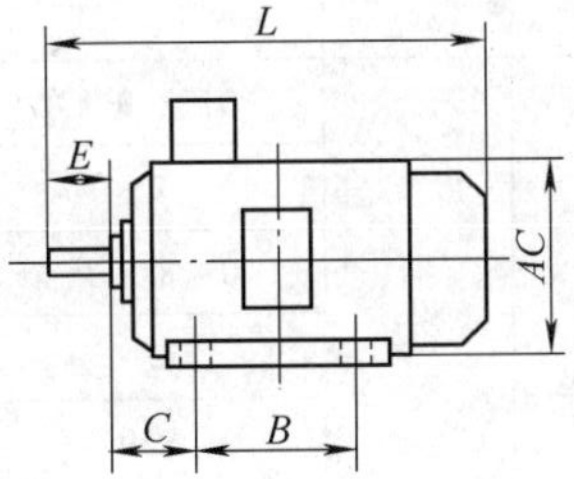

机座号63～90

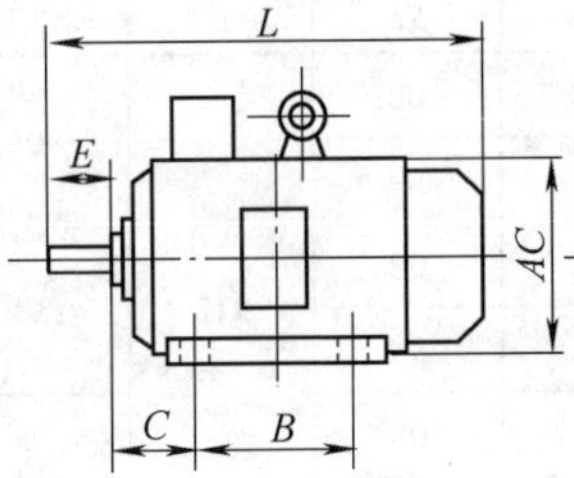

机座号100～132

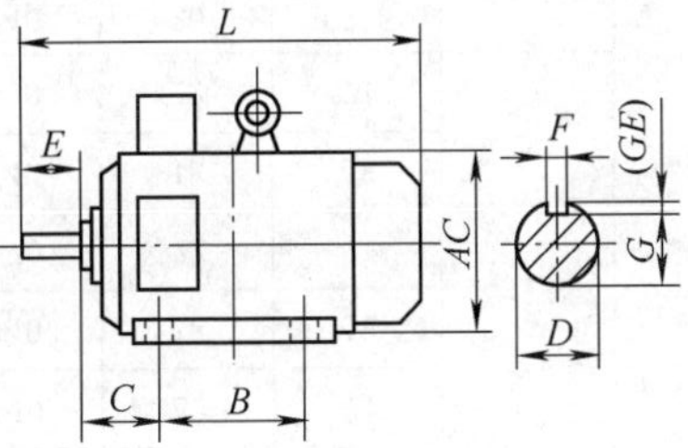

机座号160～355

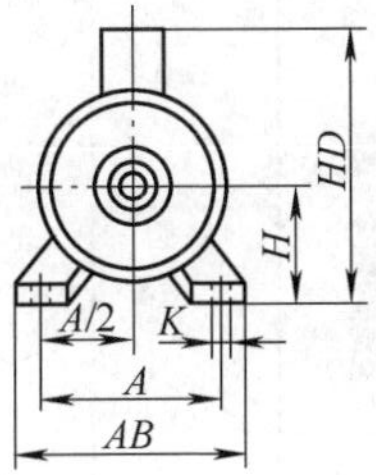

机座号63～71

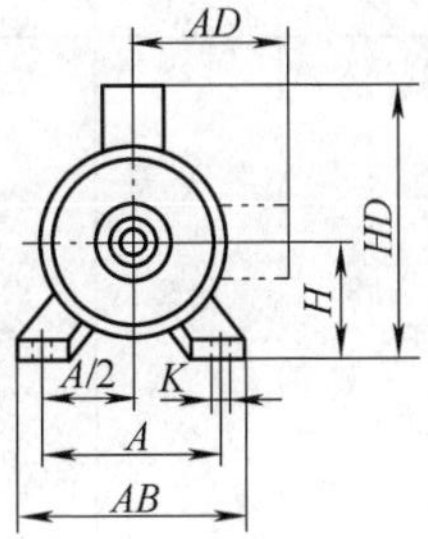

机座号80～355

机座带底脚、端盖上无凸缘的电动机

机座号	极数	安装尺寸									外形尺寸				
		A	B	C	D	E	F	G	H	K	AB	AC	AD	HD	L
63M	2、4	100	80	40	11	23	4	8.5	63	7	135	130	70	180	230
71M	2、4、6	112	90	45	14	30	5	11	71		150	145	80	195	255
80M	2、4、6、8	125	100	50	19	40	6	15.5	80	10	165	175	145	220	295
90S		140	100	56	24	50	8	20	90		180	195	155	250	320
90L			125												345
100L		160	140	63	28	60		24	100	12	205	215	180	270	385
112M		190	140	70					112		230	240	190	300	400
132S		216	140	89	38	80	10	33	132		270	275	210	345	470
132M			178												510

（续）

机座号	极数	安装尺寸									外形尺寸				
		A	*B*	*C*	*D*	*E*	*F*	*G*	*H*	*K*	*AB*	*AC*	*AD*	*HD*	*L*
160M	2、4、6、8	254	210	108	42	110	12	37	160	15	320	330	255	420	615
160L			254												670
180M		279	241	121	48		14	42.5	180		355	380	280	455	700
180L			279												740
200L		318	305	133	55		16	49	200	19	395	420	305	505	770
225S	4、8	356	286	149	60	140	18	53	225		435	470	335	560	815
225M	2		311		55	110	16	49							820
	4、6、8				60	140	18	53							845
250M	2	406	349	168					250	24	490	510	370	615	910
	4、6、8				65			58							
280S	2	457	368	190					280		550	580	410	680	985
	4、6、8				75		20	67.5							
280M	2		419		65		18	58							1035
	4、6、8				75		20	67.5							
315S	2	508	406	216	65		18	58	315	28	635	645	530	845	1160
	4、6、8、10				80	170	22	71							1270
315M	2		457		65	140	18	58							1190
	4、6、8、10				80	170	22	71							1300
315L	2		508		65	140	18	58							1190
	4、6、8、10				80	170	22	71							1300
355M	2	610	560	254	75	140	20	67.5	355		730	710	655	1010	1500
	4、6、8、10				95	170	25	86							1530
355L	2		630		75	140	20	67.5							1500
	4、6、8、10				95	170	25	86							1530

表 30-38d　Y2 系列（IP54）三相异步电动机外形和安装尺寸（二）　（单位：mm）

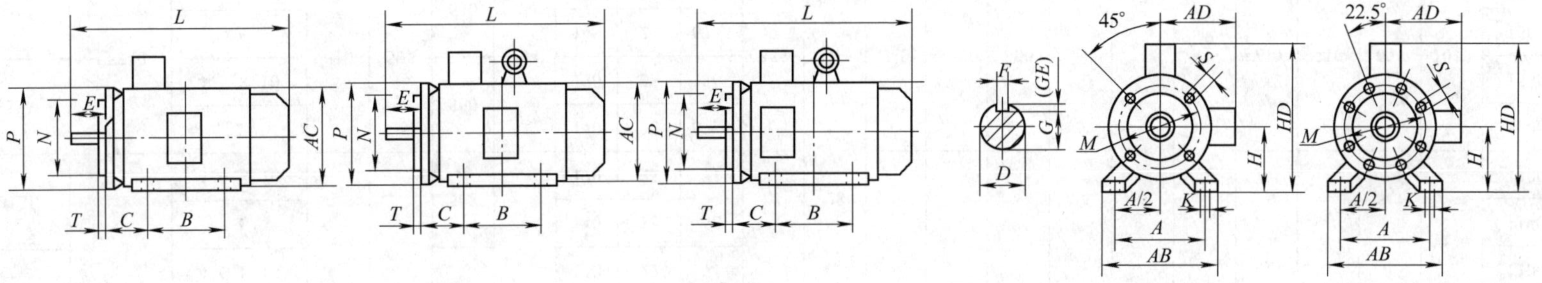

机座号 63～90　机座号 100～132　机座号 160～355　机座号 63～200　机座号 225～355

机座带底脚、端盖上有凸缘(带通孔)的电动机

机座号	凸缘号	极数	安装尺寸															外形尺寸				
			A	*A*/2	*B*	*C*	*E*	*F*	*G*	*H*	*K*	*M*	*N*	*P*	*S*	*T*	凸缘孔数	*AB*	*AC*	*AD*	*HD*	*L*
63M	FF115	2、4	100	50	80	40	23	4	8.5	63	7	115	95	140	10	3	4	135	130	70	180	230
71M	FF130	2、4、6	112	56	90	45	30	5	11	71		130	110	160		3.5		150	145	80	195	255
80M	FF165	2、4、6、8	125	62.5	100	50	40	6	15.5	80	10	165	130	200	12			165	175	145	220	295
90S			140	70	100	56	50	8	20	90								180	195	155	250	320
90L					125																	345
100L	FF215		160	80	140	63	60		24	100	12	215	180	250	15	4		205	215	180	270	385
112M			190	95	140	70				112								230	240	190	300	400
132S	FF265		216	108	140	89	80	10	33	132		265	230	300				270	275	210	345	470
132M					178																	510
160M	FF300		254	127	210	108	110	12	37	160	15	300	250	350	19	5		320	330	255	420	615
160L					254																	670
180M			279	139.5	241	121		14	42.5	180								355	380	280	455	700
180L					279																	740

（续）

机座号	凸缘号	极数	安装尺寸 A	A/2	B	C	E	F	G	H	K	M	N	P	S	T	凸缘孔数	外形尺寸 AB	AC	AD	HD	L
200L	FF350	2、4、6、8	318	159	305	133	110	16	49	200	19	350	300	400	19	5	4	395	420	305	505	770
225S	FF400	4、8	356	178	286	149	140	18	53	225		400	350	450			8	435	470	335	560	815
225M		2			311		110	16	49													820
		4、6、8					140	18	53													845
250M	FF500	2	406	203	349	168				250	24	500	450	550				490	510	370	615	910
		4、6、8							58													
280S		2	457	228.5	368	190				280								550	580	410	680	985
		4、6、8						20	67.5													
280M		2			419			18	58													1035
		4、6、8						20	67.5													
315S	FF600	2	508	254	406	216		18	58	315	28	600	550	660	24	6		635	645	530	845	1160
		4、6、8、10					170	22	71													1270
315M		2			457		140	18	58													1190
		4、6、8、10					170	22	71													1300
315L		2			508		140	18	58													1190
		4、6、8、10					170	22	71													1300
355M	FF740	2	610	305	560	254	140	20	67.5	355		740	680	800				730	710	655	1010	1500
		4、6、8、10					170	25	86													1530
355L		2			630		140	20	67.5													1500
		4、6、8、10					170	25	86													1530

表 30-38e Y2 系列（IP54）三相异步电动机外形和安装尺寸（三） （单位：mm）

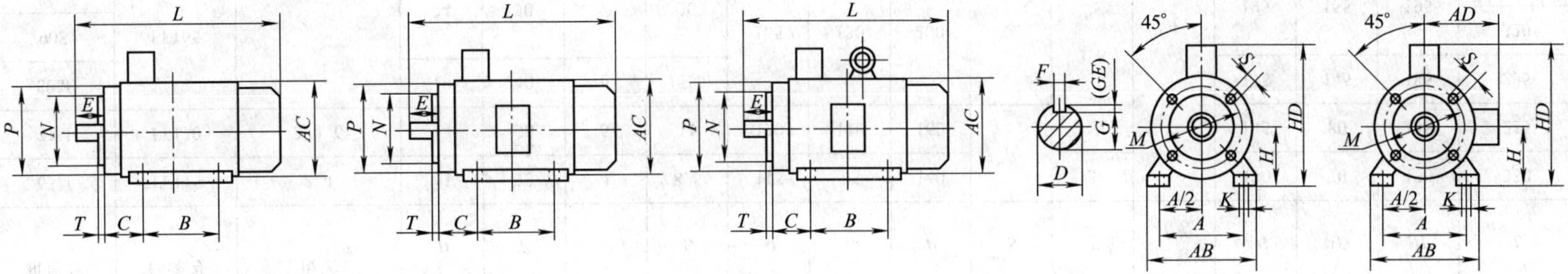

机座号 63～71 机座号 80～90 机座号 100～112 机座号 63～71 机座号 80～112

机座带底脚、端盖上有凸缘（带螺孔）的电动机

机座号	凸缘号	极数	安装尺寸															外形尺寸				
			A	*B*	*C*	*D*	*E*	*F*	*G*	*H*	*K*	*M*	*N*	*P*①	*S*	*T*	凸缘孔数	*AB*	*AC*	*AD*	*HD*	*L*
63M	FT75	2、4	110	80	40	11	23	4	8.5	63	7	75	60	90	M5	2.5	4	135	130	70	180	230
71M	FT85	2、4、6	112	90	45	14	30	5	11	71		85	70	105	M6			150	145	80	195	255
80M	FT100	2、4、6、8	125	100	50	19	40	6	15.5	80	10	100	80	120		3.0		165	175	145	214	295
90S	FT115		140	100	56	24	50	8	20	90		115	95	140	M8			180	195	155	250	320
90L				125																		345
100L	FT130		160	140	63	28	60		24	100	12	130	110	160		3.5		205	215	180	270	385
112M			190	140	70					112								230	240	190	300	400

① *P* 尺寸为最大极限值。

表 30-38f　Y2 系列（IP54）三相异步电动机外形和安装尺寸（四）

（单位：mm）

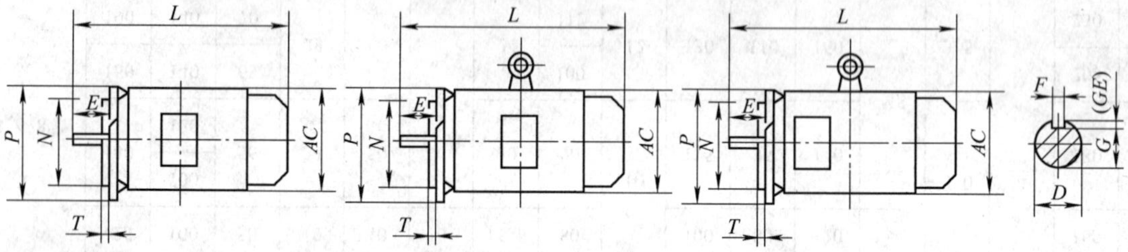

机座号 63～90　　机座号 100～132　　机座号 160～280

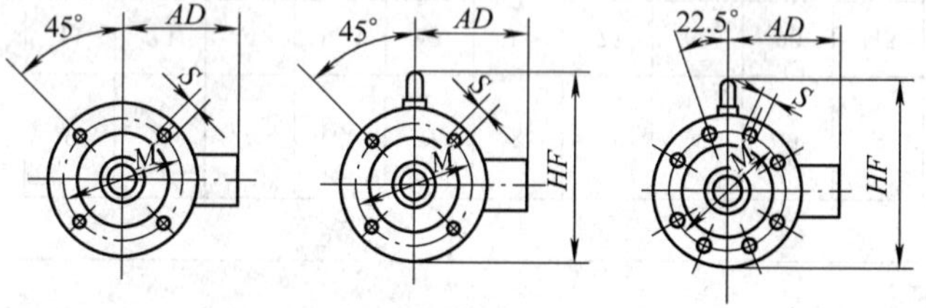

机座号 63～90　　机座号 100～200　　机座号 225～280

机座不带底脚、端盖上有凸缘(带通孔)的电动机

机座号	凸缘号	极数	安装尺寸 D	E	F	G	M	N	P	S	T	凸缘孔数	外形尺寸 AC	AD	HF	L
63M	FF115	2、4	11	23	4	8.5	115	95	140	10	3	4	130	70	130	230
71M	FF130	2、4、6	14	30	5	11	130	110	160		3.5		145	80	145	255
80M	FF165	2、4、6、8	19	40	6	15.5	165	130	200	12			175	145	185	295
90S			24	50	8	20							195	155	195	320
90L																345
100L	FF215		28	60		24	215	180	250	15	4		215	180	245	385
112M													240	190	265	400

132S	FF265	2、4、6、8	38	80	10	33	265	230	300	15	4	4	275	210	315	470
132M	FF265	2、4、6、8	38	80	10	33	265	230	300	15	4	4	275	210	315	510
160M	FF300	2、4、6、8	42	110	12	37	300	250	350	19	5	4	330	255	385	615
160L	FF300	2、4、6、8	42	110	12	37	300	250	350	19	5	4	330	255	385	670
180M	FF300	2、4、6、8	48	110	14	42.5	300	250	350	19	5	4	380	280	430	700
180L	FF300	2、4、6、8	48	110	14	42.5	300	250	350	19	5	4	380	280	430	740
200L	FF350	2、4、6、8	55	110	16	49	350	300	400	19	5	4	420	305	480	770
225S	FF400	4、8	60	140	18	53	400	350	450	19	5	8	470	335	535	815
225M	FF400	2	55	110	16	49	400	350	450	19	5	8	470	335	535	820
225M	FF400	4、6、8	60	140	18	53	400	350	450	19	5	8	470	335	535	845
250M	FF500	2	60	140	18	53	500	450	550	19	5	8	510	370	595	910
250M	FF500	4、6、8	65	140	18	58	500	450	550	19	5	8	510	370	595	910
280S	FF500	2	65	140	18	58	500	450	550	19	5	8	580	410	650	985
280S	FF500	4、6、8	75	140	20	67.5	500	450	550	19	5	8	580	410	650	985
280M	FF500	2	65	140	18	58	500	450	550	19	5	8	580	410	650	1035
280M	FF500	4、6、8	75	140	20	67.5	500	450	550	19	5	8	580	410	650	1035

表 30-38g　Y2 系列（IP54）三相异步电动机外形和安装尺寸（五）　（单位：mm）

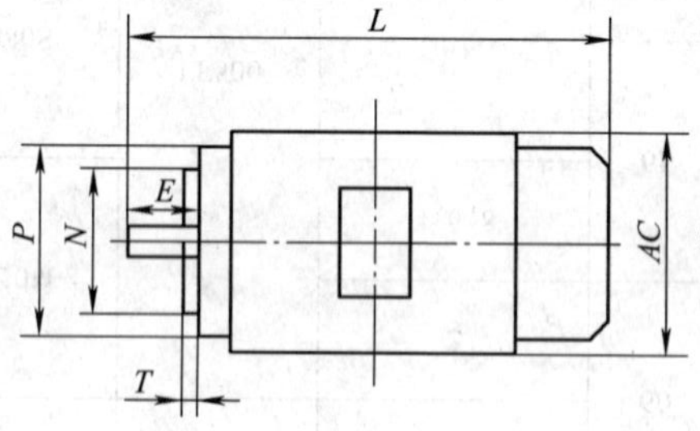

机座号 63～90

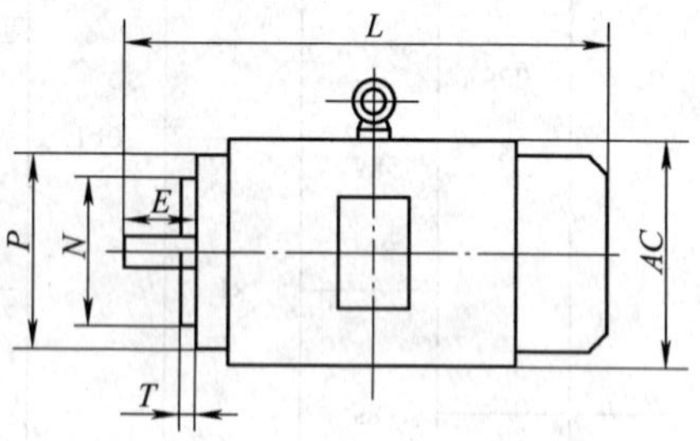

机座号 100～112

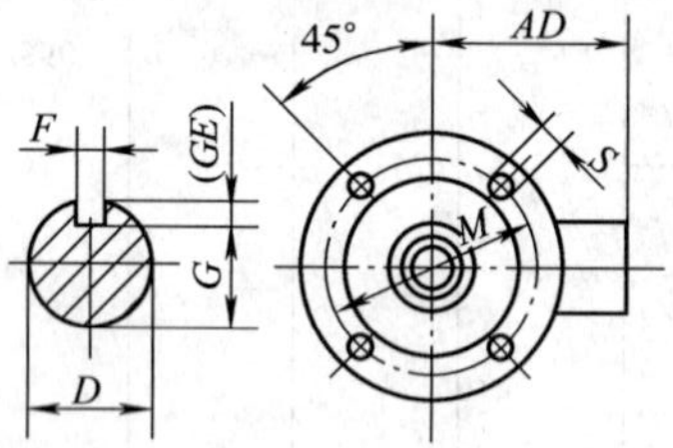

机座号 63～90

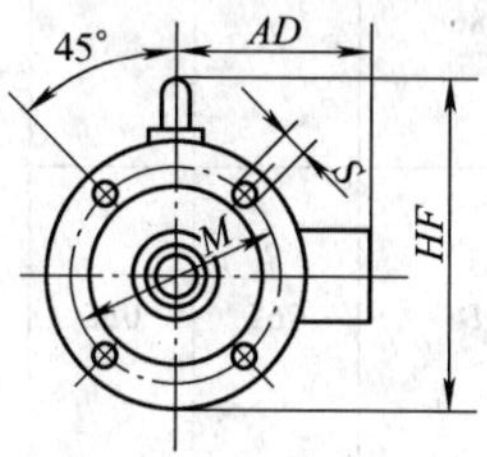

机座号 100～112

机座不带底脚、端盖上有凸缘（带螺孔）的电动机

机座号	凸缘号	极数	安装尺寸										外形尺寸			
			D	E	F	G	M	N	P	S	T	凸缘孔数	AC	AD	HF	L
63M	FT75	2、4	11	23	4	8.5	25	60	90	M5	2.5	4	130	70	130	230
71M	FT85	2、4、6	14	30	5	11	85	70	105	M6			145	80	145	255
80M	FT100	2、4、6、8	19	40	6	15.5	100	80	120		3.0		175	145	185	295
90S	FT115		24	50	8	20	115	95	140	M8			195	155	195	320
90L																345
100L	FT130		28	60		24	130	110	160		3.5		215	180	245	385
112M													240	190	265	400

表 30-38h　Y2 系列（IP54）三相异步电动机外形和安装尺寸（六）　（单位：mm）

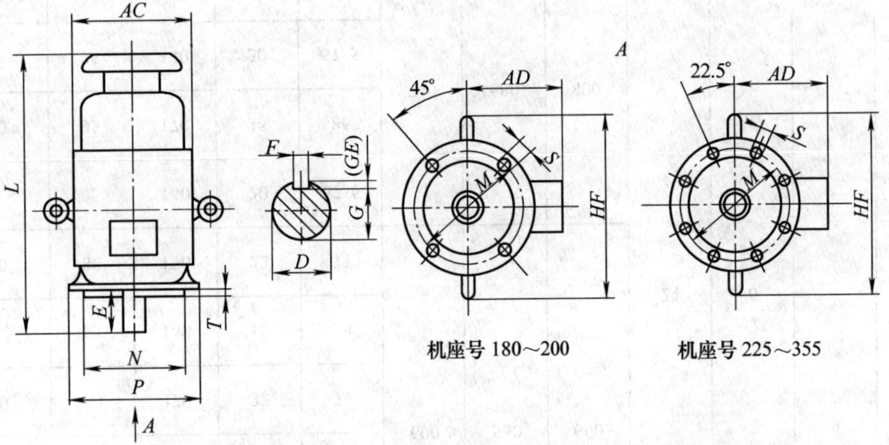

机座号 180～200　　机座号 225～355

立式安装、机座不带底脚、端盖上有凸缘(带通孔)、轴伸向下的电动机

机座号	凸缘号	极数	安装尺寸 D	E	F	G	M	N	P	S	T	凸缘孔数	外形尺寸 AC	AD	HF	L
180M	FF300	2、4、6、8	48	110	14	42.5	300	250	350	19	5	4	380	280	500	760
180L	FF300	2、4、6、8	48	110	14	42.5	300	250	350	19	5	4	380	280	500	800
200L	FF350	2、4、6、8	55	110	16	49	350	300	400	19	5	4	420	305	550	840
225S	FF400	4、8	60	140	18	53	400	350	450	19	5	8	470	335	610	905
225M	FF400	2	55	110	16	49	400	350	450	19	5	8	470	335	610	910
225M	FF400	4、6、8	60	140	18	53	400	350	450	19	5	8	470	335	610	935
250M	FF500	2	60	140	18	53	500	450	550	19	5	8	510	370	650	1015
250M	FF500	4、6、8	65	140	18	58	500	450	550	19	5	8	510	370	650	1015

（续）

机座号	凸缘号	极数	安装尺寸										外形尺寸			
			D	E	F	G	M	N	P	S	T	凸缘孔数	AC	AD	HF	L
280S	FF500	2	65		18	58										1110
		4、6、8	75		20	67.5										
280M		2	65	140	18	58	500	450	550	19	5		580	410	720	1150
		4、6、8	75		20	67.5										
315S	FF600	2	65		18	58										1280
		4、6、8、10	80	170	22	71										1510
315M		2	65	140	18	58										1310
		4、6、8、10	80	170	22	71	600	550	660			8	645	530	900	1430
315L		2	65	140	18	58										1310
		4、6、8、10	80	170	22	71				24	6					1430
355M	FF740	2	75	140	20	67.5										1640
		4、6、8、10	95	170	25	86										1670
355L		2	75	140	20	67.5	740	680	800				710	655	1010	1640
		4、6、8、10	95	170	25	86										1670

(8) YR3 系列（IP23）防护式三相异步电动机

1）特点及应用。YR3（IP23）绕线转子三相异步电动机有起动转矩大、起动电流小的优点，广泛用于机械、电力、化工、冶金、煤炭、纺织等部门。最适宜于长期连续运行、负载率高、消耗电能相对较多的场合。

2）技术数据见表 30-39a。

3）安装尺寸及外形尺寸见表 30-39b。

表 30-39a　YR3（IP23）系列电动机技术数据（摘自 JB/T 5269—2007）

型号	额定功率 /kW	转速 /(r/min)	电流 (380V 时) /A	效率 (%)	功率因数 cosφ	最大转矩/额定转矩	转子电压 /V	转子电流 /A	转子转动惯量 /kg·m²	质量 /kg
YR160M-4	7.5	1421	16.0	84	0.84	2.8	260	19	0.395	—
YR160L1-4	11	1434	22.6	86.5	0.85	2.8	275	26	0.486	100
YR162L2-4	15	1444	30.2	87	0.85	2.8	260	37	0.597	—
YR180M-4	18.5	1426	36.1	87	0.88	2.8	191	61	1	—
YR180L-4	22	1434	42.5	88	0.88	3.0	232	61	1.09	—
YR200M-4	30	1439	57.7	89	0.88	3.0	255	76	1.82	—
YR200L-4	37	1448	70.2	89	0.88	3.0	310	74	2.21	335
YR225M1-4	45	1442	86.7	89	0.88	2.5	240	120	2.6	—
YR225M2-4	55	1448	104.7	90	0.88	2.5	288	121	2.9	420
YR250S-4	75	1453	141.1	90.5	0.89	2.6	449	105	5.35	—
YR250M-4	90	1457	167.9	91	0.89	2.6	524	107	6	590
YR280S-4	110	1458	201.3	91.5	0.89	3.0	349	190	9.1	—
YR280M-4	132	1463	239.0	92.5	0.89	3.0	419	194	10.39	830
YR160M-6	5.5	949	12.7	82.5	0.77	2.5	279	13	0.572	—
YR160L-6	7.5	949	16.9	83.5	0.78	2.5	260	19	0.655	160
YR180M-6	11	940	24.2	84.5	0.78	2.8	146	50	1.25	—
YR180L-6	15	947	32.6	85.5	0.79	2.8	187	53	1.48	—
YR200M-6	18.5	949	39.0	86.5	0.81	2.8	187	65	2.17	—
YR200L-6	22	955	45.5	87.5	0.82	2.8	224	63	2.55	315
YR225M1-6	30	955	59.4	87.5	0.85	2.2	227	86	3.237	—
YR225M2-6	37	964	72.1	89	0.85	2.2	287	82	3.736	400
YR250S-6	45	966	88.0	89	0.85	2.2	307	95	0.61	—
YR250M-6	55	967	105.7	89.5	0.86	2.2	359	97	1.52	575
YR280S-6	75	969	141.8	90.5	0.88	2.3	392	121	11.52	—
YR280M-6	90	972	166.7	91	0.89	2.3	481	118	14.05	880
YR160M-8	4	705	10.5	81	0.71	2.2	262	11	0.567	—
YR160L-8	5.5	705	14.2	81.5	0.71	2.2	243	15	0.648	160
YR180M-8	7.5	692	18.4	82	0.73	2.2	105	49	1.236	—
YR180L-8	11	699	26.8	83	0.73	2.2	140	53	1.47	—
YR200M-8	15	706	36.1	85	0.73	2.2	153	64	2.142	—
YR200L-8	18.5	712	44.0	86	0.73	2.2	187	64	2.52	315
YR225M1-8	22	710	48.6	86	0.78	2.2	161	90	5.164	—
YR225M2-8	30	713	65.3	87	0.79	2.2	200	97	5.624	400
YR250S-8	37	715	78.9	87.5	0.79	2.2	218	110	6.42	—
YR250M-8	45	720	95.5	88.5	0.79	2.2	204	109	7.53	515
YR280S-8	55	723	114	89	0.82	2.2	219	125	10.35	—
YR280M-8	75	725	152.1	90	0.82	2.2	359	133	13.71	850

表 30-39b　YR3（IP23）系列电动机外形和安装尺寸（摘自 JB/T 5269—2007）　　（单位：mm）

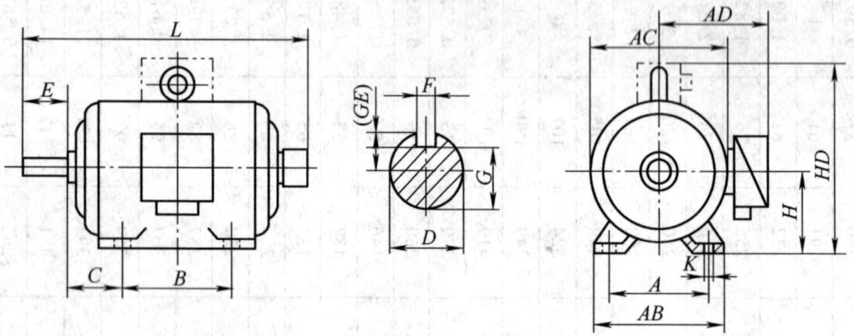

机座带底脚、端盖上无凸缘的电动机

机座号	安装尺寸 A	B	C	D	E	F	G	H	K	外形尺寸 AB	AC	AD	HD	L
160M	254	210	108	48	110	14	42.5	160	15	330	380	290	440	900
160L		254												
180M	279	241	121	55		16	49	180		350	420	325	505	1030
180L		279												
200M	318	267	133	60	140	18	53	200	19	400	465	350	570	1070
200L		305												1040
225M	356	311	149	65			58	225		450	520	395	640	1190
250S	406	311	168	75		20	67.5	250	24	510	550	410	710	1260
250M		349												1290
280S	457	368	190	80	170	22	71	280		570	610	485	785	1430
280M		419												1480

(9) YR 系列（IP44）封闭式三相异步电动机

1）特点及应用。YR（IP44）封闭式电动机与 YR（IP23）防护式电动机一样，也具有起动转矩高、起动电流小的优点，但由于其结构形式为封闭式，因此可以在尘土飞扬、水土飞溅的环境中使用，在比较潮湿及有轻微腐蚀性气体的环境中也较防护型为佳。YR（IP44）的安装型式有 B3、B35 及 V_1 三种。

2）其基本技术数据见表 30-40a。

3）安装尺寸及外形尺寸见表 30-40b～表 30-40d。

表 30-40a　YR 系列（IP44）封闭式三相异步电动机技术数据（摘自 JB/T 7119—2010）

型号	功率/kW	转速/(r/min)	电流(380V时)/A	效率(%)	功率因数 $\cos\varphi$	最大转矩/额定转矩	转子电压/V	转子电流/A	噪声(声功率级)/(dB)(A)	GD^2/N·m^2	质量/kg
4 级同步转速 1500r/min											
YR132M1-4	4	1440	11.5	84.5	0.77	3.0	230	11.5	78	3.58	80
YR132M2-4	5.5	1440	13.0	85.5	0.77	3.0	272	13.0	78	4.17	95
YR160M-4	7.5	1460	19.5	87.0	0.83	3.0	250	19.5	82	9.51	130
YR160L-4	11	1460	25.0	89.0	0.83	3.0	276	25.0	82	11.74	155
YR180L-4	15	1465	34.0	89.0	0.85	3.0	278	34.0	86	19.70	205
YR200L1-4	18.5	1465	47.5	89.0	0.86	3.0	247	47.5	86	31.99	265
YR200L2-4	22	1465	47.0	90.0	0.86	3.0	293	47.0	86	34.47	290
YR225M2-4	30	1475	51.5	91.0	0.87	3.0	360	51.5	90	63.14	380
YR250M1-4	37	1480	79.0	91.5	0.86	3.0	289	79.0	90	86.60	440
YR250M2-4	45	1480	81.0	91.5	0.87	3.0	340	81.0	92	94.68	490
YR280S-4	55	1480	70.0	91.5	0.88	3.0	485	70.0	92	163.6	670
YR280M-4	75	1480	128.0	92.5	0.88	3.0	354	128.0	95	201.7	800
YR315S-4	90	—	134.0	92.5	0.87	—	410	—	95	—	—
YR315M-4	110	—	141.0	93.0	0.88	—	472	—	95	—	—
YR315L-4	132	—	155.0	93.5	0.88	—	517	—	98	—	—
6 级同步转速 1000r/min											
YR132M1-6	3	955	9.5	80.0	0.69	2.8	206	9.5	74	5.08	80
YR132M2-6	4	955	11.0	81.5	0.69	2.8	230	11.0	74	5.92	95
YF160M-6	5.5	970	14.5	84.0	0.74	2.8	244	14.5	74	12.01	135
YR160L-6	7.5	970	18.0	85.5	0.74	2.8	266	18.0	77	14.39	155
YR180L-6	11	975	22.5	87.0	0.81	2.8	310	22.5	77	27.04	205
YR200L1-6	15	975	48.0	88.0	0.81	2.8	198	48.0	80	42.99	280
YR225M1-6	18.5	980	62.5	88.0	0.83	2.8	187	62.5	80	64.67	335
YR225M2-6	22	980	61.0	89.5	0.83	2.8	224	61.0	80	70.70	365
YR250M1-6	30	980	66.0	90.0	0.84	2.8	282	66.0	83	120.1	450
YR250M2-6	37	980	69.0	90.5	0.84	2.8	331	69.0	83	129.8	490
YR280S-6	45	985	76.0	91.5	0.85	2.8	362	76.0	86	217.9	680
YR280M-6	55	985	80.0	92.0	0.85	2.8	423	80.0	86	241.1	730
YR315S-6	75	—	113.0	93.0	0.85	—	404	—	90	—	—
YR315M-6	90	—	120.0	93.5	0.85	—	460	—	90	—	—
YR315L-6	110	—	132.0	93.5	0.85	—	505	—	90	—	—
8 级同步转速 750r/min											
YR160M-8	4	715	12.0	81.5	0.69	2.4	216	12.0	70	11.91	135
YR160L-8	5.5	715	15.5	82.5	0.71	2.4	230	15.5	70	14.26	155
YR180L-8	7.5	725	19.0	84.5	0.73	2.4	255	19.0	74	24.95	190
YR200L1-8	11	725	46.0	85.5	0.73	2.4	152	46.0	74	42.66	280
YR225M1-8	15	735	58.0	87.5	0.75	2.4	189	56.0	78	69.83	365
YS225M2-8	18.5	735	54.0	80.0	0.75	2.4	211	54.0	78	79.09	390
YR250M1-8	22	735	65.5	88.0	0.78	2.4	210	65.5	78	118.4	450
YR250M2-8	30	735	69.0	89.0	0.77	2.4	270	69.0	82	133.1	500
YR280S-8	37	735	81.5	90.5	0.79	2.4	281	81.5	82	214.8	680
YR280M-8	45	735	76.0	91.5	0.80	2.4	359	76.0	85	262.4	800
YR315S-8	55	—	87.0	91.5	0.79	—	387	—	85	—	—
YR315M-8	75	—	97.0	92.5	0.81	—	472	—	88	—	—
YR315L-8	90	—	109.0	93.0	0.81	—	500	—	88	—	—

注：1. JRO2 系列已淘汰，可选用 YR 系列（IP44）系列代替。
2. 本表数据选自昆明电机厂。

表 30-40b　YR 系列（IP44）三相异步电动机 B3 型外形和安装尺寸（摘自 JB/T 7119—2010）　（单位：mm）

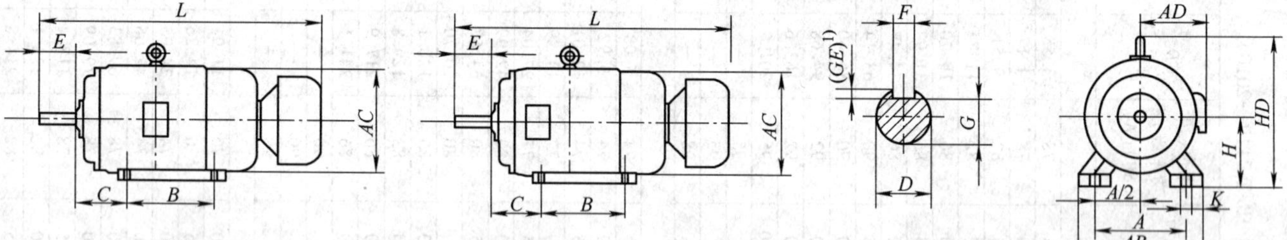

H132　　H160~315

机座带底脚、端盖上无凸缘的电动机

机座号	安装尺寸 A	B	C	$D^{①}$	E	F	G	H	$K^{②}$	外形尺寸 AB	AC	AD	HD	L
132M	216	178	89	38	80	10	33	132	12	280	280	210	315	745
160M	254	210	108	42	110	12	37	160	14.5	330	335	265	385	820
160L		254												865
180L	279	279	121	48		14	42.5	180		355	380	285	430	920
200L	318	305	133	55		16	49	200	18.5	395	425	315	475	1045
225M	356	311	149	60		18	53	225		435	475	345	530	1115
250M	406	349	168	65	140		58	250	24	490	515	385	575	1260
280S	457	368	190	75		20	67.5	280		550	580	410	640	1355
280M		419												1405
315S	508	406	216	80	170	22	71	315	28	744	645	576	865	1500
315M		457												1550
315L		508												1600

注：$GE=D-G$，GE 的极限偏差为$\left(\begin{smallmatrix}+0.20\\0\end{smallmatrix}\right)$。

① 直径 D 公差：$D=38\sim48$mm 时 k6；$D=55\sim80$mm 时 m6。

② K 孔位置度以轴伸的轴线为基准。

表 30-40c YR 系列（IP44）三相异步电动机外形和安装尺寸（摘自 JB/T 7119—2010） （单位：mm）

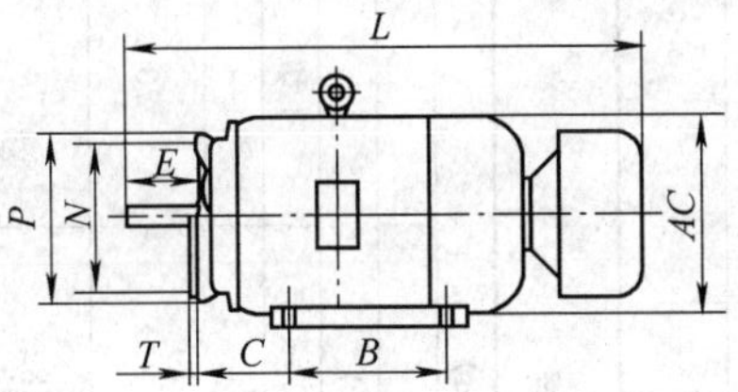

H132

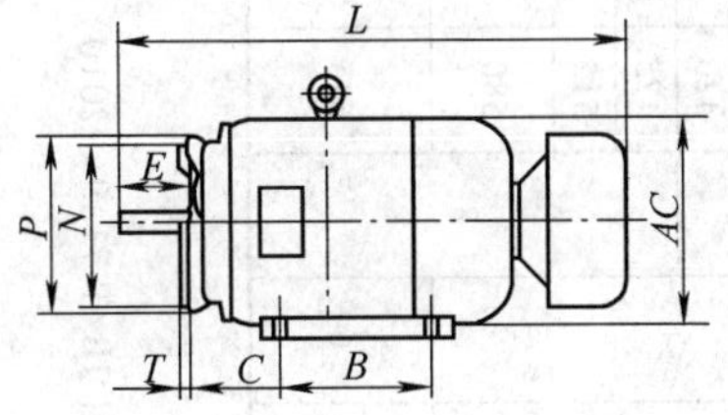

H160～135

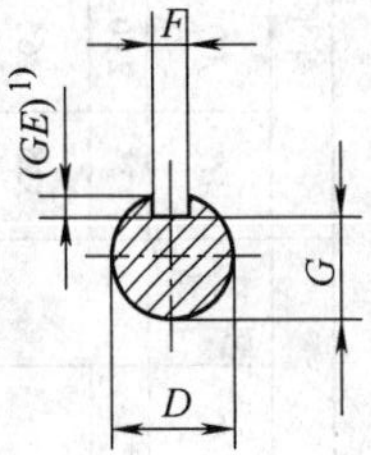

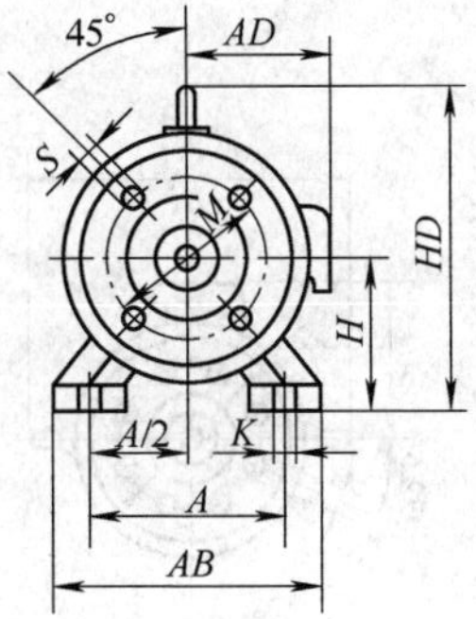

132～200

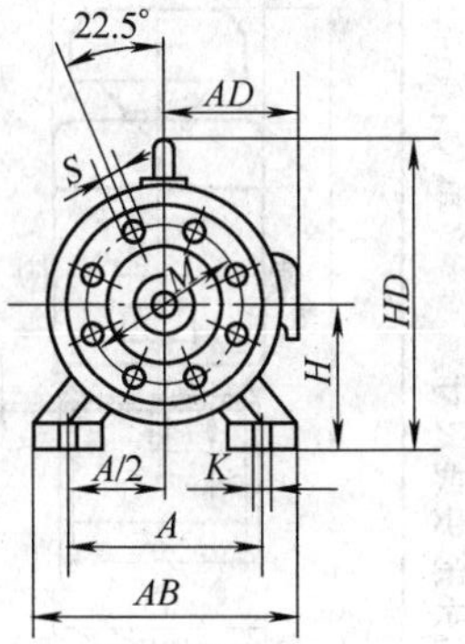

225～315

机座带底脚，端盖上有凸缘（带通孔）的电动机

机座号	凸缘号	安装尺寸														凸缘孔数	外形尺寸				
		A	B	C	D①	E	F	G	H	K②	M	N	P③	S②	T		AB	AC	AD	HD	L
132M	FF285	216	178	89	38	80	10	33	132	12	265	230	300	14.5	4	4	280	275	210	315	745
160M	FF300	254	210	108	42	110	12	37	160	14.5	300	250	350	18.5	5		330	335	265	385	820
160L			254																		865
180L		279	279	121	48		14	42.5	180								355	380	285	430	920
200L	FF350	318	305	133	55		16	49	200	18.5	350	300	400				395	420	315	475	1045
225M	FF400	356	311	149	60	140	18	53	225		400	350	450			8	435	475	345	530	1115
250M	FF500	406	349	168	65			58	250	24	500	450	500				490	515	385	575	1260
280S		457	368	190	75		20	67.5	280								550	580	410	640	1355
280M			419																		1405
315S	FF600	508	406	216	80	170	22	71	315	28	600	550	660	24	6		744	645	576	865	1500
315M			457																		1550
315L			508																		1600

注：1. $GE=D-G$，GE 的极限偏差为($^{+0.20}_{0}$)。

2. R 为凸缘配合面至轴伸肩的距离，其基本尺寸为零。

① 直径 D 公差：D=38～48mm 时 k6；D=55～80mm 时 m6。

② K 孔和 S 孔的位置度以轴伸的轴线为基准。

③ P 尺寸为最大极限值。

表 30-40d　机座不带底脚，端盖有凸缘（带通孔）电动机的外形安装尺寸　　（单位：mm）

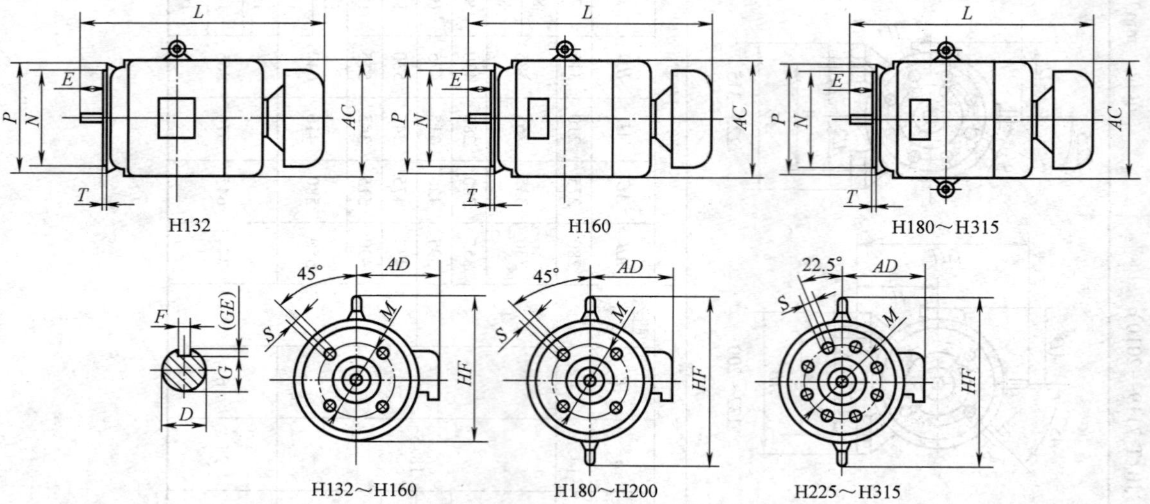

H132　H160　H180～H315

H132～H160　H180～H200　H225～H315

机座号	凸缘号	安装尺寸(基本尺寸) D	E	F	G	M	N	P①	R②	S	T	凸缘孔数	外形尺寸 AC	AD	HF	L
132M	FF285	38	80	10	33	265	230	300	0	14.5	4	4	275	210	315	745
160M	FF300	42	110	12	37	300	250	350		18.5	5		335	265	385	820
160L																865
180L		48		14	42.5								380	285	430	920
200L	FF350	55		16	49	350	300	400					420	315	475	1045
225M	FF400	60	140	18	53	400	350	450				8	475	345	530	1115
250M	FF500	65			58	500	450	500					515	385	575	1260
280S		75		20	67.5								580	410	640	1355
280M																1405
315S	FF600	80	170	22	71	600	550	660		24	6		645	576	865	1500
315M																1550
315L																1600

① P 尺寸为最大极限值。

② R 为凸缘配合面至轴伸肩的距离。

YR 系列（IP44）振动及噪声的要求见表 30-40e 和表 30-40f（摘自 JB/T 7119—2010）。

表 30-40e　空载时振动速度的有效值

机座号	132	>132～225	>225～315
振动速度的有效值/(mm/s)	1.8	2.8	3.5

表 30-40f　空载时 A 计权声功率级的噪声

功率/kW	同步转速/(r/min) 1500 1级	1500 2级	1000 1级	1000 2级	750 1级	750 2级
	声功率级/dB(A)					
3	—	—	74	79	—	—
4	78	83			70	75
5.5						
7.5	82	87	77	82	74	79
11						

（续）

功率/kV	同步转速/(r/min)					
	1500		1000		750	
	声功率级/dB(A)					
	1 级	2 级	1 级	2 级	1 级	2 级
15	86	91	80	85	78	83
18.5						
22						
30	90	95	83	88	82	87
37						
45	92	97	86	91	85	90
55						
75	95	100	90	95	88	93
90						
110					—	—
132	98	103	—	—		

（10）YH 系列高转差率三相异步电动机（摘自　JB/T 6449—2010）（见表 30-41）。

表 30-41a　YH 系列电动机结构及安装型式

机座号	结构及安装代号(IM)
80~160	B3、B5、B6、B7、B8、B35、V1、V3、V5、V6、V15、V35
180~225	B3、B5、B35、V1
250~280	B3、B35、V1

表 30-41b　机座号与转速、负载持续率及功率的对应关系

机座号		同步转速/(r/min)																			
		3000					1500					1000					750				
		负载持续率(%)																			
		15	25	40	60	100	15	25	40	60	100	15	25	40	60	100	15	25	40	60	100
		功率/kW																			
80M	1	1.0	0.9	0.8	0.75	0.65	0.75	0.65	0.6	0.55	0.48	—					—				
80M	2	1.5	1.3	1.2	1.1	1.0	1.0	0.9	0.8	0.75	0.66										
90S		1.8	1.6	1.5	1.3	1.1	1.5	1.4	1.2	1.1	1.0	1.0	0.9	0.8	0.75	0.6					
90L		2.7	2.4	2.2	2.0	1.8	2.0	1.8	1.6	1.5	1.3	1.5	1.3	1.2	1.1	0.9					
100L	1	3.8	3.3	3.0	2.7	2.4	2.8	2.5	2.2	2.0	1.8	1.9	1.7	1.5	1.3	1.1					
100L	2						3.8	3.3	3.0	2.7	2.4										
112M		5.0	4.4	4.0	3.6	3.2	5.0	4.5	4.0	3.6	3.2	2.7	2.4	2.2	1.9	1.7					
132S	1	7.0	6.0	5.5	5.0	4.4	7.0	6.0	5.5	5.0	4.3	3.7	3.2	3.0	2.6	2.3	3.2	2.8	2.7	2.2	1.9
132S	2	8.5	7.5	6.7	6.0	5.3															
132M	1	—					9.5	8.4	7.5	6.6	6.0	5.0	4.3	4.0	3.5	3.0	4.4	3.8	3.7	3.0	2.6
132M	2											6.5	6.0	5.5	4.5	4.0					
160M	1	12.5	11	9.8	8.8	7.8	12.5	11	9.8	8.8	7.6	8.5	7.5	7.0	6.0	5.0	6.0	5.1	5.0	4.0	3.4
160M	2	17	15	13.5	12	10.6											8.1	7.1	6.5	5.5	4.7
160L		21	18.5	16.5	14.5	13	16	15	13	11.5	10	12.5	11	10	8.5	7.5	10.1	8.7	8.5	7.5	6.5
180M		—					21	18.5	16.5	14.8	13	—					—				
180L							25	22	20	17.8	15.8	17	15	13.5	11.5	10	12.5	11	10.5	8.5	7.2
200L	1						34	30	27	24	21	21	18.5	17	14.5	12.5	17	15	14	11.5	10
200L	2											25	22	20	17	15					
225S							42	37	33	29	25	—					21	18.5	18	14.5	12.5
225M							51	45	40	35	30	34	30	27	23	20	25	22	21	17	14.5
250M							62	55	49	43	37	42	37	34	29	25	34	30	29	23	20
280S							75	66	59	52	45	51	45	41	35	31	42	37	35	28	24
280M							90	79	70	62	54	62	55	50	42	37	52	45	43	34	29

注：1. 机座号中 S、M、L 后面的数字 1 及 2 分别代表同一机座号和同步转速下不同的功率。

2. 表中黑体数据为额定功率，其对应的负载持续率即为相应规格的额定负载持续率。

3. 负载持续率为 100%的功率，表示电动机按连续工作制（S1）运行时的输出功率。

表 30-41c　机座带底脚、端盖上无凸缘的电动机　（单位：mm）

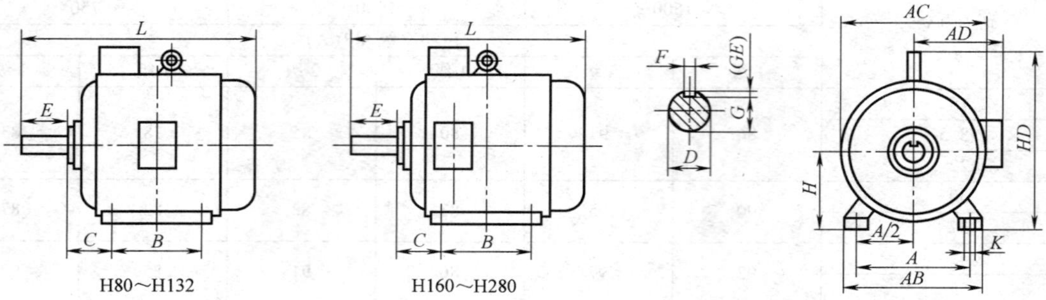

机座号	极数	安装尺寸(基本尺寸)									外形尺寸				
		A	B	C	D	E	F	G	H	K	AB	AC	AD	HD	L
80M	2、4	125	100	50	19	40	6	15.5	80	10	165	175	150	175	290
90S	2、4、6	140		56	24	50	8	20	90		180	195	160	195	315
90L			125												340
100L		160	140	63	28	60		24	100	12	205	215	180	245	380
112M		190		70					112		245	240	190	265	400
132S	2、4、6、8	216		89	38	80	10	33	132		280	275	210	315	475
132M			178												515
160M		254	210	108	42	110	12	37	160	14.5	330	335	265	385	605
160L			254												650
180M	4	279	241	121	48		14	42.5	180		355	380	285	430	670
180L	4、6、8		279												710
200L		318	305	133	55	140	16	49	200	18.5	395	420	315	475	775
225S	4、8	356	286	149	60		18	53	225		435	475	345	530	820
225M	4、6、8		311												845
250M		406	349	168	65			58	250	24	490	515	385	575	930
280S		457	368	190	75		20	67.5	280		550	580	410	640	1000
280M			419												1050

表 30-41d　机座带底脚，端盖上有凸缘（带通孔）的电动机　（单位：mm）

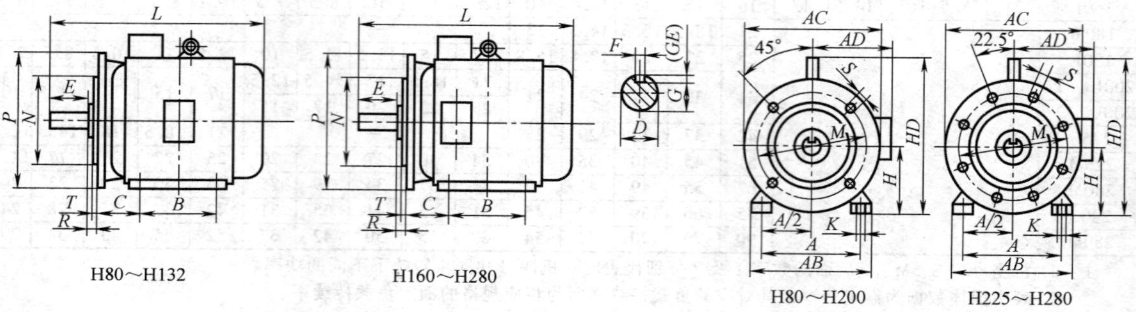

（续）

机座号	极数	安装尺寸(基本尺寸) A	B	C	D	E	F	G	H	K	M	N	$P^{①}$	$R^{②}$	S	T	凸缘孔数	外形尺寸 AB	AC	AD	HD	L
80M	2、4	125	100	50	19	40	6	15.5	80	10	165	130	200	0	12	3.5	4	165	175	150	175	290
90S	2、4、6	140	100	56	24	50	8	20	90	10	165	130	200	0	12	3.5	4	180	195	160	195	315
90L	2、4、6	140	125	56	24	50	8	20	90	10	165	130	200	0	12	3.5	4	180	195	160	195	340
100L	2、4、6	160	140	63	28	60	8	24	100	12	215	180	250	0	14.5	4.0	4	205	215	180	245	380
112M	2、4、6	190	140	70	28	60	8	24	112	12	215	180	250	0	14.5	4.0	4	245	240	190	265	400
132S	2、4、6、8	216	140	89	38	80	10	33	132	12	265	230	300	0	14.5	4.0	4	280	275	210	315	475
132M	2、4、6、8	216	178	89	38	80	10	33	132	12	265	230	300	0	14.5	4.0	4	280	275	210	315	515
160M	2、4、6、8	254	210	108	42	110	12	37	160	14.5	300	250	350	0	18.5	5.0	4	330	335	265	385	605
160L	2、4、6、8	254	254	108	42	110	12	37	160	14.5	300	250	350	0	18.5	5.0	4	330	335	265	385	650
180M	2、4、6、8	279	241	121	48	110	14	42.5	180	14.5	300	250	350	0	18.5	5.0	4	355	380	285	430	670
180L	4	279	279	121	48	110	14	42.5	180	18.5	300	250	350	0	18.5	5.0	4	355	380	285	430	710
200L	4、6、8	318	305	133	55	110	16	49	200	18.5	350	300	400	0	18.5	5.0	4	395	420	315	475	775
225S	4、8	356	286	149	60	140	18	53	225	18.5	400	350	450	0	18.5	5.0	8	435	475	345	530	820
225M	4、6、8	356	311	149	60	140	18	53	225	24	400	350	450	0	18.5	5.0	8	435	475	345	530	845
250M	4、6、8	406	349	168	65	140	18	58	250	24	500	450	500	0	18.5	5.0	8	490	515	385	575	930
280S	4、6、8	457	368	190	75	140	20	67.5	280	24	500	450	500	0	18.5	5.0	8	550	580	410	640	1000
280M	4、6、8	457	419	190	75	140	20	67.5	280	24	500	450	500	0	18.5	5.0	8	550	580	410	640	1050

① P 尺寸为最大极限值。

② R 为凸缘配合面至轴伸肩的距离。

表 30-41e　机座不带底脚，端盖上有凸缘（带通孔）的电动机　（单位：mm）

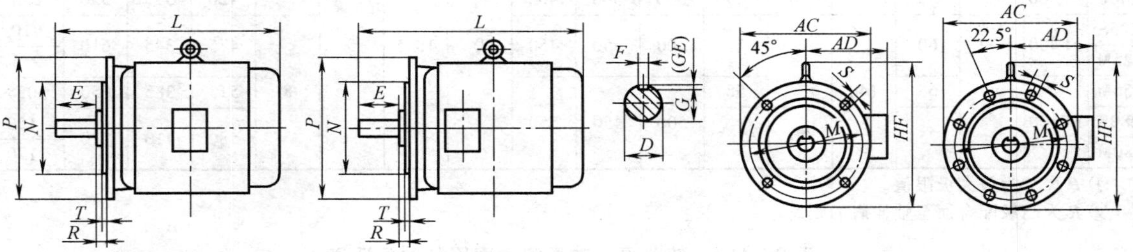

H80～H132　H160～H225　H80～H200　H225

机座号	凸缘号	极数	安装尺寸(基本尺寸) D	E	F	G	M	N	$P^{①}$	$R^{②}$	S	T	凸缘孔数	外形尺寸 AC	AD	HF	L
80M	FF165	2、4	19	40	6	15.5	165	130	200	0	12	3.5	4	175	150	185	290
90S	FF165	2、4、6	24	50	8	20	165	130	200	0	12	3.5	4	195	160	195	315
90L	FF165	2、4、6	24	50	8	20	165	130	200	0	12	3.5	4	195	160	195	340
100L	FF215	2、4、6	28	60	8	24	215	180	250	0	14.5	4.0	4	215	180	245	380
112M	FF215	2、4、6	28	60	8	24	215	180	250	0	14.5	4.0	4	240	190	265	400
132S	FF265	2、4、6、8	38	80	10	33	265	230	300	0	14.5	4.0	4	275	210	315	475
132M	FF265	2、4、6、8	38	80	10	33	265	230	300	0	14.5	4.0	4	275	210	315	515
160M	FF300	2、4、6、8	42	110	12	37	300	250	350	0	18.5	5.0	4	335	265	385	605
160L	FF300	2、4、6、8	42	110	12	37	300	250	350	0	18.5	5.0	4	335	265	385	650
180M	FF300	4	48	110	14	42.5	300	250	350	0	18.5	5.0	4	380	285	430	670
180L	FF300	4、6、8	48	110	14	42.5	300	250	350	0	18.5	5.0	4	380	285	430	710
200L	FF350	4、6、8	55	110	16	49	350	300	400	0	18.5	5.0	4	420	315	480	775
225S	FF400	4、8	60	140	18	53	400	350	450	0	18.5	5.0	4	475	345	535	820
225M	FF400	4、6、8	60	140	18	53	400	350	450	0	18.5	5.0	8	475	345	535	845

① P 尺寸为最大极限值。

② R 为凸缘配合面至轴伸肩的距离。

表 30-41f　立式安装，机座不带底脚，端盖上有凸缘（带通孔），轴伸向下的电动机　　（单位：mm）

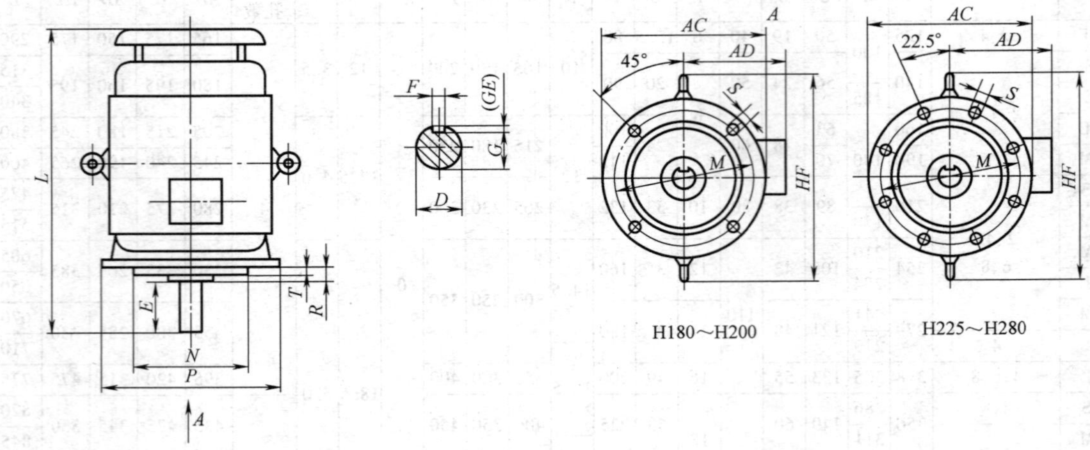

机座号	凸缘号	极数	安装尺寸(基本尺寸) D	E	F	G	M	N	P①	R②	S	T	凸缘孔数	外形尺寸 AC	AD	HD	L
180M	FF300	4、6、8	48	110	14	42.5	300	250	350	0	18.5	5	4	380	285	500	730
180L																	770
200L	FF350		55		16	49	350	300	400					420	315	550	850
225S	FF400	4、8	60	140	18	53	400	350	450				8	475	345	610	910
225M		4、6、8															935
250M	FF500		65			58	500	450	550					515	385	650	1035
280S			75		20	67.5								580	410	720	1120
280M																	1170

① *P* 尺寸为最大极限值。

② *R* 为凸缘配合面至轴伸肩的距离。

表 30-41g　转差率、效率和功率因数的保证值

功率/kW	同步转速/(r/min) 3000	1500	1000	750	3000	1500	1000	750	3000	1500	1000	750
	转差率 s(%)				效率 η(%)				功率因数 cosφ			
0.55	—		—		—	66.5	—		—	0.76	—	
0.75			13		71.0	68.0	65.5		0.86	0.77	0.69	
1.1	11			—	73.0	70.0	66.0	—	0.87	0.80	0.72	—
1.5		13	12			72.0	69.5		0.85		0.76	
2.2				12	75.5	73.0	73.0	73.0	0.86			0.73
3	10				76.0	74.0	75.5	74.0	0.87	0.83	0.78	0.75
4		11	10		77.5	77.0	77.0	77.0	0.89		0.79	
5.5	9	10		11	78.0	77.5	77.5	78.0	0.90	0.86		0.77
7.5			11		78.5	78.0	78.0	79.0	0.91	0.87	0.81	0.78
11		9		10	81.0	80.0	80.0	76.5	0.90	0.86		0.80
15	8		9		82.0	82.0	82.0	77.5	0.91		0.83	
18.5		8		9	82.5			80.0			0.86	0.78
22			8			83.0	82.5	81.0		0.89	0.87	0.80
30						84.0	83.0	81.5				0.83
37				8			84.0	82.0		0.90		0.81
45	—		7		—	84.5	84.5	82.5	—	0.91	0.89	0.83
55		7				86.0	85.0			0.90		
75			—	—			—	—		0.92	—	—
90						86.5						

1）电动机的效率由间接损耗分析法确定，杂散损耗按输入功率的 0.5% 计算。非额定点杂散损耗按电流二次方折算。

2）电动机的效率计算时，电动机绕组的电阻基准温度应按算到 130（B）级绝缘 95℃ 时进行（按 GB/T 1032 的规定）。

3）在计算中，效率值取四位有效位数，功率因数值取三位有效位数。

4）在额定电压下，电动机堵转转矩对额定转矩之比的保证值应符合表 30-41h 的规定。

表 30-41h　堵转转矩对额定转矩之比的保证值

<table>
<tr><th rowspan="3">功率/kW</th><th colspan="4">同步转速/(r/min)</th></tr>
<tr><th>3000</th><th>1500</th><th>1000</th><th>750</th></tr>
<tr><th colspan="4">堵转转矩/额定转矩</th></tr>
<tr><td>0.55</td><td>—</td><td rowspan="9">2.7</td><td>—</td><td rowspan="4">—</td></tr>
<tr><td>0.75</td><td rowspan="11">2.7</td><td rowspan="8">2.7</td></tr>
<tr><td>1.1</td></tr>
<tr><td>1.5</td></tr>
<tr><td>2.2</td><td rowspan="2">2.6</td></tr>
<tr><td>3</td></tr>
<tr><td>4</td><td rowspan="10">2.4</td></tr>
<tr><td>5.5</td></tr>
<tr><td>7.5</td></tr>
<tr><td>11</td><td rowspan="13">2.6</td><td rowspan="12">2.5</td></tr>
<tr><td>15</td></tr>
<tr><td>18.5</td></tr>
<tr><td>22</td><td rowspan="10">—</td></tr>
<tr><td>30</td></tr>
<tr><td>37</td></tr>
<tr><td>45</td><td rowspan="4">—</td></tr>
<tr><td>55</td></tr>
<tr><td>75</td></tr>
<tr><td>90</td><td>—</td></tr>
</table>

表 30-41i　不同轴中心高用位移、速度和加速度表示的振动强度限值（方均根值）

轴中心高/mm	80<H≤132		
安装方式	位移/μm	速度/(mm/s)	加速度/(m/s^2)
自由悬置	25	1.6	2.5
刚性安装	21	1.3	2.0
轴中心高/mm	132<H≤280		
安装方式	位移/μm	速度/(mm/s)	加速度/(m/s^2)
自由悬置	35	2.2	3.5
刚性安装	29	1.8	2.8

表 30-41j　在空载时测得的 A 计权声功率级的噪声数值

<table>
<tr><th rowspan="3">功率/kW</th><th colspan="4">同步转速/(r/min)</th></tr>
<tr><th>3000</th><th>1500</th><th>1000</th><th>750</th></tr>
<tr><th colspan="4">声功率级/dB(A)</th></tr>
<tr><td>0.55</td><td>—</td><td rowspan="2">63</td><td>—</td><td rowspan="4">—</td></tr>
<tr><td>0.75</td><td>73</td><td rowspan="2">60</td></tr>
<tr><td>1.1</td><td rowspan="3">75</td><td rowspan="2">63</td></tr>
<tr><td>1.5</td><td>61</td></tr>
<tr><td>2.2</td><td rowspan="2">67</td><td>67</td><td rowspan="2">68</td></tr>
<tr><td>3</td><td>79</td><td rowspan="3">70</td></tr>
<tr><td>4</td><td>80</td><td>69</td><td rowspan="3">69</td></tr>
<tr><td>5.5</td><td rowspan="2">82</td><td rowspan="2">72</td></tr>
<tr><td>7.5</td><td rowspan="2">70</td></tr>
<tr><td>11</td><td rowspan="3">84</td><td rowspan="2">74</td><td rowspan="2">73</td></tr>
<tr><td>15</td><td>74</td></tr>
<tr><td>18.5</td><td rowspan="2">77</td><td rowspan="2">77</td><td rowspan="2">76</td></tr>
<tr><td>22</td><td rowspan="7">—</td></tr>
<tr><td>30</td><td>80</td><td>77</td><td>77</td></tr>
<tr><td>37</td><td rowspan="2">81</td><td>79</td><td rowspan="2">79</td></tr>
<tr><td>45</td><td rowspan="2">82</td></tr>
<tr><td>55</td><td>82</td><td rowspan="3">—</td></tr>
<tr><td>75</td><td rowspan="2">85</td><td rowspan="2">—</td></tr>
<tr><td>90</td></tr>
</table>

表 30-41k　在负载时测得的 A 计权声功率级噪声增量数值

<table>
<tr><th rowspan="3">功率/kW</th><th colspan="4">同步转速/(r/min)</th></tr>
<tr><th>3000</th><th>1500</th><th>1000</th><th>750</th></tr>
<tr><th colspan="4">声功率级/dB(A)</th></tr>
<tr><td>>1.0~11</td><td rowspan="3">2</td><td>5</td><td>7</td><td>8</td></tr>
<tr><td>>11~37</td><td>4</td><td>6</td><td>7</td></tr>
<tr><td>>37~110</td><td>3</td><td>5</td><td>6</td></tr>
</table>

30.4.1.2　变速和减速异步电动机

（1）YD 系列（IP44）变极多速三相异步电动机（摘自 JB/T 7127—2010）（见表 30-42）

YD 系列（IP44）电动机的定额是以连续工作制（S1）为基准的连续定额。

电动机以变极而变速，有两速、三速、四速三种类型。电动机定子绕组在两速时为单套绕组，三速、四速时为双套绕组。电动机在各种速比时定子绕组的接法和出线端数按表 30-42a 的规定。

表 30-42a　绕组的接法和出线端

<table>
<tr><td rowspan="2">速比</td><td colspan="5">同步转速/(r/min)</td></tr>
<tr><td>1500/3000</td><td>1000/1500</td><td>750/1500</td><td>750/1000</td><td>500/1000</td></tr>
<tr><td>接法</td><td colspan="5">△/YY</td></tr>
<tr><td>出线端数</td><td colspan="5">6</td></tr>
</table>

<table>
<tr><td rowspan="2">速比</td><td colspan="4">同步转速/(r/min)</td></tr>
<tr><td>1000/1500/3000</td><td>750/1500/3000</td><td>750/1000/1500</td><td>500/750/1000/1500</td></tr>
<tr><td>接法</td><td colspan="2">Y/△/YY</td><td>△/Y/YY</td><td>△/△/YY/YY</td></tr>
<tr><td>出线端数</td><td colspan="2">9</td><td colspan="2">12</td></tr>
</table>

注：对 250 及以上机座号采用双套绕组的电动机，三速时允许采用 10 个出线端，四速时允许采用 14 个出线端。

表 30-42b　机座号与转速及功率的对应关系表

机座号	同步转速/(r/min)								
	1500/3000	1000/1500	750/1500	750/1000	500/1000	1000/1500/3000	750/1500/3000	750/1000/1500	500/750/1000/1500
	功率/kW								
80M1	0.45/0.55	—	—	—	—	—	—	—	—
80M2	0.55/0.75								
90S	0.85/1.1	0.65/0.85		0.35/0.45					
90L	1.3/1.8	0.85/1.1	0.45/0.75	0.45/0.65					
100L1	2/2.4	1.3/1.8	0.85/1.5	0.75/1.1		0.75/1.3/1.8			
100L2	2.4/3	1.5/2.2							
112M	3.3/4	2.2/2.8	1.5/2.4	1.3/1.8		1.1/2/2.4	0.65/2/2.4	0.85/1/1.5	
132S	4.5/5.5	3/4	2.2/3.3	1.8/2.4		1.8/2.6/3	1/2.6/3	1.1/1.5/1.8	
132M1	6.5/8	4/5.5	3/4.5	2.6/3.7		2.2/3.3/4	1.3/3.7/4.5	1.5/2/2.2	
132M2						2.6/4/5		1.8/2.6/3	
160M	9/11	6.5/8	5/7.5	4.5/6	2.6/5	3.7/5/6	2.2/5/6	3.3/4/5.5	
160L	11/14	9/11	7/11	6/8	3.7/7	4.5/7/9	2.8/7/9	4.5/6/7.5	
180M	15/18.5	11/14	—	7.5/10	—	—	—	—	
180L	18.5/22	13/16	11/17	9/12	5.5/10			7/9/12	3.3/5/6.5/9
200L1	26/30	18.5/22	14/22	12/17	7.5/13			10/13/17	4.5/7/8/11
200L2			17/26	15/20	9/15				5.5/8/10/13
225S	32/37	22/28	—	—	—			14/18.5/24	—
225M	37/45	26/32	24/34		12/20			17/22/28	7/11/13/20
250M	45/52	32/42	30/42		15/24			24/26/34	9/14/16/26
280S	60/72	42/55	40/55		20/30			30/34/42	11/18.5/20/34
280M	72/82	55/67	47/67		24/37			34/37/50	13/22/24/40

注：M、L 后面的数字 1、2 分别代表同一机座号和转速下的不同功率。

表 30-42c　机座带底脚、端盖上无凸缘的电动机　　（单位：mm）

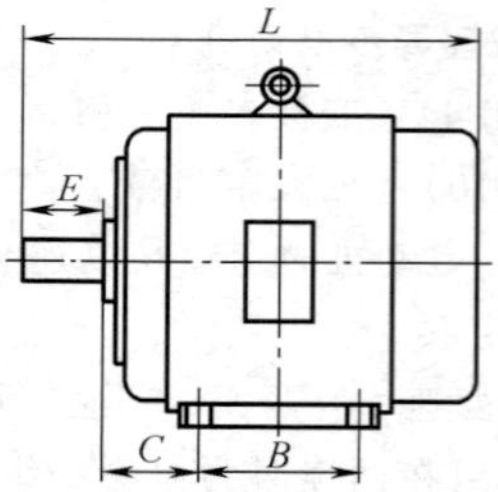

机座号H80～H132

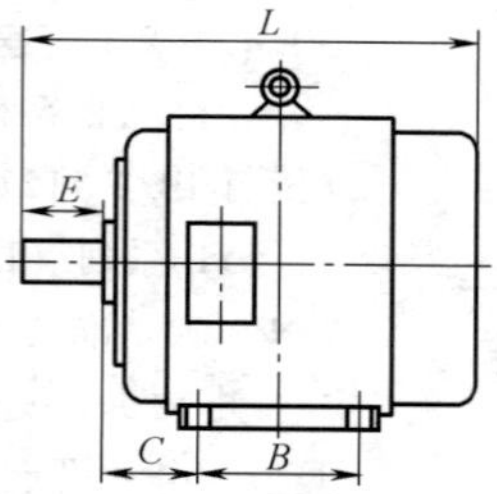

机座号H160～H280

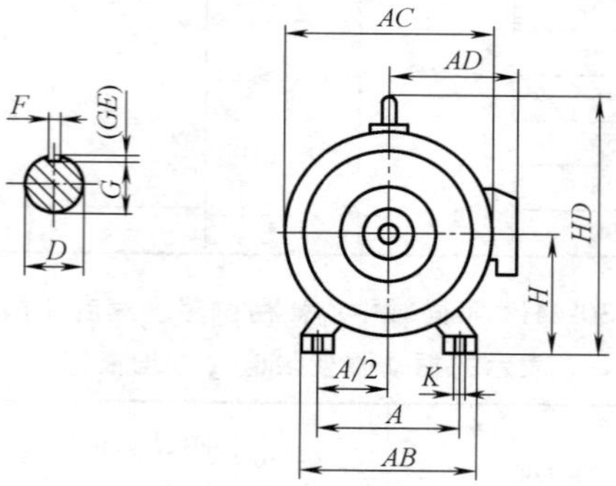

机座号	安装尺寸									外形尺寸				
	A	B	C	D	E	F	G	H	K	AB	AC	AD	HD	L
80M	125	100	50	19	40	6	15.5	80	10	167	175	150	175	290
90S	140		56	24	50	8	20	90		180	195	160	195	315
90L		125												340
100L	160	140	63	28	60		24	100	12	205	215	180	245	380
112M	190		70					112		245	240	190	265	400
132S	216		89	38	80	10	33	132		280	275	210	315	475
132M		178												515
160M	254	210	108	42	110	12	37	160	14.5	330	335	265	385	605
160L		254												650

（续）

机座号	安装尺寸									外形尺寸				
	A	*B*	*C*	*D*	*E*	*F*	*G*	*H*	*K*	*AB*	*AC*	*AD*	*HD*	*L*
180M	279	241	121	48	110	14	42.5	180	14.5	355	380	285	430	670
180L		279												710
200L	318	305	133	55		16	49	200	18.5	395	420	315	475	775
225S	356	286	149	60	140	18	53	225		435	475	345	530	820
225M		311												845
250M	406	349	168	65			58	250	24	490	515	385	575	930
280S	457	368	190	75		20	67.5	280		550	586	410	640	1000
280M		419												1050

表 30-42d　机座带底脚、端盖上有凸缘的电动机　（单位：mm）

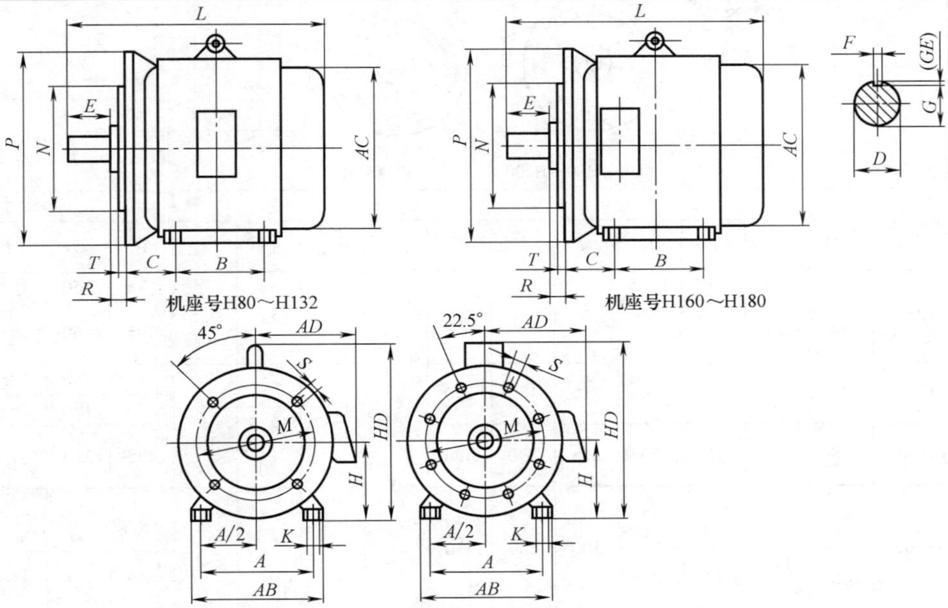

机座号H80～H132　　机座号H160～H180

机座号H80～H200　　机座号H225～H280

机座号	凸缘号	安装尺寸													凸缘孔数			外形尺寸				
		A	*B*	*C*	*D*	*E*	*F*	*G*	*H*	*K*[②]	*M*	*N*	*P*	*R*[①]		*S*[②]	*T*	*AB*	*AC*	*AD*	*HD*	*L*
80M	FF165	125	100	50	19	40	6	15.5	80	10	165	130	200	0	4	12	3.5	165	175	150	175	290
90S		140		56	24	50	8	20	90									180	195	160	195	315
90L			125																			340
100L	FF215	160	140	63	28	60		24	100	12	215	180	250			14.5	4	205	215	180	245	380
112M		190		70					112									245	240	190	265	400
132S	FF265	216		89	38	80	10	33	132		265	230	300					280	275	210	315	475
132M			178																			515
160M	FF300	254	210	108	42	110	12	37	160	14.5	300	250	350			18.5	5	330	335	265	385	605
160L			254																			650
180M		279	241	121	48		14	42.5	180									355	380	285	430	670
180L			279																			710
200L	FF350	318	305	133	55		16	49	200	18.5	350	300	400					395	420	315	475	775
225S	FF400	356	286	149	60	140	18	53	225		400	350	450		8			435	475	345	530	820
225M			311																			845
250M	FF500	406	349	168	65			58	250	24								490	515	385	575	930
280S		457	368	190	75		20	67.5	280		500	450	550					550	585	410	640	1000
280M			419																			1050

① *R* 为凸缘配合面至轴伸肩的距离。

② *K* 孔和 *S* 孔的位置度公差以轴伸的轴线为基准。

表 30-42e　机座不带底脚、端盖上有凸缘的电动机　（单位：mm）

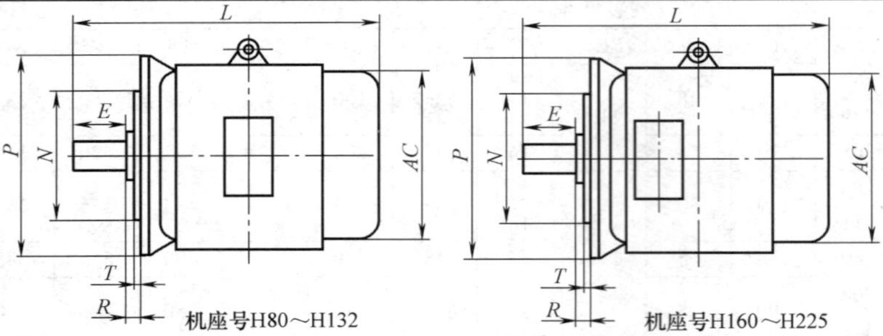

机座号H80～H132　　机座号H160～H225

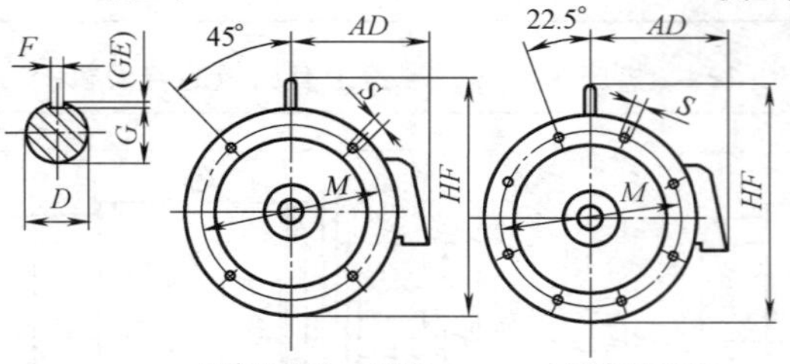

机座号H80～H200　　机座号H225

机座号	凸缘号	安装尺寸											外形尺寸			
		D	*E*	*F*	*G*	*M*	*N*	*P*	*R*①	凸缘孔数	*S*②	*T*	*AC*	*AD*	*HF*	*L*
80M	FF165	19	40	6	15.5	165	130	200	0	4	12	3.5	175	150	185	290
90S		24	50	8	20								195	160	195	315
90L																340
100L	FF215	28	60		24	215	180	250			14.5	4	215	180	245	380
112M													240	190	265	400
132S	FF265	38	80	10	33	265	230	300					275	210	315	475
132M																515
160M	FF300	42	110	12	37	300	250	350			18.5	5	335	265	385	605
160L																650
180M		48		14	42.5								380	285	430	670
180L																710
200L	FF350	55		16	49	350	300	400					420	315	480	775
225S	FF400	60	140	18	53	400	350	450					475	345	535	820
225M										8						845

① *R* 为凸缘配合面至轴伸肩的距离。

② *S* 孔的位置度公差以轴伸的轴线为基准。

表 30-42f　立式安装、机座不带底脚、端盖上有凸缘、轴伸向下的电动机　（单位：mm）

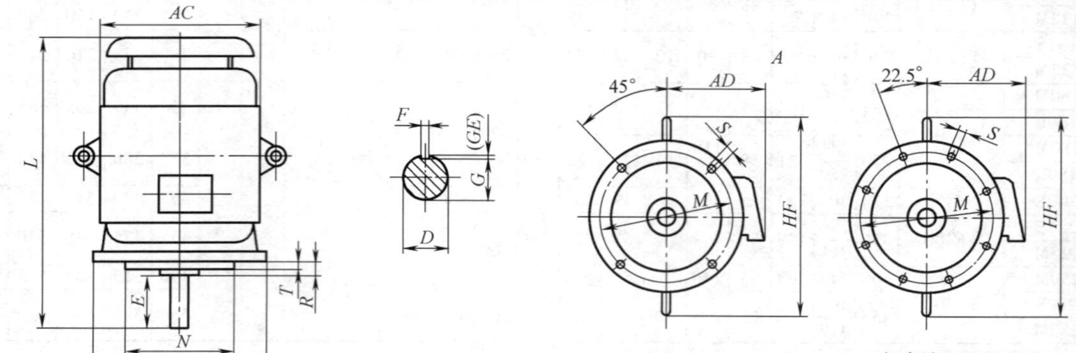

机座号H180～H200　　机座号H225～H280

（续）

机座号	凸缘号	安装尺寸 D	E	F	G	M	N	P	R①	凸缘孔数	S②	T	外形尺寸 AC	AD	HF	L
180M	FF300	49	110	14	42.5	300	250	350	0	4	18.5	5	380	285	500	730
180L	FF300	49	110	14	42.5	300	250	350	0	4	18.5	5	380	285	500	770
200L	FF350	55	110	16	49	350	300	400	0	4	18.5	5	420	315	550	850
225S	FF400	60	140	18	53	400	350	450	0	8	18.5	5	475	345	610	910
225M	FF400	60	140	18	53	400	350	450	0	8	18.5	5	475	345	610	935
250M	FF500	65	140	18	58	500	450	550	0	8	18.5	5	515	385	650	1035
280S	FF500	75	140	20	67.5	500	450	550	0	8	18.5	5	580	410	720	1120
280M	FF500	75	140	20	67.5	500	450	550	0	8	18.5	5	580	410	720	1170

① R 为凸缘配合面至轴伸肩的距离。

② S 孔的位置度公差以轴伸的轴线为基准。

表 30-42g 效率的保证值

机座号	同步转速/(r/min) 1500/3000	1000/1500	750/1500	750/1000	500/1000	1000/1500/3000	750/1500/3000	750/1000/1500	500/750/1000/1500
	效率 η(%)								
80M1	66/65	—	—	—		—	—	—	—
80M2	68/66	—	—	—		—	—	—	—
90S	74/71	64/70	—	56/70		—	—	—	—
90L	76/73	66/71	58/72	59/71		—	—	—	—
100L1	78/76	74/77	67/74	65/75	—	67/72/71	—	—	—
100L2	79/77	75/77	67/74	65/75	—	67/72/71	—	—	—
112M	82/79	78/77	72/78	72/78	—	73/74/74	59/74/74	62/68/75	—
132S	83/79	79/78	75/80	76/80	—	75/78/71	69/78/74	68/74/78	—
132M1	84/80	82/80	78/82	78/82	—	77/80/76	71/80/75	71/77/79	—
132M2	84/80	82/80	78/82	78/82	—	80/80/77	71/80/75	72/78/80	—
160M	87/82	84/82	83/84	83/85	74/84	82/81/76	75/81/76	79/81/83	—
160L	87/82	85/83	85/86	84/86	76/85	83/83/79	77/83/79	80/83/84	—
180M	89/85	85/84	—	84/86	—	—	—	—	—
180L	89/86	86/85	87/88	85/86	79/86	—	—	81/83/84	72/79/82/83
200L1	89/85	87/86.5	87/88	86/87	83/87	—	—	85/86/86	74/81/83/84
200L2	89/85	87/86.5	87/88	87/88	83/87	—	—	85/86/86	75/81/83/84
225S	90/86	88/86.5	—	—	—	—	—	86/87/87	—
225M	91/86	88/85.5	89/88	—	85/88	—	—	87/87/87	81/84/85/86
250M	91/87	90/86.5	90/89	—	86/89	—	—	88/88/88	82/85/85/87
280S	91/88	90/87	91/90	—	88/89	—	—	89/89/89	83/87/85/87
280M	91/88	90/87	91/90	—	88/89	—	—	89/89/89	84/87/85/88

表 30-42h 功率因数的保证值

机座号	同步转速/(r/min) 1500/3000	1000/1500	750/1500	750/1000	500/1000	1000/1500/3000	750/1500/3000	750/1000/1500	500/750/1000/1500
	功率因数 cosφ								
80M1	0.74/0.85	—	—	—	—	—	—	—	—
80M2	0.74/0.85	—	—	—	—	—	—	—	—
90S	0.77/0.85	0.68/0.79	—	0.60/0.72	—	—	—	—	—
90L	0.78/0.85	0.70/0.79	0.63/0.87	0.60/0.73	—	—	—	—	—
100L1	0.81/0.86	0.70/0.80	0.63/0.88	0.60/0.73	—	0.65/0.75/0.85	—	—	—

（续）

机座号	同步转速/(r/min) 1500/3000	1000/1500	750/1500	750/1000	500/1000	1000/1500/3000	750/1500/3000	750/1000/1500	500/750/1000/1500
	功率因数 cosφ								
100L2	0.83/0.89	0.70/0.80	0.63/0.88	0.60/0.73	—	0.65/0.75/0.85	—	—	—
112M	0.83/0.89	0.75/0.82		0.61/0.73		0.65/0.81/0.85	0.63/0.81/0.85	0.56/0.73/0.86	
132S	0.84/0.89		0.64/0.88	0.62/0.73		0.71/0.83/0.87	0.61/0.83/0.87	0.60/0.73/0.87	
132M1	0.85/0.89	0.76/0.85	0.65/0.89			0.72/0.84/0.91	0.61/0.84/0.91	0.62/0.73/0.87	
132M2								0.62/0.74/0.87	
160M	0.85/0.89	0.78/0.84	0.66/0.89		0.46/0.76		0.59/0.84/0.91	0.62/0.76/0.87	
160L	0.86/0.90	0.78/0.85			0.46/0.79	0.72/0.85/0.92	0.60/0.85/0.92		
180M	0.87/0.90	0.76/0.85	—		—	—	—	—	
180L	0.88/0.91	0.78/0.85	0.72/0.91	0.65/0.75	0.54/0.86			0.65/0.80/0.90	0.55/0.62/0.88/0.89
200L1	0.89/0.92	0.78/0.86	0.74/0.92	0.65/0.76	0.56/0.86			0.72/0.81/0.90	0.56/0.67/0.88/0.88
200L2					0.57/0.87				
225S		0.86/0.87	—	—	—			0.70/0.81/0.90	—
225M		0.86/0.90	0.77/0.88		0.61/0.87			0.70/0.85/0.90	0.63/0.72/0.88/0.90
250M		0.87/0.91	0.78/0.91		0.63/0.87			0.75/0.85/0.92	0.63/0.73/0.88/0.92
280S	0.90/0.92	0.87/0.90	0.80/0.91					0.75/0.86/0.92	0.63/0.75/0.88/0.92
280M	0.90/0.93	0.87/0.89	0.81/0.92		0.65/0.87				

表 30-42i　堵转转矩对额定转矩之比的保证值

机座号	同步转速/(r/min) 1500/3000	1000/1500	750/1500	750/1000	500/1000	1000/1500/3000	750/1500/3000	750/1000/1500	500/750/1000/1500
	堵转转矩/额定转矩								
80M1	1.5/1.7	—	—	—	—	—	—	—	—
80M2	1.6/1.8								
90S	1.8/1.9	1.6/1.4		1.8/2					
90L	1.8/2	1.6/1.5	1.6/1.4	1.7/1.8					
100L1	1.7/1.9	1.7/1.4		1.8/1.9		1.8/1.6/1.6			
100L2	1.6/1.7	1.6/1.4							
112M	1.9/2	1.8/1.5	1.7/1.7	1.7/1.9	—	1.7/1.4/1.6	1.4/1.3/1.2	1.7/1.3/1.5	
132S	1.7/1.8	1.8/1.7	1.5/1.7	1.6/1.9	—	1.4/1.3/1.7	1.4/1.2/1.4	1.4/1.3/1.3	
132M1		1.6/1.4	1.5/1.6	1.9/1.9		1.3/1.3/1.7	1.5/1.3/1.4	1.3/1.5/1.4	
132M2						1.5/1.4/1.7		1.5/1.5/1.5	
160M	1.6/1.8	1.5/1.5		1.6/1.9	1.2/1.4	1.5/1.3/1.4	1.4/1.3/1.4	1.7/1.4/1.5	
160L	1.7/1.9	1.6/1.7				1.5/1.2/1.3	1.3/1.2/1.3	1.6/1.6/1.5	
180M	1.8/1.9		—	1.9/1.9	—	—	—	—	
180L	1.6/1.8	1.7/1.7	1.5/1.5	1.8/1.8	1.3/1.3			1.6/1.5/1.4	1.6/1.5/1.3/1.3
200L1	1.4/1.6	1.6/1.5	1.8/1.7	1.8/2	1.5/1.5				1.3/1.3/1.3/1.3
200L2			1.5/1.7					1.6/1.6/1.4	
225S		1.8/1.8	—	—	—				—
225M	1.6/1.6		1.5/1.5		1.5/1.5			1.5/1.6/1.4	1.6/1.6/1.5/1.3
250M		1.5/1.3	1.6/1.7						
280S	1.4/1.5							1.4/1.5/1.4	1.7/1.7/1.6/1.5
280M		1.6/1.3							

表 30-42j　堵转电流对额定电流之比的保证值

<table>
<tr><th rowspan="3">机座号</th><th colspan="9">同步转速/(r/min)</th></tr>
<tr><th>1500/3000</th><th>1000/1500</th><th>750/1500</th><th>750/1000</th><th>500/1000</th><th>1000/1500
/3000</th><th>750/1500
/3000</th><th>750/1000/
1500</th><th>500/750/
1000/1500</th></tr>
<tr><th colspan="9">堵转电流/额定电流</th></tr>
<tr><td>80M</td><td rowspan="17">6.5/7</td><td>—</td><td rowspan="2">—</td><td>—</td><td rowspan="7">—</td><td rowspan="3">—</td><td rowspan="4">—</td><td rowspan="4">—</td><td rowspan="10">—</td></tr>
<tr><td>90S</td><td rowspan="10">6/6.5</td><td rowspan="10">5/6</td></tr>
<tr><td>90L</td><td rowspan="7">5.5/6.5</td></tr>
<tr><td>100L</td><td rowspan="6">5.5/6/7</td></tr>
<tr><td>112M</td><td rowspan="5">4.5/6/7</td><td rowspan="5">5.5/6.5/7</td></tr>
<tr><td>132S</td></tr>
<tr><td>132M</td></tr>
<tr><td>160M</td><td rowspan="10">4/6</td></tr>
<tr><td>160L</td><td rowspan="9">6/7</td></tr>
<tr><td>180M</td><td rowspan="8">—</td><td rowspan="8">—</td><td rowspan="8">6.7/7/7</td></tr>
<tr><td>180L</td><td rowspan="7">5/6.5/6.5/7</td></tr>
<tr><td>200L</td><td rowspan="6">6.5/7</td><td rowspan="6">—</td></tr>
<tr><td>225S</td></tr>
<tr><td>225M</td></tr>
<tr><td>250M</td></tr>
<tr><td>280S</td></tr>
<tr><td>280M</td></tr>
</table>

注：计算堵转电流对额定电流之比时，所采用的额定电流值应按额定功率、额定电压及效率和功率因素的保证值（不计及容差）求得。

表 30-42k　空载时测得的振动速度有效值

机座号	80~132	160~225	250~280
振动速度有效值/(mm/s)	1.8	2.8	4.5

表 30-42l　空载时 A 计权声功率级的噪声数值

<table>
<tr><th rowspan="3">机座号</th><th colspan="9">同步转速/(r/min)</th></tr>
<tr><th>1500/3000</th><th>1000/1500</th><th>750/1500</th><th>750/1000</th><th>500/1000</th><th>1000/1500
/3000</th><th>750/1500
/3000</th><th>750/1000/
1500</th><th>500/750/
1000/1500</th></tr>
<tr><th colspan="9">声功率级/dB(A)</th></tr>
<tr><td>80M1</td><td rowspan="3">79</td><td rowspan="2">—</td><td rowspan="3">—</td><td rowspan="2">—</td><td rowspan="9">—</td><td rowspan="4">—</td><td rowspan="5">—</td><td rowspan="5">—</td><td rowspan="12">—</td></tr>
<tr><td>80M2</td></tr>
<tr><td>90S</td><td rowspan="2">75</td><td rowspan="3">73</td></tr>
<tr><td>90L</td><td>83</td><td>75</td></tr>
<tr><td>100L2</td><td rowspan="2">87</td><td>78</td><td>78</td><td rowspan="2">87</td></tr>
<tr><td>112M</td><td rowspan="4">82</td><td rowspan="4">82</td><td>75</td><td>87</td><td rowspan="4">82</td></tr>
<tr><td>132M</td><td rowspan="3">91</td><td rowspan="3">79</td><td rowspan="3">91</td><td rowspan="3">91</td></tr>
<tr><td>132M1</td></tr>
<tr><td>132M2</td></tr>
<tr><td>160M</td><td rowspan="4">95</td><td rowspan="2">86</td><td rowspan="2">86</td><td rowspan="3">83</td><td>79</td><td rowspan="2">95</td><td rowspan="2">95</td><td rowspan="2">86</td></tr>
<tr><td>160L</td><td>83</td></tr>
<tr><td>180M</td><td rowspan="3">90</td><td>—</td><td>—</td><td rowspan="9">—</td><td rowspan="9">—</td><td>—</td></tr>
<tr><td>180L</td><td rowspan="2">90</td><td>86</td><td>83</td><td rowspan="3">90</td><td rowspan="3">90</td></tr>
<tr><td>200L1</td><td rowspan="3">98</td><td rowspan="2">88</td><td rowspan="2">86</td></tr>
<tr><td>200L2</td><td>92</td></tr>
<tr><td>225S</td><td rowspan="2">92</td><td>—</td><td rowspan="5">—</td><td>—</td><td rowspan="3">92</td><td>—</td></tr>
<tr><td>225M</td><td rowspan="2">100</td><td>92</td><td>86</td><td>90</td></tr>
<tr><td>250M</td><td rowspan="2">98</td><td>94</td><td rowspan="3">89</td><td rowspan="2">92</td></tr>
<tr><td>280S</td><td rowspan="2">102</td><td rowspan="2">98</td><td rowspan="2">94</td></tr>
<tr><td>280M</td><td>98</td><td>94</td></tr>
</table>

（2）YCJ 系列齿轮减速三相异步电动机（摘自 JB/T 6447—2010）（见表 30-43）

YCJ 系列齿轮同速三相异步电动机的标记示例：

YCJ 160-2.2-48

- 48——输出转速
- 2.2——电动机额定功率
- 160——机座号
- YCJ——产品代号

减速电动机在采用 IM B3 或 IM B5 的型式安装、使用系数 KA 为 1 时（按 GB/T 3480 的规定），其电动机功率、输出转速、输出转矩的对应关系应符合表 30-43a 的规定。在采用 IM B6、IM B7、IM B8、IM V1 或 IM V5 的型式安装时，输出转速的数值与表 30-43a相同，输出转矩允许有所降低，但不超过 2%。

表 30-43a 中未列入的转速数值，可在减速电动机的输出转速和转矩的范围内，按用户的需要提供。

表 30-43a 中所列输出转速的容差为±4%，此时对应的输出转矩亦按相应的容差变动。

表 30-43a　功率、输出转速、输出转矩的对应关系

机座号	电动机功率/kW	输出转速/(r/min)	输出转矩/N·m	电动机 规格代号	电动机 端盖号
71	0.55	570	8.8	80M1-4	F1
		506	10		
		445	11.3		
		388	13		
		334	15.1		
		284	17.6		
		237	21.5		
		214	23.5		
		183	27		F2
		163	30.5		
		147	33.5		
		125	39.5		
		112	44.5		
		100	49.5		
		95	52		
		87	57		
132		80	61		
		74	66		
		68	73		
		57	86		
		52	96		
		47.5	104		
		43	115		
		36	135		
		29	168		
		23	210		
160		18.5	261		F3
		15.2	319		
71		570	12.1	80M2-4	F1
		506	13.6		
		445	15.4		
		388	17.7		
		334	20.5		
		284	24		
		237	29		
		214	32		

（续）

机座号	电动机功率/kW	输出转速/(r/min)	输出转矩/N·m	电动机	
				规格代号	端盖号
132	0.75	183	37.5	80M2-4	F2
		163	42		
		147	47		
		125	55		
		112	62		
		100	69		
		95	73		
		87	79		
		80	86		
		74	93		
		68	102		
		57	120		
		52	133		
		47.5	145		
		43	161		
		36	192		
		29	239		
		23	299		
160		17.5	376	90S-6	F3
		14	470		
71	1.1	579	17.4	90S-4	F1
		513	19.7		
		452	22.5		
		393	25.5		
		339	29.5		
		288	35		
		240	42		
		217	46.5		
132		186	53		F2
		166	60		
		149	66		
		127	78		
		113	87		
		101	97		
		96	103		
		88	112		
		82	121		
		75	131		
		69	144		
		58	170		
		52	189		
		48	206		
		43.5	228		
		34.5	281		
		27	358		
160		21.5	448	90L-6	F3
		17.5	551		
		144	672		
71	1.5	579	23.5	90L-4	F1

（续）

机座号	电动机功率/kW	输出转速/(r/min)	输出转矩/N·m	电动机	
				规格代号	端盖号
71	1.5	513	27	90L-4	F1
		452	30.5		
		393	35		
		339	40.5		
		288	47.5		
		240	57		
		217	63		
132		186	72		F2
		166	81		
		149	90		
		127	106		
		113	119		
		101	133		
		96	140		
		88	153		
		82	165		
		75	179		
		69	196		
		58	232		
		52	257		
160		47	279		
		44	307		
		40	340		
		32	409		
		27	488		
		21.5	611		
180		17.5	754	100L-6	F5
200		14	943		F6
71	2.2	587	34.5	100L1-4	F1
		520	39		
		458	44		
		399	51		
		344	59		
		292	69		
		244	83		
80		223	90		F2
132		196	101		F3
		171	115		
		151	131		
		129	154		
		115	172		
		103	192		
		97	203		
		89	221		
		83	239		
		75	262		
		70	284		
160		58	338		F4
		53	369		
		48	408		
		44.5	431		
		34.5	557		

（续）

机座号	电动机功率/kW	输出转速/(r/min)	输出转矩/N·m	电动机	
				规格代号	端盖号
180	2.2	27.5	701	100L1-4	F5
		22.5	862		
200		18.2	1061	112M-6	
225		14.6	1321		F6
71	3	587	47	100L2-4	F1
		520	53		
		458	60		
		399	69		
		344	80		
		292	94		
80		247	111		F2
		223	123		
132		196	137		F3
		171	157		
		151	178		
		129	209		
		115	235		
		98	274		
160		89	295		F4
		76	346		
		70	379		
		58	452		
		53	490		
		48	554		
		43	613		
180		33.5	788		F5
200		28	945		F6
		22.5	1177		
225		18.4	1435	132S-6	F7
250		13.8	1911		F8
80	4	571	64	112M-4	F1
		504	73		
		442	83		
		383	96		
		327	112		
		275	133		
100		244	151		F2
		220	167		
160		208	173		F3
		184	195		
		161	223		

（续）

机座号	电动机功率/kW	输出转速/(r/min)	输出转矩/N·m	电动机	
				规格代号	端盖号
160	4	149	241	112M-4	F3
		130	276		
		114	316		
		97	368		
		89	400		
		76	471		
		71	497		
		64	551		
		56	627		
180		51	686		F4
		44.5	791		
200		36	982		F5
225		30.5	1155		F6
		27.5	1276		
		22.5	1568		
250		18	1956	132M1-6	F8
280		12.6	2781		F9
80	5.5	571	88	132S-4	F1
		504	100		
		442	114		
		383	132		
		327	154		
100		275	183		F2
		250	201		
		226	223		
160		208	238		F4
		184	269		
		161	306		
		150	328		
		130	380		
		113	436		
		100	486		
		88	551		
180		76	634		F5
		66	727		
		60	805		
200		52	923		F6
		48	1004		
		44	1097		
225		35.5	1362		F7
		27.5	1757		

（续）

机座号	电动机功率/kW	输出转速/(r/min)	输出转矩/N·m	电动机	
				规格代号	端盖号
250	5.5	23	2100	132S-4	F8
280	5.5	19.2	2517	132S-4	F9
280	5.5	15.5	3116	132M2-6	F9
100	7.5	605	114	132M-4	F2
100	7.5	537	128	132M-4	F2
100	7.5	472	146	132M-4	F2
100	7.5	411	167	132M-4	F2
100	7.5	355	194	132M-4	F2
100	7.5	301	228	132M-4	F2
100	7.5	250	275	132M-4	F2
112	7.5	226	304	132M-4	F3
180	7.5	194	346	132M-4	F5
180	7.5	168	402	132M-4	F5
180	7.5	155	435	132M-4	F5
180	7.5	140	481	132M-4	F5
180	7.5	121	558	132M-4	F5
180	7.5	111	604	132M-4	F5
180	7.5	102	657	132M-4	F5
180	7.5	90	736	132M-4	F5
180	7.5	81	816	132M-4	F5
200	7.5	76	868	132M-4	F6
200	7.5	67	979	132M-4	F6
225	7.5	58	1129	132M-4	F7
225	7.5	54	1228	132M-4	F7
225	7.5	47.5	1381	132M-4	F7
225	7.5	43.5	1509	132M-4	F7
250	7.5	36	1841	132M-4	F8
250	7.5	31	2133	132M-4	F8
280	7.5	25.5	2577	132M-4	F9
280	7.5	21	3127	132M-4	F9
100	11	613	164	160M-4	F1
100	11	545	185	160M-4	F1
100	11	479	211	160M-4	F1
100	11	417	242	160M-4	F1
100	11	360	280	160M-4	F1
100	11	305	331	160M-4	F1
112	11	279	361	160M-4	F2
112	11	254	397	160M-4	F2

（续）

机座号	电动机功率/kW	输出转速/（r/min）	输出转矩/N·m	电动机	
				规格代号	端盖号
200	11	216	457	160M-4	F3
		189	522		
		166	596		
		144	687		
		124	796		
		105	937		
		94	1029		
225		83	1194		F4
		75	1312		
		66	1500		
		59	1661		
		53	1831		
250		48	2051		F5
280		39	2525		F6
		31	3206		
112	15	613	224	160L-4	F2
		545	252		
		479	287		
		417	330		
		360	382		
		305	451		
200		276	488		F3
		245	550		
		216	623		
		189	711		
		166	813		
		144	937		
		128	1032		
225		114	1179		F4
		106	1276		
		97	1387		
		84	1577		
		74	1779		
250		67	1975		F5
		61	2156		
		56	2353		
		51	2585		
280		42	3143		F6

表 30-43b　用底脚安装的减速电动机（单级减速传动）　（单位：mm）

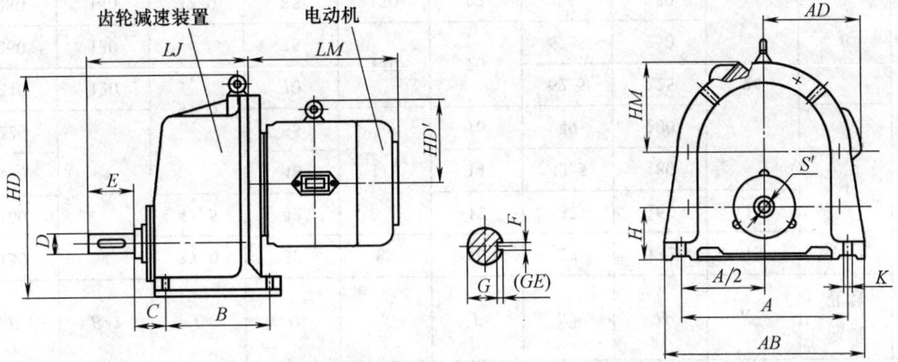

机座号	安装尺寸(基本尺寸)												外形尺寸①		
	A	A/2	B	C	D	E	F	G④	H	K②	底脚孔数	S′	AB	HD	LJ③
71	180	90	150	36.5	28	60	8	24	71	15	4	M8	225	235	240
80	205	102.5	170	39.5	32	80	10	27	80	19		M10	255	305	275
100	270	135	205	44.5	42	110	12	37	100	24		M12	330	355	345
112	300	150	215		48		14	42.5	112				360	420	355

① 电动机的 AD、HD′、HM 和 LM 尺寸见表 30-43f。

② K 孔位置度以轴伸的轴线为基准。

③ LJ 尺寸不单独考核，按 LJ+LM 考核。

④ $GE=D-G$，GE 的极限偏差为 $\left(\begin{smallmatrix}+0.20\\0\end{smallmatrix}\right)$。

表 30-43c　用底脚安装的减速电动机（两级与三级减速传动）　（单位：mm）

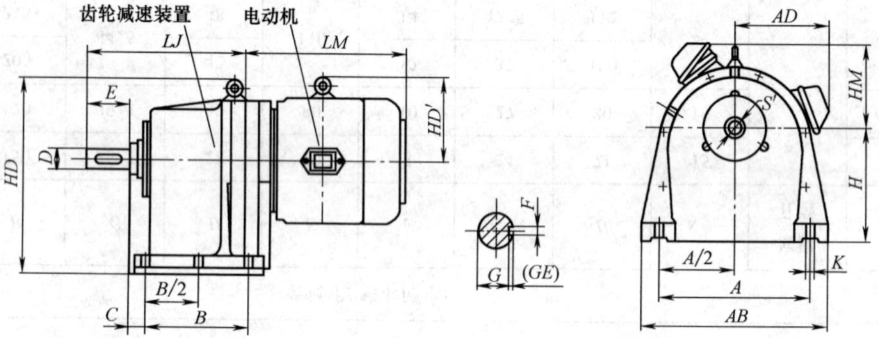

机座号	安装尺寸(基本尺寸)											外形尺寸①				
	A	A/2	B	B/2	C	D	E	F	G④	H	K②	底脚孔数	S′	AB	HD	LJ③
132	215	107.5	150	—	37.0	32	80	10	27	132	15	4	M10	260	265	295
160	260	130	160		43.5	42	110	12	37	160	19		M12	320	310	355
180	300	150	190		31.0	48		14	42.5	180	24			370	350	370
200	330	165	220			55		16	49	200			M16	400	380	400
225	360	180	240	120		70	140	20	62.5	225		6	M20	430	430	450
250	420	210	260	130		75			67.5	250				490	470	465
280	450	225	280	140	32.0	85	170	22	76	280				520	525	520

① 电动机的 AD、HD′、HM 和 LM 尺寸见表 30-43f。

② K 孔位置度以轴伸的轴线为基准。

③ LJ 尺寸不单独考核，按 LJ+LM 考核。

④ $GE=D-G$，GE 的极限偏差为 $\left(\begin{smallmatrix}+0.20\\0\end{smallmatrix}\right)$。

表 30-43d　用凸缘安装的减速电动机（单级减速传动）　（单位：mm）

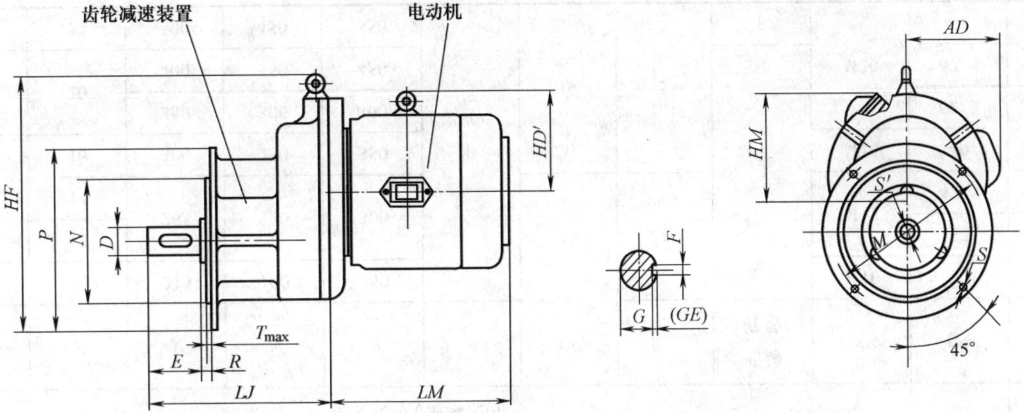

机座号	安装尺寸(基本尺寸)												外形尺寸①	
	D	E	F	M	N	P	R	S②	T_{max}	凸缘孔数	S′	G④ 基本尺寸	HF	LJ③
71	28	60	8	165	130	200		12	3.5		M8	24	260	240
80	32	80	10	215	180	250	0	15	4	4	M10	27	350	275
100	42	110	12	265	230	300					M12	37	405	345
112	48		14	300	250	350		19	5			42.5	485	355

① 电动机的 AD、HD′、HM 和 LM 尺寸见表 30-43f。

② S 孔位置度以轴伸的轴线为基准。

③ LJ 尺寸不单独考核，按 LJ+LM 考核。

④ GE=D−G，GE 的极限偏差为（$^{+0.20}_{0}$）。

表 30-43e　用凸缘安装的减速电动机（两级与三级减速传动）　（单位：mm）

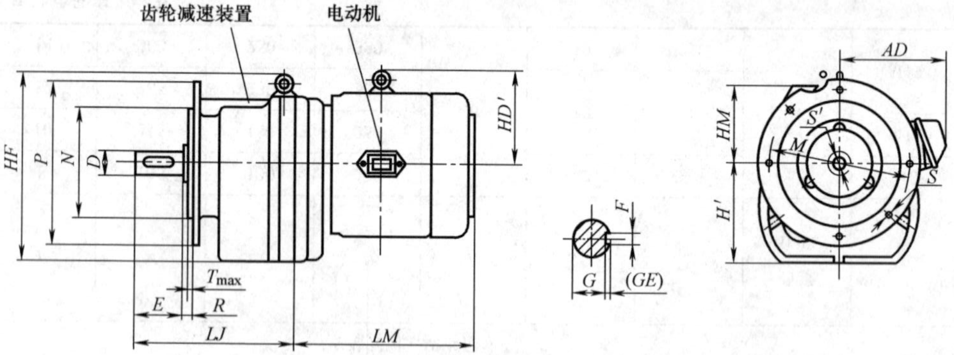

机座号	安装尺寸(基本尺寸)												外形尺寸①		
	D	E	F	M	N	P	R	S②	T_{max}	凸缘孔数	S'	G④	HF	LJ③	H'
132	32	80	10	215	180	250	0	15	4	4	M10	27	265	295	132
160	42	110	12	265	230	300					M12	37	310	355	160
180	48		14									42.5	350	370	180
200	55		16	300	250	350		19	5		M16	49	380	400	200
225	70	140	20	350	300	400					M20	62.5	430	450	225
250	75			400	350	450						67.5	485	465	250
280	85	170	22	500	450	550				8		67	570	520	280

① 电动机的 AD、HD'、HM 和 LM 尺寸见表 30-43f。
② S 孔位置度以轴伸的轴线为基准。
③ LJ 尺寸不单独考核，按 LJ+LM 考核。
④ $GE=D-G$，GE 的极限偏差为 $\left(^{+0.20}_{0}\right)$。

表 30-43f　电动机的 AD、HD′、HM 和 LM 尺寸　　　（单位：mm）

机座号	电动机		AD	HD′	HM	LM
	规格代号	端盖号				
71	801-4	F1	155		140	270
	802-4					
132	801-4	F2				305
	802-4					
160	801-4	F3				
71	90S-4	F1	160		145	285
	90L-4					310
132	90S-4	F2				320
	90L-4					345
160	90S-4	F3				320
	90L-4					345
	90S-6					320
	90L-6					345
180		F4				350
71	100L1-4	F1	185	145	165	350
	100L2-4					
80	100L1-4	F2				
	100L2-4					
132	100L1-4	F3				385
	100L2-4					
160	100L1-4	F4				
	100L2-4					
180	100L1-4	F5				390
	100L2-4					
	100L-6					
200	100L2-4	F6				
	100L-6					
80	112M-4	F1	195	153	165	365
100		F2				
160		F3				400
180		F4				
200		F5				405
	112M-6					

机座号	电动机		AD	HD′	HM	LM
	规格代号	端盖号				
225	112M-4	F6	195	153	165	410
	112M-6					
80	132S-4	F1	215	183	185	420
100		F2				
	132M-4					460
112		F3				
160	132S-4	F4				455
180		F5				460
	132M-4					500
200	132S-4	F6				460
	132M-4					500
225	132S-4	F7				470
	132M-4					505
	132S-6					470
250	132S-4	F8				
	132M-4					510
	132S-6					470
	32M1-6					510
280	132S-4	F9				470
	132M-4					510
	132M1-6					
	132M2-6					
100	160M-4	F1	260	225	260	515
112		F2				
	160L-4					560
200	160M-4	F3				555
	160L-4					600
225	160M-4	F4				560
	160L-4					605
250	160M-4	F5				565
	160L-4					610
280	160M-4	F6				565
	160L-4					610

注：1. 电动机机座号 80 和 90 无吊环。

2. LM 尺寸不单独考核，按 LJ+LM 考核。如减速电动机配用 Y 系列（IP44）的派生系列电动机，则 LM 尺寸按该系列电动机尺寸的规定。

减速电动机在空载时测得的 A 计权声功率级的噪声值应不超过表 30-43g 的数值。噪声数值的容差为+3dB（A）。

表 30-43g　空载时测得的 A 计权声功率级的噪声数值

机座号	71	80	100	112	132	160	180	200	225	250	280
声功率级 /dB(A)	73	81	85		73	81		85			

（3）YCT 系列电磁调速电动机（摘自 JB/T 7123—2010）（见表 30-44）

调速电机在额定电压、额定频率和额定调速范围内，应能连续平滑地调速，其转速变化率 1 级不大于 1.8%，2 级不大于 2.5%。

转速变化率用 δ_1 表示：

$$\delta_1=\frac{n_{10}-n_e}{n_{max}}\times100\%$$

式中，n_{10} 为调速电机在 10% 额定转矩下，额定调速范围内的任意转速（在控制器某一给定信号下）；n_e 为调速电机在额定转矩下的转速（在控制器为和 n_{10} 对应的同一给定信号下）；n_{max} 为调速电机在额定转矩下的额定最高转速。

调速电机的稳速精度应不大于 1%。

稳速精度用 δ_2 表示：

$$\delta_2=\frac{n_{tmax}-n_{tmin}}{n_{tmax}+n_{tmin}}\times100\%$$

式中，n_{tmax} 为在规定的运行时间内，以 10min 的间隔周期连续测量若干个转速 n_t 中的最大值；n_{tmin} 为在规定的运行时间内，以 10min 的间隔周期连续测量若干个转速 n_t 中的最小值；n_t 为在时间 t 内的平均转速；t 取 1s 或 1.25s。

调速电机的机座号与标称功率、额定转矩、额定调速范围的对应关系，应符合表 30-44a 的规定。

表 30-44a　调速电机的标称功率、额定转矩和额定调速范围

机座号	标称功率 /kW	额定转矩 /N · m	额定调速范围 /(r/min)
112-4A	0.55	3.6	1230～125
112-4B	0.75	4.9	
132-4A	1.1	7.1	
132-4B	1.5	9.7	
160-4A	2.2	14.1	1250～125
160-4B	3	19.2	
180-4A	4	25.2	
200-4A	5.5	35.1	
200-4B	7.5	47.7	
225-4A	11	69	
225-4B	15	94	
250-4A	18.5	110	1320～132
250-4B	22	137	
280-4A	30	189	
315-4A	37	232	
315-4B	45	282	
355-4A	55	344	1340～440
355-4B	75	469	
355-4C	90	564	1340～600

表 30-44b　YCT 系列电磁调速电动机的外形和尺寸　　　（单位：mm）

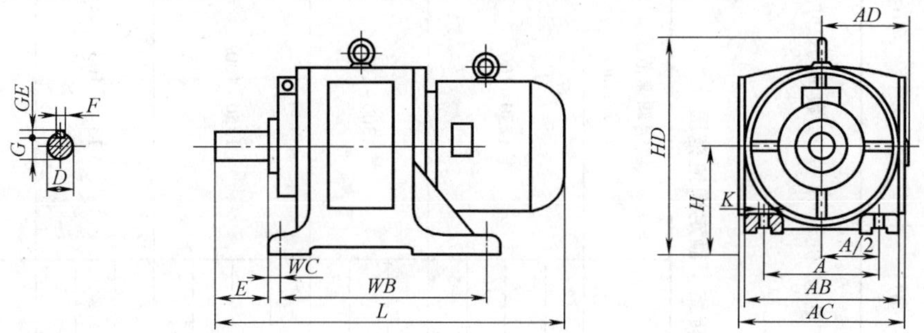

机座号		安装尺寸(基本尺寸) A	WB	WC	D	E	F	G	H	K	外形尺寸 AB	AC	AD	HD	L
112	4A	190	210	40	19	40	6	15.5	112	12	240	260	150	280	520
	4B														
132	4A	216	241		24	50	8	20	132		285	310	165	330	570
	4B														585
160	4A	254	267	45	28	60		24	160	14.5	330	350	185	385	665
	4B														
180	4A	279	305						180		365	385	195	430	700
200	4A	318	356	50	38	80	10	33	200	18.5	410	430	235	485	820
	4B														860
225	4A	356	406	56	42	110	12	37	225		465	485	270	545	980
	4B														1025
250	4A	406	457	63	48		14	42.5	250	24	520	540	295	595	1130
	4B														1170
280	4A	457	508	70	55		16	49	280		575	595	320	665	1280
315	4A	508	560	89	60	140	18	53	315	28	645	670	345	770	1400
	4B														1425
355	4A	610	630	108	65			58	355		755	780	390	890	1550
	4B				75		20	67.5					420		1630
	4C														1680

调速电机在空载状态下，在600r/min至额定最高转速范围内可能产生最大振动的转速下，测得的振动速度的有效值应不大于表30-44c的规定。修约间隔为0.1。

表 30-44c　电机振动速度的有效值

机座号	112～132	>132～225	>225～355
振动速度的有效值/(mm/s)	1.8	2.8	4.5

调速电机在空载时，在额定调速范围内，在产生最大噪声的转速下，测得的A计权声功率级的噪声数值应不超过表30-44d所规定的数值，噪声限值的容差为+3dB（A）。修约间隔为1。

表 30-44d　电动机噪声的极限值

功率/kW	0.55～1.1	>1.1～2.2	>2.2～5.5	>5.5～11	>11～22	>22～37	>37～55	>55～90
声功率级/dB(A)	75	78	82	86	90	97	99	103

（4）YCTD系列电磁调速电动机（摘自JB/T 6450—2010）

调速电动机的转速变化率 δ_1 和稳速精度 δ_2 计算公式见YCT系列电动机。有关参数和尺寸见表30-45。

表 30-45a　YCTD 系列调速电机的机座号与标称功率、额定转矩、额定调速范围

机座号	标称功率/kW	额定转矩/N·m	额定调速范围/(r/min)
100-4A	0.55	3.6	1250～100
100-4B	0.75	4.9	
112-4A	1.1	7.1	
112-4B	1.5	9.7	
132-4A	2.2	14.1	1300～100
132-4B	3	19.2	
132-4C	4	25.2	
160-4A	5.5	35.1	1350～100
160-4B	7.5	47.7	
180-4A	11	69	
180-4B	15	94	
200-4A	18.5	110	1375～100
200-4B	22	137	
225-4A	30	189	
250-4A	37	232	1375～250
250-4B	45	282	
280-4A	55	344	1400～250
315-4A	75	469	
315-4B	90	564	

机座号用中心高以及中心高后的数字4和字母A、B、C来表示。数字4和字母A、B、C分别代表在同一中心高下，配用4极不同功率的拖动电动机，使其有不同的标称功率。调速电机的标称功率用拖动电动机的额定功率表示，调速电机的输出功率的计算式为

$$P_2=\frac{T_2 n_2}{9.55}\times 0.001$$

式中　P_2——输出功率（kW）；T_2——输出转矩（N·m）；n_2——输出转速（r/min）。

表 30-45b　YCTD 系列电磁调速电动机的外形和尺寸

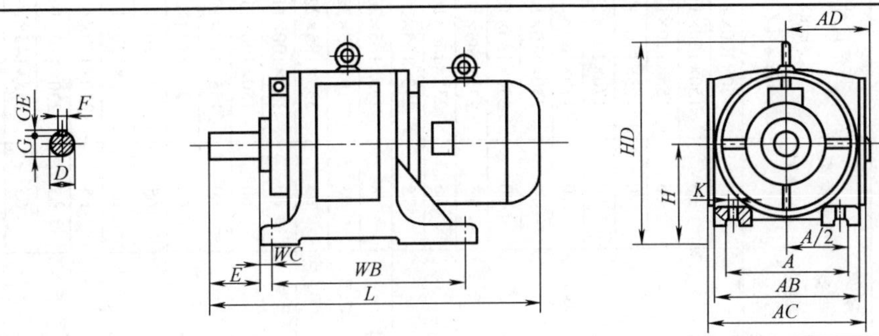

机座号		安装尺寸									外形尺寸				
		A	WB	WC	D	E	F	G	H	K	AB	AC	AD	HD	L
100	4A	160	203	40	19	40	6	15.5	100	12	210	225	150	260	530
	4B														
112	4A	190	228	45	24	50	8	20	112		250	275	165	285	660
	4B														
132	4A	216	267		28	60		24	132		310	330	195	365	730
	4B														
	4C														
160	4A	279	305	70	38	80	10	33	160	14.5	380	400	235	435	900
	4B														
180	4A	318	368		42	110	12	37	180		430	450	270	490	1080
	4B														
200	4A	356	457	89	48		14	42.5	200	18.5	500	520	295	540	1190
	4B														
225	4A	406	500		55		16	49	225		530	550	320	580	1290
250	4A	406	457		60	140	18	53	250	24	530	550	350	600	1480
	4B														
280	4A	457	508		65			58	280		580	610	390	665	1520
315	4A	508	560		75		20	67.5	315	28	650	690	420	790	1670
	4B														

30.4.1.3 小功率异步电动机

常用小功率电动机有以下四种：

1）YS系列三相异步电动机（JB/T 1009—2016），代替AO_2系列，有优良的起步和运行性能，结构简单，使用维修方便，要求三相电源。技术数据见表30-46。

2）YU系列电阻启动异步电动机（JB/T 1010—2017）代替BO_2系列，有中等起动和过载能力，结构简单、使用、维修方便。适用于使用单相电源的小型机械。技术数据见表30-47。

3）YC系列电容启动异步电动机（JB/T 1011—2017）代替CO_2系列，起动力矩大，起动电流小。适用于满载启动的机械，如空压机、磨粉机等。技术数据见表30-48。

4）YY系列电容运转异步电动机（JB/T 1012—2017）代替DO_2系列，有较高的功率因数、较高的效率和过载能力，但是起动力矩小，空载电流大，适用于空载或轻载起动的小型机械，如电影放映机、风扇等。技术数据见表30-49。

各种电动机的安装及外形尺寸见表30-50～表30-52。

表30-46　YS系列电动机技术数据

型号	功率/kW	电压/V	频率/Hz	同步转速/(r/min)	效率(%)	功率因数 cosφ	堵转转矩/额定转矩	最大转矩/额定转矩	堵转电流/额定电流	空载噪声/dB(A)	外形尺寸(长/mm×宽/mm×高/mm)
YS451-2	16			3000	46	0.57				65	150×100×115
YS452-2	25			3000	52	0.60				65	150×100×115
YS501-2	40			3000	55	0.65				65	155×110×125
YS502-2	60			3000	60	0.66				70	155×110×125
YS561-2	90			3000	62	0.68	2.3			70	170×120×135
YS562-2	120			3000	67	0.71			6.0	70	170×120×135
YS631-2	180			3000	69	0.75				70	230×130×165
YS632-2	250			3000	72	0.78				70	230×130×165
YS711-2	370			3000	73.5	0.80		2.3		75	235×145×180
YS712-2	550			3000	75.5	0.82				75	235×145×180
YS801-2	750			3000	76.5	0.85				75	295×165×200
YS802-2	1100			3000	77	0.85	2.2			78	295×165×200
YS90S-2	1500			3000	78.5	0.85			7.0	83	310×185×220
YS90L-2	2200			3000	81	0.86	2.0			83	335×185×220
YS451-4	10	220/380	50	1500	28	0.45				60	150×100×115
YS452-4	16			1500	32	0.49				60	150×100×115
YS501-4	25			1500	42	0.53				60	155×110×125
YS502-4	40			1500	50	0.54				60	155×110×125
YS561-4	60			1500	56	0.58				65	170×120×135
YS562-4	90			1500	58	0.61	2.4		6.0	65	170×120×135
YS631-4	120			1500	60	0.63				65	230×130×165
YS632-4	180			1500	64	0.66				65	230×130×165
YS711-4	250			1500	67	0.68		2.4		65	235×145×180
YS712-4	370			1500	69.5	0.72				70	235×145×180
YS801-4	550			1500	73.5	0.73				70	295×165×200
YS802-4	750			1500	75.5	0.75				70	295×165×200
YS90S-4	1100			1500	78	0.78	2.3		6.5	73	310×185×220
YS90L-4	1500			1500	79	0.79				78	335×185×220

表30-47　YU系列电动机技术数据

型号	功率/W	电压/V	频率/Hz	转速/(r/min)	效率(%)	功率因数(cos φ)	堵转转矩/额定转矩	堵转电流/A	最大转矩/额定转矩	外形尺寸(长/mm×宽/mm×高/mm)
YU7112	180	220	50	2800	60	0.72	1.3	17	1.8	255×145×180
YU7122	250				64	0.74	1.1	22		

（续）

型号	功率/W	电压/V	频率/Hz	转速/(r/min)	效率(%)	功率因数(cos φ)	堵转转矩/额定转矩	堵转电流/A	最大转矩/额定转矩	外形尺寸(长/mm×宽/mm×高/mm)
YU7114 YU7124	120 180	220	50	1400	50 53	0.58 0.62	1.5 1.4	14 17	1.8	255×145×180
YU8012 YU8022	370 550	220	50	2800	65 68	0.77 0.79	1.1 1.0	30 42	1.8	295×165×200
YU8014 YU8024	250 370	220	50	1400	58 62	0.63 0.64	1.2 1.2	22 30	1.8	295×165×200
YU90S2 YU90L2	750 1100	220	50	2800	70 72	0.80 0.80	0.8 0.8	55 99	1.8	310×185×220 335×185×220
YU90S4 YU90L4	550 750	220	50	1400	66 68	0.69 0.73	1.0 1.0	42 55	1.8	310×185×220 335×185×220

表 30-48　YC 系列电动机技术数据

型号	功率/W	电压/V	频率/Hz	转速/(r/min)	效率(%)	功率因数cos φ	堵转转矩/额定转矩	堵转电流/A	最大转矩/额定转矩	外形尺寸(长/mm×宽/mm×高/mm)
YC7112 YC7122	180 250	220	50	2800	60 64	0.70 0.72	3.0	12 15	1.8	255×145×180
YC7114 YC7124	120 180	220		1400	50 53	0.58 0.59	3.0 2.8	9 12	1.8	255×145×180
YC8012 YC8022	370 550	220		2800	65 68	0.74 0.76	2.8	21 29	1.8	295×165×200
YC8014 YC8024	250 370	220		1400	58 62	0.61 0.63	2.8 2.5	15 21	1.8	295×165×200
YC90S4 YC90L4	550 750	220		1400	66 68	0.66 0.69	2.5	29 37	1.8	370×185×240 400×185×240
YC90S2 YC90L2	750 1100	220	50	2800	70 72	0.78 0.80	2.5	37 60	1.8	370×185×240 400×185×240
YC100L1-4 YC100L2-4 YC100L1-2 YC100L2-2	1100 1500 1500 2200	220		1450 1450 2880 2880	71 73 74 75	0.70 0.73 0.78 0.79	2.5 2.5 2.5 2.2	60 80 80 120	1.8	430×200×260 430×200×260 430×200×260 430×200×260
YC112M-2 YC112M-4	3000 2200	220		1450	75 74	0.80 0.75	2.2	150 120	1.8	455×250×300 455×250×300
YC132S-4 YC132M1-4	3000 3700			1450 1450	75 76	0.77 0.79	2.2 2.2	150 175	1.8	525×290×350 565×290×350

表 30-49　YY 系列电动机技术数据

型号	功率/W	电压/V	频率/Hz	转速/(r/min)	效率(%)	功率因数cos φ	堵转转矩/额定转矩	堵转电流/A	最大转矩/额定转矩	外形尺寸(长/mm×宽/mm×高/mm)
YY7112 YY7122	370 550	220	50	2800	67 70	0.92	0.35	10 15	1.7	255×145×180
YY7114 YY7124	250 370	220	50	1400	61 62	0.92	0.35	7 10	1.7	255×145×180
YY8012 YY8022	750 1100	220	50	2800	72 75	0.95	0.33	20 30	1.7	295×165×200 286×156×187

（续）

型号	功率/W	电压/V	频率/Hz	转速/(r/min)	效率(%)	功率因数 cos φ	堵转转矩/额定转矩	堵转电流/A	最大转矩/额定转矩	外形尺寸（长/mm×宽/mm×高/mm）
YY8014 YY8024	550 750	220	50	1400	64 68	0.92	0.35 0.32	15 20	1.7	295×165×200 286×156×187
YY90S2 YY90L2	1500 2200	220	50	2800	76 77	0.95	0.30	45 65	1.7	310×185×240 300×176×205 335×185×240
YY90S4 YY90L4	1100 1500	220	50	1400	71 73	0.95	0.32 0.30	30 45	1.7	310×185×240 300×176×205 335×185×240

表 30-50　YS、YU、YY 系列电动机的外形和安装尺寸　（单位：mm）

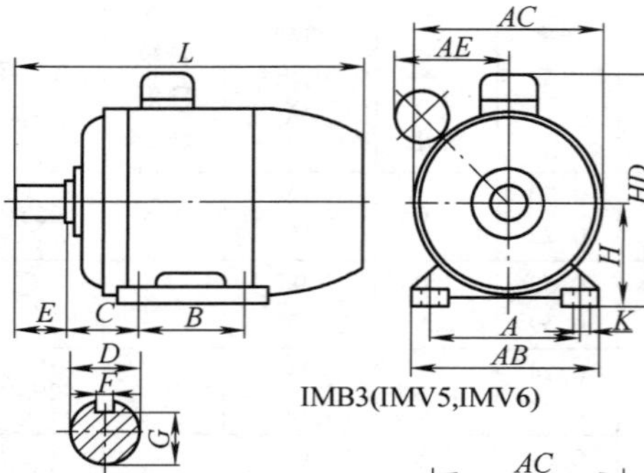

IMB3(IMV5,IMV6)

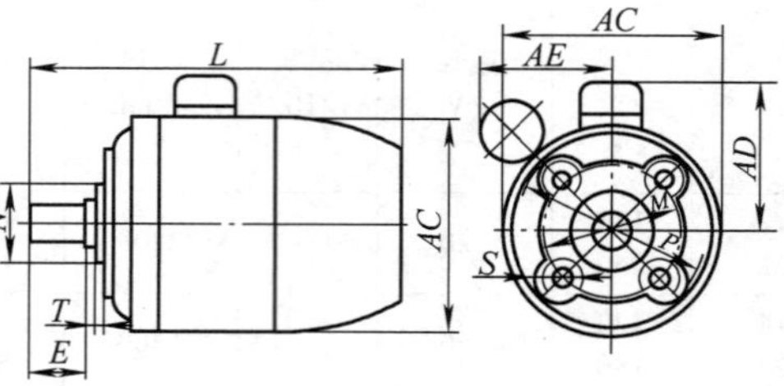

IMB14(IMV18,IMV19)

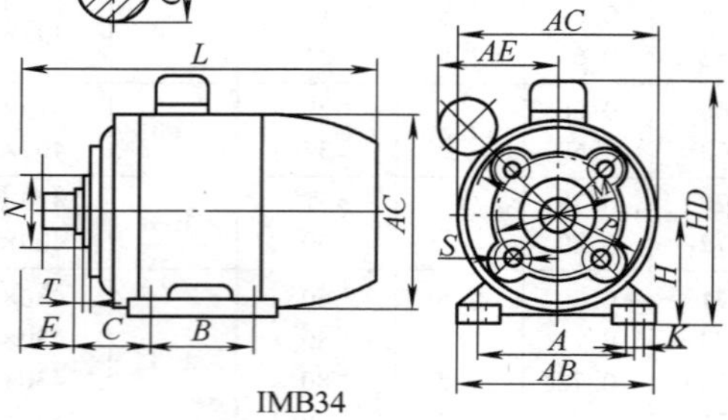

IMB34

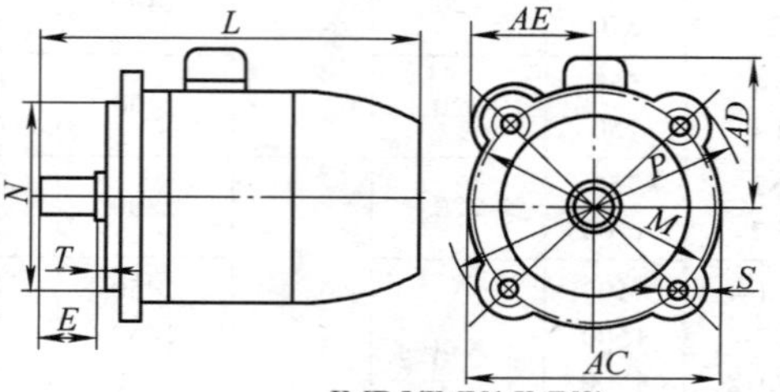

IMB5(IMV1,IMV3)

机座号	安装尺寸									安装尺寸												外形尺寸≤							
										IMB3、IMB34、IMB14						IMB5						IMB3、IMB34、IMB14					IMB5		
	A	B	C	D	E	F	G	H	K	M	N	P	R	S	T	M	N	P	R	S	T	AB	AC	AD	HD	L	AC	AD	L
45	71	56	28	9	20	3	7.2	45	4.8	45	32	60	0	M5	2.5							90	100	90	115	150			
50	80	63	32	9	20	3	7.2	50	5.8	55	40	70	0	M5	2.5							100	110	100	125	155			
56	90	71	36	9	20	3	7.2	56	5.8	65	50	80	0	M5	2.5							115	120	110	135	170			
63	100	80	40	11	23	4	8.5	63	7	75	60	90	0	M5	2.5	115	95	140	0	10	3.0	130	130	125	165	230	130	125	250
71	112	90	45	14	30	5	11	71	7	85	70	105	0	M6	2.5	130	110	160	0	10	3.5	145	145	140	180	255	145	140	275
80	125	100	50	19	40	6	15.5	80	10	100	80	120	0	M6	3.0	165	130	200	0	12	3.5	160	165	150	200	295	165	150	300
90S	140	125	56	24	50	8	20	90	10	115	95	140	0	M8	3.0	165	130	200	0	12	3.5	180	185	160	220	310	185	160	335
90L																										335			360

表 30-51 YC 系列电动机的外形和安装尺寸 （单位：mm）

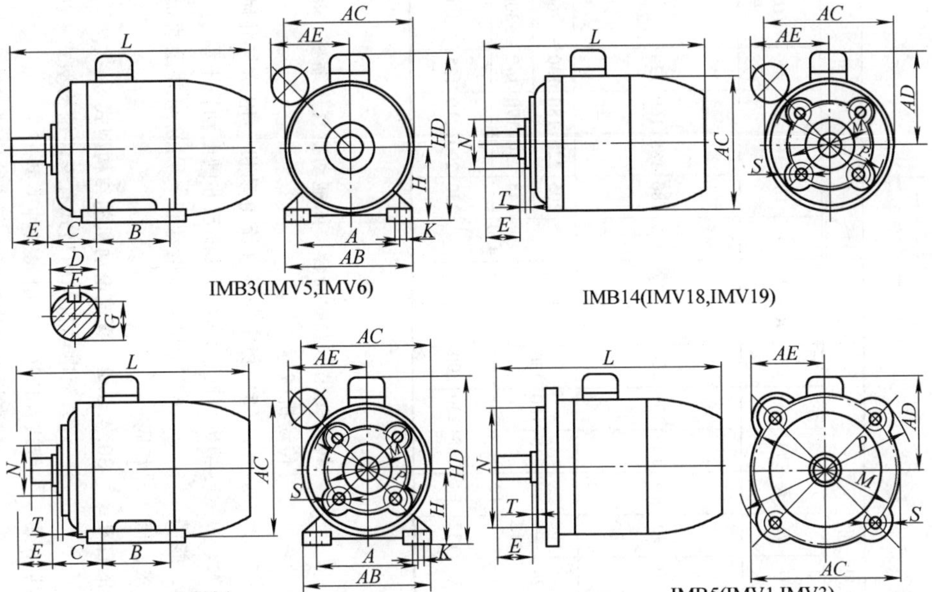

IMB3(IMV5,IMV6)　IMB14(IMV18,IMV19)　IMB34　IMB5(IMV1,IMV3)

机座号	安装尺寸									安装尺寸												外形尺寸									
										IMB34、IMB14						IMB5						IMB3、IMB34						IMB14、IMB5			
	A	B	C	D	E	F	G	H	K	M	N	P	R	S	T	M	N	P	R	S	T	AB	AC	AD	AE	HD	L	AC	AD	AE	L
71	112	90	45	14	30	5	11	71	7	85	70	105	0	M6	2.5	130	110	160	0	10	3.5	145	145	140	95	180	255	145	140	93	255
80	125	100	50	19	40	6	15.5	80	10	100	80	120			3	165	130	200		12		160	165	150	110	200	295	165	150	110	295
90S	140		56	24	50	8	20	90		115	95	140		M8								180	185	160	120	240	370	185	160	120	370
90L		125																									400				400
100L	100	140	63	28	60		24	100	12							215	180	250		15	4.0	205	200	180	130	260	430	220	180	130	430
112M	190		70					112														245	250	190	140	300	455	250	190	140	455
132S	216		89	38	80	10	33	132								265	230	300				280	290	210	155	350	525	290	210	155	525
132M		178																									565				565

表 30-52　YS、YU、YC、YY 系列 IMB35（IMB36）型电动机的外形和安装尺寸　（单位：mm）

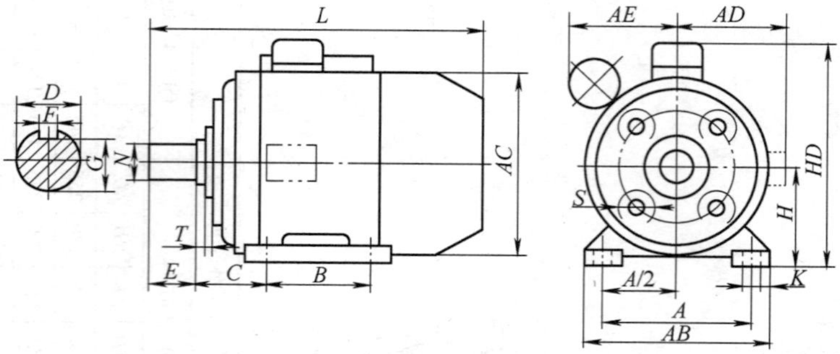

机座号	凸缘号	安装尺寸 A	B	C	D	E	F	G	H	K	M	N	P	R	S	T	外形尺寸 AB	AC	AD	AE	HD	L
90S	FF165	140	100	56	24	50	8	20	90	10	165	130	200	0	12	3.5	180	185	160	120	220 (240)	335 (370)
90L			125																			360 (400)
100L	FF215	160	140	63	28	60		24	100	12	215	180	250		15	4.0	205	220	180	130	260	430
112M		190		70					112								245	250	190	140	300	455
132S	FF265	216		89	38	80	10	33	132		265	230	300				280	290	210	155	350	525
132M			178																			565

注：1. YS、YU、YY 系列仅有机座号 90。
2. （　）中 L 值系 YC 系列的值。

30.4.2　直流电动机

30.4.2.1　直流电动机的类型及应用

直流电动机具有调整性能优良，过载能力大，可实现频繁的无级快速起动、制动和反转的特点，能满足生产过程自动化系统各种不同的特殊运行要求。因此其在要求调速范围宽，以及有特殊运行性能的自动控制系统中占有重要地位。

直流电动机按励磁方式分类的类型及其用途如下：

（1）永磁直流电动机　主要用于自动控制系统中作为执行元件及一般传动系统用，如力矩电动机。

（2）并励直流电动机　用于起动转矩稍大的恒速负载和要求调速的传动系统，如离心泵、风机、金属切削机床、纺织印染、造纸和印刷机械等。

（3）串励直流电动机　用于要求很大的起动转矩，转速允许有较大变化的负载，如蓄电池供电车、起货机、起锚机、电车、电力传动机车等。

（4）复励直流电动机　用于要求起动转矩较大，转速变化不大的场合，如拖动空气压缩机、冶金辅助传动机械等。

（5）稳定并励直流电动机　用途与并励直流电动机相同，但运行性能较并励电动机平稳。

（6）他励直流电动机　用途与并励直流电动机相同。

30.4.2.2　直流电动机的结构型式

直流电动机结构型式有安装结构型式、防护结构型式及通风冷却型式三种类型。

直流电动机的基本安装结构型式如下：

1）A01 型。卧式，机座带底脚，端盖无凸缘。

2）A201 型。卧式，机座带底脚，端盖有凸缘。

3）A301 型。卧式，机座不带底脚，端盖有凸缘。

4）A302 型。立式，机座不带底脚，端盖有凸缘（轴伸向下）。

5）A202 型。立式，机座带底脚，端盖有凸缘（轴伸向下）。

直流电动机常用防护结构形式见表 30-53。

30.4.2.3　直流电动机产品及其技术数据

（1）Z2 系列小型直流电动机　Z2 系列小型直流电动机为并励或他励直流电动机，主要用于起动转矩稍大的恒速负载和要求调速的生产机械中。其防护形式是通风防滴式。基本技术数据见表 30-53b。

表 30-53a　直流电动机常用防护形式

防护等级	防护形式	防护范围
00	开户式	除必要的支撑结构外，对传动部分和带电部分不设专门的防护装置
01	防滴式	可防止垂直下落的固体异物和液体进入电动机内部
21	防滴式	可防止直径大于 12mm 的固体异物和垂直下落的液体进入电动机内部
22	防滴式	可防止直径大于 12mm 的固体异物，以及与垂直线成 15°方向的滴水进入电动机内
54	全封闭式	可防止灰尘和任何方向的溅水进入电动机内部，或不致产生有害的影响
56	封闭防水式	可防止灰尘和猛烈的海浪或强力喷水进入电动机内部

表 30-53b　Z2 系列小型直流电动机技术数据

型号	额定功率/kW	额定电流/A		效率(%)		最高转速/(r/min)		最大励磁功率/W		转子飞轮矩 GD^2 /N·m^2	外形尺寸(长/mm×宽/mm×高/mm)(A10 型)	质量/kg
		110V	220V	110V	220V	110V	220V	110V	220V			
额定转速 3000r/min												
Z2-11	0.8	9.82	4.85	74	75	3000	3000	52	52	0.12	401×292×254	32
Z2-12	1.1	13	6.41	75.5	76.5	3000	3000	63	62	0.15	421×292×254	36
Z2-21	1.5	17.5	8.64	77	78	3000	3000	61	62	0.45	417×362×320	48
Z2-22	2.2	24.5	12.2	79	80	3000	3000	77	77	0.55	442×362×320	56
Z2-31	3	33.2	16.52	78.5	79.5	3000	3000	80	83	0.85	485×390×343	65
Z2-32	4	43.8	21.65	80	81	3000	3000	98	94	1.05	520×390×343	76
Z2-41	5.5	61	30.3	81.5	82	3000	3000	97	108	1.5	524×420×365	88
Z2-42	7.5	81.6	40.3	82	82.5	3000	3000	120	141	1.8	554×420×365	101
Z2-51	10	107.5	53.5	84.5	83	3000	3000	—	222	3.5	606×466×415	126
Z2-52	13	—	68.7	—	83.5	—	3000	—	365	4	646×466×415	148
Z2-61	17	—	88.9	—	84	—	3000	—	247	5.6	637×524×488	175
Z2-62	22	—	113.7	—	85	—	3000	—	232	6.5	671×524×488	196
Z2-71	30	—	155	—	85.5	—	3000	—	410	10	768×614×544	280
Z2-72	40	—	205.6	—	86.5	—	3000	—	500	12	808×614×544	320
额定转速 1500r/min												
Z2-11	0.4	5.47	2.715	66.5	67	3000	3000	39	43	0.12	401×292×254	32
Z2-12	0.6	7.74	3.84	70.5	71	3000	3000	60	62	0.15	421×292×254	36
Z2-21	0.8	9.96	4.94	73	73.5	3000	3000	65	68	0.45	417×362×320	48
Z2-22	1.1	13.15	6.53	76	76.5	3000	3000	88	101	0.55	442×362×320	56
Z2-31	1.5	17.6	8.68	77.5	78.5	3000	3000	103	94	0.85	485×390×343	65
Z2-32	2.2	25	12.34	80	81	3000	3000	131	105	1.05	520×390×343	76
Z2-41	3	34.3	17	79.5	80	3000	3000	116	134	1.5	524×420×365	88

（续）

型号	额定功率/kW	额定电流/A		效率(%)		最高转速/(r/min)		最大励磁功率/W		转子飞轮矩 GD^2 /N · m^2	外形尺寸(长/mm×宽/mm×高/mm)(A10型)	质量/kg
		110V	220V	110V	220V	110V	220V	110V	220V			
额定转速 1500r/min												
Z2-42	4	44.8	22.3	81	81.5	3000	3000	170	170	1.8	554×420×365	101
Z2-51	5.5	61	30.3	82	82.5	2400	2400	154	165	3.5	606×466×415	126
Z2-52	7.5	82.2	40.8	83	83.5	2400	2400	242	260	4	646×466×415	148
Z2-61	10	108.2	53.8	84	84.5	2400	2400	160	260	5.6	637×524×488	175
Z2-62	13	140	68.7	84.5	86	2250	2250	146	264	6.5	671×524×488	196
Z2-71	17	155	90	85.5	86	2250	2250	400	430	10	768×614×544	280
Z2-72	22	232.6	115.4	86	86.5	2250	2250	370	370	12	808×614×544	320
Z2-81	30	315.5	156.9	86.5	87	2250	2250	450	540	28	855×689×609	393
Z2-82	40	—	208	—	87.5	—	2000	—	770	32	895×689×609	443
Z2-91	55	—	284	—	88	—	2000	—	770	59	1010×830×706	630
Z2-92	75	—	385	—	88.5	—	1800	—	870	70	1065×830×706	730
Z2-101	100	—	511	—	89	—	1800	—	1070	103	1061×899×790	970
Z2-102	125	—	635	—	89.5	—	1500	—	940	120	1211×899×790	1130
Z2-111	160	—	810	—	90	—	1500	—	1300	204	1261×969×889	1350
Z2-112	200	—	1010	—	90	—	1500	—	1620	230	1311×969×889	1410
额定转速 1000r/min												
Z2-21	0.4	5.59	2.755	65	66	2000	2000	60	67	0.45	417×362×320	48
Z2-22	0.6	7.69	3.875	71	71.5	2000	2000	64	70	0.55	442×362×320	56
Z2-31	0.8	10.02	4.94	72.5	73.5	2000	2000	88	88	0.85	485×390×343	65
Z2-32	1.1	13.32	6.58	75	76	2000	2000	83	83	1.05	520×390×343	76
Z2-41	1.5	18.05	8.9	75.5	76.5	2000	2000	123	130	1.5	524×420×365	88
Z2-42	2.2	25.8	12.73	77.5	78.5	2000	2000	172	160	1.8	554×420×365	101
Z2-51	3	34.5	17.2	79	79.5	2000	2000	125	165	3.5	606×466×415	126
Z2-52	4	45.2	22.3	80.5	81.5	2000	2000	230	230	4	646×466×415	148
Z2-61	5.5	61.3	30.3	81.5	82.5	2000	2000	190	283	5.6	637×524×488	175
Z2-62	7.5	82.6	41.3	82	82.5	2000	2000	325	193	6.5	671×524×488	196
Z2-71	10	111.5	54.8	82.5	83	2000	2000	300	370	10	768×614×544	280
Z2-72	13	142.3	70.7	83	83.5	2000	2000	430	420	12	808×614×544	320
Z2-81	17	185	92	83.5	84	2000	2000	460	510	28	855×689×609	393
Z2-82	22	236	118.2	84	84.5	2000	2000	460	500	32	895×689×609	443
Z2-91	30	319	158.5	85.5	86	2000	2000	570	540	59	1010×830×706	630
Z2-92	40	423	210	86	86.5	2000	2000	650	620	70	1065×830×706	730
Z2-101	55	—	285.5	—	87.5	—	1500	—	670	103	1061×899×790	970
Z2-102	75	—	385	—	88.5	—	1500	—	820	120	1211×899×790	1130
Z2-111	100	—	511	—	89	—	1500	—	1150	204	1261×969×889	1350
Z2-112	125	—	635	—	89.5	—	1500	—	1380	230	1311×969×889	1410

（续）

型号	额定功率/kW	额定电流/A		效率(%)		最高转速/(r/min)		最大励磁功率/W		转子飞轮矩 GD^2/N·m²	外形尺寸(长/mm×宽/mm×高/mm)(A10 型)	质量/kg
		110V	220V	110V	220V	110V	220V	110V	220V			
额定转速 750r/min												
Z2-31	0.6	7.9	3.9	69	70	1500	750	90	85	0.85	485×390×343	65
Z2-32	0.8	10.02	4.94	72.5	73.5	1500	750	83	81	1.05	520×390×343	76
Z2-41	1.1	14.18	6.99	70.5	71.5	1500	750	121	122	1.5	524×420×365	88
Z2-42	1.5	18.8	9.28	72.5	73.5	1500	750	174	180	1.8	554×420×365	101
Z2-51	2.2	26.15	13	76.5	77	1500	750	148	162	3.5	606×466×415	126
Z2-52	3	35.2	17.5	77.5	78.5	1500	750	172	176	4	646×466×415	148
Z2-61	4	46.6	23	78	79	1500	750	176	190	5.6	637×524×488	175
Z2-62	5.5	62.9	31.25	79.5	80	1500	750	197	293	6.5	671×524×488	196
Z2-71	7.5	85.2	42.1	80	81	1500	750	310	350	10	768×614×544	280
Z2-72	10	112.1	55.8	81	81.5	1500	750	340	440	12	808×614×544	320
Z2-81	13	145	72.1	81.5	82	1500	750	460	480	28	855×689×609	393
Z2-82	17	187.2	93.2	82.5	83	1500	750	500	560	32	895×689×609	443
Z2-91	22	239.5	119	83.5	84	1500	750	580	590	59	1010×830×706	630
Z2-92	30	323	160	84.5	85	1500	750	620	770	70	1065×830×706	730
Z2-101	40	425	212	85.5	86	1500	750	820	900	103	1061×899×790	970
Z2-102	55	—	289	—	86.5	—	750	—	920	120	1211×899×790	1130
Z2-111	75	—	387	—	88	—	750	—	1000	204	1261×969×889	1350
Z2-112	100	—	514	—	88.5	—	750	—	—	230	1311×969×889	1510
额定转速 600r/min												
Z2-91	17	193	95.5	80	81	1200	1200	560	570	59	1010×830×706	630
Z2-92	22	242.5	119.7	82.5	83.5	1200	1200	610	650	70	1065×830×706	730
Z2-101	30	324.4	161.5	84	84.5	1200	1200	640	810	103	1061×899×790	970
Z2-102	40	431	214	84.5	85	1200	1200	930	1020	120	1211×899×790	1130
Z2-111	55	—	280	—	86	—	1200	—	980	204	1261×969×889	1350
Z2-112	75	—	387	—	88	—	1200	—	—	230	1311×969×889	1510

(2) Z4 系列直流电动机　电动机的外壳防护等级为 IP21S，也可为 IP23 或 IP44。电动机均有底脚，其结构及安装型式见表 30-53c。

表 30-53c　Z4 系列直流电动机结构及安装型式

机座号	结构及安装代号	结构特点及安装型式
100~355	B3	卧式、底脚安装
100~280	B35	卧式、底脚安装，并附用凸缘安装
	V1	立式、轴伸向下、凸缘安装
	V15	立式、轴伸向下、底脚安装，并附用凸缘安装
100~200	B5	卧式、凸缘安装

电动机的定额是以 S_1 工作制为基准的连续定额。电动机由静止电力变流器供电。其额定电压与变流器型式、交流侧电压的关系见表 30-53d。

表 30-53d　额定电压与变流器型式、交流侧电压的关系

电动机额定电压/V	变流器型式	交流侧电压/V
160	单相桥式整流器	220
440	三相全控桥式整流器	380

电动机的励磁方式为他励，其额定励磁电压为

180V。电动机通常不带辅助串励绕组，其工作特性适用于闭环系统。若有不同需要也可制成带辅助串励绕组。

电动机有调磁、调压两种调速方式。削弱磁场调速时，其最高转速可达表 30-53e 和表 30-53f 的规定。降低电枢电压调速时为恒转矩。在电流连续的条件下，其最低转速可达 20r/min。

电动机的安装尺寸应符合表 30-53g 和表 30-53h 的规定，外形尺寸应不大于表的规定。如有特殊需要，外鼓风机的安装位置允许移动方向，空气过滤器的外形可以改动，但需与制造厂协商。

表 30-53e　Z4 系列直流电动机技术特性（摘自 JB/T 6316—2006）

机座号	额定电压 160V						额定电压 440V								
	功率/kW	额定转速/(r/min)	最高转速/(r/min)	功率/kW	额定转速/(r/min)	最高转速/(r/min)	功率/kW	额定转速/(r/min)	最高转速/(r/min)	功率/kW	额定转速/(r/min)	最高转速/(r/min)	功率/kW	额定转速/(r/min)	最高转速/(r/min)
100-1	2.2	1490	3000	1.5	955	2000	4	2960	4000	2.2	1480	3000	1.5	990	2000
112/2-1①	3	1540	3000	2.2	975	2000	5.5	2940	4000	3	1500	3000	2.2	960	2000
112/2-2	4	1450	3000	3	1070	2000	7.5	2980	4000	4	1500	3000	3	1010	2000
112/4-1	5.5	1520	3000	4	990	2000	11	2950	3500	5.5	1480	1800	4	980	1100
112/4-2	—	—	—	5.5	1090	2000	15	3035	3600	7.5	1460	1800	5.5	1025	1200
132-1	—	—	—	—	—	—	18.5	2850	4000	11	1480	2200	7.5	975	1600
132-2	—	—	—	—	—	—	22	3090	3600	15	1510	2500	11	995	1400
132-3	—	—	—	—	—	—	30	3000	3600	18.5	1540	2200	15	1050	1600
160-11	—	—	—	—	—	—	37	3000	3500	22	1500	3000	—	—	—
160-21②	—	—	—	—	—	—	—	—	—	—	—	—	18.5	1000	2000
160-22	—	—	—	—	—	—	45	3000	3500	—	—	—	—	—	—
160-31	—	—	—	—	—	—	—	—	—	30	1500	3000	22	1000	2000
160-32	—	—	—	—	—	—	55	3010	3500	—	—	—	—	—	—

① 机座号标注说明：112 / 2 - 1
- 1 —— 1 号铁心长
- 2 —— 极数为 2
- 112 —— 机座中心高为 112mm

② 机座号标注说明：160 - 2 1
- 1 —— 1 号端盖
- 2 —— 2 号铁心长
- 160 —— 机座中心高 160mm

表 30-53f Z4 直流电动机技术特性（摘自 JB/T 6316—2006）

机座号	额定电压 440V													
	3000r/min		1500r/min		1000r/min		750r/min		600r/min		500r/min		400r/min	
	功率/kW	最高转速/(r/min)	功率/kW	最高转速/(r/min)	功率/kW	最高转速/(r/min)	功率/kW	最高转速/(r/min)	功率/kW	最高转速/(r/min)	功率/kW	最高转速/(r/min)	功率/kW	最高转速/(r/min)
180-11	—	—	37	3000	—	—	18.5	1900	15	2000				
180-21	—	—	45	2800	30	2000	22	1400	18.5	1600				
180-22	75	3400	—	—	—	—	—	—	—	—				
180-31	—	—	—	—	37	2000	—	—	22	1250				
180-41	—	—	55	3000	—	—	30	2000	—	—				
180-42	90	3200	—	—	—	—	—	—	—	—				
200-11	—	—	—	—	45	2000	37	1600	—	—	22	1000		
200-12	110	3000	—	—	—	—	—	—	—	—	—	—		
200-21	—	—	75	3000	—	—	—	—	30	1000	—	—		
200-31	—	—	90	2800	55	2000	45	1400	37	1200	30	750		
200-32	132	3200	—	—	—	—	—	—	—	—	—	—		
225-11			110	3000	75	2000	55	1300	45	1200	37	1000		
225-21			—	—	—	—	—	—	55	1000	45	1000		
225-31			132	2400	90	2000	75	2250	—	—	—	—		
250-11			—	—	110	2000	—	—	—	—	—	—		
250-12			160	2100	—	—	—	—	—	—	—	—		
250-21			185	2200			90	2250	—	—	—	—		
250-31			200	2400	132	2000	—	—	75	2000	55	1500		
250-41			220	2400	—	—	110	1600	90	1600	75	1500		
250-42			—	—	160	2000	—	—	—	—	—	—		
280-11			250	2000	—	—	—	—	—	—	—	—		
280-21			—	—	200	2000	132	1600	110	1500				
280-22			280	1800	—	—	—	—	—	—	—	—		
280-31			—	—	220	2000	—	—	132	1000	90	1400		
280-32			315	1800	—	—	160	1700	—	—	—	—		
280-41			—	—	—	—	185	1900	—	—	110	1000		
280-42			—	—	250	1800	—	—	—	—	—	—		
315-11			—	—	—	—	—	—	160	1900	132	1600	110	1200
315-12			355	1800	280	1600	200	1900	—	—	—	—	—	—
315-21			—	—	—	—	—	—	185	1600	160	1500	—	—
315-22			—	—	315	1600	250	1600	—	—	—	—	—	—
315-31			—	—	—	—	—	—	—	—	—	—	132	1200
315-32			—	—	355	1600	280	1600	200	1500	—	—	—	—
315-41			—	—	—	—	—	—	—	—	185	1500	160	1200
315-42			—	—	400	1400	315	1600	250	1600	—	—	—	—
355-11					—	—	—	—	280	1500	200	1500	185	1200
355-12					450	1500	355	1500	—	—	—	—	—	—
355-21					—	—	—	—	—	—	—	—	200	1200
355-22					—	—	400	1600	315	1500	250	1600	—	—
355-31					—	—	—	—	—	—	—	—	220	1200
355-32					—	—	450	1100	355	1600	315	1500	—	—
355-42					—	—	—	—	400	1300	355	1200	250	1200

注：机座号 315-11～355-42 带有补偿绕组。

表 30-53g　Z4 系列直流电动机的外形和安装尺寸（摘自 JB/T 6316—2006）（一）　　（单位：mm）

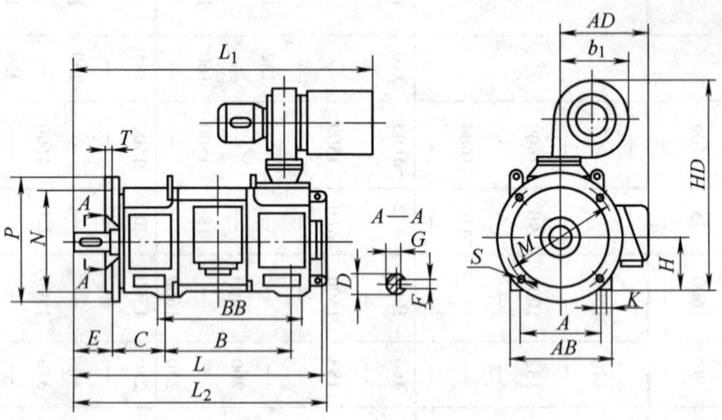

Z4-100~160

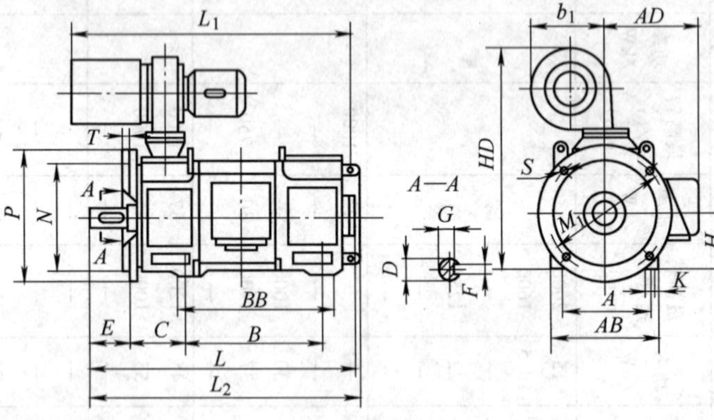

Z4-180~280

IMB35、IMB5、IMV1、IMV15

机座号	安装尺寸														外形尺寸								
	A	B	C	D	E	F	G	H	K	M	N	S	孔数	T	P	AB	AD	b_1	BB	L	L_1	HD	L_2
100-1	160	318	63	24j6	50	8	20	100	12	215	180	15	4	4	250	210	190	165	380	510	590	420	530
112/2-1	190	337.5	70	28j6	60	8	24	112	12	215	180	15	4	4	250	235	210	180	410	555	615	475	575
112/2-2		367.5																	440	585	645		605
112/4-1		347.5		32k6	80	10	27												420	585	645		605
112/4-2		387.5																220	460	625	685	510	645
132-1	216	355	89	38k6	80	10	33	132	12	265	230	15	4	4	300	270	245	220	435	630	825	550	650
132/2		405																	485	690	875		710
132-3		465																	545	740	935		760

160-11		411																495	755	965		795
160-21		451																535	795	1005		835
160-22	254	516	108	48k6	110	14	42.5	160	15	300	250	19	4	5	350	330	295	240	600	860	1040	640	900
160-31		501																585	845	1055		885
160-32		566																650	910	1090		950
180-11		436																530	805	1035		855
180-21		476																570	845	1075		895
180-22	279	541	121	55m6	110	16	49	180	15	350	300	19	4	5	400	370	300	310	635	910	1140	750	960
180-31		526																620	895	1125		945
180-41		586																680	955	1185		1005
180-42		651																745	1020	1250		1070
200-11		566																660	990	1170		1040
200-12		614																705	1035	1220		1085
200-21	318	606	133	65m6	140	18	58	200	19	400	350	19	8	5	450	410	365	310	700	1030	1210	830	1080
200-31		686																780	1110	1290		1160
200-32		734																825	1155	1340		1205

（续）

机座号	安装尺寸														外形尺寸							
	A	B	C	D	E	F	G	H	K	M	N	S	孔数	T	P	AB	AD	b_1	BB	L	L_1	HD	L_2
225-11		701																	795	1150	1615		1200
225-21	356	751	149	75m6	140	20	67.5	225	19	500	450	19	8	5	550	450	410	370	845	1200	1665	1000	1250
225-31		811																	905	1260	1725		1310
250-11		715																	815	1235	1650		1295
250-12		775																	875	1295	1710		1355
250-21		765																	865	1285	1700		1345
250-31	406	825	168	85m6	170	22	76	250	24	600	550	24	8	6	660	500	440	370	925	1345	1760	1040	1405
250-41		895																	995	1455	1830		1515
250-42		955																	1055	1475	1890		1535
280-11		762																	875	1325	1740		1390
280-21		822																	935	1385	1800		1450
280-22		912																	1025	1475	1890		1540
280-31	457	892	190	95m6	170	25	86	280	24	600	550	24	8	6	660	560	465	420	1005	1455	1870	1140	1520
280-32		982																	1095	1545	1960		1610
280-41		972																	1085	1535	1950		1600
280-42		1062																	1175	1625	2040		1690

注：1. L_2 尺寸为立式安装 IMV1 及 IMV15 型的电动机总长（不包括外鼓风机）。

2. IMB5 型制造到机座号 200mm。

表 30-53h　Z4 系列直流电动机的外形和安装尺寸（摘自 JB/T 6316—2006）（二）

（单位：mm）

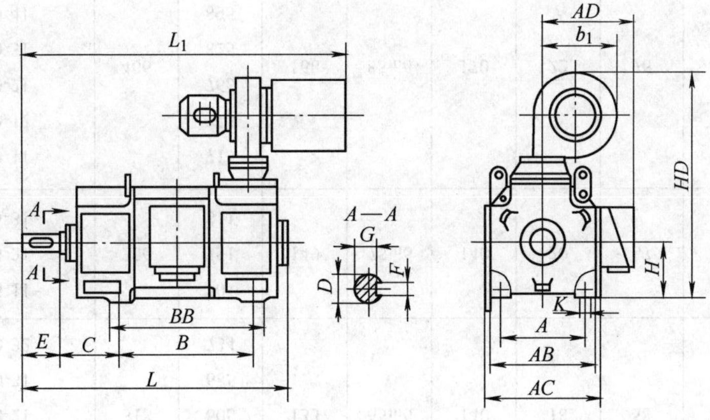

Z4−100~160

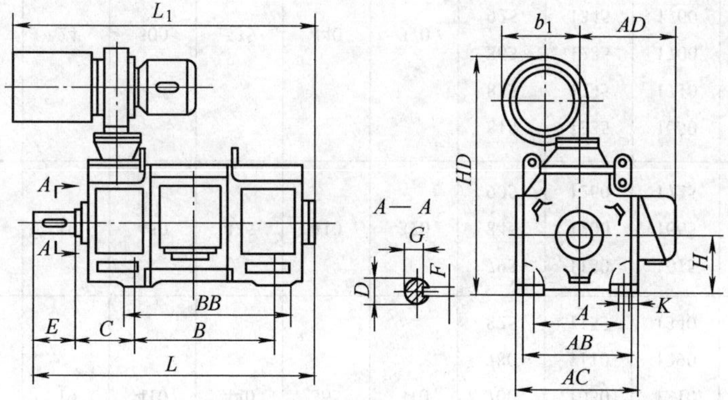

Z4−180~355

IMB3

机座号	安装尺寸									外形尺寸							
	A	B	C	D	E	F	G	H	K	AB	AC	AD	b_1	BB	L	L_1	HD
100-1	150	318	63	24j6	50	8	20	100	12	210	245	190	165	380	510	590	420
112/2-1	190	337.5	70	28j6	60	8	24	112	12	235	265	210	180	410	555	615	475
112/2-2		367.5												440	585	645	
112/4-1		347.5		32k6	80	10	27							420	585	645	
112/4-2		387.5											220	460	625	685	510
132-1	216	355	89	38k6	80	10	33	132	12	270	305	245	220	435	630	825	550
132-2		405												485	690	875	
132-3		465												545	740	935	

（续）

机座号	安装尺寸									外形尺寸							
	A	B	C	D	E	F	G	H	K	AB	AC	AD	b_1	BB	L	L_1	HD
160-11	254	411	108	48k6	110	14	42.5	160	15	330	360	295	240	495	755	965	640
160-21		451												535	795	1005	
160-22		516												600	860	1040	
160-31		501												585	845	1055	
160-32		566												650	910	1090	
180-11	279	436	121	55m6	110	16	49	180	15	370	400	300	310	530	805	1035	750
180-21		476												570	845	1075	
180-22		541												635	910	1140	
180-31		526												620	895	1125	
180-41		586												680	955	1185	
180-42		651												745	1020	1250	
200-11	318	566	133	65m6	140	18	58	200	19	410	440	365	310	660	990	1170	790
200-12		614												705	1035	1220	
200-21		606												700	1030	1210	
200-31		686												780	1110	1290	
200-32		734												825	1155	1340	
225-11	356	701	149	75m6	140	20	67	225	19	450	485	410	370	795	1150	1615	1000
225-21		751												845	1200	1665	
225-31		811												905	1260	1725	
250-11	406	715	168	85m6	170	22	76	250	24	500	535	440	370	815	1235	1650	1040
250-12		775												875	1295	1710	
250-21		765												865	1285	1700	
250-31		825												925	1345	1760	
250-41		895												995	1455	1830	
250-42		955												1055	1475	1890	

280-11		762											875	1325	1740	
280-21		822											935	1385	1800	
280-22		912											1025	1475	1890	
280-31	457	892	190	95m6	170	25	86	280	24	560	595	465	420	1005	1455	1870	1140
280-32		982											1095	1545	1960	
280-41		972											1085	1535	1950	
280-42		1062											1175	1625	2040	
315-11		887											1010	1545	1705	
315-12		977											1100	1635	1795	
315-21		967											1090	1625	1785	
315-22	508	1057	216	100m6	210	28	90	315	28	630	665	500	430	1180	1715	1875	1310
315-31		1057											1180	1715	1875	
315-32		1147											1270	1805	1965	
315-41		1157											1280	1815	1975	
315-42		1247											1370	1905	2065	
355-11		968											1105	1700	1815	
355-12		1058											1195	1790	1905	
355-21		1058											1195	1790	1905	
355-22	610	1148	254	110m6	210	28	100	355	28	710	745	715	430	1285	1880	1995	1390
355-31		1158											1295	1890	2005	
355-32		1248											1385	1980	2095	
355-42		1358											1495	2090	2205	

30.4.3 防爆电动机

（1）YA 系列增安型三相异步电动机

1）性能和结构特点。YA 系列隔爆安全型三相异步电动机，在正常运行时不产生火花、电弧或危险性温度，使用起来安全可靠。在这种电动机中采取适当措施，例如，降低各部分的温升极限，增强绝缘，提高异体的连接可靠性，以及提高对固体异物与水的防护等级等，可以提高防爆安全性。

2）适用范围。主要应用不正常情况下才能形成爆炸性气体混合物的场合。

3）安装形式参照 Y 系列电动机。

4）技术数据见表 30-54。

5）型号含义如下：

Y A 160 M 2—8 (W)

- Y：异步电动机
- A：隔爆安全型
- 160：机座中心高(mm)
- M：机座长度代号(S—短机座，M—中机座，L—长机座)
- 2：铁心长度代号
- 8：极数
- (W)：户外型(W—户外型、TH—湿热带型，WTH—户外湿热带型)

表 30-54 YA 系列增安型三相异步电动机技术数据（摘自 JB/T 8972—2011）

型号	温度级别	功率 /kW	同步转速 /(r/min)	效率 (%)	功率因数 cosφ	噪声 /dB(A)	堵转电流/额定电流	堵转转矩/额定转矩	最大转矩/额定转矩	最小转矩/额定转矩
YA315S-2	T1、T2	110		95.0	0.89	102				
YA315M-2	T1、T2	132		95.4	0.90	104				
YA315L1-2	T1、T2	160		95.4	0.90	104				0.8
YA315L2-2	T1、T2	185		95.4	0.90	104				
YA355M1-2	T1、T2	200		95.4	0.90	104				
YA355M2-2	T1、T2	220		95.4	0.90	104				
YA355L-2	T1、T2	250		95.8	0.90	107				
YA400M-2	T1、T2	280		95.8	0.90	107				
YA400L-2	T1、T2	315		95.8	0.90	107				0.7
YA450M-2	T1、T2	315		95.8	0.90	107				
YA450L1-2	T1、T2	355		95.8	0.90	107				
YA450L2-2	T1、T2	400		95.8	0.90	107				
YA315S-2	T3	90	3000	95.0	0.89	102	7.0	1.2	2.0	
YA315M-2	T3	110		95.0	0.89	102				
YA315L1-2	T3	132		95.4	0.90	104				
YA315L2-2	T3	160		95.4	0.90	104				0.8
YA355M1-2	T3	185		95.4	0.90	104				
YA355M2-2	T3	200		95.4	0.90	104				
YA355L-2	T3	220		95.4	0.90	104				
YA400M-2	T3	250		95.8	0.90	107				
YA400L1-2	T3	280		95.8	0.90	107				
YA400L2-2	T3	(315)		95.8	0.90	107				0.7
YA450M-2	T3	315		95.8	0.90	107				
YA450L1-2	T3	355		95.8	0.90	107				
YA450L2-2	T3	400		95.8	0.90	107				
YA315S-4	T1、T2	110		95.4	0.88	99				
YA315M-4	T1、T2	132		95.4	0.89	102				
YA315L1-4	T1、T2	160		95.4	0.89	102	6.8			0.9
YA315L2-4	T1、T2	185		95.4	0.89	102		1.3		
YA355M1-4	T1、T2	200	1500	95.4	0.89	102			2.2	
YA355M2-4	T1、T2	220		95.4	0.89	102				
YA355L-4	T1、T2	250		95.8	0.89	104	7.0			0.8
YA400M-4	T1、T2	280		95.8	0.89	104		1.2		
YA400L-4	T1、T2	315		95.8	0.89	104				

（续）

型号	温度级别	功率/kW	同步转速/(r/min)	效率(%)	功率因数 cosφ	噪声/dB(A)	堵转电流/额定电流	堵转转矩/额定转矩	最大转矩/额定转矩	最小转矩/额定转矩
YA450M-4	T1、T2	315	1500	95.8	0.89	104	7.0	1.2	2.2	0.8
YA450L1-4	T1、T2	355		95.8	0.89	104				
YA450L2-4	T1、T2	400		95.8	0.89	104				
YA315S-4	T3	90		95.0	0.88	99	6.8	1.3		0.9
YA315M-4	T3	110		95.4	0.88	99				
YA315L1-4	T3	132		95.4	0.89	102				
YA315L2-4	T3	160		95.4	0.89	102				
YA355M1-4	T3	185		95.4	0.89	102				
YA355M2-4	T3	200		95.4	0.89	102				
YA355L-4	T3	220		95.4	0.89	102				0.8
YA400M-4	T3	250		95.8	0.89	104	7.0	1.2		
YA400L1-4	T3	280		95.8	0.89	104				
YA400L2-4	T3	(315)		95.8	0.89	104				
YA450M-4	T3	315		95.8	0.89	104				
YA450L1-4	T3	355		95.8	0.89	104				
YA450L2-4	T3	400		95.8	0.89	104				
YA315S-6	T3	75	1000	94.2	0.86	94	6.8	1.5	2.0	1.0
YA315M-6	T3	90		94.5	0.87	94				
YA315L1-6	T3	110		95.0	0.87	94				
YA315L2-6	T3	132		95.0	0.87	98	7.0			0.9
YA355M1-6	T3	160		95.0	0.87	98				
YA355M2-6	T3	185		95.0	0.87	98				
YA355L-6	T3	200		95.0	0.87	98				
YA400M-6	T3	220		95.0	0.87	98		1.3		0.8
YA400L-6	T3	250		95.0	0.87	101				
YA450M-6	T3	280		95.0	0.88	101				
YA450L1-6	T3	315		95.0	0.88	101				
YA450L2-6	T3	355		95.0	0.88	101				
YA315S-8	T3	55	750	92.5	0.80	89	6.5	1.6	2.0	1.0
YA315M-8	T3	75		93.0	0.80	92				
YA315L1-8	T3	90		93.5	0.80	92				
YA315L2-8	T3	110		93.5	0.80	92				0.9
YA355M1-8	T3	132		94.5	0.81	95				
YA355M2-8	T3	160		94.5	0.81	95		1.3		
YA355L-8	T3	185		94.5	0.81	95				
YA400M-8	T3	200		94.8	0.81	95		1.2		0.8
YA400L-8	T3	220		94.8	0.81	95				
YA450M-8	T3	250		95.0	0.82	98				
YA450L1-8	T3	280		95.0	0.82	98				
YA450L2-8	T3	(315)		95.0	0.82	98				
YA315S-10	T3	45	600	92.8	0.74	89	6.5	1.3	2.0	0.9
YA315M-10	T3	55		93.0	0.74	89				
YA315L-10	T3	75		93.5	0.75	92				
YA355M1-10	T3	90		93.5	0.77	92				
YA355M2-10	T3	110		93.5	0.78	92				
YA355M3-10	T3	132		93.5	0.78	95				
YA355L-10	T3	160		94.0	0.78	95				
YA400M-10	T3	185		94.0	0.79	95				
YA400L-10	T3	200		94.5	0.80	95				
YA450M-10	T3	220		94.5	0.80	95				
YA450L1-10	T3	250		94.5	0.81	98				
YA450L2-10	T3	(280)		94.5	0.81	98				

（2）YB2 系列高压隔爆型三相异步电动机

1）性能与结构特点。YB2 系列电动机具有效率高、堵转转矩高、隔爆结构先进合理、温升裕度大、安全可靠、性能优良等优点，并且体积小、质量轻、外形美观。此系列电动机采用封闭自扇冷式防护结构。

2）适用范围。适用于正常或不正常情况下都能形成爆炸性混合物的场所。

3）安装形式与 Y 系列电动机安装方式相同。

4）技术数据见表 30-55。

5）型号含义：型号中除 B 表示隔爆式外，其余符号与 YA 系列的符号含义相同。

表 30-55　YB2 系列隔爆型三相异步电动机技术数据（摘自 JB/T 8674—2007）

型号	功率 /kW	同步转速 /(r/min)	效率 (%)	功率因数 cosφ	噪声 /dB(A)	堵转电流/额定电流	堵转转矩/额定转矩	最大转矩/额定转矩	最小转矩/额定转矩
YB3551-2	185		93.9	0.84	109				
YB3552-2	200		94.0	0.84	109				
YB3553-2	220		94.2	0.84	109				
YB3554-2	250		94.4	0.84	111				
YB3555-2	280		94.6	0.86	111				
YB4001-2	315		94.8	0.86	111				
YB4002-2	355		94.9	0.86	111				
YB4003-2	400		95.1	0.86	111				
YB4004-2	450		95.2	0.86	111				
YB4501-2	500		95.3	0.87	111				
YB4502-2	560	3000	95.4	0.87	112	7.0	0.7	2.0	0.5
YB4503-2	630		95.5	0.87	112				
YB4504-2	710		95.6	0.87	112				
YB5001-2	800		95.7	0.88	112				
YB5002-2	900		95.8	0.88	112				
YB5003-2	1000		95.9	0.88	112				
YB5004-2	1120		96.0	0.88	113				
YB5601-2	1250		96.1	0.89	113				
YB5602-2	1400		96.3	0.89	113				
YB5603-2	1600		96.5	0.89	113				
YB3551-4	185		93.7	0.84	106				
YB3552-4	200		93.9	0.84	106				
YB3553-4	220		94.1	0.84	106				
YB3554-4	250		94.3	0.84	108				
YB3555-4	280		94.5	0.84	108				
YB4001-4	315		94.6	0.85	108				
YB4002-4	355		94.8	0.85	108				
YB4003-4	400		95.0	0.85	108				
YB4004-4	450		95.2	0.85	108		0.8		
YB4501-4	500		95.3	0.86	108				
YB4502-4	560	1500	95.4	0.86	111	6.5		2.0	0.5
YB4503-4	630		95.5	0.86	111				
YB4504-4	710		95.6	0.86	111				
YB5001-4	800		95.7	0.86	111				
YB5002-4	900		95.8	0.86	111				
YB5003-4	1000		95.9	0.86	111				
YB5004-4	1120		96.0	0.86	113				
YB5601-4	1250		96.1	0.87	113				
YB5602-4	1400		96.2	0.87	113		0.7		
YB5603-4	1600		96.4	0.87	113				

（续）

<table>
<tr><th>型号</th><th>功率
/kW</th><th>同步转速
/(r/min)</th><th>效率
(%)</th><th>功率因数
cosφ</th><th>噪声
/dB(A)</th><th>堵转电流/额定电流</th><th>堵转转矩/额定转矩</th><th>最大转矩/额定转矩</th><th>最小转矩/额定转矩</th></tr>
<tr><td>YB3553-6</td><td>160</td><td rowspan="19">1000</td><td>93.4</td><td>0.80</td><td>102</td><td rowspan="19">6.0</td><td rowspan="15">0.8</td><td rowspan="19">2.0</td><td rowspan="19">0.5</td></tr>
<tr><td>YB3554-6</td><td>185</td><td>93.5</td><td>0.80</td><td>102</td></tr>
<tr><td>YB3555-6</td><td>200</td><td>93.6</td><td>0.80</td><td>102</td></tr>
<tr><td>YB4001-6</td><td>220</td><td>93.8</td><td>0.82</td><td>102</td></tr>
<tr><td>YB4002-6</td><td>250</td><td>93.9</td><td>0.82</td><td>105</td></tr>
<tr><td>YB4003-6</td><td>280</td><td>94.1</td><td>0.82</td><td>105</td></tr>
<tr><td>YB4004-6</td><td>315</td><td>94.3</td><td>0.82</td><td>105</td></tr>
<tr><td>YB4501-6</td><td>355</td><td>94.5</td><td>0.83</td><td>105</td></tr>
<tr><td>YB4502-6</td><td>400</td><td>94.6</td><td>0.83</td><td>105</td></tr>
<tr><td>YB4503-6</td><td>450</td><td>94.7</td><td>0.83</td><td>105</td></tr>
<tr><td>YB4504-6</td><td>500</td><td>94.9</td><td>0.83</td><td>105</td></tr>
<tr><td>YB5001-6</td><td>560</td><td>95.1</td><td>0.83</td><td>108</td></tr>
<tr><td>YB5002-6</td><td>630</td><td>95.2</td><td>0.83</td><td>108</td></tr>
<tr><td>YB5003-6</td><td>710</td><td>95.3</td><td>0.83</td><td>108</td></tr>
<tr><td>YB5004-6</td><td>800</td><td>95.4</td><td>0.83</td><td>108</td></tr>
<tr><td>YB5601-6</td><td>900</td><td>95.6</td><td>0.84</td><td>108</td><td rowspan="4">0.7</td></tr>
<tr><td>YB5602-6</td><td>1000</td><td>95.7</td><td>0.84</td><td>108</td></tr>
<tr><td>YB5603-6</td><td>1120</td><td>95.8</td><td>0.84</td><td>110</td></tr>
<tr><td>YB5604-6</td><td>1250</td><td>95.9</td><td>0.84</td><td>110</td></tr>
<tr><td>YB4001-8</td><td>160</td><td rowspan="17">750</td><td>93.2</td><td>0.76</td><td>99</td><td rowspan="17">5.5</td><td rowspan="13">0.8</td><td rowspan="17">2.0</td><td rowspan="17">0.5</td></tr>
<tr><td>YB4002-8</td><td>185</td><td>93.3</td><td>0.76</td><td>99</td></tr>
<tr><td>YB4003-8</td><td>200</td><td>93.5</td><td>0.77</td><td>99</td></tr>
<tr><td>YB4004-8</td><td>220</td><td>93.7</td><td>0.77</td><td>99</td></tr>
<tr><td>YB4501-8</td><td>250</td><td>93.9</td><td>0.78</td><td>102</td></tr>
<tr><td>YB4502-8</td><td>280</td><td>94.1</td><td>0.78</td><td>102</td></tr>
<tr><td>YB4503-8</td><td>315</td><td>94.2</td><td>0.78</td><td>102</td></tr>
<tr><td>YB4504-8</td><td>355</td><td>94.4</td><td>0.78</td><td>102</td></tr>
<tr><td>YB5001-8</td><td>400</td><td>94.5</td><td>0.80</td><td>102</td></tr>
<tr><td>YB5002-8</td><td>450</td><td>94.6</td><td>0.80</td><td>102</td></tr>
<tr><td>YB5003-8</td><td>500</td><td>94.8</td><td>0.80</td><td>102</td></tr>
<tr><td>YB5004-8</td><td>560</td><td>94.9</td><td>0.80</td><td>105</td></tr>
<tr><td>YB5601-8</td><td>630</td><td>95.1</td><td>0.81</td><td>105</td></tr>
<tr><td>YB5602-8</td><td>710</td><td>95.3</td><td>0.81</td><td>105</td><td rowspan="3">0.7</td></tr>
<tr><td>YB5603-8</td><td>800</td><td>95.4</td><td>0.81</td><td>105</td></tr>
<tr><td>YB5604-8</td><td>900</td><td>95.6</td><td>0.81</td><td>105</td></tr>
</table>

（3）YFB2 系列防爆型三相电动机

1）性能及结构特点。YFB2 系列粉尘防爆型异步电动机的外壳防护等级为 IP65 或 IP55。电动机应按 GB 12476.1—2013 可燃性粉尘用电气设备第一部分：用外壳和限制表面温度保护的电气设备中，对电气设备的技术要求。

按 GB 4208—2008，IP65 与 IP55 的第一位数字 5 为防尘，不能完全防止尘埃进入，但进入的尘埃量不得影响设备的正常运行，不得影响安全；数字 6 为尘密，无灰尘进入。第二位数字 5 为防喷水，向外壳各方向喷水没有影响。

2）工作方式。电动机的定额是以连续工作制 S_1 为基准的连续定额。

3）结构及安装型式见表 30-56。

表 30-56　YFB2 系列电动机的结构及安装型式

（摘自 JB/T 10352—2015）

机座号	结构及安装代号(IM)
63~112	B14、B34、V18
63~160	B3、B5、B6、B7、B8、B35、V1、V3、V5、V6、V15、V17、V35、V37
180~280	B3、B5、B35、V1
315~355	B3、B35、V1

4）技术数据和安装尺寸和外形尺寸见表 30-57。

表 30-57a　YFB2 系列电动机的机座号与转速及功率的对应关系（摘自 JB/T 10352—2015）

机座号	同步转速/(r/min) 3000	1500	1000	750	600
	功率/kW				
63M1	0.18	0.12	—	—	—
63M2	0.25	0.18			
71M1	0.37	0.25	0.18		
71M2	0.55	0.37	0.25		
80M1	0.75	0.55	0.37	0.18	
80M2	1.1	0.75	0.55	0.25	
90S	1.5	1.1	0.75	0.37	
90L	2.2	1.5	1.1	0.55	
100L1	3	2.2	1.5	0.75	
100L2		3		1.1	
112M	4	4	2.2	1.5	
132S1	5.5	5.5	3	2.2	
132S2	7.5				
132M1	—	7.5	4	3	
132M2			5.5		
160M1	11	11	7.5	4	
160M2	15			5.5	

机座号	同步转速/(r/min) 3000	1500	1000	750	600
	功率/kW				
160L	18.5	15	11	7.5	—
180M	22	18.5	—	—	
180L	—	22	15	11	
200L1	30	30	18.5	15	
200L2	37		22		
225S	—	37	—	18.5	—
225M	45	45	30	22	
250M	55	55	37	30	
280S	75	75	45	37	
280M	90	90	55	45	
315S	110	110	75	55	45
315M	132	132	90	75	55
315L1	160	160	110	90	75
315L2	200	200	132	110	90
355M1	250	250	160	132	110
355M2			200	160	132
355L	315	315	250	200	160

注：S、M、L 后面的数字 1、2，分别代表同一机座号和转速下不同的功率。

表 30-57b　YFB2 系列电动机的性能（一）（摘自 JB/T 10352—2015）

功率/kW	效率 η(%) 3000	1500	1000	750	600	功率因数 cosφ 3000	1500	1000	750	600	堵转转矩/额定转矩 3000	1500	1000	750	600
0.12	—	62.0	—	—	—	—	0.72	—	—	—	—	2.1	—	—	—
0.18	66.0	67.0	65.0	48.0		0.80	0.73	0.66	0.61		2.2		1.9	1.8	
0.25	68.0	70.0	67.0	51.0		0.81	0.74	0.68							
0.37	70.0	73.0	67.0	53.0			0.75	0.70	0.62						
0.55	75.5	77.8	73.6	63.0		0.82		0.72	0.61			2.3			
0.75	77.4	79.6	75.9	68.7		0.83	0.75		0.67				2.1		
1.1	79.6	81.4	78.1	70.7			0.75	0.73	0.67		2.3				
1.5	81.3	82.8	79.8	72.8		0.84	0.75	0.74	0.71						
2.2	83.2	84.3	81.8	77.9		0.85	0.81	0.74	0.71				2.0		

（续）

<table>
<tr><th rowspan="3">功率/kW</th><th colspan="15">同步转速/(r/min)</th></tr>
<tr><th>3000</th><th>1500</th><th>1000</th><th>750</th><th>600</th><th>3000</th><th>1500</th><th>1000</th><th>750</th><th>600</th><th>3000</th><th>1500</th><th>1000</th><th>750</th><th>600</th></tr>
<tr><th colspan="5">效率 η(%)</th><th colspan="5">功率因数 cosφ</th><th colspan="5">堵转转矩/额定转矩</th></tr>
<tr><td>3</td><td>84.6</td><td>85.5</td><td>83.3</td><td>78.9</td><td rowspan="6">—</td><td>0.87</td><td rowspan="3">0.82</td><td rowspan="2">0.74</td><td rowspan="2">0.73</td><td rowspan="10">—</td><td rowspan="2">2.3</td><td rowspan="2">2.3</td><td rowspan="3">2.0</td><td>1.8</td><td rowspan="10">—</td></tr>
<tr><td>4</td><td>85.8</td><td>86.6</td><td>84.6</td><td>79.9</td><td rowspan="2">0.88</td><td rowspan="8">1.9</td></tr>
<tr><td>5.5</td><td>87.0</td><td>87.7</td><td>86.0</td><td>82.0</td><td>0.75</td><td>0.74</td><td rowspan="10">2.2</td><td rowspan="18">2.0</td></tr>
<tr><td>7.5</td><td>88.1</td><td>88.7</td><td>87.2</td><td>84.0</td><td rowspan="15">0.89</td><td>0.83</td><td rowspan="2">0.78</td><td rowspan="2">0.75</td><td rowspan="2">2.1</td></tr>
<tr><td>11</td><td>89.4</td><td>89.8</td><td>88.7</td><td>86.4</td><td rowspan="2">0.85</td></tr>
<tr><td>15</td><td>90.3</td><td>90.6</td><td>89.7</td><td>86.9</td><td rowspan="2">0.81</td><td rowspan="2">0.76</td><td>2.0</td></tr>
<tr><td>18.5</td><td>90.9</td><td>91.2</td><td>90.4</td><td>89.1</td><td rowspan="4">—</td><td rowspan="2">0.86</td><td rowspan="2">2.1</td></tr>
<tr><td>22</td><td>91.3</td><td>91.6</td><td>90.9</td><td>89.6</td><td>0.82</td><td>0.78</td></tr>
<tr><td>30</td><td>92.0</td><td>92.3</td><td>91.7</td><td>90.4</td><td rowspan="2">0.87</td><td>0.81</td><td rowspan="3">0.79</td><td>2.0</td></tr>
<tr><td>37</td><td>92.5</td><td>92.7</td><td>92.2</td><td>90.9</td><td>0.84</td><td rowspan="3">2.1</td><td rowspan="9">1.8</td></tr>
<tr><td>45</td><td>92.9</td><td>93.1</td><td>92.7</td><td>91.4</td><td>91.2</td><td rowspan="3">0.88</td><td rowspan="2">0.86</td><td rowspan="2">0.75</td><td rowspan="7">1.3</td></tr>
<tr><td>55</td><td>93.2</td><td>93.5</td><td>93.1</td><td>92.3</td><td>91.8</td><td rowspan="3">0.81</td></tr>
<tr><td>75</td><td>93.8</td><td>94.0</td><td>93.7</td><td>93.2</td><td>92.3</td><td>0.85</td><td>0.76</td><td rowspan="2">2.0</td><td rowspan="4">2.0</td></tr>
<tr><td>90</td><td>94.1</td><td>94.2</td><td>94.0</td><td>93.5</td><td>92.8</td><td rowspan="7">0.89</td><td>0.84</td><td>0.77</td></tr>
<tr><td>110</td><td>94.3</td><td>94.5</td><td>94.3</td><td>93.5</td><td>93.0</td><td>0.85</td><td rowspan="3">0.82</td><td rowspan="3">0.78</td><td rowspan="4">1.9</td></tr>
<tr><td>132</td><td>94.6</td><td>94.7</td><td>94.6</td><td>93.5</td><td>93.3</td><td>0.86</td></tr>
<tr><td>160</td><td>94.8</td><td>94.9</td><td>94.8</td><td>94.0</td><td>93.3</td><td rowspan="4">0.87</td><td rowspan="3">1.9</td></tr>
<tr><td>200</td><td>95.0</td><td>95.1</td><td>95.0</td><td>94.2</td><td rowspan="3">—</td><td>0.83</td><td rowspan="3"></td><td rowspan="3">—</td></tr>
<tr><td>250</td><td>95.0</td><td>95.1</td><td>95.0</td><td rowspan="2">—</td><td rowspan="2">0.90</td><td rowspan="2">—</td><td rowspan="2">1.8</td><td rowspan="2">—</td></tr>
<tr><td>315</td><td>95.0</td><td>95.1</td><td>—</td><td>—</td></tr>
</table>

表 30-57c　YFB2 系列电动机的性能（二）（摘自 JB/T 10352—2015）

<table>
<tr><th rowspan="3">功率/kW</th><th colspan="15">同步转速/(r/min)</th></tr>
<tr><th>3000</th><th>1500</th><th>1000</th><th>750</th><th>600</th><th>3000</th><th>1500</th><th>1000</th><th>750</th><th>600</th><th>3000</th><th>1500</th><th>1000</th><th>750</th><th>600</th></tr>
<tr><th colspan="5">最小转矩/额定转矩</th><th colspan="5">最大转矩/额定转矩</th><th colspan="5">堵转电流/额定电流</th></tr>
<tr><td>0.12</td><td>—</td><td rowspan="4">1.7</td><td>—</td><td rowspan="4">1.3</td><td rowspan="4">—</td><td>—</td><td rowspan="4">2.2</td><td>—</td><td>—</td><td rowspan="4">—</td><td>—</td><td rowspan="2">4.4</td><td>—</td><td>—</td><td rowspan="4">—</td></tr>
<tr><td>0.18</td><td rowspan="3">1.6</td><td rowspan="3">1.5</td><td rowspan="3">2.2</td><td rowspan="3">2.0</td><td rowspan="3">1.9</td><td rowspan="2">5.5</td><td rowspan="2">4.0</td><td rowspan="2">3.3</td></tr>
<tr><td>0.25</td><td rowspan="2">5.2</td></tr>
<tr><td>0.37</td><td>6.1</td><td>4.7</td><td>4.0</td></tr>
</table>

（续）

<table>
<tr><th rowspan="3">功率
/kW</th><th colspan="15">同步转速/(r/min)</th></tr>
<tr><th>3000</th><th>1500</th><th>1000</th><th>750</th><th>600</th><th>3000</th><th>1500</th><th>1000</th><th>750</th><th>600</th><th>3000</th><th>1500</th><th>1000</th><th>750</th><th>600</th></tr>
<tr><th colspan="5">最小转矩/额定转矩</th><th colspan="5">最大转矩/额定转矩</th><th colspan="5">堵转电流/额定电流</th></tr>
<tr><td>0.55</td><td>1.6</td><td>1.7</td><td rowspan="2">1.5</td><td rowspan="2">1.3</td><td rowspan="15">—</td><td rowspan="19">2.3</td><td rowspan="19">2.3</td><td rowspan="15">2.1</td><td rowspan="23">2.0</td><td rowspan="15">—</td><td>6.1</td><td>6.3</td><td>4.7</td><td rowspan="2">4.0</td><td rowspan="15">—</td></tr>
<tr><td>0.75</td><td rowspan="3">1.5</td><td rowspan="3">1.6</td><td>6.8</td><td>6.5</td><td>5.8</td></tr>
<tr><td>1.1</td><td rowspan="7">1.3</td><td rowspan="7">1.2</td><td>7.3</td><td>6.6</td><td>5.9</td><td rowspan="2">5.0</td></tr>
<tr><td>1.5</td><td>7.6</td><td>6.9</td><td>6.0</td></tr>
<tr><td>2.2</td><td rowspan="3">1.4</td><td rowspan="3">1.5</td><td>7.8</td><td>7.5</td><td>6.0</td><td rowspan="5">6.0</td></tr>
<tr><td>3</td><td>8.1</td><td>7.6</td><td>6.2</td></tr>
<tr><td>4</td><td>8.3</td><td>7.7</td><td>6.8</td></tr>
<tr><td>5.5</td><td rowspan="4">1.2</td><td rowspan="4">1.4</td><td>8.0</td><td>7.5</td><td>7.1</td></tr>
<tr><td>7.5</td><td>7.8</td><td>7.4</td><td rowspan="2">7.0</td></tr>
<tr><td>11</td><td rowspan="6">1.2</td><td rowspan="6">1.1</td><td>7.9</td><td>7.5</td><td>6.5</td></tr>
<tr><td>15</td><td>8.0</td><td>7.5</td><td rowspan="2">7.2</td><td rowspan="3">6.6</td></tr>
<tr><td>18.5</td><td rowspan="4">1.1</td><td rowspan="4">1.2</td><td>8.1</td><td>7.7</td></tr>
<tr><td>22</td><td>8.2</td><td>7.8</td><td>7.3</td></tr>
<tr><td>30</td><td rowspan="2">7.5</td><td>7.2</td><td rowspan="2">7.1</td><td>6.5</td></tr>
<tr><td>37</td><td>7.3</td><td rowspan="3">6.6</td></tr>
<tr><td>45</td><td rowspan="2">1.0</td><td rowspan="2">1.1</td><td rowspan="2">1.1</td><td rowspan="2">1.0</td><td rowspan="7">0.8</td><td rowspan="9">2.0</td><td rowspan="7">2.0</td><td rowspan="2">7.6</td><td rowspan="2">7.4</td><td rowspan="2">7.2</td><td rowspan="4">6.2</td></tr>
<tr><td>55</td></tr>
<tr><td>75</td><td rowspan="5">0.9</td><td rowspan="5">1.0</td><td rowspan="5">1.0</td><td rowspan="6">0.9</td><td>6.9</td><td rowspan="8">7.0</td><td rowspan="7">7.0</td><td rowspan="6">6.4</td></tr>
<tr><td>90</td><td>7.0</td></tr>
<tr><td>110</td><td rowspan="6">2.2</td><td rowspan="6">2.2</td><td rowspan="6">7.1</td><td rowspan="3">6.0</td></tr>
<tr><td>132</td></tr>
<tr><td>160</td></tr>
<tr><td>200</td><td rowspan="3">0.8</td><td rowspan="2">0.9</td><td rowspan="2">0.9</td><td rowspan="3">—</td><td rowspan="3">—</td></tr>
<tr><td>250</td><td rowspan="2">—</td><td rowspan="2">—</td><td rowspan="2">—</td><td rowspan="2">—</td></tr>
<tr><td>315</td><td>0.8</td><td>—</td><td>—</td><td>—</td></tr>
</table>

表 30-57d　YFB2 系列粉尘防爆型电动机外形和安装尺寸（一）（摘自 JB/T 10352—2015）　（单位：mm）

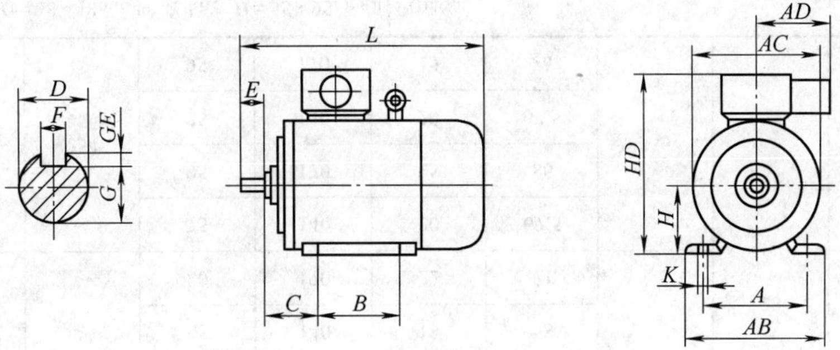

机座带底脚、端盖上无凸缘的电动机

机座号	极数	安装尺寸									外形尺寸				
		A	B	C	D①	E	F	G②	H	K③	AB	AC	AD	HD	L
63M	2、4	100	80	40	11	23	4	8.5	63	7	130	150	165	230	280
71M	2、4、6	112	90	45	14	30	5	11	71		140	155		240	310
80M	2、4、6、8	125	100	50	19	40	6	15.5	80	10	165	165	180	320	345
90S		140		56	24	50	8	20	90		180	180		350	375
90L			125												400
100L		160	140	63	28	60		24	100	12	200	205		400	455
112M		190		70					112		245	230	200	420	475
132S		216		89	38	80	10	33	132		280	270		450	530
132M			178												580
160M		254	210	108	42	110	12	37	160	14.5	330	325	220	520	690
160L			254												730
180M		279	241	121	48		14	42.5	180		355	360		550	750
180L			279												770
200L		318	305	133	55		16	49	200	18.5	390	400	250	645	845

（续）

机座号	极数	安装尺寸									外形尺寸				
		A	*B*	*C*	D①	*E*	*F*	G②	*H*	K③	*AB*	*AC*	*AD*	*HD*	*L*
225S	4、8	356	286	149	60	140	18	53	225	18.5	435	450	250	690	905
225M	2		311		55	110	16	49							900
	4、6、8				60	140	18	53					300		930
250M	2	406	349	168					250	24	490	500		730	985
	4、6、8				65			58							
280S	2	457	368	190					280		545	560		810	1050
	4、6、8				75		20	67.5							
280M	2		419		65		18	58							1100
	4、6、8				75		20	67.5							
315S	2	508	406	216	65		18	58	315	28	640	630	400	1020	1370
	4、6、8、10				80	170	22	71							1390
315M	2		457		65	140	18	58							1420
	4、6、8、10				80	170	22	71							1420
315L	2		508		65	140	18	58							1530
	4、6、8、10				80	170	22	71							1560
355M	2	610	560	254	75	140	20	67.5	355		740	750	500	1080	1690
	4、6、8、10				95	170	25	86							
355L	2		630		75	140	20	67.5							1790
	4、6、8、10				95	170	25	86							

① 直径 D 的公差：D=11~28mm 时取 j6；D=38~48mm 时取 k6；D=55~95mm 时取 m6。

② $G=D-GE$，GE 的极限偏差对机座号 80 及以下为$\left(^{+0.10}_{\ 0}\right)$，其余为$\left(^{+0.20}_{\ 0}\right)$。

③ K 孔的位置度公差以轴伸的轴线为基准。

表 30-57e　YFB2 系列粉尘防爆型电动机外形和安装尺寸（二）（摘自 JB/T 10352—2015）　（单位：mm）

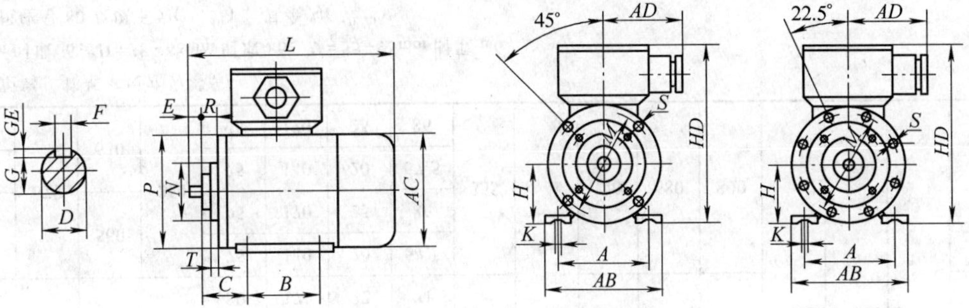

H63～H200　H225～H355

机座带底脚、端盖上有凸缘(带通孔)的电动机

机座号	凸缘号	极数	安装尺寸 A	B	C	D①	E	F	G②	H	K③	M	N	P④	S③	T	凸缘孔数	外形尺寸 AB	AC	AD	HD	L
63M	FF115	2、4	100	80	40	11	23	4	8.5	63	7	115	95	140	10	3	4	130	150	165	230	280
71M	FF130	2、4、6	112	90	45	14	30	5	11	71		130	110	160				140	155		240	310
80M	FF165	2、4、6、8	125	100	50	19	40	6	15.5	80	10	165	130	200	12	3. 5		165	165	180	320	345
90S			140		56	24	50	8	20	90								180	180		350	375
90L				125																		400
100L	FF215		160	140	63	28	60		24	100	12	215	180	250	14. 5	4		200	205		400	455
112M			190		70					112								245	230	200	420	475
132S	FF265		216		89	38	80	10	33	132		265	230	300				280	270		450	530
132M				178																		570
160M	FF300		254	210	108	42	110	12	37	160	14. 5	300	250	350	18. 5	5		330	325	220	520	690
160L				254																		730
180M			279	241	121	48		14	42.5	180								355	360		550	750
180L				279																		770
200L	FF350		318	305	133	55		16	49	200	18. 5	350	300	400				390	400	250	645	845

（续）

机座号	凸缘号	极数	安装尺寸															外形尺寸				
			A	B	C	D①	E	F	G②	H	K③	M	N	P④	S③	T	凸缘孔数	AB	AC	AD	HD	L
225S	FF400	4、8	356	286	149	60	140	18	53	225	18.5	400	350	450	18.5	5	8	435	450	250	690	905
225M		2		311		55	110	16	49													900
		4、6、8				60	140	18	53													930
250M		2	406	349	168					250	24	500	450	550				490	500	300	730	985
		4、6、8				65			58													
280S	FF500	2	457	368	190					280								545	565		810	1050
		4、6、8				75		20	67.5													1050
280M		2		419		65		18	58													1100
		4、6、8				75		20	67.5													1100
315S	FF600	2	508	406	216	65		18	58	315	28	600	550	660	24	6		640	630	400	1020	1360
		4、6、8、10				80	170	22	71													1390
315M		2		457		65	140	18	58													1390
		4、6、8、10				80	170	22	71													1410
315L		2		508		65	140	18	58													1530
		4、6、8、10				80	170	22	71													1560
355M	FF740	2	610	560	254	75	140	20	67.5	355		740	680	800				740	750	500	1080	1690
		4、6、8、10				95	170	25	86													
355L		2		630		75	140	20	67.5													1790
		4、6、8、10				95	170	25	86													

注：R 为凸缘配合面至轴伸肩的距离，其基本尺寸为零。

① 直径 D 的公差：D=11~28mm 时取 j6；D=38~48mm 时取 k6；D=55~95mm 时取 m6。

② $G=D-GE$。GE 的极限偏差对机座号 80 及以下为$\left(^{+0.10}_{0}\right)$，其余为$\left(^{+0.20}_{0}\right)$。

③ K、S 孔的位置度公差以轴伸的轴线为基准。

④ P 尺寸为最大限值。

表 30-57f　YFB2 系列粉尘防爆型电动机外形和安装尺寸（三）（摘自 JB/T 10352—2015）　（单位：mm）

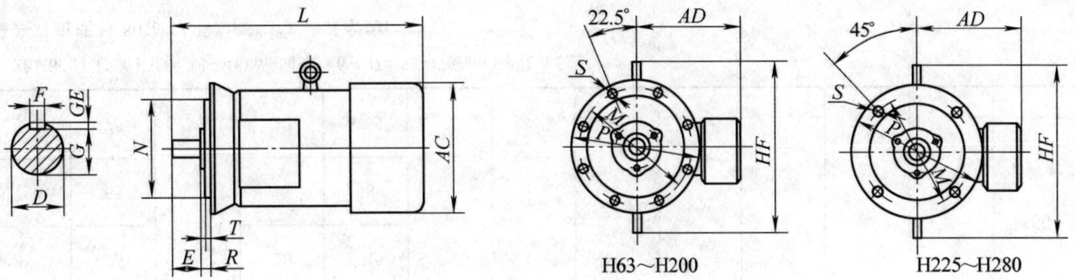

机座不带底脚、端盖上有凸缘（带通孔）的电动机

机座号	凸缘号	极数	安装尺寸											外形尺寸			
			D[1]	E	F	G[2]	M	N	P[3]	R[4]	S[5]	T	凸缘孔数	AC	AD	HF	L
63M	FF115	2、4	11	23	4	8.5	115	95	140	0	10	3	4	130	170	—	280
71M	FF130	2、4、6	14	30	5	11	130	110	160					155		—	310
80M	FF165	2、4、6、8	19	40	6	15.5	165	130	200		12	3.5		165	240	185	345
90S			24	50	8	20								180	260	195	375
90L																	400
100L	FF215		28	60		24	215	180	250		14.5	4		205	300	245	455
112M														230	310	265	475
132S	FF265		38	80	10	33	265	230	300					270	320	315	530
132M																	570
160M	FF300		42	110	12	37	300	250	350		18.5	5		325	360	385	690
160L																	730

（续）

机座号	凸缘号	极数	安装尺寸											外形尺寸			
			D①	E	F	G②	M	N	P③	R④	S⑤	T	凸缘孔数	AC	AD	HF	L
180M	FF300	2、4、6、8	48	110	14	42.5	300	250	350	0	18.5	5	4	360	370	430	750
180L																	770
200L	FF350		55		16	49	350	300	400					400	445	480	825
225S	FF400	4、8	60	140	18	53	400	350	450				8	450	465	535	905
225M		2	55	110	16	49											900
		4、6、8	60	140	18	53											930
250M	FF500	2					500	450	550					500	500	595	985
		4、6、8	65			58											
280S		2												560	550	650	1050
		4、6、8	75		20	67.5											
280M		2	65		18	58											1100
		4、6、8	75		20	67.5											

① 直径 D 的公差：D=11~28mm 时取 j6；D=38~48mm 时取 k6；D=55~75mm 时取 m6。

② $G=D-GE$，GE 的极限偏差对机座号 80 及以下为$\left({}^{+0.10}_{\ 0}\right)$，其余为$\left({}^{+0.20}_{\ 0}\right)$。

③ P 尺寸为最大限值。

④ R 为凸缘配合面至轴伸肩的距离，其基本尺寸为零。

⑤ S 孔位置度公差以轴伸的轴线为基准。

表 30-57g　YFB2 系列粉尘防爆型电动机外形和安装尺寸（四）（摘自 JB/T 10352—2015）　（单位：mm）

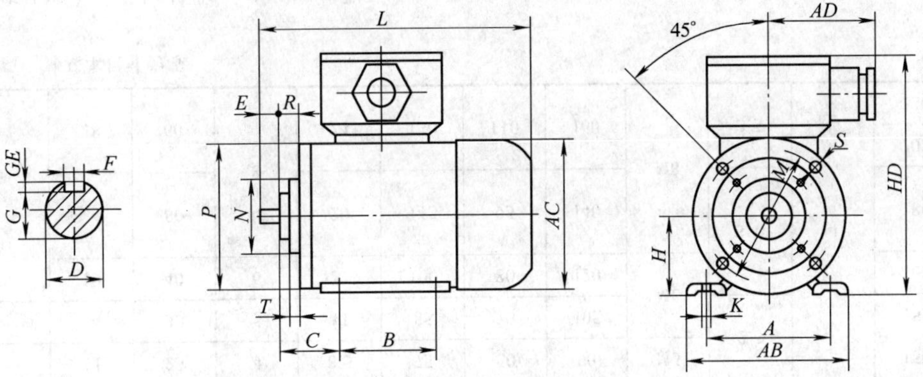

机座带底脚、端盖上有凸缘（带螺孔）的电动机

机座号	凸缘号	极数	安装尺寸															外形尺寸				
			A	*B*	*C*	*D*①	*E*	*F*	*G*②	*H*	*K*③	*M*	*N*	*P*④	*S*③	*T*	凸缘孔数	*AB*	*AC*	*AD*	*HD*	*L*
63M	FT75	2、4	100	80	40	11	23	4	8.5	63	7	75	60	90	M5	2.5	4	130	150	165	230	280
71M	FT85	2、4、6	112	90	45	14	30	5	11	71		85	70	105	M6			140	155		240	310
80M	FT100	2、4、6、8	125	100	50	19	40	6	15.5	80	10	100	80	120		3.2		165	165	180	320	345
90S	FT115		140		56	24	50	8	20	90		115	95	140	M8			180	180		350	375
90L				125																		400
100L	FT130		160	140	63	28	60		24	100	12	130	110	160		3.5		200	205		400	455
112M			190		70					112								245	230	225	420	475

注：*R* 为凸缘配合面至轴伸肩的距离，其基本尺寸为零。

① 直径 *D* 的公差为 j6。

② $G=D-GE$。*GE* 的极限偏差对机座号 80 及以下为($^{+0.10}_{0}$)，其余为($^{+0.20}_{0}$)。

③ *K*、*S* 孔的位置度公差以轴伸的轴线为基准。

④ *P* 尺寸为最大限值。

表 30-57h　YFB2 系列粉尘防爆型电动机外形和安装尺寸（五）（摘自 JB/T 10352—2015）　（单位：mm）

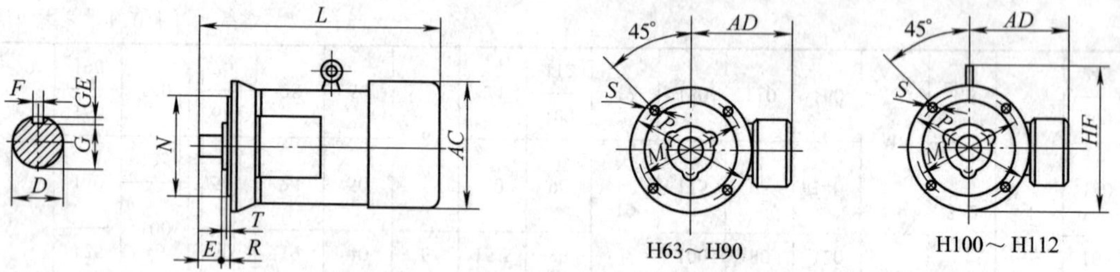

机座不带底脚、端盖上有凸缘（带螺孔）的电动机

机座号	凸缘号	极数	安装尺寸										外形尺寸			
			D①	E	F	G②	M	N	P③	S④	T	凸缘孔数	AC	AD	HF	L
63M	FT75	2、4	11	23	4	8.5	75	60	90	M5	2.5	4	150	170	—	280
71M	FT85	2、4、6	14	30	5	11	85	70	105	M6			155		—	310
80M	FT100	2、4、6、8	19	40	6	15.5	100	80	120				165	240	185	345
90S	FT115		24	50	8	20	115	95	140	M8	3.0		180	260	195	375
90L																400
100L	FT130		28	60		24	130	110	160		3.5		205	300	245	455
112M													230	310	265	475

注：R 为凸缘配合面至轴伸肩的距离，其基本尺寸为零。

① 直径 D 的公差按 j6。

② $G=D-GE$。GE 的极限偏差对机座号 80 及以下为$\left(^{+0.10}_{0}\right)$，其余为$\left(^{+0.20}_{0}\right)$。

③ P 尺寸为最大限值。

④ S 孔位置度公差以轴伸的轴线为基准。

表 30-57i YFB2 系列粉型防爆形电动机外形和安装尺寸（六）（摘自 JB/T 10352—2015） （单位：mm）

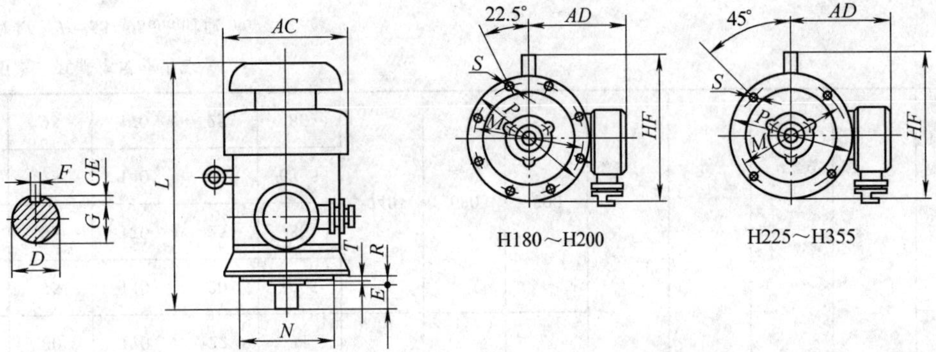

立式安装、机座不带底脚、端盖上有凸缘（带通孔）、轴伸向下的电动机

机座号	凸缘号	极数	安装尺寸											外形尺寸			
			D①	E	F	G②	M	N	P③	R	S④	T	凸缘孔数	AC	AD	HF	L
180M	FF300	2、4、6、8	48	110	14	42.5	300	250	350	0	18.5	5	4	360	370	500	820
180L																	840
200L	FF350		55		16	49	350	300	400					400	445	550	895
225S	FF400	4、8	60	140	18	53	400	350	450				8	450	465	610	975
225M		2	55	110	16	49											970
		4、6、8	60	140	18	53											1000
250M	FF500	2					500	450	550					500	500	650	1075
		4、6、8	65			58											

（续）

机座号	凸缘号	极数	安装尺寸											外形尺寸			
			D①	E	F	G②	M	N	P③	R	S④	T	凸缘孔数	AC	AD	HF	L
280S	FF500	2	65	140	18	58	500	450	550	0	18.5	5	8	560	550	720	1140
		4、6、8	75		20	67.5											
280M		2	65		18	58											1190
		4、6、8	75		20	67.5											
315S	FF600	2	65		18	58	600	550	660		24	6		630	705	900	1380
		4、6、8、10	80	170	22	71											1410
315M		2	65	140	18	58											1460
		4、6、8、10	80	170	22	71											1490
315L		2	65	140	18	58											1550
		4、6、8、10	80	170	22	71											1590
355M	FF740	2	75	140	20	67.5	740	680	800					750	725	1010	1640
		4、6、8、10	95	170	25	86											
355L		2	75	140	20	67.5											1820
		4、6、8、10	95	170	25	86											

注：R 为凸缘配合面至轴伸肩的距离，其基本尺寸为零。

① 直径 D 的公差：D=48mm 时取 k6；D=55~95mm 时取 m6。

② $G=D-GE$。GE 的极限偏差为($^{+0.20}_{0}$)。

③ P 尺寸为最大限值。

④ S 孔的位置度公差以轴伸的轴线为基准。

（4）YA、YA-W、YA-WF1 系列增安型三相异步电动机（机座号 315~450）（摘自 JB/T 8972—2011）　（见表 30-58）

表 30-58a　电动机的机座号与转速、功率等级及温度组别的对应关系

机座号	同步转速/(r/min)						
	3000		1500		1000	750	600
	温度组别						
	T1、T2	T3	T1、T2	T3	T3	T3	T3
315S	110	90	110	90	75	55	45
315M	132	110	132	110	90	75	55
315L	160	132	160	132	110	90	75
	185	160	185	160	132	110	—
355M	200	185	200	185	160	132	90
							110
	220	200	220	200	185	160	132
355L	250	220	250	220	200	185	160
400M	280	250	280	250	220	200	185
400L	315	280	315	280	250	220	200
	—	(315)	—	(315)	—	—	—
450M	315	315	315	315	280	250	220
450L	355	355	355	355	315	280	250
	400	400	400	400	355	(315)	(280)

注：带括号的为不推荐规格。

表 30-58b　电动机的外形和尺寸　（单位：mm）

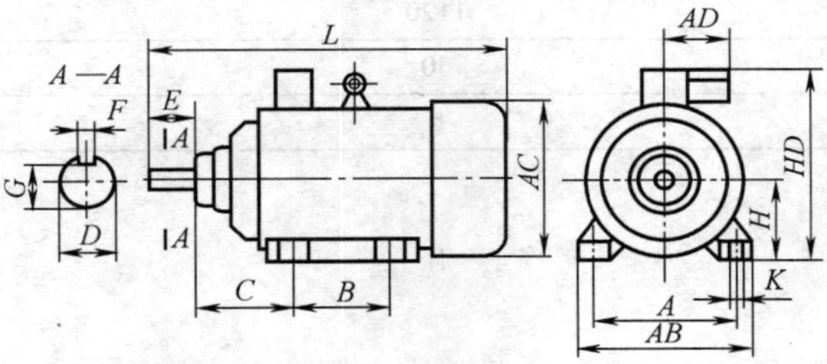

机座带底脚　端盖无凸缘的电动机

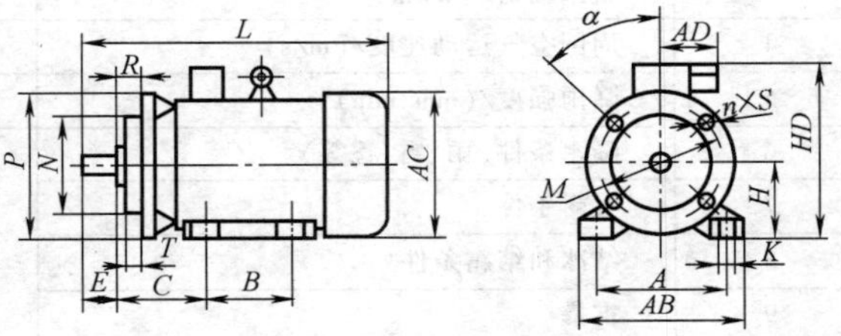

机座带底脚　端盖有凸缘(带通孔)的电动机

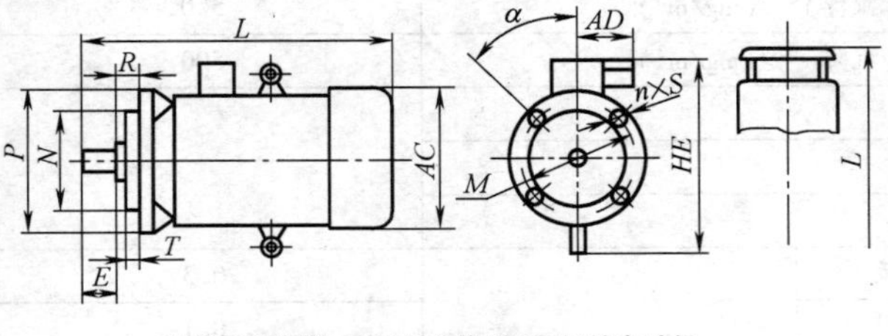

机座不带底脚　端盖有凸缘(带通孔)的电动机

机座号	极数	凸缘号	安装尺寸																外形尺寸						
			A	B	C	D	E	F	G	H	K	M	N	P	R	α	n×S	T	AB	AC	AD	HD	HE	L	
											尺寸			min			尺寸							卧式	立式
315S	2	FF600	508	406	216	65	140	18	58	315	28	600	550	660	0	22.5°	8×φ24	6	630	630	500	1000	1000	1350	1450
	4~10					80	170	22	71															1380	1480
315M	2			457		65	140	18	58															1480	1580
	4~10					80	170	22	71															1510	1610
315L	2			508		65	140	18	58															1730	1830
	4~10					80	170	22	71															1760	1860

（续）

机座号	极数	凸缘号	安装尺寸																外形尺寸						
			A	*B*	*C*	*D*	*E*	*F*	*G*	*H*	*K* 尺寸	*M*	*N*	*P* min	*R*	α	*n*×*S* 尺寸	*T*	*AB*	*AC*	*AD*	*HD*	*HE*	*L* 卧式	*L* 立式
355M	2	FF740	610	560	254	75	140	20	67.5	355	28	740	680	800	0	22.5°	8×ϕ24	6	760	710	500	1090	1140	1740	1840
	4~10					95	170	25	86															1560	1660
355L	2			630		75	140	20	67.5															1840	1940
	4~10					95	170	25	86															1700	1800
400M	2	FF940	686		280	80		22	71	400	35	940	880	1000			8×ϕ28		800	800		1160	1280	—	—
	4~10					100	210	28	90															1810	1910
400L	2			710		80	170	22	71															1900	2000
	4~10					100	210	28	90															1880	1980
450M	2		800		315	85	170	22	76	450									960	960		1210	1310	—	—
	4~10					110	210	28	100															1980	2080
450L	2			800		85	170	22	76															—	—
	4~10					110	210	28	100															2070	2170

注：1. *S*、*K* 孔的位置度公差以轴伸的轴线为基准。

2. 机座号 450 的安装尺寸和外形尺寸也可以根据用户的要求确定。

表 30-58c　W、WF1 电动机的正常运行环境条件

序号	环境参数		电动机类型 YA-W	电动机类型 YA-WF1
1	最高空气相对湿度(%)		100	
2	气压/kPa		90①	
3	太阳辐射/(W/m²)		1120	
4	周围空气运动速度/(m/s)		30	
5	降雨强度/(mm/min)		6	
6	降水条件(雨、雪、雹等)		有	
7	凝露条件			
8	结冰和结霜条件			
9	雷暴			
10	砂含量/(mg/m³)		300	1000
11	尘含量(飘浮)②/(mg/m³)		5.0	15
12	尘含量(沉降)②/(mg/m³)		500	1000
13	真菌		有	
14	动物			
15	盐雾			
16	二氧化硫	含量平均值③ /mg/m³	0.3	5.0
17	硫化氢		0.1	3.0
18	氯气		0.1	0.3
19	氯化氢		0.1	1.0
20	氟化氢		0.01	0.05
21	氨气		1.0	10
22	氧化氮④		0.5	3.0

① 相当于海拔 1000m，如超过 1000m 按 GB 755 的规定。

② 不包括易燃、易爆粉尘。

③ 平均值是指长期数值的平均值。

④ 相当于二氧化氮的值。

表 30-58d　电动机的效率

<table>
<tr><th rowspan="3">功率/kW</th><th colspan="5">同步转速/(r/min)</th></tr>
<tr><th>3000</th><th>1500</th><th>1000</th><th>750</th><th>600</th></tr>
<tr><th colspan="5">效率 η(%)</th></tr>
<tr><td>45</td><td rowspan="3">—</td><td rowspan="3">—</td><td rowspan="2">—</td><td>—</td><td>92.8</td></tr>
<tr><td>55</td><td>92.5</td><td>93.0</td></tr>
<tr><td>75</td><td>94.2</td><td>93.0</td><td rowspan="4">93.5</td></tr>
<tr><td>90</td><td>95.0</td><td>95.0</td><td>94.5</td><td rowspan="2">93.5</td></tr>
<tr><td>110</td><td>95.0</td><td rowspan="6">95.4</td><td rowspan="9">95.0</td></tr>
<tr><td>132</td><td rowspan="5">95.4</td><td rowspan="3">94.5</td></tr>
<tr><td>160</td><td rowspan="2">94.0</td></tr>
<tr><td>185</td></tr>
<tr><td>200</td><td rowspan="2">94.8</td><td rowspan="4">94.5</td></tr>
<tr><td>220</td></tr>
<tr><td>250</td><td rowspan="5">95.8</td><td rowspan="5">95.8</td><td rowspan="3">95.0</td></tr>
<tr><td>280</td></tr>
<tr><td>315</td><td rowspan="3">—</td></tr>
<tr><td>355</td><td rowspan="2">—</td></tr>
<tr><td>400</td><td>—</td></tr>
</table>

表 30-58e　电动机的功率因数

<table>
<tr><th rowspan="3">功率/kW</th><th colspan="5">同步转速/(r/min)</th></tr>
<tr><th>3000</th><th>1500</th><th>1000</th><th>750</th><th>600</th></tr>
<tr><th colspan="5">功率因数　cosφ</th></tr>
<tr><td>45</td><td rowspan="3">—</td><td rowspan="3">—</td><td rowspan="2">—</td><td>—</td><td rowspan="2">0.74</td></tr>
<tr><td>55</td><td rowspan="4">0.80</td></tr>
<tr><td>75</td><td>0.86</td><td>0.75</td></tr>
<tr><td>90</td><td rowspan="2">0.89</td><td rowspan="2">0.88</td><td rowspan="2">0.87</td><td>0.77</td></tr>
<tr><td>110</td><td rowspan="3">0.78</td></tr>
<tr><td>132</td><td rowspan="10">0.90</td><td rowspan="10">0.89</td><td rowspan="6">0.87</td><td rowspan="5">0.81</td></tr>
<tr><td>160</td></tr>
<tr><td>185</td><td>0.79</td></tr>
<tr><td>200</td><td rowspan="2">0.80</td></tr>
<tr><td>220</td></tr>
<tr><td>250</td><td rowspan="3">0.82</td><td rowspan="2">0.81</td></tr>
<tr><td>280</td><td rowspan="3">0.88</td></tr>
<tr><td>315</td><td rowspan="3">—</td></tr>
<tr><td>355</td><td rowspan="2">—</td></tr>
<tr><td>400</td><td>—</td></tr>
</table>

在额定电压下，电动机最大转矩对额定转矩之比的　　保证值对同步转速 1500r/min 及以上为 2.2，其余为 2.0。

表 30-58f　在额定电压下，电动机堵转转矩对额定转矩之比的保证值

<table>
<tr><th rowspan="3">功率/kW</th><th colspan="5">同步转速/(r/min)</th></tr>
<tr><th>3000</th><th>1500</th><th>1000</th><th>750</th><th>600</th></tr>
<tr><th colspan="5">堵转转矩/额定转矩</th></tr>
<tr><td>45</td><td rowspan="3">—</td><td rowspan="3">—</td><td rowspan="2">—</td><td>—</td><td rowspan="8">1.3</td></tr>
<tr><td>55</td><td rowspan="4">1.6</td></tr>
<tr><td>75</td><td rowspan="6">1.5</td></tr>
<tr><td>90</td><td rowspan="12">1.2</td><td rowspan="6">1.3</td></tr>
<tr><td>110</td></tr>
<tr><td>132</td></tr>
<tr><td>160</td><td rowspan="2">1.3</td></tr>
<tr><td>185</td></tr>
<tr><td>200</td><td rowspan="4">1.2</td></tr>
<tr><td>220</td><td rowspan="5">1.3</td></tr>
<tr><td>250</td><td rowspan="5">1.2</td></tr>
<tr><td>280</td></tr>
<tr><td>315</td><td rowspan="3">—</td></tr>
<tr><td>355</td><td rowspan="2">—</td></tr>
<tr><td>400</td><td>—</td></tr>
</table>

表 30-58g　在额定电压下，电动机起动过程中最小转矩对额定转矩之比的保证值

<table>
<tr><th rowspan="3">功率/kW</th><th colspan="5">同步转速/(r/min)</th></tr>
<tr><th>3000</th><th>1500</th><th>1000</th><th>750</th><th>600</th></tr>
<tr><th colspan="5">最小转矩/额定转矩</th></tr>
<tr><td>45</td><td rowspan="3">—</td><td rowspan="3">—</td><td rowspan="2">—</td><td>—</td><td rowspan="12">0.9</td></tr>
<tr><td>55</td><td rowspan="3">1.0</td></tr>
<tr><td>75</td><td rowspan="3">1.0</td></tr>
<tr><td>90</td><td rowspan="6">0.8</td><td rowspan="6">0.9</td></tr>
<tr><td>110</td><td rowspan="4">0.9</td></tr>
<tr><td>132</td><td rowspan="4">0.9</td></tr>
<tr><td>160</td></tr>
<tr><td>185</td></tr>
<tr><td>200</td><td rowspan="5">0.8</td></tr>
<tr><td>220</td><td rowspan="6">0.7</td><td rowspan="6">0.8</td><td rowspan="5">0.8</td></tr>
<tr><td>250</td></tr>
<tr><td>280</td></tr>
<tr><td>315</td><td rowspan="3">—</td></tr>
<tr><td>355</td><td rowspan="2">—</td></tr>
<tr><td>400</td><td>—</td></tr>
</table>

表 30-58h　在额定电压下，电动机的堵转电流对额定电流之比的保证值

<table>
<tr><th rowspan="3">功率/kW</th><th colspan="5">同步转速/(r/min)</th></tr>
<tr><th>3000</th><th>1500</th><th>1000</th><th>750</th><th>600</th></tr>
<tr><th colspan="5">堵转电流/额定电流</th></tr>
<tr><td>45</td><td rowspan="3">—</td><td rowspan="3">—</td><td rowspan="2">—</td><td>—</td><td rowspan="12">6.5</td></tr>
<tr><td>55</td><td rowspan="12">6.5</td></tr>
<tr><td>75</td><td rowspan="3">6.8</td></tr>
<tr><td>90</td><td rowspan="12">7.0</td><td rowspan="6">6.8</td></tr>
<tr><td>110</td></tr>
<tr><td>132</td><td rowspan="9">7.0</td></tr>
<tr><td>160</td></tr>
<tr><td>185</td></tr>
<tr><td>200</td></tr>
<tr><td>220</td><td rowspan="6">7.0</td></tr>
<tr><td>250</td></tr>
<tr><td>280</td></tr>
<tr><td>315</td><td rowspan="3">—</td></tr>
<tr><td>355</td><td rowspan="2">—</td></tr>
<tr><td>400</td><td>—</td></tr>
</table>

表 30-58i　电动机在任何状态下其任何部件的最高表面温度

<table>
<tr><th colspan="2">温 度 组 别</th><th>最高表面温度/℃</th></tr>
<tr><td rowspan="2">T1、T2</td><td>YA</td><td>290</td></tr>
<tr><td>YA-W、YA-WF1</td><td>280</td></tr>
<tr><td rowspan="2">T3</td><td>YA</td><td>195</td></tr>
<tr><td>YA-W、YA-WF1</td><td>185</td></tr>
</table>

注：若逐台检验，各部件最高表面温度，对 T1 和 T2 组，在规定值上加 10℃，对 T3 组，在规定值上加 5℃。

表 30-58j　空载时最大 A 计权声功率级的噪声数值 L_{WA}

<table>
<tr><th rowspan="3">功率/kW</th><th colspan="5">同步转速/(r/min)</th></tr>
<tr><th>3000</th><th>1500</th><th>1000</th><th>750</th><th>600</th></tr>
<tr><th colspan="5">声功率级/dB(A)</th></tr>
<tr><td>45</td><td rowspan="3">—</td><td rowspan="3">—</td><td rowspan="2">—</td><td>—</td><td rowspan="2">89</td></tr>
<tr><td>55</td><td>89</td></tr>
<tr><td>75</td><td rowspan="3">94</td><td rowspan="3">92</td><td rowspan="3">92</td></tr>
<tr><td>90</td><td rowspan="2">102</td><td rowspan="2">99</td></tr>
<tr><td>110</td></tr>
</table>

（续）

<table>
<tr><td rowspan="3">功率/kW</td><td colspan="5">同步转速/(r/min)</td></tr>
<tr><td>3000</td><td>1500</td><td>1000</td><td>750</td><td>600</td></tr>
<tr><td colspan="5">声功率级/dB(A)</td></tr>
<tr><td>132</td><td rowspan="5">104</td><td rowspan="5">102</td><td rowspan="5">98</td><td rowspan="5">95</td><td rowspan="5">95</td></tr>
<tr><td>160</td></tr>
<tr><td>185</td></tr>
<tr><td>200</td></tr>
<tr><td>220</td></tr>
<tr><td>250</td><td rowspan="5">107</td><td rowspan="5">104</td><td rowspan="4">101</td><td rowspan="3">98</td><td rowspan="2">98</td></tr>
<tr><td>280</td></tr>
<tr><td>315</td><td rowspan="3">—</td></tr>
<tr><td>355</td><td rowspan="2">—</td></tr>
<tr><td>400</td><td>—</td></tr>
</table>

30.4.4 起重及冶金用三相异步电动机

起重及冶金用三相异步电动机有较大的过载能力和较高的机械强度，特别适用于短时或断续周期运行、频繁起动和制动、有时还有过负荷和有显著冲击与振动的设备。

电动机的各种起动和制动状态折算成每小时等效全起动次数的方法如下：点动相当于 0.25 次全起动，电制动至停转和电制动至全速反转分别各相当于 1.8 次全起动。

（1）YZR 系列冶金及起重用三相异步电动机（JB/T 10105—2017）（见表 30-59）。

表 30-59a YZR 系列电动机技术数据

型号	S_2				S_3								
					6 次/h*								
	30min		60min		FC=15%		FC=25%		FC=40%			FC=60%	
	额定功率/kW	转速/(r/min)	额定功率/kW	转速/(r/min)	额定功率/kW	转速/(r/min)	额定功率/kW	转速/(r/min)	额定功率/kW	最大转矩/额定转矩	转速/(r/min)	额定功率/kW	转速/(r/min)
YZR112M-6	1.8	815	1.5	866	2.2	725	1.8	815	1.5	2.5	866	1.1	912
YZR132M1-6	2.5	892	2.2	908	3.0	855	2.5	892	2.2	2.86	908	1.3	924
YZR132M2-6	4.0	900	3.7	908	5.0	875	4.0	900	3.7	2.51	908	3.0	937
YZR160M1-6	6.3	921	5.5	930	7.5	910	6.3	921	5.5	2.56	930	5.0	935
YZR160M2-6	8.5	930	7.5	940	11	908	8.5	930	7.5	2.78	940	6.3	949
YZR160L-6	13	942	11	957	15	920	13	942	11	2.47	945	9.0	952
YZR180L-6	17	955	15	962	20	946	17	955	15	3.2	962	13	963
YZR200L-6	26	956	22	964	33	942	26	956	22	2.88	964	19	969
YZR225M-6	34	957	30	962	40	947	34	957	30	3.3	962	26	968
YZR250M1-6	42	960	37	965	50	950	42	960	37	3.13	960	32	970
YZR250M2-6	52	958	45	965	63	947	52	958	45	3.48	965	39	969
YZR280S-6	63	966	55	969	75	960	63	966	55	3	969	48	972
YZR160L-8	9	694	7.5	705	11	676	9	694	7.5	2.73	705	6	717
YZR180L-8	13	700	11	700	15	690	13	700	11	2.72	700	9	720
YZR200L-8	18.5	701	15	712	22	690	18.5	701	15	2.94	712	13	718
YZR225M-8	26	708	22	715	33	696	26	708	22	2.96	715	18.5	721
YZR250M1-8	35	715	30	720	42	710	35	715	30	2.64	720	26	725
YZR250M2-8	42	716	37	720	52	706	42	716	37	2.73	720	32	725
YZR280M-8	63	722	55	725	75	715	63	722	55	2.85	725	43	730
YZR315S-8	85	724	75	727	100	719	85	724	75	2.74	727	63	731
YZR280S-10	42	571	37	560	55	564	42	571	37	2.8	572	32	578
YZR280M-10	55	556	45	560	63	548	55	556	45	3.16	560	37	569
YZR315S-10	63	580	55	580	75	574	63	580	55	3.11	580	48	585
YZR315M-10	85	576	75	579	100	570	85	576	75	3.45	579	63	584
YZR355M-10	110	581	90	585	132	576	110	581	90	3.33	589	75	588

型号	S_3		S_4 及 S_5									
	6 次/h*		150 次/h*						300 次/h*			
	FC=100%		FC=25%		FC=40%		FC=60%		FC=40%		FC=60%	
	额定功率/kW	转速/(r/min)	额定功率/kW	转速/(r/min)	额定功率/kW	转速/(r/min)	额定功率/kW	转速/(r/min)	额定功率/kW	转速/(r/min)	额定功率/kW	转速/(r/min)
YZR112M-6	0.8	940	1.6	845	1.3	890	1.1	920	1.2	900	0.9	930
YZR132M1-6	1.5	940	2.2	908	2.0	913	1.7	931	1.8	926	1.6	936

（续）

型　号	S_3		S_4 及 S_5									
	6 次/h*		150 次/h*						300 次/h*			
	FC=100%		FC=25%		FC=40%		FC=60%		FC=40%		FC=60%	
	额定功率/kW	转速/(r/min)	额定功率/kW	转速/(r/min)	额定功率/kW	转速/(r/min)	额定功率/kW	转速/(r/min)	额定功率/kW	转速/(r/min)	额定功率/kW	转速/(r/min)
YZR132M2-6	2.5	950	3.7	915	3.3	925	2.8	940	3.4	925	2.8	940
YZR160M1-6	4.0	944	5.8	927	5.0	935	4.8	937	5.0	935	4.8	937
YZR160M2-6	5.5	956	7.5	940	7.0	945	6.0	954	6.0	954	5.5	959
YZR160L-6	7.5	970	11	950	10	957	8.0	969	8.0	969	7.5	971
YZR180L-6	11	975	15	960	13	965	12	969	12	969	11	972
YZR200L-6	17	973	21	965	18.5	970	17	973	17	973	—	—
YZR225M-6	22	975	28	965	25	969	22	973	22	973	20	977
YZR250M1-6	28	975	33	970	30	973	28	975	26	977	25	978
YZR250M2-6	33	974	42	967	37	971	33	975	31	976	30	977
YZR280S-6	40	976	52	970	45	974	42	975	40	977	37	978
YZR160L-8	5	724	7.5	712	7	716	5.8	724	6.0	722	50	727
YZR180L-8	7.5	726	11	711	10	717	8.0	728	8.0	728	7.5	729
YZR200L-8	11	723	15	713	13	718	12	720	12	720	11	724
YZR225M-8	17	723	21	718	18.5	721	17	724	17	724	15	727
YZR250M1-8	22	729	29	700	25	705	22	712	22	712	20	716
YZR250M2-8	27	729	33	725	30	727	28	728	26	730	25	731
YZR280M-8	40	732	52	727	45	730	42	732	42	732	37	735
YZR315S-8	55	734	64	731	60	733	56	733	52	735	48	736
YZR280S-10	27	582	33	578	30	579	28	580	26	582	25	583
YZR280M-10	33	587	42	—	37	—	33	—	31	—	28	—
YZR315S-10	40	588	50	583	45	585	42	586	40	587	37	587
YZR315M-10	50	587	65	584	60	585	55	586	50	587	48	588
YZR355M-10	63	589	80	587	72	588	65	589	60	590	55	590

注：* 为热等效起动次数。

表 30-59b　YZR、YZ 系列电动机安装型式及其代号

安装型式	代　号	制造范围(机座号)	备　注
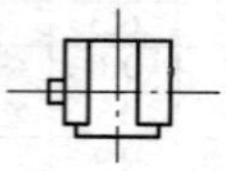	IM1001	112~160	—
	IM1003	180~400	锥形轴伸
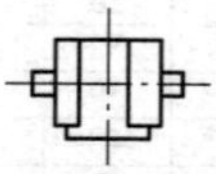	IM1002	112~160	—
	IM1004	180~400	锥形轴伸

YZR 系列为绕线转子电动机，YZ 系列为笼型转子电动机。冶金及起重用电动机大多采用绕线转子，但对于 30kW 以下电动机及在起动不是很频繁而电网容量又许可满压起动的场所，也可采用笼型转子。

根据负荷的不同性质，电动机常用的工作制分为 S_2（短时工作制）、S_3（断续周期工作制）、S_4（包括起动的断续周期性工作制）、S_5（包括电制动的断续周期工作制）四种。电动机的额定工作制为 S_3，每一工作周期为 10min，即相当于等效起动 6 次/h。电动机的基准负载持续率 $FC=40\%$，FC=工作时间/一个工作周期。工作时间包括起动和制动时间。

（2）YZR 系列起重及冶金用中型高压绕线转子三相异步电动机（机座号 560~710）　电动机外壳防护等级：起重设备用 IP44，冶金设备用 IP54（见表 30-11、表 30-12）。

电动机的结构及安装型式为 IM1002（见表 30-13）。

电动机工作制分为 S_2、S_3、S_4、S_5、S_6 及 S_7 六种类型（见表 30-24），基准工作制为 S_3，即基准工作制为 S_3，基准负载持续率为 60%，每一工作周期为 10min。

电动机在基准工作制时的额定功率、转动惯量 J_m、转子绕组开路电压与机座号的对应关系见表 30-59d，电动机外形及安装尺寸见表 30-59c~表 30-59e。

（3）YZ 系列起重及冶金用三相异步电动机（JB/T 10104—2011）　技术数据见表 30-60a，安装型式见表 30-59b，安装及外形尺寸见表 33-60b。

表 30-59c YZR 系列电动机的外形及安装尺寸（IM1001、IM1003 及 IM1002、IM1004 型） （单位：mm）

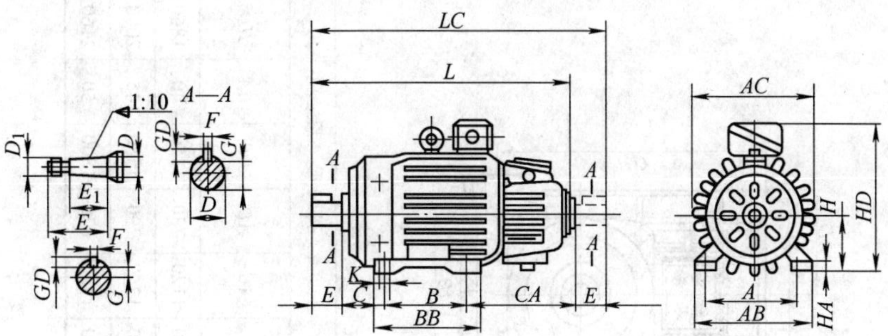

机座号	安装尺寸 H	A	B	C	CA	K	螺栓直径	D	D_1	E	E_1	F	G	外形尺寸 AC	AB	HD	BB	L	LC	HA
112M	112	190	140	70	300	12	M10	32	—	80		10	27	245	250	335	235	590	670	18
132M	132	216	178	89				38					33	285	275	365	260	645	727	20
160M	160	254	210	108	330	14.5	M12	48	—	110		14	42.5	325	320	425	290	758	868	25
160L			254														335	800	912	
180L	180	279	279	121	360			55	M36×3		82		19.9	360	360	465	380	870	980	
200L	200	318	305	133	400	18.5	M16	60	M42×3			16	21.4	405	405	510	400	975	1118	28
225M	225	356	311	149	450			65		140	105		23.9	430	455	545	410	1050	1190	
250M	250	406	349	168	540	24	M20	70	M48×3			18	25.4	480	515	605	510	1195	1337	30
280S	280	457	368	190				85	M56×4	170	130	20	31.7	535	575	665	530	1265	1438	32
280M			419														580	1315	1489	
315S	315	508	406	216	600	28	M24	95	M64×4			22	35.2	620	640	750		1390	1562	35
315M			457														630	1440	1613	
355M	355	610	560	254	630			110	M80×4	210	165	25	41.9	710	740	840	730	1650	1864	38
355L			630														800	1720	1934	
400L	400	686	710	280		35	M30	130	M100×4	250	200	28	50	840	855	950	910	1865	2120	45

表 30-59d　YZR 系列起重及冶金用中型高压电动机技术数据（摘自 JB/T 5870—2013）

机座号	功率/kW	同步转速/(r/min)	J_m/kg·m²	转子绕组开路电压/V
560	300	600	48.6	520
630	375		54.0	540
630	400	750	56.7	590
7101	475	600	64.8	680
7102	560		70.2	690

表 30-59e　YZR 系列起重及冶金用中型高压绕线转子三相异步电动机外形及安装尺寸
（摘自 JB/T 5870—2013）　　（单位：mm）

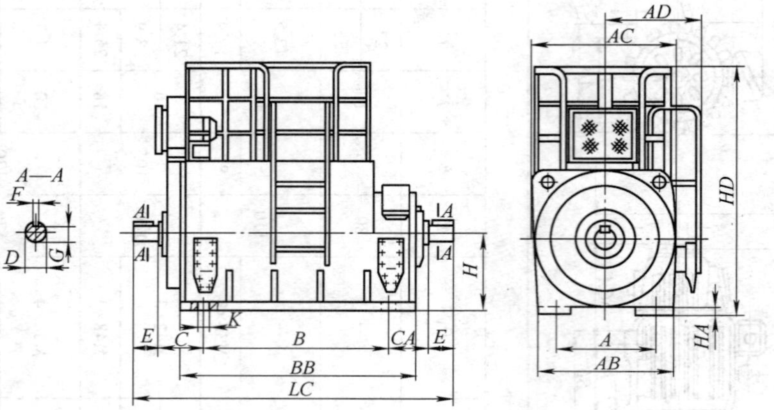

机座号	安装尺寸											外形尺寸						
	A	B	C①	CA	D	E	F	G	H	K	螺栓直径	AB	AC	AD	BB	HA	HD	LC
560	850	1120	355	260	120	210	32	109	560	42	M36	1090	1120	730	1450	40	1860	2180
630	950	1250	400	286	140	250	36	128	630	48	M42	1190	1260	790	1580	45	2000	2438
710	1060	1400	450	350	160	300	40	147	710			1300	1420	870	1800	50	2160	2750

① C 尺寸的极限偏差包括轴的窜动。

（4）YZ2 系列起重及冶金用三相异步电动机　系列电动机适用于各种起重及冶金辅助设备配套。电动机分为一般环境（40℃）用电动机、冶金环境（60℃）用电动机，电动机外壳防护等级为 IP54，接线盒防护等级为 IP55，见表 30-11 和表 30-12。

电动机的工作制分为 S_2、S_3、S_4、S_5、S_6 五种类型，见表 30-24。按 S_6 工作制订货时，需与制造厂协商。电动机的定额是以断续周期工作制 S_3，基准负载持续率为 40%，作基准的周期工作定额（每一工作周期为 10min）。

电动机在 S_3 工作制工作时，各负载持续率下的额定功率、转子转动惯量 J_m 与机座号的对应关系应符合表 30-61a 的规定。

电动机的结构及安装型式见表 30-61b。电动机的外形和安装尺寸见表 30-61c～表 30-61e。

（5）YZRE 系列起重及冶金用电磁制动绕线转子三相异步电动机　YZRE 系列电动机分为一般环境用电动机，其外壳防护等级为 IP44；冶金环境用电动机，其外壳防护等级为 IP54。制动器部分的防护等级均为 IP23，见表 30-11 和表 30-12。

表 30-60a YZ 系列电动机技术数据

型号	S_2						S_3																						
							6 次/h(热等效起动次数)																						
	30min			60min			15%			25%			40%								60%			100%		
	额定功率/kW	定子电流/A	转速/(r/min)	额定功率/kW	定子电流/A	转速/(r/min)	额定功率/kW	定子电流/A	转速/(r/min)	额定功率/kW	定子电流/A	转速/(r/min)	额定功率/kW	定子电流/A	转速/(r/min)	最大转矩/额定转矩	堵转转矩/额定转矩	堵转电流/额定电流	效率(%)	功率因数	额定功率/kW	定子电流/A	转速/(r/min)	额定功率/kW	定子电流/A	转速/(r/min)
YZ112M-6	1.8	4.9	892	1.5	4.25	920	2.2	6.5	810	1.8	4.9	892	1.5	4.25	920	2.0	2.0	4.47	69.5	0.765	1.1	2.7	946	0.8	3.5	980
YZ132M1-6	2.5	6.5	920	2.2	5.9	935	3.0	7.5	804	2.5	6.5	920	2.2	5.9	935	2.0	2.0	5.16	74	0.745	1.8	5.3	950	1.5	4.9	960
YZ132M2-6	4.0	9.2	915	3.7	8.8	912	5.0	11.6	890	4.0	9.2	915	3.7	8.8	912	2.0	2.0	5.54	79	0.79	3.0	7.5	940	2.8	7.2	945
YZ160M1-6	6.3	14.1	922	5.5	12.5	933	7.5	16.8	903	6.3	14.1	922	5.5	12.5	933	2.0	2.0	4.9	80.6	0.83	5.0	11.5	940	4.0	10	953
YZ160M2-6	8.5	18	943	7.5	15.9	948	11	25.4	926	8.5	18	943	7.5	15.9	948	2.3	2.3	5.52	83	0.86	6.3	14.2	956	5.5	13	961
YZ160L-6	15	32	920	11	24.6	953	15	32	920	13	28.7	936	11	24.6	953	2.3	2.3	6.17	84	0.852	9	20.6	964	7.5	18.8	972
YZ160L-8	9	21.1	694	7.5	18	705	11	27.4	675	9	21.1	694	7.5	18	705	2.3	2.3	5.1	82.4	0.766	6.0	15.6	717	5	14.2	724
YZ180L-8	13	30	675	11	25.8	694	15	35.3	654	13	30	675	11	25.8	694	2.3	2.3	4.9	80.9	0.811	9	21.5	710	7.5	19.2	718
YZ200L-8	18.5	40	697	15	33.1	710	22	47.5	686	18.5	40	697	15	33.1	710	2.5	2.5	6.1	86.2	0.80	13	28.1	714	11	26	720
YZ225M-8	26	53.5	701	22	45.8	712	33	69	687	26	53.5	701	22	45.8	712	2.5	2.5	6.2	87.5	0.834	18.5	40	718	17	37.5	720
YZ250M1-8	35	74	681	30	63.3	694	42	89	663	35	74	681	30	63.3	694	2.5	2.5	5.47	85.7	0.84	26	56	702	22	45	717

表 30-60b　YZ 系列电动机的外形和安装尺寸（IM1001、IM1003 及 IM1002、IM1004 型）　　（单位：mm）

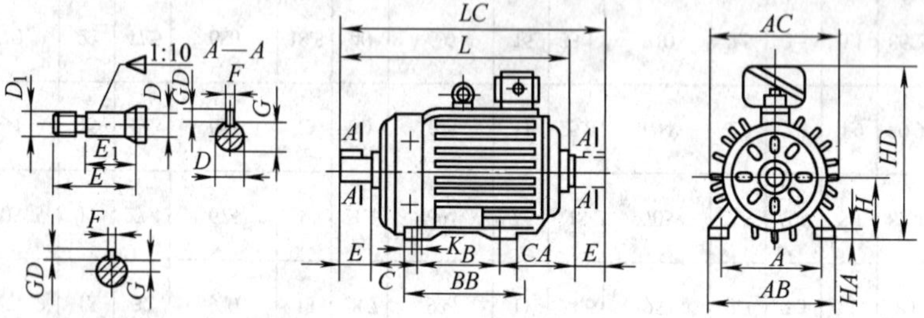

机座号	安装尺寸 H	A	B	C	CA	K	螺栓直径	D	D_1	E	E_1	F	G	GD	外形尺寸 AC	AB	HD	BB	L	LC	HA
112M	112	190	140	70	135	12	M10	32	—	80	—	10	27	8	245	250	335	235	420	505	18
132M	132	216	178	89	150			38					33		285	275	365	260	495	577	20
160M	160	254	210	108	180	15	M12	48	—	110	—	14	42.5	9	325	320	425	290	608	718	25
160L			254															335	650	762	
180L	180	279	279	121				55	M36×3		82		19.9		360	360	465	380	685	800	25
200L	200	318	305	133	210	19	M16	60	M42×3	140	105	16	21.4	10	405	405	510	400	780	928	28
225M	225	356	311	149	258			65					23.9		430	455	545	410	850	998	28
250M	250	406	349	168	295	24	M20	70	M48×3			18	25.4	11	480	515	605	510	935	1092	30

表 30-61a　YZ2 系列起重及冶金用三相异步电动机的额定功率、转子转动惯量 J_m 与机座号的关系

机座号	同步转速 1000r/min					同步转速 750r/min				
	功率(S_3 工作制) /kW				J_m /kg · m²	功率(S_3 工作制) /kW				J_m /kg · m²
	25%	40%	60%	100%		25%	40%	60%	100%	
112M1	1.7	1.5	1.3	1.1	0.018	—	—	—	—	—
112M2	2.5	2.2	1.9	1.6	0.022	—	—	—	—	—
132M1	3.3	3.0	2.6	2.2	0.036	—	—	—	—	—
132M2	4.5	4.0	3.5	3.0	0.043	—	—	—	—	—
160M1	6.3	5.5	4.8	4.0	0.103	—	—	—	—	—
160M2	8.5	7.5	6.3	5.5	0.132	—	—	—	—	—
160L	13	11	9.5	8.0	0.169	8.5	7.5	6.3	5.5	0.169
180L	—	—	—	—	—	13	11	9.5	8.0	0.314
200L	—	—	—	—	—	17	15	13	11	0.539
225M	—	—	—	—	—	26	22	19	16	0.717
250M1	—	—	—	—	—	36	30	26	22	1.266
250M2	—	—	—	—	—	42	37	32	27	1.495

表 30-61b　YZ2 系列电动机的结构及安装型式

结构及安装型式	代　号	制造范围(机座号)
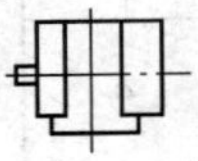	IM1001	112～160
	IM1003	180～250
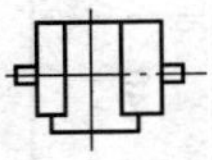	IM1002	112～160
	IM1004	180～250
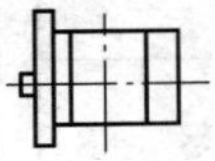	IM3001	112～160
	IM3003	180～225
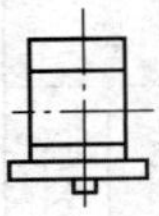	IM3011	112～160
	IM3013	180～250

表 30-61c　YZ2 系列起重及冶金用三相异步电动机（有凸缘，卧式安装）　　（单位：mm）

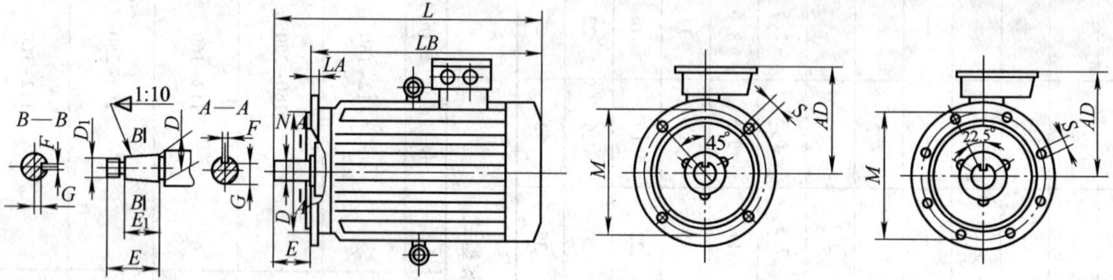

机座号	安装尺寸														外形尺寸			
	凸缘号	D①	D_1	E	E_1	F	G	M	N	P②	S	螺栓直径	T 最大	孔数/个	AD	L	LA	LB
112M	FF215	32	—	80	—	10	27	215	180	250	15	M12	4	4	203	420	14	340
132M	FF265	38					33	265	230	300					218	495		415
160M	FF300	48		110		14	42.5	300	250	350	19	M16	5		265	608	18	498
160L																650		540
180L		55	M36×3		82		19.9								285	686		576
200L	FF400	60	M42×3	140	105	16	21.4	400	350	450				8	317	784	20	644
225M		65					23.9								335	850		710

注：1. 圆锥形轴伸按 GB/T 757—2010 的规定检查。

2. R 为凸缘配合面至轴伸肩的距离，其极限偏差包括轴的窜动，其基本尺寸为零。

① 直径 D 的公差：D=32～48mm 时取 k6；D=55～65mm 时取 k8。

② P 尺寸为最大极限尺寸。

表 30-61d　YZ2 系列起重及冶金用三相异步电动机（有凸缘，立式安装）　（单位：mm）

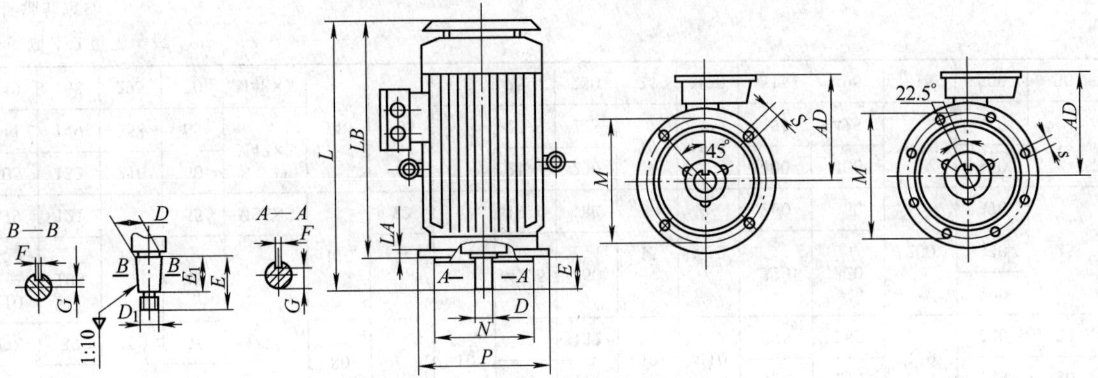

IM3011、IM3013 立式安装的电动机

机座号	安装尺寸														外形尺寸			
	凸缘号	D①	D_1	E	E_1	F	G	M	N	P②	S	螺栓直径	T 最大	孔数/个	AD	L	LA	LB
112M	FF215	32	—	80	—	10	27	215	180	250	15	M12	4	4	203	465	14	385
132M	FF265	38					33	265	230	300					218	535		455
160M	FF300	48		110		14	42.5	300	250	350	19	M16	5		265	660	18	550
160L																705		595
180L		55	M36×3		82		19.9								285	740		630
200L	FF400	60	M42×3	140	105	16	21.4	400	350	450				8	317	840	20	700
225M		65					23.9								335	900		760
250M	FF500	70	M48×3			18	25.4	500	450	550					375	1010	22	870

注：1. 圆锥形轴伸按 GB/T 757—2010 的规定检查。

2. R 为凸缘配合面至轴伸肩的距离，其极限偏差包括轴的窜动，其基本尺寸为零。

① 尺寸 D 的公差：D=32~48mm 时取 k6；D=55~70mm 时取 k8。

② P 尺寸为最大极限尺寸。

表 30-61e　YZ2 系列起重及冶金用三相异步电动机（有底座，卧式安装）　　（单位：mm）

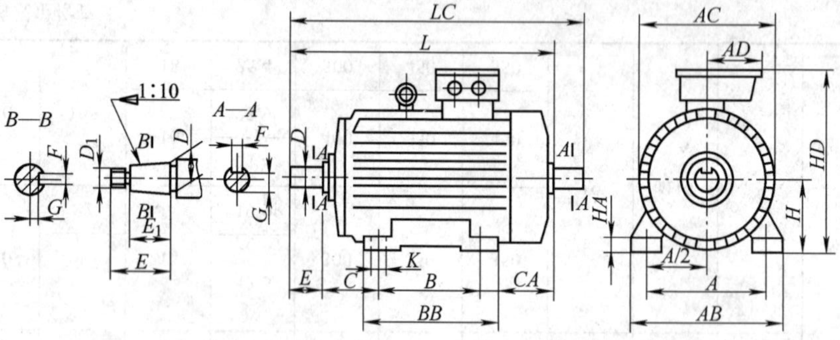

IM1001 及 IM1002、IM1003、IM1004 卧式安装的电动机

机座号	安装尺寸														外形尺寸							
	A	$A/2$①	B	C②	CA	D③	D_1	E	E_1	F	G	H	K	螺栓直径	AB	AC	AD	BB	HA	HD	L	LC
112M	190	95	140	70	135	32	—	80	—	10	27	112	12	M10	250	235	160	225	20	315	420	505
132M	216	108	178	89	150	38					33	132			275	285		240	22	355	495	577
160M	254	127	210	108	180	48		110		14	42.5	160	15	M12	320	320	200	290	25	415	608	718
160L			254															330			650	762
180L	279	139.5	279	121		55	M36×3		82		19.9	180			360	360		370		470	686	800
200L	318	159	305	133	210	60	M42×3	140	105	16	21.4	200	19	M16	400	406	245	390	28	520	784	928
225M	356	178	311	149	258	65					23.9	225			455	425		410		560	850	998
250M	406	203	349	168	295	70	M48×3			18	25.4	250	24	M20	515	495	315	500	30	625	945	1092

① 如 K 孔的位置度合格，则 $A/2$ 可不考核。

② C 尺寸的极限偏差包括轴的窜动。

③ 圆锥形轴伸按 GB/T 757—2010 的规定检查。尺寸 D 的公差：D=32~48mm 时取 k6；D=55~70mm 时取 k8。

电动机的工作制分为 S_2、S_3、S_4、S_6、S_8 及 S_9 六种类型（见表 30-24）。基准工作制为 S_3，即基准负载持续率为 40%，每一工作周期为 10min。

电动机的安装型式见表 30-62a。

电动机在基准工作制的额定功率、转子转动惯量 J_m、转子绕组开路电压、静态制动力矩与机座号的对应关系见表 30-62b。

表 30-62a　YZRE 系列电磁制动电动机的安装型式
（摘自 JB/T 7077—2014）

结构及安装型式	代　号	制造范围(机座号)
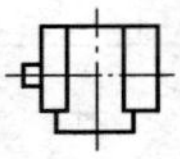	IM1001	112～160
	IM1003	180～225
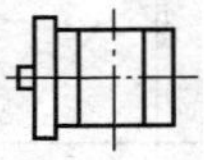	IM3001	112～160
	IM3003	180
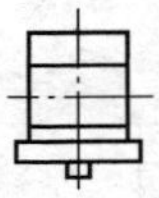	IM3011	112～160
	IM3013	180～225

表 30-62b　YZRE 系列电磁制动电动机的工作特性（摘自 JB/T 7077—2014）

机座号	同步转速/(r/min)									静态制动力矩 /N·m
	1500			1000			750			
	功率 /kW	J_m /kg·m²	转子绕组开路电压 /V	功率 /kW	J_m /kg·m²	转子绕组开路电压 /V	功率 /kW	J_m /kg·m²	转子绕组开路电压 /V	
112M1	0.75	0.03	100	—	—	—	—	—	—	5.5
112M2	1.5	0.03	100	—	—	—	—	—	—	10
112M3	2.2	0.04	132	1.5	0.04	100	—	—	—	15
132M1	3.7	0.07	187	2.2	0.07	132	—	—	—	30
132M2	5.5	0.08	139	3.7	0.08	185	—	—	—	40
160M1	7.5	0.15	185	5.5	0.15	138	—	—	—	55
160M2	11	0.18	218	7.5	0.18	185	—	—	—	75
160L	15	0.22	252	11	0.22	250	7.5	0.22	205	100
180L	22	0.40	250	15	0.40	218	11	0.40	172	150
200L	—	—	—	22	0.70	200	15	0.70	178	220
225M	—	—	—	30	0.86	250	22	0.86	232	300

电动机的外形及安装尺寸见表 30-62c～表 30-62e。

（6）YZD 系列起重用多速三相异步电动机　电动机壳防护等级为 IP44，接线盒防护等级为 IP54，见表 30-11、表 30-12。

表 30-62c　YZRE 系列电磁制动电动机外形和安装尺寸（卧式安装，有凸缘，无底脚）（摘自 JB/T 7077—2014）　（单位：mm）

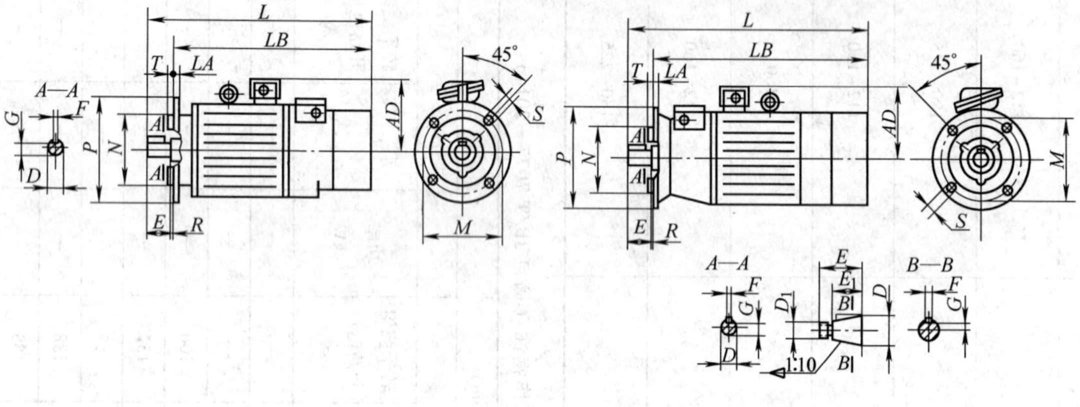

IM3001 及 IM3003 卧式安装、机座不带底脚、端盖有凸缘的电动机

机座号	凸缘号	安装尺寸											螺栓直径			外形尺寸			
		D①	D_1	E	E_1	F	G	M	N	P	R	S	螺栓直径	T	孔数/个	AD	L	LA	LB
112M	FF215	32	—	80	—	10	27	215	180	250	0	15	M12	4	4	220	670	14	590
132M	FF265	38					33	265	230	300						230	730		650
160M	FF300	48		110		14	42.5	300	250	350		19	M16	5		260	905	18	795
160L																	950		840
180L		55	M36×3		82		19.9									280	1020		910

① 直径 D 的公差：$D=32\sim48$mm 时取 k6；$D=55$mm 时取 k8。

表 30-62d　YZRE 系列电磁制动电动机外形和安装尺寸（有底脚、无凸缘）（摘自 JB/T 7077—2014）　（单位：mm）

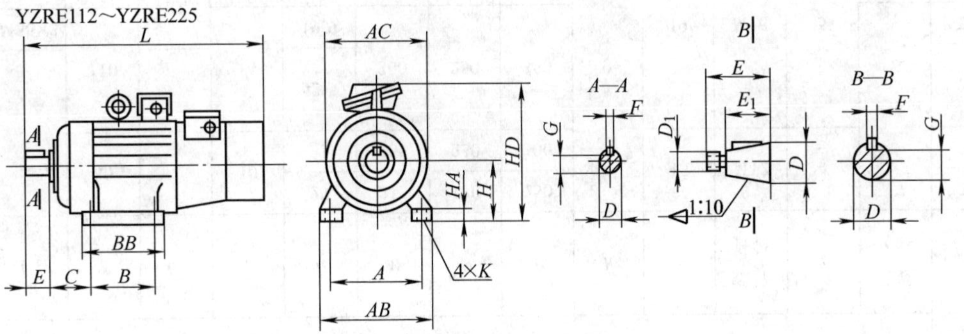

IM1001 及 IM1003 机座带底脚、端盖无凸缘的电动机

机座号	安装尺寸												外形尺寸					
	A	B	C	D	D_1	E	E_1	F	G	H	K	螺栓直径	AB	AC	BB	HA	HD	L
112M	190	140	70	32	—	80	—	10	27	112	12	M10	250	245	235	18	335	670
132M	216	178	89	38					33	132			275	285	260	20	365	730
160M	254	210	108	48		110		14	42.5	160	15	M12	320	325	290	25	425	875
160L		254											320	325	335			920
180L	279	279	121	55	M36×3		82		19.9	180			360	360	380		465	1010
200L	318	305	133	60	M42×3	140		16	21.4	200	19	M16	405	405	400	28	510	1110
225M	356	311	149	65			105		23.9	225			455	430	410		545	1370

注：直径 D 的公差：当 $D=32\sim48$mm 时取 k6；$D=55\sim65$mm 时取 k8。

表 30-62e　YZRE 系列电磁制动电动机外形和安装尺寸（立式安装有凸缘、无底脚）（摘自 JB/T 7077—2014）　　（单位：mm）

YZRE112～YZRE132　　YZRE160～YZRE225

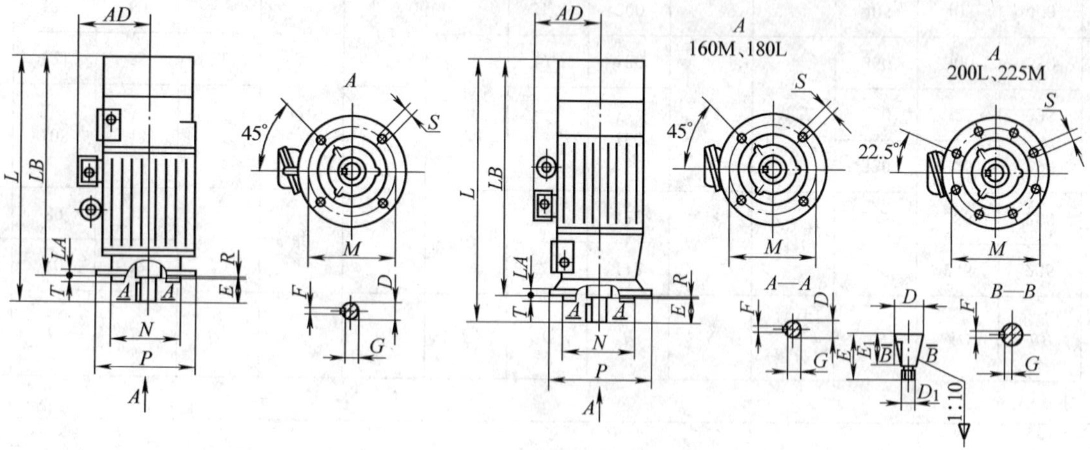

IM3011 及 IM3013 立式安装、机座不带底脚、端盖有凸缘轴伸向下的电动机

机座号	凸缘号	安装尺寸											螺栓直径			外形尺寸			
		D①	D_1	E	E_1	F	G	M	N	P	R	S	螺栓直径	T	孔数/个	AD	L	LA	LB
112M	FF215	32	—	80	—	10	27	215	180	250	0	15	M12	4	4	220	670	14	590
132M	FF265	38					33	265	230	300						230	730		650
160M	FF300	48		110		14	42.5	300	250	350		19	M16	5		260	905	18	795
160L																	950		840
180L		55	M36×3		82		19.9									280	1020		910
200L	FF400	60	M42×3	140		16	21.4	400	350	450					8	320	1190	20	1050
225M		65			105		23.9										1450		1110

① 直径 D 的公差：当 D=32~48mm 时取 k6；当 D=55~65mm 时取 k8。

电动机基准工作制如下（见表 30-24）：高速（指同步转速为 750～1500r/min）基准工作制为 S_3，基准负载持续率为 25%。

低速（指同步转速为 250～375r/min）基准工作制为 S_3，基准负载持续率为 15%。

每一工作周期为 10min。

电动机在基础工作制时的速比、额定功率、转子转动惯量 J_m 与机座号的对应关系见表 30-63a。电动机的外形和安装尺寸见表 30-63b。

（7）YEZX 系列起重用锥形转子制动三相异步电动机　电动机极数：单速电动机为 2 极、4 极；双速电动机为 4/2 极、8/2 极、12/2 极、12/4 极四种。

电动机主体外壳防护等级为 IP54。制动装置的防护等级：立式为 IP20，卧式为 IP22（见表 30-11 和表 30-12）。

电动机的基准工作制。等效起动次数为 120 次/h、240 次/h，电动机基准负载持续率对单速电动机为 40%，对双速电动机为 40%/40%、20%/40%。

电动机的技术性能见表 30-64a。

电动机的外形和安装尺寸见表 30-64b～表 30-64d。

表 30-63a　YZD 系列起重用三相异步电动机技术特性

（摘自 GB/T 21971—2008）

机座号	同步转速 /(r/min)					J_m /kg·m²
	1500/375	1500/250	1000/375	750/300	1500/750/250	
	功率 /kW					
112M	0.75/0.2	—	0.75/0.2	—	—	0.022
132M1	1.5/0.4	—	1.5/0.4	—	—	0.056
132M2	2.2/0.55	—	2.2/0.55	—	—	0.061
160M1	3.7/1.0	—	3.7/1.0	—	—	0.114
160M2	5.5/1.5	—	5.5/1.5	—	—	0.143
160L	7.5/2.0	—	7.5/2.0	—	—	0.192
180L	11/3.0	—	11/3.0	—	—	0.352
200L	—	11/1.5	—	11/3.7	13/11/3.0	0.622
225M	—	15/2.2	—	15/4.5	15/13/3.0	0.820
250M	—	22/3.0	—	22/6.3	22/20/3.7	1.432
250L	—	—	—	30/10	—	—

注：M 后面的 1、2 分别代表同一机座号和转速下的不同功率。

表 30-63b　YZD 系列起重用多速三相异步电动机的外形和安装尺寸（摘自 GB/T 21971—2008）　（单位：mm）

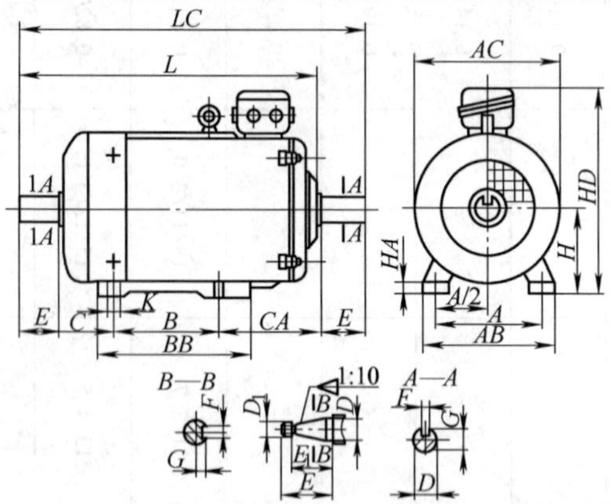

安装型式代号	机座号范围
IM1001 IM1002	112～160
IM1003 IM1004	180～250

IM1001、IM1003 及 IM1002、IM1004 机座带底脚、端盖上无凸缘的电动机

机座号	安装尺寸														外形尺寸						
	A	$A/2$	B	C①	CA	D②	D_1	E	E_1	F	G	H	K③	螺栓直径	AB	AC	BB	HA	HD	L	LC
112M	190	95	140	70	135	32	—	80	—	10	27	112	12	M10	250	245	235	18	335	420	505
132M	216	108	173	89	150	38					33	132			275	285	260	20	365	495	577
160M	254	127	210	108	180	48		110		14	42.5	160	15	M12	320	325	290	25	425	608	718
160L			254														335			650	762
180L	279	139.5	279	121		55	M36×3		82		19.9	180			360	360	380		465	685	800
200L	318	159	305	133	210	60	M42×3	140	105	16	21.4	200	19	M16	405	405	400	23	510	780	928
225M	356	178	311	149	258	65					23.9	225			455	430	410		545	850	998
250M	406	203	349	168	295	70	M48×3			18	25.4	250	24	M20	515	480	510	30	605	935	1092
250L			406		315												560		680	1040	1200

注：圆锥形轴伸按 GB/T 757—2010 的规定进行检查。

① C 尺寸的轴向偏差包括轴的窜动。

② 直径 D 的公差：D=32～48mm 时取 k6；D=55～70mm 时取 k8。

③ 如 K 孔的位置度合格，则 $A/2$ 可不作考核。

表 30-64a　YEZX 系列起重用锥形转子制动电动机技术性能（摘自 JB/T 7562—2016）

机座号	同步转速 3000r/min 基准工作制（S_4　40%　240 次/h）					同步转速 1500r/min 基准工作制（S_4　40%　240 次/h）				
	功率 /kW	堵转电流 /A	堵转转矩 /N·m	额定制动力矩 /N·m	转动惯量 /10^{-3}kg·m^2	功率 /kW	堵转电流 /A	堵转转矩 /N·m	额定制动力矩 /N·m	转动惯量 /10^{-3}kg·m^2
71A	0.26	3.1	3.0	1.4	3.8	0.13	1.5	2.6	1.4	3.8
80A	0.65	5.8	5.5	3.3	10	0.32	3.3	5.2	3.3	10
90A	1.00	10	9.1	5.7	18	0.50	6.0	9.5	5.7	18
100A	1.50	14.5	14	8.0	28.6	0.80	8.1	14.2	8.0	28.6
112A	2.40	23.7	20	11.8	48	1.20	13	20.5	11.8	48

机座号	同步转速（500r/min）/（3000r/min） 基准工作制（S_4　20%/40%　120 次/h/240 次/h）					同步转速（500r/min）/（1500r/min） 基准工作制（S_4　20%/40%　120 次/h/240 次/h）				
	功率 /kW	堵转电流 /A	堵转转矩 /N·m	额定制动力矩 /N·m	转动惯量 /10^{-3}kg·m^2	功率 /kW	堵转电流 /A	堵转转矩 /N·m	额定制动力矩 /N·m	转动惯量 /10^{-3}kg·m^2
80A	0.08/0.5	1.5/6.1	3.5/4.4	2.7	10	0.08/0.26	1.8/4.5	3.5/4.4	2.7	10
90A	0.12/0.8	2.4/8.3	7.6/6.7	4.3	18	0.12/0.4	2.4/5.3	7.6/6.7	4.3	18
100A	0.18/1.2	2.8/12.2	9.7/10	6.2	28.6	0.18/0.6	2.8/7.2	9.7/10	6.2	28.6
112A	0.3/1.9	4.3/18	15/13	8.9	48	0.3/1.0	4.3/12.3	15/13	8.9	48

机座号	同步转速（1500r/min）/（3000r/min） 基准工作制（S_4　40%/40%　240 次/h）					同步转速（750r/min）/（3000r/min） 基准工作制（S_4　40%/40%　240 次/h）				
	功率 /kW	堵转电流 /A	堵转转矩 /N·m	额定制动力矩 /N·m	转动惯量 /10^{-3}kg·m^2	功率 /kW	堵转电流 /A	堵转转矩 /N·m	额定制动力矩 /N·m	转动惯量 /10^{-3}kg·m^2
71A	0.1/0.2	1.3/2.3	1.9/1.8	1.1	3.8	0.04/0.2	1.0/2.3	1.9/1.8	1.1	3.8
71B	0.15/0.3	2.0/3.9	3.0/3.2	1.6	3.9	0.06/0.3	1.5/4.1	3.8/3.3	1.8	3.9
80A	0.26/0.5	3.9/6.0	4.6/4.5	2.7	10	0.13/0.5	2.0/6.0	4.6/4.5	2.7	10
90A	0.4/0.8	5.3/8.5	6.9/7.0	4.3	18	0.2/0.8	2.6/8.5	7.1/7.0	4.3	18
100A	0.6/1.2	7.2/12.3	10/10.5	6.2	28.6	0.26/1.2	3.3/12.3	9.6/10.5	6.2	28.6
112A	1.0/1.9	12.3/17.5	13/13	8.9	48	0.42/1.9	5.1/17.5	13/13	8.9	48

表 30-64b　YEZX 系列起重用锥形转子制动电动机（有凸缘、无底座）（摘自 JB/T 7562—2016）

（单位：mm）

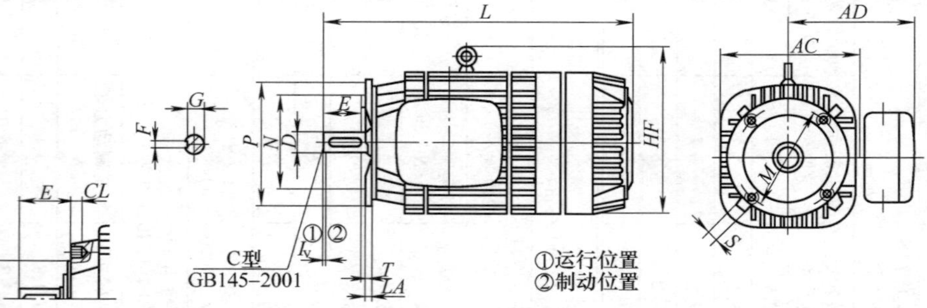

电动机结构与安装型式 IMB14、IMV18、IMV19

机座号	凸缘号	安装尺寸												外形尺寸							
		D①	E	F	G	M	N	P②	R③	S		T	凸缘孔数	AD	AC	HF	LA	L	I_V max	C 型	CL
71A	③	14	30	5	11	85	70	108	11.5	M6	$\phi 0.5$Ⓜ	3.0	4	132	140	140④	10	284	3.0	M5	10
	FT85							105	0			2.5					8				8
	FT100					100	80	120				3.0									
	FT115					115	95	140		M8	$\phi 1.0$Ⓜ						10				10
71B	③					85	70	108	11.5	M6								304			
	FT85							105	0								8				8
	FT100					100	80	120			$\phi 0.5$Ⓜ										
	FF115					115	95	140		M8	$\phi 1.0$Ⓜ						10				10
80A	③	19	40	6	15.5	100	80	123	13.5	M8	$\phi 1.0$Ⓜ	3.5	4	141	158	158④	11	338	3.0	M6	11
	FT100							120	0	M6	$\phi 0.5$Ⓜ	3.0					8				8
	FF115					115	95	140		M8	$\phi 1.0$Ⓜ						10				10
	FT130					130	110	160				3.5									
90A	③	24	50	8	20	100	80	140	13.5			3.5		151	178	178④	11	378		M8	11
	FT100							120	0	M6	$\phi 0.5$Ⓜ	3.0					8				8
	FT115					115	95	140		M8	$\phi 1.0$Ⓜ						10				10
	FT130					130	110	160				3.5									
100A	③	28	60		24			155	16	M10		3.8		176	196	232	18	424	3.5	M10	18
	FT130							160	0	M8		3.5					10				10
	FT165					165	130	200		M10							12				12
112A	③					130	110	174	16			3.8		188	220	268	18	445			18
	FT130							160	0	M8		3.5					10				10
	FT165					165	130	200		M10							12				12

注：制造时没有法兰盘。电动机没有悬挂吊环。

① 直径 D 公差 j6。

② P 尺寸为最大极限尺寸。

③ R 为凸缘配合面至轴伸肩的距离。

表 30-64c　YEZX 系列起重用锥形转子制动电动机（有底座无凸缘）（JB/T 7562—2016）

（单位：mm）

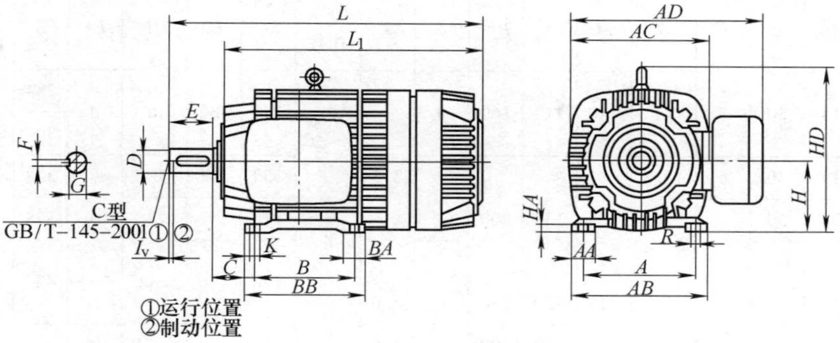

电动机结构与安装型式 IMB3、IMB6、IMB7、IMB8、IMV5、IMV6

机座号	安装尺寸									外形尺寸											
	A	B	C	D①	E	F	G	H	K②	AB	AC	AD	HD	AA	BB	BA	L_1	L	C 型	I_V max	HA
71A	112	90	45	14	30	5	11	71	7	137	140	202	141②	25	110	20	243	284	M5	3.0	9
71B																	263	304			
80A	125	100	50	19	40	6	15.5	80	10	153	158	220	159②	28	124	23	285	338	M6		10
90A	140	125	56	24	50	8	20	90		170	178	240	179②	30	152	25	315	378	M8		11
100A	160	140	63	28	60		24	100	12	195	196	274	234	35	170	30	348	424	M10	3.5	14
112A	190		70					112		225	220	298	270				369	445			

注：电动机没有悬挂吊环。

① 尺寸 D 的公差 j6。

② K 为长圆形孔的宽度。

表 30-64d　YEZX 系列起重用锥形转子制动电动机（有凸缘、无底座）（摘自 JB/T 7562—2016）

（单位：mm）

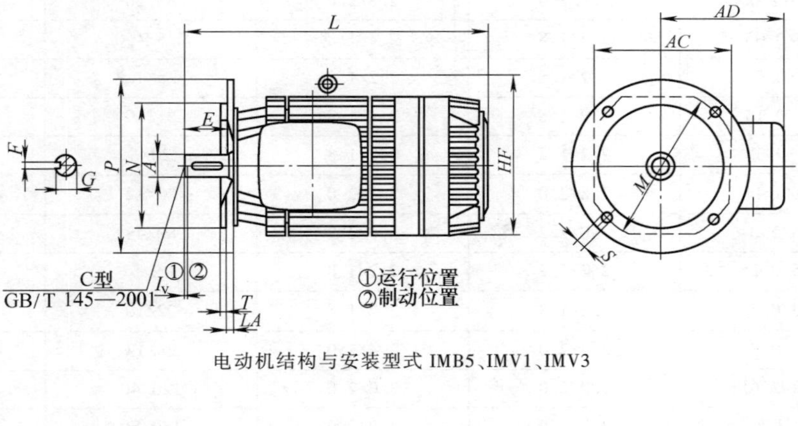

电动机结构与安装型式 IMB5、IMV1、IMV3

（续）

<table>
<tr><th rowspan="2">机座号</th><th rowspan="2">凸缘号</th><th colspan="9">安 装 尺 寸</th><th colspan="8">外 形 尺 寸</th></tr>
<tr><th>D①</th><th>E</th><th>F</th><th>G</th><th>M</th><th>N</th><th>P②</th><th>S</th><th>T</th><th>凸缘孔数</th><th>AC</th><th>AD</th><th>HF</th><th>LA</th><th>L</th><th>I_V max</th><th>C 型</th></tr>
<tr><td>71A</td><td rowspan="2">FF130</td><td rowspan="2">14</td><td rowspan="2">30</td><td rowspan="2">5</td><td rowspan="2">11</td><td rowspan="2">130</td><td rowspan="2">110</td><td rowspan="2">160</td><td rowspan="2">9</td><td rowspan="5">3.5</td><td rowspan="8">4</td><td rowspan="2">140</td><td rowspan="2">132</td><td rowspan="2">140③</td><td rowspan="2">9</td><td>284</td><td rowspan="4">3.0</td><td rowspan="2">M5</td></tr>
<tr><td>71B</td><td>304</td></tr>
<tr><td>80A</td><td rowspan="3">FF165</td><td>19</td><td>40</td><td>6</td><td>15.5</td><td rowspan="3">165</td><td rowspan="3">130</td><td rowspan="3">200</td><td rowspan="2">11</td><td>158</td><td>141</td><td>158③</td><td rowspan="3">10</td><td>338</td><td>M6</td></tr>
<tr><td>90A</td><td>24</td><td>50</td><td rowspan="5">8</td><td>20</td><td>178</td><td>151</td><td>178③</td><td>378</td><td>M8</td></tr>
<tr><td rowspan="2">100A</td><td rowspan="4">28</td><td rowspan="4">60</td><td rowspan="4">24</td><td rowspan="4">14</td><td rowspan="2">196</td><td rowspan="2">176</td><td rowspan="2">232</td><td rowspan="2">424</td><td rowspan="4">3.5</td><td rowspan="4">M10</td></tr>
<tr><td>FF215</td><td>215</td><td>180</td><td>250</td><td>4.0</td><td>11</td></tr>
<tr><td rowspan="2">112A</td><td>FF165</td><td>165</td><td>130</td><td>200</td><td>3.5</td><td rowspan="2">220</td><td rowspan="2">188</td><td rowspan="2">268</td><td>10</td><td rowspan="2">445</td></tr>
<tr><td>FF215</td><td>215</td><td>180</td><td>250</td><td>4.0</td><td>11</td></tr>
</table>

注：*R* 为凸缘配合面至轴伸肩的距离，其基本尺寸为零。

① 轴直径 *D* 公差 j6。

② *P* 尺寸为最大极限尺寸。

③ 电动机没有悬挂吊环。

（8）YEZS 系列起重用双速锥形转子制动三相异步电动机　YEZS 系列标准产品适用于各种起重机和其他设备。

电动机的外壳防护等级为 IP54，风扇罩、制动座的防护等级为 IP22（表 30-11、表 30-12）。

电动机的工作制分为 S_2、S_3、S_4、S_6 四种类型，基准工作制为 S_3 40%（即基准工作制为 S_3，基准负载持续率为 40%，每一工作周期为 10min）。基准负载持续率高速为 40%，低速为 15%。

电动机的技术性能见表 30-65a。

电动机的外形和安装尺寸见表 30-65b、表 30-65c。

表 30-65a　YEZS 系列起重用双速锥形转子电动机的技术数据（摘自 JB/T 7076—2013）

机座号	额定功率/kW	最大转矩/额定转矩	堵转转矩/额定转矩	堵转电流/A	同步转速/(r/min)
80	0.55/0.27	2.2/1.8	2.2/1.8	8/5	3000/1500
90L	0.75/0.37	2.2/1.8	2.2/1.8	10/7	3000/1500
100S	1.5/0.75	2.2/1.8	2.2/1.8	20/12	3000/1500
100L	2.2/1.1	2.2/2.0	2.2/2.0	25/15	3000/1500
112S	3.0/1.5	2.8/2.0	2.8/2.0	36/18	3000/1500
112M2	4.0/2.0	2.8/2.0	2.8/2.0	50/40	3000/1500
71L	0.2/0.05	2.2/1.8	2.2/1.8	2.5/1.0	3000/750
90S	0.3/0.07	2.2/1.8	2.2/1.8	4.5/1.8	3000/750
90L	0.6/0.15	2.2/1.8	2.2/1.8	8/3.0	3000/750
100L	1.5/0.38	2.2/1.8	2.2/1.8	20/6	3000/750
112S	1.8/0.44	2.8/2.0	2.8/2.0	24/12	3000/750
160L	8.0/2.0	3.0/2.2	3.0/2.2	80/44	3000/750
100S	0.75/0.25	2.2/1.8	2.2/1.8	12/5	1500/500
112M1	1.5/0.5	2.2/1.8	2.2/1.8	22/10	1500/500
112M2	2.2/0.7	2.4/2.0	2.4/2.0	28/13	1500/500
160L	7.8/2.6	3.0/2.0	3.0/2.0	120/40	1500/500
180L	11/3.7	3.0/2.0	3.0/2.0	180/80	1500/500

（续）

机座号	额定功率/kW	最大转矩/额定转矩	堵转转矩/额定转矩	堵转电流/A	同步转速/(r/min)
200L	15/4.5	3.0/2.0	3.0/2.0	210/90	1500/500
250M	18.5/6	3.0/2.0	3.0/2.0	250/110	1500/500
80	0.5/0.06	2.2/1.8	2.2/1.8	6.5/1.5	3000/500
90L	0.8/0.12	2.2/1.8	2.2/1.8	12/3	3000/500
100L	1.2/0.18	2.5/2.0	2.5/2.0	20/4	3000/500
112M1	1.6/0.25	2.5/2.0	2.5/2.0	24/8	3000/500
112M2	2.4/0.40	2.7/2.0	2.7/2.0	30/8	3000/500
160L	7.8/1.3	3.0/2.0	3.0/2.0	110/25	3000/500
180L	12/2	3.0/2.0	3.0/2.0	190/30	3000/500

表 30-65b　YEZS 系列起重用双速锥形转子电动机的外形和安装尺寸（一）

（摘自 JB/T 7076—2013）　（单位：mm）

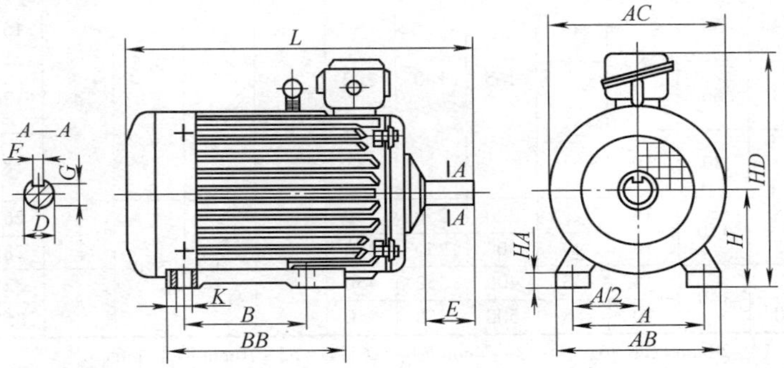

机座带底脚、端盖上无凸缘的电动机

机座号	安装尺寸										外形尺寸					
	A	A/2	B	C[①]	D[②]	E	F	G	H	K[③]	L	AB	AC	BB	HA	HD
80	125	62.5	100	50	19	40	6	15.5	80	10	353	165	165	124	9	170
90S	140	70	100	56	24	50	8	20	90		369	180	175	152	11	190
90L			125								394					
100S	160	80	112	63	28	60		24	100	12	413	205	205	170	14	245
100L			140								441					
112S	190	95	114	70	32	80	10	27	112		445	250	245			335
112M			140								464					
160L	254	127	254	108	48	110	14	42.5	160	15	768	320	325	335	25	425
180L	279	139.5	279	121	55		16	42.5	180		798	380	360	380	25	465
200L	318	159	306	133	60	140	18	49	200	19	900	405	405	400	28	510
250M	406	203	349	168	70		20	58	250	24	1058	515	480	510	30	605

① C 尺寸的极限偏差包括轴的窜动。

② 直径 D 公差：D=19~28mm 时取 j6；D=32~48mm 时取 k6；D=55~70mm 时取 m6。

③ 如 K 孔的位置度合格，则 A/2 可不做考核。

表 30-65c　YEZS 系列起重用双速锥形转子电动机的外形和安装尺寸（二）

（摘自 JB/T 7076—2013）　　（单位：mm）

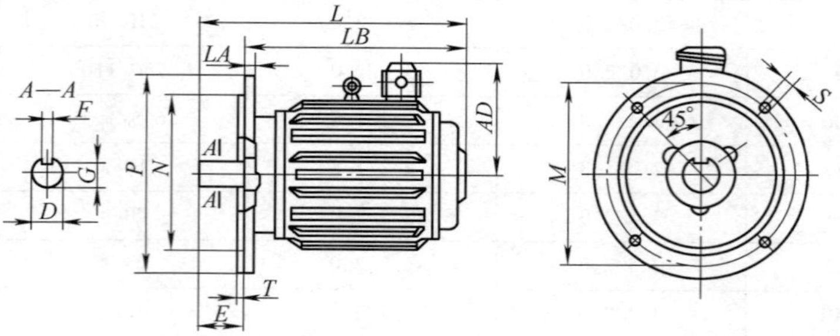

立式安装、机座不带底脚的电动机

机座号	凸缘号	安装尺寸 D①	E	F	G	M	N	P②	R③	S	T	孔数/个	外形尺寸 AD	L	LA	LB
71L	FF130	14	30	5	11	130	110	160	0	10	3.5	4	132	304	10	274
80	FF165	19	40	6	15.5	165	130	200		12			141	353		313
90S		24	50	8	20								151	369	12	319
90L														394		344
100S		28	60		24								176	413		353
100L														441		381
112S		32	80	10									188	445	14	365
112M														464		384
160L	FF300	48	110	14	42.5	300	250	350		19	5.0		260	768	18	658
180L		55		16	49	300	250	350					280	798		688
200L	FF400	60	140	18	53	400	350	450				8	320	900	20	760
250M	FF500	70		20	58	500	450	550					355	1058	22	818

① 直径 D 公差：D=14~28mm 时取 j6；D=32~48mm 时取 k6；D=55~70mm 时取 m6。

② P 尺寸为最大极限尺寸。

③ R 为凸缘配合面至轴间的距离，其极限偏差包括轴的窜动量。

（9）YZP 系列起重及冶金用变频调速三相异步电动机（轴流风机冷却）（摘自 GB/T 21972.2—2012）（见表 30-66）

本部分适用于变频器供电的各种起重机械及冶金辅助设备电力传动用轴流风机冷却型三相异步电动机（以下简称电动机）。

表 30-66a　YZP 系列电动机的标称功率和额定转矩

机座号	同步转速/(r/min) 1500 标称功率/kW	额定转矩/N·m	转动惯量/kg·m²	1000 标称功率/kW	额定转矩/N·m	转动惯量/kg·m²	750 标称功率/kW	额定转矩/N·m	转动惯量/kg·m²	600 标称功率/kW	额定转矩/N·m	转动惯量/kg·m²	恒转矩调频范围/Hz	恒功率调频范围/Hz
100L	2.2	14.0	0.0165	—	—	—	—	—	—	—	—	—	2.5~50	50~100（对于 355 机座号 4 极时电动机恒功率调频范围为:50~75）
112M1	3.0	19.1	0.025	1.5	14.0	0.023	—	—	—	—	—	—		
112M2	4.0	25.5	0.028	2.2	21.0	0.026								
132M1	5.5	35.0	0.048	3.0	28.6	0.0525	2.2	28.0	0.0525	—	—	—		
132M2	6.3	40.0	0.056	4.0	38.0	0.0562	3.0	38.2	0.0562					
160M1	7.5	47.8	0.11	5.5	52.5	0.120	4.0	51.0	0.120	—	—	—		
160M2	11	70.0	0.13	7.5	71.5	0.149	5.5	70.0	0.149					
160L	15	95.5	0.15	11	105	0.190	7.5	95.5	0.190					
180L	22	140.0	0.31	15	143	0.370	11	140	0.370	—	—	—		
200L	30	191.0	0.56	22	210	0.630	15	190	0.630	—	—	—		

（续）

机座号	1500 标称功率/kW	1500 额定转矩/N·m	1500 转动惯量/kg·m²	1000 标称功率/kW	1000 额定转矩/N·m	1000 转动惯量/kg·m²	750 标称功率/kW	750 额定转矩/N·m	750 转动惯量/kg·m²	600 标称功率/kW	600 额定转矩/N·m	600 转动惯量/kg·m²	恒转矩调频范围/Hz	恒功率调频范围/Hz
同步转速/(r/min)														
225M	37	235.5	0.74	30	286	0.780	22	280	0.770	—	—	—	2.5~50	50~100（对于355机座号4极时电动机恒功率调频范围为:50~75）
250M1	45	286.5	1.28	37	353	1.41	30	380	1.39	—	—	—		
250M2	55	350.0	1.53	45	429	1.63	37	471	1.61					
280S1	63	401.1	1.94	55	525	2.20	45	573	2.30	37	588	3.20		
280S2	75	477.5	2.19	63	600	2.40	—	—	—	—	—	—		
280M	90	573	2.42	75	715	2.80	55	700	2.80	45	716	3.70		
315S1	110	700	4.20	90	859	5.40	63	802	5.40	55	875	6.80		
315S2	—	—	—	—	—	—	75	955	5.80	63	1002	7.30		
315M	132	840	4.90	110	1050	6.40	90	1146	6.40	75	1193	8.10		
355M	160	1019	6.40	132	1260	14.1	110	1400	14.1	90	1432	14.2		
355L1	200	1274	12.0	160	1528	15.8	132	1680	15.8	110	1750	16.4		
355L2	250	1592	13.0	200	1910	17.3	160	2037	17.3	132	2100	18.0		
400L1	—	—	—	250	2388	22.8	200	2547	22.8	160	2550	23.6		
400L2				300	2865	25.8	250	3183	25.8	200	3183	25.8		

注：S、M、L 后面的数字 1、2 分别代表同一机座号和转速下的不同功率。

表 30-66b　IM1001、IM1003 卧式安装电动机的形式和尺寸　（单位：mm）

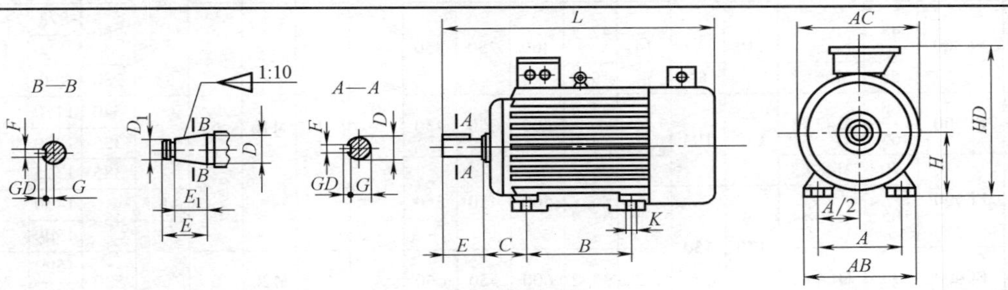

卧式安装的电动机

机座号	安装尺寸 A	A/2	B	C 基本尺寸	D① 基本尺寸	D_1	E 基本尺寸	E_1 基本尺寸	F 基本尺寸	G 基本尺寸	H 基本尺寸	K② 基本尺寸	螺栓直径	外形尺寸 AB	AC	HD	L
100L	160	80	140	63	28	—	60	—	8	24	100	12	M10	206	215	285	510
112M	190	95		70	32		80		10	27	112			250	245	335	550
132M	216	108	178	89	38					33	132			275	285	365	645
160M	254	127	210	108	48		110		14	42.5	160	15	M12	320	325	425	758
160L			254														800
180L	279	139.5	279	121	55	M36×3		82		19.9	180			360	360	470	870
200L	318	159	305	133	60	M42×3	140	105	16	21.4	200	19	M16	406	405	520	975
225M	356	178	311	149	65					23.9	225			455	430	560	1050
250M	406	203	349	168	70	M48×3			18	25.4	250	24	M20	515	480	625	1195
280S	457	228.5	368	190	85	M56×4	170	130	20	31.7	280			575	535	735	1265
280M			419														1315
315S	508	254	406	216	95	M64×4			22	35.2	315	28	M24	640	620	835	1390
315M			457														1440
355M	610	305	560	254	110	M80×4	210	165	25	41.9	355			740	710	990	1650
355L			630														1720
400L	686	343	710	280	130	M100×4	250	200	28	50	400	35	M30	855	800	1090	1965

① 圆锥形轴伸按 GB/T 757—2010 的规定。
② K 孔的位置度公差以轴伸的轴线为基准。

表 30-66c IM3011、IM3013 立式安装电动机的形式和尺寸 （单位：mm）

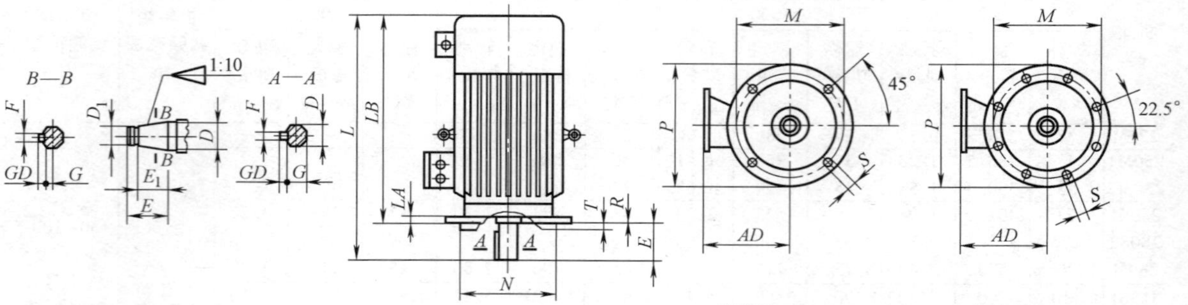

机座号 100～180　　机座号 200～315

机座号	凸缘号	D 基本尺寸	D_1	E 基本尺寸	E_1 基本尺寸	F 基本尺寸	G 基本尺寸	M	N 基本尺寸	P①	R② 基本尺寸	S③ 基本尺寸	螺栓直径	T 最大	孔数(个)	AD	L	LA	LB
100L	FF215	28	—	60	—	8	24	215	180	250	0	15	M12	4	4	180	570	14	510
112M		32		80		10	27									220	715		635
132M	FF265	38					33	265	230	300						230	745		665
160M	FF300	48		110		14	42.5	300	250	350		19	M16	5		260	878	18	768
160L																	922		812
180L		55	M36×3		82		19.9									280	990		880
200L	FF400	60	M42×3	140	105	16	21.4	400	350	450					8	320	1110	20	970
225M		65					23.9									335	1220		1080
250M	FF500	70	M48×3			18	25.4	500	450	550						385	1315	22	1175
280S		85	M56×4	170	130	20	31.7									435	1450		1280
280M																	1500		1330
315S	FF600	95	M64×4			22	35.2	600	550	660		24	M20	6		520	1590	25	1420
315M																	1642		1472

注：安装尺寸：凸缘号 ～ 孔数；外形尺寸：AD、L、LA、LB。

① P 为最大极限尺寸。

② R 为凸缘配合面至轴肩的距离，其极限偏差包括轴的窜动量。

③ S 孔的位置度公差以轴伸的轴线为基准。

表 30-66d IM3001、IM3003 卧式安装电动机的形式和尺寸 （单位：mm）

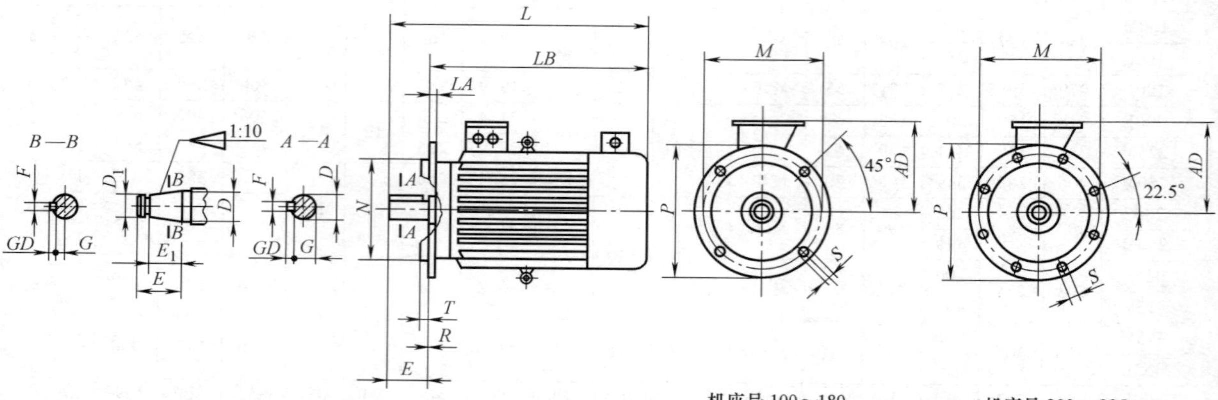

机座号 100～180　　机座号 200～225

（续）

机座号	凸缘号	D 基本尺寸	D_1	E 基本尺寸	E_1 基本尺寸	F 基本尺寸	G 基本尺寸	M	N 基本尺寸	P①	R② 基本尺寸	S③ 基本尺寸	螺栓直径	T 最大	孔数（个）	AD	L	LA	LB
100L	FF215	28	—	60	—	8	24	215	180	250	0	15	M12	4	4	180	510	14	450
112M		32		80		10	27									220	655		575
132M	FF265	38					33	265	230	300						230	685		605
160M	FF300	48		110		14	42.5	300	250	350		19	M16	5		260	818	18	708
160L																	862		752
180L		55	M36×3		82		19.9									280	930		820
200L	FF400	60	M42×3	140	105	16	21.4	400	350	450					8	320	1050	20	910
225M		65					23.9									335	1160		1020

① P 为最大极限尺寸。

② R 为凸缘配合面至轴肩的距离，其极限偏差包括轴的窜动量。

③ S 孔的位置度公差以轴伸的轴线为基准。

在额定电压和额定频率下、基准工作制时，电动机堵转转矩对额定转矩之比的保证值为 2.0 倍，容差允许-15%。

在额定电压和额定频率下、基准工作制时，电动机最大转矩对额定转矩之比的保证值应不低于表 30-66e的规定，容差允许-10%。

表 30-66e　电动机最大转矩与额定转矩之比

标称功率/kW	最大转矩/额定转矩
≤5.5	2.4
>5.5~7.5	2.6
>7.5	2.8

表 30-66f　电动机在空载时的振动强度最大值

轴中心高 H/mm	≤132			>132~280			>280		
安装方式	位移/μm	速度/(mm/s)	加速度/(m/s^2)	位移/μm	速度/(mm/s)	加速度/(m/s^2)	位移/μm	速度/(mm/s)	加速度/(m/s^2)
自由悬置	25	1.6	2.5	35	2.2	3.5	45	2.8	4.4
刚性安装	21	1.3	2.0	29	1.8	2.8	37	2.3	3.6

表 30-66g　电动机空载时的 A 计权声功率的噪声最大值

机座号	同步转速/(r/min)		
	1500	1000	750 及 600
	声功率级/dB(A)		
100	82	—	—
112	86	78	—
132	90	82	78
160	92	85	82
180	94	88	82
200	98	88	86
225	98	91	86
250	100	94	90
280	103	98	93
315	106	98	96
355	108	102	99
400	—	105	102

第 31 章　机械系统方案设计

31.1　机械设计的一般过程

机械设计通过确定机械方案实现给定的功能，机械设计的一般过程包括设计规划阶段、原理方案设计阶段、细节设计阶段和施工设计阶段。其基本过程描述如图 31-1 所示。

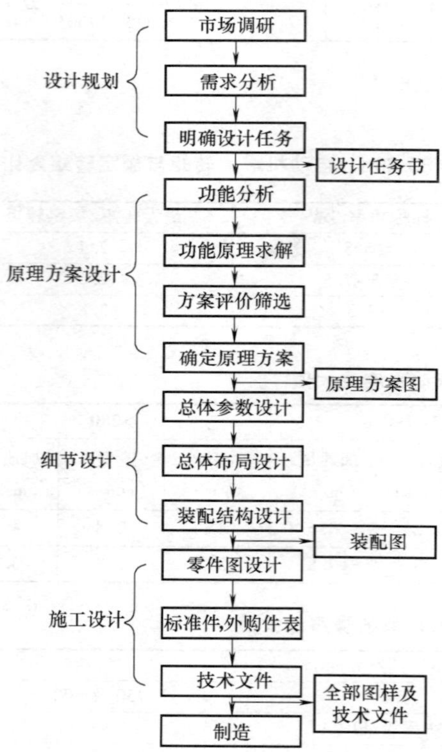

图 31-1　机械设计的一般过程

31.2　机械设计在产品开发中的作用

机械设计是机械产品开发过程的第一步，机械设计过程直接决定了所开发机械产品的市场竞争力。产品的成本、质量和开发效率是影响产品市场竞争力的重要因素，这些因素主要是由设计决定的。

机械产品的成本主要是在制造和装配过程中花费的，但是，产品成本的高低主要是由设计决定的，而且主要是由设计的早期决策所决定的。设计过程是对所设计产品技术信息不断累积的过程，随着设计过程的深入，设计信息的积累越来越充分、完备和精确。在机械设计过程的早期，在原理方案设计阶段，关于所设计的产品的技术信息是模糊的、不完备的、但是设计者在这个阶段必须对所设计产品的重要问题做出决策，这种决策对产品的成本具有极大的决定权。图 31-2 所示为设计过程所花费的成本（设计成本）和设计过程所决定的产品成本随设计过程变化的情况。

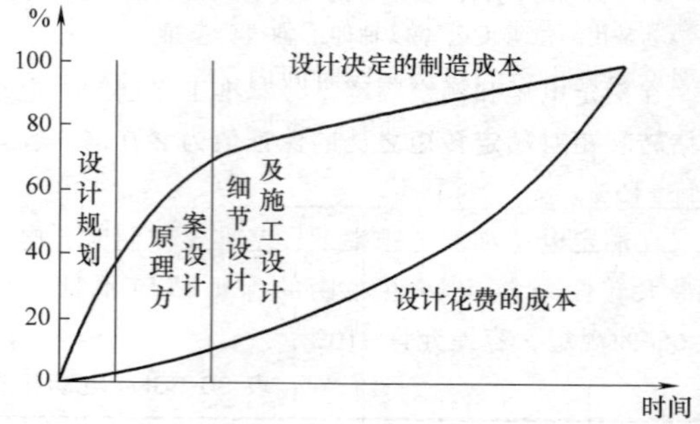

图 31-2　设计成本与设计所决定的制造成本

在原理方案设计阶段，设计者对实现功能的原理性解法做出选择，决定采用哪种方法实现给定的功能，决定在功能实现中所采用的技术成分。虽然存在多种可以实现相同功能的原理性解法，但是它们实现功能的效率、可靠程度、精确程度、对环境的依赖程度都有很大的差别，因而选用不同原理所开发的产品的质量必然存在很大的差别。例如，机械擒纵机构和石英晶体振荡器都可以作为计时器的走时基准，但是应用机械擒纵机构开发的机械表和应用石英晶体振荡器开发的电子表所实现的走时精度差别是非常明显的。

产品开发过程中的各种失误都会影响产品开发的质量，同时会延误产品的开发周期。发生在产品开发不同阶段的失误对产品开发周期的影响程度不同，纠正失误的难度和代价差别也很大。发生在产品开发活动后期的失误比较容易纠正，对产品开发周期的影响较小，发生在设计阶段的失误，特别是发生在原理方案设计阶段的失误的影响较大，有些失误造成的影响甚至是无法纠正的。

31.3　发明问题解决理论

机械设计问题的求解过程是通过选择适当的设计方案，以满足对所实现功能的要求。有些设计的求解需要采用全新的原理实现功能要求，更多的机械设计问题求解过程是在已经采用的功能原理的基础上，对已有的方案进行改进设计，试图寻找更适当的方法，以更高的质量、速度、可靠性，或更经济的方法实现给定的功能。

以阿利特舒列尔为首的一批苏联学者提出的“发明问题解决理论”是解决改进设计问题的一种有效方法。

苏联学者阿利特舒列尔（G. S. Altshuler）及其所领导的一批研究人员，从 1946 年开始，花费 1500 人·年的工作量，在分析研究了全世界各国 250 万件专利文献的基础上，提出了“发明问题解决理论”。该理论在提出后的很长一段时间内一直对其他国家保密，直到苏联解体后，随着一批原苏联的科学家移居国外，该理论也被介绍给其他国家，这对全世界的创新设计领域产生了极其重要影响。

“发明问题解决理论”是一种解决改进设计问题的理论，它无法解决原创性设计问题。“发明问题解决理论”的基本方法建立在对已有的技术系统中所存在的工程冲突的分析基础之上。“发明问题解决理论”认为各种技术系统都是在不断进化的，促使技术系统进化的动力是“解决冲突”。

求解设计问题需要面对多种设计约束，很多不同的设计约束对设计问题提出完全相反的、互相冲突的要求。在设计中面对冲突，最常用的解决方法是折中，即在互相冲突的约束中间寻找一个平衡点。

“发明问题解决理论”在充分地分析成功创新实践的基础上，提出了关于如何消除冲突的发明原理，建立了基于知识的，用于消除冲突的逻辑方法。

“发明问题解决理论”提出的 40 条发明原理见表 31-1。

表 31-1　发明问题解决理论的发明原理

序号	名称	序号	名称	序号	名称	序号	名称
1	分割	11	预补偿	21	紧急行动	31	多孔材料
2	分离	12	等势性	22	变有害为有益	32	改变颜色
3	局部质量	13	反向	23	反馈	33	同质性
4	不对称	14	曲面化	24	中介物	34	抛弃与修复
5	合并	15	动态化	25	自服务	35	参数变化
6	多用性	16	未达到或超过	26	复制	36	状态变化
7	套装	17	维数变化	27	低成本、不耐用的物体，代替昂贵、耐用的物体	37	热膨胀
8	质量补偿	18	振动	28	机械系统的替代	38	加速强氧化
9	预加反作用	19	周期性作用	29	气动与液压结构	39	惰性环境
10	预操作	20	有效作用的连续性	30	柔性壳体或薄膜	40	复合材料

发明问题解决理论提出的 40 条发明原理为：

原理 1：分割

1. 将一个物体分割为几个独立的部分

不同品牌的家用电冰箱中冷冻箱和冷藏箱的上下位置有不同的安排，有些产品将冷冻箱和冷藏箱设计为两个独立的部分，可以由用户根据喜好自行安排。

货运汽车完成货运功能需要进行装卸和运输，在装卸过程中，车头部分闲置，造成浪费，将货车分解为动力部分（机车）和装载部分（拖车），在对拖车进行装卸操作的过程中可以使机车去拖动其他拖车，使货车各部分可以发挥更高的使用效率。

2. 将一个物体分割为几个容易组装和拆卸的部分

机械设计中将独立的运动单元称为构件，在结构设计中，经常需要将一个构件拆分为多个独立的零件，分别制造。这样做可能使得制造更容易，加工成本更低，或者是为了使装配更容易，或为了使得结构的某个参数可以更方便地调整，或者是为了满足设计功能对同一个部件的不同部位的材料提出的不同要求。

3. 提高物体的可分性

机械切削加工所用刀具的刀头部分会在切削过程中发生磨损，将刀杆和刀头设计为可拆卸结构，既可以方便更换刀具，又有利于提高刀杆的使用效率。

原理 2：分离

1. 将一个物体中的有害部分与整体分离

家用空调的散热器工作噪声很大，将散热器从空调中分离出来，作为一个单独的部件，并安装在室外，可以最大限度地减少噪声对工作和生活环境的干扰。

2. 将一个物体中起某种专门作用的部分与整体分离

将激光复印机中的成像功能从整体中分离出来，作为一项独立的功能，将其与扫描功能组合，可以构成复印机，与计算机组合可以构成打印机，和通信功能组合可以构成传真机。

原理 3：局部质量

将零件由均匀结构改为非均匀结构，按照零件不同位置的不同功能设计局部结构，使零件的每个局部都能够发挥出最佳效能。

例如，对零件的不同部位采用不同的热处理方式，或表面处理方式，使其具有特殊的功能特征，以适应设计功能对这个局部的特殊要求。

原理 4：不对称

机械零件多为对称结构，对称原则使结构设计更简单。

机械零件可以采用非对称的结构，非对称原则使机械结构设计可以有更多的选择。

机械传动中使用的轮毂结构多为两侧对称的结构，图 31-3 所示的带轮和链轮的轮毂结构设计中，为解决轮毂与轴，及轮毂与轮缘的定位问题，采用了非对称的轮毂结构。

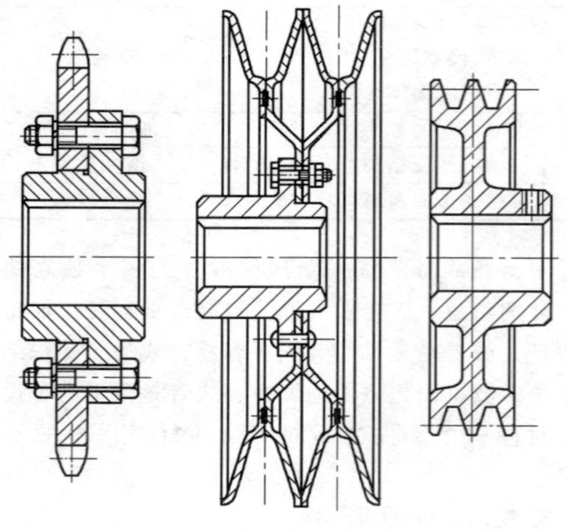

图 31-3　非对称轮毂结构

原理 5：合并

将空间上相同或相近的物体合并在一起，使得总体结构更简单。

例如，收音机和录音机有很多子功能可以共用，收录机将两者的功能合并在一起，总体结构更简单。电子表和电子计算器的合并可以共用电源、晶振和显示器等部件。

将时间上相关的物体合并。

将铅笔和橡皮合并在一起，使得在人们使用铅笔写错字时可以方便地使用橡皮进行修改。

将制冷和加热功能集成在家用空调器中，使得以前只能在夏季使用的空调可以在多个季节发挥作用，改善生活质量。

原理 6：多用性

图 31-4 所示的多用工具集多种常用工具的功能于一身，为旅游和出差人员带来了方便。

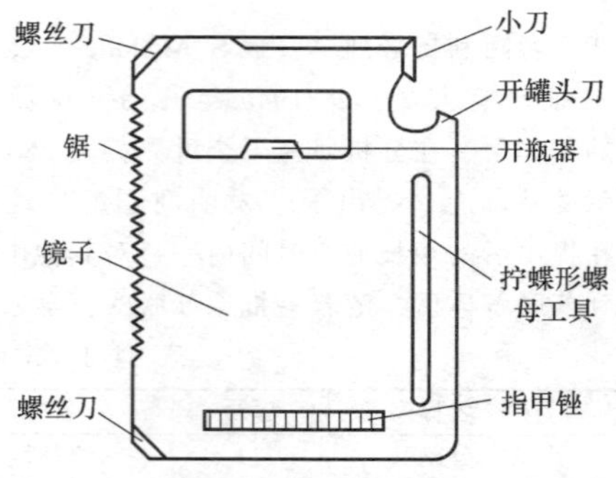

图 31-4　多用工具

现在手机设计中将很多功能集成在一起，拓展了用途，性价比得到了提升。

原理 7：套装

将某个物体放入另一个物体的空腔内。

例如，地铁车厢的车门开启时，门体滑入车厢壁中，不占用多余空间。将电线嵌入墙体内，将加热或制冷部件嵌入住房的地板或天花板中。汽车安全带在闲置状态下将带卷入卷收器中。

将第一个物体嵌入第二个物体内，将第二个物体嵌入第三个物体内……

例如，多层伸缩式天线，通过多层嵌套极大地减少了对空间的占用。使用相同结构的还有多层伸缩式鱼竿、多层伸缩式液压油缸和多层梯子等。

原理 8：质量补偿

对于很多机械装置，物体的质量是主要的负载，如果能够用某种力与物体的质量相平衡，就可以减小机械装置的负载。

可以使一个向上的力与向下的重力相平衡。

例如，可以利用氢气球悬挂广告牌。电梯、立体车库等起重类机械装置设计中需要根据最大起重能力选择动力及传动装置，如果通过动滑轮为起重负载配置相当于最大起重重量一半的配重物体，可以使对动力及传动装置的工作能力要求降低一半。

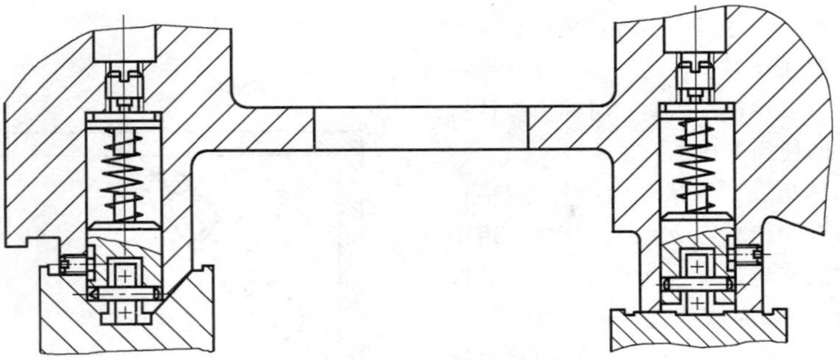

图 31-5　导轨卸载结构

对于精密滑动导轨，为了减小导轨的载荷，提高精度，降低摩擦阻力，可以采用如图 31-5 所示的机械卸载导轨。通过弹性支承的滚子承担大部分载荷，通过精密滑动导轨为零件的直线运动提供精密的引导。

可以通过物体与环境的作用为物体提供向上的作用力，以平衡重力作用。

例如，船在水中获得浮力，平衡重力；飞机在空气中运动，通过机翼与空气的相互作用，为飞机提供升力。

原理 9：预加反作用

在有害作用出现之前，预先施加与之相反的作用，以抵消有害作用的影响。

例如，梁受弯矩作用，受拉伸的一侧材料容易失效，如果在梁承受弯曲应力作用之前，通过某些技术措施对其施加与工作载荷相反的预加载荷作用，使得梁在受到预加载荷和工作载荷共同作用时应力较小，有利于避免梁的失效。

原理 10：预操作

在正式操作开始之前，为防止某些（不利的）意外事件发生，预先进行某些操作。

例如，为防止被连接件在载荷作用下松动，在施加载荷之前将对螺纹连接进行预紧，为防止螺纹连接在振动作用下发生反转，使连接松动，在预紧的同时对螺纹连接采取防松措施。为提高滚动轴承的支承刚度，可以在工作载荷作用之前对轴承进行预紧。为防止零件受腐蚀，在装配前对零件表面进行防腐处理。

原理 11：预补偿（事先防范）

事先准备好应急防范措施，以提高系统的可靠性。

为了在瞬时过载的条件下保护重要零部件不被破坏，在机械装置中设置一些低承载能力单元，当系统出现过载时，通过这些单元的破坏使得载荷传递路径中断，起到保护其他零件的作用。如电路中的熔断器，机械传动中的安全离合器等就是起这种作用的单元。

原理 12：等势性

使物体在传送过程中处于等势面中，不需要升高或降低，以减少不必要的能量消耗。

路面平坦，车辆往返行驶过程中消耗的能量最小。零件在流水线上加工的过程中，应使零件在平面内移动，不需要升降高度，也不需要跨越障碍。

图 31-6 所示为鹤式起重机的机构简图。图中的四杆机构 *ABCD* 为双摇杆机构，主动杆 *AB* 摆动时，从动杆 *CD* 随之摆动，位于连杆 *BC* 延长线上的重物悬吊点 *E* 沿近似水平直线移动，不改变重物的势能。

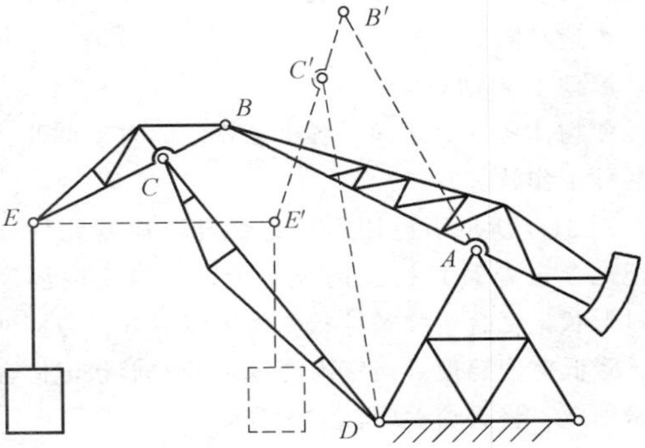

图 31-6　鹤式起重机四杆机构

原理 13：反向

采用与通常动作方向相反的动作，以达到相同的目的。

在冲压模具制造中，通常采用提高模具硬度的方法，减少磨损，提高使用寿命。但是随着材料硬度的提高使得模具加工更困难。为了解决这一技术矛盾，人们发明了一种新的模具制造方法。在冲裁模具的材料选择上，用硬材料制造凸模，用较软的特殊材料制造凹模，虽然模具在使用的过程中不可避免地会发生磨损，但是软材料的塑性变形会自动补偿由于磨损造成的模具间隙变化，可以在很长的使用时间内保持适当的间隙，延长模具的使用寿命。

使原来静止的物体运动，原来运动的物体静止，保持两个物体之间原有的相对运动关系。例如，用车床加工工件时，工件做旋转运动（主运动），刀具做进给运动（辅助运动），如果改变这种运动方式，将刀具固定在主轴上，做旋转运动，将工件固定在刀架上，做进给运动，可以完成类似铣床和镗床功能，还可以完成一些特殊的加工要求，如完成车制椭圆的加工。

原理 14：曲面化

用曲线代替直线，用曲面代替平面，用球形取代立方体。

在机械结构的尺寸过渡处（如轴上的台阶处）采用曲线或曲面过渡，可以减少应力集中。拱形梁结构有利于提高梁的强度，采用特殊的母线形状可以使圆轴各个截面的弯曲应力相等，成为等强度梁。

用回转运动取代直线运动，从而利用回转运动中的离心力。

在机械设计中，实现连续的旋转运动比实现往复的直线运动更容易，旋转运动的离心力可以实现一些特殊的功能，例如，洗衣机通过洗衣桶的旋转运动实现对衣物的甩干，离心铸造工艺有利于减少铸件外表面的铸造缺陷。

原理 15：动态化

使物体各部分之间，各个动作之间自动调节，实现最佳工作状态。

图 31-7 所示为应用形状记忆合金控制元件（形状记忆合金弹簧）控制的温室天窗。当室内温度升高时形状记忆合金弹簧伸长，将天窗打开，与室外通风，降低室内温度。当室内温度降低时形状记忆合金弹簧缩短，将天窗关闭，室内升温。

图 31-8 所示为柴油机调速器示意图，通过与曲轴相连接的输入轴带动重锤旋转，转速升高时重锤向外移动，推动摆杆，油泵柱塞旋转，使供油量减少，转速降低，从而使柴油机的转速稳定在合理的范围内。

将物体分解为既互相连接，又可以相对运动的多个部分。

图 31-9 所示的凸缘联轴器中两个半联轴器之间为刚性连接。对被连接的两个轴之间的轴向、径向和角度精度都提出较高的要求。

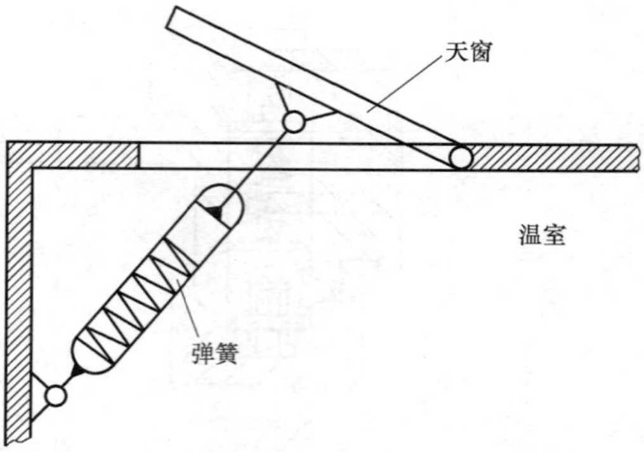

图 31-7　天窗自动控制装置

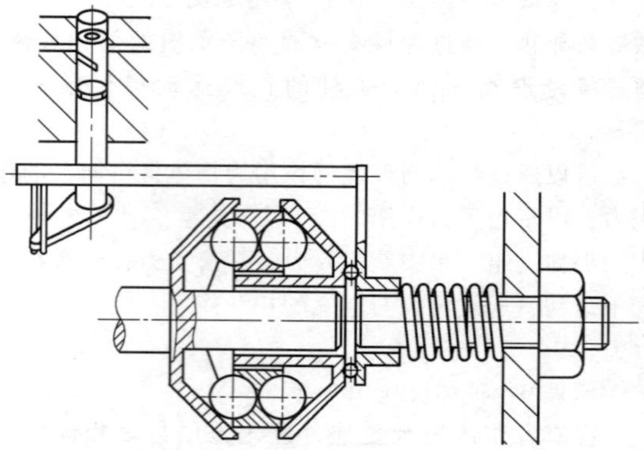

图 31-8　柴油机调速器

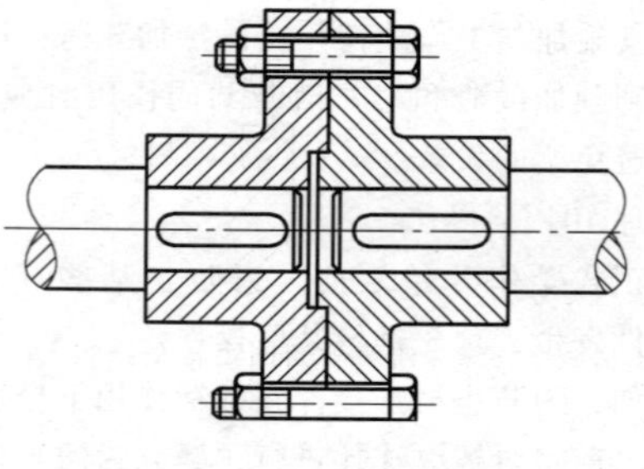

图 31-9　凸缘联轴器

图 31-10 所示的万向联轴器的两个半联轴器之间通过两组正交的铰链相连接，可以在一定范围内适应所连接两轴之间的角度方向误差。

图 31-11 所示的十字滑块联轴器的两个半联轴器之间通过两个互相垂直的移动副相连接，使联轴器可以适应所连接两轴之间的径向误差。

有弹性元件的挠性联轴器通过弹性元件连接两个半联轴器，通过弹性元件的变形调节两个半联轴器之间的径向和角度误差，具有综合调节能力。

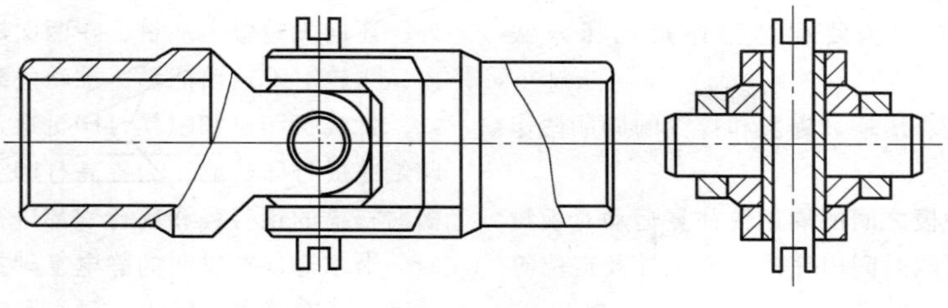

图 31-10　万向联轴器

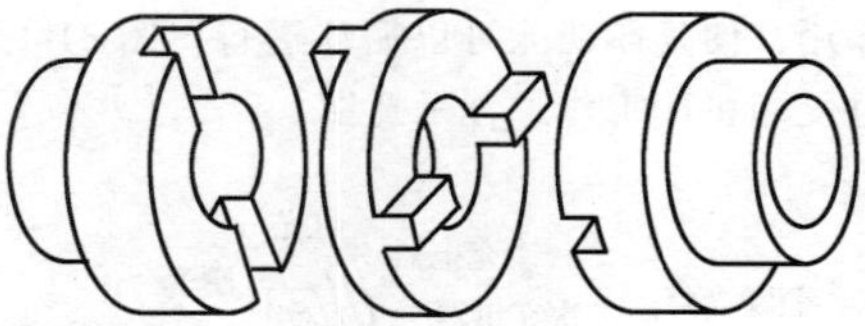

图 31-11　十字滑块联轴器

图 31-12 所示为正安装的两端单向固定轴系结构，为了使轴系正常转动，需要保证轴系具有合理的轴向间隙，如果通过严格控制零件的尺寸公差来保证正确的轴向间隙，会对多个零件提出不合理的轴向尺寸精度要求。

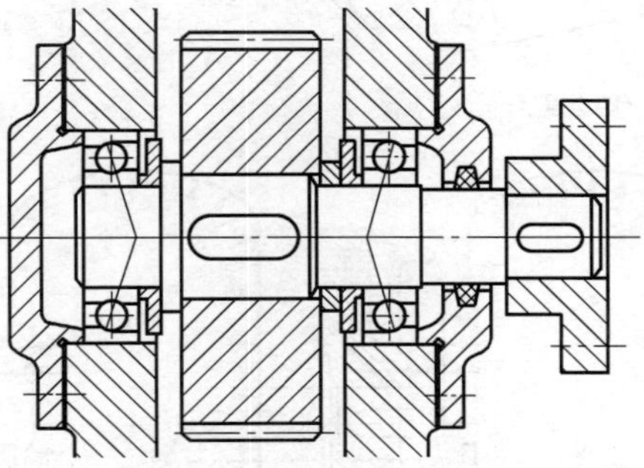

图 31-12　两端单向固定轴系结构

图 31-12 中结构通过在端盖与箱体之间设置可以调整厚度的垫片，即可以方便地调整轴系的轴向间隙，又不必严格控制零件的轴向尺寸。

原理 16：未达到或超过

对于某些技术要求，要达到 100%满足要求可能会很困难，如果将要求放宽，允许稍有不足或稍有超出，会使问题极大地简化。

齿轮传动设计计算中，齿轮宽度是影响承载能力的重要参数，齿轮的工作宽度等于设计宽度是保证齿轮发挥承载能力的条件，如果将相互啮合的一对齿轮设计成相等的宽度，只有在一对齿轮的两个侧面完全对齐时才能够使得齿轮的工作宽度等于设计宽度。要实现这种要求或需要对一系列零件的轴向尺寸提出较高精度要求，或需要在轴系结构中设置可以调整齿轮轴向位置的装置。如果在齿轮传动设计中将其中一个齿轮设计得比工作要求略宽，则可以在轴系零件的轴向尺寸存在较大误差的情况下保证齿轮传动的工作宽度（啮合宽度）等于设计宽度。

原理 17：维数变化

将一维线性运动改为二维平面运动，或三维空间运动。

早期计算机曾经用纸带对信息进行一维方式存储，现在大量使用的磁盘和光盘将信息在二维平面上高密度存储，正在研究中的三维信息存储技术将使信息存储容量发生本质的变化。

将单层排列的物体变为多层排列。

光盘库中将光盘多层叠放，并可以方便地从中抓取某一张，极大地扩充了光盘存储的容量。

利用给定表面的反面。

早期的磁盘只使用一个表面，以后发展成可以同时在两个表面上存取信息。

原理 18：振动

使物体处于振动状态。对于已经处于振动状态的物体可以增加振动频率。可以使物体处于共振状态。可以用电磁振动或压电振动代替机械振动。可以使机械振动和电磁振动共同作用。

例如，电动剃须刀、电动雕刻刀、振动式电动剪刀等都是通过刀具的振动切削被加工对象的。

通过工作台的振动，可以均匀地定向移动物体，起到传动带的运输作用，但结构更简单。通过机械振捣作用可以消除混凝土中的气泡。

用石英晶体振荡器取代擒纵机构作为计时器的走时基准，电子表的走时精度比机械表有了质的提高。

通过超声波探伤，可以在不破坏材料的条件下发现隐藏在内部的缺陷。

原理 19：周期性作用

以周期性动作代替连续动作。对已有的周期性动作可以改变动作频率。

用周期性敲击的方法装配过盈连接比压入法省力。

内燃机通过吸气、压缩、爆发和排气的周期性作用实现能量转换。

冲压机械通过冲模之间的周期性往复运动对板材进行加工，在冲压间歇时间内完成更换工件及定位等辅助工序的工作。

原理 20：有效作用的连续性

使系统不停顿地连续工作，所有部件都工作在满负荷状态。消除动作过程中的间歇。用连续的旋转运动代替往复的直线运动。

内燃机在爆发行程中对外做功，除推动负载运动外，还向飞轮输入能量，在两次爆发行程的间歇时间内，飞轮对外输出能量，推动负载持续运动。

针式打印机和喷墨打印机通过打印头横向扫描打印纸完成打印功能，为提高打印效率，打印机允许在横向扫描的正行程和反行程都进行打印。

卡尔逊最初发明的静电复印技术是在一块平板上顺序完成布静电、曝光、显影和定影等工序，现在的复印机设计中将多个工作头环绕在硒鼓周围，在硒鼓旋转的过程中，由多个工作头顺序对硒鼓的同一位置施加作用，使复印功能可以循环进行。图 31-13 所示为静电复印机的工作过程示意图。

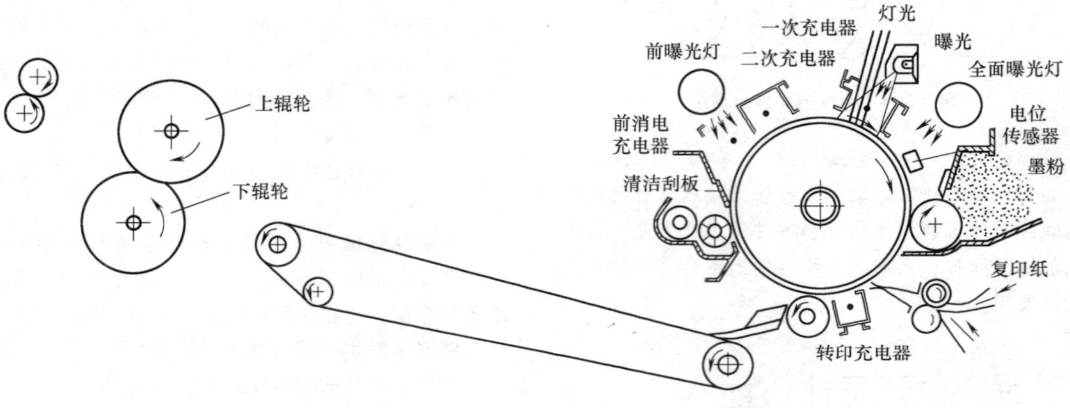

图 31-13　静电复印机工作过程

原理 21：紧急行动（减少有害作用的时间）

以最快的速度完成有害的操作。

焊接是一种常用的机械加工工艺，但是焊接过程中对材料的局部加热会造成焊接结构的变形，减少高温影响区域，缩短加温时间是减小焊接变形的有效方法。例如，采用具有高能量密度的激光束作为热源的激光焊接方法由于加温时间短，温度影响范围小，使得焊接结构变形较小。

原理 22：变有害为有益

机械设计应使机器在报废时，各种零件可以方便拆卸，以利于从中回收可以利用的材料，变废物为资源。

垃圾中包含有很多有用的能量和物质，采用适当的方法将它们分离出来，就可以减少垃圾总量，保护环境。

图 31-14 所示为高压容器罐口密封结构示意图。图 31-14a 所示的结构中罐内压力起削弱密封效果的作用，改为图 31-14b 所示的结构，罐内压力变为加强密封效果的作用。

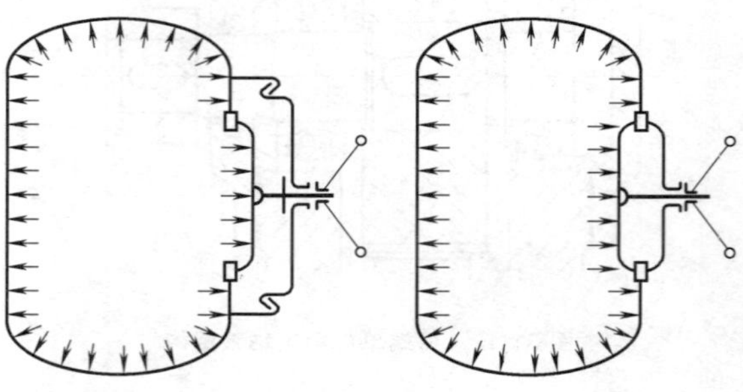

a)　　　　b)

图 31-14　高压容器罐口密封结构

a）不合理结构　b）合理结构

原理 23：反馈

机械装置在工作中会由于原动机或负载的性能波动而偏离理想的工作状态，通过引入反馈，可以自动纠正系统工作状态的偏移，保持系统工作状态的稳定性。

例如，自行车在行驶过程中由于路面颠簸会使车把偏离正确的行驶方向，当车把向左侧（内侧）偏转时，车辆开始进行向左转弯的加速运动，车轮与地面的接触点处受到地面作用于车轮的向心力，这个作用力对车把（前叉）的力矩使车把恢复正确的方向。图 31-15 所示为自行车前轮转向示意图。

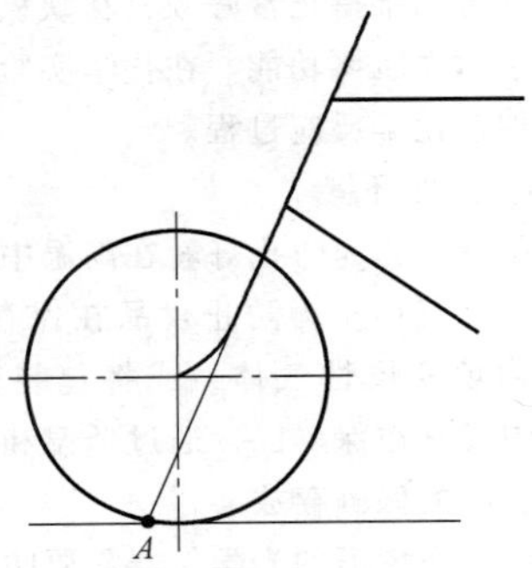

图 31-15 自行车的前轮转向

原理 24：中介物

利用中介物实现所需的功能。

机械传动设计中多通过轮与轮之间的接触实现传动功能，如果要在两个距离较远的位置间传递运动，就需要直径较大的轮。采用带传动或链传动方式，通过带或链作为中介，可以很方便地实现远距离传动。

实现静电复印功能需要将墨粉均匀地布撒到包含静电图像的硒鼓上，由于墨粉很细，直接布撒容易在空气中飘散，造成空气污染。将墨粉中放入细小的玻璃球，通过摩擦使玻璃球带静电，通过静电可以吸附颗粒更细小的墨粉，将吸附着墨粉的玻璃球布撒到硒鼓表面上，硒鼓上的较强静电会将玻璃球表面的墨粉吸引到硒鼓表面，形成墨粉图像。未被吸引的墨粉随玻璃球返回墨粉盒。在布撒墨粉的功能中，玻璃球起到中介物的作用。

原理 25：自服务

滑动轴承工作中需要润滑，机械装置中一些分散的润滑部位的润滑剂供给和补充是机械设计必须考虑的问题。采用自润滑含油轴承材料，轴承工作中受到应力和温度的作用使含在材料孔隙中的润滑剂渗出，润滑工作表面，轴承不工作时润滑剂被材料吸收到孔隙中防止流失，这种滑动轴承可以在不需要维护的条件下工作较长时间。

原理 26：复制

用简单、廉价的复制品代替复杂、高价的物体。

使用虚拟现实技术模拟复杂系统，例如，应用虚拟现实方法训练汽车、飞机、航天器、核电站及其他大型设备的使用比使用真实系统更廉价。使用虚拟制造系统模拟零件的制造过程，可以及早发现不利于制造的设计缺陷，使用虚拟装配系统可以发现实际无法装配的设计错误。

生物体经过长期的进化，通过简单精巧的结构实现多种完善的功能，人类在构造人造的技术系统时，可以模仿生物体实现功能的方法，通过简单的功能原理实现给定的功能，这种方法称为仿生法。

原理 27：低成本、不耐用的物体，代替昂贵、耐用的物体

用再生木材、农作物秸秆代替木材生产家具、建材等产品，用铁芯包铜材料代替全铜导线，用塑料模具代替金属模具，用模型试验代替实物试验。

原理 28：机械系统的替代

用具有视觉、听觉、味觉或嗅觉的系统替代机械系统，用电场、磁场或其他场的作用替代机械作用，用动态场替代静态场。

在机械装置中用光学传感器、声学传感器等替代机械（位置）传感器，使机械结构更简单。用声、光信号作为信息载体，传递机械设备运行中的状态信息，使得信息传递容量增大。

原理 29：气动与液压结构

将物体的固态部分用气体或液体替代，利用气压、液压产生缓冲作用。

通过合理设计零件表面形状，使得零件互相接触时，两表面的相对运动使润滑剂将两表面隔开，形成流体动压润滑，减少摩擦，避免磨损，提高传动效率。当两表面相对运动速度较低时可以向接触表面间注入高压气体或液体，流动的流体将两表面隔开，形成流体静压润滑。

原理 30：柔性壳体或薄膜

用柔软壳体或薄膜替代传统结构。

建筑物或广场的顶部可以用柔软的织物或薄膜材料覆盖，施工方便，结构轻巧安全。机器内部可以用柔软的材料分割成多个独立的空间，分别确定润滑剂的种类和油面高度。

原理 31：多孔材料

通过失重铸造或烧结的方法可以制造含有大量孔隙的金属材料，应用这种材料可以制造含油轴承、流体过滤器以及轻质结构零件。

在结构中载荷较小的地方打孔可以减轻结构重量。利用多孔材料可以吸收其他液体或气体物质。

原理 32：改变颜色

用不同的颜色表示不同的信息，重要的信息用醒目的颜色，容易引起注意，危险的信息用红颜色，容

易引起警觉。

需要操作者关注的重要位置可以做成透明结构，使操作者方便观察运行情况。

原理 33：同质性

相同材料相接触，不会发生化学或电化学反应。相同材料制造的零件具有相同的热膨胀系数，在温度变化时不容易发生错动，同一产品中大量零件采用相同材料有利于生产准备，在产品报废后，有利于废旧材料回收，减少分离不同材料的附加成本。

原理 34：抛弃与修复

废弃在工作中已经失去功能的部件，补充或修复零件上被消耗或减少的部分。

多级火箭工作中，当一个燃料箱中的燃料燃尽后，将装载这部分燃料的容器（燃料箱）抛弃，减小剩余部分的质量，使火箭的剩余部分可以实现更高的速度。

原理 35：参数变化

机械设备在不同的季节选用不同黏度的润滑油。电饭锅温控器通过锅底温度的变化改变传感器的状态，通过传感器材料在其居里点上、下的铁磁性质的改变，控制加热电路的通断。形状记忆合金通过材料在不同温度下的形状变化对系统实施控制。汽车减振器通过刚度变化实现非线性控制。应用压电材料的逆压电效应，可以通过施加不同的电压改变材料的尺寸和形状，对系统进行微位移控制。对电流变液体施加不同的电压可以改变其黏度，实现对系统阻尼的控制。

原理 36：状态变化

电冰箱温控器通过敏感材料状态变化改变温控器内部压力，实施对制冷温度的控制。密封胶通过材料在不同条件下的状态变化实现对微小缝隙的密封。通过金属材料在不同温度下金相组织的变化可以对其进行热处理，改变其表面硬度和强度。通过形状记忆合金的温度变化改变其材料的金相组织，从而改变其形状。热导管通过将工作介质汽化的方法进行热传导，传导效率大幅度提高。

原理 37：热膨胀

通过材料的热膨胀，实现对过盈连接的装配。将热膨胀系数不同的两片材料贴合在一起，利用不同材料的热膨胀系数差别，使得当温度变化时材料发生弯曲变形，利用这种变形可以控制电路开关，也可以驱动机械运动。

原理 38：加速强氧化

使氧化从一个级别转变到另一个级别，如从空气环境转变到纯氧气环境，从纯氧气环境转变到离子化氧气环境、臭氧环境等。

在充满有害气体（如火灾现场）的环境中通过携带压缩空气可以维持正常呼吸，在缺氧的状态下吸入纯氧有助于增强肌体功能。在化学实验中使用离子化氧气可以加速化学反应过程。

原理 39：惰性环境

在灯泡制造中，为防止灯丝在高温中的氧化，向灯泡中填充惰性气体。为防止食品在保存期内变质，向包装环境内填充惰性气体，或将包装介质抽成真空。电冰箱中设真空保鲜区，通过低温和真空的共同作用实现对食品的保鲜存放。

工作在低温环境下的光学仪器需要防止由于气雾的凝结造成对光学系统的影响，通过向光学仪器充填干燥的惰性气体可以有效地防止气雾的产生。

原理 40：复合材料

同一个零件的不同部分有不同的功能要求，使用同一种材料很难同时满足这些要求。通过不同材料的复合可以使零件的不同部分具有不同的特性，以满足设计要求。

带传动中的带需要承受很大的拉力，材料应具有较高的强度，带在轮槽内弯曲应具有较好的弹性，弯曲应力较小，带与轮之间存在弹性滑动，为防止带的磨损失效，带材料应耐磨。很难找到一种材料同时满足以上要求。现在通常使用的 V 带和窄 V 带通过多种材料的复合以满足传动对带不同部位所提出的功能要求，芯部采用抗拉强度较好的纤维或细钢丝制造，主体采用弹性较好的橡胶材料，表层采用耐磨性好的帆布材料。

31.4　利用互联网，提高机械设计水平

互联网是现代重要的信息传播渠道，互联网通信所具有的高速度、大容量是其他通信手段无法比拟的。通过互联网，可以使身处不同地域的技术人员共同进行一项设计工作，扩大设计团队。通过互联网，可以使处于不同时区的技术人员针对同一项设计工作进行轮番设计，缩短设计周期。通过互联网所连接的各种资源中集成了大量有关设计的信息，通过互联网可以浏览、查询并使用这些信息。

现在，很多企业和社会团体都有自己的网站，通过这些网站可以了解有关方面的最新信息。下面所列出的是与机械设计有关的一部分网站的网址。

中国机械网：http：//www. china-machine. com/

中国机械信息网：http：//www. machineinfo. com/

中国机械工程学会：http：//www. cmes. org/

中国机械工业集团公司：http：//www. sinomach. com. cn/

中国机械买卖网：http：//61. 4. 80. 81/

中国机械企业网：http：//www. cnmachine. net/

中国机械资讯网：http：//www. cmiw. cn/

中国机械商情网：http：//www. tj-jx. com/

中国机械人才网：http：//www. mecjob. com/

中国机械专家网：http：//www. expsky. com/

中国机械设备网：http：//www. machinery. com. cn/

中国设备网：http：//www. china-plant. com/

中国机械社区：http：//bbs. cmiw. cn/

中国机械制造工艺协会网：http：//www. cammt. org. cn/default. asp

中国机械加工网：http：//www. chinanippo. com/china/Default. asp

中华机械加工网：http：//www. machining-china. com/

机械加工网：http：//www. uqu. com. cn/

中国热加工网：http：//www. hotwork-china. com/system/index. asp

中国特种加工网：http：//www. china-ntm. com/

中国轻工机械网：http：//www. clima. org. cn/

中国塑料机械网：http：//www. plasticmachine. com/

中华市政机械网：http：//www. szjxw. net/

工程机械网：http：//www. cm. hc360. com/

机电产品交易网：http：//b2b. cmiw. cn/about. asp

智造中国：http：//ugcn. cn/

通用机械信息网：http：//www. machinebbs. cn/

中国齿轮网：http：//www. chinagear. com. cn/

中华轴承网：http：//www. chinazcw. com/

金蜘蛛轴承网：http：//www. cnbearing. net/gb/index. aspx

中国联轴器网：http：//www. lzq. net. cn/

中华标准件网：http：//www. bzjw. com/index. asp

中国紧固件协会网络平台：http：//www. chinafasteners. net/client/index. aspx

中国紧固件网：http：//jg. mw35. com/

中国离合器网：http：//www. moto8888. com/

中国减速机网：http：//hbly. 8848. com/GoodsInfo. exml？ GoodsID = A56000001455

中国齿轮蜗杆网：http：//2735705_1. keycn. mmimm. com/

中国蜗杆蜗轮网：http：//www. chilun. org. cn/changpin_ list. asp？ id = 5

中国同步带网：http：//www. 中国同步带网 . com/

中国弹簧网：http：//www. cntanhuang. cn/

机械工业标准服务网：http：//www. jb. ac. cn/

中国标准出版社：http：//www. bzcbs. com. cn/

机械工业基础标准情报网：http：//www. jcw. com. cn/

标准网：http：//www. standardcn. com/

中国标准服务网：http：//www. cssn. net. cn/index. jsp

中国标准咨询网：http：//www. chinastandard. com. cn/index. asp

中国热处理网：http：//www. ht. org. cn/

中国焊接资讯网：http：//www. weldinfo. net/

中国锻压网：http：//www. chinaforge. org. cn/

中国华工设备网：http：//www. ccen. net/

中国电机网：http：//djw. net. cn/

减速机信息网：http：//www. jiansuji001. com/

中华液压网：http：//www. chinaptc. com/chinahyd/index. htm

中华气动网：http：//www. chinaptc. com/chinapneumatic/index. htm

中华传动网：http：//www. chinaptc. com/chinatransmission/index. htm

中华密封网：http：//www. chinaptc. com/chinaseal/index. htm

中国液压网：http：//www. ye-ya. com/

中国气动网：http：//www. cpia. com. cn/

中国传动网：http：//www. chuandong. com/

中国密封网：http：//www. sealing. cn/

中国密封协会网：http：//www. sealnet. cn/sealnet/member/regist. asp

中国润滑油网：http：//www. chinalubricant. com/

中国润滑脂网：http：//www. cn-grease. com/

例如，在设计中需要选用一个输出转速约 60r/min，输出功率约 0. 2W，输入电压约 12V 的直流减速电动机。

通过搜索，可以在互联网上可以找到很多生产、经销这类产品的网站，在这些网站中找到如下的网页内容（见图 31-16），其中的 GA25Y370-100 型号减速电动机基本符合工作要求，通过网络，可以直接与厂家或经销商取得联系，可以很方便地得到所需要的产品。

外形图

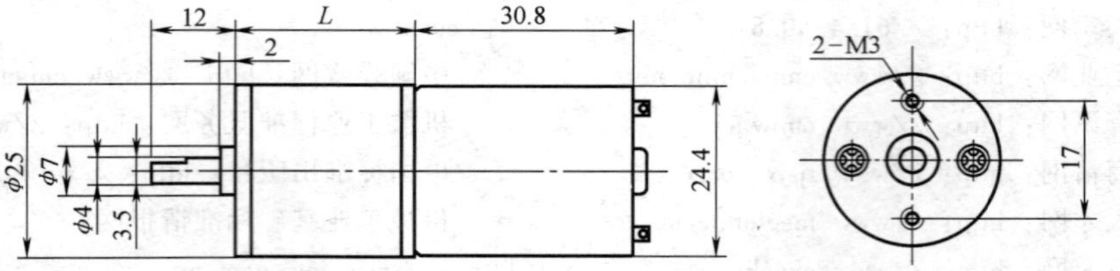

图 31-16　网页截图

技术参数（TECHNICL PARAMETER）

型号	电压		无负荷		最大效率点				起动	
	使用范围	额定值	转速	电流	转速	电流	转距	功率	转距	电流
			r/min	A	r/min	A	kg · cm	W	kg · cm	A
GA25Y370-100	3~12	6V	28	0.03	22.5	0.15	1.2	0.55	7.36	0.65
		12V	54	0.035	48.5	0.18	2.5	1.24	14.2	1.06
GA25Y370-220	3~12	6V	8.4	0.026	6.5	0.08	1.9	0.127	10.2	0.30
		12V	16.8	0.030	14.1	0.095	3.64	0.526	20.8	0.46
GA25Y370-480	3~12	6V	3.8	0.026	3.0	0.075	3.8	0.117	14.0	0.30
		12V	7.7	0.03	6.4	0.09	7.5	0.49	32.0	0.46

I	15-20	26-416	56-100	125-220	225-1050
L	21	23	25	27	29

第 32 章 计算机辅助机械设计

32.1 概述

32.1.1 基本概念

计算机辅助设计（CAD，Computer Aided Design）。它是人们利用计算机硬件和软件系统对产品或工程进行设计、修改及显示输出的一种设计方法，它是一门多学科的综合性应用技术。

从设计方法学的角度出发，CAD 与人是一种有机的结合，在决定设计策略、信息处理、修改设计及分析计算等方面各自发挥各自的特长。例如，计算机在信息存储与检索、工程分析与计算、图形与文字处理以及代替人做大量重复烦琐的工作方面有着特殊的优点，但在设计策略、逻辑控制、信息组织及发挥经验和创造性方面，人起着主导作用。因此，合理地运用 CAD 技术可以缩短产品的设计周期，提高设计质量，降低设计成本。结合优化设计方法的运用还可以得到产品的最佳设计。

从 CAD 技术的角度出发，20 世纪 60 年代初出现的 CAD 系统主要是为了解决设计工作中的图纸设计，随着计算机硬件和软件技术以及相关技术的不断发展，目前的 CAD 已成为一门多学科的综合性应用技术，其中包括以下主要内容：

1）工程分析与计算技术。如各种物理特性的计算、有限元分析、边界元分析、优化设计方法、数字仿真以及各领域中的专业工程分析等。

2）图形处理技术。如交互式的二维图形技术、三维几何造型及相应的图形输入输出技术。

3）数据处理与数据交换技术。如数据库技术、不同 CAD 系统大量数据的交换和接口技术。

4）文档处理技术。如设计文档的制作、编辑和文字处理等。

5）软件开发技术。如用户界面设计、系统的二次开发、软件工程规范及其相关工具的使用等。

CAD 技术在机械设计中的应用主要有以下几个方面：

1）二维绘图。二维绘图是目前 CAD 技术应用最普遍的一个方面，其主要目的是代替传统的手工绘图。

2）图形及符号库。将复杂的图形分解为许多简单的图形及符号存入库中，设计时随即调用或经编辑修改后插入到另一图形中，从而使图纸设计工作更加方便。

3）参数化设计。标准化或系列化的机械零部件具有相似的结构，但尺寸各有不同，采用参数化设计的方法建立图形程序库，当调用时赋以一组相应的设计参数就能完成一个机械零部件的图纸设计。

4）工程分析与科学计算。常用的有有限元分析、机构的运动学及动力学分析和优化设计等。此外，针对某个具体的设计对象还会有其特殊的工程分析问题，如滑动轴承设计中的油膜压力分布、温度场分析等。

5）设计文档与报表生成。在机械设计中，许多设计内容需要给出设计文档或报表，也有一些设计结果需要用特殊的图形来表达，如曲线、直方图等，这些工作通常采用相应的专业软件来完成，如数据库软件和文档处理软件等。

6）三维几何造型。采用三维实体造型技术设计机械零部件的结构，经消隐和着色处理后显示出物体的真实形状，并可就零部件的装配关系和运动进行仿真，分析机器的实际运转效果。

32.1.2 计算机辅助设计系统的硬件

计算机辅助设计系统的硬件是实现系统各项功能的物质基础，通常包括计算机、存储设备、显示设备、人机交互设备和输入输出设备等。图 32-1 所示为典型的 CAD 系统硬件组成。

32.1.2.1 主机

主机主要是指计算机的中央处理器（CPU，Central Processing Unit）和内存储器（简称内存）两部分。它是控制和指挥整个系统运行并执行实际运算、逻辑分析的装置，是 CAD 硬件系统的核心，其功能的强弱将直接影响 CAD 系统的性能。

目前 CAD 系统所采用的计算机主要有工作站和高档微机两种，它们的主要特征是，都具备很强的图形处理能力，速度较高，使用较大的内存和外存，以适应 CAD 应用软件的需求。主机的主要技术指标有：

1）运算速度：以 CPU 每秒执行指令的数目（Mips，每秒执行的百万次指令数）来衡量，其中时钟频率（主频）是影响速度的主要方面。

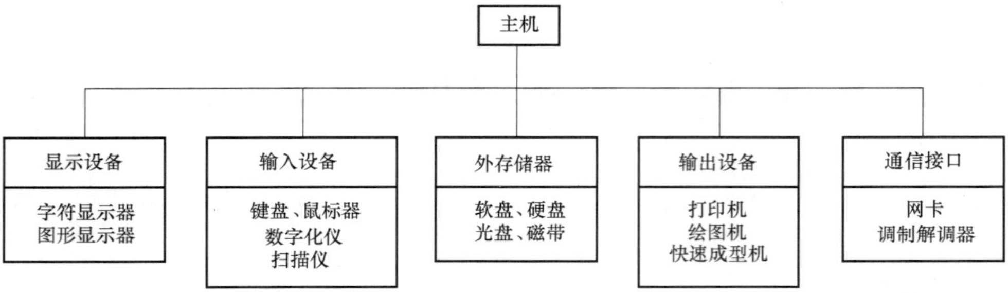

图 32-1　典型的 CAD 系统硬件组成

2）寄存器位数（bit）：CPU 每执行一条指令可以从内存提取和处理的数据位数。

3）内存容量（K byte 或 M byte）：表示可容纳和处理的程序和数据量的大小。

32.1.2.2　存储设备

存储设备是指 CAD 系统的外部存储器，主要用于存储 CAD 系统的程序、图形及数据库信息。常见种类包括：磁盘驱动器、光盘驱动器及磁带机等。

1. 磁盘驱动器

磁盘分为软磁盘和硬磁盘。软磁盘是由聚酯材料制成的薄圆片，其上涂有一种磁性材料，直径规格主要有 3.5in 和 5.25in 两种，由软盘驱动器驱动并进行随机存取。硬盘又称温盘机（Winchester Disk），它是由一组同轴的金属圆盘（表面涂有一层磁性材料）、读写磁头和驱动器所组成的密封机构。硬盘具有极高的读写速度和较大的存储容量，一般可达 500~2000GB 甚至更高。

2. 光盘驱动器

光盘是利用激光技术实现的一种海量存储器，单片双面光盘的存储容量可达 700MB~8.4GB 甚至更高，工作寿命较长，不像软磁盘那样易发霉或受强磁场破坏，易于永久存档。光盘的存取速度与硬盘相当，又与软盘一样可以随时交换，现已得到广泛应用。另外还有一种只读光盘驱动器（CD-ROM 或 DVD-ROM），用来读取程序数据及多媒体数据如 CD、Video-CD 和 DVD 等，目前许多软件的发行均采用 CD 或 DVD 光盘，DVD-ROM 已成为计算机的基本外设。

3. 磁带机

磁带机的存储介质是磁带，由表面涂有磁粉的聚酯薄膜带制成，与普通音响的磁带相似。它是一种只能顺序存取的设备，存取的速度较慢。但由于磁带的成本低，存储容量大（可达数百 MB），常作为系统的备份设备。

32.1.2.3　图形显示设备

图形显示器是 CAD 系统的重要设备，它不仅能随时显示所设计的图形，而且还能允许用户对显示的图形进行交互式的编辑操作，因此显示器不单纯是被动地显示图形，而是一种交互式的图形显示。

目前交互图形系统广泛采用的是液晶显示器，为平面超薄的显示设备。它由一定数量的彩色或黑白像素组成，放置于光源或者反射面前方。液晶显示器功耗很低，因此倍受工程师青睐，广泛应用于各种文字和图像显示场合。它的主要原理是以电流刺激液晶分子产生点、线、面配合背部灯管构成画面。

液晶显示器的主要技术参数包括可视面积、点距、色彩度、对比度（对比值）、亮度、信号响应时间和可视角度等。

32.1.2.4　图形输入设备

在 CAD 作业中，常需要交互地输入和修改产品设计的图形，对图形做多种变换操作等，仅用键盘输入不能满足快速作业的要求，因而出现了各种各样的输入设备，通常分为三类。第一类是定位设备，操作方式是控制屏幕上的光标并确定它的位置。在窗口及图标菜单环境下，定位设备除了定位功能外，还兼有拾取目标、选择对象、跟踪录入图形及徒手画草图等功能。常用的设备有图形输入板及触笔、光笔、鼠标器、操纵杆及跟踪球等。第二类是数字化仪，能将放在上面的图形用游标器指点摘取大量的点，进行数字化后存储起来。第三类是图像输入设备，如摄像机、录像机、扫描仪和数码相机等，图形经图像数字化及图像处理后输出，这类设备目前已成为 CAD 系统非常重要的输入手段。

1. 键盘

键盘是输入字符和数字的装置，是计算机必备的输入设备。键盘的种类很多，结构各异，但都有三个基本部分组成。第一部分是标准的英文打字键盘，包括字母 A~Z、数字 0~9 及各种常规符号和必要的控制键。第二部分是 F1~F12 共 12 个功能键，其功能由软件或用户按需要定义。第三部分是一组标有数字的键，称为小数字键盘，它们不但可以输入数字，还可以用来控制光标的移动，其功能由软件定义。键盘常作为字符、图形数据的直接输入工具，同时也可用作控制图形的各种变换。

2. 鼠标器

鼠标器作为定位输入设备，主要用来控制屏幕上光标的位置。由于它能十分方便地操纵图标菜单、弹出菜单及下拉菜单，加之体积小，使用灵活及价格低廉，使得鼠标器的应用十分普遍。鼠标器有机械、光学和激光三种类型。机械鼠标器如图 32-2a 所示，它的底部装有一个小球，当鼠标器在桌面上移动时，小球带动一对轴线相互垂直的滚子旋转从而得到 x、y 方向的相对位移的脉冲信号，通过驱动程序来控制屏幕上的光标。光学鼠标器如图 32-2b 所示，它的底部有一光源，当鼠标在桌面上移动时，采用光束调制及光学编码技术，测出鼠标的移动量，随之驱动屏幕光标做相应的移动。而激光鼠标只是把发光二极管换成了激光二极管来照射鼠标所移动的表面，激光光线具有一致的特性，当光线从表面反射时可产生高反差图形，即使是光滑表面，出现在传感器上的图形也能显示物体表面上的细节。激光鼠标将是未来鼠标器的发展方向。

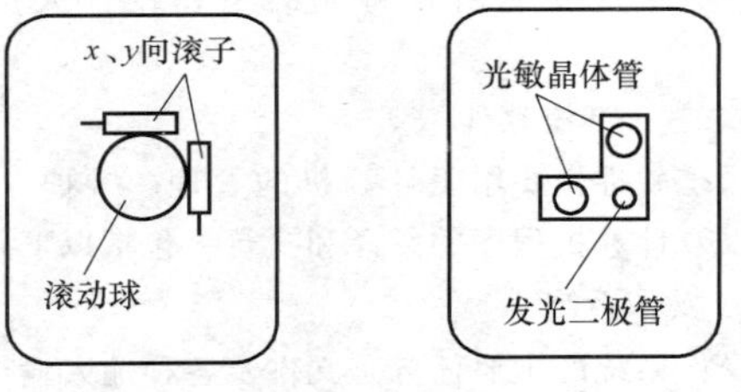

a)　　b)

图 32-2　鼠标器

a）机械式　b）光电式

3. 数字化仪

数字化仪（见图 32-3）由一块图形输入板和一游标定位器组成。板的下面分布着沿 x、y 方向的极细的网格金属丝，游标定位器装有感应线圈，当游标移动时，不同的位置产生不同的感应电压从而代表不同的 x、y 坐标，精度可以达到 0.025mm。数字化仪的基本功能包括：点菜单和徒手做图。数字化仪价格较高，而且幅面越大，价格越高。小型的数字化仪也称图形输入板。随着屏幕图形菜单技术的发展和 CAD 由二维设计向三维建模发展，数字化仪已经逐渐被淘汰。

4. 光笔

光笔外形如一支笔，由电子线路和光导纤维监测屏幕上图形的光强，并将相应的光信号转换成电脉冲

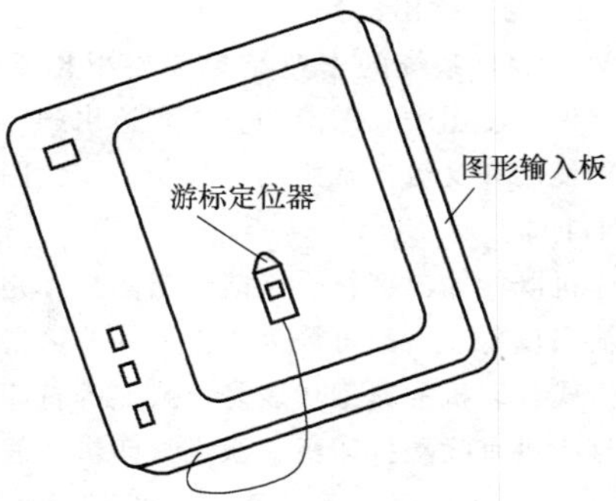

图 32-3　数字化仪

信号，此信号经放大整形后输送给显示控制器，计算机就可以知道光笔所指的位置。光笔的基本功能一是读取光笔在屏幕上所指的那个点的所有状态参数，二是使屏幕上的光标随光笔一起移动。这些功能使得光笔能增、删图形元素，拾取菜单，以及在屏幕上自由做图等。

5. 图形扫描仪

图形扫描仪可以将图像通过光电扫描生成点阵信息存储到计算机内。在 CAD 作业中，可以将图纸扫描到计算机内形成点阵文件，再经专门的矢量化识别程序自动生成矢量文件，从而交由 CAD 绘图系统进行处理。显然采用这种技术可以快速地将大量图纸输入计算机，以便对图纸进行计算机化管理。

表 32-1 列出了常用图形输入设备的性能比较。

表 32-1　常用图形输入设备的性能比较

设备	鼠标器	数字化仪	光笔	图形扫描仪
优点	1）具有较高的精度和分辨率 2）操作方便舒适 3）操作时不遮挡屏幕 4）具有微调能力	1）具有较高的精度和分辨率 2）符合人的工作习惯 3）操作时不遮挡屏幕 4）具有微调能力 5）具有数字化、拾取、跟踪和手书等多种功能	1）能快速输入简单的图形 2）易于实现图形跟踪 3）准确率较高 4）拾取图形的效率高	1）具有较高的精度和分辨率 2）图形输入效率高
缺点	1）图形输入效率较低 2）不适于徒手画图和手写输入	需要专用的工作台面	1）与实际的手工写字和绘图存在较大的差距，长时间使用容易疲劳 2）工作时会遮挡部分屏幕内容 3）精度较低	图形矢量和字符的识别率不够理想

32.1.2.5　图形输出设备

通常，CAD系统的作业结果需要根据不同的要求以文字说明、图表和图形的方式表达出来，以便于在生产中使用和交流，常用的有打印机、绘图机等。

1. 打印机

打印机既能输出字符，又能输出图形，是目前最廉价的输出设备。一般可分为撞击式和非撞击式两大类。撞击式打印机的典型代表是针式点阵打印机。非撞击式打印机有喷墨打印机、激光打印机和静电打印机，这类打印机具有速度快、打印质量高，噪声低等特点，是目前打印机市场的主流产品。

2. 绘图机

绘图机的发展十分迅速，种类繁多。总的趋势是向高速度、高精度、大面积、低成本和低噪声的方向发展。目前普遍使用的有平板式和滚筒式两种绘图机。此外，按绘图原理不同还可分为笔式绘图机、喷墨绘图机、激光绘图机和热传导绘图机等。表32-2列出了常用图形输出设备的性能比较。

表32-2　常用图形输出设备的性能比较

技术指标	设备类型			
	撞击式打印机	笔式绘图机	喷墨绘图机	热传导绘图机
绘图精度和绘图质量	较差	好	较好	较好
绘图速度	高	低	高	高
可靠性/可维护性	好	较好	好	好
噪声	大	小	小	小
绘图成本	低	较低	较高	较高

32.1.3　计算机辅助设计系统的软件

软件是指使用和充分发挥计算机效率、功能的各种程序。整个计算机系统的工作过程是由软件来控制和实现的。软件的开发水平是影响系统性能优劣、功能强弱、使用方便与否等的关键因素。因此，CAD系统软件的研究与开发应受到高度的重视。从投资上看，过去建立CAD系统的主要投资花费在硬件上。目前，建立一个CAD系统，花费在购置软件和开发应用软件的资金与购置硬件的资金已不相上下，甚至大大超过了用于购置系统硬件的投资，由此可见软件在CAD系统中的重要地位。

通常，按功能可以将CAD系统的软件分为三个层次（见图32-4）：系统软件、支撑软件和应用软件。其中，系统软件与硬件和操作系统环境密切相关，支撑软件主要指各种CAD工具软件，而应用软件是指以支撑软件为基础的各种面向工程实际应用的软件，其主要功能由各行业的工程设计人员自行开发。

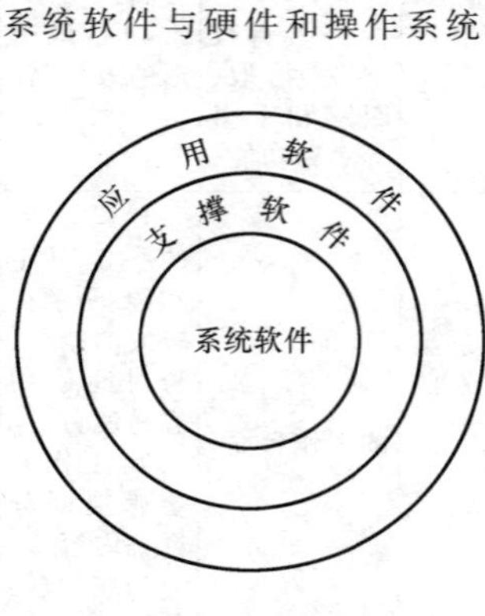

图32-4　CAD软件的三个层次

32.1.3.1　系统软件

系统软件主要用于计算机的管理、维护、控制、运行以及计算机程序的翻译和执行，包括以下几类。

1. 操作系统

操作系统的主要任务是文件及各种输入输出设备的管理。在微机上常用的操作系统有Windows、Unix、OS/2等。目前较为流行的是Windows XP和Windows Vista，它们都是多窗口、多任务的操作系统，提供对多媒体、网络的软件支持。工作站主要用Unix操作系统，提供支持X协议的多窗口环境。

2. 计算机语言

汇编语言是一种与计算机硬件相关的符号指令，属于低级语言，其执行速度快，能充分发挥硬件功能，常用来实现一些最底层的功能以及编制涉及硬件设备的驱动程序。

另一类被称为高级语言，它与自然语言十分接近，所编制的程序与具体的计算机无关，经编译及与有关库连接后即可执行。目前高级语言的发展十分迅速，应用较广的有Visual BASIC、Visual C++等。在人工智能方面用得较多的语言有LISP、Prolog等。

3. 网络通信与管理软件

目前，基于微机和工作站局域网形式的CAD系统已成为 CAD 软、硬件配置的首选方案。网络通信与管理软件为系统在网络上传输数据和共享资源提供了条件。最常用的是 Novell 公司的 Netware，它包括服务器操作系统、文件服务器软件和通信软件等。在 Microsoft 的 Windows XP、Windows 2003 和 Windows Vista 环境下可直接支持绝大多数的网络互连服务。随着网络的普及，通过计算机网络完成工程设计和信息处理将成为 CAD 的发展方向。

4. 数据库及数据库管理软件

数据库是指以特定的组织方式存储在计算机中相互关联数据的集合。它能以最佳的方式、最少的重复、最大的独立性为多种应用服务。支持人们建立、使用和修改数据库中数据的软件称为数据库管理系统。而数据库系统则由数据库和数据库管理系统所组成。数据库管理系统使用三种数据模型，即层次模型、网状模型和关系型。目前流行的系统有 FOXBASE+、ORACLE 及 INGRES 等，它们都属于关系型数据库管理系统，常用于商业、事务管理。适用于 CAD/CAM 的工程数据库管理系统要求管理大的数据量、数据类型及关系十分复杂且信息模式是动态的，一般的数据库管理系统在工程上并不适用。研制完善的支持设计的工程数据库管理系统仍是亟待解决的课题。

32.1.3.2　支撑软件

支撑软件从功能上可以分为三类，即完成几何图形设计、工程分析与计算和文档写作与生成软件等。

1. 几何图形设计软件

这类软件支持二维和三维图形方式下进行产品及其零件的详细设计，输出符合工程要求的零件图和装配图。随着计算机技术的不断发展，实体造型技术日趋完善，许多 CAD 系统转向采用实体造型技术定义产品的几何模型，从而实现工程分析、数控加工和输出工程图等。参数化设计、装配技术、虚拟现实技术、并行设计方法及统一数据模型等为各个模块共享几何模型和最终的集成创造了条件。目前比较流行的 CAD 集成系统有 AutoCAD、I-DEAS、Creo、UG-2、CADDS-5、CATIA 和 Siemens-Design 等。

2. 工程分析与计算软件

这类软件主要用于解决工程设计中的各种数值计算与分析。

1）常用数学方法库及其可视化。解决各种数学计算问题。

2）优化设计软件。优化设计建立在最优化数学理论和现代计算技术的基础上，通过迭代寻求设计的最优方案。

3）有限元分析软件。目前，有限元理论和方法已日趋成熟，而且求解问题的范围和规模日益扩大，除弹性力学和流体力学外，也大量应用于其他领域的工程问题分析。商品化的有限元分析软件较多，如 SAP-7、ADINA、NASTRAN 和 ANSYS 等，许多软件均具有较强的前、后处理功能。

3. 文档写作与生成软件

这类软件主要用于快速生成设计结果的各种报告、表格、文件和说明书等，可以方便地对文本及插图进行各种编辑。目前许多 CAD/CAM 系统中均集成这样的模块，有的称为智能文档制作模块。

32.1.3.3　应用软件

应用软件是建立在系统软件、支撑软件基础上，针对某一专门应用领域的需求而研制、开发的软件。通常，应用软件由用户结合工程设计的需求自行开发或委托有关的软件专业开发人员开发，也称为“二次开发”或增值模块。例如，机构分析及机构综合的软件、机械零部件工作能力分析软件、模具设计软件、电器设计软件和飞机气流分析软件等均属应用软件的范畴。应用软件的研制与开发是能否充分发挥已有 CAD 硬件效益的关键因素，也是 CAD 工作者的主要任务。开发应用软件应充分利用已有 CAD 支撑软件的技术及二次开发功能，而不是从头开始，这样才能保证应用技术的先进性和开发的高效性。一般，支撑软件都是一些通用性的功能软件，其服务对象为不同工程设计领域的用户，强调的是软件的通用性。而应用软件是用户利用系统软件和支撑软件所提供的各项功能为某一特定产品或某一特定工程设计领域设计、开发的软件。例如，AutoCAD 本身属于支撑软件，用户利用它所提供的二次开发手段（DCL、AutoLISP、ADS、ARX 等）所编制的各种功能程序及其相应的数据文件，则属于应用软件。需要说明的是，应用软件与支撑软件之间并没有本质的区别，当某一专业的应用软件不断发展，逐步商品化形成通用软件产品时，这种应用软件也就成为一种支撑软件。

32.1.4　基于网络的计算机辅助设计系统的简介

32.1.4.1　计算机网络

计算机网络是通过通信线路将各自独立的计算机相互连接、实现彼此通信的计算机群体。网络技术是通信技术和计算机技术相互渗透、相互结合的产物，并伴随着它们的发展而迅速发展，在信息传输和计算机应用中起到了越来越重要的作用。作为一种资源，信息在使用和传输过程中非但不会消耗，反而通过传输发挥巨大的作用并不断增值，这是信息资源与其他资源的显著不同之处。所谓信息高速公路就是可交互式传输包括数字、字符、声音、图像和视频等多媒体信息的高速计算机通信网络。网络技术已深入到工程设计和人们日常的各个领域，并将改变人们的生活和工作方式。

CAD 作为计算机应用的一个重要领域，同样也离不开网络技术的发展。一台独立的计算机的信息获取和处理能力是十分有限的，而通过网络连接的计算机可以实现信息资源共享、协调工作，从而发挥更大的效能。当前，CAD 系统本身往往就是建立在网络基础之上的，图 32-5 所示为典型的基于网络的 CAD 系统框图。在工程设计中的所有信息如设计任务、材料库、零件库和工艺流程等均存储在服务器的数据库中，而分布在决策部门、设计部门、工艺部门、材料供应部门及财会部门的各台工作站通过网络可共享其中的信息，协调进行各自的设计和数据维护工作，同时通过 Internet 与外部实现信息交流。

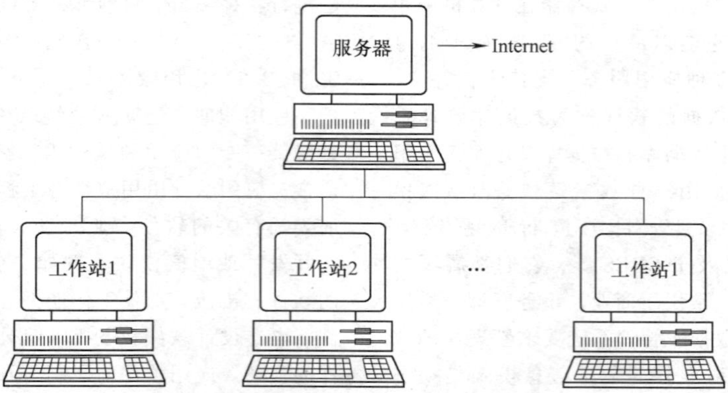

图 32-5　基于网络的 CAD 系统框图

32.1.4.2　计算机网络的主要功能

1. 数据传输

数据传输是计算机网络的最基本功能，利用计算机网络可以实现计算机与计算机之间各种信息的传递，从而使地理位置分散的各生产部门或业务部门通过计算机网络集中控制和管理。

2. 资源共享

资源共享是指用户对网络内各地区的软件、硬件和数据资源能互通有无、分工协作，从而大大提高系统内资源的利用率，这也是计算机网络的最主要功能之一。例如，某一地区设置的大型数据库可供全网使用；一些具有不频繁使用的外部设备（如绘图机、打印机等）可面向全网，供不具备这些硬件设备的部门或计算机站点使用；一台计算机的某一硬盘或目录可以被其他计算机共享；某些部门开发的软件可供其他部门通过共享目录直接调用。因此计算机网络的建立使整个系统的数据处理平均费用大大降低，一些复杂而昂贵的软、硬件数量也可适当减少，从而节省系统的整体投资。

3. 分布式数据处理

对于一些复杂的大型综合性设计项目，通过适当的处理，将其划分为若干较小的子项目交由网络中不同的计算机去完成，从而达到均衡使用网络资源、实现分布式数据处理的目的，从而可以大大提高数据的处理速度。此外，利用网络技术能将多台功能一般的计算机连成为一个具有高性能的计算机系统，用它处理大型复杂的项目，比用高性能的大、中型机费用要低得多。

4. 提高计算机的可靠性

当若干台计算机连成网后，网络中的每一台计算机均彼此互为后备机，当其中某台计算机出现故障时，立即可以用其他计算机取代其工作，避免了由于某台计算机出现故障而导致整个系统瘫痪的现象，大大地提高了计算机系统的可靠性。

5. 提高计算机的使用率

当网络中某台计算机工作负担过重时，网络可将其负担的部分工作转交给其他较为空闲的计算机去完成，这样就能均衡网络中各计算机的负荷，提高了各台计算机的使用效率。

32.2　工程设计数据库

32.2.1　概述

随着计算机技术的迅速发展，CAD 涉及的应用范围也在不断扩大。方案设计、结构设计、绘制工程图等工作已部分或全部地由计算机辅助完成。这时提供给计算机的已不再是简单的、孤立的数据，相当多的是存在一定关系的批量数据。如果将这些数据连同它们之间的关系提供给计算机，就需要事先对这些数据进行组织构造。关系的表现形式也是数据，带有关系的数据即结构化的数据。如何有效地存储和管理各类数据，使图形处理、数值计算等应用软件既能共享公共数据资源，又可以保持数据的独立性和完整性，避免不必要的数据冗余是 CAD 技术的关键。建立统一的并保存设计所需数据资料的工程数据库系统是开发 CAD 必不可少的内容。如何用计算机对各种数据进行存储、查询、修改及安全保护等问题，是数据结构和数据管理的主要内容。数据库及其管理系统为数据信息处理提供了有效的工具。CAD 的工程数据库系统的研究，自 20 世纪 70 年代开始不断发展，虽不如商业和事务处理的数据库成熟，但它的地位和作用已逐步得到确认，工程数据库管理和图形处理已成为 CAD 开发中的两大核心技术。

32.2.2 数据结构及在 CAD 中的应用

32.2.2.1 数据及其组织管理

1. 数据

数据是用数字、字母或其他符号（以及符号的组合）所表示的信息，通常用来描述现实世界中的一些客观实体。实体可以是一些具体物体，如螺栓、滚动轴承等；也可以是一些抽象的概念，如一项活动、一个事件等。实体具有多种特性，这些特性称为属性。标识属性的名称称为属性名。属性的具体值称为属性值。

例如，在机械设计中，齿轮是一个实体，可以用模数、齿数、压力角、变位系数和齿宽等若干属性来描述（见表 32-3）。模数 4.5mm、齿数 27、压力角 20°、变位系数 0 及齿宽 80mm 等为属性值。

表 32-3 齿轮几何参数

名 称	模数/mm	齿 数	压力角/°	变位系数	齿宽/mm
齿轮 1	4.5	27	20	0.0	80
齿轮 2	4.5	81	20	0.0	75
齿轮 3	5.0	25	20	0.0	90
齿轮 4	5.0	75	20	0.0	85

2. 数据的组织形式

数据按照其组成内容分为不同的组织形式，供不同的系统使用，通常有以下几种：

（1）字段 字段是数据中最基本的、不可分的和命名的数据元素，也称数据项。如表 32-3 所列的齿轮几何参数表中，每个齿轮的模数、压力角、变位系数、齿宽等数据元素都是命名而不可分的字段，它们都表达了齿轮的某一属性值。

（2）记录 相关的字段组成一个记录，因此，记录是字段的集合。表 32-3 每一行中各个字段的集合就构成了一个记录。

（3）文件 相同性质记录的集合就构成了文件。表 32-3 是由 4 个相同性质的记录所构成，因此是一个文件，可称为齿轮文件。

（4）数据库 数据库是指全部有关文件的集合。随着计算机技术和数据处理、管理技术的发展，数据库的概念已不仅仅是若干文件的集合，它还蕴含着对文件的重新组织，以便最大限度地减少文件中的重复数据，并增强数据文件之间和文件中数据的相互联系，以满足各种应用，做到数据为多用户共享。

3. 数据的组织和管理

在一个系统中，实体之间、实体与属性之间或属性之间总存在一定的联系，因而描述实体和属性的数据，彼此之间也存在一定的联系。对于需要加工处理大量数据的 CAD 系统，数据的组织和管理将对 CAD 系统的功能和工作效率产生直接的影响。

在早期的 CAD 系统中，数据的组织和管理是依靠计算机操作系统中的文件系统实现的。数据按照一定的格式，以文件的形式存储在计算机的外存介质上。同时，应用程序可以通过文件系统存取数据文件中的数据。因此，数据的修改并不一定要修改应用程序。这样，一个应用程序可使用多个文件，同一个文件也可供不同的应用程序调用，数据与应用程序之间保持着一定程度的独立性。但是，文件与文件之间还是相互独立的，文件系统无法反映出彼此之间的内在联系，从而造成同一数据在不同文件中的重复出现，数据冗余度大，浪费了存储资源。此外，数据的修改也不够完善，修改个别数据需要重新存储全部数据。

随着数据管理技术的不断发展，产生了专门用于数据管理的数据库及其技术——数据库管理系统。用数据库管理系统管理数据可以使数据与应用程序真正实现相互独立，最大限度地消除数据的冗余，做到数据为多用户共享（见图 32-6），进一步满足了 CAD 作业的需求，支持和促进了 CAD 技术的发展。因此，数据库系统已成为现代 CAD 系统的重要组成部分。

当前，CAD 技术发展的一个主要方向是 CAD/

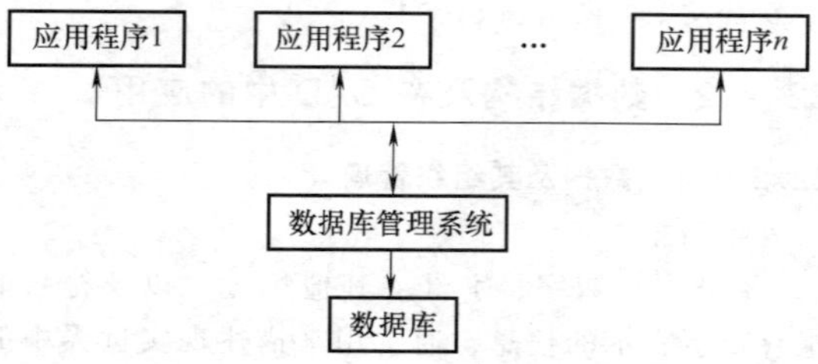

图 32-6 数据库与应用程序

CAM 一体化，即通过计算机将产品的设计和制造集成为一体，甚至进一步将计算机经营决策和生产管理集成起来，成为计算机集成制造系统（CIMS，Computer Integrated Manufacturing System）。在 CIMS 系统中，由于设计、制造、经营和管理作业之间的密切关系，许多数据是共同的或彼此相关的，因而数据的组织管理更显得尤为重要，数据库系统的作用更为突出。

32.2.2.2 数据结构

1. 数据的逻辑结构

数据结构是指数据元素之间的相互关系。而数据的逻辑结构是指按数据元素间的逻辑关系和特性分类的数据结构。通常，根据数据节点（元素）间的逻辑关系将数据的逻辑结构分为三类。

（1）顺序关系的数据结构　顺序关系的数据结构是一类最简单的数据结构。是 n 个数据元素的有限序列（x_1、x_2，…，x_n），数据元素 a_i 可以是一个数，也可以是一个符号，还可以是一个线性表，甚至是更复杂的数据结构。

例如，动力蜗杆传动模数的标准系列值可以构成一个线性表：

（1，1.25，1.6，2，2.5…16，20，25）

表中的每一个数据元素是一个数。而对于表 32-3 所列的齿轮几何参数也同样可以构成一个线性表，只是表中的数据元素是由 6 个数据项组成的一个纪录。

尽管线性表中的数据元素可能是各种各样的数据结构，但同一表中数据元素的类型是相同的。除了第一个和最后一个数据元素外，每个数据元素有且只有一个直接前趋和后继。线性表中数据元素的个数定义为线性表的长度。

（2）树形层次关系的数据结构（树结构）　树形层次关系的数据结构中数据元素之间具有从属关系的层次结构。图 32-7 所示的多轴钻床传动箱组成部分的数据结构就是一种树形层次关系的数据结构。图 32-7 中最下一层中，钻孔主轴 1、钻孔主轴 2、钻孔主轴 3 与传动轴 1 就是从属关系。从整体上看，表现了多层的这种从属关系。典型的树结构如图 32-8 所示。

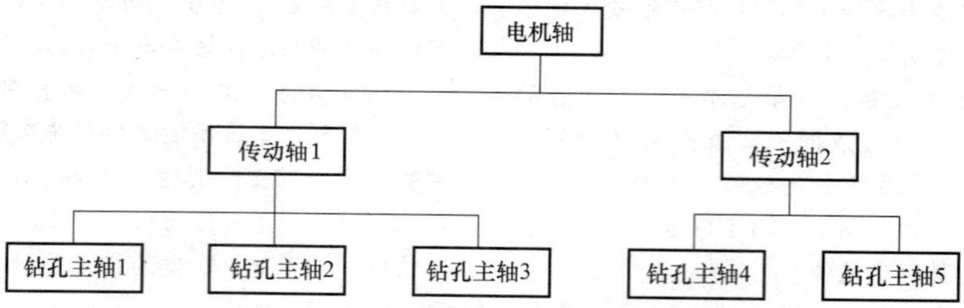

图 32-7 多轴钻床传动箱组成部分

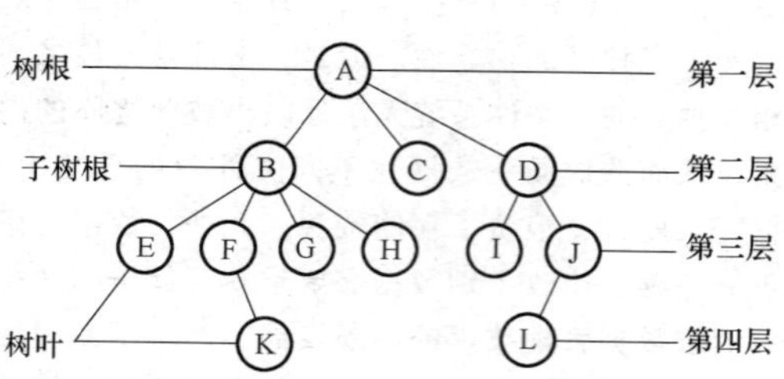

图 32-8 树结构

树结构的特点是，除根结点外，每个结点有且只有一个直接前趋；除终端结点外，每个结点可以有不止一个直接后继；终端结点没有直接后继。根结点只有一个（图 32-8 中的结点 A），叫作树根。其他层中的结点（如图 32-8 中的 B、C、D 等）又都可作为一个子树根，分别与它们的下一层中的结点 E、F、…、J 等相连。末端的结点 C、G、H、I、K、L 等叫作树叶或树梢。通常树结构图总是把树倒放，树根在上方。

树结构是一种十分重要的数据结构，它不仅在软件技术中是一个重要的概念，而且在实际应用中也十分普遍。

（3）网状关系的数据结构（图结构）　图结构表达数据间更为复杂的关系。如图 32-9a 所示的几何图形 P 是由一个四边形 S 和一个三角形 T 所组成（见图 32-9b）。四边形 S 由 A、B、C、D 四条边组成；三角形 T 由 E、F、C 三条边组成。每条边都有两个端点，但由于有公用端点，整个图形共有 1、2、3、4、

5 五个顶点。根据此图形 P 的组成逻辑，其数据结构可如图 32-9c 所示。图结构与树结构的主要区别在于：树的下层结点只能与一个上层结点连接，而图结构的下层结点可与几个上层结点连接。因此，图结构反映的实际模型已不再是从属关系，它的数据元素关系比树结构复杂。

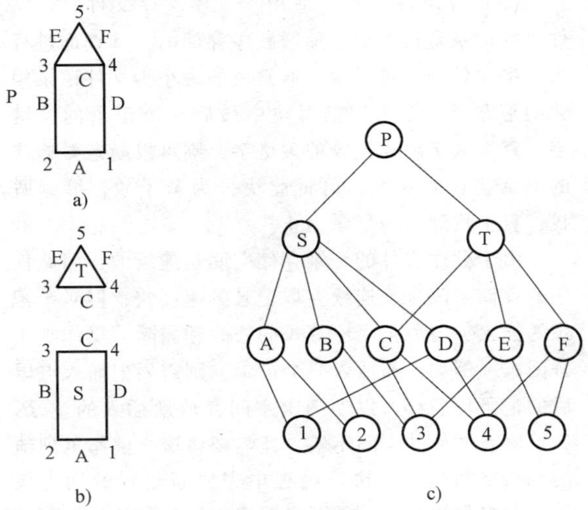

图 32-9　图结构

2. 数据的物理结构

在 CAD 作业中，数据都要以一定的形式存入计算机系统，以便于系统对这些数据进行加工处理。因此，用户在根据使用要求以及数据间的逻辑关系完成数据的逻辑结构设计后，还要用一定的语言来描述并输入系统。系统通过特定的软件把数据间的关系按一定的形式存在计算机的存储器中，构成这些数据的存储结构即物理结构。这种把逻辑结构转换成物理结构的过程叫作“映象”。

数据的物理结构是从系统设计的角度出发，与用户考虑问题的角度不完全一样。通常，用户从应用的角度出发，仅考虑数据的逻辑关系，而不考虑数据的存储特点和要求。而存储设计除了要考虑到数据的逻辑结构外，还必须考虑存储本身的一些特点和要求，如充分利用存储资源，缩短存储时间，便于数据的增、删和修改，提高数据的可靠性等问题。因此，数据的逻辑结构与物理结构两者一般是不一致的，同一结构可以映象出多种物理结构。不同的物理结构可以满足各种逻辑结构的需要。

（1）顺序存储结构　顺序存储是指用一组连续的计算机存储单元，按照数据元素的逻辑顺序依次存放数据。它不使用其他单元作为辅助信息。顺序存储是一种最简单的存储方式，数据之间相隔固定距离，数据在逻辑上的顺序与它在计算机内的顺序是一致的。假定每个数据元素占用 m 个存储单元，第一个数据元素占用的第一个存储单元的地址为该数据元素的存储位置，则第 i 个数据元素的存储位置为

$$\mathrm{Loc}(a_i)=\mathrm{Loc}(a_1)+(i-1)\times m \quad 1\leqslant i\leqslant n \tag{32-1}$$

如图 32-10 所示。

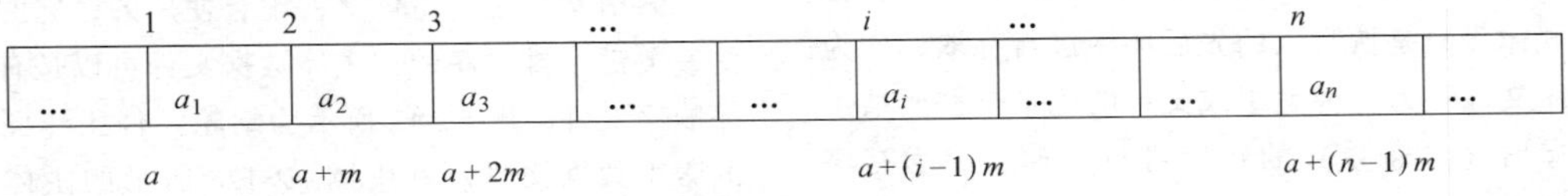

图 32-10　顺序存储结构示意图

由于数据是按顺序连续存放的，在存取或访问任一元素时，只需按式（32-1）计算地址即可，无须再用其他单元来存放寻求地址的辅助信息。因此，所需存储区域较小，但结点的插入、删除和重新排列较麻烦，往往需要在存储器中做大量的结点移动。这种存储结构多用于查找频繁、很少增删的场合，如工程手册中的大量数据表格。

（2）链式存储结构　链式存储结构用一组任意的存储单元存放表中的数据元素。由于存储单元可以是不连续的，因此为了表中的逻辑关系，除了存储元素本身的信息外，还要存储这个元素直接后继或直接前趋的存储位置。这两种信息组成数据元素的存储映象，称为结点。结点包括两种域，存放数据元素本身的域称为数据域，存储直接后继或直接前趋的域称为指针域。指针域中存储的信息称作指针，这种通过指针来实现逻辑结构中的顺序关系的方法称为链接法或链地址法，其存储结构的模型如图 32-11 所示。其中图 32-11a 所示为单向链表，即结点只有一个指针，通常存放直接后继的地址。单向链表的最后一个结点的指针域是空的，放入一个标志链结束的代码，图 32-11 中以符号 * 表示；图 32-11b 所示为双向链表，它的每个结点比单向链表多一个指针域，存放结点的直接前趋的地址。

链式结构存储刚好弥补了顺序结构存储的不足。它多用于事先难以确定容量大小且增删频繁的线性表的存储结构，如图形系统的实体数据表。

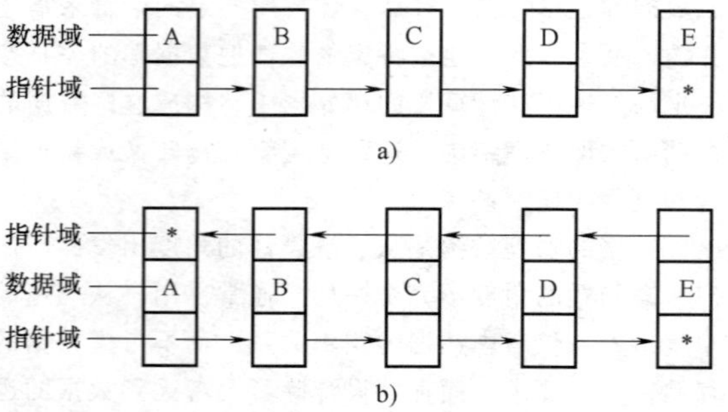

图 32-11　链式存储结构示意图

链式结构的存储单元中还可以设置多个指针，分别指向不同的存储单元地址，再加上顺序存储结构，其组合可以构成多种多样较为复杂的物理结构形式，从而实现数据间更为复杂的逻辑关系。

32.2.2.3　文件的组织与管理

当数据以数据文件的形式存储在计算机的外存设备上时，用户可通过应用程序对文件中的数据进行操作。文件中的数据可以由多种组织形式，如顺序组织、随机组织以及链形组织等。对于不同的应用系统应选取不同的文件组织形式，以便提高应用系统的效率且便于用户使用。

1. 顺序文件

顺序文件是指数据的物理存储顺序与逻辑顺序相一致的文件，即它的物理存储空间是连续的。存入顺序存储器（如磁带等）的文件只能是顺序文件。顺序文件又可分为两种：一种是组成文件的记录没有任何次序规律，只是按写入的先后顺序进行存取，称为无序顺序文件；另一种是组成文件的记录是按照某个关键字递增（或递减）的顺序进行存储，成为有序顺序文件。

查找顺序文件的某个记录，一般可以采用顺序扫描、折半查找和分块查找等方法。

(1) 顺序查找法　扫描整个文件直至找到所需记录位置。当文件较大时，顺序查找法需要较长的扫描时间，查询效率较低，一般只用于无序顺序文件。

(2) 折半查找法　适用于有序顺序文件。若文件中的记录是按关键字递增顺序存储的，其查询过程为：首先将整个文件作为查询区域，将居查询区域中间点记录的关键字与要查找记录的关键字进行比较，此时存在三种情况：一是两个关键字相等，则该记录就是所要查找的记录；二是要查找的记录的关键字小于中间点记录的关键字，则把查询区域一分为二，取前半部分作为新的查询区域，找出中间点记录的关键字，继续比较；三是要查找的记录的关键字大于中间点记录的关键字，则把查询区域一分为二，取后半部分作为新的查询区域，找出中间点记录的关键字，继续比较。当第二、三种情况执行完后，又会出现与上述同性质的三种情况，再继续同样的处理，直到找到所需的记录。

(3) 分块查找法　适用于有序顺序文件。若文件中的记录是按关键字递增顺序存储的，其查询过程为：将文件分成若干块，通常块的大小为文件记录中数的平方根，依次扫描每块中最后一个记录的关键字，直至大于要找记录的关键字，则可以断定要查找的记录就在此块中，再将此块分为若干块，继续查找，直至找到所需记录为止。

由于顺序文件的记录存储空间是连续的，因此占用的存储空间少，连续存取记录的速度快，但对于记录的插入、与原记录不等长的修改和删除等操作都十分困难。例如，要插入一个记录，则需要把插入点以后的记录均后移，以便腾出空间存放新插入的记录。如果原有文件的空间不够，还需要将该文件拷贝到新的存储空间处，在拷贝过程中完成新纪录的插入操作。在多数情况下，需要将顺序文件与其他文件配合使用，以提高工作效率。

2. 索引文件

索引是指用索引法列出关键字 k 与相应记录 R_k 地址的对应表。带有索引的文件称为索引文件，索引文件是最常用的文件之一。

索引文件是与主体文件配合使用的，它的索引项是按关键字排过序的，主体数据文件可以是有序或无序顺序文件。图 32-12 所示为蜗轮零件工作图明细表的索引数据文件。其中图 32-12a 所示的主体数据文件是无序顺序文件。图 32-12b 所示为索引文件，索引项为零件序号，是没有排序的。图 32-12c 所示为在图 32-12b 的基础上把索引项进行排序后得到的最终索引文件，而图 32-12b 作为中间文件可以不保留。

当需要查找某个零件序号对应的记录时，先在索引文件中找出该零件序号所对应零件记录的地址，再根据此地址到主体数据文件中读出相应的零件信息。

索引文件可以对数据记录进行快速的随机访问和顺序访问，例如，要插入一个记录时，可以将新的纪录放在主体数据文件的尾部，在索引文件中添加相应的索引项，再对索引文件项进行重新排序，即可得到新的索引文件。要删除一个记录时，可以把该记录在索引文件中对应的索引项删掉，而主体数据文件中的记录项可以暂时不变，当积累到一定数量时，再一起将无用的记录全部删除。

地址	序号	名称	数量	材料	备注
105	3	轮芯	1	HT200	
104	5	垫圈 16	6	65Mn	GB/T 93—1987
103	2	螺母 M16	6	Q235	GB/T 6170—2000
102	4	螺栓 M16×45	6	Q235	GB/T 27—1988
101	1	轮缘	1	ZCuSn10P1	

a)

地址	序号	记录存放地址
201	3	105
205	5	104
203	2	103
204	4	102
205	1	101

b)

地址	序号	记录存放地址
305	5	104
304	4	102
303	3	105
302	2	103
301	1	101

c)

图 32-12　蜗轮零件工作图明细表索引数据文件

a）主体数据文件　b）无序索引　c）有序索引

3. 多重链表文件

在多重链表中，记录的物理存储顺序与逻辑存储顺序可以是不一致的。它在每一个记录项上增设一个指针，用来指向下一个记录的存储地址。多重链表的组织形式通常用于根据多个次关键字来访问某条记录，其具体方法如下：

1）根据 n 个次关键字来查询某条记录时，在建立数据文件的过程中，每个记录上增加 n 个指针项，每个指针项指向包含相应次关键字的下一个记录的地址。例如，图 32-13 所示为一组零件的多重链表型数据文件，零件的序号是主关键字，零件的名称和材料是次关键字。

2）分别建立每个次关键字的索引表，根据该索引表组查寻记录。图 32-14 所示为根据图 32-13 所示的数据文件建立的两个次关键字的索引表。

当需要在图 32-13 的多重链表文件中查询材料为 45 号钢的轴时，可以从零件名索引表中查找到轴的头指针，由该指针到数据文件中找出第一根轴，记录地址为 114，再根据与轴相对应的链表指针，找到第二根轴，记录地址为 121。同理，从材料索引表和数据文件中可以查到材料为 45 号钢的零件有五个记录：111、114、121、124 和 131，取两者交集，即可得到所需记录。

多重链表的组织方式是在数据文件中增加次关键字的链表指针，通过该链表指针查询有关记录，而不必查询整个文件。更重要的是解决了管理变长记录所存在的问题。

地址	序号	名称	指向同类零件下一个记录的指针	材料	指向同类零件下一个记录的指针
111	5	齿轮	124	45	114
114	2	轴	121	45	121
117	7	平键	127	Q275	127
121	4	轴	无	45	124
124	6	齿轮	131	45	131
127	8	平键	无	Q275	无
131	3	齿轮	无	45	无

图 32-13　多重链表型数据文件

次关键字	头指针
齿轮	111
轴	114
平键	117

a）

次关键字	头指针
45	111
Q275	117

b）

图 32-14　次关键字索引表

a）零件名索引　b）材料索引

4. 倒排文件

倒排文件也是多关键字的多重链表结构，与多重链表的主要区别在于次关键字的链表指针信息不是加在数据文件记录中的每个记录上，而是在每个次关键字的索引表中。图 32-15 所示为上一例的倒排文件。

当需要查找材料为 45 号钢的轴时，可以从零件名称的倒排文件中直接找到零件为轴的两个记录的地址：114、121，同时从材料的倒排文件中也可以直接得到材料为 45 号钢的五个记录的地址：111、114、121、124、131，而无须再访问原始数据文件。因此倒排文件比多重链表文件的查询效率高。

倒排文件用多个关键字查询数据记录，查询速度快且可以对多个关键字查询的结果进行逻辑运算，是信息减速系统中常用的文件组织形式，但它占用的存储空间较大。

地址	序号	名称	材料
111	5	齿轮	45
114	2	轴	45
117	7	平键	Q275
121	4	轴	45
124	6	齿轮	45
127	8	平键	Q275
131	3	齿轮	45

a）

次关键字	指针
齿轮	111,124,131
轴	114,121
平键	117,127

b）

次关键字	指针
45	111,114,121,124,131
Q275	117,127

c）

图 32-15　倒排文件

a）主体数据文件　b）零件名索引　c）材料索引

32.2.3　数据库及管理系统

数据库系统是在克服文件系统缺点的基础上发展起来的一门新型数据管理技术，是一种能够管理大量的、永久的、可靠的、共享的数据的工具。

32.2.3.1　数据库系统的组成

数据库系统一般有数据库、数据库管理系统、数据库应用程序以及数据库管理系统的操作系统组成。

（1）数据库　数据库实质上是一个存放在计算机内部经过组织的可供多方面使用的相关数据所构成的集合。数据库的核心问题是如何表达和处理数据间的联系，数据模型是描述这种联系的数据结构形式。按照数据库的数据模型的不同，对应于三种不同的数据逻辑结构形式，即顺序关系的数据结构、树形层次关系的数据结构和网状关系的数据结构，通常将数据库分为关系型、层次型和网络型数据库。层次和网状数据模型是通过指针来实现数据的联系，因而适于表达图形，故一般的图形库常为层次或网络型，而事务管理和设计表格一类的应用则采用关系型数据库。

（2）数据库管理系统　数据库管理系统是负责组织和管理数据库的软件，其主要功能是维护数据库，接受并完成用户程序或命令提出的访问数据的各种要求，协助用户建立和使用数据库。数据库管理系统追求的目标是通用、可靠和高效率。

（3）数据库应用程序　数据库应用程序用来完成对数据库中数据的访问，如提取数据和组织数据等。它是在数据库管理系统的控制下，根据应用程序中的一系列命令来进行的。通常数据库应用程序是由系统提供或由用户自行开发。

（4）支持数据库管理系统的操作系统　数据库管理系统的操作系统是指包括硬件环境和操作系统软件在内的支持数据存储和数据操作的计算机系统。

32.2.3.2　数据模型

1. 关系型数据模型

关系型数据模型是以集合论中“关系”的概念为理论基础，把信息集合定义为一张二维表的组织结构，每一张二维表称为一个关系，其表中的每一行为一个记录，每一列为数据项，表 32-4 所列为轴材料的许用应力数据库。

表 32-4　轴材料的许用应力

（单位：MPa）

材料	σ_B	$[\sigma_{+1}]_b$	$[\sigma_0]_b$	$[\sigma_{-1}]_b$
碳钢	400	130	70	40
	500	170	75	45
	600	200	95	55
	700	230	110	65
合金钢	800	270	130	75
	1000	330	150	90

关系型数据模型结构比较简单，但能够处理复杂的事物之间的联系，因此关系型数据库越来越受到人们的普遍重视。

2. 层次型数据模型

层次型数据模型是指记录之间是属性的组织结构，它体现了记录之间的“一对多”的关系，如图 32-16 所示。

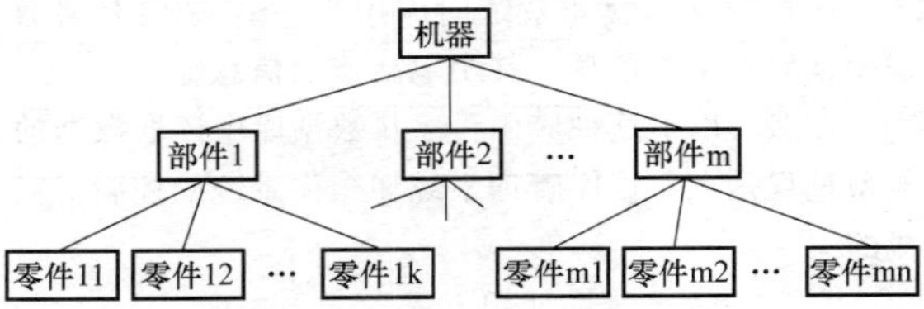

图 32-16　层次型数据模型

层次型数据模型具有结构简单、清晰的特点，适用于记录之间本身就存在一种自然的层次关系，但很难处理记录之间复杂的联系。

3. 网络型数据模型

网络型数据模型是指事物之间为网络的组织结构，它体现了事物之间的“多对多”的关系，如图 32-17 所示。

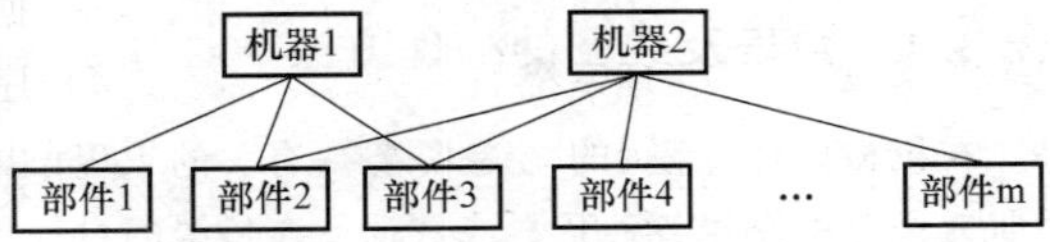

图 32-17　网络型数据模型

网络型数据模型能够处理事物之间非常复杂的联系，但其模型结构也是极其复杂的。层次型数据模型是网络型数据模型的一种特例。

32.2.4　数据库系统的设计与使用

通常，在 CAD 系统中设计数据库系统的环境有两种：一种是现有的 CAD 系统还没有配置数据库管理系统。为了满足 CAD 系统的工作要求，用户必须先设计和研制一套数据库管理系统，然后再设计相应的数据库。然而设计和研制一套数据库管理系统通常是需要消耗大量的时间和人力，本身就是一项十分复杂的软件工程，对于一般的工程设计用户实现起来有较大的困难。第二种情况是现有的 CAD 系统已配置了数据库管理系统，用户只需按照本专业或应用领域的特点设计数据库系统。对于大多数用户来讲，数据库系统的设计是在这样的环境下进行的。因此，以下将重点讨论在已有数据库管理系统环境下数据库系统的设计。

32.2.4.1　数据库的设计流程

图 32-18 所示为数据库的设计流程框图，包括以下主要内容。

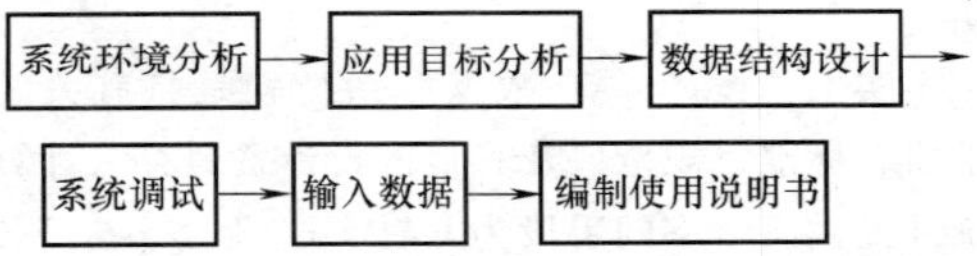

图 32-18　数据库的设计流程

1. 调研和分析

针对数据库设计的环境和应用目标做调研和分析。这是设计数据库系统的第一步，主要包括两方面的内容。

1）对设计数据库系统的环境做全面的分析研究。要对现有的软件和硬件方面的情况做深入的调研和认真的分析。在软件方面主要是研究数据库管理系统的结构和功能，如数据库的模式、子模式、数据模型、检索或存取数据的方式和速度、对数据的要求和限制、数据的安全保护措施等。在硬件方面主要是外部存储设备的容量、所能提供的数据输入输出方式和数据传输的速度等，这些将为以后的设计数据库工作提供重要的依据。

2）对 CAD 数据库系统的应用目标做调研与分析。首先必须了解本专业或学科应用领域内的 CAD 所涉及的数据范围、数据类型和用途，同时考虑现有的需要和长远的发展；再分析研究这些数据间的关系，数据的基本规律，其中包括基本数据、派生数据和组合数据等；然后，结合数据库系统环境的调研分析结果，拟定出一个数据库系统的设计规划，包括拟设计的数据库系统的功能、规模、使用率、数据类型及输入输出格式等。

2. 设计数据结构

根据现有数据库管理系统所确定的数据库模型，利用数据库管理系统所提供的数据定义语言和相关程序来定义数据的模式和子模式。对于常用的关系型数据库模型，就是设计数据文件的二维表格以及二维表格中的各个字段的名称、类型和格式，这个设计过程不涉及具体的数据值，是计算机辅助机械设计中经常采用的一种数据结构。

3. 系统调试

在完成模式和子模式的设计后，一般可以将少量的、有代表性的数据输入系统试运行以检验系统设计的合理性和可行性，根据测试结果对系统设计做必要的修正，从而最终达到设计要求。

4. 输入数据

系统经调试达到设计要求后，即可利用数据库管理系统提供的数据输入程序将具体的设计数据输入数据库系统。至此，数据库系统设计已完成，可以投入使用。

事实上，设计 CAD 数据库系统就是将有关的设计手册、标准、规范以及其他的设计资料存入计算机系统并提供高效率的手段为 CAD 作业服务。

5. 编制使用说明书

在数据库系统的设计完成后，为了方便用户的使用和修改，需要编制出数据库系统的使用说明书，这项工作类似于编制设计手册的目录和使用说明。

32.2.4.2 数据库系统的使用

CAD 作业过程中对数据库系统的使用主要体现在对设计数据的检索和存储，具体体现为数据文件的建立、修改、显示、查看、增删以及改变文件结构和报表打印输出等。

1. 应用程序从数据库系统中读取数据的过程

图 32-19 所示为应用程序从数据库中读取数据的典型过程。

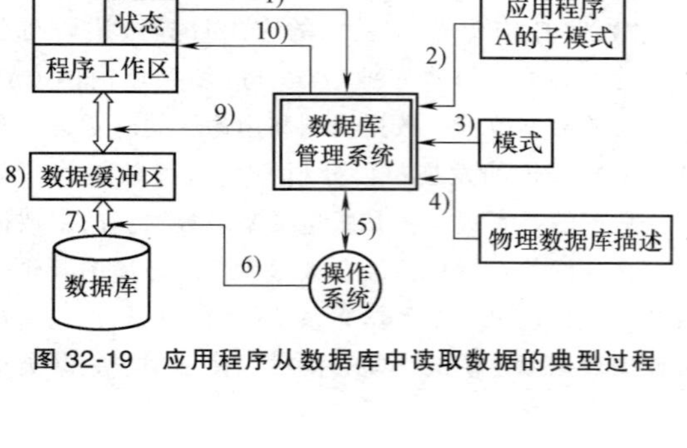

图 32-19 应用程序从数据库中读取数据的典型过程

1）应用程序 A 在向数据库存取数据时，必须使用数据操纵语言中的有关命令语句，通过命令语句的执行，向数据库管理系统发出读取（或其他命令）数据库数据的命令。

2）数据库管理系统接到读取数据命令后，检查数据的描述，并从应用程序 A 所用的子模式中取得相关的信息。

3）根据子模式取得的相关信息，数据库管理系统决定所需数据的类型。

4）根据物理数据库描述，数据库管理系统确定所需存取数据的物理记录位置。

5）数据库管理系统向操作系统发出读取所需数据的命令。

6）操作系统与存放该数据的物理存储设备相互作用，启动读取操作。

7）所需数据由数据库的物理存储器送入系统的缓冲区。

8）数据库管理系统根据模式与子模式，从数据中派生出应用程序所需的逻辑记录。

9）数据库管理系统把数据从系统的缓冲区传送到应用程序的工作区。

10）数据库管理系统向应用程序 A 提供有关数据库读取数据的信息，其中包括错误信息。

显然，以上这种应用程序从数据库中读取数据的典型过程是在数据库管理系统和操作系统的控制下完成的。

2. 数据库系统的使用方式

（1）人机交互方式　用户通过相关的硬件设备（如显示器和键盘）与系统进行人机对话，实现对数据文件的各种操作以满足设计作业的需求。

（2）自动执行方式　用户根据设计作业的各种要求通过程序实现所需的功能，此程序称成为命令文件。一般的数据库管理系统均提供相应的命令文件的编制规则和方法。

32.3 常用计算方法

32.3.1 数表及线图的处理方法

在机械设计过程中，往往需要从有关的工程设计手册或规范中查找各种系数或数据。在传统的设计方法中，主要依靠设计人员手工查取，既费时又烦琐。在现代设计方法中，为了使计算机能应用这些资料，必须用计算机能理解的方式，对所用数表和线图资料进行预先处理。另外，函数的插值和数据结果的处理，也是机械设计中经常遇到的问题。

32.3.1.1　设计数表的计算机处理

机械设计中使用到的数表，按照其是否为函数可以分为两大类：简单数表-非函数数表，如 V 带轮基准直径系列等；列表函数表-函数数表，如 V 带传动小带轮包角系数 K_α 等。列表函数表除可以检索外，在非节点上的数据可以通过插值法求得。而简单数表在非节点上不存在数据，因此，只能检索，不能插值。数表按其数据与相关因素（或自变量）个数的多少又可分为：一维数表（一个因素）、二维数表（两个因素）和三维数表等。

设计数表的计算机处理即程序化就是将数据以数组的形式编入程序。其编程步骤如下：

1）定标识符并写成数组的形式。

2）编写输入语句。

3）检索输出语句。

32.3.1.2　列表函数的插值

机械设计中用到的列表函数表，只能给出有限点的函数值，对于表中没有给出的节点函数值可以用插值法求得。

1. 一元列表函数的插值

设有一用数据表格给出的列表函数 $y=f(x)$，见表 32-5。

表 32-5　一元列表函数

x	x_1	x_2	x_3	···	x_n
y	y_1	y_2	y_3	···	y_n

由于列表函数只能给出节点 x_1，x_2，x_3，…，x_n 处的函数值 y_1，y_2，y_3，…，y_n，当自变量为两节点的中间值时，就要用插值法求取其函数值。

插值法的基本思想是设法构造一个函数 $g(x)$，作为列表函数 $f(x)$ 的近似表达式，然后计算 $g(x)$ 的值以得到 $f(x)$ 的近似值。即根据列表函数 $f(x)$ 的数表值，希望得到反映 $f(x)$ 特征而且计算简单又具有足够精度的函数 $g(x)$，使得

$$f(x_i)=g(x_i)\qquad i=1,\ 2,\ 3,\ \cdots,\ n$$

$g(x)$ 是 $f(x)$ 的插值函数，点 x_1，x_2，x_3，…，x_n 称为插值节点。常用的插值函数是代数多项式。多项式的次数小于等于 $n-1$ 次。

（1）线性插值　条件是给定自变量 x，求其函数值 y，如图 32-20 所示，其步骤如下：

① 选取两个相邻自变量 x_i 与 x_{i+1}，满足条件 $x_i<x<x_{i+1}$。

② 过 $(x_i,\ y_i)$ 及 $(x_{i+1},\ y_{i+1})$ 两点连直线 $g(x)$ 代替原来的函数 $f(x)$，则插值公式为

$$y=\frac{(x-x_{i+1})}{(x_i-x_{i+1})}y_i+\frac{(x-x_i)}{(x_{i+1}-x_i)}y_{i+1}\qquad(32\text{-}2)$$

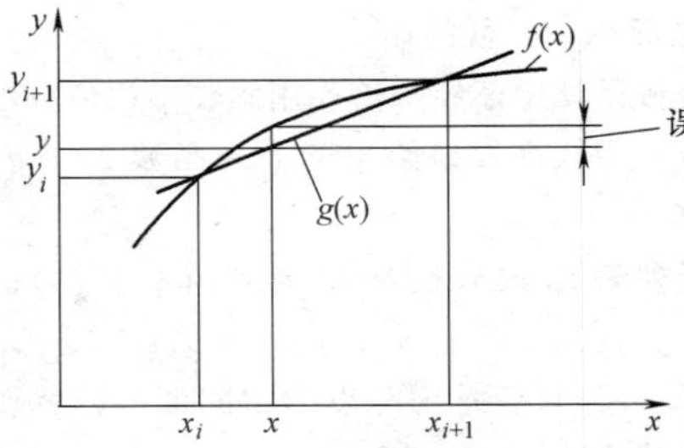

图 32-20　线性插值

从图 32-20 可以看出，这种插值存在一定的误差，但当表格中自变量值间隔较小时，而插值精度又不要求很高时，是可以满足使用要求的。

（2）二次插值（抛物线插值）　如图 32-21 所示，在 $f(x)$ 上取三点，过三点做抛物线 $g(x)$ 替代 $f(x)$，因而二次插值也称抛物线插值。显然，二次插值可以获得比线性插值精度高的结果。

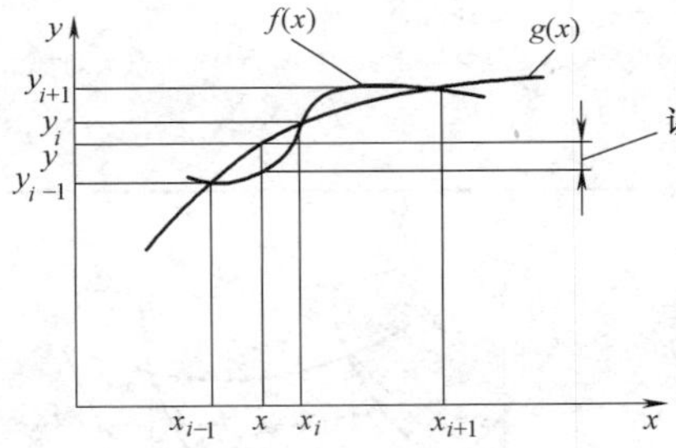

图 32-21　二次插值

若已知插入值 x，则

$$y=\frac{(x-x_i)(x-x_{i+1})}{(x_{i-1}-x_i)(x_{i-1}-x_{i+1})}y_{i-1}+\frac{(x-x_{i-1})(x-_{i+1})}{(x_i-x_{i-1})(x_i-x_{i+1})}y_i+\frac{(x-x_{i-1})(x-x_i)}{(x_{i+1}-x_{i-1})(x_{i+1}-x_i)}y_{i+1}\qquad(32\text{-}3)$$

在二次插值中，关键是要根据插值点 x 选取合适的三个点，选取步骤如下：

设插值点为 x，且有 $x_{i-1}<x\leqslant x_i$，（$i=3,\ 4,\ \cdots,\ n-1$）

① 若 $|x-x_{j-1}|\leqslant|x-x_j|$，即 x 靠近 x_{j-1} 点，则选 x_{j-2}，x_{j-1}，x_j 三个点，这时式（32-3）中的 $i=j-1$。

② 若 $|x-x_{j-1}|>|x-x_j|$，即 x 靠近 x_j 点，则选 x_{j-1}，x_j，x_{j+1} 三个点，这时式（32-3）中的 $i=j$。

③ 若 $x_1\leqslant x\leqslant x_2$，即 x 靠近表头，则选 x_1，x_2，x_3 三个点，这时式（32-3）中的 $i=2$。

④ 若 $x_{n-1}\leqslant x\leqslant x_n$，即 x 靠近表尾，则选 x_{n-2}，

x_{n-1}，x_n三个点，这时式（32-3）中的$i=n-1$。

2. 二元列表函数的插值

在机械设计中还经常需要用到二维插值算法。

设有一用数据表格给出的列表函数$z=f(x, y)$，见表32-6。

由于列表函数只能给出节点（x_1，y_1），（x_2，y_2），（x_3，y_3），…，（x_n，y_n）处的函数值z_1，z_2，z_3，…，z_n，当自变量为节点的中间值时，就要用插值法求取其函数值。

（1）二维线性插值　设已知函数$z=f(x, y)$在点（x_i，y_j）、（x_{i+1}，y_j）、（x_i，y_{j+1}）、（x_{i+1}，y_{j+1}）的值$f(x_i, y_j)$、$f(x_{i+1}, y_j)$、$f(x_i, y_{j+1})$、$f(x_{i+1}, y_{j+1})$，求函数在点（x，y）（$x_i<x<x_{i+1}$，$y_j<y<y_{j+1}$）处的值$f(x, y)$，如图32-22所示。

表32-6　二元列表函数

	…	y_{j-1}	y_k	y_j	y_{j+1}	…
⋮	⋮	⋮		⋮	⋮	⋮
x_{i-1}	…	$f(x_{i-1},y_{j+1})$		$f(x_i,y_j)$	$f(x_{i-1},y_{j+1})$	…
x_k			$f(x_k,y_k)$			
x_i	…	$f(x_i,y_{j-1})$		$f(x_i,y_j)$	$f(x_i,y_{j+1})$	…
x_{i+1}	…	$f(x_{i+1},y_{j-1})$		$f(x_{i+1},y_j)$	$f(x_{i+1},y_{j+1})$	…
⋮	⋮	⋮		⋮	⋮	⋮

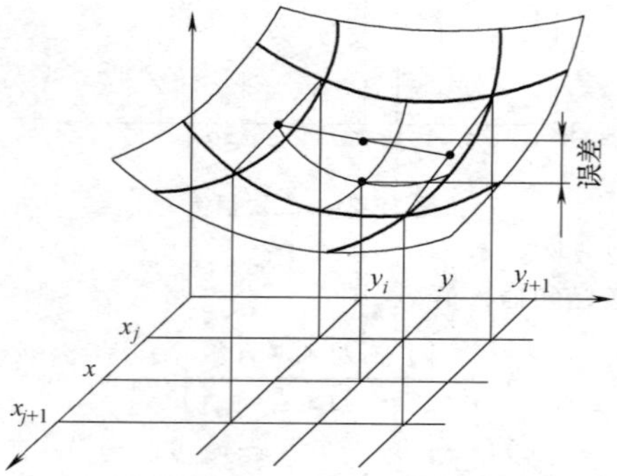

图32-22　二维线性插值

二维线性插值可以通过两次调用一维线性插值的方法完成，首先应用一维线性插值的方法，根据$f(x_i, y_j)$、$f(x_{i+1}, y_j)$、$f(x_i, y_{j+1})$、$f(x_{i+1}, y_{j+1})$分别求得函数在点（x，y_j）、（x，y_{j+1}）处的近似值$f^*(x, y_j)$、$f^*(x, y_{j+1})$：

$$f^*(x,y_j)=\frac{x-x_{i+1}}{x_i-x_{i+1}}f(x_i,y_j)+\frac{x-x_i}{x_{i+1}-x_i}f(x_{i+1},y_j) \tag{32-4}$$

$$f^*(x,y_{j+1})=\frac{x-x_{i+1}}{x_i-x_{i+1}}f(x_i,y_{j+1})+\frac{x-x_i}{x_{i+1}-x_i}f(x_{i+1},y_{j+1}) \tag{32-5}$$

然后再通过对这两个值的插值得到函数在点（x，y）处的近似值$f^*(x, y)$：

$$f^*(x,y)=\frac{y-y_{j+1}}{y_j-y_{j+1}}f^*(x,y_j)+\frac{y-y_j}{y_{j+1}-y_j}f^*(x,y_{j+1}) \tag{32-6}$$

（2）二元二次插值　为提高插值精度，可以采用二元二次插值方法。

设已知函数$z=f(x, y)$在点（x_{i-1}，y_{j-1}）、（x_{i-1}，y_j）、（x_{i-1}，y_{j+1}）、（x_i，y_{j-1}）（x_i，y_j）、（x_i，y_{j+1}）、（x_{i+1}，y_{j-1}）、（x_{i+1}，y_j）、（x_{i+1}，y_{j+1}）的值$f(x_{i-1}, y_{j-1})$、$f(x_{i-1}, y_j)$、$f(x_{i-1}, y_{j+1})$、$f(x_i, y_{j-1})$、$f(x_i, y_j)$、$f(x_i, y_{j+1})$、$f(x_{i+1}, y_{j-1})$、$f(x_{i+1}, y_j)$、$f(x_{i+1}, y_{j+1})$，求函数在点（x，y）（$x_{i-1}<x<x_{i+1}$，$y_{j-1}<y<y_{j+1}$）处的值$f(x, y)$：

$$f*(x,y)=\sum_{M=-1}^{1}\sum_{N=-1}^{1}f(x_{i+M},y_{j+N})\cdot L_{i,j}^{M,N}(x,y) \tag{32-7}$$

$$L_{i,j}^{M,N}(x,y)=\prod_{\substack{k=-1\\k\neq M}}^{1}\frac{x-x_k}{x_i-x_k}\prod_{\substack{k=-1\\k\neq N}}^{1}\frac{y-y_k}{y_j-y_k} \tag{32-8}$$

32.3.2　数值分析方法

32.3.2.1　算法选择

在关于一个工程问题的计算数学模型确定以后，通常有多种不同的计算方法可供选择，不同算法的收敛性，稳定性，对内存的占用，以及算法的复杂程度（编程工作难度）的差别很大，选择算法时要综合分析工程问题的要求及计算条件情况，合理选择算法。

为充分发挥计算机的特点，计算程序中所选择的算法多为迭代算法，即从某一初始值出发，反复应用同一算法，直到得到所需的计算结果。

迭代算法是否能够通过有限次运算得到满足一定精度要求的计算结果的问题称为算法的收敛性，通常的算法只在一定条件下收敛，在选择算法时应根据计算问题的具体情况考察算法的收敛性。

在工程问题计算中无论是原始数据或中间结果数据中都不可避免地含有误差，如果在计算过程中这些误差不断增长，将降低计算结果的可信程度，这样的算法称为不稳定的算法，在计算中应选择具有稳定性的算法。

计算机的存储容量是有限的，不同的算法对计算机的存储容量提出不同的要求，选择算法时应充分考虑计算机能够提供的存储容量的限制。

32.3.2.2　方程求根

方程求根是工程计算中的一类基本计算问题，很多工程计算问题归结为求解某一类方程的根。

设函数 $f(x)$ 在区间 $(a,\ b)$ 上连续，且 $f(a)f(b)<0$，根据连续函数的性质可知，函数 $f(x)=0$ 在区间 $(a,\ b)$ 内一定有实根，区间 $(a,\ b)$ 称为有根区间。

1. 二分法

设方程 $f(x)=0$ 在区间 $(x_1,\ x_2)$ 上有唯一根，首先计算区间中点 $x_3=\dfrac{x_1+x_2}{2}$ 处的函数值 $f(x_3)$，如果 $f(x_3)\cdot f(x_1)<0$，则说明方程的根在区间 $(x_1,\ x_3)$ 内，这时令 x_3 为新的求解区间右端点，并重复以上过程，如果 $f(x_3)\cdot f(x_2)<0$，则说明方程的根在区间 $(x_3,\ x_2)$ 内，这时令 x_3 为新的求解区间左端点，并重复以上过程。二分法计算框图如图 32-23 所示。

以上求解过程每重复一次，求解区间宽度缩短一半，当求解区间宽度小于给定的计算精度要求 δ 时，可取区间内的任意值作为方程根的近似值。

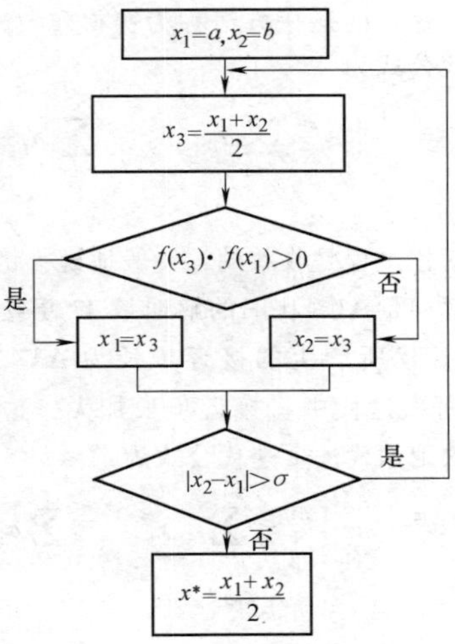

图 32-23　二分法框图

2. 割线法

为提高求解过程的收敛速度，割线法通过求解函数在区间端点连线（割线）与 x 轴交点的方法确定新的求解区间端点的位置。

割线方程为

$$\frac{y-f(x_1)}{f(x_2)-f(x_1)}=\frac{x-x_1}{x_2-x_1} \tag{32-9}$$

令割线方程的根 x_3 为新的求解区间端点：

$$x_3=x_1-\frac{x_2-x_1}{f(x_2)-f(x_1)}f(x_1) \tag{32-10}$$

其余过程与二分法相同。

3. 切线法

割线法每次迭代中以割线方程的根作为新的迭代点，而切线法每次迭代中以切线方程的根作为新的迭代点（见图 32-24），切线法计算框图如图 32-25 所示。

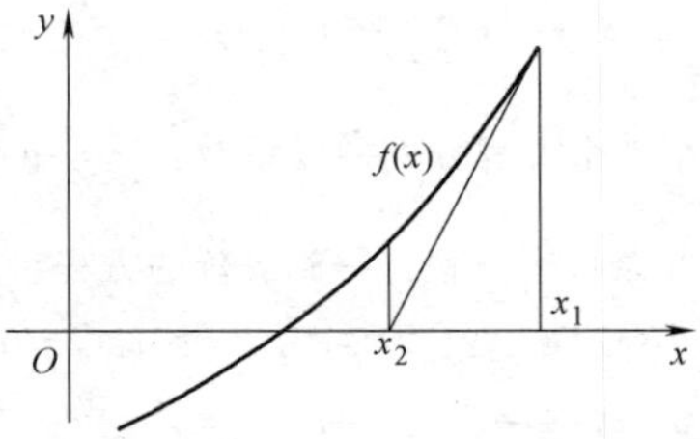

图 32-24　切线法

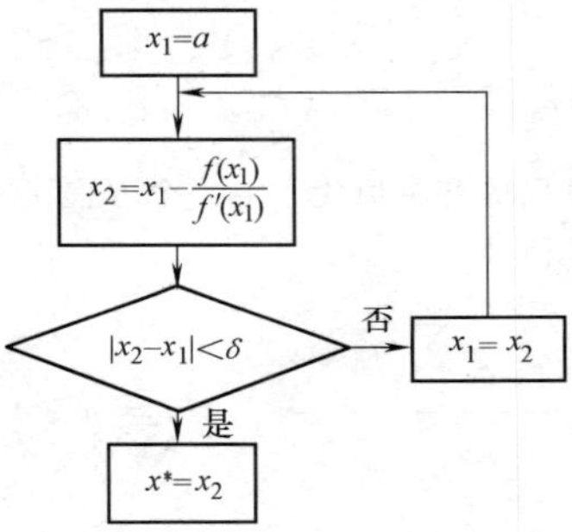

图 32-25　切线法框图

32.3.2.3　求解线性方程组

求解线性方程组的方法可分为两类，一类为精确解法，另一类为迭代解法。精确解法就是在忽略计算误差的前提下，经过有限次四则运算可以求得方程组的精确解，实际在数值运算中舍入误差不可避免，所以应用精确解法也只能求得方程组的近似解。对同样的计算问题，精确解法需要的存储容量较大，计算程序比较复杂。迭代法用某种极限过程逐步逼近方程组的精确解，求解过程中方程组的系数不变，计算程序简单，是求解大型稀疏矩阵，特别是由微分方程离散化得到的方程组的重要方法。当方程组的系数矩阵具有对角优势，或系数矩阵对称正定时迭代法收敛。

1. 精确解法

设有线性方程组

$$\begin{cases} a_{11}x_1+a_{12}x_2+\cdots+a_{1i}x_i\cdots+a_{1n}x_n=b_1 \\ a_{21}x_1+a_{22}x_2+\cdots+a_{2i}x_i\cdots+a_{2n}x_n=b_2 \\ \vdots \\ a_{n1}x_1+a_{n2}x_2+\cdots+a_{ni}x_i\cdots+a_{nn}x_n=b_n \end{cases} \tag{32-11}$$

将第一个方程分别乘以系数：$l_{i1}=-\dfrac{a_{i1}}{a_{11}}(i=2\sim n)$，加到其余各个方程，得到等价方程组：

$$\begin{cases} a_{11}x_1+a_{12}x_2+\cdots+a_{1i}x_i\cdots+a_{1n}x_n=b_1 \\ a_{22}^1x_2+\cdots+a_{2i}^1x_i+\cdots+a_{2n}^1x_n=b_2^1 \\ \vdots \\ a_{n2}^1x_2+\cdots+a_{ni}^1x_i\cdots+a_{nn}^1x_n=b_n^1 \end{cases} \tag{32-12}$$

再将第二个方程分别乘以系数：$l_{i2}=-\dfrac{a_{i2}^1}{a_{22}^1}(i=3\sim n)$，加到其余各个方程，得到等价的方程组：

$$\begin{cases} a_{11}x_1+a_{12}x_2+\cdots+a_{1i}x_i+\cdots+a_{1n}x_n=b_1 \\ a_{22}^1x_2+\cdots+a_{2i}^1x_i\cdots+a_{2n}^1x_n=b_2^1 \\ \vdots \\ a_{nn}^{n-1}x_n=b_n^{n-1} \end{cases} \tag{32-13}$$

方程组的最后一个变量 x_n 可以解出：

$$x_n=\frac{b_n^{n-1}}{a_{nn}^{n-1}} \tag{32-14}$$

将已解出的变量值代入上一个方程，可顺序解出所有变量的值：

$$x_i=\frac{b_i^{i-1}-\sum\limits_{k=i+1}^{n}a_{ik}^{i-1}x_k}{a_{ii}^{i-1}}\quad (i=n-1\sim 1) \tag{32-15}$$

在求解过程中如果 $a_{ii}^{i-1}=0$，可交换两个方程组。在求解过程中如果 a_{ii}^{i-1} 的绝对值过小，会使计算中的舍入误差扩散，并最终使计算结果不可靠。所以，在求解过程中，通过换行或换列的方法，将绝对值最大的元素变换到对角线位置可以有效防止计算误差的传播与扩散，提高计算精度，这样的求解方法称为选取主元的方法。

2. 迭代解法

设有线性方程组

$$\begin{cases} a_{11}x_1+a_{12}x_2+\cdots+a_{1i}x_i\cdots+a_{1n}x_n=b_1 \\ a_{21}x_1+a_{22}x_2+\cdots+a_{2i}x_i\cdots+a_{2n}x_n=b_2 \\ \vdots \\ a_{n1}x_1+a_{n2}x_2+\cdots+a_{ni}x_i\cdots+a_{nn}x_n=b_n \end{cases} \tag{32-16}$$

将方程组改写为迭代形式：

$$\begin{cases} x_1=\dfrac{b_1-a_{12}x_2-a_{13}x_3-\cdots-a_{1i}x_i-\cdots-a_{1n}x_n}{a_{11}} \\ x_2=\dfrac{b_2-a_{21}x_1-a_{23}x_3-\cdots-a_{2i}x_i-\cdots-a_{2n}x_n}{a_{22}} \\ \vdots \\ x_n=\dfrac{b_n-a_{n1}x_1-a_{n2}x_2-\cdots-a_{ni}x_i-\cdots-a_{nn-1}x_{n-1}}{a_{nn}} \end{cases} \tag{32-17}$$

计算开始时首先取任意初始解向量 $\boldsymbol{X}^0=(x_1^0, x_2^0, \cdots, x_n^0)^{\mathrm{T}}$，将其代入方程组迭代形式的右端，可算出一组新的解向量 $\boldsymbol{X}^1=(x_1^1, x_2^1, \cdots, x_n^1)^{\mathrm{T}}$，依次类推，每次迭代过程中将解向量 $\boldsymbol{X}^m$ 代入方程组，经迭代得到新的解向量 $\boldsymbol{X}^{m+1}=(x_1^{m+1}, x_2^{m+1}, \cdots, x_n^{m+1})^{\mathrm{T}}$，

$$x_i^{m+1}=\frac{1}{a_{ii}}\Big\{b_i-\sum_{\substack{j=1\\ j\neq i}}^{n}a_{ij}x_j^m\Big\} \tag{32-18}$$

直到误差向量 $\Delta\boldsymbol{X}^{m+1}$ 足够小：

$$|\Delta\boldsymbol{X}^{m+1}|=|\boldsymbol{X}^{m+1}-\boldsymbol{X}^m|=\sum_{i=1}^{n}|x_i^{m+1}-x_i^m|\to 0 \tag{32-19}$$

则认为迭代收敛。以上的迭代方法称为雅可比（Jacobi）迭代法，这种迭代方法公式简单，但是在迭代过程中需要保留两个解向量 $\boldsymbol{X}^m$ 和 $\boldsymbol{X}^{m+1}$，如果在迭代中及时用计算产生的最新结果（解向量的分量）参加迭代，这样的迭代方法称为赛得尔（Seidel）迭代法，迭代公式为

$$x_i^{m+1}=\frac{1}{a_{ii}}\Big\{b_i-\sum_{j=1}^{i-1}a_{ij}x_j^{m+1}-\sum_{j=i+1}^{n}a_{ij}x_j^m\Big\} \tag{32-20}$$

如果迭代过程是收敛的，一般地说，每次迭代产生的新的解向量 $\boldsymbol{X}^{m+1}$ 比旧的解向量 $\boldsymbol{X}^m$ 更接近精确解 $\boldsymbol{X}^*$，每次迭代所产生的接近步长为 $\Delta\boldsymbol{X}^{m+1}=\boldsymbol{X}^{m+1}-\boldsymbol{X}^m$，如果每次迭代中将接近步长加大，这种迭代方法称为超松弛迭代法，迭代公式为

$$x_i^{m+1}=x_i^m+\frac{\omega}{a_{ii}}\Big\{b_i-\sum_{j=1}^{i-1}a_{ij}x_j^{m+1}-\sum_{j=i}^{n}a_{ij}x_j^m\Big\}\quad (0<\omega<2) \tag{32-21}$$

32.3.3 有限差分法简介

32.3.3.1 差分的意义

偏微分方程的求解问题十分复杂，除少数特殊情况外，偏微分方程很难求得精确解，因此求得偏微分方程的近似解对工程问题和科学技术问题就具有十分重要的意义，有限差分法是求偏微分方程近似解的最常用的方法。有限差分法的基本思想是用离散的，只含有限个未知数的差分方程近似取代连续变量的微分方程及其边界条件，用差分方程的解作为微分方程的近似解。

应用有限差分法的基本问题是用什么样的差分方程取代微分方程中的微分项，首先将微分方程的求解区域划分成网格（以矩形网格为例），假设在 x 方向

上的网格间距（步长）为 $h=\Delta x$，在 y 方向上的网格间距（步长）为 $l=\Delta y$，由 $x_i=ih$，$y_j=jl$ 两组平行线覆盖求解区域，两组平行线的交点称为网格节点，在网格节点处用节点处的函数值与相邻节点的函数值的差分近似表示函数在节点处的微分：

$$\left(\frac{\partial f}{\partial x}\right)_{(i,j)}=\frac{f(i+1,j)-f(i,j)}{h} \tag{32-22}$$

$$\left(\frac{\partial f}{\partial x}\right)_{(i,j)}=\frac{f(i,j)-f(i-1,j)}{h} \tag{32-23}$$

$$\left(\frac{\partial f}{\partial x}\right)_{(i,j)}=\frac{f(i+1,j)-f(i-1,j)}{2h} \tag{32-24}$$

$$\left(\frac{\partial^2 f}{\partial x^2}\right)_{(i,j)}=\frac{f(i+1,j)-2f(i,j)+f(i-1,j)}{h^2} \tag{32-25}$$

其中式（32-22）、式（32-23）和式（32-24）为函数在节点处的一阶差分，式（32-22）为向前差分，式（32-23）为向后差分，式（32-24）为中心差分，式（32-25）为函数在节点处的二阶中心差分，用以上的基本的差分格式的组合取代微分方程中的微分项则可得到特定形式偏微分方程的差分格式。

32.3.3.2　抛物型微分方程的差分格式

以抛物型微分方程为例：

$$\frac{\partial u}{\partial y}-\frac{\partial^2 u}{\partial x^2}=f(x,y) \tag{32-26}$$

在 y 方向采用一阶向前差分，在 x 方向采用二阶中心差分，差分方程为

$$f(x,y)=\left(\frac{\partial u}{\partial y}-\frac{\partial^2 u}{\partial x^2}\right)_{(i,j)}=\frac{u(i,j+1)-u(i,j)}{l}-\frac{u(i+1,j)-2u(i,j)+u(i-1,j)}{h^2} \tag{32-27}$$

在差分方程中共用到四个点的函数值，（见图 32-26），其中三个点在第 j 行，一个点在第 $j+1$ 行，当 $j=0$ 行（边界条件）的函数值已知时，可根据方程直接求得第一行上各点的函数值，依此类推，可求得各行的函数值，求值过程中不需要求解联立方程组，这种差分格式称为显式差分格式。

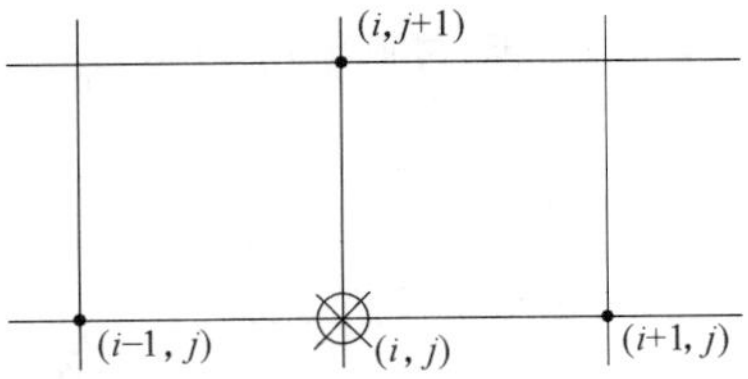

图 32-26　差分方程数据点

如果在 y 方向采用一阶向后差分，在 x 方向仍采用二阶中心差分，差分方程为

$$f(x,y)=\left(\frac{\partial u}{\partial y}-\frac{\partial^2 u}{\partial x^2}\right)_{(i,j)}=\frac{u(i,j)-u(i,j-1)}{l}-\frac{u(i+1,j)-2u(i,j)+u(i-1,j)}{h^2} \tag{32-28}$$

在差分方程中有第 j 行的三个函数值，第 $j-1$ 行的一个函数值，当根据第 $j-1$ 行的函数值求解第 j 行的函数值时需要求解联立方程组，这种差分格式称为隐式差分格式。

如果在 y 方向采用一阶向前差分，在 x 方向采用第 j 行和第 $j+1$ 行的二阶中心差分的算数平均值，差分方程为

$$f(x,y)=\left(\frac{\partial u}{\partial y}-\frac{\partial^2 u}{\partial x^2}\right)_{(i,j)}=\frac{u(i,j+1)-u(i,j)}{l}-\frac{1}{2}\left[\frac{u(i+1,j)-2u(i,j)+u(i-1,j)}{h^2}+\frac{u(i+1,j+1)-2u(i,j+1)+u(i-1,j+1)}{h^2}\right] \tag{32-29}$$

由于差分方程中用到第 j 行和第 $j+1$ 行上的共六个点的函数值，称为六点差分格式。也是一种隐式格式。

如果将六点差分格式中的二阶差分改为采用第 j 行和第 $j+1$ 行的二阶中心差分的加权平均值，差分方程为

$$f(x,y)=\left(\frac{\partial u}{\partial y}-\frac{\partial^2 u}{\partial x^2}\right)_{(i,j)}=\frac{u(i,j+1)-u(i,j)}{l}-\alpha\frac{u(i+1,j)-2u(i,j)+u(i-1,j)}{h^2}-(1-\alpha)\frac{u(i+1,j+1)-2u(i,j+1)+u(i-1,j+1)}{h^2}\quad(0\leqslant\alpha\leqslant 1) \tag{32-30}$$

这种差分格式称为加权六点格式。

如果在 y 方向采用一阶中心差分，在 x 方向采用二阶中心差分，差分方程为

$$f(x,y)=\left(\frac{\partial u}{\partial y}-\frac{\partial^2 u}{\partial x^2}\right)_{(i,j)}=\frac{u(i,j+1)-u(i,j-1)}{2l}-\frac{u(i+1,j)-2u(i,j)+u(i-1,j)}{h^2} \tag{32-31}$$

这种差分格式中用到五个点的函数值，这五个点分别在第 $j-1$ 行，第 j 行和第 $j+1$ 行，这种格式称为三层差分格式。

32.3.3.3　双曲型微分方程的差分格式

以如下形式的双曲型微分方程为例：

$$\frac{\partial^2 u}{\partial x^2}-\frac{\partial^2 u}{\partial y^2}=f(x,y) \tag{32-32}$$

如果将对 x 的微分项和对 y 的微分项均采用二阶中心差分，可得到三层显式差分格式：

$$f(x,y)=\left(\frac{\partial^2 u}{\partial x^2}-\frac{\partial^2 u}{\partial y^2}\right)_{(i,j)}=\frac{u(i+1,j)-2u(i,j)+u(i-1,j)}{h^2}-\frac{u(i,j+1)-2u(i,j)+u(i,j-1)}{l^2} \tag{32-33}$$

如果将对 x 的微分项采用第 $j+1$ 行的中心差分和第 $j-1$ 行的中心差分的平均值，可得到三层隐式差分格式：

$$f(x,y)=\left(\frac{\partial^2 u}{\partial x^2}-\frac{\partial^2 u}{\partial y^2}\right)_{(i,j)}=\frac{1}{2}\left[\frac{u(i+1,j+1)-2u(i,j+1)+u(i-1,j+1)}{h^2}+\frac{u(i+1,j-1)-2u(i,j-1)+u(i-1,j-1)}{h^2}\right]-\frac{u(i,j+1)-2u(i,j)+u(i,j-1)}{l^2} \tag{32-34}$$

如果将对 x 的微分项采用第 $j+1$ 行、第 j 行和第 $j-1$ 行的中心差分的加权平均值，可得到另一种形式的三层隐式差分格式：

$$f(x,y)=\left(\frac{\partial^2 u}{\partial x^2}-\frac{\partial^2 u}{\partial y^2}\right)_{(i,j)}=a\frac{u(i+1,j+1)-2u(i,j+1)+u(i-1,j+1)}{h^2}+(1-2a)\frac{u(i+1,j)-2u(i,j)+u(i-1,j)}{h^2}+a\frac{u(i+1,j-1)-2u(i,j-1)+u(i-1,j-1)}{h^2}-\frac{u(i,j+1)-2u(i,j)+u(i,j-1)}{l^2}\quad(0\leqslant a\leqslant 1) \tag{32-35}$$

32.3.3.4 椭圆型微分方程的差分格式

以如下形式的椭圆型微分方程为例：

$$\frac{\partial^2 u}{\partial x^2}+\frac{\partial^2 u}{\partial y^2}=f(x,y) \tag{32-36}$$

通常采用五点差分格式：

$$f(x,y)=\left(\frac{\partial^2 u}{\partial x^2}+\frac{\partial^2 u}{\partial y^2}\right)_{(i,j)}=\frac{u(i+1,j)-2u(i,j)+u(i-1,j)}{h^2}+\frac{u(i,j+1)-2u(i,j)+u(i,j-1)}{l^2} \tag{32-37}$$

由于椭圆型微分方程只有边值问题，所以必须将求解区域中所有非边界节点上的差分方程联立求解；由于每个方程中至多只有五个非零系数，所以方程的系数矩阵是稀疏矩阵，通常采用迭代法求解。

32.3.4 有限元法简介

有限单元法是求解微分方程的另一种有效的方法，有限单元法以变分原理和剖分插值方法为基础，将待求解的微分方程转化为与之等价的泛函极值问题进行处理。

以椭圆型方程的第一类边值问题为例：

$$\frac{\partial}{\partial x}\left[p(x,y)\frac{\partial u}{\partial x}\right]+\frac{\partial}{\partial y}\left[p(x,y)\frac{\partial u}{\partial y}\right]=-f(x,y)\quad (x,y)\in G$$

边界条件：

$$u|_{\Gamma}=\bar{u}$$

与求解使能量积分：

$$J(u)=\iint_G\left\{\frac{1}{2}\left[p\left(\frac{\partial u}{\partial x}\right)^2+p\left(\frac{\partial u}{\partial y}\right)^2\right]-fu\right\}\mathrm{d}x\mathrm{d}y$$

的值取得最小的函数 $u(x,\ y)$ 变分问题等价。

有限单元法将求解区域划分为多个多边形网格单元，网格交点为节点，在单元内将待求解函数表达为多个线性函数的线性组合，组合系数即为函数在节点 $(x_K,\ y_K)$ 处的函数值 $u(x_K,\ y_K)$。

整体的能量积分变为在每个单元上的能量积分的求合，由于在每个单元上的函数 $u(x,\ y)$ 都是线性函数，所以能量积分表示为关于函数 $u(x,\ y)$ 在节点 $(x_K,\ y_K)$ 处的函数值 $u(x_K,\ y_K)$ 的多元二次函数，通过对能量积分求极值得到关于函数值 $u(x_K,\ y_K)$ 的线性方程组，通过求解这一线性方程组可以求得函数 $u(x,\ y)$ 在节点 $(x_K,\ y_K)$ 处的函数值 $u(x_K,\ y_K)$ 的近似值。

与其他方法相比，有限元方法用于解决复杂区域，复杂边界条件的偏微分方程边值问题表现出较大的优越性，它使网格划分更灵活，更合理，它使实际问题的物理特征被保持，使求解的精度和收敛性得到保证。

有限单元法计算的各个步骤便于标准化，便于使用标准的计算程序解决同类问题，减小编程工作量，可以有效缩短问题的求解时间。

32.4 图形处理与几何造型

32.4.1 图形变换

32.4.1.1 二维图形的线性变换

图形变换的内容主要是对组成图形的点的变换，设变换前点的坐标为 x、y，变换后点的坐标为 x'、y'，对点的线性变换一般可表达为

$$x'=a_1x+b_1y+c_1$$

$$y'=a_2x+b_2y+c_2$$

用矩阵形式表示为

$$(x' \quad y' \quad 1)=(x \quad y \quad 1)\begin{pmatrix} a_1 & a_2 & 0 \\ b_1 & b_2 & 0 \\ c_1 & c_2 & 1 \end{pmatrix}$$

$$=(x \quad y \quad 1)^{\mathrm{T}}$$

其中 T 称为线性变换矩阵，对二维图形进行的典型变换方式及其所对应的变换矩阵见表 32-7。

一般的图形变换可以分解为多个基本变换的组合，例如，绕任意点（x，y）旋转 α 度的变换可以分解为首先将点（x，y）平移到原点，再绕原点旋转 α 度，然后再将原点平移到点（x，y）的三种基本变换的组合，相应的变换矩阵为与三种基本变换所对应的变换矩阵按顺序相乘的结果，由于矩阵乘法不满足交换律，所以矩阵相乘的顺序要按基本变换的组合顺序进行。

表 32-7　二维基本线性变换矩阵

变换方式	变换矩阵	变换方式	变换矩阵
平移，在 x 方向移动 m_x，在 y 方向移动 m_y	$\begin{pmatrix} 1 & 0 & 0 \\ 0 & 1 & 0 \\ m_x & m_y & 1 \end{pmatrix}$	绕原点旋转，设旋转角度为 θ	$\begin{pmatrix} \cos\theta & \sin\theta & 0 \\ -\sin\theta & \cos\theta & 0 \\ 0 & 0 & 1 \end{pmatrix}$
镜像，绕坐标轴（设为 x 轴）做镜像	$\begin{pmatrix} -1 & 0 & 0 \\ 0 & 1 & 0 \\ 0 & 0 & 1 \end{pmatrix}$	比例变换（缩放），按与坐标轴的距离做放大（或缩小），放大倍数为 s_x、s_y	$\begin{pmatrix} s_x & 0 & 0 \\ 0 & s_y & 0 \\ 0 & 0 & 1 \end{pmatrix}$
对称变换，绕原点旋转 180°	$\begin{pmatrix} -1 & 0 & 0 \\ 0 & -1 & 0 \\ 0 & 0 & 1 \end{pmatrix}$	错切变换，设 y 坐标不变，x 坐标按比例错移 k_x 倍	$\begin{pmatrix} 1 & 0 & 0 \\ k_x & 1 & 0 \\ 0 & 0 & 1 \end{pmatrix}$

32.4.1.2　三维图形的线性变换

设变换前点的坐标为（x，y，z），变换后点的坐标为（x'，y'，z'），对点的线性变换一般可表达为

$$x'=a_1x+b_1y+c_1z+d_1$$

$$y'=a_2x+b_2y+c_2z+d_2$$

$$z'=a_3x+b_3y+c_3z+d_3$$

用矩阵形式表示为

$$(x' \quad y' \quad z' \quad 1)=(x \quad y \quad z \quad 1)\begin{pmatrix} a_1 & a_2 & a_3 & 0 \\ b_1 & b_2 & b_3 & 0 \\ c_1 & c_2 & c_3 & 0 \\ d_1 & d_2 & d_3 & 1 \end{pmatrix}$$

$$=(x \quad y \quad z \quad 1)^{\mathrm{T}}$$

平移变换的变换矩阵为

$$\begin{pmatrix} 1 & 0 & 0 & 0 \\ 0 & 1 & 0 & 0 \\ 0 & 0 & 1 & 0 \\ m_x & m_y & m_z & 1 \end{pmatrix}$$

其中 m_x、m_y、m_z 分别为在 x、y、z 方向上的位移量。

比例变换的变换矩阵为

$$\begin{pmatrix} s_x & 0 & 0 & 0 \\ 0 & s_y & 0 & 0 \\ 0 & 0 & s_z & 0 \\ 0 & 0 & 0 & 1 \end{pmatrix}$$

其中 s_x、s_y、s_z 分别为在 x、y、z 方向上的放大（或缩小）倍数（s_x、s_y、$s_z>0$）。

镜像变换的变换矩阵为

$$\begin{pmatrix} a & 0 & 0 & 0 \\ 0 & b & 0 & 0 \\ 0 & 0 & c & 0 \\ 0 & 0 & 0 & 1 \end{pmatrix}$$

当 $a=-1$，$b=c=1$ 时，点相对于 yoz 平面做镜像。

当 $b=-1$，$a=c=1$ 时，点相对于 xoz 平面做镜像。

当 $c=-1$，$a=b=1$ 时，点相对于 xoy 平面做镜像。

当 $a=1$，$b=c=-1$ 时，点相对于 x 轴做镜像（绕 x 轴旋转 180°）。

当 $b=1$，$a=c=-1$ 时，点相对于 y 轴做镜像（绕 y 轴旋转 180°）。

当 $c=1$，$a=b=-1$ 时，点相对于 z 轴做镜像（绕 z 轴旋转 180°）。

绕 x 轴旋转 α 角的变换矩阵为

$$\begin{pmatrix}1 & 0 & 0 & 0\\0 & \cos\alpha & \sin\alpha & 0\\0 & -\sin\alpha & \cos\alpha & 0\\0 & 0 & 0 & 1\end{pmatrix}$$

绕 y 轴旋转 β 角的变换矩阵为

$$\begin{pmatrix}\cos\beta & 0 & -\sin\beta & 0\\1 & 0 & 0 & 0\\\sin\beta & 0 & \cos\beta & 0\\0 & 0 & 0 & 1\end{pmatrix}$$

绕 z 轴旋转 γ 角的变换矩阵为

$$\begin{pmatrix}\cos\gamma & \sin\gamma & 0 & 0\\-\sin\gamma & \cos\gamma & 0 & 0\\0 & 0 & 1 & 0\\0 & 0 & 0 & 1\end{pmatrix}$$

32.4.2 图形剪裁

通过定义窗口，可以将图形的指定部分在屏幕中的指定位置处显示，显示中需要区别图形位于窗口内的部分（可见部分）和位于窗口外的部分（不可见部分），以便将可见部分输出，这种选择图形可见部分的方法称为图形的裁剪。图形裁剪算法的核心问题是运算速度。

图形裁剪中的窗口可以是矩形窗口，也可以是任意多边形窗口，被裁剪的图形可以是直线或曲线，这里分析其中最基本的裁剪问题，即矩形窗口对直线的裁剪算法。

设矩形窗口左下角点与右上角点坐标分别为（w_{xl}，w_{yb}）、（w_{xr}，w_{yt}），直线的起点坐标与终点坐标分别为（x_1，y_1）、（x_2，y_2），若直线段满足：

$$[\max(x_1,x_2)<W_{xl}]\text{or}[\min(x_1,x_2)>W_{xr}]$$
$$\text{or}[\max(y_1,y_2)<W_{yb}]\text{or}[\min(y_1,y_2)>W_{yt}]$$

则线段在窗口外，不需要输出。若起点坐标满足：

$$(W_{xl}\leqslant x_1\leqslant W_{xr})\text{and}(W_{yb}\leqslant y_1\leqslant W_{yt})$$

则线段的起点坐标位于窗口内，线段的起始段不需要裁剪，继续对线段的终止段进行裁剪。若 $x_1<W_{xl}$，则求线段与窗口左边界的交点：

$$x_{1n}=W_{xl}$$
$$y_{1n}=y_1+\frac{(W_{xl}-x_1)(y_2-y_1)}{x_2-x_1}$$

若 $W_{yb}\leqslant y_{1n}\leqslant W_{yt}$，则交点有效，以所求交点（$x_{1n}$，$y_{1n}$）作为线段的新起点坐标，继续对线段的终止段进行裁剪。若线段起点坐标 $x_1<W_{xl}$ 且 $W_{yb}\leqslant y_1\leqslant W_{yt}$，交点坐标 $y_{1n}<W_{yb}$ 或 $y_{1n}>W_{yt}$，则线段与窗口无交点。若线段起点坐标 $x_1>W_{xl}$ 且 $y_1>W_{yt}$，交点坐标 $y_{1n}<W_{yb}$，则线段与窗口无交点。若线段起点坐标 $x_1<W_{xl}$ 且 $y_1>W_{yt}$，交点坐标 $y_{1n}>W_{yt}$，则应继续求线段与窗口上边界的交点：

$$x_{1nn}=x_1+\frac{(W_{yt}-y_1)(x_2-x_1)}{y_2-y_1}$$
$$y_{1nn}=W_{yt}$$

若所求交点坐标 $W_{xl}\leqslant x_{1nn}\leqslant W_{xr}$，则交点有效，以所求交点（$x_{1nn}$，$y_{1nn}$）作为线段的新起点坐标，继续对线段的终止段进行裁剪。若线段起点坐标 $x_1<W_{xl}$ 且 $y_1<W_{yb}$，交点坐标 $y_{1n}>W_{yt}$，则线段与窗口无交点。若线段起点坐标 $x_1<W_{xl}$ 且 $y_1<W_{yb}$，交点坐标 $y_{1n}<W_{yb}$，则应继续求线段与窗口下边界的交点：

$$x_{1nn}=x_1+\frac{(W_{yb}-y_1)(x_2-x_1)}{y_2-y_1}$$
$$y_{1nn}=W_{yb}$$

若所求交点坐标 $W_{xl}\leqslant x_{1nn}\leqslant W_{xr}$，则交点有效，以所求交点（$x_{1nn}$，$y_{1nn}$）作为线段的新起点坐标，继续对线段的终止段进行裁剪。

若线段起点坐标位于窗口右侧（$x_1>W_{xr}$）可用类似方法求线段起始段与窗口边界交点，求解过程中首先求线段与窗口右边界的交点。

若线段起点坐标位于窗口上部（$y_1>W_{yt}$）或下部（$y_1<W_{yb}$）求解方法类似，求解过程中首先求线段与窗口上边界（或下边界）的交点。

对线段终止段的裁剪算法与起始段裁剪算法完全相同。

32.4.3 几何造型

32.4.3.1 几何造型的三种模型

几何模型在计算机内的常用存储模式有线框模型、表面模型和实体模型。

线框模型是最早发展的形体表示模型，这种模型通过形体各表面间的交线表示形体，这种模型表示方法简单，占用计算机资源少，但是它不能表示曲面的轮廓线，表面信息不完整，更缺少形体所占用的空间信息，无法对形体进行物性分析、有限元分析、干涉检查、剖切和消隐等操作。

表面模型使用封闭的边界表示形体表面，表面可以是平面也可以是曲面，用面的集合表示形体，表面模型可以进行着色、消隐、布尔运算及生成数控刀具轨迹等操作。

实体模型用封闭面的集合表示形体，形成形体边界的表面之间通过环、棱边和点建立联系，表面的法矢量指向体外，实体模型可以进行物性分析、有限元分析、装配干涉检查及剖切等操作。

32.4.3.2　实体造型方法

1. 基本体素法

常用的基本体素有长方体、圆柱体、圆锥体、球体、圆环体和楔形体等，如图 32-27 所示。

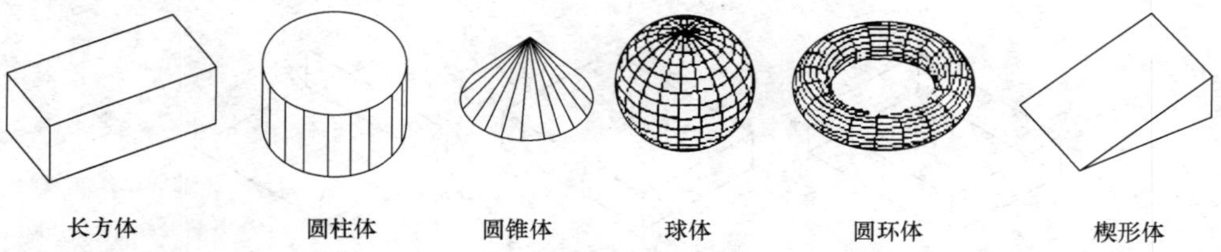

图 32-27　基本体素

通常的实体造型系统都提供基本体素造型功能，使用这种造型方法只需输入少量参数即可完成对实体的定义。

2. 扫描法

使平面图形沿特定路线做扫描运动生成的实体，通常的扫描方法可分为按直线路径扫描的拉伸法，按圆或圆弧路径扫描的旋转法，按一般空间曲线路径扫描的一般扫描法和在两个（或多个）截面间扫描的放样法，如图 32-28 所示。

3. 布尔运算

通过已有实体之间的交、并、差运算，产生新的实体，如图 32-29 所示。

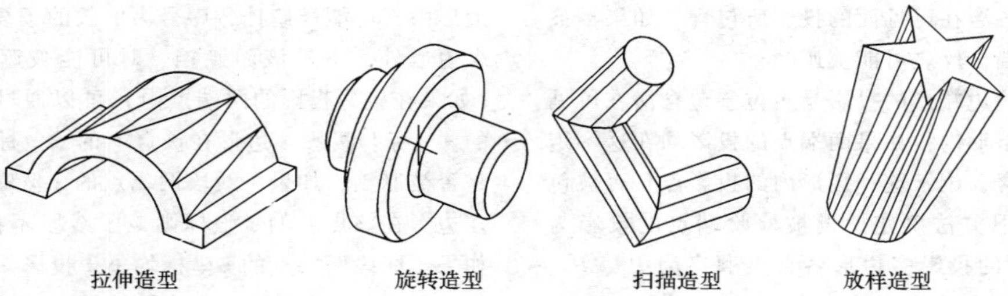

图 32-28　实体造型扫描法

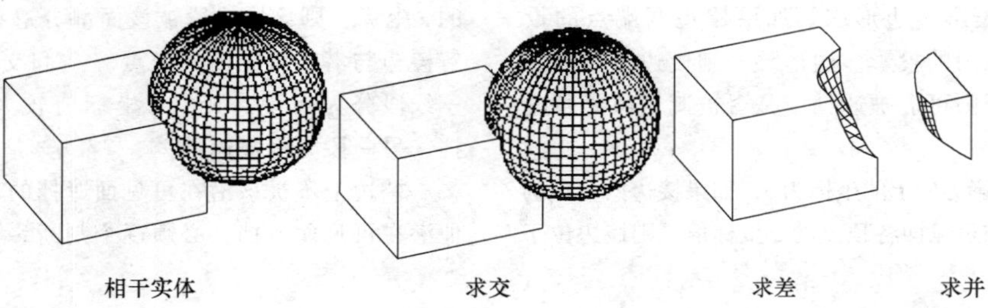

图 32-29　布尔运算

4. 局部操作

通过对已有三维实体进行倒直角、倒圆角的操作可以产生一些局部结构。如图 32-30 所示。

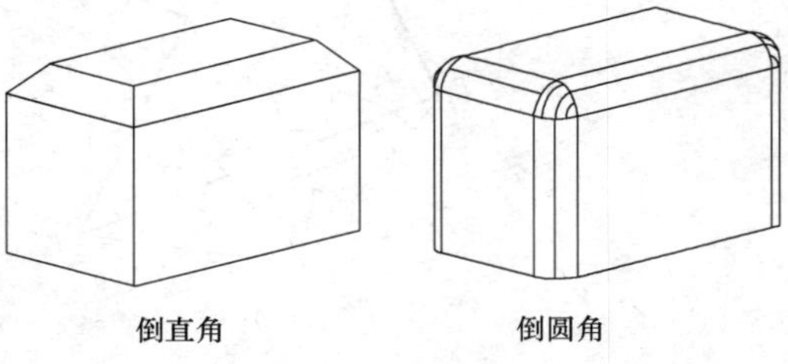

图 32-30　局部操作

32.4.4　图形消隐

将实体模型做投影变换后如果不考虑各棱边的可见性，将实体上所有的棱边都显示，则可能使得对图形的理解产生歧义。

图 32-31a 所示为一长方体的轴侧图，由于所有的棱边都显示，所以既可以做图 32-31b 中的理解，也可以做图 32-31c 中的理解。为消除对实体理解的歧义性，显示图形时应将实体上的不可见的棱边消除，这种操作称为图形的消隐。下面分析图形消隐算法中的一类较简单的问题，多面体显示的消隐算法。

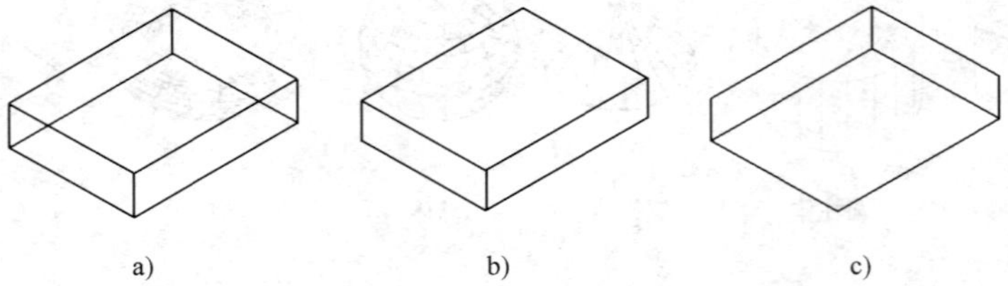

图 32-31　三维图形的歧义性

消隐计算中应首先判断面的可见性，可以用表面的法向矢量与代表视线方向的矢量的标量积（点乘）的正负判断。如标量积为正值则表示该表面指向投影方向的背面，为不可见面，否则为潜在可见面。

潜在可见面的棱边是否可见要通过逐个判断其是否被其他潜在可见面所遮挡来确定。首先判断该棱边的投影是否被各潜在可见面的投影所包含，如果不被包含则不被遮挡，反之可能被遮挡。

首先判断棱边端点的投影是否位于包含潜在可见面投影的最小矩形内，如果两端点的投影均在这一矩形外则不被包含，位于这一矩形内的投影点是否被包含可以通过以下方法确定。设被检验端点的投影为 P，潜在可见面的投影多边形各顶点顺序为 P_1、P_2、P_3、…、P_n，顺序计算 P 点与投影多边形各边的夹角 α_i（$\alpha_i=\angle P_iPP_{i+1}$），如图 32-32 所示。

若 $\sum\alpha_i=0$，则点 P 在投影多边形外，若 $\sum\alpha_i=2\pi$，则点 P 在投影多边形内。如果棱边两端点的投影均在潜在可见面的投影多边形外，则棱边不被该面的投影遮挡，否则可能被遮挡，是否被遮挡需要通过深度测试确定。

设各点在投影方向上的坐标为 z，如果棱边两端点的 z 坐标均大于潜在可见面各顶点的 z 坐标值，则棱边位于潜在可见面之上，不被该面遮挡，否则可能被遮挡。

将可能被遮挡的棱边（及其延长线）在投影面内求解与潜在可见面投影多边形各边的交点，由于投影多边形为封闭曲线，所以有效交点数量为偶数，交点将棱边（及其延长线）分解为多个子线段，将这些子线段排序，其中序号为奇数的子线段位于投影多边形内，可能被遮挡，序号为偶数的子线段位于投影多边形外，不被该面遮挡。对可能被遮挡的子线段（如果在棱边投影的两端点内）可以通过比较端点上的 z 坐标与投影多边形在该点上的 z 坐标的大小确定是否被遮挡，如果子线段两端点的 z 坐标均大于投影多边形在该点上的 z 坐标则该子线段不被该面遮挡，如果子线段两端点的 z 坐标均小于投影多边形在该点上的 z 坐标则该子线段完全被该面遮挡，如果子线段一个端点的 z 坐标小于投影多边形在该点上的 z 坐标，而另一个端点的 z 坐标大于投影多边形在该点上的 z 坐标，则该子线段被该面部分遮挡，这时需要求解棱边与潜在可见面的交点（空间交点），该交点将子线段分为两段，其中 z 坐标值较大的一段不被遮挡，另一段完全被遮挡。

棱边上不被该潜在可见面遮挡的部分还可能被其他潜在可见面遮挡，必须逐个判断。

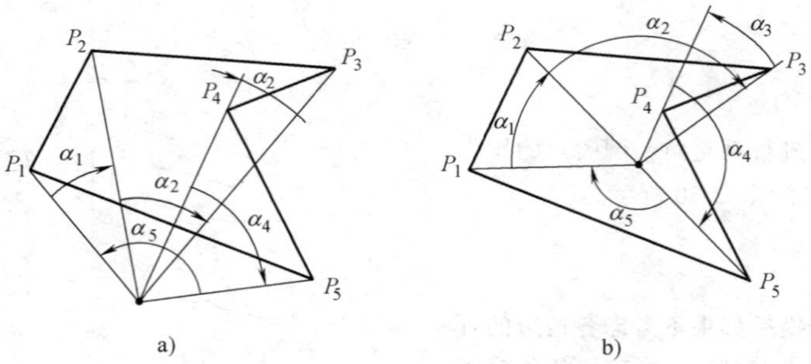

图 32-32　夹角检验

32.5　机械制图用计算机信息交换制图规则

32.5.1　基本原则

1）凡在计算机及其外围设备中绘制机械工程图样时，均应执行 GB/T 14665—2012 的规定，如涉及 GB/T 14665—2012 中未规定的内容，则应执行有关的标准和规定。

2）在机械工程制图中用 CAD 绘制的机械工程图样，首先应考虑表达准确，看图方便。在完整、清晰、准确地表达机件各部分形状的前提下，力求制图简便。

3）用 CAD 绘制机械图样时，尽量采用 CAD 新技术。

32.5.2　图线

机械制图用计算机信息交换所用图线除按照以下的规定外，还应遵守 GB/T 4457.4—2002 的规定。

32.5.2.1　图线组别

为了便于机械制图与计算机信息交换时的需要，将 GB/T 4457.4—2002 中所的规定的 8 种线型分为以下几种，见表 32-8。一般 A0、A1 幅面采用 3 组，A2、A3、A4 幅面采用 4 组。

表 32-8　图线组别

组别	1	2	3	4	5	一般用途
线宽/mm	2.0	1.4	1.0	0.7	0.5	粗实线、粗点画线、粗虚线
	1.0	0.7	0.5	0.35	0.25	细实线、波浪线、双折线、细虚线、细点画线、细双点画线

32.5.2.2　图线的结构

1. 双折线

1）双折线的尺寸和表示如图 32-33、图 32-34 和图 32-35 所示。

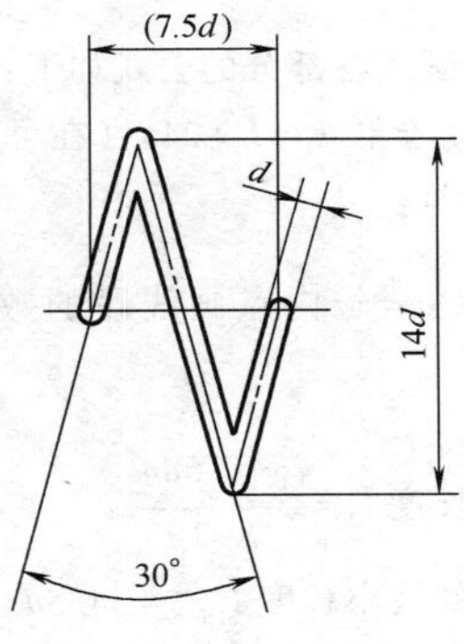

图 32-33　双折线的尺寸

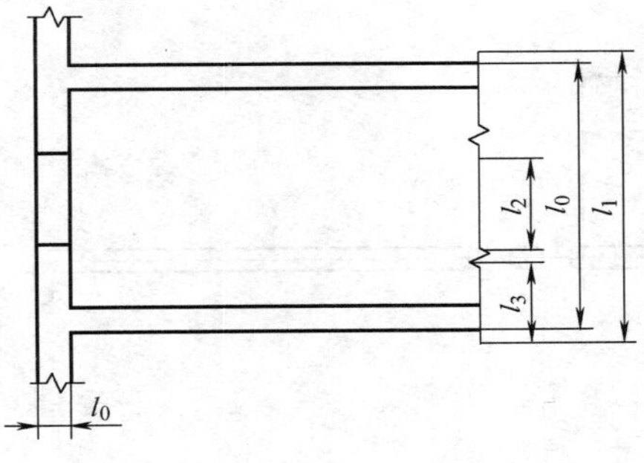

图 32-34　双折线的尺寸和表示 1

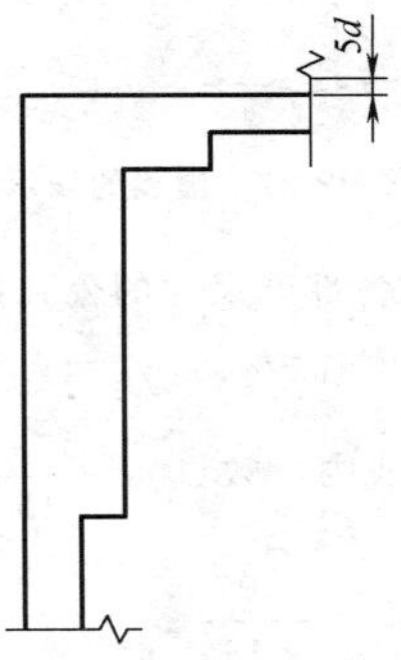

图 32-35　双折线的尺寸和表示 2

2）计算双折线各部分尺寸的公式如下：

① 双折线的完整长度 $l_1=l_0+10d$。

② 在一条双折线内 Z 形的数目 $n=\frac{l_1}{80}+1$（一般圆整，$l_1<40\text{mm}$ 时，$n=1$）。

③ 两个 Z 形之间的线段长度 $l_2=\frac{l_1}{n}-7.5d$。

④ 在双折线两端的线段长 l_3：

当有两个或多个 Z 形时，$l_3=\frac{l_2}{2}$。

当只有一个 Z 形时，$l_3=\frac{l_1-7.5d}{2}$。

$l_0\leqslant 10d$，Z 形的配置如图 32-35 所示。

3）双折线尺寸举例：

若 $l_0=125\text{mm}$，$d=0.25\text{mm}$，则

$l_1 = 125\text{mm}+2.5\text{mm}=127.5\text{mm}$。

$n=\dfrac{127.5}{80}+1=2.594$（圆整为 3）。

$l_2=\dfrac{127.5\text{mm}}{3}-(7.5\times0.25\text{mm})=40.625\text{mm}$。

$l_3=\dfrac{40.625}{2}\text{mm}=20.313\text{mm}$。

2. 虚线

1）虚线的尺寸和表示如图 32-36 和图 32-37 所示。

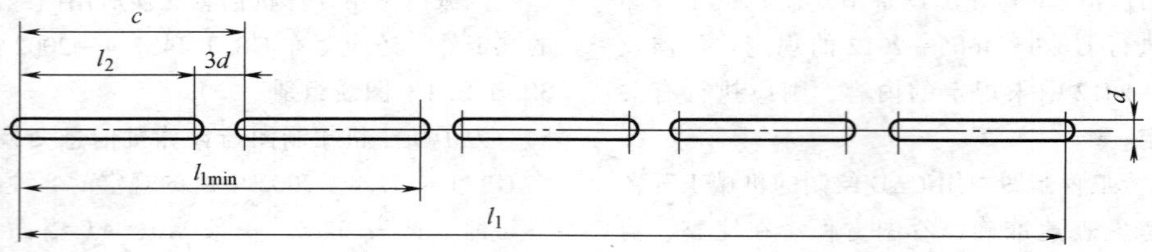

图 32-36　虚线的尺寸

注：图中 c 为线的分段长度。

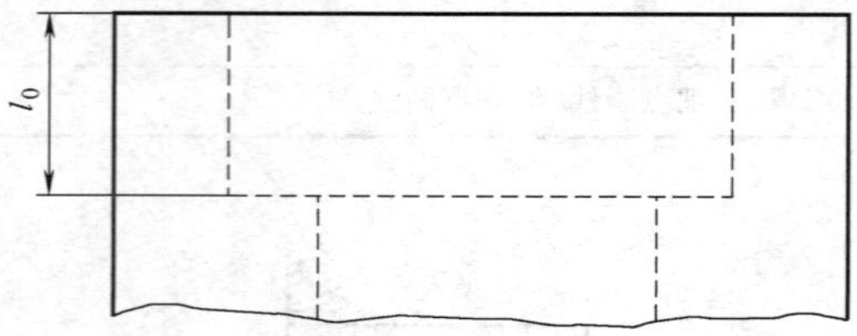

图 32-37　虚线的表示

2）计算虚线各部分尺寸的公式如下：

① 虚线的全长 $l_1=l_0$。

② 在一条虚线内画数目 $n=\dfrac{l_0-12d}{15d}$（一般圆整）。

③ 画的长度 $l_2=\dfrac{l_1-3dn}{n+1}$。

④ 虚线的最小长度 $l_{1\min}=l_{0\min}=27d$（2 条画 $12d$，1 个间隔 $3d$）。

如果在画虚线时长度小于 $l_1=27d$，则可以采用将各部分尺寸放大的形式。

3）虚线尺寸举例：

若 $l_1=125\text{mm}$，$d=0.35\text{mm}$，则

$n=\dfrac{125-4.2}{5.25}=23.01$（圆整为 23）。

$l_2=\dfrac{125-24.15}{24}\text{mm}=4.202\text{mm}$。

允许按固定的画（$12d$）画线，此时线的一端可能是较短或较长的画。

3. 点画线

1）点画线的尺寸和表示如图 32-38 和图 32-39 所示。

2）计算点画线各部分的公式如下：

① 点画线的全长 $l_1=l_0+24d$（在可见轮廓的两端线条要延伸出来）。

② 在点画线全长内点画线段的数目 $n=\dfrac{l_1-24d}{30.5d}$（一般圆整）。

③ 长画的长度 $l_3=\dfrac{l_1-6.5dn}{n+1}$。

④ 点画线的最小长度 $l_{1\min}=54.5d$。

3）点画线尺寸举例：

若 $l_0=125\text{mm}$，$d=0.25\text{mm}$，则

$l_1=125\text{mm}+6\text{mm}=131\text{mm}$。

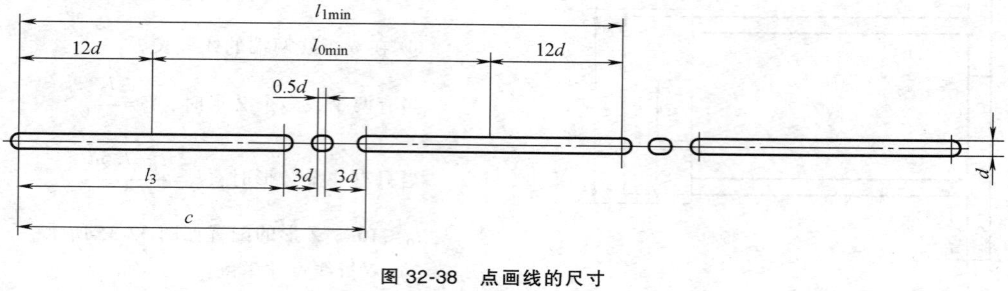

图 32-38　点画线的尺寸

注：图中 c 为线的分段长度。

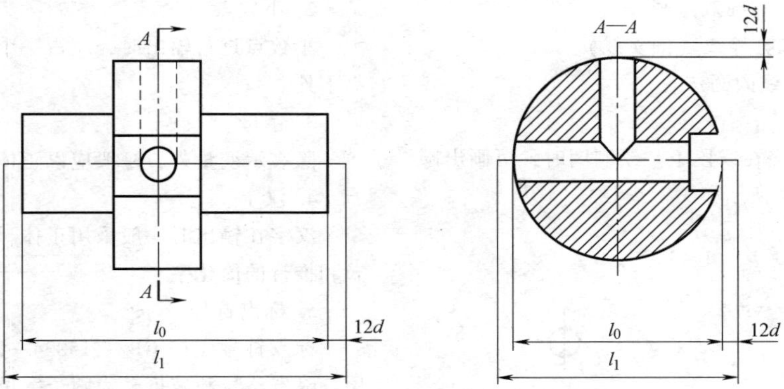

图 32-39　点画线的表示

$n=\dfrac{131-26}{7.625}=16.393$（圆整为 16）。

$l_3=\dfrac{131-26}{17}\text{mm}=6.176\text{mm}$。

点画线小于 $l_{1\min}=54.5d$ 时，可画成细实线。

4. 双点画线

1）双点画线的尺寸和表示如图 32-40 和图 32-41 所示。

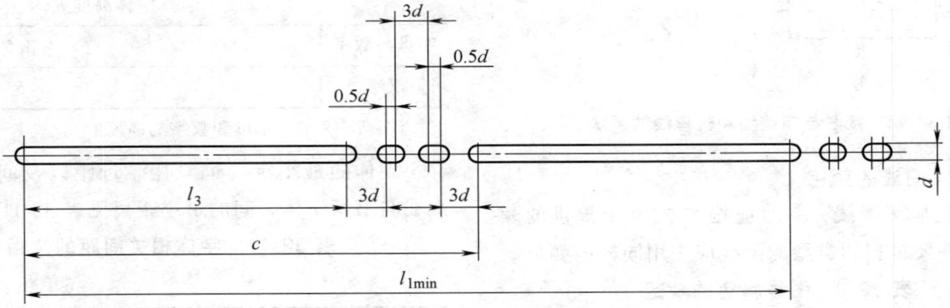

图 32-40　双点画线的尺寸

注：图中 c 为线的分段长度。

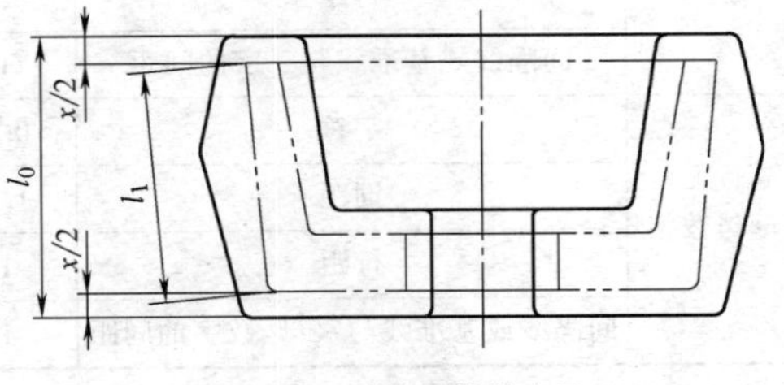

图 32-41　对点画线的表示

2）计算双点画线各部分尺寸的公式如下：

① 双点画线的长度 $l_1=l_0-x$。

② 一条双点画线内双点画线段的数目 $n=\dfrac{l_1-24d}{34d}$（一般圆整）。

③ 长画的长度 $l_3=\dfrac{l_1-10dn}{n+1}$。

④ 双点画线的最小长度 $l_{1\min}=58d$。

3）双点画线尺寸举例：

若 $l_0=128\text{mm}$，$d=0.35\text{mm}$，$\dfrac{x}{2}=1.5\text{mm}$，则有

$l_1=128\text{mm}-3\text{mm}=125\text{mm}$。

$n=\dfrac{125-8.4}{11.9}=9.798$（圆整为 10）。

$l_3=\dfrac{125-35}{11}\text{mm}=8.182\text{mm}$。

32.5.2.3　重合图线的优先顺序

当两个以上不同类型的图线重合时，应遵守以下的优先顺序：

1）可见轮廓线和棱线（粗实线）。

2）不可见轮廓线和棱线（细虚线）。

3）剖切线（细点画线）。

4）轴线和对称中心线（细点画线）。

5）假想轮廓线（细双点画线）。

6）尺寸界线和分界线（细实线）。

32.5.2.4 非连续线的画法

1. 相交线

图线应尽量相交在线段上。绘制圆时，可画出圆心符号，如图 32-42 所示。

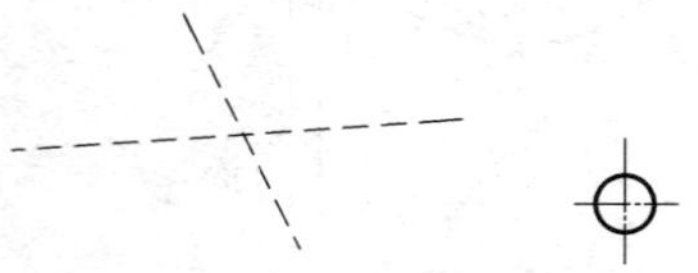

a)　　b)

图 32-42 相交线画法

2. 接触与连接线和转弯线的画法

图线在接触与连接或转弯时应尽可能在画上相连，如图 32-43 所示。

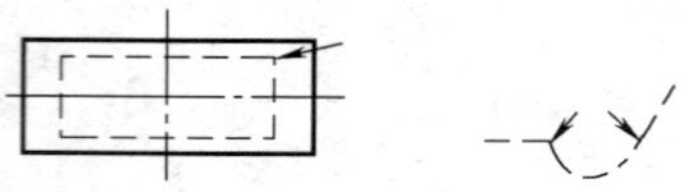

a)　　b)

图 32-43 接触与连接线和转弯线的画法

32.5.2.5 图线的颜色

屏幕上显示图线，一般应按表 32-9 中提供的颜色显示，并要求相同类型的图线应采用同样的颜色。

表 32-9 图线颜色的规定

图线类型	屏幕上的颜色
粗实线	白色
细实线	绿色
波浪线	
双折线	
细虚线	黄色
粗虚线	白色
细点画线	红色
粗点画线	棕色
细双点画线	粉红色

32.5.3 字体

机械工程的 CAD 制图所使用的字体，应做到字体端正，笔画清楚，排列整齐、间隔均匀。

1. 数字

一般应以正体输出。

2. 小数点

小数点进行输出时，应占一个字位，并位于中间靠下处。

3. 字母

除表示变量外，一般应以正体输出。

4. 汉字

汉字在输出时一般采用正体，并采用国家正式公布和推行的简化字。

5. 标点符号

标点符号应按 GB/T 15834—2011 的规定正确使用，除省略号和破折号为两个字位外，其余均为一个符号一个字位。

字体与图纸幅面之间的选用关系见表 32-10。

表 32-10 字体的选用

（单位：mm）

字符类别	图幅				
	A0	A1	A2	A3	A4
	字体高度 h				
字母与数字	5		3.5		
汉字	7		5		

注：h = 汉字、字母和数字的高度。

字体的最小字（词）距、行距以及间隔线或基准线与书写字体之间的最小距离见表 32-11。

表 32-11 字体相关间距的选用

（单位：mm）

字体	最小距离	
汉字	字距	1.5
	行距	2
	间隔线或基准线与汉字的间距	1
字母与数字	字符	0.5
	词距	1.5
	行距	1
	间隔线或基准线与字母、数字的间距	1

注：当汉字与字母、数字混合使用时，字体的最小字距、行距等应根据汉字的规定使用。

32.5.4 尺寸线的终端形式

机械工程的 CAD 制图中所使用的尺寸线的终端形式有如下几种供选用，其具体尺寸比例一般参照 GB/T 4458.4—2003 中的有关规定，如图 32-44 所示。

1）在图样中一般按实心箭头、开口箭头、空心

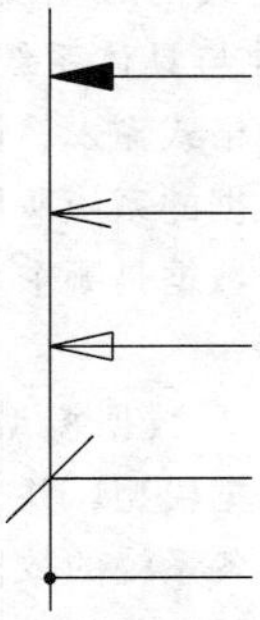

图 32-44　尺寸线的终端形式

箭头、斜线、圆点的顺序选用。

2）当尺寸线的终端采用斜线时，尺寸线与尺寸界线必须互相垂直。

3）同一张图样中一般只采用一种尺寸线终端的形式。当采用箭头位置不够时，允许用圆点或斜线代替箭头，如图 32-45 所示。

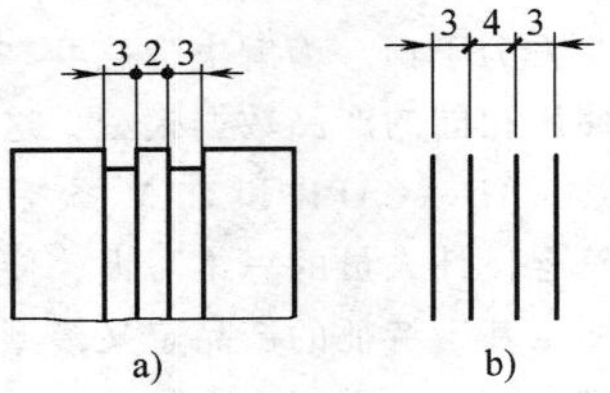

图 32-45　尺寸注法

32.5.5　图形符号的表示

在机械工程的 CAD 制图中，所用到的图形符号，应严格遵守有关标准或规定的要求。

第一角画法和第三角画法的识别图形符号表示见表 32-12。

表 32-12　图形的符号表示法

图形符号	说明
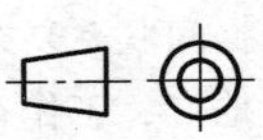	第一角画法的图形符号表示
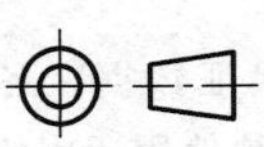	第三角画法的图形符号表示

32.5.6　图样中各种线型在计算机中的分层

图样中的各种线型在计算机中的分层标识可参照表 32-13 的要求。

表 32-13　分层标识

标识号	描　　述	图　　例
01	粗实线	
02	细实线 波浪线 双折线	
03	粗虚线	
04	细虚线	
05	细点画线	
06	粗点画线	
07	细双点画线	
08	尺寸线，投影连线，尺寸终端与符号细实线，尺寸和公差	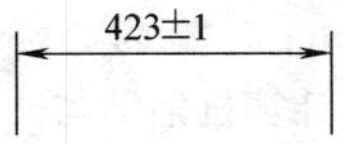
09	参考圆，包括引出线及其终端（如箭头）	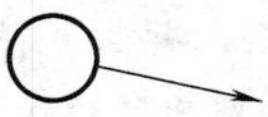
10	剖面符号	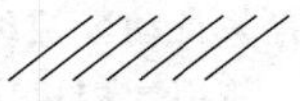
11	文本（细实线）	ABCD
12	文本（粗实线）	KLMN
13、14、15	用户选用	

32.6　CAD/CAM

32.6.1　CAPP/CAM 简介

工艺规程是工艺装备设计和决定加工方法及工艺路线的依据，工艺设计是连接产品设计和产品制造的桥梁，是生产技术准备的第一步。

工艺设计的任务包括毛坯设计、选择加工方法、制订工艺路线、设计工艺装备、选择机床及刀具、分配加工余量、确定切削用量和计算工时定额等，工艺设计的质量优劣对产品加工的质量、效率和成本都有极大的影响。在工艺设计过程中需要处理大量的关于零件、工艺、设备等的信息，传统的依靠手工编制工艺的方法效率低，质量得不到保证，不能满足生产发展的需要。

计算机辅助工艺设计（CAPP，Computer Aided Process Planning）系统通过使用计算机，准确、高效地进行计算、查询、处理数据，应用工艺人员的专家知识和工艺数据，对工艺过程进行科学决策，对工艺参数进行优化，自动编制工艺文件，可极大地提高工艺文件编制的效率和质量。

关于 CAPP 的研究开始于 20 世纪 60 年代，1973 年出现第一个商业化的 CAPP 软件。现有的 CAPP 软件按工艺路线及工艺参数的产生方法可分为派生法、创成法和综合法。派生法基于“相似的零件通常具有相似的工艺”的原理，根据被加工零件的参数在数据库中查询与之最相似的零件，通过对相似零件的工艺路线及工艺参数的修改产生被加工零件的加工工艺。创成法根据被加工零件的参数和加工设备的工作能力参数，通过适当的逻辑判断，产生零件的工艺路线及工艺参数。综合法则综合两种方法的优点，应用人工智能技术编制加工工艺。

计算机辅助制造（CAM，Computer Aided Manufaturing），通常有两种理解：一种是广义的理解，指利用计算机辅助与产品制造过程有关的所有过程，包括计算机辅助工艺设计、计算机辅助工艺装备设计、自动数控编程、编制工时定额和材料定额、编制生产作业计划和材料作业计划、进行生产控制和质量控制等；一种是狭义的理解，指自动数控编程。以下只分析有关自动数控编程的问题。

使用数控机床对零件进行加工前必须为其编制加工程序，好的加工程序不仅能保证加工出符合设计及工艺要求的合格零件，而且可以充分发挥数控机床的功能，使其安全、高效地工作。

如果零件形状简单，可以通过手工方式编制加工程序。当零件形状复杂，特别是零件包含非圆曲面、列表曲面等复杂曲面形状时编制加工程序的工作量将非常大，手工编制难以满足紧迫的时间要求。由计算机进行工艺分析和数值计算，并编制加工程序的方法称为自动编程。所编制的程序可以通过存储介质传递给数控机床，也可以通过数据通信接口直接传送，控制机床进行加工。

32.6.2　CAD/CAPP/CAM 的集成

CAD 系统、CAPP 系统和 CAM 系统曾各自独立发展，但技术的发展需要将这些系统集成，以使各系统间实现信息的自动传递。

1. 系统集成的方法

系统集成的方法通常有以下三种。

（1）通过专用格式的数据文件交换信息的集成方法　由于各系统所采用的产品数据模型不同，为实现两系统间的信息交换，需要相互将各自的产品数据以对方可以识别的方式表达。因为转换程序是专门的，所以转换效率较高，但是当需要交换数据的系统较多时，所需的转换程序数量将很大。

（2）通过标准格式的数据文件交换信息的集成方法　首先定义一种与具体系统无关的标准数据格式，各系统均以这种格式输入、输出出数据，输入数据时无须考虑使用数据的系统所使用的数据格式，输入数据时也不必考虑数据是哪个系统输出的，从而降低了系统开发的难度。

（3）采用统一产品数据模型的集成方法　各系统采用统一的产品数据模型，并采用统一的数据管理软件管理产品数据，各系统的数据不必转换就可以被其他系统接受。这是最理想的集成方式。

2. 要解决的关键问题

要实现 CAD/CAPP/CAM 的集成需要解决以下关键技术问题：

（1）相同的产品数据模型　在 CAD 系统中较多地采用面向几何学的模型，这种模型虽然可以完备地表达产品的几何特征，但是对非几何特征（如精度、表面粗糙度和表面硬度等）则无法完备地表达，在向 CAPP 及 CAM 系统传递信息时需要补充这些信息，必要时还需要人为干预。为解决信息共享的问题，必须使各系统使用相同的产品数据模型，这种模型应能够完备地表达 CAD、CAPP 和 CAM 系统所需的各种信息，并能符合设计人员的思维习惯，使设计者易于表达设计意图，基于特征的产品定义模型就是这样的一种数据模型。

特征是综合表征产品多方面属性的信息集合，特征所表达的是与设计和加工方法有关的几何实体。特征所表达的信息应包括形状信息、精度信息、材料及热处理信息、技术要求信息及管理信息等多方面的信息，对装配体还应包含配合关系、定位关系等装配信息。

（2）集成数据管理　为提高各子系统的数据传输效率，保证数据的一致性和数据传输的可靠性，应采用工程数据库系统对集成数据进行管理。

CAD/CAPP/CAM 集成系统所使用的数据具有数据量大、结构复杂、动态性强和数据间联系复杂等特点，各个子系统可以分布在不同的地方，工作在不同的软、硬件及不同操作系统环境下，工程数据库管理系统应能满足这些方面的要求。

（3）产品数据交换标准　为保证数据在各子系统间可靠、高效、完整地传递，必须使用通用的数据交换标准，这种标准应能完整地表达各种工程数据，应与具体的应用系统无关。

目前使用较多的著名数据交换标准如下：

1）IGES 标准。IGES 标准是由美国国家标准协会公布的标准，由于开发较早，目前许多商品化

CAD/CAM 软件都配有 IGES 处理程序。

2）STEP 标准。STEP 标准是国际标准化组织公布的产品模型数据交换标准，具有与具体的应用系统无关的中性机制，能描述产品在整个生命周期中的产品数据，是一种理想的数据交换方式。

为对 CAD/CAPP/CAM 集成系统产生的数据、文件进行有效的管理，应采用产品数据管理系统（PDMS）。产品数据管理系统是基于工程数据库的一组用户界面和应用程序，用于对产品设计过程中产生的各种版本数据的存储、检索等项管理，为产品数据提供集成、安全、可控的访问途径。

参考文献

[1] 机械科学研究总院. 机械基础件标准汇编：紧固件产品 [M]. 2版. 北京：中国标准出版社，2016.

[2] 魏兵. 实用紧固件手册 [M]. 3版. 北京：机械工业出版社，2018.

[3] 全国紧固件标准化技术委员会秘书处. 紧固件标准实施指南 [M]. 2版. 北京：中国标准出版社，2018.

[4] 吴宗泽. 机械结构设计 [M]. 2版. 北京：机械工业出版社，2006.

[5] 吴宗泽. 机械设计禁忌1000例 [M]. 3版. 北京：机械工业出版社，2011.

[6] 濮良贵，陈国定，吴立言. 机械设计 [M]. 9版. 北京：高等教育出版社，2013.

[7] 蒋秀珍. 精密机械结构设计 [M]. 北京：清华大学出版社，2011.

[8] 徐灏. 机械设计手册 [M]. 2版. 北京：机械工业出版社，2001.

[9] 中国机械工程学会焊接学会. 焊接手册：1卷 [M]. 3版. 北京：机械工业出版社，2008.

[10] 中国机械工程学会焊接学会. 焊接手册：2卷 [M]. 3版. 北京：机械工业出版社，2008.

[11] 中国机械工程学会焊接学会. 焊接手册：3卷 [M]. 3版. 北京：机械工业出版社，2008.

[12] 中国焊接协会，全国焊接标准化技术委员会，中国标准出版社. 焊接标准汇编 [M]. 北京：中国标准出版社，2017.

[13] 闻邦椿. 机械设计手册：2卷 [M]. 6版. 北京：机械工业出版社，2018.

[14] 龙伟民，陈永. 焊接材料手册 [M]. 北京：机械工业出版社，2014.

[15] 张彦华，朱丽滨，谭海彦. 胶黏剂与胶接技术 [M]. 北京：化学工业出版社，2018.

[16] 马长福. 简明粘接技术手册 [M]. 上海：上海科学技术文献出版社，2012.

[17] 熊腊森. 粘接手册 [M]. 北京：机械工业出版社，2008.

[18] 孟宪源，姜琪. 机构构型与应用 [M]. 北京：机械工业出版社，2004.

[19] 张展. 实用工程机械传动装置设计手册 [M]. 北京：化学工业出版社，2017.

[20] 申永胜. 机械原理教程 [M]. 3版. 北京：清华大学出版社，2015.

[21] 戴夫德斯·谢蒂，理查德 A. 科尔克. 机电一体化系统设计：第2版 [M]. 薛建彬，朱如鹏，译. 北京：机械工业出版社，2016.

[22] 朱立学，韦鸿钰. 机械系统设计 [M]. 北京：高等教育出版社，2012.

[23] 朱孝录，机械传动设计手册 [M]. 北京：电子工业出版社，2007.

[24] 孟繁忠，叶斌. 链传动技术手册 [M]. 北京：机械工业出版社，2016.

[25] 全国链传动标准化技术委员会，杭州东华链条集团有限公司. 最新链传动标准应用手册 [M]. 3版. 北京：中国标准出版社，2012.

[26] 全国链传动标准化技术委员会，杭州东华链条集团有限公司. ISO/TC100链传动国际标准译文集 [M]. 2版. 北京：中国标准出版社，2006.

[27] 全国链传动标准化技术委员会. 德国链传动标准译文集 [M]. 北京：中国标准出版社，2003.

[28] 齿轮手册编委会. 齿轮手册 [M]. 2版. 北京：机械工业出版社，2004.

[29] 陈谌闻. 圆弧齿圆柱齿轮传动 [M]. 北京：高等教育出版社，1995.

[30] 高延新，张晓琳，李慧鹏. 齿轮精度与检测技术手册 [M]. 北京：机械工业出版社，2015.

[31] 厉始忠. ISO 1328-1：1995圆柱齿轮精度制应用指南 [M]. 北京：化学工业出版社，2008.

[32] 全国齿轮标准化技术委员会，中国标准出版社. 零部件及相关标准汇编：齿轮与齿轮传动卷 [M]. 北京：中国标准出版社，2012.

[33] 赵振杰. 渐开线圆柱齿轮传动设计 [M]. 北京：中国水利水电出版社，2017.

[34] 饶振纲. 行星齿轮传动设计 [M]. 2版. 北京：化学工业出版社，2014.

[35] 田培棠，田凌. 圆柱齿轮几何计算原理及实用算法 [M]. 北京：国防工业出版社，2012.

[36] 《齿轮制造工艺手册》编委会. 齿轮制造工艺手册 [M]. 2版. 北京：机械工业出版社，2017.

[37] 金荣植. 齿轮热处理手册 [M]. 北京：机械工业出版社，2015.

[38] 张展. 渐开线少齿差行星齿轮传动装置 [M]. 北京：机械工业出版社，2012.
[39] 张展，邵钰钫，曾建峰. 齿轮常用材料与热处理 [M]. 北京：机械工业出版社，2013.
[40] 王延忠. 高速重载面齿轮啮合与制造技术 [M]. 北京：科学出版社，2016.
[41] 李强，闫洪波. 对数螺旋锥齿轮啮合理论 [M]. 北京：冶金工业出版社，2012.
[42] 汪中厚. 准双曲面齿轮动态性能仿真 [M]. 北京：科学出版社，2013.
[43] 孟繁忠. 齿形链啮合原理 [M]. 2 版. 北京：机械工业出版社，2015.
[44] 邓效忠，魏冰阳. 锥齿轮设计的新方法 [M]. 北京：科学出版社，2012.
[45] 王延忠. 航空弧齿锥齿轮摩擦学设计与制造 [M]. 北京：科学出版社，2014.
[46] 董学朱. 摆线齿锥齿轮及准双曲面齿轮设计和制造 [M]. 北京：机械工业出版社，2002.
[47] 朱孝录. 齿轮传动设计手册 [M]. 2 版. 北京：化学工业出版社，2010.
[48] Radzevich S P. Dudley´s Handbook of Practical Gear Design and Manufacture [M]. 3th ed. Florida：CRC Press，2016.
[49] 闻邦椿. 机械设计手册（第 5 版）· 单行本：齿轮传动 [M]. 北京：机械工业出版社，2015.
[50] 邓星桥. 滚子包络环面蜗杆传动的理论研究与制造实践 [M]. 北京：机械工业出版社，2018.
[51] 吴宗泽，高志. 机械设计 [M]. 2 版. 北京：高等教育出版社，2009.
[52] 杨春兰. 蜗杆传动手册 [M]. 上海：华东化工学院出版社，1991.
[53] 程乃士. 减速器和变速器设计与选用手册 [M]. 北京：机械工业出版社，2007.
[54] 程乃士. 汽车金属带式无级变速器——CVT 原理和设计 [M]. 北京：机械工业出版社，2007.
[55] 阮忠唐. 机械无级变速器设计与选用指南 [M]. 北京：化学工业出版社，1999.
[56] 朱孝录. 机械传动装置选用手册 [M]. 北京：机械工业出版社，1999.
[57] 周有强. 机械无级变速器 [M]. 北京：机械工业出版社，2001.
[58] 吴宗泽，冼健生，杨小明. 简明机械零件设计手册 [M]. 2 版. 北京：中国电力出版社，2018.
[59] 成大先. 机械设计手册 [M]. 6 版. 北京：化学工业出版社，2017.
[60] 王少怀. 机械设计师手册 [M]. 北京：电子工业出版社，2006.
[61] 冯虎田. 滚珠丝杠副动力学与设计基础 [M]. 北京：机械工业出版社，2015.
[62] 冯虎田. 数控机床功能部件优化设计选型应用手册：滚珠丝杠副分册 [M]. 北京：机械工业出版社，2018.
[63] 张春宜，郝广平，刘敏. 减速器设计实例精解 [M]. 北京：机械工业出版社，2009.
[64] 中国标准出版社. 中国机械工业标准汇编：减速器和变速器卷 [M]. 北京：中国标准出版社，2003.
[65] 程乃士. 减速器和变速器设计与选用手册 [M]. 北京：机械工业出版社，2007.
[66] 范又功. 谐波齿轮传动技术手册 [M]. 北京：国防工业出版社，1995.
[67] 闻邦椿. 机械设计手册（第 5 版）· 单行本：减速器和变速器 [M]. 北京：机械工业出版社，2015.
[68] 张展. 减速器设计选用手册 [M]. 上海：上海科学技术出版社，2002.
[69] 彭文生，李志明，黄华梁. 机械设计 [M]. 北京：高等教育出版社，2002.
[70] 牛锡传，王文生. 轴的设计 [M]. 北京：国防工业出版社，1993.
[71] 刘泽九. 滚动轴承应用手册 [M]. 北京：机械工业出版社，2014.
[72] 机械科学研究总院，全国滚动轴承标准化技术，中国标准出版社. 机械基础件标准汇编：滚动轴承基础 [M]. 北京：中国标准出版社，2016.
[73] 中国标准出版社，全国滚动轴承标准化技术委员会. 中国机械工业标准汇编：滚动轴承用材料和热处理卷 [M]. 北京：中国标准出版社，2004.
[74] 邓四二，贾群义，薛进学. 滚动轴承设计原理 [M]. 2 版. 北京：中国标准出版社，2014.
[75] 杨咸启. 接触力学理论与滚动轴承设计分析 [M]. 武汉：华中科技大学出版社，2018.
[76] 张松林. 最新轴承手册 [M]. 北京：电子工业出版社，2007.

[77] 中国标准出版社，全国滑动轴承标准化技术委员会. 中国机械工业标准汇编：滑动轴承卷［M］. 北京：中国标准出版社，2003.

[78] 郭红，岑少起，张绍林. 圆柱、圆锥动静压滑动轴承设计［M］. 郑州：郑州大学出版社，2013.

[79] 成大先. 机械设计手册（第六版）· 单行本：轴承［M］. 北京：化学工业出版社，2017.

[80] 周新聪，梁望，俸颢. 粉末冶金含油轴承润滑技术［M］. 北京：科学出版社，2010.

[81] 韩凤麟，贾成厂. 烧结金属含油轴承：原理、设计、制造与应用［M］. 北京：化学工业出版社，2004.

[82] 成大先. 机械设计手册（第六版）· 单行本：润滑与密封［M］. 北京：化学工业出版社，2017.

[83] 秦大同，谢里阳. 现代机械设计手册单行本：润滑与密封设计［M］. 北京：化学工业出版社，2013.

[84] 吴晓玲. 润滑设计手册［M］. 北京：化学工业出版社，2006.

[85] 黄文轩. 润滑剂添加剂性质及应用［M］. 北京：中国石化出版社，2012.

[86] 欧屹. 数控机床功能部件优化设计选型应用手册：滚动直线导轨副分册［M］. 北京：机械工业出版社，2018.

[87] 中国机械工程学会，中国机械设计大典编委会. 中国机械设计大典［M］. 南昌：江西科学技术出版社，2002.

[88] 隋秀凛，高安邦. 实用机床设计手册［M］. 北京：机械工业出版社，2010.

[89] 夏广岚，姜永成. 金属切削机床［M］. 2 版. 北京：北京大学出版社，2015.

[90] 中国标准出版社. 旋转电机国家标准汇编 2017［M］. 北京：中国标准出版社，2017.

[91] 中国标准出版社. 旋转电机及微电机标准汇编［M］. 北京：中国标准出版社，2014.

[92] 哈尔滨大电机研究所. 大电机、水轮机标准汇编：电机卷［M］. 北京：中国标准出版社，2006.

[93] 黄国治，傅丰礼. 中小旋转电机设计手册［M］. 2 版. 北京：中国电力出版社，2014.

[94] 郭中醒. 微特电机设计手册［M］. 上海：上海科学技术出版社，2017.